国家"十一五"重点图书

铝冶炼生产技术手册

（上册）

主　编　厉衡隆　顾松青
副主编　李金鹏　刘风琴

北　京

冶金工业出版社

2011

内 容 提 要

本手册由中国铝业公司牵头，组织全国铝行业的生产单位、设计院、研究院、高校等一百多位专家、学者和工程技术人员共同编写而成。

本手册系统深入地介绍了铝冶炼工业的各个主要领域。对各领域涉及的基本概念、定义、流程、生产工艺及设备、主要工序以及相关参数，对每一类产品的性质、应用、生产技术、质量标准等，均有表述。所论述的内容，既包括该领域成熟可靠的生产过程和技术，为相关工程设计、建设、技改和生产运行提供依据，也指出了该领域技术发展的方向和途径，为今后的工作提供新鲜思路。本手册分上、下两册，共九篇，分别为：概论，铝土矿，氧化铝，化学品氧化铝，电解铝，铝用炭素材料及氟盐，精铝、高纯铝和电解共析法制取铝合金，铝及铝合金的铸造，再生铝。

本手册不仅可以作为从事铝冶炼工业生产、设计、科研和教学的各方面工程技术人员重要的工具书，也可供相关领域管理人员参考。

图书在版编目(CIP)数据

铝冶炼生产技术手册. 上册/厉衡隆，顾松青主编. —北京：冶金工业出版社，2011.7

ISBN 978-7-5024-5520-0

Ⅰ. ①铝… Ⅱ. ①厉… ②顾… Ⅲ. ①炼铝—技术手册
Ⅳ. ①TF821-62

中国版本图书馆 CIP 数据核字(2011) 第 089269 号

出 版 人　曹胜利
地　　址　北京北河沿大街嵩祝院北巷 39 号，邮编 100009
电　　话　(010)64027926　电子信箱　yjcbs@cnmip.com.cn
策　　划　曹胜利　责任编辑　张熙莹　杨盈园　美术编辑　李　新
版式设计　孙跃红　责任校对　王贺兰　李文彦　责任印制　牛晓波
ISBN 978-7-5024-5520-0
北京兴华印刷厂印刷；冶金工业出版社发行；各地新华书店经销
2011 年 7 月第 1 版，2011 年 7 月第 1 次印刷
787mm×1092mm　1/16；64.5 印张；1565 千字；1002 页
239.00 元

冶金工业出版社发行部　电话：(010)64044283　传真：(010)64027893
冶金书店　地址：北京东四西大街 46 号(100010)　电话：(010)65289081(兼传真)
(本书如有印装质量问题，本社发行部负责退换)

林道新　刘承帅(北京矿冶研究总院)　刘风琴　刘福兴

刘惠林(北京矿冶研究总院)　刘莉　刘汝兴　刘润田

刘仲昱　娄世彬　路培乾　罗丽芬　罗英涛　罗钟生

门翠双　戚焕岭　齐东华　齐利娟　瞿文军　曲正

单淑秀　沈利　沈政昌(北京矿冶研究总院)　石磊

宋冶林　孙兵　孙松林　孙喜喜　孙毅　田金隆

田新峰　万柱标　王达健(天津理工大学)　王建立

王亮　王培　王庆伟(河南工业大学)　王同砚

王卫娜　王玉　吴钢　武福运　席灿明　杨冠群

杨光华　杨宏杰　杨建　杨孟刚　杨昇(郑州大学)

杨晓霞　殷希丽　尹中林　于海斌(天津化工研究设计院)

于海燕(东北大学)　于建国　袁崇良　袁贺菊　袁一新

曾宏凯　詹志强　张佰永　张军　张钦菘　张树朝

张万福　张学英　赵洪生　赵晋华　赵兰英　赵无畏

赵冶国　郑飞　郑绪滨　周东方　周凤禄　周吉奎

审稿人员（以姓氏汉语拼音为序）

程运材　杜平　高文杰　龚石开　顾松青　郭沈

侯春楼　胡绳兴　霍庆发　贾柯　冷正旭　李金鹏

李庆宏　李小斌(中南大学)　李元杰　厉衡隆　廖新勤

刘风琴　刘钢　路培乾　路增进　罗安　罗英涛

牛殿臣　沈政昌　孙毅　王云利　温作仁　薛玉兰

杨冠群　姚世焕　袁懋林　张为民　张荫蓬　赵无畏

说明：以上人员的工作单位，除注明外，均为中国铝业公司。

序

中国铝工业经过 50 多年的持续发展，不仅在生产能力、产量和消费量上已经位居世界第一，在国民经济中发挥了越来越重要的作用，而且在科研、技术开发、设计和建设各个领域都积累了丰富的经验，在世界铝行业技术发展中举足轻重。中国铝工业，不仅学习和借鉴了世界同行的先进技术和有益经验，而且经过消化吸收，形成了自主创新能力，将自主创新的成果运用于国外铝厂的建设和生产运行。

中国从事铝冶炼工业的工程师和专家们，有责任将这些丰富的经验和技术成就进行系统总结，为发展中国和世界的铝工业作贡献。希望《铝冶炼生产技术手册》的出版能够起到这样的重要作用。

《铝冶炼生产技术手册》是国内外第一本系统、全面介绍铝冶炼生产及其相关技术的大型工具书，凝聚了我国铝冶炼工业各领域的专家们多年技术和经验的积累，反映了当代世界铝冶炼工业最新的科技成果和发展方向。该书编写做到了系统、全面、实用，融科学性、先进性和实用性为一体，填补了国内外铝冶炼手册类图书出版的空白，通过全面系统地反映我国和世界铝工业生产与科技发展状态和水平，把铝冶炼工业各个生产环节的概况、技术发展的状况以及未来的发展前景介绍给读者，成为适合于从事铝冶炼工业各领域的管理、设计、科研、生产、教学人员方便查阅使用的权威性的工具书。

中国铝业公司作为中国铝工业的排头兵，以科技创新驱动结构调整，转变发展方式，引领行业发展，为中国铝冶炼技术的发展作出了重要的贡献，也成功地推动了中国铝冶炼技术走向世界，实现了中国铝工业技术由输入国向输出国的历史性转变。我们希望通过《铝冶炼生产技术手册》的出版，与国内外同行进一步密切交流，推动铝工业实现可持续发展，使中国铝工业技术更加发扬光大，为世界铝工业作出更大贡献。

二〇一一年七月二十日

编 写 说 明

中国已成为世界上产量第一的氧化铝、电解铝、铝用炭素和铝用氟化盐生产大国。中国铝冶炼生产技术也实现了高水平发展，一大批具有中国自主知识产权的新流程、新工艺、新设备和新材料在中国铝冶炼厂得到了成功的应用。

铝冶炼各个专业领域已经有大量论文、专著和教科书出版发行。为了更好地总结、分析已有的铝冶炼技术和生产经验，全面综合地反映国内外铝冶炼各专业领域的状况，为读者提供查询、学习、借鉴和运用相关的知识、技术和经验的途径，有必要编著一本涉及铝冶炼行业各领域技术的手册。在中国铝业公司和冶金工业出版社的鼓励和支持下，编者尝试地完成了这本《铝冶炼生产技术手册》。

本手册的编写原则和主要要求有：

（1）内容力求全面、完整，尽量做到不缺漏。

（2）力求反映国内外最新成果、先进水平，表达方法也力求新颖。

（3）符合国家产业政策，体现科学发展。不叙述对于因环保、技术落后等原因已被淘汰的方法（例如自焙槽和与自焙槽相应的阳极糊、汞齐法提取镓等）。

（4）中国和世界的相关统计数据一般截止于 2009 年底。

（5）对于一些有多种不同名称的术语，手册中在综合说明的基础上，统一使用较为常用的术语名称。

（6）为避免内容重复和共性内容的交叉，同样的内容和产品技术标准只在主题篇章列出，其他篇章引用。同样的图、表、公式只能出现一次，再次用到时引用编号。

（7）标准和分析方法内容，尽量在各篇中列全现行标准，并摘要写出分析原理、方法和所用设备的简单介绍。

（8）参考文献分篇整理，在每篇的最后列出。

本手册分上、下两册，包括 9 篇 58 章以及与铝冶炼有关的内容组成的附录。在概论中叙述了铝的一般性应用、市场、历史等内容后，按照铝工业产业链的先后顺序分别介绍了铝土矿、氧化铝、化学品氧化铝、电解铝、铝用炭素材料和氟盐、精铝和高纯铝、铝及铝合金的铸造、再生铝等内容。

对每一篇中关于该专业领域生产技术的描述大致包含如下几部分内容：

（1）定义或概述、性能和应用；

（2）制备方法、工艺流程和设备；

（3）质量要求和分析方法；

（4）某些重点篇还含有工厂组成和设计、环境保护问题、技术经济、发展趋势等。

各专业领域生产使用的设备也是本手册的重点内容之一。手册中列举了目前国内外厂商可提供的、应用最广泛的相关主体设备的关键参数。

环境保护内容是各专业领域的重要部分，一般均包含污染源、排放标准和治理方法等内容。在第五篇电解铝的第35章中介绍比较全面，其他相同处均引用第35章中的内容。再生铝生产和铸造涉及的环境保护问题在再生铝篇一并介绍。噪声的共性特点较强，手册只在再生铝篇内做综合叙述。

概算和技术经济内容在氧化铝篇和电解铝篇内有较完整的叙述，其他领域可参考该内容。

此外，在第二篇铝土矿中也介绍了各种非铝土矿铝资源；考虑到关于镓、氧化镓、砷化镓的叙述的内容是作为氧化铝生产的副产品，故将镓系列安排在第三篇氧化铝中；考虑到氟盐与炭素阳极、阴极均为电解铝生产中的重要材料，故将氟盐也安排在第六篇铝用炭素材料及氟盐中。

英文术语、铝行业准入条件、国外氧化铝企业及国外电解铝企业一览表均在附录中列出。

本手册不仅可以作为从事铝冶炼工业生产、设计、科研和教学等各方面工程技术人员重要的参考工具书，也可满足相关领域管理人员从事实际工作的需要。

感谢中国铝业公司对编写《铝冶炼生产技术手册》的全力支持。大部分作者和审稿人都是工作繁忙的中年业务骨干，中国铝业公司以及各有关的高等院校和科研院所为编者和审稿人参与手册工作提供了极大的方便。十分感谢中国铝业公司科技部在手册编写过程中及时给予指导和帮助，并协调解决有关的问题。没有这些大力支持是不可能动员这么多科技精英来完成这部巨著的。

特别要感谢全体作者和审稿人持之以恒地付出了数年的努力。为了向广大读者负责，他们对手册的内容做了反复的推敲、修改和补充，几易其稿甚至十易其稿。《铝冶炼生产技术手册》中的许多内容直接反映了作者们自身多年研究的成就。

尽管作者们付出了极大的努力，但由于水平、时间有限，存在问题在所难免，例如各部分叙述深度不平衡；还可能漏掉一些内容；对国产设备未做深入的评议；行业发展问题的分析尚有欠缺等。恳请读者批评指正，反馈改进意见，在此深表谢意。

总 目 录

✳✳✳✳✳✳✳✳✳✳✳✳✳✳✳✳✳✳✳✳✳✳✳✳✳✳✳✳✳✳✳✳✳✳✳

上　　册

第三篇 氧 化 铝

第四篇　化学品氧化铝

下 册

第五篇 电 解 铝

第六篇　铝用炭素材料及氟盐

第七篇　精铝、高纯铝和电解共析法制取铝合金

第八篇 铝及铝合金的铸造

第九篇 再 生 铝

附 录

目　　录

＊＊＊＊＊＊＊＊＊＊＊＊＊＊＊＊＊＊＊＊＊＊＊＊＊＊＊＊＊＊＊＊＊＊＊＊＊＊＊

第一篇　概　　论

第二篇　铝　土　矿

第三篇　氧化铝

第四篇　化学品氧化铝

第一篇　概　论

本篇主编　厉衡隆

编写人员　（以姓氏汉语拼音为序）
　　　　　　郭富安　纪艳丽　李耀民
　　　　　　厉衡隆　王　培　赵晋华
　　　　　　赵兰英

审　　稿　（以姓氏汉语拼音为序）
　　　　　　顾松青　袁懋林　张为民

1 铝 的 概 述

****

1.1 铝冶炼简史

铝（Al）是在元素周期表中的第 13 号元素。铝在自然界中分布极广，地壳中铝的含量约为 8.8%，仅次于氧（O）和硅（Si），居第三位；在各种金属元素当中，铝居首位。铝的化学性质十分活泼，自然界中仅发现了少量元素状态的铝，与其他矿物共生。含铝的矿物总计有 250 多种，最主要的矿物组成有水合氧化物和硅酸盐化合物，其中主要的是铝土矿、高岭土、霞石、明矾石、黏土等。

中国开采和利用含铝矿物有悠久的历史，很早就开始从明矾石提取明矾（古称矾石），供医药及工业上使用。汉代《本草经》（公元前 1 世纪）一书中记载了 365 种药物，其中有 16 种矿物药物，包括了矾石、铅丹、石灰、朴硝、磁石。明代宋应星所著《天工开物》（公元 1637 年）一书记载了矾石的制造和用途。

Aluminium（铝）一词从明矾衍生而来，古罗马人称明矾为 Alumen。1746 年波特（J. H. Pott）从明矾中制取了一种金属氧化物。德国化学家 A. Marggraf 认为黏土和明矾中含有同一种金属氧化物，1786 年，他给铝的氧化物取名为"alumina"。1807 年，英国化学家戴维（H. Davy）试图用电解法从氧化铝中分离出金属，但未成功。1808 年，他将此种拟想中的金属称为 Aluminium，以后沿用此名。法国人 Berthier 于 1821 年在法国南部的小村庄 Les Baux 附近发现了铝土矿，铝土矿由此而得名为 bauxite，并于 1859 年开始了小规模采矿。

金属铝最初用化学法制取。1825 年，丹麦化学家奥斯塔（H. C. Oersted）把钾汞齐与无水氯化铝进行反应，然后将生成的铝汞齐在真空条件下蒸馏，分离出汞，最终产物是具有锡的光泽和颜色的金属铝，但当时未能加以鉴定。1827 年德国化学家维勒（F. Wöhler）加热金属钾和无水氯化铝的混合物，制取了少量灰色粉状铝，但无法鉴定其性质。直至 1845 年，维勒把氯化铝气体通过熔融的金属钾表面，得到金属铝珠，每颗铝珠的质量为 10~15mg，于是铝的一些物理性质和化学性质得到初步测定。

1854 年，法国化学家德维勒（S. C. Deville）用较便宜的钠代替钾还原 NaCl-AlCl₃ 配合盐，制取金属铝。钠和钾同为一价碱金属，但钠的相对原子质量比钾小，制取 1kg 铝所需的金属钠量大约是 3.0~3.4kg，而用钾则大约需要 5.5kg，故用钠比较经济。当时称铝为"泥土中的银子"。1854 年，在巴黎附近建成了世界上第一座炼铝厂。1855 年，德维勒在巴黎世界博览会上展出了 12 块小铝锭，总量约为 1kg。1865 年，俄国化学家贝克托夫（Никулай Бекетов）提议用镁还原冰晶石来生产铝。这一方案后来在德国 Gmelingen 铝镁工厂里被采用。

自从 1887～1888 年电解法炼铝工厂投入生产后，化学法便渐渐停止使用了。德维勒的化学法工厂于 1891 年关闭。在此之前的 30 多年内采用化学法总共生产了约 200t 金属铝。

在采用化学法炼铝期间，德国人本森（R. Bunsen）和德维勒继戴维之后继续研究电解法炼铝。1854 年，本森发表了试验总结报告，称通过电解 NaCl-AlCl₃ 配合盐，可得到金属铝，他在电解时采用炭阳极和炭阴极。同年，德维勒除了电解 NaCl-AlCl₃ 配合盐之外，还电解此配合盐和冰晶石的混合物，都获得了金属铝。德维勒也许是认识到氧化铝可溶于熔融氟盐的第一个人，他在改进化学法炼铝的过程中，将氟化钙（CaF_2）和冰晶石（Na_3AlF_6）加入 $NaAlF_4$ 熔剂中，首次发现加入的冰晶石具有溶解金属铝表面氧化膜的作用。这一偶然的重大发现孕育着冰晶石-氧化铝熔盐铝电解法的诞生。由于当时用蓄电池作为电源，不能获得较大的电流，而且电能价格昂贵，因此电解法炼铝尚不能在工业上应用。只有当西门子（Simens）于 1866 年制成了直流发电机，并在 1875 年加以改进之后，才使电解法炼铝得以用于工业规模生产。

1883 年，美国人布拉德莱（Bradley）提出利用氧化铝可溶于熔融冰晶石的特性来电解冰晶石-氧化铝熔盐的方案，但未获得专利。3 年之后，即 1886 年，美国工程师霍尔（Charles Martin Hall）和法国工程师埃鲁（Paul-Louis-Toussaint Héroult）通过实验不约而同地申请了冰晶石-氧化铝熔盐电解法炼铝的专利，并获得批准。这就是历来所称的 Hall-Héroult（霍尔-埃鲁）法。

霍尔、埃鲁的照片如图 1-1 和图 1-2 所示。

图 1-1 霍尔（Charles Martin Hall，　　　　图 1-2 埃鲁（Paul-Louis-Toussaint Héroult，
　　　　1863～1914 年）　　　　　　　　　　　　　　1863～1914 年）

霍尔认为氧化铝是炼铝的适当原料，但因为氧化铝的熔点很高，必须要寻找一种适宜的熔剂。所以霍尔系统研究了各种熔剂，并进行试验，直到采用冰晶石试验才找到这种熔剂。而埃鲁则相反，通过电解纯冰晶石熔液得到铝之后，首先将 NaCl-AlCl₃ 配合盐作为炼铝原料，但由于 NaCl-AlCl₃ 易于水解，故改用氧化铝。可见霍尔和埃鲁在炼铝方法的研究上是殊途同归。他们的发明分别都申请到专利。

1888 年，霍尔在美国匹兹堡建立电解铝厂，开始用冰晶石-氧化铝熔盐电解法炼铝，该厂是 1907 年成立的美国铝业公司的前身。瑞士 Neuhausen 冶炼公司也几乎在同时采用埃鲁的专利炼铝。与化学法相比，电解法成本比较低，而且产品质量好，并一直沿用至今。

冰晶石-氧化铝熔盐电解法炼铝发明后，由于制造成本大幅度下降，有力地促进了铝的工业规模生产。继美国和瑞士之后，其他各国也相继采用电解法炼铝，法国始于 1889 年，英国为 1890 年，德国为 1898 年，奥地利为 1899 年，挪威为 1906 年，意大利为 1907 年，西班牙为 1927 年，前苏联为 1931 年，中国为 1938 年。

冰晶石-氧化铝熔盐电解法自发明以来一直沿用至今。一百多年来，世界的原铝产量迅速增长，1890 年世界产量 180t，1900 年增加到 8000t，1925 年 180kt，1950 年 1500kt，1970 年 10250kt，1980 年 15600kt，1990 年 18100kt，2000 年 24060kt，2008 年达到 39215kt。2008 年世界上生产原铝最多的国家依次为中国、俄罗斯和加拿大。

氧化铝作为电解法炼铝的原料，在世界的生产也只有一百多年的发展历史。法国人德维勒在 1858 年就提出了碳酸钠烧结法，即用碳酸钠和铝土矿烧结，得到含固体铝酸钠的烧结产物，称为熟料或烧结块，将其用稀碱溶液溶出便可以得到铝酸钠溶液。往溶液中通入 CO_2 气体，即可析出氢氧化铝。残留在溶液中的主要是碳酸钠，可以再循环使用。这是世界上第一个氧化铝工业生产方法。法国南方尼姆（Nimes）附近的萨林德（Salindres）工厂是 1860~1890 年间世界上仅有的能够采用德维勒碳酸钠烧结法工艺生产氧化铝和铝化学品的工厂。

此后，经过 1880 年缪勒（Muller）和 1902 年佩卡特（Packard）的相继改进，在法国人德维勒确立的两成分烧结法的基础上提出了三组分（碳酸钠、石灰和铝土矿）烧结法生产氧化铝工艺，该工艺的关键是使含硅化合物转变成 β-2CaO·SiO_2，能较好地实现铝硅分离，从而能处理品位较低的铝土矿。这一发明奠定了碱石灰烧结法生产氧化铝工艺的基础。由于中国铝土矿氧化硅含量较高、品位较低，碱石灰烧结法生产氧化铝工艺后来在中国得到了较为广泛的应用，并得到完善和发展，工艺流程、技术指标和装备都得到了明显优化。

奥地利化学家拜耳（Karl Josef Bayer）对氧化铝工业作出了伟大的贡献。他于 1885 年来到圣彼得堡进行研究，1887 年发现向冷的铝酸钠溶液中加入新析出的氢氧化铝晶种，在不间断搅拌的条件下能够析出氢氧化铝，这项发明于 1887 年取得专利。同期，他又发现：铝土矿和氢氧化钠溶液在高压釜中加压加热时，矿石中所含的氧化铝能被选择性溶解，生成铝酸钠溶液，这项发明于 1889 年取得专利。拜耳的这两项发明专利构成了拜耳法生产氧化铝的基础。拜耳法于 1894 年在法国的加丹（Gardanne）首次被应用于工业生产。拜耳的照片如图 1-3 所示。

拜耳法工艺产生后，氧化铝生产得到了快速发展，形成了规模巨大的氧化铝工业，目前世界上 90% 以上的氧化铝都是采用拜耳法工艺生产的。一百多年来，拜耳法的基

图 1-3　拜耳（Karl Josef Bayer，1847~1904 年）

本原理没有改变，但设备和具体工艺有了巨大变化，实现了从间断性操作到连续性生产，关键设备趋于大型化和自动化。这些变化降低了投资、人力、能源和维护上的费用，提高了劳动的生产率。中国为处理难溶出、硅含量高的一水硬铝石铝土矿，在推广应用拜耳法的同时，将其进一步创新发展，相继开发了选矿拜耳法和石灰拜耳法等改进的拜耳法，使拜耳法可应用于品位更低和更难处理的铝土矿。

随着拜耳法和霍尔-埃鲁冰晶石-氧化铝熔盐电解法得到工业应用，氧化铝和电解铝大规模工业生产，原铝的生产成本不断下降，到19世纪末、20世纪初，铝已逐渐成为仅次于钢铁的第二大金属材料。1901年用铝板制造汽车车体，1903年美国铝业公司制造了美国人莱特（Wright）兄弟第一次飞行所用的发动机部件。汽车工业和造船工业也开始采用铝合金铸件、型材和厚板。随着铝产量的增加和科学技术进步，铝材在其他工业部门的应用也越来越广泛，反过来又极大地刺激了铝工业的发展。

一种新材料的推广应用必须依靠新产品的不断研制与开发、不断提高材料的性能和扩大材料的应用范围。德国化学家维尔姆（A. Wilm）于1906年发明了硬铝合金，使铝的强度提高了两倍，这种硬铝合金在第一次世界大战期间被大量应用于飞机制造和其他军火工业。第二次世界大战期间的空战更是耗用了大量的铝。Al-Mn、Al-Mg、Al-Mg-Si、Al-Zn-Mg等不同成分和不同热处理状态的铝合金陆续开发出来，这些合金具有不同的特性和功能，大大拓展了铝在各方面的用途，使铝在电力工业、建筑工业、包装材料、设备制造、汽车、铁路、船舶及飞机制造等工业部门中得到越来越广泛的应用。随着应用领域的扩展，铝的需求量也迅速增加。

现代铝工业主要是从铝土矿中提取氧化铝，每生产1t氧化铝需要2~3t铝土矿，而每生产1t原铝约需要2t氧化铝。2008年全世界的铝土矿开采量超过2.05×10^8t，氧化铝产量为85876kt，其中约80%是以三水铝石为原料，采用拜耳法生产的。

用氧化铝电解而获得的铝称为原铝。铝具备优越的可回收性，废铝经回收生产的铝称为再生铝或二次铝。生产再生铝所用的能量大约只是原铝生产的5%，因此再生铝使用的比例越来越大。2007年全世界的再生铝产量（含铝加工厂利用的量）已达到12000kt/a，可满足市场总需求的26%。2007年中国使用国内回收和从国外进口的废铝生产的再生铝已达到2750kt。

1.2 铝的性质

铝（Al）是元素周期表上第3周期ⅢA族元素，原子序数为13，相对原子质量为26.98154（1977年国际相对原子质量表，以^{12}C为基准）。主要同位素^{27}Al所占比例接近100%。

1.2.1 铝的物理性质

铝是一种轻金属，具有银白色的金属光泽。铝主要的物理性质如下：

（1）密度小。从晶格参数算出铝的密度为2.6987g/cm³，而实测的密度值为2.6966~2.6988g/cm³，同计算值接近，Al^{3+}的半径为0.0535nm。铝的密度也与其中所含的合金元素或杂质的种类和数量有关。使铝密度增大的元素是Fe、Cu、Mn、V、Cr、Ti、Pb等，使其降低的元素是B、Ca、Mg、Li等，Si可稍稍降低铝的密度。工业纯铝的密度主要取决于其中 Fe 和 Si 的质量分数。一般工业纯铝中 $m_{(Fe)}/m_{(Si)}$ 为 $2 \sim 3$，密度为 $2.70 \sim 2.71$ g/cm^3。在 950℃时，铝液的密度为 2.303g/cm^3。

（2）电阻率小。纯度为 99.995% 的铝的电阻率在 293K 时为 $(2.62 \sim 2.65) \times 10^{-8}$ $\Omega \cdot m$，仅高于银和铜，相当于铜的标准电阻率的 $1.52 \sim 1.54$ 倍。用作工业导电材料的铝，在 293K 时，电阻率不大于 $2.80 \times 10^{-8} \Omega \cdot m$。在纯铝中添加其他元素，都会增大铝的电阻率。一般质量分数为 99.5% ~ 99% 的铝，电阻率为 $(2.80 \sim 2.85) \times 10^{-8} \Omega \cdot m$。固体和液体铝的电阻率均随温度降低而减小，靠近 0K 时，铝的电阻率接近零。

（3）铝具有良好的导热能力。在 25℃时，铝的热导率为 2.35W/(cm·℃)，仅次于银。

（4）熔点低。铝的熔点与纯度有密切关系。纯度为 99.996% 的铝，其熔点公认的最精确的测定值为 933.4K（660.24℃）。纯度为 99.99% 的铝，熔点一般降低 $1 \sim 2$℃。工业纯铝的最终凝固点降低至 575℃，所以工业纯铝有一个凝固温度区。铝的熔化焓为 10.71kJ/mol。

（5）沸点高，为 2467℃。液态铝的蒸气压不高。

（6）铝具有良好的反射光线的能力，特别是对于波长为 $0.2 \sim 12\mu m$ 的光线，其热反射率为 85% ~ 95%。

（7）铝没有磁性，不产生附加的磁场，所以在精密仪器中不会起干扰作用。

（8）铝易于加工，可用一般的方法把铝切割、焊接或粘接；铝有良好的延性和展性，可以拉成铝线，压成铝板和铝箔，挤压成型材。

（9）铝可以同多种金属构成合金，例如 Al-Ti、Al-Mg、Al-Zn、Al-Li、Al-Fe、Al-Mn 合金。某些合金的力学强度甚至超过结构钢，具有很大的强度/质量比值。

1.2.2 铝的化学性质

铝主要的化学性质如下：

（1）铝的化学性质很活泼，容易与氧气和各种水溶液反应，因而铝在自然界中很少以游离状态出现。铝同氧反应生成 Al_2O_3。氧化铝的生成热很大，$\Delta H_{298}^{\ominus} = -(1677 \pm 6.2)$kJ/mol，相当于每克铝为 -31kJ。铝在空气中生成一层致密的氧化铝薄膜，避免了进一步氧化，使铝在空气中没有锈蚀效应。铝的这一特性使它的再生利用率高。铝粉容易着火，因此可用于生产焰火的原料。

（2）铝在高温下能够还原其他金属氧化物。利用这些反应可制取某些金属，例如 Mg、Li、Mn、Cr 及其相应的铝基母合金，或者焊接钢轨。其一般反应式（Me 表示金属）是：

$$2Al + 3MeO \Longrightarrow Al_2O_3 + 3Me$$

在 2000℃左右，铝易于和碳发生反应，生成碳化铝（Al_4C_3）。有催化剂冰晶石存在时，Al_4C_3 的生成温度可降低到 900℃左右。铝在 1100℃以上温度时与氮发生反应，生成氮化铝（AlN）。

（3）铝在 800℃以下温度会与三价卤化物（AlF_3、$AlCl_3$、$AlBr_3$、AlI_3）发生反应，生成一价铝的卤化物。在冷却时，一价铝的卤化物可分解出常价铝的卤化物和铝。利用这种歧化反应，可以从铝合金中提取纯铝。其反应式为：

$$2Al + AlCl_3 \rightleftharpoons 3AlCl$$

（4）由于铝具有酸碱两性性能，铝既易同稀酸起反应，生成铝盐；铝又易被苛性碱溶液侵蚀，生成氢气和可溶性铝酸盐。碱和盐会破坏铝表面的氧化膜，降低铝的抗锈蚀性。但是高纯度铝能够抵御某些酸的腐蚀作用，可用来储存硝酸、浓硫酸、有机酸和其他化学试剂。

（5）铝不与碳氢化合物（饱和的或不饱和的，脂肪族的或芳香族的）起反应。但是因碳氢化合物中可能有痕量的碱或酸，也会使铝受到腐蚀。铝不与酒精、酚、醛、酮、醌发生反应。但是铝同醋酸起反应，温度升高，则反应加剧。

（6）铝的保护剂。铝的保护剂有多种有机的或无机的胶体（如树脂、树胶、淀粉、糊精等）、碱金属的铬酸盐和重铬酸盐、铬酸、高锰酸盐、过氧化氢以及其他氧化剂，它们能够促进铝表面生成保护性氧化膜。但是这些保护剂并不是绝对保险的，因为其中往往含有某些有害的杂质，而且当环境不同时，其防护作用会减退。

（7）铝与人体健康的关系。人体内摄入少量的铝，对健康无损害，而且铝不像铜等其他常用金属那样会在烹饪中加速维生素 C 的损失。但是研究人员发现，使用铝锅烹调有害健康，金属铝破坏人体中负责细胞能量交换的三磷酸腺苷，使细胞能量交换呈非自然形式进行。此外，动物的衰老症与体内摄入过量的铝有关。研究指出，使用铝锅制作含酸或含碱的食物时，因铝的溶解性提高，对人体尤为有害。用铝锅烧煮米饭、稀粥、面条、土豆则无碍人体健康，但不宜用其存放隔夜食物。

1.2.3　铝及铝合金的种类和特性

铝及铝合金具有良好的耐蚀性，较高的比强度、导电性和导热性，故在工业中应用广泛。纯铝抗拉强度不高，但塑性好，若所含 Fe、Si 等杂质增加，塑性及耐蚀性会降低。根据杂质含量的不同，纯铝可分为普通铝（含铝 99.0% ~ 99.9%）、精铝（含铝 99.95% ~ 99.999%）和高纯铝（含铝大于 99.999%），详见本书第七篇。在纯铝中加入 Cu、Mg、Mn、Si、Zn、V、Cr 等合金元素后，便形成了铝合金，其物理性能和力学性能可在一个很大的范围内变化。

根据铝合金的化学成分和制造工艺，用于最终产品的铝合金可分成变形铝合金和铸造铝合金两大类，其大致的分类如图 1-4 所示。

除了上述两大类铝合金外，还有配制合金用的中间铝合金，如铝铜合金、铝硅合金、铝钛合金、铝硼合金、铝钪合金等。本书第七篇 ~ 第九篇将涉及部分铝合金。

1.2.3.1　铸造铝合金

为了获得各种形状与规格的优质精密铸件，用于铸造的铝合金必须具备以下特性，其中最关键的是流动性和可填充性。

（1）有填充狭槽窄缝部分的良好流动性；

（2）有适应其他许多金属所要求的低熔点；

（3）导热性能好，熔融铝的热量能快速向铸模传递，铸造周期较短；

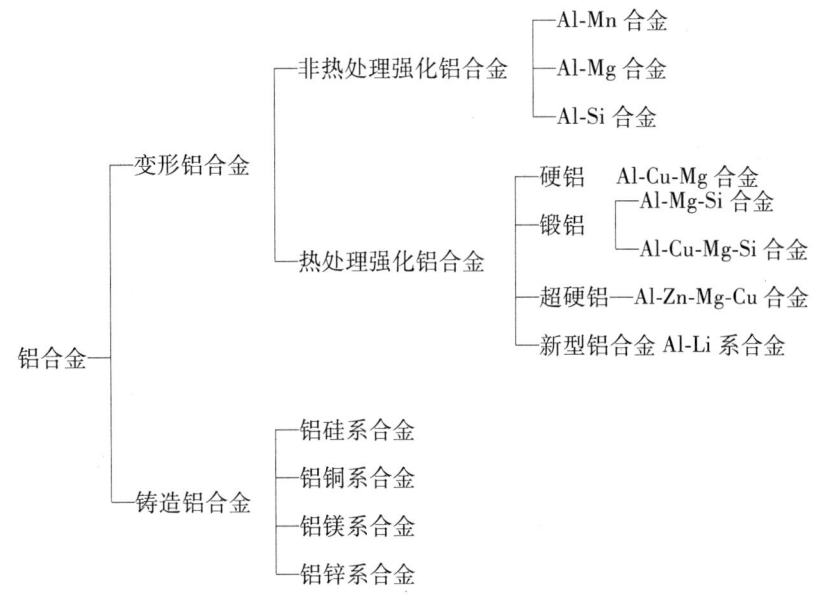

图1-4　铝合金的分类

（4）熔体中的氢气和其他有害气体可通过处理得到有效的控制；

（5）铝合金铸造时，不会产生热脆开裂和撕裂的情况；

（6）化学稳定性好，有高的抗蚀性能；

（7）不易产生表面缺陷，铸件表面有良好的光泽和较低的表面粗糙度，而且易于进行表面处理；

（8）铸造适应性能好，可用压模、硬模（永久模）、生砂和干砂模、熔模、石膏型铸造模进行铸造生产，也可用真空铸造、低压和高压铸造、挤压铸造、半固态铸造、离心铸造等方法成形，生产不同用途、不同品种规格、不同性能的各种铸件。

根据合金成分，铸造铝合金可归成为图1-4中的四个主要系列。目前，世界各国已开发出了大量铸造铝合金。国际上没有铸造铝合金系的统一标准，但各国、各公司都有自己的合金名称及术语。下面是中国铸造铝合金的牌号、代号与状态表示方法。

（1）按GB 8063—1987的规定，铸造铝合金牌号用化学元素及数字表示，数字表示该元素的平均含量。在牌号的最前面用"Z"表示铸造，例如ZAlSi7Mg，表示铸造铝合金，平均含硅量为7%，平均含镁量小于1%。国家标准《铸造铝合金》（GB/T 1173—1995）规定了铸造铝合金的技术要求，包括化学成分和力学性能。此标准中合金代号由字母"Z"、"L"（分别表示"铸"、"铝"）及其后的三个数字组成。ZL后面第一个数字表示合金系列，其中1、2、3、4分别表示铝硅、铝铜、铝镁、铝锌系列合金，ZL后面第二、三两个数字表示顺序号。优质合金在数字后面附加字母"A"。

（2）合金铸造方法、变质处理代号（GB/T 1173—1995）：

1）S表示砂型铸造；

2）J表示金属型铸造；

3）R表示熔模铸造；

4) K 表示壳型铸造；

5) B 表示变质处理。

（3）合金状态代号（GB/T 1173—1995）

1) F 表示铸态；

2) T1 表示人工时效；

3) T2 表示退火；

4) T4 表示固溶处理加自然时效；

5) T5 表示固溶处理加不完全人工时效；

6) T6 表示固溶处理加完全人工时效；

7) T7 表示固溶处理加稳定化处理；

8) T8 表示固溶处理加软化处理。

铸造铝合金可以用原铝来生产，也可以用再生铝来生产。但总的趋势是越来越多地使用再生铝为原料。本书第九篇将详细介绍铸造铝合金。

1.2.3.2　变形铝合金

纯铝很软，强度不大，有着良好的延展性，可拉成细丝或轧成箔片。但纯铝的使用有局限性，为此人们在纯铝中加入各种合金元素，以制成各种可进行压力加工的变形铝合金。变形铝合金通过轧制、挤压、拉伸、锻压等加工方式，生产出板材、带材、箔材、管材、棒材、型材、锻件等半成品，在此过程中，通过机械处理、热处理以及机械和热处理联合的处理方式，可赋予这些半成品以多种状态，从而适合用于各种不同的应用领域。

变形铝合金的分类方法很多。按所含主要合金元素的种类，可分为八大系列：

（1）1×××系铝属于工业纯铝，Fe 和 Si 为主要杂质元素。该系铝具有密度小、导电性好、导热性高、熔解潜热大、光反射系数大、热中子吸收界面积较小及外表色泽美观等特性。1×××系铝属非热处理强化型，只能通过冷作硬化来提高强度，因此强度较低。常用牌号有 1050、1060、1100、1145 和 1350。

（2）2×××系铝合金是以 Cu 为主要合金元素的铝合金。该系合金包括了 Al-Cu-Mg 合金、Al-Cu-Mg-Fe-Ni 合金及 Al-Cu-Mn 合金等。这些合金均为可热处理强化铝合金。2×××系合金的特点是强度高，通常称为硬铝合金或硬铝，其耐热性能和加工性能良好，但耐蚀性能不如其他大多数铝合金好，在一定条件下会产生晶间腐蚀。因此，2×××系铝合金板材往往需要包覆一层纯铝或 6×××系铝合金以提高其耐蚀性能。该系合金广泛应用于航空和航天及国防军工等领域。常用牌号有 2011、2014、2017、2024、2219 和 2618。

（3）3×××系铝合金是以 Mn 为主要合金元素的铝合金，属于非热处理强化铝合金。该类合金的塑性高、焊接性能好。强度比 1×××系铝合金高，耐蚀性能与 1×××系铝相近，是一种耐腐蚀性能良好的中等强度铝合金。常用牌号有 3003、3004 和 3105。

（4）4×××系铝合金是以 Si 为主要合金元素的铝合金，其大多数合金属于热处理不可强化铝合金。该系合金由于含 Si 高，熔点低，熔体的流动性好，容易补缩，并且不会使最终产品产生脆性，因而主要用于制造铝合金焊接的添加材料，如钎焊板、焊条和焊丝等。此外，由于该系部分合金的耐磨性能和高温性能好，也被用来制造活塞和耐热零件等。常用牌号有 4032、4043 和 4004。

（5）5×××系铝合金是以 Mg 为主要合金元素的铝合金，属于热处理不可强化铝合金。该系合金密度小，强度比 1×××系和 3×××系铝合金高，属于中高强度铝合金。该系合金的疲劳性能和焊接性能良好，耐海洋大气腐蚀性好，主要用于制作焊接结构件和船舶制造领域。常用牌号有 5005、5052、5083、5086、5182 和 5456。

（6）6×××系铝合金是以 Mg 和 Si 为主要合金元素的、可热处理强化铝合金。该系合金具有中等强度、耐蚀性高、无应力腐蚀断裂倾向，焊接性能良好，成形性能及工艺性能优良。该系合金广泛应用于建筑和交通运输等领域。常用牌号有 6005、6009、6010、6061、6063、6066 和 6101。

（7）7×××系铝合金是以 Zn 为主要合金元素的铝合金，属于可热处理强化合金。合金中加 Mg，形成 Al-Zn-Mg 合金，具有良好的热变形性能，淬火范围很宽，在适当的热处理条件下能够得到较高的强度，焊接性能良好。Al-Zn-Mg-Cu 合金是在 Al-Zn-Mg 合金的基础上发展起来的，其强度高于 2×××系铝合金，一般称为超高强铝合金或超硬铝，合金的屈服强度接近于抗拉强度，屈强比高，比强度也很高，但塑性及高温强度较低。这类合金有一定的应力腐蚀倾向。该系合金广泛应用于航空和航天及国防军工等领域，是这些领域最重要的结构材料之一。常用牌号有 7005、7050、7055、7075、7150 和 7475。

（8）8×××系铝合金，目前主要是含 Li、Zr、B 铝合金及 Fe、Si 为主要合金元素的合金。其用途各不相同。其中的 Al-Li 合金，是以 Li 作为主要合金元素的新型铝合金。最突出的优点是密度小，弹性模量高。铝锂合金具有高的屈服强度和良好的高温和低温性能，其室温力学性能与一般高强度铝合金相当，而高温和低温性能优于一般高强度铝合金。铝锂合金的常用牌号有 2090、2091 和 8090，可应用于大型客机。

本书第八篇将论述电解铝厂的铸造产品，还有一部分属变形铝合金。

1.2.3.3 中间铝合金

上述关于铝合金的分类是按最终可用于产品的牌号而归类的。此外，还有一类铝合金是在生产上述铝合金过程中用作合金成分的来源，或作为晶粒细化剂添加，如铝钛合金和铝硼合金等。中国有色金属行业标准《铝中间合金锭》（YS/T 282—2000）列举了 18 个牌号的铝中间合金，有铝铜、铝硅、铝锰、铝钛、铝镍、铝铬、铝硼、铝锆、铝锑、铝铁、铝钛硼、铝铍和铝锶合金。本书第 46 章叙述了用电解共析法生产这类中间铝合金的方法。

1.2.4 氧化铝的分类

氧化铝除了用于电解炼铝外，还有其他很多种用途。因此氧化铝（含氢氧化铝）可分为两大类：

（1）冶金级氧化铝（metallurgical grade alumina，MGA 或 smelter grade alumina，SGA），即电解铝用的氧化铝；

（2）非冶金级氧化铝，涵指电解铝之外所用的氧化铝和氢氧化铝，有时还包括某些含铝化合物。目前，全球非冶金级氧化铝产量占氧化铝总产量的 8% 左右。

非冶金级氧化铝根据其是否再加工处理，可做如下的细分：

1）普通氧化铝，也称工业氧化铝，所生产的冶金级氧化铝不经加工直接用作其他领域的原料，如陶瓷行业用色釉料、特种玻璃、低温陶瓷隔粘粉、排蜡粉、抛光粉等；

2）普通氢氧化铝，不经二次加工的工业氢氧化铝直接用作其他领域的原料，如氟化盐、冰晶石、净水剂、分子筛（沸石）等铝盐、特种玻璃等；

3）化学品氧化铝（美国、加拿大、澳大利亚、部分欧洲国家等以及中国近期的称谓），也称特种氧化铝（日本的称谓）或多品种氧化铝（中国的习惯称谓），是对所生产的普通氧化铝或普通氢氧化铝经过特殊加工的产品，其品质和性能与工业产品有一定的差别。若按照化学品氧化铝的化学成分区分，主要类型有下列几种：

第一，氧化铝的水合物（氢氧化铝、薄水铝石、拟薄水铝石等）；

第二，氧化铝（过渡相的活性氧化铝、煅烧 α-氧化铝等）；

第三，铝盐及铝酸盐（氟化铝、硫酸铝、氯化铝、聚合氯化铝、磷酸铝、铝酸钠、人造沸石等）；

第四，氧化铝陶瓷和氧化铝基耐火材料（氧化铝烧结体、氮化铝、莫来石、铝-镁尖晶石、铝酸钙等）。

本书第四篇将详细论述各种类型的化学品氧化铝。

2   铝及铝合金的应用

＊＊＊＊＊＊＊＊＊＊＊＊＊＊＊＊＊＊＊＊＊＊＊＊＊＊＊＊＊＊＊＊＊＊＊

2.1   铝及铝合金在包装领域的应用

铝及铝合金在包装领域中的应用在各种有色金属材料中占首位。铝作为包装材料的形式一般有铝板、铝块、铝箔以及镀铝薄膜等。铝板通常用于制罐材料或制盖材料，铝块用来制造挤压成形和减薄拉伸成形的罐体，铝箔一般用来制作防潮内包装、复合材料以及软包装等。铝箔包装始于 20 世纪初期。当时铝箔作为最昂贵的包装材料，仅用于高档包装。进入 21 世纪以来，市场竞争及产品同质化的趋势，刺激了产品包装的快速发展。据统计，西方国家包装业用铝占铝加工材消费约为 16%。

铝及铝合金在包装的应用主要有以下几个方面：

（1）铝质防盗瓶盖。国内白酒、葡萄酒、药酒及饮料多以玻璃瓶为主，其中约有 50% 的酒瓶盖为使用铝材制造的防盗盖，每年的增长速度为 10%。预计 2010 年，防盗盖用量将达到 150 亿只，需用铝板带材 60kt 左右。铝质瓶盖多在自动化程度相当高的生产线上加工，因此对材料的强度、伸长率和尺寸偏差都要求很严格，否则会在深拉加工时产生破裂或折痕。为保证瓶盖成形后便于印刷，要求瓶盖料板面平坦、无滚痕、划伤和污斑，一般采用的合金材料有 8001-H14 和 3003-H16 等。

（2）铝塑复合泡罩包装。保健食品、药品片剂和胶囊包装普遍采用泡罩包装形式。铝塑泡罩（PTP）由阻隔性塑料泡眼硬片和铝箔黏合制成。铝箔采用纯度为 99% 的铝经过压延制作而成，具有无毒、不渗透、阻热、防潮、阻光等优点，易进行高温灭菌消毒，可保护药品片剂免受光照变质。预计用于药品泡罩材料的包装将占未来药品的片剂和胶囊包装的 60% ~ 70% 左右。此外，铝塑复合泡罩包装在医药上还用于针剂等药品的外包装。

（3）铝饮料罐。铝饮料罐主要有易拉盖、特型罐、自加热/自冷却饮料罐。长期以来，尽管铝饮料罐等金属包装物一直受到镀锡板和聚酯材料（PET）材料的竞争，但由于其质量轻、密闭性好、不易破碎、可回收等优点，目前仍然是饮料包装的主要形式，大量用于啤酒、碳酸类饮料、果汁等饮料的包装。

中国的啤酒和碳酸饮料行业是全铝易拉罐的消费大户。迄今为止，中国已有制罐生产企业 20 多家，年制罐生产能力 110 多亿只；有制盖厂 20 多家，年制盖生产能力 150 多亿只。预测 2010 年全国易拉罐用铝将达到 290kt。

（4）铝塑复合软管包装材料。铝塑复合材料具有良好的隔绝性能，有不易破裂、外形美观、清洁卫生、使用方便、手感柔软、抗皱性好等优点。铝箔复合软管是以铝箔、塑料或树脂为基材，经复合制成的铝箔复合带，再由专门的制管机加工成管状半刚性包装制品，是全铝软管的更新换代产品，主要用于半固体小容量密封包装，如果冻、果酱、牙膏、化妆品、药膏、鞋油以及颜料、润滑剂、胶黏剂等，其中牙膏包装的用量最大。

随着包装技术的发展，牙膏的包装方式由原来的单一铝制牙膏管发展成现在的铝管、铝-塑组合管、塑料管等多种方式并存的局面。使用的铝合金从 1060 合金发展到 1235 和 8011 等合金。在欧美地区和日本，90% 以上的牙膏使用铝-塑复合包装。中国牙膏用量高达每年 90 亿支，目前采用这种铝-塑组合软管包装的厂家却不太多。因此，牙膏管用铝箔在中国的发展空间相当大。

（5）镀铝纸。镀铝纸主要由原纸、铝层和涂层组成，光泽度、平滑度和柔韧性好，喷铝层用铝少、牢度高，有良好的印刷性能和机械加工性能，而且由于其具有降解特性，有利于环保，因此可广泛用于烟、酒、瓶贴、茶叶、食品、化妆品、日用化工、百货、礼品和工艺品等产品的精美包装，也可用于建筑装潢材料。

20 世纪 80 年代初期，随着环保意识的增强，欧美国家开始尝试用喷铝产品代替复合铝箔纸，用于香烟内衬的包装。目前，镀铝纸最大的应用市场是北美和欧洲，共占世界市场的 80%。中国全年烟草生产量约 3400 万大箱，按每万大箱约耗用 30t 推算，香烟内衬纸总需求量约有 100kt 的潜在市场，而目前主要是使用复合铝箔纸。近年来，各烟厂都把喷镀铝纸（称为转移箔）在烟包上的使用作为一个重要课题来做，在未来三五年内，喷镀铝纸在内衬纸上的用量，据估计将会达到 60～70kt。

铝箔金银卡纸、PET 复合卡纸虽然已成为装饰性能与防伪性能均佳的高档包装材料，但它们是非环保材料。为适应环保的要求和降低香烟的包装成本的需要，用镀铝卡纸替代铝箔卡纸和镀铝膜金银卡纸是一种必然的趋势。

2.2 铝及铝合金在电力工业中的应用

铝及铝合金导体材料是电缆的重要基础材料，广泛应用于电力工业、信息产业、建筑与装备制造业。2002 年中国成为世界第二大电线和电缆生产国。电缆产品中用铝量最大的产品是架空输电线，即铝绞线、钢芯铝（合金）绞线、铝合金绞线、铝包钢绞线、复合光纤地线等。

在"十一五"期间，由于三峡输电、西电东送、全国联网等重大电网建设的带动，架空输电线使用量年递增率达 10% 以上；同时，城乡电网改造与建设使电力电缆用量年递增达 9%。此外，在未来的 8～10 年内，中国信息产业将有快速发展，主干信息网建设将进一步扩大，复合光纤地线等相关电缆产品也将以年增 10% 的速度发展。

铝及铝合金在电力工业中的应用主要有以下几个方面：

（1）复合光纤地线（OPGW）。OPGW 自 20 世纪 80 年代早期发明以来，得到了广泛应用。OPGW 是由光单元和地线单元构成。地线是由铝包钢线、铝合金线或硬铝线同心绞合成缆制造而成；光单元有铝管结构和不锈钢结构。OPGW 的地线部分，为了获得优良的电气性能、机械物理性能和其他特殊性能，作为良导体一般采用 Al-Mg-Si 系高强度铝合金。中国生产的高强度铝合金中添加了特有的稀土金属，形成 Al-Mg-Si-RE 系高强度铝合金，其性能不但符合 IEC60104 标准要求，还具有更好的伸长率。

伴随着电力建设的不断发展，OPGW 的应用越来越广泛。近年来中国的电力建设发展迅速，应用 OPGW 线路的电压等级也在不断升级，从 500~750kV 的线路，乃至更高电压的线路都在研究采用 OPGW。

（2）钢芯铝合金绞线。钢芯铝合金绞线具有很高的抗拉强度、抗外加负荷过载能力，适用于大长度、大跨度、多冰雪暴风等地区的输电线路。

（3）全铝合金绞线。重要电力工程的建设带动了电线制造业的发展，同时也对架空导线提出了更高的要求。高强度耐热铝合金由于其电导率高、抗拉强度大、耐热性好以及抗腐蚀能力强等特点，逐渐被应用于架空线。

2.3　铝及铝合金在机械制造和电子电器中的应用

铝合金由于其轻质、比强度高、耐蚀、耐低温性能好、易加工成形等特点，在机械制造、精密仪器、光学器械等领域中获得广泛的应用，包括铝合金铸件和压铸件、各种加工材及铝基复合材料、粉末冶金铝合金材料等。

铝及铝合金除了密度低、导电、导热性能优良外，还具有非磁性、反射、电波性、阳极氧化性以及良好的可加工性等优点。随着电子仪器及其部件向轻、薄、短、小型化方向发展，铝合金在电子部件及家用电器中的应用越来越广泛。

2.3.1　铝及铝合金在机械制造中的应用

铝及铝合金在机械制造中的应用主要有以下几方面：

（1）标准零部件。铝及铝合金常被用来制造各种标准的机械零部件、建筑部件及日用五金件，如各种紧固件、焊接器材、各种管路、管路附件、把手、拉手、旋钮、轨道、合页等。各种铝合金轴、铝合金齿轮、铝合金轴承、铝合金弹簧等也越来越多地得到应用。

（2）农业机械和工具。铝合金可用于喷灌机械中的喷灌用铝管及喷头以及制造移动式喷淋器与灌溉系统。移动式工具使用大量的铝。铝合金可用作电动和燃气油电动机及电动机外罩、精密铸造机座和引擎组件，包括活塞等。

许多大型的机械化粮仓用螺旋状卷绕型压型铝板制成。铝合金管材、型材、锻件、板材和铸件在大米、面粉、油料及各种副食品加工业中广泛用作导管、风管、漏斗、储存工具以及机架、支架等。

铝合金还可用于电钻、电锯、汽油发动传动的链锯、砂带磨机、抛光机、研磨机、电剪、电锤、各种冲击工具和固定钳工台工具。铝合金锻件除上述用途外，还用于手工工具，如扳子和钳子等。

（3）化工设备。铝及铝合金材料在石油及化学工业中首先被用来制作各种化工储罐和管道等，以储存和输送那些与铝不发生化学作用或者只有轻微腐蚀，但不危及安全的化工物品，如液化天然气、浓硝酸、乙二醇、冰醋酸等。铝件与金属物件碰撞时不会产生火花，有利于储存易燃易爆物料。铝合金无低温冷脆性，因而更有利于储运液态氧、氮等低温物质。铝材还应用在化工设备的制造，如分解塔、吸收塔、蒸馏塔、反应罐等。铝具有良好的导热性能，因而适于制作热交换器。

在化工及其他设备中还广泛使用一种由铝-锌-铟-锡组成的牺牲阳极合金。牺牲阳极可用于防蚀保护，使被保护的金属零件或结构免受腐蚀而延长使用寿命。

（4）焊接。铝及铝合金焊条、焊丝还广泛应用于机械制造工业中。铝及铝合金焊条主要应用于手工电弧焊的焊接、焊补；铝合金焊丝主要用于氩弧焊、气焊焊接铝合金零件。

2.3.2　铝及铝合金在家用电器中的应用

铝合金加工材在家用电器领域中应用广泛，例如录像机的磁鼓和机壳、电饭煲的内胆、冰箱与冷藏柜的内外壁板和蒸发器铝管板、空调机的热交换翅片、大型计算机的存储磁盘基片等。

2.3.3　电解电容器用铝箔

电解电容器是电子和通信工业的三大元件之一。铝箔则是电解电容器的关键材料，主要类别有高压阳极箔、低压阳极箔及阴极箔。

2.4　铝及铝合金在建筑工业中的应用

铝及铝合金在建筑业中的应用已有 100 多年的历史。目前，通常将铝合金建筑型材用于门、窗、幕墙以及建筑物构架、屋面和墙面的围护结构、道路桥梁的跨式结构、存储仓库等。

中国房地产建筑投资逐年高速增长，年竣工的建筑面积达 $2 \times 10^9 \, m^2$，在全国已有的 $4 \times 10^{10} \, m^2$ 建筑中，每年还有一部分要进行改造。建筑房地产业和公路、桥梁等基础设施的建筑用铝消费占国内铝消费总量约 1/3。

铝及铝合金在建筑工业中的应用主要有以下几方面：

（1）铝板及铝塑板幕墙。铝板幕墙具有质感独特，色泽丰富、持久，可塑性强和质轻等优点；能与玻璃幕墙材料、石材幕墙材料完美地结合，其自重仅为大理石的 1/5、玻璃幕墙的 1/3，减轻了建筑结构的负荷；维护成本也较低。目前使用的铝板幕墙主要是复合铝板（铝塑板）和铝合金单板。

（2）大型公共建筑的铝合金屋面。铝合金屋面系统除了具有良好的防腐耐久性能、华贵的外观质感、质轻高强的力学特性等材料自身所具备的优越性以外，最主要的优势是能够开发出适合复杂屋面造型的异型板。这一特点有力地推动了铝合金屋面系统在大型公共建筑中的应用。

（3）铝合金门窗。铝合金门窗由于质量轻、强度高、耐腐蚀、易于加工制作、使用性能好、外观好、装饰强、经济耐用、无污染、能回收再利用等优点而成为主要的建筑门窗产品，广泛应用于高档公共建筑、民用住宅和工业厂房。

（4）空间结构。与普通钢结构和不锈钢结构相比，铝合金结构具有质量轻、强度较高、外观好、反射辐射热 95% 等方面的优点，同时在强度、变形、稳定等方面具有较高的安全储备。

（5）铝合金桥梁。铝及铝合金在世界范围内桥梁的兴建或维修中的应用已有很长的历史。铝合金在桥梁结构上的首次应用是 1933 年美国匹兹堡的史密斯菲尔德街桥的铝桥面板。其后已有 100 多座桥梁在建造或维修中使用了铝合金。

目前，铝材在桥梁结构中的应用包括：可移动桥梁、居民区桥梁（特别是人行桥）、新建桥梁的桥面板和更换已腐蚀的桥面板以及主梁等受力构件等。铝制桥梁发展潜力巨大。

2.5 铝及铝合金在航空航天领域的应用

铝材在航空航天工业中应用十分广泛，铝合金是飞机和航天器轻量化的首选材料。目前，铝材占民用飞机结构质量的 70% ~ 80%，军用飞机结构质量的 40% ~ 60%。

铝材在火箭与航天器上主要用于制造燃料箱、助燃剂箱。载人飞行器的骨架和操纵杆的大多数主要零部件都是用高强度铝合金制成。其他部分如托架、压板折叠装置、防护板、门和蒙皮板、两个推进器的氮气缸等是用成形性能良好的中等强度铝合金制成。

航空航天常用的铝合金材料的应用主要有以下几方面：

（1）2×××系和 7×××系铝合金在航空领域的应用。飞机机身蒙皮对断裂韧性和抗疲劳裂纹扩展速率有较高的要求，通常采用的合金是 2024-T3 薄板。

机身普通框架和桁条的受力总体说来不大，主要作用是支撑外形和传递载荷。对于机身普通框架和桁条的材料主要为 2524 和 7150 合金。

机身加强隔框是机身上最主要的承力构件，高水平的循环载荷要求机身隔框材料具有高的强度、刚度和良好的耐久性和损伤容限。加强隔框通常由厚板或锻件加工而成。可用于机身隔框的铝合金材料主要有 2124、7475、7050、7150、7055、2097、2197 等合金。

飞机机翼的上翼面最初是由薄板和桁条铆接而成的，20 世纪 70 年代以后，开始采用厚板整体机加件代替铆接结构。下翼面蒙皮和桁条与上翼面结构类似，但承受的载荷不同。

翼梁和翼肋是重要的承力构件，多选用 7075 和 2024 合金制造。

（2）Al-Li 合金在航空航天等领域的应用。铝锂合金是含锂元素的多元铝合金。铝锂合金主要应用于航空航天领域及军械和核反应堆，还应用于坦克穿甲弹、鱼雷和其他兵器结构件方面，此外在汽车和机器人等领域也有很多应用。

（3）铝基复合材料的应用。铝基复合材料具有密度小、比强度和比刚度高、比弹性模量大、导电导热性好、耐高温、抗氧化、耐腐蚀、抗蠕变、耐疲劳等一系列优点而备受人们关注，在航空、航天领域有较多的应用。

2.6 铝合金在交通运输中的应用

在交通运输领域内，铝及铝合金的应用十分广泛，在汽车、大型客车、高速列车、地铁和船舶上都有越来越多的应用。为减轻自重、增加运量，铝合金也用于运煤货车和集装箱等。

2.6.1 铝合金在汽车中的应用

随着世界各国汽车保有量的持续增长，燃油消耗及废气污染的日益加剧，汽车制造商将降低燃料消耗和限制汽车尾气的排放列为汽车发展的重要目标，车身轻量化是实现这一目标的有效途径。铝合金由于具有质轻、耐磨、耐腐蚀、弹性好、比强度和比刚度高、抗冲击性能好、易表面着色、良好的加工成形性以及极高的再回收性等一系列优良特性，成为汽车轻量化最理想的材料。

由于技术和成本等多方面的原因，目前中国的汽车用铝尚不及国外的一半，用铝合金材和变形铝合金生产车身刚起步不久，铝质热交换器材料尚在起步阶段，而国外铝质热交换器已占95%。因此，中国汽车用铝合金具有广阔的发展前景。

2.6.1.1　铸造铝合金的应用

铸造铝合金主要应用于汽车制造的两个部分：一是用于制造发动机缸体、缸盖、进气歧管和活塞等零件，其减重效果明显，又可改善工作状态，提高热效率和发动机的功率。二是铝车轮。铝合金车轮的散热性能好，是钢制车轮的5倍，还可延长轮胎寿命12%。铝合金轮毂平均比钢制的轮毂轻2kg多，每辆车便可减轻10kg左右。

2.6.1.2　变形铝合金的应用

变形铝合金材料主要用在汽车的散热系统、车身、底盘等部位上，如汽车水箱、汽车空调器的蒸发器和冷凝器等主要是用复合带箔材及管材制成；车身各部位（如发动机罩、行李箱盖、车身顶板、车身侧板、挡泥板、地板等）以及底盘等则是用板材和挤压型材。具体介绍如下：

（1）热交换器用材。汽车热交换器包括发动机散热器、暖风散热器、机油散热器、中冷器、空调冷凝器和蒸发器等。

（2）车身用板材。汽车车身板分为外面板和内面板两类。对外部面板材料的要求主要有强度、可加工性、重视边缘的成形性、表面形状（抑制变形）和耐腐蚀性（防锈性）等。

（3）汽车其他部位的用铝。铝合金在底盘上的用量也越来越多，如：发动机架、后轴下支架、悬挂件等。铝合金在底盘上的应用不仅可以减轻整车的质量，也可以减轻不支撑在弹簧上的质量，这样可以提高驾驶的舒适性。

还有以下各部位可使用铝合金：座位、滑轮、制动助力器壳、弹簧座、挡热板和压力容器。

为了大大减轻汽车自重，正大规模开展占车重比例大的钢铁零部件改用铝合金的研究，如车身（占车重比例30%）、发动机（18%）、传动系统（15%）、行走系统（16%）、车轮（5%）等。

2.6.2　轨道交通车辆用铝合金

在轨道车辆上，铝合金主要用作车体结构。在铝合金车体上型材约占总重的70%，板材约占27%，铸、锻件约占3%。

2.6.2.1　在车体结构上的应用

从材料方面看，铁道车辆对力学性能、加工成形性、抗腐蚀性、抗疲劳性和焊接性能等都有较高的要求。近年来，铁道车辆为实现大型化、双层化、高速化、轻量化、标准化和简化施工和维修等，要求使用大型整体壁板和空心复杂薄壁型材等大型挤压铝型材。铝合金已广泛用作车体的骨架、地板结构、侧板、顶板以及外面板等结构材料。

2.6.2.2　在车体以外的部件上的应用

车体的其他部件有铝合金轴承箱、齿轮箱、车架轴架（车体与台车的连接棒）等。在磁垫式铁道车辆上，超导电磁的外槽也采用了铝合金组装结构，地上设置的磁垫用的和导向推进用的电气线圈也全都采用铝合金材料，对超导电现象起重要作用的氦液化冷冻器的热交换器采用多孔的铝合金空心壁板来制作。

2.6.3　铝合金在船舶中的应用

铝合金应用于造船业已有近百年的历史。国内外越来越重视船舶的轻量化，减轻船体自重、提高船速、寻求代替钢铁部件的铝合金材料，已成为造船业和铝加工业面临的重要课题。

2.6.3.1　船体结构对铝合金性能的要求

船体结构对铝合金性能有以下要求：

（1）疲劳抗力。用于舰船制造的结构材料属于大结构件和高速运行结构材料，必须具有较好的抗疲劳强度和断裂韧性。

（2）耐蚀性能。由于舰船是在海洋腐蚀的环境中工作的，因此用于建造船体的铝合金必须有优良的耐盐雾气氛的耐蚀性能。

（3）可焊性。焊接是船体结构的主要连接工艺。与钢材相比，铝合金的焊接性能较差，必须采用特殊的焊接方法予以弥补。

2.6.3.2　铝材在船舶中的应用

船用铝合金基本系列为5×××合金（板材）和6×××合金（挤压型材）。船舶用铝合金按用途可分为船体结构用铝合金、舾装用铝合金和焊接添加用铝合金。船舶用铝合金的应用部位有船侧与船底、龙骨、肋骨、肋板、甲板、发动机台座等。

A　5×××系铝合金

目前使用的5×××船舶用铝合金从成分上可分为两类：

（1）Mg的含量超过3%（质量分数）的5×××系铝合金，如5083、5086、5456等。此类合金镁含量较高，因而强度较高，但同时也造成腐蚀敏感性强。

（2）Mg含量低于3%（质量分数）的5×××系铝合金，如5454和5754合金，此类合金通常具有较低的强度及晶间腐蚀敏感性。

B　6×××系合金

船用6×××系合金用于生产挤压型材，其代表性的合金为AA6061（主要在美国和加拿大使用）和AA6082（主要在欧洲国家使用）。

2.7　铝合金在印刷版基领域的应用

印刷版基PS版（pre-sensitized plate，即预涂感光版）是指预先在铝板上涂布了感光层然后销售给印刷厂使用的印版。它由接受图像的感光层和感光层的载体-版基两部分组成，用重氮或叠氮、硝基等感光剂与树脂配制成的感光胶，涂布在版基上，干燥后可存放备用。PS版铝板基是指PS版的感光层的载体，是厚度规格以0.15mm和0.27mm为主的薄铝板。

目前，世界各国所生产的PS版基的材质几乎全部都采用铝材，部分采用镀铝材或复合铝材。中国印刷业近年来的高速发展推动了 PS 版制造业的飞速发展。当前，中国印刷行业总量已居世界前列，但人均消费额仅 1~2 美元，日本是 270 美元，美国为 116 美元，这表明中国的印刷行业，也包含 PS 版的生产，具有相当大的发展潜力。

目前，国外的 PS 版已经趋向高性能方面发展，主要是高分辨力、高感度和高耐印力，即发展成 CTP（computer-to-plate）版材料。CTP 版是指计算机直接制版的版材，是一种新型的特殊 PS 版，它可以直接接收计算机处理的影像，而普通 PS 版接收计算机处理的影像还需要胶片这个中间过渡媒介。CTP 版材对铝板基在尺寸、平整度、厚差和表面粗糙度等方面的要求较 PS 版材要严格得多。

铝及铝合金广泛应用在包装、电力、机械电子、建筑、航天航空、交通等国民经济的各个领域，发展空间广阔。图 2-1 为 1998 年中国及美国铝消费领域及比例，图 2-2 为 2004 年中国及工业发达国家铝消费领域及比例。从上面两组图的对比可以看出，中国铝消费最多的领域是建筑和电力，而工业发达国家是交通运输、建筑和包装。中国在交通运输领域的铝消费量呈快速增长的趋势，目前已超过电力成为占第二位的消费领域。在包装用铝量方面的增长也是明显的，但由于相对量较少，因此不体现比例的增长。

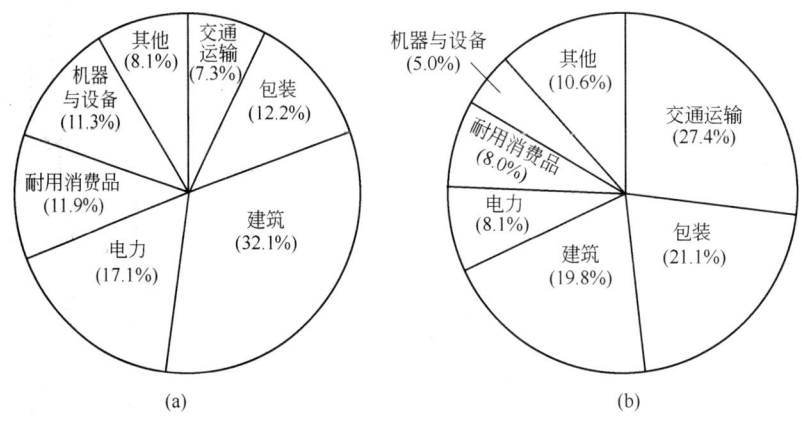

图 2-1　1998 年中国（a）及美国（b）铝消费领域及比例

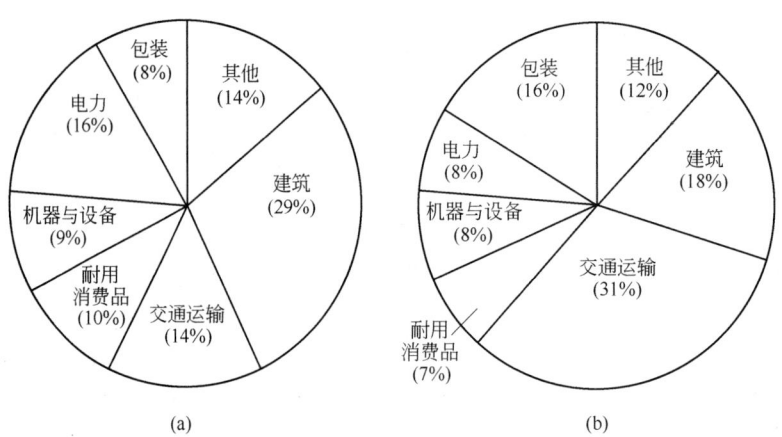

图 2-2　2004 年中国（a）及工业发达国家（b）铝消费领域及比例

据中国有色金属协会 2008 年统计，铝及铝合金的大致消费领域及比例为：建筑 33.70%，交通运输 17.96%，电力 12.32%，包装 8.48%，机器与设备 8.31%，日用消费品 8.01%，电子通信 3.92%，其他 7.30%。

上面所列的是各种铝材、铝铸件和锻件的应用。铝还可以制成铝粉，用于焰火等。利用铝的强氧化性能，原铝还在钢铁工业中用作脱氧剂。

3 铝 的 市 场

＊＊＊＊＊＊＊＊＊＊＊＊＊＊＊＊＊＊＊＊＊＊＊＊＊＊＊＊＊＊＊＊＊＊＊＊＊

随着铝的应用领域的扩展，原铝生产能力迅速增长，2008年全世界原铝产量已达到39.215Mt。本章着重讨论近二十多年铝的消费和供应状况。

3.1 世界与中国的原铝消费量

1981～2008年世界与中国的原铝消费量见表3-1。

表3-1 1981～2008年世界与中国的原铝消费量　　　　　（Mt）

年　份	1981	1982	1983	1984	1985	1986	1987	1988	1989	1990
世界原铝消费量	14.521	14.170	15.360	15.642	15.907	16.289	17.083	17.715	18.234	18.009
中国原铝消费量	0.533	0.641	0.728	0.773	0.844	0.942	0.954	0.843	0.821	0.760
年　份	1991	1992	1993	1994	1995	1996	1997	1998	1999	2000
世界原铝消费量	18.398	18.908	18.854	20.555	20.720	20.883	22.154	22.301	23.713	24.995
中国原铝消费量	0.868	1.216	1.315	1.492	1.917	2.043	2.323	2.443	2.926	3.300
年　份	2001	2002	2003	2004	2005	2006	2007	2008	2009	
世界原铝消费量	23.860	25.526	27.644	30.336	31.847	34.389	37.815	38.147	34.800	
中国原铝消费量	3.600	4.212	5.202	6.086	7.091	8.580	11.497	12.500	13.150	

注：1. 本表为原铝消费量，不含再生铝的部分。2006年前的世界原铝消费量来自CRU。1999～2007年中国原铝消费量来自Metal Bulletin。由于消费数据的统计难以精确，因此各种来源的数据会稍有差别，至多约差0.2Mt。

　　2. 据中国有色金属协会统计，中国2007年、2008年和2009年的铝的总消费量分别为12.5Mt、13.97Mt和15.25Mt。

世界的原铝消费集中在少数国家，以2005年为例，世界前十名原铝消费国的消费量占全世界的74.6%，情况见表3-2。其中中国的消费量从2005年占22.39%。高速增加到2009年的37.8%。其他各国消费量变化不大。

表3-2 2009年世界前十名原铝消费国的消费量

消费国	消费量/Mt	占世界总量比例/%	消费国	消费量/Mt	占世界总量比例/%
中　国	13.15	37.8	韩　国	0.965	2.8
美　国	3.876	11.1	巴　西	0.799	2.3
日　本	2.250	6.5	意大利	0.662	1.9
印　度	1.305	3.8	加拿大	0.657	1.9
德　国	1.291	3.7	小　计	25.975	74.6
俄罗斯	1.020	2.9	全世界	34.80	100

　　1989 年苏联解体后，独联体国家的原铝消费曾急剧下降，一度造成世界铝供应过剩，铝价下跌。最近几年，被称为"BRIC"（也被称为"金砖四国"）的巴西、俄罗斯、印度和中国四个新兴的主要经济增长国对铝的消费的增长速度加快。从表 3-2 中可见这四国的原铝消费已占全世界的 46.8%。而中国原铝消费的增长幅度尤其突出，见表 3-3。

表 3-3　中国原铝消费的增长与世界原铝消费的增长的比较

年　份	2000	2001	2002	2003	2004	2005	2006	2007	2008	2009
世界原铝消费量比上年的增量/%	5.4	-4.5	7.0	8.3	9.7	5.0	8.0	10.1	0.9	-8.8
中国原铝消费量比上年的增量/%	12.8	9.1	17.0	23.5	17.0	16.5	21.0	34.0	8.7	5.2
中国原铝消费增量与世界增量之比/%	29.2	世界负增长	36.7	46.7	32.8	66.5	58.6	85.1	302.1	世界负增长

注：本表基于表 3-1 的数据。

　　图 3-1 所示为世界和中国原铝消费量增长的比较。

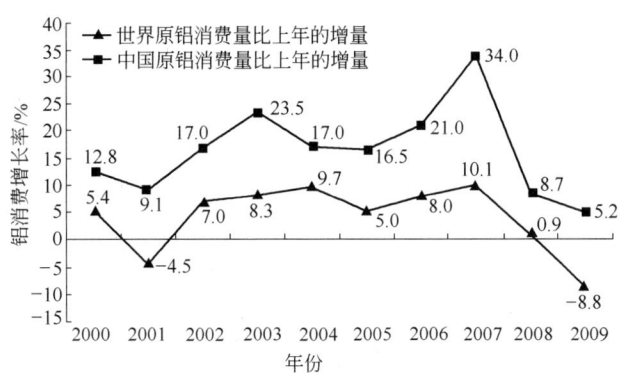

图 3-1　中国原铝消费的增长与世界原铝消费增长的比较

　　可见，进入 21 世纪以来，在世界原铝消费量的增长中，中国的原铝消费增量占了主要的份额。正是中国铝消费的增长支撑了世界铝工业的发展。而在中国，原铝消费的增长速度又远高于国民经济 GDP 的增长速度，见表 3-4。

表 3-4　中国原铝消费的增长与国民经济 GDP 的增长的比较

年　份	2000	2001	2002	2003	2004	2005	2006	2007	2008	2009
中国 GDP 比上年的增量/%	8.0	7.5	8.3	9.3	9.1	9.9	11.1	13.0	9.0	9.1
中国原铝消费量比上年的增量/%	12.8	9.1	17.0	23.5	17.0	16.5	21.0	34.0	8.7	5.2

　　中国原铝消费的高速增长，是由建筑、运输、包装和家用电器等重点领域的需求快速增长所致（详见第 2 章）。过去十多年间，中国原铝消费的快速增长导致了世界铝工业格局的巨大变化，对世界铝工业发展史产生了深远的影响。

3.2 世界与中国的原铝生产量

从总体上看，原铝生产能力的建设与消费增长是同步的，并存在局部的超前或滞后。而产量和消费量两者除了有库存的调节因素外，在一段时期内大体也是平衡的。表3-5列出了1981～2009年世界与中国的原铝产量。

表3-5 1981～2009年世界与中国的原铝产量 （Mt）

年 份	1981	1982	1983	1984	1985	1986	1987	1988	1989	1990
世界原铝产量	15.691	13.926	15.084	16.926	15.618	15.674	16.472	17.527	17.868	18.109
中国原铝产量	0.395	0.401	0.445	0.480	0.525	0.562	0.616	0.718	0.758	0.847
年 份	1991	1992	1993	1994	1995	1996	1997	1998	1999	2000
世界原铝产量	19.221	18.883	19.277	19.088	19.728	20.640	21.599	22.461	23.447	24.059
中国原铝产量	0.962	1.096	1.220	1.462	1.676	1.771	2.035	2.336	2.598	2.794
年 份	2001	2002	2003	2004	2005	2006	2007	2008	2009	
世界原铝产量	24.145	25.725	27.995	29.875	31.970	33.906	38.126	39.215	36.290	
中国原铝产量	3.371	4.321	5.547	6.689	7.806	9.358	12.588	13.178	12.891	

注：中国原铝产量源自国内统计。2006年以前世界原铝产量来自CRU。

中国原铝产量从20世纪80年代以来进入高速增长期，1980～1990年平均增长率为8.8%，1990～2000年平均增长率为12.7%，2000年到金融危机前的2007年平均增长率为24.0%，大大高于2000～2007年世界产量年均增长率6.8%的水平。从原铝产量看，中国建设首家电解铝厂后，经过近40年的发展，全国产量达到1Mt，而到2002年就一举超过了4Mt。从2002年起，中国的原铝产量居世界各国之首位，并连年以超过1Mt/a的速度递增，世界第一的地位一直保持至今。

近20年以来，世界的原铝生产发生了从发达国家、特别是欧洲国家，向能源丰富的国家和地区转移的趋势，澳大利亚、印度、南非和中东等地区的产量增长速度快，但原铝产量增长最多的是中国。在世界的原铝生产中，居前四位的中国、俄罗斯、加拿大和美国的合计产量占全世界的一半以上。与消费量相比，世界的原铝生产的集中度更高，以2009年为例，世界前10名原铝生产国的总产量占全世界的3/4以上，情况见表3-6。

表3-6 2009年世界前10名原铝生产国的产量

生产国	生产量/Mt	占全世界比例/%	生产国	生产量/Mt	占全世界比例/%
中 国	12.891	35.5	印 度	1.478	4.1
俄罗斯	3.188	8.8	挪 威	1.094	3.0
加拿大	3.030	8.5	阿联酋	1.010	2.8
澳大利亚	1.943	5.4	巴 林	0.856	2.4
美 国	1.727	4.8	小 计	28.753	79.2
巴 西	1.536	4.2	全世界	36.290	100

与消费量的情况相似，2000～2007年间世界上新增产量有70%来自中国。中国原铝

产量的增长完全是因为国民经济发展带来的铝的需求的增加。2001 年以前，以原铝和铝合金量合计，中国一直是净进口。2002 年起成为净出口，但原铝和铝合金的出口总量占原铝产量的比例不大，除个别年份达到 1/4 外，均不超过 1/5。基于国内消费的增长、电价上升和国家政策的导向，2009 年又出现巨额净进口。

3.3 铝市场供求状况和市场价格

自 1978 年伦敦金属交易所（London Metal Exchange，LME）成立以来，世界铝贸易长期合同和现货合同价格都参照 LME 价格定价。中国的深圳金属交易所（SME）和上海期货交易所（SHFE）先后于 1991 年 6 月和 1992 年 5 月开业，深圳金属交易所后来被取消。目前，铝锭已成为一种重要的期货商品，上海期货交易所的铝价已成为中国以至国际上确定铝系列产品价格的重要依据。例如国内氧化铝长期合同的价格一般都是依 SHFE 铝锭的三个月期货价的一定比例而定。近 20 多年以来，LME 和 SHFE 的年平均三个月期货铝价见表 3-7 和图 3-2。

表 3-7　1981~2008 年 LME 和 SHFE 三个月期货铝年平均价

年　份	1981	1982	1983	1984	1985	1986	1987	1988	1989	1990
LME 三个月期货铝价 /美元·t^{-1}	1318	1032	1477	1285	1058	1148	1500	2319	1915	1634
SHFE 三个月期货铝价 /元·t^{-1}	—	—	—	—	—	—	—	—	—	—
年　份	1991	1992	1993	1994	1995	1996	1997	1998	1999	2000
LME 三个月期货铝价 /美元·t^{-1}	1332	1278	1161	1502	1832	1535	1618	1379	1388	1567
SHFE 三个月期货铝价 /元·t^{-1}	—	—	—	—	18404	14908	14833	13644	14573	16247
年　份	2001	2002	2003	2004	2005	2006	2007	2008	2009	
LME 三个月期货铝价 /美元·t^{-1}	1450	1364	1428	1721	1899	2595	2662	2620		
SHFE 三个月期货铝价 /元·t^{-1}	14214	13522	14685	16331	16914	21020	19330	17325	13000	

注：数据来源：1981~2006 年 LME 三个月期货价来自 CRU。

影响铝价的因素很多。成本方面主要受到用电费用和氧化铝价的影响，成本高低在一定程度上对铝价有支撑作用，而市场供求关系往往有更显著的影响。在过去几十年间，最突出的铝价下跌发生在 1992~1993 年，当时由于前苏联的解体，作为世界上主要的原铝生产者的独联体国家的国内铝消费急剧下降，其低成本的产品由自己消费改为大量出口，使铝价在 1993 年末跌到谷底的 1093 美元。1994 年初起，6 国的铝业公司决定联合减产 2Mt，才使铝价回升。而自 2004 年起，LME 铝价一直处于上升通道，其间曾于 2006 年 5 月和 2008 年 7 月两度达到 3200~3300 美元/t 的高价位。而从 2008 年四季度起，由于美国次贷危机和世界金融危机的影响，铝价明显下降。

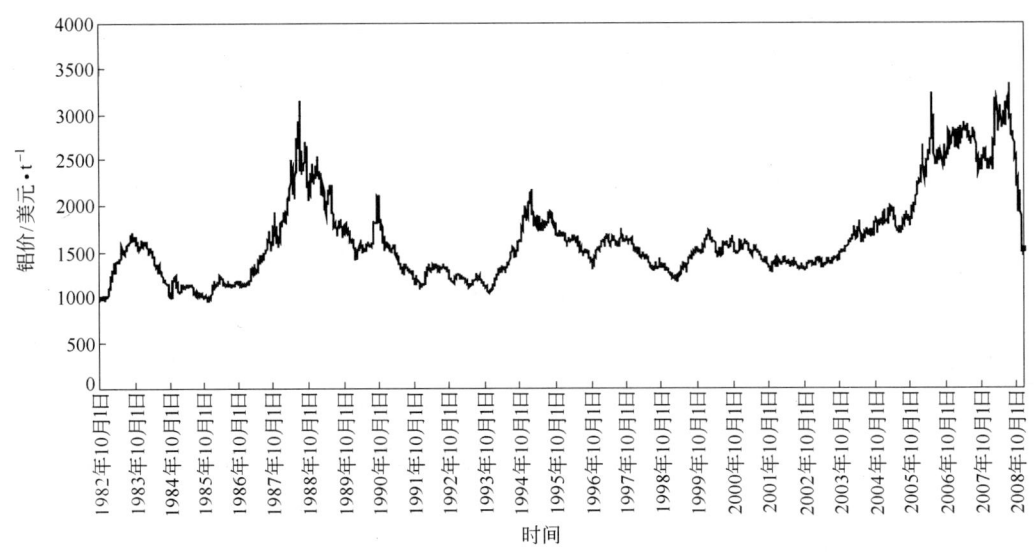

图 3-2　LME 三个月期货铝价（数据来自 Macquairie Bank）

　　铝价变化对电解铝厂的扩建、新建和关停等决策具有显著的影响。以美元不变价计，自从原铝进行工业化生产以来，铝价的总体趋势是在持续下降的。价格的下降推动铝的应用越来越广泛。而铝工业技术和生产规模的不断发展，又大力推动了生产消耗的降低，特别是电耗和成本的降低，在减少对环境的污染方面也不断取得显著成效。

3.4　世界与中国的氧化铝供应

　　氧化铝的消费量大致等于电解铝产量的 2 倍加上非冶金用氧化铝（含氢氧化铝）的量，后者所占比例约为前者的 7.5% ~ 8%。世界氧化铝的总生产能力一般大于其消费需求，因氧化铝不宜长期储存，所以由氧化铝厂的开工率变动来适应市场需求的变化。2008年和 2009 年世界氧化铝产量为 85.88Mt 和 77.16Mt，2000 ~ 2007 年的平均增长率为6.4%，与原铝的增长基本是同步的。

　　与世界绝大多数的氧化铝生产所用原料和流程不同，中国的氧化铝工业主要使用本国的高硅含量的一水硬铝石矿来生产，一般需采用能耗高且流程复杂的烧结法、混联法或其他改进的工艺方法生产。多年以来，中国的氧化铝生产规模远小于电解铝的需求。自 1982年起，中国小规模的铝工业自给自足的平衡被打破，开始进口氧化铝。随着进口规模的扩大，到 1994 年，氧化铝进口量超过了国内产量（见表 3-8）。长期以来，中国一直是世界上最大的氧化铝进口国。近几年中，中国对铝的需求以及电解铝工业的高速发展使氧化铝供应问题愈加紧迫，2000 ~ 2005 年间中国电解铝产量的年平均增长速度为 22.8%，而氧化铝产量的增长为 14.5%，导致进口量激增。氧化铝进口量在 2005 年和 2006 年曾达到7Mt 的水平。2003 年以后，国内氧化铝价格持续处于高位，激发了中国各方企业建设氧化铝厂的积极性。与此同时，具有中国特色的氧化铝生产技术也已日臻完善和成熟。山东铝厂积累了近十年的使用国外三水型铝土矿的经验，使一批企业做出了建设大规模使用进口矿的氧化铝厂的决定。自 2003 年起，国内出现了建设氧化铝厂的热潮。各新建氧化铝厂的产能以极高的速度增长（见表3-8）。尽管如此，由于资源、成本、品质和运输费用等诸多原因，中国今后不会成为重要的氧化铝出口国，本国生产的氧化铝主要是满足国内的需求。

表3-8 中国历年氧化铝产量和进口量 （Mt）

年 份	1981	1982	1983	1984	1985	1986	1987	1988	1989	1990
产 量	0.860	0.923	0.950	0.980	1.025	1.065	1.135	1.265	1.318	1.464
进口量	0	0.031	0.059	0.065	0.143	0.286	0.322	0.160	0.298	0.582
年 份	1991	1992	1993	1994	1995	1996	1997	1998	1999	2000
产 量	1.522	1.583	1.824	1.847	2.199	2.546	2.936	3.340	3.837	4.328
进口量	0.686	0.800	0.972	1.910	1.192	1.155	1.094	1.575	1.623	1.882
年 份	2001	2002	2003	2004	2005	2006	2007	2008	2009	
产 量	4.746	5.450	6.112	6.980	8.536	13.700	19.473	22.784	23.805	
其中中铝产量	4.703	5.409	6.027	6.816	7.870	9.623	10.469	9.458	8.402	
其中非中铝产量	0.043	0.041	0.085	0.164	0.666	4.077	9.004	13.326	15.403	
进口量	3.346	4.571	5.605	5.875	7.016	6.911	5.124	4.586	5.141	

注：2000年非中国铝业公司企业（"非中铝"）的合计产量为0.03Mt。此前非中铝产量为零。

氧化铝的价格也一直是国内外氧化铝和电解铝生产者的关注重点。世界氧化铝贸易价格有长期合同价和现货价（见图3-3）。长期合同价以 LME 铝价为基准，使氧化铝供货价与铝价挂钩，形成电解铝企业与氧化铝企业共同承担铝价波动的风险的格局。国外电解铝厂重视氧化铝供应渠道的稳定，往往签订氧化铝供货长期合同。估计国际上有近90%的氧化铝是以长期合同供应的。2005年全世界冶金级氧化铝产量为61Mt，只有约10.44Mt的氧化铝是现货交易。而中国当年进口氧化铝7.016Mt的70%是现货交易，占全世界现货交易量的47%。在市场上销售的现货数量较少，其价格受供求关系影响有较大幅度的波动。

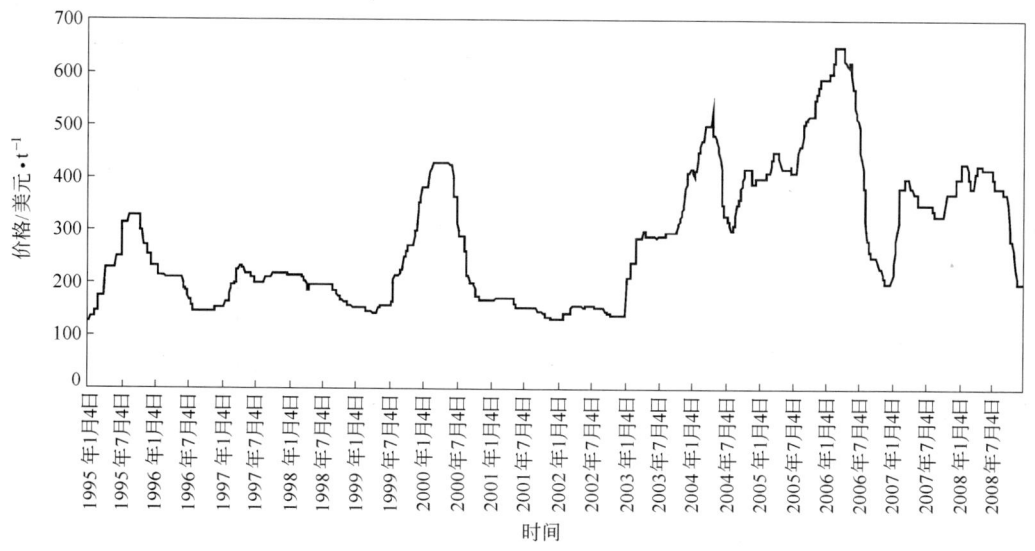

图3-3 国外氧化铝现货价曲线（数据来自 Macquairie Bank）

多年以前，由于中国大量进口氧化铝，国内现货价基本上由到达港口的氧化铝价所左右。但近几年以来，由于国内氧化铝工业的高速发展，国内氧化铝的长期合同供应量已有增加，定价机制的格局逐渐发生变化。

氧化铝价格对电解铝成本的影响特别明显。2006年初，港口价高达每吨6500元，不少电解铝厂呈亏损状态；而到2006年末价格回落，最低时只有2200元左右，使电解铝厂获利丰厚，因而刺激了电解铝生产能力的扩大，导致许多电解铝项目在2007年下半年投产。鉴于氧化铝和电解铝的价格对中国乃至全世界铝工业投资具有重要的影响，在研究铝工业发展规划时，应该特别重视价格因素问题。

4 中国铝工业发展历史

* *

中国早期的铝工业可追溯到 90 年前。1919 年成立了上海建益泰信记铝器厂；20 世纪 30 年代，加拿大铝业公司等在上海建设华铝钢精厂，生产香烟铝箔。日本发动侵华战争期间，于 1938 年 6 月在抚顺建设了抚顺制铝厂，到 1943 年最高年产 8000 余吨；在山东张店及安东（现丹东）筹建氧化铝厂，但均半途而废。解放前后还有一些小工厂生产日用铝器皿，如很多年间一直被称为"钢精锅"的铝锅类物品。

中国铝工业真正起步于 20 世纪 50 年代初。经过 50 多年的发展，中国氧化铝、原铝和铝材的产量都已达到了世界第一位，中国已成为名副其实的铝工业大国。2009 年，中国的氧化铝和原铝的产量分别为 23.805Mt 和 12.891Mt，分别占全世界产量的 30.9% 和 35.5%。氧化铝和电解铝的技术水平已经赶上世界先进水平，并有众多独特的重大技术。近几年中国的铝消费量也达到了世界第一。中国铝工业的成就举世瞩目。代表中国铝工业水平的中国铝业公司已成为具有全球影响力的企业。

中国铝工业的发展过程大致可分为三个时期阶段，即从全国解放后不久起直到"文化大革命"结束后的奋进起步阶段（1952～1982 年）；在确定有色金属工业要优先发展铝的方针指引下，建设一大批项目直到实现达产达标的发展壮大阶段（1983～1998 年）；随后，随着中国国民经济步入高速发展时期，中国铝工业进入了一个快速发展阶段（1999 年至今）。

4.1 奋进起步阶段（1952～1982 年）

4.1.1 基本配套的铝工业体系的诞生

为了建设国防工业的需要，新中国成立伊始，国家就决定建设山东 501 厂、抚顺 301 厂和哈尔滨 101 厂等铝工业骨干企业。1954 年 10 月 301 厂的侧插电解槽投入生产，同年 501 厂也建成投产。101 厂于 1956 年投产，一个基本配套的铝工业体系在中国诞生，并在国民经济和国防建设中开始发挥作用。在这几个厂的建设过程中，101 厂和 301 厂属前苏联援建项目，在前苏联专家的帮助和新中国自己培养的工程技术人员共同努力下，顺利建成投产。而 501 厂是依靠新老工程技术人员与老军工一道，努力探索、试验和攻关，克服重重困难而建成投产的。

随着新的铝土矿资源的发现，开始了 503 厂（郑州铝厂）和 302 厂（贵州铝厂）的氧化铝厂建设。郑州铝厂曾在 1960 年开始试生产，直到 1965 年中国工程技术人员独创的适合于当地铝土矿的混联法流程成功投产。此后很长时间里，中国只有山东和郑州两家氧化铝厂生产运行。贵州铝厂遇到了更为严重的困难，其首建的拜耳法部分直到 1978 年才正式投产。

在 1958 年的"大跃进"前后，全国布局规划了一大批 60kA、年产 25kt 的电解铝厂。当时拟建的贵阳、山东、郑州、包头、兰州、合肥、南平、北京、湘乡、红古城、成都、重庆等一批电解铝厂中，仅有 5 个相继建成投产，它们是：郑州（1959 年）、贵州（1959年）、兰州 307 厂（1959 年）、包头 303 厂（1959 年）和山东（1960 年）。但除包头外，各电解铝厂投产后不超过 4 年均停产。不久后，这些电解铝厂又开展了填平补齐和技术改造，山东、郑州、贵州各电解铝厂于 1966 年，兰州于 1967 年起分别开始正常生产运行，其中郑州铝厂还采用了不带罩的边部加工预焙槽。其他一些电解铝厂则在 60 ~ 70 年代成为第一批地方"小铝厂"。这些电解铝厂奠定了中国早期的电解铝工业基础。

中央各部委建立后，由冶金工业部全面负责国内铝工业的管理。冶金工业部直属的沈阳铝镁设计院、贵阳铝镁设计院和洛阳有色金属加工设计院就在这段时期中建立，郑州轻金属研究院于 1965 年成立。此后，各院所在中国铝工业的建设和发展中发挥了极其重要的作用。

4.1.2　三线建设和"两条腿走路"

"文化大革命"前夕，国家确定在中国内地具备电力供应条件的地方建设大型、先进的电解铝厂，还曾首次派出技术代表团到法国考察。为在宁夏青铜峡 304 厂和贵州 302 厂自主开发研制当时较为先进的上插自焙槽技术，工程技术人员自力更生开展配套设备设计的攻关，把上插槽、拔棒天车、悬臂打壳机、混捏机和铝线坯连铸连轧机等誉为"金花"。甘肃连城 306 厂一次建设 60kt 的能力，在当时已是很大的规模。304 厂与 306 厂位于当时被认为防卫较安全的"三线"地区，建设者们倾注了极大的热情，分别于 1970 年和 1975年投产。湖南湘乡 305 厂于 1958 年增建了氟化盐车间，后发展成为氟化盐专业厂。以电极和阴极炭块为主的山西炭素厂于 1982 年投产。

山东和郑州两个氧化铝厂在此期间一直进行扩建，这两个氧化铝厂在 1972 年的产量分别为 330kt 和 380kt，均是"文化大革命"结束前的最高年产量。在 20 世纪 60 年代中期，当时对技术经济指标极为重视，开展了"两赶三消"等技术和管理方面的工作，努力使中国特色的烧结法和混联法在氧化铝总回收率和碱耗上达到世界先进水平。郑州铝厂使用的混联法在 1978 年的全国科学大会上获奖。在此期间，还重点进行了间接加热连续脱硅和氢氧化铝流态化焙烧的研究，但由于各方面的支撑能力有限，未获成功。

20 世纪 60 年代初，中央提出了发展工业要"中央和地方两条腿走路"的方针。各地利用本地拥有的少量的电力资源建设小规模电解铝厂，其始建规模一般都不超过 10kt/a，均采用不大于 60kA 的自焙槽。前述"大跃进"时期建设过而又下马的小电解铝厂有一定的基础可利用，因而纷纷重新兴建，如太原、徐州、合肥、兰溪、南平、赣州、长沙、湘乡、南宁、重庆等电解铝厂。截止到 1979 年，除当时归属冶金工业部的"八大铝厂"外，属地方政府管理的小型电解铝厂共有 35 个，其中有 31 个厂都是在 1972 年以前投产的。在此期间还尝试建设了阳泉、耀县、厦门等几个小氧化铝厂，为此还开发了料浆烘干、立窑烧结、沸腾焙烧等技术，但均无果而终。

为适应航空航天和国防军工业对大规格和高品质铝材的急需，需要建设大型铝加工厂。由于前苏联撤走专家，中央决定国内自行设计、建设重庆 112 厂，并于 1961 年决定自行研制 2800mm 热轧机、2800mm 冷轧机、30000t 模锻水压机和 12500t 挤压水压机等 4套大型设备。这几台"国宝级"设备多年以来一直在发挥重要的作用。另一个在三线建设的铝加工厂为 1968 年投产的陇西 113 厂，其产品以管材和型材为主。20 世纪 70 年代末，冶金工业部决定建设华北铝加工厂，目标是建成一个从事现代铝加工技术和设备试验、研制和开发的基地。华北铝加工厂于 1979 年投产。

4.1.3 准备新的起步

在 1971 年发生了震惊中外的"913"事件后，中央在工业运输等领域提出了全面整顿的方针，经济建设重新得到了应有的重视。从 1972 年开始的郑州铝厂三期扩建工程是当时一个受到高度关注的铝工业项目，氧化铝产能从 380kt/a 扩大到 650kt/a，使郑州铝厂在相当长的时间里成为国内最大铝企业。1966 年发现了山西孝义铝土矿，经过多年的酝酿，1973 年曾拟起步建设一个全面引进技术和设备的孝义氧化铝厂，为此做了技术准备，而接踵而来的政治运动使这一构想未能实现，但孝义氧化铝厂的设计工作在那段时间里已着手开展。20 世纪 70 年代，沈阳铝镁设计院对山西铝土矿进行的选矿试验初见成效。70 年代又发现了广西平果铝土矿，后来成为国内品质最好的铝土矿基地。1975 年冶金工业部组织了对东欧国家铝工业的考察，这在当时是一个难得的走出去的机会，由此推动了国内自行试验开发 135kA 预焙槽技术。1980 年，抚顺铝厂的四电解 23 台 135kA 预焙槽建成，进行了大型工业试验。

20 世纪 70 年代末，冶金工业部在提出"搞十个鞍钢"的同时，也拟快速建设一批铝企业。当时邀请国外铝业公司来研究山西、平果、河南等一些新项目。虽然由于当时的政策和条件不允许，未搞成合资项目，但由于这些项目均具备较好的建设条件，在随后的十年里都进行了建设，现在已成为中国铝工业的中坚。

1978 年，贵州铝厂 220kt 拜耳法开始投产。1979 年，冶金工业部决定在贵州铝厂引进日本轻金属公司的 160kA 预焙槽技术和全套设备，规模为 80kt/a。这个项目对中国现代铝电解技术的发展起到了重要的推动作用。

在这个阶段里，党和国家领导人高度重视铝工业的建设工作。新中国的第一代（20世纪 50 年代）、第二代（20 世纪 60 年代）铝工业工程技术人员在十分困难的条件下，作出了很大的贡献。中国在此阶段，铝除了少量用于军工国防事业外，多用于电线电缆及其他以铝代铜的领域，如在家用餐具和炊具等日用品等方面使用比较广泛，铝箔主要用于香烟包装。

4.2 发展壮大阶段（1983~1998 年）

20 世纪 80 年代初，为加强对发展迅速的有色金属工业的领导，国家将有色金属业务从冶金工业部分离出来，并于 1981 年 5 月决定设立国家有色金属工业管理总局，不久又赋予中央有色企业以经营实体的地位。1983 年 4 月，国务院批准成立中国有色金属工业总公司（China National Nonferrous Metals Industry Corporation，CNNC），从而形成了中国有色金属工业总公司和地方两个管理体系。在中国有色金属工业总公司存在的 15 年里，中国的铝工业得到了长足的发展壮大。

4.2.1　"优先发展铝"方针的提出及其成果

改革开放带来了人民生活方式的改变和生活水平的提高，铝合金窗框开始被普遍推行，易拉罐装饮料进入日常消费。国民经济的迅速增长，使得铝消费明显增长。1977 年的消费量比 1972 年只增加了 12kt，而在 1981 ~ 1983 年间消费量每年涨幅达 80kt。原铝的净进口量从 1981 年的 22kt，上升到 1985 年的 488kt，而当年全国铝产量仅为 525kt，二者几乎持平。这表明，中国铝工业必须加快发展才能满足国民经济的需要。

中国有色金属工业总公司成立后不久，综合各方面的形势进行分析，认为国内铝消费需求快速增长，当时中国的铝资源和电力资源相对比较丰富，因而提出了"优先发展铝，积极发展铅锌，有条件地发展铜"的方针。后来，又由于氧化铝发展较为滞后，从 1982 年起，年年进口有增无减，还经常出现短缺的局面，因此又在"优先发展铝"之后加上了"特别是氧化铝"。

国家计划委员会和中国有色金属工业总公司依据这一方针，对全国的铝工业建设做了新的布局，集中规划了一大批建设项目。自 1983 年山西铝厂和青海铝厂两个新基地开工建设开始，氧化铝项目建成了山西铝厂一期 200kt（1988 年投产，以下括号内均为投产年份）、贵州铝厂烧结法 180kt（1988 年）、中州铝厂一期 200kt（1992 年）、山西铝厂二期 1000kt（1992 ~ 1994 年）、郑州铝厂四期技改 150kt 和平果铝厂一期 300kt（1996 年），山东铝厂则在持续的填平补齐中发展并在 1993 年投产了中国第一套使用国外矿的低温拜耳法装置；电解铝项目建成了青铜峡铝厂二期 50kt（1987 年）、青海铝厂一期 100kt（1987 年）、包头铝厂二期 44.7kt（1988 年）、白银铝厂一期 50kt（1989 年）、贵州铝厂后 80kt（1992 年）、青海铝厂二期 100kt（1994 年）和平果铝厂一期 100kt（1994 年）；铝加工方面重点建设了西南铝加工厂技改工程，增加名义产能约 200kt。

至此，氧化铝工业形成了 6 大家企业的格局，直到后来于 2005 年第七家山东茌平氧化铝厂的投产，这一格局才开始改变。由于青海、白银和平果三个新的大型电解铝厂的建成投产，中国有色金属工业总公司拥有"十大（电解）铝厂"（当时包头铝厂还不归中国有色金属工业总公司管理）。

在此期间，技术方面也有了很大的进步。山西和平果氧化铝厂首批大范围引进国外技术和装备。上面列举的电解铝项目，除青铜峡铝厂二期购买国外的旧上插槽外，均采用了预焙槽技术，并在国产化上迈开了大步。

4.2.2　在克服困难的过程中前进

"优先发展铝"提出后自 1987 年起建成投产的这一大批铝项目，几乎都实现了投料试车一次成功，表明了设计思路基本正确，建设质量也是好的，但生产运行中却遇到了各种各样的问题，在以后的十年中走过了困难重重、曲折发展的道路。

20 世纪 80 ~ 90 年代是新旧投融资体制交替的过渡时期，由拨款转为贷款，国家提供少量的财政支持。基于原有体制下积累少、企业资本金匮乏甚至根本就没有自有资金，必须大量用借款进行建设。在此投资结构转型阶段，管理人员对于偿还债务的认识不足。而在多数项目进入投产期的 90 年代上半期，正是通货膨胀的高峰，银行的长期贷款利率在相当长的一段时间内处于高位，有的年利率甚至超过 15%。面对新的企业、新的工艺和流程、不熟悉的新设备，管理干部、工程技术人员和岗位工人都只能处于一个逐步适应的过程。前苏联的解体，使其国内铝消费量急剧下降，前苏联生产的大量铝锭进入国际市场；其结果先是铝价迅速下滑，接踵而来的氧化铝过剩又使氧化铝价大幅度跌落。这些价格都在与国际市场融通的国内市场价上反映出来。上述种种因素结合在一起，使新建铝项目陷入了"投产即亏损"的困境。

中国有色金属工业总公司采取了一系列的应对措施，重点关注建设项目，专门研究项目的达产达标问题，调整内部机构突出还贷工作的管理责任，多次与企业所在省或自治区联合行文上报，要求国家给予政策支持。在此期间，氧化铝行业受到了各级领导越来越多的重视。江泽民总书记亲临中州铝厂视察，国家计划委员会多次将解决中州铝厂问题列入议事日程，国家经济贸易委员会在企业改革中也给予了高度的关注。

新投产铝项目遭遇的困难，使本应接续的新项目投资决策变得十分艰巨。在1990年决定平果铝厂开始建设后，很长时间里没能够做出新的基本建设项目的安排。当时普遍认为最具条件的白银铝二期扩建因拖欠建设债务而无法实施。青铜峡三期120kt预焙槽系列于1997年末开工，是中国有色金属工业总公司期间最后一个重点铝业基建项目。中州铝扩建"一窑一磨"项目历尽周折，在1998年方被批准。还有作为重点技改项目的贵州铝厂一电解186kA改造项目，于1997年建成投产。

在此期间，中国有色金属工业总公司所属的一些老企业出于投资少、易上马的考虑，纷纷扩建自焙槽系列。连城、兰州、抚顺、湘乡等，还有包头均实施了这样的项目。此期间也是地方小型电解铝厂的发展高潮，含中国有色金属工业总公司（CNNC）的沁阳试验厂在内新增加了62个厂。这批电解铝厂中有11个是在1985～1989年间铝业发展热潮开始阶段里投产的。其后几年由于铝价低迷，新投产的小铝厂较少。1994年西方六国签署了联合减产2000kt的谅解备忘录，导致了铝价的回升，而1995年间国内铝消费的增长加速，加之电解铝厂单位投资产值高、不含阳极的电解铝厂容易建设等因素，又激发起各地兴建电解铝厂的热潮，1996～1998年三年间新投产了33个厂。新增62个厂加上前一段的35个小厂以及11个大铝厂，中国的电解铝厂总数已达到108个，总产能约2600kt。此时已是中国电解铝厂平均单厂产能低的末期。尽管到此时铝电解行业内早已公认大型预焙槽是新建能力的方向，但因为大型预焙槽型投资高和起步规模不能过小等原因，多数地方企业仍热衷于新建自焙槽。在这些新建厂中，新安、和正两家电解铝厂和云南铝厂扩建了大型预焙槽，是地方电解铝厂中领先采用先进的大型预焙槽技术的电解铝厂。

平果氧化铝厂正式投产后的第二年就实现了达产，使氧化铝厂的达产形势发生了变化。1998年是出现重大转机的一年，在这一年里产量徘徊多年的几个铝厂都迈出了大步，中州铝厂一期实现了达产，贵州铝厂联合法达产400kt，山西铝厂产量突破百万吨大关；当时国内最大的电解铝厂——青海铝厂也基本达产。这种新局面的出现来之不易，也并非偶然，是多方面长期努力的综合结果。

中国有色金属工业总公司较早就提出了电解铝厂和发电、供电采取各种联营、联合方式的设想，但由于铝工业大项目涉及的因素比较复杂，铝电联营迟迟未能实现。然而一些地方的电力公司却看准了这样的机会，按照这个思路建设铝电联营的电解铝厂；也有的地方电厂面临小发电机组不允许上网的困境，投资建电解铝厂以便自身消化发出的电力。1994年以后，这种情况越来越多。与此同时，还有一些电解铝厂建设了自备电厂。

在此期间，由于铝合金窗框和易拉罐的使用的兴起，各地特别是在珠江三角洲地区建设了一大批铝合金挤压型材厂，主要生产建筑用铝型材，而制罐生产线大量地从国外引进，导致当时生产能力曾出现过剩。铝箔生产也在此期间开始有较大的发展。在铝板带方面，西南铝加工厂和福建瑞闽铝业购买了国外先进的冷轧机。

4.2.3 迎接新的发展高潮

1997 年，国务院提出用三年时间（1998~2000 年）解决一批有困难的国有企业的问题，研究出台了一系列政策措施。铝企业从以下各项政策措施直接受益：

（1）金融上，自 1996 年 5 月起到 1999 年 6 月连续七次降低银行贷款利率，5 年以上长期贷款利率由 1996 年初的 15.3% 不断下降，到 1999 年 6 月降为 6.21%；

（2）拨改贷、经营基金转为企业的国家资本金；

（3）对少数符合条件的企业，如平果铝厂，专项注入国家资本金；

（4）实施企业兼并，免除部分欠交的利息；

（5）实行债转股，将企业所欠债务转为债权人的股权，从而企业不再为这部分债务还本付息；

（6）企业上市，进入资本市场，扩展融资渠道；

（7）完善企业员工社会保障机制；

（8）解决企业办社会问题，减轻企业负担；

（9）用国债贴息的形式支持若干重点行业的技术改造项目；

（10）对 13 家符合一定条件的大中型电解铝厂，给予了优惠的电价。

由上述措施惠及的铝企业，经营和发展局面有了根本的改善。进入 21 世纪后，这些企业都成为了中国铝工业的中坚。

中国有色金属工业总公司在努力改善铝企业的经营状况的同时，十分重视科研工作。自 20 世纪 80 年代末起，建设附设于郑州轻金属研究院的 280kA 大型电解槽沁阳试验基地于 1994 年投产和投试，1996 年开发成功。280kA 大型预焙铝电解技术为中国铝电解技术实现大型化、现代化提供了技术支撑。郑州轻金属研究院的以管道化溶出系统为核心的氧化铝试验厂是世界上最大的完整的氧化铝试验基地。中国有色金属工业总公司下大功夫抓了电解铝和氧化铝设备国产化的工作。90 年代中起重点抓氧化铝新流程试验，特别是选矿拜耳法、双流法、石灰拜耳法等试验，历经数年，取得了可喜的成果。

值得一提的是"五零工程"的规划问题。1986 年间，按照当时的发展速度，提出 2000 年的目标是形成 2500kt 的电解铝生产能力。当时仅有 50 多万吨的产量，按每个五年计划增加 500kt，则尚缺 500kt，故决定一次在计划外增加一个"五零工程"。这在当时的世界铝工业是个最大的计划规模。这个项目虽然没能实现，但 1999 年全国原铝产量达到 2598kt，首次超过 2500kt，实现了一个与规划预期最为接近的结果。

管理体制改革方面，为改变政府职能，国务院于 1998 年决定将一些工业部改制为国家局，有色金属工业的管理则由国家有色金属局取代原中国有色金属工业总公司，并决定建立中国铝业公司，大多数原由中国有色金属工业总公司管理的企事业单位改由各地方政府管理。

4.3 快速发展阶段（1999年至今）

世纪交替时，中国铝工业蓄势待发，一个新的发展时期不可避免地到来了。

4.3.1 1999~2000年的国债贴息技改工作及其意义

国家为拉动国民经济的发展，决定从1999年6月起用国债贴息的形式支持若干重点行业的一些技术改造项目。经过努力，有色金属行业被纳入其中。一大批原属中央和地方的铝企业的技术改造项目获得批准，一反多年来在投资领域内沉寂的状态，一批项目同时迅速开展起来。6个氧化铝厂都实行了消除生产瓶颈、扩大产能、节能降耗的技术改造，许多骨干自焙槽厂都将槽型改造为预焙槽，实现了环保和效率的重大进步，同时也增加了生产能力。西南铝建设国内首条"1+4"热连轧机组。经过这一轮改造，企业状况焕然一新，技术经济指标得到明显改善，经济实力和自我发展能力大大增强。与后来全国范围内更大规模的铝工业建设相比，国债贴息技改奏响了中国铝工业大发展的序曲。

4.3.2 电解铝工业的建设热潮

临近20世纪末，针对治理污染、保护环境的要求，国家经济贸易委员会于1999年提出了停止发展新的自焙槽、对已有的自焙槽逐步进行改造的规定，并要求于2000年末前关闭小于60kA（不含60kA）的电解槽、新建厂必须采用预焙槽，且工厂规模不得小于100kt等要求。此举启动了电解铝环保技改的热潮。

在一些大中型企业实施拆除或废弃自焙槽、新建预焙槽的更新改造的同时，许多中小企业采取保留自焙槽槽壳，将其上部结构拆除更换为预焙阳极，对母线等做适当改造，增加系列电流（如从60kA加大到75kA），并增设槽控机、氧化铝输送、干法净化等设施，以最小的成本、最快的速度完成改善环境和提高效率的改造。登封、鑫旺、巩义、峨眉、山东等电解铝厂在1999年即实施了这样的改造。

进入21世纪后，中国经济进一步加速增长，铝消费的需求的增幅更是超过了GDP的增幅。1999年和2000年原铝和铝合金的净进口量达到了330kt和700kt，因而也推动了各方面投资电解铝的积极性。一段时期里出现的电力供应阶段性过剩和能源开发高潮也促使资本投入高耗能行业，而电解铝往往成为优选项目。

1999~2006年新投产的电解铝厂有44个，其中2002年和2003年两年为高潮，共有23家新建厂。这批企业中仅有约1/4仍新建自焙槽或小型预焙槽，其所占产能比例已极小。无论是新建还是扩建，大型预焙槽已完全处于主导地位。新型的200kA和300kA等级的大型预焙槽得到了大规模的应用。2000年，首个320kA系列在平果铝业投产，而2004年即有两个350kA系列先后在青铜峡铝业和神火铝业投产。一次建设的规模也越来越大，如河南伊川豫港龙泉一期200kt和山西华泽铝业一期280kt。

以下是此时期一些有代表性的槽型的应用。160kA：新安铝业（1998年）；186/190kA：贵州铝厂（1997年）、云南铝厂（1998年）、茌平铝厂（2000年）、青铜峡铝业（2001年）；200kA：兰州铝业（2001年）、青海铝业（2001年）、广元启明星铝业（2001年）；230/240kA：邹平铝厂（2001年）、银海铝业（2002年）、桥头铝业（2003年）；280kA：郑州轻金属研究院沁阳试验厂（1994年）、焦作万方（2000年）；300kA：伊川豫港龙泉（2002 年）、新安铝业（2002 年）、四川启明星铝业（2003 年）；320kA：平果铝业（2000 年）、中孚铝业（2003 年）；350kA：青铜峡铝业（2004 年）、神火铝业（2004 年）；400kA 已在 2007 年投产的兰州铝业扩建工程中成功运行，而更大的 600kA 试验槽的研究工作已在部署中。由上面这些大型预焙槽的投入使用过程可以看出，中国电解铝能力建设是以技术发展为基础的。

铝电联营方面，经国家发展和改革委员会批准，中国铝业公司与漳泽电力公司合资，按完全的铝电联营的模式建设了有 $6 \times 10^5 kW$ 自备电厂的 280kt 电解铝厂，即华泽铝业。这个项目也曾是国内最大的一次性建设的电解铝项目。基于对国民经济高速发展的期望，2006 ~ 2007 年出现了新的电解铝厂建设高潮。表 4-1 列举了近几年的电解铝产能的变化。

表 4-1 近几年中国电解铝产能的变化

年 份	2002	2003	2004	2005	2006	2007	2008	2009
电解铝产能/kt·a^{-1}	5393	8342	9444	10331	11860	14011	18058	20353
比上年增长/%	36.7	54.7	13.2	9.4	14.8	18.1	28.9	12.7

由于自焙槽的环保难以达标，加上由于氧化铝价和电价急剧上升，一些小型电解铝企业难以承受经营压力，在 2003 ~ 2006 年间共有 54 家电解铝厂停产或关闭，其中 2004 年和 2005 年两年间有 49 家电解铝厂停产或关闭。这些厂的规模均不超过 25kt/a；其使用的槽型除个别为稍大的预焙槽外，均为自焙槽或简易的小预焙槽；地域上则多数在东部和中部地区。到 2007 年末，自焙槽已基本被淘汰。

2005 年和 2006 年间，各电解铝生产企业间出现了兼并的情况，加上大批小规模厂的关闭和一些大电解铝厂的扩建，使企业的集中度有所提高。2005 年底，全国电解铝总产能为 10330kt，按兼并前口径计算运行的工厂数为 99 个，平均每个厂的产能已超过 100kt/a，是 1998 年底时的 4 倍。这表明中国电解铝的企业结构已发生了重大的改变。2006 年底，全国电解铝总产能为 12000kt，由于有些并购企业合并为一家统计产量，故 2006 年末统计户数为 88 家。截止到 2009 年末，300kt/a 以上的电解铝厂已有 19 个，它们是：信发铝业、魏桥铝业、南山铝业、万基铝业、青铜峡铝业、伊川豫港龙泉、中孚铝业、东方希望包头稀土、神火铝电、霍煤鸿骏、中国铝业兰州分公司、包头铝业、焦作万方铝业、中国铝业贵州分公司、中国铝业青海分公司、华泽铝业、创元铝业、云南铝业、桥头铝业等。

自 2002 年起，中国的电解铝由净进口转为净出口，2005 ~ 2008 年净出口量分别为 680kt、700kt、260kt 和 580kt，占当年原铝产量中的比例分别仅为 8.7%、7.5%、2.1% 和 4.4%。由于国家实行宏观调控，自 2005 年 1 月 1 日起取消了铝锭出口退税优惠并加征 5% 的关税，2006 年 11 月 1 日起出口关税增至 15%，使 2007 年全年电解铝的净出口减少到 260kt 的水平，而 2009 年则转为净进口 1500kt。这表明，中国的电解铝的发展主要是以满足国内需求为基础的，不会对世界市场造成冲击性的影响。

中国的铝工业在快速发展的同时，应该怎样坚持走科学发展的道路，这一直是各级政府和铝工业界所关注的问题。针对高耗能的电解铝工业过猛发展，2002 年 4 月国家计委和国家经贸委提出了制止电解铝行业重复建设势头的意见。2003 年起电解铝和钢铁、水泥并列成为国家重点关注的重复建设三大行业之一。2003 年 5 月，中央政府要求地方政府停止审批电解铝项目。以后国务院和国家发展和改革委员会提出过一系列遏止电解铝和氧化铝违规建设、盲目投资和淘汰落后产能的指令。国务院于 2005 年 9 月原则通过了《铝工业发展专项规划》和《铝工业产业发展政策》。2007 年 11 月，国家发展和改革委员会公布了《铝工业准入条件》的公告（附录三），在此准入条件中做出了一系列具体的规定，例如，新建氧化铝厂规模要达到 600kt/a，新建拜耳法厂的综合能耗（标煤）应低于 500kg/t，其他工艺能耗（标煤）低于 800kg/t；改造的电解铝厂必须采用 200kA 以上大型预焙槽，新改造的电解铝生产能力的综合交流电耗必须低于 14300kW·h/t，电流效率高于 93% 等。准入条件还专门强调了环境保护的要求。上述一系列指导性的意见将引导中国的铝工业走上健康有序的可持续发展道路。

4.3.3 氧化铝工业的快速发展

中国自 1982 年起成为氧化铝的进口国，进口量逐年快速增长，1994 年进口 1910kt，超过了当年国内的产量 1840kt，2005 年达到了最高峰的 7020kt，与国内产量之比仍高达 0.82∶1。

中国铝业公司成立后致力于现有 6 个氧化铝厂的扩建，氧化铝产量从 2001 年的 4700kt 增加到 2007 年的 10460kt，年均增长幅度达 14.3%。尽管如此，国内的氧化铝供应仍远远不能满足电解铝工业增长的需要。

依据中国铝土矿的总体状况，在有丰富铝土矿资源的地区建设新的氧化铝基地的工作适时地提到了日程。铝土矿品位在国内仅次于平果且储量规模大的桂西德保、靖西铝土矿的开发于 2005 年启动，建设一期 1600kt/a 的华银项目，2007 年 2 月第一条生产线投产。自 20 世纪 80 年代以来议论已久的晋北氧化铝厂和"贵州二基地"（即 2010 年投产的遵义氧化铝）先后起步，晋北鲁能氧化铝已于 2006 年中投产。以往认为储量相对较少的重庆地区，已开始建设氧化铝厂；对云南铝土矿的开发也已经起步。

电解铝的迅猛发展造成对氧化铝的需求急增，而氧化铝价格上涨的刺激更是促使各方面的投资者建设各种规模的氧化铝厂和氢氧化铝厂，加上有中国特色的氧化铝生产技术日趋成熟，终于使兴建氧化铝厂的热潮在 2003 年和 2004 年间来临。除了上述的新氧化铝基地的开发外，在河南和山西等省建设了一批利用本地铝土矿的新企业，已投产规模较大的有开曼氧化铝厂、东方希望和香江万基氧化铝厂等。而在山东，应用山东铝业多年来加工进口三水铝石矿的成功经验，以从印度尼西亚等国大规模进口的三水铝石矿为原料，在茌平和魏桥等地建设了大规模氧化铝厂，并快速实现了有八九个 400kt/a 系列产能的投产。从 2006 年起，除了一大批规模大小不等的氧化铝厂投产外，还有规模较小而数量众多的氢氧化铝厂建成。此期间陆续新建的大小氧化铝厂共有 20 多个。除原有 6 个氧化铝厂外，其他氧化铝厂的合计产量在 2004～2009 年分别为 164kt、666kt、4077kt、9004kt、13326kt 和 15403kt（见表 3-8），呈现出惊人的增长速度。表 4-2 列举了近几年的氧化铝产能的变化。氧化铝产能的增长使进口比例减少，但增加了对国外铝土矿的依存度。

表 4-2　近几年中国氧化铝产能的变化

年　份	2003	2004	2005	2006	2007	2008	2009
氧化铝产能/$kt \cdot a^{-1}$	6516	7661	9401	17056	21845	34310	36160
比上年增长/%	25.0	17.6	22.7	81.4	28.1	57.1	5.4

随着国内氧化铝产量的增加，中国对国外氧化铝的依赖程度不断下降，2006 年的进口量虽然仍有 6910kt，与国内产量之比已降为 0.50∶1；2007 年国内产量高达 19460kt，而进口则锐减为 5120kt。但由于新增产能中有很大部分是采用处理国外三水铝石矿的低温拜耳法，因而对国外铝土矿进口的依赖已上升为一个瓶颈问题，在进口矿的质量、价格和运输等方面均出现一些不确定因素。

另外，由于大批氧化铝厂，特别是新建氧化铝厂都采用低能耗的拜耳法，因此必然优先采购当地的优质铝土矿，造成国内的铝土矿资源和开采的严重问题。河南和山西的优质铝土矿几乎已消耗殆尽，各企业被迫使用 A/S 品位较低的矿，导致生产指标的恶化和成本升高。由于河南和山西等地的氧化铝产量过快增长，当地的铝土矿资源快速消耗，已难以承载这种巨大的氧化铝产能的扩张。

中国铝业公司在扩建项目中采用了多项新技术和新工艺，如强化烧结法、选矿拜耳法、管道化预热加停留罐溶出、双流法溶出、石灰拜耳法、串联法、砂状氧化铝生产技术等。节能降耗减排和保护环境已成为中国铝业公司建设和生产运行管理的重点关注原则。随着生产和建设规模的加大，资源的不可再生性与需求的矛盾越来越凸现，为此中国铝业公司十分重视资源勘探和落实，确保行业的可持续发展。

中国的铝土矿绝大部分为高铝高硅含量的一水硬铝石矿，而且总储量有限，近几年氧化铝产量的高速增长，使国内铝土矿资源对氧化铝工业发展的保障程度越来越低。但在世界范围内，铝土矿资源在整体上十分丰富（在本书第二篇将对此进行专门论述）。国际大型跨国铝业公司从 20 世纪 50~60 年代起，就已经开始在铝土矿资源丰富的国家和地区建设氧化铝厂。中国可以采用同样的办法解决短缺的铝土矿资源问题。中国有色金属工业总公司自 1992 年起就讨论过在澳大利亚和印度尼西亚投资建设氧化铝厂。1992 年决定在山东铝业建设使用进口三水铝石的小型拜耳法流程，是为了日后大规模应用该技术积累经验。中国综合国力的提升、中国铝企业的壮大和对铝需求的大幅度增长，是实现大规模进行海外铝土矿资源开发的必要条件。

4.3.4　铝板带加工的跨越式发展

到 20 世纪 90 年代末，中国的铝加工业有了迅猛的发展。1998 年，全国铝加工材总产量达到 1470kt。但其中挤压型材为 383kt，占 26%；作为主体的铝板带材，工业化国家中占到 60% 左右，而中国当时的产量只有 267kt，仅占 18%。到 2005 年，这个比例仍然低于 30%，特别是一些高档铝板带材需要大量进口。中国目前人均铝板带的消费量还没有达到世界的平均水平。因此，优先、快速发展铝板带材加工成为发展的必然趋势。

1999 年末，西南铝加工厂提出建设一条开坯轧机 +4 机架热连轧机机组（俗称"1 +4"）的项目，从此揭开了中国铝板带加工能力建设的热潮。在此之前，全国只有 3 台现代意义上的热轧机，多数铝板带箔厂采用了铸轧工艺，其产品难以全面适应需要。此后先后投产的热轧生产线有：明泰铝业 1+4 式 2000mm 连轧、西南铝 1+4 式 2000mm 连轧、南山集团 1+4 式 2400mm 连轧、河南铝业 1+1 式 2400mm 热粗-精轧机和 2400mm 单机架双卷取热轧机以及另外多台单机架双卷取热轧机等，由此快速形成了较大的热轧产能规模。

此后，冷轧项目也得到了快速发展。截至 2005 年，从国外引进并已投产的较先进的冷轧机，除上面提到的西南铝和瑞闽共 3 台外，还有华北铝 1 台和南山集团 2 台。国产的冷轧机也已得到广泛使用。而在建设中的铝板带项目更是有数十项之多。中国的铝挤压型材和铝箔已分别在 2001 年和 2004 年由净进口转为净出口，而铝板带也已从 2008 年起转为净出口。

中国的交通运输业的迅猛发展举世瞩目，大断面铝合金型材在地铁、高速列车、运输车辆等领域的应用有了飞速发展。各地涌现了一批装备有超大吨位挤压机的铝型材厂，以适应这一发展要求。

中国铝业公司成立伊始，就制定了要跨越式发展铝加工的发展目标。经过几年的努力，发展轮廓逐步完善。依据五条战略原则的指导，即：以市场为导向；高起点、高速度、高水平；效益第一，效率优先；统筹兼顾，合理布局；整体规划，突出优势，分别实施；通过整合、改造或新建等方式，将逐渐形成以板带材为主导产品的西南、西北、中原、华东和东北五大基地，最终达到 1500kt 以上的能力。

4.3.5 中国铝业公司在国内外的地位不断提升

1998 年，在撤销中国有色金属工业总公司，成立国家有色金属局的同时，国务院决定组建中国铝业集团公司等三大有色金属集团公司，并于 1999 年 8 月挂牌成立。2000 年上半年这三大集团公司又被撤销，其所属的企业和事业单位划归地方管理。2000 年，各国家工业局撤销，成立行业协会，其中包括中国有色金属工业协会。

国务院考虑到铝企业的实际情况，决定于 2000 年筹备组建新的中国铝业公司。中国铝业公司（Aluminum Corporation of China，Chinalco）于 2001 年 2 月正式成立，属国家授权的投资管理机构和控股公司，由国务院国有资产管理委员会直接管理。中国铝业公司为从事有色金属为主的企业，成立之初是以贸易、建设、设计、科研为主的单位。同年，中国铝业公司以其从事铝业的核心资产"七厂一院"组成中国铝业股份有限公司（Aluminum Corporation of China Limited，Chalco），并于 2001 年 12 月在香港和纽约两地上市。2007 年，通过换股，吸收合并山东铝业、兰州铝业和包头铝业，成功回归 A 股市场，成为在三地上市的公司。

中国铝业公司 2007 年主要产品的产量，以公司计，氧化铝为世界第三，电解铝为世界第四，氧化铝、电解铝和铝加工材产量均为全国第一。2007 年底，中国铝业公司资产总额为 2014 亿元，当年实现销售收入 1317 亿元，实现利润在国企中有显著地位，分别是成立时的 6.18 倍、7.24 倍和 9.77 倍。中国铝业公司进入了美国《财富》杂志世界 500 强。中国铝业公司在非铝金属领域里也有了长足进展。

中国铝业公司在工程建设领域的子公司——中铝国际工程有限责任公司（Chalieco）成立于 2003 年 12 月，是以沈阳铝镁设计研究院和贵阳铝镁设计研究院为主体组建的；2007 年，又有长沙有色冶金设计研究院加入。中铝国际工程有限责任公司是集科研开发、技术咨询、工程设计、工程总承包为一体的高新技术企业，拥有中华人民共和国对外承包工程经营资格证书、工程设计冶金行业甲级证书及有色冶金、钢铁、生态建设和环境工程等工程咨询单位甲级资格证书。中铝国际工程有限责任公司主要从事国内与境外铝、镁、钛、炭素等冶金行业规划、咨询、勘测、设计、监理、项目管理、工程总承包、设备材料采购、技术服务和进出口业务，是国内铝行业最具实力、全面拥有自主知识产权技术的工程公司。

中铝国际工程有限责任公司拥有能够处理各种类型铝土矿的氧化铝生产技术和400kA等大型预焙电解槽的铝电解技术。该公司具有自主知识产权的技术成果在国际铝工业技术市场显示了独特的优势和竞争力，输出的氧化铝技术已在伊朗投产；输出的电解铝技术已在印度、伊朗、哈萨克斯坦等国家投入生产。中铝国际工程有限责任公司已成为国际铝工业市场的主要技术供应商之一。该公司承担了国内外许多铝业建设项目的总承包，投产后均显示了良好的效果。在中国勘察设计协会和中国工程咨询协会联合公布的工程咨询与勘察设计行业2007年度工程总承包完成合同额排序名单入围的120个单位中，中铝国际工程有限责任公司排名第9。

中国铝业郑州研究院（即郑州轻金属研究院）成立于1965年，是中国轻金属冶炼专业领域唯一的大型科研机构，是中国轻金属冶炼新技术、新工艺、新材料和新装备的重大、关键和前瞻性技术的研发基地，也是该领域技术成果的孵化与转化基地。研究院自建院以来，始终面向铝工业的发展和战略性领域，致力于自主创新，为实现中国铝镁冶炼工业可持续发展提供技术支撑。2004年通过了中国质量认证中心（CQC）质量、健康安全、环境三大管理体系认证。中国铝业郑州研究院建有世界上最大的氧化铝试验基地、国家大型铝电解工业试验基地、世界上唯一的铝土矿综合利用试验基地，拥有国家轻金属质量监督检验中心、国家铝冶炼工程技术研究中心、中国铝业博士后科研工作站，形成了从铝土矿资源综合利用、氧化铝、铝冶炼到铝镁合金完整的研发系统，建立了从技术研究开发、工程化研究及工业试验到产业化示范应用的完整的铝工业科技研发创新体系。

中国铝业郑州研究院建院以来到2009年底，共完成包括国家各个"五年计划"的重大科技攻关和支撑计划项目、重点工业试验项目以及"863"、"973"项目在内的科研课题941项，取得299项科研成果，获国家科技进步奖12项，省部级科技进步奖161项，申报专利482项。成功研发的280kA大型预焙电解槽、拜耳法强化溶出、选矿拜耳法、石灰拜耳法、砂状氧化铝、可湿润阴极、无效应低电压电解生产技术的开发与工业应用、新型结构电解槽、优质炭阳极生产技术、热法炼镁新工艺等一批意义重大、影响深远的自主创新技术与成果，为中国铝镁工业持续、健康、和谐发展提供了强力支撑。研究院自主研发的多种高新技术材料和产品在国防军工、航天航空、电气、陶瓷和许多国家重点工程中得到了广泛应用。

基于规模经营能带来多方面的利益，国内还有一些铝企业正在进行合并、重组和较大规模的产能扩张。已经形成了一批规模宏大的拥有电力和铝生产各个环节的铝业公司。

以上三个发展阶段中恰好存在三种不同的管理体制，这既是巧合，却也反映出管理体制是随经济的发展而不断调整的，调整的结果将使生产力获得最大限度的释放。毫无疑问，中国铝工业的发展走的是一条成功之路。

参考文献

[1] Alcan Inc. Primary aluminum：The China syndrome[R]. Technical report. Alcan Inc，2004.

[2] 王祝堂，田荣璋. 铝合金及其加工手册[M]. 长沙：中南工业大学出版社，2000.

[3] 刘静安，谢水生. 铝合金材料的应用与技术开发[M]. 北京：冶金工业出版社，2004.

[4] 肖亚庆. 铝合金技术实用手册[M]. 北京：冶金工业出版社，2005.

[5] 潘复生，张静. 铝箔材料[M]. 北京：化学工业出版社，2005.

[6] 肖丽娟，崔爽. 铝质材料在包装工业中的应用[J]. 中国包装工业，2005(12)：61，62.

[7] 刘国信. 铝塑复合包装材料的开发应用[J]. 塑料包装，2005，15(5)：36，37.

[8] 胡志鹏. 镀铝纸——包装界的绿色追求[J]. 上海有色金属，2005，26(1)：32～35.

[9] 江鸿，向群. 铝罐生产技术和市场发展[J]. 铝加工，2005(2)：26～28.

[10] 何桂明，汤涛，李如振. 高强度全铝合金导线在输电线路中的应用[J]. 山东电力技术，2004(3)：56～57.

[11] 吴士敏，印永福. 电线电缆"十五"市场需求及技术发展[J]. 电气时代，2004(2)：36～38.

[12] 黄豪士. OPGW 用铝合金线的性能与选用[J]. 电力系统通信，2004(9)：27，28.

[13] 尤传永. 耐热铝合金导线的耐热机理及其在输电线路中的应用[J]. 电线电缆，2004(4)：3～7.

[14] 薄通. 500kV 线路采用铝合金导线的探讨[J]. 电力建设，2001，22(1)：8，9.

[15] 罗振平. AAAC 导线在大跨越输电线路中的应用[J]. 电力建设，2002，23(4)：35～36.

[16] 毛庆传，黄豪士，季世泽，等. 三峡工程用架空导线研制与生产及对线缆行业技术进步的推动[J]. 电线电缆，2004(4)：3～8.

[17] 毛庆传. 三峡输电工程建设极大促进我国架空线缆技术进步[J]. 电力设备，2004，5(6)：3～8.

[18] 吴迈生. 浅析国产铝合金导线发展前景[J]. 湖南电力，2004，24(6)：55～58.

[19] 方浩. 铝包钢绞线、铝合金导线的性能介绍[J]. 华东电力，2003(9)：63～66.

[20] 郑洪，林顺岩. 电解电容器用铝箔的进展[J]. 铝加工，2005(2)：18～22.

[21] 杨宏，毛卫民. 铝电解电容器的研究现状和技术发展[J]. 材料导报，2005，19(9)：1～3.

[22] 毛卫民，何业东. 国产电解电容器用铝箔的发展与展望[J]. 世界有色金属，2004(8)：23～27.

[23] 王祝堂，任柏峰. 日本与韩国的铝箔工业[J]. 轻合金加工技术，2003，31(5)：1～10.

[24] 冯哲圣，陈金菊，徐蓓娜，等. 铝电解电容器的技术现状及未来发展趋势[J]. 电子元件与材料，2001，20(5)：30，31.

[25] 刘静安. 浅谈中国铝及铝合金材料产业现状与发展战略(2)[J]. 铝加工，2005(6)：1～5.

[26] 崔文竹. 未来新型装饰建材——铝塑复合板[J]. 山东建材，2005(6)：37，38.

[27] 沈世钊. 大跨空间结构的发展——回顾与展望[J]. 土木工程学报，1998，31(3)：5～14.

[28] 胡严政，尹人洁，李赤波，等. 网架结构用管的研制与开发[J]. 钢管，2003，32(4)：17～20.

[29] 郝成新，钱基宏，宋涛，等. 铝网架结构的研究与工程应用[J]. 建筑结构学报，2003，24(4)：70～75.

[30] 郝成新，钱基宏，赵鹏飞，等. 铝合金网架结构的应用研究[C]. 管结构学术交流会论文集，西安，2001. 185～190.

[31] 李丽娟，谢志红，郭永昌. 铝合金双层球面网壳结构的抗震性能分析[J]. 甘肃工业大学学报，2003，29(3)：110～112.

[32] 曾银枝，钱若军. 铝合金穹顶的试验研究[J]. 空间结构，2002，16(4)：47～52.

[33] 关绍康，姚波，沈宁福，等. 新型铝硅钛多元合金管材的研究[J]. 热加工工艺，1999(6)：47，48.

[34] 杨升，杨冠群，杨巧芳. 电解法生产铝硅钛多元合金述评[J]. 铸造，1999(4)：51～54.

[35] 陈爱军, 邵旭东. 铝合金在桥梁工程中的应用[J]. 建筑技术开发, 2005, 32(11): 64~66.

[36] 张君尧. 航空结构用高纯高韧性铝合金的进度[J]. 轻金属, 1994(6): 54~57.

[37] 陈亚莉. 铝合金在航空领域中的应用[J]. 有色金属加工, 2003, 32(2): 11~16.

[38] 钟锋, 杜予暄. Al-Li 合金的军事应用[J]. 装备与技术, 2005(8): 36~37.

[39] 赵祖虎. 航空航天用铝锂合金近况[J]. 航天返回与遥感, 1998, 19(1): 40~42.

[40] 刘静安, 周昆. 航空航天用铝合金材料的开发与应用趋势[J]. 铝加工, 1997, 20(6): 51~59.

[41] 吴一雷, 李永伟, 强俊, 等. 超高强度铝合金的发展与应用[J]. 航空材料学报, 1994, 14(1): 49~55.

[42] 骞西昌, 杨守杰, 张坤, 等. 铝合金在运输机上的应用与发展[J]. 轻合金加工技术, 2005, 33(10): 1~7.

[43] 刘静安. 铝材在交通运输工业中的开发与应用[J]. 四川有色金属, 2001(3): 27~32.

[44] 陈石卿. 俄罗斯的航空用铝合金的发展及其历史经验(一)[J]. 航空工程与维修, 2001(3): 17, 18.

[45] 颜鸣皋. 航空材料技术的发展现状与展望[J]. 航空国际合作与交流, 2004(1): 21~24.

[46] 苏鸿英. 世界汽车用铝及其加工技术现状[J]. 有色金属工业, 2004(4): 59, 60.

[47] 宋志海. 汽车用铝合金及其塑性加工技术[J]. 铝加工, 2006(6): 39~42.

[48] 袁序弟. 汽车用铝前景及铝材需求[J]. 有色金属再生与利用, 2005(10): 15~17.

[49] 石其年, 熊惟皓. 铝合金在汽车中的应用与发展[J]. 新技术新工艺, 2006(12): 55~58.

[50] 李艳萍, 张冶民, 李保成. 铝合金材料在汽车工业中的应用与展望[J]. 铝加工, 2007(1): 23~24.

[51] Ancona, Antonio, Daurelio G, De Filippis, et al. CO$_2$ laser welding of aluminium shipbuilding industry alloys: AA 5083, AA 5383, AA 5059, and AA 6082. Proceedings of the SPIE, 2003, 5120: 577~587.

[52] 王珏. 船舶用铝合金材料[J]. 轻金属, 1994(6): 58~64.

[53] 林学丰. 铝合金在舰船中的应用[J]. 铝加工, 2003(1): 10, 11.

[54] 何梅琼. 铝合金在造船业中的应用与发展[J]. 世界有色金属, 2005(11): 26~28.

[55] 王珏. 铝合金在造船中的应用与发展[J]. 轻金属, 1994(4): 49~54.

[56] 王祝堂. 话说铝与化工设备[J]. 金属世界, 2008(2): 56~59.

[57] 中国有色金属工业总公司工业普查领导小组办公室. 中国有色金属工业第三次工业普查分析报告[R]. 1997.

[58] 中国有色金属工业五十年历史资料汇编(1949~1998)(上卷)、(下卷). 北京: 中央文献出版社, 1999.

[59] 中国有色金属工业协会信息统计部. 1999 年有色金属工业统计资料汇编.

[60] 中国有色金属工业协会信息统计部. 2000 年有色金属工业统计资料汇编.

[61] 中国有色金属工业协会信息统计部. 2001 年有色金属工业统计资料汇编.

[62] 中国有色金属工业协会信息统计部. 2002 年有色金属工业统计资料汇编.

[63] 中国有色金属工业协会信息统计部. 2003 年有色金属工业统计资料汇编.

[64] 中国有色金属工业协会信息统计部. 2004 年有色金属工业统计资料汇编.

[65] 中国有色金属工业协会信息统计部. 2005 年有色金属工业统计资料汇编.

[66] 中国有色金属工业协会信息统计部. 2006 年有色金属工业统计资料汇编.

[67] 中国有色金属工业协会信息统计部. 2007 年有色金属工业统计资料汇编.

[68] 中国有色金属工业协会信息统计部. 2008 年有色金属工业统计资料汇编.

[69] 宋禹田. 2005 年铝加工工业发展报告. 2005 年中国有色金属工业发展报告[R]. 北京: 中国有色金属工业协会, 2006.

[70] 王祝堂. 中国铝加工业成就辉煌的 2006 年[J]. 中国铝业, 2007, 1.

[71] 刘兴利. 三次高层专题会议解决有色发展问题[J]. 中国有色金属, 2008(15): 23, 24.

第二篇　铝土矿

本篇主编　顾松青

副　主　编　（以姓氏汉语拼音为序）

刘福兴　路培乾

编写人员　（以姓氏汉语拼音为序）

陈湘清　陈兴华　顾松青

胡秋云　刘承帅　刘福兴

刘惠林　刘汝兴　路培乾

齐利娟　周吉奎

审　　　稿　（以姓氏汉语拼音为序）

程运材　高文杰　顾松青

厉衡隆　沈政昌　薛玉兰

杨冠群

5　铝土矿资源

＊＊＊＊＊＊＊＊＊＊＊＊＊＊＊＊＊＊＊＊＊＊＊＊＊＊＊＊＊＊＊＊＊＊＊

5.1　世界铝土矿资源

5.1.1　世界铝土矿资源概述

　　铝是地壳中分布最广、含量最丰富的元素之一，在地壳中的平均含量为8.7%，仅次于氧和硅而居于第三位。由于铝的化学性质活泼，因此在自然界中仅以化合物状态存在。地壳中含铝矿物有二百多种，其中约40%是各种铝硅酸盐。表5-1列举了地壳中的主要含铝矿物，其中有一部分矿物包含在本章讨论的铝土矿资源中。

表5-1　自然界常见的主要含铝矿物

矿　物	分　子　式	含量/%		
		Al_2O_3	SiO_2	R_2O
刚　玉	Al_2O_3	100	—	—
一水软铝石	$Al_2O_3 \cdot H_2O$	85	—	—
一水硬铝石	$Al_2O_3 \cdot H_2O$	85	—	—
三水铝石	$Al_2O_3 \cdot 3H_2O$	65.4	—	—
红柱石	$Al_2O_3 \cdot SiO_2$	63	37	—
高岭石	$Al_2O_3 \cdot 2SiO_2 \cdot 2H_2O$	约39.5	约46.4	—
白云母	$K_2O \cdot 3Al_2O_3 \cdot 6SiO_2 \cdot 2H_2O$	约38.5	约45.2	约11.8
伊利石	$KAl_2[(SiAl)_4O_{10}] \cdot (OH)_2 \cdot nH_2O$	30~38	40~55	6~11
霞　石	$(Na,K)_2O \cdot Al_2O_3 \cdot 2SiO_2$	32.3~36.0	38.0~42.0	19.6~21.0
叶蜡石	$Al_2O_3 \cdot 4SiO_2 \cdot H_2O$	约28.3	约66.7	—
蒙脱石	$Al_2O_3 \cdot 4SiO_2 \cdot nH_2O$	约28.3	约66.7	—
白榴石	$K_2O \cdot Al_2O_3 \cdot 4SiO_2$	23.5	45.2	21.5
长　石	$(Na,K)_2O \cdot Al_2O_3 \cdot 6SiO_2$	18.4~19.5	64.7~68.7	11.8~16.9
明矾石	$(Na,K)_2SO_4 \cdot Al_2(SO_4)_3 \cdot 4Al(OH)_3$	37.0	—	约66.7
丝钠铝石	$Na_2O \cdot Al_2O_3 \cdot 2CO_2 \cdot 2H_2O$	35.4	—	21.5

铝土矿（bauxite）这个名词是 1821 年由 Bettier 首先使用的，是指产在法国南部阿尔勒（Arles）附近的 Les Baux 地区石灰岩上面的一种紫色黏土。红土（laterite）一词是由拉丁语"later"（砖）派生而来的，是指一种在颜色与孔隙度方面均与红砖块类似的石头。铝土矿可能为土状、黏土状、块状、鲕状、豆状、瘤状、蠕虫状或角砾状。

铝土矿是生产氧化铝和氢氧化铝的最佳原料。生产氧化铝是铝土矿最主要的应用领域，其用量占世界铝土矿总产量的 90% 以上。从铝土矿提取氧化铝的过程是：首先经碱液处理铝土矿，使其中的水合氧化铝转化成偏铝酸盐，将偏铝酸盐分解得到氢氧化铝，氢氧化铝经焙烧转化成纯净的氧化铝。氧化铝是生产金属铝的主要原料。

其他的含铝资源同样可以用来提炼氧化铝，如前苏联因缺乏高质量的铝土矿资源，利用霞石和明矾石提取氧化铝。

铝土矿除了用于氧化铝生产外，还可以用作耐火材料、研磨材料、化学制品及高铝水泥、塑料、钢铁、陶瓷等工业的原料。某些种类的铝土矿经处理可用于生产黏合剂、密封剂、吸附剂、催化剂载体、压力支撑料和路面填料等。

5.1.2 世界铝土矿资源的储量与分布

世界铝土矿资源总量丰富、地区集中、类型简单、规模巨大、资源保证度很高。据美国地质调查局（USGS）《Mineral Commodity Summaries》统计，2010 年世界铝土矿储量 27000Mt，基础储量 38000Mt，全球查明铝土矿总资源量估计为 55000~75000Mt。世界各大洲铝土矿总资源量所占的比例为：非洲 32%，大洋洲 23%，南美洲和加勒比地区 21%，亚洲 18%，其他地区（北美，欧洲）6%。

第二次世界大战前，一些建立了铝工业的工业发达国家主要是利用本土出产的铝土矿，如美国、法国和苏联等。第二次世界大战后，随着铝工业的发展和铝土矿勘察活动在全球大规模进行，世界铝土矿储量得到了大幅度的增长。据美国矿业局统计，1945 年世界铝土矿储量约 1000Mt。20 世纪 40~50 年代，由于牙买加铝土矿的发现与开采，世界铝土矿储量于 1955 年增加到 3000Mt。20 世纪 50~80 年代，几内亚、澳大利亚和巴西大规模的铝土矿陆续被发现，世界铝土矿储量迅速增加，1965 年增加到 6000Mt，到 1985 年达到 21000Mt。

近 20 年来，世界铝土矿储量增长有所放慢，主要原因是自 1985 年以来，世界范围内基本没有再开展大规模的铝土矿勘查活动。但也有一些国家勘查发现新的重要矿床，如越南西南高原铝土矿矿床和老挝波罗芬高原铝土矿矿床。由于越南铝土矿已于 2008 年正式列入世界铝土矿储量表，因此，2008 年世界铝土矿储量和基础储量比 2007 年增加较多。图 5-1 所示为 1995~2008 年世界铝土矿储量及基础储量随年份的变化。

世界铝土矿地理分布集中程度很高，已知全世界有 88 个地区赋存有铝土矿，储量最多的地方是澳大利亚、非洲、亚洲、南美洲以及加勒比海地区等热带和亚热带地区。依据储量排位，排名前 6 位的国家依次为几内亚、澳大利亚、越南、牙买加、巴西和印度，其储量分别为 7400Mt、5800Mt、2100Mt、2000Mt、1900Mt 和 770Mt（见表 5-2），分别占世界总储量的比例为 27.3%、21.4%、7.8%、7.4%、7.0% 和 2.8%，其中前三个国家占世界总储量的比例为 56.7%，前六个国家则占近 74%，如图 5-2 所示。

图 5-3 所示为世界上主要铝土矿区的地理分布。

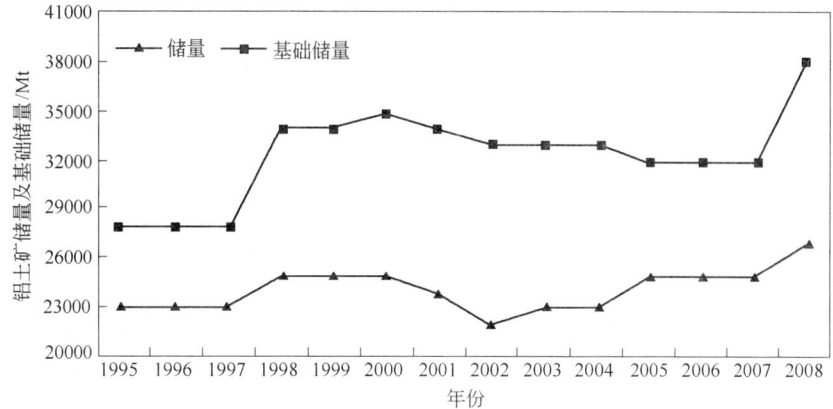

图 5-1　1995～2008 年世界铝土矿储量及基础储量随年份的变化

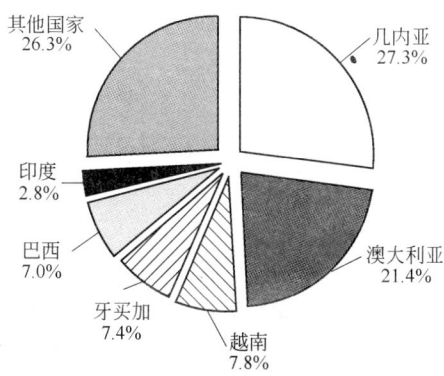

图 5-2　2008 年世界主要的铝土矿储藏国的储量分布图

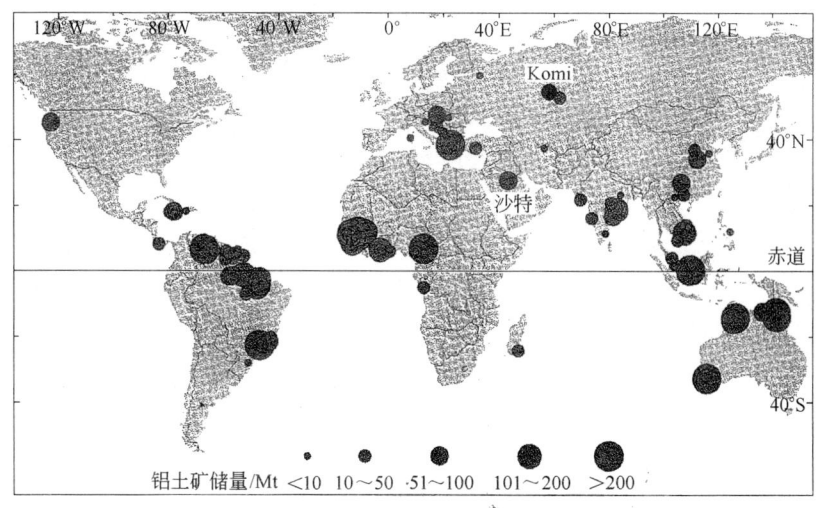

图 5-3　世界主要铝土矿区分布图

　　表5-2为2008年世界主要铝土矿储藏国的储量和基础储量分布的比较。按美国地质调查局发表的2008年调查数据，中国铝土矿的储量约为700Mt，为世界第七位。中国拥有较大的铝土矿基础储量和资源量，因此，中国铝土矿找矿的潜力较大。越南铝土矿的储量和基础储量2008年才正式列入美国地质调查刊物中，而且数量巨大，储量为2100Mt，基础储量为5400Mt（见表5-2）。由于列入了越南的铝土矿数据，因此，2008年世界铝土矿的总储量大幅度增加。表5-2中尚未列入老挝以及非洲一些具有巨大铝土矿资源前景的国家和地区。这些国家和地区也可能是未来世界铝土矿储量增长的主要来源。

表5-2　2008年世界主要铝土矿储藏国的储量和基础储量　　　　　　（Mt）

国家或地区	储　量	基础储量	国家或地区	储　量	基础储量
几内亚	7400	8600	圭亚那	700	900
澳大利亚	5800	7900	希　腊	600	650
越　南	2100	5400	苏里南	580	600
牙买加	2000	2500	委内瑞拉	320	350
巴　西	1900	2500	俄罗斯	200	250
印　度	770	1400	其　他	3930	4650
中　国	700	2300	世界总计	27000	38000

　　注：本表和表5-3、表5-4的数据均来源于美国地质调查报告文件《Mineral Commodity Summaries》和《Minerals Yearbook（2008）》。

　　表5-3和表5-4所列分别为主要铝土矿储藏国近年来储量及基础储量的变化。

表5-3　1999～2008年世界主要铝土矿储藏国铝土矿储量的变化　　　　　（Mt）

年　份	1999	2000	2001	2002	2003	2004	2005	2006	2007	2008
澳大利亚	3200	3800	3800	3800	4400	4400	5700	5800	5800	5800
巴　西	3900	3900	3900	1800	1900	1900	1900	1900	1900	1900
中　国	720	720	720	700	700	700	700	700	700	700
希　腊						600	600	600	600	600
几内亚	7400	7400	7400	7400	7400	7400	7400	7400	7400	7400
圭亚那	700	700	700	700	700	700	700	700	700	700
牙买加	1500	2000	2000	2000	2000	2000	2000	2000	2000	2000
俄罗斯	200	200	200	200	200	200	200	200	200	200
哈萨克斯坦						350	360	360	360	360
印　度	1500	1500	770	770	770	770	770	770	770	770
苏里南	580	580	580	580	580	580	580	580	580	580
委内瑞拉	320	320	320	320	320	320	320	320	320	320
其他国家	4980	3880	3610	3730	4030	3080	3770	3670	3670	5670
合　计	25000	25000	24000	22000	23000	23000	25000	25000	25000	27000

表5-4　1999～2008年世界主要铝土矿储藏国铝土矿基础储量的变化　　　（Mt）

年　份	1999	2000	2001	2002	2003	2004	2005	2006	2007	2008
澳大利亚	7000	7400	7400	8700	8700	8700	7700	7900	7900	7900
巴　西	4900	4900	4900	2900	2500	2500	2500	2500	2500	2500
中　国	2000	2000	2000	2300	2300	2300	2300	2300	2300	2300
希　腊					650	650	650	650	650	650
几内亚	8600	8600	8600	8600	8600	8600	8600	8600	8600	8600
圭亚那	900	900	900	900	900	900	900	900	900	900
牙买加	2300	2500	2500	2500	2500	2500	2500	2500	2500	2500
俄罗斯	200	250	250	250	250	250	250	250	250	250
哈萨克斯坦						360	360	450	450	450
印　度	2300	2300	1400	1400	1400	1400	1400	1400	1400	1400
苏里南	600	600	600	600	600	600	600	600	600	600
委内瑞拉	350	350	350	350	350	350	350	350	350	350
其他国家	4850	5200	5100	4500	4250	3890	3890	3600	3600	9600
合　计	34000	35000	34000	33000	33000	33000	32000	32000	32000	38000

5.1.3　世界铝土矿床的分类

5.1.3.1　世界铝土矿床按生成原因的分类

世界铝土矿床按生成原因大致可以分为三大类：储存在硅酸盐岩上的新生代红土型（laterite bauxite）矿床、储存在碳酸盐岩上的古生代岩溶型（喀斯特型 karst bauxite）矿床以及储存在陆原岩上的古生代（或中生代）齐赫文型（Tikhvin bauxite）矿床，它们分别约占世界总储量的86%、13%以及约1%。图5-4为世界上主要岩溶型及红土型铝土矿的分布。

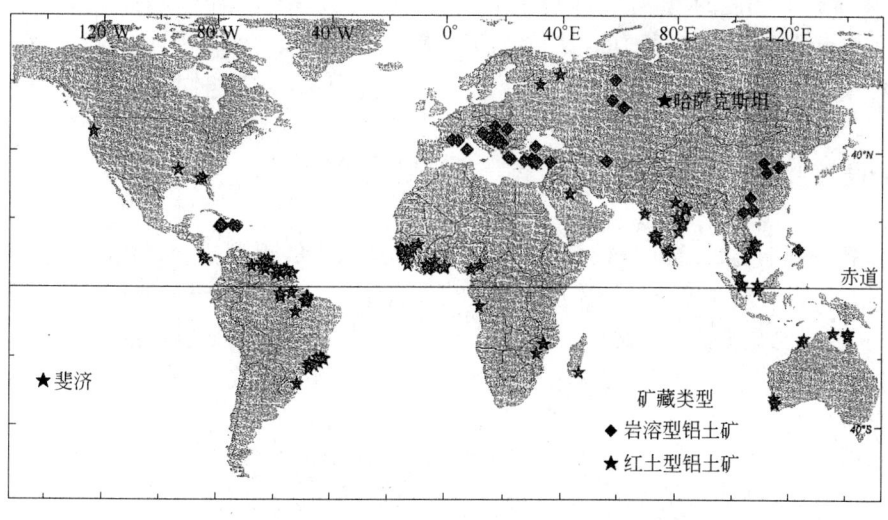

图5-4　世界上主要岩溶型（karst）及红土型（laterite）铝土矿的分布图

A　红土型

从元古代末期到现代都发育铝土矿，尤其是在气候条件极为适宜的第三纪，形成了以三水铝石为主的铝土矿。地中海区的典型铝土矿（主要含一水软铝石）在中生代尤为发育。古生代的铝土矿含一水硬铝石和一水软铝石，主要发育于泥盆纪和石炭纪。三水铝石有可能随着时间的推移而部分脱水；在深埋处产生一水软铝石并转化为一水硬铝石。三水铝石可直接形成，例如由长石（铝硅酸盐）直接形成，也可以经过非晶质凝胶或高岭石这一中间阶段形成，即所谓的间接红土化作用。大多数前寒武纪铝土矿都受到变质而形成含刚玉、硅线石、蓝晶石、红柱石的岩石。

红土型铝土矿矿床一般与近代红土风化壳的关系密切，矿体往往产生于各种岩石的风化壳红土层中，部分经过近距离搬运而生成。红土层一般是松散及半固结的，在该层上方没有后期已成岩的沉积物覆盖。风化红土型铝土矿的矿体近地表，矿物以三水铝石为主，一水软铝石及一水硬铝石含量很少甚至完全没有，属于三水铝石型铝土矿。红土型铝土矿成矿时代主要是在新生代第三纪，其次是中生代，而古生代的风化红土型铝土矿矿床极少。

红土型铝土矿矿床广泛分布于赤道附近的热带和亚热带地区，构成了世界上广阔的红土型铝土矿带。红土型铝土矿分布在以下五大地理区域：

（1）西部非洲地区，包括几内亚和喀麦隆等国；

（2）澳大利亚的北部和西南部地区；

（3）南美洲北部地区，包括巴西、委内瑞拉、苏里南和圭亚那等国；

（4）亚洲印度的东部和西部地区；

（5）东南亚地区，包括越南中南部、老挝和印度尼西亚西加里曼丹等地。

红土型铝土矿矿床的成矿母岩可以是各种岩石：

（1）古老变质岩的片麻岩、片岩、千枚岩及变质玄武岩、花岗岩等岩石是最重要的一类母岩，许多巨大的风化红土型矿床产在这类母岩的红土风化壳中，如巴西的特龙贝塔斯（Trombetas）、圭亚那的海岸平原铝土矿、苏里南的巴克赫伊斯山、澳大利亚的达令山脉（Darling range）、印度的奥里萨（Orissa）及安得拉（Andhra）铝土矿等。

（2）玄武岩是第二类重要的母岩，如几内亚的阿耶科耶、图盖、达博拉，喀麦隆的米尼姆马塔普，印度的古吉拉特（Gujarat）等铝土矿的母岩属于此种类型。印度阿默尔根德格的铝土矿的玄武岩风化剖面从上往下分为顶部土壤带、豆状红土带、红土铝土矿带、红土带、密高岭土带、风化玄武岩带，再往下即是玄武岩。铝土矿在垂直剖面的中、上部区域。

（3）各种碎屑岩，尤其是长石砂岩及黏土岩是风化红土型铝土矿的第三类重要的母岩。如澳大利亚韦帕（Weipa）铝土矿矿体的母岩是第三纪长石砂岩和砂质黏土岩，戈夫（Gove）铝土矿与白垩纪长石砂岩、黏土岩及粉砂岩的风化有密切的关系。

（4）风化红土型铝土矿的成矿母岩也有由花岗岩、闪长岩、霞石正长岩构成的，如印度尼西亚西加里曼丹（West Kalimantan）铝土矿及美国阿肯色州铝土矿。

红土型矿床以三水铝石型矿石为主，其次为三水铝石-一水软铝石型矿石。此类矿石质量较好，以高铁、低硅、高铝硅比为特点，是铝工业的优质原料。红土型铝土矿矿床的矿体一般呈层状和帽状，产于上述富铝基岩风化壳的中上部，矿体上部通常被土壤或富铁红土层覆盖，下部则常为富含高岭石、埃洛石的黏土层及半风化基岩。红土型铝土矿矿床占有世界铝土矿总储量的86%，而且易勘探、易开采、易加工，因此是铝土矿矿床中最重要的类型。

B 岩溶型

有工业意义的岩溶型铝土矿从泥盆纪到新生代各时代地层中都有分布，而以石炭纪、白垩纪和第三纪地层中发育得最好。

岩溶型铝土矿矿床往往发育在碳酸盐岩的地区，矿体产在碳酸盐岩岩系中，并具有一定层位。岩溶型铝土矿的地理和地史分布如下：

（1）地中海矿带。该铝土矿带位于地中海北岸，从西班牙往东一直延伸到希腊，其中以希腊、前南斯拉夫、匈牙利的铝土矿储量较丰富，是国外最重要的一个岩溶型铝土矿带。该铝土矿带形成于二叠纪至中新世，而大量的矿形成于晚白垩世。如匈牙利哈利姆巴铝土矿矿层底板为晚三叠世石灰岩和白云岩，顶板是早第三纪黏土和泥灰岩，层位稳定，属以一水软铝石为主的一水型铝土矿。

（2）加勒比海地区。该区铝土矿主要分布在牙买加，矿体产在碳酸盐岩岩系中。

（3）东亚-中国区。该区铝土矿主要形成于石炭纪，少量延续到二叠纪。该区岩溶型铝土矿主要集中在中国的华北和西南，越南北部也有分布。

（4）乌拉尔-中亚-西伯利亚区。该铝土矿带大部分形成于二叠纪和三叠纪，部分形成于晚白垩世。伊朗和哈萨克斯坦等国的铝土矿属于该成矿区。

岩溶型铝土矿床以一水硬铝石型和一水软铝石型铝土矿为主，如中国、希腊、匈牙利和伊朗等国的铝土矿；也有三水铝石矿，如牙买加和哈萨克斯坦的铝土矿。岩溶型铝土矿一般覆盖在石英岩和白云岩凹凸不平的岩溶化表面，矿床和基岩之间存在不整合或假整合。岩溶型铝土矿还可以分为沉积型和堆积型两类，详见5.2.4节。

C 齐赫文型

齐赫文型铝土矿矿床规模较小，矿石质量差，工业应用意义不大。但在中国南方的广西等省区储藏有丰富的高品位"岩溶型堆积铝土矿"，该类铝土矿与齐赫文型矿床赋存的特点极为相似，都为岩溶后被搬运至另外的地区成矿。中国此类铝土矿具有十分重要的经济意义。

世界铝土矿储量分布极不均匀，集中于上述5个红土型和4个岩溶型铝土矿成矿区。除了地中海和东亚等少数岩溶型铝土矿分布在北半球纬度较高的地区外，大部分铝土矿成矿区位于地球的热带和亚热带地区，其中相当多的巨型铝土矿分布在赤道附近的低纬度地区，且主要为地表矿床。这种情况说明，形成铝土矿的有利条件是温湿的炎热气候、丰富的降水量以及含铝原岩具有高的渗透性和地下潜流。中-新生代多期构造运动产生的断裂对红土型铝土矿的形成也起到了重要作用。

不同类型的铝土矿在地质时代中的分布也有一定规律：以一水硬铝石为主的一水型铝土矿较多发育于在古生代，以一水软铝石为主的一水型铝土矿大多在中生代形成，而以三水铝石为主的三水型铝土矿则基本在第三纪和第四纪生成。

5.1.3.2 世界铝土矿床按杂质类型的分类

匈牙利人G. 巴多西考虑到铝土矿中所含主要杂质的类型和含量，提出一种精确有效的铝土矿分类方法，如图5-5所示。

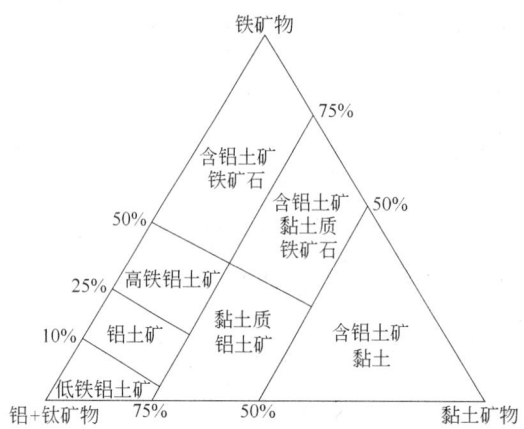

图 5-5 铝土矿按杂质类型的分类方法

5.1.3.3 世界铝土矿床按规模大小的分类

世界铝土矿分布极不均衡。由于地质成因不同，铝土矿矿床规模差别巨大。

世界上通常采用 Laznicka（1983）的术语，将1000Mt 储量的铝土矿称之为"巨型铝土矿"，100～1000Mt 储量的铝土矿称为"大型铝土矿"，而储量为1～100Mt 之间的铝土矿称为"中小型铝土矿"。

匈牙利人 G. 巴多西对世界上主要的铝土矿区，包括98 个红土型、89 个岩溶型和24 个齐赫文型铝土矿区，进行了储量和数量的统计和评价，结果见表5-5。

表 5-5 主要铝土矿区的数量与规模

铝土矿区规模	铝土矿区数量		
	红土型铝土矿	岩溶型铝土矿	齐赫文型铝土矿
巨 型	12	1	0
大 型	23	10	0
中小型	63	78	24
合 计	98	89	24

对这世界211 个铝土矿区研究的结果表明，世界铝土矿储量分布极不平衡，全世界储量的72%集中在13 个巨型铝土矿区中，有23%集中于33 个大型铝土矿区，只有5%的储量集中于165 个中等和小型矿区中。

红土型的铝土矿区通常要比其他两种类型的矿区大，除了有一个巨型的岩溶型铝土矿之外，其他所有的巨型矿床均属于红土型铝土矿。大多数岩溶型铝土矿区的储量均属中小型矿区。而齐赫文型矿只有小型铝土矿。由于铝土矿分布的不均匀性，致使世界上绝大部分铝土矿储量赋存于少数几个地区和国家。

形成这些差异的原因是由于铝土矿的成因特点所造成的：红土型铝土矿是通过就地大片风化而形成的，其储量仅仅受地形地貌、气候以及剥蚀程度的限制，因而可能形成巨大的矿床。岩溶型铝土矿床受岩溶区的形状和大小的限制，同时还或多或少存在搬运移动因素的影响，因此，岩溶型铝土矿的规模一般比红土型铝土矿小得多。齐赫文型的铝土矿床则是全部由搬运了的铝土矿物组成，沉积于铝硅酸盐岩石的表面，此类矿床需要许多有利条件的共同作用才能形成，因此只存在小型规模的齐赫文型铝土矿。

5.1.4 世界主要铝土矿的品位和成分

铝土矿的品位变化较大。表征铝土矿品位的主要指标是铝硅比（铝土矿中的氧化铝与二氧化硅的质量百分数之比）和氧化铝含量。一般而言，红土型铝土矿品位较好，铝硅比较高，二氧化硅含量低，但氧化铝含量也较低；而岩溶型的一水硬铝石型铝土矿中的氧化铝和二氧化硅的含量都较高，铝硅比相对较低。

表 5-6 所列为世界各国铝土矿化学成分的变化范围。

（%）

表 5-6 世界各国铝土矿矿石类型及化学成分

国家或地区	Al_2O_3 含量	SiO_2 含量	Fe_2O_3 含量	TiO_2 含量	灼减量	铝土矿类型
澳大利亚	25 ~ 58	0.5 ~ 38	5 ~ 37	1 ~ 6	15 ~ 28	三水铝石，一水软铝石
几内亚	40 ~ 60.2	0.8 ~ 6	6.4 ~ 30	1.4 ~ 3.8	20 ~ 32	三水铝石，一水软铝石
巴 西	32 ~ 60	0.95 ~ 25.75	1.0 ~ 58.1	0.6 ~ 4.7	8.1 ~ 3.2	三水铝石
中 国	50 ~ 70	9 ~ 15	1 ~ 13	2 ~ 3	13 ~ 15	一水硬铝石为主
越南中南部	44.4 ~ 53.23	1.6 ~ 5.1	17.1 ~ 22.3	2.6 ~ 3.7	24.5 ~ 25.3	三水铝石
牙买加	45 ~ 50	0.5 ~ 2	16 ~ 25	2.4 ~ 2.7	25 ~ 27	三水铝石，一水软铝石
印 度	40 ~ 60	0.3 ~ 18	0.5 ~ 25	1 ~ 11	20 ~ 30	三水铝石
圭亚那	50 ~ 60	0.5 ~ 17	9 ~ 31	1 ~ 8	25 ~ 32	三水铝石
希 腊	35 ~ 65	0.4 ~ 3.0	7.5 ~ 30	1.3 ~ 3.2	13 ~ 16	一水硬铝石，一水软铝石
苏里南	37.3 ~ 61.7	1.3 ~ 3.5	2.8 ~ 19.7	2.8 ~ 4.9	29 ~ 31.3	三水铝石，一水软铝石
前南斯拉夫	48 ~ 60	1 ~ 8	17 ~ 26	2.5 ~ 3.2	13 ~ 27	一水硬铝石，一水软铝石
委内瑞拉	35.5 ~ 60	0.9 ~ 9.3	7 ~ 40	1.2 ~ 3.1	19.3 ~ 27.3	三水铝石
前苏联	36 ~ 65	1 ~ 32	8 ~ 45	1.4 ~ 3.2	10 ~ 14	一水硬铝石，一水软铝石，三水铝石
匈牙利	50 ~ 60	1 ~ 8	15 ~ 20	2 ~ 3	13 ~ 20	一水软铝石，三水铝石
法 国	50 ~ 55	5 ~ 6	4 ~ 25	2 ~ 3.6	12 ~ 16	一水硬铝石，一水软铝石

铝土矿中常含有以下杂质矿物：高岭石、埃洛石、绿泥石、迪开石、伊利石、叶蜡石、蒙脱石、石英、方石英、针铁矿、水针铁矿、铝针铁矿、赤铁矿、磁铁矿、钛铁矿、磁赤铁矿、黄铁矿、白铁矿、菱铁矿、白钛石、金红石、锐钛矿和榍石。

个别铝土矿中存在有以下罕见矿物：刚玉（阿肯色州铝土矿中有发现）、非晶质 $Al_2O_3 \cdot H_2O$（苏里南铝土矿中有发现）、水铝英石（夏威夷有发现，含 H_2O 90%，Al_2O_3 4.9%，SiO_2 2.2%，Fe_2O_3 0.3%）。

5.1.5 世界铝土矿资源的特点和具有铝土矿资源的潜力地区

世界铝土矿资源的特点有：

（1）世界铝土矿资源总量丰富，探明铝土矿储量的静态保障年限为 130 年以上。

（2）世界铝土矿矿床类型在地理上有明显的分带性：占世界总储量86%的红土型铝土矿矿床分布在南和北纬30°线之间的热带和亚热带地区内；占世界总储量13%的岩溶型铝土矿矿床以及占世界总储量不足1%的齐赫文型铝土矿矿床大部分布在北纬30°~60°线之间的温带地区。

（3）红土型铝土矿以三水铝石型及三水铝石-一水软铝石混合型为主，矿体储量大，多数矿石的质量较好，以高铁、低硅、高铝硅比为特点，是氧化铝工业易采且易处理的优质原料，宜于采用流程简单且能耗低的拜耳法生产氧化铝。

世界铝土矿资源分布很不均衡，98%的铝土矿储量集中分布在发展中国家和澳大利亚，其中几内亚、澳大利亚、牙买加和巴西四国铝土矿的储量和开采量约占世界总量的70%。这些国家拥有规模巨大的铝土矿矿床（区），如几内亚的桑加雷迪（Sangaredi）、图盖、达博拉，澳大利亚的韦帕（Weipa）、达令（Darling）山脉和戈夫（Gove），巴西的特隆贝塔斯（Trombetas），牙买加的圣安（St. Ann）等矿床（区）都是储量数亿吨级以上的铝土矿床（区）。此外，越南、印度、喀麦隆、印度尼西亚、圭亚那、苏里南、加纳、塞拉利昂、委内瑞拉和沙特阿拉伯等国，也都拥有丰富的铝土矿储量和一批巨大的红土型铝土矿矿床（区）。国外岩溶型铝土矿储量较少，只占铝土矿总储量的13%左右，主要分布在地中海北岸的一些国家，如希腊、南斯拉夫、匈牙利等国以及前苏联的铝土矿。中国的铝土矿主要是岩溶型的。

世界上发达国家严重缺乏铝土矿资源，如美国、法国、德国和俄罗斯所拥有的铝土矿储量之和还不到世界总储量的2%。特别是美国和法国，经过近一个世纪的开采，铝土矿基本已经枯竭。至于日本、加拿大以及英国等国则几乎没有铝土矿储藏。

因此，全世界每年都形成3000多万吨的铝土矿贸易量，这已成为铝资源进行国际转移的重要渠道。非洲及中南美洲采矿量大，当地氧化铝厂产能小，为主要的铝土矿出口地区。北美洲和欧洲为主要的铝土矿进口地区，因为这些地区的氧化铝厂主要靠进口铝土矿来生产氧化铝。

铝土矿的勘查程度很高，储量的保障年限也很高，但尚未被发现的、勘探程度低的和埋藏较深的铝土矿的找矿潜力仍然很大。估计世界铝土矿找矿潜力在20000~30000Mt，主要集中在经济不太发达的非洲、东南亚和南美洲。

印度尼西亚具备红土型铝土矿成矿的良好条件，由于西加里曼丹地理位置偏远，基础设施不足，铝土矿的勘查和开发程度很低，估计其资源潜力在500Mt以上。越南的西原高原带新第三纪至早第四纪拉斑玄武岩红土风化壳发育，已发现的铝土矿面积达2万多平方千米，基础储量大于5000Mt，并还有勘探潜力。老挝波罗芬高原上的铝土矿估计资源量也在2000Mt左右。另外，东南亚的马来西亚、菲律宾，非洲的几内亚，南美的哥伦比亚、委内瑞拉、圭亚那和巴西的铝土矿资源潜力都很大，这些国家尚未探明的铝土矿资源潜力累计可能达5000Mt以上。

5.1.6　各国铝土矿资源状况

5.1.6.1　几内亚铝土矿资源

几内亚铝土矿储量和储量基础均位居世界第一位，分别为7400Mt和8600Mt。但其开采量不及澳大利亚的一半。几内亚所产铝土矿大部分供直接出口。几内亚有阿耶科耶（Aye-Koye）、桑加雷迪（Sangaredi）、图盖（Tougue）、达博拉（Dabola）、弗里亚（Fria）及金迪亚（Kindia）等重要矿区，集中分布在西部的高原地区。

几内亚铝土矿属风化红土型铝土矿，矿石为三水铝石型，矿层一般赋存在红土风化壳中，个别是经过搬运再沉积而形成的。红土风化壳往往覆盖在桌状山的顶部，风化壳下面的基岩是古生代砂岩、板岩及三叠纪粗玄岩。含氧化铝矿物的红土形成开始于晚白垩世，而最强烈的红土化是发生在始新世，并延续到中新世。

几内亚铝土矿被浅土层覆盖，矿层平均厚度为 3~9m，开采成本低。几内亚铝土矿主要分布在距离大西洋 100~500km 的西部高原地区的下几内亚、中几内亚和上几内亚。按2001 年开采水平，几内亚现有铝土矿储量和基础储量分别可以开采 470 年和 550 年。

下几内亚被认为是几内亚最好的铝土矿资源区，主要集中在弗里亚、金迪亚和博凯（Boke）3 个地区，储量约为 5000Mt。其中，金迪亚铝土矿平均品位：氧化铝 46%，二氧化硅 2.8%；博凯区平均品位：氧化铝 44.65%~60%，二氧化硅 1.84%。

在中几内亚的拉贝大区（Labe）铝土矿资源量约为 500Mt，氧化铝含量为 46.7%，二氧化硅含量为 2.3%；高乌尔（Gaoual）地区约有 500Mt 的高品位铝土矿，资源量约为460Mt，平均品位：氧化铝 48.7%，二氧化硅 2.1%。

上几内亚的达博拉省约有 1900Mt 的铝土矿资源，平均品位：氧化铝 44.1%，二氧化硅 2.6%。

几内亚的几大矿区概况如下：

（1）桑加雷迪铝土矿。该铝土矿属下几内亚博凯矿田，其生产规模在 2004 年为年产量 11Mt，仅次于澳大利亚的韦帕铝土矿（2004 年铝土矿产量为 12.6Mt）。矿体出露在标高 210~240m 的山顶，覆盖在泥盆纪及其以前的砂岩和片岩之上。矿体平均厚 20m，最厚可达 45.5m，上部为褐色铝土矿，中部为白色铝土矿，下部为浅粉色或灰色铝土矿。该铝土矿区的矿石为三水铝石型，已查明含 Al_2O_3 60% 的矿有储量 200Mt，平均含 Al_2O_3 60%、SiO_2 低于 1%、Fe_2O_3 2%~4%、TiO_2 3%~5%，质量为最好。推测该矿是三叠纪粗玄岩的风化产物，但是矿体没有与粗玄岩直接接触，可能是风化后经过河流搬运再沉积的产物。成矿时代大致为渐新世至中新世。另有 300Mt 储量含 Al_2O_3 50%。此外，在矿区外围地区至少有 1000Mt 铝土矿可作为本矿区的后备资源量。

（2）阿耶科耶铝土矿。该矿床在桑加雷迪铝土矿的西北侧，同属博凯矿田，这两个矿床的地质背景大体相似，成矿母岩绝大部分是三叠纪粗玄岩，含矿的红土风化壳与粗玄岩是逐渐过渡的，阿耶科耶铝土矿矿层的下部是粒状铝土矿，上部是块状铝土矿，矿石平均含 Al_2O_3 44%~45%、SiO_2 1.7%~2%，储量 1100Mt，总资源量可达 4000Mt。

（3）图盖铝土矿和达博拉铝土矿。图盖铝土矿矿区在达博拉西北 100km 处。该矿区已知有几十个含铝土矿层的桌状山，总面积可达 1000km²。形成红土铝土矿层的母岩是晚元古代到早古生代的泥质板岩和粉砂岩及三叠纪的粗玄岩。铝土矿为褐色、多孔状、三水铝石型，Al_2O_3 平均含量为 45%、SiO_2 为 2.4%、Fe_2O_3 为 20%~24%、TiO_2 约为 2%。达博拉铝土矿矿区与图盖矿区相连，其地质特征也与图盖矿区相似，铝土矿品位为 Al_2O_3 43.4%、SiO_2 1.8%。达博拉铝土矿与图盖铝土矿已知的总储量为 2500Mt，总资源量可达 4000Mt。

5.1.6.2 澳大利亚铝土矿资源

澳大利亚是世界上拥有铝土矿资源最多的国家，也是世界上最大的铝土矿和氧化铝出口国。澳大利亚铝土矿矿床的类型均属于第三纪风化红土型铝土矿，以三水铝石为主，集中分布在达令山脉、韦帕、戈夫三大矿床和米切尔高原矿区。

第一大矿床是澳大利亚西南部的达令山脉铝土矿。达令山脉的铝土矿来自风化的结晶岩。矿区长 500km，宽 60km，占地面积约为 200000km^2。达令铝土矿由一系列矿区组成，包括美国铝业公司的亨特利（Huntly）和维洛达尔（Willowdale）铝土矿、必和必拓公司（BHP Billiton）的波定顿（Boddington）铝土矿等 6 个重要的铝土矿矿床。矿床位于标高 250～500m 的高原地区和山坡上，基岩为太古代花岗岩、片麻岩和三叠纪粗玄岩。达令铝土矿为风化红土型铝土矿，部分为再沉积的矿。成矿时代为第三纪，也可能为白垩纪。矿层平均厚度为 3m，最厚可达 12m。达令铝土矿为三水铝石型，混有氧化铁和石英，矿石组成含 Al_2O_3 30%～35%、活性 SiO_2 1%～2%（关于活性 SiO_2，详见 5.2.6.3 节）及 15%～20% 的针铁矿。达令铝土矿的总储量有 1034Mt。该地区的亨特利矿产能约为 20Mt，是世界上产能最大的铝土矿。

第二大矿床是昆士兰州北部的铝土矿。澳大利亚昆士兰州的韦帕铝土矿位于昆士兰州约克角半岛，顺西海岸延伸 160km，向陆地方向扩展 40km。韦帕铝土矿储量在 2500Mt 以上，现在年产铝土矿 15Mt。韦帕铝土矿矿区为平原地貌，海拔标高从 0～30m，局部地方沼泽化，或没入海水面以下。约克角半岛的基岩属变质岩和花岗岩类矿，在基岩的侵蚀面上覆盖着 1～10m（平均约 3.5m）的红色铝土矿层。该铝土矿层先由白垩纪及第三纪的砂岩和砂质黏土风化，风化红土型矿床再经过沉积形成。矿层的上部是由含 10%～30% 高岭石的铁质三水铝石粗大结核组成，下部为直径 3～5mm 三水铝石豆石。豆石主要由三水铝石组成，并有一水软铝石混入。在豆石状红土之下有一个含铁和二氧化硅量高的结核带。韦帕矿铝土矿含 Al_2O_3 52%～58%、SiO_2 5%、Fe_2O_3 7%、TiO_2 2.5%。与韦帕铝土矿相邻的还有奥鲁昆（Aurukun）铝土矿矿区，奥鲁昆铝土矿与韦帕铝土矿属同一类铝土矿，但品位较低。

第三大矿床是戈夫铝土矿，为力拓加铝公司（Rio Tinto Alcan）所拥有。戈夫铝土矿位于澳大利亚北部领地的东北角，分布面积为 120km^2，位于海拔 30～50m 处，覆土厚 0.2～0.7m，储量 250Mt，另有丰富的资源量。戈夫铝土矿也属红土型铝土矿，矿区基岩是远古代片麻岩和变粒岩。其岩层上面为早白垩纪长石砂岩和黏土岩，再上面为一层赋存着平均厚度为 3～4m 的铝土矿层。铝土矿下部为管状矿石，中部为石质豆状矿石，上部为石质豆状的三水铝石，豆石中常有一石英核，还有许多由若干豆石胶结而成的瘤。矿石组成平均含 Al_2O_3 49.6%、SiO_2 3.4%、Fe_2O_3 17.1%、TiO_2 3.4%。

5.1.6.3 牙买加铝土矿资源

牙买加位于加勒比海西北部，拥有丰富的铝土矿资源。牙买加铝土矿储量大约为 2000Mt，基础储量为 2500Mt，其储量为世界第四位，占世界总储量的 7.4%。牙买加岛由白垩纪至现代的岩石组成，铝土矿发育于标高 60～600m 的中央山脉两侧白色灰岩出露地区。铝土矿矿体填充于岩溶的凹地，通常矿体的下部形状不规则而表面比较平坦，一般由一薄层富含有机质的黏土覆盖。

牙买加铝土矿为岩溶型铝土矿，产于喀斯特化的石灰岩表面，其矿物成分以三水铝石为主，一水软铝石次之，二者之比为 3：1，伴生有少量高岭土、赤铁矿和针铁矿等矿物，化学组成为：Al_2O_3 40% ~ 50%，SiO_2 1% ~ 8%，Fe_2O_3 17% ~ 20%。牙买加铝土矿的矿石无层理，具豆状和结核状等构造，结晶较为细小（0.001 ~ 0.040mm）。

牙买加最大的铝土矿是位于牙买加中北部的圣安（St. Ann）铝土矿，储量约 500Mt，年产量 8.57Mt。其中的海迪帕克铝土矿储量为 315Mt，该矿床由许多不连续的囊状矿体组成，产在第三纪灰岩的洼地中，每一个矿体厚 5 ~ 33m、平均厚 13m、含矿 0.25 ~ 0.4Mt。矿石以三水铝石为主，含 Al_2O_3 47%、SiO_2 8%。

牙买加第二大铝土矿是曼彻斯特（Manchester）矿区，位于牙买加中偏南西部，储量约 300Mt，年产量 1.55Mt。该矿体呈扁豆状、平伏状分布于始新世至中新世浅海相灰岩洼地中，一般厚度为 5 ~ 10m，最大 25m，局部被湖积物覆盖，岩溶作用强烈。

埃塞克斯谷（Essex vally）铝土矿区位于牙买加中偏南西部，储量约 200Mt，日产量 0.01Mt。矿体呈扁豆状、平伏状分布于渐新世至中新世浅海相白色灰岩上，一般厚度为 5 ~ 10m，最大 15m，局部被更新世冲积物覆盖。

科克皮特铝土矿区位于牙买加中部，储量约 100Mt。矿体呈囊状，产于渐新世浅海相白色灰岩的喀斯特洼地中，平均厚度为 10 ~ 20m，最大 30m。

此外，还有克拉伦登（Clarendon）和圣凯塞林（St. Catherine）矿区，储量分别为 70Mt 和 30Mt，产于晚中新世至上新世。

5.1.6.4 巴西铝土矿资源

巴西铝土矿储量为 1900Mt，占世界铝土矿总储量的 7%，主要分布在亚马孙盆地的帕拉州（Para）和米纳斯吉拉斯州（Minas Gerais）。在北部帕拉州的帕拉戈米纳斯（Paragominas）和茹鲁蒂（Juriti）、亚马孙州（Amazon）的皮廷伽及米纳斯吉拉斯州的米尔莱（Mirai）等地储存有大量的优质铝土矿。

巴西的主要铝土矿矿区的概况如下：

（1）特龙贝塔斯（Trombetas）矿区，位于帕拉州西北部，铝土矿储量约 1000Mt，成矿于中新世，含矿红土层覆盖在前寒武纪变质岩及火山岩上。红土层顶部为 6 ~ 15m 的黏土层，含 25% 的三水铝石，其下是含矿的结核层，再往下是主要的铝土矿层。主要铝土矿层富集结核状和块状的三水铝石，平均厚 8m，含 Al_2O_3 50%、SiO_2 3% ~ 6%。其中高品位矿石约 500Mt。该铝土矿属风化红土型三水铝石矿。

（2）帕拉戈米纳斯（Paragominas）矿区，位于帕拉州的贝伦（Belem）南偏东，铝土矿储量约 1000Mt，成矿于中新世，矿体呈层状和囊状，赋存在前寒武纪变质岩和火山岩的红土风化壳中。该矿矿床特征与特龙贝塔斯矿相似，属风化红土型三水铝石矿，但探查程度略低。

（3）波速斯蒂卡尔达斯（Pocos de Caldas）矿区，位于米纳斯吉拉斯州西南角，铝土矿储量 60Mt，成矿于第三纪，属风化红土型三水铝石矿。矿体呈似层状，产于霞石正长岩和片麻岩风化壳中，厚 1m 或以上。该矿的矿石结构有豆状和多孔状，主要矿物有三水铝石、高岭石和针铁矿，含 Al_2O_3 55%、SiO_2 6%。

此外，还有塞鲁矿区和夸德里拉特罗·弗利弗罗矿区，位于米纳斯吉拉斯州中部和中南部，铝土矿储量分别为 32.2Mt 和 11.45Mt，均成矿于第三纪，属于风化红土型三水铝石矿。

5.1.6.5　越南铝土矿资源

越南的铝土矿分为红土型三水铝石矿和岩溶型两种。越南中南部的铝土矿属于红土型三水铝石矿，越南北方与中国交界处的铝土矿为岩溶型一水硬铝石铝土矿。

A　红土型三水铝石铝土矿

越南优质铝土矿分布在越南中南部（西原地区）与柬埔寨交界的"孟高原"上龙川、波来古一带，属林同省、多农省、多乐省、嘉来省和昆嵩省所辖。该铝土矿赋存于新第三纪至早第四纪拉斑玄武岩红土风化壳中，为红土型三水铝石铝土矿。矿区面积超过 20000km²，目前已发现矿床 30 多个，其中有 11 个为大型矿，总资源量估计约有 8000Mt。

越南三水铝石型铝土原矿品位为：Al_2O_3 36.5% ~39%，SiO_2 25% ~29%，TiO_2 4% ~4.6%。经水洗后选取大于 1mm 的精矿，Al_2O_3 可达 44.4% ~55.23%，SiO_2 21.6% ~5.1%。回收率为 45% ~50%。

越南西原地区的铝土矿中，多农省铝土矿以及林同省的保禄铝土矿的勘查工作程度较高，已探明可供开发的可采储量，其他矿床勘探程度较低。多农省矿床最为集中，总资源量达 2670Mt。

越南多农省"五一"铝土矿矿床是越南的一个重要的铝土矿床，位于多农省广山乡以西，嘉义城东北 26km 处，经 14 号国道和省际公路到胡志明市约 270km。该矿区为热带季风气候，分为雨季和旱季差异明显的两个季节。"五一"铝土矿矿区处于山地丘陵地区，矿区内发育有冲沟和季节性河流小溪。大部分铝土矿床之上覆盖着热带雨林或经济作物的种植园。"五一"铝土矿由三个矿体组成，面积约 90km²，赋存标高为 800 ~940m，总量约 236.73Mt。平面上，矿体形态呈枝状或变形虫状，矿体轮廓外形曲折，极不规则，并略呈北西—南东方向延伸。铝土矿层主矿体的厚度为 2 ~10.5m，平均 4.69m；北部矿体的厚度为 2 ~10m，平均 4.34m；全矿床平均厚度为 4.58m。在分水岭的顶部，矿体较厚，周边厚度变薄。主矿体中，有 76.6% 的探井中矿层的厚度为 3 ~7m。北矿体中，约 73% 的探井中矿层的厚度为 3 ~6m。整个矿床中，75.9% 的探井中矿层的厚度为 3 ~7m。

越南的三水铝土矿具有植物根状、蚯蚓状、珊瑚状、渣状和团块状。主要矿物成分是铁质三水铝石，有时含有铝土矿硬壳的碎块，这些三水铝石位于松软的铁铝氧化物的黏土中。小碎块状的铝土矿具有非均质结构，针铁矿和三水铝石彼此无规律共生。在许多碎块中，可以观察到类玄武岩结构。矿石粒度一般为 1 ~20cm，原矿体积密度为 1.68t/m³。依据含铝土矿带剖面的物质组成和结构构造特点，可大致划分出四个含铝土矿亚带（自下而上）：含细小碎块状（碎渣状）铝土矿亚带、含伪球形碎块状铝土矿亚带、含渣状铝土矿亚带和硬岩块状铝土矿亚带。该铝土矿内矿物相稀松，矿石中含有在三水铝石和氧化铁间隙充填的微量黏土（高岭石），可以通过洗矿方法分离和去除黏土和部分含铁矿物。

B　岩溶型一水硬铝石铝土矿

越南的岩溶型一水硬铝石型铝土矿主要分布在越南北部与中国广西毗邻的三隆、马苗和同登等地区。与广西铝土矿一样，该矿产于上二叠系底部，矿层厚度为 10 ~30m。矿石品位为：Al_2O_3 30% ~65.4%，SiO_2 0.3% ~16%，Fe_2O_3 7.5% ~29%，TiO_2 2% ~4.5%。

此类矿在越南的勘探程度较低,资源量大约为200Mt。

5.1.6.6 印度铝土矿资源

印度的铝土矿比较丰富,储量在世界排名第六位,其总资源量可能高达3000Mt以上。印度铝土矿主要分布在东部的奥里萨邦和安得拉邦。这两个邦是印度优质铝土矿比较集中的地方,其储量占印度全国铝土矿总量的60%以上。奥里萨邦和安得拉邦的铝土矿是优质三水铝石矿,含硅量低,氧化铝含量高。除了上述两个地区之外,还有古吉拉特邦、马哈拉施特拉邦、查特斯加尔邦、贾尔克汉邦、中央邦、比哈尔邦和西孟加拉邦等邦也储存有铝土矿资源,有的已经在开采。

印度的铝土矿几乎都是风化红土型铝土矿矿床。印度中部和西部的铝土矿发育在晚白垩世至早第三纪玄武岩风化壳红土层中,含铝土矿的红土风化壳顶部是0.3~2m厚的铁质壳,其下是3~10m厚的红色和粉红色的铝土矿,再往下是15~20m厚的高岭石黏土,再往下过渡为新鲜的玄武岩。印度东海岸安得拉邦和奥里萨邦广泛发育的前寒武纪结晶岩上也存在类似的含矿红土风化壳剖面。

印度的主要铝土矿区的概况如下:

(1)奥里萨邦矿区,已查明铝土矿储量70Mt,总资源量1088Mt。该矿成矿于第三纪至第四纪,矿床赋存于太古代片岩、片麻岩及紫苏花岗岩的风化红土层中,属风化红土型三水铝石矿。该矿矿层厚度为3~50m,以三水铝石及针铁矿为主,含Al_2O_3 40%~47%、SiO_2 2%~2.7%。奥里萨邦铝土矿有潘查巴特马里(Panchpatmali)、干达马拉丹等四个主要矿床。

(2)安得拉邦矿区,其铝土矿储量为44Mt,总资源量621Mt。该矿成矿于第三纪至第四纪,矿床赋存于太古代片岩、片麻岩及紫苏花岗岩的风化红土层中,属风化红土型三水铝石矿。层状矿体厚3~50m,以三水铝石为主,棕色,含Al_2O_3 45%~47%、SiO_2 2.4%~2.8%。该矿区包括雅勒拉、苏帕尔拉和普拉德斯等矿床,已进行露天开采,年产铝土矿0.3Mt。

(3)戈尔哈布尔矿区,位于西海岸马哈拉施特拉邦的西南部,储量为72Mt。该矿成矿于第三纪至第四纪,也属风化红土型三水铝石矿。矿体呈层状赋存于晚白垩世玄武岩红土风化层中,主要矿物为三水铝石,含Al_2O_3 50.0%、SiO_2 2.7%。戈尔哈布尔矿区包括卡萨沙达等12个主要矿床,1970年投产,进行露天开采和汽车运输,其中贾拉普尔矿日产矿石746t。

(4)阿默尔根德格和迈恩巴德矿区,位于中央邦贾巴尔普尔东南,储量为59Mt。该矿成矿于第三纪至第四纪,矿体赋存于晚白垩世玄武岩形成的红土层的上部,属风化红土型三水铝石矿。矿体为许多不规则的透镜体,铝土矿为白色、淡灰色和浅红色的致密块状,以三水铝石为主,同时含有少量一水软铝石、高岭石和锐钛矿。该矿的化学成分为Al_2O_3 46%~50.0%,SiO_2 2.9%~4.5%。该矿区为印度第三大铝土矿生产基地,由印度铝业公司经营,进行露天开采,其中科尔巴矿床日产矿石2400t。

(5)洛哈尔达加矿区,位于印度东部比哈尔邦兰契以西,储量为50Mt,包括洛哈尔达加、巴格鲁和帕克哈等六个主要矿床。该矿成矿于第三纪至第四纪,属风化红土型三水铝石矿。矿体赋存于前寒武纪花岗片麻岩和晚白垩世玄武岩上的红土风化层中,矿体呈扁豆状、平伏状产出。洛哈尔达加矿区铝土矿中的主要矿物为三水铝石和针铁矿，矿石成豆状、结核状和土状。巴格鲁矿含 Al_2O_3 53.7%，SiO_2 4.7%。

（6）格纳拉矿区，位于印度南部西海岸的卡纳塔克邦（Karnataka），储量为 40Mt。该矿成矿于第三纪，属风化红土型三水铝石矿。铝土矿红土覆盖于花岗片麻岩和玄武岩之上，厚 6m。格纳拉矿区的少数地区储存有优质铝土矿。铝土矿中的主要矿物有三水铝石和一水软铝石。

（7）西海岸果阿邦西北部莫帕矿区，储量为 25Mt。该矿成矿于第三纪，属风化红土型三水铝石矿。含矿红土层覆盖在晚白垩世玄武岩及前寒武纪片岩上，厚 15m。莫帕矿区的铝土矿在红土层的下部，呈蠕虫状及豆状，颜色呈樱红至褐色，以三水铝石为主，含 Al_2O_3 45% ~60%。

（8）印度东南部泰米尔纳德邦（Tamil Nadu）矿区，其储量为 14.5Mt。该矿成矿于始新世，属风化红土型三水铝石矿。含铝土矿的红土覆盖于紫苏辉石麻粒岩上，矿层厚 2 ~20m，以三水铝石为主，次为针铁矿，含 Al_2O_3 40% ~60%，SiO_2 1% ~8%。

5.1.6.7　圭亚那铝土矿资源

圭亚那铝土矿集中在该国的北部，有圭亚那海岸平原及帕卡赖马山两个重要矿区。

圭亚那海岸平原铝土矿位于圭亚那东北部，包括埃塞奎博、林登、伊图尼及夸夸尼等六个矿床，总储量大于 300Mt。圭亚那海岸平原铝土矿成矿于第三纪，属风化红土型矿床。矿体产在前寒武纪变质岩及火山岩的红土风化壳中，矿体呈囊状和平伏状，产在黏土、砂、砾石及铝土矿化土壤中。该矿矿石成豆状和结核状，主要矿物为三水铝石。夸夸尼是该区主要生产矿山，矿体厚 5 ~7m，含 Al_2O_3 49.5%。

帕卡莱马山矿区位于圭亚那西部，储量为 214Mt，成矿于第三纪，属风化红土型矿床。矿体呈平伏囊状，覆盖于黏土层之上。该矿矿石呈豆状、土状和结核状，主要矿物有三水铝石、赤铁矿和针铁矿。

由于圭亚那铝土矿含 Fe_2O_3 量很低，特别适合于生产含铝的耐火材料、磨料和化学制品。

5.1.6.8　印度尼西亚铝土矿资源

印度尼西亚自 20 世纪 70 年代在西加里曼丹发现了富铝土矿带以后，已经成为世界上重要的铝土矿资源国之一。

印度尼西亚原来在宾坦与新及岛、廖内群岛有少量的铝土矿。该部分铝土矿成矿于第三纪至第四纪，属风化红土型三水铝石矿，含矿红土壳厚 40m，覆盖于三叠纪流纹岩面上，又为 0.1 ~0.3m 黏土覆盖。矿区铝土矿矿层厚 2m，少数达 5 ~7m。该铝土矿中的主要成分为结核状三水铝石，此外还含有赤铁矿等矿物。

西加里曼丹矿储量巨大，有 800Mt 之多，成矿于晚第三纪，属风化红土型三水铝石矿。西加里曼丹铝土矿矿床由酸性和基性火成岩风化而成，为长 300km 的富铝土矿带，矿体呈平伏状，平均厚度为 3.6m。该铝土矿中的主要成分为结核状三水铝石，含 Al_2O_3 38.6%、SiO_2 3.0%。

5.1.6.9 委内瑞拉铝土矿资源

委内瑞拉是世界上铝土矿比较丰富的地区,储量有200Mt,拥有洛斯皮希瓜奥斯(Los Pijiguaos)、乌帕塔和努里亚等矿床,位于委内瑞拉的西北部和东部。

洛斯皮希瓜奥斯是委内瑞拉的主要铝土矿矿床,拥有176.5Mt储量。该矿成矿于晚白垩至早第三纪,产于前寒武纪花岗岩岩基的风化面上,裸露地表,属风化红土型三水铝石矿。矿层从上到下依次为结核带和斑点铝土矿带,逐渐过渡到基岩。矿体平均厚7.6m。主要矿物为三水铝石、一水软铝石及石英。该矿含 Al_2O_3 49.5%,总的 SiO_2 含量为9.3%,远景资源量高达5800Mt。

乌帕塔矿床储量较小,成矿于第三纪,属风化红土型三水铝石矿。矿体呈囊状和平伏状,分布于黏土和砂石中。乌帕塔铝土矿矿石为致密状、豆状结构,所含主要矿物为三水铝石和高岭石。

努里亚矿床储量为24.3Mt,成矿于第三纪,属风化红土型三水铝石矿。矿体呈囊状和平伏状,产于风化壳的黏土、砂和碎屑中,具有致密状、豆状结构。努里亚铝土矿中的主要矿物为三水铝石和高岭石。该矿远景资源量为500Mt。

5.1.6.10 苏里南铝土矿资源

苏里南是世界上铝土矿比较丰富的国家,储量有500Mt,拥有巴克赫伊斯山、翁弗达赫特(Overdacht)、拿骚山和蒙戈峰(Moengo)等矿床。

巴克赫伊斯山矿床是苏里南的主要铝土矿矿床,成矿于第三纪至第四纪,成矿母岩为前寒武纪的麻粒岩浅色辉长岩,属风化红土型三水铝石矿。该矿矿体呈平伏状和囊状,产于古风化面上的红土中。巴克赫伊斯山矿床的矿石具有豆状、土状和结核状结构,其中主要矿物有三水铝石、赤铁矿、针铁矿和高岭石,含 Al_2O_3 37.3% ~ 48.4%、SiO_2 1.6% ~2.9%。

翁弗达赫特矿床成矿于始新世至渐新世,属风化红土型三水铝石矿。该矿矿体呈透镜状,产于前寒武纪纪片岩、花岗岩风化壳中,其中一个矿体长5km,宽2km,平均厚6m。翁弗达赫特矿床的铝土矿呈结核状,含 Al_2O_3 >60%、SiO_2 1% ~2%、Fe_2O_3 1% ~3%。

拿骚山矿床储量较小,成矿于第三纪至第四纪,属风化红土型三水铝石矿。矿体呈平伏状和囊状,产于前寒武纪火成岩和片岩的风化壳中。该矿矿石具有豆状、土状和结核状结构,所含主要矿物有三水铝石、赤铁矿和高岭石。

蒙戈峰矿床成矿于第三纪至第四纪,属风化红土型三水铝石矿。该矿矿体赋存于薄层表土和富铁红土之下的基性岩风化面上,厚3~5m,其中矿物以三水铝石为主,含 Al_2O_3 61.7%、SiO_2 3.7%。

5.1.6.11 斐济铝土矿资源

斐济是个岛屿国家,有维提岛(Viti Levu)和瓦努阿岛(Vanua Levu)两个大岛。斐济铝土矿共有13个矿区和17个矿体,矿区面积在200km² 以上,其中较大的是 Naibulu、Nasarawaqa、Lekutu、Seaqaqa、Nakorotolutolu 和 Navakasobu。

斐济的铝土矿主要分布在瓦努阿岛,由 Naibulu、Lekutu 等13个矿区组成,沿楠博乌瓦卢港（Nabouwalu）至兰巴萨（Labasa）轴向分布在长 110km、宽 10～25km 的区域内，矿区面积达 219km²，估计铝土矿储量为 400Mt，远景资源量达 1000Mt 以上，距到萨武萨武（Savusavu）市直线距离为 35km。该矿区地形南低北高，西南沿海地区为平原，中部和西北部为丘陵地区，整个矿区地势较为平缓，起伏变化不大。斐济铝土矿矿区为热带雨林气候，分旱季和雨季两季。有 Wainunu 等三条主要河流流经矿区，水量充足，洗矿等生产工业用水容易获得。

斐济铝土矿是在 1963 年发现的，其后做过大量的地质工作，但至今尚未进行开发。1999 年以后，重新开展了地质工作，查明了铝土矿资源。斐济铝土矿为原生铝土矿经风化、搬运、淋溶等地质作用在坡地、台地和洼地堆积形成。原矿由三水铝石、氧化铁和黏土组成。矿石形状不规则，呈豆状、柱状、扁平状和不规则团块状。该矿矿石粒度一般为 2～15cm，硬度系数为 2.5～3.5，原矿体密度为 1.8t/m³。矿物相稀松，矿石中部分黏土（高岭石）可以通过洗矿的方法分离出单体矿物颗粒，以提高其矿石品位。斐济铝土矿埋藏浅，绝大部分直接裸露于地表，少部分顶部有 20cm 的腐殖土覆盖层，而矿层的底板为砖灰和砖红色黏土层。该矿矿层厚度一般为 1.8～4m，平均厚度为 2.6m。

斐济铝土矿按工业利用的复杂程度大致可分为三种矿：第一种为可直接应用的铝土矿，如 Nawavi 和 Nasarawaqa 矿体；第二种为只需进行简单洗矿即可应用的铝土矿；第三种铝土矿中，除了高岭石以一种松散、黏土的形式与铝土矿共生外，高岭石与三水铝石还共生形成结核或团块，因此需进行洗矿—破碎—洗矿（或选矿）处理，才能被利用以生产氧化铝。

斐济铝土矿原矿含 Al_2O_3 33.94%，SiO_2 14.58%。矿石中主要有用矿物是三水铝石，脉石矿物以高岭石为主，其次有少量的石英。所含铁矿物为赤铁矿、针铁矿、钛铁矿及少量的磁铁矿，而钛矿物主要为锐钛矿。斐济铝土矿经洗矿后，平均化学组成为 Al_2O_3 52%，SiO_2 4.0% 和 Fe_2O_3 16%。

5.1.6.12 沙特阿拉伯铝土矿资源

沙特阿拉伯的铝土矿资源主要集中在宰比拉地区（Az-Zubairah），位于布赖代以北 180km 处，成矿于白垩纪，属红土型一水软铝石矿。该矿矿体赋存于白垩纪沉积岩中，覆盖层为砂岩和泥岩。宰比拉铝土矿分布范围达 250km²，矿层上下均有厚度约 2m 的黏土层。该矿豆状矿层厚约 3m，最厚高达 7m，其中的主要矿物是一水软铝石，也含部分的三水铝石。一水软铝石的含量随赋存深度加大而增加。宰比拉铝土矿资源量超过 250Mt，化学组成为 Al_2O_3 54%～56%，SiO_2 6.8%～7.6%。

5.1.6.13 俄罗斯铝土矿资源

俄罗斯主要铝土矿床分布于北乌拉尔、圣彼得堡地区、巴什基利亚和东萨彦岭等地。圣彼得堡地区的齐赫文矿床是在早石炭世石灰岩沉积之前的沉积间断期间，由晚泥盆世的砂质含黏土沉积经风化而成。北乌拉尔的克拉斯那亚一水硬铝石铝土矿矿床是以 1～4.5m 厚的夹层，产在泥盆纪石灰岩中。这些矿床规模一般都较小，矿石质量也欠佳。

近期，横跨欧亚大陆的科米共和国（Komi）的中季曼（Middle Timan）铝土矿已探明储量超过 260Mt，居俄罗斯国内各铝土矿之首。俄罗斯铝业曾计划投资 15 亿美元在科米共和国中部建造一座铝土矿与氧化铝联合生产企业。此项目包括将现有中季曼铝土矿年产量由 2.6Mt 提高至 6.4Mt 以及建设年产能 1.4Mt 的索斯诺戈尔斯克（Sosnogorsk）氧化铝厂。

5.1.6.14 欧洲和美国的铝土矿资源

欧洲和美国是铝土矿资源较为贫乏的地区。

法国典型的铝土矿矿床产在地中海附近，充填于喀斯特化石灰岩表面的低洼处。匈牙利有一些典型铝土矿矿床，通常被较年轻的沉积物所覆盖。大多数的匈牙利铝土矿是从井下采出的，内含三水铝石、一水软铝石和 1%~2% 的一水硬铝石。前南斯拉夫产在石灰岩喀斯特凹地中的矿床，其上常覆有年轻的石灰岩，二者一起发生构造变形。

希腊的 Delphi-Distomon 矿区有 6 座地下矿，氧化铝平均含量为 56%，最高为 60%，二氧化硅的含量为 4%。

美国阿肯色州的铝土矿矿床是老第三纪期间霞石正长岩的风化产物，向下则变为高岭石带，原生矿床常与次生矿床相伴产出。佐冶亚州安德森维尔具有富含铝的再冲刷红土矿床，从横向和垂向上变为伴生的古新世高岭土黏土矿床，矿床含 Al_2O_3 56%，SiO_2 13%，Fe_2O_3 1%，平均厚度为 2.5m，面积为 0.04km²。

5.2 中国铝土矿资源

5.2.1 中国铝土矿资源概述

中国铝土矿的普查找矿工作最早始于 1924 年，当时由日本人坂本峻雄等人对辽宁省辽阳、山东省烟台地区的矾土页岩进行了地质调查。此后，日本人小贯义男等人以及中国学者王竹泉、谢家荣、陈鸿程等人先后对山东淄博地区、河北唐山和开滦地区、山西太原和阳泉地区、辽宁本溪和复州湾地区的铝土矿和矾土页岩进行了专门的地质调查。中国南方铝土矿的调查始于 1940 年，首先是边兆祥对云南昆明板桥镇附近的铝土矿进行了调查。随后，1942~1945 年，彭琪瑞、谢家荣、乐森寻等人，先后对云、贵、川等地的铝土矿和高铝黏土矿进行了地质调查和系统采样工作。总的来说，新中国成立以前的工作多属一般性的踏勘和调查研究性质。

中国铝土矿真正的地质勘探工作是从新中国成立后开始的。1953~1955 年间，冶金部和地质部的地质队伍先后对山东淄博铝土矿、河南巩县小关一带铝土矿（如竹林沟、茶店、水头及钟岭等矿区）、贵州黔中一带铝土矿（如林夕、小山坝、燕垇等矿区）、山西阳泉白家庄矿区等，进行了地质勘探工作。但是，由于当时缺少铝土矿的勘探经验，没有结合中国铝土矿的实际情况而盲目套用苏联的铝土矿规范，致使 1960~1962 年复审时，大部分地质勘探报告都被降了级，储量被减少了许多。1958 年以后，国内对铝土矿的勘探积累了一定的经验，在大搞铜铝普查的基础上，又发现和勘探了不少矿区，其中比较重要的有：河南张窑院、广西平果、山西孝义克俄、福建漳浦、海南蓬莱等铝土矿矿区。

20 世纪 50~60 年代累计探获铝土矿资源储量 1200Mt，是中国铝土矿勘查工作从无到有，再到初具规模的时期。1980~1994 年的 14 年间是中国铝土矿勘查的发展时期，铝土矿资源储量增加了约 1100Mt，属于增加较快的时期。1994~2000 年的 6 年间基本上没有新增资源储量，铝土矿勘查处于停顿状态。而 21 世纪头两年新增资源储量 200Mt，显示铝土矿勘查出现回升势头，恢复到了 20 世纪 80 年代和 90 年代初期的水平。

但 2004 年后，随着中国氧化铝生产的快速增长，铝土矿资源，特别是优质铝土矿资源消耗过快。2007 年，中国年耗开采的铝土矿达到 30Mt 左右，新发现的铝土矿资源量不能弥补消耗量，资源储量呈现出减少的趋势。

5.2.2 中国铝土矿资源的储量及分布

中国铝土矿的资源/储量的分类几经变化，多有不统一之处。

国家标准《固体矿产资源/储量分类》（GB/T 17766—1999）中关于查明矿产资源、基础储量、储量和资源量的定义及其相互关系如下：储量是指基础储量中的经济可采部分。在预可行性研究、可行性研究或编制年度采掘计划当时，经过了对经济、开采、选冶、环境、分类、市场、社会和政府等诸因素的研究及相应修改，结果表明在当时是经济可采或已经开采的部分。用扣除了设计、采矿损失的可实际开采数量表达，依据地质可靠程度和可行性评价阶段不同，又可分为可采储量和预可采储量。

基础储量是查明矿产资源的一部分。它能满足现行采矿和生产所需的指标要求（包括品位、质量、厚度、开采技术条件等），是经详查、勘探所获控制的、探明的并通过可行性研究、预可行性研究认为属于经济的、边际经济的部分，用未扣除设计、采矿损失的数量表述。

资源量是指查明矿产资源的一部分和潜在矿产资源。包括经可行性研究或预可行性研究证实为次边际经济的矿产资源以及通过勘查而未进行可行性研究或预可行性研究的内蕴经济的矿产资源；以及经过预查后预测的矿产资源。

依据此标准，储量是基础储量中的一部分，而基础储量 + 资源量（内蕴经济部分）= 查明矿产资源。为方便计，在本手册中使用"总资源量"等同于表示查明矿产资源；对于潜在的矿产资源，即预测的资源量，使用术语"远景资源量"。必要时，用"资源总量"表示查明矿产资源（即总资源量）与远景资源量之总和。其相互关系如图 5-6 所示。

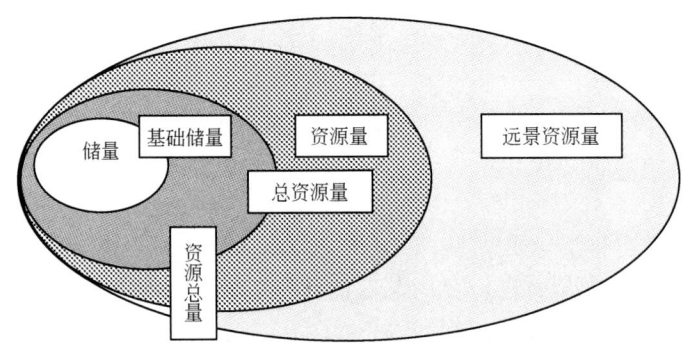

图 5-6 铝土矿各种储量/资源量术语之间的关系

由图 5-7 可见二十多年来中国铝土矿总资源量的变化。

根据国土资源部公布的资料，截至 2003 年底，全国铝土矿总资源量 2545Mt，其中基础储量 694Mt，占总资源量的 27.3%；资源量 1851Mt，占总资源量的 72.7%。在基础储量中储量为 532Mt，占总资源量的 20.9%。由于统计的口径和方法不一致，在美国

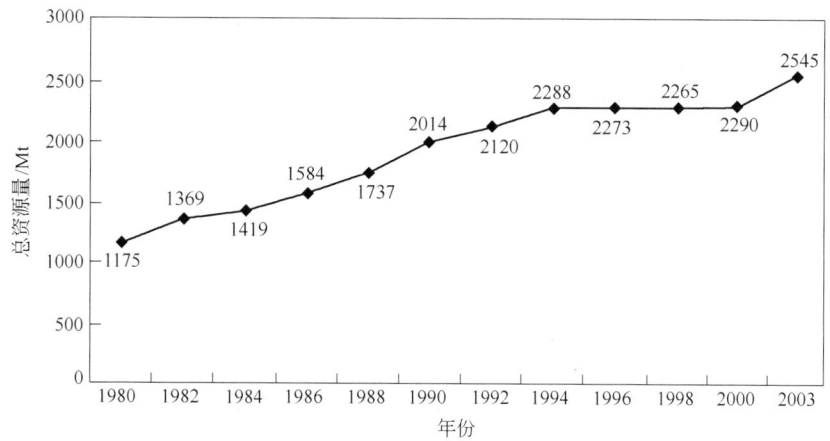

图 5-7　中国铝土矿总资源量变化

（USGS）地质调查报告中，中国铝土矿的储量（reserve）相当于国土资源部公布的基础储量，而报告中的基础储量（reserve base）与实际的总资源量相近。按照国土资源部的统计口径，与美国地质调查报告发表的世界其他国家资源状况相比，中国铝土矿的基础储量和储量在世界上分别位居第八位和第十位。如果按照美国地质调查报告发表的比较数据，中国铝土矿的基础储量和储量在世界上分别位居第六位和第七位。

中国铝土矿主要分布在山西、广西、贵州和河南等四省区。该四省区的总资源量占全国的 90.16%，其中山西占 38.92%、广西占 20.09%、贵州占 16.60%、河南占 14.55%。另外，重庆、山东、云南、河北、四川和海南等 15 个省市也有一定的总资源量，但该 15个省市的铝土矿总资源量的总和仅约占全国总资源量的 10%，如图 5-8 所示。其中，山西、广西、贵州和河南等四省区铝土矿储量 492Mt，占全国铝土矿储量的 92.5%；基础储量 628Mt，占全国铝土矿基础储量的 90.5%。

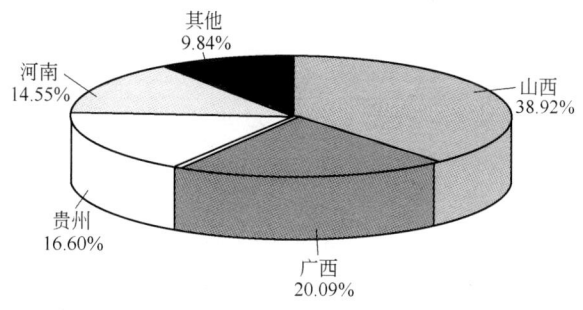

图 5-8　中国铝土矿总资源量按省分布图

中国铝土矿资源大多分布在华北和西南地区的丘陵地带，而且基本都是一水硬铝石型铝土矿，只有海南等东南沿海地区储存有小规模的三水铝石矿床。

全国铝土矿的矿区共有 324 处，分布在 19 个省、区、市。2002 年和 2003 年中国各省市铝土矿资源分布分别见表 5-7 和表 5-8。

表 5-7 2002 年中国各省市铝土矿总资源量汇总表

序 号	地 区	储量/Mt	基础储量/Mt	资源量/Mt	总资源量/Mt	所占比例/%
1	山 西	105.682	115.943	877.162	993.105	39.68
2	广 西	85.712	109.726	343.550	453.276	18.11
3	贵 州	179.806	273.688	150.428	424.116	16.95
4	河 南	127.578	149.990	231.747	381.737	15.25
5	重 庆	27.321	36.391	18.176	54.567	2.18
6	山 东	1.019	6.678	40.657	47.335	1.89
7	云 南	4.127	6.496	36.004	42.500	1.70
8	河 北		3.977	26.512	30.489	1.22
9	四 川			19.859	19.859	0.79
10	海 南			14.711	14.711	0.59
11	陕 西	4.981	7.218	5.740	12.958	0.52
12	湖 北	2.292	3.007	6.835	9.842	0.39
13	辽 宁			8.726	8.726	0.35
14	湖 南		1.771	5.370	7.141	0.29
15	福 建	0.464	0.665		0.665	0.03
16	新 疆			0.573	0.573	0.02
17	北 京	0.018	0.023	0.397	0.420	0.02
18	江 西			0.411	0.411	0.02
19	广 东			0.118	0.118	0.00
20	全国合计	539.000	715.573	1786.976	2502.549	100.00

表 5-8 2003 年中国各省市铝土矿总资源量汇总表

序 号	地 区	矿区数	矿床及矿石类型	储量/Mt	基础储量/Mt	资源量/Mt	总资源量/Mt	所占比例/%
1	山 西	74	沉积型-一水硬铝石型	103.642	113.633	877.162	990.795	38.92
2	广 西	27	堆积型及沉积型-一水硬铝石型	108.192	136.681	374.778	511.459	20.09
3	贵 州	72	沉积型-一水硬铝石型	155.234	216.248	206.334	422.582	16.60
4	河 南	41	沉积型-一水硬铝石型	125.291	161.943	208.505	370.448	14.55
小 计		214		492.359	628.505	1666.779	2295.284	90.17
5	重 庆	10	沉积型-一水硬铝石型	27.321	36.391	18.176	54.566	2.14
6	山 东	20	沉积型-一水硬铝石型	1.019	6.678	40.657	47.335	1.86
7	云 南	23	堆积型及沉积型-一水硬铝石型	4.127	6.496	36.004	42.500	1.67
8	河 北	18	沉积型-一水硬铝石型		3.977	26.512	30.489	1.20
9	四 川	9	沉积型-一水硬铝石型			19.859	19.859	0.78
10	海 南	1	红土型-三水铝石型			14.711	14.711	0.58
11	陕 西	6	沉积型-一水硬铝石型	4.981	7.218	5.740	12.958	0.51
12	湖 北	10	沉积型-一水硬铝石型	2.107	2.817	6.835	9.652	0.38

序号	地区	矿区数	矿床及矿石类型	储量/Mt	基础储量/Mt	资源量/Mt	总资源量/Mt	所占比例/%
13	辽宁	4	沉积型-一水硬铝石型			8.726	8.726	0.34
14	湖南	3	沉积型-一水硬铝石型		1.771	5.370	7.141	0.28
15	福建	1	红土型-三水铝石型	0.464	0.661		0.661	0.03
16	新疆	1	沉积型-一水硬铝石型			0.573	0.573	0.02
17	北京	1	沉积型-一水硬铝石型	0.018	0.023	0.397	0.420	0.02
18	江西	1	沉积型-一水硬铝石型			0.411	0.411	0.02
19	广东	2	红土型-三水铝石型			0.118	0.118	0.006
小 计		110		40.037	66.032	184.089	250.12	9.836
合 计		324		532.396	694.537	1850.868	2545.404	100

截至2003年底,全国8个省、区、市共拥有铝土矿探矿权204个,登记面积1974.41km²。其中山西45个、面积274.68km²,分别占22.1%和13.9%;广西22个、面积880.16km²,分别占10.8%和44.6%;贵州23个、面积224km²,分别占11.3%和11.3%;河南96个、面积332.19km²,分别占47.1%和16.8%;重庆3个、面积27.29km²,分别占1.5%和1.4%;云南9个、面积206.78km²,分别占4.4%和10.5%;四川5个、面积28.54km²,分别占2.5%和1.4%;福建1个、面积0.77km²,分别占0.5%和0.04%。河南的探矿权个数最多,由多至少依次为河南、山西、贵州、广西、云南、四川、重庆、福建。广西的探矿权面积最大,由大至小依次为广西、河南、山西、贵州、云南、四川、重庆、福建。

5.2.3 中国铝土矿矿物的形成过程

中国铝土矿中的矿物按形成阶段大致分为五期,从早至晚为:陆源期、成矿前期、成矿期、成矿后期及表生期。

从铝土矿中所发现的各种晶体及其显微特征来分析,其中主要矿物一水硬铝石和锐钛矿是在多个时期形成的。一些外表具有磨蚀痕迹的一水硬铝石和锐钛矿,是成矿前就已生成的矿物,可能经过一定距离的搬运后进入沉积区,如砂状铝土矿中的一水硬铝石大部分可发现磨蚀痕迹,加之砂状铝土矿具有颗粒支撑结构,说明这些矿物由稳定水流带入沉积区。另外发现许多豆鲕状一水硬铝石集合体,其表面具有磨蚀痕迹,说明这些一水硬铝石在成矿前期已生成,再搬运和沉积使之富集。

在成矿期,一水硬铝石主要表现为重结晶或次生加大,这一过程可延续到成矿期后。在矿石的裂隙边缘和孔洞中可见部分胶状一水硬铝石被溶解后、重新生成粒度粗大、晶体形态完整、化学成分较纯的一水硬铝石。这些后期生成的一水硬铝石,是在潜水面以下或封闭状态下结晶析出的。一水硬铝石的又一变化是被黏土矿物交代。有的铝土矿因大量一水硬铝石被交代生成伊利石或高岭石等黏土矿物,造成矿石品位贫化。但还可见一水硬铝石集合体的残余,残余部分中间仍保留原生的胶状体,而与黏土矿物交接部位的一水硬铝石发生重结晶,形成晶簇状集合体。这些残余变晶的一水硬铝石粒度可达0.25mm。以上现象说明在铝和硅同时存在的条件下，铝首先与硅结合生成黏土矿，当铝过饱和时，剩余的铝质才生成一水硬铝石。

经重砂分析发现，铝土矿中的锐钛矿外表粗糙。这些具有磨蚀痕迹的晶体应为成矿前形成的，后经搬运进入沉积区。大部分锐钛矿与一水硬铝石相同，为细粒胶状，在成矿期及后期又与一水硬铝石在矿石的裂隙和孔洞中密切共生。因此，推断锐钛矿与一水硬铝石生成期是相同的。这两种矿物同时也是铝土矿中钛和铝的主要赋存矿物。

铝土矿中的黏土矿物高岭石、伊利石和绿泥石等矿物与一水硬铝石密切共生，其生成环境和生成期也与一水硬铝石基本相同。底部铁矿物及伊利石、绿泥石可能来自基底岩石的风化物，这些矿物均是多期次生长的；只有埃洛石、地开石、三水铝石分布在裂隙和孔洞之中，应为后期次生矿物。矿物生成顺序见表5-9。

表5-9　铝土矿中矿物生成顺序表

时　　期	陆源期	成矿期前	成矿期	成矿期后	表生期
锆　石	—				
电气石	—				
金红石	—				
磁铁矿	—				
高岭石		—	—	—	—
伊利石		—	—	—	
锐钛矿		—	—	—	
一水硬铝石		—	—	—	
黄铁矿			—		
菱铁矿			—		
绿泥石		—	—		
赤、针铁矿		—	—	—	—
蒙脱石			—		
叶蜡石				—	
硫磷铝锶石				—	
明矾石				—	
黄钾铁矾					
地开石				—	—
埃洛石				—	—
方解石				—	—
三水铝石					—
一水软铝石				—	—

5.2.4　中国铝土矿资源的特点

中国铝土矿资源主要有以下特点：

（1）资源储量分布高度集中。铝土矿主要分布在山西、广西、贵州和河南等四省区，该四省区铝土矿总资源量约占全国的90%。其次为重庆、山东、云南、河北、四川和海南等六个省市,该六个省市的铝土矿总资源量仅占全国的8.4%。

（2）矿床类型以沉积型为主。中国铝土矿绝大部分属岩溶型,主要可分为两种类型,一种是沉积型一水硬铝石矿床,另一种是堆积型一水硬铝石矿床。前者分布广泛,主要产于古风化壳之上的下石炭统本溪组（C_1b）和九架炉组（C_1j）或祥摆组（C_1x）,下二叠统梁山组（P_1l）以及上二叠统合山组（P_2h）底部。后者主要分布在广西,产于第四系更新统红土层中,是沉积型矿床经风化、岩溶作用堆积而成。已经发现的红土风化型矿床仅在海南、福建和广东有少量分布,其总资源储量约为15Mt,占全国铝土矿总资源量的不足0.6%。

（3）矿床规模以中、小型为主。与拥有数亿吨储量的世界大型铝土矿床相比,中国的铝土矿床的规模在世界范围内只能划归为中、小型铝土矿。但是按照中国通用的标准,国内铝土矿总资源量20Mt以上可称为大型铝土矿床,资源量5~20Mt称为中等铝土矿床。截至2003年底,以中国标准划分的大型矿床共有36个,其拥有的总资源量占全国铝土矿总量的48.6%；中型铝土矿矿床共有99个,所拥有的总资源量占全国铝土矿总量的38.5%。这两类矿床所占的铝土矿总资源量合计为87.1%,中国各省不同品级铝土矿矿床的数量见表5-10。

表5-10 中国各省不同品级铝土矿矿床的数量

省区	A/S<5 的矿床数量				A/S=5~7 的矿床数量				A/S=7~9 的矿床数量				A/S>9 的矿床数量				合计矿床数量			
	大	中	小	合计	大	中	小	合计	大	中	小	合计	大	中	小	合计	大	中	小	合计
山西	4	19	10	33	11	13	5	29	2	4	5	11	1			1	18	36	20	74
广西	1	2	3	6	2	4	5	11	1	1	—	2	4	4	—	8	8	11	8	27
贵州	—	2	7	9		13	24	37	1	6	8	15	2	2	7	11	3	23	46	72
河南	3	2	6	11	1	12	7	20	2	4	3	9	—	—	1	1	6	18	17	41
其他	1	6	74	81		3	17	20	—	2	4	6		3	3	3	1	11	98	110

（4）中国铝土矿以难溶的一水硬铝石型为主。一水硬铝石型铝土矿占全国总铝土矿资源量的98%以上。已发现的三水型铝土矿占全国总资源量的不足1%,且由于规模小、品位低、距离已有的氧化铝厂较远,尚不具备大规模工业开采价值。

（5）中国铝土矿中的共（伴）生组分多,可以综合开发利用。中国铝土矿中的主要共生矿产有耐火黏土、石灰岩和铁矿等,伴生组分有镓、钒、锂、钛及稀土元素等。

（6）中国铝土矿大多为铝硅比偏低的高铝高硅铝土矿。中国铝土矿以沉积型一水硬铝石为主,大多属高铝、高硅铝土矿。据2003年调查统计结果,中国2503Mt铝土矿总资源量中,$A/S<5$的矿量为716Mt,占总资源量的28.6%；A/S为5~7的矿量为935Mt,占总资源量37.3%；A/S为7~9的矿量为384Mt,占总资源量的15.4%；$A/S>9$的矿量为467Mt,占总资源量的18.7%。中国较高品位铝土矿资源主要分布在中国南方地区。北方地区高品位的铝土矿储量较小,山东省的20个矿区中的铝土矿A/S一般为3左右,最高仅为4.6。

据2002年统计数据,中国各省不同品级铝土矿的资源/储量见表5-11。

表 5-11 2002 年中国各省不同品级铝土矿的资源/储量

A/S	资源类型	截至 2002 年底保有资源/储量/Mt						占全国比例/%
		山西	广西	贵州	河南	其他	合计	
<5	储量	32.863	—	4.939	35.940	25.631	99.373	3.97
	基础储量	36.049	—	7.055	41.907	43.530	128.541	5.14
	资源量	325.938	40.309	24.051	75.685	121.784	587.767	23.49
	总资源量	361.987	40.309	31.106	117.592	165.314	716.308	28.62
5~7	储量	68.619	—	49.156	45.326	8.830	171.931	6.87
	基础储量	74.307	—	66.345	52.482	13.225	206.359	8.25
	资源量	404.667	111.521	67.440	97.532	47.208	728.368	29.11
	总资源量	478.974	111.521	133.785	150.014	60.433	934.727	37.35
7~9	储量	4.200	—	47.186	45.313	5.463	102.162	4.08
	基础储量	5.587	—	67.375	54.342	8.389	135.693	5.42
	资源量	96.001	44.569	37.953	56.394	13.762	248.679	9.94
	总资源量	101.588	44.569	105.328	110.736	22.151	384.372	15.36
>9	储量	—	85.712	78.525	0.999	0.298	165.534	6.61
	基础储量	—	109.726	132.913	1.259	1.082	244.980	9.79
	资源量	50.556	147.151	20.984	2.136	1.335	222.162	8.88
	总资源量	50.556	256.877	153.897	3.395	2.417	467.142	18.67
合计	储量	105.682	85.712	179.806	127.578	40.222	539.000	21.54
	基础储量	115.943	109.726	273.688	149.990	66.226	715.573	28.59
	资源量	877.162	343.550	150.428	231.747	184.089	1786.976	71.41
	总资源量	993.105	453.276	424.116	381.737	250.315	2502.549	100

进入 21 世纪后，随着中国氧化铝工业的迅猛发展，河南和山西地区的高品位铝土矿大量被开采利用，加上耐火材料工业也消耗大量优质铝土矿，导致这些地区的氧化铝厂因使用的铝土矿供矿品位大幅度下降，不得不面临消耗增大、成本上升的严峻局面。

(7) 中国铝土矿中具有经济效益的矿量少。据 2003 年数据统计，中国铝土矿储量仅 532Mt，占总资源量的 20.9%；基础储量 694Mt，占总资源量的 27.3%。这表明中国铝土矿资源中，勘探程度高且具有较好经济意义的储量和基础储量较少，可行性评价程度低。

(8) 中国铝土矿中适合于露天开采的铝土矿比例偏少。2002 年对中国铝土矿矿床可采用的开采方式进行了统计。在中国铝土矿总资源量中，适合于露天开采的矿量为953Mt，占总资源量的 38.1%；适合于地下开采的矿量为 651Mt，占总资源量的 26.0%；适合于露天-地下开采的矿量约为 705Mt，占总资源量的 28.2%；开采方法不明的矿量约为194Mt，占总资源量的 7.7%，详见表 5-12。

表5-12 中国铝土矿矿床开采方式统计

开采方法	山西		广西		贵州		河南		其他		合计		比例/%
	矿区数/个	总资源量/Mt	矿区数/个	总资源量/Mt	矿区数/个	总资源量/Mt	矿区数/个	总资源量/Mt	矿区数/个	总资源量/Mt	矿区数/个	总资源量/Mt	
露天开采	33	404.992	12	310.340	20	30.875	19	159.079	19	48.173	103	953.459	38.10
地下开采	18	226.056	8	70.820	15	212.703	1	31.854	52	109.136	94	650.569	26.00
露天-地下开采	16	315.578	5	13.111	36	179.822	16	164.316	18	31.694	91	704.521	28.15
不 明	7	46.479	2	59.005	1	0.716	5	26.488	21	61.312	36	194.000	7.75
合 计	74	993.105	27	453.276	72	424.116	41	381.737	110	250.315	324	2502.549	100

5.2.5 中国铝土矿的化学成分

5.2.5.1 铝土矿中的常量元素

铝土矿的主要化学成分为 Al_2O_3、SiO_2、Fe_2O_3、TiO_2 和烧失量，次要成分为 CaO、MgO、K_2O、Na_2O、S 和 P 等。除广西一水硬铝石铝土矿外，中国铝土矿大多具有高铝、高硅、低铁含量的特征。

表5-13 是中国1994年发布的行业标准《铝土矿石》（YS/T 78—1994）。该标准除了对铝土矿石的化学成分做出了规定外，还要求沉积型一水硬铝石的水分不得大于7%，堆积型一水硬铝石及红土型三水铝石的水分不得大于8%。铝土矿石中不得混入泥土和石灰岩等杂物。

表5-13 中国铝土矿石的化学成分（YS/T 78—1994）

矿床类型	牌 号	化学成分/%					
		Al_2O_3/SiO_2	Al_2O_3	Fe_2O_3	S	CaO + MgO	TiO_2
		不小于		不大于			
沉积型（一水硬铝石）	LK12-70	12	70	3	0.3	1.5	—
	LK8-65	8	65	5	0.5	1.5	—
	LK5-60	5	60	6	0.5	1.5	—
	LK3-53	3	53	9	0.7	—	—
堆积型（一水硬铝石）	LK15-60	15	60	20	0.1	1.5	—
	LK11-55	11	55	25	0.1	1.5	—
	LK8-50	8	50	28	0.1	1.5	—
红土型（三水铝石）	LK7-50	7	50	18	—	—	2
	LK3-40	3	40	25	—	—	3

根据中国生产实践经验，因铝土矿石化学质量不同需要采用不同的氧化铝生产方法，主要分为拜耳法、烧结法和拜耳—烧结联合法（详情见第三篇氧化铝生产技术）。

烧结法适于处理含硅较高的低品位铝土矿，要求 A/S 为 3~5，Fe_2O_3 含量少于10%。

拜耳法适于处理含 Al_2O_3 高、SiO_2 低的高品位铝土矿。对于中国一水硬铝石矿而言，一般要求铝土矿中的 $A/S > 7$。氧化铁在拜耳法流程中不与碱起反应，只是高铁铝土矿产生的废渣——赤泥（铝土矿反应后剩余残渣的惯用术语）量大，赤泥排出之前的洗涤流程复杂，易造成碱和氧化铝的机械损失。铝土矿中的铝针铁矿不仅影响赤泥的沉降分离，而且可能造成铝的损失。

联合法适于处理中等品位的铝土矿，中国主要采用混联法，即在拜耳法的赤泥中添加部分低品位铝土矿以提高烧结法的铝硅比，一般要求 Al_2O_3 含量大于60%，A/S 为5~7，Fe_2O_3 含量少于10%。

对氧化铝生产而言，硫是很有害的杂质，易于在生产流程中积累并造成危害，如引起蒸发结晶并造成过量碱耗、硫酸盐可能腐蚀设备等，因此，一般不宜在氧化铝生产过程中采用高硫矿石。

表5-14为典型的河南铝土矿的主要成分，Al_2O_3 的含量一般为60%~70%，SiO_2 的含量为5%~15%，Fe_2O_3 的含量为2%~4%，TiO_2 的含量为2.5%~3.5%，灼减为13%~14%。

表5-14　河南铝土矿主要成分　　　　　　　　　　　　　　　（%）

成　分	一般含量	最高含量	最低含量	成　分	一般含量	最高含量	最低含量
Al_2O_3	60~70	82.82	40	MgO	0.02~0.3	1.29	—
SiO_2	5~15	22.00	<0.5	MnO		0.031	0.017
Fe_2O_3	2~4	29.19	0.5	K_2O	<1	4.65	0.05
TiO_2	2.5~3.5	5.58	1.38	Na_2O	0.07~0.4	0.95	—
灼减	13~14	15	10.61	S	0.1~0.5	13.44	0.115
CaO	0.2~0.4	2.65	0.02	P_2O_5		0.285	0.014

中国铝土矿中 Al_2O_3 的含量一般为60%~70%，在某些矿点可采集到较为纯的一水硬铝石结晶块，Al_2O_3 含量甚至可达83%左右。不同构造的矿石品位不同，如土状和砂状矿石一般品位较高，Al_2O_3 含量大于70%；而致密状、豆鲕状、角砾状矿石品位较低。

中国铝土矿大多为一水硬铝石型矿石，氧化铝主要赋存在一水硬铝石之中。一水硬铝石的化学式为 $AlOOH$，按理论值计算，矿物成分 Al_2O_3 为85%、H_2O 为15%。因此，铝土矿中的一水硬铝石越多，矿石氧化铝含量就越高。另一部分氧化铝赋存于高岭石、伊利石、绿泥石、蒙脱石、叶蜡石等黏土矿物之中。只有少数矿区的铝土矿中，如广西和重庆的铝土矿中，有少量氧化铝含量赋存于三水铝石和一水软铝石之中。

中国铝土矿中 SiO_2 含量一般为5%~15%，最高可超过20%，最低时可小于0.5%。当 SiO_2 含量更高时，即转变为高铝黏土矿。铝土矿中的氧化硅主要赋存在高岭石、伊利石、绿泥石、叶蜡石、蒙脱石、地开石、白云母、埃洛石等黏土矿物以及少量的长石和石英等矿物之中。

中国铝土矿中 Fe_2O_3 的含量一般为2%~4%，最高可达30%左右，最低达0.5%。铝土矿中的氧化铁主要赋存在赤铁矿和针铁矿中，其次在菱铁矿、黄铁矿、褐铁矿和钽铁矿等矿物之中。

中国铝土矿中 TiO_2 一般含量为2.5%~3.5%，最高可达6%左右，最低约为1%。主要赋存的矿物有锐钛矿、金红石和白钛石等，还有少量板钛矿。

中国铝土矿的灼减一般为 13% ~ 14%，高的可达 15%，最低为 10% 左右。铝土矿的灼减主要是由于一水硬铝石热分解引起的，其次还有黏土矿物的热分解产生的灼减。少量的铁矿物和碳酸盐矿物也可造成灼减。

铝土矿中的镓元素是具有综合利用价值的元素。中国铝土矿中镓的含量一般为 0.009% ~ 0.010%（镓的综合利用指标为 0.002% ~ 0.010%）。由于 Ga^{3+} 与 Al^{3+} 均为三价，Ga^{3+} 的离子半径为 0.062nm，Al^{3+} 的离子半径为 0.057nm，两者粒子半径相近，因此，铝土矿中的镓离子通常是以类质同象的形式替代铝矿物或黏土矿物中的铝离子的。铝土矿中未见镓的独立矿物。

K_2O、Na_2O 在铝土矿中的含量一般小于 1%，个别矿区 K_2O 含量可高达 4% ~ 5%。K^+ 主要赋存在伊利石之中，其次分布在高岭石和蒙脱石等矿物之中。

铝土矿中的硫一般小于 1%，个别样可超过 10%。铝土矿中的硫主要赋存于黄铁矿之中。

钙、镁在铝土矿中含量较少，一般为 0.2% ~ 0.4%，个别高者可达 3% 左右。钙和镁主要赋存在铝土矿所含的少量方解石和白云石之中。

5.2.5.2 铝土矿中的微量元素

铝土矿中的微量元素有 P、V、Ce、Li、Ga、Zr、Sr、Ba、Mn、B、Cr、Ni、Cu、Pb、Th、U、Nb 和 Ta 等。

表 5-15 所列为河南铝土矿中微量元素的含量。由表可见，铝土矿中明显高于地壳中克拉克值的有 Ca、Li、B、Zr、Cr 和 Th 等元素。

表 5-15 河南铝土矿微量元素平均含量及地壳中克拉克值 （%）

元素	Ce	Ca	Li	Sr	Ba	Mn	B	Zr	Cr	Ni	Cu	Pb	Th	U	Nb	Ta
河南铝土矿中的含量	0.0032	0.0072	0.0520	0.0250	0.0178	0.0230	0.0280	0.0800	0.0260	0.0030	0.0040	0.0080	0.0370	0.0125	0.0003	0.0036
地壳中克拉克值	0.0075	0.0017	0.0030	0.0290	0.0590	0.0690	0.0009	0.0160	0.0070	0.0044	0.0030	0.0015	0.0011	0.0035	0.0020	0.0034

注：河南铝土矿的元素含量为 20 个矿区 131 个样的平均值。资料来源为河南省地质矿产局二地质调查队。

在这些含量较多的微量元素之中，只发现存在较多锆的单体矿物——锆石。经重砂分析，锆石的含量与 Zr 元素分析的含量基本吻合，这说明铝土矿中的 Zr 元素主要赋存于锆石之中。

5.2.6 中国铝土矿的矿物组成及特征

5.2.6.1 中国铝土矿矿物组成概述

中国除广西以外的一水硬铝石型铝土矿的工艺矿物学研究表明：矿石中主要矿物为一水硬铝石、高岭石、伊利石、叶蜡石等；占矿物总量 60% ~ 70% 的一水硬铝石多呈隐晶集合体的形式产生，与含硅矿物、氧化铁矿物等脉石矿物紧密镶嵌，嵌布粒度微细。中国一水硬铝石型铝土矿中的杂质矿物主要有含硅矿物、含铁矿物、含钛矿物和其他杂质矿物。

含硅矿物是铝土矿中的主要杂质矿物，一般以高岭石等铝硅酸盐矿物形态存在。具体的主要含硅矿物形态有：高岭石、叶蜡石、伊利石、绿泥石、蒙脱石、地开石、埃洛石、白云母、石英、长石等。其中的主要含硅矿物的化学成分为：高岭石 $Al_2O_3 \cdot 2SiO_2 \cdot 2H_2O$；叶蜡石 $Al_2(Si_4O_{10})(OH)_2$；伊利石 $K_x(Al,Fe,Mg)_y(Si,Al)_4O_{10}(OH)_2 \cdot nH_2O$；绿泥石 $Fe_4Al(AlSi_3O_{10})(OH)_6 \cdot nH_2O$；石英 SiO_2。

中国各地的铝土矿所含的硅矿物种类和含量各不相同，造成了氧化铝生产流程和技术的较大差异。中国不同产地的铝土矿所含的主要硅矿物不尽相同，见表5-16。

表5-16　不同产地的铝土矿所含的主要硅矿物

地　区	主要硅矿物	地　区	主要硅矿物
山　西	高岭石，少量伊利石	广　西	高岭石，鲕绿泥石，伊利石
河　南	伊利石，叶蜡石，高岭石	贵　州	高岭石，伊利石

山西矿中的硅矿物主要是容易在氧化铝生产过程预脱硅的高岭石。而河南矿则以伊利石、叶蜡石和云母类矿物为主。贵州矿含有高岭石和伊利石。广西矿中除了高岭石外，还有较多的鲕绿泥石。与国外的铝土矿不同，中国铝土矿中以石英形式存在的硅矿物含量较少。

中国铝土矿中的钛矿物主要为锐钛矿以及少量的金红石，一般铝土矿中的氧化钛含量为 2% ~ 4%。主要的含钛矿物形态有：锐钛矿、金红石、钛铁矿、白钛石、板钛矿和榍石等。其中主要的含钛矿物锐钛矿和金红石的化学成分均为 TiO_2，只不过两者结晶的形态不同。

中国铝土矿中的氧化铁大多以赤铁矿的形式存在，其中的主要含铁矿物的形态有：赤铁矿、针铁矿、绿泥石、菱铁矿（$FeCO_3$）、黄铁矿（或称硫铁矿，FeS_2）、磁铁矿（$FeO \cdot Fe_2O_3$）、褐铁矿（$Fe_2O_3 \cdot nH_2O$）、纤铁矿（$\gamma\text{-}FeOOH$）和钽铁矿等。在南方的广西一水硬铝石矿以及低品位红土型三水铝石矿中，有很大一部分铁矿物是以针铁矿、铝针铁矿和鲕绿泥石的形态存在的。

中国铝土矿中的主要含铁矿物的化学成分为：针铁矿 $\alpha\text{-}FeOOH$；赤铁矿 $\alpha\text{-}Fe_2O_3$；绿泥石 $Fe_4Al(AlSi_3O_{10})(OH)_6 \cdot nH_2O$。

中国铝土矿中还存在其他杂质矿物，如：方解石、白云石、磷灰石、锆石、电气石、方铅矿、硫磷铝锶石、明矾石和黄钾铁矾等。

铝土矿中的矿物大部分粒度细小，有许多都呈胶状体，因此，在矿物研究中除采用常规的光薄片鉴定方法外，还采用了 X 射线衍射分析、红外光谱分析、差热分析以及较先进的电镜能谱和波谱分析。对含量较少的重矿物首先进行人工重砂分析，然后配合电镜能谱进行电子探针分析。

国内铝土矿从矿物学的角度分类，大多为一水硬铝石型矿石。一水硬铝石在矿石中的含量平均可达 70%，甚至高达 95%。一水硬铝石的含量决定了矿石品位的贫富，一水硬铝石的粒度分布方式又决定了矿石的结构构造。表5-17 为河南典型矿区铝土矿石中的矿物组成。

表 5-17　河南典型矿区铝土矿石中的矿物组成

矿物		汝州唐沟	登封蒋庄	新安张窑院	沁阳簸箕掌	陕县支建	焦作磨石坡（黏土矿）
铝矿物	一水硬铝石	+++	+++	+++	+++	+++	+
	一水软铝石					+	
	三水铝石					++	
黏土矿物	高岭石	++	++	++	+	+	+
	伊利石	+	+	+	++	++	++
	蒙脱石	+			+		+
	绿泥石		+	+	+	++	++
	叶蜡石		+	+		+	++
	地开石		+	+		+	+
	埃洛石			+			
铁矿物	赤铁矿	+	+	+	+	+	++
	针铁矿	+	+	+	+	+	
	菱铁矿				+	++	
	黄铁矿	+		++			
	磁铁矿			+			
	钽铁矿			+			
钛矿物	锐铁矿	+	+	+	+	+	+
	金红石	+	+	+	+	+	+
	白钛石			+		+	+
其他矿物	锆石	+	+	+	+	+	+
	电气石	+	+	+	+	+	+
	硫磷铝锶石	+			+	+	
	明矾石	+			+	+	
	方解石	+	+	+			+
	石英	+	+				++
	长石	+			+		+

注：+++表示含量很多；++表示含量较多；+表示含量较少或微量。

图 5-9 为河南铝土矿中主要矿物的 X 射线衍射图。

对一水硬铝石进行详细研究是设计氧化铝生产工艺流程的重要依据。对铝土矿中的黏土矿物及其他杂质矿物的研究成果对铝土矿的勘探、洗选矿、氧化铝生产中提高生产效率、节能降耗和减排均具有重要的意义。

5.2.6.2　中国铝土矿中的含铝矿物组成研究

氧化铝的结晶形态是影响氧化铝生产的重要因素。中国绝大多数铝土矿中的铝矿物以一水硬铝石为主，一水软铝石和三水铝石含量很少。因为一水硬铝石型铝土矿中的氧化铝

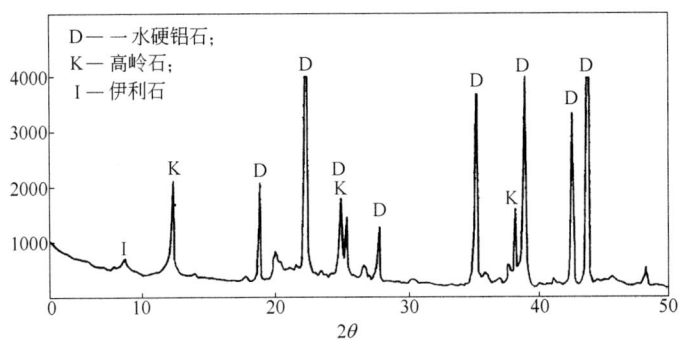

图 5-9 铝土矿 X 射线衍射图

的结晶形态为最稳定的 α-型，而三水铝石的氧化铝结晶形态是稳定性较差的 γ-型，所以一水硬铝石比三水铝石矿难溶，溶出温度约高 100℃。但是，中国铝业广西分公司用低硅一水硬铝石矿作为原料，采用拜耳法工艺生产氧化铝的能耗已经达到国外氧化铝厂的先进水平，因此，氧化铝的结晶形态并不成为生产能耗的主要影响因素。

A 一水硬铝石

a 一水硬铝石的一般特征

一水硬铝石的晶体结构如图 5-10 所示，化学式为 $Al_2O_3 \cdot H_2O$ 或 α-AlO(OH)，其 Al_2O_3 的 理 论 含 量 为 84.98%，H_2O 为 15.02%。一水硬铝石的晶体结构中，有时含 Fe_2O_3、Mn_2O_3、Cr_2O_3、Ga_2O_3、SiO_2、TiO_2、CaO 和 MgO 等物质。一水硬铝石具有链状结构（平行于 c 轴）基型，斜方晶系。一水硬铝石中的氧原子呈六方最紧密堆积，最紧密堆积层垂直 a 轴，斜方晶胞的 a_0 等于氧原子

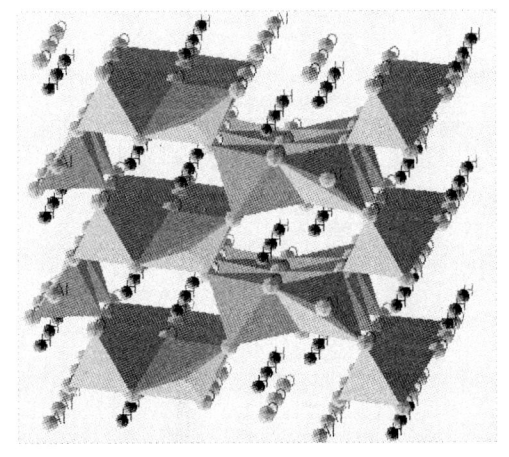

图 5-10 一水硬铝石的晶体结构

层间距的 2 倍，Al^{3+} 位于八面体空隙中，Al 的配位数为 6。$[Al^{3+}(O,OH)_6]$ 八面体组成的双链构成折线形链，链平行于 c 轴延伸。双链间以角顶相连、链内八面体共棱联结。

铝土矿中的一水硬铝石在实体镜下常见的颜色有：无色、浅灰色、深灰色、灰绿色和黄褐色，在薄片中一水硬铝石呈无色、浅蓝色、灰色至褐色，其透明度因颜色而异，无色者透明，浅色者半透明，色深者由于其内含杂质较多，透明度也就变差了，如：因含 Mn^{3+}、Fe^{3+} 而成褐色至红色。

一水硬铝石解理 {010} 完全，{110}、{210}、{100} 不完全，贝壳状断口，性脆，硬度为 6.5~7，相对密度为 3.2~3.5。测得铝土矿中的无色透明一水硬铝石的折光率 $N_p=1.69$，$N_g=1.744$，密度为 $3.40g/cm^3$。一水硬铝石在偏光镜下呈无色。

当一水硬铝石矿物被破碎磨细时，主要沿 (010) 面断裂，(100) 和 (001) 等面也是常见的断裂面，表面暴露有大量的 Al—O 键和 Al—OH 键。

b 一水硬铝石的晶体形态特征

铝土矿中的一水硬铝石的形态通常呈片状、鳞片状或隐晶质及胶态、豆鲕状集合体。某些地区的铝土矿中的一水硬铝石大部分呈隐晶质，其晶体形态为半自形-他形粒状、胶团状、板柱状和短柱状等。

（1）半自形-他形粒状晶体。粒度为 $0.007 \sim 0.1mm$，大部分为 $0.01mm$ 左右，在薄片中它们呈无色透明至灰褐色半透明，分布普遍，以致密块状矿石中含量最多。

（2）胶团状晶体。粒度小于 $0.005mm$。在高倍光学显微镜下呈圆形、团粒状、棒状，浅蓝色至灰褐色。在光学镜下呈圆形团粒状、棒状的一水硬铝石。在扫描电镜中放大后其形态清晰可辨，微粒一水硬铝石呈板状、柱状和方形粒状，颗粒间一般呈紧密堆积。

（3）板柱状晶体。无色透明，粒度一般为 $0.01 \sim 0.05mm$，长者可达 $0.2mm$，伸长系数为 $2 \sim 3$。常见的板柱状晶体有三种，一是以 ｛010｝平行双面发育而成的长板状晶体，可见 ｛100｝小柱面，锥面不发育。二是由 ｛010｝平行双面及 ｛110｝、｛100｝柱面等组成的板柱状晶体，从断口可以看出晶体的 ｛010｝解理发育很好，这些板柱状晶体一般生长在晶洞中或裂隙及豆鲕的内壁上。三是由 ｛010｝平行双面以及 ｛100｝柱面与 ｛111｝锥面组成的晶体。还有一种 ｛010｝发育呈薄板状的晶体，它们一般呈晶族状集合体，较少见。

（4）短柱状晶体。呈无色、灰色和褐色等。其粒度为 $0.005 \sim 0.05mm$，一般为 $0.01mm$。其晶体形态可细分为六种：

1）由 ｛010｝、｛110｝柱面与 ｛021｝、｛061｝锥面组成的晶体，晶体表面可见与 ｛010｝、｛021｝晶带平行的两种条纹。

2）由 ｛010｝、｛110｝柱面与 ｛011｝锥面组成的晶体。｛011｝晶面上的条纹较多，但不太清晰，｛011｝与 ｛010｝相交的晶棱呈弧形，发育不完全。

3）由 ｛010｝、｛110｝、｛100｝柱面，｛021｝锥面组成的晶体。

4）由 ｛010｝、｛110｝、｛111｝组成的晶体，平行柱面的条纹发育呈手风琴状，有时可见 ｛001｝晶面。这种晶体一般镶嵌生长成复杂连晶。

5）由 ｛010｝柱面与 ｛011｝锥面以及｛110｝、｛111｝组成的短柱状晶体。在 ｛011｝面上生长纹发育，能谱分析其化学成分为纯氧化铝，不含杂质。

6）锥状一水硬铝石，锥面 ｛011｝发育，上条纹密集。

（5）被磨蚀或溶蚀的一水硬铝石晶体。晶面和棱角具有不同程度的破坏，有的晶体的棱角被磨损，晶面受磨损后凹凸不平，说明这些一水硬铝石是经过一定距离搬运的。有的晶体其外表均有一定程度的破坏。一水硬铝石晶体上的小洼坑是由于受磨蚀或溶蚀后镶嵌在大晶体上的小晶体脱落后留下的痕迹。有的以受溶蚀作用为主的一水硬铝石晶体的表面起伏较大，而且突出部分比较圆滑。磨蚀和溶蚀一水硬铝石晶体主要见于砂状、蜂窝状和土状矿石之中。

c 一水硬铝石集合体形态特征

国内铝土矿中一水硬铝石大部分呈集合体产出，其特征如下：

（1）镶嵌状集合体。由四五粒或更多的短柱状晶体嵌在一起，形成连晶，晶体的内侧互相嵌入，而外侧晶面晶棱发育良好。这类集合体多存在于致密状矿石、砂状矿石以及豆鲕的核心部位。镶嵌状集合体可能是重结晶的产物。

（2）联合晶体。由许多小晶体聚合到一起逐渐变成一个大的一水硬铝石晶体即为一联晶，在其没有发育完全的 ｛011｝晶面上，还可见一些小晶体存在。这种联合晶体内部杂质较多，颜色也深，透明度较差。这类晶体主要产出在致密状矿石中。

（3）晶簇状、齿状集合体。由板柱状一水硬铝石晶体生长在同一个基底上，即晶体一端向空间延伸，晶面晶棱发育完好，形成晶簇。这些晶簇或齿状集合体生长在矿石的孔洞、裂隙和豆鲕的内壁上，是由于矿石中胶态铝质向压力小的空间运移堆积发育而成，应为成矿后期作用的产物。

（4）细脉状集合体。由他形无色透明的一水硬铝石分布在矿石的裂隙之中形成的，这些细脉的长度不足2cm，宽度小于0.05mm，只能在显微镜下才能发现，应是成矿后期作用的产物，类似于大理岩中的方解石脉，石英岩中的石英脉。

（5）胶状集合体。均由他形微粒一水硬铝石组成，粒度一般为0.001~0.005mm。胶状集合体固结前，由于受力和温度不均匀，局部会发生流动，矿物和杂质出现分离的趋势，并顺着流动的方向出现有规律的排列，最后由于颜色的明暗形成流纹状集合体。胶状一水硬铝石集合体一般出现在致密状矿石中，或在豆鲕状和砾屑状矿石中作为胶结物。完全由胶状集合体组成的矿石极为致密。

（6）豆鲕状集合体。由不同颜色、不同粒度的一水硬铝石排列成一个球体，有时可见同心层，鲕粒内的一水硬铝石从中心到外圈，粒度一般由粗变细。

d 一水硬铝石差热分析特征

采用差热分析可研究矿物在加热过程中的变化特征。差热分析结果表明，一水硬铝石在450℃左右开始发生剧烈脱水，而当温度达到650~700℃时，一水硬铝石将全部脱水，转变成 α-Al_2O_3。由图5-11中的差热曲线可见，一水硬铝石在535~540℃时出现一个脱水吸热谷。

中国各地区铝土矿中一水硬铝石差热分析的吸热温度的比较见表5-18。一水硬铝石吸热温度的高低，与其加热过程中破坏晶格及相变所需要的热能密切相关。由表5-18可见，河南铝土矿中一水硬铝石吸热温度与广西和山东等地的一水硬铝石吸热温度相似，界于中部位置，该温度低于河北的一水硬铝石，但高于贵州和山西铝土矿中的一水硬铝石的吸热温度。

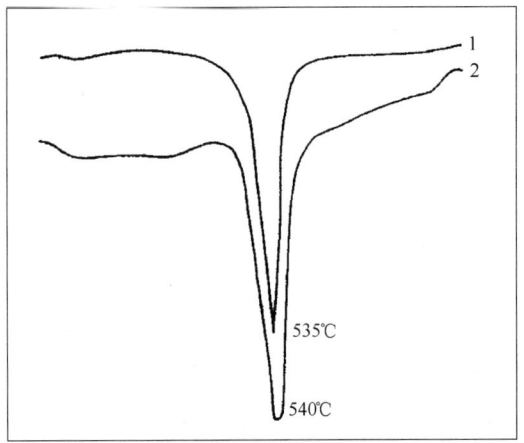

图5-11 一水硬铝石差热分析曲线
1—铝土矿1；2—铝土矿2

表5-18 中国不同地区一水硬铝石吸热温度对比

地 点	吸热温度/℃	地 点	吸热温度/℃
河北某地	545	河南新安	540
贵州修文	530	河南临汝	535
山西孝义	530	河南登封	540
山东东山	537	河南陕县	540
广西平果	540		

e 一水硬铝石红外光谱特征

对不同产出地的铝土矿中的一水硬铝石进行人工富集后做红外光谱分析，查明一水硬

铝石的红外光谱特征波数如下：OH 键伸缩振动波数为 3430cm^{-1}、3000cm^{-1}、2920cm^{-1}，音频红外吸收带波数为 2150 ~ 2119cm^{-1} 和 1980 ~ 1987cm^{-1}，OH 键面内弯曲振动波数为 1055 ~ 1065cm^{-1}，OH 键面外弯曲振动波数为 960 ~ 970cm^{-1}，Al—O 伸缩振动波数为 750cm^{-1}、570cm^{-1}、350cm^{-1} 等。这些红外波中 2105 ~ 2119cm^{-1} 和 1980 ~ 1987cm^{-1} 两个吸收波为铝土矿中一水硬铝石的特征波，如图 5-12 所示。

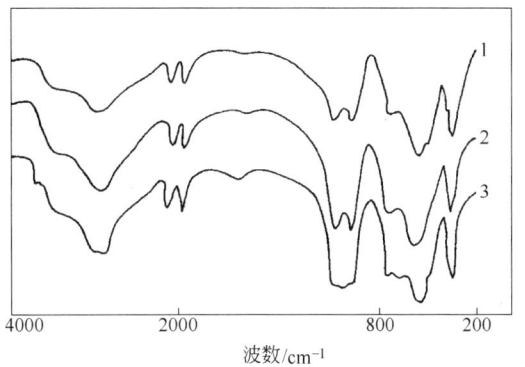

图 5-12 一水硬铝石红外线光谱图
1—1 号产地铝土矿；2—2 号产地铝土矿；
3—3 号产地铝土矿（含少量高岭石）

众所周知，铝（黏）土矿中的矿物粒度细小，提纯困难，一般样品中都混有不同量的黏土矿物，在红外光谱中一水硬铝石的图谱与黏土矿物的互相干扰，使一水硬铝石的一些红外吸收带形态发生变化。表 5-19 表明了纯一水硬铝石样品与混有黏土矿物样品的红外光谱吸收带形态特征。经对比可以看出，当样品中含少量高岭石时，一水硬铝石 3000cm^{-1}、1055cm^{-1}、570cm^{-1} 处的波数就变得模糊，这显然是由于高岭石的红外谱 3010cm^{-1}、1035cm^{-1}、536cm^{-1} 干扰的结果；当样品中混有白云母时，3430cm^{-1}、2920cm^{-1}、1055cm^{-1}、960cm^{-1}、570cm^{-1}、520cm^{-1} 等波数发生干扰；而混有蒙脱石时，3430cm^{-1}、2920cm^{-1}、1055cm^{-1}、960cm^{-1} 附近的波谷形态变缓。这些都是由于黏土矿物的红外线光谱干扰所致。

表 5-19　一水硬铝石红外光谱吸收带形态特征对比表

微量矿物	波数/cm^{-1}										
	3430	3000	2920	2110	1930	1055	960	750	570	520	350
纯一水硬铝石	缓	缓	缓	尖	尖	缓	尖	尖	缓	尖	尖
含高岭石	缓	不清	缓	尖	尖	不清	尖	尖	不清	尖	尖
含白云石	不清	缓	不清	尖	尖	不清	不清	尖	不清	清	尖
含蒙脱石	不清	缓	不清	尖	尖	缓	不清	尖	尖	尖	尖
含伊利石、高岭石	不清	缓	不清	尖	尖	不清	不清	不清	不清	不清	尖

一水硬铝石剩余的形态不变的波数还有 2110cm^{-1}、1980cm^{-1}、745cm^{-1}、350cm^{-1}，但其中 745cm^{-1} 和 350cm^{-1} 是由于与黏土矿物的波数完全重合所致。因此，只有 2110cm^{-1} 和 1980cm^{-1} 这两个波数为一水硬铝石的特征波数。从若干个样品的统计中，发现这两个特征波数的吸收带形态与样品中一水硬铝石的含量和结晶程度有关系，当样品中一水硬铝石含量高、结晶程度高时，特征波数的波峰与波谷的形态尖而长；当样品中一水硬铝石含量少、结晶差时其形态短而缓。因此，利用一水硬铝石红外光谱分析中的 2110cm^{-1} 与 1980cm^{-1} 波谷形态，不仅可以确定样品中有无一水硬铝石，而且可以判断样品中一水硬铝

石的相对含量和结晶程度。

表 5-20 比较了中国不同地区的铝土矿中的一水硬铝石 OH 键振动波数。某些铝土矿中一水硬铝石的 OH 键面内弯曲振动波数为 $1055 \sim 1065 cm^{-1}$，比其他一些一水硬铝石相对偏低，这一结果表示在一水硬铝石结构中 OH 键强度较弱。据分析，一些赤泥中未溶出的一水硬铝石的波数可达 $1075 cm^{-1}$ 左右，这间接表明，一水硬铝石的 OH 键振动波数越小，可能越易于溶出。

表 5-20　铝土矿中的一水硬铝石 OH 键振动波数对比

地　区	波数/cm^{-1}	地　区	波数/cm^{-1}
广　西	1070	山　东	1060 ~ 1068
山　西	1055 ~ 1075	河　南	1055 ~ 1065
贵　州	1064 ~ 1070		

f　一水硬铝石 X 射线衍射特征及其晶胞参数

表 5-21 为不同铝土矿中一水硬铝石 X 射线衍射主要参数 d 值，最强的衍射峰为：$0.3958 \sim 0.4001 nm$、$0.2076 \sim 0.2085 nm$、$0.2039 \sim 0.2324 nm$ 和 $0.2550 \sim 0.2556 nm$。

表 5-21　不同铝土矿中一水硬铝石 X 射线衍射 d 值　　　　　　（nm）

衍射峰位置	1 号矿	2 号矿	3 号矿	4 号矿	5 号矿	6 号矿	7 号矿
020	0.4680	0.4680	0.4690	0.4700	0.4722	0.4720	0.4745
110	0.3958	0.3976	0.3979	0.3980	0.3994	0.3999	0.4001
120	0.3246	0.3209	0.3216	0.3220	0.3220	0.3220	0.3232
130	0.2550	0.2552	0.2555	0.2560	0.2559	0.2558	0.2566
040	0.2349	0.2351	0.2352	0.2355	0.2357	0.2356	0.2357
111	0.2309	0.2312	0.2314	0.2315	0.2317	0.2321	0.2324
121	0.2127	0.2127	0.2129	0.2131	0.2132	0.2133	0.2139
140	0.2085	0.2074	0.2076	0.2076	0.2078	0.2079	0.2082
211	0.1710	0.1710	0.1712	0.1712	0.1713	0.1713	0.1714
221	0.1631	0.1631	0.1633	0.1634	0.1634	0.1635	0.1637
240	0.1607	0.1608	0.1609	0.1608	0.1609	0.1612	0.1612
060	0.1569	0.157	0.1571	0.1571	0.1572	0.1574	0.1574

在同一个铝土矿区取出硬质黏土矿、砂状铝土矿、致密状铝土矿和豆状铝土矿共四个样本进行分析。四个样本的一水硬铝石 X 射线衍射图如图 5-13 所示，其衍射特征见表 5-22。从这些图和表中可以看出一水硬铝石最强的峰是 110、140、111 和 130，其次为 221、020、121 和 040，较弱的峰为 120、211、240 和 060。

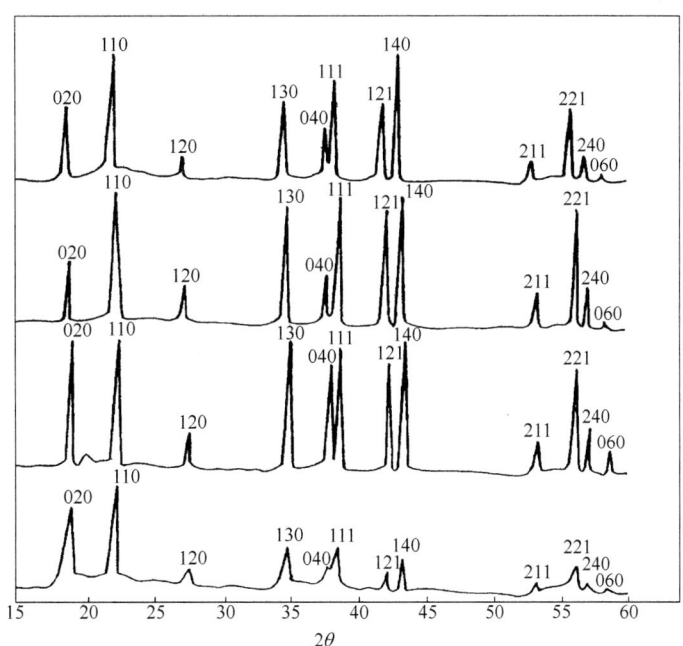

图5-13 同一矿区四个铝土矿样本中的一水硬铝石 X 射线衍射图比较

表5-22 同一矿区四个铝土矿样本中的一水硬铝石 X 射线衍射特征

岩 性	硬质黏土矿		砂状铝土矿		致密状铝土矿		豆状铝土矿	
编 号	样本 1		样本 2		样本 3		样本 4	
	d/nm	强度 I	d/nm	强度 I	d/nm	强度 I	d/nm	强度 I
020	0.4720	6	0.4702	7	0.4722	6	0.4718	5
110	0.3989	6	0.3964	10	0.3994	10	0.3994	9
120	0.3217	3	0.3213	5	0.3220	5	0.3219	5
130	0.2559	5	0.2555	7	0.2559	6	0.2559	6
040	0.2356	5	0.2353	5	0.2357	5	0.2357	5
111	0.2316	5	0.2314	5	0.2317	7	0.2317	6
121	0.2131	4	0.2129	5	0.2132	6	0.2131	6
140	0.2077	5	0.2075	5	0.2078	8	0.2078	4
211	0.1712	3	0.1711	5	0.1713	5	0.1712	4
221	0.1633	5	0.1632	6	0.1634	6	0.4634	6
240	0.1608	3	0.1608	3	0.1609	5	0.1609	5
060	0.1571	3	0.1570	4	0.1572	3	0.1571	3
形 态	他形粒状		板柱状,纺锤状		他形粒状-胶体		他形粒状-胶体	
粒度/mm	0.006		0.01		0.005 ~ 0.007		0.007 ~ 0.009	

　　一水硬铝石的 X 射线衍射特征反映了其晶体的形态和粒度,同时还可确定一水硬铝石的晶胞参数。选择两个一水硬铝石的样品,测定其 110、140、111、130、221、121、020、040、240、221、120、060 等12个晶面指数相对应的 d 值,以此作为计算依据,对两个样

品的晶胞参数进行计算。所计算的晶胞参数的结果见表 5-23。与系统矿物学中的标准对比 a_0 小于标准值，b_0 大于标准值，c_0 基本相等。

表5-23　两个一水硬铝石样品的晶胞参数计算结果及对比　　　　　　　（nm）

编　号	试　样	a_0	b_0	c_0
1	样品1	0.4402	0.9413	0.2814
2	样品2	0.4405	0.9426	0.2844
3	标　准	0.441	0.9140	0.284

利用一水硬铝石矿的 X 射线衍射资料，可以综合分析样品中一水硬铝石的含量、形态、粒度、化学成分及杂质等因素。X 射线衍射图中峰值的强度能反映出样品中一水硬铝石的大致含量，因而可定性地表征铝土矿的品位。

B　三水铝石

三水铝石的理论化学组成为 Al_2O_3 65.4%，H_2O 34.6%。三水铝石中常见的类质同象替代有 Fe 和 Ga，Fe_2O_3 可达 2%，Ga_2O_3 可达 0.006%。此外，还常含杂质 CaO、MgO 和 SiO_2 等。不同的是 Al^{3+} 仅充填由 OH^- 呈六方最紧密堆积层（平行于（001））相间的两层 OH^- 中 2/3 的八面体空隙，因为 Al^{3+} 具有比 Mg^{2+} 高的电荷，所以以较少的 Al^{3+} 数即可平衡 OH^- 的电荷。

三水铝石的结构与形态有以下两种：

（1）单斜晶系。晶体结构与水镁石相似，属典型的层状结构。

（2）斜方柱晶类。晶体呈假六方板状，极少见。主要单形：平行双面 $a\{100\}$、$c\{001\}$，斜方柱 $m\{110\}$。常依（100）和（110）成双晶。常见聚片双晶。集合体呈放射纤维状、鳞片状、皮壳状、钟乳状、鲕状、豆状、球粒状结核或呈细粒土状块体。

中国铝土矿中的三水铝石一般出现在铝土矿层的上部，其生成过程可能是由一水硬铝石分解后，由于水和氧的作用而生成三水铝石。经三水铝石的差热分析，测得其吸热温度为 323℃，结果如图 5-14 所示，从图中可以看出 323℃ 的峰很尖利，说明结晶程度高。电镜分析也证实三水铝石均为较规则的六边形薄板状晶体。根据三水铝石结晶形态及产出状态说明它们是次生矿物。

三水铝石的红外光谱分析结果（见图 5-15），测得其红外吸收波波数为 3624cm^{-1}、

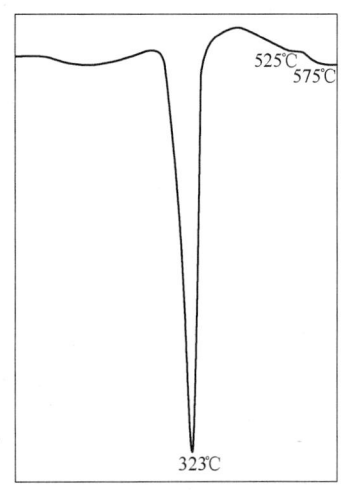

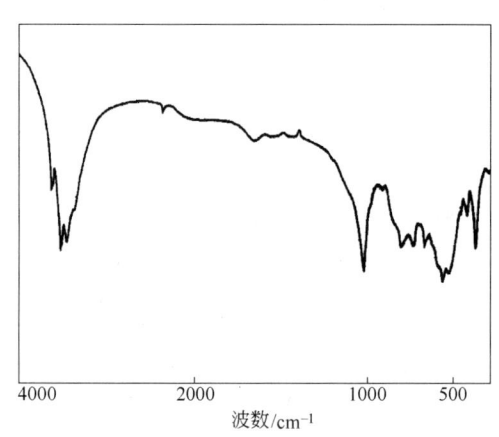

图 5-14　三水铝石差热分析曲线　　　　　　　图 5-15　三水铝石红外光谱图

3529cm^{-1}、1028cm^{-1}、913cm^{-1}、802cm^{-1}、743cm^{-1}、668cm^{-1}、562cm^{-1}、526cm^{-1}、419cm^{-1}、371cm^{-1}。

测得三水铝石的 X 射线衍射 d 值为 0.4539nm、0.3293nm、0.3185nm、0.2450nm、0.2375nm、0.2278nm（见图 5-16）。

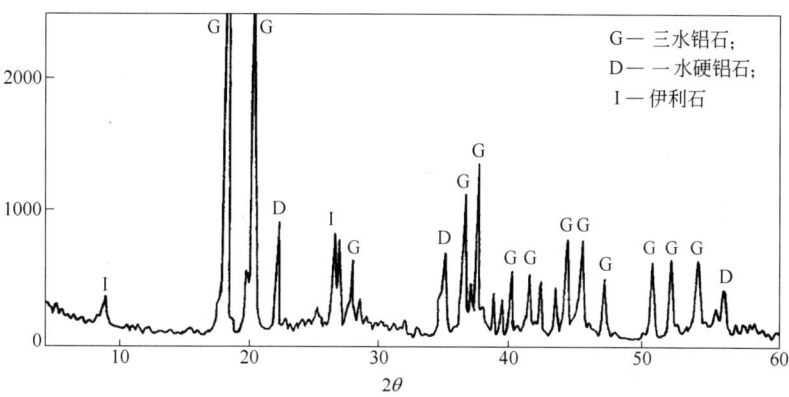

图 5-16 三水铝石 X 射线衍射图

C 一水软铝石

一水软铝石的理论化学组成（质量分数）为 Al_2O_3 84.98%，H_2O 15.02%。可有少量 Fe^{3+}、Cr^{3+}、Ga^{3+}、Mn^{3+}、Ti^{4+}、Si^{4+}、Mg^{2+} 等元素进行类质同晶取代。

一水软铝石的结构形态有以下两种：

（1）斜方晶系。晶体结构沿（010）呈层状。一水软铝石结构中 $[Al(O,OH)_6]$ 八面体在 a 轴方向共棱联结成平行于（010）的波状八面体层。阴离子 O^{2-} 位于八面体层内，OH^- 位于层的顶面和底面。上述结构使其具片状、板状晶形及平行于 {010} 的完全解理。

（2）斜方双锥晶类。晶体一般呈极细小的平行于（010）的片状和薄板状。通常成隐晶质块状或胶态分布于铝土矿中。在扫描电镜下呈板片状。

国内铝土矿中一水软铝石含量很少，粒度小，在光学显微镜中难以辨认，仅有时在铝土矿的 X 射线衍射图上可以发现。图 5-17 为某矿区铝黏土矿的 X 射线衍射图，可见一水

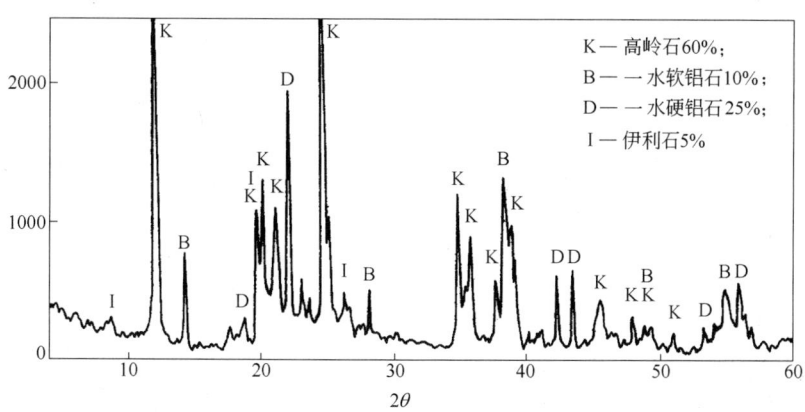

图 5-17 黏土矿 X 射线衍射图

软铝石与一水硬铝石共生。一水软铝石的主要 d 值为 0.6115nm 和 0.3139nm。

5.2.6.3 中国铝土矿中的含硅矿物组成研究

铝土矿中的硅矿物对氧化铝生产危害极大。硅矿物在生产过程中与铝酸钠溶液发生反应生成不溶性的铝硅酸盐而进入赤泥，既消耗了碱又损失了氧化铝。根据反应温度的不同，硅可分为可反应硅（也称活性硅）和不反应硅两种形态。对于国外一些三水铝石矿而言，所谓不反应硅是指在150℃以下不与铝酸钠溶液起反应的硅。当三水铝石在145℃溶出时，以石英等形态存在的不反应硅就被直接转入赤泥中排出，因而也不会引起氧化铝和碱的损失。这就是国外一些三水铝石矿硅含量高但对生产影响不大的原因。而对中国一水硬铝石型铝土矿来说，因为溶出温度通常高达260℃，在此条件下，几乎所有的硅矿物都可与铝酸钠溶液反应，所以中国铝土矿中的硅矿物都被认为是可反应硅，对氧化铝生产的影响就比较大。

国内铝土矿中的含硅矿物主要为高岭石、伊利石、绿泥石及叶蜡石，其次还有地开石、蒙脱石和埃洛石等。高岭石和伊利石在铝土矿中的含量常常呈负相关关系，即铝土矿中高岭石含量高，伊利石含量则低；反之高岭石含量低，伊利石含量则高。高岭石主要分布在矿体上部，而伊利石经常分布在矿体下部。地开石和埃洛石则为后期形成的次生矿物，一般分布在铝土矿的裂隙、孔洞和豆鲕中心部位。

含硅矿物的粒度一般较为细小，因此在这些含硅矿物的研究中，必须利用电镜、红外、差热、X 射线衍射等先进测试方法。

现将中国铝土矿中的含硅矿物的物相研究结果分述如下。

A 高岭石

高岭石的理论化学组成（质量分数）为：Al_2O_3 39.5%，SiO_2 46.5%，H_2O 14%。只有少量 Mg、Fe、Cr、Cu 等代替八面体中的 Al，而 Al 和 Fe 代替 Si 数量通常很低。碱和碱土金属元素多是机械混入物。由于晶格边缘化学键不平衡，可引起少量阳离子交换。

高岭石是三斜晶系，结构属 TO 型，即结构单元层由硅氧四面体片与"氢氧铝石"八面体片联结形成的结构层沿 c 轴堆垛而成。层间没有阳离子或水分子存在，强氢键（O—OH 键长为 0.289nm）加强了结构层之间的联结。

图 5-18 为高岭石的晶体结构。由于"氢氧铝石"片的变形以及大小与硅氧四面体片的大小不完全相同，因此，四面体片中的四面体必须经过轻度的相对转动和翘曲才能与变形的"氢氧铝石"片相适应。高岭石中结构层的堆积方式是相邻的结构层沿 a 轴相互错开 $1/3a$，并存在不同角度的旋转，所以高岭石存在着不同的晶型。

高岭石在薄片中可见高岭石呈鳞片状、蠕虫状和脉状集合体，也可见高岭石胶结一水硬铝石或铝土矿矿石砾屑，使矿石变贫。早期高岭石蚀变后可生成新的粒度较大的片状高岭石或地开石，后期高岭石生长在铝土

图 5-18 高岭石的晶体结构

矿的裂隙中、孔洞中和豆鲕中心。高岭石的主要形态为胶状细鳞片状，其次为片状以及蠕虫状等，在电镜下呈自形六方板状、半自形或他形片状晶体。弥散分布的高岭石粒度十分细小，有些仅为 0.005mm 左右，光学显微镜下难以确定。大多高岭石鳞片大小为 0.2～5μm，厚度为 0.05～2μm。少数有序度高的高岭石鳞片可达 0.1～0.5mm，甚至达 5mm。

高岭石一般与一水硬铝石共生，形成致密状矿石结构，其集合体呈白色、灰白色和褐色等，次生高岭石多呈脉状分布在矿石之中。

利用 X 射线衍射分析，测得铝土矿中高岭石的 X 射线衍射 d 值主要为 0.7178nm、0.4371nm、 0.7432nm、 0.3578nm、 0.2559nm、 0.2495nm、 0.2388nm、 0.1893nm、0.1553nm（见图 5-19）。

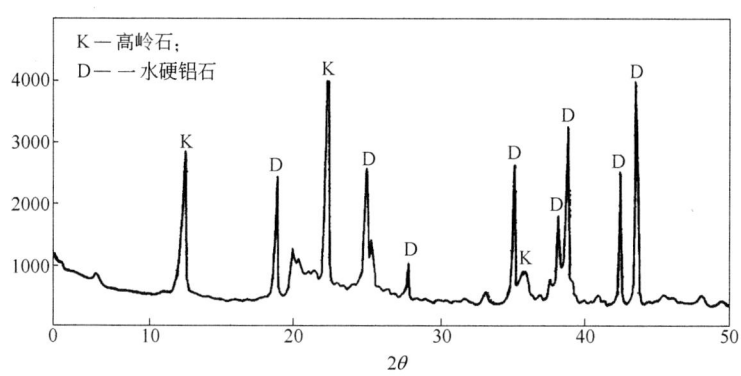

图 5-19　含高岭石铝土矿 X 射线衍射图

高岭石的差热分析表明，其吸热温度为 580℃，放热温度为 975～990℃。

测得某铝土矿中高岭石的红外波数为 3700cm^{-1}、 3620cm^{-1}、 1100cm^{-1}、 1030cm^{-1}、1005cm^{-1}、935cm^{-1}、910cm^{-1}、755cm^{-1}、750cm^{-1}、680cm^{-1}、540cm^{-1}，高岭石红外光图谱（图 5-20）的形态可直接反映其结晶程度。结晶好、粒度大的高岭石在其红外光图谱上吸收波数偏高，吸收谷宽度变窄。

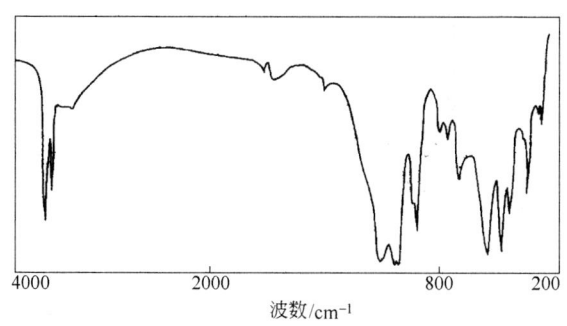

图 5-20　高岭石红外光谱图

B　地开石

铝土矿中的地开石通常呈细粒状或集合体白色块状。由于地开石与高岭石化学成分相同，晶体结构相似，因此，在 X 射线衍射图谱上二者难以区别。一般可采用红外光谱分析进行鉴别。

铝土矿中的地开石的红外波数为 $3710cm^{-1}$、$3656cm^{-1}$、$1119cm^{-1}$、$1039cm^{-1}$、$1003cm^{-1}$、$936cm^{-1}$、$910cm^{-1}$、$793cm^{-1}$、$752cm^{-1}$、$695cm^{-1}$、$528cm^{-1}$、$472cm^{-1}$。地开石与高岭石其红外光谱形态基本相似，主要区别在 OH 键伸缩振动波数及吸收率不同，一般地开石的 $3656cm^{-1}$ 值所形成的波谷明显，而高岭石则不明显。地开石的 $3710cm^{-1}$、$3656cm^{-1}$、$3626cm^{-1}$ 这三波数吸收谷排列成梯形，而高岭石则只发育前后两波谷，如图 5-21 和图 5-22 所示。地开石主要产出在砾状和豆鲕状铝土矿之中，或上部黏土矿之中，集合体呈洁白的块体或豆粒、球粒，直径为 $2 \sim 20mm$ 不等。

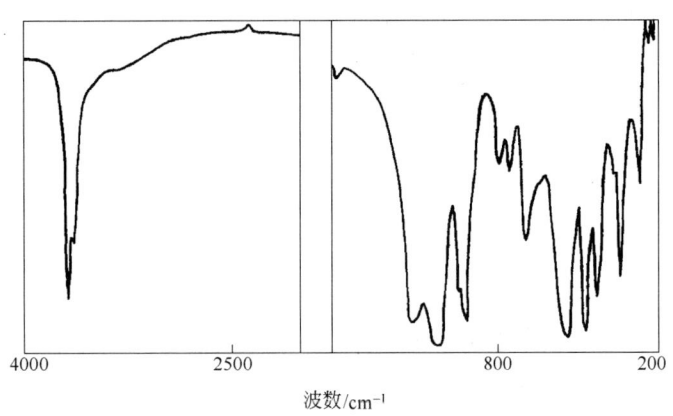

图 5-21 铝土矿中高岭石红外光谱图

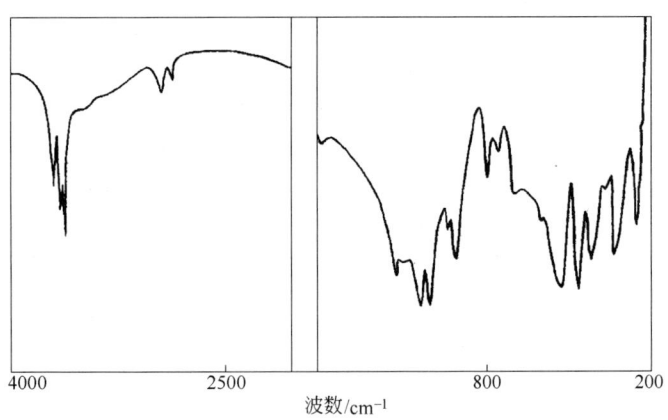

图 5-22 铝土矿中地开石红外光谱图

C 埃洛石

在高岭石结构层的堆叠过程中，如果在层间域内充填一层水分子，则形成埃洛石 $Al_4[Si_4O_{10}](OH)_8 \cdot 4H_2O$。在埃洛石的晶体结构中，由于层间水分子的存在，破坏了原来较强的氢键联结系统，硅氧四面体片与"氢氧铝石"片之间的差异通过卷曲才能得以克服，从而使埃洛石呈四面体片居外、八面体片居内的结构单元层的卷曲结构形态出现。因此，埃洛石的结构可视为被水分子层隔开的高岭石结构。

铝土矿中的埃洛石呈白色，粒度细小。电镜下可见埃洛石呈管状晶体。其红外光谱特征如图 5-23 所示。主要红外波数为 3695cm^{-1}、3625cm^{-1}、1092cm^{-1}、1030cm^{-1}、910cm^{-1}、752cm^{-1}、690cm^{-1}、535cm^{-1}、470cm^{-1}、440cm^{-1}、350cm^{-1}。差热分析结果表明，埃洛石的吸热温度为 130℃ 和 575℃，分别为脱吸附水和结构水所致；放热温度为 1030℃。埃洛石生长在铝土矿的裂隙中，与高岭石和明矾石共生，为后期蚀变矿物。

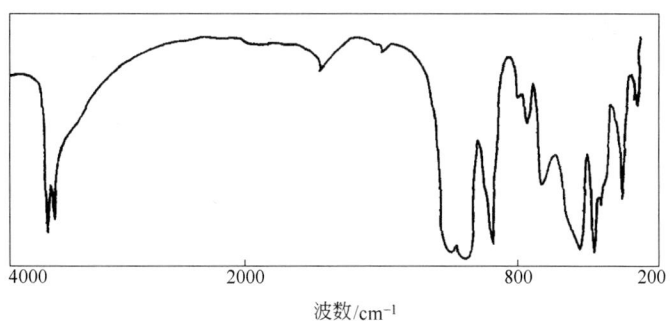

图 5-23　埃洛石红外光谱图

D　蒙脱石

蒙脱石的分子式为 $Al_2O_3 \cdot 4SiO_2 \cdot nH_2O$。蒙脱石呈灰白色集合体，其晶体形态在电镜中呈鳞片状。其红外光谱特征如图 5-24 所示，主要波数为 3640cm^{-1}、3430cm^{-1}、1030cm^{-1}、910cm^{-1}、472cm^{-1}、430cm^{-1}、350cm^{-1}。

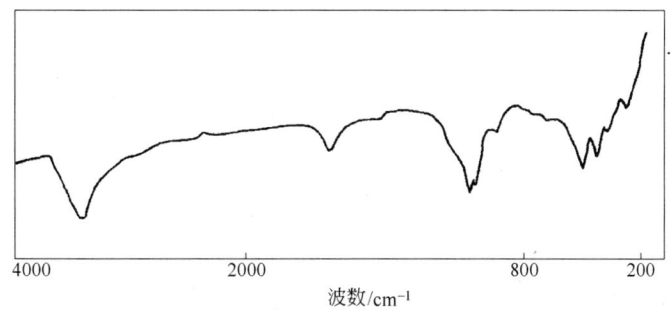

图 5-24　蒙脱石为主、高岭石为次的矿物的红外光谱图

蒙脱石主要生长在豆鲕中心，与高岭石和一水硬铝石及黄钾铁矾共生。

E　伊利石

伊利石又称水白云母，分子式为 $KAl_2[(SiAl)_4O_{10}] \cdot (OH)_2 \cdot nH_2O$。铝土矿中的伊利石的主要形态呈胶状、鳞片状或他形片状，集合体呈块状、蠕虫状或条带状。差热分析结果表明，伊利石的吸热温度为 130℃、330℃、590℃、745℃ 和 870℃。测得伊利石的红外波数为：3632cm^{-1}、3450cm^{-1}、1029cm^{-1}、753cm^{-1}、554cm^{-1}、477cm^{-1}，如图 5-25 所示。一般说来，伊利石的红外波数越高，其结晶度越好。

伊利石的 X 射线衍射光谱如图 5-26 所示。主要 d 值为 1.0023nm、0.4993nm、0.4471nm、0.3330nm、0.2565nm、0.2387nm、0.1996nm、0.1640nm、0.1496nm。

伊利石主要分布在矿体下部。底板铁质黏土岩中的黏土矿物主要为伊利石，其含量可

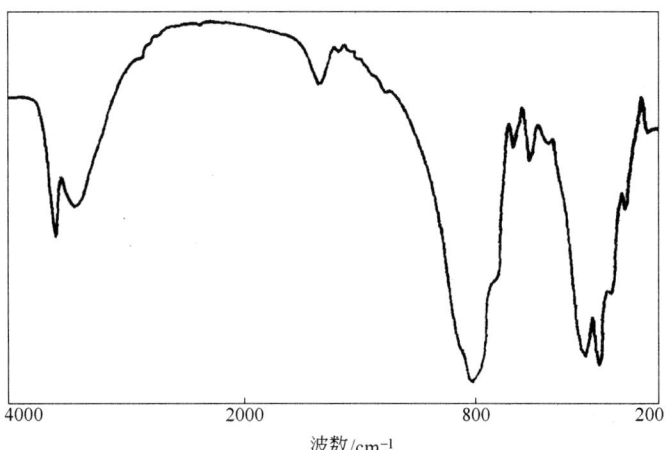

图 5-25 伊利石红外光谱图

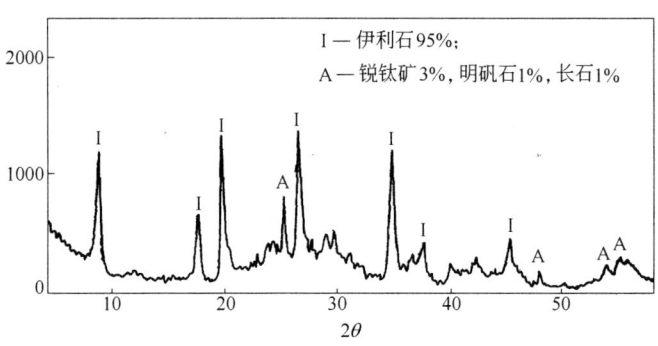

图 5-26 伊利石 X 射线衍射图

能高达 80%。伊利石黏土岩呈蛋青色致密块状，易破碎成小块，断口呈贝壳状。

后期伊利石生长在裂隙的壁上，与早期生成的一水硬铝石和高岭石等矿物发生交代。

F　绿泥石

铝土矿中的绿泥石粒度细小，集合体呈深绿色或灰黑色。中国铝土矿中的绿泥石按 X 射线衍射分析结果可分为 3 种：

（1）硬绿泥石，其主要 d 值为 1.4076nm、0.7026nm、0.4704nm、0.3512nm。硬绿泥石与高岭石和一水硬铝石共生。

（2）镁绿泥石，主要 d 值为 0.7042nm、0.3515nm、0.3230nm，由于缺少 1.4nm 左右的 d 值，因此称为 0.7nm 绿泥石，其结构属于蛇纹石类。镁绿泥石的形成与其基底为含镁较高的白云石有关。

（3）锂绿泥石，其主要 d 值为 0.705nm、0.470nm、0.351nm、0.256nm、0.2499nm、0.2320nm、0.1485nm。锂绿泥石是铝土矿中锂元素的赋存矿物之一。

相关绿泥石的 X 射线衍射分析如图 5-27 和图 5-28 所示。

从垂直剖面上看，绿泥石主要分布在矿体下部及底板铁质黏土之中，与伊利石所处的

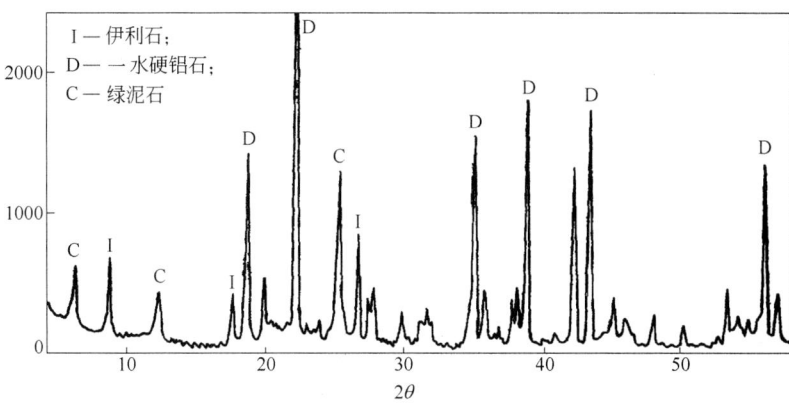

图 5-27　铝土矿中伊利石及一水硬铝石和绿泥石 X 射线衍射图

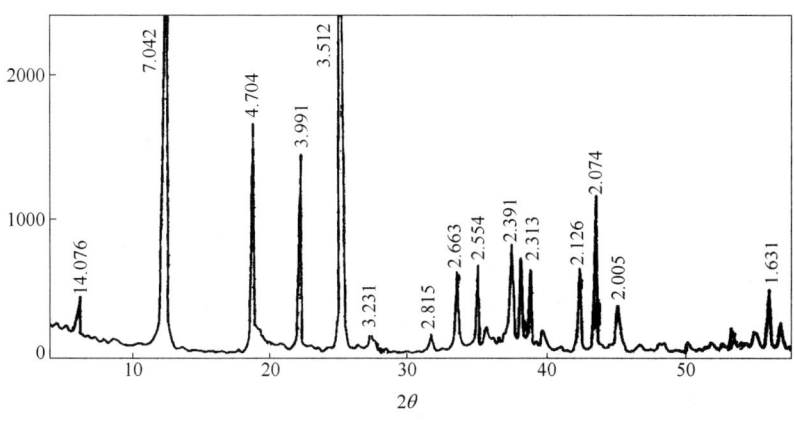

图 5-28　绿泥石 X 射线衍射图

位置相同。绿泥石含量较高的矿区，伊利石含量往往就少，这一点证明两者形成的环境不同。

G　叶蜡石

叶蜡石的分子式为 $Al_2O_3 \cdot 4SiO_2 \cdot H_2O$，理论化学组成（质量分数）为：$Al_2O_3$ 28.3%，SiO_2 66.7%，H_2O 5.0%。Al 可被少量 Fe^{2+}、Fe^{3+}、Mg^{2+} 代替，并平行于 b 轴排列。富 Fe 矿物称为铁叶蜡石 $Fe_2[Si_4O_{10}](OH)_2$。硅氧四面体中的 Si 可被少量 Al 替代；有时含少量 K、Na 和 Ca。

由一层氢氧铝石八面体层夹在两层硅氧四面体层之间，组成 2∶1 型层状结构。叶蜡石八面体中有 2/3 被 Al^{3+} 占据（M1），另 1/3 的八面体位是空位（M2），故叶蜡石属二八面体型结构。M1 不是正八面体，相邻 M1 的共棱比其他棱短，阳离子与阴离子平均距离为 0.195nm；M2 八面体六个边长相等，阳离子与阴离子平均距离为 0.22nm，M2 八面体比 M1 八面体大，两种八面体的数量比 M1∶M2 = 2∶1。硅氧四面体层中的四面体排列也不是理想的正六方网状。相邻四面体彼此反向旋转约 10°，发生畸变，使四面体层在 b 轴方向缩短，与二八面体型结构中较小的八面体层相适应。此外，还有一种无序结构的叶蜡石，晶体结构与滑石相似。叶蜡石有两种晶型，单斜晶系较为常见，还存在三斜晶系叶蜡石。

铝土矿中的叶蜡石呈白色、片状集合体。解理面呈珍珠光泽，解理 {001} 完全，贝壳状断口，叶片柔软，无弹性。叶蜡石硬度为 1.5，相对密度为 2.65 ~ 2.90，N_g 为 1.596 ~ 1.601，N_m 为 1.586 ~ 1.589，N_p 为 1.534 ~ 1.556。

叶蜡石在加热过程中发生褪色现象。加热至 660℃时，灰色、灰白、淡黄色、浅绿等色调发生部分褪色。温度越高，褪色越明显；至 1000℃时，变为雪白色。

叶蜡石的 X 射线衍射数据 d 值为 0.913nm、0.450nm、0.305nm、0.229nm、0.183nm。叶蜡石的红外波数为 3675cm^{-1}、1116cm^{-1}、943cm^{-1}、833cm^{-1}、540cm^{-1}。

5.2.6.4 中国铝土矿中的含铁矿物组成研究

铝土矿中铁矿物主要有赤铁矿、针铁矿、黄铁矿和菱铁矿，另外还有少量磁铁矿和钽铁矿。赤铁矿在拜耳法氧化铝生产过程中基本是惰性矿物。针铁矿在高温溶出过程中，会发生脱水，转化为赤铁矿；但低温溶出后的针铁矿会对沉降性能产生不利影响。黄铁矿含硫，在高温溶出时发生分解，造成溶液中的硫含量升高。铁矿物在烧结法的烧成过程中会与碱发生反应，生成的铁酸钠在而后的湿法过程中分解而析出碱。

铁矿物中的赤铁矿和针铁矿在铝土矿中分布普遍，几乎每个矿体中均有发现，一般在矿体上部少，下部多，尤其是矿体底板铁质黏土中更为富集，个别地段已够铁矿石品位。菱铁矿和黄铁矿主要分布在未氧化的矿石之中。

A 赤铁矿和针铁矿

赤铁矿和针铁矿两者密切共生，颜色都为褐-褐黑色，条痕为褐-褐红色，具强电磁性。这些铁矿物的形态有粒状、假八面体状、假立方体与八面体的聚形晶体、鲕状以及碎屑状等。在孔洞中可见针铁矿呈球状，均由细小的针状集合体组成，与次生一水硬铝石共生于矿石中的孔洞和裂隙之中。后期形成的针铁矿主要分布在矿石的裂隙之中与后期一水硬铝石共生，集合体呈疏松团块状。

赤铁矿和针铁矿常由黄铁矿蚀变而成，因此，有的仍保留黄铁矿立方体和八面体假象，而且往往蚀变不均匀，颗粒内为赤铁矿，外圈为针铁矿。有的颗粒表面具有磨蚀痕迹，表明已经过一定距离的搬运。

a 赤铁矿（Fe_2O_3）

铝土矿中的赤铁矿具有 $\alpha\text{-}Fe_2O_3$ 与 $\gamma\text{-}Fe_2O_3$ 两种同质多象变体。前者为三方晶系，刚玉型结构，在自然界稳定，称为赤铁矿。后者为等轴晶系，尖晶石型结构，在自然界呈亚稳态，称为磁赤铁矿。

铝土矿中的赤铁矿常含类质同象替代的 Ti、Al、Mn、Fe^{2+}、Ca、Mg 及少量的 Ga 和 Co。此外，还常含金红石和钛铁矿的微包裹体。隐晶质致密块体中常有机械混入物含有 SiO_2 和 Al_2O_3。纤维状或土状的赤铁矿可能含水。据成分可划分出钛赤铁矿、铝赤铁矿、镁赤铁矿和水赤铁矿等变种。

铝土矿中的赤铁矿一般为三方晶系，常为刚玉型结构，成分中有 Ti 的替代时，晶胞体积将增大；而 Al 的替代则使晶胞体积减小。

铝土矿中的赤铁矿常呈显晶质板状、鳞片状、粒状和隐晶质致密块状、鲕状、豆状、肾状、粉末状等集合体形态。赤铁矿有钢灰色至铁黑色，常带淡蓝锖色；隐晶质或粉末状者呈暗红至鲜红色，具有特征的樱桃红或红棕色条痕。硬度为 5 ~ 6；相对密度为 5.0 ~ 5.3；红外波数为 $540cm^{-1}$ 和 $470cm^{-1}$。

b 针铁矿（FeOOH）

不同成因的针铁矿的组分常不同。热液成因的针铁矿的成分较纯。外生成因者常含 Al_2O_3、SiO_2、MnO_2、CaO 等杂质，其中除部分 Al 为类质同象置换外，其他组分往往为机械混入物或吸附物质。含吸附水的针铁矿称为水针铁矿（α-FeO(OH)·nH_2O）。

针铁矿呈斜方晶系，晶体结构同一水硬铝石，即晶体结构中 O^{2-} 和 OH^- 共同呈六方最紧密堆积（堆积层垂直 a 轴），Fe^{3+} 充填 1/2 的八面体空隙。[$FeO_3(OH)_3$]八面体以共棱的方式联结成平行于 c 轴的八面体链；双链间以共享八面体角顶（此角顶为 O^{2-} 占据）的方式相连。

针铁矿的单晶极少见，常见呈针状或鳞片状、肾状、钟乳状、结核状或土状集合体。褐黄至褐红色，半金属光泽。解理平行 {010} 完全，参差状断口。硬度为 5 ~ 5.5。相对密度为 4.28，但成土状者可低至 3.3。

针铁矿是分布很广的矿物之一，是褐铁矿中的最主要的组成成分，并常与纤铁矿共生。针铁矿主要是含铁矿物风化作用的产物。沉积成因的针铁矿见于湖沼和泉水中。此外，偶见有低温热液成因的针铁矿产于某些热液脉的空隙中。针铁矿在区域变质作用中可脱水而转变成赤铁矿或磁铁矿。

晶格中某些铁被铝取代（类质同象置换）的针铁矿通常称为铝针铁矿，这种情况在三水铝石矿中较为普遍，如牙买加和越南等国的铝土矿中就含有大量的铝针铁矿。铝针铁矿不仅影响低温拜耳法的氧化铝溶出率，而且会引起赤泥沉降的困难。

针铁矿的红外波数为 $1030cm^{-1}$、$890cm^{-1}$、$790cm^{-1}$、$470cm^{-1}$、$410cm^{-1}$。

B 菱铁矿（$FeCO_3$）

菱铁矿产于未氧化的铝土矿和黏土矿之中，集合体呈球状和鲕状，鲕粒直径为 0.1 ~ 2mm，具同心层，有的鲕粒中心为伊利石，外层为菱铁矿。菱铁矿氧化后生成赤铁矿和针铁矿。

菱铁矿的 X 射线衍射特征的 d 值为 0.3595mm、0.2795mm、0.2346mm、0.2134mm、0.1964mm、0.1794mm、0.1732mm。

C 黄铁矿（FeS_2）

黄铁矿在铝土矿中分布普遍，主要富集在矿体下部及底板铁质黏土之中，氧化矿石中黄铁矿则很少或无。黄铁矿大部分呈团块状，有的呈脉状和星点状，其晶体形态主要为他形，次为八面体和立方体自形晶体。由黄铁矿胶结一水硬铝石可形成很坚硬的结核。风化矿石中的黄铁矿变成褐色氧化铁矿物，或被分解淋滤后形成蜂窝状矿石。

D 磁铁矿（FeO·Fe_2O_3）

铝土矿中的磁铁矿呈黑色，他形粒状，少量可见八面体晶形，具有强磁性。磁铁矿的外表常已氧化成赤铁矿和针铁矿，具有褐色外圈。磁铁矿在铝土矿中含量较少，只有将铝土矿进行人工重砂富集时才能发现。

E 钽铁矿（(Fe,Mn)(Ta,Nb)$_2O_6$）

铝土矿中的钽铁矿含量极少。钽铁矿呈黑色与黑色金红石相似。经能谱分析，钽铁矿成分主要为 Ta 和 Fe。钽铁矿的粒度一般为 0.1mm 左右。颗粒呈他形，外表具有磨蚀痕迹，表明其为陆源碎屑矿物，经一定距离搬运后进入沉积区的铝土矿内。

5.2.6.5　中国铝土矿中的含钛矿物组成研究

铝土矿中的含钛矿物主要为锐钛矿，其次为金红石、白钛石、板钛矿和钛铁矿。含钛矿物在高温拜耳法溶出过程中，与碱发生反应，在一水硬铝石表面生成致密吸附覆盖层，阻止其溶出，只有加入石灰后，才能生成不溶的钛酸钙，使一水硬铝石的溶出顺利进行。

A　锐钛矿（TiO_2）

锐钛矿是四方晶系，$a_0 = 0.379nm$，$c_0 = 0.951nm$；$z = 4$。915℃下转变为金红石。锐钛矿的主要单形为：平行双面 $c\{001\}$，四方柱 $m\{110\}$、$a\{100\}$，四方双锥 $p\{011\}$、$n\{023\}$、$q\{111\}$、$v\{017\}$、$e\{112\}$ 等。类质同象替代有 Fe、Sn、Nb、Ta 等，还发现含 Y 族为主的稀土元素及 U 和 Th。

锐钛矿呈褐、黄、浅绿蓝、浅紫和灰黑色，偶见近于无色。条痕无色至淡黄色。金刚光泽。解理 $\{001\}$、$\{011\}$ 完全。硬度为 5.5 ~ 6.5。相对密度为 3.82 ~ 3.97。

铝土矿中的锐钛矿大部分呈胶状，但在孔洞中和人工重砂中可见较粗粒的晶体。锐钛矿在铝土矿中的含量为 1% ~ 2%。砂状铝土矿中的锐钛矿较多，含量可达 3%。锐钛矿是国内铝土矿中钛元素的主要赋存矿物。

锐钛矿的 X 射线衍射 d 值为：0.3519nm、0.2386nm、0.1893nm、0.1698nm、0.1669nm。

国内铝土矿中的锐钛矿与一水硬铝石密切共生，表明这两种矿物生成环境相同。锐钛矿的晶体形态有多种，不同形态和颜色的锐钛矿指示了其形成环境的差异。

利用能谱和电镜对铝土矿中各种锐钛矿进行了详细研究，按其颜色晶形不同可分为 8 种：

（1）由 $\{001\}$ 和 $\{112\}$ 面组成的晶体，晶体呈四方板状，其颜色有黄色和蓝色两种。

（2）由 $\{111\}$、$\{112\}$ 和 $\{001\}$ 晶面组成的厚板状晶体，大晶体上常镶嵌细小锐钛矿晶体。

（3）粒状锐钛矿晶体各晶面几乎同等大小。以上两种晶体粒度较粗，为 0.1 ~ 0.2mm，生长在铝土矿的晶洞和裂隙之中，与一水硬铝石共生，从照片可以看出共生的一水硬铝石晶体一般呈细小的柱状或针状，粒度比锐钛矿小很多。

（4）由 $\{106\}$ 和 $\{111\}$ 面组成的晶体，锥面具有放射状粗条纹。

（5）由 $\{313\}$、$\{1103\}$ 和 $\{001\}$ 组成的聚形晶体，晶体呈八边形，晶面光亮，晶棱平直，蓝色透明，粒度为 0.2mm。这种锐钛矿晶体也生长在铝土矿的晶洞之中。

（6）由 $\{111\}$ 面组成的四方双锥状晶体，锥面上横纹发育。

（7）板柱状晶体，呈蓝灰色。

（8）四方浅锥状晶体，锥的尖端有一个小面。

B　金红石（TiO_2）

金红石是四方晶系，$a_0 = 0.458nm$，$c_0 = 0.295nm$；$z = 2$。金红石型结构，为 AX_2 型化合物的典型结构。O^{2-} 做近似六方最紧密堆积，Ti^{4+} 填充其半数的八面体空隙。Ti^{4+} 占据晶胞的角顶和中心，Ti 与 O 分别为 6 次和 3 次配位，$[TiO_6]$ 八面体共棱联结成平行于 c 轴的链，链间八面体共角顶。

三种同质多象变体金红石、板钛矿、锐钛矿的结构都由［TiO_6］八面体组成。所不同的是，在这三种结构中［TiO_6］八面体分别共两棱、三棱和四棱。根据鲍林法则，配位多面体共棱、共面会降低结构的稳定性，因此，三种变体中以金红石分布最广。

金红石常含 Fe^{2+}、Fe^{3+}、Nb^{5+}、Ta^{5+}、Sn^{4+} 等类质同象混入物，有时含 Cr^{3+} 或 V^{3+}，多为异价替代。富铁变种称为铁金红石。而对于富含 Nb 和 Ta 的变种，当含量 Nb > Ta 时称为铌铁金红石，含量 Ta > Nb 时称为钽铁金红石。

铝土矿中的金红石分布普遍，其颜色有红色、深红色、黑色、米黄色和橘黄色，以红色金红石为主。金红石的光泽均为金刚光泽，半透明至不透明。其晶形一般为复四方柱状，由 |100| 和 |110| 组成的晶体，有的呈短柱状，曲膝双晶。硬度为 6~6.5，相对密度为 4.2~4.3。

铝土矿中大部分金红石具有磨蚀痕迹，金红石硬度较低，被磨蚀后表面凹凸不平，晶体棱角被磨损后呈浑圆状和次圆状。金红石的磨蚀痕迹表明铝土矿中的金红石是经搬运后进入沉积区的，属陆源碎屑矿物。

C　白钛石（$TiO_2 \cdot nH_2O$，TiO_2）

铝土矿中的白钛石呈黄色、褐色厚板状晶体或他形粒状，硬度较低，断口土状，粉末呈米黄色。粒度为 0.08~0.1mm。其外表有一层陶釉光泽的壳，形态与钛铁矿相似，可能由钛铁矿蚀变而成。

D　板钛矿（TiO_2）

铝土矿中的板钛矿含量较少，呈黑色，金刚光泽，等轴状晶体，粒度在 0.1mm 左右，粉末无色。

5.2.6.6　中国铝土矿中的其他矿物组成的研究

A　锆石（$ZrSiO_4$）

铝土矿中锆石含量较少，但是分布普遍。经人工重砂富集和双目体视镜鉴定，铝土矿中的锆石有几十种，其颜色有无色、粉红色、大红色、浅紫色、紫色、深紫色、米黄色、浅褐色和褐色等；其透明度从透明至半透明到不透明均有出现；其形态有等轴状、短柱状、柱状直到长柱状和针状等。

铝土矿中的大部分锆石都具有磨蚀痕迹，磨蚀后的锆石表面呈现毛玻璃状，晶体呈现浑圆状和次圆状。锆石经磨蚀后，除棱角被磨掉外，表面出现大量沟槽或凹坑，有的还可见锆石同心状生长纹。

在光学显微镜下还可以发现锆石的包体结构，锆石内的小包体主要为小锆石，有少量的针状磷灰石、粒状磁铁矿等矿物存在。

铝土矿中锆石的红外波数主要为 $3418cm^{-1}$、$1090cm^{-1}$、$980cm^{-1}$、$895cm^{-1}$、$798cm^{-1}$、$605cm^{-1}$、$438cm^{-1}$、$39cm^{-1}$。

B　电气石

铝土矿中电气石含量较少，但分布普遍，化学组成十分复杂。电气石大部分呈黑色半透明状，少量呈褐色，个别呈蓝色，晶体形态均为复三方柱状，粒度为 0.05~0.15mm。由于电气石垂直柱面的裂纹发育很多，因此，一般只见晶体的某一段，完整的晶体很少见。电气石的表面大多具有磨蚀痕迹，属陆源碎屑矿物。

C　硫磷铝锶石

在铝土矿中的硫磷铝锶石（又名菱磷铝锶矾）粒度细小，在电镜下的形态呈假立方体，放大 2 万倍后方可辨认，其粒度范围为 0.0014 ~ 0.0003mm。经能谱分析确定，硫磷铝锶石的化学成分中含有 Al、Sr、P、S 等元素。硫磷铝锶石的红外波数为：$3410cm^{-1}$、$3100cm^{-1}$、$1180cm^{-1}$、$1102cm^{-1}$、$1027cm^{-1}$、$845cm^{-1}$、$610cm^{-1}$、$515cm^{-1}$、$360cm^{-1}$。

硫磷铝锶石的 X 射线衍射 d 值为 0.5714nm、0.3503nm、0.2955nm、0.2760nm、0.2445nm、0.2205nm、0.2003nm、0.1596nm、0.1748nm。硫磷铝锶石的 X 射线衍射特征峰如图 5-29 所示。

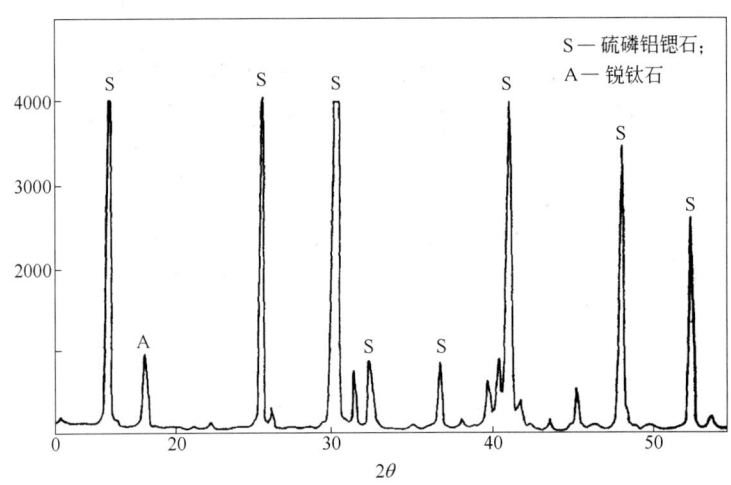

图 5-29　硫磷铝锶石 X 射线衍射图

硫磷铝锶石的集合体呈白色或浅褐色球状和团块状，块体直径为 1 ~ 2cm，结构疏松。与硫磷铝锶石共生的矿物有明矾石和黄钾铁矾，其晶体形态相同，都呈假立方体。这表明生成环境相同。硫磷铝锶石块状集合体生长在铝土矿的孔洞之中，有的孔洞呈立方体。

硫磷铝锶石是铝土矿中锶元素的主要赋存矿物。

D　明矾石和黄钾铁矾

铝土矿中的明矾石与硫磷铝锶石密切共生，形态相同，其集合体呈球状和块状体分布在铝土矿中的孔洞之中。

铝土矿中的黄钾铁矾和硫磷铝锶石及明矾石共生，组成白色和浅褐色集合体，或与蒙脱石共生，存在于铝土矿豆鲕的中心。黄钾铁矾的化学成分中 Fe 含量较高，但仍有部分 Al 代替了 Fe。

明矾石和黄钾铁矾在成分上都由 Al、S、K、Fe 组成，当晶体内 Fe 高时过渡为黄钾铁矾，当 Al 高时生成明矾石。可能的形成机理为：铝土矿中的黄铁矿分解后，残余的 S 和 Fe 元素分别以不同的比例与 Al 化合生成明矾石或黄钾铁矾。

E　方解石（$CaCO_3$）和白云石（$CaMg(CO_3)_2$）

方解石和白云石两种矿物主要分布在矿体下部，呈胶状充填在矿石的裂隙或孔洞之中，有时可见包裹着后期在晶洞中生长的一水硬铝石，说明这些矿物的形成晚于成矿期后生成的一水硬铝石，应为表生期矿物。

　　F　石英和长石

　　铝土矿中，石英和长石的含量很少。有时在重砂矿物中可见粒状石英。长石大部分已分解成黏土矿物，粒度细小，仅在 X 射线衍射分析中发现有长石的 d 值出现。

5.2.7　中国铝土矿的结构和构造特征

　　铝土矿的结构是用来说明组成铝土矿的矿物和铝土矿颗粒的形状、大小和它们聚集的方式、相对位置和排列的形式。

　　铝土矿的构造特性包括岩石结构类型的空间排列、分布方向、矿床内部的不均匀性以及与整个矿床规模相应的大型构成要素。岩石构造可以是原生的也可以是次生的。原生是指铝土矿岩化之前形成的，次生是指铝土矿岩化之后形成的。原生的岩石构造包括层理、铝土矿中的他生外来岩石卵石和夹层。次生特征包括节理、裂隙、空隙和洞穴以及基岩接触面上的结壳。

　　铝土矿结构的宏观特征通常采用薄片或光片的偏光显微镜来进行研究，对于显微和次显微结构特征还可以用电子探针来研究。结合计算机的偏光显微镜和电子探针已大量应用于工艺矿物学的研究，使结构研究更具准确性和快速性。

5.2.7.1　铝土矿的结构

　　铝土矿的结构是由结构元素组成的。铝土矿的结构元素见表5-24。

表 5-24　铝土矿的结构元素

结构元素名称	定　义	结构元素子项	特　征
基　质	铝土矿中所含的粒度比较一致的最细颗粒均匀分布的集合体	泥状基质	平均粒度小于 $1\mu m$
		微粒状基质	平均粒度为 $1\sim5\mu m$
		全自形基质	平均粒度为 $5\sim100\mu m$
		粗晶粒基质	平均粒度大于 $100\mu m$
自生矿物颗粒	铝土矿矿内形成的单个矿物的颗粒		较大颗粒，容易与镶嵌状基质区分
假　象	单个矿物颗粒或颗粒团占据先前存在的矿物颗粒的位置并保留原始矿物的形态		多出现在红土型铝土矿中，通常很难辨识
碎屑矿物颗粒	较硬的矿物颗粒，一般经得起磨蚀和地表风化		常见粒度为 $5\sim200\mu m$
铝土矿卵石和碎石	粒度大，棱角状为碎石，圆形叫卵石	细　粒	$0.2\sim0.5cm$
		中　粒	$0.5\sim2.0cm$
		粗　粒	$2.0\sim10.0cm$
铝土矿巨砾	直径大于10cm的碎屑铝土矿		表面直至 $2\sim5cm$ 通常富含铁矿物
球形颗粒	球形或椭圆形颗粒		颗粒内没有同心层状结构

结构元素名称	定 义	结构元素子项	特 征
同心状结构	深色或浅色同心状层组成的颗粒，通常 2~10 层	微鲕粒	直径小于 $100\mu m$
		鲕 粒	直径为 $100\sim1000\mu m$
		豆 石	直径为 $1\sim5mm$
		大豆石	直径大于 $5mm$
薄膜或壳状结构	包裹在结构元素表面的 $2\sim2000\mu m$ 的薄膜或外壳		浅黄色或淡褐色，通常由针铁矿组成
孔隙充填物	填充于铝土矿的微孔隙和孔隙内的次生成因的矿物		形状和轮廓不规则，依先前的孔隙而变化
不规则形分离体			
巢状体或结核	外生或表生成因的，大于 $2cm$，形状不规则		

中国铝土矿的结构类型是根据结构元素的频率分布来划分的，通常划分出来的简单结构见表 5-25。

表 5-25　铝土矿通常划分的简单结构

成因条件下的结构类型	结构类型	成因条件下的结构类型	结构类型
自身成因的结构类型	泥状结构	他生-碎屑成因结构类型	微碎屑结构
	微粒状结构		砂质结构
	全自形粒状结构		球粒结构
	假斑状结构		砾质结构
	鲕状结构		角砾状结构
	豆状结构		集块结构
	大豆状结构	变质铝土矿的结构类型	粒状变晶结构
	流状-胶体状结构		斑状变晶结构
	假角砾状结构		鳞片变晶结构
	瘤状结构		

中国铝土矿的结构特征包括了粒度结构、结晶度结构、碎屑结构、交代残余结构、颗粒支撑结构、海绵状结构和豆鲕结构等。

(1) 粒度结构。按矿物的粒度，铝土矿可分为胶状、微粒、细粒和中粒结构。中国铝土矿中的矿物绝大部分粒度细小。由胶状微粒矿物为主的矿石往往呈致密块状，断口呈贝壳状，矿物粒度小于 $0.005mm$。由细粒和中粒矿物组成的矿石一般呈土状和砂状，矿物粒度为 $0.005\sim0.1mm$。在晶洞中次生的一水硬铝石或锐钛矿粒度较粗，或达 $0.1\sim0.2mm$。

(2) 结晶度结构。按矿物结晶程度，铝土矿可分为他形、半自形和自形结构。在自形结构中又可根据其形态分为鳞片状、柱状、针状和棒状结构等。鳞片状的矿物有三水铝石、伊利石和高岭石等，板状、短柱状矿物有锐钛矿、白钛石、明矾石和硫磷铝锶石等。柱状、针状矿物有一水硬铝石、锆石和电气石等。埃洛石结晶呈棒状形态。

（3）碎屑结构。具有磨蚀痕迹的矿物常形成碎屑结构，如锆石、金红石、电气石和一水硬铝石。这些矿物一般呈浑圆状或次圆状，外表呈毛玻璃状，属早期碎屑矿物经搬运而进入沉积区而形成碎屑结构。

（4）交代残余结构。在薄片中可见到黏土矿物互相交代或黏土矿物交代一水硬铝石的现象。矿物交代后生成的矿物结晶一般粒度较大，结晶程度好，形成交代残余结构。交代残余部分也常发生重结晶作用。

（5）颗粒支撑结构。该类结构主要出现在砂状矿石之中，柱状一水硬铝石无规则杂乱堆积，颗粒之间直接接触，无胶结物和填穴物，因此，这类矿石结构较为疏松，有时被称为疏体状矿石。

（6）海绵状结构。此类结构见于土状矿石之中，由针状、长柱状、长板柱状一水硬铝石堆积而成，无胶结物，颗粒间为直接接触，矿石疏松呈土状，易碎，矿物间易解离。

（7）豆鲕结构。中国河南和广西等地的铝土矿中的豆鲕分布普遍，而且大小不均匀。豆鲕的直径为 1~10mm，以大于 2mm 的豆粒为主。豆鲕的内部结构可分为几种：

1）均由一水硬铝石组成，核部由浅色一水硬铝石组成，向外颜色变深、粒度变细，形成多层同心状豆鲕。

2）以黏土矿物为核部，有时有少量一水硬铝石，向外为细粒矿物，最外圈为更细粒或胶状一水硬铝石和部分铁矿物，形成深色外圈。

3）复豆鲕，在一个大豆鲕中包含了两个或两个以上的单豆鲕。

4）无同心层的假豆鲕。

豆鲕结构的鲕体可以在悬浮状态中形成，也可以在软泥或胶体沉积物中形成。豆鲕状矿石主要分布在矿体的上部。

5.2.7.2　铝土矿的构造特性

中国铝土矿的构造特征可分为致密块状、角砾状、薄层状、定向半定向构造和土状、砂状、多孔状、蜂窝状等。

（1）致密块状构造。由胶体-细粒矿物组成，一般黏土矿物含量高，以贫矿为主。也有少量该类型矿石主要由细粒一水硬铝石组成，在镜下可见流动构造。

（2）角砾状构造。早期沉积的铝黏土岩风化不彻底，呈角砾搬入较近的新沉积区，形成角砾堆积，角砾大小不均匀。

（3）薄层状构造。沿层理可见不同颜色的矿物依次排列，有的形成条带和微层理。

（4）定向半定向构造。矿石中椭圆状、扁豆状鲕粒或向延长的铝黏土碎屑沿层理定向平行排列。

（5）土状、砂状、多孔状及蜂窝状构造。这类矿石主要由一水硬铝石组成，一般为高品位优质铝土矿。它们的共同特点是孔隙度较大。土状矿石由针柱状一水硬铝石组成。砂状矿石由粒度较粗的柱状、短柱状、粒状一水硬铝石组成，颗粒间直接接触，呈颗粒支持结构，因此，土状和砂状矿石都很疏松。多孔状和蜂窝状矿石由原生矿石经风化淋滤后，失去了部分组分，如铁质或黏土矿物，形成较多的孔隙，从而使铝质富集，形成富矿石。

（6）压溶构造。矿体受压后出现锯齿状压溶线，在压溶线附近一水硬铝石具有重结晶现象，而金红石在压溶线附近得到富集。

5.2.8　中国铝土矿特点对氧化铝生产的影响

中国铝土矿特点对氧化铝生产主要有以下几点影响：

（1）中国铝土矿资源储量不足，影响中国氧化铝工业可持续发展。截至 2003 年底，中国铝土矿总资源量为 2545Mt，其中储量为 532Mt，基础储量为 694Mt。这些数据表明，中国铝土矿资源中勘探程度高且具有经济意义可开采利用的储量明显偏低，只占查明总资源量的 20.9%，而勘探程度低、经济意义不确定的资源量偏多，占总量的 72.7%。中国目前的 532Mt 铝土矿储量，若按年产氧化铝 15Mt 规模计算，即使所有高、低品位的铝土矿都得到利用，铝土矿储量的保证年限也只有 15 年左右。如果考虑到每年耐火材料和其他行业的需求，部分高铝含量的铝土矿还不能用于氧化铝生产。因此，铝土矿储量不足，将严重影响中国氧化铝工业的竞争力，影响中国氧化铝工业安全、经济地运行，影响中国氧化铝工业的长远可持续发展。

（2）中国中低品位一水硬铝石铝土矿资源造成投资和生产成本缺乏竞争力。中国铝土矿以难溶的沉积型一水硬铝石为主，且铝硅比偏低，导致中国氧化铝生产工艺复杂，不得不采用高温拜耳法、拜耳—烧结联合法或者必须采取铝土矿预处理工艺。因此，中国氧化铝生产系统相对庞大复杂，引起投资上升，能耗高且设备维护工作量大、操作控制难度加大，大幅度增加了氧化铝生产的成本。随着中国铝土矿的供矿品位进一步下降，这种趋势将更加明显。

（3）中国铝土矿的杂质矿物多且复杂，造成氧化铝生产工艺的多样性和复杂性。处理一水硬铝石矿的各种工艺必须采用高温过程，因此，中国铝土矿中的杂质矿物都可能参与反应。中国各地的铝土矿杂质成分复杂且不同，造成中国氧化铝生产工艺的多样性和复杂性，节能降耗和减排的技术难度特别大。中国铝土矿中的杂质矿物对氧化铝生产工艺的影响分述如下：

1）硅矿物的影响。中国铝土矿中的硅和钛等杂质矿物对氧化铝生产具有重大影响。硅矿物是氧化铝生产中最有害的杂质。中国一水硬铝石型铝土矿中二氧化硅含量普遍较高，大多不宜于直接用单纯的拜耳法处理。而且由于采用了高温过程处理铝土矿，对生产过程特别有害的硅矿物均变成为可反应硅矿物。

含硅矿物会在拜耳法氧化铝生产过程中生成钠硅渣而引起 Al_2O_3 和 Na_2O 的损失，造成生产成本大幅度提高。氢氧化铝晶种分解过程中脱硅反应析出钠硅渣，会引起产品质量下降。特别是中国铝土矿中含有伊利石等硅矿物，不能通过简单的预脱硅预先去除，而在矿浆升温预热过程中易于发生反应，在换热表面上析出钠硅渣，成为结疤，使传热系数迅速下降，能耗增加。大量钠硅渣的生成除增加赤泥量外，在某些情况下还可造成赤泥分离和洗涤的困难。

2）钛矿物的影响。中国铝土矿中通常含有 3% ~ 4% 的 TiO_2。在溶出一水硬铝石型铝土矿时，如果没有有效的添加剂加入，含钛矿物可以使一水硬铝石型铝土矿几乎不能溶出，这主要是因为钛矿物与 NaOH 溶液在高温下反应的产物致密地吸附覆盖在一水硬铝石表面，导致溶出无法进行。在有 CaO 等碱土金属化合物存在的情况下，这些含钛矿物在较高温度下迅速反应，生成钛酸钙或羟基钛酸钙等不溶的反应产物，使一水硬铝石的溶出顺利进行。但钛酸钙或羟基钛酸钙等反应产物又是矿浆预热和溶出过程中产生致密难清理结疤的主要物质。CaO 等添加剂的添加，不仅消耗石灰石和焦炭，而且使氧化铝生产过程的反应和随之而形成的生产工艺明显复杂化。

3）铁矿物的影响。铁矿物也是铝土矿中大量存在的杂质。在拜耳法生产氧化铝的过程中，铁矿物的危害主要是生成难以滤除的微小氧化铁水合物颗粒，可能给赤泥沉降造成困难，降低产品氢氧化铝的质量。铝针铁矿中含有以类质同晶形态存在的 Al^{3+}，在溶出过程中如不能完全转化为赤铁矿，会降低铝土矿中的 Al_2O_3 的回收率。

5.2.9　中国各主要的铝土矿区

5.2.9.1　山西铝土矿

据 2003 年的统计数据，山西铝土矿共有铝土矿区 74 处，储量 103.64Mt，基础储量为 113.63Mt，全省铝土矿总资源量为 990.79Mt，约占全国铝土矿总资源量的 38.92%。此外，山西省还有远景资源量约 980Mt 可供进一步详查。因此，山西省具有铝土矿资源优势。

A　山西铝土矿成矿特征和地区

山西铝土矿成矿时，按古地理单元可划为吕梁古陆、五台-阜平古陆、霍山古岛和中条古陆。在吕梁与五台-阜平古陆间形成宁武-静乐成矿盆地；在吕梁古陆与霍山古岛间形成霍西成矿盆地（其中因灵石水下隆起又分为汾西及仁义两次级盆地）；霍山古岛东侧形成沁源成矿盆地；在吕梁古陆西侧形成河东成矿盆地；在五台-阜平古陆西南侧形成天和成矿盆地，南侧形成阳泉成矿盆地；在中条古陆东北侧形成晋城-阳城成矿盆地，南侧形成豫西成矿盆地。

在山西省八个成矿盆地所形成的铝土矿成矿带简述如下：

（1）宁武-静乐盆地。该盆地为一狭长盆地，由于盆地两侧坡陡，只在盆地两端成矿。原平-宁武-神池-朔州（包括静乐）铝土矿成矿带位于盆地北端，有矿床 21 个。另一个娄烦铝土矿成矿带位于盆地南端，有矿床 2 个。

（2）河东盆地。盆地的中西部被断层断陷，已发现的只有东坡铝土矿成矿带，成矿带分为南北两段，北段为保德-兴县铝土矿成矿带，有矿床 13 个；南段为临县-柳林-中阳铝土矿成矿带，有矿床 6 个。

（3）天和盆地。为一个小型高位盆地，有五台天-白家庄铝土矿成矿带，有矿床 3 个。

（4）阳泉盆地。为一向南西开放的盆地，仅在北坡和东坡发现盂县-阳泉-昔阳铝土矿成矿带，有矿床 17 个。

（5）霍西盆地。东坡被断层断陷，只发现西坡铝土矿成矿带、中央与南缘水下隆起铝土矿成矿带。西坡的汾阳-孝义-交口铝土矿成矿带有矿床 35 个。灵石-霍州-汾西水下隆起成矿带有矿床 7 个。

（6）沁源盆地。为一向东开放的盆地，西坡有介休-沁源-洪洞铝土矿成矿带，有矿床 11 个。

（7）晋城-阳城盆地。为一向北开放的盆地，南坡形成晋城-阳城铝土矿成矿带，此带勘查工作较少，已勘查的矿床共 4 个。

（8）豫西盆地。在山西境内仅占少部分，属盆地北坡铝土矿成矿带的北缘，被称为平陆-夏县铝土矿成矿带，有矿床7个。

B 山西铝土矿的分布

山西铝土矿分布广泛，但相对比较集中，且埋深小于400m。山西境内铝土矿分布面积达17000km² 以上，全省38个市（县）都有铝土矿出露。全省已勘查评价的铝土矿床达128处（含预查矿床28处），其中有较大型矿床15处，中型矿床41处，大中型矿床占总数的43.75%。

山西铝土矿按大的铝土矿生成带有以下四个：

（1）晋北区。包括忻州地区，共有16个矿区，总资源量99.735Mt。除五台山和宁武的宽草坪为大型矿床，其余均为中小型矿床。矿体多呈似层状和扁豆体状，厚度为1～5m，埋藏深度中-较浅。

（2）吕梁区。包括山西西部从北至南的狭长地带，矿区（点）33个，总资源量546.1992Mt，多数集中在交口和孝义两县。大型矿床有保德张家沟-扒楼沟、汾阳菽禾、孝义柴场、克俄、西河底、石公村、交口赵家圪垛、上桃花、北故乡等，其余为中、小型矿床。矿体呈层状、似层状，矿厚2～5m。

（3）太行区。有矿区（点）33个，集中分布于阳泉市附近，总资源量139.581Mt，多为中、小型矿床。矿体呈似层状及扁豆状，矿石类型以鲕豆状和碎屑为主，在下部见有白色粗糙状矿石。矿石厚度：阳泉附近为2～6m，沁源和介休为1～2m。

（4）平陆区。包括山西平陆县南部和晋东南。除平陆为大型矿床外，其他均为中、小型矿床，以小型矿床为多，矿体似层状和窝子状。本区矿石类型有多孔粗糙状、碎屑状、鲕豆状以及土状松软矿等，其中土状松软矿石质量最好。

山西铝土矿按集中产出区域分布，可分晋北和晋南两大片，晋北片铝土矿主要集中在朔州、保德-河曲、兴县、宁武-原平、娄烦和五台等地区；晋南片铝土矿主要在晋中的阳泉、临县-中阳、孝义-汾阳、交口-汾西、沁源、灵石-霍州地区，晋南的平陆-夏县地区以及晋东南的阳城-晋城地区。

按行政区域统计，吕梁地区资源量最为丰富，其总资源量超过全省资源量的50%。吕梁和忻州两地区铝土矿总资源量为645.92Mt，约占全省总资源量的2/3。

山西省资源量大于20Mt的大型铝土矿床见表5-26。

表5-26 山西省资源量大于20Mt的大型铝土矿床

矿区名称	矿石类型	储量和资源量/Mt			A/S
		总资源量	基础储量	资源量	
孝义相王矿	一水硬铝石型	49.402	11.843	37.559	4.0
孝义西河底矿	一水硬铝石型	33.995	21.201	12.794	6.45
孝义杜村矿	一水硬铝石型	32.558	8.259	24.299	5.91
保德郭偏梁-雷家峁矿	一水硬铝石型	50.556	—	50.556	9.09
平陆下坪矿	一水硬铝石型	46.627	—	46.627	4.6
五台天河矿	一水硬铝石型	31.171	6.533	24.638	7.1
宁武宽草坪矿	一水硬铝石型	30.700	9.039	21.661	5.04
平陆曹川矿	一水硬铝石型	30.686	—	30.686	4.9

矿区名称	矿石类型	储量和资源量/Mt			A/S
		总资源量	基础储量	资源量	
柳林兰家山矿	一水硬铝石型	28.945	6.213	22.732	6.77
孝义石公矿	一水硬铝石型	26.769	20.436	6.333	5.6
多口赵家圪垛矿	一水硬铝石型	25.791	4.273	21.518	5.3
保德天桥矿	一水硬铝石型	25.536	—	25.536	6.63
孝义克俄卜家峪北段	一水硬铝石型	25.266	20.126	5.140	4.79
孝义柴场矿	一水硬铝石型	22.000	3.810	18.190	5.35
兴县车家庄矿	一水硬铝石型	22.840	—	22.840	8.37
霍县什林矿	一水硬铝石型	20.810	0.174	20.636	3.15

C 山西铝土矿矿物组成与特点

山西铝土矿矿床为古风化壳岩溶型沉积矿床,赋存于上石炭统铁铝岩组内,矿床内除已知的铝土矿和高铝黏土外,还有普通耐火黏土、铁矾土、山西式铁矿、硫铁矿等共生矿产。山西铝土矿总体上以中等品位(A/S 为 4~6)矿石为主,但较高品位($A/S > 7.0$)矿石仍占有一定比例,约占全省总储量的 18.82%。

山西铝土矿的矿物组成主要为一水硬(软)铝石和高岭石,次要组分为伊利石、绿泥石、锐钛矿和金红石。含硅矿物主要是高岭石,占铝土矿中硅矿物总量的 80% 左右。

在山西铝土矿的正常型粗糙状和碎屑状矿石中,一水硬铝石含量一般都超过 80%,而在鲕豆状和致密状矿石中,高岭石含量明显较高,大部分都在 20% 以上。在晋北某些矿区的"绿矿"中,绿泥石含量较多,可达 40%~50%。伊利石在各种矿石类型中均有不同程度产出。此外,山西铝土矿中还有多种铁矿物(如针铁矿、赤铁矿、磁铁矿、褐铁矿等)、多水高岭石、叶蜡石、长石、石英等矿物。

山西铝土矿中伴生有多种稀有和稀土元素,其中达到同类矿床现行工业指标的元素是 RE(稀土元素)和 Nb(铌)。达到综合利用要求的元素除 Ga(镓)外,还有 Sc(钪)和 Li(锂)。此外,V(钒)和 Rb(铷)在氧化铝溶出铝酸钠溶液中高度富集,可以加以回收。Ti(钛)在赤泥中高度富集(TiO_2 含量为 5%~7%),也可二次回收。

D 山西铝土矿的矿物形态和显微分析

山西铝土矿的矿物形态和显微分析介绍如下:

(1)一水硬铝石。山西铝土矿中的一水硬铝石晶体形态较为复杂,结晶程度差别很大,有显晶质也有隐晶质。显晶质形态多样,有自形柱状、他形粒状和片状等,多呈粒状和鳞片状,部分为板片状或隐晶质,透射光下为无色至黄色或浅棕色,部分粒度较粗的颗粒解离清晰可见。晶体粒度一般介于 0.005~0.03mm 之间,少数颗粒较粗者可至 0.05~0.08mm。

根据山西铝土矿中的一水硬铝石和其他矿物的共生关系及结晶状,可将其分为两种类型:呈不规则的粗糙状、碎屑状、豆状、球粒状集合体被高岭石(褐铁矿)和隐晶质、微晶质一水硬铝石组成的基质胶结,与基质相比,这种一水硬铝石集合体中杂质较少,结晶粒度较粗;与高岭石褐铁矿紧密镶嵌构成矿石的基质,其中一水硬铝石的粒度大多在

0.01mm 以下，部分甚至呈隐晶质集合体产出，即使在高倍显微镜下也难以确定其颗粒界线。

（2）高岭石。高岭石是山西铝土矿中含量最高的脉石矿物。透射光下无色透明，部分呈淡黄色，突起明显低于一水硬铝石。正交镜下一级灰干涉色。高岭石晶体常呈粉尘状、片状、细鳞状沿一水硬铝石粒间及表面分布，通常作填隙物质产出，大量出现于鲕豆状和致密状矿石中，多数为基质，有的呈细鳞片分布在鲕粒中。在富高岭石的部位，一水硬铝石常以微细包裹的形式出现。在部分孔洞发育较为完全的矿石中，可见片状高岭石充填，晶体粒度可达 0.02mm 左右，集合体粒度为 0.1～0.5mm。

（3）伊利石。伊利石在矿石中主要以两种嵌布特征形式存在：有的呈皮壳状、细小鳞片状、薄膜状，以散布形式充填于一水硬铝石晶体之间，分布在矿石颗粒的表面、裂隙和空洞的内壁；有的呈细脉状充填在矿石中，脉宽大小不一，一般小于 4μm，脉内常包含有铝土矿的碎块和铁矿物等。有的伊利石与高岭石和一水硬铝石混杂构成基质，或构成鲕粒的核部。

（4）绿泥石。一般为鳞片状，均为填隙基质，颗粒细小，混杂在高岭石鳞片之间。

（5）一水软铝石。板柱状和片状，以板柱状晶体构成的晶簇，沿裂隙产出。

（6）铁矿物。主要有针铁矿、赤铁矿、磁铁矿和褐铁矿相物质。针铁矿呈显微球状或鲕状，并常与含钛矿物伴生。赤铁矿常以填隙形式产出。磁铁矿晶型完好，呈八面体或八面体-立方体聚形。褐铁矿是铁的氧化物和氢氧化物的混合相，分布较广。

（7）钛矿物。主要有锐钛矿和金红石，少见钛铁矿和榍石。锐钛矿以完好自形晶体于裂隙部位产出，是再结晶长大的产物。金红石呈细小（0.5～2μm）碎屑颗粒被包裹在铝土矿碎屑和鲕粒中，为他形粒状，也有以较粗颗粒（10～200μm）充填于碎屑和鲕粒之间。

（8）埃洛石（多水高岭石）。呈板柱状、管状和假六方柱状等多种形态。

（9）叶蜡石。呈片状和板状形态存在。

（10）锆石。与金红石类似，常以细小的包裹体和较粗的填隙颗粒产出。

（11）其他矿物。还有白云母、长石、石英、蛋白石（或髓石）和蒙脱石等。

E　山西铝土矿的主要元素的赋存状态

Al_2O_3 主要以一水硬（软）铝石形态出现。柱状、粒状和片状的一水硬（软）铝石多，则矿石品位高。晋北区铝土矿中的 Al_2O_3 含量低（平均为 67.36%），平陆地区高（平均为 72.78%）。一水软铝石仅见于晋北区和吕梁区北段矿中。

SiO_2 主要由高岭石、伊利石和绿泥石组成。晋北区、吕梁区和太行区的铝土矿中的 SiO_2 含量较高，平陆地区的相对较低。黏土矿物总量以晋北区矿石中含量最高，平陆地区最少。伊利石含量以平陆-晋南区最为丰富。

TiO_2 主要由锐钛矿和金红石组成，其含量一般为 2%～4%。

Fe_2O_3 主要由绿泥石和铁的氧化物、氢氧化物（主要是针铁矿、赤铁矿、磁铁矿）组成。在晋北区的大多数矿区（点）和吕梁区的少数矿区（点）的铝矿石中，绿泥石是主要组分之一。

K_2O 是伊利石的主要组成元素，它标志着矿石中伊利石的含量。矿中的 K_2O 含量以平陆地区最高（0.48%）。

F 山西铝土矿的几个重要矿区

a 孝义铝土矿

孝义铝土矿矿床为一水硬铝石型沉积矿床，地处吕梁山脉东南部边缘。矿体属缓倾斜薄矿体，呈似层状和大扁豆体状，矿体厚一般为 0~10m，平均为 3~4m，多数地段有薄厚不等的黏土夹层。孝义铝土矿矿体形态复杂，有漏斗状、U 形沟状、凸起帽状、囊状和似柱状矿等。矿体倾角变化大，局部达 50°~70°。矿厚度变化大，最小厚度为 0.5m，最大厚度为 10.47m。该矿体品位变化大，品位最低 $A/S=2.70$，最高 $A/S=11.71$。夹层形态复杂，有似层状、透镜状和蘑菇状等，分布零散，厚度不均，大小不等。

孝义铝土矿具有以下几个大铝土矿区，主要向中国铝业山西分公司供矿：

（1）西河底矿区。该区是交口孝义地区目前探明储量规模最大的铝土矿床。

（2）克俄矿区。该区矿体规模大，形态简单，厚度、品位变化稳定。

（3）后务城矿区。该区累计探明储量 12Mt。

b 晋北铝土矿

山西省太原以北（简称晋北）铝土矿资源丰富。已发现铝土矿矿床（点）44 个，资源量逾 200Mt，其中基础储量 50Mt。图 5-30 所示为晋北铝土矿分布图。

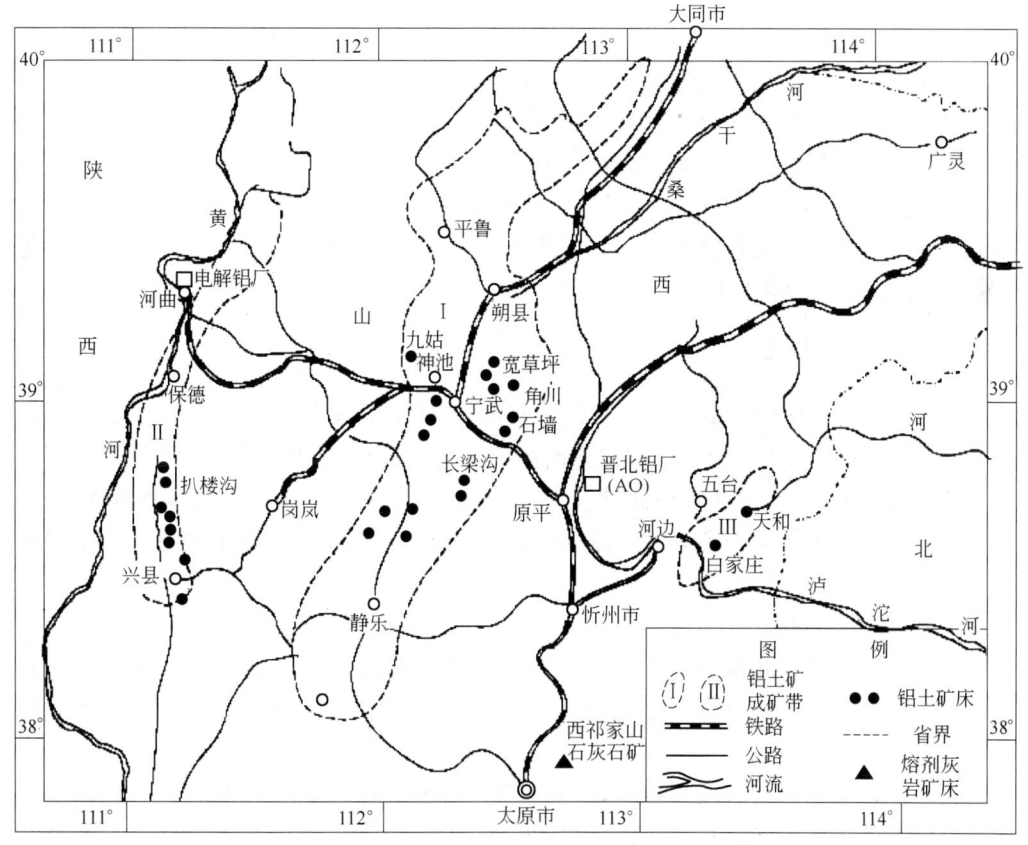

图 5-30 晋北铝土矿分布图

由图 5-30 可见，晋北铝土矿床集中分布于北东向展布的三条成矿带内，形成以宁武-

静乐为中心带,以河曲-兴县成矿带和五台山-百家庄成矿带为两翼的"川"字形资源分布格局。

第一成矿带(宁武-静乐向斜北接大同西山向斜,包括北部云岗-平鲁一带)长250km,宽30~50km。现有25个铝土矿床(大、中型15个),占晋北总储量的40%。

第二成矿带(河曲-兴县单斜凹陷)北东向展布,长145km,宽10~20km。

第三成矿带(五台山-白家庄)长50km,宽15km,现有2个大、中型矿床,占晋北总储量的7%,勘探程度较好。

晋北铝土矿矿体一般为层状或似层状,延展规模较大。铝土矿厚度与品位成正比。优质铝土矿一般赋存于厚层矿体的中部,呈透镜体断续出现。自下而上,铁矿含量递减,铝含量递增,至粗糙状(或砂状)矿石时,铝含量达高峰构成优质铝土矿,再向上铝含量渐少、硅含量增高,经豆鲕状或碎屑状矿石过渡到致密状矿石或硬质黏土。

晋北铝土矿总的特点是含铁偏高,含硫较低,属一水硬铝石型中等品位矿石。矿石中的主要矿物为一水硬铝石,次为高岭石、绿泥石、赤铁矿、针铁矿和褐铁矿,含少量一水软铝石、水云母、伊利石、微量锐钛矿、金红石、锆石和电气石等。晋北铝土矿按含铁量可分两类:一类是高铝、中铁、中硅型,即所谓"白矿";另一类是中铝、高铁、中硅型,即所谓"绿矿"。

晋北铝土矿矿石品位变化不大,Al_2O_3 含量一般在 58%~63% 之间;A/S 值一般为 4~6,多数在 5 左右,少数达 7~8。晋北铝土矿平均品位为:Al_2O_3 59.57%,SiO_2 10.09%,Fe_2O_3 10.29%,$A/S=5.90$。

晋北铝土矿主要有以下较重要的铝土矿区:

(1)宁武-原平矿区,主要包括宽草坪、五台等矿点,主要向晋北氧化铝厂供矿;

(2)兴县矿区,主要包括奥家湾、黄辉头、车家庄、贺家乞台、杨家沟和苏家吉等矿点,将用于向兴县氧化铝厂供矿。

5.2.9.2 河南铝土矿

河南铝土矿资源比较丰富,已探明铝土矿产地41处,全省储量125.29Mt,基础储量161.94Mt,资源量为208.5Mt。全省铝土矿总资源量为370.45Mt,约占全国铝土矿资源量的14.55%。河南铝土矿工业规模储量较大,但以中、低品位居多,平均 A/S 为 5.4 左右。中低品位铝土矿的储量($A/S<7$)占总储量的70%以上。推测的远景资源量可达300Mt以上。

A 河南铝土矿的成矿特征和地区

河南铝土矿位于华北准地台、豫淮台褶带西部,华北中断坳的南缘,北倚山西台背斜。铝土矿形成于台前凹陷和边缘盆地中,与山西平陆东部地区相接,构成西狭东宽的三角形地带。

河南铝土矿赋存于上寒武统或中奥陶统碳酸盐岩的侵蚀不整合面上,时代为中石炭世。含矿系为一套含铁富铝的黏土岩、黏土矿和铝土矿组合。下部铁质黏土岩为含铁高岭石黏土岩、含铁水云母黏土岩的总称,底部普遍含黄铁矿、菱铁矿或鸡窝状的"山西式"铁矿。中部铝土矿层的上部以豆鲕状铝土矿或砾屑状铝土矿为主,下部为致密状或鲕状铝土矿。铝土矿中的主要矿物组成为一水硬铝石,含有伊利石等水云母矿物以及少量高岭石，具微细层理、块状层理，为海湾-泻湖相的沉积。上部为黏土质页岩、粉砂质页岩、夹碳质页岩、煤线，富有机质和碳质。

受底板岩溶地貌形态的控制，所造成的铝土矿似连非连，小矿体成群出现，难以形成独立的较大规模的工业矿体。

B 河南铝土矿的分布

河南铝土矿为沉积一水硬铝石型铝土矿，主要分布在河南中西部地区，包括洛阳铝矿、渑池铝矿、巩义铝矿、济源铝矿和沁阳铝矿等铝土矿区。该地区铝土矿富矿较少，以中低品位矿石为主。河南铝土矿可划分为四个主要成矿带：

（1）陕县-渑池-新安-济源铝土矿成矿带。该矿区自西向东延长约100km，河南全省50%左右的铝土矿储量集中分布在陕县、渑池、新安成矿带。

（2）偃师-巩义铝土矿成矿带。该矿带东西延长为50~60km。

（3）密县-登封-禹州铝土矿成矿带。近南北向展布延长约80km。

（4）宜阳-汝州-宝丰铝土矿成矿带。该矿带西北至东南向延长约100km。

河南铝土矿主要分布在黄河以南、京广线以西的三门峡、郑州和平顶山等三角地带。特别是三门峡至洛阳的黄河两岸及登封和密县一带。按行政区划分，河南铝土矿主要分布在郑州、洛阳、三门峡、鲁山-宝丰-许昌四个地区。

郑州地区铝土矿主要分布在巩义市、登封市和新密市；洛阳地区铝土矿主要分布在新安县、偃师市和宜阳县；鲁宝地区铝土矿主要分布在宝丰县、鲁山县和禹州市；三门峡地区铝土矿主要分布在渑池县和陕县等地。豫北焦作地区的济源市和沁阳市也已经发现有一定储量的中低品位铝土矿。

河南主要的较大规模的铝土矿矿山有：小关铝矿、洛阳铝矿和渑池铝矿。各民采铝土矿现已遍布陕县、渑池、新安、偃师、巩义、新密、登封、禹州、沁阳、济源等主要的铝土矿出产县（市）。河南大于20Mt的大型铝土矿床见表5-27。

表 5-27 河南省资源量大于 20Mt 的大型铝土矿床

矿区名称	矿石类型	储量和资源量/Mt			A/S	利用情况
		合 计	基础储量	资源量		
巩义竹林沟矿	一水硬铝石型	23.016	21.616	1.3991	4.44	开采矿区
渑池曹窑矿	一水硬铝石型	21.912	13.292	8.6201	7.1	开采矿区
新安石寺矿	一水硬铝石型	24.400	10.460	13.940	5.4	开采矿区
新安竹园-狂口矿	高硫一水硬铝石型	31.854	—	31.854	4.2	近期利用
新安马行沟矿	一水硬铝石型	22.369	14.617	7.752	4.2	近期利用
陕县支建矿	一水硬铝石型	23.566	15.200	8.366	7.1	开采矿区

除巩义小关，新安贾沟、竹园、石寺、马行沟，渑池曹窑，陕县支建为大型铝土矿床外，其他均为中、小型矿床，以小型矿床为多。矿体多呈似层状和窝子状，矿体厚度较大，大中型矿体厚度一般为5~10m；而小型矿床，特别是窝子状者，矿厚20m左右，最厚可达40~50m。

C 河南铝土矿的物质组成及嵌布形式

河南铝土矿全省铝土矿平均地质品位为：Al_2O_3 65.02%，SiO_2 11.88%，Fe_2O_3

3.85%，$A/S = 5.47$。表5-28为两个典型的河南铝土矿混矿的化学组成分析结果。由表可见，河南铝土矿中含有较高的硅含量和钾含量。

表5-28   两个典型的河南铝土矿混矿的化学组成

组　分	Al_2O_3含量/%	SiO_2含量/%	Fe_2O_3含量/%	TiO_2含量/%	Na_2O含量/%	K_2O含量/%	（CaO + MgO）含量/%	A/S
混矿1	64.5	11.06	4.44	3.13	0.19	0.86	0.54	5.83
混矿2	64.60	10.78	6.13	3.13	0.20	0.95	0.44	5.99

表5-29和表5-30为两个河南铝土矿混矿的矿物组成分析结果。

表5-29   河南铝土矿混矿1的矿物组成和含量

矿物名称	含量/%	矿物名称	含量/%
一水硬铝石	56.63	锐钛矿	
三水铝石	微	金红石	
高岭石	8.14	板钛矿	2.85
伊利石	7.98	其他钛矿物	
叶蜡石	4.09	针铁矿	
绿泥石	3.08	赤铁矿	6.8

表5-30   河南铝土矿混矿2的矿物组成及含量

矿物名称	含量/%	矿物名称	含量/%
一水硬铝石	67.57	锐钛矿	2.65
一水软铝石	1.25	金红石	—
高岭石	10.8	板钛矿	微
伊利石	6.9	针铁矿	5.53
叶蜡石	3.1	水针铁矿	—
绿泥石	0.7	赤铁矿	1.4
电气石	微	黄铁矿	微
石英	微	锆石	微

由表5-29和表5-30可见，河南铝土矿中通常含有较高的伊利石和高岭石含量。伊利石含量高是河南铝土矿钾含量高的主要原因。

表5-31为河南铝土矿中铝的物相分析结果。

表5-31   河南铝土矿中铝的物相分析结果

相　别	一水软铝石	一水硬铝石	高岭石、伊利石、叶蜡石	总　铝
含量/%	1.60	56.09	7.61	65.30
占有率/%	2.45	85.90	11.65	100.00

由表5-29~表5-31可见，河南铝土矿中的铝矿物主要为一水硬铝石，微量的一水软铝石；脉石矿物主要为高岭石、伊利石、叶蜡石和绿泥石等矿物；铁矿物有针铁矿、水针

铁矿、赤铁矿和黄铁矿等；钛矿物有锐钛矿、金红石和板钛矿等。此外还有少量蒙脱石、电气石、石英、锆石和碳酸盐等矿物。

河南铝土矿中的一水硬铝石主要有三种嵌布形式：

（1）一水硬铝石产生重结晶后，呈粒状、柱状和板状等集合体产出，如图5-31和图5-32所示。粒状、柱状、板状产出的一水硬铝石比较致密、坚硬。一水硬铝石与其共生矿物高岭石、伊利石、叶蜡石、绿泥石和锐钛矿等紧密镶嵌。这种一水硬铝石富集合体中虽然仍包裹有高岭石、伊利石、叶蜡石等含硅脉石矿物以及钛矿物和铁矿物，但其含硅矿物的量已大大减少，其铝硅比可达20～125，平均在37以上。

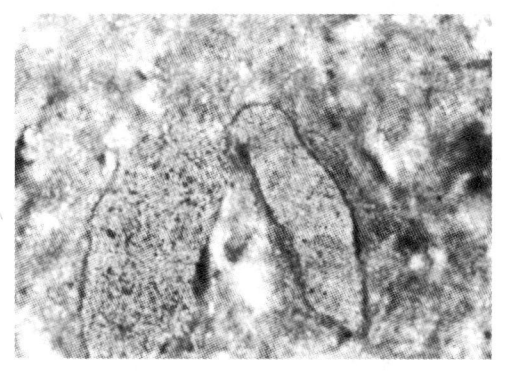
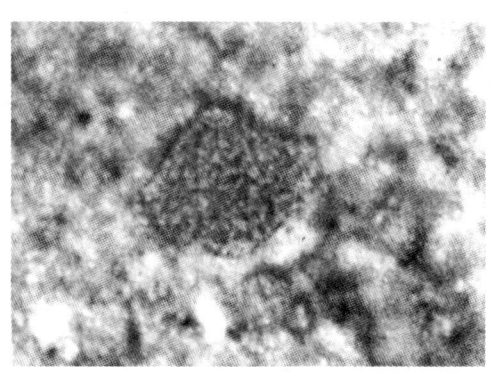

图5-31 一水硬铝石呈板状产出　　　　　图5-32 一水硬铝石呈粒状产出

（2）呈豆鲕状或纺锤状集合体产出的一水硬铝石比较致密、坚硬，粒度一般为0.05～1.5mm，也包裹少量高岭石、伊利石等含硅矿物和钛、铁矿物，但其铝硅比也较高。也有部分伊利石和高岭石分布在一水硬铝石的纺锤状和豆鲕状集合体的外围或间隙，包围和胶结一水硬铝石集合体，如图5-33所示。

（3）一水硬铝石在脉石矿物中，可呈隐晶质嵌布或呈不规则粒状和细粒状嵌布，接触线犬牙交错，弯曲不平。还有部分一水硬铝石呈细小粒状被包裹在叶蜡石、伊利石和高岭石等矿物间，如图5-34所示。

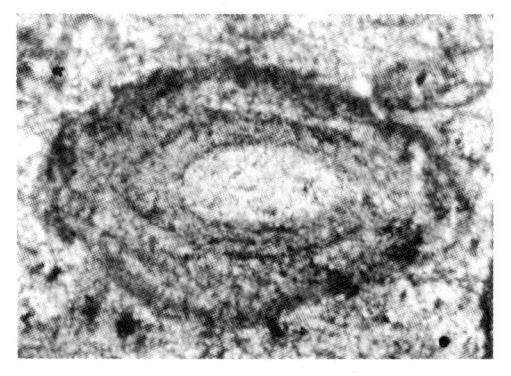
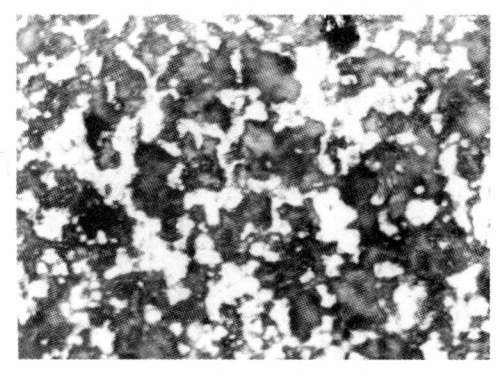

图5-33 呈豆鲕状产出的一水硬铝石　　　　图5-34 一水硬铝石与硅矿物紧密嵌布

高岭石、伊利石、叶蜡石和绿泥石是河南铝土矿中的主要含硅脉石矿物。这些脉石矿物多呈细鳞片状隐晶质、微晶集合体产出，少量呈不规则粒状、薄板状产出。在叶蜡石、伊利石和高岭石等组成的基质中常包裹和胶结有一水硬铝石、锐钛矿、锆石和金红石等矿物。

河南铝土矿中还有少量的纯高岭石和伊利石隐晶质或微晶集合体。伊利石多呈细鳞片状或胶体分散状分布。高岭石多呈隐晶质或微晶集合体产出，少量呈不规则粒状、片状、薄板状或细鳞片状，粒度为 0.002~0.03mm。叶蜡石多呈隐晶质或细鳞片状产出。

此外，典型的河南铝土矿混矿中还存在微量的蒙脱石、电气石、石英、锆石和黄铁矿等其他矿物。

河南铝土矿中的主要元素的赋存状态为：铝土矿中的铝主要是以一水硬铝石的状态存在，其次是以高岭石、伊利石和叶蜡石等铝硅酸盐矿物状态存在。河南铝土矿中以铝矿物状态存在的铝约占 88.1%，以铝硅酸盐矿物状态存在的铝占 11.9%。河南铝土矿中 95.69% 的硅是以铝硅酸盐矿物状态存在。

D　河南铝土矿的几个重要矿区

a　渑池铝土矿区

渑池铝矿位于河南渑池境内，东起陈村，西至雁子口，北临大小扣门山、黑虎山，南至曹窑-硖石煤田，呈东北至西南向条带展布，延长约 5900m，面积约 6km²。

渑池铝矿包括贯沟、曹窑、转沟三个矿段。其中，贯沟矿段储量为 7.9984Mt，曹窑矿段储量为 5.4053Mt，转沟矿段储量为 9.4117Mt。

贾家洼铝土矿区位于河南省渑池县坡头乡境内，西南距渑池铝矿 14km。贾家洼矿区东部范围内绝大部分被第四系亚黏土及黏土（统称黄土）覆盖。矿区矿体走向长 2000m，倾向宽 200~1000m、平均为 500m，面积约 1km²。矿层呈似层状、透镜状和漏斗状产出，全矿区矿层厚度变化很大，平均厚度为 5.82m。贾家洼矿区储量为 13.7168Mt，其中，西段矿体长 3000m，南北宽 200~700m，平均厚度为 4.03m，储量为 5.6Mt；贾家洼东矿区铝土矿储量近 10Mt。

渑池其他矿区还有：

(1) 段村矿。位于渑池县仁村乡，矿区面积 6.27km²，储量为 4.5Mt。

(2) 雷沟矿。位于渑池县仁村乡和洪阳乡，矿区面积 7.6km²，累计资源量为 19.5Mt。

(3) 水泉洼铝土矿和小阳河铝土矿。资源量分别为 20Mt 和 4.6Mt。

b　洛阳铝土矿区

位于洛阳地区新安县的洛阳铝土矿贾沟矿位于河南新安县石寺乡，基础储量为 19.38Mt，资源量为 3.89Mt。主要矿段为贾家坑和沙坡矿段。矿厚 0.6~15m，平均为 4.4m。贾沟矿体赋存形态一般呈喀斯特漏斗状、鸡窝状、似层状和透镜状。

此外，洛阳矿区还有新安县的马行沟铝土矿等矿点、偃师市的夹沟铝土矿等矿点以及伊川郭沟铝土矿等。

c　三门峡铝土矿区

三门峡铝土矿主要分布在陕县和三门峡湖滨区，主要矿点有：陕县大桃园铝土矿和湖滨区侯村铝土矿，资源量均大于 50Mt。此外，还有陕县的崖底铝矿、鱼里铝矿、鹿马煤矿铝土矿、史家庄铝土矿以及南坡铝土矿等，资源量规模均超过 10Mt。

5.2.9.3 贵州铝土矿

贵州省铝土矿资源比较丰富，已探明铝土矿产地 72 处（其中勘探 33 处，详查 17 处，普查 22 处），全省储量为 155.23Mt，基础储量为 216.25Mt，资源量为 206.33Mt，总资源量为 422.58Mt，约占全国铝土矿资源量的 16.6%。贵州铝土矿工业规模储量较大，A/S 大于 10 的高品位矿约 150Mt，高品位铝土矿储量仅次于广西，位居全国第二。推测远景资源量可达 250Mt 以上。

A 贵州铝土矿的成矿及大地构造

贵州铝土矿成矿时代主要为早石炭世。成因类型主要为古风化壳型，可分为原地残积、准原地堆积、异地堆积和沉积等四种类型。分布于遵义、瓮安、正安、道真等川黔一带的铝土矿属原地残积型；于遵义县南部及息烽、开阳等地的铝土矿属准原地堆积型；分布于修文（小山坝、干坝）、贵阳（云雾山）、清镇（六广）、织金、黔西、黄平王家寨的为异地堆积型；分布于清镇林歹、燕垅、长冲河、猫场等地属异地沉积型。

贵州铝土矿分布区的大地构造位置属于扬子准地台上扬子台褶带黔中隆起的南缘。在加里东构造基底上经历了长期风化剥蚀，形成了准平原化的岩溶盆地之后，于早石炭世大塘期旧司时沉积了岩溶地表上的一水硬铝石型铝土矿。贵州铝土矿矿床中的一水硬铝石主要形成于原地红土风化阶段、后生阶段和中低温热液阶段。岩溶作用为铝土矿准备了物质来源，形成的岩溶洼陷是铝土矿沉积的空间，岩溶洼陷底部的裂隙是地表水和地下水快速向下排泄的良好通道，有助于铝土矿进一步淋滤脱硅去铁成为优质矿石。

贵州铝土矿矿床规模以中小型为主。贵州铝土矿矿体主要呈层状、似层状和透镜状产出，一般长 500~1500m，宽 400~800m，厚度为 2~4m；除清镇猫场铝土矿埋藏较深，为 70~500m，属隐伏地下铝土矿外，省内其他地区铝土矿出露均较浅。

含矿岩系自下而上可分为铁矿系、铝矿系和杂色铁质黏土岩系。铝矿系由灰-深灰色致密状铝土矿、灰-灰白色土状铝土矿、灰色碎屑状铝土矿和灰色黏土岩组成。矿体上下均有厚度不等的铝质黏土岩。大部分矿层下段有较为稳定的透镜状赤铁矿和扁豆状菱铁矿层。

B 贵州铝土矿的分布

贵州省铝土矿分布较广，南起贵阳、清镇，向北经修文、息烽、开阳、遵义、务川、正安、道真，直至重庆南川等地，构成长约 370km 的黔中-渝南铝土矿成矿带。成矿带内铝土矿床（点）相对集中成五个片区，大致呈近东西向和北西向的带状展布，自南向北为：修文、息烽、遵义、务川、正安和道真等地区的铝土矿。

贵州铝土矿分为黔中和黔北两大铝土矿区。黔中铝土矿最大，集中于贵阳附近，南自惠水，北达遵义，东到凯里，西抵毕节，面积约 40000km²。黔中铝土矿有修文小山坝、贵阳斗篷山，清镇长冲河、林歹、猫场等铝土矿区。黔北铝土矿包括整个遵义地区 12 县、市及南侧的金沙、瓮安、息烽和开阳等县，向北还涉及重庆市南川部分地区，总面积也约 40000km²。黔北铝土矿按地区分布及地质特征，可划分南北两个矿带，北部矿带为正安-南川矿带，一直深入至重庆市豁区内，南部为遵义-息烽矿带。

贵阳地区铝土矿总资源量约 326Mt，约占全省总资源量的 77%；遵义地区约 70Mt，约占 17%，其中露天开采约 44Mt，坑采 26Mt，A/S 大于 9 的铝土矿约 22Mt。在遵义地区以及与重庆南川交界处已发现新铝土矿（即务正道矿区），估计总资源量可达 150Mt 以上。

贵州铝土矿矿点较分散，矿山的一般服务年限仅为 10~20 年。

贵州铝土矿按矿床的规模的分布状况见表 5-32。

表 5-32 贵州铝土矿按矿床的规模的分布状况

类 型	个 数	总资源量/Mt	占全省百分比/%
大型矿床（>10Mt）	8	191.48	46.31
中型矿床（3~10Mt）	30	178.68	43.22
小型矿床（<3Mt）	34	43.30	10.47

贵州 20Mt 以上的大型铝土矿床分布见表 5-33。

表 5-33 贵州省资源量大于 20Mt 的铝土矿床

矿区名称	矿石类型	储量和资源量/Mt			A/S	利用情况
		合 计	基础储量	资源量		
清镇猫场红花寨矿	一水硬铝石型	31.985	0.952	31.033	10.36	可规划利用
清镇猫场周刘彭矿	一水硬铝石型	26.414	—	26.414	7.97	可进一步利用
清镇猫场 0~24 线矿	一水硬铝石型	67.765	34.046	33.719	11.11	可规划利用

C 贵州铝土矿的矿物组成和结构

贵州省铝土矿储藏大，质量较好，平均品位较高：Al_2O_3 65.93%，SiO_2 9.01%，Fe_2O_3 5.51%，A/S =7.31。

贵州铝土矿主要属于岩溶沉积型铝土矿。含铝矿物以一水硬铝石为主，少量一水软铝石和极少量三水铝石。含硅矿物主要为高岭石、伊利石和绿泥石。含铁矿物为赤铁矿和针铁矿。贵阳附近的某些地下大型铝土矿矿床含硫超过 1%。

贵州铝土矿的自然结构类型主要有碎屑状、豆鲕状、致密状和土状：

（1）碎屑状铝土矿。含少量豆石和鲕粒的碎屑状铝土矿常被称为豆鲕碎屑状矿石，这是本区最常见的一种碎屑状矿石。碎屑状铝土矿中的主要矿物为一水硬铝石、高岭石和伊利石，次要及微量矿物比较复杂，有一水软铝石（在部分豆石中，一水软铝石是主要矿物）、白云母、绿泥石、赤铁矿、锐钛矿、金红石、锆石、三水铝石、拜耳石、硫磷铝锶矿、蒙脱石、埃洛石、石英和方解石等。黔中铝土矿的多数鲕粒"岩屑"核心不明显。豆石在铝土矿中常见，与鲕粒相比，其内部较均一，同心层更少，粒径较大，有的豆石以高岭石为主，有的以高岭石和一水硬铝石或一水软铝石为主。

（2）致密状铝土矿。它是一种细粒均一的板状矿石，含极少量带棱角的细屑，灰色至灰黄色，外表与致密状黏土矿相似，但无滑感，且较硬。致密状铝土矿中的主要矿物为一水硬铝石和少量高岭石、白云母、伊利石，次要及微量矿物有锐钛矿、黄铁矿、金红石、锆石、三水铝石、一水软铝石、埃洛石、水铝英石和石英等。

（3）土状铝土矿。其有微孔隙发育，故又被称为砂状或粉砂状铝土矿。这类铝土矿一般是高品位优质矿石。土状铝土矿呈灰色至白色，常含少量细屑和鲕粒，偶有粒径为 3~5cm 的砾块，可进一步分为半土状和典型的土状铝土矿。

D   贵州铝土矿的几个重要矿区

a   贵阳附近的黔中铝土矿区

中国铝业贵州分公司建有或联办 5 个黔中铝土矿山:

(1) 第一铝矿（修文小山坝异地堆积型铝土矿）。该铝土矿的五龙寺矿区产能为 0.22Mt/a，九架炉矿区的产能为 0.15Mt/a，猪坝腿矿区的产能为 0.05Mt/a。

(2) 第二铝矿（中国铝业贵州分公司所属的异地沉积型的林歹矿）。该铝土矿的长冲河主矿区产能为 0.23Mt/a，燕垅矿区的产能为 0.1Mt/a，林歹（井下）矿区的产能为 0.15Mt/a。林歹矿矿床产于中上寒武系古岩溶侵蚀面上，矿体除在三个山头上露头外，均赋存于地表下，最大埋深为 400m，矿体长 1000m，平均厚度为 3.87m。该一水硬铝石矿呈土状、半土状、致密状铝土矿，矿体浅部因受侵蚀风化，节理较发育，较破碎，含黄泥较多。该矿平均品位为: Al_2O_3 67.11%，SiO_2 8.11%，$A/S = 8.2$。

(3) 苟江联办矿。该铝土矿的年产能为 0.2Mt。铝土矿成分为: Al_2O_3 65.27%，SiO_2 8.31%，$A/S = 7.86$。

(4) 清镇麦格联办矿。设计年产能为 0.2Mt。其地质品位相对较高，矿石呈土状和半土状。

(5) 织金马场联办矿。设计年产能为 0.2Mt。矿体埋藏较浅，易开采，但矿石含铁偏高，局部地段含硫达 5% 以上。

此外，猫场铝土矿是贵州省的一个大型铝土矿。猫场铝土矿区南北长 8km，东西宽 10km，可勘面积为 40km²。猫场铝土矿探明铝土矿资源量约 180Mt，占全省铝土矿总资源量的 42%。但由于该矿埋藏较深，全部需要进行井下开采。且该矿赋存状态平缓，顶板围岩不稳固，坑下涌水量大，开采难度较大。红花寨矿为猫场铝土矿的主矿体，面积为 16km²。该矿上段为铝质岩段 0~15m，其上部为黏土岩或铝土岩，中部为铝土矿，下部为黏土岩、铝土岩或铁质黏土岩；下段为铁质岩，厚 0~6.24m。红花寨矿体呈似层状，隐伏产出，埋深为 76~300m，外部形态呈不规则喀斯特溶盆状，矿体平均厚度为 4.43m。该矿品位较高，A/S 达 10.16。猫场铝土矿的直接顶板是铝土岩和黏土岩。黏土岩中不仅含硅高，含硫也高（SiO_2 25%~44%，S 1%~8%），厚度一般为 0~3m。猫场铝土矿有三种类型的矿石:

(1) 低铁、低硫铝土矿。Fe 含量小于 15%，S 含量小于 0.7%。该类矿占总矿量的 79%。

(2) 高硫铝土矿。S 含量大于 0.7%，该类矿占总矿量的 14%，主要分布于矿体下部。

(3) 高铁铝土矿。Fe 含量大于 15%，占总矿量的 7%，分布于某些矿段。

除上述矿区外，通过进一步勘查，猫场将军岩、务川大竹园、遵义团溪后槽和仙人岩以及黄平王家寨等矿区有望成为重要接替矿区。

b   黔北"务正道"铝土矿区

位于黔北的遵义市所辖务川仡佬族苗族自治县、正安县和道真仡佬族苗族自治县，简称务正道地区。由贵州省地矿 106 地质大队在 20 世纪 80~90 年代进行了矿藏普查工作，调查面积近 400km²。

普查成果表明，务正道地区铝土矿资源丰富，品位较高，矿带含矿岩系在各矿区（向斜）的平均厚度为 3.26~6.67m，最大厚度为 17.6m。铝土矿主要呈单层和双层结构，个别可达 3~4 层，其平均厚度为 1.47~2.02m，最大厚度为 11.8m。

矿石自然类型以碎屑状和半土状为主，次为豆鲕状和致密状；工业类型主要为低铁、低硫型，另见少量或零星分布的高铁、高硫型，高铁、低硫型和高硫、低铁型。各类型矿石含 Al_2O_3 54.03%~76.00%，平均为 59.67%~72.10%；A/S 为 2.73~90.48，平均为 4.15~22.75。

区内共现铝土矿床（点）24 处，其中大型矿床 1 处，中型矿床 5 处，小型矿床（点）18 处。主要矿床（或矿区）分布于务川鹿池大尖山、大竹园的白岩塘和木海沱、道真大塘和正安风王槽等地。目前，仅有务川县瓦厂坪和大竹园两个矿区完成了详查，查明铝土矿储量 79.6181Mt，其他矿区正在进行勘查之中，预测该片区铝土矿储量约在 150Mt 以上。

务正道铝土矿将主要向拟建的务川氧化铝厂供矿。

5.2.9.4　广西铝土矿

广西已探明铝土矿产地 27 处，全省储量 108.19Mt，基础储量 136.68Mt，资源量 374.78Mt，总资源量为 511.46Mt，约占全国铝土矿资源量的 20.09%。广西高品位铝土矿储量居全国第一。在广西西部地区的远景资源量有 200Mt 以上。广西有少量三水铝石矿，详见 5.2.9.6 节。本节只介绍广西的一水硬铝石矿。

广西一水硬铝石铝土矿床划分为岩溶堆积型和岩溶沉积原生层状型铝土矿两种类型。其中岩溶堆积型铝土矿主要分布在平果、田东、田阳、德保、靖西、那坡等六县，矿床规模大、矿石质量好、矿体分布密集，共分有平果成矿带、田东成矿带，田阳-德保-靖西成矿带。该类铝土矿储量占全区总储量的 77.84%。岩溶沉积原生层状型铝土矿因其硫含量高，埋藏较深，目前暂未利用。

广西一水硬铝石铝土矿在地理分布上，主要集中在百色地区，尤其平果地区分布量最大，矿石质量高，其次是田东-田阳-德保-靖西一带，在柳州地区也有少量铝土矿分布。

A　广西一水硬铝石铝土矿的特点

广西一水硬铝石铝土矿以岩溶堆积型铝土矿矿床为主。该类矿石属于中铝、低硅、高铁、高 A/S 比的一水硬铝石铝土矿，其平均品位为：Al_2O_3 54.38%，SiO_2 6.92%，Fe_2O_3 21.35%，A/S =9.43。广西堆积型铝土矿一般均属于大、中型规模矿床，而且矿石质量好。广西全区大型铝土矿床有 6 处，资源量为 259Mt；小型铝土矿床有 8 处，资源量为 17Mt。

广西堆积型铝土矿石呈块度大小不等的砾状矿块，矿石质地重而坚硬，块度最大达百余厘米，一般为几厘米至几十厘米。矿石呈棱角状和滚圆状。矿石表面以棕红色、棕褐色、黄褐色和紫红色为主，次为黑色，断口以深灰色、青灰色、红色和棕红色为主，次为紫红色和褐红色等。矿块主要为铝土矿块、褐铁矿铝土矿块，少量铝土质岩块。矿石类型可划分为：

（1）根据矿石含铝铁、硫品位划分，属于中-高铝品位、高铁、低硫型铝土矿石；

（2）按矿石含硬水铝石、铁矿物、黏土矿物多少，将矿石分为铝土矿石、褐铁矿石和黏土岩三大类；

（3）按矿石构造分为豆状、鲕状铝土矿石，致密状铝土矿石，角砾状、碎屑状铝土矿石，多孔状铝土矿石。

　　绝大部分优质广西堆积型铝土矿均可露天开采，适合拜耳法生产氧化铝。但该铝土矿中含泥多，通常达67%~70%，是广西矿与中国其他铝土矿不同的一大特点。岩溶沉积原生层状型铝土矿属高硅、高硫型，此类铝土矿一般需要地下开采。据统计，适宜露天开采的矿区有7处，适宜地下开采的矿区有8处，露天-地下开采的矿区有6处。

　　广西一水硬铝石铝土矿开采后，经过洗矿处理，品位（A/S）可提高到10以上，而且矿床储量大，保护程度较好，是中国少见的优质铝土矿资源，完全可以利用节能的拜耳法工艺生产氧化铝。

　　B　广西一水硬铝石铝土矿的大、中型矿床

　　有关的矿石类型、储量和品位等数据见表5-34和表5-35。

表5-34　广西资源量大于20Mt的大型铝土矿床

矿区名称	矿石类型	基础储量和资源量/Mt			A/S
		合计	基础储量	资源量	
平果那豆矿区	高铁一水硬铝石型	72.201	43.286	28.915	9.6
平果太平矿区	高铁一水硬铝石型	53.998	31.572	22.426	15.9
平果教美矿区	高铁一水硬铝石型	37.172	5.919	31.253	13.8
德保隆华矿区	高铁一水硬铝石型	31.042	3.812	27.230	6.3
靖西禄润西矿段	高铁一水硬铝石型	37.130	6.709	30.421	5.98
田阳古美南部区	一水硬铝石型	25.046	3.211	21.835	5.04

表5-35　广西大、中型铝土矿矿床类型和品位表

矿山名称	矿床类型	品位/%			
		Al_2O_3	SiO_2	Fe_2O_3	A/S
田阳古美北矿	原生沉积型	57.69	11		5.2
田阳古美南矿	堆积型	59.97	11.89	8.8	5.04
田东游昌铝矿	原生沉积型	53.46	9.13	16.55	5.9
平果那豆矿区	堆积型	59.14	6.15	16.41	9.6
那豆矿区那豆段	原生沉积型	59.02	8.32	9.59	7.1
那豆矿区布绒段	原生沉积型	64.69	6.84	7.92	9.46
那豆矿区古案段	原生沉积型	52.45	7.94	13.26	6.6
平果八秀矿	原生沉积型	48.55	13.18		3.9
平果太平矿	堆积型	54.57	3.43	23.79	15.9
平果教美矿	堆积型	52.27	3.8	25.88	13.8
德保隆华铝矿	堆积型	49.59	7.89	24.57	6.3
靖西禄峒铝矿	堆积型	50.73	8.49		5.98
靖西大邦矿	堆积型	52.12	8.49		6.12

　　C　广西一水硬铝石铝土矿的物质组成

　　a　广西一水硬铝石铝土矿中的矿物构成

　　广西一水硬铝石铝土矿是中国唯一的高铁含量的一水硬铝石型铝土矿。广西一水硬铝石铝土矿中铝矿物含量为53.1%~74.1%，主要为一水硬铝石，少量三水铝石、一水软铝

石、刚玉及拜耳石。硅矿物含量为 5.89% ~ 11.96%，主要为高岭石、铁绿泥石、伊利石和少量的石英、叶蜡石、蒙脱石。铁矿物含量为 16.2% ~ 40.1%，主要为针铁矿，其次为赤铁矿、水针铁矿、黄铁矿、菱铁矿。钛矿物以锐钛矿为主。其他矿物含量在 1% 左右，有方解石、白云石和锆英石等。

b 广西一水硬铝石铝土矿中的有机物

广西岩溶堆积型铝土矿区地处多雨的亚热带，铝土矿中的有机物含量较高。利用广西矿的平果铝厂，在拜耳法生产过程中的碱溶液内积累了大量的有机物和草酸盐，经常导致分解和蒸发出现结疤，对稳定高效的氧化铝生产造成困难。中国的其他氧化铝厂则与平果铝厂不同，由于当地矿含有机物少，并采用了烧结法或联合法，有高温工序过程不断消除溶液中的有机物，因而一般不会对氧化铝生产造成类似的有机物危害。

c 广西一水硬铝石铝土矿中的伴生元素

广西一水硬铝石铝土矿中伴生元素十分丰富，主要有镓、稀土、钛、铌、钽和钪等元素。广西一水硬铝石铝土矿中平均含 Ga_2O_3 0.0082%，氧化稀土 0.094%，TiO_2 3.4%，Nb_2O_5 0.0336%，Ta_2O_5 0.0032%，Sc_2O_3 0.0079%，Cr_2O_3 0.064%，ThO_2 0.071%，ZrO_2 0.13%，V_2O_5 0.052%。

广西一水硬铝石铝土矿中镓元素平均含量已达工业品位。镓一般呈类质同象取代铝赋存于铝土矿中，一水硬铝石中含镓 0.009% ~ 0.014%，三水铝石中含镓 0.005%。

钛的主要矿物是锐钛矿，含量大约是 2%，其次是少量的金红石、钛铁矿和白钛矿。此外还有呈类质同象的 TiO_2 分布于一水硬铝石中，在其中的含量可达 3.3%。而 TiO_2 在三水铝石中一般仅含 0.15% 左右。

铌在广西一水硬铝石铝土矿中的分布呈富集状态。铌主要富集在钛矿物中，锐钛矿中含 Nb_2O_5 0.4% ~ 0.6%，金红石中含 Nb_2O_5 0.25% ~ 0.6%，钛铁矿中含 Nb_2O_5 0.35%。在一水硬铝石中含 Nb_2O_5 0.005%，Ta_2O_5 0.002%。

稀土在广西一水硬铝石铝土矿中的分布也呈富集状态。相当部分稀土呈吸附状态存在。稀土氧化物中，含 CeO_2 0.025%，La_2O_3 0.025%，Y_2O_3 0.015%。

广西一水硬铝石铝土矿中钪含量较高，一般矿石中含 Sc_2O_3 0.0079% ~ 0.012%，铁质铝土矿中含 0.0066%，铝质铁矿石中含 0.0047%。

广西一水硬铝石铝土矿中的许多伴生元素在氧化铝生产后会不同程度地富集于赤泥之中，因而具有综合利用价值，见表5-36。

表5-36 广西一水硬铝石铝土矿伴生元素含量情况对比 （%）

伴生元素	工业品位	铝土矿中含量	含铝矿石中含量	赤泥中含量
镓 Ga_2O_3	0.01 ~ 0.002	0.0076	0.008	0.0114
钛 TiO_2	—	3.44	3.40	7.23
铌 Nb_2O_5	$(Ta + Nb)_2O_5$	0.0305	0.0336	0.0598
钽 Ta_2O_5	0.08 ~ 0.12	0.025	0.032	0.044
钪 Sc_2O_3	—	0.0078	0.0079 ~ 0.012	0.020
钒 V_2O_5	0.1 ~ 0.5	0.079	0.052	—
铁 Fe_2O_3	25 ~ 30	16.37	—	26.35
总稀土	0.05	0.094	0.090	0.114

D　广西一水硬铝石铝土矿的结构特征

广西一水硬铝石铝土矿常见的结构有他形晶状、隐晶-胶状、半自形-自形、放射状-梳状、交结、凝聚等结构；此外还可见交代、交织交代、显微粒状-鳞片状、含生物碎屑、泥质等结构。广西铝土矿主要的原生构造有豆状、豆鲕状、角砾状、碎屑状、致密块状及层纹状等构造；次生构造主要有多孔状、皮壳状、肾状、葡萄状、变胶状、蜂窝状和粉末状等构造；此外还有微细脉状、浸染状和云雾状等构造。

E　广西一水硬铝石铝土矿的几个重要矿区

a　广西平果铝土矿

平果铝土矿由那豆、太平、教美、新安和果化等五个矿区组成，分布面积达1750km²，总资源量约为200Mt。其中，那豆矿区长22km，宽6km，面积为120km²。平果铝土矿共45个矿体群，148个矿体。海拔120~650m。

那豆矿区铝土矿储量为81.93Mt，平均品位为：Al_2O_3 59.14%、SiO_2 6.15%，铝硅比为9.62；太平矿区铝土矿储量59.4Mt，平均品位为：Al_2O_3 54.57%、SiO_2 3.43%，铝硅比为15.91；教美矿区储量约37Mt。

平果铝土矿的矿体多而分散，矿体厚度平均为4.48m，平均覆盖层厚度约0.5m。矿体铝硅比最大为33，最小为3.9，平均为9.62。矿石颗粒越大，铝硅比越高。

平果岩溶堆积型铝土矿的原矿具有三大特点：

(1) 原矿含泥量高达40%~70%，泥的黏性大，属难洗矿石。采矿后必须经过洗矿工序才能用于氧化铝生产。

(2) 原矿中矿石粒级范围宽，呈不均匀分布，大的可达800mm以上，小的至1mm。

(3) 矿石中 A/S 变化范围大，小至3.9，大到33.3。

b　广西德保-靖西铝土矿

广西德保-靖西铝土矿位于田阳-靖西铝土矿带的中南部，分布在德保和靖西两县。该矿拥有铝土矿资源量逾亿吨，铝硅比大于8，是广西又一个大型堆积型铝土矿床。

广西德保-靖西铝土矿原生层状铝土矿岩系是本区堆积型铝土矿的矿源层，铝土矿层成层状、似层状、透镜状，长数十米至数千米，厚度变化大。原生层状铝土矿的矿石以一水硬铝石为主，含有较多的绿泥石、高岭石和黄铁矿，铝硅比较低。硫含量较高，一般为3%~5%。

广西德保-靖西堆积铝土矿是上二叠统层状铝土矿及其上下围岩经受溶蚀、溶解、破裂以及崩塌等作用，形成大小不等的矿块和碎屑，与红色黏土一起堆积在岩溶洼地和谷地而成。

广西德保-靖西堆积铝土矿自上而下有四层：上部红土层；其次为含铝土矿层（矿体）：厚0~22m，矿石块度大小不一，直径由1mm至1m以上，多为棱角状至次棱角状；下部为红土层；底部是黏土层。

广西德保-靖西堆积铝土矿矿体埋藏浅，覆盖层薄，大部分出露地表，剥离比仅为0.18。矿层底板深度一般在15.00m以内，属地表矿床。该矿的矿石均为颗粒状，粒径从1mm至大于1m都有，一般为0.01~0.30m。

广西德保-靖西堆积铝土矿的平均品位为：Al_2O_3 56.66%，Fe_2O_3 20.66%，SiO_2 6.14%，灼减量13.02%，铝硅比为9.23，铝铁比为2.83。

5.2.9.5　中国其他地区的一水铝土矿

A　山东铝土矿

国内除以上四个省区拥有较大规模的一水硬铝石铝土矿资源外，山东省的铝土矿经过多年开采后，尚具有一定的量。山东全省已探明铝土矿产地 20 处，铝土矿储量 1.02Mt，基础储量 6.68Mt，资源量 40.65Mt，总资源量为 47.34Mt。山东铝土矿主要为中、低品位铝土矿，适合用烧结法处理。

此外，山东还存在着高岭石--水软铝石型铝土矿。该类铝土矿位于山东淄博市，具有洪山、罗村、龙泉和王村等矿区。山东高岭石--水软铝石型铝土矿有两层，A 层赋存于二叠系上统，G 层赋存于石炭系中统；矿石一般呈灰色或浅灰色，结构分为致密结构、鲕状结构和豆状结构；Al_2O_3 含量为 40% ~ 75%，SiO_2 含量为 3% ~ 40%。Al_2O_3/Fe_2O_3 为 30 ~ 70。对这些铝土矿进行物相分析的结果表明，主要铝矿物是一水软铝石，主要硅矿物是高岭石。该类铝土矿是优质的耐火材料，也可以用于生产硫酸铝和碱式氯化铝等。

B　云南铝土矿

云南省也拥有较多的一水硬铝石铝土矿资源，储量和资源量见表 5-7。云南省文山州境内铝土矿蕴藏丰富，共有 13 个矿区，资源量占全省总资源量的 85%。

云南省文山州较大的西畴县卖酒坪矿区的铝土矿化学成分为：Al_2O_3 68.79%，SiO_2 7.52%，Fe_2O_3 6.01%，TiO_2 2.18%，A/S 达 9.15。该矿的物相组成为：铝矿物主要为一水硬铝石，硅矿物主要为叶蜡石，铁矿物主要为针铁矿，钛矿物为锐钛矿。

C　重庆铝土矿

重庆南部南川地区与贵州北部、四川南部相连，这些地区的铝土矿矿区是黔北"务正道"铝土矿带的延伸，主要分布在南川市与武隆县接壤处的川洞湾、灰河、大土、大佛岩和吴家湾一带，形成川洞湾-灰河-大佛岩铝土矿区，总面积约 41km²。该矿区又可分为三个矿段：灰河-大佛岩矿段、川洞湾矿段和吴家湾矿段。

矿石的赋存状态和性质与黔北铝土矿接近，具有相当大的铝土矿远景资源量。重庆铝土矿的储量和资源量见表 5-7。重庆铝土矿中最大的大佛岩采区的资源量大约为 31.66Mt；灰河采区资源量大约为 10.27Mt。

重庆铝土矿的平均品位为：Al_2O_3 63.35%，SiO_2 11.77%，Fe_2O_3 5.87%，S 1.22%，A/S 为 5.38。

重庆铝土矿中的铝矿物主要由一水硬铝石、一水软铝石、三水铝石和铝凝胶组成；含硅脉石矿物主要由高岭石、绿泥石和伊利石组成；硫化矿物主要由黄铁矿、白铁矿、黄铜矿和方铅矿组成；铁矿物主要由针铁矿、水针铁矿、菱铁矿和赤铁矿组成；钛矿物主要由锐钛矿和金红石组成；此外还有少量电气石、锆石、石英、绿帘石、榍石和方解石等脉石矿物。

重庆铝土矿中一般含硫量较高，主要含硫矿物是黄铁矿，因此，重庆生产氧化铝必须解决脱硫问题。重庆矿的浮选脱硫性能良好，脱硫效率也较高。

重庆铝土矿的矿物组成及含量列于表 5-37。

表5-37　重庆铝土矿的矿物组成及含量

金属矿物				脉石矿物	
矿　物	含量/%	矿　物	含量/%	矿　物	含量/%
一水硬铝石	43.53	赤铁矿	5.97	高岭石	16.01
一水软铝石	19.82	针铁矿		伊利石	3.86
三水铝石（铝凝胶）	0.1	水针铁矿		鲕绿泥石	5.72
黄铁矿	2.43	菱铁矿	1.84	石　英	0.5
白铁矿		锐钛矿		电气石	0.1
黄铜矿	微	金红石			
方铅矿	微	板钛矿		方解石	
锆　石	0.1	榍　石		长　石	微

　　重庆铝土矿中的铝矿物主要为一水硬铝石和一水软铝石，含硅脉石矿物主要为高岭石、伊利石和绿泥石等。由于一水软铝石和部分一水硬铝石的结晶程度差，主要呈隐晶质和微晶集合体产出，与高岭石、伊利石和绿泥石等含硅脉石矿物的关系密切，嵌布关系复杂，粒度细小，磨矿解离较困难。

　　重庆铝土矿中的铝矿物的粒度分布不均，其中土状矿石中铝矿物的粒度较粗，土豆状矿石次之，致密状矿石铝矿物的粒度较细。其中粒度大于0.074mm的，土状矿石中占83.42%，土豆状矿石中占63.55%，致密状矿石中占53.37%；而粒度小于0.010mm的，土状矿石中占2.48%，土豆状矿石中占6.48%，致密状矿石中占10.85%。

　　重庆铝土矿中的一水硬铝石、一水软铝石和高岭石、伊利石等含硅脉石矿物组成的隐晶质和微晶集合体是由胶体共沉淀形成的，因此其结构致密，铝矿物与含硅脉石矿物的嵌布关系复杂，铝矿物的粒度很细，所以磨矿解离较困难。但由于重结晶等因素的影响，一部分一水硬铝石和一水软铝石产生重结晶和脱硅等作用，使铝矿物的结晶粒度变粗，与脉石矿物的晶界清楚，磨矿解离也较容易些。

　　重庆铝土矿中的一水软铝石组成较复杂，其中除含 Al_2O_3 外，还含 SiO_2、TiO_2、Fe_2O_3、K_2O 等组分。特别是 SiO_2 的含量有时高达11.96%，此时一水软铝石本身的铝硅比只有5.86。

　　D　四川铝土矿

　　四川铝土矿的储量和资源量见表5-7。四川北部广元市朝天区和青川县赋存的铝土矿的主要类型是一水软铝石型和一水软铝石－一水硬铝石混合型，同时也共存着大量的黏土矿。其化学成分和物相组成见表5-38和表5-39。

表5-38　广元典型铝土矿样和一个黏土矿样的化学成分

出矿地点	Al_2O_3 含量/%	SiO_2 含量/%	Fe_2O_3 含量/%	TiO_2 含量/%	A/S
朝天区铝土矿	67.40	13.17	1.16	2.11	5.12
青川县铝土矿	69.80	7.61	2.26	2.96	9.17
朝天区黏土矿	37.70	41.85	1.10	1.42	0.901

表 5-39 广元典型铝土矿样和一个黏土矿样的物相组成 （%）

出矿地点	高岭石	一水硬铝石	一水软铝石	赤铁矿	伊利石	锐钛矿	金红石
朝天区铝土矿	27.2	—	66.7	1.2	1.1	1.4	0.7
青川县铝土矿	16.3	27.2	47.4	2.26	—	2.1	0.8
朝天区黏土矿	88.7	—	—	1.1	5.4	0.9	0.5

5.2.9.6 中国的三水铝石铝土矿

A 中国南方几种三水铝石矿床

根据三水铝石型铝土矿成矿条件的分析，中国南方存在如下几种三水铝石矿床：

（1）红土型。云南南部-广西-广东-福建沿海一带，地处亚热带，红壤层发育。

（2）玄武岩风化壳型。存在于中国东南沿海地区。矿床具有完整的红土化剖面。

（3）次生淋滤风化壳型。分布于贵县及其临近一带，矿化范围很广，直接裸露于地表，矿体呈面状分布于泥盆系灰岩的岩溶平缓地形上。

（4）硫化物风化型。平果、文山等地区铝土矿中的三水铝石就属于此类，常与一水硬铝石构成混合矿。成因是：原生硫化物在氧化条件下产生硫酸，溶解部分含铝矿物，并重新结晶而成。

（5）花岗岩风化壳型。江西宜春等地发现此类铝土矿。

B 华南红土型铝土矿

华南红土型铝土矿已发现有四个，但规模都较小。

a 福建漳浦铝土矿

福建漳浦铝土矿储存于玄武岩风化壳上部，属小型矿床。该矿矿层厚 0.2~8.7m，含矿率为 200~600kg/m³，以三水铝石为主，其次为一水软铝石、高岭石、针铁矿、赤铁矿及石英。化学组成为：Al_2O_3 35%~60%，平均为 45%；SiO_2 2%~8%，平均为 6%；Fe_2O_3 15%~19%，平均为 17%；A/S 为 7~8。

b 海南蓬莱铝土矿

海南蓬莱铝土矿分布于琼东北的文昌、琼山、琼海和定安四县，面积百余平方千米。矿体呈薄层状赋存于玄武岩风化形成的红土台地顶部。矿层厚 0.3~1m，埋深 0~1.7m，含矿率平均为 350kg/m³，矿石呈团块状、豆状，颗粒直径为 0.5~5cm。化学组成：Al_2O_3 平均含量为 42.3%；SiO_2 平均含量为 7.11%；Fe_2O_3 平均含量为 21.8%；TiO_2 2.34%；A/S 约为 6。

c 台湾大屯山铝土矿

台湾大屯山铝土矿位于台北市以北 30km，矿化面积 280km²，资源量达 70Mt，远景资源量 300Mt。表土层厚 1~5m，铝土矿层厚 2~4m，为红褐色至砖红色。该矿中的主要矿物为三水铝石，含量达 40%~85%，其次为石英、赤铁矿、针铁矿、蛋白石、绿泥石和埃洛石等。化学组成为：Al_2O_3 26.2%~52.7%，有效 Al_2O_3 25%~48%；SiO_2 5%~17%，活性 SiO_2 3.8%~11.6%；Fe_2O_3 15%~17.4%。

d 广西桂中铝土矿

广西桂中三水铝石铝土矿广泛分布于广西中南、东南部玉林市至南宁市一带的北流、玉林、武宣、桂平、贵港、宾阳、横县、南宁、武鸣等近十个县市，是 20 世纪 80 年代新发现的新型矿产资源。其中以贵港、宾阳和横县地区矿体分布大，发现矿床（点）20 多处，矿化面积 500km^2，资源量约 100Mt，但地质勘查工作程度较低。

广西桂中铝土矿矿体赋存于岩溶平原的红土地台中。含矿层由结核状、豆状的铁质铝土矿与疏松状红土组成，含矿率平均 900kg/m^3。盖层厚 0 ~ 7m，一般无盖层。矿体规模大小悬殊，一般长几百米至几千米，宽几十米至几百米，厚一般 1 ~ 5m，最厚大于 10m，矿体产状较平缓，与含矿层及地形产状基本一致。矿石外表呈红褐、黄褐、橙黄等杂色，表面多被褐铁矿、赤铁矿和锰质等包裹。矿体呈面状分布，连续性好，单矿体规模大。

广西桂中铝土矿中的主要矿物为三水铝石、针铁矿、赤铁矿，其次为高岭石、锐钛矿、伊利石和锂硬锰矿等。前三者含量占 86% 左右，此外还有一水铝石、刚玉、铝凝胶、磁铁矿、方铅矿、独居石等 20 余种少量或微量矿物，含量均小于 1%。

广西桂中铝土矿的主要成分为 Al_2O_3、Fe_2O_3、SiO_2、H_2O，四者含量约占矿石的 95%。其化学组成为：Al_2O_3 22% ~ 37%，平均 28%；SiO_2 4% ~ 15%，平均 8%；Fe_2O_3 35% ~ 50%，平均 41%；A/S 为 2.6 ~ 4.9；TiO_2 1.1% ~ 2.5%，平均 1.60%；MnO 0.2% ~ 1.9%，K_2O 0.38% ~ 1.3%，CaO + MgO 0.08% ~ 1.06%。稀有和稀散元素含量为：GaO 平均 0.017%，V 0.19% ~ 0.27%，Co 0.014% ~ 0.025%。有害组分：有机炭 0.24%、CaO 0.15%、MgO 0.29%、As 0.045%、P 0.18%、S 0.13%、Pb 0.09%、Zn 0.03%、Sn 0.036%，均低于允许含量。

广西桂中铝土矿中的氧化铝 67% ~ 75% 是以三水铝石存在，平均为 72% ~ 73%。14% 的铝以类质同晶形态进入铝针铁矿类的铁矿物，其余以一水硬铝石、刚玉、铝硅酸盐或含铝凝胶形式出现。

广西桂中铝土矿中的氧化硅主要是各种铝硅酸盐和非晶质硅，如高岭石、蛋白石、绿泥石、伊利石、云母类等，而石英形态的惰性硅含量很少，仅占总硅量的 6%。贵港铝土矿中的有效氧化铝含量仅为 16% ~ 20%，活性氧化硅含量达 3% ~ 4%，两者比例为 4 ~ 5，难于用常规的拜耳法处理。

广西桂中铝土矿中的 Fe_2O_3 以针铁矿、赤铁矿、磁铁矿形态存在，总含量高于 Al_2O_3 含量，铁矿物与铝矿物互相胶结。

广西桂中铝土矿中的 TiO_2 以锐钛矿、金红石和板钛矿形态存在。

广西桂中铝土矿中的细晶粒多为豆鲕、鲕石，这些豆鲕主要由针铁矿和赤铁矿组成，粗粒矿石多以结核形态出现。三水铝石和锐钛矿等主要分布于结核内豆鲕周围的胶结物中。

广西桂中铝土矿的矿石结构极为复杂，主要有显晶结构、隐晶结构、凝胶结构、填隙结构、豆状构造、鲕状构造、结核状构造和皮壳构造等。其中豆（鲕）状、结核状构造最为常见。

5.2.10 中国铝土矿远景资源量的预测

中国除了上述的各铝土矿区已勘探过并已计入资源量外，根据地质构造和成矿条件的研究和数据推测，辽南、鲁中-南、冀中-东、晋东-冀西南、陕南-川北、鄂西北、湘中-西、重庆南、川南-滇中、赣中、滇西、新疆西北、新疆南、青甘等省市和地区也具有一定的铝土矿的成矿条件。

表5-40为预测的中国铝土矿的远景资源量。由表可以看出，中国铝土矿远景资源量高达1850Mt，加上已有总资源量约2550Mt，资源总量可望达到4400Mt。

表5-40 中国铝土矿的预测远景资源量

大地构造单元	成矿区域	成矿带	矿床类型	预测远景资源量/Mt
华北准地台	晋北、陕东北、内蒙古南	保德-兴县、原平-宁武、五台、准格尔	沉积型	700
华北准地台	晋　中	孝义-交口、临县-中阳、介休-霍县	沉积型	200
华北准地台	豫西-晋南-陕中	铜川-韩城、平陆-夏县、三门峡-新安、偃师-巩义、密县-登封、宜阳-宝丰	沉积型	250
华北准地台	豫　北	济源-沁阳	沉积型	60
扬子准地台	黔　中	修文-清镇	沉积型	100
扬子准地台	黔北-黔东	遵义-息烽、凯里-黄平	沉积型＋堆积型	150
华南皱褶系	滇东南-桂西	文山、百色、河池、柳州-来宾	沉积型＋堆积型	240
华南皱褶系	桂东南	贵县、宾阳、横县、北流	红土型	150
东南沿海皱褶系	闽、粤、琼、台	福建漳浦、广东徐闻、海南文昌、台湾	红土型	
合　计				1850

为确保氧化铝工业的可持续发展，中国必须大力寻找后备的铝土矿资源，特别是大型、高品位、易于用拜耳法处理的铝土矿资源。寻找的主要目标有以下三个方向：

（1）勘探和开发现有铝土矿区的外围矿和深层矿。在某些铝土矿的周围已新发现了许多有价值的铝土矿区，如贵州、河南和广西的一水硬铝石铝土矿区。在河南省一些已采煤矿的下部存在着丰富、优质的铝土矿。中国将加强对现有铝土矿的外围区域的地质勘探工作，同时，将积极开发铝土矿地下勘探和开采的关键技术，尽早对深层地下的优质铝土矿进行开采。

（2）优化成矿理论，并在成矿理论的指导下，大力寻找新的成矿区域和成矿带。特别是西南和西北地区。广西、云南、贵州、四川、重庆地区发现新铝土矿的可能性较大。此外，陕西、甘肃、新疆也存在着一定的铝土矿成矿条件。

（3）寻找新的三水铝石矿资源。中国南方和东南沿海已经发现几个三水铝石矿。应加强勘探技术和处理较低品位三水铝石矿的技术的研究，争取近期有较大的进展。

6 铝土矿开采

＊＊＊＊＊＊＊＊＊＊＊＊＊＊＊＊＊＊＊＊＊＊＊＊＊＊＊＊＊＊＊＊＊＊＊

随着世界氧化铝和金属铝产量的快速增长，铝土矿的开采量也不断增加。世界上主要的铝土矿生产大国有澳大利亚、中国、巴西、印度、几内亚和牙买加。

6.1 世界铝土矿开采

6.1.1 世界铝土矿开采概述

6.1.1.1 世界铝土矿采矿历史

世界上铝土矿主要产自红土型矿床。大部分红土型矿床分布在大洋洲、拉丁美洲、非洲和东南亚。红土型矿床的铝土矿开采量约占世界铝土矿总产量的70%，另外的30%的铝土矿产自岩溶型矿床，主要分布在中国、南欧和加勒比海地区。

法国于1859年在世界上首次进行了铝土矿的开采。1900年，法国、意大利和美国等国都进行了小规模铝土矿开采，年产量不过0.09Mt。

随着现代工业的发展，铝由于其优良的合金性能，成为最重要的轻金属，被广泛地应用到航空和军事工业，随后又大规模扩大到民用工业。应用范围的扩展有力地推动了铝工业的发展。1950年，世界金属铝年产量已经达到了1.5Mt，2008年增加到39.215Mt，成为仅次于钢铁的第二重要金属。

随着全球铝产量的迅速增长，世界铝土矿开采规模也快速扩大。1970年世界铝土矿开采量为58Mt，比1960年增长了1倍还多；1980年为93Mt，比1970年增长59%；1990年为113Mt，比1980年增长21%；2000年为140Mt，比1990年增长25%，总开采量是1960年的5倍多。2005年世界铝土矿的开采量已增长到179Mt，2007年更上升至201Mt，而2008年则超过205Mt，2003～2008年世界铝土矿总开采量的增长趋势如图6-1所示。

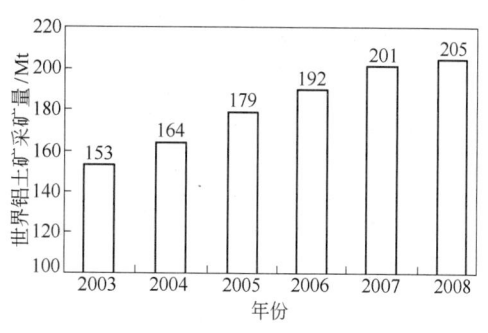

图 6-1 2003～2008 年全球铝土矿
总开采量的变化趋势

6.1.1.2 世界铝土矿采矿业现状

2007年，世界上有26个国家开采铝土矿。其中欧洲5个（波黑、塞尔维亚、匈牙利、俄罗斯、希腊），非洲5个（加纳、几内亚、莫桑比克、塞拉利昂、坦桑尼亚），亚洲9个（中国、印度、伊朗、土耳其、哈萨克斯坦、印度尼西亚、巴基斯坦、马来西亚、越南），美洲6个（巴西、圭亚那、牙买加、苏里南、委内瑞拉、多米尼加），大洋洲1个（澳大利亚）。

据2007年统计，铝土矿产量在10Mt以上的有6个国家：澳大利亚、巴西、几内亚、中国、牙买加和印度，合计产量占世界总产量的83.6%，而澳大利亚、巴西和几内亚三国合计就占51.5%，即全球铝土矿产量的一半以上。澳大利亚是当今世界铝土矿最大的生产国。2007年世界铝土矿总产量约为201Mt，主要铝土矿采矿国的开采量见表6-1。

表6-1　2007年世界主要铝土矿采矿国的开采量

国家或地区	澳大利亚	中　国	巴　西	印　度	几内亚	牙买加
开采量/Mt	62.40	30.00	22.10	20.34	18.52	14.57
国家或地区	俄罗斯	委内瑞拉	苏里南	哈萨克斯坦	希　腊	圭亚那
开采量/Mt	6.40	5.90	4.90	4.94	2.22	1.60

图6-2为世界主要铝土矿生产国近年来产量的变化。

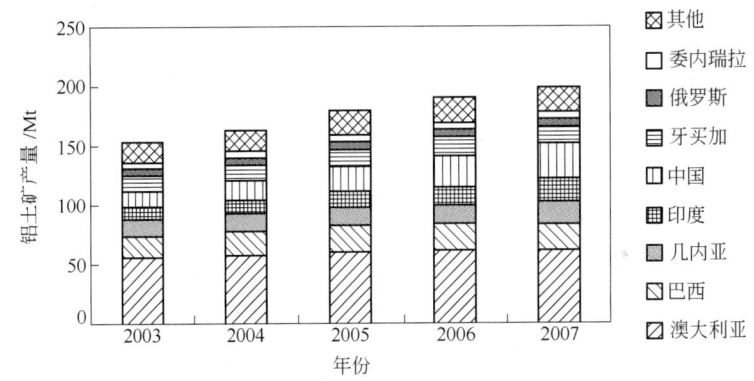

图6-2　世界主要铝土矿生产国近年来产量的变化

由图6-2可见，2003～2007年间铝土矿产量增加较多的国家有中国、巴西、澳大利亚、印度和牙买加等国。这些国家5年之内铝土矿产量的增加都超过了3Mt。铝土矿产量下降的国家有圭亚那和匈牙利等。

在26个铝土矿生产国中，有10个国家，即加纳、莫桑比克、塞拉利昂、坦桑尼亚、印度尼西亚、巴基斯坦、马来西亚、越南、多米尼加和圭亚那，所生产的铝土矿全部出口或作它用。2007年莫桑比克、坦桑尼亚、巴基斯坦、马来西亚和越南铝土矿产量很少，年产量均不足0.1Mt。越南的铝土矿储量相当大，但2008年前尚未进行大规模开发。

2006年以来，印度尼西亚出口到中国的三水铝石铝土矿数量急剧增加，印度尼西亚铝土矿开采量大幅增长，2007～2008年估计高达两千万吨以上。但本章主要数据源于美国地质调查局的统计报告及年鉴，而印度尼西亚的开采量尚未正式列入此报告，因此为兼顾数据的系统性，本章暂未反映印度尼西亚采矿量的变化。

6.1.1.3 世界铝土矿主要的采矿方法

世界上正在运行的大部分铝土矿都采用简单、低成本的露天开采技术。这主要是由于几乎所有的红土型铝土矿和部分优质的岩溶型铝土矿（如牙买加铝土矿）埋藏浅，矿层厚，剥采比很小，表层剥离厚度一般仅为数米。露天开采产量大、成本低、安全性高。

各国同类铝土矿采用的露天采矿技术和采矿装备都较相似。6.1.2节将通过对澳大利亚、几内亚和牙买加等国铝土矿的开采说明国外的露天开采技术。

国外某些国家只采用或主要采用地下开采铝土矿的技术，如希腊、前南斯拉夫、法国和匈牙利等国。这些国家的铝土矿基本上都是岩溶型铝土矿，部分铝土矿深入地下，表面覆盖层过厚，难于进行露天开采。

世界上所采出的铝土矿的运输方式各不相同，相当多的铝土矿采用皮带运输，有的皮带长度达几十千米。皮带运输的输送量大、连续性好、成本低，但需要较高投资且维护量大。有的铝土矿充分利用输送的高度差，降低皮带输送的能耗。有的铝土矿直接利用巨型卡车在专用运输道路上运矿到氧化铝厂，这种方法简单灵活、不受铝土矿开采年限的限制，但运矿成本较高。巴西Alunorte氧化铝厂采用长距离管道输送技术，将铝土矿浆通过200多千米的管道输送到氧化铝厂，大大降低了输送成本，解决了皮带运输难于解决的过长距离输送的难题。

世界上许多铝土矿采用就地破碎、磨矿，甚至洗矿的方法，达到使开采的铝土矿均化及提高品位的目的，同时也减少了铝土矿运输量和氧化铝厂的投资。

6.1.2 世界主要铝土矿生产国的铝土矿开采

6.1.2.1 澳大利亚

澳大利亚为世界第一大铝土矿生产国，2007年铝土矿开采量为62.40Mt，约占世界铝土矿总产量的31%。

澳大利亚现有五座巨型铝土矿正在开采。澳大利亚西南部有三座铝土矿，依次是：亨特利铝土矿、波定顿铝土矿以及维洛达尔铝土矿。澳大利亚东北部约克角半岛有著名的韦帕铝土矿，与其隔卡奔塔里亚海湾（Gulf of Carpentaria）相望的有戈夫铝土矿。

澳大利亚最大的铝土矿是亨特利铝土矿。该矿位于澳大利亚西南部最大的城市帕斯（Perth）附近。亨特利铝土矿年产能约为20Mt，是目前世界上最大的铝土矿。该矿由美国铝业公司经营，所产铝土矿供应附近美国铝业公司的两家大氧化铝厂，即平贾拉（Pinjarra）氧化铝厂和奎纳纳（Kwinana）氧化铝厂。

由于亨特利铝土矿矿床表面覆盖森林，因此，在正式开采铝土矿之前必须对树木进行砍伐，砍伐下来的树木归政府所有；树木剩余物如树枝、杂物类回收作加热材料或利用其生产硅；表层腐殖土壤经收集后，用于以前矿坑的回填并植树造林。

亨特利铝土矿的采矿工序是：勘探和找矿定位→编制采矿计划→去除地表植物→表土剥离（表层土约1.5m）→矿层爆破（矿层厚3~5m）→铲运到集中破碎站→配矿→两级破碎→皮带输送→氧化铝厂矿石堆场。

亨特利矿开采的重要特点是：利用卫星定位技术精确确定采矿位置和深度；含铁较高

的顶板铝土矿钻井爆破后和下面的碎铝土矿一起通过大吨位卡车（150～190t/车）运输至破碎能力为每小时5000t的可移动式破碎机破碎；当量直径小于70mm的碎矿经长距离皮带输送机输送至平贾拉氧化铝厂，拟运往奎纳纳氧化铝厂的矿石经再次破碎后经平贾拉氧化铝厂矿石堆场转运，再用火车运输到厂。去平贾拉厂的运矿皮带长约17.5km，速度8.5m/s，宽度1050mm。运矿皮带采用钢丝皮带，每五年更换一次。每年回填废铝土矿区5.5km²，与剥离面积相等，回填后播种并恢复自然环境。

澳大利亚的第二大铝土矿是韦帕（Weipa）铝土矿，储量约1200Mt，年产能约为16.10Mt。该矿原属科马尔克公司（Comalco），现归属于力拓加铝（Rio Tinto Alcan）集团。韦帕矿开采的大部分矿石通过自己的港口以海运（约2000km距离）送至澳大利亚昆士兰州格拉斯通地区的两个氧化铝厂，即昆士兰氧化铝厂（Q. A. L）和雅温（Yarwun）氧化铝厂。少量的韦帕矿运往意大利撒丁岛欧洲氧化铝厂。韦帕矿表层土壤厚约0.5m，矿层厚3～4m。与其他澳大利亚铝土矿相同，韦帕矿也十分重视铝土矿山的回填绿化，表土层剥离后，用于填废矿坑的表层。韦帕矿易于开挖和装运，不需要采用爆破的方法开采，只需采用前端式装载机（front end loader）和薄层开挖技术（shallow open cut technology）将铝土矿装上150t底卸式卡车并运至堆矿场，再通过火车或皮带输送机运至港口装船外运。

波定顿铝土矿位于亨特利铝土矿以南，帕斯市东南约120千米处，由必和必拓公司经营。波定顿铝土矿年产能约为12Mt铝土矿，主要供应附近的必和必拓公司的沃斯利（Worsley）氧化铝厂。该矿开采过程与亨特利铝土矿基本相似。铝土矿开采以后，采用两级破碎，第一级小于180mm，第二级小于30mm。该铝土矿的皮带输送机长达51km，是世界上最长的铝土矿输送带。该矿每年需复垦约2km²的土地和森林。

维洛达尔矿山位于西澳亨特利铝土矿附近，归美国铝业公司经营，年产能约8Mt。其开采的铝土矿主要供应附近美国铝业公司的韦杰拉普（Wagerup）氧化铝厂。由于氧化铝厂和该铝土矿相距比较近，皮带输送距离短，运输成本较低。

戈夫铝土矿位于澳大利亚北部地方东北角戈夫半岛，资源量约为800Mt，为力拓加铝公司拥有。戈夫铝土矿分为5个矿层，厚约3.5m，采用推土机和前端装载机进行采矿。每年采矿用地为1.2km²，复垦的方法基本与韦帕矿相似。所采的铝土矿就地破碎至小于25mm后，经18.7km的皮带输送机运至戈夫氧化铝厂。皮带输送机的速度为4.5m/s，每小时可运矿1500t。

6.1.2.2　巴西

巴西为世界第三大铝土矿生产国，2007年铝土矿开采量约达22.1Mt，约占世界铝土矿总产量的11%。

巴西铝土矿大部分产自其最大的特龙贝塔斯铝土矿。该矿产能约为17.2Mt，占巴西铝土矿总产量的77.8%。特龙贝塔斯铝土矿属于里约北方矿业公司（Mineracao Rio de Norte S. A.，MRN）。MRN是一家合资企业，其中，巴西淡水河谷公司（原称CVRD，现名为Vale）占40%的股份、美国铝业国际公司占18.2%的股份、必和必拓公司占14.8%的股份、力拓加铝占12%的股份、巴西铝业公司（Cia Brasileira de Aluminio，CBA）占10%的股份、挪威海德鲁公司占5%的股份。

巴西淡水河谷公司正在帕拉州帕拉戈米纳斯地区投资，独家开发新的铝土矿。该矿一期工程建设规模为年产铝土矿（含水分 12%）4.5Mt，于 2007 年投产；投资 1.96 亿美元的二期工程开发计划也已实施，将增加铝土矿产能 5.4Mt，使总产能达到 9.9Mt。该铝土矿区产出的铝土矿质量与里约北方矿业公司所产的铝土矿类似。该矿采用露天采矿、洗矿等工艺，通过 244km 长的矿浆管道将处理过的铝土矿运送到巴卡林那（Bacarena）的巴西北方氧化铝厂（Alunorte）。

美国铝业公司正在巴西帕拉州西部实施茹鲁蒂地区的铝土矿开发项目。该项目初期的生产能力为年产铝土矿 6Mt，然后有可能扩展到 8Mt，最终将达到 10Mt。产出的铝土矿将运往马拉尼昂州（Maranhao）圣路易斯（Sao Luis）的阿鲁玛氧化铝厂（Alumar）生产氧化铝。

巴西铝业公司在米纳斯吉拉斯州米尔莱地区，正投资 3000 万美元建设新的铝土矿开采区。该项目分三期建设：一期工程于 2006 年初开始动工，建设规模为年产铝土矿 1Mt。该项目还包括一个新建洗矿厂。

由于有许多新的铝土矿项目相继开工建设，巴西铝土矿产量还将快速增长。

6.1.2.3 印度

在过去的几年中，印度建设了众多的小型铝土矿，导致铝土矿开采量快速增长。2007 年，印度已成为世界第四大铝土矿生产国，当年开采量为 20.34Mt，约占世界铝土矿总开采量的 10.1%。

印度奥里萨邦的潘查巴特马里铝土矿是印度最大的铝土矿，由印度国家铝业公司（Nalco）经营，年产能达 6Mt 以上。潘查巴特马里铝土矿表土层厚约 3m，矿层厚 14m，采用爆破的方法进行露天开采。所采铝土矿经由 14.6km 长的皮带输送机运送至国家铝业公司的达曼乔地（Damanjodi）氧化铝厂，输送量为 1800t/h。

潘查巴特马里、干达马拉丹和帕坦奇三个铝土矿共年产矿石 2.4Mt。

巴格鲁矿为印度最大的铝土矿生产基地，占印度全国铝土矿产量的 40%。

印度南部的泰米尔纳德邦、卡纳塔克邦和果阿邦的铝土矿也都是印度重要的铝土矿产地。

6.1.2.4 几内亚

几内亚为世界第五大铝土矿生产国，2007 年铝土矿开采量约达 18.52Mt，约占世界铝土矿总产量的 9.2%。

几内亚现有 3 座铝土矿在进行开采，其中规模最大的是博凯铝土矿。自 1973 年至今已共从博凯铝土矿开采了约 300Mt 铝土矿。该矿 2005 年的产量为 14Mt，占该国当年铝土矿总产量约 80%。

博凯铝土矿属于几内亚铝土矿公司（Cie des Bauxites de Guinee，CBG）。CBG 公司的股权分布为：几内亚政府 49%，Halco Mining 51%；而 Halco 由 Alcan 和 Alcoa 等所有，美国铝业公司占有相对控股权。CBG 现由美国铝业公司经营，公司的主要设施位于几内亚首都科纳克里西北 150km 处的博凯镇。该公司拥有从下几内亚到中几内亚的三个大的铝土矿区：桑加雷迪、比地可姆（Bidikoum）和西地达拉（Silidara）。其中，桑加雷迪铝土矿是最早开采的铝土矿，基建投资 4 亿美元，矿山工作人员 500 人，实施多台阶露天采矿作业。桑加雷迪铝土矿的品位现已下降，目前 CBG 公司 85%～90% 的铝土矿由比地可姆和西地达拉铝土矿区产出。CBG 公司在几内亚西海岸卡姆萨尔（Kamsar）拥有一座铝土矿加工厂以及港口设施，对铝土矿进行破碎、均化、烘干后，海运出口。铝土矿山和卡姆萨尔之间有约 100km 长的铁路相通。

博凯铝土矿的采矿工艺十分简单，首先将很薄的表土层剥离，然后进行爆破，用液压挖掘机将爆破后的铝土矿装载至拖车上，再运到矿石堆场，每卡车装 82t 铝土矿。博凯铝土矿的采矿机械主要有：DemagH185 挖掘机、Caterpillar992C 和 992D 型轮式装载机、17台 Caterpillar777B 和 777D 型卡车。

博凯铝土矿的矿石堆场与铁路线平行，不同矿点采运来的铝土矿在堆场卸车时，以平铺直取的方法进行均化，再用取料机直接装运至火车货厢内。大约每两小时可装满 100 节车厢的铝土矿，每天有 5～6 列火车将铝土矿运到卡姆萨尔铝土矿加工厂。

在卡姆萨尔铝土矿加工厂中，博凯铝土矿先被破碎至小于 100mm，然后用堆取料机进一步进行均化。均化后的铝土矿用三台回转窑进行烘干，使铝土矿含水量从 12.5% 降低到6.7%。干铝土矿储存于加盖的储仓内，用于船运出口。

6.1.2.5　牙买加

牙买加为世界第六大铝土矿生产国，2007 年铝土矿开采量为 14.57Mt，约占世界铝土矿总开采量的 7.3%，居澳大利亚、中国、巴西、印度和几内亚之后。

牙买加铝土矿的开采始于 1952 年，一半以上为易开采矿，按照 2005 年 14.1Mt 的开采量计算，牙买加铝土矿可开采 100 年。牙买加铝土矿接近地表、易于开采，并且铝土矿位置接近港口，便于输出。

牙买加有五座较大的铝土矿，主要有克拉伦登铝土矿（该矿主要向附近的 Jamalco 氧化铝厂供矿），圣伊丽莎白铝土矿（St. Elizabeth，所产铝土矿主要用于 Alpart 氧化铝厂），圣安铝土矿（铝土矿产能 4.5Mt，属世纪铝业公司，所产铝土矿主要输往美国 Gramercy 氧化铝厂）和曼彻斯特铝土矿（所产铝土矿主要用于附近 Kirkvine 等氧化铝厂）。

牙买加铝土矿均为高铁型三水铝石矿，针铁矿含量较高，通常还含有 1%～2% 的一水软铝石。牙买加铝土矿一般呈松软土状，无需破碎即可入磨。牙买加铝土矿分布较分散，常呈鸡窝状和漏斗状产出，表土覆盖层较薄，仅 0.5m 左右，矿层厚几米至十多米。

牙买加铝土矿的开采工艺通常是：松土机—推土机—索斗铲或液压反铲铲装—自卸卡车运至集矿站，运距 1～4km，再用皮带输送机送至氧化铝厂。用于运矿的自卸车有 45～85t 不等，还有 110t 的大型拖车。圣伊丽莎白铝土矿皮带运输机约 8km 长，带速 244m/min，产能 1500t/h，由高到低的高程差 549m。

牙买加也制定了有关铝土矿采矿环境保护和废矿坑复垦的法律，各铝土矿采矿场对此也都十分重视，并采取了相应的环保措施。

6.1.2.6　委内瑞拉

1987 年以前委内瑞拉不生产铝土矿，但现在委内瑞拉已成为世界第八大铝土矿生产国。2007 年委内瑞拉共生产 5.9Mt 铝土矿，约占世界铝土矿总产量的 3%。

委内瑞拉铝土矿均来自 CVG（Venezuelan Corporation of Guyana）-Bauxilum 公司的洛斯

皮希瓜奥斯铝土矿，年产能约为6Mt，所采铝土矿主要供应给该国 CVG-Bauxilum 的 Inter-alumina 氧化铝厂。

CVG-Bauxilum 公司铝土矿的采矿运输按区域分为三个部分：采矿场、均矿场、储矿和船运场。

该铝土矿的采矿工艺是：采用采矿软件 Medsystem 对采矿过程进行计划和控制→除去表土层（小于1m）→采用挖掘机破碎硬红土矿层，但不必爆破→采用液压铲装载铝土矿→采用载重量（最多为）100t 的矿车将铝土矿运到破碎站→破碎至小于100mm→采用4.2km 长、产能为1600t/h 的缆索式运矿设备将破碎铝土矿运到均矿场（均矿场高度比碎矿场低650m）→矿石均化，均化设施有：均化堆场4个（每个容量0.225Mt）、6台皮带机、2台堆垛机、2台取矿机和1台装载机→通过52km 铁路运输将铝土矿运至 Jobal 港口，铁路运输设施有：5台2400马力❶的火车头、115节90t 车厢、自动翻斗卸矿→Jobal 港口，港口设施有：4个铝土矿堆场能力共0.6Mt、1.5km 长的能力为3600t/h 的皮带输送机和移动式装载机→船运650km 到位于 Ciudad Guyana 的 Interalumina 氧化铝厂。

6.1.3　世界铝土矿的供应和流向

就铝土矿供需情况而言，全球有关国家可分为如下几种情况：

（1）铝土矿生产国又是出口国的主要有：澳大利亚、巴西、几内亚、牙买加、印度、圭亚那、印度尼西亚、加纳、莫桑比克、塞拉利昂、坦桑尼亚、巴基斯坦、马来西亚、越南和多米尼加等国。其中后十个国家所产铝土矿完全用于出口。

（2）铝土矿生产国，但所产铝土矿主要用于本国氧化铝生产的国家有：委内瑞拉、哈萨克斯坦以及希腊。

（3）铝土矿生产国，但还需进口部分铝土矿的国家有：中国、俄罗斯和伊朗等国。

（4）本国不生产铝土矿，铝土矿需全部进口的国家：美国、法国、爱尔兰、乌克兰、西班牙、加拿大、意大利、德国、罗马尼亚、日本、韩国、阿塞拜疆、斯洛伐克和斯洛文尼亚等国。其中，韩国和日本进口铝土矿主要用于生产化学品氧化铝。

因此，全世界每年都形成3000多万吨的铝土矿贸易量（其中尚未统计印度尼西亚出口到中国的铝土矿量）。铝土矿贸易实质上已成为铝资源进行国际转移的重要渠道。

世界铝土矿的主要出口国为几内亚、巴西、牙买加以及澳大利亚等国。这些国家的出口量合计约占世界铝土矿出口总量的80%。澳大利亚为世界第一大铝土矿生产国，其生产的铝土矿约有60%用于本国生产氧化铝，其余40%的铝土矿供出口。世界上几个最著名的用于出口的铝土矿基地有：几内亚博凯（Boke）铝土矿、巴西特龙贝塔斯（Trombetas）铝土矿和澳大利亚韦帕（Weipa）铝土矿等。近年来印度和印度尼西亚也成为重要的铝土矿出口国。

进口铝土矿的氧化铝生产厂大多位于北美和西欧。如美国、加拿大、爱尔兰、西班牙、意大利的所有氧化铝厂均采用进口矿。联合俄罗斯铝业位于乌克兰的尼古拉耶夫氧化铝厂（Nikolaev alumina refinery）进口西非的铝土矿。中国山东由于建设了众多的低温拜耳法氧化铝厂，近年来也大量进口印度尼西亚、澳大利亚和印度铝土矿。

---

❶　1马力＝735.49875W。

铝土矿的国际贸易形式以期货交易为主，少部分通过大跨国公司之间的调配交易。国际上的铝土矿售价，因取价依据不同，需求方和运输距离有很大差异，因而变化很大。

6.1.4　世界铝土矿业的发展趋势

世界铝土矿的采矿业有如下的发展趋势：

（1）世界主要铝业公司将更关注尚待开发的铝土矿资源的开采和规划工作，集中力量获取资源开采权，特别是试图控制最优质的铝土矿资源。发展中国家的铝土矿资源是关注焦点，特别是西非（如几内亚、喀麦隆和塞拉利昂等国）、东南亚（如越南和老挝等国）、巴西、中东（如沙特阿拉伯）将成为未来世界铝土矿采矿业重点发展的地区。

（2）世界主要铝业公司将在铝土矿资源品质优良、人工成本低廉、基础设施和投资环境较优越的发展中国家加大铝土矿资源开发力度，在铝土矿附近新建、扩建氧化铝厂，实现一体化运作，以节约投资、运输和运行成本。如新建氧化铝厂可选地点有澳大利亚、巴西、印度、几内亚、印度尼西亚、越南和沙特阿拉伯等地，扩建氧化铝厂项目可能主要集中在澳大利亚、巴西和印度等现有铝土矿资源和基础设施良好的国家。

（3）无论是铝土矿的露天开采还是地下开采，勘探和矿体定位将采用先进的数字化、智能化的装备和软件；采掘设备将逐步走向大型化、高效化；老的铝土矿将普遍面临资源枯竭、品位下降的问题；随着铝土矿资源开发程度的进一步加大，铝土矿资源量不足的国家将逐步由近地表的露天开采转入地下开采。

6.2　中国铝土矿开采

6.2.1　中国铝土矿开采概况

中国铝土矿的开采始于1911年，当时日本人首先对辽宁省复州湾铝矾土矿进行开采，随后1925～1941年又对辽宁省辽阳、山东省烟台地区的铝土矿进行过开采，以上开采多用于耐火材料。1941～1943年日本人对山东省淄博铝土矿湖田和沣水矿区的田庄、红土坡矿段进行了开采，矿石作为炼铝原料。后来台湾铝业公司也曾进行过小规模的铝土矿开采供炼铝用。

中国铝土矿大规模开发利用是从新中国成立后开始的。1954年首先恢复在日本占领期曾小规模开采过的山东沣水铝土矿。20世纪50年代以后在山东、河南、贵州等省先后建设了501（山东铝厂）、503（郑州铝厂）、302（贵州铝厂）三大氧化铝厂。为满足这些氧化铝厂对铝土矿的需求，先后分别在山东、河南、山西、贵州等省建成了张店铝矿、小关铝矿、洛阳铝矿、阳泉铝矿、修文铝矿、清镇铝矿等铝土矿采矿基地。

进入20世纪80年代，特别是1983年中国有色金属工业总公司成立以后，中国铝土矿的地质勘探和氧化铝工业得到了迅速发展，新建了山西铝厂、中州铝厂、平果铝厂等一批大型氧化铝厂，使中国氧化铝产量不断增加，建立了从地质、矿山到冶炼加工一整套完整的氧化铝工业体系。

由于中国铝土矿除广西有部分堆积型一水硬铝石矿床以外，是以沉积型一水硬铝石矿床类型为主的，特点是覆盖层厚和开采地形条件差，适合于露采的矿量不到总量的40%，其余只能采用地下开采或露天-地下联合开采工艺技术。

铝土矿相对于其他有色金属矿石来说，价值低、用量大，所以过去尽量采用较低成本的露天开采方式。在"九五"期间，85%以上的铝土矿为露天开采。

中国适于地下开采的铝土矿分布较为集中，主要是分布在山东、贵州和重庆南川地区。至今，实际进行地下开采的铝土矿不多，在山东地区有王村矿、博山矿、田庄矿、北焦宋中部铝矿和洪山矿等，在贵州地区有魏家寨、林歹以及正在建设的猫场矿等。除此之外，在其他地区只有零星的地下开采，如豫西的贾家洼。

中国铝土矿开采的规模一般都较小，这主要与中国铝土矿较为分散的赋存状态和采矿业技术和管理的状况有关，同时，也受中国铝工业的发展历程以及国内一些主要铝业公司一段时间以来所采用的铝土矿原料供应方式的影响。

6.2.2 中国的主要铝土矿

中国铝业公司的铝土矿主要包括以下8座：阳泉铝矿、小关矿、洛阳铝矿、渑池铝矿、孝义铝矿、修文铝矿、清镇铝矿和平果铝矿。在这些铝土矿中，除修文铝矿林歹矿区是地下开采外，其余均为露天作业。这些铝土矿设计采矿能力共为5.74Mt/a（见表6-2）。

表6-2 中国铝业公司部分矿山生产能力情况

矿山名称	矿区名称	设计能力/Mt·a⁻¹	矿山名称	矿区名称	设计能力/Mt·a⁻¹
阳泉铝矿		0.10	清镇铝矿		0.48
小关矿		0.39	孝义铝矿	克俄	0.50
洛阳铝矿	张窑院、贾沟	0.60		西河底、后务城	1.30
渑池铝矿	贯沟	0.20	平果铝矿		1.75
修文铝矿		0.42			

随着中国氧化铝工业的快速发展，对铝土矿资源的竞争越来越激烈。为最大程度地利用国内有限的铝土矿资源，保证铝土矿的安全供应，中国铝业公司制定实施了新的矿产资源发展战略，为改变过多依靠采矿铝土矿的局面，逐步加大铝土矿山投资，加强了自身较大规模的铝土矿的建设，大力提高铝土矿采矿规模和技术装备水平，铝土矿产量已呈逐年增加趋势，预计这些大型铝土矿的生产能力在未来几年中还会有进一步提升。

平果铝矿是中国铝业广西分公司的铝土矿原料矿山，包括那豆、太平、教美等五个矿区。平果铝矿一期工程建于那豆矿区那塘矿段，设计年产铝土矿0.65Mt，于1991年开工建设，1994年投料试车，1995年正式生产。平果铝矿二期工程建于那豆矿区内银矿段，设计年产铝土矿1.1Mt，于2001年开工建设，2003年投产。平果铝矿三期工程建于太平矿区，设计年产铝土矿2.08Mt，于2006年开工建设，2008年投产。平果铝矿一、二、三期工程铝土矿总生产能力达到4.5Mt/a，年采含泥铝土矿原矿近10Mt。

孝义铝矿是中国铝业山西分公司主要的铝土矿供应基地，包括克俄、西河底、后务城、相王和柴场等五个矿区。孝义铝矿一期工程设计采矿0.5Mt/a，于1973年开始基建，1986年投产；二期工程设计采矿1.3Mt/a，1988年基建，1992年投产；三期矿山工程设计年采矿0.95Mt，于2003年开始基建，2007年建成投产。孝义铝矿一、二、三期工程的铝土矿总生产能力达到2.75Mt/a。

近年来，随着山西晋北鲁能和孝义氧化铝厂、广西的华银和靖西信发以及河南豫西的开曼、东方希望、香江万基等数家氧化铝厂的陆续投产，国内铝土矿得到了大规模的开发利用。如山西的忻州和晋城地区，河南的三门峡、洛阳和平顶山地区，广西的靖西、德保地区都成为了开采量较大的铝土矿产地。但除了少数铝土矿具有一定规模外，大多仍为小矿山，单个矿的开采量较小。许多新氧化铝厂未建配套的铝土矿，仍采用对外采购的方式解决铝土矿供应问题。

6.2.3　中国铝土矿的采矿技术

露天开采的铝土矿的实践证明，单一的自卸汽车直进沟开拓对大多数铝土矿床是行之有效的开拓运输方式，具有投资省、基建时间短、投产快、适应性强的优点。因此，在中国露天铝土矿开采中得到了广泛的应用。

由于中国铝土矿矿床普遍覆盖层较厚，因此铝土矿露天开采的剥采比比国外大得多，而且还有加快升高的趋势，此外，采矿损失率和矿石贫化率也较高。铝土矿矿床工业指标剥采比达 $10 \sim 15m^3/m^3$，有的铝土矿设计境界剥采比高达 $22 \sim 25m^3/m^3$。1990年，中国铝土矿露天开采的剥采比就已达到 9.17t/t；同年采矿损失率和矿石贫化率分别为 4.73% 和 7.25%。中国铝土矿的剥离量占采剥总量的 80% ~ 90%，剥离费用占矿石成本的 50% ~ 80%，在剥离费用中运输费占 40% ~ 70%。因此，优化采矿和运输技术，降低剥采比，减少运输费用，是中国铝土矿露天开采降本增效的关键。

目前，中国进行地下开采的铝土矿不多，尚处于小规模试验和生产阶段。山东铝土矿地下开采一般采用长壁陷落法或短壁陷落法，而贵州铝土矿的地下开采则采用分层崩落法或留矿法。地下采矿的采掘比一般为每万吨 $200 \sim 300m$。

6.2.3.1　中国铝土矿的露天开采

中国铝土矿的开采方式主要为露天开采，根据矿床成因的不同，露天开采工艺也有所不同，大体可以分为两大类，即以山西孝义铝土矿为代表的沉积型一水硬铝石矿的露天开采工艺和以广西平果铝土矿为代表的堆积型一水硬铝石矿的露天开采工艺。

A　沉积型铝土矿的开采工艺特点

沉积型铝土矿矿体赋存的典型特征为：覆盖层厚，矿体属缓倾斜薄矿体，呈似层状和大扁豆体状，倾角一般为 0°~20°，局部有无矿天窗，矿体厚一般为 0~10m，平均 3~4m，多数地段有薄厚不等的黏土夹层，且由于矿体底部含铁量增大以及次生淋滤钙质的胶结导致含钙量增高，矿石硬度增大，完整性好。

沉积型铝土矿开采所采用的剥离工艺有三种，一是电铲-汽车剥离，二是松土机-铲运机剥离，三是装载机-汽车剥离。典型的剥离工艺为松土机-铲运机剥离，采用由上到下逐层剥离的方式，松土机助推，铲运机铲装运输岩土到废石场自动水平铺撒排卸，该法利用了铲运机铲装黄土、红土、软质泥页岩等岩土较容易的优势。当剥离硬质泥页岩、薄层砂岩、灰岩层时，则可利用松土机辅助作业。

清顶和采矿工艺主要有两种。当较大规模开采时，一般采用松土机-装载机-汽车工艺，首先用松土机对矿石进行松碎，而后利用松土机的推土板将已松碎的矿石按计划进行现场堆积，并按照矿石品位配矿，在堆积的过程中实现第一次均化，然后再利用前装机（如斗容为 $5.4 \sim 6.0m^3$），按照铲装指令，在工作平台上将堆积的矿石装载到自卸汽车上，之后利用自卸汽车将矿石运至堆场，进行第二次均化配矿。当小规模开采时，则采用反铲-汽车进行清顶和采矿工作，主要利用反铲斗容较小（1.3m³）、挖掘能力强、铲装一体、移动灵活的特点，对漏斗矿、附着在高低起伏顶板的矿块或几何形状复杂的矿块以及被民采巷道纵横切割的矿块都具有较好的回采效果。

B　堆积型铝土矿的开采工艺特点

堆积型铝土矿的矿体赋存的典型特征为：覆盖层薄，平均小于1m，有的矿体直接出露地表而无需剥离。矿层产状平缓，赋存于洼地、谷地、台地的矿体倾角一般小于10°，赋存于缓坡、陡坡丘陵的矿体产状稍陡，倾角为10°～20°。矿体平均厚度为4.5m，厚度变化较大，最大为20m，最小仅为0.53m。矿层由土红色沙质黏土和粒度不等的铝土矿组成，该类铝土矿无需爆破作业，机械可直接铲装。矿体底板有黏土底板和灰岩底板两种类型。原矿中含矿量平均为40%左右。

堆积型铝土矿的剥离相对简单。采矿中采用的主要剥离工艺有两种：覆盖层较薄（小于1.5m）、剥离量不大时采用"推土机就近推置"剥离工艺；覆盖层较厚（大于1.5m）、剥离量大时采用"松土机—铲运机"剥离工艺。

堆积型铝土矿的采矿工艺主要根据矿体厚度、倾角及底板性质不同而确定。采用的主要采矿工艺有三种："松土机-铲运机"工艺、"液压挖掘机（反铲）"工艺、"推土机-装载机"工艺。以"液压反铲"工艺适应性最强、应用最普遍。"松土机-铲运机"工艺应用于以黏土底板为主、厚度变化小的矿体或灰岩底板类但厚度较大矿体的上层开采，具有较高的采矿效率。特别是"松土机-铲运机全断面采矿"工艺能够解决矿体垂向的含矿率、含泥铝土矿塑性变化对洗矿产生负面影响的问题，大大提高综合效率。"推土机-装载机"工艺只是针对急倾且厚度很小（不适宜布置反铲工作面）的矿体使用，或在铲运机、反铲出现故障时作为一种替代工艺使用。

"松土机-铲运机"工艺具有采装运一体化的优点，反铲、装载机工艺则配以较大载重量的铰接式自卸汽车承担矿石运输。

6.2.3.2　中国铝土矿的地下开采

到目前为止，中国进行地下开采的铝土矿较少，地下采矿的规模基本上都是0.15Mt/a以下，属于中、小型铝土矿。

根据铝土矿赋存的不同层位，可以把地下铝土矿划分为三类。

（1）二迭纪铝土矿的地下开采。二迭纪铝土矿矿床矿岩赋存稳定，节理较发育，矿体顶板为铝土岩、泥岩、炭页岩等，结构松弛，f系数为3～4；底板为铝土岩，属高铁质黏土；铝土矿层厚1～2m，倾角为8°～12°。山东淄博的王村铝矿即属此类地下铝土矿。开采二迭纪铝土矿矿体主要采用壁式崩落法工艺，中段巷道布置在脉外，工作面斜长为50～60m，后退式回采，出矿工艺为电耙出矿，电机车运输。对此类矿床也可采用小空场崩落法进行回采。

（2）中上石炭纪铝土矿的地下开采。中上石炭纪铝土矿矿床呈层状、似层状、扁豆状，形态变化复杂，矿层一般厚0.8～5m，倾角6°～25°，顶、底板均不稳固。山东的田庄铝矿、北焦宋铝矿等均属于此类地下铝土矿。这一类地下采矿工艺主要是采用短壁崩落法开采，开拓方式为中央斜井或盘区斜井布置，中段巷道沿矿脉或脉外布置。一般沿矿走向按 50m 划分矿块，沿倾斜方向划分几个分条回采，分条斜长 15～30m 不等，上分条超前下分条一定安全距离回采，出矿工艺为电耙出矿。

（3）中石炭纪铝土矿的地下开采。中石炭纪铝土矿矿床通常节理裂隙比较发育，矿体完整性和连续性较差，呈层状和透镜状产出，底板为铝土岩、铝土页岩和铁质页岩等，其中的铝土页岩成片状，干燥时性脆，遇水易软化，围岩 f 系数为 3～5，矿体倾角为 75°～80°。贵州的林歹矿属于此类地下铝土矿。地下开采中石炭纪铝土矿主要采用平硐＋竖井开拓方式，实际采用的采矿方法主要为水平分层崩落法、低分段崩落法及浅眼房柱法等。

随着中国氧化铝生产的进一步发展，对于利用地下开采的资源的需求日益加强，目前正在积极开发一些资源量较为集中的地下铝土矿床。矿山工作者们将依据各矿山的具体条件，研究开采和运输方案。

6.2.4　中国露天铝土矿采后区的土地复垦

目前，中国铝土矿主要还是采用露天开采工艺。由于铝土矿厚度较薄，决定了采矿特点为占用土地多、剥离量大、影响面大。因此，如何通过复垦减少矿山用地、保护生态环境，对中国铝土矿的开采是一个十分重要的经济和环境问题。中国目前两个大型露天铝土矿——山西孝义铝矿和广西平果铝矿对铝土矿采后区的复垦技术进行了多年的开发研究和实践，形成了相应的复垦技术。

6.2.4.1　山西孝义铝矿采后区的土地复垦

1993 年以来，孝义铝矿在铝土矿资源综合开发利用过程中，加强了以铝土矿采场环境保护为主要内容的"剥离—采矿—复垦"一体化复垦新工艺的开发研究。该矿吸收了当今国内外最新技术，结合"松土机—铲运机"露天开采工艺的特点，统一安排铝土矿的采场剥离、采矿、排土及复垦作业，使各工序有机融合为一体。

孝义铝矿依据复垦的要求，合理调整采矿顺序和排放剥离岩土位置，采用条带剥离技术，强化采矿、条带排土、条带复垦和循环线路运行等技术措施，做到边开采边复垦，大大缩短了占用土地的周期，由以往十年左右缩短为 3～5 年，使采矿用地与土地复垦形成良性循环。为迅速提高复垦地的肥力，在复垦的耕地上种植多年生的紫花苜蓿、红豆草和沙打旺牧草。

复垦耕地当年即可形成一片绿洲。通过复垦，采后区的黄山沟谷和支离破碎的小块地变成了几十亩甚至上百亩的山区"小平原"。

6.2.4.2　广西平果铝矿采后区的土地复垦

广西平果铝矿的生产工艺特点可形象地称为平面拓展型露天机械开采，生产工序上可划分采矿、洗矿、配矿、复垦四大环节。平果铝矿的采矿流程如图 6-3 所示。

平面拓展型露天机械开采方式决定了其快速的平面推进与较高的占地速率，这是与传统的露采矿山垂直下降式开采方式的主要区别。由于矿层平均厚度较薄，且含泥率达70%，因此，平面推进速度较快，采矿的平面推进速度可高达 2km/a。以年产铝土矿 2Mt 规模计算，占地速率高达 0.53km²/a，这在国内外铝土矿中是十分罕见的，因此土地复垦更为紧迫。

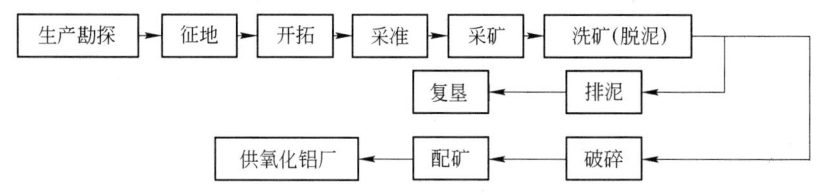

图 6-3　广西平果铝矿的采矿流程

A　采垦工艺技术

采垦工艺技术有以下几个特点：

（1）将工程复垦与采矿作业结合起来，组成采矿—复垦联合工艺系统。通过采矿计划与复垦计划的统一编制、采矿设计与复垦设计的统一优化、采矿施工与复垦施工的统一推进、设备、工艺和人员的统一调配，实现边采矿边复垦，达到采矿占地周期和复垦周期最短、复垦成本最低、复垦效果最好的目的。

（2）开展工程复垦施工设计。根据采空区的实际情况，按照复垦地利用方向的总体要求，平衡土石方挖填工程量，布置平台地或缓坡地及必要的防洪、排涝工程，确定各地段的最终标高与坡度，有效指导工程复垦施工。

（3）根据土壤筛选试验结果，复垦地基层土壤采用矿体底板土或压滤滤饼泥，复垦地耕作层土壤优先采用矿体表层剥离土，不足时采用底板土、滤饼泥、自备电厂粉煤灰等替代材料，按最佳配比形成人工再造耕层，为生物复垦创造良好条件。

B　生物复垦技术特点

生物复垦技术有以下几个特点：

（1）复垦地缓坡地种植优良先锋植被品种。这些植被品种是经科学试验筛选出的品种，适宜立地条件，具有固土封坡和水土保持能力。同时采用小台阶植被工艺，快速实现立体郁闭。

（2）平台耕地采用筛选的优良绿肥作物轮作压青技术，配合采用国际最为先进的真菌菌根技术进行强化培肥，加速生土熟化，缩短复垦周期。

（3）选用优良的抗逆作物品种，并采用先进的栽培技术，提高复垦地的单产水平，满足复垦地的主导利用方向——农业用地的要求。

（4）采用生态学、农学、林学、工程学多学科综合技术，快速重建矿区生态系统。

对复垦土源进行系统规划与平衡。在采矿计划编制时同时考虑复垦土源的总量平衡问题，在年度生产中根据进度计划专门编制土源综合利用计划，以指导剥离—采矿—复垦一体化工艺推进中的土源调配。

6.2.5　中国铝土矿开采中存在的主要问题

中国铝土矿开采中存在的主要问题有：

（1）资源的综合回收率低。近年来，中国铝土矿开采工艺现状是以露天采矿为主，其中相当一部分为民采矿。2003 年全国有民采铝土矿（点）约 741 个，采矿量约 17.35Mt，占当年全国采矿量的 83%。民采矿山普遍存在资源利用率低的问题，回采率一般只有

30% ~90%，同时还存在污染环境的现象。

近年来，国有大中型铝土矿的投入偏少，设备老化严重，加之中国特有的沉积型矿床产状较复杂，导致矿石的回收率和贫化率指标偏高。北方沉积型铝土矿露天开采的矿石回收率一般都低于90%，贫化率超过10%。而采用地下开采的铝土矿山，开采技术条件更复杂，矿体的完整性、稳固性和连续性较差，矿体厚度小，矿床水文地质条件复杂，部分铝土矿床上部有煤系地层覆盖等，导致地下铝土矿开采的回收率仅有30% ~50%。

（2）矿山开采规模较小，效率低下。目前，国内无论是实行露天开采还是地下开采的铝土矿的规模都偏小。露天铝土矿的生产能力除个别可以达到1Mt/a左右的规模外，其他露天铝土矿的生产规模基本上都在0.3Mt/a以下，为数不多的现有地下铝土矿的生产能力均在0.15Mt/a以下。由于中国铝土矿的开采通常规模过小，导致开采效率低和采矿成本居高不下。

（3）地下铝土矿开采技术不成熟。由于中国越来越多的铝土矿资源需采用地下开采工艺，并且又多属难采矿床，开采过程中的技术难题较多，整体技术不成熟。这突出体现在：地下采矿回收率低，资源损失浪费严重；围岩破碎不稳固，地压管理困难，作业人员的安全保障程度不高；所采铝土矿具有结块性，容易结拱卡斗，在雨季和地下水较多的时期放矿困难；地下采矿工艺复杂，劳动生产率低，采矿成本高；煤系地层覆盖下的铝土矿开采情况复杂。

由于这些技术难题一直没有得到很好的解决，在很大程度上限制了中国铝土矿地下开采工艺的开发与应用。因此，中国铝土矿地下采矿技术的开发已迫在眉睫。

（4）矿山采矿用地及复垦成本高，复垦土地退出机制不完善。铝土矿矿层厚度薄，多为3m左右，每吨矿石占用的露天开采的土地面积大。特别是广西堆积型铝土矿存在矿体分布范围广、原矿含矿率低、赋存地多为耕地等不利因素。随着广西铝土矿进行大规模开采，每年需征用采矿用地上千亩。由于征地成本和土地复垦费用高，引起采矿成本大幅增高，约占矿石总成本的20%以上。另外，由于国家目前还没有建设用地复垦后退出为农用地的有效机制，经验收合格后的复垦土地仍由企业雇用大量的劳力耕种，造成采矿与地方农业的不协调，不利于铝土矿采矿业的可持续发展。为此各方面在合力探索采矿用地"征改租"的新模式。

（5）铝土矿资源开采缺乏有效的宏观管理和制度约束。铝土矿资源的争夺日趋白热化，这对保持良好的铝土矿开采秩序和实现资源集约利用是一个严峻的挑战。

6.2.6　中国铝土矿开采的发展趋势

河南、山西、贵州等省的铝土矿已经经过三十多年的开采，高品位铝土矿的保有量已经越来越少，这些地区的氧化铝厂的供矿品位正在快速下降，中国氧化铝工业正面临着因为矿石质量变差，造成生产效率低下、能耗碱耗上升的困难局面。因此，处理中国中、低品位一水硬铝石矿的节能减排新技术将成为今后中国氧化铝工业可持续发展最重要的基础。对沉积型矿床而言，"选矿拜耳法工艺"已经在河南应用；对堆积型矿床而言，采取配矿方式及早利用低品位矿资源，是非常有效的增加可利用铝土矿资源的方法。与此同时，中国铝业公司等氧化铝企业和各省地勘部门加大了新的铝土矿资源的找矿勘察工作的力度，可望产生可观的新增资源量。国内各氧化铝企业在引进或开发利用国外资源上，已经取得实质性进展。

在铝土矿采矿方式上，露天开采还将在相当长时间内占据主导地位，地下采矿也将有较快发展。随着中国铝业公司大力加强铝土矿建设（如广西分公司三期、山西分公司孝义三期、贵州分公司等单位的新建铝土矿建成投产）以及晋北、广西德保、靖西等地的新的铝土矿的开发，国内铝土矿的采矿技术和装备将进入一个快速发展时期，主要的大型铝土矿在生产规模、工艺技术、自动化和信息化水平等方面将缩小与国外先进铝土矿的差距。

6.3　中国铝土矿开采的供求分析

全球铝土矿资源丰富，按照目前世界铝土矿开采能力计算，其基础储量可足以开采180年以上，供矿的安全程度很高。但是由于中国氧化铝产量巨大，而铝土矿资源相对较少，引起资源消耗量过大，铝土矿供求关系严重失衡。

进入21世纪以来，中国氧化铝工业的产能快速扩张，2007年利用国内铝土矿生产的氧化铝已达15Mt左右，年耗采出铝土矿近30Mt。与此同时，众多的中国氧化铝厂还在纷纷兴建，2008年的产能已达到34.31Mt/a。这么庞大的氧化铝产能一旦全部生产，将使国内铝土矿的生产和消耗进一步大幅增加。

以国土资源部的铝土矿储量统计数据为依据，储量消耗系数设定为1.65，2008年中国氧化铝厂对国内铝土矿储量的消耗约为40Mt，以此可以分析以2008年为基数的中国铝土矿静态服务年限。中国铝土矿基础储量的保证年限仅为15年，但如果仅考虑到 $A/S > 5$ 的矿石才能经济高效利用，则中国铝土矿基础储量的静态保证年限仅为10年，查明铝土矿资源量的保证年限约为40年。由此可见，中国铝土矿资源的开采与供给总体上已面临非常严峻的局面。

此外，由于中国各省区铝土矿资源的储量和品位差异很大，铝土矿资源的开采和消耗能力各不相同，因此，造成各省区铝土矿资源保证年限差距明显。例如河南省氧化铝产能大，但目前保有的铝土矿品位较低，因此该省铝土矿保证年限将明显低于广西和贵州等省区。

鉴于中国已探明的铝土矿储量中，可经济露天开采的不多，低硅含量的高品位铝土矿更少，大型三水铝土矿尚未发现，为保证中国氧化铝工业持续发展，需要大力加强地质工作。为此，应尽快对中国铝土矿新的找矿靶区进行大规模的地质勘探；要加强对老矿区周边和深层处的铝土矿勘探工作，寻找更多的铝土矿资源，特别是优质铝土矿资源；尽快扩大中国可经济利用的铝土矿资源量；要积极探索"走出去"以更多地利用国外资源的途径，研究从国外进口一部分优质的三水铝土矿的可靠方式，以保证中国氧化铝工业的可持续发展。

7　铝土矿预处理及选矿

* *

7.1　铝土矿预处理概述

铝土矿的品位涉及物料中金属或有价成分所占的质量比，常用百分数表示。对于铝土矿而言，常用的概念还有氧化铝与氧化硅之比（A/S），以及氧化硅中的活性成分等。铝土矿品位对氧化铝生产的生产效率、能源和原材料的消耗、成本的控制具有举足轻重的影响。

铝土矿的预处理是为了提高其品位和可利用性，包括脱水和除杂。

铝土矿的脱水一般是针对世界上许多地处热带、亚热带多雨地区开采的铝土矿进行的预处理方法。这些地区开采出来的铝土矿原矿含水率高达 10% ~ 20%，如几内亚铝土矿。铝土矿含水高会造成开采运输困难、矿石中的氧化铝含量下降，对于该类铝土矿必须进行烘干脱水预处理。脱水能大幅度地降低铝土矿的运输成本，并相应提高铝土矿的品位。

铝土矿的除杂是对原矿品位低而不能直接进行冶炼的矿石进行加工，除去其中大部分脉石与有害成分，以提高铝土矿品位，降低氧化铝生产成本和能耗。

世界上某些铝土矿开采的原矿中含泥量大，杂质氧化硅含量高，无法直接采用拜耳法生产氧化铝，如澳大利亚韦帕矿和中国的平果矿。但是这些硅矿物很容易用水洗的简单方法与铝矿物分离，从而提高水洗后铝土矿的品位。因此水洗成为含泥量高的铝土矿进入氧化铝生产流程前的重要预处理方法。国外通常用"beneficiation"来表达用水洗矿的预处理方法，在中国称为"洗矿"。

随着氧化铝工业的快速发展，世界上许多铝土矿区所开采的铝土矿品位呈下降趋势，导致相关氧化铝厂面临供矿品位劣化、产量下降、生产成本上升的严峻形势。高硅低品位铝土矿的选矿脱硅或高硫铝土矿的选矿脱硫是解决供矿品位下降的另一项重要预处理工艺。

生物技术用于铝土矿预处理也具有前瞻意义。利用某些生物对铝矿物和硅矿物的选择性作用或者不同的反应性，可以将两种矿物分离，达到预处理效果。

7.1.1　铝土矿预处理的方法

铝土矿预处理的主要任务就是根据其应用领域对铝土矿质量的要求，对铝土矿进行脱水、脱硅、除杂、提高铝土矿的 A/S，为氧化铝生产等提供优质原料。

7.1.1.1 铝土矿脱硅

含硅矿物是铝土矿中常见和最有害的杂质之一。在氧化铝生产过程中,硅以水合铝硅酸钠 ($Na_2O \cdot Al_2O_3 \cdot 1.7SiO_2 \cdot nH_2O$,生产上一般称为钠硅渣)的形式析出,造成如下危害:

(1) Na_2O 和 Al_2O_3 的损失;

(2) 在设备和管道上,特别是换热器壁上结垢,严重降低传热系数,增加能量消耗和清理工作量;

(3) 进入成品氢氧化铝,降低产品质量。

因此,脱硅是铝土矿预处理的主要目的之一。

铝土矿脱硅的方法主要有物理选矿、化学选矿和生物选矿等。目前,比较成熟的脱硅和脱硫的方法是浮选法,包括正浮选和反浮选工艺,其中正浮选工艺技术已比较成熟。

A 物理选矿脱硅

物理选矿脱硅工艺以天然矿物形态除去含硅矿物,以降低铝土矿中 SiO_2 的含量。根据分选方法的不同,物理选矿工艺又可分为选择性碎解、洗矿与筛分、重选、光电分选、选择性絮凝和浮选等,其中洗矿和浮选已应用于工业生产。

(1) 选择性碎解。选择性碎解是利用铝土矿中的一水硬铝石与硅酸盐脉石矿物的硬度不同,采用不同的磨矿介质和工艺参数,强化一水硬铝石与脉石矿物间碎解程度差异,再进行按粒级分离实现脱硅目的的方法。铝土矿中的黏土矿物易被破碎泥化,而一水硬铝石相对富集存留在较粗粒级之中。

选择性碎解工艺包括碎矿、磨矿(球磨或棒磨)、水力或风力分级作业,常和其他选矿方法例如洗矿、重选、光电分选或浮选等联合使用。

(2) 洗矿与筛分。铝土矿的洗矿和筛分通常适用于某些高岭石、叶蜡石等黏土类型铝土矿。根据黏土矿物易泥化的特点,通过洗矿的方法和分级除掉黏土矿物。例如,中国天津地质调查所对广西平果县太平矿区 121 号矿体的粒度分析研究表明,大于 0.5mm 矿石的 $A/S > 20$,0.5~0.1mm 矿石的 A/S 在 6.95 左右,而小于 0.1mm 矿石的 $A/S < 2$,这种矿石利用洗矿和筛分方法能取得较好的脱硅效果。

(3) 选择性絮凝。选择性絮凝方法适用于嵌布粒度很细、矿物中含泥较多的一水软铝石型矿石。该方法先将矿石细磨至小于 $5\mu m$ 粒级约 30%~40%,以聚丙烯酰胺作絮凝剂,用苏打或苛性钠调整 pH 值,以六偏磷酸钠作分散剂,使矿浆中铝矿物发生絮凝,絮凝物沉淀再与悬浮物分离。原矿 Al_2O_3 50.25%、SiO_2 18.32%、A/S 为 2.75,经选择性絮凝后,精矿 Al_2O_3 60.2%,SiO_2 12.3%,A/S 为 5.0,产率为 50.40%。前苏联对一水软铝石型铝土矿进行过选择性絮凝脱硅试验,原矿 A/S 为 3.9,得到精矿 A/S 为 6.2,Al_2O_3 回收率为 58.1%。

(4) 浮选。浮选脱硅法是利用矿物表面性质的不同,实现有用矿物与脉石矿物分离的方法。按照选别过程中有用矿物的走向又可分为正浮选和反浮选。

正浮选是有用矿物如一水硬铝石、三水铝石、一水软铝石等进入泡沫产品,脉石矿物残留在槽中的选别过程。反浮选则是将矿石中含硅脉石矿物作为泡沫产品浮出,使产率占 70%~80% 的高铝硅比一水硬铝石精矿留在浮选槽内,从而实现铝土矿脱硅的工艺。

一水硬铝石矿的正浮选技术相对来说较容易实现，已投入工业应用。但是由于铝土矿中的氧化铝含量高，正浮选不符合浮少抑多的原则，同时还存在精矿脱水困难、药耗高、精矿中夹带的浮选药剂影响后续的氧化铝生产过程等缺点，从而提出了在原理上具有明显优势的反浮选工艺，也即浮选含硅矿物使得铝土矿中的铝硅得以分离的方法。铝土矿中常常是高岭石、叶蜡石、绿泥石、伊利石等多种含硅矿物同时存在，使它们都能有效进入泡沫产品的技术难度很大。因此，反浮选是具有发展前途而又充满挑战性的方法。

B　化学选矿脱硅

化学选矿脱硅有两个重要方法，即原料预脱硅和焙烧预脱硅。

原料预脱硅是利用碱溶液或高苛性比值的铝酸钠溶液，在高液固比及低温下使硅选择性地进入溶液。此处的原料预脱硅与第 11 章中拜耳法中的预脱硅含义有所不同。焙烧预脱硅工艺包括预焙烧、溶浸脱硅、固液分离等。焙烧预脱硅的特点是：在一定温度下使含硅矿物发生分解，然后用苛性钠溶液溶出。溶出后的浆液必须经固液分离，才能使溶出的硅矿物与残留的氧化铝矿物分离而达到脱硅的目的。

化学选矿脱硅的优点是能同时回收一水硬铝石中的 Al_2O_3 和铝硅矿物中的 Al_2O_3，Al_2O_3 的总回收率高，但是化学选矿脱硅工艺仍然存在一定的技术难点需要解决，主要是硅矿物浸出后生成的硅酸钠如何分离出苛性碱以进行循环。

C　生物选矿脱硅除杂

生物选矿脱硅是用微生物分解硅酸盐和铝硅酸盐矿物，并使其中的二氧化硅成为可溶物，从而使得铝土矿中的铝和硅得以分离。铝土矿生物选矿还处于探索性研究阶段。具体内容将在 7.8 节中讲述。

D　化学物理脱硅

化学物理选矿是先将铝土矿用普通的拜耳法预脱硅方法处理，使铝矿物和活性硅矿物等杂质充分解离，然后再用物理方法将铝矿物分选出来得到精矿。

该方法采用普通的拜耳法常压预脱硅过程，使铝土矿中的大部分活性硅矿物（主要是高岭石）在此条件下基本反应，生成以水合铝硅酸钠为主的脱硅产物，以达到与铝矿物互相解离的目的。互相解离的矿物具有不同的粒度和密度，一水硬铝石矿物粒度范围大部分为 $10 \sim 150 \mu m$，密度为 $3.3 \sim 3.5 g/cm^3$；而新生的水合铝硅酸钠等硅矿物粒度多为小于 $10 \mu m$，密度为 $2.58 \sim 2.8 g/cm^3$。根据两者粒度和密度的差异，可以用简单的机械分选方法进行分离，溢流是硅矿物尾矿，底流是一水硬铝石精矿。该方法称为化学物理脱硅工艺。

7.1.1.2　铝土矿除铁

国内外铝土矿选矿除铁方法分为物理法、化学法及生物法。物理法除铁的工艺流程简单，成本低；化学法对铝土矿中铁的脱除率高，Al_2O_3 回收率高，但存在成本高和环境污染等问题；而生物法选矿除铁是成本低、能耗低且环境污染小的方法，但存在反应速度慢、条件苛刻、周期长的问题，还未实现工业化。

铝土矿除铁可以分为高铁铝土矿的除铁和铝土矿选尾矿的除铁，两者的原理和方法基本相同。但因为铁含量不同，高铁铝土矿的除铁倾向于磁选、浮选或者磁选—浮选联合流程，而铝土矿选尾矿的除铁则倾向于强磁和生物除铁方法。

A 高铁铝土矿的除铁

用拜耳法生产氧化铝的过程中，若铝土矿中铁含量过高，可能会降低设备的单机生产能力，增加生产能耗，或导致赤泥沉降困难，因此，这类铝土矿资源可通过选矿处理来降低铁含量，提高品位。高铁铝土矿的除铁方法主要有磁选、浮选或者磁选—浮选联合流程等。

B 铝土矿选尾矿的除铁

铝土矿选矿后的尾矿主要含有 Al_2O_3、SiO_2 及少量的 Fe、Ti、Ca、Mg 等，可以通过再磨、烧结、除铁等方法实现其在涂料、填料、建材、陶瓷、耐火材料等领域的应用。

铝土矿尾矿物理除铁方法，即浮选—磁选联合流程，其中磁选主要可分为强磁选和高梯度磁选等方法。磁选对脱除铝土矿尾矿中的铁矿物有一定的效果，但对微细粒和铝土矿晶格中的铁效果不显著。

7.1.1.3 铝土矿脱硫

中国的一水硬铝石高硫型（S 含量大于 0.7%）铝土矿分布于桂西、滇东南、黔中、黔北、川东南、鄂北和鲁中，储量为 150Mt，占铝土矿总储量的 11.0%。这类矿石以中高铝、中低硅、高硫、低-高铁、中高铝硅比矿石为主，其中高品级矿石占 57.2%，中低品级矿石占 42.8%。此类矿石高硫品位所占比例大，在拜耳法生产过程中，引起较高的碱耗，导致蒸发结疤和设备腐蚀，因而难于直接利用，必须进行高硫矿的脱硫预处理。

至今为止铝土矿脱硫的方法主要有以下几种：

（1）浮选法。高硫铝土矿的脱硫以前苏联研究最多，前苏联采用浮选法对铝土矿脱硫及碳酸盐进行了从实验室研究到工业试验直至工业生产的一系列卓有成效的工作。例如，前苏联乌拉尔工学院研究含硫 2.0% 的铝土矿时用浮选法，获得含硫低于 0.41% 的精矿，氧化铝回收率为 99.17%。南乌拉尔铝土矿采用浮选法脱除硫化矿物和碳酸盐工业试验取得成功，硫化物经一次粗选、二次精选、二次扫选分别得到硫化物精矿和尾矿，含硫由原矿的 2.22% 降到 0.19%，且硫化物精矿作为氧化镍矿熔炼的硫化剂，矿石得到充分综合利用。

国内也曾对某地高硫铝土矿进行浮选脱硫试验。据报道，王晓民等人用乙黄药浮选使铝土矿含硫量由 2.08% 降低到 0.65%，同时氧化铝的回收率可达 91.46%。曾克文等人采用浮选流程，将铝土矿中 1.67% 的硫降至 0.34%。陈湘清等人也曾对重庆南川高硫铝土矿进行过脱硫预处理研究，原矿铝硅比为 4.02 的综合样，采用"阶段磨矿脱硫脱硅工艺"选矿后，硫精矿含硫 23.84%，硫的回收率达 91.88%，铝精矿铝硅比为 8.34，含硫 0.17%，可以达到后续氧化铝生产工艺的要求，并有效地解决铝土矿硫含量偏高导致的资源无法利用的问题。

因此，采用浮选法对高硫铝土矿进行脱硫是目前较受认同的一种方法。

（2）碱性铝酸盐溶液浮选法。在生产氧化铝的碱性溶液中进行浮选，对于提高用拜耳法处理的铝土矿的质量是非常有效的。在水介质中浮选铝土矿时，要应用碳酸碱（每吨铝土矿需加 10kg 碳酸钠）。但在选矿产品脱水时，这种碱又被中和了，故它不能作为循环液使用。因此，将分离铝土矿中的硫化物（主要是硫铁矿及亚硫酸盐）的浮选作业，放在生产氧化铝的洗涤液中进行。这样，可以省掉苏打、保证水的循环使用、减少过滤脱水的环节，从而降低了浮选成本。

（3）电位调控浮选法。硫化矿浮选体系的固-液-气三相具有电化学反应活性，利用电位调控（可以是外控电场或是加入药剂）调节和控制硫化矿表面疏化和亲水的电化学反应。中国高硫铝土矿主要硫化物是黄铁矿，其他为氧化矿及脉石。比起复杂硫化矿体系（如方铅矿-黄铜矿-黄铁矿体系）的电位调控浮选分离，这种矿石的电位调控浮选应更容易实现。这种硫化矿的无捕收剂浮选比传统的黄药类捕收剂的泡沫浮选分离具有更高的选择性，药剂配方简单，更主要的是节省了大量的药剂费用。如能在铝矿山实现，还能减少浮选药剂对后续氧化铝溶出工艺的影响。

目前，这种新工艺在国内的铜矿、铅锌矿及金矿（赋存在黄铁矿中）都有成功的应用。把选矿领域中的新技术——电位调控浮选运用到氧化铝生产工业中高硫铝土矿的脱硫上将是十分有意义的。

（4）氧化铝湿法除硫。基于矿石和燃料带入流程中的硫主要以 Na_2SO_4 形式进入工业铝酸钠溶液中，在氧化铝生产的溶液（如种分母液）中加入脱硫剂，使硫形成硫酸盐沉淀，与铝酸钠溶液分开而被除去。为了减轻 Na_2S 的危害或降低其在溶液中的含量，采用氧化剂使硫化钠和硫代硫酸钠转化为硫酸钠，在溶液蒸发浓缩时，析出碳酸钠与硫酸钠的混合物（Na_2SO_4 含量达到 60%）。氧化剂有气体氧化剂（氧气和臭氧）或固体氧化剂（$KMnO_4$、$K_2Cr_2O_7$、$NaNO_3$、漂白粉、软锰精矿等）。从价格上考虑，漂白粉和 $NaNO_3$ 是最有效的。然后通过加入一定的脱硫剂，把硫脱除。脱硫剂主要有氢氧化钡、铝酸钡、氧化钙等，它们各有优缺点。

（5）碱石灰烧结法。在碱石灰烧结法中，向生料中加入固体还原剂（生料加煤）可以消除氧化铁和硫的有害影响，使相当量的硫转化为二价硫化物，从赤泥排出。生料加煤后，氧化铁在烧结过程中于 600 ~ 700℃ 被还原成碱性氧化亚铁 FeO，甚至还原成金属铁。以黄铁矿存在的铁，在还原气氛中转化为硫化亚铁 FeS。Na_2SO_4 熔点低，且不易挥发和分解。Na_2SO_4 在 1430℃ 开始按 $Na_2SO_4 \longrightarrow Na_2O + SO_2 + 1/2O_2$，$\Delta H = 656kJ$ 反应分解。当温度为 2177℃ 时，分解压力才达到 0.1MPa。当有炭存在时，Na_2SO_4 在 750 ~ 880℃ 开始分解。还原剂和氧化剂同时存在，可使 Na_2SO_4 达到完全分解的程度。所以，碱石灰烧结法生料中加入还原剂，除前述各种主要反应外，还由于 Na_2SO_4 的分解而生成 $Na_2O \cdot Al_2O_3$ 和 FeS 及 CaS。

熟料溶出时，Na_2S 进入溶液。FeS 除少部分被碱溶液分解，使其中的硫再转入溶液外，大部分进入赤泥。在采用喷入法喂料时，上述反应产生的 SO_2 气体相当完全地被料浆吸收，又以 Na_2SO_4 的形态回到炉料中，因此，气相排硫量很少，还不到生料含硫量的 1%。值得注意的是，当烧结物料进入窑的高温带后，由于处在氧化气氛下，暴露在料层表面的二价硫化物与空气接触后又会被氧化为 Na_2SO_4，只有约半数的硫是以二价硫化物形式保存在熟料中，在熟料溶出时，进入赤泥中排出流程。

7.1.2 铝土矿选矿的基本作业

铝土矿选矿过程由矿石准备、选别、产品脱水等作业过程组成。

（1）矿石准备。选前准备包括破碎、筛分、集尘、磨矿、分级，有时还包括洗矿。通过破碎和磨矿将块状矿石粉碎至一定粒度，使其中有用矿物与脉石矿物发生单体解离或形成富连生体，达到入选粒度要求。

（2）选别。采用适当的选矿方法，将已单体解离的有用矿物和富连生体有用矿物与脉石矿物分离，达到除杂的目的。通常的选矿方法有洗矿法、浮选法、化学选矿法和生物选矿法，其中浮选法又包括正浮选、反浮选和联合浮选。

（3）产品脱水。选矿过程基本上是在浆体溶液中进行的，经过分离后的精矿和尾矿通常含有 10% ~ 85% 的水分，为了满足使用要求和运输方便，需要脱除其中的水分，并实现回水利用。脱水作业通常包括浓缩、过滤和干燥（含尾矿干法堆存）三个阶段。

7.2 铝土矿碎磨与分级

物料选别前进行破碎和磨矿的根本目的在于使有用矿物从脉石矿物中解离出来，利用最小的能量输入，获得最佳的单体解离度和最适应的入选粒度。

7.2.1 铝土矿的工艺矿物学性质

中国铝土矿中作为铝资源回收的主要是一水硬铝石、一水软铝石和三水铝石等，需要脱除的含硅脉石矿物是高岭石、伊利石、叶蜡石、绿泥石等。一水硬铝石和含硅脉石矿物在晶体结构、化学成分、硬度、在矿石中的分布状态等有明显的差异。一水硬铝石属链状结构，原子间主要以离子键相连，常呈现自形-半自形晶体，以粒状、板状、柱状、鲕状、细粒或隐晶质等形式产出，嵌布粒度较细，有重结晶等作用后粒度增粗，硬度较高，莫氏硬度达 6 ~ 7。高岭石、伊利石和叶蜡石等铝硅酸盐矿物均为层状结构，层间为氢键、弱离子键和分子键，在矿石中以隐晶质、微晶质、细鳞片状集合体和胶体等形式产出，嵌布粒度比一水硬铝石的嵌布粒度更细，硬度低，只有 1 ~ 3。铝硅酸盐的嵌布粒度：大于 0.074mm 的占 12.41%，小于 0.020mm 的占 50.08%。铝土矿中主要矿物的物理化学性质见表7-1。

表 7-1 铝土矿中主要矿物的物理化学性质

矿 物	一水硬铝石	高岭石	伊利石	叶蜡石
化学式	$Al_2O_3 \cdot H_2O$	$Al_4[Si_4O_{10}](OH)_8$	$K_2O \cdot 3Al_2O_3 \cdot 6SiO_2 \cdot 2H_2O$	$Al_2[Si_4O_{10}](OH)_2$
莫氏硬度	6.5 ~ 7	1 ~ 3	1 ~ 2	1 ~ 2
密度/g·cm^{-3}	3.2 ~ 3.4	2.6 ~ 2.63	2.5 ~ 2.8	2.65 ~ 2.8
晶体构造	链状结构基型	硅氧四面体及铝氧八面体呈层状构造	八面体配位阳离子夹在两个相同四面体网层之间呈层状结构	两层六方硅氧四面体网层夹一层铝氧八面体层呈层状构造
结构单元层		1:1	2:1	2:1
结构单元层间电荷数		0	1 - x	0
Al/Si（原子比）		1:1	1:1	1:2
Al_2O_3/SiO_2（质量分数比）		0.86	0.77 ~ 0.85	0.42
单位层连接	垂直 c 轴平面上氧原子间以氢氧—氢键连接	以氢链相连接	层内离子键、层间分子键连接	靠微弱的分子链连接
其他性质	用手搓易成粉末，吸水性强			易被搓碎成小鳞片

7.2.2　铝土矿碎磨理论及产品特征

铝土矿碎磨的目的是使一水硬铝石较好地解离而又尽可能地避免产品泥化。一般来说，铝土矿选矿都遵循"多碎少磨"的原则，通过选择性磨矿，保证浮选和过滤等后续作业工作效率，应尽量减少大于 0.15mm 和小于 0.01mm 粒级的生成。

7.2.2.1　铝土矿碎磨理论

铝土矿中由于有用矿物和脉石矿物的性质差异大，力学强度各不相同，在相同的破碎条件下，其粉碎速率也不同。

目前，关于铝土矿的碎磨理论存在两种截然不同的说法：第一种是普遍认为的铝硅酸盐矿物（高岭石、叶蜡石、伊利石等）优先粉碎原理。此原理认为，由于一水硬铝石的硬度明显大于铝硅酸盐矿物的硬度，因此在铝土矿的碎磨过程中，相同条件下，硬度小的铝硅酸盐矿物优先粉碎，粉碎后的产品中铝硅酸盐矿物的平均粒度小于一水硬铝石，铝硅酸盐矿物主要以细粒级存在，在粗粒级中含量相对较低，即同一粉碎产品筛析后，粒度越小，铝硅比越低；粒度越粗，铝硅比越高（见表 7-2）。

表 7-2　河南铝土矿某细碎产品粒度分析

粒级/mm	产率/%	品位/%		A/S
		Al_2O_3	SiO_2	
-12 ~ +4	31.97	65.0	10.66	6.10
-4 ~ +2	13.27	67.2	10.66	6.30
-2 ~ +0.83	25.63	64.6	10.95	5.90
-0.83 ~ +0.15	12.36	63.5	11.24	5.65
-0.15 ~ +0.09	3.07	61.4	11.96	5.13
-0.09 ~ +0.074	0.90	60.3	12.64	4.78
-0.074 ~ +0.043	1.36	60.1	12.40	4.85
-0.043 ~ +0.037	1.29	57.8	15.31	3.78
-0.037 ~ +0.01	7.74	56.0	17.32	3.23
-0.01	2.41	48.7	22.54	2.16
合　计	100.00	63.6	11.74	5.42

但也有研究者持有不同意见，即一水硬铝石优先粉碎原理。他们认为，虽然一水硬铝石的硬度明显大于铝硅酸盐矿物的硬度，但是一水硬铝石比较脆，而铝硅酸盐韧性相对较大，在捶打、挤压等同样的作用力下，有可能脆性大的矿石会比韧性大的矿石优先粉碎，即一水硬铝石优先粉碎。所以，同一粉碎产品筛析后，会出现粒度越小铝硅比越高的现象（见表 7-3）。

表 7-3　河南铝土矿某工业试验分级机溢流产品粒度分析

粒级/mm	产率/%	品位/%		A/S
		Al$_2$O$_3$	SiO$_2$	
−0.15 ~ +0.074	2.33	51.20	17.96	2.85
−0.074 ~ +0.045	14.13	59.80	11.41	5.24
−0.045 ~ +0.037	13.41	59.40	10.00	5.94
−0.037 ~ +0.021	9.30	61.00	9.08	6.72
−0.021	60.83	55.40	15.21	3.64
合　计	100.00	56.98	13.47	4.23

7.2.2.2　铝土矿碎磨产品特征

表 7-2 是河南铝土矿工业生产中某细碎产物的分析。由表 7-2 可以看出，铝土矿破碎产品的特征主要有：粒级由粗到细，Al$_2$O$_3$ 含量呈减少趋势，SiO$_2$ 含量逐步增加。由粗到细，粒级 A/S 比由 6.10 减少到 2.16。这一现象说明铝土矿在破碎过程中存在选择性粉碎现象，铝硅酸盐矿物较一水硬铝石更易粉碎，因而在细粒级中富集。

表 7-3 是河南铝土矿某工业试验分级机溢流产品粒度分析。二段磨后进分级机，分级后产品筛析，从小于 0.15mm 到大于 0.021mm，随着粒度降低，铝硅比从 2.85 逐渐升高到 6.72，直到小于 0.021mm 粒级铝硅比又降低到 3.64。即中间粒级产品铝硅比相对较高。这样的数据说明，对于中低品位的铝土矿，其矿石嵌布情况更复杂。

7.2.3　铝土矿的破碎筛分与集尘

7.2.3.1　破碎机械

破碎前矿石的最大粒度与破碎后产品最大粒度之比，称为破碎比。其计算公式如下：

$$i = \frac{D_{最大}}{d_{最大}} \tag{7-1}$$

式中　i——破碎比；

$D_{最大}$——给矿中最大块直径，mm；

$d_{最大}$——破碎产品中最大块直径，mm。

目前，国内大多数金属矿石选矿厂主要采用颚式破碎机、旋回破碎机和弹簧圆锥破碎机等常规破碎设备进行矿石粉碎。

破碎机的型号和规格的选择主要根据所处理的矿石性质、选厂规模以及厂址地形等条件，综合比较确定。一般处理中硬以上矿石时，粗碎应用颚式或旋回破碎机，中细碎多采用圆锥破碎机，少数采用对辊破碎机；中硬以下或片状、易脆矿石，可采用具有冲击作用的反击式破碎机。

A　颚式破碎机

颚式破碎机是一种间断工作的破碎机械。其规格用给矿口宽度 B 和长度 L 表示。目前，工业上广泛应用的有简单摆动式（见图 7-1）和复杂摆动式（见图 7-2）两种。

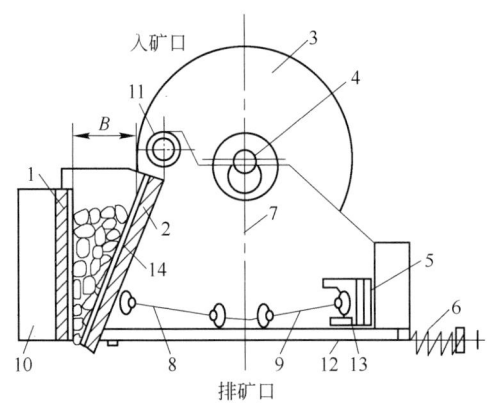

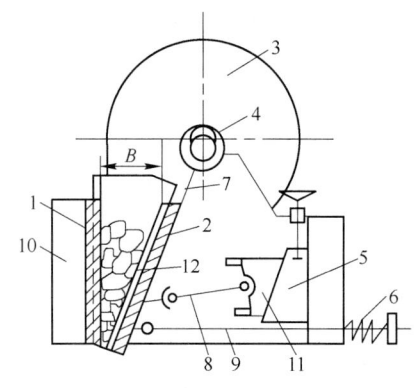

图 7-1 简单摆动式颚式破碎机

1—固定颚板；2—可动颚板；3—飞轮；4—偏心轴；
5—垫片调整装置；6—弹簧；7—连杆；8—前肘板；
9—后肘板；10—机体；11—可动颚板悬挂心轴；
12—拉杆；13—楔铁；14—衬板

图 7-2 复杂摆动式颚式破碎机

1—固定颚板；2—可动颚板；3—飞轮；4—偏心轴；
5—滑块调整装置；6—弹簧；7—连杆；8—肘板；
9—拉杆；10—机体；11—楔铁；12—衬板

简单摆动式颚式破碎机可动颚板悬挂轴与偏心轴分开，可动颚板仅做简单摆动，破碎物料以压碎为主，多制成大、中型，破碎比为 3~5。复杂摆动式颚式破碎机悬挂轴与偏心轴合一，可动颚板既做摆动，又做旋转运动，因此除有压碎和折断作用外，还有磨剥作用，一般制成中、小型，破碎比可达 10。随着耐冲击的大型滚动轴承的出现，复杂摆动式颚式破碎机有向大型发展的趋势。

颚式破碎机结构简单、不易堵矿、工作可靠、易于制造、维护方便，至今仍广泛应用。主要用于中硬以上矿石的粗碎和中碎。与旋回破碎机相比，其缺点是生产效率低、破碎比小、产品粒度不均。

B 旋回破碎机

旋回破碎机是连续工作的破碎机械。其结构及工作原理如图 7-3 所示。它主要由机架、活动圆锥、固定圆锥、主轴、大小伞齿轮和偏心套筒等组成。活动圆锥的主轴支承在横梁上面的固定悬挂点 A 中，主轴下部置于偏心套筒内。偏心套筒转动时，使锥体绕中轴做连续的偏心旋回运动。活动圆锥靠近固定圆锥时，矿石受到挤压而破碎；离开时，破碎产品靠自重经排矿口排出。

目前国内生产的多是中心排矿式的旋回破碎机，破碎比为 3~5。

排矿口大小利用主轴上端的锥形螺帽（开口螺母）调整。螺帽顺转或反转，使活动圆锥锥体上升

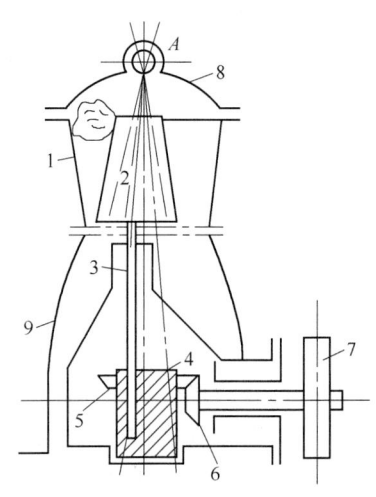

图 7-3 旋回破碎机示意图

1—固定圆锥；2—活动圆锥；3—主轴；
4—偏心套筒；5—大伞齿轮；6—小伞
齿轮；7—皮带轮；8—横梁；
9—下部机座

或下降，从而减小或增大排矿口。其平均啮角为 22°。通过装在皮带轮上的 4 个保险轴销（削弱断面的切口）来实现保险。这种保险装置虽很简单，但可靠性差，现在多数利用电流过载保护装置。活动圆锥和固定圆锥表面敷设锰钢衬板，磨损后可以更换。

旋回破碎机的规格以最大给矿口宽度 B 来表示。旋回破碎机工作平稳、生产效率高、易于启动、破碎比大、产品粒度均匀，同时可以挤满给矿，辅助设备少。它广泛用于粗碎、中碎各种硬度的矿石。其缺点是构造复杂、机身较高、基建费贵。

C 中细碎圆锥破碎机

用于中碎的圆锥破碎机称为标准圆锥破碎机；用于细碎的称为短头圆锥破碎机；居于上述两者之间的称为中型圆锥破碎机。圆锥破碎机结构及工作原理如图 7-4 所示。它们的工作原理与旋回破碎机基本相同，但结构上有区别。

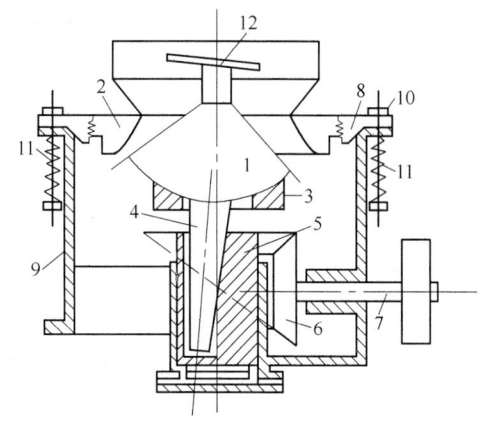

图 7-4 圆锥破碎机示意图

1—可动圆锥；2—固定圆锥；3—球面轴承；
4—主轴；5—偏心轴承；6—伞形齿轮；
7—传动轴；8—支承环；9—机体；
10—螺栓；11—弹簧；12—分矿盘

中碎和细碎圆锥破碎机的结构基本类似，只是标准型给矿口大，平行区短；短头型给矿口小，平行区长；中型则居中，如图 7-5 所示。

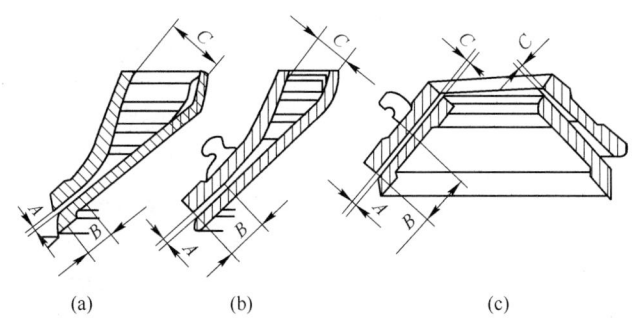

(a)   (b)   (c)

图 7-5 中细碎圆锥破碎机的破碎腔形式

(a) 标准型；(b) 中型；(c) 短头型

A—排矿口宽度；B—平行带长度；C—给矿口宽度

中、细碎圆锥破碎机的规格用活动圆锥的底部直径表示。中、细碎圆锥破碎机生产能力大、功率消耗低、破碎比大（i 为 4~5）、产品粒度均匀。目前广泛用于各种硬度矿石的中碎和细碎，但不宜处理黏性物料。

D 其他破碎机

a 对辊破碎机

对辊破碎机是最常见的中硬矿石中、细碎机的一种。其结构和工作原理如图 7-6

所示。

两个相向回转的圆辊，借助摩擦力，将给入的矿石卷进两辊之间的空间（破碎腔），使矿石受到挤压和研剥而破碎。破碎后的产品靠自重排出。排矿口宽度借助增减垫片6移动可动辊轴承来调整。弹簧7为保险装置。

对辊机的规格以破碎辊的直径和长度（如750mm×500mm）来表示。光滑辊面的对辊机可用于处理较硬的物料。齿状或沟槽形辊面的对辊机适于处理松软物料。

b 反击式破碎机

反击式破碎机是一种高效的新型破碎设备。它主要靠冲击方式破碎。其结构及工作原理如图7-7所示。它主要由转子1、锤头2、反击板3和4、拉杆5和机架6等组成。

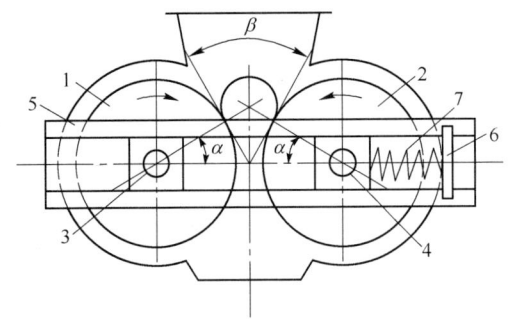

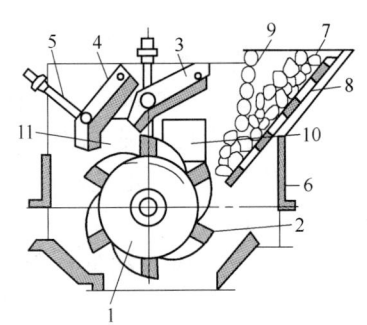

图7-6 对辊破碎机示意图
1—固定辊；2—可动辊；3—固定辊轴承；
4—可动辊轴承；5—导槽；
6—垫片；7—弹簧

图7-7 反击式破碎机
1—转子；2—锤头；3—第一反击板；4—第二反击板；
5—拉杆；6—机体；7—给矿口；8—筛板；9—链幕；
10—第一破碎区；11—第二破碎区

反击式破碎机结构简单、破碎比大（i为50~60）、生产能力高、功率消耗低、可进行选择性破碎、适应性强，故硬性、脆性和潮湿矿石的破碎均可采用。其主要缺点是锤头磨损严重，寿命很短。

反击式破碎机的规格用转子直径和转子长度（$\phi \times L$）来表示。

E 液压技术在破碎机中的应用

近几十年来，液压技术在破碎设备中的应用进一步得到了发展。目前，液压技术主要侧重应用于调整排矿口和达到保险的目的，从而可克服常规破碎机排矿口调整比较困难和保险装置可靠性差等缺点。

中国某些选矿厂使用的弹簧液压式中细碎圆锥破碎机是在弹簧式圆锥破碎机的基础上局部改进的产品，结构上主要增加了液压锁紧缸和液压推动缸。前者用于固定支承环和调整环（即锁紧固定圆锥）；后者则用来调整排矿口，其保险装置依然沿用了弹簧保险装置。

7.2.3.2 铝土矿筛分

筛分是利用筛子（单层或多层）将粒度范围较宽的混合物料按粒度分成若干个不同级别的过程。它主要与物料的粒度或体积有关，密度和形状的影响较小。

破碎前进行的筛分称为预先筛分。其任务为预先分出合格粒度产品，使它不再进入破碎机，以避免矿石的过粉碎和提高破碎机的生产率。对破碎作业产物进行的筛分称为检查筛分。其目的为控制破碎产品以符合粒度要求。

A 筛分机械

国内绝大多数选矿厂采用的筛分设备是振动筛，其中尤以自定中心振动筛应用最多。圆筒筛、平面摇动筛、共振筛、弧形筛、细筛等在少数选矿厂有所应用。下面介绍几种主要的筛分设备。

a 棒条筛

棒条筛是由许多平行排列的钢棒条（格条）组成。格条由螺栓相串，以套管隔成相等的间距，形成所要求的筛缝宽度。选矿厂常用钢轨作为格条，坚固耐用。

棒条筛一般装置成一定的倾斜角度，它应该大于矿石与筛面的摩擦角。矿石依靠自重，自上而下沿筛面滑滚，达到筛分目的。筛面倾角与物料的湿度有关，一般为30°~55°。

棒条筛结构简单，不需动力，在选矿厂得到了广泛应用。棒条筛适宜筛分大于50mm的粗粒物料，一般做粗、中碎前的预先筛分。

b 惯性振动筛

惯性振动筛是通过由不平衡体的旋转所产生的离心惯性力，使筛子产生振动的一种筛分机械。其结构及工作原理如图7-8所示。

安有筛网2的筛框1倾斜地安装在弹簧3上，筛框与水平呈15°~30°的倾角。穿过筛框的轴5上装有带配重7的两个偏重轮6。偏重轮被轴带动旋转时，产生不平衡的离心惯性力，并作用于筛框和弹簧，使筛子振动。筛框的运动轨迹为椭圆。

惯性振动筛的振幅可借助改变配重来进行调节。其规格以筛网尺寸（宽度×长度）表示。

由于惯性振动筛完全是弹性连接，可平衡惯性力，故转速可很高，筛分效率高达80%，适用于处理细粒级矿石（0.1~15mm），还能筛分潮湿和黏性物料。

惯性振动筛的主要缺点是电动机振动大，寿命受影响；振幅不能太大，不宜处理粗粒物料。

c 自定中心振动筛

自定中心振动筛又称为万能吊筛。其结构和工作原理如图7-9所示。

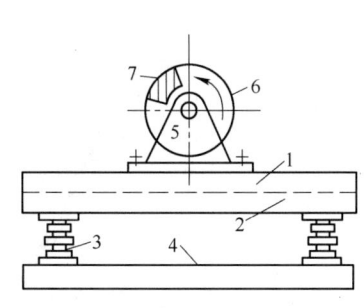

图7-8 惯性振动筛
1—筛框；2—筛网；3—弹簧；4—筛架；
5—轴；6—偏重轮；7—配重

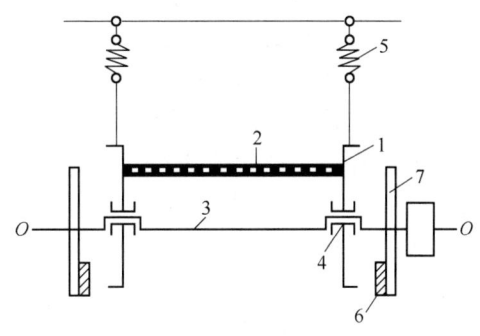

图7-9 自定中心振动筛
1—筛框；2—筛网；3—偏心轴；4—轴承；
5—弹簧；6—配重；7—飞轮

筛框 1 由 4 根弹簧吊杆固定在筛框上方的支架上。筛框与水平呈 15°～25°的倾角。筛框内装有筛网和振动器。振动器的主轴 3 支承在滚动轴承 4 中，主轴的两端分别装有带配重 6 的飞轮 7。

主轴旋转时，由于偏心产生的离心力和飞轮的配重所产生的离心力互相平衡，因此筛框中绕轴线 O—O 做半径为 r 的圆周运动，此时，对主轴的轴线 O—O 而言，其空间的位置始终不变。所以这种振动筛称为自定中心振动筛。

自定中心振动筛的振幅可以通过增减飞轮上的配重和通过偏心轴套改变偏心距来进行调整。其规格表示方法同惯性振动筛。自定中心振动筛的筛分效率高、生产能力大、应用范围广、结构简单、调整方便、工作可靠，主要用作中、细碎物料的筛分设备，最大给矿粒度可达 150mm。

d　弧形筛和细筛

弧形筛是一种具有曲线筛面的湿式细粒级筛分（分级）设备。按给矿方式，弧形筛可分为压力给矿式和自流给矿式两种。弧形筛的主体部分是带有弧形筛面的筛子。筛面由等距离、相互平行的固定筛条组成。矿浆以一定速度沿切向给入筛子内表面，垂直地流过筛条，受到筛条边棱的"切割"作用，导致矿浆层厚度逐渐变薄，从而达到分离。被"切割"部分矿浆，在离心力作用下，透过筛缝，成为筛下产品；未被"切割"的部分矿浆，则在惯性力作用下，越过筛面，成为筛上产物。对于压力给矿弧形筛，另一重要部分是喷嘴。喷嘴应使矿浆在整个筛面宽度上均匀、稳定，并具有合适的流速，改变喷嘴截面尺寸可改变流速。

弧形筛结构简单，工作可靠；分级精度高，产品粒度均匀；单位面积处理量可达振动筛的 10～50 倍。弧形筛在选矿厂主要用于选别前的预先筛分和脱水、脱泥作业，效果优于振动筛。弧形筛的主要缺点为筛面磨损较快。为增强抗磨性，国内有的弧形筛已采用尼龙筛条。

在生产实践中，对于 180°和 270°的压力给矿弧形筛，一般给矿压力分别为 0.05～0.08MPa 和 0.15～0.25MPa。对于自流给矿弧形筛，一般为 0.005～0.034MPa。筛孔宽度，对细粒分级为 0.3～0.4mm；对粗粒分级为 0.5mm 以上。弧形筛的规格以筛面的曲率半径 R、筛面宽度 B 和弧度 a，即 $R \times B \times a$ 来表示。

细筛是一种新型的湿式细粒级（0.2～0.044mm）筛分（分级）设备，其结构如图 7-10 所示。细筛的工作原理与自流给矿弧形筛相似。矿浆均匀给入并流经筛面的过程中，产生重力分层现象，利于富集和分级。

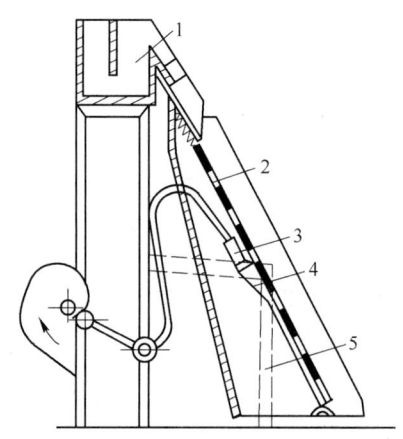

图 7-10　细筛结构示意图
1—给矿器；2—筛面；3—敲打装置；4—筛框；5—筛体

细筛在结构上与自流给矿弧形筛的差异是：

（1）筛面不是圆弧形，而是平面。

（2）筛框不是固定在筛体上，而是用弹簧悬挂在筛体上，因此，筛面与水平的倾角可以调节；

（3）细筛的筛框背面有敲打装置。敲打装置的打击锤周期性地振打筛框，使筛面产生瞬间振动，筛孔不易堵塞。

实践中，细筛筛面倾角一般为 55°~60°，筛孔宽度为 0.10~0.15mm。筛下颗粒的大小近似等于筛孔的水平投影。敲打机构可借直流电机和凸轮机构控制。振打次数和振打高度可以调节，一般振打次数为 6~16 次/min，振打高度为 200~250mm。其规格以筛面尺寸（宽度×长度）表示。

值得强调的是，细筛除具有弧形筛的许多优点外，在筛分过程中还具有富集作用，且筛孔不易堵塞。

B 筛分效率

筛分作业中的筛分效率是指实际得到的筛下产品质量与筛分给矿中小于筛孔尺寸粒级的质量之比，用百分数或小数表示。

$$E = \frac{Q_1\beta}{Q\alpha} \times 100\% \qquad (7-2)$$

式中 Q_1——筛下产品的质量；

β——筛下产品中小于筛孔尺寸的粒级含量，%；

α——筛分原矿中小于筛孔尺寸的粒级含量，%；

Q——原矿的质量。

在实际生产中，筛分过程是连续进行的，故要将原矿质量 Q 和筛下产品质量 Q_1 进行直接称量是很困难的。因此，筛分效率可利用原矿和筛上产物中小于筛孔尺寸的粒级含量间接求出：

$$E = \frac{100(\alpha - \gamma)}{\alpha(100 - \gamma)} \times 100\% \qquad (7-3)$$

式中 E——筛分效率，%；

α——原矿中小于筛孔尺寸的粒级含量，%；

γ——筛上产品中残存的小于筛孔尺寸的粒级含量，%。

式 7-3 可根据质量平衡方程式及粒度平衡方程式推导出来，是实际生产中计算筛分效率最常用的公式。

C 筛分分析

确定物料中颗粒大小分布规律的工作称为粒度分析。根据物料不同，通常采用筛分分析、水力分析、显微镜分析等各种方法进行选矿过程的粒度分析。

筛分分析是为确定粒度范围较宽物料群粒度和粒度组成所做的物料筛分。通常是采取物料的代表性试样，在一套筛孔逐渐缩小的筛子（即套筛）中进行，以测得物料中不同粒度级别的质量分布。筛分分析是选矿生产过程中最简便和常用的检查方法之一，适用于大于 0.074mm（或 0.04mm）物料的粒度分析。小于 0.074mm 物料的粒度分析则主要用水力分析法进行。

选矿生产过程中，及时检查原矿及选矿产品的粒度特性，对生产具有重要意义。例如，为评价破碎筛分和磨矿分级效率以及了解矿石泥化程度，均需进行筛分分析。为了分析选别作业的效果（如计算金属粒级回收率、判断金属流失或影响精矿质量的原因等），也往往需要筛分分析的配合。

筛分分析常用的筛子有两种：

（1）非标准套筛。套筛中各筛子的筛孔尺寸没有一定标准，可根据需要确定。非标准套筛主要用于破碎和筛分产品等粗粒物料的筛分分析。

（2）标准套筛。各筛子的筛孔尺寸有一定比例。标准套筛主要用于磨矿和分级产品等较细物料的粒度分析。

由筛孔大小按照某种标准规定的一套筛子所组成的标准套筛，其筛孔尺寸从最上层到最下层是有规律地、按一定比例逐渐缩小，构成所谓筛序。套筛的标准由基筛和筛比两个参数决定。基筛是指作为基准的筛子。筛比是指相邻两号筛子的筛孔尺寸之比。根据套筛的筛比和基筛筛孔大小不同，有各种不同的标准筛制。中国常用的标准套筛为泰勒标准筛。泰勒标准筛有如下特点：

（1）筛号是以"网目"（简称"目"）表示。它是指每平方英寸面积内所具有的筛孔数目，反映了筛孔尺寸的大小。例如，200目的筛子，即表示其筛网每平方英寸面积内有200个筛孔，相当于其筛孔尺寸为0.074mm；

（2）基筛为200目的筛子。

（3）筛比有两个系列，一个是基本系列，筛比为$\sqrt{2}$，即1.414；另一个是附加系列，筛比为$\sqrt[4]{2}$，即1.189。一般选矿产物的筛分分析多采用基本系列。利用基筛的筛孔尺寸和筛比，可以计算出其他筛子的筛孔尺寸。例如计算150目筛子的筛孔尺寸时，可用基筛的筛孔尺寸乘以筛比，即$0.074 \times \sqrt{2} \approx 0.105$mm。

表7-4列出了泰勒标准筛部分筛序。

表 7-4　泰勒标准套筛部分筛序（3～400目）

筛孔大小/目	筛孔实际尺寸/mm	筛孔大小/目	筛孔实际尺寸/mm
3	6.680	35	0.417
4	4.690	48	0.295
6	3.327	65	0.208
8	2.362	100	0.147
10	1.651	150	0.105
14	1.168	200	0.074
20	0.833	270	0.053
28	0.589	400	0.037

实际生产应用中，在目数前加正负号表示能否漏过该目数的网孔。负数表示能漏过该目数的网孔，即颗粒尺寸小于网孔尺寸；而正数表示不能漏过该目数的网孔，即颗粒尺寸大于网孔尺寸。例如，颗粒为 -100～+200目，即表示这些颗粒能从100目的网孔漏过而不能从200目的网孔漏过，在筛选这种目数的颗粒时，应将目数大（200目）的放在目数小（100目）的筛网下面，在目数大（200目）的筛网中留下的即为 -100～+200目的颗粒。

7.2.3.3　破碎筛分流程

A　破碎筛分流程结构

破碎筛分流程的结构与原矿粒度、最终破碎产品的粒度以及选矿厂的规模有关，其段数主要由总破碎比决定。一般在破碎机前后可包含预先筛分或检查筛分，这在处理含细粒较多的原矿时，更显得必要。为保证最终产品的粒度，在流程的最后一段往往是采用筛分机与破碎机构成闭路，即筛上产品（不合格产品）重新返回本段破碎机再碎。

从节能观点出发，为减小磨机给矿粒度，可采取"多碎少磨"的措施。图7-11是选矿厂较典型的破碎筛分流程。

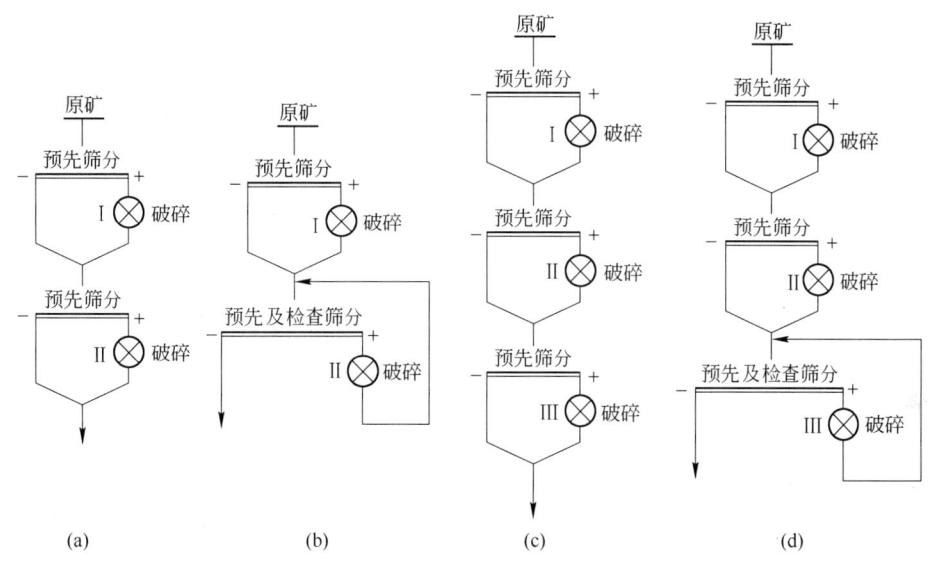

图 7-11　常用破碎筛分流程
(a) 二段开路；(b) 二段闭路；(c) 三段开路；(d) 三段闭路

二段破碎筛分流程分开路和闭路两种，如图 7-11 (a) 和 (b) 所示。二段开路破碎流程优点是较经济，缺点是难保证产品粒度。二段闭路破碎流程能保证产品粒度要求，但成本较前者高。二段破碎筛分流程总破碎比不大，生产能力一般小于 1000t/d。

三段破碎筛分流程也可分开路和闭路两种，如图 7-11 (c) 和 (d) 所示。其总破碎比大，可破碎较大物料，得到较细产品，尤其是三段闭路流程，能保证磨矿机给矿粒度要求，在大、中型选矿厂最为常用。三段开路流程则因其最后一段开路，很难保证破碎产品粒度的要求，但用于大型选矿厂处理含水、含泥多的矿石，可显示出较闭路适应性强的优点。目前，有的选矿厂用棒磨机作为四段开路流程最后一段破碎设备，可使球磨机有均匀而较细的给矿粒度，从而提高了球磨机的生产率。

由于氧化铝生产工艺与选矿工艺要求的不同，若使用氧化铝生产的常规破碎系统，不能很好满足选矿工艺的要求。

一般来说，对铝土矿选矿工艺中的破碎作业的一个基本要求是在最大粒度满足生产条件的情况下，尽量使产品粒度分布均匀，减少细粒级含量，并且尽可能使其在破碎和磨矿过程中发生较多的解离性破碎。因此，铝土矿的选择性碎磨工艺、技术和设备就显得十分重要。

由于铝土矿的硅酸盐脉石矿物优先粉碎的特点，为防止产生过多的细粒级产物或泥化，破碎和磨矿生产工艺配置上应多采用预先筛分（分级）和检查筛分（分级）。这不仅为选矿提供合适粒度分布的粉碎产品，还要尽量使有用矿物在较粗粒度的情况下提高回收率。

要达到较好的选择性粉碎效果，首先是选用具有选择性破碎作用的设备，使作用力尽可能地集中于块状或大颗粒矿石上，如反击式破碎机和锤式破碎机等具有一定的选择性破碎能力。高压辊磨机、高压电弧破碎、水电效应破碎、热力破碎、超声波破碎、气力破碎和减压破碎等破碎设备均显示出较好的选择性破碎能力。采用合理的粉碎工艺，提高筛分效率，采用预先筛分和检查筛分等作业提前或尽快将合格粒级产物筛分出来，也是提高粉碎效果的有效方法。

B　破碎循环负荷

在闭路破碎时，破碎机排矿中不合格产品的质量（即检查筛分筛上产物的质量）与破碎机新给矿量的比值，称为循环负荷。计算公式如下：

$$C = \frac{1}{\beta^d E} - 1 \qquad\qquad (7\text{-}4)$$

式中　β^d ——破碎机排矿中小于筛孔尺寸 d 颗粒的含量，% ；

　　　E ——检查筛分的筛分效率，% 。

可见，循环负荷与破碎机排矿中合格产品的含量及筛分效率成反比。

7.2.3.4　集尘

能长时间悬浮在空气中的固体微粒称做尘。通常，借助抽风机把发尘点（密封或部分密封）里的含尘空气吸出的过程，称为除尘。借助沉降或其他方法，使尘粒与气体分离的过程，称为集尘。

A　集尘的目的和意义

选矿厂的破碎、筛分、干磨、干燥以及矿石的运输过程中，都会产生大量矿尘。微细尘粒弥散、悬浮，不仅影响环境卫生、增加设备磨损、造成有用矿物的流失，而且对工人健康危害极大。

灰尘对人体的损害程度取决于它的化学性质及其在空气中的含量。选矿厂所产生的多是微细的硅质矿尘。破碎工段矿尘含量可能达到 1600mg/m^3。干燥机废气中，矿尘含量更高达 $10 \sim 20\text{g/m}^3$。这种矿尘（尤其是其中 $5 \sim 10\mu\text{m}$ 的游离硅质矿尘）吸入人体肺部，会严重损害肺细胞，以致使人患矽肺病。中国工业企业设计卫生标准规定，对于含石英10%以上的各种粉尘及石棉灰，空气中含尘量不得超过 2mg/m^3；即使是其他粉尘，也不允许超过 10mg/m^3。因此，在选矿厂中的防尘工作十分重要，找出产生灰尘的原因，严格限制发尘点尘粒扩散，采取有效防尘措施，是选矿工程技术人员的重要任务之一。

B　防尘、集尘的方法与设备

选矿厂常用的防尘方法主要有喷水防尘、吸气除尘和集尘器集尘。

在不影响环境卫生（如不产生较多污水和湿气等）和后一作业的原则下，破碎、筛分和运送矿石时，用喷嘴喷水防尘是简易有效的防尘方法。弥散的水雾将加速尘粒的聚沉，减少灰尘的飞扬。喷嘴应装设在破碎机、运输机及矿仓的给矿排矿处。

在易发生灰尘的机器（如破碎机、筛分机、干燥机等）或矿石转运点加罩密封，限制矿尘的飞扬，也是选矿厂重要的防尘方法。为较彻底防止灰尘的发生，在密封罩中矿石落下发生过剩压力的地方，可接吸风管，排出含尘气体。若以自动控制代替人工操作机器，避免密封罩经常打开，则防尘效果更好。

为从含尘气体中分离气和尘，就需要采用集尘器。选矿厂集尘设备有旋风集尘器、泡沫集尘器、布袋集尘器以及静电集尘器等。

（1）旋风集尘器。旋风集尘器的结构如图 7-12 所示。它是一个上部为圆筒形，下部为锥形的容器。含尘气体以 20~30m/s 的速度经导管 1 切线方向送入器内。气流在器内做螺旋形回转运动，尘粒受离心力作用，抛向器壁，坠落至排尘口 6 排出。除了尘的气体做上升的螺旋运动，自排气管 4 排出。

为了提高集尘效率，工作时须保持入口气流速度稳定（一般不应超过 30m/s）。同时应密封排尘口，以防止空气从下部吸入而带起已经沉淀的尘粒。

该装置主要用于回收大于 20μm 的细粒矿尘，效率可达 70%~80%。为回收 20μm 以下的微细矿尘，提高旋风集尘器的集尘效果，往往采用小直径（150~250mm）的旋风集尘器组。由于离心力与旋风集尘器直径成反比，尘粒在器内将受到较大的离心力作用，从而可使大于 10μm 的尘粒得到回收。

（2）泡沫集尘器。泡沫集尘器也称泡沫洗涤器。它是一种新型的湿法集尘器（见图7-13）。它的结构简单，是一个圆形或柱形的容器，里面分为上、下两室，中间隔一层或数层筛板。水或其他液体由水管 3 给入筛板，受到经由筛板 2 上升的气体的冲击，形成一层流动泡沫层。含尘气体经导管 1 进入下室并上升时，较大尘粒受到筛孔漏下的液体的冲洗，由器底导管 7 排出。微细尘粒随气流透过筛板，为泡沫层所捕集，随即溢过挡板，由排出管 6 排出。净化的气体则由器顶排出。与水混成泥浆的尘粒，如需要回收，则可经浓缩、过滤和干燥，并加以收集。

泡沫集尘器主要用于旋风集尘器不能分离的微尘。当处理 5~10μm 的尘粒时，集尘

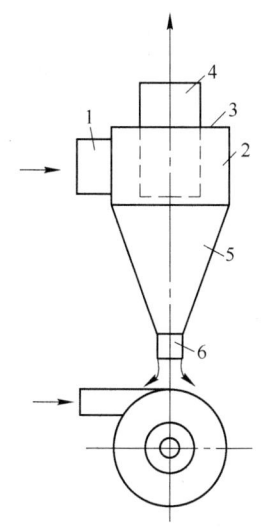

图 7-12　旋风集尘器示意图
1—进气导管；2—圆筒部；3—顶盖；
4—排气管；5—圆锥部；6—排尘口

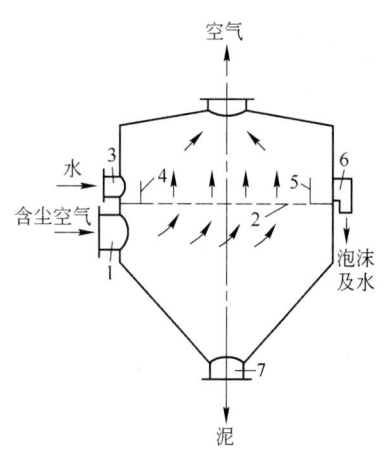

图 7-13　泡沫集尘器示意图
1—进气导管；2—筛板；3—水管；
4，5—溢流挡板；6—排出管；7—导管

效率可达98%～99%。

7.2.4　铝土矿的磨矿分级

磨矿是矿石破碎过程的继续，是选别前准备作业的重要组成部分。磨矿通常在磨矿机中进行，磨机内装有磨矿介质。若介质为钢球，则称为球磨机；介质为钢棒，则称为棒磨机；介质为砾石，则称为砾磨机。若以自身矿石作介质，则称为矿石自磨机；矿石自磨机中再加入适量钢球，就构成所谓半自磨机。磨机的规格都以筒体的直径×长度表示。

铝土矿的磨矿作业以湿式磨矿为主，而且一般与机械分级机组成闭路循环。

7.2.4.1　磨矿过程的基本原理

A　磨矿机粉碎矿石的作用

磨机以一定转速旋转时，处在筒体内的磨矿介质由于旋转时产生离心力，致使它与筒体之间产生一定摩擦力。摩擦力使磨矿介质随筒体旋转，并到达一定高度。当其自身重力（实际是重力的向心分力）大于离心力时，就脱离筒体抛射下落，从而击碎矿石。同时，在磨机运转过程中，磨矿介质还有滑动现象，对矿石也产生研磨作用。所以，矿石在磨矿介质产生的冲击力和研磨力联合作用下进行细粉碎（见图7-14）。

B　磨矿介质在筒体内的运动规律

磨矿介质提升的高度与抛落的运动轨迹主要取决于磨机的转速和磨矿介质的装填量。图7-15为磨机在三种转速时磨矿介质的运动情况。

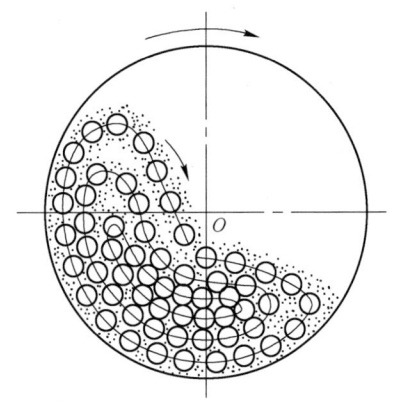

图7-14　磨矿机粉碎矿石的作用

低速运转时，磨矿介质提升高度较低，介质按照圆运动随筒体上升到一定高度后，离开筒体向下"泻落"。此时，冲击作用小，研磨作用较大。这种磨矿过程称做泻落式磨矿，如图7-15（a）所示。

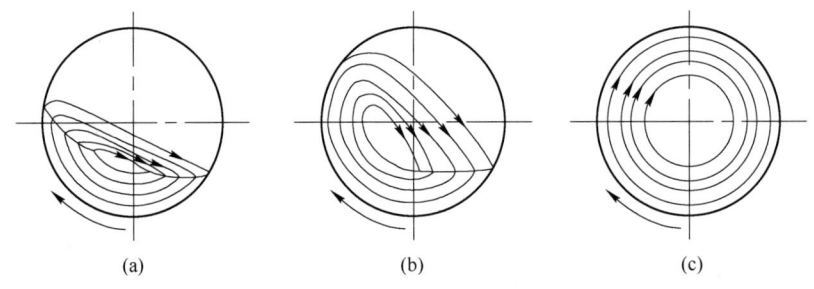

图7-15　磨机在不同工作转速时磨矿介质的运动状态
（a）低速运转；（b）正常转速运转；（c）离心运转

正常转速运转时，介质随筒体做圆运动上升到一定高度后，就以一定的初速离开筒体，并沿抛物线轨迹做向下"抛落"。此时，介质抛落的冲击作用较强，研磨作用相对较弱。这种磨矿状态称为抛落式磨矿，如图 7-15（b）所示。大多数磨机都处于这种磨矿状态下工作。

当磨机转速提高到某个极限数值时，磨矿介质几乎随筒体做同心旋转而不下落，如图 7-15（c）所示。这种情况称为"离心运转"。介质产生离心运转时，理论上将失去磨矿作用。所以，磨机应在低于离心运转的转速条件下工作。

为了合理地选择磨机的工作参数（如临界转速和工作转速等），提高磨机的磨矿效率和生产能力，必须研究磨矿介质在筒体内的运动规律。根据实际观察和理论分析，磨矿介质在磨机内的运动规律（见图 7-16）可以简单概括如下：

（1）当磨机在一定的转速条件下运转时，介质在离心力和重力的作用下做有规则的循环运动。图 7-16 中的封闭曲线代表介质的运动轨迹。

（2）磨矿介质在筒体内的运动轨迹，由做圆弧轨迹的向上运动和做抛物线轨迹的向下运动所组成。

（3）各层介质上升高度不同。最外层到最内层介质的上升高度依次逐渐降低。

（4）各层介质的回转周期不同。愈靠近内层，回转周期愈短。

C 临 界 转 速

生产中通常以最外层的磨矿介质开始离心运转时的筒体转速，称为磨机的临界转速。

根据图 7-17 中钢球的受力情况分析，以及离心力 P = 重力 G 的条件，经过演算，即可得出磨机的临界转速 n_0 为：

$$n_0 = \frac{42.4}{\sqrt{D}} \tag{7-5}$$

式中 n_0——磨机的临界转速，r/min；

D——磨机筒体的有效直径，即筒体规格直径减去两倍衬板的平均厚度，m。

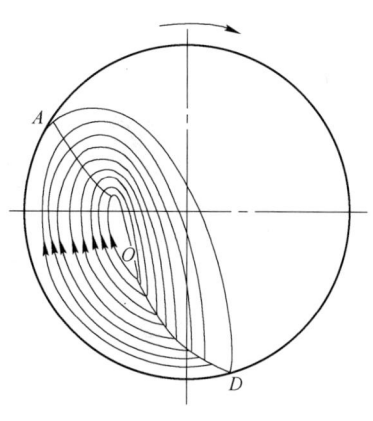

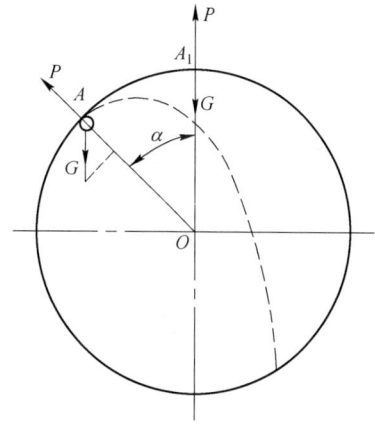

图 7-16 磨矿介质运动示意图   图 7-17 钢球在筒体内的运动图解

应当指出，式 7-5 没有考虑介质和衬板之间存在相对滑动。但是，在工业生产中仍常用此式计算磨机的临界转速，并作为衡量磨机工作转速是否合适的比较标准。

目前，国内生产的球磨机的工作转速一般是临界转速的 80% ~ 85%，即 $n_{球}$ =（80% ~ 85%）n_0；棒磨机的工作转速稍低。

7.2.4.2　磨矿机械

工业上应用的磨矿设备类型很多。国内铝土矿选矿厂都是采用圆筒形球磨机。

A　球磨机

选矿厂常用的球磨机有格子型和溢流型两种。

a　格子型球磨机

格子型球磨机结构构造如图 7-18 所示。它主要由筒体部、给矿部、排矿部、传动部、轴承部和润滑系统等六个部分组成。

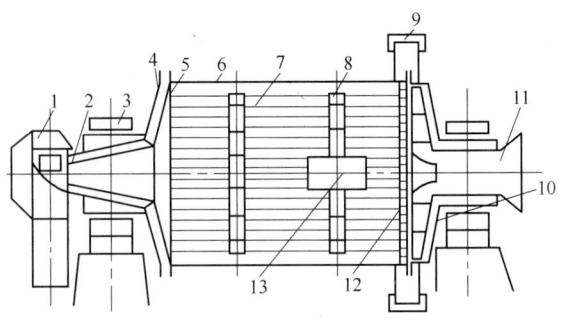

图 7-18　格子型球磨机示意图

1—联合给矿器；2—中空轴颈内套；3—主轴承；4—端盖；
5—端盖衬板；6—筒体；7—衬板；8—压条；9—大齿轮；
10—排矿端盖；11—轴颈内套；12—格子板；13—人孔

筒体由厚钢板焊接而成，两端焊有法兰盘，分别与磨机的端盖连接。筒体内壁装有耐磨衬板，以提升钢球和保护筒体之用。衬板材料主要有高锰钢、高铬钢、耐磨铸铁和橡胶：

（1）橡胶衬板具有使用寿命长、生产费用低、质量轻、安装时间短、更换安全及噪声小等突出的特点。目前国内外已广泛推广使用，效果显著。衬板的几何形状和配置方式对磨机生产效率有直接影响。如图 7-19 所示，现有几种不同形状的衬板，以适应不同情况下的需要。大体上可分为平滑和不平滑的两类衬板。平滑衬板因钢球滑动较大，磨削作用较强，故使用于细磨。不平滑衬板可将钢球带到较高处落下，有较大的冲击力，并对钢球

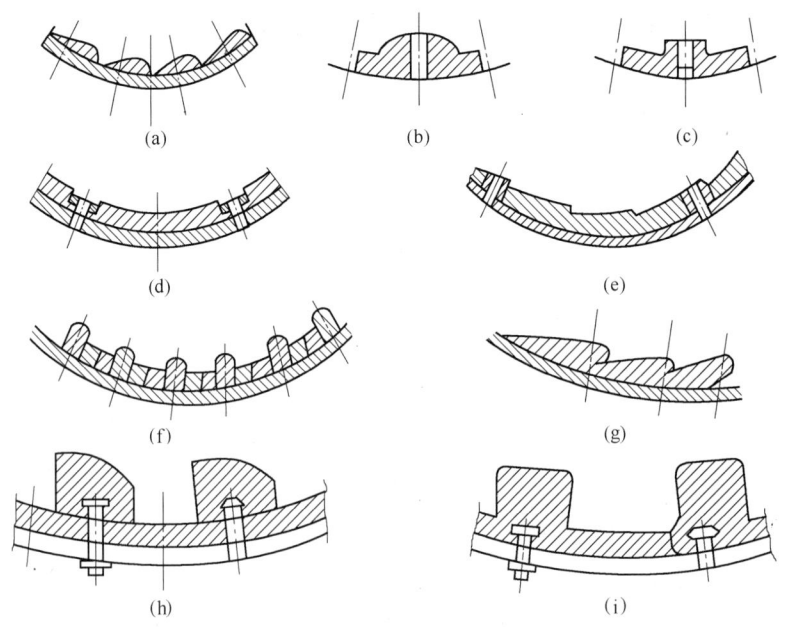

图 7-19　橡胶衬板类型

（a）楔形；（b）波形；（c）平凸形；（d）平形；（e）阶梯形；
（f）长条形；（g）船舵形；（h）K 型；（i）B 型

和矿石有较强的搅动，故使用于粗磨。国内制造的橡胶衬板一般近似矩形的平凹形衬板，用筒体压条（即提升衬板）装配起来后，通常称为 K 型或 B 型。

（2）高锰钢衬板应用也十分广泛，主要有两类：一类是表面光滑的衬板，另一类为表面非光滑的衬板；粗磨时常用非光滑衬板。高锰钢衬板形式如图 7-20 所示。

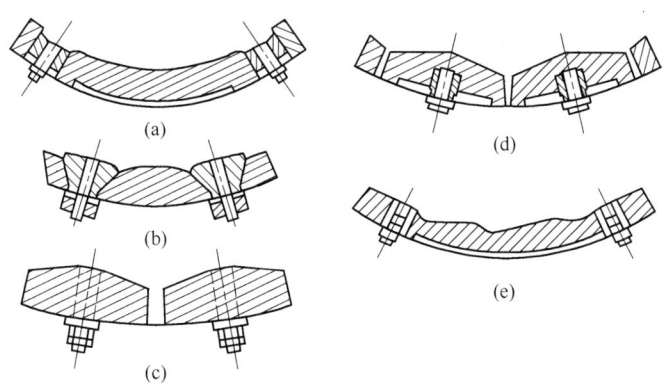

图 7-20　高锰钢衬板的表面形状
（a）平滑形；（b），（c），（d）突起形；（e）阶梯形

给矿部分由中空轴颈的端盖 4（见图 7-18）和联合给矿器 1 以及中空轴颈内套 2 等组合成。给矿器用于向筒体内部输送原矿和分级机返砂。选矿厂球磨机采用的给矿器形式有鼓式、蜗形以及联合给矿器三种。

排矿部分由中空轴颈的端盖 10、扇形格子板 12、中心衬板和轴颈内套 11 等零件组成。扇形格子板的箅孔大小和排列方式对球磨机的生产能力和产品细度都有很大影响。箅孔大小应既能阻止钢球和未磨碎的粗颗粒在排矿时排出，又能保证含有合格粒度的矿浆顺利排出。为避免矿粒堵塞，箅孔断面应制成梯形，箅孔大小向排矿端方向逐渐扩大。箅孔的排列形式如图 7-21 所示。实践中，格子板的箅孔多采用倾斜排列方式。

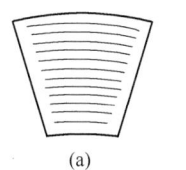 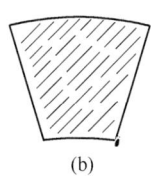 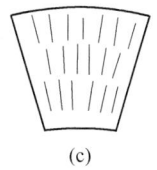

(a)　　　　　　　(b)　　　　　　　(c)

图 7-21　格子板箅孔的排列形式
（a）同心圆排列；（b）倾斜排列；（c）辐射状排列

b　溢流型球磨机

图 7-22 为溢流型球磨机示意图。它与格子型球磨机的不同仅在排矿部分没有扇形格子板装置，磨碎的矿浆经中空轴颈的排矿口自动溢出。

一般在两段磨矿流程中，格子型多用在第一段，溢流型多用在第二段。但在当前新建和扩建的选矿厂，有优先选用格子型球磨机的趋势，这是因为：

（1）格子型球磨机的生产能力比同规格的溢流型球磨机高 20% ~30%。

（2）格子型球磨机的排矿端装有格子板（见图 7-18），具有强制排矿作用，加速矿浆

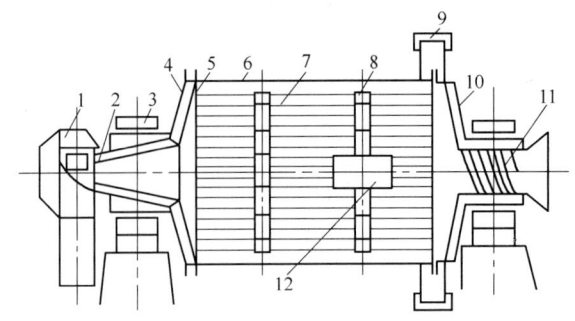

图 7-22 溢流型球磨机示意图

1—联合给矿器；2—中空轴颈内套；3—主轴承；4—给矿端盖；5—端盖衬板；6—筒体；
7—衬板；8—压条；9—大齿轮；10—排矿端盖；11—轴颈内套；12—人孔

通过的速度，从而使矿石过粉碎现象较溢流型球磨机少。

（3）为求选矿厂磨矿设备统一，两段磨矿也往往选用同一种规格。

B 棒磨机

棒磨机和溢流型球磨机基本类似。不同的是它采用钢棒作为磨矿介质。钢棒长度一般比筒体长度短 20 ~ 50mm。棒磨机的锥形端盖敷上衬板后，内表面平直，这是为了防止筒体旋转时钢棒歪斜而产生乱棒现象。

棒磨机以钢棒的"线接触"产生的压碎和研磨作用来粉碎矿石，减少了矿石的过粉碎。其产品粒度均匀，钢棒消耗量低，但对铝土矿的选择性破碎作用较弱。它一般用作第一段开路磨矿做粗磨作业，可以代替短头圆锥破碎机做细碎。其工作转速通常为临界转速的 60% ~ 70%；充填系数一般为 35% ~ 40%；给矿粒度不宜大于 25mm。

C 砾磨机

砾磨机是一种用砾石或卵石作磨矿介质的磨矿设备。由于磨矿机的生产率与磨矿介质的密度成正比，因此砾磨机的筒体尺寸（$D \times L$）要比相同生产率的球磨机大。同时，其衬板一般要求能够夹住磨矿介质，形成"自衬"，以减少衬板磨损，加强提升物料能力和矿物间的粉碎作用。为此，可采用网状衬板和梯形衬板，或者两者的组合。

砾磨机是古老的磨矿设备之一。基于砾磨机能耗小、生产费用低、节省金属材料（如磨矿介质）、能避免金属对物料的污染等特点，特别适用于对物料有某些特殊要求的场合。

使用砾磨机时，转速一般比球磨机略高，常为临界转速的 85% ~ 90%，矿浆浓度一般比球磨机低 5% ~ 10%。

D 自磨机

矿石自磨机是借助矿石本身在筒体内的冲击和磨剥作用，使矿石达到粉碎的磨矿设备。采用自磨机对粗碎后的矿石进行自磨，是降低大型选矿厂破碎磨矿车间基建投资的有效措施。

自磨机的结构由筒体部、给矿部、排矿部、传动部、轴承部和润滑系统等部分组成。与球磨机相比，其结构特点是：

（1）筒体直径 D 大，长度 L 短，一般 $D/L = 3$，这是为了减轻物料的轴向离析，提高磨机生产能力和强化磨碎过程的选择性。

（2）中空轴颈的直径大，长度短。直径大是为了适应给矿块度大的需要，通常中空轴颈内径约为最大给矿块度的两倍左右。长度短使给矿通畅。

自磨机可分为干式（气落式自磨机）和湿式（瀑落式自磨机）两种。湿式自磨机（见图7-23）的端盖与筒体中心线约成15°夹角，且端盖为锥形，锥角约为150°，以防止矿石的偏析作用。筒体上装有"凹形"提升衬板，端盖上也装有波峰衬板。

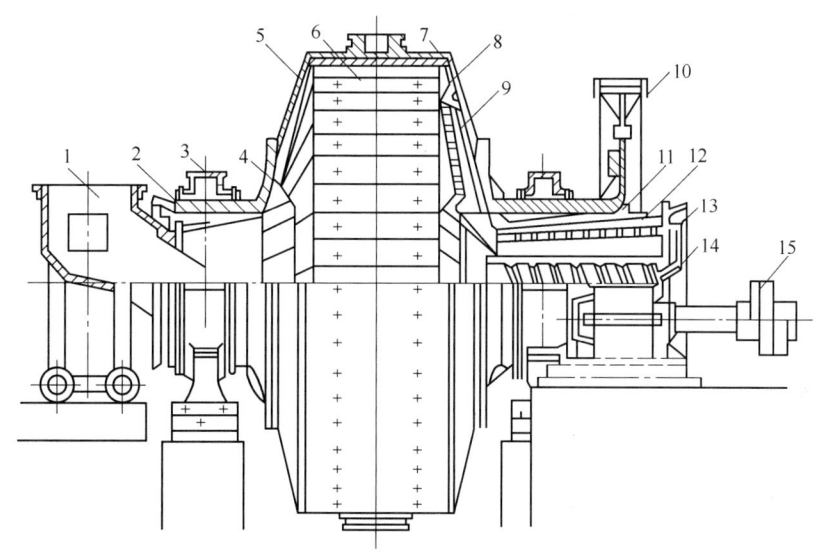

图7-23　湿式自磨机

1—给矿漏斗；2—轴颈内套；3—主轴承；4—给矿端盖；5—筒体；6—提升衬板；
7—排矿端衬板；8—排矿格子板；9—排矿端盖；10—齿轮传动装置；11—轴颈
内套；12—锥形筒筛；13—排矿口；14—自返装置；15—电动机

另外，湿式自磨机采用格子板排矿，磨矿产品在水中进行分级；干式自磨机的产品则是利用风力分级。

矿石自磨机的转速一般为临界转速的70%～80%。为了简化传动系统，通常选用低速电动机。

7.2.4.3　分级

粒度、形状和密度不同的矿粒群，在水（或溶液）中按沉降速度的不同分成若干窄级别的作业，称为湿式分级。

在闭路磨矿流程中，分级设备的作用在于及时分出磨矿合格产物，避免过磨，同时又可以分出不合格的粗砂，返回再磨。这对于保证较好的分选效果及提高磨矿效率意义很大。用于闭路磨矿流程的分级机械有螺旋分级机、水力旋流器、耙式分级机、浮槽分级机、筛子等。

A　水力旋流器

水力旋流器是一种利用离心力作用的分级设备。其结构形式按矿浆进入旋流室的旋转方向分为左旋和右旋两种。它主要由给矿管、圆柱体外壳、锥形容器、排砂嘴和溢流管等部分组成（见图7-24）。给矿管、排砂嘴和壳体等易磨部件有耐磨内衬（辉绿岩铸石或耐磨橡胶）。

矿浆以0.05~0.25MPa的进口压力，经给矿管沿切线方向进入旋流器的圆柱体内，即在器内做旋转运动并产生极大的离心力。在离心力的作用下，较粗的颗粒被抛向器壁，随螺旋线下降流下降，并由排砂嘴排出；较细的颗粒与水（或溶液）一起在锥体中心形成上升的螺旋流，经溢流管排出。水力旋流器的规格以圆柱体部分的直径D表示。

和其他分级机相比，水力旋流器构造简单，没有运动部件，体积小，占地面积少，单位面积处理能力大，操作维护方便，成本较低。中国一些选矿厂已经成功地用水力旋流器代替了螺旋分级机。实践表明，水力旋流器用于细粒物料选别前的分级与脱泥或矿浆的浓缩（脱水）十分有效。水力旋流器可以并联成组使用，以提高处理能力。

但是，水力旋流器存在砂泵动力消耗大，设备磨损严重以及给矿压力和给矿量波动对生产指标有影响等缺点，需进一步研究解决。

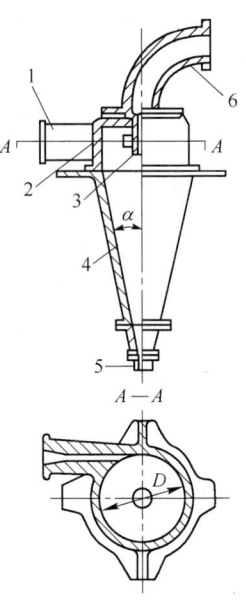

图7-24 水力旋流器示意图
1—给矿管；2—圆柱体外壳；
3—溢流管；4—圆锥形筒体；
5—排砂口；6—溢流导管

B 螺旋分级机

螺旋分级机是机械分级机的一种，它由U形水槽、螺旋装置、传动装置、升降机构、支承轴承等部分组成（见图7-25）。

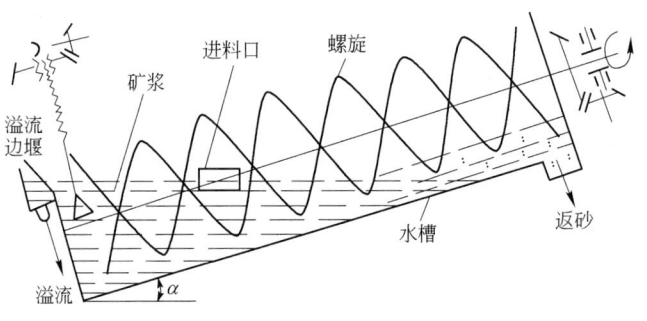

图7-25 螺旋分级机示意图

双螺旋分级机的U形水槽内，装有带螺旋叶片的两根互相平行的纵向长轴。螺旋叶片作为搅拌矿浆和输送返砂的排矿装置。螺旋主轴的传动装置安装在水槽上端的传动机架上。螺旋主轴的上端支承在传动机架上的轴承中，这样在保证螺旋主轴做旋转运动的同时，又可做升降运动。螺旋主轴下端的轴承是机器的重要零件，由于工作条件比较恶劣（沉浸在矿浆之中），故对轴承密封的要求较高，在运转过程中必须加强维护工作。螺旋分级机升降机构的作用是在停机时将螺旋提起，以免机器再启动时，由于沉砂积压而造成机器过载；而在分级过程中，可以利用升降机构使螺旋升高或降低来调整螺旋的负荷大小。

螺旋分级机的工作原理是：经磨矿后的矿浆，从分级机的给矿口给入倾斜安装的U形水槽内。随着螺旋的低速回转和连续不断地搅拌矿浆，使得大部分轻而细的颗粒悬浮于上面,从溢流堰溢出,成为溢流产品;粗而重的颗粒将沉降于槽底,成为沉砂,由螺旋输送到分级机的排矿口排出,返回磨矿机再磨。

螺旋分级机的规格以螺旋数目和螺旋直径来表示。按螺旋轴的数目,可分为单螺旋和双螺旋分级机。根据螺旋分级机的溢流堰高度,又可分为低堰式、高堰式和沉没式螺旋分级机。

高堰式螺旋分级机的溢流堰位置高于螺旋主轴下端的轴承中心,但低于溢流端螺旋的外缘。高堰式螺旋分级机适用于粗粒度(溢流粒度不小于0.15mm)的分级,是选矿厂中最常用的一种,通常用于一段磨矿分级流程中。低堰式螺旋分级机的溢流堰低于下端轴承的中心,分级面积小,已很少应用。沉没式螺旋分级机溢流端的螺旋全部浸没在矿浆溢流面的下面,适用于细粒度的分级,一般可获得小于0.074mm(小于200目)粒级含量大于65%的溢流细度。沉没式螺旋分级机也是选矿厂常用的一种螺旋分级机,主要用于二段磨矿分级流程中。

螺旋分级机主要用于湿式磨矿作业的预先分级、检查分级和控制分级,也可作为选矿作业中的脱水和脱泥设备。螺旋分级机具有工作可靠、操作方便、分级区域平稳、可获较细溢流粒度、水槽坡度较大、便于和磨矿机组成自流返砂等优点。但是,螺旋分级机具有设备笨重、分级效率低、主轴易断、溢流底部轴承密封不良等缺点。

7.2.4.4　磨矿分级流程

A　磨矿分级流程结构

在磨矿作业中,磨矿机通常与分级机组成闭路,形成一段或二段闭路流程。根据分级任务不同,可分为预先分级、检查分级和控制分级:

(1) 预先分级的任务是将入磨原矿中的合格产品事先分出,从而提高磨矿效率。

(2) 检查分级的任务是将磨矿机排矿中的不合格产品分出,返回磨矿机再磨。同时,检查分级可以控制合格产品中的最大粒度,减少过粉碎现象,提高磨矿效率。

闭路磨矿时,预先分级和检查分级往往合一,称为预检分级。

(3) 控制分级的任务是控制分级机(如检查分级)的溢流,分出混入其中的不合格产品,使它符合下一作业的粒度要求。

图7-26 (a) 是选矿厂常见的一段闭路磨矿流程,其中只含检查分级。若原料粒度较细,含合格产品在15%以上时,可采用加预先分级的一段闭路磨矿流程,如图7-26 (b)

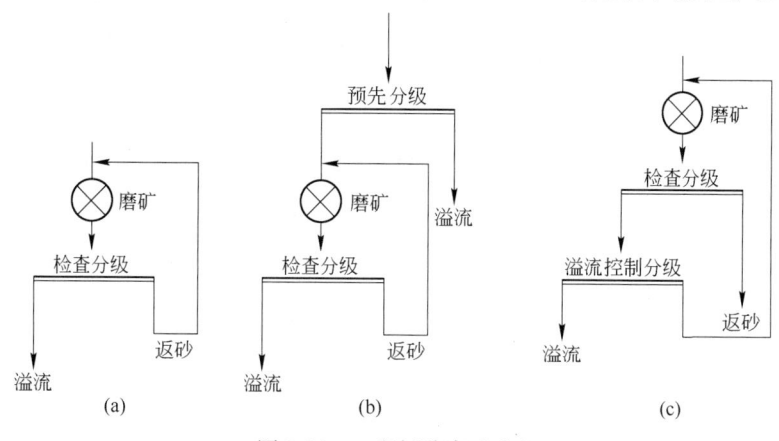

图7-26　一段闭路磨矿流程

所示。若对最终磨矿产品要求比较细时，可采用加溢流控制分级的一段闭路磨矿流程，如图7-26（c）所示。

图7-27（a）是两段全闭路磨矿流程，适用于要求磨碎到0.15mm（-0.074mm粒级含量占75%左右）或更细的大、中型选矿厂，其缺点是两段负荷不易均衡分配。图7-27（b）是两段一闭路磨矿流程，其特点是：生产能力较大，第一段采用棒磨机可以增大磨矿机给矿粒度，使破碎流程在开路情况下有效地工作。但该流程只在设计大型选矿厂时才有条件被采用。

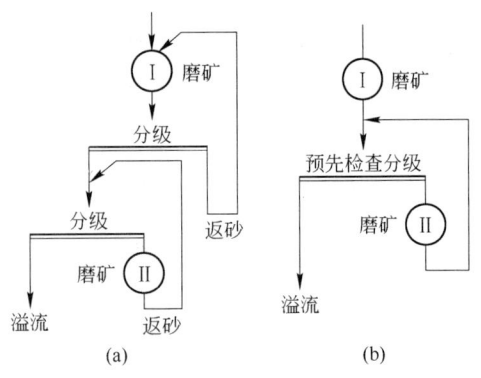

图7-27　两段闭路磨矿流程

一段或两段磨矿流程的选择主要根据给矿粒度和所要求的磨矿产品粒度确定。一段磨矿流程比较简单，便于配置，基建投资低，易于看管。因此，当要求磨矿产品粒度较粗（-0.074mm粒级占60%以下）时，均应尽量采用一段磨矿。若磨碎比很大，磨矿细度要求-0.074mm粒级占70%以上时，则应考虑采用两段磨矿。

B　铝土矿磨矿工艺实践

铝土矿选矿脱硅采用一段闭路磨矿流程时，有可能造成矿物泥化严重，从而导致精矿脱水困难和拜耳法溶出后赤泥压缩液固比偏高，同时分选效果也不理想。

A/S比为5.27的河南铝土矿在不同磨细程度时，各个粒级矿粒的分布的试验结果如图7-28所示。当磨矿细度-0.074mm由29.6%提高到41.8%时，细度提高了12.2%，但

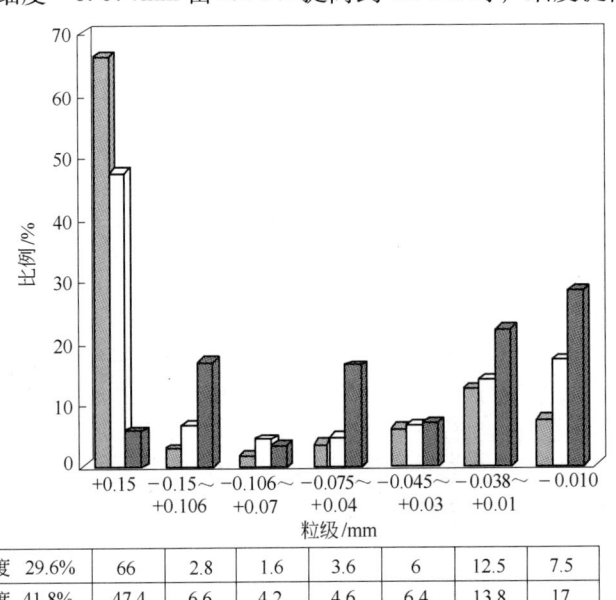

	+0.15	-0.15~ +0.106	-0.106~ +0.07	-0.075~ +0.04	-0.045~ +0.03	-0.038~ +0.01	-0.010
■ 细度 29.6%	66	2.8	1.6	3.6	6	12.5	7.5
□ 细度 41.8%	47.4	6.6	4.2	4.6	6.4	13.8	17
■ 细度 74.98%	5.69	16.87	3.46	16.16	6.91	22.14	28.17

图7-28　不同磨矿细度时磨矿产物的粒度分布
（实验室小型球磨机试验结果）

-0.074~+0.010mm 粒级的含量仅增加了 2.90%, -0.01mm 粒级产率增加了 9.5%; 也就是说增加的细度中接近 78% 都增加在 -0.01mm 粒级。一次磨至 74.98% 的 -0.074mm 时, -0.01mm 粒级产率达 28.77%, 与磨矿细度 29.6% 的 -0.074mm 相比, 也有 46.9% 增加在 -0.01mm。

在河南登封原矿铝硅比为 2.9 ± 0.4 时, 不同的磨矿细度时, 各个粒级产物粒度分布如图 7-29 所示。磨矿细度 -0.074mm 由 69.58% 增加到 79.74% 时, 细度增加了 10.16%, 其中 8.21% 是用来增加 -0.037mm 粒级的含量, 只有 1.95% 增加在 -0.074mm ~ +0.037mm 粒级。对于低品位铝土矿, 这种过粉碎或泥化现象更加严重, 因此磨矿工艺应考虑加快物料通过磨机的时间, 使磨矿粒度合格的物料尽可能早地得到分级并进入随后的浮选工艺。

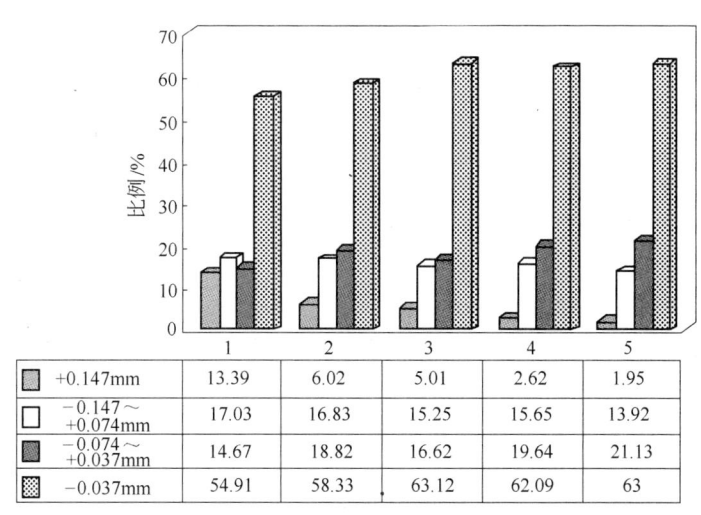

	1	2	3	4	5
+0.147mm	13.39	6.02	5.01	2.62	1.95
−0.147~ +0.074mm	17.03	16.83	15.25	15.65	13.92
−0.074~ +0.037mm	14.67	18.82	16.62	19.64	21.13
−0.037mm	54.91	58.33	63.12	62.09	63

图 7-29 一段磨矿时溢流产物在不同磨矿条件下的粒度分布特性

在加强选择性磨矿研究的基础上, 铝土矿的磨矿逐渐由一段磨矿工艺转变成低磨矿细度的预先产出部分粗粒精矿或粗细分选的磨矿浮选工艺。

C 铝土矿磨矿工艺成果

为进一步优化铝土矿的磨矿产品的粒度分布并强化铝土矿的选择性磨矿作用, 开发了二段磨矿—粗粒快速精选新工艺, 如图 7-30 所示。

铝土矿的二段磨矿工艺对于低品位铝土矿具有更明显的优势, 因为它对优化粒度分布非常有利。新开发的二段磨矿—粗粒快速精选工艺经鉴定为国际领先。图 7-30 中二段分级机溢流的细度范围为 83% ~ 90%, 产率大于 60%, 二段球磨机排矿产物的细度为 75% ~ 78%, 在整体上降低了磨矿的细度, 改善了磨矿产物粒级组成, 该工艺尤其适应

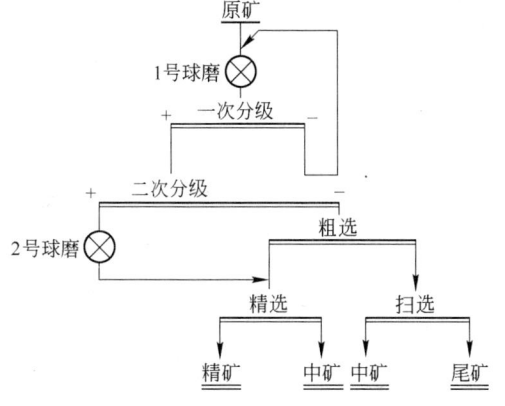

图 7-30 二段磨矿—粗粒快速精选新工艺工业试验流程图

低品位铝土矿选矿。

经工业试验多次验证，采用此磨矿工艺，处理河南和山西等地的低品位铝土矿，均能得到良好的工艺指标，见表 7-5。

表 7-5　中低品位铝土矿工业试验选矿技术指标

矿样	产品名称	细度/%	品　位			精　矿	
			Al_2O_3 含量/%	SiO_2 含量/%	A/S	产率/%	Al_2O_3 回收率/%
河南 1	原矿		53.71	18.44	2.91		
	精矿	86.71	65.03	6.40	10.17	57.73	69.90
	尾矿		38.25	33.44	1.14		
河南 2	原矿		56.79	15.25	3.72		
	精矿	87.22	65.92	6.56	10.05	66.16	76.75
	尾矿		39.03	31.15	1.25		
山西 1	原矿		60.72	13.69	4.44		
	精矿	87.57	67.66	6.98	9.70	72.73	81.07
	尾矿		42.20	31.61	1.34		
山西 2	原矿		60.68	11.89	5.10		
	精矿	87.12	66.64	6.33	10.53	77.78	85.42
	尾矿		39.82	31.37	1.27		

7.2.4.5　磨矿分级机组的工艺指标及操作因素

A　衡量磨矿分级效果的工艺指标

磨矿效果的好坏，一般用磨矿细度、生产能力和磨机的运转率来衡量。磨矿细度是质量指标，生产能力和磨机的运转率为数量指标。

a　磨矿细度

铝土矿磨矿产品的细度通常用"标准筛"的 200 目筛子筛分产品，并以筛下量占产品总量的百分数来表示，如磨矿细度为 -200 目占 60%，即 -0.074mm 占 60%。

b　磨机的生产能力

磨机的生产能力有以下几种表示方法：

(1) 磨机台时生产能力，即在一定给矿和产品粒度条件下，单位时间（1h）内磨机能够处理的原矿量，以 t/(台·h) 表示。

只有当磨机的形式、规格、矿石性质、给矿粒度和产品粒度相同时，才可以比较简明地评述各台磨机的工作情况。

(2) 磨机的利用系数 q，即单位时间内每立方米磨机有效容积平均所能处理的原矿量，以 t/(m³·h) 表示：

$$q = \frac{Q}{V} \tag{7-6}$$

式中　Q——原矿量，t；

V——有效容积，m^3。

利用系数 q 的大小，只能在给矿粒度和产品粒度均相近的条件下，才能比较真实地反映矿石性质和磨机操作条件情况。因此，它也只能粗略地评述磨机的工作状况。

（3）特定粒级利用系数，即以单位时间内经过磨矿过程所获得的某一指定粒级含量表示的生产能力，以 $t/(m^3 \cdot h)$ 表示。多数情况下，以磨矿过程中新生成的 $-0.074mm$（-200 目）级别含量表示。其计算公式为：

$$q_{-0.074mm} = \frac{Q(\beta_2 - \beta_1)}{V} \tag{7-7}$$

式中　$q_{-0.074mm}$——按新生成的 $-0.074mm$（-200 目）计算的磨机生产能力，$t/(m^3 \cdot h)$；

　　　Q——按原给矿计的给矿量，t/h；

　　　β_2——分级机溢流中（闭路磨矿时）或磨矿机排矿中（开路磨矿时）-200 目级别的含量，%；

　　　β_1——磨机给矿中 $-0.074mm$（-200 目）级别的含量，%；

　　　V——磨机的有效容积，m^3。

它可比较真实地反映出矿石性质和操作条件对磨机生产能力的影响。因此，设计部门在新建选矿厂计算磨机生产能力，或生产部门在比较处理不同矿石以及同一类型矿石但不同规格磨机的生产能力时常用此表示。

c　磨机的运转率

磨机的运转率又称为作业率 μ，是指磨矿—分级机组实际工作小时数占日历小时的百分数，即：

$$\mu = \frac{磨机总运转小时数}{同期日历小时数} \times 100\% \tag{7-8}$$

生产中每台磨机每月计算一次，全年累计并按月平均。当磨机中途停止给矿，但未停止运转时，仍按运转时间计算。磨机运转率的高低反映了选矿厂的管理水平，还可据此分析影响磨矿—分级机组不正常运转的原因，研究有效的改进措施。

d　分级效率

分级效率 E 是指分级机溢流中某一粒度级别的质量占分级机给矿中同一粒级质量的百分数，其计算公式为：

$$E = \frac{\beta(\alpha - \gamma)}{\alpha(\beta - \gamma)} \times 100\% \tag{7-9}$$

式中　α——磨矿机排矿（分级机给矿）中指定粒级含量，%；

　　　β——同一指定粒级在分级机溢流中的含量，%；

　　　γ——同一指定粒级在分级机返砂中的含量，%。

式 7-9 只考虑进入溢流中细粒级的含量，而未考虑溢流中混入的粗粒级的量。如果既考虑分级过程量的效果，又反映分级产物的好坏，可用下式计算分级效率：

$$E = \frac{100(\alpha - \gamma)(\beta - \alpha)}{\alpha(\beta - \gamma)(100 - \alpha)} \times 100\% \tag{7-10}$$

B　影响铝土矿磨矿—分级机组工作的操作因素

一水硬铝石与铝硅酸盐脉石矿物在工艺矿物学性质、硬度、嵌布特征等方面存在很大差异，它们的粉碎速率显然不同。为充分利用并扩大这种选择性碎磨特性，实现节能降耗和提高铝土矿分选指标，对铝土矿磨矿方式、磨矿介质种类、磨矿充填率，磨矿浓度等影响因素进行了研究。

影响磨矿—分级机组生产过程的因素很多，大致可概括为三类：

（1）矿石性质。包括硬度、含泥量、给矿粒度、磨矿产品细度等。

（2）磨机结构。包括磨机型式、规格、转速、衬板形状等。

（3）操作条件。主要有磨矿介质（形状、密度、尺寸和配比、充填系数）、矿浆浓度、返砂比以及分级效率等。

这三类因素中，有些参数（如设备类型、规格、磨机转速、给矿粒度等）在生产过程中是不能轻易变动的，有些则需经常调整，并通过调整使机组在适宜条件下运行。因此，下面重点分析操作条件方面的因素。

a　磨矿介质的装入制度

磨矿介质的装入制度有以下几方面：

（1）介质形状和材质。用棒磨机磨矿的铝土矿粒度组成比球磨机磨矿的产品粒度组成均匀。对铝土矿而言，磨矿介质形状使磨矿速率由高到低的影响顺序为：长棒介质 > 球形介质 > 短圆柱 + 球形介质 > 短圆柱介质。但上述四种介质的选择性磨矿作用由高到低的顺序为：短圆柱 + 球形介质 = 短圆柱介质 > 球形介质 > 长棒介质。就是说虽然长棒介质对铝土矿具有较高的磨碎速度，但选择性磨矿作用较差。球形介质具有一定的选择性磨矿作用，短圆柱介质以及短圆柱 + 球形介质对铝土矿具有较好的选择性磨矿作用。

选择介质材质时，还应全面考虑材料的密度、硬度、耐磨性、价格、加工制造等条件。生产中的介质一般采用钢质或铁质材料。钢球与铁球相比，密度大、强度高、耐磨性强、磨矿效果好；但是，铁球的突出优点是价格便宜，制造方便。在实际生产中，大球常用钢质，小球常用铁质；粗磨宜用钢球，细磨可用铁球。生产实践表明，近年来已成功代替钢球的稀土中锰球墨铸铁球比低碳或中碳锻钢球的耐磨性提高一倍以上，是一种便宜的"代钢"材料。

（2）介质尺寸。主要据矿石性质确定。矿石越硬、给矿粒度越粗，则应加入尺寸较大的介质，以产生较大的冲击磨碎作用。反之，可用较小尺寸的介质，以增强研磨作用。

表 7-6 列出磨碎中等硬度矿石时，磨机给矿粒度与装入介质尺寸的关系。

表 7-6　装球尺寸与给矿粒度的关系

给矿中最大粒度/mm	12 ~ 18	10 ~ 12	8 ~ 10	6 ~ 8	4 ~ 6	2 ~ 4	1 ~ 2	0.5 ~ 1
装球尺寸/mm	120	100	90	80	70	60	50	40

实践中，应采用不同尺寸磨矿介质的合理配比，以适应矿石性质的不均匀性和操作条件的要求。

（3）介质充填系数（充填率）是指磨矿介质占磨机容积的百分数。它与磨机转速关系较大，从而也影响介质的运动状态。充填率低时，磨机实际临界转速较高，介质实现"泻落式"工作状态的转速也高；充填率很高时，即使低速运行，介质也可能产生抛落。不同充填率与适宜的磨机转速有如下关系：

介质充填率/%	适宜的磨机转速/%
32 ~ 35	76 ~ 80
38 ~ 40	78 ~ 82
42 ~ 45	80 ~ 84

最适宜的介质充填率应在一定转速下，使机械能达到最大，实践中应据试验确定。运行中为保持适宜的介质配比和充填率，应定期补加介质。在实验室磨矿条件下，介质充填率为40%时的选择性磨矿作用高于填充率35%时。

b 分级效率及返砂比

分级效率 E 见式7-9。

通常在闭路磨矿循环中，从分级机返回到磨矿机再磨的粗粒物料称做返砂。返砂的质量与磨矿机原给矿的质量百分比称做返砂比 C，或称循环负荷。其计算公式为：

$$C = \frac{S}{Q} \times 100\% = \frac{\beta - \alpha}{\alpha - \gamma} \times 100\% \tag{7-11}$$

式中 Q——给入磨机的原矿量，t/h；

S——返砂量，t/h；

α——磨矿机排矿（分级机给矿）中指定粒级含量，%；

β——同一指定粒级在分级机溢流中的含量，%；

γ——同一指定粒级在分级机返砂中的含量，%。

闭路磨矿中，分级效率和返砂比对磨矿—分级机组工作影响显著。分级效率越高，返砂中含合格粒度就越少，过磨现象越轻，因此磨矿效率也越高。目前，常用分级设备的分级效率低，因此研制与改进分级设备、提高分级效率，是提高磨矿作业指标的有效措施之一。返砂比过大会引起磨矿机和分级机过载，破坏正常运行。对格子型磨机往往会因此而"胀肚"。实践表明，返砂比由100%增大到400%~500%，磨机生产能力增高20%~30%。适宜的返砂比范围见表7-7。

表 7-7 不同磨矿条件下适宜返砂比的范围

磨矿条件		返砂比/%
磨矿机和分级机自流配置	第一段粗磨到0.5~0.3mm	150 ~ 350
	第一段粗磨到0.3~0.1mm	250 ~ 600
	第二段由0.1mm磨至0.1mm以下	200 ~ 400
磨矿机和分级机非自流配置		150 ~ 400

c 磨矿浓度和球料比

磨矿浓度通常以矿浆中固体物料的质量分数表示。磨矿浓度不仅影响磨机生产能力、产品质量、电耗，而且影响分级机溢流粒度，从而影响选别效果。磨矿浓度过低时，磨矿机中的固体少，因而减少磨矿介质的有效磨碎作用。磨矿浓度适当增高，磨矿效率可能提高，但粗粒易从磨机中排出，使产品粒度变粗。磨矿浓度过高，可能会因矿浆流动性变小而降低磨机生产能力，同时会因降低介质的冲击和研磨作用而降低磨矿效率，甚至因排出量过少而产生"胀肚"。适宜的磨矿浓度应由试验确定。在生产实践中，粗磨（产品粒度0.15mm以上）的磨矿浓度一般为75%~85%，细磨（产品粒度小于0.15mm）的磨矿浓度一般为65%～75%。两段磨矿时，第一段磨矿浓度高一些（75%～85%），第二段磨矿浓度低一些（65%～75%）。

在实验室条件下，当磨矿浓度为70%、料球比为1.1、磨机转速在91%时，选择性磨矿作用较强。在工业生产上的选择性磨矿最佳的操作条件应在实践中不断总结得出。

7.2.4.6　筛磨工艺设想

针对目前铝土矿磨矿产物的粒度分布不均匀、微细颗粒过多、影响选别指标和后续工艺等方面存在的不足，从工艺及设备技术两方面提供了一种能显著改善铝土矿磨矿产物粒度分布的方法。该工艺的技术路线是预先分出破碎产物中合格粒级的产物，防止或减少对其过磨，从而达到节能和优化粒度分布的目的。具体的工艺又可分为三种：预先筛分（洗矿）——一段（二段）磨矿工艺、开路带筛磨机—再磨工艺和半自磨工艺。

A　预先筛分（洗矿）——一段（二段）磨矿工艺

将含有一定粉料或细粒级的铝土矿破碎产物，先经过预先筛分即洗矿作业后，分离出细粒物料，对于筛上或洗矿得到的粗大颗粒，依据物料在磨矿时易碎易泥化的特性，采用快速磨矿、强制出矿和快速高效的分级技术进行磨矿。磨机的排矿与预先分级或洗矿得到的细粒物料混合并一起实现分级。根据选矿（细度、浓度、粒度分布特性等）的需要，可增加第二段磨矿工艺，对一段磨矿分级出来的溢流产物进行二段预先分级，根据需要的选矿条件确定分级工艺参数，粗粒级返砂进入第二段磨矿工艺，二段分级的溢流作为磨矿最终产物，其原则工艺流程如图7-31所示。

B　开路带筛磨机—再磨工艺

开路带筛磨机—再磨工艺原则工艺流程如图7-32所示。该工艺的技术路线是快速分离合格粒级产物，即将破碎到一定粒度范围的铝土矿原矿给入带筛球磨机进行一段开路磨矿，磨矿产物经螺旋分级机、旋流器或高频振动筛等分级设备进行分级，返砂进入二段常规球磨机的闭路磨矿；细粒级作为磨矿最终产物。根据铝土矿原矿粒级组成及磨矿性质差异为带筛球磨机选定合适的筛网尺寸和材质，按照要求确定合适的分级设备，减少铝土矿在磨矿过程中的泥化和过磨，从而显著改善铝土矿磨矿产物的粒度分布。

还有的研究提出了"粗碎＋湿式分级＋中细碎＋球磨"流程，即将粗碎产品中－15mm粗粒通过湿筛分出，不再进闭路破碎；筛下产物用螺旋分级机分为返砂和溢流

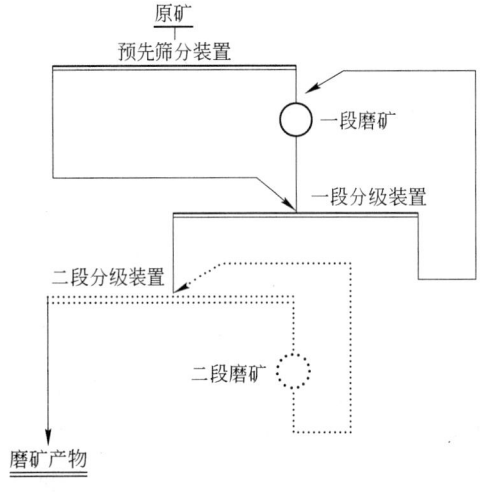

图7-31　预先筛分—磨矿原则工艺流程

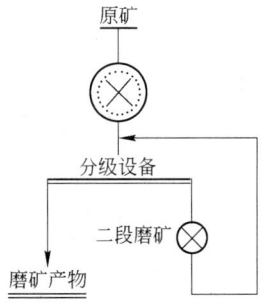

图7-32　开路带筛磨机—再磨原则工艺流程

两部分，返砂经胶带送入粉矿仓，溢流经浓缩脱水后送至磨矿回路中；+15mm 粒级再采用两次破碎、一次闭路至 -15mm 送入粉矿仓。根据旋回破碎机排矿粒级分析结果，湿筛筛下产物产率约为 28%，需再破碎的矿量仅为 72% 左右。该方案的特点是技术可靠、易于控制、可确保碎磨流程的畅通，但设备数量多、流程作业线长、增加了管理工作量。

C 半自磨工艺

半自磨工艺是在自磨机中加入少量大钢球以加速破碎难磨颗粒和提高自磨效率的一种磨矿方式。半自磨是相对于全自磨和球磨而言的，钢球添加量一般为 3% ~6%。

铝土矿半自磨工艺的可行的方案是"粗碎 + 半自磨 + 球磨"流程，即将粗碎后的铝土矿直接送入半自磨机，减少粉矿或泥矿对碎矿流程的不良影响；然后通过球磨工艺流程达到磨矿产物的入选要求，具有较好的粒度分布特性和单体解离特性。该工艺流程作业线短，易于操作管理，对于含水含泥较多且适合于自磨的矿石从流程畅通方面考虑具有明显的技术优势。该工艺对易碎易磨的铝土矿较为适合。

7.2.5 碎磨的技术经济指标

粉碎过程中的技术经济指标主要有粉碎比、单位产品电耗、台时产量和单位产品钢球消耗等。具体介绍如下：

（1）粉碎比。粉碎前物料粒径 D 与粉碎后物料粒径 d 之比值称为粉碎比，它是用来表示矿石破碎前后粒度变化程度，是用来均衡分配各段破碎（磨矿）机工作的参数。粉碎比用表 7-8 中几种不同的方法表示。

表 7-8 粉碎比的几种表示方法

名 称	定 义	公 式	备 注
极限粉碎比	物料破碎前后的最大粒度（$D_{最大}$ 与 $d_{最大}$）之比称为极限破碎比 i	$i = D_{最大}/d_{最大}$	最大粒度分别用原料及产品中 95% 或 80% 物料能通过的正方形筛孔宽度表示
名义破碎比	破碎机给矿口的有效宽度 0.85B（mm）和排矿口宽度 S（mm）的比值 i	$i = 0.85B/S$	该破碎比可大致反映破碎机械的破碎能力，在工程上尤为适用
真实破碎比	破碎前原料平均粒度 $D_{平均}$ 与破碎后的平均粒度 $d_{平均}$ 之比 i	$i = D_{平均}/d_{平均}$	这种计算较真实地反映了破碎的程度，故在科研及理论研究中常被采用

把第一级破碎前的平均喂料粒径与最末一级破碎产品的平均粒径之比称为物料总破碎比 $i_总$。总破碎比 $i_总$ 等于各段破碎比的乘积：

$$i_总 = i_1 i_2 i_3 \cdots i_n \tag{7-12}$$

式中　　　　$i_总$——多级破碎系统的总破碎比；

$i_1, i_2, i_3, \cdots, i_n$——分别代表各级破碎机的破碎比。

（2）产量/质量系数。粉碎机械的产量是评价粉碎机经济效益的重要指标。由于粉碎机械的产量随粉碎比变化，故采用质量系数 K 作为对粉碎机械技术评价的对比的指标之一：

$$K = Qi \tag{7-13}$$

式中　K——粉碎机械的质量系数，t/h；

Q——粉碎机械的小时产量，t/h；

i——粉碎比。

20 世纪 70 年代又提出了一个反映机器粉碎效果的综合指标 K_t(t/(kW·h))：

$$K_t = K/N = Qi/N \tag{7-14}$$

式中 N——破碎机所需功率的平均值，kW。

（3）单位产品钢耗。单位产品钢耗和单位产品球耗是指每吨物料粉碎时所消耗的钢材量和所消耗的介质球量，因此必须研究衬板、齿板、钢球的磨损规律，提高钢材的耐热、耐磨、抗腐蚀性能，因地制宜地研制和生产耐磨材料，以降低碎矿磨矿设备的钢耗和球耗。

（4）单位产品电耗。单位产品电耗是指单位质量粉碎产品的能量消耗，简称单位电耗。单位电耗是衡量粉碎机械的动力消耗是否经济的基本技术经济指标。粉碎过程的功耗与物料新生成的表面积成正比，同时破碎功耗与物料的体积（或质量）成正比，还与物料自身粉碎特性有关。

（5）邦德功指数。邦德功指数是评价矿石被磨碎难易程度的一种指标，因首先由美国人邦德（F. C. Bond）提出，故而命名。美国的邦德和中国的王仁东于 1952 年提出的裂缝假说认为，将粒度为 D_1 的颗粒群粉碎成粒度为 D_2 的颗粒群时，能耗 A 与 $(D_2^{-1/2} - D_1^{-1/2})$ 成正比，即

$$A = K(D_2^{-1/2} - D_1^{-1/2}) \tag{7-15}$$

式中 K——常数。

邦德用 $10W_i$ 代替 K。W_i 通常称为邦德功指数，它是物料的抗碎和抗磨的一个参数。裂缝假说还将 $D^{-1/2}$ 解释为使粒度 D 的料块破裂开时所产生的裂缝长度的一个量度。因此粉碎能耗也就与料块碎裂时新产生的裂缝长度成正比。

裂缝假说用于常规的棒磨和球磨一般是较适宜的。所以邦德功指数可分为球磨功指数、棒磨功指数和自磨功指数三种。

由于邦德功指数的测定、计算及按其功指数值对工业磨机的选择、计算均按根据试验而建立的经验公式进行，而邦德建立其经验公式时所试验的最大磨机直径 $D \leq 3.8m$，因此，利用邦德功指数法选择、计算大直径磨机，例如 $D \geq 5.0m$ 的磨机，其偏差就很大。

有研究者通过小型试验测试了山东某铝土矿的邦德功指数：

1）铝土矿邦德（低能）冲击破碎功指数：平均值为 11.55kW·h/t，最大值为 26.60kW·h/t；

2）铝土矿 154μm 邦德球磨功指数为 22.16kW·h/t；

3）入磨原料 154μm 邦德球磨功指数为 14.55kW·h/t。

由试验结果可见，山东铝土矿的邦德（低能）冲击破碎功指数值属于中等，154μm 邦德球磨功指数值较高，因此易碎难磨。但入磨原料因混合了碱石灰、白煤和碱粉而使球磨功指数有所减小。

7.3 铝土矿的洗矿

中国广西大部分铝土矿和国外诸多三水铝石型铝土矿由于矿石含泥多，可以采用洗矿

的方法得到合格品位的铝土矿精矿，为拜耳法生产氧化铝工艺提供合格的原料。

7.3.1 洗矿定义及参数

7.3.1.1 洗矿的定义

洗矿是在选矿生产中，用水浸泡、冲洗并辅以机械搅动和剥磨，将被黏土胶结的矿块分离出来的重力选矿过程，由碎散和分离两个作业组成。碎散作业主要是利用水的冲洗和浸透作用使黏土膨胀碎散，有时还辅以机械的碰击和搅拌剥磨作用加速碎散过程。分离作业主要是按粒度的不同将黏土与矿粒分开，根据原矿的粒度特性，分离作业可采用湿式筛分或水力分级，或者两者同时采用。

7.3.1.2 矿石可洗性

矿石可洗性是指用水洗去矿石杂质黏土的难易程度。矿石可洗性与胶结在矿块中的黏土的塑性、膨胀性、含水量、渗透性以及矿石中黏土部分与矿粒、矿块部分之比有关，常用塑性指数 K 来评定矿石的可洗性。即：

$$K = B_a - B_b \tag{7-16}$$

式中 K——矿石的可塑性系数，%；

       B_a——黏土开始流动时的水分，%；

       B_b——受压后，黏土碎散时的水分，%。

黏土的塑性指数越大，塑性越高，在水中就越难分散，洗矿也就越难进行。矿石可洗性分类见表7-9。

表 7-9 矿石可洗性分类

矿石类别	黏土性质	塑性指数	必要的洗矿时间/min	单位电耗/kW·h·t⁻¹	通常洗矿方法和设备
易洗矿石	砂质黏土	1 ~ 7	5	≤0.25	振动筛冲水
中等可洗矿石	黏土能用手搓碎	7 ~ 15	5 ~ 10	0.25 ~ 0.5	筒形洗矿机或槽形洗矿机
难洗矿石	黏土结团难搓碎	≥15	≥10	0.5 ~ 1.0	槽形洗矿两次或擦洗等高强度洗矿

依据矿石可洗性和下步作业要求来确定洗矿流程、洗矿设备和洗矿操作参数，如洗矿强度和洗矿效率等。

7.3.1.3 洗矿强度

洗矿强度由洗矿过程中单位时间内分离出的黏土量来表示，与被洗矿石的物理性质有关。对于某一种铝土矿，机械作用和水的洗涤能力愈强，洗矿强度则愈高。洗矿强度取决于机械作用和水中的矿泥浓度，随着水中矿泥浓度的增加，水的洗涤能力降低；而水中的矿泥浓度是随着水耗量的增加而降低的，增加水的耗量、提高水流速度，可加强对被洗矿石的机械作用，洗矿强度越高。当然水的耗量应限制在一定的范围内。

7.3.1.4 洗矿效率

洗矿效率表示洗矿作业的完善程度，按洗矿时分出指定粒度的细粒级回收率计算。洗矿效率取决于洗矿时间和洗矿强度。洗矿时间一定时，洗矿强度愈大，洗矿效率愈高。各种矿石所需的洗矿时间取决于矿石的性质和所采用的洗矿方法。水和机械联合作用时，难洗矿石必需的洗矿时间大于10min，中等可洗矿石为5~10min，易洗矿石小于5min。

7.3.2 洗矿工艺流程

洗矿工艺流程可分为由普通的筛分设备单独组成的流程和由专门的洗矿设备组成的工艺流程，有时也由筛分和洗矿设备组成联合工艺流程。

以下为国内外比较典型的铝土矿洗矿工艺流程：

（1）广西平果铝土矿洗矿。图7-33为广西平果铝土矿二期洗矿工艺流程。

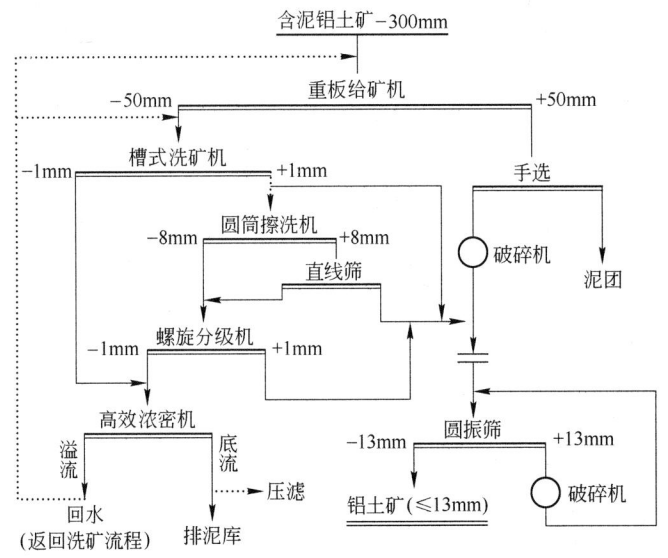

图7-33 广西平果铝土矿二期洗矿工艺流程

根据平果铝土矿原矿矿石可洗性变化波动范围大的特点，洗矿工艺设计为二段洗矿和三段洗矿两种模式，两种洗矿模式可以在生产过程中互为切换。对含泥率高、伴生矿泥塑性指数高的难洗矿采用圆筒筛洗机＋槽式洗矿机＋圆筒擦洗机＋直线振动筛三段洗矿流程；对含泥率低、伴生矿泥塑性指数低的易洗矿采用圆筒筛洗机＋槽式洗矿机的两段洗矿流程。

铝土矿洗矿后精矿含泥率不大于3.5%，含水率不大于7%，矿粒度不大于13mm。

（2）Lorim Point矿山中心铝土矿洗矿。Lorim Point矿山中心（澳大利亚韦帕（Weipa）铝土矿）采用"三层振动筛—粗粒破碎—振动脱水"的洗矿工艺流程，如图7-34所示。用火车将采场矿石翻车到储矿槽，经螺旋齿轮式对辊输送破碎机将矿石送至ϕ1.5m的皮带输送机，经初步格筛将约80mm以上粒级作为废石，堆积用于修路等，－80mm粒级经皮带输送机分四段给入四个系列的振动筛分洗矿工艺，振动筛分为三层，上层筛网约为

40mm×25mm，中间筛网约 8mm×8mm，下部筛网约 2mm×2mm，最上层筛上产品进入皮带输送机给入冲击式破碎机，随后产品输送到精矿堆场。中间筛和下部筛的筛上产品经脱水后输送到精矿堆场，精矿粒度大于 2mm。

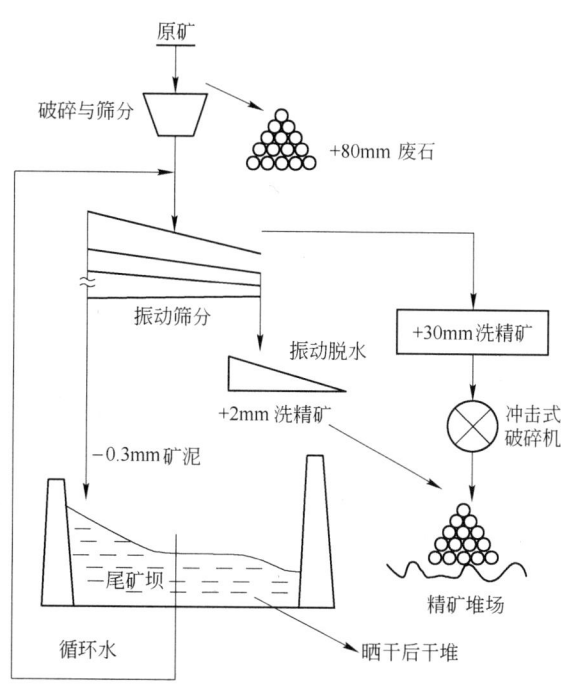

图 7-34   Lorim Point 中心洗矿工艺流程示意图

7.3.3   洗矿设备

在生产实践中，往往根据铝土矿的可洗性和粒度组成来选择洗矿设备。

易洗矿石一般采用各种筛子和机械分级机；中等可洗性矿石和难洗矿石，则要采用专门的洗矿机械，如洗矿筛、筒形洗矿机、槽形洗矿机、联合洗矿机和塔式洗矿机等洗矿设备。

7.3.3.1   洗矿筛

洗矿筛有平面洗矿筛和棒条洗矿筛两种。平面洗矿筛由储矿仓、平面筛、水枪及溜槽组成。平面筛装在储矿仓的底上，筛孔通常为 1~15mm，洗矿时矿石由储矿仓给到筛上，用高压水冲洗，碎散的黏土通过筛孔送入溜槽中，洗过的矿石由储矿仓的卵石口排出，如图 7-35 所示。被洗矿石的耗水量视喷嘴直径、水压和矿石可洗性而定，为 6~12m³/t。这种洗矿筛能较好地碎散黏结的矿石，结构简单且便

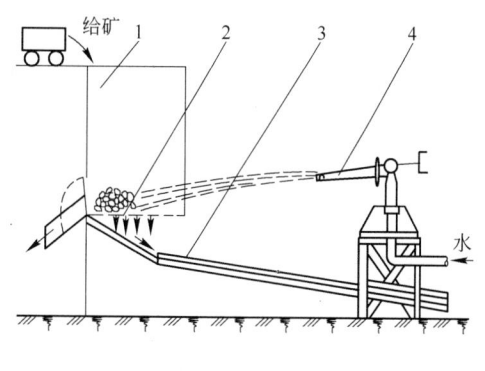

图 7-35   平面洗矿筛
1—储矿仓；2—平面筛；3—溜槽；4—水枪

于制造。

棒条洗矿筛的棒条筛分为两段，一段水平，另一段向上倾斜，筛条间距为 50mm。由运矿槽运到水平筛段上的矿石，被高压水流冲洗，并与倾斜筛面迎面碰撞，加强了分散作用，分散后的细泥团和矿泥通过筛孔排下，粗粒被水流冲到倾斜筛上，由该段的尾端排出，筛子安装坡度约为 20%。

7.3.3.2 筒形洗矿机

筒形洗矿机是在回转的圆筒、筛或两者结合体中，利用矿石的泻落式运动或机械的搅拌作用，在水介质中松散、冲擦矿石的洗矿设备，如图 7-36 所示。

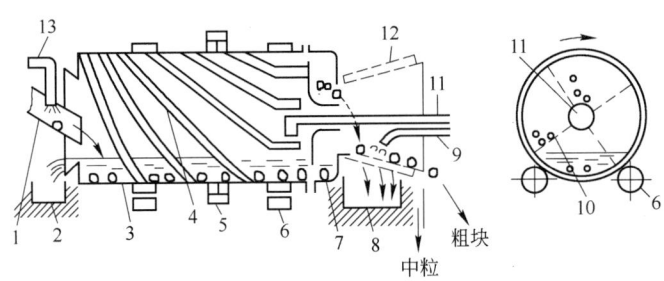

图 7-36 圆筒洗矿机结构示意图

1—给矿槽；2—溢流矿浆溜槽；3—筒身；4—螺旋肋条；5—传动齿轮；
6—托轮；7—提升器；8—筛下产品溜槽；9—冲洗水；10—提升格子板；
11—压力水管；12—圆锥筒筛；13—给矿水

筒形洗矿机有密封圆筒洗矿机（又称擦洗机）、带筛擦洗机和筒筛洗矿机三种。矿石由斜槽经圆筒一端的开口给入机内，圆筒的前端壁上有许多小孔，泥浆经过小孔流出。由于大块矿石的泻落和搅拌作用，将矿石冲擦和松散，筒内壁沿纵向装有纵向角钢、弧形及环形配置的短角钢搅动并推进物料，洗好的大块矿石由机内的带孔斗勺卸于排矿槽中，擦洗机的转速约为临界转速的 0.3 ~ 0.4 倍。擦洗难洗的矿石时，转速可提高至临界转速的 0.8 ~ 0.9 倍。这种擦洗机可用来处理高塑性黏土矿石，矿石中最大块粒度达 150 ~ 200mm。

7.3.3.3 槽形洗矿机

槽形洗矿机（见图 7-37）是在固定的 U 形槽体中装有螺旋旋转的机械装置，利用机械的搅拌作用松散、擦洗物料以及运输粗粒产品的洗矿设备，适用于处理小于 70 ~ 75mm 的含泥物料。

槽形洗矿机有倾斜式和水平式两种。

平果铝土矿洗矿采用的就是以圆筒洗矿机加槽形洗矿机为主的洗矿流程，在该流程中槽形洗矿机（规格为 2200mm × 8400mm）

图 7-37 双螺旋槽形洗矿机

又称擦洗机，它和螺旋分级机结构相似，所不同的是叶片为不连续的桨叶形。这种洗矿机有较强的切割和擦洗能力，对小泥团碎散能力较强，适合处理中等粒度含泥较多的难洗性矿，其优点是生产能力较大，洗矿效率高，在生产中是一台非常重要的设备。

7.3.3.4 联合洗矿机

联合洗矿机是由圆筒筛和耙式分级机组成的洗矿设备，在固定的槽体中，利用圆筒筛的旋转和耙子的往复运动所产生的机械力乱散和擦洗物料，并将其分级。沿筒筛的全长装有一根水管供给洗涤水。当筛子旋转时，矿石受到洗涤，细粒穿过筛孔进入耙式分级机中，粗粒由圆筒筛的末端排出。进入耙式分级机的物料再一次受到洗矿作用，矿砂由耙子耙出，细粒泥砂成溢流排出。该机的优点是洗好的矿石经过了分级，可得出三种产品，缺点是不适于处理很黏的黏土质矿石，主要用于处理易洗的砂土性矿石。

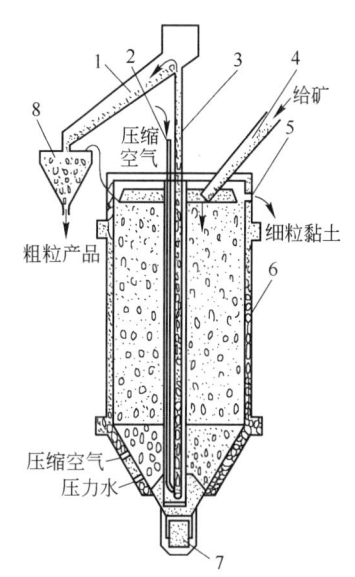

图7-38 塔式洗矿机结构示意图
1—粗粒产品溜槽；2—压缩空气管；
3—气体提升器；4—给矿溜槽；
5—溢流口；6—塔体；7—卸矿
装置；8—粗粒产品脱水斗

7.3.3.5 塔式洗矿机

塔式洗矿机是利用压力水和压缩空气松散和洗涤物料的塔形洗矿设备。

塔式洗矿机用钢筋混凝土做成圆柱形塔体，塔底为设有压力水和压缩空气入口的圆锥体，在圆锥下端装有卸矿装置。由塔底下部引入压力水和压缩空气进行洗矿，如图7-38所示。

通入的压缩空气能使水产生涡流运动，增强水对矿石的碎散作用。细粒黏土随水流上升，由塔上部的溢流口排出，粗粒产品不断下降，通过塔内部的机械装置排到塔的下部，然后再用压缩空气和气体提升器提升至塔顶排出。在塔式洗矿机中，黏土与水接触时间长，主要是靠黏土的膨胀作用松散物料，机械作用力小，很少使矿石泥化，适用于处理易泥化的矿石。但塔式洗矿机的缺点是设备太大。

7.4 铝土矿浮选的基本原理

铝土矿浮选脱硅是依据一水硬铝石、三水铝石等与含铝硅酸盐脉石矿物表面性质的差异，在矿浆中借助于气泡浮力实现一水硬铝石与其他矿物分离的过程。铝土矿经过破碎—磨矿后，在浮选机内受到选矿药剂的作用，其中的亲气矿物附着在气泡上，上浮至矿浆表面形成泡沫层，亲水矿物则留在矿浆内达到分离的目的。

7.4.1 铝土矿中主要矿物的润湿性与天然可浮性

浮选过程中的充气矿浆是由矿物颗粒、水、气泡组成的，因而称浮选充气的矿浆为三相体系。矿粒是固相，水是液相，气泡是气相，相间的分界面称为相界面。浮选时，各种矿物颗粒是黏附在气泡上还是留在水中，是由矿粒、水、气泡所组成的三相界面间物理化学性质所决定的，其中最重要的是矿物表面的润湿性。例如，在光滑洁净的石英表面上放一滴水，水滴瞬间在石英表面扩展开，这就是说石英能被水润湿，是亲水的；如果把水滴在石蜡表面上，水滴不扩展，仍呈球形，这说明石蜡不易被水润湿，是疏水的。这种现象称润湿现象。

为了判断比较矿物表面润湿性的大小，常用接触角 θ 来度量，如图 7-39 所示。在图中以三相润湿周边上的 A 点为顶点，以固水交界线为一边，以气水交界为另一边，经过水相的夹角 θ 称为接触角。

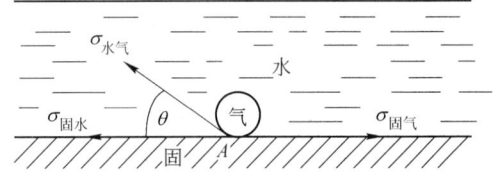

图 7-39　浸于水中的矿物表面所形成的接触角

当水滴在固体表面上之后，在固水、水气、固气三个界面上分别存在三个力，称之为表面张力，用符号 $\sigma_{固水}$、$\sigma_{水气}$、$\sigma_{固气}$ 表示。这三个力都可以看做是从三相交点 A 向外拉的力。当三个力的作用达到平衡时，三相界面就不再移动，在 X 轴投影方向可列出力的平衡方程式：

$$\sigma_{固气} = \sigma_{固水} + \sigma_{水气}\cos\theta$$

移项简化后可得：

$$\cos\theta = \frac{\sigma_{固气} - \sigma_{固水}}{\sigma_{水气}} \tag{7-17}$$

从式 7-17 可以看出，接触角 θ 的大小取决于水对矿物的亲和力 $\sigma_{固水}$ 与空气对矿物的亲和力 $\sigma_{固气}$ 的差值。因为在一定的条件下，$\sigma_{水气}$ 与矿物表面性质无关，可看成恒值。这样可以把接触角理解为是反映矿物表面亲水性与疏水性量度的一个物理量。接触角 θ 越大，表示矿物表面的亲水越弱，气泡越易排开矿物表面的水化膜，矿物在气泡表面附着也越稳固，因而也越易附着于气泡上浮；反之，则难以在气泡上附着。可定义：润湿性指标为 $\cos\theta$；可浮性指标为 $1 - \cos\theta$。

由此可见，可以通过测定矿物的接触角对其进行可浮性评价，还可通过添加不同药剂，改变矿物表面性质来调整矿物的可浮性。

铝土矿浮选脱硅的目的在于使一水硬铝石与高岭石、伊利石和叶蜡石等主要存在的铝硅酸盐矿物分离。显然应当首先了解它们的天然可浮性差异才能做进一步研究。用水滴法测定以上四种矿物的接触角：一水硬铝石的接触角为零，为完全亲水性；其余三种黏土矿物的接触角大小顺序为 $\theta_{高岭石} \leqslant \theta_{伊利石} < \theta_{叶蜡石}$。进一步用粉末质量法对以上四种矿物的润湿性进行验证，仍是 $\theta_{一水硬铝石} < \theta_{伊利石} < \theta_{高岭石} < \theta_{叶蜡石}$。即四种矿物的亲水性大小顺序为：一水硬铝石 > 高岭石 > 伊利石 > 叶蜡石。这说明四种矿物中只有叶蜡石具有一定天然可浮性，有利于从泡沫产品中脱除；而一水硬铝石与高岭石、伊利石亲水性强，天然可浮性相近，靠天然可浮性难于进行分离，只有添加适当药剂，加大这些矿物的表面可浮性差异才能实现分离。

7.4.2　矿粒向气泡附着的基本过程

在浮选过程中，由于浮选机的机械搅拌、气泡的上升和矿粒重力下沉等作用都可能使矿粒与气泡多次发生碰撞接触。矿粒表面若是疏水的，一旦与气泡碰撞接触，其表面的水化膜会立即破裂自发附着于气泡上，此时如果气泡的上浮力大于矿粒的重力，则气泡就会把矿粒携带到矿浆表面；但是若疏水性矿粒粒度过大，其重力大于已附着气泡的上浮力，矿粒有可能从气泡上脱落，气泡就无能力将粗矿粒带到矿浆表面。若矿粒表面是亲水的，也就是和水有很强的亲和力和润湿性，则矿粒碰撞到气泡之后，其水化膜不会破裂，矿粒则黏附不到气泡上，依然会留在水中。这样表面疏水的矿物就逐步上升到矿浆表面，形成疏水性矿物泡沫富集层，亲水性矿物依然留在矿浆中，从而实现疏水性矿物与亲水性矿物的分离。

因此，矿粒附着于气泡的过程能否实现，关键在于能否最大限度地提高被浮矿物的疏水性，增大接触角 θ 值。改变矿物表面润湿性的有效措施就是使用浮选药剂来改变矿物表面性质，控制矿物的浮选行为。

7.4.3 铝硅矿物表面电性质与浮选

依靠铝土矿中各矿物的天然可浮性的差异无法用浮选法将它们分离，只有通过加入适合的药剂进行调节，加大一水硬铝石与铝硅酸盐矿物的疏水性差异才能达到分离的目的。矿物与添加药剂作用能否扩大有用矿物与脉石矿物之间的疏水性质差异是浮选能否成功的关键，而影响矿物与浮选药剂作用的关键性质之一是矿物表面电性质。

在水中，由于矿物表面离子优先溶解、吸附或解离，使矿物表面带上电荷，导致矿物表面与水之间产生电位差。带电的矿物颗粒表面又吸引溶液中的反电离子，在固-液界面构成双电层。铝硅矿物的双电层结构如图 7-40 所示。

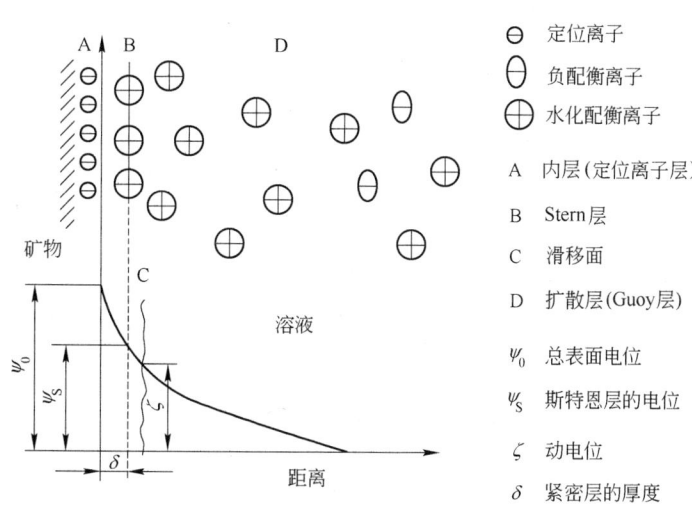

图 7-40 铝硅矿物的双电层结构示意图

Stern 提出双电层中的反离子层可分为两层，一层为紧靠粒子表面的紧密层（也称Stern 层或吸附层），其厚度 δ 由被吸附离子的大小决定；另一层是反电离子层中的扩散层，其电势随着距离的增加而呈曲线下降。当矿物粒子在水中移动时，双电层中的反电离子层也随之移动，但扩散层随着移动的同步性变差，因而在固-液相之间发生相对移动时有滑移面存在。尽管滑动面的确切位置并不知道，但可以合理地认为它在 Stern 层之外，并深入到扩散层之中。

　　矿浆中的矿物颗粒的表面电位 ψ_0 是指矿物表面与溶液之间的总电位差，其大小和符号由定位离子决定，而定位离子由水的 pH 值或矿浆中离子组成决定。研究表明，一水硬铝石在水中表面定位离子主要是 $Al(OH)_2^+$ 或 $Al(OH)_4^-$，铝硅酸盐矿物在水中表面的定位离子可能是 $Al(OH)_2^+$ 或 $H_3SiO_4^-$。显然这些定位离子的活度受到矿浆中其他离子，特别是矿浆 pH 值的制约。矿粒在矿浆中移动时，矿粒与溶液之间的电位差 ζ，即为图 7-41 中 C 面上的电位，称为 ζ 电位，也称为动电位。当 ζ 电位为零时，定位离子浓度的负对数称为等电点，用 iep 表示。

　　在双电层的反电配位离子与矿物表面定位离子之间相互只存在静电作用力，而不存在化学力等其他特殊吸附作用力的条件下，如果 $\psi_0 = 0$，则动电位 ζ 也等于零。这时测得的等电点也称为零电点 pzc，即 pzc = iep。由此可见，在无特殊吸附情况下，用测定 ζ 电位的方法可确定在水中矿物的零电点。测定的 ζ 电位为零的矿浆的 pH 值即为该矿物的零电点的 pH 值。

　　用溶液化学计算得到一水硬铝石和硅酸盐矿物的理论零电点和等电点的 pH 值示于表 7-10。表中也列出了矿物零电点的实测 pH 值。

表 7-10　铝土矿中主要矿物零电点和等电点的 pH 值

矿物名称	零 电 点		等电点计算 pH 值
	计算 pH 值	实测 pH 值	
一水硬铝石	9.16, 9.17, 9.40	5.26 ~ 8.8	7.7, 5.8
高岭石	3.50	3.6	3.0
伊利石	2.89	2.8	3.2
叶蜡石	1.97	2.5	2.6

　　由表 7-10 可以看出，一水硬铝石理论计算的零电点值与实测结果有较大差距，这主要是因为 ζ 电位值还受到样品中的一水硬铝石矿物纯度、矿物的结晶缺陷、化学成分及晶体形状等因素的影响，特别是受 SiO_2 含量的影响，而理论计算并没有把这些因素计算在内。从表中还可以看出，伊利石、高岭石和叶蜡石等层状硅酸盐矿物的零电点的 pH 值较低，一般在 2 ~ 3 范围内，从而使连生有伊利石、高岭石和叶蜡石等含硅矿物的一水硬铝石矿物颗粒表面等电点的 pH 值降低。

　　由此看来矿物颗粒在水中的电性质除了由矿物颗粒的成分、结晶状态、单体解离程度等自身因素决定外，还受到矿浆 pH 值和水中的离子组成等因素的影响。这就预示着药剂对矿物颗粒表面亲水性也具有重要的影响。

7.5　铝土矿浮选流程和影响因素

7.5.1　浮选流程

　　浮选流程是指矿石浮选时，矿浆流经各作业的总称。浮选流程是根据矿石性质、对精矿质量的要求、选厂规模等因素确定的。矿石性质主要是原矿品位、矿物组成、有用矿物的嵌布特征以及磨矿过程中矿石泥化程度等。浮选流程中包括浮选原则流程和浮选流程内部结构两个方面的内容。

7.5.1.1 浮选原则流程

浮选原则流程是指浮选流程的段数和矿物的选别顺序。

浮选流程的段数是指浮选中磨矿与浮选相结合的次数。浮选流程可以分为一段浮选流程和阶段磨矿浮选流程。将矿石磨到所要求的粒度，然后经一次浮选得到最终精矿的浮选流程称为一段浮选流程，其中磨矿可以是一段或连续几段，如图7-41所示。阶段磨矿浮选流程是经磨矿逐渐解离出不同嵌布粒度的有用矿物并逐段浮选出已解离出来的目的矿物的流程。阶段磨矿浮选流程又可分为尾矿再磨再选流程、粗精矿再磨再选流程和中矿再磨流程等三种，如图7-42所示。

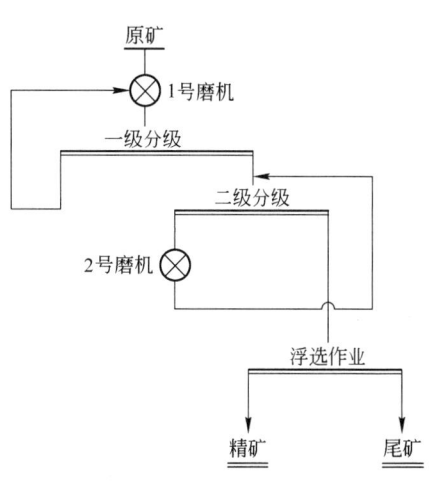

图7-41 一段浮选工艺流程

铝土矿浮选原则流程有正浮选流程和反浮选流程两种。若采用反浮选流程，要使铝土矿中的多种湿润性不同的含硅脉石矿物都顺利地进入泡沫产品，难度相当大。因此，工业上的铝土矿浮选工艺目前仍采用正浮选流程。

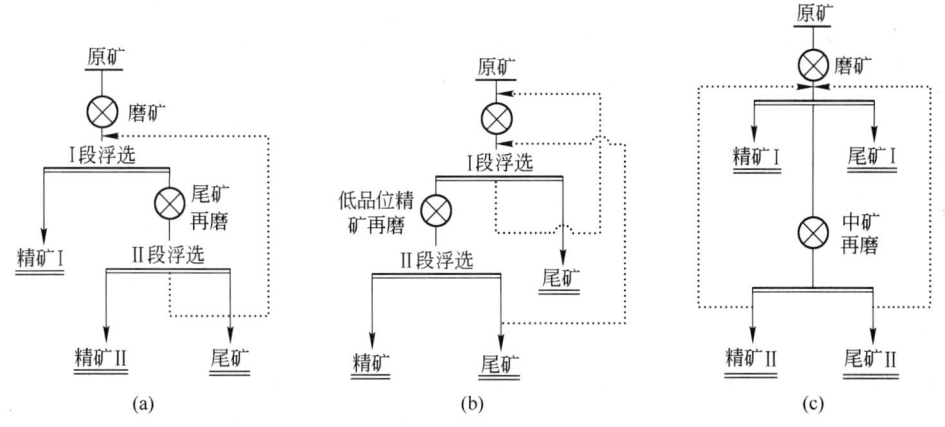

图7-42 阶段磨矿浮选流程的类型

（a）尾矿再磨再选流程；（b）粗精矿再磨再选流程；（c）中矿再磨流程

7.5.1.2 浮选流程内部结构

矿石经初次选别后，将其中所含的部分脉石或围岩选出，而得到了高于原矿品位的产物，称为粗精矿，一般还达不到精矿质量的要求，这一工序称为粗选作业。将粗精矿进行再选以得到合格的精矿，这一工序称为精选作业。有时需要将粗精矿经过几次精选才能得到合格的精矿，其作业依次称为一次精选、二次精选、三次精选……。

一般粗选尾矿还不能作为最终尾矿废弃，往往还需要进入下一步作业处理，这一作业称为扫选。为了提高金属的回收率，有时需要经过多次扫选才能得出最终尾矿，其作业依次称为一次扫选、二次扫选、三次扫选……

浮选流程内部结构主要是指精选、扫选次数以及中矿处理方式等内容。

A　精选和扫选次数的确定原则

若原矿品位较高,有用矿物可浮性又较差,对精矿质量要求不高时,则应加强扫选,即增加扫选次数,保证足够高的回收率。另外,如有用矿物较难浮且易泥化或氧化的情况下,为尽快分出精矿,也应加强扫选。扫选的次数应根据矿石性质经过试验加以确定。如原矿品位较低,对精矿质量又要求很高,有用矿物可浮性比较好,则流程结构应增加精选次数。

多数情况下的流程结构采用既包括精选又包括扫选作业的流程,如图 7-43 所示。精选和扫选的次数可通过试验或参考类似矿石选矿厂生产实践加以确定。

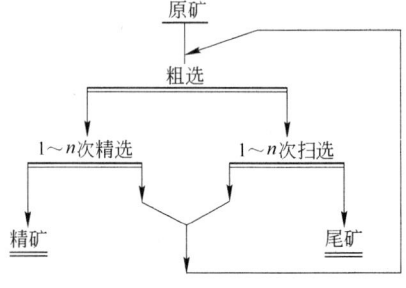

图 7-43　实践上常见的浮选流程结构

B　中矿处理

浮选流程中,除最终精矿和最终尾矿以外的产品统称为中矿,如精选作业的尾矿和扫选作业的泡沫产品。中矿均应继续处理,其处理方式与中矿中连生体含量、有用矿物的可浮性、中矿中药剂含量以及对精矿的质量要求等因素有关。中矿处理常有如下三种方法:

(1) 中矿返回。中矿返回又有两种形式,循序返回或合一返回。

中矿循序返回,即后一个作业的中矿返回到前一个作业进行处理。当矿物已单体解理,可浮选性一般,而又比较强调回收率时,多用循序返回,这是实际生产中应用最多的流程,如图 7-44 所示。

中矿合一返回即将全部中矿合并在一起,返回前面某一作业,一般是返回到粗选作业,如图 7-45 所示。中矿合一返回使中矿得到多次再选机会,有利于提高精矿质量。所以对有用矿物可浮性较好、精矿质量又比较高时,常采用该流程。当中矿较为集中、量较大、浓度又低,有时需经浓缩再行处理,以节省药剂用量。

实际上中矿返回可采取多种多样的方式。中矿返回一般应遵循的规律是:中矿应返回到矿物组成和矿物可浮性等性质相似的作业过程中。

(2) 中矿再磨。当中矿含有较多连生体时,为使有用矿物从中矿中解离出来,应该进

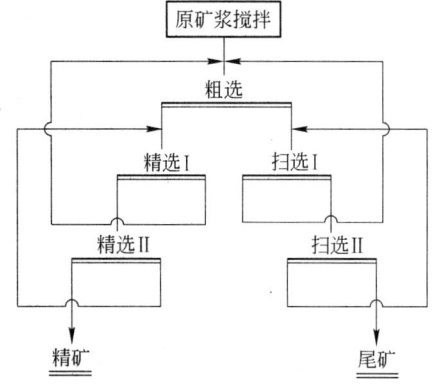

图 7-44　中矿循序返回流程

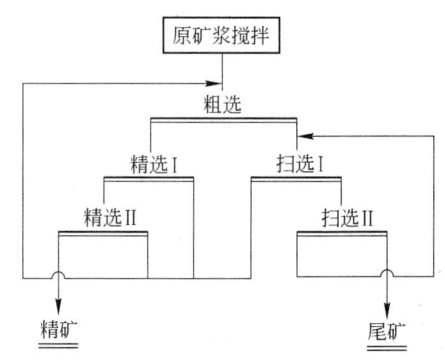

图 7-45　中矿合一返回流程

行再磨。再磨可以单独进行，也可返回到第一段磨矿。中矿再磨之前常常应该进行浓缩和分级，浓缩的溢流可作回水使用。

（3）中矿单独处理。当中矿性质比较特殊，如中矿含泥质多，返回前面作业又不太合适或影响前面作业的正常进行，或浮选效果不理想，此时可考虑中矿单独浮选处理的方案。

7.5.2　铝土矿浮选工艺流程研究现状

按目的矿物是有用矿物还是脉石矿物来分，浮选工艺可分为正浮选和反浮选。铝土矿正浮选即以一水硬铝石、三水铝石或一水软铝石这些有用矿物为上浮目的矿物的浮选；反之，如以铝硅酸盐和二氧化硅等脉石矿物为上浮目的矿物的浮选称为反浮选。

铝土矿的反浮选符合选矿浮少抑多的原则，实验室或小型扩大试验指标良好，但是工业试验和应用推广过程中发现反浮选泡沫难消，导致浮选操作稳定性欠佳，相应的脱泥设备、捕收剂、抑制剂还有待深入研究和开发，浮选指标不理想，所以，目前尚未实现产业化。

相比较而言，铝土矿正浮选工艺则已比较成熟，并在中国铝业股份有限公司中州分公司和山东分公司分别建成了 600kt/a 和 300kt/a 的铝土矿选矿厂，并且生产稳定，指标良好。另外河南分公司和山西分公司的选矿厂也正在筹建中。

在铝土矿浮选法脱硅方面，已经进行了大量研究工作，根据不同性质的矿石开发出多种铝土矿脱硅浮选流程。现分别介绍如下。

7.5.2.1　正浮选流程

A　一段细磨正浮选流程

初期研究的工艺主要为一段磨矿正浮选工艺。实施国家"九五"重点科技攻关期间，对浮选流程结构进行了优化，增加了精选次数，还引入了精选作业中矿分级流程。图 7-46

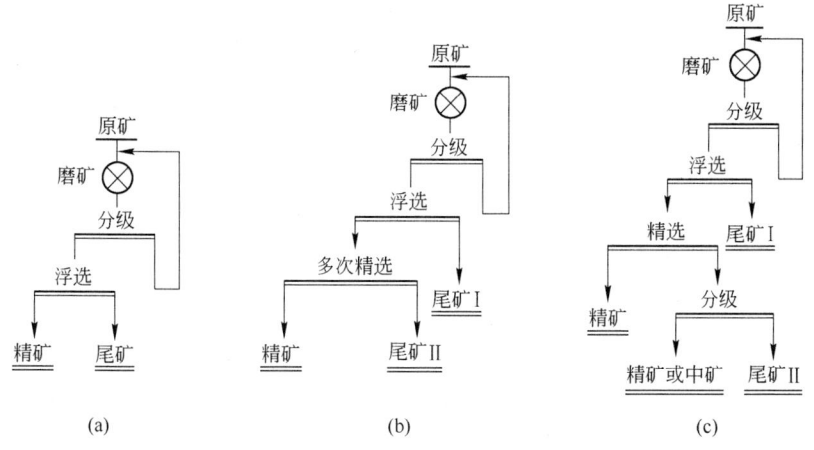

图 7-46　一段细磨正浮选的工艺流程

（a）一次细磨常规原则流程；（b）一次细磨—多次精选原则流程；

（c）一次细磨—中矿分级原则流程

是一段细磨正浮选的工艺流程,该工艺流程的特点是一段细磨至合格粒度后直接进入浮选。对 A/S 约为 5 的原矿,在磨矿细度 $-0.074mm$ 粒级大于 95% 以上时,获得 A/S 为 8 以上、氧化铝回收率大于 70% 的选精矿。该工艺能耗高、矿物泥化严重、分选效果差、精矿铝硅比低、药剂消耗量大、浮选精矿粒度组成细、脱水困难、浮选精矿采用拜耳法溶出后赤泥压缩液固比偏高。

B　一段磨矿阶段选别重浮联合流程

由于一水硬铝石型铝土矿较其他类型铝土矿具有较好的选择性碎解特性,在粗磨条件下可解离产生大量粒度较粗的一水硬铝石富连生体,给粗磨和放粗精矿粒度提供了可能。

一段磨矿按粒级选别工艺处理 A/S 为 5.8 ~ 6 的铝土矿,在粗磨至 40% ~ 88% 的 $-0.074mm$ 粒级时,一水硬铝石富连生体为主的泡沫作为精矿,浮选尾矿再用重选获得重选精矿或者通过分级的方法脱除细泥,粗粒则作为中矿返回再磨浮选。图 7-47 是该工艺的流程图。

该工艺利用了脉石矿物易泥化的特点,使粗磨后产生的细粒矿泥快速通过流程,减少了矿泥对浮选的影响,节约了磨矿费用,但药剂消耗量较大。该工艺在国家"九五"期间完成了小型试验至工业试验。工业试验中,在磨矿细度为 74.44% 的 $-0.074mm$ 粒级条件下,获得了精矿 A/S 为 11.39、回收率为 86.45% 的良好指标,精矿浆脱水过滤性能改善,选精矿拜耳法溶出赤泥压缩液固比小于 2.2,基本解决了分选指标与脱水过滤之间以及选矿脱硅与拜耳法生产氧化铝之间的矛盾。

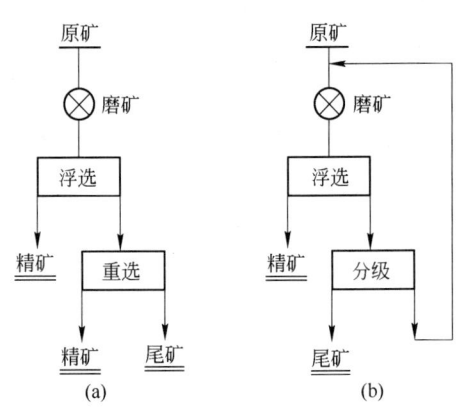

图 7-47　一段磨矿重浮联合流程(a)和一段磨矿阶段选别流程(b)

C　阶段磨矿—阶段选别流程

阶段磨矿—阶段选别流程如图 7-48 所示,流程特点是粗磨浮选产出部分精矿,一段

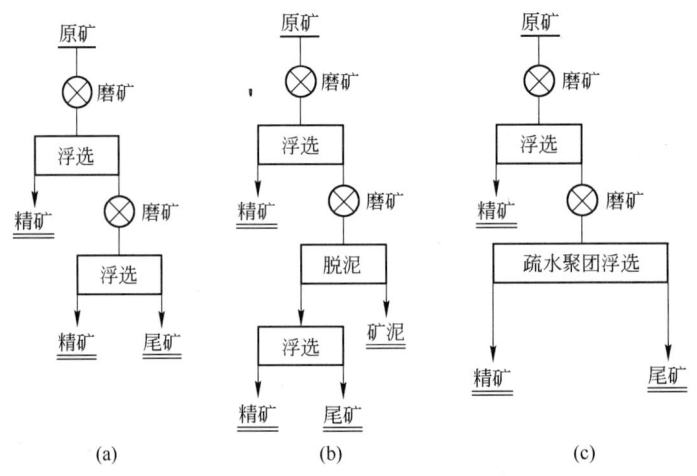

图 7-48　阶段磨矿—阶段选别流程

(a) 一段浮选尾矿再磨再选;(b) 预先脱泥流程;(c) 二段选择性疏水聚团浮选流程

浮选尾矿再磨再选。在此基础上开发了预先脱泥流程和二段选择性疏水聚团浮选流程。二段磨矿前预先脱泥流程是根据脉石易泥化的性质，在二段磨矿前脱泥，减少了矿泥对浮选的影响，提高了再磨作业的浓度和磨矿效率。二段选择性疏水聚团浮选流程的特点是通过导入机械能使疏水的细粒团聚，增加回收对象的表观尺寸，改善了细粒浮选的动力学行为，提高细粒回收率。阶段磨矿—阶段选别工艺虽然实现了粗磨入选，突破了铝土矿细磨分选的局面，但工艺相对较复杂，浮选药剂耗量较大。

D　阶段磨矿—粗细分选流程

根据中国铝土矿的工艺矿物学特征，在发挥已开发铝土矿浮选工艺优势的基础上，将重浮联合技术创造性地运用在铝土矿分选中，开发出了阶段磨矿—粗细分选工艺。依据不同粒度一水硬铝石富连生体的浮选行为，针对粗粒和细粒分选条件的差异，提出了这一新的浮选流程技术思路。

阶段磨矿—粗细分选工艺流程如图 7-49 所示。其工艺特征是：粗磨入选（入选粒度 60%～65% 的 −0.074mm），将磨矿产品分级获得粗细两个粒级产品，采用重选和浮选联合作业，分别得到粗粒精矿和高铝硅比（A/S 为 15～20）细粒精矿。该工艺进一步放粗了磨矿粒度，降低了磨矿能耗；粗细两粒级的矿物分别在各自适合的分选环境进行浮选，既提高了分选效率，又适应了粗细粒级对浮选环境的各自要求。当原矿铝硅比为 5.5 左右，磨矿细度为 71.77% 的 −0.074mm 时，可获得精矿产率为 75.92%、精矿铝硅比为 11.95、Al_2O_3 回收率为 85.01% 的良好选矿指标。

E　阶段磨矿—粗粒快速精选工艺

阶段磨矿—粗粒快速精选工艺是针对 A/S 为 3～4.5 的低品位铝土矿而开发的新的选矿工艺。阶段磨矿—粗粒快速精选流程如图 7-50 所示。在该流程中，第一段磨矿将原矿粗磨到 −0.074mm 粒级占 68%～72%，一段磨矿产物经过两次分级，第二次分级后的细粒级矿物进入浮选作业，第二次分级的粗粒级矿物再磨至 −0.074mm 粒级约 78%，直接与细粒浮选的二次精选泡沫混合进行浮选，泡沫产品作为最终精矿。

应用该工艺处理铝硅比为 4.67 的山西低品位铝土矿时，获得了精矿铝硅比为 9.65、

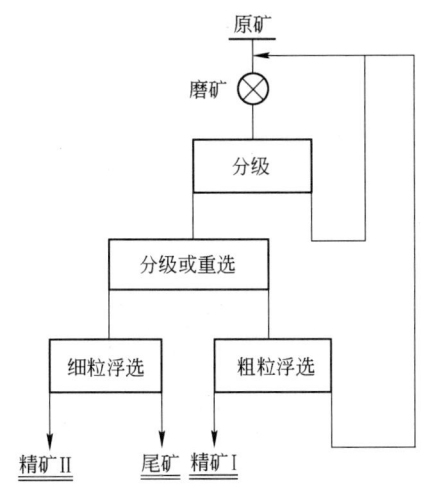

图 7-49　阶段磨矿—粗细分选工艺原则流程

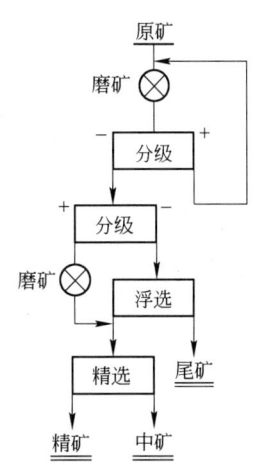

图 7-50　阶段磨矿—粗粒快速精选流程

氧化铝回收率为82.27%、尾矿铝硅比为1.38的良好工艺指标。在处理铝硅比为3.0左右的河南低品位铝土矿时，获得了精矿铝硅比为9.8、回收率为80%的良好指标。粗粒再磨工艺显著改善了铝土矿磨矿产物的粒级分布，降低了硅酸盐矿物的泥化程度，强化了选择性磨矿作用，对于加速精矿的沉降和过滤具有较好作用；而且粗粒快速精选有效减少了浮选流程中细粒矿泥对粗粒矿物浮选的影响，缩短了粗粒精矿的浮选时间，减少了浮选流程的负荷，有效提高了浮选机产能和工艺效率。

F 两段磨矿—强化捕收浮选工艺

针对山西孝义矿区和晋南矿区大量低品位铝土矿的特点，开发了两段磨矿—强化捕收浮选新工艺。采用两段磨矿技术使得低品位铝土矿更好地发生单体解理，提高选择性碎解作用，改善磨矿产物的粒度分布特性，同时应用具有高效捕收性和分选效果好的自乳化正浮选捕收剂，强化了捕收作用，因此可获得较好的浮选指标。图7-51是阶段磨矿—强化捕收浮选工艺的工艺流程。

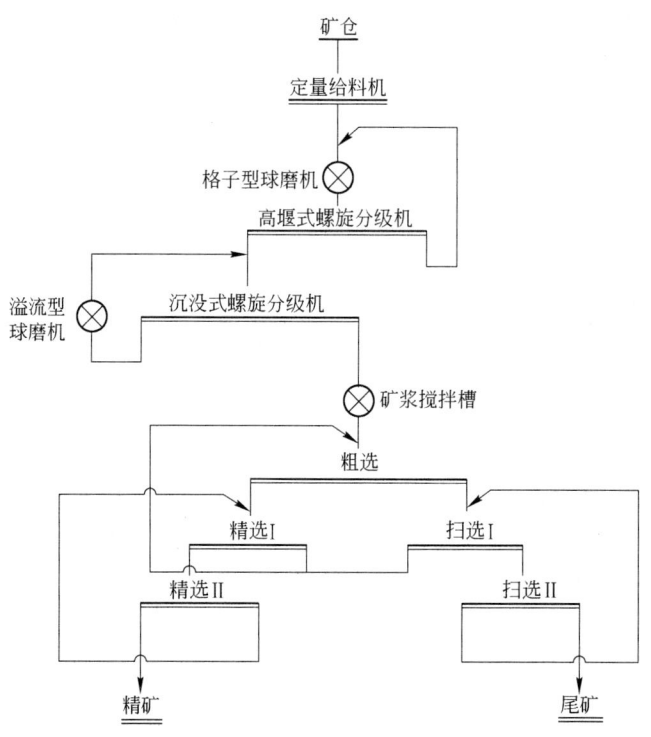

图7-51 阶段磨矿—强化捕收浮选工艺的流程

采用该工艺处理原矿铝硅比为4.44的山西孝义低品位铝土矿，可以获得精矿铝硅比为9.70、产率为72.74%、氧化铝回收率为81.07%的工艺技术指标。在处理原矿铝硅比为5.10的晋南低品位铝土矿时，可获得精矿铝硅比为10.53、产率为77.78%、氧化铝回收率为85.42%的工艺技术指标。

7.5.2.2 反浮选工艺流程

A 脱泥—反浮选脱硅流程

选择性分散与脱泥是实现反浮选脱硅的前提和关键技术。另外，采用新型阳离子捕收剂是实现铝土矿反浮选脱硅另一关键的技术。

反浮选脱硅新技术在国家"973"项目的支持下,已顺利完成了实验室小型和扩大连续试验。针对河南多矿区铝土矿综合大样,采用预脱泥—反浮选流程处理原矿 A/S 为 5.88 的铝土矿,得到精矿 A/S 为 10.10,氧化铝回收率为 82.42%,但是脱出矿泥 9.47%,A/S 为 1.67,总尾矿 A/S 偏高,为 1.99。脱泥—反浮选脱硅流程如图 7-52 所示。

B　阶段磨矿—反浮选流程

浮选柱可应用于铝土矿的反浮选脱硅。按图 7-53 的流程,对原矿铝硅比为 4.14 的河南低品位铝土矿进行了实验室试验和扩大试验,可以获得精矿铝硅比为 6.53、尾矿铝硅比为 1.44、精矿 Al_2O_3 回收率 84.49% 的指标。

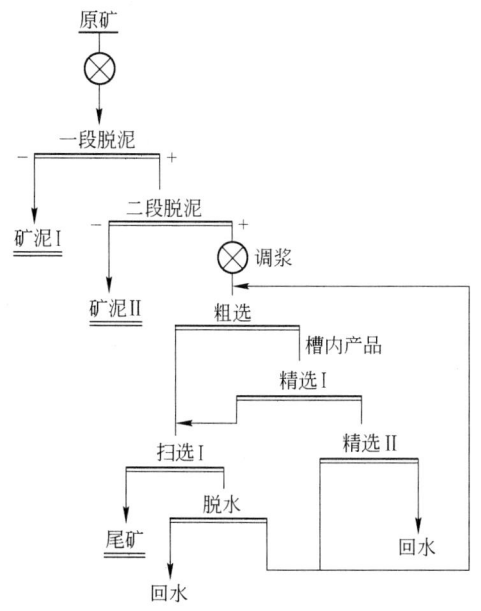

图 7-52　铝土矿脱泥—反浮选试验流程

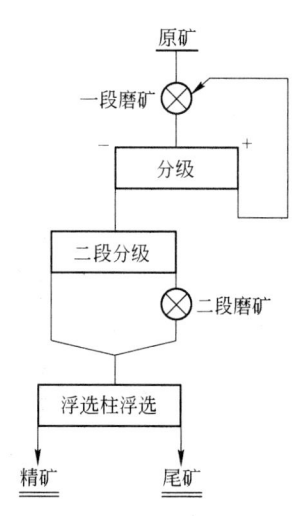

图 7-53　阶段磨矿—反浮选流程

但到目前为止,此工艺也尚未实现生产应用,还需要开发相应的工程化技术,如:

(1) 易于操作控制、占地面积小,适合铝土矿的高效脱泥设备;

(2) 适合于反浮选脱硅工艺的新型高效浮选设备,新型高效反浮选设备需要具备较高的搅拌强度、适宜的充气量、可兼顾粗粒和细粒硅酸盐浮选的能力;

(3) 还需加强伊利石和高岭石高效捕收药剂的研制与开发;

(4) 合理地解决工业化时消泡难的问题。

7.5.2.3　其他工艺流程

A　正、反浮选并联工艺流程

铝土矿反浮选工艺具有精矿沉降过滤性能好、有利于回水利用以及有机物夹带少的优点。铝土矿正浮选技术处理微细粒级一水硬铝石矿物,具有浮选效率高的优点。充分利用两者的优点,开发出了正、反浮选并联工艺流程。

图 7-54 和图 7-55 为正反浮选联合和并联的工艺流程。并联浮选工艺采用正浮选和反浮选并行的流程，分别处理不同粒级的矿物。该工艺的具体流程为：铝土矿原矿经选择性磨矿、分级成为粗砂和细泥两部分，粗砂再磨，用浮选柱进行反浮选方法脱除细粒脉石矿物，获得铝土矿槽底粗粒精矿。细泥部分进入浮选机用正浮选方法处理，获得铝土矿泡沫精矿。

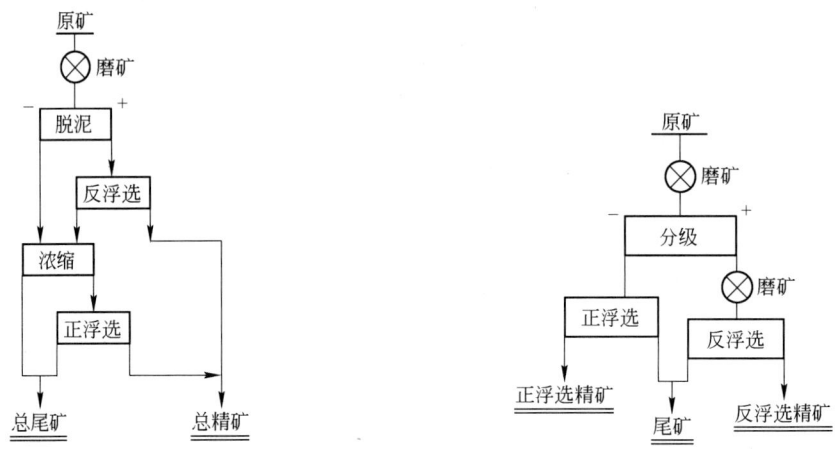

图 7-54　正反浮选联合的原则流程　　　　图 7-55　正反浮选并联的流程

B　选择性分散—絮凝脱硅新工艺

选择性分散—絮凝分离技术对于细粒矿物的回收有着很大的优势。该技术使一水硬铝石矿物絮凝沉降，而微细粒的硅酸盐脉石矿物选择性分散，从而达到分离的目的。在实验室试验中处理河南 A/S 为 5.5 的铝土矿，可得到精矿 $A/S > 8.67$、精矿回收率为 79.44%、尾矿 A/S 为 1.6 的结果。流程如图 7-56 所示。

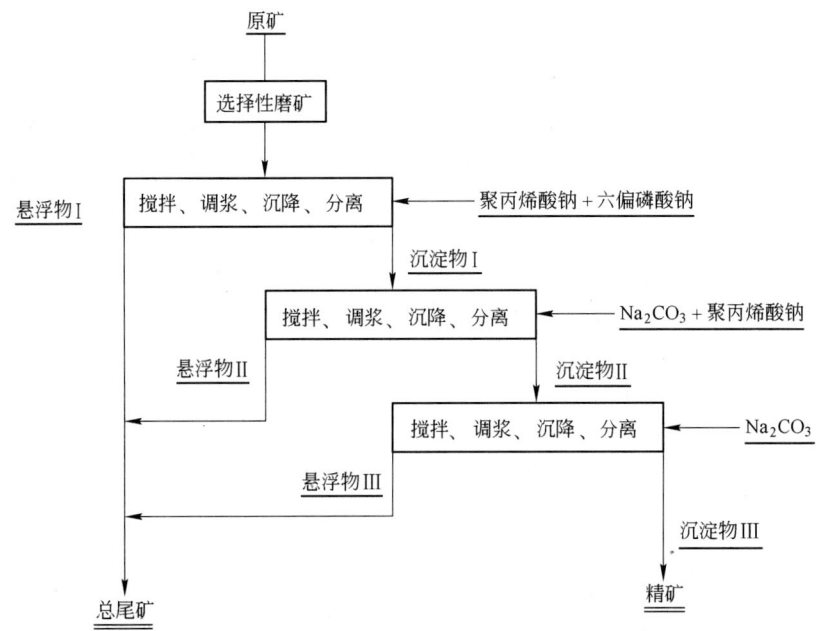

图 7-56　选择性分散—絮凝脱硅新工艺试验流程

7.5.3 影响铝土矿浮选的主要因素

影响铝土矿浮选的主要工艺因素可以分为:

(1) 铝土矿性质。如矿物组成与含量、粒度嵌布特性。

(2) 磨矿细度。

(3) 矿浆特性。如浓度、温度、离子浓度等。

(4) 浮选药剂种类和添加方式。

(5) 浮选设备的数量、结构、充气量等。

(6) 浮选的工艺流程。

7.5.3.1 铝土矿性质对浮选的影响

铝土矿性质主要指矿石中一水硬铝石的含量和嵌布粒度、铝硅酸盐矿物的种类和含量。原矿的铝硅比越高,矿石可选程度越好,当原矿铝硅比低于4时,脱硅难度大大增加;有用矿物嵌布粒度越细,浮选分离越困难。铝硅酸盐矿物的种类与含量的影响是:

(1) 叶蜡石的天然可浮性好,其含量高时对正浮选不利,对反浮选有利;

(2) 高岭石和伊利石含量高时,对正浮选脱硅有利,对反浮选不利;

(3) 绿泥石极易泥化,对正、反浮选都不利。

7.5.3.2 磨矿方式和磨矿细度对浮选的影响

磨矿的最基本目的是实现有用矿物与脉石矿物单体解离。随着磨矿细度的增加,对提高精矿铝硅比有利。但是铝硅酸盐矿物硬度低,极易泥化,随着磨矿细度的增加,泥化也趋于严重,浮选难度也增大。

矿泥对浮选的危害表现在以下几个方面:

(1) 矿泥颗粒质量小,比表面积大,表面性质活跃,因而在气泡表面、粗颗粒矿物表面会优先吸附罩盖,既降低精矿质量,又干扰粗粒有用矿物上浮,从而影响回收率。

(2) 矿泥比表面积大,可大量吸附浮选药剂,使药耗增加。

(3) 矿泥使矿浆黏度增加,导致浮选机充气量下降,影响浮选速度。

为了减轻矿泥对浮选的影响,在铝土矿磨矿和浮选作业中添加碳酸钠和六偏磷酸钠等分散剂,能加强矿泥分散。对磨矿产品进行浮选前预脱泥是更有效的办法之一。

使一水硬铝石较好解离而又减少泥化的最根本的解决办法是实现选择性磨矿。选择性磨矿包括适宜的磨矿流程、磨矿方式和磨矿操作。通过选择性磨矿,在达到矿物有效解离的前提之下,尽早实现粗细分离,使磨机内已磨细的物料尽快排出。同时,磨矿细度还受到浮选作业对粒度的限制: +0.15mm 粒级的矿物,即使已经单体解离,上浮也较困难。因此,磨矿过程要尽量减少 +0.15mm 和 -0.01mm 粒级的生成。

7.5.3.3 矿浆特性对浮选的影响

浮选矿浆的调节包括 pH 值、矿浆浓度、矿浆的温度、水质等,这些因素都直接影响浮选指标。

A　矿浆的 pH 值

矿浆的 pH 值既影响矿物表面性质，又能影响各种浮选药剂的作用。

当 pH 值大于矿物零电点时，矿物表面荷负电；当 pH 值小于矿物零电点时，矿物表面荷正电。矿物表面的电性不但影响捕收剂的作用也对矿物颗粒之间的分散絮凝作用有较大的影响，尤其是细粒杂质矿泥与有用矿物颗粒的覆盖和夹杂作用直接影响分选指标。

浮选中所用的捕收剂大多数是离子型的，在不同的 pH 值条件时，浮选药剂的解离度与药剂自身所带的电荷都不同。对于有些通过静电作用与矿物表面发生作用的选矿药剂来说，药剂的解离度与药剂自身所带的电荷大小直接影响到药剂吸附量的大小、吸附牢固程度和吸附形态，从而影响选别指标。为了提高药剂使用效果，矿浆 pH 值应与药剂产生最佳作用效果的 pH 值范围一致。

一水硬铝石的零电点为 5~7，正浮选使用阴离子型捕收剂在 pH 值为 4~11 时都有较好可浮性；pH 值为 5~10 时，其上浮率达 90% 以上；当 pH 值为 3~4 时，上浮率仅为 20%~40%。采用反浮选工艺时，铝硅酸盐进入泡沫产品，铝硅酸盐的零电点是 2.5~4.0，采用脂肪胺类阳离子捕收剂，在 pH 值为 5~7 时，其上浮率可达 80% 左右；当 pH 值大于 10 时，高岭石上浮率降至 20%。各种矿物在采用不同浮选药剂进行浮选时，都有浮与不浮的临界 pH 值。控制矿浆 pH 值，就能控制各种矿物的有效分选。

B　矿浆浓度

矿浆浓度指矿浆中固体矿物与液体（水）质量之比，选矿厂常用液固比或固体质量分数来表示。矿浆浓度对回收率和精矿质量都有影响，因为矿浆浓度影响矿浆的充气量、浮选时间、水量消耗、药剂作用浓度和生产能力等。

矿浆浓度较稀时，一般回收率就低，但精矿质量好。所以粗选采用较浓的矿浆，而精选采用较稀的矿浆，扫选的浓度一般由粗选浓度决定，往往不做调整。在铝土矿的正浮选工艺中，粗选和精选浓度较高，为 30%~35%。因上浮产率高，到扫选时浓度只有 10%~20%，因而在满足磨矿细度和浮选性能的条件下，尽量控制补加水量。在反浮选工艺中，为了避免细粒硅酸盐矿物的夹杂，一般保持 15%~25% 的浮选浓度。

C　浮选矿浆的温度

矿浆温度在浮选过程中常常起着重要的作用，但目前多数浮选厂都在常温下进行浮选，即不刻意控制矿浆温度，因此浮选温度随气温而变。

在铝土矿的正浮选工艺中，捕收剂主要为脂肪酸类，提高温度有利于提高它们的捕收性能和降低药剂用量，一般要求矿浆温度在 25~35℃ 范围内。

而在铝土矿的反浮选工艺中，浮选时矿浆温度在 5℃ 以上即可。一般不需要对矿浆进行加温处理。

D　水质

浮选用水一般为工业用水，同时有 30%~70% 的工业回水。在考察水质对浮选的影响时，主要分析水的硬度以及其中的离子是否可能影响到矿物表面性能和药剂性能。铝土矿正浮选工艺，由于采用脂肪酸类捕收剂，水中钙、镁离子会增加捕收剂消耗。北方地区水质较硬，应适当加大碳酸钠的用量来减轻钙、镁离子对浮选的影响。反浮选工艺由于采用阳离子型捕收剂，水中钙、镁离子含量对浮选影响较小。

选矿厂对回水的使用应当慎重，必要时应适当处理后再使用。因为浮选回水有两个特点：

（1）有比较多的浮选药剂，组成比较复杂。回水中除选矿工艺加入的药剂外，常含有精矿和尾矿沉降过程中加入的絮凝剂，使用时必须考虑它们对浮选过程的影响，如使用不当，则可能影响分选效果。铝土矿正浮选精矿的回收水可直接返回使用，尾矿回水若絮凝剂含量较高不宜直接返回浮选作业使用，否则对浮选不利。反浮选的回水，只要固含不高，也可直接返回使用。

（2）有较多的固体物质，特别是细泥，循环使用时容易罩盖在粗颗粒的精矿表面，严重影响浮选效果。一般选矿回水中的固体含量不应超过 0.2~0.3g/L。

7.5.3.4 药剂制度对浮选的影响

药剂制度是指浮选过程中所添加的药剂种类、药剂的用量、添加方式、加药地点以及加药顺序等的总称。药剂制度是影响选矿技术经济指标最重要的关键技术。药剂制度应通过矿石可选性试验确定，但在实际生产中还应不断优化改进。关于药剂的种类和选用详见7.6 节。

浮选过程中各种药剂用量度的把握十分重要。用量适度，则回收率高，精矿质量也好。一般情况下，如果捕收剂或起泡剂用量不足，或者抑制剂用量过大，浮选回收率会降低；如果捕收剂或活化剂用量过大，则精矿质量降低。因此，在浮选操作过程中，要时刻监控各种药剂添加量的准确性，适时调整药剂用量。

根据药剂作用机理，药剂按下列顺序添加：pH 值调整剂→活化剂或抑制剂→捕收剂→起泡剂。当需要在同一地点加入多种药剂时，还要注意它们是否会发生反应而失效。应尽量避免在同一地点加药。

加药地点取决于药剂的作用、用途和溶解度。通常把 pH 值调整剂加在磨机中，抑制剂加在捕收剂之前，难溶的捕收剂加在磨机或调浆桶内。

加药方式主要有两种：一次性加药和分批添加。药量一次性加入，可以提高浮选过程初期的浮选速度，有利于提高浮选指标。对于易溶于水、不易被泡沫带走、在矿浆中不易失效的药剂可采用一次性加入的办法。集中加药，添加方便、简单，故经常使用。分批添加或者逐点添加，可以使整个浮选过程有比较均衡的药剂浓度，对提高较难浮物料的回收率有较大的作用。对于难溶于水、在矿浆中易发生反应而失效的药剂以及选择性吸附较差（如起泡剂）的药剂，应采用分批加药方式。药量分配比例一般在浮选前添加药剂总用量的 60%~70%，其余的分几批添加在适当的地点。

铝土矿正浮选时，碳酸钠一次性添加在磨机中，分散剂加在分级溢流或调浆桶处，捕收剂一次性或分批添加在粗选和扫选作业。反浮选时，碳酸钠和选择性脱泥分散剂也加在磨机中，捕收剂加在调浆桶中。

7.5.4 铝土矿选矿产品处理

7.5.4.1 产品脱水

铝土矿浮选精矿与尾矿都含有大量水分，正浮选的铝土矿精矿泡沫固体浓度为35%左右。为了消泡，进入浓密机的固体浓度控制在 20% 左右。尾矿浓度更低，只有 15% 左右。

反浮选精矿与尾矿固体浓度也只有20%~25%，因此精矿与尾矿的浓缩脱水是不可缺少的作业。

然而，随着氧化铝工业的快速发展，高铝硅比的优质铝土矿资源日益枯竭，低铝硅比铝土矿必须通过细磨才能使其单体解离，以便实现铝硅矿物的高效分离，这势必为铝土矿选矿产品的脱水作业带来极大的困难。

精矿脱水一般采用浓缩、过滤两段脱水流程。尾矿采用浓缩、堆存的处理方法。

A   精矿和尾矿的浓缩

精矿和尾矿的浓缩在浓密机或高效沉降槽中进行。浓密机分为周边传动式浓密机和中心传动式浓密机，浓密机的规格以池子周边直径（m）表示。周边传动式浓密机多为大型，矿浆处理量较大，结构如图7-57所示。中心传动式浓密机多为中小型，矿浆处理量较小，结构如图7-58所示。

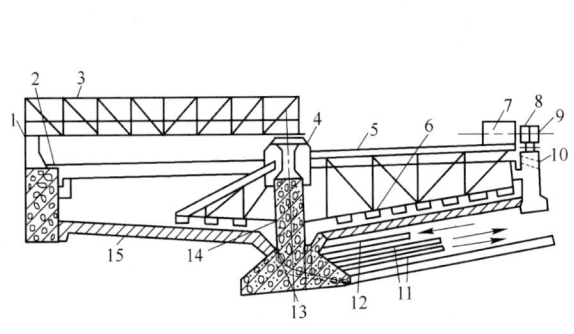

图7-57　周边传动式浓密机结构

1—齿条；2—小车轮轨；3—矿浆槽及支架；
4—进浆圆筒；5—耙架；6—耙齿；7—传动
小车；8—小车轮；9—齿轮；10—溢流槽；
11—排料管；12—高压水管；13—沉砂
排矿口；14—中心支柱；15—池体

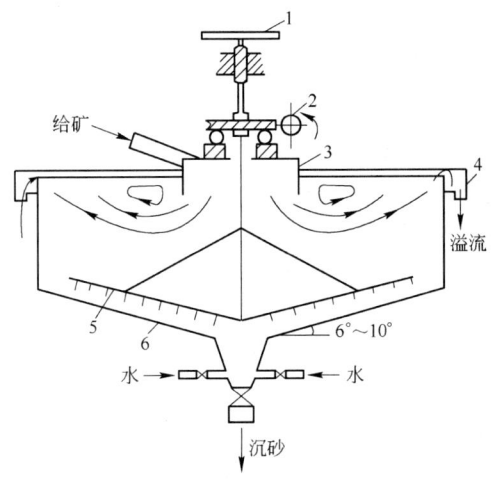

图7-58　中心传动式浓密机结构

1—手轮；2—涡轮传动机构；3—给矿筒；
4—溢流槽；5—耙架；6—池体

精矿在浓密机中浓缩沉降时，由于其表面吸附有捕收剂，常因消泡不彻底使浓密机溢流跑浑。需要在浓密机中加入凝聚剂，如硫酸铝或明矾等，有时还配合加入高分子絮凝剂。精矿浓密机溢流水可直接返回磨矿浮选作业或储水池再用。浓密机底流的固体浓度能达到50%~70%。

由于尾矿粒度更细，沉降更为困难，因此为加速沉降必需加入絮凝剂。尾矿在浓密机中浓缩至固体浓度40%左右，通过管道用泵送至尾矿堆存场存放。待以后进一步综合利用。尾矿浓密机溢流水中因浓缩过程中使用较多的絮凝剂，不宜全部返回磨浮作业，但可适量返回，以不影响浮选指标为度。

B   精矿过滤

铝土矿精矿经浓缩后，便进入过滤机过滤。选精矿的过滤作业是联系选矿作业和氧化铝生产作业的重要环节，精矿滤饼的水分更是直接影响到氧化铝生产的能耗，进而影响生产成本。

选择合适的铝土矿选精矿设备对于氧化铝工业的发展起着至关重要的作用。铝土矿选精矿中常用的过滤设备有压滤机、立盘式真空过滤机和陶瓷圆盘过滤机。

压滤机可以保持很大的过滤压力，压滤脱水技术对于微细物料的脱水较为适用，其处理量大、滤饼水分低、应变性强、投资成本低，但单位能耗和运行费用较高、不连续生产、人员开支较高。国内第一套中试装置使用了板式压滤机。当时因为可选用的规格小，未能在工业规模上使用。近几年国内板式压滤机的开发取得很大进展，景津压滤机集团公司可以提供多种形式规格至 $1000m^2$ 的设备（见12.7.1.5节）。对板式压滤机用于精矿过滤，需重新予以关注。

立盘式真空过滤机具有占地面积小、处理能力大、造价低、易于大型化等优点，而且技术成熟、工作可靠、操作方便。中国铝业中州分公司通过小型立盘过滤机对铝土矿正浮选精矿浆进行过滤试验，取得了较好的过滤效果。滤饼水分为15%左右，平均产能为263 $kg/(h\cdot m^2)$，滤布使用周期在500h以上；但过滤效率低、滤饼脱落不净，需要工人用刮刀铲掉未脱落的滤饼，而且容易损伤滤布。

2003年，陶瓷过滤机首次在铝土矿精矿脱水作业中使用。陶瓷过滤机是一种新型的固液分离设备，它集微孔陶瓷、机械、超声技术、自动化控制于一体，采用新型微孔陶瓷作过滤介质，应用毛细作用原理，过滤过程中具有真空度高、滤饼含水率低、滤液清澈透明、自动化程度高、无需滤布、节能效果好等特点。沈阳铝镁设计研究院选择孔径为 $2\sim4\mu m$ 的陶瓷过滤机进行铝土矿选精矿的过滤试验，在进矿浓度为65%，-0.074mm粒级含量占75%的情况下，可得滤饼含水12%，滤液固含不大于1g/L。中国铝业中州分公司将陶瓷过滤机的操作过程加以改进之后，过滤产能达到 $420\sim500kg/(h\cdot m^2)$，最好时可达 $670kg/(h\cdot m^2)$。但是由于铝土矿正浮选精矿粒度偏细，且携带浮选药剂，运行中容易堵塞陶瓷微孔，造成产能迅速衰减，不得不频繁地对陶瓷板进行清洗，使陶瓷过滤机的有效运转率严重下降，从而造成精矿过滤的实际生产能力降低，难以保证干精矿的生产量，生产中不得已将部分精矿浆直接进行矿浆调配，使得进入拜耳法系统的水量增加、产能降低、能耗升高。目前各氧化铝厂的精矿过滤采用了江苏宜兴非金属化工机械有限公司的产品，见表7-11。

表 7-11 HTG 型陶瓷过滤机用于铝土矿选精矿过滤的相关技术数据

型 号	HTG-30	HTG-45	HTG-60	HTG-80	HTG-120	HTG-144	HTG-160
过滤面积/m²	30	45	60	80	120	144	160
过滤盘数/个	8	12	12	16	15	18	20
滤盘直径/mm	1900	1900	2240	2240	3050	3050	3050
主轴电机功率/kW	2.2	2.2	2.2	4	5.5	7.5	7.5
主轴转速/r·min⁻¹	1.4 无级变速	1.4 无级变速	1.4 无级变速	1.2 无级变速	1.0 无级变速	0.8 无级变速	0.8 无级变速
槽体容积/m³	4.0	5.0	5.7	8.0	15.5	18	20
主机质量/t	8.5	9.5	15	18	27.5	32	35
满载质量/t	14	16	22	28	45	53	58
外形尺寸 /mm × mm × mm	5581 × 3060 × 2748	6021 × 3060 × 2748	6130 × 3520 × 3035	7010 × 3520 × 3035	7280 × 4500 × 3950	7940 × 4500 × 3950	8380 × 4500 × 3950
真空度/MPa	-0.095	-0.095	-0.095	-0.095	-0.095	-0.095	-0.095

续表7-11

型　号	HTG-30	HTG-45	HTG-60	HTG-80	HTG-120	HTG-144	HTG-160
真空泵气量 /m³·min⁻¹	1.83	1.83	4.66	4.66	8.33	11	12
真空泵功率/kW	3.85	3.85	7.5	7.5	15	18.5	22
压缩空气消耗量及气压	0.05MPa 0.10m³/ (min·m)	0.05MPa 0.10m³/ (min·m)	0.05MPa 0.15m³/ (min·m)	0.05MPa 0.15m³/ (min·m)	0.05MPa 0.20m³/ (min·m)	0.05MPa 0.20m³/ (min·m)	0.05MPa 0.25m³/ (min·m)
滤液固含/%	<0.01	<0.01	<0.01	<0.01	<0.01	<0.01	<0.01
滤饼水分/%	10~14	10~14	10~14	10~14	10~14	10~14	10~14
滤饼厚度/mm	5~12	5~12	5~12	5~12	5~12	5~12	5~12

注：过滤滤饼的厚度、含水分与铝土矿粒度、浓度、黏度等有关。

故寻找一种高效过滤设备进行选精矿过滤，对进一步优化选矿拜耳法技术经济指标具有重要意义。

7.5.4.2　尾矿处理及利用

在铝土矿浮选脱硅过程中，要产出占原矿质量为20%～30%的铝土矿选矿尾矿。目前，铝土矿选矿尾矿的处理方法是：矿浆经浓缩处理后，作为废弃物直接排放在尾矿坝中堆放。这样产生的问题是：一方面尾矿中大量微细颗粒沉降困难，矿浆浓度低导致尾矿库的积存量加大，污染周边环境；另一方面，尾矿库的基建投资、管理、维护费用大及尾矿库的潜在安全威胁问题也相当严重，同时尾矿中有用矿物成分没有得到有效利用，因此铝土矿选矿尾矿综合利用迫切需要解决。

不同地区、不同性质的铝土矿选矿，采用的最佳工艺也不尽相同，所以产生的尾矿性质（化学成分、物相组成、粒度分布）也有差异。中国铝业公司对不同性质的铝土矿选矿尾矿的综合利用进行了一定的研究，主要有：

（1）利用铝土矿选矿尾矿制备水泥、人造石材、低温陶瓷材料、耐火材料、墙体材料、微晶玻璃等建筑材料的研究。铝土矿选矿尾矿生产建筑材料是尾矿用量最大、环境保护效益最好、可行性最好的利用途径。

（2）利用铝土矿选矿尾矿生产复合吸水材料、聚合氯化铝等铝盐制品及4A沸石、电热还原法和电解法生产铝硅合金等化工产品的研究。

（3）利用铝土矿选矿尾矿用作井下充填材料。

（4）铝土矿选矿尾矿中有价组分的提取，如铁、氧化铝、二氧化钛、二氧化硅等。

对铝土矿选矿尾矿进行综合利用开发是一项长期艰巨的工作。它不但能丰富和完善铝土矿选矿尾矿资源化利用技术的内涵，促进新产业链的形成，建立新的经济增长点，还能有效地降低选矿尾矿堆存过程中的环境和安全风险，实现铝土矿选矿尾矿的零排放，具有资源、环境和生态效益，对我国氧化铝生产企业实现循环经济、良性发展、提高经济效益具有重要的现实意义。要达到以上目标，还需要进行大量的研究和实践。

7.5.5 铝土矿选矿厂的技术检测

为对选矿过程实行最佳控制、优化生产工艺和指标，需要持续对生产过程进行技术检测。技术检测首先需要进行取样。能够代表被测物料性质的试样的最小质量取决于物料中最大矿块的粒度、矿物的嵌布特性、物料中有价成分的含量、所含矿物各组分密度的差异以及容许误差等。试样的最小质量通常采用以下经验公式决定：

$$m = kd^\alpha \tag{7-18}$$

式中　m——试样质量，kg；

　　　d——试样中最大矿块直径，mm；

　　　α——指数；

　　　k——与物料性质有关的系数。

用试验的方法确定待测物料的系数 k 和指数 α。系数 k 的取值在 0.5~0.06 之间，矿物嵌布粒度粗、品位低、共生关系复杂时，k 值取上限，反之取下限。α 常取 2.0。

对选矿厂的技术检测内容分为以下几类：物料粒度检测、浓度检测、成分质量检测（主要是铝硅比检测，必要时也测定铁和其他有害成分的含量），还有矿浆酸碱度检测以及药剂浓度和添加数量检测等。

测定原矿、精矿及中间产品的质量是为了检查和调节设备的生产率以及用于浮选厂的经济核算和商品统计。根据物料运输方式来确定相应的计量方法。若用宽轨铁道车辆运输，则采用轨道衡称量；如用汽车运输，常用地中衡计量；厂内使用皮带运输机时，可采用电子皮带秤计量。

对物料进行粒度特性测定可以判断出破碎筛分和磨矿分级设备的作业效率，检验有用矿物的单体解离、泥化程度以及物料脱水的难易程度等。对粒度的检测方法有筛析、水析和显微镜分析等。随着选矿厂自动化程度的提高，对磨矿细度已可以采用超声波粒度分析仪进行连续测定。

磨矿浓度和分级溢流浓度是调节磨矿细度和磨矿循环负荷的重要手段。浮选矿浆浓度也会直接影响浮选效果和浮选剂耗量。在实际的磨矿过程中，一般每隔 15min 或 30min 用浓度壶测定矿浆浓度。

矿浆酸碱度测定是用比色法（精确度为 ±0.1 个 pH 值）或电位法测定。后者精确度比前者高且能连续测量，适合选矿厂自动控制的需要。在生产中也常用 pH 值比色试纸进行简易测量，但精确度不高。

对原矿、精矿、尾矿和选矿过程的中间产品中的铝和硅等含量的测定是计算选矿指标、作业效率、编制作业和全厂金属平衡的原始依据。金属含量的检测通常用化学分析方法。

7.5.6 铝土矿选矿厂的金属平衡

选矿厂金属平衡分为工艺金属平衡和商品金属平衡。工艺金属平衡是根据原矿和选矿各中间产品和最终产品的取样化学分析结果和质量编制的，该数据反映选矿过程的实际技术状况。商品金属平衡是根据实际得到的全部选矿产品，即原矿和精矿的实际质量和化学分析以及过程损失而编制的金属平衡，该数据反映选矿厂的实际生产情况。工艺金属平衡也称为理论金属平衡，其回收率又称为理论回收率。商品金属平衡中的回收率也称为实收率。工艺回收率比商品回收率通常高 1%~3%，这一差距反映企业技术水平和生产管理水平的高低。

7.5.6.1 工艺金属平衡

工艺金属平衡可反映出选矿厂的生产技术水平。编制工艺金属平衡所用的主要数据是：处理原矿量 Q 及原矿取样化验品位 α、精矿品位 β、尾矿取样化验品位 γ。如果对生产过程中各作业环节同步取样并化验分析，其结果可以为任何环节编制工艺金属平衡。根据工艺金属平衡，可计算金属回收率、各产品产率以及富集比和选矿比等。

因为铝土矿选矿目的回收物只有铝，所以工艺金属平衡的编制比较简单。其方法如下：取所处理矿石的质量为 100%，η_1 为精矿相对原矿的质量产率，η_2 为尾矿产率，α 为原矿中的金属铝或硅的品位，β 为精矿中铝或硅的品位，γ 为尾矿中铝或硅的品位。则矿石产品中铝或硅的平衡方程式为：

$$100\alpha = \eta_1\beta + (100 - \eta_1)\gamma$$

所以
$$\eta_1 = \frac{\alpha - \gamma}{\beta - \gamma} \times 100\% \tag{7-19}$$

精矿中金属回收率 ε_1 为：
$$\varepsilon_1 = \gamma_1\frac{\beta}{\alpha} \tag{7-20}$$

$$\varepsilon_1 = \frac{100(\alpha - \gamma)}{\beta - \gamma} \cdot \frac{\beta}{\alpha} \tag{7-21}$$

尾矿中金属损失率 ε_2 为：
$$\varepsilon_2 = 100 - \varepsilon_1 \tag{7-22}$$

$$\varepsilon_2 = \eta_2\frac{\gamma}{\alpha} \tag{7-23}$$

金属回收率等指标一般按铝的化验品位计算，但可以用硅的化验品位进行校核和验证，以考查样品的代表性和化验结果的准确性。如果铝和硅的化验都很准确，用铝或硅计算出的结果应该是一致的。

对样品进行分析检测时，如果相应测量每个样品的毛重和干矿（干样品）质量，也能相应计算出各产品的浓度或水分含量和液固比等。

7.5.6.2 商品金属平衡

商品金属平衡可按产品取样化验分析的精确数据和产品质量编制。编制时需要下列数据：（1）处理原矿的质量；（2）产出精矿的质量；（3）尾矿质量；（4）在厂产品的盘存量（矿仓和浓缩机内的产品）；（5）原矿、精矿、尾矿及在厂产品的化验品位；（6）机械损失。

商品金属平衡一般每月编制一次，按进出平衡的原则编制，计算实收率 $\varepsilon_{商品}$ 的公式为：

$$\varepsilon_{商品} = \frac{实产商品金属量}{实选的矿石所含金属量} = \frac{Q_{精}\beta}{Q_{原}\alpha} \times 100\%　\qquad (7\text{-}24)$$

式中　$Q_{精}$——本月实产精矿吨数，t；

β——精矿品位，%；

$Q_{原}$——本月实际选别的矿石吨数，t；

α——原矿品位，%。

7.6　铝土矿浮选药剂

在铝土矿中，一水硬铝石与主要含硅脉石矿物的天然可浮性差别不大，为了有效地实现一水硬铝石与含硅脉石矿物的分离，只有使用浮选药剂来改变矿物的表面性质，调节和控制矿物的浮选行为。

浮选药剂按其用途基本上可分为五类：捕收剂、起泡剂、活性剂、抑制剂和调整剂。但这种分类是相对的，有的药剂在加入之后可同时发挥多种作用，而且在浮选过程中也不一定五种药剂都要添加。

7.6.1　捕收剂

凡能选择性地作用（吸附）于矿物表面，使矿物表面疏水的有机物称为捕收剂。捕收剂在结构上要求其分子中要有亲固基和亲气基，即烃基。亲固基要求与矿物表面有亲和力，能选择性地吸附在某种矿物表面上，分子的另一端则表现出疏水和亲气。

7.6.1.1　一水硬铝石的捕收剂

可以用作一水硬铝石矿物捕收剂的有：脂肪酸及其皂类、羟肟酸、环烷酸、烷基硫酸盐和烃基磺酸盐等。

A　脂肪酸类

由于脂肪酸具有很活泼的羧基官能团，故几乎可以浮选所有的矿物，特别是其中的不饱和酸，包括油酸、亚油酸、亚麻酸及蓖麻油酸等。这些高级不饱和脂肪酸和相应的饱和脂肪酸（如硬脂酸）相比较，其凝固点较低、对浮选温度敏感性差、化学活性大、捕收性能强。浮选工业上多用高级不饱和脂肪酸及其钠盐。

脂肪酸类捕收剂能与碱土金属（Ca^{2+}、Mg^{2+}、Ba^{2+}等）和重金属离子生成溶解度较小的盐，见表 7-12。

表 7-12　各种脂肪酸盐的溶解度积（负对数值）

脂肪酸的种类	Mg^{2+}	Ca^{2+}	Ba^{2+}	Cu^{2+}	Al^{3+}	Fe^{3+}
$C_{15}H_{31}COO^-$	14.3	15.8	15.4	19.4	27.9	31.0
$C_{17}H_{33}COO^-$	15.5	17.4	16.9	20.8	30.3	

脂肪酸及其盐是弱电解质，在水中会发生解离，其解离常数随烃链加长而减少。脂肪酸链的长短对其捕收性能的影响如下：在一定的范围内，正构饱和的烷基同系物的烃链中碳原子数目的增加，将使其捕收性能提高；但是如果链长过长，由于药剂的溶解度降低，

则会导致其在矿浆中分散不良而降低捕收性能。捕收剂烃链加长，主要是增大了烃链之间的相互作用，使其捕收能力提高，但也常因此使选择性降低。

油酸（$C_{17}H_{33}COOH$）又名十八烯酸，是天然不饱和脂肪酸中存在最广泛的一种，可由油脂的水解得到。纯油酸为无色油状液体，冷却时得到针状结晶，熔点为14℃，密度为 $0.895g/cm^3$。油酸容易氧化变成黄色，并产生酸败的气味。工业用的油酸，如米糠油酸和豆油酸等，是多种脂肪酸的混合物，其中以油酸为主，还存在有亚油酸和亚麻酸等不饱和酸及各种饱和酸等。

油酸水溶性差，可溶于煤油等有机溶剂。在选矿工艺中使用油酸时，为了使其分散，可用碱溶液配成钠盐（$C_{17}H_{33}COONa$），则易于分散在矿浆中，或用煤油配成溶液，或用乳化剂使之与水乳化。

油酸对温度敏感，当矿浆温度在15~20℃以上时，用油酸作捕收剂浮选氧化矿的效果较好；温度过低时，浮选回收率急剧下降，所以在寒冷季节将明显影响浮选效果。油酸的选择性差，不耐硬水，为了改善油酸的选择性，常与适当的抑制剂配合使用。油酸是一种表面活性物质，在液-气界面吸附，具有较强的起泡性能，通常在浮选中不再添加起泡剂。由于油酸的选择性差，又兼有起泡性能，故消耗量很大，所以用油酸作捕收剂用量一般较大。

B　羟肟酸

羟肟酸是用于浮选非硫化矿物的一种氢氧基捕收剂，通式为 R—C(OH)：N—OH，分子可以重排，重排后的分子称为异羟肟酸：

$$\begin{array}{cc} \text{N—OH} & \text{H—N—OH} \\ \| & \| \\ \text{R—C—OH} & \text{R—C=O} \\ \text{（羟肟酸）} & \text{（异羟肟酸）} \end{array}$$

式中，R 可以是烷基、芳基及其衍生物。异羟肟酸分子中氮原子上的 H，也可为苯基和甲苯基等所取代（用 R′代表）。羟肟酸分子具有两种互变异构体，两者同时存在，是一种螯合剂，能与多种金属离子形成螯合物，一般两者可视为同一物质。C_{79} 烷基异羟肟酸一般呈浅黄色硬油脂状或为黄色黏稠液体，密度为 $0.988g/cm^3$，电离常数 K 值为 2.0×10^{-10}，是一种极弱的有机酸。它与苛性钠（钾）生成弱酸强碱盐，纯品为白色鳞片状晶体，能溶于水，其水溶性随碳链的增长而减小。工业羟肟酸为红棕色油状液体，其钠盐为红棕色黏稠状液体（含水50%~60%），两者均有较强的起泡性能。异羟肟酸盐水解生成异羟肟酸及碱。异羟肟酸是一类不稳定化合物，它会进一步水解成脂肪酸和羟胺。

C　环烷酸

环烷酸是石油炼制工业的副产品，经过皂化得到环烷酸皂。这是各种结构环烷酸及其他有机物的混合物，其中环烷酸的含量一般为40%左右，不皂化物约15%，为绿色至褐色胶状物。其结构式随环烷基相对分子质量大小而异，环烷酸分子结构如下：

$$\begin{array}{l} \text{CH}_2\text{—CH}_2 \\ | \qquad \qquad \text{CH—(CH}_2\text{)}_n\text{—COOH(Na)} \\ \text{CH}_2\text{—CH}_2 \end{array}$$

环烷酸皂的相对分子质量愈大，愈易形成胶束，见表7-13。

表 7-13   环烷酸皂的相对分子质量与临界胶束浓度的关系

环烷酸钠皂液相对分子质量	216	222	244	270	312	334
临界胶束浓度/g·L^{-1}	14.5	9.8	4.5	2.1	0.7	0.36

环烷酸可以作为油酸的代用品，用于浮选氧化矿；也可以作为脂肪酸捕收剂的增效剂，提高脂肪酸在低温条件下的捕收能力。

D 烷基硫酸盐

烷基硫酸盐（如 R—OSO$_3$Na）由脂肪醇经硫酸酯化及中和制得，在结构上不同于磺酸盐。磺酸盐 R—SO$_3$Na 中的硫原子直接和烃基中的碳原子相连接，不能水解成醇；烷基硫酸盐 R—O—SO$_3$Na 中的硫原子是通过氧和碳原子相结合，因此容易水解生成醇和硫酸氢钠。

$$R—O—SO_3Na + H_2O \longrightarrow ROH + NaHSO_4$$

因此，烷基硫酸盐的水溶液如放置过久，会因水解而降低捕收能力。

含碳原子 C$_{12}$~C$_{20}$ 的烷基硫酸钠盐是典型的表面活性剂。其主要代表是十六烷基硫酸钠。它是白色结晶，易溶于水，有起泡性，可作为黑钨矿、锡石、铝土矿的捕收剂。

E 烃基磺酸盐

烃基磺酸盐的结构通式为 RSO$_3$M，R 为烷基、芳基或环烷基。其中用石油精炼副产物磺化制得的烃基磺酸通常称为石油磺酸；煤油经过磺化得到的烃基磺酸盐，称磺化煤油等。

石油磺酸和石油磺酸钠，是在非硫化矿浮选中有很大应用前途的药剂。按其溶解性又分为水溶性和油溶性两大类。

水溶性磺酸盐烃基的相对分子质量较小，含支链较多或含有烷基、芳基混合烃链，其水溶性较好，捕收性不太强，起泡性较好，可以用作起泡剂（十二烷基磺酸钠），也可以作硫化矿的捕收剂（如十六烷基磺酸钠），或用于浮选非硫化矿。

油溶性磺酸盐烃基的相对分子质量较大，烃基为烷基时，烃链中含 C 20 个以上，基本上不溶于水，可溶于非极性油中，且其捕收性较强，主要用作非硫化矿捕收剂。

和脂肪酸相比，磺酸盐的水溶性较好，耐低温性能好，抗硬水的能力较强，起泡性能较强。和相同碳原子数的脂肪酸比，磺酸盐的捕收能力较低，有时有较好的选择性。

7.6.1.2 铝硅酸盐矿物的捕收剂

铝硅酸盐矿物的捕收剂为胺类捕收剂，这类捕收剂解离后产生带有疏水烃基的阳离子，故又称为阳离子捕收剂。

胺是 NH$_3$ 中的 H 被烃基取代的衍生物，按烃基数目不同，分为伯（第一）胺、仲（第二）胺、叔（第三）胺及季铵等。

浮选中常用的胺类捕收剂，其碳原子数在 C$_8$~C$_{20}$ 之间，在水中溶解度小或几乎不溶，溶于酒精和乙醚等有机溶剂。通常将醋酸或盐酸与胺等摩尔比混合均匀，再用水稀释至适当的浓度而形成溶液。胺的醋酸盐溶液或盐酸盐溶液中电离出的阳离子，是胺类捕收剂的有效成分。

季铵盐类阳离子捕收剂和其他胺类比较，具有在水中溶解度较高、选择性强、无毒的特点，还具有起泡剂性能。

浮选最常用的是十二烷基伯胺，在水中解离为：

$$C_{12}H_{25}NH_2 + H_2O \longrightarrow C_{12}H_{25}NH_3^+ + OH^-$$

十二烷基伯胺的水溶液呈碱性，与酸作用生成盐。

7.6.2　一水硬铝石的抑制剂

抑制剂的使用是削弱捕收剂与某些矿物表面的作用，增加其表面的亲水性。如在铝土矿的反浮选过程中，必须对一水硬铝石进行抑制。

7.6.2.1　一水硬铝石抑制剂应具备的分子结构特点

一水硬铝石抑制剂应具备以下分子结构特点：

（1）与一水硬铝石表面发生化学作用的极性基。药剂对矿物发生抑制作用最直接的一种形式是药剂在矿物表面发生有效的吸附，增大矿物的亲水性。这种药剂通常需要带有能与矿物表面金属离子发生化学键合的官能团。

一水硬铝石表面的金属离子是铝离子，属于硬酸型。根据硬软酸碱原则，药剂的极性基应为硬碱型，键合原子为氧，且基团电负性越大越好。依据该条件，羟酸基团和羟肟酸基团应为最佳选择。有文献报道，羟酸基团和羟肟酸基团的电负性分别为 4.1 和 3.8。

（2）与捕收剂发生竞争吸附作用的极性基。抑制一水硬铝石矿物的另一种途径是阻止或减少捕收剂的吸附，使矿物表面的疏水程度达不到与气泡黏附而被带出液相的要求。在这种情况下，将阳离子引入药剂分子中，并希望它与捕收剂发生竞争吸附，减少捕收剂的吸附量，同时已吸附于矿物表面的带有与捕收剂同电性的官能团通过静电排斥作用干扰捕收剂向矿物表面靠拢、吸附，从而达到抑制目的。阳离子官能团一般是几种胺类，如伯胺、仲胺、叔胺和季铵，由于季铵在广泛的 pH 值范围内均显示出阳离子性，因此可以考虑将季铵基团作为一水硬铝石抑制剂的极性基之一。

（3）抑制剂烃链的设计。分子烃链和分子的总体设计也是药剂分子设计中的两个重要方面。抑制剂通常需要在其分子中带有多个极性基和多个亲水基。可以作为亲水基的官能团很多，如磺酸基团、羟基、磷酸基团等所有的呈极性的分子片段。

一水硬铝石的抑制剂的基本要求也相同。考虑到与阳离子捕收剂的匹配，一水硬铝石抑制剂分子中的亲水基最好采用惰性的羟基或带正电的基团。可以选用天然高分子中糖类或多糖类分子作为合成一水硬铝石抑制剂的骨架分子。另外，人工合成高分子中的聚乙烯醇的分子中存在大量的羟基，因而也可作为一水硬铝石的抑制剂。这两类高分子中的羟基一方面可以作为亲水基团存在，另一方面可以利用其化学活性对高分子进行化学处理，使之带上可以增强药剂和一水硬铝石界面作用的羟酸基团和羟肟酸基团。

7.6.2.2　一水硬铝石矿物常用的抑制剂

常用的抑制剂有变性淀粉、苯氧乙酸、羧甲基聚乙烯醇和有机螯合抑制剂等。具体介绍如下：

（1）变性淀粉：

1) 羧甲基淀粉。淀粉分子中含有大量羟基。由于 O—H 的极性，淀粉可以发生 O—H 键断裂，H 被羧基或羟肟基取代来增加淀粉与一水硬铝石界面作用的活性。

淀粉分子的每个葡萄糖单元上羟基的被取代程度可用取代度来表示。取代度是一个葡萄糖单元上含有取代基的平均数目，淀粉的取代度可在 0 ~ 3 范围内变化。因此，羧基淀粉就具备了既有亲固基又有亲水基的抑制剂分子特点。

2) 氧肟酸淀粉。氧肟酸也是一类有机螯合剂，氧肟酸淀粉具备与一水硬铝石界面作用活性的羟肟酸基团，也具备淀粉中多羟基亲水基，适合作为一水硬铝石的抑制剂。

3) 阳离子淀粉。淀粉与胺类化合物反应生成含有氨基的醚化合物，分子中的氮原子上带有正电荷，称为阳离子淀粉。阳离子淀粉最重要的种类是叔胺醚和季铵醚，还有伯胺醚和仲胺醚等。与叔胺醚相比，季铵醚具有较强的阳离子性，在 pH 值为 4 ~ 10 内均带正电。阳离子淀粉能在一水硬铝石表面与胺类捕收剂发生竞争吸附，从而抑制一水硬铝石上浮。

4) 双醛淀粉。双醛淀粉是一种氧化淀粉。其分子中所含的高化学活性的醛基使双醛淀粉具有优良的物化和生化性能，具有多种重要用途，也适合作为一水硬铝石的抑制剂。

(2) 苯氧乙酸。酚是一类含有酚羟基的化合物，由于羟基与苯环直接相连使酚类化合物呈现出酸性，容易解离成负离子，使得某些多元酚的亲水性较大，因此可作为氧化矿的抑制剂。以苯酚、水杨酸、邻苯二酚、间苯二酚、连苯三酚、没食子酸为原料，在碱性条件下通过与一氯乙酸发生成醚反应，可以制得一类亲水性更强的苯氧乙酸类化合物，可以作为一水硬铝石的抑制剂。

(3) 羧甲基聚乙烯醇。聚乙烯醇的每个单体中均含有一个亲水性的—OH，其亲水性较大。将聚乙烯醇与一氯乙酸在碱性条件下反应，使其羟基部分羧甲基化，可得到具有较大取代度的羧甲基聚乙烯醇，使其能与 Al^{3+} 发生化学反应，抑制一水硬铝石上浮。

(4) 有机螯合抑制剂。根据有机螯合抑制剂中给电子原子种类的不同，大致将研究和应用较多的有机螯合抑制剂分为 O—O，N—O，S—O，N—N 四种类型。常见的有机螯合抑制剂主要有：

1) O—O 型。草酸、柠檬酸、乳酸、酒石酸、葡萄糖酸、鞣酸、没食子酸、焦性没食子酸、茜素红 S 等。

2) N—O 型。乙二胺四乙酸和用代号表示的药剂 AP 和 EP。

3) S—O 型。主要是巯基乙酸。巯基乙酸具有抑制作用，是因为巯基乙酸分子结构中—SH 和—COOH 两种基团能够与被抑制矿物表面的金属离子发生键合作用，形成稳定的亲水金属螯合物，从而实现抑制矿物的目的。

4) N—N 型。主要有乙二胺、二乙撑三胺、三乙撑四胺和 1,10-二氮杂菲等。

它们在浮选过程中主要通过三种不同的作用形式来影响浮选过程。

有机螯合抑制剂具有很高的选择性，同时可与金属离子配合形成金属螯合物，因而具有更高的稳定性，因此有机螯合抑制剂将会越来越受到重视，系统地研究有机螯合抑制剂在铝土矿浮选中的作用机理和应用具有现实意义。

(5) 其他。无机常规抑制剂，如氟硅酸钠、硅酸钠、氟化钠等。

7.6.3　铝土矿浮选的介质调整剂

介质调整剂主要是用来调整矿浆性质，造成有利于矿物浮选分离的介质条件。介质调整剂的主要作用有：

（1）调整矿浆的酸碱度（即 pH 值），如碳酸钠和苛性钠等；

（2）调整矿浆的分散和团聚，如水玻璃、六聚偏磷酸钠、明矾、聚丙烯酰胺等。

矿浆的 pH 值和矿浆中离子组成直接影响矿物表面的电性、捕收剂分子的解离度及其在矿物表面吸附的数量和选择性以及气泡的稳定性等。铝土矿浮选最佳的调整剂是碳酸钠。碳酸钠调整矿浆 pH 值不仅能造成最适合捕收剂吸附的最适宜 pH 值范围，还能清除钙、镁离子，以减少捕收剂的消耗，同时还能创造矿泥分散的浮选环境，因而碳酸钠是铝土矿首选的矿浆介质调整剂。

铝土矿浮选时常用的分散剂是六聚偏磷酸钠、水玻璃和碳酸钠等。前两种除具有分散作用外，用量过大还会对一水硬铝石起抑制作用，因此用量要适当控制。

凝聚剂或絮凝剂可以使微细粒矿物或矿泥相互聚结，加速沉降，有利于精矿或尾矿的脱水过滤。无机凝聚剂的作用机理是中和细泥颗粒表面电荷，使颗粒碰撞后容易聚结下沉。铝土矿浮选精矿和尾矿常用的凝聚剂是硫酸铝和明矾，还常和有机絮凝剂配合使用。

所谓絮凝剂是一些相对分子质量较大的高分子化合物，其分子中常有数量较多的极性基，如羟基—OH，羧基—COOH，胺基—NH$_2$ 等。絮凝剂在不同条件下具有絮凝作用或对矿物有抑制作用。絮凝剂的絮凝机理是靠静电力或靠氢键力与矿物颗粒桥联，加速矿粒沉降；而絮凝剂的抑制作用机理是分子中的某些极性基作用于矿物表面后，分子中其余的极性基朝外，使矿物表面亲水性提高，从而抑制矿物向气泡上黏附。高分子絮凝剂的种类有聚丙烯酰胺、纤维素、栲胶、糊精、淀粉及改性淀粉等。

7.6.4　铝土矿浮选的起泡剂

为了在浮选矿浆中产生大量且稳定的气泡，必须向矿浆中加入起泡剂。起泡剂一般是异极性的表面活性物质。在起泡剂分子中含有极性基，如羟基—OH，胺基—NH$_2$、羧基—COOH、羰基等；在起泡剂分子的另一端则是非极性基烃基。

这种异极性分子结构物质在水中会优先地吸附在气水界面。疏水的非极性基力图离开水中移至水面，而亲水的极性基则力图进入水中，从而降低了水的表面张力，使水中的弥散气泡变得坚韧而又稳定，形成了气水两相稳定泡沫。矿浆中形成的气泡表面上吸附有大量疏水矿粒形成三相泡沫。三相泡沫中矿粒成为气泡兼并的障碍物，可阻止气泡间水相层的流动，避免气泡直接接触。因此三相泡沫会变得更加稳定。

铝土矿浮选中使用的捕收剂分子都是异极性结构，如脂肪酸类和胺类等。这些捕收剂都兼有起泡性能，所以一般不必另外添加起泡剂。

7.7　铝土矿浮选设备

19 世纪末期，泡沫浮选开始正式作为一种工业规模的方法在选矿实践中应用，从此浮选工业获得了迅速发展，至今已有 100 多年的历史。泡沫浮选法已成为世界上选别矿物原料的最主要的方法，据粗略统计，世界上有色金属矿物的回收约有 90% 是采用浮选法，在黑色金属矿物选别领域浮选法也占有约50%的比重。作为实现矿物浮选的关键性设备——浮选设备在矿物加工过程中发挥着极其重要的作用。

7.7.1 浮选设备的功能和分类

随着浮选理论研究和浮选设备技术的不断进步，根据工作原理，现有浮选设备可以分为三类，即机械搅拌式浮选设备、浮选柱和反应器/分离器式浮选设备。具体介绍如下：

（1）机械搅拌式浮选设备。根据充气方式可分为充气式机械搅拌浮选机和自吸气机械搅拌浮选机，此类浮选设备的共同特点是均带有机械搅拌器。

充气式机械搅拌浮选机一般采用深槽型，空气由低压鼓风机提供，鼓风机通过浮选机的中空轴将空气给入到浮选机的叶轮叶片间，充气量可以根据矿石性质和选矿工艺要求来调节大小，搅拌器只负责搅拌矿浆和分散空气，因此充气式机械搅拌浮选机叶轮转速低、磨损轻、充气量易于调节，该类型浮选机适用范围广，除适用有色、黑色和非金属矿物选别外，更加适用氧化矿选矿。氧化矿选矿具有矿浆密度大、粒度粗易沉槽、泡沫黏不易破碎、要求气量小等特点，采用充气式机械搅拌浮选机可以解决粒度粗易沉槽、要求气量小的问题，在配置上采用水平配置，省去中矿泡沫泵，可以解决泡沫黏不易破碎，泡沫泵无法输送泡沫的问题。

自吸气机械搅拌浮选机一般采用浅槽型，空气是通过叶轮旋转产生的负压将空气通过吸气管吸入到叶轮和盖板间，吸气量的大小会随着叶轮和盖板的磨损逐渐变小，由于搅拌机构既负责搅拌矿浆、分散空气，又要负责吸入空气，因此自吸气机械搅拌浮选机叶轮转速较高、磨损较快、充气量不易调节。

自吸气机械搅拌浮选机和充气机械搅拌浮选机发展最早，针对这两种浮选设备的研究也比较深入，故机械搅拌式浮选设备种类规格齐全、应用最广。

（2）浮选柱。属于无机械搅拌器浮选设备，与浮选机相比，浮选柱具有结构简单、制造容易、占地小、维修方便、操作容易、节省动力、对微细颗粒分选效果好等优点。浮选柱研究最早出现于20世纪60年代，但由于气泡发生器的结垢与堵塞、选矿工艺指标达不到要求、设备运行不稳定等原因，该项研究与应用曾进入低潮。近些年来，随着浮选理论研究的深入和新型充气材料、方式的出现，浮选柱的发展和应用取得了重大突破，浮选柱在矿物分选工业中又受到重视，一批新型浮选柱脱颖而出。目前主要用于微细粒矿物的分选，如硫化矿物（黄铜矿和辉钼矿等）、氧化矿物（氧化钨矿、磁铁矿、赤铁矿等）、工业矿物（硫酸盐矿、钾盐矿和磷酸盐矿物等）、石墨及其他非金属矿的分选等。

（3）反应器/分离器式浮选设备。它的基本工作原理同浮选柱相似，充气器置于柱体外部，柱体则单独作为分离器，充分利用综合力场。这种浮选设备浮选速度快，性能较好，具有较好的发展前景。

7.7.2 机械搅拌式浮选机

机械搅拌式浮选机分为充气式机械搅拌浮选机和自吸气机械搅拌浮选机。因各公司开发的同类型的浮选机各有特点，下面分别介绍。

7.7.2.1　充气式机械搅拌浮选机

A　芬兰 Outokumpu 公司的 OK-TankCell 型充气式机械搅拌浮选机

该浮选机结构如图 7-59 所示。

空气从空心轴注入叶轮叶片间，矿浆由底部进入槽体，泡沫从槽体上方的溢流堰排出。相当一部分矿浆从转子的上面垂直向下流动，转子的排出口存在一个高压力区，在进口处相应地存在一个低压区，矿浆流沿着最小阻力的途径从高压区域流向低压区域，作业配置采用阶梯配置。目前，OK-TankCell 型浮选机用于粗选、扫选和精选作业的筒型浮选机的规格为 OK-5-TC 至 OK-200-TC。

B　Metso 公司 RCS™（Reactor Cell System）充气式机械搅拌浮选机

该浮选机结构如图 7-60 所示。

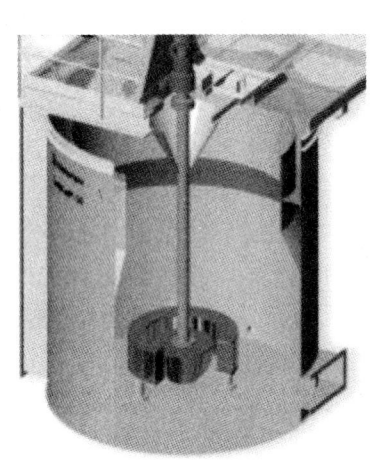

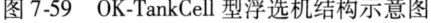

图 7-59　OK-TankCell 型浮选机结构示意图　　　　图 7-60　RCS™ 型浮选机结构示意图

该浮选机采用一种深型叶轮机构，具有一定形状的下部竖直叶片和空气分散隔板按特殊形式排列，这种结构能产生强力的辐射状泵唧作用，将矿浆泵向槽壁，并产生很强的回流到叶轮的下方，减少沉槽。RCS™ 型浮选机有三个重要的特点：

（1）下部区域的固体达到良好的悬浮和输送，使颗粒与气泡多次接触，以达到回收所有粒级物料的目的；

（2）减少了上部区域的紊流，防止较粗颗粒的脱落；

（3）有一个稳定的液面，尽可能减少颗粒的机械夹带。

目前，Metso 公司 RCS™ 浮选机常用的规格有 RCS 5 ~ 200m³。

C　Dorr-Oliver Emico 公司的 Dorr-Oliver 浮选机

该浮选机是充气式机械搅拌浮选机。该机叶轮的叶片特性类似于 Outokumpu 浮选机的叶片设计，两者的矿浆循环形式基本相同。叶轮被短的定子叶片包围，定子叶片从圆环顶径向地悬挂着，空气从空心轴直接释放出进入转子叶片间，矿浆从下面进入，而混合物直接从转子上部喷出。该种浮选机当规格小于 8m³ 时，浮选槽为 U 形槽，设计中避免了不必要的紊流，因而它能在低能耗下获得好的固体悬浮液和充分的空气弥散。多槽使用一般为阶梯配置。目前 Dorr-Oliver 浮选机常用规格为 $0.1 \sim 200 \mathrm{m}^3$。

D 北京矿冶研究总院（BGRIMM）XCFⅡ/KYFⅡ型充气式机械搅拌浮选机联合机组

该机组有两种形式的充气式机械搅拌浮选机，下面分别介绍。

a KYFⅡ型充气式机械搅拌浮选机

该浮选机结构简图如图 7-61 所示，该浮选机采用高比转数后倾叶片式叶轮。槽内流体运动状态合理，矿浆悬浮状态好，矿粒分布均匀，泡沫层稳定。

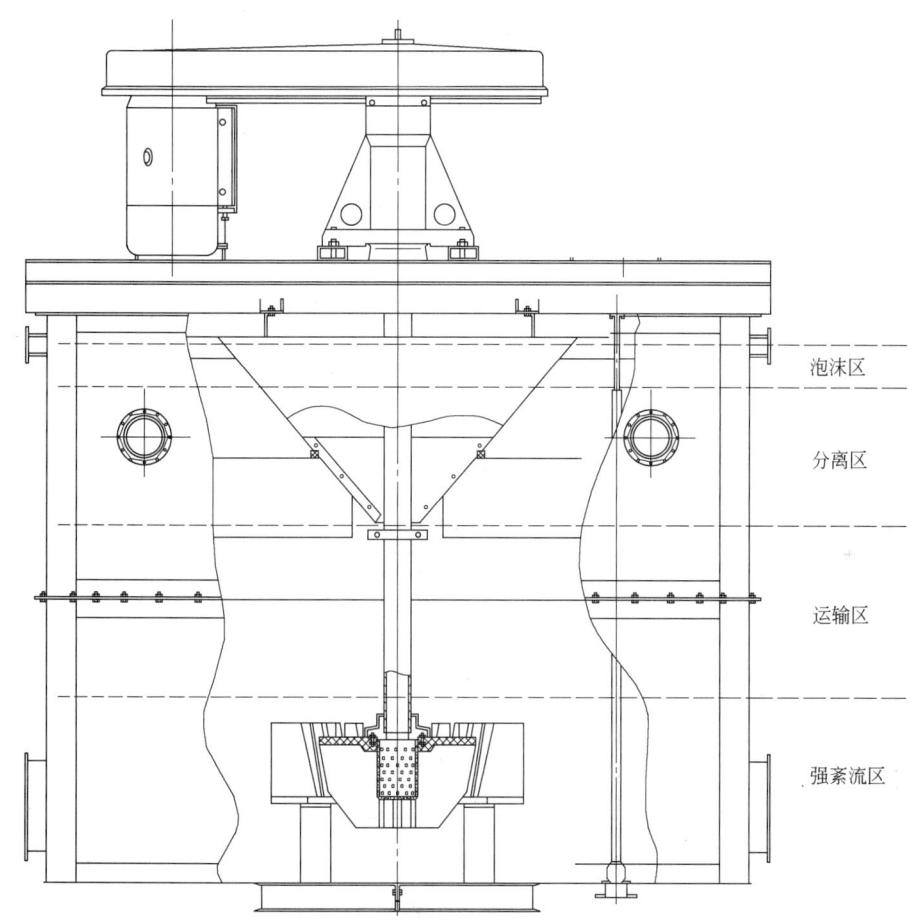

图 7-61 KYFⅡ型浮选机结构简图

该浮选机的工作原理是：叶轮旋转时，槽内矿浆从四周经槽底由叶轮下端吸入叶轮叶片间，同时，由鼓风机给入的低压空气经空心主轴进入叶轮腔的空气分配器中，通过分配器周边的孔进入叶轮叶片间，矿浆与空气在叶轮叶片间进行充分混合后，由叶轮上半部周边排出，排出的矿浆由安装在叶轮周边的定子稳流和定向后，进入到整个槽子中。矿化气泡上升到槽子表面形成泡沫，泡沫流到泡沫槽中，矿浆再返回叶轮区进行再循环，另一部分则通过槽间的流通孔进入下槽进行再选别。该浮选机单独使

用需阶梯配置，泡沫返回需要泡沫泵。目前，
北京矿冶研究总院 KYFⅡ型充气式机械搅拌浮
选机常用规格有 1~320m³，已全部用于工业
生产。

    b XCFⅡ型充气机械搅拌式浮选机

    该浮选机结构简图如图 7-62 所示，该浮选机
采用了既能循环矿浆和分散空气，又能吸入给矿
和中矿泡沫的具有双重作用的叶轮，从而其特点
是既能自吸给矿和中矿，又具有充气机械搅拌式
浮选机的优点。该机既可单独使用又可以与
KYFⅡ浮选机组成联合机组使用，省去中矿返回
用泡沫泵，降低厂房高度。北京矿冶研究总院
XCFⅡ型浮选机常用规格有 1~50m³，已全部用于
工业生产。部分 XCFⅡ/KYFⅡ型浮选机的主要技
术参数见表 7-14。

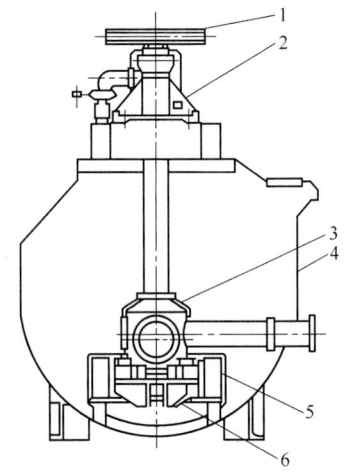

图 7-62　XCFⅡ型浮选机简图
1—皮带轮；2—轴承体；3—中心筒；
4—槽体；5—定子；6—叶轮盖板

表 7-14　部分 XCFⅡ/KYFⅡ型浮选机主要技术参数

规　格	有效容积/m³	安装功率/kW	最小进口风压/kPa	充气量/m³·min⁻¹
XCFⅡ/KYFⅡ-20	20	45/37	>25	0.05~1.4
XCFⅡ/KYFⅡ-24	24	55/37	>27	0.05~1.4
XCFⅡ/KYFⅡ-30	30	55/45	>31	0.05~1.4
XCFⅡ/KYFⅡ-40	40	75/55	>32	0.05~1.4
XCFⅡ/KYFⅡ-50	50	90/75	>33	0.05~1.4
KYF-70	70	90	>35	0.05~1.4
KYF-100	100	132	>40	0.05~1.4
KYF-130	130	160	>45	0.05~1.4

    XCFⅡ/KYFⅡ型充气式机械搅拌浮选机联合机组解决了以往选别氧化矿（如钾盐浮
选、磷矿选矿、铝土矿选矿等）时经常出现沉槽或冒槽、使选别难以进行的难题，满足了
氧化矿选别需要在较小的充气量和较低的叶轮线速度下有足够搅拌强度的要求。槽内流体
运动状态合理，充气量易调节，中矿返回流程畅通，各作业能平面配置。XCFⅡ/KYFⅡ-
40 的充气式机械搅拌浮选机联合机组（见图 7-63）已在中国铝业公司中州分公司等企业
的铝土矿浮选作业中成功使用。

    E 北京矿冶研究总院开发的适宜于粗粒浮选的 CLF 型充气式机械搅拌浮选机

    它扩大了浮选作业的粒度范围，在不降低中、细粒级回收率的基础上，显著提高了
+0.15mm 和 +0.45mm 粒级的回收率。CLF 浮选机主要用于嵌布粒度粗、矿浆密度大、选
矿浓度高等特殊要求的选矿厂。常用规格有 2~40m³。

图 7-63   XCF Ⅱ/KYF Ⅱ-40 型浮选机在中州选矿厂的应用

7.7.2.2   自吸气式机械搅拌浮选机

A   FLSmidth Minerals 公司的 WEMCO 厂 WEMCO1＋1 浮选机和 WEMCO SmartCell 浮选机

两者的结构基本相同。SmartCell 浮选机采用圆筒形的槽体结构、圆锥形推泡器、进气引流管，在每个槽子中间部位都有分散器。当叶轮旋转时产生负压，使空气通过空气吸入口吸入，由叶轮分散成微小的气泡并与矿浆充分混合后通过分散器均匀地分布于整个槽内。该机叶轮机构离液面较近，减小了转子和分散器的磨损，并且停车后可以立即启动。叶轮和分散器采用完的分段对称式结构，叶轮可以顺时针或反时针运转，也可以上下颠倒使用，实现磨损面和未磨损面的互换。工作原理与结构如图 7-64 所示。

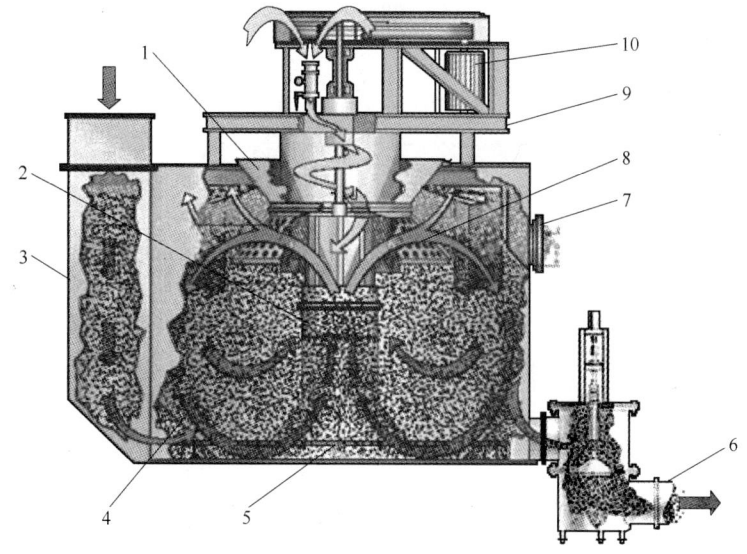

图 7-64   WEMCO 浮选机工作原理与结构示意图

1—推泡器；2—循环筒；3—给矿箱；4—锥底板；5—假底；6—尾矿口；
7—精矿口；8—分散罩；9—机架；10—电机

B　北京矿冶研究总院 JJF II 型自吸气机械搅拌浮选机

其结构简图如图 7-65 所示。

JJF II 浮选机的工作原理与 WEMCO 浮选机工作原理相同。该浮选机采用深型叶轮，形状星形，叶片为辐射状，定子为圆筒形，其上均布长孔作为矿浆通道。定子外增加表面均布小孔的锥形分散罩，起稳定液面的作用。叶轮下部设有导流管和假底，以便在槽内产生大循环，有助于槽子下部矿粒的循环，防止沉槽。该机的特点是叶轮高度大、叶片面积大、安装深度浅，既能保证自吸足够空气，又有较强的搅拌力，叶轮直径小、周速低、叶轮与定子间隙大，因此叶轮与定子寿命长。JJF II 型浮选机常用规格有 4~200m³，常用规格及技术参数见表 7-15。

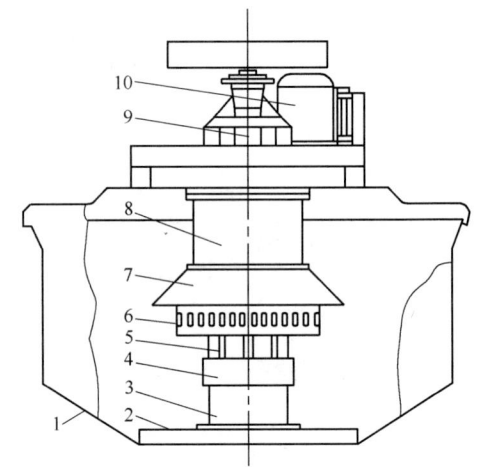

图 7-65　JJF II 型浮选机结构简图
1—槽体；2—假底；3—导流管；4—调节半环；
5—叶轮；6—定子；7—分散罩；8—竖筒；
9—轴承体；10—电机

表 7-15　JJF II 浮选机技术参数

型　号	有效容积/m³	槽体尺寸 （长×宽×高）/m×m×m	安装功率/kV	吸气量 /m³·(m²·min)⁻¹	生产能力 /m³·min⁻¹
JJF-20	20	2.85×3.80×2.00	37	1.0	5~20
JJF-24	24	3.15×4.15×2.00	45	1.0	7~24
JJF-28	28	3.15×4.15×2.30	45	1.0	7~28
JJF-42	42	3.60×4.80×2.65	75/90	1.0	12~24
JJF-130	130	φ6.60×4.50	160	1.0	40~65
JJF-200	200	φ7.50×5.20	220	1.0	60~100

7.7.3　浮选柱

随着矿物加工工业的发展，品位低、嵌布粒度细、矿物组成复杂的难选矿石所占的比例日益增大，矿物加工行业面临着前所未有的挑战，对选矿工艺方法及选矿设备的研究提出了更高的要求。为提高浮选的经济技术指标，许多矿业发达国家，如加拿大、美国、澳大利亚等纷纷将研究目光再度投向具有富集比大、处理量大、投资小、运行费用低的浮选柱，在基础理论、结构形式、发泡方式及自动控制等方面取得了长足的进展。

1980 年浮选柱在加拿大的铜钼矿浮选作业使用以后，在世界各地的有色金属选矿厂或选煤厂得到了广泛应用。近年来，国外在浮选柱发泡器、给料方式和排料方式、应用最新流体动力学成果和降低浮选柱高度等方面取得了较大的进展。

7.7.3.1   澳大利亚 MIM Process Technologies 公司的浮选柱

澳大利亚的 MIM Process Technologies 公司研制了 Jamson 浮选柱，它由矿浆与空气混合用的降泥管和浮选分离用的低高度浮选槽组成。在该浮选柱中给矿浆流经降泥管时吸入空气，并喷射矿浆充气，使矿浆与气泡混合，其浮选时间短。Jamson 浮选柱在澳大利亚微粉煤处理厂广泛使用。3m 直径的 Jamson 浮选柱的构造与浮选机内的矿浆与气泡的作用分别如图 7-66 和图 7-67 所示。

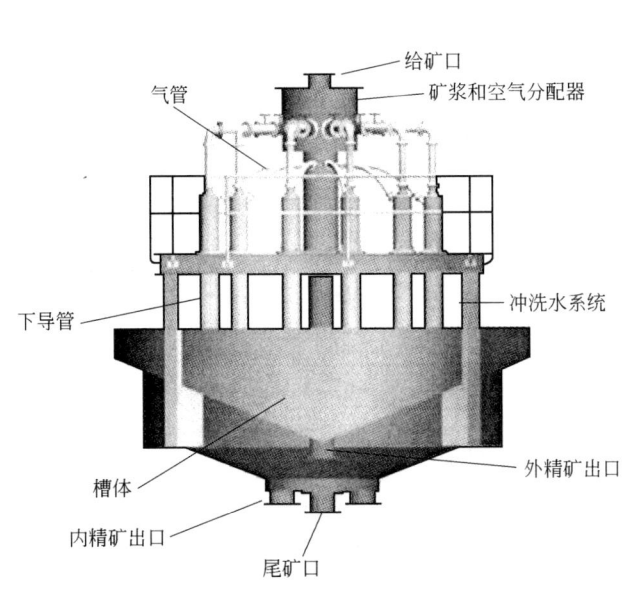

图 7-66   Jamson 浮选柱结构

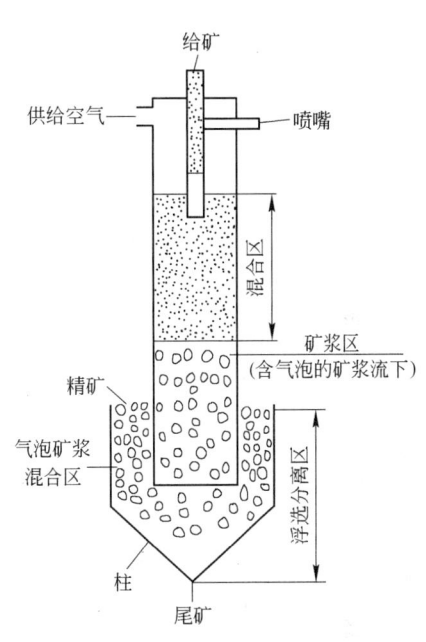

图 7-67   Jamson 浮选柱内的
矿浆和气泡运动情况

7.7.3.2   旋流-静态微泡柱分选设备

旋流-静态微泡浮选柱的主体结构包括浮选柱分选段，旋流分离段、气泡发生与管浮选三部分。整个浮选柱为一柱体，柱分离段位于整个柱体上部；旋流分离段采用柱-锥相连的水介质旋流器结构，并与柱分离段呈上、下结构的直通连接。从旋流分选角度，柱分离段相当于放大了的旋流器溢流管。在柱分离段的顶部，设置了喷淋水管和泡沫精矿收集槽；给矿点位于柱分离段中上部，最终尾矿由旋流分离段底口排出。气泡发生器与浮选管段直接相连成一体，单独布置在浮选柱柱体体外；其出流沿切向方向与旋流分离段柱体相连，相当于旋流器的切线给料管。气泡发生器上设导气管。旋流-静态微泡浮选床是在柱分选设备研究的基础上发展起来的大型微细粒物料分选设备。该设备利用旋流分选原理，采用以双旋流结构为主体的旋流分选单元。一个旋流分离单元由一个大直径的旋流分离器与环绕其周围的若干个小直径的分选旋流器组成。分选旋流器的溢流以入料的形式进入旋流。

7.7.3.3　加拿大 CPT 浮选柱

加拿大 CPT 浮选柱是一种逆流浮选设备，如图
7-68所示。经浮选药剂处理后的矿浆从距柱顶部以下
1~2m 处给入，在柱底部附近安装有可从柱体外部拆
装检修的 Slamjet 气体分散器。气体分散器产生的微
泡，在浮力作用下自由上升，而矿浆中的矿物颗粒在
重力作用下自由下降，上升的气泡与下降的矿粒在捕
收区接触碰撞，疏水性矿粒则被捕获，附着在气泡上，
从而使气泡矿化。负载有用矿物颗粒的矿化气泡继续
浮升而进入精选区，并在柱体顶部聚集形成厚度可达
1m 的矿化泡沫层，泡沫层被冲洗水流清洗，使被夹带
而进入泡沫层的脉石颗粒从泡沫层中脱落，从而获得
更高品位的精矿。

7.7.3.4　俄罗斯国立有色金属研究所研制的气升式浮选柱

气升式浮选柱的关键部件为气升式充气器，气升
式充气器的充气装置结构随着浮选柱容积的不同有所
变化，但其工作原理均为：可在垂直方向上创造矿浆

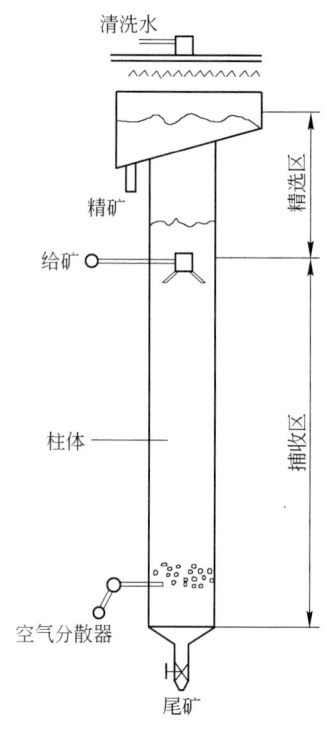

图 7-68　CPT 浮选柱

的稳定循环，这种循环促使各种粒度的矿粒运动，使它们与空气泡反复碰撞。浮选柱用
钢板或其他材料制成截面为圆形、椭圆形和矩形等，一般为柱体带有圆锥底呈圆筒形，
它配有气升式充气器，它可建立矿浆循环，形成矿浆-空气混合体。在逆流、顺流或混
合状态下浮选柱都可以工作。给料从上部给入到浮选柱的中心，或者上部和中心同时
给入。泡沫产品（精矿）在环形溜槽中通过泡沫溢流堰板自流排矿。槽内产品（尾
矿）在阀箱和闸板槽间隔室通过卸料装置排出，浮选柱液面通过液位控制系统控制。
改变供给充气器的空气流量及压力可以调节泡沫的二次矿化过程以及精矿的质量和产
率。泡沫产品排出速度的变化依靠安装在浮选柱中心的推泡板和内部泡沫溜槽附加装
置来实现。

7.7.3.5　北京矿冶研究总院顺流喷射型浮选柱

北京矿冶研究总院研制的向下顺流喷射型浮选柱利用射流作用引入空气，圆锥形收缩
管和喇叭管在空室中间接相连，当水流高速由圆锥形收缩管流向喇叭管时，由于水流断面
逐渐缩小，在圆锥形收缩管出口处形成较大流速，致使该处压强降低至大气压强以下，在
空室中形成的负压，使空气从外部进入到空室中。在分选槽底部安装了一个反射假底，其
作用在于将高速水流所携带的空气粉碎成气泡，进而弥散到整个分选槽。向下顺流喷射型
浮选柱作为一种新型的浮选设备，产生的气泡直径较小，空气保有量较高，空气分散比较
均匀，且结构简单、操作方便、无运动部件，根据现有研究结果，向下顺流喷射型浮选柱

可以取得较好的选别指标。结构简图如图7-69所示。

7.7.3.6 北京矿冶研究总院机械搅拌式浮选柱

该浮选柱将机械搅拌式浮选机的工作机理引入到浮选柱中（见图7-70），具有可充入足量空气，使空气在矿浆中充分地分散成大小适中的气泡，保证槽内有足够的气-液分选界面，增加矿粒与气泡碰撞、接触和黏附的机会；充气量易于调节，操作简单方便；可带矿启动；通过控制给气、加药、补水、调节液面，可迅速改变浮选过程，易实现自动化控制。

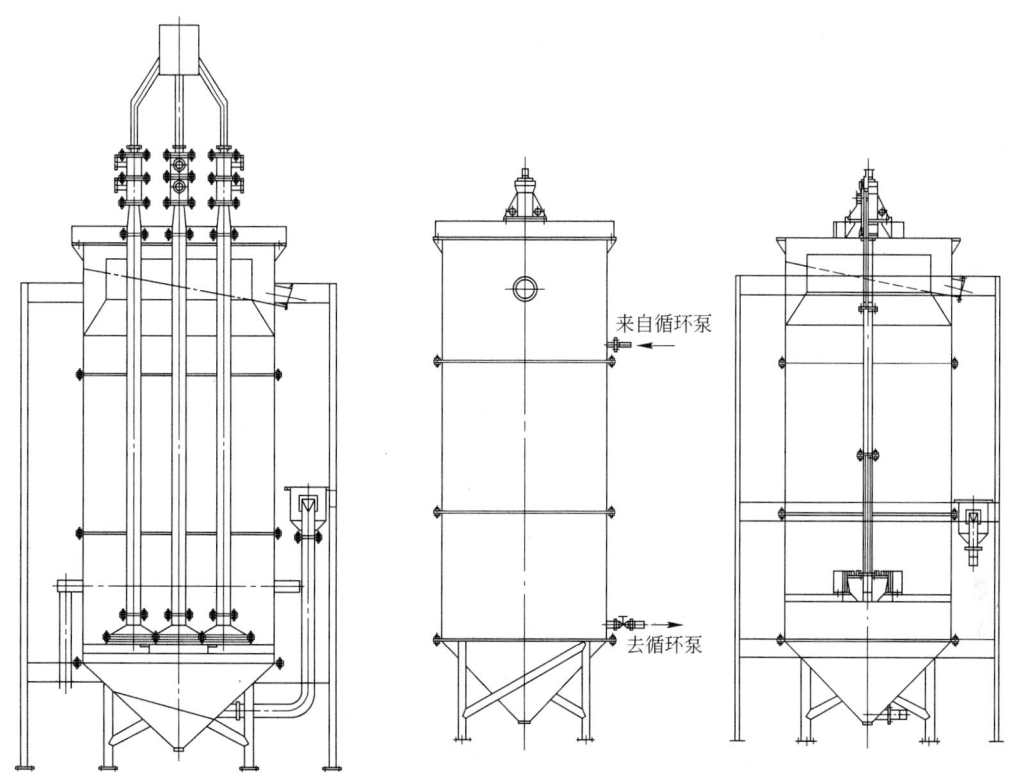

图7-69 向下顺流喷射型 　　　　图7-70 机械搅拌式浮选柱结构简图
浮选柱结构简图

7.7.3.7 北京矿冶研究总院微泡浮选柱

底部装有一组微孔材料制成的充气器，上部设有给矿分配器，给入的矿浆均分布在柱体的横断面上，缓缓下降，在颗粒下降过程中与气泡碰撞，实现矿化。浮选柱内浮选区的高度远大于其他浮选机，矿粒与气泡碰撞和黏着的概率大。浮选区内浆气流的湍流程度较低，黏附在气泡上的疏水性矿粒不易脱落。浮选柱的泡沫层厚，二次富集作用显著，可向泡沫层淋水加以强化，往往一次粗选便可获得高质量的最终精矿。这种浮选柱的最显著特点也是正压微孔充气和气泡与颗粒的逆流碰撞矿化。这种浮选柱在国内应用已多年（见图7-71），选择性好，适用于细粒物料。

图 7-71　微泡浮选柱（BGRIMM）在现场应用

7.7.4　浮选辅助设备

7.7.4.1　搅拌槽

搅拌槽是浮选生产工艺中不可缺少的设备。根据用途不同，搅拌槽可分为矿浆搅拌槽、搅拌储槽、提升搅拌槽和药剂搅拌槽等四类。矿浆搅拌槽用于浮选作业前的矿浆搅拌，使矿粒悬浮并与药剂充分接触、混匀，为选别作业创造条件。

7.7.4.2　加药系统

选矿厂的给药装置主要有程控式和阀门式两种加药机。铝土矿浮选作业中，按需要准确地添加各种药剂是控制工艺过程的重要操作手段。工业生产中通常采用程控加药机来实现药剂的自动添加、调整和计量，其目的是：获得最佳工艺指标、提高加药控制的准确性和可靠性、节省药剂、减少加药工人同有害药剂的接触和劳动强度。

程控加药机系统以可编程序工业控制器（PLC）为主要控制单元，以工控机作为人机交换界面，实现远程自动定量添加药剂，通常由储药箱、给药箱、PLC 控制柜、给药电磁阀等组成。给药箱一般配置的给药电磁阀门数不小于 3 个，具体数量根据工艺设计的药剂添加量和加药点确定。采用防腐型浮球开关阀作为给药箱的恒液位调节装置与储药箱连接，在加药过程中，给药箱流出药液，液面下降，浮球开关阀动作，通过储药箱向给药箱补充药液，给药箱液面保持动态稳定，以确保给药精度。在给药箱中增加隔渣过滤装置，避免药液中杂质随药液流入电磁阀或加药管道，造成堵塞。

PLC 控制柜内安装可编程序控制器、给药电磁阀驱动元件、开关电源、干式变压器等元件。柜体正面安装多个加药控制回路的运行状态指示、操作开关等。智能控制加药系统配置如图 7-72 所示。

PLC 控制加药系统是根据孔口流的基本原理设计，采用间断加药方式，在一定的周期内把药液间断地加入到一流量缓冲器内，然后通过给药管道连续地流到加药点。

采用浮球阀保持给药箱中药液的液面高度恒定，药液通过安装在药箱侧面底部的电磁

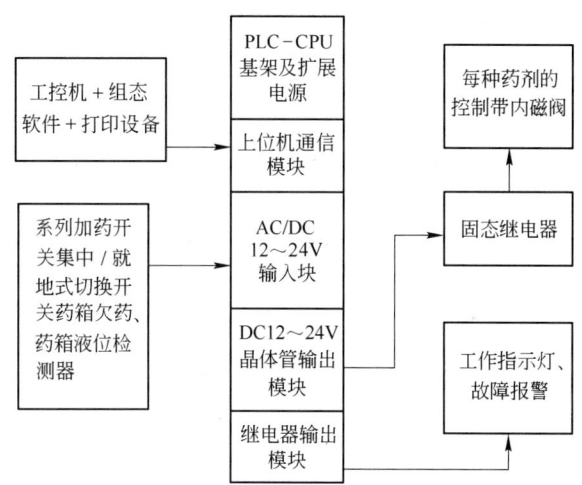

图 7-72　智能控制加药系统的系统配置框图

阀给出，因为药箱内液面高度是恒定的，电磁阀打开相同时间内给出的液体是相同的，因此采用可编程逻辑控制器控制电磁加压阀的开启和关闭，在各加药周期内保持相同的给药时间而改变间断时间就可以实现给药量的调节，即对同一加药点，每一次加药的时间和流量一定，而每分钟流量和周期可调。

根据设计和生产实际情况，利用 PLC 中的高速定时器和比较判断接点，通过编程实现电磁阀通断电控制，并在上位机（工业计算机）操作终端上显示加药系统的工作状态和采集的选矿工艺过程数据。

7.7.5　浮选设备的发展

7.7.5.1　浮选机状况

浮选设备自 20 世纪初装备选矿厂以来，经过近 100 年的发展，无论是从按比例放大理论、浮选动力学理论还是结构形式设计，都有较大发展。目前代表国际上浮选设备研究开发和应用水平较高的有美国 FLSmidth Minerals 公司、芬兰的 Outokumpu 公司、瑞典的 Metso 公司、俄罗斯国立有色金属研究所、中国 BGRIMM。其中，具有代表性的产品包括：芬兰 OK-TankCell 型浮选机，FLSmidth Minerals 的 Wemco、EIMCO 和 Dorr-Oliver 浮选机，瑞典 Mesto 公司 RCS^{TM}（Reactor Cell System）浮选机，中国 BGRIMM KYF 型浮选机等。目前最大单槽容积分别为芬兰 OK 型 $300m^3$，FLSmidth Minerals 的 WEMCO 型 $257m^3$，瑞典的 RCS^M 型 $200m^3$，中国 BGRIMM KYF 型 $320m^3$。

中国浮选机设备的发展经历了从无到有，从单一设备到各种型号的全面发展过程。从 20 世纪 70 年代中期开始了大型浮选机的研制与开发，至今已有十几个类型上百个规格的产品，并实现了设备大型化，最大单槽容积已达 $320m^3$。中国浮选机的品种和规格不但满足了国内矿山迅速发展的要求，而且已出口到世界上许多国家。

7.7.5.2　浮选设备的发展

浮选设备的发展应用领域不断扩大，主要有以下几个方面：

（1）浮选设备的大型化，近年来，单槽容积大于 $100m^3$ 浮选设备已经大量进入工业应用。

（2）浮选设备的节能降耗，是近期浮选研究的热点，通过叶轮结构设计和外加充气等方式，使浮选的效率提高，同时降低浮选机的电耗和减少了浮选机部件的磨损；柱型浮选设备因其节能降耗的特性，成为研究热点。

（3）以浮选柱为代表的细粒浮选设备得到快速的发展，多段浮选柱的出现大大增强了浮选柱对不同可浮性矿物浮选的适应性，复合力场的引入，使浮选柱处理细粒和微细粒的效率大大提高。例如重选和浮选的联合，磁选和浮选的联合。

（4）粗粒浮选、高效节能浮选及复合力场细粒和微细粒浮选设备仍是今后浮选机的研究方向。

（5）应用领域不断扩大，从矿物的分选到工业废水处理、油田污水处理、废纸脱墨等。

（6）自动化控制程度越来越高，但需要适应浮选设备的特点，如果矿浆停留时间短、矿化速度快、波动速度敏感等。

7.8 铝土矿生物处理技术的研究现状

目前，铝土矿生物处理技术还处于研究阶段。其研究内容主要集中在脱除铝土矿石中的硅，提高铝硅比以用作拜耳法生产氧化铝的原料，其次还涉及脱除铝土矿中的硫、铁、钙等杂质元素。

7.8.1 铝土矿生物脱硅

不同种类的"硅酸盐"细菌能把硅从硅酸盐和铝硅酸盐矿物中浸出，从而提高铝土矿石的铝硅比。"硅酸盐"细菌指的是能分解硅酸盐类矿物的细菌，多从各种土壤和岩石样品中分离出来。"硅酸盐"细菌为典型的异养细菌，主要有胶质芽孢杆菌，另外还有环状芽孢杆菌、多黏芽孢杆菌及黑曲霉菌等。硅酸盐细菌有许多重要的特性：能利用各种糖类及淀粉，从空气中摄取氮素；能利用长石和云母等矿物中的钾和磷灰石中的磷；能对铝土矿进行分解脱硅。

Groudeva 等人用 8 个菌种的硅酸盐细菌进行了浸滤水铝矿类型的铝土矿的试验，结果见表 7-16 ~ 表 7-18。

表 7-16 生物脱硅试验用铝土矿的矿物组成及化学成分

铝土矿编号	主 要 矿 物	成分含量/%		
		Al_2O_3	SiO_2	Fe_2O_3
1	三水铝石，高岭石，石英	43.4	25.9	2.3
2	三水铝石，高岭石，石英	46.8	18.1	3.2
3	三水铝石，高岭石，氧化铁	41.3	10.7	20.9
4	三水铝石，勃姆石，高岭石，菱铁石	40.4	13.6	15.5
5	勃姆石，高岭石，绿泥石，氧化铁	47.3	12.5	5.9

表7-17　7天内细菌对铝土矿中硅的浸出结果（硅的浸出量，%）

微生物			1号铝土矿	4号铝土矿
环状芽孢杆菌	野生菌种	BC-1	32.9	21.0
		BC-2	51.9	35.2
		BC-3	39.3	18.6
	突变体菌种	VS-1	50.7	33.3
		VS-2	70.1	44.3
		VS-3	70.7	47.3
黏液芽孢杆菌 野生菌种		BM-1	31.6	19.9
		BM-2	63.5	41.0

表7-18　细菌连续浸出铝土矿试验结果

铝土矿编号	产物	产率/%	品位/%		回收率/%		铝硅比	
			Al_2O_3	SiO_2	Al_2O_3	SiO_2	浸前	浸后
1	精矿	61.7	59.1	11.7	86.0	29.9	1.7	5.1
	溶液	38.3	18.1	48.7	16.0	70.1		
2	精矿	91.3	47.8	17.3	93.2	87.5	2.6	2.8
	溶液	8.7	36.8	26.0	6.8	12.5		
3	精矿	79.7	44.4	7.1	86.0	53.2	3.9	6.2
	溶液	20.1	28.9	24.9	14.0	46.8		
4	精矿	79.2	43.4	9.1	85.1	52.7	3.0	4.8
	溶液	20.8	28.8	30.9	14.9	47.3		
5	精矿	78.6	50.4	4.2	83.7	26.4	3.8	12.0
	溶液	21.4	36.0	43.0	16.3	73.6		

　　Groudeva 等人试验的结果发现，突变体菌株具有最佳的脱硅效果，这些菌株与相应的野生原始菌株有所不同，其荚膜更多，产酸的能力更强。在 pH 值为 5.5~6.5，温度为 35~37℃时，固溶物含量为 10%~20%，摇动速率保持 300~400r/min，培养 7 天，这些菌株使铝土矿中的 Al_2O_3 含量从 43.4% 上升到 63.9%，SiO_2 含量从 25.9% 下降到 9.1%。研究还发现，细菌浸出 7 天以后，继续延长浸出时间，从矿石中浸出的硅量只有少量增加，但用新鲜培养液替换母液后，细菌的繁殖和硅的浸出都重新开始进行。对浸出后的固体渣的分析结果表明，铝硅酸盐是细菌作用的主要矿物。不同的天然高岭石的化学生物分解性能不一样，由较大块的螺旋层组成、在结构上排列有序的高岭石具有较高的螺旋-错位密度和渗透性，因而比别的矿物更易于分解。

P. I. Andreev 等人对 Smelyanskii 和 Vilsovskii 两个地区的铝土矿进行了异养微生物细菌浸出试验。试验条件为：温度 28 ~ 30℃，在含有细菌的 T-2 介质培养液中周期振荡培养。试验结果见表 7-19 ~ 表 7-21。

表 7-19　试验用铝土矿的矿物组成及化学成分

铝 土 矿	主 要 矿 物	成分含量/%	
		Al$_2$O$_3$	SiO$_2$
Smelyanskii 矿	三水铝石，石英，高岭石	42.0	27.7
Vilsovskii 矿	一水软铝石，鲕绿泥石，高岭石	48.4	12.6

表 7-20　异养细菌富集 Smelyanskii 矿试验结果

产　品	产率/%	品位/%		回收率/%		A/S	条　件
		Al$_2$O$_3$	SiO$_2$	Al$_2$O$_3$	SiO$_2$		
精矿	89.0	41.2	29.1	87.6	93.0	1.42	
溶液	11.0	47.0	18.2	12.4	7.0		无菌控制
原矿	100	42.0	27.7	100	100	1.52	
精矿	69	53.6	17.6	87.9	44.0	3.05	
溶液	31	16.5	50.0	12.1	56.0		细菌处理 7 天
原矿	100	42.0	27.7	100	100	1.52	
精矿	70	53.2	18.3	88.2	46.1	2.91	
溶液	30	16.6	49.6	11.8	53.9		细菌处理 7 天
原矿	100	42.0	27.7	100	100	1.52	
精矿	63.8	48.4	21.1	74.0	48.3	2.29	
尾矿	36.2	30.1	39.5	26.0	51.7		浮选法
原矿	100	42.0	27.7	100	100	1.52	

表 7-21　异养细菌富集 Vilsovskii 矿试验结果

产　品	产率/%	品位/%		回收率/%		A/S	条　件
		Al$_2$O$_3$	SiO$_2$	Al$_2$O$_3$	SiO$_2$		
精矿	92.0	48.1	11.8	91.5	90.5	4.08	
溶液	8.0	51.3	14.2	8.5	9.5		无菌控制
原矿	100	48.3	12.0	100	100	4.03	
精矿	76.0	53.2	10.3	83.5	65.3	5.17	
溶液	12.0	42.2	23.1	6.0	23.1		
尾矿	12.0	42.6	11.0	10.5	11.6		细菌处理 7 天
原矿	100	48.4	12.0	100	100	4.03	

产品	产率/%	品位/%		回收率/%		A/S	条件
		Al₂O₃	SiO₂	Al₂O₃	SiO₂		
精矿	71.0	58.7	5.8	87.2	32.7	10.12	细菌处理7天后
溶液	29.0	21.2	29.3	12.8	67.3		水洗两次
原矿	100	47.9	12.6	100	100	3.80	
精矿	57.8	53.2	10.1	65.3	47.0	5.27	
尾矿	42.2	41.0	13.6	31.7	53.0		磁选法
原矿	100	47.1	12.4	100	100	3.80	

由表 7-18 ~ 表 7-20 可见，Smelyanskii 矿经细菌富集，Al_2O_3 含量从 42% 增到 53.2% ~ 53.7%，回收率为 87.9% ~ 88.2%，而 SiO_2 从 27.7% 降到 17.6% ~ 18.3%，剩余的硅主要以石英形态存在。Vilsovskii 矿经 7 天处理再用热水洗涤，可获得 Al_2O_3 含量为 58.7%，回收率为 87.2%，SiO_2 含量为 5.8%，铝硅比提高到 10.1。

目前，对硅酸盐细菌脱硅的机理认识还无定论，存在有酸解、酶解、形成胞外多糖等观点。一般认为，在硅酸盐细菌对铝土矿脱硅过程中，存在微生物的直接黏附作用和微生物的代谢物浸出的非直接作用等两类作用。前者是微生物黏附到矿石表面上，细菌与矿石接触并产生特殊的酶或外多糖类物质破坏矿石结晶构造，或是表面的物理化学接触交换作用直接黏附脱硅；后者是由细菌分泌的有机酸（主要为草酸和柠檬酸）酸解硅酸盐或铝硅酸盐的非直接作用脱硅。

7.8.2 高硫铝土矿细菌脱硫

在氧化铝生产过程中，铝土矿内以黄铁矿和胶黄铁矿等形态带入的硫会与铝酸钠溶液和苛性碱溶液反应，最终转变为硫酸钠。氧化铝生产流程中硫的积累会产生如下危害：一是会使碱耗增加；二是引起溶液中可溶性铁的浓度增高，氢氧化铝被污染；三是硫化物和硫代硫酸盐会加剧对钢设备的腐蚀；四是当硫酸钠积累到一定数量时，将析出硫酸钠结晶，产生结疤，影响正常的生产操作。

在中国铝土矿资源中，高硫型铝土矿储量为 150Mt，占总储量的 11%。其中高硫型铝土矿中高品位铝土矿占 57.2%，中低品位铝土矿占 42.8%。高硫型铝土矿中硫化矿的主要存在形式是黄铁矿、白铁矿、胶黄铁矿、石膏类硫酸盐。

中国铝业郑州研究院采用两个铝土矿山富集细菌 SX-1 和 SX-3 对重庆高硫铝土矿做了浸矿脱硫试验，重庆高硫铝土矿的化学成分和矿物组成见表 7-22 和表 7-23。

表 7-22 重庆高硫铝土矿化学成分

化学组成	Al₂O₃	SiO₂	S	Fe₂O₃	TiO₂	K₂O	Na₂O	CaO	MgO	灼减
含量/%	66.45	6.88	3.87	5.35	2.63	0.71	0.14	0.038	0.16	13.78

表 7-23 重庆高硫铝土矿的物相组成

矿物组成	一水硬铝石	一水软铝石	高岭石	伊利石	绿泥石	黄铁矿	石英	石膏
含量/%	67.3	4.0	6.2	6.8	4.0	6.3		

从重庆高硫铝土矿浸矿脱硫试验研究结果可发现，在浸矿温度为 25~35℃、矿浆浓度为 5%~30%、磨矿细度为 −174μm、搅拌速度为 100~250r/min、浸矿时间为 10~15 天的条件下，氧化亚铁硫杆菌对重庆高硫铝土矿中的黄铁矿氧化效果明显，铝土矿中杂质硫的含量从处理前的 3.87% 下降到 0.69%~1.07%，其中 SX-1 和 SX-3 菌株的铝土矿脱硫率都超过了 80%，重庆高硫铝土矿浸矿脱硫试验研究结果参见表 7-24。

表 7-24 氧化亚铁硫杆菌浸出铝土矿中黄铁矿的试验结果

浸矿菌株	质量/g	S 含量/%	脱硫率/%	Fe 含量/%	脱铁率/%	Al_2O_3 含量/%	Al_2O_3 回收率/%	SiO_2 含量/%	A/S
无菌	10	3.87		5.89		64.70		6.83	9.47
SX-1	9.12	0.69	83.57	2.86	55.72	69.33	97.72	6.99	9.92
SX-2	9.14	0.99	76.37	3.08	52.21	69.03	97.52	7.05	9.79
SX-3	9.17	0.74	82.28	2.79	56.56	69.52	98.53	7.34	9.47
SX-4	9.29	0.86	79.14	2.95	53.47	69.65	100	7.75	8.98
SX-5	9.20	1.07	74.30	3.22	49.70	68.91	97.98	7.08	9.73

细菌浸出前原重庆铝土矿的 X 射线衍射图谱中具有 FeS_2 的特征吸收峰，原矿石中的铁元素和硫元素主要以 FeS_2 形式存在。因此用细菌浸矿方式从矿石中脱除硫和铁，关键在于细菌对黄铁矿的氧化浸出能力。

铝土矿在无菌条件下浸出 20 天后，FeS_2 的特征吸收峰依然明显。经 SX-1 和 SX-3 处理后的铝土矿在 X 射线衍射图谱中几乎找不到 FeS_2 的特征吸收峰。黄铁矿物中的铁和硫基本上被全部浸出。

用于高硫型铝土矿中杂质硫的生物浸出菌种主要有氧化亚铁硫杆菌（A.f）、氧化硫硫杆菌（A.t）和氧化亚铁微螺菌（L.f）等。其中氧化亚铁硫杆菌可以氧化 Fe^{2+}、元素硫和还原态硫化物；氧化硫硫杆菌能氧化元素硫，不能氧化 Fe^{2+}；氧化亚铁微螺菌能氧化 Fe^{2+}，但不能氧化元素硫。在矿物浸出过程中，一般是多个菌种的富集混合菌共同作用。高硫型铝土矿中杂质硫的生物浸出机理一般认为是直接作用与间接作用的共同作用结果。

在黄铁矿细菌的氧化过程中，细菌吸附于矿物上直接催化其氧化反应：

$$4FeS_2 + 15O_2 + 2H_2O \xrightarrow{\text{细菌}} 2Fe_2(SO_4)_3 + 2H_2SO_4$$

上述反应中产生的 $Fe_2(SO_4)_3$ 是硫化物的强氧化剂，可把硫化物氧化为硫酸盐：

$$FeS_2 + Fe_2(SO_4)_3 \xrightarrow{\hspace{1cm}} 3FeSO_4 + 2S$$

生成的 $FeSO_4$ 及 S 又可分别被细菌催化氧化为 $Fe_2(SO_4)_3$ 和 H_2SO_4：

$$4FeSO_4 + O_2 + 2H_2SO_4 \xrightarrow{\text{细菌}} 2Fe_2(SO_4)_3 + 2H_2O$$

$$2S + 3O_2 + 2H_2O \xrightarrow{\text{细菌}} 2H_2SO_4$$

7.8.3 铝土矿生物除铁和除钙

铝土矿作为磨料和耐火材料工业的主要原料，其中主要杂质为钙和铁。用作磨料的铝土矿要求钙含量不超过 0.5%，而耐火材料要求铁的含量低于 1%。铝土矿的物理除铁和除钙虽成本低、工艺简单，但不能满足高级原料含铁质量要求；化学法除铁和除钙技术较为成熟，但其成本较高，环境污染较严重；生物除铁和除钙法成本低、过程较为简单、不污染环境，效果已接近磁选和浮选法脱铁的效果，但是其不足之处是生物反应时间较长，矿浆浓度过低，不利于大批量处理。

Phalguai Anand 用菌株代号为 NCIM2539 的纯多黏杆菌进行了去除铝土矿中钙和铁的试验。Phalguai Anand 发现，7 天内上述微生物能将处于 2% 蔗糖的布罗费德介质中的铝土矿中全部钙和 45% 的铁除去；当微生物能产生大量的外细胞多糖质时，钙和铁的去除最完全。另外，他还发现，细菌可牢固黏附在矿粒表面上，而在没有微生物（仅有代谢产物）时，钙的去除率仅为有微生物存在条件下的 50% 左右。

S. S. 瓦桑等人的研究表明，一种多黏芽孢假单胞菌可以从磨料和耐火材料用的铝土矿中除去钙和铁。多黏芽孢杆菌可以利用铝土矿中的方解石以满足其对钙的需求，而其代谢物可以溶解矿石中的钙，使铝土矿脱除钙。S. S. 瓦桑等人采用一种改进的布氏工业配方（ISF-2），成功地在腐败条件下培养土壤细菌；在大规模的选矿试验中，发现上述介质可以有效地脱除铝土矿中的钙；用串接浸出的方法可使铝土矿中的钙含量降到 0.5% 以下。

前苏联研究利用各种霉菌、酵母和细菌来处理赤铁矿-针铁矿-三水铝石型铝土矿，随后用拜耳法处理矿石，从而提高氧化铝的回收率。经黑曲霉菌和出芽短杆霉菌 BKMF-1116 等微生物处理后的铝土矿进行压煮溶出的试验结果表明，由于铝针铁矿的微生物分解，氧化铝的回收率可提高 3.6%。

K. A. Natarajan 用黑曲霉菌的代谢物来处理铝土矿，在 95℃ 和 8h 的条件下，脱钙率达到 90%，脱铁率达到 50%。印度研究者研究结果表明，用黑曲霉的变异菌株可脱去铝土矿中 59.5% 的铁和 56.2% 的硅酸盐。P. I. Andreev 用细菌 B. mucilaginosus 处理铝土矿，三氧化铁的含量可以从 7% 下降到 1.2%。G. Roychaudhury 研究黑曲霉在蔗糖介质中脱除铝土矿中的铁的动态过程，在最佳的浸出条件下，可脱除 50% 以上的铁。保加利亚的 F. Genchev 用微生物浸出铝土矿中的铁，经浸出 7 ~ 15 天，铁的最大脱除率可达到 80%。

7.8.4 展望

铝土矿生物处理技术能够将铝土矿中的硅、铁、硫等浸出，达到脱硅除杂的目的。利用铝土矿生物处理技术不仅可以提高物料质量，充分利用贫杂矿物资源，而且有利于环境保护，是一项具有应用前景的技术。与其他相关技术相比，铝土矿生物处理技术效果接近传统方法，而且成本低廉。但是生物处理技术的不足之处是生物反应时间较长，因此，如能筛选出反应时间较短的细菌菌种、开发出生物反应器来加快反应速率，可望大大推进铝土矿生物处理技术在铝工业中的应用。

8 非铝土矿含铝资源

✳✳✳✳✳✳✳✳✳✳✳✳✳✳✳✳✳✳✳✳✳✳✳✳✳✳✳✳✳✳✳✳✳✳✳✳✳

8.1 霞石

8.1.1 霞石概述及资源分布

霞石（$(Na \cdot K)_2O \cdot Al_2O_3 \cdot 2SiO_2$）为含铝硅酸盐矿物，其矿物分类见表 8-1。

表 8-1 霞石的矿物分类

铝硅酸盐矿物	霞石 （含 Al_2O_3 27%）	磷灰石-霞石
		宽霞石-磷霞石
		磷霞石
	晶长石 （含 Al_2O_3 21% ~27%）	霞石正长岩（方钠石、方沸石、钙霞石）
		霞石-假白榴石正长岩（假白榴石、石榴石）
	少霞石	正长浓集岩（含 Al_2O_3 16% ~25%）
		碱性-磷霞风化岩产物（含 Al_2O_3 16% ~25%）
		斜长石（含 Al_2O_3 26%）

　　自然界的霞石矿的物质和化学组成复杂，含有各种长石和云母等矿物，有时还与磷灰石共生。霞石矿的优点是它常形成储量巨大的矿体。

　　全世界霞石储量极为丰富，世界著名的霞石产地有俄罗斯、挪威、加拿大、肯尼亚、土耳其、瑞典、美国和罗马尼亚等地。目前，仅有俄罗斯采用霞石生产氧化铝，下面重点介绍俄罗斯的霞石资源。

　　俄罗斯非铝土矿含铝矿物原料极为丰富，尤其是碱性高铝硅酸盐岩（主要是霞石岩类）广泛分布，在科拉半岛、东西伯利亚、西西伯利亚等地有 20 多个巨大的霞石矿床。在这些巨大的俄罗斯霞石矿中，科拉半岛希宾碱性岩体出露面积达 $1300km^2$，为世界最大的碱性岩体。与该岩体有关的磷灰石-霞石矿床探明储量达 4900Mt，其化学成分为：Al_2O_3 12.3% ~14.2%，P_2O_5 14.2% ~18.4%。依靠该矿产资源建立的磷灰石公司，在选别磷灰石精矿后的尾矿成分为：Al_2O_3 22.5%，P_2O_5 2.8%。该尾矿再经浮选处理可获得 Al_2O_3 28.8%、$Na_2O + K_2O$ 17.8%、SiO_2 44%、Fe_2O_3 3.5% 的霞石精矿。每生产 1t 磷灰石精矿可附产霞石精矿 0.6t。磷灰石精矿的年产量约 30Mt，霞石精矿潜在生产能力每年可达 18Mt 以上。这些精矿可运往邻近的氧化铝厂，进行氧化铝生产以及综合利用。此外，在俄罗斯西伯利亚地区也有丰富的霞石资源，如巨大的基雅-沙尔狄尔霞石矿已经大规模进行工业开采，所产霞石矿用于阿钦斯克（Achinsk）氧化铝厂的生产。

中国霞石正长岩很少单独产出，多与其他碱性杂岩一起构成碱性杂岩体。目前，已在云南、吉林、辽宁、四川、河南、广东、新疆、河北、山西、安徽境内发现 22 处霞石正长岩矿床（点），最重要的产地是四川南江、河南安阳、云南个旧和广东佛岗等地。

中国霞石正长岩矿床（点）除新疆和广东两个矿点外，其余矿床（点）处于北东-南西向狭长条带内。其所处大地构造位置，除永平霞石正长岩矿点分布在活动地块内，所有其他矿床（点）均分布于地台内，多与地台内深大断裂有关。霞石正长岩产状多为岩株，也有以岩床（如阳原岩体）和环状侵入体产出（如临县紫金山岩体），还有以透镜状产出的（六安岩体）以及呈脉状产出的。许多岩体在平面分布上具方向性，呈纺锤状，如宁南、会理和安阳岩体，这主要是受同一方向区域构造控制所致。

安阳九龙山霞石正长岩已探明为特大型矿床，储量超过 100Mt。其为粗粒花岗结构，块状构造，具有明显的岩相分带特征，由围岩接触带向矿床中心发育有 3 个相带：边缘相带、过渡相带和中心相，呈环状绕中心相分布。三个相带的岩石构成基本相同，均为霞石正长岩，矿物共生组合也十分相似，只有结构构造上的差异和副矿物含量上的变化。

云南个旧市霞石正长岩分南北两段，北段长岭岗岩体分布面积 12km²，属建水县普雄镇管辖；南段白云山岩体分布面积 16km²，属个旧市乍甸区毕业红乡和帮干乡管辖。岩体也可分边缘、过渡和内部三个相带，呈环状。在包含白云山主峰在内的 2.75km² 范围内进行了详查。

四川南江磷霞岩是（吕梁期）超基性岩浆分异作用成因的晚期碱性岩浆岩矿床，是霞石正长岩的另一个类型，块状构造，局部定向构造。它主要由霞石（钙霞石）和碱性长石及其他一些副矿物组成。$Na_2O + K_2O$ 含量大于 16%，含矿岩体 10 多个，规模较小。呈不规则状、透镜状和团块状产出。有时包裹有较小的霓霞岩，霓霞岩也包裹有小团块的磷霞岩。其为灰白色，夹杂黑色斑点，主要矿物有：霞石 40% ~ 80%、碱性长石 < 20%，以钠长石为主，钾长石少量，辉石 < 20%，方解石 < 5%。微量副矿物有：磁铁矿、白（绢）云母、黝帘石、绿泥石、石榴石、黄铁矿等。磁选后霞石相对富集，但仍有约 20% 尾矿，经试验，可作建材制品用原料，有望实现无尾矿选矿。

中国的主要霞石正长岩矿床（点）的规模、主要矿物组成和化学成分见表 8-2。

8.1.2 霞石的一般特征

霞石为碱性硅酸盐，主要产于与正长岩有关的碱性侵入岩、火山岩及伟晶岩中。含霞石 5% 以上的正长岩称为霞石正长岩，是一种硅饱和结晶岩。霞石正长岩中的霞石，是标准的岩浆矿物，属似长石类矿物。霞石的物理和化学性质列于表 8-3。

霞石属六方晶系，晶体多呈六方短柱状或厚板状，通常呈粒状集合体或致密块状产出，并呈貌似单晶的双晶出现。霞石矿物为无色或呈灰白、淡黄、浅褐、浅红等色调，透明至半透明，晶面玻璃光泽、断口油脂光泽，硬度 HRV 为 5 ~ 6，密度为 2.6g/cm³，折射率为 1.337，熔点为 1526℃。霞石主要生于富含钠而贫硅的碱性火成岩及伟晶岩中。

表8-2 中国霞石正长岩矿床（点）一览表

编号	矿床（点）名称	地理位置	分布面积/km²	主要矿物成分/%				主要化学成分/%						
				长石	霞石	暗色矿物	其他矿物	SiO₂	Al₂O₃	Fe₂O₃	FeO	Na₂O	K₂O
1	桦甸永胜屯	吉林桦甸	15	70~95	2~20			59.20	18.18	5.43		6.65	5.38
2	凤城赛马	辽宁凤城	1.75	50	25	20	5	54.13	17.58	6.11	1.04	4.46	10.13
3	凤城顾家堡子	辽宁凤城	8	60~80	5~30	10~30		54.10	15.88	4.03	2.06	7.94	7.80
4	阳原东城	河北阳原	>2	55	30	10	5	57.75	20.40	2.95	1.12	9.08	5.16
5	安阳九龙山	河南安阳	4	65	30	5	很少	60.51	20.36	1.31	0.34	8.96	5.28
6	临县紫金山	山西临县	1	51.2~67.3	18.3~30.2	10.8~16.7	1.9~3.67	48	19	4.3	1.4	3.84	11.18
7	六安	安徽六安	1	81	6.7	12.25		58.00	19.40	2.03	1.62	6.97	7.19
8	随县环潭	湖北随县	0.057	60~75	12.5	20		56.99	18.85	4.93	1.54	7.20	5.98
9	南江坪河①	四川南江	1.5	1	45~90	1.3	7.7	38.55	29.33	0.29	1.00	14.56	4.61
10	拜城黑应山	新疆拜城	5	65~80	5~20	10~30		54.30	20.10	2.3	3.4	8.6	5.40
11	佛冈	放荡佛冈	90	1~2	5~13	15		58.33	18.15	4.54	2.69	6.45	5.65
12	宁南	四川宁南	4	50	35			51.76	20.17	3.38	1.43	11.38	4.14
13	会理箐箐沟	四川会理	14.5	68.9	23.1	6.9	1.1	56.30	21.14	3.41	1.19	9.86	4.49
14	禄丰	云南禄丰	<1	45~80	20~30	8		56.91	18.40	4.95	0.76	10.31	1.47
15	永平	云南永平	1.2	70	12.5	9.2	8.3	54.60	18.96	2.50	1.43	2.43	11.40
16	个旧	云南个旧	27.8	55	30	5.75	9.25	52.81	21.96	3.27	0.44	7.89	9.12

① 为磷霞岩，没有包括霞石正长岩。

表 8-3　霞石的物理化学性质

化 学 性 质	物 理 性 质
化学式：$(Na \cdot K)_2O \cdot Al_2O_3 \cdot 2SiO_2$； 其中：$SiO_2$ 44%；Al_2O_3 33%；Na_2O 15%；K_2O 5% ~6%； 有时含少量的 Ca、Mg、Mn、Ti、Be 等元素； 易溶于酸，形成凝胶	密度：2.5 ~2.7g/cm³； 莫氏硬度：5.5 ~6； 外形：呈短柱状或致密块状集合体； 颜色：呈黄、灰、白、浅红、砖红等多种颜色； 断口呈玻璃光泽或油脂光泽，熔点低，流动性好

霞石有两种变体，常温下为六方晶系，呈六方柱状，有双晶，如图 8-1 所示。霞石在 1920℃时转为三斜晶系。

霞石与石英相似，但硬度较石英低并有解理，故可区别。霞石可溶于酸中，呈胶状，可与长石及柱石相区别。霞石易熔解成无色玻璃，火焰呈黄色，在 HCl 内分解，析出胶状二氧化硅，加 $NH_3 \cdot H_2O$ 生成氢氧化铝的沉淀。

霞石的集合体在 1060℃开始烧结，随着碱金属氧化物含量的变化在 1150 ~1200℃内开始熔融。霞石的结晶构造具有独特性，构造中 2/3 铝离子

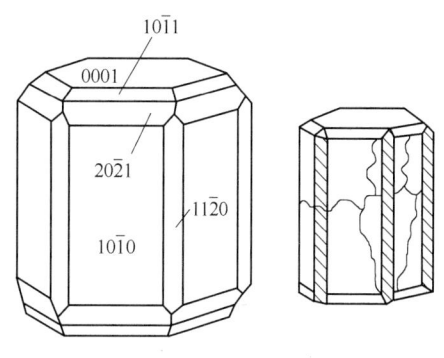

图 8-1　霞石的晶体

与另外 1/3 铝离子处于不同位置，在自然条件下分解时，其中 2/3 的铝形成钠沸石，而 1/3 的铝形成高岭石。

8.1.3　霞石正长岩的矿物组成

霞石正长岩是一种稀少的硅石饱和的粗粒到中粒结晶的火成岩，它由钠长石、微斜长石、霞石及少量的铁镁质硅酸盐和其他副矿物组成。霞石正长岩不含石英。表 8-4 为国外某些霞石正长岩典型的化学组成和主要矿物成分。

表 8-4　国外某些霞石正长岩典型的化学组成和主要矿物成分　　（%）

组　成	加拿大		挪　威		前苏联	美　国	格陵兰	刚　果	马拉维
	角闪石	黑云母	辉　石	黑云母					
SiO_2	58.8	59.4	52.73	52.37	54.01	60.39	19.46	55.44	55.77
Al_2O_3	32.0	23.0	23.71	23.22	21.50	22.51	23.53	23.59	22.26
Fe_2O_3	0.8	0.7	1.90	1.10	2.60	0.42	3.04	0.41	1.33
FeO	1.4	1.5	1.89	1.14	1.80	2.26	1.02	1.42	2.50
Na_2O	9.4	9.5	7.78	6.87	9.50	8.44	14.71	0.20	8.05
K_2O	5.2	4.9	8.08	8.30	5.30	1.77	4.31	1.26	6.68
CaO	0.82	9.64	2.54	3.11	1.80	0.32	0.80	1.56	1.25
钠长石	18.1	52.0	痕量	6.0		47.8	长石 50 ~70		35 ~75

组　成	加拿大		挪　威		前苏联	美　国	格陵兰	刚　果	马拉维
	角闪石	黑云母	辉　石	黑云母					
微斜长石	22.7	18.0	—	—		16.5			
条纹长石	少量	少量	57.0	55.5		—			
霞　石	24.9	24.1	37.0	29.0		23.7	5～40		5～30
黑云母	0.1	2.2	痕量	3.5		5.5	暗色矿物		暗色矿物
角闪石	3.0	—	1.0	—		—	5～15		5～10

霞石正长岩按其产状和成因可分为五类：

（1）同不饱和火山岩伴生的似长石类岩体，如紫金山、顾家堡子和赛马等霞石岩体。

（2）分异的环形杂岩体，常伴生有碳酸盐岩体，周围可见交代现象，如阳原霞石岩体。

（3）层状侵入体，与环状杂岩体有关，如六安金寨霞石岩体。

（4）同正长岩或碱性花岗岩伴生的边缘相或卫星岩株，如个旧霞石岩体等。

（5）霞石化片麻岩，通常伴有霞石伟晶岩。

中国霞石正长岩体主要化学和矿物组成见表 8-2。

8.1.4　霞石资源的综合利用

霞石正长岩中除主要矿物霞石外还含有微斜长石、正长石、钠长石以及含铁矿物黑云母、石榴子石、钛铁矿、磁铁矿，有的还含有少量萤石、锆石、刚玉、硫化矿等。大多数采用磁选法或浮选法，生产高品位的霞石精矿。

霞石是一富含钾、钠、铝等有价元素的铝硅酸盐矿物，具有很高的综合利用价值，可生产氧化铝、钾、钠产品和水泥，也可在塑料、油漆和涂料等行业用作填料，此外，在玻璃和陶瓷中主要应用它们所含的碱金属氧化物和氧化铝。由于这种矿物熔点低，助熔性强，用于玻璃和陶瓷工业时，能降低烧成温度，提高产品强度，是理想的节能原料。

霞石综合利用的主要途径介绍如下：

（1）玻璃工业的原料。霞石的氧化铝在玻璃生产中作为玻璃基质的形成剂，降低玻璃晶化趋势，起稳定剂作用，从而改进玻璃的耐久性、抗擦伤性、抗弯曲能力、抗破碎强度及抗热震性能，还可改善玻璃料的可加工性，使之适于压延加工。霞石正长岩用于玻璃时，Fe_2O_3 含量很重要，一般要求在 0.1% 以下，霞石正长岩要达到这个要求困难较大，国外如加拿大和挪威容许范围宽一些，从 0.07%～0.5% 都有，中国四川南江已可控制在 0.2% 以下。

（2）陶瓷工业的原料。霞石用于各种陶瓷体的生产，如瓷器、电瓷和高级面砖等，也用于瓷釉和搪瓷釉料的生产。世界各国生产的霞石正长岩约有 30% 用于陶瓷业。霞石正长岩在石英和黏土成分之前熔化，并润湿其余的固体粒子，还通过表面张力将其他组分粒子拉聚在一起，形成致密的陶瓷体。主要霞石正长岩生产国都生产了陶瓷用的产品，如加拿大生产了含 9.8% Na_2O 和 4.6% K_2O 的霞石正长岩用于陶瓷，而挪威的霞石正长岩则含 7.8% Na_2O 和 9.1% K_2O，四川南江霞石正长岩用于陶瓷的也是含 Na_2O 12%～15%、K_2O

4%～6%的产品。

（3）用作填料。比起陶瓷和玻璃工业消耗的霞石正长岩，油漆、塑料、橡胶等行业使用的霞石正长岩填料要少得多，一般而言，用作这些产品的填料时，要求霞石正长岩粒度小于2μm，但目前不少牌号的粒度均比这个要求粗，因为细磨及应用中产生的二氧化硅对肺的危害使一些国家加强了环保限制。

在油漆填料方面，影响油漆涂料质量的裂痕、脱皮和失色等问题均源于油漆中颜料和填料的固含量。而霞石正长岩适于作填料，可获得清晰的漆膜，所以适于溶剂基漆或水基漆。作为油漆填料，要求霞石正长岩细粉外观亮白，密度适中，对漆膜有利。霞石正长岩粉体在油漆和涂料中分散性良好，化学惰性高，pH值稳定（约为9），能使漆膜完整、抗磨、抗化学腐蚀、抗粉化、干亮度高、着色强度低、色调保留好，填充量大时仍保持低黏度。近年趋向于使用水基涂料，且充填矿物量加大，霞石正长岩更合适。

在塑料填料方面，霞石正长岩作塑料填料的优点是：抗化学腐蚀（化学惰性高）、抗锈蚀性强、分散性良好、添加量大时和液相少时黏度较小、抗磨耗、干亮度高、折射率接近大部分塑料树脂，因此树脂清晰。对于霞石正长岩来说，其特有性质是紫外和微波辐射透过率高，因此充填的塑料在辐照下温升小。霞石正长岩广泛用于充填聚氯乙烯、环氧、聚酯，霞石还特别用于聚酯微波用制品、踩踏多的乙烯地板和建筑物外观。

作橡胶填料时，霞石正长岩性质类似硅砂，但比硅砂白，且价廉。霞石正长岩广泛用于生产硅酮橡胶汽车配件、氯丁橡胶衬垫和PVA黏合剂。霞石正长岩莫氏硬度为5.5～6.0，且有角形，所以有时作为中等硬度磨料应用。

（4）生产氧化铝。霞石中含有20%左右的氧化铝，可以用作生产氧化铝的原料。霞石矿中的Al_2O_3含量虽低，但其中含有K和Na等有用组分，可以综合回收利用，在生产氧化铝的同时，可以得到其他产品。如采用石灰烧结法处理霞石，能制取高质量产品——氧化铝、煅烧苏打、碳酸钾、镓和水泥。近几十年来的生产经验证明该工艺是可行的。在这一生产过程中，衡量霞石矿质量的主要指标是其中Al_2O_3和有害杂质SiO_2与Fe_2O_3的含量。SiO_2与Fe_2O_3含量高对生产氧化铝不利，往往需要采用选矿工艺，从霞石矿中分离这些杂质。俄罗斯已大量利用其丰富的霞石资源于氧化铝工业。

（5）其他用途。霞石正长岩还可用作电焊条原料，也可用于矿棉生产，不过质量虽然好但价格不如高炉渣便宜。冶金中霞石正长岩用作保护渣原料有良好的性能及前景。

8.1.5 霞石资源开发利用现状及发展趋势

世界主要霞石生产国为俄罗斯、加拿大、挪威、法国和中国。俄罗斯年产霞石5～6Mt，所开采的绝大部分霞石经过综合利用处理，生产氧化铝和其他产品。加拿大霞石产地主要在安大略省，年产量约1.3Mt，70%用于矿棉生产，产品还大量销往欧洲等地。挪威的霞石年产量达0.6Mt左右，所生产的霞石正长岩85%以上用于玻璃和陶瓷工业。美国用霞石主要生产建筑材料和尾面拉料。

目前，中国已开发利用的霞石矿有四川南江、河南安阳以及云南个旧等地。四川南江霞石矿由南江非金属矿产公司开采，生产50kt/a的粉状产品，成分为Al_2O_3 28%～34%，K_2O 4%～6%，Na_2O 12%～15%，Fe_2O_3 0.15%～0.5%，产品部分出口。南江霞石矿选厂设计规模为15kt/a精矿，由于该矿质量高，市场年需求量在50kt以上。河南安阳霞石正长岩也已得到了开发，年产量达 0.1Mt 左右。

8.2　粉煤灰

8.2.1　粉煤灰概述

粉煤灰主要来自燃煤锅炉燃烧后排出的废渣。1t 煤燃烧，大约排放 250kg 粉煤灰。1992 年全世界排放了 460Mt 粉煤灰，目前每年粉煤灰总排放量已达 800Mt，且以较快速度递增。中国、俄罗斯、美国、印度和德国是世界上煤消耗量最多的国家，也是粉煤灰排放量最多的国家。

中国有较丰富的煤炭资源，近期电力工业的发展仍然主要以燃煤的火力发电为主。由于燃煤机组的不断增加，电厂规模的不断扩大，导致了粉煤灰排放量逐年剧增，按目前的煤种计算，每增加 10MW 装机容量年约增加近万吨粉煤灰的排放量。中国已成为世界上粉煤灰排放量最大的国家。1985 年中国火电厂排灰渣总量为 37.68Mt，到 1995 年增加到 134Mt，2000 年中国粉煤灰的排放量达到 160Mt，2005 年后中国粉煤灰年排放量已超过 200Mt。近年来中国粉煤灰排放量及利用率见表 8-5。

表 8-5　近年来中国粉煤灰排放量及利用率

年　份	排放量/Mt	利用量/Mt	利用率/%
1995	100	41.45	41.45
2000	160	70	43.75
2005	200	130	65.0
2006	300	200	66.0
2007	300	200	66.0
累计排放总量	>2500		<30

目前，世界各国十分重视粉煤灰的综合利用，荷兰、丹麦、日本等国对燃煤企业的环境保护制定了严格的标准和制度。这些国家虽然粉煤灰产出量不算多，但特别重视粉煤灰的综合利用，其粉煤灰的利用率都超过了 80%。英国、德国和法国等发达国家粉煤灰的利用率也达到了 50% 左右（见表 8-6）。近年来，中国粉煤灰的综合利用也取得了重要进展。20 世纪 90 年代初，中国粉煤灰的利用率徘徊在 25% 左右，到 2000 年提高到了 43.75%，达到了较高的综合利用水平，见表 8-5。

表 8-6　世界一些国家粉煤灰排放量、利用量及利用率

序　号	国　名	排放量/Mt	利用量/Mt	利用率/%	备　注
1	前苏联	120.00	15.00	13.0	1990 年数据
2	美　国	73.44	21.13	28.8	1994 年数据
3	印　度	40.00	6.75	17.0	1991 年数据
4	德　国	31.37	17.87	57.0	1989 年数据
5	波　兰	29.50	4.50	15.0	1989 年数据
6	捷　克	18.10	1.40	8.0	1989 年数据

序　号	国　名	排放量/Mt	利用量/Mt	利用率/%	备　注
7	英　国	12.54	6.12	49.0	1989 年数据
8	澳大利亚	7.90	0.80	10.0	1990 年数据
9	日　本	7.60	6.135	80.7	1999 年数据
10	加拿大	4.38	1.29	29.0	1989 年数据
11	法　国	2.71	1.55	57.0	1989 年数据
12	丹　麦	0.98	0.88	90.0	1990 年数据
13	荷　兰	0.90	0.94	>100	1991 年数据

从表 8-5 和表 8-6 可以看出，中国粉煤灰利用率逐步增长，但与日本、北欧等发达国家相比，仍有差距。大量未被利用的粉煤灰不仅占用宝贵的土地资源，而且其中的有害成分通过挥发、渗漏和扬尘，对大气和水体环境产生严重污染。因此，粉煤灰的综合利用是电力工业可持续发展需要研究解决的重要而紧迫的课题。

8.2.2　粉煤灰的一般特征

粉煤灰是固体物质的细分散相，颜色呈灰白色至黑色。粉煤灰颗粒大多为空心微珠，有的呈蜂窝状粒子。粉煤灰粒度较细，大多集中在 $10 \sim 1000 \mu m$。

粉煤灰是一种人工火山质材料，即一种硅质或铝质材料，其自身仅具有微弱的胶凝值或不具有胶凝值，但当有水存在时，粉煤灰能在常温下与氢氧化钙反应形成具有胶凝性的化合物。

粉煤灰是一种具有高分散度的白色或灰色粉状物料，其性能具有较大的波动性，不仅与煤种和煤源有关，同时也取决于锅炉的类型、运行条件、收尘及排灰方式。

粉煤灰为含 SiO_2、Al_2O_3、碳、铁、钙和镁的化合物，其中硅、铝氧化物含量占 70% 以上；主要矿物为未燃尽碳质、玻璃微珠、石英、莫来石、石膏、磁铁矿以及赤铁矿等。

中国目前对粉煤灰的分类尚无公认的分类方法，只是笼统地用粉煤灰中氧化钙的高低对粉煤灰进行分类。具体区分如下：

（1）氧化钙含量大于 20% 的称为高钙粉煤灰。

（2）氧化钙含量在 10% ~19.9% 的粉煤灰称为中钙粉煤灰。

（3）氧化钙含量小于 10% 的粉煤灰称为低钙粉煤灰。

粉煤灰的化学成分决定于燃煤的品种和煤源。燃料煤由有机物及无机物共同组成。有机物可分为挥发分及固定碳两种，主要成分为碳、氢及氧。无机物的主要组成为高岭石、方解石及黄铁矿。无机物经燃烧后成为灰渣，其主要成分为硅、铝、铁的氧化物以及一定量的钙、镁、硫氧化物。

中国在 20 世纪 80 年代统计的低钙粉煤灰的化学组成列于表 8-7。

表 8-7　中国低钙粉煤灰的化学组成　　　　　　　　　　　　（%）

成　分	SiO_2	Al_2O_3	Fe_2O_3	CaO	MgO	SO_3	Na_2O	K_2O	烧失量
平均值	50.6	27.2	7.0	2.8	1.2	0.3	0.5	1.3	8.2
波动范围	30~60	15~42	1~15	1~4	0.7~1.9	0~1.1	0.2~1.1	0.7~2.9	1~24

由表8-7可见，中国低钙粉煤灰的主要成分为氧化硅、氧化铝及氧化铁，其总量约占粉煤灰的85%。氧化钙含量普遍较低，基本上都无自硬性；氧化硫及氧化镁的含量也较低。烧失量的波动范围较大，平均值也偏高，这可能与统计时中国锅炉容量总体上偏小且燃烧不太完全有关。中国有些地区粉煤灰的氧化铝含量较高，例如内蒙古西部和山西北部出产燃煤生成的粉煤灰，Al_2O_3含量超过40%，非常有利于进行综合利用生产氧化铝。

中国几家典型的电厂粉煤灰的化学成分见表8-8。

表8-8 中国几家典型的电厂粉煤灰化学成分范围 （%）

电厂名称	SiO_2	Al_2O_3	Fe_2O_3	CaO	MgO	SO_3
淮 南	59~52	30~38	5~12	3~6	<1	<1
唐 山	40~45	35~40	4~5	3~5	1~2	7~8
兰 州	50~52	23~25	5~10	5~7	3~4	3~4
郑 州	50~55	22~25	9~11	6~8	2~3	2~3
重 庆	35~40	20~24	15~17	4~5	1~2	17~18

中国粉煤灰的物理性能见表8-9。

表8-9 中国粉煤灰的物理性能

项 目	密度 /g·cm^{-3}	堆积密度 /kg·m^{-3}	密实度 /%	筛余量/%		比表面积/m^2·g^{-1}		原灰标准稠度/%	需水量比 /%	28d 抗压强度比
				80μm	45μm	氮吸附法	透气法			
范 围	1.9~2.9	531~1261	25.6~47.0	0.6~77.8	13.4~97.3	0.8~19.5	0.118~0.6530	27.3~66.7	89~130	37~85
均 值	2.1	780	36.5	22.2	59.8	3.4	0.3300	48.0	106	66

由表8-9可见，中国粉煤灰的物理性能波动极大。以45μm的筛余量为例，有的粉煤灰已经接近英国的结构混凝土用粉煤灰标准BS3892，达到小于12.5%，而很差的粉煤灰几乎全部留在45μm筛上。需水量比的波动值也较大，好的粉煤灰达到《用于水泥和混凝土中的粉煤灰》（GB 1596—1991）中Ⅰ级灰的标准，有显著的减水效果，而较差的粉煤灰比基准试件高出30%。相应地，不同成分和性质的粉煤灰的抗压强度的波动也较大。

8.2.3 粉煤灰的矿物组成

煤粉在锅炉中燃烧时，其无机矿物经历了分解、烧结、熔融及冷却等过程。粉煤灰中的物相基本上可分成玻璃体及晶体矿物两大类。粉煤灰从锅炉排出时，如冷却速度较快，则粉煤灰中的玻璃体含量较大；相反，冷却速度较慢时，玻璃体容易析晶，形成晶体。玻璃体是粉煤灰中的主要物质，一般含量为50%~80%。玻璃体在高温煅烧中储存了较高的化学内能，是粉煤灰活性的来源。

如图8-2所示，粉煤灰中的主要结晶矿物相为石英、莫来石、石膏、磁铁矿以及赤铁矿，此外还可能含有方解石、硅酸二钙和铝硅酸钙等矿物。莫来石是在煤粉燃烧过程中生成的，在粉煤灰中的含量一般在3%~12%之间，含量变化与煤种有关，一般烟煤灰的莫来石的含量高于次烟煤，次烟煤又多于褐煤；同时也与煤粉中的氧化铝含量以及锅炉燃烧温度有关。粉煤灰的 X 射线衍射（XRD）图谱在 22°~35°的区域都出现比较宽大平坦的衍射峰，这标志着粉煤灰中的玻璃体的存在。

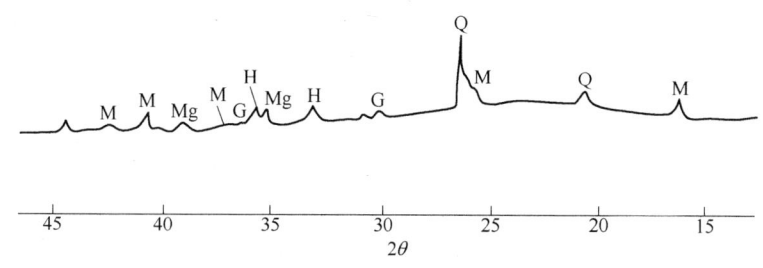

图 8-2　粉煤灰的 X 射线衍射曲线

G—石膏；H—赤铁矿；M—莫来石；Mg—磁铁矿；Q—石英

粉煤灰中的玻璃体能在常温下与石灰或水泥水化时析出的氢氧化钙发生火山灰反应。此反应产物具有一定的胶凝性，并产生一定的力学性能。晶体矿物在常温下一般不参与水化反应。

各地粉煤灰的矿物组成波动范围较大，但仍可看出，玻璃体在其组成中占重要地位。与美国及英国的一般粉煤灰相比，中国粉煤灰的玻璃体含量较低，其原因除锅炉容量较小外，燃烧温度较低也是个重要因素。

8.2.4　世界各国粉煤灰综合利用动态

早在 1914 年，美国人 Anon 发表了《煤灰火山灰特性的研究》，他首先发现粉煤灰中的氧化物具有火山灰的物性。1933 年后美国伯克利加州理工学院的戴维斯（R. E. Davis）比较系统地进行了粉煤灰在混凝土中应用的研究工作。从发现粉煤灰具有火山灰特性，到进行粉煤灰混凝土的应用研究，至今又已经过了大半个世纪，科学研究和技术开发经历了一个相当漫长的技术发展过程。

在 20 世纪 70 年代世界石油危机之后，粉煤灰的综合利用引起了更多人的重视和关注。在当今世界范围内，把粉煤灰看做是一种重要资源的认识，已经被更多的人接受和理解。粉煤灰在土木工程建设和建材等工业产品中相当广泛地得到了工业规模应用。在某些方面，粉煤灰已不再是简单地作为一种代用材料而得到应用。锅炉燃烧技术的进步和环境保护的严格要求，促进了收尘设备的发展，使收集到的粉煤灰的质量得到了提高，甚至还使其具有一些特殊的性能，例如在混凝土中应用粉煤灰可提高可泵性。

20 世纪 50 年代，波兰人发明了用粉煤灰生产氧化铝的 Grzymek 法，曾在波兰一个水泥厂中建设过一个年产 6000t 氧化铝的生产线，所产生的残渣又用于水泥生产。随着粉煤灰利用技术得到开发和提高，粉煤灰的利用数量有了较快的增长。许多国家从粉煤灰的形成、收集到输送、加工、出售都有一整套方法和设施，将粉煤灰分门别类，按性能、等级、质量在各个领域进行产业化应用。如英国发电企业直接为用户提供各种规格的灰渣；美国则把粉煤灰列为矿物资源的第七位，排在矿渣、石灰与石膏之前。但是各个国家的粉煤灰的利用量和利用率水平很不平衡。由于世界各国技术和经济的条件不同，粉煤灰的利用状况千差万别，并各具特色，在统计口径和方法上也不尽相同。图 8-3 表示了世界上几

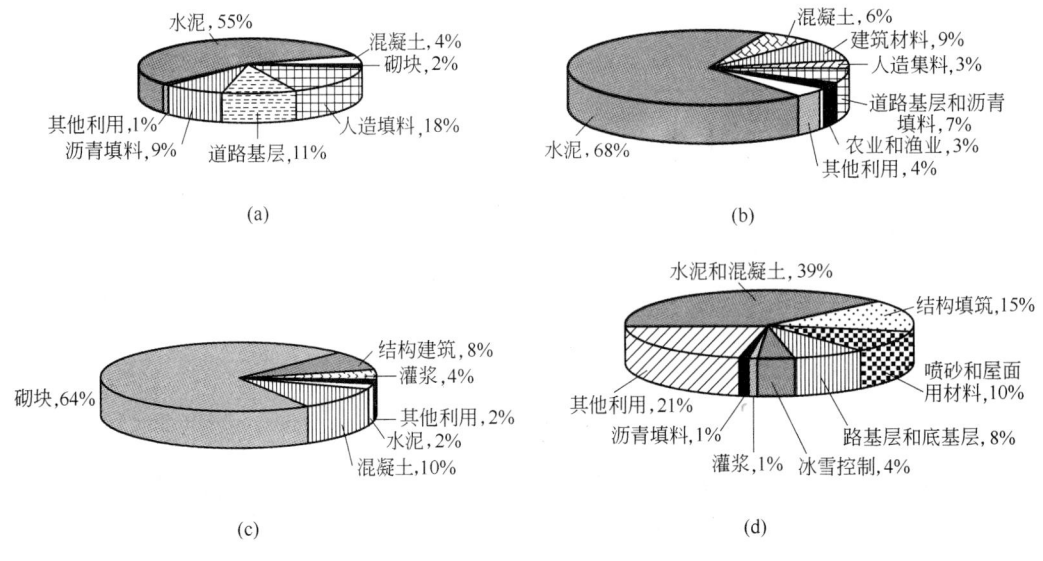

图 8-3　世界几个发达国家的粉煤灰利用途径

（a）荷兰；（b）日本；（c）英国；（d）美国

个利用率较高的发达国家粉煤灰应用的若干途径。

8.2.5　中国粉煤灰综合利用技术简述

中国长期以来十分重视粉煤灰综合利用，粉煤灰综合利用技术得到了不断提高。粉煤灰的各种技术开发和应用项目不下百种，几乎包括了世界各国所有涉及的各种利用技术。

1991 年国家计委办公厅印发了《中国粉煤灰综合利用技术政策及其实施要点》，其中指出："粉煤灰综合利用技术政策总的原则是：认真贯彻'突出重点，因地制宜'和'巩固、完善、推广、提高'的方针，把大批量用灰技术作为重点，把提高粉煤灰综合利用经济效益、社会效益有机地结合作为主攻方向；巩固已有的技术成果，逐步完善比较成熟的利用技术，大力推广成熟的粉煤灰综合利用技术，积极采用国际先进技术和装备，不断提高中国的粉煤灰利用技术水平，赶上和超过国际先进水平"。

近年来，国家大力推动循环经济和资源的综合利用，粉煤灰的利用技术得到了深入研究，开发出了几项从粉煤灰提取氧化铝的技术。一大批粉煤灰综合利用研究成果得到了推广应用，大大提高了中国粉煤灰的利用率。

目前，中国已在建材、建筑工程、交通设施以及农业等各个领域进行大规模粉煤灰的综合利用，并逐步扩展到轻工、化工、冶金和煤炭等领域。

粉煤灰在中国工业领域的应用主要有以下 10 个方面：

（1）应用于水泥工业，粉煤灰可代替黏土材料，或作为水泥混合料，还可以生产特种水泥；

（2）应用作为混凝土掺和料；

（3）用于生产人造骨料，如粉煤灰陶粒和防火纤维棉等材料；

（4）用于生产粉煤灰砖，粉煤灰掺入量可达 80% ~ 90%；

（5）生产其他建材产品，如微晶玻璃、矿物棉和沥青填充料等；

（6）用于筑路，作为道路的承重层或筑路掺和材料；

（7）作为工程的回填料，可以回填矿区的塌陷区或用作灌浆材料；

（8）分选空心微珠，用作填充料、轻质耐火材料和耐磨材料等；

（9）用于提取工业原料，如氧化铝、氧化铁和稀有金属；

（10）用于制造吸附和过滤等功能性材料。

此外，粉煤灰在农业领域的应用也已经十分广泛，如用于改良土壤、提高土壤的物理性状，增强透水性和透气性；也可以用作农药和化肥的载体，提高其作用性能等。

随着粉煤灰综合利用技术的发展，粉煤灰的应用领域还在不断扩大。

目前，利用粉煤灰生产粉煤灰砖和水泥等各种建筑材料，已成为粉煤灰产业化利用的主流。中国铝业公司山西铝厂宏泰公司于 2006 年建成 5000 万块粉煤灰蒸压砖生产线，以粉煤灰、炉渣和石灰石为原料。每生产 1 亿块粉煤灰砖可耗用粉煤灰 200kt，节约大量占用的土地面积。2007 年扩建到 1 亿块，并于 2009 年形成 3 亿块的能力。此外，该厂还生产出粉煤灰新型墙体材料。

中国内蒙古中西部和山西北部地区蕴藏丰富的动力煤所产生的粉煤灰中氧化铝含量高达 40% ~ 50%。综合利用这类高铝粉煤灰资源，开发出高效低耗生产氧化铝的技术，弥补中国铝土矿资源的不足，已成为重要的研究方向。

表 8-10 为国内外粉煤灰利用项目对照表。

表 8-10　国内外粉煤灰利用项目对照

国　　外	国　　内
建材及制品	
1. 水泥原料	1. 水泥原料
2. 水泥混合材	2. 水泥混合材
3. 建筑砌块	3. 无熟料水泥
4. 加气混凝土制品	4. 硅酸盐密实砌块、空心砌块
5. 烧制陶粒	5. 硅酸盐墙板
6. 蒸养法陶粒	6. 加气混凝土制品
（荷兰研究成果，有别于陶粒）	7. 烧结粉煤灰砖
7. 陶瓷及陶瓷混凝土	8. 烧制陶粒
	9. 蒸养法陶粒
	10. 蒸压粉煤灰砖，蒸养粉煤灰砖
	11. 岩棉
	12. 硅钙板
	13. 免烧砖
工程建设	
1. 混凝土、砂浆中使用	1. 混凝土、砂浆中使用
2. 道路、建筑填方	2. 双灰粉
3. 道路稳定层	3. 磨细粉煤灰

国　　外	国　　内
4. 填充地下空穴	4. 用于路堤、路面基层、路面
5. 灌浆	5. 用作回填土
6. 特殊性能砂浆	6. 用于矿井回填
	7. 用于筑坝
	8. 灌浆
	9. 分选粉煤灰
农业（种植）养殖	
1. 用于改土	1. 改良土壤
2. 用于化肥载体	2. 农肥
3. 人工海礁	3. 农药载体
其他	
1. 提取矿物，包括	1. 提取矿物，包括
氧化铝、氧化硅、磁铁矿、赤铁矿、镓、钒、漂珠（硅矿物在高温下形成的球状玻璃体）	漂珠、氧化铝、氧化锗、铁
2. 漂珠用于复合材料	2. 微珠作塑料、橡胶填充剂
3. 漂珠用作塑料填充剂	3. 漂珠轻质耐火砖
4. 漂（微）珠用作研磨剂	4. 涂料填充剂
5. 涂料填充剂	5. 保温集渣剂
6. 喷砂材料	6. 工业和生活污水处理
7. 用于稳定其他工业废渣、废液	

8.3　明矾石

8.3.1　明矾石概述

明矾石是一种天然产出的铝、钾和钠的硫酸盐矿物，但在自然界中不存在纯的明矾石。明矾石是含 OH^- 的复杂硫酸盐，化学式为 $(K,Na)_2SO_4 \cdot Al_2(SO_4)_3 \cdot 4Al(OH)_3$。钾含量高的明矾石通常称为钾明矾石，纯的钾明矾石的分子式为 $KAl_3(SO_4)_2(OH)_6$，其理论含量为：K_2O 11.37%，Al_2O_3 36.92%，SO_3 38.66%，H_2O 13.05%。若钠以类质同相置换钾，即 Na^+ 取代部分 K^+，形成钠含量高的明矾石，则称为钠明矾石。自然界大多数明矾石的 K:Na 大于 9:1。天然钠明矾石中的 K:Na 也很少，小于 3:7。自然产出较为多见的明矾石是由两种成分混合而成的钾钠明矾石。明矾石中有时也有少量 Fe^{3+} 代替 Al^{3+}。富含吸附水的胶状明矾石称为黄钾明矾，通常含有稀土元素。

明矾石在火山岩，例如流纹岩、粗面岩和安山岩内呈囊状体或薄层产出，它是由于这些岩石与逸出的含硫蒸气进行化学反应形成的。明矾石为中酸性火山喷出岩经过低温热液作用生成的蚀变产物。

国外大的明矾石矿的主要产地位于乌克兰的别列戈沃（Beregovo）附近、西班牙的阿尔梅利亚（Almeria）、澳大利亚新南威尔士的布拉德拉（Bullah Delah）以及俄罗斯的查格里克和美国犹他州。明矾石在中国浙江苍南、安徽庐山和福建福鼎的白垩系火山岩中都有大量产出。

明矾石在第一次世界大战时曾作为提取钾的原料。前苏联从第二次世界大战期间开始用明矾石作为生产氧化铝的原料。在欧洲，从 15 世纪以来就曾开采明矾石矿以提取钾明矾。目前，明矾石是提取明矾和硫酸铝，综合生产钾肥、氧化铝和硫酸的矿物原料，具有多元素综合利用价值。

8.3.2 明矾石的一般特征和矿物组成

明矾石一般为块状或土状，它的晶体不明显，是隐晶矿物。如果纯净，应为白色；但含有杂质后则呈浅灰、浅红、浅黄或红褐色，玻璃光泽。

明矾石属三方晶系，常呈细小菱面体或厚板状。集合体为致密块状、细粒状、土状或纤维状。莫氏硬度为 3.5 ~ 4，密度为 2.6 ~ 2.9g/cm³。解理中等，断口多片状至贝壳状。

明矾石的化学性质是不溶于冷水及盐酸，稍溶于硫酸，完全溶于强碱氢氧化钠溶液中；具强烈的热电效应。明矾石经煅烧脱水活化后，具有很高的溶解性，并具有与水泥水化物进行反应的能力，能迅速地与石膏相互作用，生成钙矾石。

明矾石矿中的矿物除明矾石外，还含有大量的石英、高岭石和叶蜡石，并存在少量的氧化铁、TiO_2、P_2O_5、V_2O_5、Ga_2O_3 以及其他微量元素杂质。明矾石矿中的明矾石含量称为矾化率，矾化率达到 50% ~ 60% 的明矾石矿就可以认为是高品位明矾石矿。

国内外典型的明矾石矿的主要化学成分见表 8-11。

表 8-11　国内外典型的明矾石矿的主要化学成分 （%）

国家及矿名	化 学 成 分							
	Al_2O_3	SO_3	K_2O	Na_2O	H_2O	SiO_2	Fe_2O_3	其他
美国犹他州 NG 矿	14.40	15.13	3.65	—	—	约 50	—	10.00
俄罗斯查格里克矿	21.00	22.00	3.00	2.00	7.00	39.00	4.00	2.00
浙江平阳山	18.70	19.30	4.94	0.26	6.48	42.00	3.62	4.90

8.3.3 中国明矾石矿资源分布概况

中国明矾石矿资源丰富，储量仅次于美国和俄罗斯，居世界第三位。已查明的明矾石矿储量达 300Mt 以上。全国已知明矾石矿床（点）有 100 多处，其中矿床 28 处，已探明的大型明矾石矿床 6 处。

中国明矾石主要产于浙江省和安徽省，分别占全国探明矿石储量的 53% 和 41%，明矾石含量大于 45% 的富矿几乎全部集中于这两省。浙江省的明矾石矿主要分布在苍南、平阳和瑞安三县市。另外，在福建、江苏、山东、台湾、四川和新疆等省（区）也发现有明矾石矿床或矿点。

中国明矾石矿矿床多产于滨太平洋造山活化构造带中，属陆相火山岩系中的"热水沉积"矿床，可划分为中低温型及高中温型两种类型。残余岩浆水与大气水混合的热水交代火山岩是重要的成矿机制。火山机构和断裂构造是成矿物质的通道，又是成矿的空间。成矿时代主要是在中生代，特别是中生代晚侏罗纪至早白垩纪。

中国明矾石矿矿床类型主要有：火山-沉积岩系指导明矾石矿床和中酸性火山岩指导明矾石矿床。这两类矿床的储量占全国总量的 90%。此外，中国还存在残坡积型明矾石矿床（主要产于福建）、淋滤型明矾石矿床（产于新疆）以及煤系地层中的明矾石矿床。东南沿海及宁芜-庐枞地区为明矾石的找矿远景区。

8.3.4　中国主要的明矾石矿床

8.3.4.1　浙江苍南矾山中低温型明矾石矿床

苍南矾山明矾石矿床是中国最大的明矾矿床之一，也是中国唯一的钾明矾石矿产地。矿区主要处在矾山镇矾山盆地西部及北部，矿区勘查面积约 48km²。盆地中广泛分布有中生代中酸性火山岩和火山凝灰岩地层。含矿层位于白垩系下统朝川组一段，由火山凝灰岩和沉积岩以及少量火山岩组成，厚约 1180m。岩性为紫灰色和灰-灰黑色块状凝灰质粉砂岩、砂岩、含砾砂岩、砾岩，间夹砖红色和黄褐色凝灰质泥岩、含铁砂岩以及安山岩。与下伏侏罗系上统磨石山组二段流纹质晶屑熔结凝灰岩呈超覆不整合接触，而与上覆朝川组二段流纹斑岩呈侵入接触关系。矿区内火山-沉积岩系大致呈弧形排列，显示出古火山机构的特征，明矾石矿体呈弧形分布。

该明矾石矿带呈半弧形断续延伸长达 10km。矿体层数多，产状平缓，产出稳定。矿体可分上、下两矿带，各含 3 个矿层，共 6 层矿。上矿带规模大，品位高，单矿层厚 2.14 ~ 18.19m，最厚 32.20m，可分钾明矾石和钠明矾石，以钾明矾石为主。矿区划分上、下两个含矿层位，各赋有 3 个矿体。矿体呈似层状，局部为透镜状和扁豆状。

苍南矾山明矾石矿石呈灰色至灰黑色，次为灰白色和紫灰色，一般保存有原岩的结构和构造特征。按矿石矿物粒度和结构可分为三种矿石类型，即细粒状、粗粒状和砾状矿石。各层矿体平均含量为：SO₃ 16.41%，Al₂O₃ 18.81%，K₂O 4.07%，烧失量为 21.85%。

苍南矾山明矾石矿以钾明矾石为主，约占总储量的 84%。上矿带中分布的钾明矾石量较高，可达 90%。钠明矾石在下矿带中的含量较高，约占总储量的 20% ~ 25%。明矾石晶体为片状、片柱状，多呈鳞片状排列，晶体细小，粒径为 0.015 ~ 0.02mm 或更小。晶体多为他形、半自形，呈鳞片状排列；晶体大小多在 0.015 ~ 0.02mm 之间。矿石结构可分为砾状、粗粒状和细粒状结构。伴生有钡、锶、锆、镓等有用元素，含量分别为 0.05% ~ 0.2%、0.04% ~ 0.06%、0.01% ~ 0.08%、0.001% ~ 0.05%。

苍南矾山明矾石矿中，与明矾石共生的主要矿物有石英、叶蜡石、绢云母、高岭石和赤铁矿，次要矿物有玉髓和磁铁矿等。该矿中常见长石被明矾石交代，明矾石呈长石的板状晶体假象。该矿含镓达 0.001% ~ 0.05%，具有综合利用价值。苍南矾山明矾石矿区围岩蚀变强烈，常见有次生石英岩化、明矾石化、绢云母化、叶蜡石化、高岭石化，还偶见黄铁矿化。

8.3.4.2　浙江瑞安仙岩高中温型明矾石-黄铁矿矿床

浙江瑞安仙岩明矾石矿床位于浙江瑞安县北东仙岩村北。矿区内广泛发育晚侏罗世至白垩纪酸性火山岩和火山凝灰岩,含矿围岩为磨石组 C 段酸性火山岩。

浙江瑞安仙岩明矾石矿床分两个矿体,Ⅰ矿体地表出露于狮子山南坡,赋存在蚀变凝灰岩和熔结凝灰岩中。Ⅱ矿体为盲矿体,赋存在晶屑玻屑凝灰岩中。黄铁矿矿体一般赋存在Ⅰ、Ⅱ号矿体之间的压碎次生石英岩和含角砾凝灰岩或晶屑凝灰岩中。明矾石矿体控制长度约800m,矿体呈似层状和不规则透镜状,走向北西、倾向北东。Ⅰ号矿体一般厚40~110m,东厚西薄,最厚达200m,品位平均为:SO_3 13.87%~19.96%,Al_2O_3 14.73%,K_2O 2.39%,Na_2O 0.92%,SiO_2 43%~60%。Ⅱ号矿体一般厚10~80m,西厚东薄,向东逐渐变为黄铁矿化岩石或被黄铁矿所取代。

该明矾石矿的矿石类型分明矾石矿石和黄铁矿明矾石矿石两类,前者明矾石含量为30%~35%,后者明矾石含量为20%~35%。矿石呈浅灰、乳黄和肉红等色,具纤维鳞片结构,致密块状和角砾状构造。

该矿中的明矾石矿物以钾明矾石为主,结晶细小,颗粒大小为0.015mm×0.06mm~0.02mm×0.04mm,均匀分布在岩石中。

该明矾石矿的品位以中贫矿为主,矿物组成为:明矾石30%~50%、石英40%~60%,其他矿物有黄铁矿、高岭石、叶蜡石、一水硬铝石、地开石、硬石膏和闪锌矿等。

当黄铁矿富集时,可形成黄铁矿矿体,呈似层状和透镜状产出,产状平缓,延伸长200m。黄铁矿体常呈多层出现,厚度变化大,一般单层厚3~10m,最厚43m,最薄仅0.5m。该处形成的黄铁矿已具有工业开采价值。另外,次生石英岩中的金红石也可综合利用。该矿明矾石矿体和黄铁矿矿体的围岩普遍石英岩化,次生石英岩一般形成顶盖。

8.3.4.3 安徽明矾石矿

安徽省的明矾石矿主要分布在郯-庐断裂带与信-庐断裂带交汇的庐江地区。安徽庐江县有着丰富的明矾石资源,明矾石的开发利用已有良好的基础。庐江明矾石矿床有大、小矾山,共有明矾石矿12个(其中大中型5个),矿体长可达930m,平均厚30m,深350m。庐江明矾石矿分布于中生代晚侏罗世至早白垩世的火山岩及次火山岩内,其围岩岩性有安山岩、粗面岩和火山凝灰岩等;岩石普遍遭受不同程度的明矾石化,热液蚀变强烈。已探明保有资源量含明矾57.7718Mt,占安徽省保有资源量的72.6%。庐江明矾石矿的开采历史悠久且潜力储量较大。矿体埋藏浅,易开采。

安徽安庆市枞阳县明矾石矿主要分布于会宫乡笔家山和摇尾山两个矿区。矿区离县城18km,两矿区一南一北,相距1km,属同一地质构造单元。枞阳县明矾石矿共分10个矿体,均呈透镜状,矿体长100~300m,宽3~28m,延深均50m左右,明矾石含量为35.54%~40.73%,平均为38.49%。

8.3.4.4 福州南峪明矾石矿床

福建南峪明矾石矿位于福州市西南18km的南峪镇。316国道贯穿全区,有公路和水路与福州市各主要车站和港口连接,交通方便。

福建南峪明矾石矿区位于福州平原西南侧低山丘陵地带,大部分矿体直接暴露于南峪虎秀山西坡。虎秀山呈低缓猪背山丘突出于河谷平原之上,相对高差为165m,矿体埋藏浅,大部分可供露天开采。

该矿区出露地层均为上侏罗统南园组第三段下亚段,岩性为安山岩和英安质凝灰岩等。矿山区为一残存的火山机体,由安石玢岩、碎斑状安石玢岩、安山质角砾熔岩等组成火山通道。明矾石矿体赋存在通道浅部,为次火山热液蚀变的产物。全区共有大小矿体(矿体群)19个,多数成群出现,单个出现的矿体只有6个。矿石结构主要有变余凝灰结构、变余斑状结构和显微粒状变晶结构。矿石构造以斑点状和微脉状为主,以条带状、团块状、块状和角砾状为次。矿石的主要矿物由明矾石和次生石英组成,含少量的高岭石、红柱石、黄铁矿、镜铁矿、赤铁矿、褐铁矿以及微量刚玉、水铝石、金红石、钛铁矿、绢云母等。矿体主要分布于矿区中段虎秀山西坡,共探明地质储量15Mt。其中一号矿体储量最大,达6.25Mt,矿体分布相对集中,品位高且稳定,其化学成分分析结果见表8-12。

表8-12　福州南屿明矾石矿化学成分

品 级	SiO$_2$ 含量/%	Al$_2$O$_3$ 含量/%	Fe$_2$O$_3$ 含量/%	CaO 含量/%	K$_2$O 含量/%	Na$_2$O 含量/%	SO$_3$ 含量/%	K$_2$O/Na$_2$O 含量/%	所占比例 /%
一级品	43.32	20.00	1.21	0.60	3.08	1.24	19.00	2.5	10
二级品	44.96	18.20	5.30	0.24	3.30	1.17	17.19	2.8	19
三级品	52.10	15.06	6.07	0.36	2.22	1.03	14.16	2.2	71

8.3.4.5　福建永春县溪园明矾石矿床

福建永春县溪园明矾石矿区位于永春县城南西方位240°、直距约12km处。矿区地处戴云山脉东麓前沿,东临永春盆地,为沉降带和隆起带过渡区,强烈的断块差异活动及岩性的不同,形成了山岭纵横交错、悬崖峭壁的山地和浑圆的丘陵相辉映的格局。区内发育中生界侏罗系上统南园组第三、第四段火山岩系。南园组第三段第二层底部火山凝灰岩为明矾石含矿层。南园组第三段第二层分布于第一层内侧,覆盖在第一层英安质晶屑凝灰岩和熔岩之上,岩性主要为流纹质晶屑凝灰岩,夹有熔结凝灰岩、玻屑凝灰岩,底部夹有火山角砾岩。

福建永春县溪园明矾石矿多呈北东-北北东向展布;具有明显的成带分布的特点,并构成大致平行的矿脉。该矿区形成于晚侏罗世至早白垩世火山喷发旋回中,晚侏罗世(燕山早期)是该区明矾石的主要成矿期。

该区明矾石矿主要产于中酸性-偏碱性火山岩中,形成似层状和不规则透镜体状的工业矿体。矿床围岩蚀变普遍发育。次生石英岩化为矿区最普遍、最强烈的蚀变类型。矿区中心火山岩中都具不同程度的明矾石化,而在F1、F2断层南东侧的流纹质、英安质晶屑凝灰岩中最为发育,并形成工业矿体,明矾石为自形-半自形晶体,显微晶状,粒径为0.025~0.05mm,与次生石英共生。

该明矾石矿的化学成分属铝过饱和岩浆系列,平均含SO$_3$ 2.52%~27.45%,Al$_2$O$_3$ 9.65%~27.78%,K$_2$O 1.2%~4.46%,Na$_2$O 0.65%~1.96%。

8.3.5　明矾石的资源利用现状

明矾石是提取明矾和硫酸铝,综合生产钾肥、氧化铝和硫酸的矿物原料。以明矾石作原料可生产 40 余种产品，广泛应用于农、牧、渔、轻化、冶金和建材工业部门。

明矾石的深度加工方法可分为原矿加工和焙烧矿加工两大类。前者是在一定条件下，用碱、氨、酸对原矿浸取；后者是将矿石经焙烧脱去结晶水后再加工。按脱水熟料所用的浸取试剂不同又可分为：碱法（纯碱法、氨碱法、还原法），酸法（硫酸法、盐酸法、亚硫酸法），酸碱联合法（硫酸铵法、氨酸法、UG 法），氯化物法和其他方法（如水浸法）。

明矾石经过不同的工艺路线，除明矾以外还可以获得的多种产品，例如工业钾盐、钾氮肥、钾氮混肥、硫酸、单质硫、铝盐、催化剂载体等。综合利用明矾石矿所生产的一次产品氢氧化铝，是生产铝系精细化工产品的优质原料，国内已经生产的产品有牙膏摩擦剂、阻燃剂、干燥剂、吸附剂、除氟剂、催化剂以及载体等。这些产品在化工、石油、轻工、机械、电子、医药等工业及科研部门均获得了日益广泛的应用。在这些铝系精细化工产品中，氧化铝除氟剂是除去饮用水中过量氟的高效净水剂。氧化铝干燥剂是优良的新型吸附剂，用于空分设备；有一种用于深度干燥，如空分、仪表、炼油装置，其干燥深度可达 2×10^{-4} %，随着在石油化工及制氧行业的广泛应用，其用量已不断增加。氢氧化铝主要用于高、中档牙膏，尤其是药物牙膏的优质摩擦剂。氢氧化铝还是一种主要的添加型无机阻燃剂，广泛用于热固性聚酯、氨基甲酸乙脂、环氧树脂、PVC、硅酮树脂、聚氨基甲酸乙酯、泡沫、橡胶、建材等方面；此外还作为油漆和造纸等的填料。利用氢氧化铝研制的 α、γ、η 等氧化铝催化剂及催化剂载体目前已有近 20 种，已在石化、炼油、化肥等行业使用。

近年来，由于环境保护对工业废渣处理日益增长的迫切性及陶瓷工业本身对节能、代用资源的需求，世界各国都在积极寻找易采、质量稳定、来源可靠又可节能的陶瓷原料，明矾石和它的选矿尾渣、工业废渣及氧化铝系产品都可应用工艺岩石学的方法，设计加工制造适当的陶瓷原料，成为陶瓷工业的新资源。中国已有 10 多个企业用明矾石及其废渣制成各种水泥制品，其中明矾石膨胀水泥已成为一种节能、抗裂、防渗的新型水泥品种。

浙江明矾石矿采用明矾石氨浸渣、叶蜡石、黏土和石灰石等进行综合利用，研制成功釉面砖，这对于发展钾肥和陶瓷工业具有重要意义，这不仅可全部利用钾氮肥厂产生的氨浸渣，而且采用氨浸渣为主要配方生产釉面砖，可大大降低其原料成本。

明矾石工业的废渣可用作填料。已研制成功采用含氧化铝成分较高的矾浆作为造纸填料，与传统用滑石粉填料相比，可明显降低纸的生产成本。综合利用明矾石可以生产浓度达 93% ~98% 的高浓度硫酸，并且由于这种硫酸不含 As、P、Se 等有害杂质，因此具有比一般工业硫酸更加独特和广泛的用途。利用明矾石矿作原料，可用还原热解法或氯化物法生产硫酸钾，用氨法生产钾氮肥，酸法生产钾氮混合肥。

综上所述，明矾石综合利用对象主要是钾、铝、硫，从提取钾、铝、硫还可以扩大到硅元素的利用以及镓和钡的提取利用。明矾石矿既可用于提取化工和冶金原料，又可当作一种陶瓷原料来利用。根据玻璃工业的技术发展趋势，玻璃原料已从钠钙硅系统扩大到钠铝硅系统，因此，明矾石的工业废渣已可作玻璃工业的代用原料。此外，明矾石也可用作轻质混凝土的多孔骨料。因此，综合利用明矾石及其工业废渣的前景非常广阔。

参考文献

[1]　阳正熙．矿产资源勘查学[M]．北京：科学出版社，2006．

[2]　刘中凡．世界铝土矿资源综述[J]．轻金属，2001(5)：7~12．

[3]　王秋霞，张克仁，陈国铭，等．我国铝土矿资源开发与保护对策[J]．矿产保护与利用，2001(3)：49~54．

[4]　穆新和．中国铝土矿资源合理开发利用的探讨[J]．矿产与地质，2002(5)：313~315．

[5]　钮因健．对我国铝土矿资源和氧化铝工业发展的认识[J]．轻金属，2003(3)：3~8．

[6]　吴国炎，姚公一，吕夏，等．河南铝土矿床[M]．北京：冶金工业出版社，1996．

[7]　于立平，张焕杰．山西省铝土矿资源特征及开发利用现状[J]．矿产保护与利用，2003(5)：21~23．

[8]　王永红，范文学．河南铝土矿资源开发利用状况及对策[J]．河南国土资源，2004(8)：31~35．

[9]　廖莉萍，练兵．贵州铝土矿资源特征及矿业可持续发展建议[J]．贵州地质，2004(1)：67~70．

[10]　杨永康，董红军．广西铝工业的发展思路与战略分析[J]．世界有色金属，2005(9)：7~10．

[11]　黄光洪，谢明跃，谭锐．贵州省铝土矿资源的合理开发利用初探[J]．有色金属设计，2005，32(4)：1~4、43．

[12]　曹雨军．山西铝土矿资源的发展对策[J]．有色金属工业，2005(9)：44~45．

[13]　张佰勇，马朝建．初探混联法生产氧化铝的工艺优化[J]．轻金属，2006(5)：14~19．

[14]　顾松青．我国的铝土矿资源和高效低耗的氧化铝生产技术[J]．中国有色金属学报，2004，14(F01)：91~97．

[15]　北京矿产地质研究所．国外主要有色金属矿产[M]．北京：冶金工业出版社，1987．

[16]　国土资源部信息中心．世界矿产资源年评(2003~2004)[M]．北京：地质出版社，2005，12．

[17]　中国矿业年鉴编辑部．中国矿业年鉴(2005)[M]．北京：地质出版社，2006．

[18]　刘福兴．中国铝矿山可持续发展战略[J]．采矿技术，2003，3(2)：32~35．

[19]　罗建川．中国铝业公司可持续发展的实践[J]．中国通报，2005(4)：2~6．

[20]　罗建川．中国铝工业发展的新问题[J]．世界有色金属，2006(6)：14~18．

[21]　张莓．1992~2003年世界铝矿回顾与展望[J]．世界有色金属，2005(4)：11~16．

[22]　厉衡隆，殷德洪，龙隆．西澳大利亚亨特列铝土矿访问记[J]．轻金属，1993(4)：1~2．

[23]　厉衡隆，殷德洪，龙隆．西澳铝工业的资源开发和环境保护[J]．有色金属·冶炼部分，1993(3)：45~46．

[24]　兰兴华．西方世界和独联体的铝土矿生产[J]．世界有色金属，2005(12)：65~66．

[25]　张吉龙，姜立春．中国铝土矿资源开采技术综述[J]．轻金属，2007(6)：5~8．

[26]　党建印．反铲——自卸汽车采矿工艺在孝义铝矿采矿过程中的应用[J]．轻金属，2003(12)：7~9．

[27]　富崇彦，侯斌．孝义铝矿沉积型铝土矿采矿工艺探讨[J]．采矿技术，2005，5(1)：1~4．

[28]　廖江南．堆积型铝土矿开发利用[J]．湖南有色金属，2000，16(5)：13~15．

[29]　杨海洋．平果堆积型铝土矿开采方法与工艺[J]．采矿技术，2002，2(2)：31~33．

[30]　文舰．贵州铝矿山现状及发展对策[J]．轻金属，2004(5)：6~9．

[31]　于立平，张焕杰．山西省铝土矿资源特征及开发利用现状[J]．矿产保护与利用，2003(5)：21~23．

[32]　张林生．豫西铝土矿地下开采浅析[J]．世界采矿快报，2000，16(1/2)：62~64．

[33]　白丁．俄罗斯矿业现状[J]．世界有色金属，2005(8)：55~61．

[34]　关涛译．澳大利亚的矿业[J]．世界有色金属，2006(7)：32~33．

[35]　有色金属矿产地质调查中心．中国铜铝矿产资源现状及找矿前景[M]．2005．

[36]　Shea S R, Abbott J A, McNamara K J. Sustainable conservation: a new integrated approach to nature conservation in Australia[J]. Conservation Outside Nature Reserves, 1997: 39~48.

[37] Anand R R, Patne M. Regolith geology of the Yilgarn Craton, Western Australia: implications exploration [J]. Australian Journal of Earth Sciences, 2002(49): 3~162.

[38] Geoffrey A, Robert J. Morphology and field recognition of bauxite mine floor regolith. Regolith 2005-Ten Years of CRC LEME[M], 2005: 161~164.

[39] 高东善. 耐火材料技术与发展(第一集)[M]. 北京: 中国轻工业出版社, 1983.

[40] 潘海娥, 冯国政. 氧化铝和铝土矿的非冶金应用[J]. 矿产保护与利用, 2002(2): 48~52.

[41] 王祝堂, 梁雁翔. 铝消费量计算方法及各国人均消费量[J]. 轻金属, 2001(1): 53~57.

[42] 谢珉. 论铝土矿选矿的必要性和可行性[J]. 国外金属矿选矿, 1991(7): 69~76.

[43] 顾松青. 中国的铝土矿资源和高效低耗的氧化铝生产技术[J]. 中国有色金属学报, 2004(5): 91~97.

[44] 杨重愚. 氧化铝生产工艺学[M]. 北京: 冶金工业出版社, 1993.

[45] 张国范. 铝土矿浮选脱硅基础理论及工艺研究[D]. 长沙: 中南大学, 2001.

[46] 韩群亮, 缪长勇. 浮选技术现状评述[J]. 新科教, 2009, 4.

[47] 李光辉. 铝硅矿物的热行为及铝土矿石的热化学活化脱硅[D]. 长沙: 中南大学, 2002.

[48] 刘永康. 一水硬铝石型铝土矿化学选矿脱硅中焙烧过程的研究[D]. 长沙: 中南大学, 1999.

[49] 魏以和, 钟康年, 王军. 生物技术在矿物工程中的应用[J]. 国外金属矿选矿, 1996(1): 3~13.

[50] 周国华, 薛玉兰, 何伯泉. 铝土矿选矿除铁研究进展概况[J]. 矿产保护与利用, 1999(4): 44~47.

[51] 邵志博. 中国氧化铝工业的发展方向[J]. 世界有色金属, 1999(3): 8~12.

[52] 曲献通. 21世纪中国铝土矿资源可持续发展战略[J]. 世界采矿快报, 2000(4): 32~35.

[53] 方启学, 黄国智. 铝土矿选矿脱硅研究现状与展望[J]. 矿产综合利用, 2001(2): 26~31.

[54] 张伦和, 何静华, 张颖. 我国氧化铝工业现状及发展对策[J]. 轻金属, 2006(2): 3~7.

[55] 陈湘清, 李旺兴. 一种铝土矿脱硅的并联浮选方法: 中国, CN1869258[P].

[56] 胡小冬, 杨华明, 胡岳华. 铝土矿选矿尾矿特性及应用前景[J]. 金属矿山, 2007, 9: 8~12.

[57] 王建立, 杨涤心. 选尾矿在复合吸水材料制备中的应用研究[J]. 河南冶金, 2004, 2: 10~12.

[58] 巴多西. 岩溶型铝土矿[M]. 项仁杰, 吴振宇, 史业新译. 北京: 冶金工业出版社, 1990.

[59] 管永诗, 张云. 中国铝土矿资源及氧化铝工业的现状[J]. 矿产保护与利用, 1998(6): 42~44.

[60] 赵祖德. 世界铝土矿和氧化铝工业的现状[M]. 北京: 科学出版社, 1994.

[61] 毕诗文, 于海燕. 氧化铝生产工艺[M]. 北京: 化学工业出版社, 2006.

[62] 龙宝林, 刘云华. 桂西堆积型铝土矿中三水铝石矿综合利用前景[J]. 矿产综合利用, 2005(3): 33~37.

[63] 刘云华, 黄同兴, 谌建国, 等. 桂西堆积型铝土矿中三水铝石成因矿物学研究[J]. 矿产综合利用, 2004(4): 413~419.

[64] 刘平. 黔北务—正—道地区铝土矿地质概要[J]. 地质与勘探, 2007(5): 29~33.

[65] 黄光洪, 谢明跃, 谭锐. 贵州省铝土矿资源的合理开发利用初探[J]. 有色金属设计, 2005(4): 1~4, 43.

[66] 梁有海, 王春新. 河南铝土矿资源可持续利用问题探讨[J]. 矿产保护与利用, 2004(3): 48~51.

[67] 富崇彦, 侯斌, 张佳荣. 中铝山西分公司铝土矿资源发展战略[J]. 采矿技术, 2005(2): 9~10.

[68] 张继军, 付平德, 谢蓓. 铝土矿中主要矿物的物相分析[J]. 矿产保护与利用, 2002(5): 19~21.

[69] 刘晓文. 一水硬铝石和层状硅酸盐矿物的晶体机构和表面性质研究[D]. 长沙: 中南大学, 2003.

[70] 印万忠, 韩跃新. 一水硬铝石和高岭石可浮性的晶体化学分析[J]. 金属矿山, 2001(6): 29~33.

[71] 崔吉让, 方启学. 一水硬铝石与高岭石的晶体结构和表面性质[J]. 有色金属, 1999(4): 25~29.

[72] 胡跃华, 王毓华, 王淀佐. 铝硅矿物浮选化学与铝土脱硅[M]. 北京: 科学出版社, 2004.

[73] Rosso K M R J R. Strcture and energies of AlOOH and FeOOH polymorphs from plane wave pseudopotential calculations[J]. American Mineralogist, 2001. 312~317.

[74] 王淀佐, 孙传尧, 王馨泽. 中国冶金百科全书: 选矿[M]. 北京: 冶金工业出版社, 1992.

[75] 吴建明. 辊压机在铝土矿粉碎中的应用[J]. 有色金属 (选矿部分), 2002(2): 31~35.

[76] 刘焦萍. 铝土矿正浮选流程优化研究[J]. 世界有色金属, 2006(10): 17~18.

[77] 李培增, 宋江红, 等. 一种铝土矿磨矿方法: 中国, CN1775365[P]. 2005.

[78] 陈湘清, 马俊伟, 陈占华. 一种改善铝土矿磨矿产物粒度分布的磨矿方法: 中国, CN101058082
　　　[P]. 2007.

[79] 廖江南. 堆积型铝土矿开发利用[J]. 湖南有色金属, 2000(5): 10~13.

[80] 马少健, 杨梅金, 胡浩流. 提高平果铝土矿难洗矿石洗矿效率的研究[J]. 金属矿山, 1999(12): 40~43.

[81] 王振敏, 黄振义. 提高圆筒洗矿机洗矿效率的探讨[J]. 矿产保护与利用, 2001(6): 31~33.

[82] 胡跃华, 王毓华, 王淀佐. 铝硅矿物浮选化学与铝土矿脱硅[M]. 北京: 科学出版社, 2004.

[83] 王淀佐, 林强, 蒋玉仁. 选矿与冶金药剂分子设计[M]. 长沙: 中南工业大学出版社, 1996.

[84] 王淀佐. 矿物浮选与浮选剂——理论与实践[M]. 长沙: 中南工业大学出版社, 1986.

[85] 孙传尧, 印万忠. 硅酸盐矿物浮选原理[M]. 北京: 科学出版社, 2001.

[86] 朱玉霜, 朱建光. 浮选药剂的化学原理[M]. 长沙: 中南工业大学出版社, 1987.

[87] 曹学峰. 新型铝土矿反浮选捕收剂分子设计与开发研究[D]. 长沙: 中南大学, 2005.

[88] 陈湘清. 硅酸盐矿物强化捕收与一水硬铝石选择性抑制的研究[D]. 长沙: 中南大学, 2004.

[89] 刘水红, 方启学. 铝土矿选矿脱硅技术研究现状述评[J]. Mining and Metallurgy, 2004, 4.

[90] 马士强, 张覃. 中国选矿设备手册[M]. 北京: 科学出版社, 2006.

[91] 刘广龙. 浮选柱的发展与生产实践[J]. 矿业快报, 2005. 3~6.

[92] 周晓华, 刘炯天. 浮选柱研究现状及发展趋势[J]. 选煤技术, 2003(6): 51~56.

[93] 欧乐明, 邵延海, 等. 浮选柱研究和应用进展[J]. 矿产保护与利用, 2003(3): 15~20.

[94] 郑钢丰, 朱金波. 浅谈浮选柱的研究现状及发展趋势[J]. 煤炭技术, 2002, 21(11): 43~45.

[95] 路启荣, 谢广元, 吴玲. 浮选柱技术的新发展[J]. 中国煤炭, 2002(4): 36~41.

[96] Grondeva V I, 等. 铝土矿的微生物选矿[J]. 国外金属矿选矿, 1989(11): 9~11.

[97] 索洛日金. 细菌在矿物工程中的应用[J]. 国外金属矿选矿, 1991(5): 1~10.

[98] 李聆值. 采用生物技术提高铝土矿质量[J]. 中国有色金属学报, 1998(8)(增刊2): 361~364.

[99] Nalini Jain, D K Sharma. Biohydrometallurgy for Nonsulfidic Minerals-A Review[J]. Geomicrobiology Jour-
　　　nal, 2004(21): 135~144.

[100] S N 格劳德夫. 矿物原料的生物选矿[J]. 国外金属矿选矿, 2000(6): 2~9.

[101] 童雄. 微生物浸矿的理论与实践[M]. 北京: 冶金工业出版社, 1997.

[102] Phalgium Anand. Biobenification of bauxite using bacillus polymyxa: calcium and iron removal[J]. Int. J.
　　　Miner. Process, 1996, 48(1): 51~60.

[103] 虞裕如. 苏联霞石矿的综合利用[J]. 西南矿产地质, 1991, 5(3): 79~83.

[104] Burger J, 李学昌. 世界长石, 霞石正长岩开发利用现状[J]. 国外非金属矿与宝石, 1990(6): 7~10.

[105] 耿谦. 霞石的成矿及在陶瓷工业中的应用[J]. 江苏陶瓷, 2003, 36(4): 28~30.

[106] 汪镜亮. 长石和霞石正长岩生产和应用[J]. 矿产保护与利用, 1995(5): 36~41.

[107] IO E 布雷利亚科夫. 希宾斯克矿床的磷灰石-霞石矿石综合利用前景[J]. 国外金属矿选矿, 2006
　　　(6): 39~41, 45.

[108] 王福元, 吴正严. 粉煤灰利用手册 (第2版)[M]. 北京: 中国电力出版社, 2004.

[109] 宣之强. 中国明矾石资源及其应用[J]. 化工矿产地质, 1998, 20(4): 279~286.

[110] 吕惠进. 浙江省明矾石矿产资源及其开发利用[J]. 矿业研究与开发, 2004, 24(2): 30~33.

[111] 傅林聪. 福州南屿明矾石矿的开发利用[J]. 福建地质, 1998, 17(4): 210~213.

[112] 罗大富. 永春县达埔溪园明矾石矿床成因初探[J]. 西部探矿工程, 2005, 17(8): 73~74.

[113] 毛麒瑞. 综合利用明矾石资源前景广阔[J]. 中国资源综合利用, 2000(8): 39~40.

第三篇 氧化铝

本篇主编　顾松青

副　主　编　（以姓氏汉语拼音为序）

郭　沈　尹中林

编写人员　（以姓氏汉语拼音为序）

毕诗文	范伟东	顾松青
郭永恒	黄雨虹	李宝生
李淑姬	李新华	李志国
刘汝兴	刘润田	娄世彬
路培乾	戚焕岭	齐东华
齐利娟	瞿文军	曲　正
单淑秀	石　磊	宋治林
田金隆	万柱标	王建立
王　亮	王庆伟	王同砚
吴　钢	殷希丽	尹中林
于海燕	张佰永	张树朝
张学英	赵治国	郑　飞
郑绪滨	周凤禄	

审　　稿　（以姓氏汉语拼音为序）

顾松青	郭　沈	胡绳兴
李小斌	李元杰	厉衡隆
廖新勤	路培乾	罗　安

9　世界和中国氧化铝生产的发展

****

9.1　世界和中国的氧化铝生产方法

世界氧化铝的生产已有一百多年的发展历史，1858年就发明了烧结法，但自从19世纪90年代拜耳法产生后，才逐步形成规模的氧化铝工业。世界上的氧化铝95%以上都是拜耳法生产出来的。

一百多年来，拜耳法的基本原理没有变化，但工艺技术和设备有了很大的改进，从间断性操作到连续性生产，设备实现了大型化、自动化和高效化，降低了资本、劳动、能源消耗和维护上的费用，提高了劳动生产率。在拜耳法工艺得到广泛应用的同时，烧结法工艺也在改进，由拜耳法和烧结法结合起来的联合法也得到了发展。

拜耳法和烧结法已经形成了大规模生产氧化铝的能力。除了这些碱法生产工艺外，也进行了酸法和高压水化法等新的生产氧化铝方法的研究，但由于种种原因，都还没能形成规模生产。

9.1.1　拜耳法生产方法

9.1.1.1　拜耳法的产生与发展

拜耳法是从铝土矿生产氧化铝的一种方法，是由拜耳（K. J. Bayer）在1887~1889年间发明而得名的。拜耳法包括两个主要的工艺过程，也就是拜耳提出的两项专利。1887年，拜耳发现在冷的铝酸钠溶液中加入氢氧化铝晶种，在强搅拌的条件下能够析出新生的氢氧化铝，因而形成了第一项专利。1889年，拜耳又发现铝土矿和氢氧化钠溶液在高压釜中加压加热时，矿石中所含的氧化铝能被选择性地溶解，生成铝酸钠溶液，这就是第二项专利的实验基础。同时，他还发现晶种分解析出氢氧化铝后的母液能再次用于溶解铝土矿，因而可以循环利用。拜耳法的实质就是以下反应在不同条件下的交替进行：

$$Al_2O_3 \cdot (1 \text{ 或 } 3)H_2O + 2NaOH + aq \rightleftharpoons 2NaAl(OH)_4 + aq$$

拜耳法于1894年在法国的加丹氧化铝厂应用于工业生产，取代了直到当时还在应用的碳酸钠烧结法生产氧化铝工艺。该厂采用在高温和高苛性碱浓度下，间断溶出一水软铝石矿的方法生产粉状氧化铝。1903年，一套改进的拜耳法工艺装置在美国伊利诺斯州的东圣·路易斯建成，处理来自于阿肯色州的三水铝石矿，该厂采用在相对低的苛性碱浓度下低温溶出的方法，生产出粗粒的砂状氧化铝。

拜耳法最早用来处理一水软铝石铝土矿和三水铝石铝土矿，发展到后来又成功地用于处理一水硬铝石铝土矿以及处理混合型铝土矿。因此，拜耳法可用于处理各种类型的低硅铝土矿。

早期的拜耳法溶出、分解、沉降分离等工序都为间断性操作，为提高生产效率，逐步都改为连续性操作，设备上逐步实现了大型化、自动化、高效化及节能化。如目前高压溶出设备（高压釜或高压溶出器）容积最大的已达到250m³，单个分解槽的容积已超过4500m³，在赤泥的沉降分离工序采用了大直径的平底沉降槽和新型深锥沉降槽，在叶滤工序采用了大型立式自动卸料叶滤机，在母液蒸发工序采用了大传热面积的降膜蒸发器等。同时，氧化铝生产过程的自动化程度不断提高，计算机集中显示和控制系统更加完善，对生产过程的操作与控制更加精确和稳定，劳动生产率大大提高，工人的劳动条件得到了极大的改善。

现代拜耳法工艺的原理和生产过程与100年前刚被发明时基本一样，然而在工程技术方面已发生了巨大变化。由于处理红土型三水铝石矿和一水软铝石混合型铝土矿时溶出温度的不同，拜耳法曾经被区分为"美洲法"、"欧洲法"等不同形态。

拜耳法溶出早期采用直接蒸汽加热溶出技术，后来发展到多种节能高效的间接加热和强化溶出技术，包括双流法技术、管道化溶出、单管预热—压煮器间接加热溶出、管道预热—停留罐溶出等技术。

为了节能，氢氧化铝的焙烧采用了悬浮焙烧、循环沸腾床焙烧、闪速焙烧等流态化焙烧技术，而循环母液的蒸发则更多地采用降膜蒸发技术。

氧化铝产品质量砂状化也已成为拜耳法技术发展的一个重要方向。20世纪70年代中期后，世界电解铝工业大量采用了大型中间下料预焙槽和干法烟气净化技术，只有砂状氧化铝才能更好地满足现代铝电解技术对原料的要求。因此，从70年代开始，世界氧化铝工业转而开发相关技术生产砂状氧化铝。

为了提高循环效率和产出率、充分发挥设备的产能、提产增效，采用降低精液苛性比（定义见10.1.2.1节）的技术是一个有效途径。由美国的氧化铝厂在20世纪50年代首先使用，后来澳大利亚格拉斯通（Gladstone）的昆士兰氧化铝公司（QAL）大规模应用的后加矿增浓溶出技术（sweetening process），其主要作用在于提高生产系统的循环效率和产出率，同时也降低溶出液苛性比。该厂溶出矿浆中铝酸钠溶液（所用矿石量为所需总矿石量的80%~85%）的苛性比仅为1.39，然后在自蒸发系统的某一温度处（如在170~180℃处）添加三水铝石铝土矿（矿石成分：氧化铝总含量约50%，其中三水铝石约97%），在随后的自蒸发器和稀释槽内进行后加矿增浓溶出，进一步使铝酸钠溶液的苛性比降低到1.32。昆士兰氧化铝公司采用后加矿增浓溶出技术后，产能增加了10%以上。

9.1.1.2 拜耳法在中国的发展

中国首家采用拜耳法工艺的氧化铝厂是原郑州铝厂。20世纪60~80年代投产及扩建的原郑州铝厂和贵州铝厂都采用了兼有拜耳法和烧结法的混联法流程。其中，拜耳法部分都采用了前苏联的直接加热溶出技术，该技术原矿浆预热温度低，矿浆被蒸汽直接加热稀释，造成能耗增加，加上自蒸发级数少、压降较大，造成减压装置和衬板猛烈冲刷磨损。

1983~1992年建设并投产的原山西铝厂，在拜耳法溶出、沉降过滤、分解以及焙烧等工序，分别引进了国外的先进生产技术和装备，建成了以中国一水硬铝石铝土矿为原料、以引进技术装备为主体的拜耳法氧化铝流程。1991～1995 年建设的原平果铝业公司，是中国第一座全套引进技术和装备的以一水硬铝石为原料的拜耳法氧化铝厂。

原山西铝厂和平果铝业公司通过引进，实现了一水硬铝石型铝土矿间接加热、强化溶出技术的产业化。郑州轻金属研究院开发成功了管道预热—停留罐溶出技术。这些技术的开发应用成功，为中国氧化铝工业节能降耗、降低生产成本以及拜耳法溶出新技术的开发提供了示范。

1993 年，原山东铝厂利用进口的印度尼西亚三水铝石铝土矿，采用低温管道化预热及溶出技术，建成了产能为 60kt 的小拜耳法厂。这是中国首家采用低温拜耳法技术以及处理进口三水铝石铝土矿的氧化铝厂。在此基础上，自 2004 年起的短短几年中，在山东省建设了数家利用进口三水铝石铝土矿、总产能达上千万吨的氧化铝厂。

为应对中国铝土矿资源日趋贫化及供矿品位快速下降的挑战，中国氧化铝工业通过自主创新和联合攻关，开发出了选矿拜耳法新工艺。中国自 20 世纪 70 年代初就开始对铝土矿浮选法脱硅工艺进行过研究，相继对山西孝义铝土矿、广西平果铝土矿、河南偃师铝土矿、山西阳泉太湖矿区铝土矿等进行了浮选脱硅的半工业试验。国家"九五"重点科技攻关项目"选矿拜耳法生产氧化铝新工艺研究"于 1999 年完成了河南铝土矿正浮选脱硅工业试验，中国铝业中州分公司于 2004 年建成了世界上第一个 300kt 选矿拜耳法生产氧化铝高新技术产业化示范工程并投产，该工程采用了"铝土矿选择性磨矿—聚团浮选"、"双流法高压溶出"、"改良的一段法种分分解生产砂状氧化铝"等多项先进技术，使拜耳法可利用的铝土矿铝硅比由传统的 10 以上降低到 6 左右，大大提高了中国可利用的铝土矿资源量，为低品位铝土矿的经济利用开辟了一条有效途径。

石灰拜耳法新工艺是一种可以用于处理中等品位铝土矿的氧化铝生产工艺，其最大的优势是流程简单、能耗低以及可以接受的碱耗。石灰拜耳法由郑州轻金属研究院、沈阳铝镁设计研究院和原山西铝厂共同开发成功，并已应用于中国北方地区的氧化铝厂。

9.1.2　烧结法生产方法

9.1.2.1　烧结法的产生与发展

A　碳酸钠烧结法

碳酸钠烧结法发明于 1858 年。该方法用碳酸钠和铝土矿烧结，得到含固体铝酸钠的烧结产物，称为熟料或烧结块；用稀碱溶液溶出熟料便可得到铝酸钠溶液；往溶液中通入 CO_2 气体，即可析出氢氧化铝。残留在溶液中的主要是碳酸钠，可以再循环使用。烧结法是早于拜耳法的世界上第一个氧化铝工业生产方法。碳酸钠烧结法只适宜用来处理低硅优质铝土矿，当该方法用来处理高硅铝土矿时，在烧结法过程中，炉料中的 Al_2O_3 和 Na_2O 将与 SiO_2 相互作用生产不溶性的铝硅酸钠，而造成碱和氧化铝的大量损失。

B　碱-石灰烧结法

1880 年，在碳酸钠烧结法成功应用的基础上又开发出了三成分（碳酸钠、石灰石和铝土矿）烧结法生产氧化铝的工艺，即将碳酸钠烧结法改造为碱-石灰烧结法。添加石灰石可以使烧结过程中的 Na_2O 和 Al_2O_3 的损失大大减少，因而烧结法就不限于处理低硅铝土矿，而且也可以有效地处理高硅铝土矿以及储量丰富的各种铝硅酸盐。

碱-石灰烧结法的烧结炉料中各成分的配比对烧结效果有极大的影响。直到 1902 年，才完成碱-石灰烧结法的优化配方：为使烧结过程中氧化铝损失减少到最小程度，炉料中应保持每 1mol 的 SiO_2 配入 2mol 的 CaO、每 1mol 的 Al_2O_3 配入 1mol 的 Na_2O 的配料比例。但当铝土矿中铁含量较大时，还必须额外多加一些 Na_2O 或 CaO，使炉料中的 Fe_2O_3 在烧结过程中转成相应的铁酸盐。

碱-石灰烧结法经过不断改进，已成为以高硅铝土矿和其他含铝矿物生产氧化铝的重要的工业生产方法。

工业上的碱-石灰烧结法所处理的原料有铝土矿、霞石和拜耳法赤泥。相应的烧结炉料分别称为铝土矿炉料、霞石炉料和赤泥炉料。铝土矿炉料的铝硅比一般在 3 左右，而霞石炉料只有 0.7 左右；赤泥炉料为 1.4 左右，而且常常含有大量的氧化铁。组成上的差别使各种炉料的性能各不相同。

碱-石灰烧结法经过 100 多年的发展，整体技术已基本成熟，在中国部分氧化铝厂以及俄罗斯的博克西托戈尔斯克（Boksitogorsk）等氧化铝厂仍在继续应用，而且在节能降耗方面不断取得进展。

C　石灰石烧结法

石灰石烧结法是由苏联于 20 世纪 30 年代开发的。石灰石烧结法最初用于处理霞石矿。该方法将霞石与石灰石一起烧结，生产出氧化铝，副产碳酸钠、碳酸钾和硫酸钠等，残渣用于制取水泥。石灰石烧结法使霞石矿中全部组分得到了充分利用。

基于该工艺，苏联于 20 世纪 50～60 年代先后建设了沃尔霍夫（Volkhov）、皮卡列夫（Pikalevo）以及阿钦斯克（Achinsk）等氧化铝厂。阿钦斯克氧化铝厂至今仍采用石灰石烧结法处理霞石生产氧化铝。

20 世纪 50 年代，波兰人发明了 Grzymek 法。Grzymek 法实质上就是石灰石烧结法。该法利用粉煤灰生产氧化铝，残渣用于生产水泥的原料。近年来，中国大力开展了粉煤灰的综合利用研究，一个重要的研究领域就是开发应用石灰石烧结法，从粉煤灰中提取氧化铝。

石灰石烧结法的工艺过程基本上与碱-石灰烧结法类似，所不同之处在于烧结生料只采用石灰石和含铝矿物两组分配料，烧成过程是石灰石与含铝矿物中的氧化铝反应，生成可溶于碳酸钠溶液的钙铝化合物，从而与其他杂质分离。

9.1.2.2　烧结法在中国的发展

虽然烧结法具有流程复杂、投资大、能耗高、物料流量大、产品质量不如拜耳法的缺点，但是它能有效处理铝硅比为 3～4 的高硅铝土矿，并可用廉价的碳酸钠代替苛性钠补碱，因此，适用于处理中国低品位铝土矿生产氧化铝。

中国山东淄博地区铝土矿含硅高，铝硅比为 3～4，中国第一个氧化铝厂——原山东铝厂就采用了碱-石灰烧结法生产氧化铝。该厂烧结法生产的关键技术有低碱高钙配方、生料加煤还原烧结、低苛性比二段溶出、高浓度二氧化碳分解等。烧结法一个突出的优势是：工艺流程和条件易于调整组合、溶液中的有机物含量小、产品白度高，特别有利于生产化学品氧化铝。此外，烧结法赤泥含碱量较小，经处理后可用于水泥等建材的生产，减少赤泥的堆放。

中国铝土矿资源大部分属于高硅的一水硬铝石铝土矿，因此，碱石灰烧结法的应用和改进在中国氧化铝工业的发展历史中具有重要的意义。经过几十年的不断研究，中国无论在碱石灰烧结法的理论研究，还是在工艺实践方面都取得了重大成就，在碱耗和氧化铝总回收率方面达到了世界先进水平，产品质量接近于拜耳法生产的氧化铝。

近年来，中国在烧结法生产氧化铝工艺方面的主要技术成就包括：烧结料浆配料技术、熟料强化烧结技术、赤泥高效沉降和减缓二次反应的技术、间接加热连续脱硅和常压脱硅技术、深度脱硅技术、连续碳分生产砂状氧化铝技术等。

原山西铝厂一期产能为 200kt/a，也是采用烧结法生产技术。与原山东铝厂相比，原山西铝厂一期工程采用了如下的新技术：大型铝土矿堆场及斗轮堆取料机强化矿石均化作业，采用 ϕ4.5m×110m 大型烧成窑，高压釜连续脱硅代替间断脱硅，引进闪速焙烧炉代替回转窑焙烧氢氧化铝。

原中州铝厂一期工程也是采用烧结法，设计产能为 200kt/a。其主要的技术特点是：缩小入磨矿石粒度（15mm 的占 80% 以上），提高磨机产能；铝土矿二次混矿预均化，提高配料质量；粗液间接加热连续脱硅；采用四效逆流蒸发、串联四级自蒸发器的二段蒸发流程；采用气体悬浮焙烧炉焙烧氧化铝。

20 世纪末，中国科技工作者开发了强化烧结法新工艺。该工艺通过提高烧结法配矿的铝硅比，大幅度提高了烧结窑的产能，降低熟料折合比和能耗，具有一定的技术经济效果。

9.1.3 联合法生产方法

根据铝土矿化学与矿物组成以及其他条件的不同，拜耳法与烧结法可以组合成联合法。联合法可分为并联、串联和混联三种基本流程，并都已用于工业生产。并联法和串联法在国外氧化铝厂早已得到了应用，而混联法则是中国氧化铝工业开发并应用的生产工艺。

9.1.3.1 国外的联合法生产工艺

A 并联法的应用

在并联法生产工艺中，拜耳法和烧结法是两个平行的生产系统。拜耳法处理高品位铝土矿，烧结法则处理低品位铝土矿或霞石。烧结法的溶液汇入拜耳法，以补充拜耳法系统的苛性碱损失。前苏联曾有三家氧化铝厂采用过并联法生产工艺。

并联法又可以根据溶液的流向组成多种流程。原博戈斯洛夫斯克（Bogoslovsk）氧化铝厂烧结法溶液中的硫酸钠和碳酸钠含量较高，因此，将烧结法精液单独种分，种分母液单独蒸发成蒸发母液再补入拜耳法系统，而烧结法系统蒸发出的芒硝碱作为副产品，不再返回氧化铝生产系统。虽然该流程较为复杂，需要更多的设备，但不会影响拜耳法母液的蒸发。原第聂伯铝厂（位于乌克兰的扎波罗热（Zaporozhye））的氧化铝生产流程中，烧结法赤泥单独进行分离和洗涤，但由于烧结法赤泥沉降性能不好，后将流程改为：烧结法熟料经拜耳法赤泥二次或三次洗液湿磨溶出，并入拜耳法赤泥洗涤系统。

B 串联法的应用与发展

串联法是一种用于处理中低品位（高硅）铝土矿（例如铝硅比为 4~5 的一水铝石型

铝土矿或品位更低但为易溶的三水铝石型铝土矿）生产氧化铝的方法。串联法是先以拜耳法处理铝土矿，以提取出大部分氧化铝，然后再用烧结法回收拜耳法赤泥中的氧化铝和碱，所得铝酸钠溶液补入拜耳法系统。

1940 年，用于拜耳法生产的美国阿肯色州铝土矿供矿品位明显降低，SiO_2 含量升高到 15%。1941~1942 年，由于供矿的情况紧急，美国铝业公司在串联法工艺的半工业试验尚未结束的情况下，即开始建设串联法氧化铝厂，先后在美国改建成了两个串联法厂。1943 年，美国氧化铝总产能为 2.044Mt，其中串联法产能就高达 1.995Mt。美国铝业公司利用阿肯色矿（铝硅比为 3.85）的串联法氧化铝厂一直运行到 20 世纪 80 年代才陆续停产。

哈萨克斯坦的巴甫洛达尔（Pavlodar）串联法氧化铝厂于 1964 年投产运行至今，设计用铝土矿的铝硅比为 3.82、Fe_2O_3 含量为 15.2%，因铝土矿中的铁含量高，需要采用特别的生料烧成配方。巴甫洛达尔氧化铝厂于 1990 年前先后进行过四期改扩建工程，产能已达到 1.1Mt 冶金级氧化铝，其中拜耳法和烧结法产品比例为 70%：30%。该厂还从氧化铝生产系统中回收金属镓和钒。

根据原料成分和性质的不同，串联法可以采用不同的流程方案。但总的发展趋势是尽早将拜耳法和烧结法两大系统的溶液合并处理，以简化流程，节约能耗。

9.1.3.2　中国的联合法生产工艺

A　混联法生产工艺

混联法是由中国氧化铝技术界创新开发的一种联合法生产氧化铝的工艺流程。混联法中的烧结法部分可同时处理拜耳法赤泥以及一部分低品位的铝土矿，有利于稳定熟料烧结作业、提高烧成窑产能。

混联法是在原郑州铝厂的建设和试生产中逐步形成的。1958 年原郑州铝厂建厂时，采用巩义小关的铝土矿为原料，铝硅比为 4~5，选用串联法作为主流程。但在一期拜耳法工程建成试车时，暴露出许多工艺和设备问题。经过专家现场会诊和对设计、施工到生产操作各个环节问题的总结，决定加速烧结法工程的建设，使烧结法系统先行投产。为此，增加了碳酸化分解和碳分母液蒸发两个工序。与此同时，集中人力和物力对拜耳法系统进行1570 项技术改造，以便形成联合法工艺。1965 年 8 月，烧结法系统建成并顺利投产。1966 年 2 月，拜耳法系统再次投料试车获得成功，所产生的拜耳法赤泥送到烧结法系统处理，进一步回收了氧化铝和氧化钠，从而形成了联合法。但此时的联合法与原设计的串联法已不相同，其中的烧结法系统仍然配入部分低品位的铝土矿与拜耳法赤泥混合，并利用碳酸化分解和碳分母液蒸发工序来平衡生产，部分烧结法精液加入到拜耳法系统以补偿苛性碱的损失。该流程同时具有串联法和并联法的工艺特点，烧结法部分有独立的循环系统。该流程被命名为混联法生产工艺。混联法在 1978 年全国科学大会上荣获全国科学大奖。

混联法解决了串联法处理低铁铝土矿时补碱不足以及低铝硅比熟料烧制困难和技术指标不佳等问题。混联法提高了烧结法熟料铝硅比，改善了烧结过程，又合理利用了低品位铝土矿资源，解决了串联法中拜耳—烧结两系统的相互制约、难于掌握生产平衡的问题，从而使整个生产更加灵活和稳定，有利于最大限度地发挥设备能力。混联法生产氧化铝，每吨氧化铝的碳酸钠消耗可达到 70kg 以下，氧化铝总回收率在 90% 以上，产品质量良好。原贵州铝厂从 1989 年由拜耳法改为混联法，原山西铝厂从 1992 年由烧结法改为混联法。

B　串联法生产工艺

20 世纪 50 年代中期原山东铝厂进行二期扩建以及 50 年代末期原郑州铝厂进行设计时，都曾计划采用串联法工艺，但由于存在赤泥烧成技术难度大、烧结法赤泥分离和系统碳酸钠平衡困难等问题均未实际采用。郑州轻金属研究院和沈阳铝镁设计研究院曾于 20 世纪 90 年代合作，进行过串联法半工业试验，取得了一定成效。

进入到 21 世纪，由于中国铝土矿资源贫化日趋严重，节能减排的压力增大，采用串联法以降低生产能耗重新引起了关注。山西鲁能晋北铝业有限公司的年产 1Mt 的氧化铝厂是按串联法设计的；重庆南川 0.8Mt 氧化铝工程也已按串联法流程进行建设。

由于中国的铝土矿资源和技术基础不同，串联法在中国的应用过程中，必须进一步加以改进，重点在于简化烧结法熟料湿法处理流程和降低熟料烧结能耗等方面。

C　并联法生产工艺

中国铝业中州分公司在分阶段发展过程中，逐步形成了并联法生产工艺。

中国铝业中州分公司的前身——原中州铝厂是一个烧结法生产厂，具有完整的烧结法生产流程。21 世纪初，中州分公司采用了新开发的选矿拜耳法技术，另外建设了选矿拜耳法生产线，形成了基本独立的拜耳法流程。拜耳法母液蒸发结晶送往烧结法处理，避免了苛化的困难。

中国铝业山东分公司也基本上是并联法生产流程。与中州分公司不同的是：其拜耳法流程采用了低温溶出技术，用以处理进口三水铝石铝土矿。

9.2　世界和中国氧化铝生产技术的发展

9.2.1　拜耳法的主要技术进步

9.2.1.1　拜耳法溶出技术的发展

A　国外拜耳法溶出技术的发展

一百多年来拜耳法在工艺技术和工程装备方面已经有了许多改进。溶出是拜耳法的主要工序，溶出技术的改进是氧化铝生产技术进步的关键。早期的拜耳法溶出技术有西方氧化铝厂的低温双流法溶出技术和前苏联的蒸汽直接加热溶出技术。

美国和西欧等地早期的氧化铝厂一般采用低温双流法溶出技术处理三水铝石铝土矿，溶出温度为 140 ~ 150℃。该溶出技术至今仍在许多氧化铝企业应用，如澳大利亚奎纳纳（Kwinana）氧化铝厂和沃斯利（Worsly）氧化铝厂。后者溶出温度提高到 175℃。

前苏联的乌拉尔（Uralsk）和罗马尼亚奥拉迪（Oradea）等氧化铝厂采用了蒸汽直接加热溶出器。奥拉迪氧化铝厂处理罗马尼亚和南斯拉夫科索沃的一水硬铝石铝土矿以及一水软铝石铝土矿。矿浆溶出后进入三级自蒸发。这种高压溶出系统只能将溶出后矿浆 60% 左右的热量回收利用，而且由于溶出过程中的蒸汽稀释，大大增加了母液蒸发热耗。每吨氧化铝的总汽耗为 6.6t，电耗为 345kW·h。

几十年来，世界氧化铝技术界持续进行了强化拜耳法溶出过程的试验研究工作。强化拜耳法溶出过程的主要途径有：实现间接加热，减少蒸汽冲稀，保持较高的苛性碱浓度；提高溶出温度；充分回收热量；减轻或防止结疤以提高设备的传热效率。其中，以采用间接加热预热矿浆和高温溶出技术最为有效。

a 高温双流法溶出技术

世界上针对三水铝石-一水软铝石型铝土矿采用高温双流法溶出技术的氧化铝厂较多，如美国格拉默西（Gramercy）氧化铝厂（溶出温度 243℃）和澳大利亚格拉斯通的昆士兰氧化铝公司（QAL）等都采用此工艺。后者溶出温度达 255℃，溶出时间为 7min。

双流法溶出技术的特点是：部分母液用于湿磨矿浆，而大部分母液则单独在预热器中用二次蒸汽或用新蒸汽进行间接加热；预热后的母液和矿浆分别送入溶出器混合，再在溶出器中用新蒸汽直接加热到溶出温度。

低温双流法溶出温度一般为 140～150℃，而高温双流法溶出技术则通常将溶出温度提高到 250℃左右。高温双流法通过提高溶出温度，可使铝土矿中的一水铝土矿和铝针铁矿也较充分反应，提高了氧化铝回收率。某些高温双流法氧化铝厂（如昆士兰氧化铝公司）还利用高温溶出矿浆的余热，进行后加矿增浓溶出，进一步提高了溶出浆液的氧化铝浓度和溶出产出率，为提高分解率和拜耳法循环效率提供了有利条件。

b 管道化溶出技术

1966 年，联邦德国联合铝业公司（VAW）首次在德国利伯（Lippewerk）氧化铝厂的拜耳法溶出系统采用管式预热和管式溶出装置（或称管道化溶出），实现了间接加热和强化溶出。1973 年投产的施塔德（Stade）氧化铝厂（年产 0.6Mt）已全部采用管道溶出技术。1980 年前，德国共有 4 个氧化铝厂采用管道化溶出技术，当年总产能超过 1Mt。单组管道化溶出装置的处理矿浆能力达到 40～300m³/h（约每年 0.15Mt Al$_2$O$_3$）。

管道化溶出技术的特点为：可达到较高的溶出温度，如大于 280℃；热效率高，熔盐加热热效率可达 90%；完全间接加热，传热效率较高，生产能耗低；设备简单，投资少。因为溶出温度高，溶出 2～3min 就足以使含一水软铝石的三水铝石铝土矿中的氧化铝完全溶出。由于采用了高效的热交换系统，管道化溶出工艺热利用效率很高。

匈牙利 Aluterv（原铝业技术研究院，现改为铝业和化工工程设计有限公司）于 1974～1980 年在该国马乔尔罗伐尔（Magyarovar）氧化铝厂（当时年产氧化铝 75kt）安装了一组处理矿浆能力为 50m³/h 的管道化溶出装置。Aluterv 于 1982 年又建成处理能力为 120m³/h 的管道溶出装置，其技术特征为：预热段加热采用三管型预热器，各管内的矿浆或母液可互相切换。

c 单管预热—压煮釜溶出技术

原法国铝业公司开发了单管预热—压煮釜溶出技术。该溶出系统装置是由单管预热器和多个串联的高压釜（也称压煮釜）共同组成。单管预热器结构简单，便于制造，便于进行化学清理和机械清理，传热系数高。串联高压釜内安装有蒸汽管束和搅拌浆，可用于进一步加热高压釜内的矿浆，使之达到指定的溶出温度。串联系列后面的高压釜可以保证矿浆的溶出时间，完成溶出反应。

希腊的圣·尼古拉（St. Nicolas）铝联合企业的氧化铝厂就是采用该技术处理希腊一水硬铝石铝土矿。该厂于 1966 年投产，其后逐步扩建到 0.75Mt 规模，该厂所使用的希腊铝土矿中，一水硬铝石占 60%～100%，一水软铝石占 0～40%。

d 两段溶出技术

澳大利亚和拉丁美洲等地的三水铝石铝土矿一般都含有少量的一水软铝石。如采用低温溶出工艺，铝土矿内的一水软铝石将难于溶出而进入赤泥，降低了氧化铝回收率，同时还可能在赤泥洗涤阶段引起过量水解。为此，开发了两段溶出工艺，即低温阶段溶出三水铝石，而溶出后的矿浆进行赤泥分离，底流进入高温阶段再行溶出，在此高温阶段一水软铝石被溶出。在两段溶出过程中，母液呈逆流运行状态，即新鲜母液用于高温阶段溶出，高温溶出后的母液再与原矿浆在低温阶段反应。

两段溶出技术解决了低温溶出技术氧化铝回收率低的问题，使温度和母液摩尔比等溶出条件相互优化匹配，实现了节能减排。

两段溶出技术已经成功进行了工业试验，并得到了工业应用。

B 中国拜耳法溶出技术的发展

由于中国一水硬铝石型铝土矿的溶出性能远比三水铝石型或一水软铝石型铝土矿差，要求更高的溶出温度和碱浓度以及更长的溶出时间，因此，开发拜耳法强化溶出技术，对提高中国氧化铝厂的生产效率和节能降耗具有更重要的意义。

原郑州铝厂初建时，拜耳法系统采用了原苏联的蒸汽直接加热高压溶出技术。原贵州铝厂自1978年投产到1989年形成混联法之前，其拜耳法溶出工艺和设备与原郑州铝厂基本相同。

蒸汽直接加热高压溶出工艺的主要问题是：溶出温度低，一般在250℃左右；溶出效果差，溶出苛性比高，达1.55以上；溶出后矿浆经三级自蒸发，二次蒸汽利用率低，只有60%左右的溶出矿浆的热量可以得到回收利用；溶出过程中矿浆被蒸汽严重稀释，降低了碱浓度，因而影响溶出效果，并大大增加蒸发热耗。

中国氧化铝工业自20世纪80年代开始，通过引进和技术开发，逐步采用了一系列间接加热、强化溶出技术，如引进了原法铝的单管预热—压煮釜溶出技术，开发了管道预热—停留罐溶出技术和适合一水硬铝石铝土矿的高温双流法溶出技术。

单管预热—压煮釜溶出技术和管道预热—停留罐溶出技术属于单流法间接加热、强化溶出技术。该类技术具有流程简单和易于控制的优点，但存在间接加热系统容易产生结疤、传热效率相对较低、运行周期较短等问题。可以采用不同种类的间接加热器和溶出反应器，形成不同的单流法系统组合，以减缓结疤、尽可能延长运行周期。

一水硬铝石矿高温双流法间接加热强化溶出技术，直接采用预先加热的高温母液使矿浆急剧升温，避开了导致矿浆中杂质矿物大量反应的间接加热过程，使整个加热系统避免或减轻了结疤，因而具有较高的传热效率并节能，运行周期大大延长。但该技术要求将母液间接加热到较高的预热温度，因此需采用新型耐碱蚀合金钢材。

a 单管预热—压煮釜溶出技术

单管预热—压煮釜溶出技术是原法国铝业公司开发的间接加热、强化溶出技术，自20世纪80年代引进到中国，应用于原山西铝厂、平果铝业公司的拜耳法溶出工序；之后，又被中国铝业贵州分公司的扩建工程以及某些新建的氧化铝厂所采用。

单管预热—压煮釜溶出技术的流程是：固含为300~400g/L的矿浆在8m×8m预热槽中从70℃加热到100℃，再在8m×14m预热脱硅槽中常压脱硅4~8h；预脱硅后的矿浆配入适量碱液后，进入单管预热器（外管为335.6mm，内管为253mm）中预热，该单管预热器采用 10 级矿浆自蒸发器的前五级产生的二次蒸汽加热，使矿浆温度提高到 155℃；然后矿浆进入 5 台 2.8m × 16m 的安装有间接加热蒸汽管束的压煮釜，用后五级矿浆自蒸发器产生的二次蒸汽将矿浆加热到 220℃，再在随后 6 台相同的高压釜中，用 6MPa 高压新蒸汽将矿浆加热到溶出温度 260℃；达到溶出温度的矿浆在随后 3 台 2.8m × 16m 溶出反应高压釜中保温反应 45 ~ 60min，完成溶出过程；高温溶出浆液经 10 级自蒸发，将温度降到 130℃后，进入稀释槽。

整套溶出装置中，加热压煮釜和溶出反应压煮釜都带有机械搅拌装置，加热压煮釜带有管束预热器。

单管预热—压煮釜溶出技术具有下述优点：溶出机组的产能大，每台机组年产氧化铝 0.35 ~ 0.45Mt，小时进料量大于 450m³ 矿浆；溶出工艺指标先进，溶出反应温度可达 265℃左右，铝土矿的氧化铝相对溶出率可高达 95% 左右；溶出热耗较低；溶出系统自动控制程度较高。但该技术存在间接加热的高压釜内结疤较为严重，清理较为困难，需要对釜内机械搅拌进行维修等问题。

b   一水硬铝石铝土矿高温双流法技术

国家"八五"重点科技攻关课题"双流法溶出新工艺及设备研究"对中国一水硬铝石铝土矿浆在预热和溶出过程中的行为进行了深入研究，开发了适合于具有复杂硅矿物的一水硬铝石铝土矿间接加热、强化溶出的高温双流法溶出技术，并进行了多次工业试验验证。

该技术通过高固含矿浆和母液分别间接预热至不同温度，避免了矿浆严重结疤的预热段，大大降低了结疤速率，提高了系统运转率。

所开发的一水硬铝石铝土矿高温双流法技术的流程是：大部分母液通过 9 级间接预热管道，预热至 230 ~ 260℃，而固含为 800 ~ 1000g/L 的磨制矿浆通过若干级间接预热升温到 160 ~ 180℃，两者在溶出釜内混合；混合矿浆再通过间接加热管道或直接通入新蒸汽，加热到溶出温度；达到温度的矿浆通过串联高压釜完成溶出；溶出矿浆进入自蒸发器卸压降温，进入稀释槽。

一水硬铝石矿高温双流法溶出工艺于 2002 年为中国铝业中州分公司的国家高新技术示范工程——选矿拜耳法的设计所采用，所建设的生产系列运行正常。

c   管道预热—停留罐溶出技术

中国早在 20 世纪 60 年代就开始研究拜耳法间接加热、强化溶出技术。1968 年，原贵州铝厂建设了矿浆流量为 1.1 ~ 1.8m³/h、压力为 4MPa 的管道化溶出半工业试验装置，采用无机盐加热、9 级套管预热和 8 级自蒸发的工艺，但仅进行了几次试验。1975 年，沈阳铝镁设计研究院曾进行了 22m³/h 管道化预热装置的设计，用圆筒炉将矿浆加热到 320℃。

1975 ~ 1982 年，郑州轻金属研究院针对中国铝土矿特点进行了系统的强化溶出实验室研究。试验结果表明，对于中国难溶的一水硬铝石型铝土矿，即使采用高温溶出，仍需要足够的溶出时间。为验证实验室研究的结论、深入研究矿浆在间接加热和溶出过程中的反应规律，进而开发一水硬铝石矿间接加热、强化溶出技术，郑州轻金属研究院于 1983 年 9 月动工建设矿浆流量为 4 ~ 6m³/h 的拜耳法强化溶出试验工厂。该厂于 1987 年建成，1988 年完成了中国广西平果铝土矿的细管道间接加热—粗管道停留反应的半工业试验。随后对半工业试验线进行了多次技术改造，于 1989 年和 1991 年又分别成功地进行了中国山西铝土矿和河南铝土矿的管道预热—停留罐溶出技术的试验，获得了较好的试验结果，氧化铝溶出率为92%，溶出液苛性比为1.5。与此同时，还系统进行了预热管道中的结疤规律的研究，并开发了清理结疤的方法。这套试验装置经过不断完善和扩建，已在郑州轻金属研究院顺利运行二十余年，矿浆流量规模已经达到40m³/h。

管道预热—停留罐溶出技术的流程是：原矿浆经预脱硅后，用高压隔膜泵送入9级套管式预热器，其中1~8级用对应的8级矿浆自蒸发器产生的二次蒸汽加热，第9级用熔盐或新蒸汽加热。通过9级间接加热达到溶出温度的矿浆，在随后的串联停留罐充分反应后，进入8级矿浆自蒸发器卸压、降温后排入稀释槽。

管道预热—停留罐溶出技术的主要特点是：矿浆在管道预热器中快速间接加热到溶出温度，再在无搅拌及无加热装置的停留罐中保温反应；停留罐具有足够大的容积，保证一水硬铝石矿充分的溶出反应时间；停留罐及管道式预热器的结构简单，加工制造容易，维修方便，容易清洗结疤；8级自蒸发充分回收了溶出矿浆中的热量，用于间接加热矿浆，热利用效率较高。

管道预热—停留罐溶出技术是针对中国一水硬铝石矿拜耳法溶出的特点开发的，具有流程和设备简单、投资低、维护和清理结疤容易的优点。该技术不仅为原中国长城铝业公司引进的管道化溶出装置的技术改造提供了技术基础，而且已在中国多家拜耳法氧化铝厂得到了推广应用。

20世纪90年代，原中国长城铝业公司从德国引进了用于处理三水铝石矿的RA6型全管道化溶出装置。该装置通过多级二次蒸汽交换将原矿浆预热到220~230℃，再通过熔盐加热段将矿浆加热到270~280℃，接着进入管道保温溶出段，矿浆在此保温溶出段停留时间很短，仅为数分钟，然后依次通过8级自蒸发器后出料。该装置具有如下优点：采用套管式换热器进行间接加热，可以实现高温溶出；矿浆在管内呈高度的湍流状态，传热效果好；矿浆在管道内不会返混，浓度利用效率高。但是，中国一水硬铝石铝土矿即使在高温下仍需一定的溶出时间，由于高压泵的限制，全管道化溶出系统无法提供足够长的管道用于溶出，且输送泵和阀磨损严重；原引进装置将石灰乳直接添加到高温溶出管道段，造成溶出段管道入口处严重结疤，运转率极低。因此，该引进装置不适用于中国一水硬铝石铝土矿的强化溶出。

郑州轻金属研究院开发成功的管道预热—停留罐溶出技术为原中国长城铝业公司引进的管道化溶出装置的技术改造提供了充分的技术依据。原中国长城铝业公司采纳了郑州轻金属研究院的技术建议，采用了石灰前加、增加串联停留罐等关键技术，对该引进装置进行了全面的技术改造，终于使其成功地投入生产运行。

d 高压溶出过程监测和控制系统

原平果铝业公司和山西铝厂的拜耳法溶出过程的检测及自动控制系统由原法国铝业公司引进，选用集散控制系统，通过PLC（可编程逻辑控制器）来实现控制。该系统的设计功能是：根据被控参数的特点，过程控制水平可分为三种类型；过程参数的报警连锁控制；集中显示和控制。

中国铝业河南分公司针对溶出工序的高温、高压、强碱、易结疤、腐蚀性强等工艺特性，解决了自蒸发压力、预热器温度、溶出器压力和温度、溶出罐液位、矿浆流量等参数的在线检测问题，并将这些检测信号相互耦合构成一个复杂的生产在线检测网络；应用自适应预测模型控制和智能专家控制的混合控制策略，成功地实现溶出温度的控制；采用计算机专家指导操作控制，保证溶出工序某些关键指标（如溶出器液位和压差等）的稳定；在矿浆泵上安装了变频调速装置，实现了矿浆流量的无级调整，依此对溶出过程的液位和温度进行微调。

这些过程监测和控制系统对拜耳法溶出工序的稳产、高产和节能降耗发挥了重要作用。

9.2.1.2　拜耳法赤泥液固分离技术的进展

A　国外氧化铝工业的赤泥液固分离技术

a　多层沉降槽技术

20 世纪 50~60 年代，国外氧化铝厂较多地采用多层沉降槽进行赤泥分离。多层沉降槽的主要特点是单位沉降面积的材料消耗和投资少，节省占地面积。

b　单层沉降槽技术

随着赤泥沉降技术的发展，多层沉降槽逐渐被单层沉降槽所取代。目前，世界氧化铝工业已普遍采用大直径的单层沉降槽。单层沉降槽有各种不同的结构形式：有锥底或平底的，有中心传动或周边传动的，有中心出料或周边出料的。单层沉降槽的直径通常在 30~50m 之间，槽身高度一般为 4~8m，而深锥型沉降槽的高度则达 10m 以上。

赤泥沉降槽从多层向单层发展，是基于对沉降理论深入研究的结果。Coe-Clevenger 于 1916 年所阐述的沉降过程基本原理是以纯液压为前提而提出的。按此理论，先确定沉降面积而后才考虑计算沉降高度。但经过研究发现，沉降高度对沉降过程的湍流扩散以及溢流和底流的质量有很大影响；在一定条件下，沉降槽的产能和底流压缩液固比与沉降高度有密切关系。

单层沉降槽按溢流量计算的单位产能比多层沉降槽高 1~2 倍，而赤泥压缩程度提高 0.5~1 倍。因此，采用单层沉降槽可提高分离效率，减少洗涤次数，从而降低建设投资；而且在操作控制和清理维修方面，单层沉降槽也比多层沉降槽简单方便。

希腊圣·尼古拉氧化铝厂的赤泥沉降洗涤系统为：采用单层平底沉降槽进行赤泥分离，采用相同的沉降槽进行 5 次赤泥洗涤，底流固含达 500g/L，赤泥附液含碱 0.5~1g/L。分离粗液用 5 台大型单筒叶滤机叶滤。

澳大利亚奎纳纳（Kwinana）氧化铝厂的赤泥沉降洗涤系统为：赤泥沉降洗涤工序共有 5 个系列，采用 6 次反向洗涤，均采用直径约 30m 的锥底沉降槽。在分离沉降槽中添加淀粉絮凝剂。分离沉降槽溢流固含 50mg/L，洗涤沉降槽溢流固含 10mg/L，一洗底流固含 300g/L，末次洗涤底流固含约为 600g/L。

澳大利亚昆士兰氧化铝公司（QAL）的赤泥沉降洗涤系统为：赤泥沉降洗涤工序采用分离沉降加 5 次洗涤工艺，所采用的沉降槽均为直径约 40m 的单层沉降槽，分离沉降槽溢流固含 50~60mg/L。

澳大利亚的平贾拉氧化铝厂（Pinjarra）赤泥沉降洗涤系统为：采用 φ90m 超级大直径沉降槽，泥层高度约为 3.0m，底流固含高达 45%~50%。φ90m 的超级大直径沉降槽采用周边传动形式，槽直径为 75~90m，总高度约为 10m，底面坡度为 1/6。

c　高效沉降槽技术

深锥沉降槽（也称高效沉降槽）技术是于 20 世纪 80 年代由原加拿大铝业公司开发成功的，当时用于赤泥的末次洗涤。采用该技术，末次底流的固含可达到 50% 以上，从而大大减少了排放赤泥中的附液，降低了碱耗和赤泥堆存的难度。由于高效沉降槽具有很高的分离洗涤效率，因而逐渐被用于赤泥的整个洗涤系统改造，甚至也用于分离沉降。

巴西北方氧化铝厂（Alunorte）采用 5 台 $\phi 16.5m$ 底部为小锥角的高效深锥沉降槽进行赤泥分离，底流固含高。该高效沉降槽采用中心传动形式，槽的直径一般最大为 30 ~ 32m。沉降槽的泥层高达 6m，底流固含达 50%，结疤少，也可作为一次和二次赤泥洗涤使用。

澳大利亚沃斯利（Worsley）氧化铝厂原有的赤泥分离洗涤系统为：采用直径 43m 单层平底沉降槽进行赤泥分离，直径 36m 单层平底沉降槽进行赤泥洗涤，沉降洗涤 2 次，再用 140m² 折带过滤机洗涤 1 次，粗液用 12 台 370m² 凯利式叶滤机叶滤，并加石灰乳作为过滤助剂。后该厂经过技术改造，大量采用了高效深锥沉降槽，其赤泥沉降洗涤流程改为：溶出矿浆经闪蒸降温，浆液经除砂进入赤泥沉降洗涤工序，赤泥沉降洗涤工序共有 4 个系列，采用 4 次或 5 次洗涤。分离沉降均采用直径约 18m 的深锥沉降槽，添加絮凝剂，絮凝剂用量是原平底沉降槽时的 1.5 倍。分离槽溢流固含 150mg/L，底流固含由原平底沉降槽时的 33% 增加为 45%。赤泥洗涤采用平底沉降槽，赤泥经 36 台过滤机过滤后，采用隔膜泵外排，外排赤泥固含约为 62%。分离槽溢流经自动叶滤机处理后得到精液。

d　高温沉降槽技术

原加拿大铝业公司为解决两段溶出之间高温矿浆不需卸压降温即可实现液固分离的难题，开发了高温沉降槽技术，并成功地进行了工业试验。

该技术设计了密闭的高温沉降槽系统，可以在 140 ~ 150℃ 下进行赤泥沉降运行。絮凝剂需要用泵送入槽内，清液层和泥层可以用非接触式仪表监测。在较高温度下，赤泥沉降速度较快，泥层固含也较高。

e　赤泥过滤技术

国外氧化铝工业已开发成功并广泛应用大规格、高处理量的赤泥转鼓过滤机或折带卸料式过滤机、立式自动叶滤机、大型卧式叶滤机等大型赤泥过滤设备，提高了过滤效率，节约了能耗，降低了赤泥水分和附碱损失。

B　中国氧化铝工业的赤泥液固分离技术

中国氧化铝厂应用的赤泥沉降槽主要有单层沉降槽、多层沉降槽、大直径平底沉降槽以及高效沉降槽。

a　小型单层或多层的沉降槽技术

中国早期建设的氧化铝厂引进了前苏联的赤泥沉降技术，普遍采用直径和层高均较小的单层和多层沉降槽，所用的赤泥分离设备规格一般是 $\phi 16m$ 或 $\phi 20m$ 的沉降槽、40m² 转鼓真空过滤机、38m² 卧式叶滤机。这些沉降过滤技术和设备的共同缺点是：技术装备水平低、分离效率和产能低、劳动强度大、自动化程度低。

b　大型平底沉降槽技术

自 20 世纪 80 年代起，原山西铝厂和平果铝业公司在设计和建设过程中，从法国道尔-奥利弗（Dorr-Oliver）公司引进了大型沉降设备以及相关技术。较为典型的是 $\phi 42m \times 6m$ 钢索扭矩大型平底沉降槽。该种沉降槽运行稳定可靠，产能、溢流净度和底流固含等项指标比原有设备均有较大幅度的提高。国内设计单位经过对引进的大型沉降槽进行了消化吸收，设计制造了 $\phi25m$ 钢索扭矩沉降槽，并在中国铝业中州分公司投入使用。

大型赤泥分离沉降槽进料量平均在 $450m^3/h$，底流液固比控制在 4.0 以下，赤泥处理量为 100t/h，洗涤末槽排渣底流液固比控制在 2.0。

c　高效沉降槽技术

原贵州铝厂于 1999 年在实施 800kt/a 氧化铝节能增效技术改造工程时，首先引入法国道尔-奥利弗公司的 $\phi12m \times 14m$ 高效深锥沉降槽，设计产能 320kt/a。2002 年中国铝业河南分公司技术改造时，也建设了一组 $\phi14m$ 深锥沉降槽，设计产能 400kt/a，2004 年已达产达标。目前，高效深锥沉降槽已在中国的氧化铝行业内得到广泛的推广应用。

高效深锥沉降槽的特点是：高径比大（$H/D \geqslant 1$ 或接近 1），底部锥体高度较高（深锥）；设置了特殊的进料管（E-DUC）和沉降槽内的进料筒系统；多点加入絮凝剂；沉降槽内进料筒特殊的结构设计，可使絮凝剂与料浆混合更均匀，以充分发挥絮凝剂的作用；沉降槽底部的深锥结构，有利于泥浆的压缩，提高底流固含。

d　$385m^2$ 卧式叶滤机和自动立式叶滤机

氧化铝厂铝酸钠溶液控制过滤普遍采用卧式叶滤机。

中国氧化铝厂早期用的卧式叶滤机规格小，双筒布置的过滤机面积通常只有 $50m^2$，设备产能低、操作复杂、卸车频繁。

20 世纪 90 年代初，原山西铝厂二期 1Mt 联合法工程和平果铝业公司一期 0.3Mt 拜耳法工程先后引进了法国道尔-奥利弗公司的单筒过滤面积为 $385m^2$ 的大型卧式叶滤机。这种叶滤机单台产能高，机头的锁紧与开启以及机壳的拉开与关闭等均为液压控制，装备水平有了较大提高。而后，由国内的设计和生产单位联合进行了 $385m^2$ 叶滤机的消化研制及应用。$385m^2$ 卧式叶滤机不仅用于拜耳法生产工艺，而且也适用于烧结法生产工艺。

2000 年，原平果铝业公司二期工程引进了法国高德福林 Gaudfrin（公司）先进的新型自动立式叶滤机。这种叶滤机的特点是：进料、正常过滤、卸泥、溶液反冲清洗等作业的全过程均由计算机控制而自动进行，大大减轻了劳动强度，改善了生产环境，各项性能和消耗指标明显优于卧式叶滤机。

e　带式过滤机与压滤机

近年来，中国的带式过滤机与压滤机制造技术和设备性能取得了明显进展，这类高效设备在中国氧化铝生产赤泥液固分离工艺上得到了应用。

各种带有特殊设计和功能的带式过滤机应用于烧结法赤泥的分离过滤和外排赤泥的过滤。压滤机则由于其滤饼含水率低的优势，被用于外排赤泥的最后过滤，以尽可能减小对赤泥堆场堆放量的压力。

C　絮凝剂在中国氧化铝工业的应用

在 20 世纪 70 年代以前的中国氧化铝生产中，拜耳法赤泥的沉降分离通常采用面粉和麦麸作絮凝剂，烧结法赤泥的分离则采用沉降过滤器分离技术。采用沉降过滤器进行赤泥分离，劳动条件恶劣、设备产能低、滤布消耗大，且对熟料的质量和溶出条件要求严格。因此，烧结法和拜耳法赤泥的分离工艺和设备始终是中国氧化铝工业的一个关键瓶颈环节。

20 世纪 80 年代，原郑州铝厂成功地研制出聚丙烯酰胺和聚丙烯酸钠类的合成絮凝剂，并成功地用于赤泥的分离。20 世纪 90 年代后，为进一步提高不同性质赤泥的沉降分离性能、改善沉降槽浮游物指标、降低赤泥的压缩液固比，原山西铝厂、平果铝业公司、贵州铝厂、山东铝业公司等氧化铝厂先后引进了英国胶体联合公司、纳尔科公司（Nalco）和氰特公司（Cytec）的絮凝剂，并大量应用于赤泥分离和洗涤系统，取得了较好的技术经济指标。国内一些厂家也开发了多种絮凝剂用于我国氧化铝生产。

9.2.1.3 拜耳法晶种分解技术的发展

A 国外氧化铝工业晶种分解技术的发展

国外拜耳法分解工艺都采用晶种分解工艺。自20世纪60年代开始，国外各氧化铝厂逐步开发并采用了"两段法"或"一段法"砂状氧化铝生产技术。这一内容将在第15章中详述。

a 国外晶种分解槽设备进展

老式叶片分解槽是第二次世界大战以前的氧化铝厂曾经使用过的技术。老式叶片分解槽容积仅为几百立方米，铆接槽身，内置机械搅拌，实行间断操作。为避免槽内氢氧化铝沉积，用若干叶片密排于槽的下半部，后又在底部叶片下面装上犁铧，最后又发展到在叶片端部装上带球的链条。第二次世界大战后，由于分解槽中的氢氧化铝种子量增至400~500g/L，老式叶片分解槽难于使用，而逐渐被淘汰。以下介绍几种目前常用的晶种分解槽：

（1）空气扬升分解槽。容积一般为1000~2000m³，底部锥体倾斜度为45°或30°，为了防止沉淀并进行搅拌，每分钟需鼓入5.2atm（526890Pa）的压缩空气6m³。空气扬升分解槽的缺点是：压缩空气动力消耗大，能量效率低；如停车时间稍长，易于产生沉淀，而且难于重新将已沉积的物料搅拌起来；同时，为产生必要的物料循环，槽内至少需要装2/3容积的溶液。空气扬升分解槽一年需要清理1~2次结疤与沉淀。

（2）MIG搅拌型分解槽。该类分解槽借助于搅拌器桨叶的适当排布来强化物料在槽内的流动，其内环桨叶迫使悬浮液向上流，而外环桨叶则使之向下流。叶片的合理设计可使联轴上的损失最小，桨叶的压力侧与吸力侧之间无悬浮液回流。MIG搅拌型分解槽所需动力比一般空气扬升分解槽少得多。当悬浮液浓度为400g/L时，MIG搅拌型分解槽停车40min后重新启动不会产生沉淀和其他困难。MIG搅拌型分解槽的容积一般为3000~4500m³。

（3）导流筒分解槽技术。澳大利亚某些氧化铝厂采用了导流筒分解槽进行晶种分解。该设备中心设置一个一定高度的导流筒，筒内有类似管道泵的螺旋桨将料浆从上部向下压送，下部的料浆沿筒外向上流动，形成循环。导流筒分解槽的优点是：能耗较小；即使停车产生沉淀，也易于重新开动，恢复正常运行。

b 化学添加剂的应用以及分解过程的强化

化学添加剂的应用对提高晶种分解的效率和改善产品质量起到了重要作用。分解过程加入新型结晶助剂、脱水剂、过滤助剂以及消泡剂等化学添加剂，可改善氢氧化铝晶粒的粒度分布、降低氢氧化铝滤饼中的水分、减少分解槽冒泡现象，因而可大大强化生产过程、提高效率、降低能耗、节约成本。

B 中国氧化铝工业晶种分解技术的进展

a 分解槽设备的改进

在原山西铝厂和平果铝业公司引进大型分解槽之前，国内晶种分解槽普遍采用空气搅拌的锥底槽，动力消耗大，槽容积小且数量多，占地面积大，投资高。20世纪80~90年代，原山西铝厂和平果铝业公司从国外引进大型机械搅拌分解槽的技术特点是：槽容量大，$\phi 14m \times 30m$，容积为 $4500m^3$，槽底为平底，带桨叶式机械搅拌。这种大型分解槽的优点是：动力消耗低、结疤少、搅拌均匀（槽内任意两点之间的料浆固含差小于 3% ）、固含可达 $700 \sim 900g/L$。目前，新建拜耳法氧化铝厂的分解工序均采用大型机械搅拌分解槽。老氧化铝厂中的有效容积较小且采用空气搅拌的分解槽已逐渐被淘汰。

b　晶种和氢氧化铝分解产品过滤技术的改进

早期国内氢氧化铝晶种过滤分离普遍采用 $40m^2$ 圆筒真空过滤机。20 世纪 90 年代，原山西铝厂和平果铝业公司引进了 $245m^2$ 立盘过滤机进行晶种过滤，产能为 $380 \sim 430$ $t/(台 \cdot h)$，滤饼含水率为 10% $\sim$ 18% ，滤液浮游物不大于 $2g/L$。该设备结构紧凑、占地面积小，过滤面积大，投资和操作费用低。目前，国内氧化铝厂晶种过滤已普遍采用大型立盘过滤机。

原山西铝厂、平果铝业公司和山东铝业公司从国外引进了大型氢氧化铝平盘过滤机，用于氢氧化铝成品过滤与洗涤。该设备产能高、洗水量少，滤饼含水率低、分离与洗涤过程在同一台设备上完成，大大简化了流程。此外，还具有占地面积少，操作环境好，产品含水率低于 10% ，滤液浮游物不大于 $2g/L$ 的优点。目前，国内已能制造新结构形式的大型氢氧化铝平盘过滤机，并广泛地应用于中国氧化铝生产中。

c　高浓度分解技术

为提高产量和降低成本，中国各氧化铝厂广泛应用了高浓度晶种分解工艺。如某混联厂的拜耳法分解精液的浓度由 1993 年时的 $N_K = 141.7g/L$（N_K 指溶液中苛性碱浓度），Al_2O_3 浓度为 $139.63g/L$ 提高到 2001 年的 $N_K = 158.29g/L$，Al_2O_3 浓度为 $161.05g/L$。中国某氧化铝厂甚至已把分解精液的氧化铝浓度提高到约 $190g/L$。通过提高分解精液的浓度，可以明显提高拜耳法循环效率和分解产出率，同时蒸发能耗也相应减少。

d　砂状氧化铝生产技术

中国氧化铝厂引进和自主开发的生产砂状氧化铝的分解技术将在第 15 章中进行详细叙述，本节不再介绍。

e　分解工序计算机实时监测与控制系统

中国铝业河南分公司开发了分解工序计算机实时监测与控制系统，实现了拜耳法晶种分解的实时监控：

（1）建立晶种分解料浆密度与固含之间数学模型，通过检测相关的密度，计算出与料浆密度相对应的料浆固含值，实现分解槽固含的在线检测与控制。

（2）利用超声波流量计检测晶种分解系统的进料量，建立料浆的电导、浓度与分解率之间的数学模型，在线测定有关的参数，实现对分解率的控制。

（3）实现分解槽料浆温度、液位及种子过滤机液位等参数的在线检测与控制。

该模糊控制系统及人机协同管理控制系统具有较强的抗干扰性和适应性，在工业上得到了应用。

9.2.1.4　氢氧化铝焙烧技术的进展

20 世纪 60 年代前，国内外氧化铝厂基本上都采用回转窑焙烧氢氧化铝。回转窑焙烧的燃料消耗较大，一般为每千克 Al_2O_3 $4.5 \sim 6MJ$。

20世纪40年代初就开始研究流态化焙烧技术，但直至60~70年代才真正把流态化焙烧技术应用于工业生产。美国氧化铝厂于1963年，德国氧化铝厂于1970年分别将流态化焙烧技术投入工业应用。流态化焙烧炉的能耗一般每千克Al_2O_3仅为3.07MJ，当氢氧化铝含水率为6.5%时，还可降低到每千克Al_2O_3 2.85MJ。

国外主要有三家公司掌握流态化焙烧技术：美国铝业公司（Alcoa）开发了流态闪速焙烧装置（简称FFC）；德国鲁奇（Lurgi，现属于奥图泰公司（Outotec））和原联合铝业公司（VAW）共同开发了循环流化床焙烧装置（简称CFC）；丹麦史密斯公司（FLSmidth）开发了气态悬浮焙烧装置（简称GSC），最大的焙烧炉已达到4500t/d的规模。

流态化焙烧技术的特点是：低热耗，占地面积小、投资少，维修费用低，产品质量好，对环境污染少。自20世纪80年代起，国外新建的氧化铝厂全部采用流态化焙烧炉。

中国氧化铝工业在20世纪80年代前，均采用带圆筒冷却机的回转窑焙烧氢氧化铝。该技术热效率低，能耗高。为降低能耗，曾在原郑州铝厂氧化铝厂对焙烧回转窑进行节能技术改造，使焙烧油耗降低了27%，产能提高了20.9%。原山西铝厂氧化铝一期工程于1984年引进了美国Alcoa-德国KHD公司的日产1300t/d氧化铝流态闪速焙烧炉。随后，一些氧化铝厂又引进了丹麦史密斯公司的气态悬浮焙烧炉（1300t/d和1850t/d）和德国鲁奇公司的循环流化床焙烧炉。经过数年的消化吸收和开发，中国的氧化铝工业已全部采用了氢氧化铝流态化焙烧技术。主体焙烧装置也已能在中国本地设计和制造。

流态化焙烧是物料在气流中处于悬浮状态进行换热，物料颗粒与热气流接触的受热面积大大增加，强化了换热过程；由于物料和气流的扰动强烈，相对运动速度高，物料受热迅速均匀，因而在较短的时间内即可完成焙烧过程。

国内氧化铝厂的流态化焙烧炉的产能范围为日产氧化铝1300~2200t，焙烧热源可以根据能源条件选用重油、煤气或天然气。流态化焙烧炉的氧化铝焙烧能耗比回转窑降低约每千克氧化铝2MJ（折合油耗约1t氧化铝50kg）；同时降低了动力消耗，提高了运转率。

9.2.1.5 母液蒸发技术的发展

A 国外母液蒸发技术的发展

国外氧化铝厂由于大多采用低浓度循环母液运行的工艺，母液蒸发量一般较小，蒸发能耗在总能耗中的比例也不大。

所采用的蒸发技术主要有如下三种：

（1）管式降膜蒸发技术。该技术通常用于较高浓度体系的氧化铝生产。

（2）间接加热、多级自蒸发以及真空蒸发技术。该技术用于蒸发强度较低的工艺。

（3）控制物料平衡的无蒸发技术。通过高水平的物料控制和水平衡控制，实现无蒸发或少蒸发作业。

B 中国母液蒸发技术的发展

由于中国氧化铝工业的资源和流程特点，在铝酸钠溶液蒸发过程中，浓缩比高且循环碱液量大，在解决水平衡的同时，还要解决盐平衡的问题，因此，蒸发工序是中国氧化铝生产中关系到能耗和系统稳定运行的重要环节。

a 降膜蒸发技术和装备

20 世纪 80 年代以前，国内氧化铝厂碱液蒸发所用的主要蒸发设备是标准型蒸发器和外热式自然循环蒸发器，采用 3~4 效作业，设备产能低，蒸水汽耗高。

自 20 世纪 90 年代开始，中国氧化铝厂逐渐采用降膜蒸发技术替代传统的多效管状热交换器的蒸发器，强化了母液的蒸发过程，达到节能降耗的目的。1995 年投产的原平果铝业公司一期工程从法国 Kestner 公司引进了蒸水能力为 150~170t/（组·h）的五效降膜蒸发器，每吨水蒸发汽耗为 0.38（排盐）~0.33t（不排盐），运转率大于 93%，各项指标均优于国内氧化铝厂已有的外热自然循环等各类型蒸发器。原平果铝业公司二期氧化铝工程又引进了蒸水能力为 200~220t/（组·h）的六效管式降膜蒸发器组，每吨水蒸发汽耗为 0.32（排盐）~0.273t（不排盐），系统运转率达 95%~96%。

在此基础上，中国的氧化铝厂通过引进消化吸收及自主创新，已成功开发出多套管式降膜蒸发器、板式降膜蒸发器和管板结合的降膜蒸发器技术，并在中国铝业贵州分公司等各家分公司以及近年来新建的其他氧化铝厂得到了广泛的推广应用。

板式降膜蒸发器应用于氧化铝厂是由原贵州铝厂和山西铝厂等单位与设备制造厂家合作开发成功的。板式降膜蒸发器具有传热系数高，能在较小的温差下正常运行，加热板片上部分结疤能自行脱落的优点。但在高浓度和高温下的抗腐蚀性能较差。中国铝业贵州分公司在开发板式蒸发器技术之后，又针对该技术存在的问题，开发出管板式降膜蒸发器技术，并进行了应用。

郑州轻金属研究院于 2001 年提出管板结合的降膜蒸发技术思路，即在蒸发系列的高温效采用管式降膜蒸发器，而在低温效采用板式降膜蒸发器。实施该技术的目的是：在高温蒸发段用管式降膜蒸发器可具有较好的抗腐蚀性和强度，低温段用板式降膜蒸发器可提高传热系数。该技术结合了两种蒸发器的优点，在某些氧化铝厂得到了应用。

b 化学添加剂阻垢

化学添加剂在蒸发工序的应用也取得了进步。新型阻垢剂和防腐剂等化学添加剂应用于蒸发，可以减缓蒸发器的结疤速度，或者降低蒸发器清洗过程的腐蚀，从而提高蒸发器的运转率和传热效率，达到节能降耗的目的。

中国氧化铝厂采用氰特公司的添加剂，进行了降低蒸发器结疤速度的工业试验，取得了一定效果。中国自行开发的阻垢剂和酸洗减蚀剂也得到了应用。

c 蒸发工序计算机实时监测与控制系统

为降低母液蒸发能耗、提高蒸发效率，稳定蒸发母液和冷凝回水的质量、提高回水比，中国多家氧化铝厂开发了蒸发工序自动监测和控制系统。该系统实现了以下三个方面的监控：

（1）采用能在恶劣环境下可靠工作的液位计以及模糊前馈控制技术，实现了蒸发器液位检测和控制。

（2）通过蒸发工序的历史数据库及试验结果，建立最佳效率模型及密度-浓度转换模型，用同位素密度计检测蒸发母液的终点密度，由此算出母液终点浓度，实现了终点浓度的在线检测和蒸发工序浓度的控制。

（3）通过蒸发工序工艺参数（温度、压力、密度、液位、流量）的在线检测，实现最佳蒸发效率控制。

9.2.1.6　拜耳法生产的环境保护技术

世界氧化铝工业在环境保护方面已经取得了积极进展，特别是在铝土矿的开采和矿坑的填平复垦、氧化铝生产废水零排放、节能并减少温室气体的排放、赤泥的干法输送和无害化堆存以及堆场植树种草等方面开发了一系列技术，并得到了应用，大大减轻了氧化铝工业对环境的污染和影响。以下重点介绍赤泥的堆放和降低污染的技术。

近年来，随着国内外对环境保护工作的加强，赤泥的排放情况有了较大的改善。多数氧化铝厂仍采用露天湿法堆放，并向干法堆存过渡。

总的说来，目前世界上氧化铝厂的赤泥处理和堆存有如下几种技术。

A　赤泥湿法堆存技术

20 世纪 60 ~ 70 年代，在澳大利亚奎纳纳氧化铝厂和平贾拉氧化铝厂投产时，两厂全部赤泥都堆放在用黏土作防渗层的堆放场里。堆放场占地面积 0.1 ~ 1.5km²，赤泥层高度 10 ~ 20m。赤泥浆用泵送到堆场，由于赤泥浆中的固相含有不同粒级的赤泥颗粒，进入堆场后，会形成明显的"粗砂"和"细泥"区段。近年来，美国铝业公司开发了利用焙烧窑烟气中的 CO_2 中和赤泥浆的方法，减轻外排赤泥的碱性。

澳大利亚昆士兰氧化铝公司等某些沿海建设的氧化铝厂，对赤泥先采用海水清洗中和后，再排入堆场的方法，减缓了赤泥对堆场的碱污染。

原加拿大铝业公司在牙买加的氧化铝厂利用赤泥堆场的自然斜坡，开发了赤泥斜坡堆放技术，氧化铝厂排出的赤泥浆轮流排入不同区域的斜坡堆场，赤泥中的碱液沿坡流入坡底的储液池，加以回收；留在坡上的赤泥经过自然蒸发，逐渐干化，形成稳定的赤泥堆层。

采用湿法堆存技术的氧化铝厂一般都在堆场下部构筑了防渗层，如乌克兰尼古拉耶夫氧化铝厂在赤泥堆场底层设置沥青结构，堆坝外侧采用塑料或橡胶密封，以达到防止赤泥废碱液渗透的作用。原德国铝业联合公司将过滤和洗涤后的赤泥添加石灰或其他胶结剂构筑防渗层。

在赤泥堆场下方采用赤泥堆场地下排水技术。1980 ~ 1983 年，美国铝业公司在平贾拉氧化铝厂进行赤泥堆放试验：把储水池和沉淀池分开，粗砂和细泥分级作业在堆场进行。在新堆场底部铺设地下排水层，改进堆场底部密封设计，在黏土层上再铺一层聚氯乙烯塑料。试验取得了较好的结果：既可以回收碱液，也可防渗漏污染。对堆场赤泥层测定结果表明：赤泥层固含从原来的 55% 提高到 62%，因而堆场存放效率也相应提高 20%。由于赤泥层固相密度增大，也有利于堆场的封闭和回垦。

B　赤泥干法输送和堆存技术

1984 年以后，美国铝业公司大规模开发应用了赤泥干法堆存技术。该技术把赤泥稀浆经分级获得的细泥浓缩到固含达约 50%，并输送到过滤干燥床上，通过地下排水装置和自然干燥蒸发，进一步降低赤泥水分，直至赤泥层中的固含达到 65% ~ 70% 为止。

同常规湿法堆存相比，干法堆存技术具有如下优点：用地面积较少；碱在生产中周转快；堆场赤泥层压头低，渗漏风险减少；赤泥层固含高，因而较为稳定、强度高；堆场便于复垦；堆场建设不需大量建筑材料。

原平果铝业公司氧化铝厂建在环保要求严格而地质条件又复杂的岩溶地区。为防止赤泥污染，该厂采用了赤泥干法输送和堆存的技术。原平果铝业公司氧化铝厂的设计、建设单位进行了赤泥化学、物相和流变性研究，开发了赤泥过滤以及高固含输送的技术；通过对该厂拜耳法赤泥的固结、变化水头渗透及干固赤泥浸水等试验，解决了赤泥筑坝和稳定堆存的技术难题；开发了用赤泥和改性赤泥构筑防渗层或复合防渗层的技术。通过应用这些技术成果，赤泥堆场的运行安全可靠，基本无泄漏。

除了改进赤泥堆场的堆放和防渗技术外，在世界范围内还开展了赤泥堆场的复垦造林和赤泥资源的综合利用研究。澳大利亚戈夫氧化铝厂在 $0.6km^2$ 的赤泥堆场上种植了草木，并形成了灌木林。国外利用拜耳法赤泥进行了筑路、中和含酸工业废水和河流污泥、赤泥堆场回垦种草等工业试验，取得了一定进展。详细内容见第 18 章。

9.2.2　烧结法的主要技术进步

9.2.2.1　烧成工艺技术的改进

A　烧成炉料的非饱和配方

原山东铝厂烧结法投产初期，采用了前苏联专家提供的烧结炉料饱和配方。采用饱和配方，炉料烧结温度范围宽，易于操作，但氧化铝和氧化钠的净溶出率低、烧结过程中氧化钠挥发损失大，生产初期还经常发生赤泥膨胀现象。为防止沉降槽跑浑，通过添加面粉作为絮凝剂以加快沉降速度。其结果是：不仅浪费了大量面粉，而且每吨氧化铝碱耗高达 400kg，氧化铝总回收率仅为 64%。

20 世纪 60 年代，经过原山东铝厂科技人员多年的试验研究和生产实践，开发了适合于中国低铁铝土矿熟料烧结的最佳配方：碱比为 0.95 ± 0.05；钙比为 2.00 ± 0.02。采用该配方，氧化铝和氧化钠的溶出率分别达到 93% 和 96%，创造出了国际上烧结法生产氧化铝的最好技术指标，赤泥沉降性能也满足了生产要求。

B　烧结法配料控制系统

由于烧结法料浆配料的准确性对烧成效率和熟料的质量具有重要影响，多年来，中国氧化铝厂对烧结法配料控制系统进行了大量的试验研究。

配料控制的核心是：快速准确地测定配料过程各种物料的化学成分。经过试验发现，各种在线检测仪表在烧结法配料过程的恶劣环境下，难于保持检测的稳定性和精度，结疤现象较为严重。采用即时采样，再通过 X 射线荧光（XRF）分析仪快速测定化学成分的方法，可较快地分析出料浆成分，为调配提供数据，结合碱液流量和固体物料量的在线检测，可以实现较精确的配料。

这一控制系统在烧结法生产上得到了应用。

C　石灰配料技术

中国烧结法的炉料配方中，采用了湿法石灰配料代替石灰石配料，这一配料方法具有如下优点：

（1）提高原料磨产能 1～2 倍。

（2）提高熟料窑产能。减少了窑内分解石灰石所需的热量，因而减轻了窑的热负荷。采用石灰配料，烘干过程进行得很快，因此提高了烧结窑的产能。

但这一技术需要事先采用石灰窑进行石灰石的煅烧。

D　生料加煤排硫技术

在氧化铝生产过程中，随着铝土矿等原料和燃料不断地带入含硫化合物，造成了生产流程中硫酸钠的不断积累。当烧结炉料中的硫酸钠含量过高时，熟料窑结圈频繁，下料口易于黏结堵塞，窑的正常热工制度遭到破坏，大大增加了操作的难度；同时，高硫酸钠浓度的母液对蒸发危害比较大，蒸发时会大量析出复盐结晶，严重影响蒸发作业，并使碱耗增加。

原山东铝厂将生料加煤技术应用于氧化铝生产中的熟料烧成，其主要目的是：提高窑的产能和防止结圈；排除物料中的硫含量，减少硫在流程中积累。采用生料加煤技术，可以产生以下作用：

(1) 改善熟料的质量。生产实践证明，生料加煤烧成的熟料为"多孔黑心"，可磨性好，能提高溶出磨的产能20%以上；赤泥细度均匀，改善了赤泥的沉降性能，二次副反应损失可降低0.5%~1.0%。

(2) 提高熟料窑预热带能力和产能。生料中添加的煤在预热带燃烧，提高了烘干带的气流温度，使烘干带的容积烘干强度达到350kg/(m² · h)，窑产能提高30%。

(3) 生料加煤排硫方法简单，排硫作用显著，可减少硫在流程中积累，每吨氧化铝可降低碱耗约30kg。

生料加煤排硫技术已推广应用到中国烧结法及联合法生产氧化铝的熟料烧结工艺中，并取得了很好的效果。

E　强化烧结法技术

中国科技工作者通过对处理高铝硅比原料的生料配方、熟料烧成及溶出、赤泥分离及粗液脱硅、高浓度碳酸化分解等过程的系统研究，突破了传统碱石灰烧结法不处理高铝硅比原料以及烧结生料浆调配工艺复杂的限制，建立了相应的物料平衡以及工艺技术指标体系，形成了强化烧结法生产氧化铝工艺。

强化烧结法用于处理较高品位的铝土矿，可在不增加设备投资的情况下，较大幅度地提高烧成窑的产出率和烧结法产量，降低生产成本。强化烧结法的主要工艺特点是：烧结矿浆采用高碱、低钙配方；熟料中氧化铝含量由传统烧结法的32%~35%（铝硅比为3.2~3.4）左右提高到40%以上（铝硅比大于4.5）；熟料溶出液氧化铝浓度由传统的100g/L提高到120g/L以上。由此烧结熟料折合比可降低到3.5以下，同时也减少了石灰石的消耗。

强化烧结法技术的关键在于高铝硅比矿的生料配方以及烧结过程窑皮的形成以及温度的控制。熟料溶出以及随后的赤泥快速分离、高浓度脱硅、高浓度碳分等技术也十分重要。

F　熟料烧成过程的自动控制

中国多家氧化铝厂开发了熟料烧成在线检测和控制技术，实现了氧化铝生产熟料烧成过程的实时监测、自动控制和管理现代化。该技术的主要内容有：

(1) 应用光纤比色高温计、核子秤、电磁流量计以及质量流量计等检测技术，实现了熟料烧成带物料温度、入窑煤粉流量、氧化铝矿浆流量等熟料烧结过程关键工艺参数的连续在线检测；

(2) 实现了工业电视对燃烧火焰及窑内物料状况的监视，通过窑内火焰带实时图像处理，控制窑内温度与烧成条件，开发了相应的控制系统；

(3) 开发了氧化铝熟料烧成过程人机协同智能控制技术；

(4) 开发了煤粉磨智能控制技术。

烧结法烧成过程控制系统通过上述在线检测和自动控制，实现了烧成过程工艺条件的精确控制，提高了烧成窑的生产能力和产量，改善了熟料烧成质量，降低了能耗。生产操作人员可以根据屏幕显示监视熟料烧成生产流程，协调运行操作，提高了工业生产自动化水平，大大地改善了工人的劳动条件。

9.2.2.2　烧结法熟料溶出工艺的改进

A　低苛性比和高碳酸钠浓度的熟料溶出

熟料溶出是决定烧结法生产经济效果的重要工序，溶出液的苛性比和碳酸钠浓度是熟料溶出的主要工艺条件。

针对中国低铁熟料的特点，经过大量的试验研究和工业实践，开发出了低苛性比、高碳酸钠浓度的熟料溶出工艺。

在中国烧结法生产初期，采用苛性比为 1.5 左右的熟料溶出工艺条件。尽管熟料的氧化铝和氧化钠的标准溶出率都比较好，但净溶出率都不高，其原因主要是由于从溶出到分离洗涤这段时间内二次反应损失过大。研究结果表明，将苛性比降到 1.2 左右，可以明显地提高净溶出率；同时，由于烧结法溶液中含有高浓度的二氧化硅，铝酸钠溶液稳定性很高，此时并不会发生水解。在生产实践中还发现，高碳酸钠浓度有利于提高赤泥的稳定性，有效地抑制赤泥膨胀，减少二次反应损失。

在上述试验研究和生产实践的基础上，原山东铝厂开发了低苛性比、高碳酸钠浓度熟料溶出工艺，使生产指标大幅度提高，氧化铝净溶出率提高到 90% 以上，碱耗也大大下降。

B　二段磨溶出工艺

原山东铝厂为解决原有熟料一段湿磨闭路溶出工艺造成的赤泥量过大、沉降槽不断发生事故、沉降槽经常跑浑的问题，开发了二段磨熟料溶出工艺。

二段磨溶出流程是：将经过一段磨的粗粒溶出赤泥送进二段磨，用稀碱溶液（即赤泥洗液、白泥洗液）进行二段溶出，一段细粒赤泥直接进行沉降分离。该工艺使赤泥和溶出液接触时间缩短 1h 左右，有效地减少了二次反应损失，氧化铝和氧化钠的净溶出率可分别提高 10% 和 5%。

9.2.2.3　烧结法赤泥的液固分离技术

20 世纪 80 年代前，中国烧结法熟料溶出浆液的液固分离采用沉降过滤器技术。采用沉降过滤器虽然液固分离的效率较高，但操作劳动强度大，滤布结疤严重且耗量大，运转率也低。经过试验，开发了絮凝沉降工艺代替了沉降过滤器操作。

为提高烧结法赤泥的沉降效率，原郑州铝厂的技术人员对烧结法赤泥沉降的絮凝剂进行了研究，提出采用合成絮凝剂代替天然絮凝剂、优化沉降工艺条件等技术方案，以改善烧结法赤泥的沉降性能，减少二次反应和碱损失。这一技术开发成功后，在中国烧结法氧化铝厂得到了普遍应用。

进入 21 世纪后，中国铝业公司所属的氧化铝厂为进一步加快赤泥的分离，降低烧结法溶出料浆的二次反应，探索了许多烧结法赤泥快速分离的技术，试验了一些快速液固分离设备，如高速离心机、立式自动叶滤机和自清洗带式过滤机等。至今这些方面的试验研究仍在继续。

9.2.2.4 烧结法粗液脱硅工艺的改进

烧结法熟料溶出后的粗液中含有相当数量的溶解态和悬浮态的二氧化硅及其矿物。为保证产品中的硅含量符合标准，不能将粗液直接进行碳酸化分解或晶种分解，必须在生产工艺流程中设置专门的粗液脱硅工序。

中国烧结法氧化铝厂经过多年的生产实践和研究，在脱硅工序开发了诸多新工艺，如连续脱硅、管道化间接加热连续脱硅、深度脱硅、常压脱硅等，大大简化了工艺，降低了烧结法粗液脱硅的能耗，提高了产品质量。

A 深度脱硅工艺

为生产低硅含量的、符合冶金级氧化铝标准的高质量氧化铝产品，必须对脱硅后的烧结法精液进行深度脱硅，进一步提高硅量指数，才能在保证较高的碳酸化分解率的条件下，获得高质量的烧结法氧化铝产品。深度脱硅同时还能提高碱液循环效率。

原山东铝厂研究成功了烧结法溶液的二次脱硅工艺，即先将 150℃ 下脱硅后的溶液分离、叶滤除去硅渣，得到硅量指数大于 300 的精液；再往这种精液中加入石灰乳，可得到硅量指数 1000 以上的精液，采用这种精液，可以生产含二氧化硅为 0.02% 的一级氧化铝产品，碳酸化分解率还可达到 92%～93%。但是这一脱硅工艺也存在一些缺点，如增加分离工序、石灰乳用量大、生产能耗增加、氧化铝损失和硅渣产出量增加等。

为进一步改进脱硅工艺，原山东铝业公司与中南大学（原中南工业大学）合作，研制成功了水合碳铝酸钙法脱硅新工艺。该工艺的特点是采用高活性的水合碳铝酸钙代替石灰乳作深度脱硅的添加剂。其优点是石灰乳用量约减少一半，硅渣产出率低，脱硅过程氧化铝损失降低近 50%，脱硅温度降为 85～92℃。采用水合碳铝酸钙法脱硅新工艺，精液硅量指数可提高到 1000～1100。

B 添加拜耳法赤泥作种子的脱硅工艺

原郑州铝厂根据自身混联法的生产特点，通过向粗液脱硅过程中添加硅渣或拜耳法赤泥作为脱硅反应的晶种，大大提高了烧结法中压脱硅的效果。在相同的脱硅条件下，硅量指数可提高到 400，工艺简单且易于实现，解决了原来的硅量指数低、碳酸化分解率难于提高的技术难题。这一添加拜耳法赤泥作为晶种的烧结法脱硅工艺已在中国其他联合法厂得到应用。

C 管道化间接加热连续脱硅工艺

原有的脱硅工艺采用蒸汽直接加热的方式，由于加热蒸汽冷凝水进入溶液，降低了精液浓度，增加了碱液蒸发的汽耗。原中国长城铝业公司等单位研究成功了管道化间接加热连续脱硅技术，采取在常压下预先脱出大部分氧化铝，然后利用管道化间接加热技术，以多级自蒸发的低压乏汽和新蒸汽依次对粗液进行间接加热升温，再在中压脱硅机内完成粗液脱硅过程。

该工艺使脱硅工艺汽耗明显降低，还减少了碳分母液蒸发过程中的蒸水量。同时，提高了精液氧化铝浓度和硅量指数，因而提高了分解过程的产出率，改善了劳动环境。

D 常压连续脱硅工艺

原中国长城铝业公司和中南大学联合开发了烧结法粗液常压脱硅技术。烧结法粗液常压脱硅技术包括基于形成水合铝硅酸钠的第一段常压脱硅和基于形成水化石榴石的第二段常压脱硅。粗液第一段常压脱硅的适宜条件是：采用强化搅拌方式，结合溶液改性处理，在常压条件下脱硅2~4h，使一次脱硅液的硅量指数大于200。在分离钠硅渣后的一次脱硅浆液中加入高活性含钙添加剂进行第二段常压脱硅，按有效钙1~2g/L加入，使精液硅量指数大于600。

工业试验结果表明，采用粗液两段常压脱硅技术代替目前生产上采用的中压脱硅，简化了生产流程和操作，并具有一定的节能效果。

9.2.2.5 烧结法碳酸化分解技术的发展

A 连续碳酸化分解

早期烧结法生产氧化铝的碳酸化分解作业大都采用间断作业。间断碳酸化分解操作分为下列四个步骤：进料、通气分解、停气出料和检查。间断作业的设备利用率不高、产能低下、难于实现自动控制。因此，实现连续碳酸化分解成为发展的必然趋势。

20世纪90年代，原山东铝业公司研发成功了烧结法碳酸化连续分解新工艺以及相关的配套设备，并在中国其他烧结法或联合法氧化铝厂逐步得到了应用。碳酸化连续分解工艺大大提高了碳酸化分解设备的生产能力，改善了产品质量，降低了二氧化碳和能量消耗，优化了生产条件和环境。

B 连续碳酸化分解生产砂状氧化铝技术

中国铝业郑州研究院和山西分公司联合几所大学和设计单位，通过对精液降温、添加晶种、通气速度、分解时间和产品旋流分级等关键技术的研究，开发了"精液降温—控制分解梯度—添加循环晶种"等连续碳酸化分解生产砂状氧化铝新工艺的关键技术。该流程工艺简单且易于控制，产品符合砂状氧化铝的标准。该工艺已在工业上得到应用。第15章将详细介绍该项新工艺。

9.2.3 处理高硅铝土矿的新工艺和新流程

与世界其他氧化铝生产国不同，中国大部分铝土矿资源属于中低品位一水硬铝石铝土矿。由于近十年来中国氧化铝工业的迅猛发展，较高品位的铝土矿大量消耗，氧化铝厂的供矿品位持续迅速下降。各氧化铝厂不得不以现有的生产工艺处理高硅一水硬铝石型铝土矿，造成氧化铝生产的技术经济指标不断恶化，成本压力明显加大。因此，加快研究开发适合处理中国中低品位一水硬铝石铝土矿的新流程和新工艺，以较低的能耗、碱耗和矿耗生产出高质量的氧化铝，实现节能降耗和较高的经济效益，是中国氧化铝工业可持续发展的关键。

拜耳法处理高硅铝土矿，将造成高碱耗、高矿耗和低氧化铝回收率；烧结法处理高硅铝土矿，会引起高能耗和高成本；现有的混联法处理高硅铝土矿，流程复杂，能耗也很高，没有很强的竞争力。因此，研究开发处理高硅一水硬铝石铝土矿新工艺的基本原则应是：

（1）尽可能采用湿法生产过程，即尽可能扩大能耗低、效率高、流程简单的拜耳法，缩小或取消高能耗的烧结法；

（2）研究具有更高脱硅效率的过程和脱硅产物，并设计相应流程和工艺条件去实现；

（3）尽可能采用短流程，强化生产流程中各环节的工艺过程，采用先进的节能技术和大型装备，提高过程效率和控制水平。

中国已经开发的处理高硅铝土矿的新流程和新工艺主要有选矿拜耳法、石灰拜耳法、拜耳—烧结串联法。正在研究之中的还有高硅铝土矿拜耳法赤泥回收有价元素的新工艺、生成新的高效脱硅产物的湿法串联新流程等。

9.2.3.1　选矿拜耳法

选矿拜耳法是 21 世纪初由中国科技工作者采取产学研结合的方式开发成功的。

选矿拜耳法的主要技术思路是：对高硅铝土矿（铝硅比为 5 ~ 6）进行适当的磨矿，使硅矿物选择性分离，然后采用浮选工艺（包括正、反浮选技术）进行浮选脱硅，所得浮选精矿的铝硅比大于 7，可直接用于拜耳法处理。该方法利用选矿药剂的选择性，实现铝土矿中的硅矿物和含铝矿物的分离，提高精矿的品位。

由于选矿预先分离了部分硅矿物，选精矿可以用低能耗的拜耳法直接处理，降低了碱耗，提高了生产效率。

浮选脱硅的关键技术在于高效浮选流程和选矿药剂的开发。浮选流程应不断优化，并尽可能简化。正浮选需要研究对所有硅矿物可起抑制作用的药剂以及对一水硬铝石具有选择性浮选作用的捕收剂。反浮选则要求捕收剂对所有硅矿物都有较好捕收效果。鉴于铝土矿中的硅矿物较为复杂多样，反浮选技术的难度较大。浮选设备的选择对浮选效率也极为重要。除了采用大型浮选机外，开发浮选柱等高效浮选设备，也是提高浮选指标和选精矿的质量、降低浮选成本的重要途径。

由于选精矿中的硅矿物基本上已充分解离，其中在高温下才反应的硅矿物将在间接加热过程中较快地反应，易于在加热面形成结疤，降低传热系数和系统运转率。采用双流法工艺，可使精矿在间接加热过程中的结疤问题基本得到解决。

选精矿中的水分和残留的选矿药剂也会对拜耳法生产过程产生不利的影响。可以通过选矿工艺的改进以及拜耳法采取相应的技术措施减轻这种影响。

9.2.3.2　石灰拜耳法

石灰拜耳法通过提高拜耳法溶出矿浆中的石灰添加量，直接用拜耳法处理中低品位铝土矿。石灰拜耳法的原理是：在高温拜耳法溶出过程中加入较大的石灰配入量，使赤泥中的水合铝硅酸钠转化成水化石榴石，从而降低赤泥钠硅比和碱耗。石灰拜耳法与强化溶出和碱液化灰（以减少反苛化的影响）等工艺相结合，还可提高溶出速度，减缓矿浆预热过程中的结疤。

石灰拜耳法工艺可利用原有拜耳法系统，流程设备基本不变，只需将石灰添加量提高（由试验决定最佳添加量），即可以处理高硅铝土矿，以较低的碱耗和普通拜耳法的能耗生产氧化铝。因而该工艺投资少，简单易行。

该方法用于处理中等品位的铝土矿（铝硅比为 5.5 ~ 7）较为经济。其主要的技术难点和关键技术在于：碱液化灰和赤泥的高效沉降。由于石灰拜耳法中的石灰添加量较大，为减少溶出过程反苛化的影响，必须采用碱液化灰技术。同时，过量石灰添加所产生的大量赤泥将使赤泥沉降系统负荷大大增大，因此，开发高效沉降絮凝剂和高效沉降槽成为石灰拜耳法能否经济运行的关键。

当铝土矿品位进一步下降时（如铝硅比低于5.5），需要增加石灰的添加量过多，氧化铝的损失相应增加，石灰拜耳法将难于经济运行。

9.2.3.3　拜耳—烧结串联法

拜耳—烧结串联法先以较简单的拜耳法处理高硅铝土矿，以提取大部分氧化铝，然后再用烧结法回收拜耳法赤泥中的氧化铝和碱，所得铝酸钠溶液补入拜耳法系统。在处理相同铝土矿的情况下，与混联法相比，串联法中的烧结法产量在总产量中的比例较小。

拜耳—烧结串联法的关键技术在于：低铝硅比赤泥的烧成技术和高固含熟料溶出料浆的液固分离。低铝硅比赤泥的烧成过程会出现烧成窑结圈不正常，烧成温度范围变窄等困难，配方的优化以及烧成的控制技术是解决这些技术难题的关键。由于串联法熟料折合比很高，在同样条件下，进行赤泥分离的固含将会升高，如果降低溶液浓度，又将带来能耗的增加，因此，熟料湿法处理技术也将影响串联法的技术经济效果。

10　氧化铝生产的理论基础和物理化学过程

❋❋❋❋❋❋❋❋❋❋❋❋❋❋❋❋❋❋❋❋❋❋❋❋❋❋❋❋❋❋❋❋❋❋❋

10.1　氧化铝生产的理论基础

10.1.1　Na_2O-Al_2O_3-H_2O 系状态图

铝酸钠溶液主要包含在 Na_2O-Al_2O_3-H_2O 系之中，因此要研究铝酸钠溶液的物理化学性质、Al_2O_3 在 NaOH 溶液中的溶解度及其随氢氧化钠浓度和温度等变化的规律，判断在一定条件下反应进行的方向以及在不同条件下的平衡固相，就有必要研究 Na_2O-Al_2O_3-H_2O 系平衡状态图，这是碱法生产氧化铝重要的理论基础。

Na_2O-Al_2O_3-H_2O 系平衡状态图是根据 Al_2O_3 在 NaOH 溶液中溶解度的精确测定结果绘制而成的。Al_2O_3 的溶解度按下面两种方式同时测定：

(1) 在一定温度下将过量的氧化铝或其水合物加入到一定浓度的氢氧化钠溶液中使之达到饱和。

(2) 在一定温度下使 Al_2O_3 含量过饱和的铝酸钠溶液分解，使之达到饱和（平衡）。

按上述方式测出 Al_2O_3 在不同温度、不同浓度的氢氧化钠溶液中的溶解度，以及与溶液保持平衡的固相的化学组成与物相组成，即可绘出在一定的温度条件下 Na_2O-Al_2O_3-H_2O 系平衡状态图。

Na_2O-Al_2O_3-H_2O 系平衡状态图可以用直角三角形（直角坐标）表示，有时也用等边三角形表示。以直角坐标表示的 Na_2O-Al_2O_3-H_2O 系平衡状态图，其横轴表示 Na_2O 浓度，纵轴表示 Al_2O_3 的浓度，原点 O 表示 100% 的水，通过原点 O 的任一直线称为等 α_K 线（α_K 即苛性比，见 10.1.2.1 节）。在这直线上的任何一点溶液的 α_K 值都相等。铝酸钠溶液蒸发浓缩或用水稀释时，溶液的组成点都沿着等 α_K 线变化。

10.1.1.1　30℃ 下的 Na_2O-Al_2O_3-H_2O 系平衡状态图

图 10-1 所示为以直角三角形表示的在

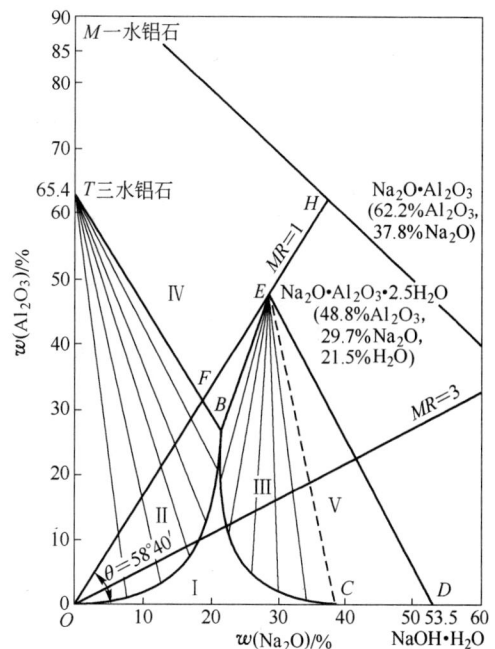

图 10-1　30℃时的 Na_2O-Al_2O_3-H_2O 系平衡状态

30℃下的 $Na_2O\text{-}Al_2O_3\text{-}H_2O$ 系平衡状态图。

图 10-1 中的点和线将其分成若干个区域。这些点、线、区域的具体含义是：

OB 线为三水铝石在氢氧化钠溶液中的溶解度曲线。由图可见，随着 NaOH 浓度的增高，Al_2O_3 在溶液中的溶解度开始增长缓慢、随后非常迅速地增大，在 *B* 点达到最大值。由于 NaOH 的活度系数随其浓度的增高而增大，因而 *OB* 线段具有越来越大的斜度。与 *OB* 线上的溶液保持平衡的固相是三水铝石。

BC 线为水合铝酸钠 $Na_2O \cdot Al_2O_3 \cdot 2.5H_2O$ 在 NaOH 溶液中的溶解度曲线。随着 NaOH 浓度的增加，水合铝酸钠的溶解度降低，与 *BC* 线上的溶液相平衡的固相是水合铝酸钠。*B* 点的溶液同时与三水铝石和水合铝酸钠保持平衡。因此，*B* 点的自由度为 0，为无变量点。

CD 线是 $NaOH \cdot H_2O$ 在铝酸钠溶液中的溶解度曲线。*C* 点的溶液同时与水合铝酸钠和一水氢氧化钠保持平衡，也是无变量点。*D* 点是 $NaOH \cdot H_2O$（53.45% Na_2O 和 46.55% H_2O）的组成点。

E 点是 $Na_2O \cdot Al_2O_3 \cdot 2.5H_2O$ 的组成点，其成分是 48.80% Al_2O_3，29.66% Na_2O 和 21.54% H_2O。在 *DE* 线上及其右上方都为固相区，不存在液相。

连接 *OE* 两点便得到苛性比值为 1 的等 α_K 线（α_K 为苛性钠与氧化铝的摩尔比），由于铝酸钠是强碱弱酸盐，因此它只能存在于强碱性溶液中才不会水解。实际上苛性比值小于 1 的铝酸钠溶液不可能存在，铝酸钠溶液的组成点都位于 *OE* 连线的右下方。当状态图上的横坐标和纵坐标采用相同的量度时，*OE* 连线的斜率为

$$\tan\theta = \frac{w(Al_2O_3)}{w(Na_2O)} = \frac{1.645}{\alpha_K} = 1.645$$

所以，$\theta = \tan^{-1}1.645 = 58°40'$，*T* 点和 *M* 点分别为三水铝石和一水铝石的组成点。

溶解度等温线和图上某些特征点的连线将状态图分为下列 4 个区域：

（1）区域Ⅰ。位于 *OBCD* 溶解度等温线下方的区域，它是三水铝石和偏铝酸钠均未饱和的溶液区，此区内的溶液是稳定的，不会析出固相。这个区域内的所有溶液都有继续溶解三水铝石和偏铝酸钠的能力，当溶解 $Al(OH)_3$ 时，溶液的组成沿着原始溶液的组成点与 *T* 点（$Al_2O_3 \cdot 3H_2O$）的连线变化，直到连线与 *OB* 线的交点为止，即达到溶液的平衡浓度。原始溶液组成点离 *OB* 线越远，其未饱和程度越大，能够溶解的 $Al(OH)_3$ 数量越多。当其溶解固体铝酸钠时，溶液的组成则沿着原始溶液组成点与 *E* 点（如果是无水铝酸钠则是 *H* 点）的连线变化，直到连线与 *BC* 线的交点为止。

（2）区域Ⅱ。*OBFO* 区内的溶液是氢氧化铝过饱和的溶液，在此区内的溶液将自发地分解析出固体氢氧化铝，趋于或达到平衡状态。在分解过程中，溶液的组成沿着原始溶液组成点与 *T* 点连线的延长线变化，直到与 *OB* 线的交点，溶液达到平衡时为止。原始溶液组成点离 *OB* 线越远，过饱和程度越大，能够析出的氢氧化铝数量越多，分解速度也可能越快。

（3）区域Ⅲ。*BCEB* 区域是偏铝酸钠过饱和区，在这个区域内的溶液会自发地结晶析出水合铝酸钠。在析出过程中溶液组成沿原始溶液组成点与 *E* 点连线的延长线变化，直到与 *BC* 线的交点为止。

（4）区域Ⅳ。位于 *BETB* 三角形之内。此区为三水铝石和水合铝酸钠的过饱和区。在此区析出三水铝石和水合铝酸钠的过程中溶液的组成沿着原始溶液组成点与 *B* 点的连线变化，直到 *B* 点的组成为止。

从 30℃ 下 Na_2O-Al_2O_3-H_2O 三元系平衡状态图可以看出：Al_2O_3 的溶解度随着溶液中的苛性碱浓度的增加而急剧增加。但是当苛性碱浓度超过某一限度（Na_2O 21.95%）后，Al_2O_3 的溶解度急剧降低，Al_2O_3 溶解度出现最大值（Al_2O_3 25.59%）。这是由于与溶液保持平衡的固相组成已经改变的结果。

在氧化铝生产过程中，铝酸钠溶液的组成位于平衡状态图中的Ⅰ和Ⅱ区域内。

10.1.1.2 其他温度下的 Na_2O-Al_2O_3-H_2O 系等温状态图

国内外许多关于氧化铝的研究人员通过试验研究，得出了不同温度下 Na_2O-Al_2O_3-H_2O 系的平衡数据。图 10-2 所示为根据这些数据做出的 Na_2O-Al_2O_3-H_2O 系平衡状态的等温截面图。

由这些溶解度等温线可以看出：随着温度的升高，Al_2O_3 在溶液中的溶解度显著增大，等温线的弯曲程度逐渐减小，曲线越来越直。温度在 250℃ 以上，等温线几乎为一直线，等温线的两支线之间的未饱和溶液区扩大。因此，浓度相同的 NaOH 溶液，随着温度的升高，可以溶解的 Al_2O_3 增多，所得铝酸钠溶液的苛性比值也可以更低。

图 10-3 所示为三水铝石溶解在苛性碱中的变温曲线图。可以看出变温曲线在 100～150℃ 之间是不连续的，升高温度时氧化铝的溶解度反而降低的原因是在此温度范围内与溶液相平衡的固相改变了，即由三水铝石转变成了溶解度较小的一水软铝石。

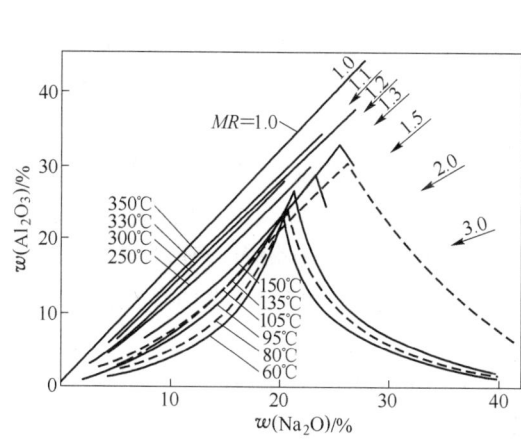

图 10-2 不同温度下的 Na_2O-Al_2O_3-H_2O 系
平衡状态等温线截面

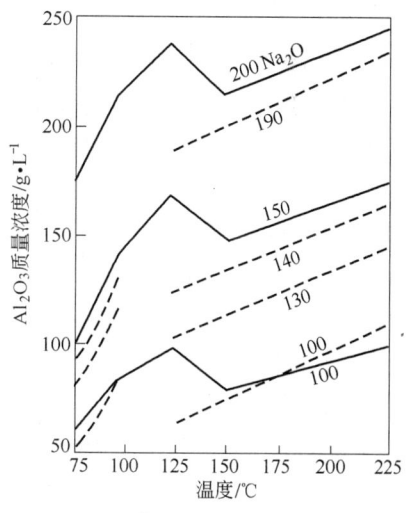

图 10-3 Na_2O-Al_2O_3-H_2O 系
溶解度变温曲线

图 10-4 所示为一水硬铝石和一水软铝石 250℃ 时在碱液中的溶解度曲线，可以看出，在相同的溶出条件下，一水硬铝石的溶解度小于一水软铝石的溶解度，这是因为它们结构不同和化学活性不同所造成的结果。但随着温度的升高，溶解度的差别愈来愈小，当溶出

温度提高到300℃以上，此种差别趋于消失。

10.1.1.3 Na$_2$O-Al$_2$O$_3$-H$_2$O 系的平衡固相

如前所述，温度在95～150℃之间与溶液平衡的固相会发生改变。为确定 Na$_2$O-Al$_2$O$_3$-H$_2$O 系中三水铝石与一水铝石稳定区的界限，魏菲斯（K. Wefers）采用三水铝石和一水硬铝石的混合物作为固相原料进行溶解试验，试验结果如图10-5所示。

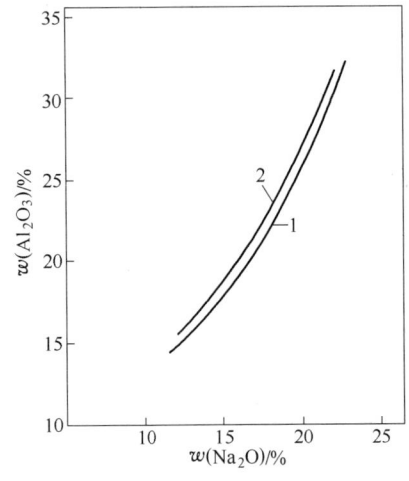

图 10-4　250℃时一水铝石在

碱液中的溶解度曲线

1——水硬铝石；2——水软铝石

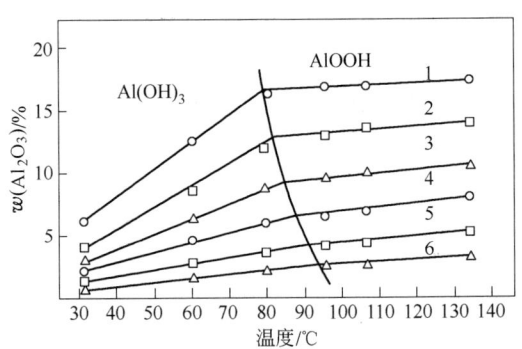

图 10-5　三水铝石与一水铝石的稳定

区界线和溶解度变温线

w(Na$_2$O)：1—17.5%；2—15%；3—12.5%；

4—10%；5—7.5%；6—5%

从图10-5 Na$_2$O-Al$_2$O$_3$-H$_2$O 系中三水铝石与一水硬铝石的稳定区界限和溶解度曲线可以看出：（1）当稳定区分界线外延至 Na$_2$O 浓度为零时，温度升高到100℃以上时，三水铝石已经不再是稳定相。三水铝石与一水铝石之间的转变温度与 Al$_2$O$_3$-H$_2$O 系中相应的转变温度相当一致。（2）随着碱浓度的降低，三水铝石向一水软铝石的转变温度升高，当溶液中 Na$_2$O 浓度在20%～22%时，三水铝石向一水硬铝石转变温度约为70～75℃，得到的平衡溶液中 Al$_2$O$_3$ 含量约为23%。所以75℃以下时，等温线左侧线段溶液的平衡固相是三水铝石，在75℃到100℃之间，在低碱浓度时的平衡固相为三水铝石，在高碱浓度时，溶液的平衡固相为一水硬铝石，在左侧线段上的某一溶液可以同时与三水铝石和一水硬铝石保持平衡，出现无变量点 α。

利用等边三角形表示的 Na$_2$O-Al$_2$O$_3$-H$_2$O 系平衡状态图的等温截面图（见图10-6），可以清楚地说明不同温度下的溶解度及其平衡固相的变化。

在140～300℃之间 Na$_2$O-Al$_2$O$_3$-H$_2$O 系的平衡固相不发生变化。图10-6（b）为150℃时的等温截面，此时一水硬铝石、NaAlO$_2$ 和 NaOH 为平衡时的稳定固相。当温度在321℃以上时，NaOH 熔化。在330℃又出现新的零变量点，平衡时溶液的组成点为 Na$_2$O 20%、Al$_2$O$_3$ 25%，此时的平衡固相为一水硬铝石和刚玉。在350℃以上时，一水硬铝石与刚玉为平衡固相，平衡时溶液的组成为 Na$_2$O 15%，Al$_2$O$_3$ 20%，见图10-6（c）。

在360℃以上，Na$_2$O-Al$_2$O$_3$-H$_2$O 系整个浓度范围内的稳定固相为刚玉、无水铝酸钠和

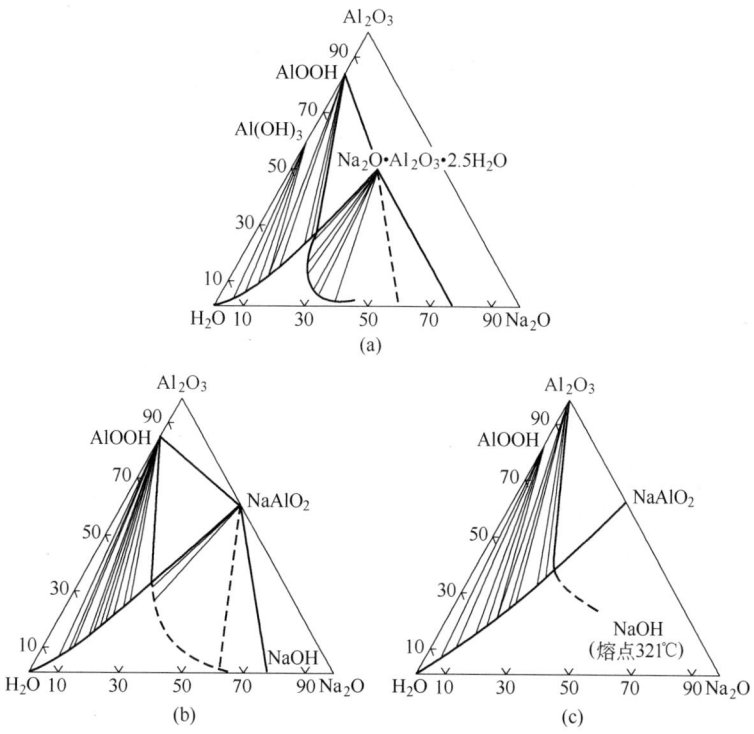

图 10-6　Na_2O-Al_2O_3-H_2O 系状态图的等温截面

（a）95℃；（b）150℃；（c）350℃

氢氧化钠。

10.1.2　铝酸钠溶液的物理性质

工业铝酸钠溶液中的 Na_2O，除了以结合成铝酸钠（$NaAlO_2$）和 $NaOH$ 的形态存在外，还以 Na_2CO_3、Na_2SO_4 等形态存在。以 $NaAlO_2$ 和 $NaOH$ 形态存在的 Na_2O 称为苛性碱（在本书中以 $Na_2O_{苛}$、Na_2O_K 或 N_K 表示），以 Na_2CO_3 形态存在的 Na_2O 称为碳酸碱（以 $Na_2O_{碳}$、Na_2O_C 或 N_C 表示），以硫酸钠形态存在的 Na_2O 称为硫酸碱（以 $Na_2O_{硫}$、Na_2O_S 或 N_S 表示）。以 $Na_2O_{苛}$ 和 Na_2O_C 形态存在的碱的总和称为全碱（以 $Na_2O_{全}$、$Na_2O_{总}$、Na_2O_T 或 N_T 表示）。

10.1.2.1　苛性比值（α_K）

苛性比值是铝酸钠溶液的一个重要特性参数，表示铝酸钠溶液中氧化铝的饱和程度，其实质是反映了铝酸钠溶液的稳定性。苛性比值指铝酸钠溶液中的 Na_2O_K 与 Al_2O_3 的摩尔比，一般用 α_K 或 MR 表示，如下所示：

$$苛性比值（\alpha_K）= \frac{Na_2O \text{ 分子数}}{Al_2O_3 \text{ 分子数}} = \frac{Na_2O \text{ 物质的量}}{Al_2O_3 \text{ 物质的量}} \times \frac{102}{62} = 1.645 \times \frac{Na_2O \text{ 物质的量}}{Al_2O_3 \text{ 物质的量}}$$

式中，62 和 102 分别为 Na_2O 和 Al_2O_3 的摩尔质量，而下面涉及的 Na_2CO_3 的摩尔质量为 106。

美国和澳大利亚等国的氧化铝厂习惯用溶液中所含 Al_2O_3 与 Na_2CO_3 质量的比值来表示，符号为 A/C，经折算可得 $A/C = 0.9623(\alpha_K)^{-1}$，或 $\alpha_K = 0.9623/(A/C)$。

采用原法国铝业公司技术的氧化铝厂则习惯用溶液中所含 Al_2O_3 与 Na_2O 质量的比值来表示，符号为 RP（Rapport Pondéral）。经折算可得 $RP = 1.71 \times A/C$，或 $RP = 1.645(\alpha_K)^{-1}$。

10.1.2.2 铝酸钠溶液的密度

铝酸钠溶液的密度随溶液中氧化铝浓度的增加而增大，大体保持直线关系。

工业生产的铝酸钠溶液的密度在 20℃ 下可计算如下：

$$\rho = \rho_N + 0.009A + 0.00425N_C \tag{10-1}$$

式中　ρ_N——Na_2O 浓度与铝酸钠溶液中 $Na_2O_{总}$（$Na_2O_T = Na_2O + Na_2O_C$）含量相等的纯 NaOH 溶液的密度；

A，N_C——分别为铝酸钠溶液中 Al_2O_3 和 Na_2O_C 的浓度，%。

NaOH 溶液的密度数值可查有关的手册。

当铝酸钠溶液浓度以 g/L 表示时，则 20℃ 下的密度计算为：

$$\rho_{20℃} = 0.5 + \sqrt{0.25 + 0.0144N + 0.0009A + 0.001865N_C} \tag{10-2}$$

式中　A——Al_2O_3 浓度，g/L；

N_C——以 Na_2O 表示的 Na_2CO_3 的浓度，g/L；

N——Na_2O_K 浓度，g/L。

其他温度条件下，铝酸钠溶液的密度，可以通过 $dt = K \cdot d_{20℃}$ 计算出。系数 K 的数值如下：

$T/℃$	30	40	50	60	70	80	90	100
K	0.995	0.991	0.986	0.981	0.976	0.971	0.966	0.960

10.1.2.3 铝酸钠溶液的黏度

铝酸钠溶液的黏度比一般的电解质水溶液要高得多，铝酸钠溶液的黏度随溶液浓度的增大和 α_K 的降低而急剧升高，Al_2O_3 浓度对于溶液的黏度起主要作用（如图 10-7 所示）。温度升高，溶液黏度减小，而且随溶液浓度升高，这种作用更为显著。铝酸钠溶液黏度的对数与绝对温度的倒数呈直线关系，即 $\lg\eta = f\left(\dfrac{1}{T}\right)$。

10.1.2.4 铝酸钠溶液的电导率

铝酸钠溶液的电导率随溶液中 Al_2O_3 浓度的增加，α_K 的降低而降低；随着 NaOH 浓度的升高，电导率呈先升高后下降的趋势（如图 10-8 所示）。从图 10-8 可以看出，溶液的电导率曲线在某一定的 NaOH 浓度下有一个最大值；对于不同浓度的铝酸钠溶液，升高温度其电导率下降，而且温度不同其电导率最大的溶液的浓度也不同。在此前后，比电导与温度的变化呈直线关系。铝酸钠溶液的上述特性与溶液结构的变化有关。

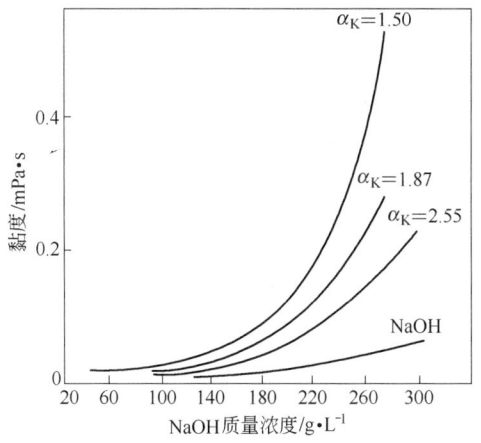

图 10-7　30℃时铝酸钠溶液的浓度和摩尔比与黏度的关系

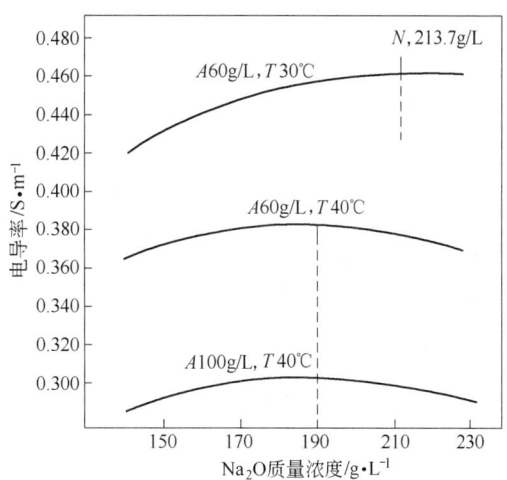

图 10-8　铝酸钠溶液电导率随氢氧化钠浓度的变化曲线

10.1.2.5　铝酸钠溶液的饱和蒸气压

铝酸钠溶液的饱和蒸气压，主要取决于溶液中 NaOH 的浓度（如图 10-9 所示），温度的变化对其有很大影响（如图 10-10 所示），Al_2O_3 浓度的增高仅使铝酸钠溶液的蒸气压稍有降低。表 10-1 列出了铝酸钠溶液在不同温度下的蒸气压。铝酸钠的蒸气压与同温度下水的蒸气压的比值，基本上保持为常数，根据这一结论，求得某一温度条件下铝酸钠溶液的蒸气压后，便可根据水的蒸气压求出该铝酸钠溶液在任一个其他温度下的蒸气压。

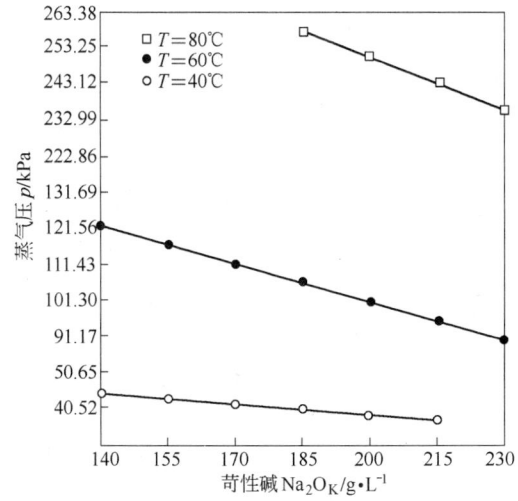

图 10-9　蒸气压与苛性钠浓度的关系

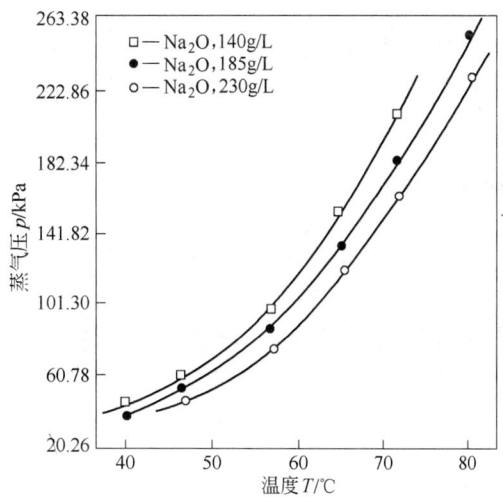

图 10-10　蒸气压随温度的变化曲线

表 10-1　铝酸钠溶液在不同温度下的蒸气压 　　　　（Pa）

α_K	$w(Na_2O)/\%$	温度/℃				
		25	50	75	90	97
1.55	19	1573.1996	6759.324	22291.104	—	54794.520
1.70	19	1613.172	6865.980	22464.420	—	55327.800
2.5	11	2559.744	10132.320	31796.820	57527.580	75725.760
2.5	15	2146.452	8785.788	27570.576	50061.660	66260.040
2.5	19	1613.172	7065.960	22864.380	42462.420	55594.440
2.5	23	1226.544	5199.480	—	—	—
3.5	11	2573.076	10132.320	31863.480	57527.580	75859.080
3.5	15	2159.784	8812.452	29157.084	50288.304	66859.980
3.5	19	1719.828	7172.616	23064.360	42862.380	56261.040
3.5	23	1266.540	5372.796	17704.896	33796.620	44395.560

10.1.2.6　铝酸钠溶液的热容

铝酸钠溶液的热容由溶液的组成所决定。铝酸钠溶液的平均比热容数据见表10-2。

表 10-2　铝酸钠溶液的平均比热容

$w(Na_2O)/\%$	α_K	$\bar{c}_p/kJ \cdot (kg \cdot ℃)^{-1}$				
		125℃	150℃	200℃	250℃	300℃
22.0	1.55	3.01	3.05	3.01	3.01	2.97
20.7	1.99	3.18	3.26	3.22	3.22	3.22
20.7	2.49	3.31	3.35	3.31	3.31	3.31
19.5	3.50	3.43	3.43	3.47	3.43	3.43
21.2	3.50	3.39	3.39	3.39	3.39	3.39

在氧化铝生产中，单位容积（L 或 m^3）铝酸钠溶液的热容相当于比热容与溶液密度的乘积，即 $c_p \cdot \rho_0$。在循环母液通常的浓度范围内 $c_p \cdot \rho_0$ 大体上保持为 4.6×10^3 kJ/（$m^3 \cdot ℃$）这一恒值，且可以不考虑温度变化的影响。

10.1.3　铝酸钠溶液的结构

铝酸钠溶液的结构一直是氧化铝研究工作者关注的焦点，因为它涉及碱法生产氧化铝过程中的各个工序反应机理的探讨。早在 20 世纪 30 年代，人们就开始对铝酸钠溶液的结构问题进行研究，但铝酸钠溶液的结构和性质与许多常见电解质溶液有很大差别，如密度、黏度、电导率和饱和蒸气压等与组成的关系曲线都具有明显的特殊性，并且在分解等过程中，铝酸钠溶液浓度及结构在不断变化，因此对铝酸钠溶液结构的影响因素多，研究难度大。近年来，大量现代研究方法的使用，如红外线吸收光谱、紫外线吸收光谱、喇曼光谱、核磁共振、X 射线和超声波谱法等使得在铝酸钠溶液结构的研究方面取得了重大进展。根据近年来的研究结果，溶液中的铝酸钠实际上完全离解为钠离子和铝酸阴离子，现在一般所说的铝酸钠溶液的结构，指的是铝酸根阴离子的组成及结构。

关于铝酸根阴离子的结构，许多学者已提出了多种可能的结构模型，大致可分为以下两类。

10.1.3.1　胶体说

В. Д. Лонамарев 等人认为 $Al(OH)_3$ 的溶解过程是按粗分散→胶体分散→分子分散途径进行，同时，他们通过观察电凝聚现象证明了铝酸盐溶液中存在有氢氧化铝胶体粒子。但是，也有许多学者对胶体说提出了异议，下里纯一郎等用超倍显微镜对铝酸钠溶液进行详细观察，并未发现溶液中有胶体粒子存在。Пономарев 发现溶液中通入交流电后并未引起铝酸盐溶液中 $Al(OH)_3$ 的胶凝，而是引起杂质主要是 $Fe(OH)_3$ 的胶凝。

10.1.3.2　真溶液说

大多数研究人员认为铝酸钠溶液的大部分性质与典型的真实溶液相似，但铝酸根离子是简单离子、还是简单配合离子或是更为复杂的离子却尚无定论。目前大家讨论最多的就是配合离子说、聚合离子说、水化离子说及缔合离子说。

A　配合离子说

P. Lanaspese 等人把铝酸根离子看做是配合离子，即溶液中存在有 $Al(OH)_4^-$，$Al(OH)_5^{2-}$，$Al(OH)_6^{3-}$。Пазухин 根据 $Al(OH)_3$ 的结晶结构推测溶液中的铝酸根离子为 $Al(OH)_6^{3-}$，他认为铝酸根离子是在溶解 $Al(OH)_3$ 时形成的，而三水铝石的晶格中最小的有序组合是八面体离子 $Al(OH)_6^{3-}$，OH^- 离了向三水铝石中渗透，使得八面体组合之间的键遭到破坏，而 $Al(OH)_6^{3-}$ 离子则转入溶液。

下里纯一郎通过测定铝酸钠溶液的黏度、电导率、密度等物理性质参数，认为铝酸根离子存在 AlO_2^- 和 $Al(OH)_4^-$ 两种形态，他指出在低温低碱浓度条件下，$Al(OH)_4^-$ 与三水铝石具有相似的晶格结构，且铝酸根离子与氢离子键合作用明显；在高浓度、高过饱和度的范围内，铝酸根离子有明显的配合作用，接近非解离状态；他还进一步指出，在从过饱和到饱和状态的过程中，可能存在有聚合离子。

随着红外、紫外、喇曼光谱以及核磁共振谱等现代测试方法的采用，人们对四面体构型的铝酸根离子是铝酸钠溶液中主导离子这一观点已基本取得共识。然而对于高浓度铝酸钠溶液中是否存在 $Al(OH)_4^-$ 之外的其他离子以及这些离子的存在形式等意见仍然不能统一。

陈念贻、邱国芳及柳妙修等人，通过研究铝酸钠溶液的紫外、红外及喇曼光谱后发现，高苛性比的铝酸钠溶液中除有 $Al(OH)_4^-$ 外，还有少量 $Al(OH)_6^{3-}$ 存在；陈念贻根据 $Al(OH)_6^{3-}$ 对铝酸钠溶液中游离 $NaOH$ 的活度影响很大，通过测量铝酸钠溶液中 $NaOH$ 的活度系数，结合溶液的结构模型，发现在苛性比不太高（如 $\alpha_K = 2.0$ 左右）时，溶液中有少量 $Al(OH)_6^{3-}$ 存在，大多数铝酸根离子为 $Al(OH)_4^-$ 及其聚合离子（如 $[(OH)_3Al\text{-}O\text{-}Al(OH)_3]^{2-}$）。陈念贻等人还用核磁共振法研究了高苛性比铝酸钠溶液的结构，得到的结论是苛性比较高的浓铝酸钠溶液中可能有 $Al(OH)_6^{3-}$ 存在，但浓度不高。

Moolenaar 用喇曼光谱法证明在高浓度铝酸钠溶液中也存在 $Al(OH)_4^-$，且随着浓度的升高，$Al(OH)_4^-$ 发生二聚反应，Al 原子间以氧桥 Al—O—Al（对应 $540cm^{-1}$ 峰）连接，反应如下：

$$2Al(OH)_4^- \Longrightarrow [(HO)_3Al—O—Al—(OH)_3]^{2-} + H_2O \tag{10-3}$$

E. K. Lppincott 等人也通过喇曼、紫外光谱及核磁共振谱等先进测试方法发现铝酸钠溶液中存在 $Al(OH)_4^-$、$Al(OH)_6^{3-}$、$[(HO)_3—Al—O—Al(OH)_3]^{2-}$，或写成 $[Al_2O(OH)_6]^{2-}$，提出溶液中铝酸根离子的主要存在形式为 $Al(OH)_4^-$。

Watling 总结前人的研究成果，认为铝酸根离子既有四面体构型，也有八面体构型，且铝原子通过—O—、—OH—桥连接起来。三水铝石中的八面体构型的铝原子以—OH—桥连接，而从铝酸根离子到三水铝石晶体的转变，包括了在过饱和溶液中发生的均相成核过程中铝酸根离子由四面体构型向八面体构型的转变。这一过程可能是通过形成某种中间状态的多聚阴离子而完成的。

B 聚合离子说

许多研究者发现，$Al(OH)_4^-$ 有聚合倾向，并且认为聚合过程是从过饱和到饱和的过程中发生的，$Al(OH)_4^-$ 的聚合过程可写成：

$$2Al(OH)_4^- \Longrightarrow Al_2(OH)_7^- + OH^- \tag{10-4}$$

而电化学研究结果证明，多核一价离子是不可能存在的。因而，这种聚合途径的可能性很小。

С. И. Кузнецов 提出了新的聚合途径，即铝酸根离子 $Al(OH)_4^-$ 最初结合成曲链，而不释放出 OH^-。曲链进一步封闭成环，其组成为 6 个八面体 $Al(OH)_6^{3-}$，成分相当于 $Al_6(OH)_{24}^{6-}$。

R. J. Moolenaar 和 J. C. Evans 采用红外和喇曼光谱对铝酸钠溶液进行分析测定，发现 $Al(OH)_4^-$ 随浓度增加而聚合成 $Al_2O(OH)_6^{2-}$，在 6mol/L 溶液中两种形式的离子共存。

下里纯一郎认为在饱和区域内，存在着 $Al_m(OH)_{3m+n}^{n-}$ 聚合离子。Jǎnos Zǎmbó 通过研究铝酸钠溶液的多种性质，如密度、黏度、体积收缩、OH^- 活度、水活度及绝热蒸发热等，并借助 X 射线衍射手段，认为溶液中的含铝离子以 $[Al(OH)_4 \cdot 2H_2O]^- \cdot 8H_2O$ 形式存在，且该离子在溶液中随 Na_2O 浓度的增加进一步脱水发生二聚、六聚反应（见式 10-5 和式 10-6）：

$$2[Al(OH)_4 \cdot 2H_2O]^- \cdot 8H_2O \Longrightarrow [Al_2(OH)_8 \cdot 2H_2O]^{2-} \cdot 12H_2O + 6H_2O \tag{10-5}$$

$$6[Al(OH)_4 \cdot 2H_2O]^- \cdot 8H_2O \Longrightarrow [Al_6(OH)_{24}]^{6-} \cdot 24H_2O + 36H_2O \tag{10-6}$$

С. И. Кузнецов 提出了高浓度铝酸钠溶液铝酸根离子脱水聚合的假说，当 Na_2O 大于 150g/L 时，发生如下形式的铝酸根离子的脱水：

$$Al(OH)_4^- \Longrightarrow AlO(OH)_2^- + H_2O$$

由于 $AlO(OH)_2^-$ 结构极不对称而发生聚合，生成结构上对称的复杂的聚合离子群：

$$m[AlO(OH)_2^-] \Longrightarrow [AlO(OH)_2]_m^{m-}$$

当 Na_2O 小于 150~180g/L，苛性比低时，发生如下聚合：

$$nAl(OH)_4^- \rightarrow Al_n(OH)_{4n}^{n-} \rightarrow \frac{n}{6}Al_6(OH)_{24}^{6-} \rightarrow 三水铝石$$

在一定浓度下，铝酸钠溶液具有准结晶结构，即主要由 $Al(OH)_4^-$ 构成有序组合，而 $Al(OH)_4^-$ 间彼此通过氢键连接在一起，形成准结晶结构的有利条件是溶液具有较低的苛性比，这是由于低苛性比的溶液中铝酸根离子易发生聚合作用。

C　水化离子说

许多研究者认为铝酸根离子在溶液中以水化离子的形式存在，水分子和铝酸根离子、Na^+ 之间在静电作用下将发生水化并形成水化离子；铝酸根离子的水化是以铝酸根负离子为核心，水的极性分子的正极被吸引而发生定向排列，形成水分子对铝酸根负离子的空间包围；水化离子的通式可以写作 $[Al(OH)_4]^- \cdot (H_2O)_x$。

Pearson 指出 $[Al(OH)_4 \cdot (H_2O)_2]^-$ 水化离子中，水分子与铝酸离子之间是依靠氢键结合起来的。紫外光谱法和水解平衡分析法等方法的研究证明水化发生在低浓度范围内，当浓度提高时，将发生水化离子的脱水，因而在高浓度只存在脱水的铝酸根离子。Zámbó 认为铝酸钠溶液中存在下列基团：$[Na \cdot 4H_2O]^+$、$[OH \cdot 4H_2O]^-$、$[Al(OH)_4 \cdot 2H_2O]^- \cdot 8H_2O$，当 Na_2O 浓度升高时，$[Al(OH)_4 \cdot 2H_2O]^- \cdot 8H_2O$ 脱水而发生聚合现象：

$$2[Al(OH)_4 \cdot 2H_2O]^- \cdot 8H_2O \rightleftharpoons [Al_2(OH)_8 \cdot 2H_2O]^{2-} \cdot 12H_2O + 6H_2O$$
$$6[Al(OH)_4 \cdot 2H_2O]^- \cdot 8H_2O \rightleftharpoons [Al_6(OH)_{24}]^{6-} \cdot 24H_2O + 36H_2O$$
$$[2Al(OH)_4 \cdot 2H_2O]^- \cdot 8H_2O + [OH \cdot 4H_2O]^- \rightleftharpoons$$
$$[Al_2(OH)_8 \cdot 2H_2O]^- \cdot 8H_2O \cdot OH^- \cdot 2H_2O + 2H_2O$$
$$[Al_6(OH)_{24}]^{6-} \cdot 24H_2O + 2[OH \cdot 4H_2O]^- \rightleftharpoons$$
$$[Al_6(OH)_{24}]^{6-} \cdot 24H_2O \cdot 2OH^- \cdot 4H_2O + 4H_2O$$

D　缔合离子说

Pearson 用核磁共振法证明了铝酸钠溶液中缔合离子对的存在，他指出铝酸钠溶液中形成离子对的形式如下：

$$Na^+ + Al(OH)_4^- \rightleftharpoons Na^+ Al(OH)_4^-$$
$$nNa^+ + [Al(OH)_4]^{n-} \rightleftharpoons Na_n^{n+}[Al(OH)_4]^{n-}$$

这种缔合离子对很坚固，是一种外球型配合物，只在高碱铝酸盐溶液中形成，并伴随有吸热效应。提高浓度时，缔合离子对形成的可能性增加。

综上所述，根据近年来较为肯定的研究结果，关于铝酸根阴离子的结构可以认为：

（1）在稀溶液中且温度较低时，以水化离子 $[Al(OH)_4]^-(H_2O)_x$ 形式存在；

（2）在中等浓度的铝酸钠溶液中，铝酸根离子以 $Al(OH)_4^-$ 形式存在；

（3）在较浓的溶液中或温度较高时，发生 $Al(OH)_4^-$ 脱水，形成 $[Al_2O(OH)_6]^{2-}$ 二聚离子；

（4）苛性碱浓度较高时，溶液中有大量缔合离子对存在，浓度越高，形成的缔合离子对越多。

10.1.4　氧化铝及其水合物

10.1.4.1　氧化铝及其水合物概述

A　氧化铝及其水合物的分类

按美国 IUPAC 分类法氧化铝水合物可分为 α-$Al(OH)_3$（三水铝石），β-$Al(OH)_3$（拜

耳石），新 β-Al(OH)$_3$（诺耳石），α-AlOOH（薄水铝石，即一水软铝石），β-AlOOH（一水硬铝石），及 Al$_2$O$_3 \cdot n$H$_2$O（包括假一水软铝石即拟薄水铝石 α'-AlOOH 和无定形 Al(OH)$_3$）等几种结构形态。

氧化铝除热力学稳定相 α-Al$_2$O$_3$（刚玉）外，还存在大量亚稳态的同质异相体晶相，或称为"过渡相"，已知共有 χ、ρ、η、γ、κ、δ、θ 和 α 等八种晶型。β-Al$_2$O$_3$ 实际上是氧化铝和碱金属或碱土金属的复合物。

不同种类的氧化铝水合物在 200~600℃下加热生成 χ、ρ、η 或 γ-Al$_2$O$_3$，通常称为活性氧化铝，化学组成可表示为 Al$_2$O$_{(3-x)}$(OH)$_{2x}$（$0<x<0.8$），为白色或微红色物质，微溶于酸或碱，不溶于水。

κ、δ 和 θ-Al$_2$O$_3$ 属于低温活性氧化铝和 α-Al$_2$O$_3$ 两种晶型之间的中间晶型，又称为中温氧化铝。γ、δ 和 θ-Al$_2$O$_3$ 是最常见的亚稳态同质异相体。

各种类型的氧化铝经高温处理，最终都会生成热力学稳定相 α-Al$_2$O$_3$（刚玉）。

氧化铝水合物实际上是由 OH$^-$、O^{2-} 和 Al^{3+} 构成的，其中并不存在水分子。三水铝石、拜耳石、诺耳石是 Al(OH)$_3$（习惯上常写成 Al$_2$O$_3 \cdot$3H$_2$O）的同素异形体。一水软铝石和一水硬铝石则是 AlOOH（常写成 Al$_2$O$_3 \cdot$H$_2$O）的同素异晶体，它们的结晶构造与物理化学性质都不相同。

氧化铝及其水合物也可用哈伯法分类命名。表 10-3 为哈伯（F. Haber）及美国 IUPAC 关于氧化铝及其水合物的不同命名方法。本手册采用哈伯命名法。

表 10-3　氧化铝及其水合物的不同命名法

组　成	矿物名称	美国 IUPAC 所用符号	哈伯所用符号
Al(OH)$_3$ 或 Al$_2$O$_3 \cdot$3H$_2$O	三水铝石（gibbsite 或 hydrargillite）	α-Al(OH)$_3$ 或 α-Al$_2$O$_3 \cdot$3H$_2$O（α-aluminatrihydrate）	γ-Al(OH)$_3$ 或 γ-Al$_2$O$_3 \cdot$3H$_2$O
	拜耳石（bayerite）	β-Al(OH)$_3$ 或 β-Al$_2$O$_3 \cdot$3H$_2$O（β-aluminatrihydrate）	—
	诺耳石（nordstrandite）	新 β-Al(OH)$_3$ 或新 β-Al$_2$O$_3 \cdot$3H$_2$O（new β-trihydrate）	—
AlOOH 或 Al$_2$O$_3 \cdot$3H$_2$O	一水软铝石（boehmite）	α-AlOOH 或 α-Al$_2$O$_3 \cdot$3H$_2$O（α-alumina monohydrate）	γ-AlOOH 或 γ-Al$_2$O$_3 \cdot$H$_2$O
	一水硬铝石（diaspore）	β-AlOOH 或 β-Al$_2$O$_3 \cdot$3H$_2$O（β-alumina monohydrate）	α-AlOOH 或 α-Al$_2$O$_3 \cdot$H$_2$O
Al$_2$O$_3$	刚玉（Corcmdum）	α-Al$_2$O$_3$	α-Al$_2$O$_3$

注：有的文献中将诺耳石称为拜耳石Ⅱ，甚至 γ-Al(OH)$_3$。

B　氧化铝及其水合物的结构参数

各种氢氧化铝和氧化铝的结构参数和 X 射线衍射数据见表 10-4 和表 10-5。

表 10-4　氢氧化铝的结构参数

矿物相	化学式	晶系	空间群	晶胞中分子数	晶轴长度/nm a	晶轴长度/nm b	晶轴长度/nm c	夹角	密度/g·cm^{-3}
三水铝石	Al(OH)$_3$	单斜晶系	C_{2n}^5	4	0.8684	0.5078	0.9136	94°34′	2.42
拜耳石	Al(OH)$_3$	单斜晶系	C_{2n}^5	2	0.5062	0.8671	0.4713	94°27′ 70°16′	2.53
诺耳石	Al(OH)$_3$	三斜晶系	C_1^1	2	0.5114	0.5082	0.5127	74°0′ 58°28′	
一水软铝石	Al(OH)$_3$	正交晶系	D_{2n}^{17}	2	0.2868	0.1253	0.3692	—	3.01
一水硬铝石	Al(OH)$_3$	正交晶系	C_{2n}^{16}	2	0.4396	0.9426	0.2844	—	3.44

表 10-5　八种晶型氧化铝的结构参数和性质

晶型		α	κ	θ	δ	χ	η	γ	ρ
组成		Al$_2$O$_3$	接近 Al$_2$O$_3$（含有微量水）						
晶系		三方	六方	单斜	四方	六方	立方	立方	接近无定形
空间群		D_{3a}^b		D_{2h}^b					
晶胞分子数		2		4					
晶胞常数	a/nm	0.4758	0.971	1.124	0.794	0.556	0.792	0.801	
晶胞常数	b/nm	0.4758		0.572	0.794				
晶胞常数	c/nm	1.2991	1.786	1.174	2.35	1.344		0.773	
相对密度		3.98	3.1~3.3	3.4~3.9	约3.2	约3.0	2.5~3.6	约3.2	
折射率	ε	1.760		1.67~1.69		1.66~1.67	1.63	1.59~1.65	
折射率	ω	1.768					1.65		

　　三水铝石属单斜晶系，其结构与拜耳石类似，是由双层氢氧离子与铝离子形成八面体的配合物。立方体结构序列是 AB-BA-AB-BA，如图 10-11（a）所示。

　　Deflandre 和 Takane 在 20 世纪 30 年代首先检测了一水硬铝石的结构。后面又有更精确的研究结果公布，一水硬铝石为斜方晶系，结构基元是 AlOOH 双链，它们组成了一个六边形的圆环，如图 10-11（b）所示。

　　一水软铝石晶体属于斜方晶系，构成一水软铝石的基元也是 AlOOH 双链。这些链形成双层，并排列成立方堆积，如图 10-11（c）所示。

　　刚玉的结构首先是由 Bragg、Pauling 以及 Hendricks 进行研究的。其晶格为由氧离子最接近的六边形构成，每个铝离子与 6 个氧原子配位形成八面体，结构模型如图 10-12 所示。

　　各种氢氧化铝和氧化铝的 X 射线衍射数据见表 10-6 和表 10-7。

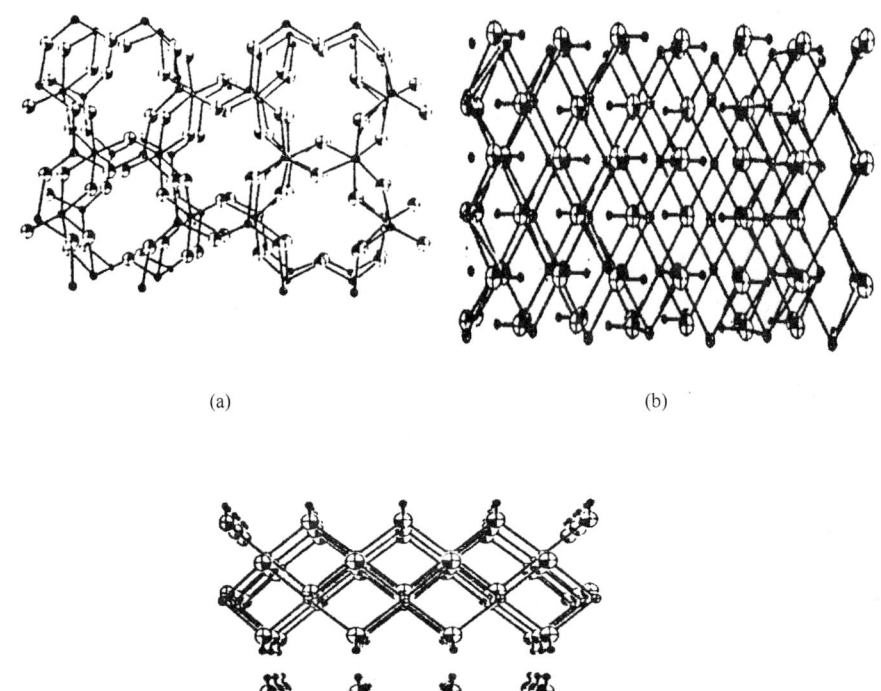

(a)

(b)

(c)

图 10-11 三种氢氧化铝矿物的结构示意图

（a）三水铝石；（b）一水硬铝石；（c）一水软铝石

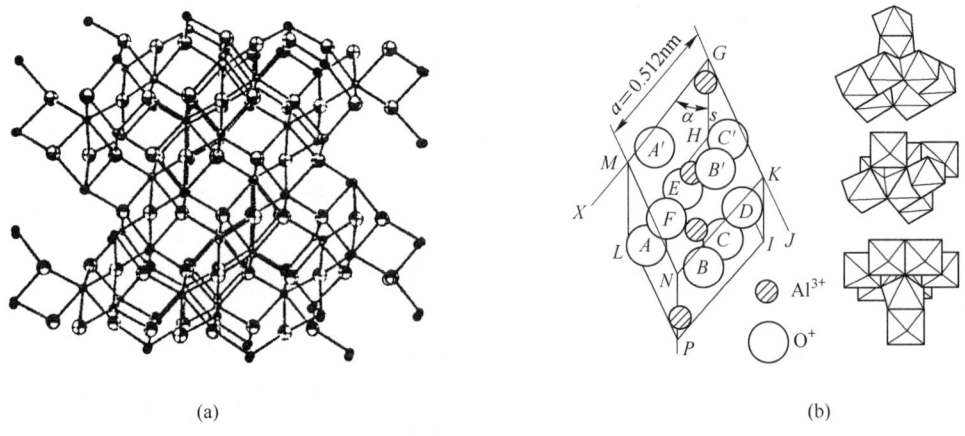

(a)

(b)

图 10-12 刚玉的结构示意图

表 10-6　不同晶型结构的氢氧化铝的 X 射线衍射数据

三水铝石		拜耳石		诺耳石		一水软铝石		一水硬铝石	
面间距 d/nm	相对强度 I/%	面间距 d/nm	相对强度 I/%	面间距 d/nm	相对强度 I/%	面间距 d/nm	相对强度 I/%	面间距 d/nm	相对强度 I/%
0.482	100	0.472	100			0.611	100	0.4710	13
0.434	40	0.436	70			0.3164	65	0.3990	100
0.430	20	0.319	25			0.2346	53	0.3214	10
0.335	10	0.308	1			0.1980	6	0.2558	30
0.331	6	0.269	3			0.1860	32	0.2434	3
0.317	8	0.245	3			0.1850	27	0.2386	5
0.308	4	0.234	6			0.1770	6	0.2356	8
0.244	15	0.228	3			0.1662	13	0.2317	56
0.242	4	0.221	67			0.1527	6	0.2131	52
0.237	20	0.214	3			0.1453	16	0.2077	39
0.228	4	0.206	2			0.1434	9	0.1901	3
0.223	6	0.197	3			0.1412	1	0.1815	8
0.215	8	0.191	1			0.1396	2	0.1733	3
0.203	12	0.183	1			0.1383	6	0.1712	15
0.198	10	0.176	1			0.1369	2	0.1678	3
0.195	2	0.171	26			0.1312	15	0.1633	43
0.190	7	0.168	2			0.1303	3	0.1608	12
0.179	10	0.164	1			0.1254	1	0.1570	4
0.174	9	0.159	4			0.1209	2	0.1525	6
0.167	9	0.156	2			0.1178	3	0.1480	20
0.165	3	0.155	4			0.1171	1	0.1431	7
0.163	1	0.152	1			0.1161	3	0.1423	12
0.158	3	0.148	1			0.1134	5	0.1400	6
0.157	1	0.147	1			0.1092	1	0.1376	16
0.155	2	0.145	7			0.1046	2	0.1340	5

表 10-7　不同晶型结构的氧化铝的 X 射线衍射数据

χ-Al$_2$O$_3$		η-Al$_2$O$_3$		γ-Al$_2$O$_3$		κ-Al$_2$O$_3$		δ-Al$_2$O$_3$		θ-Al$_2$O$_3$		α-Al$_2$O$_3$	
面间距 d/nm	相对强度 I/%	面间距 d/nm	相对强度 I/%	面间距 d/nm	相对强度 I/%	面间距 d/nm	相对强度 I/%	面间距 d/nm	相对强度 I/%	面间距 d/nm	相对强度 I/%	面间距 d/nm	相对强度 I/%
0.48	15	0.46	40	0.456	40	0.62	30	0.76	4	0.545	6	0.3479	75
0.288	25	0.28	20	0.28	20	0.45	20	0.64	4	0.454	10	0.2552	90
0.241	50	0.24	60	0.239	80	0.42	10	0.553	4	0.284	60	0.2379	40

χ-Al₂O₃		η-Al₂O₃		γ-Al₂O₃		κ-Al₂O₃		δ-Al₂O₃		θ-Al₂O₃		α-Al₂O₃	
面间距 d/nm	相对强度 I/%	面间距 d/nm	相对强度 I/%	面间距 d/nm	相对强度 I/%	面间距 d/nm	相对强度 I/%	面间距 d/nm	相对强度 I/%	面间距 d/nm	相对强度 I/%	面间距 d/nm	相对强度 I/%
0.212	50	0.227	30	0.228	50	0.304	40	0.51	8	0.273	100	0.2165	1
0.196	35	0.197	80	0.1977	100	0.279	60	0.457	12	0.2562	25	0.2085	100
0.1395	100	0.152	20	0.152	30	0.27	20	0.407	12	0.2448	60	0.1964	2
		0.14	100	0.1395	100	0.257	80	0.361	4	0.2312	45	0.174	45
		0.121	10	0.114	20	0.241	30	0.323	4	0.226	35	0.1601	80
		0.114	20	0.1027	10	0.232	40	0.305	4	0.202	55	0.1546	4
		0.103	10	0.0989	10	0.226	10	0.2881	8	0.1908	35	0.1514	6
				0.0884	10	0.216	10	0.2728	30	0.1799	15	0.151	8
				0.0806	20	0.211	80	0.2601	25	0.1776	6	0.1404	30
						0.206	30	0.246	60	0.1734	5	0.1374	50
						0.199	40	0.2402	16	0.1621	8	0.1337	2
						0.195	20	0.2315	8	0.1571	6	0.1276	4
						0.187	60	0.2279	40	0.1543	25	0.1239	16
						0.182	30	0.216	4	0.1508	8	0.12343	8
						0.174	20	0.1986	75	0.1487	15	0.11898	8
						0.164	60	0.1953	40	0.1453	30	0.116	1
						0.154	10	0.1914	12	0.1426	7	0.1147	6
						0.149	30	0.1827	4	0.1388	75	0.11382	2
						0.145	30	0.181	8			0.11255	6
						0.143	80	0.1628	8			0.11246	4
						0.139	100	0.1604	4			0.10988	8
						0.134	30	0.1538	8			0.10831	4
								0.1517	16			0.10781	8
								0.1456	8			0.10426	14
								0.1407	50			0.10175	2
								0.1396	100			0.09976	2

10.1.4.2　氧化铝及其水合物的性质

A　物理性质

结构决定性质，氧化铝及其水合物不同的结构决定着其不同的物理性质。常见的几种铝矿物的折光率、密度和硬度按下列次序递增：三水铝石→一水软铝石→一水硬铝石→刚玉。它们最重要的结晶状态及物理特性见表 10-8。

表 10-8　氧化铝及其水合物的物理性质

矿物名称	三水铝石 Al(OH)₃	拜耳石 Al(OH)₃	一水软铝石 AlOOH	一水硬铝石 AlOOH	刚　玉 α-Al₂O₃
晶　系	单斜晶系（假六方晶系）	单斜晶系	单斜晶系	单斜晶系	斜方六面体
密度/g·cm⁻³	2.42	2.53	3.01	3.44	3.98
折光率（平均）	1.57	1.58	1.66	1.72	1.77
莫氏硬度	2.5~3.5		3.5~4	6.5	9.0

B　化学性质

氧化铝及其水合物的两性性质，使氧化铝生产既可以用碱法也可以用酸法。不同形态的氧化铝及其水合物的化学活性，即在酸和碱溶液中的溶解度及溶解速率是不同的。三水铝石与拜耳石化学活性最大、最易溶，一水软铝石次之，一水硬铝石特别是刚玉更为难溶。因为刚玉（α-Al₂O₃）具有最坚固和最完整的晶格，晶格能大，化学活性最差，即使在 300℃ 的高温下与酸和碱的反应速率也极慢。

γ-Al₂O₃ 的化学活性较强，在低温下焙烧获得的 γ-Al₂O₃ 的化学活性与三水铝石相近。同一种形态的氧化铝及其水合物，由于生成条件不同，性质也不相同，甚至有较大的差异。例如，500℃ 左右条件下焙烧一水硬铝石得到的 α-Al₂O₃，其化学活性与自然界产出的刚玉或者在 1200℃ 煅烧氢氧化铝所得到的 α-Al₂O₃ 有很大不同，与焙烧前的一水硬铝石也不同，前者活性要比后三者大得多。故在 500℃ 左右焙烧一水硬铝石型铝土矿，能够加速溶出过程，提高氧化铝的溶出率。其原因是在 500℃ 左右焙烧得到的 α-Al₂O₃，晶格处于一种尚未完善的过渡状态，晶粒很细，表现出较高的化学活性，同时由于水的脱除，产生了较多的晶间空隙，有利于碱溶液的渗透。但随着焙烧温度的提高，α-Al₂O₃ 的晶格越来越完善，强度越来越高，其化学活性也急剧降低。

近来有研究发现：氧化铝及其水合物晶格中的 Al³⁺ 位置可以被 Fe³⁺、Ti⁴⁺ 所代替，使其化学性质发生改变。例如，在一水铝石中出现类质同晶替代后，它们与碱溶液的反应能力显著降低，这是各地铝土矿中氧化铝水合物的化学性质千差万别的原因之一。甚至还可能出现某些一水软铝石比一水硬铝石化学活性更差的反常现象。

10.1.4.3　Al₂O₃-H₂O 系

自然界中 Al₂O₃-H₂O 系的结晶化合物主要有三水铝石、一水软铝石、一水硬铝石和刚玉等矿物，这些化合物都可以用人工方法制得，其他形态的氧化铝及其水合物在自然界中很少被发现。在工业生产条件下，铝酸钠溶液在进行晶种分解和碳酸化分解的过程中都能生成拜耳石。但它是不稳定的产物，在分解的最终产物中仍是三水铝石，拜耳石的含量很少，甚至完全没有。图 10-13 所示为 Al₂O₃-H₂O 系在高压下的平衡状态。

从状态图可以看出，当压力较高时，加热后三水铝石直接转变为一水硬铝石，并不需要先生成一水软铝石的中间过程；当压力较低时，三水铝石先转变为一水软铝石，然后再转变为一水硬铝石。所以，可以认为一水软铝石是三水铝石在低压下转变为一水硬铝石时出现的介稳中间相，在状态图上不应有其稳定区。但在较低的压力下一水软铝石转变为稳

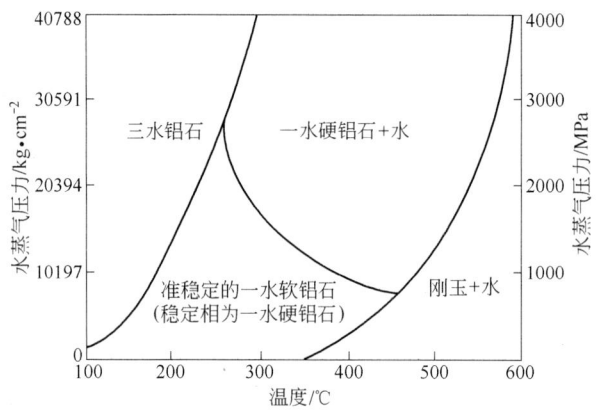

图 10-13　高压下的 Al_2O_3-H_2O 系平衡状态

定的一水硬铝石的速度非常缓慢。当温度升高时，一水硬铝石转变为刚玉。

10.1.5　氧化铝生产过程中含铝氧化物及含铝离子的热力学性质

10.1.5.1　α-Al_2O_3 的热力学性质

α-Al_2O_3 的热力学性质是所有含铝化合物中研究得最充分的一种，其热容值被推荐为热容测定的标准数据，对其标准生成焓的研究也较充分，陈启元等人对现有 γ-Al_2O_3 的热容、标准熵、标准生成焓及标准生成 Gibbs 自由能进行了评价。在 298.15 ~ 1800K 范围内，推荐采用 α-Al_2O_3 摩尔热容的 Maier-Kelley 函数关系式：

$$c_p = 115.38 + 12.34 \times 10^{-3}T - 36.96 \times 10^5 T^{-2}$$

α-Al_2O_3 的标准熵、标准生成焓及标准生成 Gibbs 自由能的推荐值分别是：(50.49 ± 0.10) J/(mol·K)，$-(1675.7 \pm 1.3)$ kJ/mol，$-(1582.3 \pm 1.3)$ kJ/mol。

10.1.5.2　γ-Al_2O_3 热力学性质

由于实验困难，目前尚未有 γ-Al_2O_3 热容的报道。Chase 等人根据 Marchidan 等人在 730 ~ 904℃时测定的 γ-Al_2O_3 的相对焓比 γ-Al_2O_3 的相对焓大 4.7% 的结果，假设 γ-Al_2O_3 在 298.15 ~ 1177K 之间的热容比 α-Al_2O_3 的热容大 4.7%。陈启元等人以一水软铝石作原料，在恒定 550℃下煅烧，得到纯 γ-Al_2O_3，测定了 γ-Al_2O_3 从室温到 1000K 的摩尔热容，测定结果见表 10-9，用 Maier-Kelley 式拟合得到：

$$c_p = 115.25 + 19.53 \times 10^{-3}T - 33.81 \times 10^5 T^{-2}$$

表 10-9　陈启元等人测定的 γ-Al_2O_3 的摩尔热容

T_0/K	T/K	ΔH/J·mol^{-1}	c_p/J·(mol·K)$^{-1}$
288.75	321.45	2771.85 ± 2.58	88.81
289.45	374.15	7666.40 ± 2.72	98.41
291.85	477.95	18335.90 ± 3.17	109.78

T_0/K	T/K	ΔH/J·mol^{-1}	c_p/J·(mol·K)$^{-1}$
291.35	582.15	30197.60 ± 4.91	116.64
293.65	685.55	42333.04 ± 5.63	121.44
294.15	788.55	54999.64 ± 5.84	125.21
293.65	890.45	67966.42 ± 6.13	128.38
293.15	992.85	81297.64 ± 6.35	131.21

陈启元等人还采用了 Borer 和 Gunthard 的 γ-Al$_2$O$_3$ 缺陷尖晶石结构,用统计热力学方法计算得到 γ-Al$_2$O$_3$ 标准熵值(52.30 ± 2.00)J/(mol·K)。

陈启元等人还测定了 1196.6℃ 时 γ-Al$_2$O$_3$ 向 α-Al$_2$O$_3$ 转化的转化热为 –(26.78 ± 0.41)kJ/mol。利用上述 γ-Al$_2$O$_3$ 向 α-Al$_2$O$_3$ 转化的热容数据换算到 25℃ 为 –18.64kJ/mol。YoKokawa 和 Kleppa 用溶解量热法间接测定了 705℃ 时 γ-Al$_2$O$_3$ 向 α-Al$_2$O$_3$ 转化的转化热为 –22.18kJ/mol,陈启元等人用所得到的热容数据换算到 25℃ 为 –18.41kJ/mol,并由此得出 γ-Al$_2$O$_3$ 的标准生成焓为 –1657.3kJ/mol,结合 Al(cr) 和 O$_2$(g) 的标准熵数据,以及上述所得的 γ-Al$_2$O$_3$ 的标准生成焓和标准熵数据,得到 γ-Al$_2$O$_3$ 的标准生成 Gibbs 自由能为 –(1564.2 ± 2.0)kJ/mol。

10.1.5.3 三水铝石的热力学性质

Shomate 和 Cook 用量热法测定了三水铝石在 52 ~ 425K 的热容。Hemingway 等人用低温绝热量热计测定了三水铝石在 13 ~ 380K 间的热容,用差示扫描量热计测定了 340 ~ 480K 的热容。陈启元等人认为 Hemingway 的测定结果较为可靠。

对 260 ~ 480K 之间 Hemingway 等人的数据用 Maier-Kelley 式回归,得到:

$$c_p = 50.30 + 178.66 \times 10^{-3} T - 10.66 \times 10^5 T^{-2}$$

根据 Hemingway 等人的热容数据,计算得到三水铝石在 25℃ 时的标准熵为(68.44 ± 0.14)kJ/mol。

陈启元等人测定了 685℃ 下三水铝石分解为 γ-Al$_2$O$_3$ 时的反应热为(71.73 ± 0.36)kJ/mol。根据 γ-Al$_2$O$_3$ 的标准生成焓和 H$_2$O(l) 的标准生成焓数据,以及 Hemingway 得到的热容数据,计算得到三水铝石在 25℃ 的标准生成焓为 –(1293.23 ± 1.20)kJ/mol。

Hemingway,Robie,Gross,Barany 和 Kelley 都用氢氟酸量热法测定了三水铝石的标准生成焓,测定结果分别为:(1293.13 ± 1.19)kJ/mol,(1294.18 ± 2.93)kJ/mol,(1281.89 ± 1.26)kJ/mol。所有文献关于三水铝石标准生成焓数据的平均值为 –(1293.18 ± 1.20)kJ/mol。

由三水铝石的标准生成焓和标准熵得到 25℃ 下三水铝石的标准生成 Gibbs 自由能为 –(1155.05 ± 1.20)kJ/mol。

10.1.5.4 一水软铝石的热力学性质

Hemingway 等人测定了 5 ~ 600K 一水软铝石的热容。据此,在 298.15 ~ 600K,用 Maier-Kelley 式对 Hemingway 等人的测定结果回归得到:

$$c_p = 61.68 + 38.49 \times 10^{-3}T - 16.88 \times 10^5 T^{-2}$$

由 Hemingway 等人的低温热容值计算得到一水软铝石在 25℃ 的标准熵为 (37.19 ± 0.10) J/(mol·K)。

迄今为止，一水软铝石标准生成焓的实验测定还很少，主要的测定方法与测定值见表 10-10。

表 10-10　一水软铝石标准生成焓的测定值

方　法	反　应	$\Delta_r H_{m,298.15}^{\ominus}$ /kJ·mol^{-1}	$\Delta_f H_m^{\ominus}$(AlOOH) /kJ·mol^{-1}
溶解度法	$Al(OH)_3(cr) = \gamma\text{-}AlOOH + H_2O(l)$	16.10 ± 0.90	$-(991.25 \pm 1.20)$
溶解度法	$\alpha\text{-}AlOOH(cr) = \gamma\text{-}AlOOH(cr)$	8.90 ± 2.20	$-(993.77 \pm 2.20)$
溶解度法	$\gamma\text{-}AlOOH(cr) + OH^-(aq) + H_2O(l) = Al(OH)_4^-(aq)$		$-(996.87 \pm 2.20)$
差热分析法	$Al(OH)_3(cr) = \gamma\text{-}AlOOH + H_2O(g)$	65.30 ± 4.20	$-(986.05 \pm 4.20)$
量热法(HT-1000)	$\gamma\text{-}AlOOH(cr) = 1/2\gamma\text{-}Al_2O_3(cr) + 1/2H_2O(g)$	46.87 ± 0.29	$-(996.38 \pm 1.30)$
量热法(HT-1500)	$\gamma\text{-}AlOOH(cr) = 1/2\gamma\text{-}Al_2O_3(cr) + 1/2H_2O(g)$	46.32 ± 0.32	$-(995.83 \pm 1.30)$
溶解度法			$-(995.34 \pm 1.30)$
推荐值			$-(996.10 \pm 1.30)$

陈启元等人测量了 830.15K 和 816.35K 条件下一水软铝石的分解热，分别为 (45.71 ± 0.29) kJ/mol 和 (45.27 ± 0.32) kJ/mol。根据一水软铝石和 $\gamma\text{-}Al_2O_3$ 的热容数据换算到室温（25℃）分别为 (46.87 ± 0.29) kJ/mol 和 (46.32 ± 0.32) kJ/mol。由此，得到了一水软铝石的标准生成焓分别为 $-(996.38 \pm 1.30)$ kJ/mol 和 $-(995.83 \pm 1.30)$ kJ/mol。

Hemingway 等人用一水软铝石的溶解度数据计算得到一水软铝石的标准生成焓为 $-(996.4 \pm 2.2)$ kJ/mol。

陈启元等人根据其得到的一水软铝石的标准生成焓和标准熵数据，计算得到一水软铝石的标准生成 Gibbs 自由能为 $-(918.15 \pm 1.30)$ kJ/mol。Hemingway 等人结合自己得到的数据，计算出一水软铝石在 25℃ 的标准生成 Gibbs 自由能为 $-(918.4 \pm 2.10)$ kJ/mol，与陈启元等人采用量热结果得到的数据非常吻合。

10.1.5.5　一水硬铝石的热力学性质

Perkins 等人测定了一水硬铝石在 5~520K 间的热容，用 Maier-Kelley 式对 Perkins 等人的实验值进行回归，得到 25℃ 以上时一水硬铝石的摩尔热容计算式：

$$c_p = 50.54 + 55.93 \times 10^{-3}T - 12.30 \times 10^5 T^{-2}$$

由 Perkins 的热容数据计算得到 25℃ 下一水硬铝石的标准熵为 (35.33 ± 0.08) J/(mol·K)。

Fyfe、Hass 等人用平衡法分别测得的一水硬铝石分解焓与 Sabatier 用量热法得到的结果有较大的差异（见表 10-11）。陈启元等人采用量热法测量了一水硬铝石的分解焓为 43.9kJ/mol。利用有关物质的标准生成焓数据可得到 25℃ 下一水硬铝石的标准生成焓（见表 10-11）。从表 10-11 中可以看出，4 个量热测定结果非常一致，取其平均值为 $-(1002.67 \pm 1.00)$ kJ/mol。

表 10-11 一水硬铝石的分解焓和标准生成焓的测定值

方　法	$\Delta_r H_{m,298.15}^{\ominus}/\mathrm{kJ}\cdot\mathrm{mol}^{-1}$	$\Delta_f H_m^{\ominus}(\mathrm{AlOOH})/\mathrm{kJ}\cdot\mathrm{mol}^{-1}$
平衡法	40.80 ± 0.80	$-(999.56\pm2.40)$
平衡法	41.40 ± 1.55	$-(1000.85\pm2.00)$
量热法	43.91 ± 0.63	$-(1002.67\pm0.63)$
量热法(HT-1000)	44.12 ± 0.30	$-(1002.88\pm0.30)$
量热法(HT-1500)	43.75 ± 0.34	$-(1002.51\pm0.34)$
量热法(DSC111)	43.86 ± 0.34	$-(1002.62\pm0.34)$
推荐值	43.19 ± 0.16	$-(1002.67\pm1.00)$

陈启元等人由一水硬铝石的标准生成焓和标准熵计算得到一水硬铝石的标准生成 Gibbs 自由能为 $(924.17\pm1.00)\mathrm{kJ/mol}$。Hass 用平衡法得到一水硬铝石的标准生成 Gibbs 自由能为 $(922.38\pm2.1)\mathrm{kJ/mol}$。Peryea 和 Kittrick 由溶解度数据得到一水硬铝石的 $\Delta_f G_m^{\ominus}$ 为 $-923.4\mathrm{kJ/mol}$。

10.1.5.6　$\mathrm{Al(OH)_4^-}(\mathrm{aq})$ 的热力学性质

Hovey 和 Hepler 用量热法测定了 $\mathrm{NaAl(OH)_4}$ 溶液在过量 NaOH 存在下，$10\sim55\text{℃}$ 间的表观摩尔热容和体积，并导出 $\mathrm{Al(OH)_4^-}(\mathrm{aq})$ 的标准偏摩尔热容与温度的关系。Caiani 等人利用流体热量计测定了 $\mathrm{NaAl(OH)_4}$ 溶液在 $50\sim250\text{℃}$ 范围内 5 个温度的表观摩尔热容和相对焓，然后得到了 $\mathrm{NaAl(OH)_4}$ 溶液的表观摩尔热容。

陈启元等人利用 Tian-Calvet 热流热量计（Setaram Model C80）对三水铝石在过量 NaOH 溶液中 $100\sim150\text{℃}$ 范围内 5 个温度下的溶解热进行了测定，结合有关文献数据综合处理得到了 $0\sim160\text{℃}\ \mathrm{Al(OH)_4^-}(\mathrm{aq})$ 的热力学性质（见表 10-12）。由表 10-12 中 $\mathrm{Al(OH)_4^-}(\mathrm{aq})$ 热容结果，采用多项式回归法得到了 $\mathrm{Al(OH)_4^-}(\mathrm{aq})$ 热容与温度的关系为：

$$c_p = -1040.786 + 6.329143T - 8.498212\times10^{-3}T^2 + \frac{224.2222}{T-470}$$

表 10-12　$\mathrm{Al(OH)_4^-}(\mathrm{aq})$ 的热力学性质

T/K	$c_p^{\ominus}/\mathrm{J}\cdot(\mathrm{mol}\cdot\mathrm{K})^{-1}$	$S^{\ominus}$	$H^{\ominus}-H_{298.15}^{\ominus}/\mathrm{kJ}\cdot\mathrm{mol}^{-1}$	$\Delta_f H^{\ominus}/\mathrm{kJ}\cdot\mathrm{mol}^{-1}$	$\Delta_f G^{\ominus}/\mathrm{kJ}\cdot\mathrm{mol}^{-1}$
273.15	104.7	94.08	-2.116	-1501.03	-1321.51
283.15	80.8	97.26	-1.231	-1501.68	-1314.92
298.15	89.6	101.49		-1502.77	-1305.00
313.15	106.1	106.30	1.471	-1503.63	-1295.02
333.15	123.0	113.42	3.773	-1504.45	-1281.68
353.15	132.8	120.91	6.343	-1505.02	-1268.29
373.15	135.6	128.34	9.039	-1505.48	-1254.87
393.15	131.0	135.33	11.717	-1505.97	-1241.42
413.15	119.3	141.57	14.233	-1506.33	-1227.95
433.15	100.3	146.79	16.440	-1507.62	-1214.44

上述 $Al(OH)_4^-(aq)$ 的标准生成焓与三水铝石或一水铝石的标准生成焓相联系。陈启元等人设计如下反应，通过量热实验独立确定 $Al(OH)_4^-(aq)$ 的标准生成焓：

$$Al(cr) + OH^-(aq) + 3H_2O(l) == Al(OH)_4^-(aq) + \frac{3}{2}H_2(g)$$

得出 $Al(OH)_4^-(aq)$ 的标准生成焓为：

$$\Delta_f H_m [Al(OH)_4^-(aq)] = -(1504.47 \pm 1.00)\text{kJ/mol}$$

10.2 拜耳法生产氧化铝的理论基础

10.2.1 拜耳法基本原理

拜耳法是因为拜耳发明了此种氧化铝生产的方法而得名。拜耳法的基本原理可以用如下两个过程来描述：

（1）用 NaOH 溶液溶出铝土矿所得到的铝酸钠溶液在添加晶种、不断搅拌的条件下，溶液中所含的氧化铝便呈氢氧化铝析出；

（2）析出氢氧化铝后的溶液，经蒸发浓缩后在高温下用于溶出新的一批铝土矿。

上述两个过程交替使用构成所谓的拜耳法循环。

拜耳法的实质就是使如下反应在不同条件下朝不同的方向交替进行：

$$Al_2O_3(1 \text{ 或 } 3)H_2O + 2NaOH + aq \underset{\text{分解}}{\overset{\text{溶出}}{\rightleftharpoons}} 2NaAl(OH)_4 + aq$$

拜耳法生产氧化铝就是利用上述原理进行的，首先是在一定的温度下在压煮器等反应器中用高苛性比值铝酸钠溶液溶出铝土矿，将其中氧化铝水合物溶浸到碱液中，使上述反应向右进行，得到铝酸钠溶液，杂质则进入残渣中，形成赤泥；向彻底分离赤泥后的铝酸钠溶液中添加晶种，在不断搅拌的条件下进行晶种分解，使反应向左进行而析出氢氧化铝。分解后的母液再返回用以溶出下一批矿石。得到的氢氧化铝经焙烧后便得到产品氧化铝。从 Na_2O-Al_2O_3-H_2O 系中的拜耳循环图也可清楚地看出拜耳法的实质。

10.2.2 拜耳法循环图

拜耳法生产 Al_2O_3 的工艺流程由许多工序组成，其中主要有铝土矿的溶出，溶出浆液的稀释沉降分离，晶种分解和分解母液蒸发等 4 个工序，在这 4 个工序中铝酸钠溶液的温度、浓度、苛性比值都不相同。将各个工序铝酸钠溶液的组成分别标记在 Na_2O-Al_2O_3-H_2O 系等温线图上并将所得到的各点依次用直线连接起来就构成了一个封闭的拜耳法循环图，如图 10-14 所示。

以处理一水软铝石型铝土矿为例，拜耳

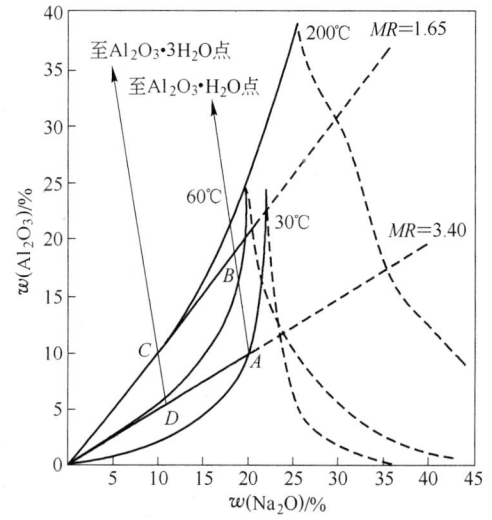

图 10-14 Na_2O-Al_2O_3-H_2O 系中的拜耳法循环图

法循环从铝土矿溶出开始，用来溶出铝土矿中氧化铝水合物的铝酸钠溶液（即循环母液）的组成相当于 A 点，它位于200℃等温线的下方，即循环碱液在该温度下是未饱和的，因而它具有溶解氧化铝水合物的能力，随着 Al_2O_3 的溶解，溶液中 Al_2O_3 的浓度逐渐升高，当不考虑矿石中杂质造成 Na_2O、Al_2O_3 的损失时，溶液的组成应沿着 A 点与 $Al_2O_3 \cdot H_2O$ 的图形点的连线变化，直到饱和为止，溶出液的最终成分在理论上可以达到这根线与溶解度等温线的交点。在实际生产过程中，由于溶出时间的限制，溶出过程在此之前的 B 点便告结束。B 点为溶出液的组成点，其苛性比值比平衡液的苛性比值要高0.15~0.2左右。AB 直线称为溶出线。

为了从溶出液中析出氢氧化铝需要使溶液处于过饱和区，为此用赤泥洗液将其稀释，溶液中 Na_2O 和 Al_2O_3 的浓度同时降低，故其成分由 B 点沿等苛性比值线变化到 C 点，BC 两点所得的直线称为稀释线（实际上由于稀释沉降过程中发生少量的水解现象，溶液的苛性比值稍有升高）。

分离赤泥后，降低温度（如降低为60℃），溶液的过饱和程度进一步提高，加入氢氧化铝晶种，便发生分解反应析出氢氧化铝。在分解过程中溶液组成沿着 C 点与 $Al_2O_3 \cdot 3H_2O$ 的图形点的连线变化。如果溶液在分解过程中最后冷却到50℃，种分母液的成分在理论上可以达到连线与50℃等温线的交点。在实际生产中，分解过程是在溶液中仍然处于过饱和的情况下结束的。CD 连线称为分解线。

如果 D 点的苛性比值与 A 点相同，那么通过蒸发，溶液组成又可以回复到 A 点。DA 连线为蒸发线。由此可见，组成为 A 点的溶液经过一次作业循环，便可以从矿石中提取出一批氢氧化铝，而其成分仍不发生改变。图10-14中 AB、BC、CD 和 DA 线，即溶出、稀释、分解和蒸发线，它们正好组成一个封闭四边形，即构成一个循环过程。

在实际生产过程中，由于存在 Al_2O_3 和 Na_2O 的化学损失和机械损失，添加的晶种带入母液使溶液苛性比值有所提高等原因，它与理想过程有所差别。因此，各个线段都会偏离图中所示位置。在每一次作业循环之后必须补充所损失的碱，才能使母液的组成恢复到循环开始时的 A 点。

10.2.3　铝土矿的溶出理论

10.2.3.1　铝土矿的溶出机理

以三水铝石型铝土矿为例，当三水铝石型铝土矿与未饱和的铝酸钠溶液接触后，发生的溶出化学反应如下：

$$Al(OH)_3 + NaOH + aq \longrightarrow NaAl(OH)_4 + aq$$

关于三水铝石在铝酸钠溶液中溶解的机理，库兹涅佐夫认为当溶液中有大量的 OH^- 存在时，它可以侵入到三水铝石的晶格中，切断晶格之间的键，于是形成游离的 $Al(OH)_6^{3-}$ 离子团扩散到溶液中，这段过程可表示为：

$$\left\{\begin{array}{ccc} HO & OH\ OH\ OH & OH \\ | & |\quad\quad\ | & | \\ Al & Al\quad Al & \\ | & |\quad\quad\ | & | \\ HO & OH\ OH\ OH & OH \end{array}\right\}^{4-} + 2OH^- \longrightarrow 2\left\{\begin{array}{ccc} HO & OH & OH \\ | & | & | \\ & Al & \\ | & | & | \\ HO & OH & OH \end{array}\right\}^{3-}$$

$Al(OH)_6^{3-}$ 在溶液中的 OH^- 含量较少时，会离解成 $Al(OH)_4^-$ 和 OH^-：

$$Al(OH)_6^{3-} \longrightarrow Al(OH)_4^- + 2OH^-$$

卡尔维（Kalvet）则持有不同的观点，他不认为 $Al(OH)_6^{3-}$ 是溶出反应的中间产物，却认为氢氧化铝分子是中间产物，他用干涉仪证明铝酸钠溶液中有半径为 22~24nm 的粒子，并认为它是氢氧化铝分子（半径 23nm）。他认为溶出过程是首先生成氢氧化铝分子，扩散到溶液中，然后再和 OH^- 相作用。赫尔曼特认为溶解的第一步是自结晶上分裂出氢氧化铝分子，这些氢氧化铝分子被吸附在结晶表面，当某些分子获得较大动能时，则自结晶表面吸附层进入溶液。

10.2.3.2 溶出过程的热力学

铝土矿溶出过程的实质是碱液与氧化铝水合物发生化学反应生成铝酸钠溶液，反应方程式如下：

$$Al(OH)_3 + OH^- \Longrightarrow Al(OH)_4^- \tag{10-7}$$

$$\gamma\text{-}Al(OOH) + OH^- + H_2O \Longrightarrow Al(OH)_4^- \tag{10-8}$$

$$\alpha\text{-}Al(OOH) + OH^- + H_2O \Longrightarrow Al(OH)_4^- \tag{10-9}$$

式 10-7~式 10-9 分别为三水铝石、一水软铝石、一水硬铝石的溶解反应方程式，表 10-13 为这 3 个反应在 25℃、150℃、250℃ 及 275℃ 下的反应热值。

表 10-13 三水铝石、一水软铝石、一水硬铝石生产 1t Al_2O_3 的溶解反应热 （GJ）

反 应 式	25℃	150℃	250℃	275℃
10-7	0.66	0.37	0.09	0.01
10-8	0.44	0.08	−0.24	−0.32
10-9	0.56	0.22	−0.09	−0.17

10.2.3.3 溶出过程的动力学

铝土矿的溶出过程就是铝土矿与铝酸钠溶液进行一系列化学反应的过程。这种反应属于液—固非均相反应。

对于液—固相浸出反应，反应通常包括下列步骤：

（1）流体反应物在主流体上通过流体和固体颗粒表面的扩散层进行传质；

（2）流体反应物在固体表面上吸附；

（3）在固体表面上发生化学反应；

（4）流体产物由固体表面上解吸，并通过固体产物向流体扩散。

如果固体反应物是多孔的，则存在着流体反应物的孔隙扩散传质。

非均相反应与均相反应的区别首先在于速度方程式的复杂化，在速度方程中除一般的化学动力学项外，还必须包括有表示传质速度的项。

设 v_1，v_2，$\cdots$，v_n 是单个步骤的速度，如果这些过程是平行发生的，则整个速度就大于任一单个过程的速度，总速度为：

$$v_{总} = \sum_{i=1}^{n} v_i$$

如果整个过程是由一系列单个步骤串联而成，则在稳态时，所有的步骤将具有同样的速度，此时总速度为：

$$v_{总} = v_1 = v_2 = \cdots = v_n$$

对传质步骤

$$v_{传} = k_g(c_0 - c_S) \tag{10-10}$$

式中　k_g——传质系数。

对化学反应步骤

$$v_{反} = f(c_S) \tag{10-11}$$

在稳态时有 $v_{传} = v_{反}$，即

$$k_g(c_0 - c_S) = f(c_S) \tag{10-12}$$

$f(c_S)$ 是化学反应速度与反应物浓度的关系式，根据实际化学反应的机理可确定 $f(c_S)$ 式子，如：

一级不可逆反应 $\qquad v_{反} = k_{反} c_S$

二级不可逆反应 $\qquad v_{反} = k_{反}^+ c_S^2$

一级可逆反应 $\qquad v_{反} = k_{反}^+ c_S - k_{反}^- c_b$

式中　$k_{反}$——化学反应速度常数；

$k_{反}^+$——正反应的速度常数；

$k_{反}^-$——逆反应的速度常数。

将 $f(c_S)$ 的式子确定后代入式 10-11，然后联立解方程式 10-10、式 10-11 及式 10-12，就可求得整个过程的反应速率。

以上所述是基于传质速度与化学反应速度相差不大条件下推出的结论。如果二者速度相差悬殊时，反应的整体速度是一个步骤的速度被另一个步骤（缓慢的步骤）所限制，可以分为以下两种情况。

（1）化学反应控制步骤。化学反应速度很慢时，在稳态时 $v_{传} = v_{反}$，所以由于化学反应速度的限制，传质速率也会变慢。即 $c_0 - c_S$ 非常小，此时可以近似地看作 $c_0 = c_S$，即反应界面上反应物的浓度与流体本体中的浓度相等，此时总的过程速率：

$$v_{总} = v_{反} = f(c_0)$$

即整个反应过程受化学反应步骤控制。

（2）传质控制步骤。当传质速率非常小，即 k_g 非常小，则由于传质速率的限制，化学反应的速率也非常小，此时的 c_S 可近似看作零，则总的过程速度为：

$$v_{总} = v_{传} = k_g(c_g - c_S) = k_g c_0$$

即整个反应过程受传质步骤控制。

这两种情况是基于两种速率相差悬殊的条件下得出的，而在一般情况下，化学反应的速率与传质的速率是相互制约的，速率方程式需由解联立方程式 10-10、式 10-11 及式 10-12 共同决定。

由于液-固反应的复杂性，液-固反应模型的建立必须考虑如下因素：

（1）固体反应物是多孔，还是无孔的；

（2）反应过程中反应物表面是否形成附带着的固体产物层；

（3）形成的固体产物层是多孔还是致密的；

（4）固体产物层与固体反应物相比，所占有的体积是增加还是减少。

不同类型的铝土矿中氧化铝存在的结晶状态不同，所以与铝酸钠溶液的反应能力自然也不同，即使同一类型的铝土矿，由于结晶完整性不同，其溶出性能也不同，下面针对不同类型铝土矿的溶出动力学分别进行说明。

A 三水铝石型铝土矿的溶出

一般而言，所有类型的铝土矿中，三水铝石型铝土矿是最易溶出的一种铝土矿，当溶出温度超过 85℃ 时，三水铝石就开始较快地溶出，三水铝石的溶出速度随温度升高而加快。通常情况下，三水铝石矿典型的溶出工艺参数为温度 140～145℃、Na_2O 浓度为 120～140g/L。

关于三水铝石型铝土矿的溶出过程动力学，常用过程速度与瞬时浓度和饱和浓度的差值成比例的方程来作为相似过程的动力学数学模型。因为当铝酸钠溶液达到饱和浓度时，溶出的速度为零，即三水铝石不再溶出。这种动力学数学模型的缺点在于这种速度由动力学平衡状态确定，而没有考虑过程的机理。

有人研究了铝酸钠溶液的分解过程，得出了分解过程的动力学方程，认为对该方程进行变化后可用来描述三水铝石的溶出过程，如图 10-15 所示。

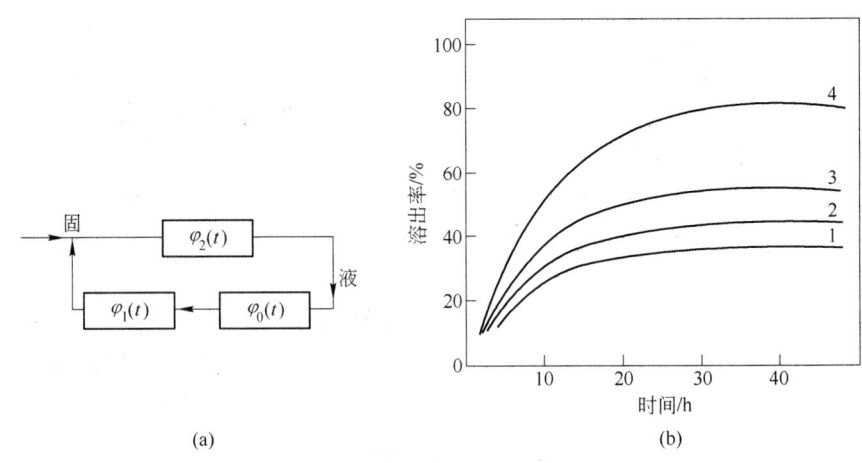

(a)   (b)

图 10-15 三水铝石溶出过程示意图（a）和三水铝石溶出曲线（b）
1—40℃；2—50℃；3—65℃；4—105℃

他们认为三水铝石的溶解过程由 3 个环节构成，分别用反应时间分布函数 $\varphi_0(t)$，$\varphi_1(t)$ 和 $\varphi_2(t)$ 来描述。$\varphi_2(t)$ 是三水铝石的溶出反应时间分布函数，$\varphi_0(t)$ 是溶出逆反应析出的诱导期的反应时间分布函数，$\varphi_1(t)$ 是铝酸钠溶液析出三水铝石的反应时间分布函数。

$$\varphi_0(t) = \delta(t - \tau)$$

$$\varphi_1(t) = K_1 \cdot e^{-k_1 t}$$

$$\varphi_2(t) = K_2 \cdot e^{-k_2 t}$$

式中　τ——诱导期；

　　　t——溶出时间；

　K_1，K_2——各阶段的有效速率常数。

在此情况下，总的反时间分布函数：

$$\varphi(t) = \varphi_2(t) \cdot \int_t^\infty \varphi_1(\tau) d(\tau)$$

而最终溶液相对浓度的动力学关系为：

$$c(t) = \int_0^t \varphi(\tau) d\tau$$

对分布函数进行积分变换，得到三水铝石溶出的动力学关系方程：

$$c(t) = \begin{cases} 1 - e^{-k_1 t} & (t \leqslant \tau) \\ 1 - e^{-k_2 \tau} + \dfrac{K_2 e^{-k_2 \tau}}{K_1 + K_2}[1 - e^{-(k_1+k_2)(t-\tau)}] & (t > \tau) \end{cases} \qquad (10\text{-}13)$$

根据式 10-13 计算的三水铝石溶出曲线绘于图 10-15（b）中，根据阿累尼乌斯公式（E_1 约 7.2kJ/mol，E_2 约 40.96kJ/mol）计算了温度 105℃ 的速度常数值每小时 $K_1 = 0.142$ 和 $K_2 = 0.065$。

江岛、辰彦等人研究了纯三水铝石在碱液中的溶出速度，认为三水铝石的溶出率随时间呈抛物线形式增加，由颗粒表面积与其质量关系导出的速度为：

$$1 - (1 - f)^{1/3} = Kt$$

式中　f——溶出率。

可见在任何碱浓度情况下，反应初期为直线关系。三水铝石的溶出速度与苛性碱浓度成比例的增加，而溶出搅拌对溶出速度的影响不大。得出三水铝石的溶出速度常数为 $3.81 \times 10^{-2}\text{min}^{-1}$。从得到的表面活化能数据显示三水铝石的溶出是由化学反应控制。三水铝石的溶出速率为：

$$v = KAc_{\text{NaOH}}\exp\left(\frac{-19600}{1.987T}\right)$$

式中　K——常数；

　　　A——表面积；

　c_{NaOH}——苛性碱浓度；

　　　T——绝对温度。

他们同时还研究了马来西亚三水铝石型铝土矿的溶出过程，认为这种铝土矿的溶出反应不同于氢氧化铝单体的溶出，推算出其表面活化能为 43.89kJ/mol。该研究得出的结论是，此种三水铝石型铝土矿的溶出速率也是由化学反应过程控制。

B 一水软铝石型铝土矿的溶出

与三水铝石矿相比,一水软铝石矿的溶出条件要苛刻得多,要达到一定的溶出速率,需要较高的温度和较高的苛性碱浓度。一水软铝石型铝土矿的溶出温度至少在200℃以上,氧化铝工业实际采用的温度一般为240~250℃,溶出液的苛性碱浓度通常在180~240g/L的范围内。

江岛、辰彦等人研究了纯一水软铝石在碱液中的溶出速度,认为与三水铝石一样,一水软铝石的溶出率随时间呈抛物线形式增加,从速度公式 $1 - (1 - f)^{1/3} = kt$ 可见,在任何碱液浓度情况下,溶出初期的溶出率与时间都是直线关系,并得出一水软铝石的溶出速度常数为 $3.07 \times 10^{-4} \mathrm{min}^{-1}$。这些研究者推导的表面活化能为71.48kJ/mol,从表面活化能可以看出一水软铝石的溶出过程与三水铝石一样,同样受化学反应控制。得到的一水软铝石的溶出速率方程为:

$$v = KAc_{\mathrm{NaOH}}\exp\left(\frac{-17100}{1.987T}\right)$$

式中 K——常数;

A——表面积;

c_{NaOH}——苛性碱浓度;

T——绝对温度。

I. Korcsmaros 认为一水软铝石矿的溶出过程属于外扩散控制,在动力学方程的建立过程中,应考虑单位体积溶出液中加入矿石与反应的 Al_2O_3 的极限作用(即进料分子比的极限作用)。给出下式表示速率:

$$\frac{\mathrm{d}c_A}{\mathrm{d}t} = \frac{D}{r}S(c_{\mathrm{At}} - c_A)(c_{\mathrm{Ae}} - c_A)$$

式中 D——扩散系数,m^2/s;

r——扩散层厚度,m;

c_{At}——溶出条件下的最大溶解度;

c_{Ae}——平衡浓度;

c_A——溶液中铝酸钠浓度;

S——传质过程的比表面积,$\mathrm{m}^2/\mathrm{kmol}$。

C 一水硬铝石型铝土矿的溶出

在所有类型的铝土矿中,一水硬铝石型铝土矿是最难溶出的。一水硬铝石的溶出温度通常在250~280℃,溶出液浓度范围为200~300g/L Na_2O。

关于一水硬铝石型铝土矿的溶出动力学,国内外的一些研究者大多数认为一水硬铝石型铝土矿的溶出由化学反应控制,或由各种杂质矿物的固体产物层扩散控制,或由反应物的扩散控制。

N. S. Maltz 等人测定的一水硬铝石的溶出活化能较低,所以认为其溶出过程由扩散阶段控制。

N. S. Marltz 用下式表示溶出速率:

$$-\frac{\mathrm{d}c_A(\mathrm{s})}{\mathrm{d}t} = KSI$$

式中　K——传质系数；

　　S——反应面积；

　　I——浓度差。

M. Турийский 用下式来表示一水硬铝石的溶出速度：

$$\frac{dc_A}{dt} = DS(c_{Hac} - c_A)$$

式中　D——扩散系数，m^2/s；

　　c_{Hac}——饱和浓度。

　　S——传质过程的比表面积，$m^2/kmol$。

以上都是一水硬铝石溶出扩散的公式。国内也有许多人认为一水硬铝石铝土矿的溶出过程中扩散是控制步骤。

东北大学的毕诗文等人对一水硬铝石的溶出进行了详细研究。得出结论，一水硬铝石溶出的化学反应为可逆反应，化学反应速率对氢氧根离子为一级正反应，对铝酸根离子浓度为一级逆反应，低温时一水硬铝石溶出过程的速度方程式为：

$$v = K_+ c_N - K_- c_A = K_+ (c_N - c_A/K_E)$$

式中　K_+——正反应的速率常数；

　　K_E——铝土矿溶出反应的平衡常数；

　　K_-——逆反应的速率常数；

　　c_A——AlO_2^- 浓度；

　　c_N——OH^- 浓度。

同时，他们还研究了温度在 173～250℃，一水硬铝石溶出过程的活化能。在温度为 173～250℃时，一水硬铝石溶出过程的活化能为 83.8kJ/mol，逆反应的活化能为 54.6kJ/mol，溶出过程处于表面化学反应控制阶段。

对于铝土矿的溶出过程，早期的研究都是按无孔隙颗粒的液—固反应来处理，用以描述这一动力学过程的是所谓收缩未反应核模型，即认为铝土矿颗粒是致密无孔的或者有孔但内扩散速度非常慢，所以溶出反应只发生在未反应核的外表面，随着反应的进行矿物颗粒由表及里地被消耗，未反应核半径逐渐收缩，直至反应完全。

毕诗文等人对广西平果一水硬铝石矿进行的研究表明，广西一水硬铝石型铝土矿是多孔的，这类铝土矿的溶出反应不能用收缩未反应核模型来模拟。

他们对广西矿的溶出过程建立了多孔颗粒的液-固反应模型。

（1）在低温时，化学反应速度比传质速度和孔隙扩散慢得多，即液相反应物离子能够扩散到颗粒的内部而不至于被消耗完。反应的速度方程式为：

$$v = K_+ S_V c_N - K_- S_V c_A$$
$$= K_+ S_V(c_N - c_A/E_E)$$
$$= K_+ \left(\frac{\varepsilon_0}{\gamma_0}\right)\frac{(2G - 3\xi)\xi}{G - 1}(c_N - c_A/E_E) \tag{10-14}$$

式中　K_+——正反应速率常数；

K_-——逆反应速率常数；

S_V——铝土矿的表面积；

c_N——OH⁻浓度；

c_A——AlO₂⁻浓度；

K_E——反应的平衡常数；

ε_0——铝土矿的孔隙率；

γ_0——铝土矿中孔隙的初始半径；

ξ——铝土矿中任一时刻时孔隙半径与初始半径之比；

G——常数，它可由方程 $\frac{4}{27}\varepsilon_0 G^2 - G + 1 = 0$ 求出。

（2）当溶出温度升高时，化学反应速度增加，液相反应物离子扩散到固体颗粒内部的可能性相比减少，孔隙扩散和化学反应在决定过程的速度上起着重要作用，外传质和其他步骤与之相比要快得多。此时的动力学方程为：

$$v = \{ D_e S_V [(K_+ + K_-)c_N^2 - 2TK_- c_N] \}^{1/2}$$

式中　D_e——OH⁻的扩散系数；

　　　T——常数。

（3）当溶出温度进一步升高时，铝土矿颗粒表面的化学反应速度就会急剧增加，因为化学反应的速度常数受温度的影响很大。此时，由于化学反应的速度很大，以至于液相反应物的离子穿过铝土矿的液膜层，就会立即与固相反应物作用，此时，总的溶出速度受外传质速度的控制，其动力学方程为：

$$v = \{ D_e S_V [(K_+ + K_-)c_{NS}^2 - 2TK_- c_{NS}] \}^{1/2} + K_+ fc_{NS} - K_- f(T - c_{NS})$$

式中　c_{NS}——铝土矿表面的 OH⁻浓度；

　　　f——外表面的粗糙因子。

顾松青、尹中林等人研究了一水硬铝石型铝土矿溶出过程的动力学，认为溶出过程的反应动力学方程为：

$$v = KS[(c_N - c_A)/K_E]$$

$$K = 1/[1/K_1 + 1/K_{m(N)} + 1/(K_E K_{m(A)})]$$

式中　　　K_1——正反应速度常数；

$K_{m(N)}, K_{m(A)}$——氢氧根离子与铝酸根离子的传质系数；

　　　　　K——表观速度常数；

　　　　　S——反应表面积；

　　　c_N, c_A——溶液中氢氧根和铝酸根离子的摩尔浓度；

　　　　　K_E——溶出反应的平衡常数。

他们测定了平果矿的溶出表观活化能。在温度为 224 ~ 242℃ 时，表观活化能为 89.5kJ/mol，反应为动力学控制区。在温度为 242 ~ 268℃ 时，表观活化能为 44.4kJ/mol，传质步骤逐渐对反应速度产生不可忽略的影响。

10.2.4　赤泥沉降理论

10.2.4.1　固体颗粒在悬浮液中的沉降理论

A　综述

赤泥颗粒在铝酸钠溶液中的沉降是固液悬浮液失稳的一种现象，赤泥固体颗粒在铝酸钠悬浮液中受重力的作用而下沉，其最终结果就是固液分离。沉降作为悬浮液中固液分离的方法，广泛应用于化工、矿业、环保、湿法冶金等许多工业领域。

悬浮液中固体颗粒的沉降属于固液两相流范畴，其中固体颗粒为分散相，液体为连续相（分散介质），因为固体和液体间有密度差存在，若固体和液体间的密度差大于零，固体悬浮物便能自然沉降。在重力场中，沉降的唯一动力是重力；在离心力场中，则主要取决于离心力的大小。经过一定时间的沉降，悬浮液分为上部澄清的液体层及下部被液体浸透的固体带。但在连续作业的设备（重力沉降设备和离心沉降设备）中，必须将新鲜的未经沉淀的悬浮液连续均匀地给入沉降设备中，同时连续排出上部澄清的液体（溢流）和浓密的底流，底流浓度由沉降设备的效果而定。

沉降过程及所用的机械设备比较简单，其中，重力沉降是各种固液分离技术中成本较低、效果较好的技术。各种固液分离方法的基本情况可见表10-14。

表10-14　主要固液分离方法优点比较

固液分离方法	液体的清晰度	固体流中含水量	基建生产总费用	分离固体的难易度
重力沉降	极好	高	低	需重复作业
离心沉降	好	中等	高	容易
旋流器	很差	高	中等	需重复作业
过　滤	好	低	高	容易
筛　分	很差	中等	中等	容易
干　燥	—	极低	高	—

各种固液分离方法可以配合使用，如真空过滤机可紧接着浓密机（某些行业称浓密机为沉降槽）之后用于脱水，在脱水之后还可以对所产生的滤饼进行干燥等。因此，选择分离过程时，要从物料的最终水分要求及各种方法的相互配合等各方面综合考虑。

B　沉降过程与固体颗粒粒度的关系

a　颗粒的布朗运动位移与粒度的关系

悬浮液中所有的颗粒，无论其粒度大小，都受到由于分子热运动而产生的液体分子的无序碰撞而发生扩散位移，即布朗（Brownian）位移。由于布朗运动是无规则的，它们向各方向运动的几率均等。在没有其他外力时，在三维空间内，每个颗粒受到的平均瞬时动能为 $3/2k_B T$，沿某一给定方向为 $1/2k_B T$。

根据公式

$$\frac{1}{2}m(\mathrm{d}x/\mathrm{d}t)^2 = \frac{1}{2}k_B T \tag{10-15}$$

式中　m——颗粒的质量；

x——颗粒的位移；

t——颗粒运动的时间。

可求得颗粒在某一方向上的位移速度。从式 10-15 中还可以看出，颗粒的位移速度随着颗粒质量的减小而增大。经过一段时间 t，沿某一方向，颗粒从原始位置发生的位移 $\bar{x}$ 可由爱因斯坦方程式得出：

$$\bar{x} = (2Dt)^{1/2} \quad 或 \quad \bar{x} = \left(\frac{RTt}{3\pi\mu d N_A}\right)^{1/2}$$

式中 D——扩散系数；

μ——溶液的黏度；

d——固体颗粒的半径；

N_A——阿伏伽德罗常数。

b   沉降速度与固体颗粒粒度的关系

分散于悬浮液中的颗粒都受到两种相反的作用力。一是重力，如果颗粒的密度比介质的密度大，颗粒就会因重力作用而下沉，这种现象为沉降；二是扩散力，由布朗运动引起，与沉降作用相反，扩散力促进体系中颗粒浓度趋于均匀。

在静止情况下，假设悬浮颗粒遵循 Stokes 定律沉降。其沉降速度可表示为：

$$v_0 = 54.5 d^2 \frac{\delta - \rho}{\mu}$$

式中 δ——球形赤泥颗粒的密度；

ρ——溶液的密度。

c   固体颗粒沉降的粒度极限

扩散位移随粒度的减小而增大，沉降位移随粒度的减小而减小。因此，扩散位移及沉降位移随粒度的变化有一个交叉点。该交叉点位于颗粒粒度 $1.0 \sim 2.0\mu m$ 之间，一般认为准确值为 $1.2\mu m$。粒径大于 $1.2\mu m$，颗粒的重力沉降占主导地位；粒径小于 $1.2\mu m$，布朗运动占主导地位，此时，重力沉降变得不重要。因此可以说，赤泥颗粒沉降的粒度极限（理论值）应是 $1.2\mu m$。

粒度较大的颗粒似乎都会沉降到容器底部。但实际上，一些粗分散的悬浮液，仍能在较长时间内保持稳定而不沉降。这是因为达到沉降平衡需要一定的时间，粒度越小，所需时间越长。许多因素（介质的黏度、颗粒的密度、悬浮液浓度、外界的振动、温度波动所引起的对流等）都会影响悬浮液的沉降。

即使工业悬浮液中大部分颗粒的粒度小于 $1.2\mu m$，悬浮液经一定时间放置有时也会出现沉降。这是因为悬浮液中固体颗粒之间的相互聚团起了主导作用。微细粒之间的相互作用主要源于表面力，如果表面力导致颗粒相互吸引，颗粒间絮凝成团，聚团的粒度远大于 $1.2\mu m$，因此引起沉降。

C   几种固体颗粒沉降理论

a   自由沉降时的颗粒沉降行为

单个球体在无限介质中的沉降即自由沉降。这种理想条件在生产实践中是没有的，但为了研究颗粒在介质中的沉降规律，首先研究球体颗粒在静止介质中的沉降，作为对颗粒的不规则性以及由此引起的复杂运动现象等进行研究的基础。

固体颗粒在静止介质中沉降时，作用于颗粒的力有两种：重力 G_0 和阻力 R。当颗粒的密度 δ 大于介质的密度 ρ 时，G_0 的方向向下，促使颗粒沉降：

$$G_0 = \frac{\pi d^3}{6}(\delta - \rho)g$$

颗粒在介质中沉降时，介质作用于颗粒上的阻力 R，方向向上，其值等于：

$$R = \psi d^2 v^2 \rho$$

式中　ψ——阻力系数；

v——颗粒与介质的相对运动速度，m/s。

根据牛顿第二定律，球体颗粒在介质中沉降的运动微分方程式可简化为：

$$m\frac{\mathrm{d}v}{\mathrm{d}t} = G_0 - R$$

$$\frac{\mathrm{d}v}{\mathrm{d}t} = \frac{\delta - \rho}{\delta}g - \frac{6\psi v^2 \rho}{\pi d\delta} \tag{10-16}$$

式中　$\mathrm{d}v/\mathrm{d}t$——球体自由沉降的加速度，m/s^2。

由式 10-16 可以看出，当球体颗粒沉降起始条件是静止时，$v = 0$，其所受阻力及阻力加速度也是 0，颗粒运动加速度最大。在加速度作用下，颗粒沉降速度逐渐加大，阻力 R 也随之加大，当重力 G_0 与阻力 R 相等时，沉降速度达到最大，为恒定值。此时的沉降速度称为沉降末速，用 v_0 表示：

$$v_0 = \sqrt{\frac{\pi d(\delta - \rho)g}{6\psi\rho}}$$

该式为计算球体颗粒在静止介质中自由沉降末速的通式。当雷诺数 $Re > 1000$ 时，有牛顿—雷廷智公式

$$v_0 = 54.2d^{0.5}\sqrt{\frac{\mathrm{d}(\delta - \rho)}{\rho}}$$

当雷诺数 $Re < 1$ 时，有斯托克斯公式

$$v_0 = 54.5d^{0.5}\frac{\delta - \rho}{\rho}$$

当雷诺数 $Re = 2 \sim 300$ 时，有阿连公式

$$v_0 = 25.8d^3\sqrt{\left(\frac{\delta - \rho}{\rho}\right)\frac{\rho}{\mu}}$$

在细颗粒悬浮液沉降时，斯托克斯公式应用最广泛，在氧化铝生产中人们也经常用斯托克斯公式来计算赤泥的沉降速度。

b　干扰沉降理论

对于尺寸接近，均匀分散的颗粒，由于每个颗粒的平均沉降速度是常数，甚至在低浓度、沉降开始时，悬浮液和液体间就形成明显的界面。但是，这种界面常常是模糊的，因为颗粒不可能是完全相同的。当浓度较高时，即使颗粒有相当宽的范围，形成的界面变得

格外清晰和明显。在低浓度时，因为沉降速度存在广泛的变化，这种悬浮液就会产生离析现象；在浓度较高时形成的清晰界面表明，颗粒间的干扰使得各种尺寸的颗粒共同沉降，即形成干扰沉降。在形成干扰沉降时，界面的沉降速度 v 与每个颗粒的速度 v_0 及容积浓度 m 有关，即：

$$v = v_0(1 - m)^n$$

式中　　v——在与许多其他颗粒共存的颗粒的平均速度；

　　　　v_0——单个代表性颗粒的沉降速度；

　　　　m——颗粒体积的分数，容积浓度；

　　　　n——干扰沉降系数，$n = f(d/D, Re)$。

在浓缩过程中，表现最典型的是层流，而干扰沉降系数 n 变得与 Re 无关，需要由实验来确定，通常表示为：

$$n = 4.65 + 19.5d/D$$

由此可见，对一定体系而言，n 是一个常数。而 n 的准确值在 $4.65 \sim 5$，对大多数实际悬浮液来说，$n = 4.7$ 都能给出良好的相关性。

c　固体颗粒的聚团沉降理论

在颗粒悬浮液中，由于颗粒间的疏水作用、有机大分子的桥连作用及电解质对双电层的压缩作用等原因，颗粒相互接近而形成聚团，颗粒以粒群的形式一起沉降。这种"颗粒"尺寸增加的结果使沉降加快。在大多数情况下，都需要添加高分子絮凝剂或电解质聚沉剂使颗粒聚团（预处理）而加速颗粒的沉降。

这种聚团是由大量各种尺寸的原始固体颗粒构成的松散的固体结构，往往包含许多孔隙，在孔隙中有滞留水。因此，絮团的密度比固体颗粒低，但其直径大大增加了，导致其沉降速度比原来的单个小颗粒要大几个数量级。

当固体浓度极稀时，聚团体彼此孤立，它们相隔很远地分布于液体中，并作为单个沉降实体在液体中沉降。一旦停止搅拌，很快便出现一个恒定的界面沉降速度。

在中等浓度时，聚团的孔隙率与在稀浓度时相同，但聚团的尺寸较大，数量相对更多。这一点，可从在中等浓度悬浮液基础上形成的升高沉降带的密度和悬浮液的黏度即可证明。在实验室试验搅拌停止后，悬浮液出现胶凝，其后观察到一个"诱导"期 t_1（见图 10-16 中曲线 B_1），在此期间，相对较低的初始沉降速度逐渐地或分段地随着时间而增大，接着就达到较高的恒定速度。这个速度比稀释范围内从沉降数据推断的预期值要高，表明二者沉降模式不同。仅当絮团和液体相对运动的阻力小于无规律的、分散的絮凝悬浮液的阻力时，才能达到较高的沉降速度。这要求在悬浮液里向上方向，具有低流动阻力的液体沟道。搅拌停止后，这种结构的逐渐形成就导致诱导期。在有密度等于或大于液体密度的絮团存在时，类似的理论用来揭示中等浓度悬浮液的加速沉降。这种絮团使均匀沉降的悬浮液迅速地不稳定，并在形成的垂直流中建立新的稳定的流态。即由于达到恒定的沉降速度，随后又出现垂直液流流态的稳定性。

在中等浓度下，如果不是静止的沉降状态，而是采用轻微的低速搅拌，就妨碍了沟道的形成，则保持较低的界面沉降速度（见图 10-16 中的曲线 B_2）。

在中等浓度下的絮团必定比在稀释料浆中结合得更紧密，因此围绕每个絮团的水相对

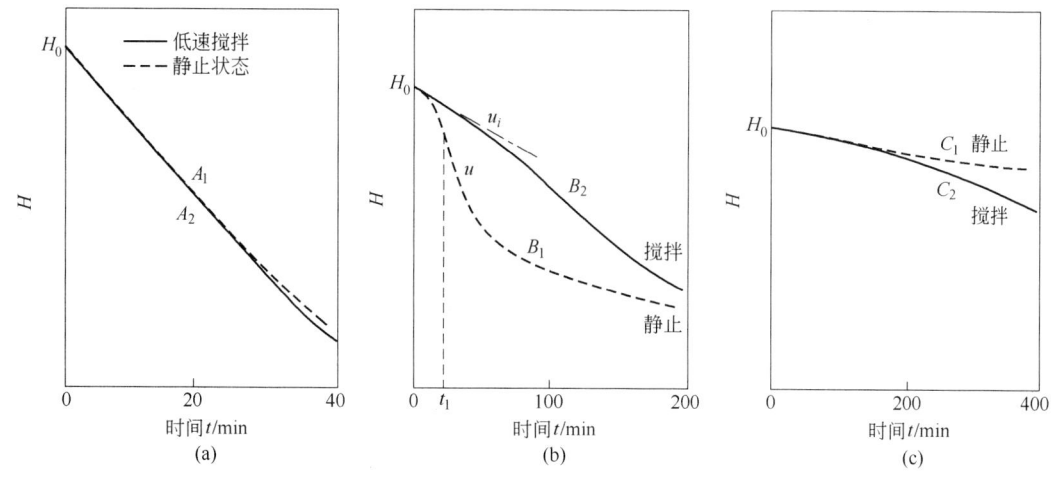

图 10-16   轻微搅拌状态下，聚团料浆沉降模式与固体浓度的关系
(a) 稀悬浮液-A；(b) 中等浓度-B；(c) 浓缩矿浆-C

较少。所以，通过颗粒增大，它们接触或桥连的可能性要大得多，而这种颗粒间的三维相互作用很可能与形成沟道结构和在絮团之间形成水流沟道有关。因此，诱导期随浓度和料浆高度的增加而增大。

在中等浓度范围内，最大稳定沉降速度随浓度变大而减小，但与稀释范围内料浆相比，以较小的程度下降。这是因为絮凝物浓度较高时，它们之间的空隙较小，可利用的水流沟道较少，而只能形成比较狭窄的沟道。

当在稀悬浮液中形成的单个絮团沉到容器的底部，由于絮团逐渐沉积的挤压作用，使彼此紧密结合，絮团在容器底部形成较高的浓度。由于没有絮团间的桥连，同时也缺乏必要的时间和高度去促进沟道的形成，结果在底部较高浓度中的沉降速度远低于图 10-16 的曲线 B_1。

在浓缩的悬浮液中，存在一个诱导期，如同图 10-16 中的曲线 B_1 那样，由曲线 C 来代替。这种悬浮液不能达到任何程度的"流动"，但以缓慢或很低的速度而下沉。与稀释浓度下絮团中的水所占的比例相比，该悬浮液中的有效总水量较少，而当搅拌停止后，颗粒间比絮团结合得更紧密，并能形成像填充床层那样的三维结构。其下层受上层固体的压力的作用能进一步压实，颗粒相互之间向内部压缩，而液体常常从这些层间被压出来并向上运动，在界面上会产生一些沟槽，并常看到少数口径很大的沟道，但这种现象在沉淀开始以后，需经相当长的时间才能观察到。

低速搅动 (0.1~2r/min) 的效应决定于悬浮液的浓度范围。在稀料浆中，低速搅动对絮团的形成及其后的沉降既无支持，也无妨碍作用，因而其沉降速度几乎不受影响 (图 10-16 中曲线 A_1 和 A_2)。在中等浓度料浆中，水平剪切妨碍水流沟道的形成，因而显著降低了所能达到的最大沉降速度 (曲线 B_2 而不是 B_1)。在浓料浆中，缓慢的机械搅动能促使其切断颗粒和颗粒间的连接。因为在静止条件下，颗粒所形成的三维结构，由于受到颗粒接触点的摩擦力及容器底和壁的支持。上部固体的质量不足以去克服颗粒结构的强度而缓慢地搅动。对悬浮液缓慢剪切的结果，能使这种连接受到一定程度的破坏，颗粒重新排列组合，水被析出，因而促使界面下沉（见图 10-16 中的曲线 C_2）。

要得出符合实际生产的沉降速度模型，难度在于确定分散系统的性质。在产生絮团的悬浮液中，应考虑综合性的影响因素。近些年来，很多学者对这一问题进行了较深入的研究，如 Buscall，White（1987），Landman（1988），Buscall（1990）等人定量研究了强絮凝的胶体系统，Alves Dos Reis，Bailey 等人进行了工业沉降的模拟试验。沉降是一个小絮团聚成大絮团、达到临界粒度又可能分成小的聚集体的过程。要进一步准确地描述这些现象，需要获得更多的实验数据，充分运用专业经验并引入先进的计算方法才能完成。

10.2.5　铝酸钠溶液分解机理

10.2.5.1　综述

在铝酸钠溶液分解机理方面，国内外学者都进行了多年的研究，积累了大量的文献资料，使人们对分解过程的认识逐渐深化。但由于铝酸钠溶液结构的复杂性及其行为的特殊性，至今还未形成完整的分解理论，某些观点还处于争论之中。因此，对种分过程从理论上进行更深入的研究，在实践上继续探求强化这一过程的有效途径，仍然是氧化铝生产中的一个重要课题。

早期的科研人员认为过饱和铝酸钠溶液中氢氧化铝的分解，是溶液中氢氧化铝胶体粒子的凝聚过程，但随着铝酸钠溶液胶体结构理论的否定，这种观点失去了依据。

铝酸钠溶液结构"混合理论"（即认为溶液中同时存在氢氧化铝胶体粒子和铝酸根离子）把过饱和铝酸钠溶液的分解归结为两个阶段，即铝酸根的水解和水解产生的氢氧化铝胶粒的凝聚。铝酸钠溶液真溶液理论则认为，过饱和铝酸钠溶液的分解是由水解（化学过程）和结晶过程（物理过程）两个过程组成，铝酸钠溶液分解时放出相当数量的结晶热。在电子显微镜下观察时发现，即使是最小的氢氧化铝粒子也具有晶体结构。

近代研究的结果则倾向于铝酸根离子是通过聚合形成聚合离子群并最终形成三水铝石晶格。如库兹涅佐夫根据铝酸钠溶液的络合离子结构理论以及三水铝石的层状结构，提出了过饱和铝酸钠溶液的分解机理。虽然铝酸钠溶液的分解是由于铝酸根离子聚合而最终形成氢氧化铝的观点已为大多数人所接受，但关于铝酸根离子的聚合过程仍未研究清楚，也存在不同看法，需要进一步研究。

目前，普遍接受的分解机理是把铝酸钠溶液分解析出氢氧化铝的过程分成两步：即铝酸根离子分解过程和氢氧化铝结晶析出过程。下面对这两个方面分别阐述。

10.2.5.2　铝酸根离子分解过程

目前，关于铝酸根离子分解的观点主要有两种：

（1）聚合论：即 $Al(OH)_4^-$ 离子有聚合倾向，通过聚合最终析出三水铝石晶格

$$nAl(OH)_4^- \rightarrow Al_n(OH)_{4n}^- \rightarrow (n/6)Al_6(OH)_{24}^{6-} \rightarrow n[Al(OH)_3] + nOH^-$$

（2）水解论：在一定条件下，$Al(OH)_4^-$ 之间可能通过氢键结合成体积较大的铝酸根离子群，在阴离子作用减弱和水化膜活性降低的条件下，铝酸根离子群按下式分解：

$$Al(OH)_4^- \Longrightarrow Al(OH)_3 + OH^-$$

$$Al_2O(OH)_6^{2-} + H_2O \Longrightarrow 2Al(OH)_3 + 2OH^-$$

铝酸根离子在 $Al(OH)_3$ 表面析出的相反应可以分为以下 5 个步骤：

（1）$Al(OH)_4^-$ 的体扩散；

（2）$Al(OH)_4^-$ 向反应区的边界层扩散；

（3）$Al(OH)_3$ 经表面反应析出；

（4）OH^- 边界层扩散；

（5）OH^- 体扩散。

在理想状态下，$Al(OH)_3$ 从溶液中分解的方程式可以写成：

$$Al(OH)_4^-(aq) + H_3O^+(aq) \Longrightarrow Al(OH)_3(s) + 2H_2O$$

$$Al^{3+}(aq) + 6H_2O \Longrightarrow Al(OH)_3(s) + 3H_3O^+$$

而实际上，铝酸根离子的分解并不像上述那么简单，因为铝酸钠溶液中除含有大量铝酸根离子外，还含有 Na^+ 等其他物质，而且铝酸根离子在溶液中也会发生聚合或分解。

10.2.5.3 氢氧化铝结晶形成过程

目前，关于铝酸钠溶液在通常情况下不能自发成核这一观点已得到了广泛的确认。因此，铝酸钠溶液分解过程中一定要有晶种参加：

$$xAl(OH)_3 + Al(OH)_4^- \Longrightarrow (x+1)Al(OH)_3 + OH^-$$

$Al(OH)_3$ 从过饱和溶液中结晶，首先是在两相界面上开始。但铝酸钠溶液的种分过程不仅是 $Al(OH)_3$ 晶种的长大，而且包括以下 4 个过程：

（1）次生晶核（二次晶核）的形成；

（2）$Al(OH)_3$ 晶粒的破裂和磨蚀；

（3）$Al(OH)_3$ 晶体的长大；

（4）$Al(OH)_3$ 晶体的附聚。

其中晶体长大和附聚使氢氧化铝晶粒变粗，而次生晶核及晶粒的破裂和磨蚀使晶粒变细。分解产物粒度的分布是以上 4 个方面综合作用的结果。目前对于这 4 个过程的作用机理，仍未形成一致的结论，具体如下所述。

A 二次晶核形成机理

二次晶核是在原始溶液过饱和度高、温度低、分解速度快而晶种表面积小的条件下产生新晶核的过程。首先是生成树枝状结晶，在颗粒相互碰撞时破裂折断，脱离母晶而转入溶液，成为新的晶核。二次晶核须经多次循环才能生成粒度适中的晶粒，因此二次晶核是 $Al(OH)_3$ 产品中细粒子增多的原因之一。关于二次成核理论，众多研究者持有不同的观点。

J. Scott 和 T. G. Pearson 等人研究认为晶种表面的微观磨蚀而产生的碎片是新晶核的主要来源，晶核生成率与晶种粒度有关，晶种越粗，产生的新晶核数量越多。而且认为二次成核过程是首先在晶种表面生成树枝状结晶，然后这些树枝状结晶崩溃而产生新生晶核。但 Misra 认为只有在高搅拌速率下这种磨蚀成核的效果才较显著。

关于二次成核机理，不同研究者观点不同。N. Brown 认为纯粹成核机理有三种理论：（1）枝晶理论，即晶种表面的枝晶长大时受液相剪切力作用而破裂形成二次晶核。但近年研究表明，二次晶核可在无枝晶生长时形成，同时加强搅拌并不能产生更多的次生晶核，因而该理论并不能适用于二次成核过程。（2）模板理论，长大晶体表面附近形成高度有序的吸附层，当其从晶体表面被剪切下来时，就有可能变成三元体晶核。但该机理不是二次成核的主要机理，因为在正常条件下，搅拌不十分强烈，不可能产生如此巨大的剪切力。（3）杂质浓度梯度理论，在含有杂质的溶液中加入晶种，则在晶种的边界层中引起杂质浓度梯度而使浓度降低，直到三元晶核产生，这一点已得到试验验证。

上官正引用 Alan D. Randolph 的理论，对 N. Brown 的二次成核机理进行补充，认为还有另外四种可能，即：（1）原始大颗粒表面上附着的细小晶体（粉尘）在加入精液时散落下来而变成独立晶体；（2）大晶体在含量高，搅拌强烈的情况下与搅拌器、器壁及其他晶体相撞而破碎成为小晶体；（3）大晶体的棱角在结晶器内因碰壁而被磨蚀下来成为小晶体；（4）接触成核，即母晶表面尚未变成晶体的吸附层因接触搅拌浆、泵、输送管道和其他晶体时，吸附层脱落而变成细晶粒。所以认为，接触成核是二次成核的主要机理。

a 诱导期

K. Yamada 等人在研究分解过程时发现成核可以分成诱导期、成核期和饱和期 3 个阶段，而 Bonoxob 利用扫描电镜观察的结果证明，二次晶核的形成过程可以分成诱导期阶段和大量氢氧化铝结晶析出阶段。诱导期的长短视溶液组成和分解条件而异。Smith 等人将诱导期定义为从向溶液中加入晶种到分解明显开始的时间间隔。事实上，诱导期在实际生产中并不存在，但在研究 $Al(OH)_3$ 分解机理时，诱导期却很重要，因为诱导期反映了系统的特性——分解的关键是使种子和溶液接触一段时间，使种子表面得以改善，然后才能发生分解。而诱导期的特征是 $Al(OH)_3$ 在晶种上的分解进行得很慢且稳定，在诱导期末期呈现分解速率突然加快。影响诱导期的因素有起始过饱和度、温度、晶种表面积等，若添加足够多的晶种，则不存在诱导期，二次成核也不发生，这说明诱导期对二次成核有影响。通过测量 $Al(OH)_3$ 表面酸碱中心的变化发现在诱导期中酸碱中心有较大波动，说明此时种子表面性质已有实质变化，同时还发现诱导期的特点是大量晶核在种子晶体表面上聚集。Brown 认为诱导期是晶种表面积累的过程。而 A. Halfon 等人基于二次成核机理上的晶种活性点解释了诱导期。刘洪霖在研究铝酸钠溶液结构时发现，溶液中存在有 $Al(OH)_4^-$ 和 $[(OH)_3—Al—O—Al(OH)_3]^{2-}$，而分解是从 $Al(OH)_4^-$ 开始的，溶液中的 $[(OH)_3—Al—O—Al(OH)_3]^{2-}$ 形成 $Al(OH)_4^-$ 需要一个过程，所以分解存在诱导期。

在铝酸钠溶液中，二次成核与诱导期密切相关，二次晶核量与诱导期的长度成正比。总之，二次成核的最大数量取决于在种子表面上二次成核的形成速度和生长速度。$Al(OH)_3$ 的二次成核与按表面成核机理的晶体长大密切相关，在晶种上形成的二次成核总伴随着诱导期的影响。诱导期的产生是因为成核速率依赖于过饱和度和晶种表面积而导致的动力学结果。当初始过饱和度增加，晶种表面积增加和结晶温度升高时，诱导期缩短。

在低种子比表面积下，体系出现诱导期，在此期间晶种表面形成晶核以提供在此饱和度下的长大速率所必需的表面积。升高温度可以降低成核速率是因为溶液中的铝酸根离子间存在大量的氢键使其呈伪晶结构，而高温可促使氢键破裂从而降低成核速率，低位错密度也有利于表面成核。

b 成核率

在给定温度下，成核率指的是单位时间、单位悬浮液中的晶核数量。拜耳法种分过程的成核属于再生成核,主要受温度、过饱和度以及晶种表面状况的影响。Misra 认为成核率依赖于 Al_2O_3 过饱和度和晶种表面积,并认为控制成核率的关键是晶种添加量和温度。添加细晶种会加速成核和细粒的产生,当温度大于 75℃ 时,则不会发生成核,而晶种表面的位错对成核率也有重大影响。N. Brown 给出了有利于成核的条件,即高过饱和度、低温和低种子比表面积。

c 成核速率

关于成核速率方程,有多种形式,最简单的形式如下:

$$B = K_n(c - c_\infty)^2$$

式中 K_n——成核动力学常数,与固体浓度和表面积有关;

c,c_∞——t 时刻和平衡时溶液中 Al_2O_3 的浓度。

Misra、N. Brown 和 Halfon 对上式进行了改进,所得的方程形式如下:

Misra 方程 $$B = K(c - c_\infty)^2 S \times \exp(E_a/RT)$$

式中 E_a——成核活化能;

R——气体常数;

S——溶液中固相表面积,m^2/m^3。

Halfon 方程 $$B = K_n S(c - c_\infty)^2 s_v = K_n(c - c_\infty)^2 S_v$$

式中 S_v——每单位悬浮液中晶体表面积的空缺位置的数量;

s_v——晶种单位表面的空缺位置的数量,$s_v = S_v/S$。

N. Brown 方程 $$B = K_n(c - c_\infty)^2 \tau$$

式中 τ——诱导期。

他们三人将成核率和晶种表面积、晶种表面空缺数以及诱导期联系了起来,但究其本质,其实是一样的。

B Al(OH)₃ 晶体的长大

Al(OH)₃ 长大属于表面反应控制,这主要为以下 3 个事实所证明:(1)即使在很高的过饱和度下,Al(OH)₃ 晶体的长大速率仍然很低(每小时几个微米);(2)长大活化能较大(59.83kJ/mol);(3)长大速率与搅拌无关。因而,适用于扩散过程加速结晶的方法(如提高搅拌速度、降低粒度等)对于 Al(OH)₃ 晶体的析出并不起明显作用。但提高晶种添加量可以提高长大速率,这可以从长大机理来说明。

a 长大机理

研究人员对 Al(OH)₃ 晶体生长的微观机理进行了大量研究,结果表明:由于 Al(OH)₃ 晶体为各向异性,因此,在控制步骤为表面化学反应时,晶体的不同晶面上长大情况不一致,在基面(001)和棱柱形面(110)、(100)长大按连续、扩展机理进行,而在斜棱、腐蚀点,开始形成大量的 Al(OH)₃ 微晶,即按成核机理生长,也即细粒晶体的生长是通过六角棱柱体的轴向和径向扩展而进行的,并在晶种(001)表面上长出新的伪六角片状结晶。在较粗大的晶体上,这种成长的规则取向由于相互干涉而受到歪曲,最后长成不规则的球形 Al(OH)₃ 多晶体。在高过饱和的铝酸钠溶液中,生长最快的晶体基面(001),表面结构为波浪形(层面集拢),层面边缘呈现阶梯式平台,随着时间的延长,过饱和度降低，生长速度减慢，晶体表面逐渐完整，表面不规则的位置展平。晶种的（001）面是生长最快速的面，这是因为在 Al(OH)₃晶体的（001）基面上有一种离子，形成一垂直于该面的强静电场，因为该表面层外侧（最外层）只有一种离子，它们的结合是不饱和的，这就使表面处于能级较高的状态，表面能最大的地方优先向低能量方向变化，所以在该面上易于吸附铝酸根离子，从而引起晶体生长。

此外，还有一些研究者认为 Al(OH)₃晶体长大是由晶体表面与亚临界的铝酸根离子簇碰撞而发生的。而 J. L. Anjier 认为长大的机理是新分解出来的 Al(OH)₃沉积在原始晶种颗粒上而使颗粒变大，并给出了有利于生长的条件，即适中的种子添加量、高起始过饱和度和高温。

b 晶体长大速率

晶体长大速率或称为晶体生长速率，即单位时间三水铝石直径的增大值，其一般形式为：

$$G = K(c - c_\infty)^2$$

研究者在不同条件下得到了不同的变形：

Pearson 方程 $\qquad G = KA(c - c_\infty)^2/(N_{k\infty} + c_\infty)^2$

式中 K——速率常数；

$\quad c$——Al_2O_3 瞬时浓度，mol/L；

$\quad A$——晶种瞬时表面积；

$\quad c_\infty$——Al_2O_3 平衡浓度，mol/L；

$\quad N_{k\infty}$——苛性碱平衡浓度，mol/L。

White 方程 $\qquad G = K(c - c_\infty)^2/N_k^{2.5}$

式中 N_k——苛性碱浓度。

$$G = S_A K(c - c_\infty)^2$$

式中 S_A——杂质影响对晶种活性的作用系数。

以上各式中的速率常数 K 符合 Arrhenius 公式：$K = A\exp(-E/RT)$。关于活化能，不同研究者得到的数值不同，其结果见表 10-15。

表 10-15 已发表的晶体生长活化能

来源	Misra	White	Low	Oberbey	Mordini	King	李小斌
$E/kJ \cdot mol^{-1}$	59.83 ± 5.81	70.64 ± 6.65	62.33 ± 12.47	83.14	78.95	53.18 ± 12.45	82.08

由表 10-15 可知，晶体生长反应的活化能较高，均在 50kJ/mol 以上，因而为表面反应控制。

C Al(OH)₃晶体的附聚

a 附聚机理

附聚就是在范德华力、自黏力、附着力以及毛细管和物质之间的紧密接触而形成的表面张力等力的作用下，微粒物质自发和定向地连接在一起的现象。

铝酸钠溶液分解过程中，Al(OH)$_3$晶体的附聚过程可以分为两个阶段：絮凝和胶结。开始时细小晶粒聚集在一起，而后胶合形成牢固的附聚物。但附聚过程和用絮凝剂处理悬浮液的情况不同。在胶体或悬浮液中絮凝速度随颗粒浓度增大而增大，而Al(OH)$_3$附聚速度则随种子粒度及数量的减小而增大。

关于附聚，一般认为有利于附聚的条件是：较低的初始苛性比、中等种子添加量、高种子比表面积以及高温、高过饱和度。然而，Epemeeb研究发现，高苛性碱浓度和高苛性比的铝酸钠溶液在分解时Al(OH)$_3$也可以附聚，并给出了附聚的最佳条件：分解温度63~65℃，晶种添加量为80~120kg/m^3，并分析了附聚程度随晶种添加量增加而降低的原因。O. Tschamper也指出通过选择待分解溶液的过饱和度和所用种子表面积的恰当比例，高碱浓度（150g/L Na$_2$O）在66~77℃温度范围内可以良好附聚。Landi指出附聚作用在前6h就已完成，较高温度、分解速度和碰撞频率均有利于附聚。张之信认为在高温（75℃）条件下，采用低种子比，在较高苛碱浓度（155~160g/L）下细晶种也可附聚。

然而，无论采取什么样的附聚条件，附聚现象只能发生在细小颗粒之间，这一论点已被Yamada通过掺Ca晶种的研究得到了证实，并解释了其原因。他认为在附聚的影响因素中，颗粒表面活性的影响比温度、过饱和度更显著，而细颗粒的活性比粗粒大，因而细粒子容易发生附聚。Pearson和J. Scott对附聚过程进行了定性研究，认为小于20μm的粒子附聚显著，并指出附聚与粒子间的碰撞频率有关。山田兴一在研究反应条件对附聚过程影响时发现，分解初期，5μm以下的粒子减少，而15μm以上的粒子数量没有变化，因而断定15μm以上的颗粒不能发生附聚，并解释了温度和过饱和度对附聚过程的影响，即过饱和度相同时，温度越高越易发生附聚，这是因为温度越高，作为粒子间黏结剂的Al$_n$(OH)$_{3n+1}^-$配合粒子在粒子表面移动速度越快，碰撞颗粒变为附聚物的几率越高；在温度相同时，过饱和度越高，附聚比例越大，这是因为Al$_n$(OH)$_{3n+1}^-$的浓度高所致。周辉放对铝酸钠溶液中不同粒度晶种的附聚行为和附聚机理进行了探讨，认为晶种粒度相对最小的粒子优先附聚。附聚条件对最小粒级晶种影响小而对粗粒级粒子影响显著，通过改变溶液的过饱和度，30μm以下的粒子均可参加附聚。按照M. L. Steemson和E. T. White所推导的附聚临界直径计算如下：

$$D_{\text{crit}} = G^{2/3}[2.1 - 3.5\lg(\varepsilon) + 1.51\lg(M_{\text{T}})]$$

式中　D_{crit}——附聚体的临界粒径，μm；

$\quad\quad M_{\text{T}}$——每升浆液中的固相含量，g/L；

$\quad\quad G$——生长速率，μm/h；

$\quad\quad \varepsilon$——单位体积的输入功率，kW/m^3。

以上所述可知，附聚条件不同，可参加附聚的粒子直径不同，D_{crit}不同。

b　附聚推动力

由于氢氧化铝颗粒的附聚主要取决于黏结剂Al(OH)$_3$的析出速度和为牢固维持絮凝颗粒所需的Al(OH)$_3$数量间的平衡，以此为依据，Sakamoto等人提出了附聚推动力的概念，指出附聚的推动力与溶液的过饱和度有关，并给出了附聚推动力计算式：

$$P = K \times \alpha^2 \frac{G_0 + G_\infty}{G_0 + G_{\text{t}}(1 - \alpha)}$$

式中 K——常数；

α——过饱和度；

G_0——单位体积溶液中添加种子量，g/L；

G_∞——在操作温度下，析出达平衡时析出的氢氧化铝总量，g/L；

G_t——单位体积溶液中 t 时刻的 $Al(OH)_3$ 析出量，g/L。

一般认为 $P \geq 0.13$ 时，就可以发生附聚。

c 附聚速率

B. T. Теслю 发现，附聚速率与单位体积中颗粒数的平方成正比，且是碰撞频率的函数，并指出附聚速率与诱导期有关，附聚速率取决于晶体表面上的二次成核速度。Тетля 认为附聚作用主要取决于晶种表面上的二次成核速度。随着温度升高，附聚速度相应地增加，附聚的活化能接近于晶核形成的活化能。这证实了附聚机理与晶体表面上的成核过程有关的推测。

Halfon 通过试验发现附聚在诱导期期间发生，且附聚速率是二元碰撞频率和黏结可能性因子的乘积，并认为附聚在没有氢氧化铝析出时，仍可进行。

总之，附聚是细小颗粒经碰撞而发生的，附聚程度与附聚推动力的大小有关。因此，在晶种粒度小而颗粒数目较少、分解温度较高、过饱和度大的条件下，附聚过程可以强烈地进行。

D $Al(OH)_3$ 晶粒的破裂与磨蚀

破裂是纯粹的机械现象，是由颗粒间或颗粒与固体物质（如器壁、搅拌桨）碰撞引起的。

Misra 发现如果搅拌速度太快，种子颗粒将发生严重的破裂现象。在低搅拌速度下，晶粒发生磨蚀，但不会破裂。磨蚀是细颗粒的一个重要来源，它对铝酸钠溶液分解过程中的数量平衡有着重要影响。Misra 给出了磨蚀速度：

$$dN(L)/dt = K(A - L)^{3.75}$$

式中 L——磨蚀颗粒的粒度；

$N(L)$——每毫升溶液中粒度为 L 的颗粒数；

A，K——常数。

10.2.5.4 影响氢氧化铝分解过程的因素

影响铝酸钠溶液晶种分解过程的因素很多，其中起主要作用的有温度、苛性碱浓度、种子性质等。下面分别叙述。

A 温度对分解过程的影响

一般而言，温度降低可以增加溶液的过饱和度，从而有利于分解速率的提高。但是，温度过低会增加二次成核的速率，使产品细化。同时，低温下溶液的黏度增大会抑制分解过程的进行，因此适宜的分解温度对于合理的分解制度非常重要。

Milind 认为在特定的苛性比条件下，最大分解率可以在某一温度下获得，因而可用降温方式来提高分解率。还有人认为在分解初期的高温下，分解速度最快，而在分解后期的低温下，分解速度也较快，且降温梯度越大，分解速度越快；并指出高温有利于粗粒

Al(OH)$_3$晶体的生成。

O. Tschamper 认为，高分解初温和低种子表面积有利于附聚，而在低分解初温和高种子表面积条件下，分解过程主要为结晶长大和控制有限的成核作用，附聚在这种条件下不能发生。而 Yamada 等人认为，提高温度可使诱导期显著缩短，从而使新生晶核量减少。J. Scott 详细研究了温度、晶种对 Al(OH)$_3$粒度的影响，认为对于粗晶种来说，提高温度可强化晶种上的晶体生长和微粒的附聚，使细粒粒度增加；对于细晶种，提高温度会使氢氧化铝的析出量减少，而对附聚影响不大。Satapath 等人认为提高温度可降低成核速率，使细颗粒附聚，并可加速晶体长大，可以通过升温来控制成核。White 给出了其计算方法，并给出当 N_k = 100 ~ 150g/L 时，最佳温度计算公式为：

$$T = (2487 - 1.09N_k)/[6.22 - \ln(0.69/N_k)]$$

式中 T——最佳成核温度；

N_k——苛性碱浓度。

B   苛性碱浓度的影响

Вольф 和 Чемоданов 等人认为在其他条件相同的情况下，改变铝酸钠溶液的浓度，对分解速度和深度影响很小，如 α_K = 1.56 时，将 Al$_2$O$_3$ 浓度从 90.9g/L 升高到 129.0g/L，溶液分解率只降低 3%。А. И. Лайнер 等人研究发现，在 40.0 ~ 192.0g/L Al$_2$O$_3$ 浓度范围内，浓度对溶液的分解速度有影响，分解速度随着浓度的增加而增大。Сереоренникова 通过试验发现，对每一种苛性比的溶液来说，都有合理的浓度，即在此浓度下，分解槽的生产能力最大。苛性比越低，合理的浓度越高，最适宜的浓度决定于浓度和分解深度的相反作用。当 Al$_2$O$_3$ 含量低时，对单位生产能力有决定影响的是浓度，当 Al$_2$O$_3$ 含量高时，是溶液的分解率。若保持苛性比恒定，增大苛性碱浓度使其超出最佳区域，则会降低产量并导致产品细化。而且最佳碱浓度随起始苛性比的减少而增大。

下里研究了碱浓度对分解速度的影响，发现在分解初期，于某一碱浓度下会出现最大分解速度。如果碱浓度增大，氧化铝在铝酸钠溶液中的溶解度就要增高，因而分子比虽相同，但过饱和度却下降了，从而使分解速度减慢。在添加微量晶种、产生大量晶核的试验中，最大分解速度向碱浓度大的方向迁移，在分解后期，最大分解速度也向碱浓度大的方向移动。若降低苛性碱浓度 N_k 而提高碳酸钠浓度，Al(OH)$_3$的结晶速率常数将增大。其中速率常数 K 与苛性碱浓度 N_k 的关系如下：

$$\ln K = A - 0.0343 \times N_k$$

该式表明，在苛性比一定时，随 N_k 浓度升高，速率常数 K 降低。而 E. T. White 认为苛性碱浓度对长大速率的活化能没有影响。Теслю 在研究 Al(OH)$_3$晶体附聚动力学时发现，附聚动力学速率常数 K_a 随碱浓度增高而降低。

碱浓度对产品的粒度也有影响，特别是低温时影响更为显著。在同样浓度条件下，低温产品要比高温时的产品细。碱浓度高时，核生成速度减小，而碱浓度低时，析出的结晶稳定且晶核的生成速度增大。某些研究者认为，从高浓度溶液中析出的 Al(OH)$_3$结晶不稳定且机械强度小，因而可被用作活性晶种。

C   晶种性质的影响

铝酸钠溶液分解深度、氢氧化铝的粒度组成、过滤设备的类型、数量以及输送和悬浮液搅拌过程所需电力费用都与晶种数量及其粗细有关。В. Г. Тесля 认为适当地提高晶种比能够获得稳定而粗大的产品，并给出了分解速率 K 与分解温度 T、苛性碱浓度 $N_k(g/L)$、晶种数量 $P(g/L)$ 及晶种比表面积 $S(cm^2/g)$ 的经验关系：

$$K = (9.486 \times 10^{-1}/kv) \times PS\exp[-9020/(T + 273) - 0.0345N_k]$$

Волохоь 通过试验发现，随种子比表面积的变化，新生晶核颗粒有一个最大值，该最大值的大小由温度、溶液成分和种子粒度决定；通过测量种子表面的酸碱性质，发现单位重量的粗粒晶种比细粒晶种在二次成核过程中能形成更多细小的晶粒。吴金水认为细粒种子的活性大，添加细晶种可以提高分解率，并可降低种子比。因而通过晶种分级把活性差的粗粒 $Al(OH)_3$ 选出作为产品，而把活性大的细粒 $Al(OH)_3$ 保留在系列分解槽内做晶种，从而减少了晶种中钝化的粗粒数量而加快分解速率，缩短分解时间，提高分解槽的产能。但添加细晶种往往会导致产品细化。

J. Scott 发现粗粒晶种的长大是随着晶种量的增加和晶种粒度的减小而增加的。而采用细粒晶种时，则添加量少有利于附聚。而当添加量相同时，附聚数量随晶种粒度的减小而增大。因此有利于附聚的条件是添加晶种量少且颗粒小。

J. Eduardo 采用两段分解法，即先把细晶种与分解原液混合使其发生附聚，然后加入粗晶种使其开始长大而得到粗粒 $Al(OH)_3$。N. Brown 从球磨晶种开始，（1）经过制备细晶种（小于 $44\mu m$ 粒子含量占 $80\% \sim 85\%$）；（2）添加 $CaCO_3$ 含钙添加剂使活性晶种附聚；（3）$Al(OH)_3$ 颗粒经长大而强化颗粒的强度。这 3 个阶段生产出粒度粗且具有镶嵌式结构的氢氧化铝。在第二、三阶段中均加入高温溶液以防止二次成核的发生。下面采用添加铝酸盐分解促进剂而制得的小于 $5\mu m$ 的细粒作为晶种用于分解，虽提高了产出率，但给工业生产带来了困难。

Misra 和 E. T. White 等人发现用烘干过的 $Al(OH)_3$ 作晶种，会出现诱导期，且诱导期随温度的升高和晶种量以及晶种表面积的增加而缩短。

И. В. Давядов 研究发现，晶种的比表面积较小时，晶种在分解初期的 $10 \sim 15h$ 内粒度变小并指出，比表面积较小时，晶种在分解过程中会发生破裂。T. G. Pearson 认为，在生长条件下，瞬时晶种表面积是瞬时晶种量的函数，即 $A = A_0 \times (m/m_0)^{2/3}$，并给出了分解速率与瞬时晶种表面积的关系方程，即：

$$-dC/dt = KA(X_t - X_0)^2/(a_\infty + X_\infty)^2$$

这与 D. R. Audet 提出的方程大同小异。因而，可通过提供高晶种表面积，使成核和附聚达到最小，而使晶种线性长大占主导地位。

D　杂质对分解过程的影响

工业铝酸钠溶液中有大量杂质存在，这些杂质包括无机物（如 Na_2CO_3、$NaCl$、P_2O_5、As_2O_3、SO_3 和 SiO_2）和有机物，它们大多来自于铝土矿，少数来自苛性碱、絮凝剂、石灰、循环水和空气。铝酸钠溶液中这些杂质的存在，对分解过程有着不利的影响。

a　无机物对分解过程的影响

无机物类杂质的存在对分解过程的危害主要是增加 Al_2O_3 在铝酸钠溶液中的平衡溶解度，从而降低溶液的产出率，其中有些杂质还会造成产品细化。Na_2SO_4 和 K_2SO_4 的存在使分解速度降低。铝土矿所含的少量锌，一部分在溶出时进入铝酸钠溶液，种分时可能以

$Zn(OH)_2$ 形式进入氢氧化铝中，使产品氧化铝的质量下降；而溶液中存在的 Zn 则有利于生产较粗的氢氧化铝。

b　有机物对分解过程的影响

有机物类杂质种类繁多，作用也比较复杂。Gordon Lever 把有机物杂质分成三大类：腐殖酸类；羧类和碳酸类；甲酸、草酸类。溶液中有机物杂质的存在，不仅影响铝酸钠溶液的物理性质，增加 Al_2O_3 在铝酸钠溶液中的平衡溶解度，造成分解率降低，而且吸附在晶种表面的活性点上，抑制晶体的生长，并产生过细 $Al(OH)_3$ 颗粒，使溶液和产品带色等。

A. Lectard 给出了杂质对铝酸钠溶液分解过程影响的经验公式：

$$\ln Y = K_0 + K_1 X_1 + K_2 X_2 + K_{1,2} X_1 X_2 + K_{1,3} X_1 X_3 + K_{1,4} X_1 X_4 + K_{1,5} X_1 X_5$$

式中　Y——分解结束时溶液的苛性比；

X_1——Na_2O 浓度，g/L；

X_2——Na_2CO_3 杂质含量占 Na_2O 含量的百分比，%；

X_3——Cl^- 占 Na_2O 含量的百分比，%；

X_4——SO_3 占 Na_2O 含量的百分比，%；

X_5——SiO_2 占 Na_2O 含量的百分比，%。

可见，杂质的存在降低了分解终了时的苛性比，从而降低了铝酸钠溶液的分解深度。

下里纯一郎在研究杂质对铝酸钠溶液分解速度的影响时，发现杂质的存在明显降低溶液的分解速率，并定义 $k = (c'_\infty - c_\infty)/c_\infty$ 为杂质作用系数，k 越大，杂质对铝酸钠溶液分解速率的危害越大。式中，c'_∞ 和 c_∞ 分别为存在杂质和无杂质时溶液中的 Al_2O_3 平衡浓度。

E　过饱和度对分解过程的影响

上述温度、苛性碱浓度、杂质含量等因素对分解过程的影响，归根到底主要是对过饱和度的影响。铝酸钠溶液的过饱和度，是指溶液中 Al_2O_3 浓度与其平衡浓度的差值（$c - c_\infty$），它是分解过程的一个重要参数，是成核、长大和附聚的推动力。目前，对于工业溶液一般采用 Misra-White 方程来求解铝酸钠的平衡浓度：

$$c_\infty = c_{苛性碱} \times \exp(a + b/T + cc_{苛性碱}/T + dc_{碳酸钠}/T + ec_{有机物} + fc_{氯化钠} + gc_{硫酸钠})$$

式中　　　　　a，b，c，d，e，f，g——常数；

$c_{苛性碱}$，$c_{碳酸钠}$，$c_{有机物}$，$c_{氯化钠}$，$c_{硫酸钠}$——分别表示苛性碱、碳酸钠、有机物、氯化钠和硫酸钠的浓度。

对于合成溶液：

$$c_\infty = N_K \exp(6.2106 - 2486.7/T + 1.08753 N_K/T)$$

此外，也可用作图法求解平衡溶解度，即：

$$c = K \times 1/T + c_\infty$$

用 c 对 $1/T$ 作图，求得的截距即为 c_∞。

如前所述，长大速率与过饱和度的二次方成正比关系，附聚速率与过饱和度的 n 次方成正比。可以看出，增大溶液过饱和度，可以实现高产出率并获得粗粒产品。

F　分解添加剂的作用

a　无机盐添加剂

向铝酸钠溶液中加入铝盐（AlF_3、$AlCl_3$、$Al_2(SO_4)_3$、K_2SO_4、$Al_2(SO_4)_3 \cdot 24H_2O$ 等）和铁盐，当其添加量达到或超过溶液中氧化铝含量的 1% 时，即可促进铝酸钠溶液的分解过程。这是因为铝盐或铁盐的晶体与其相接触的铝酸钠溶液相互作用，使溶液变为中性，在中和过程中生成胶体氢氧化铝，这些铝胶质点便成为加速其余部分铝酸钠溶液分解的结晶核心，从而强化铝酸钠溶液的分解过程。但析出的氢氧化铝粒度很小，过滤困难，难以在工业上应用，然而该法可用来制造活性晶种。

b　有机物添加剂

目前文献报道的分解用添加剂都多是通过促进氢氧化铝晶粒的附聚或消除有机物对氢氧化铝结晶长大的危害作用来达到增加氢氧化铝粒度、减少成品氢氧化铝中细粒子（$-45\mu m$）含量的目的。

（1）促进 $Al(OH)_3$ 细粒子的附聚。Lester A. D. Chin 把矿物油、脂肪醇和它们的衍生物加入到分解溶液中，使溶液中的细粒子在高苛性碱浓度下附聚。Moody 则认为氢氧化铝晶体是在母液中形成的，通过葡聚糖和合成聚合物（丙烯酸的同聚或共聚物）的共同作用可促进其附聚，而添加矿物油和硅烷油可作为结晶助长剂。原 Allied Colloids 公司通过把一种新型的改良剂（硅油和矿物油以（10:1）~（1:20）的质量比混合而得到的混合物）加入到待分解的拜耳法溶液中来提高分解率。Buate 在结晶前或结晶过程中向溶液中加入 $H—(OCH_2CHOH—CH_2)_n—OH(n \geqslant 3)$ 来改善产品的粒度分布。此外，还有通过向溶液中添加 Nalco 7837 及 Alclar CM 5159 来粗化氢氧化铝粒度的报道。至于加入添加剂促使细粒子附聚的原因可用附聚经验模型来解释，即小的氢氧化铝颗粒首先由于微小颗粒间吸引力的作用而松散地结合在一起形成团块。这些团块可以通过氢氧化铝的析出而变大，也可以由于分离又重新变成小颗粒。当分解速率高时，这些松散结合的团块被析出的氢氧化铝快速地粘接在一起而成为新的氢氧化铝晶体；当分解速率低时，这些团块则在析出的氢氧化铝把它们粘接在一起之前就有可能破裂。添加剂（脂肪酸等）的作用就是在氢氧化铝细粒上形成疏水性表面来强化氢氧化铝颗粒之间的有效碰撞次数，在细粒表面形成的油层使颗粒黏附在一起的时间足够长，从而使析出的氢氧化铝把它们粘接在一起。

（2）消除有机物的影响。在铝酸钠溶液中存在许多有机物杂质，对于分解过程是极为有害的，如羟基有机化合物。一些研究者研究了铝酸钠溶液中这些杂质羟基有机化合物对氢氧化铝的吸附，并根据它们的 Langmuir 吸附等温曲线得到如下结论：吸附量与有机物的官能团以及链长有关。不同官能团的有机物的吸附量顺序为：羰基 > 羧基 > 醛基。氢氧化铝对有机物的吸附与铝酸钠溶液种分之间的相互关系的研究结果表明，在种分过程中，这些有机物吸附在晶种颗粒的活性点上，阻止了其对扩散的铝酸根离子的吸附，抑制了氢氧化铝的增长，从而抑制了铝酸钠溶液的种分过程。溶液中存在的草酸钠（低于饱和极限）通过降低表面张力，降低分解活化能而增加细粒子的成核和附聚作用，改变了粒度分布以及粒子的表面特性，从而显著影响溶液产出率，造成氢氧化铝晶体粒度分布恶化，导致产品细化。通过向溶液中添加一定数量$(10 \sim 50) \times 10^{-6}$的相对分子质量约为一百万的聚丙烯酸和含有至少 50% 摩尔分数的丙烯酸单体的乳胶聚合物，能限制或消除草酸钠对拜耳法溶液氢氧化铝种分的不利影响。

（3）提高分解率。关于添加表面活性剂来提高分解率的报道寥寥无几。薛红经研究认为，通过添加大分子表面活化剂可以提高铝酸钠溶液的分解率，但小分子对此作用不明显。这是因为添加剂的相对分子质量越大、链越长，链节上所含的有效官能团越多，从而作用效果越明显。因此采用的添加剂，碳链上所含碳的数目应大于10。

综上所述，尽管众多的研究者经过几十年的辛勤努力，深化了对有关铝酸钠溶液结构、晶种分解过程机理及其强化手段的认识，但由于这一过程的复杂性和分析手段的局限性，这些研究结果很难得到确认，甚至有一些互相矛盾。我国铝土矿的成分与性质与国外不同，采用的处理手段和技术指标也与国外有较大差别，因而不能直接应用国外的研究成果，因此，有必要针对我国铝酸钠溶液晶种分解工艺，进行深入细致的研究，以期在不对现有工艺条件进行大量变动的前提下，强化铝酸钠溶液的分解过程，提高溶液分解率，并得到粒度粗、强度好的氢氧化铝产品。

10.2.6　氢氧化铝焙烧过程中的物理化学

10.2.6.1　氢氧化铝的脱水过程及晶形转变

氢氧化铝的焙烧需要在 1000 ~ 1250℃ 高温下进行，焙烧过程中主要发生如下的变化过程：110 ~ 120℃ 脱除附着水，200 ~ 250℃ $Al(OH)_3$（三水铝石）失去两个结晶水而转变为一水软铝石，500℃ 左右一水软铝石转变为无水 $\gamma\text{-}Al_2O_3$，850℃ 以上时 $\gamma\text{-}Al_2O_3$ 转变为不吸湿的 $\alpha\text{-}Al_2O_3$。其中除 $\gamma\text{-}Al_2O_3$ 转变为 $\alpha\text{-}Al_2O_3$ 是放热过程以外，其他过程都是吸热过程。主要的热量消耗在将物料加热到 500 ~ 600℃ 的这一阶段。图 10-17 为 $\alpha\text{-}Al_2O_3$ 含量随焙烧温度和时间的变化。焙烧过程中随着脱水和相变的进行，氧化铝的物理性质，如粒度和表面状态等均发生相应的变化；密度、折光率提高，$\alpha\text{-}Al_2O_3$ 含量增加，灼减降低。图 10-18 所示为氢氧化铝焙烧时某些物理性质随温度而变化的情况。从图 10-18 可以看出，氢氧化铝加热到约 240℃ 时（脱水第二阶段），其表面积急剧增加，至 400℃ 左右时达到最大值。由于氢氧化铝急剧脱水，其结晶集合体崩解，新生成的 $\gamma\text{-}Al_2O_3$ 结晶很不完善，因而具有

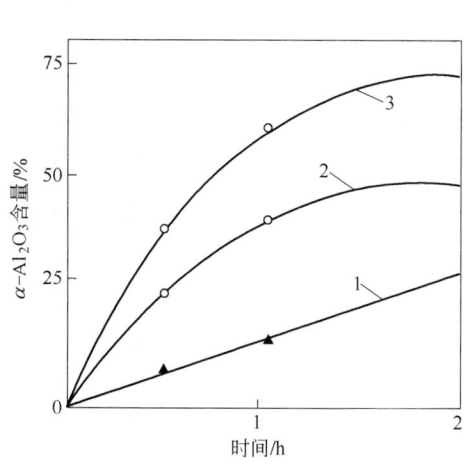

图 10-17　$\alpha\text{-}Al_2O_3$ 含量随焙烧
温度和时间的变化
1—1150℃；2—1200℃；3—1250℃

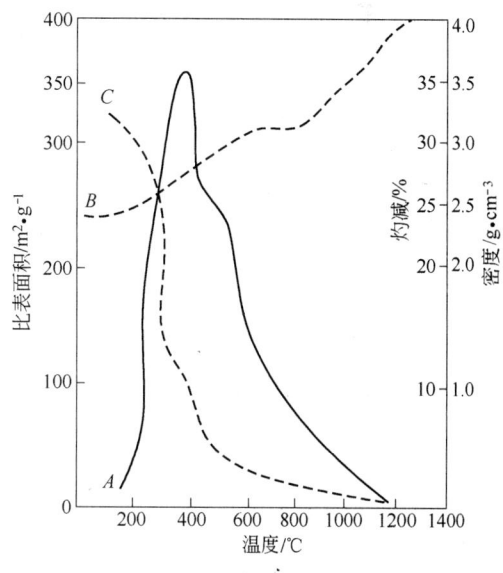

图 10-18　氢氧化铝焙烧过程中的物理性质变化
A—比表面积；B—密度；C—灼减

很大的比表面积。随着脱水过程的结束，γ-Al₂O₃ 变得致密，结晶趋于完善，比表面积开始减少。继续提高温度至900℃以上，开始出现 α-Al₂O₃，而且随着温度进一步提高，其数量越来越多，结晶也趋向完善，比表面积进一步降低。原始物料不同（如不同方法得到的氢氧化铝及铝盐水合物），尽管焙烧得到的氧化铝晶型基本相同，但其结构和比表面积可能会有很大的差别。

10.2.6.2　氢氧化铝焙烧过程的理论热耗

氢氧化铝焙烧过程的理论热耗可以表示如下：

$$2Al(OH)_3 \Longrightarrow Al_2O_3 + 3H_2O$$

此反应在25℃下的标准热焓为：

$$3\Delta H_{H_2O,298} + \Delta H_{Al_2O_3,298} - 2\Delta H_{Al(OH)_3,298} = 63.29kJ/mol$$

式中，$\Delta H_{H_2O,298} = -285.557kJ/mol$；$\Delta H_{Al_2O_3,298} = -1666.4kJ/mol$；$\Delta H_{Al(OH)_3,298} = -1293.18kJ/mol$。折合在标准状态下每吨氧化铝的热耗为 0.62GJ。

10.2.6.3　温度、杂质对焙烧氧化铝性质的影响

A　温度

在1000～1100℃条件下焙烧得到的氧化铝安息角小，流动性好，同时由于 α-Al₂O₃ 含量低，比表面积大，在冰晶石熔体中的溶解速度较快，对 HF 的吸附能力也较强。焙烧温度达到1200℃以上时，氧化铝颗粒表面变得粗糙，颗粒之间黏附性增强，粒度小，安息角大，流动性变差，风动输送较困难，在冰晶石熔体中的溶解速度和吸附 HF 的能力降低。焙烧得到的氧化铝颗粒粗而均匀，其粉尘量小；反之其中细粒子多时，则粉尘量大。在高温下深度焙烧的面粉状氧化铝，其粉尘量也小。

B　杂质

V₂O₅ 的存在使氧化铝焙烧时发生粉化，并使氧化铝变为针状结晶，从而恶化了氧化铝的流动性；当氧化铝产品中的 Na₂O 含量低于 0.5% 时，随着碱含量的升高，产品强度增加，粒度变粗，并可抑制 α-Al₂O₃ 生成。

氟化物的存在可以加速氢氧化铝的相转变，并可降低相变的温度，因此添加氟化物可以提高焙烧炉窑的产能，降低燃料消耗，得到的氧化铝表面粗糙，密度大。但其安息角大，流动性差，且由于耐磨性强，易使输送管道磨损。同时黏附性好，易成团，使其在电解过程中溶解速度降低。

10.2.7　铝酸钠溶液蒸发过程中的物理化学

在蒸发过程中，既要蒸发水分又要排除溶液中的多种杂质，而这些杂质又可能会在蒸发设备的加热器壁上生成结垢，使传热系数下降，如从清洁管壁的 2000W/(m²·K) 可能降低到严重结疤管壁的 230～350W/(m²·K)。

为开发防止或减轻结垢的技术，分离并回收母液中的碳酸钠，寻求排除有害杂质的方法和条件，必须深入研究母液中各种杂质在蒸发过程中的行为。

10.2.7.1 母液中碳酸钠在蒸发过程中的行为

拜耳法种分母液中由于循环积累，通常含有约 $10 \sim 20g/L$ Na_2O_C（碳酸钠浓度，以其中 Na_2O 含量表示）。这些碳酸钠大部分是铝土矿和石灰中的碳酸盐在溶出过程中发生反苛化作用生成的，少量是铝酸钠溶液吸收空气中二氧化碳生成的。

图 10-19 所示为常压沸点下，Na_2CO_3 在苛性比值为 $3.5 \sim 3.8$ 的铝酸钠溶液中的溶解度与全碱的关系曲线，其平衡固相为 $Na_2CO_3 \cdot H_2O$。可以看出，随着溶液中总碱浓度提高，碳酸钠溶解度急剧下降。母液蒸发到超过碳酸钠平衡浓度时，$Na_2CO_3 \cdot H_2O$ 会从溶液中结晶析出。

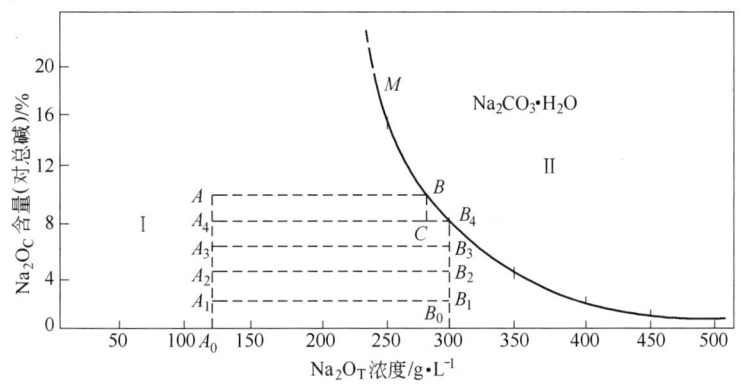

图 10-19 碳酸钠在铝酸钠溶液中的溶解度

碳酸钠在母液中的溶解度随温度升高而增加。降低温度，将使析出的碳酸钠增多。一部分一水碳酸钠在蒸发器加热面上结晶析出而形成结垢。从流程中析出碳酸钠是保持拜耳法过程碳酸钠平衡所必须的，而且只有在结晶析出后，才能进行苛化回收，重新利用。

有机物会使溶液中的碳酸钠过饱和。工业溶液中的碳酸钠浓度可能比平衡溶液浓度高出 $1.5\% \sim 2.0\%$，这是因为有机物使溶液黏度升高所引起的。有机物还使结晶析出的一水碳酸钠粒度变细，引起其沉降和过滤分离的困难。

10.2.7.2 母液中硫酸钠在蒸发过程中的行为

拜耳法溶液中的硫酸钠主要是铝土矿中的含硫矿物与苛性碱反应进入流程并循环积累的。图 10-20 所示为常压沸点下分解母液中硫酸钠的溶解度曲线。Na_2SO_4 的溶解度和碳酸钠一样也是随着 Na_2O 浓度增大急剧下降，并

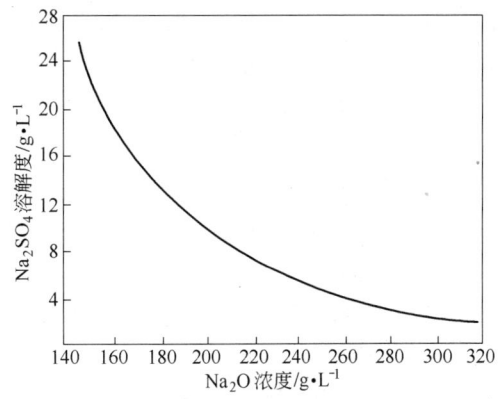

图 10-20 常压蒸发时铝酸钠
溶液中硫酸钠的溶解度

且也是随着温度的升高而增加的。

在某些联合法厂的种分母液中，同时含有较高的 Na_2CO_3 和 Na_2SO_4，蒸发过程中将形成水溶性复盐芒硝碱 $2Na_2SO_4 \cdot Na_2CO_3$ 首先结晶析出，其溶解度比 Na_2CO_3 和 Na_2SO_4 都低，100℃时 Na_2SO_4-NaOH-Na_2CO_3-H_2O 系的平衡相见表10-16。芒硝碱还可以与碳酸钠形成固溶体，在它的平衡溶液中，Na_2SO_4 的浓度更低。

表 10-16　100℃时 Na_2SO_4-NaOH-Na_2CO_3-H_2O 系的平衡相

液相组成/%			平衡固相
Na_2SO_4	Na_2CO_3	NaOH	
1.2	10.8	15.4	$2Na_2SO_4 + Na_2CO_3$
0.8	9.0	18.4	$2Na_2SO_4 + Na_2CO_3$
0.6	5.0	23.2	$2Na_2SO_4 + Na_2CO_3$
0.5	3.5	26.9	$2Na_2SO_4 + Na_2CO_3$

硫酸钠和碳酸钠的大量结晶析出，将会导致加热表面结垢，严重影响蒸发效率，增加蒸气消耗。

10.2.7.3　母液中氧化硅在蒸发过程中的行为

氧化硅在母液中的含量是过饱和的，它成为水合铝硅酸钠产物的析出速度随温度升高而增加，而水合铝硅酸钠在铝酸钠溶液中的溶解度随溶液浓度的降低而降低，因此高温低浓度有利于它的结晶析出。当母液硅量指数低，硫酸钠和碳酸钠含量较多时，都会促进溶液脱硅而在加热表面上形成硅渣结垢。这种结垢比较坚硬，不溶于水，但较易溶于酸中，实际上，$2Na_2SO_4 \cdot Na_2CO_3$、$Na_2CO_3 \cdot H_2O$ 往往会与水合铝硅酸钠同时析出，并在加热管壁上形成不同于单纯的碳酸钠和硫酸钠组成的结疤，这种致密的结疤用水难于溶解。

10.3　烧结法生产氧化铝的理论基础

烧结法生产氧化铝工艺主要有三种，分别为碱烧结法、碱石灰石烧结法以及石灰石（或石灰）烧结法。碱烧结法也称碳酸钠烧结法，即用碳酸钠和铝土矿烧结，得到含固体铝酸钠 $Na_2O \cdot Al_2O_3$ 的烧结产物。这种产物称为熟料或烧结块，将其用稀碱溶液溶出便可以得到铝酸钠溶液。往溶液中通入 CO_2 气体，即可析出氢氧化铝。残留在溶液中的主要是碳酸钠，可以再循环使用。这种方法原料中的 SiO_2 仍然是以铝硅酸钠的形式转入泥渣，而成品氧化铝质量较差，流程复杂，耗热量大。所以拜耳法问世后，此法就被淘汰了。

碱石灰石烧结法是用碳酸钠和石灰石按一定比例与铝土矿烧结，这种烧结法利用 CaO 与铝土矿中的 SiO_2 在烧结过程中反应，生成脱硅产物 $2CaO \cdot SiO_2$，使 Al_2O_3 和 Na_2O 的损失大大减少，因而可用于处理高硅铝土矿。

除了这两种烧结法外，还有单纯用石灰与矿石烧结的石灰烧结法。该方法比较适合于处理黏土类矿物原料，特别是含有一定可燃成分的煤矸石、页岩等。这时原料中的 Al_2O_3 烧结成铝酸钙，经碳酸钠溶液浸出后，可得到铝酸钠溶液。

目前只有碱石灰烧结法在氧化铝工业上得到应用。碱石灰烧结法所处理的原料有铝土矿、霞石和拜耳法赤泥等。这些原料分别称为铝土矿炉料、霞石炉料和赤泥炉料。铝土矿炉料的铝硅比一般在 3 左右，而霞石炉料只有 0.7 左右，赤泥炉料为 1.4 左右，而且常常含有大量的氧化铁。

在碱石灰烧结法中，一般是使炉料中的氧化物通过烧结转变为铝酸钠 $Na_2O \cdot Al_2O_3$、铁酸钠 $Na_2O \cdot Fe_2O_3$、原硅酸钙 $2CaO \cdot SiO_2$ 和钛酸钙 $CaO \cdot TiO_2$。因为铝酸钠很易溶于水或稀碱溶液，铁酸钠则易水解为 NaOH 和 $Fe_2O_3 \cdot H_2O$ 沉淀：

$$Na_2O \cdot Fe_2O_3 + aq \Longrightarrow 2NaOH + Fe_2O_3 \cdot H_2O + aq$$

在溶出条件控制适当时，原硅酸钙和钛酸钙不与溶液反应而全部转入沉淀。所以，主要由这四种化合物组成的熟料，在用稀碱溶出时，就可以溶出 Al_2O_3 和 Na_2O，而将其余杂质分离出去。得到的铝酸钠溶液经过净化精制，通入 CO_2 气体，降低其稳定性，便析出氢氧化铝，这个过程称为碳酸化分解。碳酸化分解后的溶液称为碳分母液，主要成分为 Na_2CO_3，可以再用来配料。因此在烧结法中，碱也是循环使用的。

碱石灰烧结法生产氧化铝的工艺过程主要有以下几个步骤：

（1）原料准备：原料准备过程包括制取一定组分比例的细磨料浆所必需的各工序。铝土矿生料组成包括：铝土矿、石灰石（或石灰）、新纯碱（用以补充流程中的碱损失）、循环母液和其他循环物料。

（2）熟料烧结：生料的高温煅烧，制取主要含铝酸钠、铁酸钠和硅酸二钙的熟料。

（3）熟料溶出：使熟料中铝酸钠转入溶液，分离和洗涤不溶性残渣（赤泥）。

（4）脱硅：使进入溶液的氧化硅生成不溶性化合物分离，制取高硅量指数的铝酸钠精液。

（5）碳酸化分解：用 CO_2 分解铝酸钠溶液。析出的氢氧化铝与碳酸钠母液分离，并洗涤氢氧化铝；一部分溶液进种子分解，以得到某些工艺条件所要求的部分苛性碱溶液。

（6）焙烧：将氢氧化铝焙烧成氧化铝。

（7）分解母液蒸发：对分解母液进行蒸发，从过程中排除过量的水。蒸发后的循环碱溶液用以配制生料浆。

通常要求碱石灰烧结法所处理的铝土矿的铝硅比在 3 以上。但如铝土矿品位过低、SiO_2、Fe_2O_3、TiO_2 等杂质含量过高时，不仅增大物料流量和加工费用，而且使熟料品位和质量变差，处理成本将加大。如在原料中还有其他可以综合利用的成分，则不受此限制。例如在处理霞石时，可同时提取其中的氧化铝、碳酸钾、碳酸钠，并且还可以利用残渣生产水泥，实现原料的综合利用。

在我国已经查明的铝矿资源中，高硅铝土矿占有很大的数量，因而烧结法对于我国氧化铝工业仍具有一定的意义。我国第一座氧化铝厂——山东铝厂就是采用碱石灰烧结法生产的，该厂在改进和发展碱石灰烧结法方面作出了许多贡献，其 Al_2O_3 的总回收率、碱耗等指标都居于世界先进水平。

10.3.1　熟料烧结过程

烧结过程是制取高质量熟料和提高烧结法效率的核心环节。

熟料在化学成分、物相成分和结构上都应该符合一定的要求。熟料中 Al_2O_3 含量越高，生产 1t 成品氧化铝的熟料量（工厂称为熟料折合比）越小，单位能耗越低。熟料中的成分，如 Al_2O_3 和 Na_2O 应尽可能组成可溶性物相，而其余杂质应成为不溶性物相。特别是原硅酸钙应尽可能转变为活性最小、在铝酸钠溶液中最稳定的形态。此外，熟料还要有较好的溶出性能和形成赤泥的分离性能。熟料具备这些性能，才能在湿法处理时，使有用成分充分溶出，并与残渣顺利分离。

在生产中，熟料质量是用其中有用成分的标准溶出率、容重、块度和二价硫 S^{2-} 含量来表示。

标准溶出率是评价熟料质量最主要的指标。它是指熟料中有用成分在最好的标准溶出条件下，即溶出后不再损失（重新进入泥渣）时的溶出率。它实际上表示熟料中可溶性的有用成分的含量，也就是可能达到的最高溶出率。如果熟料中的 Al_2O_3 和 Na_2O 全部属于可溶性化合物，它们的标准溶出率 $\eta_{A标}$ 和 $\eta_{N标}$ 就将是 100%。而在实际的生产条件下，烧结法厂要求熟料中 $\eta_{A标} > 96\%$，$\eta_{N标} > 97\%$，联合法厂相应要求为 93.5% 及 95.5%。

工厂中的标准溶出条件是根据其熟料成分和性质，通过试验确定的。目前烧结法厂熟料标准溶出条件是以 100mL 溶出用液和 20mL 水在 90℃下，将 120 目筛下的熟料 8.0g（即液固比为 15）溶出 30min，然后过滤分离残渣，并在漏斗中将残渣淋洗 5 次，每次用沸水 40mL，溶出用液的成分为 NaOH 22.6g/L，Na_2CO_3 8.0g/L，联合法厂的标准溶出条件所规定的熟料粒度、用量、液固比与上述相同，但溶出温度为 85℃，溶出时间为 15min，溶出用液的成分为 Na_2O 15g/L，Na_2O_C 5g/L，溶出后的泥渣在漏斗中洗涤 8 次，每次用水 25mL。

熟料的密度和粒度反映烧结度（强度）和气孔率，一般是测定粒度为 3~10mm 的熟料密度。烧结法厂要求密度 1.20~1.30kg/L，联合法厂为 1.2~1.45kg/L。熟料粒度应该均匀，大块的出现常是烧结温度太高的标志，而粉末太多则是欠烧的结果。熟料块度大部分应为 30~50mm，呈灰黑色，无熔结或夹带欠烧料的现象。这样的熟料不仅溶出率高，可磨性良好，而且溶出后的赤泥也具有较好的沉降性能。

我国工厂还将熟料中的负二价硫 S^{2-} 含量规定为熟料的质量指标。长期的生产经验证明：S^{2-} 含量大于 0.25% 的熟料是黑心多孔的，质量好；而黄心熟料或粉状黄料，S^{2-} 含量小于 0.25%，特别是小于 0.1% 的，它们在各方面的性能都比较差。砸开熟料观察它的剖面，就可以对熟料质量做出快速而又有效的鉴别。

10.3.1.1　固相反应概念

熟料烧结过程是固态反应过程。和硅酸盐工业产品一样，熟料在烧结过程的形成是借助于固态物质间相互反应的结果，即反应是在远低于原料及最终产物熔点的温度下进行的。

固态反应是以固体物质中质点的相互交换（扩散）来实现的。固体物质中晶格的质点（分子、原子或离子）是处于不断的振动中，并且随着温度的提高，振幅将随之扩大，最后在足够高的温度下，振幅可以大到使质点脱离其本身的平衡位置进入另一个与其相邻的晶体内。质点的这种移位称为内部扩散作用，这种作用在晶格有缺陷的地方最易发生。真实的晶体都具有结构上的缺陷。因为这些地方的质点不如致密晶体内部质点结合的那么坚固，在加热时，它们首先获得足以引起扩散作用所需的最低能量。质点这种相互交换位置的本能，不仅可以在同一类晶体中发生，而且还可以在不同类的晶体间发生。如果不同类晶体间能产生化学反应的话，则质点相互交换位置的结果便形成了新的物质。

根据较近的关于固态物质间反应机理和动力学的研究，认为除上述固态物质中质点可以进行移位或扩散，以及固态物质可以通过它们的直接作用而进行反应外，如果固态物质间的反应是以具有工业意义的反应速度进行时，则必须有液相和（或）气相参加。这样，固态物质间反应过程的机理为：

$$A_{固} \longrightarrow A_{气} \qquad\qquad A_{气} + B_{固} \longrightarrow AB_{固}$$

$$A_{固} + X_{固} \longrightarrow (AX)_{液} \qquad (AX)_{液} + B_{固} \longrightarrow AB_{固} + X_{固}$$

在这类的反应中，原始的反应物或最终的反应物都是固态物质，可是非固相都贯穿于整个反应过程之中。

在烧结过程中，固态物质间的反应在远低于熔点或低共熔点时即能进行的主要原因，可能是由于该物质上的某些质点机遇性地发生了反应，并产生出相应的反应热，导致局部达到熔点或低共熔点而产生了液相，促进了反应的迅速进行，如此周而复始，维持反应不断进行。表面液相的产生和反应的进行和加速起了相辅相成的作用。

多种杂质的存在使反应体系实际上变成了多元系。多元系中开始出现液相的温度一般会远低于该体系中两种主要物质的低共熔温度。因此，在烧结反应过程中，完全有可能在远低于其熔点的温度下产生少量的液相，加速固态物质之间的反应。

在碱石灰烧结法中，生成熟料矿物组成的固相反应比较复杂。硅酸盐和铝酸盐的形成都是多级反应（此处的多级反应概念指的是多阶段反应），即经过各种中间相最后生成熟料的矿物组成。这种多级的复杂反应很难于用一定的动力学方程式来表示。

为加速铝土矿熟料形成过程的固体生料间的反应速度，除提高烧结温度外，最重要的是各组分间的接触面积，即粉碎程度和混合均匀程度。另外，反应物的多晶转变，脱水或分解等化学反应以及固溶体的形成，常常都伴随着反应物晶格的活化，产生加速固态物质间反应的作用。

固态物质开始烧结的温度与其熔点间存在大致一定的规律性：对于金属，$T_{烧结} \approx (0.3 - 0.4)T_{熔}$；对于盐类，$T_{烧结} \approx 0.57 T_{熔}$；对于硅酸盐及有机物，$T_{烧结} \approx (0.8 - 0.9)T_{熔}$，且固态物质间开始反应的温度，常常与反应物开始烧结的温度相当。

10.3.1.2 烧结法熟料烧结的物理化学及相平衡

碱石灰烧结法的基础，是生料的各组分在高温下形成所需要的熟料矿物组成。下面叙述碱石灰烧结法铝土矿生料各组分在高温下发生的主要反应及其平衡产物，以了解熟料矿物生成的条件及反应行为。

A $NaCO_3$ 与 Al_2O_3 之间的相互作用

生料中氧化铝与 Na_2CO_3 反应生成可溶性的铝酸钠，这一反应是生料在烧结过程中最重要的反应之一。

在高温下烧结 Na_2CO_3 与 Al_2O_3 的混合物时，只能得到一种化合物——$Na_2O \cdot Al_2O_3$，如有过量的 Na_2CO_3 将在高温下挥发，温度愈高，Na_2CO_3 愈过量，则挥发的 Na_2CO_3 也愈多。由于在烧结条件下，$NaCO_3$ 实际上不可能进行热分解，因而，在烧结过程中 Na_2CO_3 与 Al_2O_3 只能按下式进行反应：

$$Na_2CO_3 + Al_2O_3 \Longrightarrow Na_2O \cdot Al_2O_3 + CO_2$$

Na₂CO₃ 与 Al₂O₃ 之间的反应是吸热反应，其热效应为 129.7kJ/mol。反应的自由能公式为：

$$\Delta F^{\ominus} = 35387 + 1.3T\ln T - 49.0T$$

根据此式，上述反应在 500℃ 附近或更高的温度下才能进行，形成 Na₂O·Al₂O₃。

Na₂O·Al₂O₃ 的熔化温度位于 1650～1800℃ 之间。

等摩尔比的 Al₂O₃ 与 Na₂CO₃ 间相互反应的动力学试验结果如图 10-21 所示。

试验结果表明，当温度在 500℃，Na₂CO₃ 与 Al₂O₃ 间实际上不发生作用，反应在 500～700℃ 的范围内进行得非常缓慢。温度达到 800℃ 时，反应可进行到底，但速度仍很慢，需要 25～35h 以后才能完成。而温度高到 1150℃ 时，反应在 1h 内就结束。

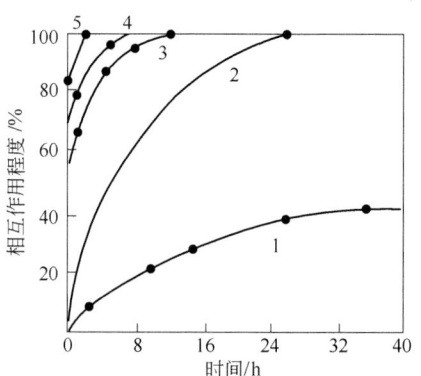

图 10-21　Al₂O₃ 与 Na₂CO₃ 之间
反应速度曲线

1—700℃；2—800℃；3—900℃；
4—1000℃；5—1150℃

当 Na₂CO₃ 与 Al₂O₃ 的摩尔比大于 1 时，在 800℃ 的温度下，过量的 Na₂CO₃ 可以加速反应的进行，但在 1000℃ 或更高的温度下，过量的 Na₂CO₃ 对反应速度将起阻碍作用。

B　Na₂CO₃ 与 Fe₂O₃ 之间相互作用

Na₂CO₃ 与 Fe₂O₃ 之间相互作用在碱石灰烧结法中也起重要作用。

Na₂CO₃ 与 Fe₂O₃ 间的相互作用，只能生成 Na₂O·Fe₂O₃ 这一种产物，并按下列反应式进行：

$$Na_2CO_3 + Fe_2O_3 = Na_2O \cdot Fe_2O_3 + CO_2$$

反应热为 $\Delta H = 34501 + 3.5T - 0.00744T^2$；

CO₂ 的平衡压为：

$$\lg p_{CO_2} = -7539.6T^{-1} + 1.75\lg T - 0.001626T + 6.0808$$

计算结果表明，当 $p_{CO_2} = 101.33Pa$ 时，上述反应在 850℃ 时才开始进行。

从热力学的平衡条件上看，形成 Na₂O·Fe₂O₃ 所需要的温度比 Na₂O·Al₂O₃ 为高，但生成 Na₂O·Fe₂O₃ 的反应速度比 Na₂O·Al₂O₃ 快。该反应在 700℃ 时，即可较快进行；在 1000℃ 时，反应在 1h 之内就可结束，如图 10-22 所示。

Na₂O·Fe₂O₃ 在高温下分解为 Fe₂O₃ 和 Na₂O，没有挥发。Na₂O·Fe₂O₃ 的熔化温度为 1345℃。

C　Na₂CO₃ 与 Al₂O₃ 和 Fe₂O₃ 间的相互作用

研究此三成分混合物相互作用的实验结果列于表 10-17。

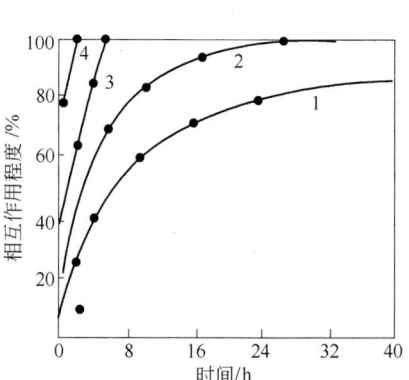

图 10-22　Na₂CO₃ 与 Fe₂O₃ 之间
反应速度曲线

1—700℃；2—800℃；3—950℃；4—1000℃

表 10-17　温度对 $Na_2O:Al_2O_3:Fe_2O_3 = 1:1:1$ 物料生成铝酸钠、铁酸钠的影响

烧结温度/℃	烧结时间/h	已反应的量/%	
		Al_2O_3	Fe_2O_3
700	3	9.0	44.6
800	2	29.0	58.8
900	1	65.3	27.8
1000	1	76.1	23.6
1100	1	80.0	15.1

试验结果表明，低温下反应主要生成 $Na_2O \cdot Fe_2O_3$，随着温度的增高，生成的 $Na_2O \cdot Fe_2O_3$ 量逐渐减少，而 $Na_2O \cdot Al_2O_3$ 的生成量相应的增加，这是由于 Al_2O_3 与低温生成的 $Na_2O \cdot Fe_2O_3$ 发生了置换反应的结果，并且这一置换反应速度随温度的升高而加大。其反应式如下：

$$Al_2O_3 + Na_2O \cdot Fe_2O_3 = Na_2O \cdot Al_2O_3 + Fe_2O_3$$

此反应的自由能为：

$$\Delta F^{\ominus} = 567 + 11.05T\lg T - 0.00747T^2 - 34.2T$$

热力学的计算结果表明，在熟料烧结的温度范围内，此反应向右进行。

由此可见，在熟料烧结过程中，如果碱量不足时，反应主要向生成 $Na_2O \cdot Al_2O_3$ 的方向进行。在生产实践中，为了提高 Al_2O_3 的溶出率，使 $Na_2O \cdot Al_2O_3$ 溶液具有一定的稳定性，必须同时考虑 Al_2O_3 和 Fe_2O_3 含量来确定配碱量。目的是：过量的碱可生成 $Na_2O \cdot Fe_2O_3$，该反应产物在熟料溶出过程中，分解生成游离的 $NaOH$，可以提高铝酸钠溶液的稳定性。

D　CaO 与 SiO_2 间的相互作用

CaO 与 SiO_2 作用可生成四种化合物：$2CaO \cdot SiO_2$、$CaO \cdot SiO_2$、$3CaO \cdot 2SiO_2$ 和 $3CaO \cdot SiO_2$。

在碱石灰烧结法生产中最有实际意义的是 $2CaO \cdot SiO_2$，因为在烧结过程中 CaO 与 SiO_2 作用，从1100℃开始，首先生成的就是 $2CaO \cdot SiO_2$。

$2CaO \cdot SiO_2$ 有三种同质异晶体，并按下式进行转化：

$$\alpha\text{-}2CaO \cdot SiO_2 \underset{}{\overset{1420℃}{\rightleftharpoons}} \beta\text{-}2CaO \cdot SiO_2 \underset{}{\overset{675℃}{\rightleftharpoons}} \gamma\text{-}2CaO \cdot SiO_2$$

其中，$\alpha\text{-}2CaO \cdot SiO_2$ 在 2130 ~ 1420℃ 范围内稳定，$\beta\text{-}2CaO \cdot SiO_2$ 在 1420 ~ 675℃ 范围内稳定，$\gamma\text{-}2CaO \cdot SiO_2$ 在低于 675℃ 下稳定。但在有 Na_2O 或 $Na_2O \cdot Al_2O_3$ 存在下，β-型的稳定性可以大大增加。因此，在碱石灰烧结法的熟料中，$2CaO \cdot SiO_2$ 主要以 $\beta\text{-}2CaO \cdot SiO_2$ 存在。

与此相反，在石灰烧结法的熟料中，由于没有配入 Na_2CO_3，必然要发生 $\beta\text{-}\gamma$ 晶型转变，并在转化过程中导致熟料体积增大约10%，造成晶体内应力，引起熟料的自粉化。

如对 $CaO:SiO_2 = 1:1$ 及 1:2 的混合物进行烧结时，得出的加热曲线完全相同，于 910℃ 呈现出与 $CaCO_3$ 热分解有关的吸热反应，在 1100 ~ 1200℃ 范围内出现一放热反应，如图 10-23 所示。用显微镜对此时所得产物进行观察的结果，都发现有 $2CaO \cdot SiO_2$ 存在。

进一步提高温度，反应向符合原始物料成分的方向进行。

CaO 与 SiO$_2$ 反应时，不同硅酸盐在 1200℃ 时的生成次序以及反应产物中各自含量的变化如图 10-24 所示，首先生成 2CaO：SiO$_2$(2：1)，3CaO：2SiO$_2$(3：2) 的生成不显著，进一步延长时间，2CaO·SiO$_2$ 的含量下降，3CaO·2SiO$_2$ 维持不变，CaO·SiO$_2$ 在加热 4h 以后才开始明显形成。

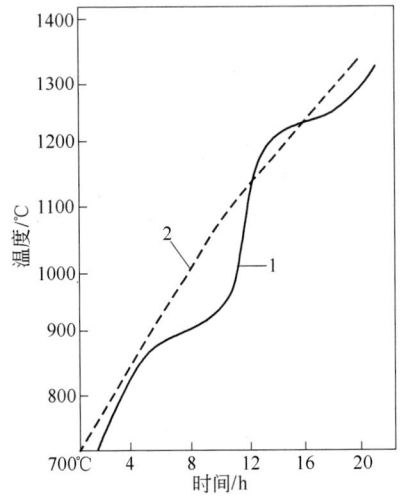

图 10-23　CaO + SiO$_2$ 混合物的加热曲线

1—料温曲线；2—炉温曲线

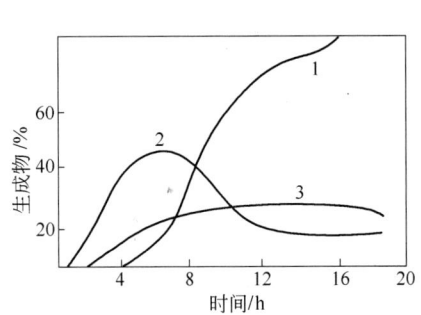

图 10-24　CaO-SiO$_2$ 在 1200℃ 的反应过程

1— CaO：SiO$_2$ = 1：1；2— CaO：SiO$_2$ = 2：1；

3— CaO：SiO$_2$ = 3：2；

E　Na$_2$CO$_3$ 与 CaO 和 SiO$_2$ 间的相互作用

此系中的三元化合物为：Na$_2$O·2CaO·3SiO$_2$、2Na$_2$O·2CaO·3SiO$_2$、Na$_2$O·3CaO·6SiO$_2$ 和 2Na$_2$O·8CaO·5SiO$_2$。

在碱石灰烧结法的生料中，如果配碱量过高（即 $N/(A + F) > 1.0$），则在高于 1000℃ 的温度下所得的熟料中，将有三元化合物 nNa$_2$O·mCaO·pSiO$_2$ 存在。如在烧结温度下，Na$_2$CO$_3$ 将与 2CaO·SiO$_2$ 发生下列反应：

$$Na_2CO_3 + 2CaO·SiO_2 == Na_2O·CaO·SiO_2 + CaO + CO_2\uparrow$$

由于 nNa$_2$O·mCaO·pSiO$_2$ 实际上不溶于水，因此，高碱配方必然导致碱的损失。

F　Na$_2$O·Al$_2$O$_3$·2SiO$_2$ 及 CaO 间的相互作用

烧结 Na$_2$O，Al$_2$O$_3$ 及 SiO$_2$ 三成分混合物时，最终产物为 Na$_2$O·Al$_2$O$_3$ 和 Na$_2$O·Al$_2$O$_3$·2SiO$_2$，从而引起 Al$_2$O$_3$ 和 Na$_2$O 的损失。如往这种炉料中加入 CaO 时，则在高温下 Na$_2$O·Al$_2$O$_3$·2SiO$_2$ 将被 CaO 分解：

$$Na_2O·Al_2O_3·2SiO_2 + 4CaO == Na_2O·Al_2O_3 + 2(2CaO·SiO_2)$$

并且当 CaO 的配入量为 CaO/SiO$_2$ = 2：1 时，所获得的 Al$_2$O$_3$ 及 Na$_2$O 的溶出率最高。

上述反应式是以霞石为原料的烧结法提取氧化铝的基础。

G　TiO$_2$ 和 MgO 的反应

铝土矿中常含有少量的 TiO$_2$。在高温下，TiO$_2$ 与碱或石灰作用，最终主要以 CaO·

TiO_2 形态存在于熟料中。因此，当熟料中 CaO 不足以同时满足 SiO_2 和 TiO_2 的需要时，则熟料烧结过程中生成的中间化合物 $Na_2O \cdot Al_2O_3 \cdot 2SiO_2$ 不能完全被 CaO 分解，从而造成 Al_2O_3 和 Na_2O 的损失。所以熟料配方中 CaO 的添加量必须同时考虑 SiO_2 和 TiO_2，即

$$\frac{C}{S} = 2.0 \qquad \frac{C}{T} = 1.0$$

氧化镁在铝土矿中含量很少，主要是在石灰石中以杂质状态存在。物相分析证明，熟料中 MgO 主要以 $MgO \cdot SiO_2$ 或 $MgO \cdot TiO_2$、$2CaO \cdot MgO \cdot Fe_2O_3$ 及少量的游离 MgO 存在。因此，在用含 MgO 较高的石灰石配料时，可以考虑 MgO 和 CaO 一起计算在配钙以内。但熟料中 MgO 含量，会使 Al_2O_3 溶出率降低。对 Na_2O 溶出率无影响。

H　$Na_2O \cdot Al_2O_3$、$Na_2O \cdot Fe_2O_3$ 及 $2CaO \cdot SiO_2$ 之间的相互作用

在碱石灰烧结法的熟料中，主要由 $Na_2O \cdot Al_2O_3$、$Na_2O \cdot Fe_2O_3$ 及 $2CaO \cdot SiO_2$ 组成。但在 Fe_2O_3 及 SiO_2 含量较高的熟料中，溶出时有多量的 Na_2O 和少量的 Al_2O_3 不溶于水，这说明用 Fe_2O_3 及 SiO_2 含量较多的铝土矿进行烧结时，除 $Na_2O \cdot Al_2O_3$，$Na_2O \cdot Fe_2O_3$ 及 $2CaO \cdot SiO_2$ 外，还会生成其他的复杂化合物。

如将 $Na_2O \cdot Al_2O_3$（以 NA 表示）、$Na_2O \cdot Fe_2O_3$（以 NF 表示）及 $2CaO \cdot SiO_2$（以 C_2S 表示）按不同配比进行混合烧结试验，烧结温度以成为熔块为准（表示反应已达平衡状态），结果列于表 10-18、图 10-25 及图 10-26 中。

表 10-18　物料成分对 $Al_2O_3 \cdot Na_2O$ 溶出率的影响

编　号	物料组成(摩尔分数)/%			烧结温度/℃	溶出率/%	
	NA	NF	C_2S		Al_2O_3	Na_2O
①	—	10	90	1200	—	28.5
②	—	20	80	1150	—	34.1
③	—	40	60	1110	—	62.8
④	—	60	40	1125	—	85.3
⑤	—	80	20	1140	—	94.4
⑥	20	16	64	1230	82.9	66.4
⑦	30	14	56	1250	93.6	92.4
⑧	40	12	48	1260	93.6	90.2
⑨	60	8	32	1340	92.1	91.5
⑩	20	32	48	1175	85.1	69.7
⑪	30	28	42	1200	89.0	93.7
⑫	40	24	36	1250	96.4	91.8
⑬	60	10	—	1310	95.2	94.9

在图中画线区内的溶出率 $Al_2O_3 < 90\%$，$Na_2O < 92\%$。说明该区内熟料不可能只是 3 个简单的二元化合物的混合物，而是生成了更为复杂的化合物，部分氧化铝和氧化钠不能

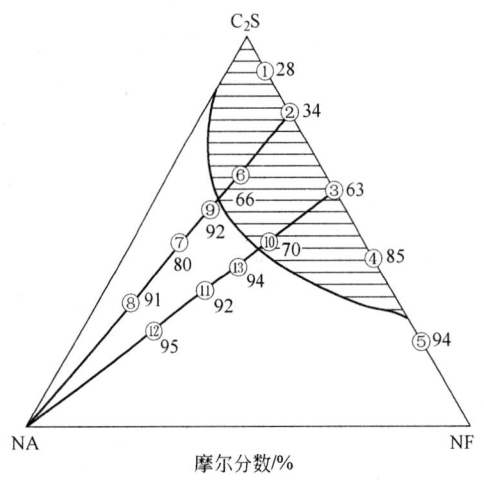

图 10-25 烧结 NA·NF 及 C₂S 时 Na₂O 的溶出率
（画线区 $\eta_{Na_2O} < 92\%$）

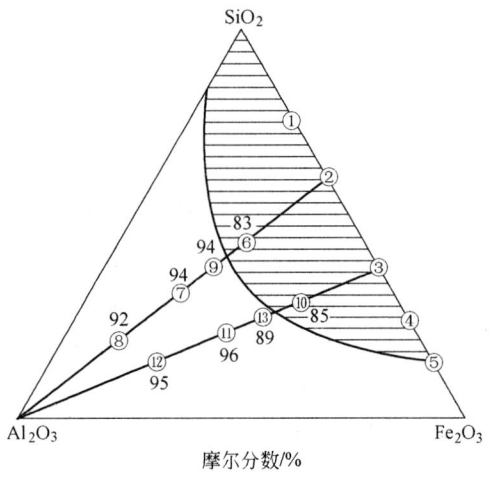

图 10-26 烧结 NA·NF·C₂S 时 Al₂O₃ 的溶出率
（画线区 $\eta_{Al_2O_3} < 90\%$）

进入溶液。在画线区外 Al_2O_3 及 Na_2O 的溶出率都超过了 90%，熟料的组成可能主要是 $Na_2O·Al_2O_3$、$Na_2O·Fe_2O_3$ 及 $2CaO·SiO_2$ 的混合物。可以认为：熟料中有大量 $Na_2O·Al_2O_3$ 时，全部 $Na_2O·Fe_2O_3$ 都与 $Na_2O·Al_2O_3$ 生成可溶性固溶体，当 $Na_2O·Al_2O_3$ 较少时，则可能部分 $Na_2O·Fe_2O_3$ 与 $2CaO·SiO_2$ 作用，生成不溶性化合物。

$Na_2O·Al_2O_3$-$Na_2O·Fe_2O_3$-$2CaO·SiO_2$ 系状态如图 10-27 所示。

在图 10-27 中，$Na_2O·Al_2O_3$-$Na_2O·Fe_2O_3$ 固溶体的初晶区位于共晶线 E_1-E_2 的下部，$2CaO·SiO_2$ 的初晶区位于 E_1-E_2 线的上

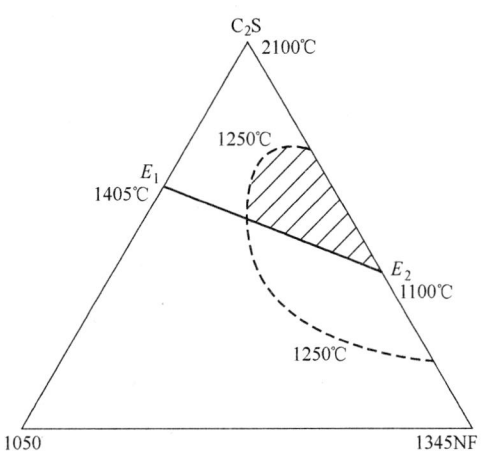

图 10-27 NA-NF-C₂S 系状态图

方（不包括画线区）。画线部分为含有大量的 $2Na_2O·8CaO·5SiO_2$ 和 $4CaO·Al_2O_3·Fe_2O_3$ 的区域。不溶性的 $2Na_2O·8CaO·5SiO_2$ 和 $4CaO·Al_2O_3·Fe_2O_3$ 三元化合物的生成，是该系熟料中引起 $Al_2O_3·Na_2O$ 损失的根本原因。

I 熟料配方

在碱石灰烧结法中，熟料烧结的目的是使铝土矿中的 Al_2O_3、Fe_2O_3、SiO_2 及 TiO_2，在适宜的烧结温度下，相应的全部生成 $Na_2O·Al_2O_3$、$Na_2O·Fe_2O_3$、$2CaO·SiO_2$ 及 $CaO·TiO_2$。所以，按如下摩尔比的配料比称为标准配方或饱和配方：

$Na_2O/(Al_2O_3 + Fe_2O_3) = 1.0$；$CaO/SiO_2 = 2.0$；$CaO/TiO_2 = 1.0$。

从原则上看，饱和配方的熟料，在溶出时可以得到最高的 Al_2O_3 和 Na_2O 的溶出率。因为如采取低碱配方，即 $N/(A + F) < 1$，则由于配入的 Na_2O 不足以完全与 Al_2O_3、Fe_2O_3 化合成相应的 $Na_2O·Al_2O_3$ 和 $Na_2O·Fe_2O_3$，而生成部分不溶性的固溶体 $nNa_2O·mAl_2O_3·$

Fe_2O_3。如采用高碱配方，又会生成部分不溶性的三元化合物 $nNa_2O \cdot mCaO \cdot pSiO_2$。如采用低钙配方，则熟料中有不溶性的 $Na_2O \cdot Al_2O_3 \cdot 2SiO_2$ 生成，高钙配方又可能生成 $4CaO \cdot Al_2O_3 \cdot Fe_2O_3$ 及游离的 CaO，这些都将导致 Al_2O_3 和 Na_2O 的损失。所以，从理论上看，熟料配比偏离饱和配方越大，则熟料 Al_2O_3 及 Na_2O 的溶出率也越低。

熟料配方还须考虑在烧结过程中燃料煤灰的组成和数量，烧结过程中的机械损失，熟料窑窑灰的返回量及成分。此外，在采用生料加煤还原烧结时，生料中部分 Fe_2O_3 被还原为 FeO 及 FeS 而进入熟料。在确定熟料配方之后，需要根据上述各种因素计算求出熟料配方的修正系数，即所谓"生料配方"。

10.3.1.3　烧成温度及烧成温度范围

碱石灰-铝土矿生料的烧结是在回转窑中于 1200℃ 以上的温度下进行的。

在生产条件下生料中参与反应的固体物料间的反应速度和反应程度，除与这些物质的混合均匀性和细磨的程度（生料粒度）有关之外，主要决定于烧成温度及在回转窑中高温带（烧成带）的停留时间。

如前所述，烧结时生料各组分间的反应是固相反应，液相的形成对固相反应起着促进作用。特别是在物料进入烧成带之后，烧成温度对于在煅烧中混合物料的液相量、熟料的硬度和孔隙率起着决定性作用。

在烧成温度过低时，反应进行不完全，烧结产物则成为粉状物料，或部分是粒状物料，俗称黄料。

当温度达到生料开始呈熔化状态时，产生的液相足以使烧结物料黏结而形成烧结块，成为多孔的熟料，称为正烧结熟料。

当温度再高，液相量增多，使熟料孔隙被熔体填充，则得到高强度的致密的熔结块，称为过烧结熟料。

在得到正烧结熟料和过烧结熟料之间温度范围称为烧成温度范围。

熟料烧结的最佳温度条件，即烧成温度和烧成温度范围，决定于原料的化学及矿物组成和生料的配料比。对铝土矿来说，在饱和配料的条件下，主要决定于铝土矿的铝硅比和铁铝比。

Na_2O-CaO-Al_2O_3-SiO_2-Fe_2O_3 系熔度图部分如图 10-28 所示。

由图 10-28 可见，生料中 A/S 降低和 F/A 升高，都使熟料的熔点降低。

如前所述，石灰的作用不是直接与 SiO_2 反应，而主要是在高温带与 $Na_2O \cdot Al_2O_3 \cdot 2SiO_2$ 反应，并使之分解。石灰分解铝硅酸钠的反应只有在温度高于 1200~1250℃ 时，才能迅速进行。所以烧结温度主要决定于这一反应，以保证使 SiO_2 完全转变为 $2CaO \cdot SiO_2$。当物料在窑的烧成带停留时间一定时，为使铝硅酸钠完全被石灰分解，则需要提高

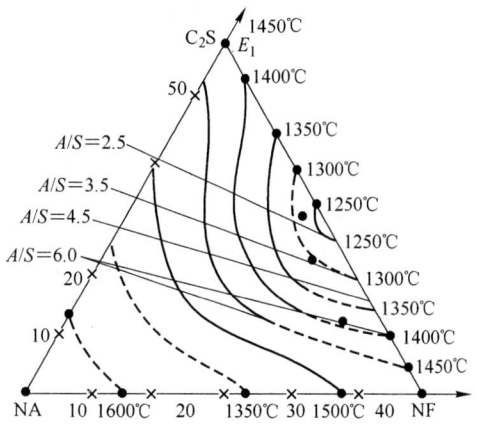

图 10-28　Na_2O-CaO-Al_2O_3-SiO_2-Fe_2O_3 系熔度等温线图（部分）

烧成温度。

但是当原料中 SiO_2 和 Fe_2O_3 含量都高时，由于 $2CaO \cdot SiO_2$ 与 $Na_2O \cdot Fe_2O_3$ 形成低熔点共晶（1100℃）以及形成其他如 $2Na_2O \cdot 8CaO \cdot 5SiO_2$ 及 $4CaO \cdot Al_2O_3 \cdot Fe_2O_3$ 等低熔点产物（熔点小于1250℃），从而引起大窑结圈（前结圈）。

当原料中含 SiO_2 及 Fe_2O_3 较低时，由于低熔产物数量减少，熟料熔点增高，可以有较宽的烧成温度范围，但所得熟料可能呈现为粉粒状。

铝硅比一定的铝土矿，其熟料的熔融温度决定于 Fe_2O_3 含量。熟料组成距离 NA-NF-C_2S 系低熔点1250℃等温线越远，熟料熔点也越高，烧成温度范围也越宽。

当铝土矿和燃料中含硫时，在烧结过程中生成硫酸钠（熔点884℃），物料中硫酸钠含量大于5%时，容易产生结圈和结瘤，使烧结过程变得复杂。

10.3.1.4 生料在烧结过程中的物理化学反应过程

碱石灰烧结法生产 Al_2O_3 的原料，主要是铝土矿、纯碱和石灰石（或石灰），以及生产中返回配料的硅渣。它们在较低温度下完成脱水和分解过程，在较高温度下才开始发生相互间的化学反应。

A 生料的脱水和分解

a 铝土矿中各种化合物的分解

铝土矿中各种形态的氧化铝在加热过程中发生脱水。三水铝石加热到175℃时开始脱水，500℃时脱水完成。一水软铝石和一水硬铝石的脱水温度要高些，一般为 450~650℃。

铝土矿中氧化硅一般以高岭石（$Al_2O_3 \cdot 2SiO_2 \cdot 2H_2O$）状态存在。

在加热到 450~600℃时，高岭石按下式脱水，生成高岭石核（$Al_2O_3 \cdot 2SiO_2$）：

$$Al_2O_3 \cdot 2SiO_2 \cdot 2H_2O \xrightleftharpoons[]{450~600℃} Al_2O_3 \cdot 2SiO_2 + 2H_2O$$

高岭石核在 900~1050℃时，分解成 γ-Al_2O_3 和水晶质的 SiO_2。

铝土矿中铁的化合物主要是游离的氧化铁及其水化物，也可能是菱铁矿（$FeCO_3$）及黄铁矿（FeS_2，Fe_nS_{n+1}）。铁的氧化物及其水化物在加热到 300~350℃时，便完全脱水变成无水氧化铁。菱铁矿（$FeCO_3$）在 400~500℃时，分解为 FeO 和 CO_2，FeO 在窑中被氧化转变为 Fe_2O_3。黄铁矿在窑中被氧化变成 Fe_2O_3 及 SO_2。

b 石灰石的分解

石灰石按下式进行分解：

$$CaCO_3 \rightleftharpoons CaO + CO_2$$

该反应是可逆的。石灰石的分解是吸热过程，在常压、910℃下，分解热为1657kJ/kg。

该反应 CO_2 的分压与温度有如下关系：

$$\lg p_{CO_2} = -\frac{9300}{T} + 7.85$$

式中 p_{CO_2}——CO_2 的分压；

T——绝对温度。

当 p_{CO_2} 等于 1.01×10^5 Pa，温度为910℃，此即石灰石的分解温度。

纯碱的分解：纯碱在高温下按下式分解：

$$Na_2CO_3 \Longleftrightarrow Na_2O + CO_2 \qquad \Delta H = -322.2kJ$$

Na_2CO_3 是一种较稳定的物质，这一点可以从 CO_2 的分压与温度的关系中看出。在 1200℃ 时，CO_2 的分解压仅为 $5.46 \times 10^3 Pa$，要使 CO_2 的分压达到 $1.01 \times 10^5 Pa$ 时，所需的分解温度将为 2000℃ 左右。CO_2 的分压与 Na_2CO_3 分解温度的关系见表 10-19。

表 10-19　CO_2 的分压与 Na_2CO_3 分解温度的关系

温度/℃	700	730	820	880	920	1010	1080	1100	1150	1180	1200	2000
压力/kPa	0.13	0.20	0.33	1.4	1.6	1.9	2.5	2.8	3.7	4.5	5.5	101.3

在熟料烧结过程中，窑内燃料燃烧及化学反应使窑气中 CO_2 浓度（一般为 12% ~ 16%）远远超过相应温度下 Na_2CO_3 分解的 CO_2 浓度（如 1200℃ 下，Na_2CO_3 分解的 CO_2 浓度为 5.4%）。所以，Na_2CO_3 在熟料烧结过程中不发生分解，而直接参与反应，并在 900 ~ 1000℃ 下，与其他氧化物反应而被完全消耗。

B　烧结过程的主要化学反应

如前所述，碱石灰铝土矿生料组分在高温下可产生一系列复杂的化学反应。但是在饱和配料的条件下，碱石灰铝土矿生料在高温下的反应，可以认为分为两个阶段：

第一阶段，即低温阶段（1000℃ 以下），主要包括：

$$Al_2O_3 + Na_2CO_3 \Longrightarrow Na_2O \cdot Al_2O_3 + CO_2 \uparrow$$

$$Fe_2O_3 + Na_2CO_3 \Longrightarrow Na_2O \cdot Fe_2O_3 + CO_2 \uparrow$$

SiO_2 与 Al_2O_3 和 Na_2O 生成铝硅酸钠 $Na_2O \cdot Al_2O_3 \cdot 2SiO_2$，$CaCO_3$ 部分分解生成 CaO，并生成 $CaO \cdot TiO_2$。

第二阶段，即高温阶段（1000 ~ 1250℃），铝硅酸钠被 CaO 分解，完成熟料最后矿物组成：

$$Na_2O \cdot Al_2O_3 \cdot 2SiO_2 + 4CaO \Longrightarrow Na_2O \cdot Al_2O_3 + 2(2CaO \cdot SiO_2)$$

铝土矿熟料的最后矿物组成主要是铝酸钠、铁酸钠、硅酸二钙和钛酸钙。

10.3.1.5　熟料形成的热化学

生料浆在煅烧过程中所发生的物理化学变化有吸热反应和放热反应，在 1000℃ 以下主要是吸热反应，在 1000℃ 以上主要是放热反应。各主要反应发生的温度和热性质见表 10-20。

表 10-20　各主要反应发生的温度和热性质

温度/℃	反　应	热性质	热效应/kJ·kg⁻¹
100	游离水蒸发	吸热	2251（H_2O）
500	放出结晶水（铝土矿） 其中：　$Al_2O_3 \cdot H_2O \xrightarrow{450℃} Al_2O_3 + H_2O$ $Al_2O_3 \cdot SiO_2 \cdot 2H_2O \rightarrow Al_2O_3 \cdot SiO_2 + 2H_2O$	吸热 吸热 吸热	 820（Al_2O_3） 933
910	$CaCO_3 \rightarrow CaO + CO_2$	吸热	1657

温度/℃	反　　应	热性质	热效应/kJ·kg⁻¹
800 ~ 1250	熟料矿物的形成		
	其中：$Al_2O_3 + Na_2O_3 = Na_2O \cdot Al_2O_3$	放热	1402
	$Fe_2O_3 + Na_2O = Na_2O \cdot Fe_2O_3$	放热	1105
	$SiO_2 + 2CaO = 2CaO \cdot SiO_2$	放热	690

根据上述数据，可以计算生产单位重量熟料的理论热耗量。

熟料形成的理论热耗仅限于直接使生料浆变为熟料的过程。即包括料浆水分蒸发，各吸热反应和放热反应的代数和。

对于某一熟料的理论热耗，应根据其具体的生料成分和熟料成分来计算。

10.3.1.6　关于生料加煤

中国烧结法厂于 1963 年采用生料加煤的方法排除流程中硫酸钠的积累，取得了良好的效果。

生料加煤后，铝土矿中的 Fe_2O_3 在烧结过程中于 500 ~ 700℃下被还原成惰性的 FeO，其反应式如下：

$$Fe_2O_3 + C = 2FeO + CO$$

铝土矿中的黄铁矿（FeS_2），在还原性气氛下按下式被还原成 FeS：

$$2FeS_2 + Fe_2O_3 + 3C = 4FeS + 3CO$$

从原料（铝土矿、石灰、碱粉）及烧成用煤中带进生产过程中的硫，在烧结时与碱作用生成 Na_2SO_4，溶出时进入溶液，并在生产中循环和积累，导致生产过程 Na_2SO_4 含量增高，使熟料窑结圈频繁，操作困难，碱耗增加。

Na_2SO_4 的熔点低（884℃），且不易分解和挥发。在 1300 ~ 1350℃时 Na_2SO_4 才开始分解。但还原剂的存在可以促进 Na_2SO_4 分解，如有碳存在时，Na_2SO_4 可以在 750 ~ 800℃下开始分解。当还原剂、氧化物及碳酸钙同时存在时，Na_2SO_4 可以完全分解。其反应式如下：

$$Na_2SO_4 + C = Na_2SO_3 + CO$$

$$Na_2SO_4 + 2C = Na_2S + 2CO_2$$

$$Na_2SO_3 + Al_2O_3 = Na_2O \cdot Al_2O_3 + SO_2（反应温度在 900℃ 以上）$$

$$Na_2S + FeO = FeS + Na_2O$$

$$Na_2S + CaO = CaS + Na_2O$$

$$Na_2SO_4 + CaCO_3 + 4C = Na_2CO_3 + CaS + 4CO$$

当生料中有足够的 Fe_2O_3 或 CaO 时，可以避免生成多余的 Na_2S。因为 Na_2S 与 FeS 结合成复盐 $Na_2S \cdot 2FeS$，在熟料溶出时将进入溶液。

综上所述，碱石灰烧结法生料加煤的结果，使熟料中的硫大部分成二价硫化物（FeS，CaS）及 SO_2 状态，进入弃赤泥被排出，减少了生产过程中 Na_2SO_4 的积累，降低了

Na_2SO_4 的平衡浓度，解决了烧结法生产中的一个重要问题。

生料加煤的作用，不仅排除了生产过程中 Na_2SO_4 的积累，而且由于 Fe_2O_3 被还原成 FeO 或 FeS，可以减少 Fe_2O_3 的配碱量，使碱比降低。此外，加入还原剂可以强化熟料烧结过程，提高窑的发热能力，提高分解带的气流温度，增加熟料的预热程度，改善熟料质量，提高窑的产能。从熟料溶出及赤泥分离工序来看，在生料加煤的正烧结条件下得到的黑心多孔熟料粒度均匀、孔隙度大、可磨性良好，赤泥沉降性能得到改善，因而使溶出湿磨产能提高 15% ~ 20%，净溶出率提高 0.5% ~ 0.9% 左右。

10.3.1.7　关于石灰配料问题

在配料中也可以不用石灰石而用石灰。采用石灰配料的显著优点是强化碳酸化分解过程，提高 Al(OH)$_3$ 质量。因为石灰炉炉气 CO_2 浓度将近 40%，比熟料窑窑气 CO_2 浓度高，降低了输送 CO_2 的电耗，使碳酸化分解所需的窑气量大大减少，炉气带入分解槽内的杂质量减少，从而提高了 Al(OH)$_3$ 的纯度。用高 CO_2 浓度的石灰炉炉气进行碳分，不需要蒸汽保温，降低了能耗和成本。石灰配料的另一个优点是提高原料磨产能，强化熟料窑生产。

但是石灰配料需要增设石灰石煅烧系统，使控制和工艺流程趋于复杂化，石灰石煅烧能耗较高，石灰配料降低了料浆的流动性，使料浆水分比石灰石配料约高 2% ~ 3%。

综上所述，采用石灰配料会给烧结法生产同时带来有利因素和不利因素，需要权衡利弊，追求总的技术经济效果。

10.3.2　熟料溶出过程和赤泥沉降性能

碱石灰烧结法熟料的主要成分是铝酸钠、铁酸钠、硅酸二钙、钛酸钙，还有少量的 Na_2SO_4、Na_2S、CaS、FeS 等产物以及其他少量不溶性中间产物。

10.3.2.1　熟料溶出过程的反应

A　铝酸钠

铝酸钠易溶于水和稀苛性碱溶液，而且溶解速度很快。由于固体铝酸钠的结构与溶液中铝酸离子结构不同，所以熟料中铝酸钠的溶解实际上是一个化学反应：

$$Na_2O \cdot Al_2O_3(s) + 4H_2O \longrightarrow Na^+ + 2Al(OH)_4^-$$

这一反应为放热反应。熟料在 NaOH 溶液中，于 100℃、3min 内即完全溶解，可以得到苛性比为 1.6，浓度约为 100g/L 的铝酸钠溶液。

B　铁酸钠

铁酸钠不溶于水，遇水后发生水解：

$$Na_2O \cdot Fe_2O_3 + 4H_2O \longrightarrow 2NaOH + Fe_2O_3 \cdot 3H_2O$$

熟料中铁酸钠的水解速度，甚至在室温（20℃）下也很快。温度升高，分解速度也越高，75℃以上在 5min 内即完全分解。

熟料中铁酸钠水解生成的 NaOH，使铝酸钠溶液的苛性比增高。

C　硅酸二钙（β-2CaO·SiO₂）

硅酸二钙在水中部分发生水化和分解，其分解产物的平衡相有 2CaO·SiO₂·1.7H₂O 和 5CaO·6SiO₂·5.5H₂O。

熟料中 2CaO·SiO₂ 在溶出时部分被 NaOH 和 Na₂CO₃ 分解：

$$2CaO·SiO_2 + 2NaOH + aq \longrightarrow Na_2SiO_3 + 2Ca(OH)_2$$

$$2CaO·SiO_2 + 2Na_2CO_3 + H_2O \longrightarrow 2CaCO_3 + Na_2SiO_3 + 2NaOH$$

$$2CaO·SiO_2 + 2NaAlO_2 + 2Na_2CO_3 + 4H_2O \longrightarrow$$

$$2CaCO_3 + Na_2O·Al_2O_3·2SiO_2·2H_2O + 4NaOH$$

硅酸二钙的分解速度与铝酸钠溶解和铁酸钠分解一样，都相当迅速，直到所得铝酸钠溶液中 SiO₂ 达到介稳平衡浓度为止。由于硅酸二钙的分解而引起的氧化硅进入溶液是不可避免的，同时，由于硅酸二钙的分解而可能造成溶出时氧化铝的二次反应损失，这是在烧结法生产中的一个重要技术问题。

D　钛酸钙

熟料中的钛酸钙 CaO·TiO₂ 溶出时不发生任何反应，残留于赤泥中。

10.3.2.2　硅酸二钙分解的特性

在熟料溶出过程中，硅酸二钙以与铝酸钠溶解相似的速度而分解，氧化硅进入铝酸钠溶液，一直达到其介稳平衡溶解度为止。而在铝酸钠相溶解完了后，其分解速度便大为减慢。

提高铝酸钠溶液浓度，将使溶液中 SiO₂ 的含量增高，亦即铝酸钠溶液中 SiO₂ 的介稳平衡浓度增高，从而使硅酸二钙的分解程度增大。在铝酸钠溶解时，进入铝酸钠溶液中的 SiO₂ 的数量随溶液浓度的提高而增大；但 Al₂O₃ 和 Na₂O 的溶出率都降低。如图 10-29 所示。

由此可见，进入铝酸钠溶液中的 SiO₂ 的数量决定于铝酸钠的溶解速度和溶液中 SiO₂ 的介稳平衡溶解度。

熟料中硅酸二钙被铝酸钠溶液分解时，溶液中 SiO₂ 介稳平衡溶解度（SiO₂ 的最大含量）与 Al₂O₃ 浓度和温度的关系如图 10-30 所示。铝酸钠溶液中 Al₂O₃ 浓度在 130g/L 以下

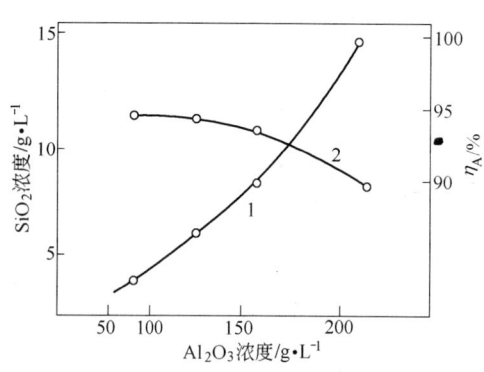

图 10-29　铝酸钠溶液中 SiO₂ 含量与 Al₂O₃ 浓度的关系曲线

1—SiO₂ 的介稳平衡浓度；2—Al₂O₃ 的溶出率 η_A

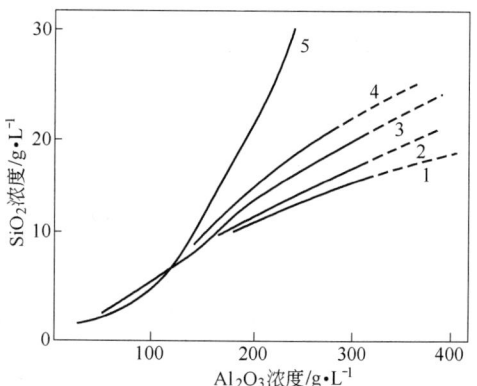

图 10-30　不同温度下铝酸钠溶液中 SiO₂ 浓度与 Al₂O₃ 浓度关系（$\alpha_K = 1.7$）

1—40℃；2—55℃；3—65℃；4—75℃；5—90℃

时，在不同温度下的 SiO_2 的介稳平衡溶解度基本相同；大于 130g/L 时，随 Al_2O_3 浓度升高而升高，当温度降低时，其介稳溶解度下降。

溶出时 SiO_2 转入溶液的速度常数随温度的升高而增大，在 50~70℃ 范围内，每升高 10℃，速度常数大约增大 17.5%，在 50~95℃ 范围内，每升高 10℃ 增大 15.7%。由此可见氧化硅转入溶液的过程具有扩散控制过程的特点。

综上所述，可以得出结论，如果溶出时溶液中 SiO_2 含量未达其介稳平衡浓度时，熟料中硅酸二钙便以一定速度分解，如果铝酸钠溶液已为 SiO_2 所饱和又不存在铝酸钠溶液进行脱硅的条件，则硅酸二钙的分解就会受到抑制。

10.3.2.3 熟料溶出的副反应（二次反应）

A 熟料溶出时硅酸二钙被 NaOH 分解

$$2CaO \cdot SiO_2 + 2NaOH + aq \longrightarrow Na_2SiO_3 + 2Ca(OH)_2 + aq$$

该反应随溶液中 Al_2O_3 浓度和温度的提高而加快。铝酸钠溶液中氧化硅含量在短时间内可达最大值，但是随时间的延长，由于脱硅作用，溶液中 SiO_2 含量转而降低。温度越高脱硅速度也越快。图 10-31 为不同温度下的铝酸钠溶液中 SiO_2 含量的变化曲线。

随着脱硅的进行，硅酸二钙仍可进一步分解。

大多数实验结果证明，在上述条件下的脱硅产物中 CaO/Al_2O_3 的摩尔比大致为 3。即由于 β-$2CaO \cdot SiO_2$ 的分解，所生成的 $Ca(OH)_2$ 和铝酸钠溶液按下式反应：

$$3Ca(OH)_2 + 2NaAl(OH)_4 + aq \Longrightarrow 3CaO \cdot Al_2O_3 \cdot 6H_2O + 2NaOH + aq$$

所生成的 $3CaO \cdot Al_2O_3 \cdot 6H_2O$ 与溶液中 SiO_2 结合会形成水化石榴石固溶体 $3CaO \cdot Al_2O_3 \cdot nSiO_2 \cdot mH_2O$，$(m=6-2n)$。

生产实践表明，在多数烧结法熟料溶出条件下，发生的二次反应主要是造成已溶出的 Al_2O_3 损失，而 Na_2O 的损失较小，所以这表明溶出时脱硅的反应中硅渣 $Na_2O \cdot Al_2O_3 \cdot 1.7SiO_2 \cdot nH_2O$ 或 $Na_2O \cdot Al_2O_3 \cdot 2SiO_2 \cdot 2H_2O$ 析出的可能性较小，而主要是析出溶解度更小的水化石榴石固溶体。

关于水化石榴石固溶体的生成条件，在研究 Na_2O-Al_2O_3-CaO-SiO_2-H_2O 系时确定，在该系中存在着两个区域，如图 10-32 所示。

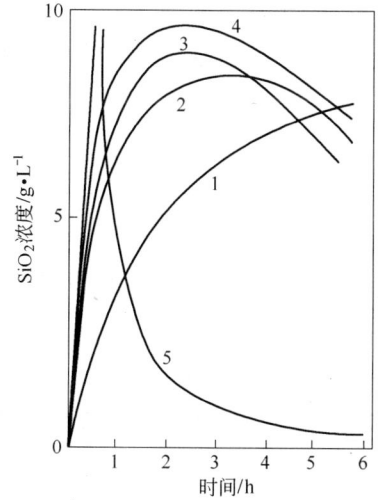

图 10-31 不同温度下铝酸钠溶液中 SiO_2 含量的变化曲线（Al_2O_3 140g/L，$\alpha_K=1.7$）
1—40℃；2—55℃；3—65℃；4—75℃；5—90℃

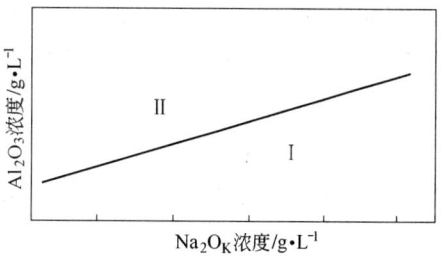

图 10-32 Na_2O-Al_2O_3-CaO-SiO_2-H_2O 系（部分）（98℃）
I—$nCaO \cdot SiO_2 \cdot cH_2O$；
II—$3CaO \cdot Al_2O_3 \cdot nSiO_2 \cdot mH_2O$

在区域 I 内的平衡固相为 $Ca(OH)_2$ 与 $mCaO \cdot SiO_2 \cdot cH_2O$；区域 II 内的平衡固相为 $3CaO \cdot Al_2O_3 \cdot nSiO_2 \cdot mH_2O$。

当溶液中 Al_2O_3 浓度很低时，硅酸二钙被 NaOH 分解的产物 $Ca(OH)_2$ 与 Na_2SiO_3 之间存在着下列平衡：

$$Na_2SiO_3 + Ca(OH)_2 + aq \Longrightarrow CaSiO_3 \cdot nH_2O + 2NaOH + aq$$

其脱硅产物的偏硅酸钙包括有 $5CaO \cdot 6SiO_2 \cdot 5.5H_2O$。

在区域 II 范围内，则由于溶液中 Al_2O_3 浓度的增大，硅酸二钙分解出的 $Ca(OH)_2$ 与 $NaAl(OH)_4$ 反应生成 $3CaO \cdot Al_2O_3 \cdot 6H_2O$。$3CaO \cdot Al_2O_3 \cdot 6H_2O$ 与 Na_2SiO_3 反应生成难溶的水化石榴石。

$$3CaO \cdot Al_2O_3 \cdot 6H_2O + nNa_2SiO_2 + aq \Longrightarrow$$
$$3CaO \cdot Al_2O_3 \cdot nSiO_2 \cdot mH_2O + 2nNaOH + aq$$

生产条件下的溶液组成是在区域 II 的范围内，所以反应产物以水化石榴石形态析出。由于水化石榴石的析出产生的脱硅作用，引起 Al_2O_3 的损失，此损失称为溶出的二次反应损失。

B　熟料溶出时硅酸二钙被 Na_2CO_3 分解

$$2CaO \cdot SiO_2 + 2Na_2CO_3 + H_2O \longrightarrow 2CaCO_3 + Na_2SiO_3 + 2NaOH$$

单独的 Na_2CO_3 溶液可使 $2CaO \cdot SiO_2$ 分解较为彻底，分解速度也较快。但在熟料溶出条件下，所得溶液具有更为复杂的成分。在含有 Na_2CO_3 时，溶液属于 $Na_2O\text{-}Al_2O_3\text{-}CaO\text{-}SiO_2\text{-}CO_2\text{-}H_2O$ 系（见图 10-33）。

当溶液中碳酸钠浓度 Na_2O_C 位于 $Na_2O\text{-}Al_2O_3\text{-}CaO\text{-}SiO_2\text{-}CO_2\text{-}H_2O$ 系苛化平衡曲线以上时，由 $2CaO \cdot SiO_2$ 分解产生的 $Ca(OH)_2$ 即与 Na_2CO_3 作用生成 $CaCO_3$，从而避免 $Ca(OH)_2$ 与 $NaAl(OH)_4$ 和 Na_2SiO_3 之间的作用。如果 Na_2O_C 浓度在苛化曲线下部，即位于平衡固相 $3CaO \cdot Al_2O_3 \cdot nSiO_2 \cdot mH_2O$ 区时，则 $Ca(OH)_2$ 即与 $NaAl(OH)_4$ 和 Na_2SiO_3 作用生成水化石榴石固溶体。随温度的提高，苛化曲线位置下移。

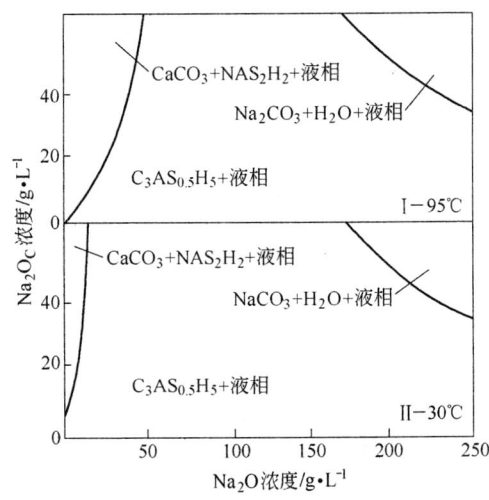

图 10-33　水化石榴石与 Na_2CO_3 溶液相互作用

为避免在溶出时生成水化石榴石的脱硅作用，引起二次反应损失，通过调整溶液的 Na_2O_C 浓度，使溶液的组成位于苛化平衡曲线以上的适当位置，则硅酸二钙分解出的 $Ca(OH)_2$ 只与 Na_2CO_3 发生苛化反应，生成 $CaCO_3$，使溶液中 SiO_2 仍保持溶解度较大的铝硅酸络离子状态存在，从而可以抑制硅酸二钙的进一步分解。

增大溶液中的 Na_2CO_3 浓度，可以使已生成的水化石榴石按下式分解：

$$3CaO \cdot Al_2O_3 \cdot SiO_2 \cdot 4H_2O + 3Na_2CO_3 + aq \Longrightarrow$$

$$3CaCO_3 + \frac{1}{2}(Na_2O \cdot Al_2O_3 \cdot 2SiO_2 \cdot 2H_2O) + NaAl(OH)_4 + 4NaOH + aq$$

但是，增大 Na_2CO_3 的浓度也会使硅酸二钙的分解加快，在温度较高的情况下，形成水合铝硅酸钠（硅渣）析出。

10.3.2.4 赤泥沉降性能

烧结法熟料在采用湿磨溶出后，进行赤泥的沉降分离洗涤。赤泥沉降性能不仅对沉降槽产能，而且对二次反应损失有重大影响。

烧结法赤泥主要成分是硅酸二钙、钛酸钙、碳酸钙和不同形态的铁的化合物。

在进行赤泥沉降分离洗涤时，烧结法赤泥变性（赤泥膨胀）是威胁生产的严重问题。赤泥膨胀现象主要表现为赤泥沉降速度极其缓慢，压缩层疏松，压缩液固比大，形成容积庞大的胶凝状物体，同时有大量悬浮赤泥粒子进入溢流，破坏正常运用。

赤泥沉降性能与熟料质量密切相关，另外，在湿磨溶出时，赤泥"过磨"，即赤泥粒度过细也是影响赤泥沉降性能的重要因素。如前所述，赤泥过磨问题也与熟料质量密切相关。赤泥膨胀时，极易引起沉降分离洗涤过程中的二次反应，而二次反应的发生又会加剧赤泥膨胀。

烧结法赤泥沉降性能取决于赤泥浆液的胶体化学性质。

烧结法赤泥中以不同形态存在的 Fe_2O_3 以及熟料中二价硫化物含量直接影响赤泥沉降性能。黄色赤泥中的 Fe_2O_3 主要以胶体 $Fe(OH)_3$ 形式存在，可使赤泥浆液成为同时具有动力稳定性和聚结稳定性的胶体——悬浮体体系而难于沉降。在黄色赤泥中加入阴离子絮凝剂聚丙烯酰胺水解体，可以加速其沉降；而加入电中性的聚丙烯酰胺却不能加速其沉降。由此可证明黄色赤泥带有正电荷。黑色赤泥中的 Fe_2O_3 以 FeO 和 FeS 形态存在。含 FeO 和 FeS 的黑色赤泥为电中性，由于粒度较大及电中性而沉降速度较快。当赤泥呈棕色时，沉降速度介于黑黄两者之间。

10.3.3 铝酸钠溶液的脱硅过程

在熟料溶出过程中，由于原硅酸钙引起二次反应，在溶出液（粗液）中含有相当数量的 SiO_2。在实际生产过程中，SiO_2 浓度通常高达 4.5 ~ 6g/L（硅量指数为 20 ~ 30），比 SiO_2 的平衡浓度高出许多倍。这种粗液，无论用碳酸化分解还是晶种分解，大部分 SiO_2 都会析出进入氢氧化铝，使成品氧化铝的质量远低于规范要求。所以必须设置专门的脱硅过程，尽可能地将粗液中的 SiO_2 清除，提高精液的硅量指数，从而可提高碳分分解率和氧化铝化学质量，减少物料流量和有用成分的损失，还可以减轻碳分母液蒸发设备的结垢现象。

铝酸钠溶液脱硅过程的实质就是使其中 SiO_2 转变为溶解度很小的化合物沉淀析出。已经提出的脱硅方法很多，概括起来有两大类：一类是使 SiO_2 成为含水铝硅酸钠析出；另一类是使 SiO_2 成为水化石榴石析出，由此形成了脱硅方法和流程的多样化。

10.3.3.1 铝酸钠溶液中含水铝硅酸钠的析出

铝酸钠溶液中过饱和溶解的 SiO_2 经过长时间的搅拌便可形成含水铝硅酸钠析出。这个析出过程相当缓慢，并且受到铝酸钠溶液成分以及其他一些因素的影响。

A SiO$_2$ 在铝酸钠溶液中的行为

往铝酸钠溶液中加入硅酸钠 Na$_2$SiO$_3$、含水氧化硅（硅胶 SiO$_2$·nH$_2$O）或高岭石，与溶液相互作用而使溶液中的 SiO$_2$ 含量达到过饱和。再经长时间搅拌后，SiO$_2$ 浓度可降低到平衡含量。图 10-34 为 70℃ 下 SiO$_2$ 在铝酸钠溶液（摩尔比为 1.7~2.0）中的溶解情况。

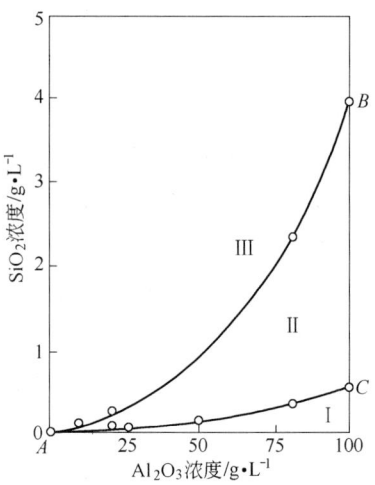

图 10-34 SiO$_2$ 在铝酸钠溶液中的溶解度
和介稳状态溶解度（70℃）

往溶液中添加 Na$_2$SiO$_3$，搅拌 1~2h 后即可得到 SiO$_2$ 在铝酸钠溶液中的介稳溶解度曲线 AB，继续搅拌 5~6 昼夜，才能得到溶解度曲线 AC，析出的固相是含水铝硅酸钠。这两支曲线将此图分成 3 个区域：AC 曲线下面的 I 区为 SiO$_2$ 的不饱和区；AB 曲线上面的 III 区为 SiO$_2$ 的不稳定区，即过饱和区，溶液中的 SiO$_2$ 成为含水铝硅酸钠迅速沉淀析出；曲线 AB 和 AC 之间的 II 区是 SiO$_2$ 的介稳状态区，所谓介稳状态是指溶液中的 SiO$_2$ 在热力学上虽不稳定，但是在不加含水铝硅酸钠作为晶种时，经长时间搅拌仍不至于结晶析出的状态。曲线 AB 表示 SiO$_2$ 在铝酸钠溶液中含量的最高限度。

随着熟料溶出温度的改变，AB、AC 曲线的具体位置会有所不同，但仍保持上述形状。

在 20~100℃ 温度范围内，SiO$_2$ 在铝酸钠溶液中的介稳溶解度（g/L）随溶液中 Al$_2$O$_3$ 浓度的增加而提高，当 Al$_2$O$_3$ 浓度在 50g/L 以上时，可按以下经验公式进行估算：

$$[SiO_2] = 2 + 1.65n(n-1)$$

式中，n 为 Al$_2$O$_3$ 浓度除以 50 后的数值。当 Al$_2$O$_3$ 浓度在 50g/L 以下时：

$$[SiO_2] = 0.35 + 0.08n(n-1)$$

此时 n 为 Al$_2$O$_3$ 浓度除以 10 后的数值。

据此可以估计溶出粗液的 SiO$_2$ 浓度以及碳分母液所允许的 SiO$_2$ 含量，从而可预计脱硅过程所必须达到的精液硅量指数最低值。但是碳分母液中含有大量 Na$_2$CO$_3$，使 SiO$_2$ 的介稳溶解度要比上述计算值小很多，精液的硅量指数通常不应低于 400。

对于 SiO$_2$ 在铝酸钠溶液中能够以介稳状态存在的原因有不同的见解。

有人认为 Na$_2$SiO$_3$ 一类含 SiO$_2$ 化合物与铝酸钠溶液相互作用首先生成的是一种具体成分尚待确定的高碱铝硅酸钠 mNa$_2$O·Al$_2$O$_3$·2SiO$_2$，然后水解才析出含水铝硅酸钠，水解反应式为：

mNa$_2$O·Al$_2$O$_3$·2SiO$_2$ + aq $\rightleftharpoons$ Na$_2$O·Al$_2$O$_3$·2SiO$_2$·nH$_2$O + 2(m-1)NaOH + aq

这种设想的依据是含水铝硅酸钠的析出程度随温度的升高以及溶液浓度的降低而增大，这正好是水解过程的特征。

较多的人认为 SiO$_2$ 的介稳溶解度与刚从溶液中析出的含水铝硅酸钠具有无定形的特点相一致。随着搅拌时间的延长，含水铝硅酸钠由无定形转变为结晶状态，溶液中的 SiO$_2$ 含量也随之降低到该温度下的最终平衡浓度。表面化学推导出半径为 r_1 的微小晶体与半径

为 r 的较大晶体的溶解度（分别为 c_1 和 c）之间的关系如下：

$$\ln \frac{c_1}{c} = \frac{2\sigma_{晶-液}V}{RTr_1}$$

式中　$\sigma_{晶-液}$——晶体与溶液界面上的表面张力；

　　　　V——晶体的摩尔体积。

由图 10-35 可见，当溶质晶体半径小到某一临界数值 r' 之后，其溶解度便明显地高于正常晶体（稳定）的溶解度，因此无定形物质的溶解度可以比晶体物质的溶解度大得多。但是无机物结晶速度一般都较快，很少出现介稳溶解状态。由于含 SiO_2 的铝酸钠溶液的黏度以及含水铝硅酸钠与溶液的界面张力较大，含水铝硅酸钠由无定形转变为晶体的过程比较困难，因而表现出明显的介稳溶解。当温度升高后，SiO_2 含量才能够较快地由介稳溶解度降低到接近于正常溶解度。

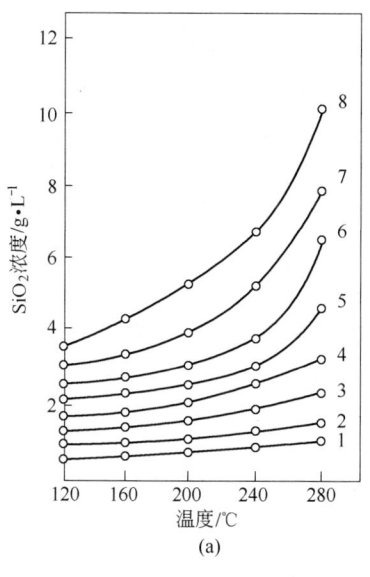

图 10-35　物质溶解度与其晶粒大小的关系

在铝酸钠溶液中，含水铝硅酸钠核心吸附各种离子，使生成的产物在成分和结构上互不相同，从而增加了无定形向结晶形态变化过程的复杂性。

B　含水铝硅酸钠在碱溶液和铝酸钠溶液中的溶解度

铝酸钠溶液的脱硅深度决定于 SiO_2 在其中的溶解度，含水铝硅酸钠在苛性钠溶液中的溶解度随 Na_2O 浓度的提高和温度的升高而增大见图 10-36。

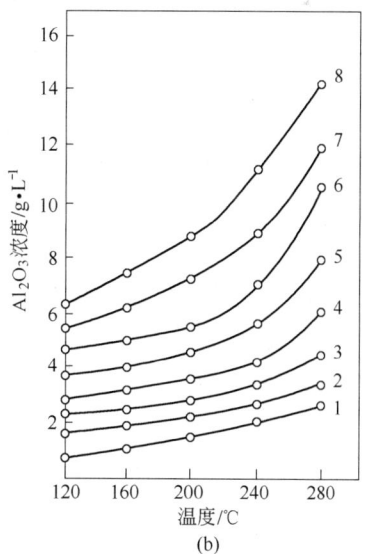

图 10-36　含水铝硅酸钠在 NaOH 溶液中的溶解度

（a）SiO_2 溶解度；（b）Al_2O_3 溶解度

Na_2O 浓度：1—50g/L；2—100g/L；3—150g/L；4—200g/L；5—250g/L；

6—300g/L；7—350g/L；8—400g/L

由图 10-36 中曲线可以看出，当 Na_2O 浓度高于 200g/L 时，升高温度对于含水铝硅酸钠的溶解度影响更大。此时溶液中 Al_2O_3 和 SiO_2 的平衡浓度的比例不同于原始的含水铝硅酸钠，说明平衡固相的组成随温度及溶液浓度的改变而发生了变化。

在碱溶液中当部分苛性钠由碳酸钠替代时，含水铝硅酸钠的溶解度随之降低，它在纯碱溶液中的溶解度非常小。

图 10-37 是不同形态的含水铝硅酸钠在铝酸钠溶液中的溶解度曲线。溶液的成分为 Na_2O 250g/L，Al_2O_3 202g/L。

图中所列相Ⅲ和相Ⅳ是在结构上分别与 A 型沸石及方钠石相近的物相。相Ⅲ是在 70 ~ 110℃ 的较低温度下得到的。相Ⅳ是在较高温度下得到的。由图可以看出，

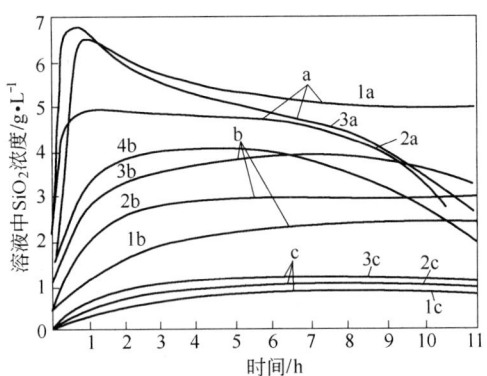

图 10-37　不同形态的含水铝硅酸钠在
铝酸钠溶液中的溶解度

a—无定形：1a—75℃；2a—90℃；3a—100℃；
b—相Ⅲ：1b—50℃；2b—75℃；3b—90℃；4b—100℃；
c—相Ⅳ：1c—50℃；2c—75℃；3c—90℃

在铝酸钠溶液中，无定形的含水铝硅酸钠的溶解度最大，相Ⅲ次之，相Ⅳ最小。无定形含水铝硅酸钠是在低于 50~60℃ 的温度下，由不利于晶体长大的高黏度溶液得出的。它的溶解度曲线通过最大值，然后降低，这是由于转变为相Ⅲ的结果。相Ⅲ在 90℃ 以下稳定，温度高于 100℃，转变为相Ⅳ，这些转变是不可逆的。含水铝硅酸钠在铝酸钠溶液中的溶解度按 A 型沸石→方钠石→黝方石→钙霞石的次序逐渐减少，这与其晶体强度增大的次序是一致的。

含水铝硅酸钠从铝酸钠溶液中结晶析出的过程为其溶解过程的逆过程，此时得到的含水铝硅酸钠是一种人造沸石。X 射线和红外线吸收光谱分析确定，所得人造沸石根据其析出条件的不同，在晶体结构上相似于方钠石、黝方石或钙霞石的一种，或者是它们之间的一种过滤形态。在氧化铝生产的其他工序中所析出的含水铝硅酸钠也是如此。在 95℃ 下脱硅时，最初阶段生成的含水铝硅酸钠中有 A 型沸石，它随后转变为黝方石或黝方石-方钠石结构；在 170℃ 脱硅时析出的是单独的或带有方钠石单体的黝方石结构。当溶液中含 Na_2O_C 25g/L，脱硅时间超过 6h，便出现有钙霞石结构的单体。Na_2CO_3，特别是 Na_2SO_4 的存在，可促使得到较稳定的含水铝硅酸钠，提高铝酸钠溶液的浓度和苛性比也会加速方钠石朝黝方石和钙霞石的转化。

C　影响含水铝硅酸钠析出过程的因素

a　温度的影响

温度对于含水铝硅酸钠在铝酸钠溶液中溶解度的影响比较复杂，有关数据列于表 10-21 中。温度提高后，所得固相中 Na_2O 和 SiO_2 对 Al_2O_3 的摩尔比增大，而 H_2O 对 Al_2O_3 的摩尔比减少，同时晶粒增大，结构较为致密。提高温度还使含水铝硅酸钠结晶析出的速度显著提高。

表 10-22 所列数据表明，铝酸钠溶液常压脱硅时，虽然在第一个小时可以脱出 86% 的 SiO_2，但随后脱硅率的提高变得非常缓慢。

表 10-21 摩尔比为 1.8 的铝酸钠溶液中 SiO₂ 的平衡浓度和硅量指数

温度/℃	Na₂O_C 浓度 /g·L⁻¹	溶液中 Al₂O₃ 浓度/g·L⁻¹							
		30		50		70		90	
		SiO₂	A/S	SiO₂	A/S	SiO₂	A/S	SiO₂	A/S
98	0	0.066	451	0.115	440	0.182	390	0.298	311
	10	0.049	612	0.085	588	0.132	532	0.218	432
	30	0.046	652	0.079	630	0.126	555	0.200	453
	50	0.043	678	0.078	633	0.125	558	0.212	430
125	0	0.079	392	0.108	471	0.167	417	0.246	368
	10	0.049	608	0.078	655	0.122	580	0.197	474
	30	0.044	682	0.074	688	0.111	652	0.171	532
	50	0.039	764	0.070	697	0.107	660	0.161	557
150	0	0.075	400	0.118	437	0.184	380	0.274	337
	10	0.049	618	0.078	625	0.129	538	0.200	461
	30	0.039	774	0.074	662	0.120	585	0.173	521
	50	0.038	790	0.066	743	0.115	603	0.170	533
175	0	0.080	378	0.129	380	0.210	330	0.272	333
	10	0.050	600	0.085	600	0.150	465	0.208	450
	30	0.044	675	0.074	688	0.132	530	0.170	528
	50	0.041	730	0.070	706	0.133	523	0.171	527

表 10-22 常压脱硅时间与脱硅深度的关系

脱硅时间/h	0	1	2	6	12	15
精液 SiO₂ 浓度/g·L⁻¹	5.8	0.87	0.7	0.64	0.25	0.22
脱硅程度/%	0	86	88.6	89.5	95.5	96

b 原液 Al₂O₃ 浓度的影响

铝酸钠溶液中 SiO₂ 的平衡浓度与 Al₂O₃ 浓度的关系表示于图 10-38 中。在 SiO₂ 溶解度曲线上有一个最低点。在 Na₂O 浓度为 $100 \sim 300g/L$ 的范围内，SiO₂ 溶解度最低点时的 Al₂O₃ 浓度为 $40 \sim 60g/L$。所以在烧结法条件下，精液中的 SiO₂ 平衡浓度是随 Al₂O₃ 浓度的增大而提高的，而硅量指数则随之而降低。因此降低 Al₂O₃ 浓度有利于制得硅量指数较高的精液。对于 Al₂O₃ 浓度大于 $50g/L$，Na₂O_C 浓度低于 $5g/L$ 的铝酸钠溶液来说，铝酸钠溶液中的 SiO₂ 平衡浓度与 Al₂O₃ 及 Na₂O 的浓度保持着如下的关系：

$$c(SiO_2) = 2.7c(Al_2O_3)c(Na_2O) \times 10^{-5}$$

c 原液 Na₂O 浓度的影响

图 10-39 表明了 Na₂O 浓度增大后使 SiO₂ 溶解度提高的规律性。但在苛性比不同的溶液中，Na₂O 浓度改变所带来的影响不一样，并且表现出复杂的关系。

d 原液中 K_2O、Na_2CO_3、Na_2SO_4 和 NaCl 浓度的影响

通常铝土矿中的 K_2O，可以在流程的铝酸钠溶液中积累，溶液中 K_2O 浓度甚至可以高达几十克每升以上。但是人造钾沸石比人造钠沸石结晶缓慢，不像后者那样容易转变为比较致密的方钠石结构。所以 SiO_2 在含 K_2O 的铝酸钠溶液中较难析出。从铝酸钾钠混合溶液析出的硅渣中，K_2O 浓度随温度的提高及溶液中 K_2O 浓度的增加而增

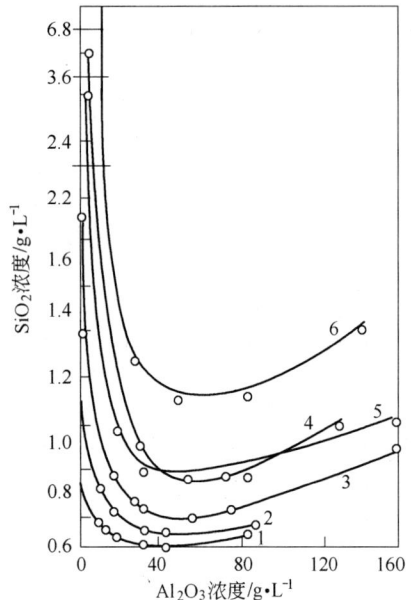

图 10-38 铝酸钠溶液中 SiO_2 平衡浓度与 Al_2O_3 浓度的关系

Na_2O 浓度:1,2—100g/L;3,4—200g/L;5,6—300g/L

温度: 1, 3, 5—120℃; 2, 4, 6—280℃

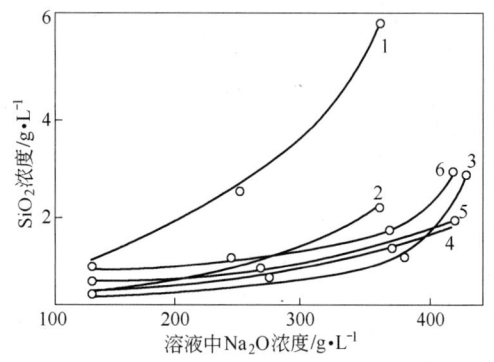

图 10-39 铝酸钠溶液中 SiO_2 平衡浓度与 Na_2O 浓度的关系

1—$\alpha_K = 1.7$; 2—$\alpha_K = 4$; 3—$\alpha_K = 7$;

4—$\alpha_K = 12$; 5—$\alpha_K = 18$; 6—$\alpha_K = 30$

大。这种硅渣在结构上与含水铝硅酸钠没有很大差别，是由钾和钠的含水铝硅酸盐组成的固溶体。SiO_2 在铝酸钾、钠混合溶液中的平衡浓度见表 10-23。

表 10-23 铝酸钾、钠混合溶液中的 SiO_2 平衡浓度

温度 /℃	溶液中 K_2O 含量(R_2O)/%											
	0		10		20		30		40		50	
	SiO_2	A/S	SiO_2	A/S	SiO_2	A/S	SiO_2	A/S	SiO_2	A/S	SiO_2	A/S
98	0.249	361	0.278	324	0.304	296	0.331	272	0.377	239	0.414	216
125	0.231	390	0.275	327	0.311	289	0.340	265	0.400	225	0.440	205
150	0.274	328	0.298	302	0.338	266	0.368	245	0.408	220	0.475	188
175	0.272	331	0.416	216	0.467	193	0.522	172	0.586	154	0.618	146

注：溶液中含 Al_2O_3 90g/L，苛性比为1.8。

溶液中的 Na_2CO_3、Na_2SO_4 和 NaCl 使含水铝硅酸钠转变为溶解度更小的沸石族化合物，它们对于 SiO_2 平衡浓度的影响列于表 10-24 中。

表 10-24 Na$_2$SO$_4$、Na$_2$CO$_3$ 和 NaCl 含量对铝酸钠溶液中平衡浓度的影响

温度/℃	SiO$_2$ 平衡浓度/g·L^{-1}						
	无添加盐	Na$_2$SO$_4$ 浓度/g·L^{-1}		Na$_2$CO$_3$ 浓度/g·L^{-1}		NaCl 浓度/g·L^{-1}	
		10	30	10	30	10	30
98	0.182	0.124	0.106	0.132	0.126	0.146	0.127
125	0.167	0.118	0.096	0.122	0.111	0.153	0.132
150	0.184	0.110	0.100	0.129	0.120	0.159	0.137
175	0.210	0.111	0.091	0.150	0.132	0.175	0.148

注：溶液中含 Al$_2$O$_3$ 70.5g/L，苛性比为 1.78。

e 添加晶种的影响

添加晶种则可提高铝酸钠溶液的脱硅速度和深度。晶种的质量取决于它的表面活性。新析出的细小晶体，表面活性大；而放置太久或反复使用后的晶体活性降低、脱硅作用差。使用拜耳法赤泥作晶种脱硅，精液硅量指数可提高 100~150。

如果溶液中原有的 SiO$_2$ 含量增大，脱硅程度可增高。其原因在于大量过饱和的 SiO$_2$ 析出成为结晶核心，可产生强烈的自动催化作用。

国内外都进行过采用大量硅渣晶种以增大常压脱硅深度的研究。但是大量硅渣的循环使用，将使物料流量和硅渣沉降分离的负担增大，其效果还随溶液浓度和苛性比的提高而明显降低。

10.3.3.2 铝酸钠溶液添加石灰脱硅和水化石榴石系固溶体的析出

溶液中 SiO$_2$ 以含水铝硅酸钠形态析出的脱硅过程难于使铝酸钠溶液的硅量指数超过 500。如添加石灰使 SiO$_2$ 成为水化石榴石系固溶体析出，则由于其溶解度在相当高的温度、溶液浓度和苛性比的范围内远低于含水铝硅酸钠，因此溶液的硅量指数可以提高到 1000 以上。

A 添加石灰脱硅过程的机理

往铝酸钠溶液中加入石灰，除了可能发生苛化反应外，还可能生成含水铝酸钙，并进而生成水化石榴石 $3CaO \cdot Al_2O_3 \cdot xSiO_2 \cdot (6-2x)H_2O$。由于溶液中 Al$_2O_3$ 的浓度远大于 SiO$_2$，含水铝酸钙将比水化石榴石更先生成。SiO$_3^{2-}$ 进入含水铝酸钙并替换其中 OH$^-$ 的速度决定于含水铝酸钙的微观结构、溶液中 SiO$_3^{2-}$ 浓度和温度。脱硅速度随溶液温度和 Al$_2$O$_3$ 浓度的提高而增大。在深度脱硅的条件下，SiO$_2$ 饱和度约为 0.1~0.2，即在析出的水化石榴石中，CaO 与 SiO$_2$ 的摩尔比为 15~30，而 Al$_2$O$_3$ 与 SiO$_2$ 的摩尔比为 5~10。

为了减少 CaO 和 Al$_2$O$_3$ 的消耗，通常是使铝酸钠溶液中的大部分 SiO$_2$ 以含水铝硅酸钠形式分离之后，再添加石灰进行深度脱硅。

B 添加石灰脱硅过程的主要影响因素

a 铝酸钠溶液中 Al$_2$O$_3$ 和 Na$_2$O 浓度的影响

在添加石灰的脱硅过程中，当 Al$_2$O$_3$ 浓度大于 150~200g/L 时，Al$_2$O$_3$ 浓度越低越有利于增加脱硅深度。但在 150g/L 以下，提高 Al$_2$O$_3$ 浓度并不降低脱硅效果，有关数据列于表 10-25 中。

表 10-25　溶液中 Al_2O_3 浓度对于添加石灰脱硅过程的影响

粗液成分/g·L^{-1}			精液成分/g·L^{-1}			泥渣成分/%				
Al_2O_3	Na_2O	SiO_2	Al_2O_3	Na_2O	SiO_2	Al_2O_3	CaO	Na_2O	SiO_2	灼减
34.7	147.2	0.82	24.8	157.3	0.013	26.8	43.5	0.55	1.90	27.0
91.5	148.0	0.795	82.0	151.9	0.006	26.5	44.0	0.50	1.81	26.1
122.6	151.9	0.83	114.8	156.5	0.009	26.8	44.0	0.52	2.0	26.0
150.8	146.5	0.815	143.0	155.7	0.004	26.5	43.2	0.62	1.90	27.7

注：CaO 添加量为 20g/L，脱硅过程在 98℃ 下进行 3h。

铝酸钠溶液中 Na_2O 浓度和苛性比的增大将使添加石灰脱硅的效果变差，这是因为 Na_2O 浓度增大后将促进水化石榴石分解。

b　溶液中 Na_2O_C 浓度的影响

在添加石灰脱硅的过程中，Na_2CO_3 浓度增大会使脱硅效果变差。这是由于：一方面 Na_2CO_3 也可以分解水化石榴石，提高 SiO_2 在溶液中的平衡浓度；另一方面是 Na_2CO_3 与 $Ca(OH)_2$ 进行苛化反应，增加石灰的消耗，苛化后 Na_2O 浓度提高，又不利于 SiO_2 的脱除。

如图 10-40 所示，平衡曲线将此图分为两个区域，在其上的稳定相为 $CaCO_3$，其下为水化石榴石。如果溶液中 Na_2O_C 含量沿 AB 线改变，在其浓度低于 C 点时，不致造成严重影响。当其浓度超过平衡曲线而为 B 点时，CaO 便将与 Na_2CO_3 进行苛化反应，使溶液成分沿 BD 线变化。在溶液成分达到 D 点后，CaO 才可能生成水化石榴石。

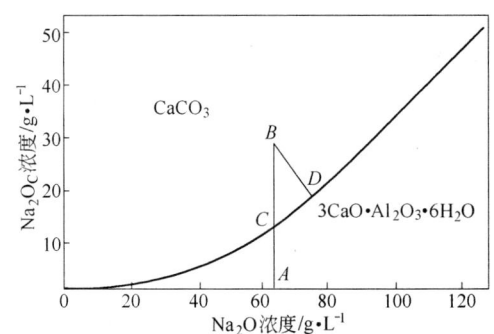

图 10-40　Na_2O-CaO-Al_2O_3-CO_2-SiO_2-H_2O 系
状态图的局部区域
（溶液摩尔比约为 1.65）

c　溶液中 SiO_2 含量的影响

由于在脱硅时生成的水化石榴石中 SiO_2 饱和度很低，所以原液 SiO_2 含量越高，消耗的石灰量以及损失的 Al_2O_3 量也越大，如果加入的 CaO 数量不足，脱硅程度就要降低。其次，在溶液中悬浮钠硅渣多，也会造成石灰和 Al_2O_3 消耗量增大或溶液硅量指数的下降，因而在添加石灰脱硅之前，应该尽可能地把溶液中的 SiO_2 转变成含水铝硅酸钠析出并分离出去。

d　石灰添加量和质量的影响

石灰添加量越多，溶液硅量指数越高，但损失的 Al_2O_3 也越多，如表 10-26 所示。

表 10-26　CaO 添加量对铝酸钠溶液脱硅过程的影响

CaO 添加量 /g·L^{-1}	CaO/SiO_2 （摩尔比）	溶液硅量指数（A/S）				Al_2O_3 损失量 /g·L^{-1}
		10min	30min	60min	120min	
4.28	9.58	222	312	389	477	0.9
6.44	14.4	313	448	624	624	1.9
8.59	19.2	376	678	871	921	4.6
12.90	28.8	620	1620[①]	1477	1562	7.7

① A/S 的无规律变化，可能是分析误差造成的。

添加的石灰应该是经过充分煅烧的，以提高石灰中的有效 CaO 含量。脱硅温度一般低于溶液沸点，此时石灰中的 SiO_2 不会与铝酸钠溶液反应。对于不含碳酸盐的铝酸钠溶液而言，MgO 具有比 CaO 更好的脱硅作用。MgO 脱硅的机理和 CaO 相同，也是先形成含水铝酸镁，然后 SiO_3^{2-} 进入它的晶格，生成水化镁石榴石固溶体。仅就脱硅过程来说，采用白云石或白云石化的石灰石来代替石灰石是可行的，但是脱硅后镁渣的进一步利用却有困难。因为 MgO 含量太高的脱硅渣往往会影响后续工序的配料。

e 温度的影响

表 10-27 和图 10-41 表明，铝酸钠溶液添加石灰脱硅过程的速度和深度是随着温度的升高而提高的。在其他条件相同时，温度越高，水化石榴石中 SiO_2 的饱和度越大，溶液中 SiO_2 的平衡浓度也就越低，故有利于减少石灰用量和 Al_2O_3 的损失。由表 10-27 中的数据可以看出，在较高的温度下添加石灰进行脱硅可以得到很高的硅量指数。

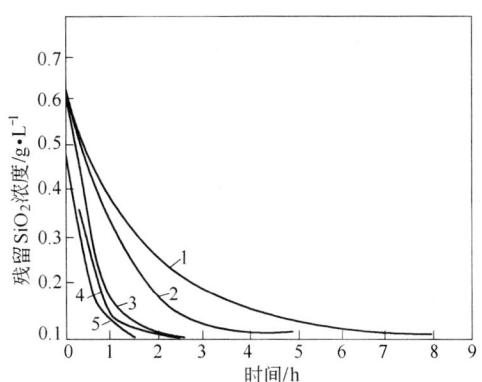

图 10-41 铝酸钠溶液添加石灰脱硅
过程与温度的关系
1—60℃；2—70℃；3—80℃；
4—90℃；5—98℃

表 10-27 温度对于添加石灰脱硅过程的影响

温度/℃	脱硅原液成分/g·L^{-1}				脱硅后溶液的硅量指数			
	Na_2O_T	Al_2O_3	Na_2O_C	摩尔比	A/S	30min	60min	120min
80	121.8	104.8	23.09	1.55	320	326	356	420
80	120.8	104.5	23.46	1.53	368	374	418	552
100	121.9	103.6	24.2	1.55	360	1176	1800	2500
100	122.4	101.4	25.3	1.57	368	840	1280	2130

注：CaO 添加量为 10g/L。

10.3.4 铝酸钠溶液的碳酸化分解

碳酸化分解是决定烧结法氧化铝产品质量的重要过程之一。

为制取化学纯度高的 $Al(OH)_3$，就要求铝酸钠溶液具有较高的硅量指数和适宜的碳酸化分解制度。因为 $Al(OH)_3$ 质量是根据杂质（主要是 SiO_2、Fe_2O_3 及 Na_2O）含量和 $Al(OH)_3$ 的粒度决定的。如碳酸化分解条件控制不好，便可能得到结构差而含碱量高的 $Al(OH)_3$。如果分解条件控制适宜，甚至对含 SiO_2 量较高的铝酸钠溶液，也可以得到质量较好的 $Al(OH)_3$ 产品。因此，铝酸钠溶液碳酸化分解过程和脱硅过程都是提高氧化铝质量的重要工序。

碳酸化分解过程分解率的大小，对烧结法产能也有很大影响。因此，要求在保证产品质量的前提下，尽量提高碳分分解率。

烧结法采用碳酸化分解，除了因其分解率较高以外，还因为可以在制得产品 $Al(OH)_3$

的同时得到循环碳分母液用于配矿。

10.3.4.1 碳酸化分解过程的原理

碳酸化分解是采用向脱硅后的溶液（以下简称精液）通入二氧化碳气体，从中析出氢氧化铝的方法。铝酸钠溶液的碳酸化分解是一个气、液、固三相参加的复杂的多相反应。它包括二氧化碳被铝酸钠溶液吸收以及二者间的化学反应和氢氧化铝的结晶析出，还可能生成丝钠（钾）铝石一类化合物。

在碳酸化分解初期，溶液中的苛性碱不断被中和，但氢氧化铝并不随着溶液的苛性比的降低而相应析出。从开始通入 CO_2 中和苛性碱到氢氧化铝的析出有一诱导期。在诱导期内，由于铝酸钠溶液与氢氧化铝间的界面张力大，生成氢氧化铝晶核的活化能相当高，导致氢氧化铝晶核难以自发生成。但如继续通入 CO_2，苛性比下降到一定程度时，溶液的不稳定性加剧，此时产生大量晶核，并作为下一步碳分的晶种，促使氢氧化铝大量从溶液中析出，形成自动催化碳分过程。

A 氢氧化铝的结晶析出机理

碳酸化分解过程中，氢氧化铝结晶的形成同晶种分解一样包括四个过程：次生晶核（二次晶核）的形成，$Al(OH)_3$ 晶粒的破裂和磨蚀，$Al(OH)_3$ 晶体长大和 $Al(OH)_3$ 晶粒附聚。

由于连续通入二氧化碳气体，使溶液始终维持较大的过饱和度，因此碳分过程氢氧化铝的结晶析出速度远远快于种分过程。

碳酸化分解氢氧化铝结晶机理存在许多不同的观点。一般认为，二氧化碳的作用在于中和溶液中的苛性碱，使溶液的苛性比降低，造成介稳定界限扩大，从而降低溶液的稳定性，引起溶液的分解：

$$NaAl(OH)_4 + aq \Longrightarrow Al(OH)_3 + NaOH + aq$$

反应产生的 $NaOH$ 不断为通入的 CO_2 所中和，从而使上述反应的平衡向右移动。

Маэедь 认为二氧化碳通入铝酸钠溶液时，首先按下式和氢氧化钠发生反应：

$$2NaOH + CO_2 \longrightarrow Na_2CO_3 + H_2O$$

在氢氧化钠变为碳酸钠的过程中，溶液的苛性比逐渐下降，因此，铝酸钠溶液的稳定性降低，随后铝酸钠溶液按照种子分解的机理分解，析出氢氧化铝。即在碳酸化初期，主要是二氧化碳和氢氧化钠的作用以及由此引起的种子分解。而在碳酸化后期，可能有二氧化碳直接和铝酸根离子作用。

Лидеев 则认为二氧化碳与氢氧化钠、铝酸钠同时反应：

$$2NaOH + H_2CO_3 \longrightarrow Na_2CO_3 + aq$$

$$2NaAlO_2 + H_2CO_3 + 2H_2O \longrightarrow Na_2CO_3 + 2Al(OH)_3 + aq$$

初期生成的无定形氢氧化铝重新溶入溶液中：

$$Al(OH)_3 + NaOH + aq \longrightarrow NaAlO_2 + aq$$

由于苛性比不断下降，使铝酸钠水解产生铝酸，后者形成氢氧化铝结晶：

$$NaAlO_2 + aq \longrightarrow NaOH + HAlO_2 + aq$$

$$HAlO_2 + aq \longrightarrow Al(OH)_3$$

由于氢氧化铝结晶的析出，引起剧烈的种子分解，使苛性比不但不降低反而升高，因此引起氢氧化铝析出减少。此后苛性比又因吸收二氧化碳而逐渐降低，引起氢氧化铝重新析出。

热夫诺瓦特认为碳分过程中溶液苛性比的降低对于氢氧化铝的开始析出和整个碳分过程不起决定性作用，碳分过程中氢氧化铝析出是二氧化碳与铝酸钠溶液直接作用以及铝酸钠水解这两个反应平行进行的结果。

$$2NaAl(OH)_4 + CO_2 + aq \Longrightarrow 2Al(OH)_3 + Na_2CO_3 + aq$$

$$NaAl(OH)_4 + aq \Longrightarrow Al(OH)_3 + NaOH + aq$$

巴祖欣认为，由于 CO_2 作用的结果，溶液中的 OH^- 的活度大大降低：

$$OH^- + CO_2 \Longrightarrow HCO_3^-$$

$$OH^- + HCO_3^- \Longrightarrow H_2O + CO_3^{2-}$$

于是，溶液中铝酸根络合离子缔合而生成氢氧化铝结晶的速度大大增加。

还有文献报道称：当 CO_2 气泡通过铝酸钠溶液层时，苛性碱在气泡和溶液界面薄膜里化合生成碳酸钠，同时生成 $HAlO_2$。$HAlO_2$ 最初呈铝胶状态，与生成的碳酸钠相互反应，而在很多情况下，还与生成的碳酸氢钠相互反应。所以固相除铝胶外，可能还有含水铝碳酸钠，这个假设已被结晶光学分析和红外光谱分析结果证实。

Vadim A. Lipin 等人认为碳酸化分解过程氢氧化铝的析出存在下列反应：

$$[Al(OH)]_4^- + H_3O^+ \Longrightarrow AlOOH + 3H_2O$$

$$AlOOH + OH^- + H_2O \Longrightarrow [Al(OH)]_4^-$$

$$[Al(OH)]_4^- \Longrightarrow Al(OH)_3 + OH^-$$

综上所述可以认为，在铝酸钠溶液碳酸化分解过程中，通入 CO_2 气体使溶液保持了较高的过饱和度，为氢氧化铝从铝酸钠溶液中析出提供了界面能，一旦产生微细晶核，就使氢氧化铝的结晶过程成为快速的晶种分解过程。

B　水合铝硅酸钠的析出机理

研究碳分过程中二氧化硅的行为具有重要意义，因为这一行为关系到氢氧化铝中的 SiO_2 含量，并极大地影响到氧化铝成品的质量。氢氧化铝产品中二氧化硅的含量，与铝酸钠精液的分解周期、碳分制度、搅拌强度和碳酸钠等杂质浓度有关，且液相苛性钠浓度是主导因素。

碳分过程中 SiO_2 的析出也存在着不同的观点。

结晶光学研究结果表明，碳分初期析出的氧化硅集中于氢氧化铝结晶的中心部分，第二阶段析出的氧化硅位于晶间空隙中，而第三阶段析出的氧化硅则分布于氢氧化铝晶体的表面。

一般认为，在反应中期，二氧化硅析出很少，这一段的时间随分解原液硅量指数的提高而延长。碳分初期析出 SiO_2 是由于分解出来的氢氧化铝粒度细，比表面积大，因而从溶液中吸附了部分氧化硅。随着铝酸钠溶液继续分解，氢氧化铝颗粒增大，比表面积减小，吸附能力降低，此时只有氢氧化铝析出，SiO_2 析出极少。在碳分最后阶段，溶液苛性钠浓度很低，由于铝硅酸钠在碳酸钠溶液中的溶解度非常小，SiO_2 的过饱和度大幅度升高，SiO_2 开始迅速析出，而使分解产物中的 SiO_2 含量急剧增加。

试验研究表明，预先往精液中添加一定数量的晶种，在碳酸化分解初期不致生成分散度大、吸附能力强的氢氧化铝，减少它对 SiO_2 的吸附，所得氢氧化铝的杂质含量少，而且晶体结构和粒度组成也有改善。

因此，可提出两条技术措施，以降低氢氧化铝中的 SiO_2 含量：（1）碳分末期提前停止通入 CO_2，防止过度碳分，借以维持二氧化硅平衡浓度，减少其析出量；（2）采用碳分 $Al(OH)_3$ 作晶种分解的种子，使碳分末期析出的二氧化硅返回液相。

当然，铝酸盐溶液深度脱硅是从根本上改进氧化铝产品质量的关键因素，随着深度脱硅工艺的发展和应用，二氧化硅对产品质量的影响得到了有效的控制。

C　水合碳酸铝钠（丝钠铝石）的形成机理

研究表明，在碳酸化分解末期还将生成 $(Na,K)_2O \cdot Al_2O_3 \cdot 2CO_2 \cdot 2H_2O$ 杂质。碳分时，在通入的二氧化碳气泡与铝酸钠溶液的界面上，即丝钠铝石。其可能发生的反应如下：

$$Na_2CO_3 + aq \Longrightarrow NaHCO_3 + NaOH + aq$$

$$2NaAl(OH)_4 + 4NaHCO_3 + aq \Longrightarrow Na_2O \cdot Al_2O_3 \cdot 2CO_2 \cdot nH_2O + 2Na_2CO_3 + aq$$

$$Al_2O_3 \cdot nH_2O + 2NaHCO_3 + aq \Longrightarrow Na_2O \cdot Al_2O_3 \cdot 2CO_2 \cdot nH_2O + aq$$

$$Al_2O_3 \cdot nH_2O + 2Na_2CO_3 + aq \Longrightarrow Na_2O \cdot Al_2O_3 \cdot 2CO_2 \cdot nH_2O + 2NaOH + aq$$

在碳分初期，当溶液中还含有大量游离苛性碱时，丝钠铝石与苛性碱反应生成 Na_2CO_3 和 $NaAl(OH)_4$：

$$Na_2O \cdot Al_2O_3 \cdot 2CO_2 \cdot nH_2O + 4NaOH + aq \Longrightarrow 2NaAl(OH)_4 + 2Na_2CO_3 + aq$$

在碳分第二阶段，当溶液中苛性碱减少时，丝钠铝石为 NaOH 分解而生成氢氧化铝，随着铝酸钠碱溶液中苛性碱含量的减少和碳酸碱含量的增多，如下分解过程减慢：

$$Na_2O \cdot Al_2O_3 \cdot 2CO_2 \cdot nH_2O + 2NaOH + aq \Longrightarrow Al_2O_3 \cdot 3H_2O + 2Na_2CO_3 + aq$$

在碳分末期，当溶液中苛性碱含量已相当低时，则丝钠铝石呈固相析出。最终产品中丝钠铝石的含量将随着原始溶液中碳酸碱含量的增加而增多，当溶液中的全碱含量相同时，随氧化铝浓度的降低，丝钠铝石析出增多。

试验证明，当溶液中碳酸钠和碳酸氢钠含量高、Al_2O_3 含量较低、碳分温度低，或添加含水碳铝酸钠晶种时，有利于丝钠（钾）铝石的生成。添加氢氧化铝晶种以及降低碳分速度时，可以大大减少丝钠（钾）铝石的生成，因为在此条件下得到的粒度较粗、活性较小的氢氧化铝，不易与 $NaHCO_3$ 或 Na_2CO_3 反应生成丝钠（钾）铝石，这和生成的 $HAlO_2$ 初始化合物以三水铝石的形态在氢氧化铝晶体上结晶消耗的能量小于生成丝钠铝石所需要的能量有关。

总之，通过研究氢氧化铝的结晶析出机理，可以为改善产品的粒度和强度提供理论依据；研究水合铝硅酸钠和水合碳铝酸钠的形成机理是改善碳分产品质量的关键。

10.3.4.2 影响碳分过程的主要因素

衡量碳分作业效果的主要标准是氢氧化铝的质量、分解率、分解槽的产能以及电能消耗等。

氢氧化铝质量取决于脱硅和碳分两个工序。降低产品中氧化硅含量的主要途径是提高脱硅深度，但在精液硅量指数一定时，则取决于碳分作业条件。

分解槽产能取决于分解时间和分解率等因素，而适宜的分解时间与分解率又受产品质量的制约，并与原液的硅量指数高低密切相关。

碳分是一个大量消耗电能（压缩二氧化碳气体）的工序，电耗取决于使用的二氧化碳气体浓度、二氧化碳利用率以及碳分槽结构等项因素。

碳分过程的 Al_2O_3 分解率 η 按如下公式计算：

$$\eta = \frac{A_a - A_m \times (N_T / N_T')}{A_a} \times 100\%$$

式中 A_a——精液中的氧化铝浓度，g/L；

A_m——母液中的氧化铝浓度，g/L；

N_T——精液中的总碱浓度，g/L；

N_T'——母液中的总碱浓度，g/L。

A   精液的成分与碳酸化分解深度（分解率）

精液的成分和碳分深度是影响氢氧化铝质量的主要因素。

精液的硅量指数越高，可以分解出来质量合格的氢氧化铝越多。在硅量指数一定的条件下，则氢氧化铝的质量取决于碳分条件，特别是分解率。

图 10-42 中 AB 线为 SiO_2 的介稳溶解度曲线，它将图分成两个区域：Ⅰ区为纯氢氧化铝区；Ⅱ区为铝硅酸钠污染的氢氧化铝区。当Ⅰ区的溶液进行碳分时，其成分应沿水平线变化直至与 AB 线相交为止，然后再沿 AB 线变化。由于有部分 SiO_2 析出，因而图中的水平碳分线实际上有一定斜度，但在到达 AB 线以前 SiO_2 析出数量很少。当溶液继续碳分至其成分超出 AB 线后，溶液中的 SiO_2 将成为铝硅酸钠迅速析出。分解率越高，SiO_2 析出越多。

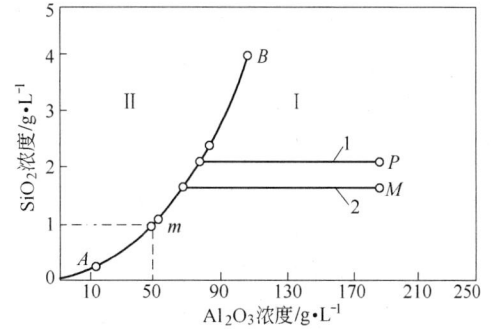

图 10-42 根据 SiO_2 介稳平衡曲线确定分解率

比较碳分线 1 和 2 可知，要得到 SiO_2 浓度相同的产品，硅量指数低的精液的分解率应比硅量指数较高的精液的分解率低。因此，提高精液硅量指数是提高产品质量和分解率的前提，当精液硅量指数一定时，就要掌握一定的分解率，以保证产品质量，由上图可以确定制取一定 SiO_2 含量的氢氧化铝所应控制的分解率。

B   精液苛性比

在铝酸钠溶液晶种分解过程中，精液苛性比是影响分解速度的最重要的因素之一。降低苛性比对提高分解速度的作用，在分解初期尤为明显。因为苛性比降低，可引起溶液过饱和度增大，而分解速度受过饱和度的平方影响，因此可大大提高碳分速度。此外，苛性比越低，适宜的碳分浓度越高。

但较低的溶液苛性比对产物粒度的分布会产生不利影响。不同精液苛性比的产物氢氧化铝的粒度分布、小于45μm粒子质量分数和平均粒度见表10-28。

表 10-28 精液苛性比对粒度分布的影响

| 精液苛性比 | 质量分数/% | | | | | | | 平均粒径 |
MR	<20μm	20~40μm	40~60μm	60~80μm	80~100μm	>100μm	<45μm	/μm
1.435	16.20	7.98	20.19	37.79	14.79	3.05	28.17	57.39
1.497	9.32	6.22	27.50	36.51	15.83	4.62	20.10	61.53
1.561	2.44	4.41	34.71	35.21	16.87	6.36	11.98	65.63

从表10-28中数据可以看出，随着苛性比的增加，碳分产物的平均粒度增加，这是因为在分解初期低苛性比的溶液氢氧化铝的析出速度大于高摩尔比溶液的析出速度，在没有外界晶种存在的情况下，分解初期以细晶核的生成为主，当分解初期生成的细晶核在后期得不到有效附聚和全面长大，就会造成产物细化，可见只有对整个分解体系，包括溶液浓度、苛性比、温度、通气制度等因素进行系统研究和控制，才能在低苛性比条件下得到粒度合格的产品。

C 二氧化碳气体的纯度、浓度和通气时间

石灰炉炉气（含CO_2约38%~40%）和熟料窑窑气（含CO_2 12%~14%）都可作为碳分的CO_2来源。

我国氧化铝厂一般采用石灰炉炉气，而国外则采用熟料窑窑气，用于碳酸化分解。这是因为我国烧结法厂较多采用石灰配料，而国外则采用石灰石配料。同时，我国拜耳法系统的铝土矿高压溶出过程必须添加石灰，因而为此烧制石灰的炉气可用于碳分。

二氧化碳气的纯度是指它的含尘量。炉气在进入碳分槽前需经清洗，使其含尘量降至$0.03g/m^3$以下。

二氧化碳气体的浓度与通入的速度决定了分解速度，对碳分槽的产能、二氧化碳的利用率与压缩机的动力消耗以及碳分温度都有很大影响。

采用高浓度的石灰炉炉气进行碳分，分解速度快，分解槽产能高，在其他条件相同的情况下，氢氧化铝中的SiO_2含量较采用低浓度CO_2气时低，而且由CO_2与$NaOH$的中和反应及氢氧化铝结晶所放出的热量，能维持较高的碳分温度，这对于氢氧化铝晶体的长大是有利的。采用CO_2含量低的熟料窑窑气分解时，二氧化碳气体压缩的动力消耗将大大增加。

碳分速度除影响分解槽产能外，对氢氧化铝质量也有较大的影响。因为铝酸钠溶液中处于过饱和状态的SiO_2析出比较缓慢，因此提高通气速度，缩短分解时间，并使分解出来的氢氧化铝迅速与母液分离，就可以减少SiO_2的析出数量，降低产品的二氧化硅含量，如图10-43所示。

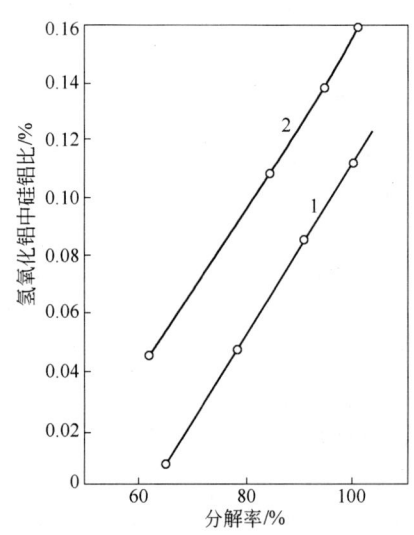

图 10-43 碳分速度对氢氧化铝中
二氧化硅含量的影响

1—快速碳分（2h）；2—缓慢碳分（8h）

试验表明，快速碳分时，氢氧化铝中不可洗碱含量有所增加，这是由于快速碳分使晶间碱含量增加。

通气速度对产物粒度分布也有影响。不同通气时间下产物氢氧化铝的粒度分布、小于 $45\mu m$ 粒子质量分数和平均粒度见表 10-29。

表 10-29 通气时间对粒度分布的影响

通气时间/h	质量分数/%							平均粒径/μm
	<20μm	20~40μm	40~60μm	60~80μm	80~100μm	>100μm	<45μm	
3.67	2.46	17.19	40.70	27.37	10.88	1.40	33.68	56.25
4.00	2.14	4.29	27.14	36.47	26.43	3.57	11.43	68.96
4.33	5.94	4.20	16.78	43.01	23.43	6.64	12.24	69.11

从表 10-29 中数据可以看出，随着通气时间的延长，碳分产物氢氧化铝的平均粒度增加，尤其在 3.67~4.00h 之间产物的粒度增加显著，小于 $45\mu m$ 粒子质量分数也明显减少；而在 4.00~4.33h 之间产物粒度变化没有前期明显。可见在适当的分解深度下延长通气时间，可使碳分氢氧化铝的粒度增加。

通气时间对产物氢氧化铝小于 $45\mu m$ 粒级质量分数和磨损系数的影响见表 10-30。

表 10-30 通气时间对小于 $45\mu m$ 质量分数和磨损系数的影响

通气时间/h	3.67	4.00	4.33
小于 $45\mu m$ 质量分数/%	13.42	8.44	9.44
磨损系数/%	46.74	40.78	35.78

从表 10-30 中数据可以看出，随着通气时间的增加，产物氢氧化铝的磨损系数明显降低，即产物的强度有了提高。这是由于随着分解深度的提高，后期析出的氢氧化铝在附聚在一起的大颗粒的缝隙中进一步填充，起到了粘接镶嵌作用，对提高产物的强度作用明显，所以适当延长反应时间，有利于改善氢氧化铝的强度。

由此可见，应该根据生产实际情况综合考虑分解时间对产物粒度和强度以及杂质含量的影响，选择合适的分解时间。

D 温度

分解温度高，有利于氢氧化铝晶体的长大，从而可减弱碱和氧化硅在晶体表面的吸附作用，并有利于氢氧化铝的分离洗涤。

在工业生产上，碳分控制的温度与所用的二氧化碳气体浓度有关。如果用高浓度的石灰窑窑气，则无需另外加温，即可使碳分温度维持在 85℃ 以上。如采用低浓度的熟料窑窑气，则碳分温度可控制在 70~80℃，一般不需另外加温。

分解温度是影响氢氧化铝粒度的主要因素，并对分解产物中某些杂质的含量也有明显的影响。一般说来，提高温度使晶体长大速度大大增加，降低温度可以使溶液的过饱和度增加，然而温度太低又会增加二次成核的速度，使产品细化，同时，低温下溶液的黏度增大也影响分解过程的进行。碳分控制的温度与所用的二氧化碳气体的浓度有关，如果采用高浓度的二氧化碳气体，二氧化碳与氢氧化钠的中和反应及氢氧化铝结晶所放出的热量较多，则无须另外加温就可使分解维持较高温度。但是提高碳分末期的温度，将显著增加与氢氧化铝一同析出的丝钠（钾）铝石的数量。

分解温度对分解过程有较大影响，不同温度下分解过程的分解率随时间变化如图 10-44 所示，分解温度对分解率的影响如图 10-45 所示。氧化铝平衡浓度和相对过饱和度随时间的变化如图 10-46 和图 10-47 所示。

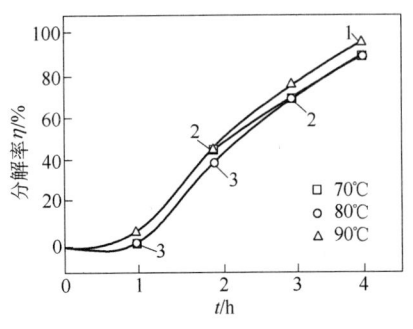

图 10-44　分解率随时间的变化
1—90℃；2—80℃；3—70℃

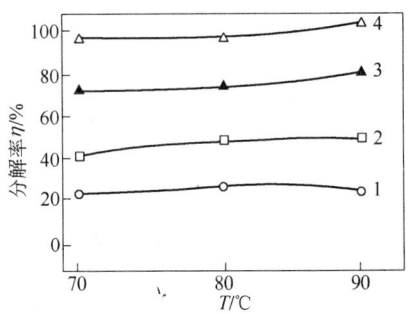

图 10-45　分解温度对分解率的影响
1—1h；2—2h；3—3h；4—4h

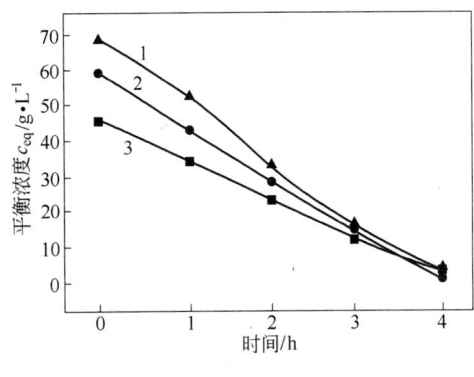

图 10-46　分解过程中氧化铝
平衡浓度随时间的变化
1—90℃；2—80℃；3—70℃

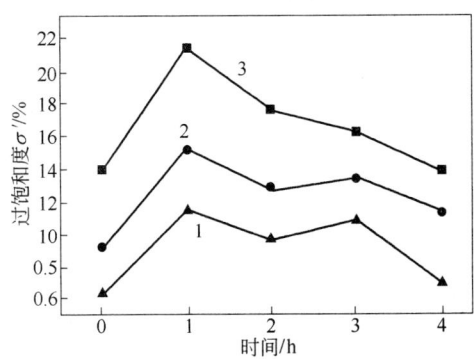

图 10-47　分解过程溶液的相对
过饱和度随时间的变化
1—90℃；2—80℃；3—70℃

从图 10-44 和图 10-45 中可以看出，分解温度影响了碳酸化分解过程分解率的变化。在碳分前期，80℃和90℃的分解速度基本一致，70℃的分解速度低于前两者；而在碳分后期，70℃和80℃的分解速度基本一致，90℃的速度高于前两者。从整个分解过程可以看出90℃时的分解速度明显大于70℃，可见低分解温度对提高碳分速度不利。这是因为铝酸钠溶液的黏度较大，升高温度有利于降低溶液黏度，提高铝酸根离子的扩散速度和 CO_2 的液膜传质速度，从而加速结晶过程。从图 10-44 中还可以看出，在均匀通气时，除开始 1h 内分解较困难，之后分解过程快速进行，分解梯度是先增大后变小，这可从图10-44中不同时间段分解梯度（$\Delta\eta$）的变化看出。

从图 10-46 和图 10-47 中可以发现，氧化铝的平衡浓度在分解过程中连续下降，到分解终点时，不同温度的平衡浓度基本相等。在相同分解时间内，随着温度的升高，氧化铝的平衡浓度升高，过饱和度则明显降低。不同温度下 $Na_2O\text{-}Al_2O_3\text{-}H_2O$ 系平衡状态图可以解释这一规律。

分解温度对产物粒度分布有很大影响，不同分解温度的产物氢氧化铝的粒度分布、小于$45\mu m$粒子质量分数和平均粒径见表10-31。

表10-31 分解温度对粒度分布的影响

分解温度/℃	质量分数/%							平均粒径/μm
	$<20\mu m$	$20\sim40\mu m$	$40\sim60\mu m$	$60\sim80\mu m$	$80\sim100\mu m$	$>100\mu m$	$<45\mu m$	
70	4.52	45.37	39.57	9.25	1.07	0.22	67.53	41.84
80	8.70	30.00	34.23	12.59	7.49	6.99	49.50	50.90
90	12.54	14.24	29.49	15.93	13.90	13.90	32.20	59.94

从表10-31中数据可以看出，分解温度直接影响着产物的粒度，温度愈高，分解产物的粒度愈大。平均粒度随温度的升高迅速增加，小于$45\mu m$粒子质量分数显著减少。从粒度分布也可看出随着温度增高，粗粒分解产物增加，细粒分解产物减少。这是因为分解温度低时，可加速二次成核过程，使产物氢氧化铝粒度变细；而提高温度不但能减少二次成核的发生并有利于微细粒子的黏结与附聚作用，使得分解产物的结晶形状稳定。另外，铝酸钠溶液的黏度和表面张力随着温度的升高而减小，从而有利于扩散速度的提高，也有利于晶体长大。

碳分温度对产品氢氧化铝的强度也有一定影响。

E 晶种

添加一定数量的晶种，能改善碳分时氢氧化铝的晶体结构和粒度组成，显著地降低氢氧化铝中氧化硅和碱的含量。添加晶种对碳分氢氧化铝中杂质含量的影响可见图10-48。由图10-48可见，晶种数量和SiO_2含量以及分解深度对溶液中SiO_2析出量的影响。曲线1为分解初期溶液SiO_2含量增加是由于晶种中的SiO_2溶解于脱硅精液中的结果。

图10-49氢氧化铝中碱含量与晶种系数的关系。

从图可见，当晶种系数从0增加到0.8时，氢氧化铝中的碱含量从0.69%降低为0.3%。继续增加晶种量对氢氧化铝中的碱含量已无影响，在生产条件下，适宜的晶种系

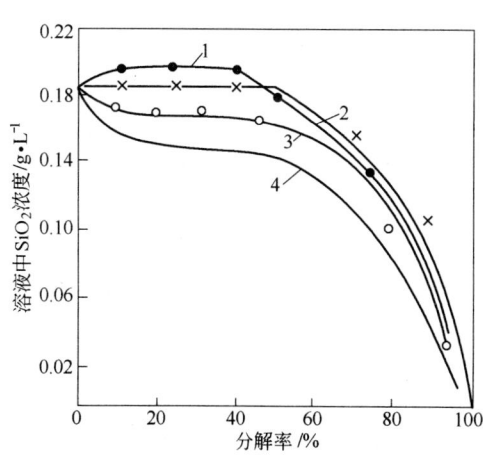

图10-48 添加晶种对碳分过程中SiO_2析出的影响

1，2—晶种系数1.0；3—晶种系数0.4；4—不加晶种

SiO_2含量（占晶种中Al_2O_3%）：

1—0.75%；2，3—0.05%

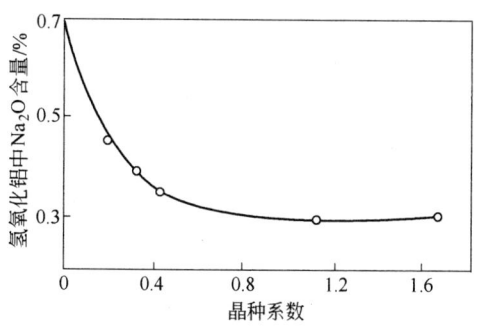

图10-49 氢氧化铝中碱含量与碳分时晶种添加量的关系

数为 0.8 ~ 1.0。

添加晶种的缺点是部分氢氧化铝循环积压于流程中，并增加了氢氧化铝分离设备的负担。但由于添加晶种能显著提高产品质量，目前烧结法氧化铝厂普遍采用该方法。

F　搅拌

搅拌可使溶液成分均匀，避免局部碳酸化，并有利于晶体成长，得到粒度较粗和碱含量较低的氢氧化铝。此外搅拌还可以减轻碳分槽内的结垢和沉淀。因此碳分过程中要有良好的搅拌设备。

10.3.4.3　碳分过程中氧化硅的行为

铝酸钠溶液碳酸化分解过程中，溶液中的氧化硅基本残留于母液中。

图 10-50 为铝酸钠溶液碳酸化分解的工业试验结果。

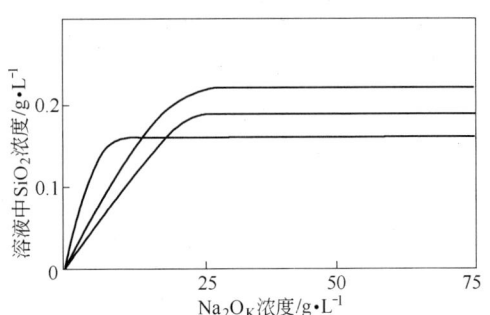

图 10-50　铝酸钠溶液中 SiO_2 浓度与
Na_2O_K 浓度关系图

可以看出当分解至溶液中 Na_2O_K 剩余浓度达 15 ~ 20g/L（与之相应的 Al_2O_3 的剩余浓度也为 15 ~ 20g/L）时，SiO_2 几乎全部留在溶液中，所以，如果控制这样的分解条件，碳酸化分解析出的氢氧化铝中 SiO_2 的含量很低。

氧化硅在铝酸钠溶液碳酸化分解过程中的行为研究的结果，如图 10-51 和图 10-52 所示。

在碳酸化分解过程中，溶液中 SiO_2 析出变化曲线可分为 3 个阶段：

（1）第一阶段为分解初期，Al_2O_3 和 SiO_2 共同析出，分解原液中硅量指数越高，这一阶段时间越短，与 $Al(OH)_3$ 共同析出的 SiO_2 量就越少。

（2）第二阶段只析出氢氧化铝而不析出 SiO_2，表现为 SiO_2 析出变化曲线与横坐标平行，这一阶段的长度随分解原液中的硅量指数提高而延长。

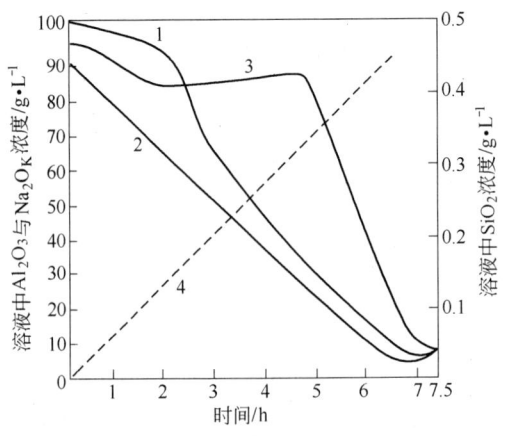

图 10-51　Na_2O、Al_2O_3、SiO_2 浓度在碳酸化
分解中随时间的变化
1—Al_2O_3；2—Na_2O_K；3—SiO_2；4—N_2O_C

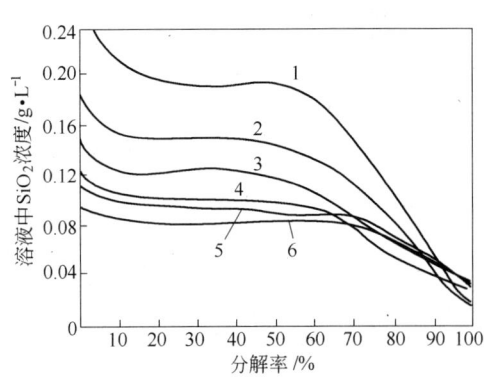

图 10-52　铝酸钠溶液中，SiO_2 浓度
与分解率的关系
1—$A/S350$；2—$A/S470$；3—$A/S600$；
4—$A/S710$；5—$A/S850$；6—$A/S910$

（3）第三阶段随 Al_2O_3 的析出，SiO_2 也大量析出。

不同硅量指数的铝酸钠溶液的碳酸化分解均具有上述 SiO_2 析出的变化规律，其原因可能是：碳酸化分解精液在碳分初期、Al_2O_3 未析出之前，并不具备合适的脱硅条件，只有当第一批氢氧化铝呈细分散状态析出之后，因其表面积和吸附能力都很大，这才使 SiO_2 共同析出，浓度下降。这就确定了铝酸钠溶液碳酸化分解过程第一段 SiO_2 析出曲线的走向。

随铝酸钠溶液继续分解，$Al(OH)_3$ 颗粒增大，比表面积减小。吸附能力下降。这时只有氢氧化铝单独析出，SiO_2 不再析出。在此期间，随溶液中 Na_2O_K 和 Al_2O_3 含量的降低，溶液中 SiO_2 的平衡溶解度下降，而其过饱和度则不断提高。

当 SiO_2 过饱和度达到一定极限时，则 SiO_2 呈方钠石型化合物的形式和氢氧化铝一起析出。氢氧化铝中的 SiO_2 相对含量快速增加。

所以，铝酸钠溶液碳酸化分解过程中，氢氧化铝中杂质 SiO_2 含量在第二段终结之前为最少。

如前所述，碳酸化分解的铝酸钠溶液先深度脱硅，碳分时加入氢氧化铝种子，均可以降低碳分产品氢氧化铝中的 SiO_2 含量。

对于一定硅量指数的碳分精液而言，碳分过程分解率控制的高低，对产品质量也有重要影响。因此，碳分过程最终分解率的控制非常重要。碳分过程的分解率，是根据产品 Al_2O_3 的等级标准和碳分精液中硅量指数（A/S）来确定的。确定原则详见 10.3.4.2 节。

生产上通常在上述原则指导下，针对具有一定硅量指数的碳分精液，采用试验方法或根据经验，兼顾分解过程的产能和产品质量，确定碳分分解率终点。如要求产品 Al_2O_3 中含 SiO_2 小于 0.04% 时，精液的硅量指数与碳分分解率的关系见表 10-32。

表 10-32　精液的硅量指数与碳分分解率的关系

溶液的硅指数（A/S）	< 300	301 ~ 325	326 ~ 350	351 ~ 375	376 ~ 400	401 ~ 450	451 ~ 500	> 500
碳分分解率/%	83 ~ 85	84 ~ 86	85 ~ 87	86 ~ 88	86.5 ~ 88.5	87 ~ 89	87.5 ~ 89.5	88 ~ 90

进入产品 $Al(OH)_3$ 中的 Fe_2O_3，主要是溶液中的悬浮固体粒子，在碳酸化的初期，成为 $Al(OH)_3$ 析出的结晶核心，或吸附于 $Al(OH)_3$ 颗粒表面与 $Al(OH)_3$ 一起沉淀。因此，产品 $Al(OH)_3$ 中 Fe_2O_3 杂质的控制主要决定于脱硅溶液的控制过滤。一般要求精液浮游物小于 0.02g/L。

11 氧化铝生产方法及工艺流程

✳✳✳✳✳✳✳✳✳✳✳✳✳✳✳✳✳✳✳✳✳✳✳✳✳✳✳✳✳✳✳✳✳✳✳✳

11.1 拜耳法生产工艺

11.1.1 拜耳法生产工艺概述

拜耳法是由奥地利化学家拜耳（K. J. Bayer）于 1887～1889 年间发明的一种从铝土矿中提取氧化铝的方法。100 多年来在工艺技术方面已经有了许多改进，但基本原理并未发生根本性的变化。为纪念拜耳这一伟大贡献，该方法一直沿用拜耳法这一名称。

拜耳法包括两个主要过程。首先是在一定条件下氧化铝自铝土矿中的溶出（或称浸出）过程，然后是氢氧化铝自过饱和的铝酸钠溶液中水解析出的过程，这就是拜耳提出的两项专利。拜耳发现，Na_2O 与 Al_2O_3 的摩尔比（即摩尔浓度比，有的以 MR 表示）为 1.8 的铝酸钠溶液，在常温下只要加入氢氧化铝作为晶种，不断搅拌，溶液中的 Al_2O_3 便可以呈 $Al(OH)_3$（三水铝石）结晶析出，直到溶液中的 Na_2O 与 Al_2O_3 的摩尔比提高到大约 6 为止。他还发现，已经析出大部分氢氧化铝的铝酸钠溶液（母液），在加热时又可以溶出铝土矿中的氧化铝水合物，这就是用循环母液溶出铝土矿的过程。这两个过程交替进行，就能不断地处理铝土矿，得到氢氧化铝产品，构成所谓的拜耳法循环。

拜耳法从铝土矿中提取氧化铝的实质是通过下列反应在不同条件下正逆方向的交替进行而实现的：

$$Al_2O_3 \cdot (3 \text{ 或 } 1)H_2O + 2NaOH + aq$$

$$\underset{\text{分解}}{\overset{\text{溶出}}{\rightleftharpoons}} 2NaAl(OH)_4 + aq$$

式中，正反应为溶出（浸出）过程，逆反应为加晶种分解过程。

拜耳法氧化铝生产过程的实质也可以用 Na_2O-Al_2O_3-H_2O 系的拜耳法循环图来描述（见图 11-1）。

用来溶出铝土矿中氧化铝水合物的铝酸钠溶液（也称循环母液）的成分相当于图中 A 点。它在高温下（不同类型的铝土矿需要不同的溶出温度，在此为 200℃）是不饱和的，具有溶解氧化铝水合物的能力。在溶出

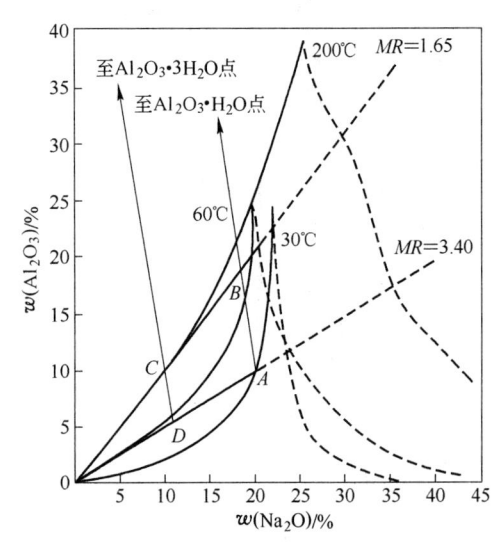

图 11-1 Na_2O-Al_2O_3-H_2O 系中拜耳法循环

过程中，如果不考虑 Na_2O 损失，溶液的成分应该沿着 A 点与 $Al_2O_3 \cdot H_2O$（在溶出一水铝石矿时）或 $Al_2O_3 \cdot 3H_2O$（在溶出三水铝石矿时）的图形点的连线变化，直到饱和为止。溶出液的最终成分，在理论上可以达到这条线与溶解度等温线的交点。在实际的生产过程中，由于溶解时间的限制，溶出过程在此之前的 B 点便告结束，B 点就是溶出后溶液的成分。为了从其中析出氢氧化铝，必须要降低它的稳定性，为此，在通常情况下加入分离泥渣的洗液将其稀释。由于溶液中 Na_2O 和 Al_2O_3 的浓度同时降低，故其成分由 B 点沿等摩尔比线改变为 C 点。在分离赤泥（即溶出矿浆中的固相残渣）后，降低温度（如降低为 $60 \sim 78℃$），使溶液的过饱和程度进一步提高，往其中加入氢氧化铝作为晶种，过饱和的铝酸钠溶液便发生分解反应，析出氢氧化铝。在分解过程中溶液成分沿着 C 点与 $Al_2O_3 \cdot 3H_2O$ 的图形点的连线变化。如果溶液在分解过程中最后冷却到 $30℃$，种分母液的成分在理论上可以达到连线与 $30℃$ 等温线的交点。在实际的生产过程中，也由于时间的限制，分解过程是在溶液成分变为 D 点，即其中 Al_2O_3 仍然为过饱和的情况下结束的。如果 D 点的摩尔比与 A 点相同，那么通过蒸发，溶液成分又可以回复到 A 点。由此可见，A 点成分的溶液经过这样一次作业循环，便可以由矿石提取出氢氧化铝，而其成分仍不发生改变。图中 AB、BC、CD 和 DA 线表示溶液成分在各个作业过程中的变化，分别称为溶出线、稀释线、分解线和蒸发线。它们正好组成一个封闭四边形，即构成一个循环过程。实际的生产过程与上述理想过程当然有差别，主要原因是因为在拜耳法循环过程中，存在着 Al_2O_3 和 Na_2O 的化学损失和机械损失，溶出时有蒸汽冷凝水（直接加热溶出时）使溶液稀释，而添加的晶种又往往带入母液使待分解的铝酸钠溶液的摩尔比有所提高，因而在通常情况下各个线段都会偏离图中所示位置。在每一次作业循环之后，必须补充所损失的碱，母液才能恢复到循环开始时的 A 点成分。

拜耳法用于处理高铝硅比的铝土矿，流程简单，产品质量高，其经济效果远比其他方法为好。用于处理易溶出的三水铝石型铝土矿时，优点更为突出。目前，全世界生产的氧化铝和氢氧化铝，95% 左右是用拜耳法生产的。尽管中国铝土矿资源有特殊性，目前中国由拜耳法生产的氧化铝产能的比例也在不断增长。

在拜耳法生产氧化铝过程中，除了溶出和晶种分解之外，还包括原矿浆的制备、溶出矿浆的稀释、溶出后赤泥的分离和洗涤、氢氧化铝的分级与洗涤、氢氧化铝焙烧、分解母液的蒸发等主要工序。

在拜耳法流程中，铝土矿经破碎后，和石灰、循环母液一起进入湿磨，制备成合格矿浆。矿浆经预脱硅之后预热至溶出温度进行溶出。溶出后的矿浆再经过自蒸发降温后进入稀释及赤泥的沉降分离工序。自蒸发过程产生的二次汽用于矿浆的前期预热。沉降分离后，赤泥经洗涤进入赤泥堆场，而分离出的粗液（含有固体浮游物的铝酸钠溶液）送往叶滤。粗液通过叶滤除去绝大部分浮游物后称为精液（或精制液）。精液进入分解工序经晶种分解得到氢氧化铝。分解出的氢氧化铝经分级和分离洗涤后，一部分作为晶种返回晶种分解工序，另一部分经焙烧得到氧化铝产品。晶种分解后分离出的分解母液经蒸发提高浓度后返回溶出工序，从而形成闭路循环。在分解母液的蒸发过程中析出的碳酸钠（通常情况下含有硫酸钠）经苛化后返回拜耳法系统。

拜耳法生产氧化铝的基本流程如图 11-2 所示。

拜耳法的生产流程并不是一成不变的。各氧化铝厂由于建厂时间、使用的铝土矿类型

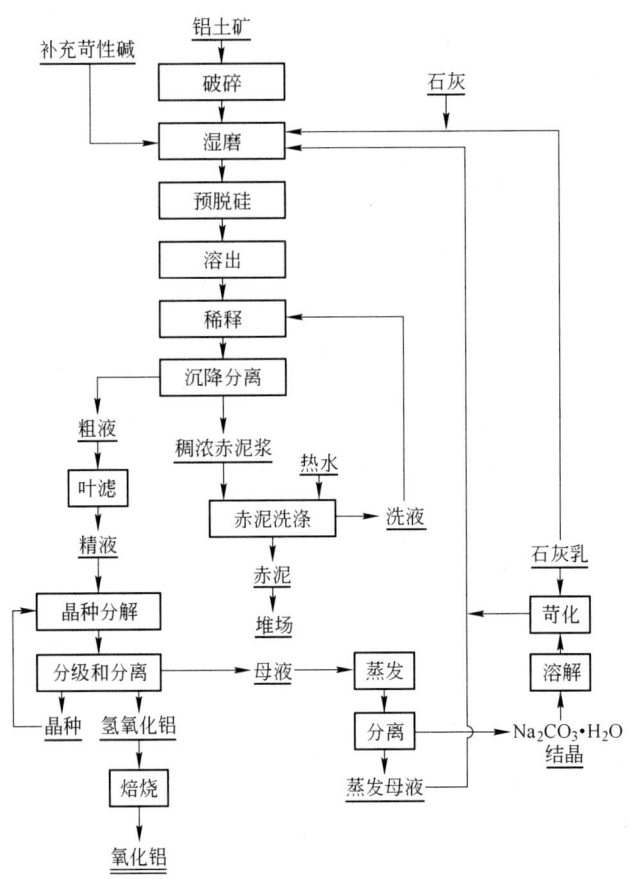

图 11-2　拜耳法生产氧化铝的基本流程

及所处地区工业条件的不同，所采用的流程及其技术装备水平也随之不同，但并没有本质上的区别。如在联合法厂的拜耳法过程中，就不需要进行碳酸盐的苛化处理，而是把拜耳法分解母液蒸发过程中析出的碳酸盐直接用于烧结法系统的生料浆配制。

从拜耳法生产的基本工艺流程，可以把整个生产过程大致分为以下几个工序：原矿浆制备、拜耳法溶出、溶出矿浆的稀释及赤泥的沉降分离、晶种分解、氢氧化铝分级与洗涤、氢氧化铝焙烧、母液蒸发及苏打苛化等。

（1）原矿浆制备。将生产所用原料，如铝土矿、石灰、碱液按一定比例混合，经磨机磨细后，配制出化学成分、物理性能符合溶出要求的原矿浆；在矿浆制备过程中，要求参与化学反应的物料要有适宜的粒度分布，同时还要求物料之间要混合均匀。原矿浆制备工序的技术指标主要为：矿浆中固体颗粒的粒度、矿浆的固含、入磨碱液浓度，石灰添加量等。

（2）原矿浆预脱硅。预脱硅的目的是使矿浆中可以导致结疤的矿物预先部分转化成不会结疤的化合物，从而减缓矿浆预热过程的结疤速度。原矿浆的预脱硅在常压条件下进行。由于高岭石及多水高岭石在苛性钠浓度为 200g/L 左右的母液中，在 90℃以上的温度便可以转变为水合铝硅酸钠析出。预脱硅通常是将原矿浆在 90~105℃ 的温度条件下，保持4~8h乃至更长的时间，使原矿浆中大部分的高岭石及多水高岭石发生脱硅反应生成钠硅渣（即水合铝硅酸钠），以达到减缓随后的矿浆预热过程结疤速度的目的。原矿浆预脱硅工序的具体条件应根据具体情况来确定，国外有些氧化铝厂的拜耳法流程中并没有预脱硅工序。

（3）矿浆的预热及拜耳法溶出。矿浆的预热可以有多种方式，如蒸汽直接加热、单管或多管间接预热及高压釜内列管预热等。加热介质有新蒸汽、矿浆自蒸发的乏汽、熔盐和有机物介质等。溶出的目的是将铝土矿中的氧化铝水合物溶解成铝酸钠溶液，溶出工艺取决于铝土矿的化学成分及矿物组成，按所用设备可以有多种方式，如管道化溶出、压煮器溶出及停留罐溶出等。溶出过程的主要技术指标有溶出温度、溶出时间、氧化铝溶出率及溶出液摩尔比等。

（4）溶出矿浆的稀释及赤泥的沉降、分离及洗涤。稀释溶出矿浆的目的：1）溶出矿浆是由铝酸钠溶液和赤泥组成，是铝土矿溶出后的产物，为了后续的分解过程的顺利进行，分离后的矿浆液相稳定性就不能太大，为了获得适宜的铝酸钠溶液的分解率，必须进行溶出矿浆的稀释；2）由于溶出后的矿浆要进行赤泥沉降分离，对溶出矿浆进行稀释，可以降低铝酸钠溶液的黏度，便于赤泥的沉降分离；3）由于铝酸钠溶液中氧化硅的平衡浓度随氧化铝浓度的升高而增大，为了保证氢氧化铝的质量，必须要求精液的硅量指数（铝酸钠溶液中的氧化铝与氧化硅浓度之比）在适宜的范围内，如大于250。通过稀释溶出矿浆，降低溶出矿浆浓度，有利于稀释沉降工序的脱硅过程。

（5）晶种分解。晶种分解就是将铝酸钠溶液降温，增大其 Al_2O_3 的过饱和度，在加入氢氧化铝作晶种的条件下，进行搅拌，使其析出氢氧化铝的过程。该工序对产品的产量、质量及全厂的技术经济指标有着重大的影响；晶种分解除得到氢氧化铝外，同时得到苛性比 α_K（即苛性钠与氧化铝的摩尔比，见10.1：2.1）较高的种分母液，经蒸发后作为溶出铝土矿的循环母液，从而构成拜耳法生产氧化铝的闭路循环。晶种分解过程的主要技术指标有：苛性碱浓度，摩尔比，种分初温、末温，种子比，分解率和氢氧化铝的粒度分布等。

（6）氢氧化铝的分离与洗涤。经晶种分解后得到的氢氧化铝浆液，需进行分离才能得到氢氧化铝和种分母液。分离后所得的氢氧化铝部分直接返回流程作晶种，其余部分经洗涤，回收氢氧化铝附带的氧化铝和氧化钠后成为氢氧化铝成品。种分母液则经蒸发后重新用于铝土矿的溶出。氢氧化铝分离与洗涤过程的主要技术指标有：氢氧化铝洗水量，料浆液固比，成品氢氧化铝含水率，过滤机产能等。

（7）氢氧化铝的焙烧。焙烧是将氢氧化铝在高温下脱去附着水和结晶水，并使其晶型转变，制得符合电解铝工业要求的氧化铝。氧化铝的许多物理性质，如比表面积、α-氧化铝含量、安息角、密度等主要取决于焙烧条件。粒度和强度与焙烧条件也有很大的关系。焙烧过程对氧化铝产品的杂质（主要是 SiO_2）含量也有影响。焙烧产品的质量指标有：化学纯度，灼减，α-氧化铝含量，粒度和安息角等。焙烧过程的技术指标有：焙烧温度，燃料消耗，产量等。

（8）种分母液的蒸发。蒸发的目的主要是排出流程中多余的水分，保持循环系统中液量的平衡，使母液蒸发浓缩到符合拜耳法溶出铝土矿配制原矿浆的要求。另外因铝土矿及石灰带入的碳酸钠，以及铝酸钠溶液吸收空气中的 CO_2 产生的碳酸钠，在蒸发过程中部分会以含水碳酸钠固相析出而排除。

（9）碳酸钠的苛化。拜耳法生产过程中的苛性碱，由于在溶出过程中产生反苛化作用以及铝酸钠溶液吸收空气中的 CO_2，有约 3% 转变为碳酸钠，这些碳酸钠在蒸发过程中以含水碳酸钠固相析出。为了减少苛性碱的消耗，将碳酸钠进行苛化处理，以回收苛性碱：

$$Na_2CO_3 \cdot H_2O + Ca(OH)_2 \longrightarrow 2NaOH + CaCO_3 + H_2O$$

此即为碳酸钠的苛化。该苛化工序只在拜耳法流程中应用，联合法工艺中一般不必设此工序。

11.1.2 拜耳法生产工艺各主要工序

11.1.2.1 原矿浆制备

在拜耳法溶出过程中，为了得到预期的溶出效果，需要通过配料计算确定原矿浆中铝土矿、石灰和循环母液配料比例。下面以一水硬铝石铝土矿为例，就其理论值的计算方法和生产实际控制的配料方法做一阐述。

A 配碱量的理论计算

配碱量的理论计算是以溶出过程两个主要反应为依据的。

一水硬铝石中的 AlOOH 在拜耳法溶出时，与 NaOH 反应生成 $NaAl(OH)_4$ 进入溶液：

$$AlOOH + NaOH + aq \Longrightarrow NaAl(OH)_4 + aq$$

杂质 SiO_2 在溶出过程中最终生成溶解度极小的含水铝硅酸钠，即通常所称的钠硅渣，其分子式在中国氧化铝生产上一般表示为 $Na_2O \cdot Al_2O_3 \cdot 1.7SiO_2 \cdot nH_2O$。

$$1.7Na_2SiO_3 + 2NaAl(OH)_4 + aq \Longrightarrow$$

$$Na_2O \cdot Al_2O_3 \cdot 1.7SiO_2 \cdot nH_2O\downarrow + 3.4NaOH + aq$$

在国外氧化铝技术和学术领域中，含水铝硅酸钠的分子式通常表示为 $Na_2O \cdot Al_2O_3 \cdot 2SiO_2 \cdot nH_2O$。这可能源于溶出过程石灰添加量的不同，造成赤泥中水化石榴石含量的差异，因而按赤泥铝硅比统计的结果有所不同。

含水铝酸钠的生成并随赤泥排出，造成苛性碱和氧化铝的损失。以下仍采用与中国氧化铝生产惯用的分子式对此损失量进行计算。

假设在最好的溶出条件下，铝土矿中的 SiO_2 完全生成 $Na_2O \cdot Al_2O_3 \cdot 1.7SiO_2 \cdot nH_2O$，其在铝酸钠溶液中的溶解度在计算中可近似假设为零；其他杂质对氧化铝和苛性碱的损失不考虑，则 1t 铝土矿中氧化铝的最大溶出量和在溶出过程中苛性碱的最小损失量可以从 $Na_2O \cdot Al_2O_3 \cdot 1.7SiO_2 \cdot nH_2O$ 分子式中求得：

摩尔比： $$[Al_2O_3]:[SiO_2] = 1:1.7$$

$$[Na_2O]:[SiO_2] = 1:1.7$$

质量比： $$Al_2O_3:SiO_2 = 102:1.7 \times 60 = 1:1(即 A/S 为 1)$$

$$Na_2O:SiO_2 = 62:1.7 \times 60 = 0.608:1(即 N/S 为 0.608)$$

因此， $$A_{max} = A - S$$

$$N_{Kmin} = 0.608 \times S$$

式中　A_{max}——1t 铝土矿中氧化铝的最大溶出量，kg；

　　　N_{Kmin}——溶出 1t 铝土矿苛性碱的最小损失量，kg；

　　　A——1t 铝土矿中氧化铝质量，kg；

　　　S——1t 铝土矿中二氧化硅质量，kg。

在拜耳法生产过程中，通常认为溶出产物含水铝硅酸钠的 A/S 比为 1，因此用 A/S 来表征铝土矿的品位，可以直观地获知由于 SiO_2 的存在会导致的 Al_2O_3 的损失和可回收的情况。

下面按溶出液苛性比为 α_K，计算溶出 1t 铝土矿时必须配用的最少 Na_2O_K 量 n_K(kg)，也即其理论值可由下式求出：

$$n_K = 0.608\alpha_K(A - S) + 0.608 \times S$$

当用循环母液溶出铝土矿时，因为循环母液中含有一定数量的氧化铝已与部分苛性碱结合成铝酸钠，所以在溶出时循环母液中的这部分苛性碱不能参与溶出铝土矿中氧化铝的反应，称之为惰性碱（$N_{K惰}$）。通常把参与溶出反应的苛性碱称为有效苛性碱（$N_{K效}$）。

若循环母液中苛性碱的浓度为 N_K kg/m³，氧化铝浓度为 a kg/m³，其苛性比值为 α_0。

根据苛性比值定义，则：

$$N_{K惰} = \frac{a \cdot \alpha_K}{1.645} \qquad (11-1)$$

又

$$a = 1.645 \frac{N_K}{\alpha_0} \qquad (11-2)$$

将式 11-2 代入式 11-1 得

$$N_{K惰} = N_K \frac{\alpha_K}{\alpha_0}$$

因此，

$$N_{K效}(kg/m^3) = N_K - N_K \frac{\alpha_K}{\alpha_0}$$

溶出 1t 铝土矿需用循环母液量 V(m³) 为：

$$V = \frac{n_K}{N_{K效}} = \frac{0.608\alpha_K(A - S) + 0.608 \times S}{N_K - N_K \frac{\alpha_K}{\alpha_0}} \qquad (11-3)$$

式 11-3 是溶出 1t 铝土矿时循环母液配入量即配碱量的理论计算公式。

在实际生产中氧化铝的溶出量一般都达不到最大溶出量，而氧化钠的损失量按 $0.608 \times S$ 计算也会有偏差，这是因为配料时加入了部分石灰使铝土矿中的 SiO_2 在溶出过程中部分生成了水化石榴石所致。另外在溶出过程中由于反苛化反应造成的氧化钠损失以及氧化钠的机械损失都应考虑。因此，如配碱量中加入铝土矿和石灰带入的 CO_2 以及过程中的 Na_2O 机械损失，式 11-3 可以修正如下：

$$V = \frac{0.608\alpha_K \cdot A \cdot \eta_A + M(S + S_1) + 1.41C + X}{N_K - N_K \dfrac{\alpha_K}{\alpha_0}} \quad (11\text{-}4)$$

式中 A——1t 铝土矿所带入的氧化铝质量，kg；

η_A——氧化铝的溶出率，%；

M——溶出赤泥中氧化钠与二氧化硅的质量比值，一般取 0.4 ~ 0.5；

S, S_1——分别为铝土矿和石灰中所含的二氧化硅量，kg/t；

1.41——Na_2O 和 CO_2 相对分子质量的比值；

C——铝土矿和石灰来带入的 CO_2 量，kg/t；

X——1t 铝土矿磨矿和溶出过程中氧化钠的机械损失，kg。

式 11-4 在生产中应用仍有偏差，而且计算较为麻烦，因此通常根据实际生产过程中的数据，推导出一些经验公式供生产控制用。

B 石灰配入量

在一水硬铝石型铝土矿的拜耳法溶出过程中，为了消除所含杂质 TiO_2 的危害、加速氧化铝的溶出，通常添加一定量的石灰。TiO_2 与石灰中的 CaO 作用生成 $CaO \cdot TiO_2$（钛酸钙），因而消除了 TiO_2 在一水硬铝石溶出过程中的阻碍作用。另外在高温溶出的条件下，铝土矿中的 SiO_2 除生成含水铝硅酸钠外，因添加了石灰，还会生成不消耗碱的水化石榴石（$3CaO \cdot Al_2O_3 \cdot xSiO_2 \cdot yH_2O$）。因此，石灰配入量按如下摩尔比计算配入：$CaO : TiO_2 = 1.0$，$CaO : SiO_2 = 1.0 \sim 2.0$。

考虑到 CaO 对溶出过程的各种影响，一般石灰配入量为矿石质量的 7% ~ 10%。在某些情况下，如铝土矿中的 SiO_2 含量较高，基于降低碱耗和综合技术经济指标的考虑，石灰添加量可能大于 10%。

对于非一水硬铝石型铝土矿的拜耳法溶出，通常采用低温溶出条件，不必添加石灰以消除钛矿物对溶出的危害，因此石灰添加量通常较低，如 2% 左右，也有个别完全不加石灰的氧化铝厂。

C 生产中原矿浆的配料控制

生产上常常是用控制原矿浆液固比（L/S）的方法来调节原矿浆的配碱量的。液固比是原矿浆中液相质量（L）与固相质量（S）的比值。当循环母液密度为 ρ_L kg/m^3，每吨铝土矿应配入的循环母液量为 V m^3，配入石灰为 W t 时，则原矿浆的液固比为：

$$\frac{L}{S} = \frac{V\rho_L}{1000 \times (1 + W)}$$

原矿浆的液固比又与它的密度 ρ_P、循环母液密度 ρ_L 和固体（矿石 + 石灰）的密度 ρ_S 有关：

$$\rho_P = \frac{L + S}{\dfrac{L}{\rho_L} + \dfrac{S}{\rho_S}}$$

$$\rho_P \left[\left(\frac{1}{\rho_L} \cdot \frac{L}{S} + \frac{1}{\rho_S} \right) \right] = \frac{L}{S} + 1$$

$$\left(\frac{\rho_P}{\rho_L} - 1\right)\frac{L}{S} = \left(1 - \frac{\rho_P}{\rho_S}\right)$$

$$\frac{L}{S} = \frac{\rho_L(\rho_S - \rho_P)}{\rho_S(\rho_P - \rho_L)}$$

液固比公式应用在生产中，因固体和母液的密度波动较小可视作不变，由放射性同位素密度计测定出原矿浆的密度，便可以求出 L/S，进而可控制配料操作。

当球磨机的下料量（固体）稳定时，增加液固比即增加循环母液量实际上是增加了原矿浆的配碱量。生产中循环母液可由 3 个点加入：即格子磨、分级机和原矿浆混合槽。磨内液固比和分级机溢流液固比在磨矿操作中要求保持稳定，因而调节原矿浆液固比实际上是靠增减加入原矿浆混合槽内的循环母液量来进行的。

将碎铝按配料要求配入石灰和循环母液磨制成合格的原矿浆。磨矿作业可采用格子型球磨机或管磨机与分级机组成一段闭路磨矿流程。如图 11-3 所示。

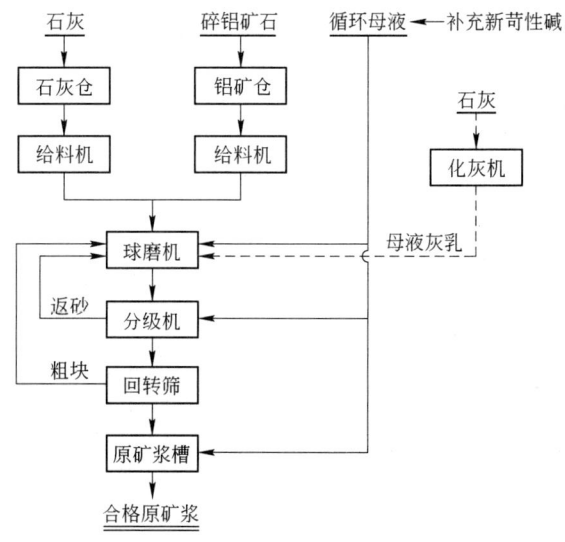

图 11-3　原矿浆磨制流程

按以上流程一般是将石灰采用干法输送到原料磨头储仓中，以供磨制矿浆使用，但此方法飞扬损失严重，污染操作环境。有的工厂则采用循环母液或者氢氧化铝洗液消化石灰后用湿法输送（如图 11-3 上虚线部分）取得了良好效果。

对原矿浆的技术指标的要求，如磨矿粒度、磨机内液固比（L/S）和分级机溢流 L/S 等，是按照所用的铝土矿类型以及溶出装备的类型等来制定。

为了保证原矿浆的细度，应严格控制球磨机内矿浆的液固比，分级机溢流矿浆的液固比和返砂量。

球磨机内如液固比过大，磨内矿浆流动速度加快，矿石得不到充分的研磨；磨内液固比控制过小，虽矿浆在磨内停留时间得到延长，但球磨机的生产率将下降。

分级机溢流矿浆的液固比反映进入分级机的矿浆固含，液固比增加，矿浆固含降低，溢流的粒度将变细，但是液固比也不能过量放大。

返砂量的变化会引起整个磨矿过程的变化。因此，根据经验决定最恰当的返砂量以后，应尽量保持稳定。

磨内液固比和分级机溢流液固比是用循环母液来调节的。

11.1.2.2 铝土矿溶出过程

A 铝土矿溶出过程的工艺

在一般的溶出工序中，先将磨制好的矿浆进行预脱硅。矿浆预脱硅的目的是：使矿浆中易反应的硅矿物，如高岭石等，在常压预脱硅条件下，尽可能多地与铝酸钠溶液发生反应而脱硅，生成钠硅渣析出，减少在高温预热器中因这些矿物的脱硅反应引起钠硅渣在预热器内表面上析出，形成结疤（氧化铝工业术语，即结垢），使设备传热系数降低、能耗增加，设备维修量增加。

预脱硅过程通常在带有升温和搅拌装置的常压预脱硅槽中进行，保证有足够高的预脱硅温度（一般为95~100℃），并保持一定的预脱硅时间（6~10h）。

预脱硅后的矿浆用高压泵泵入矿浆预热系统，矿浆被多级预热器预热至溶出温度后进行保温溶出。溶出后的矿浆经多级自蒸发系统进行自蒸发降温后去稀释沉降系统。矿浆在前若干级的预热，一般是利用溶出后的矿浆在自蒸发系统产生的乏汽作为加热介质，而矿浆最后则是通过新蒸汽作为新热源间接或直接加热至指定的溶出温度，也可以采用熔盐作为新热源间接加热至指定的溶出温度。典型的拜耳法溶出系统流程图如图11-4所示。

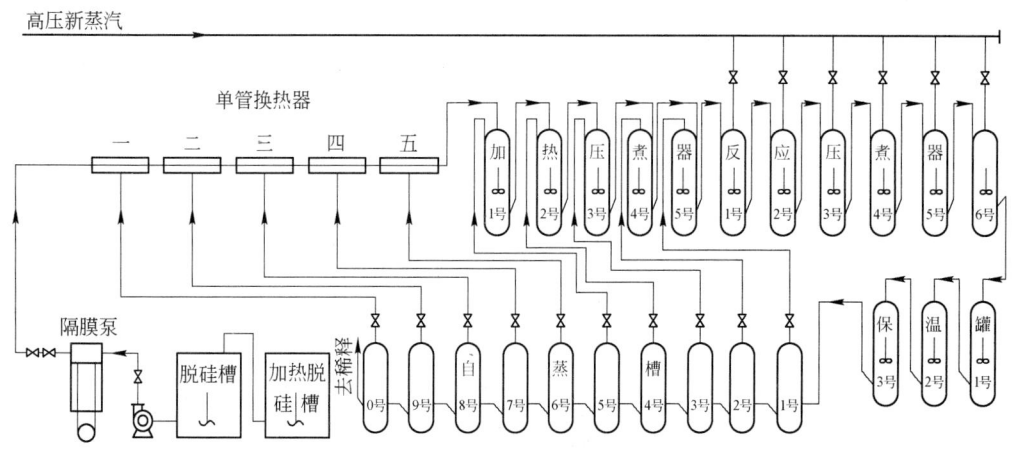

图 11-4 典型的拜耳法溶出系统流程

目前世界上的拜耳法溶出工艺装备系统，主要有蒸汽直接加热高压釜（或称高压溶出器、压煮器）溶出、单管预热—压煮器间接加热溶出、套管（单管或多管）预热—停留罐溶出、管道溶出（套管预热—管道溶出）、套管（单管或多管）分别预热母液和矿浆的双流法溶出等。

蒸汽直接加热高压釜溶出技术由多程预热器和蒸汽直接加热压煮器加保温溶出串联高压釜系列构成。蒸汽直接加热虽然可使设备简化、运行周期延长，但大大增加了蒸发过程的能耗。这类溶出工艺已逐渐被改造或淘汰。

单管预热—压煮器间接加热溶出技术由原法国铝业公司开发,并用于处理一水硬铝石型铝土矿。在该技术中,矿浆由管道预热器预热至150℃左右,然后由在带机械搅拌的溶出高压釜内的蒸汽列管间接加热预热至溶出温度,最后在随后的串联溶出高压釜中完成溶出过程。该技术的溶出温度可达260℃。

管道溶出技术是指采用带套管的管道,可以是单管也可以是多管,进行矿浆的预热,然后在管式溶出器中溶出。德国和匈牙利的科技工作者对管道化溶出技术的开发及工业化作出了重要贡献。

套管(单管或多管)预热—停留罐溶出技术在中国于20世纪80年代得到了开发,并在郑州轻金属研究院氧化铝试验厂进行了工业试验,随后得到了广泛的工业化应用。在该技术中,矿浆由套管预热器预热至溶出温度,然后在不带搅拌的串联停留罐中保温溶出。

以上所有的溶出技术中,溶出后矿浆都经过多级自蒸发器系统,回收高温矿浆的热量,形成多级乏汽,用于溶出前矿浆的多级预热,即得到卸压降温的溶出后矿浆,可进行稀释沉降处理,又合理利用了溶出矿浆中的余热,达到了节能的目的。

铝土矿的类型不同,所需要的溶出条件也不同。即使是同一种类型的铝土矿,因含铝矿物的结晶程度和微观形貌不同,所需要的溶出条件也会有所差别,结晶度差的含铝矿物溶出速度较快。一般而言,三水铝石型铝土矿是最易溶出的一种铝土矿。溶出温度超过85℃,就会有部分三水铝石的溶出,随着温度的升高,三水铝石矿的溶出速度加快。通常情况下,三水铝石矿典型的工业溶出温度为140~165℃,矿浆中的N_k浓度为100~160g/L。在此条件下,矿石中的三水铝石就能迅速地溶解于溶液,满足工业生产的要求。相对三水铝石矿来讲,一水软铝石型铝土矿的溶出条件要苛刻得多,至少需要200℃的溶出温度。为了有较快的反应速度,工业生产上对一水软铝石型铝土矿实际采用的温度一般为220~250℃,N_k浓度一般在180g/L左右,在更高一些的溶出温度下,溶出时间往往不超过15min。在所有类型的铝土矿中,一水硬铝石型铝土矿是最难溶出的。一水硬铝石型铝土矿的溶出通常需要250℃以上的溶出温度,其典型的工业溶出温度为260℃,N_k浓度为200~245g/L,而且溶出时间往往长达1h左右。当然,随着温度的进一步提高,所需的N_K浓度可以适当降低。如在280℃的溶出温度下,母液的苛性碱浓度降至180g/L,即可保证有较快的反应速度。

对混合型的铝土矿来讲,溶出条件的选择应以铝土矿中较难溶出的氧化铝水合物类型为依据。

铝土矿矿浆经拜耳法溶出后,大部分氧化铝进入铝酸钠溶液,不溶性的残渣在氧化铝工业称之为赤泥。一水硬铝石矿生成的赤泥中所含的主要矿物成分有:水合铝硅酸钠(也称钙霞石或钠硅渣)、水化石榴石、赤铁矿、钛酸钙等,也可能有未反应完的一水硬铝石、伊利石等矿物。

B 几种典型的铝土矿溶出工艺

a 单流法溶出工艺

单流法溶出工艺是指用于溶出铝土矿的全部母液与出磨矿浆混合制成原矿浆,用多级自蒸发器的二次汽以及新蒸汽间接(或部分间接)加热到溶出温度,在罐式或管式溶出器中完成母液对矿石中氧化铝的溶出过程。国外新建或扩建改造的氧化铝厂大多采用此种溶出工艺。图 11-4 即为单流法的流程图。

单流法溶出工艺的优点是：单流法在处理硅、钛等矿物含量少、在溶出过程中在加热表面结疤生成速度小及结疤清理较易的铝土矿时，具有工艺流程简单、易操作、易控制、预热过程热利用率较高的优点。

单流法溶出常见的原矿浆预热器有管道预热器、预热压煮器，常见的溶出反应器有管道溶出器、带搅拌的压煮溶出器、溶出停留罐等。通过上述设备的组合，可以形成多种工艺流程，均可称为单流法溶出。

典型的单流法溶出工艺有管道化溶出工艺、单管预热—压煮器间接加热溶出工艺和套管预热—停留罐溶出工艺。其中，套管预热—停留罐溶出工艺是中国自主开发的一水硬铝石矿单流法溶出工艺。

法国单管预热—压煮器间接加热溶出为国外采用的一种典型的单流法工艺。在该工艺中，铝土矿和部分循环母液制备成固含约 300g/L 的矿浆，经预脱硅后用循环母液调配成合格的原矿浆，合格的原矿浆经隔膜泵送入用二次汽加热的五级管式（1 根内管）换热器及用二次汽加热的六级压煮器内由列管式换热器进行预热。预热料浆再进入具有列管式换热器的机械搅拌压煮器，用新蒸汽间接加热到溶出温度并保温溶出。希腊圣尼古拉氧化铝厂即为此类单流法高温溶出工艺流程。该工艺溶出温度最高为 260℃，溶出时间可长达 45 ~ 60min。

德国人 K. Bielfeldt 将管道溶出定义为：溶出过程在管道中进行，且热量通过间接加热管壁传给矿浆。管道溶出工艺的具体特点为：管式反应器制造容易；管道溶出装置没有机械搅拌等运动部件，维护费用低；矿浆紊流程度高，有利于传热；可用化学或高压水方法清洗结疤，清洗速度快；与高压釜相比，管道溶出装置投资减少 20% ~ 40%；用熔盐加热，很容易调整熔盐与矿浆之间的温度差（达 100 ~ 150℃），有利于减少换热面积，不过熔盐加热炉的热效率可能较低。管道溶出工艺通常采用更高的溶出温度，如 280℃，以大大缩短停留溶出时间。但是对于一水硬铝石矿而言，即使溶出温度提高到 280℃，仍需要较长的溶出时间（如 20 ~ 30min），才能完全反应，此时若采用管道反应器，需要大大延长管道长度，导致输送泵的压力过大、磨损加剧。

套管（管道）预热—停留罐溶出工艺是矿浆在套管预热器中快速加热到溶出温度，再在停留罐中充分溶出。在该工艺中，矿浆用高压泵送入预热管道（单管或多管）中，采用自蒸发产生的二次蒸汽预热矿浆，最后用熔盐（或蒸汽等热源）加热矿浆到所需的 260 ~ 280℃的溶出温度，最终在停留罐内完成溶出过程。

套管（管道）预热—停留罐溶出工艺发挥了管式预热器流速快、传热系数高、结疤较轻的优点，配置的串联停留罐则能保证较长的溶出时间。该工艺解决了管道溶出工艺的管道太长、泵头压力高、电耗高等技术难题；而相对于高压釜溶出，该工艺又可以使溶出温度超过 260℃，也不存在机械搅拌密封和结疤清洗困难的缺点；因而较为适合于处理需要较长溶出时间的一水硬铝石型铝土矿。

b   双流法溶出工艺流程

双流法溶出工艺流程是：将用于溶出的碱液分成不等的两部分，仅用其小部分（约 15% ~ 20%）与铝土矿磨制成矿浆制成矿浆流，剩余的大部分碱液为碱液流。两股料流分别经用溶出后矿浆多级自蒸发器的乏汽不同程度地预热；碱液流再经过单独用新蒸汽加热至更高温度。两股料流在串联的压煮器（也可称溶出器）系列中的第一个压煮器中汇合，并在一个或多个压煮器中用新蒸汽直接加热到溶出温度，并在其后的压煮器中完成母液对矿石中氧化铝的溶出过程。

双流法溶出常见的预热器为套管预热器或带有加热装置的压煮器，常见的溶出反应器有压煮器、溶出停留罐等。通过上述设备的组合，可以形成多种双流法溶出工艺流程。

采用双流法优点如下：在双流法溶出工艺中，绝大部分溶出母液不参与制备矿浆而直接进入预热器间接加热。因母液中二氧化硅含量很低，加热过程中硅渣析出量很少，因而大大减轻母液预热器换热表面上的结疤；少量的母液与矿石磨制成高固含矿浆，虽然这部分矿浆与单流法矿浆一样，具备矿石与母液的充分接触的条件。但是，这小部分矿浆可以不进行间接加热或仅加热到不严重形成硅、钛渣结疤的温度，以保证矿浆预热器结疤较为轻微，并具有较高的热交换效率。所以在双流法溶出过程中，不论是母液预热器，还是矿浆预热器换热面的结疤尤其是高温段的结疤速度均可以明显降低。

国外采用双流法的氧化铝厂有低温溶出的奎纳纳（Kwinana）氧化铝厂，还有处理三水铝石——一水软铝石型铝土矿的高温双流法溶出工艺，如澳大利亚昆士兰氧化铝厂（QAL），溶出温度 255℃，溶出时间为 7min。

c　后加矿增浓工艺技术

拜耳法后加矿增浓技术简称后增浓技术（sweetening process）。该技术是将易溶出的铝土矿磨制成矿浆直接泵入拜耳法溶出系统的某级料浆自蒸发器中，利用高温溶出矿浆的余热迅速升温溶出，进一步降低溶出液的 α_K。该技术的主要优点是可以提高拜耳法的循环效率，达到节能增产、降低生产成本的目的。

后加矿增浓技术是在 20 世纪 50 年代由于美国的氧化铝厂处理牙买加的三水铝石和一水软铝石混合型铝土矿而开始得到开发应用。牙买加的高一水软铝石含量的铝土矿首先在170℃下溶出，以溶解一水软铝石，使溶出液 α_K 达到 2.05。然后在随后的溶出器中加入三水铝石矿使氧化铝浓度提高、溶出液 α_K 达到 1.48。

后加矿增浓技术也曾在日本得到了实际应用。在日本的氧化铝厂中，首先在 210℃下溶出澳大利亚韦帕铝土矿，以溶解其中的一水软铝石，并得到 α_K 为 1.82 的溶出料浆，然后料浆经自蒸发冷却到 145℃，并与澳大利亚戈夫或印度尼西亚宾坦三水铝土矿进行增浓溶出，溶出液 α_K 可达到 1.39。

澳大利亚格拉斯通昆士兰氧化铝厂于 1988 年开始利用后加矿增浓技术以提高产出率，溶出温度 255℃。韦帕三水铝石和一水软铝石混矿溶出所得到的 A/C 值（铝酸钠溶液中的 Al_2O_3 浓度与以 Na_2CO_3 计的苛性碱浓度之比，浓度单位为 g/L。$A/C = 0.9623/\alpha_K$）仅为0.696。在溶出后的 180℃下的自蒸发器内加入经预脱硅的三水铝石型铝土矿，使溶出液中的氧化铝浓度提高，A/C 值达到 0.72，即 α_K 为 1.34。

后加矿增浓技术的应用受如下限制：所容许达到的最大氧化铝浓度必须确保在赤泥分离洗涤、叶滤和溶液冷却时，不至于发生氢氧化铝自动水解。如果溶出的氧化铝浓度高于此限制，需要添加或调配母液来降低氧化铝浓度，以控制随后的水解损失。

以一水硬铝石型铝土矿为原料、后加三水铝石型铝土矿的后加矿增浓溶出工艺首先在中国铝业股份有限公司开发成功并实施了产业化，明显提高了分解率和拜耳法循环效率，降低了能耗，取得了良好的技术经济效益。

C 影响铝土矿溶出过程的因素

铝土矿溶出过程是液固多相反应，物理化学过程极其复杂，所以影响溶出过程的因素比较多。这些影响因素可大致分为铝土矿本身的溶出性能和溶出过程工艺条件两个方面。

铝土矿的溶出性能指用碱液溶出其中的 Al_2O_3 的难易程度，其中有反应热力学因素，也有反应动力学因素。结晶物质的溶解从本质上来说是晶格的破坏过程。在拜耳法溶出过程中，氧化铝水合物因 OH^- 进入其晶格而遭到破坏。各种氧化铝水合物正是由于晶形、结构的不同，热力学性质不同，晶格能也不一样，溶出性能差别很大。对于同一类型的铝土矿，其结构形态、杂质含量及其分布状况也会影响铝土矿的溶出性能。所谓结构形态是指矿石表面的外观形态、晶粒大小和结晶度等，这些情况主要表现为影响铝土矿溶出性能的动力学因素。致密的铝土矿几乎没有孔隙和裂缝，它比起疏松多孔的铝土矿来说，溶出性能要差得多。疏松多孔铝土矿在溶出过程中，反应不仅发生在矿粒表面，而且通过碱液渗透到矿粒内部的毛细管和裂缝中而进行。但是铝土矿的外观致密程度与其结晶度的概念并不一样，例如，有时土状矿石由于其中一水硬铝石的晶粒粗大，反而比半土状和致密状铝土矿的溶出性能要差。

铝土矿中的 TiO_2、Fe_2O_3 和 SiO_2 等杂质越多、越分散，氧化铝水合物被其包裹的程度可能就越大，与溶液的接触条件越差，溶出就越困难。

为了确定适宜的拜耳法溶出条件，优化拜耳法溶出过程，国内外大量的学者对各种类型铝土矿溶出过程的动力学进行了系统的研究，掌握了各种因素对铝土矿拜耳法溶出过程的影响规律，为选择适宜的拜耳法溶出条件提供了指导依据。

总的说来，影响溶出过程的主要因素有：铝土矿的矿物组成及结构、溶出温度及时间、矿石粒度、搅拌强度及溶出反应器类型、溶出前后的溶液成分、杂质及添加剂等。下面主要讨论各工艺因素对溶出过程的影响。

a 铝土矿的矿物组成及结构

三水铝石的晶体呈层状，属于单斜晶系，结晶的解理面完整，在溶出时容易破裂。

一水软铝石的晶体呈片状，属于斜方晶系，结晶的解理面完整，晶体遭到破坏时裂为晶层碎片。

一水硬铝石的晶体呈条状，也属于斜方晶系，但结晶没有完整的解理面，晶体遭到破坏时裂为小的晶棒。一水硬铝石晶格间的连接键较一水软铝石牢固得多。

由于结晶物质的溶解过程即晶格的破坏过程，晶格能越大，结晶越稳定，就越难溶解。在拜耳法溶出过程中，铝矿物晶格的破坏是其与氢氧根离子发生反应的结果。铝矿物越容易与氢氧根离子反应，则越容易溶解。这三种矿物结晶的稳定性及其与氢氧根离子反应的困难程度，依下列次序递增：

$$Al(OH)_3（三水铝石）\longrightarrow \gamma\text{-}AlOOH（一水软铝石）\longrightarrow \alpha\text{-}AlOOH（一水硬铝石）$$

b 溶出温度的影响

温度是溶出过程中最主要的影响因素，不仅影响溶出反应的热力学，如反应的平衡浓度、反应的热效应和产物种类等，更重要的是影响反应的动力学过程。

从动力学的角度看，不论反应过程是由化学反应控制或是由扩散控制，温度都是影响反应过程速度的一个重要因素，因为化学反应速度常数和扩散速度常数与温度都有密切的关系，一般的表示式如下：

$$\ln K = -\frac{E}{RT} + C$$

$$D = \frac{1}{3\pi\mu\delta} \times \frac{RT}{N}$$

式中　K——化学反应速度常数；

　　　　E——化学反应的活化能；

　　　　C——常数；

　　　　R——气体常数；

　　　　T——热力学温度，K；

　　　　D——扩散速度常数；

　　　　μ——溶液黏度；

　　　　δ——扩散层厚度；

　　　　N——阿伏伽德罗常数。

　　从上面两个式子可以看出，在升高温度时，化学反应速度常数和扩散速度常数都会增大，因此提高温度对于增加溶出速度都是有利的。当然，通常溶出过程在较低的温度下为化学反应控制，此时温度的影响作用更为强烈。

　　提高温度可以提高溶出反应速度常数，这取决于溶出反应的活化能 E 的大小和温度区间。在溶出反应处于化学反应控制阶段，提高溶出温度对溶出速度影响更大。欧洲一水软铝石型铝土矿的溶出试验的结果表明，采用 Na_2O 浓度为 200g/L 的铝酸钠溶液，温度从 200℃提高到 225℃，法国铝土矿的溶出速度提高 2.5 倍，希腊铝土矿的溶出速度提高 5 倍。其规律是温度每升高 10℃，溶出速度约提高 1.5 倍，溶出设备的产能也因此显著提高。

　　提高温度不仅外扩散层减薄，也可以使内扩散层减薄。因此，从扩散动力学的角度来说，提高温度可以减少扩散层厚度，有利于提高溶出速度。

　　从热力学的角度看，$Na_2O\text{-}Al_2O_3\text{-}H_2O$ 系的溶解度曲线表明，提高温度后，铝土矿中的铝矿物在碱溶液中的溶解度显著增加，溶液的平衡摩尔比明显降低，使用浓度较低的母液就可以得到摩尔比低的溶出液。由于溶出液与循环母液的 Na_2O 浓度差缩小，蒸发负担减轻，使碱的循环效率提高。

　　提高溶出温度对生产过程的好处主要表现在：

　　（1）可以降低溶出液的苛性比，有利于提高循环效率和制取砂状氧化铝。

　　（2）可以加快溶出反应，大大缩短溶出时间。即使是最难溶出的一水硬铝石型矿，当溶出温度超过 300℃时，只要 10min 左右就能完成溶出过程。

　　（3）可以使赤泥结构和沉降性能改善。

　　温度在溶出天然的一水硬铝石型铝土矿时所起的作用比溶出纯一水硬铝石矿物时更加显著。这是因为在溶出铝土矿时，会有钛酸盐和铝硅酸盐保护膜生成，提高温度可使这些保护膜破裂，从而提高溶出速度、获得良好的溶出效果。

　　提高温度使矿石在矿物形态方面的差别所造成的影响趋于消失。例如，在300℃以上的温度下，不论氧化铝水合物的矿物形态如何，大多数铝土矿的溶出过程都可以在几分钟内完成，并得出氧化铝浓度近于饱和的铝酸钠溶液。

拜耳法处理各种类型铝土矿的典型溶出温度是：三水铝石型铝土矿为 125~150℃；一水软铝石型铝土矿为 220~250℃；一水硬铝石型土矿为 260~280℃。

但是，提高溶出温度会使溶液的饱和蒸气压急剧增大，溶出设备和操作方面的困难也随之增加，因而使得提高溶出温度受到限制。图 11-5 所示是在其他条件相同时，广西平果矿有效氧化铝溶出率与溶出温度的关系示意图。

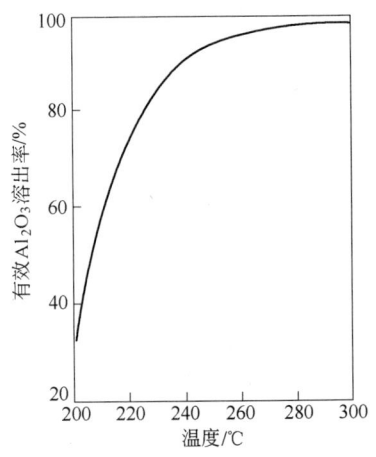

图 11-5 溶出温度对溶出率影响的示意图

c 循环母液碱浓度的影响

从 Na_2O-Al_2O_3-H_2O 系平衡状态图（见图 11-1）可知，在曲线的左支随 Na_2O 浓度增加，Al_2O_3 的平衡浓度也增加，而且铝酸钠溶液中氧化铝的平衡浓度与实际浓度的差值将增加。如在此时溶出，则溶出速度可增加。

循环母液每经过一次循环作业，便可以从铝土矿中提取出一定量的氧化铝。通常将 1L（或 m^3）循环母液在一次作业周期中所生产的氧化铝的克数（或千克数）称为拜耳法的循环效率，以符号 E 表示。以下为循环效率 E 的计算公式的推导过程。

如果假定在生产过程中不发生 Al_2O_3 和 Na_2O 的损失，1L 循环母液的苛性钠含量为 N_K g，在溶出过程中，循环母液的苛性比值由 α_0 变为溶出液的苛性比值 α_K，但是 N_K 的绝对值仍保持不变。根据苛性比值的定义，可以算出 1L 循环母液中的 Al_2O_3 含量为：

$$A_0 = 1.645 \times \frac{N_K}{\alpha_0}$$

而溶出液中的 Al_2O_3 含量为：

$$A_\alpha = 1.645 \times \frac{N_K}{\alpha_K}$$

因此 1L 循环母液在一次作业周期中产生的 Al_2O_3 克数，即循环效率：

$$E = A_\alpha - A_0 = 1.645 \times \frac{N_K}{\alpha_K} - 1.645 \frac{N_K}{\alpha_0}$$

$$= 1.645 N_K \left(\frac{1}{\alpha_K} - \frac{1}{\alpha_0} \right)$$

拜耳法循环效率是拜耳法生产氧化铝的一项基本的技术经济指标。循环效率提高，意味着利用单位容积的循环母液可以产出更多的氧化铝。这样，设备产能都按比例提高，而处理溶液的费用也都按比例降低。由循环效率公式看出，提高 N_K 和 α_0 以及降低 α_K 都可以使循环效率 E 值增大。而影响 E 值的最大因素是 α_K。所以在溶出过程中应尽可能采用提高溶出温度等方法，以达到降低溶出液苛性比值的目的。而在分解过程中则应尽可能提高分解母液的苛性比值。

在工业上，碱液浓度主要是根据溶出温度进行选择。处理一水硬铝石型铝土矿，若用间接加热的高压釜，溶出温度为260℃，则 Na_2O_K 一般为200~245g/L。在管式反应器中，溶出温度可达270~280℃，则 Na_2O_K 可降为160~180g/L。

据 Na_2O-Al_2O_3-H_2O 系平衡状态图，为了获得低苛性比的溶液，可以采用两个途径：提高温度和提高碱液浓度。但是，从动力学角度来看，提高碱浓度的办法是不可取的。这是因为，提高碱浓度后溶液的黏度增加，扩散层变厚，某些情况下可能影响溶出速度。此外，为得到高碱浓度的循环溶液，将会增加蒸发负荷，从而增加汽耗和能耗。

图11-6所示为溶出温度为220℃时碱液浓度对澳大利亚韦帕矿溶出率的影响，从图11-6中可以看出，过分增大碱浓度对 Al_2O_3 的溶出率反而会有一定的负面影响。

d　配料摩尔比的影响

在溶出铝土矿时，物料的配比是按溶出液的摩尔比达到预期的要求计算确定的。预期的溶出液摩尔比称为配料摩尔比。它的数值越高，即对单位质量的矿石需要配入的碱量也越大。由于在溶出过程中的铝酸钠溶液始终保持着一定的未饱和度，所以溶出速度必然加快。但是，提高配料摩尔比必然降低循环效率，增大物料流量。这种关系示于图11-7中。由图11-7可见，当配料摩尔比由1.8降低到1.2时，溶液流量可以减少为原来的50%左右。

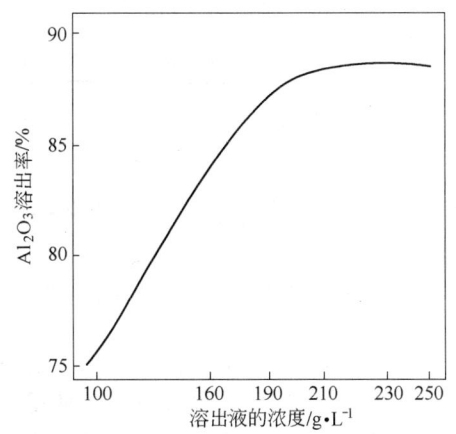

图11-6　碱液浓度对铝土矿溶出率的影响
（溶出温度220℃）

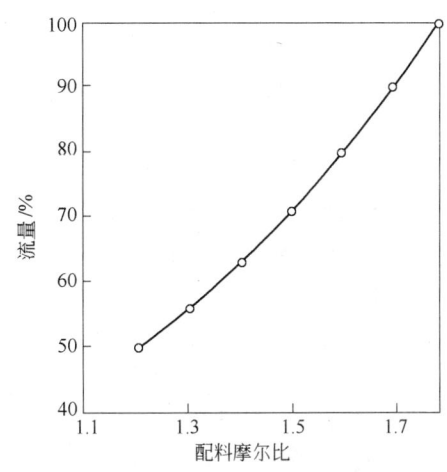

图11-7　配料摩尔比与拜耳法物料流量的关系

从循环碱量（1t Al_2O_3 消耗 Na_2O_K 数，t）公式可以看出循环碱量和配料摩尔比之间的关系：

$$N = 0.608 \frac{\alpha_0 \alpha_a}{\alpha_0 - \alpha_a}$$

式中　　α_0——循环碱液的摩尔比（Na_2O_K：Al_2O_3）；

　　　　α_a——配料摩尔比；

为了降低循环碱量以及提高循环效率，降低配料摩尔比 α_a 比提高循环母液摩尔比的效果更明显。所以在保证 Al_2O_3 的溶出率不明显降低的前提下，生产出摩尔比尽可能低的溶出液是对溶出过程的一项重要指标要求。低摩尔比的溶出液还有利于种分过程的进行以及生产砂状氧化铝产品。

为了提高铝土矿中的 Al_2O_3 的溶出速度、得到较高的溶出率，配料摩尔比要比相同条件下平衡溶液的摩尔比高出 $0.15 \sim 0.20$。随着溶出温度的提高，这个差别可以适当缩小。

由于在工业铝酸钠溶液和铝土矿中含有多种杂质，在溶出过程中可能相互作用，所以实际平衡摩尔比并不完全等同于 Na_2O-Al_2O_3-H_2O 系等温线所示的结果，往往需要通过试验来确定。这种试验可用小型高压溶出器按指定条件溶出铝土矿，并保证充分的溶出时间，使溶出过程尽可能不受动力学条件的限制。在试验过程中，固定循环母液量，逐次增加矿石的配量，以测定溶出结果。当矿石配量很少时，其中的 Al_2O_3 全部溶出后，溶出液仍是未饱和的，其摩尔比高于平衡摩尔比，此时铝土矿中 Al_2O_3 的溶出率则达到了最大值，即所谓的"理论溶出率"。国外将铝土矿在此条件下可以溶出的氧化铝称为有效氧化铝，并按此计算 Al_2O_3 的相对溶出率。当配矿量逐步增加时，溶出液的摩尔比逐渐接近于平衡摩尔比。当配矿量达到一定数量后，矿石中的 Al_2O_3 含量超过了溶液的溶解能力，溶出液将成为 Al_2O_3 的饱和溶液，此时溶液的摩尔比就是在此条件下的平衡摩尔比。矿石中的 Al_2O_3 溶出率随矿石配量的增加逐渐降低。处理各次试验结果，即可得出在此指定条件下的铝酸钠溶液的平衡摩尔比。铝土矿溶出过程的典型特性曲线如图 11-8 所示。

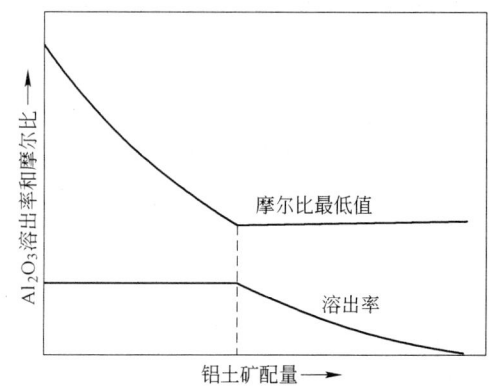

图 11-8　铝土矿溶出过程的典型特性曲线

提高溶出温度可以得到摩尔比低至 $1.4 \sim 1.45$，甚至 1.2 左右的溶出液。为了防止这种低摩尔比的溶出液在进入种分之前发生水解、导致氧化铝损失，可以往第一次赤泥洗涤槽中加入适当数量的种分母液，使稀释后的溶出浆液的摩尔比提高到一定的水平，以保证溶液有足够的稳定性。采取这样的措施可以减少循环母液用量，并减少拜耳法溶出和母液蒸发的蒸汽消耗量。

　　e　铝土矿细磨程度的影响

铝土矿磨矿粒度越细小，其比表面积就越大，因而矿石与溶液接触的面积就越大，即反应的表面积增加。在其他溶出条件相同时，溶出速度就会增加。另外，铝土矿的磨细加工会使原来被杂质包裹的氧化铝水合物充分暴露出来，增加氧化铝的溶出率。溶出三水铝石型铝土矿时，一般不应该磨得很细，因为过磨后可能对溶出产生负面影响。致密难溶的一水硬铝石型铝土矿则要求细磨，以改善溶出效果；然而过分的细磨使磨矿工序的生产费用增加，而且还可能使溶出赤泥变细，造成赤泥分离洗涤的困难。

磨细度对韦帕铝土矿溶出率影响见表 11-1，它是不同细度的韦帕铝土矿在溶出温度为 $220℃$、溶出液 Na_2O 为 $230g/L$ 条件下的溶出结果。从表 11-1 中可以看出，韦帕铝土矿的磨矿粒度过小，溶出效果反而变差。

表 11-1　磨细度对韦帕铝土矿溶出率影响

筛析/%		I	II	III	IV
粒度/mm	>3	10.4	1.4		
	3~1	56.3	22.6	9.7	
	1~1.0	23.2	30.5	54.5	34.3
	<0.09	10.1	25.4	35.8	65.7
溶出率/%		100.2	100.3	99.8	99.2

　　在采用蒸汽直接加热的连续作业拜耳法溶出器组时，粗粒矿石在溶出器中很快沉降而迅速排出，导致该部分矿石的溶出时间远低于平均溶出时间，因而 Al_2O_3 的溶出率显著下降。在采用这种设备处理一水硬铝石型铝土矿时，要求矿石在 100 目筛（0.147mm）上的残留量不超过 10%，160 目筛（0.095mm）上的残留量不超过 20%。

　　f　溶出时间的影响

　　铝土矿溶出过程中，只要 Al_2O_3 的溶出率没有达到最大值，增加溶出时间将提高 Al_2O_3 的溶出率。图 11-9 所示为溶出时间对国内某地区不同粒级铝土矿溶出率的影响。从图中可以看出，在一定的溶出条件下，增加溶出时间能使 Al_2O_3 溶出率增加。

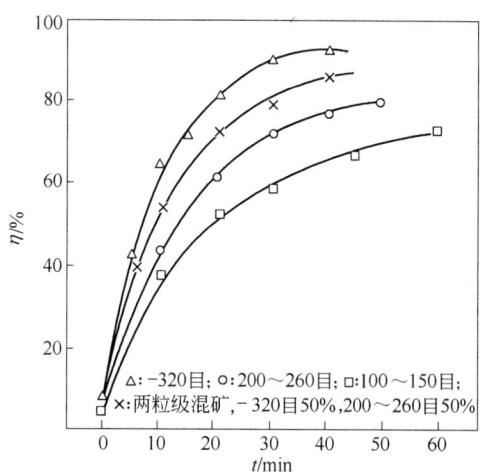

图 11-9　溶出时间对铝土矿
溶出率的影响（248℃）

　　如前所述，如果选择较高的溶出温度，铝土矿的溶出率可以在较短的时间内达到最大值。

　　g　搅拌强度的影响

　　搅拌矿浆的作用首先在于防止固体沉淀，同时也可加快溶出过程。只要矿浆的运动速度大于或等于固体粒子的沉降速度，就不会产生沉淀。加强搅拌还可以加快铝矿物表面碱液的流动速度，加剧固体粒子互相碰撞，促进矿石细化，使矿物表面的扩散层厚度变小，提高溶出反应物和产物的扩散速度，使溶出过程得到强化，在一定程度上可放松对温度、浓度、矿石粒度等溶出条件的要求。

　　多相反应过程是由多个步骤组成，其中扩散步骤的速度方程为：

$$\frac{\mathrm{d}c}{\mathrm{d}\tau} = KF(c_o - c_s) = \frac{F}{3\pi\mu d\delta}\frac{RT}{N}(c_o - c_s)$$

式中　μ——溶液的黏度；

　　　d——扩散质点的直径；

　　　F——相界面面积；

　　　c_o——溶液主体中反应物的浓度；

c_s——反应界面上反应物的浓度；

R——气体常数；

T——绝对温度；

N——阿伏伽德罗常数；

δ——扩散层厚度。

当溶出过程受扩散控制时，提高搅拌强度对加速溶出过程更为有效。

从方程中可以看出，减少扩散层的厚度将会增大扩散速度。强烈的搅拌，不仅可以破坏铝矿物表面的固体覆盖层，而且可减薄铝矿物表面反应扩散层的厚度，使整个溶液成分趋于均匀，从而强化了传质过程。加强搅拌还可以在一定程度上弥补温度、碱浓度、配碱数量和矿石粒度方面的不足。

搅拌强度与溶出器的种类有关。

间接加热高压釜采用机械搅拌装置来搅拌矿浆，除保证固体不沉淀应具有一定的搅拌强度外，还有如下作用：处理三水铝石型铝土矿时，可以实现在低温下强化溶出过程；处理一水软铝石型或一水硬铝石型铝土矿时，可以提高高压釜中的加热器的传热效率。但是要把搅拌强度提得很高会遇到一些困难，例如难于进行搅拌轴的密封和维护（特别是在高温高压下）、增加电耗等。

采用蒸汽直接加热溶出器组溶出时，在前面两个高压釜中通入新蒸汽，对矿浆会产生比较强烈的搅拌作用，在后面的各个高压釜中的矿浆靠压力差而流动，平均流速仅为 $0.015 \sim 0.02\text{m/s}$。由于流速低，湍流程度小，搅拌作用较差。如果增大流速，虽然可以增加搅拌强度，但是物料在高压釜中的平均停留时间将会减少。

在管式溶出器中，矿浆流速为 $1.7 \sim 4\text{m/s}$，雷诺数高达 10^6 数量级，湍流程度高，搅拌作用强烈。

当溶出温度提高到一定程度时，溶出速度由扩散所控制，因而加强搅拌更能够起到强化溶出过程的作用。

此外，提高矿浆的湍流程度也有利于减轻加热表面结疤、改善传热过程，这对间接加热的设备十分重要。矿浆湍流程度高可减少结疤厚度，热交换设备的传热系数可比有结疤时高出数倍。

D　铝土矿中杂质及添加剂对溶出过程的影响

氧化铝生产的实质就是将矿石中的氧化铝与其他杂质分离的过程。铝土矿的成分十分复杂，除铝外还含有多种杂质元素。主要杂质有硅、铁、钛，次要杂质有钙、镁、碳、钠、钾、铬、钒、镓、磷、氟、锌等。在一定的溶出条件下，这些杂质元素及其矿物除与碱作用外，它们相互之间或与反应物、反应产物之间也会发生作用，可能导致改变溶液的成分及性质，或者使铝矿物表面钝化或被覆盖，从而减缓其溶出过程。此外，进入溶液中的杂质还会影响到分离、分解、蒸发等过程的进行。因此，有必要研究这些杂质在溶出过程中的行为及其对溶出过程的影响。

a　含硅矿物

铝土矿中的硅矿物是碱法氧化铝生产中最有害的杂质，包括高岭石、伊利石、绿泥石、叶蜡石、绢云母、长石等铝硅酸盐以及蛋白石、石英及其水合物等矿物。

以高岭石为例，含硅矿物中的 SiO_2 都是按下列反应进入铝酸钠溶液中的：

$$Al_2O_3 \cdot 2SiO_2 \cdot 2H_2O + 6NaOH + aq \longrightarrow 2NaAl(OH)_4 + 2Na_2[H_2SiO_4] + aq$$

当溶液中 SiO_2 浓度超过当时条件下生成的水合铝硅酸钠的介稳浓度时，就会依下式反应析出：

$$xNa_2[H_2SiO_4] + 2NaAl(OH)_4 + aq \longrightarrow Na_2O \cdot Al_2O_3 \cdot xSiO_2 \cdot nH_2O + 2xNaOH + aq$$

硅矿物与铝酸钠溶液的反应能力因其形态、结晶度、溶液成分和温度的不同而不同，不同矿物组成的硅矿物的反应条件也有所不同。

高岭石：分子式为 $Al_2O_3 \cdot 2SiO_2 \cdot 2H_2O$。高岭石在95℃甚至70℃便可与碱溶液较快地反应。结晶度越差的高岭石反应速度越快。

伊利石：分子式为 $KAl_2[(Si、Al)_4O_{10}](OH)_2 \cdot nH_2O$。在150℃以下，伊利石与铝酸钠溶液基本不发生反应；当温度升至180℃以上时，与母液反应速度加快；在250℃条件下，反应极为迅速。但如反应时间不充分，仍可能有少量结晶粗大的伊利石残留在赤泥中。

绿泥石：分子式为 $[Fe_4^{2+}Al_2Si_3O_{10}(OH)_6 \cdot nH_2O]$，其中的 Fe^{2+} 可被 Mg^{2+} 替代。绿泥石在温度为220℃、Na_2O 为200g/L 的母液中仍较稳定。氧化程度越高的绿泥石越稳定，正方晶系绿泥石比单斜晶系绿泥石稳定。

叶蜡石：分子式为 $Al_2(Si_4O_{10})(OH)_2$。叶蜡石用 Na_2O 浓度为230g/L 的母液在150℃的条件下溶出30min，分解率约达到80%；而在260℃下溶出，则可以全部反应。

石英：分子式为 SiO_2。石英的反应能力与粒度有关，大于0.25mm 的石英在180℃下与铝酸钠溶液几乎不反应，而小于0.05mm 的石英则全部反应。在260℃溶出的赤泥中仍可能含有石英。

蛋白石：分子式为 $SiO_2 \cdot nH_2O$。蛋白石的反应活性大，不但容易与 NaOH 溶液反应，甚至能与 Na_2CO_3 溶液反应生成硅酸钠。

含硅矿物对氧化铝生产所造成的危害主要是：

（1）引起氧化铝和氧化钠的损失；

（2）钠硅渣进入氢氧化铝后，降低产品质量；

（3）钠硅渣在生产设备和管道上，特别是在换热表面上析出成为结疤，使传热系数大大降低，增加能耗和清理工作量；

（4）大量钠硅渣的生成增大赤泥量，并且可能成为极分散的细悬浮体，极不利于赤泥的分离和洗涤。

b　含铁矿物

铁矿物是铝土矿中大量存在的杂质。主要包括赤铁矿（α-Fe_2O_3）、针铁矿（α-FeOOH）、纤铁矿（γ-FeOOH）和它们的水合物。此外还有褐铁矿（$Fe_2O_3 \cdot nH_2O$）、胶体氢氧化铁以及磁铁矿（$FeO \cdot Fe_2O_3$）、褐磁赤铁矿（γ-Fe_2O_3）等。黄铁矿多见于一水硬铝石矿，菱铁矿（$FeCO_3$）主要含于三水铝石矿中。在三水铝石矿中的硅胶常含有硅酸铁，折合 Fe_2O_3 计的含量可能达3%～5%。在一水铝石矿中还可能存在含 FeO 的绿泥石。少量的钛铁矿、铬铁矿也可能含于某些铝土矿之中。

含铁矿物在生产中造成的危害：

（1）生成难以滤除的微小氧化铁水合物颗粒，进入氢氧化铝后降低成品质量。

（2）生成大量沉降性能很差的赤泥，使生产难以进行并增大洗水用量。

（3）以类质同晶形态进入针铁矿中的 Al^{3+}，在通常处理一水软铝石矿的条件下很难被提取，使矿石中氧化铝的提取率降低。

（4）一水铝石矿中的黄铁矿（硫化铁）在溶出过程中发生反应，导致溶液中硫含量提高，必须在流程中脱硫以维持生产的正常进行。

c　含钛矿物

铝土矿中常含有 2% ~ 4% 的 TiO_2，通常以锐钛矿、金红石和板钛矿形态存在，有时也出现胶体氧化钛和钛铁矿。钛矿物与碱液的反应能力按无定形氧化钛—锐钛矿—板钛矿—金红石的顺序降低。

无定形氧化钛在铝酸钠溶液中溶解度高，较其他钛矿物活泼，在 100℃ 左右便可以与碱液充分反应。

锐钛矿（TiO_2）是在国内铝土矿中普遍存在的主要含钛矿物，颗粒细小分散，常与一水硬铝石或硅矿物相互包裹。在高温溶出时，锐钛矿很容易参加反应，在 200 ~ 220℃ 下仅30min 就可以基本反应完全。

板钛矿又称钛铁矿（$FeO \cdot TiO_2$），呈叶片状和薄板状，不容易与碱液反应。

金红石（TiO_2）是锐钛矿的同素异晶体，它结晶完好，呈针状、柱状，粒度为2 ~ 20μm。在高温溶出时，通过添加石灰，部分金红石可以发生反应。

在较高温度的铝土矿溶出条件下，如果不添加石灰，TiO_2 最终将生成 $Na_2O \cdot 3TiO_2 \cdot 2H_2O$，此产物经热水洗涤、水解后，成分接近于 $Na_2O \cdot 6TiO_2$。可据此计算 TiO_2 造成的碱损失。当然，在有 CaO 等碱土金属化合物存在的条件下，含钛矿物最终的反应产物为钛酸盐，如钛酸钙 $CaO \cdot TiO_2$ 等。

当 NaOH 溶液含 SiO_2 时，TiO_2 与 NaOH 的反应产物相当于褐硅钠钛矿，其溶解度小，为致密沉淀。但在铝酸钠溶液中，由于 SiO_2 转变为更稳定的水合铝硅酸钠，TiO_2 的反应产物仍为钛酸钠。TiO_2 在铝酸钠溶液中的溶解度很小，添加石灰后生成的产物几乎不溶解，因此成品氧化铝中 TiO_2 含量低于 0.003%。

钛矿物能降低一水硬铝石型铝土矿的溶出率，钛矿物在矿石中越分散，影响越大。针对钛矿物的这种阻碍作用，研究者都以钛酸钠在铝矿物表面生成一层致密的保护膜，隔绝含铝矿物与溶液的接触来解释。根据起阻碍作用的最低 TiO_2 含量和一水硬铝石的表面积来算，这层保护膜的厚度约为 1.8nm，很难由 X 射线衍射和结晶光学方法鉴定，可能只是单分子层或多分子层的化学吸附。三水铝石在钛矿物与铝酸钠溶液反应之前便已溶出完毕，而且此时溶液中游离的 NaOH 浓度大大降低，也削弱了它与钛矿物的反应，所以三水铝石型铝土矿的溶出过程不受钛矿物的阻碍。一水软铝石型铝土矿的溶出过程受到钛矿物反应产物的阻碍作用也较小。

d　含硫矿物

铝土矿中主要含硫矿物是黄铁矿及其异构体白铁矿和胶黄铁矿，也可能存在有少量的硫酸盐。山东、广西、贵州和重庆的部分铝土矿中，特别是某些赋存在地下的铝土矿中的硫含量较高。

（1）硫矿物与溶液的作用。在拜耳法溶出过程中，含硫矿物全部或部分地被碱液分解，致使铝酸盐溶液受到硫的污染。铝土矿中的硫转入溶液的程度与许多因素有关：硫化物和硫酸盐的矿物形态、溶出温度和时间、溶出浓度、铝土矿中其他杂质的含量等。

黄铁矿于160℃时在铝酸钠溶液中开始分解，并随温度和碱浓度的提高而加快反应。白铁矿、磁黄铁矿更易被分解。胶黄铁矿、磁黄铁矿在铝酸盐溶液中是不稳定的，易分解成硫化钠和硫代硫酸钠。

铝土矿中硫的转化率与含硫矿物的性质有关，并随温度的升高、溶出时间的延长和溶液中NaOH浓度的增加而提高。

研究结果表明，用不含硫、Na_2O 浓度为 $150 \sim 300g/L$ 的合成溶液，在 $280 \sim 300℃$ 下溶出北乌拉尔铝土矿（含硫 1.24%），铝土矿中硫在 $5 \sim 10min$ 内的转化率能达 $85\% \sim 90\%$；在 $260℃$ 溶出 $1h$，溶液 Na_2O 浓度为 $210 \sim 240g/L$，硫的转化率下降到 75%，几乎与在 $235℃$ 下用 Na_2O 浓度 $300g/L$ 溶液溶出这种铝土矿 $72h$ 的效果一样。由此可以说明，溶出温度越高，越有利于含硫矿物转化进入溶液。用自身含硫化物的循环母液高温溶出北乌拉尔铝土矿时，硫的转化率也很高，达 $50\% \sim 80\%$，但明显低于相同条件下用不含硫的合成溶液溶出时的转化率。进入溶液中硫的量与溶出温度有密切的关系。用 Na_2O 为 $300g/L$、苛性比为 3.85 的铝酸钠溶液处理黄铁矿精矿的试验表明，在 $230℃$ 下溶出 $20 \sim 30min$，约有 $65\% \sim 70\%$ 的硫进入溶液；温度升到 $300℃$ 时，这一比例提高到 85%，反应 $15min$ 就可达到平衡。

黄铁矿在铝酸钠溶液中进行着十分复杂的氧化还原反应。硫在溶液中主要以 S^{2-} 状态存在，其余为 $S_2O_3^{2-}$、SO_3^{2-}、SO_4^{2-} 及 S_2^{2-}。溶液中的 S_2^{2-} 由于被空气氧化，最后变成为 SO_4^{2-}。硫化钠即使在弱氧化剂（如空气中的氧）作用下，就比较容易被氧化成硫代硫酸钠。在处理硫化物含量高的铝土矿时，只有在强氧化剂作用下，硫代硫酸钠才能继续被氧化成亚硫酸钠。而亚硫酸钠很容易进而被氧化成硫酸钠，因此铝酸盐溶液中亚硫酸钠的浓度比呈其他形态的硫的浓度低。

在拜耳法生产中，母液循环使用，硫逐渐积累达到一定浓度后，在蒸发时以碳钠矾 $2Na_2SO_4 \cdot Na_2CO_3$ 的形式析出，使溶液中硫含量保持在一定的浓度水平。

铝土矿中硫的溶出率还取决于溶液中各种硫化物的含量。随着循环溶液中硫浓度（聚硫化物、硫代酸盐、硫化物中的硫）增加，硫向溶液中的转化率降低。这时黄铁矿的分解率也降低，如图11-10所示。

在铝酸钠溶液中有氧化剂存在的条件下，铝土矿中硫的溶出率可提高 $40\% \sim 60\%$。有关文献报道，铝酸钠溶液中有还原剂存在时，还原剂比氧化剂能在更大程度上强化含硫矿物的溶出过程。

还原剂对硫化物溶出率的影响如图11-11所示。试验所用铝酸钠溶液浓度为 Na_2O 238 g/L、Al_2O_3 115g/L、$S_{总}$ 2.82g/L。从图11-11中可以看出，还原剂可显著增加铝土矿中含硫

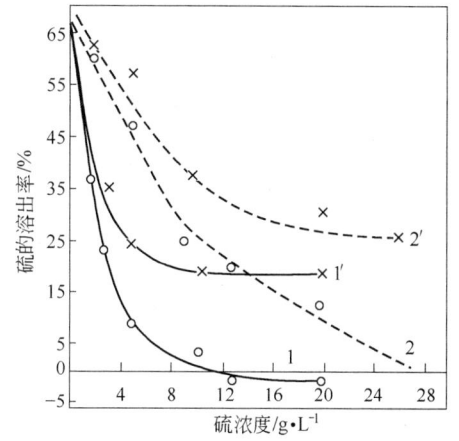

图 11-10 溶出过程（235℃，2h）中铝土矿中全部硫的溶出率（1，2）和黄铁矿的分解率（1′，2′）与循环溶液中 Na_2SO_3（1，1′）和 Na_2S（2，2′）浓度的关系

矿物的溶出。如果无添加剂，硫溶出率为15%，在还原剂添加量达到一定浓度时，如酒精为2.63%、甲醛为3.30%或$SnCl_2$为10g/L，硫的溶出率将增加到71% ~ 90%，即提高了5 ~ 6倍。而添加FeO使硫化物溶出率提高3.4倍。添加这些还原剂还能使赤泥中Na_2O含量降低，赤泥中Na_2O含量最多可降低16% ~ 18%。

溶液中硫的来源除铝土矿中含硫矿物被碱分解外，还可能来自为除杂质锌而加入到溶液中的Na_2S。有些国家的铝土矿，例如牙买加铝土矿常常含有有害杂质锌，由于锌矿物会随铝土矿发生反应，并与氢氧化铝共同析出，使产品氧化铝含锌量超标，因而必须在氧化铝生产过程中除去。现有的除锌工艺是：通过加入硫化钠或硫氢化钠，使铝酸钠溶液中的锌生成硫化锌析出而被控制。但是，由于拜耳法中锌主要是以锌酸盐阴离子存在而不以游离锌阳离子存在，为了使锌保持最低浓度，按化学计量需

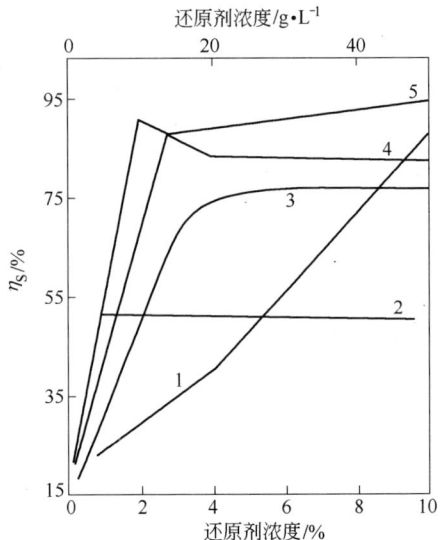

图 11-11　溶出时铝土矿中硫的溶出率
与还原剂种类的关系
1—$FeSO_4$；2—FeO；3—甲醛；
4—$SnCl_2$；5—酒精

要加入过量的可溶硫化盐。这些过量的硫化钠最终会被氧化成硫酸盐，几乎占溶液中硫酸钠含量的一半。

（2）含硫矿物在拜耳法生产中的危害。铝土矿中的硫对氧化铝生产造成如下危害：

1）造成Na_2O和Al_2O_3的损失。相当部分的硫矿物在氧化铝生产过程中转变为硫酸钠，引起铝酸钠溶液中的硫酸钠浓度升高以及过量的碱耗，且不得不将其排出。随溶液中的Na_2S和$Na_2S_2O_3$浓度增大，赤泥中Na_2O含量增加。这是因为当溶液中硫代硫酸钠浓度高于3g/L、硫化物浓度高于5g/L时，可以生成一种含水含硫的铝代硅酸钠的物质$1.25Na_2O \cdot Al_2O_3 \cdot 1.79SiO_2 \cdot 0.15S_2O_3^{2-} \cdot 0.03SO_4^{2-}$进入赤泥，从而造成$Na_2O$和$Al_2O_3$的损失，并降低铝土矿的溶出率。

2）引起蒸发器结疤，降低传热系数，增加能耗。溶液中的硫酸钠在适宜的条件下，以复盐碳钠矾$Na_2CO \cdot 2Na_2SO_4$析出。这种复盐在母液蒸发器和溶出器内生成结疤，导致传热系数的降低。

3）引起产品铁污染，导致氧化铝质量下降。铝酸钠溶液中铁含量也将随S^{2-}浓度的提高而增加。在25℃的铝酸钠溶液中，S^{2-}起着分散剂作用，使铁以胶体状态进入溶液。硫化钠和二硫化钠（Na_2S_2）在高温、高浓度下与氧化铁反应，生成比普通硫化铁更易溶解的水合硫代铁酸钠，甚至以羟基硫代铁酸钠$Na_2[FeS_2(OH)_2] \cdot 2H_2O$的形态进入溶液。羟基硫代铁酸钠的溶解度大于羟基铁酸钠$NaFe(OH)_4$以及硫化铁和多硫化铁。溶液中S^{2-}浓度越高，越能促使羟基硫代铁酸钠生成，并增大其稳定性：

$$2Na_2S + Fe_2O_3 + 5H_2O \Longleftrightarrow Na_2[FeS_2(OH)_2] \cdot 2H_2O + Fe(OH)_2 + 2NaOH$$

在随后的生产条件变化过程中，这些硫代铁酸钠产物变得不稳定，最终从溶液中析

出，进入分解出的 $Al(OH)_3$ 中，造成产品铁污染，导致氧化铝质量下降。

4）加快钢制设备的腐蚀。硫代硫酸钠和二硫化钠等低价硫化物虽然对铁的溶解度无影响，但会加剧铝酸钠溶液中钢的腐蚀，蒸发器组的热交换管道会因此受到强烈的腐蚀作用。当溶液中硫含量由 0.5g/L 增到 4.0g/L 时，设备腐蚀速度显著增加。

铁被腐蚀是由于低价硫化物的氧化作用所造成的，其腐蚀机理如下：硫化钠与铁反应生成可溶的硫代配合物，提高了铁的溶解度，破坏了钢表面的钝化薄膜，使其转变成活化状态。硫代硫酸钠和二硫化钠与金属铁相互反应，把铁氧化成二价态，促进了硫代铁酸根配合物的生成。于是，所有这些形态的硫综合起作用，大大强化了钢在铝酸钠溶液中的腐蚀过程。反应过程可表述为：

$$Fe + Na_2S_2O_3 + 2NaOH \rightleftharpoons Na_2S + Na_2SO_3 + Fe(OH)_2$$

部分 $Fe(OH)_2$ 再被氧化为磁铁矿，还有一部分与 Na_2S 反应生成羟基硫代铁酸钠进入溶液，溶液中铁含量可增至每升数百毫克。

出了以上危害作用外，铝酸钠溶液中硫含量增加还能使矿浆的磨制和分级受到影响，赤泥沉降槽的溢流变得浑浊。

（3）氧化铝生产过程硫的脱除。鉴于硫对氧化铝生产过程的危害，拜耳法要求铝土矿中硫含量标准一般要低于 0.7%，否则必须进行脱硫处理。

目前对于硫含量超标的高硫铝土矿可以选择选矿脱硫方法。也就是，高硫矿通过磨细、选矿脱硫后得到的低硫精矿，可用于氧化铝生产。选矿脱硫通常是采用浮选药剂对铝土矿中的黄铁矿的选择性，进行浮选脱除。中国重庆铝土矿、贵州和广西部分高硫铝土矿都含有以黄铁矿为主的硫矿物，均可以考虑采用选矿的方法脱硫。

对于硫含量较高的铝酸钠溶液也必须进行脱硫，才能保持生产的稳定运行。

目前工业上铝酸钠溶液脱硫的方法有下面几种：一是鼓入空气使硫氧化成 Na_2SO_4，在溶液蒸发时析出。二是添加除硫剂，除硫剂一般是添加锌和钡的化合物。添加锌化合物可以将 S^{2-} 完全脱除，缺点是含锌材料成本高，而且在溶出过程中加锌化合物脱硫，难于回收再循环利用。某些高炉气体净化设备收集的粉尘 ZnO 含量大于 10%，可作为廉价的脱硫材料，但应注意粉尘中其他杂质可能带来污染。

向铝酸钠溶液中添加钡盐可以同时脱去溶液中的 SO_4^{2-}、CO_3^{2-} 和 SiO_3^{2-}，反应如下：

$$Ba^{2+} + SO_4^{2-} + aq \longrightarrow BaSO_4 \downarrow + aq$$
$$Ba^{2+} + CO_3^{2-} + aq \longrightarrow BaCO_3 \downarrow + aq$$
$$Ba^{2+} + SiO_3^{2-} + aq \longrightarrow BaSiO_3 \downarrow + aq$$

$BaSO_4$ 在 25℃ 的溶度积 $K = 1.1 \times 10^{-10}$，$BaCO_3$ 在 25℃ 的溶度积 $K = 5 \times 10^{-6}$。

随钡盐加入量增多，硫酸根、碳酸根、硅酸根离子的脱除率增加，根据不同温度下的溶度积可以计算出各种阴离子在溶液中的平衡浓度。

钡盐脱除溶液中 SO_4^{2-}、CO_3^{2-} 和 SiO_3^{2-}，对蒸发和溶出作业十分有利。

选择对种分母液添加钡盐脱硫较为合理，这不仅可升高母液的摩尔比，提高碱的循环效率，给拜耳法溶出和蒸发作业带来好处，而且由于种分母液中 Al_2O_3 和 SiO_2 含量低，不利于生成钙霞石，减少了氧化铝的损失，提高了钡盐的利用率。选用种分母液脱硫的最佳条件是，温度 80℃ 左右。一般只需对部分溶液进行处理即可满足要求。

如选择对精液脱硫，钡盐消耗量少，而且生成的脱硫渣（$BaCO_3$、$BaSO_4$）量也少，有利于降低脱硫费用。但是在用钡盐对精液脱硫过程中会发生苛化作用，这对随后的分解不利。但是若采用部分精液开路脱硫的方法，可降低不利因素的影响。

钡盐脱硫后得到的硫酸钡等产物，必须进行处理并循环利用。通常的处理方法是加碳或氢氧化铝进行焙烧，得到氧化钡或铝酸钡，重新加入流程用于脱硫。

为解决钢铁设备被硫腐蚀的问题，可以采用碳素钢化学钝化法和使用特种合金钢作设备材料。在生产上最易实现的一种化学钝化法是用含聚硫化钠的碱溶液处理金属表面，此方法适用于蒸发器和分解槽的钝化处理。特种高铬合金钢具有良好的耐硫腐蚀性，其标准如下：铬含量不低于 22%，镍含量应最低，钼的含量为 2% ~3%。

（4）铝酸钠溶液中硫化合物对结晶水合铝硅酸钠成分和结构的影响。各种形态硫化合物，如硫酸盐、亚硫酸盐、硫代硫酸盐和硫化物等，在溶出过程中都可能和铝酸钠溶液以及溶液中的 SiO_2 反应，生成含硫的结晶水合铝硅酸钠。

向铝酸钠溶液中分别加入亚硫酸盐、硫代硫酸盐和硫化钠及硫酸盐时，可以使铝酸钠溶液脱硅析出的水合铝硅酸钠溶液的结构和成分发生改变。对大量试验数据的分析可知，铝酸盐溶液的脱硅与溶液中存在多余含硫阴离子的性质和浓度有关。

各种含硫阴离子在高温下对脱硅深度的影响可以排成如下顺序：

$$Na_2S_2O_3 > Na_2SO_4 > Na_2S > Na_2SO_3$$

水合铝硅酸钠的成分和结构与其结晶时存在的阴离子浓度有很大关系。提高铝酸盐溶液中以硫化物、硫代硫酸盐和硫酸盐形式存在的硫的浓度，会促进钙霞石型水合铝硅酸钠的结晶。当溶液中硫浓度明显增大时，具有钙霞石结构的水合铝硅酸钠就会从含阴离子 $S_2O_3^{2-}$、SO_4^{2-}、S^{2-} 的溶液中结晶出来。在铝酸盐溶液中添加亚硫酸钠 Na_2SO_3，会导致生成类似方钠石的水合铝硅酸钠。这种水合铝硅酸钠具有很大的溶解度，而且浓度增大时不会引起水合铝硅酸钠的结构改变。

当溶液中硫的阴离子浓度不高时，硫酸盐阴离子的脱硅作用比其他所有阴离子的作用都大。溶液中含有大量硫时（$S_总$ 40 ~60g/L），会明显降低溶液中氧化硅的含量，此时添加剂的作用效果按下列顺序增大：$S^{2-} \rightarrow SO_3^{2-} \rightarrow SO_4^{2-} \rightarrow S_2O_3^{2-}$。

提高铝酸盐中硫化合物的浓度，能促进 SiO_2/Al_2O_3 和 Na_2O/Al_2O_3 比值大的水合铝硅酸钠析出，因而所得沉淀中氧化钠含量也增大。

e 有机物

（1）有机物与溶液作用。氧化铝生产过程中有机物的来源主要是铝土矿中含有的有机物。在拜耳法生产氧化铝的过程中，铝土矿中的一部分有机物在溶出过程中被提取而进入溶液，并被分解形成可溶性的有机化合物。

铝土矿中一般都含有有机物。尤其是在红土型三水铝石矿和一水软铝石矿中，通常有机碳含量为 0.2% ~0.4%，一水型铝土矿中有机物含量较低，一般为 0.05% ~0.1%。这些有机物可以分为腐殖酸和沥青两大类。沥青实际不溶解于碱溶液，全部随同赤泥排出。腐殖酸类有机物是铝酸钠溶液有机物的主要来源，它们与碱液反应生成各种腐殖酸钠进入溶液。拜耳法溶液中有机钠盐和碳酸钠的大部分是在铝土矿高温下溶出时，其中的有机物发生分解与循环溶液中的氢氧化钠反应形成的。进入拜耳法溶液中的有机物量，取决于所处理的铝土矿的类型和处理条件。

生产过程中的一些有机物添加剂也是生产系统中有机物的来源。为加速赤泥沉降，需要添加合成或天然的有机絮凝剂，例如丙烯酰胺的共聚物、丙烯酸钠或淀粉。生产设备所使用的诸如润滑剂等有机物也有可能因泄漏而进入生产系统，成为溶液中有机物的一个来源。

在铝酸钠溶液的循环过程中，因有机物不断进入溶液系统，其分解产物的浓度也将增加，直至达到平衡浓度。此时，溶液中的部分有机物可能以草酸盐形式析出，或吸附在赤泥和氢氧化铝产品上而排出生产系统。在具有烧结法流程的氧化铝厂中，大部分有机物可通过烧结过程而燃烧去除。

进入到拜耳法流程中的有机物在经过拜耳法溶出系统时，母液中部分有机物杂质逐渐从高分子化合物分解成低分子化合物，最后形成草酸钠、碳酸钠和其他低分子钠盐。

S. C. Grocott 对澳大利亚达令地区铝土矿溶出的研究结果表明，溶出时各种有机物的分解使约一半有机物进入拜耳法循环流程。在 150℃ 下溶出，铝土矿中的碳化合物的去向分布状态如图 11-12 所示。

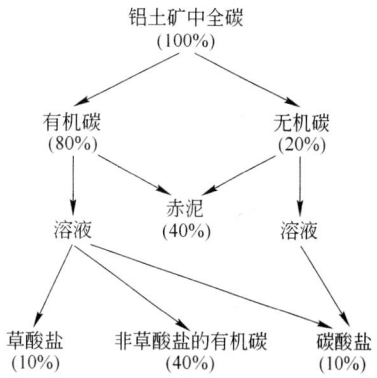

图 11-12　铝土矿中碳的近似质量平衡

溶出温度、溶出时间、碱液浓度对铝土矿溶出及形成有机碳、草酸盐和碳酸盐的影响见表 11-2 ~ 表 11-5。各表中所用铝土矿中的氧化铝含量 32%，总有机碳（TOC）为 0.26%，溶出温度 150℃，时间 30min。EOC 表示可萃有机碳，以单质碳的形式表示。

表 11-2　矿浆浓度对杂质溶出的影响

铝土矿浆浓度 /g·L⁻¹	1t 铝土矿溶出率/kg		
	EOC	Na₂C₂O₄	Na₂CO₃
50	1.29	1.16	4.1
100	1.33	1.38	3.9
150	1.40	1.31	3.8

表 11-3　碱液浓度对杂质溶出的影响

苛性碱浓度	1t 铝土矿溶出率/kg		
	EOC	Na₂C₂O₄	Na₂CO₃
1mol/L（4% NaOH）	1.29	1.17	3.9
2mol/L（8% NaOH）	1.33	1.38	3.9
3mol/L（4% NaOH）	1.38	1.37	3.8

表 11-4 溶出温度对杂质溶出的影响

溶出温度/℃	1t 铝土矿溶出率/kg		
	EOC	$Na_2C_2O_4$	Na_2CO_3
110	1.56	1.16	3.3
150	1.33	1.38	3.9
200	1.32	1.48	4.4

表 11-5 溶出时间对杂质溶出的影响

溶出时间/min	1t 铝土矿溶出率/kg		
	EOC	$Na_2C_2O_4$	Na_2CO_3
0	0.36	1.24	3.6
30	1.33	1.38	3.9
120	1.32	1.42	4.1

对大多数铝土矿来说，在较低的溶出温度下（130～150℃）约5%的有机碳转化为草酸钠，而在高温（220～250℃）下溶出，这一转换率增加1倍。但澳大利亚铝土矿中的有机物转化为草酸钠的数量要高1~2倍。

英国人 N. Brow 根据某氧化铝厂中草酸钠的行为，得到种分分解母液中草酸钠的平衡溶解度的表达式：

$$平衡溶解度 = 7.62(0.012T - 0.016F_s) - 0.011c(CO_3^{2-})$$

式中　　T——溶液温度，℃；

　　　　F_s——溶液中游离碱浓度，g/L(Na_2O)；

　　$c(CO_3^{2-})$——溶液中碳酸盐浓度，g/L(Na_2O)。

在不同氧化铝厂的工业溶液中，草酸钠的含量取决于所处理的原料种类、溶出工艺的特性（浓度、温度）及已有的铝酸盐溶液净化效率。如哈萨克斯坦的帕夫洛达尔（Pavlodar）氧化铝厂和乌克兰的扎波罗热氧化铝厂（Zaporozhye）的氢氧化铝洗液中草酸钠含量分别为1.34g/L、1.19g/L，而在乌克兰的尼古拉耶夫（Nikolayev）氧化铝厂则为3.95g/L。对铝酸钠溶液中草酸钠的分布情况所做的分析证明，草酸钠富集在氢氧化铝洗液中。某些氧化铝厂工业铝酸钠溶液中草酸钠的分布见表11-6。

表 11-6 工业铝酸钠溶液中草酸钠的含量 （g/L）

氧化铝厂名称	溶 液 类 别		
	铝酸盐溶液	母 液	氢氧化铝洗液
尼古拉耶夫氧化铝厂	1.20	0.95	18.42
扎波罗热氧化铝厂	2.68	2.45	3.46

尼古拉耶夫氧化铝厂的草酸钠富集在 Al(OH)₃ 洗液中，而扎波罗热氧化铝厂的蒸发器组洗液里富集了草酸钠，草酸钠的含量为 Na_2O_T 的含量的25%。尼古拉耶夫氧化铝厂

Al(OH)₃洗液中的草酸钠含量较扎波罗热氧化铝厂高出 3~4 倍，但扎波罗热厂铝酸钠溶液和母液中草酸钠的含量却比尼古拉耶夫氧化铝厂几乎要高出 1 倍，其原因可能是由于Al(OH)₃种子过滤过程中二者采用的工艺和设备不同的缘故。

尼古拉耶夫氧化铝厂种分后全部悬浮液都在圆盘真空过滤机上过滤，而未对 Al(OH)₃悬浮液进行预沉降，而扎波罗热厂在过滤工序之前进行了氢氧化铝悬浮液的预沉降，在沉降过程中细氢氧化铝随溢流一同排出到蒸发工序，细粒子 Al(OH)₃中草酸钠含量较高（见表11-7），所以，扎波罗热厂蒸发器组洗液里草酸钠含量较高。

表 11-7 产品 Al(OH)₃ 结晶草酸钠

粒径/μm	草酸钠质量分数/%	粒径/μm	草酸钠质量分数/%
0~32	0.046	63~90	0.032
32~63	0.033	>90	0.027

细粒子中固体草酸钠含量增大的主要原因是：在分解时，较细的 Al(OH)₃ 颗粒夹入或吸附了较多的草酸钠晶体。

在氧化铝生产过程中，溶液在氧化铝生产中的循环使用，其中的有机物逐渐积累，这将使过程的产出率和产能下降，严重影响氧化铝的生产效率和生产成本，并会对产品质量造成不利影响。有机物还会给赤泥分离过程和晶种分解过程的稳定操作带来不利影响。有机物使母液蒸发时析出的一水碳酸钠晶体细化，难于分离。溶液中草酸钠的过饱和程度达到一定水平之后便沉降出细小针状草酸钠。种分过程中，草酸钠与氢氧化铝一起结晶析出，将干扰 Al(OH)₃ 晶体附聚，导致出现晶粒细化现象，同时氢氧化铝的结疤速度增加，给设备清洗和维护带来不便。铝酸钠溶液中有机碳含量每增加 1g/L，Al_2O_3 分解产出率将降低 1~2kg/m³。有机物可使铝酸钠溶液表面张力和黏度增大，并且被 Al(OH)₃ 吸附，使晶种分解和脱硅过程速度降低。成品 Al(OH)₃ 由于吸附了有机物，会略带灰褐色而不适于作填料。焙烧含有有机物的 Al(OH)₃ 而产出的氧化铝产品中的碱含量会上升，产品粒度细化、强度下降。

选矿拜耳法生产氧化铝的过程中，选矿药剂带入的有机物也对分解过程会产生不利影响。随着种分原液中有机物的增加，分解率逐渐下降，产品氧化铝中小于 45μm 粒子含量明显增多。

（2）有机物的清除。铝酸钠溶液中的有机物一般用下述 4 个方法清除：

1）湿法氧化技术——鼓入空气并提高溶出温度以加强其氧化和分解；

2）添加石灰乳脱除氢氧化铝晶种洗液中的草酸钠有机物；

3）向蒸发母液中添加石灰或草酸钠晶种，使有机物吸附或结晶析出；

4）将母液蒸发直至析出一水碳酸钠结晶，部分有机物可被吸附带出，后经焙烧（或烧结）除去。中国氧化铝厂通常采用此方法，有机物排除量为 0.5%~1.5%。

除了上述方法外，还有其他一些排除有机物的方法：

1）蒸发氢氧化铝洗液排除流程中草酸钠。前面已叙述过草酸钠主要富集在拜耳法Al(OH)₃洗液中。将此洗液蒸发，提高其碱浓度，可使部分草酸钠析出排除；

2）向铝酸钠溶液中添加 $MgSO_4$ 去除草酸钠。向总碱浓度 150~160g/L 的铝酸钠溶液中添加 $MgSO_4$，使 $MgSO_4$ 浓度达 5g/L，则草酸钠单位析出量达到 0.5~0.8kg/m³；

3）向铝酸钠溶液中添加草酸钙排除草酸钠。向铝酸钠溶液中添加草酸钙，可使草酸钠在高碱浓度和草酸钠过饱和的溶液中发生沉淀而排出；

4）利用二氧化锰的氧化性，从拜耳法种分母液或 Al(OH)$_3$ 洗液中除去有机物。

鉴于上述方法只能排除草酸钠和碳酸钠而不能清除有机钠盐，日本人 C. Sato 提出一种新的工艺方法——溶液燃烧技术来除去拜耳法溶液中有机物：将氢氧化铝与拜耳法母液充分混合，使混合料浆浓缩，并在130℃下干燥，再经高温焙烧使其中杂质分解，并生成固体铝酸钠。这种方法可有效地排除有机钠盐和与有机钠盐共存的一些杂质，还可以同时排除草酸钠和碳酸钠。焙烧温度越高（1200℃），时间越长，有机物排除的效果就越好。

目前，在世界范围内得以广泛应用的清除有机物的方法是：溶液燃烧技术、湿法氧化技术、添加石灰乳脱除氢氧化铝晶种洗液中的有机物等。其他的清除有机物的方法则由于成本或添加剂来源等方面的原因尚未得到应用。

国内采用混联法或烧结法工艺的氧化铝厂，其溶液中几乎没有有机物的积累问题，因此，国内氧化铝界对铝酸钠溶液中的有机物研究得较少。但是随着国内新建和扩建的氧化铝厂更多地采用拜耳法和选矿拜耳法生产流程，控制溶液中有机物的问题将变得越来越重要。

f　溶出添加剂石灰

目前，在工业上不仅在处理一水硬铝石型铝土矿时需要添加石灰，处理一水软铝石和三水铝石型铝土矿过程中也普遍添加少量石灰。

在一水硬铝石型铝土矿的溶出过程中，添加石灰的作用首先在于消除钛矿物的危害作用。添加石灰避免了钛酸钠的生成及其对一水硬铝石表面的吸附和覆盖，从而消除了 TiO$_2$ 对一水硬铝石溶出的阻滞作用。CaO 能与 TiO$_2$ 生成几种难溶于铝酸钠溶液的化合物。石灰添加量较多时还会生成水化石榴石，分子式可表示为 3CaO · Al$_2$O$_3$ · xSiO$_2$ · (6 - 2x) H$_2$O。当 CaO 配量较少、钛矿物分布非常弥散时，则可能有羟基钛酸钙 CaTiO$_2$(OH)$_2$ 生成。其中最稳定的产物是钛酸钙 CaO · TiO$_2$。

石灰有助于促进针铁矿、铝针铁矿转变为赤铁矿。在三水铝石型铝土矿中通常会含有一定量的铝针铁矿。添加石灰可促进铝针铁矿向赤铁矿转化，使其中以类质同晶形态存在的铝得到溶出。

石灰可减少碱的消耗。加入石灰后，一部分 SiO$_2$ 转变成水化石榴石，以水合铝硅酸钠状态存在的 SiO$_2$ 减少，降低了赤泥中 Na$_2$O/SiO$_2$，从而降低碱耗。关于此问题，将在11. 1. 3. 2 节中详述。

石灰利于消除杂质、使溶液净化。在拜耳法溶出过程中，添加石灰可以使溶液中的磷、钒、铬、氟和有机物等杂质变成相应的钙盐排出，使铝酸钠溶液得到一定程度的净化。石灰添加量越大，越有利于铝酸钠溶液中杂质含量的降低。

石灰可改善赤泥的沉降性能。由于添加石灰促进了针铁矿向赤铁矿的转变，同时也促进了方钠石向钙霞石的转变，因而可使赤泥的沉降性能有明显的改善。

E　铝土矿矿浆预热及溶出过程的设备以及结疤的生成和防治

a　铝土矿溶出过程的主要设备及结疤的生成

铝土矿溶出过程的主要设备包括矿浆预热器和溶出器。

世界上除个别氧化铝厂仍在采用高耗能的蒸汽直接加热方法使矿浆升温外，大多都采用间接加热升温工艺。拜耳法间接加热预热器可分为管式预热器（包括单管套管和多管套管预热器）、列管式预热器（包括普通单程或多程列管式预热器和溶出器内的列管预热器）。

在管式预热器中，加热介质在矿浆管外的套管内流动，而矿浆在内管以柱塞流的形式快速流动且呈激烈的湍流状态，传热面边界层较薄，因而强化了传热过程。同时由于矿浆流的冲刷作用，减缓了矿浆在加热面（管壁）上结疤（即结垢）的生成。

列管式预热器又可分为加热介质在外、矿浆在内的列管式预热器（如多程预热器）和加热介质在内、矿浆在外的列管式预热器（如法国铝业公司技术中的间接加热压煮器）。前者为并联的列管，一旦其中某管内壁产生结疤，则该管内矿浆流动速度变慢，促使结疤速度加快，如此造成恶性循环，直至堵塞。而后者由于是加热介质在列管内流动，结疤只能在加热管外壁生成，这取决于矿浆相对于加热管的流速。这种预热器的结疤处理需采用火烧崩裂和机械等办法清除。

管式预热器和列管式预热器相比，具有管内流速较恒定、结疤较慢的优点。而列管式预热器则传热面积大、矿浆预热时间长。矿浆预热器的运行周期及其主要技术经济指标主要取决于升温过程中加热表面结疤的速度和状况。拜耳法溶出预热器的分类与各种预热器的特点见表11-8。

表 11-8　拜耳法溶出预热器的分类和特点

分　类		管式预热器	列管式预热器	
			加热介质在管外	加热介质在管内
加热介质		自蒸发乏汽、新蒸汽、熔盐（或有机热源）	新蒸汽、乏汽	新蒸汽、乏汽
特点	流动状况	流速快且均匀	平行于管壁并联，流速慢易变	流速慢垂直于管壁
	传热面积	总传热面积小	传热面积大	传热面积大
	传热效率	矿浆不易结疤	矿浆易结疤	矿浆易结疤
	运转周期	相对较长	相对较短	相对较短
	对输送设备要求	压力高	压力低	压力更低

目前世界上拜耳法溶出器有两大类：管式溶出器和压煮溶出器（即高压釜）。

在管式溶出器中，矿浆以几乎没有回混现象的柱塞流形式，边流动边溶出。由于没有回混，溶液碱浓度得到了较充分的利用。在管式溶出工艺中，由于泵和管道长度等因素的限制，溶出时间不可能太长，因而溶出温度必须更高，反过来这又增加了预热的难度。这些制约因素是管式溶出器用于一水硬铝石矿溶出的主要技术障碍。

压煮器类溶出器又可分为带机械搅拌的压煮器和保温溶出罐两种类型。可以近似认为，带桨式机械搅拌的溶出器内的矿浆以全回混的形式流动，矿浆中的大小颗粒以均等的机会运动，基本上不存在无搅拌的保温溶出罐中由于大颗粒矿沉降造成的"短路"现象。但由于全回混，矿浆的浓度优势得不到发挥，矿浆一进入某溶出器，马上降到该溶出器内已有的溶液浓度，因而减慢了溶出速度。显然这一类溶出器的溶出效果与同等体积的管式溶出器有较大差距。但其优点是易于通过增大溶出器容积，大大增加矿浆的平均溶出时间，而对泵的压力不会造成明显影响。

　　在一般无搅拌的保温溶出罐内，矿浆以 $1\sim3cm/s$ 的平均流速自上而下缓慢运动，矿石中的粗粒子在重力的作用下迅速下沉而排出，导致"短路"现象，即粗矿粒的溶出时间大大少于平均停留时间；而细矿粒运动的相对速度较小，反应时间反而加长，形成不合理的粒度对溶出时间的分布状况。因而这类溶出器的溶液浓度的利用率较差。

　　综上所述，管式溶出器在相同的平均反应时间及反应温度条件下，溶出效果最佳。但管道装置不可能提供较长的停留时间，输送设备条件要求也相对较高；少量的结疤生成，就会使矿浆的停留时间有明显的缩短。而压煮器类溶出器的平均反应停留时间及结疤容量则允许很大，少量的结疤不会构成对平均停留时间的明显影响。因而压煮器类溶出器可具有较长的溶出时间及结疤清理周期，矿浆运动总阻力也较管道化溶出器小，因而对高压喂料泵等设备的要求也相对较低。各种拜耳法溶出器的分类与特点见表11-9。

表 11-9　各种拜耳法溶出器的分类与特点

分　类	管　式	串联压煮器（保温溶出器）	
		无搅拌	有机械搅拌
矿浆流动方式	柱塞流	不均匀流动	全回混
溶出平均时间	短	长	长
对输送泵的压力要求	大	小	小
溶出时间分布	相同，无分布	极不均匀	均匀，但有一定分布
溶出碱浓度	变化（从大到小）	不均匀，有短路	各压煮器内近似相同
结疤对溶出时间的影响	大	小	小

　　b　铝土矿溶出过程结疤的研究和防治

　　在研究开发拜耳法溶出技术，特别是在研究开发一水硬铝石型铝土矿拜耳法溶出技术的过程中，必须优先考虑结疤问题。拜耳法矿浆在预热升温和溶出过程中的结疤问题是顺利实现间接加热、强化溶出的主要障碍，是影响系统运转率的主要因素之一。由美国能源部、澳大利亚工业科学及资源部等政府部门支持、国际上多家铝业公司参与制订的氧化铝技术发展路线图（alumina technology roadmap）提出了未来氧化铝工业所需要的 12 项重大技术中就包括结疤的控制，并指出结疤过程的机理及防治研究是拜耳法过程化学问题的主要研究领域之一。

　　为进一步降低能耗，提高运转率，必须深入研究结疤的矿物组成及化学组成、结疤的形成机理以及结疤的防治方法等。

　　（1）拜耳法矿浆预热过程中结疤主要矿物组成。拜耳法矿浆预热过程中形成的结疤与铝土矿和添加剂的矿物组成、预热过程的工艺条件都有关系。较为常见的结疤矿物成分有含硅矿物、含钛矿物、含镁矿物、含铝矿物、含铁矿物及磷酸盐等。

　　铝土矿中的含硅矿物主要有高岭石、伊利石、叶蜡石和绿泥石等。而含硅矿物结疤主要是由铝土矿中的含硅矿物在铝酸钠溶液中溶解以及矿浆的脱硅反应所造成，其主要成分为钠硅渣和水化石榴石等。含硅矿物结疤的结晶形态与含硅矿物种类和分布状况、预热温度、矿浆溶液组成等因素有关。结疤中含硅矿物的化学成分也相当复杂。

　　含钛矿物结疤是铝土矿中的含钛矿物（锐钛矿、金红石等）在矿浆预热过程中与添加剂石灰、其他矿物及溶液反应而生成。其主要成分为钛酸钙（$CaTiO_3$）、羟基钛酸钙

$[CaTi_2O_4(OH)_2]$以及其他含钛的复杂化合物。

含镁矿物结疤的主要成分为$Mg(OH)_2$和水合铝硅酸镁$[(Mg_{6-x}Al_x)(Si_{4-x}Al_x)O_{10}(OH)_8]$。矿浆中含镁矿物的主要来源是添加剂石灰和铝土矿中所含有的MgO或其他镁化合物。当预热矿浆中MgO含量较高时，也可能会出现$Mg_6Al_2CO_3(OH)_{16}\cdot4H_2O$（水合羟基碳酸铝镁）结疤。

由于某些地区的铝土矿中含有一定量的磷，在矿浆的预热过程中磷首先进入溶液，然后再以磷酸盐的形式析出，如羟基磷灰石$[Ca_5(PO_4)_3(OH)]$等。这些产物若沉积于器壁上，则会形成磷酸盐结疤。

此外，结疤中有时会含有少量的一水硬铝石和含铁矿物（如赤铁矿）等。结疤中少量的一水硬铝石可能是料浆中未被溶出的一水硬铝石颗粒，在随物料流动的过程中黏附在器壁上的结果。结疤中所含的铁矿物可能是由于矿浆流速或者流动状态不尽合理，致使矿浆中的部分铁矿物颗粒随结疤共同沉积在预热器表面所形成。另外，矿浆中铁盐会水解成Fe^{2+}和Fe^{3+}的氢氧化物，也有可能沉积于器壁上形成含铁矿物结疤。

结疤的实际矿物组成极其复杂，如在中国某厂拜耳法系统格子磨分级机上所生成的结疤中曾发现有$Na_2SO_4\cdot NaF$，这是由于所用的铝土矿和碱液中含有氟化物，在适宜的条件下反应生成此复合盐。许多文献报道，类质同相取代在结疤物相组成中普遍存在，如在钠硅渣结疤中通常会含有铁、钛等元素，而在钙钛矿结疤中有时会含有相当量的锆、铌和钇。

（2）矿浆预热过程中结疤生成的机理。由于结疤过程的复杂性，对矿浆预热过程中结疤形成机理的研究还处在探索阶段。结疤的形成通常可以分为两种类型。

第一种类型是由于矿浆在预热升温过程中液相中过饱和物质的析出反应所造成。如果这些过饱和物质的析出反应在赤泥颗粒表面或者在液相中发生，则析出产物将成为赤泥的组成部分，如果析出反应在器壁表面发生，便可能形成结疤。钠硅渣结疤、$Mg(OH)_2$结疤以及钙钛矿结疤等均属于此类型。

第二种类型是由于矿浆流速或者流动状态不尽合理致使矿浆中的部分矿物颗粒被黏附于器壁表面而生成结疤。结疤中的一水硬铝石以及部分铁矿物属于此类型。

矿浆预热器表面上结疤的生成在很大程度上取决于铝土矿浆中随温度升高而进行的化学反应。许多研究者对结疤生成的机理进行了研究，基于不同的试验数据以及脱硅产物析出反应的热力学与动力学理论假设，得到了多种结疤生成速度的经验关系式。但这些关系式都未能真正揭示结疤生成的机理和规律。

1976年，苏联学者曾根据工业试验的结果，提出了不同温度范围内各种铝土矿浆的结疤的生成与温度之间的经验公式；之后又求得不同温度范围内各种矿浆预热时生成结疤的表观活化能，并据此将在不同温度区的结疤过程分为动力学控制过程或者扩散控制过程。在动力学控制过程中，结疤生成速度较慢。因此在制定减缓结疤生成的技术方案时，应优先考虑扩散过程的影响规律。

研究结果表明，在矿浆加热过程中加入赤泥晶种，有利于降低加热表面的结疤速度。在未湿润或湿润不良的器壁上难于结疤，而在湿润良好的器壁上易于结疤。

曹蓉江认为，结疤在管道或容器的表面进行，属于非均相反应，在判断结疤的组成时应考虑如下3点：

1）由于界面区域的介电常数远低于溶液的介电常数，则界面沉积物的溶解度小于溶液中相同组成的沉积物的溶度积；

2）表面化学组成的转化；

3）元素之间的相互取代。

郑州轻金属研究院的工业试验结果证实：在矿浆加热过程中，中间保温脱硅是降低预热面结疤生成速度的有效方法。这主要是由于采取中间保温处理，可将生成结疤的化学反应限定在中间停留过程，而在随后的加热过程中不再产生大量结疤反应。

c　影响矿浆预热及溶出过程结疤生成的因素

影响矿浆预热及溶出过程结疤生成速度的主要工艺因素包括矿浆组成、矿浆流速、预热温度以及石灰添加等。

矿浆的组成包括铝土矿的矿物组成和母液浓度等，对结疤的生成速度具有重要的影响。不同矿区的铝土矿中含硅矿物等含量不同，且其中的各种矿物种类也不完全相同，因而在拜耳法预热及溶出过程中的反应行为以及结疤的行为有所不同。如果铝土矿中的含硅矿物以高岭石为主，则经过充分的矿浆预脱硅后，大部分高岭石已经反应转化为脱硅产物，在矿浆的预热及溶出过程中缺少结疤的物质来源，预热面结疤的生成速度就会明显降低。某些铝土矿中的含硅矿物以伊利石、叶蜡石和绿泥石等含硅矿物为主。这些矿物在矿浆预脱硅过程中几乎不发生反应，而在矿浆的预热及溶出过程中，特别是在较高的预热温度段，才有较快反应速度，导致在高温预热段结疤的生成速度较快。铝土矿浆预热结疤过程，与矿浆中的固体含量、溶液成分以及矿浆中杂质矿物的反应行为等均有密切关系。

铝土矿浆预热过程中的结疤过程，还和矿浆的流动状态直接相关。矿浆流动速度对加热表面附近的滞流层厚度、矿浆内部沿横截面方向的浓度梯度和温度梯度影响很大。加大流速必然导致加快传热，减缓因局部高温或浓度差引起的硅矿物局部快速溶解析出，因而有利于减缓结疤。同时含有大量细小又坚硬的一水硬铝石颗粒在矿浆快速流动时，对已形成的结疤具有一定的冲刷作用。

系统温度不仅会影响到杂质矿物的平衡浓度和反应速度，同时还会影响到结疤矿物的平衡固相及其析出反应速度。以含硅矿物为例，在矿浆的预脱硅过程中，高岭石首先发生如下的脱硅反应：

$$Al_2O_3 \cdot 2SiO_2 \cdot 2H_2O + 6OH^- + aq \longrightarrow 2Al(OH)_4^- + 2[H_2SiO_4^{2-}] + aq$$

当溶液中的 SiO_2 浓度升高，并超过最大介稳浓度后，开始析出水合铝硅酸钠和水化石榴石，使 SiO_2 浓度逐渐趋于饱和，同时这些脱硅产物在后续的预热过程中可作为晶种，加快矿浆内的脱硅反应。

在矿浆预热温度升高至150℃左右时，叶蜡石类矿物开始大量反应，使溶液中的 SiO_2 过饱和度迅速增加，相应析出一轮脱硅产物。

当矿浆继续升温至180℃以上时，伊利石类矿物加快了反应，推动溶液内 SiO_2 浓度的升高，并析出新一轮脱硅产物。伊利石在铝酸钠溶液中的溶解和高岭石的溶解有相同的情形，首先是 OH^- 在伊利石表面反应生成 K^+、$H_2SiO_4^{2-}$ 及 $Al(OH)_4^-$ 等离子。溶液中的 $H_2SiO_4^{2-}$ 等离子浓度提高后，会析出脱硅产物，并反过来对伊利石的溶解起到抑制作用。在该反应过程中，表面化学反应是决定性步骤。

随着预热温度的继续升高，其他一些难溶的硅矿物如石英、鲕绿泥石等也会陆续参与反应，并相应析出脱硅产物。

若这些脱硅产物的析出反应在加热表面上进行，则可能形成硅矿物结疤。

铝酸钠溶液中的脱硅反应速度可表述为：

$$-dc(SiO_2)/dt = K(c(SiO_2) - c(SiO_2)_e)^n$$

式中　$c(SiO_2)$——母液中的实际 SiO_2 浓度；

　　　$c(SiO_2)_e$——母液中的平衡 SiO_2 浓度；

　　　　t——时间；

　　　　K——反应速度常数；

　　　　n——反应级数。

大多数的研究结果表明脱硅反应为二级反应，即 $n=2$。不同的研究者对 K 值的表达式有不同的结论，但对 K 值和温度之间关系的研究结果却是一致的，即随着温度的升高，K 值迅速增大。

T. Oku 及 K. Yamada 给出的 K 值表达式为：

$$K = \exp(26.376 - 14.44 \times 10^{-3}A - 10960/T)$$

式中　T——绝对温度；

　　　A——氧化铝浓度，g/L。

M. Delgado 也给出了系数 K 值和温度之间的关系。

中国一水硬铝石型铝土矿矿浆预热阶段的结疤状况和物相组成如下：当预热温度为 170℃ 以下：结疤轻微，主要结疤成分是氢氧化镁，方钠石和水合硅铝酸镁等；当预热温度为 170~220℃：结疤较轻，主要结疤物质是氢氧化镁、羟基钛酸钙，水合硅铝酸镁、钙霞石等；当预热温度为 220℃ 以上：结疤较严重，主要结疤物质是钙钛矿，次要的是钙霞石、水合硅铝酸镁等。

矿浆与器壁的温度差越大，结疤速度则越快。由于在加热面矿浆一侧存在温度梯度，在接近加热面处的温度比矿浆平均温度高，加热面内外温度差越高，这一温度梯度越大，导致管壁附近形成高温反应区，加快了此区域硅矿物的溶解反应，导致局部过饱和度大大增加；同时由于局部温度高，表面析出反应的速度常数变大，因而加快了结疤反应速度。

(1) 减缓结疤生成的工艺方法。开发适合不同铝土矿资源和工艺条件、低成本的结疤防治方法，是结疤研究的主要目标之一。

1) 采用化学反应的方法减缓结疤。对矿浆进行充分的常压预脱硅，是防止矿浆在预热及溶出过程中结疤的有效方法。但是，在某些一水硬铝石型的铝土矿中含有伊利石、叶蜡石等难以预脱硅的硅矿物，常压预脱硅方法就不能减缓此类硅矿物的结疤。在母液蒸发过程中，对母液进行充分的脱硅以及多效蒸发器采用逆流作业，可有效地避免母液蒸发过程中硅矿物结疤的生成。

在矿浆加热过程中，采用中间保温脱硅技术，是降低结疤生成速度的一种有效方法。这主要是为矿浆提供一段中间停留反应时间，使杂质矿物在保温停留期间充分反应，不再在后续的预热过程中反应析出、生成结疤。

为较好解决矿浆预热过程的结疤问题，匈牙利人曾提出过三管双流法的技术路线。所谓的三管双流法，就是将拜耳法料浆分成母液流、矿浆流及加有水化石榴石的矿浆流，通过三股料流在管道中的周期性交换，母液流可几乎完全溶掉前一周期中矿浆流预热管道中的方钠石结疤，以达到有效防止预热过程中硅矿物结疤的生成。

根据铝土矿的矿物组成，采用主要成分为水化石榴石的赤泥作为添加剂，可以减缓结疤的生成，还可以改善赤泥的沉降性能，因而是一种有效的工艺作业方式。在一水硬铝石矿的拜耳法溶出过程中，当有足够的 MgO 和 Fe_2O_3 存在时，TiO_2 会进入水化石榴石和铁铝酸镁中，取代部分的 SiO_2 进入赤泥，从而可降低结疤的速度，这一结论已被半工业试验所证实。

2）利用物理和机械的方法减缓结疤。在矿浆流速较低时，赤泥会沉积在器壁，形成结疤，因此应选择合适的矿浆流速。

结疤速度还随着加热表面两侧的温差，即加热介质与原矿浆之间的温度差的增大而增加，因此，增加预热器的级数也可以减缓结疤的生成。

在匈牙利某氧化铝厂的拜耳法溶出器内采用了螺旋管式加热器。由于温差的影响，预热器处在慢膨胀和快振动之中，可使结疤速度下降，原有结疤也易于因此而碎裂排出。

利用电场、磁场及超声波等外场作用，也可能达到有效减缓结疤过程的目的。

（2）结疤的清除。根据结疤成分和性质的不同以及预热溶出设备的类型及特点，可以选用不同的结疤清除方法。这些方法主要包括机械法、流体力学法、化学法及热法。

1）机械清除法。此方法主要用于清除大容积设备和管道内的结疤。可以采用铣刀用风动装置经软管驱动，穿过每根热交换管破碎结疤，然后用水将其冲洗掉。也可以用硬质合金制作的风钻，经组装的空心钻杆风动驱动，空心钻杆内通水，钻头往复运动清除结疤。

机械清除法所用设备较为复杂，使用时操作劳动强度也较大。

2）流体力学清除法。用特制的喷头喷射出高压水流冲击结疤，能够有效地将其清除。此法已广泛用于清除管式换热器中的结疤。

流体力学清除法清除结疤的过程如下：把带胶管的喷头放入管内，开水泵后，高压水经喷头上的小孔向四周并稍后的方向喷射，一方面击碎结疤，一方面自动缓慢前进，直至全管清除完毕。

喷射过程中水流的直径和水力参数不断变化。可将喷出的水流分为三段：出喷嘴时的水流，而后被空气分割成数股小的水流，最后变成一束水流。一般是用中间段来冲击结疤。

影响水流冲击结疤的主要因素有：

第一，结疤性质：物质组成、结构、硬度、脆性、气孔率、透水性等；

第二，液压特性：压力、流量；

第三，技术特性：水流移动速度、喷嘴与物体的距离及相对角度。

为了灵活、安全地操作高压喷嘴，必须采用有足够强度的高压软管。

近年，在工业上还成功地运用了一种特殊的流体力学清除法。将预热器排出的蒸汽-冷凝水混合物送入结疤管中，利用冷凝水自蒸发产生的高速、高温汽水混合物来冲洗结疤。这种方法对清除低温硅渣结疤较为有效。

3）化学清除法。化学清除法的基本过程是，某些结疤物质先进行全部或部分化学溶解、打碎结疤、随溶剂流带出结疤碎块。为了得到好的清除效果，除选择合适的循环运行的溶剂外，还应具有较高的清洗流速和温度。

化学清除法包括碱清除法和酸清除法。碱清除法主要用于清除氢氧化铝和纯碱类结疤，其效果主要决定于结疤中氢氧化铝和纯碱的含量、结疤的致密性以及碱液的流速。酸清除法被广泛用于氧化铝厂。对于硅渣结疤和镁渣结疤，可以用 5% ~15% 的硫酸或 10% 的盐酸清洗，若同时添加氟化盐，则清洗效果更好。对于高温钛渣结疤，还应在酸中加入 1.5% ~2.5% 的氢氟酸。为了避免氟化氢的毒害，也可以用氟化钠代替，但清洗效果要差些。不含氟化物的酸处理结疤时，是由表及里一层层的溶解、破碎；含氟化物的酸处理结疤时，是先在结疤表面上出现孔洞，然后是孔的扩大和加深使结疤破碎。

与机械清除法和水力学清除法相比，化学清除法的主要优点是：不需要拆卸被清洗结疤的设备，对难以触及的地方也能清理，清除效率高、成本低、劳动强度小。缺点是需要添加除结疤的溶剂，这不仅增加了成本，某些溶剂还会对生产设备产生腐蚀。为了防止酸腐蚀设备，一般要加入若丁作缓蚀剂，其用量为酸液量的 0.5% ~1.0% 。同时需要控制酸洗温度不超过 75℃ 。

4）热法。热法又称火法，是用火焰将金属壁或结疤加热，利用两者线膨胀系数不同，而使结疤崩碎脱落。这种方法的缺点是，当设备内有多层加热管时，内层结疤无法清理。此外，由于结疤厚薄不匀，容易烧坏金属管。操作也较困难。

将金属壁加热到 300 ~400℃ ，可使凹形内表面上的结疤急剧崩碎。这种方法只适合用于清除弯头等小型零部件上的结疤。

11.1.2.3　溶出料浆的稀释与分离洗涤

A　溶出料浆的稀释

溶出料浆在赤泥分离之前需用赤泥洗液稀释，料浆稀释的作用如下：

（1）降低溶液浓度，便于晶种分解。溶出后的铝酸钠溶液浓度和稳定性高，不能直接进行晶种分解，必须通过稀释，降低铝酸钠溶液的稳定性；另外，赤泥洗液所含的 Al_2O_3 和相应数量的碱必须在稀释过程中得到回收。用赤泥洗液稀释拜耳法溶出的赤泥浆液则满足了上述两方面的要求。

（2）提高铝酸钠溶液的硅量指数。在溶出过程中虽然也进行了脱硅反应，但由于溶液浓度高，铝硅酸钠的溶解度大，溶出液的硅量指数（即溶液中的氧化铝与氧化硅浓度之比，Al_2O_3/SiO_2）仍然较低，不能满足晶种分解对溶液纯度的要求。稀释可以使溶液进一步脱硅。随着溶液浓度的降低，SiO_2 平衡浓度也会相应降低，而且溶出浆液中含有相当数量的铝硅酸钠晶种，在动力学上有利于过饱和 SiO_2 的析出。稀释后的溶出浆液在 100℃ 左右的温度下搅拌 2 ~6h 后，溶液的硅量指数可升高到 300 左右。

（3）提高赤泥分离效率。溶出浆液黏度很大，难于直接采用常压沉降的方法进行分离。通过稀释，使铝酸钠溶液的浓度、黏度和密度下降，同时也使赤泥的溶剂化程度降低，促进了赤泥粒子的聚结，因而大大提高赤泥的分离效率。

（4）便于沉降槽的操作。生产中拜耳法溶出浆液的成分会有所波动，通过稀释的调节，可以减小这种浓度的波动幅度，有利于沉降槽作业平稳进行。

拜耳法溶出浆液合理的稀释浓度，必须进行系统的试验和设计来确定。如果溶液浓度太高，将影响赤泥分离洗涤效果，降低种分速度，难于得到强度大、粒度较粗的氢氧化铝，并且也不利于氢氧化铝和母液的分离。如溶液浓度低，则使整个湿法系统物料流量增加，设备产能降低，能耗和其他各项消耗指标相应提高。

B　赤泥沉降分离工艺

铝土矿溶出料浆由铝酸钠溶液和赤泥组成，必须将两者分离，以获得符合晶种分解要求的纯净溶液。分离后的赤泥要经过洗涤，尽可能减少赤泥中附液所带走的 Na_2O 和 Al_2O_3 损失。

目前，拜耳法氧化铝厂基本上都是采用沉降槽分离和洗涤拜耳法溶出赤泥。分离沉降槽底流一般进入洗涤沉降槽系统，经数次（如 4 次）反向沉降洗涤，外排弃赤泥附液中的 Na_2O 损失一般为干赤泥量的 0.2% ~ 2%。当拜耳法赤泥还要经过烧结法处理时，洗涤要求可适当放宽。某些氧化铝厂在沉降槽底流经若干次沉降洗涤后，底流再用真空转鼓过滤机过滤并洗涤，最终完成赤泥的洗涤过程。洗涤后的赤泥用泵输送至赤泥堆场。

拜耳法赤泥分离洗涤的原则流程如图 11-13 所示。

拜耳法赤泥分离洗涤一般包括以下几个步骤：

（1）溶出料浆稀释：溶出并经自蒸发后的料浆用赤泥洗液稀释，以便于沉降分离和溶液脱硅，满足种分对溶液浓度和纯度（SiO_2 含量）的要求。

（2）沉降分离：稀释后的溶出料浆加入絮凝剂后进入沉降槽，以分离出其中的赤泥。沉降槽溢流（粗液）中的浮游物含量应小于 0.2g/L，以满足叶滤机精制的进料要求，减少操作费用。

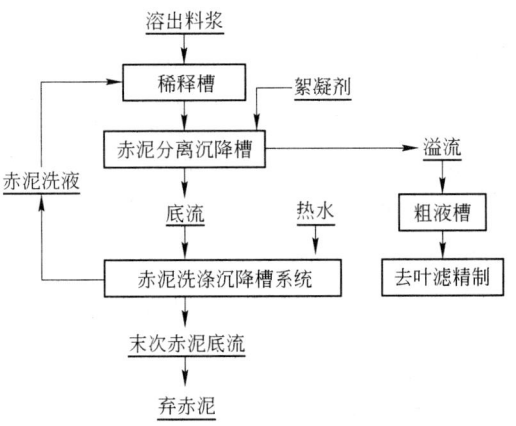

图 11-13　拜耳法赤泥分离洗涤流程

（3）赤泥反向洗涤：将分离沉降槽底流（排出的赤泥浆）进行多次反向洗涤，将赤泥附液损失控制在工艺要求的限度内。在赤泥的反向洗涤过程中，赤泥的分离仍然采用沉降分离的方法。洗涤沉降槽一般可以不加絮凝剂，但为了改进洗涤效果，有时在洗涤沉降槽也添加絮凝剂。洗涤沉降槽和分离沉降槽所使用的絮凝剂类型并不一定相同。

（4）粗液控制过滤：控制过滤一般采用叶滤机。粗液经控制过滤后，得到用于种分的精液，其浮游物含量低于 0.02g/L。

某些拜耳法氧化铝厂受矿石性质以及磨矿方法的影响，其赤泥中含有一部分大于 $100\mu m$ 的粗粒子。为了避免粗粒子在沉降槽、过滤机及管道中沉淀而造成堵塞，可以采用水力分选机，在稀释浆液进入分离沉降槽之前将粗粒子分离。分离出来的粗粒，再用耙式或螺旋分级机以少量水进行洗涤。分离粗粒后的赤泥浆液再送入沉降槽分离，可减少洗水和降低能耗。

C　影响赤泥沉降分离的因素

在连续工作的沉降槽中，沿槽高度上可以大致上划分为 3 个带：清液带、沉降带、浓缩带，如图 11-14 所示。

这三带的分界线实际上并不明显。对沉降面上赤泥粒度分布测定的结果表明，只有少数赤泥粒子是在槽中央垂直下沉的。大部分细粒子是被液体带着向溢流口方向前进一段距离之后，才先后沉降的。

赤泥浆从槽中央进料筒进入槽内后朝四周的溢流口（4个）向上流动，由于沿槽径向流道截面逐渐扩大，故液体流速减慢。赤泥粒子只有当其自身沉速大于液体向上的流速时才能实现沉降。所以沉速大大超过流速的最粗粒子进入槽中央后便一直下沉到浓缩带。而较细粒子开始沉速小于液体流速，被液体带着朝溢流口向上流动。较细粒子随槽中液体沿槽周缓慢旋转，螺旋形向上前进一段距离后，由于液体流速逐渐减慢，直至小于粒子沉速，此时才一边前进一边下沉到浓缩带。粒子越小，被液体带走得越远。有些极微小的赤泥粒子被溢流带走，成为溢流中的浮游物。

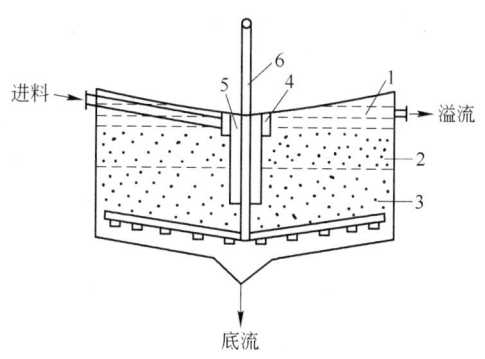

图 11-14　沉降槽简图
1—清液带；2—沉降带；3—浓缩带；
4—进料筒；5—下渣筒；6—耙机

在沉降带内，泥浆的固体浓度越向下越高。沉降带的高度是由赤泥的微小粒子沉速决定的。加快赤泥沉降速度，可以降低沉降带的高度。

赤泥从沉降带进入浓缩带后，赤泥粒子间相距很近，并且互相接触，发生赤泥的浓缩过程（压缩过程）。赤泥的压缩过程是靠上面的液体压力将粒子间隙中的液体缓慢地挤压出来，使赤泥浆的液固比得到降低。浓缩带的高度决定了赤泥在槽内的停留时间，停留时间越长，赤泥浆的浓缩程度就越高。所以，当沉降槽的结构和生产条件一定时，控制底流液固比就在于掌握浓缩带的高度。浓缩带的高度增加，底流液固比随之减小。调整赤泥排出量，可以改变浓缩带高度。通过安装在槽内的耙机转动，将浓缩带的赤泥推向中心卸料口而排出。

在赤泥沉降槽正常作业时，应至少保持 0.5m 高度的清液层。

影响赤泥沉降分离的因素较多。铝土矿的矿物组成、磨矿粒度及溶出过程的工艺条件可影响赤泥沉降，而赤泥沉降的操作温度、溶液成分、黏度和进料液固比等工艺条件更是影响赤泥沉降的重要因素。

a　矿石品位和成分

铝土矿的品位对赤泥沉降具有重大影响。在保持相同碱浓度时，品位越低的铝土矿产生的赤泥量越大，其赤泥料浆的固含越高，沉降性能将变差。

在溶出过程中。铝土矿中某些矿物不反应或未反应完而残留在赤泥中，也可能影响赤泥沉降性能。如针铁矿、金红石等矿物进入赤泥，由于其易于吸附较多的 $Al(OH)_4^-$、Na^+ 和吸附水，不利于赤泥的沉降分离。在拜耳法溶出过程中，针铁矿可能成为高度分散的憎水性矿物，但在赤泥浆液的稀释及沉降过程中水化为亲水性很强的胶态 $Fe(OH)_3$，使赤泥沉降性能恶化。此外，铝土矿中的有机物对赤泥的沉降分离过程也有不利的影响。而赤铁矿、菱铁矿、磁铁矿等矿物吸附离子较少，则有利于沉降分离。

　　b　磨矿粒度

增大磨矿粒度以适当改变溶出赤泥固体颗粒直径，可增加赤泥颗粒的自由沉降速度，有利于赤泥的沉降分离。因此，对于泥化率较高的铝土矿，在兼顾溶出率和沉降槽排料的同时，适当提高磨矿粒度以加快赤泥粒子的沉降速度，对沉降是有利的。但在放粗磨矿粒度、提高沉降分离效果的同时，还必须注意放粗磨矿粒度对溶出效果的不利影响。

　　c　溶出效果及溶出液苛性比值

中国一水硬铝石型铝土矿的特点一般为高铝、高硅含量。在原矿浆制备、预脱硅及溶出工艺条件控制不当的情况下，可能造成溶出效果差、赤泥产出量大的结果，引起赤泥的沉降性能及赤泥压缩性能变差，严重时甚至造成沉降槽跑浑事故的发生。同时，确定尽可能低的溶出液苛性比值是获得理想的拜耳法技术经济指标的关键之一。但是提高溶出率和降低溶出液的苛性比往往相互影响。如果溶出液的苛性比值控制过低，不仅难于保证足够的溶出率，甚至在赤泥的沉降洗涤过程中可能会产生明显的水解现象，必然会对赤泥沉降洗涤系统的稳定运行造成不利影响。

　　d　稀释浓度

铝酸钠溶液的黏度随着苛性碱溶液浓度的提高而增大，并与氧化铝的浓度成指数关系。即随着铝酸钠溶液浓度的提高，溶液黏度急剧增大。铝酸钠溶液经过稀释，降低了浓度，同时也降低了溶液黏度与赤泥溶剂化程度，有利于粒子的附聚和提高沉降速度。因此，在生产过程中，必须严格控制稀释浓度，才能为快速沉降创造有利条件。

　　e　沉降槽温度

铝酸钠溶液的黏度随着温度升高而减小，一般说来，铝酸钠溶液黏度的对数与绝对温度的倒数呈线性关系即：$\lg \eta = a(1/T) + b$。因此，赤泥沉降分离过程的温度越高，溶液黏度越小，赤泥沉降速度越快。此外，如果沉降温度过低，可能造成氧化铝的水解损失，不仅增加赤泥量，降低整个拜耳系统回收率，而且水解生成的细 $Al_2O_3 \cdot 3H_2O$ 会对赤泥沉降产生不利影响。所以控制沉降槽温度对获得较好的沉降效果至关重要。

生产实践证明，分离沉降槽的温度一般应保证在100℃以上，洗涤槽温度应达到90~95℃。较高的沉降温度可以提高沉降效率，减少沉降槽跑浑事故的发生。

　　f　絮凝剂的选择、用量和添加方式

在氧化铝生产的工艺流程中，赤泥与碱液的分离是整个工艺流程中的一个关键工序。赤泥沉降分离效果的好坏直接影响到氧化铝生产的产能、产品质量和经济效益。目前普遍采用且行之有效的强化赤泥沉降分离过程的方法是添加絮凝剂，以提高沉降槽产能，降低溢流浮游物。在絮凝剂的作用下，赤泥浆中处于分散状态的细小赤泥颗粒相互聚结成团，大大加快其沉降速度，使生产效能得到提高。

赤泥沉降用的絮凝剂种类繁多，有天然高分子类，如淀粉、麸皮等；还有人工合成高分子类，如聚丙烯酸钠、聚丙烯酰胺等。对某一类絮凝剂而言，又可分为高相对分子质量或低相对分子质量，阴离子型、阳离子型或非离子型。不同性质的絮凝剂对不同赤泥的沉降性能影响各不相同。

良好的赤泥絮凝剂应该具备的条件是：

（1）絮凝性能好；

（2）用量少，水溶性好；

（3）经处理后的粗液澄清度高；

（4）所生成的絮团能耐受剪切力；

（5）经沉降分离后，底流泥渣的过滤脱水性能好，滤饼疏松；

（6）残留于粗液中的有机物不影响后续工序的运行；

（7）原料来源广泛，价格低廉。

在早期的氧化铝生产中，通常选用天然絮凝剂来提高赤泥的沉降速度。20世纪80年代以前，国内采用的絮凝剂大多是淀粉类天然高分子絮凝剂，主要包括麦类、薯类等加工品（如面粉和土豆淀粉等）及其副产品（如麦麸等）。天然高分子絮凝剂在赤泥分离过程中，形成的絮团大且抗剪切能力强，价格低廉、无毒、易于生物降解。但由于天然高分子化合物絮凝剂在水中的溶解度小，且相对分子质量低、不稳定，因而需要较大的添加量。

20世纪60年代国外开始研究合成高分子絮凝剂，并在70年代就已在国外氧化铝厂广泛应用合成絮凝剂。合成絮凝剂与天然絮凝剂相比，用量少、效果好，往往能使赤泥沉降速度增加几倍甚至几十倍。迄今为止，大多数赤泥沉降分离所使用的絮凝剂主要还是人工合成的聚丙烯酸钠（SPA）、聚丙烯酰胺以及含氧肟酸类絮凝剂（PAM）。

美国纳尔科公司（Nalco）和氰特公司（Cytec）开发的各种类型的絮凝剂已经广泛应用于拜耳法氧化铝厂处理不同类型铝土矿的赤泥沉降分离，取得了良好的效果。近年来中国氧化铝技术界对赤泥沉降絮凝剂的研究和应用也非常活跃，开发出很多有实用价值的赤泥沉降絮凝剂新产品。多官能团、长链大分子且水溶性好、无污染、价格低廉是未来赤泥絮凝剂发展的方向。

在选择絮凝剂时，必须经过试验研究来确定。絮凝剂选型试验的内容包括絮凝剂用量、配制方法、赤泥的沉降速度、上清液清澈度及赤泥的压缩性能等。在实际生产过程中，必须加入足够的絮凝剂量才能保持沉降槽操作的稳定。但是，絮凝剂的加入量并不是越多越好，原则上在保证赤泥沉速和澄清度的前提下要尽可能少加，加入量过大会增加溶液中的有机物含量，也使赤泥浆液的黏度增加，甚至还会形成稳定性高、密度小的絮凝团，造成其流动性差，反而影响赤泥的沉降和压缩性能。

絮凝剂的加入方式对赤泥的沉降分离也起着至关重要的作用。絮凝剂与赤泥浆所生成的絮凝体对剪切应力较为敏感，在遭受极度湍流时将碎成小块絮凝体，使沉降速度减小。当絮凝剂的种类和用量一定时，絮凝剂溶液与赤泥浆液的有效混合是实现高效沉降的关键。为避免絮凝体解体，获得最好的分离效果，要求絮凝剂溶液与赤泥混合系统尽可能靠近沉降分离开始的位置。传统沉降槽是在远离沉降槽的分配箱添加絮凝剂，在料浆的输送过程中，料浆的湍流会使絮凝体破裂，失去絮凝作用。

g　沉降槽结构的影响

沉降槽结构对分离效率的影响因素主要包括：沉降面积、沉降槽底角、进料筒尺寸和位置、耙机结构与转速、进料方式、溢流方式等。

沉降槽进料筒直径不合理、插入深度过小，都将导致进料速度过快、冲击力大，干扰赤泥的沉降，引起底流固含大幅波动。当进料固含过高时则易引起底流堵塞；固含低时易产生垂直中心流道及孔洞，致使赤泥停留时间缩短、底流固含降低。进料的冲击力也使物料在沉降区内呈不稳定状态，干扰颗粒的自由沉降，导致沉降槽产能下降。在稀释浓度、沉降温度、絮凝剂用量基本相同的情况下，下料筒长度过短或过长都会造成溢流产能低，且浮游物浓度高。只有在下料筒长度适当的条件下，沉降产能和效果才能得到提高。

在沉降槽的日常操作中，除了维护设备正常运转外，主要是保证沉降槽必须处于平衡状态下工作，以获得浮游物含量低（溢流浮游物含量不大于 0.2g/L）、产量高的溢流和液固比合格的底流（底流 L/S 不大于 5.0）。如果沉降槽的平衡状态一旦遭到破坏，将导致溢流跑浑（细粒赤泥沉降不下来，随溢流带走）、难于正常运行的结果。保证沉降槽平衡工作的两个原则是：

（1）进入的溶液量和溢流量相等而且均匀。

（2）进入和排出的赤泥量相等。为此，应及时监控底流液固比或底流泥浆密度，根据液固比或密度的变化及时调节底流阀的开度，使赤泥排出量和进入量平衡。

D 赤泥洗涤工艺

经沉降或过滤分离后的赤泥，都带有一定数量的附着液（即未完全分离的铝酸钠溶液）。为了回收赤泥附液中的有用成分 Na_2O 和 Al_2O_3，必须用热水对赤泥加以洗涤。

赤泥洗涤通常是在多层或单层沉降槽系统内进行多次连续反向洗涤，洗后的赤泥排弃。通常情况下赤泥需要洗 3~6 次。

随赤泥附液带走而损失的碱和氧化铝称为赤泥附液损失，这是赤泥洗涤工序的主要技术经济指标之一。计算公式是：

$$A_{附损} = A \times L/S$$

$$N_{附损} = N_T \times L/S$$

式中 $A_{附损}$——生产 1t 赤泥时弃赤泥附液中的氧化铝损失，kg；

       $N_{附损}$——生产 1t 赤泥时弃赤泥附液中的氧化钠损失（也称赤洗附碱损失），kg；

         A——弃赤泥附液中的氧化铝浓度，kg/m^3。

       N_T——弃赤泥附液中的氧化钠浓度，kg/m^3。

      L/S——弃赤泥的液固比（体积质量比）。

图 11-15 是赤泥四次反向洗涤流程示意图。如图所示，洗涤用水加入系统中最后一个沉降槽，赤泥洗液则从最前一个沉降槽溢流出。反向洗涤的优点是能降低新水用量，而又

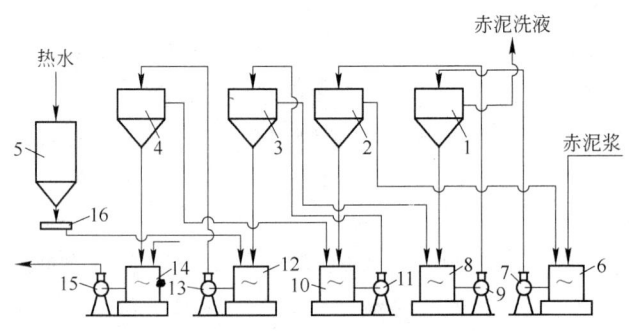

图 11-15 赤泥四次反向洗涤流程示意图

1——一次洗涤沉降槽；2—二次洗涤沉降槽；3—三次洗涤沉降槽；4—四次洗涤沉降槽；5—热水槽；
6—分离底流槽；7—分离底流泵；8——一次洗涤底流槽；9—一次洗涤底流泵；10—二次洗涤
底流槽；11—二次洗涤底流泵；12—三次洗涤底流槽；13—三次洗涤底流泵；
14—四次洗涤底流槽；15—四次洗涤底流泵；16—闸流量计

得到浓度较高的洗液。

赤泥洗涤效率是指经过洗涤后，回收的碱量占进入洗涤系统总碱量的百分数。当赤泥分离槽底流液固比和氧化钠浓度一定时，赤泥洗涤效率与洗涤次数，洗水量及排出赤泥附液量有关。洗涤次数越多，洗水量越大以及排出赤泥之液固比越小，则洗涤效率越高。但洗涤次数愈多，所需要沉降槽的数量也愈多，投资也将增加。因此，洗涤次数的增加是有限度的；赤泥洗涤用水量愈大，则蒸发工序需要蒸发的水分愈多，单位产品所消耗的蒸汽也愈多。因此，洗水用量要控制得当，生产上洗涤水的用量是通过流量计进行控制的。洗涤系统排出赤泥之液固比是衡量洗涤效果的重要指标，也是洗涤操作主要关注的工艺参数。

洗水温度一般要求高于 $80 \sim 85 \text{℃}$，以防止洗涤系统因温度过低而引起铝酸钠溶液水解。

赤泥洗涤系统一般也要添加絮凝剂。赤泥沉降过程添加的絮凝剂效果到洗涤系统后会减弱或消失，因此，赤泥洗涤系统往往也需要另外添加絮凝剂。赤泥洗涤系统添加的絮凝剂应合理选择，并在适当部位多点加入，才能发挥絮凝剂的作用，提高赤泥洗涤效果。

11.1.2.4 铝酸钠溶液的晶种分解

A 晶种分解工艺流程

铝酸钠溶液的分解是指精液中以过饱和状态存在的铝酸钠分解、结晶析出 $Al(OH)_3$ 的一种工艺过程。

铝酸钠溶液的晶种分解，是在往过饱和的铝酸钠溶液中添加晶种，控制系统温度和不断搅拌的情况下，使之分解并结晶析出 $Al(OH)_3$。晶种分解在工业上简称种子分解，或种分（以下同），是保证产品氧化铝质量和产量的关键工序之一。

拜耳法厂采用晶种分解制得氢氧化铝，同时分离出苛性比值较高的铝酸钠溶液，在氧化铝厂一般称为种分母液。此种分母液经蒸发后作为溶出配矿用的循环碱液。

铝酸钠溶液的晶种分解是拜耳法氧化铝生产所共有的工序。只是由于生产原料和生产方法的不同，所采用的分解工艺制度并不完全相同，在一些工艺参数的选择上也会有较大的区别。

种分过程要注意的两个问题是：第一要使单位体积的分解精液能析出最大数量的 Al_2O_3，也即要尽可能达到最高的分解率以及分解槽的单位产能，以便保证流程本身的高效率和相应地减少物料流通量、能耗和投资费用；第二要使生成的氢氧化铝具有较高的质量，特别是要保证分解产品的粒度、强度等指标，以利于生产出冶金级砂状氧化铝产品。所以，衡量分解作业效果的主要指标是氢氧化铝的质量、分解率以及分解槽的单位产能，而这三项指标是互相联系而又互相制约的。

对氢氧化铝质量的要求，包括化学纯度和物理性质两个方面。氧化铝的化学纯度主要取决于氢氧化铝的化学纯度。而氧化铝的某些物理性质，如粒度分布和机械强度，在很大程度上取决于分解过程各种条件的控制。

氢氧化铝中主要杂质是 SiO_2、Fe_2O_3 和 Na_2O 等。

种分氢氧化铝中的氧化硅含量一般可以达到较好的指标，因为拜耳法精液的硅量指数（指铝酸钠溶液中的 Al_2O_3 与 SiO_2 的浓度之比）一般在 300 左右。实践证明，当硅量指数在 200 以上时，在通常的种分工艺制度下，种分过程不会发生明显的脱硅反应，导致分解产品中硅含量超标。如果精液的硅量指数低于 150 ~ 200 时，则在氢氧化铝析出时，水合铝硅酸钠将达到过饱和而同时结晶析出，使产品中的 SiO_2 含量不符合质量标准，同时也会增加产品中杂质 Na_2O 的含量。

氧化铝中的 Na_2O 主要是由氢氧化铝带入的。氢氧化铝中所含的 Na_2O（生产中通常称为所含的碱）有三种来源：一种是进入氢氧化铝晶格中的碱（称晶间碱），它是钠离子取代了氢氧化铝晶格中氢的结果，或氢氧化铝挟带的母液进入结晶集合体的空隙中。第二种为含水铝硅酸钠形态存在的碱，其量取决于原液的 SiO_2 含量和分解时 SiO_2 的析出率。以上两种碱用热水均不能洗去，称为不可洗碱。第三种为氢氧化铝挟带的母液吸附于颗粒表面上的碱，这种碱在氢氧化铝用热水洗涤时可以洗去，称为可洗碱。

为了减少氢氧化铝中 Na_2O 的含量，在铝酸钠溶液分解时必须控制合理的分解制度，使析出的 $Al(OH)_3$ 结晶完善，SiO_2 的析出率低。分离母液后的 $Al(OH)_3$ 还必须进行充分的洗涤。

氧化铝的粒度和强度在很大程度上取决于原始氢氧化铝的物理性能和结构形态。在生产砂状氧化铝时，必须得到粒度较粗和结构形态适宜的氢氧化铝。而氢氧化铝粒度过细，不仅只能生产出粒度不合格的氧化铝产品，而且将使氢氧化铝过滤机的产能显著下降。由于细粒子氢氧化铝所含的水分多，使焙烧氢氧化铝热耗增加，灰尘损失增大。分解原液浓度、分解温度制度、分解速度、晶种添加量、搅拌强度等因素都影响氢氧化铝的粒度及其结构形态，因此分解过程必须对各种工艺条件严格进行控制。

氧化铝的分解率是分解工序控制的主要指标。它是以铝酸钠溶液中分解析出的氧化铝量占溶液中所含氧化铝量的百分比来表示的，计算公式如下：

$$\eta_{种} = \frac{\alpha_{K母} - \alpha_{K原}}{\alpha_{K母}} \times 100\% = \left(1 - \frac{\alpha_{K原}}{\alpha_{K母}}\right) \times 100\%$$

式中　$\eta_{种}$——种分分解率，%；

$\alpha_{K原}$，$\alpha_{K母}$——分别为分解原液和种分母液的苛性比。

分解率的控制应在保证产品质量的前提下越高越好，以提高分解槽的产能，减少氧化铝的循环量。

连续种子搅拌分解槽的单位产能是以单位时间内（每小时或每昼夜）从分解槽单位体积中分解出来的 Al_2O_3 数量表示的。即：

$$Q_{种} = \frac{A_{原} \eta_{种}}{\tau}$$

式中　$Q_{种}$——连续分解槽单位产能，$kg/(m^3 \cdot h)$；

$A_{原}$——分解原液氧化铝浓度，kg/m^3；

$\eta_{种}$——种分分解率，%；

τ——分解时间，h。

目前，国际上在生产砂状氧化铝方面有三套成熟的种分生产砂状氧化铝的技术：法国铝业公司（Pechiney）的一段法生产技术，美国铝业公司（Alcoa）的二段法生产技术和瑞铝（Alusuisse）的二段法生产技术。关于砂状氧化铝生产技术的内容，详见第 15 章。

多数拜耳法厂采用水力旋流器进行氢氧化铝分级，也有的氧化铝厂采用直径和高度各不相同的沉降槽分别分离细晶种和粗晶种。

分解过程中氢氧化铝产品和晶种的过滤和洗涤，主要采用转鼓真空过滤机、平盘过滤机和立盘过滤机。

中国氧化铝厂在早期多采用转鼓真空过滤机过滤，滤液中悬浮物含量要求不大于1g/L，经与分解前的精液进行热交换后送往蒸发。分离后的氢氧化铝滤饼采用二次反向过滤洗涤后，送往焙烧工序。但近年来，由于平盘过滤机和立盘过滤机技术日趋成熟，且品种多、性能好，目前中国氧化铝厂也纷纷将这些设备分别用于氢氧化铝产品和种子的过滤。大颗粒产品氢氧化铝一般采用平盘过滤机。立盘过滤机和平盘过滤机相比，占用空间小，但由于其滤盘是垂直的，过滤时不能同时进行洗涤，所以通常用作晶种分离。

晶种分解是拜耳法生产氧化铝的关键工序之一。晶种分解的目的除了要得到质量良好的氢氧化铝外，还需产出苛性比值较高的种分母液，以提高拜耳法的循环效率。烧结法氧化铝厂也常用种分过程制取生产中所需要的高苛性比值溶液。

铝酸钠溶液具有强烈的过饱和现象，因此铝酸钠溶液的晶种分解也不同于一般无机盐溶液的结晶析出过程。铝酸钠溶液与氢氧化铝晶体之间的界面张力高达 1.25N/m 左右，因而在分解过程中氢氧化铝晶核难于自发生成，必须加入氢氧化铝晶种，才能使氢氧化铝结晶析出。

在工业条件下，铝酸钠溶液的分解过程必须在添加大量氢氧化铝晶种的条件下才能顺利进行。但铝酸钠溶液的种分过程不只是单纯的晶种长大，同时还不可避免地伴随有其他过程发生，如氢氧化铝晶体的长大、氢氧化铝晶种的附聚、次生晶核的形成、氢氧化铝晶粒的破裂和磨损等往往同时发生。只是在不同的条件下，各种过程发生的程度不同。晶体的长大与晶粒的附聚导致氢氧化铝结晶变粗，而二次成核和晶粒的破裂则导致氢氧化铝结晶变细。分解产物的粒度分布就是这些作用的综合结果。生产中氢氧化铝晶种是循环利用的，所以还需要注意新产生的晶粒数应与成品氢氧化铝晶粒数相同才能保持生产中晶粒数的平衡。

B 影响铝酸钠溶液分解的主要因素

晶种分解过程的主要影响因素有：分解原液的浓度和苛性比值、温度制度、晶种数量和质量、分解时间、搅拌速度和杂质含量。

a 分解原液的浓度和摩尔比

分解原液的浓度和苛性比值是影响种分速度、产出率和分解槽的单位产能最主要的因素，对产品氢氧化铝的粒度和最终氧化铝产品的物理性能指标也有明显的影响。

分解原液浓度和苛性比值对产品粒度的影响比较复杂，涉及分解原液的过饱和度，是影响分解速度、Al_2O_3 产出率和成品氢氧化铝粒度与强度的最主要的因素。

一般来讲，在分解时间相同的条件下，分解原液的摩尔比和浓度越低，分解率就越高，越有利于生产砂状氧化铝产品。但降低原液浓度，可能引起种分产出率和分解槽的单位产能下降，母液蒸发量加大，而分解原液的摩尔比 α_K 的下降受铝土矿类型、溶出条件和赤泥分离技术的限制，因此必须综合考虑以选择合适的分解原液浓度及其摩尔比。

分解原液的浓度和摩尔比与氧化铝厂所处理的铝土矿的类型有关。处理三水铝石型矿石时，原液的碱浓度和摩尔比都比较低；而处理一水铝石型矿石时，原液的碱浓度和摩尔比则较高。为提高生产系统的循环效率，很多氧化铝厂（包括某些处理三水铝石型矿石的拜耳法厂）都不同程度地提高了铝酸钠溶液的浓度。目前处理一水铝石型矿的拜耳法分解原液的氧化铝浓度一般为 140～180g/L。

通常情况下，溶液浓度和摩尔比越低，则过饱和度越大，分解速度必然加快。图 11-16说明了溶液浓度对种分的影响。

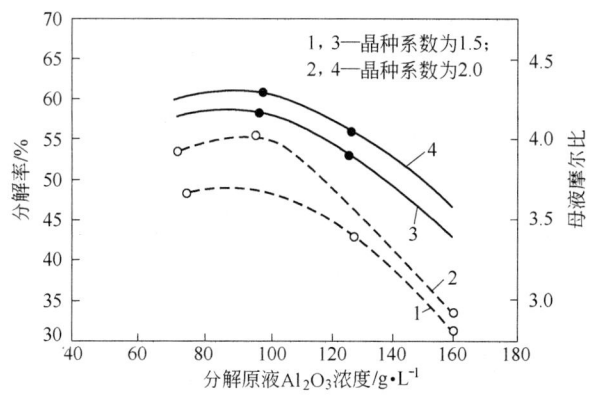

图 11-16　溶液浓度对种分的影响

图中分解原液的摩尔比为 1.59～1.63，分解初温 62℃，终温 42℃，分解时间为 64h。图中虚线代表母液的摩尔比，实线代表分解率。

分解率是种分过程的重要指标，以铝酸钠溶液中的氧化铝分解析出的百分数表示。分解率可以溶液在分解前后的摩尔比进行计算：

$$\eta = \left[1 - (\alpha_K)_p / (\alpha_K)_s \right] \times 100\%$$

式中　η——分解率；

$(\alpha_K)_p$——分解前的摩尔比；

$(\alpha_K)_s$——分解后的摩尔比。

由图 11-16 可见，原液 Al_2O_3 浓度接近 100g/L 时，分解速度和分解率最高，继续提高或降低浓度，分解速度和分解率都降低。因此单纯从分解速度看，氧化铝浓度不宜过高。但是在确定合理的溶液浓度时，还必须考虑分解槽的单位产能，并以实现拜耳法生产效率最优化为目标，关注降低物料流量，减少蒸发水量以降低能耗等问题。

从分解槽的单位产能公式可见，提高分解原液的 Al_2O_3 浓度可增加产能，但 Al_2O_3 分解率 $\eta_{种}$ 却会随 Al_2O_3 浓度升高而降低。因此，分解槽的单位产能决定于二者相对影响的大小。当分解原液浓度过低时，尽管分解速度较快，分解率较高，但 $A_{原}$ 与 $\eta_{种}$ 的乘积仍低，所以这时浓度的影响是主要的。当分解原液浓度超过一定限度后，则分解率的影响上升为主要因素。所以对分解槽单位产能而言，必然存在一个最佳浓度。在其他条件相同的情况下，超过此浓度后，分解率将显著降低，分解槽单位产能也开始下降。

实践证明，对任何一种摩尔比的溶液，都有一个使分解槽单位产能达到最高的最佳浓度。溶液摩尔比越低，相应的最佳浓度越高。这是由于原液摩尔比是影响分解速度最主要的因素，在提高分解原液浓度的同时，如能降低其摩尔比，则仍能保持较快的分解速度，以弥补提高浓度后使分解率降低的不利影响，并使分解槽的单位产能相应提高。

适当提高铝酸钠溶液浓度可收到节能和增产的显著效果。当然，随着溶液浓度的提高，在其他条件相同时，分解率和循环母液的摩尔比会降低，对赤泥及氢氧化铝的分离洗涤也有不利的影响。此外，较高的原液浓度不利于得到粒度粗和强度大的氢氧化铝，给砂状氧化铝的生产带来困难。

为了克服溶液浓度提高后对分解速度所产生的不利影响，可采取以下措施：

（1）对晶种氢氧化铝进行洗涤。采用洗去附碱的氢氧化铝作晶种时，分解速度较之使用未经洗涤的晶种时明显提高。但是，洗涤晶种需要增加洗水用量，因而增加蒸水量和能耗。为解决这一问题，可以采用洗涤氢氧化铝产品的洗液来洗涤晶种，即所谓不充分洗涤的办法。国外某氧化铝厂采用了这种办法，增加了相应的晶种洗涤系统，分解率提高约2%。

（2）增大晶种系数。某些资料中指出，在采用高浓度铝酸钠溶液的条件下，使用高晶种系数（2.3~3.0）是适宜的，它可以部分地补偿由于高浓度所产生的不良影响。如国外某氧化铝厂将分解原液的 Na_2O_T 和 Al_2O_3 浓度分别提高到145~155g/L 和 130~139g/L，同时将晶种系数从1.87提高到2.3~2.5后，保持了高的分解率（52.1%~53.6%），分解时间显著缩短（由82~86h缩短至70~75h），分解槽产能也有所提高。

（3）提高搅拌速度。当溶液碱浓度提高到 Na_2O_T 160g/L 以上时，扩散可能成为整个分解过程的控制步骤，因此提高搅拌速度可加快高浓度溶液的分解。

（4）降低分解原液的摩尔比。分解原液的摩尔比对种分速度影响很大。从图 11-17 可见，随着原液摩尔比降低，分解速度、分解率和分解槽单位产能均显著提高。分解原液的摩尔比每降低0.1，分解率一般约提高3%。降低摩尔比提高分解速度的作用在分解初期尤为明显。

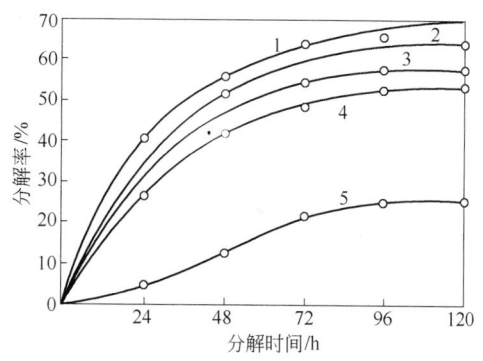

图 11-17 分解原液的摩尔比对
种分分解率的影响

（原液 Al_2O_3 浓度110g/L；分解初温60℃，
末温36℃；摩尔比：1—1.27，2—1.45，
3—1.65，4—1.81，5—2.28）

降低铝酸钠溶液的摩尔比是强化种分和提高拜耳法技术经济指标的主要途径之一。将降低分解原液摩尔比与适当提高其浓度结合起来，将有利于提高种分和整个拜耳法技术经济指标。

原液摩尔比和浓度对分解产物粒度的影响比较复杂。在一定条件下，原液摩尔比降低会导致分解速度过快，分解产物粒度变细。但是另一方面，摩尔比低时，溶液的过饱和度大，有利于晶种的附聚和长大。因此，溶液摩尔比对分解产物粒度的影响具有两重性，同时也与其他工艺条件密切相关。

原液浓度对产品粒度的影响随分解温度及其他条件不同而异。浓度高时，溶液过饱和度低，不利于结晶的长大和附聚，容易得到不稳定的、机械强度小的结晶；而浓度较低时，析出的氢氧化铝结晶粒度较粗、强度较大。浓度的影响与分解温度条件也密切相关。

在低温时，浓度对分解产物粒度的影响比高温时显著。在高温条件下，分解产物的粒度变化受溶液浓度的影响较小。

图 11-18 为产品氢氧化铝中细粒子含量和中位径随氧化铝浓度变化情况。图中的种分原液氧化铝浓度分别为 130g/L、140g/L、150g/L 和 160g/L 4 个不同的浓度。其他种分的工艺条件相同：种分原液摩尔比 α_K 为 1.48 ~ 1.52，采用两段温度的分解制度：分解初温 76℃，时间 4h，均匀降温至 74℃，然后急降温至 65℃，经过 36h 匀速降温至分解末的 55℃；添加晶种的初始粒度相同。图 11-18 为循环 18 次后产品氢氧化铝中细粒子含量和中位径随氧化铝浓度的变化情况。

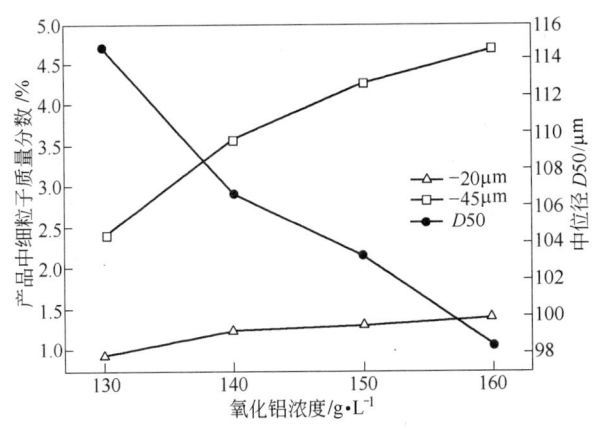

图 11-18　氢氧化铝细粒子含量和中位径随氧化铝浓度的变化

通常情况下，分解原液浓度越高，提高分解率和改善产品粒度及强度的难度越大。所以如何有效降低铝酸钠溶液的苛性比值，在适当提高 Al_2O_3 浓度的条件下，强化分解过程，是优化整个拜耳法种分过程技术经济指标的重要途径之一。

b　种分温度制度

分解温度制度是分解过程的主要工艺条件。当分解原液的成分一定，确定和控制好适宜的温度制度至关重要。

种分温度制度包括分解初温、终温以及中间降温速度。氧化铝厂一般都是根据各自的具体情况（溶液成分、对产品物理性质的要求等）和所积累的生产技术经验来确定种分温度制度。

分解温度对晶种分解的平衡浓度有很大影响。根据 $Na_2O\text{-}Al_2O_3\text{-}H_2O$ 系平衡状态图可知，当其他条件相同时，降低分解温度，可以提高分解率和分解槽单位产能。在温度约 30℃时分解的氧化铝平衡浓度很低、理论分解率较高。

但是分解温度对分解速度也起到重要影响。提高分解温度有利于提高分解速度系数。但温度过高将大大降低分解的过饱和度和分解动力，又反过来使分解速度下降。如果分解温度过低，虽然铝酸钠溶液过饱和度增加，但溶液黏度会显著提高，分解速度也随之降低。因此选择合理的温度制度，并与溶液的过饱和度的变化相匹配，是设计最优化分解工艺的关键。

分解温度（特别是初温）是影响氢氧化铝粒度的主要因素之一。提高温度使晶体附聚和成长速度增加。分解初温高有利于附聚，也有利于避免或减少新晶核的生成，进而可使氧化铝产品强度较大；当溶液的过饱和度相同时，氢氧化铝结晶成长的速度在85℃时比在50℃时高出约6~10倍。因此生产砂状氧化铝的拜耳法厂，分解初温一般控制较高，在70~85℃之间，末温也较高，但是这对提高分解率和产能显然是不利的。生产面粉状氧化铝的工厂，对产品粒度无严格要求，故可采用较低的分解温度。

分解温度对分解产物中某些杂质的含量也有明显的影响。如分解初温越低，分解产物中不溶性 Na_2O 含量越高。

确定分解初温、终温以及降温速度的原则是保证整个分解过程较为均衡和合理的分解速度，有利于形成较为均匀和粗大的氢氧化铝产品，最终达到较高的分解率和产出率。分解初温的选择应优先考虑浓度、过饱和度、晶种的附聚能力和硅量指数等。较高的初温可以提高初始的分解速度、加强晶种的附聚、减少杂质的析出；但是初温较高则要求较高的过饱和度，同时对中间降温也造成较大的困难。分解终温的选择要考虑总分解率、晶种粒度和分解后阶段的分解速度。尽可能降低分解终温对提高分解率是有利的；但如果分解终温过低，黏度太大，不仅影响后阶段的分解速度，而且使氢氧化铝中细粒子增多，给氢氧化铝的分离过滤作业带来困难。合理的降温制度应当是：分解初期较快地降温，分解后期则放慢，这样既能提高分解率，又不致明显地影响产品粒度。

氧化铝生产上通常采取将溶液逐渐冷却的变温分解制度，以有利于在保证较高分解率的条件下，获得质量较好的氢氧化铝。分解初期溶液过饱和度高，采用较高的分解初温，不仅能得到满意的分解速度，而且对提高氢氧化铝质量有利。随着分解过程的进行，溶液过饱和度逐渐减小，但如果不断降低分解温度，仍可获得一定的过饱和度条件，使整个分解过程比较均衡地进行。如果在某一恒定的较低温度下进行分解，则可能析出很多粒度小、杂质含量多的氢氧化铝而影响产品质量。

合理的温度制度与许多因素有关。从提高分解率的角度考虑，应尽可能地降低分解温度；但从生产砂状氧化铝的角度考虑，降低分解温度显然是有限的。各氧化铝厂一般都是根据各自的具体情况和所积累的经验来确定具体的温度制度。

在晶种分解过程中，降温方式主要有两种，一种是在分解过程中自然冷却，即自然降温方式；另一种是中间降温方式：在分解过程中，采用真空降温或其他间接冷却降温方法，将分解料浆进行中间降温，接着继续分解。

c 晶种的数量和质量

晶种的数量与质量是影响分解速度以及产品粒度和强度的重要因素之一。

通常用晶种系数（也称晶种比）表示晶种添加的数量，定义为添加晶种中 Al_2O_3 含量与原液中 Al_2O_3 含量的比值。此外，也有用添加晶种的绝对数量（g/L）来表示晶种的添加量。

当晶种系数很小或者晶种活性很低时，分解过程的诱导期较长，在此期间溶液不发生分解。随着晶种系数的提高，诱导期缩短，以至完全消失。如使用新析出的氢氧化铝晶种，实际上不存在诱导期。

随着晶种系数的增加，分解速度加快，特别是当晶种系数比较小时，提高晶种系数的作用更为显著。当晶种系数增加到一定程度后，分解速度增加的幅度将减小。提高晶种系数，会使氢氧化铝的粒度有所变粗，因为大量晶核的加入，减少了新晶核的生成。但随着晶种系数的提高，单位体积浆液中的铝酸钠溶液数量却在减少，而且在种分过程中晶种常常不经洗涤就添加，因此提高晶种系数会导致晶种带入的母液更多，并使分解原液的苛性比值升高，因而降低了分解速度。提高晶种系数还将使流程中氢氧化铝周转数量和输送搅拌的动力消耗增大，氢氧化铝所需的分离和分级设备增多。因此晶种系数过高对分解不一定不利。

晶种的质量对分解速度影响很大。晶种的质量是指它的活性、粒度、强度等，取决于其制备方法、条件、贮存时间、粒度和结构。因为铝酸钠溶液的分解是从晶种表面开始，所以晶种的比表面积和表面活性至关重要。并不是所有的晶种表面积都对分解平均地起作用，只有表面上的微观缺陷、晶体的棱和角才可能成为活性点。新析出的氢氧化铝比经过长期循环的氢氧化铝的活性高；粒度细、比表面积大的氢氧化铝的活性远大于颗粒粗大、结晶完整的氢氧化铝。在氧化铝生产中，通过对晶种性质的分析，就可研究不同晶种对产品氢氧化铝粒度分布的影响。

对碳分晶种、球磨碳分晶种、种分晶种以及种分筛分晶种进行相同条件下的种分试验，结果发现：在分解初期，由于球磨碳分晶种的粒度小，比表面积大，活性高，因而分解速度最快，但其产品严重细化。通过碳酸化分解得到的晶种虽然粒度大，但由于其活性较种分晶种高，所以其分解速度仅次于球磨晶种，但其产品也发生了细化，强度也差。种分晶种分解速度最慢，但产品粒度较粗、强度也高。

增大晶种活性可以加快分解速度，如同时降低晶种系数，则可保持相同分解率。所以，制取活性晶种来强化分解是提高种分分解率的有效途径。晶种的活性取决于晶种的制备方法及条件、保存时间、表面结构、粒度（比表面积）等因素。目前制备活性晶种的方法主要有加热脱水活化、机械粉碎活化、酸浸、铝酸钠溶液自发分解或冷冻法，这些方法可增大晶种比表面、提高活性点的数量。活性晶种的制取还处于理论和实验室研究阶段，在工业上应用尚需要进一步研究。另外一个提高晶种活性的方法是加强液体与晶体之间的传质作用，破坏包裹晶体的表面扩散层，使表面活性点得到充分利用。采用洗涤的方法来处理晶种，可以充分暴露晶种的活性点，提高分解速度，同时对生产砂状氧化铝、改善氢氧化铝的粒度及强度都将会产生好的效果。

目前绝大多数氧化铝厂都是采用分级的办法，将分离出来的比较细的氢氧化铝返回作晶种。但由于具体条件不同，各氧化铝厂的晶种系数差别很大，多数在 1.0 ~ 3.0 的范围内变化。

d　分解时间

当其他条件相同时，随着分解时间的延长，氧化铝的分解率提高，母液苛性比值增加。不论分解条件如何，分解曲线随时间的变化规律都是相同的。在分解前期，分解率上升很快，随着分解时间的延长，分解速度越来越小，母液苛性比值也相应地愈来愈高，后续分解槽的单位产能也愈来愈低。在分解后期，由于溶液过饱和度减小、温度降低，结晶长大速度减小，颗粒破裂和磨蚀的几率增大，在此期间细粒级的含量可能随着时间的延长增加。因此过分地延长分解时间是不恰当的。

反之，过早地停止分解，会造成分解率低、母液摩尔比过低，降低产出率，增加整个流程的物料流量，对整个分解过程也是不利的。因此应根据具体情况确定分解时间，以达到尽可能高的分解率和分解槽产能，但又保证产品质量。

e 种分搅拌速度

晶种分解时，搅拌的作用是使氢氧化铝晶种能在铝酸钠溶液中保持悬浮状态，保证晶种与溶液有均匀良好的接触，并强化传质过程，促进氢氧化铝晶体均匀长大。当分解原液浓度较低时，搅拌速度对分解速度的影响不大，能保持氢氧化铝在溶液中悬浮即可。当分解原液的浓度较高时，提高搅拌速度有利于分解率的提高。

搅拌也会引起氢氧化铝颗粒的破裂和磨蚀。一些强度较小的颗粒破碎后就成为晶种，在以后的循环作业中生长成强度较大的晶体。但搅拌速度过高，会产生过多的细粒子，造成晶种细化。因此，一般要根据具体的分解条件，确定最适宜的搅拌强度和搅拌方式。

f 杂质的影响

铝酸钠溶液中的杂质包括无机物杂质和有机物杂质。有机物杂质和氧化硅、硫酸钠、碳酸钠以及其他微量杂质等均会对种分过程产生一定的影响。

铝酸钠溶液中的有机物杂质会吸附在晶体颗粒和活性点上，抑制氢氧化铝的种分过程。有机物积累到一定程度后，将吸附在晶种表面上，阻碍晶体长大，导致分解速度下降，产品氢氧化铝的粒度变细、强度下降。

铝酸钠溶液中的无机物杂质既可能影响产品的化学纯度，在某些情况下还可以影响分解率和产品的物理性能指标。如铝酸钠溶液中的硫主要以 Na_2SO_4 形态存在，较高的硫酸钠和硫酸钾浓度可使分解速度降低。某些铝土矿中含少量锌，在溶出时可进入铝酸钠溶液，而在种分过程中，如溶液中存在锌，则有助于获得粒度较粗的氢氧化铝，但这些锌全部以氢氧化锌形态析出，从而使氧化铝产品中的锌含量超标。氟化物（NaF）在一般含量下对分解速度无影响，但溶液中含氟达 0.5g/L 时，即可导致分解出的氢氧化铝粒度细化，当氟含量更高时，甚至可破坏晶种。浓度较高的钒、磷等杂质对分解产物的粒度也都有影响。溶液中 V_2O_5 含量高于 0.5g/L 时，分解产物粒度将严重细化，为钒所污染的氢氧化铝在焙烧过程中会发生剧烈细化。P_2O_5 有助于获得较粗的分解产物，当其含量高时，可全部或部分地消除 V_2O_5 对分解产物粒度的不良影响。NaCl 含量即使高达 38g/L 时，对分解速度也无影响，但会使分解产物粒度变细。

g 其他条件的影响

磁场、超声波等物理作用对晶种分解过程也有一定影响。研究发现，在其他条件一定时，随着溶液在磁场中磁化时间相对延长，磁化对分解的影响越来越明显。当磁化时间为 0.16s 和 0.34s 时，磁化溶液分解率比未经磁化的原液分别提高 0.42% 和 3.62%。超声波也可能有上述类似作用。

可以通过加入微量添加剂来强化种分过程，提高分解率或者提高产品的粒度和强度。这是既简便又有效的方法，也是国内外氧化铝研究领域的热点之一。国外早已有被称之为结晶助剂的添加剂生产和销售。某些结晶助剂可以在同等的种分条件下，提高产品氢氧化铝粒度，改善其粒度分布。因此添加结晶助剂，可在保证分解率不降低的前提下，优化产品粒度分布。

11.1.2.5 氢氧化铝的焙烧

氢氧化铝焙烧是氧化铝生产过程的最后一道工序。在该工序内，氢氧化铝在高温下进行焙烧，脱除其附着水和结晶水，并发生一定程度的晶型转变，得到符合质量要求的氧化铝产品。

氢氧化铝焙烧的脱水及晶型转变过程的物理化学变化非常复杂。主要过程为：

$$Al_2O_3 \cdot 3H_2O \longrightarrow Al_2O_3 + 3H_2O \uparrow$$

氢氧化铝焙烧工艺主要有焙烧温度、焙烧时间以及焙烧过程的各种传热、流动状态等工艺要求。

焙烧温度决定了焙烧速度以及焙烧产品的水分和 α-Al_2O_3 含量等物理化学性质，因此严格控制焙烧温度和焙烧程度是获得高质量氧化铝产品的重要基础条件。焙烧时间以及焙烧过程的各种传热、流动状态取决于焙烧炉的设计和工艺操作。焙烧技术的发展与焙烧炉设计与改进密切相关。

A 回转窑焙烧技术

20 世纪早期，世界上的氢氧化铝基本上都是采用回转窑焙烧，这种设备结构简单，维护方便，设备标准化，焙烧产品的破碎率低。但采用回转窑焙烧时，窑气和物料之间的热效率低，这是由于窑的填料率低，窑气和密实的料层之间的传热条件不良，窑的热效率小于45%，每吨氧化铝的热耗高达 4.5GJ 以上。

20 世纪 60 ~ 70 年代，世界各国围绕回转窑降低热耗，展开了一系列的改造，并取得了一定的效果。德国 Polysius 公司开发了带旋风预热氢氧化铝的短回转窑；法国斐沃-凯勒·布柯克（F-C. B）公司改造了回转窑燃烧装置的位置，提高了生产效率，平均节能22%；1987 年，丹麦史密斯公司（F. L. Smidth）采用气态悬浮焙烧技术为意大利及欧洲氧化铝厂改造了 1 台产能 900t/d 的回转窑，改造后产能提高 10%、热耗降低到 3.6GJ/t；前苏联设计了多级旋风冷却机，同时用流化床最终冷却氧化铝，使燃烧热耗降低 15% ~ 20%，回转窑的产能也相应提高；克洛克纳-洪堡（Klocknel-Humboldt）公司设计的氢氧化铝焙烧装置包括一台回转窑和两套对流热交换的多级旋风热交换器系统，焙烧热耗约降低25%，热效率达到 52%。

B 流态化焙烧技术

虽然回转窑焙烧氢氧化铝的工艺不断改进，但回转窑不能提供良好的传热条件，在窑内只是料层表面的物料与热气流接触，换热效率较低；同时回转窑窑衬的磨损使产品中 SiO_2 含量增加，物料焙烧不够均匀，直接影响成品质量；回转窑表面热量散失多；而且回转窑建设投资大。因此，开发热效率高、产品质量好的焙烧替代工艺设备，是氢氧化铝焙烧工艺节能的关键。

自 20 世纪 50 年代起，德国鲁奇（Lurgi）公司和美国铝业公司等就致力于流态化焙烧氢氧化铝技术的开发。经过 40 多年的发展，目前美国、德国、丹麦和法国的数家公司开发了多种不同类型的流态化焙烧炉，吨 Al_2O_3 焙烧热耗已降至 3.0 ~ 3.2GJ，最大单机产能达到4500t/d，自动化控制水平也大大提高。采用流态化焙烧技术，不仅可以大大降低焙烧能耗，而且可以得到物理性能指标好的氧化铝产品，保证氧化铝产品有较好的化学纯度。

流态化焙烧与回转窑相比有明显优势：

（1）热效率高、热耗低。流态化焙烧炉中燃料燃烧稳定，温度分布均匀，氢氧化铝与助燃空气间接触密切，换热迅速，空气预热温度高，过剩空气系数低，燃料燃烧温度提高，系统热效率提高，废气量则随之减少。流态化焙烧炉散热损失只有回转窑的30%，热效率可达 75% ~ 80%，而回转窑的热效率都低于 60%，流态化焙烧炉单位产品热耗比回转窑降低约 1/3。国外回转窑吨氧化铝热耗先进水平约为 4.186GJ，国内回转窑吨氧化铝焙烧热耗高达 5.032GJ，而流态化焙烧炉吨氧化铝的热耗仅为 3.0 ~ 3.2GJ。

（2）产品质量好。由于炉衬磨损少，循环流态化焙烧产品中 SiO_2 含量比回转窑产品低 0.006% 左右。不同粒级氢氧化铝焙烧均匀，$\alpha\text{-}Al_2O_3$ 含量低。各类型流态化焙烧炉都能制取砂状氧化铝。

（3）投资少。流化床焙烧炉单位面积产能高、设备紧凑、占地少。它的机电设备质量仅为回转窑的 1/2，建筑面积仅为回转窑的 1/3 ~ 2/3。流化床焙烧炉投资比回转窑低 20% ~ 60%。

（4）设备简单、寿命长、维修费用低。流态化焙烧系统除了风机、油泵与给料设备之外，没有大型的转动设备，焙烧炉内衬使用寿命可长达 10 年以上。维修费用比回转窑低得多，如德国的循环流态化焙烧炉的维修费用仅为回转窑的 35%。

（5）对环境污染少。流化床焙烧炉的燃料燃烧完全，过剩空气系数低。流化床焙烧炉废气中氧的含量低，SO_2 和 NO_x 的含量均低于回转窑。

正是由于流态化焙烧技术的众多优点，流态化装置在氧化铝生产中迅速得到了广泛应用。自 20 世纪 80 年代以来，国外新建的氧化铝厂已全部采用流态化焙烧炉，一些原来采用回转窑焙烧的氧化铝厂，也纷纷改为流态化焙烧炉，以替代原有的回转窑。目前，中国已经全部淘汰了回转窑焙烧氢氧化铝的技术设备，所有中国氧化铝厂均采用流态化焙烧炉技术焙烧氢氧化铝。

a 美国铝业公司的流态闪速焙烧技术

美国铝业公司 1946 年开始进行流态化焙烧的实验室和半工业化试验，1951 年完成流态化焙烧炉的设计。1952 年底，第一台工业规模的装置在阿肯色州的博克赛特氧化铝厂投入运行。目前美国铝业公司的 F.F.C 装置已发展为五种规格型号，即 Mark I ~ V 型，日产能从 300t 发展到 2400t，共生产了约 50 套 F.F.C 装置，现在分别在美国、澳大利亚、巴西、牙买加、西班牙、德国、中国各地的氧化铝厂使用。

美国铝业公司的流态化闪速焙烧炉综合了浓相流态化和稀相技术的优点，大量的燃烧产物和物料释放出的水蒸气处于高速度和低固体含量的状态下，因而可维持最小的炉径和压力降，浓相流化床为间接换热提供了高传热效率，也为过程的有效控制提供了必要的热能和物料容量。

闪速焙烧炉是在密闭状态下正压操作，整个系统检测仪表多，工艺控制比较复杂，全部由计算机来完成，自动化水平较高。

闪速焙烧炉与回转窑相比，产品的 SiO_2 含量减少 10% ~ 15%，由于系统内物料流速大，产品的破碎率比回转窑高一些，热耗降低约 25% ~ 30%。

流态闪速焙烧炉可以制备各种各样的产品，例如可在停留槽内长时间维持 1220℃，烧出含 $\alpha\text{-}Al_2O_3$ 达 70% 的氧化铝产品。

b 德国鲁奇公司的循环流态化焙烧技术

德国鲁奇公司（现属于奥图泰公司）从 1958 年开始研究氢氧化铝沸腾装置，1963 年在联合铝业公司的利伯氧化铝厂建造了一台 25t/d 的试验装置，于 1967 年最后完成了装置的定型。1970 年在利伯氧化铝厂和施塔德氧化铝厂建设了 4 台 500 ~ 800t/d 的循环炉。迄今为止，已建成的用于氢氧化铝焙烧的循环流态化焙烧炉分别位于中国、德国、俄罗斯、日本、委内瑞拉、圭亚那等国。目前循环炉的最大设计产能为3500t/d。

循环流态床焙烧装置设计中考虑了减少物料破损的措施，在关键区域（诸如旋风器入口、喉管的喷嘴、气固混合物改变流向处、流化喷嘴等），气固混合物的速度不超过某一最大值。这样，即使氢氧化铝强度较低，颗粒破损率也可控制在4%～6%。

c 丹麦史密斯公司的气态悬浮焙烧技术

1976年丹麦史密斯公司开始采用气态悬浮焙烧技术进行氢氧化铝焙烧的研究，1978年1月进行了小型氢氧化铝气态悬浮焙烧炉的试验。1979年该公司在丹麦的达尼亚（Dania）建成了日产32t氧化铝的半工业化规模的试验装置。经过半工业试验后，丹麦史密斯公司的固定式焙烧炉系统基本定型，正式命名为气态悬浮焙烧炉，简称GSC。1980～1981年进行了氧化铝产能为250kg/h的GSC试验，详细研究了原料氢氧化铝的性质、焙烧温度和气体速度等对物料破损的影响程度。1984年印度的HINDALCO公司氧化铝厂与丹麦史密斯公司签订了第一套GSC工业生产装置的设计和制造合同，产能850t/d，1986年7月试车，性能考核良好。

丹麦史密斯公司气态悬浮炉相继在中国、巴西、美国、澳大利亚等国的氧化铝厂得到广泛采用，每吨氧化铝的热耗降低到3.1GJ。目前最大设计产能为4500t/d。

d 法国F-C.B公司的气体悬浮焙烧技术

法国的流态化焙烧炉由法国F-C.B公司和法国铝业公司联合开发。1980年6月，在法国铝业公司所属的加丹氧化铝厂内建立了日产30t氧化铝的闪速焙烧实验工厂，其后F-C.B公司又把试验装置迁至希腊圣·尼古拉斯厂，并在圣·尼古拉斯厂建设了一套日产900t氧化铝的气态悬浮焙烧装置，该装置于1984年建成投产，热耗为3.01～3.14GJ/t。

C 氢氧化铝焙烧技术综合性能的比较

现应用于工业生产的三种类型的流态化焙烧技术，与回转窑焙烧技术相比，都具有技术先进、经济合理的优点，但各种炉型仍各具特点。有的文献作者将氧化铝焙烧分为三代：第一代为回转窑焙烧；第二代为稀相与浓相流态化相结合的流态化焙烧；第三代为稀相流态化的气态悬浮焙烧。

a 各种类型焙烧装置的性能

各种类型焙烧装置主要性能的比较见表11-10。

表11-10 各种类型焙烧装置主要性能的比较

炉 型	德国鲁奇公司循环焙烧炉	法国F-C.B公司闪速焙烧炉	丹麦史密斯公司悬浮焙烧炉	回转窑
流程及设备	一级文丘里干燥脱水，一级载流预热，循环流化床焙烧，一级载流冷却加流化床冷却	文丘里和流化床干燥脱水，载流预热闪速焙烧，流化停留槽保温，三级载流冷却加流化床冷却	文丘里和一级载流干燥脱水，悬浮焙烧，四级载流冷却加流化床冷却	窑内集干燥、脱水、焙烧、冷却、加热冷却机冷却
工艺特点	循环焙烧(循环量3～4倍)	闪速焙烧加停留槽	稀相悬浮焙烧	
焙烧温度/℃	950～1000	980～1050	1150～1200	1200
焙烧时间	20～30min	15～30min	1～2s	45min
系统压力/MPa	约0.3	0.18～0.21	−0.055～0.065	—

炉 型	德国鲁奇公司 循环焙烧炉	法国 F-C. B 公司 闪速焙烧炉	丹麦史密斯公司 悬浮焙烧炉	回转窑
控制水平	高	高	高	低
热耗(附水10%) /GJ·t^{-1}	3.075	3.096	3.075	4.50
电耗/kW·h·t^{-1}	20	20	<18	—
废气排放 /mg·m^{-3}	<50	<50	<50	—

b 气体悬浮焙烧的优点

与美国铝业公司的流态化闪速焙烧炉、德国鲁奇公司的循环流态化焙烧炉相比,丹麦史密斯公司的气态悬浮焙烧炉具有如下优点:

(1) 没有空气分布板和空气喷嘴部件,预热燃烧用的空气只用一条管道送入焙烧炉底部,压降小、维修工作量小。

(2) 由于进行稀相流态化焙烧,流体中固体含量低,空隙度大于95%,气体与固体接触充分,传热快,传热系数比液相流态化焙烧炉高。

(3) 焙烧好的物料不保温,也不循环回焙烧炉,简化了焙烧炉的设计和物料流的控制。

(4) 整个装置内物料存量少,容易开停,开停的损失减小。

(5) 所有旋风垂直串联配置,固体物料由上而下自流,无需吹送,减少了空气耗用量,由于燃料在炉内有效分布和无焰燃烧,以及固体物料穿过焙烧炉时的稀相床流动,使产品质量均匀。

(6) 整个系统在略低于大气压的微负压下操作,更换仪表、燃料喷嘴等附件时不必停炉处理。

由于气态悬浮焙烧炉有上述众多优点,中国氧化铝工业较为广泛地采用了丹麦史密斯公司的气态悬浮焙烧技术。

11.1.2.6 分解母液的蒸发

A 蒸发作业流程及其特点

氧化铝生产中的母液蒸发是利用蒸汽把母液间接加热至沸腾使其中的水汽化,同时将生成的水蒸气抽至冷凝器中冷却成水加以排除。蒸发操作可分为沸腾蒸发和自然蒸发两种。由于沸腾蒸发速度远远超过自然蒸发速度,工业上的蒸发一般采用沸腾蒸发。

母液的沸点和其表面的压力有关。对一定浓度的母液来说,压力降低则使溶液的沸点下降。为了增大加热蒸汽和溶液沸点之间的温度差,以提高蒸发能力或减少蒸汽耗量,工业上常采用抽真空(负压操作)的办法来进行蒸发作业,这种方法被称为真空蒸发。

加热母液用的新蒸汽称为一次蒸汽。母液沸腾汽化所产生的蒸汽称为二次蒸汽。根据二次蒸汽是否被利用,蒸发又有单效与多效蒸发之分。二次蒸汽直接被冷凝成水而排出蒸发系统而不再使用的蒸发作业称为单效蒸发。如果只有第一个蒸发器需要用新蒸汽加热，所有其他蒸发器都可以用前一级蒸发器的二次蒸汽加热，最后一个蒸发器出来的二次蒸汽才进行冷凝，这种蒸发过程称为多效蒸发。多效蒸发时由于二次蒸汽得到重复利用，可以节约新蒸汽的消耗。每蒸发1t水的蒸汽耗量与蒸发效数的关系如下：

效数	一效	二效	三效	四效	五效	六效
蒸发1t水蒸汽耗量/t	约1.10	约0.57	约0.40	约0.30	约0.27	约0.24

多效蒸发系统的另外一个优点是：只有少量的蒸汽进入冷凝器，冷凝器的冷却水消耗量也将成比例下降。

根据蒸发器中蒸汽和溶液的流向不同，可分为顺流、逆流和错流三种不同的作业流程。各种蒸发的流程如图11-19所示。

各种流程的特点如下：

（1）顺流流程。即加热蒸汽和待蒸发母液的流动方向一致，蒸发器的连接法如图11-19（a）所示。

顺流流程的优点：

1）过热的母液在蒸发器里自蒸发，强化了沸腾过程的热交换，加热蒸汽比逆流流程少5%~10%；

2）顺流作业由于后一效蒸发室内的压力较前一效的低，故可借助于压力差来完成各效溶液的输送，不需要用泵，可节省动力费用。

顺流流程的缺点：

1）在低温、高碱浓度下，生成大量细粒碳酸钠和硫酸盐，难以分离；

2）蒸发器加热室的传热效率低；

3）由于强烈析出水合铝硅酸钠，在热交换表面上生成传热效率低的沉淀，首效的传热效率低。

（2）逆流流程。逆流流程即加热蒸汽和待蒸发母液的流动方向相反。蒸发器的连接法如图11-19（b）所示。

逆流流程的优点：

1）母液温度随浓度升高而升高，这就保证了较高的传热强度；

2）多效蒸发前几效母液中较高的氧化铝和苛性碱浓度提高了二氧化硅的溶解度，因此与顺流流程相比，前几效的含水铝硅酸钠结垢较少。

逆流流程的缺点：

1）母液需用泵送至各效进行蒸发，增加了电能的消耗；

2）多效蒸发前几效中，被蒸发母液的

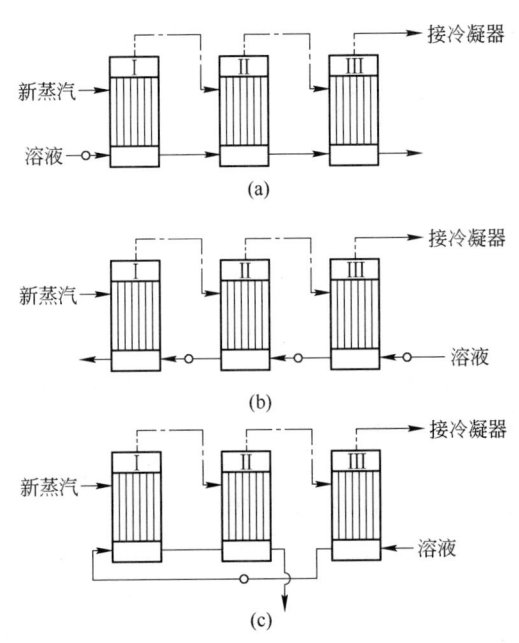

图11-19　各种蒸发流程的示意图

（a）顺流流程；（b）逆流流程；（c）错流流程

浓度与温度同时升高,加强了溶液对铁的腐蚀作用,缩短了加热管寿命;

3）出料温度高,热损失大,蒸汽耗量增多。

（3）错流流程（混流流程）。错流流程即将蒸发器用顺流、逆流混合连接的方法（见图 11-19（c））。

错流流程兼有逆流和顺流部分,是为了克服蒸汽和母液顺流和逆流流程的不足而采用的一种流程。错流流程保留了顺流的优点,但减少了泵的数量,降低了电耗。目前氧化铝厂广泛采用此流程蒸发高浓度母液和含有结垢组分的溶液。

在氧化铝生产中,传统的蒸发工艺曾以三、四效为主,降膜蒸发器是近年来应用到氧化铝行业的新型高效蒸发器,它可以实现多效蒸发,减少汽耗,降低生产成本。现以六效逆流三级闪蒸的降膜蒸发系统为例来介绍母液蒸发工艺的过程。图 11-20 所示为六效逆流三级闪蒸的降膜蒸发系统工艺流程。

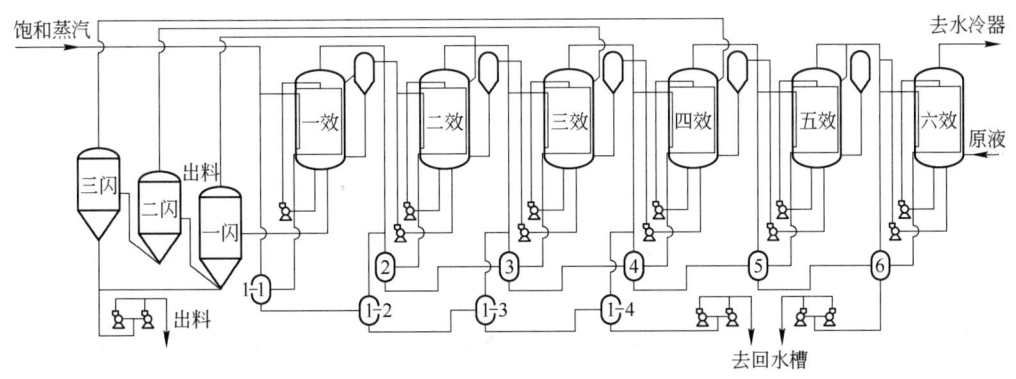

图 11-20 六效逆流三级闪蒸的降膜蒸发系统工艺流程

六效逆流三级闪蒸的降膜蒸发系统的工艺流程为:蒸发原液含 Na_2O_K 160g/L 左右,由泵送至第六效蒸发器,经 6—5—4—3—2—1 效蒸发器逆流逐级加热蒸发至溶液含 Na_2O_K 220g/L 左右,再经三级闪蒸浓缩至 Na_2O_K 245g/L 左右。蒸浓至 Na_2O_K 245g/L 左右的蒸发母液经过 1100m² 强制循环蒸发器可进一步蒸发并排盐。一效蒸发器用表压为 0.5MPa 的饱和蒸汽加热,一效至五效二次蒸汽分别用作下一效蒸发器和该效直接预热器的热源,第六效（末效）蒸发器的二次蒸汽经水冷器降温冷凝,其不凝气接入真空泵,一、二、三级溶液自蒸发器的二次蒸汽依次用于加热二效、三效、四效直接预热器的溶液。新蒸汽冷凝水经三级冷凝水槽闪蒸降温至 100℃ 以下用泵送至合格热水槽,其二次蒸汽分别与一效、二效蒸发器的二次蒸汽合并;二效、三效、四效、五效蒸发器的冷凝水分别经该效的冷凝水水封罐进入下一级冷凝水水封罐;每效冷凝水水封罐产生的二次蒸汽分别汇入该效的加热蒸汽管;二效、三效、四效、五效蒸发器的冷凝水逐级闪蒸后与五效的冷凝水汇合,进入六效的冷凝水罐,用泵送到冷凝水槽;全部冷凝水经检测后,合格的送锅炉房,不合格的送 100m² 赤泥过滤热水槽。

六效逆流三级闪蒸的降膜蒸发系统的工艺特点归纳如下:

（1）降膜蒸发器具有传热系数高,没有因液柱静压引起的温度损失,有利于小温差传热,实现六效作业,吨水汽耗可降至 0.24t。

（2）一效至五效蒸发器进料，采用直接预热器预热，分别用三级闪蒸器及本效的二次蒸汽作热源，使溶液预热到沸点后进料，提高了传热系数，改善了蒸发的技术经济指标。

（3）采用水封罐兼做闪蒸器的办法，对新蒸汽及各效二次蒸汽冷凝水的热量进行回收利用，不仅流程简单，并可有效阻汽排水，降低了系统的汽耗。

（4）采用三级闪蒸对溶液的热量进行回收，一效出料温度约为149℃，经三级闪蒸，温度降至95℃，然后进行排盐蒸发。

（5）整个蒸发器机组采用DCS型控制系统，在控制室内监视所有热工参数及电气设备运行情况，实现所有控制和打印报表，检测控制达到了国内先进水平。

降膜蒸发器可分为管式降膜蒸发器和板式降膜蒸发器两种。两种蒸发器也可以组合成管板结合的蒸发流程。目前，在新氧化铝厂的设计中，已大量采用多效管式降膜蒸发器，这主要是由于该技术传热效率高，且可应用较低价格的管材，使用寿命也较长。板式降膜蒸发器技术也得到了工业应用。板式降膜蒸发器传热系数较高，板片结疤常可自行脱落，可减少清洗设备次数。一效每两个月用60MPa高压水清洗一次；二效每半年用高压水清洗一次；三至六效基本无结垢，不需清洗。但是处于高温、高碱浓度的前几效板式蒸发器的焊缝易于受到腐蚀，从而引起泄漏。

综合管式和板式降膜蒸发器优点的多效管板结合的蒸发工艺也已用于新氧化铝厂的设计。

某厂六效逆流三级闪蒸的板式降膜蒸发工艺流程的主要运行参数见表11-11。

表11-11 六效逆流三级闪蒸的板式降膜蒸发系统主要运行参数

效 数	板式降膜蒸发器						水冷器	闪蒸器		
	一	二	三	四	五	六		一	二	三
加热面积/m²	1728	1700	1610	1610	1610	1756				
汽室温度/℃	153	124	108.5	94	78.6	63.7		118.7	102	86
液室温度/℃	136	119	102	87	69	56.6				95
汽室压力/MPa	0.417	0.13	0.044	0.00	-0.046	-0.0738	-0.089			
液室压力/MPa	0.13	0.044	0.00	-0.046	-0.070	-0.0834				

B 蒸发器的结疤

a 蒸发器结疤及其对蒸发过程的影响

在拜耳法生产氧化铝母液的蒸发增浓过程中，各种盐类浓度得到提高，其中部分盐类（如碳酸钠、硫酸钠）可能达到饱和浓度而结晶出来。随着温度的升高，铝硅酸钠也将以水合物的形式析出结晶。这些结晶物附着在加热管壁面，并不断生长，最终形成极为致密坚硬的结疤，致使蒸发效率和蒸水能力明显下降，需要将蒸发系统停车清理结疤。有关的测定结果表明，在蒸发管内溶液侧所生成的结疤热阻对传热系数影响极大，传热系数随着管壁结疤厚度的增加而呈急剧下降趋势，当加热壁面结疤厚度达0.2mm时，传热系数从无结疤时的14584kJ/(m²·h·K)，降至8314kJ/(m²·h·K)，仅为无结疤时的57%。当结疤厚度增加到0.5mm时，传热系数急剧下降到5104kJ/(m²·h·K)，仅为无结疤时的35%，使传热效率迅速下降。

表 11-12 为某厂母液蒸发器一效的结疤化学分析和物相分析结果。碳酸钠和硫酸钠结疤在低温高浓度段易产生，而铝硅酸钠结疤则在高温低浓度段较严重。

表 11-12 某厂母液蒸发器一效结疤的化学分析和物相分析结果

取样部位	化学组成/%										主要物相
	Al_2O_3	SiO_2	Fe_2O_3	TiO_2	Na_2O	K_2O	CaO	MgO	SO_4^{2-}	灼减	
加热	28.60	28.65	0.67	0.8	17.60	8.32	0.075	0.018	6.55	15.74	钠
管壁	28.40	31.47	0.77	0.8	17.40	8.56	0.075	0.02	8.59	18.15	硅
顶盖	28.40	31.67	0.67	0.6	17.10	8.32	0.088	0.063	8.50	18.25	渣

b 碳酸钠在母液结疤过程中的行为

拜耳法氧化铝生产流程中，Na_2CO_3 主要来自以下几个方面：

（1）铝土矿中的碳酸盐与苛性碱作用生成 Na_2CO_3；

（2）苛性碱与空气接触吸收 CO_2 生成 Na_2CO_3；

（3）添加石灰添加剂带入未分解的 $CaCO_3$ 与苛性碱作用生成 Na_2CO_3。

其中，添加石灰添加剂是使流程中的 Na_2CO_3 含量升高的主要原因之一。碳酸钠在生产中的析出受到溶液温度、苛碱含量以及摩尔比（α_K）等诸多因素的影响，其结晶产物主要是一水碳酸钠。表 11-13 是 250℃ 和 300℃ 时碳酸钠在铝酸钠溶液中的溶解度与其浓度和摩尔比（α_K）的关系。图 11-21 所示为在常压沸点下，摩尔比 α_K 为 3.5 ~ 3.8 时，碳酸钠在循环铝酸盐碱溶液中的溶解度曲线。

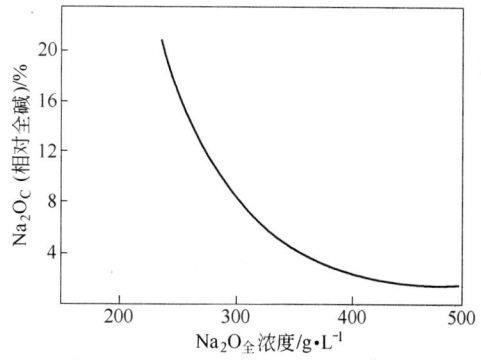

图 11-21 常压沸点下碳酸钠在循环铝酸盐碱溶液中的溶解度曲线（α_K 为 3.5 ~ 3.8）

表 11-13 250℃和300℃时碳酸钠在铝酸钠溶液中的溶解度

$Na_2O_{苛}$ 浓度/%	Na_2O_C 平衡含量/%		
	250℃		300℃
	$\alpha_K = 1.47 \sim 1.51$	$\alpha_K = 3.29 \sim 3.30$	$\alpha_K = 3.28 \sim 3.30$
10.0	7.15	7.80	7.95
11.0	6.25	6.90	7.10
12.0	5.45	6.10	6.35
13.0	4.75	5.35	5.50
14.0	4.15	4.65	4.45
15.0	3.75	4.15	4.30
16.0	3.40	3.85	4.10
17.0	3.10	3.55	3.80
18.0	2.85	3.25	3.45
19.0	2.65	2.95	3.20
20.0	2.45	2.70	2.90
21.0	—	2.45	2.65

从表 11-13 和图 11-21 中可以看出，碳酸钠在循环母液中的溶解度随溶液温度的下降、苛性碱和全碱浓度的提高与摩尔比（α_K）的减小而降低。蒸发过程中，苛性碱和全碱浓度不断上升，当碳酸钠处于过饱和状态时便结晶析出，部分结晶形成结疤附着于蒸发器壁面。循环母液中的碳酸钠含量需控制在溶出系统自蒸发器出料时的碳酸钠平衡浓度以下，才可避免出料管结疤堵塞现象。在工艺条件一定时，母液经过蒸发析出碳酸钠，使循环母液中的碳酸钠含量基本保持稳定。结晶析出的一水碳酸钠苛化后，可再返回系统使用。

有机杂质的存在有利于溶液中的碳酸钠过饱和，因此，实际生产过程母液中碳酸钠的含量一般比碳酸钠的溶解度高。

c 硫酸钠在母液中的结垢行为

拜耳法系统中，铝土矿中的含硫矿物与碱作用生成硫酸钠进入溶液，并且在母液循环中不断积累。在母液蒸发过程中，当硫酸钠含量达到过饱和，就会结晶析出，造成蒸发器加热管壁结疤的增加，影响蒸发效率，增加能耗。

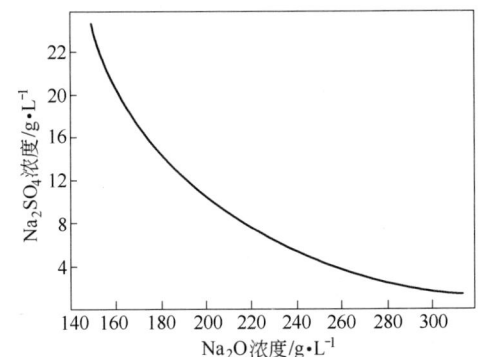

图 11-22 所示是常压沸点下母液中硫酸钠的溶解度曲线。由图 11-22 可见，随着 Na_2O 浓度增大，Na_2SO_4 的溶解度急剧下降。升高温度将减少 Na_2SO_4 结晶析出。

图 11-22 常压沸点下母液中硫酸钠的溶解度曲线

Na_2O 含量为 140g/L 的分解母液经蒸发浓缩至 250g/L 时，碳酸钠和硫酸钠的结晶析出情况列于表 11-14。从表 11-14 中可以看到，蒸发过程中碳酸钠的析出量为原液中总量的 30% 左右，硫酸钠的析出量为原液中总量的 60% 左右，硫酸钠的相对析出量比碳酸钠大。

表 11-14 碳酸钠和硫酸钠在蒸发过程中的结晶析出情况

蒸发原液组成			蒸发母液组成			结晶析出量	
$Na_2O/g \cdot L^{-1}$	(Na_2O_C/Na_2O) /%	(Na_2O_S/Na_2O) /%	$Na_2O/g \cdot L^{-1}$	(Na_2O_C/Na_2O) /%	(Na_2O_S/Na_2O) /%	C/%	S/%
132.6	13.98	4.57	270.9	9.63	1.83	31.11	59.96
136.5	16.34	5.97	245.2	11.70	2.09	28.40	64.99
144.3	15.70	4.65	261.5	9.85	1.92	37.26	58.71
148.5	14.15	5.95	250.8	9.10	2.00	35.69	66.39
140.4	15.04	5.28	257.4	10.05	1.96	33.18	62.88

注：$C = \dfrac{(Na_2O_C/Na_2O)_{原液} - (Na_2O_C/Na_2O)_{母液}}{(Na_2O_S/Na_2O)_{原液}} \times 100$；$S = \dfrac{(Na_2O_S/Na_2O)_{原液} - (Na_2O_S/Na_2O)_{母液}}{(Na_2O_S/Na_2O)_{原液}} \times 100$。

表 11-15 给出了 100℃时 Na_2SO_4-Na_2CO_3-NaOH-H_2O 系平衡溶液的组成及其平衡固相。铝酸钠溶液中的碳酸钠和硫酸钠在蒸发过程中能形成水溶性复盐 $2Na_2SO_4 \cdot Na_2CO_3$（碳酸矾），固相结晶物主要是 $2Na_2SO_4 \cdot Na_2CO_3$ 和 $Na_2CO_3 \cdot H_2O$（一水碳酸钠）。液相中随苛碱浓度的提高，碳酸钠和硫酸钠浓度急剧下降，当氢氧化钠浓度达到 26.9% 时，溶液中的硫酸钠仅为 0.5%。$2Na_2SO_4 \cdot Na_2CO_3$ 和 $Na_2CO_3 \cdot H_2O$ 能形成固溶体，在它的平衡溶液中，硫酸钠的浓度更低。

表 11-15 100℃时 Na_2SO_4-Na_2CO_3-NaOH-H_2O 系的平衡液相及其平衡固相

液相组成/%			平衡固相
Na_2SO_4	Na_2CO_3	NaOH	
1.2	10.8	15.4	
0.8	9.0	18.4	$2Na_2SO_4 \cdot Na_2CO_3 + Na_2CO_3 \cdot H_2O$
0.6	5.0	23.2	
0.5	3.5	26.9	

d 氧化硅在母液蒸发中的结垢行为

在铝土矿溶出时，其中绝大部分 SiO_2 成为铝硅酸盐析出进入赤泥中，此时母液中的 SiO_2 达到平衡或过饱和。Na_2O 浓度降低都会使母液中的 SiO_2 溶解度降低，析出含水铝硅酸钠或形成结疤。另外，母液中的碳酸钠和硫酸钠使含水铝硅酸钠转变为溶解度更小的沸石族化合物，进一步降低 SiO_2 在母液中的溶解度。

在母液蒸发过程中，水合铝硅酸钠、$2Na_2SO_4 \cdot Na_2CO_3$ 和 $Na_2CO_3 \cdot H_2O$ 混合沉积在蒸发器内壁，并不断生长，最终形成极为致密坚硬的结疤，降低传热系数，甚至会堵塞管道，使蒸发效率明显下降，最终不得不停车清理结疤。水合铝硅酸钠结垢不溶于水，易溶于酸。一般的蒸发器每运行几天即需水洗 1 次，每 1 个月左右用 5% 稀硫酸加入缓蚀剂（约 0.2% 的若丁）酸洗 1 次。结疤不仅使蒸发效率严重下降，而且频繁的酸洗对设备会造成腐蚀，缩短蒸发器的使用寿命。

C 减缓蒸发器结疤的方法

氧化铝生产中母液蒸发器结疤的主要组成为含水的碳酸钠、硫酸钠和水合铝硅酸钠，以水合铝硅酸钠结疤对蒸发效率影响最大，清洗难度也最大。所以，强化母液蒸发过程必须采取有利于抑制钠硅渣析出的措施。

在防止或减轻蒸发器结疤方面所开发的主要技术如下：

（1）采用适当的蒸发流程与作业条件。闪速蒸发的特点是蒸发不在加热面上进行，在防止加热面结垢方面，比其他蒸发方法优越。所以，大多拜耳法母液蒸发系统采用两段蒸发，第一段用降膜式蒸发器将碱浓度较低的母液蒸浓到结疤浓度以下，由于该段蒸发温差损失小，溶液过热度不大，有利于抑制铝硅酸钠水合物的析出；第二段采用多级闪速蒸发，碳酸钠等杂质在闪蒸罐内结晶析出。对于有大量结疤生成的母液，可制作沸腾区在外的蒸发器，以减少加热管的结疤和磨损。此外还可采用逆热虹吸式蒸发器，溶液在下降管中加热，在上升管中汽化，达到减轻结疤的目的。

利用较高的溶液湍动程度可以减慢结疤速度的原理，开发了强制循坏式蒸发技术。该技术采用一台耐高温碱液腐蚀的离心泵提高蒸发器管道内料液的流速，明显减少结疤，但循环泵使用寿命仍较短是该技术需要解决的一个难题。

（2）添加剂阻垢。前苏联的科技工作者最早在 1978 年提出向母液中添加表面活性剂的方法，以减少蒸发器结疤。目前，采用添加剂减缓母液蒸发过程结疤方面的研究比较活跃，某些减缓母液蒸发过程结疤的添加剂（如美国氰特公司开发的阻垢剂）已进入工业应用阶段，并取得了减缓蒸发结疤的良好效果。

（3）深度脱硅。深度脱硅不仅可减少溶出过程结疤，同时也可成为蒸发过程阻垢的有效措施。溶出过程防止结疤的一个重要方法就是预脱硅，国内氧化铝生产厂一般都设置预脱硅工序，以减缓溶出结疤。蒸发前母液也可以加入添加剂或采用其他方法进行预脱硅，降低母液中的硅浓度，以减缓蒸发器结疤。

（4）磁场、电场和超声波处理法。有研究表明，磁场、电场和超声波能降低结晶过程的活化能，当其作用于二氧化硅过饱和溶液时，可加速水合铝硅酸钠析出，或使其在更低的温度下生成；而析出的水合铝硅酸钠进入溶液中可起到晶核作用，降低金属与溶液接触面上氧化硅的过饱和度，有利于减少加热面结垢的生成。此外，在磁场、电场和超声波作用下，所生成的结垢较疏松、易清理。但这种处理方法因需要复杂的设施和耗能较高，暂还难以得到工业应用。

D 一水碳酸钠的苛化

为了减少拜耳法生产中的苛性碱消耗，需要将蒸发析出的一水碳酸钠进行苛化处理，使之转化成苛性碱后再返回到拜耳法系统利用。在碳酸钠溶液中添加石灰，在适当的条件下进行苛化反应，生成苛性碱，该方法即石灰苛化法。其原理是：

$$Na_2CO_3 + Ca(OH)_2 \rightleftharpoons 2NaOH + CaCO_3$$

碳酸钙溶解度较小，形成沉淀后过滤去除，苛化产生的苛性碱滤液得到回收，再补充到循环母液中。碳酸钠转变为氢氧化钠的转化率称为苛化率，通常用以评价碳酸钠苛化的程度，其表达式为：

$$\mu = \frac{N_{C前} - N_{C后}}{N_{C前}} \times 100\%$$

式中 μ——溶液苛化率，%；

$N_{C前}$——溶液苛化前 Na_2O_C 的浓度，g/L；

$N_{C后}$——溶液苛化后 Na_2O_C 的浓度，g/L。

随着苛化过程的进行，溶液中 OH^- 浓度增加，导致 $Ca(OH)_2$ 溶解度降低。所以，在苛化后溶液中残留的 Ca^{2+} 很少，可以忽略不计。因此苛化率可表达为：

$$\mu = \frac{x}{2c} \times 100\%$$

式中 x——溶液苛化后 NaOH 的浓度，mol/L；

c——溶液苛化前 Na_2CO_3 的浓度，mol/L。

苛化率与苛化反应温度有关。一般说来，苛化反应温度越高，苛化率越低；但如苛化反应温度过低，会使生成的 $CaCO_3$ 沉淀晶粒细小，不利于过滤分离。

在高浓度纯碳酸钠溶液苛化时，可能生成单斜钠钙石 $CaCO_3 \cdot Na_2CO_3 \cdot H_2O$ 和钙水碱 $CaCO_3 \cdot Na_2CO_3 \cdot 2H_2O$ 两种复盐，造成苛化率降低。为了防止生成复盐，通常在较低碳酸钠浓度下进行苛化,一般控制在 100～160g/L 范围内。

实际上,在拜耳法蒸发母液中析出的一水碳酸钠总要携带附着一些母液。在对析出一水碳酸钠苛化时,附着在母液中的铝酸钠和二氧化硅会参与如下反应:

(1)石灰与铝酸钠反应,生成铝酸钙:

$$3Ca(OH)_2 + 2NaAlO_2 + 6H_2O + aq \longrightarrow 3CaO \cdot Al_2O_3 \cdot 8H_2O + 2NaOH + aq$$

$$3CaO \cdot Al_2O_3 \cdot 8H_2O \longrightarrow 3CaO \cdot Al_2O_3 \cdot 6H_2O + 2H_2O$$

(2)水合铝硅酸钠与铝酸钙反应,生成水化石榴石:

$$1.7[3CaO \cdot Al_2O_3 \cdot 6H_2O] + xNa_2O \cdot Al_2O_3 \cdot 1.7SiO_2 \cdot nH_2O + aq \longrightarrow$$

$$1.7[3CaO \cdot Al_2O_3 \cdot xSiO_2 \cdot (6-2x)H_2O] + 2xNaAlO_2 + aq$$

(3)部分铝酸钙和水化石榴石溶入溶液与碳酸钠发生苛化反应。

$$3CaO \cdot Al_2O_3 \cdot 6H_2O + 3Na_2CO_3 + aq \longrightarrow 3CaCO_3 + 2NaAlO_2 + 4NaOH + 4H_2O + aq$$

$$3CaO \cdot Al_2O_3 \cdot xSiO_2 \cdot (6-2x)H_2O + 3Na_2CO_3 + H_2O \longrightarrow$$

$$3CaCO_3 + 2NaAl(OH)_4 + xNa_2SiO_3 + (4-2x)NaOH$$

在氧化铝生产中,一水碳酸钠苛化工艺条件通常为:苛化原液碳酸钠浓度 100～160 g/L;温度 ≥95℃;石灰添加量 70～110g/L;苛化时间 2h;苛化率 ≥85%。

11.1.3 改进的拜耳法

在各种氧化铝生产流程中,拜耳法因采用较为简单的湿法处理流程,能耗最低,产品质量较高,是世界氧化铝工业普遍采用的生产方法。但是拜耳法生产只能高效处理高品位铝土矿。当铝土矿品位下降,即铝土矿中的硅含量增加时,拜耳法生产将消耗大量的碱,矿耗也将大幅度增加,使氧化铝生产成本急剧升高而变得不经济。

中国虽然拥有较为丰富的铝土矿资源,但是其中大部分为中低品位铝土矿,因为上述原因,难以采用传统的拜耳法经济地生产氧化铝。

特别是近年来,由于中国氧化铝厂供矿品位迅速下降,A/S 从 10 年前的 10 左右降低到 5～6,导致拜耳法氧化铝生产的碱耗大幅上升,氧化铝回收率显著下降,成本居高不下。如果采用烧结法和联合法生产,能耗过高又缺乏竞争力。针对因铝土矿品位下降带来的不利局面,中国氧化铝科技工作者进行了大量的试验研究,成功开发出了包括选矿拜耳法在内的多种改进拜耳法的工艺流程,这些改进的拜耳法工艺既采用了低能耗的拜耳法主要流程,又降低了碱耗,成为中国处理中低品位铝土矿的重要生产工艺。

11.1.3.1 选矿拜耳法

选矿拜耳法是中国氧化铝技术界自主开发的处理中低品位铝土矿的新工艺。该方法将其他有色金属矿选矿技术移植到氧化铝生产中,并加以改进以适应铝土矿选矿。该方法属于氧化铝生产原料的预处理技术,大大减少了进入氧化铝生产流程的杂质氧化硅量,为降低生产碱耗提供了条件。

在选矿拜耳法流程中,中低品位铝土矿并不直接进入氧化铝生产系统,而是将铝硅比低的原矿经破碎、均化、磨矿后,经过浮选作业,得到铝硅比 8～10 的精选矿,然后直接采用常规的拜耳法生产工艺处理选精矿。

中国铝业中州分公司已经完成了 600kt 选矿拜耳法新技术的产业化。该产业化中的选矿基本流程如图 11-23 所示。

中国铝业中州分公司选矿拜耳法自投产以来，流程不断优化，技术持续改进，在同等矿石品位条件下，各项主要生产技术指标已处于国内先进水平，具有较强的竞争优势。在处理相同品位的铝土矿（铝硅比为 5 左右）时，选矿拜耳法比烧结法和联合法的能耗大幅度降低；而与常规拜耳法比，可降低化学碱耗 50% 左右。

铝土矿的浮选技术可采用正浮选或反浮选工艺。中国铝业中州分公司就是采用了正浮选工艺；反浮选工艺已经进行了许多试验研究工作。铝土矿选矿的关键技术在于高效低耗的浮选流程、浮选设备和选矿药剂。该部分内容可参阅本书相关章节。

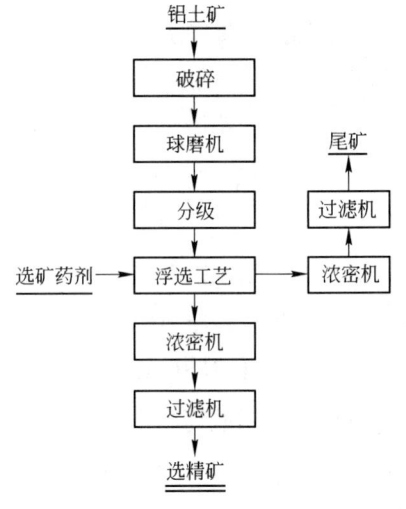

图 11-23 中国铝业中州分公司选矿拜耳法中的选矿工艺流程

选矿拜耳法新工艺已经进行了产业化应用，但仍需进一步优化改进，持续解决生产过程中出现的新问题。

（1）选矿有机药剂对氧化铝生产过程的影响。选矿药剂通常是一系列有机物和若干无机物组成，在浮选过程中会黏附于铝土矿表面或进入选精矿附液之中。这些药剂随选精矿进入拜耳法生产系统后，可能改变拜耳循环过程铝酸钠溶液中的硅的反应行为，从而改变蒸发、溶出过程的结疤规律，降低种分分解率等。同时，选精矿带入氧化铝生产中的水分较高，增加了蒸发负担和能耗。

因此，选矿工艺应最大限度地控制选矿药剂和附水进入拜耳法系统。为此需要通过选矿工艺和药剂的改进、提高选矿设备效率、改进选精矿过滤技术，以减轻选矿药剂和选精矿附水对拜耳法生产过程的负面影响。

（2）选矿尾矿的固液分离、堆放和综合利用等问题。选矿尾矿粒度过细，沉降压缩性能差，排放浆液的液固比较高。而且尾矿浆液在堆放过程中难以与附液分离，从而造成尾矿堆场的环境问题。此外，选矿拜耳法的总氧化铝回收率还较低，尾矿中含有较多的氧化铝未回收。必须通过尾矿综合利用技术，大批量地处理尾矿并生产有价值产品，以减少或消除尾矿的堆存，提高其利用率。

11.1.3.2 石灰拜耳法

A 石灰拜耳法新工艺的提出及其基本原理

20 世纪 70~80 年代，中国的科技工作者提出了石灰拜耳法工艺的设想，进行了不同温度条件下的石灰拜耳法的实验室试验研究。同期，苏联的学者也进行了改变石灰添加量对拜耳法全流程技术指标的综合影响的试验研究，提出了在拜耳法溶出过程中，应寻找最佳的石灰添加量以有效降低赤泥中含碱量。

拜耳法生产过程中造成化学碱损失的原因是溶出过程中的脱硅反应所致。拜耳法脱硅产物是水合铝硅酸钠,其中含有较多的氧化钠和氧化铝,造成碱损失,降低了氧化铝回收率。研究发现,在高温拜耳法条件下,如果添加适量的石灰,可以更多地生成新的脱硅产物——水化石榴石,可降低碱损失。该方法利用价格较低的石灰来代替昂贵的碱,从而可降低生产总成本。

石灰拜耳法的基本原理就是在拜耳法溶出过程中添加较常规拜耳法更多的石灰添加剂,使拜耳法溶出过程中的主要脱硅产物由含碱的水合铝硅酸钠(钠硅渣)变成不含碱的水合铝硅酸钙(水化石榴石),以大幅度地降低拜耳法生产的化学碱耗。

在中国一水硬铝石型铝土矿的溶出过程中,铝土矿中的含硅矿物基本上全部发生反应,除生成水化石榴石外,其余则生成了水合铝硅酸钠(钠硅渣)$Na_2O \cdot Al_2O_3 \cdot 1.7SiO_2 \cdot nH_2O$。赤泥的钠硅比($Na_2O/SiO_2$)值反映了氧化铝生产的化学碱耗,它主要取决于赤泥中水合铝硅酸钠的含量。而在溶出条件一定时,赤泥中水合铝硅酸钠的含量则主要取决于添加剂石灰的配入量。溶出过程中配入的石灰除和铝土矿中的钛矿物反应生成$CaTiO_3$(钛酸钙)之外,剩余的石灰将主要生成不含碱的水合铝硅酸钙(水化石榴石):$3CaO \cdot Al_2O_3 \cdot xSiO_2 \cdot (6-2x)H_2O$,其中$SiO_2$的饱和系数$x$在一定的溶出条件下基本不变。饱和系数$x$的范围通常在$0.6 \sim 1.0$之间,因此,水化石榴石的$Al_2O_3/SiO_2$是较高的。

已有的研究结果表明,仅靠加大石灰添加量并不能使赤泥中的碱含量降为零,这是因为在一般的溶出条件下,赤泥中的水化石榴石和水合铝硅酸钠会保持一定的平衡关系。在电子显微镜下可以发现,这两种化合物都会发生钙和钠的相互取代。在260℃的溶出温度下,即使石灰添加量(以有效CaO计)按$[CaO]/[TiO_2]=1$,$[CaO]/[SiO_2]=4$(摩尔比)配入,也不能使赤泥中的钠硅比降为零。随着石灰添加量进一步增加,赤泥中Na_2O/SiO_2的值降低的趋势变缓,但氧化铝的损失量却会大幅上升。

基于上述原因,石灰拜耳法所选取的石灰最佳添加量的工艺条件应保证溶出后赤泥中的Na_2O/SiO_2和Al_2O_3/SiO_2值尽可能低,以允许赤泥直接外排,不必再通过烧结法等工艺回收赤泥中的碱和氧化铝,从而简化流程,实现节能降耗。

中国使用一水硬铝石的氧化铝厂普遍采用较高的石灰添加量,实际上就是运用了这一思路。

此外,适宜的溶出条件对获得尽量低的赤泥Na_2O/SiO_2和Al_2O_3/SiO_2值也十分重要。矿浆液相中的N_K越高,溶出温度越高,溶出过程中生成的水化石榴石分子中的SiO_2饱和系数越大,即水化石榴石中的Al_2O_3/SiO_2值越小。

图11-24和图11-25分别给出了溶出过程中溶出温度和N_K对水化石榴石分子中SiO_2饱和系数x的影响规律。

因此,实现石灰拜耳法溶出新工艺的前提是采用强化溶出技术。只有采用强化溶出技术,才能保证溶出赤泥中的一水硬铝石残余量趋于零,同时生成的水化石榴石分子中SiO_2的饱和系数x有较大的值,从而确保得到Na_2O/SiO_2和Al_2O_3/SiO_2值较低的石灰拜耳法溶出赤泥,大幅度降低化学碱耗,并尽可能减少氧化铝损失。

根据目前中国氧化铝工业的生产条件,如下的石灰拜耳法溶出工艺参数较为合理:溶出温度$260 \sim 270$℃,溶出时间$60 \sim 90min$,母液N_K $230g/L$左右。石灰添加量由试验结果和综合技术经济分析确定。在此条件下,赤泥中残余的一水硬铝石量近似为零,水化石榴石中的SiO_2饱和系数在$0.85 \sim 1.00$之间。

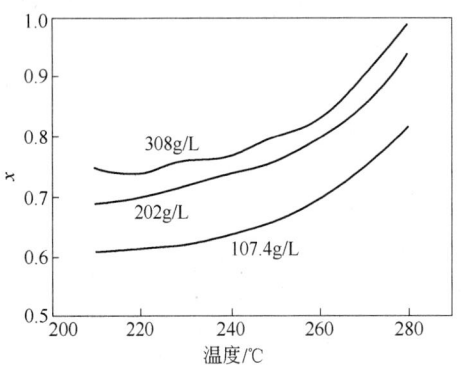

图 11-24 水化石榴石分子中 SiO_2 饱和
系数 x 与溶出温度的关系

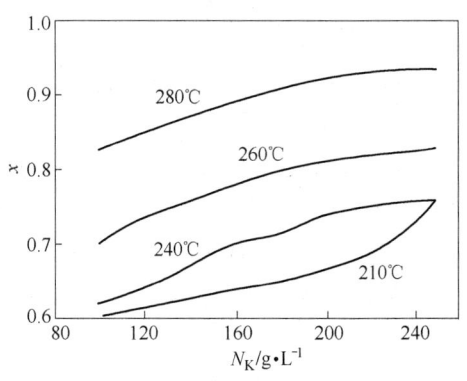

图 11-25 水化石榴石分子中 SiO_2 饱
和系数 x 与 N_K 的关系

B 石灰拜耳法新工艺的主要特点

石灰拜耳法新工艺的主要特点是:

(1)可大幅度降低化学碱耗。大幅度降低化学碱耗是采用石灰拜耳法工艺的主要目的。石灰的最佳添加量由试验确定。在一定的石灰添加量范围内,赤泥 Na_2O/SiO_2 随石灰量增加呈近似直线下降,在此范围内,增加石灰添加量的节碱效果最为显著。对不同矿区的一水硬铝石型铝土矿,这一石灰添加量范围会有所不同。当石灰添加量超出这一范围时,即使继续增加石灰添加量,赤泥 Na_2O/SiO_2 的下降将明显趋缓,在此区间增加石灰添加量的节碱效果变差。

图 11-26 所示为石灰添加量对 A/S 为 6.1 的河南铝土矿溶出结果的影响。该试验中,溶出条件为母液 $N_K = 215g/L$,溶出温度 260℃,溶出时间为 90min。

(2)可提高溶出速度。加大石灰添加量有利于提高一水硬铝石矿的整体溶出速度。因此,石灰拜耳法溶出工艺有利于强化中国一水硬铝石型铝土矿的溶出。

(3)可在一定程度上减缓矿浆预热过程中的结疤。较大的石灰添加量可在一定程度上减缓矿浆预热过程中的结疤,这可能是由于铝硅酸钠和水化石榴石的结晶机理存在差别而引起的。增加石灰添加量对含钛矿物的结疤速度不会产生明显的影响,但可在一定程度上减缓含镁矿物的结疤速度。有文献对此进行了分析研究,工业试验结果也证实了这一点。

(4)有利于消除溶出液中的杂质成分。在拜耳法溶出过程中添加较多的石灰可以使铝酸钠溶液得到一定程度的净化。石灰可以与其中的磷、钒、铬、氟和有机物等杂质反应,生成相应的钙盐排入赤泥。石灰添加量越大,越有利于铝酸钠溶液中杂质含量的降低。因此,采用石灰拜耳法新工艺,对净化铝酸钠溶液,降低氧化铝产品中的杂质含量,具有积极的

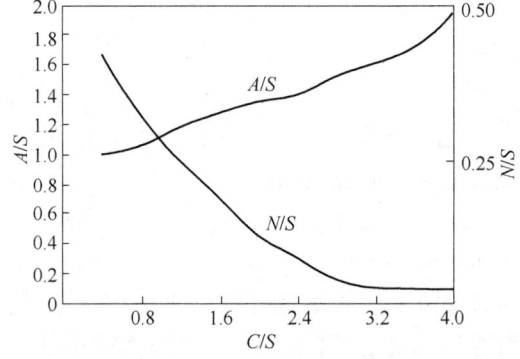

图 11-26 石灰添加量对拜耳法溶出结果的影响

意义。

(5) 石灰拜耳法流程简单, 与传统的拜耳法相似, 不需对矿石做预处理。因此, 该技术可利用原有拜耳法流程, 基本不进行流程设备的改造, 便可适合处理中等品位的铝土矿, 并明显降低碱耗, 能耗与传统的拜耳法相近。

但是, 石灰拜耳法在推广应用过程中也出现了新的技术问题。由于石灰拜耳法添加了较多的石灰, 并处理中低品位铝土矿, 因此赤泥量和赤泥沉降的固含大大增加。如果赤泥沉降槽没有足够的容量处理, 将造成沉降槽跑混, 底流压缩液固比过高, 液固分离效果变差。解决此技术难题的主要途径是: 严格控制石灰添加量; 加大沉降槽容量; 改进絮凝剂技术; 必要时可采用自稀释技术。

11.2　烧结法生产工艺

烧结法是碱法生产氧化铝的一种方法, 它适宜处理含硅较高的铝土矿或硅铝酸盐类矿物。

烧结法在历史上先于拜耳法得到工业应用。其主要优点是其主要脱硅产物为不含氧化钠和氧化铝的原硅酸钙 ($2CaO \cdot SiO_2$), 因此脱硅效率较高, 有价元素损失较少, 因而对铝土矿中的主要杂质硅矿物含量可以放宽要求, 甚至可以较经济地处理低品位铝土矿。烧结法也因此具有氧化铝总回收率高、碱耗低的突出优点。但是, 由于烧结法采用火法烧结过程处理, 流程蒸水量大以及蒸水方式不经济, 造成能耗过高; 同时在烧结法碳分过程中, 溶液中的氧化硅易于析出, 导致产品质量较差。

在当今对节能和产品质量要求较高的情况下, 烧结法的劣势较为明显。但是未来还是有可能通过技术创新, 降低烧结和蒸发过程的能耗, 更好地回收余热, 使烧结法实现大幅度节能, 重新焕发生机和活力。

烧结法分为碱石灰烧结法和石灰石烧结法。碱石灰烧结法是目前烧结法中得到较广泛应用的方法。石灰石烧结法比较适用于黏土类原料 (如霞石, 明矾石), 特别是含有一定可燃成分的煤矸石、页岩和粉煤灰等。

11.2.1　碱石灰烧结法

11.2.1.1　碱石灰烧结法基本工艺

在高温条件下烧结 (也称烧成) 碳酸钠、铝土矿和石灰 (石灰石) 的混合料, 可得到含固体铝酸钠 ($Na_2O \cdot Al_2O_3$) 和原硅酸钙 ($2CaO \cdot SiO_2$) 的烧结产物, 这种物料通常称为熟料。用稀碱液溶出熟料可得到铝酸钠溶液, 然后往溶液中通入 CO_2 气体即可析出氢氧化铝。残留的溶液中主要是碳酸钠, 通过蒸发浓缩后返回配料循环使用。这就是碱石灰烧结法的基本原理。

碱石灰烧结法的基本工艺流程如图 11-27 所示。

在碱石灰烧结法工艺中, 首先把纯碱 (Na_2CO_3)、石灰 (或石灰石) 和铝土矿配制成料浆, 然后在回转窑中烧结。炉料中的氧化物 (Al_2O_3、Fe_2O_3、SiO_2 和 TiO_2) 通过烧结转变为铝酸钠 ($Na_2O \cdot Al_2O_3$)、铁酸钠 ($Na_2O \cdot Fe_2O_3$)、原硅酸钙 ($2CaO \cdot SiO_2$, 也称为硅酸二钙)、钛酸钙 ($CaO \cdot TiO_2$) 等。在熟料窑中发生的烧结反应很复杂, 本书第 10

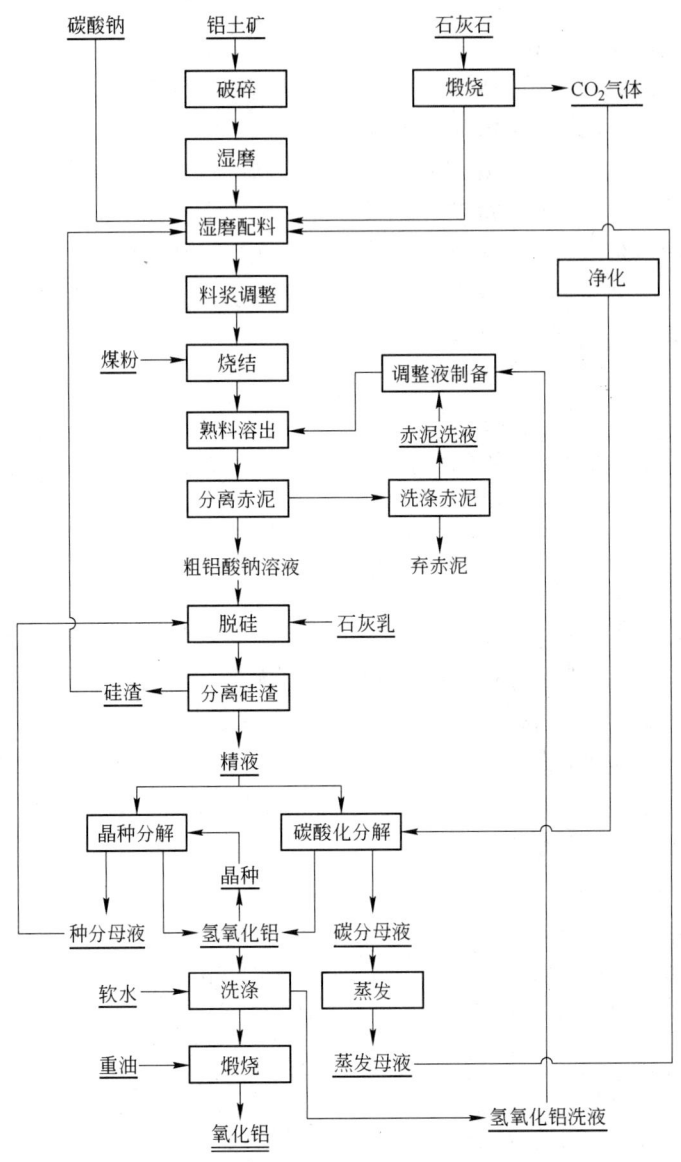

图 11-27 碱石灰烧结法基本工艺流程图

章详细描述了碱石灰烧结法炉料在烧结过程中的主要反应。

在熟料窑高温烧结后得到的烧结物料（通常称为熟料），经冷却后用稀碱液溶出，其中易溶的铝酸钠（$Na_2O \cdot Al_2O_3$）溶解后进入溶液，铁酸钠（$Na_2O \cdot Fe_2O_3$）在水溶液中迅速水解，所生成的 NaOH 进入溶液，而另一产物——含水氧化铁沉淀进入赤泥。在溶出条件控制适当时，原硅酸钙（$2CaO \cdot SiO_2$）和钛酸钙（$CaO \cdot TiO_2$）一般不会与溶液反应，应转入赤泥而分离出来。铝酸钠溶液经过净化精制，通入 CO_2 气体，降低其稳定性，析出氢氧化铝。碳分后的料浆过滤出氢氧化铝后，得到的母液经蒸发浓缩后返回配制用于烧结的料浆以循环使用。

碱石灰烧结法经不断改进，已成为能够处理高硅铝土矿及其他高硅含铝原料（霞石、明矾石等）的有效方法。

11.2.1.2 生料浆配制及熟料烧结

A 生料浆配制

生料浆的配制是在原料磨工序完成的，通常原料磨为分仓并装有直径不等的金属球的球磨机。铝土矿、石灰、碱（或蒸浓后的碳分母液）按一定配比加入到球磨机中，通过球磨机的研磨、混匀，然后再经调配制成合格的料浆。烧结法生料浆配制流程图见本书第12章。

生料浆配制时，各种物料的加入量是按熟料的配方要求加入的。习惯上把炉料（或称为生料）中各氧化物含量间的配比称为炉料的配方。碱石灰烧结法中，碱-石灰-铝土矿炉料的配方主要包括碱比 $[Na_2O]/([Al_2O_3]+[Fe_2O_3])$、钙比 $[CaO]/[SiO_2]$、铝硅比 Al_2O_3/SiO_2 和铁铝比 Fe_2O_3/Al_2O_3 四项指标。其中，碱比和钙比均为摩尔比，铝硅比和铁铝比为质量分数之比。铝硅比和铁铝比主要是由铝土矿原料所决定的。在配料过程中，还应考虑到脱硅和深度脱硅工序得到的硅渣返回利用对配料产生的影响，以及煤粉燃烧带入的灰分的影响。所以，配料过程最重要的是控制好碱比和钙比这两项指标。

如果期望各氧化物在熟料中生成 $Na_2O \cdot Al_2O_3$，$Na_2O \cdot Fe_2O_3$ 和 $2CaO \cdot SiO_2$ 的矿物形态，那么生料的碱比应等于1.0，钙比应等于2.0，即：

$$N/R = [Na_2O]/([Al_2O_3]+[Fe_2O_3]) = 1.0$$

$$C/S = [CaO]/[SiO_2] = 2.0$$

工业生产上把按化学反应所需理论量计算出的配方，习惯地称为"饱和配方"或正碱/正钙配方。而把其他的配方，统称为非饱和配方。在非饱和配方中，又把 $N/R < 1.0$ 的称为低碱配方，把 $C/S > 2.0$ 的称为高钙配方，把 $C/S < 2.0$ 的称为低钙配方。

生料浆的配制既是烧结法生产氧化铝的基础，也是一项繁重而又复杂的工作，对烧结法氧化铝生产具有十分重要的意义。中国烧结法生产厂家通过多年的实践，开发出一套基于料浆成分快速分析技术和快速调整配料的烧结法配料技术，大大提高了配料料浆的碱比、钙比以及细度、水分等指标的合格率。

近年来，为了降低二次反应的损失，研究了"非饱和配方"的低碱高钙配方（$N/R = 0.95$、$C/S = 2.0 \pm 0.02$），所烧制熟料的氧化铝和氧化钠的净溶出率分别可达到93%和96%左右，而且赤泥沉降性能也得到了改善。

为寻求新的高效脱硅产物，提出了 $C/S < 1.8$ 的低钙配方，并进行了工业试验，一定程度上减少了石灰的配入量。

B 熟料烧结

碱-石灰-铝土矿炉料的烧结有干法烧结和湿法烧结两种。湿法烧结具有配料简便准确、便于输送、熟料质量优、劳动条件好等优点，因此目前氧化铝生产上还都采用湿法烧结。干法烧结方法曾在早期试验过，但遇到了烧结质量、回头碱液的水分蒸发等方面的问题；但干法烧结能大大降低烧结能耗，显著提高烧结窑产能，在能源价格越来越高的情况下，值得进一步深入研究。

生料浆烧结是在回转窑内进行的。烧结窑设备将在本书第12章详细介绍。

熟料窑的工作流程包括：用高压泵将生料浆从料浆槽抽出，经喷枪雾化喷入窑内。生料浆在烘干带被窑气烘干后，变成含水 5% ~ 10% 的生料。生料借熟料窑的斜度与回转，从窑尾向窑头移动，依次经过熟料窑内的烘干带、预热带、分解带和烧结带。由于移动过程中不断受到窑气加热，物料温度逐渐升高，在烧结带达到最高，并在烧结带发生烧结反应，变成熟料。熟料经过冷却带，在下料口进入单筒冷却机。熟料在冷却机中，一方面被吸入的空气冷却，另一方面被冷却机炉壁冷却，其温度从 1000℃ 左右下降到 200 ~ 250℃，然后进入中碎系统。通过冷却机内的空气得到预热后进入熟料窑作为煤粉燃烧的二次空气。

在熟料烧结作业上一般采用"三大一快"即大料、大风、大煤（油）、快速转窑的操作制度。大风、大煤（油）可以保持短而集中有力的火焰，快速转窑可以强化热传导和加快物料的移动速度。该操作制度可以保证在烧结过程中生成适量的液相，窑皮（指在窑内壁生成的物料结圈）易于维护，熟料质量良好，达到稳产高产。

11.2.1.3　熟料的溶出

A　熟料溶出概述

熟料溶出过程是烧结法氧化铝生产中十分重要的工序，熟料溶出的效果对生产的技术指标有重大影响。熟料溶出的实质是用调整液（主要是由碳分母液和赤泥洗液组成）浸出熟料，使熟料中可溶的 Al_2O_3 和 Na_2O 尽可能完全的溶解转入溶液，而与主要由 $2CaO \cdot SiO_2$、Fe_2O_3 水化物等不溶杂质组成的赤泥分离。浸出熟料后的溶液（生产上称为粗液）经脱硅净化后送铝酸钠溶液分解工序生产氢氧化铝。分离赤泥经洗涤后外排。

熟料中的原硅酸二钙（$2CaO \cdot SiO_2$）在一定的条件下会与铝酸钠溶液发生反应。由于熟料溶出过程的主要目标反应是固体铝酸钠的溶解，因此将原硅酸钙在铝酸钠溶液中所发生的反应称为熟料溶出过程的副反应或二次反应。二次反应使溶液中部分 Al_2O_3 和 Na_2O 进入赤泥，由此造成的 Al_2O_3 和 Na_2O 损失称为二次反应损失。当溶出条件控制不当时，二次反应损失可能达到很严重的程度。因此，控制溶出过程的技术条件，尽量避免和减少二次反应损失，提高 Al_2O_3 和 Na_2O 溶出率，是熟料溶出的主要任务之一。

熟料溶出的效果，通常是由熟料的 Al_2O_3 净溶出率（$\eta_{A净}$）和 Na_2O 的净溶出率（$\eta_{N净}$）来衡量。其计算方法可用下式计算：

$$\eta_{A净} = [A_{熟} - A_{赤}(C_{熟}/C_{赤})]/A_{熟} \times 100\%$$

$$\eta_{N净} = [N_{熟} - N_{赤}(C_{熟}/C_{赤})]/N_{熟} \times 100\%$$

式中　$A_{熟}$，$A_{赤}$——熟料和弃赤泥的 Al_2O_3 质量分数，%；

$N_{熟}$，$N_{赤}$——熟料和弃赤泥的 Na_2O 质量分数，%；

$C_{熟}$，$C_{赤}$——熟料和弃赤泥的 CaO 质量分数，%。

熟料溶出的效果对烧结法生产的碱耗、氧化铝总回收率等主要技术经济指标有重大的影响。熟料溶出过程的主要反应如下：

（1）铝酸钠。熟料中的固体铝酸钠易溶于水和稀碱溶液。用稀碱溶液在 90℃ 下溶出细磨的熟料，在 3 ~ 5min 便可将其中的 $Na_2O \cdot Al_2O_3$ 完全溶出，得到浓度较高的铝酸钠溶液。溶出速度随温度的升高而加快。铝酸钠溶出是放热反应：

$$Na_2O \cdot Al_2O_3 + 4H_2O =\!=\!= 2NaAl(OH)_4$$

溶出 1mol 的 $Na_2O \cdot Al_2O_3$，放出热量 41.8kJ。

（2）铁酸钠。固体铁酸钠在水中极不稳定，遇水便立即发生如下水解反应：

$$Na_2O \cdot Fe_2O_3 + 2H_2O =\!=\!= 2NaOH + Fe_2O_3 \cdot H_2O$$

生成的 NaOH 进入溶液，可提高铝酸钠溶液的稳定性，而生成的 $Fe_2O_3 \cdot H_2O$ 则形成赤泥的一部分。

（3）原硅酸钙。原硅酸钙的含量在熟料中一般为 30% 左右，主要以 β-$2CaO \cdot SiO_2$ 的形态存在。少量的原硅酸钙在溶出过程中与溶液中的 $Na_2O \cdot Al_2O_3$、NaOH、Na_2CO_3 等发生一系列的反应，最终导致溶液中的部分 Al_2O_3 和 Na_2O 进入赤泥中，造成 Al_2O_3 和 Na_2O 的损失。

原硅酸钙在水中水化生成针硅钙石 $2CaO \cdot SiO_2 \cdot 1.17H_2O$，它在 β-$2CaO \cdot SiO_2$ 表面成为比较致密的薄膜，可阻碍水化过程的进一步进行。

原硅酸钙可与碳酸钠溶液发生如下反应：

$$2CaO \cdot SiO_2 + 2Na_2CO_3 + H_2O =\!=\!= Na_2SiO_3 + 2CaCO_3\downarrow + 2NaOH$$

当溶液的 Na_2O 浓度低于 250g/L 时，原硅酸钙与氢氧化钠之间发生如下反应：

$$2CaO \cdot SiO_2 + 2NaOH + H_2O =\!=\!= 2Ca(OH)_2 + 2Na_2SiO_3$$

上述反应均可促使原硅酸钙在溶液中分解，分解出的 Na_2SiO_3 进入溶液，导致溶液中的 SiO_2 浓度升高，这一过程可以一直进行，直至达到 SiO_2 介稳平衡浓度为止。分解出的 SiO_2 可以和溶液中的 Al_2O_3 和 Na_2O 反应，生成钠硅渣进入赤泥，从而造成 Al_2O_3 和 Na_2O 的损失，即发生了二次反应。

由上述反应可知，熟料溶出过程中 $2CaO \cdot SiO_2$ 的分解以及与铝酸钠溶液的反应是产生二次损失的根本原因。所以，研究如何抑制 $2CaO \cdot SiO_2$ 的分解，减缓二次反应的速度，对于改善熟料溶出过程，提高溶出效果十分重要。生产上主要对溶出温度、苛性碱浓度、碳酸钠浓度，溶出时间和溶出液固比等条件进行控制，以尽量减少二次反应的发生。

（4）钛酸钙。熟料中的钛酸钙（$CaO \cdot TiO_2$）在熟料溶出过程中不发生变化而进入赤泥。

B 熟料溶出的主要影响因素

a 熟料配方对溶出率的影响

熟料 Na_2O 和 Al_2O_3 的溶出率随着熟料铝硅比的降低而降低。熟料的碱比 $[N]/[A] + [F] = 1.0$，钙比 $[C]/[S] = 2.0$，钙钛比 $[C]/[T] = 1.0$ 的配料比称为标准配方或饱和配方。

碱比大于 1 的配方称为高碱配方。高碱熟料会生成部分不溶性的三元化合物 $nNa_2O \cdot mCaO \cdot pSiO_2$，从而降低 Na_2O 溶出率。

碱比低于 1 的配方称为低碱配方或未饱和配方。此配方 Na_2O 配量不足，不能使 Al_2O_3 全部转变为 $Na_2O \cdot Al_2O_3$ 和 $Na_2O \cdot Fe_2O_3$，而导致 $2CaO \cdot Al_2O_3 \cdot SiO_2$ 和 $4CaO \cdot Al_2O_3 \cdot Fe_2O_3$ 一类化合物的生成，造成 Al_2O_3 的溶出率降低。

高钙配方熟料，其中有游离的 CaO 存在，在溶出时造成 Al_2O_3 的损失。而钙比低于 2 时，由于生成 $Na_2O \cdot Al_2O_3 \cdot 2SiO_2$，也可能降低 Na_2O 和 Al_2O_3 的溶出率。

　　b　熟料溶出条件的影响

　　熟料溶出的工艺技术条件是依据熟料中 $Na_2O \cdot Al_2O_3$、$2CaO \cdot SiO_2$ 含量等因素，确定适宜的粗液浓度（包括 Al_2O_3、Na_2O_K、Na_2O_C 浓度）及其 α_K，溶出温度、熟料磨细度、溶出进磨液固比等工艺条件，以及合理的熟料溶出，赤泥分离洗涤流程。目的是获得较高的 Al_2O_3 和 Na_2O 净溶出率。

　　必须采取抑制二次反应的工艺技术条件，尽可能降低由二次反应造成的 Al_2O_3、Na_2O 损失，这是制定、优化熟料溶出工艺参数的基本原则。

　　（1）熟料磨细度的影响。溶出时熟料的粒度如果太粗，将造成溶出不完全或溶出时间过长。但如果粒度太细，则会引起赤泥分离的困难，增大二次反应损失。一般要求熟料溶出赤泥的细度：大于 0.246mm（大于 60 目）＜15%；大于 0.088mm（大于 170 目）＞15%。

　　（2）溶出温度的影响。熟料溶出过程是放热反应，在熟料冷却不充分的情况下，溶出温度往往过高，由此将造成二次反应加剧。但是也要防止溶出温度太低，以免有用成分溶出不完全；同时温度过低将使溶出液黏度增大，赤泥与溶液分离的时间加长，增加赤泥沉降过程的二次反应，甚至可能引起赤泥性质的改变，使生产无法正常进行；此外，溶出温度过低将使赤泥洗涤温度不符合生产要求。

　　熟料溶出温度的确定还与熟料性质及其他溶出条件有关。烧结法熟料的溶出温度通常控制在 80～85℃。

　　（3）苛性碱（Na_2O_K）浓度的影响。提高溶液中苛性碱浓度，会加快原硅酸钙 β-$2CaO \cdot SiO_2$ 的分解，并且使 $Ca(OH)_2$ 更多地转变成水化石榴石。

　　在氧化铝生产中，提高 Al_2O_3 浓度可以减少溶液的流量和蒸发量，节省投资和加工费，因此在湿磨溶出时应尽可能提高粗液 Al_2O_3 浓度。为防止溶出苛性碱浓度过高，就要求降低溶出苛性比。一般说来，粗液苛性比值保持在 1.25 左右，就基本可实现生产运行的稳定。

　　中国大多铝土矿中 Fe_2O_3 含量较低，铁酸钠水解产生的苛性碱较少，这就为实现低苛性比值溶出提供了可能性。在湿磨溶出时，调整液用赤泥洗液和碳分母液配制，其中含以碳酸钠存在的 $Na_2O(Na_2O_C)$ 25～30g/L。溶出时约有 5g/L Na_2O_C 被苛化，溶出液的 α_K 即可达到预期要求。

　　（4）Na_2O_C 浓度的影响。在溶出过程中，Na_2CO_3 与 $Ca(OH)_2$ 将进行苛化反应，减少水化石榴石的生成，可提高 η_A。但苛化反应也同时提高了溶液中 Na_2O_K 的浓度，促使 β-$2CaO \cdot SiO_2$ 的分解，造成 Al_2O_3、Na_2O 的损失。Na_2O_C 也是赤泥的稳定剂，能抑制赤泥变性（如赤泥膨胀）。粗液中的 Na_2O_C 浓度与熟料成分和熟料溶出赤泥分离洗涤流程相关。通常碱石灰烧结法粗液的 Na_2O_C 浓度为 20g/L 左右。

　　（5）溶出时间的影响。在溶出条件下，熟料中的有用成分只需 15min 左右即可溶出完毕，此后 β-$2CaO \cdot SiO_2$ 的分解才趋于强烈。$\eta_{A净}$ 是随赤泥与溶液接触时间的延长而降低的。因此，尽快分离赤泥是减少 Al_2O_3 和 Na_2O 损失的重要措施，同时还可以减少其他因素变动所带来的不利影响。通常熟料在球磨机内停留时间为 3～5min，在螺旋分级机为 2～3min，其溢流的 η_A 为最高。因此，实现赤泥快速分离是降低二次反应损失的有效方法。

　　（6）溶出液固比的影响。在湿磨溶出时，用入磨调整液体积（m^3）与熟料量（t）的比值来表示溶出液固比。溶出液固比必须与溶出和赤泥分离设备的要求相适应,以便使赤泥与溶出液迅速有效地分离。吨熟料溶出液固比一般为 $3.0 \sim 3.5m^3$。

C 烧结法熟料溶出的方法

烧结法熟料溶出方法有两种,一种是湿磨溶出,碱石灰烧结法的熟料都采用这种溶出方法,其溶出设备为球磨机。对于铁含量低的烧结熟料,可采用低苛性比溶出工艺和二段磨熟料溶出工艺;另一种是颗粒溶出,将熟料破碎至 8mm 以下,再在专门的溶出设备内进行溶出,此方法一般用于霞石熟料溶出。

a 低苛性比 (α_K) 溶出工艺

烧结法生产初期,为避免溶出分离过程中铝酸钠溶液的水解,一般采用 α_K 为 1.5 左右的较高的苛性比条件溶出。在此条件下,生产过程中熟料的氧化铝和氧化钠的标准溶出率都比较好,但净溶出率都不高,这主要是由于从溶出到分离洗涤这段时间内二次反应损失过大而产生的。试验研究的结果证明,在现有的熟料溶出条件下,将溶出苛性比 α_K 从 1.5 降到 1.25 左右,即可以明显提高净溶出率;同时由于在此条件下二氧化硅浓度高达 $3 \sim 5g/L$,铝酸钠溶液的稳定性仍然很高,即使苛性比 α_K 降到 1.25 左右并不会发生水解。由此开发了烧结法低苛性比溶出技术,把溶出苛性比 α_K 从 $1.4 \sim 1.5$ 降到 $1.20 \sim 1.25$。

此外还发现,当溶出液碳酸钠含量较高时,赤泥的稳定性提高,可减少二次反应损失,有效地抑制赤泥膨胀,避免赤泥分离系统发生严重故障。目前熟料溶出液中碳酸钠含量一般控制在 30g/L 左右。

b 二段磨溶出工艺

早期烧结法采用一段湿磨闭路溶出、赤泥沉降分离流程,氧化铝的溶出率很低,只有 74%。由于赤泥量过大,沉降槽因处理能力不足,不断发生主轴扭弯并被迫放料等事故,沉降槽溢流浮游物高达 $20 \sim 30g/L$。根据测定结果,湿磨返砂中氧化铝已大部分溶出,返砂在湿磨系统闭路循环有害无益。因此提出了二段磨溶出熟料的方案。改造前一段磨和改造后二段磨的工艺流程分别如图 11-28 和图 11-29 所示。

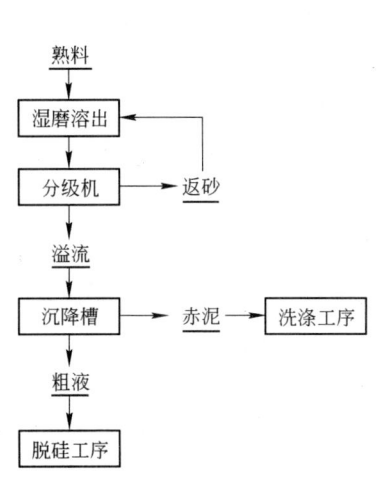

图 11-28 一段磨溶出工艺流程

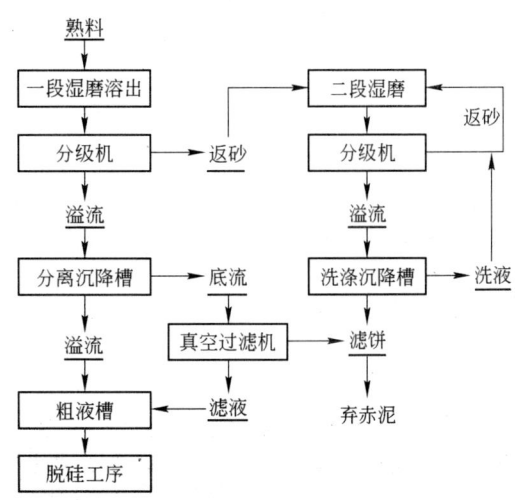

图 11-29 二段湿磨溶出工艺流程

由图 11-29 可见，熟料溶出的二段磨溶出流程是：将经过一段磨的粗粒溶出赤泥送进二段磨，用稀碱液（赤泥洗液或白泥洗液）进行二段溶出，一段细粒赤泥直接进行沉降分离。采用二段湿磨溶出工艺后，可使赤泥和溶出液接触时间缩短 1h 左右，有效地减少了二次反应损失，氧化铝和氧化钠的净溶出率分别由 74% 和 87% 提高到 84% 和 92%。

中国还进行过熟料流态化溶出的半工业试验。但由于流态化溶出过程的影响因素很多、技术条件要求较高、控制难度大，因此目前工业上尚未采用。

11.2.1.4 烧结法赤泥的分离和洗涤

溶出后赤泥的分离和洗涤是氧化铝生产中重要的工序之一，它直接影响着生产的技术经济效果。

工业上烧结法赤泥分离及洗涤的温度一般控制在 75 ~ 80℃。温度过高，将增加二次反应，并且消耗过多的蒸汽能源；但温度也不宜过低，以免铝酸钠溶液的黏度太大，不利于赤泥的沉降，并且还会引起水解反应的发生，造成 Al_2O_3 的损失。

当铝酸钠溶液与溶出后的赤泥接触时，则硅酸二钙将发生分解，使 Al_2O_3 损失增大。因此，为减少烧结法熟料溶出后的稀释料浆的二次反应损失，需要尽可能快速地进行赤泥分离。

此外，赤泥的液固比、赤泥的细度、铝酸钠溶液的浓度和摩尔比以及絮凝剂的应用都会对烧结法赤泥沉降分离产生很大影响，其基本规律与拜耳法赤泥的沉降分离大体类似，在此不再赘述。

目前，烧结法赤泥的分离和洗涤主要采用单层沉降槽。图 11-30 所示为烧结法二段磨溶出、赤泥分离和洗涤工艺流程。

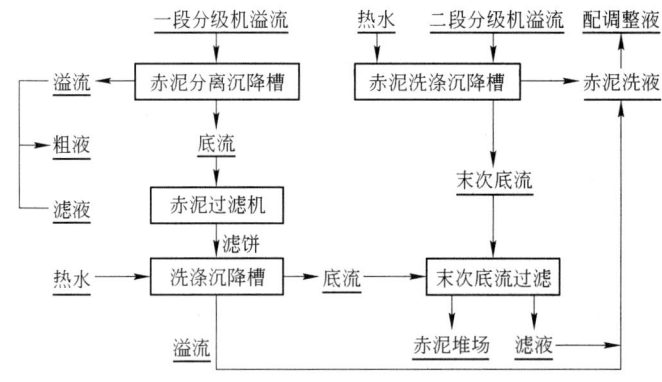

图 11-30 烧结法二段磨溶出、赤泥分离和洗涤工艺流程

为了提高洗涤效率，工业生产上一般采用连续多次反向洗涤沉降槽的流程，如图 11-31所示。

11.2.1.5 烧结法粗液脱硅

A 烧结法粗液脱硅概述

烧结法赤泥沉降分离后所得到的铝酸钠溶液称为烧结法粗液。由于在熟料溶出和赤泥

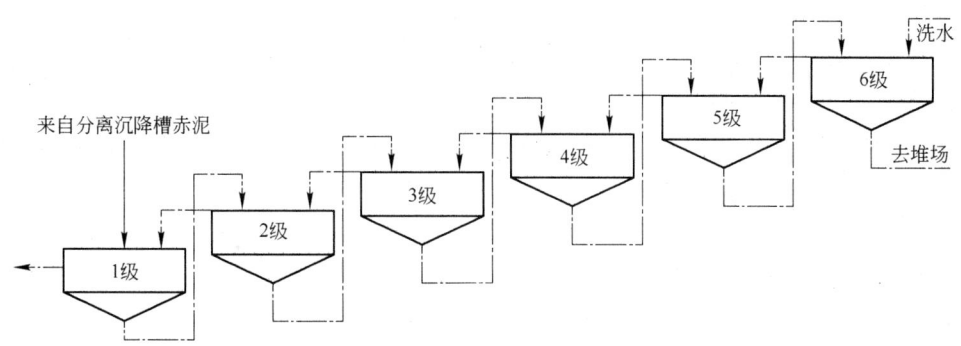

图 11-31　烧结法赤泥连续逆流多级洗涤流程

沉降过程中发生的二次反应，导致粗液中含有较高的 SiO_2 浓度，一般高达 4.5 ~ 6g/L，大大超过相应条件下 SiO_2 的平衡浓度。

由于烧结法粗液中 SiO_2 含量高，无论用碳酸化分解或晶种搅拌分解，都会析出较多的水合铝硅酸钠（$Na_2O \cdot Al_2O_3 \cdot 2SiO_2 \cdot 2H_2O$），使分解产品氢氧化铝不符合质量要求。因此，在进行分解之前，必须对粗液进行脱硅处理，使溶液中以过饱和状态存在的 SiO_2 尽可能多地转变为固体而分离出来。

粗液经脱硅、精滤处理后的溶液称为烧结法精液（或精制液）。脱硅过程中溶液中 SiO_2 的净化程度，通常用铝酸钠溶液中的 Al_2O_3 与 SiO_2 的质量比，即溶液的硅量指数 A/S 来表示。这种表示方式与拜耳法相同。当精液中 Al_2O_3 浓度一定时，其硅量指数越高，就表示溶液中硅含量越低，脱硅越彻底。

B　粗液脱硅的原理

烧结法粗液脱硅的方法比较多，在工业生产上已得到实际应用的可分为添加石灰脱硅和不添加石灰脱硅两种方式，其脱硅的实质都是使溶液中过饱和的 SiO_2 转变成溶解度很小的固相沉淀出来。

不添加石灰脱硅的基本原理是：使铝酸钠溶液中呈过饱和状态存在的 SiO_2 自发地（或在晶种的诱导下）转变成其平衡固相——水合铝硅酸钠，从溶液中沉淀出来。反应式如下：

$$2Na_2SiO_3 + 2NaAl(OH)_4 + aq \longrightarrow Na_2O \cdot Al_2O_3 \cdot 2SiO_2 \cdot nH_2O + 4NaOH + aq$$

由于脱硅条件的不同，析出的水合铝硅酸钠的化学组成和结晶形态也可能不同。在烧结法粗液脱硅过程中，所析出的水合铝硅酸钠（工业上称钠硅渣）一般认为具有 $Na_2O \cdot Al_2O_3 \cdot 1.7SiO_2 \cdot 2H_2O$ 的组成。

另一种添加石灰脱硅的方法是：一般在大部分 SiO_2 成为水合铝硅酸钠析出后，再在脱硅后的溶液内添加石灰，使溶液中剩余的 SiO_2 进行深度脱硅，成为水化石榴石进一步析出。当粗液中的碳酸钠浓度不高时，以石灰乳（$Ca(OH)_2$）的形式加入粗液中的石灰将与溶液中的铝酸钠发生如下反应：

$$3Ca(OH)_2 + 2NaAl(OH)_4 + aq \longrightarrow 3CaO \cdot Al_2O_3 \cdot 6H_2O + 2NaOH + aq$$

$3CaO \cdot Al_2O_3 \cdot 6H_2O$ 在生成过程中或生成后可吸附、固溶溶液中的 SiO_3^{2-}，生成水化

石榴石（工业上称钙硅渣），反应式如下：

$$3CaO \cdot Al_2O_3 \cdot 6H_2O + mNa_2SiO_3 \longrightarrow$$

$$3CaO \cdot Al_2O_3 \cdot mSiO_2 \cdot (6-2m)H_2O + 2mNaOH + mH_2O$$

上述反应生成的水化石榴石比水合铝硅酸钠的溶解度更小，因而可使溶液硅量指数更高。在烧结法深度脱硅时，析出的水化石榴石固溶体，一般符合 $3CaO \cdot Al_2O_3 \cdot mSiO_2 \cdot (6-2m)H_2O$ 的组成，其中 SiO_2 的含量，即分子式中的 m 值（或称固溶饱和程度）的大小，取决于其生成条件。在较高的温度和较高的 SiO_2 浓度下，m 值较大；石灰添加量、溶液中 Al_2O_3 和 Na_2O 的浓度也对 m 值的大小有一定影响。

温度是决定脱硅速度的重要条件。提高脱硅温度，将大大加快脱硅速度。这是因为提高温度不仅可加快溶液中脱硅反应的速度，缩短达到平衡的时间，还可以加快脱硅产物的晶核与溶液分子的运动速度，提高扩散速度，从而也加速了结晶过程。在 $Al_2O_3 = 100g/L$、苛性比 $=1.6$ 以及 $SiO_2 = 3g/L$ 的铝酸钠溶液中，在不同压力（温度）下脱硅 2h 的试验数据见表 11-16。

表 11-16　温度与脱硅深度的关系

脱硅压力/MPa	0.1	0.3	0.5	0.7	0.9
脱硅指数 A/S	47	165	270	402	404

在溶液中的 SiO_2 没有达到平衡浓度以前，脱硅指数随时间的延长而提高。但随着脱硅时间的增加，脱硅指数的增长速度变慢。脱硅反应速度与溶液中的 SiO_2 浓度和 SiO_2 平衡浓度之差成正比。脱硅时间越长，越接近 SiO_2 的平衡浓度，浓度差越小，反应速度就越慢。

在同样的脱硅时间内，高温比低温可获得更高的硅量指数。而在同样的脱硅温度下，脱硅时间越长，则脱硅程度越深。这些规律见表 11-17。

表 11-17　温度、时间与脱硅深度的关系

脱硅压力/MPa ＼ 硅量指数 ＼ 脱硅时间/h	0.5	1.0	2.0	3.0	4.0
0.2	112～142	127～155	147～255	173～261	221～317
0.3	125～156	165～209	185～314	232～385	250～400
0.4	145～172	162～234	255～308	350～384	386～415

脱硅速度与添加晶种的种类和数量有关。脱硅工序中加入的晶种主要有拜耳法赤泥、钠硅渣以及钙硅渣三种，而拜耳法赤泥中有 50%～70% 是钠硅渣和钙硅渣。根据结晶学原理，晶型、晶格相同或相似的晶粒，最容易起结晶的核心作用，最易促进结晶析出和使晶粒附着长大。单位时间内结晶析出率与晶核表面积有关，表面积越大，硅渣析出速度也越快。因此，通常在脱硅过程中，需要加入较多的拜耳法赤泥或其他晶种。但是如晶种加入量过多，系统中循环的物料量增大，会增加过滤系统的负担。在粗液成分为 $Na_2O_T = 114.2g/L$、$Na_2O_K = 98.0g/L$、$Al_2O_3 = 103.12g/L$、$SiO_2 = 3.59g/L$、温度为 140～148℃ 的条件下，加入 15～30g/L 拜耳法赤泥，脱硅的结果见表 11-18。

表 11-18　晶种量与脱硅深度的关系

脱硅温度/℃	提温时间/min	拜耳法赤泥/g·L⁻¹	精液 SiO₂/g·L⁻¹	硅量指数（A/S）	脱硅时间/min
140~148		15	0.24	431	55
140~150	30	15	0.24	429	55
140~150	28	30	0.21	493	55
140~144	30	30	0.25	476	55
140~149	24		0.28	347	55
140~148	30		0.32	327	55

综上所述，粗液脱硅的作用即是使铝酸钠溶液中的 SiO₂ 以水合铝硅酸钠或水化石榴石形式析出，使其硅量指数达到碳酸化分解及晶种分解工艺对溶液硅量指数的要求。由于粗液成分以及对分解原液硅量指数要求的不同，中国各氧化铝厂采用多种不完全相同的粗液脱硅工艺流程。

C　粗液脱硅的工艺流程

目前烧结法氧化铝厂通常采用的脱硅工艺流程如下：粗液中加入晶种和种分母液在脱硅器中一次脱硅，再加入石灰乳在沉降槽进行二次脱硅。然后经过沉降槽、过滤机、叶滤机分离出二次脱硅后的精液（简称二次精液）和硅渣。硅渣返回配料，而部分二次精液去种分分解。大部分二次精液再去反应槽加入石灰乳或其他脱硅添加剂进行三次脱硅（深度脱硅），所得浆液经过袋滤机分离出三次硅渣去粗液槽作一次晶种，深度脱硅得到的精液送连续碳酸化分解。工艺流程如图 11-32 所示。

脱硅工艺就加热方式而言，有全部间接加热脱硅、全部直接加热脱硅和部分间接加热、部分直接加热脱硅等几种。早期的烧结法采用的是蒸汽直接加热间断脱硅技术。该技术操作复杂、劳动强度大、设备产能低、蒸汽消耗量大。

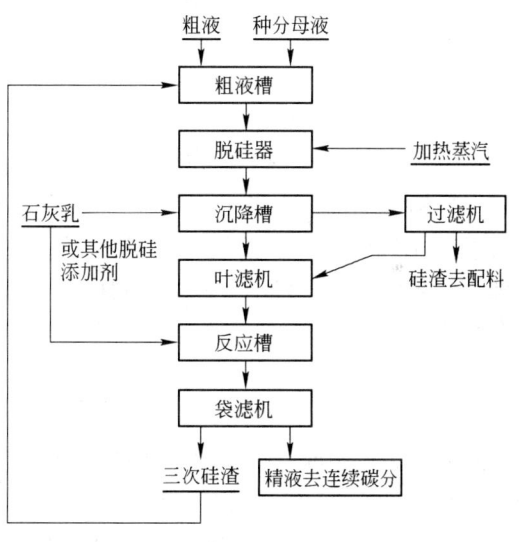

图 11-32　烧结法脱硅系统生产工艺流程

后由蒸汽直接加热间断脱硅改进为蒸汽直接加热连续脱硅，实现了脱硅工序连续化作业，大大降低了劳动强度，易于管理和操作，提高了脱硅效率。为实现脱硅工序大幅度节能，20 世纪 90 年代又开发出了间接加热连续脱硅新工艺，其中间接加热装置包括管道预热器和多管预热器。间接加热连续脱硅新工艺流程图如图 11-33 所示。

间接加热连续脱硅新工艺减少了蒸汽直接加热引起的溶液冲稀，降低了蒸发能耗，同时充分利用了自蒸发余热，因此使脱硅工序的单位汽耗明显降低。

近年来还开发了常压脱硅新工艺。该工艺将大量活性晶种加入烧结法粗液，温度控制在粗液沸点以下（110℃左右），在敞开搅拌槽内进行常压脱硅。脱硅浆液的硅量指数达到

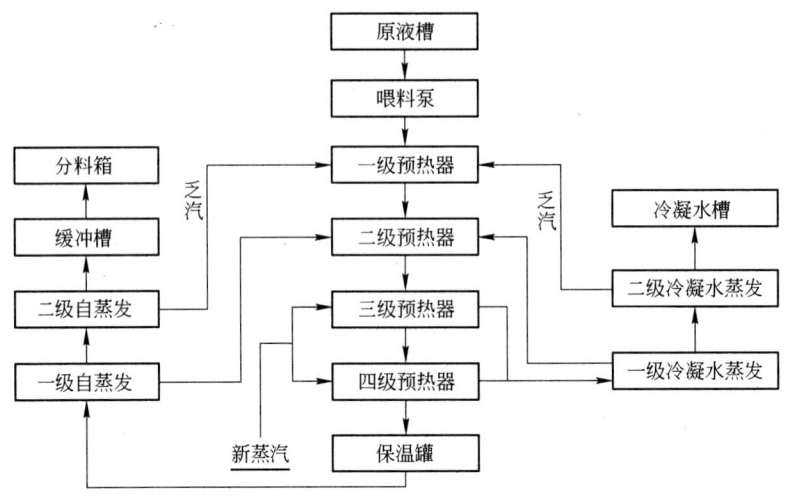

图 11-33　粗液间接加热连续脱硅工艺流程

200 以上，可用于种子分解。该工艺与间接加热脱硅工艺相比，把加压脱硅过程简化为常压过程，可望实现节能；但脱硅后硅量指数较低。

为强化脱硅效果、降低深度脱硅的消耗，开发成功了水合碳铝酸钙（HCAC）法脱硅新工艺。该工艺的特点是采用高活性的水合碳铝酸钙代替石灰乳作深度脱硅的添加剂。该工艺在生产中应用取得了很好的效果：（1）石灰用量少。有效氧化钙加入量由 8g/L 降为 4~5g/L。（2）脱硅过程氧化铝损失少，氧化铝损失由 3.81g/L 降为 2.09g/L。（3）脱硅前后氧化铝浓度差由 7.08g/L 降为 4.75g/L。（4）可降低脱硅温度、节约蒸汽，脱硅温度由大于 95℃ 降为 85~92℃。（5）精液的硅量指数由 300~400 提高到 1000~1100。该深度脱硅新工艺为连续碳酸化分解效率的提高、烧结法产品质量的改进创造了良好的条件，但需要增添水合碳铝酸钙的制作工序。

11.2.1.6　烧结法精液碳酸化分解

烧结法精液制取氢氧化铝有两种途径：烧结法碳酸化分解和烧结法晶种分解（简称种分）。烧结法种分的精液浓度一般低于拜耳法种分，因此分解率较高些。但烧结法种分与拜耳法种分的工艺流程、关键技术基本相同，请参见 11.1.2.4 节，在此不再详述。

A　烧结法碳酸化分解概述

向脱硅后的烧结法精液中通入 CO_2 气体，使其分解析出氢氧化铝的过程称为碳酸化分解，也可简称为碳分。

碳分工序是决定烧结法产品 Al_2O_3 质量的关键工序。为了得到优质的氢氧化铝，保证精液的纯度和选择适宜的碳分作业制度是十分重要的。精液硅量指数高，可为碳酸化分解作业的优质高产提供有利的基础条件，同时还要取决于碳分过程的操作工艺。如果碳分操作控制不当，即使精液的硅量指数很高，碳分得到的氢氧化铝仍可能含有很高的杂质含量（主要是 SiO_2），结晶构造也可能很差；反之，如果碳分操作控制适当，即使精液中硅量指数稍低一些（在一定范围内），仍可生产出质量合格的氢氧化铝产品。

碳分过程的主要任务是：在保证氢氧化铝质量的前提下，尽可能地提高碳分分解率，以提高熟料的产出率、减少流程中 Al_2O_3 的循环量。

中国相继成功地开发出了采用高浓度石灰窑气体进行快速碳分新技术、从间断碳分改进为连续碳分工艺以及连续碳分生产砂状氧化铝等一系列先进技术，使中国烧结法氧化铝厂实现了高产、低耗、优质。

B　碳酸化分解过程

铝酸钠溶液的碳分过程，实质是在气-液-固非均相体系中进行的多相反应过程，包括 CO_2 气体被铝酸钠溶液吸收、两者之间的化学反应以及氢氧化铝的结晶析出等过程。在碳分过程中，特别是后期还伴随着少量二氧化硅的析出，甚至可能生成丝钠铝石一类化合物。

一般认为，在碳分过程中二氧化碳的作用在于中和溶液中的苛性碱，使溶液的苛性比降低，从而降低溶液的稳定性，引起溶液的分解。

$$CO_2 + 2NaOH \Longrightarrow Na_2CO_3 + H_2O$$

$$NaAl(OH)_4 + aq \Longrightarrow Al(OH)_3 + NaOH + aq$$

反应产生的 NaOH 不断为通入的 CO_2 所中和，从而使反应的平衡向右移动。

也有研究者认为，在碳分过程中（或认为分解后期）可能同时发生 CO_2 气体直接与铝酸钠溶液反应而析出氢氧化铝。

$$2NaAl(OH)_4 + CO_2 + aq \Longrightarrow 2Al(OH)_3\downarrow + Na_2CO_3 + aq$$

在碳分末期，当溶液中苛性碱含量已相当低时，则可能生成丝钠铝石（$Na_2O \cdot Al_2O_3 \cdot 2CO_2 \cdot nH_2O$）成固相析出。这可能是由于在苛性碱浓度很低时，继续通入的 CO_2 气泡与液-气界面上的铝酸钠溶液反应，生成不稳定的丝钠铝石，可能的反应过程如下：

$$CO_2 + NaOH + aq \Longrightarrow NaHCO_3 + aq$$

$$2NaAl(OH)_4 + 4NaHCO_3 + aq \Longrightarrow Na_2O \cdot Al_2O_3 \cdot 2CO_2 \cdot nH_2O + 2Na_2CO_3 + aq$$

$$2Na_2CO_3 + Al_2O_3 \cdot nH_2O + aq \Longrightarrow Na_2O \cdot Al_2O_3 \cdot 2CO_2 \cdot nH_2O + 2NaOH + aq$$

工业生产条件下碳分出来的氢氧化铝基本上是三水铝石型的，有时含有少量拜耳石（$\beta\text{-}Al_2O_3 \cdot 3H_2O$）。

C　碳酸化分解的工艺流程

碳分作业通常是在带挂链式搅拌器的圆筒形碳分槽内进行。碳分槽的尺寸对碳分过程有一定的影响。槽直径过大，会影响 CO_2 气体在槽内的均匀分布；增加高度虽可提高 CO_2 的吸收率，但会引起动力消耗增加。中国氧化铝厂采用的碳分槽尺寸一般为：直径 7.7m，高 13.7m，碳分槽机械搅拌转速为 6～8r/min。可参阅本书第 12 章。

碳分可以间断进行，即在同一个碳分槽内完成整个作业周期；也可在一组碳分槽内连续进行，每一个碳分槽都保持一定的操作条件。连续碳分的优点是：可大大提高设备产能和生产效率、较易实现过程自动化、有利于分解率的控制、降低劳动强度、改善产品质量。连续碳分一般可使设备提高产量 56%；产品 $Al(OH)_3$ 粒度均匀、粗大，Na_2O 含量较间断碳分降低 20%～50%，质量得到明显改善。

11.2.1.7　烧结法碳分母液蒸发

A　烧结法碳分母液蒸发概述

碳分母液蒸发的目的是排除生产系统中多余的水，同时析出部分浓度达到过饱和的盐类，以保持生产系统中水、盐的平衡，使母液的浓度能满足配制生料浆的要求，因此碳分母液的蒸发是烧结法生产氧化铝的十分重要的生产工序。在烧结法生产系统中，熟料烧成的能耗约占烧结法全部能耗的一半。因此，降低熟料烧成的能耗对于烧结法节能至关重要。降低熟料烧成能耗的关键之一是减少生料浆的水分含量，而提高碳分母液的蒸发浓度则是降低生料浆水分的主要措施。

在碳分母液中，除含有较高浓度的碳酸盐外，还有硫酸盐、铝酸钠和 SiO_2 等。在蒸发过程中，随着母液浓度的提高，碳酸盐逐渐达到过饱和状态而析出结晶；硫酸钠和 SiO_2 等浓度也会同步升高达到过饱和，并以盐类结晶形式析出。这些盐类的析出一方面保证了生产系统中盐的平衡，另一方面也会在蒸发器加热面上生成结疤，降低传热效率，影响生产的正常运行。

B 碳分母液蒸发过程

蒸发过程是一个通过加热，使溶液中部分溶剂气化而达到溶液浓缩的过程。蒸发过程中，加热室内的加热蒸汽冷凝成水并放出热量，通过加热管壁传递给被加热的溶液，而被加热的溶液得到热量后汽化蒸发。可见，蒸发过程包括加热蒸汽变成水和溶液中的水变成汽的两种相变过程。

蒸发属于传热操作的范畴。要使溶液蒸发过程不断地进行，必须具备如下条件：向溶液不断地供给热能以及汽化生成的蒸汽不断被排除。碳分母液中的溶质主要是碳酸钠，还含有少量的硫酸钠、氧化铝和二氧化硅等，溶剂则是水。通过蒸发过程排除一部分水，使碳分溶液得到了浓缩。

在碳分母液的蒸发过程中，碳酸钠和硫酸钠的浓度逐渐提高，当达到过饱和浓度时析出结晶。碳分母液蒸发浓度与结晶析出的关系见表 11-19。

表 11-19 碳分母液浓度与结晶析出关系 （g/L）

N_T	A	N_K	N_S	SiO_2 浓度	N_C	结晶析出情况
187.55	15.80	17.50	25.60	0.23	170.05	无结晶
209.92	16.84	17.00	28.64	0.25	192.92	无结晶
218.85	19.60	18.50	28.22	0.29	200.35	结晶析出

由表 11-19 可见：碳分母液蒸发至全碱浓度（N_T）220g/L 左右，碳酸钠浓度（N_C）达到 200g/L 即开始析出结晶。对此母液继续蒸发或在结晶分离后继续蒸发母液，其循环蒸发母液的成分变化情况见表 11-20。

表 11-20 循环蒸发的母液成分 （g/L）

N_T	A	N_K	SiO_2 浓度	N_C	备 注
218.85	18.60	18.50	0.29	200.35	一次蒸发母液
218.23	20.00	21.00	0.30	195.23	二次蒸发母液
219.53	22.80	23.00	0.39	196.53	三次蒸发母液
225.37	28.00	30.00	0.49	195.37	四次蒸发母液

由表11-20可见：继续蒸发结晶析出后的溶液，其全碱浓度（N_T）变化不大。随着结晶的析出和分离，母液中的苛性碱浓度（N_K）逐渐升高，碳酸钠浓度（N_C）有下降的趋势。结晶物主要以 $Na_2CO_3 \cdot H_2O$ 相析出。

C 碳分母液蒸发的工艺流程

国内一般采用标准蒸发器进行碳分母液的蒸发，考虑到碳分母液的蒸发特性，随后增加了外热强制循环蒸发器加闪蒸的深度蒸发流程，进一步提高了碳分母液的蒸发浓度。

为了提高蒸发效率，可先采用降膜蒸发器蒸发低浓度碳分母液，蒸发到一定浓度后，再进入上述蒸发流程蒸浓，形成了碳分母液二段蒸发的工艺流程，如图11-34所示。

目前生产上碳分母液的蒸发采用三效作业，顺流（1→2→3）和混流（3→1→2）流程交替操作，其好处是可以对管内和罐内的结疤起到一定的自清洗作用。

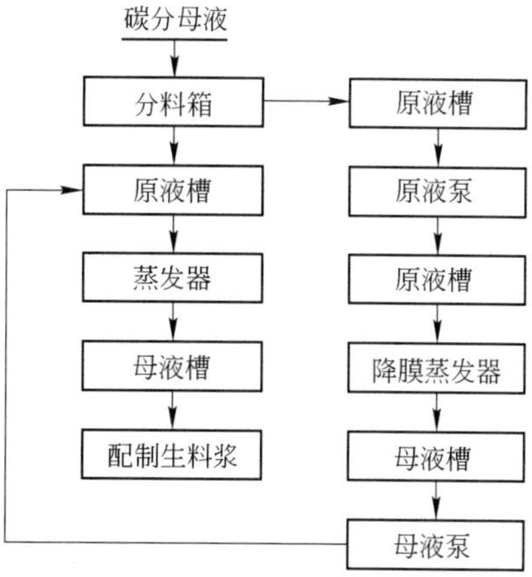

图11-34 碳分母液二段蒸发工艺流程

11.2.2 强化碱石灰烧结法

20世纪90年代末，中国科技工作者开发了强化碱石灰烧结法生产氧化铝新工艺，对提高已有烧结法生产系统的运行效率起到了较大的作用。

11.2.2.1 强化碱石灰烧结法概述

强化碱石灰烧结法工艺技术以传统的烧结理论为基础，通过最大限度地提高烧结过程的熟料中的氧化铝含量，降低熟料折合比（指烧结法生产1t氧化铝所需烧结的熟料量），以提高烧结窑的产能，强化传统烧结法各工序技术指标，并实现整个烧结法系统的水平衡、碱平衡。强化烧结法工艺的主要目的是大幅度提产，并降低单位烧成能耗。

采用强化碱石灰烧结法处理 A/S 为 5~6 的较高品位的铝土矿，需要对熟料配方进行调整，通常采用饱和碱比、不饱和钙比，同时各工序控制的技术条件也应进行改变，因此在强化碱石灰烧结法的烧结过程中，各成分的反应行为和熟料组成在一定程度上发生了变化。强化碱石灰烧结法与传统烧结法相比，熟料中的铝酸钠含量增多，折合比降低，单位熟料的产出率升高。

11.2.2.2 强化碱石灰烧结生产氧化铝的工艺特点

强化碱石灰烧结法生产氧化铝工艺的生产技术指标上有下述特点：（1）烧成熟料氧化铝含量38%~46%，而传统烧结法仅为33%~36%；（2）熟料溶出液苛性比1.35~1.45，而传统烧结法为1.14~1.20；（3）烧结法精液氧化铝浓度130~180g/L，而传统烧结法为100~125g/L。

强化碱石灰烧结法采用较高 A/S 的熟料烧结技术，提高了烧结法的关键设备—熟料窑的生产效率和产出率，使烧结能耗下降；通过提高溶出液的氧化铝浓度，改进了湿法系统设备的生产效率，减少了碳分母液的蒸发量，降低了蒸发能耗；采用深度脱硅技术提高了

精液的 A/S，提高了产品质量。

11.2.2.3　强化碱石灰烧结法生产氧化铝新工艺的关键技术

强化碱石灰烧结法生产氧化铝新工艺的关键技术有如下 4 项：（1）高铝硅比（A/S）、高氧化铝含量的熟料烧结技术；（2）高氧化铝浓度、高固含的熟料溶出浆液的固液分离技术；（3）高氧化铝浓度的烧结法粗液的深度脱硅技术；（4）高氧化铝浓度的烧结法精液的连续碳酸化分解技术。

A　高铝硅比（A/S）、高氧化铝含量的熟料烧结技术

强化烧结法在高铝硅比（A/S）熟料的烧结过程中，采用独特的工艺配方，调整熟料窑的操作条件，使烧结过程能够挂上窑皮、维护好窑的耐火内衬，从而保证了熟料窑的运转率和产能，提高了烧结法熟料窑的生产效率，降低了烧结过程的单位能耗。

B　高氧化铝浓度、高固含的熟料溶出浆液的固液分离技术

强化碱石灰烧结法采用了高浓度熟料溶出技术。由于溶出浆液固含较高，在采用沉降槽进行固液分离时，沉降速度慢、压缩液固比差，甚至导致二次反应加剧。为解决这一技术难题，强化烧结法工艺采用了改进的沉降技术，包括在高浓度、高固含条件下的高效絮凝剂、降低沉降槽内固含的技术、抑制二次反应的新工艺和添加剂等。

C　高氧化铝浓度铝酸钠溶液的深度脱硅技术

强化碱石灰烧结法必须解决在提高精液氧化铝浓度的条件下的深度脱硅工艺。通过添加高活性种子和优化工艺条件，将高氧化铝浓度粗液成功进行了深度脱硅。在保证产品质量的情况下，提高了湿法系统设备的生产效率，降低了湿法系统的能耗。

D　高氧化铝浓度的烧结法精液的连续碳酸化分解技术

强化烧结法工艺优化了连续碳分过程的温度分布、分解率梯度和晶种添加等工艺制度，由高氧化铝浓度的烧结法精液生产出砂状氧化铝，实现了高产出、高效率的高浓度碳分生产砂状氧化铝的目标。

11.2.3　石灰石烧结法

11.2.3.1　石灰石烧结法的基本工艺

Al_2O_3 在高温下可以与 CaO 反应，生成一系列铝酸盐，如 $6CaO \cdot Al_2O_3$、$3CaO \cdot Al_2O_3$、$12CaO \cdot 7Al_2O_3$、$CaO \cdot Al_2O_3$、和 $2CaO \cdot Al_2O_3$ 等。在这些铝酸盐中，只有 $CaO \cdot Al_2O_3$ 和 $12CaO \cdot 7Al_2O_3$ 可以较有效地被 Na_2CO_3 溶液溶出。石灰石烧结法就是利用这一特性，控制生料的配比和烧结条件，使熟料中的含铝矿物组成以 $CaO \cdot Al_2O_3$ 和 $12CaO \cdot 7Al_2O_3$ 为主，从中浸出 Al_2O_3，然后通入 CO_2 气体析出氢氧化铝，残留母液处理后再返回用于溶出熟料。铝土矿中的硅矿物则与 CaO 反应，生成 $2CaO \cdot SiO_2$ 而被分离排出。这就是石灰石烧结法的基本原理。

石灰石烧结法的基本工艺流程如图 11-35 所示。

石灰石烧结法由 4 个主要工序组成，即熟料烧结、熟料溶出和铝酸钠溶液的脱硅和碳酸化分解，各工序的主要反应和生成物如下：

（1）熟料烧结。在熟料烧结过程中，铝矿石中的 Al_2O_3、SiO_2、Fe_2O_3 和 TiO_2 与石灰

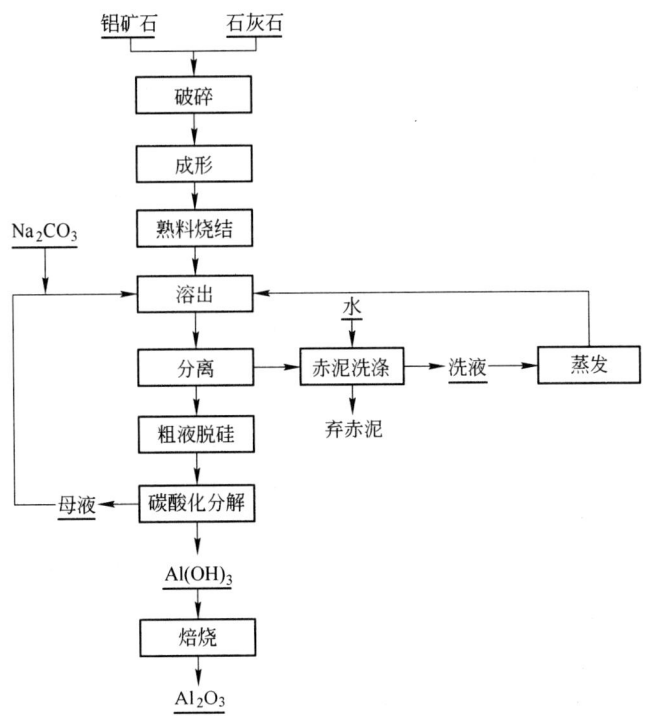

图 11-35 石灰石烧结法基本工艺流程

石中的 $CaCO_3$（CaO）在烧结温度条件下发生反应，生成一系列的二元、三元化合物，根据配料的不同，主要有以下反应和产物：

CaO-Al_2O_3 系
$$CaO + Al_2O_3 \longrightarrow CaO \cdot Al_2O_3$$
$$CaO + 2Al_2O_3 \longrightarrow CaO \cdot 2Al_2O_3$$
$$3CaO + Al_2O_3 \longrightarrow 3CaO \cdot Al_2O_3$$
$$12CaO + 7Al_2O_3 \longrightarrow 12CaO \cdot 7Al_2O_3$$

CaO-SiO_2 系
$$2CaO + SiO_2 \longrightarrow 2CaO \cdot SiO_2$$

CaO-Fe_2O_3 系
$$2CaO + Fe_2O_3 \longrightarrow 2CaO \cdot Fe_2O_3$$
$$CaO + Fe_2O_3 \longrightarrow CaO \cdot Fe_2O_3$$

CaO-TiO_2 系
$$CaO + TiO_2 \longrightarrow CaO \cdot TiO_2$$

CaO-Fe_2O_3-SiO_2 系 $\quad 2CaO \cdot SiO_2 + Al_2O_3 \longrightarrow 2CaO \cdot Al_2O_3 \cdot SiO_2$
$$2CaO \cdot Al_2O_3 \cdot SiO_2 + CaO \longrightarrow CaO \cdot Al_2O_3 + 2CaO \cdot SiO_2$$
$$CaO + Al_2O_3 + 2SiO_2 \longrightarrow CaO \cdot Al_2O_3 \cdot 2SiO_2$$

在上述反应中，对石灰石烧结法生产氧化铝最有利的是生成 $12CaO \cdot 7Al_2O_3$、CaO·

Al_2O_3、$2CaO \cdot SiO_2$、$2CaO \cdot Fe_2O_3$ 和 $CaO \cdot TiO_2$ 等。在溶出过程中，这些矿物中的 Al_2O_3 进入溶液，而矿物中的氧化硅、氧化钛和三氧化二铁则留在残渣中而被分离。因此石灰石烧结法的烧结熟料配方应以这些反应为依据。

（2）熟料溶出。在搅拌条件下用 Na_2CO_3 溶液溶出铝酸钙熟料，使 $12CaO \cdot 7Al_2O_3$ 和 $CaO \cdot Al_2O_3$ 中的 Al_2O_3 与碱反应生成铝酸钠，而其中的 CaO 则以 $CaCO_3$ 形式留在残渣中。$2CaO \cdot SiO_2$ 也留在残渣中。

主要反应如下：

$$12CaO \cdot 7Al_2O_3 + 12Na_2CO_3 + 5H_2O \longrightarrow 12CaCO_3 + 14NaAlO_2 + 10NaOH$$

$$CaO \cdot Al_2O_3 + Na_2CO_3 \longrightarrow CaCO_3 + 2NaAlO_2$$

熟料中的 $2CaO \cdot SiO_2$ 也会与 Na_2CO_3 溶液发生一定程度上的二次反应：

$$2CaO \cdot SiO_2 + 2Na_2CO_3 + H_2O \longrightarrow 2CaCO_3 + NaSiO_3 + 2NaOH$$

$$2NaSiO_3 + 2NaAlO_2 + 4H_2O \longrightarrow Na_2O \cdot Al_2O_3 \cdot 2SiO_2 \cdot 2H_2O + 4NaOH$$

二次反应造成 Na_2O 和 Al_2O_3 的损失，但因为溶液中以碳酸钠为主，摩尔比较低，这种损失较碱石灰烧结法大大减小。

（3）铝酸钠溶液的碳酸化分解。石灰石烧结法的碳分的反应原理与碱石灰烧结法相同。

11.2.3.2 石灰石烧结法的优点和缺点

与碱石灰烧结法相比较，石灰石烧结法有如下优点：
（1）母液返回不蒸发，只蒸发洗水；
（2）配料简单，仅控制（C/A 和 C/S）即可；
（3）如控制得当，熟料具有自粉化性能，减少了耗能的溶出磨；
（4）熟料溶出过程二次反应轻微，碱耗低；
（5）赤泥中 Na_2O 低，可以直接作烧制水泥的原料。
缺点：
（1）熟料烧结温度范围需严格控制；
（2）Al_2O_3 溶出率较低；
（3）赤泥量较大。
目前在工业上，石灰石烧结法仅用于处理粉煤灰提取氧化铝项目的建设，规模也较小。石灰石烧结法需要积累更多的生产经验，优化各项指标，才能更经济地用于氧化铝生产。

11.3 拜耳—烧结联合法生产工艺

当铝土矿的品位下降时，拜耳法生产的矿耗、碱耗将升高，成本上升；如果矿石 A/S 降低到更低的程度，用拜耳法处理将变得不经济。由此开发出用烧结法处理拜耳法赤泥，以回收其中的氧化铝和苛性碱，形成联合法工艺。

　　将拜耳法和烧结法两者联合起来的工艺流程称之为拜耳-烧结联合法生产工艺流程。拜耳-烧结联合法又可分为：拜耳—烧结串联联合法（简称串联法）、拜耳—烧结混联联合法（简称混联法）以及拜耳—烧结并联联合法（简称并联法）。

　　采用什么方法生产氧化铝，主要是由铝土矿的铝硅比和综合成本来决定。对于中低品位铝土矿，一般可采用联合法处理，以取得较好的技术经济指标。

11.3.1　拜耳—烧结并联联合法

　　并联法生产工艺包括拜耳法和烧结法两个平行的生产系统。其中，拜耳法系统处理高品位矿石，烧结法系统则处理低品位矿石。烧结法系统的精液也可以并入拜耳法系统，以补偿生产过程中的苛性碱损失。并联法生产工艺是在兼备不同品位资源的条件下生产氧化铝的方法，其基本工艺流程如图 11-36 所示。

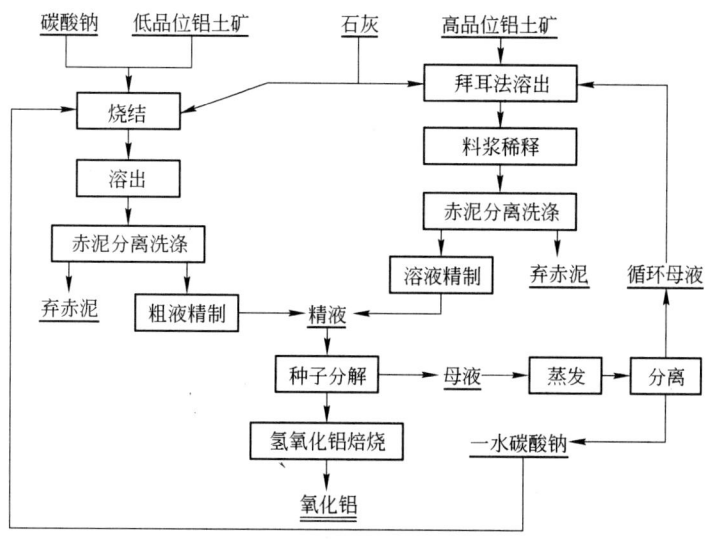

图 11-36　并联法生产氧化铝工艺流程

　　并联法的优点是：

　　（1）可以用于当地兼备优质铝土矿和低品位铝土矿的氧化铝厂；

　　（2）种分母液蒸发时析出的结晶碱（碳酸钠和硫酸钠复盐）可直接送烧结法配料，拜耳法不必设置碳酸钠苛化工序；

　　（3）生产过程中的碱损失可用价格较低的碳酸钠补充；

　　（4）流程中烧结法和拜耳法部分互相较为独立，仅以补碱相联系，利于控制和调整。

　　并联法的缺点是氧化铝厂需要兼备高品位铝土矿和低品位铝土矿资源。

11.3.2　拜耳—烧结串联联合法

　　拜耳—烧结串联法生产工艺的实质是先以拜耳法处理铝土矿，提取其中的大部分氧化铝后，再用烧结法处理拜耳法赤泥，进一步提取拜耳法赤泥中的氧化铝并回收碱。烧结法系统所得的铝酸钠溶液可并入拜耳法系统一起进行晶种分解。

其基本工艺流程如图 11-37 所示。

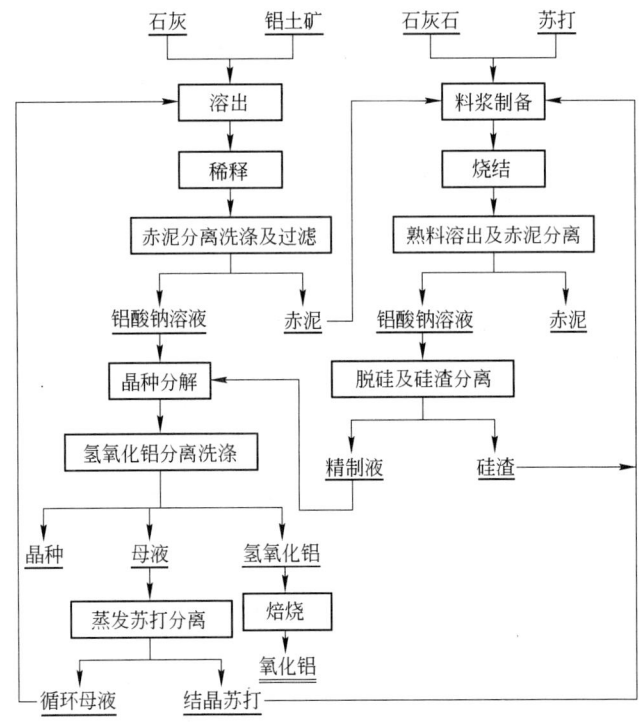

图 11-37   串联法生产氧化铝工艺流程

拜耳—烧结串联法的优点是：

（1）可用于处理中低品位铝土矿；

（2）矿石中氧化铝的总回收率较高、碱耗较低；

（3）取消了烧结法碳分，脱硅后的精液进入拜耳法种分，因而简化了烧结法流程；

（4）矿石中大部分氧化铝是由能耗和加工费用都较低的拜耳法提取的，因此，产品的综合能耗和成本有所降低。

拜耳—烧结串联法的主要缺点是：拜耳法赤泥熟料折合比较高，烧成过程的单位能耗也较高；烧结温度范围比较窄、熟料窑操作比较困难，技术难度较大。拜耳—烧结串联法的湿法系统浓度较低，赤泥量较大，液固分离有一定难度。此外，串联法中的拜耳法系统生产在很大程度上受烧结法系统波动和控制水平的影响和制约。

通过物料平衡计算，可以得出串联法中的拜耳法和烧结法两部分产能各自所占的比例。

随着铝土矿品位的日益下降，拜耳—烧结联合法中串联法的优势变得更为明显。这是因为串联法中的烧结法比例在联合法中最低，铝土矿品位降低对串联法的能耗影响相对较小。

11.3.3   拜耳—烧结混联联合法

混联法生产工艺是在中国氧化铝生产发展过程中，结合具体的资源和生产条件创造出来的氧化铝生产方法。其主要特点是：针对串联法熟料烧成和物料平衡中所遇到的技术难点，在烧结配料中除了配入拜耳法赤泥外，还添加一部分低品位铝土矿，从而提高了熟料铝硅比及其熔点，并使熟料的烧结温度范围变宽，改善了熟料的质量；与此同时，也降低了熟料烧结折合比，减少了烧结法单位产量的烧成能耗。这种将拜耳法和同时处理拜耳法赤泥与低品位铝矿的烧结法结合在一起的联合法称为混联法。

混联法的基本工艺流程如图 11-38 所示。各家混联法氧化铝厂的流程都有所不同，并不断在简化改进，如烧结法的粗液直接与拜耳法溶出矿浆合流、熟料溶出料浆实现快速分离、取消烧结法粗液脱硅和碳分工序等等。这些技术进步大大简化了混联法流程，降低了能耗。

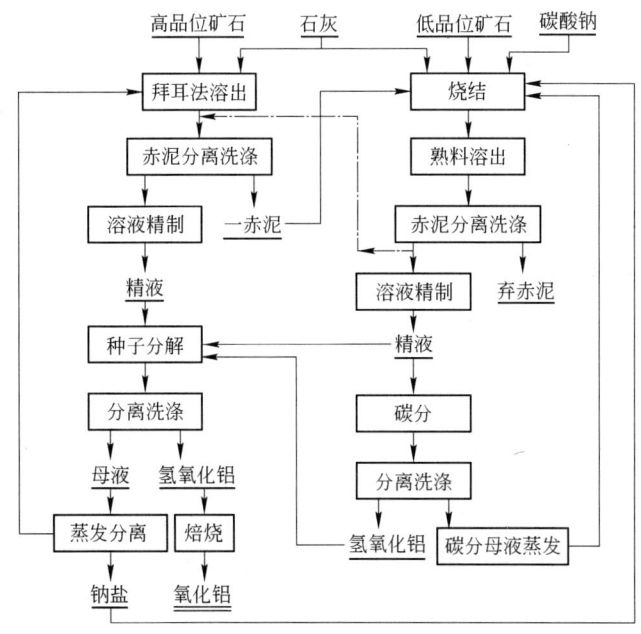

图 11-38　混联法生产氧化铝的基本工艺流程

近年来串联法的许多改进借鉴了过去几年混联法湿法处理系统的一系列技术进步，如粗液合流技术、高固含溶出料浆的快速分离技术等，从而使改进的串联法技术指标得到了进一步的优化。

混联法与串联法相比，具有如下优点：

（1）易于解决串联法处理低铁铝土矿时补碱不足的问题；

（2）没有低铝硅比熟料烧结困难和技术指标不佳的问题；

（3）减轻串联法中拜耳—烧结二系统的相互制约、难以控制生产平衡的困难，从而使整个生产过程更具有灵活性。

通过物料平衡计算，也可以得出混联法中的拜耳法和烧结法两部分产能各自所占的比例。

混联法存在的主要缺点是，流程长、设备繁多、控制复杂等，同时能耗也较串联法为高。

11.4　高压水化法工艺

11.4.1　高压水化法工艺的提出

早在 1957 年，苏联学者 В. Д. Понмарев 和 В. С. Сажин 对 Na_2O-Al_2O_3-CaO-SiO_2-H_2O 系和 Na_2O-CaO-SiO_2-H_2O 系进行了深入的研究，发现了不含 Al_2O_3 的水合硅酸钠钙（$Na_2O \cdot 2CaO \cdot 2SiO_2 \cdot H_2O$）可以在高温、高苛性比值溶液中稳定存在，从而奠定了高硅含铝原料的高压水化法的基础。

此后，前苏联、美国、英国、澳大利亚、匈牙利、前民主德国、埃及等国的一些研究单位都对用高压水化法处理各种高硅含铝原料进行了研究。有些国家还进行了扩大试验和半工业化试验。美国铝业公司甚至报道过已完成高压水化法处理钙斜长石年产 500kt 氧化铝厂的工厂设计。研究表明：采用高压水化法处理霞石、拜耳法赤泥以及其他高硅含铝原料，能耗及生产成本都可大幅度降低。

高压水化法得到了很大的改进与发展，其主要进展如下：

（1）发现 SiO_2 在水化法过程中可形成更多的不含 Al_2O_3 的脱硅产物。

（2）水化法溶出过程可用石灰石代替石灰。在采用高碱浓度溶液溶出时，加入的 $CaCO_3$ 可与 NaOH 反应（反苛化）而生成 $Ca(OH)_2$，而生成的 Na_2CO_3 进入渣中，再可从渣中回收碱。但此方案要求的碱浓度相当高。

（3）从高苛性比水化学溶出液中回收 Al_2O_3 的方法取得了进展。

高压水化法溶出液的特点是其苛性比一般很高，不能用晶种分解的办法从中析出氢氧化铝。同时，也不宜用碳分的方法来处理，这一方面是因为要耗费大量的二氧化碳，另一方面是与溶出过程需要苛性碱相矛盾。水化学法一般采用蒸发高苛性比溶液的办法，将溶出液蒸发至 500g/L Na_2O_K 以上，使其中的铝酸钠结晶析出，然后把分离出来的铝酸钠溶解以获得低苛性比溶液，此种溶液再经晶种分解制取氢氧化铝。蒸发母液的苛性比值大于 30，可返回溶出过程使用。但此方法的显著缺点是能耗高，蒸发作业极为困难。

高压水化法又开发出了石灰法处理溶出液的技术方案。首先用石灰使溶液中的 Al_2O_3 成为 $3CaO \cdot Al_2O_3 \cdot 6H_2O$ 析出（后文简称脱铝），然后从该沉淀中提取氧化铝。主要提出了如下一些方法从 $3CaO \cdot Al_2O_3 \cdot 6H_2O$ 中提取氧化铝：

（1）用种分母液高温压煮沉淀出的铝渣，使之成为 $Ca(OH)_2$ 和低苛性比铝酸钠溶液，后者可用晶种分解的办法处理；

（2）用 NH_4Cl 和 $Ca(OH)_2$ 处理，使之成为 $Al(OH)_3$ 沉淀和含 $Ca(NH_3)_8Cl_2$ 及 $CaCl_2$ 的溶液，后者经加热即可再生 NH_4Cl 和 CaO（或 $Ca(OH)_2$），这样就形成了一种 CaO 和 NH_4Cl 的闭路循环。这种方法较为复杂，难以工业应用；

（3）用 Na_2CO_3 溶液处理沉淀铝渣，发生如下化学反应而制得铝酸钠溶液：

$$3CaO \cdot Al_2O_3 \cdot 6H_2O + 3Na_2CO_3 \longrightarrow 4NaOH + 2NaAlO_2 + 3CaCO_3 + 4H_2O$$

再处理由此获得的铝酸钠溶液以提取氧化铝。

总的来说，自高压水化法问世以来，无论是在溶出过程的作业条件（降低溶出温度、溶出用循环母液苛性碱浓度等方面），还是从高苛性比溶液中回收 Al_2O_3 等方面取得了许多进展。

高压水化法生产氧化铝的技术路线摒弃了高耗能的烧结法过程，以全湿法过程处理低品位铝土矿，求得较低的生产能耗。但是，高压水化法在工业上应用的技术仍不成熟，各个过程中仍存在着大量的技术难题有待研究解决，有些工艺技术上可行，但工业实施并不一定经济，因此至今高压水化法尚未得到工业应用。

在高压水化法的基础上，可以发展成拜耳—水化联合法，即低品位高硅铝土矿先经过拜耳法处理，所得到的赤泥再采用高压水化法处理，但同样仍存在较大的技术难题和经济性问题。

11.4.2　高压水化法工艺流程

图 11-39 所示是采用高压水化法处理霞石矿或拜耳法赤泥的工艺流程。

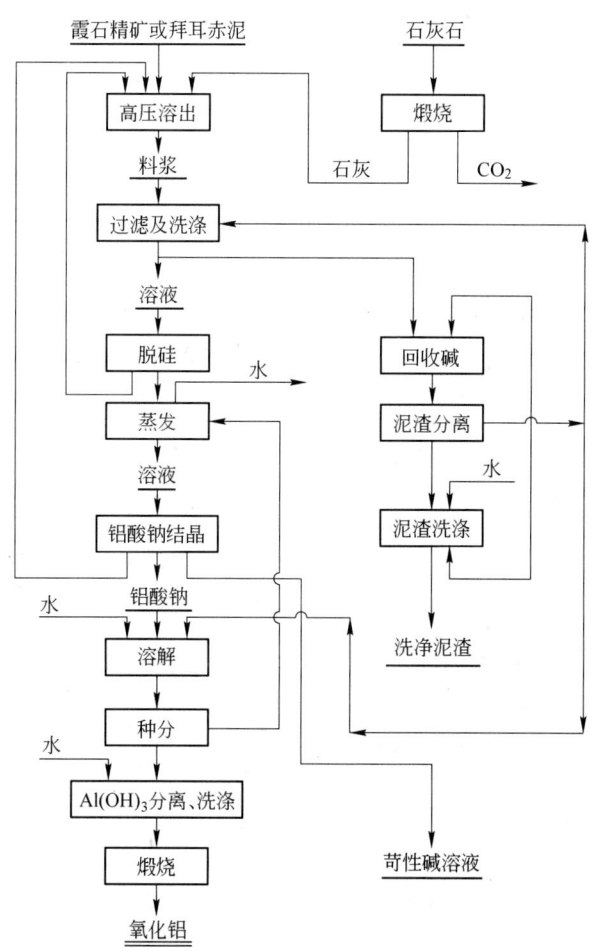

图 11-39　处理霞石矿或拜耳法赤泥回收碱的高压水化法典型工艺流程

在高压水化法工艺流程中，将霞石或拜耳法赤泥中的 SiO_2 转化为 $NaCa(HSiO_4)$，然后再回收其中所含的碱；将溶出后得到高摩尔比溶液蒸浓，析出水合铝酸钠结晶，并将其溶解成低摩尔比溶液，再通过种分制取 $Al(OH)_3$。高摩尔比溶液也可通过加入石灰，沉淀

出 $3CaO \cdot Al_2O_3 \cdot 6H_2O$，转变成低摩尔比铝酸钠溶液。

高压水化法中的各具体过程如下所述。

11.4.2.1　高压水化法溶出生成 $NaCa(HSiO_4)$ 及 $NaCa(HSiO_4)$ 渣的分离

拜耳法赤泥或其他高硅含铝原料用高浓度高摩尔比溶液，按 [CaO]∶[SiO_2]（摩尔比）= 1 配入石灰，在高温下便可发生如下反应使 Al_2O_3 溶解，并得到水合硅酸钠钙渣：

$$Na_2O \cdot Al_2O_3 \cdot 2SiO_2 \cdot nH_2O + Ca(OH)_2 + NaOH + aq$$
$$\longrightarrow NaCa(HSiO_4) + NaAl(OH)_4 + aq$$

该过程需要进行控制，使溶出后的铝酸钠溶液具有高碱浓度以及较高的摩尔比，才能得到不含氧化铝的硅酸钠钙沉淀。为了减少物料流量和蒸发水量，该过程一般采用 Na_2O 350～500g/L 的浓母液磨制原矿浆，在 280℃ 的温度下，10～20min 内即可完成上述反应。原料因化学组成和矿物组成、结晶度以及预处理条件的不同，化学反应活性有较大的差别。拜耳法赤泥和化学选矿法得到的精矿往往比天然矿物的活性高。

石灰配量对上述反应的氧化铝溶出率具有决定性的影响。为了得到较好的溶出效果，石灰配量应为理论值的 105%～110%。如同拜耳法溶出一样，对溶出温度、溶出液碱浓度和摩尔比等条件应该做出最佳的选择和组合。例如提高温度，便可适当降低 Na_2O 浓度，并得到摩尔比较低的溶出液和满意的氧化铝溶出率。高压水化法处理多种形态铝硅酸盐原料的较佳的溶出工艺条件为：溶出温度 240～300℃，最好是 280℃，溶出液 Na_2O 浓度由 350g/L 提高为 400～500g/L。在此条件下，当氧化铝溶出率为 90%～92% 时，摩尔比可由 12～13 降低为 11。

11.4.2.2　高摩尔比铝酸钠溶液的脱硅

高压水化法溶出液的特点是摩尔比高而硅量指数低，必须经过脱硅使之转化成低摩尔比溶液，才能由种分制得氢氧化铝。溶液中的 SiO_2 含量增高将使其黏度增大。如此时蒸发溶液以析出水合铝酸钠，溶液中的 SiO_2 可吸附在水合铝酸钠表面，使其晶体细小、难以长大，给液固分离带来巨大的困难，并使水合铝酸钠挟带过多的附液。所以必须进行溶出液的脱硅，使其硅量指数高于 100，再行蒸发析出水合铝酸钠。

脱硅产物水合铝硅酸钠在高摩尔比溶液中的溶解度较高。从图 11-40 可以看出，当 Na_2O 浓度为 240～350g/L、摩尔比为 11.5 的溶液在沸点下添加 60g/L 水合铝硅酸钠作晶种脱硅 6h，SiO_2 浓度仍为 0.32～0.47g/L，A/S 为 100 左右。

为提高脱硅深度，以上的溶液再添加 45～60 g/L $3CaO \cdot Al_2O_3 \cdot 6H_2O$，在 110℃ 下进行第二段脱硅，搅拌 4h 后 A/S 可提高到 1560～1700。如将水合铝酸钙添加量减为 20g/L，并另添加 30g/L 的钠

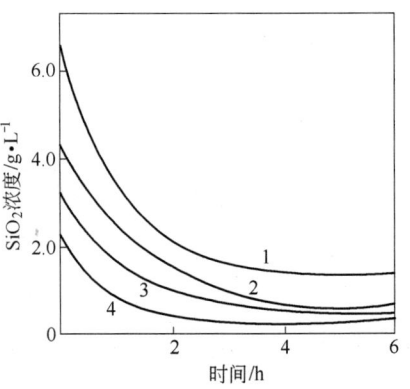

图 11-40　摩尔比为 11.5 的
铝酸钠溶液脱硅曲线
原始 Na_2O 浓度（g/L）：1—470；
2—347；3—305；4—238

硅渣，搅拌 4h 后也可将 A/S 提高到1100～1200。

两段脱硅方法不仅可以大幅度提高溶液的硅量指数，还可以将拜耳法溶出液中少量的铁同时清除。

11.4.2.3 铝酸钠溶液的蒸发和水合铝酸钠的结晶

在图 11-39 流程中，脱硅后的铝酸钠溶液与种分母液混合后，蒸发至 Na_2O 浓度大于 500g/L，再冷却结晶出水合铝酸钠。在 45～85℃之间，水合铝酸钠的结晶速度相近；但如将温度降低到30℃，结晶深度虽然增大，但结晶速度将会降低。因此，蒸发后的溶液以逐渐冷却到 45℃为宜。结晶析出后的溶液摩尔比取决于 Na_2O 浓度。水合铝酸钠结晶用离心机分离最为有效。

不论是 $(Na,K)Al(OH)_4$ 混合溶液，还是单独的铝酸钠或铝酸钾溶液，提高溶液浓度或降低摩尔比和温度，都能提高铝酸盐水合物的析出速度和深度。结晶过程的最佳条件是：溶液 Na_2O 浓度为 500～520g/L，终了温度45℃，晶种系数（以晶种及原始溶液中 Al_2O_3 含量的比值表示）为 0.2～0.4，溶液中 SiO_2 含量低于 1g/L，时间为6～10h。

析出的水合铝酸钠溶液晶体有时可以粗达 150μm，有时则很细小。由于挟带的母液量不同，因而分离出晶体的摩尔比在 1.4～2.5 之间改变，这也与生成的晶体的致密与疏松程度有关。在 60～85℃下，可从 Al_2O_3 过饱和溶液得到较粗大的水合铝酸钠晶体。用水和少量摩尔比为 3.5～4.0 的母液洗涤溶解晶体，可制得一定摩尔比的铝酸钠种分原液。

11.4.2.4 通过水合铝酸钙将高摩尔比溶液转化成低摩尔比溶液

采用水合铝酸钙将低浓度、高摩尔比溶液转化成低摩尔比溶液的方法更有效，并可减少蒸发水量。这个转化过程包括用石灰从高摩尔比溶液沉淀出 $3CaO \cdot Al_2O_3 \cdot 6H_2O$，再用碳酸钠溶解沉淀，得到低摩尔比溶液这两个步骤。

$$2NaAl(OH)_4 + 3Ca(OH)_2 \rightleftharpoons 3CaO \cdot Al_2O_3 \cdot 6H_2O + 2NaOH$$

该反应是个可逆反应。温度低于 100℃时反应向右进行，温度高于 200℃向左进行。在 40℃下，用摩尔比为 10.4，Na_2O 为 152g/L、205g/L 及 302g/L 的溶液，按 $[CaO]/[Al_2O_3]$（摩尔比）为 3 配入石灰，反应时间为 6h，进行 CaO 与高摩尔比溶液的试验。结果发现，随着 Na_2O 浓度的提高，Al_2O_3 的析出率依次为 87.2%、86.0% 和 79.3%，母液的摩尔比依次提高为 74.3、64.2 和 46.5。在不同温度下，经 6h 从 Na_2O 为 204g/L、摩尔比为 9.4 的溶液析出水合铝酸钙时，在 40℃、50℃、60℃ 及 70℃下，Al_2O_3 的析出率依次是 86.1%、82.1%、80.2% 和 77.1%，母液摩尔比依次为 64.1、49.8、45.0 和 39.2。70% 的 Al_2O_3 在反应 1h 时即可析出。在 40～50℃下，加石灰沉淀 Na_2O 120～130g/L 溶液中的 Al_2O_3，6h 后溶液的 Al_2O_3 浓度降低为 2.4～2.6g/L。沉淀中的 $[CaO]/[Al_2O_3]$（摩尔比）为 3.1～3.3。

用 Na_2CO_3 溶液溶解水合铝酸钙的反应为：

$$3CaO \cdot Al_2O_3 \cdot 6H_2O + 3Na_2CO_3 + aq \Longrightarrow 2NaAl(OH)_4 + 4NaOH + 3CaCO_3 + aq$$

反应程度主要决定于 CO_3^{2-} 的浓度、反应温度和时间。上述反应后，溶液的摩尔比仍在 3 以上。如果在溶解过程同时通入 CO_2 气，可以制得摩尔比为 1.6 ~ 1.8 的溶液，Al_2O_3 的溶出率可以达到 85% ~ 86%。但在此条件下，原来沉淀中的 SiO_2 也会进入溶液，此时需要对溶液进行脱硅才能制取氢氧化铝。

为了提高氧化铝溶出率、制取低摩尔比溶液，并在溶解水合铝酸钙的同时完成溶液脱硅，开发出了反向二段溶出流程。在该流程中，用第二段溶出的苏打铝酸钠溶液（含 Al_2O_3 40g/L）溶出水合铝酸钙沉淀；在此同时通入一定数量的 CO_2 以制取 Al_2O_3 浓度70 ~ 80g/L、摩尔比为 1.7 ~ 1.8 的脱硅溶液。第二段溶出液中含的 SiO_2 此时以水化石榴石的形态析出，在第一段未完全溶出的水合铝酸钙沉淀再用循环 Na_2CO_3 溶液作第二段溶出。

这两个过程的最宜作业条件是：温度为 95℃，溶出时间均为 1.5h，循环 Na_2CO_3 溶液浓度为 Na_2O_T 120 ~ 130g/L，液固比为 3∶1。在此条件下，Al_2O_3 溶出率可达到 90% ~ 95%，最终的泥渣基本上是碳酸钙，其中含 CaO 47% ~ 48%，Al_2O_3 2% ~ 3%。第一段溶出液经控制过滤后，由碳分制得氢氧化铝。碳分母液用于铝酸钙的第二段溶出。

另一种溶解水合铝酸钙的方法是：用 Na_2O 约 280g/L、摩尔比约 3.5 的溶液，在 200℃ 按配料摩尔比为 2.0（$L/S = 3$）或在 280℃ 按配料摩尔比为 1.8 的条件下进行。采用该方法，氧化铝溶出率均可达到 95%，残渣基本上是氢氧化钙和少量未分解的水合铝酸钙。

11.4.2.5　水合硅酸钠钙中碱的回收

水合硅酸钠钙是不稳定的化合物。在水中添加石灰，通入 CO_2 或是在 NaOH 或 Na_2CO_3 溶液中反应，都可以使水合硅酸钠钙分解，以回收其中的碱。较为有效的方法是 NaOH 溶液回收。其反应的机理是：

$$Na_2O \cdot 2CaO \cdot 2SiO_2 \cdot H_2O + 2NaOH === 2Na_2SiO_3 + 2Ca(OH)_2$$

$$Na_2SiO_3 + Ca(OH)_2 + H_2O === CaO \cdot SiO_2 \cdot H_2O + 2NaOH$$

该反应的速度及反应程度取决于温度和原始溶液浓度。高压水化法溶出渣在 150 ~ 250℃ 下反应 1 ~ 2h，即可完全提取其中的 Na_2O。但是随着温度的升高，反应后泥渣的膨胀性加强，直至成为黏滞的糊胶状物质，使分离难以进行。采用适当浓度的碱溶液可以避免反应渣的膨胀现象。

试验结果表明，原始溶液中的 Na_2O 浓度以 60g/L 为宜，在 95℃ 下按 $L/S = 6$ 处理高压水化法溶出渣 10h，Na_2O 的提取率接近于 90%。反应后泥渣中 Na_2O 含量为 1.44% ~ 2.43%，流动性好，易于采用过滤方法与溶液分离。滤液中的 Na_2O 浓度比原来提高 12 ~ 15g/L。反应后泥渣中还吸附有一半以上的碱，通过洗涤后可以进行回收。洗涤后的弃渣可用作生产建筑材料的原料。

11.4.3　湿法冶金技术处理低品位铝土矿的发展前景

尽管高压水化法工艺有了巨大的进展，但至今尚未得到工业应用。其主要原因在于高压水化法溶出系统和高压水化法溶出渣的处理系统过于复杂，相互难以有机结合，有的工序工艺条件较为苛刻、处理量也较大。同时，在整个工艺过程中蒸发量巨大，过程能耗也很高，减弱了湿法处理低能耗的优势。这些问题导致了高压水化法工艺流程的技术性和经济性问题。

　　高压水化法未来发展的主要方向应该是寻找更为高效的脱硅产物，简化流程，降低能耗，尽可能不采用蒸发母液析出铝酸钠结晶的工艺，探索回收氧化铝和氧化钠的简单高效的方法，达到既可大幅度节能，又能大大提高有价元素的回收率，解决工业上实施过程中可能出现的工艺、设备、材质等方面的技术难题，降低生产成本，提高竞争力。

　　中国铝业公司近年来开发了处理低品位铝土矿的湿法串联新工艺。该技术采用低浓度、高分子比碱液处理拜耳法赤泥，所得的溶液采用石灰脱除氧化铝，沉淀渣用于拜耳法溶出，从而形成湿法串联生产流程，既发挥了湿法过程的低能耗优势，又简化了流程。湿法串联新工艺可用于低品位铝土矿全湿法生产氧化铝，具有很好的应用前景。

12　氧化铝生产流程各工序的技术及设备

✳✳✳

12.1　铝土矿破碎与矿石预均化

12.1.1　铝土矿破碎

12.1.1.1　概述

铝土矿破碎是氧化铝生产原料制备过程的第一道工序。该工序是对矿山开采后的铝土矿，进一步的破碎，继而为料浆磨制工序提供合格的碎矿石。碎矿石粒度一般小于12mm。

为了得到合格的碎矿石，通常根据不同形式的矿石和矿石特性，采用不同的破碎设备和破碎流程。破碎一水硬铝石型铝土矿时，通常采用颚式和圆锥式破碎机，此时破碎流程比较复杂；破碎其他形式的铝土矿时，可采用反击式和锤式破碎机，此时破碎流程比较简单。

12.1.1.2　破碎系统的基本概念

A　破碎

通常将大块的矿石变成小块的操作过程称做破碎。破碎时，一般对矿石施加外力，使其碎裂变小，而矿石的物理性质没有改变。破碎机械对矿石的施力情况，可以分为压碎、劈开、折断、磨剥和冲击等，如图12-1所示。

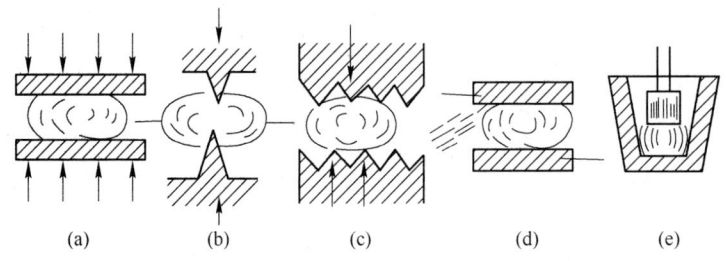

图12-1　破碎机械对矿石的施力情况
(a) 压碎；(b) 劈开；(c) 折断；(d) 磨剥；(e) 冲击

B　破碎比

破碎比定义为原矿石粒度与产物粒度的比值，表示经过破碎后，原矿石粒度减小的倍数。通常情况下，破碎比是用矿石在破碎前、后的最大粒度的比值来确定的，详见7.2.3.1节。

C　破碎段

破碎段是破碎流程最基本的单元。破碎段数不同以及破碎机和筛子的组合不同，便有不同的破碎流程。

破碎段有五种基本形式，如图 12-2所示。

D　破碎段数

破碎段数的选择主要取决于原矿的最大粒度、要求的最终破碎产物粒度以及各破碎段所能达到的破碎比，即取决于要求的总破碎比及各段破碎比。

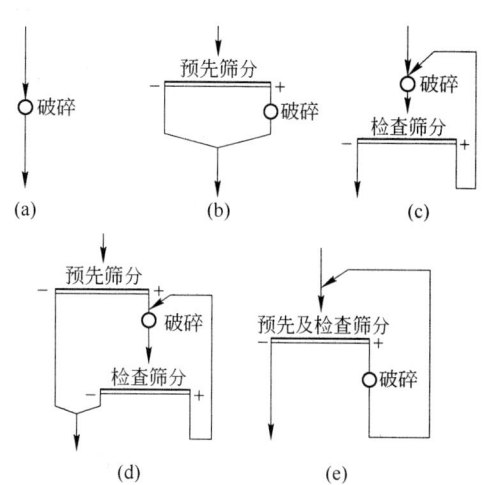

图 12-2　破碎段的基本形式

(a)简单破碎；(b)有预先筛分；(c)破碎后检查筛分；
(d) 破碎前后均筛分；(e) 预先筛分同时检查后破碎

每个破碎段的破碎比取决于破碎机的形式，破碎段的类型、所处理矿石的硬度等。常用破碎机所能达到的破碎比见表12-1，处理硬度大的矿石时，破碎比取小值；处理较软的矿石时，破碎比取大值。

表 12-1　各种破碎机在不同工作条件下的破碎比

破碎段位	破　碎　机　形　式	破碎流程	破碎比范围
第Ⅰ段	颚式破碎机和旋回破碎机	开　路	3~5
第Ⅱ段	标准圆锥破碎机	开　路	3~5
第Ⅱ段	中型圆锥破碎机	开　路	3~6
第Ⅱ段	中型圆锥破碎机	闭　路	4~8
第Ⅱ、Ⅲ段	反击式破碎机	闭　路	8~40
第Ⅱ、Ⅲ段	锤式破碎机	闭　路	8~20
第Ⅲ段	短头圆锥破碎机	开　路	3~6
第Ⅱ、Ⅲ段	辊式破碎机	开　路	4~10
第Ⅲ段	短头圆锥破碎机	闭　路	4~8

12.1.1.3　常用的铝土矿破碎筛分设备

A　破碎设备

破碎设备的选用，主要与铝土矿的物理性质（硬度、密度、黏性、含黏土量、水分、给矿中的最大粒度等）、处理量、破碎后的铝土矿粒度以及设备配置等因素有关。所选用的破碎设备必须满足破碎后的粒度、设计处理量和适应给矿中最大粒度的要求。

20世纪60年代末，针对中国一水硬铝石型铝土矿进行了一系列的工业试验。试验结果表明一水硬铝石型铝土矿一般不适合无介质破碎，同时也不适合于破碎比大的反击式、锤式破碎机。国内某氧化铝厂曾使用过反击式破碎机，因设备备件质量和检修工作量大而停用。因而，在中国各氧化铝厂中，常用于破碎一水硬铝石型铝土矿的破碎设备主要有以下两种，详见7.2.3.1节。

a 颚式破碎机

颚式破碎机主要用于铝土矿的粗碎。其主要优点是：构造简单、质量轻、价格低廉、便于维修和运输、外型高度小、需要配置的厂房高度较小；在工艺方面，其工作可靠、调节排矿口方便、破碎潮湿矿石及含黏土较多的矿石时不易堵塞。主要缺点是：衬板易磨损，处理量较低，产品粒度不均匀且过大块较多，并要求均匀给矿，需设置给矿设备。

b 圆锥破碎机

这种破碎机主要用于铝土矿的中碎和细碎。中碎时选用标准型；细碎时选用短头型。

圆锥破碎机生产可靠、破碎力大、处理量大，因而得到了广泛应用。圆锥破碎机有弹簧圆锥破碎机和液压圆锥破碎机两大类。与弹簧圆锥破碎机相比，液压圆锥破碎机易于实现过铁器件保护和自动调节，质量及外形尺寸较小，但液压和动锥支撑结构的制造和检修较复杂。由于两种破碎机各有特点，因此在国内外均得到广泛的应用。

B 筛分设备

筛分设备的选用，主要与矿石特性（如矿石最大粒度、筛下矿石含量、矿石密度、矿石的含泥和含水量等）、生产要求以及筛分设备性能和应用条件等因素有关。

在氧化铝厂中，常用的筛分设备主要有以下三种类型。

a 振动筛

振动筛按其结构、作用原理及用途可分为：惯性振动筛、自定中心振动筛、重型振动筛、圆振动筛、单轴振动筛、双轴振动筛、直线振动筛和共振筛。其中，以圆振动筛使用最为广泛，由于这种振动轨迹使筛面上的物料不停地翻转、松散，细颗粒矿石有机会向料层下部运动并通过筛孔排出，而且卡在筛孔中的矿石颗粒可以跳出以防止筛孔堵塞。同时，圆振动筛的筛分效率较高、并可调节筛面倾角及主轴的旋转方向，而改变物料在筛面上的运动速度。因而，圆振动筛可用于各种筛分作业。

b 固定筛

固定筛有格筛和条筛两种型式。格筛多用在原矿受矿仓及粗破碎仓的上部，以控制矿石粒度，一般水平安装。条筛多用作粗碎和中碎前的预先筛分，条筛筛孔宽度为筛下粒度的0.8~0.9倍，一般筛孔不小于50mm。

c 圆筒筛

圆筒筛常用于湿法排除异物，或用作中、细碎物料的分级筛分。圆筒筛的优点是构造简单、容易维修和管理、工作平稳可靠和振动较轻；缺点是单位面积处理量小、筛分效率低、筛孔容易堵塞、筛面易磨损以及耗电量大。

对各种筛分机械的详细描述可见 7.2.3.2 节。

12.1.1.4　典型的铝土矿破碎筛分工艺流程

在国内各大氧化铝厂中，常见的破碎筛分工艺流程为三段一闭破碎流程。即由三段开路、一段闭路组成，如图 12-3 所示。图 7-11 中有更多种流程的描述。

12.1.2　铝土矿预均化

12.1.2.1　概述

铝土矿的预均化是在预均化堆场的堆料和取料过程中实现的。从铝土矿矿山来的矿石，其成分波动的周期较长、振幅较大（见图 12-4（a）），送入预均化堆场时，采用专门的堆料机以薄层叠堆，层数可达 200 ~ 500 层。堆完后用专门的取料机械以垂直料层的方向和薄层切取的方式取料（见图 12-4（b）），使运出预均化堆场的矿石成分波动的周期缩短、振幅降低，其标准偏差缩小（见图 12-4（c））。

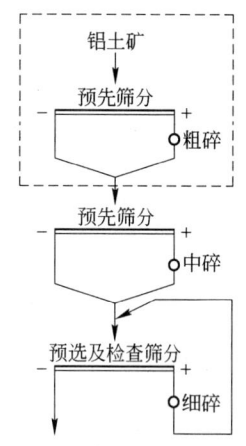

图 12-3　铝土矿破碎筛分工艺流程
（国外的矿石破碎筛分流程中，为提高下道工序磨机产能，细碎后的矿石再进辊压机，以进一步降低矿石粒度、强度。
图中虚线内操作一般在铝土矿矿山进行）

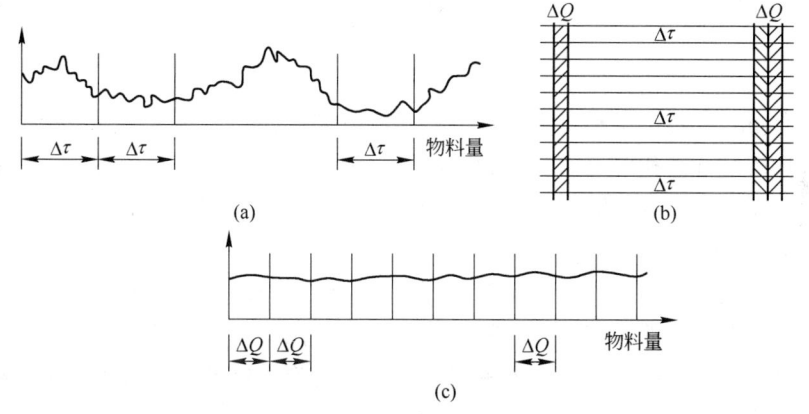

图 12-4　预均化堆场均化原理示意图
（a）预均化堆场进料成分的波动情况；（b）料堆的堆、取示意；
（c）经预均化后矿石成分的波动情况；
$\Delta\tau$—堆料时每层物料量；ΔQ—每取料截面层物料量

12.1.2.2　铝土矿的堆放与储存

A　铝土矿的堆放

为求得到较高的均化效果，理论上要求堆料时料层平行重叠，厚薄一致。在实际作业时，由于设备的实际可行性和经济上的原因，只能采用近似均匀一致的堆料方式。根据设备的条件和均化的要求，铝土矿的堆放通常采用三菱形（或波浪形）、人字形（或等腰三角形）这两种堆料方式，如图 12-5 所示。

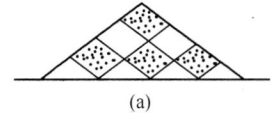 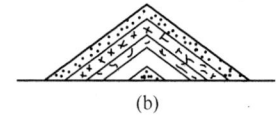

图 12-5 堆料方式示意图

(a) 三菱形堆料方式；(b) 人字形堆料方式

B 氧化铝生产原料的储存

氧化铝厂是连续生产的工厂，为避免外部运输的不均衡、设备生产能力之间的不平衡、上下工序间生产班次的不同以及其他原因造成物料供应的中断，要求各种原料（铝土矿、石灰石、焦炭及煤）在工厂内必须有足够的储存量，以保证氧化铝厂连续而均衡地生产。

各种生产原料所需的储存量取决于该原料的日用量和储存期。原料的储存量所能满足工厂生产需要的天数，称为该原料的储存期。

现将氧化铝厂各种原燃料（铝土矿、石灰石、焦炭及煤）的储存期列于表 12-2 中。

表 12-2 氧化铝厂原燃料矿石的储存期

物料名称	铝土矿	石灰石	焦炭及煤
一般储存期/d	20 ~ 30	10 ~ 20	20 ~ 30

注：当供应点分散、耗量少、运距远或经过国家铁路干线时，宜取上限值；反之，宜取下限值。

12.1.2.3 常用的矿石预均化设备

预均化堆场的主要设备有皮带输送机、堆料机和取料机。这三种设备中前者是为适应后两者的工艺技术特性和要求而配备的。堆料机和取料机本身要适应所处理矿石物理性质（湿度、黏性、粒度、安息角等），其作业方式和性能决定了预均化的效果。

A 悬臂式皮带堆料机

这是目前氧化铝厂使用最为广泛的堆料机，适合于矩形预均化堆场的侧面堆料，卸料点可以由悬臂皮带机调整俯仰角而升降，使物料落差保持最小。悬臂式皮带堆料机可以装成固定式、回转式、直线轨道式等各种形式。现将悬臂式皮带堆料机的技术参数，列于表 12-3 中。

表 12-3 悬臂式皮带堆料机的技术参数

悬臂式皮带堆料机		型 号				
		DBH2000·26.5	DBH1500·27.9	DBH1000·22	DBH1000·23	DBH800·22.5
型 式		悬 臂 式				
生产能力 /t·h^{-1}	堆料	2000	1500	1000	1000	800
堆料高度/m	轨面上	12	16.15	10.5	10.8	9
	轨面下	0.5	0.15	0.5	0.5	0.5
物料特性	松散密度/t·m^{-3}	2.2 ~ 2.8	1.45	2.55	2.2	2.6
	粒度/mm	<10	<80	<50	<10	<10

悬臂式皮带堆料机		型 号				
		DBH2000·26.5	DBH1500·27.9	DBH1000·22	DBH1000·23	DBH800·22.5
型 式		悬 臂 式				
进料带式输送机	带宽/mm	1200	1400	1000	1000	1000
	带速/m·s⁻¹	2	2.5	2	2.5	2
出料带式输送机	带宽/mm	1200	1400	1000	1000	1000
	带速/m·s⁻¹	2	2.5	2	25	2
回转机构	回转半径/m	26.5	27.9	22	23	22.5
	回转角度/(°)	±90	—	±90	±90	—
行走机构	跨度/m	5	5	4.5	6	5
	轴距/m	5		4.5	6	1
	最大轮压/kN	250	250	250	250	200
	调车速度/m·min⁻¹	30	30	20	16.6	20
	工作速度/m·min⁻¹	20	20	15	13	15
推荐用钢轨		P50				
装机总容量	总功率/kW	170	160	85	120	100
	常用功率/kW	140	140	80	100	88
驱动电源		动力电缆卷筒				
控制电源		通信电缆卷筒				
外形尺寸	长/mm	60920	46991	50860	52600	29983
	宽/mm	9850	36400	6200	8067	30500
	高/mm	19500	16470	12320	17454	9255

悬臂式皮带堆料机		型 号			
		DBH800·20.5	DBH700·37	DBH600·23.5	DBH600·19.5
型 式		悬 臂 式			
生产能力/t·h⁻¹	堆料	800	700	600	600
堆料高度/m	轨面上	10	11.5	9.5	10.5
	轨面下	0.5			
物料特性	松散密度/t·m⁻³	1.5~2.2	1.6	2.1	1.7~2.4
	粒度/mm	<10	<20	<10	<10
进料带式输送机	带宽/mm	1000			
	带速/m·s⁻¹	2.5	2	2	2
出料带式输送机	带宽/mm	1000			
	带速/m·s⁻¹	2.5	2	1.6	2
回转机构	回转半径/m	20.5	37	23.5	19.5
	回转角度/(°)	±90	±90	±90	—

悬臂式皮带堆料机		型 号			
		DBH800·20.5	DBH700·37	DBH600·23.5	DBH600·19.5
型 式		悬 臂 式			
行走机构	跨度/m	5	6	6	5
	轴距/m	5	6	6	1
	最大轮压/kN	250	250	220	163
	调车速度/m·min⁻¹	16.9	20	20	19.2
	工作速度/m·min⁻¹	12.5	15	15	13.7
推荐用钢轨		P50			
装机总容量	总功率/kW	82	140	110	100
	常用功率/kW	72	120	90	90
驱动电源		动力电缆卷筒			
控制电源		通信电缆卷筒			
外形尺寸	长/mm	50506	63100	48112	29300
	宽/mm	6400	8460	8000	25800
	高/mm	12401	17500	14900	9555

B 桥式斗轮取料机

这是目前氧化铝厂中,最为常见的一种堆料机,分有单斗轮和双斗轮两种,可根据生产要求选用。一般对取料量较小或中等以下的,可选用单斗轮取料机。如取料量较大,均化效果要求较高时,通常选用双斗轮取料机。现将双斗轮取料机的技术参数,列于表12-4中。

表 12-4 双斗轮取料机的技术参数

桥式斗轮取料机		型 号				
		QLH1600·36	QLH1500·30	QLH800·37	QLH800·30	QLH800·30
型 式		桥式双斗轮				
物料特性	松散密度/t·m⁻³	2.2~2.5	2.4	1.9~2.5	2.55	2.2
	粒度/mm	<10	<50	<30	<15	<3
生产能力/t·h⁻¹	取料	1600	1500	800	800	800
斗轮机构	斗轮直径/m	7	7	6.5	6.5	6.5
	斗容/L	341	320	167	—	—
	斗数 z	2×10				
	斗轮转速/r·min⁻¹	5				
小车驱动	传动形式	钢丝绳卷扬				链齿/链条
	横行速度/m·min⁻¹	10.2	11	10	10	3.3~10
受料输送带	带宽/mm	1200	1200	1000	1000	1000
	带速/m·s⁻¹	2	2	2.5	2	2

桥式斗轮取料机		型　号				
		QLH1600·36	QLH1500·30	QLH800·37	QLH800·30	QLH800·30
型　式		桥式双斗轮				
大车驱动	跨距/m	36	30	37	30	30
	行走速度/m·min⁻¹	—	—	8.7/2	—	—
最大轮压/kN		220	250	245	230	230
推荐用钢轨		P50				
装机总容量	总功率/kW	350	330	290	215	215
	常用功率/kW	290	290	140	150	150
驱动电源		动力电缆卷筒				安全滑触线
控制电源		通信电缆卷筒				
外形尺寸	长/mm	43500	35400	43675	36200	36200
	宽/mm	19700	20200	27890	23200	23200
	高/mm	10000	9500	11280	9800	9800

桥式斗轮取料机		型　号				
		QLH800·30	QLH600·30	QLH600·29	QLH500·30	QLH500·30
型　式		桥式双斗轮				
物料特性	松散密度/t·m⁻³	1.9~2.4	2.2	2.6	2.3	2.2
	粒度/mm	<10	<10	<12	<10	<5
生产能力/t·h⁻¹	取料	800	600	600	500	500
斗轮机构	斗轮直径/m	6.5	5.8	5.8	5.8	5.8
	斗容/L	168	—	—	—	—
	斗数z	2×10				
	斗轮转速/r·min⁻¹	5				
小车驱动	传动形式	链条传动		钢丝绳卷扬		
	横行速度/m·min⁻¹	10	10	10	10	10
受料输送带	带宽/mm	1000	1000	1000	800	800
	带速/m·s⁻¹	2.5	2	2	2	2
大车驱动	跨距/m	30	30	29	30	30
	行走速度/m·min⁻¹	8.7/2	—	—	—	—
最大轮压/kN		230	270	240	280	280
推荐用钢轨		P50				
装机总容量	总功率/kW	210	190	185	168	168
	常用功率/kW	140	150	145	135	135
驱动电源		动力电缆卷筒				
控制电源		通信电缆卷筒				

续表 12-4

桥式斗轮取料机		型　号				
		QLH800·30	QLH600·30	QLH600·29	QLH500·30	QLH500·30
型　式		桥式双斗轮				
外形尺寸	长/mm	35800	36600	35600	36300	36300
	宽/mm	23200	22300	22300	22300	22300
	高/mm	9800	8500	8500	8800	8800

桥式斗轮取料机		型　号			
		QLH400·28	QLH400·24	QLH400·24	QLH50·16.4
型　式		桥式双斗轮			
物料特性	松散密度/t·m^{-3}	2.2	2.0~2.2	2.2~2.5	0.9
	粒度/mm	<10	<10	<10	<30
生产能力/t·h^{-1}	堆　料	400	400	400	500
斗轮机构	斗轮直径/m	5.2	5.1	5.1	3.04
	斗容/L	80	80	80	34
	斗数 z	2×10			8
	斗轮转速/r·min^{-1}	5			7.08
小车驱动	传动形式	钢丝绳卷扬			
	横行速度/m·min^{-1}	10.2	6.6	6.6	6~8.4
受料输送带	带宽/mm	800	800	800	500
	带速/m·s^{-1}	2	2	1.6	1.25
大车驱动	跨距/m	28	24	24	16.4
	行走速度/m·min^{-1}	8.7/2	8/1.5	8.7/2	8.826/1.82
最大轮压/kN		270	270	270	250
推荐用钢轨		P50			P38
装机总容量	总功率/kW	120	110	110	40
	常用功率/kW	100	90	90	32
驱动电源		动力电缆卷筒			
控制电源		通信电缆卷筒			
外形尺寸	长/mm	32530	28330	28330	20460
	宽/mm	20940	20700	18750	13710
	高/mm	7800	8200	6800	6975

C　圆形堆场混匀堆取料机

圆形堆场混匀堆取料机适用于圆形堆场，兼有堆料和取料的功能。该设备占地面积小，可连续进行堆、取料作业，全自动控制，是一种理想的散状物料均化设备。在氧化铝厂生产中，常用于石灰石和煤炭的均化。其相关的技术参数，见表 12-5。

表 12-5 圆形堆场混匀堆取料机的技术参数

型　号		YG200/60	YG400/80	YG500/90	YQL1000/78	YGD1100/95	YG2000/120	YG1000/120
型　式	取料机	桥式刮板取料机			斗轮取料	刮斗取料	侧式刮板取料	
	堆料机				回　转　式			
生产能力 /t·h⁻¹	取料机	40~200	40~400	250~500	1000	1100	2000	1000
	堆料机	500	750	900	500	1300	4400	2000
适用物料		煤、石灰石	石灰石			原煤、分级煤及其他散状物料		
堆储能力/t		10260	34000	52000	28000~30000	40000	176900	
取料机	轨道直径/m	60	80	90	78	95	120	
	最大轮压/kN	250	290	320	300	400	—	
	装机功率/kW	90	126	138	94	240	540	310
	输送机带宽/mm		1000		800	1400	2000	1400
	输送机带速/m·s⁻¹	2			2.5		3.8	3.35
堆料机	变幅/(°)	25	31	30	40±5	29		
	俯仰角度/(°)	+10 −15	+16 −15	+15 −15	—	+15 −14	—	—
	堆料层数	>300	>500		—	390	—	—
	回转半径/m	16.5	21	23	21	23.75	37.3	
	装机功率/kW	30	45	60	36.7	75.5	80	40
控制方式		计算机自动控制；手动控制						

D　桥式、门式抓斗起重机

在某些建厂较早的氧化铝厂中，尚在使用一些其他形式的堆取料设备，如桥式、门式抓斗起重机等。其中，桥式抓斗根据抓斗容积、矿石松散密度的不同，起重量划分为5t、10t、15t、20t四个级别。而门式抓斗的起重量分为5t、10t两个级别。

E　带式输送机

带式输送机是一种输送量大、运转费用低、适用范围广的输送设备。按其支架结构有固定式和移动式两种；按输送带材料有胶带、塑料带和钢带之分。目前以胶带输送机使用最广；塑料带是一种新型材料，使用日渐增多；钢带主要用于高温物料，其使用范围较小。

常用于矿石输送的输送机有以下两种：TD75型通用固定带式输送机、DTⅡ型固定带式输送机。

a　TD75型通用固定带式输送机

TD75型带式输送机是一般用途的带式输送机，主要用于输送密度为$1.0 \sim 2.5 t/m^3$的各种块状、粒状物料，也可用于输送成件物品。输送带的材质有普通胶带和塑料带两种。带式输送机的工作环境温度一般在$-10 \sim +40℃$之间，要求物料温度不超过70℃；耐热橡胶带可输送120℃以下的高温物料。物料温度更高时不宜采用胶带输送机。

TD75型带式输送机带宽B、带速v与输送量Q的匹配关系，列于表12-6中。

表12-6　TD75型带式输送机带宽B、带速v与输送量Q的匹配关系

断面形式	带速v /m·s^{-1}	带宽B/mm					
		500	650	800	1000	1200	1400
		输送量$Q^{①}$/t·h^{-1}					
槽　形	0.8	78	131	—	—	—	—
	1.0	97	164	278	435	655	891
	1.25	122	206	348	544	819	1115
	1.6	156	264	445	696	1048	1427
	2.0	191	323	546	853	1284	1748
	2.5	232	391	661	1033	1556	2118
	3.15	—	—	824	1233	1858	2528
	4.0	—	—	—	—	2002	2996
平　形	0.8	41	67	118	—	—	—
	1.0	52	88	147	230	345	469
	1.25	66	110	184	288	432	588
	1.6	84	142	236	368	553	753
	2.0	103	174	289	451	677	922
	2.5	125	211	350	546	821	1117

①表中的输送量Q值，是在$\gamma = 1.0 t/m^3$，倾角系数$C = 1.0$，动堆积角$\rho = 30°$时的计算值，γ值、C值改变，Q值应按比例增减。动堆积角ρ和倾角β改变时，Q值应乘以表12-7和表12-8所列的系数。

表 12-7　动堆积角 ρ 改变时的 Q 值系数

断面形式	槽　形				平　形			
$\rho/(°)$	15	20	25	35	15	20	25	35
系　数	0.77	0.83	0.92	1.08	0.5	0.63	0.82	1.18

表 12-8　倾角 β 改变时的 Q 值系数

倾角 $\beta/(°)$	≤6	8	10	12	14	16	18	20	22	24	25
倾角系数 C	1.0	0.96	0.94	0.92	0.90	0.88	0.85	0.81	0.76	0.74	0.72

b　DTⅡ型固定式带式输送机

DTⅡ型带式输送机是通用型系列产品，由单机或多机组成运输系统来输送物料，可输送松散密度为 $0.5\sim2.5t/m^3$ 的各种散状物料及成件物品。

DTⅡ型带式输送机的工作环境温度一般为 $-25\sim+40℃$。输送机允许输送的物料粒度取决于带宽、带速、槽角和倾角，也取决于大块物料出现的频率。各种带宽适用的最大粒度见表 12-9。当输送硬岩时，带宽超过 1200mm 后，粒度一般应限制在 350mm 范围内，而不能随带宽的增加而加大。

表 12-9　DTⅡ型固定式带式输送机各种带宽适用的最大矿石粒度

带宽/mm	500	650	800	1000	1200	1400	1600	1800	2000	2200	2400
最大粒度/mm	100	150	200	300	350	350	350	350	350	350	350

注：粒度尺寸是指物料块最大线性尺寸。

带式输送机的带宽 B、带速 v 与输送量 Q 的匹配关系，列于表 12-10 中。

表 12-10　带式输送机的带宽 B、带速 v 与输送量 Q 的匹配关系

带速 v /m·s^{-1}	带宽 B/mm										
	500	650	800	1000	1200	1400	1600	1800	2000	2200	2400
	输送量 Q[①]/t·h^{-1}										
0.8	69	127	198	324	—	—	—	—	—	—	—
1.0	87	159	248	405	593	825	—	—	—	—	—
1.25	108	198	310	507	742	1032	—	—	—	—	—
1.6	139	254	397	649	951	1321	—	—	—	—	—
2.0	174	318	496	811	1188	1652	2186	2795	3470	—	—
2.5	217	397	620	1014	1486	2065	2733	3494	4338	—	—
3.15	—	—	781	1278	1872	2602	3444	4403	5466	6843	8289
4.0	—	—	—	1622	2377	3304	4373	5591	6941	8690	10526
(4.5)[②]	—	—	—	—	2674	3718	4920	6291	7808	9776	11842
5.0	—	—	—	—	2971	4130	5466	6989	8676	10863	13158
(5.6)	—	—	—	—	—	6122	7829	9717	12166	14737
6.5	—	—	—	—	—	—	9083	11277	14120	17104

①输送量 Q 是按水平输送、动堆积角 $\rho=20°$、托辊槽角 $\lambda=35°$ 时计算的。

②表中带速（4.5）、（5.6）为非标准值，一般不推荐使用。

12.1.2.4 典型的矿石预均化堆场配置

堆场的布置方式主要是根据矿石的使用量、场地条件、总图布置和选用的堆、取料机型式等因素来决定的。

堆场基本上有两种布置方式，一是矩形堆场，另一种是圆形堆场。其中，矩形堆场最为常见。大部分氧化铝厂也都采用这种布置方式。

矩形堆场一般都有两个料堆，一个堆料，一个取料，相互交替使用。两个料堆是平行布置还是呈直线布置，要根据工厂地形条件和总体布置的要求来决定。在氧化铝厂生产中，通常采用直线布置的矩形预均化堆场，如图 12-6 所示。

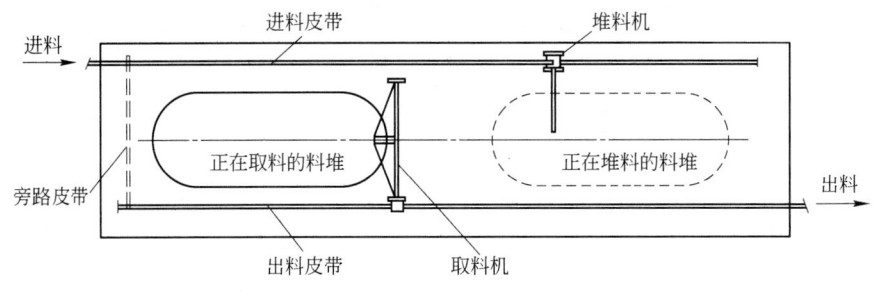

图 12-6 直线布置的矩形预均化堆场

进料皮带和出料皮带分别布置在堆场两侧。取料机一般停在料堆之间，可向两个方向任意取料。堆料机通过 S 形卸料车在进料皮带上截取原料，沿纵长方向向任何一个料堆堆料。

12.2 石灰烧制

12.2.1 石灰石的质量要求

氧化铝生产中，对石灰石的质量要求是：$CaO \geqslant 52.0\%$，$SiO_2 \leqslant 2.0\%$，$MgO \leqslant 1.5\%$。对于拜耳法生产所用的石灰石中 MgO 的含量不受此规定的限制，可适当放宽。除了对石灰石的化学成分有要求以外，石灰石的粒度也应满足如下要求：对于竖式石灰炉，石灰石粒度 50~110mm。如果采用分级煅烧，粒度范围可为：30~150mm，其中 30~70mm 为一级，70~150mm 为另一级。对于回转窑来说，要求入窑石灰石的粒度要均匀，不能夹杂粉料，石灰石粒度要求 15~50mm。

12.2.2 石灰烧制工艺

生产石灰的原料为石灰石。其主要成分为碳酸钙（$CaCO_3$），其中杂质有氧化硅、氧化铝、氧化镁和氧化铁等。碳酸钙在大于 900℃ 的煅烧分解温度下，按下式分解为 CaO 和 CO_2：

$$CaCO_3 \Longrightarrow CaO + CO_2 \uparrow$$

石灰的煅烧可以采用竖式石灰炉或回转窑来完成。由于石灰石在炉内的填充率和运动状态不同、燃料的种类和燃烧状态不同以及在炉内的热量传递方式不同，造成了两种设备烧制出的石灰质量和炉气组分有一定的差异。

12.2.2.1　竖式石灰炉烧制石灰工艺

竖式石灰炉烧制石灰工艺多用在烧结法或联合法氧化铝厂中。

烧结法氧化铝生产中,对石灰和二氧化碳气的质量要求为:二氧化碳浓度(炉顶)应不小于40%,经洗涤后含尘量(标态)小于0.03g/m³,而一氧化碳浓度应小于0.8%;石灰中CaO含量不低于85%,经破碎后的粒度应小于30mm。石灰石分解率不宜低于90%。

竖式石灰炉可以采用多种燃料,中国氧化铝厂目前只采用固体燃料:焦炭和无烟煤。以焦炭为燃料时,焦炭粒度宜为25~40mm,固定碳应高于80%,发热量为29.307MJ/kg左右。以无烟煤为燃料时,无烟煤粒度宜为25~50mm,固定碳应高于78%,挥发物应低于8%,发热量为30.145MJ/kg左右。

石灰烧制技术条件应确保在石灰质量好、二氧化碳气浓度高的同时,尽量提高热利用效率和降低燃料的消耗量。石灰烧制的主要技术条件如下:焦比:6.8%~7.5%;顶压:100~200Pa;顶温:冬季(100±20)℃,夏季(120±20)℃;灰温:冬季(50±20)℃以下,夏季(70±20)℃以下。

石灰烧制流程由以下几个部分组成:加料系统,石灰炉本体,出灰系统和气体洗涤与输送系统。

竖式石灰炉烧制石灰的工艺流程如下:来自堆场的块度为50~150mm的石灰石和粒度25~40mm焦炭(或粒度25~50mm无烟煤)经胶带输送机送至各自储仓,再经电机振动给料机下料至料斗秤,两种物料分别称重后混合在一起,由卷扬机将装有混合料的料车送到石灰炉顶,然后经炉顶的布料设备加入炉内;在炉内焦炭燃烧的热量将石灰石在大于900℃的分解温度下煅烧分解成石灰和二氧化碳气;炉子底部的出料设备将冷却至低于80℃的石灰卸到胶带输送机上,最后石灰经破碎后运往石灰仓。石灰仓下设出料设备将石灰送往所需工序。

燃烧用空气从炉子的下部由鼓风机吹入炉内,在冷却带内将下部的石灰冷却。空气本身也被石灰的显热预热,然后进入煅烧带使燃料燃烧。在炉内煅烧区温度为900~1100℃条件下,石灰石分解为石灰和二氧化碳,燃烧生成的含CO_2的气体将下落的石灰石、焦炭预热,然后从炉子的上部排出。以煤为燃料的石灰炉炉气中含有一定量的挥发物,一般通过填料洗涤塔进行水洗,使挥发物冷凝,洗去大部分粉尘,一般收尘效率为90%~95%;然后再采用湿式电收尘将烟气含尘量(标态)降至0.03g/m³以下。净化后的炉气经二氧化碳压缩机送至碳酸化分解工序。由于使用了固体燃料,竖式石灰炉产生的炉气中二氧化碳的浓度是最高的。

拜耳法生产氧化铝不用二氧化碳气为原料,为满足环境保护的要求,应对排出的炉气进行处理,通常采用布袋除尘器对石灰炉炉气进行净化。

为了连续稳定地生产,设置原燃料、中间产品和产品的输送和储存是必须的。有的时候由于购买的原料中含有碎料,需设置筛分工序筛除碎料。为了保证生产的技术指标还要设有必要的计量设施。

12.2.2.2　回转窑烧制石灰工艺

由于采用竖窑时物料在窑内的停留时间长,与气流的接触面积大,因而小块石灰石容易过烧，因此 15~50mm 的小块石灰石宜采用回转窑煅烧。

回转窑烧制石灰，石灰石的分解率可大于或等于 96%。回转窑烧制石灰的分解率高，石灰质量较好，石灰中残留 $CaCO_3$ 量低。但与竖窑相比，回转窑热耗较高，占地面积大，窑尾废气不能利用。

回转窑煅烧石灰的燃料为气、液、固三种状态均可。以固态煤为燃料时，必须以煤粉的形式在悬浮状态下燃烧。中国氧化铝厂目前的石灰回转窑较多使用焦炉煤气和天然气作燃料。

回转窑烧制石灰的工艺流程如下：粒度为 15~50mm 的石灰石经胶带输送机送至竖式预热器顶部料仓，通过 7 个加料管将石灰石均匀地分布到预热器的多边形截面上，利用回转窑煅烧产生的高温烟气预热至 600~700℃，使原料在预热器内达到初始分解状态，再由液压推杆推入窑内煅烧。预热后的石灰石经导料装置流入回转窑的尾端，随着窑体的转动不断向窑头移动。窑头端部装有燃烧器连续喷出火焰，提供给窑内热量。石灰石在移动过程中经 1250℃ 左右高温的煅烧，全部分解成生石灰，即形成活性石灰。出窑物料温度约为 1000℃，在竖式冷却器内被冷却风机提供的冷却风迅速冷却至 100℃ 以下后，通过板链式输送机送至成品石灰库。石灰库下设置电磁振动给料机、胶带输送机等，将成品石灰送至所需工序。

通过冷却器的冷却风经与高温石灰热交换后，热空气温度升至 600℃ 以上作为二次空气进入回转窑参与燃烧，从竖式预热器出来的废气通过电收尘器净化后，由排风机排入烟囱。电收尘器收下来的窑灰采用螺旋泵送至窑灰仓。

12.2.3　石灰烧制设备

中国的氧化铝厂中，石灰烧制设备主要有两种类型：竖式石灰炉和石灰回转窑。在钢铁行业国外氧化铝厂中还有双筒式竖式石灰炉。

12.2.3.1　竖式石灰炉

竖式石灰炉从炉子的上部加入石灰石，从炉子下部卸出石灰成品。

竖式石灰炉分为炉身、装料设备和卸灰机构 3 个主要部分。

炉身的截面通常是圆形的。炉身直径的选择主要决定于炉子的设计能力和高度。目前在氧化铝生产中使用的有 $\phi 4m$ 和 $\phi 5m$ 的竖式石灰炉。炉身的高度取决于石灰石的粒度和机械强度。炉身是用钢板做成外皮，内部砌耐火砖。

为使整个燃烧过程均匀，必须使混合料进入炉内后分布均匀，因此石灰炉需要设置完善的布料设施。

炉底的卸灰装置应沿断面均匀卸料，出现结瘤也能及时排出。

12.2.3.2　石灰回转窑

石灰回转窑系统主要包括三大主机设备：竖式预热器、回转窑和竖式冷却器。

A　竖式预热器的工作原理

竖式预热器的主要作用是把胶带输送机送来的石灰石物料借助管道加料装置送到预热器本体内，同时利用窑内煅烧后排出的高温烟气（900~1150℃）在预热器内将物料均匀地预热到约 600~700℃。在预热器顶部料仓上安装有高低料位计，可准确地控制料仓内的物料容积，保证预热器安全工作。在料仓底部设有管道加料装置，每个管道装有闸阀对物料的流量进行控制，在预热器的双排烟管上还装有热电偶温度计和压力计，以便随时监测预热器的温度和压力变化情况，保证预热器正常工作。

B　回转窑的工作原理

原料经竖式预热器预热后，下到砌有耐火砖的进料装置，进入回转窑的尾端，窑筒体以适当的斜度安装在托轮上。主电机通过传动装置驱动窑体旋转，物料随着窑体的旋转做复杂的螺旋运动并向窑头端部运行，窑头端部装有燃烧器，连续喷出火焰，提供给窑内热量。热交换以辐射传热为主。物料与热气流形成逆流，热气流从窑头流向窑尾，物料从窑尾流向窑头。物料在运动过程中吸热升温到石灰石分解温度，分解为石灰和二氧化碳。至窑头端部的物料通过窑头卸料装置进入竖式冷却器内。在回转窑的尾部还设有旁通烟道，在回转窑点火，或预热器、除尘器、排风机等设备出现故障时，可打开在窑尾的旁通闸门，使高温烟气通过旁通烟道及辅助烟囱排入大气。

C　竖式冷却器的工作原理

经回转窑煅烧的高温物料（约1000℃）通过箅条落入竖式冷却器主体内，覆盖住冷却器，并形成一定的料层厚度，高压冷却风由设在外部的风机提供，经管道及风塔喷出后与高温物料相接触，实现热交换，将物料迅速冷却到100℃以下，同时将冷却空气预热到600℃以上，作为二次空气进入回转窑参加燃烧。冷却后的物料通过振动下料机构逐步卸出冷却器本体，经输送机送入料仓。冷却器上还装有多点温度计、料位计和压力计，以保证冷却器正常工作。

中信重工机械有限责任公司为钢铁冶金、有色等行业提供 300~1200t/d 活性石灰煅烧回转窑的成套设备，配有带大容量顶部料仓的竖式预热器和自动配风竖式冷却器，已有多台 800t/d 应用于在氧化铝厂运行。窑型为 K-K 型，原料粒度范围 10~50mm，产品活性度为 300~340mL，烟气排放温度不大于 240℃，成品物料温度不大于 90℃。系统热耗为每千克 CaO 4700kJ，接近先进竖式炉的水平。

12.3　料浆制备

12.3.1　料浆磨制

料浆磨制是为拜耳法和烧结法生产系统磨制出粒度合格的原矿浆和生料浆。从生产工艺过程中可以看出，无论是拜耳法溶出车间还是烧结法熟料窑烧成车间，其生产条件对于原料要求都是极其严格的。矿浆粒度过粗，拜耳法溶出率低，烧结法熟料窑烧成工作指标差。矿浆粒度过细，磨矿能耗升高、拜耳法赤泥沉降性能变差。因此，料浆磨制在氧化铝生产中具有极其重要的作用。能否磨制出合格的矿浆，不仅直接影响拜耳法溶出系统的溶出率及烧结法熟料窑系统的操作，而且也影响拜耳法赤泥的分离沉降和洗涤沉降，进而影响到氧化铝生产的技术指标。

12.3.1.1　常用的磨矿设备

氧化铝生产中使用的磨矿设备主要有溢流型和格子型球磨机、棒磨机及管磨机。相关内容参见 7.2.4.2 节。

　　溢流型球磨机的主要优点是结构简单、易维修、磨矿产品粒度细（一般小于0.2mm），缺点是排矿液面高、矿浆在磨机内停留时间长、单位容积处理量低、排矿粒度不均匀、易产生过粉碎现象。氧化铝生产中溢流型球磨机使用于拜耳法一段磨矿流程和拜耳法两段磨矿流程中的第二段磨矿中。使用水力旋流器分级时多采用溢流型球磨机。因为采用溢流型球磨机可减少磨机排矿中粗粒的含量，从而减轻矿浆泵及水力旋流器的磨损。图 12-7 为溢流型球磨机构造图。溢流型球磨机与格子型球磨机的不同仅在排矿部分没有扇形格子板装置，参见图 7-18 和图 7-22。

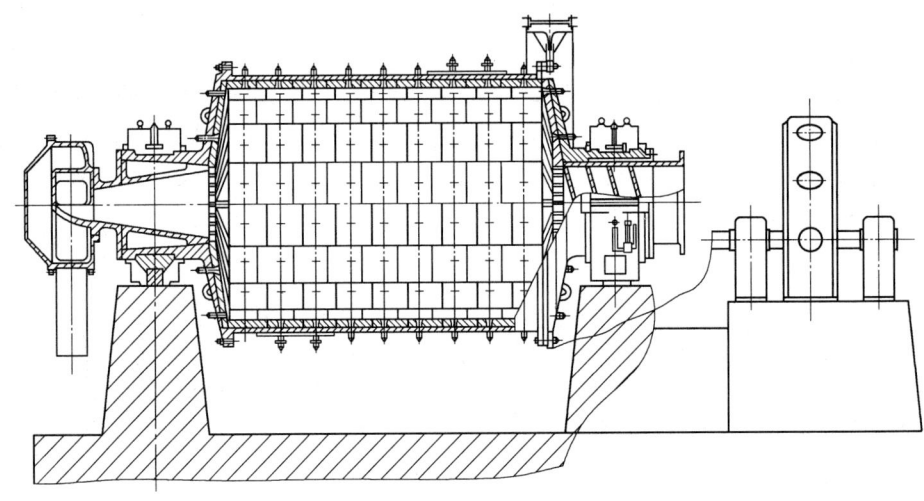

图 12-7　溢流型球磨机构造

　　棒磨机的磨矿介质为钢棒。棒磨机运转时，筒体内钢棒间是线接触，首先粉碎粒度较大的物料，因此具有一定的选择性磨碎作用，产品粒度比较均匀，过粉碎矿粒少。在用于粗磨，产品粒度为 1~3mm 时，棒磨机的处理量大于同规格的球磨机；但在用于细磨、产品粒度小于 0.5mm 时，其磨矿效果不如同规格的球磨机。氧化铝生产中棒磨机常用于拜耳法两段磨矿流程中的第一段磨矿，其进料粒度为 13~20mm。棒磨机不用格子板进行排矿，而采用开口型、溢流型和周边型的排矿方式。

　　以上各种形式的磨机主要用于拜耳法原料的磨制。

　　管磨机的显著特点是，筒体长度远远大于筒体直径，通常的长径比为 2.5~6，用隔仓板将磨机筒体分成不同的区域。由于筒体很长，物料在筒体内受磨碎的时间长，且粗料仓磨矿介质为钢锻，故可以获得很细的磨碎产品。烧结法生产要求原料细，通常使用三仓管磨机一段开路磨矿流程磨制出合格的生料浆。图 12-8 所示为管磨机构造。

12.3.1.2　矿石的可磨度

　　矿石的可磨度是衡量矿石抗阻外力作用的特定指标，用以衡量矿石被磨碎的能力或难易程度。由于矿石性质和磨矿环境的不同，其可磨特性也不同。因此，矿石可磨度需要依靠复杂的试验方法来解决。

　　矿石的可磨度主要是用来计算不同规格的磨机处理特定矿石的能力，因此确定矿石可

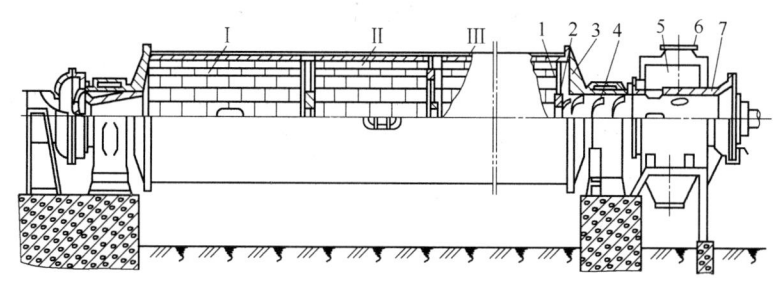

图 12-8　管磨机构造

Ⅰ，Ⅱ，Ⅲ—第一、二、三仓室；1—排矿格子板；2—提升板；3—排矿端盖；
4—排矿螺旋叶片；5—圆筒筛；6—排矿外罩；7—传动接管

磨度的原则是选择一个"磨矿常数"作为磨度单位。所谓"磨矿常数"，即在相同磨矿条件下其值不变，或者成某一比例变化。目前常用的磨矿常数分为容积常数和功率常数两类。

根据试验测定的磨矿常数可分为绝对可磨度和相对可磨度。如果经试验测定的可磨度值以单位容积的生产能力或单位电耗的绝对值表示称为绝对可磨度；如果测定出的是与待测矿石试样和标准矿石试样的单位容积生产能力的比值作为可磨度量度，称为相对可磨度。

A　容积常数

容积法可磨度的定义是指以待测矿石与标准矿石按某指定粒级计算的磨矿新生成的生产率($t/(m^3 \cdot h)$)的比值。

容积法计算步骤如下：

单位容积处理量的计算，设计中采用的 q 值，一般取用工业性试验指标或同类工厂磨矿机实际生产指标 q_0，此时，$q \approx q_0$。如果没有上述条件，就只有取情况相近似工厂的磨矿生产指标 q_0，再考虑磨矿机的型式、矿石性质、给矿及产品粒度等因素的差异做下的计算：

$$q = K_1 K_2 K_3 K_4 q_0$$

式中　q——设计中拟选用的磨机按新生成的级别（小于 0.074mm 粒级）计算的单位处理量，$t/(m^3 \cdot h)$；

　　　q_0——生产中选用的磨机按新生成的级别（小于 0.074mm 粒级）计算的单位处理量，$t/(m^3 \cdot h)$；

　　　K_1——被磨矿石的磨矿难易系数；

　　　K_2——磨机的直径校正系数；

　　　K_3——设计中选用的磨机形式校正系数；

　　　K_4——磨机不同给矿粒度和不同粒度产品差别系数。

B　功率常数

氧化铝生产中使用的功率常数为"邦德功指数"，是指磨碎单位质量的矿石消耗的功率。邦德功指数分为棒磨功指数和球磨功指数两种。邦德功指数是由邦德（F. C. Bond）

于 1952 年提出。邦德通过研究得出结论：粉碎物料所需要的有效功与生成的碎粒的直径的平方根成反比。邦德认为由于矿石性质不同，其磨矿的功率常数也是不同的，功率常数可以作为矿石可磨度的衡量标准。邦德确立了获得功率常数的实验方法，并推导出由功率常数计算磨机磨制单位矿石消耗功率的计算公式。其核心表达式为：

$$W = W_i \left(\frac{1}{\sqrt{P}} - \frac{1}{\sqrt{F}} \right)$$

式中　W——磨机磨制单位矿石所需要的功率，$kW \cdot h/t$；

　　　P——磨矿成品 80% 过筛粒度，P_{80}；

　　　F——磨机给矿 80% 过筛粒度，F_{80}；

　　　W_i——根据邦德功实验测定的功率常数，$kW \cdot h/t$。

12.3.1.3　棒磨机及球磨机的容积法选型计算

A　q 值计算

设计中选用的 q 值，一般采用工业性试验指标或者同类氧化铝厂生产用指标 q_0，此时 $q \approx q_0$，如果没有以上指标，则考虑矿石性质近似的氧化铝厂的磨矿生产指标 q_0，再考虑磨机形式、矿石性质、给矿粒度等因素的差异做如下的计算：

$$q = K_1 K_2 K_3 K_4 q_0$$

式中　q——设计中拟选用的磨机按新生成的级别（小于 0.074mm 粒级）计算的单位处理
　　　　　量，$t/(m^3 \cdot h)$；

　　　q_0——生产中选用的磨机按新生成的级别（小于 0.074mm 粒级）计算的单位处理
　　　　　量，$t/(m^3 \cdot h)$；

　　　K_1——被磨矿石的磨矿难易系数，一水硬铝石 $K_1 = 1.0$；

　　　K_2——磨机的直径校正系数；

　　　K_3——设计中选用的磨机型式校正系数，可通过查表 12-11 得到；

　　　K_4——磨机不同给矿粒度和不同粒度产品差别系数。

表 12-11　磨矿机型式校正系数 K_3

磨矿机型式	格子型球磨机	溢流型球磨机	棒磨机
K_3	1.0	0.85 ~ 0.9	0.85 ~ 1.0

$$q_0 = \frac{Q_0(\beta_2 - \beta_1)}{V}$$

式中　Q_0——生产中使用的磨机处理量，$t/(m^3 \cdot h)$；

　　　β_1——生产中使用的磨机给矿中小于 0.074mm 级别的含率，%；

　　　β_2——生产中使用的磨机产品中小于 0.074mm 级别的含率，%；

　　　V——生产中使用的磨机的有效容积，m^3。

$$K_2 = \left(\frac{D_1 - 2b_1}{D_2 - 2b_2} \right)^n$$

式中　n——可变指数；n 值与磨机直径及型式的关系，可通过查表 12-12 得到；

表 12-12　n 值与磨矿机直径及型式的关系

磨机直径 D	n 值	
	球 磨 机	棒 磨 机
2.7	0.5	0.53
3.3	0.5	0.53
3.6	0.5	0.53
4.0	0.5	0.53
4.5	0.46	0.49
5.5	0.41	0.49

D_1——设计中拟选用的磨机直径，m；

D_2——生产中使用的磨机直径，m；

b_1——设计中拟选用的磨机衬板厚度，mm；

b_2——生产中使用的磨机衬板厚度，m。

$$K_4 = \frac{m_1}{m_2}$$

式中　m_1——设计中拟选用的磨机按新生成的级别（小于 0.074mm 粒级）计算的，在不同给、排矿粒度下的相对处理量；

　　　m_2——生产中使用的磨机按新生成的级别（小于 0.074mm 粒级）计算的，在不同给、排矿粒度下的相对处理量。

m_1、m_2 值可通过查表 12-13 得到。

表 12-13　不同给矿和排矿粒度时的 m_1 和 m_2 值

给矿粒度 d_{95} /mm	排矿粒度/mm						
	0.5	0.4	0.3	0.2	0.15	0.10	0.074
	产品粒度中小于 0.074mm 的粒度的含率/%						
	30	40	48	60	72	85	95
40 ~ 0	0.68	0.77	0.81	0.83	0.81	0.80	0.78
30 ~ 0	0.74	0.83	0.86	0.87	0.85	0.83	0.80
20 ~ 0	0.81	0.89	0.95	0.92	0.88	0.86	0.82
10 ~ 0	0.95	1.02	1.03	1.00	0.93	0.90	0.85
5 ~ 0	1.11	1.15	1.13	1.05	0.95	0.91	0.85
3 ~ 0	1.17	1.19	1.16	1.06	0.95	0.91	0.85

B　设计中拟选用的磨机处理量计算

设计中选用的磨机的处理量（不包括闭路磨矿的返砂量），按下式计算：

$$Q_d = \frac{V_d q}{\beta_{d2} - \beta_{d1}}$$

式中 Q_d——设计中拟选用磨机的处理量，t/（台·h）；

  V_d——设计中拟选用磨机有效容积，m^3；

  β_{d1}——设计中拟选用的磨机给矿中小于 0.074mm 级别的含率,%；

  β_{d2}——设计中拟选用的磨机产品中小于 0.074mm 级别的含率,%；

  q——设计中拟选用的磨机按新生成的级别（小于 0.074mm 粒级）计算的单位处理量，t/（m^3·h）。

C 磨机台数计算

设计中拟选用的磨机的台数根据设计流程的原始给矿量 Q_a 按下式计算：

$$n_d = \frac{Q_a}{Q_d}$$

式中 Q_a——设计流程中规定的原始给矿量，t/h；

  Q_d——设计中拟选用的磨机的处理量，t/（台·h）；

  n_d——设计中拟选用的磨机需要的台数，台。

12.3.1.4 功耗法计算磨机轴功率

功率法的基本要点为：

（1）利用标准的邦德可磨性试验程序或简化程序，进行可磨性试验，求出矿石的邦德功指数 W_i。

（2）根据功指数 W_i，利用邦德基本方程式并引入相应的效率系数进行调整，求出磨矿单位功耗 W'。

（3）根据磨矿单位功耗 W' 和设计中原始给矿量 Q_a，算出磨矿作业所需要的总轴功率 N_t。

A 计算磨碎单位质量矿石所消耗的功 W

根据流程给定的矿石粒度和产品粒度及试验功率指数 W_i，计算磨碎单位质量矿石所消耗的功 W：

$$W = 10\left(\frac{W_i}{\sqrt{P_{80}}} - \frac{W_i}{\sqrt{F_{80}}}\right)$$

式中 W——磨碎单位质量矿石所消耗的功，kW·h/t；

  W_i——邦德功指数，kW·h/t；

  F_{80}——给矿粒度，80% 给矿通过的粒度，μm；

  P_{80}——产品粒度，80% 产品通过的粒度，μm。

B 校正系数

用公式计算出磨碎单位质量矿石所消耗的 W 后，还需要使用校正系数对 W 进行修正：

$$W' = W \cdot E_{F1} \cdot E_{F2} \cdot E_{F3} \cdot E_{F4} \cdot E_{F5} \cdot E_{F6} \cdot E_{F7} \cdot E_{F8}$$

式中 E_{F1}——干式磨矿系数，干式球磨时 $E_{F1}=1.3$；湿式棒磨、球磨磨矿时 $E_{F1}=1.0$；

  E_{F2}——开路球磨系数，由表 12-14 取值，球磨闭路作业时 $E_{F2}=1.0$；

  E_{F3}——直径系数：

$$E_{F3} = \left(\frac{2.44W_i}{D}\right)^{0.2}$$

D——磨机筒体有效直径（磨机直径减去两倍衬板厚），m，当 $D < 2.44m$ 时，不需要 E_{F3} 系数进行修正；

E_{F4}——过大给矿粒度系数，按下式进行计算：

$$E_{F4} = \frac{R_r + (W_i \times 0.907 - 7)}{R_r} \times \frac{F - F_0}{F_0}$$

R_r——磨碎比；$R_r = \dfrac{F_{80}}{P_{80}}$；

F_0——最佳给矿粒度，当给矿粒度 $F_0 < F$ 时，使用 E_{F4} 做修正；

对于棒磨：
$$F_0 = 16000 \times \sqrt{\frac{13}{W_i \times 0.097}}$$

对于球磨：
$$F_0 = 4000 \times \sqrt{\frac{13}{W_i \times 0.097}}$$

E_{F5}——磨矿细度系数，氧化铝生产中取 $E_{F5} = 1.0$；

E_{F6}——棒磨磨碎比系数，$E_{F6} = 1 + \dfrac{(R_r - R_{r0})^2}{150}$；

R_{r0}——棒磨最佳磨碎比系数，$R_{r0} = 8 + \dfrac{5L}{D}$；

L——棒磨机钢棒的长度，m；

E_{F7}——球磨的磨碎比系数，当 $R_r < 6$ 时，$E_{F7} = \dfrac{2 \times (R_r - 1.35) + 0.26}{2 \times (R_r - 1.35)}$；

E_{F8}——棒磨回路系数；在棒球磨回路中，当棒磨机的给矿为开路产品时，$E_{F8} = 1.2$；当棒磨机的给矿为闭路产品时，$E_{F8} = 1.0$。

表 12-14　开路球磨系数 E_{F2} 的取值

控制产品粒度通过含率/%	E_{F2}	控制产品粒度通过含率/%	E_{F2}
50	1.035	90	1.40
60	1.05	92	1.46
70	1.10	95	1.57
80	1.20	98	1.70

C　计算磨机所需要的轴功率

根据修正的磨矿单位功耗 W' 及设计流程规定的原始给矿量 Q_a，计算磨机所需要的轴功率 N_t。

$$N_t = Q_a W'$$

式中　N_t——磨机的轴功率，kW；

Q_a——设计流程中规定的原始给矿量，t/h；

W'——修正的磨机单位功耗，kW·h/t。

12.3.1.5 磨矿作业的指标

评价磨矿作业的主要指标有：磨机的运转率；磨机的生产率；磨机的功耗生产率

A 磨机的运转率

磨机的运转率指实际工作时数与日历时数的百分数。全工序磨机运转率按全工序所有磨机总平均计算。

B 磨机的生产率

有几种表达方法，常用的有：

（1）以单位时间内磨机的下料量（指需磨物料）的吨数表示，同时指明给矿粒度及产品粒度大小。这种方法不能完全反映磨机真正的工作情况，因为影响磨机生产率的因素很多，如矿石性质，给矿粒度，所要求的产品细度，磨机本身的型式、尺寸；属于操作方面的还有磨矿介质的添加制度，返矿比的大小等。但是在工厂中用这种方法评定同形式的各台磨机的生产情况很方便，因此在工业上普遍得到采用。

（2）以单位时间内磨机每立方米容积平均能通过的下料量的吨数来表示，即用 $q(t/(m^3 \cdot h))$ 表示，通常称 q 为磨机的利用系数。用这种方法可评定不同容积的磨机在相同给矿粒度和产品细度情况下磨机的工作情况。

C 磨机的功耗生产率

磨机功耗生产率（也称磨矿效率）指其消耗每千瓦小时的动力所处理的矿石量，其表示方法有以下几种：

（1）每千瓦小时电力所处理的原矿吨数，即 $t/kW \cdot h$；

（2）每千瓦小时电力所得的按指定级别（通常为 -200 目）级的磨矿产品吨数。

单位功耗的生产率能比较真实地反映磨机的工作情况，故常用单位功耗生产率来计算、比较和选择磨矿设备。

12.3.1.6 分级设备

A 螺旋分级机

螺旋分级机主要应用于拜耳法一段磨矿流程的产品粒度分级控制。螺旋分级机结构简单、工作可靠、操作方便，易与直径小于 3.2m 的磨机构成磨矿回路，便于配置。其沉砂和溢流连续排出，溢流浓度高。

氧化铝生产中如采用螺旋分级机分级，影响分级粒度的主要因素是矿浆池液面的面积、容积和给入矿浆量和浓度。此外，还有螺旋的转速和矿浆的性质等。螺旋分级机有单螺旋和双螺旋两种，按溢流堰来分又可分为低堰式、高堰式和浸没式三种。这三者的区别在于矿浆液面也就是溢流堰的高低位置不同，因而，三种形式的沉降区面积和容积也不一样。低堰式分级机矿浆液面位置比溢流端的螺旋轴承中心低，因此，沉降面积最小，这种类型的螺旋分级机在氧化铝生产中很少采用；高堰式分级机矿浆液面高于轴承中心线，但低于溢流端的螺旋上端，其沉降面积较小；浸没式分级机的特点是整个螺旋部分浸没在矿浆中，因此其沉降面积大、分级池很深，螺旋转动对液面搅动小。浸没式分级机液面平稳，可以得到粒度细而且固含高的溢流，特别适用于分离粒度小于 0.15mm 的原矿浆。

影响分级效率的因素：

（1）螺旋运动速度：分级机的螺旋运动速度越快，则对矿浆池的搅动作用越强，溢流中夹带的粗粒也就越多。

（2）溢流堰的高低：当溢流堰增高，一方面使沉降面积增大，矿浆流上升的平均速度减小；另一方面矿浆面升高，则螺旋对矿浆的搅动作用减轻，从而可以使溢流粒度变细。反之，可使溢流粒度变粗。

（3）给矿量：当矿浆浓度一定时，若球磨机的给矿量增加，则进入分级机的矿浆量也相应增加。随着矿浆量的增加，分级机中矿浆的流速增大，从而溢流粒度变粗。反之，给矿量减少，则溢流粒度变细。所以，给矿量的波动易使分级机效果变坏。

（4）矿浆浓度：矿浆浓度降低，则矿浆黏度也随之下降，矿浆的沉降速度加快，使溢流粒度变细。反之，则溢流粒度变粗。

（5）矿石密度：在浓度和其他条件相同的情况下，如果分级物料的密度愈小，则矿浆中固体颗粒与浆液的密度差减小。这时易使溢流粒度变粗。

根据溢流中固体的处理量计算螺旋分级机的规格：

高堰式螺旋分级机：
$$D = -0.08 + 0.103\sqrt{\frac{24Q_1}{mK_1K_2}}$$

沉没式螺旋分级机：
$$D = -0.07 + 0.115\sqrt{\frac{24Q_1}{mK_1K_3}}$$

式中　D——螺旋分级机直径，m；

$\quad Q_1$——按溢流中固体质量计的螺旋分级机处理量，t/h；

$\quad m$——分级机螺旋个数；

$\quad K_1$——矿石粒度校正系数，$K_1 = 1 + 0.5(\delta - 2.7)$；

$\quad \delta$——矿石密度，t/m³；

K_2，K_3——分级粒度校正系数，见表 12-15。

表 12-15　螺旋分级机分级粒度校正系数

分级溢流粒度/mm	1.17	0.83	0.59	0.42	0.30	0.20	0.15	0.10	0.074	0.061
K_2	2.50	2.37	2.19	1.96	1.70	1.41	1.00	0.67	0.46	
K_3						3.00	2.30	1.61	1.00	0.72

B　水力旋流器

水力旋流器是根据矿粒在运动介质中沉降速度的不同，将粒度级别较宽的矿粒群，分成若干粒度级别较窄的矿粒群的过程。水力旋流器是一个直立圆锥体，上部带有不高的圆筒部分。要分级的矿浆在压力下由进料管沿切线进入，使矿浆发生高速度旋转，产生很大离心力。此离心力与矿粒的质量及转速平方成正比，因此，在离心力作用下，粗粒被抛向外缘靠器壁转，沿螺旋线向下，作为沉淀自底部排砂嘴排出；细粒形成内旋流，向上经中心管由溢流管排出，中心管上带有的隔板是为了防止给入矿浆直接进入溢流管而安置的。水力旋流器内介质的真实流动情况和理论都是比较复杂的，其各部分尺寸以及操作条件对工作性能影响很大，必须根据不同的要求加以选定。水力旋流器适于处理较细的物料，分离粒度一般在 0.25~0.01mm 之间。

水力旋流器与机械分级机比较，有下列优点：

（1）水力旋流器结构简单，便于维修及操作；

（2）可以将多个水力旋流器集合成水力旋流器组使用，大大提高矿浆处理能力；

（3）水力旋流器所占厂房面积小；

（4）水力旋流器适用于分离较细颗粒。

其缺点是：

（1）磨损快，目前，虽有采用耐磨橡胶，陶瓷，合金钢，辉绿岩等作为衬里或作为排砂口、给料口，但是磨损问题较难彻底解决；

（2）当给矿浓度及粒度组成变化时，旋流器的指标易波动；

（3）使用砂泵给料时由于输送矿浆的粒度大，砂泵磨损严重，其维护费用较高。

12.3.1.7　常用的磨矿分级流程

拜耳法氧化铝生产根据磨矿产品粒度分布范围不同而使用不同的磨矿流程。磨矿流程示意图如图 12-9 所示。一般按照磨矿段数情况分为带有分级机的一段球磨闭路磨矿流程，见图 12-9（a）和一段开路、二段闭路磨矿流程，见图 12-9（b）。

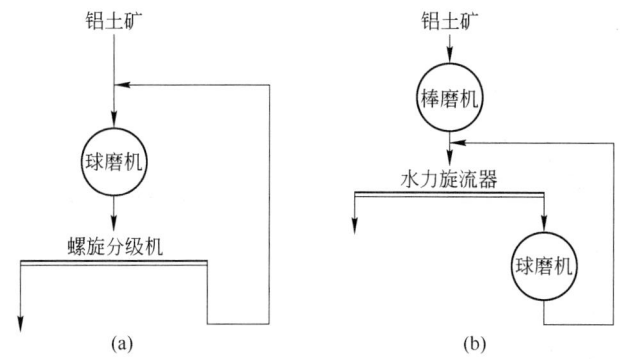

图 12-9　磨矿流程示意图

更多类型的磨矿流程的描述可参见图 7-26 和图 7-27。

拜耳法氧化铝磨矿车间由于磨矿流程不同，其配置也不同。一段球磨闭路磨矿流程配置形式如图 12-10 所示。

带有检查分级的一段球磨闭路磨矿流程的优点是：需要的分级设备少，投资省，配置简单；运行作业方便，矿物不需要转运。缺点是磨矿成品存在过粉碎现象，成品粒度分布范围广，不均匀。这种流程多应用在矿石可磨性能好，溶出对矿石粒度分布要求不严格的生产流程中。

一段棒磨开路、二段球磨闭路磨矿流程的优点是：磨矿成品过粉碎现象少，产品粒度分布均匀。缺点是设备投资大，能耗高，配置复杂，运行作业不方便。这种流程多应用在矿石可磨性差，溶出对矿石粒度分布要求严格的生产流程中。

烧结法生料磨制过程中由于使用了管磨机，可以保证料浆细度符合烧结法回转窑的操作要求。因而，烧结法生料磨制不再使用额外的分级设备。其磨矿流程为一段管磨开路的磨矿流程。

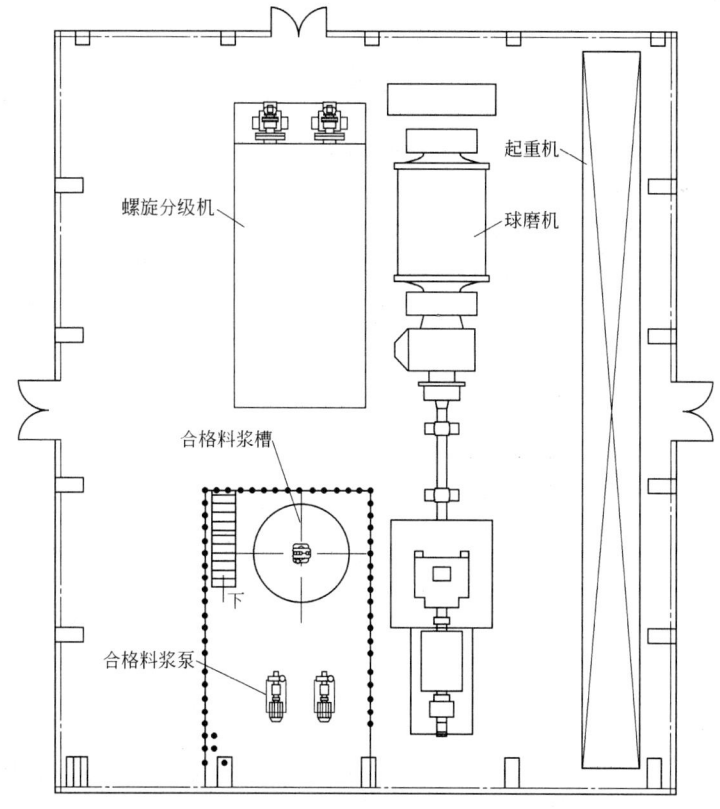

图 12-10 一段球磨闭路磨矿流程配置

国内氧化铝生产用磨机的主要制造企业有中信重工机械有限责任公司、中国铝业山东分公司恒成机械制造厂等。中信重工机械有限责任公司可供氧化铝厂选用的矿用磨机产品系列见于表 12-16。近年中向氧化铝厂提供最多的规格有 3600mm × 8500mm 溢流磨、3600mm × 5000mm 格子磨和 3200mm × 4500mm 棒磨机。

表 12-16 中信重工机械有限责任公司矿用磨机系列（部分）

筒体直径/mm	筒体长度/mm	有效容积/m³	最大装球量/t	磨机转速/r·min⁻¹	主电机功率/kW
900	1200~2200	0.6~1.2	1~2	34.8~39.5	7~14
1200	1600~2900	1.6~2.8	3~5	29.8~33.9	20~40
1500	2000~3600	3.2~5.7	6~11	26.5~30.1	45~90
2100	2700~5000	9~16	17~30	22.3~25.3	140~280
2400	3100~5800	13~24	24~45	20.8~23.6	220~460
2700	3500~6500	19~35	35~65	19.6~22.2	340~690
3200	4200~7700	33~58	61~108	17.9~20.4	620~1300
3600	4700~8600	47~83	87~154	16.9~19.2	940~1900
4000	5200~8800	64~105	113~186	15.6~17.3	1300~2400
4300	5600~9500	80~132	141~233	15.0~16.7	1600~3100
4500	5900~9900	92~151	163~267	14.7~16.3	1900~3600
4800	6200~10600	111~184	196~325	14.2~15.8	2400~4500
5000	6500~11000	126~207	223~366	13.9~15.5	2800~5200
5200	6800~11400	143~233	253~412	13.6~15.2	3200~6000
5500	7200~11600	169~265	275~431	12.9~14.0	3600~6300

其可供的最大磨机已达到 $\phi 8500mm \times (11100 \sim 16200)mm$。

中国铝业山东分公司恒成机械制造厂制造的管磨机性能参数见表 12-17。从 1978 年到 2007 年，中国铝业山东分公司恒成机械制造厂已经提供各类磨机合计 123 台，运行良好。

表 12-17 湿、干管磨机性能

型号参数	筒体直径 /mm	筒体长度 /mm	有效容积 /m³	磨机转速 /r·min⁻¹	研磨体 装载量/t	传动方式	电动机 功率/kW	参考质量 /t
GM-24130	2400	13000	50	19.5	68	中心	800	134
GM-24140	2400	14000	54	19	70	中心	800	126
GM-24160	2400	16000	62	18.7	80	中心	1000	142
GM-26130	2600	13000	60	18.5	80	中心	1000	162
GM-26160	2600	16000	74	18	98	中心	1250	190
GM-30110	3000	11000	69	17.5	95	中心	1250	180
GM-30130	3000	13000	82	17.5	105	中心	1400	195
GM-32110	3200	11000	78	17.4	100	中心	1250	205
GM-35110	3500	11000	96	17.2	116	中心	1600	225
GM-38120	3800	12000	118	16.4	167	中心	2500	256
GM-38130	3800	13000	128	16.3	173	中心	2500	278
GM-40110	4000	11000	125	16.0	170	中心	2500	302
GM-40120	4000	12000	149	16.0	200	中心	2800	330
GM-42110	4200	11000	134	15.8	182	中心	2800	320
GM-42130	4200	13000	147	15.7	209	中心	3150	345
GM-45140	4500	14000	165	15.2	225	中心	4000	368

注：1. 表中的产量未给出，对不同的物料有不同的产量。

2. 机器参考质量不包括主电机质量。

3. 可以根据用户需要进行变型设计，改变磨体的长度以适应不同的工况和产能。

12.3.2 烧结法生料浆调配

在碱石灰烧结法中，熟料烧成的目的是使铝土矿中的 Al_2O_3、Fe_2O_3、SiO_2 及 TiO，在配入适量碱和石灰以及适宜的烧成温度下全部生成 $Na_2O \cdot Al_2O_3$、$Na_2O \cdot Fe_2O_3$、$2CaO \cdot SiO_2$ 及 $CaO \cdot TiO_2$。所以，按摩尔比 $(Na_2O - Na_2O_s)/(Al_2O_3 + Fe_2O_3) = 1.0$，$CaO/SiO_2 = 2.0$，$CaO/TiO = 1.0$ 的配料比称为标准配方或饱和配方。饱和配方的熟料，在溶出时可以得到较高的 Al_2O_3 和 Na_2O 的溶出率。

碱比大于 1.0 的配方称为高碱配方，即 $(Na_2O - Na_2O_s)/(Al_2O_3 + Fe_2O_3) > 1.0$；碱比小于 1.0 的配方称为低碱配方，即 $(Na_2O - Na_2O_s)/(Al_2O_3 + Fe_2O_3) < 1.0$。

烧结法熟料烧结过程对于生料浆成分及含水率有比较严格的要求。为保证回转窑中各组分在烧结时能够生成预期的化合物，优化熟料烧结、熟料溶出及烧结法赤泥分离、洗涤过程中各项经济技术指标，必须使料浆中的各组分保持严格的配比。在氧化铝生产中使用料浆调配来保证料浆成分的准确配比和稳定。

12.3.2.1 生料浆调配的指标

生料浆调配的主要指标有碱比、钙比、铁铝比、铝硅比、固定碳含量及水分等六项。

A 碱比

指生料浆中氧化钠的物质量与氧化铝及氧化铁的物质量之和的比值。即：

$$碱比 = \frac{[N_K + N_C]}{[A] + [F]} + K_1 = 1.645 \times \frac{N_K + N_C}{A + 0.6375F} + K_1$$

式中　　$[N_K + N_C]$——生料浆中 $Na_2O_K + Na_2O_C$ 的量，mol；

$\quad\quad\quad [A]$——生料浆中 Al_2O_3 的量，mol；

$\quad\quad\quad [F]$——生料浆中 Fe_2O_3 的量，mol；

$\quad N_K + N_C$——生料浆中 $Na_2O_K + Na_2O_C$ 的质量分数，%；

$\quad\quad\quad A$——生料浆中 Al_2O_3 的质量分数，%；

$\quad\quad\quad F$——生料浆中 Fe_2O_3 的质量分数，%；

$\quad\quad\quad K_1$——煤组分中 Al_2O_3、Fe_2O_3 的量对于碱比的修正值，约为 $0.03 \sim 0.05$。

为了保证烧结后熟料的生产指标，生产中一般要求生料浆碱比 $= (0.93 \sim 0.96) + K_1$。

B　钙比

指生料浆中氧化钙与氧化硅的物质量之比。即：

$$钙比 = \frac{[C]}{[S]} + K_2 = 1.071 \times \frac{C}{S} + K_2$$

式中　　$[C]$——生料浆中 CaO 的量，mol；

$\quad\quad\quad [S]$——生料浆中 SiO_2 的量，mol；

$\quad\quad\quad C$——生料浆中 CaO 质量分数，%；

$\quad\quad\quad S$——生料浆中 SiO_2 质量分数，%；

$\quad\quad\quad K_2$——煤组分中 SiO_2 的量对于碱比的修正值，约为 0.02。

为了保证烧结后熟料的生产指标，生产中一般要求生料浆钙比 $= (2.0 \pm 0.02) + K_2$。

C　铁铝比

指生料浆中氧化铁与氧化铝的物质量之比，即：

$$铁铝比 = \frac{[F]}{[A]} = 0.638 \times \frac{F}{A}$$

式中　　$[F]$，$[A]$——生料浆中 Fe_2O_3 和 Al_2O_3 的量，mol；

$\quad\quad\quad F$，A——生料浆中 Fe_2O_3 和 Al_2O_3 的质量分数，%。

生产中一般要求生料铁铝比为 $0.08 \sim 0.12$。

D　铝硅比

指生料浆中氧化铝与氧化硅的质量比

E　固定碳含量

指生料浆中固定碳质量与全部干生料质量的比值。氧化铝生产中固定碳含量一般为干生料质量的 3% ~4%。生料中的固定碳是由生料中掺入的无烟煤带来的，生料掺煤的目的是为了排除流程中的硫酸盐，提高熟料质量以及改善赤泥沉浆性能，达到降低碱的化学与附液损失。

F　生料浆中水分

水分含量是影响生料浆输送及熟料窑热耗的重要指标。生料浆中水分含量过高则熟料窑热耗高，生料浆中水分含量过低则生料浆流动性差，不利于生料浆的输送。氧化铝生产中控制生料浆中水分含量在 37% ~41% 之间。

12.3.2.2 生料浆调配

烧结法生料磨磨制出的生料浆成分波动较大，为了得到碱比、钙比、铝硅比等都符合生产要求的生料浆，必须进行生料浆调配工作。

氧化铝生产中生料浆调配多采用三次调配法（ABK 调配法）配料。生料磨磨制出的生料浆进入 A 槽，在 A 槽进行第一次取样分析，测定生料浆的各项指标。根据分析结果挑选一批 A 槽矿浆使其混合后平均碱比和钙比合格，将这些 A 槽料浆混合后注入 B 槽。在 B 槽中进行第二次取样分析，根据二次分析结果，从 B 槽挑选出合乎要求的料浆混合后注入 K 槽。K 槽中的矿浆作为合格矿浆，送入回转窑进行熟料烧结。

三次调配法调配周期长，调配槽数目多，近年由于生料浆调配控制水平及自动化水平的发展，三次调配法逐渐被两次调配法（AK 调配法）配料取代。调配流程如图 12-11 所示。目前，氧化铝厂普遍研究开发生料浆自动调配系统。

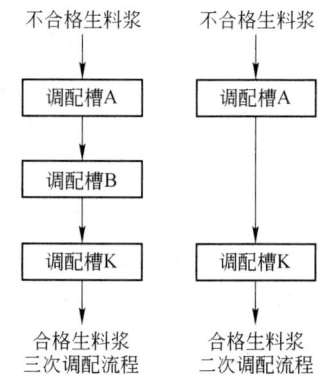

图 12-11 调配流程示意图

12.4 拜耳法压煮溶出

12.4.1 原矿浆预脱硅

12.4.1.1 预脱硅的方法和目的

高压溶出前进行预脱硅，即使原矿浆先进入管道预热器或加热预脱硅槽中，预热到 95 ~ 100℃左右，然后再进入常压脱硅槽搅拌 6 ~ 10h，使铝土矿中以高岭石等形式存在的硅矿物与苛性碱反应生成水合铝硅酸钠（钠硅渣）析出，因而降低料浆进入溶出机组后在预热器加热面生成结疤的速度，延长预热器的清理周期，减轻溶出设备中的结疤。

12.4.1.2 预脱硅常用设备

A 预脱硅槽

目前国内常用预脱硅槽为常压搅拌槽，普通规格有 $\phi 7.5 \sim 10.0 \mathrm{m}$。

预脱硅槽的基本结构形式如图 12-12 所示。

通常将输送预脱硅后矿浆到高压溶出的高压隔膜泵与预脱硅槽布置在一个车间。

B 高压隔膜泵

溶出进料通常采用高压隔膜泵。按其作用形式划分有单缸单作用、双缸双作用及三缸单作用。高压隔膜泵的基本构造如图 12-13 所示。

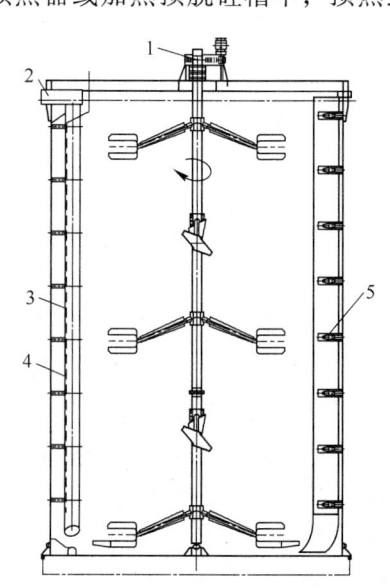

图 12-12 预脱硅槽

1—搅拌装置；2—出料溜槽；3—压缩空气管；4—提料管；5—挡板

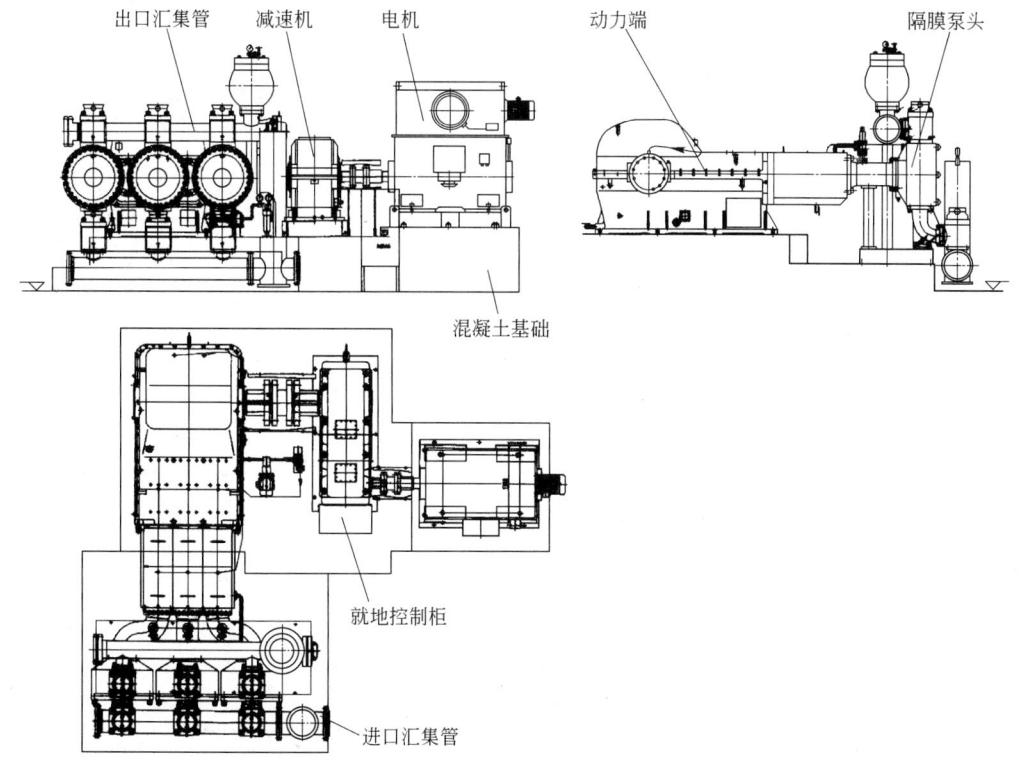

图 12-13 三缸单作用高压隔膜泵构造

高压隔膜泵是氧化铝生产流程中的大型关键设备。包括压煮溶出的各工序使用隔膜泵的技术参数范围见表 12-18。

表 12-18 隔膜泵在氧化铝厂中的应用范围

工序名称	输送物料	工作压力/MPa	流量/m³·h⁻¹	泵形式
高压溶出（原法铝技术）	拜耳法原矿浆	4~7	≤480	隔膜泵
高压溶出（中国高温管道化溶出技术）	拜耳法原矿浆	≤14	≤280	隔膜泵
高温双流法溶出	溶出用碱液	≤7.1	≤120	活塞泵
高温双流法溶出	高固含矿浆	≤7.7	≤360	隔膜泵
烧成窑给料	烧结法料浆	≤4	≤150	隔膜泵
赤泥输送	赤泥浆	4~16	35~250	隔膜泵

在中国投入使用的第一台隔膜泵是由伟尔矿业荷兰分公司（Weir Minerals Netherlands B. V.，原荷兰 GEHO 公司）于 1988 年生产的三缸单作用泵，该泵应用于郑州轻金属研究院氧化铝试验厂的拜耳法溶出系统。GEHO 公司是目前为世界氧化铝行业提供隔膜泵最具影响力和最具实力的企业，主要生产三缸单作用 TZPM 系列和双缸双作用 ZPM 系列。20世纪 90 年代初，在使用双缸双作用泵来满足较大流量的要求时，曾使用双泵头，即两台泵共用一个机械驱动，以实现各个泵的相位角的联动。以后随着电子耦合技术成熟，使用变频器来控制多台泵，可以达到相位角的均衡，使得料浆排出平稳、波动小。当今的氧化

铝行业，无论是罐式溶出，管道化溶出还是赤泥外排，都广泛使用 TZPM 系列三缸单作用泵，这种泵运行平稳，震动噪声小，并减少了隔膜和阀门的数量，从而使备品备件的消耗量少。泵规格的加大使之可以满足氧化铝厂的各种需求。目前 GEHO 两种系列的产品规格为：TZPM-2000、1600、1200、800、500 等，ZPM1700、1200 等。典型的应用举例见表12-19。

表 12-19 GEHO 隔膜泵应用举例

型 号	使用工序	压力/MPa	流量/m³·h⁻¹	需要功率/kW	年产 400kt 氧化铝工厂的工作台数①
TPZM-2000	管道化溶出	12	320	1112	2
TPZM-2000	罐式溶出	7.8	550	1242	1
ZPM-1700	罐式溶出	6.8	520	1088	1（双泵头）
TPZM-1600	罐式溶出	6.8	520	1023	1
		7.7	275	626	2
ZPM-1200	罐式溶出	6.8	245	484	2
TZPM-800	罐式溶出	7.1	140	297	用于较小规模
TPZM-1600	赤泥外排	16	140	657	与多项因素相关
TPZM-800	赤泥外排	16	70	328	与多项因素相关
		12	130	458	
TPZM-500	赤泥外排	12	90	317	与多项因素相关

①备用台数视一次建设的规模以及扩建部分与原有部分的情况而定。

双流法的碱液输送可以选用 TZP 系列活塞泵。

中国有色（沈阳）泵业有限公司的隔膜泵产品分为双缸双作用系列 SGMB××/×× 和三缸单作用系列 DGMB××/××，数字 ××/×× 分别表示流量 $Q(\mathrm{m^3/h})$ 和压力 p（MPa）。该公司为国内氧化铝厂提供的隔膜泵已超过 180 台，其中数量最多的是 DGMB 255/8，770kW 和 DGMB 200/14，1120kW。隔膜泵参数可以用压力 p、流量 Q 或活塞力（t）两种形式表达。DGMB 系列按活塞力分为 9 种规格：35t、45t、50t、60t、75t、95t、110t、120t、135t，选用参考表 12-20。目前已经供应的规格达到 100t。

表 12-20 三缸单作用 DGMB 隔膜泵系列按活塞力的选用

活塞力/t 流量/m³·h⁻¹	压力/MPa				
	8	10	15	20	25
100	35	45	50	60	75
200	60	60	75	120	135
300	60	75	120	135	
400	95	110	135		
500	110	135			
600	120	135			
650	135				

SGMB 系列按活塞力分为 6 种规格：6t、12t、20t、30t、35t、40t，选用参考表 12-21。

表 12-21 双缸双作用 SGMB 隔膜泵系列按活塞力的选用

活塞力/t	压力/MPa					
流量/m³·h⁻¹	2	3	4	5	6	7
50	6	6	12	12	20	20
100	12	12	20	20	30	30
200	12	20	30	35		
300	20	30	35			
500	30	35	40			
600	30	40				
700	40					

依据压力 p 和流量 Q 的选型范围如图 12-14 所示。

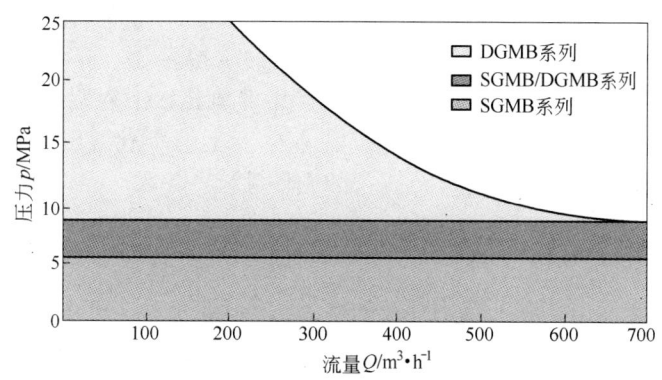

图 12-14 SGMB 和 DGMB 隔膜泵选型范围

SGMB 已经设计的最大流量 700m³/h，DGMB 系列泵已经设计最大流量为 650m³/h。

C 中小型搅拌槽

氧化铝厂各工序中使用大量各种规格的搅拌槽。由于数量众多，对其搅拌效果、运行能耗、使用耐久程度和备品备件的统一化，均应给予足够的重视。

随着科研技术手段的进步，国内很多制造企业运用先进手段来改进搅拌器的设计。近年来浙江恒丰泰减速机制造有限公司为氧化铝行业提供的搅拌器已超过 3500 台，供货方式为包括减速机传动装置和搅拌器在内的整体设备。表 12-22 是浙江恒丰泰减速机制造有限公司部分产品的技术参数。九冶三维化工机械有限公司也是一家以生产搅拌器为主的企业。

表 12-22 部分规格搅拌槽的技术参数

槽 型	工作槽举例	转速/r·min⁻¹	配套功率/kW	配用减速机
3×3	污水槽	62	5.5	LPB240
4×4	滤液槽	62	7.5	LPB272-Ⅱ
5×5	石灰乳浆槽	56	18.5	LPB375-Ⅱ
6×6	搅拌槽	50	22	LPB375-B
8×8	稀酸槽	34	22	LPB500-Ⅱ

槽 型	工作槽举例	转速/r·min^{-1}	配套功率/kW	配用减速机
5×8	搅拌槽	45	22	LPB375-B-Ⅱ
6.5×10	氢氧化铝储槽	38	37	LPB500-B-Ⅱ
6×11	脱硅槽	33	37	LSB830-B-Ⅱ
8×16	脱硅槽	33	75	LSY800
8×20	预脱硅槽	24	55	LSY800
12.5×20	预脱硅槽	16.7	90	LKY80

12.4.2　压煮溶出工艺

12.4.2.1　压煮溶出的目的和作用

压煮溶出通常需要在一定的温度和时间条件下，在压力容器中进行化学反应。当生产中采用反应釜形式的压力容器时，通常称该类溶出为压煮溶出。

压煮溶出的目的就是用苛性钠溶液把铝土矿中的氧化铝溶入铝酸钠溶液。通过溶出，将 Al_2O_3 与铝土矿中的其他主要杂质分离。工业生产上的压煮溶出不是用纯的苛性钠溶液，而是用含有一定量氧化铝的生产流程中的循环母液。

12.4.2.2　压煮溶出的工艺技术条件

不同类型的铝土矿由于其氧化铝存在的结晶状态不同，因此与铝酸钠溶液的反应能力也不同；即使同一类型的铝土矿，由于产地不同，其结晶完整性也会有所不同，导致其溶出性能也不同。

三水铝石型铝土矿是最易溶出的一种铝土矿，通常三水铝石型铝土矿的溶出温度为 140~160℃，Na_2O_K 浓度为 100~180g/L。

与三水铝石矿相比，一水软铝石矿的溶出条件要苛刻得多。一水软铝石矿的溶出温度至少需要 200℃，生产上一般采用 240~250℃，而 Na_2O_K 的浓度为 180~240g/L。

在所有类型的铝土矿中，一水硬铝石型铝土矿最难溶出。溶出温度通常需要高达 240~280℃，Na_2O_K 的浓度为 230~300g/L。

12.4.3　常用的压煮溶出设备及其特点

压煮溶出系统中一般设置有预热器、溶出器和自蒸发器三类设备。预热器通常采用管式换热器和预热压煮器，这些预热器均属于表面式热交换器，温度不同的两种流体在被壁面分开的空间里流动，通过壁面的导热和流体在壁表面对流，进行两种流体之间的换热。溶出器则可分为管道溶出器、加热压煮溶出器和保温压煮溶出器（溶出停留罐）。自蒸发器是一种减压设备。

12.4.3.1　管式换热器

管式换热器一般用作拜耳法溶出系统的矿浆预热器，分为单内管和多内管等几种形式。这种换热器制作简单，清理检修方便，多为露天配置。

在设计管式换热器时，要根据工作介质的额定流量、工作温度、工作压力、换热量等物理化学性质来确定设备的材质、壁厚、内径和长度等。

管式换热器的加热介质通常可分为蒸汽、熔盐和其他热源，在设计时需要根据溶出反应条件和矿物性能选择使用。

12.4.3.2　加热（保温）压煮器

在高于循环母液沸点的温度下加热和溶出料浆，必须采用高压密封容器，这种密封容器称为加热（保温）压煮器或高压溶出器。根据加热方式，可以分为直接加热压煮器和间接加热压煮器。在采用蒸汽直接加热时，通入的蒸汽同时可以起到搅拌的作用。溶出器内采用列管间接加热时，加热蒸汽在管内，矿浆在管外，通常需要机械搅拌。

常见加热（保温）压煮器的基本结构形式如图 12-15 所示。

12.4.3.3　保温压煮器（溶出停留罐）

保温压煮器也可称溶出停留罐，其结构形式与加热压煮器基本相同，只是用作溶出保温反应的容器，有时设有加热管束。有的溶出停留罐仅为高温矿浆停留用，不需设置搅拌器和加热管束。

12.4.3.4　自蒸发器

自蒸发器也称为"闪蒸槽"，主要作用是利用阀门或孔板减压，从而使得某个温度的矿浆快速减压，达到降温的目的，同时从矿浆中迅速分离（闪蒸）出大量蒸汽（也称为乏汽），可以作为预热矿浆的热源加以利用。

常见自蒸发器的基本结构形式如图 12-16 所示。

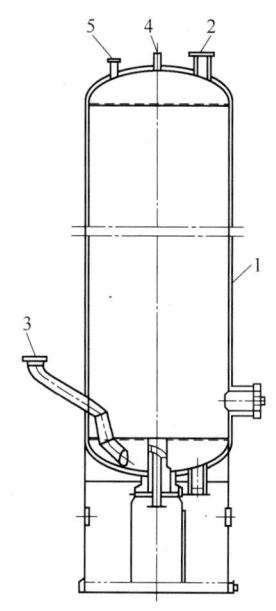

图 12-15　加热（保温）压煮器
1—筒体；2—进料口；3—出料口；
4—不凝气；5—安全阀接口

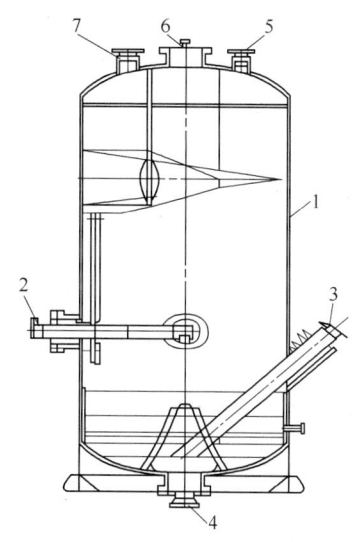

图 12-16　自蒸发器
1—筒体；2—进料管；3—出料管；4—放料口
（或出料口）；5—安全阀接口；
6—通气口；7—蒸汽出口

12.4.4　典型的压煮溶出工艺过程

12.4.4.1　典型的压煮溶出工艺

目前的压煮溶出工艺有多种，按不同的分类方法可以有不同的名称，总体上可分为单流法溶出和双流法溶出。

单流法溶出工艺是：用于溶出铝土矿的全部母液与出磨矿浆混合制成原矿浆，用多级自蒸发器乏汽及新蒸汽加热到溶出温度，在各种溶出器中完成母液对矿石中氧化铝的溶出过程。

双流法溶出工艺是：将小部分用于溶出的碱液与铝土矿磨制成浓矿浆，将浓矿浆流以及剩余的碱液流分别经过不同程度地预热后汇合，并在串联溶出器（一个和多个）加热到溶出温度，并完成母液对矿石中氧化铝的溶出过程。

压煮后加矿增浓溶出工艺是：将易溶出的铝土矿磨制成矿浆直接泵入拜耳法溶出系统的某级料浆自蒸发器中，利用高温溶出矿浆的余热迅速升温溶出，进一步降低溶出液的 α_K。

12.4.4.2　压煮溶出过程中的热量利用

压煮溶出过程无论采用什么形式的设备系统，都是将原矿浆加热到溶出温度，保持一定时间后，再通过自蒸发等形式减压降温。溶出反应过程中的热收入与热支出见表12-23。

表 12-23　拜耳法溶出过程的热收入与热支出

热 收 入	热 支 出	热 收 入	热 支 出
原矿浆带入热	溶出后矿浆带走热		（熔盐带走热）
热源带入热	末级二次汽带走热		化学反应热
	末级二次汽冷凝水带走热		热损失

12.4.4.3　典型的压煮溶出工艺配置

典型的压煮溶出工艺配置如图12-17所示。

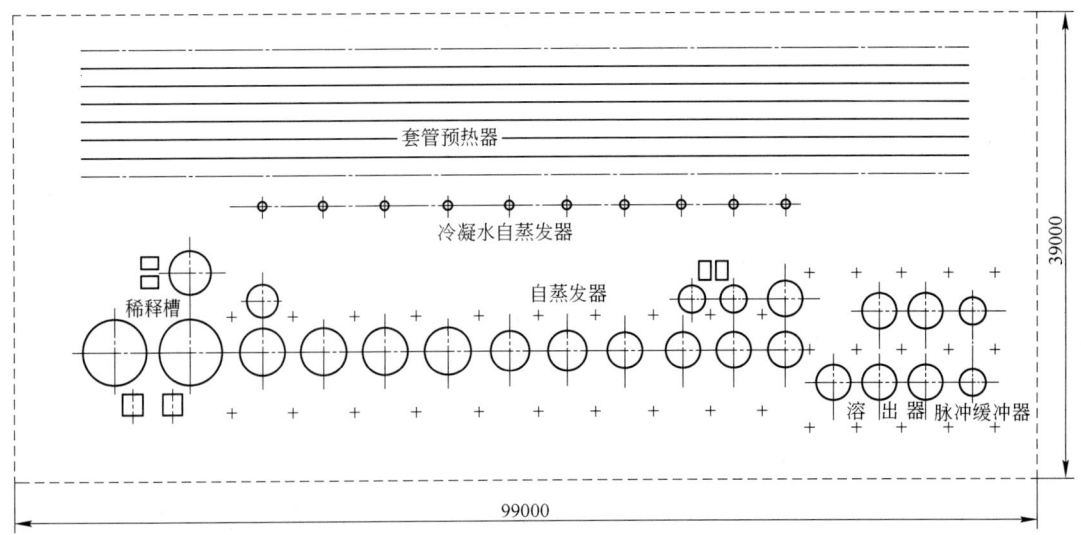

图 12-17　典型压煮溶出配置

12.5 烧结法熟料烧成

12.5.1 熟料烧成概述

熟料烧成是将高硅铝土矿、石灰和纯碱等原料经湿法细磨制成的生料浆，再煅烧成规定矿物组成和物理性质的熟料的过程。

熟料烧成的目的，就是使生料中的氧化物通过烧结转变成可溶性好的铝酸钠 $Na_2O \cdot Al_2O_3$、铁酸钠 $Na_2O \cdot Fe_2O_3$、不可溶的原硅酸钙 $2CaO \cdot SiO_2$ 和钛酸钙 $CaO \cdot TiO_2$ 等。其中，铝酸钠很易溶于水和稀碱溶液，铁酸钠则易水解为 $NaOH$ 和 $Fe_2O_3 \cdot H_2O$ 沉淀，原硅酸钙和钛酸钙不与溶液反应而全部转入沉淀。

熟料烧成是将生料浆在烧结设备内，水分蒸发变为干生料，在进一步升温过程中，生料开始分解，最后在烧成温度范围内进行固相反应生成熟料。在此过程中，既有煤粉燃烧反应，又有生料预热、熟料冷却、空气预热、炉气冷却的热交换过程。因此，熟料烧成是一个复杂的热交换和反应的过程。

在生产条件下，生料中参与反应的固体物料间的反应速度和反应程度，除与合理的熟料配方、生料的混合均匀性和细磨的程度（生料粒度）有关外，主要决定于烧成温度及在回转窑中高温带（烧成带）的停留时间。

熟料烧成是固态反应过程，熟料在烧结过程的形成是借助于固态物质间相互反应的结果，而在物料进入烧成带之后，液相的形成对固相反应起着促进作用。烧成温度对于煅烧中混合物料的液相量、熟料的硬度和空隙率起着决定性作用。

生料在窑内分解、烧成阶段，物料发生膨胀和收缩，950℃下膨胀率可达20%~30%，而在烧成带收缩、出现液相时，收缩率达40%以上，形成粒状熟料。如果烧成温度低，反应则进行不完全，此时的烧结产物粉末多、物料密度低，生产上称为黄料。

当温度达到物料开始呈熔化状态时，产生的液相足以使煅烧物料黏结而形成多孔的熟料烧结块，生产上称为正烧结熟料。

当温度再升高，液相量将增多，使熟料孔隙被熔体填充，则得到高强度的致密的烧结块，生产上称为过烧结熟料。

在得到正烧结熟料和过烧结熟料之间的温度范围称为烧成温度范围。

熟料烧成温度和烧成温度范围，取决于原料的化学和矿物组成以及生料的配料比。对铝土矿来说，在饱和配料的条件下，主要取决于铝土矿的铝硅比和铁铝比。

12.5.2 熟料烧成的工艺技术条件

12.5.2.1 熟料配方

熟料配方是熟料的碱比和钙比的总称，详见12.3.2.1节。

生料配方还须考虑在烧成过程中燃料煤灰的组成和数量，烧成过程中硫钠的生成或还原、电收尘出口烟尘碱损失等。

在采用生料加煤还原烧成熟料时，生料中 Fe_2O_3 部分被还原为 FeO 及 FeS，在随后的液固分离中随赤泥排出。因此，在确定熟料配方之后，需要根据上述各种因素确定合适的

"生料配方"。

12.5.2.2　熟料质量

熟料在化学成分、物相组成和物料结构上都应该符合一定的要求。熟料中 Al_2O_3 含量越高，且 Al_2O_3 回收率、产出率也高，则使生产 1t 成品氧化铝消耗的熟料量（氧化铝厂中通常称为熟料折合比）越小。这主要取决于矿石中 Al_2O_3 和 SiO_2 的含量以及循环物料（硅渣、碱液）量。熟料中的有用成分，即 Al_2O_3 和 Na_2O 需尽量变为可溶性的物相，其余杂质则要成为不溶性物相，特别是其中的原硅酸钙还应尽可能地转变为活性小、在铝酸钠溶液中最稳定、晶粒粗大的形态。熟料还要有一定的强度和气孔率。具备这些条件的熟料才能在湿法处理时，使其中的 Al_2O_3、Na_2O 有用成分充分溶出，并与残渣顺利分离。

在氧化铝生产中，熟料质量是用其中有用成分的标准溶出率、密度、粒度和负二价硫 S^{2-} 含量来表示的。

标准溶出率的概念如下：熟料在规定的几乎没有二次反应的标准条件下溶出，溶出的 Al_2O_3 和 Na_2O 与熟料中的 Al_2O_3 和 Na_2O 的百分比值。标准溶出率实际上表示熟料中可溶性的有用成分的最大含量，也就是可能达到的最高溶出率。与工业溶出条件比较，这种理想化的溶出条件的溶出液浓度低得多，摩尔比和溶出温度的控制达到最佳化，所产赤泥得到迅速分离和彻底洗涤。

显然，如果熟料中的 Al_2O_3 和 Na_2O 全部成为可溶性化合物，其标准溶出率 $\eta_{A标}$ 和 $\eta_{N标}$ 等于 100%。

标准溶出率是评价熟料质量最重要的指标。氧化铝生产中，熟料标准溶出率的一般指标见表 12-24。

表 12-24　熟料标准溶出率指标

生产方法	$\eta_{A标}/\%$	$\eta_{N标}/\%$	备　注
烧结法	>96	>97	—
联合法	>93.5	>95.5	—
	>88	>92	高铁赤泥熟料

熟料的密度和粒度反映烧结度（强度）和气孔率。烧成较好的熟料粒度应该均匀，大块的出现常常是烧结温度太高的标志，而粉末太多则是欠烧的结果。熟料大部分应该呈灰黑色，无烧结或夹带欠烧料的现象。这种高质量的熟料不仅溶出率高，可磨性良好，而且溶出后的赤泥也具有较好的沉降性能。质量好的熟料的密度和粒度指标范围见表 12-25。

表 12-25　质量好的熟料的密度和粒度指标范围

生产方法	密度/kg·L^{-1}	粒度/mm
烧结法	1.20 ~ 1.30	30 ~ 50
联合法	1.20 ~ 1.45	

中国氧化铝厂还将熟料中的负二价硫 S^{2-} 含量规定为熟料的质量指标。长期的生产经验证明：S^{2-} 含量大于 0.25% 的熟料是黑心多孔的，质量好；而黄心熟料或粉状熟料，S^{2-} 含量小于 0.2%，特别是小于 0.1%，其各方面的性能都比较差。

12.5.3 熟料烧成中硫的行为和脱硫措施

中国烧结法厂于1963年开始采用生料加煤的方法排除流程中硫酸钠的积累，取得了良好的脱硫效果。

从原料（铝土矿、石灰、碱粉）和烧成用煤、生料煤中带进生产流程中的硫，在熟料烧结时与纯碱作用生成 Na_2SO_4，溶出时进入溶液，并在生产中循环和积累，使生产过程 Na_2SO_4 含量增高。Na_2SO_4 在熟料中的积累含量甚至可高达10%以上。

Na_2SO_4 的积累是烧结法生产的一个严重问题。因为 Na_2SO_4 熔点低，仅为884℃。Na_2SO_4 与 Na_2CO_3 形成熔点为826℃的共晶体，其中 Na_2CO_3 的摩尔分数为62%。Na_2SO_4 在烧结主反应还未明显进行之前就已熔化，不仅降低 Na_2CO_3 的活性，而且阻碍 CaO 参与烧结反应。

实践证明，当熟料中 Na_2SO_4 含量超过5%时，将使熟料窑热端频繁发生结圈，引起操作困难。Na_2SO_4 作为一种氧化铝生产中的多余物料，将使物料流量增大，造成窑的产能降低和燃料的无效消耗。同时，Na_2SO_4 的积累标志着碱耗的增加。另外，Na_2SO_4 对于母液蒸发也十分有害。

降低硫的危害首先应该控制硫的来源。因此，在熟料烧成用煤及铝土矿中硫的含量应限制在1.0%及0.15%以内。

从氧化铝生产流程中排硫，目前较实际的措施就是烧结法系统采用生料掺煤的办法。该方法是按固定碳含量为干生料量的1.5%~2.5%往生料浆中加入无烟煤，在回转窑中料层内形成还原气氛，在700~800℃下将 Fe_2O_3 还原为 FeO 等产物，而 Na_2SO_4 则被还原为 Na_2S，进而与 FeO 反应生成 FeS 或 $Na_2S \cdot FeS$ 复盐，在熟料溶出时从赤泥中排除，使生产过程中 Na_2SO_4 浓度得到控制。

其反应式如下：

$$Na_2SO_4 + 2C == Na_2S + 2CO_2$$
$$Fe_2O_3 + C == 2FeO + CO$$
$$Na_2S + FeO == FeS + Na_2O$$

有研究表明，熟料中 S^{2-} 主要以 FeS，其次以 Na_2S 形态存在。熟料中 S^{2-} 含量越高，FeS 在硫化物中所占的比例越高。在分解带（温度800℃左右时），硫的还原率约为90%，此时物料中 S^{2-} 的含量往往可以达到1.5%。

但是，在分解带已被还原的硫往往到烧成带后又被大量氧化，并且在冷却带和冷却机里继续氧化。所以，减少熟料中负二价硫在烧成带后的氧化也是提高生料掺煤脱硫效果的关键。

12.5.4 熟料烧成设备

12.5.4.1 回转窑

粉状混合物料（生料）可用各种连续作业窑炉加热焙烧。目前，国内外烧结法氧化铝厂通常采用筒形回转窑烧结含氧化铝生料。进行过采用沸腾层和烧结机类型的设备用于含氧化铝生料烧结的试验，但尚未得到实际应用。干法制备生料并在漩涡形或沸腾层设备中加热、在短回转窑中烧结相结合的烧结设备流程，节能效果好，但需要进行工业试验，开发相应的关键技术。

氧化铝熟料烧成回转窑在结构上类似水泥工业所采用的湿法水泥窑。通常根据生料的不同类型，采用流入法或喷入法加入需烧成的生料浆。

采用喷入法时，回转窑的长度与直径的比一般为 18~25。在烘干带挂一刮料器防止泥浆结圈。

采用流入法时，回转窑的长度与直径的比一般为 30~35。在烘干带加挂链幕，以防止窑生料结圈和保证良好的热交换。

回转窑倾斜安装，以一定的转速回转，使物料在窑内由高端向低端前进移动，满足反应所需的停留时间、一定的料层厚度以及翻动物料的要求。

回转窑的斜度习惯上取窑轴线倾斜角 β 的正弦 $\sin\beta$。氧化铝熟料回转窑一般采用 0.035~0.04。斜度和倾斜角的关系见表 12-26。

表 12-26 回转窑的斜度和倾斜角的关系

斜度 $\sin\beta$	0.02	0.025	0.02618	0.03	0.0349
β	1°8′45″	1°25′58″	1°30′	1°43′8″	2°
斜度 $\sin\beta$	0.035	0.04	0.04362	0.045	0.05
β	2°0′20″	2°17′32″	2°30′	2°34′46″	2°51′58″

回转窑的转动起到翻动物料的作用，提高速度可以强化物料与气流间的传热。但过高的窑转速会使熟料的质量不稳定，设备维护困难。因此，氧化铝熟料窑转速以不大于 3r/min 为宜。

氧化铝熟料窑运行状况的主要指标是高温段内衬的使用周期，它直接影响回转窑的运转率。目前国内氧化铝厂的熟料窑内衬最长平均使用周期已经超过 300 天。

氧化铝生产用回转窑的主要技术性能见表 12-27。

表 12-27 氧化铝生产用回转窑的主要技术性能

参 数	回转窑规格（直径×长度）/m×m						
	烧结铝土矿生料				烧结霞石生料		
	$\phi4\times100$	$\phi4.5\times90$	$\phi4.5\times100$	$\phi4.5\times110$	$\phi3\times60$	$\phi3.6\times150$	$\phi5.0\times185$
产能/t·h^{-1}	45	55	55	55	18	40	110
给料方式	喷入法	喷入法	喷入法	喷入法	流入法	流入法	流入法
生料水分/%	38~40	38~40	38~40	38~40	29.0	29.0	29.0
窑体转速/r·min^{-1}	2.5	2.57~0.857	2.57~0.857	2.57~0.857	1~1.98	0.98~1.96	0.8~1.6
窑体内表面积/m^2	1036	1171	1294	1422	490	1460	2180
窑体斜度/%	3.5	3.5	3.5	4.0	2.2	3.0	2.0
单位热耗/kJ·kg^{-1}	5600	5500	5500	5500	5500	5450	5000
窑尾废气温度/℃	250	240	240	240	350	200	200
窑尾废气(标态)/m^3·h^{-1}	150000	180000	180000	180000	54000	120000	310000
主电动机功率/kW	2×138	2×200	2×200	2×200	125	280	920

目前国内在运行的熟料窑的规格绝大部分是沈阳铝镁设计研究院设计的 $\phi4.5m \times$ $(90\sim110)m$。除了原洛阳矿山机器厂（现中信重工）承制了此规格的前几台外，中铝山东分公司恒成机械制造厂承接了大多数熟料窑的制造。该厂已制造了 $\phi5m \times 100m$ 的熟料窑，应用于晋北氧化铝厂。

12.5.4.2　冷却机

从回转窑内卸出的熟料温度一般在 $900\sim1000℃$，需经过冷却机进行冷却，以降低熟料温度，使之便于输送和储存，同时可回收熟料余热，提高熟料的质量和易磨性。

铝酸盐熟料的冷却可以采用两种冷却机：（1）圆筒冷却机（广泛用于各种熟料）；（2）箅式冷却机。

目前，国内氧化铝生产中采用的熟料冷却机大部分是圆筒冷却机，某氧化铝厂已开始用箅式冷却机。圆筒冷却机安装在回转窑的下料端的下方，冷却机的热端（约占冷却机全长的 $20\%\sim40\%$）衬有耐火黏土砖。为改善冷却机内的热交换，在圆筒的内部安装有特殊结构的扬料板，冷却机旋转时，将熟料提升到空气流中冷却。为强化熟料冷却，冷却机圆筒的回转速度增到 $3\sim4r/min$。

空气从冷端吸入冷却机内，与熟料热交换约带走熟料热量的 $30\%\sim40\%$，并被加热到 $300\sim500℃$。这部分称为二次空气的热空气进入窑内用于燃料燃烧。通过喷淋在圆筒上的冷却水或母液带走熟料的部分剩余的热量。冷却机出口的熟料温度一般为 $300\sim400℃$。

圆筒冷却机的构造和运转都很简单，但效率低，热交换不完全，热的回收利用率低。此外，圆筒冷却机的投资也较大。

氧化铝生产用熟料冷却机的主要技术性能见表12-28。

表 12-28　氧化铝生产用熟料冷却机的主要技术性能

规格/m×m	能力/t·h⁻¹	转速/r·min⁻¹	斜度/%	主电机功率/kW
$\phi4.5\times50$	65	2.79	4.4	300
$\phi4.0\times45$	60	3.9	3.5	280
$\phi4.0\times36$	60	3.8	3.5	225
$\phi3.6\times42.5$	53	2.9	4.0	130
$\phi3.0\times25$	35	4.4	4.0	100

对于冷却多分散的粗大而坚硬的物料，如水泥熟料和霞石熟料，技术较为成熟和有效的冷却机是箅式冷却机。目前，中国的水泥工业中主要是采用这种冷却机对水泥熟料进行冷却。在前苏联的氧化铝工业中，也采用这种冷却机冷却霞石烧结熟料。

箅式冷却机使用一定压力的空气对箅床上运动着的熟料以互相垂直的运动方向进行骤冷的冷却设备。箅式冷却机可以在短时间内将出窑的熟料温度由 $1200℃$ 以上骤冷到 $300℃$，熟料最终冷却温度比圆筒冷却机可望低 $100℃$ 以上。

由于箅式冷却机采用鼓风机分段冷却，冷却效果更好，但使用风量也大，超过了回转窑燃料燃烧所需的二次空气风量，需经处理后排空。

箅式冷却机主要技术性能数据见表12-29。

表 12-29　箅式冷却机的主要技术性能

项　目	山东铝业箅式冷却机	伏尔加-125C 箅式冷却机
熟料生产能力/t·h⁻¹	70	125
熟料温度/℃		
始温/℃	1100	1000～1200
终温/℃	150	80～90
长度/m	18.9	32.2
宽度/m	3.4	7.8
质量/t	124	584

12.5.5　典型的熟料烧成工艺流程

含氧化铝生料浆的烧成窑原则设备流程如图 12-18 所示。

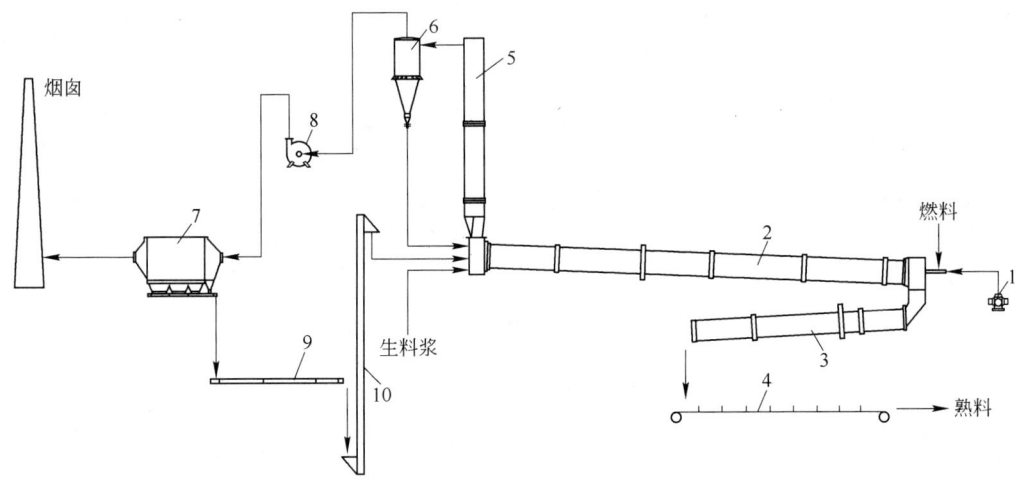

图 12-18　烧成窑装置原则设备流程

1—一次风鼓风机；2—回转窑；3—冷却机；4—熟料输送机；5—立烟道；6—旋风分离器；
7—电收尘；8—排风机；9—窑灰输送机；10—窑尾提升机

生料浆通过回转窑时，依次会发生下列物理化学过程：

（1）物料烘干（200～250℃）；

（2）含水矿物脱水（400～600℃）；

（3）石灰石分解（900～1000℃）；

（4）生料中氧化物之间发生化学反应（1200～1300℃）并形成熟料。

回转窑可以用煤粉、重油或气体燃料，目前中国氧化铝厂的熟料回转窑都采用煤粉作燃料。煤粉用专门的喷枪（喷煤管）喷入窑内。燃烧所需的空气分别由冷却机（热空气、称为二次空气）、窑前鼓风机（大气、称为一次风）鼓入。

生料浆用机械喷枪喷入回转窑内，喷枪压力约 1.5～2MPa。生料浆在烘干带被烘干，干生料沿着回转窑移动时，与从回转窑的热端由燃料燃烧生成的热气相遇而逐渐被加热。

由烟气从窑中带走的窑灰捕集在烟气净化系统中，粗粒的窑灰落在窑尾立烟道沉降室内，而较细的窑灰被旋风收尘器和电收尘器捕集。

根据物料沿窑长的温度变化可以将回转窑划分为若干温度带，这些温度带可以反映生料的加热程度，生料中发生的物理过程和物理化学过程。

第一带为烘干带，在此带内大部分水分被蒸发掉。物料通过此带被烘干到含6%～10%的水分（铝土矿生料）和3%～5%的水分（霞石生料）。通过此带的物料温度约为105～120℃，进入此带的气体温度为600～700℃，由此带排出的气体温度为300～400℃。

第二带为预热带，在这一带物料温度自200℃提高到750℃，物料中各种水化物的结晶水在此带脱出，部分石灰石也在此带开始分解。此带窑气温度约为750～800℃。

第三带为分解带，在此带物料自750℃被加热到1200℃左右。物料中的石灰石和高岭石在此带完全分解，各种氧化物开始与碱及石灰作用，生成铝酸钠、铁酸钠、铝硅酸钠及硅酸二钙。此带的窑气温度约为1250～1400℃。

第四带为烧成带，物料温度在此带内最高可达1250～1300℃。在此带内完成所有的化学反应，形成熟料的最后矿物组成，并出现部分烧结液相。通过此带后，烧结过程结束。

第五带为冷却带，此带位于火焰后部至窑的前端，从烧成带进来的物料，在此带受到窑头罩吸入空气的冷却，温度可降至900～1000℃，出冷却带的物料进入冷却机。

氧化铝工业烧结法熟料窑喂料技术方面开发了单枪喂料的新技术。熟料窑用喷枪喂料是根据物料在悬浮状态下与热气流充分接触、传热面积与堆积状态相比成上千倍的增加、传热速度大大加快的原理，在短时间内能完成物料和热气流的强制对流热交换。单枪喂料技术是针对早期曾采用的多枪喂料技术所存在的缺点而开发的。单枪喂料能保证物料有较大的射程，能延长物料悬浮的时间，在选择适当的雾化角条件下可得到良好的雾化效果，增大传热面积。

生产实践证明，熟料窑单枪喂料有以下优点：（1）提高熟料窑的产能。在和多枪喂料基本相同的工作条件下，窑产能可以提高10%左右。（2）堵枪、弯枪等事故大大减少，可改善喷枪岗位的劳动条件，杜绝窑尾罩的结疤和烘干带泥浆圈的生成。（3）熟料窑的运转率提高3%左右。（4）烘干带换热效率提高，窑尾温度降低30℃左右。

12.5.6　熟料烧成过程的能量消耗

熟料烧成是一种能耗很大的过程，熟料窑作为反应设备的主要缺点是热效率低。从回转窑的热负荷看，以蒸发水分的烘干和碳酸盐分解的分解带的热负荷最重，也就是说这两个带需要的热量最多。

铝土矿-纯碱-石灰石生料熟料烧成的热平衡（每千克熟料）见表12-30。

表 12-30　熟料烧成热平衡

热 收 入	kJ	%	热　耗	kJ	%
燃料燃烧	5443	87.4	生成熟料反应热	1256	20.2
生料浆的热熔	238	3.8	蒸发水分和过热蒸汽	2324	37.3
空气热熔	544	8.8	废气带走的热	795	12.8

热 收 入	kJ	%	热 耗	kJ	%
			熟料带走的热	1089	17.5
			窑灰带走的热	92	1.5
			热损失	670	10.7
合 计	6226	100	合 计	6226	100

从表中可以看出，水的蒸发热耗占 35% ~ 40%，废气带走的热为 12% ~ 13%。而每公斤熟料耗热 6226kJ，按熟料/氧化铝折合比为 3.5，则烧成环节耗能吨 Al_2O_3 为 21.8GJ，可知烧结法生产氧化铝热耗高的主要原因是在熟料烧成工序。

12.5.7 典型的熟料烧成工艺布置

熟料烧成系统生产环节多、生产设备多，占地面积大，厂房高，并且与煤粉制备系统紧密联系。在进行工艺布置时，必须对窑头、窑尾、窑中以及其他与之紧密联系的部分予以全面综合考虑，使其能互相协调、配合得当。

典型的熟料烧成工艺布置如图 12-19 所示。

12.5.7.1 窑头部分

窑头与熟料冷却和输送关系密切，而且煤粉制备通常也设在窑头部分，在车间布置时应统一考虑。

窑头看火平台是回转窑的主要操作场地，应在窑头平台设岗位操作室。在可能的条件下，喷煤管至平台的净空高度应不低于 2m。喷煤管要求带伸缩装置、可向窑内伸入或抽出一定距离，并能上下左右调节一定角度（1° ~ 1.5°）。煤粉下料管应向窑方向倾斜，倾斜度不小于 55°，但不应垂直布置。

窑头平台的设计应考虑便于运输维修用耐火材料，如有可能应考虑实现耐火材料搬运的机械化。

12.5.7.2 窑中部分

在确定回转窑中心距时，除需考虑回转窑操作检修所需的空间外，还应考虑煤粉制备、收尘系统设备布置的要求。

在确定回转窑本体安装高度时，应兼顾窑头及窑尾厂房的布置，既要尽可能降低窑尾厂房的高度，又要使窑头冷却机熟料输送设备的地坑不致下挖太深，以减少土方量并改善采光、通风条件。

当回转窑的基础距地面较高时，为方便窑头、窑中、窑尾的联系，可考虑在其间设置直通走道，并与窑基础相连。走道宽可取 900 ~ 1000mm，走道应设栏杆，并尽可能考虑进行热工测量时便于测温取样。

12.5.7.3 窑尾部分

窑尾喂料部分应设操作、检修平面。

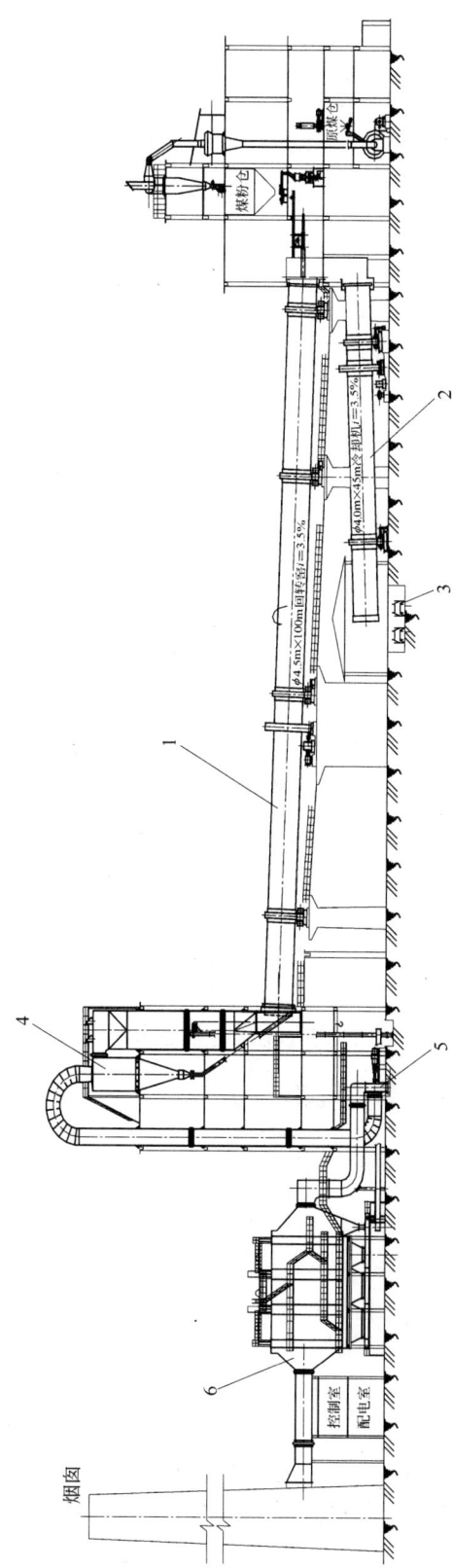

图 12-19　熟料烧成工艺布置

1—回转窑；2—冷却机；3—熟料输送机；4—旋风分离器；5—排风机；6—电收尘

旋风收尘器的下料管应设置锁风装置，下料管斜度及窑尾烟道斜坡的角度均应不小于 $60° \sim 65°$。

窑尾立烟道及废烟气管道均应设置膨胀节，用以补偿热膨胀。

窑尾电收尘器可布置成正压操作或负压操作。每台回转窑可布置一台排风机或两台排风机，但应与电收尘器台数统一考虑。

12.5.7.4   熟料输送

烧成车间各台烧成系统的冷却机产出的熟料，用同一台裙板式输送机输送，并经过向上倾斜的链斗输送机送至熟料仓。该输送系统负荷重、工况差，因其承担多台回转窑的产品输送，所以要求可靠性高。长城重型机械制造有限公司为此系统提供的各项设备，其链条和槽板采用优良的材质和热处理，结构设计上可实现不漏料输送，适用于高温物料，具有较长的使用寿命。

12.6   烧结法熟料溶出

12.6.1   概述

熟料溶出的效果对生产的技术指标有重大影响。熟料溶出的实质是用调整液浸出熟料，使熟料中可溶的 Al_2O_3 和 Na_2O 尽可能完全的溶解转入溶液，而与由其他不溶杂质组成的赤泥分离，得到浸出熟料后的溶液经脱硅净化后分解出氢氧化铝。

熟料溶出的主要工艺控制目标是：在提取熟料中的氧化铝的同时，避免或减少熟料中的原硅酸二钙（$2CaO \cdot SiO_2$）与铝酸钠溶液发生二次反应而造成 Al_2O_3 和 Na_2O 的损失。因此，控制溶出过程的技术条件，尽量避免和减少二次反应损失，提高 Al_2O_3 和 Na_2O 溶出率。

中国具有烧结法的氧化铝厂普遍采用球磨机湿磨的一段磨料（或两段磨料）溶出工艺流程。而国外霞石及赤泥熟料的溶出，通常采用一段筒形溶出器、二段棒磨机的二段溶出流程。熟料溶出设备流程的选择与其熟料物理化学性质密切相关。

12.6.2 Al_2O_3 和 Na_2O 溶出率及其影响因素

12.6.2.1 Al_2O_3 和 Na_2O 净溶出率

熟料溶出的效果由 Al_2O_3 和 Na_2O 净溶出率（$\eta_{A净}$ 和 $\eta_{N净}$）表示，其数值可以根据熟料和排出赤泥的化学成分计算。具体计算公式见 11.2.1.3 节。

在溶出过程的各个阶段（熟料溶出、赤泥分离、赤泥洗涤），都可以根据该阶段的赤泥成分计算该段过程的 η_A 和 η_N。

12.6.2.2   熟料配方对溶出率的影响

熟料 Na_2O 和 Al_2O_3 的溶出率随着熟料铝硅比的降低而降低。

熟料的碱比 $[N]/([A]+[F]) = 1.0$ 钙比 $[C]/[S] = 2.0$ 钙钛比 $[C]/[T] = 1.0$ 的配料比称为标准配方或饱和配方。高碱比配方熟料会生成部分不溶性的三元化合物 $nNa_2O \cdot$

$m\text{CaO} \cdot p\text{SiO}_2$，从而降低 Na_2O 溶出率。低碱比配方由于 Na_2O 配量不足，导致 Al_2O_3 的溶出率降低。高钙比配方熟料在溶出时造成 Al_2O_3 的损失。而低钙比熟料由于生成 $\text{Na}_2\text{O} \cdot \text{Al}_2\text{O}_3 \cdot 2\text{SiO}_2$，也降低 Na_2O 和 Al_2O_3 的溶出率。

12.6.2.3 熟料溶出工艺技术条件的影响

溶出时熟料的粒度如果太粗，将造成溶出不完全或溶出时间过长。但如果粒度太细，则会引起赤泥分离的困难，增大二次反应损失。

熟料溶出温度过高，将造成二次反应加剧。如果溶出温度过低，溶出液黏度增大，将影响赤泥与溶液的分离，增加赤泥沉降过程的二次反应。

提高溶液中苛性碱浓度，会加快 β-$2\text{CaO} \cdot \text{SiO}_2$ 的分解，并且使 Ca(OH)_2 更多地转变成水化石榴石。提高 Al_2O_3 浓度可以减少溶液的流通量和蒸发量，节省投资和加工费。

碳酸钠（$\text{Na}_2\text{O}_\text{C}$）在溶出过程中，$\text{Na}_2\text{CO}_3$ 与 Ca(OH)_2 进行苛化反应，减少水化石榴石的生成，提高 η_A。$\text{Na}_2\text{O}_\text{C}$ 也是赤泥的稳定剂，能抑制赤泥变性（如赤泥膨胀）。

$\eta_{\text{A净}}$ 是随赤泥与溶液接触时间的延长而降低的。因此，实现赤泥快速分离是降低二次反应损失的有效方法。

溶出液固比必须与溶出和赤泥分离设备的要求相适应，以便使赤泥与溶出液迅速有效地分离。

12.6.3 常用的熟料溶出设备及其特点

常用的湿磨溶出设备有溢流型或格子型球磨机，规格按筒体的直径和长度表示。其构造中有筒体、空心轴、衬板和传动装置。熟料在筒体内磨细并溶出。磨机筒体内装有一定容积、大小不同的钢球，进入筒体内的大块物料靠钢球在球磨机转动时产生的离心力作用，沿环状轨迹升高到一定高度后，沿抛物线轨迹落下时产生的冲击力得到破碎，小块物料靠研磨被磨细。

溢流型球磨机是可连续作业的高产能设备，尤其是该设备允许进磨粗粒熟料的粒度为 50mm 以下，因此可减轻熟料中碎工序的负担。中铝山东分公司恒成机械制造厂制造的部分溢流形球磨机的规格见表 12-31。

表 12-31 恒成机械制造厂制造的部分溢流形球磨机规格

型号参数	筒体直径 /mm	筒体长度 /mm	有效容积 /m³	磨机转速 /r·min⁻¹	研磨体装载量/t	传动方式	电动机		产量 /t·h⁻¹	参考质量 /t
							功率 /kW	转速 /r·min⁻¹		
MQY-2740	2700	4000	20.6	20.5	38	边缘	400	187.5	27.8~13.0	79
MQY-2760	2700	6000	34.34	19.5	53	边缘	630	589	46.7~21.9	84
MQY-3245	3200	4500	32.9	18.5	61	边缘	630	167	44.0~21.6	122
MQY-3260	3200	6000	43.7	18.5	81	边缘	1000	167	59.4~27.9	138
MQY-3660	3600	6000	54	17.3	102	边缘	1250	150	74.1~32.4	186
MQY-3690	3600	9000	83	17.3	163	边缘	1800	200	107~50.5	212
MQY-4060	4000	6000	69.9	16.8	113	边缘	1500	200	95.0~44.7	213

型号参数	筒体直径/mm	筒体长度/mm	有效容积/m³	磨机转速/r·min⁻¹	研磨体装载量/t	传动方式	电动机		产量/t·h⁻¹	参考质量/t
							功率/kW	转速/r·min⁻¹		
MQY-4085	4000	8500	98.8	16.5	165	边缘	2200	200	134~63.3	265
MQY-4270	4200	7000	91	16.0	145	边缘	2000	200	122~57.6	285
MQY-4561	4500	6100	93.3	15.1	151	边缘	2200	187.5	127~60	280

注：1. 表中的产量为估算产量，其给矿粒度为不大于25mm的中硬度物料，出料粒度为0.3~0.074mm。

2. 机器参考质量不包括主电机质量。

3. 可以根据用户需要进行变型设计，改变磨体的长度以适应不同的工况。

另外的溶出设备类型还有筒形溶出器（见图12-20），在霞石及拜耳法赤泥熟料两段溶出流程中采用。筒形溶出器是一种钢制筒体，其规格按筒体的直径和长度表示。筒形溶出器参考规格见表12-32。

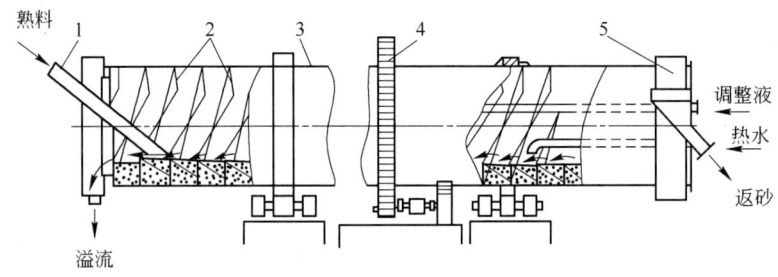

图12-20 筒形溶出器结构示意图

1—熟料加料管；2—螺旋板；3—回转筒体；4—大齿轮；5—提料器

表12-32 筒形溶出器参考规格

直径 D/m	长度 L/m	螺旋板螺距 h/m	螺旋板高度 H/m	螺旋板头数
3.6	60	1.2	0.9	1
3.6	60	2.4	1.0	2
3.6	40	0.6	0.9	1
2.5	21	0.5	0.65	—
1.6	11	0.4	0.4	1

典型的筒形溶出器直径3~5m，长30~50m，借助齿轮的传动而转动，筒体靠滚圈支撑在托辊上，并向熟料进料端倾斜3°~5°。筒形溶出器中的熟料按对流原理进行溶出，熟料由筒体低端进入，借助焊接在筒体内壁螺旋板沿筒体上行前进；溶出用的调整液、热水等溶液从卸料端（高端）进入。为使溶液通过物料层，螺旋板上设置有彼此错开一定位置的3个孔洞。

筒形溶出器也是一种熟料溶出、赤泥分离洗涤连续作业的高产能设备，且为密闭条件下运行，因此设备操作的环境条件较好。但是该设备十分笨重庞大，仅适用于孔隙率大而又有足够强度的熟料。如用于粉状熟料溶出，筒形溶出器溢流的溶出液固含会相当高，需增加赤泥的分离过程和设备；且洗涤后的弃赤泥只能用汽车运输外排，必须经过磨细才能采用泵输送，由此限制了该设备的应用范围。

12.6.4 熟料溶出工艺流程

12.6.4.1 一段磨闭路流程

由熟料中碎工序送来的经过破碎后的粒度小于 50mm 的熟料经过板式机计量，送入球磨机。球磨机可以采用溢流型或格子型，后者不易过磨，但清检工作量稍大些。由一次赤泥洗液、碳分母液等配制成的调整液，与熟料按一定比例经流量计计量后加入球磨机进行磨细和溶出。磨后浆液进入分级机，粗粒返回球磨机继续磨细，溢流经溶出槽泵送赤泥分离工序进行赤泥分离。一段磨料溶出流程如图 12-21。

12.6.4.2 二段磨料流程

此流程的特点是只有一部分赤泥进入分离沉降槽，另一部分赤泥经过二段磨料后直接进入赤泥洗涤系统，因此提高了磨机的产能、减少了与液体接触的固体量，还增加了分离沉降槽进料液固比，提高了赤泥沉降速度，缩短了赤泥与溶液的接触时间。二段磨料溶出流程如图 12-22 所示。

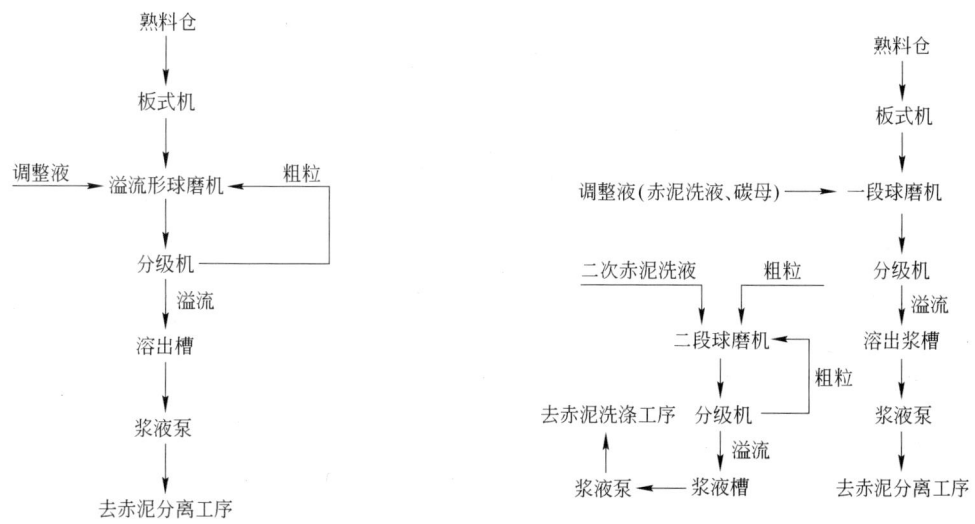

图 12-21 一段磨料溶出流程   图 12-22 二段磨料溶出流程

二段磨料的具体流程是：由熟料中碎工序送来的粒度小于 50mm 的熟料经过板式机计量，送入溢流形球磨机；一次赤泥洗液、碳分母液等按一定比例的配量通过流量计计量后，加入一段球磨机进行研磨和溶出。磨后浆液进入分级机，粗粒进入二段球磨机继续研磨溶出，溢流经溶出槽泵送赤泥分离工序进行赤泥分离。由赤泥洗涤工序送来的二次赤泥洗液部分进入二段球磨机，磨后浆液进入分级机，粗粒回球磨机继续磨细，溢流经料浆槽泵送赤泥洗涤工序进行赤泥洗涤。

12.6.4.3 熟料颗粒溶出流程

熟料颗粒溶出流程是采用筒形溶出器进行溶出的流程。适合于霞石及拜耳法赤泥熟料的溶出。由于该流程系一定粒度范围的熟料不经磨细，在筒形溶出器中进行固体与液体的对流溶出，故称为熟料颗粒溶出流程。此流程的特点是取消了溶出过程的分级设备，溶出和赤泥分离洗涤在一台设备中进行，因此简化了溶出流程。但此流程对熟料质量要求苛刻，要求熟料气孔率大，强度好，粒度 6~8mm，这给中碎工序增加了负担。

熟料颗粒溶出的具体流程是：由熟料中碎工序送来的粒度 6~8mm 的熟料，通过溜槽送入板式输送机计量后，再通过溜槽送入筒形溶出器，在筒形溶出器中与调整液、赤泥洗水进行对流溶出。由于筒形溶出器溢流固含量特别高，必须进入溶出浆液槽，再泵送分离工序进行赤泥分离。洗涤后排出的弃赤泥可以用汽车外运，若要泵送必须再经过磨细才可行。如图 12-23 所示。

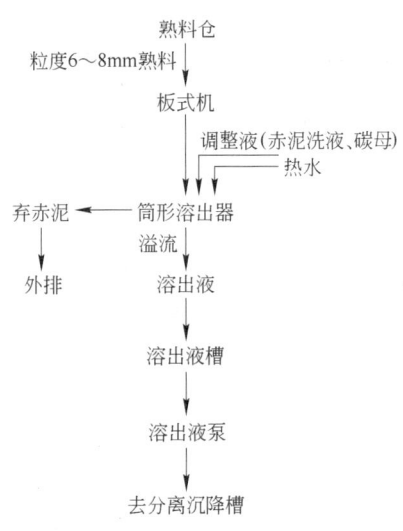

图 12-23   熟料颗粒溶出流程

12.6.5   熟料溶出工艺配置

图 12-24 和图 12-25 分别为湿磨一段溶出的平面和立面配置。

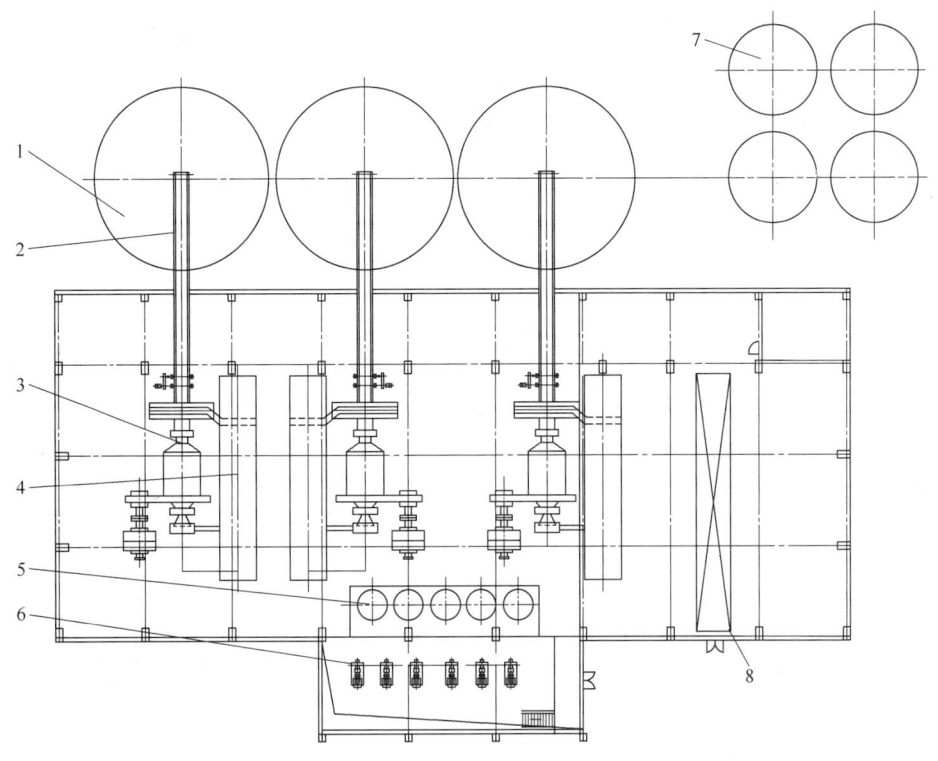

图 12-24   一段溶出平面配置

1—熟料仓；2—板式机；3—溶出磨；4—分级机；5—溶出浆槽；6—溶出浆泵；7—调整液槽；8—检修吊车

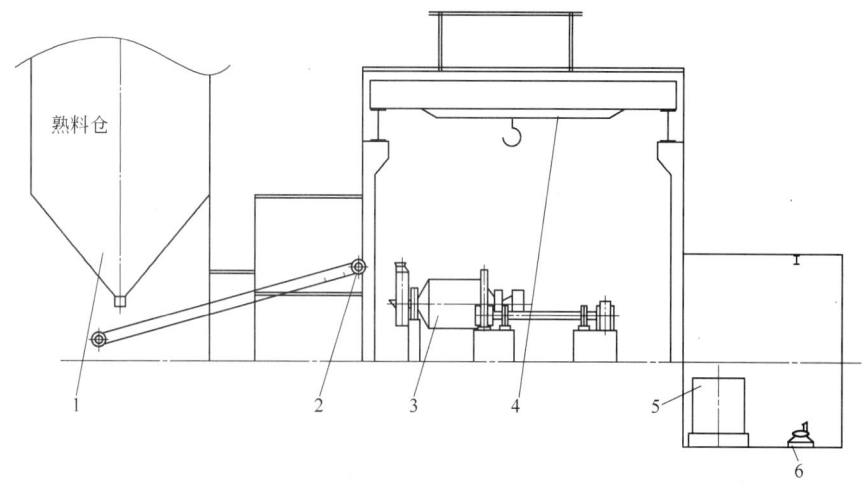

图 12-25　一段溶出立面配置

1—熟料仓；2—板式机；3—溶出磨；4—检修吊车；5—溶出浆槽；6—溶出浆泵

12.7　赤泥的分离与洗涤

12.7.1　赤泥分离与洗涤概述

在氧化铝生产中，赤泥分离与洗涤是拜耳法溶出或烧结法熟料溶出的后续工序，其主要任务是将溶出浆液中的铝酸钠溶液与溶出后的固体残渣——赤泥进行分离。分离出的含浮游物较少的溶液再经控制过滤或脱硅净化处理，成为可供铝酸钠溶液种子分解或碳酸化分解的精液。分离出的赤泥，经洗涤回收赤泥附液中的 Na_2O 和 Al_2O_3，使赤泥附中的附碱达到要求后进行排放。中大型氧化铝厂赤泥的分离洗涤通常采用沉降槽或过滤机来完成。工艺流程如图 12-26 所示。

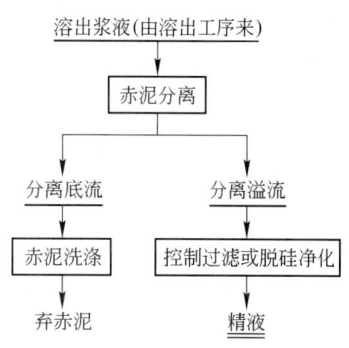

图 12-26　赤泥分离洗涤工艺流程

进行分离及洗涤操作时，分离槽的进料液固比通常控制在 16～18 左右，洗涤槽的进料液固比控制在 7～9 左右，底流液固比约为 1.5～3.0 之间。分离的底流液固比越大，则带入洗涤系统的碱量越多，会增加洗涤后的附碱损失。因此，要严格控制分离底流液固比。在洗涤过程中，大型平底沉降槽的底流液固比一般在 2.0～3.0，而深锥沉降槽一般在 1.0～1.5 左右。由于沉降槽的底流液固比与赤泥在压缩区的停留时间有关，且随沉降槽的高度增大而延长，所以，如果要提高赤泥的压缩性能即减小底流液固比，则应该提高赤泥在沉降槽中的高度，增加赤泥的停留时间，但过分的追求减小底流液固比，会消耗过多的絮凝剂。

在烧结法生产中，对于赤泥分离及洗涤末次液固比控制得比较严格，如，在串联法生产氧化铝的工艺中，拜耳法赤泥要用于熟料烧成，若末次底流的液固比过大则会带入烧成窑中过多的水分，在烧成工序中要消耗更多燃料，增加生产成本；若赤泥要进行干法排放堆存，一般要求末次洗涤的液固比在 1 左右。

赤泥洗涤的目的就是使用洗水洗涤赤泥，将赤泥所携带附液的碱浓度降低，以满足排放要求，洗涤过程就是一个混合、分离的过程，因此，也通常使用连续式沉降槽作为赤泥洗涤槽，选用逆向洗涤方式。在这种洗涤方式下，分离后的赤泥底流首先与二次洗涤槽的溢流赤泥洗液混合，进入一次赤泥洗涤沉降槽，进行第一次洗涤作业，其产生的溢流（赤泥洗液），用于稀释拜耳法溶出后的料浆或烧结法中的熟料溶出，底流赤泥和三次洗涤槽的洗液混合，进入二次洗涤槽进行第二次赤泥洗涤，依此类推。每一级洗涤后的赤泥底流依次进入下一级洗涤槽进行洗涤，最终从末次底流排出；洗水从末次洗涤槽进入，洗涤后的洗液依次进入上一级洗涤槽，最终从初次洗涤槽溢流流出，从而完成逆向洗涤任务。逆向洗涤的方法，可以用最少的洗涤水，最大限度回收附液中的碱成分。四次赤泥反向洗涤工艺流程如图 12-27 所示。

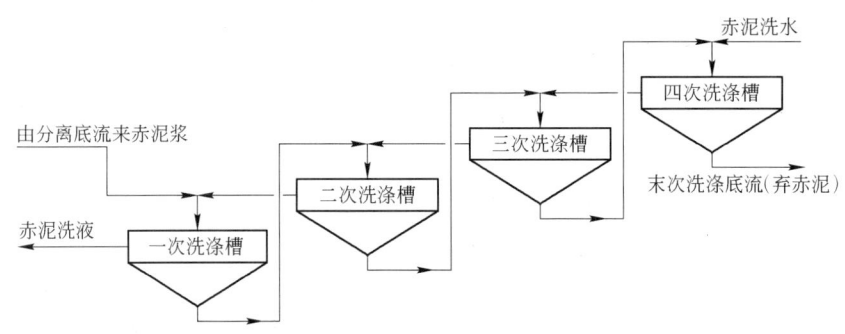

图 12-27　四次赤泥逆向洗涤工艺流程

12.7.1.1　絮凝剂的选用

添加絮凝剂是目前氧化铝生产中普遍采用的且有效的加速赤泥沉降的方法。选用良好的絮凝剂，可以减少粗液中的浮游物含量，加速赤泥的沉降，并且能够提高底流赤泥的固含量，减少附碱的损失。

氧化铝生产中所应用的絮凝剂的种类分为天然高分子絮凝剂和合成絮凝剂。合成絮凝剂与天然絮凝剂相比，用量少、效果好，往往能使赤泥沉降速度增加几倍甚至几十倍。目前普遍用于氧化铝工业生产中的合成高分子絮凝剂主要有聚丙烯酸钠（SPA）、聚丙烯酰胺以及含氧肟酸类絮凝剂（PAM）。美国纳尔科公司（Nalco）和氰特公司开发的各种类型的絮凝剂已经广泛应用于拜耳法氧化铝厂处理不同类型铝土矿的赤泥沉降分离，取得了良好的效果。近年来中国氧化铝技术界对赤泥沉降絮凝剂的研究和应用非常活跃，开发出很多有实用价值的赤泥沉降絮凝剂新产品。多官能团、长链大分子且水溶性好、无污染、价格低廉是未来赤泥絮凝剂发展的方向。

12.7.1.2　赤泥分离与洗涤设备及其特点

赤泥分离与洗涤设备总的可以分为沉降设备和过滤设备两大类。沉降设备又可分为重力沉降设备和离心沉降设备。在氧化铝厂，赤泥分离洗涤过程中采用的设备大多为重力沉降设备，如沉降槽。常见的赤泥分离洗涤设备主要有传统的锥底沉降槽、大型平底沉降槽、深锥沉降槽。有些氧化铝厂还采用各种类型的过滤机进行赤泥的分离与洗涤，如转鼓真空过滤机和带式真空过滤机。

A　大型平底沉降槽

由于多层沉降槽操作、检修、故障处理等方面复杂，且不易控制，因此在现代的氧化铝生产中一般不再采用。而现代大型平底沉降槽的技术成熟可靠，可处理的泥浆量大，并且溢流浮游物含量低，运转稳定，操作及维护费用相对较少，絮凝剂用量少，对生产波动的适应性极强，在国内外氧化铝厂已被广泛采用。

大型平底沉降槽的特点是中心进料，周边出料，其中心有一大型耙机缓慢转动，赤泥由槽顶中心位置的进料管进入到沉降槽中，沉降槽底部的赤泥在耙机的带动下，被推到沉降槽的侧面，之后由离心泵排出，溢流则通过槽体顶部周边溢流堰的溢流口排出。

大型平底沉降槽采用了钢索扭矩枢轴专利技术，耙臂可以自动克服由于赤泥沉积结疤所引起的过载、卡死等问题。当耙臂遇到负荷过重或障碍时，钢索扭矩沉降槽就可以在扭矩臂的拖动下向上拖起，从而顺利绕过赤泥沉积形成的结疤，此时耙齿与结疤仍保持一定的角度接触，可以耙掉部分结疤，如此反复多次运作，就可以除去赤泥堆积形成的结疤，平滑地过渡到初始位置，而不产生振动和过载。而传统的中心框架或中心轴直接传动的沉降槽，则必须通过提升装置才能提升耙臂，因此该种沉降槽常会因负荷过大，导致设备损坏、运行周期短、积泥清理工作量大。

大型平底沉降槽虽然设备构造简单，但占地面积较大，浓缩后的底流固含一般为25%～40%。

图12-28所示为ϕ42m×7m大型平底沉降槽的结构示意图。

大型平底沉降槽在国际上的主要供应商为道尔公司（曾称为Dorr-Oliver Eimco，现属丹麦FLSmidth A/S公司）的德国公司，常用的槽直径范围为36～42m，以40m居多。国内的制造商主要有江苏新宏大集团和浙江恒丰泰减速机制造有限公司。

江苏新宏大集团的部分平底沉降槽性能参数见表12-33。

表12-33　江苏新宏大集团的部分平底沉降槽性能参数

沉降槽驱动装置	平底沉降槽		
	HDNM-42	HDNM-40	HDNM-36
直径/m	42	40	36
驱动形式（驱动点数）	2～4	2～4	2～4
驱动头形式	内齿传动		
功率/kW	11～44	11～33	11～30
转速/r·min^{-1}	0.05～0.08	0.05～0.08	0.05～0.08
连续运行扭矩100%/kN·m	1125	875	750
停止扭矩180%/kN·m	2025	1575	1350
额定扭矩200%/kN·m	2250	1750	1500
驱动装置质量/t	10～13	10～13	10～13

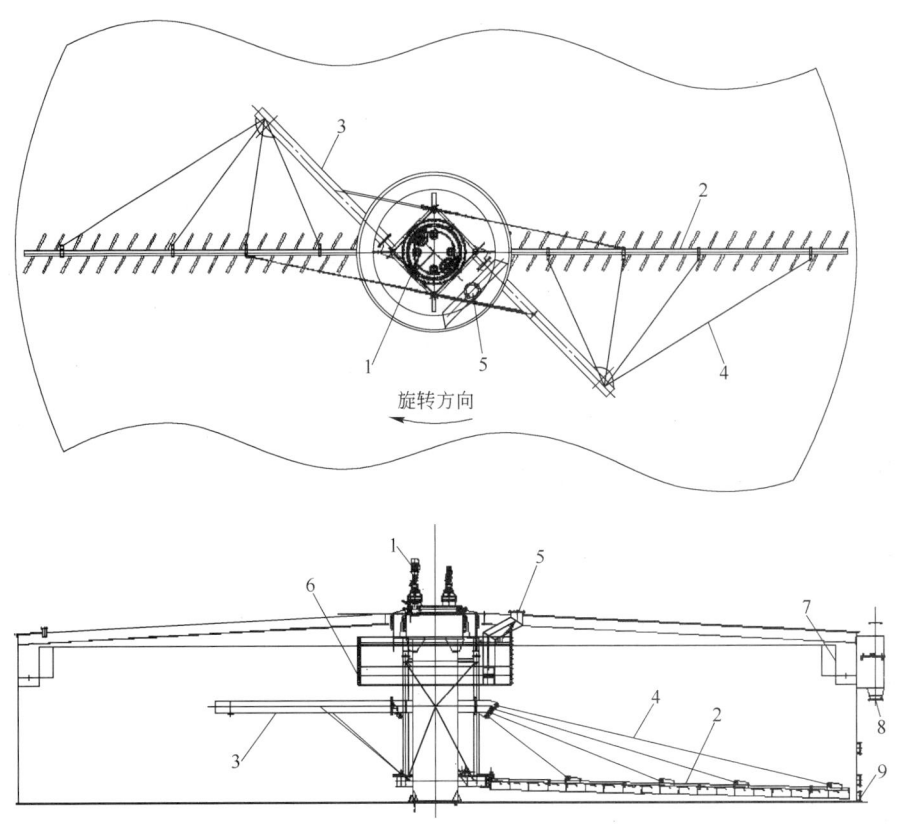

图 12-28 大型平底沉降槽结构示意图

1—中心传动电机和减速机；2—耙臂；3—扭矩臂；4—牵引钢索；
5—进料管；6—中心进料套筒；7—溢流堰；8—溢流口；9—底流口

B 高效深锥沉降槽

高效深锥沉降槽是 20 世纪 80 年代由加拿大铝业公司和贝克工业设备公司共同开发研制并应用于氧化铝生产中的新型沉降槽。与传统沉降槽相比，高效深锥沉降槽的槽体高径比大，即直筒部分高度大，如图 12-29 所示，底部的锥体高度较高，进料装置具有稀释进料料浆固含的功能，以提高料浆在槽内的沉降速度。高效深锥沉降槽运行过程中，絮凝剂多点加入到中心进料筒和进料管，以使絮凝剂与料浆混合更均匀，充分发挥絮凝剂的作用，加速赤泥的絮凝、沉降。高效深锥沉降槽特有的"高帮"、"深锥"形的结构可以使泥浆层进一步压缩，使底流赤泥的固含提高到 40% ~52% 左右，利于弃赤泥的高固含排放。由于高效深锥沉降槽底流固含高，占地面积小，已经在国内外氧化铝厂得到广泛的应用。但高效深锥沉降槽的缺点是絮凝剂用量偏大，增加运营成本。图 12-29 所示为 $\phi 20m \times 14m$ 高效深锥沉降槽的结构示意图。

高效深锥沉降槽在国际上的主要供应商为道尔公司，常用的槽直径规格有 12m、15m、16m、18m、20m、22m 和 24m。国内的制造商主要有江苏新宏大集团和浙江恒丰泰减速机制造有限公司。

江苏新宏大集团的部分高效深锥沉降槽性能参数见表 12-34。

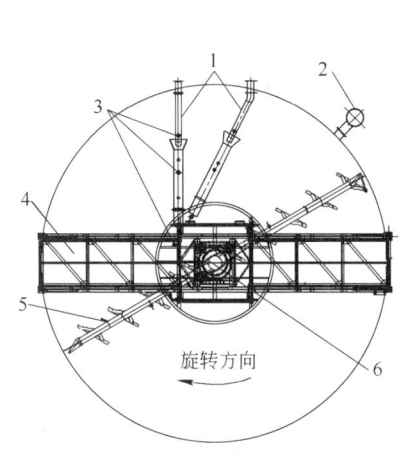 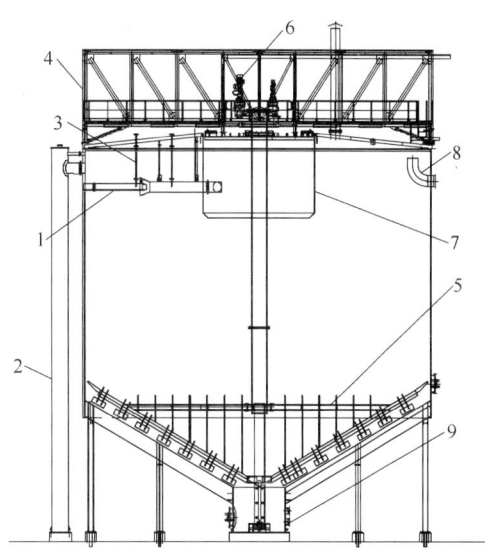

图 12-29 高效深锥沉降槽结构示意图

1—进料管；2—针形槽（溢流）；3—絮凝剂添加管；4—桁架；5—耙机；
6—中心传动电机和减速机；7—中心进料套筒；8—溢流口；9—底流口

表 12-34 江苏新宏大集团部分高效深锥沉降槽性能参数

沉降槽驱动装置	深锥沉降槽	
	$\phi20m$	$\phi16m$
驱动形式（驱动点数）	3 ~ 4	3 ~ 4
驱动头形式	外 齿 传 动	
功率/kW	16 ~ 44	8 ~ 30
转速/r·min^{-1}	0.08 ~ 0.12	0.12 ~ 0.16
连续运行扭矩 100%/kN·m	1125	875
停止扭矩 180%/kN·m	2025	1575
额定扭矩 200%/kN·m	2250	1750
驱动装置质量/t	约 14	约 12

浙江恒丰泰减速机制造有限公司部分高效深锥沉降槽性能参数见表 12-35。

表 12-35 浙江恒丰泰减速机制造有限公司部分高效深锥沉降槽性能参数

型 号	基 本 参 数					
	槽直径/m	干赤泥处理量/t·h^{-1}	输出转速/r·min^{-1}	搅拌许用转矩/N·m	电机功率/kW	参考质量/t
GLDS7	7	6 ~ 12	0.1 ~ 1	(15 ~ 25) × 10^4	6 ~ 8	12 ~ 20
GLDS8	8	14 ~ 28	0.1 ~ 1	(20 ~ 35) × 10^4	8 ~ 11	12 ~ 26
GLDS10	10	20 ~ 35	0.1 ~ 1	(30 ~ 50) × 10^4	12 ~ 16	15 ~ 29
GLDS12	12	28 ~ 40	0.1 ~ 0.5	(30 ~ 50) × 10^4	12 ~ 16	20 ~ 32
GLDS14	14	35 ~ 70	0.1 ~ 0.5	(40 ~ 60) × 10^4	16 ~ 22	30 ~ 40

型 号	基 本 参 数					
	槽直径/m	干赤泥处理量 /t·h⁻¹	输出转速 /r·min⁻¹	搅拌许用转矩 /N·m	电机功率 /kW	参考质量/t
GLDS16	16	60~110	0.1~0.3	(60~80)×10⁴	22~30	35~40
GLDS18	18	80~130	0.1~0.3	(60~80)×10⁴	22~30	35~45
GLDS20	20	100~130	0.1~0.3	(60~90)×10⁴	22~30	40~50
GLDS24	24	100~150	0.1~0.3	(60~90)×10⁴	22~30	40~50

注：以上参数只作选型参考，具体参数依据工艺参数计算为准。

C 普通沉降槽

浙江恒丰泰减速机制造有限公司生产的 GLJS（蜗轮蜗杆驱动）、GLYS（齿轮驱动）系列普通锥底沉降槽如图 12-30 和表 12-36 所示。

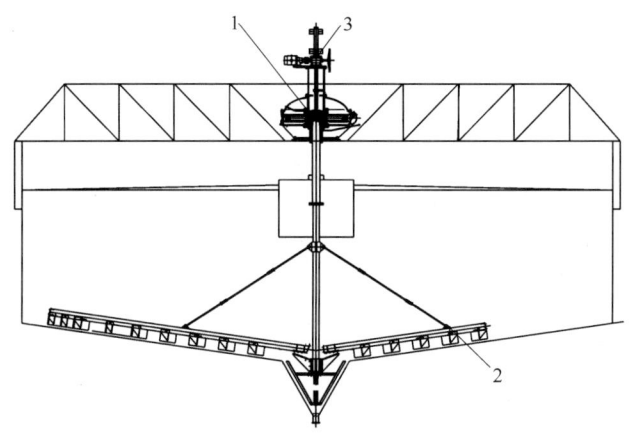

图 12-30 GLJS 型 6~24m 普通沉降槽
1—传动装置；2—耙机；3—提升装置

表 12-36 GLJS 型 6~24m 普通沉降槽基本参数

型 号	干赤泥处理量 /t·h⁻¹	输出转速 /r·min⁻¹	搅拌许用 转矩/kN·m	电机功率 /kW	提升功率 /kW	提升速度 /mm·min⁻¹	提升行程 /mm	参考质量 /t
GLJS6	2~4	0.25~0.50	5~20	1.5	0.75	54~32	300	2.8~3
GLJS8	4.5~7	0.20~0.50	15~35	2.2~4	0.75	45~32	300	3.5~5
GLJS10	6~12	0.10~0.35	15~45	3~5.5	1.1	45~32	300	6~8
GLJS12	9~13	0.10~0.35	20~55	3~7.5	2.2	45~32	400	8~10
GLJS15	12~23	0.1~0.35	25~66	4~7.5	2.2	45~32	400	10~12
GLJS18	20~38	0.1~0.35	25~66	4~7.5	2.2	45~32	400	12~15
GLJS20	26~43	0.08~0.35	40~80	4~8	3	45~32	500	13~18
GLJS24	33~50	0.05~0.3	50~100	5.5~11	4	45~32	500	15~20

注：以上参数只作选型参考，具体参数依据工艺参数计算为准。

D　转鼓真空过滤机

氧化铝生产过程中，如果沉降槽底流液固比偏大，可以使用转鼓真空过滤机进一步降低赤泥的含水率，满足氧化铝生产过程中不同生产工艺的需求。

按滤饼卸除方式，转鼓真空过滤机的型式可分为：刮刀卸料式、折带卸料式和辊子卸料式。

a　刮刀卸料式转鼓真空过滤机

刮刀卸料是应用最广的一种卸料方式。这种型式的过滤机利用反吹风和刮刀配合进行卸料。在卸料之前，首先是通过分配头用压缩空气将滤饼吹松，滤饼在本身重力作用下从滤布表面落到刮刀上，因此刮刀具有导向和刮料双重作用。为使滤饼顺利进入料斗，一般都装有刮刀喷液管，用喷液将滤饼冲入料斗。刮刀卸料式过滤机的主要优点是结构简单，易于操作。缺点是滤饼需要用压缩空气吹脱，并且部分未脱落的滤饼可能返回料浆贮槽，使过滤机的生产能力降低。图12-31所示为刮刀卸料式转鼓真空过滤机。

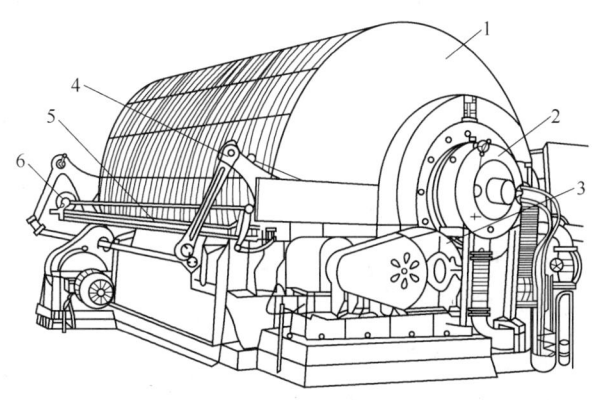

图 12-31　刮刀卸料式转鼓真空过滤机
1—转鼓；2—分配头；3—传动系统；4—搅拌装置；5—料浆储槽；6—铁丝缠绕装置

b　折带卸料式转鼓真空过滤机

折带卸料式转鼓真空过滤机是借助于行走的滤布卸除滤饼，即采用无端滤布与转鼓一起转动，当滤布转到转鼓外侧卸料的剥离辊处时，由于滤布突然改变行走方向，使滤饼与滤布分离而进行卸料。滤带不仅起过滤介质作用，而且也起运载滤饼的作用。该型式过滤机的主要优点是滤饼不用压缩空气吹脱，节约了压缩空气；滤饼较易卸除，不会返回料浆槽，相对提高了过滤机的生产能力；可利用蒸汽吹和水洗等方法使滤布再生。缺点是结构较复杂，操作比较困难，泥浆易窜入滤布内进入滤液中，如调整不当，滤布还容易跑偏。这种卸料方式最适用于卸除粘细物料和较薄的滤饼。图12-32所示为折带卸料的原理。

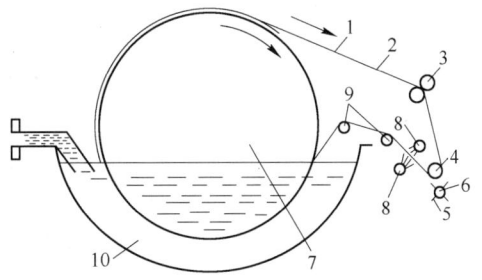

图 12-32　折带卸料的原理
1—过滤布；2—滤饼；3—八字辊；4—卸泥辊；5—刮板；6—刮辊；7—转鼓；8—洗涤喷嘴；9—导向辊；10—料浆槽

c 辊子卸料式转鼓真空过滤机

对于胶状料浆的过滤如赤泥,一般采用辊子卸料式转鼓真空过滤机。卸料辊直径较小,安装在转鼓近旁真空停止区内。当转鼓过滤面上的黏性滤饼与回转卸料辊接触时,卸料辊依靠附着力作用将滤饼卷起,然后由刮刀或另一辊子将滤饼卸除。图 12-33 所示为卸料辊卸料原理。

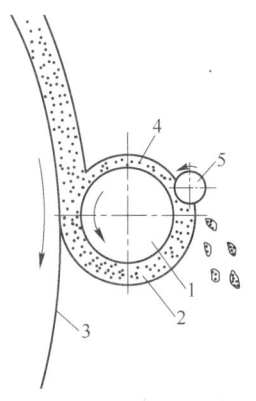

图 12-33 卸料辊卸料原理
1—卸料辊;2—滤饼;3—转鼓;
4—滤饼薄层;5—滤饼卸除辊

小型过滤机已不能适应生产规模日益扩大的氧化铝厂的要求。国内的氧化铝厂广泛使用了道尔公司的 $100 \sim 120 m^2$ 辊子卸料大型转鼓式真空过滤机作为赤泥过滤机。该过滤机分别由半圆槽、搅拌及驱动装置、转鼓及驱动装置、卸泥辊、分配头、浆化器及驱动装置、脉冲阀、润滑系统等组成。它具有如下特点:

(1) 设备产能大型化($F = 100 m^2$)。

(2) 转鼓转速可以根据滤饼厚度进行调节,使过滤机产能达到最高。生产中转速一般控制在 $1.7 \sim 2 r/min$ 为宜。

(3) 采用卸泥辊卸泥。赤泥滤饼附到卸泥辊,靠卸泥辊转动把滤饼带到浆化器上,再用梳子把滤饼刮下。

(4) 集中润滑系统。每台过滤机都有一个油站,给 12 个润滑点自动加黄油润滑。

(5) 浆化器驱动装置采用滑差电机控制,既可以调速,又可以起到保护电机作用。

道尔公司的 $100 m^2$ 辊子卸料转鼓式真空过滤机技术性能见表 12-37。

表 12-37 $100 m^2$ 辊子卸料转鼓式真空过滤机技术性能

过滤面积/m^2	转鼓尺寸 /$m \times m$	转速/$r \cdot min^{-1}$	单位产能(干赤泥) /$kg \cdot (m^2 \cdot h)^{-1}$	搅拌次数 /$r \cdot min^{-1}$	真空度/kPa
100	$\phi 4.2 \times 7.54$	$0.33 \sim 2.33$	250	20	$47 \sim 53$

中国铝业山东分公司恒成机械制造厂开发了新型结构的 $100 m^2$ 转鼓式真空过滤机。其转鼓直径 4235mm、长度 7540mm、转速 $0.36 \sim 2.2 r/min$,转鼓驱动电机 7.5kW(变频)、搅拌驱动电机 7.5kW、搅拌频率 23 次/min。其特点有:转鼓采用鼠笼式结构,刚性大,可机械加工,保证了转鼓的圆柱度。

过滤机采用单分配阀结构,增大了摩擦盘与分配盘直径,气液通过量大;转鼓与卸料辊采用分别传动方式,转速按比例自动控制。从而增大设备的单位产能、改善卸泥效果。

E 板式压滤机

板式压滤机是一种间歇性操作的加压过滤设备,氧化铝厂早已开发试用过。近几年得益于国内机械制造水平的提高,板式压滤机已经在氧化铝厂的若干环节使用,特别是用于在赤泥堆场设置的赤泥的过滤和化学品氧化铝的一些品种的生产和科研。

景津压滤机集团有限公司是国内最大的压滤机生产者,可以提供完整的产品系列。其设备型号的表示方法为:

$$(K 或 XB)(AM)(ZJSY)(G)\square/\square-(UXF)(BK)$$

(1) K 表示节能高效快开式压滤机,一次可拉几块,卸料速度快。K 型不区分 A 或 M。

（2）X 或 B 卸料时一次拉开一块。X 表示滤板形式为厢式，即不分板和框（适用于各种行业，具有操作方便、承受压力高、耐温程度高等优点）。B 表示板框式压滤机（即形式为一板一框式，外形尺寸不大于 1000mm，主要适用于制药、食品等滤布经常拆卸的行业，使用少）。

（3）A 表示暗流出液，即每个滤室都有出水孔，所有出水孔汇集在一个暗流管道将滤液排出。M 表示明流出液，即每个滤室都有出水孔，每个滤室出水孔都分别装有排液管，滤液排出后共同汇集在一个集液槽。

（4）Y 表示液压；Z 表示 Y 形式下拉板系统自动控制，用机械手取、拉滤板；S 表示手动；J 表示机械传动。均为压紧动力来源的表述。

（5）G 表示设备为隔膜式压滤机，主要用于对滤饼含水要求低的行业。特点是：滤饼水分低，循环周期短，处理量大。

（6）□/□ 表示过滤面积/滤板外形尺寸。

（7）U 表示材质为聚丙烯；X 为橡胶；F 为铸铁，后两者很少用。

（8）B 表示不可洗；K 表示可洗，表示压滤机是否具备滤饼洗涤功能。

景津系列压滤机过滤压力可达 1.5MPa（见图 12-34），耐温最高可达 120℃。适用于各种悬浮物的固液分离，板尺寸达到 2000mm，单机最大过滤面积为 1180m^2，可以通过在公司的过滤实验室或用户现场实地试验，确定合适的参数。主要型号有 XMZ、XAZ、KZG 等。以 X（AM）Z 型为例，其主要参数见表 12-38。

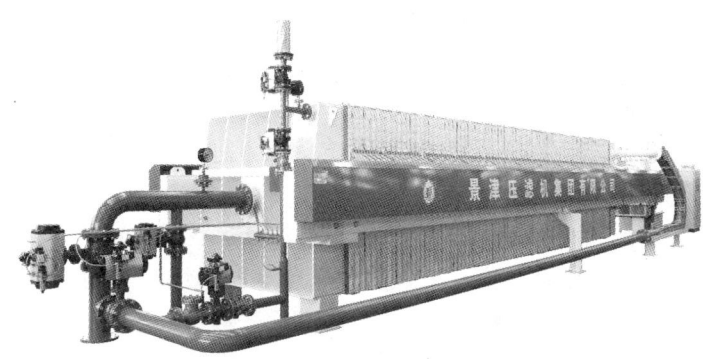

图 12-34　压滤机

表 12-38　景津程控自动厢式（X（AM）Z 型）压滤机主要参数

滤板外形尺寸/mm	滤板厚度/mm	过滤面积/m^2	滤室容积/m^3	功率/kW
800	60	20~80	0.29~1.21	
900	60	40~80	0.59~1.19	
	65		0.63~1.27	2.2
1000	60	60~120	0.9~1.8	
	65		1.09~2.1	
	70		1.19~2.34	

滤板外形尺寸/mm	滤板厚度/mm	过滤面积/m²	滤室容积/m³	功率/kW
1250	65	120 ~ 250	1.9 ~ 3.98	4
	70		2.08 ~ 4.35	
	72		2.38 ~ 4.97	
1500	70	300 ~ 500	4.76 ~ 7.96	5.5
	75		5.22 ~ 8.72	
	80		5.96 ~ 9.96	
1600	72	300 ~ 600	4.76 ~ 9.6	
	75		5.21 ~ 10.5	
2000	83	560 ~ 1180	11.16 ~ 23.61	11

注：滤饼厚度 30 ~ 40mm。

12.7.2 典型的赤泥分离与洗涤工艺流程

依据设备的选用形式，氧化铝厂赤泥分离洗涤可采用如下几种流程：全平底沉降槽分离洗涤、平底沉降槽分离及过滤机过滤洗涤、全深锥沉降槽分离洗涤、平底沉降槽加深锥沉降槽分离洗涤等。

赤泥分离洗涤的操作一般包含以下生产步骤：

（1）沉降分离。稀释后的浆液送入沉降槽，以分离出大部分溶液。沉降槽溢流中的浮游物含量应小于200mg/L，以便减轻叶滤机的负担。

（2）赤泥反向洗涤。将分离沉降槽底流的赤泥浆液进行多次的反向洗涤，使赤泥附液中的碱损失控制在工艺要求的范围之内。

赤泥分离洗涤工序进行工艺配置时，要充分考虑满足洗涤要求，将弃赤泥的附碱量降低至排放要求。因此首先要确定洗涤次数，再根据赤泥的性质选用分离和洗涤设备的型式，同时还要考虑检修通道、管架及与后续工序的连接等问题。图 12-35 所示为典型的拜耳法赤泥分离洗涤工艺配置。

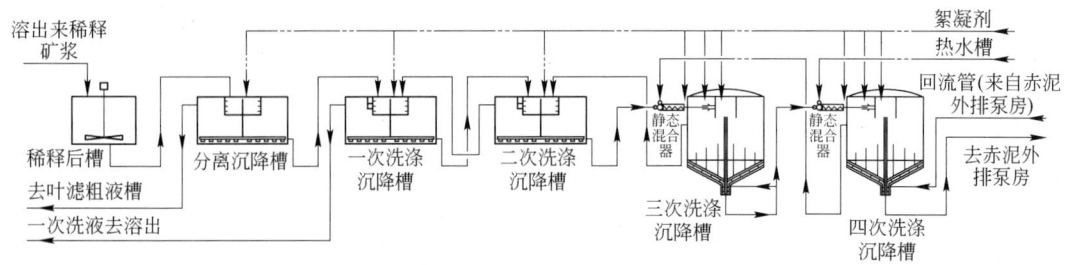

图 12-35　典型的拜耳法赤泥分离洗涤工艺配置

在该工艺配置中，对赤泥进行一次分离、四次洗涤流程的操作，设备采用平底沉降槽加深锥沉降槽。溶出后稀释矿浆进入作为溶出工序至分离工序缓冲槽的稀释后槽，然后进入大型平底沉降槽（ϕ42m）进行赤泥的沉降分离，分离出的溢流（粗液）送入叶滤（铝酸钠溶液精制）工序，分离底流由离心泵送入洗涤系统进行逆向洗涤操作。在赤泥洗涤流程的配置中，最后两次洗涤槽使用了深锥沉降槽，目的是提高底流固含，使弃赤泥固含提高到50%左右，以满足高固含赤泥外排的要求。

这种工艺配置方案具有如下优点：大型平底沉降槽制造简单，对生产波动的适应性很强，操作控制简单；而后面两次洗涤采用深锥沉降槽可满足直接外排高固含赤泥的要求，投资费用不高，电耗少，与使用过滤机相比，大大节省操作维护的工作量，但设备的占地面积较大。

12.8　控制过滤

12.8.1　控制过滤概述

控制过滤在氧化铝生产中又称为铝酸钠溶液精滤或叶滤。在生产中，溶出浆液经赤泥分离沉降槽进行沉降分离，溢流送控制过滤，底流送赤泥洗涤沉降系统。控制过滤就是为了进一步过滤去除溶液中的浮游物，使其满足后续分解工序对精液（即滤清后的精制液）浮游物含量的要求。拜耳法赤泥沉降分离溢流浮游物含量一般为150~500mg/L，烧结法硅渣沉降槽溢流浮游物含量一般为2~3g/L，而分解过程对精液浮游物含量的要求是小于15mg/L，所以控制过滤是保证精液分解产出合格氢氧化铝产品必须设置的净化过程。

由于沉降槽溢流固含低、浮游物粒度细，且过滤过程不宜降温过多以免造成水解，滤液净度要求又高，因此控制过滤通常选用叶滤机。

12.8.2　影响控制过滤的因素

控制过滤过程的动力是叶滤机进料泵的压力在叶滤机的滤布两侧形成的压力差，在此压力差的推动下，进料溶液透过滤饼层和滤布进入滤液接受系统，而溶液中的浮游物则在滤布上被截留，以达到浮游物与滤液分离的目的。

因为分离沉降槽溢流的固含低而且浮游物粒度细小，所以在控制过滤周期的初期滤饼层还未形成时，会有一些细小悬浮粒子进入到滤液中。为了保证滤液达到浮游物含量指标，必须首先使进料溶液打循环，直到形成滤饼层、滤液浮游物含量合乎要求，再正式进行控制过滤。为在过滤初始阶段尽快形成滤饼层、提高过滤效率、缩短打循环的时间，在生产中通常加入石灰乳作为助滤剂。

无论采用哪种叶滤机进行控制过滤，都有滤布清洗和再生的辅助作业。叶滤机工作一个运行周期后，滤饼层增厚、过滤产能减小，需要进行清洗；而经过一段时间、多个周期的运行后，滤布上的孔眼发生堵塞、甚至滤布结硬，影响过滤效果，这时需要对叶滤机进行滤布的再生。

12.8.3　控制过滤的设备

控制过滤用的主要设备是叶滤机。叶滤机分为立式和卧式两种结构形式，均由一组并联的滤叶按一定方式装入密闭的滤筒内，当含浮游物的溶液在压力作用下进入滤筒后，滤液透过滤布和滤板从管道中排出，而固体颗粒被截留在滤叶表面，在卸泥过程中排出。

在中国的氧化铝厂中，早期使用的双筒式凯利叶滤机，设备规格小，双筒合计过滤面积只有 $50 \sim 100m^2$，设备产能低、操作复杂、卸车频繁。20 世纪 80 年代末，从法国道尔公司引进了过滤面积为 $385m^2$、机械化程度较高的大型卧式凯利叶滤机，提高了产能和过滤效率，并沿用至今。2003 年首次从法国高德福林（GAUDFRIN）公司引进可实现连续作业、全自动生产的 DIASTAR 型立式叶滤机，使控制过滤的技术装备水平达到了一个新的高度。

12.8.3.1 大型卧式凯利叶滤机

目前国内氧化铝厂使用的过滤面积为 $385m^2$ 的卧式凯利叶滤机规格为 $\phi3.77m \times 6.25m$，叶滤机筒内装有 21 片长度相同但高度不等的过滤叶片。叶滤机配有液压站，液压站由液压油泵和控制仪表盘两部分组成，机壳的打开和关闭及走台的升降靠液压驱动。卧式凯利叶滤机的一个工作周期一般为 8h，其中 7h 工作，1h 用于打开机筒卸泥和用热水冲刷滤布。在生产中常采用单泵对单机的配置。图 12-36 所示为卧式凯利叶滤机结构示意图。

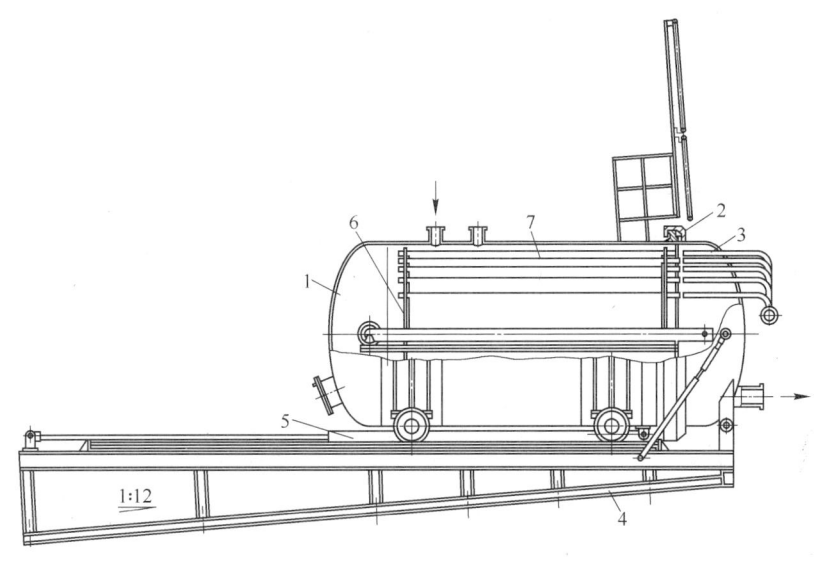

图 12-36 $385m^2$ 卧式叶滤机结构示意图

1—滤筒；2—法兰密封装置；3—滤头；4—支座；5—推力油缸；6—叶片架；7—叶片

目前国内氧化铝厂应用的凯利式叶滤机规格共有两种，一种过滤面积为 $240m^2$，用于烧结法粗液精滤；另一种过滤面积为 $385m^2$，用于拜耳法粗液精滤。道尔公司 $385m^2$ 凯利式叶滤机的性能指标见表 12-39。中国铝业山东分公司恒成机械制造厂也有此类产品。

表 12-39 道尔公司 385m² 凯利式叶滤机性能指标

项目	结构形式	外形尺寸 /mm × mm × mm	过滤面积 /m²	单机处理能力 /m³·h⁻¹	单位面积处理能力 /m³·(m²·h)⁻¹	滤液浮游物 /mg·L⁻¹	工作周期 /h	冲滤饼介质	劳动作业	滤布寿命 /月	碱洗滤布 /周	每台占地面积 /m²
指标	卧式	φ3770 × 13000 × 5500	385	≥250	0.65 ~ 0.85	≤15	8h (卸泥 1h)	高压水	人工冲洗	1 ~ 1.5	1	147

12.8.3.2 立式叶滤机

从法国高德福林公司引进的双星（DIASTAR）立式叶滤机因其良好的过滤性能和技术经济指标在新建和改扩建的氧化铝厂被广泛采用，在世界各地运行的已超过 560 台。与卧式凯利叶滤机相比，立式叶滤机具有如下优点：

（1）过滤效率高。由于 DIASTAR 立式叶滤机卸泥不用开启机壳，不用热水冲刷滤饼而用滤液反冲滤饼，机筒内始终保持作业温度，滤布不易因物料水解而结硬。同时卸泥周期短，滤布再生能力强，使过滤机始终能保持在阻力较小、过滤性能较高的状态下运行，单位面积滤液产能高，滤布寿命长。

（2）自动化程度高。由于 DIASTAR 立式叶滤机卸泥不用打开机筒，不用人工冲洗滤布，全过程自动进行，极大地简化了叶滤操作。

（3）占地面积小。

（4）操作环境改善。

（5）投资少，经营费用低。

立式叶滤机也用于化学品氧化铝的一些品种，如拟薄水铝石（见 25.4.2.4 节）。

DIASTAR 叶滤机包含一个有锥形底的筒体，其装有 3 个垂直布置的内部管道。过滤元件在滤机内呈星形（或双星形）安放。每个过滤元件的出口安装一个由云母保护的观察镜，并带有隔离阀。每个出口与一个环形的外部收集总管连接，滤后清液进入高位槽。DIASTAR 立式叶滤机结构示意图如图 12-37 所示。

全自动高效立式叶滤机的工作过程由计算机控制。设每一个工作循环约为 1h，其中分为 3 个工作阶段：第一个阶段为挂泥阶段，过滤时间为 2min，进料阀 V1 和浑精液阀 V5 打开，其他阀关闭，此期间在助滤剂的作用下溶液中的浮游物在滤布上迅速形成过滤层，较浑浊的滤液返回到粗液槽；第二个阶段为

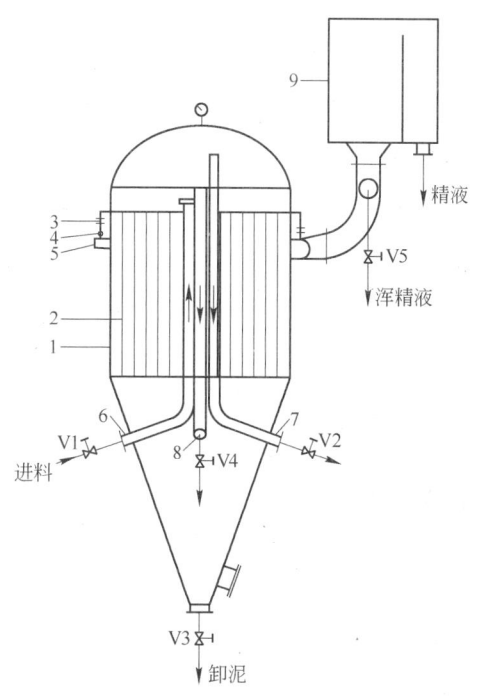

图 12-37 DIASTAR 立式叶滤机结构示意图
1—罐体；2—滤片；3—隔离阀；4—观察镜；5—滤液总管；
6—进料管；7—减压管；8—液位控制管；9—高位槽

正常过滤阶段，过滤时间为57min，在第一阶段结束后，浑精液阀 V5 关闭，合格的滤液在泵压力作用下到达高位槽，产出合格的精液；第三阶段为减压卸泥和恢复阶段，时间为1min，进料阀 V1 关闭，停止进料，减压阀 V2、液位控制阀 V4、卸泥阀 V3 打开，在机内压力降到常压后减压阀 V2 关闭，锥形基罐内经沉降浓缩（上一个循环卸下的泥）的泥浆被排出，当卸泥阀 V3 打开的同时，贮存于高位槽内的滤液回流反冲滤片上的滤饼，滤饼脱离滤布落下，当卸泥时间结束后，进入下一个循环。

法国高德富林公司提供的立式叶滤机产能指标为：最小 $1.5m^3/(m^2 \cdot h)$，正常 $2.3m^3/(m^2 \cdot h)$，最大 $3m^3/(m^2 \cdot h)$；滤后液体固含总量不大于8mg/L。

DIASTAR 立式叶滤机设备规格较多，并可根据生产需要设计合适的过滤面积，目前用在中国氧化铝生产中的 DIASTAR 立式叶滤机过滤面积有单星型：$150m^2$、$226m^2$、$300m^2$ 和 $318m^2$；双星型：$306m^2$、$377m^2$、$454m^2$ 和 $598m^2$。部分法国高德富林公司 DIASTAR 立式叶滤机主要参数详见表 12-40。

表 12-40　法国高德富林公司 DIASTAR 立式叶滤机主要参数

项　目	单位	单　星　型														
过滤面积	m^2	106	117	128	142	155	167	180	198	212	226	247	262	278	300	318
空　重	t	5.6	6.1	6.5	6.8	7.5	8.4	8.9	9.4	9.9	10.6	11.4	12.6	13.2	13.9	14.6
载　重	t	27	29	32	35	39	43	46	50	54	58	63	68	73	78	83
罐体直径	mm	2100	2200	2300	2400	2500	2600	2700	2800	2900	3000	3100	3200	3300	3400	3500
总　高	mm	8455	8595	8735	8875	9015	9075	9215	9355	9495	9595	9735	9875	10015	10085	10235
项　目	单位	双　星　型														
过滤面积	m^2	234	266	290	306	322	338	377	406	435	454	474	507	553	575	598
罐体直径	mm	2600	2700	2800	2900	3000	3100	3200	3300	3400	3500	3600	3700	3800	3900	4000

注：单星型为过滤元件在罐体内呈星形放射状排列，为第一代产品。双星型为在单星型排列的基础上，在靠近罐壁处增加一圈过滤元件，为第二代大尺寸产品。

12.8.3.3　袋滤机

袋滤机是沈阳铝镁设计研究院和原山东铝厂的工程师在 20 世纪 70 年代创造性开发的一种控制过滤设备。袋滤机的工作原理如下。用泵将已经分离和洗涤后的母液、洗液送入袋滤机。在泵压力的作用下，液体渗过滤布经滤筒出料管流出，固体被均匀地阻挡在滤布外面形成滤饼达到液固分离的目的。当滤饼达到一定厚度时，出料阀自动关闭，滤液在蓄能室储存，蓄能室的空气被压缩，其压力不断升高而达到蓄能的目的。

当蓄能压力达到规定值时，在关闭进料阀的同时打开回流球阀，机内压力骤然下降，蓄能室里被压缩的气体膨胀，使积存在滤筒里的滤液反喷出来把滤饼吹脱，同时滤布达到一次清洗，随即开始第二个循环。这里采用的是正压操作。滤饼堆积在机筒锥底，其量达到一定值时滤渣排出阀自动打开并排出滤渣，量小到一定值时排渣阀自动关闭。

　　袋滤机用于立盘式种子过滤机后的氢氧化铝浮游物的回收，也进行了铝酸钠溶液精滤的试验，均取得了良好的效果。袋滤机也用于化学品氧化铝的一些品种，如拟薄水铝石（见 25.4.2.4 节）。但限于综合开发水平，袋滤机的产品规格较小，中国铝业山东分公司恒成机械制造厂的袋滤机系列参数见表 12-41。

表 12-41　袋滤机规格参数

型　　号	过滤面积/m²	滤液产量/m³·h⁻¹	清扫电机/kW	过滤压力/MPa	主机质量/t
DLJ7.5	7.5	35~75			6
DLJ10	10	50~100			11
DLJ20	20	100~200	1.1	≤0.4	18
DLJ40	40	200~400			37
DLJ80	80	400~800			75

12.8.4　控制过滤工艺流程

　　控制过滤（以采用 DIASTAR 立式叶滤机为例）的工艺流程示意图如图 12-38 所示。

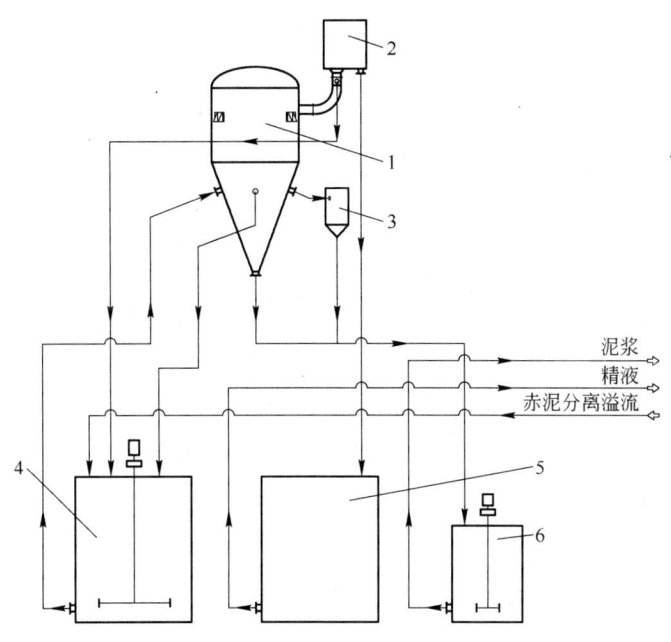

图 12-38　DIASTAR 立式叶滤机工艺流程示意图
1—立式叶滤机；2—高位槽；3—减压罐；4—进料槽；5—精液槽；6—泥浆槽

　　DIASTAR 立式叶滤机工艺配置示意图如图 12-39 所示。

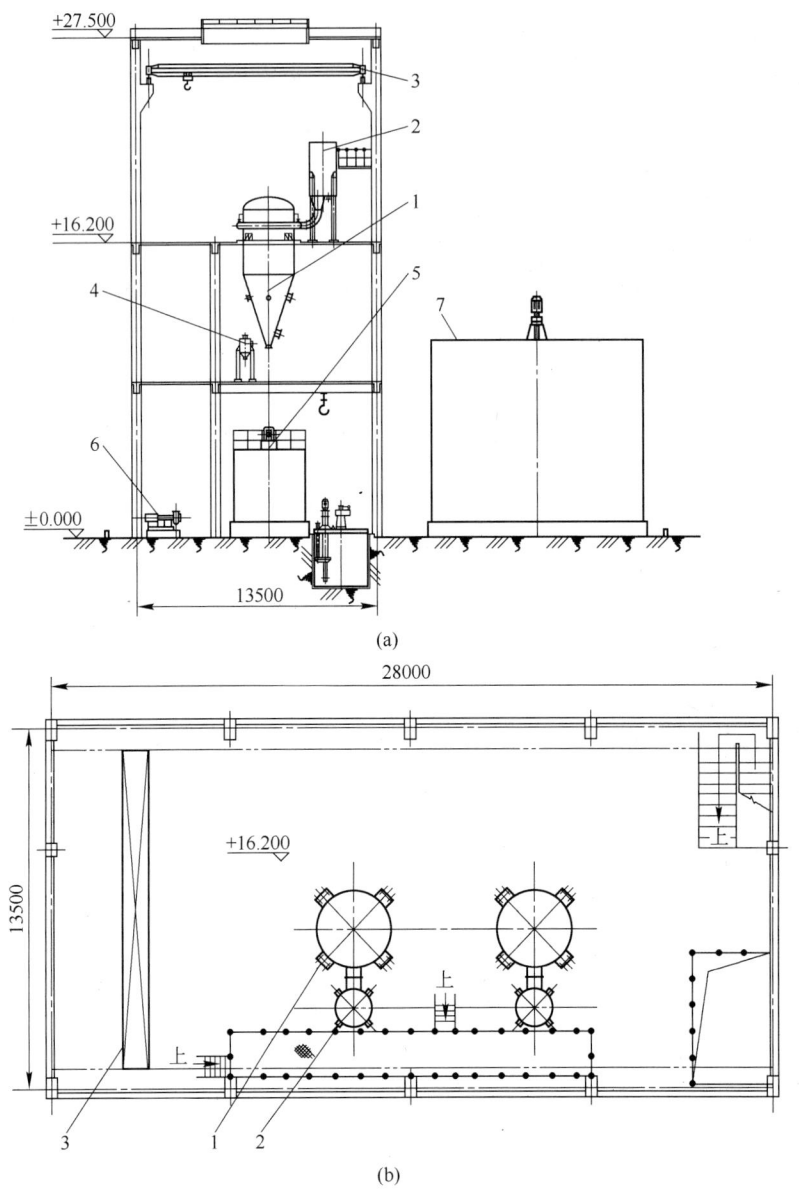

图 12-39 DIASTAR 立式叶滤机工艺配置示意图

(a) 立面图；(b) 平面布置图

1—立式叶滤机；2—高位槽；3—吊车；4—减压罐；5—泥浆槽；6—泥浆泵；7—粗液槽

12.9 烧结法粗液脱硅

12.9.1 烧结法粗液脱硅概述

熟料溶出浆液进行液固分离后得到的含 SiO_2 较高的铝酸钠溶液称为烧结法粗液。在熟料溶出过程中，β-2CaO·SiO_2 不断与溶液中的 NaOH、Na_2CO_3、NaAl(OH)$_4$ 反应，使

部分 SiO_2 进入溶液，并呈介稳状态存在。溶液中的 SiO_2 含量主要取决于溶出和液固分离的条件。一般说来，当其他条件相同时，最终溶液中的氧化铝浓度愈高，SiO_2 的含量也愈高。

粗液中一般含有的 SiO_2 浓度为 4.5 ~ 6.0g/L，大大超过了相应条件下 SiO_2 的平衡浓度，如果不加以处理，无论采用碳酸化分解或种子搅拌分解工艺，SiO_2 都将在分解过程中随 $Al(OH)_3$ 大量析出，严重影响产品质量。因此，必须设置专门的粗液脱硅工序，使溶液中以过饱和状态存在的 SiO_2 尽可能多地转变为固相分离出来，以便为分解工序提供高质量的分解原液。粗液脱硅工序是烧结法氧化铝生产中不可缺少、但又能耗较高的主要工序之一，也是能否生产出合格质量的氧化铝产品的重要环节。在生产过程中，采用先进的脱硅工艺技术是实现烧结法节能降耗、降本增效的关键所在。

经脱硅、精滤处理后含 SiO_2 较少的溶液称为烧结法精液。粗液脱硅过程中，通常以铝酸钠溶液中所含 Al_2O_3 与 SiO_2 的比值（A/S），即溶液的硅量指数来表示溶液中 SiO_2 的脱除程度。硅量指数（Al_2O_3/SiO_2）的计算公式如下：

$$Al_2O_3/SiO_2 = \frac{铝酸钠溶液中的\ Al_2O_3}{铝酸钠溶液中的\ SiO_2}$$

式中铝酸钠溶液中的 Al_2O_3 及 SiO_2 的单位可以是浓度（g/L）或者是质量分数。烧结法粗液一般含有 4.5 ~ 6.0g/L 的 SiO_2，硅量指数约为 20 ~ 30。

12.9.2　粗液脱硅的目的

烧结法粗液中含有的 SiO_2 是不稳定的，若不事先加以排除，在铝酸钠溶液分解时将大部分析出进入氢氧化铝。为了保证产品质量，必须设置专门的脱硅过程，以提高溶液的硅量指数。同时，溶液中 SiO_2 含量降低后还可减轻随后蒸发时的结垢。

溶液的硅量指数达到 250 ~ 350 便可符合种子分解的要求。而溶液的硅量指数达到 550 ~ 600 时，烧结法碳酸化分解的 Al_2O_3 分解率的控制可高达 90%。通过深度脱硅技术的开发和应用，碳酸化分解原液的硅量指数可以提高到 1000 以上，这使烧结法产品质量可以不再逊于拜耳法。

12.9.3　粗液脱硅工艺流程

中国氧化铝厂采用的脱硅流程大体上可分为加压脱硅、常压脱硅和深度脱硅三种或三种流程的组合。以下分别介绍三种不同操作条件下的脱硅工艺。

12.9.3.1　加压脱硅

加压脱硅（也称为压煮脱硅）是指粗液在超过溶液沸点的温度下和在压力容器——脱硅器内，添加拜耳法赤泥或硅渣分离工序生成的硅渣（钠硅渣、钙硅渣或钠钙混合渣）作为脱硅种子，搅拌足够的时间，使其中部分 SiO_2 以钠硅渣的形式析出，从而获得具有较高硅量指数的分解原液。

脱硅过程可以认为是铝酸钠溶液中的 SiO_2 与其他成分发生反应生成水合铝硅酸钠（即钠硅渣 $Na_2O \cdot Al_2O_3 \cdot 1.7SiO_2 \cdot nH_2O$）以及铝硅酸钠的结晶过程。所以，提高脱硅温度、加大种子量以及延长脱硅时间都可以促进脱硅反应进行，获得硅量指数较高的分解原液。

加压脱硅的适宜温度在 150~170℃ 之间，此时 SiO_2 在溶液中的溶解度较低。

加压脱硅流程采用的设备与铝土矿压煮溶出采用的设备相似，包括进料泵、套管换热器、脱硅机、自蒸发器等。

在脱硅原液进入加压脱硅系统之前应先进行充分的常压预脱硅，这是因为通过预脱硅可以提高铝酸钠溶液的硅量指数，使随后的加热过程中减轻加热器壁上钠硅渣析出和结疤。这样可以提高加热过程的传热效率，降低热耗，减少清洗难度，延长运行周期。

中国氧化铝厂加压脱硅工序的典型工艺流程如图 12-40 所示。

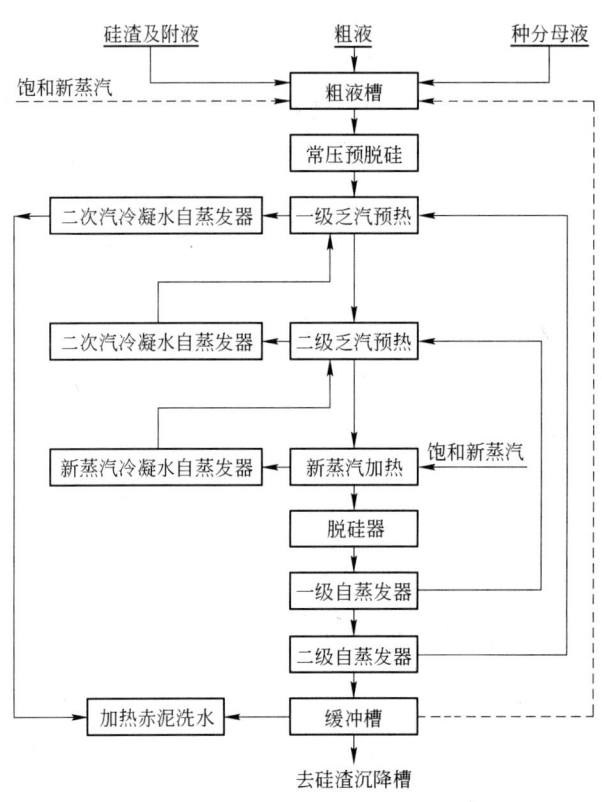

图 12-40　典型的加压脱硅工艺流程

加压脱硅工序的典型工艺流程为：烧结法赤泥分离后的全部粗液、种分蒸发母液和脱硅种子及其附液送至粗液槽，混合均匀，并采用缓冲槽乏汽或新蒸汽直接加热（或者采用蒸汽间接加热），完成预脱硅反应。预脱硅后的浆液泵送至间接加热加压脱硅器组，采用多级套管间接加热，分别用乏汽和新蒸汽加热至 150~170℃，然后进入脱硅器组。在脱硅器组中停留若干时间进行脱硅反应。脱硅反应的时间取决于溶液连续通过这些脱硅器的流量。通常流程中有 5~7 台脱硅器，以保证溶液在其中停留 45min 以上，确保足够的钠硅渣从溶液中结晶析出。脱硅后的浆液再经两级自蒸发器及一级缓冲槽降温至110℃。脱硅后的溶液在这些自蒸发器和缓冲槽中因压力降低而蒸发，并产生自蒸发乏汽。第一、二级自蒸发器乏汽去套管换热器预热料浆，缓冲槽乏汽去加热赤泥洗水，或进入粗液槽加热常压预脱硅料浆。

12.9.3.2 常压脱硅

常压脱硅是指在一定的温度下，向溶液中添加拜耳法赤泥或硅渣分离工序生成的硅渣（钠硅渣、钙硅渣或钠钙混合渣）作为脱硅的种子，搅拌足够的时间，使 SiO_2 以钠硅渣的形式析出。常压脱硅的原理与加压脱硅基本相同，均为水合铝硅酸钠从溶液中结晶析出的过程。常压脱硅出料的硅量指数一般在 250~300 左右，可以满足种子分解工序对精液质量的要求。常压脱硅过程的设备相对简单、操作条件更为宽松，采用常压脱硅方法生产用于种子分解的原液在技术上是可行的。

常压脱硅要求的技术条件如下：

（1）脱硅原液温度要求大于 95℃，低于溶液沸点；

（2）采用新鲜硅渣或拜耳法赤泥作为脱硅种子，脱硅原液固含为 60~80g/L 左右；

（3）脱硅原液 α_K 控制在 1.50 以上，以避免发生 $Al(OH)_3$ 水解；

（4）在强烈搅拌下保温 6~8h，使溶液硅量指数达到 300 左右。

铝酸钠溶液常压脱硅时，虽然在第一个小时内可以脱除 86% 的 SiO_2，但随着脱硅程度的提高，脱硅速度大大减缓。常压脱硅时间与脱硅深度的关系见表 12-42。

表 12-42　常压脱硅时间与脱硅深度的关系

脱硅时间/h	0	1	2	6	12	15
精液 SiO_2 浓度/g·L^{-1}	5.8	0.87	0.7	0.64	0.25	0.22
脱硅程度/%	0	86	88.6	89.5	95.5	96

12.9.3.3 深度脱硅

通过上述的常压和加压脱硅工艺，可以使溶液中的 SiO_2 成为水合铝硅酸钠（$Na_2O \cdot Al_2O_3 \cdot 1.7SiO_2 \cdot nH_2O$）析出，但脱硅后精液的硅量指数通常低于 450。深度脱硅即是向常压或加压脱硅后的溶液再加入一定数量的石灰，使溶液中剩余的部分 SiO_2 成为水化石榴石系固溶体（$3CaO \cdot Al_2O_3 \cdot mSiO_2 \cdot xH_2O$）析出，这种化合物在铝酸钠溶液中的溶解度更低，因而能将铝酸盐溶液中的 SiO_2 更深度地脱除，硅量指数提高至 1000~1200。但是，必须注意到，SiO_2 以生成水化石榴石的形式析出，同时会带来大量的 Al_2O_3 损失。在目前采用的深度脱硅条件下，获得的水化石榴石化合物中 $m = 0.1~0.2$ 分子，即每分子 SiO_2 消耗的 Al_2O_3 接近于生成水合铝硅酸钠消耗 Al_2O_3 的 10 倍。但是也正是由于水化石榴石系固溶体比水合铝硅酸钠的溶解度更低，因此在加入石灰之前，应将沉降槽溢流浮游物（即钠硅渣）尽可能除去，以免生成的钠硅渣转化成为溶解度更低的钙硅渣，引起 Al_2O_3 的损失。由此可见，为尽可能降低 Al_2O_3 损失，必须在加压脱硅中获得铝硅比尽可能高的溶液。

石灰的添加量、深度脱硅温度以及时间是影响深度脱硅效果的几项重要因素。石灰添加量越多，脱硅溶液的硅量指数越高，但损失的 Al_2O_3 也越多。当深度脱硅的条件为：温度在 100℃ 以下，脱硅原液的成分为：Al_2O_3 105.9g/L，Na_2O_T 110.31g/L，Na_2O_C 20.9g/L，$A/S = 222$，浮游物（钠硅渣）0.5g/L，添加不同量的石灰时，所得深度脱硅试验数据见表 12-43。

表 12-43 CaO 添加量及脱硅时间对铝酸钠溶液脱硅过程的影响

CaO 添加量 /g·L⁻¹	CaO：SiO₂ （摩尔比）	深度脱硅后溶液的硅量指数			Al₂O₃ 损失量 /g·L⁻¹
		10min	60min	120min	
4. 28	9. 58	222	389	477	0. 9
6. 44	14. 4	313	624	624	1. 9
8. 59	19. 2	376	871	921	4. 6
12. 90	28. 8	620	1477	1562	7. 7

铝酸钠溶液添加石灰脱硅过程的速度和深度是随着温度的升高而提高的。在其他条件相同时，温度越高，水化石榴石中 SiO₂ 的饱和度越大，溶液中 SiO₂ 的平衡浓度也就越低，故有利于减少石灰用量和 Al₂O₃ 损失。深度脱硅的温度一般控制为 95~100℃。由表 12-44 可见，在此温度范围内，CaO 添加量为 10g/L 的条件下，进行深度脱硅是适宜的。

表 12-44 CaO 添加量及脱硅时间对铝酸钠溶液脱硅过程的影响

温度/℃	原液成分					精液硅量指数		
	Na₂O_T 浓度 /g·L⁻¹	Al₂O₃ 浓度 /g·L⁻¹	Na₂O_C 浓度 /g·L⁻¹	摩尔比	A/S	30min	60min	120min
80	121. 8	104. 8	23. 09	1. 55	320	326	356	420
80	120. 8	104. 5	23. 46	1. 53	368	374	418	552
100	121. 9	103. 6	24. 2	1. 55	360	1176	1800	2500
100	122. 4	101. 4	25. 3	1. 57	368	840	1280	2130

深度脱硅的工艺流程如图 12-41 所示。

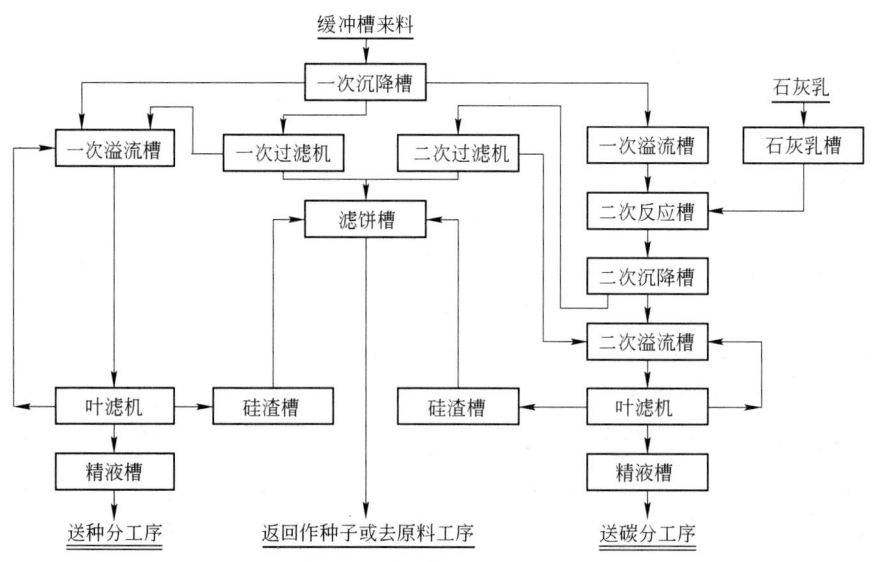

图 12-41 深度脱硅工艺流程

深度脱硅的工艺流程为：加压脱硅出料经一次硅渣沉降槽进行沉降分离，沉降槽底流经过滤机进行液固分离，硅渣及附液去滤饼槽，沉降槽溢流一部分直接送叶滤机，经叶滤后得到的精液送种子分解工序，其余溢流加入定量的石灰乳在二次反应槽内进行深度脱硅,槽内温度保持 90~95℃,停留 60~90min,再送二次硅渣沉降槽分离。硅渣沉降槽底流经过滤机过滤后,硅渣及附液去过滤机滤饼槽,混合硅渣及附液一部分去粗液槽作种子,其余返回原料磨系统配料,分离溢流经叶滤后得到的精液送至碳酸化分解工序。

深度脱硅后的精液硅量指数一般控制在 600~1000。

12.9.3.4 粗液脱硅的流程的选择

根据氧化铝厂工艺设计规范的规定,烧结法粗液脱硅工艺流程,应根据氧化铝产品质量及分解工序对精液硅量指数的要求来选择,一般应符合下列要求:

(1) 要求精液硅量指数为 250~300 时,可采用添加硅渣种子的常压脱硅流程;也可采用添加硅渣种子预脱硅后进行加压脱硅的流程。

(2) 要求精液硅量指数为 400~500 时,可采用添加硅渣种子预脱硅后进行加压脱硅的流程。

(3) 要求精液硅量指数大于 500 时,可采用添加硅渣种子预脱硅后进行加压脱硅,钠硅渣沉降分离,沉降槽溢流再添加石灰乳或其他添加剂,进行常压二次脱硅的流程。

(4) 要求精液硅量指数大于 1000 时,可采用添加硅渣种子预脱硅后一次加压脱硅,一次钠硅渣沉降分离,沉降槽溢流经叶滤机精滤,叶滤机滤液添加石灰乳或其他添加剂进行深度脱硅的二次脱硅流程。

12.9.4 粗液脱硅的工艺技术条件及指标

表 12-45 列出了某氧化铝厂粗液脱硅工序(包括间接加热脱硅及深度脱硅)的主要工艺技术条件及指标。

表 12-45 粗液间接加热脱硅及深度脱硅主要技术指标

项 目	数 值	项 目	数 值
预脱硅原液固含/g·L^{-1}	30~60	缓冲槽出料温度/℃	115
预脱硅原液硅量指数 A/S	20~40	一次精液硅量指数 A/S	330
脱硅原液 α_K	1.40~1.48	一次精液 α_K	<1.45
预脱硅温度/℃	100~105	沉降槽底流液固比	2
预脱硅时间/h	约2	沉降槽溢流固含/g·L^{-1}	<0.5
加压脱硅温度/℃	165	每吨干硅渣絮凝剂添加量/t	0.065
加压脱硅停留时间/min	≥40	石灰乳添加量/g·L^{-1}	6~8
饱和新蒸汽温度/℃	179	二次脱硅反应时间/min	60~90
饱和新蒸汽压力(绝)/MPa	1.0	二次精液硅量指数 A/S	600~1000
第一级料浆自蒸发器乏汽压力(绝)/MPa	0.424	二次精液 α_K	<1.50
第二级料浆自蒸发器乏汽压力(绝)/MPa	0.284	一精液及二精液固含/g·L^{-1}	≤0.012
缓冲槽乏汽压力(绝)/MPa	0.141		

由表 12-45 可见,间接加热脱硅及深度脱硅各项技术指标是相互配合、互为依存的,也就是在脱硅温度(压力)、脱硅时间、浮游物含量、精液浓度等条件中,任何一项发生了变化,其余的各项条件则必须做相应的改变,才能确保脱硅后溶液的硅量指数达到所要求的指标。

12.9.5   典型的粗液脱硅工艺流程

12.9.5.1   直接加热连续脱硅

直接加热连续脱硅，是在烧结法粗液中加入定量的种分母液和拜耳法赤泥（或硅渣种子），配制成一定苛性比值及固含的脱硅原液，由进料泵送入脱硅器内，进行直接加热到指定温度，并保温若干时间，完成加压脱硅。一般由五个脱硅器串联成一个脱硅器组，在1号、2号脱硅机内通入过热新蒸汽直接加热脱硅原液，将温度提高到165℃左右，然后依次通过后几个脱硅器完成脱硅反应。脱硅器出料经过自蒸发器和缓冲槽自蒸发降温，自蒸发所得乏汽返回粗液槽预热脱硅原液，缓冲槽出料进入硅渣分离沉降槽，所得溢流经叶滤机精制成精液后送分解工序。

采用蒸汽直接加热的脱硅工艺，所需蒸汽量的计算如下：

$$Q = \frac{(c_1 m_1 + c_2 m_2)(t_2 - t_1) + q}{h' - h''}$$

式中 Q——所需蒸汽量，kg/h；

c_1——液体比热容，kJ/(kg·℃)；

m_1——液体质量，kg/h；

c_2——固体比热容，kJ/(kg·℃)；

m_2——固体质量，kg/h；

t_2——脱硅温度，℃；

t_1——脱硅原液温度，℃；

q——散热损失，kJ/h；

h'——蒸汽的焓值，kJ/kg；

h''——对应于脱硅温度下的水的焓值，kJ/kg。

散热损失的计算式为：

$$q = 0.20F \times (8 + 0.05t) \times (t - t_0)$$

式中   0.20——脱硅器在保温情况下的散热系数，kJ/(m²·h·℃)；

F——脱硅器表面积，m²；

t——脱硅器壁温度，℃；

t_0——脱硅器周围空气温度，℃；

8，0.05——修正系数。

直接加热脱硅工艺只采用一级自蒸发，自蒸发排出的大量低压乏汽利用率低，从而造成加热新蒸汽耗量增高；另一方面由于加热过程中蒸汽冷凝水进入溶液，使得脱硅精液浓度下降，冲淡率一般在10%左右，因而增加了后续工序的物料流量以及蒸发工序的蒸发量和能耗。

12.9.5.2   间接加热连续脱硅

间接加热与直接加热脱硅在加热方式上不同。间接加热脱硅是在粗液槽及套管预热器内，采用自蒸发二次汽及（或）新蒸汽，将脱硅原液预热至加压脱硅温度，并保温脱硅。

间接加热产生的蒸汽冷凝水不进入系统，脱硅后浆液通过自蒸发而被浓缩。

间接加热连续脱硅与直接加热脱硅相比，具有如下特点：

（1）由于增加了新蒸汽冷凝水自蒸发流程，提高了蒸汽利用率，降低了汽耗。

（2）脱硅溶液不被蒸汽冷凝水冲淡，反而由于料浆的自蒸发而被浓缩，使进入后续工序的物料流量减少，减少了配套设备投入，提高了分解槽产能，减少了蒸发工序的汽耗和负荷。

（3）在直接加热工艺中，蒸汽直接加热是在1号和2号脱硅器内进行的，料浆从脱硅器顶部注入，加热蒸汽从底部喷进，汽液两相温差大，加上两相对流的强烈冲击作用，使脱硅器产生振动，既影响设备寿命，又不安全，而且噪声很大。采用间接加热不需向脱硅机内通入蒸汽，从而消除了脱硅器的振动，延长了设备使用寿命，也消除了噪声，改善了工人的劳动环境。同时，由于脱硅原液进入脱硅器之前先进行过充分的预脱硅，明显减少了脱硅器内的结疤，延长了设备清理周期。

（4）实现脱硅工序的连续化、自动化作业，大大降低劳动强度。

（5）间接加热连续脱硅工艺由于增加了料浆管道化预热系统，其工艺设备质量大、投资多，进料泵压力高、消耗功率大。

图 12-42 所示为间接加热连续脱硅工艺设备流程。

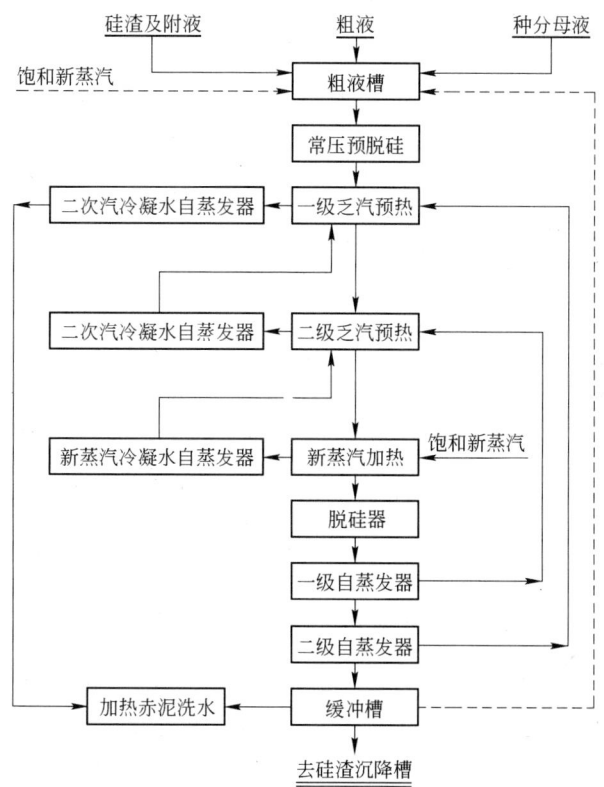

图 12-42 间接加热连续脱硅工艺设备流程

间接加热脱硅过程提高了新蒸汽的利用率和精液浓度，减少进入后续工序的物料流量，具有显著的节能优势。提供在接近沸点下进行预脱硅，使溶液中的 SiO_2 在预脱硅过程中就大量析出，然后进行间接加热，可以避免在加热表面出现严重的结疤现象。此外，采用高压水力清洗机清理套管换热器中的结疤，可大大减轻清理维修的劳动强度。

12.9.6   粗液脱硅设备的特点及选用条件

粗液脱硅工序的主要设备包括进料泵、套管换热器、脱硅器、自蒸发器、缓冲槽、硅渣沉降槽及叶滤机等。表 12-46 为烧结法脱硅工序的主要设备表。

表 12-46   粗液脱硅工序的主要设备

序 号	设 备 名 称	数 量	序 号	设 备 名 称	数 量
1	粗液槽（预脱硅槽）/台	1~2	8	第一级冷凝水自蒸发器/台	1
2	脱硅进料泵/台	2	9	第二级冷凝水自蒸发器/台	1
3	脱硅套管换热器/组	1	10	第三级冷凝水自蒸发器/台	1
4	脱硅器/台	5	11	水封罐/台	1
5	第一级自蒸发器/台	1	12	冷凝水泵/台	1
6	第二级自蒸发器/台	1	13	硅渣沉降槽/台	2
7	缓冲槽/台	1	14	卧式叶滤机/台	2

12.9.6.1   套管换热器

套管换热器由外管和内管构成，内管可以是单根或多根。料浆由泵送入套管换热器的内管，热媒（饱和新蒸汽或自蒸发二次蒸汽）进入内外管之间，与内管中的料浆进行热交换。套管换热器的构造示意图如图 12-43 所示。

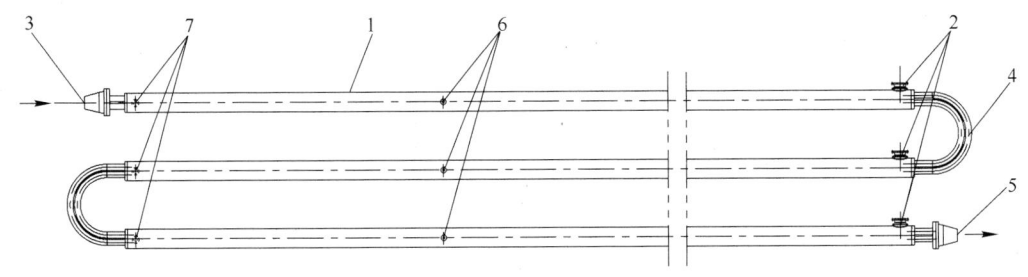

图 12-43   套管换热器构造示意图
1—外管；2—蒸汽入口；3—进料口；4—内管；5—出料口；6—不凝气口；7—排水口

套管换热器组叠层安装在管架上，一般采用上部进料，下部出料；同一层高端进蒸汽、低端排出冷凝水的形式。安装的坡向一般分为两种形式，其中一种为螺旋上升形式，有利于停车时料浆自然排出；另一种形式为所有套管按同一坡向安装（约3‰），该形式有利于套管管架的施工。

套管换热器换热面积的选取与对数平均温差、蒸汽参数、矿浆流量及内管平均直径等参数有关。在可能的情况下，应合理选择对数平均温差（即合理选择蒸汽参数），以设计出合理的换热面积。

12.9.6.2　脱硅器

脱硅器是一个圆筒形容器，一般有 $\phi2.5m \times 9.5m$、$\phi2.6m \times 11m$ 及 $\phi2.8m \times 12m$ 等几种规格。脱硅器的球形上盖及下底由厚为 $22 \sim 24mm$ 的钢板焊成，在高温高压下，仍具有较高的机械强度。上盖有进料口、不凝气口及测压管口，下底装有蒸汽喷头。在器外的一侧，固定有垂直的出料管，其下端斜向机内。脱硅器的上盖与下盖装有人孔。图 12-44 所示为脱硅器的构造示意图。

为节省脱硅器的占地面积和简化平面布置，也可将脱硅器的出料管安装在机筒内部，由顶盖封头引出。

脱硅器数量根据机组需要通过的液量和停留时间进行计算的结果选取。

12.9.6.3　自蒸发器

自蒸发器是一个圆筒形密闭的压力容器。自蒸发器的压力等级应按略高于本级自蒸发二次乏汽的压力设计。自蒸发器的规格与自蒸发产生的二次蒸汽量、蒸汽比容及截面流速有关。自蒸发器的器壁一般用钢板焊成，具有球形的上盖与锥形的下底，器内装有汽水分离器的专用挡板，人孔安装在锥体器壁上，自蒸发浆液从腰部成切线方向高速进入，为了防止器壁磨损，内部安装有衬板及耐磨锥。图 12-45 为自蒸发器构造示意图。

脱硅浆液在脱硅机内压力的作用下进入自蒸发器，由于高温浆液在自蒸发器内压力突

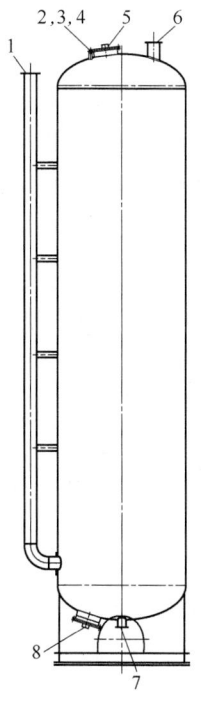

图 12-44　脱硅器构造示意图

1—出料口；2—仪表口；3—不凝气口；4—仪表口；
5，8—人孔；6—进料口；7—蒸汽口

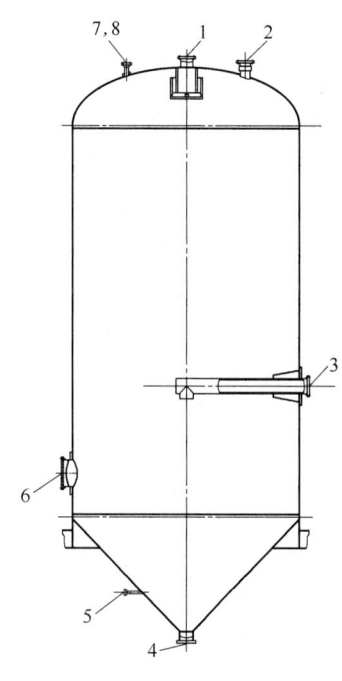

图 12-45　自蒸发器构造示意图

1—蒸汽出口；2—安全阀口；3—进料口；4—出料口；
5，8—仪表口；6—人孔；7—不凝气口

然下降，而产生自蒸发现象。自蒸发产生夹带溶液微粒的蒸汽上升，碰到汽水分离器的挡板时，蒸汽中的溶液微粒便凝结成水珠滴下，从而实现汽水分离，使排出的蒸汽不致将碱液带走。浆液由切线方向进入自蒸发器内，由于旋转产生了离心力作用，使得汽水分离速度加快。自蒸发器排出的蒸汽被送往套管加热器预热脱硅原液或去粗液槽直接加热粗液，底部出来的浆液则进入下一级自蒸发器进料口或缓冲槽内。

自蒸发器的直径由闪蒸的二次蒸汽量、蒸汽比容以及二次蒸汽的截面流速确定。

12.9.6.4　缓冲槽

缓冲槽是一个圆筒形容器。缓冲槽的顶部装有汽水分离器，腰部有进料口，进料方向与自蒸发器相似，经顶部排汽口出来的乏汽作为加热赤泥洗水或预热脱硅原液之用，由底部卸料口出来的浆液压入硅渣沉降槽的分料箱。图12-46所示为缓冲槽的结构示意图。

缓冲槽的主要作用是将通过自蒸发器后的脱硅浆液再进行一次自蒸发降温，使浆液温度降到沸点以下，以利于硅渣槽沉降分离、改善沉降槽操作环境。

缓冲槽规格由缓冲槽内自蒸发产生的二次蒸汽量、蒸汽比容及截面流速确定。

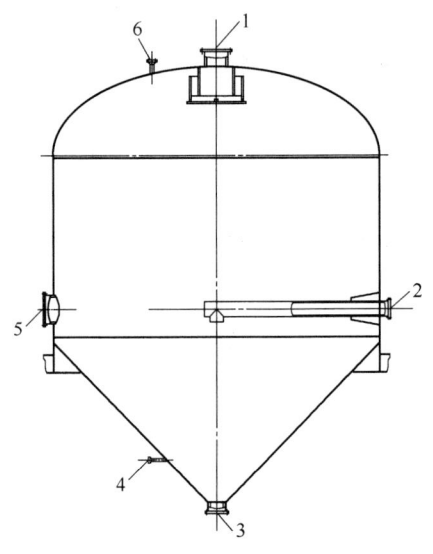

图 12-46　缓冲槽构造示意图
1—蒸汽出口；2—进料口；3—出料口；
4，6—仪表口；5—人孔

12.9.6.5　硅渣沉降槽

硅渣沉降槽是一个锥形底的钢制圆槽。在槽上有金属桁架以支撑耙机的重量，耙机的轴插在加料筒的中心，上端悬挂在金属架上，并与蜗轮相接。开动马达时，与马达相连接的蜗杆就开始转动，并带动蜗轮，使其在水平方向旋转，带动耙机缓慢地旋转。耙机转速根据沉降槽的直径、锥角及物料性质来选择，但不应破坏沉降过程。在沉降槽耙机工作异常时，力矩升高，超过一定范围时即可启动过载保护，防止烧毁驱动电机。

硅渣沉降槽的中心为加料筒，缓冲槽的出料通过加料筒进入沉降槽，然后径向分布到槽的四周，进行硅渣沉降，澄清的溶液通过溢流堰进入溜槽流出沉降槽，而沉降槽的硅渣底流则通过耙机的转动被缓慢刮至槽底出口。

图12-47所示为硅渣沉降槽的结构示意图。

硅渣沉降槽的使用原理是根据固体和液体的比重差异，使固体因重力作用而从液体中沉降分离出来。硅渣固体粒子在液体中下沉时，遵循物体在空气中的下落规律，即最初呈加速度下降，而后由于液体介质的摩擦阻力随固体颗粒下降速度的增大而增大，因此经过一段时间的沉降，固体颗粒就以等速运动下沉。此时的下沉速度称为硅渣沉降速度。

在硅渣沉降槽内，大体上存在稠密砂层、泥浆浓缩层、沉降层、清液层等。硅渣在沉降槽内主要发生两个过程：即沉降过程与浓缩过程。硅渣开始是以加速度下沉，而后是等

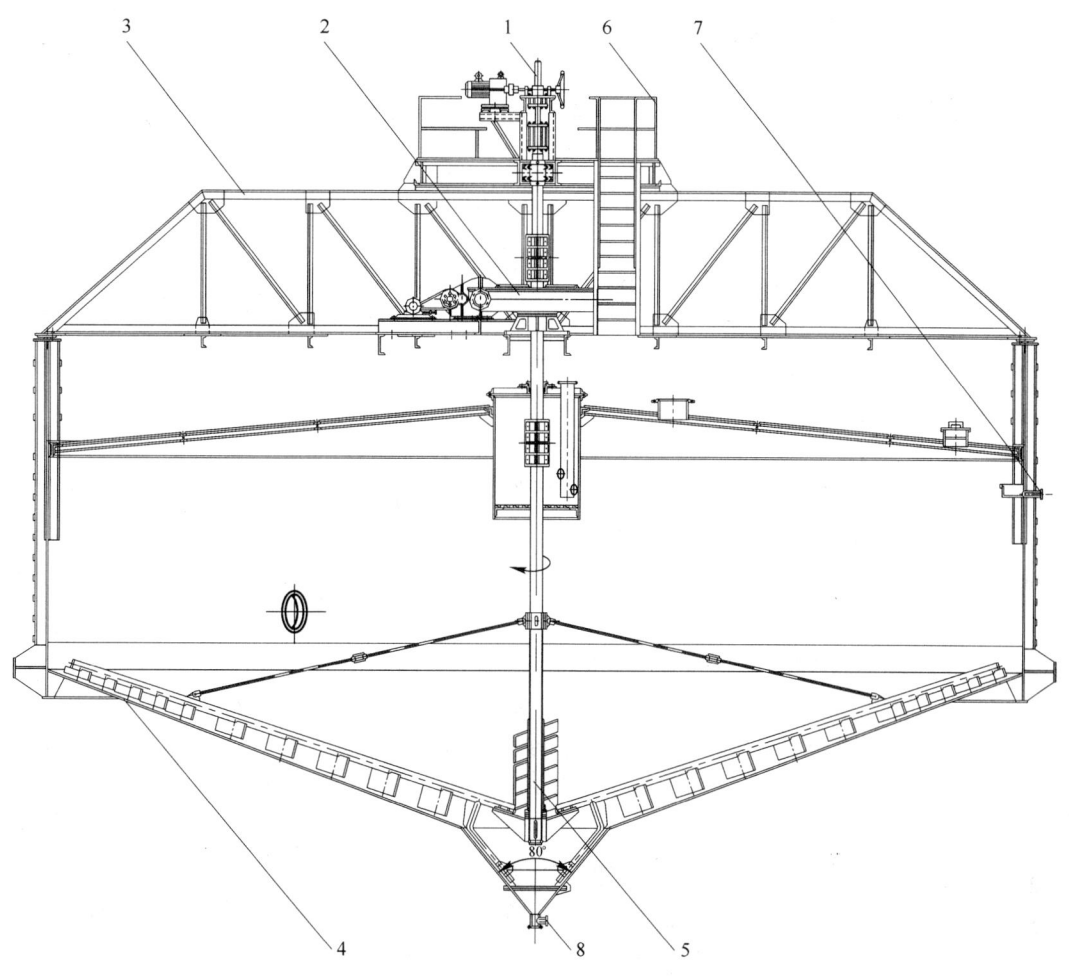

图 12-47 硅渣沉降槽构造示意图

1—升降机械；2—传动机械；3—桁架；4—槽体；5—搅拌装置；6—操作台；7—溢流口；8—底流口

速沉降。在经过一定时间的等速沉降后，便开始了缓慢的浓缩过程，浓缩过程主要是依靠上层液柱所造成的压力，把沉渣内的液体挤出来。

在进行沉降设备选择之前，需要对沉降物料进行沉降性能的试验，以期得到合理的沉降速度、溢流速度以及压缩液固比。沉降速度、溢流速度主要与物料特性有关，而溢流速度以及压缩液固比还与沉降设备的类型有关。

12.9.6.6 硅渣叶滤机

叶滤机的生产能力可以用叶滤速度来表示。叶滤速度是指在单位时间内经 $1m^2$ 叶滤面积所通过的滤液量，单位为 $m^3/(m^2 \cdot h)$。

影响叶滤速度的因素很多，压力、硅渣层厚度、溶液黏度、硅渣的性质（如硅渣的结构及颗粒大小）、硅渣层中硅渣粒子的相互位置，滤布层和硅渣层孔隙率的大小，孔隙直径及孔隙弯曲程度等。这些因素既复杂，又经常变化，因而很难从理论上将过滤速度计算出来。

影响硅渣叶滤速度的因素讨论如下：

（1）叶滤压力。压力是叶滤的推动力。一般对于不易变形的硅渣结晶粒子，提高压力不会导致粒子间孔隙度的变化，所以叶滤速度随压力的增高而增大。目前在实际生产中一般采用 0.2~0.3MPa 的压力。

（2）叶滤阻力。叶滤产能与阻力成反比。硅渣叶滤总的阻力主要由以下几个阻力合成：

1）过滤介质的阻力。该阻力很小，且是固定不变的。

2）结垢的阻力。结垢越严重，孔隙度越小，阻力越大，叶滤机的产能则越低。选择合理的技术条件和操作方法可以减少结垢，如叶滤过程中保持较高的苛性比值和较高的温度，可以大大减轻结垢对叶滤速度的影响。

3）滤渣层的阻力。叶滤产能与硅渣层的厚度及其孔隙度有关，硅渣层的厚度越大、孔隙度越小，则叶滤机的产能越低。硅渣层的厚度主要是与叶滤周期及溶液中的浮游物含量有关。叶滤周期越长，溶液中浮游物含量越高，硅渣层变厚的速度越快。硅渣层的孔隙度主要与硅渣粒度分布有关。硅渣颗粒越粗，孔隙度越大，阻力越小，但叶滤后精液质量越差。反之亦然。

（3）溶液黏度：叶滤机产能与溶液黏度成反比。而黏度主要是与溶液的温度和浓度有关。溶液的浓度低、温度高，则叶滤机的产能可提高。但是按照工艺要求不宜采用过低的浓度，温度受沉降槽操作的限制，也不能任意提高。因此在实际生产中，只能保持硅渣沉降槽温度不低于 98℃，同时通过加强溶液所经过的设备和管道的保温，以保持较高的叶滤温度。

目前用于硅渣分离工序的叶滤机主要有：双筒凯利式叶滤机、卧式叶滤机以及立式叶滤机，以上几种叶滤机与拜耳法铝酸钠溶液精滤过滤所用设备一致，参见 12.8 节。可以通过试验和实际生产中得出的数据作为依据，以确定所需叶滤机的台数。

12.9.7　粗液脱硅工艺配置图

加压脱硅的平面和立面配置示意图如图 12-48 及图 12-49 所示。整个配置采用带篷钢框架结构形式。

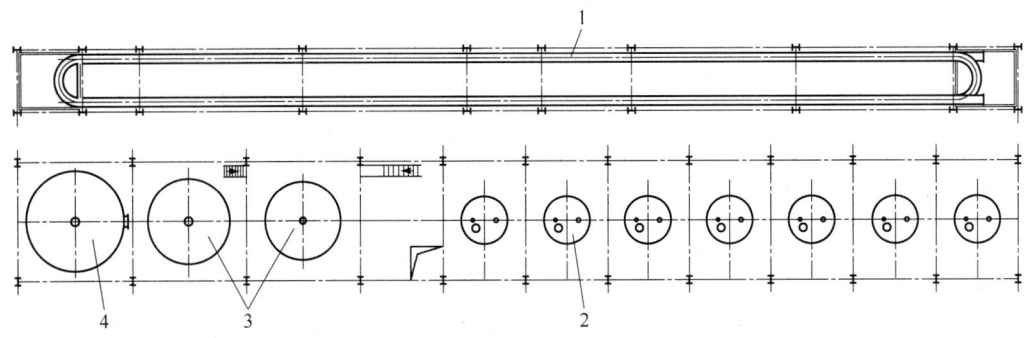

图 12-48　粗液脱硅平面配置示意图

1—套管换热器；2—脱硅器；3—自蒸发器；4—缓冲槽

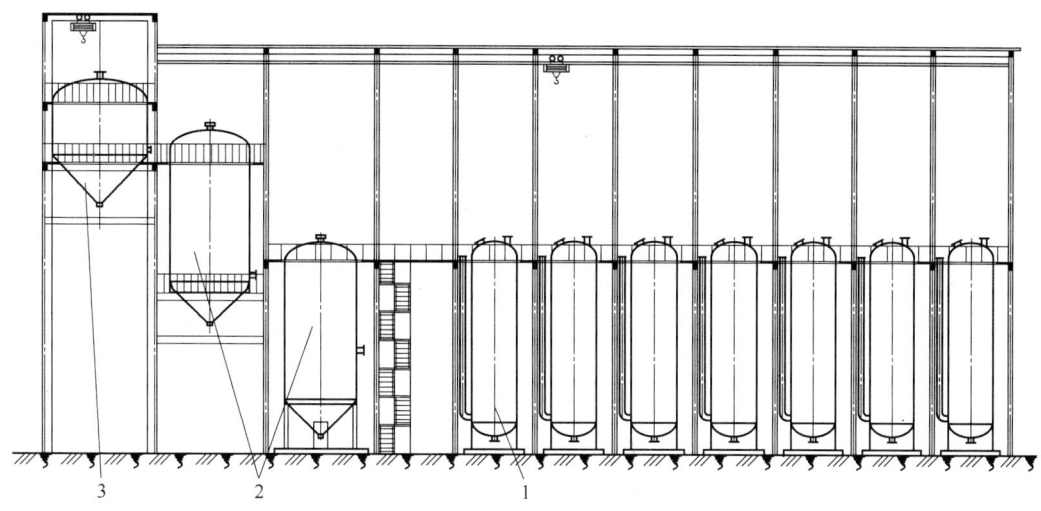

图 12-49 粗液脱硅立面配置示意图

1—脱硅器；2—自蒸发器；3—缓冲槽

12.10 铝酸钠溶液分解

12.10.1 概述

铝酸钠溶液分解是氧化铝生产的关键工序之一。该工序对产品的产量、质量以及氧化铝生产的经济技术指标有着重大的影响。

铝酸钠溶液分解是将上游工序产出的精液，通过种子分解或者碳酸化分解的方法，使溶液中的氧化铝以氢氧化铝结晶的形态析出。所生成的氢氧化铝再经分离洗涤以及焙烧过程，得到产品氧化铝。而分离出氢氧化铝后的分解母液作为循环碱液再返回生产系统。

铝酸钠溶液分解因氧化铝生产方法不同，有种子分解和碳酸化分解（分别简称种分和碳分）。拜耳法生产采用种子分解，烧结法生产则采用碳酸化分解，有时也同时采用种子分解。

铝酸钠溶液种子分解的目的在于：在铝酸钠溶液中添加种子，使其中的氧化铝以氢氧化铝结晶析出，从而得到氢氧化铝产品。种子分解过程的化学反应如下：

$$NaAl(OH)_4 \rightleftharpoons Al(OH)_3 + NaOH$$

种子分解过程是个可逆反应，当系统控制在低温、低苛性比值、低碱浓度条件下，上述反应向右进行，铝酸钠溶液发生分解反应，析出氢氧化铝沉淀。这就是种子分解过程的实质。

烧结法碳酸化分解的过程是：二氧化碳气体通入铝酸钠溶液与溶液中过剩的苛性钠作用，生成碳酸钠，使溶液 α_K 降低。当足够数量的苛性钠转变为碳酸钠后，铝酸钠溶液的稳定性被破坏，分解析出氢氧化铝。碳酸化分解发生的化学反应如下：

$$2NaOH + CO_2 \rightleftharpoons Na_2CO_3 + H_2O$$

$$NaAl(OH)_4 \rightleftharpoons Al(OH)_3 + NaOH$$

12.10.2 种子分解

12.10.2.1 种子分解的主要技术经济指标

衡量种分作业效果的主要指标是氢氧化铝的质量、分解率以及分解槽的单位产能。这三项指标是互相联系而又互相制约的。

A 氢氧化铝质量

氢氧化铝质量包括化学纯度和物理性质两个方面。氧化铝的化学纯度主要取决于氢氧化铝的化学纯度，而氧化铝的某些物理性质，如粒度分布和强度，也在很大程度上取决于种分过程。

氧化铝产品的化学纯度主要与分解原液中的杂质组成、浮游物含量以及分解的工艺条件有关。

冶金级氧化铝按产品的物理性质大致可以分为砂状和粉状氧化铝，前者具有表面积大、粒度粗、流动性好、$\alpha\text{-}Al_2O_3$ 含量低、在铝电解槽电解质中易于溶解、在电解烟气净化中对含氟气体吸附能力强等特点。砂状氧化铝物料性能的典型指标：粒度小于 $45\mu m$ 的细粒质量分数小于 12%、大于 $150\mu m$ 少于 10%、磨损指数小于 20%，比表面积 $60m^2/g$ 以上。

B 分解率

分解率是种分工序的主要指标，它是以铝酸钠溶液中氧化铝分解析出的百分数来表示的。由于种子带有附液以及析出的氢氧化铝会引起溶液浓度与体积的变化，故直接按照溶液中 Al_2O_3 浓度的变化来计算分解率是不准确的。但是由于分解前后苛性碱的绝对数量变化很少，分解率可以根据溶液分解前后的摩尔比变化进行近似计算，见 11.1.2.4 节。

C 分解槽单位产能

分解槽的单位产能是指单位时间内（每小时或每昼夜）从分解槽单位体积中分解出来的 Al_2O_3 数量。

$$P = \frac{A_a \eta}{\tau} \times 100\%$$

式中 P——分解槽单位产能，$kg/(m^3 \cdot h)$；

$\quad A_a$——分解原液的 Al_2O_3 浓度，kg/m^3；

$\quad \eta$——分解率，%

$\quad \tau$——分解时间，h。

计算分解槽的单位产能时，必须考虑分解槽的有效容积。

在文献中常用到"精液产出率"这个指标。精液产出率的意义是从单位体积精液中分解出来的 Al_2O_3 量（g/L），它只与原液 Al_2O_3 浓度和分解率有关。

$$\eta_{精} = \eta_{分} A_a$$

式中 $\eta_{精}$——精液产出率，kg/m^3；

$\quad \eta_{分}$——分解率，%；

$\quad A_a$——分解原液的 Al_2O_3 浓度，kg/m^3。

12.10.2.2 种子分解工艺流程

目前国外拜耳法种子分解生产砂状氧化铝的工艺主要有一段种子分解流程（法铝法）和二段种子分解流程（美铝法及改良的瑞铝法），详见第 15 章。

A 一段分解工艺

典型的一段种子分解工艺流程图和工艺配置图如图 12-50 和图 12-51 所示。

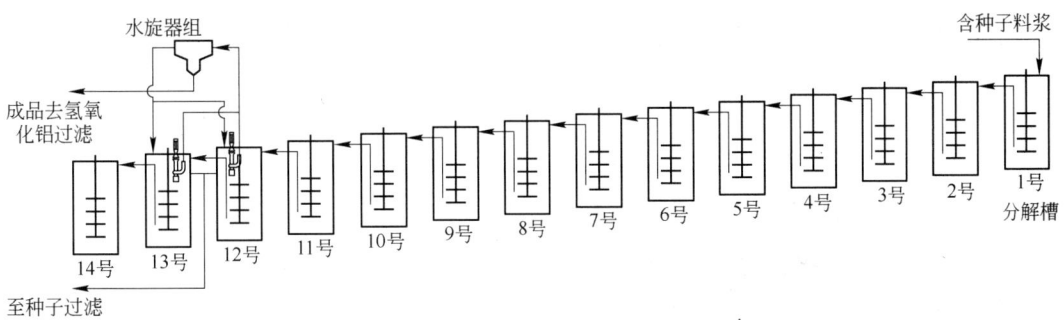

图 12-50 一段种子分解工艺流程

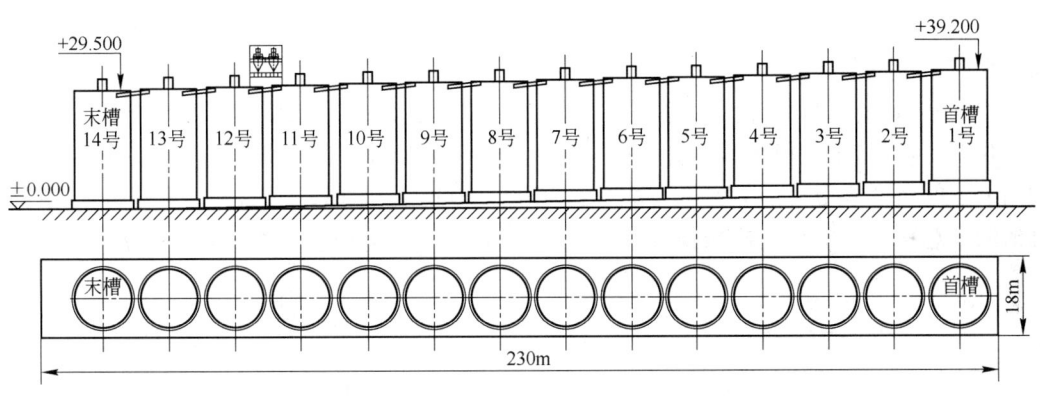

图 12-51 一段种子分解工艺配置

B 二段分解工艺

典型的两段种子分解工艺流程图和工艺配置如图 12-52 和图 12-53 所示。

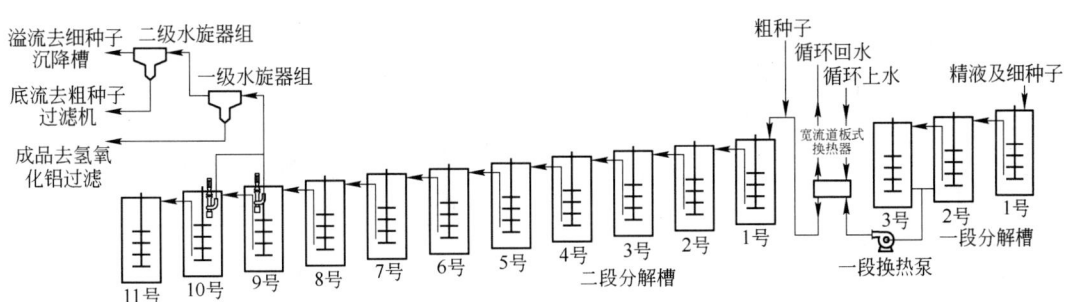

图 12-52 二段种子分解工艺流程

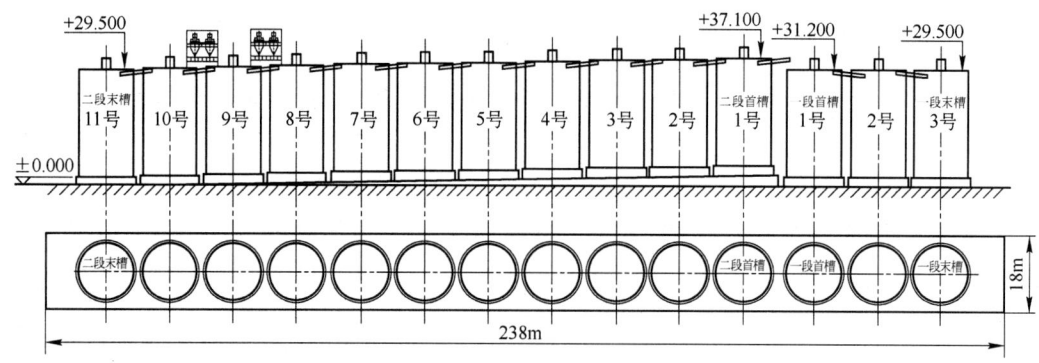

图 12-53 二段种子分解工艺配置

12.10.2.3 种子分解的设备及其特点

A 大型机械搅拌分解槽

现代氧化铝工业的种子分解槽逐渐向大型化发展,新建、扩建的工程一般都采用大型平底机械搅拌槽。目前,国外已出现 6000m³ 的大型种分槽。

锥底空气搅拌槽在一些老厂仍在使用。图 12-54 所示为空气搅拌种分槽示意图。但这种锥底空气搅拌槽能耗高,槽顶易结疤,容积相对较小,每个分解系列槽子数量多,占地面积大,单位投资高。

中国从 20 世纪 80 年代起,新建、扩建的大氧化铝厂普遍采用了直径为 φ14m、容积为 4500m³ 的大型平底机械搅拌种分槽。这种大型种分槽能耗低,结疤少,料浆搅拌均匀,槽内上下的密度差不大于 1.5%,固含可达 700~900g/L。图 12-55 为大型平底机械搅拌分解槽的示意图。大型平底机械搅拌分解槽主要由筒体和搅拌装置组成。在槽的上部设有

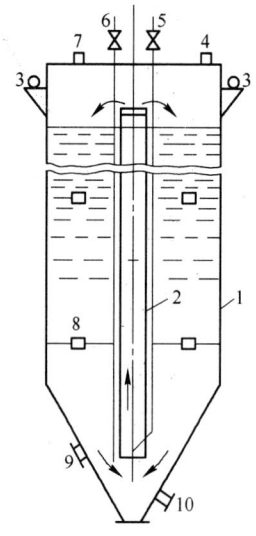

图 12-54 空气搅拌种分槽示意图
1—槽体;2—翻料管;3—冷却水管;
4—进料管口;5—主风管;6—副风管;
7—排气口;8—拉杆;9—人孔;10—放料口

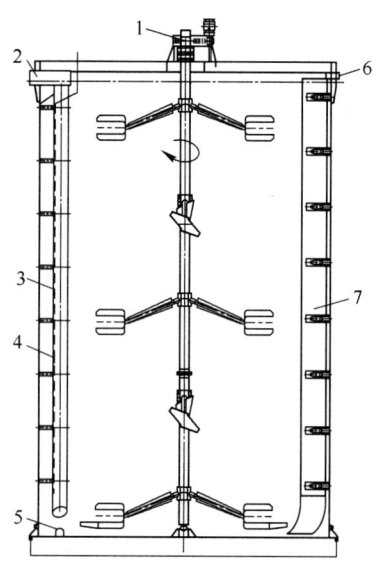

图 12-55 大型平底机械搅拌分解槽示意图
1—搅拌装置;2—出料溜槽;3—压缩空气管;4—提料管;
5—检修门;6—进料溜槽;7—挡料板

进、出料溜槽，槽内配有提料管。分解料浆自进料溜槽进入槽中后，通过搅拌装置的抗涡流浆叶的搅拌和挡料板的作用，使其中的固体保持悬浮状态，并借助槽和槽间的液位差，经提料管自流到下一个分解槽。搅拌装置的形式主要有浆式（法国罗宾公司，Robin）和复叶式（德国伊咯拓公司，Ekato），也有少数厂采用了导流筒式（美国莱宁公司，Lightnin）。

大型平底槽槽底也存在结疤问题，但可以通过适当增加分配到槽底部浆叶上的功率及定期清洗分解槽的方法解决。

国内有多家单位对大型分解槽的搅拌器进行了试验研究和开发，并形成了可以确保高质量的制造工艺。中国的九冶三维化工机械有限公司运用北京化工大学的专利产品 CBY（长薄叶），所制造的浆式种分槽机械搅拌装置在国内氧化铝行业普遍应用。其种子分解槽机械搅拌器的制造业绩已近 600 台，其中约 2/3 用于直径 14m 的大型分解槽。九冶三维化工机械有限公司和北京化工大学设计的搅拌器注意了降低功耗，提高混合效率。

迈士华混合设备有限公司依托北京化工大学技术，试验研究采用试验搅拌槽和大型工业反应器 CFD 模拟及优化计算流体力学软件相结合，来确定搅拌器的各项设计参数。迈士华公司在设计中注重各层搅拌浆之间的功率分配，不仅使浆液达到工艺要求，还解决了底部沉淀问题，节省了清理沉淀的费用、减少停机时间。该公司也为氧化铝厂提供了其他工序使用的搅拌器。

B 板式换热器

氧化铝厂一般都是根据各自的具体情况（溶液成分、对产品物理性质的要求等）定种分温度制度。为了控制种分温度制度中的分解初温，一般需用板式换热器类来降低进入分解的精液温度。

兰州兰石换热设备有限责任公司是国内的主要供货商，该公司生产的板式换热器板片设计精确，导流区流体分配均匀，没有滞流区。板片为深波型，不易结垢、堵塞。板片不易变形，承压能力高。板片减薄量小，不易产生裂纹。密封垫有镶嵌式和粘接式两种结构。主要性能参数见表 12-47。

表 12-47 兰州兰石换热设备有限责任公司板式换热器技术参数

可拆式板式换热器	型 号								
	BR								
换热面积/m²	160	200	240	300	360	400	450	500	600

该系列最大工作压力均为 1.6MPa，最大工作温度 150℃，板片材质 254SMO，板片厚度均为 0.6/0.7mm，板片形式为人字形波纹。在 BR16 型的基础上的改进型为 BR1.65、BR1.68，以及 BR1.8、BR1.9、BR2.8 等。

C 宽流道板式换热器

宽流道板式换热器用于两段分解中的精液冷却，是保证种子分解温度制度的关键设备（见图 12-52）。其浆液流道"宽"的特点，使之很适合于处理含有大量固体颗粒与纤维悬浮物以及粘稠状流体。换热板片的特殊设计，保证了宽间隙通道中光滑，流体流动顺畅、无滞留、无死区，避免介质中固体颗粒物或悬浮物的沉积、堵塞通道等现象的发生。中国氧化铝厂首先使用的宽流道板式换热器是法国的倍力肯（Barriquand）公司的产品，取得了良好的效果。国内生产者兰州兰石换热设备有限责任公司也大力开发了这类产品。表

12-48 和表 12-49 分别列出了这两家公司的产品系列和参数。

表 12-48　法国的倍力肯公司宽流道板式换热器技术参数

型　号	换热面积/m²	流道规格	冷却水流道特点	氢氧化铝浆流道特点	流动方式
BARRIQUAND-PLATULAR®	339.6	6×10/6×10×4000mm×760mm	共有 6 个流程，每个流程包含 10 个通道，通道采用 U 形焊接键形式，其板间距为 8mm	共有 6 个流程，每个流程包含 10 个通道，每一个通道均可提供自由流动的状况，其板间距为 12mm	逆流
	466.9	2×33/3×22×4000mm×940mm	共有两个通道，每个通道包含 33 个通路，通路采用 U 形焊接键形式，其板间距为 8mm	共有 3 个通道，每个通道包含 22 个通路，每一个通道均可提供自由流动的状况，其板间距为 13mm	逆流
	223.6	2×23/5×9×3500mm×760mm	共有 2 个通道，每个通道包含 23 个通路，通路采用 U 形焊接键形式，其板间距为 8mm	共有 5 个通道，每个通道包含 9 个通路，每一个通道均可提供自由流动的状况，其板间距为 12mm	逆流
	247.6	3×8+3×7/4×11×4750mm×640mm	共有 6 个通道，3 个通道包含 8 个通路，3 个通道包含 7 个通路，采用 U 形焊接键形式，其板间距为 8mm	共有 4 个通道，每个通道包含 11 个通路，每一个通道均可提供自由流动的状况，其板间距为 15mm	逆流
	339.6	6×10/6×10×4000mm×760mm	共有 6 个流程，每个流程包含 10 个通道，通道采用 U 形焊接键形式，其板间距为 8mm	共有 6 个流程，每个流程包含 10 个通道，每一个通道均可提供自由流动的状况，其板间距为 12mm	逆流
	466.9	2×33/3×22×4000mm×940mm	共有两个通道，每个通道包含 33 个通路，通路采用 U 形焊接键形式，其板间距为 8mm	共有 3 个通道，每个通道包含 22 个通路，每一个通道均可提供自由流动的状况，其板间距为 13mm	逆流
	223.6	2×23/5×9×3500mm×760mm	共有 2 个通道，每个通道包含 23 个通路，通路采用 U 形焊接键形式，其板间距为 8mm	共有 5 个通道，每个通道包含 9 个通路，每一个通道均可提供自由流动的状况，其板间距为 12mm	逆流
	247.6	3×8+3×7/4×11×4750mm×640mm	共有 6 个通道，3 个通道包含 8 个通路，3 个通道包含 7 个通路，采用 U 形焊接键形式，其板间距为 8mm	共有 4 个通道，每个通道包含 11 个通路，每一个通道均可提供自由流动的状况，其板间距为 15mm	逆流

注：流道规格中，4000 表示无垫片板层长度，760 表示无垫片板层宽度，单位均为 mm。

表 12-49　兰州兰石换热设备有限责任公司宽流道板式换热器技术参数

宽流道板式换热器	型　号							
	LHKD							
换热面积/m²	200	340	360	400	450	500	540	600

该系列最大工作压力均为 1.6MPa,最大工作温度 150℃,板片形状为平板点柱流道间距均为 8/10/12。

该系列产品在料浆侧无触点,流体流动顺畅、无死角,不易发生堵塞和结疤现象。料浆侧进口部位加装防冲器,有效防止磨蚀,改善了流体流场的均匀性。板片材料的特殊要求,使抗磨蚀能力提高。所有与介质接触的部位达到圆滑过渡。焊接设备均有实时监控功能,并记录在案。

兰州兰石换热设备有限责任公司生产的宽流道板式换热器设备结构形式如图 12-56 所示。

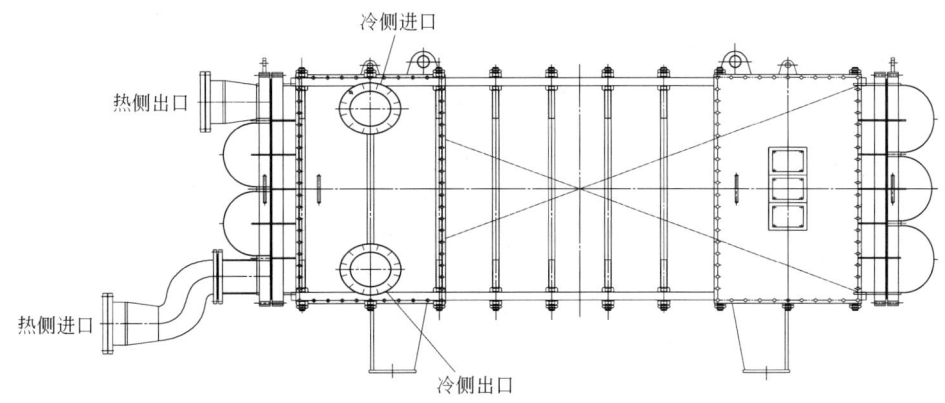

图 12-56 宽流道板式换热器设备结构形式示意图

12.10.3 碳酸化分解

在烧结法生产中,采用向脱硅后的铝酸钠溶液(精液)中通入二氧化碳气体的方法析出氢氧化铝,这种方法称为碳酸化分解(简称碳分)工艺。

碳分工序是决定烧结法生产氧化铝产品质量的关键工序。为了得到优质氢氧化铝,保证精液的化学纯度和采取适宜的碳分工艺制度都是十分重要的。提高精液的硅量指数可为碳分出高质量的氢氧化铝创造有利条件。但实际上还取决于碳分过程的工艺条件控制情况,如果控制适当,即便精液中硅量指数稍低,仍可生产出质量合格的氢氧化铝。

碳分过程的主要任务是:在保证氢氧化铝质量的前提下,尽可能地提高铝酸钠溶液的碳分分解率,以提高烧结法流程的产出率和循环效率。

中国氧化铝厂的烧结法碳分工序成功地采用了通入高浓度石灰窑气体、进行快速碳分的新工艺,并将间断碳分改为连续碳分工艺。近年来还开发了连续碳分生产砂状氧化铝等工艺技术。

12.10.3.1 碳酸化分解的主要影响因素

衡量碳分作业效果的主要标准是氢氧化铝的质量、分解率、分解槽的产能以及电能消耗等。烧结法氢氧化铝质量取决于脱硅和碳分两个工序。分解槽产能取决于分解时间和分解率等因素,而适宜的分解时间与分解率又受产品质量的制约,并与碳分原液的硅量指数高低密切相关。碳分是一个大量耗电(压缩二氧化碳气体)的工序,碳分耗电量取决于所用的二氧化碳气体浓度、二氧化碳利用率以及碳分槽结构等项因素。

碳分过程的 Al_2O_3 分解率（$\eta_{Al_2O_3}$）按如下公式计算：

$$\eta_{Al_2O_3} = \frac{\left[A_a - A_m \times \left(\dfrac{N_T}{N'_T}\right)\right]}{A_a} \times 100\% \qquad (12\text{-}1)$$

式中　A_a——精液中的 Al_2O_3 浓度，g/L；

$\quad\quad A_m$——母液中的 Al_2O_3 浓度，g/L；

$\quad\quad N_T$——精液中的总碱浓度，g/L；

$\quad\quad N'_T$——母液中的总碱浓度，g/L。

影响碳分过程的因素很多，其中包括：精液的成分与碳酸化深度（分解率），二氧化碳气体的纯度、浓度和通气时间、温度、种子添加和搅拌等。

为获得粒度较粗、强度较大和杂质含量低的氢氧化铝，必须控制好如下的碳分工艺条件：

（1）将粗液充分脱硅，并根据其硅量指数控制适当的分解率；

（2）在较高的温度下进行碳分分解；

（3）在碳分分解前期强烈搅拌溶液，后期则降低搅拌强度；

（4）保持适当的碳分时间；

（5）添加适量种子。

12.10.3.2　碳酸化分解工艺流程

碳酸化分解具有间断碳酸化分解和连续碳酸化分解两种工艺流程。近年来，新建和扩建的氧化铝厂基本上都采用连续碳酸化工艺流程。

A　间断碳酸化分解

间断碳酸化分解是在同一个碳分槽内完成进料、通气、分解、出料等全过程。为保证生产的连续性，通常采用多个分解槽交替作业。间断碳分工艺的主要缺点是设备利用率和产能低、劳动强度大。

B　连续碳酸化分解

连续碳分是指在一组碳分槽内连续进行分解，每个碳分槽都保持一定的操作条件。连续碳分的优点在于生产过程易实现自动化，设备利用率和劳动生产率高，对烧结法提产降耗和提高产品质量具有重要意义。

图 12-57 和图 12-58 所示分别为连续碳酸化分解工艺流程示意图和工艺配置图。

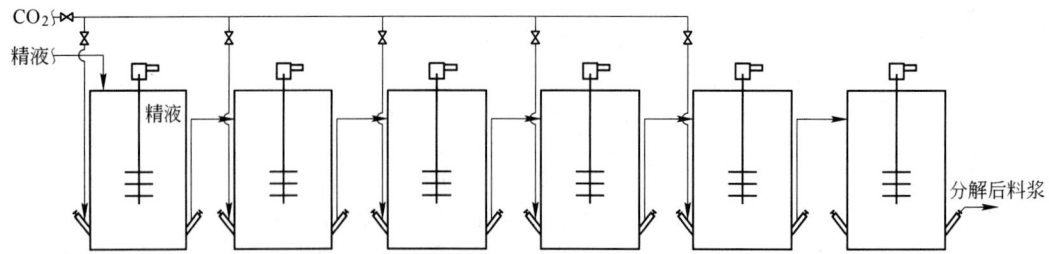

图 12-57　连续碳酸化分解工艺流程示意图

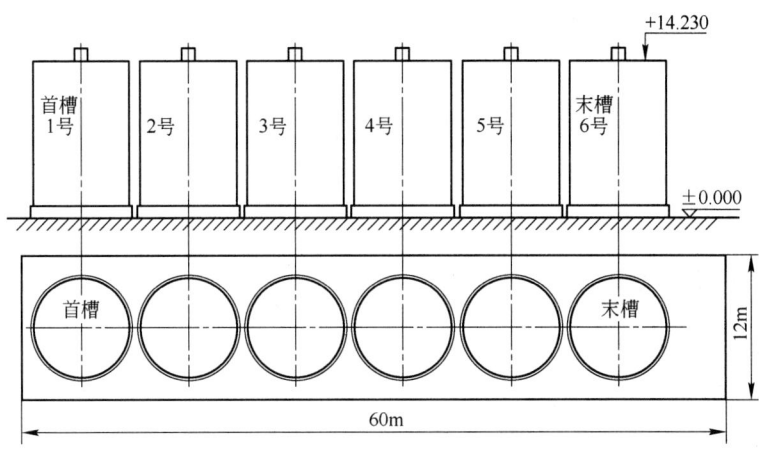

图 12-58　典型的连续碳分工艺配置

12.10.3.3　碳酸化分解的设备及其特点

碳酸化分解作业在碳分槽内进行。中国早期采用的是带挂链式搅拌器的圆筒形碳分槽，高 13.7m，直径 7.76m，如图 12-59 所示。挂链式搅拌槽易结疤，而且结疤难清理。新改造的碳分槽把挂链式搅拌改为与种分槽类似的机械搅拌（图 12-60）。二氧化碳气体经若干支管从槽下部四周通入，废气经槽顶的汽液分离器排出。

国外有的碳分工艺采用了圆筒形锥底碳分槽，槽内不设搅拌装置只靠二氧化碳气体搅拌浆液。二氧化碳气体通过

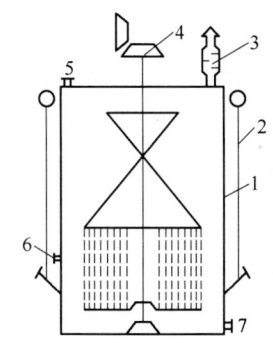

图 12-59　圆筒形平底碳分槽
1—槽体；2—进气管；3—汽液分离器；
4—搅拌器；5—进料管；
6—取样管；7—出料管

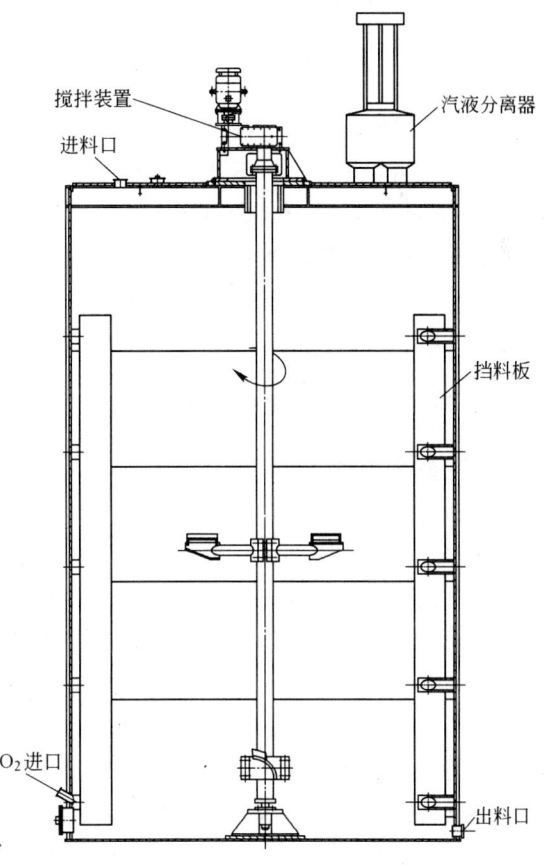

图 12-60　平底机械搅拌碳分槽示意图

锥底四周上的放射状喷嘴送入槽内，这就为增大槽的直径并使二氧化碳在水平面上均匀分布创造了条件。沉积在锥底喷嘴带以下的氢氧化铝，则由设在槽中心的空气升液器将其提升到槽上部。

从下部通入二氧化碳气体的碳分槽，由于气体通过的液柱高，因而动力消耗较大。从上部导入二氧化碳气体，可以降低气体通过的液柱高度，因而动力消耗较低。试验证明，二氧化碳利用率并不与液柱高度成正比。

12.11　氢氧化铝分离与洗涤

12.11.1　概述

在氧化铝生产中，需要将铝酸钠溶液经分解后产生的结晶氢氧化铝分离出来，这些氢氧化铝再经洗涤，送往焙烧工序焙烧成氧化铝；而部分分离出的氢氧化铝作为种子返回分解系统；而分离出氢氧化铝后的分解母液一般经蒸发浓缩后作为循环碱液返回生产系统。

通常采用不同的分离设备和流程，进行氢氧化铝与分解母液的液固分离。分解后浆液中固含较高时，可采用直接过滤分离；固含较小时，一般先用沉降分离，浓缩后的底流再进行过滤分离，或先用水力旋流器分级，含有较高固含的底流再进行过滤分离。

12.11.2　氢氧化铝分离与洗涤流程

12.11.2.1　氢氧化铝分离与洗涤

铝酸钠溶液分解后的浆液经分级得到的氢氧化铝经过滤分离、洗涤，符合产品含碱要求，可送往焙烧工序生产氧化铝。在早期建设的氧化铝厂中，普遍采用转鼓真空过滤机进行氢氧化铝与母液的分离和对两次搅洗后的氢氧化铝进行过滤。但近年来已普遍采用具有分离和洗涤双重功能的平盘真空过滤机或带式真空过滤机，在同一个设备上完成氢氧化铝分离和洗涤过程，因为这两种过滤机上设有氢氧化铝过滤分离和分离后加水喷淋洗涤的不同过滤区域。

12.11.2.2　氢氧化铝种子分离

铝酸钠溶液种子分解需要添加大量的氢氧化铝作种子，而种子的添加量、种子粒级以及种子分离的流程因分解工艺不同而有异。对于一段种子分解工艺，由于在铝酸钠溶液分解过程中只添加一次种子，且种子添加量较大，对种子的粒级又无严格要求，种子分解后浆液固含较高（400~800g/L），因此，通常采用过滤机直接进行过滤分离种子，即分解末槽出料浆液直送种子过滤机，过滤机分离出的氢氧化铝种子与精液混合，泵送分解首槽。在二段分解工艺流程中，种子分为细种子和粗种子，在分解进程中的不同阶段加入不同数量和不同粒级的种子。因此，二段分解工艺的末槽出料浆液经一级水力旋流器分级，底流氢氧化铝送过滤分离洗涤，溢流在经第二级水力旋流器分级，二级底流经过滤机分离，滤出的氢氧化铝作为第二段分解加入的粗种子，与第一段分解后浆液混合泵送二段分解首槽。二级水力旋流器分级溢流进沉降槽，沉降槽底流再送入过滤机分离出氢氧化铝作为第一段分解的细种子，与精液混合泵送第一段分解首槽。

两段分解氢氧化铝种子分离工艺流程示意图如图 12-61 所示。

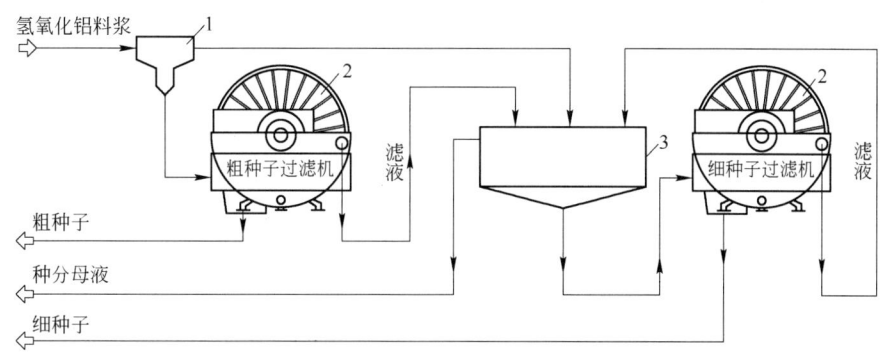

图 12-61　两段分解氢氧化铝种子分离工艺流程示意图
1—水力旋流器；2—立盘真空过滤机；3—沉降槽

12.11.3　氢氧化铝分离与洗涤设备

根据生产工艺的需要，氢氧化铝分离、洗涤过程可采用不同的分级、分离洗涤设备。主要的氢氧化铝分离、洗涤设备有：水力旋流器、沉降槽、立盘真空过滤机、平盘真空过滤机、水平带式真空过滤机以及转鼓真空过滤机等。

12.11.3.1　水力旋流器

水力旋流器的主要作用是对浆液中氢氧化铝进行分级。如经过两级旋流器分级，可分离出氢氧化铝产品和不同粒级的种子。水力旋流器的主要优点有：结构简单、操作安装方便、处理量大、占地面积小、运行费用低等。

水力旋流器的工作原理是利用离心力场，分离不同粒度（密度）的物料。当氢氧化铝浆液以一定压力进入旋流器柱形筒体后，随即绕轴线高速旋转，产生很大的离心力。由于粒度和密度的差异，此时物料颗粒受到的离心力、阻力、浮力等不同，因而其运动速度及方向也不相同。粗而重的颗粒受到的离心力大，被抛向旋流器壁，按螺旋线轨迹下旋到底部排出，细而轻的颗粒以及液体受到的离心力小，在锥形筒体中心形成内螺旋向上运动溢出，从而达到分级的目的。水力旋流器结构示意图如图 12-62 所示。

在生产中可根据工艺需要选用单个的水力旋流器或水旋器组来实现氢氧化铝浆液中的粗细颗粒分级。水力旋流器组由多个相同直径的旋流器组成，一般根据需要处理的物料量、固体粒级范围和分级效果来选择旋流器的直径和适合的个数。水力旋流器的检修和维护十分方便，单个旋流器的检修对整个旋流器组的工作没有明显的影响，因为

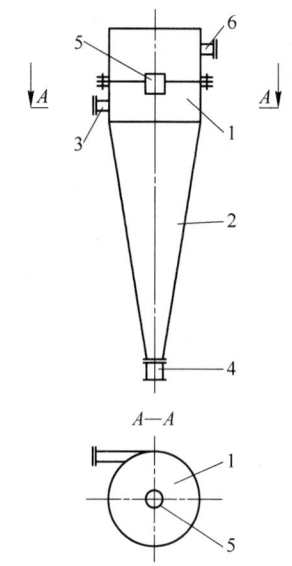

图 12-62　水力旋流器结构示意图
1—壳体圆柱体部分；2—壳体锥体部分；
3—进料管；4—排砂管；5—溢流管；
6—溢流引出管

每个旋流器都有一个阀门可以和系统进行隔断。通过观察其底流排出物料形状，可以判断旋流器的沉砂嘴是否需要进行更换。旋流器的材质一般均采用聚氨酯或耐磨蚀材料。

12.11.3.2　真空过滤机

真空过滤机在氧化铝生产中，特别是在氢氧化铝分离、洗涤过程中被广泛采用。真空过滤是利用真空泵所提供的负压在过滤机的滤布两侧形成一定的压强差，使浆液中的氢氧化铝固体被截留在滤布上，而滤液（母液）则透过滤饼和滤布的缝隙进入真空受液系统并进行汽液分离，从而实现固液的分离。

真空过滤机有多种不同型式，在氧化铝工业中，多采用立盘真空过滤机、转鼓真空过滤机用于氢氧化铝种子的分离；而采用平盘真空过滤机及水平带式真空过滤机用于氢氧化铝产品的分离和洗涤。

A　立盘真空过滤机

在氧化铝生产中，由于立盘真空过滤机过滤面积大、产能高，在氢氧化铝种子的过滤中被广泛采用。立盘真空过滤机属于连续式过滤设备，是由数个过滤圆盘装在一根水平空心轴上的真空过滤机，可过滤粒度小、不易沉淀的料浆。与转鼓真空过滤机相比，立盘真空过滤机具有以下优点：

（1）结构紧凑，占地面积小，单位过滤面积造价低；

（2）真空度损失少，单位产量耗电少；

（3）可以不设搅拌装置；

（4）更换滤布方便，滤布消耗少；

（5）由于是侧面过滤，即使悬浮液中颗粒粗细不均、数量不等，也能获得较好的过滤效果。

立盘真空过滤机的主要缺点是难于对在机上的滤饼进行洗涤。

立盘真空过滤机的每个过滤圆盘是由若干块（一般为 12 块）彼此独立、互不相通的扇形滤叶组成，扇形滤叶的两侧为筛板或槽板，每一扇形滤叶单独套上滤布之后，即构成了过滤圆盘。而中空主轴则由径向筋板分割成若干个（一般为 12 个）独立的轴向通道，这些通道分别与各个扇形滤叶相连，并经分配头周期性地与真空抽吸系统、反吹系统相通，回转一周形成吸滤、吸干、卸饼、滤布再生的循环，使料浆进行固液分离。滤液穿过滤布，进入各通道，然后经轴的通道及分配头自过滤机中抽出。滤饼则被截留在过滤室两侧的滤布上，并在旋转到一定位置时，经吹风机构瞬时反吹，由刮刀卸下。图 12-63 和图 12-64 所示分别为立盘真空过滤机的工作原理和结构示意图。

在中国的氧化铝厂中，已有多种规格的立盘真空过滤机产品用于氢氧化铝种子的分离。立盘真空过滤机真空度约为 0.06MPa，卸料反吹压缩空气压力约为 0.2MPa（表压）。

目前中国氧化铝行业中应用的立盘过滤机的生产厂家主要有法国的高德富林（GAUDFRIN）公司（主要规格为：45m²、90m²、114m²、135m²、152m² 和 180m²），道尔公司（主要规格为 120m² 和 160m²）、中国的中信重工机械有限责任公司和中国铝业山东分公司恒成机械制造厂等。

中信重工制造的立盘过滤机（图 12-65）已广泛使用于氧化铝厂的种子过滤和蒸发排盐。原有型号为 GPL，现行生产使用于氧化铝厂的为 GLL 型，详见表 12-50。还有一类矿用立盘过滤机为 GYPK 型。

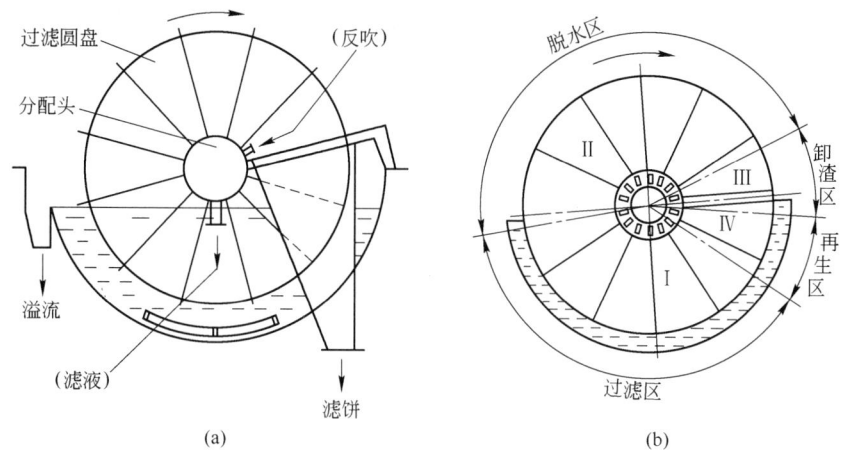

图 12-63　立盘真空过滤机工作原理示意图

（a）结构示意图；（b）分区图

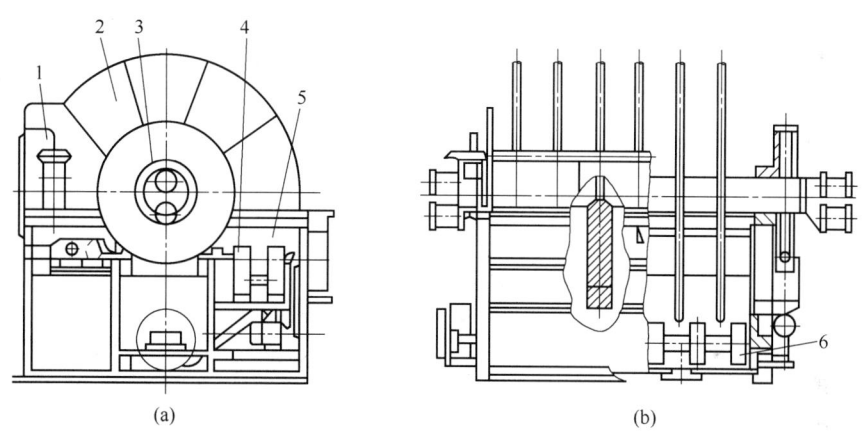

图 12-64　立盘真空过滤机结构示意图

（a）侧面图；（b）立盘排列图

1—瞬时吹风系统；2—过滤盘；3—分配头；4—主传动；5—槽体；6—搅拌器

图 12-65　中信重工制造的立盘过滤机

表 12-50　氧化铝厂用立盘过滤机技术性能

型　号	GLL-40	GLL-60	GLL-80	GLL-100	GLL-120		GLL-150	GLL-180	
					A	B		A	B
过滤面积/m²	40	60	80	100	120		150	180	
过滤盘数/个	2	3	4	5	6	4	5	6	4
滤盘直径/mm	φ3800	φ3800	φ4200	φ4200	φ4200	φ5300	φ5300	φ5300	φ6000
电机功率/kW	11		15		22	30	30	30	37
主轴转速 /r·min⁻¹	0.45~4.0				0.3~5.0				
外形尺寸 /mm×mm×mm	3795×4525 ×4135	4345×4525 ×4135	5300×4840 ×4605	5870×4840 ×4605	A: 5325×5575×5450 B: 6630×4735×4625		5925×5875 ×5450	A: 6525×5725×5450 B: 6525×7340×6375	
主机质量/t	15.28	19.32	24.39	31.25	37.2	40.65	46.29	46.0	70.2
产品水分/%	10~14								
处理量（干物料） /t·h⁻¹①	140~280	220~420	280~560	350~700	650~840		600~1050	750~1260	

①盘式真空过滤机的处理量、滤饼水分与系统真空度、主轴转速、料浆黏度、粒度组成、入料固含及密度等因素有关，本表处理量是指入料固含为 650~1000g/L 时的产量。

中信重工制造的立盘过滤机具有以下技术特点：

（1）扇形板采用小角度滤板，材料为聚丙烯复合物，具有疏水性好，开孔率高，耐腐蚀，质量轻，便于更换。扇形板的固定方式为专用压条，保证了整个滤盘表面平面度高。扇形板与中心轴连接处采用了特殊的密封结构，密封严密，密封圈的寿命大大延长。

（2）中心轴为焊接结构，刚性好，质量轻，开口面积大。由于中心轴采用了新的加工工艺，使得扇形板装配后偏摆量小，主轴的直线度高，主轴密封性好。

（3）分配头的口径大，内部结构流线光滑过渡，可以减少压力损失及对分配头的磨损，保证有较高的真空度。

（4）吹风口采用了文氏管原理，反吹风量大，同时又保证分配头不串气，保持较高的真空度。

（5）供料采用新的进料与分配器，使物料按粒度大小依次排列，改善了过滤性能，并使过滤机的产能大幅度提高，滤饼附液率下降，同时保证在低液位时真空无泄漏。

（6）槽体采用下部单槽排列，上部全槽贯通，不仅使过滤机的搅拌性能增强，还可使物料的液面高度保持一致，改善了过滤性能。

（7）采用特殊的密封装置，使扇形板吸液区的浸没率达到50%，分配头过渡区最小，最大限度地提高过滤机的处理量。

（8）主传动采用变频电机变频调速，可适应不同的工况；传动装置为齿轮结构，运转平稳可靠，效率高；主轴轴瓦采用复合材料，质量轻，耐磨，寿命长。

中国铝业山东分公司恒成机械制造厂研制了$120m^2$新型立盘过滤机。其特点是：滤液流道截面积大、距离短，滤板透气面积大，使得流动阻力小，适宜高转速过滤、产能高；滤板安装刚性好，拆装更换方便；采用底部进料方式，配合滤板轨道刮板叶片的搅动，有效地防止沉淀，并节省动力消耗；主轴和分配头采用滚动轴承支撑，摩擦小、寿命长、结构紧凑。

B　平盘真空过滤机

在氧化铝生产中，氢氧化铝产品的分离洗涤大都采用平盘过滤机。因为平盘真空过滤机适用于对滤饼洗涤效果要求较高物料的过滤，也适用于过滤粗颗粒、密度大的料浆。平盘真空过滤机过滤方向与重力方向相同，滤饼的粒度分布有利于滤液顺利通过（大颗粒在下面），因而过滤效率较高，并且氢氧化铝过滤和洗涤过程可以在同一台过滤机上完成，洗涤效果也较好。

平盘真空过滤机是由旋转滤盘、中心分配头支撑滚道、传动装置、螺旋卸料装置以及下料管、洗涤水管等装置组成。平盘真空过滤机结构如图12-66所示。

平盘真空过滤机滤盘由18~20块铸造或焊接的扇形滤板组成，滤盘下有滤室。滤室与滤盘对应分成18~20室，各室之间互不串通。滤室下面连接中心分配头，中心分配头的上盘上有18~20个孔与滤室相通，随滤盘一起转动。下盘也称可卸控制圆盘，与不动阀座连接，盘上分隔成反吹风、吸滤、洗涤等区域通道。不动阀座内部对应下盘区域，分隔成吹风、滤液真空吸滤、若干洗涤水真空吸滤等室，分别以管道接通压缩空气系统和真空系统。过滤圆盘转动部分支撑于支撑滚道上。电动机通过减速器及转动圆盘上的销齿齿轮使圆盘转动。圆盘平面上，在出料方位安设卸料装置，它由支架、电动机、卸料螺旋、调节装置等组成。圆盘上方，用支架吊装有下料管、洗涤水管，并在盘面上按照吸滤、洗

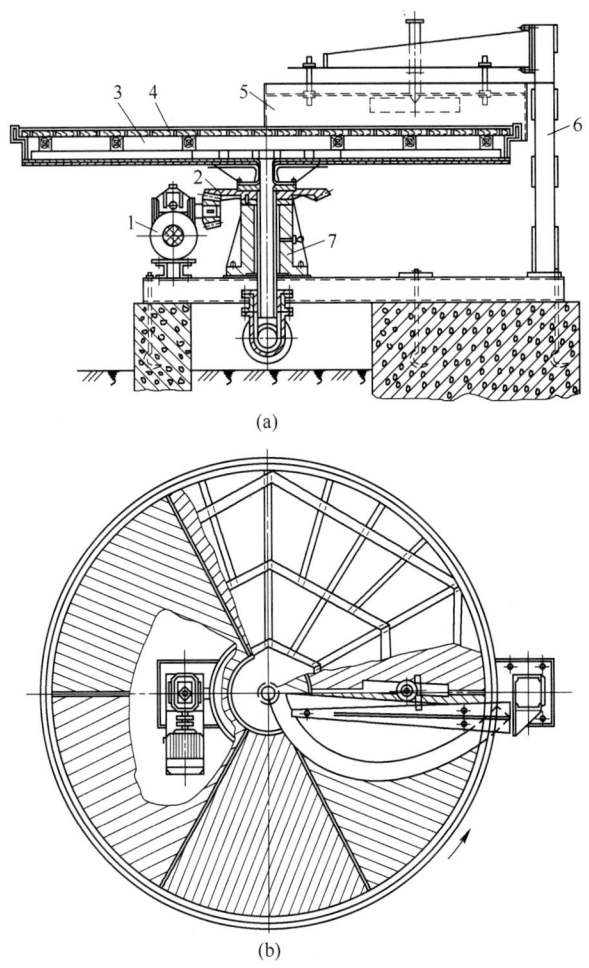

图 12-66   平盘真空过滤机结构示意图

（a）立面图；（b）平面图

1—电动机；2—圆锥齿轮副；3—滤室；4—转台；

5—刮板；6—支架；7—轴承座

涤与干燥等各区域位置设置隔离板。隔离板的作用是防止操作中各区域可能出现的过剩余液向另一分配区域溢流。

平盘真空过滤机在工作时，随着圆盘的转动、滤盘的各个滤室通过中心分配头分别依次接通吹风系统、真空吸滤系统、真空洗涤吸滤系统和一定的隔离系统，完成滤布再生、浆液吸滤、滤饼洗涤、滤饼干燥以及在隔离区进行卸料等过程。其工作原理如图 12-67 所示。

目前氧化铝生产中用于氢氧化铝产品分离洗涤的平盘真空过滤机的主要规格范围为 $51 \sim 100 m^2$。平盘真空过滤机常用真空度约为 0.06MPa，卸料反吹压缩空气压力约为 0.2MPa（表压），1t 氢氧化铝滤饼洗水量一般为 0.5t，洗水压力为 0.03MPa。部分规格的平盘过滤机的运行参数见表 12-51。

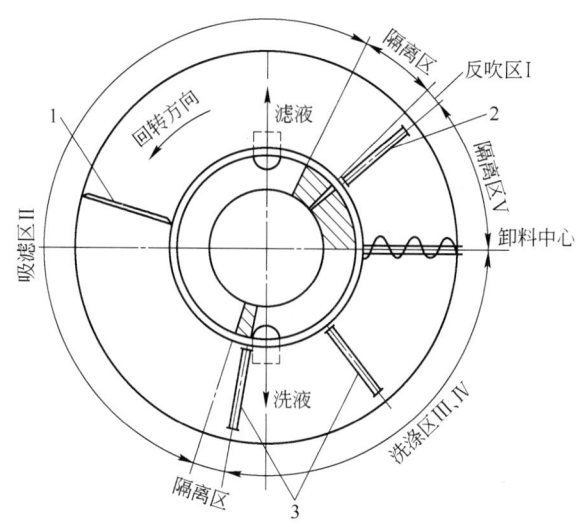

图 12-67　平盘真空过滤机工作原理
1—盘面隔离板；2—下料管；3—洗涤水管

表 12-51　江苏新宏大公司集团公司平盘真空过滤机主要运行参数

序号	总过滤面积/m²	真空区面积/m²	滤盘外径/mm	滤盘内径/mm	驱动电机功率/kW	螺旋电机功率/kW	转速范围/r·min⁻¹	滤饼厚度/mm	滤饼含水率/%
1	8	6	φ3500	φ1400	2.2	3	0.2~1.8	40~60	≤6
2	14	11	φ4600	φ1800	3	5.5	0.2~1.8	40~60	≤6
3	18	14	φ5200	φ2000	4	5.5	0.2~1.8	40~60	≤6
4	25	21	φ6100	φ2300	4	7.5	0.2~1.8	60~70	≤7
5	30	25	φ6700	φ2500	4	7.5	0.2~1.8	60~70	≤7
6	45	38	φ8150	φ3020	5.5	11	0.2~1.8	60~70	≤7
7	55	46	φ8900	φ2990	7.5	15	0.2~1.8	60~80	≤7
8	65	55	φ9780	φ3600	7.5	18.5	0.2~1.8	60~80	≤7
9	80	68	φ10970	φ4286	7.5	22	0.2~1.8	60~90	≤7
10	100	86	φ12340	φ5000	11	30	0.2~1.8	60~90	≤8
11	120	102	φ13500	φ5400	37		0.2~1.8	60~90	≤9

型号标记方法：HDZP-Y□□。其中，HD 为"宏大"的拼音首字母，ZP 为"转盘"的拼音首字母，Y 为"氧化铝"的拼音首字母，□□代表总过滤面积。例如，HDZP-Y100。

目前中国氧化铝行业中应用的平盘真空过滤机的生产厂家主要有道尔公司（主要供应 51m² 和 62m²）、中国的江苏新宏大集团公司和中国铝业山东分公司恒成机械制造厂等。江苏新宏大集团公司现行开发了磷肥行业用的规格更大的平盘真空过滤机，其结构特点是采用周边多点托轮支承和大直径的针轮—销齿周边传动，使具有较大直径的过滤机能够平稳运转，实现较高的摆动精度。其单位面积产能水平为 $1\sim1.4m^3/(m^2\cdot h)$。

12.11.4 氢氧化铝分离与洗涤工艺的配置

12.11.4.1 氢氧化铝种子分离工艺的配置

图 12-68 所示为氢氧化铝种子分离工艺配置示意图。

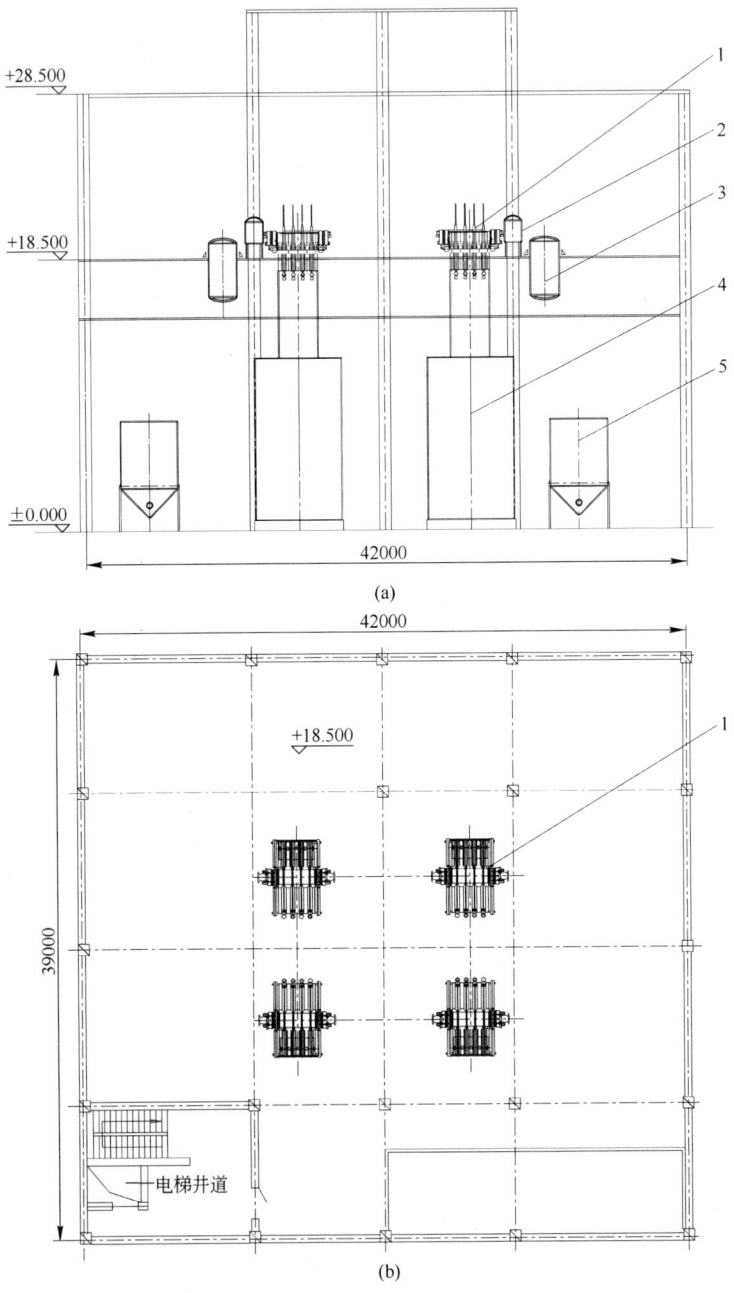

图 12-68 氢氧化铝种子分离工艺配置示意图

（a）立面图；（b）平面布置图

1—立盘真空过滤机；2—空气储罐；3—真空受液槽；4—浆液槽；5—液封槽

12. 11. 4. 2　产品氢氧化铝的分离洗涤工艺的配置

图 12-69 所示为产品氢氧化铝分离洗涤工艺配置的示意图。

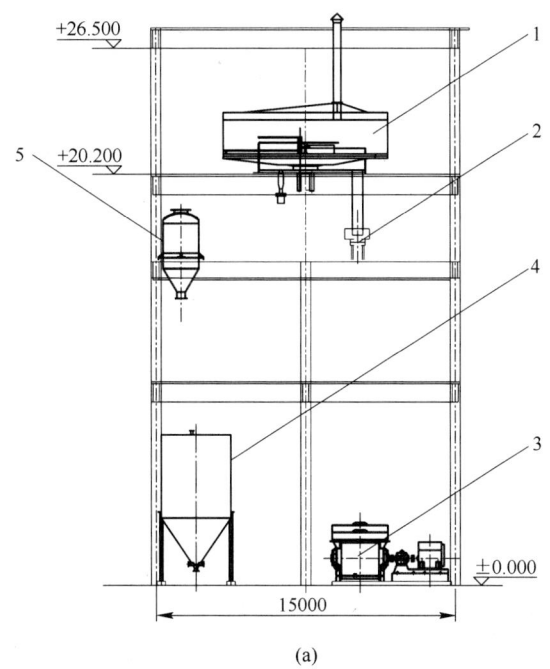

(a)

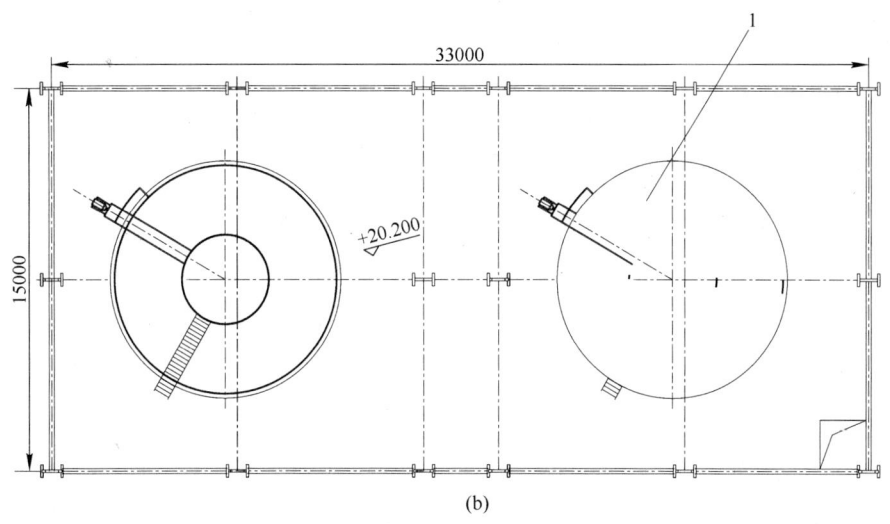

(b)

图 12-69　产品氢氧化铝分离洗涤工艺配置示意图
(a) 立面图；(b) 平面布置图
1—平盘过滤机；2—胶带输送机；3—真空泵；4—滤液槽；5—滤液真空受液槽

12.12 母液蒸发

12.12.1 概述

蒸发过程是用加热的方法，使铝酸钠溶液中的水分部分汽化移除，从而使溶液被浓缩，以达到去除系统中多余的水分和杂质盐类的目的。

在氧化铝生产中，母液蒸发是维持生产系统水量和盐量平衡的重要工序。在拜耳法生产中，为维持正常的母液循环过程，需要把进入生产系统多余的水分排出，使之满足溶出所需循环碱液浓度的要求，同时，通过蒸发将循环积累在碱液中一部分杂质盐类（如 Na_2CO_3、Na_2SO_4 等）从流程中排除，以减少其对生产的危害。在烧结法生产中，通过碳分母液的蒸发将其浓度控制在要求的范围内，以满足生料浆水分和配料的要求。

蒸发方式有自然蒸发和沸腾蒸发两种。自然蒸发是指溶液中的水在低于沸点下汽化；而沸腾蒸发是使溶液中的水在沸点下进行汽化。在沸腾蒸发过程中，溶液的各个部分，从表层到深层，几乎都同时发生汽化现象。因此，沸腾蒸发速率远较自然蒸发为快。氧化铝工业中的母液蒸发几乎都是在沸腾状态下进行的。

不管是采用自然蒸发还是沸腾蒸发，其必备的条件是不断地给溶液供给热能，并不断地排除汽化后的蒸汽。每单位质量水从溶液中汽化所需的热量，称为汽化潜热（或蒸发潜热）。蒸发操作中通常都是以饱和水蒸气作加热介质，称为加热蒸汽（或新蒸汽）。蒸发时水的汽化潜热是由加热蒸汽的不断冷凝而供给的。为了与加热蒸气相区别，将被蒸发溶液中汽化出来的水蒸气称为二次蒸汽。

由蒸发产生的二次蒸汽必须及时排出，否则，逐渐升高的二次蒸汽的压力将影响蒸发速率。通常二次蒸汽的排除是采用冷凝的方法。如果蒸发所产生的二次蒸汽不再利用，而是经冷凝后弃去，这种蒸发称为单效蒸发。如果将二次蒸汽引至另一压力较低的蒸发器作为加热蒸汽的热源之用，使蒸汽在蒸发过程中具有多次、逐级加热的效果，这种蒸发称为多效蒸发。蒸发可在普通大气压、加压或减压下进行。

除特殊需要外，工业上普遍采用多效蒸发，而且大部分蒸发操作是在减压（一定的真空度）的条件下进行的。

12.12.2 蒸发基本计算与主要技术条件

12.12.2.1 传热量 Q

蒸发装置中的传热量 Q 与总传热系数 K、传热面积 A 和有效温度差 Δt 的关系可用式12-2表示：

$$Q = 3.6KA\Delta t = 3.6KA(\theta - t) \tag{12-2}$$

式中　Q——传热量，kJ/h；

　　　K——蒸发器的总传热系数，$W/(m^2 \cdot K)$；

　　　A——蒸发器的传热面积，m^2；

　　　Δt——有效温度差，K；

　　　θ——加热蒸气的饱和温度，K；

　　　t——溶液的沸点温度，K。

12.12.2.2 蒸发水量

蒸发水量 W 可按式 12-3 计算：

$$W = F\left(1 - \frac{x_0}{x_n}\right) \tag{12-3}$$

式中 W——蒸发器的蒸发水量，kg/h；

F——蒸发器的料液进料量，kg/h；

x_0——料液进料浓度（溶质的质量分率），%；

x_n——浓缩液浓度（溶质的质量分率），%。

12.12.2.3 蒸发强度

蒸发强度是衡量蒸发装置性能的一个主要指标，它是指每平方米传热面积的蒸发水量，可用式 12-4 表示：

$$U = \frac{W}{A} \tag{12-4}$$

式中 U——单位面积上的蒸发水量，kg/(h·m^2)。

当达到沸腾温度的溶液进入蒸发器时，如忽略蒸发器的热损失，则蒸发器的传热量可按 $Q = Wr'$ 计算。将此式及式 12-2 代入式 12-4，则蒸发强度可用下式表示：

$$U = \frac{W}{A} = \frac{3.6K\Delta t}{r'} \tag{12-5}$$

式中 r'——二次蒸气的汽化潜热，kJ/kg。

从式 12-5 可以看出，如需提高蒸发器的蒸发强度，则应设法提高总传热系数和有效温差。

12.12.2.4 单位蒸汽消耗量

单位蒸汽消耗量是衡量蒸发装置经济程度的一个主要指标，它是指蒸发 1kg 水量时所需消耗的加热蒸汽的量。单位蒸汽消耗量可用式 12-6 表示：

$$e = \frac{D}{W} \tag{12-6}$$

式中 e——单位蒸汽消耗量，kg/kg；

D——加热蒸汽消耗量，kg/h。

12.12.2.5 传热面积 A

蒸发器的传热面积计算可由传热量方程 $Q = 3.6KA\Delta t$ 导出，即传热面积为：

$$A = \frac{Q}{3.6K\Delta t} \tag{12-7}$$

应当指出，以上各式均未考虑蒸发过程的热损失系数，而在实际应用时应予考虑。

12.12.2.6 传热系数

总传热系数 K 是蒸发器设计中的一个重要参数，但因为其影响因素很多，难于进行准确计算。因而通常采用实测或生产统计资料的方法，来确定总传热系数 K 值。表 12-52 列出了几种不同类型蒸发器 K 值的范围。

表 12-52 各种蒸发器的传热系数

蒸发器的形式	总传热系数 $K/W \cdot (m^2 \cdot K)^{-1}$	蒸发器的形式	总传热系数 $K/W \cdot (m^2 \cdot K)^{-1}$
水平浸没加热式	600 ~ 2000	升膜式	1200 ~ 4000
标准式(自然循环)	600 ~ 2000	降膜式	1200 ~ 4000
标准式(强制循环)	1000 ~ 3000	蛇管式	300 ~ 1500
悬筐式	600 ~ 2000	夹套式	300 ~ 1500
外加热式(自然循环)	1200 ~ 2500	刮板式	600 ~ 2000
外加热式(强制循环)	1200 ~ 4000	旋液式	600 ~ 2000

12.12.2.7 主要技术条件

蒸发作业主要技术条件通常根据蒸发装置的设计条件而定。一般情况下，蒸发的主要技术条件如下：.

新蒸汽压力/MPa	0.5 ~ 0.6
末效液室压力/MPa	0.011 ~ 0.015
循环上水温度/℃	≤35
循环下水温度/℃	≤48
新蒸汽冷凝水含碱量/g·L⁻¹	≤0.01
水冷器循环上、下水含碱量差/g·L⁻¹	≤0.05

12.12.3 蒸发流程

12.12.3.1 单效真空蒸发

图 12-70 所示为单效真空蒸发流程图。加热蒸汽在加热室的管隙间冷凝，所释放出的热量通过金属管壁传给溶液，加热蒸汽的冷凝水由出口直接排出。蒸发原液加入蒸发室，经蒸发后的蒸发母液由底部排出。蒸发时所产生的二次蒸汽在蒸发室中经捕集装置分离出部分夹带的液滴后，由顶部送至水冷器与循环上水相混合，经冷凝后由水冷器底流入水封池后排入循环水系统。溶液和加热蒸汽中的不凝性气体以及由管道漏入的空气，经真空泵排入大气。

12.12.3.2 多效蒸发

A 多效蒸发的效数选择

多效蒸发的目的是通过蒸发过程中的二次蒸汽再利用，以节约蒸汽的消耗，从而提高蒸发装置的经济性。表 12-53 为不同效蒸发装置蒸发 1kg 水所消耗的加热蒸汽量，其中实际消耗量包括蒸发装置及其操作中的各项热量损失。不同蒸发器

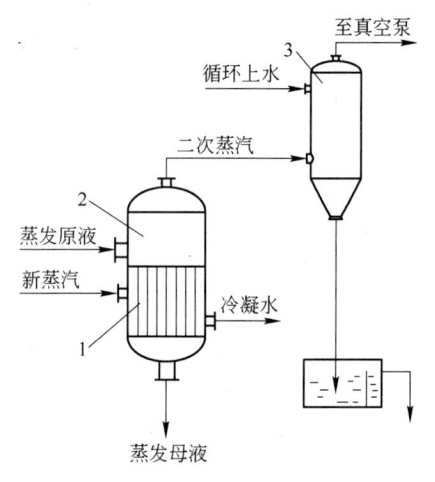

图 12-70 单效真空蒸发流程示意图
1—加热室；2—蒸发室；3—水冷器

结构型式和不同蒸发流程的热量损失值稍有不同。

表 12-53　不同效数蒸发装置的蒸汽消耗量

效数	理论蒸汽消耗量		实际蒸汽消耗量		
	蒸发 1kg 水所需蒸汽量/kg	1kg 蒸汽蒸发水量/kg	蒸发 1kg 水所需蒸汽量/kg	1kg 蒸汽蒸发水量/kg	本装置增加一效可节约蒸汽/%
单效	1	1	1.1	0.91	93
二效	0.5	2	0.57	1.754	43
三效	0.33	3	0.4	2.5	33
四效	0.25	4	0.3	3.33	11
五效	0.2	5	0.27	3.7	8
六效	0.17	6	0.25	4.0	—

增加效数可使汽耗降低，但受到以下几方面的限制：

（1）设备费用的限制。由表 12-53 可看出，从单效改为双效节约蒸汽的幅度最高，达93%（理论量应为 1 倍），但由四效改为五效仅节约蒸汽 11%。随着效数的增加，设备费用也不断增加。在设备的折旧年限内，如增加一效后节约蒸汽的费用不足以抵消设备投资费的影响时，增加效数就变得不经济。由此可见，效数受到投资的限制。

（2）温度差的限制。在多效蒸发中为了保证传热的正常进行，每效分配到的有效温度差最低不应小于 5~7℃。自然循环蒸发器分配到每效的有效温度差不应小于 10℃。由于总温度差是有限的，效数增多，损失于各效的温度差也增加。过多的效数，将会使蒸发设备的生产能力和蒸发强度过于降低而不经济，甚至使蒸发作业无法正常进行。因此，在采用自然循环蒸发器时，氧化铝厂的母液蒸发一般为三至四效；当采用强制循环蒸发器时，一般不超过五效；若采用膜式蒸发器，一般为五至六效，通常不超过七效。

B　多效蒸发的操作流程

根据加热蒸汽和蒸发原液的流向不同，常见的多效蒸发的操作流程有以下几种。以下以三效为例加以说明，当效数增加时，原则也相同。

a　顺流蒸发流程（也称并流蒸发流程）

顺流蒸发流程是指蒸发原液和加热蒸汽的流向相同，依次由第 I 效至末效，如图12-71所示。因为后一效蒸发室的压力较前一效的为低，故溶液在各效间的流动可借助压

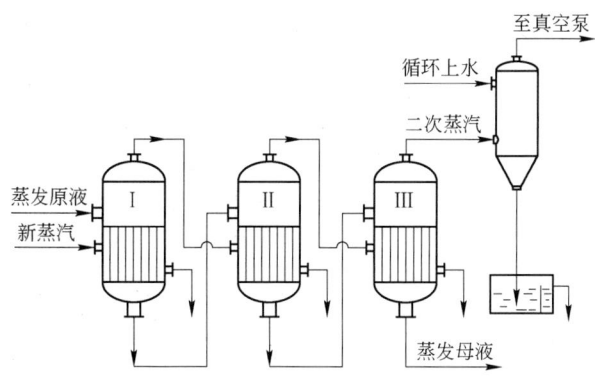

图 12-71　顺流蒸发流程示意图

力差而不必用泵输送,这是顺流蒸发流程的主要优点之一;其次,由于前一效溶液的沸点比后一效的为高,因此,当前一效溶液进入后一效蒸发室时,即呈过热状态而立即自行蒸发,可以产生更多的二次蒸汽,故后一效比前一效能蒸发更多的水。顺流蒸发流程的缺点是后一效的溶液浓度比前一效高,而加热蒸汽的温度却较低,故当溶液黏度增加较大时,传热效率将明显降低。顺流蒸发流程第 I 效的传热系数往往比末效大得多。

b 逆流蒸发流程

逆流蒸发流程是目前氧化铝生产中使用较多的蒸发流程。逆流蒸发流程中的蒸发原液由最后一效进入,依次用泵送入前一效,蒸发母液由第 I 效排出,蒸汽与蒸发原液的流向正好相反。图 12-72 所示为逆流蒸发流程示意图。

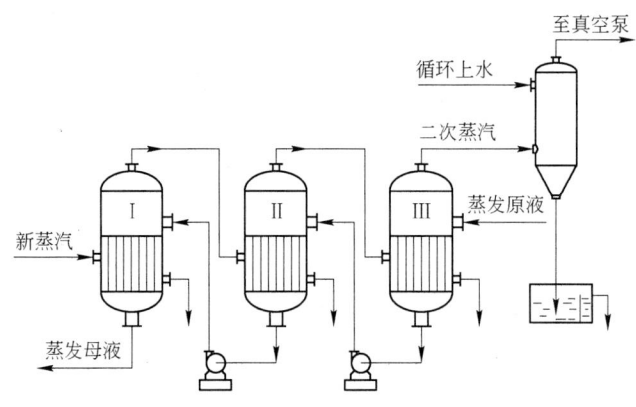

图 12-72 逆流蒸发流程示意图

逆流蒸发流程的优点是当溶液浓度增高时,溶液的温度也增高,因此,各效黏度相差不大,有利于提高传热系数。对于碱法氧化铝生产而言,还有利于减轻硅渣结垢。逆流蒸发流程的缺点是溶液由压力低的一效送到压力高的一效时,必须用泵输送,因而电能消耗增大。通常逆流蒸发流程适用于溶液黏度随浓度增高而急剧增加的溶液。

c 错流蒸发流程(或称混流蒸发流程)

错流蒸发流程是指各效溶液加料的流向不一致,有顺流,也有逆流。可以采用先顺流后逆流的流程,如图 12-73 所示,也可以采用先顺流、次逆流、再顺流的流程,或先逆

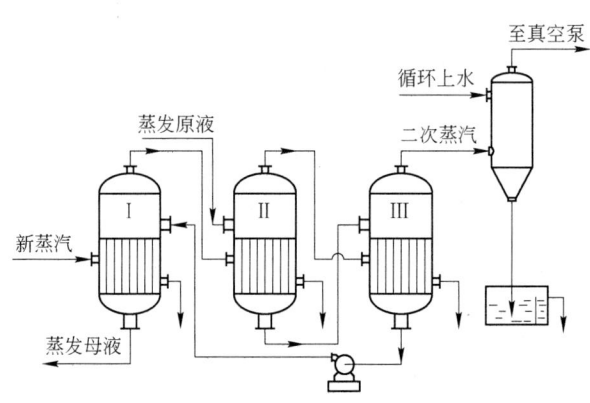

图 12-73 错流蒸发流程示意图

流、次顺流、再逆流的流程。错流蒸发流程要根据工艺条件和技术经济比较确定。错流蒸发流程兼有顺流和逆流的优点，避免或减轻了这两种流程的缺点。错流蒸发流程可以通过倒效来减缓易溶性结垢的危害；如三效蒸发器可以采用Ⅰ-Ⅱ-Ⅲ、Ⅱ-Ⅲ-Ⅰ和Ⅲ-Ⅰ-Ⅱ的倒换流程的操作。

在实际的氧化铝生产中，常需根据具体情况，采用上述几种基本流程的变型。例如，有些蒸发操作采用双效三体（二效有两台蒸发器）或三效四体（一效有二台蒸发器）的流程等。有些蒸发操作，将二次蒸汽的一部分引出，用于加热进入本效或其他效的溶液，或用于其他与蒸发无关的加热过程，其余部分仍进入次一效作加热蒸汽。引出的这部分蒸汽通常称为额外蒸汽。

12.12.3.3 蒸发汽耗与母液蒸发的热利用

可以采取如下措施来降低蒸发汽耗、加强母液蒸发过程中的热回收利用。

（1）采用多效蒸发。采用多效蒸发是减少加热蒸汽消耗量最有效的措施。当效数增加后，从蒸发料液中产生的二次蒸汽，会更多地在蒸发器的加热室中冷凝成为冷凝水而排出，最后进入水冷器的二次蒸汽量、水冷器的冷却水用量都会随着效数的增加而减少。

（2）提高原液温度。提高原液温度能降低新蒸汽的消耗量。在氧化铝生产中，可用温度较低的种分母液与温度较高的精液用板式换热器进行热交换，来提高蒸发原液温度。

（3）提高末效真空度。对于母液蒸发来说，提高末效真空度能提高传热的有效温差，有利于提高蒸发器的产能和蒸发强度。

（4）充分利用冷凝水的热量。各效的冷凝水含有大量热量，可通过串联进行逐级闪蒸，最大限度地提高系统的热利用率。

（5）充分利用高温效出料溶液所含的热量。高温效物料在出料时可以进行多级闪蒸，所产生的二次蒸汽返回，可用于预热相应效的物料，同时降低物料温度，以满足后续工序的需要。

12.12.4 蒸发工艺设备

为适应具有不同特性（如黏度、起泡性、热敏性等）物料的蒸发浓缩，开发应用了各种不同结构形式的蒸发器。基于氧化铝生产物料的特点，在国内先后采用过标准式蒸发器、外热式自然循环蒸发器、外热式强制循环蒸发器、降膜蒸发器等不同结构和性能的蒸发设备。由于标准式蒸发器和外热式自然循环蒸发器运行的汽耗高、产能低，在新建、改扩建的氧化铝厂中已逐渐被降膜蒸发器所取代。目前国内氧化铝厂使用的降膜蒸发器分为管式降膜蒸发器和板式降膜蒸发器两种，而应用范围较广的是管式降膜蒸发器。

12.12.4.1 管式降膜蒸发器

降膜蒸发器的特点是靠溶液自身的重力，在加热管壁上呈膜状流动，其主要优点是传热效率高，蒸发速度快，溶液在蒸发器内停留时间短，各效仅需较低的传热温差即可运行。

在管式降膜蒸发器中，将进行蒸发的溶液从上部进入，经布膜装置呈膜状沿管壁向下流动并进行加热，然后在蒸发室进行蒸发和汽液分离，浓缩液由蒸发室底部出料口排出，二次蒸汽由蒸发室顶部或侧部排出。由于溶液在管内呈膜状流动，流通面积远小于实际的管内截面积，流动的雷诺数大大增加，因而使膜状流动的传热系数显著高于一般充满液体的设备。图 12-74 所示为同轴式管式降膜蒸发器示意图。该降膜蒸发器的蒸发室和加热室同在一根轴心上,因此占地面积较小,适用于大型氧化铝厂使用。目前管式降膜蒸发器的最大加热面积可达 $5000m^2$,加热管长可达 12m。由于降膜蒸发器没有静压液柱造成的沸点升高,且传热系数也很高,因而对热敏性溶液的蒸发效果比较理想。管式降膜蒸发器可蒸发溶液黏度达 $0.05 \sim 0.45Pa \cdot s$,但不适于蒸发易析出结晶和易结垢的溶液。

管式降膜蒸发器内部主要构件有布膜装置和除沫装置。布膜装置是管式降膜蒸发器设计的关键,对管式降膜蒸发器的传热效果影响很大。这是因为管式降膜蒸发器要求溶液在每根加热管内均匀分布,使每根管子的内壁都能为溶液所润湿,液体呈膜状流动。如管内溶液分布不均匀,则会造成部分管道干壁而形成结疤,从而影响蒸发设备的生产能力。

除沫装置是影响管式降膜蒸发器二次蒸汽冷凝水质量的关键部件。二次蒸汽经过除沫装置进行汽液分离,能有效防止溶液进入二次蒸汽中。产生的合格冷凝水为其他工序再利用,从而降低能耗。

在管式降膜蒸发器中还用离心泵将蒸发室底部的浓缩液抽出,打入蒸发器顶部进行再循环,在不断循环的过程中,完成蒸发过程。

由于管式降膜蒸发器汽耗低、产能高、运转率高,在国内新建、改扩建氧化铝厂中已被广泛应用。

12.12.4.2　板式降膜蒸发器

板式降膜蒸发器原用于造纸行业的黑液蒸发,20 世纪 90 年代,该设备被移植用于氧化铝工业的母液蒸发。图 12-75 所示为板式降膜蒸发器的结构示意图。

板式降膜蒸发器的工作原理与管式降膜蒸发器相同,其主要区别是设备结构上加热装置

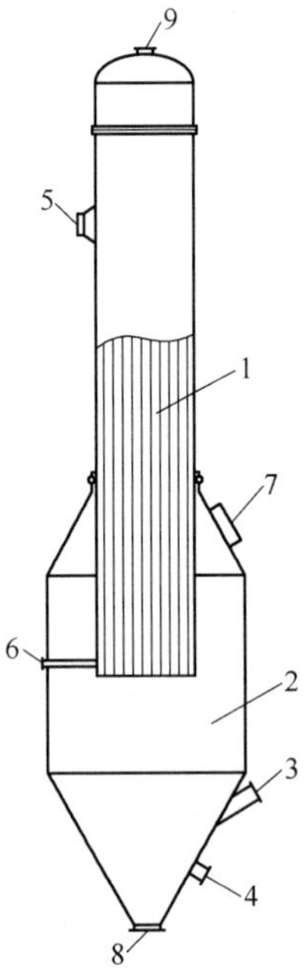

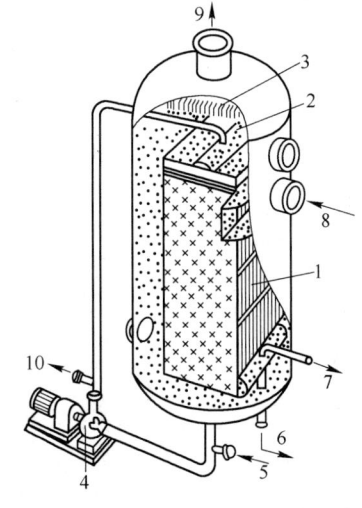

图 12-74　管式降膜蒸发器结构示意图

1—加热室;2—蒸发室;3—溶液进口;4—循环液出口;
5—蒸汽进口;6—冷凝水出口;7—二次蒸汽出口;
8—溶液出口;9—循环液进口

图 12-75　板式降膜蒸发器结构示意图

1—加热元件;2—分配器;3—溶沫分离器;4—循环泵;
5—料液进口;6—排渣口;7—冷凝液出口;8—加热
蒸汽进口;9—二次蒸汽出口;10—料液出口

的形式不同。板式降膜蒸发器的加热器由两块不锈钢薄板焊接构成的若干元件组成，蒸汽在元件内侧冷凝，料液由循环泵提升到顶部，通过分配器均匀地分布到每个加热元件的两侧，沿元件外表面呈膜状流下，并在下降过程中受热而汽化。蒸发汽化所产生的二次蒸汽由元件之间的通道上升，通过汽室上部的液膜分离器排出。

板式降膜蒸发器的优点是：凹凸不平的板片表面，使得液膜流动时能冲刷结疤使之在适当的条件下自动脱落，因而传热系数高、汽耗低。但板式降膜蒸发器用于碱液浓度较高、温度也较高的高温效时，会产生碱蚀问题，因而需要采用高耐蚀性的材质。

针对管式降膜蒸发器和板式降膜蒸发器的各自特点，国内氧化铝厂出现了采用管板结合的蒸发装置，即高温效采用管式降膜蒸发器，低温效采用板式降膜蒸发器。

12.12.4.3 外热式强制循环蒸发器

一般的自然循环蒸发器的加热管内的溶液循环速度均较低。为处理黏度较大、容易析出结晶或易于结垢的溶液，则须加快溶液在加热管内的循环速度。可采用强制循环蒸发器达到此目的。强制循环蒸发器依靠泵的推动力，迫使溶液以较高的速度沿一定的方向流过加热元件，以强化传热过程。溶液在加热管内的流速要根据物料的性质和蒸发工况确定，通常选择在 $1.2 \sim 3 m/s$ 范围内。强制循环蒸发器可在传热温差较少（$5 \sim 7 \, ℃$）的条件下运行，即使在加热蒸汽压力不高的情况下，也可以实现四效或五效作业，并对物料的适应性较好。但强制循环蒸发器的缺点是：动力消耗和循环泵维修工作量大。目前通过改进，强制循环蒸发器的动力消耗已由原来的 $0.4 \sim 0.8 kW/m^2$ 降到 $0.1 \sim 0.2 kW/m^2$，循环泵的维修工作也大为减少。

外加热式强制循环蒸发器多用在与降膜蒸发器匹配的碱液浓度较高的析盐效，即溶质中杂质盐类析出之前在降膜蒸发器中蒸发，然后送入外热式强制循环蒸发器进一步蒸浓并进行浓缩析盐。

外加热式强制循环蒸发器的结构示意图如图 12-76 所示。

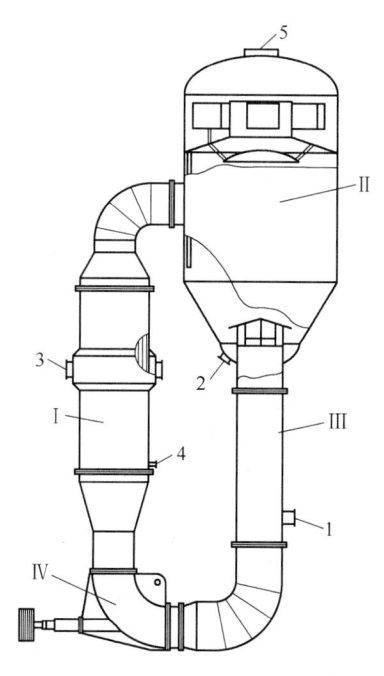

图 12-76 外加热式强制循环蒸发器
1—溶液进口；2—溶液出口；3—蒸汽进口；
4—冷凝水出口；5—二次蒸汽出口
Ⅰ—加热室；Ⅱ—蒸发室；
Ⅲ—循环管；Ⅳ—轴流泵

12.12.4.4 不同蒸发器的性能指标

氧化铝生产中应用的不同蒸发器的主要性能指标见表 12-54。

表 12-54 不同蒸发器的主要性能指标

指　　标	管式降膜蒸发器	板式降膜蒸发器	外加热式强制循环蒸发器
蒸发效数	$5 \sim 6$	6	3
蒸水能力/t·h^{-1}	$150 \sim 200$	$100 \sim 130$	$40 \sim 45$
加热面积/m^2	$7653 \sim 11900$	10014	450

续表 12-54

指　标	管式降膜蒸发器	板式降膜蒸发器	外加热式强制循环蒸发器
平均传热系数/W·(m²·K)⁻¹	约 1200	约 1200	—
吨水汽耗/t	0.25 ~ 0.3	0.27 ~ 0.3	0.45 ~ 0.5
运转率/%	93 ~ 97	80 ~ 88	75 ~ 80
吨汽回水比/t	3.5 ~ 4	3.5 ~ 4	
生产控制	DCS 控制	DCS 控制	—

法国 GEA Kestner 公司，可全面提供管式降膜蒸发的技术和设备。国内降膜蒸发器主要供货商有张家港市化工机械股份有限公司和江苏华机环保设备有限责任公司。张家港化工机械股份有限公司已为氧化铝厂提供了不同蒸水量（15 ~ 300t/h）的蒸发器机组 100 多套，并与 GEA Kestner 公司签订技术合作协议，共同开发、提升管式降膜蒸发器的技术和设备质量，应用于 300t/h 大型氧化铝厂蒸发器组，吨水汽耗为 0.219t。

这两家公司曾供应氧化铝厂的蒸发设备的能力规格和部分技术参数分别参见表 12-55 和表 12-56。其中蒸发器各效的传热面积的安排将视具体使用条件进行调整。

表 12-55　张家港市化工机械股份有限公司管式降膜蒸发器组技术参数

管式降膜蒸发器组 (含强制循环排盐数)	蒸水能力/t·h⁻¹						
	50	150	200	220	250	280	300
总传热面积/m²	2780	7072	11900	13700	14800	18200	18600
1t 水蒸汽消耗量/t	0.4	0.34	0.25	0.25	0.25	0.22	0.22
效数/台	4	5	6	6	6	6	6

注：300t/h 规格已经在设计中。

表 12-56　江苏华机环保设备有限责任公司蒸发器各效配置　　　　（m²）

序号	蒸水能力/t·h⁻¹	1 效	2 效	3 效	4 效	5 效	6 效
1	440	4000	3000	3000	3000	7500	7500
2	220	2800	1850	1850	1850（板）	3300（板）	3300（板）
3	150	1900	1450	1350	1350	1350	1750
4	75	650	500	500	500	1400	1400

注：（板）表示该效为板式装置，未注明均为管式装置。

张家港市化工机械股份有限公司设计的高效除沫装置为其专有技术（国家专利号 ZL200820039863.X），二次蒸汽冷凝水含碱量小于 12mg/L。

江苏华机环保设备有限责任公司对除沫器结构形式进行优化，在有限的空间内可以获得较好的除沫效果，改善了末效二次蒸汽质量。

兰州兰石换热设备有限责任公司生产了结构与宽流道板式换热器相近的板式蒸发器。

12.12.5　多级闪蒸蒸发流程

多级闪蒸蒸发又称扩容蒸发，其主要优点是传热壁面无沸腾和汽化现象，汽化是在空的闪蒸罐内进行，因而可以避免或减轻在加热表面形成垢层。此外，采用多级闪蒸可节省加热蒸汽。国外拜耳法氧化铝厂较多地采用6~10级预热闪蒸蒸发,处理的碱液浓度差为10~40g/L,蒸1t水所需的新蒸汽约为0.27~0.4t。

图12-77是国外某氧化铝厂采用的11级闪蒸蒸发流程。

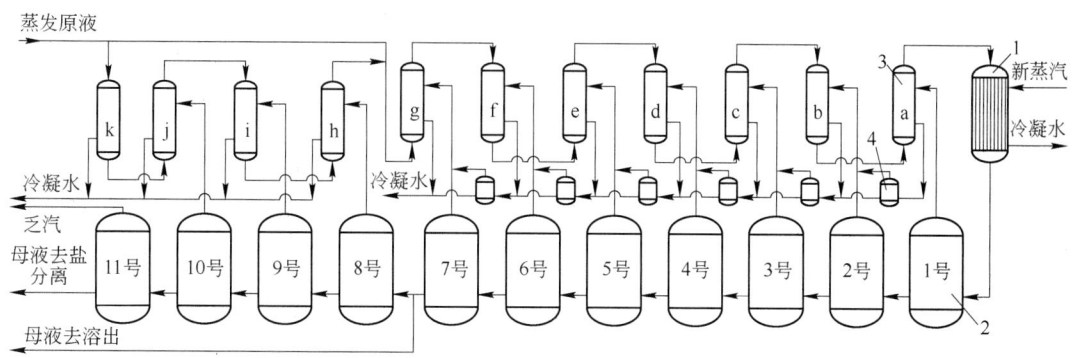

图12-77 11级闪蒸蒸发流程
1—加热器;2—闪蒸罐;3—预热器;4—冷凝水罐

该流程中,前7级主要是蒸水,后4级为浓缩排盐。蒸发原液(浓度为235g/L,以 Na_2CO_3 计)一部分进入后4级预热器(h、i、j、k)预热后再与另一部分原液汇合,经串联的7级预热器(a、b、c、d、e、f、g)预热,随后流经新蒸汽加热器。原液在加热器中被加热到155℃,然后进入串联的7台闪蒸罐(1~7号)进行闪蒸,闪蒸罐中放出的二次蒸汽送至相应的各级预热器预热原液。从第7级闪蒸罐中排出的蒸发母液一部分送溶出配料,另一部分则进入后4级闪蒸罐(8~11号)继续浓缩。浓缩后的母液浓度达到260~270g/L(以 Na_2CO_3 计),可进行盐分离。

该多级闪蒸流程的蒸水汽耗为吨水0.4~0.43t汽。

12.12.6 五效降膜蒸发流程及其工艺配置

新型高效的节能型降膜蒸发器越来越多地应用在氧化铝工业生产中。以下重点介绍五效逆流加三级闪蒸的降膜蒸发流程。

图12-78所示为五效逆流加三级闪蒸的降膜蒸发(附一效强制循环蒸发器)流程的示

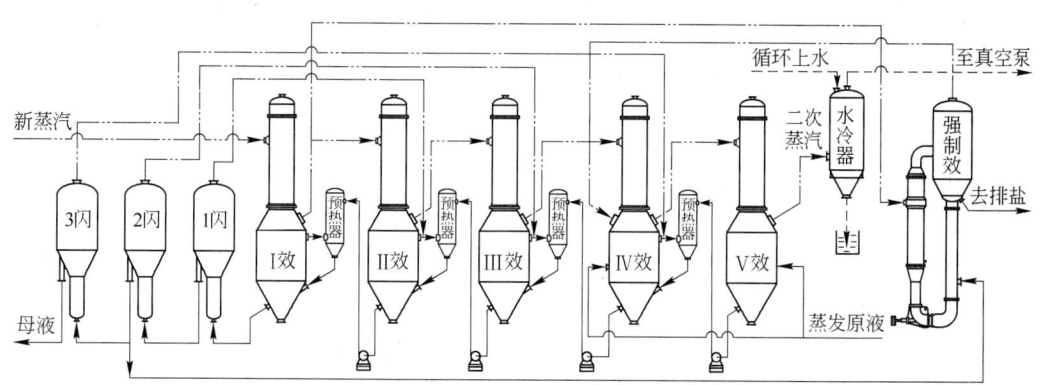

图12-78 五效逆流加三级闪蒸的降膜蒸发(附一效强制循环蒸发器)

意图。该工艺流程为：从蒸发原液槽泵送来的种分母液，一部分进Ⅳ效蒸发器，另一部分进Ⅴ效蒸发器。Ⅴ效蒸发器出料经预热器预热后进Ⅳ效蒸发器，这样各效经预热器预热后，以逆流的方式经Ⅴ、Ⅳ、Ⅲ、Ⅱ、Ⅰ效降膜蒸发器逐级蒸发。Ⅰ效蒸发器出料经一、二、三级自蒸发器闪蒸，三级自蒸发后出料至后续工序。二级自蒸发器出料一部分进强制循环蒸发器继续蒸浓，强制效用Ⅰ效的二次蒸汽加热，用出料泵将强制蒸发后的溶液送去排盐。

图 12-79 ~ 图 12-81 所示为五效逆流降膜蒸发（附一效强制循环蒸发器）的平面配置示意图及立面示意图。

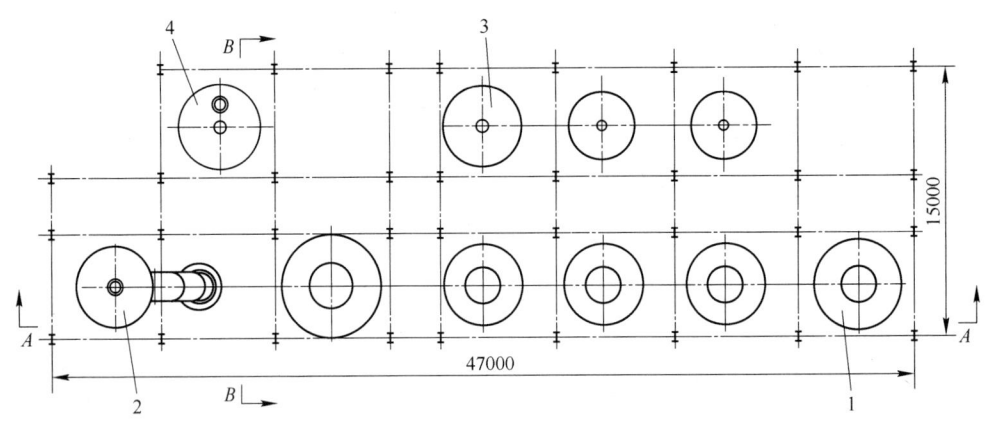

图 12-79　五效逆流母液降膜蒸发平面配置示意图
1—管式降膜蒸发器；2—强制循环蒸发器；3—闪蒸器；4—水冷器

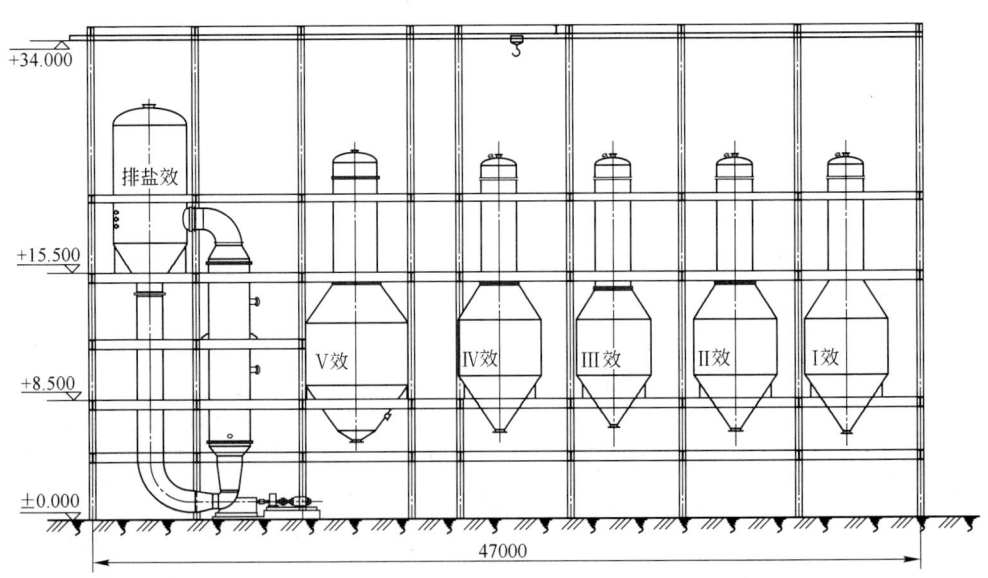

图 12-80　母液蒸发 A—A 立面配置示意图

五效逆流降膜蒸发工艺的主要设备规格见表 12-57。

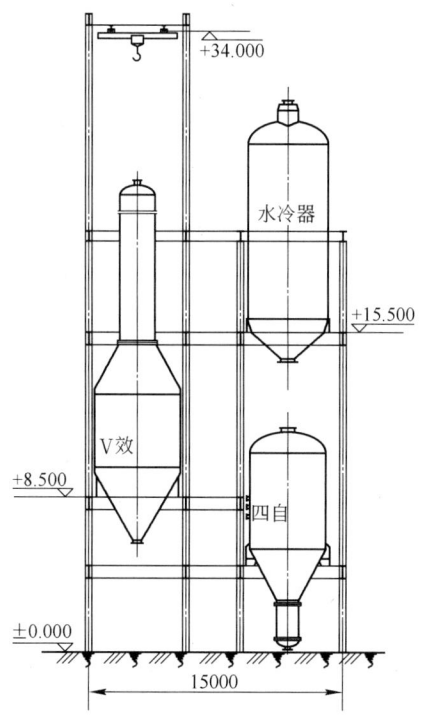

图 12-81 母液蒸发 B—B 立面配置示意图

表 12-57 五效逆流降膜蒸发的主要设备规格

蒸发设备	设备规格	数量/台
Ⅰ效降膜蒸发器	加热室 $\phi2.5m\times13.85m$，分离室 $\phi4.2m\times8.3m$，1955m²	1
Ⅱ效降膜蒸发器	加热室 $\phi1.9m\times13.75m$，分离室 $\phi3.6m\times7.7m$，1106m²	1
Ⅲ效降膜蒸发器	加热室 $\phi1.9m\times13.75m$，分离室 $\phi1.5m\times7.05m$，1106m²	1
Ⅳ效降膜蒸发器	加热室 $\phi1.9m\times13.75m$，分离室 $\phi4.52m\times9.4m$，1106m²	1
Ⅴ效降膜蒸发器	加热室 $\phi2.4m\times13.85m$，分离室 $\phi5.6m\times10.1m$，1800m²	1
强制循环蒸发器	加热室 $\phi1.3m\times12.3m$，分离室 $\phi4.2m\times1.8m$，580m²	1
Ⅰ级闪蒸器	$\phi3.6m\times12.16m$	1
Ⅱ级闪蒸器	$\phi3.3m\times11.8m$	1
Ⅲ级闪蒸器	$\phi4.2m\times11.8m$	1
水冷器	$\phi3.2m\times10.15m$	1

12.13 氢氧化铝焙烧

12.13.1 概述

氢氧化铝焙烧是氧化铝生产过程的最后一道工序。在氢氧化铝焙烧工序，对分解产出的氢氧化铝进行高温焙烧，脱除其附着水和结晶水，并进行一定程度的晶型转变，得到符合质量要求的氧化铝产品。

氢氧化铝（$Al_2O_3 \cdot 3H_2O$ 或 $Al(OH)_3$）焙烧的脱水及晶型转变过程的物理化学变化非常复杂。氢氧化铝在整个焙烧过程中，经过一系列的变化，产生一系列的中间相，最终转变为 α-Al_2O_3 相。一般将焙烧过程分成以下几个阶段。

第一阶段为脱除附着水，变为干氢氧化铝。工业氢氧化铝的附着水含量一般小于 10%，脱除附着水的温度区间在 100 ~ 110℃。该过程可表示为：

$$Al(OH)_3 + 附着水 \longrightarrow Al(OH)_3 + 水蒸气 \uparrow$$

第二阶段为脱除结晶水。氢氧化铝脱除结晶水的起始温度在 130 ~ 190℃ 之间，当温度升到 250 ~ 300℃ 时，便失去两个结晶水，变成一水软铝石（$Al_2O_3 \cdot H_2O$）。

$$Al_2O_3 \cdot 3H_2O \longrightarrow Al_2O_3 \cdot H_2O + 2H_2O \uparrow$$

当温度再升高至 500 ~ 560℃ 时，一水软铝石失去所有的结晶水，变成中间晶型的氧化铝。

第三阶段为晶型转变。中间晶型氧化铝在温度继续升高时，发生一系列的晶型转变，在高温下逐渐转变为 α-Al_2O_3。在 1200℃ 以上并经过足够长的时间，焙烧产物将完全转变为 α-Al_2O_3。α-Al_2O_3 属于六方晶系，原子排列紧密，原子间距小，密度大，异常稳定，不吸水。

氧化铝产品的化学成分主要取决于氢氧化铝的化学纯度，其物理性质包括产品的粒度、α-Al_2O_3 含量、比表面积、真密度、磨损指数、密度和安息角等，其中某些物理性质，如 α-Al_2O_3 含量、比表面积、真密度等主要取决于焙烧程度（温度与时间），而氧化铝产品的粒度、磨损指数与焙烧程度也有一定的关系。因此，除铝酸钠溶液分解外，氢氧化铝焙烧过程也是影响氧化铝产品质量的重要环节。需要采用适宜的焙烧程度来保证氧化铝产品的质量。

现代氧化铝工业已很少采用回转窑，而普遍使用流态化焙烧炉进行氢氧化铝的焙烧。

为避免杂质污染氧化铝，氢氧化铝焙烧须使用低灰分的燃料，如发生炉煤气、焦炉煤气、天然气、重油等。

12.13.2 氢氧化铝焙烧设备

12.13.2.1 回转窑

焙烧氢氧化铝用的回转窑的窑体具有 2% ~ 4% 的倾斜度，燃料及助燃空气由较低的窑头端入窑，而物料和废气则分别从较高的尾端加入和排出，物料在窑内与热气流相互沿相反的方向运动。根据物料在窑内发生的物理化学变化，从窑尾起划分为干燥带、脱水带、烧成带、冷却带，最后焙烧好的氧化铝由窑头进入冷却机内，在冷却机内继续冷却后出料。

由于回转窑产能低、热耗高，投资大，维护检修费用多，在新建的氧化铝厂中已不再采用，老氧化铝厂原有的回转窑也基本上被流态化焙烧炉所取代。

12.13.2.2 流态化焙烧炉

流态化焙烧炉与回转窑相比，具有热耗低（约低 1/3），投资少（减少 40% ~ 60%），产品质量好，设备简单，维护费用低，占地面积少，而且有利于环境保护等诸多优点，近些年来已被国内外氧化铝工业广泛应用。

目前在世界上使用较普遍的流态化焙烧炉主要有三种类型：美国铝业公司（Alcoa）的流态闪速焙烧炉（F·F·C）、德国鲁奇（Lurgi）的循环流化床焙烧炉（C·F·C）以及丹麦艾法史密斯公司（FLSmidth）的气态悬浮焙烧炉（GSC）。

这三种形式的流态化焙烧炉尽管其技术特点不尽相同，但都是由物料干燥脱水、焙烧主炉和产品冷却三大系统组成。干燥脱水预热系统都是采用稀相载流换热，主反应炉却各有特色，冷却系统大多也以稀相载流换热为主，辅之以浓相床间壁换热。预热及冷却系统均可充分回收和利用焙烧产生的废气和焙烧后产品中的热量，即先利用燃烧废气的热量预热已被干燥的物料，脱除大部分结晶水后，再去烘干脱除进入系统物料的附着水，使废气温度降到适于电收尘的工作温度。而焙烧产品的热量则用进入系统的助燃空气和水进行回收，使氧化铝产品冷却到适宜的温度出料，同时助燃空气也得到了充分的预热。

A　闪速焙烧炉

美国铝业公司于1963年之后，相继开发出了260t/d、760t/d、1300t/d、1650t/d和2200t/d等闪速焙烧炉型。

美国铝业公司的流态闪速焙烧炉是在密闭状态下进行正压操作，工艺控制比较复杂。此种炉型在中国氧化铝厂应用较少。

B　循环流化床焙烧炉

德国鲁奇公司于1970年开发的550t/d循环流化床焙烧炉首次在德国利伯氧化铝厂的生产中使用。1970年后又相继开发了800t/d、1050t/d、1400t/d、1600t/d、1850t/d、2700t/d、3100t/d、3300t/d、3500t/d等炉型。

循环流化床焙烧炉的特点在于大量的物料在炉内进行循环，炉内蓄热量较大，运行比较稳定。

循环流化床焙烧炉的技术特点如下：

（1）由于物料循环增加了物料在炉内的停留时间，从而可以降低焙烧温度（950℃），因此耐火材料使用时间延长，设备运转率高。可以通过调节产品出料阀门的开度，对循环量进行控制。

（2）可以用变换燃料量或Al(OH)$_3$下料量来调节焙烧温度，用于准确控制产品的比表面积。

（3）循环速度一般控制在10m/s，此速度下固体颗粒破损并不严重。

C　气态悬浮焙烧炉

丹麦艾法史密斯公司于1984年开始，陆续开发了850t/d、1050t/d、1300t/d、1600t/d、1850t/d、2000t/d一直到4500t/d等规格的气态悬浮焙烧炉炉型。

气态悬浮焙烧炉属于完全稀相流态化焙烧炉，其主要特点如下：

（1）进行稀相流态化焙烧，流体中固体含量低，空隙度大于95%，气体与固体接触充分，传热快，传热系数比浓相流态化焙烧炉高。由于该系统没有物料停留床或停留槽用于调节物料停留时间，焙烧时间仅为1~2s，因此要求较高的焙烧温度，一般为1150~1200℃。

（2）炉体结构简单，炉底无气体分布板，气体阻力损失小。

（3）系统中存料少，开停方便，且为负压操作，操作比较安全可靠。

（4）系统中的焙烧炉、各级预热器及冷却旋风筒的热交换是顺流式，气固相温度差比较小。

（5）工艺过程和控制系统简单。

在中国氧化铝厂占主导的氢氧化铝焙烧炉型是气态悬浮焙烧炉和循环流化床焙烧炉，这两种炉型的主要技术经济指标见表 12-58。

表 12-58 气态悬浮焙烧炉和循环流化床焙烧炉的主要技术经济指标

	项 目	循环流化床焙烧炉	气态悬浮焙烧炉
生产工艺	设备流程	一级文丘里干燥脱水，一级载流预热，循环流化床焙烧，一级载流冷却加流化床冷却（6级）	文丘里和一级载流干燥脱水，一级载流预热，悬浮焙烧，4级载流冷却加流化床冷却
	工艺特点	循环焙烧（循环量3~4倍）	稀相悬浮焙烧
	焙烧温度/℃	950~1000	1150~1200
	焙烧时间/min	20~30	1~2s
	系统压力工况/Pa	系统压降约30000 正压操作	系统压降6000~8000 负压操作为主
技术经济指标	产能/t·d^{-1}	1400	1400
	热耗（AH 附水10%）/kJ·kg^{-1}	3176	3072
	总装机功率/kW	1930.5	1289.78
	电耗/kW·h·t^{-1}	20	<18
	冷却水耗/m^3·t^{-1}	0.14	0.124
	烟尘排放浓度（标态）/mg·m^{-3}	<50	<50
	产能调节范围/%	46~100	30~100
	年运转率/%	94	约90
基建工程量	机电设备质量/t	553	816
	耐火材料质量/t	908	666.3
	钢结构质量/t	650	1520
	厂房高度/m	26.5	62

目前中国已有能力设计、制造 1300t/d、1850t/d 等多种规格的气态悬浮焙烧炉和 1600t/d 规格的循环流化床焙烧炉。但气态悬浮焙烧炉的燃烧器还需要从国外引进，应用较多的有德国 Jasper 公司的燃烧器。气态悬浮焙烧炉的燃烧器包括启动燃烧器、干燥燃烧器、点火燃烧器和主燃烧器。

洛阳市洛华粉体工程特种耐火材料有限公司、洛阳洛华窑业有限公司（以下简称洛华公司）基于其在氢氧化铝气态悬浮流态化焙烧炉的科研、设计和工程建设施工的实践经验，提出了"GSC炉高效节能整体窑炉技术"的概念，包括对新建 GSC 炉或现有 GSC 炉大修理的全部耐火材料系统的设计和材料供应，一整套的内衬砌筑、烘炉和维护检修技术。洛华公司对浇注料以及炉体结构的设计改进，旨在减少系统的热能损失、改进筑炉烘炉技术、延长炉衬的使用寿命。其提供的新型耐磨耐火浇注料产品热震稳定性大于40（次）（1100℃水冷），耐磨性2.98cm³，烧后线变化率0~约0.2%，烘干、烧后耐压强度大于100MPa，烘干、烧后抗折强度10~15MPa，最突出的特点是热导率小于1.26W/(m·K)，在一台1300t/d焙烧炉炉衬材料对比实验中，用该系列产品浇注的炉衬表面温度比进口产品炉衬表面低35~50℃，大幅度减少散热损失，节约煤气量。所开发的成果已列入《国家重点节能技术推广应用目录（第二批）》。

12.13.3　气态悬浮焙烧炉生产工艺流程

气态悬浮焙烧炉的生产工艺流程简述如下：由氢氧化铝分离洗涤后的含水率不大于10%、温度约50℃的湿氢氧化铝由胶带输送机送入氢氧化铝仓，出仓氢氧化铝经仓底电子胶带秤计量，由螺旋输送机喂入文丘里干燥器。湿氢氧化铝先在文丘里干燥器内干燥，干燥后的物料经两级旋风预热器加热脱去结晶水，最后在焙烧炉内完成焙烧过程。焙烧产品通过四级旋风冷却器冷却，再经流化床冷却器用水逆流间接冷却至80℃，经胶带输送机（或其他输送设备）送入氧化铝仓。

焙烧过程的热源来自煤气，而助燃空气则来自冷却系统的预热空气。来自焙烧炉的高温废气通过两级预热旋风及干燥器的冷却，再进入电收尘器中进一步除尘，除尘后的烟气含尘量（标态）降至50mg/m³以下，再由排风机经烟囱排入大气。收集的粉尘返回焙烧炉系统。

图12-82所示为气态悬浮焙烧炉系统工艺流程示意图。

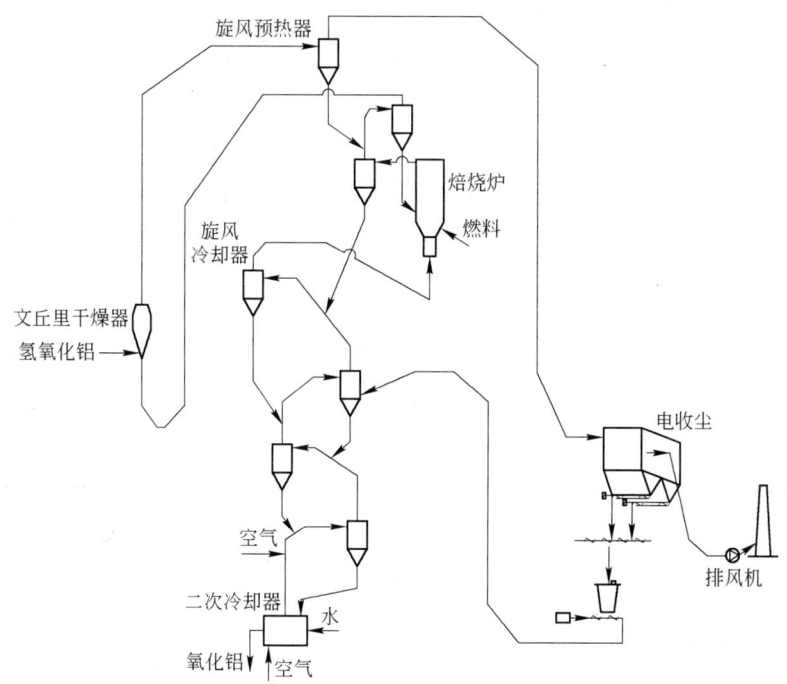

图 12-82　气态悬浮焙烧炉系统工艺流程示意图

12.13.4 氢氧化铝焙烧热平衡

以下是对以发生炉煤气为燃料的气态悬浮焙烧炉进行的热平衡计算。

12.13.4.1 热平衡计算的条件

煤气低发热值（标态）	$5400kJ/m^3$
氢氧化铝温度	50℃
氧化铝出 CO_2 温度	248℃
氢氧化铝附水	10%
煤气温度	30℃
空气温度	13℃
燃烧空气过剩系数	1.2
系统散热损失占总热收入	5%
废气温度	135℃

湿煤气成分（%）如下：

CO_2	CO	H_2	N_2	H_2S	O_2	CH_4	H_2O
5.3	27.5	14.9	49.1	0.1	0.2	0.8	2.1

12.13.4.2 热平衡计算的结果

表 12-59 所示为热平衡计算的结果。

表 12-59 气态悬浮焙烧炉的热量平衡

每吨 Al_2O_3 进焙烧系统热量/kJ				每吨 Al_2O_3 出焙烧系统热量/kJ			
序号	项 目	数量	%	序号	项 目	数量	%
1	煤气燃烧发热	3121	95.1	1	焙烧反应热	2051	62.5
2	煤气显热	23	0.7	2	水蒸发热及过热	610	18.6
3	氢氧化铝显热	125	3.8	3	燃烧废气带热	227	6.9
4	空气显热	13	0.4	4	成品带热	230	7.0
				5	系统散热	164	5.0
	合 计	3282	100.0		合 计	3282	100.0

注：表中数值以生产 1t Al_2O_3 计算。

由表 12-59 可见，该气态悬浮焙烧炉的热效率高达 81.1%。

12.13.5 气态悬浮焙烧炉工艺配置

图 12-83 和图 12-84 所示分别为气态悬浮焙烧炉工艺配置立面示意图和平面示意图。

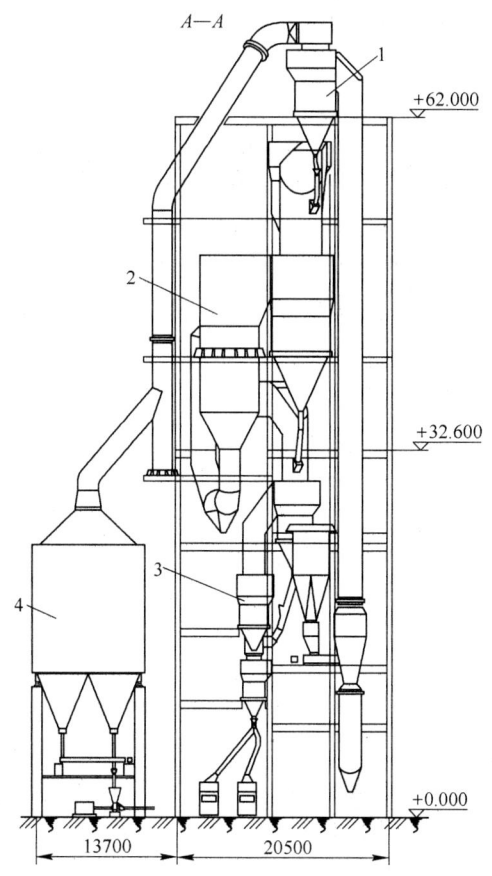

图 12-83 气态悬浮焙烧炉工艺配置立面示意图

1—旋风预热器；2—焙烧炉；3—旋风冷却器；4—电收尘器

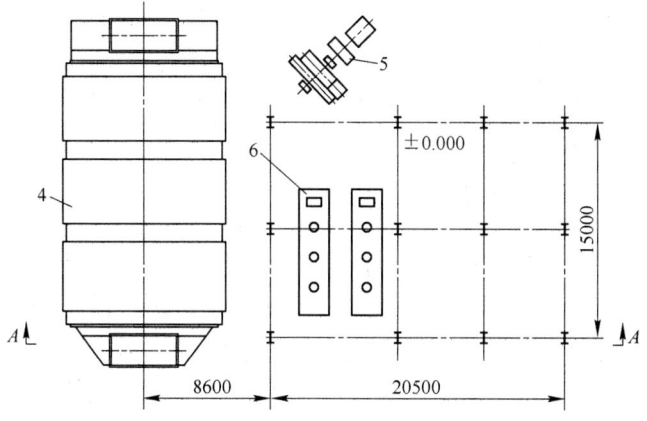

图 12-84 气态悬浮焙烧炉工艺配置平面示意图

4—电收尘器；5—排风机；6—流态化冷却器

13 非铝土矿含铝资源生产氧化铝的方法

* *

13.1 从霞石生产氧化铝

霞石是一种具有综合利用价值的含铝矿物，工业上不仅可以提取其中的氧化铝（Al_2O_3），而且可以制取苏打（Na_2CO_3）、碳酸钾（K_2CO_3）、水泥和回收稀散金属镓等。

13.1.1 国外霞石生产氧化铝的开发利用状况

俄罗斯缺乏高品位的铝土矿，但拥有丰富的霞石资源，因此，对霞石的综合利用技术进行了大量的试验研究，并成功应用于工业生产。早在 20 世纪 30 年代初，苏联国家应用化学研究院（ГИПХ）和设于列宁格勒的铝科学研究部（全俄铝镁设计研究院 ВАМИ 的前身）即已对俄罗斯西北部科拉半岛巨大的磷灰石-霞石矿进行了系统的研究。在处理该磷灰石-霞石矿时，除产出磷灰石精矿外，还作为废矿物产出霞石尾矿。该尾矿经进一步选矿富集后，所获霞石精矿中 Al_2O_3、Na_2O 和 K_2O 的总量达 40% 以上，可以碱法来制取氧化铝、碳酸钠和水泥等产品。

在此期间，还进行了一些其他工艺方向的探索，特别是酸法（硫酸法、硝酸法和磷酸法等）的研究。因为耐酸设备造价高、液固分离困难，同时还不易制得合乎质量要求的氧化铝，所以该工艺未能实现工业化。

相比之下，基于石灰石烧结工艺的碱法，却显示了良好的应用前景。该方法将霞石与石灰石一起烧结，烧结熟料用碱溶液溶出，经固液分离后，铝酸盐溶液用于生产氧化铝，残渣送去制取水泥，母液经蒸发浓缩制取碳酸钠、碳酸钾和硫酸钠等。石灰石烧结工艺使霞石矿中全部组分得到了完全利用。

苏联在第二次世界大战之前曾对霞石的石灰石烧结工艺进行过工业规模的试验。1938年曾决定将沃尔霍夫（Volkhov）氧化铝厂（ВАЗ）改造成处理霞石物料的氧化铝厂（设计规模为 50kt/a），但是，不久爆发的战争推迟了该计划的实施。直到 1951 年，ВАМИ 重新设计并建设了该厂，后经过多年的技术进步，解决了主要工序（烧成及溶出等）的各种技术难题，最终完善了工艺技术，成功地进行了工业规模的生产。

1959 年又由 ВАМИ 设计，建成了皮卡列夫（Pikalevo）氧化铝联合企业（ПГК），设计能力为 200kt/a。与此同时，ВАМИ 还完成了阿钦斯克（Achinsk）氧化铝联合企业（АГК）的科研及工程设计工作，该厂的设计能力达 800kt/a，于 1971 年投产。

据 1990 年云南省赴苏联霞石综合利用考察团的考察报告，苏联三家处理霞石的氧化铝厂的原料和产品数量见表 13-1。

表 13-1 1990 年苏联氧化铝厂霞石处理量与产品数量

厂　名	霞石处理量 /kt·a^{-1}	产品数量/kt·a^{-1}					
		Al_2O_3	Na_2CO_3	K_2CO_3	K_2SO_4	总碱量	水　泥
沃尔霍夫氧化铝厂	200	50	37	12		49	450
皮卡列夫氧化铝厂	820	200	149	48		197	1850
阿钦斯克氧化铝厂	4040	900	540	54	60	654	3500
总　和	5060	1150	726	114	60	900	5800

表 13-1 的标题应为：表 13-1 1990 年苏联氧化铝厂霞石处理量与产品数量

目前，沃尔霍夫氧化铝厂和皮卡列夫氧化铝厂已停产，后者改生产水泥，而阿钦斯克氧化铝厂于 2008 年的氧化铝产量已达到 1070kt。

13.1.2　国内霞石的开发利用状况

霞石在中国尚未实现大规模的工业化应用，但进行了许多研究工作，尤其是对云南个旧市郊白云山、长岗岭一带的霞石矿进行了详细的工艺试验研究。

20 世纪 70 年代，云南个旧市工业局试验室曾经进行了从霞石中制取钾肥的试验，采用霞石-石灰石电炉挥发法将霞石中的钾和钠挥发出来，制取钾肥和苏打，炉渣可用作水泥。1983 年，国家建筑材料工业局地质研究所做了用霞石正长岩作玻璃工业原料的研究。同时，昆明冶金研究所、云锡科研所等单位借鉴俄罗斯烧结法综合利用霞石工艺进行了试验室研究。1985 年，贵阳铝镁设计研究院和郑州轻金属研究院等单位也开展了此项研究，并先后提出了阶段性试验报告。在这些研究工作的基础上，1987 年，由云南省科委组织领导，成立了由昆明冶金研究所牵头，大连制碱研究所、云南化工研究所、云南省建材研究设计院等共同参加的个旧霞石开发利用协作攻关小组，进行霞石利用的扩大试验。1993 年，云南省科学技术委员会与 ВАМИ 签订了科学技术合作合同，目标是完成以个旧霞石正长岩矿为基础，建立年产 50kt 氧化铝及相应钾、钠制品和水泥产品的工业试验厂可行性研究，据此可直接进行工业试验厂的设计。该可行性研究报告于 1997 年完成。但由于种种原因，中俄联合开发云南个旧霞石矿，年产氧化铝 50kt、水泥 500kt、K_2CO_3 35.4kt 和苏打 10.6kt 的项目尚未实施。

13.1.3　霞石综合利用生产氧化铝和碳酸盐工艺流程概述

13.1.3.1　霞石-石灰石烧结法

霞石-石灰石烧结法的生产过程是：将霞石与石灰石一起加热至 1300℃ 左右的高温下进行烧结，使之按下式分解生成铝酸钠（钾）与硅酸二钙：

$$(Na,K)_2 \cdot Al_2O_3 \cdot 2SiO_2 + 4CaCO_3 \longrightarrow (Na,K)_2 \cdot Al_2O_3 + 2(2CaO \cdot SiO_2) + 4CO_2$$

烧结熟料用碱溶液溶出，使铝酸钠（钾）转入溶液，而数量巨大的硅酸二钙（β-C_2S）产物则形成残渣，经固液分离后送去制取水泥。铝酸盐溶液相继经脱硅与碳酸化分解，产出固态氢氧化铝，经焙烧转化为产品氧化铝。析出氢氧化铝后的母液经蒸发浓缩制取碳酸钠、碳酸钾和硫酸钠。这样，霞石矿中的全部组分（Al_2O_3、CaO、Na_2O、K_2O、SiO_2）都转化成了产品，无固体废弃物外排。

霞石-石灰石烧结法的工艺和设备流程图如图 13-1 和图 13-2 所示。

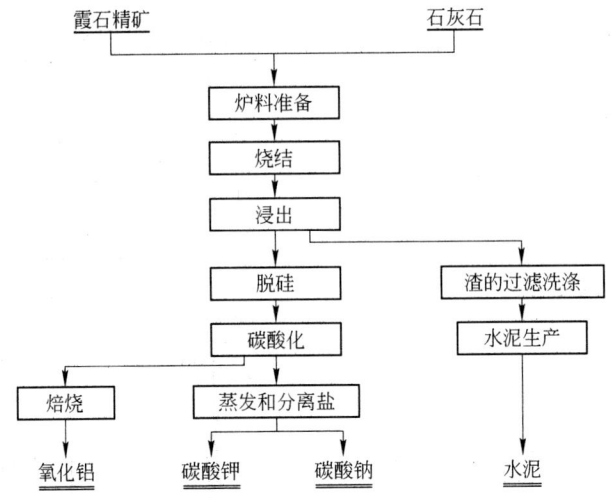

图 13-1 霞石-石灰石烧结法处理霞石精矿原则流程图

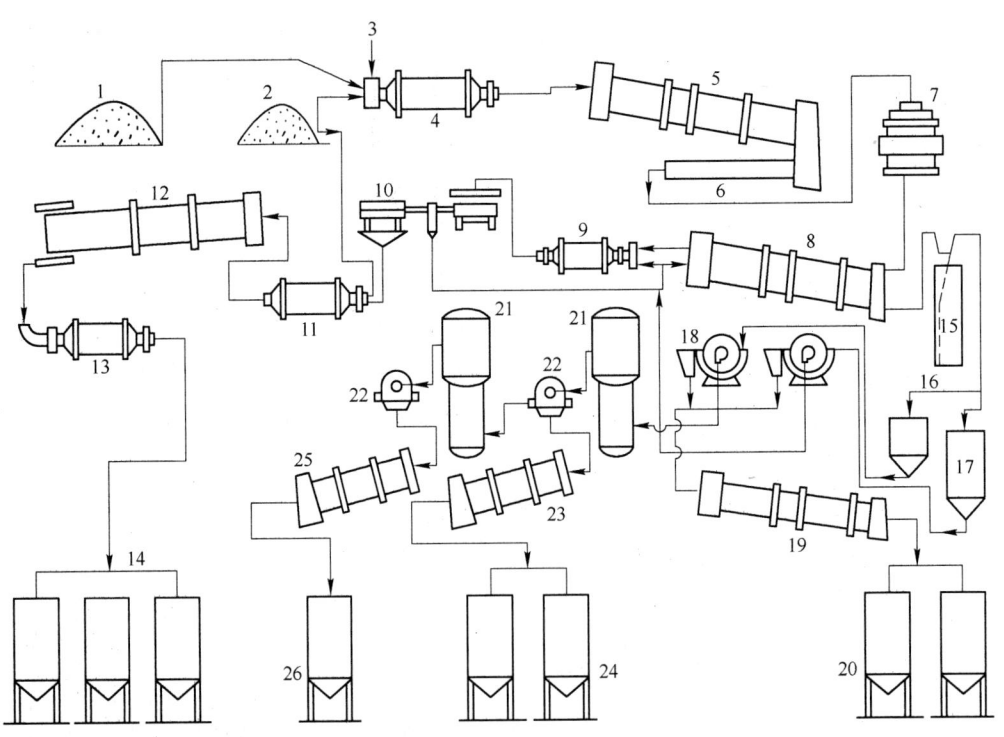

图 13-2 霞石-石灰石烧结法处理霞石精矿的设备流程图

1—霞石矿；2—石灰石；3—循环母液；4，11，13—球磨机；5—烧成窑；6—炉箅子冷却机；7—破碎机；8—筒形溶出器；9—棒磨机；10—旋转过滤机；12—水泥窑；14—水泥仓；15—脱硅器；16—碳酸化分解槽；17—种分槽；18—转鼓式过滤机；19—焙烧窑；20—氧化铝仓；21—蒸发器；22—离心分离机；23—苏打干燥窑；24—苏打仓；25—碳酸钾干燥窑；26—碳酸钾仓根据 VAMИ 进行的可行性研究，以个旧市白云山霞石矿为原料，采用霞石-石灰石烧结法生产氧化铝的主要消耗指标见表13-2。

表13-2 霞石-石灰石烧结法生产每吨氧化铝的主要消耗指标（设计值）

序号	项　目	单位	消耗	序号	项　目	单位	消耗
1	含水分1%的霞石矿	t	5.39	8	含水分1.07%的煤	t	1.75
2	含水分3%的石灰石	t	10.34	9	重油（煅烧用）	kg	140
3	石　灰	kg	68	10	蒸　汽	t	3.56
4	絮凝剂	kg	0.41	11	电	kW·h	1700
5	滤布（卡普隆）	m²	0.10	12	压缩空气	m³	1700
6	钢球与磨辊	kg	22.5	13	新　水	m³	25
7	磨机和破碎机的衬板	kg	12	14	循环水	m³	250

霞石-石灰石烧结法生产工艺中，每生产1t氧化铝，产生的副产品为碳酸钾（K_2CO_3）540kg、碳酸钠（Na_2CO_3）375kg、硫酸钾（K_2SO_4）4kg。由表13-2可见，该生产工艺需要消耗大量的石灰石，同时需建设一个规模很大的水泥厂，消化处理生产过程中大量排放的废渣。

13.1.3.2　高压水化学法

高压水化学法（皮诺玛廖夫-沙仁法）是利用湿法冶金的方法处理霞石，生产氧化铝。

高压水化学法的基本流程是：将霞石精矿磨细后，与石灰按$[CaO]/[SiO_2]=1.1$混合，再在$280\sim300℃$温度下，用高苛性摩尔比（$\alpha_K=30$）的浓碱液（N_K为$350\sim400g/L$）进行高压溶出。霞石中的氧化铝即溶入溶液中，而氧化硅则以硅酸钠钙（$Na_2O\cdot2CaO2SiO_2\cdot H_2O$）的形式残留于赤泥中。溶出料浆经过固液分离后，再稀释、脱硅、蒸发浓缩至苛性碱浓度超过$500g/L$后，结晶析出铝酸钠。将铝酸钠结晶处理，可得到氢氧化铝和氧化铝。溶出后赤泥经回收其中的碱后作为生产水泥的原料。霞石的钾和钠既可以碳酸碱的形态，也可以苛性碱的形态产出。

高压水化学法与烧结法相比，具有投资少、燃料消耗较低的优点，并有可能利用低热值的燃料。但高压水化学法并没有完善到可以工业化的程度，其主要的技术难题是：高温（$280\sim300℃$）、高碱浓度条件下的大型反应釜的制作技术要求苛刻，溶出生成的硅酸钠钙产物的脱硅效率不高，高浓度溶液的液固快速分离困难，高浓度碱溶液的蒸发效率低、能耗高。这些技术难题还有待于深入研究解决。

13.1.3.3　酸法

酸法处理霞石的生产流程是：将霞石矿磨细后用酸（硝酸、硫酸）浸出，浸出浆液进行固液分离后，固态渣送去渣场堆放，浸出溶液经脱硅后，分离析出含铝盐，再用不同的方法分解，分解得到的氢氧化铝经焙烧成为产品氧化铝。该法的优点是不需要添加石灰，固体残渣量也较少。但是酸法处理霞石存在着耐酸设备价格昂贵且易于腐蚀、不溶渣的分离较为困难、产品氧化铝质量差、返酸再生工艺相当复杂等问题，因此，工业上还尚未应用。

13.2 从粉煤灰生产氧化铝

粉煤灰是一种 SiO_2 含量较高、Al_2O_3 含量较低的高硅含铝矿物。

早在 20 世纪 40 年代，德国人便开始研究从粉煤灰生产氧化铝的技术。20 世纪 50 年代，波兰人发明了 Grzymek 法。1966 年，在波兰格罗索维茨水泥厂，采用 Grzymek 法建设了一个年产 6000t 氧化铝的生产线，该生产线一直运行到 1996 年。Grzymek 法是一种石灰石烧结法，具体流程是：将粉煤灰与石灰石混合、湿磨后在回转窑中烧结，得到的熟料粉化后用碳酸钠溶液溶出熟料中的 Al_2O_3，溶出液经脱硅后碳酸化分解制得 $Al(OH)_3$。

1975 年，美国衣阿华州立大学和美国能源研究和开发管理局对粉煤灰等非铝土矿的含铝原料生产氧化铝工艺进行了研究。1980 年，安徽冶金研究所对淮南电厂的粉煤灰生产氧化铝进行了研究。1986 年，宁夏建材所对宁夏石嘴山电厂排放的粉煤灰综合利用进行了研究。1994 年，郑州轻金属研究院对浙江静海电厂粉煤灰生产氧化铝进行过研究。2004 年，内蒙古蒙西高新技术集团公司研究了电厂粉煤灰用石灰石烧结法提取氧化铝联产水泥的产业化技术。2004 年起，中国大唐国际和同方环境等对托克托电厂氧化铝含量近 50% 的粉煤灰的综合利用进行了研究，通过电热法冶炼铝硅合金以及用碱浸出法生产硅酸钙、再用碱石灰烧结法提取碱浸渣中的氧化铝。2009 年 1 月，建成年产 3000t 的利用托克托电厂粉煤灰生产氧化铝的示范工厂。2006 年起，平朔矿业公司高新技术研发中心对电厂粉煤灰的利用进行了深入研究和半工业试验，开发成功了先提硅用于生产白炭黑（即二氧化硅）、再提铝生产氧化铝、残渣生产水泥的成套技术。还有一些单位在从事用酸法处理粉煤灰提取氧化铝的研究。

关于从粉煤灰中提取氧化铝的工艺研究，国内外报道很多，其工艺实质大体可分为：酸法、碱法和酸碱联合法等。但易于在工业上实现的氧化铝生产方法主要是碱法生产工艺，碱法生产工艺又分为石灰石烧结法和碱石灰烧结法两种。

利用粉煤灰中的铝资源的其他方法还有氯化法和电热法等，用于生产氯化铝或铝合金。

13.2.1 粉煤灰-石灰石烧结法的生产工艺

粉煤灰-石灰石烧结法工艺流程如图 13-3 所示。

粉煤灰-石灰石烧结法生产工艺的主要工序为：烧结、自粉化、溶出、脱硅、碳酸化分解和焙烧。各主要工序的反应原理简述如下。

13.2.1.1 烧结

粉煤灰是煤中的灰分经高温（约 1400℃ 以上）燃烧的产物，其中的氧化铝与氧化硅反应生产铝硅酸盐，使氧化铝的化学活性大为降低，需要采用石灰石与这种铝硅酸盐进行高温烧结反应，才能分离出氧化铝。

在烧结温度下，石灰石与粉煤灰中的铝硅酸盐反应，生成一系列由 SiO_2、Al_2O_3 和 CaO 三种氧化物组成的二元或三元化合物。在 $CaO\text{-}Al_2O_3\text{-}SiO_2$ 系状态图中可以发现，存在着 $CaO \cdot SiO_2$、$2CaO \cdot SiO_2$、$3CaO \cdot SiO_2$、$12CaO \cdot 7Al_2O_3$、$CaO \cdot Al_2O_3$、$3CaO \cdot 5Al_2O_3$、$3CaO \cdot 2Al_2O_3$、$2CaO \cdot Al_2O_3 \cdot SiO_2$、$CaO \cdot Al_2O_3 \cdot 2SiO_2$ 等一系列化合物。在这些化合物中，只有 $12CaO \cdot 7Al_2O_3$ 和 $CaO \cdot Al_2O_3$ 最易与 Na_2CO_3 溶液反应，生成铝酸钠溶液，因

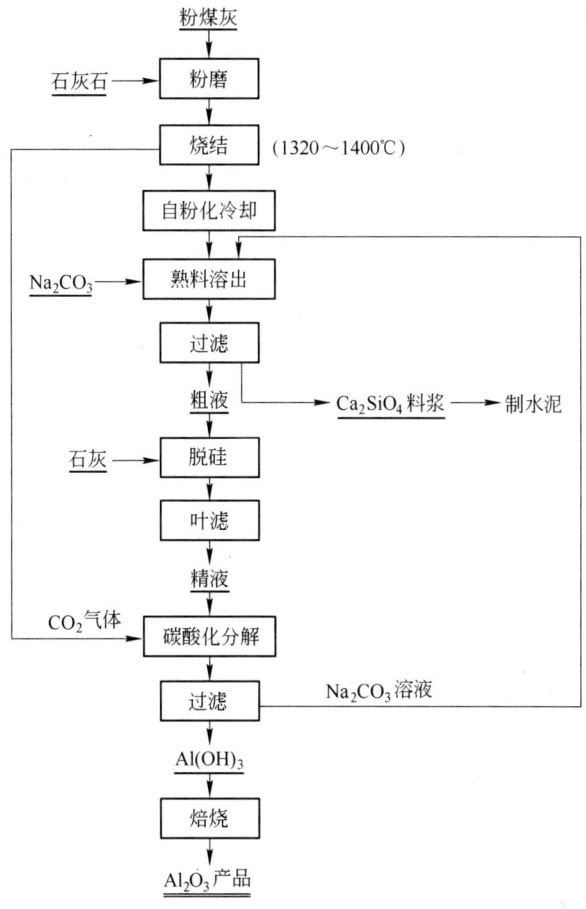

图 13-3 粉煤灰-石灰石烧结法工艺流程图

此，可以用 Na_2CO_3 溶液溶出熟料，以期取得较为理想的 Al_2O_3 溶出率；而 $2CaO \cdot SiO_2$ 在烧结过程中易于生成，成为主要的脱硅产物。这种熟料在缓慢冷却的条件下有自粉化的特性，有利于后续工序的操作。

粉煤灰-石灰石烧结过程中的主要化学反应为：

$$CaCO_3 = CaO + CO_2$$

$$Al_2O_3 + CaO = CaO \cdot Al_2O_3$$

$$7(CaO \cdot Al_2O_3) + 5CaO = 12CaO \cdot 7Al_2O_3$$

$$2CaO + SiO_2 = 2CaO \cdot SiO_2$$

$$2CaO + Fe_2O_3 = 2CaO \cdot Fe_2O_3$$

反应结果生成了可以被碱液溶出为铝酸钠溶液的铝酸钙（$12CaO \cdot 7Al_2O_3$ 和 $CaO \cdot Al_2O_3$）和不易与碱液作用的 $2CaO \cdot SiO_2$ 和 $2CaO \cdot Fe_2O_3$，为溶出过程中 Al_2O_3 与 SiO_2 和 Fe_2O_3 的分离创造了条件。

13.2.1.2 自粉化

自粉化是由石灰石烧结法过程中生成的硅酸二钙的相变特性引起的。当石灰石烧结法熟料缓慢冷却时，在650℃下2CaO·SiO₂由β相转变为γ相，体积膨胀10%，并伴有熟料自粉碎现象，产生的粉末几乎全部能通过0.074mm（200目）筛孔。由于用粉煤灰为原料烧成的熟料中2CaO·SiO₂矿物的含量较高，熟料的自粉化程度较高，为熟料溶出操作提供了有利条件，并有助于提高熟料中Al₂O₃的溶出率。

13.2.1.3 溶出

用碳酸钠溶液溶出熟料，使其中的铝酸钙与碱反应生成铝酸钠进入溶液，而生成的碳酸钙和硅酸二钙则留在残渣中。随后进行液固分离，便达到铝与硅和钙分离的目的。

溶出过程的主要化学反应有：

$$12CaO \cdot 7Al_2O_3 + 12Na_2CO_3 + 5H_2O === 14NaAlO_2 + 12CaCO_3 + 10NaOH$$

$$3(2CaO \cdot SiO_2) + 6NaAlO_2 + 15H_2O === 3Na_2SiO_3 + 2(3CaO \cdot Al_2O_3 \cdot 6H_2O) + 2Al(OH)_3$$

$$2Na_2SiO_3 + 2NaAlO_2 + 4H_2O === Na_2O \cdot Al_2O_3 \cdot 2SiO_2 \cdot 2H_2O + 4NaOH$$

其中，第一个反应是所希望的主反应，后面两个副反应则应尽量避免或减少，以得到最大的氧化铝溶出率。

影响熟料中Al₂O₃溶出率的主要因素有：溶出温度、溶出液α_K和Na₂CO₃浓度。

根据安徽省冶金科学研究所对淮南电厂粉煤灰提取氧化铝和制取硅酸盐水泥的试验研究结果，溶出温度对Al₂O₃溶出率的影响如图13-4所示。

从图13-4可以看出，在常压的温度范围内，除溶出温度很低（小于15℃）和很高（不小于85℃）外，从25~75℃范围内，Al₂O₃溶出率都比较高，约90%；但随着溶出温度的升高，溶出液中SiO₂和Fe₂O₃含量增加。

溶出液中Na₂O/Al₂O₃摩尔比对Al₂O₃溶出率的影响如图13-5所示。从图13-5可以看出，熟料中Al₂O₃溶出率随溶出液中Na₂O/Al₂O₃的摩尔比增加而升高。Na₂O/Al₂O₃摩尔比由1.0增加至2.0时，Al₂O₃溶出率由52.59%增至87.07%；而当Na₂O/Al₂O₃摩尔比由3.0增至6.0时，Al₂O₃溶出率约为90%，仅有微小增加。

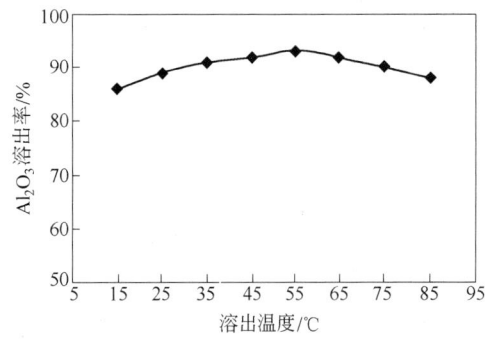

图13-4 溶出温度对熟料Al₂O₃溶出率的影响

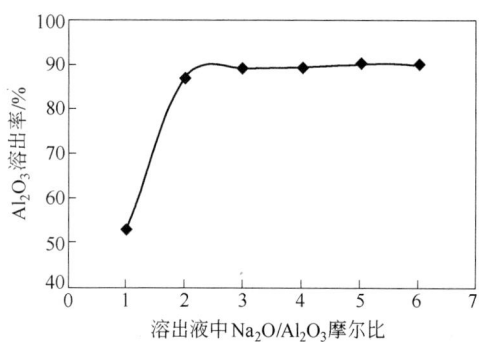

图13-5 溶出液中Na₂O/Al₂O₃摩尔比
对熟料Al₂O₃溶出率的影响

Na_2CO_3 浓度对 Al_2O_3 溶出率的影响如图 13-6 所示。

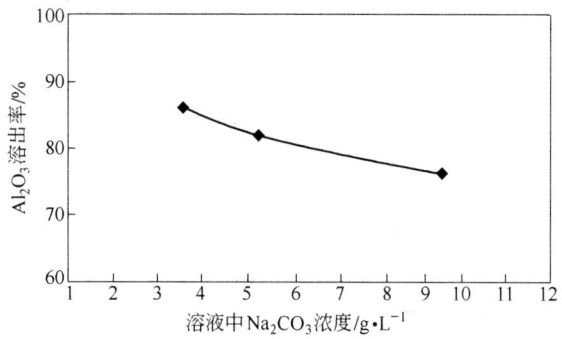

图 13-6 Na_2CO_3 浓度对熟料 Al_2O_3 溶出率的影响

从图 13-6 可以看出,随着 Na_2CO_3 浓度的增加,Al_2O_3 溶出率呈下降趋势。

13.2.1.4   脱硅

在熟料的溶出液中,含有较高的 SiO_2。这些溶液中的 SiO_2 是不稳定的,分解时大部分 SiO_2 将析出进入氢氧化铝产品中。为了保证产品质量,必须设置专门的溶液脱硅工序。

铝酸钠溶液脱硅过程的实质就是使溶出液中的 SiO_2 转变为溶解度很小的化合物沉淀析出。脱硅的方法大致可分为两类:一类是使 SiO_2 成为水合铝硅酸钠($Na_2O \cdot Al_2O_3 \cdot 2SiO_2 \cdot nH_2O$)析出;另一类是先以水合铝硅酸钠形式析出大部分 SiO_2 后,再添加 CaO,使剩余的 SiO_2 生成水化石榴石析出,实现深度脱硅。两类脱硅反应式如下:

$$2Na_2SiO_3 + 2NaAl(OH)_4 + nH_2O \Longrightarrow Na_2O \cdot Al_2O_3 \cdot 2SiO_2 \cdot nH_2O + 4NaOH$$

$$3Ca(OH)_2 + 2NaAl(OH)_4 \Longrightarrow 3CaO \cdot Al_2O_3 \cdot 6H_2O + 2NaOH$$

$$3CaO \cdot Al_2O_3 \cdot 6H_2O + xNa_2SiO_3 \Longrightarrow 3CaO \cdot Al_2O_3 \cdot xSiO_2 \cdot (6-x)H_2O + 2xNaOH$$

13.2.1.5   碳酸化分解

碳酸化分解是在铝酸钠溶液中通入 CO_2 气体,使之反应生成 $Al(OH)_3$ 结晶和 Na_2CO_3 溶液。液固分离后,Na_2CO_3 溶液可以循环使用。反应式如下

$$2NaAlO_2 + CO_2 + 3H_2O \Longrightarrow Al_2O_3 \cdot 3H_2O + Na_2CO_3$$

13.2.1.6   焙烧

焙烧是在高温下氢氧化铝脱水相变、生成氧化铝的生产过程。该过程与铝土矿生产氧化铝的氢氧化铝焙烧过程相似。

根据采用石灰石烧结法处理内蒙古某电厂粉煤灰(氧化铝含量大于40%)生产氧化铝工业试验的结果,该工艺主要原材料消耗指标和硅钙渣量见表 13-3。

表 13-3   粉煤灰-石灰石烧结法生产氧化铝的主要技术经济指标

指 标 名 称		单位	数量	指 标 名 称		单位	数量
生产 1t Al_2O_3 的 原材料消耗	粉煤灰	t	3.975	生产 1t Al_2O_3 的 燃料动力消耗	煤	t	1.32
	石灰石	t	9.275		煤气（标态）	m^3	220
	工业碳酸钠	t	0.11		蒸汽	t	4.0
	CO_2	km^3	0.4		电	kW·h	828
	耐火材料	kg	14.96		中水	t	17
	研磨体	kg	2.68		回水	t	170
				生产 1t Al_2O_3 的硅钙渣产出		t	8.26

由表 13-3 可见，如果该工艺产生的硅钙渣可全部用于水泥生产，则可实现粉煤灰的全部利用。但在粉煤灰-石灰石烧结法生产过程中需要消耗大量的石灰石，只有建设配套的巨型水泥厂，才能消化利用所产生的大量硅钙渣。因为粉煤灰中的氧化铝回收率较低，仅为 60%～70%，所以工艺能耗较高。因此，已经开展了预先从粉煤灰中提取硅、再从较高氧化铝含量的脱硅渣中提取氧化铝技术的研究，并成功进行了较大规模的试验。由于脱硅渣氧化铝含量高，大大提高了石灰石烧结法的效率，明显减少了硅钙渣的产出量，达到了节能减排的目的，配套的水泥厂的规模也可以缩小。

13.2.2   粉煤灰-碱石灰烧结法的生产工艺

粉煤灰-碱石灰烧结法的工艺流程如图 13-7 所示。

粉煤灰-碱石灰烧结法的流程基本上与铝土矿碱石灰烧结法一致，在此不再详述。

粉煤灰-碱石灰烧结法与粉煤灰-石灰石烧结法存在着较大差别，这主要表现在：烧结配料的不同、烧结和溶出的化学反应不同和残渣的化学成分不同等。与粉煤灰-石灰石烧结法相比，粉煤灰-碱石灰烧结法的烧结温度较低，氧化铝回收率较高，石灰用量较少，但残渣中的碱含量较高，必须进行脱碱处理后才能用于水泥生产。

宁夏建材研究所对石嘴山电厂排出的粉煤灰用碱石灰烧结法生产氧化铝的试验研究表明：氧化铝的标准溶出率大于 88%，氧化钠的标准溶出率大于 88%，熟料的烧结温度范围达到 60℃以上，赤泥的碱含量（$Na_2O + K_2O$）为 1.5% 左右。

粉煤灰-石灰石烧结法和粉煤灰-碱石灰烧结法的比较见表 13-4。

表 13-4   粉煤灰-石灰石烧结法和粉煤灰-碱石灰烧结法的比较

项 目	石灰石烧结法	碱石灰烧结法
1. 机理	Al_2O_3 与 $CaCO_3$ 烧结成可被 Na_2CO_3 溶解的铝酸钙（CA 和 $C_{12}A_7$），SiO_2 转化生成 $2CaO·SiO_2$	Al_2O_3 与 Na_2CO_3 烧结成可溶的 $NaAlO_2$，SiO_2 转化生成 $2CaO·SiO_2$
2. 原材料	石灰石	石灰
3. 碳酸钠	工业用 Na_2CO_3	工业用 Na_2CO_3
4. 烧结温度	1320～1400℃，能耗略高	1220℃左右，能耗略低
5. 粉化	熟料由于冷却后，晶相发生急剧转变，体积膨胀 10%，能自粉化，节省粉磨能耗	需经熟料破碎和湿磨，消耗电能

项　目	石灰石烧结法	碱石灰烧结法
6. 溶出	用一定浓度的 Na_2CO_3 溶液溶出	用循环母液溶出
7. 溶出残渣	碱含量较低,可直接作烧制水泥的原料	需先将残渣脱碱后,才能烧制水泥
8. 溶出率	Al_2O_3 溶出率较低	Al_2O_3 溶出率较高

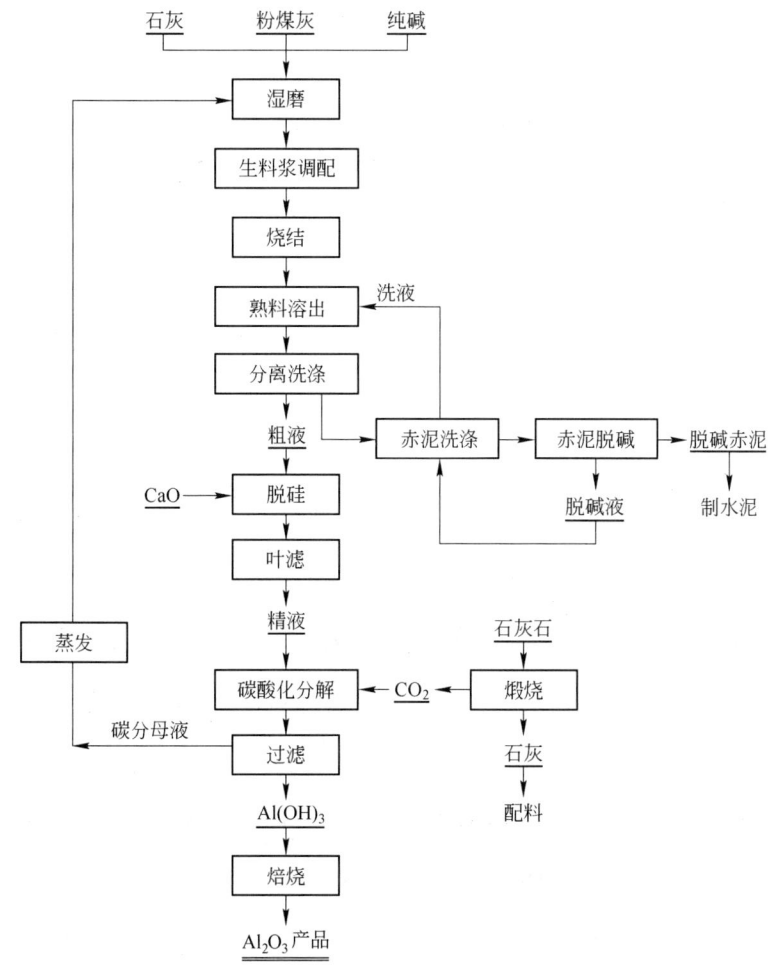

图 13-7　粉煤灰-碱石灰烧结法的工艺流程

13.2.3　酸法提取氧化铝

酸法从粉煤灰提取氧化铝技术有酸浸氟氨助溶法和细磨活化焙烧—酸浸法两种工艺。

采用酸浸氟氨助溶法从粉煤灰中提取氧化铝的工艺流程如图 13-8 所示。

由于粉煤灰中的氧化铝主要以复合的硅铝酸盐形式存在,因此,要提高 Al_2O_3 在酸溶液中的溶解度,必须首先提高硅铝酸盐中 Al_2O_3 的活性,才能提高 Al_2O_3 在酸中的溶解性能。工业上选择了 NH_4F 添加剂来实现这一目的。NH_4F 添加剂可直接破坏 SiO_2—Al_2O_3

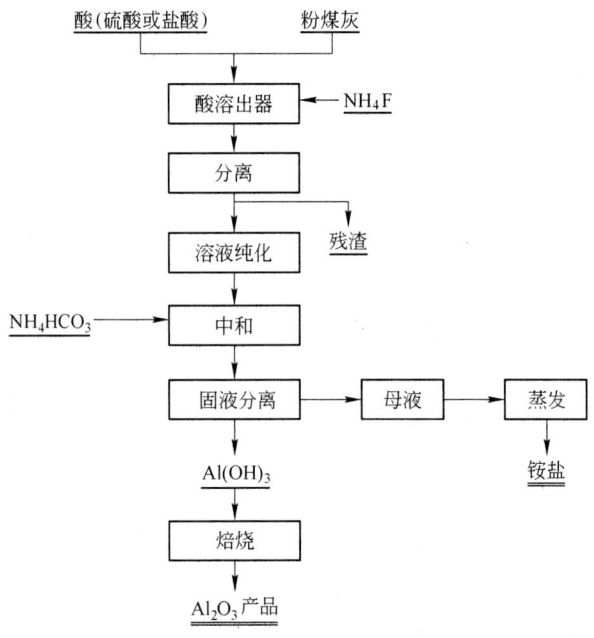

图 13-8　酸浸氟氨助溶法从粉煤灰中提取氧化铝的工艺流程

键，使硅铝网络结构破裂，生成氟硅酸溶于水中；而其中的氧化铝成分可与酸反应，生成铝盐。其反应原理如下：

使用硫酸作为助溶剂时，发生如下反应：

$$3H_2SO_4 + 6NH_4F + SiO_2(—Al_2O_3) \longrightarrow H_2SiF_6 + 3(NH_4)_2SO_4 + 2H_2O$$

$$3H_2SO_4 + Al_2O_3 \longrightarrow Al_2(SO_4)_3 + 3H_2O$$

使用盐酸作为助溶剂时，则发生如下反应：

$$6HCl + 6NH_4F + SiO_2(—Al_2O_3) \longrightarrow H_2SiF_6 + 6(NH_4)Cl + 2H_2O$$

$$6HCl + Al_2O_3 \longrightarrow 2AlCl_3 + 3H_2O$$

酸浸氟氨助溶法提取氧化铝的主要工艺参数见表 13-5。

表 13-5　酸浸氟氨助溶法提取氧化铝的主要工艺参数

项　目	硫　酸　法	盐　酸　法
1. 酸浓度/mol·L^{-1}	9	6
2. 粉煤灰：溶剂	1：2	1：25
3. 反应温度	溶液的沸点温度	溶液的沸点温度
4. 反应时间/h	2	2
5. NH$_4$F：粉煤灰	0.08 ~ 0.10	0.12
6. 纯化	用蒸馏法去氟	用蒸馏法去氟
7. 中和	加碳酸铵（或碳酸氢铵），副产品硫酸铵	加碳酸铵（或碳酸氢铵），副产品氯化铵

用酸浸氟氨助溶法处理粉煤灰的优点是能耗低，Al_2O_3 的溶出率高，同时，还可以通过该工艺生产聚合氯化铝、聚合硫酸铝、硫酸铝等化工产品。但酸法存在着设备的腐蚀难题，对设备和材料的要求较高，生产环境条件较差，投资和运行费用也较高。此外，还需要对溶出液进行处理才能提高氧化铝产品的纯度。

采用细磨活化焙烧—酸浸法提取粉煤灰中的氧化铝，不采用氟化物作为助溶剂，而对粉煤灰预先采用细磨以及焙烧活化技术处理，再用酸浸提取氧化铝，可减少氟化物污染，但此工艺的氧化铝溶出率较低。

13.3 从明矾石生产氧化铝

明矾石$((K,Na)_2SO_4 \cdot Al_2(SO_4)_3 \cdot 4Al(OH)_3)$除含有氧化铝外，还含有钾、钠、硫等有价化学成分。用明矾石制取氧化铝的同时，还可以制取硫酸钾和硫酸等产品，且比利用其他原料生产上述产品更为经济。中国缺少钾肥，因此综合利用明矾石具有较大的意义。

明矾石矿的综合利用工艺的分类见表 13-6。

表 13-6 综合利用明矾石矿工艺的分类

综合利用明矾石矿方法	碱法		纯碱法
			氨碱法
			还原—碱法（简称还原法）
	酸法		硫酸法
			盐酸法
			亚硫酸法
	酸碱联合法		硫酸铵法
		氨酸法	UG 法（墨西哥流程）
			氨酸法（上海化工研究院流程）
	其他		制矾及硫酸铝等

中国早在 20 世纪 30 年代就开始研究明矾石矿的综合利用。1956 年以后，分别在南京和温州建设了氨碱法和还原法综合利用明矾石矿的试验工厂。南京氨碱法厂于 1958 年 4 月开始试车，1972 年停产，总共运行时间达 5 年。温州还原法厂（温州化工总厂）于 1965 年 10 月建成，厂内建有生产氧化铝的流程；该厂于 1979 年正式投产，各项工艺技术指标达到或超过设计要求。由于该厂规模较小，其氧化铝产品主要为化学品氧化铝。安徽冶金科学研究所曾采用硫酸铵热分解法，对从安徽庐江明矾石矿中提取氧化铝的工艺进行了研究。

苏联于 20 世纪 60 年代实现了明矾石矿的工业规模的综合利用，采用还原法处理明矾石矿生产氧化铝。苏联于 1957 年在现阿塞拜疆西部的 Ganja 地区开始兴建基洛瓦巴德氧化铝厂，1969 年建成，规模为年产 200kt 氧化铝，目前该厂仍在运行。

13.3.1 氨碱法处理明矾石矿

13.3.1.1 氨碱法概述

氨碱法处理明矾石矿的方法是将焙烧过的明矾石矿和5%的氨水作用，明矾石矿中的SO_3与氨化合成硫酸氨与硫酸钾进入溶液，氧化铝或水合物氧化铝则留在残渣中。硫酸钾和硫酸氨的混合溶液用于制造氮钾混合肥料。含氧化铝残渣可用拜耳法处理，提取其中的氧化铝。氨碱法生产流程如图13-9所示。

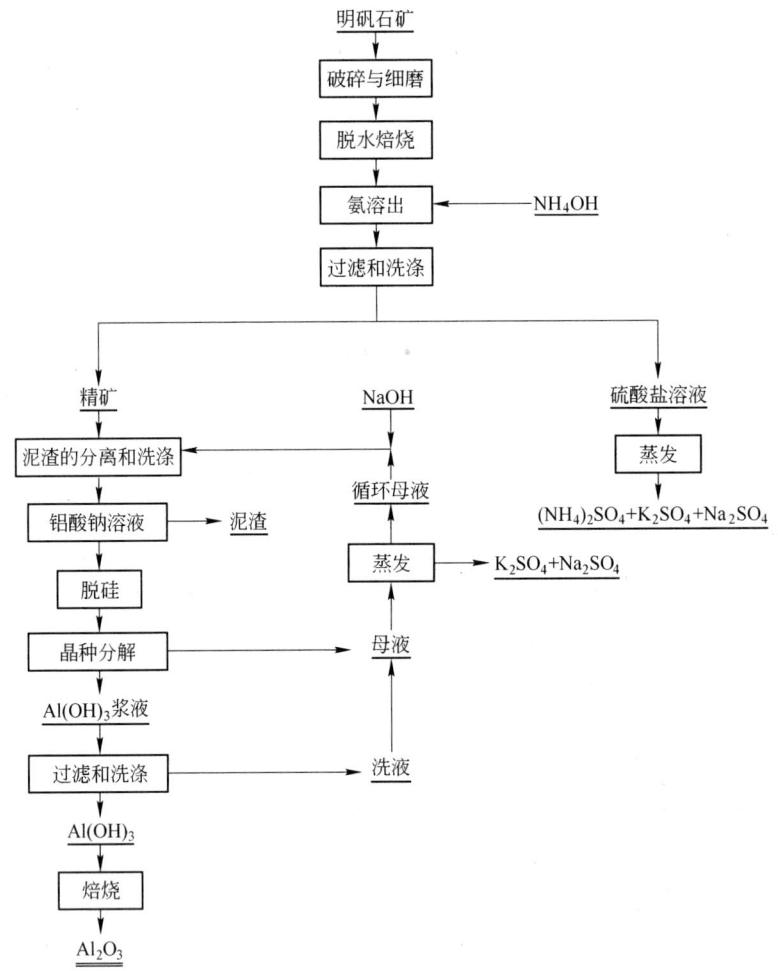

图13-9 氨碱法处理明矾石矿工艺流程

13.3.1.2 氨碱法生产氧化铝

A 制取氧化铝精矿

首先将明矾石矿磨至0.286~0.246mm（50~60目），进行脱水焙烧，其脱水反应为：

$$K_2SO_4 \cdot Al_2(SO_4) \cdot 4Al(OH)_3 === K_2SO_4 + Al_2(SO_4) + 2Al_2O_3 + 6H_2O$$

焙烧脱水温度必须仔细选择，在某一特定温度下明矾石矿脱水结束而其中的 SO_3 尚未开始或者刚刚开始析出，这一温度即为最适宜的脱水温度。如果以 530 ~ 570℃ 作为焙烧终了温度，再以氨碱浸出，可以实现明矾石矿 94.9% 的 SO_3 提取率和 94.3% 的氧化铝提取率。

然后氨碱浸出：将脱水后的明矾石矿用 5% ~ 10% 的氨碱溶液溶浸，其反应为：

$$(K,Na)_2SO_4 + Al_2(SO_4)_3 + 2Al_2O_3 + 6NH_4OH ===$$

$$(K,Na)_2SO_4 + 3(NH_4)_2SO_4 + 2Al(OH)_3 + 2Al_2O_3$$

上述反应是放热反应，能使溶液的温度提高到 40 ~ 50℃。但为使 SO_3 完全溶解到氨溶液中，需要更高的溶出温度。因此，随着 NH_4OH 浓度下降，应逐渐提高浆液的温度，在溶出过程结束时，使料浆的温度达到 90 ~ 95℃。溶出时间为 20 ~ 60min。

溶出后的泥浆随之过滤，滤液为钾和钠的硫酸盐及硫酸氨。该溶液经过蒸发与结晶，可从溶液中分离出有价值的肥料——硫酸氨和硫酸钾的混合物。

过滤后的泥渣即为氧化铝精矿。

B 氧化铝精矿制取氧化铝

过滤后的精矿可用碱法生产氧化铝的流程处理。碱法处理有两种方法：一是直接用苛性碱溶液溶出；二是用苏打-石灰溶出。两个方法主要数据的比较列于表 13-7。

表 13-7 直接用苛性碱液溶出与苏打-石灰溶出的比较

方 法	溶出率/%	溶出时间/min	脱硅时间/h	分解时间/h	备 注
苛性碱溶出	85 ~ 95	20	3	60	硫酸盐分离简单
苏打-石灰溶出	75 ~ 85	60	—	6 ~ 7	硫酸盐分离复杂

由所述反应式可以看出，氧化铝精矿中所含的氧化铝存在两种形式：一种为含水氧化铝 $Al(OH)_3$，为明矾石矿中的硫酸铝被氨分解后的产物；另一种为无水氧化铝（$\gamma\text{-}Al_2O_3$），为明矾石矿中原含有的 $Al(OH)_3$ 经过焙烧脱水后的产物。这两种氧化铝如果是新生成的产物，可在不超过 100℃ 的温度下溶于苛性碱溶液。实践证明，如精矿放置过久则会影响 Al_2O_3 的溶出率。

用苛性碱溶出氧化铝精矿，最适宜的温度为 90 ~ 100℃，苛性碱的含量为 10% ~ 12%。如果连续生产时，可以利用循环碱液。其循环碱液的成分约为：Na_2O_K 150g/L，Al_2O_3 80g/L，SO_3 20g/L。氧化铝精矿的溶出可以在敞口的反应器内进行。浸出后的铝酸钠溶液成分为 100 ~ 110g/L Al_2O_3，110 ~ 120g/L Na_2O_K 和 30 ~ 400g/L SO_3。

溶出后的铝酸钠要进行脱硅。脱硅可以在敞开的搅拌槽内进行，脱硅温度为 100℃，脱硅时间为 2h，脱硅后的铝硅酸钠溶液硅量指数可达 360。由于脱硅反应，Al_2O_3 的损失为 2.3%，Na_2O 的损失为 1%。

脱硅后的泥浆经过滤除掉泥渣，得到的铝酸钠溶液经晶种搅拌分解，析出氢氧化铝。晶种分解的晶种比为 1.0，经过 60 ~ 70h 后，氧化铝的分解率可达 54%。

分解所得 Al(OH)₃ 经过洗涤后，再进行焙烧便得到氧化铝。

C 氨碱法的优缺点

氨碱法的优点有：

(1) 矿石不需要磨细，大约磨至 0.332～0.286mm（40～50 目）就可以达到很高的 SO_3 和 Al_2O_3 的溶出率；

(2) 能合理地利用矿石中的硫酸根和硫酸盐获得有价值的肥料；

(3) 精矿可在常压溶出，并且 Al_2O_3 的溶出率很高；

(4) 溶出后的铝酸钠溶液可以在常压下脱硅；

(5) 苛性碱的单位消耗不大，大约每生产 1t Al_2O_3，消耗苛性碱为 100kg 以下；

(6) 可以用当量碳酸钠和石灰来代替苛性碱。

氨碱法的缺点有：

(1) 副产品为硫酸钾和硫酸氨的混合料。但根据土壤不同所需要的肥料也不同，有的需要钾肥，有的需要氨肥，仅是较少情况下才能同时需要，因而限制了产品的使用范围。

(2) 氧化铝厂和肥料厂设在同一地方才能很好地利用氨碱法处理明矾石矿，但是氧化铝厂都靠近明矾石矿产地，而原料氨溶液可能需要远距离运输。

(3) 氨碱法流程不是闭路的过程，因此原料氨溶液消耗量大。

13.3.2 还原焙烧法处理明矾石

还原焙烧法处理明矾石矿，可以生产硫酸、硫酸钾和氧化铝，与氨碱法相比有如下优点：

(1) 明矾石矿中的硫被制成硫酸，其用途较为广泛；

(2) 该方法可以得到较纯的硫酸钾，不仅可用于制取化肥，而且能在炸药、火柴、染料、医药、玻璃等方面得到应用；

(3) 在氧化铝的生产方面，不受氨产量和供应量限制，可以按氧化铝的需要量来加工明矾石矿。

还原焙烧法与氨碱法的区别在于：用还原剂代替氨去分解脱水后的明矾石中的硫酸铝。还原焙烧反应是固相硫酸铝与气相还原剂之间的反应。

如以水煤气作还原剂，其反应如下：

$$Al_2(SO_4)_3 + 3CO == Al_2O_3 + 3SO_2 + 3CO_2$$

$$Al_2(SO_4)_3 + 3H_2 == Al_2O_3 + 3SO_2 + 3H_2O$$

如果采用固体还原剂（木炭）在空气中反应时，按下式进行：

$$C + \frac{1}{2}O_2 == CO$$

$$Al_2(SO_4)_3 + 3CO == Al_2O_3 + 3SO_2 + 3CO_2$$

还原剂能降低硫酸铝的分解温度。为了防止降低明矾石矿中氧化铝的活性，还原焙烧温度一般不超过 650℃。

在中国进行还原焙烧法处理明矾石矿的试验中，为了提高还原炉气中 SO$_2$ 的浓度，使脱水与还原过程分别进行，保证还原炉中气体浓度高，以利于生产硫酸，采用了密闭的载流式旋风脱水炉及沸腾还原炉进行还原焙烧。

采用拜耳法处理还原焙烧所得精矿制取氧化铝。通过氯化钾的交换反应，将生产过程中析出的硫酸钾和硫酸钠混合物转变成硫酸钾。为补偿过程中碱的损失，可将部分 Na$_2$SO$_4$ 和 K$_2$SO$_4$ 混合物与部分氢氧化铝产品，按硫酸盐配料烧结生产氧化铝的方法进行配料与烧结，将烧结块溶出后得到的铝酸钠溶液送入拜耳法流程，用以补碱。

图 13-10 为还原焙烧法处理明矾石矿的流程图。

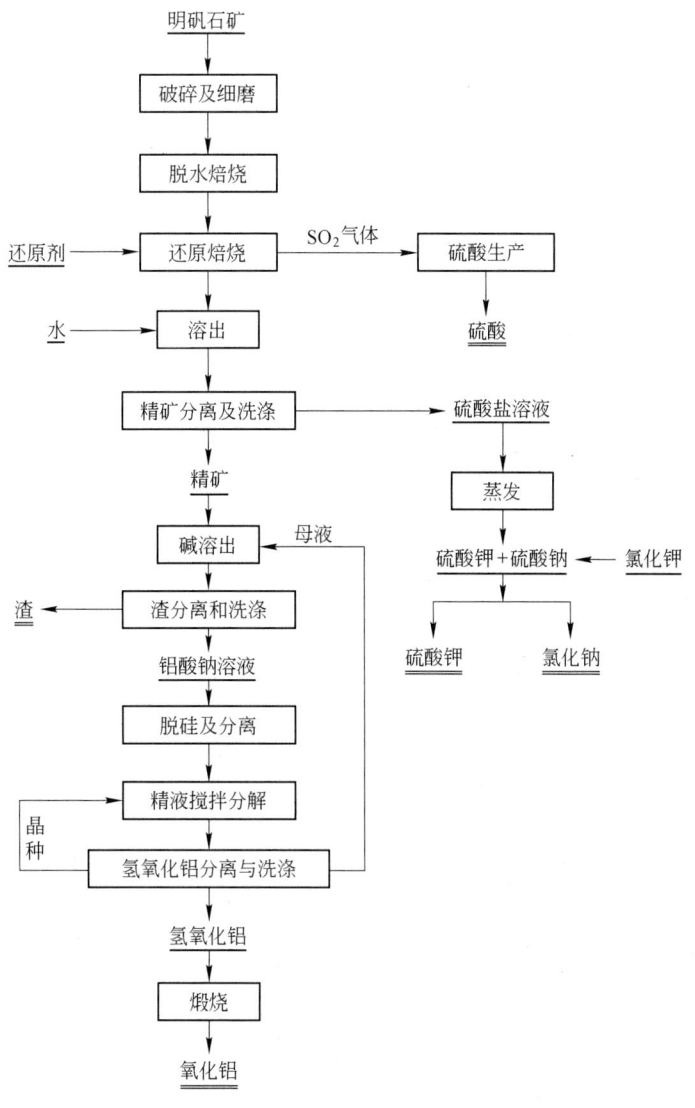

图 13-10 还原焙烧法处理明矾石矿的流程

还原焙烧法处理明矾石矿的主要设备流程如图 13-11 所示。

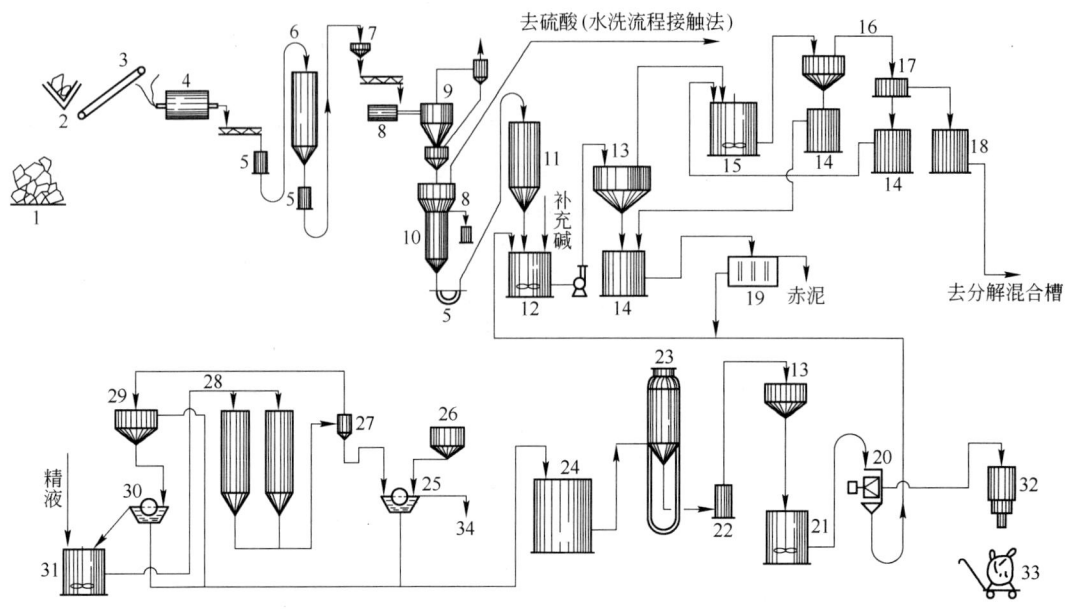

图 13-11　还原焙烧法处理明矾石矿的主要设备流程图

1—矿石；2—破碎机；3—皮带机；4—球磨机；5—吹灰罐；6—生料仓；7—料斗；8—燃烧室；9—脱水炉；

10—还原炉；11—熟料仓；12—溶出槽；13—沉降槽；14—混合槽；15—脱硅槽；16—硅渣沉降槽；

17—压滤机；18—精液槽；19—真空叶滤机；20—离心机；21—底流槽；22—结晶器；23—蒸发器；

24—原液槽；25—过滤机；26—热水槽；27—水旋器；28—分解槽；29—Al(OH)$_3$沉降槽；

30—种子过滤机；31—混种槽；32—烘干炉；33—K$_2$SO$_4$成品；34—Al(OH)$_3$成品

14 氧化铝生产过程的物料平衡

✳✳✳✳✳✳✳✳✳✳✳✳✳✳✳✳✳✳✳✳✳✳✳✳✳✳✳✳✳✳✳✳✳✳✳

14.1 氧化铝生产的物料平衡计算概述

14.1.1 氧化铝生产的物料平衡计算的意义

在氧化铝的生产中，无论是工艺流程的确定和设备的选择，还是操作技术指标的选定，乃至经济分析等，都需要了解原料消耗量、产品产量、能量消耗、产品和中间产物的成分及相互关系等，为此必须进行物料平衡及能量平衡计算。物料平衡计算又是能量平衡计算的基础，所以尤为重要。而且氧化铝的生产过程工艺流程复杂，循环物料繁多，无论是工厂的生产调节或工艺流程的改进及优化，还是设计研究单位的工程设计及研究都离不开这项最基本的计算。因此，从事氧化铝厂工程设计、科学研究和生产运行等工作的技术人员都应掌握这项基本工艺计算——物料平衡计算。

14.1.2 氧化铝生产的物料平衡计算的理论依据

氧化铝生产的实质是化工冶金过程，物料平衡的计算原则是质量守恒定律。

对于实际的氧化铝生产过程都可以写成：

$$物料的积累 = 物料输入 - 物料输出 + 物料生成 - 物料消耗 \qquad (14\text{-}1)$$

在氧化铝生产的过程中，在开、停车时，物料的流动是在非稳态下进行的。而在其他绝大多数情况下氧化铝生产的物料流动基本都是在稳态下进行的，这时的物料可视为没有积累，所以式14-1可简写为：

$$物料输入 + 物料生成 = 物料输出 + 物料消耗 \qquad (14\text{-}2)$$

可以假定氧化铝生产中的化学反应都是各元素氧化物之间各种形式的组合，在物料平衡计算过程中若以氧化物为基准进行计算，化学反应不改变各氧化物的质量构成，这样式14-2可简写为：

$$物料输入 = 物料输出 \qquad (14\text{-}3)$$

这样，氧化铝的物料平衡的计算过程就以元素氧化物为基准进行计算。

14.2 氧化铝生产物料循环的特点

目前，工业上生产氧化铝的主要方法有拜耳法、烧结法及拜耳—烧结联合法。现在世界上生产氧化铝的主要方法是拜耳法，也有少数工厂采用烧结法或拜耳—烧结联合法；而联合法则是中国目前氧化铝生产的主要方法之一。

14.2.1　拜耳法的循环特点

拜耳法生产氧化铝是将铝土矿加入到苛性碱液中，在一定的温度下溶出氧化铝，然后将溶出浆液中的赤泥（残渣）与溶出液分离。赤泥经洗涤回收附液中的有用成分后排出流程，洗液返回流程。溶出液经过叶滤精制后变成精液，再加晶种进行分解，分解后的料浆经分离得到成品氢氧化铝和分解母液。成品氢氧化铝洗涤后再经过焙烧获得氧化铝产品，分解母液经蒸发浓缩后返回流程进行下一次循环。

典型的拜耳法工艺流程物料循环如图 14-1 所示。

在拜耳法生产氧化铝的物料循环过程中，循环物料的主要成分是氧化铝和氧化钠。图 14-2 是拜耳法循环中的氧化铝和氧化钠的循环图。

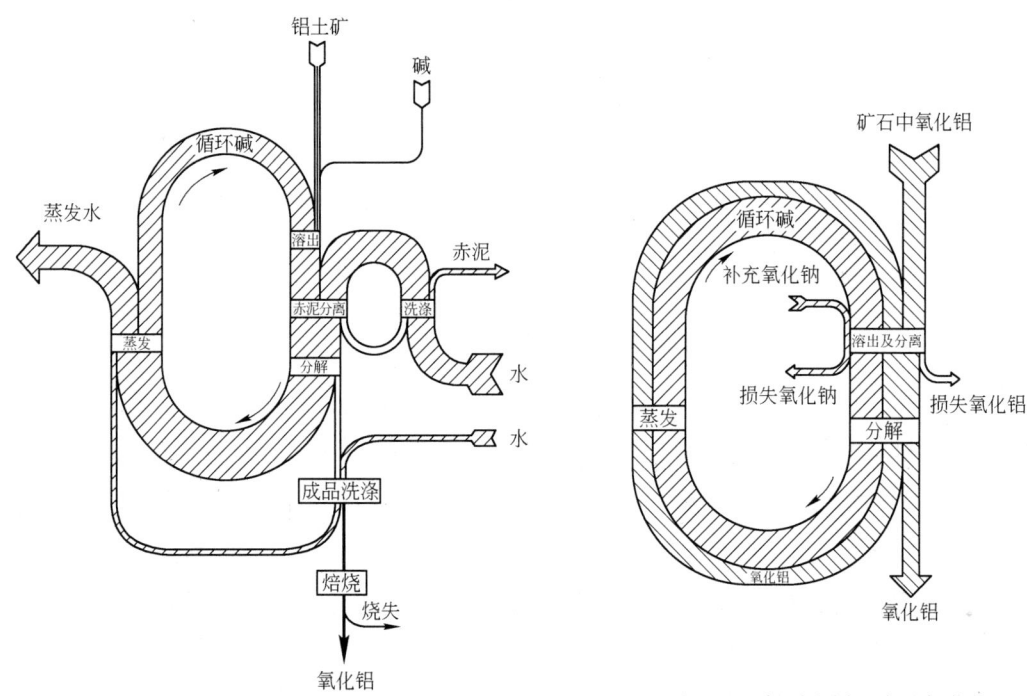

图 14-1　拜耳法工艺流程物料循环图

图 14-2　拜耳法循环中的氧化铝
和氧化钠的循环图

从图 14-1 和图 14-2 中可以很直观地看出拜耳法生产氧化铝的过程中的循环物料情况。其中主要有三股循环物料：一是循环母液经蒸发后用于溶出；二是氢氧化铝洗液返回流程循环；三是赤泥洗液返回流程用于溶出矿浆的稀释。由此可以看出：大量的物料在拜耳法流程中循环，使得氧化铝生产的物料平衡计算具有一定的复杂性。

14.2.2　烧结法的循环特点

烧结法生产氧化铝是将铝土矿、石灰石（或石灰）和纯碱按照一定的熟料配方混合，通过烧结生产出熟料。熟料经调整液溶出后进行液固分离，分离所得的赤泥经洗涤排出流程，赤泥洗液返回流程。分离所得的粗液经脱硅及精制后变成精液，脱硅硅渣返回配料系统。精液按一定比例分别进行种分和碳分产出产品氢氧化铝，产品氢氧化铝洗涤后再经过焙烧获得氧化铝产品。分离后的种分母液送脱硅和熟料溶出，碳分母液的一部分去熟料溶出，另一部分经蒸发后返回配料。

烧结法工艺流程物料循环如图 14-3 所示。

烧结法循环中的氧化铝和氧化钠的循环如图 14-4 所示。

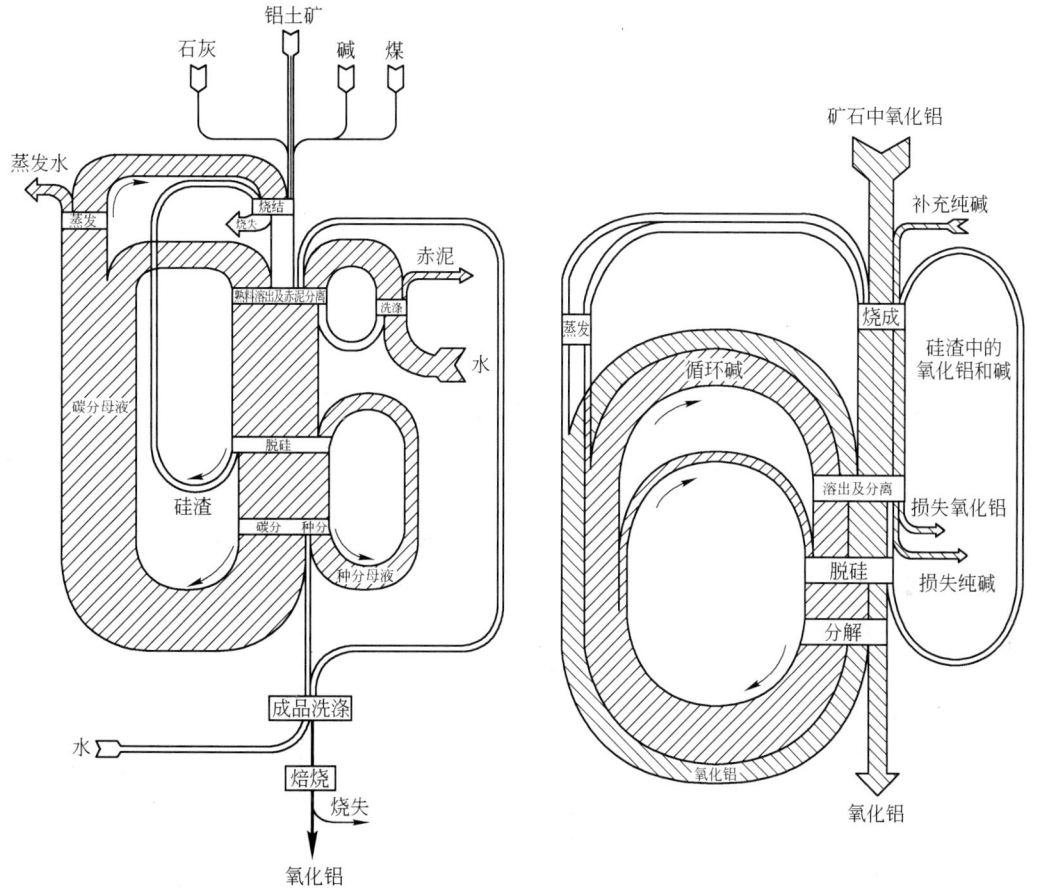

图 14-3　烧结法工艺流程物料循环图

图 14-4　烧结法循环中的氧化铝
和氧化钠的循环图

从图 14-3 和图 14-4 中可以直观地看出烧结法生产氧化铝的过程中的循环物料情况。烧结法主要有五股循环物料：一是种分母液用于脱硅；二是氢氧化铝洗液返回流程循环；三是赤泥洗液返回用于熟料溶出；四是碳分母液去溶出和经蒸发后用于配料；五是脱硅硅渣返回配料。

14.2.3　联合法的循环特点

联合法同时具有拜耳法系统和烧结法系统。根据拜耳法系统和烧结法系统采用的联系方式不同，联合法可分为并联法、串联法和混联法。

（1）并联法。拜耳法和烧结法是两个平行的生产系统，拜耳法和烧结法分别处理各自的铝土矿（而非赤泥），拜耳法和烧结法可以最后合并出产品，也可以分别出产品。拜耳法与烧结法相联系部分为拜耳法结晶碱去烧结法配料。

（2）串联法。拜耳法流程和烧结法流程串联在一起，先以工艺流程较简单的拜耳法处理矿石，提取其中大部分氧化铝，然后再用烧结法处理拜耳法赤泥，进一步提取赤泥中的氧化铝和碱。

（3）混联法。拜耳法系统处理高品位矿石，产出的赤泥进入烧结法系统，配入一定量的低品位矿石后进行烧结。拜耳法系统产出的精液进行晶种分解，烧结法系统产出的精液同时进行晶种分解和碳酸化分解。系统补碱可以完全由烧结法部分补入纯碱完成，也可以由两系统分别补充。

可以看出，在联合法生产氧化铝流程中，不仅存在拜耳法系统和烧结法系统各自的循环，同时两系统间还存在着物料相互进出或循环的过程，因此，整个生产系统的物料平衡计算更加复杂。

14.3 氧化铝生产物料平衡计算的基本条件

物料平衡计算的基本条件包括主要原料成分和主要技术指标。

14.3.1 主要原料成分

原料成分是物料平衡计算最原始的基础数据，氧化铝生产的主要原料有铝土矿、苛性碱（或纯碱）和石灰（或石灰石）：

（1）铝土矿。是氧化铝生产最基本的原料，铝土矿中的氧化铝含量和铝硅比（A/S）是衡量铝土矿品位的主要指标，铝土矿品位的高低直接影响生产工艺方法的选择和工厂的技术经济效果。

（2）苛性碱（或纯碱）。碱是碱法生产氧化铝的最主要原料之一，常用的有苛性碱和纯碱两种。通常拜耳法使用苛性碱，烧结法使用纯碱，在联合法中何种补碱方式取决于生产工艺的要求和碱的价格等因素。

碱耗（单位产品碱的消耗量）是氧化铝生产的一项重要技术指标。

（3）石灰（或石灰石）。石灰是氧化铝生产中一种重要的溶剂材料，在拜耳法（包括联合法中的拜耳法部分）生产中加入石灰的目的是改善铝土矿的溶出性能和降低碱耗。不同的铝土矿要求的石灰加入量是不同的，石灰的加入比例主要由设计前期的铝土矿加工试验决定。国外三水铝石型铝土矿的常规拜耳法的石灰添加量仅为 2%（石灰/干矿石）左右；中国一水硬铝石型铝土矿常规拜耳法的石灰添加量为 7%~9%（石灰/干矿石），而石灰拜耳法的石灰添加量比常规拜耳法要高得多，通常为 14%~23%。详见 12 章。

石灰石（或石灰）是烧结法（包括联合法中烧结部分）生产氧化铝的主要原料之一，一是用于配制合格的生料浆以满足熟料烧结的需要，二是用于制取 CO_2 气体满足碳酸化分解的需要。

14.3.2　主要工艺技术条件

工艺技术条件是根据实验室的试验结果并结合已有的工业生产实际经验确定的，它和原料成分一起构成了物料平衡计算的基础条件。主要的工艺技术条件有：

(1) 铝土矿的溶出率。拜耳法溶出率是指在给定的条件下（如溶出温度和循环碱浓度等），铝土矿中的氧化铝转入溶液中的浸出比率，以铝土矿中氧化铝转入溶液中的数量与原铝土矿中氧化铝的比值来表示，称为氧化铝的绝对溶出率。

溶出率的高低直接影响到整个工艺的氧化铝回收率的高低，对一个工厂的经济效益有着至关重要的影响。

(2) 溶出温度。温度是影响氧化铝溶出效果的重要因素。一般来说，在其他条件相同时，溶出的温度越高，溶出效果就越好，溶出所需要的时间就越短。溶出温度的选择根据铝土矿种类的不同而有所差别，三水铝石铝土矿需要的溶出温度较低，一水软铝石铝土矿较高，一水硬铝石铝土矿则最高。

(3) 循环碱浓度。即循环母液的苛性碱浓度，通常以溶液中的 Na_2O 浓度来表示，其单位是 g/L。

就溶出工序而言，较高的循环碱的浓度不仅能加快铝土矿的溶出速度，还能降低单位产品的原矿浆体积，使溶出器的单位处理能力增加。但就整个氧化铝生产循环系统而言，由于循环碱在氧化铝生产中是循环物料，如果去种分精液的浓度是维持在一定水平上的，则循环碱浓度越高，蒸发量就越大，蒸发汽耗也同时增加。因此，循环碱的浓度还需通过全盘的考虑以及系统的综合技术经济分析后，进行优化选择。

(4) 溶出液 α_K。溶出液 α_K 即溶出液摩尔比（或称苛性比），是溶出液中的氧化钠与氧化铝的物质的量之比。

溶出液 α_K 是一个既影响溶出效果，又影响分解效果的重要指标。铝土矿中氧化铝的溶出率越高，溶出液 α_K 则越低，而在随后的种子分解过程中的晶种分解速度会随着溶出液 α_K 的降低而升高。因此，工业生产上往往采用低溶出液 α_K 的技术条件，来提高拜耳法循环效率，改善整个生产过程的技术指标。

(5) 溶出赤泥 A/S 及 N/S。赤泥 A/S 及 N/S 是指铝土矿溶出后，溶出赤泥中的 Al_2O_3 和 Na_2O 与 SiO_2 的质量比值。

赤泥 A/S 及 N/S 的值因矿石性质及溶出的条件不同而有所差异，一般根据实验室提供的试验数据确定。

(6) 种子分解分解率。种子分解（生产上简称种分）的分解率是指铝酸钠溶液中分解析出的（氢）氧化铝数量占精液中所含（氢）氧化铝数量的百分数。

(7) 种子比。种子比又称晶种系数，是分解时添加的种子所含的 Al_2O_3 量与种分精液中 Al_2O_3 量的比值。

晶种系数的增大会提高分解速度，但也会增大晶种循环量，晶种中的附液会提高分解溶液的精液摩尔比。因此，晶种系数最佳值的选择要综合考虑后确定。

(8) 种分精液 α_K。种分精液 α_K 即精液摩尔比，是精液中的氧化钠与氧化铝的物质的量之比。

在工业生产的浓度范围内，种分精液的过饱和度是随着种分精液 α_K 的升高而下降的。

精液的 α_K 越低，其溶液的过饱和度就越高，自发分解的趋势就越大。因此，降低精液 α_K 是强化分解的主要途径。

（9）种分精液浓度。种分精液浓度通常是指种分精液中的 Al_2O_3 的浓度，单位是 g/L。

由于不同 Al_2O_3 浓度下的铝酸钠溶液的过饱和度不同，因此种分精液浓度对种子分解有较大影响。在种分精液 α_K 一定的条件下，降低种分精液 Al_2O_3 浓度会使溶液的过饱和度升高，促进分解进行，但同时又会使循环的溶液量增大、设备单位产能下降。所以种分精液 Al_2O_3 浓度也有一个最佳值范围。

（10）种分母液 α_K。种分母液 α_K 即种分母液摩尔比，是种分母液中的氧化钠与氧化铝的物质的量之比。

在精液浓度和 α_K 不变的情况下，种分母液 α_K 越高，则晶种分解的分解率就越高，但同时所需的分解时间也越长，需要配置的分解槽的总容量也就越大。在生产上需通过经济比较来确定其最佳值。

（11）蒸发母液浓度。是指蒸发母液中的苛性碱浓度，用 Na_2O_K（或 N_K）表示，同时溶液中还有 Na_2CO_3 和 Na_2SO_4 等组分，分别用 Na_2O_C（或 N_C）和 Na_2O_S（或 N_S）表示，单位为 g/L。不同种类的碱之间存在着一定条件下的相互平衡的关系。在不同的浓度、温度和压力等条件下，其平衡关系也不同。

（12）熟料的碱比及钙比。碱比是熟料中氧化钠的物质的量与氧化铝及氧化铁的物质的量之和的比值。钙比是熟料中氧化钙的物质的量与氧化硅的物质的量之比。

熟料的碱比和钙比俗称熟料配方，是熟料烧成的重要工艺参数，详见第 12 章。配方的正确与否直接影响着熟料的质量以及熟料中有用成分的溶出率。

（13）熟料 A/S。熟料 A/S 是熟料中 Al_2O_3 的质量与 SiO_2 的质量的比值。

在熟料中的氧化铝含量一定的情况下，熟料 A/S 决定生产的熟料折合比。在联合法生产中熟料 A/S 还影响烧结法与拜耳法系统的产能比例。

（14）熟料中 Na_2O_S 的比例。指以 Na_2O 形式表示的硫酸钠在熟料中的比例，影响熟料折合比和溶出粗液中 Na_2O_S 的浓度。

（15）煤灰掺入率。生料中添加无烟煤的目的是用于脱硫，熟料烧结以烟煤为燃料。无烟煤和烟煤燃烧后残留的煤灰进入熟料，在物料平衡计算时设定的煤灰掺入比例即为煤灰掺入率。

（16）熟料 Al_2O_3 和 Na_2O 的溶出率。是指烧成后的熟料在调整液的作用下，其中的 Al_2O_3 和 Na_2O 的溶出产率。通常可用 Al_2O_3 的净溶出率和 Na_2O 的净溶出率表示，详见第 12 章。

（17）碳酸化分解率。是指铝酸钠溶液在碳酸化分解过程中分解析出的（氢）氧化铝数量占精液中所含（氢）氧化铝数量的百分数。

14.4　氧化铝生产物料平衡计算的方法

14.4.1　试差法

试差法又称直接迭代法，一般表达式为：

$$f(x) = 0 \tag{14-4}$$

式 14-4 可改写为：

$$x = \phi(x) \tag{14-5}$$

从一个估计值 $x^{(1)}$ 开始，上标 1 表示在求解的迭代过程中 x 所取一系列数值中的第一个。用式 14-6 求得第二个值 $x^{(2)}$：

$$x^{(2)} = \phi(x^{(1)}) \tag{14-6}$$

使 $x^{(2)}$ 和 $x^{(1)}$ 满足预先指定的允许误差 ε：

$$(x^{(2)} - x^{(1)})/x^{(1)} \leqslant \varepsilon \tag{14-7}$$

否则，把 $x^{(2)}$ 作为下一个估计值重复计算，即：

$$x^{(3)} = \phi(x^{(2)}) \tag{14-8}$$

如此重复计算：

$$x^{(K+1)} = \phi(x^{(K)}) \quad (K = 1,2,3,\cdots) \tag{14-9}$$

直至满足收敛标准：

$$(x^{(K+1)} - x^{(K)})/x^{(K)} \leqslant \varepsilon \tag{14-10}$$

由于 x 的收敛是有条件的，因此元素氧化物的初始估计值 $x^{(1)}$ 的选取，需要一定的、恰当的假设。

14.4.2　线性方程组法

线性方程组的求解有很多种方法：迭代法、高斯-约当法、高斯-赛德法等。本书介绍使用较多的求解方法，即高斯-约当法。

高斯-约当法的一般解析步骤为：

（1）根据已知条件列出一个 $m \times n$ 的增广矩阵：

$$\begin{bmatrix} a & b & c & l \\ d & e & f & m \\ g & h & i & n \end{bmatrix} \tag{14-11}$$

（2）将上面的增广矩阵通过一系列的变化转化为如下形式，从而求出方程的解：

$$\begin{bmatrix} 1 & 0 & 0 & p \\ 0 & 1 & 0 & q \\ 0 & 0 & 1 & k \end{bmatrix} \tag{14-12}$$

$$X = \begin{bmatrix} x_1 \\ x_2 \\ x_3 \end{bmatrix} = \begin{bmatrix} p \\ q \\ k \end{bmatrix} \tag{14-13}$$

14.4.3　信号流法

信号流法是以图的结构表示线性方程组的变量之间关系的图示形式，由节点和连接节点的矢线构成的一种图形结构，是线性系统数学模型的一种逻辑表示形式。图中各个节点表示系统中的变量，变量之间的相互关系通过连接节点的矢线表示。这种图示关系直观、灵活、简便，如图 14-5 所示。

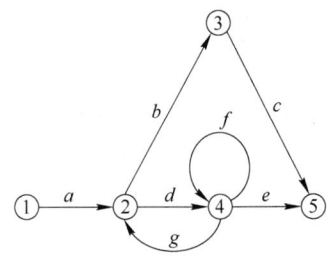

氧化铝生产系统是按一定的要求把各单元设备用输送装置连接而成的整体系统，生产过程中的物料按一定的方向流动。如果把各个物流看作节点，把物流流经的各单元设备和输送装置看作是矢线，同时将生产中的技术条件也用矢线表示，则可将氧化铝生产系统用信号流图的形式表达出来。图中节点是物料平衡计算的物料流，矢线是物流发生变化的工艺过程或生产中所要求的物流间的相互关系。

图 14-5　信号流示意图

14.5　氧化铝生产物料平衡计算的一般步骤

氧化铝物料平衡计算是氧化铝工艺计算和设计的基础，因而计算的效率和计算结果的准确程度至关重要。一般情况下的氧化铝物料平衡计算的计算步骤如下：

（1）收集数据。物料平衡计算必须具有足够的和准确的原始数据。原始数据的来源因计算性质的不同而不同。对于设计一个新的工艺流程，有关数据可由实验室试验或中试试验中获得；对于生产过程，则可由生产装置检测获取。当某些数据缺少或不够精确时，工程人员可在工程设计所允许的范围内进行合理的推断和假定。

（2）选定生产方法、确定工艺流程。对已有的原料条件和试验资料进行分析，选定适当的生产方法，并绘出相应的工艺流程框图，在图中应表示出所有物料的料流。

（3）确定平衡计算体系。根据已知条件及设计的要求确定计算范围。

（4）写出化学反应方程式。化学反应方程式应包括主反应和副反应，标出相关物质的相对分子质量。若无化学反应，此步可省去。

（5）选择合适的计算基准。计算基准的选择必须便于计算，计算出的结果便于使用，氧化铝物料平衡计算的基准一般为 1t 氧化铝产品。

（6）列出物料平衡计算公式。根据平衡计算体系的具体情况列出物料平衡计算公式，然后用数学的方法求解。对于组成较复杂的物料，可以先列出输入-输出物料表，表中用数学符号表示未知量，这样有助于列出物料平衡计算公式。

（7）计算结果。将计算结果列成输入-输出物料表，并对计算结果进行分析。必要时画出物料平衡计算图。

14.6　氧化铝生产单元的物料平衡

氧化铝生产比较复杂，由较多单元操作过程组成。这些单元操作过程可分为无化学反应过程和有化学反应过程两种过程。无化学反应发生的单元操作有过滤、分离、洗涤和混合等。有化学反应发生的过程有拜耳法溶出、熟料溶出、熟料烧结、种子分解、碳酸化分解、烧结法脱硅和氢氧化铝焙烧等。

14.6.1 单元过程计算方程

在氧化铝生产过程中，一般以物质的氧化物作为计算基准。假定某生产单元有一股输入物流 F，两股输出物流 P 和 W，且每股物流含有 n 种组分，根据质量守恒可写成：

$$F = P + W \tag{14-14}$$

式中 F——输入物料质量，kg；

P，W——输出物料质量，kg。

其中

$$F = F_1 + F_2 + \cdots + F_n$$

$$P = P_1 + P_2 + \cdots + P_n$$

$$M = M_1 + M_2 + \cdots + M_n$$

对某一特定组分有： $$F_i = P_i + W_i \tag{14-15}$$

其中 $$F_i = F \cdot wF_i; P_i = P \cdot wP_i; W_i = W \cdot wW_i,$$

式 14-15 可写成：

$$F \cdot wF_i = P \cdot wP_i + W \cdot wW_i \quad i = 1,2,3,\cdots,n \tag{14-16}$$

式中 wF_i，wP_i，wW_i——分别为第 i 种组分占相应物流的质量分数。

14.6.2 典型单元操作计算

14.6.2.1 拜耳法溶出

拜耳法溶出是使用循环碱液与固体中的某些物质作用，使其溶解的过程。

例1 用循环碱液溶出 1t 氧化铝含量为 60%、A/S 为 10 的铝土矿，溶出赤泥 A/S 为 1.5，求氧化铝的溶出率 $\eta_溶$（设反应前后其他成分不变）。

解： 设溶出氧化铝的质量为 P。

由 Al_2O_3 平衡：矿石中的 Al_2O_3 = 赤泥中的 Al_2O_3 + 溶液中 Al_2O_3

$$Fw_f = Fw_f/(A/S)_矿 \cdot (A/S)_赤 + P$$

式中 $(A/S)_矿$——矿石 A/S；

$(A/S)_赤$——赤泥 A/S；

w_f——矿石中氧化铝含量。

代入已知数据，得方程式为

$$1000 \times 0.6 = 1000 \times 0.6/10 \times 1.5 + P$$

解方程得

$$P = 510\text{kg}$$

$$\eta_溶 = P/(Fw_f) \times 100\% = 510/600 \times 100\% = 85\%$$

14.6.2.2 蒸发

蒸发指把不挥发的溶液加热到沸腾，使溶剂气化而获得浓缩或析出固体的单元操作。在氧化铝生产中，种分母液蒸发和碳分母液蒸发属于此过程。

例 2　用蒸发器对碳分母液进行蒸发，将 $1m^3$ 的 Al_2O_3 浓度为 11g/L、Na_2O_T 浓度为 145g/L，密度为 $1.245g/cm^3$ 的蒸发原液（碳分母液），蒸发成 Al_2O_3 浓度为 21g/L，密度为 $1.38g/cm^3$ 的蒸发母液，假设 Na_2O_T 的平衡浓度为 240g/L。求蒸发水量、蒸发母液量及 Na_2O_C 的结晶碱量（$Na_2CO_3 \cdot 10H_2O$）。

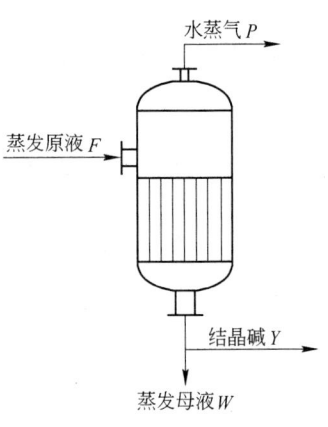

图 14-6　蒸发过程

解：设蒸发水量为 P、蒸发原液体积为 V_p，蒸发母液量为 W、体积为 V_w，结晶量为 Y。蒸发过程如图 14-6 所示。

总的平衡：蒸发原液 = 蒸发水 + 蒸发母液 + 结晶碱

即
$$F = P + W + Y$$

Al_2O_3 平衡：蒸发原液中 Al_2O_3 = 蒸发母液中 Al_2O_3

即
$$V_f c_{Af} = V_w c_{Aw}$$

式中　c_{Af}——蒸发原液中 Al_2O_3 浓度；

　　　c_{Aw}——蒸发母液中 Al_2O_3 浓度。

Na_2O 平衡：蒸发原液中 Na_2O_T = 蒸发母液中 Na_2O_T + 结晶碱中 Na_2O_C

$$V_f c_{Nf} = V_w c_{Nw} + (62/286) Y$$

式中　62——Na_2O 的相对分子质量；

　　286——$Na_2CO_3 \cdot 10H_2O$ 的相对分子质量；

　　c_{Nf}——蒸发原液中 Na_2O_T 浓度；

　　c_{Nw}——蒸发母液中 Na_2O_T 浓度。

代入已知数据，得方程式为

$$1000 \times 1.245 = P + W + Y$$

$$1 \times 11 = V_w \times 21$$

$$1 \times 145 = V_w \times 240 + (62/286) \times Y$$

$$W = 1.38 \times 1000 \times V_w$$

解方程得

$$P = 443.18kg$$

$$W = 722.86kg$$

$$Y = 88.96kg$$

14.6.2.3　液固分离

液固分离是氧化铝生产中常用的操作单元，其作用是采用分离设备将液体和固体进行分离。氧化铝生产中的赤泥分离和结晶碱分离等工序属于此范围。

例 3　用沉降槽将拜耳法稀释液进行沉降分离，稀释液流量为 1000kg/h，其 $L/S = 9$，经沉降槽分离后的分离底流 $L/S = 3$，求沉降槽的溢流流量及底流流量（溢流浮游物忽略不计）。

解：设溢流流量为 P，底流流量为 W。

因为有两个未知数，所以必须列出两个独立的方程式。一个是总的平衡式，另一个是液体平衡式或固体平衡式。液固分离过程如图 14-7 所示。

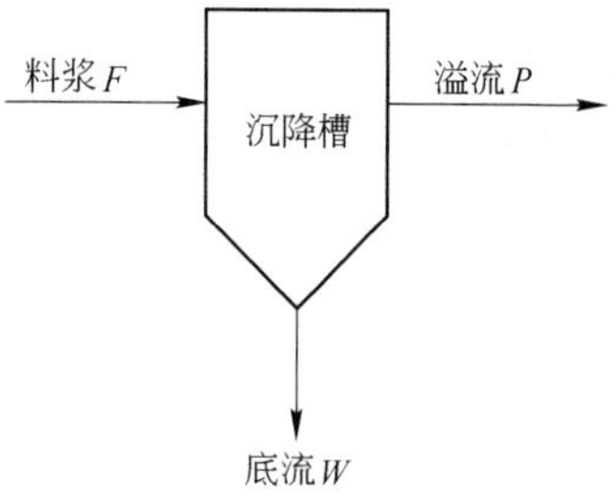

总的平衡：输入料浆 = 溢流 + 底流

即
$$F = P + W$$

固体平衡：料浆中的固体 = 底流中的固体

即
$$Fx_f = Wx_w$$

图 14-7　沉降分离过程

其中　　　　$x_f = 1/[(L/S)_{料} + 1]$，$x_w = 1/[(L/S)_{底} + 1]$

代入已知数据，得方程式为

$$1000 = P + W$$

$$0.1 \times 1000 = 0.25 \times W$$

解方程得
$$P = 600\text{kg/h}$$

$$W = 400\text{kg/h}$$

校核结果：将上述结果代入液体平衡式，即
$$0.9 \times 1000 = 600 + 0.75 \times 400$$

结果正确。

14.6.2.4　洗涤

洗涤是用热水或洗液洗涤固体的操作单元，其作用是回收固体附液中的有用成分。氧化铝生产中的赤泥洗涤和氢氧化铝洗涤等工序属于此范围。

例4　用沉降槽洗涤拜耳法赤泥，拜耳法沉降分离底流中干赤泥为 1000kg，液固比为 2，Na_2O_K 的浓度为 165g/L，赤泥附液密度为 1370kg/m³。用 6000kg 洗水进行洗涤（洗水按纯水计），洗涤后的赤泥液固比为 1，洗液密度为 1200kg/m³。求洗涤后的赤泥附液 Na_2O_K 浓度。

解：设洗涤前赤泥附液的质量为 W_1、体积为 V_1、浓度为 c_1，洗涤后的液体浓度为 c_2、体积为 V_2。

液体平衡：分离底流附液 + 洗水 = 洗涤槽液体总量

即
$$W_1 + W_{洗} = W$$

Na_2O_K 平衡：洗涤前附液中 Na_2O_K = 洗涤后 Na_2O_K

即
$$V_1 c_1 = V_2 c_2$$

$$V = W/\rho$$

式中　ρ——密度。

代入已知数据，得方程式为

$$2 \times 1000 + 6000 = 8000$$

$$(2 \times 1000/1370) \times 165 = (8000/1200)c_2$$

解方程得

$$c_2 = 36.13 \text{g/L}$$

14.7 氧化铝生产过程物料平衡计算

14.7.1 信号流图计算程序简介

14.7.1.1 信号流图计算程序的基本原理

信号流图计算程序是：对各个生产工序构建过程模块，通过调用参数的方式构建出氧化铝的单元化工过程的单位矩阵，同时利用信号流图的"矢线"（见14.4.3节）对整个系统进行"工艺"连接，组建成计算所要求的工艺流程。然后，再通过使用者对工艺参数的设定，进行氧化铝物料平衡的循环计算。

信号流图计算程序的特点是：对氧化铝生产的单元生产过程进行了模块化设计，使用者可根据需要将模块化单元生产过程进行自由连接，从而能满足不同工艺的计算需要。

14.7.1.2 程序的基本结构

信号流图计算程序包括六个基本模块：

（1）选择工艺方法及数据导入/导出模块。在此工艺模块中进行工艺方法的选择，同时可以进行参数的导入和导出。

（2）参数修正模块。此模块是物料平衡计算所需原料参数及工艺控制参数的输入模块。

（3）单元工艺流程模块。此模块是本程序的核心模块，本模块由若干工艺子模块组成。子模块由矩阵和调用参数组成，如溶出模块和分解模块等。

（4）过程调用组合模块。此模块把单元工艺流程模块与调用参数进行组合连接，从而构成全厂的计算模块。

（5）平衡计算模块。此模块在以上模块组合完成以后进行平衡计算。

（6）数据输出模块。此模块在平衡计算完成以后进行输出。

14.7.1.3 程序的基本功能

信号流图计算程序可完成拜耳法、烧结法和联合法等流程的氧化铝生产物料平衡计算。用户可在程序基本流程的基础上任意改变生产流程和技术条件，进行物料平衡计算。

14.7.2 原始计算条件

物料平衡的计算条件分原料条件和技术条件两种。

原料条件是原料的成分。表14-1为物料平衡常用原料的组分表(化学符号代表其氧化物,如 Si 代表 SiO_2 的含量)。在物料平衡计算过程中,需要将有关数据填入表中,作为计算条件输入。由于此软件使用的是同一的界面,界面的使用内容既包含拜耳法工艺原料及技术条件,同时也包含烧结法工艺原料及技术条件,所以在使用过程中有些参数是不需要使用的。

表 14-1　氧化铝物料平衡计算原料成分表（混联法）　　　　　（%）

项目	固体											液体						
	1	2	3	4	5	6	7	8	9	10	11	12	13	14	15	16	17	18
	A	N_t	Si	Ca	Fe	Ti	其他	CO_2	SO_3	S=①	H_2O	A	N_K	N_C	N_S	Si	CO_2/SO_3	H_2O
1 拜耳法铝土矿	65.00	0.10	10.00	1.00	3.50	3.00	2.40	0.80	0.20	0.00	14.00	0.00	0.00	0.00	0.00	0.00	0.00	4.00
2 烧结法铝土矿	60.00	0.10	15.00	1.00	3.50	3.00	2.40	0.80	0.20	0.00	14.00	0.00	0.00	0.00	0.00	0.00	0.00	4.00
3 苛性碱	0.00	0.00	0.00	0.00	0.00	0.00	0.00	0.00	0.00	0.00	0.00	32.55	0.00	0.00	0.00	0.00	0.00	67.45
4 纯碱	0.00	57.32	0.00	0.00	0.00	0.00	0.00	40.68										
5 石灰	1.22	0.00	2.42	84.92	0.58	0.00	2.96	7.90										
6 石灰石	0.80	0.00	2.50	53.42	0.32	0.00	0.99	41.97										2.00
7 煤灰	30.00		42.00		9.00		1.00											
8 烧失熟料	18.00	33.00	7.00	10.00	2.50	2.50	0.00	13.00	2.00		12.00							0.00
9 石灰乳	0.00	0.00	0.00	20.00	0.00			1.57										106.0

注：固体或液态物（如苛性碱）各自的总和为 100% ，而固液混合物中的液体组分是相对于固体量的百分数。
①表示负二价硫。

技术条件指主要工艺技术参数。在物料平衡计算过程中，需要将有关数据填入表中，作为计算条件输入，见表 14-2（其中"率""比"一类参数的单位为 1 ，浓度、含量、附液一类参数的单位为 g/L）。

表 14-2　氧化铝物料平衡计算技术条件表（混联法）

序号		1	2	3	4	5	6	7	8	9	10
1	拜耳法溶出	补充苛性碱	石灰添加率	赤泥铝硅比	赤泥碱硅比	浆液自蒸发率					
		0.00	0.02	1.18	0.51	0.28	0	0	0	0	0
2	稀释分离赤泥洗涤	赤泥灼减	水解损失	分离底流附液	分离溢流固含	赤泥洗水	洗后赤泥附碱	赤泥含水率	系统损失		
		0.10	0.02	0.15	0.00	4.11	0.04	0.38	0.002	0	0
3	种子分解AH洗涤	种母RP	过程蒸水率	分离AH附液	分离母液固含	去稀释种母	去蒸发种母	AH洗水	洗后AH附碱	洗后AH含水率	
		0.59	0.01	0.03	0.01	0.00	0.57	0.5	0.04	0.08	0
4	种分母液蒸发	蒸水率	蒸后N_K浓度	蒸后N_C浓度	蒸后N_S浓度	结晶碱附液					
		0.00	300.00	20.00	8.00	0.10	0	0	0	0	0

续表 14-2

序 号		1	2	3	4	5	6	7	8	9	10
5	料浆制备烧成	熟料铝硅比	熟料碱比	熟料钙比	熟料钙钛比	石灰加入率	煤灰添加率	熟料 $S=/ST$	烧失率		
		2.80	0.95	2.00	1.00	0.40	0.03	0	0.005	0	0
6	熟料溶出	氧化铝溶出率	氧化钠溶出率	硫酸钠溶出率	氧化硅溶出率	赤泥灼减	溶出苛化量	系统损失			
		0.89	0.95	1.00	0.12	0.10	0	0	0	0	0
7	粗液分离赤泥洗涤	分离底流附液	分离粗液固含	赤泥洗水	洗后赤泥附碱	洗后赤泥含水					
		0.38	0.02	5.57	0.02	0.70	0	0	0	0	0
8	一次脱硅	脱硅液铝硅比	脱硅稀释率	脱硅苛化量	分离硅渣附液	分离精液固含	去种分精液				
		330.00	0.08	0.03	0.04	0	0	0	0	0	0
9	二次脱硅	脱硅液铝硅比	脱硅稀释率	脱硅苛化量	分离硅渣附液	分离精液固含	石灰乳添加率				
		600.00	0.00	0.00	0.013	0	25.4	0	0	0	0
10	烧结法种分	种母 RP	过程蒸水率	分离 AH 附液	分离母液固含	去溶出种母	去补碱种母				
		0.4838	0.02	0.02	0.02	0	0.39	0	0	0	0
11	烧结法种母蒸发	蒸水率	蒸后 N_K 浓度	蒸后 N_C 浓度	蒸后 N_S 浓度	结晶碱附液					
		0	230.00	30.00	16.00	0.03	0	0	0	0	0
12	碳分	分解率	过程蒸水率	碳母 RP	分离 AH 附液	分离母液固含	去溶出碳母				
		0.90	0.05	0.7477	0.03	0.006	0.37	0	0	0	0
13	氢氧化铝洗涤	AH 洗水	洗后 AH 附碱	洗后 AH 含水率							
		0.50	0.14	0.08	0	0	0	0	0	0	0
14	碳母蒸发	蒸水率									
		0.52	0	0	0	0	0	0	0	0	0
15	焙烧	烧失率									
		0.003	0	0	0	0	0	0	0	0	0

　　当进行拜耳法计算时，烧结法工艺原料及技术条件就不需要输入，输入条件可简化为表 14-3 和表 14-4。

表 14-3 氧化铝物料平衡计算原料成分表（拜耳法）

项目		固体											液体					
		1	2	3	4	5	6	7	8	9	10	11	12	13	14	15	16	17	18
		A	N_t	Si	Ca	Fe	Ti	其他	CO_2	SO_3	S =	H_2O	A	N_K	N_C	N_S	Si	CO_2/SO_3	H_2O
1	拜耳法铝土矿	63.40	0.10	8.81	0.50	8.57	2.68	1.74	0.50	0.00	0.00	13.70	0.00	0.00	0.00	0.00	0.00	0.00	4.00
2	苛性碱	0.00	0.00	0.00	0.00	0.00	0.00	0.00	0.00	0.00	0.00	0.00	0.00	32.55	0.00	0.00	0.00	0.00	67.45
3	石 灰	1.22	0.00	2.42	84.92	0.58	0.00	0.00	2.96	7.90	0.00	0.00	0.00	0.00	0.00	0.00	0.00	0.00	0.00
4	石灰乳	0.00	0.00	0.00	20.00	0.00	0.00	0.00	0.00	1.57	0.00	0.00	0.00	0.00	0.00	0.00	0.00	0.00	106.00

表 14-4 氧化铝物料平衡计算技术条件表（拜耳法）

序 号		1	2	3	4	5	6	7	8	9	10
1	拜耳法溶出	补充苛性碱	石灰添加率	赤泥铝硅比	赤泥碱硅比	浆液自蒸发率					
		0.15	0.08	1.20	0.45	0.28	0	0	0	0	0
2	稀释分离赤泥洗涤	赤泥灼减	水解损失	分离底流附液	分离溢流固含	赤泥洗水	洗后赤泥附碱	赤泥含水率	系统损失		
		0.10	0.01	0.14	0.00	3.96	0.02	0.40	0.002	0	0
3	种子分解AH洗涤	种母RP	过程蒸水率	分离AH附液	分离母液固含	去稀释种母	去蒸发种母	AH洗水	洗后AH附碱	洗后AH含水率	
		0.57	0.01	0.03	0.01	0.43	0.50	0.06	0.06	0	0
4	种分母液蒸发	蒸水率	蒸后N_K浓度	蒸后N_C浓度	蒸后N_S浓度	结晶碱附液					
		0.00	320.00	20.00	8.00	0.02	0	0	0	0	0
5	焙 烧	烧失率									
		0.003	0	0	0	0	0	0	0	0	0

当进行串联法计算时，烧结法工艺原料及技术条件就只需要部分输入，输入条件可简化为表 14-5 和表 14-6。

表 14-5 氧化铝物料平衡计算原料成分表（串联法）

项目		固体											液体					
		1	2	3	4	5	6	7	8	9	10	11	12	13	14	15	16	17	18
		A	N_t	Si	Ca	Fe	Ti	其他	CO_2	SO_3	S =	H_2O	A	N_K	N_C	N_S	Si	CO_2/SO_3	H_2O
1	拜耳法铝土矿	62.75	0.00	13.60	0.00	5.00	3.00	1.30	0.00	0.26	0.00	14.00	0.00	0.00	0.00	0.00	0.00	0.00	12.00
2	苛性碱	0.00	0.00	0.00	0.00	0.00	0.00	0.00	0.00	0.00	0.00	0.00	0.00	32.55	0.00	0.00	0.00	0.00	67.45

项目		固 体										液 体						
		1	2	3	4	5	6	7	8	9	10	11	12	13	14	15	16	17	18
		A	N_t	Si	Ca	Fe	Ti	其他	CO_2	SO_3	S=	H_2O	A	N_K	N_C	N_S	Si	CO_2/SO_3	H_2O
3	纯碱	0.00	57.32	0.00	0.00	0.00	0.00	2.00	40.68	0.00	0.00	0.00	0.00	0.00	0.00	0.00	0.00	0.00	0.00
4	石灰	1.22	0.00	2.42	84.92	0.58	0.00	2.96	7.90	0.00	0.00	0.00	0.00	0.00	0.00	0.00	0.00	0.00	0.00
5	石灰石	0.80	0.00	2.50	53.42	0.32	0.00	0.99	41.97	0.00	0.00	0.00	0.00	0.00	0.00	0.00	0.00	0.00	2.00
6	煤灰	30.00	0.00	42.00	9.00	9.00	1.00	0.00	0.00	0.00	0.00	9.00	0.00	0.00	0.00	0.00	0.00	0.00	0.00
7	烧失熟料	18.00	33.00	7.00	10.00	2.50	2.50	0.00	13.00	2.00	0.00	12.00	0.00	0.00	0.00	0.00	0.00	0.00	0.00
8	石灰乳	0.00	0.00	0.00	20.00	0.00	0.00	0.00	1.57	0.00	0.00	0.00	0.00	0.00	0.00	0.00	0.00	0.00	106.00

表 14-6 氧化铝物料平衡计算技术条件表（串联法）

序 号		1	2	3	4	5	6	7	8	9	10
1	拜耳法溶出	补充苛性碱	石灰添加率	赤泥铝硅比	赤泥碱硅比	浆液自蒸发率					
		0.00	0.08	1.30	0.40	0.28	0	0	0	0	0
2	稀释分离赤泥洗涤	赤泥灼减	水解损失	分离底流附液	分离溢流固含	赤泥洗水	洗后赤泥附碱	赤泥含水率	系统损失		
		0.07	0.02	0.10	0.00	2.50	0.09	0.49	0.002	0	0
3	种子分解 AH 洗涤	种母 RP	过程蒸水率	分离 AH 附液	分离母液固含	去稀释种母	去蒸发种母	AH 洗水	洗后 AH 附碱	洗后 AH 含水率	
		0.60	0.01	0.03	0.00	0.00	0.42	0.4	0.06	0.08	0
4	种分母液蒸发	蒸水率	蒸后 N_K 浓度	蒸后 N_C 浓度	蒸后 N_S 浓度	结晶碱附液					
		0.00	300.00	20.00	8.00	0.10	0	0	0	0	0
5	料浆制备烧成	熟料铝硅比	熟料碱比	熟料钙比	熟料钙钛比	石灰加入率	煤灰添加率	熟料 S=/ST	烧失率		
		0.00	0.95	2.00	1.00	0.00	0.03	0.00	0.005	0	0
6	熟料溶出	氧化铝溶出率	氧化钠溶出率	硫酸钠溶出率	氧化硅溶出率	赤泥灼减	溶出苛化量	系统损失			
		0.82	0.92	1.00	0.05	0.08	0.00	0.005	0	0	0
7	粗液分离赤泥洗涤	分离底流附液	分离粗液固含	赤泥洗水	洗后赤泥附碱	洗后赤泥含水					
		0.58	0.01	5.05	0.02	0.69	0	0	0	0	0
8	一次脱硅	脱硅液铝硅比	脱硅稀释率	脱硅苛化量	分离硅渣附液	分离精液固含	去种分精液				
		250.00	-0.01	0.00	0.03	0	0	0	0	0	0
9	焙 烧	烧失率									
		0.003	0	0	0	0	0	0	0	0	0

14.7.3 信号流图程序计算步骤

第一步：选择工艺方法，如图 14-8 所示。

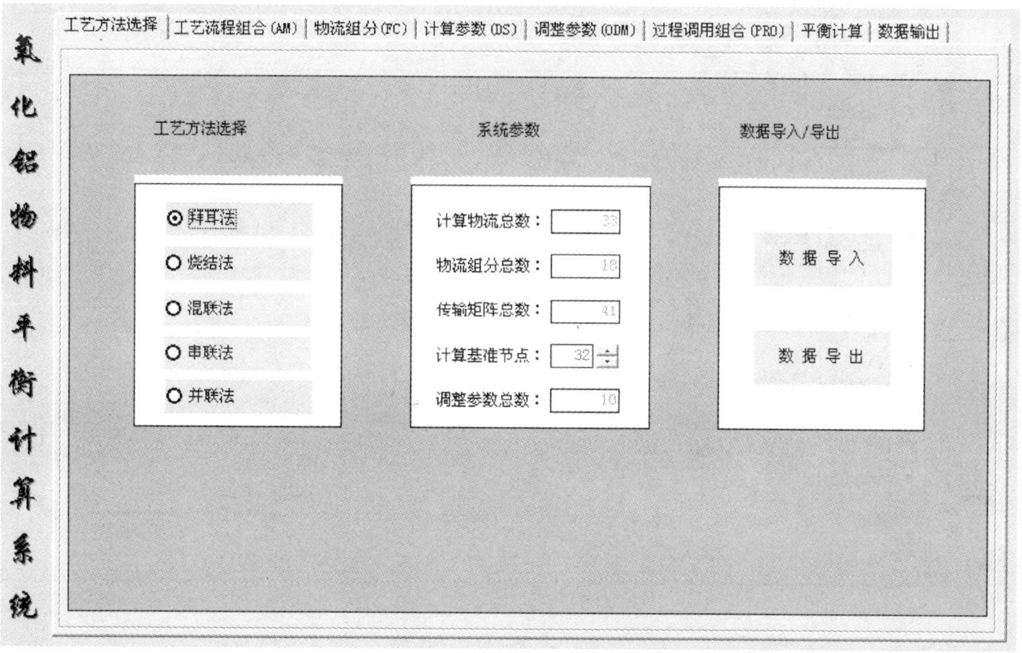

图 14-8 确定工艺生产方法

第二步：修改物流组分数组数据，如图 14-9 所示。

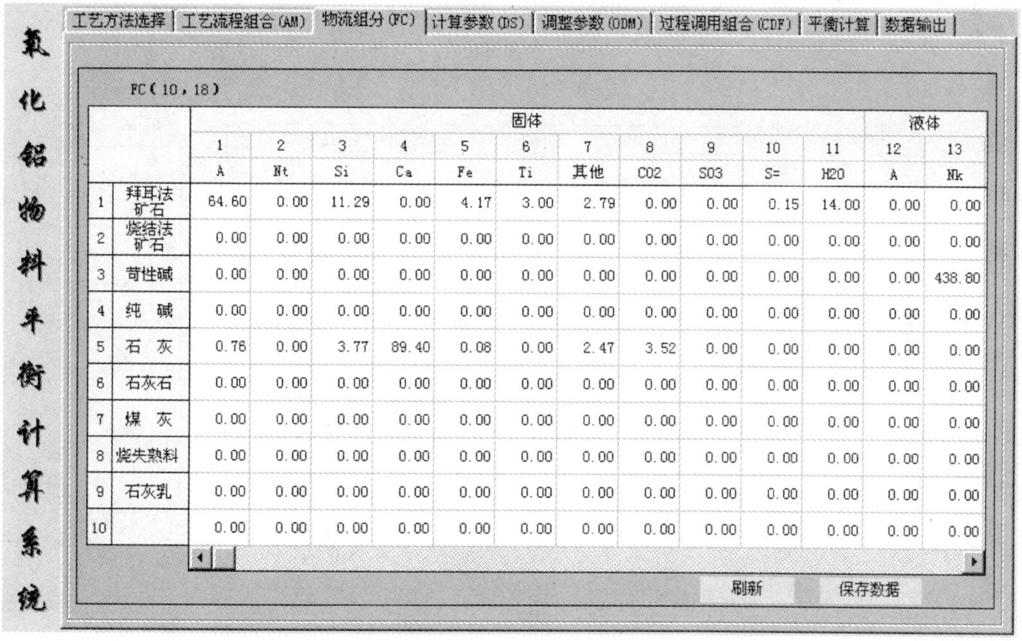

图 14-9 输入原料组分

第三步：修改计算参数数组数据，如图 14-10 所示。

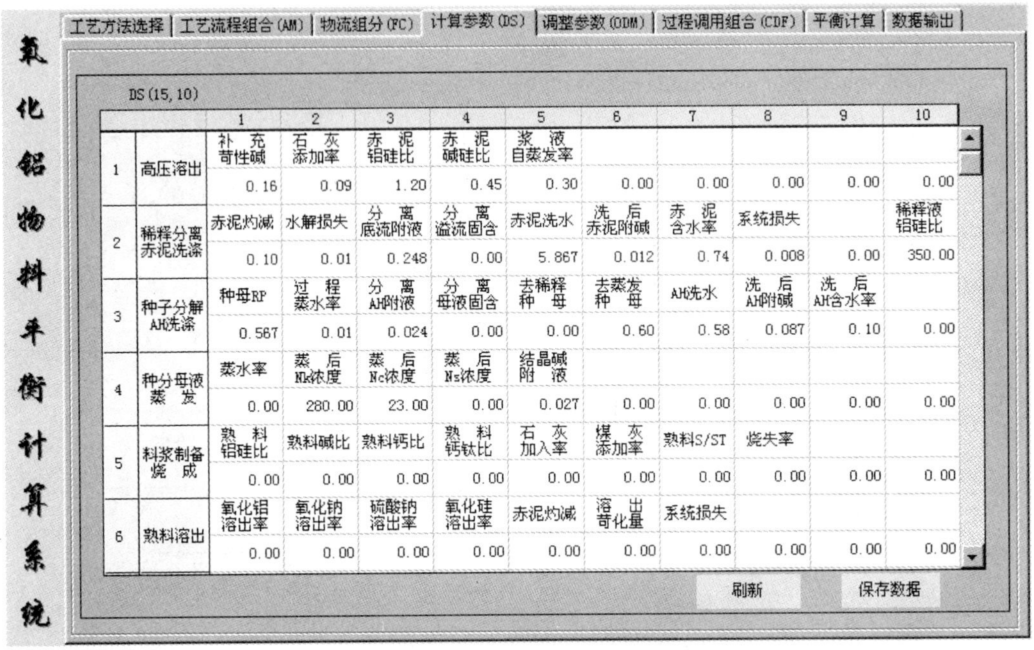

DS (15, 10)

		1	2	3	4	5	6	7	8	9	10
1	高压溶出	补充苛性碱	石灰添加率	赤泥铝硅比	赤泥碱硅比	浆液自蒸发率					
		0.16	0.09	1.20	0.45	0.30	0.00	0.00	0.00	0.00	0.00
2	稀释分离赤泥洗涤	赤泥灼减	水解损失	分离底流附液	分离溢流固含	赤泥洗水	洗后赤泥附碱	赤泥含水率	系统损失		稀释液铝硅比
		0.10	0.01	0.248	0.00	5.867	0.012	0.74	0.008	0.00	350.00
3	种子分解AH洗涤	种母RP	过程蒸水率	分离AH附液	分离母液固含	去稀释种母	去蒸发种母	AH洗水	洗后AH附碱	洗后AH含水率	
		0.567	0.01	0.024	0.00	0.00	0.60	0.58	0.087	0.10	0.00
4	种分母液蒸发	蒸水率	蒸后Nk浓度	蒸后Nc浓度	蒸后Ns浓度	结晶碱附液					
		0.00	280.00	23.00	0.00	0.027	0.00	0.00	0.00	0.00	0.00
5	料浆制备烧成	熟料铝硅比	熟料碱比	熟料钙比	熟料钙钛比	石灰加入率	煤灰添加率	熟料S/ST	烧失率		
		0.00	0.00	0.00	0.00	0.00	0.00	0.00	0.00	0.00	0.00
6	熟料溶出	氧化铝溶出率	氧化钠溶出率	硫酸钠溶出率	氧化硅溶出率	赤泥灼减	溶出苛化量	系统损失			
		0.00	0.00	0.00	0.00	0.00	0.00	0.00	0.00	0.00	0.00

刷新　　　保存数据

图 14-10 输入工艺参数

第四步：修改调整参数数组数据，如图 14-11 所示。

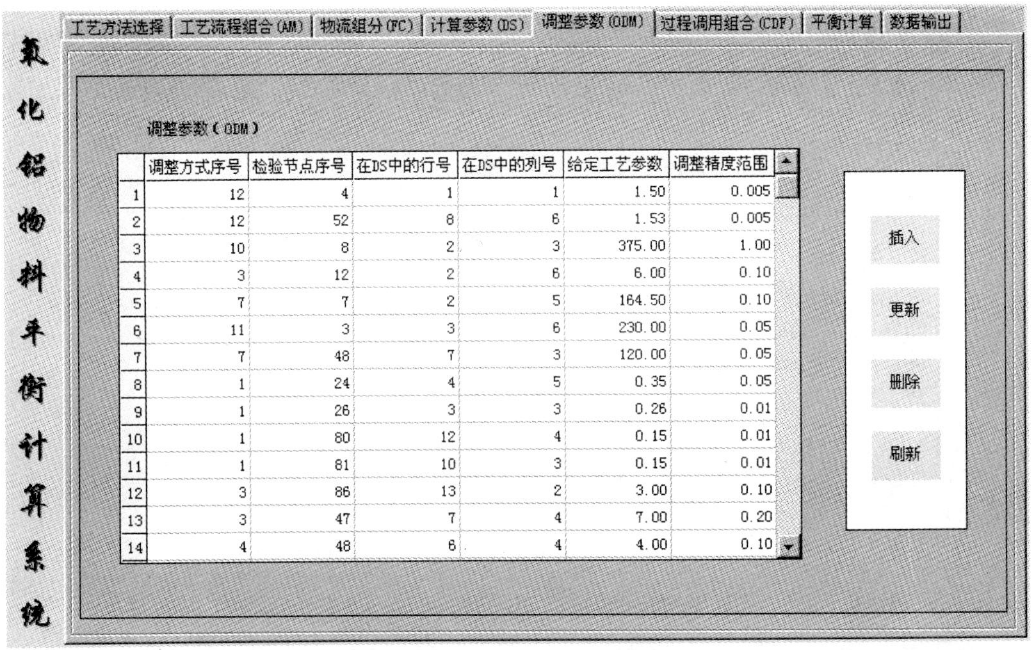

调整参数（ODM）

	调整方式序号	检验节点序号	在DS中的行号	在DS中的列号	给定工艺参数	调整精度范围
1	12	4	1	1	1.50	0.005
2	12	52	8	6	1.53	0.005
3	10	8	2	2	375.00	1.00
4	3	12	2	2	6.00	0.10
5	7	7	2	5	164.50	0.10
6	11	3	3	6	230.00	0.05
7	7	48	7	1	120.00	0.05
8	1	24	1	3	0.35	0.05
9	1	26	1	3	0.26	0.01
10	1	80	12	4	0.15	0.01
11	1	81	10	4	0.15	0.01
12	3	86	13	2	3.00	0.10
13	3	47	7	4	7.00	0.20
14	4	48	6	4	4.00	0.10

插入

更新

删除

刷新

图 14-11 输入调整工艺参数

第五步：平衡计算，如图14-12所示。

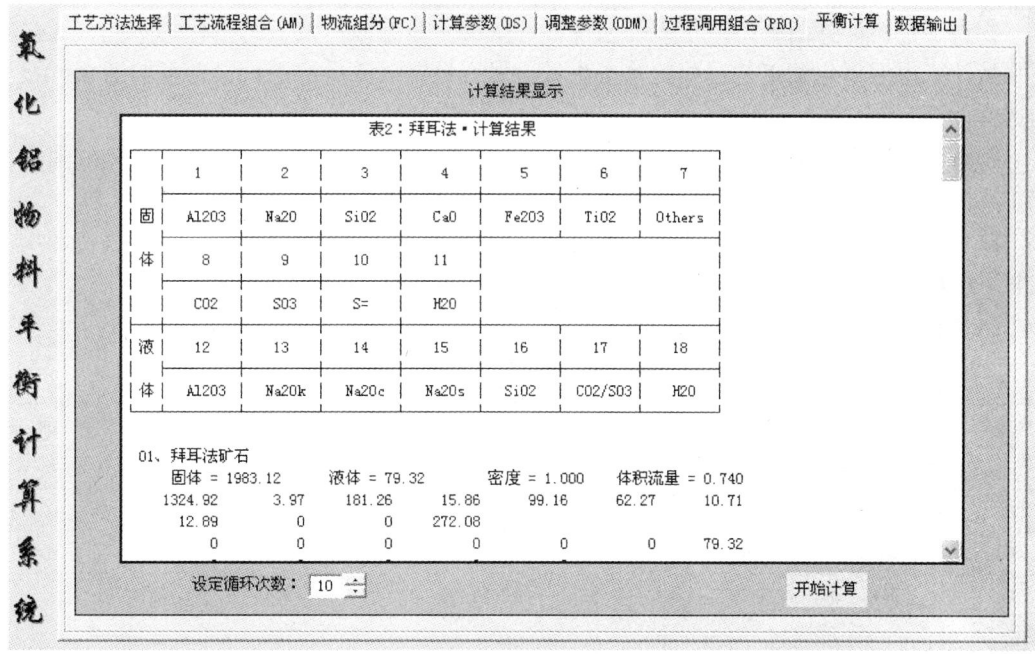

图14-12　平衡计算

第六步：数据输出，如图14-13所示。

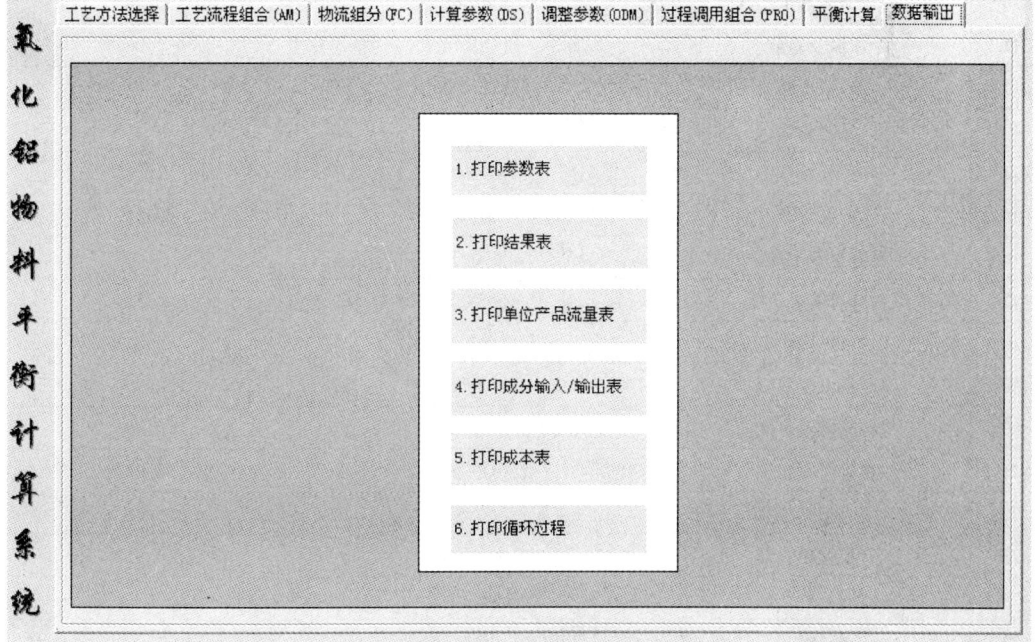

图14-13　数据输出

14.7.4　物料平衡计算结果的应用

物料平衡的计算结果是氧化铝工艺设计的基础，根据原料及工艺指标的不同，通过物料平衡计算得到氧化铝工艺过程的基本流量，然后根据该流量值进行设备及输送系统设计的选择计算。

物料平衡计算一般以 1t 氧化铝产品为计算基准，也可根据需要折算成单位时间质量流量或体积流量。根据需要，也可应用信号流图计算程序进行简单的经济评价计算。

以下示例说明各种生产工艺物料平衡计算的结果。所举例子仅为某一特定氧化铝厂的物料平衡情况，并非代表该种工艺的普遍状况：

（1）某拜耳法氧化铝厂计算结果示例，见表 14-7。

表 14-7　拜耳法工艺流量表

序号	名　称	生产 1t Al_2O_3 所耗质量/kg	生产 1t Al_2O_3 所需体积流量/m³
1	拜耳法铝土矿（附水 4%）	2002.29	0.719
2	拜耳法石灰	154.02	0
3	苛性碱（42% NaOH）	280.77	0.19
4	去拜耳法溶出的原矿浆	13091.96	8.828
5	拜耳法溶出蒸发水	2193.77	2.194
6	拜耳法溶出后矿浆	10950.18	7.168
7	稀释料浆	17544.22	12.778
8	稀释后液	17544.22	12.715
9	分离底流	3269.37	2.041
10	赤泥洗水	3861.68	3.862
11	赤泥及附液	1743.74	1.042
12	赤泥洗液	5523.02	4.844
13	分离溢流	14274.85	10.674
14	种分精液	14349.88	10.75
15	种分母液	12317.68	9.419
16	种分母液去溶出	7070.35	5.407
17	种分母液去蒸发	5674.3	4.384
18	种母蒸发水	2043.5	2.044
19	蒸发母液	3630.8	2.48
20	结晶碱及附液	126.94	0.067
21	种分氢氧化铝	1930.54	0.942
22	氢氧化铝洗水	756.58	0.757
23	氢氧化铝洗液	1071.03	0.962
24	洗后氢氧化铝	1616.09	0.719
25	氧化铝	1000	0
26	循环碱	10854.98	7.988

（2）某联合法氧化铝厂计算结果示例，见表14-8。

表14-8　混联法工艺流量表

序号	名　称	生产1t Al$_2$O$_3$ 所耗质量/kg	生产1t Al$_2$O$_3$ 所需体积流量/m^3
1	拜耳法铝土矿（附水4%）	1055.72	0.378
2	拜耳法石灰	81.28	0
3	拜耳法原矿浆	7222.26	4.775
4	稀释后料浆	10287.23	7.386
5	一赤泥洗水	2370.29	2.37
6	一赤泥及附液	959.59	0.555
7	一种分精液	8224.95	6.094
8	一种分母液	7087.26	5.342
9	去拜耳法溶出种分母液	3026.26	2.281
10	去蒸发种分母液	4061	3.061
11	一种分母液蒸发水	1314.82	1.315
12	结晶碱及附液	172.64	0.092
13	一种分蒸发母液	2746.18	1.842
14	一种分氢氧化铝	1055.2	0.52
15	一种分氢氧化铝附液	580.67	0.511
16	氢氧化铝洗水	401.85	0.402
17	烧结法铝土矿（附水4%）	670.62	0.24
18	烧结法石灰石	340.16	0.12
19	烧结法石灰	226.78	0
20	纯　碱	46.89	0
21	生料浆	4292.62	2.424
22	熟　料	2123.54	0
23	二赤泥洗水	6263.2	6.263
24	二赤泥洗液	7709.88	6.916
25	二赤泥及附液	3713.3	2.947
26	二粗液	6674.85	5.446
27	一次脱硅原液	7590.37	6.025
28	一次脱硅浆液	8042.38	6.447
29	一次硅渣及附液	556.56	0.318
30	二次脱硅原液	4624.24	3.786
31	二次硅渣及附液	129.73	0.074
32	石灰乳	192.28	0.171
33	二种分精液	2861.58	2.343
34	二种分母液	2573.99	2.153
35	二种分氢氧化铝及附液	264.51	0.135

序号	名　称	生产 1t Al_2O_3 所耗质量/kg	生产 1t Al_2O_3 所需体积流量/m³
36	二种分母液去拜耳法	2573.99	2.153
37	二种分母液去脱硅	772.02	0.559
38	二种分母液蒸发水	1267.79	1.268
39	结晶碱及附液	48.71	0.033
40	二种分蒸发母液	1306.2	0.943
41	碳分精液	4686.79	3.866
42	二氧化碳	214.88	0.215
43	碳分母液	4193.43	3.52
44	碳分母液去溶出	1549.06	1.3
45	碳分母液去蒸发	2644.38	2.219
46	碳分母液蒸发水	1141.68	1.142
47	碳分蒸发母液	1502.7	1.124
48	碳分氢氧化铝及附液	631.8	0.314
49	烧结法氢氧化铝	896.31	0.449
50	烧结法氢氧化铝附液	475.02	0.446
51	总氢氧化铝及附液	1652.6	0.754
52	氧化铝	1000	0

（3）某拜耳-烧结串联法氧化铝厂计算结果示例，见表 14-9。

表 14-9　串联法工艺流量表

序号	名　称	生产 1t Al_2O_3 所耗质量/kg	生产 1t Al_2O_3 所需体积流量/m³
1	串联法铝土矿（含水 12%）	1949.17	0.789
2	石　灰	139.23	0
3	去拜耳法溶出原矿浆	13859.25	9.655
4	拜耳法溶出后矿浆	11413.55	7.659
5	溶出蒸发水	2445.70	2.446
6	去稀释料浆	11413.55	7.659
7	稀释原液	15685.29	11.380
8	稀释后混合浆液	19495.63	14.285
9	分离底流（拜耳法）	3001.72	1.761
10	拜耳法赤泥洗水	3811.73	3.812
11	拜耳法赤泥洗涤料浆	6273.14	5.181
12	拜耳法赤泥洗液	4271.74	3.884
13	拜耳法赤泥	2001.40	1.300
14	分离溢流（拜耳法）	16493.91	12.525
15	种分精液	16460.92	12.500

序号	名　称	生产 1t Al_2O_3 所耗质量/kg	生产 1t Al_2O_3 所需体积流量/m³
16	种分料浆	16341.84	12.102
17	种分母液	14426.93	11.169
18	种分母液去拜耳法溶出	8882.37	6.876
19	种分母液和氢氧化铝洗液去蒸发	6062.54	4.781
20	蒸发水	2672.95	2.673
21	蒸发母液	3389.60	2.272
22	结晶碱	501.11	0.292
23	蒸发母液去拜耳法溶出	2888.48	1.980
24	种分氢氧化铝	1914.91	0.933
25	氢氧化铝洗水	605.83	0.606
26	氢氧化铝洗涤料浆	2520.74	1.406
27	氢氧化铝洗液	868.85	0.771
28	洗后氢氧化铝	1651.89	0.755
29	烧结法石灰石	430.48	0
30	纯　碱	28.36	0
31	生料浆	2961.36	1.718
32	煤　灰	41.15	0
33	熟　料	1454.15	0
34	去熟料溶出的料浆	7853.57	6.148
35	熟料溶出后料浆	7853.57	6.004
36	分离底流（烧结法）	4905.56	3.572
37	烧结法赤泥洗水	4706.07	4.706
38	赤泥洗液	6377.77	5.660
39	弃赤泥	3233.86	2.566
40	粗　液	2948.01	2.432
41	脱硅原液	3839.18	3.018
42	脱硅后的料浆	3810.33	2.984
43	种分母液去脱硅	350.86	0.272
44	熟料溶出用纯碱	21.65	0.010
45	焙烧损失	651.89	0.650
46	氧化铝	1000.00	0

15 冶金级氧化铝产品的质量

****

15.1 铝电解对冶金级氧化铝质量的要求和发展趋势

15.1.1 冶金级氧化铝质量以及砂状氧化铝技术的发展历史

15.1.1.1 冶金级氧化铝质量的发展史

自从 1962 年国际铝冶金工程年会上提出砂状（sandy）和粉状（flour）氧化铝的性质差别以及对铝电解的影响以来，各国对氧化铝的物理性质都非常重视，尤其是 20 世纪 70 年代以后，由于现代电解铝工业环保和节能的需要，特别是干法烟气净化和大型自动点式下料预焙槽的推广以及悬浮预热及流态化焙烧技术的应用，对氧化铝的物理化学性质提出了严格的要求。

电解炼铝对氧化铝的质量要求分为氧化铝纯度（化学成分）和物理性质两个方面。也就是要求有较高的纯度，并在铝电解质中溶解速度快、流动性好、飞扬损失小、对氟化氢的吸附能力强。

由于世界各地铝土矿的溶出性能不同，设备装备水平和生产条件控制各异，铝电解槽型和烟气净化方法不尽相同，所产氧化铝的性质以及铝电解对氧化铝质量的要求也不一致。氧化铝质量标准要根据本国的具体情况，同时兼顾氧化铝和电解铝生产的经济合理性来制订。因此，世界各氧化铝生产国以至各氧化铝厂都制订有自身的氧化铝质量标准。

氧化铝的化学纯度是影响原铝质量的主要因素，同时对铝电解技术经济指标也有一定的影响。冶金级氧化铝的化学组分应该保证在工业铝电解槽上能生产出 99.5% ~ 99.8% 的工业纯铝。

冶金级氧化铝中通常含有 98.5% Al_2O_3 以及少量的 SiO_2、Fe_2O_3、Na_2O 和 H_2O，此外，还存在 P_2O_5、TiO_2、CaO、V_2O_5、ZnO 等杂质。在氧化铝中的比铝更正电性元素的氧化物（如 Fe_2O_3、SiO_2、TiO_2、V_2O_5、Mn_2O_3 等）在铝电解过程中首先会在阴极析出，导致原铝质量下降，降低金属铝的导电性、导热性和耐腐蚀性。氧化铝中某些比铝更负电性的金属的氧化物（如碱金属及碱土金属氧化物）在铝电解过程中会与氟化铝发生化学反应，使电解质摩尔比（NaF：AlF）发生改变，导致不得不补充相应数量的氟化铝。为保持氧化铝在铝电解质中的溶解速度，需要控制适当的灼减含量，但灼减过量又会导致氟化盐水解产生出氟化氢气体而污染环境，还会增加所产铝液中氢的含量。P_2O_5 在电解过程中会降低电流效率。氧化铝中的 ZnO 会增加原铝中的锌含量，对铝型材的加工性能有所影响。因此，铝工业对于氧化铝化学纯度提出了严格的要求。中国氧化铝行业标准 YS/T 274—1998 将氧化铝化学组分分为四个等级。

表征氧化铝物理性能的指标主要有粒度、比表面积、α-Al_2O_3 含量、安息角、真密度、体积密度和磨损系数，此外，还有氧化铝的流动性、飞扬损失、保温性能、在冰晶石熔体中溶解度以及吸附氟化氢的能力等。

氧化铝物理性质虽然不直接影响金属铝的质量，但对铝电解过程的技术经济指标和环境保护影响很大，因而受到普遍重视。目前，美国、澳大利亚、日本和大部分工业发达国家都生产砂状氧化铝。必须指出，由于中国铝土矿为一水硬铝石型，控制好氧化铝的粒度、磨损系数、α-Al_2O_3 含量、比表面积等物理性能，比发达国家的三水铝石生产砂状氧化铝要困难得多，但中国氧化铝厂通过技术进步，已可工业生产砂状氧化铝。

工业氧化铝的物理性能对铝电解过程正常运行和烟气净化效率具有很大的影响。一般来说，要求氧化铝具有较小的吸水性，在熔融冰晶石中具有较好的溶解性能，加料时的飞扬损失少，能严密地覆盖在阳极炭块上，防止其在空气中被氧化，并具有良好的保温作用。在干法气体净化中，要求氧化铝具有较好的活性和足够的比表面积，能够有效地吸附 HF 气体。以上所述的物理性能取决于所产氧化铝的晶型、孔容、比表面积、形状和粒度。

根据物理特性不同，可将氧化铝分为砂状、粉状和中间状，粒度分布、结晶状况和安息角大小是其主要区分点，见表 15-1。此外，为保证在输送过程中不因磨损而使粒度发生变化，还要求氧化铝具有较高的强度。

表 15-1 冶金级氧化铝的物理特性分类和性质

性 质	砂状氧化铝	中间状氧化铝	粉状氧化铝
通过 45μm 筛网的粉料/%	<12	12~20	20~50
平均粒度/μm	80~100	50~80	<50
安息角/(°)	30~35	35~40	>40
比表面积/$m^2 \cdot g^{-1}$	>45	>35	2~10
密度/$g \cdot cm^{-3}$	<3.70	<3.70	>3.90
容积密度/$g \cdot cm^{-3}$	>0.85	>0.85	<0.75
α-Al_2O_3 质量分数/%	10~15	30~40	80~90

冶金氧化铝的质量总是取决于用户，即电解铝企业对其原料的要求。电解铝厂根据自身电解槽、设备性能和生产技术的特点，在满足环境保护和高效、低成本生产的条件下，对进厂氧化铝提出质量要求。随着电解铝的生产技术在不断提高，对氧化铝的质量要求也日趋严格。冶金级氧化铝的质量及其发展趋向应以代表当前先进水平、产能增长集中的槽型所要求的质量为准。

在世界范围内，砂状氧化铝已经逐步取代原先流行的粉状或中间状氧化铝。砂状氧化铝在用作铝电解原料时，具有如下优点：

（1）流动性好，且细粒氧化铝含量少。该性能使氧化铝输送过程粉尘量低，容易达到现代铝电解厂的流态化输送要求。

（2）高比表面积。砂状氧化铝对电解过程中的烟气吸附能力强，在电解质中的溶解性能好，因而最适用于气体干法净化系统和现代化电解槽自动下料系统，以除去电解槽的烟尘，消除氟污染和减少电解槽内的沉淀。

（3）高容积密度。该性能可使已有的设备储存能力增加，并降低运输和处理费用。

（4）$\alpha\text{-}Al_2O_3$ 含量较低，结壳性能好。该性能利于电解槽覆盖料保温和吸尘。由于砂状氧化铝中的 $\alpha\text{-}Al_2O_3$ 含量较低，具有较高的比表面积，因此，在流动性、炉气净化性能、溶解速率方面都具有很好的优势。

正是由于砂状氧化铝具有以上优点，国外氧化铝厂已将原来生产粉状氧化铝的工艺进行了改造，转为生产砂状氧化铝。目前，国外大部分氧化铝厂的产品都符合砂状氧化铝的要求。此外，国外氧化铝厂还特别重视氧化铝质量的持续稳定性，以保证铝电解厂实现稳定运行。

15.1.1.2　国外砂状氧化铝生产技术的发展史

20 世纪 60 年代中期，国外就已研究砂状氧化铝的生产技术。但直至 20 世纪 80 年代初，在世界氧化铝生产中，由于铝土矿原料性质的不同，仍然同时存在粉状氧化铝和砂状氧化铝两类产品。以美国铝业公司氧化铝厂为代表，采用三水铝石型铝土矿、稀碱液浸出、低铝酸钠溶液浓度分解技术，可以生产出粒度粗、焙烧程度低的砂状氧化铝；而以欧洲氧化铝厂为代表，则采用一水软铝石型铝土矿、浓碱液浸出、高浓度铝酸钠溶液分解技术，生产重度焙烧的粉状氧化铝。

随着铝电解技术的发展及其对砂状氧化铝需求的增加，在世界范围内开展了砂状氧化铝生产技术的研究开发，试验研究工作的重点是优化晶种分解过程，特别是优化分解温度制度、降低苛性摩尔比、缩短分解时间、强化氢氧化铝分级措施等。

国外已经开发成功并大规模工业应用的砂状氧化铝生产技术有："美铝两段法"以及欧洲开发的"法铝一段法"和"瑞铝两段法"。

A　美铝两段法

美铝两段法是世界上最早生产砂状氧化铝的方法，它是由美国铝业公司在几十年长期生产实践中摸索出来的。其生产技术的特点是：以三水铝石型铝土矿为原料，在稀碱液中浸出、低铝酸钠溶液浓度（N_K 为 87 ~ 100g/L）的条件下，采用二段法分解工艺流程生产砂状氧化铝。

在美铝两段法生产砂状氧化铝的工艺中，碱浓度较低，因而氧化铝产出率低，一般仅为 60 ~ 65g/L。该工艺的附聚段除了添加细晶种外，还添加部分粗晶种，但仍然能获得较高的附聚效率。

20 世纪 70 ~ 80 年代，欧洲氧化铝厂为适应现代电解铝厂环保和节能的需求，针对自身的氧化铝生产条件，开发了砂状氧化铝生产技术。由于欧洲氧化铝厂一般采用高苛性碱浓度、低分解初温、长分解时间，并添加大量晶种的分解方法，因而晶种分解的产出率高，可达 80g/L。但在此条件下，难以生产出合格的砂状氧化铝，经过十多年的研究终于开发成功独特的砂状氧化铝生产技术。欧洲氧化铝厂生产砂状氧化铝技术的典型代表有"法铝一段法"和"瑞铝两段法"。

B　法铝一段法

　　法铝一段法是由原法国铝业公司于20世纪80年代开发成功的。该工艺是针对以一水软铝石型铝土矿为原料或以一水软铝石和一水硬铝石混合型铝土矿为原料的氧化铝厂开发的高产出率砂状氧化铝生产技术。

　　由于该工艺采用高碱浓度种分，因而可获得较高的氧化铝产出率，如采用法铝一段法的希腊圣尼古拉厂。该厂的生产条件为：精液成分：N_K 166g/L，Al_2O_3 190g/L，α_K = 1.40；首槽温度为 56～60℃；末槽温度为 45～50℃；晶种固含为 480g/L（有时 600g/L）。该厂种分的氧化铝产出率可高达 85～90g/L。

　　由此可见，法铝一段法采用的是高固含和低温度的一段分解法生产砂状氧化铝。

　　C　瑞铝两段法

　　瑞铝两段法是由原瑞士铝业公司于20世纪70～80年代开发成功的，其实质是高产出率的两段法。该工艺通过选择过饱和度对种子表面积的恰当比例（7～16g/L），在高苛性碱浓度（N_K 150～155g/L）和66～77℃温度范围内，使细晶种成功附聚，然后采用中间冷却措施（使浆液温度降至55℃），并添加大量晶种（固含达 400g/L），停留时间为 50～70h，使晶种长大，并分离出较粗粒度的砂状氧化铝产品。因此，瑞铝两段法也是附聚—长大二段分解法生产流程。与"美铝两段法"的不同之处在于：其种分碱浓度较高，因而氧化铝产出率较高；附聚段只添加细晶种。

15.1.1.3　中国砂状氧化铝生产技术的发展史

　　中国铝土矿资源主要是一水硬铝石型，长期以来生产的氧化铝大都是粉状或中间状，强度相当差。为了开发出适合中国资源和氧化铝生产工艺特点的砂状氧化铝生产技术，满足现代电解铝工业的需要，国内氧化铝技术界进行了大量的试验研究工作。

　　中国拜耳法生产砂状氧化铝研究始于20世纪80年代初期，由当时的贵阳铝镁设计研究院、山东铝厂、贵州铝厂和郑州轻金属研究院共同承担，采用了二段法生产工艺流程，但试验结果只得到了粗粒氢氧化铝，其强度未能达到要求。20世纪80年代中期，原贵州铝厂用中等浓度的拜耳法精液，采用两次分解工艺，同时生产出砂状和粉状氧化铝产品，但工艺流程复杂，而且得到的产品强度仍较差，远未达到砂状氧化铝的要求。

　　1985～1987年，郑州轻金属研究院、沈阳铝镁设计研究院、山西铝厂和山东铝厂等单位联合攻关，开展了拜耳法高浓度精液二段晶种分解和烧结法碳酸化分解制取砂状氧化铝的半工业试验研究，试验取得了部分成功，为工业生产砂状氧化铝提供了一定的技术依据。1992年，山西铝厂二期混联法生产氧化铝工程试车投产，原拟采用拜耳法种分二段分解工艺生产砂状氧化铝，但生产中由于条件改变，设备故障多，工艺过程难以实现，仍维持生产中间状氧化铝。

　　1995年，平果铝厂拜耳法生产氧化铝工程试车投产，引进了法铝高浓度一段法工艺，经消化吸收，试车投产一次成功，生产出了粒度合格的产品，但强度仍有一定差距。产品质量指标达到了国内领先水平。

　　2002～2006年，中国铝业公司主持并承担开展了国家"十五"重大科技攻关项目"砂状氧化铝生产技术"以及"砂状氧化铝生产工艺优化及工业示范"。经过四年多的研发工作，取得了重大技术突破，工业试验和工业应用取得圆满成功，开发出了具有中国自主知识产权的一水硬铝石生产砂状氧化铝的拜耳法种分、烧结法连续碳分和种分等一系列技术成果，氧化铝产品质量指标达到国际先进水平，为中国氧化铝工业产品全面实现砂状化提供了重要的技术支撑。

15.1.2　铝电解对氧化铝质量指标的要求

15.1.2.1　氧化铝物理化学性质对铝电解过程的影响

A　对氧化铝在电解质中溶解的影响

在电解过程中，电解质与氧化铝的接触表面是决定氧化铝溶解速率的重要参数。加入到电解槽中的氧化铝如果能够很快地均匀分布，则有利于氧化铝的溶解。

在电解过程中，可以通过控制下料频率，实现氧化铝添加量的控制。应尽可能限制氧化铝中细颗粒的比例，因为较粗的氧化铝颗粒易于被浸润，并被在表面凝固的电解质包裹，漂浮在电解质中，从而增加了固液接触面和溶解时间。

B　对氧化铝输送过程的影响

通常氧化铝厂生产的氧化铝需要经过铁路、公路或者水路运抵电解铝厂。而对于氧化铝和电解铝的联合企业以及在电解铝厂内，氧化铝一般采用传送带或者气体传输的形式进行输送。为保证输送过程的经济性，并保持氧化铝在输送过程中质量的稳定性，氧化铝的性质需要满足如下三个方面的要求：

（1）氧化铝的流动性及安息角。输送系统要求氧化铝具有良好的流动性。很细的和高度焙烧过的粉状氧化铝易于在储料箱中发生黏结，造成输送的堵塞和流动不畅。安息角对于加料系统十分重要，因为大多数中间下料电解槽采用定容加料器，这种加料器是依靠具有稳定安息角的物料来确保下料过程的可靠性。

（2）氧化铝的粒度。粒度是氧化铝的一个重要的物理特性。国外大多数砂状氧化铝的标准规定氧化铝的粒度分布为粒度小于 $45\mu m$ 的少于 10% ，其目的是避免氧化铝过于粉化，以最大限度地降低输送过程中氧化铝的损失。在输送过程中，氧化铝会发生粗颗粒和细颗粒的偏析，导致输送系统的设计以及电解铝的稳定生产难度加大。因此，国际铝工业界通过缩小氧化铝粒度的分布范围，减少这种粒度偏析的影响。

（3）氧化铝的强度。具有较好的抗破碎性，即较低的磨损指数的氧化铝，对在输送过程中减少粉尘损失以及提高干法净化的效率，显得特别重要。

C　对铝电解环境的影响

氧化铝的性质对电解铝厂的环境有重大影响。

（1）氧化铝的飞扬损失。氧化铝在输送和加料过程中均会产生粉尘，粉尘量与氧化铝中小于 $20\mu m$ 的颗粒所占比重、晶粒形状及粒度的偏析程度有关，最主要的影响来自于粒度大小分布，氧化铝的强度也有一定影响。

低强度的氧化铝在铝电解烟气净化及氧化铝输送过程中，易受到摩擦而破碎，导致小于 $20\mu m$ 的颗粒比例增加，造成飞扬损失。粒度较细的氧化铝在添加到熔融的电解槽中时，被下料孔排放的阳极气体或氧化铝湿存水迅速挥发的蒸汽吹扬，也会造成氧化铝的过量损失。

（2）对氟化物的吸附。在干法净化系统中，要求氧化铝具有较高的比表面积、较好的流动性和较高的强度，从而强化其吸收氟化氢气体的作用，在某些情况下可以使烟尘中的氟化物减少85%。此外，氧化铝还可在干法净化系统中起到过滤电解排出的烟尘中的氧化铝粒子的作用。氧化铝的这种吸附和过滤作用与其物理性质密切相关。

（3）对电解槽覆盖层结壳的影响。砂状氧化铝易于在电解槽的熔体表面形成硬结壳层，更好地达到电解槽热平衡，并可减少氟化物烟尘的排放。

（4）对铝电解硫污染的影响。铝电解过程中主要的硫污染来自炭阳极，少量来自氧化铝。一般来说，如采用低硫的能源对氧化铝进行焙烧，氧化铝引起的硫污染并不严重。

D   对产品金属铝质量的影响

氧化铝中所含的金属杂质对电解原铝的质量产生直接的影响。这一问题对于干法净化尤为严重，因为在干法净化工艺中，新鲜氧化铝首先被用来净化电解槽的排出烟气，然后才被加入电解槽中，导致排出烟气中杂质的重复循环，影响原铝质量。

所有的主要杂质元素，如铁和硅等，都会降低金属铝的电导率。此外，铁还将严重影响金属铝的表面光亮性和延展性，因此，一般应将原铝中的铁含量降为0.04%以下。同样，钒、钛、铬和锰也降低铝的电导率。

杂质铜和锌影响金属铝表面的腐蚀性能，因而会对铝的阳极氧化等表面处理工艺产生很大影响。

硼元素能改善金属铝的导电性。硼与铝中基本杂质元素铁发生作用，改变其存在的形式。但硼不能有效地减少硅的影响，也不能改变固溶硅的存在形态。此外，硼还可以与铝中的微量过渡族杂质元素钛、钒、铬、锰等反应，使它们由固溶态转变为析出态并沉积于熔体底部，进而被清除。硼对铝的铸态组织影响较大，随着硼含量的增加，等轴晶逐渐增多、柱状晶变短变细，晶界增多。

E   氧化铝质量对铝电解工艺控制的影响

铝电解工艺效率很大程度上取决于对电解槽控制的准确程度。氧化铝质量的稳定性（包括物理的和化学的）对电解工艺的控制至关重要。因此，氧化铝性能的稳定是氧化铝质量最为重要的指标之一。

氧化铝所含的某些杂质，如氧化钠，对控制参数会产生干扰。这是因为氧化钠在电解过程中会与电解质发生如下反应：

$$3Na_2O + 2AlF_3 === Al_2O_3 + 6NaF$$

为此，必须向槽内补偿氟化铝，以确保电解质的成分。因而，氧化铝中过高的氧化钠含量将影响槽内电解质容量的控制。

氧化铝中的水分含量必须严格控制，因为水分也会提高电解液中氧化铝的成分。氧化铝中的水进入槽内，将发生如下反应：

$$3H_2O + 2AlF_3 === Al_2O_3 + 6HF$$

为此，也需要往电解质中加入氟化铝。

必须将氧化铝中氧化钙的含量降低到0.04%以下。因为氧化钙会与电解质反应生成氟化钙，给电解质的密度和电导率带来不良影响。

氧化铝中的磷和钒应尽可能降低，因为这些杂质会引起循环氧化，降低电流效率。研究表明，氧化铝中如含0.0001%五氧化二磷，就会使电流效率降低0.2%。

氧化铝的质量会影响电解槽加料系统的运转情况，从而直接影响电解槽的控制。现代电解槽是通过氧化铝定容加料器自动进行加料。这意味着，添加的氧化铝必须具有较为恒定的密度、较为合理的安息角以及较小的细粒氧化铝的偏析现象，才能实现精确加料和稳定的氧化铝浓度控制。

对于边部加料电解槽，由于其加料过程是采用外部装置在电解边部进行，因此，氧化铝中小于 $45\mu m$ 的细颗粒易于生成粉尘而造成损失。

15.1.2.2 铝电解对于氧化铝质量内在指标的规范要求

电解槽采用点式下料技术后，对原料氧化铝性质最重要的要求为：

(1) 氧化铝在电解质内较快的溶解速度；
(2) 氧化铝不含残留的氢氧化铝；
(3) 氧化铝具有自由流动性（内部摩擦力很小）；
(4) 氧化铝吸附氟的能力强；
(5) 浓相输送和载氟氧化铝的循环，要求氧化铝有好的耐磨损性能。

这些要求能否满足，取决于氧化铝的各种性质。氧化铝在电解质内的溶解速度与氧化铝的焙烧程度（ $\alpha\text{-}Al_2O_3$ 含量）、粒度大小及分布相关；氧化铝中残留的氢氧化铝与氧化铝的灼减相关；氧化铝具有自由流动性与氧化铝的安息角相关；氧化铝吸附氟的能力与氧化铝的比表面积相关；氧化铝有好的耐磨损性能与氧化铝的磨损指数相关。

表 15-2 列出了氧化铝主要物理性质的变化与电解铝过程之间的定性关系。通过对表15-2 中的关系进行深入的研究，就可以提出优化氧化铝性质的方向，以改善电解铝生产运行指标。

表 15-2　氧化铝主要物理性质的变化与电解铝过程之间定性关系的预测模型

氧化铝性质	结 壳			氧化铝粉尘损失	HF 损失		加工容易程度	沉淀产生
	厚度	强度	热损失		电解槽	净化系统		
比表面积/m²·g⁻¹	?	H↓	M↓	H↑	M↓	H↓	H	L↓
粒度/μm >49	H×	M×	H×	H×	H×	H×	H↑	M↑
粒度/μm <45	?	H↓	?	H↑	H×	M↓	H↓	?
粒级分布	?	M↓	M	M↓	L↑	M↑	H↑	L↑
三水铝石/%	?	?	?	H↑	L↑	M↑	L↑	M↓

注：1. "↑"表示增加，"↓"表示减少，"×"表示增加该项氧化铝性质的数值对电解过程没有影响，"?"表示关系尚不明。

2. "H"、"M"、"L"分别表示对关系预测的可靠程度为高、中、低。

随着现代铝电解技术的发展，对于氧化铝质量及其性质提出了更高的要求。

当前冶金级氧化铝生产正面临新的化学质量方面的挑战。伦敦金属交易所在 1986 年已将商品铝锭的纯度提高到 99.8%，且持续增长的再生铝产量将要求继续提高原铝纯度。这个趋势要求氧化铝不断降低其中的杂质含量。

由于 $\alpha\text{-}Al_2O_3$ 含量少的氧化铝产品有利于提高氧化铝在干法净化系统中对氟化氢的吸附能力，以及在电解自动下料系统中在电解质中的溶解速度，因此，对电收尘回收的氧化铝和氢氧化铝的处理工艺必须继续严格规定。

由于铝电解多改用低摩尔比电解质，因此，必须降低氧化铝中的氧化钠含量，目前的标准已由原来的小于0.50%改为小于0.20%。以往氧化铝中的细粉（<45μm）量以进厂时的氧化铝为准。由于发现进入电解槽时的实际细粉量对电解生产关系重大，因而除规定进厂氧化铝中的细粉含量外，还须要求较低的磨损指数。

各个铝电解厂所采用的工艺设备有所不同，所以在选择要求的氧化铝性质指标时，要结合企业自身的技术条件和工艺条件进行考虑。

表15-3列出了国外氧化铝的物理化学质量指标要求及对氧化铝和电解铝上下游工艺的影响。

表15-3　国外的氧化铝质量指标及其对电解铝厂和氧化铝厂的影响

分类	氧化铝性能	国外指标	对电解铝厂的影响	对氧化铝厂的影响
物理特性	颗粒尺寸	细颗粒含量： <45μm≤10%； <20μm≤1.5%	流动性，析出，热导率，结壳性能，溶解速率，烟尘	较粗的颗粒会降低生产流程的效率
		窄的颗粒分布： -100~+50μm≥80%； -74~+45μm≥40%		窄的颗粒分布需要改进分级工艺
	颗粒强度	磨损指数：≤10%	烟尘，流动性	需要改进分解流程
	焙烧程度（γ-Al_2O_3含量）	有效比表面积：50~85m^2/g	烟尘，流动性，炉气净化性能，结壳性能，溶解速率	对于低的焙烧程度焙烧炉的控制很难；高的表面积将减少能耗
	含水量	侧插槽三水铝石含量：<0.1%	氟化物损失，烟尘	所有窑尘出厂前必须足够地焙烧
化学成分/%	Na_2O	0.3~0.4	电解槽液成分及容量的控制，氟化铝消耗	改进分解流程并对水合物进行很好的冲洗
	SiO_2	≤0.015	金属纯度	在溶出过程加强脱硅措施，分解产出率控制
	Fe_2O_3	≤0.015	金属纯度	使用高铁铝土矿并控制过滤流程
	TiO_2	≤0.003	金属纯度	改善过滤流程
	V_2O_5	≤0.003	槽液	使用低钒燃料
	CaO	≤0.04	金属纯度，电解质成分	用石灰预脱硅时改善过滤流程，洗水质量
	ZnO	≤0.001	金属纯度	对高锌铝土矿需进行硫化物沉淀
	CuO	≤0.001	金属纯度	对含铜铝土矿需进行硫化物沉淀
	P_2O_5	≤0.0005	金属纯度，电解效率	加入石灰进行控制
	MnO	≤0.0005	金属纯度	改善过滤流程
	Cr_2O_3	≤0.0005	金属纯度	改善过滤流程
	Ga_2O_3	≤0.010	金属纯度	取决于矿石中镓的含量
	SO_2	≤0.10	金属纯度	使用低硫焙烧燃料

15.2   冶金级氧化铝质量标准与检测标准

15.2.1   冶金级氧化铝质量标准

以下列出中国氧化铝行业执行的几个产品标准，分别是：《氧化铝》（GB/T 24487—2009）（化学成分见表 15-4）、《氢氧化铝》（GB/T 4294—1997）（化学成分见表 15-5）及砂状氧化铝行业标准（中国有色金属标准所送审稿，化学成分和物理性能见表 15-6）、中国铝业股份有限公司企业标准《砂状氧化铝企业标准》（Q/Chalco 002—2002）（理化指标见表 15-7）。其中，氧化铝国家标准《氧化铝》适用于熔盐电解法生产金属铝用氧化铝，也适用于生产刚玉、陶瓷、耐火制品及生产其他氧化铝化学制品用原料氧化铝；普通氢氧化铝国家标准《氢氧化铝》适用于生产无机铝盐、阻燃填料及生产其他氢氧化铝、氧化铝制品用原料氢氧化铝。

表 15-4   氧化铝的化学成分（GB/T 24487—2009）

牌 号	化学成分/%				
	Al_2O_3	杂 质 含 量			
		SiO_2	Fe_2O_3	Na_2O	灼减
AO-1	≥98.6	≤0.02	≤0.02	≤0.50	≤1.0
AO-2	≥98.5	≤0.04	≤0.03	≤0.60	≤1.0
AO-3	≥98.4	≤0.06	≤0.03	≤0.70	≤1.0

注：1. Al_2O_3 含量为 100.0% 减去表中所列杂质总和的余量；
　　2. 表中化学成分按在（300±5）℃温度下烘干2h的干基计算；
　　3. 表中杂质成分按 GB/T 8170 处理；
　　4. 表中没列的其他杂质成分和粒度分布、比表面积等物理性能，当客户需要时，生产方应能提供。

表 15-5   氢氧化铝的化学成分（GB/T 4294—1997）

牌 号	化学成分/%				
	Al_2O_3	灼减	杂 质 含 量		
			SiO_2	Fe_2O_3	Na_2O
AH-1	≥64.5	≤35	≤0.02	≤0.02	≤0.4
AH-2	≥64.0	≤35	≤0.04	≤0.03	≤0.5
AH-3	≥63.5	≤35	≤0.08	≤0.05	≤0.6

注：1. Al_2O_3 含量为 100.0% 减去灼减和表中所列杂质的实际含量之差；
　　2. 表中化学成分按在（110±5）℃温度下烘干2h的干基计算；
　　3. 表中杂质成分按 GB/T 8170 数值修约规则处理。

表 15-6   砂状氧化铝的化学成分和物理性能（中国有色金属标准所送审稿）

牌号	化学成分/%					粒度/%		磨损指数/%	α-Al_2O_3含量/%	安息角/(°)	比表面积/$m^2 \cdot g^{-1}$
	Al_2O_3	杂质含量				$-45\mu m$	$+150\mu m$				
		SiO_2	Fe_2O_3	Na_2O	灼减						
S-AO986	≥98.6	≤0.02	≤0.02	≤0.05	≤1.0	≤12	≤10	≤20			
S-AO985	≥98.5	≤0.04	≤0.03	≤0.60	≤1.0	≤16	≤10	≤25	≤15	≤32	≥60
S-AO984	≥98.4	≤0.06	≤0.04	≤0.65	≤1.0	≤16	≤10	≤25			

注：1. S-Al_2O_3 含量为 100.0% 减去表中所列杂质总和之差；
　　2. 表中化学成分按在（300±10）℃温度下烘干2h的干基计算；
　　3. 表中杂质含量按 GB/T 8170 处理。

表 15-7 砂状氧化铝企业标准（Q/Chalco 002—2002）

牌 号	化学成分	物理性质							
		粒 度			安息角 /(°)	磨损指数 /%	$\alpha\text{-}Al_2O_3$ 含量/%	松装密度 /g·cm^{-3}	比表面积 /m^2·g^{-1}
		<20μm	<45μm	>150μm					
AO-1-1	符合 GB/T 24487—2009 中 AO-1 要求	≤2.0	≤12	≤2.0	≤30	≤15	≤10	≥0.9	≥75
AO-1-2		≤2.0	≤18	≤2.0	≤32	≤20	≤10	≥0.9	≥70
AO-1-3		≤2.0	≤25	≤2.0	≤34	≤25	≤10	≥0.9	≥65
AO-2-1	符合 GB/T 24487—2009 中 AO-2 要求	≤2.0	≤12	≤2.0	≤30	≤15	≤10	≥0.9	≥75
AO-2-2		≤2.0	≤18	≤2.0	≤32	≤20	≤10	≥0.9	≥70
AO-2-3		≤2.0	≤25	≤2.0	≤34	≤25	≤10	≥0.9	≥65
AO-3-1	符合 GB/T 24487—2009 中 AO-3 要求	≤2.0	≤12	≤2.0	≤30	≤15	≤10	≥0.9	≥75
AO-3-2		≤2.0	≤18	≤2.0	≤32	≤20	≤10	≥0.9	≥70
AO-3-3		≤2.0	≤25	≤2.0	≤34	≤25	≤10	≥0.9	≥65

表 15-4 中的中国铝工业用氧化铝的质量指标（国家标准 GB/T 24487—2009）与表 15-3 中国外的质量指标相比，存在两方面的差距：

（1）中国国家标准中几乎没有物理特性的要求，仅在备注中提到：当客户需要时，生产方应能提供有关物理性能指标。

（2）中国国家标准中对化学成分的要求普遍低于国外的指标。

氧化铝中的化学成分主要影响金属铝的纯度，与铝土矿品位和氧化铝生产工艺有很大关系。氧化铝的物理特性主要影响电解铝过程的生产效益，可以通过氧化铝生产流程和技术的改进加以提高。

冶金级氧化铝和氢氧化铝的标准在未来还将根据铝电解工业的要求和氧化铝生产工艺实施的可能进行修订，如氢氧化铝中的杂质成分与冶金级氧化铝杂质成分相吻合；增加砂状氧化铝品级及对应的物理性能质量要求；增加锰、锌、钛、钒的氧化物抽检监控质量要求；同时适当放宽灼减的指标要求等。

值得注意的是，氧化铝和氢氧化铝在非冶金行业的应用已越来越广泛，目前已制定了适用于若干非冶金级的氧化铝和氢氧化铝标准，详见第四篇。

15.2.2 氧化铝和氢氧化铝的检测标准

本节列出了各相关标准的名称及其编号，部分内容见第 16 章中关于标准的简述。

氧化铝检测标准：

（1）GB/T 6609.1— 《氧化铝化学分析方法和物理性能测定方法 电感耦合等离子体原子发射光谱测定微量元素含量》（等待批准中）。

（2）GB/T 6609.2—2009《氧化铝化学分析方法和物理性能测定方法 300℃ 和 1000℃ 质量损失的测定》（见 16.10.7 节）。

（3）GB/T 6609.3—2004《氧化铝化学分析方法和物理性能测定方法 钼蓝光度法测定二氧化硅含量》（见 16.10.1 节）。

（4）GB/T 6609.4—2004《氧化铝化学分析方法和物理性能测定方法 邻二氮杂菲光度法测定三氧化铁含量》（见 16.10.2 节）。

（5）GB/T 6609.5—2004《氧化铝化学分析方法和物理性能测定方法 氧化钠含量的测定》（见 16.10.3 节）。

（6）GB/T 6609.6—2004《氧化铝化学分析方法和物理性能测定方法 火焰光度法测定氧化钾的含量》（见 16.10.3 节）。

（7）GB/T 6609.7—2004《氧化铝化学分析方法和物理性能测定方法 二安替吡啉甲烷光度法测定二氧化钛含量》。

（8）GB/T 6609.8—2004《氧化铝化学分析方法和物理性能测定方法 二苯基碳酰二肼光度法测定三氧化二铬含量》。

（9）GB/T 6609.9—2004《氧化铝化学分析方法和物理性能测定方法 新亚铜灵光度法测定氧化铜含量》。

（10）GB/T 6609.10—2004《氧化铝化学分析方法和物理性能测定方法 苯甲酰苯基羟胺光度法测定五氧化二钒含量》。

（11）GB/T 6609.11—2004《氧化铝化学分析方法和物理性能测定方法 火焰原子吸收光谱法测定氧化锰含量》。

（12）GB/T 6609.12—2004《氧化铝化学分析方法和物理性能测定方法 火焰原子吸收光谱法测定氧化锌含量》。

（13）GB/T 6609.13—2004《氧化铝化学分析方法和物理性能测定方法 火焰原子吸收光谱法测定氧化钙含量》（见 16.10.4 节）。

（14）GB/T 6609.14—2004《氧化铝化学分析方法和物理性能测定方法 镧-茜素络合酮光度法测定氟含量》。

（15）GB/T 6609.15—2004《氧化铝化学分析方法和物理性能测定方法 硫氰酸铁光度法测定氯含量》。

（16）GB/T 6609.16—2004《氧化铝化学分析方法和物理性能测定方法 姜黄素光度法测定三氧化二硼含量》。

（17）GB/T 6609.17—2004《氧化铝化学分析方法和物理性能测定方法 钼蓝光度法测定五氧化二磷含量》。

（18）GB/T 6609.18—2004《氧化铝化学分析方法和物理性能测定方法 N,N-二甲基对苯二胺光度法测定硫酸根含量》。

（19）GB/T 6609.19—2004《氧化铝化学分析方法和物理性能测定方法 火焰原子吸收光谱法测定氧化锂含量》。

（20）GB/T 6609.20—2004《氧化铝化学分析方法和物理性能测定方法 火焰原子吸收光谱法测定氧化镁含量》（见 16.10.5 节）。

（21）GB/T 6609.21—2004《氧化铝化学分析方法和物理性能测定方法 丁基罗丹明B 光度法测定三氧化二镓含量》。

（22）GB/T 6609.22—2004《氧化铝化学分析方法和物理性能测定方法 取样》。

（23）GB/T 6609.23—2004《氧化铝化学分析方法和物理性能测定方法 试样的制备和贮存》。

（24）GB/T 6609. 24—2004《氧化铝化学分析方法和物理性能测定方法　安息角的测定》（见 16. 10. 16 节）。

（25）GB/T 6609. 25—2004《氧化铝化学分析方法和物理性能测定方法　松装密度的测定》（见 16. 10. 14 节）。

（26）GB/T 6609. 26—2004《氧化铝化学分析方法和物理性能测定方法　有效密度的测定》（见 16. 10. 15 节）。

（27）GB/T 6609. 27—2009《氧化铝化学分析方法和物理性能测定方法　粒度分析　筛分法》（见 16. 10. 10 节）。

（28）GB/T 6609. 28—2004《氧化铝化学分析方法和物理性能测定方法　小于 $60\mu m$ 的细粉末粒度分布的测定——湿筛法》。

（29）GB/T 6609. 29—2004《氧化铝化学分析方法和物理性能测定方法　吸附指数的测定》（见 16. 10. 18 节）。

（30）GB/T 6609. 30—2009《氧化铝化学分析方法和物理性能测定方法　X 射线荧光光谱法测定微量元素含量》（见 16. 10. 8 节）。

（31）GB/T 6609. 31—2009《氧化铝化学分析方法和物理性能测定方法　流动角的测定》（见 16. 10. 19 节）。

（32）GB/T 6609. 32—2009《氧化铝化学分析方法和物理性能测定方法　α-三氧化二铝含量的测定　X 射线衍射法》（见 16. 10. 12 节）。

（33）GB/T 6609. 33—2009《氧化铝化学分析方法和物理性能测定方法　磨损指数的测定》（见 16. 10. 11 节）。

（34）GB/T 6609. 34—2009《氧化铝化学分析方法和物理性能测定方法　三氧化二铝含量的计算方法》（见 16. 10. 21 节）。

（35）GB/T 6609. 35—2009《氧化铝化学分析方法和物理性能测定方法　比表面积的测定　氮吸附法》（见 16. 10. 13 节）。

（36）GB/T 6609. 36—2009《氧化铝化学分析方法和物理性能测定方法　流动时间的测定》（见 16. 10. 20 节）。

（37）GB/T 6609. 37—2009《氧化铝化学分析方法和物理性能测定方法　粒度小于 $20\mu m$ 颗粒含量的测定》（见 16. 10. 10 节）。

（38）GB/T 8170—1987《数值修约规则》。

氢氧化铝检测标准：

（1）YS/T 534. 1—2007《氢氧化铝化学分析方法　重量法测定水分》（见 16. 10. 6 节）。

（2）YS/T 534. 2—2007《氢氧化铝化学分析方法　重量法测定灼烧失量》（见 16. 10. 7 节）。

（3）YS/T 534. 3—2007《氢氧化铝化学分析方法　钼蓝光度法测定二氧化硅含量》（见 16. 10. 1 节）。

（4）YS/T 534. 4—2007《氢氧化铝化学分析方法　邻二氮杂菲光度法测定三氧化二铁含量》（见 16. 10. 2 节）。

（5）YS/T 534. 5—2007《氢氧化铝化学分析方法　氧化钠含量的测定》（见 16. 10. 3

节）。

（6）GB/T 8170—1987《数值修约规则》。

砂状氧化铝检测标准：

（1）Q/Chalco 002—2002《中国铝业股份有限公司砂状氧化铝企业标准》。

（2）GB/T 6609.2～6609.5—2004《氧化铝化学分析方法和物理性能测定方法》。

（3）YS/T 438.1—2001《砂状氧化铝物理性能测定方法　筛分法测定粒度分布》（见16.10.10 节）。

（4）YS/T 438.2—2001《砂状氧化铝物理性能测定方法　磨损指数的测定》（见16.10.11 节）。

（5）YS/T 438.3—2001《砂状氧化铝物理性能测定方法　安息角的测定》（见16.10.16 节）。

（6）YS/T 438.4—2001《砂状氧化铝物理性能测定方法　比表面积的测定》（见16.10.13 节）。

（7）YS/T 438.5—2001《砂状氧化铝物理性能测定方法　X-衍射法测定 α-氧化铝的含量》（见16.10.12 节）。

（8）GB/T 8170—1987《数值修约规则》。

15.2.3　冶金级氧化铝质量指标的选择

除了杂质含量有所界定外，世界上铝电解生产用的氧化铝还没有一个严格统一的技术标准。表 15-8 和表 15-9 为国外冶金级氧化铝的一些典型物化性能指标。

表 15-8　国外铝工业比较有代表性的物理特性指标

性　质	典型值	范　围	Alcan Comalco		Norsk Hydro
			规定值	限度	规定值
灼减(300～1000℃)/%	1.0	0.1～3.0	—	—	0.6～0.8
电收尘灰/%			0	0	—
Al(OH)$_3$ 含量/%			0.1	<0.2	—
松装密度/g·cm^{-3}	0.90	0.85～1.085	—	—	0.92～0.98
振实密度/g·cm^{-3}	1.05	0.95～1.16			
真密度/g·cm^{-3}	3.55	3.465～3.60			
比表面积 BET/m^2·g^{-1}	75	35～180	70	60～80	60～80
安息角 θ/(°)	34	30～40			
<20μm 细粉/%			<1	<2	<1
<45μm 细粉磨前/%	8	5～30	6	<10	<7
<45μm 细粉磨后/%	15	10～35			
磨损指数/%	7.61	5.26～31.58	15	<25	15
>150μm 颗粒比例/%	3	1～5	1	<5	<5
热导率(250℃)/W·(m·℃)$^{-1}$	0.16	0.15～0.20			
α-Al$_2$O$_3$ 含量/%	5～20	2～25			

表 15-9 国外铝工业比较有代表性的化学特性指标 （%）

杂质成分	典型值	允许范围	Alcan Comalco		Norsk Hydro
			规定值	限　度	规定值
水分（水合物）	0.2	0~0.5			
Na_2O	0.4	0.28~0.55			
Na_2O（长期内）			0.25	—	0.35~0.40
Na_2O（短期内）			0.30	0.35	
Fe_2O_3	0.015	0.006~0.03	0.012	<0.015	<0.01
SiO_2	0.015	0.005~0.25	0.012	<0.015	<0.01
TiO_2	0.002	0.001~0.0045			<0.003
ZnO	0.015	0.0002~0.005			<0.008
V_2O_5	0.001	0.0005~0.011			0.002
P_2O_5	0.001	<0.001			<0.001
CaO	0.03	0.001~0.055			0.035~0.045

　　氧化铝质量指标对电解铝厂和氧化铝厂都会产生影响。氧化铝质量指标的确定在多数情况下，对于电解铝厂和氧化铝厂来说利益并不一致，也就是为满足铝电解工业的需要，氧化铝生产往往会在工艺和消耗等方面有所损失。因此，氧化铝质量指标应该是一个最佳值选择的问题，通过对电解铝厂与氧化铝厂互相协调，以求达到最佳总体效果。

15.3　氧化铝产品质量指标对氧化铝生产工艺的要求

　　氧化铝质量和性质指标必须通过氧化铝厂的工艺设备的改进来实现。大体上说，氧化铝生产的溶出和过滤过程可控制氧化铝中杂质的含量，分解过程可控制晶体的尺寸和形态，焙烧过程可控制焙烧的程度。从表 15-3 也可以看出生产工艺条件对于氧化铝质量的影响。下面就有关性能分别加以说明。

15.3.1　氧化铝物理化学性能及其对氧化铝生产工艺的要求

15.3.1.1　氧化铝的物理性能

A　晶粒尺寸的分布

晶粒尺寸的分布主要取决于结晶过程，同时焙烧过程对其也有一定影响。在分解过程中，晶体的形成来自晶种上氢氧化铝的析出、新晶体的成核以及小晶体的团聚。氢氧化铝的分解速率与晶种的表面积成正比。由于小晶粒比表面积大，因此细颗粒氢氧化铝表面的结晶析出速度就大。在氢氧化铝分解过程中，同时存在着小结晶的附聚和长大，也存在着大颗粒结晶的破碎和磨损。分解产物的粒度分布取决于这些趋势共同作用的结果，也取决于分解各种工艺条件（如温度、晶种比、碱浓度和过饱和度等）的控制和调节。

　　焙烧过程由于固体颗粒发生脱水反应，颗粒之间发生相互碰撞和摩擦，因此，焙烧过程往往导致较粗的氢氧化铝颗粒细化。为了限制产品中细晶粒的比例，种分氢氧化铝必须制成更大的颗粒，并需优化相应的分解工艺。

B　焙烧程度

氧化铝的焙烧程度越高，其中 $\alpha\text{-}Al_2O_3$ 的含量就越高，这对氧化铝在铝电解过程中的溶解性能产生不利影响，而且焙烧过程燃油或天然气的花费也就越高。为了生产出高性能、低 $\alpha\text{-}Al_2O_3$ 含量的氧化铝，实现焙烧节能降耗，必须严格控制焙烧温度，选择易于实现低温焙烧的固定式焙烧炉。

C　流动性和安息角

流动性和安息角是由晶粒尺寸分布派生出的两个特性，通常与产品粒度、形貌和焙烧程度相关。通过控制分解和焙烧工艺，减少产品中粉状氧化铝的含量，使氧化铝中的粒级分布趋于合理，是获得较为理想的流动性及安息角性能的主要方法。

D　强度

氧化铝产品的强度主要与晶体的形态和内部结晶状态有关，取决于氧化铝厂对分解过程的控制。细小晶粒附聚和黏结长大的氢氧化铝晶体经焙烧可生产出强度高的氧化铝产品。因此，必须优化改进分解工艺，促使分解出来的结晶具有良好的内部结构和强度。

15.3.1.2　氧化铝的化学性能

A　氧化钠

氧化铝中的氧化钠分为附着碱和结晶碱两种。附着碱主要是由于氢氧化铝产品洗涤不干净引起的。结晶碱存在于氧化铝颗粒的晶体结构中，产生于氧化铝生产中的分解过程。过饱和铝酸钠溶液在析出氢氧化铝的同时，部分碱也被析出而进入氢氧化铝的晶格中。解决氧化铝产品含碱量的问题，应该从控制好分解工艺条件和氢氧化铝过滤洗涤条件着手。降低氧化铝中结晶碱的含量可以通过优化分解温度制度来实现。

B　氧化铁

氧化铝中的氧化铁部分来自分解原液中的含铁浮游物，部分来自分解原液中的胶体铁。可以通过严格控制粗液叶滤工序的工艺条件及改进设备运行状况，尽可能减少含铁浮游物的含量。分解原液中的胶体铁主要取决于铝土矿中的铁矿物种类以及生产工艺对它参与反应的影响，因此，应认真研究铝土矿中铁矿物的形态以及在溶出和液固分离过程中的行为，尽可能减少胶体铁在分解原液中的含量。

C　氧化硅

氧化铝中的硅含量主要取决于分解原液的硅量指数及其浮游物含量。强化溶出过程和溶出浆液在稀释过程中的脱硅，使进入分解的溶液的硅量指数达标，是减少氧化铝中硅含量的关键。同时，强化叶滤过程，减少分解原液中含硅的浮游物含量，也可降低氧化铝中的硅含量。在氢氧化铝焙烧过程中如焙烧炉运行不正常及含硅的炉衬脱落，也可引起氧化铝产品中的硅含量升高，这就要求采用耐磨损和高寿命的炉衬材料。

D　氧化钙

氧化铝中的氧化钙主要来自于分解原液中的含钙浮游物和焙烧炉中的含钙炉衬。分解原液中的含钙浮游物可能有细小的赤泥颗粒，或者是叶滤用的过滤介质。因此，强化叶滤工序、减少漏滤、合理使用过滤介质、采用高强度的焙烧炉衬，是降低氧化铝中的氧化钙含量的主要措施。另外，氢氧化铝洗水中氧化钙和钙离子的含量也必须严加控制。

E　镓

铝土矿所含的镓随氧化铝溶入矿浆中，因此在氧化铝生产的循环溶液中都含有镓。当溶液中的镓富集到一定程度时，有可能在分解过程中随氢氧化铝一起析出，引起氧化铝产品含过量的镓。解决这一问题的最好方法是：从铝酸钠溶液中回收镓，实现镓资源的综合利用，同时也可减少氧化铝产品中的镓含量。

F　锌

氧化铝中的锌来源于铝土矿中该元素在拜耳法溶出过程中发生的溶解反应。溶解出来的锌可能在分解过程中沉淀析出，导致氧化铝产品含过量的锌。通常，产品中锌的含量可以通过往溶液中加入硫化钠或含硫的矿物来控制。主要原因是锌与硫发生反应，生成不溶的硫化物而随赤泥排出。

15.3.1.3　冶金级氧化铝产品的质量控制重点

可以通过对氧化铝生产过程中六个方面的改进，对产品的物化性能和质量进行控制：

（1）选择正确的生产方法和工艺流程。生产方法和工艺流程对氧化铝产品质量影响很大。通常拜耳法生产的氧化铝质量最好，联合法产品次之，烧结法生产的氧化铝质量最差。生产方法和流程的选择主要以铝土矿的类型和品位的高低而定，同时应兼顾氧化铝产品质量。

（2）保证铝酸钠溶液具有一定的纯度。碱法生产氧化铝都首先将铝土矿用碱处理产生铝酸钠溶液，用于分解出氢氧化铝。此时矿物中有少量 SiO_2 和 Fe_2O_3 进入溶液，造成产品的质量下降。因此，必须保证铝酸钠溶液具有较高的纯度，即保证有一定的硅量指数（指溶液中 Al_2O_3 和 SiO_2 的质量比，用 A/S 表示）和较低的铁含量。分解前强化脱硅和脱铁工艺，是提高产品质量的有效途径。

（3）使铝酸钠溶液和细粒赤泥（又称浮游物）及硅渣彻底分离。分解原液中的浮游物的主要成分是 SiO_2 和 Fe_2O_3。这些浮游物将在分解过程中全部进入成品氢氧化铝中，严重污染产品及影响质量。因而铝酸钠溶液在分解前必须经过沉降分离和叶滤机过滤分离，保证铝酸钠溶液中浮游物含量小于 0.02g/L。由于叶滤技术和设备的改进，目前国内外大多数工厂的铝酸钠溶液中浮游物含量已控制在 0.01g/L 以下。

（4）控制好铝酸钠溶液分解的技术条件。分解是氧化铝厂提高产能和保证产品质量的关键工序之一，但二者又往往互相矛盾。要做到二者兼顾，必须从改进分解工艺和设备着手。砂状氧化铝生产技术的开发成功为提高产品质量，同时又保证较高的分解率提供了重要途径。

（5）保证成品氢氧化铝有效的分级和洗涤干净。氢氧化铝的有效分级是生产砂状氧化铝的必要条件。而成品氢氧化铝的高效洗涤是降低产品中碱含量的有效手段。

（6）控制好焙烧工艺条件，采用高强度焙烧炉内衬。焙烧工艺条件是确保产品物理性能和化学质量的重要环节。焙烧炉的高强度内衬可以避免产品受硅和钙矿物的污染。

15.3.2　氢氧化铝焙烧对产品质量的影响

15.3.2.1　氢氧化铝焙烧技术

氢氧化铝焙烧技术按焙烧设备分类，可分为回转窑焙烧技术和流态化焙烧技术两大类。

回转窑焙烧技术又可分为传统回转窑焙烧和改进回转窑焙烧两种技术。由于回转窑焙烧氢氧化铝能耗高，产品 $\alpha\text{-}Al_2O_3$ 含量也高，质量较差，因此近二十年来，世界上几乎所有的氧化铝厂都逐渐淘汰了此种焙烧技术。中国目前已全部停止应用该类焙烧技术。

流态化焙烧技术按设备的运行原理的不同又可分为如下几种技术：

（1）美国铝业公司的流态闪速焙烧技术，简称 F. F. C；

（2）德国鲁奇公司和联合铝业公司的循环流态化焙烧技术，简称 C. F. C；

（3）丹麦史密斯公司的气态悬浮焙烧技术，简称 G. S. C；

（4）法国费凯贝克公司的闪速焙烧技术，简称 G. S. C。

美国铝业公司的沸腾闪速焙烧技术适宜焙烧粗粒氢氧化铝，其余三种可焙烧各种类型氧化铝。有关情况详见 12. 13. 2 节。

国外典型的回转窑与悬浮炉焙烧产品质量的比较见表 15-10。

表 15-10　国外典型的回转窑与悬浮炉焙烧产品质量的比较

参　数		国外回转窑	国外悬浮焙烧炉
焙烧温度/℃		约 1250	1200 ~ 1100
停留时间/s		约 1800	2 ~ 10
热耗/GJ·t^{-1}		约 5	3.0 ~ 3.5
松堆密度/kg·m^{-3}		约 970	970 ~ 950
灼减(300 ~ 1000℃)/%		约 0.6	0.6 ~ 1.0
比表面积 BET/m^2·g^{-1}		50 ~ 70	70 ~ 80
$\alpha\text{-}Al_2O_3$ 含量/%		10 ± 5	3 ± 2
粒度分布/%	< 45μm	约 5	约 8
	< 20μm	约 1	约 1
磨损指数/%		约 15	约 10

15.3.2.2　焙烧过程对氧化铝产品质量的影响

如前所述，氧化铝的杂质含量（Si，Fe）主要由焙烧前各工序的技术条件所决定。但是，在氢氧化铝和氧化铝的储运以及焙烧过程中，也可能有灰尘、杂物、焙烧炉的内衬材料的掉渣以及燃料的灰分进入，影响焙烧后氧化铝产品的纯度。

氧化铝的粒度取决于原始氢氧化铝的粒度和强度、焙烧温度、加热和冷却速度以及脱水和焙烧过程中的流体力学等条件。氢氧化铝中存在某些杂质也影响产品的粒度，如碱和钒等杂质元素。

氧化铝的强度一定程度上受焙烧条件的影响，特别是不同的焙烧炉型对颗粒破碎程度大不相同。使用回转窑时，颗粒破碎程度小，不到2%；而采用流态化焙烧装置时，颗粒破碎为3% ~5%。提高氧化铝颗粒强度的主要手段是提高氢氧化铝颗粒强度，这主要与分解工艺条件有关。氧化铝在流态化焙烧的过程中经受了较激烈的碰撞及运动，其中的易碎粒子已在焙烧过程中被破碎，因此，用流态化装置焙烧的氧化铝具有良好的抗机械磨损性能。

15.4　砂状氧化铝生产技术

砂状氧化铝生产技术按照不同的氧化铝生产流程，可分为碳酸化分解生产砂状氧化铝技术、晶种分解生产砂状氧化铝技术以及其他促进生产砂状氧化铝的相关技术三大类，现分别描述如下。

15.4.1　碳酸化分解生产砂状氧化铝

15.4.1.1　碳酸化分解生产氧化铝简介

碳酸化分解（简称碳分）是指铝酸钠溶液中通入 CO_2（酸化），降低其稳定性，使其发生分解，析出氢氧化铝的过程。

碳分过程如不加晶种，在初始阶段需要经历一个诱导期才能出现晶种，并加速反应析出。碳酸化分解作业在碳分槽内进行。中国现在通常采用带挂链式搅拌器的圆筒形平底碳分槽。二氧化碳气体经若干支管从槽的下部通入并经槽顶的气水分离器排出。

碳分工艺可分为间断碳分和连续碳分。间断碳分为单槽作业，碳分溶液在一个碳分槽内完成一个作业周期。间断碳分效率低、能耗高、操作强度大。中国铝业公司开发了连续碳分生产工艺，由若干个碳分槽（一般为 5~6 个槽）串联而成，碳分浆液连续进入首槽，依次通过所有碳分槽，末槽出料进行液固分离，得到产品或晶种。连续碳分较易实现自动化，并保持整个生产过程的连续化，由于节省了间断分解作业所需的进、出料时间，因此设备利用率和劳动生产率高，连续碳分还可以实行按槽序控制 CO_2 的通气制度，所以其产品粒度粗、CO_2 利用率高，并为连续碳分砂状氧化铝生产工艺的开发打下了良好基础。

15.4.1.2　碳分产品质量的影响因素分析

A　分解工艺

如上所述，连续碳分和间断碳分只是操作方式的不同，化学反应机理并没有本质区别。目前，具有烧结法的氧化铝厂的碳分技术基本上都采用连续碳分工艺。

连续碳分可以控制合理的分解梯度，抑制局部过分解现象，产品产量和质量均比较高，尤其通过降低分解速度和延长分解时间，从而使产品氧化铝的粒度明显变粗。连续碳酸化分解中，如在首槽加入细晶种，将缩短氢氧化铝结晶析出过程的诱导期和晶核形成期，加快碳分速度，有利于碳分产品的砂状化。此外，碳酸化分解过程还要求实现"六稳定"，即铝酸钠溶液的 A/S、进料量、各槽液位、二氧化碳气浓度和通气量、出料量、槽间过料的高压风压力保持相对稳定，以保证碳分分解率和产品质量。

B　分解原液纯度和浓度

分解原液（精液）的纯度和浓度是影响产品质量和产量的最主要因素。

分解原液纯度包括硅量指数和浮游物含量两个方面。硅量指数越高，溶液中的 SiO_2 浓度越低，碳分过程中析出的 SiO_2 也就越少，产品杂质含量更低。浮游物是指悬浮在分解原液中的固体小颗粒，成分主要为 $Na_2O \cdot Al_2O_3 \cdot 1.7SiO_2 \cdot nH_2O$、$3CaO \cdot Al_2O_3 \cdot xSiO_2 \cdot yH_2O$ 及 $Fe_2O_3 \cdot nH_2O$。在分解过程中，悬浮物就混入产出的氢氧化铝中，是氢氧化铝中杂质 Na_2O、SiO_2 和 Fe_2O_3 的主要来源。新的氧化铝质量标准对 Fe_2O_3 含量有了更高的要求，因此，分解原液必须严格控制悬浮物，使其含量降至 0.02g/L 以下。

在其他条件相同时，分解较高浓度的铝酸钠溶液所得产品中的 SiO_2 和不可洗碱含量要比低分解浓度为多。在低浓度碳酸化分解过程中，分解原液中的氧化铝浓度高有利于获得粒度较粗的氢氧化铝。分解原液中 SiO_2 的平衡浓度与氧化铝浓度有关，残留在母液中的氧化铝浓度不能过低，否则影响碳分产品氢氧化铝质量。

C 碳分分解深度

碳分分解深度在杂质含量和结构两方面影响产品的质量。在适宜的分解率范围内，产品氢氧化铝的粒度和强度都随分解深度的增加而有不同程度的增加。但分解率过高时，得到的氢氧化铝粒度细，难过滤，碱含量也高。适宜的分解率范围主要决定于分解原液的硅量指数，此外还与碳分作业条件、分解工艺以及分解原液中 K_2O 和 Na_2O 的含量有关。

D 温度

提高碳分温度有利于获得结晶良好、吸附能力小、强度较大、碱和氧化硅的含量少的粗粒氢氧化铝。这主要是因为分解温度高、溶液的黏度小、过饱和度高有利于细小晶粒的附聚长大，而不利于其吸附碱和氧化硅。但是提高碳分末期的温度将显著增加与氢氧化铝一同析出的丝钠（钾）铝石的数量，加快脱硅反应；另外，碳分温度偏高会使产品粒度分布两极分化，大于 $100\mu m$ 与小于 $20\mu m$ 的偏多。反之，如降低碳分温度，又会使氢氧化铝粒度变小，增加碳分产品洗涤和过滤的难度，易造成产品附碱升高，从而影响质量。

E 晶种

烧结法分解原液的摩尔比和浓度都较低，在分解过程中还不断地通入二氧化碳来降低溶液中的苛性碱的浓度，使分解过程中被降低的过饱和度不断得到补偿，以满足细种碳分过程中细粒种子进行附聚所需要的高过饱和度条件。细种碳分中氢氧化铝的细粒晶体在过饱和的铝酸钠溶液中有一种强烈附聚的倾向，在适宜的搅拌条件下互相接触，由新析出的氢氧化铝将它们黏结在一起，形成较为粗大但还较脆弱的颗粒。其后析出的氢氧化铝则使这些粗而脆弱的颗粒进一步结晶长大，提高其强度。

添加一定数量的晶种，能改善碳分时氢氧化铝的晶体结构和粒度组成，显著地降低氢氧化铝中氧化硅和碱的含量，并可减少槽内的结垢。在碳分初期，添加一定数量的氢氧化铝晶种可克服从溶液中自行析出氢氧化铝晶核新相的困难，使碳分过程平缓，晶种能较充分地附聚、较均匀地结晶，改善碳分氢氧化铝的晶体结构和粒度组成，为生产砂状氢氧化铝提供有利条件。因此，碳分过程添加晶种是碳分生产砂状氧化铝的基本途径。

添加晶种的缺点是部分氢氧化铝在碳分流程中不断循环，并增加了氢氧化铝分离设备的负担。

F 二氧化碳浓度、通气速度及碳分时间

碳分时间主要取决于通气速度和气体中 CO_2 含量。碳分过程中，处于过饱和状态的 SiO_2 析出速度比较缓慢，因此提高通气速度，缩短分解时间，并使分解出来的氢氧化铝迅速与母液分离，就可以减少 SiO_2 的析出数量，降低产品中的硅含量。但是加快通气速度将使产品氢氧化铝粒度变细，产品中的碱含量增高。在其他条件相同时，延长分解时间有利于降低氢氧化铝中的碱含量并增大其粒度。

控制适当的通气速度可以兼顾控制氢氧化铝产品的粒度以及杂质含量。在连续碳分中通常采用的是先快后慢的通气制度；为得到粗粒碳分氢氧化铝，也可以采用先慢后快的碳分通气制度，使前期缓慢分解，避免气体搅拌速度过快的不利影响，利于细粒种子的附聚。

G　搅拌

铝酸钠溶液的碳酸化分解过程是一个扩散控制过程。加强搅拌可使溶液成分均匀，加快碳酸化分解过程，避免局部过碳酸化，并有利于晶体成长，得到粒度较粗和碱含量较低的氢氧化铝。此外，搅拌还可减轻碳分槽内的结垢，提高二氧化碳的吸收率。在连续碳分过程中，分解槽之间的搅拌速度应依次减弱，因为当分解率达到40%～50%之后，强烈搅拌会使产品中的二氧化硅含量增加，而慢速搅拌可保证细小晶粒的附聚长大。

H　碳分终点的控制

当铝酸钠溶液碳酸化分解到规定氧化铝浓度时，必须及时进行液固分离，将生成的氢氧化铝从溶液中分离出去，否则将直接危害产品氢氧化铝的质量，造成产品中的碱和 SiO_2 含量超标。因此，严格控制碳酸化分解的终点，及时将析出的氢氧化铝和母液分离，是提高碳酸化分解产品质量的重要途径之一。

15.4.1.3　碳分生产砂状氧化铝的关键技术

烧结法连续碳酸化分解生产砂状氧化铝的工艺技术路线是：添加循环晶种、控制温度制度、保持梯度分解、实施连续碳分。其中，主要的关键技术是：连续碳分的稳定性控制技术、循环晶种的分离与添加技术、分解原液温度和分解初温的控制、通气制度与分解梯度的设定和控制等。

这些关键技术的实施目的主要是：通过降低碳分原液温度、添加循环晶种和控制分解率梯度等来缩短碳分诱导期、控制晶种的附聚速度和强度、优化长大过程的条件，实现产品的砂状化。

烧结法碳分原液通过真空降温器进行降温，减轻了降温过程中的结疤问题。循环晶种的来源是末槽出料经旋流器分级、溢流经沉降浓缩、甚至过滤后返回碳分首槽循环加种。控制分解率梯度主要是通过调节每一个碳分槽的通气量来实现的。

2002～2004年，中国铝业公司承担国家"十五"科技攻关项目"砂状氧化铝生产技术"，开发了上述烧结法碳分生产砂状氧化铝的技术路线以及关键技术，并取得了工业试验的圆满成功，形成了成熟的具有国际领先技术水平的烧结法连续碳分砂状氧化铝生产新技术。由此，烧结法碳分原液生产出砂状氧化铝，生产得到的氧化铝产品粒度小于 $45\mu m$ 的颗粒含量平均为9.64%、细化指数为3.25%、磨损指数平均为10.5%，大大优于国内同类碳分产品，达到了国际先进的砂状氧化铝质量标准。

15.4.2　晶种分解生产砂状氧化铝

晶种分解过程是过饱和铝酸钠溶液在晶种的存在和适当的工艺条件下，析出结晶氢氧化铝。按照氢氧化铝颗粒生长机制，晶种分解可分为细晶粒附聚和晶粒结晶长大两个过程，细晶粒附聚和晶粒结晶长大同时存在，只是在某些条件下以附聚为主，而在其他某些条件下以结晶长大为主。由于这两种方法形成晶粒的机理不同，生成产物的结晶微观结构也不同，由此引起两种方法产物的强度和磨损指数有一定的差异。

细晶粒附聚和晶粒结晶长大过程主要与分解工艺条件有关。一般来说，分解温度较高及过饱和度也较高时，易于发生细晶种的附聚。附聚的控制主要是通过调整温度制度和晶种量来实现的，但温度对附聚可起决定性作用。而在温度较低及晶种量较高时，易于发生晶种结晶长大。既存在有明显的附聚过程（一般在初始高温阶段），又有晶种长大过程（一般在后面的低温阶段）的分解工艺称为"二段法"晶种分解，而以晶粒结晶长大为主的工艺称为"一段法"晶种分解。所谓的"两段"或"一段"一般是指分解温度分为几个阶段。

15.4.2.1 国外晶种分解生产砂状氧化铝工艺

A 法铝一段法砂状氧化铝生产工艺

法铝一段法的生产流程如图 15-1 所示。

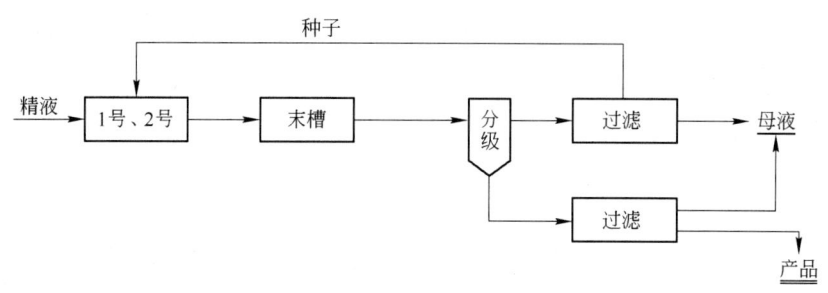

图 15-1 法铝一段法生产流程

法铝一段法生产砂状氧化铝的工艺流程相对简单。其主要特点是一段降温分解，即种分原液温度降至指定温度后，一次性加入晶种进行分解。

法铝一段法生产工艺的分解首槽温度控制比较低，一般为 60℃ 左右；固含很高，有时高达 800 ~ 900g/L。分解结束后，浆液进行一级分级，分级底流作成品，溢流作晶种，因此，法铝一段法工艺流程较简单。因为碱浓度高、分解温度低、晶种量大，所以法铝一段法分解的产出率较高，一般大于 80g/L。但是这也造成循环浆液量大，要求种子过滤能力大，种子输送能力大，能耗较高。在相同分解槽容量的条件下，因循环浆液量大，可能造成分解率下降。由于没有明显的细晶种的附聚过程，得到的产品强度都不够理想，磨损指数偏高，一般为 15% ~ 25%。

B 美铝二段法砂状氧化铝生产工艺

美铝二段法砂状氧化铝生产流程如图 15-2 所示。

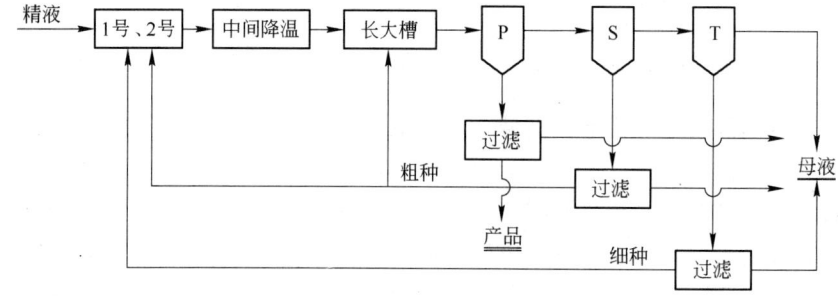

图 15-2 美铝二段法生产流程

P，S—旋流分级；T—沉降分离

美铝二段法的特点是：采用较低的碱浓度和较高的分解初温，以利于第一阶段的附聚；再进行中间冷却降温，以利于晶种的长大。采用二级分级机对分解后浆液进行分级和液固分离，细种子和一部分粗种子同时进附聚首槽，另一部分粗种子进长大首槽，形成两段加种、两段不同分解温度的工艺。

美铝二段法分解技术主要以三水铝石为原料生产砂状氧化铝时采用。美铝二段法采用低碱浓度、两段分解温度技术，过饱和度高、易于控制附聚粒度搭配和附聚程度，因此，产品粒度粗且强度高，小于 $45\mu m$ 的为 3% ~ 4%，磨损指数可小于 10%。但该工艺通常采用较低的碱浓度，N_K 仅为 87 ~ 100g/L，因此分解产出率也较低，一般为 60 ~ 65g/L。

C　瑞铝二段法砂状氧化铝生产工艺

瑞铝二段法砂状氧化铝生产流程如图 15-3 所示。

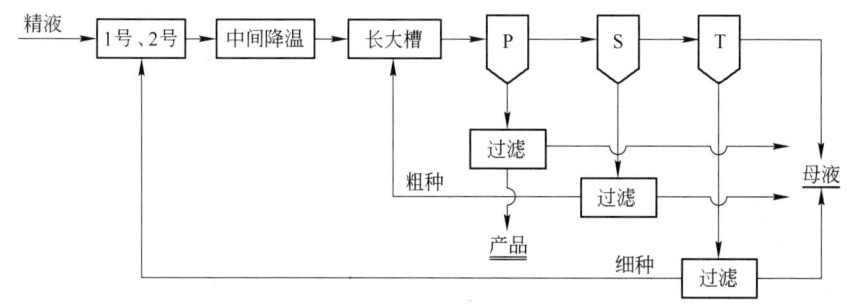

图 15-3　瑞铝二段法生产流程

P，S—旋流分级；T—沉降分离

瑞铝二段法砂状氧化铝生产工艺的主要特点与美铝二段法基本相同，不同之处在于粗种子和细种子分别进入长大槽和附聚槽，也就是细种和粗种分别加入不同的分解阶段；同时，瑞铝二段法采用了较高的分解碱浓度，以提高分解产出率以及系统节能，瑞铝二段法的分解产出率常常可高达 70g/L 以上。由于采用细晶种附聚，产品粒度均匀，附聚效果好，但产品的磨损指数比美铝二段法高，一般为 12% ~ 18%。

15.4.2.2　中国晶种分解生产砂状氧化铝工艺

A　中国晶种分解生产砂状氧化铝的主要工艺

目前，中国砂状氧化铝生产工艺技术主要有以下几种：

(1) 法铝一段法生产砂状氧化铝工艺。中国铝业广西分公司采用了高碱浓度的法铝一段法生产砂状氧化铝工艺。主要技术为：出料进行一级分级，分级底流作产品，溢流分离出晶种添加到首槽；初温为 60 ~ 65℃；用宽流道板式热交换器进行中间降温。工艺条件中，高碱浓度、高晶种添加和高产出率是广西分公司种分技术的特点。

(2) 中国铝业公司国家"十五"科技攻关成果——拜耳法生产砂状氧化铝新工艺。中国铝业公司在"十五"期间，开展了国家科技攻关项目的试验研究。根据一水硬铝石型铝土矿生产氧化铝工艺要求，在分解原液 $\alpha_K \leq 1.53$、Al_2O_3 160 ~ 180g/L 的工艺技术指标范围内，通过实验室试验、半工业试验和工业试验，对温度制度、晶种粒度分布、晶种添加量、铝酸钠溶液的浓度和苛性比等种分影响因素在分解过程中的作用规律进行了深入研究，提出了"高温附聚、中间降温、低温长大、中等固含"的技术思路，成功开发出了粒度超前预报技术、粒度平衡调控技术、分解系统多因素协调控制技术等一系列拜耳法高浓度种分生产砂状氧化铝的关键技术。

该技术的核心是：通过细微晶种含量和粒度分布的超前检测分析，做出粒度变化趋势的超前预报；通过对温度制度和加种制度的调整，合理强化初期晶种附聚过程、保持长大过程过饱和度、适度且协调地控制细晶粒附聚和晶体长大速度。

该技术在温度制度上是趋于"两段法"，而在加种制度上是趋于"一段法"，实质上是两段法的改进技术。以此既简化了流程，又保证了细晶种的附聚。

该技术得到了推广应用，产品质量达到了砂状氧化铝标准，具有国际领先技术水平。

（3）中国铝业公司改进的两段法生产砂状氧化铝工艺。中国铝业某分公司采用一段附聚、二段长大的流程，即两段温度制度和两段加种制度，与传统的"两段法"极为接近。但分级系统只采用一级分级，溢流液固分离后得到细种加入首槽，而部分分级底流作为粗种加入长大槽首槽。该技术在加种分级上进行了简化，又保证了粗细晶种的分别添加，实质上也是两段法的改进技术。

（4）中国铝业公司烧结法种分生产砂状氧化铝新工艺。烧结法的种分原液的性质不同于拜耳法种分原液，因此，必须开发出烧结法种分生产砂状氧化铝的新技术。中国铝业公司通过国家"十五"科技攻关，开发出了"一级旋流分级、中间降温、二段加晶种"的烧结法种分生产砂状氧化铝的新工艺。其特点为：采用一级旋流分级调控粗细晶种粒度和添加量，控制降温梯度，保证烧结法种分生产的氧化铝产品粒度和强度等指标达到砂状氧化铝指标。该技术工艺设备简单，易于实现系统的稳定控制。

采用烧结法种分生产砂状氧化铝的技术所产出的氧化铝的质量符合国际砂状氧化铝质量标准（指标平均值为：粒度大于 $150\mu m$ 的为 1.55%、大于 $74\mu m$ 的为 39.8%、小于 $45\mu m$ 的为 9.75%、小于 $20\mu m$ 的为 0.38%；磨损指数（AI）为 9.3%）。该技术达到了国际领先水平。

中国"砂状氧化铝生产技术"攻关成果生产的氧化铝与国外氧化铝质量和技术指标比较见表 15-11。

表 15-11   中国"砂状氧化铝生产技术"攻关成果生产的氧化铝
与国外氧化铝质量和技术指标比较

生产技术	铝土矿类型	$<45\mu m$ 所占比例/%	磨损指数/%	比表面积/$m^2 \cdot g^{-1}$	安息角/(°)	N_K/$g \cdot L^{-1}$	原液苛性比	产出率/$g \cdot L^{-1}$
山西分公司（拜耳法种分）	一水硬铝石	5 ~ 12	9 ~ 20	76.5	33	153	1.52	80
山西分公司（烧结法种分）	一水硬铝石	9.75	9.3	68.6	32	105	1.45	62
山西分公司（烧结法碳分）	一水硬铝石	9.64	10.5	65	31	105	1.45	102
Nalco（法铝技术）	三水铝石	15.7	25.1	64.8	32	150	约1.5	70 ~ 75

续表 15-11

生产技术	铝土矿类型	<45μm所占比例/%	磨损指数/%	比表面积/m²·g⁻¹	安息角/(°)	N_K/g·L⁻¹	原液苛性比	产出率/g·L⁻¹
Worsley（瑞铝技术）	三水铝石	5	5.5	76	33	128	约1.30	66
Gove（瑞铝技术）	三水铝石	约8	9~15	74	32	145	约1.4	70~75
Gladstone（凯撒技术）	三水铝石	5	15~23	85	32	140	1.32	70
Kwinana（美铝技术）	三水铝石	5	3.8	75	32	119	1.32	55.4

几种典型的砂状氧化铝分解工艺技术指标见表 15-12。

表 15-12 几种典型砂状氧化铝分解工艺技术指标

生产技术	产出率/g·L⁻¹	<45μm所占比例/%	磨损指数/%	<20μm所占比例/%	种子量/g·L⁻¹	N_K/g·L⁻¹	原液苛性比 α_K	初温/末温/℃	分解时间/h
法铝一段法	85~90	≤10	15~22	<0.5	800	155~170	1.44	59~61/51~57	约40
美铝二段法	60~65	≤8	<10	0.5~1.5	200	110~130	1.40	76~80/60~62	约40
瑞铝二段法	70~80	≤10	12~15	<1	400	150~160	1.45	66~77/40~55	约50
中国平果	85~89	≤12	30~35	约1.0	840	165~170	1.50	约61/约59	约45

B 晶种分解产品质量的影响因素分析

晶种分解过程是将精制的过饱和铝酸钠溶液在添加氢氧化铝晶种、降低分解温度和不断搅拌的条件下使之分解析出氢氧化铝。晶种分解是拜耳法生产氧化铝的关键工序之一，它不仅影响产品氧化铝的数量和质量，而且直接影响循环效率及其他工序。

影响晶种分解的主要因素有：分解原液的浓度和苛性比、温度制度、晶种数量和质量、分解时间、搅拌速度、杂质的影响。

a 分解原液的浓度和苛性比

分解原液的浓度和苛性比是影响种分速度、产出率和分解槽的单位产能最主要的因素，同时对产品氢氧化铝的粒度也有明显的影响。适当提高分解原液浓度有利于提高种分槽的单位产能，但浓度过高会使铝酸钠溶液的过饱和度降低，分解率降低，同时使产品粒度变细，强度变差。

研究表明：在晶种及晶种用量和分解温度制度等适当配合的条件下，高浓度铝酸钠溶液晶种分解也可获得合格的砂状氧化铝，关键是必须采用合理的晶种分解技术。

当分解原液浓度 N_K 一定时，α_K 越低，其过饱和度越大，分解速度也将加快。在原液氧化铝浓度为110g/L，分解初温为60℃，终温为36℃的条件下，分解原液的 α_K 值每降低0.1，分解率可能提高约3%。降低分解原液 α_K 值对分解速度的作用在分解初期尤为明显。降低分解原液 α_K 值同时还可强化细晶种的附聚作用，提高氢氧化铝产品的粒度和强度。因此在实际生产中，降低附聚原液的 α_K 值对提高分解产出率和产品质量具有双重有利影响。

降低分解原液苛性比的途径有：

（1）提高溶出反应温度和时间等条件，精确溶出的配料，以尽可能降低溶出矿浆的苛性比；

（2）降低赤泥沉降洗涤过程中的水解作用，减少分解原液与溶出液的苛性比之间的差；

（3）控制高苛性比的洗液或其他溶液加入洗涤沉降系统。

分解原液浓度和苛性比对产品粒度的影响往往与其他因素的影响交织在一起，比较复杂。对于低苛性比的分解原液，如采用低分解温度，则会由于快速分解，产生大量次生晶核，使产品氢氧化铝变细。但如在较高温度下分解，则有利于晶种的附聚和生长。在较低的分解温度下，原液浓度对分解产物粒度的影响比温度高时更为显著。

b 温度制度

分解温度对分解过程的主要技术经济指标有很大的影响，因此，当分解原液的成分一定时，确定和控制好适宜的温度制度至关重要。温度直接影响着铝酸钠溶液的稳定性、分解速度、分解率以及产品氢氧化铝的质量。

分解温度对析出的氢氧化铝中某些杂质的含量也有明显影响。分解初温越低，析出的氢氧化铝中不可洗 Na_2O 含量越高。也有文献指出：分解温度越低，析出的 SiO_2 数量有所增多，并认为种分产品中的 SiO_2 主要来源于物理吸附。

当其他条件相同时，降低分解温度可以提高溶液的过饱和度，从而提高分解率和分解槽单位产能。经测定发现，在温度约30℃时，晶种分解率达到最高；如进一步降低温度，则会由于铝酸钠溶液黏度显著提高，溶液稳定性增加，分解率反而降低。

分解温度（特别是初温）是影响氢氧化铝粒度的主要因素。有文献报道，将温度由50℃提高为86℃时，晶体长大的速度增大6~10倍。分解温度高有利于避免或减少新晶核的生成，得到结晶完整且强度较大的氢氧化铝。因此，对于生产砂状氧化铝的拜耳法工厂，分解初温通常控制在70~85℃之间，终温也达到60℃。但这对提高分解率和产能显然是不利的。温度制度对种分过程影响的研究可得出如下结论：

（1）分解原液温度和分解终温都较高的情况下，通过延长时间难于提高分解率。

（2）分解原液温度和分解终温较低时，通过延长分解时间可有效地提高分解率。

（3）降低分解初温和分解终温，对提高氧化铝的产量有利。

为在分解过程中保持溶液具有较高的过饱和度，必须采用中间降温方式。目前，工业上可供选择的降温方式主要有两种，一种是在分解过程中采用自然冷却，即自然降温方式；另一种是中间降温方式，将在高温下附聚后的浆液再进行中间降温，提高过饱和度，再继续进行分解。如选择在分解后的第12~14h开始进行中间降温，使分解浆液继续在低温分解，这样既不影响分解率，又可以使氢氧化铝有较粗的粒度。

c 晶种数量和质量

晶种的数量和质量是影响分解速度及产品粒度和强度的重要因素之一。

在晶种分解过程中，随着晶种系数的增加，分解速度加快，特点是当晶种系数比较小时，提高晶种系数的作用更为显著。当晶种系数达到一定限度后继续提高，分解速度增加的幅度则减小。提高晶种系数可能使氢氧化铝的粒度变粗，因为大量晶核的加入，减少了新晶核的生成。但随着晶种系数的进一步提高，单位体积浆液中的铝酸钠溶液数量减少，同时晶种带入的母液增多，使分解溶液的苛性比明显升高，反而使分解速度降低。提高晶种系数还使流程中氢氧化铝周转数量和输送搅拌的动力消耗增大，氢氧化铝所需的分离和分级设备增多。因此，晶种系数过高对产品产量和质量的提高是不利的。

晶种的质量是指它的活性、粒度和强度等。晶种质量对分解速度影响很大，对产品氢氧化铝的粒度的影响也很大。

晶种活性增大可以降低晶种系数，所以制取活性晶种来强化铝酸钠溶液的分解过程是提高种分分解率和产品质量的可行途径。过饱和铝酸钠溶液的分解是从晶种表面开始的，但并不是所有的表面都起作用，只有表面上的微观缺陷、晶体的棱和角才是活性点。因此，已有发明拟利用机械粉碎或加热脱水使晶体破碎，增大比表面积，来提高活性点的数量，或者加强液体与晶体之间的传质作用，破坏包裹晶体的杂质液层，使表面和活性点得到充分利用。

晶种的活性主要取决于晶种的制备方法及条件、保存时间、结构、粒度（比表面积）等因素。目前制备活性晶种的方法主要有热活化、机械活化、酸浸、铝酸钠溶液自发分解制取活性晶种、铝酸钠溶液冷冻法制取活性晶种等。另外，用洗涤的方法来处理晶种也可以使分解速度加快、分解率提高、改善氢氧化铝产品的粒度及强度。

d 分解时间

当其他条件相同时，随着分解时间的延长，氧化铝的分解率提高，母液苛性比增加。不论分解条件如何，分解曲线随时间的变化规律都是相同的。分解前期，析出的氢氧化铝最多，随着分解时间的延长，分解速度越来越小，母液苛性比也相应地越来越高，分解槽单位产能也越来越低，而细粒级的含量则越来越多。因此，过分地延长分解时间是不恰当的。反之，如过早地停止分解，氧化铝分解率和母液苛性比较低，系统循环效率降低，对拜耳法生产也是不利的，所以分解时间要根据具体情况确定。延长分解时间，氢氧化铝细粒子会增多，这是因为分解后期溶液的过饱和度减小，温度降低、黏度增加、结晶长大速度减小，而长时间的搅拌也使颗粒破裂和磨蚀的几率增大。

e 搅拌

分解槽的搅拌方法一般有两种：机械搅拌和空气搅拌。

良好的搅拌可以使氢氧化铝晶种在铝酸钠溶液中保持悬浮状态，保证晶种与溶液有良好的接触，使溶液成分均匀，加速溶液的分解，并使氢氧化铝晶体均匀地长大。搅拌也可使氢氧化铝颗粒破裂和磨蚀，一些强度小的颗粒破裂并无坏处，它可以成为晶种在以后的作业中转化为强度较大的晶体，因此在分解过程中应保持一定的搅拌速度。当分解原液的浓度较低时，搅拌速度对分解速度的影响不大，能保持氢氧化铝在溶液中悬浮即可。而当分解原液的浓度较高时，提高搅拌速度会使分解率显著提高。

f 杂质

在种分过程中，有机物会积累到一定程度。这些有机物吸附在晶种颗粒上，导致分解速度下降，氢氧化铝粒度变细。因为吸附在晶种表面上的有机物阻碍晶体长大，也会降低氢氧化铝强度。

铝土矿中如含少量的锌，一部分锌在溶出时进入铝酸钠溶液，种分时全部以氢氧化锌形态析出进入氢氧化铝中，从而降低氧化铝产品质量。而溶液中存在锌有助于获得粒度较粗的氢氧化铝。

碳酸钠、硫酸钠和草酸钠均导致产品细化、粒度变小，并使分解率降低。溶液中其他微量杂质常使铝酸钠溶液稳定性增加，阻碍分解，但一般含量极少，影响不大。

对于溶液中碳酸钠、硫酸钠、草酸钠和氯化钠等杂质含量较高的拜耳法工厂适宜于采用法铝的一段分解技术；而对于要求生产强度高、粒度均匀的砂状氧化铝，如果其溶液杂质含量较低，尤其是碳酸钠含量较低时，宜采用瑞铝二段法分解生产砂状氧化铝技术。

g　其他条件

文献研究的结果指出：磁场对种分也有影响。当其他条件一定时，随着溶液在磁场中磁化时间的相对延长，磁化对分解的影响越来越明显。当磁化时间由 0.16s 延长至 0.34s 时，磁化溶液分解率提高值比未经磁化的原液由 0.42% 增加到 3.62%。而当磁化时间为 0.076s 时，磁化对分解率的影响很小。

添加剂对铝酸钠溶液分解的影响研究较为复杂。向铝酸钠溶液中加入铝盐（AlF_3、$AlCl_3$、$Al_2(SO_4)_3$ 等）和铁盐，当其添加量达到或超过溶液中氧化铝含量的 1% 时，即可促进铝酸钠溶液的分解过程。通过向溶液中添加约 0.005% 的相对分子质量约为 $1×10^6$ 的聚丙烯酸和含有至少 50%（摩尔分数）的丙烯醛单体的乳胶聚合物，能限制或消除草酸钠对拜耳法溶液中氢氧化铝结晶的不利影响。当系统粒度细化时，可以通过调整结晶助剂的添加量，以减少粒级波动的幅度。

总之，影响晶种分解的因素是多方面的，各因素作用的效果也因条件而异。在工业应用时，应综合考虑、权衡利弊，选择合理的工艺参数。

15.4.3　其他促进生产砂状氧化铝的相关技术

15.4.3.1　降低拜耳法精液 α_K 技术

降低拜耳法精液 α_K 的系列技术包括：强化溶出降低溶出液 α_K、三水铝石或深度碳分产物在拜耳法溶出后增浓溶出、烧结法粗液与拜耳法溶出料浆合流、减少赤泥沉降洗涤系统水解和白泥洗液改向等。可以将这些技术进行集成或有效组合使用，使拜耳法精液 α_K 降至 1.45 以下甚至更低、溶出液与分解原液 α_K 之差降至小于 0.03，为生产砂状氧化铝和提高分解产出率创造有利条件。

15.4.3.2　分解添加剂应用技术

在氧化铝生产中，铝酸钠溶液碳分或晶种分解过程可使用添加剂，以改进氢氧化铝结晶的晶体结构，提高分解率。

国外已普遍采用结晶助剂生产砂状氧化铝，并取得了较好的效果。Nalco 公司的 CGM 结晶助剂已在多个国外氧化铝生产厂家应用。中国铝业广西分公司、山西分公司及山东分公司也已进行过添加结晶助剂的工业试验，河南分公司进行过国产添加剂的工业试验。试验结果表明，拜耳法种分添加结晶助剂可获得良好的控制粒度的效果。

分解过程添加的结晶助剂可以是无机物，也可以是有机物。其主要的技术特征是：在种分原液或分解首槽中添加适当量的结晶助剂，通过其在晶粒表面的复杂作用，促进晶种的附聚和长大，减少细晶粒的生成，提高结晶粒度和强度。结晶助剂的应用可以是常年连续添加，也可以采用间断添加方式，即在需要扭转或改变系统粒度分布时采用。

15.4.3.3 检测及调控技术

种分过程粒度的预报及调控技术是生产砂状氧化铝的一项关键技术。分解系统中的细微晶种的含量及分布往往决定了若干时间后系统中的粒度分布。因此，精确监控系统中细微晶种的分布与含量，可以及时预报未来若干时间系统粒度分布的变化，从而为实施有效调控、平缓粒度波动提供可靠的依据和足够的时间。

晶种分解粒度预报和调控技术的主要过程是：定期快速地测定系统中粒度分布，特别是细微晶种的分布及含量，将生产工艺流程中采集的检测数据输入数据库，对数据进行多维分析处理，并向知识库输出系统粒度变化规律特征及工艺条件对分解系统影响的初步结果，再由知识库专家对这些初步结果进行诊断和分析处理，得出诊断结果即预报系统粒度变化趋势，下达定性和定量调控指令，对温度系统、固含、分级效果等参数进行调整，并将调控效果反馈到数据库和知识库，保证分解系统粒度平衡并达到砂状氧化铝的技术指标要求。必要时，将预报结果反馈到整个氧化铝监控系统，适时调整种分精液摩尔比和流量（分解时间）。

分解过程的粒度预报和调控技术是确保稳定分解出粒度粗大且均匀、具有较高强度氢氧化铝最重要的关键技术。

16　氧化铝生产过程中各种原材料的分析

＊＊＊＊＊＊＊＊＊＊＊＊＊＊＊＊＊＊＊＊＊＊＊＊＊＊＊＊＊＊＊＊

16.1　概述

氧化铝生产中，需要分析的原材料有铝土矿、石灰石、碳酸钠、氢氧化钠、煤、重油和水；过程控制分析包括石灰、生料浆、熟料、矿浆、赤泥、硅渣、铝酸钠浆液、窑气及炉气等；成品分析有氢氧化铝和氧化铝。

对于铝土矿和石灰石，取样和制样参照 GB/T 2007—1997《散装矿产品取样方法》进行，要特别注意份样的数量和粒度对份样质量的影响。煤的取样和制样分别按照 GB/T 475—2008 和 GB/T 474—2008 进行。碳酸钠、固体氢氧化钠、氢氧化铝和氧化铝的取样，都可以采用取样探针，对于氢氧化铝和氧化铝，建议在生产流程上取样。水、液碱和重油通过具有一定体积的容器来取样。石灰、生料浆、熟料、矿浆、赤泥、硅渣和铝酸钠浆液，一般在流程上取样，但要注意取样位置的选择，保证取样的代表性。矿石、煤、生料浆、熟料、矿浆、赤泥和硅渣等的分析用试样，一般要求烘干并研磨至一定的粒度，对需要分析粒度等物理性能的样品，尤其应注意取样和制样过程，确保所取样品的代表性，同时在制样的过程中不发生变化。

16.2　铝土矿的分析

铝土矿是氧化铝生产的主要原料，其主要成分是 Al_2O_3、SiO_2、Fe_2O_3、TiO_2，还有少量的 K_2O、Na_2O、CaO、MgO、S 和 C。其试样通常采用 Na_2CO_3-H_3BO_3、$NaOH$、$NaOH$-Na_2O_2、$LiBO_2$ 等熔剂进行熔融；也可采用 HF-$HClO_4$、HF-H_2SO_4-HCl 混合酸分解试样，残渣用 $K_2S_2O_8$ 熔融处理。熔融时所使用的坩埚有铂坩埚、银坩埚、刚玉坩埚和锆坩埚等。近年来，铝土矿中的主、次量元素多采用 X 射线荧光光谱法测定，制样方法有粉末压片法和熔融玻璃片法。对铝土矿的矿物组成，主要采用 X 射线衍射法，辅以相关设备和化学预处理。

16.2.1　氧化铝含量的测定——EDTA 滴定法（YS/T 575.1—2007）

试样用氢氧化钠熔融，热水浸出，盐酸酸化。试液经铁、钛与铝分离后，在弱酸性溶液中使铝与过量的 EDTA 络合，以二甲酚橙为指示剂，先用硝酸锌标准溶液滴定过量的 EDTA，再用氟盐取代与铝络合的 EDTA，最后用硝酸锌标准溶液滴定取代出的 EDTA。方法适用于铝土矿中 40% ~80% 氧化铝的测定。

测定方法：称取 0.2500g 试样于银坩埚中，加 3g 氢氧化钠，置于高温炉中升温至 750℃熔融 30min，取出，冷却。用沸水浸取熔块，然后倒入事先加有 50mL 盐酸（1 + 1）的 250mL 容量瓶中。用少量盐酸（1 + 3）和热水洗净坩埚，趁热将容量瓶中溶液摇匀，冷却至室温，用水稀释至刻度，混匀（该溶液也可用于氧化硅、三氧化二铁和二氧化钛的光度法测定）。

移取 100.00mL 上述试液于已盛有 6g 氢氧化钠、4g 无水碳酸钠和 30mL 水的 300mL 烧杯中，盖上表面皿，放在电炉上加热煮沸 5min，取下，冷却至室温，洗净表面皿，移入 200mL 容量瓶中，用水稀释至刻度，混匀。用快速滤纸干过滤。分取 100.00mL 滤液于 500mL 锥形瓶中，加 1 滴酚酞乙醇溶液（1g/L），在摇动下，用盐酸（1 + 1）中和至溶液变为无色后，再过量使溶液变澄清，加热至沸腾，驱除二氧化碳，用氢氧化钠溶液（100g/L）调至红色，用盐酸（1 + 3）调至红色刚褪去，再过量 1.5mL 盐酸（1 + 3），加入 15 ~ 25mL EDTA 溶液（0.05mol/L），煮沸 2min，立即用氢氧化钠溶液（100g/L）调至微红色，加入 20mL 乙酸-乙酸钠缓冲溶液（pH 值为 5.2 ~ 5.7），冷却至室温，加 4 滴二甲酚橙溶液（5g/L），用硝酸锌标准溶液滴定试液至玫瑰红色（滴定的毫升数不计）。往试液中加入 2g 氟化钠，加热煮沸 2min，取下，冷却至室温，用硝酸锌标准溶液滴定试液至玫瑰红色为终点。

16.2.2　氧化硅含量的测定

16.2.2.1　重量——钼蓝分光光度法（YS/T 575.2—2007）

试样经碱熔分解后，用盐酸酸化，并蒸至湿盐状，在浓盐酸溶液中，加动物胶使硅酸凝聚，过滤，沉淀并灼烧成氧化硅，然后用氢氟酸处理，使硅以四氟化硅形式挥发除去，氢氟酸处理前后的质量差即为沉淀中的氧化硅量。用硅钼蓝光度法测定滤液中氧化硅的含量。两者之和为试样中氧化硅的含量，方法适用于铝土矿中 15% 以上氧化硅的测定。

测定方法：称取 0.5000g 试样于银坩埚中，用 4g 氢氧化钠在 750℃高温炉中熔融 30min，取出，冷却。用沸水浸取熔融物，并用少量盐酸（1 + 4）和热水洗净坩埚。在不断搅拌下缓慢加入 20mL 盐酸，搅匀，置于低温电热板上蒸发至盐类析出，然后移至水浴上蒸发，中间搅拌几次，并用玻璃棒压碎盐块，蒸至盐类呈粉沙状，保持 30min，取下，加入 35mL 盐酸和 10mL 动物胶（10g/L），搅匀。迅速煮沸，并在微沸状态下保持 5 ~ 10min，取下，自然冷却至室温，加 20mL 沸水，搅拌使大部分盐类溶解，用中速滤纸过滤。用 250mL 容量瓶承接滤液，留作其他元素分析用。沉淀用热盐酸（1 + 4）洗涤，使盐类溶解，而后将全部沉淀移至滤纸上，再用热盐酸（1 + 4）洗涤，沉淀用沸水洗涤至无氯离子（用 $AgNO_3$ 溶液检查）。将沉淀连同滤纸置于铂坩埚中，小心干燥、灰化后放入高温炉中，在 1000℃灼烧 1h，取出，置于干燥器中冷却至室温，称量，反复灼烧至恒重。用硫酸和氢氟酸反复处理沉淀，加热至冒尽白烟，将残渣连同坩埚置于 1000℃高温炉中灼烧 15min，取出，置于干燥器中冷却至室温，称量，反复灼烧至恒重。将分离硅酸后的滤液，用水稀释至刻度，混匀。移取 10.00mL 试液于 100mL 容量瓶中，用对硝基酚溶液（1g/L）作指示剂，用氢氧化钠溶液（100g/L）和盐酸（1 + 3）调节酸度至中性，再过量

3mL，加水至65mL，加入5mL钼酸铵溶液（100g/L），摇匀。静置显色10~20min，加5mL酒石酸溶液（300g/L），加5mL抗坏血酸溶液（20g/L），用水稀释至刻度，混匀。放置15min。在分光光度仪700nm处测定吸光度。

16.2.2.2　钼蓝分光光度法（YS/T 575.3—2007）

试样用碱熔分解，盐酸浸取。加入钼酸铵使硅形成硅钼杂多酸，在酒石酸的存在下，用抗坏血酸将其还原为硅钼蓝，在分光光度计波长650nm处，测定其吸光度，方法适用于铝土矿中15%以下氧化硅的测定。

测定方法：移取5.00mL试液（氧化铝测定中的试液）于100mL容量瓶中，补加1.2mL盐酸（1+3），加水至65mL，加5mL钼酸铵溶液（100g/L），摇匀。静置显色10~20min，加5mL酒石酸溶液（300g/L），加5mL抗坏血酸溶液（20g/L），用水稀释至刻度，混匀，放置15min。将部分溶液移入1cm比色皿中，随同试样做空白试验，在分光光度仪650nm处测定吸光度。

16.2.3　三氧化二铁含量的测定

16.2.3.1　重铬酸钾滴定法（YS/T 575.4—2007）

试样用碱熔分解，盐酸浸取。在盐酸介质中，先用二氯化锡还原大部分三价铁，以钨酸钠为指示剂，滴加三氯化钛还原剩余的三价铁为二价铁，过剩的三氯化钛进一步还原钨酸根产生"钨蓝"，再滴加重铬酸钾至蓝色消失。以二苯胺磺酸钠为指示剂，用重铬酸钾标准溶液滴定二价铁，钒干扰测定，滴定液中允许0.6mg以下五氧化二钒存在。方法适用于铝土矿中5.00%以上三氧化二铁的测定。

测定方法：称取适量试样于银坩埚中，加4g氢氧化钾和0.5g过氧化钠，置于高温炉中升温至750℃熔融15min，取出，稍冷，置于250mL烧杯中。用热水浸取，加25mL盐酸（1+1），盖上表面皿。加热至近沸腾，滴加二氯化锡溶液（50g/L）至溶液呈淡黄色，取下，加水至体积为100mL，加1mL钨酸钠溶液（250g/L），滴加三氯化钛溶液至刚出现蓝色，随即用重铬酸钾标准溶液滴定至蓝色消失。立即加10mL硫酸-磷酸混合溶液（200mL硫酸+500mL水+300mL磷酸），4滴二苯胺磺酸钠指示剂溶液（2g/L），用重铬酸钾标准溶液滴定至溶液呈紫蓝色即为终点，同时做空白试验。

16.2.3.2　邻二氮杂菲光度法（YS/T 575.5—2007）

试样用碱熔分解，盐酸浸取。用盐酸羟胺将三价铁还原为二价铁，在乙酸盐缓冲介质中，二价铁与邻二氮杂菲形成有色络合物，用分光光度计在波长510nm处，测定其吸光度。方法适用于铝土矿中5.00%以下三氧化二铁的测定。

测定方法：移取适量试液（氧化铝测定中的试液）于100mL容量瓶中，加水至50mL，加5mL盐酸羟胺溶液（100g/L），混匀，加5mL邻二氮杂菲溶液（2.5g/L）和15mL乙酸-乙酸钠缓冲溶液（pH值为5.2~5.7），用水稀释至刻度，混匀。放置20min。将部分溶液移入1cm比色皿中，随同试样做空白试验。在分光光度仪510nm处测定吸光度。

16.2.4　二氧化钛含量的测定——二安替吡啉甲烷光度法（YS/T 575.6—2007）

试样用氢氧化钠熔融，熔体用热水浸出并倒入盐酸溶液中。试液在 1～2mol/L 的盐酸介质中，用抗坏血酸还原三价铁离子，用二安替吡啉甲烷显色，在分光光度仪波长 390nm 处，测定其吸光度。方法适用于铝土矿中 0.50%～8.00% 二氧化钛的测定。

测定方法：移取 5.00mL 试液（氧化铝测定中的试液）于 100mL 容量瓶中，加 15mL 盐酸（1＋1），加 5mL 抗坏血酸溶液（50g/L），混匀。放置 5min，加 10mL 二安替吡啉甲烷溶液（50g/L），显色 20min，用水稀释至刻度，混匀。将部分溶液移入 1cm 比色皿中，随同试样做空白试验，在分光光度仪 390nm 处测定吸光度。

16.2.5　氧化钾和氧化钠含量的测定——火焰原子吸收光谱法（YS/T 575.9—2007）

试样用偏硼酸锂熔融分解并浸取，在硝酸介质中，使用空气-乙炔火焰，分别于原子吸收光谱仪波长 766.5nm 和 589.0nm 处测量氧化钾和氧化钠的吸光度。大量的偏硼酸锂和铝干扰氧化钾的测定，借标准系列中加一定量的偏硼酸锂和铝盐消除其干扰。方法适用于铝土矿中 0.05%～3.0% 氧化钾和氧化钠的测定。

测定方法：称取 0.1000g 试样放入预先盛有 0.400g 无水偏硼酸锂的铂坩埚中，搅匀，置于 800℃ 马弗炉内灼烧 30min，取出稍冷。加沸水于铂坩埚内加热至熔融物溶解，洗入预先盛有 4mL 硝酸（1＋1）的 150mL 烧杯中，以热的 2% 硝酸洗净坩埚及盖，冷至室温，移入 100mL 容量瓶中，用水稀释至刻度，混匀。分取 5.00mL 上述试液于 50mL（或 100mL）容量瓶中，加 1.8mL 硝酸（1＋1），用水稀释至刻度，混匀。使用空气-乙炔火焰，分别于原子吸收光谱仪波长 766.5nm 和 589.0nm 处，以随同试样的空白溶液调零，测量氧化钠和氧化钾的吸光度。

16.2.6　氧化钙含量的测定——火焰原子吸收光谱法（YS/T 575.7—2007）

试样用高氯酸和氢氟酸溶解，在盐酸介质中，加入氯化锶溶液抑制干扰，使用空气-乙炔火焰，于原子吸收光谱仪波长 422.7nm 处，测量氧化钙的吸光度。方法适用于铝土矿中 5.00% 以下氧化钙的测定。

测定方法：称取 0.5000g 试样于 100mL 铂皿中，加 15mL 氢氟酸、4mL 高氯酸、4 滴硫酸（1＋1），加热溶解并蒸至白烟冒尽，取下冷却，加入 5mL 盐酸（1＋1），加 20mL 水，低温加热浸取 30min，取下冷却，移入 100mL 容量瓶中，用水洗净铂皿并稀释至刻度，摇匀后澄清备用（该溶液也可用于氧化镁的测定）。移取 20.00mL 试液于 50mL 容量瓶中，加入 5mL 氯化锶溶液（100g/L），如果使用氧化亚氮-乙炔火焰应补进 50mg 氯化钠，用水稀释至刻度，摇匀。使用空气-乙炔火焰，于原子吸收光谱仪波长 422.7nm 处，以随同试样的空白溶液调零，测量氧化钙的吸光度。

16.2.7　氧化镁含量的测定——火焰原子吸收光谱法（YS/T 575.8—2007）

试样用高氯酸和氢氟酸溶解，在盐酸介质中加入氯化锶溶液抑制干扰，使用空气-乙炔火焰，于原子吸收光谱仪波长 285.2nm 处，测量氧化镁的吸光度。方法适用于铝土矿中 0.03%～2.00% 氧化镁的测定。

测定方法：移取 10.00mL 试液（氧化钙测定中的试液）于 50mL 容量瓶中，加入 5mL 氯化锶溶液（100g/L），用水稀释至刻度，摇匀。使用空气-乙炔火焰，于原子吸收光谱仪波长 285.2nm 处，以随同试样的空白溶液调零，测量氧化镁的吸光度。

16.2.8　总碳和总硫的测定——燃烧红外吸收法

称取 0.1000 ~ 0.2000g 试样，在助熔剂存在下，向电阻炉或高频感应炉内通入氧气流，使试样在高温下燃烧，碳和硫分别生成二氧化碳和二氧化硫气体，并进入红外吸收池，测量其对红外能的吸收，通过标准样品校正后得出结果。方法适用于铝土矿中 0.001% ~ 2.00% 总碳和 0.001% ~ 3.00% 总硫的测定。

16.2.9　有机碳的测定——燃烧红外吸收法

方法原理及测定的范围与总碳和总硫的测定相同。称取 0.1000 ~ 0.2000g 试样，预先用 1 ~ 2mL 硝酸（1 + 3）处理，将碳酸盐等去除，低温烘干后采用燃烧红外吸收法进行测定。

16.2.10　湿存水含量的测定——重量法（YS/T 575.22—2007）

试样在（105 ± 5）℃下的质量损失。

测定方法：取 1kg 左右粒度在 20mm 以下的试样，置于已知质量的干燥盘（有效面积为 300 ~ 500cm²）中，铺平，使其厚度在 30mm 以下，称量。将盛有试样的干燥盘放入（105 ± 5）℃的干燥箱内，干燥至恒重（两次称量的差别不大于试样质量的 0.1%），称量，所有称量精确到 0.1g。

16.2.11　烧减量的测定——重量法（YS/T 575.19—2007）

试样在（1075 ± 25）℃灼烧下的质量损失。

测定方法：称取 1g 预先在（105 ± 5）℃下干燥 2h 的试样，放入已恒重的瓷坩埚中，在（1075 ± 25）℃灼烧 1h，取出，放入干燥器内，冷却至室温，迅速称量。再将盛有试样的瓷坩埚放入（1075 ± 25）℃高温炉中继续加热 30min，取出。放入干燥器内，冷却至室温，迅速称量。如果两次称量差大于 0.0005g，则再返回高温炉内加热，冷却。称量直至两次差值不大于 0.0005g 为止。

16.2.12　X 射线荧光光谱分析法测定元素含量

称取 0.7000g 试样，用 7.0000g 无水四硼酸锂和偏硼酸锂混合熔剂（12 + 22）熔融，以硝酸铵为氧化剂，加少量溴化锂作脱模剂。试样和熔剂比为 1:10。在熔样机 1075℃ 以上熔融，制成玻璃样片。用 X 射线荧光光谱仪进行测量。锌、锶、锆和镓用铑靶 K_α 线的康普顿散射作内标，其余元素用理论 a 系数或基本参数法校正元素间的吸收-增强效应。本方法适用于铝土矿中氧化铝、氧化硅、全铁（以 Fe_2O_3 表示）、二氧化钛、氧化钾、氧化钠、氧化钙和氧化镁等的测定。

16.2.13　矿物组成鉴定——X 射线衍射法

在 X 射线照射下，每种晶体都产生自己特有的衍射峰，利用晶面间距 d 和相对强度 I

与已知结构物质的晶面间距 d 和相对强度 I 进行比对，从而鉴定出试样中存在的物相。对铝针铁矿、鲕绿泥石和石英等，可通过预先处理试样来帮助确定。本方法适用于铝土矿中铝矿物、硅矿物和铁矿物等组成的鉴定，也适用于其他矿物的组成鉴定。

16.3 石灰石和石灰的分析

石灰是氧化铝生产中的主要原料之一，由于石灰是通过石灰石煅烧而来的，一般要对石灰石的成分进行分析，主要分析的项目有 CaO、MgO、Al_2O_3、SiO_2、Fe_2O_3 的含量，其中 CaO 和 MgO 一般采用络合滴定法；对低含量的 MgO，采用火焰原子吸收光谱法，Al_2O_3 的测定按照含量的多少，分别采用络合滴定或铬天青 S 分光光度法；SiO_2 和 Fe_2O_3 的测定，一般采用分光光度法，现在也有采用 X 射线荧光光谱法来测定石灰石的成分含量。对于石灰，有效 CaO 的含量是其主要的指标，一般采用酸碱滴定法来测定。

16.3.1 氧化钙量和氧化镁量的测定——络合滴定法（GB/T 3286.1—1998）

试样用碳酸钠-硼酸混合熔剂（2 份无水碳酸钠与 1 份硼酸研磨）熔融，稀盐酸浸取。分取部分试液，以三乙醇胺掩蔽铁、铝和锰等离子，在强碱介质中，以钙指示剂为指示剂，用 EDTA 或 EGTA 标准溶液滴定氧化钙量。另取部分试液，以三乙醇胺掩蔽铁、铝和锰等离子，在氨性缓冲溶液（pH = 10）中，以络黑 T 为指示剂，用 EDTA 标准溶液滴定氧化钙和氧化镁合量。方法适用于石灰石中 CaO 含量大于 25%，MgO 含量大于 2% 的测定。

测定方法：称取 0.5000g 试样，置于预先盛有 3.0g 碳酸钠-硼酸混合熔剂的铂坩埚中，混匀，再覆盖 1.0g 碳酸钠-硼酸混合熔剂。将其置于炉温低于 300℃ 高温炉中，升至 950 ~ 1000℃，熔融 10min，冷却后移入 300mL 烧杯中，加 75mL 盐酸（1 + 5），浸出熔块，再加热至溶液清亮，冷却移入 250mL 容量瓶中，以水稀释至刻度，混匀。此溶液也可用于光度法测定氧化铝和三氧化二铁。分取 25mL 溶液 2 份分别置于 2 个 250mL 锥形瓶中，加 25mL 水，加 5mL 三乙醇胺（1 + 4），混匀，在其中一份加入 20mL 氢氧化钾溶液（200g/L）及少量的钙指示剂，混匀，用 EDTA 标准溶液（0.01000mol/L）滴定至溶液由红色变为亮蓝色为终点，得到氧化钙含量；在另一份中加入 20mL 氨-氯化铵缓冲溶液（pH = 10），加 2 滴酸性铬蓝 K 溶液（5g/L），6 ~ 7 滴萘酚绿 B 溶液（5g/L），用 EDTA 标准溶液（0.01000mol/L）滴定至试液由暗红色变为蓝绿色为终点，得到氧化钙和氧化镁的合量。

16.3.2 氧化镁量的测定——火焰原子吸收光谱法（GB/T 3286.1—1998）

试料用盐酸和氢氟酸分解，高氯酸冒烟。试样溶液喷入空气-乙炔火焰中，用镁空心阴极灯作光源，于原子吸收光谱仪波长 285.2nm 处测量吸光度。方法适用于石灰石中 0.05% ~ 2.00% 氧化镁的测定。

测定方法：称取 0.2000g 试样，置于铂皿或聚四氟乙烯烧杯中，以少量水润湿，小心加盐酸（1 + 1）至激烈反应停止，再过量 5mL，加 2mL 氢氟酸及 2mL 高氯酸，低温加热，蒸发冒高氯酸白烟至近干，冷却加入 10mL 盐酸（1 + 1），低温加热熔解，移入 100mL 容量瓶中，稀释至刻度，混匀。移取 10mL 上述溶液于 250mL 容量瓶中，加 5mL 盐酸（1 + 1），加 5mL 氯化锶溶液（150g/L），稀释至刻度，混匀。使用空气-乙炔火焰，于原子吸收光谱仪波长 285.2nm 处，以随同试样的空白溶液调零，测量氧化镁的吸光度。

16.3.3 氧化铝量的测定

16.3.3.1 EDTA 滴定法（GB/T 3286.3—1998）

试样用碳酸钠-硼酸混合熔剂（2 份无水碳酸钠与 1 份硼酸研磨）熔融，盐酸浸取。用六次甲基四胺分离，使铝和铁成氢氧化物沉淀析出与钙和镁分离。沉淀用盐酸溶解，加入过量的 EDTA 络合铝和其他元素离子，以二甲酚橙为指示剂，用锌标准溶液滴定过量的EDTA，再用氟化钠置换出与铝络合的 EDTA，以锌标准溶液滴定。对于钛的干扰，用苯羟乙酸消除其影响。本方法适用于石灰石中 0.50% 以上氧化铝的测定。

测定方法：根据试样中氧化铝的含量，称取 0.25 ~ 1g 试样，精确至 0.0001g，加入3 ~ 6g 碳酸钠-硼酸混合熔剂，混匀，再覆盖 1g 碳酸钠-硼酸混合熔剂，将铂坩埚置于炉温低于 300℃ 的高温炉内，盖上铂盖（留一间隙），将温度逐渐升至 950 ~ 1000℃，在此温度熔融 10min 取出，转动铂坩埚，冷却。将铂坩埚及铂盖置于 300mL 烧杯中，加 40mL 盐酸（1 + 1），微热浸出熔块，取出铂坩埚及铂盖，用热水冲洗干净。加热溶解熔块，煮沸至试液清亮，冷却。如果试样中含三氧化二铁量不足 3mg 时，应往试液中加入 3mL 铁溶液。加水稀释试液至约 150mL，加 1 ~ 2 滴甲基橙溶液（1g/L），加 5mL 六次甲基四胺溶液（250g/L），用氨水中和至溶液呈黄色，滴加盐酸（1 + 1）至溶液呈红色并过量 3 ~ 4 滴。在不断搅拌下，加入 20mL 六次甲基四胺溶液（250g/L），加热煮沸 1 ~ 2min，取下，冷却。待沉淀下沉后，趁热用快速定量滤纸过滤，用热氯化铵洗液（20g/L）洗涤烧杯和沉淀各 2 ~ 3 次。将滤纸展开贴于原烧杯壁上，用热水将沉淀洗入烧杯，用 30mL 热盐酸（1 + 2）分次溶解滤纸上残留的沉淀，以热盐酸（1 + 49）洗净滤纸。加热将沉淀溶解完全，将试液移入 500mL 锥形瓶中，此时试液的体积控制在 120mL 左右。加入 EDTA 溶液（0.020mol/L），其量应足以使溶液中铁和铝等离子完全络合并过量 3 ~ 5mL，混匀。如试液中含 0.1 ~ 5mg 二氧化钛时，在加 EDTA 溶液后，加 0.6g 苯羟乙酸，温热溶解。加 1 滴甲基橙溶液（1g/L），加氨水中和大部分酸后滴加氨水（1 + 3）至溶液呈黄色，加 10mL乙酸-乙酸铵缓冲溶液（pH = 5.8），加热煮沸 2 ~ 3min，取下，流水冷却至室温。加 4 ~ 5滴二甲酚橙溶液（2g/L），用锌标准溶液滴定至试液由黄色变为微红色为第一终点。加入约 0.8g 氟化钠，补加 5mL 乙酸-乙酸铵缓冲溶液（pH = 5.8），混匀，煮沸 2 ~ 3min，取下，流水冷却至室温。补加 2 ~ 3 滴二甲酚橙溶液（2g/L），用锌标准溶液滴定至与第一终点颜色一致的微红色。

16.3.3.2 铬天青 S 光度法（GB/T 3286.3—1998）

试样用碳酸钠-硼酸混合熔剂（2 份无水碳酸钠与 1 份硼酸研磨）熔融，稀盐酸浸取。分取部分试液，加入锌-EDTA 溶液掩蔽铁和锰等干扰离子，在六次甲基四胺缓冲溶液中，铝及铬天青 S 生成紫红色络合物，于分光光度计波长 545nm 处测量吸光度。对于钛的干扰，加过氧化氢消除。本方法适用于石灰石中 0.010% ~ 0.75% 氧化铝的测定。

测定方法：移取 2 份适量氧化钙和氧化镁测定时制备的溶液于 2 个 50mL 的容量瓶中，一份作显色液，一份作参比液。加 5mL 锌-EDTA 溶液，混匀，放置 3min，加 2.0mL 铬天青 S 溶液（1g/L）；对参比溶液，在加铬天青 S 溶液之前加 5 滴氟化铵溶液（5g/L）。加入 5~10mL 六次甲基四胺溶液（250g/L），以水稀释至刻度，轻轻混匀，放置 20min。当试样中有钛存在时，在加锌-EDTA 溶液之前加 6 滴过氧化氢（1+9）。选择合适吸收池，于分光光度计波长 545nm 处，用参比溶液调零，测量显色液的吸光度。

16.3.4　二氧化硅量的测定——硅钼蓝光度法（GB/T 3286.2—1998）

试料用碳酸钠-硼酸混合熔剂熔融，稀盐酸浸取。分取部分试液，在约 0.15mol/L 的盐酸介质中，钼酸铵与硅酸形成硅钼杂多酸，加入草酸-硫酸混合酸，消除磷和砷的干扰，用硫酸亚铁铵将其还原为硅钼蓝，于分光光度计波长 680nm 处测量吸光度。本方法适用于石灰石中 0.05%~4.00% 氧化硅的测定。

测定方法：移取 5~20mL 氧化钙和氧化镁测定时制备的溶液于 100mL 容量瓶中，加入 0~8mL 盐酸（1+14），用水稀释至 50mL，混匀。再加入 5mL 钼酸铵溶液（60g/L），室温放置 20min，加 20mL 草酸-硫酸混合酸（1+8）混匀，放置 1~2min，立即加入 5mL 硫酸亚铁铵溶液（60g/L），用水稀释至刻度，混匀。于分光光度计波长 680nm 处测量吸光度。

16.3.5　氧化铁量的测定——邻二氮杂菲光度法（GB/T 3286.4—1998）

试液以盐酸羟胺将三价铁还原成二价铁，在乙酸-乙酸钠的介质中，二价铁与邻二氮杂菲生成橙红色络合物，于分光光度计波长 510nm 处测量吸光度。本方法适用于石灰石中 0.02%~4.00% 三氧化二铁的测定。

测定方法：移取 5~25mL 氧化钙和氧化镁测定时制备的溶液于 100mL 容量瓶中，加入 5mL 盐酸羟胺溶液（100g/L），混匀，加入 10mL 乙酸-乙酸钠缓冲溶液（pH=4.5）和 5mL 邻二氮杂菲溶液（5g/L），用水稀释至刻度，混匀，放置 30min。将部分显色液移入适当大小的吸收池中，以空白试验溶液为参比，于分光光度计波长 510nm 处测量其吸光度。

16.3.6　有效氧化钙的测定——酸碱滴定法

用蔗糖与试样中的氧化钙结合生成溶解度较大的蔗糖钙，然后用盐酸滴定。

测定方法：称取 0.5000g 试样于 250mL 锥形瓶中，加入 4g 蔗糖和数根大头针，立即加 50mL 煮沸后冷却的水，加盖充分震荡 15min，加 1 滴酚酞乙醇溶液（10g/L），立即用盐酸标准溶液（0.3570mol/L）滴定溶液，由红色变为无色即为终点。

16.4　氢氧化钠和碳酸钠的分析

在氧化铝生产中，由于硅矿物反应消耗及赤泥和洗涤带走部分碱，因此需要不断补充氢氧化钠或碳酸钠。对于氢氧化钠，一般需要测定碱量（包括氢氧化钠或碳酸钠）、NaCl 和 Fe_2O_3；对于碳酸钠，需要测定碱量（包括碳酸钠和碳酸氢钠）、NaCl、Fe_2O_3、Na_2SO_4、水不溶物和灼减。碱量采用分步酸碱滴定法，NaCl 采用沉淀滴定法，Fe_2O_3 采用邻二氮杂菲分光光度法，Na_2SO_4 采用硫酸钡重量法，水不溶物和灼减采用重量法。

16.4.1 氢氧化钠和碳酸钠含量的测定（GB/T 4348.1—2000）

加入氯化钡溶液将氢氧化钠中的碳酸钠转化为碳酸钡沉淀，以酚酞为指示剂，用盐酸标准溶液滴定至终点，测得氢氧化钠的含量；同时以甲基橙为指示剂，用盐酸标准溶液滴定至终点，测得氢氧化钠与碳酸钠总和，再减去氢氧化钠的含量，得出碳酸钠的含量。本方法适用于氢氧化钠中氢氧化钠与碳酸钠的测定；也适用于碳酸钠中碳酸钠和碳酸氢钠含量的测定，只是不需要加入氯化钡溶液。

测定方法：称取氢氧化钠(38 ± 1)g（液体氢氧化钠 50g，碳酸钠 50g），精确至 0.001g，放入已盛有约 300mL 水的 1000mL 容量瓶中，稀释至接近刻度，冷却至室温后再稀释至刻度，摇匀。移取 50.00mL 上述溶液，注入 250mL 具塞磨口三角瓶中，加入 20mL 氯化钡溶液（100g/L），当滴定碳酸钠样品时，不需加入氯化钡溶液，加入 2 滴酚酞乙醇指示剂溶液（10g/L），用盐酸标准溶液（1.000mol/L）滴定至溶液呈微红色为终点，得到氢氧化钠（碳酸钠）含量；吸取 50.00mL 上述溶液，注入 250mL 具塞磨口三角瓶中，再加入 2 滴甲基橙指示剂溶液（10g/L），用盐酸标准溶液（1.000mol/L）滴定至溶液呈橙色为终点，得到总碱量。

16.4.2 氯化钠含量的测定——汞量法（GB/T 4348.2—2002）

在 pH 值为 2~3 的溶液中，以二苯偶氮碳酰肼作指示剂，用硝酸汞标准溶液滴定溶液出现紫红色即为终点。本方法适用于氢氧化钠和碳酸钠中 0.005% 以上氯化钠的测定。

测定方法：称取氢氧化钠(36 ± 1)g[液体氢氧化钠(50 ± 1)g，碳酸钠(40 ± 1)g]，精确至 0.001g，放入已盛有约 300mL 水的 1000mL 容量瓶中，稀释至接近刻度，冷却至室温后再稀释至刻度，摇匀。移取 50.00mL 上述溶液，置于 250mL 三角瓶中，加入 40mL 水，缓慢加入硝酸（1+10），冷却至室温，加 3 滴溴酚蓝指示剂溶液（5g/L），滴加硝酸（1+1）使溶液从蓝色变为黄色，再逐滴加入氢氧化钠溶液（2mol/L），使溶液由黄色变为蓝色，逐滴加硝酸（2mol/L）使溶液由蓝色再变为黄色，加 1mL 二苯偶氮碳酰肼溶液，用硝酸汞标准溶液（0.005000mol/L）滴定溶液由黄色变为紫红色为终点，同时做空白试验。

16.4.3 铁含量的测定——1,10-菲啰啉分光光度法（GB/T 4348.3—2002）

用盐酸羟胺将试样溶液中的 Fe^{3+} 还原为 Fe^{2+}，在 pH=4.9 的缓冲溶液体系中 Fe^{2+} 同邻二氮杂菲形成橘红色络合物，在分光光度计波长 510nm 下测定吸光度。本方法适用于氢氧化钠和碳酸钠中 0.00005% 以上三氧化二铁的测定。

测定方法：称取氢氧化钠 15g（液体氢氧化钠 25g，碳酸钠 17g），精确至 0.001g，放入 500mL 烧杯中，加水溶解至 120mL，加 2 滴对硝基酚溶液（2.5g/L），用盐酸（1+3）中和至黄色消失，再过量 2mL，煮沸 5min，冷却移入 250mL 容量瓶中，稀释至刻度，摇匀。移取 50.00mL 上述溶液到 100mL 容量瓶中，加入 5mL 盐酸羟胺溶液（10g/L）、20mL 缓冲溶液（pH=4.9）及 5mL 邻二氮杂菲溶液（2.5g/L），稀释至刻度，摇匀，放置 10min 以上。将部分溶液移入 1~3cm 比色皿中，以随同试样的空白试验溶液做参比，在分光光度计 510nm 处测定吸光度。

16.4.4 硫酸钠含量的测定——硫酸钡重量法

在酸化的溶液中，用溴水把硫化物氧化为硫酸根，然后再以氯化钡溶液使之生成硫酸钡沉淀，灼烧称重，换算为硫酸钠的含量。本方法适用于碳酸钠中硫酸钠的测定。

测定方法：称取 10g 经干燥的样品，精确至 0.001g，放入 250mL 烧杯中，加 60mL 水溶解，加入 5 滴溴水，煮沸，冷却后以石蕊试纸作指示剂，用盐酸（1+1）中和，然后再过量 1mL，加热至气味消失，再稀释至 100mL，加热煮沸，加 5mL 氯化钡溶液（100g/L），静置 18h 后过滤，低温灰化在 750~800℃灼烧 30min，称量。

16.4.5 水不溶物的测定——重量法

将试样溶于水，滤纸过滤，最终残留在滤纸上的固体物质即为水不溶物。本方法适用于碳酸钠中水不溶物的测定。

测定方法：称取 10g 试样于 400mL 烧杯中，精确至 0.001g，用 200mL 水溶解，用 4 号玻璃坩埚过滤，残渣用冷水洗涤到无碱性，将玻璃坩埚和残渣在 105~110℃烘干 1.5h，冷却后称量，精确到 0.0001g。

16.4.6 灼烧失量的测定——重量法

试样在 250~270℃下加热至恒重，以失去的质量计算灼烧失量。本方法适用于碳酸钠灼烧失量的测定。

测定方法：称取 2g 试样，精确至 0.0001g，置于已恒重的瓷坩埚内，移入高温炉中，在 250~270℃下加热至恒重，称量，精确至 0.0001g。

16.5 煤的工业分析

煤既是配制生料的原料之一，又是氧化铝生产中的主要燃料。煤的工业分析一般需要测定水分、灰分、挥发分、总硫、固定碳和发热量，其中水分有外在水分和内在水分两种，分别是在 45~50℃和（105±5）℃下测定；灰分和挥发分分别在（800±10）℃和（850±10）℃的温度下灼烧；总硫采用硫酸钡重量法测定；固定碳通过其他容量法来测定；发热量采用氧弹热量计测定，也有采用灰分和挥发分等换算得出。

16.5.1 水分的测定——重量法

试样在（110±5）℃下烘干 2h，以失去的质量计算水分的含量。本方法适用于煤内在水分的测定。

测定方法：将称量瓶的盖部分打开，置于（110±5）℃的烘箱中干燥至恒重，称量。称取 1g 试样（全部通过 0.15mm 标准筛网），置于已恒重的称量瓶中，均匀铺开，盖上瓶盖称量。将瓶盖部分打开，置于烘箱中，控制温度（110±5）℃，干燥 2h，取出置于干燥器中，冷却 30min，盖严瓶盖称量至恒重，所有称量都应精确到 0.0001g。

16.5.2 灰分的测定——重量法

试样在（800±10）℃的温度下灼烧，根据残留物的质量来计算灰分的含量。

测定方法：称取 1.000g 试样（全部通过 0.15mm 标准筛网），置于已在（800±10）℃灼烧至恒重的瓷皿中，放入 300℃的马弗炉中，敞开炉门，在 1.5h 内升到 800℃，关闭炉门，灼烧 1.5h，取出放入干燥器冷却，冷却 30min，称量，重复灼烧 30min 至恒重，所有称量都应精确到 0.0001g。

16.5.3　挥发分的测定——重量法

试样置于（850±10）℃的温度下灼烧 15min，以失去的质量计算挥发分的量。

测定方法：将瓷坩埚置于（850±10）℃的马弗炉中灼烧至恒重。称取 1g 试样（全部通过 0.15mm 标准筛网）置于已恒重的瓷坩埚中，均匀铺开，盖上盖，称量，将瓷坩埚放在坩埚架上，一起放入（850±10）℃的马弗炉中，灼烧 15min，取出，置于干燥器中，冷却 30min，称量，所有称量都应精确到 0.0001g。

16.5.4　固定碳的测定——差减法

固定碳为 100% 减去水分、灰分和挥发分得到。

16.5.5　发热量的测定——氧弹热量计法

利用氧弹热量计测量煤样的发热量，也可通过计算得出。

测定方法：称取 1.0000g 试样于坩埚中，用滤纸盖好，装进氧弹筒内支架上，开启氧弹热量计进行测定，最后将溶液接于烧杯中，用甲基橙溶液（2.5g/L）作指示剂，以碳酸钠标准溶液（3.658g/L）滴定得到酸量，再测量镍铬丝烧去的长度。

16.5.6　总硫的测定——艾氏卡试剂法

将试样与艾氏卡试剂混合，在一定的温度下灼烧，使试样中的硫分氧化成二氧化硫或三氧化硫，硫的氧化物再与碳酸钠及氧化镁作用生成硫酸盐，用水将硫酸盐浸出，调节 pH 值，加入氯化钡溶液使其生成硫酸钡沉淀，过滤，灼烧，根据硫酸钡沉淀的质量计算试样中的硫含量。

测定方法：称取 1g 试样，置于已放了 2.0g 艾氏卡试剂（2 份氧化镁与 1 份无水碳酸钠）的 50mL 瓷坩埚中，搅匀，再用 1.0g 艾氏卡试剂覆盖。将瓷坩埚放入冷的马弗炉中，在 1~1.5h 内将温度升至 825℃，并在（825±10）℃保温 2h；将瓷坩埚从马弗炉中取出，冷却至室温，用玻璃棒搅动灼烧物，若发现有未烧尽的黑色颗粒，应在（825±10）℃继续灼烧 0.5h，之后将灼烧物移入 400mL 烧杯中，用热蒸馏水仔细冲洗瓷坩埚内壁，将冲洗液倒入烧杯中，再加入 100~150mL 热蒸馏水，用玻璃棒仔细捣碎灼烧物，此时若发现尚有未烧尽的试样颗粒，则本次试验作废；捣碎后，用倾泻法以定性滤纸过滤，并用热蒸馏水将灼烧物冲洗至滤纸上，继续以热蒸馏水仔细冲洗滤纸上的灼烧物，次数不少于 10 次。向滤液中加 2~3 滴甲基红溶液（1g/L），然后，滴加盐酸（1+1）直至滤液颜色变红，再多加 1mL，烧杯盖上表面皿，煮沸，将溶液的体积控制在 200mL 左右；停止煮沸，在玻璃棒的搅拌下，逐滴加入 10mL 氯化钡溶液（100g/L），盖上表面皿，加热，继续煮沸 5min，取下，陈化 12h。用定量滤纸过滤，并用蒸馏水洗涤沉淀至洗液中无氯离子为止，用硝酸银溶液（10g/L）检验。将沉淀物和滤纸放入预先于

(825 ± 10)℃的马弗炉中灼烧至恒重的 30mL 瓷坩埚中, 先在电炉上低温灰化滤纸, 注意别燃烧着火, 然后移入 (825 ± 10)℃的马弗炉中, 灼烧 1h, 取出, 置于干燥器中, 冷却 30min, 称量, 重复灼烧至恒重, 随同试样做空白试验。除称量艾氏卡试剂外, 其他称量都应精确至 0.0001g。

16.6　重油及窑炉气的分析

重油是氧化铝生产中的主要燃料, 一般需要测定密度、黏度、闪点、酸值、机械杂质和水分。密度采用密度计法; 黏度用恩氏黏度计, 通过与水比较得出; 闪点采用开口环法; 酸值通过酸碱滴定来分析; 水分采用蒸馏法测定; 机械杂质通过过滤测定。窑炉气主要是熟料窑、石灰炉和焙烧炉中的气体, 一般采用气体容量法测定 CO_2、CO 和 O_2。

16.6.1　密度的测定——密度计法

采用石油密度计, 在一定温度下, 于盛有样品的量筒中, 直接测定试样的密度, 再换算为标准密度值。

测定方法: 将盛有试样的量筒放平稳, 将石油密度计小心放入其中, 待稳定后读取密度值。按下式换算为标准温度下的密度值:

$$\rho = \rho_1 + r(t - 20)$$

式中　ρ——20℃时的密度, g/mL;

ρ_1——试验温度下的密度, g/mL;

r——温度补正系数, g/(mL·℃);

t——试验温度,℃。

16.6.2　水分的测定——蒸馏法

将重油或原油与无水溶剂混合后进行蒸馏测定, 即可得到水分的含量。

测定方法: 称取 100.0g 试样于干燥的圆底烧瓶中, 加 100mL 经过脱水的工业溶剂油, 在蒸馏装置上蒸馏, 直到不再有水溢出为止, 记下水的体积。

16.6.3　黏度的测定——恩氏黏度计法

将重油或原油在某温度下从恩氏黏度计流出 200mL 所需要的时间与纯水在 20℃时流出 200mL 水量所用时间的比值。

测定方法: 将预热稍高于规定温度的试样油注入带木塞的干黏度计中, 保持在 (75 ± 0.2)℃, 然后松开木塞计时开始, 记录 200mL 流过的时间。

16.6.4　闪点的测定——开口环法

将重油或原油在规定条件下, 加热到它的蒸气与火焰接触发生闪火时的最低温度, 即可得试油的闪点温度。

测定方法: 将试样油放入坩埚内, 然后组装好闪点测定装置, 按照操作到试样油液面上出现蓝色火焰时, 记下此时的温度。

16.6.5 机械杂质的测定——重量法

将重油或原油溶解于汽油或苯中，再减压过滤，残留于滤纸上的残渣不溶物即为机械杂质。

测定方法：称取试样油 10g，加 100mL 苯于干燥的锥形瓶中，在水浴上预热，溶解后用已在 105~110℃烘干至恒重的滤纸减压过滤。残渣以苯洗涤至洗液无色为止。将滤纸取出，在 105~110℃烘箱内烘干，恒重称量，所有称量精确至 0.0001g。

16.6.6 酸值的测定——滴定法

将重油或原油用氢氧化钾中和，中和 1g 试样油需要的氢氧化钾的毫克数即为试样油的酸值。

测定方法：取油样 10.00g 于清洁干燥的锥形瓶中。在另一清洁干燥的锥形瓶中，加入乙醇 50mL，装上回流冷凝器，煮沸 5min，然后加入 0.5mL 碱性蓝 6B 乙醇溶液（20g/L），趁热用氢氧化钾乙醇标准溶液（0.05mol/L）中和直至溶液由蓝色变为浅红色为止。将中和过的乙醇注入装有已称好试样油的锥形瓶中，装上回流冷凝管，在不断地摇动下，将溶液煮沸 5min，然后加入 0.5mL 碱性蓝 6B 乙醇溶液（20g/L），趁热用氢氧化钾乙醇标准溶液（0.05mol/L）滴定，直至乙醇层由蓝色变成浅红色即为终点，滴定的时间不能超过 3min。

16.6.7 窑炉气中 CO_2、CO 和 O_2 的分析——吸收法

窑炉气中主要含有 CO_2、CO 和 O_2，利用气体分析仪，将窑炉气用氢氧化钾溶液吸收，吸收后体积的减少量即为 CO_2 的含量；再使窑炉气中的氧将焦性没食子酸钾溶液氧化为六羟基联苯钾，吸收后的减少量即为 O_2 的含量；窑炉气中的 CO 被氯化亚铜吸收，吸收后的减少量即为 CO 的含量。

测定方法：开启气体分析仪，检查一切正常后，将 100mL 气体导入，记录各个体积数。

16.7 工业水分析

在氧化铝生产中的各个阶段，对水质的要求不同。作为工业水分析，一般需要测定总硬度、碱度、酸度、pH 值、SO_4^{2-}、Cl、COD、色度、浑浊度、透明度、全固形物、悬浮物、溶解固体、灼烧残渣等。

16.7.1 色度的测定——比较法

利用重铬酸钾及硫酸钴在一定体积中显示的颜色作为基准色度 500 度，再以水样和其相比得到色度。

测定的方法：称取 0.0875g 化学纯重铬酸钾及 2.000g 硫酸钴溶于水，加 1mL 硫酸，移入 1000mL 容量瓶中，稀释至刻度，混匀，此相当于色度 500 度。取 100mL 水样在比色管中相比求得色度。

16.7.2　浑浊度的测定——比较法

1L 水中含有 1mg 白陶土（或高岭土）时，其浑浊程度为一个单位，将水样与标准浑浊溶液进行比较而测得浑浊度。

16.7.3　透明度的测定——比较法

利用透过装有水样的玻璃筒看筒底的字，以减少水量到看清楚为止，水柱高度即为透明度。

测定方法：将水样倒入一个平底的玻璃筒，筒底下面 4cm 处放一张 5 号铅字的标准字型。从玻璃筒内将水样减少，直到底部铅字字型完全可以看清楚为止。水柱的高度（cm）即表示水样的透明度。

16.7.4　全固形物的测定——重量法

将水样放入蒸发皿内蒸干，得到最终的固体即为全固形物。

测定方法：取 200mL 摇匀的水样，倒入已知质量的蒸发皿中。蒸发至干，并在 110 ~ 120℃下烘干 1.5h，冷却，称量，精确到 0.0001g。

16.7.5　悬浮物的测定——重量法

将水样用滤纸过滤，最终残留在滤纸上的固体物质即为悬浮物。

测定方法：取水样 200mL，用致密滤纸过滤，用水洗涤 3 次，放在称量瓶中，于 105 ~ 110℃烘干 1.5h，冷却后称量，所有称量精确到 0.0001g。

16.7.6　溶解固体及灼烧残渣的测定——重量法

将过滤后的水样在蒸发皿中蒸发，得到的残渣即为溶解固体量；再将溶解固体和皿在 800℃下灼烧一定时间后即得到灼烧残渣。

测定方法：移取过滤后的水样 200mL 于蒸发皿中，在低于 120℃的水浴或砂浴中蒸干后，于 110 ~ 120℃烘干 1.5h，置于干燥器中，冷却后称量。然后将载有溶解固体的皿在 800℃下灼烧 30min，冷却后称量，所有称量精确到 0.0001g。

16.7.7　pH 值的测定——玻璃电极法

将玻璃电极插入酒石酸氢钾饱和溶液中（pH 值为 3.57），调节定位器使指针指示 pH 值为 3.57 位置。然后将玻璃电极插入水样中，放置 1min，指针所示即水样的 pH 值。

16.7.8　游离二氧化碳的测定——滴定法

酚酞作指示剂，用氢氧化钠标准溶液滴定，即得二氧化碳的含量。

测定方法：移取 200mL 水样于锥形瓶中，加 8 滴酚酞指示剂溶液（10g/L），若溶液中 Fe^{3+} 含量大于 0.1mg 时，加入 2mL 中性酒石酸钾钠溶液（300g/L）。用氢氧化钠标准溶液（0.1mol/L）滴定至溶液呈红色并在 1min 内不褪色为止。

16.7.9   碱度的测定——滴定法

用甲基橙或酚酞作指示剂，以盐酸标准溶液滴定。

测定方法：移取 100mL 水样于 250mL 锥形瓶中，滴加 8 滴酚酞指示剂溶液（10g/L），用盐酸标准溶液（0.1mol/L）滴定至酚酞红色褪去为终点，记下体积，再加 3 滴甲基橙指示剂溶液（1g/L），继续用盐酸标准溶液（0.1mol/L）滴定至溶液由黄色变为橙红色即为终点，记下体积。

16.7.10   总硬度的测定——滴定法

利用铬黑 T 指示剂，用 EDTA 标准溶液滴定至蓝色为终点，由此可得总硬度，以 1L 水中含有 10mg 氧化钙为 1°。

测定方法：移取 100mL 水样于 250mL 锥形瓶中，加入 10mL 氨-氯化铵缓冲溶液（pH = 10），滴加 4 滴铬黑 T 指示剂溶液（5g/L），用 EDTA 标准溶液（0.0357mol/L）滴定至蓝色为终点。

16.7.11   氯离子的测定——沉淀滴定法

利用硝酸银标准溶液滴定使 Cl^- 生成氯化银沉淀，过量的 Ag^+ 与铬酸根离子生成红色沉淀来指示终点。由此可得氯离子的量。

测定方法：移取 100mL 水样，碱度大时，以酚酞溶液为指示剂，用硫酸中和。加 1mL 铬酸钾指示剂溶液（100g/L），置于白磁蒸发皿中，在强烈搅拌下，用硝酸银标准溶液（0.01mol/L）滴定至溶液由黄色变为淡橙色，另取同样体积的蒸馏水做空白试验。

16.7.12   硫酸根的测定——重量法

取水样在稀盐酸溶液中，加氯化钡与水中的硫酸根作用生成硫酸钡沉淀。然后硫酸钡经过滤、洗涤、灼烧称量，得硫酸根的含量。

测定方法：移取 200mL 水样（如果浑浊应先过滤），加 2mL 盐酸（1 + 1），加热至沸腾，缓缓加入 20mL 氯化钡溶液（50g/L），保温 2h。用致密滤纸过滤，以热水洗至无氯离子（用硝酸银溶液检验）。将沉淀和滤纸放入已知质量的瓷坩埚内，在低温处灰化，然后置于 750 ~ 800℃高温炉中灼烧 30min，冷却，称量，所有称量精确到 0.0001g。

16.7.13   COD 的测定——滴定法

水样在高锰酸钾溶液中煮沸，加入草酸钠溶液，再用高锰酸钾标准溶液滴定至玫瑰色即为终点。

测定方法：移取 100mL 水样于 250mL 锥形瓶中，加入 10mL 硫酸（0.5mol/L），加入 20.00mL 高锰酸钾标准溶液（$1/5KMnO_4$ 浓度为 0.01mol/L），在电炉上加热煮沸 10min，趁热迅速加入 20.00mL 草酸钠标准溶液（$1/2Na_2C_2O_4$ 浓度为 0.01mol/L），然后用高锰酸钾标准溶液（$1/5KMnO_4$ 浓度为 0.01mol/L）滴定至玫瑰色。

16.8　赤泥、生料浆和熟料的分析

赤泥是氧化铝生产中的副产物，生料浆和熟料是氧化铝生产中的过程产品。赤泥、生料浆和熟料的成分一般需要分析 Al_2O_3、SiO_2、Fe_2O_3、TiO_2、K_2O、Na_2O、CaO、MgO 和灼减。对于生料浆，还要测定水分、粒度和固定碳，水分采用重量法，粒度通过筛分测定。对于熟料，还要测定 Na_2SO_4 和标准溶出率，Na_2SO_4 采用硫酸钡沉淀重量法，标准溶出率通过赤泥和熟料中的 Al_2O_3、Na_2O 和 CaO 含量计算得出。赤泥、生料浆和熟料成分的分析也可以采用 X 射线荧光光谱法，对物相组成的鉴定，与铝土矿一样，采用 X 射线衍射法。

16.8.1　氧化钙和氧化镁的测定——络合滴定法

试样用氢氧化钠熔融，熔体用热水浸出并倒入盐酸溶液中。试液经铁、钛、铝与钙、镁分离后，分取部分试液，以三乙醇胺掩蔽残留的铁、铝和锰等离子，在强碱介质中，以钙指示剂为指示剂，用 EDTA 或 EGTA 标准溶液滴定氧化钙量。另取部分试液，以三乙醇胺掩蔽铁、铝和锰等离子，在氨性缓冲溶液（pH = 10）中，以络黑 T 指示剂，用 EDTA 标准溶液滴定氧化钙和氧化镁合量。本方法适用于赤泥、生料浆和熟料中 CaO 含量大于 5%，MgO 含量大于 2% 的测定，对低于此含量的氧化钙和氧化镁的测定，采用铝土矿中的测定方法。

测定方法：称取 0.2500g 试样于银坩埚中，加 3g 氢氧化钠，在 750℃ 熔融 30min，用 50mL 盐酸（1 + 1）和沸水浸出熔块。移至 250mL 容量瓶中，用水稀释至刻度，混匀（该溶液也可用于氧化硅、三氧化二铁和二氧化钛的光度法测定）。移取 100.00mL 上述试液于 300mL 烧杯中，盖上表面皿，放在电炉上加热煮沸 5min。加入 2 滴甲基红指示剂溶液（2.5g/L），用氨水（1 + 1）和盐酸（1 + 3）调节到溶液呈黄色，再加 2mL 氨水（1 + 1），在电炉上加热煮沸 2min，取下，冷却至室温，洗净表面皿，移入 200mL 容量瓶中，用水稀释至刻度，混匀。用快速滤纸干过滤，弃去开始的部分滤液。分取 50mL 滤液 2 份分别置于 2 个 500mL 锥形瓶中，加 25mL 水，加 5mL 三乙醇胺（1 + 4），混匀，在其中一份加入 20mL 氢氧化钾溶液（200g/L）及少量的钙指示剂，混匀，用 EDTA 标准溶液（0.01500mol/L）滴定至溶液由红色变为亮蓝色为终点，得到氧化钙含量；在另一份中加入 20mL 氨-氯化铵缓冲溶液（pH = 10），加 2 滴酸性铬蓝 K 溶液（5g/L），6 ~ 7 滴萘酚绿 B 溶液（5g/L），用 EDTA 标准溶液（0.01500mol/L）滴定至试液由暗红色变为蓝绿色为终点，得到氧化钙和氧化镁的合量。

16.8.2　水分的测定——重量法

试样在（105 ± 5）℃ 下的质量损失。适用于生料浆中水分的测定。

测定方法：称取 50g 左右的试样，置于已知质量的干燥盘中，铺平。将盛有试样的干燥盘放入（105 ± 5）℃ 的干燥箱内，干燥至恒重，称量，所有称量精确到 0.0001g。

16.8.3　粒度的测定——筛分法

试样在 125μm 的筛上进行湿筛，然后减压过滤，烘干，残渣再在 125μm 的筛上进行

筛分，称量筛上的残留。本方法适用于生料浆粒度分布的测定。

测定方法：将100mL生料浆倒在125μm的筛上，用水冲洗进行湿筛，当滤液不再混浊后，将筛上残留洗入已置有滤纸的瓷漏斗中减压过滤，然后将滤纸连同残渣放入(105±5)℃的烘箱中烘干，将烘干后的残渣用125μm筛分，称量筛上残余的质量。

16.8.4　固定碳的测定——气体容量法

试样用盐酸处理，除去碳酸盐，溶液用氨水中和，过滤烘干，在900℃的高温管式炉中通入氧气，使试样中的煤氧化为二氧化碳，用氢氧化钾溶液吸收，通过体积的变化来测定试样中固定碳的含量。本方法适用于生料浆中固定碳的测定。

测定方法：称取0.2500g试样于150mL烧杯中，加20mL盐酸（1+3），加热煮沸3min，加水20mL，加2滴甲基红溶液（2.5g/L），用氨水（1+1）调整溶液呈黄色，用铺有酸洗石棉的漏斗过滤，用少量酸洗石棉擦净烧杯，用热水洗净烧杯，并洗涤漏斗上的残渣4次，将残渣和酸洗石棉一起放入瓷舟，在（105±5）℃的烘箱中烘干，取出，移入900℃的高温管式炉中，通入氧气使试样中的煤氧化为二氧化碳，然后用氢氧化钾溶液吸收，测定体积的变化。

16.8.5　硫酸钠的测定——硫酸钡沉淀重量法

在微酸性溶液中加入氯化钡溶液，生成硫酸钡沉淀，将此沉淀过滤，洗涤，灰化，灼烧并称量。本方法适用于熟料中硫酸钠的测定，一般以氧化钠表示。

测定方法：移取2.5g试样于300mL烧杯中，加20mL盐酸（1+1），盖上表面皿，加热使钠盐分解。加沸水至体积约150mL，煮沸1min，加2滴甲基红指示剂溶液（2.5g/L），再搅拌用氨水（1+1）中和溶液呈黄色，保温1min。稍冷后，温度不高于75℃下加入20mL碳酸铵溶液（100g/L），冷却到室温。溶液及沉淀转移到250mL容量瓶中，用水稀释至刻度，混匀。用快速滤纸干过滤，弃去开始的部分滤液，移取100mL滤液于300mL烧杯中，用盐酸（1+1）中和溶液至红色并过量5mL，加热煮沸，边搅拌边加入20mL氯化钡溶液（100g/L），静置过夜。用慢速定量滤纸过滤，用热水洗至无氯离子（硝酸银试验），将滤纸和沉淀放入已恒重的坩埚中，灰化，并在800℃高温炉中灼烧30min，取出冷却，称量，所有称量精确到0.0001g。

16.8.6　标准溶出率的测定——换算法

在一定的溶出条件下，用标准溶出液溶出熟料，通过测定熟料和溶出赤泥中的 Al_2O_3、Na_2O 和 CaO 含量，计算出标准溶出率。

测定方法：称取8.00g熟料，置于已加有100mL标准溶出液（N_K 为15g/L，N_C 为5g/L）和20mL水并预热至90℃左右的300mL烧杯中，用玻璃棒将熟料搅散，放入磁棒，在电热电磁搅拌器上搅拌，控制温度在（85±5）℃下溶出15min，然后减压过滤，用沸水洗净烧杯和洗涤滤饼8次，每次洗水的用量为25mL，将洗好的滤饼连同滤纸烘干，冷却。测定赤泥中的 Al_2O_3、Na_2O 和 CaO 含量。

16.9 铝酸钠溶液的分析

铝酸钠溶液是氧化铝生产中最重要的过程产品,当用碱液在高温溶出铝土矿时,氧化铝以 $Al(OH)_4^-$ 形式进入溶液,这种碱性溶液即铝酸钠溶液。铝酸钠溶液中需要测定的主要成分是氧化铝、苛性碱(以 Na_2O 计)和全碱(以 Na_2O 计)的含量,这些成分是氧化铝生产的重要指标。铝酸钠溶液的分析一般采用重量法、滴定法、分光光度法,也有采用热滴定法测定铝酸钠溶液的主要成分,近年来,离子色谱测定铝酸钠溶液中的阴离子得到不断的应用。对没有过滤的铝酸钠溶液,除分析其化学成分外,有时还要测定固含、粒度分布、液固比、浮游物和密度。

16.9.1 苛性碱、全碱和氧化铝的测定——滴定法

在铝酸钠溶液中,加入氯化钡使溶液中的碳酸钠生成碳酸钡沉淀,加入水杨酸钠消除铝的干扰,以绿光-酚酞为指示剂,用盐酸标准溶液滴定苛性碱。在铝酸钠溶液,加入过量的 EDTA 标准溶液和盐酸标准溶液,用氢氧化钠标准溶液回滴过量的盐酸标准溶液,测定全碱量;再用硝酸锌标准溶液回滴过量的 EDTA 标准溶液,测定氧化铝量。本方法适用于铝酸钠溶液中苛性碱、全碱和氧化铝的测定。

测定方法:移取原液 5.00mL 于 100mL 容量瓶中,用水稀释至刻度,混匀。此溶液可供苛性碱、全碱、氧化铝和氧化硅量的测定。分取 10.00mL 此溶液于 500mL 锥形瓶中,加入氯化钡混合溶液 60mL,加 10mL 水杨酸钠溶液(100g/L),加入绿光-酚酞指示剂 10 滴,立即用盐酸标准溶液滴定至绿色为终点。分取 10.00mL 上述溶液于预先盛有适量的 EDTA 标准溶液的 500mL 锥形瓶中,加入 15.00mL 盐酸标准溶液,用水洗瓶壁,并稀释至 100mL 左右,加热煮沸 2min,加入 6 滴酚酞指示剂溶液(1g/L),用氢氧化钠标准溶液滴定至微红色。立即加入乙酸-乙酸钠缓冲溶液(pH 值为 5.2~5.7)15mL,以流水冷却至室温,加 3 滴二甲酚橙指示剂溶液(3g/L),用硝酸锌标准溶液滴定至玫瑰红色为终点。

16.9.2 氧化硅的测定——硅钼蓝分光光度法

在铝酸钠溶液中,氧化硅是以硅酸钠状态存在,用盐酸酸化时,硅酸钠生成分子分散状态的硅酸,采用硅钼蓝分光光度法测定氧化硅量。本方法适用于铝酸钠溶液中 2g/L 以下氧化硅含量的测定。

测定方法:移取原液 5.00mL 于 100mL 容量瓶中,用水稀释至刻度,混匀。分取 5.00~10mL 上述溶液于 100mL 容量瓶中,加水 50mL,加 1 滴对硝基酚指示剂溶液(2g/L),用盐酸(1+3)调至无色,再过量 3mL 盐酸(1+3),用水稀释至 65mL 左右,混匀,加入 5mL 钼酸铵溶液(100g/L),混匀,放置 15min,加入 5mL 酒石酸溶液(300g/L),混匀,加入 5mL 抗坏血酸溶液(20g/L),用水稀释至刻度,混匀,放置 15min,将部分溶液移入 1cm 比色皿中,随同试样做空白试验,在分光光度仪波长 700nm 处测定吸光度。

16.9.3 三氧化二铁的测定——邻二氮杂菲分光光度法

在微酸性溶液中,Fe^{3+} 可被盐酸羟胺还原为 Fe^{2+},Fe^{2+} 与邻二氮杂菲生成红色络合

物，于分光光度仪波长510nm处，测量其吸光度。

测定方法：移取5.00mL铝酸钠溶液于100mL容量瓶中，加入20mL水。根据铝酸钠溶液的碱度，加入相应过量的盐酸（1+3），振荡，溶液澄清后，加入40mL混合溶液（100g/L盐酸羟胺溶液1份、2.5g/L邻二氮杂菲溶液1份、pH值为5.2~5.7的乙酸-乙酸钠缓冲溶液5份，混合），用水稀释至刻度，混匀。放置15min后，将部分溶液移入1cm比色皿中，于分光光度仪波长510nm处测定吸光度。

16.9.4 全硫和硫酸根的测定——重量法

在溶液中加入过氧化氢使溶液中的低价硫全部氧化为硫酸根，加入氯化钡溶液；或在一定酸度下直接加入氯化钡溶液，使之生成硫酸钡沉淀，将此沉淀过滤，洗涤，灰化，灼烧测定全硫量和硫酸根，结果一般以氧化钠表示。

测定方法：移取10.00mL原液于300mL烧杯中，加100mL沸水，加7~8滴过氧化氢，煮沸溶液至清，取下冷却，再加2滴甲基橙指示剂溶液（1g/L），用盐酸（1+1）中和溶液至红色并过量9mL，加水使体积约为300mL，煮沸30min，使溶液清亮（必要时过滤），边搅拌边加入20mL氯化钡溶液（100g/L），低温保持4~5h（或静置过夜）。用慢速定量滤纸过滤，用热水洗至无氯离子（硝酸银试验），将滤纸和沉淀放入已恒重的坩埚中，灰化，并在800℃高温炉中灼烧30min，取出冷却，称重，此为全硫量。另移取10.00mL原液于300mL烧杯中，加入150mL沸水，再加入20mL浓盐酸，立即将烧杯置于电热板或电炉上加热至沸，使溶液清亮（必要时过滤），在不断搅拌下，缓慢加入20mL氯化钡溶液（100g/L），低温保持4~5h（或静置过夜）。用慢速滤纸过滤，用热水洗涤至无氯离子（硝酸银试验），将滤纸和沉淀放入已恒重的坩埚中，灰化，并在800℃高温炉中灼烧30min，取出冷却，称重，此为硫酸根量。

16.9.5 热滴定法测定苛性碱和氧化铝

酸碱中和反应放出的热使体系的温度发生变化，滴定到终点后，温度将向反方向变化，对温度与滴定时间的曲线进行处理，通过拐点来判定滴定的终点，温度变化的滞后效应由相近的工作曲线来校正。

测定方法：分取适量铝酸钠溶液于滴定池中，加入20mL酒石酸钾溶液（360g/L），用水稀释至40mL，将滴定池装到滴定仪上，用盐酸标准溶液（2mol/L）滴定至终点，读取滴定所用的毫升数；然后加入15mL氟化钾溶液（517g/L），再用盐酸标准溶液（2mol/L）滴定至终点，读取滴定所用的毫升数；从工作曲线上得出苛性碱和氧化铝的浓度。

16.9.6 离子色谱法测定阴离子

将样品溶液引入离子色谱仪中，基于离子交换树脂上可离解的离子与流动相中具有相同电荷的溶质离子之间进行的可逆交换，不同的离子因与交换剂的亲和力不同而被分离，试样和氢氧化钾淋洗液一起流经阴离子交换柱进行交换后，待测离子顺次流出进入电导检测系统，此时基于溶液中待测离子的浓度在一定范围内与电导率成线性关系即可定量分析出溶液中阴离子的含量。本方法适用于铝酸钠溶液中1.0~20.0g/L的氯离子、0.10~5.0g/L的氟离子、0.20~5.0g/L的硫酸根离子、0.20~5.0g/L的草酸根离子的测定。

测定方法：将铝酸钠溶液稀释 $500 \sim 1000$ 倍，在进离子色谱仪之前，经 $45\mu m$ 过滤头过滤。按开机顺序打开离子色谱仪，稳定约 $30min$，选择仪器最佳测量条件，将所选条件输入计算机中，按启动程序，将制备好的溶液注入离子色谱仪中进行测定。

16.9.7　固含的测定

一定体积铝酸钠浆液中固体的含量即为固含。可以采用称量法、沉降容积法、液固比换算法来测定。称量法为量取一定体积的铝酸钠浆液，过滤，烘干并称量。

测定方法：量取适量（按固含的量确定）的铝酸钠浆液，将全部浆液慢慢倒入垫有滤纸（视过滤情况选择不同型号的滤纸）的布氏漏斗中，减压过滤，用热水洗涤滤饼 $3 \sim 5$ 次，取出滤饼，放于合适的蒸发皿上，在 $(105 \pm 5)℃$ 的烘箱中烘干 $2h$，冷却后称量，所有称量精确到 $0.01g$。

16.9.8　粒度分布的测定

铝酸钠浆液中固体部分的粒度分布可通过在振筛机上进行冲水振筛，待分级结束后，测其不同筛级残留颗粒的质量，计算出结果。

测定方法：将筛孔直径为 $250\mu m$、$150\mu m$、$100\mu m$ 的筛组成套筛，量取 $100 \sim 200mL$ 铝酸钠浆液于 $250\mu m$ 的筛上，套上筛顶盖，密封。将套筛固定在振筛机，振筛并冲水 $15min$。取出套筛，在 $(105 \pm 5)℃$ 的烘箱中烘干后，分别称量并记下各粒级的质量，所有称量精确到 $0.01g$。

16.9.9　液固比的测定

铝酸钠浆液中固体部分和液体部分的质量比即为液固比，可以通过烘干法测定或密度法换算得出。烘干法即量取一定体积的铝酸钠浆液，过滤，烘干并称量。

测定方法：用烧杯称取 $50g$ 左右的铝酸钠浆液，慢慢倒入垫有滤纸的布氏漏斗中，减压过滤，用热水洗涤滤饼 $3 \sim 5$ 次，取出滤饼，放于合适的蒸发皿上，在 $(105 \pm 5)℃$ 的烘箱中烘干 $2h$，冷却后称量，所有称量精确到 $0.01g$。

16.9.10　浮游物的测定

浮游物即铝酸钠溶液中漂浮物的质量，通过过滤后烘干测定。

测定方法：量取 $200mL$ 的铝酸钠溶液，倒入垫有慢速定量滤纸的布氏漏斗中，减压过滤，用热水洗涤至中性（用酚酞检查无红色），取出滤纸，放入瓷坩埚中，在 $700℃$ 的马弗炉中灼烧 $15min$，冷却后倒出残渣称量，精确到 $0.0001g$。

16.9.11　密度的测定

利用称量法测定铝酸钠浆液的密度。

测定方法：准确量取 $100mL$ 铝酸钠浆液，称量，精确到 $0.01g$，

16.10 氧化铝和氢氧化铝的分析

氧化铝的分析项目主要有 SiO_2、Fe_2O_3、Na_2O、K_2O、CaO、MgO、灼烧减量、$\alpha\text{-}Al_2O_3$含量、粒度分布、比表面积、安息角、真密度、松装密度、磨损指数、吸油量、吸附指数、流动时间、流动角、白度及三氧化二铝含量的计算等。氧化铝通常在常温常压下不溶于酸和碱，氢氧化铝可溶于酸和碱。制备试样溶液时应根据试样性质选用不同的处理方法，氧化铝一般采用 $Na_2CO_3\text{-}H_3BO_3$ 在 1100℃熔融，也可以在聚四氟乙烯密闭溶样器中加入适量盐酸于240℃分解，$\alpha\text{-}Al_2O_3$ 含量高时，需要提高熔融温度和延长熔融时间，氧化铝的灼烧失量是在300℃烘干，1000℃灼烧测定的。

随着各种大型仪器的开发研究，在氧化铝分析方面的应用也越来越多。利用盐酸密闭溶样或微波消解分解样品，ICP-AES、ICP-MS 等大型仪器可以同时分析氧化铝和氢氧化铝中大部分元素；采用熔融法或直接压片法在 X 射线荧光光谱仪上测定氧化铝中的大部分元素。

$\alpha\text{-}Al_2O_3$ 含量是在 X 射线衍射仪上，相同条件下分别测定氧化铝样品和标准样品在(012) 晶面上的 X 射线衍射强度，然后经过计算测得的。白度的测定采用蓝光白度 R457 表示，即氧化铝试样在 457nm 的蓝光漫反射因数。磨损指数是在流化床内，以一定的气流循环吹动进行磨损，然后筛分测定小于 $45\mu m$ 粒级磨损前后的质量分数。筛分粒度是将装有试样的分析套筛振筛分级，计算不同筛级残留颗粒的质量分数，现在也有采用激光衍射和沉降等方式测定粒度分布。比表面积是利用 BET 多层吸附理论计算测得的。松装密度是试样在无振动条件下从固定不变的高度自由落下填满一个已知容积的固定容器，然后根据试样的质量和体积计算测得的。安息角是指将氧化铝试样从一定高度通过漏斗落在水平的金属板上，形成的圆锥体与底面的夹角。真密度又称为有效密度，是将试样置于已知质量和体积的比重瓶中，充分脱气后，根据试样的质量和体积计算测得的。吸附指数是指预先干燥的氧化铝试样在一定温度的饱和水蒸气气氛中、一定时间所吸附的水蒸气量。对于化学品氧化铝，其电性能和吸附性能等指标也受到关注。

氢氧化铝一般可在氢氧化钠溶液和浓的硫酸中加热溶解，但晶质复杂的氢氧化铝则不溶，此时必须采用氧化铝试样的处理方法，在用 $NaCO_3\text{-}H_3BO_3$ 熔融时应从低温下放入，氢氧化铝各元素的分析方法可以参照氧化铝的分析方法，其标准号为 YS/T 534—2007。

16.10.1 二氧化硅含量的测定——钼蓝光度法 （GB/T 6609.3—2004，YS/T 534.3—2007）

试样用碳酸钠-硼酸熔融，将熔融物用硝酸溶解后，在 pH 值为 0.80～0.85 的硝酸介质中，使硅酸与钼酸形成硅钼杂多酸。然后，在酒石酸存在下，用抗坏血酸还原为硅钼蓝。于分光光度计波长 700nm 处，测量其吸光度。本方法适用于氧化铝或氢氧化铝中 0.005%～0.30%氧化硅的测定。

测定方法：称取 0.5000g 试样（氢氧化铝 0.7500g）置于铂坩埚中，加入 0.50g 硼酸和 1.30g 碳酸钠，用铂勺搅匀，盖上坩埚盖，置于约 700℃的高温炉中（氢氧化铝则从低温升起），升温至（1100±20）℃熔融 30min，取出稍冷。试剂空白直接在1100℃熔融 2～3min 后，取出稍冷。用沸水浸取熔块，将溶液移入预先盛有 22.3mL（试剂空白则为 12.6mL）硝酸（3.00mol/L）的 150mL 聚四氟乙烯烧杯中，坩埚和盖用 3.0mL 硝酸

（3.00mol/L）和热水充分洗净，洗涤液并入烧杯中，盖上表面皿，置电热板上加热至沸腾，待沉淀完全溶解后，取下，置冷水槽中冷却至室温。将溶液移入100mL容量瓶中，用水稀释至刻度，混匀（此溶液也可用于测定三氧化二铁的含量）。分取50.00mL试液于100mL容量瓶中（如试样中二氧化硅含量大于0.15%时，分取25.00mL试液，加2.4mL硝酸（3.00mol/L），对应作试剂空白），用水稀释至约65mL，加入5.0mL钼酸铵溶液（100g/L），混匀。于20~25℃放置15min后，加入5.0mL酒石酸溶液（300g/L），混匀，加入5.0mL抗坏血酸溶液（10g/L），用水稀释至刻度，混匀，放置15min。随同试样做空白试验。将部分溶液移入1~2cm吸收池中，于分光光度计波长700nm处，以水为参比，测定吸光度。

16.10.2　三氧化二铁含量的测定——邻二氮杂菲光度法（GB/T 6609.4—2004，YS/T 534.4—2007）

用盐酸羟胺将三价铁还原为二价铁，在乙酸-乙酸钠缓冲溶液中加入邻二氮杂菲使之形成络合物，于分光光度计波长510nm处测量其吸光度，借以测定三氧化二铁量。本方法适用于氧化铝或氢氧化铝中0.005%~0.100%三氧化二铁的测定。

测定方法：分取50.00mL试液（氧化硅测定中制备的溶液）于100mL容量瓶中，加入5.0mL盐酸羟胺溶液（10g/L），混匀。加入5.0mL邻二氮杂菲溶液（1g/L）和25.0mL乙酸-乙酸钠缓冲溶液（pH=4.9），用水稀释至刻度，混匀，放置10min。将部分溶液移入1cm吸收池中，以水为参比，于分光光度计波长510nm处，测定吸光度。

16.10.3　氧化钠和氧化钾含量的测定——火焰光度法、火焰原子吸收光谱法（GB/T 6609.5—2004，GB/T 6609.6—2004，YS/T 534.5—2007）

试样用硼酸和淀粉高温熔结后，使钠和钾转变为硼酸盐，用水浸出后，分离不溶物。加入正丁醇作增感剂，分别于原子吸收光谱仪波长589.0nm和766.5nm处，测量氧化钠和氧化钾的吸光度。本方法适用于氧化铝或氢氧化铝中0.01%~1.20%氧化钠、0.002%~0.12%氧化钾的测定。

测定方法：称取0.5000~1.0000g试样置于铂坩埚中，加入1.5g硼酸和0.5g淀粉，搅匀，盖上坩埚盖，置于高温炉中。从室温升温至（1100±20）℃，保温10min，取出。加入沸水，加热至近沸腾，浸取熔块，将熔块及溶液移至150mL烧杯中，控制溶液体积不超过70mL。将烧杯置于电热板上加热至微沸，用平头玻璃棒将熔块压细，保持微沸10min，取下，冷却至室温。将溶液及不溶物移至100mL容量瓶中，用水洗净烧杯，洗涤液并入容量瓶中，并稀释至刻度，混匀。用中速定量滤纸过滤（滤纸及漏斗预先用盐酸（1+19）及热水洗涤4~5次），再用初始部分滤液洗涤2次。移取适量滤液于50mL容量瓶中，加入3.50mL正丁醇，振荡，使正丁醇均匀，用水稀释至刻度，混匀。使用空气-乙炔火焰，分别于原子吸收光谱仪波长589.0nm和766.5nm处，以随同试料的空白溶液调零，测量氧化钠和氧化钾的吸光度。

16.10.4　氧化钙含量的测定——火焰原子吸收光谱法（GB/T 6609.13—2004）

试样于聚四氟乙烯密封溶样器中，加盐酸恒温溶解后，在消电离剂钠离子和释放剂锶盐的存在下，用一氧化二氮-乙炔火焰，采用火焰原子吸收光谱法测定氧化钙含量。本方法适用于氧化铝中 0.005% ~0.150% 氧化钙的测定。

测定方法：称取 0.5000g 试样，置于聚四氟乙烯溶样器中，加入 8.0mL 盐酸（1 + 1）；将溶样器装入钢套中，上紧钢套盖；置于烘箱中升温至（240 ± 3）℃，保温 5h，取出，自然冷却至室温；取出反应杯，将溶液移入 50mL 容量瓶中，用水洗净反应杯，洗涤液并入容量瓶中（当试样中氧化钙含量大于 0.06% 时，用水稀释至刻度，混匀，分取 20.00mL 于 50mL 的容量瓶中），加入 5mL 氯化锶溶液（100g/L）和 4mL 氧化钠溶液（10mg/mL），用水稀释至刻度，混匀。随同试样做空白试验。在原子吸收光谱仪上，于波长 422.7nm 处，用一氧化二氮-乙炔火焰，以水调零点，测量其吸光度。

16.10.5   氧化镁含量的测定——火焰原子吸收光谱法（GB/T 6609.20—2004）

试样于聚四氟乙烯密封溶样器中，加盐酸恒温溶解，在释放剂锶盐存在下，使用空气-乙炔火焰，于原子吸收光谱仪波长 285.2nm 处测量其吸光度。大量的氧化铝基体对测定有影响，在系列标准溶液中加入等量的氧化铝和释放剂锶盐减少其影响。本方法适用于氧化铝中 0.001% ~0.025% 氧化镁的测定。

测定方法：与测定氧化钙时的溶样相同，取出，自然冷却至室温，取出反应杯。将溶液移入 50mL 容量瓶中，用水洗净反应杯，洗涤液并入容量瓶中，加入 10.0mL 氯化锶溶液（100g/L），用水稀释至刻度，混匀；当试样中氧化镁含量大于 0.01% 时，将溶液移入 50mL 容量瓶中，用水稀释至刻度，混匀，分取 20.00mL 于 50mL 容量瓶中，加入 5.0mL 氯化锶溶液（100g/L），用水稀释至刻度，混匀。使用空气-乙炔火焰，于波长 285.2nm 处，以水调零点，测量其吸光值。

16.10.6   水分的测定——重量法（YS/T 534.1—2007）

试样在（110 ± 5）℃烘干 2h，以失去的质量计算水分含量。本方法适用于氢氧化铝中 1.0% ~20% 水分的测定。

测定方法：将称量瓶盖部分打开，置于（110 ± 5）℃的烘箱中，干燥 1h，取出，置于干燥器中，冷却 30min，称量；将试样约 5g 置于称量瓶中，盖上瓶盖称量；将瓶盖部分打开，置于烘箱中，控制温度（110 ± 5）℃，干燥 2h，取出置于干燥器中，冷却 30min，盖严瓶盖称量，所有称量都应精确至 0.0001g。

16.10.7   300℃和1000℃质量损失的测定——重量法（GB/T 6609.2—2009，YS/T 534.2—2007）

将氧化铝样品置于（300 ± 2）℃烘干 2h，根据质量损失计算水分（MOI），然后将样品置于（1000 ± 10）℃灼烧 2h，根据质量损失计算灼减（LOI）。本方法适用于氧化铝中 0.2% ~5% 的水分和 0.1% ~2% 灼烧失量的测定。

测定方法：将铂坩埚和盖置于高温炉中，控制温度（1000 ± 10）℃，灼烧 10min，取出稍冷，置于干燥器中，冷却 10min，称量；向铂坩埚中加入约（5 ± 0.5）g 试样，将坩埚盖打开，置于烘箱中，控制温度（300 ± 2）℃，干燥 2h，取出，置于干燥器中，冷却 10min，盖好坩埚盖，称量；将坩埚盖打开，置于高温炉中，控制温度（1000 ± 10）℃，灼烧 2h，取出稍冷，置于干燥器中，盖上铂盖，冷却 30min，称量，所有称量都应精确至 0.0001g。

16.10.8 X 射线荧光光谱分析法测定杂质元素 （GB/T 6609.30—2009）

试样用无水四硼酸锂和偏硼酸锂混合熔剂 （12 + 22） 熔融，加少量溴化锂作脱模剂。试样和熔剂比为 1:2 ~ 1:5 均可。在 1100℃ 以上熔融，制成玻璃样片。用 X 射线荧光光谱仪进行测量。测定用氧化铝标准样品或用纯化学试剂合成两点回归作标样，用基体校正，但是冶炼级的氧化铝杂质含量很低，基体影响很小，用氧化铝标准样品校正。方法适用于氧化铝中以下元素的测定：硅、铁、钠、钾、钙、钛、磷、钒、锌和镓。

16.10.9 白度的测定 （YS/T 469—2004）

物体反射率因数为该物体对特定波长的光反射的辅通量与同样条件下完全反射漫射体反射的辅通量之比。白度是表征物体色白的程度，白度值越大，则物体的反射率因数越大。完全反射漫射体的白度等于 100。该方法以试料板对主波长 (457 ± 2) nm 蓝光的反射因数与氧化镁标准白板反射漫射因数的对比，作为氧化铝和氢氧化铝及其化学制品白度的测定方法。本方法适用于氧化铝、氢氧化铝及化学制品在标准照明体 D65 照明、漫射/垂直 (d/0) 或垂直/漫射 (0/d) 光学几何条件下蓝光白度 W_B 在 70% ~99.9% 的测定。

测定方法：氧化铝及其化学制品在 (300 ± 10)℃ 烘干 2h，置于干燥器中，冷却至室温。氢氧化铝及其化学制品在 (110 ±5)℃ 烘干 2h，置于干燥器中，冷却至室温。根据试板的直径和厚度及试样粒度情况，取一定量的试样，制样前将粉末压样器各部件进行清洗和干燥，将试样移入压样器中，按压样器的操作程序压制试板，将压样盒中毛玻璃板片小心从样品板表面移下，紧靠毛玻璃板片为成形工作面。在柔和的光照下检查压片情况，压片应无光泽、无凹陷、无凸起、无划痕、无裂纹、无污点。细微粒度样品的试板表面平整，粗粒度样品的试板表面较粗糙。选择光谱响应波长为 457nm，开机预热达到性能稳定。用标准黑筒为仪器调零，用与试板白度接近的工作标准白板校正白度计至规定的量值。稳定后，分别测定每块试板的白度，读数精确至 0.1。

16.10.10 粒度的测定

16.10.10.1 干筛分法测定粒度 （YS/T 438.1—2001，GB/T 6609.27—2009）

将装有氧化铝试样的电成形分析套筛放在振筛机上进行振筛，待分级结束后，测其不同筛级残留颗粒和试验筛的质量，计算出该样品的粒度分布，筛分的整个操作过程应在大气相对湿度不大于 50% 的条件下完成。

测定方法：分析筛筛网由光滑的电成形的方孔薄片构成，应无变形或破损，分析筛孔堵塞率应不大于 10%，否则应用超声波清洗器进行清洗。清洗后的分析筛需在 100℃ 进行干燥。将选好的分析筛从筛底盘开始，从底到顶部按筛孔递增顺序组装好。用天平称取 30 ~50g 试样，精确至 0.01g，放入顶层分析筛，套上筛顶盖，密封。将套筛固定在振筛机，振筛 30min。取出套筛，连同试样一起称量每个试验筛和筛底，精确到 0.01g。

16.10.10.2 激光法测定粒度

激光法测定氧化铝粒度是 He-Ne 激光源产生激光，激光通过激光扩束器形成大小和强度稳定的平行光束，该平行光束照射到通过强气流分散的颗粒上，经过傅里叶光学镜头，多元探测器记录来自测量区域的不同衍射角的衍射光强度，将这些包含粒度分布信息的光信号转换成电信号并传输到电脑中，通过专用软件用 Mie 散射理论或 Fraunhofer 衍射理论对这些信号进行处理，就会准确地得到所测试样品的粒度分布。

激光法测定氧化铝粒度方法分为干法和湿法两种。

16. 10. 10. 3　湿筛分法测定粒度小于 $20\mu m$ 颗粒的含量（GB/T 6609. 37—2009）

用丙酮，使氧化铝样品筛分通过 $20\mu m$ 的电成形筛，在 300℃ 烘干后计算筛上物料的含量，测定范围不大于 4%。

称取（2±0.1）g 试样，放入 $20\mu m$ 的电成形筛上，在通风橱内，用约 50mL 丙酮润湿筛子上的试料，用洗瓶喷射丙酮水流，用刷子刷洗物料，使小于 $20\mu m$ 颗粒通过筛子，最后收集筛上的物料，在（300±10）℃ 烘箱中烘干 2h 后，在干燥器中冷却后称量。

16. 10. 11　磨损指数的测定——流化床法（GB/T 6609. 33—2009，YS/T 438. 2—2001）

氧化铝试样分成两部分，一部分试样直接筛分测定其小于 $45\mu m$ 粒级的质量分数；另一部分试样在流化床内，以一定的气流循环吹动进行磨损，然后筛分测定其小于 $45\mu m$ 粒级的质量分数，根据两部分试样小于 $45\mu m$ 粒级质量分数的变化计算出试样的磨损指数。氧化铝和氢氧化铝磨损指数测定仪由中国铝业郑州研究院依据国际标准研制而成，在中铝公司乃至整个铝行业均采用该仪器。磨损指数测定装置组成如下：流化管为硬质玻璃管，内径为 25mm，长度为 1500mm，垂直放置，底部固定于底座支撑法兰上与试料筒连接；试料筒的内径为 25mm，高度为 120mm；进气漏孔是直径为（0.381±0.002）mm 的漏孔，经校准在试样筒中心；收尘筒；储气罐为钢制；流速调节阀；压力表，最大量程为 1MPa。

测定方法：测定试样前，用氧化铝标准样品进行流量标准和标准样品磨损指数值的测定。测定时应将试样充分混匀后取出两份试样进行。一份按 16. 10. 10 节进行磨损前试样粒度分布的测定。准确称取（50.00±0.01）g 试样，倒入磨损指数测定仪试料筒中，连接好测定装置，关闭储气罐出气阀，打开储气罐进气阀，根据标准样品标准的流量调整储气罐压力流量为设定流量的 ±0.1L/min。试样在流化管内循环吹动 15min 后关闭进气阀门，从试料筒中取出试样，对在流化床磨损后的试样进行粒度分布的测定。

16. 10. 12　α-氧化铝含量的测定——X 射线衍射法（GB/T 6609. 32—2009，YS/T 438. 5—2001，YS/T 89—1995）

试样在 X 射线衍射仪上，在相同的衍射条件下，分别测定试样和含量为 100% α-氧化铝标准样品（d 为 0.348nm）的（012）晶面的衍射峰的面积，计算试样与标准样品的（012）晶面的衍射峰的净面积之比，从而得到试样中的 α-氧化铝含量。

测定方法：调节 X 射线衍射仪，使其达到测量要求的稳定状态，用沾有无水乙醇的棉球将玛瑙研钵擦洗干净，吹干备用。在玛瑙研钵中将试样和标准样品均研磨至粒径为小于 $45\mu m$。将研磨好的试样压制成片。在 X 射线衍射仪上按照一定的顺序测定试样和标准样品的（012）晶面衍射峰的面积和本底面积。对于 CuK_α 线，（012）晶面的 2θ 角为 25.58°。

16.10.13　比表面积的测定——BET 法（GB/T 6609. 35—2009，YS/T 438. 4—2001）

根据低温物理吸附原理，通过测定试样在液氮的温度下对氮气的吸附量，利用 BET 多层吸附理论及其公式计算试样的比表面积。

测定方法：将空试样管在120℃下烘干30min 左右，放入干燥器中冷却至室温，称其质量。将试样装入试样管中，将试样连同试样管一起在120℃下烘干2h，取出置于干燥器中冷却至室温。将烘好的试样及试样管以差减法求出试样的质量，在试样管一端轻轻塞上玻璃棉，将填好的试样管保存在干燥器内。试样的装填量为0.05g 左右，精确至0.01mg。使用单气路的连续流动法，将冷阱管的接头连接。调整好气路使得到的相对压力在所需的量程之间（0.25～0.35），阻力阀的开度应适当，阻力阀开到一定开度后，用稳压阀调节改变气体的流量，载气的流速范围控制在30～50mL/min，混合气总流速控制在30～70mL/min。安装试样管，并将恒温炉套在试样管上，接通气路检查气路的密封性，启动电路部分，打开恒温炉温控开关，温度转换开关放在120℃挡，对试样进行通气热处理30min，热导池桥流控制在160mA，六通阀置于脱附位置，调节好气体流速。在冷阱上套上盛满液氮的杜瓦瓶。打开计算机，启动测定软件，设置好测定参数，调整基线，待仪器各部分稳定后开始测定，将试样管浸入盛满液氮的杜瓦瓶中，立即开始进行数据采集，检测器的极性换向打到吸附位置，此时显示屏上出现一色谱峰为吸附峰；待基线回归后，取下套在试管外的杜瓦瓶进行脱附，并换向，显示屏上出现一色谱峰为脱附峰。待基线回归后，结束采集。

16.10.14　松装密度的测定（GB/T 6609. 25—2004）

试样在无振动的情况下，从固定不变的高度自由落下，填满一个已知容积的固定容器中，根据试样的质量和体积计算出松装密度。松装密度测定装置组成如下：漏斗：直径为100mm，锥度为60°，颈长8mm，下端内径为6mm；圆筒：容积约200cm³，内径与内高之比约1∶6，内底为平面；环形漏斗架：在有支柱的坚固的底台上安装固定漏斗的环形架，长螺丝将环形架固定在支柱上，并可自由调节，将漏斗装在高出圆筒预定的水平面上。

测定方法：氧化铝试样在（300±25）℃保温2h，冷却到100℃左右取出，装入密闭的磨口瓶中，再放入干燥器内保存待用。称量圆筒的质量，再称量加满水后的圆筒质量，将圆筒干燥后置于底台上，调节漏斗使其中心线与圆筒中心线相重合，并使漏斗下端面与圆筒顶部平面距离为10mm。使试样距离漏斗上方约40mm 处往漏斗中心自由流入，使整个装置无振动，下料流量控制在20～60g/min，如果漏斗颈处发生阻塞，可用金属丝导通下料口，但不可振动圆筒。当试样在圆筒顶部形成锥体并开始溢出时，则停止加试样，然后用平直的钢尺沿圆筒容器的上边缘轻轻地刮去那部分多余的试样，称量圆筒和氧化铝的总质量，全部称量精确至0.01g。

16.10.15　有效密度的测定——密度瓶法（GB/T 6609. 26—2004）

将试样置于预先测定了质量和体积的密度瓶中，充分脱气后，根据试样的质量和体积计算出真密度。

测定方法：氧化铝试样在（300±25）℃（氢氧化铝在120℃左右）烘干2h，冷却到100℃左右取出，装入密闭的磨口瓶中，再放入干燥器内保存待用。取试样约10g放入密度瓶中，然后称量，用少量的二甲苯润湿装有密度瓶的玻璃磨口部分，并浸湿试样。安上排气装置，连接到真空系统上，用水银压力计控制真空度，盖上密度瓶支管的盖子，慢慢打开活塞抽真空约15min，然后关闭活塞，使二甲苯从分液漏斗中缓缓滴入密度瓶直至密度瓶2/4～3/4处；细心地再打开活塞，仍与真空泵接通，并不时轻轻敲密度瓶的侧面，以利于气泡逸出，直到完全脱气为止。抽气完毕后，在密度瓶中再注入二甲苯直到套塞处，并插入温度计，用恒温水浴将密度瓶的温度稳定在（20±0.1）℃；用细长的玻璃管在毛细管内注满二甲苯，然后从恒温水浴中取出密度瓶，用自来水稍稍冷却，细心调节好温度，盖好毛细管盖，擦干后，迅速称量。所有称量都精确到0.0001g。

16.10.16　安息角的测定（YS/T 438.3—2001，GB/T 6609.24—2004）

将氧化铝试样从一定高度通过漏斗落在水平的金属板上，形成一个圆锥体，圆锥体的锥面和底面的夹角即为安息角。安息角测定装置组成如下：不锈钢漏斗，内径为74mm，下料口内径为6mm，两挡板间固定有孔径1mm的筛网，此漏斗紧固在支架上；电镀钢底板，底板的最小尺寸为270mm×200mm×18mm，在抛光电镀的底板表面上刻有四条互成45°角的直线，在漏斗处的中心部分有一个固定高度量规的定位销，底板下面有三个可调的水平支脚；漏斗高度器，由不锈钢制成，其结构应坚固，漏斗中心线垂直于中心定位销；高度量规，由不锈钢制作的表面抛光圆柱体，高40mm，底部有一凹槽，以便同底部的中心相衔接。

测定方法：试样在（300±10）℃烘干2h，取出置于干燥器中冷却到室温备用。借助水平仪，调节底板上的三个支脚，使测定装置呈水平状态。用高度量规调节漏斗下口刚好与高度量规平行接触，在此位置用螺丝固定好漏斗，并移去高度量规。把烘干好的氧化铝试样从大约40mm高处加入漏斗中心，测定过程中不得振动测定装置。控制下料量为20～60g/min，供料均匀连续。当试样形成的锥体到达漏斗出口时，停止加入试样。记下试样锥体底部圆周的8条半径的读数，按下式计算氧化铝的安息角θ(°)：

$$\theta = \arctan \frac{2h}{d - d_i}$$

式中　　h——试样锥体的高度，mm；

　　　　d——测量的8条半径的算式平均值，mm；

　　　　d_i——漏斗下料口的内径，mm。

16.10.17　吸油量的测定

氧化铝与一定的油料混合均匀至饱和，测定吸附油料的能力表述了氧化铝的吸油量。

测定方法：称取1～2g试样（精确至0.0001g）放于玻璃板上，滴加吸附油，在加油过程中用调墨刀充分仔细研压，务必使油与全部颜料颗粒接触。开始时可加3～5滴，近终点时应逐滴加入。当加最后一滴时，试样与油黏结成团，没有过剩的油滴即为终点，全部操作应在15～20min内完成。

16.10.18 吸附指数的测定 （GB/T 6609.29—2004）

将预先干燥的氧化铝样品暴露在一定温度下水蒸气饱和的气氛中，测量在一定时间以后所吸附的水蒸气的量，以评价氧化铝的吸附能力。

测定方法：将带盖的铂皿放入温度为 1000~1100℃ 高温炉中，加热 15min，取出，放入有硫酸的干燥器中冷却，称量。在铂皿内，称取预先在 300℃ 干燥好的试料 2g，使试样尽量均匀地铺盖在铂皿底上，然后放在 （300±10）℃ 干燥箱中恒温 2h，取出放入有硫酸的干燥器中冷却，称量。将盛有试样的未盖盖子的铂皿放入相对湿度 100% 的恒温恒湿箱中 30min，然后再放入相对湿度为 44% 的干燥器中 105min，取出盖上盖子，称量。将盛有试料铂皿及盖子放在约 110℃ 的干燥箱中烘 15min，取出盖上盖子，放入高温炉中加热，在 500~600℃ 加热 15min，然后放入 1000~1100℃ 高温炉中加热 1h，取出，放入有硫酸的干燥器中冷却，称量，所有称量都应精确至 0.0001g。

16.10.19 流动角的测定 （GB/T 6609.31—2009）

流动角 （angel of flow），即试料在测试瓶中停止流动后，试料形成的锥形面与测试瓶底间形成的角度。将氧化铝通过一系列漏斗倒入平底容器中，允许通过漏斗下漏的氧化铝流出平底容器。根据用于填充容器的试料质量和试验后容器内存在试料的质量计算流动角。

将约 500g 测试样品在 （110±5）℃ 烘箱中干燥过夜后取出，置于活性氧化铝干燥器中，冷却至室温备用。将试料倒入流动角测试仪上的漏斗中，根据标准推荐的步骤进行测定，然后计算样品的流动角。

16.10.20 流动时间的测定 （GB/T 6609.36—2009）

将一定质量的氧化铝放入特制的漏斗中，测定试样流出漏斗的总时间。

称取 （100±0.1）g 小于 1mm 的氧化铝样品，置于一容器中，将特制的漏斗安装好以后，堵住出口，然后将试料倒入漏斗内，在开启出口的同时记录起始时间，待试料完全流出漏斗就停止计时，从而计算试样的流动时间。

16.10.21 三氧化二铝含量的计算方法 （GB/T 6609.34—2009）

氧化铝中 Al_2O_3 含量的分析和报出结果，可以按焙烧基氧化铝进行计算，也可以按干燥基氧化铝进行计算。焙烧基氧化铝中 Al_2O_3 含量的计算是用 100% 减去杂质元素的含量。干燥基氧化铝中 Al_2O_3 含量的计算是用 100% 减去杂质元素的含量和 1000℃ 时的灼烧减量。

17　氧化铝生产过程中的自动控制

＊＊＊＊＊＊＊＊＊＊＊＊＊＊＊＊＊＊＊＊＊＊＊＊＊＊＊＊＊＊＊＊＊

　　现代工业的一个重要特点是生产装置大型化和高度自动化。自动化是大规模工业生产安全操作、平稳运行、提高效率的基本条件和重要保证。现代化程度越高，这种依从关系越紧密。

　　生产过程自动化水平的提高是氧化铝企业增加产量、降低成本、改善质量、增加品种，增强竞争能力的一个重要途径。随着计算机技术、检测技术、网络技术、通信技术以及软件业的迅猛发展，氧化铝行业可以应用许多先进的技术和装备，实现自身综合自动化水平的提高。

17.1　氧化铝生产过程工艺参数的检测

　　氧化铝的生产过程中的许多工序具有高温、高压、结疤、腐蚀等特点，这给工艺参数的检测带来很大的难度。如高压溶出料浆成分的检测、回转窑窑尾烟气气体成分分析、磨机出口矿浆粒度检测、高温高压槽液位检测等过程参数的检测，就会遇到这些问题。近年来，国内外检测技术的迅速发展，为氧化铝生产工艺参数的检测提供了有力的保证，在氧化铝行业积累了许多成功应用的经验。

　　从测量形式上，检测技术可以分为接触测量和非接触测量。接触测量又分为直接测量和间接测量。直接测量就是指直接从测量仪表的读数获取被测量量值的方法。直接测量的特点是不需要对被测量与其他实测的量进行函数关系的辅助运算，因此测量过程迅速，是工程测量中广泛应用的测量方法。间接测量就是通过与被测量有函数关系的其他量的检测，并进行相应的运算，才能得到被测量值的测量方法。由于高压、腐蚀、结疤等原因无法直接接触工艺设备或管道内被测介质的情况常采用间接测量和非接触测量方法。

17.1.1　温度

17.1.1.1　温度测量方法

根据温度传感器的使用方式，温度测量方法通常分为接触法与非接触法两类。

　A　接触法

由热平衡原理可知，两个物体接触后，经过足够长的时间达到热平衡，它们的温度必然相等。如果其中之一为温度计，就可以用它对另一个物体实现温度测量，这种测温方式称为接触法。接触法测温的特点是：温度计与被测物体有良好的热接触，使两者达到热平衡，因而测温准确度较高。用接触法测温时，感温元件必须与被测物料紧密接触，保持与被测物体的热平衡状态，因而会受到被测介质的腐蚀作用，因此，对感温元件的结构和性能要求较苛刻。

B 非接触法

利用物体的热辐射能随温度变化的原理测定物体温度的测温方式称为非接触法。其特点是不与被测物体接触，也不改变被测物体的温度分布，热惯性小。从原理上看，用这种方法测温上限很高。通常用来测定1000℃以上的移动、旋转或反应迅速的高温物体的表面温度。

接触法与非接触法测温特性比较见表17-1。常用温度计的种类及特性见表17-2。

表 17-1 接触法与非接触法测温特性的比较

测量方法	接 触 法	非 接 触 法
特 点	测量热容量小的物体有困难，测量移动物体有困难；可测量任何部位的温度，便于多点集中测量和自动控制	不改变被测介质温度场，可测量移动物件的温度，通常测量表面温度
测量条件	测温元件要与被测对象很好接触；接触测温元件不能使被测对象的温度发生变化	由被测对象发出的辐射能充分照射到检测元件；被测对象的有效发射率要准确知道，或者具有重现的可能性
测量范围	容易测量1000℃以下的温度，测量1200℃以上的温度有困难	测量1000℃以上的温度较准确，测量1000℃以下的温度误差大
准确度	通常为 0.5% ~ 1%，依据测量条件可达0.01%	通常为20℃左右，条件好的可达5~10℃
响应速度	通常较慢，为1~3min	通常较快，为2~3s，较慢的测量也在10s内

表 17-2 常用温度计的种类及特性

原 理	种 类		使用温度范围/℃	量值传递温度范围/℃	准确度/℃
膨 胀	水银温度计		-50~650	-50~550	0.1~2
	双金属温度计		-50~500	-50~500	0.5~5
压 力	液体压力温度计		-30~600	-30~600	0.5~5
	蒸汽压力温度计		-20~350	-20~350	0.5~5
电 阻	铂电阻温度计		-260~1000	-260~961	0.01~5
	热敏电阻温度计		-50~350	-50~350	0.3~5
热电动势	热电温度计	B	0~1800	0~1600	4~8
		S·R	0~1600	0~1300	1.5~5
		N	0~1300	0~1200	2~10
		K	-200~1200	-180~1000	2~10
		E	-200~800	-180~700	3~5
		J	-200~800	-180~600	3~10
		T	-200~350	-180~300	2~5

原 理	种 类	使用温度范围/℃	量值传递温度范围/℃	准确度/℃
热辐射	光学高温计	700~3000	900~2000	3~10
	光电高温计	200~3000	600~2500	1~10
	辐射温度计	100~3000		5~20
	比色温度计	180~3500		5~20

注：热电温度计以字母 B、S·R 等表示分度号。

17.1.1.2 测温方法的应用

可以采用常规测量方法的介质有：水、蒸汽、空气、不结疤的溶液和料浆等，这些均可采用直接测量方法。用常规测量方法无法实现的，可以采用间接测量和非接触测量方法。各种测温方法检测的工艺参数及检测仪表见表 17-3。

表 17-3 各种测温方法检测的工艺参数及检测仪表

测量方法		被测量工艺参数	采用的检测仪表
接触测量	间接测量	脉冲缓冲器的温度	表面热电阻
		预热溶出器出口矿浆温度	表面热电阻
		溶出单元入口矿浆温度	表面热电阻
		套管预热器矿浆出口温度	表面热电阻
		非连续被测参数（工艺设备或管道内介质）	手持式温度计
	直接测量	分离沉降槽温度	铠装铂热电阻
		蒸发器汽室温度	铂热电阻
		直接加热器出料温度	铂热电阻
		闪蒸槽蒸汽温度	铂热电阻
		洗水温度	铂热电阻
非接触测量		烧成窑的煅烧带温度	红外辐射高温计

17.1.2 压力

17.1.2.1 压力测量方法

根据不同工作原理，压力检测方法可分为如下几种：

(1) 重力平衡方法。这种方法利用一定高度的工作液体产生的重力或砝码的质量与被测压力相平衡的原理，将被测压力转换为液柱高度或平衡砝码的质量来测量。例如液柱式压力计和活塞式压力计。

(2) 弹性力平衡方法。利用弹性元件受压力作用发生弹性变形而产生的弹性力与被测压力相平衡的原理，将压力转换成位移，通过测量弹性元件位移变形的大小测出被测压力。此类压力计有多种类型，可以测量压力、负压、绝对压力和压差，应用最为广泛。

(3) 机械力平衡方法。这种方法是将被测压力经变换元件转换成一个集中力，用外力与之平衡，通过测量平衡时的外力测得被测压力。力平衡式仪表可以达到较高精度，但是结构复杂。

（4）物性测量方法。利用敏感元件在压力的作用下，其某些物理特性（如电量）发生与压力成确定关系变化的原理，将被测压力直接转换为各种电量来测量。如应变式、压电式和电容式压力传感器等。

17.1.2.2 压力测量方法的应用

氧化铝生产中的各种压力测量方法及常用检测仪表见表17-4。

表 17-4 各种压力测量方法及常用检测仪表

被测参数	常用方法	常用检测仪表
空气压力	电容型	压力变送器（结构材料为316不锈钢）
蒸汽压力	电容型	压力变送器（结构材料为316不锈钢）
水压力	电容型	压力变送器（结构材料为316不锈钢）
料浆和溶液压力	电容型	压力变送器（结构材料为哈氏合金C）
油压力	电容型	压力变送器（结构材料为哈氏合金C）

17.1.3 流量

17.1.3.1 流量测量方法

流量的测量按照测量方式分为接触测量与非接触测量。测量方式是依据被测量的介质和采用的测量仪表决定的。

流量测量的物理原理大致可以归纳为以下几类：
（1）利用伯努利方程原理，通过测量流体差压信号来反映流量的差压式流量测量法；
（2）通过直接测量流体流速来得出流量的速度式流量测量法；
（3）利用标准小容积来连续测量流量的容积式测量；
（4）以测量流体质量流量为目的的质量流量测量法。

17.1.3.2 流量仪表的主要技术参数

流量仪表有以下主要技术参数：
（1）流量范围。流量范围指流量计可测的最大流量与最小流量的范围。
（2）量程和量程比。流量范围内最大流量与最小流量值之差称为流量计的量程。最大流量与最小流量的比值称为量程比，也称流量计的范围度。
（3）允许误差和精度等级。流量仪表在规定的正常工作条件下允许的最大误差称为该流量仪表的允许误差，一般用最大相对误差和引用误差来表示。

流量仪表的精度等级是根据允许误差的大小来划分的，其精度等级有：0.02、0.05、0.1、0.2、0.5、1.0、1.5、2.5等。
（4）压力损失。压力损失的大小是流量仪表选型的一个重要技术指标。压力损失小，流体能消耗小，输运流体的动力要求小，测量成本低；反之则能耗大。因此，一般希望流量计的压力损失愈小愈好。

17.1.3.3   流量测量方法的应用

氧化铝生产中的各种流量测量方法及常用检测仪表见表 17-5。

表 17-5   各种流量测量方法及常用检测仪表

被测参数	常用方法	常用检测仪表
空气流量	接触测量	威力巴流量计，V 堆流量计，节流装置
蒸汽流量	接触测量	孔板，喷嘴
水流量	接触测量和非接触测量	电磁流量计，超声流量计
料浆和溶液流量	接触测量和非接触测量	电磁流量计，超声流量计
油流量	接触测量	质量流量计

17.1.4   物位

17.1.4.1   物位测量方法

A   雷达式物位检测

雷达天线以波束的形式发射频率为 2.4 ~ 24GHz 的脉冲信号，由天线接收反射回来的回波信号。雷达脉冲信号从发射到接收的运行时间与传感器到被测介质表面的距离成比例。雷达以光速传播，传播速度与介质无关。因此，雷达传感器可以工作在高温（采用测量窗或弯管天线，介质温度可达 1000℃）、高压（选择合适的法兰构造，可达 6.4MPa）和真空的环境中。

天线的形式有 3 种：棒式、喇叭式和导波管式。前两种为非接触测量。棒式天线雷达一般工作在 150℃ 以下，介质介电常数大于 3，带塑料护套的棒式天线特别适合测强腐蚀性的介质。喇叭式天线雷达工作温度可达 400℃，介质介电常数较小，为 2 ~ 3，由于喇叭口天线可以提供很好的聚焦效果，对黏附的介质不敏感，因此当介质表面有很强的旋涡或泡沫层时，最好采用这种天线形式。当介质的介电常数很小（小于 1.5）、工况恶劣、液面波动大、槽内结构件较多时，适宜采用导波管式的雷达。

B   超声波物位检测

超声波物位传感器通过高性能的压电陶瓷探头发射聚焦的脉冲波束，发射波遇到介质表面后被反射回来。反射信号经过智能化软件和硬件处理，滤去噪声，算出声波的运行时间，进而测得探头与介质表面的距离，输出对应于物位的模拟或数字信号。超声波的特点是：声波在介质中传播与介质及介质状态有关；传播中会因吸收而衰减，衰减的程度依气、液、固的次序减小；两种界面因密度的不同产生反射或折射；从液体或固体垂直到达空气分界面的超声波全部反射回来。

C   静压式物位检测

物位的检测是通过测量压差 Δp 得到的：

$$\Delta p = p_B - p_A = H\rho g$$

D   浮力式物位检测

浮力式液位计的工作原理是当液位变化时漂浮在液体表面的浮子随之同步移动，这一移动距离通过机构传出或变成气信号或电信号，即可测出液位，这是变浮力式测量。也可将浮子的一部分浸入液体中，并使之不能自由漂浮，则其所受的浮力将随液位或相界面位置而变化，测出此浮力变化即可测出液位，这是恒浮力式测量。

17.1.4.2   物位测量方法的应用

氧化铝生产中的各种物位的测量方法及常用检测仪表见表17-6。

表 17-6   各种物位的测量方法及常用检测仪表

物 位	被测参数料位	常用方法	常用检测仪表
料 位	原料仓料位	非接触测量	雷达料位计，超声波料位计
	煤粉仓料位	非接触测量	雷达料位计，超声波料位计
	氧化铝储槽料位	非接触测量	雷达料位计
液 位	母液槽、原液槽液位	非接触测量	雷达料位计
	碱液槽、稀释槽液位	非接触测量	雷达料位计
	蒸发器、自蒸发器液位	非接触测量	同位素液位计
	溶出器、闪蒸器液位	非接触测量	同位素液位计
其他液位	液位（水）	接触测量	雷达料位计，超声波料位计，静压式物位计，浮球液位计等
	液位（油）	非接触，接触测量	静压式物位计，雷达料位计
	液位（高温）	非接触测量	雷达料位计

17.1.5   密度

在氧化铝生产过程中需要检测密度的介质大多是料浆和溶液，常采用的方法是同位素测量方法，常用的检测仪表就是同位素密度计。

同位素密度计是一种利用放射性同位素和核辐射对非电参数实现检测和控制的新型仪表。仪器内设有放射性同位素辐射源，其放射性辐射（例如 γ 射线）在透过一定厚度的被测样品后被射线检测器所接收。一定厚度的样品对射线的吸收量与该样品的密度有关，而射线检测器的信号则与该吸收量有关，因此可反映出样品的密度。

17.2   氧化铝生产过程执行单元

17.2.1   调节阀

调节阀被称为生产过程自动化的"手脚"，在调节控制系统中是必不可少的。调节阀直接安装在工艺管道上，可能经受高温高压、深度冷冻、极毒、易燃、易爆、易渗透、易结晶、强腐蚀和高黏度等恶劣条件。调节阀质量的优劣直接影响到控制系统的可靠性和精确性，必须注意选型和维护。

17.2.1.1 调节阀的分类

调节阀是流体输送系统中的控制部件，具有截止、调节、导流、防止逆流、稳压、分流或溢流泄压等功能。用于流体控制系统的阀门，从最简单的截止阀到极为复杂的自控系统中所用的各种阀门，其品种和规格相当繁多。阀门可用于控制空气、水、蒸汽、各种腐蚀性介质、泥浆、油品、液态金属和放射性介质等各种类型流体的流动。阀门的启闭可采用多种控制方式，如手动、气动、电动、液动、电-气或电-液联动及电磁驱动等；也可在压力、温度或其他形式传感信号的作用下，按预定的要求动作，或者只进行简单的开启或关闭。

调节阀类包括调节阀、节流阀和减压阀，根据结构分为 10 个大类：

（1）单座调节阀；

（2）双座调节阀；

（3）套筒调节阀；

（4）角形调节阀；

（5）三通调节阀；

（6）隔膜阀；

（7）蝶阀；

（8）球阀；

（9）偏心旋转阀；

（10）全功能超轻型调节阀。

前 6 种为直行程，后 4 种为角行程。

调节阀通常由电动执行机构或气动执行机构和调节阀门两部分组成。氧化铝生产中的各种常用的调节阀的功能比较见表 17-7。

表 17-7　各种常用调节阀的功能比较

类　型		调节	切断	克服压差	防堵	耐蚀	耐压	耐温	质量	外观
直行程	单座阀	√	○	×	×	√	√	√	×	×
	双座阀	√	×	√	×	○	√	√	×	×
	套筒阀	√	×	√	×	○	√	√	×	×
	角形阀	√	○	×	○	√	√	√	×	×
	三通阀	√	○	√	×	×	√	√	×	×
	隔膜阀	×	√	×	√	○	×	×	×	×
角行程	蝶阀	√	√	×	√	○	√	√	√	√
	球阀	√	√	√	√	√	√	√	×	×
	偏心旋转阀	√	√	√	√	√	√	√	×	×
	全功能超轻型调节阀	√	√	√	√	√	√	√	√	√

注："√"表示最佳；"○"表示基本可以；"×"表示差。

由表17-7可知，单座阀、双座阀和套筒阀几种主导产品的最佳功能仅有4个，故在使用中常出问题。蝶阀是较好的产品，最佳功能有7个，切断型蝶阀有更多的应用。全功能超轻型调节阀，它以超轻、kv值（调节阀的流通能力，m/h）大、可调范围大、允许压差大、泄漏小、防堵、耐温、耐蚀、耐压等卓越性能，得到了广泛的应用。

17.2.1.2　调节阀的流量特性

调节阀的流量特性有直线特性、等百分比特性、快开特性和抛物线特性四种，如图17-1所示。

调节阀的四种流量特性的比较见表17-8。

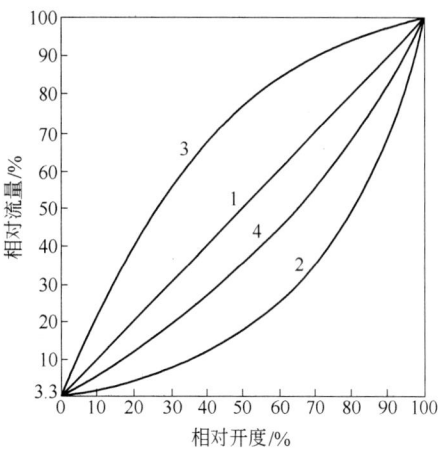

图 17-1　调节阀的流量特性
1—直线；2—等百分比；3—快开；4—抛物线

表 17-8　调节阀的四种流量特性比较

流量特性	性　质	特　点
直　线	调节阀的相对流量与相对开度呈直线关系	(1) 小开度时，流量变化大，而大开度时流量变化小； (2) 小负荷时，调节性能过于灵敏而产生振荡，大负荷时调节迟缓而不及时； (3) 适应能力较差
等百分比	单位相对行程的变化引起的相对流量变化与此点的相对流量成正比	(1) 单位行程变化引起流量变化的百分率是相等的； (2) 在全行程范围内工作都较平稳，工作更为灵敏有效； (3) 应用广泛，适应性强
快　开	在阀行程较小时，流量就有比较大的增加，很快达最大	(1) 在小开度时流量已很大，随着行程的增大，流量很快达到最大； (2) 一般用于双位调节和程序控制
抛物线	特性介于直线特性和等百分比特性之间，使用上常以等百分比特性代之	(1) 特性介于直线特性与等百分比特性之间； (2) 调节性能较理想但阀瓣加工较困难

从上述四种特性的分析可以看出，就其调节性能而言，以等百分比特性为最优，其调节稳定，调节性能好。而抛物线特性又比直线特性的调节性能好，可根据使用场合的要求不同，挑选其中任何一种流量特性。

17.2.1.3　调节阀的应用

在确定了被控流体的种类、温度、压力、黏度、密度、腐蚀性、最大和最小流量、进出口管径等参数后，才可确定调节阀的结构形式和尺寸。满足使用要求的调节阀可能有几种，应考虑综合因素，如使用寿命、结构简单、维护方便等来选用。适合各种介质的调节阀形式见表17-9。

表 17-9 适合各种介质的调节阀形式

介 质	阀 门 形 式	介 质	阀 门 形 式
水	单座调节阀，双座调节阀	溶 液	球阀，偏心阀
蒸 汽	单座调节阀，角形阀，蝶阀	料 浆	球阀，偏心阀
空 气	单座调节阀，角形阀		

17.2.2 执行机构

根据调节机构的结构不同，执行机构有两种安装形式：

（1）直接安装式。执行器安装在调节机构（一般是调节阀）的上部，直接带动调节机构的门芯做往复式运动，以改变通过调节阀的流体流量，如直行程电动执行器、电磁阀、电动阀门的电动装置、气动薄膜执行机械和气动活塞执行机构等。

（2）间接安装式。执行器与调节机构分开安装。调节机构为杠杆式调节门、旋转式调节门或风门挡板等。执行器的输出轴通过拉杆与调节机构连接，做回转式运动，以改变通过调节机构的介质流量，如角行程电动执行器和气动长行程执行器等。

执行机构分为电动执行器和气动执行器：

（1）电动执行器。由两相伺服电动机、减速器及位置发送器等部分组成。当使用于自动调节系统时，接受变送单元或调节单元发出来的直流电流信号（变化范围为 $4 \sim 20$ mA），并转换成相应的角位移或线位移，去推动调节机构。如果与电动操作器配合使用时，可无扰动地由自动调节切换成手动调节，或由手动调节切换成自动调节。电动执行机构（不装伺服放大器）还可与控制开关（转换开关）配合，用于远方控制。

电动执行器按照其结构形式和工作方式可分为角行程电动执行器和直行程电动执行器。

（2）气动执行机构。其包括：电信号气动长行程执行机构、气动薄膜执行机构、气动活塞执行机构，信号压力范围为 $0.02 \sim 0.1$ MPa。

17.3 氧化铝生产计算机过程控制

17.3.1 计算机控制技术

17.3.1.1 集散型控制系统的概念

集散型计算机控制系统又名分布式计算机控制系统，简称集散型控制系统（DCS）。其实质是利用计算机技术对生产过程进行集中监视、操作、管理和分散控制的一种新型控制技术。它是由计算机技术、信号处理技术、测量控制技术、通信网络技术和人机接口技术相互发展和渗透而形成的。集散型控制系统概括起来由集中管理部分、分散控制监测部分和通信部分组成。集中管理部分又可分为工程师站、操作站和管理计算机。工程师站主要用于组态和维护，操作站则用于监视和操作，管理计算机用于全系统的信息管理和优化控制。通信部分连接集散型控制系统的各个分部，完成数据、指令及其他信息传递。集散型控制系统软件是由实时多任务操作系统、数据库管理系统、数据通信软件、组态软件和各种应用软件所组成。使用组态软件这一工具，就可生成用户所要求的实用系统。

集散型控制系统具有通用性强、系统组态灵活、控制功能完善、数据处理方便、显示操作集中、人机界面友好、安装简单规范化、调试方便、运行安全可靠的特点。它能够适应工业生产过程的各种需要，提高生产自动化水平和管理水平，提高产品质量，降低能源消耗和原材料消耗，提高劳动生产率，保证生产安全，创造最佳效益。

17.3.1.2 集散型控制系统的设计思想及特点

集散型控制系统是采用标准化、模块化和系列化设计，由过程控制级、控制管理级和生产管理级组成的一个以通信网络为纽带的集中显示操作管理，控制相对分散，具有灵活配置、组态方便的多级计算机网络系统结构。集散型控制系统具有以下各类特性：

（1）自主性。系统上各工作站是通过网络接口链接起来的，各工作站独立自主地完成合理分配给自己的规定任务，如数据采集、处理、计算、监视、操作和控制等。系统各工作站都采用最新技术的微计算机，存储容量容易扩充，配套软件功能齐全，是一个能够独立运行的高可靠性系统，而且可以随着微处理器的发展而更新换代。系统操作方便、显示直观，提供了装置运行下的可监视性。

集散型控制系统控制功能齐全，控制算法丰富，连续控制、顺序控制和批量控制集中于一体，还可实现串级、前馈、解耦和自适应等先进控制，提高了系统的可控性。控制功能分散，负荷分散，从而危险分散，提高了系统的可靠性。

（2）协调性。各工作站间通过通信方式传送各种信息协调地工作，以完成控制系统的总体功能和实现优化处理。采用实时性的、安全可靠的工业控制局部网络，使整个系统信息共享，提高了畅通性。若采用 MAP/TOP 标准通信网络协议，将集散型控制系统与信息管理系统连接起来，可以扩展成为综合工厂自动化系统。

（3）友好性。集散型控制系统软件是面向工业控制技术人员、工艺技术人员和生产操作人员设计的，其使用界面就要与之相适应。

采用实用而简捷的人机会话系统、CRT彩色高分辨交互图形显示、复合窗口技术等，画面丰富，有综观、控制、调整、趋势、流程图、回路一览、报警一览、批量控制、计算报表、操作指导等画面，菜单功能更具实时性。采用平面密封式薄膜操作键盘、触摸式屏幕、鼠标器、跟踪球操作器等便于操作。语音输入/输出使操作员与系统对话更方便。

系统提供的组态软件包括系统组态、过程控制组态、画面组态、报表组态，是集散型控制系统的关键部分，用户的方案及显示方式由它来解释生成集散型控制系统内部可理解的目标数据，它是集散型控制系统的"原料"加工处理软件。使用组态软件可生成相应的实用系统，便于用户制定新的控制系统以及灵活进行扩充。

（4）适应性、灵活性和可扩充性。硬件和软件采用开放式、标准化和模块化设计，系统积木式结构，具有灵活的配置，可适应不同的用户的需要。可根据生产要求，改变系统的大小配置，在工厂改变生产工艺或生产流程时，只需要改变某些配置和控制方案。以上的变化都不需要修改或重新开发软件，只是使用组态软件，填写一些表格即可实现。

（5）在线性。通过人机接口和I/O接口，对过程对象的数据进行实时采集、分散、记录、监视、操作控制，并包括对系统结构和组态回路的在线修改、局部故障的在线维护等，提高了系统的可用性。

（6）可靠性。高可靠性、高效率和高可用性是集散型控制系统的生命力所在，制造厂商在确定系统结构的同时进行可靠性设计，采用可靠性保证技术。

1）系统结构采用容错设计，使得在任一单元失效的情况下，仍然保持系统的完整性。即使全局性通信或管理站失效，局部站仍能维持工作。

2）系统所有硬件包括操作站、控制站、通信链路都采用双重比。

3）为提高软件的可靠性，采用程序分段与模块化设计、积木式结构，采用程序卷回或指令复扫的容错设计。

4）结构、组装工艺精心的可靠性设计，严格挑选元器件，降额使用，加强质量控制，尽可能地减少故障出现的概率。新一代的集散型控制系统采用专用集成电路（ASIC）和表面安装技术（SMT）。

5）在线快速排除故障的设计，采用硬件自诊断和故障部件的自动隔离、自动恢复与热机插拔的技术；系统内发生异常时，通过硬件自诊断机能和测试机能检出后，汇总到操作站，然后通过CRT显示，或者声响报警或打印机打出，将故障信息通知操作员；监测站和控制站各插件上都有状态信号灯，指示故障插件。由于具有事故报警，双重化措施，在线故障处理、便于操作及备份等手段，提高了系统的可靠性和安全性。

17.3.1.3 氧化铝生产过程的计算机控制

计算机控制系统在氧化铝领域的应用已经成熟可靠。目前，新建的项目均采用计算机控制系统，老厂也逐步进行了改造，控制系统的应用已经是氧化铝生产过程中必不可少的内容之一。

随着计算机技术和网络技术的发展，氧化铝生产过程的控制不断地向网络化和集中化发展。在全厂可以设置几个（见图17-2）或者1个（见图17-3）中央计算机控制室

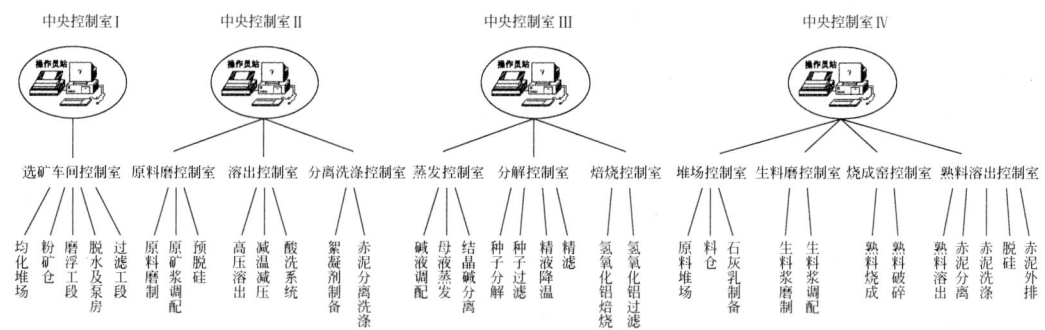

图17-2　全厂设置4个中央控制室

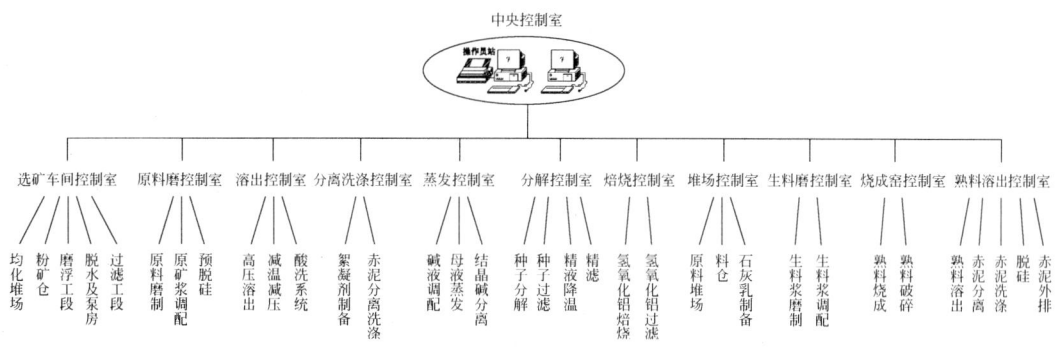

图 17-3　全厂设置 1 个中央控制室

和若干个区域性的操作室。中央控制室与各区域操作室联网，带动着氧化铝生产过程 30 多个控制子系统，把指令传给各区域操作室，指导和控制生产的全过程。整个系统中自动检测工艺参数可达到 11000 多个，控制回路 300 余个，工艺设备 1000 多台，全面反映各个生产环节的运行状况，使生产管理与操作人员摆脱了盲目性，增加了预见性和主动性。

以下将介绍氧化铝生产各主要工序的计算机控制系统。

17.3.2　选矿

17.3.2.1　选矿工序概述

选矿工序的主要生产目标是：通过磨矿、浮选、过滤等作业，将本车间的关键工艺参数 A/S 从原矿的低 A/S 提高到满足 A/S 要求的精矿，以适合后续的拜耳法生产氧化铝的需要。

原矿（0～12mm）由粉料仓下设置的电液闸板阀给入胶带输送机，再由胶带机给入湿式格子型球磨机，球磨机与高堰式双螺旋分级机构成闭路磨矿，磨矿细度要求 -0.075mm 粒级占 75% 左右。分级机溢流进入旋流器分级，旋流器分级底流返回磨机再磨，旋流器溢流（-0.075mm 粒级占 85%）给入搅拌槽加药调浆后自流至浮选机联合机组，经一次粗选、一次扫选、二次精选、一次精扫选获得精矿。一次精选中矿经精扫选作业，泡沫产品返回一次精选，精扫尾矿与扫选尾矿合并即为最终尾矿。

17.3.2.2　选矿工序过程控制和检测流程图（P&I 图）

图 17-4 为选矿工序 P&I 图。

17.3.2.3　选矿工序主要控制回路

A　磨矿粒度控制回路

通过调节球磨机回水入口流量、给矿量、分级机回水入口流量，保证分级机溢流堰矿浆密度控制在工艺要求范围内。

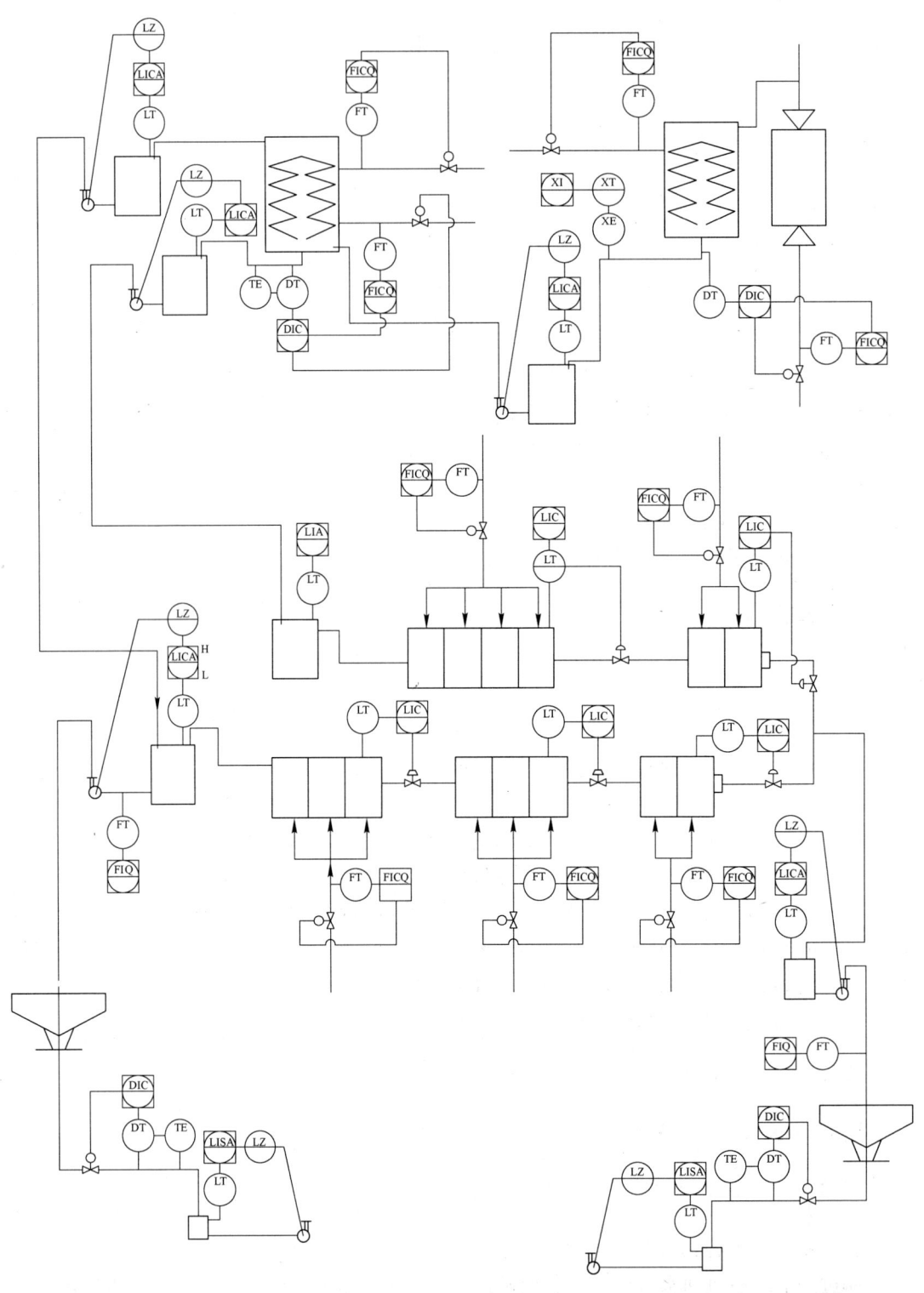

图 17-4 选矿工序 P&I 图

图 17-5 为磨矿粒度控制回路调节系统图。

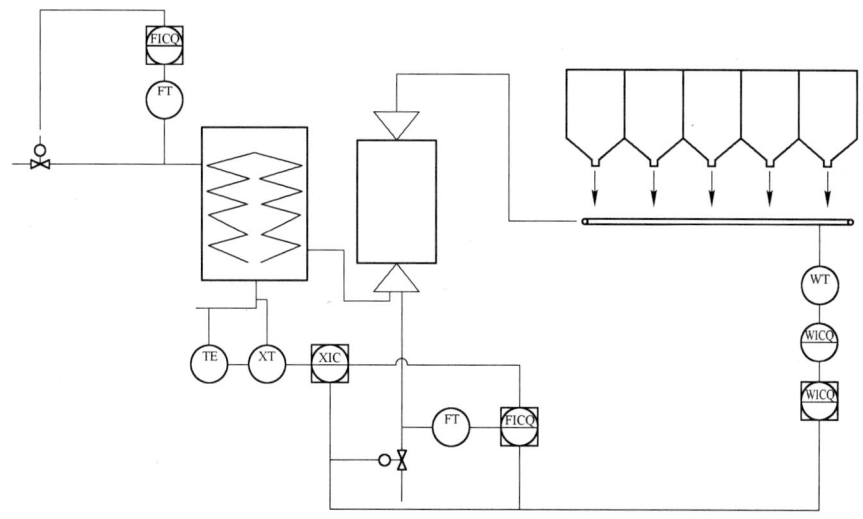

图 17-5　磨矿粒度控制回路调节系统图

B　浮选机液位控制回路

通过调节浮选机出口矿浆流量，保证浮选机液位控制在工艺要求范围内。

图 17-6 为浮选机液位调节系统图。

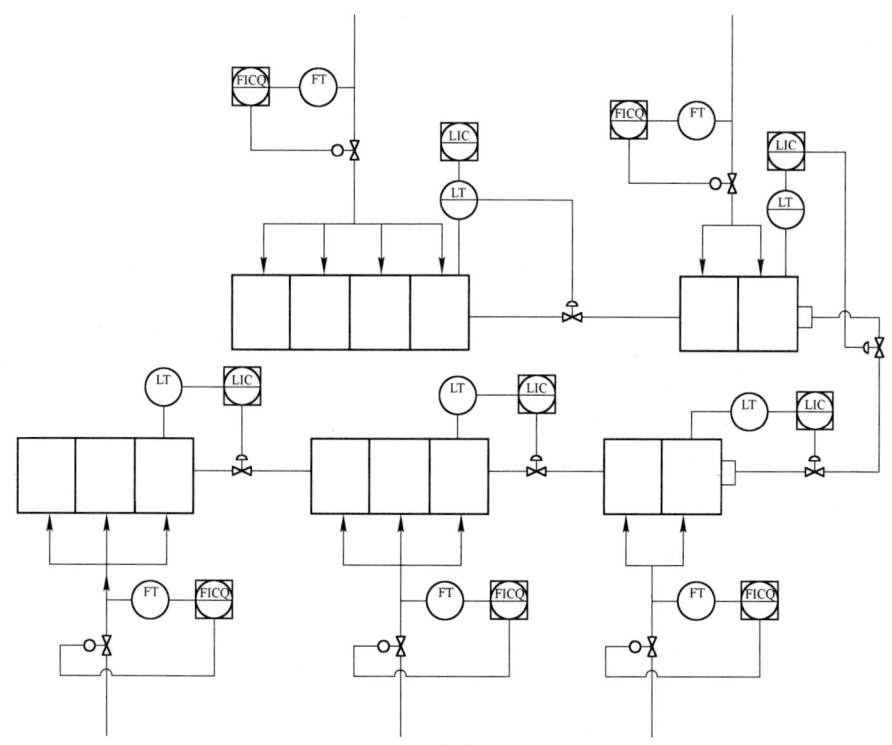

图 17-6　浮选机液位调节系统图

17.3.2.4 选矿工序控制系统

选矿车间的几个工段采用一套计算机控制系统,如图 17-7 所示。主控室设置在主厂房,系统控制器和本地 I/O 站安装在主控室的机柜间,操作站安装在主控室的操作间,远程 I/O 站安装在各自工段通过通信电缆与主控室的控制器连接。

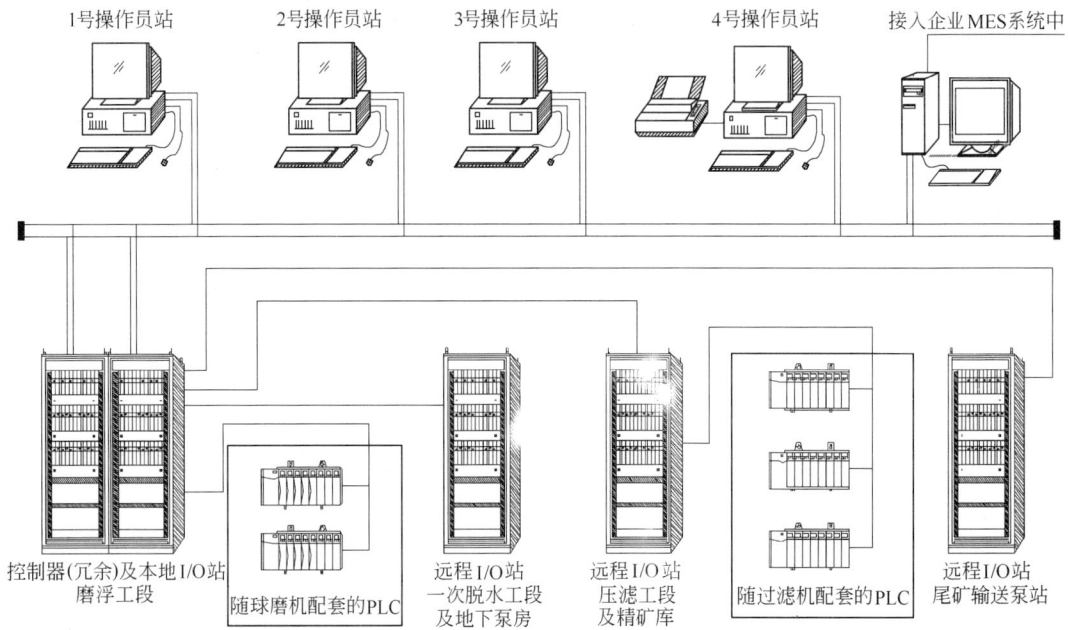

图 17-7 选矿工序控制系统示意图

17.3.2.5 选矿工序主要操作界面

选矿工序主要操作界面如图 17-8 和图 17-9 所示。

17.3.3 高压溶出

17.3.3.1 高压溶出工序概述

高压溶出工序可采用各种溶出工艺,但控制系统的结构基本相同。以下以法铝引进的溶出工艺设备为例,进行计算机控制系统的描述。

高压溶出的原矿浆经隔膜泵房的隔膜泵,打到高压溶出工序的 Tp101 1 号脉冲缓冲器,此时料浆的压力约 9MPa。由于隔膜泵的工作原理是依靠活塞的往复运动将料浆打出,因此料流不连续、不稳定。Tp101 1 号脉冲缓冲器可以起到稳定料流的作用。必须保持 1 号脉冲缓冲器内的液面高度,才能起到稳流的作用。当缓冲器内的液面升高时,需要打开进气阀,向容器内充入压缩空气,迫使液面降低;当液面降低到设定高度,关闭进气阀门。当罐内液面过低时,则需要打开排气阀,将罐内压缩空气向外排出,使罐内液面升高,当液面达到设定高度,再关闭进气阀门。这样就能保证送出的料浆流量连续、平稳。

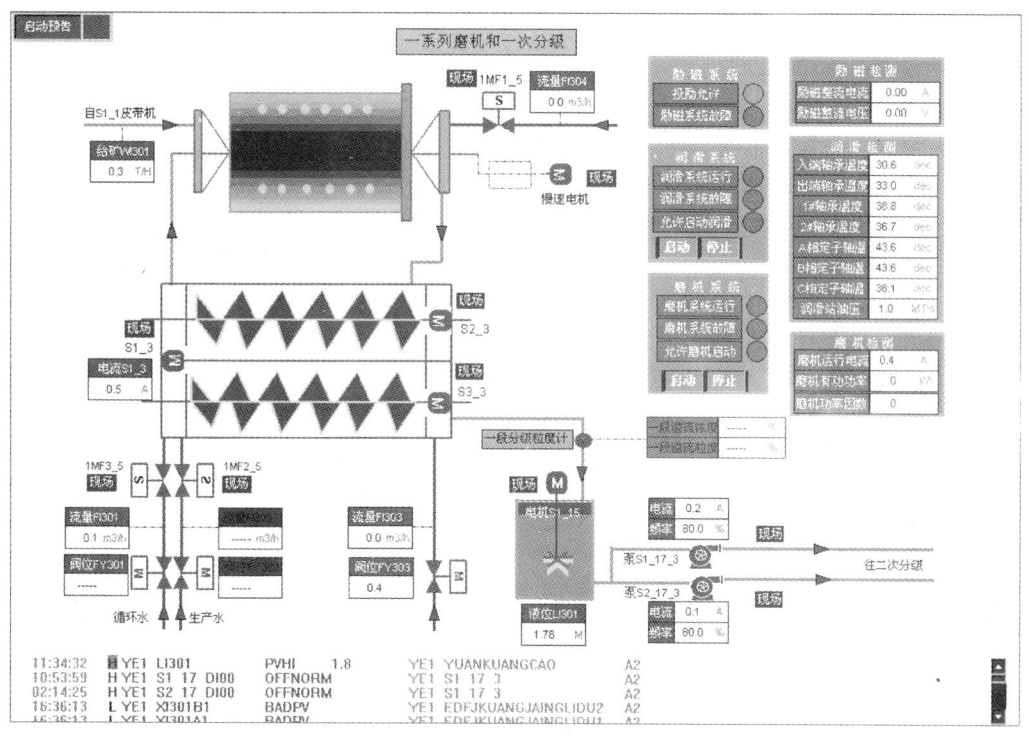

图 17-8 选矿工序操作界面（一）

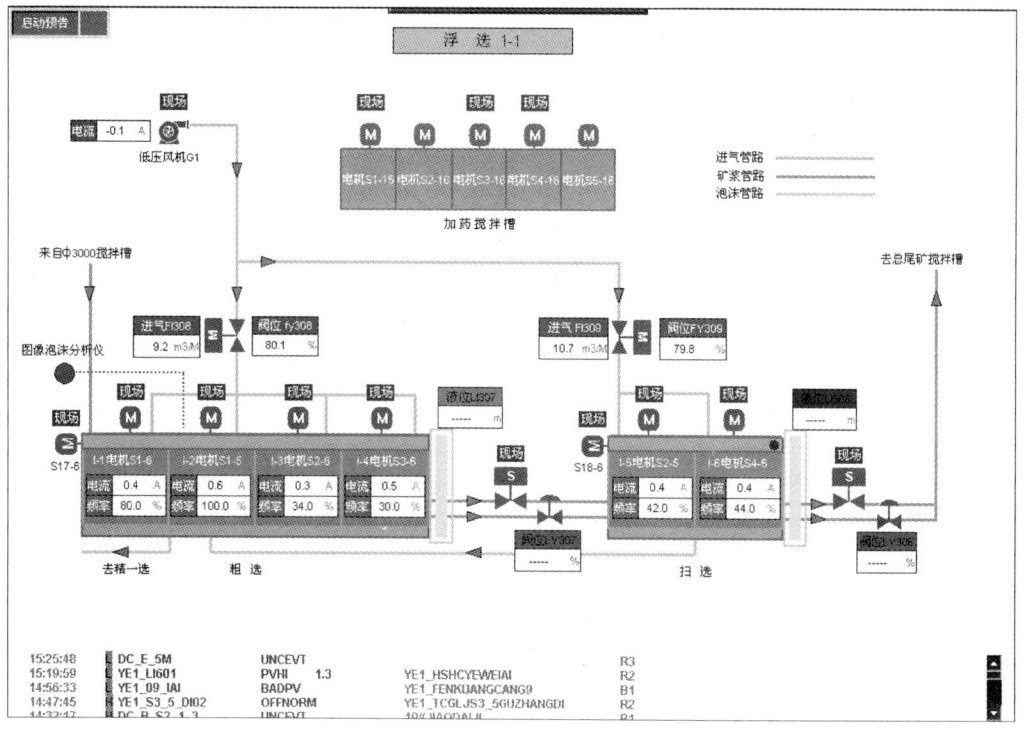

图 17-9 选矿工序操作界面（二）

由 1 号脉冲缓冲器送出的料浆，经单管预热器预热至 157.6℃，在每级单管预热器出口，检测料浆和冷凝水温度。冷凝水分别打到每级冷凝水罐。由隔膜泵来的料浆经单管预热器的压力损失约为 1MPa。

矿浆经单管预热器加热后到 Tp102 2 号脉冲缓冲器，2 号脉冲缓冲器的作用是将高压和低压分开，同样要保持缓冲器内的液位高度，使后面的溶出器在 6MPa 压力下稳定工作。保持溶出器在相对较低的压力下工作，不但可节省投资，整个溶出系统也将相对安全。

由 2 号脉冲缓冲器出来的压力为 60MPa 的矿浆，由带机械搅拌的预热溶出器预热到 212.5℃。为保证料浆的温度，必须检测每级预热溶出器出料温度，采用相应各级料浆自蒸发器的二次蒸汽对预热溶出器内的矿浆进行间接加热。

预热溶出器出来的矿浆进入新蒸汽加热溶出器内，用新蒸汽间接加热到溶出温度 265℃。为保证将出料温度控制在 265℃，控制最后一台新蒸汽加热溶出器内的新蒸汽进气阀门开度，当料浆温度超过 265℃，关小新蒸汽进汽阀门；当料浆温度低于 265℃，开大新蒸汽进汽阀门。Ra123、Ra124、Ra125 即 11 号、12 号、13 号新蒸汽加热溶出器实施一用两备制度。

经新蒸汽加热溶出器加热后的矿浆在 5 台保温溶出器内保温反应 50min。保温溶出器中的矿浆也采用 6.42MPa 的新蒸汽加热，以保持溶出器的出料温度。

溶出料浆经料浆闪蒸槽即自蒸发器，逐级闪蒸降温，从末级闪蒸槽排出的温度为 125℃ 的溶出料浆进入稀释槽，同时加入赤泥洗液和氢氧化铝洗液，稀释至 Na_2O_K 为 165g/L。闪蒸出的二次蒸汽（乏汽）用于矿浆预热。稀释浆液用泵送到设在赤泥分离工序的稀释浆液储槽内。

预热溶出器的冷凝水分别送到相应的冷凝水罐，用差压变送器检测其水位，通过冷凝水罐出口阀门开度控制其水位高低。新蒸汽加热溶出器的冷凝水分别进到与其相对应的新蒸汽冷凝水罐，新蒸汽的冷凝水自蒸发产出 0.6MPa（绝对压力）的二次蒸汽送预脱硅加热预脱硅矿浆，通过对各冷凝水罐出口冷凝水浊度进行检测和控制三通阀换向，将产生的温度为 158℃ 的合格冷凝水，送新蒸汽合格水自蒸发器，而不合格的冷凝水送新蒸汽不合格水自蒸发器。自蒸发器闪蒸出的二次蒸汽送预脱硅。采用差压变送器对两台自蒸发器冷凝水液位进行检测，液位高低通过出水阀门进行控制。新蒸汽合格水自蒸发器出来的冷凝水送回锅炉房；新蒸汽不合格水自蒸发器出来的不合格的冷凝水送赤泥洗涤工序。各级料浆闪蒸槽的二次蒸汽冷凝水经各级冷凝水闪蒸槽逐级闪蒸后送赤泥洗涤工序。

17.3.3.2 高压溶出工序 P&I 图

高压溶出工序 P&I 图如图 17-10 所示。

17.3.3.3 高压溶出工序主要控制回路

高压溶出工序有以下几个主要控制回路：

（1）当加热溶出器末级温度升高时，减小阀门开度；温度降低则加大阀门开度，使溶出器出料保持在规定范围内。

（2）当溶出器内温度升高时，可减小阀门开度；温度降低则加大阀门开度，使溶出器内温度保持在规定范围内。

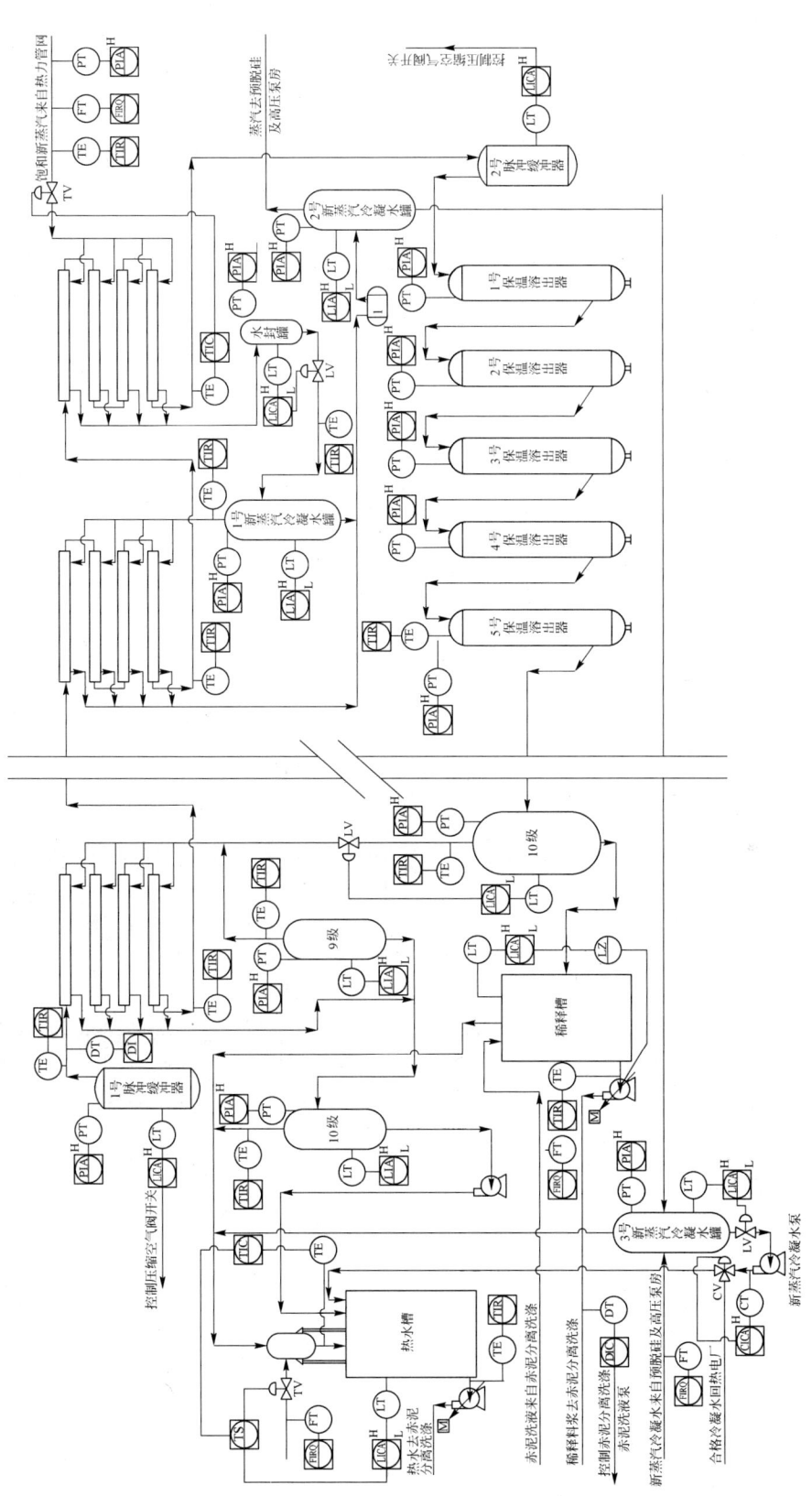

图 17-10　高压溶出工序 P&I 图

（3）当脉冲缓冲器内料位升高超过上限时，打开阀门向缓冲器内通入压缩空气，迫使脉冲缓冲器内液面降低；当脉冲缓冲器罐内液面低于下限时，打开阀门向外排出压缩空气，使脉冲缓冲器内液面升高，使脉冲缓冲器内料浆保持在规定范围内。

（4）当自蒸发器内料位升高，超过上限时，关小阀门，使自蒸发器内液面降低；当罐内液面低于下限时，开大阀门，使自蒸发器内液面升高，保持自蒸发器内料浆液面保持在一定高度范围内。

（5）当冷凝水罐内冷凝水液位升高超过上限时，开大阀门，使冷凝水罐内液面降低；当冷凝水罐内液面低于下限时，关小阀门，使冷凝水罐内液面升高，从而使冷凝水罐内液面保持在一定高度范围内。

（6）当稀释料浆电导率超过上限时，调小阀门开度，使进到稀释槽的赤泥碱液流量减小；当稀释料浆电导率低于下限时，增大阀门开度，使进到稀释槽的赤泥碱液流量加大。

17.3.3.4 高压溶出工序控制系统

高压溶出工序的控制系统组成如图 17-11 所示。

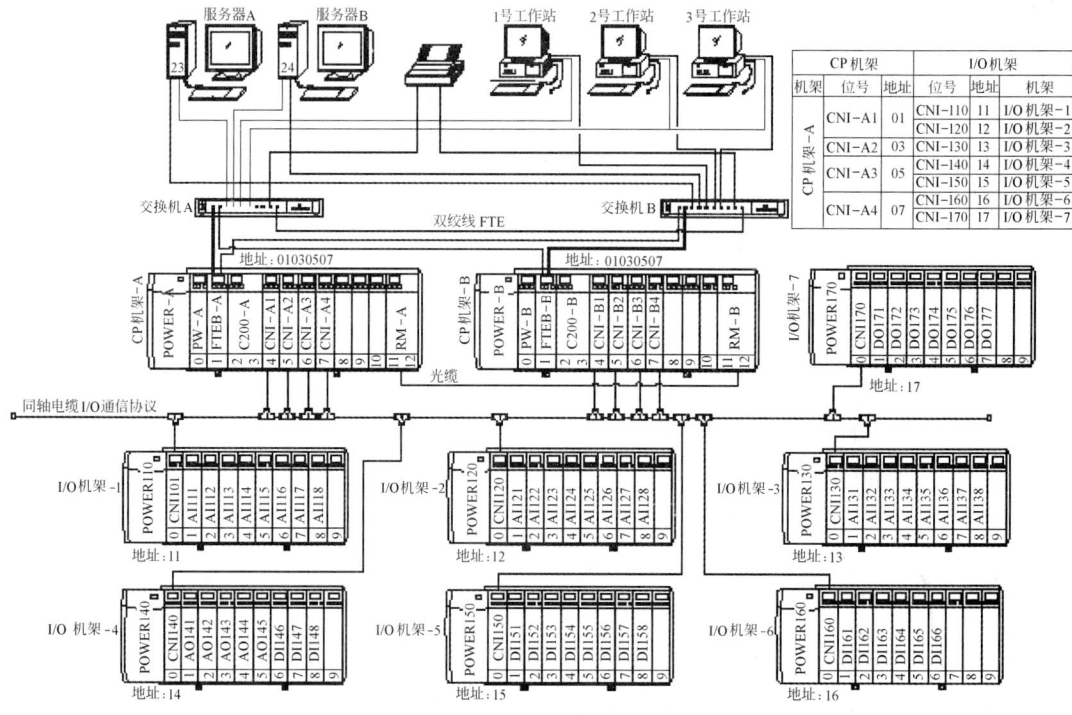

图 17-11　高压溶出工序控制系统示意图

在高压溶出工序设置操作室和机柜间。系统控制器、本地 I/O 站和远程 I/O 站安装在主控室的机柜间，操作站安装在主控室的操作室。

17.3.3.5 高压溶出工序主要操作界面

高压溶出工序控制系统的主要操作界面如图 17-12 ～ 图 17-14 所示。

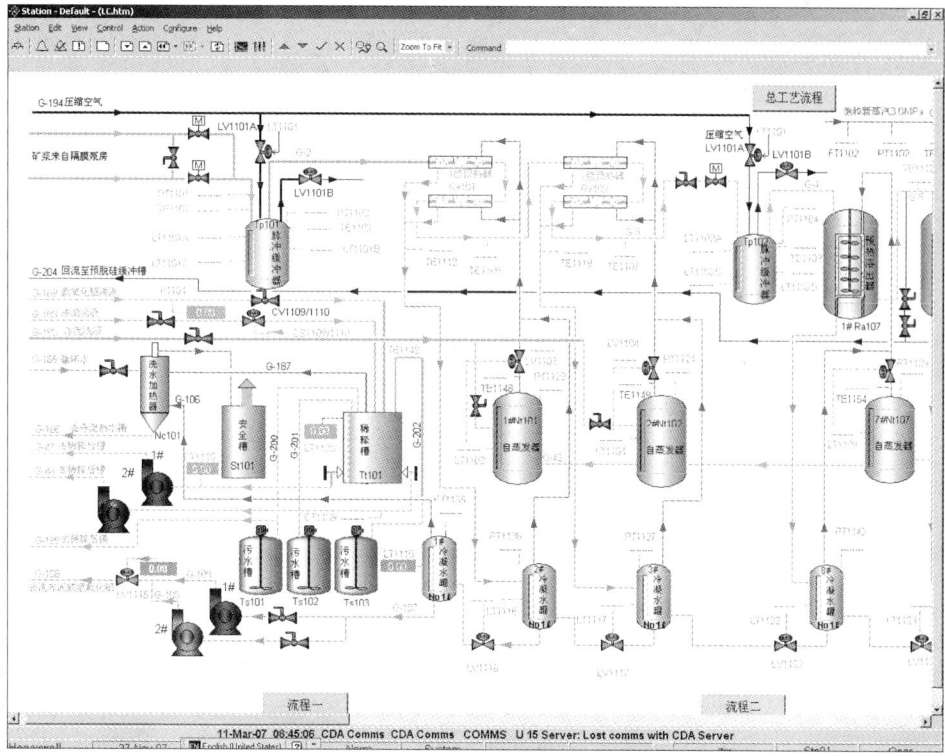

图 17-12 高压溶出工序操作界面（一）

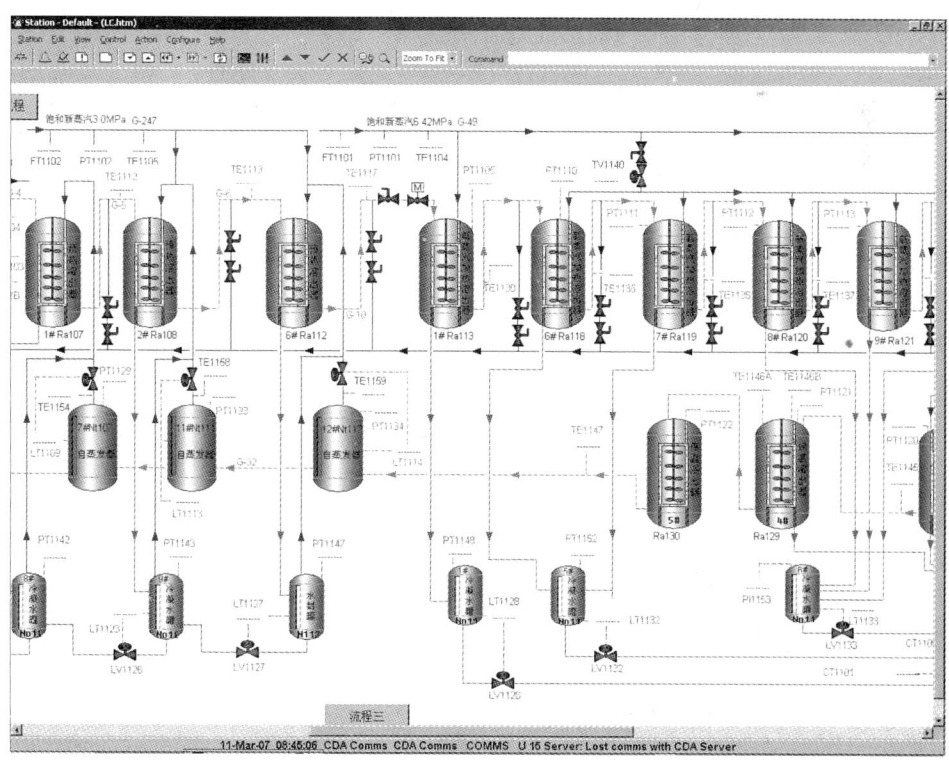

图 17-13 高压溶出工序操作界面（二）

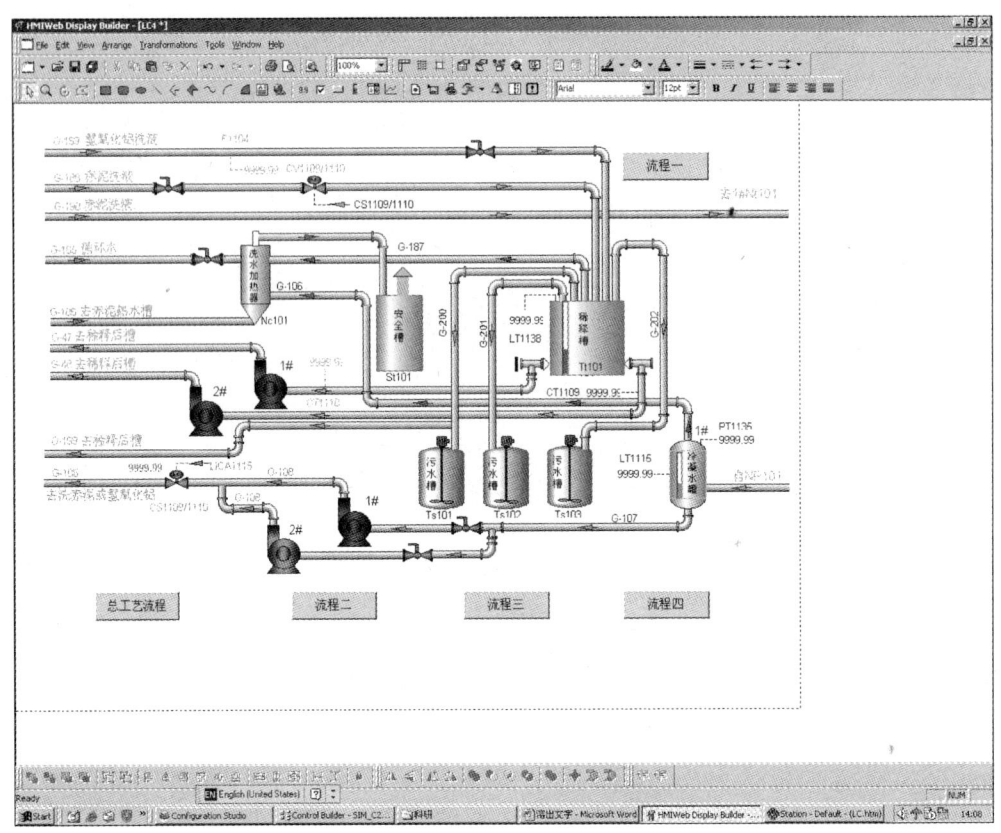

图 17-14 高压溶出工序操作界面（三）

17.3.4 赤泥分离洗涤

17.3.4.1 赤泥分离洗涤工序概述

赤泥洗涤的目的就是使用洗水洗涤赤泥，降低赤泥所携带的附液中的碱浓度，以满足排放要求。洗涤过程是一个洗水混合和液固分离的过程，通常使用连续式沉降槽作为赤泥洗涤槽。在赤泥洗涤过程中，一般选用逆向洗涤方式，在这种洗涤方式下，可以最大限度地回收附液中的碱成分。

分离后的赤泥底流首先与 2 号洗涤槽的赤泥洗液混合，进入 1 号赤泥洗涤沉降槽，进行第一次洗涤操作，其产生的溢流（赤泥洗液），用于稀释拜耳法中高压溶出后的料浆或烧结法中的熟料溶出料浆，底流则和 3 号洗涤槽的洗液混合，进入 2 号洗涤槽进行第二次赤泥洗涤，依此类推。赤泥在每一级洗涤后，依次进入下一级洗涤槽进行洗涤，最终以末次底流排出；洗水从末次洗涤槽进入，洗涤后的溢流依次进入上一级洗涤槽，最终从一次洗涤槽以溢流形式流出，从而完成逆向洗涤任务。

17.3.4.2 赤泥分离洗涤工序 P&I 图

图 17-15 为赤泥分离洗涤工序 P&I 图。

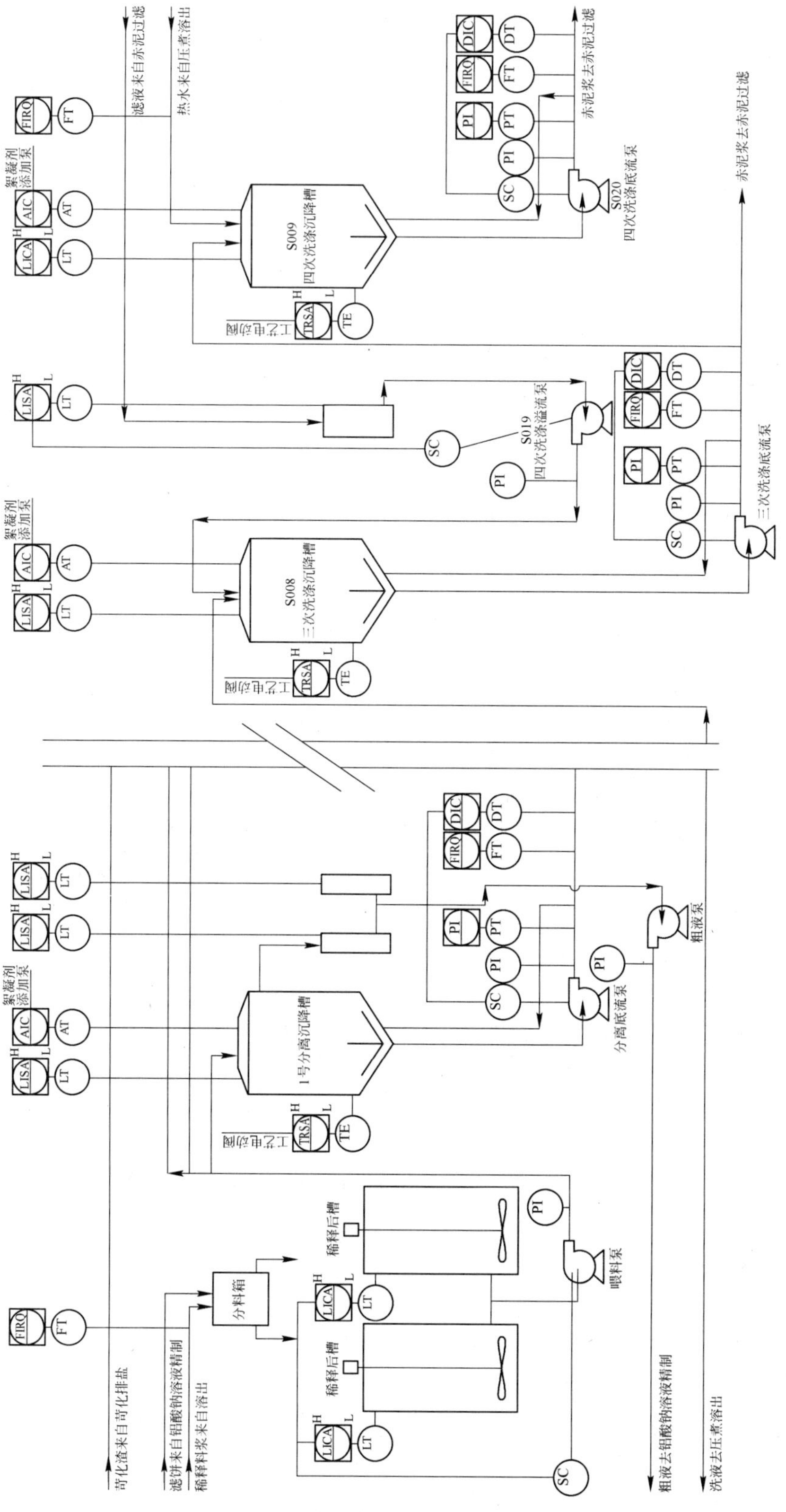

图 17-15　赤泥分离洗涤工序 P&I 图

17.3.4.3 赤泥分离洗涤工序主要控制回路

赤泥分离洗涤工序有以下主要控制回路:

(1) 分离沉降槽的液位通过粗液泵流量进行控制。当液位升高时,增加泵转速;而液位降低时,则减小泵转速;液位低于下限时,停粗液泵。

(2) 各洗涤槽的液位由各洗涤槽的溢流泵流量(包括公备槽)进行控制。液位升高时,增大溢流泵转速;而液位降低时,则减小溢流泵转速;液位低于下限时,停溢流泵。

(3) 通过蒸汽管上电动调节阀控制热水槽水温。当水温小于下限时,增大调节阀开度,水温大于上限时,则减小调节阀开度。

(4) 通过调节沉降槽底流泵转速控制沉降槽泥层高度。当泥层高度升高时,增大底流泵转速;而泥层高度减小时,减小底流泵转速。

(5) 通过调节底流泵转速控制沉降槽底流密度。底流密度升高时,增大底流泵转速;而底流密度减小时,则减小底流泵转速。

(6) 通过调节各槽上蒸汽电动阀开关控制分离沉降槽温度(包括公备槽)。当槽温度小于下限时,打开电动阀;高于上限时,则关闭电动阀。

(7) 通过调节粗液泵流量控制粗液槽液位。当液位升高时,减小粗液泵转速;而液位降低时,则增大粗液泵转速。

17.3.4.4 赤泥分离洗涤工序控制系统

赤泥分离洗涤工序的控制系统组成如图 17-16 所示。

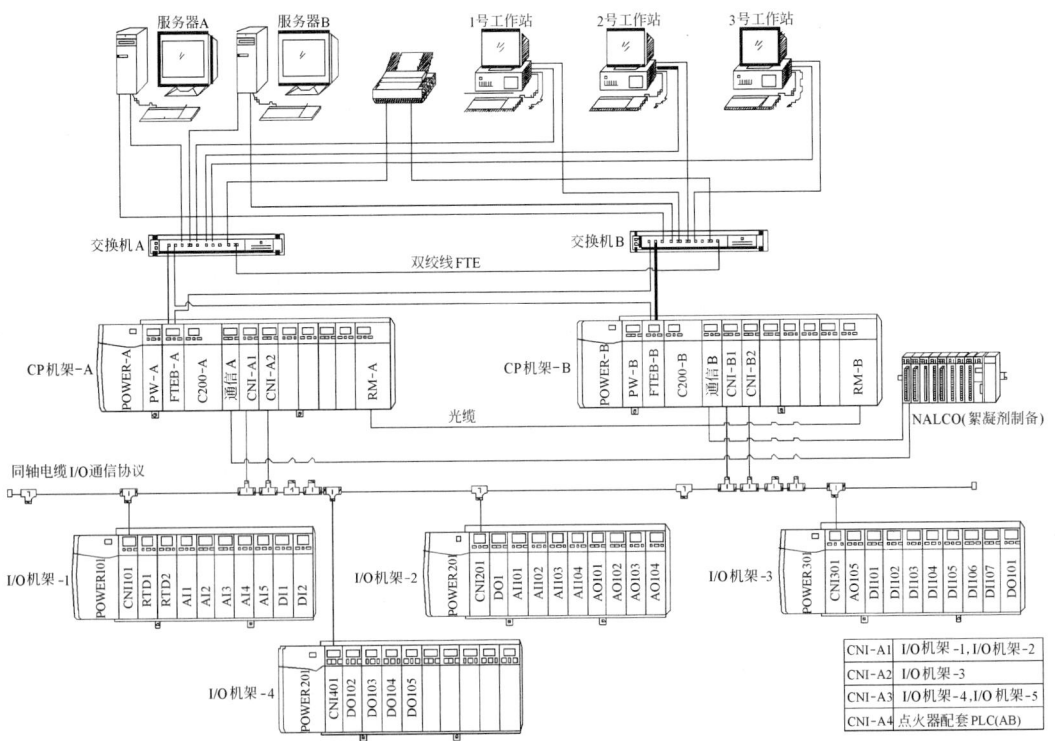

图 17-16 赤泥分离洗涤工序控制系统示意图

在赤泥分离洗涤工序设置操作室和机柜间。系统控制器、本地 I/O 站和远程 I/O 站安装在主控室的机柜间，操作站安装在主控室的操作室。

17.3.4.5　赤泥分离洗涤工序主要操作界面

赤泥分离洗涤工序主要操作界面如图 17-17 和图 17-18 所示。

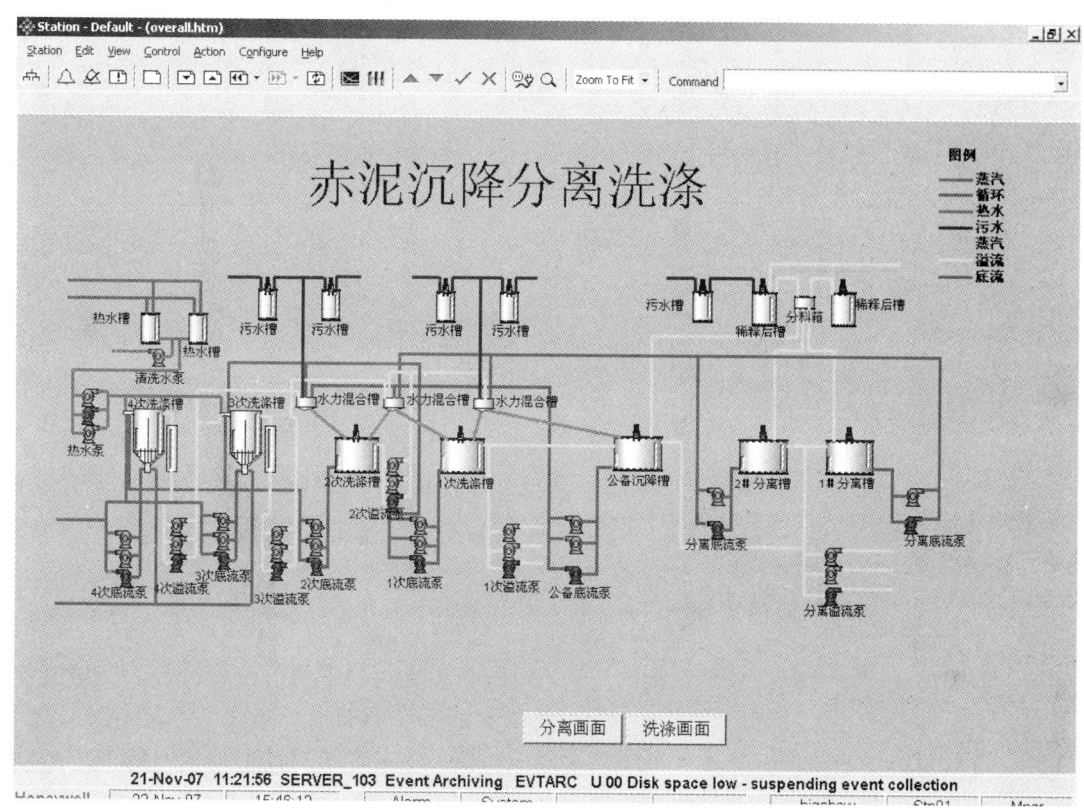

图 17-17　赤泥分离洗涤工序操作界面（一）

17.3.5　种子分解

17.3.5.1　种子分解工序概述

种子分解工艺可分为一段法分解工艺流程和两段法分解工艺流程两种。

一段法分解工艺流程是指晶种和精液从分解首槽一次加入，在分解槽中进行一定时间的分解。分解后的氢氧化铝浆液一部分经分级机分级，分级机底流作为产品去氢氧化铝过滤工序，分级机溢流返回流程；另一部分不进行分级，直接去立盘过滤机过滤，过滤后作为晶种与精液混合返回分解首槽。

两段法分解工艺流程在分解过程的不同阶段分别加入不同粒级的晶种。流程为精液与细种子过滤机来的细种子混合后进入一段种分槽首槽，一段分解后的料浆经换热降温后与从粗种子过滤机来的粗种子混合后进入二段分解首槽。二段分解后的料浆先经一级旋流器

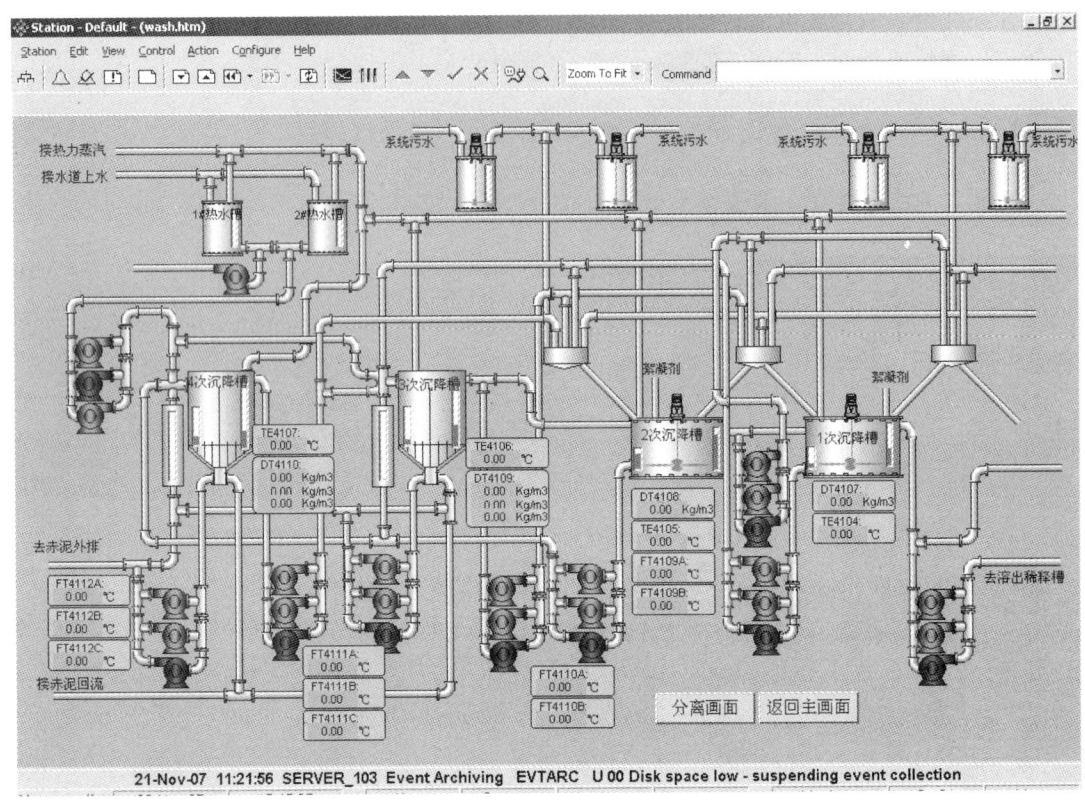

图 17-18 赤泥分离洗涤工序操作界面（二）

分级，分级机底流作为成品去氢氧化铝过滤，分级机溢流再经二级旋流器分级，二级旋流器底流送粗种子过滤机过滤，滤饼与一段分解槽来的分解料浆混合后进入二段分解首槽；二级旋流器溢流进细种子沉降槽，沉降后的底流送细种子过滤机过滤，滤饼与降温后的精液混合进入一段种分槽，从而形成循环。

17.3.5.2 种子分解工序 P&I 图

种子分解工序 P&I 图如图 17-19 所示。

17.3.5.3 种子分解工序主要控制回路

种子分解工序的主要控制回路如下：

（1）种分槽的液位与循环泵的液位联锁。液位高则泵转速高，液位低则泵转速低，液位降低到规定值时停泵。

（2）污水泵与污水槽的液位联锁。液面距槽顶 0.5m 时自动开泵，距槽底 0.7m 时自动停泵。

（3）冷凝水泵与冷凝水罐液位联锁。冷凝水罐液位到 2.0m 时开泵，距冷凝水罐底液位 0.5m 时停泵。

（4）通过检测一段宽流道板式换热器出口氢氧化铝浆液温度以及调节旁路调节阀，控

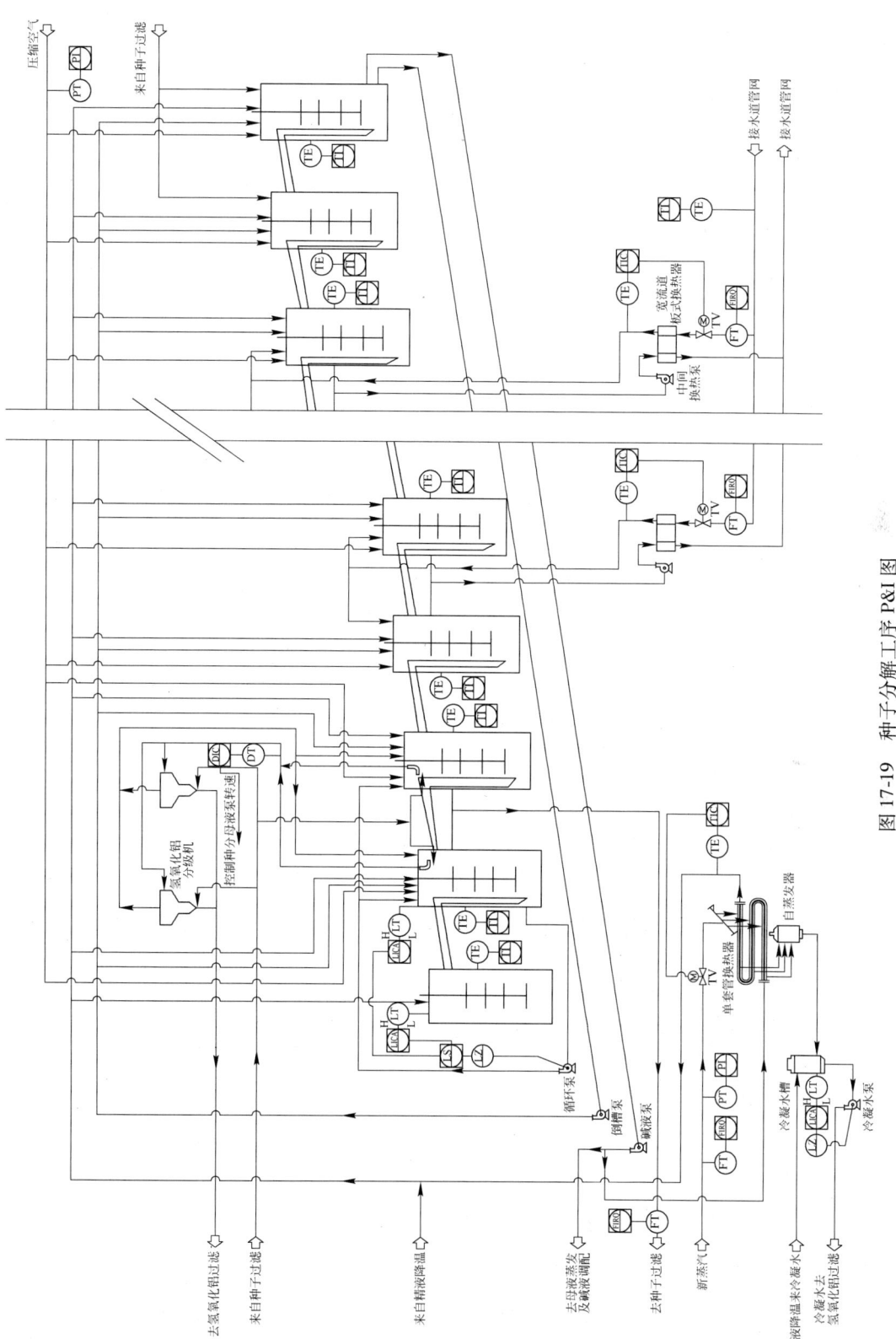

图 17-19 种子分解工序 P&I 图

制种分母液管旁路流量。氢氧化铝浆液温度高时，旁路调节阀开小；而氢氧化铝浆液温度低时，开大旁路调节阀。

（5）根据一级、二级旋流器组的出口密度，控制细种子沉降种分母液泵的流量。当出口密度高时，调高种分母液泵转速；而密度低时，调低种分母液泵转速。

（6）根据单套管换热器出口碱液的温度，控制新蒸汽的流量。换热器出口碱液温度低时，调大新蒸汽流量；而碱液温度高时，调小新蒸汽流量。

（7）粗种子过滤机进料泵变频调速与泵进料管内密度联锁。当泵进料管内料浆密度增大，调低泵转速；而密度减小时，调高泵转速。

（8）种分槽搅拌电机与减速机油泵出口压力联锁。当减速机油泵出口压力低于下限时报警；低于下限时，报警且延时 3min（可调）后切断分解槽搅拌电机，强制停车。

17.3.5.4 种子分解工序控制系统

种子分解工序的控制系统组成如图 17-20 所示。

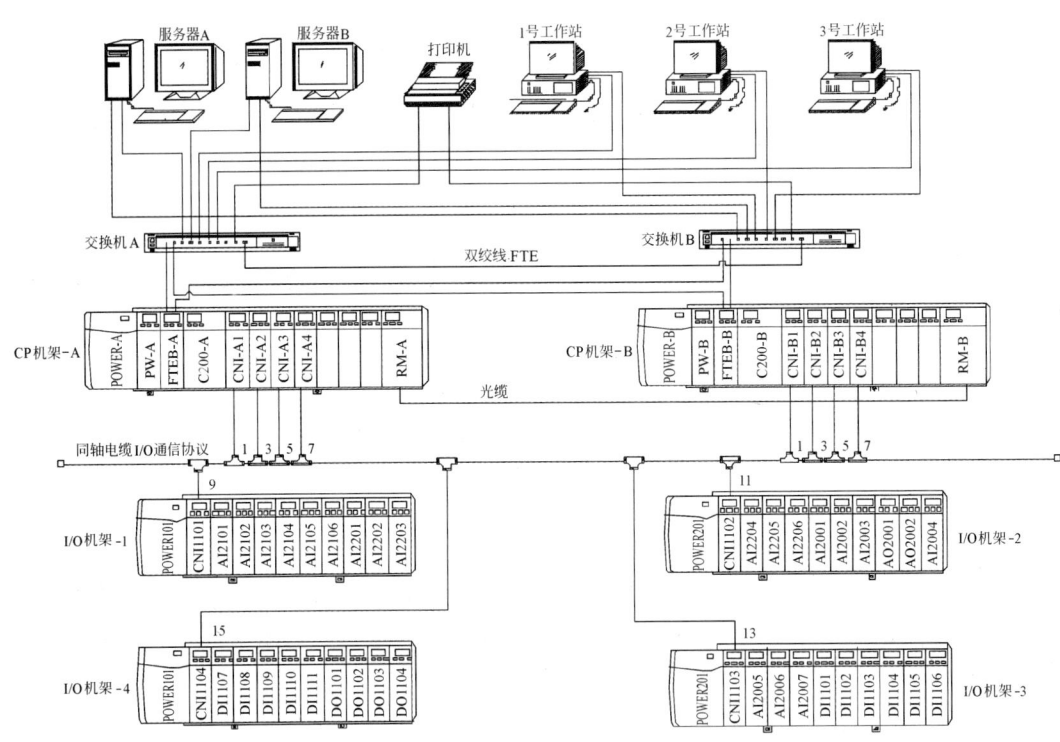

图 17-20 种子分解工序控制系统示意图

在种子分解工序设置操作室和机柜间。系统控制器、本地 I/O 站和远程 I/O 站安装在主控室的机柜间，操作站安装在主控室的操作室。

17.3.5.5 种子分解工序主要操作界面

种子分解工序主要操作界面如图 17-21 和图 17-22 所示。

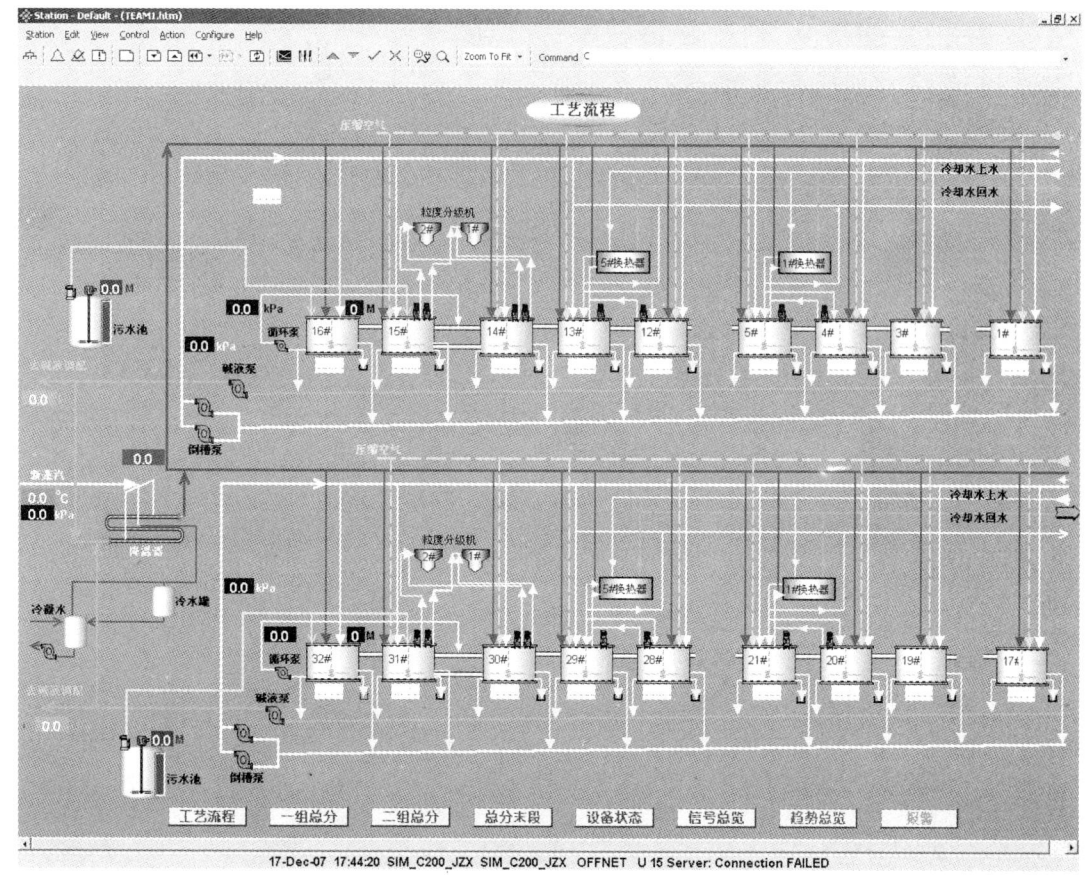

图 17-21　种子分解工序操作界面（一）

17.3.6　母液蒸发

17.3.6.1　母液蒸发工序概述

在氧化铝生产中，母液蒸发是维持生产系统水量和盐量平衡的重要工序。在拜耳法生产中，为了使拜耳法循环能正常进行，需要把进入生产系统多余的水分排出，使之满足溶出所需循环碱液浓度的要求；同时，通过蒸发将循环积累的一部分杂质盐类（如 Na_2CO_3 和 Na_2SO_4 等）从流程中排除，减少其对生产的危害。在烧结法生产中，为了满足生料浆水分的要求，需要通过蒸发，将碳分母液的浓度控制在一定范围内。

蒸发过程是用加热的方法，使铝酸钠溶液中的水分部分汽化排出，从而使溶液被浓缩，以达到去除系统中多余的水分的目的。在蒸发浓缩的同时，提高了某些杂质盐类的过饱和度，从而使其从溶液中结晶脱除。

蒸发操作中通常都是以饱和水蒸气作加热介质，称为加热蒸汽（或新蒸汽）。蒸发时溶剂汽化潜热是由加热蒸汽的不断冷凝而供给的。而被蒸发的溶液大都是水溶液，即从溶液中汽化出来的也是水蒸气，为了与加热蒸汽区别，称之为二次蒸汽。通常二次蒸汽的排除是采用冷凝的方法。如果所产生的二次蒸汽不再利用，而是经冷凝后弃去，这种蒸发称

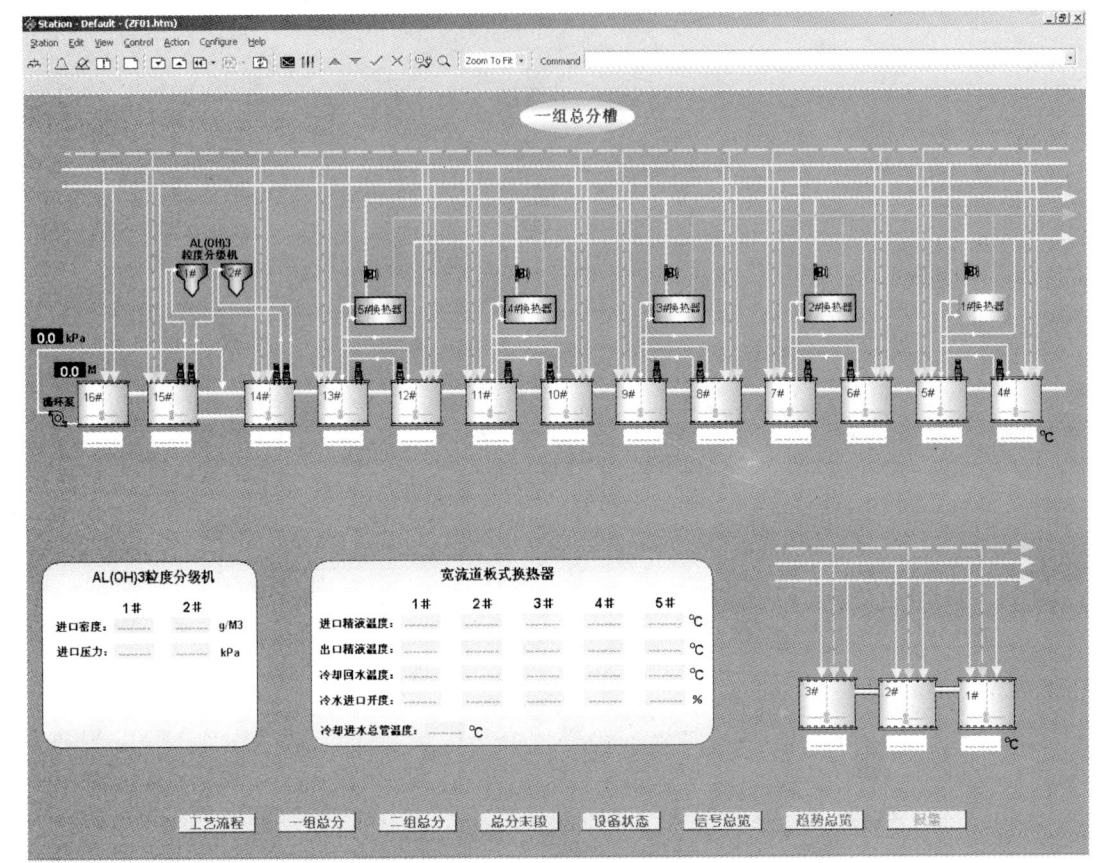

图 17-22　种子分解工序操作界面（二）

为单效蒸发。如果将二次蒸汽引至另一压力较低的蒸发器作为加热蒸汽之用，使蒸汽在蒸发过程中具有多次加热效果，这种蒸发称为多效蒸发。

以下以六效蒸发工艺为例进行蒸发过程的描述。由分解工序来的蒸发原液进入母液蒸发车间的原液槽，再由原液槽经过变频泵进入六效蒸发器，蒸汽与蒸发原液的流向正好相反，由减温减压器送来的饱和新蒸汽进入一效蒸发器（或二效蒸发器）。原液经过五效蒸发后蒸发母液由一效（或二效）蒸发器排出，进入 1 号闪蒸槽（自蒸发器），经过三级自蒸发器进行闪蒸后送至四蒸发原液槽。蒸发器的冷凝水送至冷凝水罐。合格冷凝水进入合格冷凝水槽，经水泵送至锅炉房；不合格冷凝水进入不合格冷凝水槽，经水泵送至一赤泥过滤工序。蒸发器的二次蒸汽依次送至下一效蒸发器，六效蒸发器顶部的不凝气体经水冷器后由真空泵排入大气。

17.3.6.2　母液蒸发工序 P&I 图

图 17-23 和图 17-24 为母液蒸发工序 P&I 图。

17.3.6.3　母液蒸发工序控制回路

母液蒸发工序有以下控制回路：

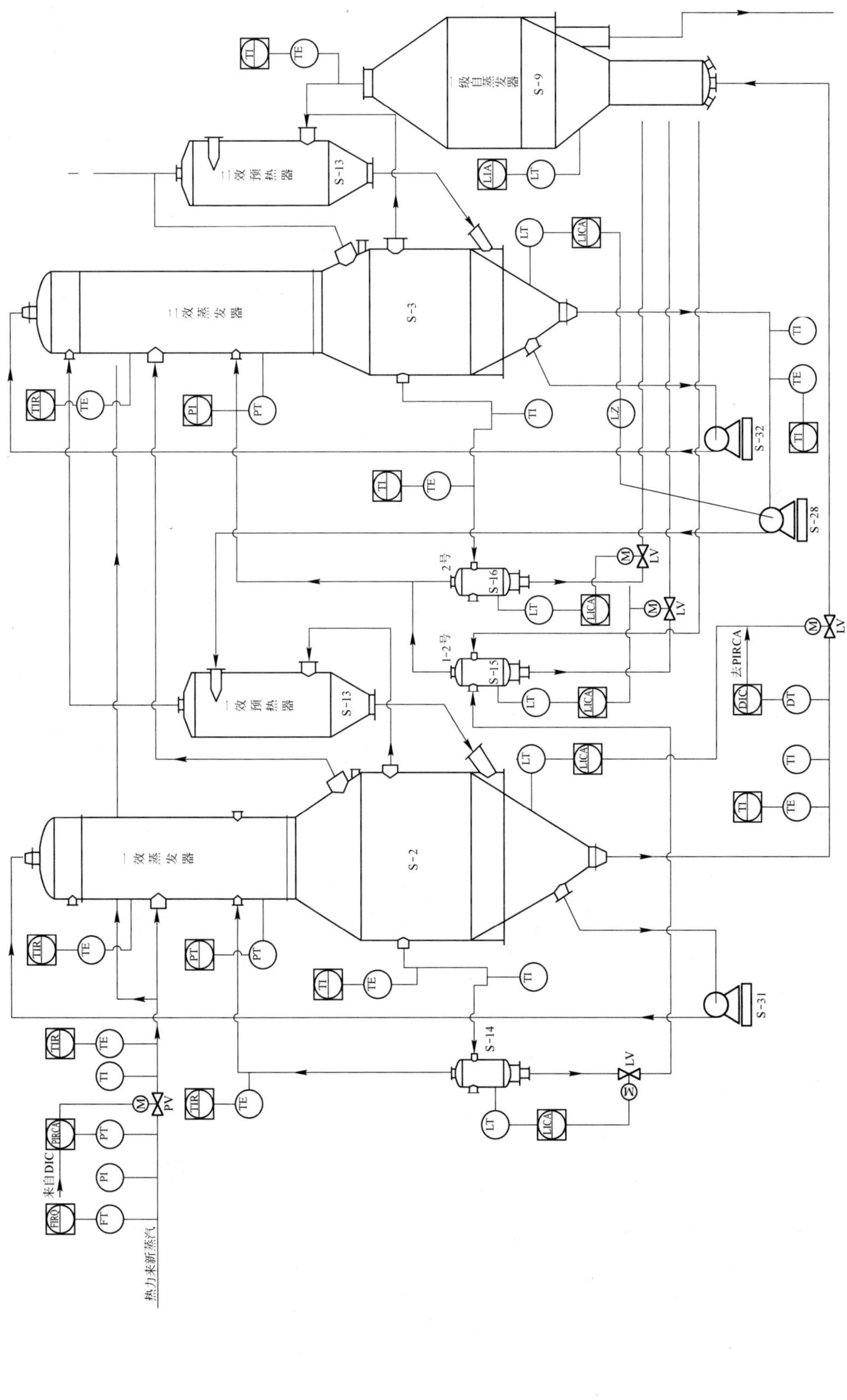

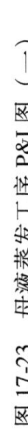

图 17-23　母液蒸发工序 P&I 图（一）

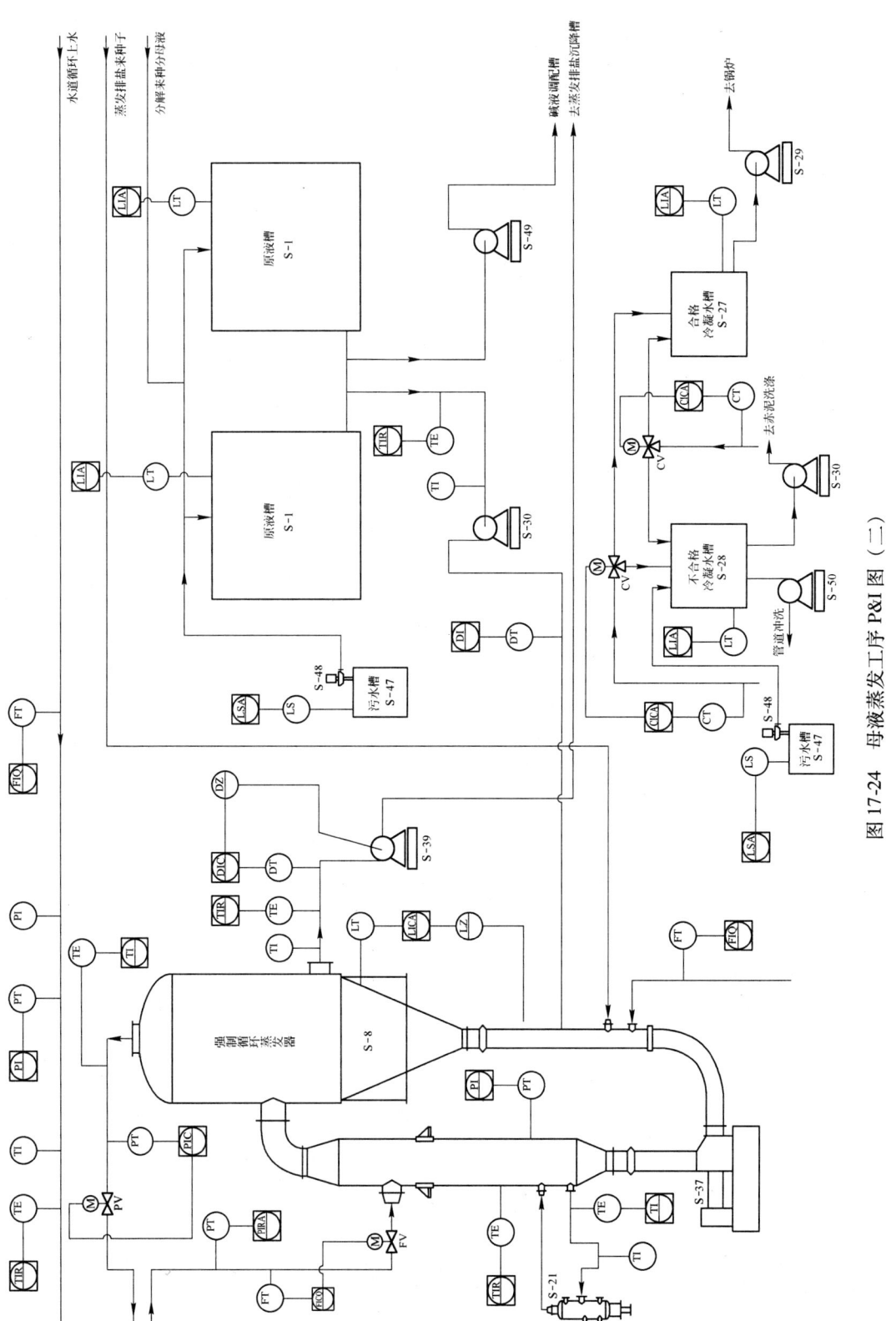

图17-24 母液蒸发工序 P&I 图（二）

（1）一效蒸发器出口母液浓度控制回路：
1）控制参数：一效蒸发器出口母液密度；
2）参数范围：220 ~ -20g/L；
3）检测仪表：同位素密度计；
4）仪表位号：DT102；
5）被控量：蒸发原液流量；
6）被控量范围：375m³/h；
7）控制装置：变频调速器；
8）控制装置位号：FZ103。

通过调节蒸发原液流量，保证一效蒸发器出口母液浓度在工艺要求范围内。图 17-25 为一效蒸发器出口母液浓度调节方块图。

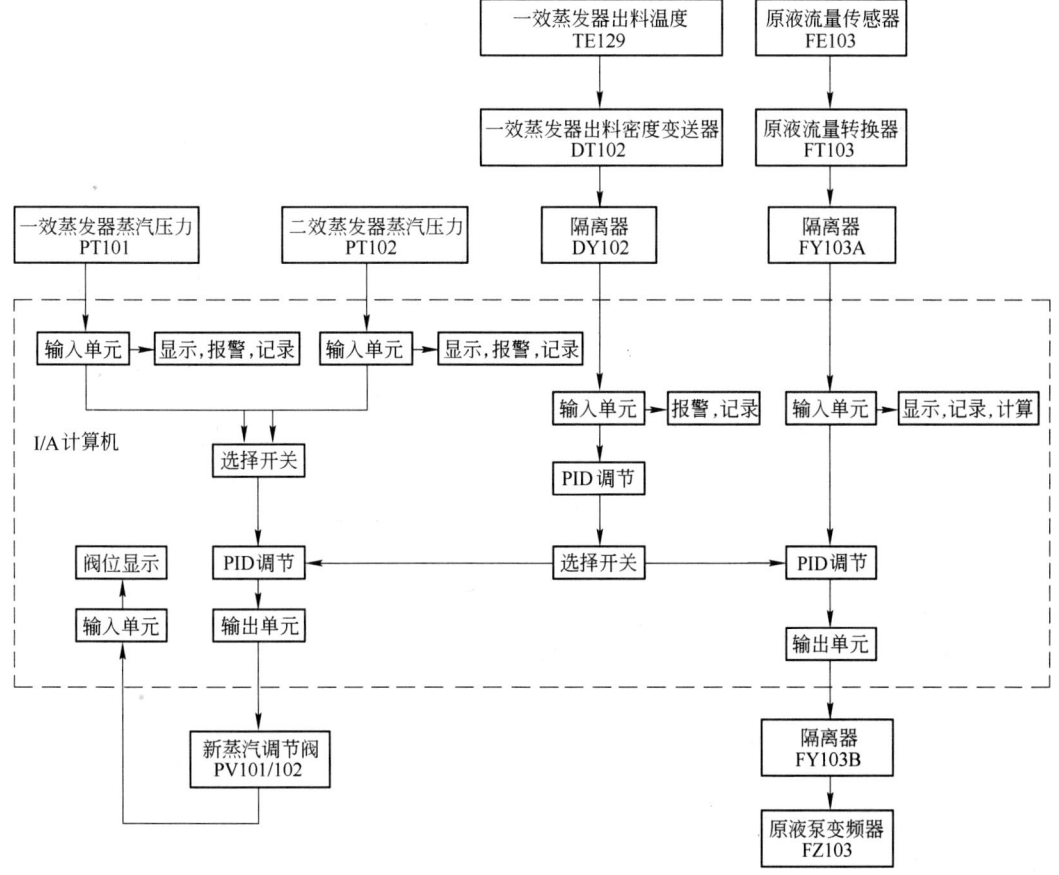

图 17-25　一效蒸发器出口母液浓度调节方块图

（2）一效蒸发器液位调节回路：
1）控制参数：一效蒸发器液位；
2）参数范围： +7.4 ~ +8.0m；
3）检测仪表：智能型差压变送器；

4）仪表位号：LT101；

5）被控量：一效蒸发母液出料量；

6）被控量范围：273m³/h（328m³/h）；

7）控制装置：调节阀；

8）控制装置位号：LV101/102。

控制回路描述：通过调节一效蒸发器母液出料调节阀开度，保证一效蒸发器液位控制在工艺要求范围内。

（3）二效蒸发器液位调节回路：

1）控制参数：二效蒸发器液位；

2）参数范围：+7.4～+8.0m；

3）检测仪表：智能型差压变送器；

4）仪表位号：LT102；

5）被控量：二效过料量；

6）被控量范围：298m³/h；

7）控制装置：调节阀（五效作业）或变频调速器（六效作业）；

8）控制装置位号：LV101/102 或 LZ102。

控制回路描述：通过调节一效蒸发器母液出料调节阀（五效作业）开度或二效蒸发器过料泵变频调速器（六效作业）的频率，保证二效蒸发器液位控制在工艺要求范围内。

图 17-26 为一效二效蒸发器液位调节方块图。

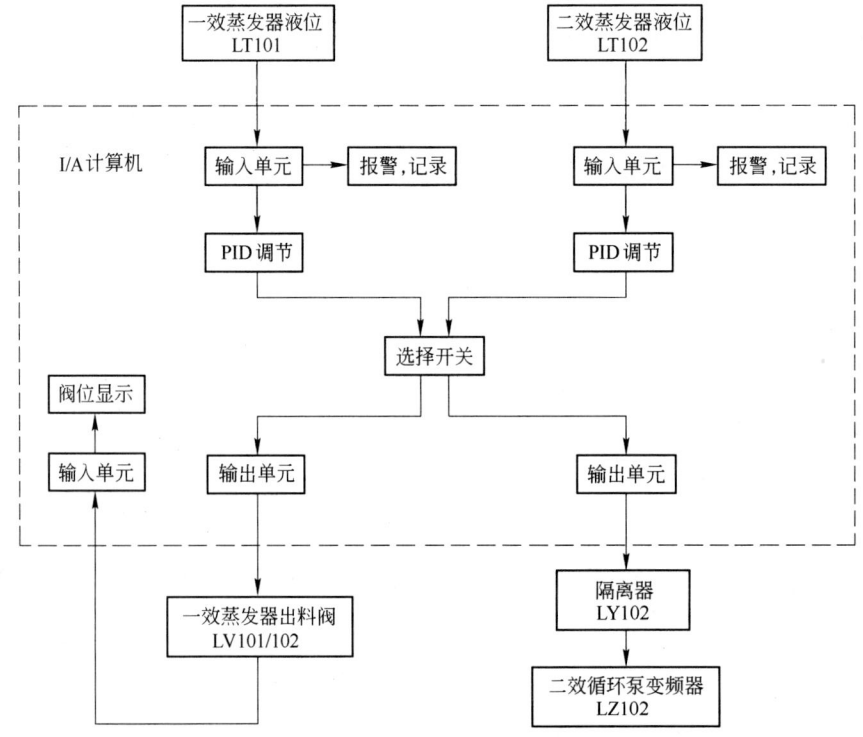

图 17-26 一效二效蒸发器液位调节方块图

（4）冷凝水罐液位调节回路：

1）控制参数：冷凝水罐液位；

2）参数范围：+3.7~+4.4m；

3）检测仪表：智能型差压变送器；

4）仪表位号：LT110；

5）被控量：冷凝水罐出水量；

6）被控量范围：44.8~60t/h；

7）控制装置：调节阀；

8）控制装置位号：LV110。

通过调节冷凝水罐出口调节阀的开度，保证冷凝水罐液位控制在工艺要求范围内。

图17-27为凝水罐液位调节方块图。

（5）水冷器真空度调节回路：

1）控制参数：水冷器真空度；

2）参数范围：0.011~0.015MPa；

3）检测仪表：智能型差压变送器；

4）仪表位号：PT118；

5）被控量：旁通管上阀门开度；

6）控制装置：调节阀；

7）控制装置位号：PV118。

控制回路描述：通过控制旁通管上阀门的开度，保证水冷器出口压力被控制在工艺要求范围内。

图17-28为水冷器真空度调节方块图。

（6）新蒸汽温度调节回路：

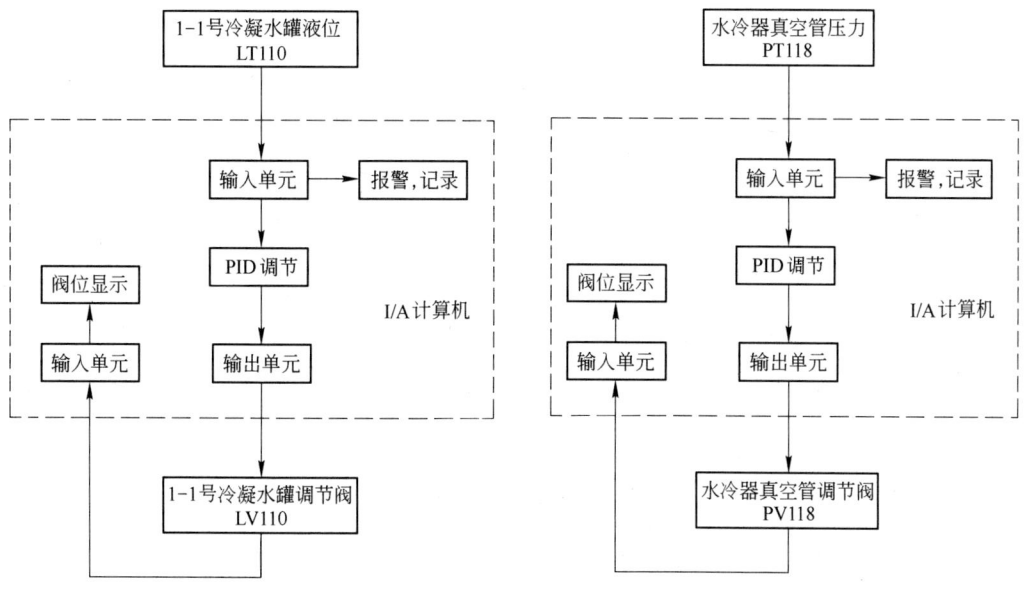

图17-27　凝水罐液位调节方块图　　　　图17-28　水冷器真空度调节方块图

1）控制参数：减温减压器出口蒸汽温度；

2）参数范围：250～290℃；

3）检测仪表：铠装铂热电阻；

4）仪表位号：TE128；

5）被控量：减温减压器入口减温水流量；

6）控制装置：调节阀；

7）控制装置位号：TV128。

控制回路描述：通过调节减温减压器入口减温水调节阀的开度，保证减温减压器出口蒸汽温度控制在工艺要求范围内。

图17-29为新蒸汽温度调节方块图。

（7）新蒸汽压力调节回路：

1）控制参数：减温减压器出口蒸汽压力；

2）参数范围：0.8～1.2MPa；

3）检测仪表：智能型差压变送器；

4）仪表位号：PT120；

5）被控量：减温减压器入口减温水流量；

6）控制装置：调节阀；

7）控制装置位号：PV120。

控制回路描述：通过调节减温减压器入口减温水调节阀的开度，保证减温减压器出口蒸汽压力控制在工艺要求范围内。

图17-30为新蒸汽压力调节方块图。

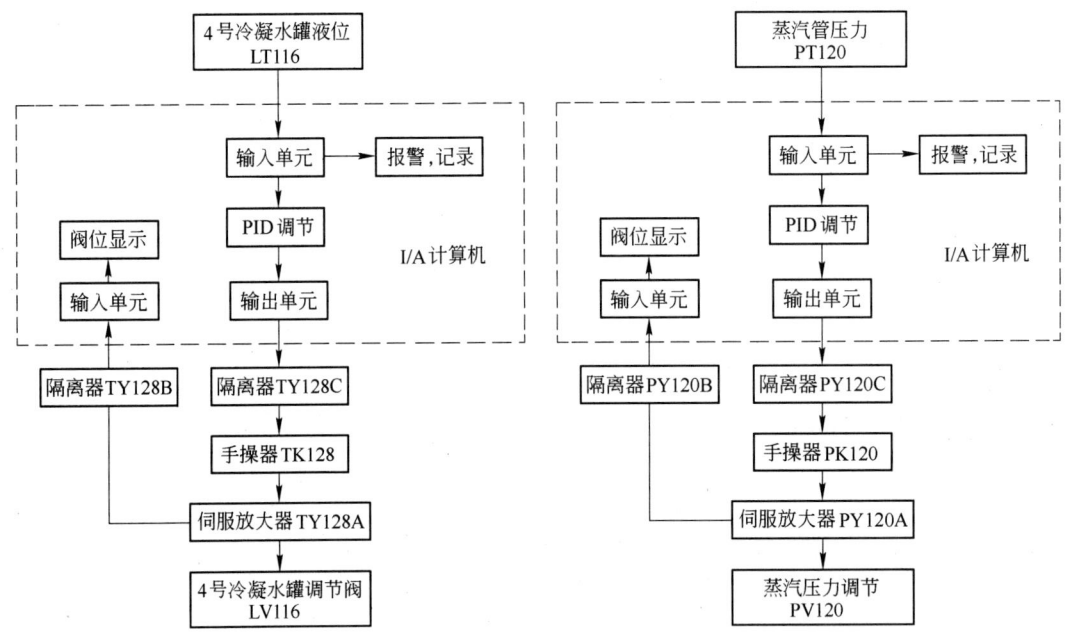

图17-29　新蒸汽温度调节方块图　　　　图17-30　新蒸汽压力调节方块图

17.3.6.4　母液蒸发工序控制系统

母液蒸发工序的控制系统组成如图 17-31 所示。

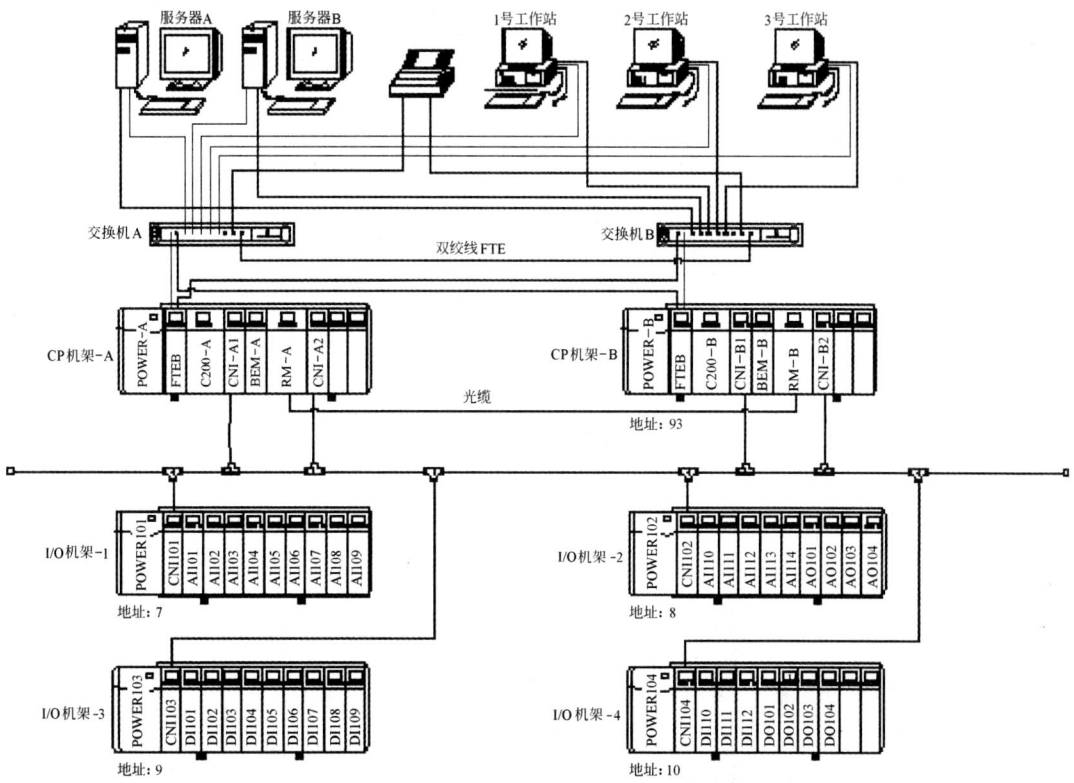

图 17-31　母液蒸发工序控制系统示意图

在母液蒸发工序设置操作室和机柜间。系统控制器、本地 I/O 站和远程 I/O 站安装在主控室的机柜间，操作站安装在主控室的操作室。

17.3.6.5　母液蒸发工序主要操作界面

母液蒸发工序主要操作界面如图 17-32 ~ 图 17-34 所示。

17.3.7　氢氧化铝过滤及焙烧

17.3.7.1　氢氧化铝过滤及焙烧工序概述

A　氢氧化铝过滤

用泵将来自种子分解的固含为 600 ~ 700g/L 的氢氧化铝浆液打入 $\phi6.5m \times 10.0m$ 的平底氢氧化铝浆液槽，再用泵送至 $62m^2$ 氢氧化铝水平盘式过滤机过滤洗涤。

水平盘式过滤机是水平的圆形盘子，分成四个区，随着过滤机盘子的旋转，在真空泵的作用下，依次完成一次分离、三次洗涤，并经螺旋卸料机卸料。然后用表压 0.15 ~ 0.2 MPa 的反吹压缩空气将底料吹起，再与送来的料浆混合，重复进行前过程。

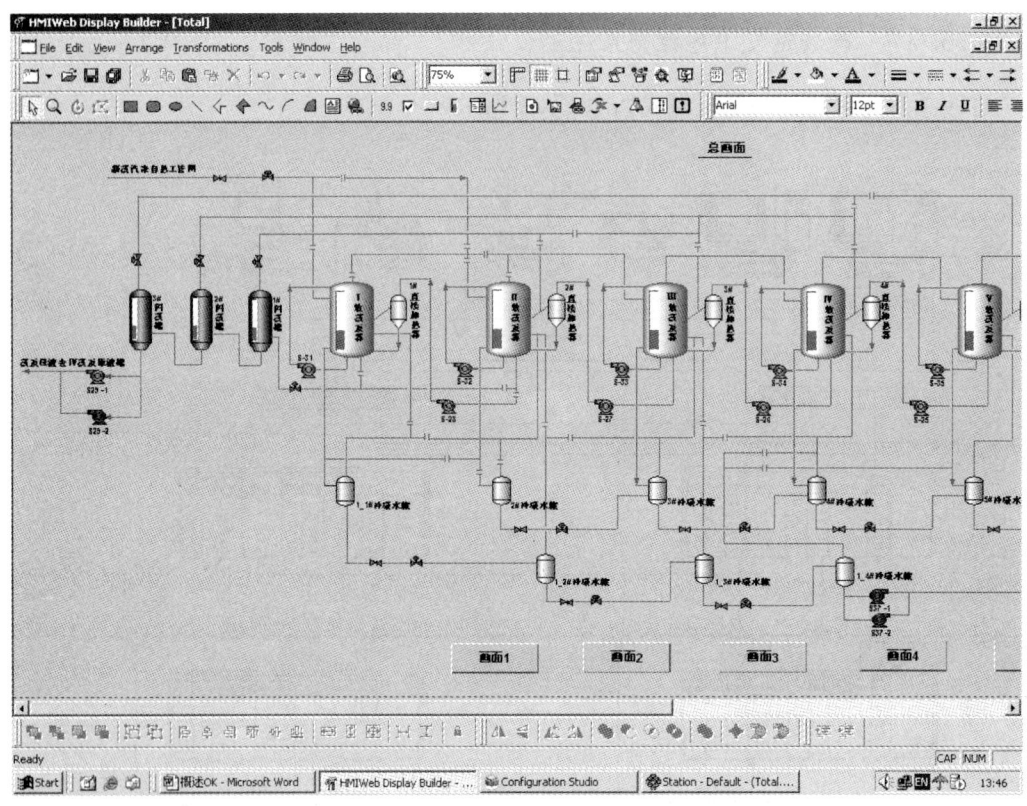

图 17-32 母液蒸发工序操作界面（一）

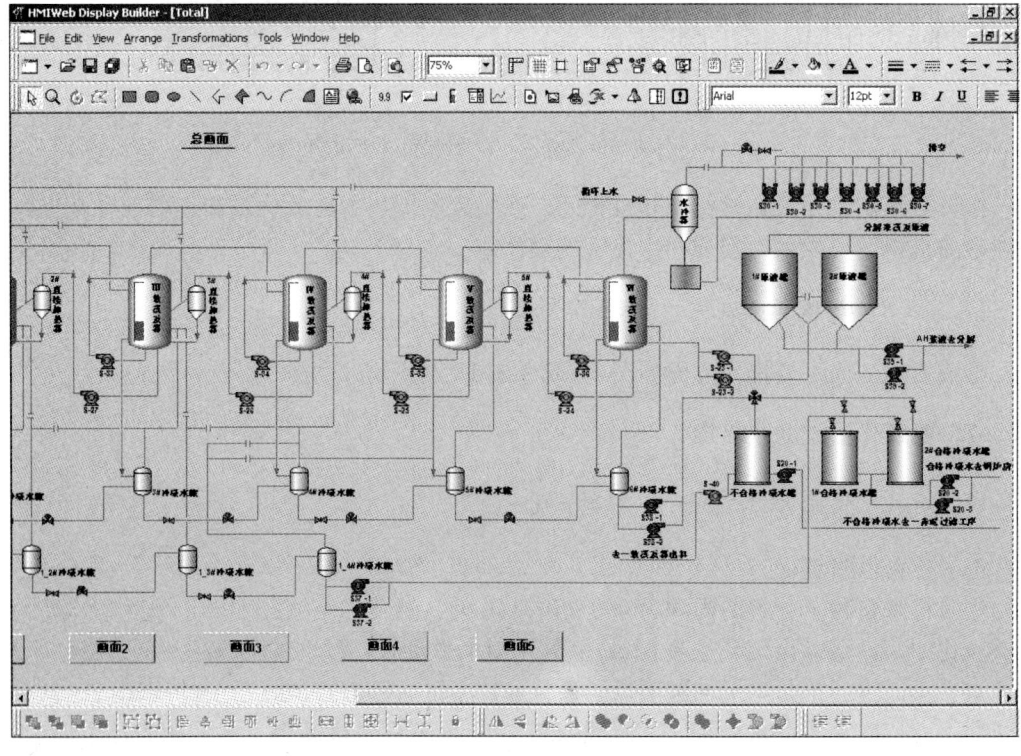

图 17-33 母液蒸发工序操作界面（二）

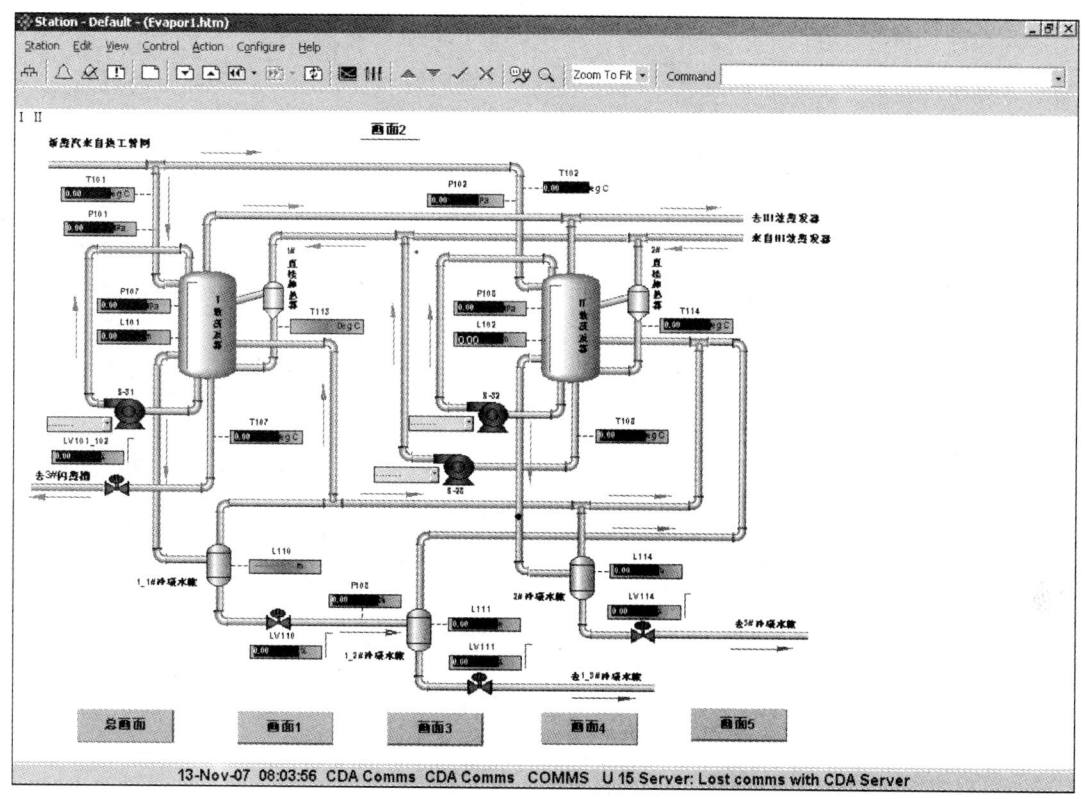

图 17-34　母液蒸发工序操作界面（三）

　　洗涤后的氢氧化铝由螺旋卸料机卸至一条宽度为 800mm 的胶带输送机上，直接送至焙烧炉给料仓，也可卸至另一条宽度为 800mm 的胶带输送机上送至氢氧化铝储仓。水平盘式过滤机分离出的种分母液经母液真空受液槽自流入 φ3.5m × 6.8m 尖底母液槽，用泵经室外管网送至种分母液精滤。热水从热水槽用泵打入水平盘式过滤机进行第一次洗涤，一次洗液即第一弱滤液经第一弱滤液真空受液槽自流入 φ3.0m × 5.46m 尖底第一弱滤液槽，再用泵返回水平盘式过滤机进行第二次洗涤，二次洗液即第二弱滤液经第二弱滤液真空受液槽自流入 φ3.0m × 5.46m 尖底第二弱滤液槽，再用泵返回水平盘式过滤机进行第三次洗涤，三次洗液即强滤液经强滤液真空受液槽自流入 φ3.0m × 5.46m 尖底强滤液槽，再用泵经室外管网送至溶出稀释槽或蒸发系统。

　　B　氢氧化铝焙烧

　　含水率不大于 8%、温度约 50℃ 的湿氢氧化铝由胶带输送机送入氢氧化铝仓 LO1，出仓氢氧化铝经仓底电子胶带秤 FO1 计量，由螺旋输送机 AO1 喂入文丘里干燥器 AO2。

　　含水氢氧化铝被来自旋风预热器 PO2 和干燥热发生器 T11 约 340℃ 的热气体吹散并迅速干燥。干燥了的氢氧化铝和含水蒸气的混合气体约 150℃ 经载流管入旋风分离器 PO1，分离后干氢氧化铝与旋风分离器 PO3 出来的 1000~1200℃ 的热气体充分混合，进入旋风预热器 PO2 中被预热及部分焙烧，从旋风预热器 PO2 分离出来的物料（其温度为 320~360℃）沿着平行于 PO4 锥体的斜壁方向进入焙烧炉 PO4。作为燃料的煤气从焙烧炉锥体下面的侧部进入炉内，已被旋风冷却系统预热至700~800℃的助燃空气从锥体底部进入炉内。物料在1100~1200℃的温度下，只在炉内停留几秒钟，就被高温气体从上部夹带出焙烧炉，直接进入与它紧连着的旋风分离器PO3，焙烧后的氧化铝经与热气体分离后进入一段旋风冷却系统，而热气体进入旋风预热器PO2。

一段冷却是在四级旋风冷却器中进行的。焙烧好的氧化铝产品自上而下通过顺级垂直配置的四级旋风冷却器CO1、CO2、CO3、CO4与来自大气及流态化冷却器自下而上的气体进行充分的逆流换热。由一段旋风冷却后出CO4的氧化铝温度约为250℃，再进入二段冷却的流态化冷却器KO1和KO2，被水逆流间接冷却至80℃作为成品，经胶带输送机既可以送入氧化铝仓，也可以直接送至电解铝厂。

从旋风分离器PO1顶部出来的烟气进入电收尘器中进一步除尘，除尘后的烟气含尘量（标态）可达$50mg/m^3$以下，通过装有控制风量的百叶风门，由排风机经烟囱排入大气。

电收尘收集的氧化铝粉尘经星形卸料器、埋刮板、返灰螺旋吹送泵返回旋风冷却器CO2。

17.3.7.2 氢氧化铝过滤及焙烧工序P&I图

图17-35和图17-36分别为氢氧化铝过滤及焙烧工序的P&I图。

17.3.7.3 氢氧化铝过滤及焙烧工序控制回路

氢氧化铝过滤及焙烧工序有以下控制回路：

（1）PO2出口烟气氧含量的控制。根据二级旋风预热器（PO2）的出口烟气氧含量，控制主排烟风机转速，以保证PO2出口烟气氧含量控制在要求的范围内。

（2）PO4出口温度和PO3入口温度的控制。根据三级旋风预热器（PO3）的出口温度和焙烧炉（PO4）出口温度，控制主燃烧器（V19）燃气（天然气或煤气）的流量。

（3）AO2出口温度的控制。根据文丘里干燥器（AO2）出口的温度，控制干燥燃烧器（T11）的燃气流量，以保证文丘里干燥器出口温度控制在工艺要求的范围内。

（4）冷却器出口氧化铝温度的控制。通过调节冷却器冷却水进口管道上调节阀的开度，控制冷却器出口氧化铝的温度。

（5）氢氧化铝下料量的控制。在输送氢氧化铝的输送皮带上设置电子皮带秤，通过调节电子皮带秤的转速来控制氢氧化铝的下料量。

17.3.7.4 氢氧化铝过滤及焙烧工序控制系统

氢氧化铝过滤及焙烧工序的控制系统组成如图17-37所示。

在氢氧化铝过滤及焙烧工序设置操作室和机柜间。系统控制器、本地I/O站和远程I/O站安装在主控室的机柜间，操作站安装在主控室的操作室。

17.3.7.5 氢氧化铝过滤及焙烧工序主要操作界面

氢氧化铝过滤及焙烧工序主要操作界面如图17-38和图17-39所示。

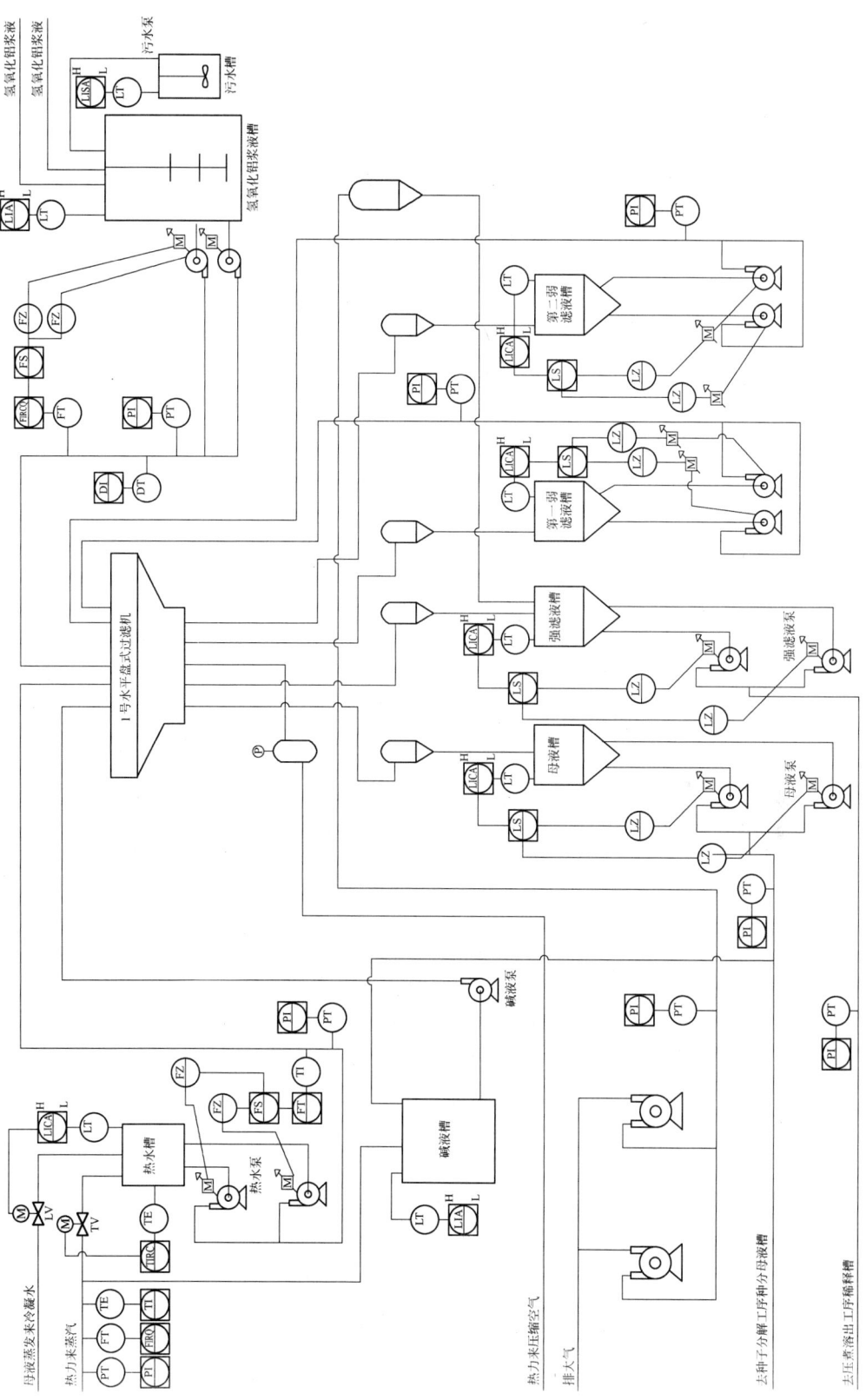

图 17-35 氢氧化铝过滤工序的 P&I 图

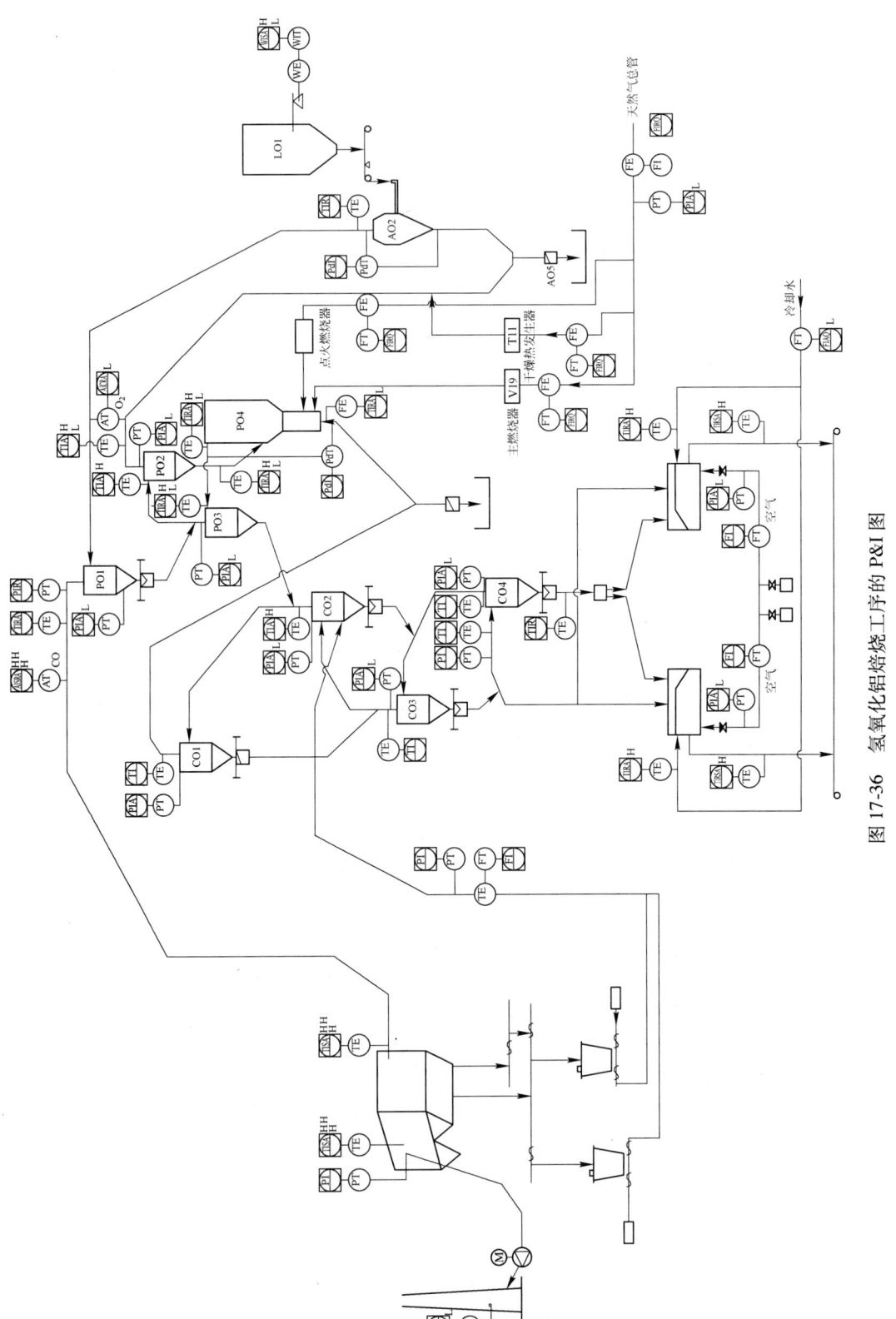

图 17-36 氢氧化铝焙烧工序的 P&I 图

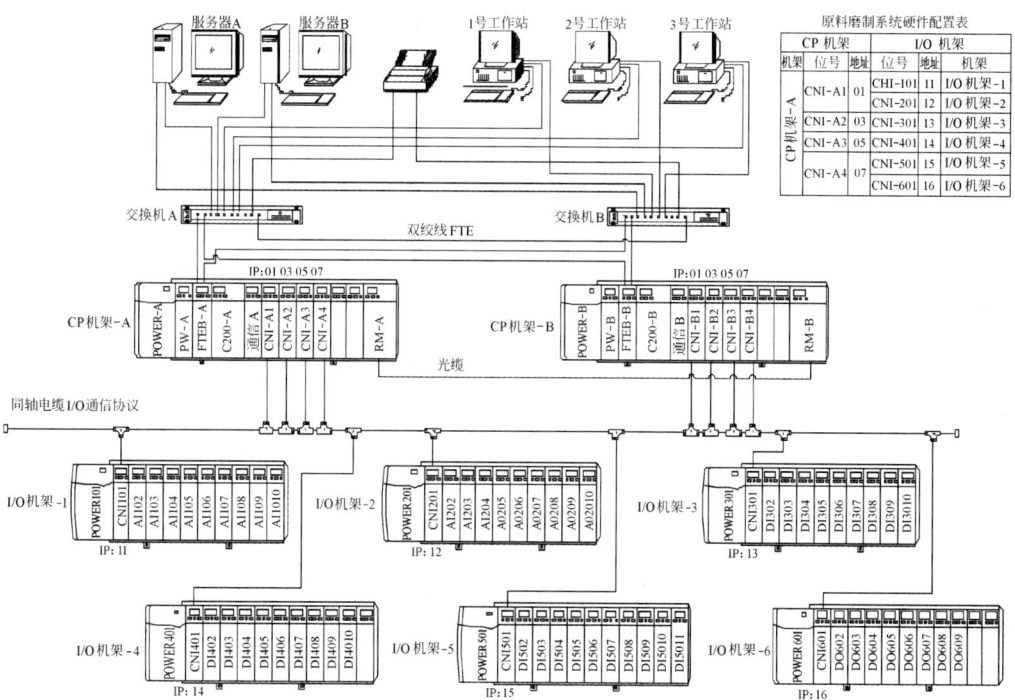

原料磨制系统硬件配置表

CP 机架			I/O 机架	
机架	位号	地址	位号	地址
CNI-A1	01	CHI-101	11	I/O 机架-1
CNI-A2	03	CNI-201	12	I/O 机架-2
CNI-A3	05	CNI-301	13	I/O 机架-3
CNI-A4	07	CNI-401	14	I/O 机架-4
		CNI-501	15	I/O 机架-5
		CNI-601	16	I/O 机架-6

图 17-37 氢氧化铝过滤及焙烧工序控制系统示意图

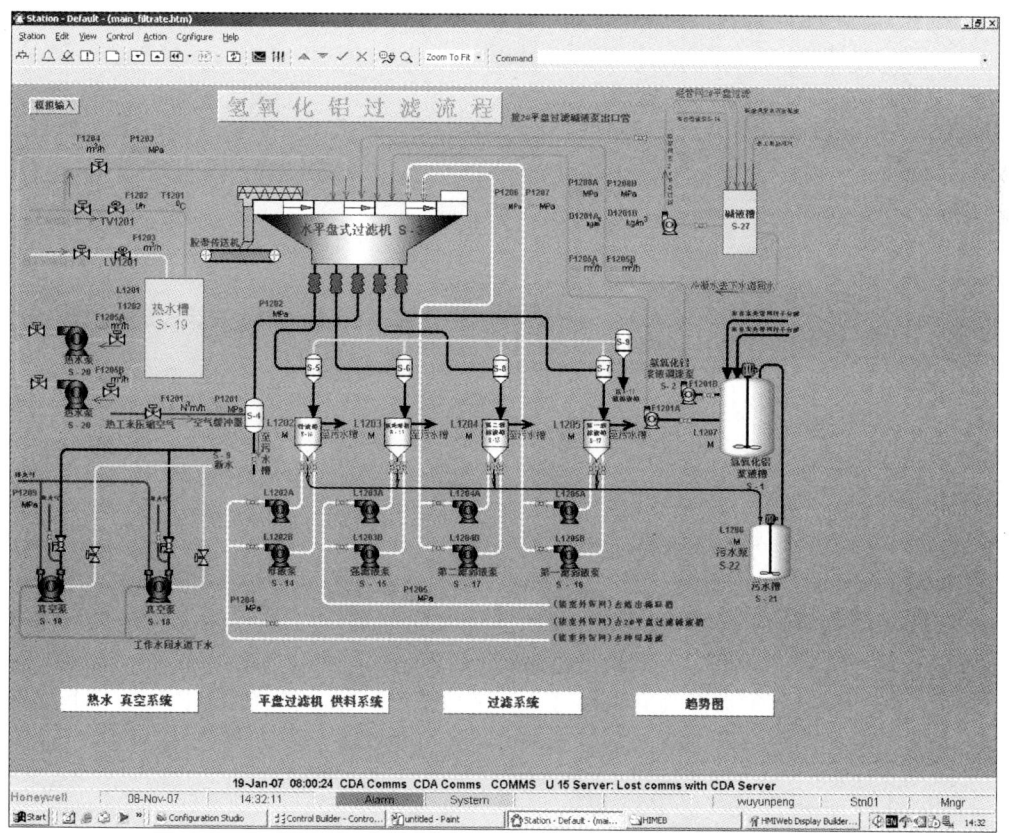

图 17-38 氢氧化铝过滤及焙烧工序操作界面（一）

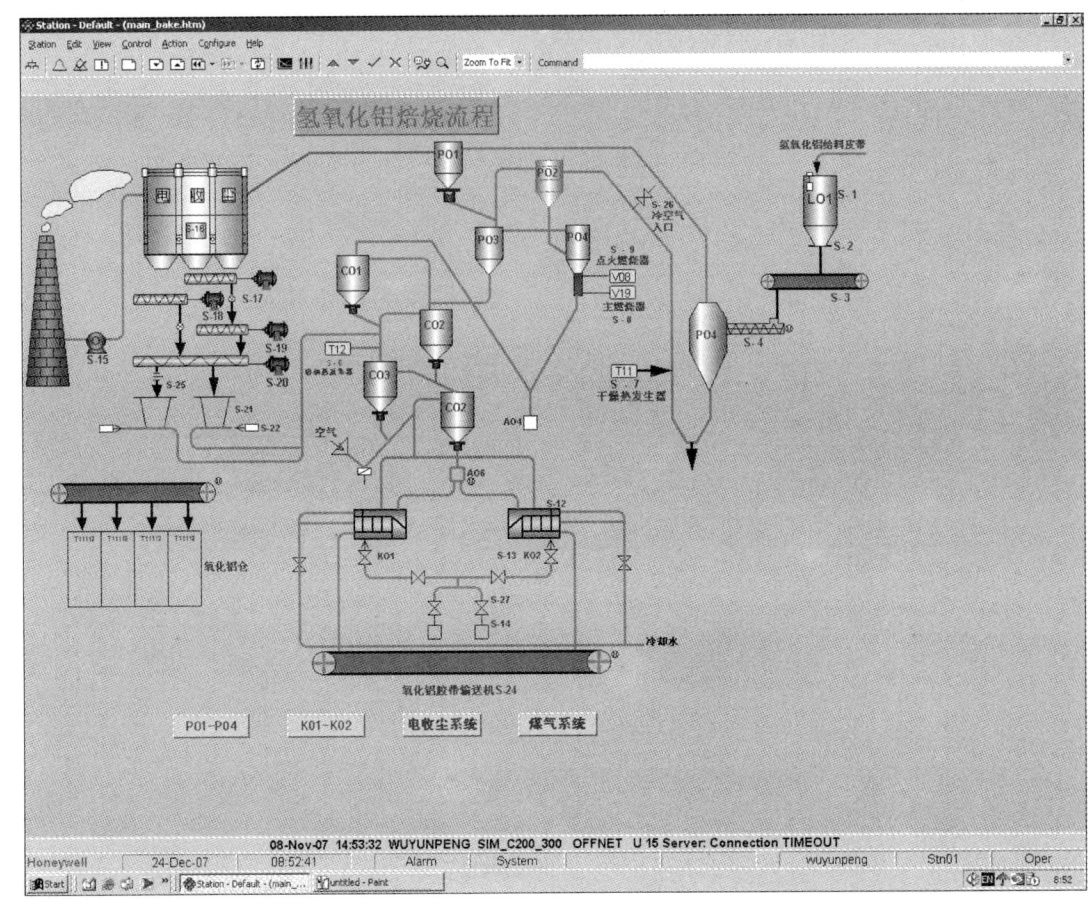

图 17-39 氢氧化铝过滤及焙烧工序操作界面（二）

17.3.8 熟料烧成

17.3.8.1 熟料烧成工序概述

原燃料堆场送来的烧成煤进磨头仓，由仓下给料机喂入磨煤机，再经熟料窑的热风烘干、磨细后送入窑头煤粉仓供熟料烧成用。

料浆槽内的生料浆用油隔离泥浆泵经喷枪从窑尾喷入熟料窑内。煤粉经煤粉仓下的计量装置计量后，通过四通道燃烧器从窑前喷入。出窑熟料经冷却机冷却，经裙式输送机送至熟料中碎系统。

窑尾烟气通过立烟道重力收尘后进入旋风收尘器（一级），出旋风收尘器的含尘气体进入电收尘器（二级），净化后的烟气经排风机抽送至烟囱排空。

重力收尘和旋风收尘器回收的粗粒窑灰直接从窑尾入窑。电收尘器回收的细粒窑灰通过螺旋泵气力输送系统，从窑尾入窑或送至窑头经窑头喷灰管喷入窑内。

17.3.8.2 熟料烧成工序 P&I 图

图 17-40 ~ 图 17-43 分别为熟料烧成工序的煤粉制备、窑本体、窑尾和喂料系统的 P&I 图。

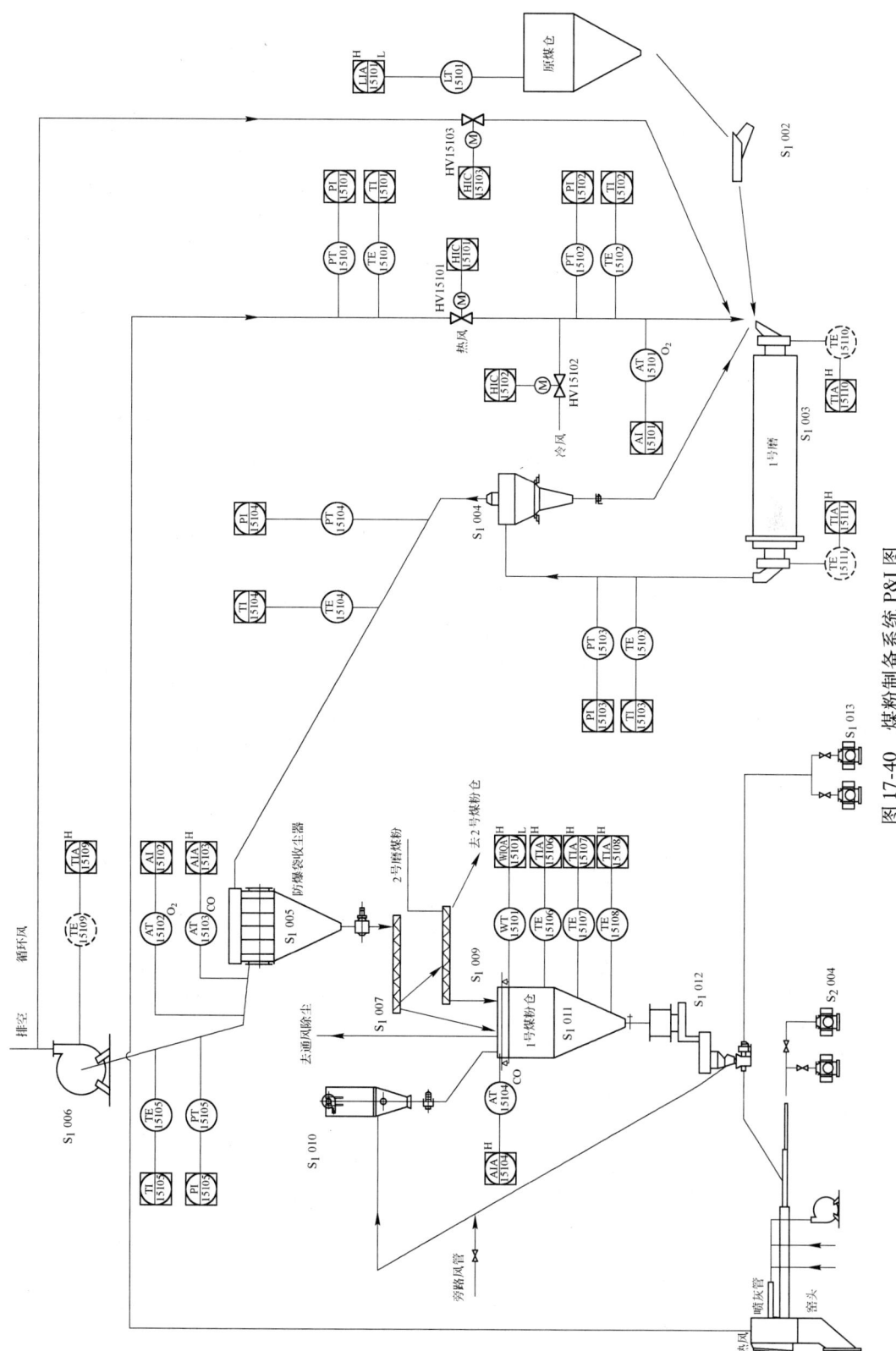

图 17-40 煤粉制备系统 P&I 图

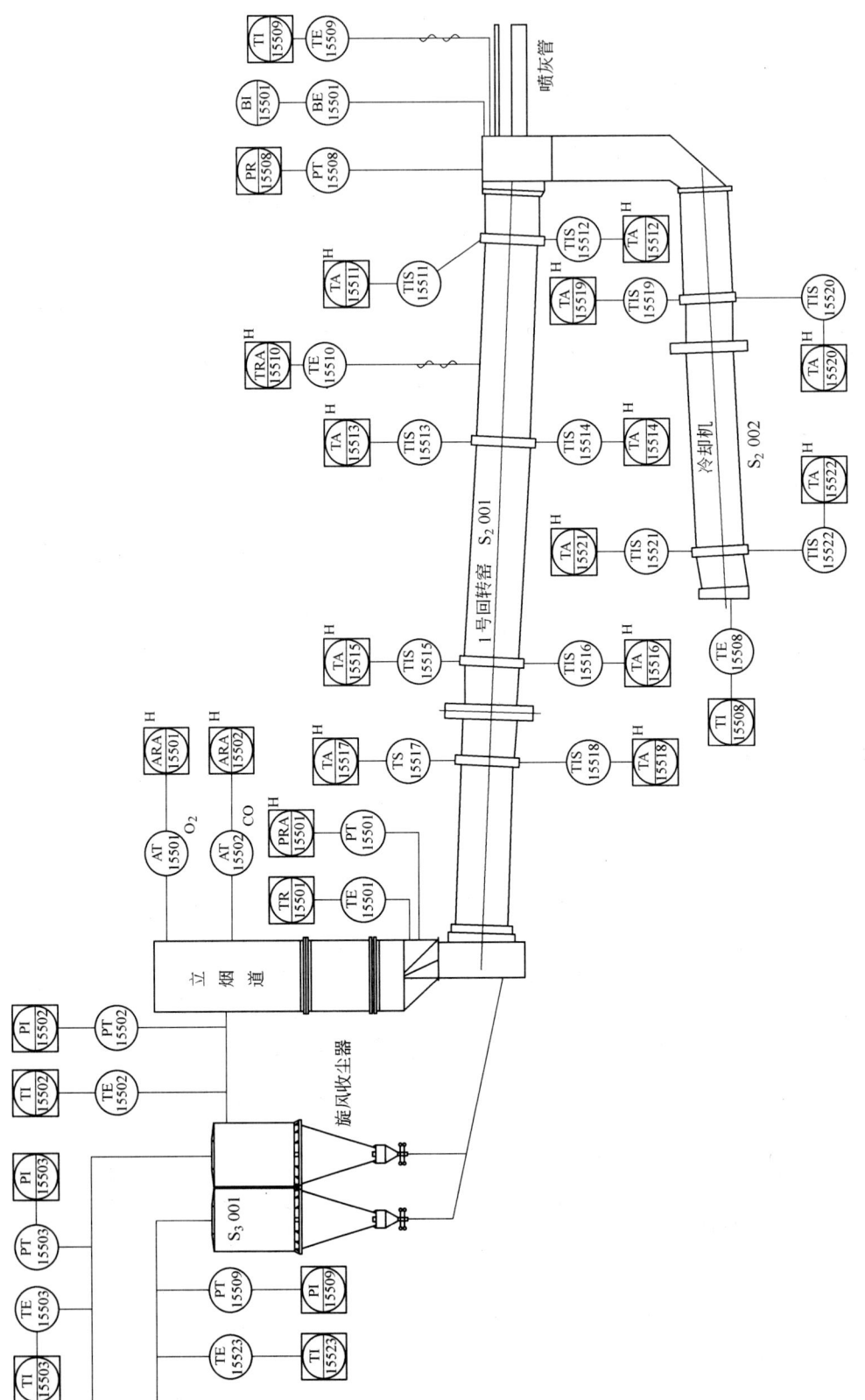

图 17-41 窑本体 P&I 图

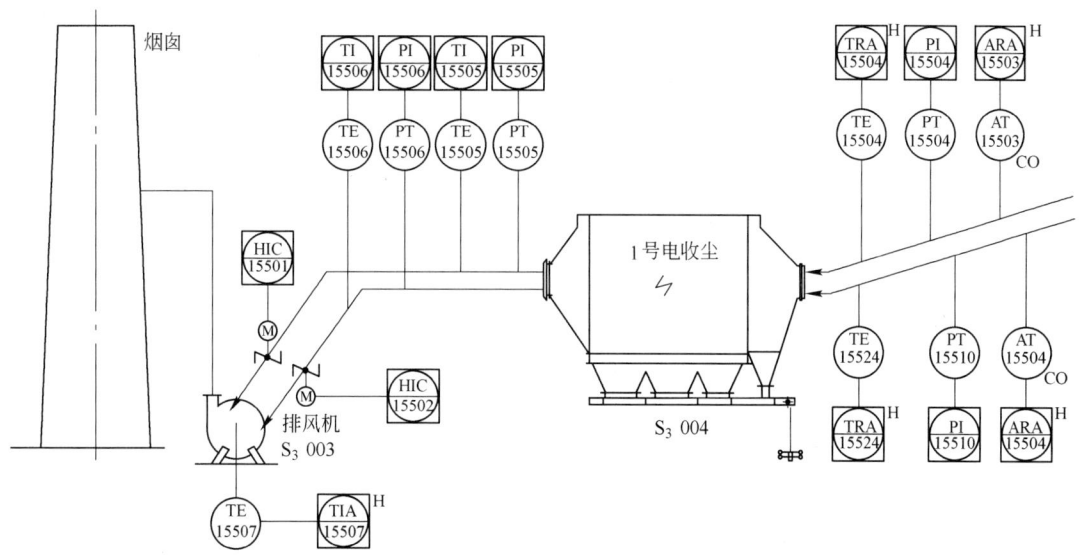

图 17-42 窑尾 P&I 图

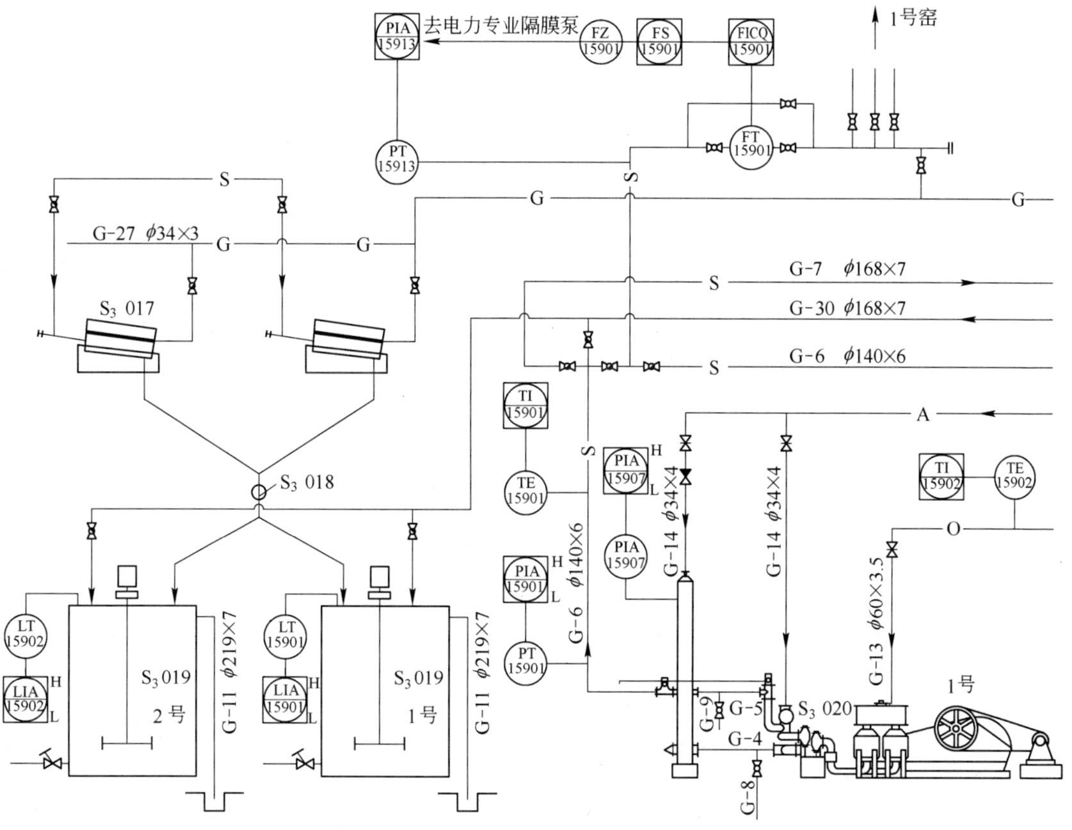

图 17-43 喂料系统 P&I 图

17.3.8.3 熟料烧成工序控制回路

熟料烧成工序的控制回路包括：

（1）根据油隔离泥浆泵出料管道流量调整油隔离泥浆泵转速。流量大时，调低泵转速；流量小时，则调高泵转速。

（2）污水泵与污水槽液位连锁。液位距槽顶0.5m时，自动开泵；液位距槽底0.8m时，自动停泵。

（3）窑尾排风机入口电动调节阀（设备自带）进入集中控制室和分控室调节并显示。

（4）根据空气储罐压力控制气体压缩机开启。压力高时，气体压缩机停机；压力低时，则开机。当其中运行的两台气体压缩机有一台停机时，备用的气体压缩机自动启动。

（5）根据出料补偿器液位控制充压缩空气阀门的开启。液面达到最高位置时，开充压缩空气阀门；液面下降到最低位置时，关充压缩空气阀门。气包控制及充气原理与上相同。

（6）燃烧区温度控制。氧化铝熟料烧成过程是一个非常复杂的物理化学反应过程，所以在窑稳定情况下可采用PID调节，偏差大时自动转入模糊专家控制，非正常情况下切换成人工操作。燃烧区温度控制方案如图17-44所示。

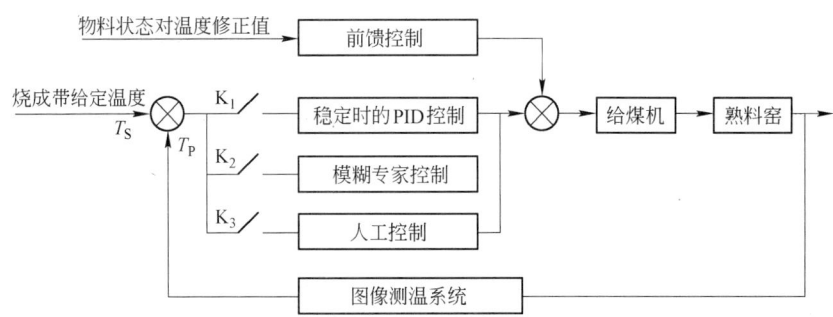

图17-44 燃烧区温度控制方案

物料状态的前馈控制是指：根据矿浆水分含量的波动等烧成过程的主要干扰，进行前馈控制方式的温度修正，形成烧成过程的自动控制系统。

17.3.8.4 熟料烧成工序主要操作界面

图17-45和图17-46为熟料烧成工序的主要操作界面。

17.4 氧化铝生产过程控制的执行系统

17.4.1 生产制造执行系统概述

生产制造执行系统（manufacturing execution system，MES）的概念最早形成于20世纪80年代末，于20世纪90年代逐步成形并获得迅速发展。

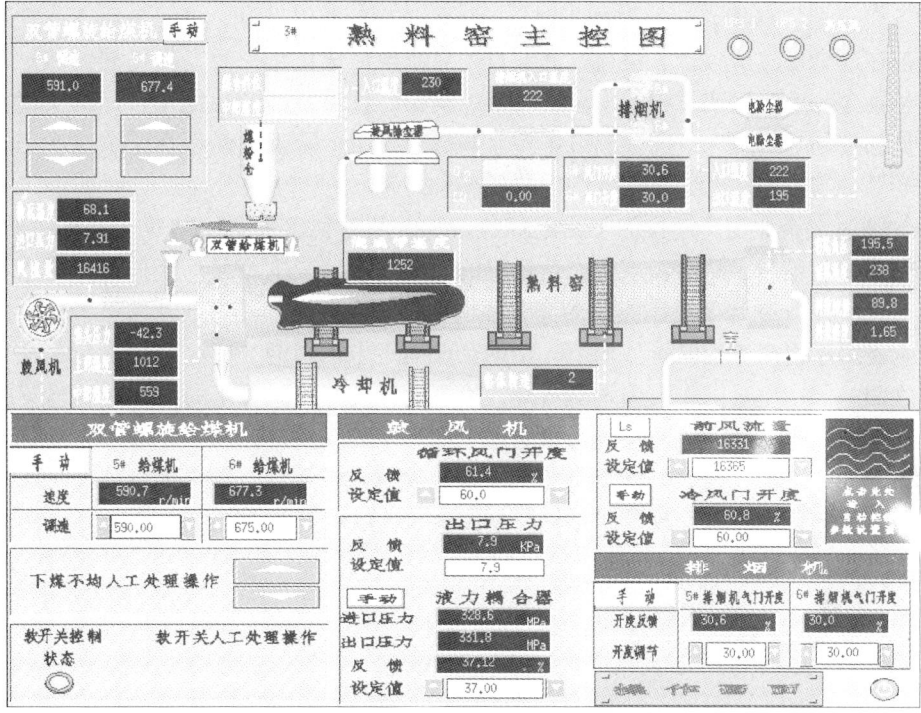

图 17-45 熟料烧成工序操作界面（一）

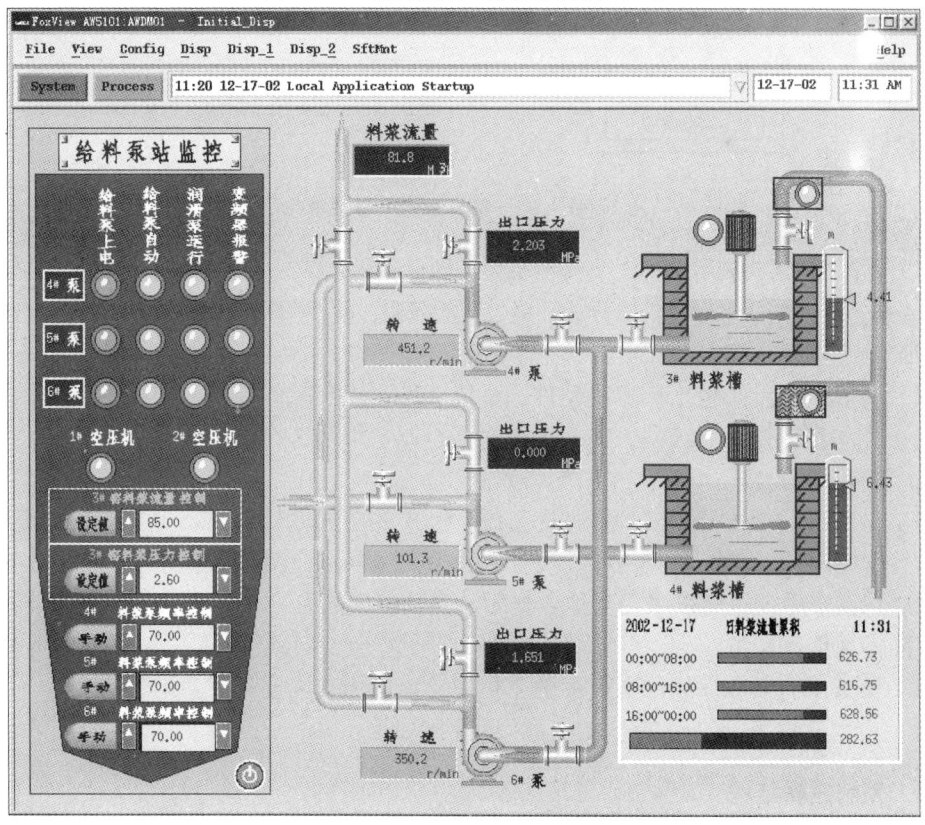

图 17-46 熟料烧成工序操作界面（二）

MES 是工业信息集成的关键环节。下层生产过程的实时信息，上层企业资源管理等各类信息都在这个层次里融合、贯通，并通过信息集成形成优化控制、优化调度和优化决策等判断和指令。企业生产过程的安全、稳定、均衡、优质、高产、低耗目标的实现，企业内部物流的控制与管理、生产过程成本控制与管理等生产管理活动都在这个层次完成，因而是生产活动与管理活动信息集成的重要桥梁和纽带。

MES 通过对企业生产过程的不断跟踪和监视，及时找出生产中的瓶颈及存在的问题，进行总的调度和控制，从而实现生产全过程的不断改进、减少废品、降低生产成本、提高劳动生产率。MES 是当今充满竞争的商业环境中制造企业内部不可或缺的一个基本的组成部分。它着眼于生产流程的价值增值，帮助企业缩短生产周期，提高产品质量，减少或消除班组之间的文字记录工作，缩短交货期，恰当地调度好车间员工的工作。通过应用 MES 可以优化生产过程，从而能够达到甚至超过生产和产品质量目标。

MES 是一个信息系统，它包括计算机系统、网络通信系统、数据库管理系统、集成平台和应用软件。信息系统呈现分级结构，如图 17-47 所示。

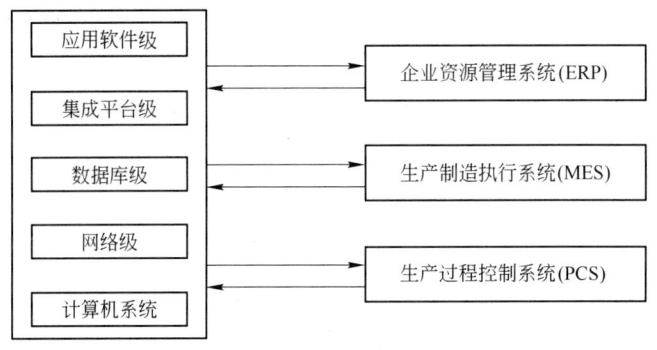

图 17-47 MES 信息系统的分级结构

图 17-47 中，箭头表示一种"支持"关系，即计算机系统级支持网络的建立，网络级支持数据库系统运行。集成平台将消除异构环境带来的障碍，使应用系统能在统一的平台上运行。

MES 信息系统各级组成如下：

（1）计算机系统。包括计算机硬件、系统软件、工具软件以及打印机等。

（2）网络级。设置三级网，在公司级建立企业主干网，在部门级建立局域网，在生产现场则建立现场网。

（3）数据库。设置分布式的数据库系统。其中的数据库管理系统主要有关系型数据库和实时数据库两种。在管理应用中，使用关系型数据库；在控制应用中，使用实时数据库。在应用系统中，也可以采用其他数据库产品，但应具有一定的开放性，即能与主流数据库产品实现信息互访。

（4）集成平台。在网络和数据库的支持下，由应用软件实现信息的集成。

（5）应用软件级。包括 MES 的全部应用软件。

17.4.2 系统逻辑结构

根据生产管理结构，结合各节点机构的地域分布和控制系统安全，可将系统逻辑结构划分成数据采集层、数据集中层和数据应用层。数据应用层网络挂接服务器和应用站点，数据集中层采用具有安全隔离和数据缓存的控制通信接口机连接各控制系统进行生产过程的实时数据采集。具体介绍如下：

（1）数据采集层。数据采集层可以实现对生产现场各种数据的收集和整理工作，是进行物料跟踪、生产计划、产品历史记录维护以及其他生产管理的基础。

（2）数据集中层。数据集中层主要是用来建立一个有效的信息平台（有实时数据库、关系数据库、web服务器），对采集的数据进行加工、处理、分析、存储、交换、发布。

（3）数据应用层。基于数据采集和数据处理的信息，建立与生产管理相关的应用系统，为科学地组织、指挥、跟踪、监督生产过程提供信息平台。

17.4.3　系统网络结构

MES技术方案中的网络结构应采用先进的、开放的、可靠的体系结构。网络结构按三级设置：企业级以太网、工业级以太网、接口网络。企业级以太网负责日常业务管理的通信需要，主要分布在企业级办公机构，企业级以太网通过防火墙与企业管理网连接，用于企业的业务沟通，通过企业管理网与国际互联网的连接，进行资料查询、信息发布和业务沟通。工业级以太网作为生产过程监控管理的通信平台，主要部署在调度室（台）、操作控制岗位和技术监控管理岗位。接口网络主要分布在与各控制系统的连接层，保证过程监控的实时性和控制系统的安全独立性。MES系统网络结构如图17-48所示。

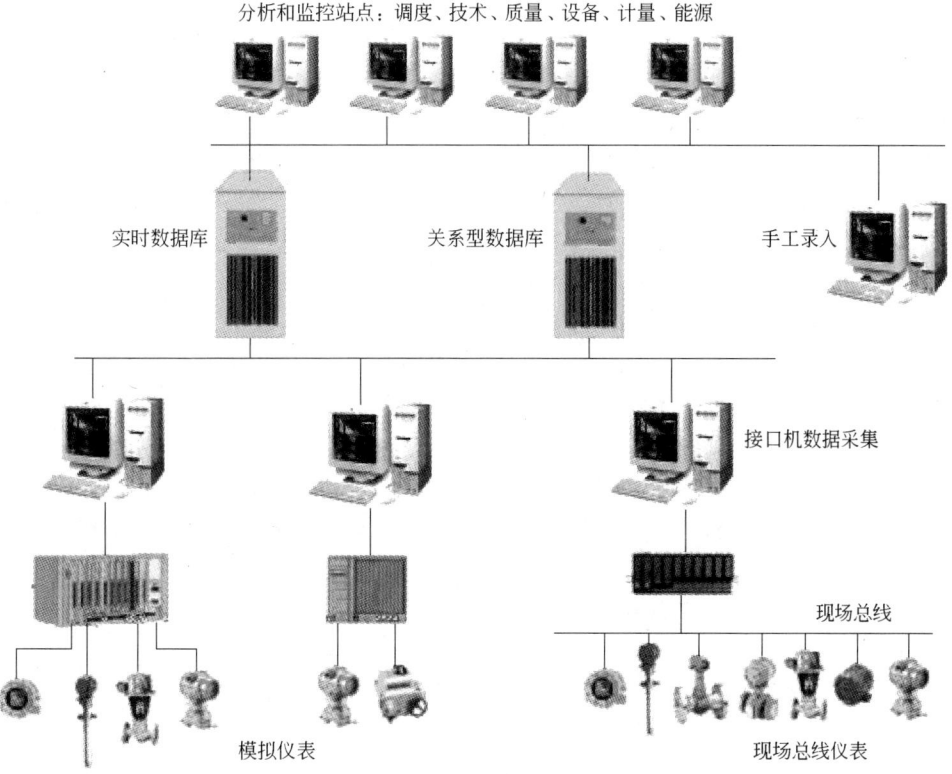

图17-48　MES系统网络结构图

17.4.4　网络的安全

17.4.4.1　网络安全的体系结构

网络安全有以下体系结构：

(1) 物理层/链路层的安全。物理层信息安全，主要防止物理通路的损坏、物理通路的窃听、对物理通路的攻击（干扰等）。链路层的网络安全需要保证通过网络链路传送的数据不被窃听。主要采用划分 VLAN（局域网）和加密通信（远程网）等手段。

(2) 网络层的安全。网络层的安全需要保证网络只给授权的客户使用授权的服务，保证网络路由正确，避免被拦截或监听。

(3) 操作系统的安全。操作系统安全要求保证客户资料和操作系统访问控制的安全，同时能够对该操作系统上的应用进行审计。

(4) 应用系统与平台的安全。应用平台指建立在网络系统之上的应用软件服务，如数据库服务器、电子邮件服务器、web 服务器等。由于应用平台的系统非常复杂，通常采用多种技术（如 SSL 等）来增强应用平台的安全性。应用系统的安全与系统设计和实现关系密切。应用系统使用应用平台提供的安全服务来保证基本安全，如通信内容安全、通信双方的认证、审计等手段。

全面的安全解决方案需要涉及网络安全、系统安全、数据库系统安全、数据安全以及防病毒等多个方面，每个方面都需要结合相关的安全产品，相应的安全政策，实施包括预防、检测、反映在内的全过程。

17.4.4.2　网络安全实现

网络安全的实现有以下几种方式：

(1) 物理隔离方式。对于需要安全保证的部门的管理子系统，可以采用独立的网络设备，独立光纤连接方式构造物理上与企业网完全独立的管理系统网络。在 L2 数据链路层采用 CAM 技术，在 L3 网络层采用静态 IP 与 MAC 绑定的方式，在 L3/L4 网络层/传输控制层采用访问控制列表（ACL）制定详细的安全访问控制规则，确保网络安全。

(2) VLAN 隔离方式。VLAN（virtual local area network）又称虚拟局域网，是指在交换局域网的基础上，采用网络管理软件构建的可跨越不同网段和不同网络的端到端的逻辑网络。一个 VLAN 组成一个逻辑子网，即一个逻辑广播域，它可以覆盖多个网络设备，允许处于不同地理位置的网络用户加入到一个逻辑子网中。

(3) VPN 方式。在上述两种方式中，安全性主要部署在数据传输控制上，在用户身份认证和数据加密上有所不足。在物理隔离方式上或 VLAN 隔离方式上，采用 VPN 方式，可以很好地完善系统整体的安全性。

VPN 方式结合 VLAN 隔离方式使得整个管理子系统的安全性得到完善，并且将管理子系统的可访问范围扩大到整个 MES 系统以及 MES 系统以外的位置，在投资上仅需增加硬件 VPN 防火墙的投资。

17.4.5　应用系统

应用系统包括：

（1）生产计划系统。生产计划系统基于公司年度生产经营计划和各种生产因素，制定700kt/a氧化铝部分年度生产计划；根据年度生产计划，分解成月、旬、周、日生产产量计划以及原材料计划、能源计划和重要技术、质量指标，作为生产组织和调度指挥的依据。

（2）生产统计系统。生产统计系统主要对生产运行结果及时统计，编制生产报告和各种统计报表，供企业领导、管理部门、生产岗位查询生产运营结果，为优化组织生产和生产调度指挥提供依据。

（3）生产查询分析系统。生产查询分析系统提供了对氧化铝生产过程中的统计数据和报表数据的查询功能，生产调度可查询任何工序的生产数据，管理部门和操作岗位可通过权限的设置确定不同的查询范围。

（4）生产调度指挥信息管理系统。为生产调度管理提供一个信息交互平台，实现调度信息自动管理、调度报表和调度管理台账的生成。调度管理人员依据操作岗位、车间生产管理和技术管理人员的报告和请示信息及生产过程实时监控和综合查询信息，通过调度指挥信息管理系统及时发布生产组织和调度指令；反之，各车间操作人员也可通过该系统向调度管理人员汇报生产情况和请示处理方案。生产调度系统通过传送文本或文档类型的调度指令来实现调度管理。对调度指令的发送、接受和确认过程进行完整的记录，做到事务有据可查。

（5）生产过程实时监控系统。实时监控系统的应用单位主要分布在氧化铝的操作控制室、调度、技术等重要生产操作和管理岗位。为保证系统的实时性，其后台是实时数据库系统，客户端是一套运行在基于视窗平台的工业过程可视化程序，提供实时数据和形象逼真的动态模拟工艺流程图、实时历史趋势图，管理人员可以及时地查看生产运行的现行状态和历史趋势，同时实现生产异常报警。

（6）网络视频监控系统。可根据需要在企业的重要生产设备和生产区的特定位置安装视频信号处理服务器和摄像装置，信号处理服务器就地接入以太网。在调度等其他终端上安装视频浏览软件，有关人员可以监视现场实时图像和查询历史图像。

（7）生产过程物料平衡监控管理系统。生产过程物料平衡监控管理系统包括生产工艺过程物料参数的设定、物料的实时监控、高低限报警、报警信息的分类和统计、物料变化历史趋势的分析，为生产组织、调度指挥、技术管理、岗位操作等提供及时准确依据。

（8）生产过程技术数据的分析系统。生产过程技术数据分析系统是对氧化铝生产过程中所采集的历史数据和实时数据进行分析。通过这些关键工艺参数及数据分析，对主要设备的平稳运行及提高产品质量起着重要作用。

生产过程技术数据分析系统主要包括：显示生产过程实施数据、生产数据分析、报警信息分析、历史数据分析。

（9）质量检查与化验分析系统。将各种原燃料、中间产品、成品等涉及的化验项目、分析成分录入到系统中，并将化验分析采用的标准也录入到系统中，作为生成化验报告的依据。

（10）质量跟踪管理系统。建立质量跟踪管理系统，对生产工艺过程质量技术指标跟踪控制，对产品质量跟踪管理，对质量数据进行统计分析，为岗位操作、生产组织、技术管理、调度指挥、质量管理和质量追溯提供及时准确的科学依据，保证生产过程的稳定高效运行，提高产品的质量。

（11）计量检测与检斤计量系统。计量检测与检斤计量系统包含两部分。计量检测是指通过 DCS、PLC、控制系统，实时采集和部分人工录入的生产过程中的计量检测数据，包括原燃料、物料位和液位、动力能源、流量、压力、温度、浓度等。检斤计量是指从电子衡器采集计量数据，主要用于原料及成品的计量管理，对于氧化铝生产主要计量原料矿石和氧化铝产品。

计量管理系统可以自动或手动采集检斤衡器设备上的检斤计量数据，并根据原始采集数据进行统计和汇总，并编制计量报表，解决计量数据的真实性、唯一性、准确性和实时性的问题，为其他系统提供准确的基础数据。

（12）能源管理系统。能源管理系统对生产过程能源生产、能源供应、能源消耗进行实时监控与管理。通过自动采集和人工录入的能源数据，对生产过程的能源消耗量和单耗量进行统计和分析，编制各种能源报表分析曲线等直观图形，参照生产计划和消耗定额进行对比和分析，为生产管理、调度指挥、岗位操作提供及时准确的能源数据信息，实时监控生产过程的能源状况，有效控制能源消耗，便于及时发现耗能症结，及时采取节能措施，及时调度指挥和调节操作，达到最大限度减少生产能耗，降低生产成本，增加生产效益。

（13）设备管理系统。设备管理系统用于对主要设备的管理，包括动态和静态管理。动态管理是指实时采集设备的实时运行数据，结合设备的静态数据对设备进行分析，并对异常现象如超温、振动、位移等进行报警。静态管理是指存储和管理主要设备的原始参数记录、运行记录、点检记录、设备检修记录、设备故障记录、设备报警记录，作为进行设备检修的依据。

（14）生产管理办公系统。生产管理办公系统以信息技术和网络技术为手段，解决生产管理日常办公业务问题，及时并迅速地处理日常办公业务，简化办公流程，实现企业的办公高效化、传递网络化、信息资源化、管理决策智能化。

（15）生产应急与事故处理。由于氧化铝生产本身的技术和工艺特点，任何意外事故或非计划停产都会给生产造成损失，因此需要生产指挥调度人员和现场操作人员迅速采取应急措施，减少物料外溢和污染，确保人身及主要设备安全，并尽快排除故障，恢复生产。

对这些异常情况的应急处理措施，需要经验丰富的专家来指导。生产应急与事故处理系统整理汇总生产工艺专家的经验和知识，并加以保存和推广应用，以指导现场工作。

（16）辅助考核管理。本系统可以对各岗位、各值班、各工序及车间操作给出正确的评价，并对绩效考核提供准确的考核依据，从而达到奖优惩劣的绩效目的。

（17）经济活动分析及评估。在整个生产经营活动中，所有活动均是围绕一个目标，即生产成本最小化。该系统将把工序活动中的所有物质（工艺物料、水、电、风、汽等）的总耗和单耗作出曲线和直方图，并将这些分析结果与历史同期、平均值、计划值、定额相比较，找出关键性环节，以利于下一步的改进。

（18）技术管理系统。技术管理系统主要管理氧化铝生产过程中的技术规程和技术指标，用以指导生产。

（19）安全环保管理系统。安全环保管理系统主要包括安全管理考评、安全规程、职工劳动安全教育、安全技术措施、管理工伤事故记录以及环保管理。

17.4.6 MES 与 ERP 管理系统

近年来，通过计算机技术、网络技术、数据库技术和控制技术的广泛应用，国内外许多企业的生产控制和管理逐渐形成了信息化、网络化、集成化的格局，即国际流行的 ERP/MES/PCS 三层结构的扁平化管理模式，如图 17-49 所示。具体介绍如下：

（1）PCS（process control system）——过程控制系统。PCS 主要是指企业基础自动化系统。PCS 利用基础自动化装置与 PLC、DCS 或现场总线等控制系统，对生产设备进行自动控制，对生产过程进行实时监控，实现生产过程的自动化操作和控制。

（2）MES（manufacturing execution system）——制造执行管理系统。企业下层生产过程的实时信息，上层企业资源管理等的各类信息都在 MES 层次里融合、贯通，

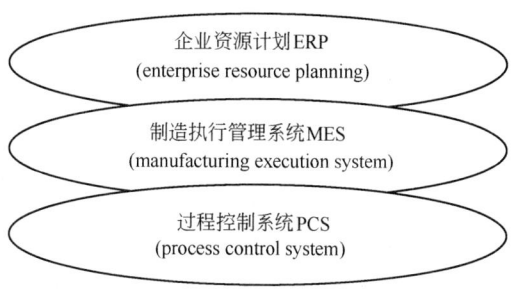

图 17-49　三层管理体系结构图

并通过信息集成形成优化控制、优化调度和优化决策等的判断和指令。企业生产过程的安全、稳定、均衡、优质、高产、低耗目标的实现，企业内部物流的控制与管理、生产过程成本控制与管理等生产管理活动也都在 MES 层次完成。因此，MES 是生产活动与管理活动信息集成的重要桥梁和纽带。

（3）ERP（enterprise resource planning）——企业资源计划。ERP 系统是指建立在信息技术基础上，集中信息技术与先进的管理思想于一身，构成现代企业的运行模式，反映时代对企业合理调配资源、最大化地创造社会财富的要求，因此，ERP 是企业在信息时代生存和发展的基石。ERP 是将企业所有资源进行整合集成管理，即将企业的三大流：物流、资金流和信息流进行全面一体化管理的管理信息系统。

ERP/MES/PCS 三层结构的扁平化管理模式集成了流程工业各种信息系统和技术。通过 MES 的承上启下作用和网络与数据库支撑系统，将 ERP 分系统和 PCS 分系统集成，实现经营决策、生产过程管理和过程控制的信息集成。

ERP 的生产计划通过 MES 的生产调度、生产统计与分析、生产过程信息管理系统和 PCS 的生产过程数据采集系统实现集成，使生产管理扁平化，提高生产计划制定水平，提高生产作业计划的效率。财务计划和生产成本计划通过 MES 的生产成本动态控制系统、生产过程信息管理系统与 PCS 的生产信息采集系统实现集成，完成目标成本分解、实时控制与管理；根据生产过程动态成本，给出降低生产成本的操作指导，从而实现生产成本的动态控制。ERP 的固定资产管理、备品备件管理通过 MES 的设备管理和 PCS 的设备监控系统实现集成，将设备的静态管理、价值管理、动态管理、设备检修、备件管理实现一体化，从而实现生产设备系统的优化运行、优化控制和优化管理，提高设备运转率。

17.5　氧化铝生产过程的视频监控系统

利用视频信息网络技术，建立数字多媒体网络监视系统，可以把大量的现场监视画面

送到生产指挥中心，实时监控生产现场的实际生产情况，使调度部门、技术部门和相关主管领导能及时了解生产一线现场的情况，并可以对生产现场的视频历史情况进行查询。

目前常用的视频系统方案如图 17-50 所示。

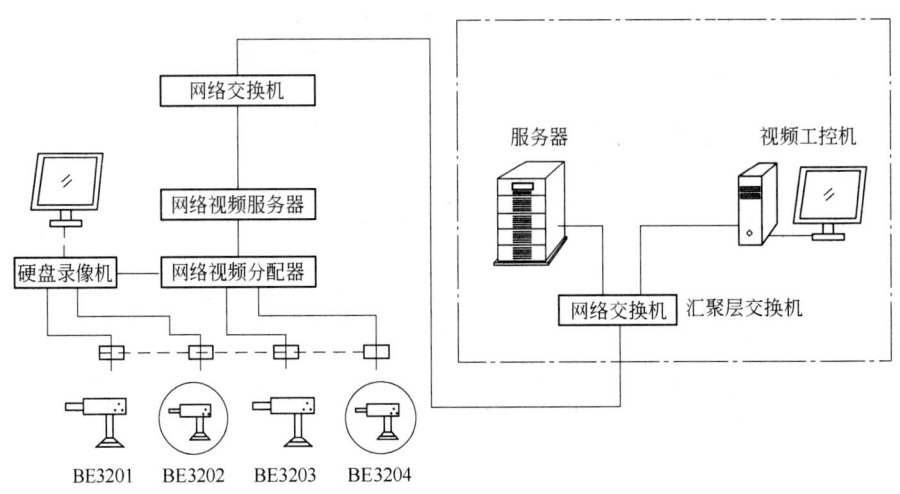

图 17-50 常用的视频系统方案

该方案把视频点分为两种，一种是仅为现场操作工设置的视频点，可以直接进入硬盘录像机，无须进入网络；另一种是既需要现场监视又要进入网络的视频点，这部分视频点首先经网络视频分配器分成两路信号，一路进入硬盘录像机供现场操作工监视，一路进入网络视频服务器经交换机连接到网络中。

该视频系统方案的优点是将现场操作与视频网络完全分开，以保障系统的安全。由于录像功能由现场硬盘录像机实现，部分视频信号可不进入企业网络，这在较大程度上减轻了网络信息负荷量。

18   氧化铝生产的环境保护

****

　　氧化铝生产过程产生的主要污染物有废气、废水和固体废物——赤泥。赤泥及其含碱附液是氧化铝厂的主要环境污染因素，含碱附液渗透或流失是造成氧化铝厂周围地区水体和土壤碱污染的主要原因。此外，氧化铝厂各种炉窑和干物料破碎、储运设施排放的颗粒物和 SO_2 等，也是对厂区周围环境空气造成污染的因素。氧化铝厂生产技术及污染控制技术的进步和发展，废气、废水和固体废物的达标排放和妥善处置，是控制氧化铝工业污染物排放、防止其对环境造成污染和危害、保障人群健康的根本措施。

　　21 世纪以来，中国氧化铝生产废水排放已得到控制，碱性生产废水实现回收利用，对于曾是中国氧化铝厂主要污染因素之一的碱性废水，有很多企业已经做到不再排入环境。因此，中国氧化铝厂的主要环境污染物是固体废物——赤泥和含有颗粒物、SO_2、NO_x（氮氧化物）、CO、CO_2 等污染物的废气。

18.1   氧化铝生产的主要污染源及污染物

18.1.1   氧化铝生产的固体废物

18.1.1.1   固体废物——赤泥的产生量

　　氧化铝生产过程中产生的固体废物是赤泥。赤泥是用碱从铝土矿中提取氧化铝后的固体残渣，由氧化铝生产工艺中的赤泥分离洗涤工序产生。赤泥是氧化铝生产过程中可能对环境造成污染的主要因素。赤泥堆放造成的环境影响除占用大量土地外，其附液中的碱和硫酸盐下渗还可能对地下水和土壤造成污染，改变土壤的性质和结构，造成大面积的土壤盐碱化，使土壤板结。在某些赤泥堆场中，因长期堆放而风干的赤泥会造成风沙和大量的大气固体颗粒物污染。

　　由于铝矿品位及生产方法的不同，单位产品氧化铝所产生的赤泥量变化很大，如以铝土矿为原料生产 1t 氧化铝会产生数百千克到 2t 多赤泥（干基，附液未计入）。以霞石为原料生产 1t 氧化铝产生的赤泥可高达 7t 左右。1988 ~ 2007 年，中国 6 家从铝土矿生产氧化铝的企业的赤泥排放统计结果见表 18-1。由表 18-1 可见，中国生产 1t 氧化铝的赤泥（干基）产生量在 0.7 ~ 1.98t 之间，平均值约为 1.1t。

表 18-1   中国部分氧化铝厂赤泥排放指标统计表

项　目	A 厂	B 厂	C 厂	D 厂	E 厂	F 厂
生产 1t 氧化铝的 赤泥产生量/t	0.77 ~ 1.05	0.82 ~ 1.43	0.782 ~ 0.91	0.7 ~ 1.98	0.92 ~ 1.15	1.21 ~ 1.76
生产方法	联合法	拜耳法	联合法	联合法、拜耳法	烧结法	烧结法

18.1.1.2　赤泥及其附液的主要成分

赤泥的主要化学成分是 SiO_2、CaO、Fe_2O_3、Al_2O_3、Na_2O、TiO_2 和 K_2O 等，此外还含灼减成分和其他微量元素。由于铝土矿成分和生产工艺的不同，赤泥的化学组成变化很大。中国铝土矿以一水硬铝石铝土矿为主，许多氧化铝厂采用烧结法及联合法工艺生产，赤泥中氧化铝残存量不高，但氧化硅和氧化钙较高，氧化铁含量除广西分公司外均很低。国外铝土矿主要是三水铝石铝土矿和一水软铝石铝土矿，生产工艺以拜耳法为主，赤泥成分的特点是氧化铝残存量和氧化铁含量很高，钙含量较低。中国最早的 6 家氧化铝厂赤泥成分（质量分数）见表 18-2。

表 18-2　中国赤泥主要成分表　　　　　　　　　　　（%）

企业名称	A 厂		B 厂	C 厂	D 厂	E 厂	F 厂
生产方法	拜耳法	烧结法	拜耳法	联合法	联合法	烧结法	烧结法
SiO_2	12.8	25.9	7.79	21.4~23	18.9~20.7	20.94	32.5
CaO	22.0	38.4	22.60	37.7~46.8	39~43.3	48.35	41.62
Fe_2O_3	3.4	5.0	26.34	5.4~8.1	10~12.6	7.15	5.7
Al_2O_3	32.0	8.5	19.01	8.2~12.8	5.96~8	7.04	8.32
MgO	3.9	1.5	0.81	2.0~2.9	2.15~2.6		
K_2O	0.2	0.2	0.041	0.2~1.5	0.47~0.59		
Na_2O	4.0	3.1	2.16	2.6~3.4	2.58~3.68	2.3	2.33
TiO_2	6.5	4.4	8.27	2.2~2.9	6.13~6.7	3.2	2.1
灼减	10.7	11.1	9.46	8.0~12.8	6.5~8.15		
其他	4.5	1.9					

除表 18-2 所示的主要成分外，赤泥中还含有丰富的稀土元素和微量放射性元素，如铼、镓、钇、钪、钽、铌、铀、钍和镧系元素等。赤泥的主要成分不属于对环境有特别危害的物质。

赤泥对环境的危害以碱污染为主，而且主要来自于赤泥中的附液。赤泥附液的主要成分有 K、Na、Ca、Mg、Al、OH^-、F^-、Cl^-、SO_4^{2-} 等，含 Na_2O 2~3g/L，pH 值为 13 左右。较典型的赤泥附液成分见表 18-3。

表 18-3　赤泥附液的典型成分

序号	项　目	单位	烧结法	联合法	拜耳法
1	pH 值		13.1	约 12.8	13.2
2	悬浮物（SS）	mg/L	50	38~140	180
3	总硬度（$CaCO_3$）	mg/L	0	0	
4	总碱度（$CaCO_3$）	mol/L	3600	15000	

序号	项 目	单位	烧结法	联合法	拜耳法
5	SO_4^{2-}	mg/L	600	414~1758	135
6	Cl^-	mg/L	20~260	18~300	55
7	SiO_2	mg/L	17	30	4.5
8	Ca^{2+}	mg/L	0	0	4
9	Mg^{2+}	mg/L	0	0	1
10	Al^{3+}	mg/L	250~530	700	290
11	Fe^{3+}、Fe^{2+}	mg/L	0.6~2.0		0.1
12	K^+	mg/L		2.4	
13	Na^+	mg/L	1600	1500	2000
14	HCO_3^-	mg/L	0	0	
15	COD	mg/L	96		33

18.1.2 氧化铝生产的大气污染源及污染物

18.1.2.1 大气污染源及污染物种类

氧化铝厂生产工艺过程中产生的大气污染物有颗粒物、SO_2、NO_x、CO 和 CO_2。目前，中国氧化铝厂进行控制的主要大气污染物是颗粒物和 SO_2，这些大气污染物主要来自于如下生产工序和设备：

（1）熟料烧成窑。熟料烧成窑在烧结法和联合法中的烧结法系统采用。熟料烧成窑烟气量大且温度高，烟气中污染物浓度高，是烧结法氧化铝生产过程中最主要的，也是较难治理的大气污染源。烟气中的污染物有颗粒物（熟料粉尘）和燃料燃烧生成的 SO_2、CO、CO_2、NO_x 等，主要的污染控制项目是颗粒物和 SO_2。

（2）氢氧化铝焙烧炉（窑）。氢氧化铝焙烧炉（窑）也是氧化铝生产中较集中的大气污染源之一，主要污染物是焙烧炉（窑）烟气中的颗粒物（氧化铝粉尘）和燃料燃烧生成的 SO_2 及 CO、CO_2、NO_x 等，主要的污染控制项目是颗粒物和 SO_2。

（3）石灰炉。CO_2 是石灰炉烟气的主要成分。在烧结法和联合法工艺中，石灰炉烟气经除尘净化后用于碳酸化分解，因此，石灰炉烟气在采用拜耳法工艺时才有排放。石灰炉烟气中的主要污染物是颗粒物、CO、CO_2 和微量的 SO_2。

（4）熔盐加热炉。只在管道化溶出工艺的生产系统中采用，是为管道溶出器载热体供热的加热炉。熔盐加热炉烟气中的污染物是燃料燃烧产生的烟尘和 SO_2 及 CO、CO_2、NO_x 等。烟气成分由燃料的种类（油、气、煤）和成分所决定。

（5）原料和燃料（铝土矿、石灰或石灰石、原煤）的装卸、破碎、筛分、储运过程散发大量粉尘，是氧化铝厂中分布广且排放量较大的污染源，主要污染物是铝土矿、煤、石灰石、石灰、碱等粉尘。烧结法生产工艺还有熟料破碎和储运过程产生的熟料粉尘。

（6）氧化铝输送、储存及包装过程产生的氧化铝粉尘。

氧化铝生产工艺的污染源及污染物的产生工序或设备见表18-4。不同生产方法的大气污染物产生节点如图18-1～图18-3所示。

表18-4 氧化铝生产过程的废气污染源及污染物种类表

工 序	拜耳法	烧结法	联合法
原料堆场	颗粒物	颗粒物	颗粒物
铝土矿和石灰石破碎及储运	颗粒物	颗粒物	颗粒物
石灰炉	颗粒物、CO、CO_2、SO_2		
熔盐加热炉	颗粒物、SO_2、CO_2、CO、NO_x	颗粒物、SO_2、CO_2、CO、NO_x	颗粒物、SO_2、CO_2、CO、NO_x
烧成煤制备及上煤系统		颗粒物	颗粒物
熟料烧成窑		颗粒物、SO_2、CO_2、CO、NO_x	颗粒物、SO_2、CO_2、CO、NO_x
熟料破碎及储运		颗粒物	颗粒物
氢氧化铝焙烧炉	颗粒物、SO_2、CO_2、CO、NO_x	颗粒物、SO_2、CO_2、CO、NO_x	颗粒物、SO_2、CO_2、CO、NO_x
氧化铝储运及包装	颗粒物	颗粒物	颗粒物

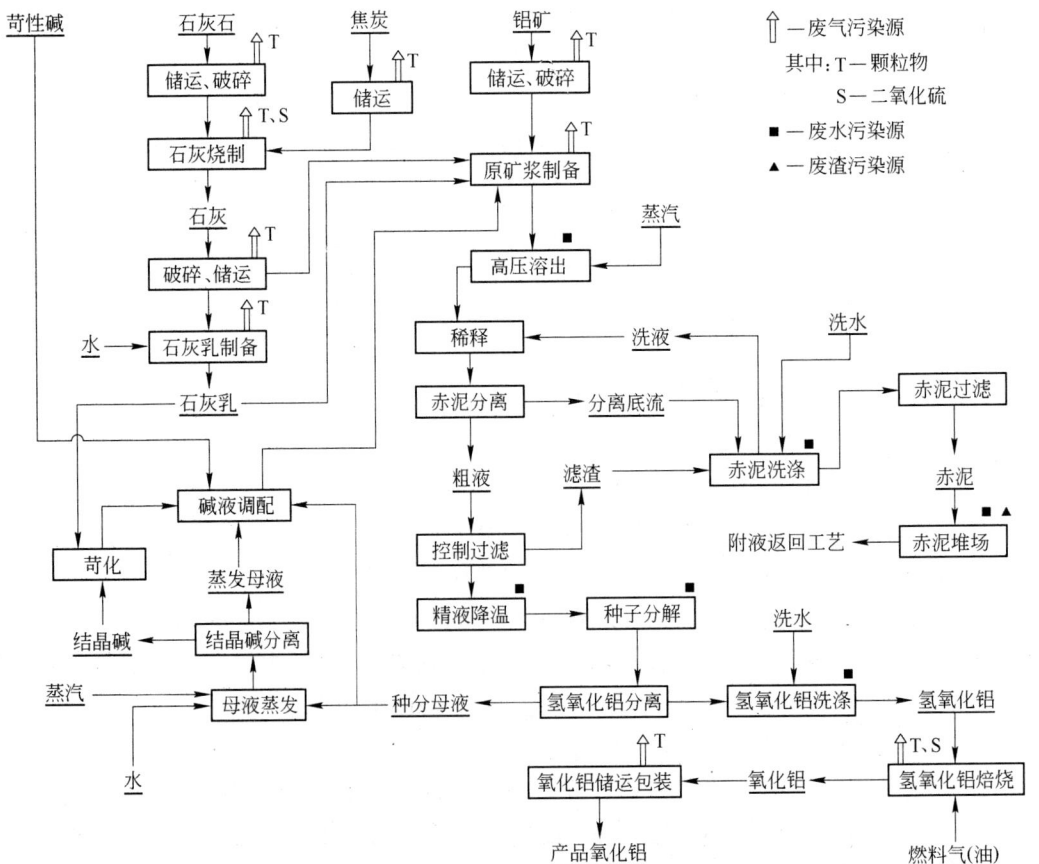

图18-1 拜耳法生产工艺流程及排污节点

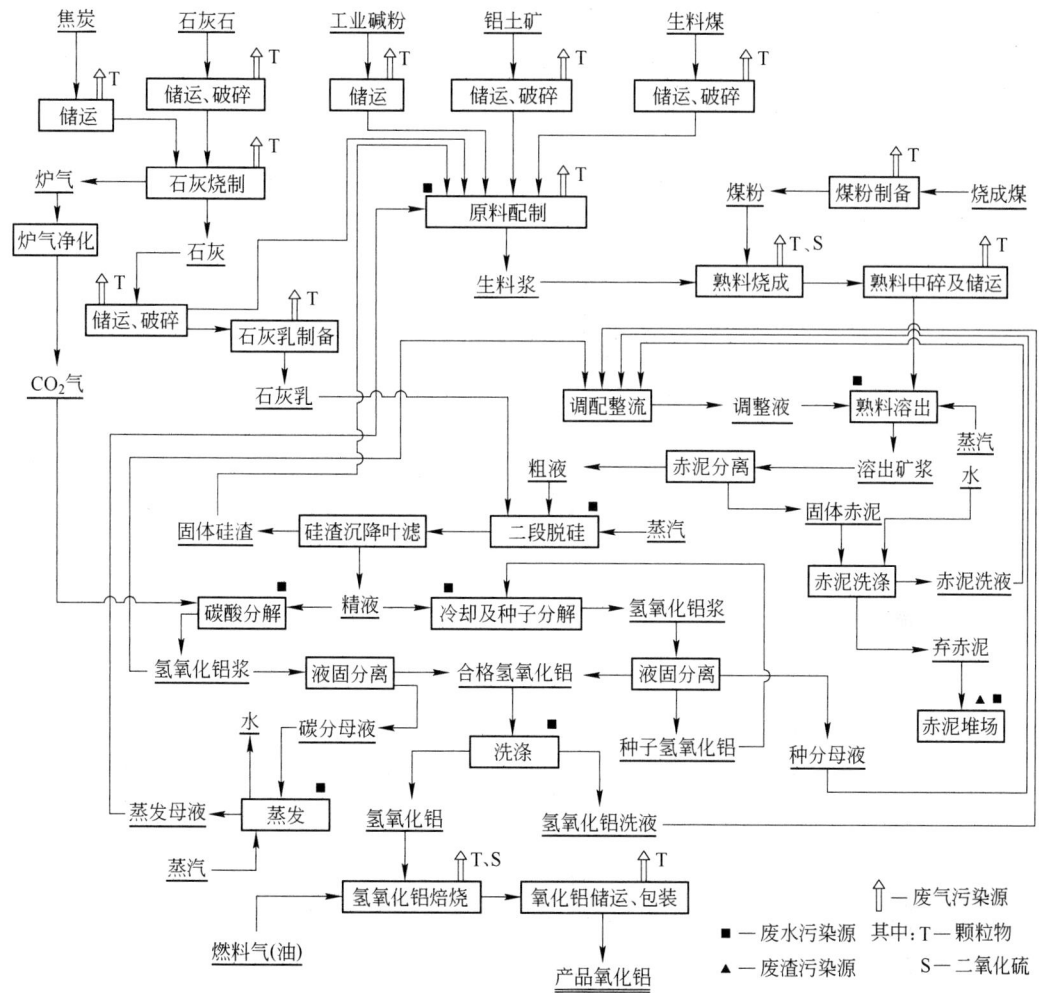

图 18-2　烧结法生产工艺流程及排污节点

18.1.2.2　废气产生量

不同生产方法的大气污染源和废气产生量变化很大。在拜耳法、烧结法和联合法（串联、并联和混联）等不同工艺中，单位产品（氧化铝）产生的大气污染源、废气量和污染物量最大的是烧结法，其次是联合法，而拜耳法最少。

烧结法产生的大气污染源数量及污染物量大的主要原因是该工艺过程中的熟料烧成系统，包括原料和燃料制备、熟料烧成窑和熟料破碎与输送。熟料烧成窑是烧结法氧化铝生产系统的主要大气污染源，其废气量占整个生产系统的 50% 左右。

无论是拜耳法或烧结法，在铝土矿和石灰石的卸矿、输送、破碎、储料、配料、石灰消化等过程中，都会产生粉尘。但由于生产工艺、厂区布置和储运系统的设置的不同，各氧化铝厂原料系统废气排放量变化范围很大。如烧结法工艺有生料煤和烧成煤的制备及熟料的破碎和储运等设施，增加了大量的粉尘产生点，其物料系统含尘废气量是拜耳法工艺的几倍。中国以铝土矿为原料生产氧化铝的各种生产工艺废气排放量范围见表 18-5。

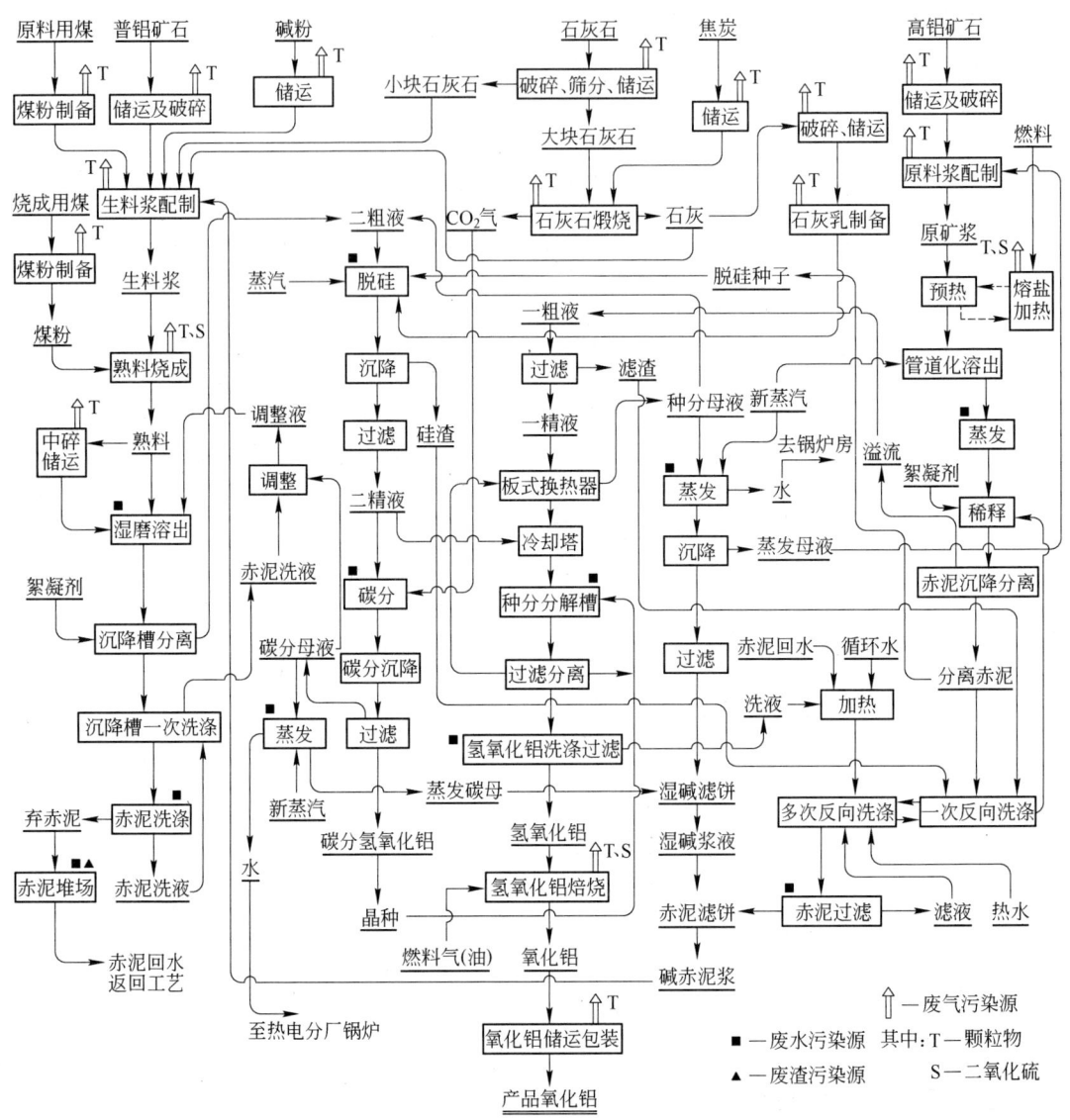

图 18-3 混联法生产工艺流程及排污节点

表 18-5 氧化铝生产过程废气排放量表

序号	系 统	单位	废气排放量	
			烧结法和联合法	拜耳法
1	原料系统（原燃料储运、制备，石灰烧制、储运等）	m³①	3000~7000	650~1300
2	熟料烧成窑	m³②	3200~5000	—
3	烧成系统及熟料破碎、储运	m³②	1200~2200	—
4	氢氧化铝焙烧炉	m³①		1700~2500
5	氧化铝储运、包装	m³①		400~700

①标态下（温度 273K，压力 101325Pa），生产 1t 氧化铝所排废气量；

②标态下，生产 1t 熟料所排废气量。

18.1.3 氧化铝生产的废水污染源及污染物

18.1.3.1 氧化铝生产废水的来源

氧化铝生产废水主要来自设备直流冷却水，冷却循环水的排污水，各车间生产设备和管道的跑、冒、滴、漏，设备检修和清理的洗涤水，液量不平衡而产生的事故排放（如沉降槽溢流、洗涤槽溢流等），车间地坪冲洗水等。正常生产情况下，原料工段、熟料烧成、熟料溶出和赤泥分离洗涤、压煮脱硅、母液蒸发、氢氧化铝焙烧循环水系统的排污水是氧化铝厂的主要废水源。

氧化铝生产废水产生量与工艺设备冷却水利用方式（直流冷却或循环水冷却）及生产管理水平密切相关。氧化铝厂应通过以下措施减少生产废水产生量：

(1) 提高循环水的循环倍率；

(2) 冷却水尽可能采用循环水；

(3) 通过加强生产管理，控制设备和管道的跑、冒、滴、漏，防止液料事故排放等。

18.1.3.2 氧化铝厂主要废水污染物

氧化铝厂生产废水主要含碳酸钠、氢氧化钠、铝酸钠、氢氧化铝以及氧化铝的粉尘等碱性物料。同时，由于设备和管道的跑、冒、滴、漏以及在检修过程中，一些燃料油（如氢氧化铝焙烧用的重油）和机械油（包括润滑油、洗涤油和防锈油等）也可能进入废水。因此，氧化铝生产废水的主要污染物是悬浮物、碱和油类，而且浓度变化很大。中国某氧化铝厂生产废水水质情况见表 18-6。

表 18-6　中国某氧化铝厂生产废水水质

污染因子	pH 值	碱度/mg·L^{-1}	悬浮物/mg·L^{-1}	COD/mg·L^{-1}	油类/mg·L^{-1}
范　围	5.9 ~ 12.7	0 ~ 2700	49 ~ 2836	66 ~ 215.2	0 ~ 70.2
均　值		244	841	110.3	16.1

18.2　氧化铝生产的污染控制技术及排放指标

18.2.1　固体废物的处理和利用

18.2.1.1　赤泥的输送和堆存方式

在赤泥还不能完全利用的情况下，需建设赤泥堆场将赤泥集中堆存。赤泥堆场有四种类型，即平地高台型、沟谷型、人工凹地型和排海型。前三种方式为陆地堆存，而靠海的氧化铝厂可以采取向海底排放赤泥的方式，如日本和澳大利亚等国家的氧化铝厂都采用过此种方法。陆地堆存是处理赤泥的主要方法。赤泥的陆地堆存有两种方式，即湿式堆存和干式堆存。

中国各家氧化铝厂都有本厂专用的赤泥堆放场。赤泥堆场的形式包括沟谷型（如中国铝业河南分公司赤泥堆场和中州分公司烧结法赤泥堆场等）、平地高台型（如山西分公司湿法赤泥堆场及广西分公司干法赤泥堆场等）和人工凹地型（如利用石灰石采坑作堆场的山东分公司第二赤泥堆场)。

湿式堆存是较为传统的赤泥堆存方式。湿式赤泥堆场如图 18-4 所示。

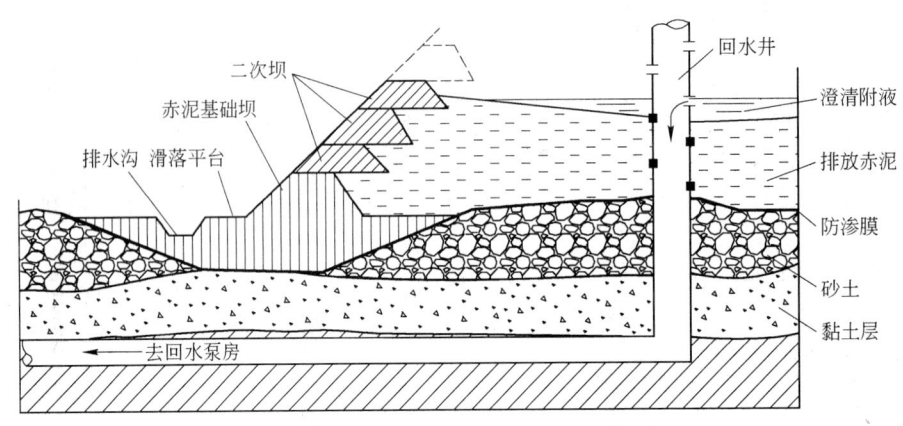

图 18-4 某氧化铝厂湿式赤泥堆场示意图

湿式堆存方式是将多次洗涤后的赤泥及其附液以 3.0 ~ 4.0 的液固比（固含 20% ~ 25%）的浆液用隔膜泵或活塞泵经管道由氧化铝厂输送到赤泥堆场，附液经澄清后返回氧化铝厂。在赤泥堆场中，赤泥浆由排放口排入赤泥库内，浆体中的泥粒子借重力自然沉降分离。湿法赤泥堆场采用回水井收集澄清附液，回水塔的不同高度上开有若干入水口，含碱的上层附液通过回水井收集后送至回水泵房，赤泥约 80% 的附液可通过回水系统返回氧化铝厂回收利用。随赤泥固体面上升，用木楔将回水井上不用的入水口塞住，以防止赤泥进入回水塔。

干式堆存技术最早由德国学者提出。在澳大利亚墨尔本大学理论研究的基础上，由德国联合铝业公司以及美国铝业公司在澳大利亚的氧化铝厂最先开发利用，并逐渐为世界各地氧化铝厂采用。中国在 20 世纪 90 年代由中国铝业广西分公司（当时的平果铝厂）首先采用。干式堆存的流程是：多次洗涤后经沉降槽分离的赤泥浆固含为 30% ~ 40%，再经进一步脱水，使固含提高到 55% 左右，赤泥滤饼经机械强力搅拌，使其动力黏滞数由 100Pa·s 左右降至 10Pa·s 以下，用隔膜泵或油隔离泥浆泵经管道送到赤泥堆场。

干式赤泥堆场上部无长期积水。进入干式赤泥堆场的赤泥中的一部分附液（约 60%）由于表面蒸发而损失，另一部分则通过底部砂石排水层疏排而进入附液收集系统。从赤泥分离出的附液和堆场内的雨水经收集系统收集后，由泵经回水管网送回氧化铝厂利用。由于干式赤泥堆场的赤泥逐渐干化，自身稳定性增强，不会发生赤泥附液流失而污染环境，因此，该方法是处理拜耳法赤泥的较好方法。图 18-5 为干式赤泥堆场示意图。

采用干式输送与堆存技术可有效解决湿式堆存方法中存在的赤泥库容大、碱损失大、浆液输送量大等问题。

中国氧化铝厂的生产实践表明，赤泥干式输送与堆存的赤泥浆量仅为湿式的 37% ~ 50%，由附液带入堆场的碱仅为湿式堆存的 20% ~ 30%。这不仅使赤泥带入堆场的碱量减少，而且带入的水分也大大减少，从而达到减少赤泥库容、有利于赤泥尽快干固并降低环境污染的目的。

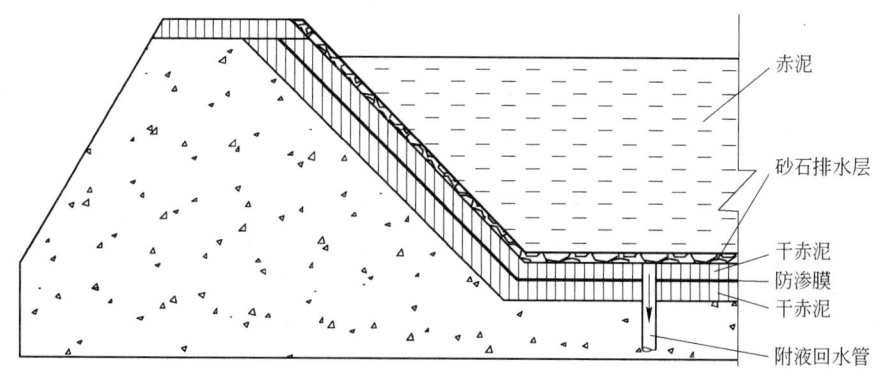

图 18-5 干式赤泥堆场示意图

近年来，为进一步减少环境污染，已有氧化铝厂将赤泥浆在厂内或由管道输送到堆场附近，经压滤系统进一步压缩过滤，使赤泥固含达到 70% 左右，再用皮带机或卡车等方式送入堆场。这一方法的优点是赤泥可堆放于平地和山坡，赤泥压实后渗透性很差，赤泥层底部不需要采取特殊的防渗措施，而且可有效减少占地，利于场区及周围的环境美化。

世界上一些近海岸建设的氧化铝厂，如澳大利亚昆士兰氧化铝厂等，利用靠海的优势，用海水对赤泥进行洗涤，将赤泥含水的 pH 值降到 10 以内再进行堆存，可大大减少赤泥堆场建设费用。

18.2.1.2 赤泥堆场的防渗及其他要求

赤泥浸出液 pH 值通常低于 12.5 但高于 9。据《国家危险废物名录》、《危险废物鉴别标准》（GB 5085—2007）和《一般工业固体废物贮存、处置场污染控制标准》（GB 18599—2001），赤泥属 II 类一般工业固体废物。

由于生产工艺和赤泥洗涤次数等原因，中国某些氧化铝厂的赤泥附液 pH 值在 12.4～13.2 范围内。依据《国家危险废物名录》，这些 pH 值大于 12.5 的废碱液属危险废物，若渗入地下或流失，将对地下水和土壤环境造成污染。因此，对附液 pH 值大于 12.5 的赤泥，其堆场应按《危险废物填埋污染控制标准》（GB 18598—2001）的要求采取防渗和防流失措施；而附液 pH 值小于 12.5 的赤泥，其堆放场应按《一般工业固体废物贮存、处置场污染控制标准》（GB 18599—2001）第 II 类一般工业固体废物处置场要求采取防渗及防流失措施。

生产中应有效提高赤泥洗涤效率，降低赤泥及附液含碱量。如实现将附液 pH 值控制在 12.5 内，既可降低生产碱耗，还可按 II 类一般工业固体废物填埋要求建设赤泥堆场，大大降低赤泥堆场建设费用，有效降低生产成本的目的。

按《危险废物填埋污染控制标准》建设的赤泥堆场，在其设计与施工中，应根据天然基础层的地质情况分别采用天然材料、复合或双人工衬层作为其防渗层，选用的防渗层应经过碱浸试验，具较强的抗碱性。防渗措施应满足以下要求：

（1）如果天然基础层饱和渗透系数小于 1.0×10^{-7} cm/s，且厚度大于 5m，可以选用天然材料衬层，天然材料衬层经机械压实后的饱和渗透系数不应大于 1.0×10^{-7} cm/s，厚度不应小于 1m。

（2）如果天然基础层饱和渗透系数小于 1.0×10^{-6} cm/s，可以选用复合材料衬层，即天然材料衬层和人工合成材料衬层。其中天然材料衬层经机械压实后的饱和渗透系数不应大于 1.0×10^{-7} cm/s，厚度不得小于 0.5m；人工合成材料衬层可以采用高密度聚乙烯（HDPE），渗透系数不大于 1.0×10^{-12} cm/s，厚度不小于 1.5mm。

（3）如果天然基础层饱和渗透系数大于 1.0×10^{-6} cm/s，应选用双人工衬层，且满足如下条件：天然材料衬层经机械压实后的渗透系数不应大于 1.0×10^{-7} cm/s，厚度不得小于 0.5m；上人工合成材料衬层可以采用 HDPE 材料，厚度不小于 2.0mm；下人工合成材料衬层可以采用 HDPE 材料，厚度不小于 1.5mm。

（4）在人工合成材料衬层铺设、黏结过程中以及完成施工之后，必须通过目视和进行非破坏性和破坏性测试，检验其效果，控制施工质量。

赤泥堆场在采取完善的防渗措施的同时，在堆场选址和建设中，还应满足以下要求。

（1）赤泥堆场场址的选择应符合国家及地方城乡建设总体规划要求；不应在水源、风景名胜、自然、文物、农业等各类保护区，供水远景规划区，矿产资源储备区和其他需要特别保护的地区；赤泥堆场场界应距飞机场、军事基地 3000m 以上，距居民区 800m 以上；堆场应有足够大的使用面积，建成后应具有较长的使用期。

（2）赤泥堆场场址必须位于百年一遇的洪水位以上，并在长远规划中的水库等人工蓄水设施淹没区和保护区之外，场界距地表水域的距离不应小于 150m。

（3）赤泥堆场地质条件应满足填埋场基础层的要求，位于地下水饮用水源地主要补给区之外，且下游无集中供水井；天然地层岩性相对均匀、渗透率低；地质结构相对简单、稳定、没有断层。

（4）赤泥堆场选址应避开下列区域：破坏性地震及活动构造区，湿地和低洼汇水处，石灰溶洞发育带，崩塌、滑坡区、山洪、泥石流地区，尚未稳定的冲积扇及冲沟地区，高压缩性淤泥、泥炭及软土区及其他可能危及堆场安全的区域。

（5）赤泥堆场应有完善的集排水设施，确保附液能顺利收集和回收；赤泥堆场地下水下游应设监测井，对地下水质变化情况进行监测；堆场周围应有明显的危险废物填埋场警示标牌，明确告知赤泥库的危险性。

（6）赤泥堆场设计中应考虑相应的防洪措施，汇水面积大的冲沟型和凹地型赤泥堆场有洪水汇入的靠山侧均应设排洪沟，防止洪水汇入赤泥库影响堆场安全或造成回水量过大使库内附液汇同雨水排入环境。

（7）赤泥堆场建设前必须按国家有关要求对堆场工程地质与水文地质进行勘察；填埋场建设前应经过环境影响评价和安全预评价并经主管环保部门和安监部门审批。赤泥堆场的设计、施工、验收、运行管理和使用期满后的闭库设计和施工验收等应按《尾矿库安全技术规程》（AQ2006）的要求进行。

18.2.1.3　赤泥的综合利用

治理赤泥危害最有效的方法是实现赤泥的综合利用。赤泥的综合利用主要包括两个方面的工作：一是提取赤泥中的有用组分，回收有价金属；二是将赤泥作为生产大宗材料的原料，整体加以综合利用。

提取赤泥中的有价金属再进行整体利用，应是赤泥利用的根本方向。国内外已经进行了许多综合利用赤泥技术的开发研究工作，有的研究成果已实现小规模的生产应用。

A　用作生产建材的原料

中国利用烧结法赤泥为原料生产硅酸盐水泥已有40余年的历史。20世纪60年代分别在原郑州铝厂和山东铝厂（现为中国铝业河南分公司和山东分公司）配套建设了水泥厂。由于赤泥碱含量较高，难以符合水泥生产对原料的要求，因此在水泥生产过程中，赤泥的添加量受到了限制，赤泥配比仅在25%左右。20世纪90年代进行了赤泥脱碱生产高标号水泥的研究，以降低赤泥含碱量、增加原料中的赤泥配比。利用烧结法赤泥生产水泥是迄今为止综合利用赤泥量最多的一种方式。

对赤泥作烧结空心砖等建筑材料的原料的技术也进行了研究。目前已实现批量生产赤泥砖等墙体材料。推广应用该技术也将是赤泥利用的一个重要方向。但是赤泥的放射性比活度一般较高，^{226}Ra、^{232}Th和^{40}K的比活度平均值分别达到447Bq/kg、705Bq/kg和153Bq/kg。对山东省7种掺工业废渣生产的新型墙体材料进行检测的结果表明，天然放射性水平由高到低依次为：赤泥砖>炉渣砌块>粉煤灰砌块（砖）>煤矸石砖、板材>石膏砌块。不同赤泥的放射性比活度变化较大，其中Th的变化系数（最大值与最小值之比）为11.8。因此采用赤泥作建材原料时，应有选择性地利用。

B　用于生产赤泥硅钙复合肥料

利用烧结法赤泥可以生产硅钙复合肥料。该产品利用赤泥中所含的活化硅改善农田土壤，达到促进农产品生长和大幅度提高产量的目的。赤泥硅钙复合肥料的生产线已经投产，已在中国六省市进行了大面积施肥实验，取得了较好的效果。

C　用于生产微孔硅酸钙绝热制品

微孔硅酸钙绝热制品是日本最早研究的新一代保温材料，用于热力输送管网的保温，具有施工方便、费用低、节能效果明显的优点。由原山东铝业公司自主研发的利用30%的烧结法赤泥代替硅藻土生产微孔硅酸钙绝热的产品具有高强、优质、成本低的特点。该技术已应用于工业生产。

D　用于生产环保陶瓷滤料

利用赤泥、粉煤灰、煤矸石等固体废物生产新型环保滤料已进行了中试，产品经过建设部水处理滤料检测中心和湖北省疾病预防控制中心的检测，过滤周期和去污效率优于国内现有滤料，可替代石英砂，可大大节约反冲洗用水量，现已实现小批量生产。

E　拜耳法赤泥高强固化与道路成形

采用碱稳定、离子交换、赤泥活化、压力成形等综合固化技术，对拜耳法赤泥进行处理，用于修建赤泥基层道路及新型赤泥混凝土道路面层。拜耳法赤泥高强固化与道路成形技术已在中国铝业广西分公司获得成功，并建成了中国国内第一条赤泥基层道路及新型赤泥混凝土道路面层。通过近一年的太阳暴晒、雨水冲刷、大吨位车辆不均衡行车考验，满足了高等级公路工程设计要求。

F　用于生产凝石

凝石（一种不需粉磨、可起到水泥功能的混凝土原料）生产对原料中的碱含量没有特殊要求，且以硅铝基为主，因此经过高温处理并具有良好的火山灰化活性的赤泥正是生产凝石的良好原材料。清华大学通过对赤泥的组分、结构与特性和火山灰化活性优化的全面研究，已建立了赤泥火山灰化活性优化调控的机制及其活性评价体系，开发出了利用赤泥生产凝石的生产技术，为赤泥的大批量利用开辟了新的途径。

G 从拜耳法赤泥中回收铁精矿

采用高梯度磁选工艺，从拜耳法赤泥中回收高质量铁精矿的技术已获得成功。中国铝业广西分公司赤泥品位 TFe 为 19%，磁选后获铁精矿品位达 TFe 为 55% 以上，回收率达 30% 左右。该方法还使赤泥中的钛、钽、铌、钪等有价金属富集于非磁性产品中，有利于进一步综合回收。

H 从赤泥中回收稀土元素

铝土矿中 RE、Sc、Nb、Ti 的含量较高，可进行综合利用。铝土矿中的 Ta、Ga、Rb、V、Ni、Co 的含量较低，但可在氧化铝生产过程中累积富集到赤泥中，因此可从赤泥中回收利用。中国铝业公司已进行过从广西分公司拜耳法赤泥中提取氧化钪的试验研究。

前苏联有较多的从赤泥中回收稀土元素的研究的报道，采用的方法也较多，如还原熔炼法、硫酸化焙烧法、废酸洗液浸出法、硼酸盐或碳酸盐熔融法等。希腊学者研究了从赤泥回收钪、钇、重稀土（镝、铒、镱）、中稀土（钕、钐、铕、钆）以及轻稀土（镧、铈、镨）的各种方法。

此外，还进行了许多其他的赤泥综合利用方法的研究，如将适当量的赤泥施入酸性土壤，利用赤泥具有较强碱性的特点对酸性土壤进行改良；利用赤泥去除酸性矿井水中的重金属污染物等。

18.2.1.4 铝土矿选矿脱硅尾矿的处理

铝土矿选矿脱硅的尾矿产率与原矿和精矿的铝硅比（A/S）直接相关，原矿 A/S 低、精矿 A/S 要求高，尾矿产率（尾矿产生量占原矿量的比率）相应就会升高。各项试验结果表明，中国铝土矿选矿尾矿产率在 20%~31% 之间。典型的铝土矿选矿脱硅尾矿主要成分见表 18-7，尾矿水的污染物含量见表 18-8。

表 18-7 典型的铝土矿选矿脱硅尾矿主要成分

组分	Al_2O_3/%	SiO_2/%	Fe_2O_3/%	TiO_2/%	K_2O/%	Na_2O/%	CaO/%	MgO/%	灼减/%	A/S
含量	42.98	30.68	6.64	3.20	2.70	0.24	0.18	0.27	10.40	1.43

表 18-8 铝土矿选矿尾矿水污染物含量

项 目	pH 值	COD_{Cr}/mg·L^{-1}	碱度/mg·L^{-1}	SS/mg·L^{-1}
含 量	约9	67	420	100

目前，选矿尾矿基本上是在设置的尾矿堆场集中堆放，尚未进行利用。根据以上选矿尾矿及尾矿水成分分析结果，依据中国《危险废物鉴别标准》，尾矿不属危险废物，为一般工业固体废物。因此尾矿库的建设和管理应依据中国国家《一般工业固体废物贮存、处置场污染控制标准》（GB 18599—2001），采取相应的防渗和防流失措施，定期监测地下水，防止尾矿对环境造成污染。

铝土矿选矿尾矿已有的堆放方式主要有尾矿浆直接堆放和尾矿膏体堆放两种。

选矿尾矿浆直接堆放是把固含约22%的尾矿浆，用泵和管道直接由选矿厂输送到尾矿库内，尾矿浆经自然沉降后，库内澄清的附液再用回水泵经管道返回选矿厂。由于尾矿粒度细，在尾矿库中沉降速度慢，因此，尾矿浆直接堆放对环境和安全将产生较大的不利影响。工业实践中，还可以通过将尾矿制成膏体后再堆放，比较妥善地解决了尾矿堆存的难题。

选矿尾矿的堆存和综合应用技术亟待进一步研究，特别是应加强可大批量利用尾矿技术的开发，如用作为建材和筑路等行业的原料。

18.2.2 废气污染的控制及效果

18.2.2.1 炉窑烟气治理措施及效果

目前，中国各氧化铝厂熟料烧成窑和氢氧化铝焙烧炉烟气污染控制措施以除尘为主，烟气中的 SO_2 浓度主要是通过降低燃料含硫量进行控制。

A 熟料烧成窑大气污染物的控制及效果

各氧化铝厂的熟料烧成窑烟气和粉尘性质较为相似，主要特点是烟气温度高（200~250℃）、湿度大、粉尘的黏性高。

熟料烧成窑烟气除尘工艺如图 18-6 所示。熟料烧成窑排烟系统如图 18-7 所示。

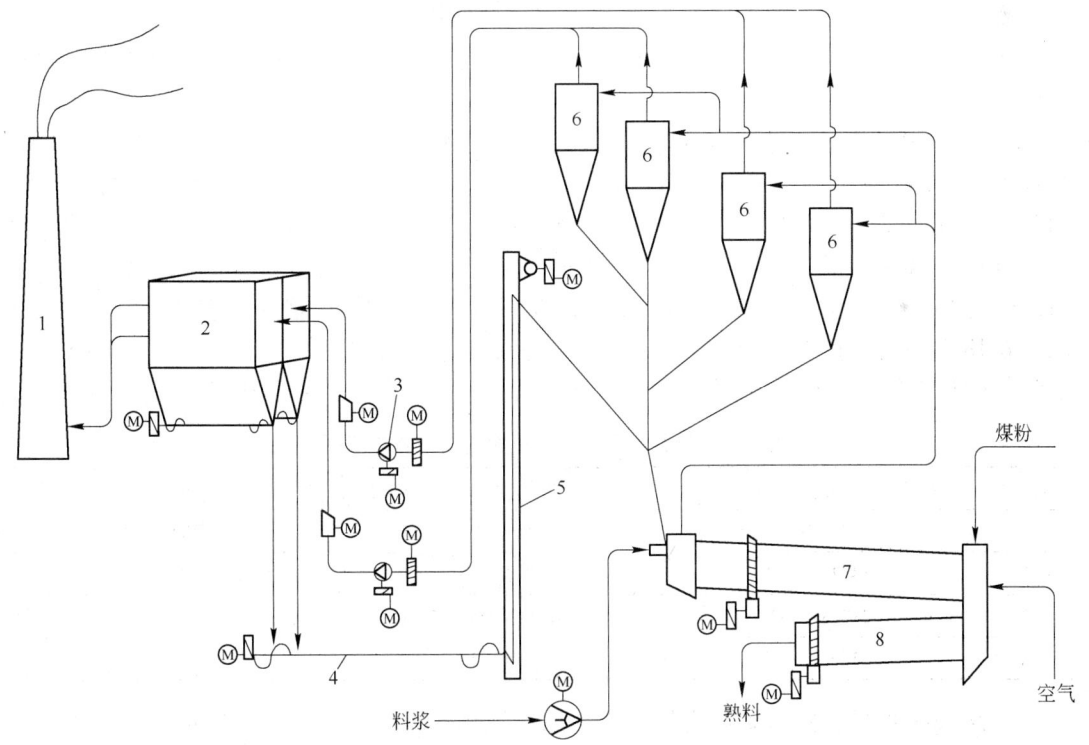

图 18-6 熟料烧成窑烟气除尘工艺

1—烟囱；2—静电除尘器；3—风机；4—螺旋输送系统；5—提升机；
6—旋风除尘器；7—回转窑；8—冷却筒

熟料烧成窑烟气的除尘均采用旋风除尘器加电除尘器二级除尘，即：窑尾烟气先进入旋风除尘器除去较大颗粒粉尘，再经风机（或由管道直接）进入板卧式电除尘器进一步除去小颗粒粉尘，系统总除尘效率大于 99.95%，净化后烟气经管道（或经管道和风机）送

图 18-7 熟料烧成窑及排烟系统

入烟囱排放。旋风除尘器捕集的物料由除尘器灰斗直接由窑尾顶部送入窑体而被回收,电除尘器回收的粉尘由集尘仓经螺旋输送机再由提升系统提升到熟料烧成窑尾部同料浆进入窑体而被回收。电除尘器有正压除尘系统(烟气经风机后进入电除尘器)和负压除尘系统(烟气经电除尘器除尘后再经风机进入烟囱排放)两种方式,目前新建的除尘系统一般采用负压除尘系统。

20 世纪 80 年代前,熟料烧成窑烟气基本是采用旋风加棒纬式电除尘器进行处理,除尘效率不稳定,粉尘排放浓度(标态)一般在 $250 \sim 1300 mg/m^3$ 之间,超过当时执行的《轻金属工业污染物排放标准》中低于 $150 mg/m^3$ 的要求。

20 世纪 90 年代后,采用卧式三电场电除尘器取代棒纬式电除尘器,除尘效率明显提高,达到 98.4% ~99.8%。2003 年间,中国运行的全部 26 台熟料烧成窑粉尘排放浓度情况见表 18-9。按照标准,1997 年 1 月 1 日前建设的老污染源(标态)应低于 $300 mg/m^3$,因此,其中仅有两台熟料窑烟气的粉尘排放浓度超标,其他均实现了达标排放。

表 18-9 氧化铝厂熟料烧成窑粉尘排放浓度指标

序 号	排放浓度(标态)/mg·m^{-3}	初始浓度范围(标态)/mg·m^{-3}	除尘效率/%	台数
1	60 ~100	20000 ~40720.3	99.2 ~99.76	8
2	114.2 ~189.9	1470.8 ~40800	84.5 ~99.7	12
3	210.8 ~300	20000 ~34373.7	98.4 ~99.1	4
4	550 ~604	33650 ~41622	98.4 ~98.5	2

由表 18-9 可见,熟料烧成窑烟气排尘浓度控制在 $100 mg/m^3$ 内是完全可能的。但熟料粉尘的黏性造成电除尘清灰较为困难,对电除尘器设备本体设计和制造要求较高。为防止粉尘高浓度排放,必须加强熟料烧成窑烟气除尘研究,加强维修或提高除尘器面积和增加电场数等,以此提高除尘效率,降低粉尘排放浓度,以适应日趋严格的环境标准的要求。

烧成煤含硫量是决定熟料烧成窑烟气 SO_2 浓度的主要因素。由于熟料具有碱性,其中又配入在高温下具有还原性的煤粉,因而产生一定的脱硫作用,使烟气得到一定程度的净化,降低了 SO_2 的排放浓度。表 18-10 是中国采用传统碱石灰烧结法的某些氧化铝厂熟料

烧成窑烟气中的 SO_2 排放浓度。为严格控制污染物 SO_2 的排放，超过国家排放标准的氧化铝企业，应积极采取控制烧成煤含硫量以及烟气脱硫等措施，新建企业的设计应考虑烟气脱硫问题，实现烟气含硫量的达标排放。

表 18-10 某些氧化铝厂熟料烧成窑 SO_2 排放浓度

企 业	浓度范围(标态)/mg·m^{-3}	平均值(标态)/mg·m^{-3}	统计窑数/台
C厂	25.8~88.2	66.6	6
D厂	5~7	6	4

B 氢氧化铝焙烧炉烟气治理措施及效果

氢氧化铝焙烧工艺过程是：经焙烧炉焙烧得到的氧化铝随高温烟气进入旋风预热器，烟气经旋风预热器和文丘里干燥器回收余热。旋风预热器收集的氧化铝经旋风冷却器冷却后送入流化床冷却器，再由氧化铝输送系统送入料仓。出旋风预热器的烟气经板卧式电除尘器除去其中的氧化铝粉尘后经风机排放。电除尘器回收的氧化铝经螺旋输送机和提升系统送入旋风冷却器，与旋风预热器收集的氧化铝一起送至流化床冷却器。净化后烟气经风机由烟囱排放。

焙烧炉烟气治理工艺如图 18-8 所示。焙烧炉治理及排烟系统如图 18-9 所示。

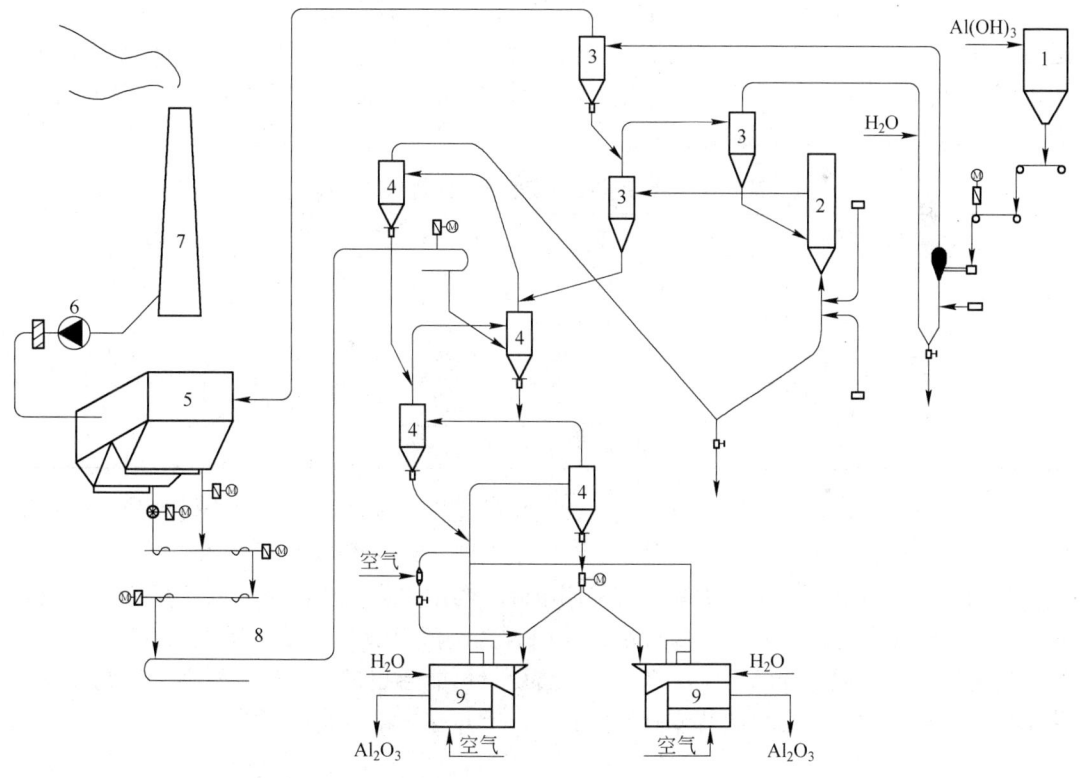

图 18-8 氢氧化铝焙烧炉收料除尘工艺

1—氢氧化铝储仓；2—气态悬浮焙烧炉；3—旋风预热器；4—旋风冷却器；5—静电除尘器；
6—排风机；7—烟囱；8—氧化铝提升机；9—流化床冷却器

氢氧化铝焙烧炉（窑）烟气通常是采用电除尘处理。中国现有的氢氧化铝焙烧装置一般均采用流态化焙烧炉或悬浮焙烧炉，基本取代了原有的回转窑。除尘装置也普遍采用三电场板卧式电除尘器，取代了其他形式的电除尘器。板卧式电除尘具有除尘效率高、操作方便、运行稳定、自动化水平高、维修量小的特点，粉尘排放浓度（标态）一般均控制在 300mg/m³ 以下。

中国部分氢氧化铝焙烧炉烟气净化系统的 2003～2007 年的统计数据表明，烟气除尘效率达到 99.3%～99.9%，粉尘排放浓度（标态）在 34～233mg/m³ 范围内，均满足当时排放标准。详细结果见表 18-11。

在较好的设备质量运行管理条件下，21 台氢氧化铝焙烧炉中有 4 台排尘浓度（标态）低于 50mg/m³，8 台排尘浓度（标态）低于 100mg/m³。少数建设较早的

图 18-9 氢氧化铝焙烧炉及排烟系统

焙烧炉的烟气中粉尘排放浓度（标态）超过 200mg/m³，但满足标准限值（300mg/m³）。国家标准《铝工业污染物排放标准》（GB 25465—2010）要求提高标准，达到 100mg/m³（现有污染源）和 50mg/m³（新建污染源），在加大除尘器面积、适当增加电场数、加强运行管理的条件下，控制粉尘排放浓度（标态）低于 100mg/m³ 甚至 50mg/m³ 是可能的。由于氢氧化铝焙烧炉排放的粉尘是产品，提高排放标准的目的不仅仅是考虑环境问题，还涉及氧化铝产品充分回收的问题。

表 18-11 氢氧化铝焙烧炉粉尘排放浓度指标

序 号	排放浓度(标态)/mg·m⁻³	台数	所占总数/%	排放标准
1	34～49.2	4	19.1	200mg/m³（1997 年后建）300mg/m³（1997 年前建）
2	54.9～98.5	8	38.1	
3	106～200	7	33.3	
4	231.6～233	2	9.5	
合计		21	100	

国内氢氧化铝焙烧炉的燃料有天然气、发生炉煤气和重油 3 种。由于燃料的含硫量不同，焙烧炉 SO_2 排放浓度（标态）变化很大，范围为 60～4600mg/m³。

目前，中国氢氧化铝焙烧炉烟气均采用电除尘器除尘，一般尚未采取 SO_2 排放的控制措施。SO_2 排放浓度决定于燃料含硫量，采用天然气的氢氧化铝焙烧炉烟气含硫量较低，而采用未脱硫煤气或重油的焙烧炉烟气中的含硫量可能会超过国家排放标准。因此在氢氧化铝焙烧过程中，采取燃料脱硫或其他措施控制 SO_2 排放浓度是必要的。

18.2.2.2 物料系统粉尘排放的控制

A 原矿场及物料的破碎、储运

氧化铝厂尤其是烧结法或联合法氧化铝厂物料系统的产尘点很多，且分布较广，全厂

除尘系统一般达十几到几十套。主要产尘设备（或部位）见表18-12。

表18-12 氧化铝物料系统主要产尘设备（或部位）

序号	生产系统	产尘设备（或部位）
1	原矿场及铝土矿破碎转运站	铝土矿、石灰石、煤堆，矿槽，板式给料机，圆锥破碎机，中碎破碎机，振动筛，输送机等
2	均化堆场转运站	铝土矿堆，胶带输送机，下料点，受料点
3	粉矿仓、碱粉仓	仓上进料口，仓下输送，拆袋，破碎，输送节点
4	原燃料堆场	烧成煤、石灰石、无烟煤卸料，多个输送机转运点，进、出料点
5	石灰仓及石灰破碎	石灰卸车，破碎，石灰仓上料等
6	石灰乳制备	石灰仓上、仓下电振给料机，输送机头部
7	生料浆磨制	管磨机上料、储仓、输送机
8	熟料烧成	输送机，烧成煤仓等

氧化铝厂原矿堆场和均化场一般是露天堆场，在有风天气时卸料和堆取料产生的大量无组织排放扬尘难以进行集气和除尘，这是氧化铝厂周围环境空气总悬浮颗粒物（TSP）超标的主要原因之一。部分氧化铝厂已采用封闭或半封闭堆场，作为控制TSP污染的重要措施，明显抑制了扬尘的产生。

铝土矿中碎、细碎、石灰石破碎、筛分、皮带输送、料仓、配料系统、下料口、碱粉拆袋等产尘点产生常温废气，一般采用布袋除尘器（脉冲、扁袋、回转反吹等类型）处理。2003年对国内烧结和联合法氧化铝厂的49套原燃料破碎、输送、储运设备除尘系统粉尘排放浓度范围进行了测定，结果见表18-13。

表18-13 物料除尘系统粉尘排放浓度指标

序号	浓度范围(标态)/mg·m^{-3}	除尘系统数量/套	占总数百分比/%
1	27~50	20	40.8
2	64~124	18	36.7
3	≥200	11	22.5
合 计		49	100

由表18-13可见，40%以上的除尘系统粉尘排放浓度（标态）不超过50mg/m³，满足当时国家标准（1997年1月1日前建设的为150mg/m³，之后建设的为120mg/m³）的占77%以上。采用布袋除尘器处理物料系统粉尘，使排尘浓度（标态）低于50mg/m³是可能的。

熟料中碎、储运产生粉尘的主要部位有熟料输送机、破碎机和振动筛等，可采用布袋除尘器和电除尘器进行处理。在电除尘器运行状态很好的条件下，除尘效率高达99.5%，粉尘排放浓度（标态）低于50mg/m³。应加强对布袋除尘器的维修和管理，以保持长期高效的除尘效果。近年新建熟料中碎除尘系统一般采用耐高温滤料的布袋除尘器。

B 石灰烧制废气的净化

石灰烧制一般采用石灰炉，烟气成分主要是 CO_2。烧结法、并联法和混联法氧化铝生产系统的石灰炉烟气经洗涤降温和除尘，再经电除尘器进一步除尘和除湿后，经空压机压缩后送至碳酸化分解槽利用，因此，烧结法系统石灰炉气一般并不排放。拜耳法氧化铝厂的石灰炉烟气一般是除尘后排放。石灰炉烟气中粉尘主要成分是 CaO，可采用湿法、电除尘器和布袋除尘器处理。在采用运行正常的布袋除尘器处理时，将排尘浓度（标态）控制在 $50mg/m^3$ 以下是可以实现的。

石灰炉本身有一定的脱硫效率，但为控制 SO_2 排放量，石灰烧制仍应选用含硫较低的燃料。在石灰炉饲入原料（石灰石、焦炭）以及石灰炉的出灰过程中，会产生大量粉尘。特别是熟石灰粉尘温度高、碱性强、容易吸潮结疤，处理难度大，造成操作岗位的粉尘浓度严重超标。解决石灰炉生产过程中的粉尘污染已成为氧化铝厂的技术难题。

通过对石灰和石灰石粉尘的性质和粒度的研究，针对其粒度小（分散度小于 $2\mu m$ 的占85%），密度轻（0.6~0.7kg/L）的特点，将饲料和出灰的 30 余个排尘点的粉尘集中至大型脉冲布袋除尘器进行集中除尘。布袋除尘器清灰采用脉冲喷吹方式，清灰强度高，对细而黏的粉尘也能获得良好的清灰效果，最为重要的是滤袋材料选用具有防油、防水、抗碱特性的涤纶针刺毡覆膜滤料，防止因石灰吸潮造成的布袋堵塞等问题，保证极高的除尘效率及长期稳定运行。经实测，该方法除尘效率达99.5%以上，粉尘排放浓度（标态）小于 $50mg/m^3$。该除尘工艺如图 18-10 所示。

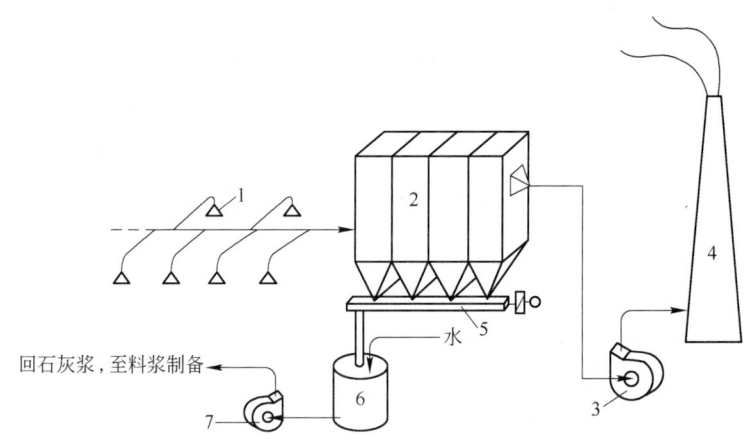

图 18-10 石灰烧制除尘工艺
1—吸尘罩；2—布袋除尘器；3—风机；4—排气烟囱；
5—粉料输送系统；6—混合槽；7—杂质泵

C 氧化铝储运除尘

氧化铝储运产生粉尘的主要设备有氧化铝储仓（进出料口）、氧化铝输送机（转运部位）、包装机等。各产尘点经集气后均采用脉冲或回转反吹布袋除尘器进行收尘。由于回收的氧化铝粉尘是价值较高的产品，因此在减少粉尘排放的同时，还可因回收氧化铝取得一定的经济效益。氧化铝粉尘清灰相对容易，因此氧化铝储运排尘浓度（标态）一般可控制在 $50mg/m^3$ 以下。

D 熔盐炉烟气净化

熔盐炉排放废气是燃料燃烧产生的烟气,当采用煤作燃料时,对烟气应进行除尘和脱硫;若采用高含硫的重油作燃料,烟气应进行脱硫处理;当燃料为含硫很低的天然气等,烟气一般不需处理而能达标排放。

18.2.3 水利用及排放控制

氧化铝厂生产中的物流主要是碱性液体,其生产废水的特征污染物为碱,因此,氧化铝厂排放污水含碱量较高。pH 值是氧化铝厂生产排水的主要控制项目,其次是悬浮物(SS)、石油类、氟化物等。由于一般氧化铝厂生产排水量较小,而生活污水所占全厂排水的比例较大,生活污水中的化学需氧量(COD_{Cr})、生化需氧量(BOD)、氨氮也是氧化铝厂应控制的污染物。煤气制造厂外排废水中含氰化物、硫化物和挥发酚等污染物,设有煤气制造厂的氧化铝厂的排水还应对这些污染物指标进行控制。

20 世纪 90 年代中期前,中国氧化铝厂单位产品排水量大(一般为生产 1t 氧化铝 $5 \sim 21 m^3$),且排放废水的 pH 值超标现象频繁发生,因此对地表水体污染严重。如当时某氧化铝厂对接纳其废水的水库的水质造成碱污染,使水库内水的 pH 值最高达 9.7 以上,已不满足农灌水质要求。

21 世纪以来,中国氧化铝厂加强了碱耗控制,采取了节水和废水处理回用等措施,除个别厂外,大部分氧化铝厂已实现了生产废水的"零排放"。2007 年,国家发改委 2007 年第 64 号公告发布的《铝行业准入条件》中,提出了氧化铝厂要做到废水"零排放"的要求,新建氧化铝厂废水"零排放"已成为其建设的必要条件。

氧化铝厂废水的"零排放"并不意味着生产过程中没有废水产生,而是通过将产生的废水全部收集并经过处理,使废水水质满足生产要求后,全部返回到工艺系统再利用,没有生产废水排至厂外环境。因此,氧化铝厂要实现废水"零排放",主要应从以下两个方面入手:一是利用氧化铝厂大部用水对水质要求不是很高的特点,控制新水用量,提高水的重复利用率,防止出现新水用量过大,生产系统用水不能平衡而不得不外排的情况;二是建立完善的废水检测、收集和处理系统,保证处理后的废水符合生产用水要求。

中国大部分氧化铝厂中的废水处理及合理用水的主要措施包括:

(1)设立完善的循环水系统。根据氧化铝生产工艺特点及各工段对循环水质的不同要求,设立熟料烧成循环水系统,焙烧循环水系统,拜耳法溶出、熟料溶出、压煮脱硅、分离洗涤、母液蒸发等循环水系统。冷却水一般应使用循环水,减少新水用量。

(2)生产水循序使用。空压站的空气压缩机等所需的冷却水均为设备间接冷却水,水质要求较高,其排水水质也较洁净,可作为二次利用水循序使用,用于赤泥洗涤等生产工艺系统或其他循环水系统作补充水。

(3)赤泥多级逆向洗涤。为回收碱液,同时减少水量,赤泥进行多级逆向洗涤,洗涤后的溶液作为工艺回水用于配料以控制用水量,避免工艺回水过多,造成含碱废水排放。

(4)废碱水的综合利用。对含碱车间跑、冒、滴、漏的工艺物料以及地坪和设备冲洗水,均设置专门的污水泵站送至生料磨回收利用。

氧化铝工艺过程产生的含碱水、母液、硅渣及其附液、赤泥洗液,可用于生料磨或熟料溶出等工序的配料而得到合理利用。

（5）赤泥附液回收系统。赤泥附液中含大量的碱，若流失将对土壤和地下水环境造成污染，并造成过多的碱耗。因此，赤泥堆场应设置完善的集中回水管道和泵房，确保全部回收堆场内的澄清液和坝体渗水。

（6）设置集中污水处理站，处理后的废水返回生产系统。氧化铝厂一般都设有工业污水集中处理站，各生产系统产生的不能直接在本工序利用的废水不直接排出厂外，而是先进入污水处理站处理。除外排的底泥外，处理后废水全部作二次利用水回收利用。在回收废水的同时，其中的碱也可得到回收，达到节水和降低碱耗的双重目的。

氧化铝厂排水的主要污染物是碱、悬浮物、石油类和少量固体，其中的碱无需去除，只需去除悬浮物、石油类和固体杂质，便可回收利用，因此处理工艺相对简单。中国某氧化铝厂工业污水处理站的处理工艺如图 18-11 所示。

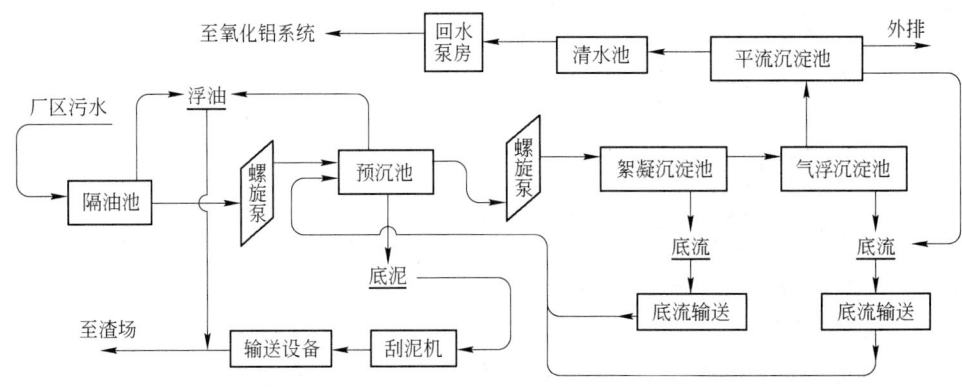

图 18-11 氧化铝厂工业污水处理站示意图

以上工艺系统处理后的上清水悬浮物浓度可降到 50mg/L 以下，全部回用于生产。

中国铝业股份有限公司的金川分公司、广西分公司等企业的工业废水达到全部循环利用，实现工业废水零排放。

18.3 中国氧化铝生产的环境保护标准和规范

18.3.1 氧化铝厂污染物排放标准

中国最早发布的对铝工业具有针对性的污染物排放标准是 1985 年 1 月 18 日由国家环保局发布的《轻金属工业污染物排放标准》（GB 4912—1985，1985 年 8 月 1 日实施），该标准对氧化铝厂废气和废水排放进行了限制。随着铝工业生产技术的发展，该标准的不足也逐渐体现，如对废气中粉尘排放浓度和废水中的污染物浓度限制过于宽松，没有对废气中 SO_2 进行限制等。

1997 年至 2010 年 9 月，采用综合标准取代了《轻金属工业污染物排放标准》，如炉窑烟气排放执行《工业炉窑大气污染物排放标准》（GB 9078—1996），物料储运及加工等执行《大气污染物综合排放标准》（GB 16297—1996），废水执行《污水综合排放标准》（GB 8978—1996）等。氧化铝厂在此时期大气污染物和水污染物排放执行标准及限值见表 18-14。

表 18-14　氧化铝厂大气污染物排放执行标准^①和限值

污染源		执行标准	污染因子	单位	排放限值^②					
					老污染源^③			新污染源		
					一级	二级	三级	一级	二级	三级
废气	熟料烧成窑，氢氧化铝焙烧炉	GB 9078—1996 非金属熔（煅）烧炉窑	烟（粉）尘	mg/m³	100	300	400	禁排	200	300
			二氧化硫		850	1430	4300	禁排	850	1430
	石灰炉	GB 9078—1996 石灰窑	烟（粉）尘		100	250	400	禁排	200	350
			二氧化硫		850	1430	4300	禁排	850	1430
	其他	GB 16297—1996（其他）	颗粒物		150			120		
废水	厂排放口	GB 8978—1996	pH 值	mg/L	6~9			6~9		
			悬浮物		70	200	400	70	150	400
			BOD₅		30	60	300	20	30	300
			COD		100	150	500	100	150	500
			石油类		10	10	30	5	10	20
			挥发酚^①		0.5	0.5	2.0	0.5	0.5	2.0
			总氰化物^①		0.5	5.0	5.0	0.5	0.5	1.0
			硫化物^①		1.0	1.0	2.0	1.0	1.0	1.0
			氨氮		15	25	—	15	25	—

①设煤气厂的氧化铝厂加测的项目；
②一、二、三级标准分别与 GB 3095—1996 划定的功能区相对应。关于功能区的说明见 35.1.1 节；
③老污染源或新污染源分别为 1997 年 1 月 1 日前或 1997 年 1 月 1 日起建设的项目的污染源。

为严格控制氧化铝厂污染物的排放，实现与国际接轨，2010 年 9 月发布的《铝工业污染物排放标准》（GB 25465—2010）对污染物排放浓度将进行更严格的控制。在《铝工业污染物排放标准》（GB 25465—2010）中，与氧化铝厂相关的污染物排放限值见表 18-15。

表 18-15　污染物排放浓度限值

污染源		污染因子	单位	排放限值	
				现有企业^①	新建企业
废气（标态）	熟料烧成窑	颗粒物	mg/m³	200	100
		二氧化硫		850	400
	氢氧化铝焙烧炉、石灰炉	颗粒物	mg/m³	100	50
		二氧化硫		850	400
	原料加工、运输	颗粒物	mg/m³	120	50
	氧化铝储运	颗粒物	mg/m³	100	30
	其他	颗粒物	mg/m³	120	50
		二氧化硫		850	400

续表 18-15

污染源		污染因子	排放限值		
			单位	现有企业①	新建企业
废水	企业排放口	pH 值	mg/L	6~9	6~9
		悬浮物		70	30
		氟化物		8.0	5.0
		COD$_{Cr}$		100	60
		氨 氮		15	8.0
		总 氮		20	15
		总 磷		1.5	1.0
		石油类		8	3.0
		总氰化物①		0.5	0.5
		硫化物①		1.0	1.0
		挥发酚①		0.5	0.5
	单位产品基准排水量			1.0	0.5

①设煤气厂的企业加测，生产设施或企业排放口。

中国对工业废物污染，尤其是危险废物的处置有较完善的控制标准。危险废物是指具有腐蚀性、急性毒性、浸出毒性、反应性、传染性、放射性等一种及一种以上危险特性的废物。中国对危险废物的鉴别有按废物浸出液性质进行鉴别《危险废物鉴别标准》（GB 5085）和按类别进行划分的《国家危险废物名录》。列入《国家危险废物名录》或者根据国家规定的危险废物鉴别标准和鉴别方法认定具有危险特性的废物均为危险废物。

赤泥可按一般工业固体废物进行利用。附液 pH 值如超过 12.5，则应执行《危险废物填埋污染控制标准》（GB 18598—2001），以控制附液渗透或流失对环境造成污染；而对附液 pH 值小于 12.5（但大于 9）的赤泥，应按《一般工业固体废物贮存、处置场污染控制标准》（GB 18599—2001）的第Ⅱ类一般工业固体废物进行处置。

18.3.2 氧化铝生产的环保规范

中国曾经颁布了一系列包括氧化铝工业在内的有色金属环境保护规范和规定，以提高氧化铝工业清洁生产水平，控制污染物的排放，防止污染物排放对环境造成污染和危害，促进氧化铝生产技术和污染控制技术的进步和可持续发展。

18.3.2.1 《有色金属工业环境保护设计技术规范》（YS 5017—2004）

《有色金属工业环境保护设计技术规范》对包括氧化铝厂在内的有色金属项目设计中，提出的部分环保设计要求如下：

（1）有色金属工业建设项目工业炉窑烟气应达到排放标准。排气筒高度和出口烟速，应统一按现行国家标准《制定地方大气污染物排放标准的技术方法》（GB/T 3840）确定，并应达到环境影响报告书提出的要求。

（2）有色金属工业建设项目的排水及废水处理系统的设计，应贯彻清污分流、分质处理、以废治废、一水多用的原则。仅温度升高，而未受其他有害物质污染的废水，应设专门的循环利用系统；当外排可能造成热污染时，应采取防治措施。冶炼厂区地面冲洗水和初期雨水应收集处理。

（3）有色金属工业固体废物应根据国家的有关规定，对其浸出的毒性、腐蚀性、放射性和急性毒性等进行定性鉴别，确定性质后，应采取相应的防治措施。有综合利用可能但暂未利用的固体废物处置，应为今后综合利用创造条件。

《有色金属工业环境保护设计技术规范》对氧化铝厂环保设计关于氧化铝冶炼设备选择的具体要求如下：

（1）压煮溶出宜采用高温溶出间接加热装置；

（2）母液蒸发应采用降膜蒸发器；

（3）氢氧化铝焙烧装置必须采用节能、少污染的流态化焙烧炉；

（4）熟料烧成窑应采用多风道燃烧器，加强窑头和窑尾的密封，合理采用优质耐火材料和隔热材料；

（5）熟料烧成窑烟气必须设置烟气除尘设施，宜采用旋风除尘器加卧式电除尘器两级除尘等处理方法；

（6）氢氧化铝焙烧炉的烟气必须采用电除尘器处理。

《有色金属工业环境保护设计技术规范》关于氧化铝厂生产系统碱性废水应全部回收利用的具体要求如下：

（1）清洗设备、容器、管道和冲洗车间地面的碱性废水以及跑、冒、滴、漏的碱性废液，应设置废水（液）的收集、储存并简易处理后返回生产系统利用的设施。氧化铝厂宜设置全厂性的生产废水处理回收站，处理后的废水应回收利用，并应将外排废水量控制在最小的范围内。

（2）赤泥堆场澄清的赤泥附液必须全部返回氧化铝厂利用，不得外排。

《有色金属工业环境保护设计技术规范》关于氧化铝冶炼产生的废渣的具体要求（6.4.1条款）如下：

（1）氧化铝冶炼产生的赤泥除综合利用外，应设专用赤泥堆场集中堆放，条件允许时，宜采用干法堆放措施。无论是湿式或干式堆放的赤泥堆场，都应采取严格的防渗、防洪和赤泥坝体安全措施；赤泥堆场地下水的下游和两侧应设观测井，上游设对照井。

（2）选精矿的废渣宜选择专用堆场干式排、堆；堆场还应根据渣的成分，采取相应的防止环境污染的措施。

以上规范还要求新建氧化铝厂生产用水的重复利用率达92%以上。

18.3.2.2 烟气净化系统收尘设计技术规定

《有色金属冶炼厂收尘设计技术规定》（YSJ 015—1992）对氧化铝厂烟气收尘流程及技术指标做了明确规定，详见表18-16。

表 18-16 氧化铝各类炉窑烟气收尘流程及技术指标

炉窑名称	流 程	系统总收尘效率/%	系统总漏风率/%	电收尘操作温度/℃	备 注
熟料回转窑	沉降烟道—旋风收尘器—风机—电收尘器—放空	>99.95	<20	155~220	总漏风率不包括窑尾
氧化铝流态化炉	旋风收尘器—电收尘器—风机—放空	>99.97	<15	150 左右	
氧化铝焙烧窑	旋风收尘器—风机—电收尘器—放空	>99.5	<20	180~250	总漏风率不包括窑尾
石灰炉	洗涤塔—湿式电收尘器—风机—二氧化碳压缩机	>99.5	<10	低于烟气露点温度	

19 氧化铝生产副产品 —— 镓及其化合物

****

19.1 概述

镓由法国化学家 Paul Émile Lecoq de Boisbaudran 在 1875 年发现，是化学史上第一个先从理论预言后在自然界中被发现验证的化学元素。

法国化学家 Paul Émile Lecoq de Boisbaudran 早年在应用光谱分析法研究镓的同族元素的发射光谱时，发现这些元素的谱线均以相同的排列重复出现，并有规律性地变化，因此，他推测在铝和铟之间应存在着一种未被发现的元素。1868 年，他将收集到的 Pyrénés 的锌矿溶于过量的盐酸中，然后加入一些锌，发现在锌的表面上有沉积物产生，将此沉积物放在氢氧焰或电火花中灼烧，发现在波长约 417nm 和 404nm 处存在两条紫色的谱线。他又用了 7 年时间终于确认这一新元素的存在，并用法国古代的名称 Gallia 命名这一新元素为 Gallium，元素符号为 Ga。同年，他把从闪锌矿中制得的氢氧化镓溶于氢氧化钾溶液中进行电解，首次获得了 1g 多重的金属镓，并利用这些金属镓测定了镓的一些重要性质。

俄国化学家门捷列夫（Д. И. Менделеев）在 1871 年也做出预言，在化学元素周期表中，铝和铟之间存在着一种"类铝"的元素，尚待在光谱研究中发现，并对"类铝"的重要性质做了科学预言。根据门捷列夫的预言，Boisbaudran 经过仔细测定，发现镓的密度为 $5.94g/cm^3$。镓的发现进一步证实了化学元素周期律的伟大意义。

镓是一种贵重的稀有金属。镓在地壳中的含量约为 0.0015%，镓的含量不仅超过了许多稀有元素，而且还超过了某些普通金属。但是，镓在地壳中的分布极其分散。地球化学表明，在地壳中镓与它在元素周期表中的相邻元素锌、铝、铟、锗、铊等共生于矿物中，其中最重要的矿物是闪锌矿和铝土矿。铝土矿中含镓一般为 0.004% ~ 0.01%。目前，世界上 90% 以上的镓是在氧化铝生产的过程中提取的，其余 10% 的镓主要是从锌冶炼的残渣中回收的。

从氧化铝生产中回收镓的方法，因氧化铝生产方法及母液中镓含量不同而异。已在工业上获得应用或应用前景良好的有化学法（石灰法和碳酸法）、电化学法（汞齐电解法和置换法）、萃取法和离子交换法。纯度不大于 99.999% 的镓称为工业镓，也称为粗镓，纯度大于 99.999% 的镓称为高纯镓。高纯镓是以粗镓为原料，采用电解精炼、真空蒸馏、区域熔炼及拉单晶等方法精制而成的，精炼提纯得到的高纯镓的纯度可达到 99.9999% ~ 99.999999%。

高纯镓的应用范围比较广泛，除用作低熔点合金和半导体材料的掺杂剂以及原子反应堆中的热载体外，镓的氧化物在计算机、铁磁材料、光电材料等行业也有很高的应用价值。自 20 世纪 80 年代以来，随着科学技术的不断发展，高纯镓与某些有色金属组成的化合物半导体材料已成为当代通信、大规模集成电路、宇航、能源、卫生等部门所需的新技术材料的支撑。砷化镓（GaAs）、磷化镓（GaP）等为基础的发光二极管，特别是高辉度发光二极管和彩色发光二极管的发展速度相当快，需求量年增长率预计为 20% ~ 30%。目前，应用最广泛的是砷化镓，它用于制作微波振荡二极管、肖脱基势垒二极管、变容二极管以及红外线发光二极管和激光器等。由于砷化镓的电子迁移率和禁带宽度比硅和锗大（电子迁移率：Si 1900cm^2/（V·s），Ge 3800cm^2/（V·s），GaAs 8500cm^2/（V·s）；禁带宽度：Si 1.107eV，Ge 0.67eV，GaAs 1.35eV），因此可用作高频大功率器件的材料。砷化镓电池可应用于光电技术，例如通过镓、氯化氢和含有适量掺杂剂的砷反应，使其沉积在涂有石墨衬底的钨上，可制得砷化镓薄膜同质太阳能电池。

由于镓的沸点和熔点相差 2000℃ 以上，因此可用来制造测温范围较宽的石英套管高温温度计（600 ~ 1300℃）。用 Ga 和 Bi、Pb、Sn、Cd、In 等能制成低熔合金，用于制造防火信号材料和电路熔断器。镓铂、镓铟和镓钯合金是良好的镶牙材料。镓对光的反射能力强，液态镓对波长在 400 ~ 700nm 的各种光都有较高的反射率，同时液态镓又能很好地黏附在玻璃表面上，因此用两块加热的玻璃片将镓压在中间即可制造特种光学镓镜，它对波长为 436nm 和 589nm 的光的反射率分别为 75.6% 和 71.3%。镓的低蒸气压特性被用于真空装置的液封（如用于质谱仪入口系统的密封）。此外，镓铅合金可代替汞作医疗器械上紫外线辐射灯的阴极，它所发射的宝石蓝和红色光能提高治疗效果。

镓还用来制备某些有机合成的催化剂，如 SiO_2（33%）-Al_2O_3（5%）-Ga_2O_3 用作碳氢油类裂化催化剂，这种催化剂不但活性大，而且能降低碳氢油类裂化所产生的油焦和气体。镓盐已被用于发光油漆的活化剂。镓的放射性同位素（如^{67}Ga）可用于观察癌症的部位。镓和一些金属形成的合金在发展新的抗腐蚀材料方面有着广阔的前景。它能提高镁和镁锡合金的抗腐蚀性能，铝合金中加入少量镓还可以增强合金的硬度。

纯镓可作为核反应堆的热交换介质。虽然它的中子俘获截面大是一种缺点，但镓的液态温度范围宽和蒸气压低是其他金属所不及的。V_3Ga、Nb_3Ga 和 Zr_3Ga 等是在低温下具有超导性的材料。

目前，世界镓产量在 200t/a 左右，据资料报道，2008 年世界镓产量在 270t/a 左右，原生镓（粗镓）的产量国内为 90t，国外为 80t，全球再生镓产量为 100t。中国、德国和日本是原生镓的主要生产国，俄罗斯和匈牙利等也有少量生产；而法国、日本、德国和美国是精炼镓的主要生产国。

精炼镓包括以粗镓为原料的提纯和再生镓的回收提纯两大部分。国外主要生产企业有：法国 GEO Speciality Chemicals 集团（包括德国 Ingal 和澳大利亚 Pinjarra）、日本同和矿业、美国 Eagle-Picher、俄罗斯铝业公司和匈牙利铝业公司等企业。

中国正逐渐成为世界的镓生产大国，2008 年中国的原生镓产量已占世界镓产量的 1/2 左右，主要的生产企业是中国铝业公司（下属的山东、河南、山西、贵州等各分公司）。此外，株洲冶炼厂从铅锌生产中也有少量回收，目前金属镓的年产能不足 1t。南京金美镓业有限公司是国内最大的镓提纯厂之一，主要产品有 99.9999%、99.99999%、99.999999% 的高纯镓，其中，99.99999% 高纯镓及 99.9999% 高纯镓的年生产能力分别为 15t 与 20t。

19.2 镓的物理化学性质

19.2.1 镓的物理性质

镓的熔点为 29.8℃。固态镓的外观略带蓝色，质软，有延展性。固体密度为 5.907 g/cm³。液态镓呈银白色。镓晶体属于斜方晶系，电阻率按其晶轴的 3 个方向不同而不同，所以晶轴是各向异性的。镓保持液态的温度范围很宽，温度低于凝固点的纯镓有时仍能保持液态达数月之久。

由于很纯的镓也难免含有高挥发性的 Ga_2O 以及测定方法的不同，目前有关镓的沸点报道各不相同，如有 1983℃、2250℃、2237℃ 和 2403℃ 等。液态镓的蒸气压很低，1350℃ 时镓的蒸气压仅为 133.322Pa。镓的密度随状态不同而改变，凝固时体积增大，膨胀率为 3.4%，而液化时每克镓的体积收缩 0.005cm³。

19.2.2 镓的化学性质

镓的原子序数为 31，相对原子质量为 69.72，属元素周期表中第三主族、第四周期，原子半径为 0.181nm，离子半径为 0.062nm(+3)，共价半径为 0.126nm。镓在化学反应中表现为 +1 价、+2 价和 +3 价，其中 +3 价是镓最稳定的氧化态。镓和锌、铝类似，属于两性金属，既溶于酸也溶于碱。它们的标准电极电势分别为：$E_{Ga^{3+}/Ga}^{\ominus} = -0.56V$，$E_{Zn^{2+}/Zn}^{\ominus} = -0.76V$，$E_{Al^{3+}/Al}^{\ominus} = -1.66V$。镓的化学活性类似锌而比铝低。在常温下，由于镓表面形成一层很薄的氧化膜，阻止了镓继续被空气中的氧气氧化，在常温和干燥空气中是稳定的，在潮湿空气中镓会失去光泽，在热的干燥空气中由于表面被氧化成 Ga_2O 而呈蓝灰色，在 1000℃ 则全部被氧化。镓和 100℃ 以下的水不起作用，但在 200℃ 的加压水蒸气中镓被氧化。镓在冷的硝酸中钝化（表面生成 Ga_2O_3 保护膜）。镓可以缓慢地溶于冷的硫酸和盐酸中，较快地溶于热的硝酸、高氯酸、浓的氢氟酸和盐酸-硝酸、盐酸-高氯酸等混合酸中。镓易溶于浓的强碱溶液中形成镓酸盐。镓在加热时能很快同卤素和硫等非金属反应生成相应的卤化物和硫化物。

19.3 镓的生产工艺和提纯原理

19.3.1 工业镓的生产原理及生产工艺

镓既可在氧化铝生产过程中提取，又可从锌冶炼的残渣中回收。本节主要介绍从铝酸钠溶液中回收镓的生产原理及生产工艺。

在氧化铝生产中，镓以 $NaGa(OH)_4$ 的形态进入铝酸钠溶液中，并通常在溶液的循环过程中积累到一定浓度。铝酸钠溶液中的镓含量与原矿中的镓含量、生产方法及分解过程的作业条件有关。

镓与铝同属周期表第三主族元素，其原子半径和电离势等很相近，所以氧化镓与氧化铝的物理化学性质很相似，但是氧化镓的酸性稍强于氧化铝，利用这个差别可以将铝酸钠溶液中的镓和铝分离开来。下面介绍几种从铝酸钠溶液中回收镓的主要方法。

19.3.1.1 石灰法

在石灰法中，首先将循环母液进行彻底碳酸化分解，然后用石灰乳进行处理再从镓酸钠-铝酸钠溶液中回收镓。根据工厂具体情况的不同，所用的工艺流程有些差别。石灰法的原则工艺流程如图19-1所示。

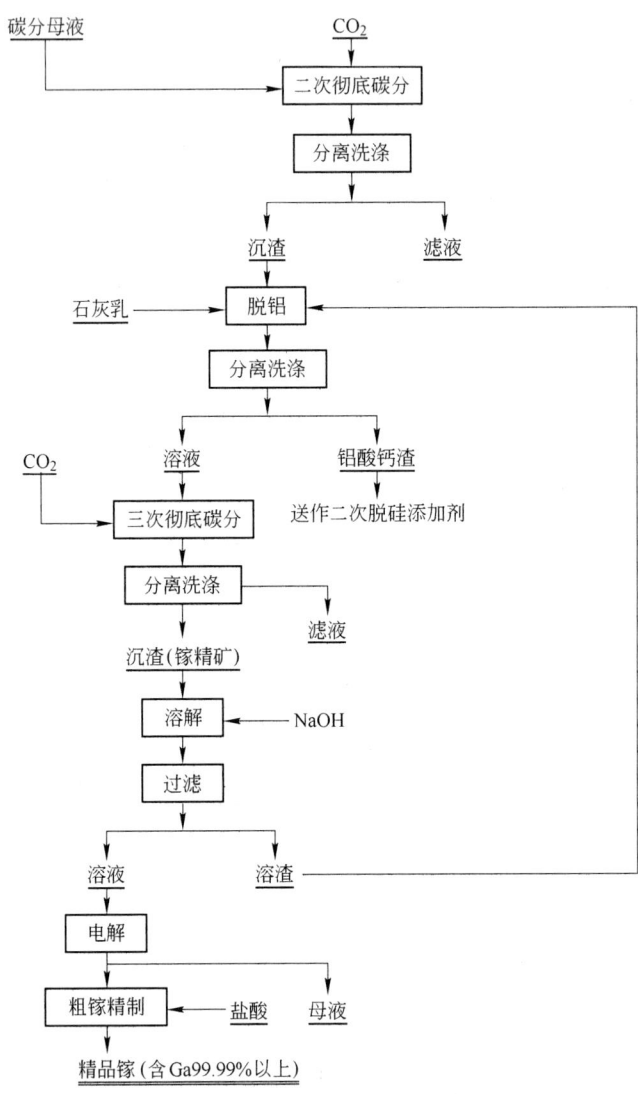

图 19-1 烧结法厂用石灰法回收镓的工艺流程

碳分过程中镓的共沉淀损失取决于碳分作业条件。提高分解温度、添加晶种、降低通气速度可以减少碳分过程中的镓损失，使碳分母液中的镓浓度提高。当碳分条件适宜时，镓的损失约为原液中含量的15%。

碳分母液（含 Ga 一般为 0.03～0.05g/L）送往第二次碳酸化分解，目的是使母液中的镓尽可能完全地析出，以获得初步富集了镓的沉淀。因此，这次碳分应在温度较低和分解速度快的条件下进行。分解进行到溶液中的 $NaHCO_3$ 含量达 $60g/L$ 左右为止,镓的沉淀率可达 90% 以上。二次碳分不能使镓全部沉淀,需将浆液在逐渐降温的条件下搅拌,使镓的溶解度降低,从而有助于提高镓的沉淀率。

二次彻底碳分的沉淀主要是 $Al(OH)_3$ 和丝钠铝石 $Na_2O \cdot Al_2O_3 \cdot 2CO_2 \cdot nH_2O$ 两种化合物(镓以类质同晶的形态存在)。二者的比例取决于原液中 Na_2O_T 与 Al_2O_3 的比例以及碳分作业条件。除主要成分 Na_2O、Al_2O_3、CO_2 和 H_2O 之外,沉淀中还含有 SiO_2 和 Fe_2O_3 等杂质。

石灰分解上述沉淀是石灰与沉淀及其所携带母液中的碱发生如下反应:

$$Na[Al(Ga)(OOH)HCO_3] + H_2O === NaHCO_3 + Al(Ga)(OH)_3$$

$$2NaHCO_3 + Ca(OH)_2 === Na_2CO_3 + CaCO_3 + 2H_2O$$

丝钠铝(镓)石分解生成 $Al(OH)_3$、$Ga(OH)_3$ 和 $CaCO_3$,而全部碱均以 Na_2CO_3 形态进入溶液,使氧化镓明显溶解,氧化铝则几乎全部保留在沉淀中。

继续提高石灰用量导致溶液中的 Na_2CO_3 苛化:

$$Na_2CO_3 + Ca(OH)_2 + aq === 2NaOH + CaCO_3 + aq$$

苛性碱溶解 $Al(OH)_3$ 和 $Ga(OH)_3$ 的能力远大于 Na_2CO_3:

$$Al(Ga)(OH)_3 + NaOH === Na[Al(Ga)(OH)_4]$$

为了使镓与铝分离得更完全,并且把镓随同 $CaO \cdot Al_2O_3 \cdot 6H_2O$ 共沉淀的损失减到最低程度,需要采取分次添加石灰乳的办法,使上述苛化、镓和铝的溶解以及生成水合铝酸钙的脱铝反应依次进行。第一次加入只够发生苛化反应的石灰,第二次则使绝大部分铝生成不溶性水合铝酸钙,而镓留在溶液中,因为溶液中镓的浓度低于镓酸钙的溶解度,这样就大大提高了溶液中的镓铝比。石灰添加量会增加镓的损失。

为了提高溶液中的镓含量,以利于下一步电解提镓,可将石灰乳处理后所得的溶液再进行第三次碳分,使镓的沉淀率达 95% 以上。所得的三次沉淀用苛性碱液溶解,并经净化处理后进行电解获得镓。

石灰法能从镓浓度低的循环碱液中提取镓,产品质量较高,因为用石灰乳脱铝时,硅、钒、铬、砷、磷等很多杂质也得到了清除。所用原料主要是价格低廉的石灰,但此法工艺流程比较复杂,镓回收率低,而且改变了循环碱液的性质,对氧化铝生产有一定影响。石灰法常与烧结法生产氧化铝的流程相连接。

19.3.1.2　碳酸法

国外有的氧化铝厂采用碳酸法从种分母液中回收镓。该法是在有氢氧化铝晶种存在的条件下,将母液进行缓慢碳酸化,使母液中约 90% 的氧化铝成为氢氧化铝析出,而绝大部分的镓仍保留在溶液中,达到镓和铝初步分离的目的。分离氢氧化铝后的溶液再做彻底碳分。此时可将含有 $NaHCO_3$ 的母液送碳分工序,以替代部分 CO_2;然后加适量的铝酸钠溶液(α_K 为 $2.5 \sim 3.0$)于彻底碳分产生的沉淀物中,以溶解其中的丝钠铝石,使大部分 Ga 转入溶液,由于碱量不足以溶解沉淀物中的 $Al(OH)_3$,从而提高了溶出液中的镓铝比。溶液经过净化除去有机物和重金属杂质后进行电解(或置换),即可得金属镓。

碳酸法与在中国已被淘汰的汞阴极电解法相比属无公害操作;与石灰法相比,减少了一个彻底碳分工序,不产生铝酸钙废渣,彻底碳分的酸性母液可代替部分 CO_2 返回碳分脱铝工序，从而基本上解决了回收镓与氧化铝生产的矛盾。但碳分除铝操作不易控制。

19.3.1.3 置换法

置换法已在前苏联的一些氧化铝厂获得应用，并在不少国家取得了专利。此法可从含镓 0.2 ~ 1.0g/L 的溶液中提取镓。但中国已不再应用该方法。

从铝酸钠溶液中置换镓有以下两种方法：

（1）用钠汞齐置换镓，此时钠成为离子进入溶液，而溶液中的镓则还原为金属镓并与汞形成汞齐。其主要缺点为汞有毒以及镓在汞中溶解度小（40℃时约 1.3%），因此，要频繁地更换汞齐，而且需要处理大量镓汞齐才能获得少量镓。

（2）用铝粉置换镓避免了上述缺点，但也存在铝消耗量大和置换速度低的缺点。因为氢在铝上的析出电位与镓的析出电位相近，故氢大量析出，铝的表面为析出的氢气所屏蔽，使镓离子难于被铝置换。由于氢激烈析出而产生很细的镓粒也会重新溶解于溶液中。工业上采用镓铝合金代替纯铝。与用钠汞齐及纯铝比较，采用镓铝合金置换镓有如下优点：

1）镓在镓铝合金中可无限溶解；

2）过程无毒；

3）与用纯铝相比，铝的消耗减少；

4）只要在合金中始终有负电性的金属铝存在，已还原出来的镓就不会返溶；

5）氢在镓铝合金上析出的超电压比在固体铝上高。

镓铝合金置换的最适宜作业条件为：合金中铝含量为 1% 左右（在置换镓含量高的溶液时，合金中的铝含量应提高），置换温度为 50℃ 左右，强烈搅拌。该方法的主要优点是可从镓含量较低的溶液中直接提镓，工艺比较简单，得到的金属镓质量较好，镓的回收率高（50% ~ 80%），不污染环境，也不改变铝酸钠溶液的性质。缺点是对溶液的纯度要求很高，特别是钒对铝的消耗量影响很大。溶液中 V_2O_5 含量不应超过 0.22g/L。

19.3.1.4 有机溶剂萃取和离子交换树脂吸附法

20 世纪 70 年代中期以来，国内外对有机溶剂萃取和离子交换树脂吸附法提镓进行了大量的研究。这两种方法的主要优点是：可以从镓含量低的分解母液中不经富集而直接提镓，流程比较简单；不改变铝酸钠溶液的成分，故不影响氧化铝生产；不污染环境；镓的纯度与回收率高。萃取法的研究取得了重大进展，技术上已趋成熟。树脂吸附法现已在中国得到工业应用。

A 有机溶剂萃取法

目前，从拜耳法种分母液中萃取镓所采用的萃取剂为八羟基喹啉的衍生物 Kelex-100（HL），其分子式为 $C(CH_3)_3$—CH_2—$C(CH_3)_2$—CH_2—$CH(CH_2)_2$ ⬡ 。Kelex-100 不同于八羟基喹啉，即使在强碱介质中也不溶解，但溶解于很多有机溶剂中。有机相的稀释剂为煤油，Kelex-100 的浓度为 8% ~ 10%。相比（有机相：水相）= 1：1，萃取温度提高有利于加速萃取过程，一般为 50～60℃。在用 Kelex-100 萃取时，除了萃取镓外，还从铝酸钠溶液中萃取出少量的铝和钠，但铝和钠与萃取剂生成的配合物在碱性介质中的稳定性低于与镓生成的配合物：

$$Ga(OH)_{4(水相)}^{-} + 3HL_{(有机相)} \rightleftharpoons GaL_{3(有机相)} + OH^{-} + 3H_2O$$

$$Al(OH)_{4(水相)}^{-} + 3HL_{(有机相)} \rightleftharpoons AlL_{3(有机相)} + OH^{-} + 3H_2O$$

$$Na^{+} + OH^{-} + HL_{(有机相)} \rightleftharpoons NaL_{(有机相)} + H_2O$$

从上述反应可见，拜耳法种分母液的高碱度对钠的萃取有利，而对镓和铝的萃取不利。但 Kelex-100 可保证镓的萃取达到满意的选择性。例如，用含 8% 的 Kelex-100 的煤油溶液从拜耳法溶液中萃取镓，相比为 1，溶液的成分（g/L）为：Na_2O 166，Al_2O_3 81.5，Ga 0.24。溶液中有 61.5% 的 Ga、0.6% 的 Na 和 3% 的 Al 进入有机相，有机相中的 Al:Ga 为 9:1，而原液中的 Al:Ga 为 180:1。

用 Kelex-100 萃取镓时，萃取过程进行的速度很低。20 世纪 80 年代初发现正癸醇作改性剂和羧酸等表面活性物质可以大大缩短萃取镓达到平衡的时间。表面活性物质的作用是增加有机相与水相的接触面积，以提高萃取率和缩短萃取时间。

铝酸钠溶液经多级逆流萃取后返回氧化铝生产流程，负载于有机相中的 Ga 和 Al、Na 的分离在洗涤与反萃过程中实现。例如，用 0.6mol HCl 溶液洗涤含 Ga 0.197g/L，Al_2O_3 2g/L，Na_2O 1.4g/L，相比为 1:1 的有机相时，有机相中留下 0.197g/L Ga 和 0.02g/L Al_2O_3，Al:Ga 的比例降低到 0.05:1，接着用 2mol HCl 溶液进行镓的反萃，镓的提取率为 99%。反萃温度宜为 20℃左右，提高温度使镓的反萃率降低。

反萃后的有机相经水洗除酸后返回再利用。一段反萃液用磷酸三丁酯进行二段萃取，再用水反萃得到富镓水溶液，经过沉淀、过滤、碱溶除杂等后处理，即可进行电解得到金属镓。二段萃取旨在节约酸和碱用量及进一步提纯。

萃取法工艺流程如图 19-2 所示。

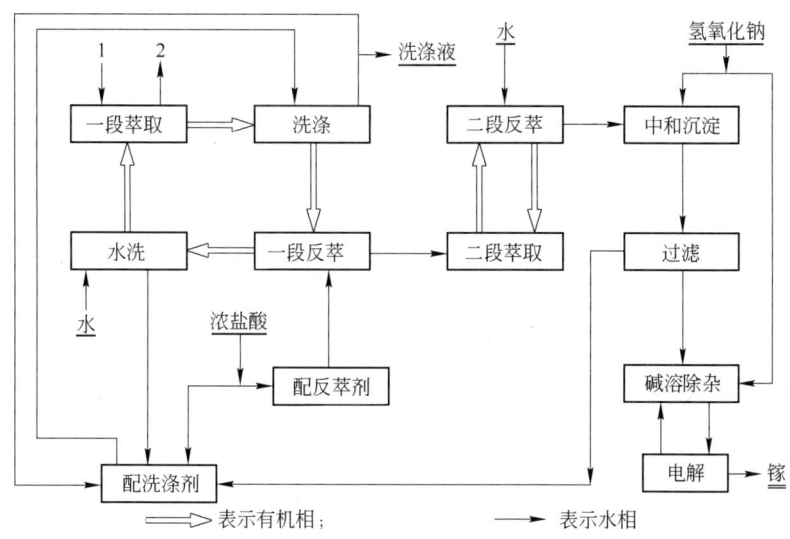

图 19-2 用 Kelex-100 萃取提镓工艺流程

1—铝酸钠溶液；2—萃余液

萃取法的缺点是萃取剂价格高；萃取剂在碱液中不够稳定，易被空气氧化；萃取速率低，因而需要使用一些添加剂；在萃取温度下稀释剂煤油挥发；反萃是用盐酸，而最后电解镓则需用碱液，这就增加了过程的复杂性。此外，残留在铝酸钠溶液中的 Kelex-100 在返回氧化铝流程后，在高温下究竟分解成何产物，它对氧化铝生产特别是对种分有无影响，目前尚无这方面的报道。溶剂萃取法所用的萃取剂昂贵，且萃取剂长期与强碱性铝酸钠溶液接触，溶解损失较大，溶解于种分母液中的萃取剂对后序工艺中的电解也有不利影响，目前工业化应用较少。

B　离子交换树脂吸附法

离子交换法流程简短，操作方便，无需往铝酸钠溶液中添加任何试剂，因此它对主流程不产生任何影响，是被世界上公认的从拜耳法工艺溶液中回收镓的最好的方法。下面主要介绍离子交换法从拜耳法工艺溶液中回收镓。

离子交换法回收镓是利用树脂从含镓溶液中吸附镓，使镓与其他杂质分离，然后通过解吸把镓从树脂上转移至溶液中。在此过程中，镓得到纯化和富集。最后通过电解可获得99.99% 的镓。螯合树脂的吸附容量为 $2.0 \sim 2.5 g/L$，镓的吸附率大于60%，镓的解吸率大于90%，镓产品中的镓的纯度大于99.99%。采用离子交换法从种分母液中提取镓的原则流程如图19-3 所示。

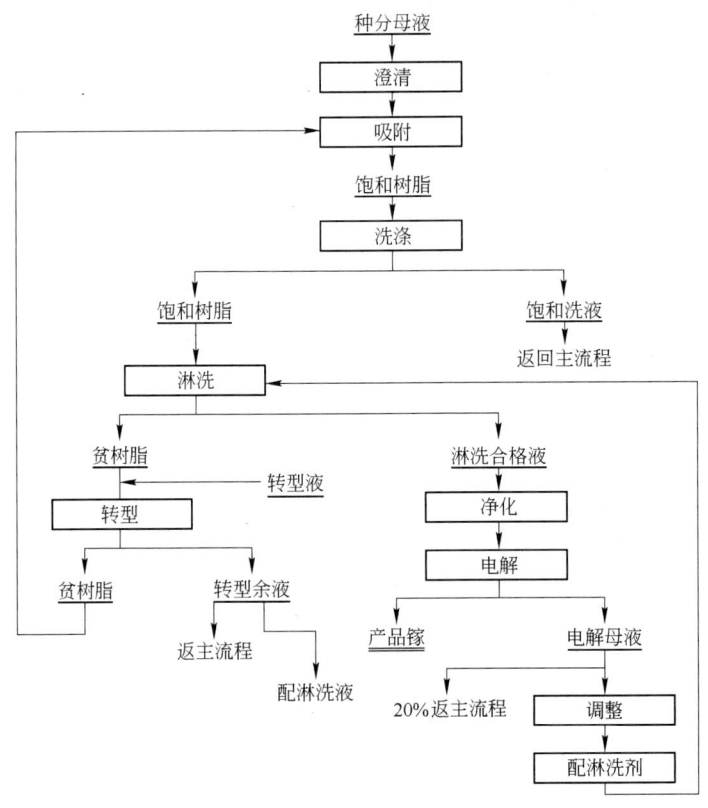

图19-3　离子交换法从种分母液中提取镓的原则流程

离子交换系统的主体设备属同类型的密实移动床。同传统的固定床相比，这种塔结构简单、运行可靠、造价低、维修方便，都是单塔运行，易于实现自动化，占地面积小，是一种半连续的操作系统，树脂在各塔间转移快，故树脂投入量少。另外，吸附和淋洗分别在两个不同塔中进行，淋洗时，饱和树脂与淋洗剂保持一种逆流接触方式，并保持一定的浓度梯度。

DHG586 型树脂对种分母液中镓的吸附原理目前还不是很清楚。红外光谱测定结果表明，在镓与树脂官能团的配合反应中，Ga^{3+} 主要与氧原子配位。溢流澄清的母液经换热，控制温度在 50℃ 左右，从吸附塔底部通入，与贫树脂接触；吸附残液经过塔顶部的溢流孔排出吸附塔，从而实现树脂吸附操作。在整个吸附过程中，镓离子被树脂选择性地吸收，与其他离子分离，从而在树脂中得到富集。

吸附饱和的树脂由吸附塔底部排出，转移至饱和树脂洗涤塔中。洗涤的目的是把饱和树脂表面附着的料液和内部吸附的溶胀水洗掉，避免料液中的有害成分（如 Al^{3+}）进入淋洗塔，污染淋洗合格液。用稀 NaOH 溶液对饱和树脂进行洗涤。NaOH 溶液由塔底进入，对整个树脂床层以活塞推进方式洗涤。饱和树脂在漂洗塔中，通过在塔底通水和鼓风及上部机械搅拌的方式，使小颗粒的树脂及破碎的树脂末随漂洗水一起排出离子交换系统，进而使整个系统纯化，为整个系统的循环操作提供一个洁净的环境。

配制合格的淋洗液从淋洗塔底部通入，至塔上部的溢流孔流出，收集入纯化富集液槽。从生产中的富集液梯度样可以看出，在收集初期溶液中镓含量较低，随着淋洗时间的延长，溶液中镓含量逐渐上涨，在某一时刻达到峰值，随后将逐渐下降，这主要与树脂中活性官能团和镓离子结合强度有关。可以根据实际的梯度曲线来决定收集富集液时间及淋洗时间。

淋洗后得到的贫树脂用配制好的稀碱进行转型，使树脂活性官能团活化，为下次吸附做准备。

母液中镓浓度为 140mg/L 左右，经过离子交换系统后，收集的富集液中镓浓度升为 600mg/L 左右、碱摩尔浓度为 1mol/L 左右；再经过蒸发器蒸发浓缩，溶液中镓浓度升为 3.5g/L 左右、碱摩尔浓度为 6mol/L 左右；把蒸后液冷冻至 0℃，淋洗液中大部分配合剂结晶析出，进行固液分离，淋洗液中大部分配合剂被分离出来，可用于再次配制淋洗液；液相经过充分氧化反应，调节碱摩尔浓度为 5mol/L 左右，可直接用于电解。

目前，中铝河南分公司、山东分公司及山西铝厂已将交换树脂吸附法成功应用于工业生产中，取得了良好的经济效益。

上述五种生产方法所得镓为工业镓。如欲获得高纯镓仍需将工业镓进一步提纯处理。

19.3.2 镓的提纯原理及生产设备

高纯镓是以工业镓为原料，采用电解精炼、真空蒸馏、区域熔炼及拉单晶等方法精制而成的，精炼提纯得到的高纯镓纯度可达到 99.9999% ~ 99.999999%。下面介绍电解精炼、真空蒸馏、区域熔炼及拉单晶等生产方法。

19.3.2.1 电解精炼

电解精炼的原理是基于阳极溶解与正电性的杂质分离，阴极析出而与负电性的杂质分离。

在电解过程中，由于受直流电的作用，阳极镓失去 3 个电子，溶解于电解液中，而电位比镓正的杂质，如 Ag、Cu、Au、Pb 等不被溶解而残留在阳极中；比镓电位负的杂质，如 Zn、Al、Mg、Si 等，则与镓一起溶解，进入电解液中。在阴极上，镓离子得到 3 个电子而析出，比镓电位负的杂质，则仍留在电解液中，最后达到与杂质分离的目的。

在碱性电解液中，镓的阳极反应为：

$$Ga + 4OH^- - 3e \longrightarrow GaO_2^- + 2H_2O$$

镓的阴极反应为：

$$GaO_2^- + 2H_2O + 3e \longrightarrow Ga + 4OH^-$$

阳极中常含有 0.01% 的杂质，这些杂质按其在电解时的行为可以分为三类：正电性金属、负电性金属以及电位与镓相近的金属。比镓电位负的杂质不会在阴极优于镓先析出。各类杂质的氧化还原反应及电位如下：

$$HgO + H_2O + 2e \Longrightarrow Hg + 2OH^- \qquad E^\ominus = 0.098V$$

$$2Cu(OH)_2 + 2e \Longrightarrow Cu_2O + 2OH^- + H_2O \qquad E^\ominus = -0.0845V$$

$$HPbO_2 + H_2O + 3e \Longrightarrow Pb + 3OH^- \qquad E^\ominus = -0.54V$$

$$Fe(OH)_3 + e \Longrightarrow Fe(OH)_2 + OH^- \qquad E^\ominus = -0.56V$$

$$Ni(OH)_2 + 2e \Longrightarrow Ni + 2OH^- \qquad E^\ominus = -0.72V$$

$$HGeO_3^- + 2H_2O + 4e \Longrightarrow Ge + 5OH^- \qquad E^\ominus = -0.90V$$

$$HSnO_2^- + H_2O + 2e \Longrightarrow Sn + 3OH^- \qquad E^\ominus = -0.91V$$

$$In(OH)_3 + 3e \Longrightarrow In + 3OH^- \qquad E^\ominus = -1.0V$$

$$ZnO_2^{2-} + 2H_2O + 2e \Longrightarrow Zn + 4OH^- \qquad E^\ominus = -1.216V$$

$$HGaO_3^{2-} + 2H_2O + 3e \Longrightarrow Ga + 5OH^- \qquad E^\ominus = -1.22V$$

此处所列的仅为标准电极电位，实际电位应还与离子浓度有关。当电流通过电极时，金属与溶液间交换离子的初始平衡被破坏，阳极镓与比镓电位负的负电性杂质一起溶解，进入电解液中；在阴极上，镓离子得到 3 个电子而析出，比镓电位负的杂质，则仍留在电解液中，最后达到与杂质分离的目的。而那些还原电位与镓相近的金属（Zn、In、Sn、Ge、Ni）和镓在阴极上共同放电析出，从而降低镓的纯度。电解精炼必须在保证产品质量的基础上，尽可能降低电耗，如将原料进行预处理、控制电解液浓度与电解温度等。电解精炼的主体设备为电解槽。

19.3.2.2 真空蒸馏

真空蒸馏的原理是利用各元素在一定的温度、真空度和蒸气压下的沸点不同进行分离。在真空蒸馏过程中，比镓沸点低的杂质或蒸气压比镓大的杂质元素，如易挥发的 Zn、Hg、Sb、Mg、Pb 等杂质，优先挥发除去；而沸点高、蒸气压小的镓，则很少挥发出去，从而达到主体元素镓与杂质元素相分离的目的。为了保证产品纯度，需控制一定的真空度、蒸馏温度及蒸馏时间。真空蒸馏的主体设备为真空蒸馏装置。

19.3.2.3 区域熔炼

区域熔炼是基于杂质在固相和液相间的不等量分配原理实现的，是利用熔融—固化过程以去除杂质的方法。区域熔融可把杂质从一个元素或化合物中除掉，也可把需要的杂质重新均匀分配于一个物质中，以控制它的成分。应用这种技术一般可使金属纯度达到99.999%。将粗镓反复进行区域熔炼，使杂质在熔化部分中富集，而镓则在再凝固部分中变得更纯，控制结晶终点，将液固分离，即可得到高纯的镓产品。

19.3.2.4　拉制单晶

单个晶体构成的物体称为单晶体，简称单晶。在单晶体中所有晶胞均呈相同的位向。单晶体具有各向异性。单晶在自然界中存在，也可由人工将多晶体拉制成单晶体。将工业镓在单晶炉或特制设备中拉制成单晶，镓纯度可达99.9999%以上。

根据不同的原料特点，如杂质含量与种类不同，可采取不同的提纯工艺。

19.4　镓的质量标准与分析方法

19.4.1　镓产品的质量标准

国内镓产品执行标准为国家标准《镓》（GB/T 1475—2005）。镓含量不小于99.9%，简写为3N。镓含量不小于99.99%，简写为4N。镓含量不小于99.999%，简写为5N。镓含量不小于99.9999%，简写为6N。具体内容分别见表19-1和表19-2。

表19-1　Ga3N、Ga4N与Ga5N产品质量标准（GB/T 1475—2005）

牌　号	化学成分(质量分数)/%	
	Ga	杂质总和
Ga3N	≥99.9	（Cu + Pb + Zn + Al + In + Ca + Fe + Sn + Ni + 其他杂质）　≤0.10
Ga4N	≥99.99	（Cu + Pb + Zn + Al + In + Ca + Fe + Sn + Ni + 其他杂质）　≤0.010
Ga5N	≥99.999	（Cu + Pb + Zn + Al + In + Ca + Fe + Sn + Ni + 其他杂质）　≤0.0010

注：1. 表中镓质量分数为100%减去表中所列杂质总和的余量；
　　2. 表中未规定的其他杂质元素，可由供需双方协商确定；
　　3. 表中杂质含量数值修约按GB/T 8170的有关规定进行，修约后保留两位有效数值。

表19-2　Ga6N产品质量标准（GB/T 1475—2005）

牌号	化学成分(质量分数)/%										
	Ga	杂质									
		Cu	Pb	Zn	Fe	Ni	Si	Mg	Cr	Co	Mn	总和
Ga6N	≥99.9999	≤0.15 $\times 10^{-4}$	≤0.05 $\times 10^{-4}$	≤0.10 $\times 10^{-4}$	≤0.12 $\times 10^{-4}$	≤0.05 $\times 10^{-4}$	≤0.20 $\times 10^{-4}$	≤0.10 $\times 10^{-4}$	≤0.05 $\times 10^{-4}$	≤0.05 $\times 10^{-4}$	≤0.05 $\times 10^{-4}$	≤1 $\times 10^{-4}$

注：1. 表中镓质量分数为100%减去表中所列杂质总和的余量；
　　2. 表中未规定的其他杂质元素，可由供需双方协商确定；
　　3. 表中杂质含量数值修约按GB/T 8170的有关规定进行，修约后保留两位有效数值。

19.4.2　镓的分析方法

目前执行的镓与高纯镓的分析标准分别为《工业镓化学分析方法　杂质元素的测定

电感耦合等离子体原子发射光谱法》（YS/T 666—2008）、《工业镓化学分析方法　杂质元素的测定　电感耦合等离子体质谱法》（YS/T 473—2005）与《高纯镓化学分析方法　痕量元素的测定　电感耦合等离子体质谱法》（YS/T 474—2005）。

19.4.2.1　工业镓化学分析方法　杂质元素的测定　电感耦合等离子体原子发射光谱法（YS/T 666—2008）　电感耦合等离子体质谱法（YS/T 473—2005）

本标准适用于镓（99.99%≤w≤99.999%）中铜、铅、锌、铝、铟、钙、铁、锡、镍、镁、钴、铬、锰、钛、铷、钼、铋质量分数的同时测定。测定范围见表19-3。

表19-3　工业镓中铜、铅、锌、铝、铟、钙、铁、锡、镍、镁、钴、铬、锰、钛、铷、钼、铋的测定范围

元　素	测定范围/%	元　素	测定范围/%
Pb	$1\times10^{-5}\sim2\times10^{-3}$	In	$1\times10^{-5}\sim5\times10^{-4}$
Zn	$1\times10^{-5}\sim1\times10^{-3}$	Sn	$5\times10^{-5}\sim1\times10^{-3}$
Al	$5\times10^{-5}\sim1\times10^{-3}$	Ca	$1\times10^{-4}\sim2\times10^{-3}$
Ni	$1\times10^{-5}\sim5\times10^{-4}$	Mg	$5\times10^{-5}\sim5\times10^{-4}$
Cu	$1\times10^{-5}\sim2\times10^{-3}$	Fe①	$5\times10^{-5}\sim2\times10^{-3}$
Mn	$1\times10^{-5}\sim1\times10^{-3}$	Cr	$1\times10^{-5}\sim1\times10^{-3}$
Co	$1\times10^{-5}\sim1\times10^{-3}$	Mo	$2\times10^{-5}\sim1\times10^{-3}$
Ti	$1\times10^{-5}\sim1\times10^{-3}$	Bi	$2\times10^{-5}\sim1\times10^{-3}$
Rb	$2\times10^{-5}\sim1\times10^{-3}$		

① Fe元素测量采用CCT条件进行。

试料以盐酸和硝酸溶解，在微波消解系统的作用下，将样品制成溶液，加入选定的内标元素，铜、铅、锌、铝、铟、钙、铁、锡、镍、镁、钴、铬、锰、钛、铷、钼、铋用电感耦合等离子体质谱（ICP-MS）测定。

称取0.1000g试料，精确至0.0001g。将试料置于聚四氟乙烯消解罐中，分别加入1.6mL的硝酸和0.4mL的盐酸于微波消解仪中消解，将消解好的样品用去离子水转移到100mL的聚四氟乙烯容量瓶中，分别加入100μL铑标准溶液和100μL钪标准溶液，用去离子水稀释至刻度，混匀，以备ICP-MS测定。

工作曲线的绘制：取6支洁净的10mL的PP刻度管，分别加入0.00mL、0.10mL、0.30mL、0.50mL、0.80mL、1.00mL混合标准溶液，10μL铑标准溶液，10μL钪标准溶液和200μL硝酸，用去离子水稀释至刻度。此系列溶液中均含铜、铅、锌、铝、铟、钙、铁、锡、镍、镁、钴、铬、锰、钛、铷、钼、铋，溶液分别为0.0ng/mL、1.0ng/mL、3.0ng/mL、5.0ng/mL、8.0ng/mL、10.0ng/mL；内标铑和钪分别为1.0ng/mL。

ICP-MS测定条件：测量参数：元素扫描方式为跳峰测量和时间分辨测量。分辨率：分辨率可调，优于0.1AMU（原子质量单位），正常使用为0.7AMU。

用含有铍、钴、铟、铋、铀元素且浓度为1ng/mL的溶液，调整矩管及离子镜处于最佳位置，使得仪器灵敏度和精密度达到表19-4的要求。

表19-4　仪器灵敏度和精密度

元素	相对原子质量	溶液浓度/ng·mL^{-1}	记数范围/次·s^{-1}	标准偏差（RSD）/%
Be	9	1	>2800	<3.0
Co	59	1	>18000	<3.0
In	115	1	>30000	<3.0
Bi	209	1	>18000	<3.0
U	238	1	>10000	<3.0

测定同位素见表19-5。

表19-5　测定同位素

测定同位素	内标同位素
^{63}铜、^{208}铅、^{64}锌、^{27}铝、^{115}铟、^{44}钙、^{56}铁、^{118}锡、^{60}镍、^{24}镁、^{59}钴、^{52}铬、^{55}锰、^{47}钛、^{85}铷、^{95}钼、^{209}铋	^{103}铑、^{45}钪

按上述条件进行 ICP-MS 测定，计算机自动测量，测定出待测元素同位素的 CPS（强度值）与内标元素同位素的 CPS_0，并以其净 CPS/CPS_0 比对含量 C 绘制工作曲线。同时计算出空白试验及试料溶液中待测元素的含量。各待测元素的质量分数按式 19-1 计算：

$$w(\mathrm{X}) = \frac{(\rho_{B2} - \rho_{B1})V}{m_0} \times 10^{-9} \times 100\%　\qquad (19\text{-}1)$$

式中　$w(\mathrm{X})$ —— 待测元素的质量分数，%，X 是被测元素；

ρ_{B2} —— 试料溶液中杂质元素的质量浓度，ng/mL；

ρ_{B1} —— 空白溶液中杂质元素的质量浓度，ng/mL；

m_0 —— 试料的质量，g；

V —— 测定溶液的体积，mL。

19.4.2.2　高纯镓化学分析方法　痕量元素的测定　电感耦合等离子体质谱法（YS/T 474—2005）

本标准适用于高纯镓（99.999% $<w\leqslant$99.99999%）中铜、铅、锌、铟、铁、锡、镍、镁、钴、铬、锰、钛、铷、钼、铋质量分数的同时测定。测定范围见表19-6。

表19-6　铜、铅、锌、铟、铁、锡、镍、镁、钴、铬、锰、钛、铷、钼、铋的测定范围

元素	测定范围/%	元素	测定范围/%
Pb	$3 \times 10^{-7} \sim 1 \times 10^{-5}$	In	$3 \times 10^{-7} \sim 1 \times 10^{-5}$
Zn	$1 \times 10^{-6} \sim 1 \times 10^{-5}$	Sn	$5 \times 10^{-7} \sim 5 \times 10^{-5}$
Mg	$5 \times 10^{-7} \sim 1 \times 10^{-5}$	Fe①	$8 \times 10^{-7} \sim 1 \times 10^{-5}$
Ni	$8 \times 10^{-7} \sim 1 \times 10^{-5}$	Cr	$5 \times 10^{-7} \sim 1 \times 10^{-5}$
Cu	$2 \times 10^{-7} \sim 1 \times 10^{-5}$	Mo	$5 \times 10^{-7} \sim 2 \times 10^{-5}$
Mn	$2 \times 10^{-7} \sim 1 \times 10^{-5}$	Bi	$3 \times 10^{-7} \sim 2 \times 10^{-5}$
Co	$1 \times 10^{-6} \sim 1 \times 10^{-5}$	Rb	$8 \times 10^{-7} \sim 2 \times 10^{-5}$
Ti	$5 \times 10^{-7} \sim 1 \times 10^{-5}$		

①Fe 元素测量采用 CCT 条件进行。

在温度 200℃ 时，氯化氢气体与金属镓反应生成三氯化镓气体，将生成的三氯化镓气体挥发排尽，以此达到分离主体镓而富集杂质的目的。剩余的杂质中以盐酸-硝酸溶解，将其制成溶液，加入选定的内标元素，富集的杂质铜、铅、锌、铟、铁、锡、镍、镁、钴、铬、锰、钛、铷、钼、铋用电感耦合等离子体质谱（ICP-MS）测定。

称取0.5000g试料，精确至0.1000g，将试料置于3mL石英坩埚内，两只带料的坩埚和一只空白坩埚同时装入干燥的石英雾化反应器内，置于电加热套内，连接好气路，打开水龙头抽气。检查装置是否漏气，使洗气瓶中气泡均匀一致，当雾化反应器温度提到200℃时，通入氯化氢气体，洗气瓶产生正压，将此进气阀门关闭，使大量的氯化氢气体进入系统与镓作用，生成氯化镓气体抽出。温度保持210~220℃，直至试样全部挥发（小坩埚干燥为止），切断电源，打开通气阀门，取出坩埚。

富集杂质：将坩埚内残留的杂质用120μL盐酸和30μL硝酸溶解后，将溶解好的杂质用去离子水转移到10mL的PP刻度管中，分别加入10μL的铑标准溶液和10μL钪标准溶液，用去离子水稀释至刻度，混匀，以备ICP-MS测定。

工作曲线的绘制：取6支洁净的10mL的PP刻度管，分别加入0.00mL、0.10mL、0.30mL、0.50mL、0.80mL、1.00mL混合标准溶液，10μL铑标准溶液，10μL钪标准溶液和200μL硝酸，用去离子水稀释至刻度。此系列溶液中均含铜、铅、锌、铟、铁、锡、镍、镁、钴、铬、锰、钛、铷、钼、铋，溶液分别为0.0ng/mL、3.0ng/mL、5.0ng/mL、8.0ng/mL、10.0ng/mL；内标铑和钪分别为1.0ng/mL。

ICP-MS测定条件：测量参数：元素扫描方式为跳峰测量和时间分辨测量。分辨率：分辨率可调，优于0.1AMU，正常使用为0.7AMU。

用含有铍、钴、铟、铋、铀元素且浓度为1ng/mL的溶液，调整矩管及离子镜处于最佳位置，使得仪器灵敏度和精密度达到表19-4要求。

测定同位素见表19-5。

按拟订的条件进行ICP-MS测定，计算机自动测量，测定出待测元素同位素的CPS与内标元素同位素的CPS_0，并以其净CPS/CPS_0比对含量C绘制工作曲线。同时计算出空白及试料溶液中待测元素的含量。各待测元素的质量分数按式19-1计算。

19.5 镓产品的包装和储运

产品按要求质量装入清洁处理过的聚乙烯等塑料瓶内，每瓶最大净重为2.5kg，也可根据用户要求进行调整。将分装好的产品送入冰箱冷冻，待全部冷凝后拿出，擦净水汽，放入手套箱进行充氮密封后，将瓶置于特制的压型泡沫塑料盒内，外加塑料薄膜密封后再置于国家商检部门认可的包装箱内，每箱最大净重为20kg。箱外附有标签，注明：供方名称、产品名称、批号、净重及出厂日期。并在外包装上印有"不可倒置"的字样或标志。产品在运输及储存过程中应保持固态，不得碰撞，必要时木箱内加干冰降温。镓产品的包装如图19-4所示。

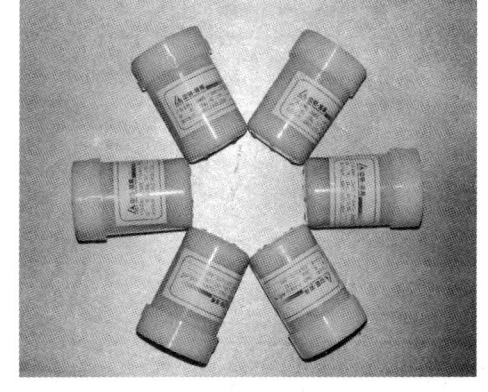

图19-4 镓产品的包装

19.6 环境保护与安全卫生

据报道，人类长期接触镓的化合物会引起龋齿和骨关节痛。对动物试验表明，吸收大量氯化镓能使动物出现严重虚弱、畏光和消化不良性腹泻以及失明和后肢麻痹、血液中氮含量增高等症状，解剖检查发现有肺出血和水肿、肾色苍白、肾皮出血等现象，将镓涂擦在动物已有炎症的皮肤上，能使炎症加剧。

镓在常温下为液态，镓及其化合物都有一定的毒性，所以在生产和使用镓的过程中应穿戴好防护用品，谨防吸入与接触。由于镓能与很多金属形成合金造成对金属的腐蚀，因此在运输与储存过程中（特别是在飞机上）应谨防泄漏，以免危及安全。

19.7 氧化镓

在镓的生产过程中将产生些许废渣、废气和废水，废弃物中含有的酸、碱和其他污染物将对生态环境造成影响，因此，必须十分重视环境保护问题，并努力实现废弃物的"资源化"利用。

研制开发的高纯氧化镓制备工艺就是以高纯镓生产过程中的废液为原料，合成生产出高附加值的氧化镓产品。在现有高纯镓生产工艺中嫁接高纯氧化镓生产线，不仅进一步完善了高纯镓生产技术，使外排废液满足环保要求，同时又可变废为宝，充分回收流程中的金属镓，副产出荧光粉用氧化镓。

19.7.1 氧化镓的物理化学性质

镓能与氧形成低价氧化物 Ga_2O、氧化物 GaO 和倍半氧化物 Ga_2O_3。其中，Ga_2O_3 是最稳定的镓的氧化物。通常说的氧化镓是指 Ga_2O_3。

氧化镓是一种多功能材料，在磁学、催化、半导体和光学领域都备受关注，广泛用于隐藏式通信、红外线发光二极管、铁磁材料、光电材料和荧光材料等领域。

氧化镓与氧化铝、氧化锌一样，是一种两性氧化物。氧化镓外观呈白色结晶粉末，熔点约为1740℃。氧化镓不溶于水和稀硫酸溶液，能溶于微热的稀硝酸、稀盐酸和稀硫酸中。但是经过灼烧的 Ga_2O_3 不溶于这些酸甚至于浓硝酸，也不溶于强碱的水溶液中。

氧化镓在加热的条件下能与许多金属氧化物起反应。与碱金属氧化物在高温下（高于400℃）反应可以生成镓酸盐 $MGaO_2$。与 Al_2O_3 和 In_2O_3 一样，它与 MgO、ZnO、NiO 和 CuO 等反应能形成尖晶石型的 $M(II)Ga_2O_4$。与三价金属氧化物反应能形成钙钛矿或石榴石结构型的 $M(III)GaO_3$。

在600℃时，用氢气或 CO 可将 Ga_2O_3 还原为较低价态的氧化物，当加热至红热时可还原出金属镓。氧化镓能与单质氟作用生成 GaF_3，Ga_2O_3 溶于 50% 的 HF 中得到产物 $GaF_3 \cdot H_2O$。

Ga_2O_3 有五种同分异构体：α、β、γ、δ、ε，最为常见的形态是 α-Ga_2O_3 和 β-Ga_2O_3。其中最稳定的是 β-Ga_2O_3。α-Ga_2O_3 结构类似于 α-Al_2O_3，镓离子同时处于氧离子围成的四面体和八面体中。α-Ga_2O_3 为三方结构，在热力学上是处于亚稳态的。β-Ga_2O_3 为单斜结构，是唯一在高温下稳定的 Ga_2O_3 的形态。

19.7.2　氧化镓的用途

高纯氧化镓为制备 GGG 单晶（钆镓石榴石 $Ga_5Gd_3O_{12}$）的主要原料，GGG 可用来作磁泡内存材料，它具有储存密度高、可靠性好、不挥发及小型化的优点，广泛用于航天及智能机器人领域。

用氧化镓作催化剂，是镓应用的重大突破。含镓催化剂具有良好的活性、较高的热稳定性及选择性，广泛用于氨的氧化、异构化、烷基化、歧化、环化及分子重排等领域。在石油化工、精细化工、农业和其他工业领域中具有广阔的应用前景。

氧化镓是一种宽禁带半导体材料，具有优良的导电和发光特性，是制备镓酸锌系阴极射线发光材料的重要原料，在光电子器件和高温气敏元件中有着广阔的应用前景。

总之，氧化镓是一种重要的非金属材料，可以作为主料或辅料应用于光学、磁学、化工及电子等领域，具有较好的应用前景。

19.7.3　氧化镓的制备方法

据文献报道，氧化镓的生产可采用将镓在空气中加热、焙烧镓盐或氢氧化镓使之分解等方法，简介如下：

（1）把镓在空气中加热至 420～450℃，焙烧硝酸盐使之分解或加热氢氧化镓至 500℃等都可制得 α-Ga_2O_3。

（2）快速加热氢氧化镓凝胶至 400～500℃可制得 γ-Ga_2O_3。

（3）在 250℃加热硝酸镓，然后在 200℃浸渍 12h，可制得 δ-Ga_2O_3。

（4）在 550℃短暂加热 δ-Ga_2O_3 可制得 ε-Ga_2O_3。

（5）将硝酸镓、醋酸镓、草酸镓或其他镓化合物及 Ga_2O_3 的任意其他异构体加热至 1000℃以上，均可分解或转化成 β-Ga_2O_3。

（6）向三氯化镓的热水溶液加 $NaHCO_3$ 的高浓热水溶液，煮沸到镓的氢氧化物全部沉淀为止。用热水洗涤沉淀至没有 Cl^-，在 600℃以上煅烧则得到 β-Ga_2O_3。

（7）以高纯镓为阳极，溶解于 5%～20% H_2SO_4 溶液，向滤液加氨水，冷却，将 $Ga(NH_4)(SO_4)_2$ 反复结晶，在 105℃干燥，在 800℃有过量氧的条件下灼烧 2h，则可得到纯度为 99.99%～99.999% 的产品。

（8）在一定温度和压力下，使镓与水蒸气反应，可以制得氢氧化镓，再将此氢氧化镓在 600℃焙烧可制得高纯的氧化镓。

（9）将高纯镓生产过程中的废液进行中和处理便可得到氢氧化镓，氢氧化镓在一定温度焙烧后便可制得氧化镓。

综上所述，氧化镓的制备方法比较多，即使同一类制备方法，在原料、试剂及处理工艺方面也存在一定的差异，这些差异会造成所制备的氧化镓产品具有不同的性质和纯度，如高充填率的氧化镓、煅烧性能良好的氧化镓、多孔氧化镓及膜状氧化镓。在实际生产和实验中，应根据所需氧化镓产品的用途和性能特点，同时综合考虑成本、能耗和产出率等因素，选择适宜的制备方法。

19.8　砷化镓的性质、用途和制备方法

通常在抽空的石英管中将砷和镓混合并加热至 1280～1340℃即可制备砷化镓。考虑到

高温下液态镓和砷蒸气有较大的反应活性，反应器材料的选择十分重要，可以采用石墨容器，因为在这种容器中制得的砷化镓所含杂质极少。

经过深入研究，还开发了间接制备砷化镓的方法，如选用合适的卤化镓用砷蒸气还原来制备砷化镓。这种方法的优点是在远低于化合物的熔点时就能以令人满意的速率进行合成。

砷化镓为闪锌矿结构，其单晶呈有紫色色调的暗灰色。在从 60K 到熔点的范围内，对砷化镓磁性测量的结果表明，随着温度的降低，砷化镓的抗磁性减弱，室温时磁化率是 -32.4×10^{-6}。

砷化镓对水和大气中的氧气是稳定的，不易被盐酸和硫酸分解而生成氢化镓，在硝酸中钝化。

砷化镓具有 p- 和 n-型导电性。砷化镓能溶解某些金属，在溶解镉和锌的过程中，是作为受体，即它们产生空穴传导；而硫、硒、碲和锗则作为给体，即作为电子传导。少量铟、硅、锗、锡和锑不改变砷化镓的传导性。当砷化镓同时掺入具有浅层的锌受体混合物和具有深层的氧给体混合物时，可得到高电阻的砷化镓。将砷化镓与铜加热至 840℃，n-型电导率的砷化物转变为 p-型电导率的晶体。

砷化镓中的激光作用是电子与空穴在结的 p 端重新结合的结果，正如砷化镓二极管的光辐射一样。但后者的再结合是瞬间发生的，而在激光中的再结合是在共振结构中发生的。

19.9　镓及其化合物的发展方向

镓的应用范围比较广泛，它可以和许多物质形成性能各异的新材料和新产品，分别介绍如下：

（1）信息功能材料。现代通信技术的迅速崛起，有力地推动了现代世界经济朝着全球一体化和信息化方向发展。光纤通信和移动通信，由于其独特的优势成为普及最快的两大信息产业。

镓可与砷、锑、磷等形成化合物半导体材料，砷化镓（GaAs）是目前最重要且最成熟的化合物半导体材料之一，作为第二代半导体材料的代表，移动通信、光纤通信和卫星通信是其最重要的应用领域。目前，全球砷化镓单晶的年总产量已超过 200t，7.62 ~ 10.16cm（3 ~ 4in）Si-GaAs 已投入大量生产。

氮化镓基化合物是 20 世纪 90 年代以来迅速发展起来的继硅和砷化镓之后的第三代半导体材料，由其制备的发光器件具有极高的内、外量子效率和发光强度，具有耗能低和寿命长等特性。特别是氮化镓基高亮度蓝光、绿光和白光发光二极管，主要用于户外半导体化大屏幕全色动态显示、城市交通信号灯以及各种蓝绿色标志等。白光氮化镓基发光二极管应用于液晶显示屏的背景光照明，将来有可能取代白炽灯，具有广泛的应用前景和巨大的市场需求。目前，国内此产业刚刚起步，仅有南京金美镓业、方大集团与中科院半导体研究所报道具有此项生产技术，但尚不具备经济规模生产能力，不能满足国内外市场的需求。

（2）能源材料。世界上传统的能源主要有 3 种，即火电、水电和核电。这三种能源或者受到资源量的限制，或者面临着环境和安全等问题，因此，寻找安全、干净、不破坏环境的新能源已成为当前人类面临的迫切课题。

目前，开发的新能源主要有 3 种：一是太阳能，二是风能，三是燃料电池。砷化镓基高效太阳能电池已由美国波音公司开发研制成功，光电变换效率可达 36%，已接近燃煤发电的效率。但目前由于它太贵，只能限于在卫星上使用。

（3）超导材料。超导材料可制成大功率发电机、磁流发电机、超导储能器、超导电缆、超导磁悬浮列车等。用超导材料制成的装置具有体积小、使用性能高、成本低的优点，因而具有广阔的应用前景。目前，已发现镓的一系列化合物，如钒三镓、钕三镓及锆三镓等均为低温超导材料，可进一步开发其应用领域。

（4）生物医学材料。近年来，镓的一些化合物和合金可作为生物医学材料，在医学领域具有应用前景。研究发现，硝酸镓与氯化镓可有效地治疗骨质疏松症及恶性肿瘤，而镓铂、镓铟和镓钯合金是良好的镶牙材料。

（5）光学材料。研究发现，氧化镓是一种性能良好的荧光材料，氮化镓（GaN）基材料可制成高效蓝、绿光发光二极管和激光二极管 LD（又称激光器），并可延伸到白光，将替代人类沿用至今的照明系统，具有重大的节能效果。

（6）其他应用。用镓和铋、铅、锡、镉、铟等能制成低熔点合金，这些合金广泛用于制造防火信号材料、电路熔断器等产品。

综上所述，镓的应用范围很广，加大镓深加工研发力度具有重大的现实意义。中国是镓资源大国，占有世界镓资源的 80%，树脂吸附法从氧化铝生产中提取镓技术的工业应用奠定了中国作为镓生产大国的地位。

中国的镓产品大部分是品级为 99.999% 以下的初级产品，因此，应积极发展高纯镓和生产镓的化合物的高新技术产业；同时，应大力开拓镓在非半导体领域的应用，如镓合金（往铝合金中加入少量镓可增强合金的强度，在纯镁和镁锡合金加入镓能提高抗腐蚀性能等）、镓焊料、低熔点材料等，以扩大镓的应用领域。

应重视在非铝系统中回收镓的技术研究。中国的镓资源 50% 以上分布在锌矿、钒钛磁铁矿和煤矿中，这些资源的回收技术不同于从氧化铝生产过程的回收，因为镓在其中富集度不高且走向复杂。研究表明，在酸性体系下用萃淋树脂吸附镓技术具有很好的应用前景。

20　氧化铝生产的辅助设施

＊＊＊＊＊＊＊＊＊＊＊＊＊＊＊＊＊＊＊＊＊＊＊＊＊＊＊＊＊＊＊＊＊＊＊

20.1　氧化铝厂的总图运输

20.1.1　厂址及企业总体布局

20.1.1.1　厂址

氧化铝厂厂址的选择，是一项既重要而又复杂的综合性工作。厂址选择得合理与否，不仅直接影响氧化铝厂建设投资的多少、建设速度的快慢、生产成本的高低以及对氧化铝厂的管理和今后发展是否有利等有关经济参数，还将关系到重要基础原材料的布局是否合理，资源、能源、水源以及交通运输等建设条件是否许可，满足清洁生产要求的环境容量是否具备以及当地社会长远发展等诸多的政策性问题。

确定氧化铝厂厂址，一般由规划氧化铝厂坐落的地理区域和选择氧化铝厂在该地理区域内坐落的具体地点两个阶段的工作完成。氧化铝厂坐落的地理区域应满足总体规划相关的各项因素，而氧化铝厂坐落的具体地点是在该厂地理区域内选择最佳位置，往往通过对若干均符合总体规划条件的备选厂址进行全面比选后确定。

A　氧化铝厂坐落的地理区域

厂址的确定与建设氧化铝厂的目的是密切相关的。建设目的通常有以下几点：

（1）开发本地区所拥有的铝土矿资源；

（2）为电解铝厂提供原料氧化铝；

（3）综合开发本地区除铝土矿外的配套资源；

（4）投资人获取投资回报；

（5）促进本地区经济的发展。

从这些建厂目的出发，并考虑日益增大的氧化铝厂的规模对地理区域的影响，在确定建厂的地理区域时，有以下几点应予以关注：

（1）从资源或产品的运输方便考虑，建厂的地区或是靠近矿山，或是靠近运输中心。这里的运输中心一般是海运港口或铁路系统的便捷地点。

与中国以往的自我供应的状况不同，国外氧化铝生产越来越向资源国集中。自20世纪80年代起从海外获取资源时，一般都是在铝土矿所在国家或地区建设氧化铝厂，不再新建从海外运回铝土矿的氧化铝厂。其主要考虑点是运输上的经济性。

（2）外部条件要能够支持氧化铝厂的经济运行。外部条件涉及很多方面，除了运输条件外，主要有碱和石灰石等大宗原料的供应，煤、油、天然气等燃料的供应，靠近供电网络，有充足的水源以及有足够的场地堆存生产废料赤泥等。这些条件若在选择厂址时尚未能完全实现，也必须是已制定近期规划并即将实施的。

（3）有良好的社会环境，已经有、或者是能够建立方便的社区生活环境，利于鼓励氧化铝厂生产人员的工作积极性。

选择建厂地理区域时往往遇到不能够兼顾一切的情形。在分清主次因素后，可以用各种方法去弥补。在运输方面，可以采取低成本的运输手段作为补充，例如澳大利亚沃斯利氧化铝厂（Worsley）临近港口，51km 外的矿石是用长距离皮带机运来的；平贾拉氧化铝厂（Pinjarra）、戈夫氧化铝厂（Gove）也有类似的安排；巴西北方氧化铝厂（Alunort）扩建到 7Mt 的规模，新开发的矿山距氧化铝厂 244km，在世界上首次采用长距离管道输送铝土矿的办法，其运输成本十分低廉；澳大利亚韦帕矿（Weipa）矿区附近人烟稀少，难以建立方便的社区生活，于是将氧化铝厂建在约 1200n mile 外的格拉斯通（Gladston），铝土矿用船运输。外部条件不足，有时会导致资源利用和建厂的困难。在世界上铝土矿资源最丰富的几内亚，自 20 世纪 60 年代投产了一个 0.6Mt 的氧化铝厂之后，迄今尚未有第二个氧化铝厂投产。

B   氧化铝厂坐落的具体地点

氧化铝厂坐落的具体地点即厂址的选择，要充分考虑氧化铝厂工艺流程长、循环物料品种多、进出物料吞吐量大以及氧化铝厂经济规模趋向大型化发展并不断扩建等诸多问题。因而氧化铝厂坐落具体地点的选择，除应符合一般有色冶金工厂厂址选择的原则要求外，还应特别注意如下几点：

（1）场地足以配置必要的生产和生活设施，并一般均留有适宜的发展余地。场地比较平坦，应该使用贫瘠的土地。

（2）在地理区域已经满足便捷运输要求的基础上，力求厂址与已有的铁路和公路系统能够方便地连接，或者能够方便地利用海运或河运的条件，也包括各种原料、燃料、供水、供电可方便地进入厂区。

（3）氧化铝生产工艺过程和辅助生产过程中要产生赤泥和灰渣等不同类型的废弃物，选择厂址时，要把废弃物堆场的选择作为厂址选择的一项重要内容。废弃物堆场应尽量选择荒芜的山沟和山谷，设计初期废弃物堆放总量以不低于 10 年排放量为宜，且邻近区域应该有能够接续的场地。废弃物堆场必须考虑防洪、防渗漏等安全和环保设施。

（4）安排好职工居住和上下班的便利条件，对此要给予足够的重视。

对于符合上述各项要求的若干个候选厂址，要做经济、社会、环境等多方面的综合比较，选择其中最佳者。

20.1.1.2   企业总体布局

企业总体布局是在厂址选定后厂区内的布置，即总平面设计。氧化铝企业是由数种功能区组合成的综合性的企业总体。氧化铝企业一般由主要生产工程——氧化铝厂，辅助工程——水、电、蒸汽、燃气等生产或供应厂，公用工程——铁路、公路、水路等运输系统以及各类修理设施、仓库等，生活服务设施——居住生活区、办公及公共建筑区，废弃物堆放及回收设施——赤泥、尾矿、灰渣堆场及综合利用厂等组成。企业总体布局是研究和解决企业上述各组成部分相互协调的布置问题。企业总体布局应依据氧化铝生产的要求,恰当地利用场地的地形、地貌、地质、水文等自然地理条件,妥善地运用气象资料,合理地确定上述各功能区之间的相互位置。企业的总体布局不仅要实用,能满足生产、生活、安全、环保的要求,同时要与时代、与环境相协调,一个物流顺畅、人流便捷、纵横规范的交通运输体系,一个整洁、优美的现代化氧化铝厂,配以时代风格的群体建筑艺术,这对激发员工的工作热情,提高企业的工作效能,必将大有裨益。

20.1.2 氧化铝厂总平面布置

20.1.2.1 总平面布置的任务

氧化铝厂的总平面布置,是在区域规划和企业总体布局已确定的场地上进行的。总平面布置的任务是:依据氧化铝厂建设目的,考虑生产工艺流程及物料走向,原料、燃料、材料以及能源动力的来源和运输方式,满足消防、安全、卫生、环保要求以及建筑、施工、生产、管理等多方面的要求,结合场地的地形、地貌、水文、气象等自然条件,研究并确定氧化铝厂装备、建筑物、构筑物、铁路、公路以及各类管网的相互关系和最佳的平面或空间位置。

20.1.2.2 总平面布置的原则

氧化铝厂总平面布置除按有色冶金工厂一般原则要求外,还应注意以下几点:

(1) 满足工艺生产的要求。氧化铝生产是由多个操作单元组成的连续生产线,在总平面布置上,要按工艺物料进、出流向,单元功能类别以及工艺生产对水、电、汽、气的需求,合理地安排功能区以及它们的相邻关系,在满足消防、安全、卫生等规定距离要求的前提下,达到布置紧凑、物料流短捷而又顺畅的目的。

(2) 一次规划与分期建设。如果氧化铝厂规划为分期建设,总平面布置应符合一次规划分期实施,近、远结合,以近为主的原则。综合考虑近、远期在征地、建设、生产以及施工与生产交叉的可行性、经济性和合理性。原则上,扩建的生产能力若使用与已有能力相同的生产方法,不宜另建独立的生产线,而是要使流程能够按工序进行扩建,以有利于劳动组织的管理,提高劳动生产率,降低成本。

(3) 充分考虑风向影响。氧化铝厂应布置在城市或生活区常年最小频率风向的上风侧,并应相隔一定的防护距离或防护林带。氧化铝厂扬尘较大的原燃料系统、熟料烧成系统等工序和热电厂锅炉应尽量远离氧化铝厂厂前区,因为粉尘不仅恶化环境同时还将影响产品质量。精液分解和氢氧化铝过滤等工序应尽量布置在氧化铝厂常年最小频率风向的下风侧。

(4) 选择工程地质条件。氧化铝厂应布置在地基土质均匀且有较大承载力的地带,特别是大型窑、炉、分解槽、储库等荷重大的大型装备和构筑物,应布置在工程地质条件最好的地段上。

(5) 管网与通道。氧化铝厂管网包括工艺管网、热力管网、给排水管网、电力电缆及通信线路等，这些管网遍布于氧化铝厂通道两侧，它们的铺设方式可以是地上管架、通廊或地下隧道、管沟，也可直埋于地下。总平面布置除对各类管网留有足够的平面、空间、地下的位置外，还必须考虑检修和安装大型设备时，设备运输需要通过管架的竖向高度。

20.1.2.3　主要技术经济指标

1Mt 级氧化铝厂的主要技术经济指标见表 20-1。

表 20-1　主要技术经济指标

名　称	数　量	备　注	名　称	数　量	备　注
厂区占地面积/km²	0.8 ~ 1.2	围墙内	建筑系数/%	>24	
绿化占地率/%	15				

20.1.3　氧化铝厂外部运输

20.1.3.1　运输量

氧化铝厂所用的铝土矿、石灰石、碱、燃料和各种材料，产品氧化铝和氢氧化铝、副产品和综合利用产品等多种物流，每天都要源源不断地进厂和出厂。另外，工艺生产和辅助生产产生的赤泥和灰渣等也要运出厂外，故氧化铝厂运输量很大，见表 20-2。

表 20-2　氧化铝厂单位产品厂外运输量参考指标

总运量/t·t⁻¹		4.5 ~ 5.5
其　中	运　入	3.4 ~ 4.35
	运　出	1.10 ~ 1.15

注：不含赤泥和灰渣。

20.1.3.2　运输方式

A　铁路运输

氧化铝厂的规模大多为大、中型，其外部运输量一般都达到了氧化铝厂修建工业企业铁路条件的要求。而且铁路运输具有运输量大、运行速度快、运费低、不受气候条件限制等优点。因此，氧化铝厂的外部运输除了大部分原料可以就近供应、产品氧化铝的用户在邻近地区的情况外，多采用以铁路为主、汽车为辅的运输方式。目前，国内氧化铝厂的铁路一般为与国家铁路干线相同的准轨铁路。

铝土矿一般采用专用的矿车；在运往较大规模的电解铝厂时，产品氧化铝可以采用专门的氧化铝槽罐车，而不是袋装氧化铝，以减少装卸费用。在特定的条件下，也可以建设从铝土矿山到氧化铝厂的专用窄轨运矿线路。

B　公路运输

公路运输具有建设投资低、灵活性大、适应性强、使用方便等优点。由于氧化铝厂的原料、燃料、材料和产品的种类很多，有些数量不大的品种适宜用公路运输。中、小型氧化铝厂因运输量不大，或因某些条件不具备，其外部及厂内物料的运送均采用公路运输。产品氧化铝也可以采用专门的氧化铝槽罐汽车。

C 水路运输

水路运输具有运输费用最低的优点，对于那些不受季节影响，全年内均可提供水路运输条件的氧化铝厂，应优先选择水路运输方案。设置于通航河道的河岸码头或设置于沿海的港口码头是水路运输的主要建设内容，另外，码头边还要设置各类起吊设施以及堆存和仓储设施以及从其他运输方式向水路转运的设施。

D 其他运输方式

其他运输方式有：

（1）长距离胶带运输，主要是运送矿石。国外凡是有条件时，优先采用这一方式。

（2）管道运输，氧化铝厂的赤泥运送一般采用管道运输。用管道输送原料矿浆的方案也已经启用。如前述的巴西北方氧化铝厂配套建设了长达 244km 的矿浆管道，将洗过的铝土矿运送到厂。在一定条件下，采用这种方式时的综合经济性优于其他运输方案。

（3）架空索道运输，曾用于矿石的运输。但因其运力小，局限性强，一般不推荐使用。

（4）天然气管道输送。

20.1.4 氧化铝厂总平面图示例

图 20-1 为某年产 0.8Mt 氧化铝的拜耳法生产厂总平面图，项目一次规划分期建设。该总图布置的主要特点如下：

（1）全厂的主要原料装卸储存区集中布置在厂区东侧以便于管理。

（2）主要生产工序集中于氧化铝厂中部，以缩短物料输送距离，减少管网的长度。

（3）考虑到氧化铝厂将分步建设，将同一功能的生产单元就近安排以便于今后的扩建和生产管理。

（4）对环境影响较小的辅助生产系统，如加压水泵房和仓库等，靠近厂前办公区以改善办公区环境。

图 20-2 为一串联法生产的氧化铝厂的总图布置，其特点如下：

（1）考虑到外部运输条件和生产用途，将主要原燃料分别堆存于矿石区和烧成煤、石灰石区及锅炉用煤区，以尽量减少原料和燃料在场内的转运距离。同时考虑输送皮带爬升角度的限制，留有适当的距离以便将物料送到适当高度的使用地点。

（2）热电站及相关系统（如煤堆场和化学水处理等）集中布置于氧化铝厂东北侧以便于日后的生产管理。

（3）两大主要工艺生产系统——拜耳法和烧结法系统各工序相对集中布置，以便于各生产工序的相互衔接，减少物料输送距离。

（4）辅助生产系统，如空压站、生产供水、循环水等，邻近主要生产系统，以满足各工序生产需要。

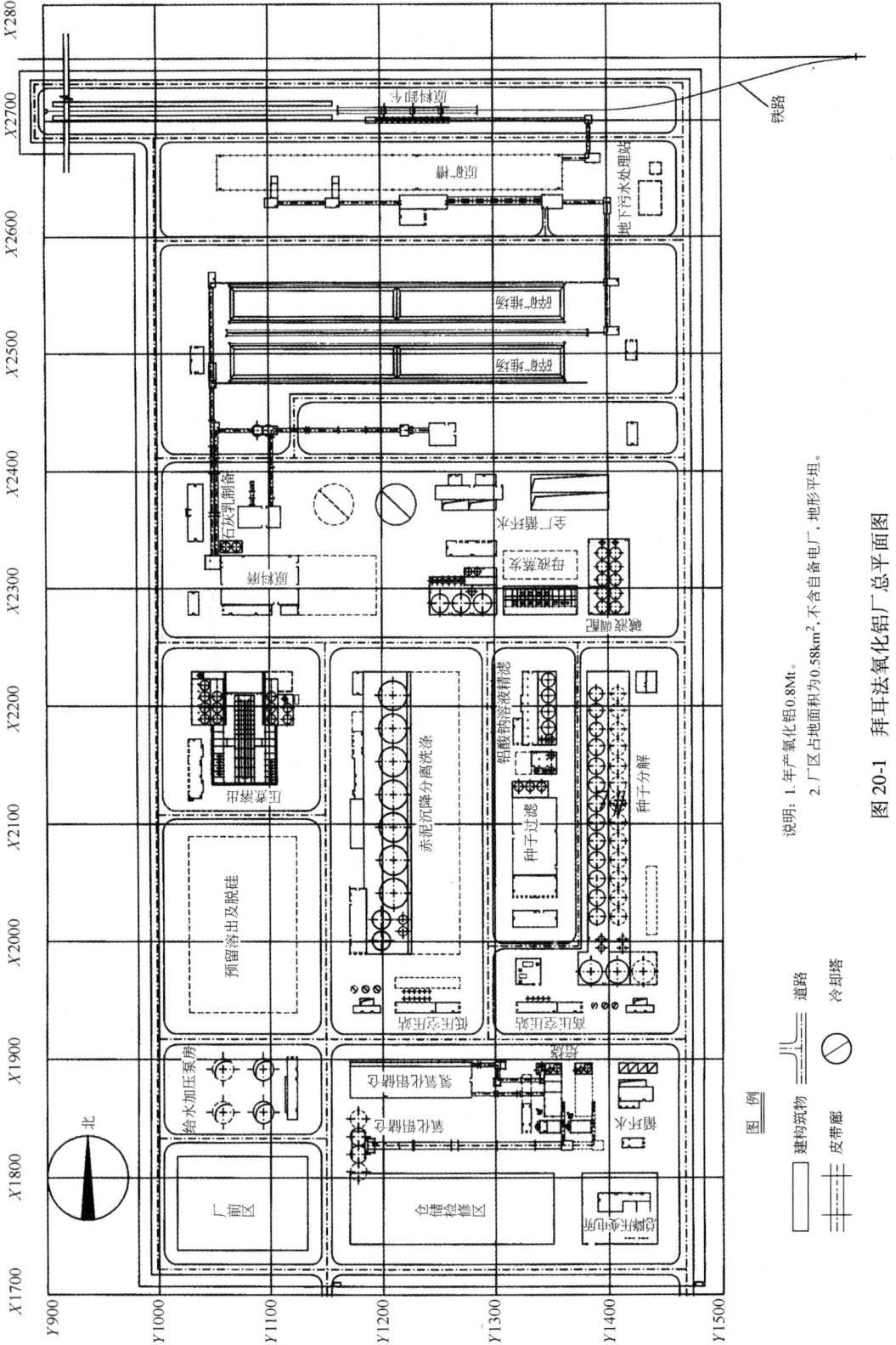

说明：1.年产氧化铝0.8Mt。
2.厂区占地面积为0.58km²，不含自备电厂，地形平坦。

图 20-1 拜耳法氧化铝厂总平面图

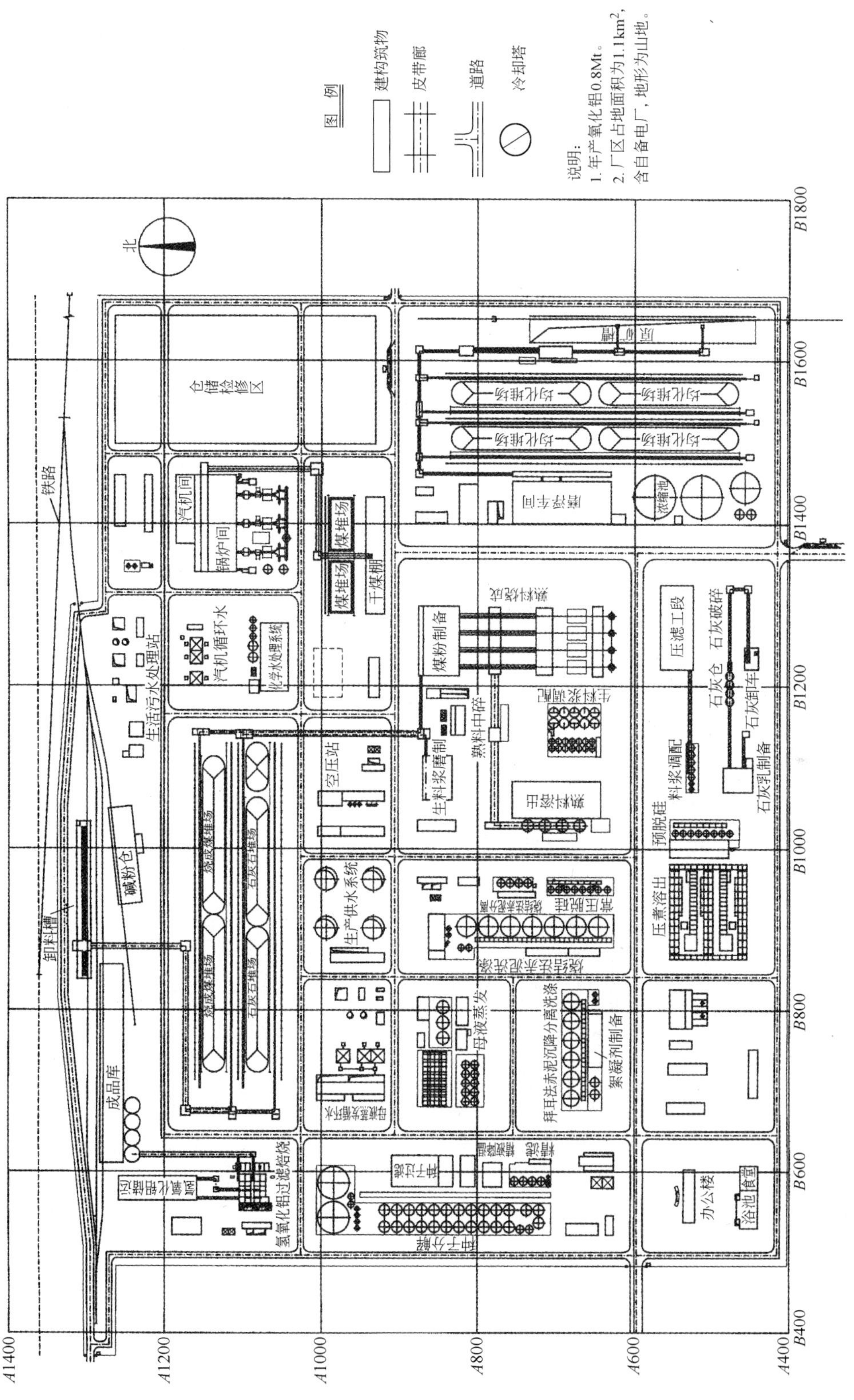

图 20-2 串联法生产氧化铝厂平面图

20.2 氧化铝厂的给排水

水是建设氧化铝厂继矿石资源和能源之后的主要条件之一。在氧化铝厂的发展史中，不乏因缺水或水量不足而停建或移址的建设实例。氧化铝生产过程新水量消耗较大（一般为生产 1t 氧化铝需水 3~7t），主要用于赤泥和氢氧化铝等中间物料或半成品的洗涤用水、机械设备的冷却和密封用水以及生产所用循环水的补充水。此外，还有保护环境的收尘、冲洗用水以及辅助生产系统、消防系统、管理服务系统的各类用水。

20.2.1 水源

水源有地下水和地表水两种。地下水又可分为无压地下水、承压地下水和泉水。地表水包括江、河、湖、海水和水库蓄水。氧化铝生产用水有的来自于地下水，有的选择了地表水，有的是二者并用。水源首先要求有充足、稳定的水量以及能满足氧化铝生产所需或经一般处理能满足氧化铝生产所需的水质。由于水源与氧化铝厂的距离、取水工程设施、净水工程设施以及输配水工程设施的大、小或难易程度都直接影响氧化铝厂的基本建设费用和生产经营费用，所以氧化铝厂水源的选择是通过上述诸多因素的技术经济比较综合考虑确定的。

中国有许多地方淡水资源量不足，随着国民经济的不断发展，人民生活水平的不断提高，国民用水量在逐年增加，但是，可利用的淡水资源却相对短缺。为增强节水意识和促进水资源持续利用，在有条件的地区，可以考虑将海水、盐湖水淡化或经某些处理后作为氧化铝厂生产用水或某些生产过程用水。

20.2.2 水质

水质标准是国家或行业根据不同的用水目的而制定的各项水质检验项目及其应达到的指标和限值。随着水资源污染的日益加剧，随着水处理技术和检测水平的不断发展，水质要求也不断提高，水质标准也在不断修改和更新。

20.2.2.1 生产用水

氧化铝生产用水种类较多，除一些机械设备冷却、密封用水和锅炉用水对水质有特殊要求外，其他生产给水、二次利用用水对水质要求均不高。一般仅控制悬浮物含量为 20~25mg/L，pH 值要求在 6.5~8.5 的范围内。

对于不同容量和参数的锅炉，按其工作条件的不同和水处理技术水平的不同，国家或行业规定了不同的水质指标，其目的是为了锅炉的安全、经济运行。作为氧化铝厂重要辅助生产设施的各类锅炉，都应按相应的国家或行业标准来选定水质指标。在氧化铝厂中，对于那些对水质有特殊要求的设备冷却水，应满足其水质要求，可以采用不合格冷凝水或用悬浮物含量较低且总硬度低的循环水。

20.2.2.2 消防用水

消防用水对水质无特殊要求，可用生产新水。但有关消防水量、水压、消防系统及其相应设施应按消防有关规定执行。

20.2.2.3 生活用水

饮用水的水质与人体健康密切相关，为保证生活饮用水的质量，卫生部和国家标准化管理委员会颁布了《生活饮用水卫生标准》(GB 5749—2006)，并于 2001 年 7 月 1 日起开始实施。该规范的实施，对保证生活饮用水的卫生质量起到了重要作用。氧化铝厂的生活用水也应符合该标准要求。

20.2.3 给水与排水工程

20.2.3.1 给水工程

给水工程的范围包括：水源取水、原水净化处理以及给水输配三个组成部分。

A 水源取水

水源取水包括取水构筑物和取水泵站（又称一级泵站），其任务是从选定的地下水水源或地表水水源抽取原水并压送到水处理站。

地下水源取水构筑物的种类与适用条件见表 20-3。地表水源取水构筑物的种类与适用条件见表 20-4。

表 20-3 地下水源取水构筑物的种类与适用条件

种　类	尺寸和深度	适 用 条 件
管　井	常用为 150~600mm，井深常用 300m 以内	适用于任何砂石、卵石、砾石层，构造裂隙、岩溶裂隙
大口井	常用为 4~8m，井深常用 6~15m	适用于任何砂石、卵石、砾石层，渗透系数最好在 20m/d 以上
渗　渠	管径常用 0.6~1.0m，埋深常用为 4~6m	适用于中砂、粗砂、砾石层或卵石层

表 20-4 地表水源取水构筑物的种类与适用条件

种　类		适 用 条 件
固定式	岸边式	河岸较陡，主流近岸，岸边水深，水质和地质条件较好
	河床式	河岸较平坦，枯水期主流离河岸较远，岸边水不足或水质不好，而河心足够水深和较好水质
活动式	浮船式	用于水位变幅较大的河流上
浅　河	低　坝	山区河流取水深度不足，或者取水量占河流枯水期量百分比较大
	底栏栅	适宜在水浅和大粒径推移质较多的山区河流，取水百分比较大时
湖泊、水库	独　立	对于水库，取水构筑物可在充水前施工，对于湖泊则采用岸边式或自流管式

B 原水净化

原水净化包括水处理构筑物和净水池，一般常用的净化处理工艺有自然沉淀、混凝沉淀、气浮、氧化、过滤、吸附和消毒等。具体的水处理工艺是根据不同原水的水质和用户对净化水质的要求，经方案比选确定。

一般水源净化工艺流程及适用条件见表20-5。

表20-5　一般水源净化工艺流程及适用条件

用　途		工　艺　流　程	适　用　条　件
一般工业用水	1	原水→预处理	对水质要求不高
	2	原水→混凝沉淀或澄清	出水水质悬浮物量一般为20mg/L
	3	同生活饮用水	水质要求相当于饮用水标准
生活用水	1	原水→混凝沉淀或澄清→过滤→消毒	一般进水浊度悬浮物不大于2000~3000mg/L
	2	原水→接触过滤→消毒	进水悬浮物不大于100mg/L的小型给水，水质较稳定，无藻类繁殖
	3	原水→混凝沉淀→过滤→消毒（洪水期）；原水→自然预沉→接触过滤→消毒（平时）	山溪河流，水质经常清晰，洪水时含大量泥沙
	4	原水→接触过滤→消毒	低温（水温为0~1℃），低浊（一般进水悬浮物含量小于25mg/L）
	5	原水→混凝沉淀→接触过滤→消毒；原水→混凝（助凝）→气浮→过滤→消毒	一般低温浊水，短时间内进水悬浮物含量大于100mg/L
	6	原水→（调蓄预沉，或自然预沉，或混凝预沉）→混凝沉淀→或澄清→过滤→消毒	高浊度二级沉淀（澄清）工艺适用于供水量大的企业，或含沙量大，洪峰持续时间长的原水经预沉降低含沙量
	7	原水→混凝沉淀或澄清→过滤→消毒→沉淀水调蓄	高浊度一级沉淀（澄清）工艺适用于供水量大的企业，原水含沙量较低

注：根据原水水质及用户要求，选择表中一项或多项组合。

C　给水输配

给水输配包括净水泵站（又称二级泵站）、输水管、配水管网和高位水池等。二级泵站是将处理后的净水加压后送往高位水池或氧化铝厂所需的生产、生活以及消防等用水点。输水管包括水源到水处理厂的原水管和水处理厂净水池到配水管网的净水管，输水管途中无出流一般不配水；输水管中的原水输送部分可以采用重力输水管（明渠），也可采用压力输水管，但净水输送部分为避免水质污染一般要采用压力输水管。配水管网是将输水管送来的净水配送到氧化铝厂各用水点的全部管网，其中包括干管、连接管、分配管和接户管。高位水池等各类水池是储存和调节设施，一般设在配水管网中，用以储存生产、生活、消防用水和调节二级泵站送水量与氧化铝厂各用户用水量的不平衡值。

20.2.3.2　排水工程

排水工程的主要任务是：把氧化铝厂生产和生活中产生的大量污水，经资源化、无害化处理后，重复用于工业生产，从而使宝贵的水资源得以再生，使氧化铝厂周围的环境免受污染。排水工程是现代化氧化铝厂实现清洁生产的重要组成部分。

A 污水的来源及分类

氧化铝厂在生产和生活过程中，要用大量的新水。新水在使用过程中，因和生产、生活物料、设备接触而发生不同程度的物理和化学变化，使新水受到污染变成污水或废水。污水可分为：生活污水、生产污水以及受大气和地面、屋面粉尘污染的大气降水（雨水、雪水、融化水）等三类。

B 排水系统

排水系统通常由管（沟）道系统、排水泵站、污水处理厂和排水出口等部分组成。排水管道系统除循环水系统外，一般包括生活污水系统、生产污水系统以及雨排水系统。氧化铝厂排水一般采用生活污水与生产污水分流制。对于生活污水，有条件的厂区可以灌溉农田，也可处理后排入水体（水体是江、河、湖、海的统称）。氧化铝厂生产污水经工业污水处理站处理后可循环使用，做到污水不外排，即零排放。雨排水在降水前期是被污染的水，可送至工业污水处理站处理；降水后期的清洁雨水可直接排入水体，也可排入附近的市政管网。

20.3 氧化铝厂的蒸汽与电能供应

蒸汽和电能是氧化铝厂消耗最多且应用最广的两种不同质的二次能源。低温溶出饱和蒸汽用汽压力为0.7MPa，165℃，每吨氧化铝汽耗0.9~1.1t；高温溶出饱和蒸汽用汽压力为6.3MPa，279℃，每吨氧化铝汽耗1.66~1.9t；高温管道化溶出系统饱和蒸汽用汽压力为6.3MPa，279℃，每吨氧化铝汽耗1.26~1.56t；双流法溶出饱和蒸汽用汽压力为6.3MPa，279℃，每吨氧化铝汽耗1.0~1.1t；过热蒸汽用汽压力为6.3MPa，450℃，每吨氧化铝汽耗0.6~0.71t；6效管式降膜蒸发+强制效饱和蒸汽用汽压力为0.6MPa，158℃，每吨氧化铝汽耗0.28~0.32t；加压脱硅饱和蒸汽用汽压力为1.0MPa，279℃，每吨氧化铝汽耗0.7~0.8t；常压脱硅饱和蒸汽用汽压力为1.0MPa，179℃，每吨氧化铝汽耗0.4~0.45t。

按照氧化铝厂的工艺技术方案和厂址周围的配套环境，综合基本建设投资和运营效益的各种因素，在氧化铝厂设置的热电厂供热机组选择及蒸汽和电能供应遵循如下设计原则：

(1) 依据工程热负荷情况及需求确定蒸汽和电能供应方案。

(2) 机组供热能力应能满足全厂工艺用汽和冬季采暖等的最大负荷，并保证供热的可靠性。

(3) 以热定电、热电联产。

(4) 为提高热电厂的效率，锅炉和汽轮机设备尽量选用较高的初参数，即压力和温度等级高的机组。

(5) 优先选择背压式汽轮发电机组承担全厂低压蒸汽的基本供热负荷的供应，选择抽汽凝汽式汽轮发电机组作为全厂低压蒸汽供热负荷的调峰机组，以确保背压式机组在额定状态下运行。

对于不小于6.5MPa的高压蒸汽，一般使用减温减压器供给；若所需为不大于4MPa的高压蒸汽，也可以用双抽机组或抽背机组同时供应4MPa和0.66~1.0MPa两种蒸汽。

(6) 在保证机组安全经济运行的前提下，以提高经济效益为主要目的。

氧化铝厂热、电供应一般采用如下几种模式：

（1）蒸汽自给，电力基本自供。蒸汽是氧化铝厂能耗的主要品种，每生产 1t 氧化铝产品一般要消耗蒸汽 2.2～4t。拜耳法氧化铝厂中汽耗占综合能耗的 60% 左右，联合法氧化铝厂中汽耗占综合能耗的 30%～50%。由于氧化铝厂蒸汽用量大，且压力级别较多，加之蒸汽运送距离的限制（一般不宜超过 3km），因此多数大型氧化铝厂蒸汽均由本厂自己建设同时实现供汽（热）和发电的热能动力厂，即热电厂（站）。为提高动力热能的利用率，氧化铝厂除高压蒸汽外，不同级别的蒸汽供应是分别由抽汽式汽轮机组和背压式汽轮机组引出的，这样能避免或减少以单纯发电为目的的凝汽式汽轮机组的凝汽热损失。这种供热和发电同时进行的能量转换过程，是以满足本厂用热为前提，能够最大限度提高燃煤的热利用率、以生产低成本的蒸汽和电能为特点的组合方案。该组合方案首先要确保氧化铝厂不同等级的蒸汽供热，同时还提供一个既可作保安电源，又可作部分工作电源的电力回路。组合方案多余或缺少的工作电力靠国家或地方电网来平衡。这就是氧化铝厂广泛应用的热电联产、以热定电的组合方案。该方案更适合于以一水硬铝石为原料的氧化铝厂采用，这是因为它除满足氧化铝厂所需各种级别蒸汽热能的供应外，还能基本保障生产所需的廉价电能的供应。

（2）蒸汽自产，电力外购。氧化铝厂所需蒸汽靠自建锅炉房供应，锅炉输出蒸汽的压力值以满足铝土矿溶出要求为准；其他工序所需的热能，由减温减压站减压后提供。氧化铝厂所需电力全部由国家或地方电网提供。

（3）蒸汽和电力全部外购。当氧化铝厂厂址附近有能供本厂生产需求的商业性供电和供蒸汽源时，氧化铝厂可不再设置供热（不同压力的蒸汽）和供电的专业化生产分厂，只需架设蒸汽管网、供电线路和相应的变电站或变电所即可。这样不仅节省了氧化铝厂的建设投资、简化了项目的建设内容、加快了建设速度，同时也有利于专业化生产和总体能源利用率的提高。

（4）蒸汽和电力全由本厂自供。当氧化铝厂厂址设在没有外部蒸汽供应、没有外部电网或外部电网供应以及可靠程度不够的地区时，该氧化铝厂必须建设独立的热电站，氧化铝厂所需的各类蒸汽以及全部电力均由热电站提供。根据氧化铝厂所需蒸汽和电力的匹配情况，热电站可分别设置背压式和抽汽凝汽式汽轮机组。为保证氧化铝厂的安全生产，在没有外部电网或外部电网供应以及可靠程度不够的地区，热电站还必须设置供一套汽轮发电机组启动用电的柴油发电机组，以确保电站故障或停运时提供应急的电力。

20.3.1　热电厂（站）

氧化铝工业建设配套的自备热电厂（站）是主要的趋势。这是因为当今氧化铝厂具有规模大、设备多、用汽量大、用电量大、一类负荷多、生产连续性强等行业特点，这就要求氧化铝厂除有可靠的工作电源外，还要求有可靠的保安电源。自备热电站除可提供上述功能外，还可综合应用不同质的能量，以热电联产的方式实现节约能源的目的。

中国氧化铝厂广为利用的以化石燃料为一次能源的热电厂的主要设备见表 20-6 和表20-7。

表 20-6 热电厂主要设备（A 厂）

设 备 名 称	技 术 规 格	数量/台
B25-8.83/0.8 背压式汽轮机	发电功率 $N=25\text{MW}$； 进汽压力 $p=8.83\text{MPa}$； 进汽温度 $t=535℃$； 排汽压力 $p=0.8\text{MPa}$； 排汽温度 $t=260℃$； 进汽量 $G=226\text{t/h}$； 排汽量 $G=160\text{t/h}$	1
C25-8.83/0.8 抽汽凝汽式汽轮机	发电功率 $N=25\text{MW}$； 进汽压力 $p=8.83\text{MPa}$； 进汽温度 $t=535℃$； 抽汽压力 $p=0.8\text{MPa}$； 抽汽温度 $t=260℃$； 进汽量 $G=182\text{t/h}$； 抽汽量 $G=100\text{t/h}$	1
QF-30-2 发电机	$N=30\text{MW}$，$n=3000\text{r/min}$，$U=6.3\text{kV}$	2
循环流化床锅炉	$t=540℃$，蒸发量 $Q=240\text{t/h}$，压力 $p=9.81\text{MPa}$	3

注：N 为发电功率；n 为发电机转速；U 为输出电压。

表 20-7 热电厂主要设备（B 厂）

设 备 名 称	技 术 规 格	数量/台
煤粉锅炉	$t=540℃$，$Q=240\text{t/h}$，$p=9.81\text{MPa}$	3
B25-8.83/0.7 背压式汽轮机	发电功率 $N=25\text{MW}$； 进汽压力 $p=8.83\text{MPa}$； 进汽温度 $t=535℃$； 排汽压力 $p=0.7\text{MPa}$； 排汽温度 $t=250℃$； 排汽量 $G=152\text{t/h}$	1
C25-8.83/0.7 抽汽凝汽式汽轮机	发电功率 $N=25\text{MW}$； 进汽压力 $p=8.83\text{MPa}$； 进汽温度 $t=535℃$； 抽汽压力 $p=0.7\text{MPa}$； 抽汽温度 $t=256℃$； 抽汽量 $G=80\text{t/h}$	1
QF-30-2 发电机	$N=30\text{MW}$，$n=3000\text{r/mim}$，$U=10.5\text{kV}$	2

目前，一般电站锅炉经常采用的炉型有两种，一种是煤粉炉，另一种是循环流化床锅炉。影响炉型选择的主要因素是其燃煤的质量及脱硫方法。根据所提供的热电站燃用煤煤种的特点，应按照中国电站锅炉烟气排放标准采取脱硫措施。

根据脱硫工艺在煤燃烧过程中的不同位置，可分为燃烧前、燃烧中和燃烧后三种脱硫技术。燃烧前脱硫主要是在煤进入锅炉燃烧前直接对其进行脱硫处理（如洗煤和微生物脱硫）。循环流化床燃烧法（CFB）为燃烧中脱硫技术，主要是在循环流化床锅炉炉内添加石灰石粉使其与煤混合低温燃烧，以达到脱硫目的。燃烧后脱硫技术即炉外烟气脱硫技术，主要是对锅炉尾部烟气进行脱硫处理，主要有干法脱硫、半干法脱硫和湿法脱硫等方法。

20.3.2　企业供电

20.3.2.1　氧化铝厂用电特点

氧化铝厂用电特点有：

（1）用电量大。氧化铝厂的生产设备多、大型设备多，其中破碎机、各类磨机、气体压缩机、大型鼓风机和排风机以及各类大型的水泵、溶液泵、泥浆泵、真空泵等用电设备均需较大的拖动功率。一般来讲百万吨级的氧化铝厂用电设备达 500 ~ 700 台，装机容量可达 100000kW 左右，计算容量（有功）60000kW 左右。

（2）要求供电可靠。氧化铝生产流程长且连续生产，一般一级负荷占 30%，二级负荷占 50%。上述负荷一旦停电超过一定时间将引起管路堵塞、设备沉槽或变形损坏，清理、修复缓慢，短时间内恢复生产难度很大。因此，要求供电可靠，确保安全生产。

（3）用电负荷均衡。由于氧化铝厂主要生产车间均为三班连续流水作业生产，昼夜之间负荷变动较少，冷热季节负荷波动不大，全年用电负荷比较均衡。

（4）电气设备防护等级多。氧化铝厂有化工厂和水泥厂生产的特点，生产环境复杂，分别有潮湿、多尘、酸碱腐蚀等多种场所。电气设备的多种防护等级是按环境特征以及相应的国家或行业标准和规定选择的。

20.3.2.2　负荷分级与供电电源

在《供配电系统设计规范》（GB 50052—1995）中，将企业电力负荷根据其在国民经济中的地位，对供电可靠性的要求和中断供电所造成的损失或影响及危害程度分为三级。

一级负荷：中断供电将造成人身伤亡，中断供电导致的生产中断将造成重大经济损失和重要设备的严重损坏，中断供电将影响有重大社会和经济意义的用电单位的正常工作。

二级负荷：中断供电将在社会和经济上造成较大损失，如主要设备损坏、大量产品报废、重要企业大量减产等；中断供电将影响重要用电单位的正常工作。

三级负荷：不属于一级和二级的电力负荷。

氧化铝厂的供电电源是氧化铝厂建设的主要条件之一，根据氧化铝厂的生产特点，一般情况下可以考虑建设自备热电厂，发电机组装机容量通常按照以热定电的原则确定，为满足氧化铝厂的一、二级用电负荷的供电要求，氧化铝的自备热电厂通常与当地电网联网运行，一般引两回外部电源接入氧化铝厂供电系统，正常生产时，氧化铝厂的用电首先考虑由自备热电厂供给，在自备热电厂发电机组因故障或检修退出运行时所缺电量由外部电源供给。

氧化铝厂的电力负荷分级及供电电源情况介绍如下。

A　一级负荷

设备容积和质量居氧化铝厂之首的分解槽，其搅拌装置无论是采用空气搅拌的空压机用电机，还是采用机械搅拌的拖动电机；还有各类沉降槽的搅拌电机、赤泥外排泵的拖动电机以及回转窑的传动电机、大型窑炉的鼓风电机、排风电机等，上述负荷一旦停电超过允许中断供电时间时，有的将造成由物料沉淀而导致流程中断，有的则因高温物料的停滞而使重要设备变形损坏，情况严重时甚至会造成全厂性停产，给企业和国家造成巨大的经济损失。另外，中断供电将给企业造成生命和财产损失的安全和消防用电、调度指挥用电及事故照明用电等均为氧化铝厂的一级负荷，该负荷也是氧化铝厂等级最高的负荷。一级负荷中，某些大型关键设备的保安用电以及中央控制系统、通信系统和应急照明等的用电，属于一级负荷中特别重要的负荷。

B 二级负荷

影响全流程正常运转的生产用电、停电后造成主要设备损坏使连续生产过程被打乱、需较长时间才能恢复的用电以及部分重要的直接关系到生产的供水和供热设施的用电（除属于一级负荷者外）应为二级负荷，如原料磨制和氢氧化铝过滤等。

C 三级负荷

三级负荷一般是非连续生产的每日一班或两班作业的生产和辅助生产用电，如碱粉仓、检修车间以及生活辅助设施等应属于三级负荷。

D 供电电源

一级负荷应该有两个供电电源，当一个电源故障时另一个电源应能连续供电，或在不超过负荷允许的中断供电时间内恢复供电。其中特别重要的负荷在供电系统不能满足一级负荷的条件时，还应增设独立于电网的应急电源，如柴油发电机组。

对于二级负荷，国家标准只规定宜由两回线路供电。考虑到氧化铝厂为三班连续生产，事故停电不仅对停电设备本身造成伤害，还将引起全厂产品、中间产品、中间物料及能源由于停止运行而造成的浪费；又由于氧化铝厂流程长，多数车间在突然停电后易造成管道堵塞和设备内沉淀，碱性溶液因停产降温而产生结晶析出，上述设备突然停电后恢复正常生产需要的调整、处理过程复杂且时间较长，因此氧化铝厂二级负荷的供电明确为"宜由两个电源"供电。现生产运行的氧化铝厂的二级负荷一般情况下均采用两个电源供电。

氧化铝厂的三级负荷，一般为间断生产的非连续用电，突然事故停电不至于给生产带来不良后果，所以三级负荷可由一个电源供电。

20.3.2.3 供、配电方式

氧化铝厂外部向厂内总变（配）电所供电的电源电压一般采用110kV，个别氧化铝厂采用35kV或220kV电压供电。氧化铝厂外部供电电压主要取决于向氧化铝厂供电的电力系统条件、供电点（地区变电所）至氧化铝厂的距离以及氧化铝厂受电负荷大小的影响。当氧化铝厂受电负荷较大、供电点至氧化铝厂的距离较远以及氧化铝厂负荷有增加时，宜采用较高电压供电。

依据氧化铝厂的生产特点，氧化铝厂建设时在一般情况下配套建设自备热电厂，发电机组装机容量通常按照以热定电的原则确定，自备电厂经升压变压器与外部电网相连，此时，外部电源作为铝厂联网电源可以保证氧化铝厂一级和二级用电负荷的需要和氧化铝正常生产需要。氧化铝厂生产用电通常引自自备电厂主10kV（6kV）配电装置，以10kV

(6kV)电压向厂内各 10kV(6kV)分配电所供电，各 10kV(6kV)分配电所向全厂各高压电机和车间变电所电力变压器以放射方式供电。

氧化铝厂厂区高压配电电压一般采用 10kV 或 6kV。厂内的大型设备，即各类磨机、各类大型气体压缩机、大型风机、各类大型泵等用电量较大的设备采用高压电动机拖动时，高压配电电压必须与高压电动机供货的电压匹配。

20.3.2.4　总变（配）电所和车间变（配）电所

A　总变（配）电所

氧化铝厂的总变（配）电所（简称总变电所），一般为终端降压变电所。总变电所一般应由当地电力网区域变电所专线供电，有时也可从临近的线路上 T 接（一般作为第二电源）。氧化铝厂厂区较集中，且送电距离多在 6 ~ 10kV 经济输电半径之内，故氧化铝厂一般设置一个总变电所。

变（配）电所的所址选择除按厂址选择的一般要求外，还应特别注意变电所的位置应将避免恶劣环境的影响放在重要地位。这是因为氧化铝厂环境特殊，除有粉尘和湿热外，还有酸、碱及其溶液的腐蚀。虽然变电所所址位置原则上要靠近负荷中心，但片面追求靠近负荷中心而忽视了与污染源的距离，常常会严重影响到变电所的安全运行。

B　车间变（配）电所

车间变（配）电所一般按车间或工段设置，主要生产车间（一级、二级负荷）应由两个电源供电，设两台或两台以上变压器，每台变压器按所带负荷的 80% 考虑，当一台变压器停止运行时不致影响正常生产。辅助生产车间或三级负荷生产车间可设一台变压器，必要时应从低压联络线从附近车间变电所取得备用电源。

20.4　氧化铝厂的燃料供应

20.4.1　燃料类别

工业上常用燃料按物态可分为固体、液体和气体燃料三大类，各类燃料又可分为天然燃料和人工燃料。氧化铝生产常用的燃料见表 20-8。

表 20-8　氧化铝生产常用燃料分类

类　别	天　然　燃　料	人　工　燃　料
固体燃料	褐煤、烟煤、无烟煤	焦　炭
液体燃料		轻柴油、重油
气体燃料	天然气	气化炉煤气、焦炉煤气

20.4.2　氧化铝生产相关工序常用燃料及基本要求

在氧化铝生产过程中，根据其相关生产工艺和所选择设备的要求，可选择不同的燃料方案，常用的燃料及对燃料的基本要求见表 20-9。

表 20-9　氧化铝生产相关工序常用燃料及基本要求

生产工序	设备名称	常用燃料	对燃料的基本要求
石灰烧制	竖式石灰炉	无烟煤	粒度 25~50mm；挥发分小于 10%
		焦　炭	粒度 25~40mm
	回转窑	天然气	
		焦炉煤气	
管道化预热与溶出	熔盐加热炉	烟煤	
		天然气	
生料掺煤	生料磨	无烟煤	挥发分小于 10%
熟料烧成	熟料窑	烟　煤	灰分小于 13%；挥发分大于 25%
氢氧化铝焙烧	流态化焙烧炉	天然气	满足 GB 17820 二类
		焦炉煤气	低位热值（标态）大于 15MJ/m³
		气化炉煤气	低位热值（标态）大于 5MJ/m³；灰分+焦油（标态）小于 100mg/m³
		重油（轻柴油）	满足 SH/T 0356 的 7 号标准
热电厂	煤粉锅炉	烟煤（无烟煤、褐煤）	全硫小于 2%
	循环流化床锅炉	烟煤（无烟煤、轻柴油）	全硫小于 5%
煤气厂	一段煤气发生炉	无烟煤	粒度 6~100mm；全硫小于 1.5%
	二段煤气发生炉	烟　煤	粒度 20~60mm；全硫小于 2%

20.4.3　氧化铝生产用燃料的性能和特点

20.4.3.1　固体燃料

煤炭是中国氧化铝企业能源的主要形式。为合理利用煤炭资源，有必要对煤炭的分类及其特征和性能有所了解。煤炭是一种由有机化合物和无机化合物组成的特殊混合物。随着形成年代的增长，煤的煤化程度逐年增加，煤的含碳量逐步增高，煤的水分和挥发物则逐步减少。按干燥无灰基挥发分的多少（即煤化度指标）对煤进行分类，煤可依次分为褐煤、烟煤和无烟煤三类：

（1）褐煤。因外观呈棕褐色而取名，是一种形成年代短、煤化程度低、挥发分高的低质煤。该煤种煤质松、易风化、易自燃、难储运，多作生产蒸汽和发电的锅炉用燃料。

（2）烟煤。呈黑色，质地松软，有光泽，燃烧时多烟，是自然界分布最广且品种最多的煤种。优质烟煤是焦化和城市煤气等行业的主要原料及工业炉用燃料。通常把低位发热量小于 15.5MJ/kg 的烟煤称为劣质烟煤，劣质烟煤常作动力燃料、气化及民用燃料等。氧化铝厂的各类锅炉通常采用烟煤作为燃料，煤气厂选用二段煤气发生炉时也多以烟煤为原料。

氧化铝厂熟料烧成用燃料通常应该采用低灰分优质烟煤，其质量指标应满足表 20-10 的要求。

表 20-10　熟料烧成用烟煤质量指标

成分/%				低位发热量 /MJ·kg^{-1}
灰　分	挥发分	硫　分	附着水分	
≤13	25 ~ 33	≤1	≤8	≥27.2

（3）无烟煤。无烟煤俗称白煤，是煤化程度最高的煤种，它含碳量高达 90% ~ 98%，发热量一般较高，但由于可燃基氢含量较少，其发热量比优质烟煤要低。无烟煤挥发分低于 10%，燃烧时无烟，其焦渣呈粉末状，无黏结性，是氧化铝厂石灰炉用最好的天然燃料，可以替代价格较高的焦炭。无烟煤在氧化铝厂还用于生料加煤，在熟料烧成时作脱硫还原剂用。氧化铝工艺用无烟煤质量指标见表 20-11。

表 20-11　氧化铝工艺用无烟煤质量指标

成分/%				低位发热量 /MJ·kg^{-1}
灰　分	挥发分	硫　分	附着水分	
≤20	<10	≤1	≤8	>25.1

无烟煤也可用作一段煤气发生炉的原料或热电厂锅炉的燃料。

焦炭按用途可细分为冶金焦、气化焦和电石用焦。氧化铝厂竖窑烧制石灰时，其燃料可选用冶金焦。冶金焦炭质量指标见表 20-12。

表 20-12　冶金焦质量指标（GB/T 1996—2003）

项　目	指　标	项　目	指　标
粒度/mm	25 ~ 40	水分 M_t/%	≤12
灰分 A_d/%	≤15	焦末含量/%	≤12
硫分 S_{td}/%	≤1	机械强度	按供需双方协议
挥发分 V_{daf}/%	≤1.8		

20.4.3.2　液体燃料

A　重油

重油是石油炼制加工提取了汽油、煤油、柴油和润滑油后的重质馏分和残渣的总称。由于石油炼制方法的不同，得到的重油品质也不同。

氧化铝厂氢氧化铝焙烧用重油的质量指标应满足 SH/T 0356—1996 标准中的 7 号油的质量指标要求。

B　轻柴油

轻柴油多用于焙烧炉或锅炉点火、预热、烘干或补燃。氧化铝生产所用轻柴油一般无特殊要求。

20.4.3.3　气体燃料

A　天然气

天然气是一种自然界直接开采或收集的气体燃料。天然气有气田气、油田气和煤田气三种。气田气是从纯气田开采出来的可燃气，通常称为天然气，其组分以甲烷为主，发热量高，标准状态下低位发热量一般为 33.4~38.4MJ/m³。油田气，也称油田伴升气，是石油开采过程中，因压力降低而析出的气体燃料，其组分以甲烷为主并伴有乙烷、丙烷、丁烷和戊烃等，其低位发热量高于气田气。煤田气俗称矿井瓦斯，是煤矿开采过程中从煤层释放出来的可燃气体，其主要可燃成分也是甲烷，但其含量随开采方式的变化波动很大且热值较低。

上述气田气和油田气均可作氧化铝厂氢氧化铝焙烧用气源，有条件的氧化铝厂，可优先选择上述气种。

B 焦炉煤气

焦炉煤气是炼焦过程中的副产品，含有大量的可燃氢和甲烷，低位发热量（标态）一般为 15~18MJ/m³，是适合于氢氧化铝焙烧用的气体燃料，有条件的氧化铝厂应优先采用。

C 气化炉煤气

气化炉煤气是以煤、焦炭与气化剂（空气、水蒸气和氧气等）作用生成的气体燃料煤气。气化炉煤气一般有发生炉煤气、水煤气和加压气化煤气等品种。氧化铝厂广为利用的是发生炉煤气，该煤气可燃成分主要是一氧化碳、氢和甲烷，总体积分数仅为 40% 左右，热值较低，一般标态下为 5~5.9MJ/m³。气化炉煤气主要用于氢氧化铝焙烧，也可供生活区民用。

20.5 氧化铝厂长距离输送设备

为便于了解一些已经在氧化铝厂使用的长距离输送的设备的情况，本节列举了几种有关的设备供应和工程实践的例子。

20.5.1 适合于复杂地形的长距离曲线带式输送机

中国华电工程（集团）有限公司所属的华电重工装备有限公司开发了 DC 型长距离曲线带式输送机。

20.5.1.1 用途

DC 型长距离曲线带式输送机可应用于当输送机线路的起点和终点不能直线连接时的长距离的情况，从工作原理上确保利用普通带式输送机部件实现平面转弯，运行线路可以绕开障碍物或不利地段，可实现多处连续水平转弯和立体转弯；采用弯曲的运行线路以绕开障碍物或不利地段；并且少设或不设中间转载站，使系统的供电和控制系统更为集中；实现了经济、环保、节能、适应复杂地形能力强等性能，可应用于电厂、港口、冶金、水泥、矿山等各个行业。

20.5.1.2 结构特点

DC 型长距离曲线带式输送机有以下结构特点：

（1）DC 型长距离曲线带式输送机常用的驱动方式有以下几种：

1）变频电动机（＋变频器）＋减速机→变频调速驱动；

2）液体黏性调速器驱动；

3）液压电动机驱动；

4）可控启停软启动 CST 驱动。

（2）DC 型长距离曲线带式输送机的滚筒和托辊等部件与普通带式输送机基本相同。

（3）在输送机的头尾布置输送带翻带装置，以避免弄脏托辊和沿带式输送机线路撒落物料，减轻输送带和托辊的磨损，延长输送带的使用寿命。

20.5.1.3 主要技术参数

下面列出部分规格的 DC 型长距离曲线带式输送机的参数。表 20-13 为水平转弯最小半径的推荐值，表 20-14 为 DC 型长距离曲线带式输送机的输送能力。已供货的最大长度为 14.3km。

表 20-13 DC 型长距离曲线带式输送机水平转弯最小半径推荐值 （m）

槽角/(°)	带宽/mm						
	1000	1200	1400	1600	1800	2000	2200
35	1500	1800	2100	2400	2700	3000	3300
45	1000	1200	1400	1600	1800	2000	2200
60	800	960	1120	1280	1440	1600	1760

表 20-14 DC 型长距离曲线带式输送机的输送能力 （m³/h）

带速/m·s⁻¹	带宽/mm						
	1000	1200	1400	1600	1800	2000	2200
2.5	1014	1486	2065	2733	3494	4338	5430
3.15	1278	1872	2602	3444	4403	5466	6843
3.6	1459	2139	2973	3935	5031	6246	7821
4.0	1622	2377	3304	4373	5591	6941	8690
4.5	1824	2674	3718	4920	6291	7808	9776
4.8		2852	3964	5247	6709	8328	10428
5.0		2971	4130	5466	6989	8676	10863
5.6				6122	7829	9717	12166

20.5.2 可以密闭输送的管状带式输送机

中国华电工程（集团）有限公司所属的华电重工装备有限公司开发了 DG 型系列管状带式输送机。

20.5.2.1 用途

DG 型管状带式输送机（简称管带机）系列产品，是在普通带式输送机基础上发展的一种新型连续输送设备，尤其适用于输送距离长、水平、垂直及空间弯曲线运行、倾斜角度大、需要密闭输送、占地面积小的散状物料的输送。管带机是胶带在正六边形托辊组内形成管状（见图20-3），其头、尾及拉紧等处与普通带式输送机结构形式完全相同。管带机由普通槽形到形成圆管状以及由圆管状恢复到普通槽形，需要有一定长度的过渡段区域。物料被包裹在封闭的圆管形胶带内输送，在输送过程中由于上下胶带形成管状，输送机可实现多向转弯。管带机按配置的胶带类型分为织物芯胶带管带机（机长小于1000m）和钢绳芯胶带管带机（机长小于1000m）两大类。织物芯胶带管带机水平转弯角度最大可达90°，钢绳芯胶带管带机水平转弯角度最大可达45°。

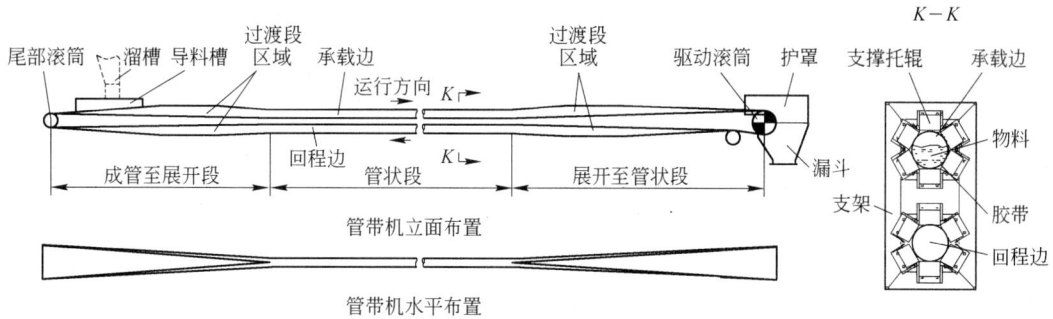

图20-3　管带机基本结构图

20.5.2.2　基本结构与特点

管带机的基本结构和特点如下：

（1）沿线物料输送过程中被完全封闭，既可防止物料洒落污染环境，也可防止环境（灰尘和雨水等）对输送物料的污染。

（2）管带机可进行水平、垂直及空间弯曲线运行。

（3）由于形成管状后增大了胶带对物料的摩擦力，可以实现较大倾斜角度的提升（一般可以达到普通带式输送机提升角度的1.5倍）。

（4）在增加了相关辅助设施后，返回侧也可封闭输送物料。

（5）由于胶带形成管状，在输送同等量的物料前提下管带桁架宽度大约只相当普通带式输送机横断面的一半，占地面积小。

（6）由于托辊被安装在桁架内的窗式框架上，该桁架具有一定刚度，因此在管带机桁架两边安装上走道即可，无需另建栈桥。

20.5.2.3　管带机主要部件结构简介

管带机的主要部件有：

（1）管带机输送胶带与普通带式输送机胶带的外形结构完全相同，但与普通带式输送机胶带相比，管状带式输送机输送胶带的芯层结构有一定的差别。

（2）管带机所采用托辊的结构形式与普通带式输送机托辊完全相同。作为管带机用托辊，要求其运行阻力小以及更好的防水性能。对于普通带式输送机上槽形托辊的槽角一般为35°，而管带机托辊的侧角达60°和90°。

（3）管带机的驱动装置配置、滚筒的结构形式、拉紧装置等的设置以及头尾架、漏斗、护罩、清扫等部件与普通带式输送机完全相同。

20.5.2.4 主要技术参数

管带机常用规格带宽、断面积和许用块度对应关系见表 20-15，管径、带速与输送能力的匹配关系见表 20-16。

表 20-15 管带机常用规格带宽、断面积和许用块度对应关系

管径/mm	150	200	250	300	350	400	500	600	700
带宽/mm	600	750	1000	1100	1300	1600	1800	2200	2550
断面积100%/m²	0.018	0.031	0.053	0.064	0.09	0.147	0.21	0.291	0.3789
断面积75%/m²	0.013	0.023	0.04	0.048	0.068	0.11	0.157	0.218	0.2842
最大块度/mm	30~50	50~70	70~90	90~100	100~120	120~150	150~200	200~250	250~300
对应普通输送机带宽/mm	300~400	500~600	600~750	750~900	900~1050	1050~1200	1200~1500	1500~1800	1800~2000

表 20-16 管径、带速与输送能力的匹配关系 （m³/h）

带速/m·s⁻¹	管径/mm								
	150	200	250	300	350	400	500	600	700
0.8	37	66	118	138					
1.0	47	83	148	173	238				
1.25	59	104	185	216	297	482	688		
1.6	75	132	232	276	380	616	881	1238	1616
2.0	94	166	296	346	472	770	1100	1548	2022
2.5		208	370	432	594	964	1376	1935	2528
3.15			460	543	748	1213	1734	2438	3185
4				950	1540	2200	3096	4044	
5					1928	2750	3870	5056	

目前管带机输送物料的实例有煤、铁矿石、光卤石、氯化钾、石油焦等。表 20-16 中所列的管径和带速范围内，大多数已经有实际应用。

20.5.3 长距离矿浆管道输送

在过去 40 年期间，从矿山通过长距离管道输送大流量的矿浆已经被证明是可靠的和费用低的输送方法。输送距离从几千米到 400km，已经广泛应用于各种物料。表 20-17 列举了各类物料使用矿浆管道系统的实例。对于边远地区的矿物原料输送，长距离矿浆管道与其他输送方法相比有更多的优点。本节介绍长距离矿浆管道系统的一些基本概念和主要

技术特点。

表 20-17　投入运行的长距离矿浆管道输送实例

铺设矿浆管道厂家	输送物料	长度/km	管径/in①	输送量/Mt·a⁻¹	开始运行年份
美国 Ohio Coal	煤浆	174	10	1.3	1957
美国 Black Mesa	煤浆	439	18/12	4.5	1967
澳大利亚 Savage River	铁精矿	85	9	2.3	1967
巴西 Samarco	铁精矿	396	20	12	1976
中国山西尖山铁矿	铁精矿	102	9	2	1997
中国云南昆钢大红山铁矿	铁精矿	171	9	2.3	2006
中国包头白云鄂博西铁矿	铁精矿	145	14	5.5	2009
印度 Hygrade	铁精矿	265	16 和 14	7.0	2005
巴西 Samarco II	铁精矿	400	16	8	2007
印度尼西亚 West Irian	铜精矿	74	4/5/5	1.3	1972
印度尼西亚 Freeport	铜精矿	120	4	1.3	1972
阿根廷 Alumbrera	铜精矿	314	6	0.8	1997
智利 Collahuasi	铜精矿	203	7/8	1/1.5	1998/2004
巴西 Fosfertil	磷精矿	125	9	2	1978
美国 SF Phosphate	磷精矿	140	10	2.9	1986
中国贵州瓮福磷矿	磷精矿	45	9	2	1995
巴西 Parapigmentos	高岭土	180	10	1.3	1996
澳大利亚 Century Zinc	铅锌精矿	300	12	2.6	1999
秘鲁 Antamina	铜锌精矿	303	10/9/8	1.8	2001
巴西 Mineracão Bauxita Paragominas	铝土矿	245	24	13.5	2007

①1 in = 25.4 mm。

　　巴西淡水河谷公司位于帕拉州的帕拉戈米纳斯铝土矿（Mineracão Bauxita Paragominas）铺设了世界上第一条长距离用越野管道输送铝土矿的矿浆管道。长 245km、年输送量 13.50Mt，于 2007 年 3 月试车成功。铝土矿浆从位于交通不便的偏远地区帕拉戈米纳斯矿由管道送到巴卡林那的巴西北方氧化铝厂。

　　目前，中国已经有 4 条长距离管道在运行（见表 20-17），其中大红山铁矿设计压力 25MPa，为世界最高。第五条攀钢新白马管道工程正在建设中。这 5 条均由美国管道系统工程公司（PSI）完成。

　　长距离矿浆管道输送一般都是建设一根越野埋地的焊接管道，要求管道壁厚能够满足 20~30 年设计寿命。长距离管道输送需要的泵送压力主要取决于输送距离和管道的爬升高度，可能需要一个或多个泵站来提供压力。矿浆中的固体粒度积压品满足生产工艺的要求，也应达到一定的磨细程度来控制固体颗粒对管道的磨损。采用高浓度来防止固体颗粒快速沉降，同时也可以减少输送的用水量。矿浆在管道终端过滤，滤饼水分通常按 8%~12% 考虑。

　　由于泵送压力高，多数情况是采用活塞隔膜泵，这种泵的输送效率高，购置的价格也比较昂贵。管线和泵站的费用是整个系统的投资与能耗的主要部分，但是与铁路和公路等常规的输送方式相比较，管道输送的能耗要低得多，往往只有 1/10 甚至更少。管道输送的环境优势也十分突出。管道一般埋深在 1m 以下，因而管道不会产生任何可见的污染物，矿浆在管道中流动不会产生像卡车和铁路输送的污染和物料损失，没有噪声。而管道线路在敷设后容易恢复成原来的地形地貌。

大量的实际运行表明，长距离矿浆管道输送是可靠的。除上述优点外，管道输送的运转是连续的，操作不会受到天气的影响，需要的操作人员数量少。在智利的大量从位于安第斯山脉高海拔的矿山到海平面的港口的铜精矿管道显示出，从高海拔输送物料到低海拔，矿浆管道特别有吸引力。

长距离矿浆管道输送的局限性有以下几点：在管道施工完成后，不可能重新修改线路；制备矿浆和输送矿浆需要大量的水，需要循环使用的措施；管道输送量低于管道最小输送量时，要求批量输送水，会消耗额外的水；与卡车相比，管道输送系统初期的投资大，然而管道输送系统的投资小于新建一条专用铁路的费用。

美国管道系统工程公司（PSI）是专业从事矿山长距离矿浆管道输送系统设计和施工的工程公司。表 20-17 中列出的各类物料的世界上第一条输送管道系统均由 PSI 的管道技术专家开发。目前正在设计的管道总长已达到 7000km。长距离矿浆管道输送系统设计包括矿浆试验技术、专用矿浆流变模型及水力学设计模型、管道模拟器和管道渗漏检测系统软件和专家顾问系统等内容。

21 氧化铝的生产指标和成本分析

＊＊＊＊＊＊＊＊＊＊＊＊＊＊＊＊＊＊＊＊＊＊＊＊＊＊＊＊＊＊＊＊

21.1 氧化铝的生产指标

氧化铝生产指标是指氧化铝厂投产运行后，评价生产运行效果的技术经济指标。氧化铝生产指标大致可以分成四类：一类是质量指标，主要是指氧化铝产品的质量标准（详见第15章）；二类物耗指标，如铝土矿消耗、碱消耗、石灰石（石灰）消耗；三类是能耗指标，如工艺能耗、综合能耗等；四类是劳动生产率指标，如全厂劳动定员及实物劳动生产率等。

氧化铝生产指标是氧化铝厂技术水平和企业经营管理水平的真实体现。氧化铝生产指标与生产成本息息相关，因此控制生产指标就是控制生产成本。

21.1.1 氧化铝的质量指标

氧化铝是生产电解铝的主要原料，氧化铝的质量对电解铝生产有着极其重要的影响。氧化铝质量的好坏直接影响电解铝企业的经济效益。

电解铝生产对氧化铝的质量有明确要求：一是氧化铝的化学纯度，二是氧化铝的物理性质。

氧化铝的化学纯度是影响原铝质量的主要因素，同时也影响电解过程的技术经济指标。氧化铝质量与生产方法有关。一般说来，拜耳法生产氧化铝的化学纯度要高于烧结法。《氧化铝》（GB/T 24487—2009）列出了对氧化铝的化学成分的要求，见表15-4。

电解铝对氧化铝物理性质的主要要求是：粒度较粗而均匀，强度较高，比表面积大，另外还应具有较适当的安息角、堆积密度和流动性。

通常根据氧化铝的粒度等物理性质，将其分为砂状氧化铝和粉状氧化铝两种类型，并把粒度介于粉状和砂状之间的氧化铝称之为中间状氧化铝。砂状氧化铝的物理性质能够很好地满足当代电解铝生产的要求。不同类型氧化铝的物理性质见表15-1。

关于氧化铝质量的讨论详见第15章。

21.1.2 氧化铝的物耗指标

氧化铝的物耗指标是指氧化铝生产过程中各种原材料的消耗，其中铝土矿、碱、石灰和燃料是主要的物耗指标。

21.1.2.1　铝土矿

铝土矿是目前氧化铝生产中最主要的矿石资源。在氧化铝生产成本中，铝土矿所占比例一般为 20%~30%。随着铝土矿资源的减少，铝土矿价格将不断上涨，并增加氧化铝的生产成本。

铝土矿的矿物类型对氧化铝的溶出性能影响很大，对整个氧化铝生产过程的技术经济指标也有重大影响。不同氧化铝工艺对铝土矿质量的要求见表 21-1。

表 21-1　不同氧化铝工艺对矿石质量的要求

序号	工艺方法	矿石质量要求	备　注
1	拜耳法	国外：Al_2O_3 34%~60%，SiO_2<5%~7%，A/S>7~10 国内：Al_2O_3>50%，A/S>6	工艺简单，成本低，但对矿石质量要求高
2	烧结法	Al_2O_3>50%，A/S>3.5，F/A≥0.2	能处理低品位矿石，但能耗高
3	联合法	Al_2O_3>50%，A/S>4.5	能充分利用矿石资源，但工艺流程复杂，能耗高

中国铝土矿资源及生产氧化铝的特点以及与国外对比见表 21-2。

表 21-2　中国铝土矿资源及生产氧化铝特点与国外对比

项　目		中　国	国　外
主要含铝矿物		一水硬铝石，中低品位居多	以三水铝石或三水铝石与一水软铝石的混合矿为主
化学成分		高铝、高硅含量	低铝含量、可反应硅含量低
拜耳法加工性能		溶出性能差，需采用高温、高碱条件的溶出工艺，能耗较高	溶出性能好，纯三水铝石可采用低温、低碱条件溶出工艺，能耗低
生产氧化铝采用工艺特点	传统	联合法、烧结法、拜耳法工艺共存，能耗高	
	进展	选矿拜耳法、强化烧结法、石灰拜耳法、串联法，能耗得到降低	

中国近几年新建的氧化铝厂大部分采用拜耳法，分别利用国内较高品位的铝土矿，以及可采用低温拜耳法工艺生产的进口三水铝石铝土矿。中州分公司的扩建部分采用选矿拜耳法；山西分公司和河南分公司的扩建部分采用石灰拜耳法技术。采用拜耳—烧结联合法工艺的工厂有中国铝业河南分公司、山西分公司、贵州分公司；采用强化烧结法技术的工厂有中国铝业山东分公司和中州分公司。此外，某些正在建设中的氧化铝厂采用拜耳—烧结串联法生产工艺。

通常采用铝土矿矿耗这一指标。国内外不同氧化铝生产工艺的铝土矿消耗情况见表 21-3。除了生产工艺的差别外，铝土矿中的氧化铝含量对矿耗也有明显的影响。

表 21-3 不同地区氧化铝生产的铝土矿消耗指标

单 耗	世界（不含中国，拜耳法）				中 国		
	美 洲	欧 ·洲	澳 洲	平 均	混联法	烧结法为主	拜耳法
1t 氧化铝矿耗/t	2.2~3.0	2~2.2	2.2~3.2	2.54	1.6~1.8	1.7~1.85	1.9~2.3

氧化铝总回收率也是一项重要的指标。其定义是：

氧化铝总回收率(%) = 报告期产出氧化铝量(t)／报告期投入氧化铝量(t) × 100%

21.1.2.2 碱

在氧化铝生产成本中，碱所占比例通常为 10% 左右。

根据氧化铝生产工艺的不同，采用的碱有纯碱和苛性碱两种。烧结法和联合法可采用较为廉价的纯碱生产氧化铝。拜耳法则需要采用苛性碱进行生产。苛性碱的供应有碱粉和液碱两种形式，液碱的含量一般为 42% 或 30% 左右。随着各种碱产品的相对价格量变动的。

1998~2010 年国内碱产品价格变化如图 21-1 所示，其中烧碱为 97% 的固体碱。

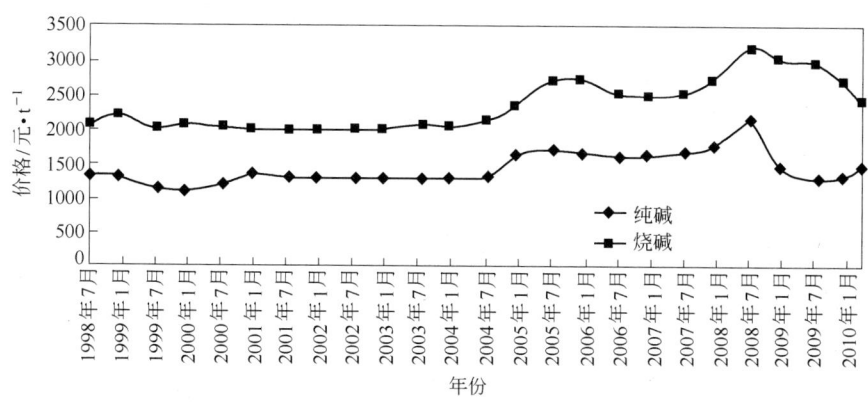

图 21-1 1998~2010 年中国碱产品价格的变化

21.1.2.3 燃料

氧化铝生产需要蒸汽作为热源。一般情况下，氧化铝企业建有自备热电站，可直供蒸汽和电力。除此之外，氢氧化铝焙烧、熟料烧成、石灰煅烧等也都需要燃料。由于地区资源限制，各氧化铝企业所用燃料不尽相同，主要有煤、天然气、重油、焦炭等，详见表20-9。国内氧化铝企业所用的燃料主要是煤炭。

在氧化铝生产成本中，燃料和能源所占比例最大，一般为 30%~40%。但自 2007 年下半年开始，受经济发展、资源限制、气候变化等影响，煤炭价格大幅度上涨，煤炭成本在氧化铝成本中的比例也呈上升趋势，并导致氧化铝生产成本明显增加。

1998~2010 年国内煤炭价格（优混煤，全国平均价）变化如图 21-2 所示。

21.1.2.4 石灰

石灰是氧化铝生产必不可少的原料，但其成本占氧化铝生产成本的比例较小。国内各

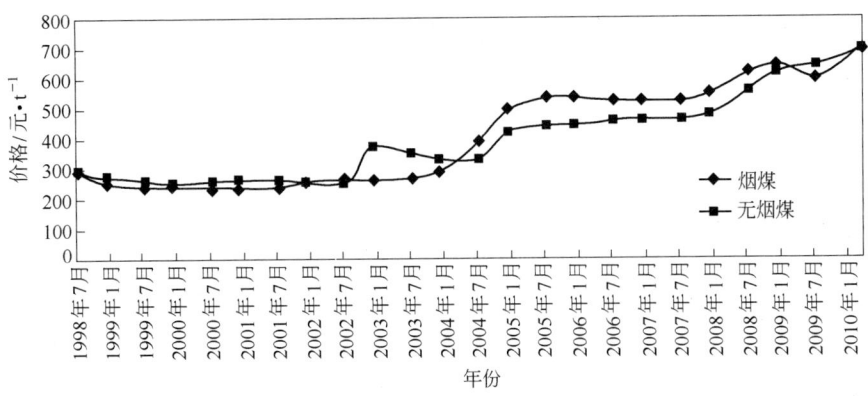

图 21-2　1998～2010 年中国煤炭价格的变化

氧化铝厂一般自建石灰炉，用自产或购入的石灰石烧制石灰。

近年来，由于煤炭等能源价格不断上涨，导致石灰的生产成本也呈快速增长趋势，目前国内石灰的价格约为 160～350 元/t。

21.1.3　氧化铝的能耗指标

氧化铝的能耗指标分工艺能耗和综合能耗两个层次。工艺能耗是指生产 1t 氧化铝所直接消耗的各项能源指标，是将氧化铝生产中电耗、煤耗、热耗等根据热和功的当量关系折算成热值，以此来衡量吨氧化铝生产能耗指标的高低，从而确定其生产工艺在节能方面的优劣，并通过将工艺能耗分解到主要的耗能工序，来寻求改进的措施。而氧化铝综合能耗是指生产 1t 氧化铝所综合消耗的热能。综合能耗按照氧化铝企业消耗的进厂一次能源折合的热能计算，从而计算了自备热电站、煤气厂等在为氧化铝工艺过程生产蒸汽、电力和煤气等中间产品时的额外消耗。以此可衡量氧化铝企业的实际能源消耗，并提醒人们对自行组织的能源生产的效率给予足够的重视。

典型的换算关系如：电度数($kW \cdot h$)×0.1229 = 标准煤数（kg）。这是基于热功当量 $1cal = 4.1868J$ 以及 1kg 标准煤的发热值为 7000kcal。而考虑到购自电网的电力有发电效率，故规定了外购电的折算系数是 0.404kg（标准煤）/（$kW \cdot h$）。关于单位之间的换算参见附录 3。

与国外相比，中国的氧化铝生产的主要特点是能耗较高（见表 21-4）。

表 21-4　中国与国外氧化铝厂的工艺能耗比较

中国氧化铝厂	1t Al_2O_3 能耗/GJ	国外氧化铝厂（均为拜耳法）	1t Al_2O_3 能耗/GJ
中国纯烧结法厂	36.23	希腊圣·尼古拉厂	14.60
中国纯拜耳法厂	10.70	法国氧化铝厂	13.50
中国混联法厂	30.82	德国施塔德厂	9.60
中国平均	30.80	西澳大利亚 4 个厂	11.00～14.00

从表 21-4 可得出：中国的混联法及烧结法生产氧化铝能耗是国外氧化铝厂的 2～3

倍；中国纯拜耳法厂的氧化铝生产能耗与国外氧化铝厂的能耗是接近的；且略低于同样处理一水硬铝石型铝土矿的希腊圣·尼古拉厂。

国家发改委2007年第64号公告的《铝行业准入条件》明确规定：新建拜耳法氧化铝生产系统吨氧化铝综合能耗必须低于500kg（标准煤），其他工艺氧化铝生产系统吨氧化铝综合能耗必须低于800kg（标准煤）。现有拜耳法氧化铝生产系统吨氧化铝综合能耗必须低于520kg（标准煤），其他工艺氧化铝生产系统吨氧化铝综合能耗必须低于900kg（标准煤）。

与该准入条件相比，目前中国氧化铝企业仍需要加大力度节能降耗。新建氧化铝项目必须选择能耗低的生产工艺，以符合上述准则的要求。

21.1.4　氧化铝的劳动生产率指标

劳动生产率指标分为实物劳动生产率和产值劳动生产率，而各自还可以分别以企业全员人数或生产人员为基数，其计算公式如下：

$$实物劳动产率 = \frac{产品年产量}{企业全员人数或生产人员}$$

$$产值劳动产率 = \frac{产品年产值}{企业全员人数或生产人员}$$

实物劳动生产率的高低主要由企业的生产工艺、技术装备水平、员工素质、管理水平等因素影响。据统计，中国原有氧化铝企业的实物劳动生产率较低，一般为150～300 $t/（人·a）$，新建串联法氧化铝企业的设计实物劳动生产率为500$t/（人·a）$，新建拜耳法氧化铝企业的劳动生产率最高的已经达到1300～1600$t/（人·a）$。这与世界氧化铝工业具有很大的差距，如澳大利亚的氧化铝厂的实物劳动生产率一般可达到3000$t/（人·a）$以上。只有通过实现氧化铝生产装备的大型化、自动化，提高管理水平和改进用人制度，才能缩短差距，提高氧化铝生产的实物劳动生产率。

产值劳动生产率主要取决于实物劳动生产率的高低和氧化铝的销售价格变化。

21.2　氧化铝厂建设投资与资金成本

项目总投资的定义是建设投资、建设期利息和铺底流动资金之和。而项目投资的总资金则为建设投资、建设期利息和流动资金之和。其中的自有资金部分（包括铺底流动资金）则成为项目资本金。这些是投资者在筹资时应该明确的。

本书第36章对建设项目的投资做了全面分析，参见36.4.1节。因此在本章内将不对共性的问题做重复叙述，本章着重讨论与氧化铝厂相关的内容。

21.2.1　建设投资与建设规模

21.2.1.1　建设投资的构成

建设投资通常包含三大类：工程费用、工程建设其他费用和预备费，参见36.4.1节。国内某一典型的800kt/a氧化铝项目投资估算表(设计值,2007年价格水平)见表21-5。

表 21-5　国内典型氧化铝项目投资总概算　　　　　　　（万元）

序　号	工程和费用名称	估 算 值					合计
		建筑工程	设备	安装工程	工器具	其他	
一	工程费用	126786	141767	44572	846		313971
1	氧化铝生产系统工程	51446	82758	27570	496		162270
2	自备电站系统工程	10058	36592	13457	220		60327
3	辅助生产系统工程	2981	3074	367	18		6440
4	公用系统工程	60773	19326	3166	112		83377
5	行政福利设施工程	1528	17	12			1557
二	工程建设其他费用					62590	62590
三	工程基本预备费					33640	33640
	建设投资合计	126786	141767	44572	846	96230	410201

21.2.1.2　氧化铝项目的建设规模

项目的建设投资与项目的建设规模关系密切。项目建设规模也称项目生产规模，是指项目设定的正常生产营运年份可能达到的生产能力或者使用效益。

应合理选择拟建项目的建设规模。每一个建设项目都需要选择一个合理的规模。如生产规模过小，资源将得不到有效配置，单位产品成本较高，经济效益低下；但如生产规模过大，超过了项目产品市场的需求量，则会导致开工不足、产品积压或难于销售，致使项目经济效益低下。合理经济规模是指在一定技术条件下，项目投入产出比处于较优状态，资源和资金可以得到充分利用，并可获得较好经济效益的建设规模。

国家发改委发布的《铝行业准入条件》提出：新建氧化铝项目利用国内铝土矿资源的氧化铝项目起步规模必须是年生产能力在 800kt 及以上；自建铝土矿山比例应达到 85% 以上，配套矿山的总体服务年限必须在 30 年以上；利用进口铝土矿的氧化铝项目起步规模必须是年生产能力在 600kt 及以上，必须有长期可靠的境外铝土矿资源作为原料保障。

近年来中国在建或拟建的部分氧化铝项目见表 21-6。

表 21-6　近年来中国建设或拟建的部分氧化铝项目

序　号	企业名称	新增产能/kt·a^{-1}	地　点	备　注
1	中国铝业中州分公司	700	河南焦作	拟扩建
2	山东南山集团	750	山东龙口	已建成
3	河南登封中美铝业公司	400	河南登封	已建成
4	山西鲁能晋北铝业公司	1000	山西原平	已建成
5	河南香江万基铝业公司	800	河南新安县	已建成
6	山东信发靖西铝业公司	1600	广西靖西县	已建成
7	重庆博赛矿业集团	300	重庆南川	拟扩建
8	中国铝业遵义分公司	800	贵州遵义	已建成
9	中国铝业重庆分公司	800	重庆南川	已建成
10	云南铝业股份有限公司	800	云南省文山州	在　建
11	贵州广铝铝业公司	800	贵州省清镇	拟　建
12	山西兴县氧化铝工程	800	山西省兴县	拟　建
13	中国铝业中州分公司	700	河南焦作	在　建

　　国外近一二十年中主要是对现有氧化铝厂进行扩建。表 21-7 列出几个大型氧化铝厂的扩建情况。进入 21 世纪后国外新建厂只有澳大利亚的 Yarwun 和印度的 Lanjigarh，印度和越南有多个新的氧化铝项目在建设中，其他均在筹建阶段。国外已有氧化铝企业概况见附录 5。

表 21-7　国外近几年氧化铝扩建项目投产情况

序号	国　家	公　司	工　厂	新增产能 /kt·a^{-1}	扩建后产能 /kt·a^{-1}	投产时间
1	澳大利亚	Alcoa	Pinjarra	657	4257	2006 年一季度
2	澳大利亚	BHP Billiton	Worsley	250	3500	2006 年二季度
3	巴　西	Vale	Alunorte	1900	4400	2006 年一季度
4	巴　西	Vale	Alunorte	1860	6260	2008 年
5	澳大利亚	Rio Tinto Alcan	Gove	1700	3100	2007 年四季度
6	印　度	Balco	Lanjigarh	700	1400	2007 年
7	巴　西	Alumar	Sao Luis	2100	3500	2009 年

　　氧化铝项目的建设规模呈越来越大的趋势，国外超过 4000kt/a 的氧化铝厂已有 2 个。巴西的 Alunorte 现已扩建到 6260kt 的规模，是目前全球最大的氧化铝厂。

21.2.1.3　氧化铝项目的单位建设投资

　　氧化铝项目的单位建设投资是指生产单位氧化铝产品需要投入的建设资金，与项目的建设投资和建设规模有直接关系。

　　氧化铝项目的单位建设投资取决于采用生产工艺的不同、是否是改扩建或新建、是否包含矿山建设、是否包含自备热电厂等因素。原则上新建项目的单位投资成本大于改扩建项目，含矿山和自备热电厂的项目的单位投资成本大于不含矿山和自备热电厂的项目。对于包含自采矿山的项目，单位投资还会与铝土矿的类型、品质、开采方式、与氧化铝厂的距离、基础设施等因素密切相关。

　　近几年国内外在建或拟建的氧化铝项目规模及建设投资见表 21-8。

表 21-8　新建或拟建氧化铝项目的建设规模及预计建设投资

序号	企业名称	建设规模/kt	建设投资	是否含矿山	1t Al$_2$O$_3$ 建设投资
1	广西华银铝业公司，新建	1600	85 亿元	拜耳法，含矿山	5312 元
2	河南中美铝业，新建	400	15 亿元		3750 元
3	中国铝业重庆项目，新建	800	50 亿元	串联法，含矿山	6340 元
4	中国铝业兴县项目，新建	800	43 亿元	拜耳法，含矿山	5370 元
5	云南铝业公司，新建	800	40 亿元	拜耳法，不含矿山	5000 元
6	中国铝业广西分公司，扩建	880	44 亿元	拜耳法，不含矿山	5000 元
7	必和必拓、全球氧化铝公司桑格里蒂工程，新建	3000	20 亿美元	含矿山 900 万 t	667 美元
8	俄铝联合公司科米项目，新建	1400	15 亿美元	含矿山 380 万 t	1071 美元
9	力拓加铝公司昆士兰雅文，扩建	2000	18 亿美元	不含矿山	900 美元
10	海德鲁公司与巴西淡水河谷公司 Para 氧化铝项目，扩建	1860	15 亿美元	不含矿山	810 美元

根据表 21-8，目前中国新建拜耳法氧化铝项目单位建设投资约为 3000～5000 元/t（不含矿山）；串联法或联合法氧化铝项目由于工艺复杂、流程长，其单位建设投资高于拜耳法。

国外氧化铝项目的装备自动化水平、人工费、环境安全卫生设施均高于中国，其单位建设投资约为中国拜耳法项目的 1.2～1.5 倍。

21.2.2 建设期利息

建设期利息是指在工程建设期间因建设投资贷款而产生的利息，作为项目资金的一部分纳入计划，在项目建设完成后实行资本化，计入固定资产。建设期利息估算方法见 36.4.2 节。

21.2.3 流动资金

项目运营需要流动资金。流动资金是指生产经营性项目投产后，为进行正常生产运营，用于购买原材料、燃料，支付工资及其他经营费用等所需的周转资金。

流动资金估算一般采用分项详细估算法，个别情况或者小型项目可采用扩大指标估算法。关于流动资金的计算详见 36.2.4 节。

21.3 氧化铝的总成本费用

总成本费用是指在运营期内为生产产品或提供服务所发生的全部费用。国内氧化铝项目的总成本费用（即完全成本）的计算有两种方法：

（1）制造成本加期间费用法：

$$完全成本 = 制造成本 + 期间费用$$

其中，　　制造成本 = 直接材料费 + 直接燃料和动力费 + 直接工资及福利费 +

其他直接支出 + 制造费用

期间费用 = 管理费用 + 销售费用 + 财务费用

管理费用、销售费用和财务费用的概念、组成和计算分别见 36.2.2 节、36.2.3 节和 36.2.4 节。

（2）生产要素法：

$$完全成本 = 外购原材料、燃料及动力费 + 工资及福利费 + 折旧费 +$$

摊销费 + 修理费 + 财务费用 + 其他费用

以上两种方法中，工资及福利费和折旧费的计算有差别。进入制造成本的人工和折旧费用只是直接与生产相关的部分，余下的部分则计入管理费用。而生产要素法中的工资及福利费和折旧费都是全额的。做对比时要注意到这一点。

根据现行会计制度，中国氧化铝企业通常采用制造成本加期间费用法进行成本核算。

国际上普遍使用经营成本的概念（见 21.3.4 节）。总成本费用等于经营成本、折旧费、摊销费和财务费用之和。

21.3.1 制造成本

制造成本是企业成本的核心，是决定企业竞争力的重要因素。其计算公式有两种形式：

（1）本企业生产的原料、能源等各种产品（如矿石、蒸汽、电、煤气等），按产品的形式计入成本。则：

制造成本 = 材料费 + 燃料及动力费 + 直接工资 + 制造费用

其中,材料费（或燃料及动力费）= 原材料（或燃料及动力）年耗用量 × 到氧化铝厂价

所涉及的本企业配套生产的矿石、自产蒸汽、自发电、自产煤气等到氧化铝厂的成本价，均应计入自身的人工和折旧费用。

（2）生产使用的所有原料、燃料、动力等均按其原始形式计入成本。则：

制造成本 = 直接材料费 + 直接燃料及动力费 + 直接工资 + 制造费用

其中， 直接材料费 = 原材料年耗用量 × 到企业价,

包括铝土矿、碱、石灰和辅助材料的成本

直接燃料及动力费 = 燃料及动力年耗用量 × 到企业价,包括自备热电站、

氧化铝焙烧用燃料及其他燃料的成本,按自备热电站等

使用的价格和量计算

注意制造成本的两种计算形式中，下面的人工和折旧费用分别采取了各中间产品分别计算和集中计算的方法。

直接工资 = 直接生产人员人数 × 年工资总额

制造费用是生产部门为组织生产和提供劳务而发生的各种间接费用，包括生产单位（车间、分厂）管理人员工资及福利费、折旧费、修理费（生产单位和管理用房屋、建筑物、设备）、办公费、水电费、机物料消耗费、劳动保护费、试验检验费、低值易耗品摊销、运输费、装卸费、租赁费、清理费等。

制造费用中的折旧费、修理费和其他制造费用的计算详见 36.2.1.5 节。在部分氧化铝厂，年大修理费是根据氧化铝生产工艺的主要设备大修周期等进行计算；其他中小修理主要是日常维护、维修费等，一般按固定资产原值的一定比例提取。

目前，在企业运行中主要采用的是第一种形式。表 21-9 和表 21-10 分别是这两种形式的制造成本科目表。表 21-11 是对应的完全成本表。由于成本数目的时限性很强，表中所列数据仅用于两种形式的比较。

表 21-9 制造成本（形式一）

序号	项 目 名 称	单耗/t·t⁻¹	单价/元·t⁻¹	单位成本/元·t⁻¹
1	直接材料			651.6
	其中：工资			15.8
	折旧			61.2
	修理费			16.7
	铝土矿	1.9	180	342.0
	液碱	0.112	2564	287.2
	石灰石	0.26	86	22.4
2	辅助材料（钢球、絮凝剂等）			20.0

序号	项 目 名 称	单耗/t·t⁻¹	单价/元·t⁻¹	单位成本/元·t⁻¹
3	焙烧用燃料	0.2	556	111.2
	其中：工资			0.92
	折旧			0.26
	修理费			1.45
4	动力			346.3
	其中：工资			11.0
	折旧			27.2
	修理费			10.0
	电	300	0.37	111.0
	蒸汽	3.38	65	219.7
	新水	15	1.04	15.6
	循环水			
	压缩空气			
5	工资及附加			20.3
6	制造费用			370
	其中：工资			13.2
	折旧			143.2
	修理费			102.5
7	制造成本小计			1519.4
	其中：工资			61.2
	折旧			231.9
	修理费			130.7

表 21-10 制造成本（形式二）

序号	项 目 名 称	单耗/t·t⁻¹	单价/元·t⁻¹	单位成本/元·t⁻¹
1	直接材料			577.9
1.1	铝土矿	1.9	130.7	248.3
1.2	液碱	0.112	2564	287.2
1.3	石灰石	0.26	86	22.4
1.4	辅助材料			20
2	直接燃料及动力			406.7
2.1	热电用煤	0.94	342	282.5
2.2	焙烧用燃料	0.2	543	108.6
2.3	新水	15	1.04	15.6
3	直接人工费			61.2
4	制造费用			473.6
	其中：折旧			231.9
	修理费			130.7
5	制造成本小计			1519.4

注：铝土矿和焙烧用燃料的单价不含工资、折旧和修理费。

21.3.2　完全成本

完全成本见表21-11。

表21-11　完全成本

序号	项 目 名 称	年成本/万元	单位成本/元·t^{-1}	备 注
1	制造成本（销售成本）	121552	1519.4	
2	管理费用	5122	64.0	
3	财务费用	2308	29.0	
4	销售费用	4000	50.0	
5	完全成本	132982	1662.3	1+2+3+4

由于存在着产量与销售量的区别，产量与生产能力的不同，以及当期原料、产品的成本和库存原料、产品的价格的差异，进入完全成本计算的制造成本必须折算为"销售成本"，然后再与期间费用相加。体现市场竞争能力和企业盈利水平的，是产品的完全成本。还需要明确的是，上述成本计算涉及的所有原料、燃料和动力及产品的价格，都是不含增值税的价格（"不含税价"）。所得到的完全成本也是不含增值税的价格。按现行的17%的增值税税率，要将1.17乘以不含税的完全成本得到含增值税的氧化铝完全成本，才能与市场上通行的含增值税的氧化铝价格（"含税价"）进行比较。

21.3.3　中国氧化铝生产成本的变化

2000年以来，由于国内外经济的发展，国际原油价格不断攀升，国内原辅材料和燃料动力价格不断上涨，资金成本不断增加，节能减排压力不断增大，所有这些因素都影响并使氧化铝生产成本不断上升。和2001年相比，2007年的生产成本几乎上涨了近一倍。近年来中国氧化铝制造成本变化趋势如图21-3和表21-12所示。

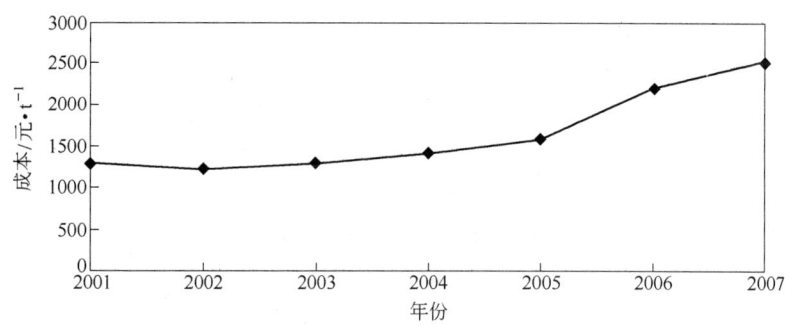

图21-3　近年来中国氧化铝制造成本变化趋势图

表21-12　2001~2007年国内氧化铝生产原辅材料价格的变化　　　　（元/t）

年 份	原 煤	燃料油	纯 碱	电力/元·(kW·h)$^{-1}$	国内铝土矿	进口铝土矿
2001	157	1370	1058	0.303	120	25.7
2002	180	1346	1248	0.290	120	25.9

年 份	原 煤	燃料油	纯 碱	电力/元·(kW·h)$^{-1}$	国内铝土矿	进口铝土矿
2003	195	1609	1211	0.304	120	24.9
2004	251	1774	1098	0.331	250	29.2
2005	312	2238	1295	0.333	210	33.0
2006	327	2763	1234	0.354	220	38.0
2007	370	2712	1645	0.358	260	44.6

21.3.4   经营成本

经营成本是生产和经营过程中发生的各项费用，属现金成本（cash cost），其计算公式如下：

经营成本 = 外购原材料 + 燃料动力费 + 工资及福利费 + 修理费 + 其他费用

此处的其他费用是指劳动保护费、机物料消耗、工会经费、职工教育经费、业务招待费、土地租赁费等。

由于各种成本表达方式之间的总成本费用的一致性，经营成本也可以按下式计算：

经营成本 = 总成本费用 - 固定资产折旧费(或矿山维简费) - 摊销费 - 财务费用

经营成本是国际上比较经常提到的成本概念，下节具体讨论。用经营成本作比较时，可以排除折旧、贷款利息这些因素的影响。

21.4   国外氧化铝成本概念

21.4.1   各种生产成本的定义

国外氧化铝企业的生产成本主要是经营成本（operating cost，也称为 production cost）。经营成本是直接原料费、燃料及动力费、直接生产人员工资、维护及修理费、其他可变成本及固定成本之和。这与中国氧化铝企业有时也在运用的经营成本概念基本上是一致的。

英国咨询机构 CRU 定义了几种氧化铝厂的生产成本：车间经营成本（site operating costs，SOC）、商业经营成本（business operating costs，BOC）、公司经营成本（corporate operating costs，COC）、总经营成本（full economic costs，FEC）。

车间经营成本（SOC）是指生产氧化铝的直接成本，包括直接原料、燃料、动力、辅助材料、其他加工成本、人工费等，估算公式如下：

车间经营成本 = 原材料 + 燃料 + 人工 + 动力 + 辅助材料 + 其他加工成本

式中，其他加工成本是指劳动保护费、机物料消费等费用。车间经营成本等同于国内的制造成本扣除折旧费。

关于商业经营成本、公司经营成本和总经营成本的介绍见 36.3.1 节。

21.4.2   国外氧化铝的经营成本

表 21-13 列出了 2005 年世界氧化铝经营成本（SOC）的数据。随着近年来国际原油等

能源价格的上涨、铝土矿价格和运输成本的上涨、人工成本的增加等因素，世界氧化铝企业的经营成本也不断增加，预计2007年世界氧化铝平均经营成本将达到260~300美元/t。

表21-13　2005年世界各氧化铝生产地区的经营成本　　　　（美元/t）

地　区	澳大利亚	亚洲	拉丁美洲	非洲/中东	独联体	西欧	北美	东欧	世界平均
经营成本	138.2	148.4	170.1	194.1	201.0	239.1	247.2	282.6	182.7

图21-4是典型的世界氧化铝成本曲线。其纵坐标为经营成本数值，横坐标是将各氧化铝厂的生产能力按成本从低到高的排列顺序累加在一起。则越是靠右侧的氧化铝厂的成本越高，其竞争能力便越差。通常将全部产能分成4个区间，从低到高依次为第一、二、三、四区间。位于第一区间里的氧化铝厂的国际竞争能力是最强的。

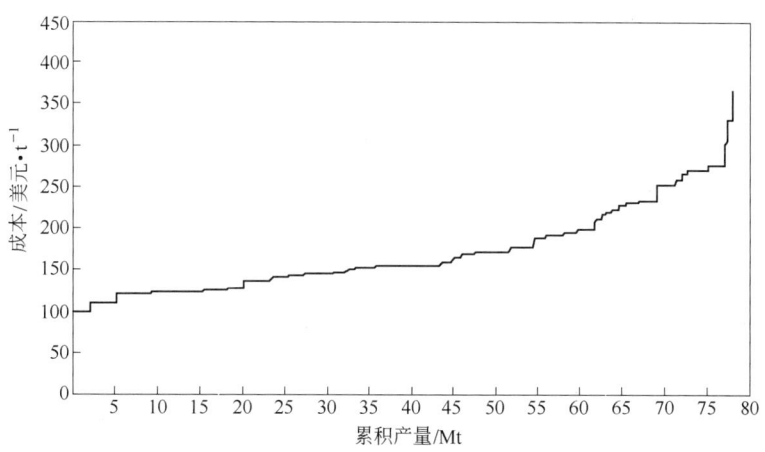

图21-4　2005年全球氧化铝经营成本（SOC）统计

21.5　国内外氧化铝经营成本构成比较

由上所述，国内外的经营成本（SOC）定义基本一致，为原材料、燃料及动力、人工、修理费和其他费用之和。在进行国内外成本比较的时候，要注意到企业组成的区别，分清"车间"和"公司"的层次的概念。国外的生产厂的管理机构一般比较紧凑，因此可以使用"SOC"，即车间经营成本的概念。

2005年中国氧化铝厂的经营成本与澳大利亚氧化铝厂的对比分析如图21-5所示。

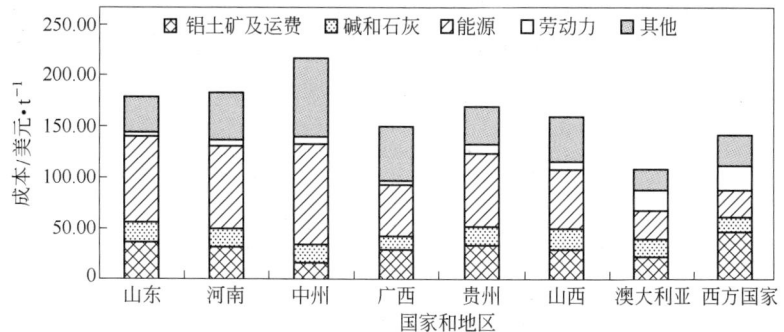

图21-5　2005年中国氧化铝生产厂与国外氧化铝厂经营成本（SOC）的比较

由图 21-5 可知，成本的高低，与铝土矿的类型、氧化铝的生产方法以及原燃料的价格体系有很大关系。总体来说，拜耳法的生产成本低于烧结法和联合法；一水硬铝石的处理成本要高于三水铝石的处理成本。2005 年，中国铝业广西分公司的成本在国内氧化铝企业中处于最低区段，但仍高于国外的一些低成本的拜耳法厂。

国内外氧化铝经营成本（SOC）构成比例的比较如图 21-6 所示。

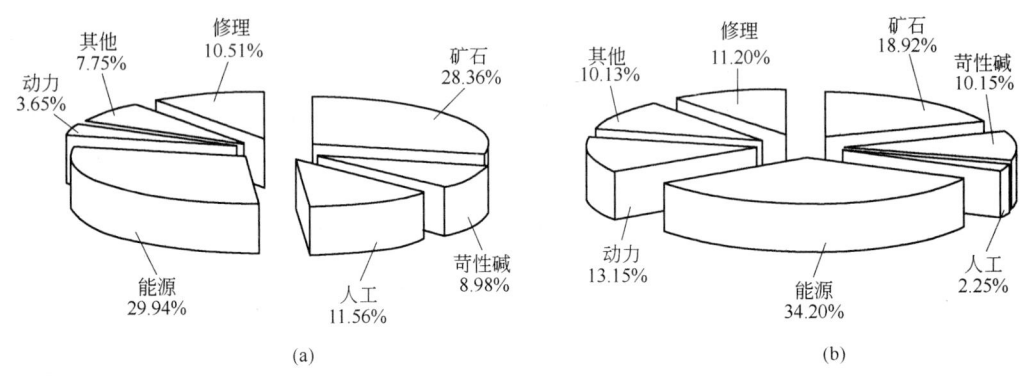

图 21-6　国内外氧化铝生产车间经营成本的构成
（a）世界平均氧化铝经营成本构成比例；（b）中国平均氧化铝经营成本构成比例

由图 21-6 可知，中国铝土矿成本和人工成本在总成本中所占的比例低于世界平均水平，而能源、动力成本则高于世界平均水平。其原因在于：中国主要采用拜耳法、烧结法和联合法生产工艺，氧化铝回收率高、铝土矿消耗低，但流程复杂、能耗相对高；中国氧化铝厂用电主要来自于火力发电，电耗和电价都相对较高。此外，中国人均工资低，降低了人工成本，但劳动生产率低，人工成本又不一定少。必须指出，这样的比较也具有很强的时限性。

近年来，随着中国氧化铝产能的增加，铝土矿资源日趋贫乏、品位下降，能源以及各种原材料的价格以及人工成本不断上涨，建设成本也不断增加，因而凸现中国氧化铝生产的能源成本居高不下，铝土矿和人工成本的优势也逐渐减弱或消失，中国氧化铝工业面临着严峻的局面。

综上所述，为了尽可能降低氧化铝生产成本，提高在全球氧化铝市场的核心竞争力，氧化铝企业必须具备资源、能源的优势，即取得稳定的廉价的铝土矿和能源供应；重视科技进步，不断采用新的技术装备，实现大幅度节能、减耗和减排；严格实施科学管理和按规操作，提高劳动生产率；与下游企业签订长期供货协议，实现利益共享、风险共担，最大限度地降低生产成本和取得最佳经济效益，以实现在激烈的竞争中立于不败之地。

22　氧化铝生产技术的发展方向

＊＊＊＊＊＊＊＊＊＊＊＊＊＊＊＊＊＊＊＊＊＊＊＊＊＊＊＊＊＊＊＊＊＊＊＊

22.1　世界氧化铝生产技术发展方向

22.1.1　世界氧化铝工业技术发展的主要目标

国际氧化铝工业技术未来的发展趋势是进一步强化生产过程，提高过程循环效率和产出率，开发更为高效节能的装备和过程添加剂，尽可能降低杂质对生产过程的影响，实现赤泥无害化堆存及其综合利用，从而实现氧化铝工业的高效、低耗、节能、优质和清洁生产。

美国铝业协会及澳大利亚铝业协会组织世界上知名的氧化铝专家，在国际大型跨国铝业公司、美国能源部工业技术办公室和澳大利亚工业科学资源部的赞助下，于2001年11月提出了《氧化铝技术发展指南》，2006年又对指南进行了更新。

该指南体现了全球范围氧化铝工业界的共识和未来世界氧化铝技术的发展方向。指南明确提出了今后氧化铝工业发展的目标和迫切需要解决的重大技术难题，规划了将要重点开展的研究项目和相关内容。

该发展指南提出，世界氧化铝工业在未来5~20年内应通过采用先进技术，达到如下关键性目标：

（1）生产成本每年下降3%；

（2）在现有最高能量效率的基础上，再节能25%；

（3）新建厂的吨氧化铝投资成本低于500美元，扩建投资成本为新建投资的一半，税前投资回报率大于18%；

（4）在环境治理以及安全与健康方面持续改进，并与全球可持续发展原则相一致；

（5）产品质量始终满足所有用户现在和未来的需要。

世界氧化铝工业应在未来5~20年期间，每3年设立一个阶段性任务，实现如下的改进，以达到这些关键性目标：

（1）在现有的最佳生产状况的基础之上增产20%；

（2）使脱硅产物DSP引起的碱耗降低到每吨氧化铝30kg，同时也将其他损耗减少至最优指标；

（3）通过采用可靠的设备、更好的材料、先进的自动化控制技术，减轻结疤和物料堵塞的影响，使生产过程平稳高效；

（4）通过改进焙烧等各种工艺过程，以降低总能耗；

（5）开发和利用燃料燃烧和发电技术，使其废热资源可用于氧化铝生产，优化发电与氧化铝生产的比率，使之不低于现行的天然气发电技术，且不受铝土矿溶出温度或能源的影响；

（6）开发高效的工艺以显著减少所有原材料的进出量并加以循环使用，如水、气、挥发性有机化合物（VOC）、水银、草酸盐等；

（7）寻找与相关行业如氯碱企业和发电企业协作发展的机会；

（8）通过改进工艺，实现现有堆场足以维持今后上千年的赤泥及其他固体废渣的生态堆放，在赤泥利用方面要取得重大进展。

该发展指南提出了氧化铝产品质量改进的目标：

（1）改进氧化铝产品的均质性，波动降低到现有水平的一半，特别要强调改善干法净化后的起尘性和强度，减少包括钠和硅在内的杂质含量；

（2）与铝电解工业相结合，开发高效的氧化铝输送系统，使之合理地分配到各个电解槽中，因而可使氧化铝在传统的电解槽内易于溶解，在槽温为 840~900℃，甚至低至 750℃ 的改进的电解槽内也能正常运行。

该发展指南提出，世界氧化铝工业为实现这些目标和任务，需要确定如下 6 个优先研发的主题，即：

（1）拜耳法流程和新一代生产工艺；

（2）资源的利用；

（3）能量效率；

（4）生产工艺和技术管理；

（5）赤泥等残渣的处理及综合利用；

（6）安全和健康问题。

从这 6 个主题又可以分解出未来氧化铝工业需要优先研究开发的 12 项重大技术和 13 个重点研发领域。

22.1.2　世界氧化铝工业需优先开发的 12 项重大技术

《氧化铝技术发展指南》归纳出未来氧化铝工业需要优先研究开发的 12 项技术，即：提高分解率的技术、低成本的赤泥无害化和综合利用新技术、把一水铝石型铝土矿转化为更利于处理的形态、铝土矿或其他含铝原料的直接还原、过程全自动化及控制策略的改进、铝土矿中杂质的脱除及铝土矿选矿、拜耳法母液中杂质的脱除、技术管理及最优工作标准、大幅度降低碱耗、结疤的控制、氧化铝生产的减排技术以及氧化铝生产的余热的回收利用技术。针对每项技术，提出了该技术拟解决的问题和途径、技术研究的方案，论述了该技术产生的成果对 5 个主要工业目标，即制造成本，投资成本，能量消耗，环境、安全和健康以及产品质量的重要影响。

22.1.2.1　提高分解率的技术

晶种分解的分解速度与分解过程的温度、溶液中氧化铝和苛性碱的浓度、加入晶种的工艺制度、溶液中的杂质以及其他因素有关。

实现该技术的途径：在保持产品质量的同时，探索可供选择的提高分解速度的方法（包括化学方法和物理方法），深入研究分解过程机理，改善加种制度，开发高效催化剂。

技术研究方案：分解过程动力学和活化能的测定，过饱和度和溶解度的检测，研究可替代的非碱性溶剂。

该技术对氧化铝生产的影响：降低单位能耗和维修费用；减少分解槽数量，从而降低每吨氧化铝的投资成本；减少与能耗相关的排放量。

22.1.2.2　低成本的赤泥无害化和综合利用新技术

氧化铝厂产生的大量赤泥，碱含量高且处理费用高。开发相关技术的目的是使赤泥变成无害化，使其可持续堆存更容易、更经济，并利于其在各领域的应用。

解决技术难题的途径：举办专家研讨会，提出创意和可行的解决方案；研究赤泥无害化的可选技术；与其他部门和工业界协作，共同探讨赤泥残渣的潜在用途。

技术研究的方案：

（1）无害化方案。利用无机聚合物或其他新的化学方法，实现赤泥无害化堆存；利用海水洗涤脱碱。

（2）赤泥在各领域中的应用方案。回收有价金属，CO_2吸收剂，修筑路基/堤坝，土壤改良剂，处理产生酸性物质的材料和某些矿山的酸性废水，水泥添加剂，处理废水，生产砖块/建筑物材料。

该技术对氧化铝生产的影响：降低氧化铝生产成本；减少赤泥堆场库容；减少赤泥堆放量，提高堆场的使用时间和环境条件。

22.1.2.3　把一水铝石型铝土矿转化为更利于处理的形态

世界上许多氧化铝厂采用一水铝石型铝土矿（一水软铝石或一水硬铝石）作为原料，需要较高的溶出温度。一水铝石和三水铝石之间的某些中间状态的铝土矿可在较低的温度下溶出，从而可降低碱耗和能耗。

该技术拟达到的目的：降低碱耗，减少溶液中杂质的含量，改进铝土矿溶出性能，简化流程。

解决技术难题的途径：估计一水铝石转换成三水铝石或某些中间状态的直接和间接的效果，鉴定中间态产物以及选择热效率高的转换工艺方法。

技术研究的方案：进行操作成本/效益分析，工艺矿物学的研究，热处理方法的研究。

该技术对氧化铝生产的影响：可采用低温溶出技术，可大大降低能耗；不必另加苛化工艺；转换过程可除去草酸盐，不必洗晶种，减少加热设备；减少废气排放量，降低气味；改善氧化铝质量。

22.1.2.4　铝土矿或其他含铝原料的直接还原

开发从铝土矿或其他含铝原料中直接还原生产铝的技术，可以使目前的氧化铝/铝生产流程发生根本的变化，大大简化流程，降低铝的生产成本和能耗。

该技术拟达到的目的：开发拜耳法的替代工艺；减少单元操作，简化流程；树立长远的生产技术目标。

解决技术问题的途径：考察工艺的限制条件，建立基本数据库；对还原工艺方案进行评估；设计反应装置所需的材料和结构。

技术研究的方案：研究火法冶金方案，研究氯化工艺，研究水合物还原，开发金属铝精炼工艺，开发生产反应装置材料的技术。

该技术对氧化铝生产的影响：无苛性碱消耗，生产铝的能耗大大降低，减少人力资源成本，不必使用拜耳法生产设备。

22.1.2.5　过程全自动化及控制策略的改进

提高氧化铝厂自动化程度的主要目的是：提高生产效率以及劳动生产率；减少潜在的危险环境，改善安全生产条件；使产品质量更高、均一性更好。

该技术拟达到的目的：改进生产过程自动化和控制技术，采用高效的生产流程和工序，实现人员伤害的最小化。

解决技术问题的途径：借鉴其他工业领域的自动化控制技术，开发可用于碱腐蚀和结疤环境的更可靠的传感器和仪表，开发拜耳法生产的预报控制模型。

技术研究的方案：开发新一代的传感器和控制软件，建立动态模型，开发低成本的在线精确控制系统，开发用于过程控制的专家系统和神经网络系统。

该技术对氧化铝生产的影响：提高生产率和能量效率，减少用工；更有效地控制溶出和焙烧，达到节能的效果；减少环境中的潜在危险对人员安全的影响；通过工艺控制的改进，提高产品的质量和均一性。

22.1.2.6　铝土矿中杂质的脱除及铝土矿选矿

为实现铝土矿资源的高效利用，提高拜耳法工艺效率，必须去除铝土矿中含有的有害杂质。随着铝土矿品位的不断降低，铝土矿除杂和选矿技术将变得更为重要和迫切。

该技术拟达到的目的：开发经济的铝土矿选矿方法，充分利用较低品位的铝土矿资源，减少溶液中的杂质含量，减少生产过程的结疤。

解决技术问题的途径：充分评估铝土矿及其未来的需求量；开发处理铝土矿的方法，以提高氧化铝的提取率；探索化学和生物的方法，去除铝土矿中的杂质。

技术研究的方案：开发去除铝土矿中的有机物的技术；研究热处理的方法除碳以及改变铝土矿矿物学及化学性能的方法；开发廉价的、清洁的溶液燃烧技术；开发铝土矿的堆浸技术，去除有机和无机杂质；开发包括生物法在内的铝土矿选矿技术；开发选择性采矿技术。

该技术对氧化铝生产的影响：提高溶液产出率（降低碱耗）；提高产量，相应降低吨氧化铝投资成本；通过提高苛性碱浓度，提高能量效率；扩大可利用的铝土矿资源量。

22.1.2.7　拜耳法母液中杂质的脱除

拜耳法溶液中几乎所有的有机物都是来自于铝土矿。某些无机物杂质也通过铝土矿以及补充的苛性碱和水进入流程。杂质浓度较高时，对拜耳法工艺流程的各个环节将产生不利影响，包括溶出率和分解率、溶液产出率以及产品质量。

该技术拟达到的目的：降低溶液中杂质的含量，研究有机物对氧化铝质量和产量的影响，减少生产过程的结疤。

解决技术问题的途径：研究溶液中各种有机物和杂质在流程中的行为，研究各种不同的除杂技术。

技术研究的方案：探索各种除杂技术的物理化学原理；研究去除有机物的技术，包括改进的湿法氧化技术等；研究去除目标杂质的特效表面活化剂；研究吸附、离子交换、电解、分子筛以及物理过程等方法除杂；研究生物除杂装置。

该技术对氧化铝生产的影响：提高溶液产出率（降低碱耗）；提高产量，降低每吨氧化铝的投资成本；通过提高苛性碱浓度提高能量效率；减少赤泥产出量，提高低品位铝土矿的应用率。

22.1.2.8　技术管理及最优工作标准

该技术拟达到的目的：改进工艺设计和操作，改进过程自动化和控制，减少生产过程的结疤，实现人员伤害最小化。

解决技术问题的途径：优化氧化铝工业实际操作标准，与其他工业（如化学、石化、电力）进行对标；开发氧化铝生产的信息管理系统和管理技术；建立氧化铝全行业的标准和工程设计规范。

技术研究的方案：结疤控制技术、高固含物料的处理、工艺化学、选矿、过程控制、维修和安全等方面的标准。

该技术对氧化铝生产的影响：可降低维修费用和人力需求；优化工艺技术，缩短工艺流程；可减少清除结疤的工作量以及人员的安全风险；可通过更好的工艺控制，提高产品的质量。

22.1.2.9　大幅度降低碱耗

碱耗是氧化铝厂最主要的生产成本之一。影响碱耗的主要因素是铝土矿的矿物组成以及生产中形成的脱硅产品的化学性质。脱硅产物中的大部分苛性碱目前还不能进行回收。

该技术拟达到的目的：提高苛性碱的使用效率，采取经济的铝土矿选矿方法，充分利用较低品位的铝土矿，改变脱硅产物的结构和化学组成。

解决技术问题的途径：制定碱耗标准，开发改变铝土矿化学性质的方法以降低碱耗，进一步研究改变脱硅产物化学组成的途径。

技术研究的方案：进一步优化 Sumitomo（住友）工艺，开发提高铝土矿品位和除杂分离技术，研究拜耳循环中 SiO_2 的行为和溶解性能，研究可替代的脱硅产物的结构，开发从脱硅产物中回收碱和有价值副产品的方法，开发高温分离技术，改进赤泥洗涤技术。

该技术对氧化铝生产的影响：降低碱耗和生产成本，减少处理危险物的风险。

22.1.2.10　结疤的控制

拜耳法生产过程中产生的结疤会大幅度降低传热效率和溶液通过量，增加能耗和碱耗，降低生产效率。在腐蚀环境和有限的空间中进行人工清除结疤时，可能会出现对人员伤害的危险。

该技术拟达到的目的：减少结疤的生成；使用高效的、不易产生结疤的工艺和设计；减少对结疤清理人员的伤害。

解决技术问题的途径：进行结疤问题的总体研究；进行结疤生成过程的基础性研究；研究化学、生物、机械和材料等方面的解决方案以及新的流程设计，以减缓或清除结疤。

技术研究的方案：研究结疤的表面化学原理；优化流体动力学，使用计算流体动力学模型（CFD 模型）减少矿浆流动死区；研究减缓结疤的结构材料和表面涂层技术；开发诸如加入添加剂等化学方法减缓结疤；开发自动清除结疤的技术；研究去除硅和其他引起结疤杂质的技术。

该技术对氧化铝生产的影响：大大缩减维修费用，提高劳动生产率；通过提高热交换器传热效率可以减少加热装置，达到节能的目的；减少因清除结疤可能引起的对人员的伤害。

22.1.2.11 氧化铝生产的减排技术

氧化铝厂减排（包括废气、废水和废渣）的要求越来越突出，需要采取经济有效的方法减少生产过程中的碱、有机物、微量金属、粉尘等的排放，尤其必须重视对地下水的污染问题。

该技术拟达到的目的：减轻对地下水的污染，尽量减少生产用水量，减少氧化铝生产废物对人员的伤害。

解决技术问题的途径：对各种可能的减排途径进行细致的研究，对各种技术方案进行优选，交流推广行之有效的减排实践经验。

技术研究的方案：在厂区周围环境持续进行测定，评估区域排放物的影响；开发去除微量金属的技术（如选择性采矿）；开发更好的检测仪器和标准化设计与操作技术，减少生产过程的跑、冒、滴、漏；开发解决碱泄漏的管理技术。

该技术对氧化铝生产的影响：降低碱耗；减少气体污染物的排放和碱液泄漏，减少对地下水的污染；从废气中回收低热值的余热。

22.1.2.12 氧化铝生产的余热回收利用技术

氧化铝工业产生大量的低热值余热，由于经济和管理方面的原因，至今尚未得到充分利用。

该技术拟达到的目的：简化流程操作；回收和利用拜耳法流程中的余热；加强与发电等相关产业的合作，实现热能的高效利用。

解决技术问题的途径：开发拜耳法过程各种余热的利用技术，利用附近发电厂或其他企业的余热。

技术研究的方案：开发、优化现有的能量存储或转换技术；研究拜耳法过程是否可以利用废热来促进反应；研究利用其他来源余热的技术。

该技术对氧化铝生产的影响：通过回收生产余热，可减少生产能耗；通过回收利用余热，可以余热回收设备代替锅炉；如与发电厂联合利用热能，可较大幅度节能；减少燃烧废气排放量。

22.1.3 世界氧化铝工业 13 个重点研发领域

《氧化铝技术发展指南》提出了 13 个重要的氧化铝生产技术研究领域，即溶出、沉降、分解、氢氧化铝焙烧、新的工艺化学和可替代原料、产品性质和质量、控制和仪器、生产过程管理、技术信息管理、能源和燃料、赤泥、污染排放、人身安全技术和培训。针对每一个研发领域，分别提出了该领域拟解决的问题，近期（1~3年）、中期（3~7年）以及长期（超过7年）需要开展的研发工作。

22.1.3.1 溶出

溶出工艺研发的目的是降低能耗（如采用低温溶出或使用生物技术），大大拓展可利用的铝土矿资源（如活性二氧化硅较高的矿石），同时又能降低碱耗。

拟达到的研发目的：提高铝土矿溶出率，改变脱硅产物（DSP）的化学成分及结构，提高溶出液中的氧化铝含量，防止溶出设备的碱腐蚀，降低拜耳法溶出温度，降低碱耗，生物技术在溶出中的应用，低品位铝土矿的溶出。

近期开展的研发工作：可适应铝土矿品位的变化的溶出技术，更有效地利用自蒸发乏汽的技术，真正的低温一水铝石矿逆流溶出工艺。

中期开展的研发工作：无需磨矿的溶出技术，改进的低碱耗脱硅技术，低温高效提取氧化铝技术，选择性的铝土矿生物溶出技术，新型高硅铝土矿溶出工艺研究，溶出流程中粗颗粒的排除方法。

22.1.3.2 沉降

沉降工序的技术改进包括取消叶滤过程，将溶出和沉降合成一个单元操作，这不仅能降低投资和运行费用，同时能改善沉降效果。例如，开发出一种带压高温沉降分离的组合工艺将是一种可行的方法。

拟达到的研发目的：得到更高的氧化铝回收率；简化流程、减少设备投资；提高分离沉降效果，减少洗水量；降低能耗。

近期开展的研发工作：既能溶出又能进行沉降分离的压力高温沉降装置。

中期开展的研发工作：低浓度碱的回收。

长期开展的研发工作：赤泥液固分离替代技术，开发防溶液水解但又易于分离的化学添加剂，取消叶滤工序。

22.1.3.3 分解

开发通过降低分解活化能、大幅度提高分解产出率的添加剂是分解工艺的重大研发课题，可以通过计算机模拟技术的开发来设计这种添加剂。针对目前的分解工艺，应重点关注进一步提高分解产出率和产品质量。

拟达到的研发目的：提高分解率，改善加种制度，缩短分解时间，开发出高效低耗的添加剂，加深对分解过程物理化学基本原理的认识。

近期开展的研发工作：继续进行提高分解产出率的研究。

中期开展的研发工作：开发更好的加种制度，新的结晶助剂的分子模拟仿真技术，高效搅拌器技术。

长期开展的研发工作：新型高效分解添加剂，加速分解的技术，计算机仿真设计添加剂，逆流分解技术，提高分解产品质量稳定性的方法。

22.1.3.4 氢氧化铝焙烧

焙烧工艺研究的重点是开发能提高焙烧热效率且投资成本又小的技术。此外，还应与电解铝工业联合研究降低电解温度所需的氧化铝焙烧工艺，焙烧粉尘的回收利用技术。

拟达到的研发目的：提高焙烧热效率，降低焙烧温度，加强废副产品的回收利用。

近期开展的研发工作：研究低温铝电解对氧化铝焙烧工艺的影响。

中期开展的研发工作：研究富氧焙烧技术，降低焙烧温度的方法，焙烧粉尘的回收利用技术。

22.1.3.5 新的工艺化学和可替代原料

新工艺化学研究的重点是开发能减少可溶的反应性硅含量，或者在铝土矿预处理过程中除去硅矿物的新的物理和化学工艺方法。此外，还需研究最优化利用铝土矿资源，特别是低品位铝土矿的技术，或者使用替代原料生产氧化铝的技术。

拟达到的研发目的：研究开发拜耳法的替代工艺及其设计技术，减缓结疤，寻找便宜的替代原料，低品位铝土矿生产氧化铝的研究。

近期和中期开展的研发工作：研究开发比拜耳法简单的替代工艺。

长期开展的研发工作：铝土矿中的某些矿物的干法分离，一水铝石与三水铝石的物理分离，利用氧化铝含量低的红矾土，天然碱的经济利用，机械和化学的细磨技术及抑制高岭土反应的技术，高岭土去活化添加剂，将高岭土转变成吸附剂的工艺，可以替代碱的资源，使用其他苛性盐作溶剂，拜耳溶液的溶剂萃取技术，氯化工艺的研究（三氯化铝的生产），加快反应的替代技术。

22.1.3.6 产品性质和质量

氧化铝工业和电解铝工业需要进行密切合作，以便使氧化铝产品的质量更好地满足铝电解工业的需求，还可以合作重新设计干法净化系统以及电解槽给料系统，使之可以处理不同性能的氧化铝。应制定出氧化铝新的产品分类技术和新的质量检测标准。

拟达到的研发目的：更合理的产品强度；开发更好的检测产品物理性能的方法；更深入理解氧化铝的质量和性能的变化规律，并用于相关技术的开发；加强与其他行业专家的合作，开发出适合下游产业需求的氧化铝产品。

近期开展的研发工作：开发出提高磨损指数，降低氧化铝起尘性的方法；低强度氧化铝的输送技术；氧化铝在低温电解工艺中的溶解性能；氧化铝性质的变化规律。

中期开展的研发工作：与铝电解工业合作设计新的电解槽给料装置，以处理具有不同粒度和性能的氧化铝。

22.1.3.7 控制和仪器

先进的过程控制、设备仪器、检测技术是实现氧化铝厂全自动化控制的关键，这就需要精确的、可靠的、耐用的检测仪器，用于测定诸如温度、压力、密度和流量等重要工艺参数，此外，还需要新的在线测量技术和耐用的传感器，用于连续在线分析拜耳法过程的一些特殊的关键参数，如摩尔比和苛性碱等。同时，为避免氧化铝生产过程可能产生的碱腐蚀或结疤，许多工艺参数的测定必须采用遥感技术（如超声波技术）、非接触技术或软测量技术，因而需要开发相关的传感器和仪器。为实现工业控制，还需要开发与之相配套的廉价的、低压降的、不结疤的、可靠的、可应用在液体和泥浆中的工业专用控制阀。

拟达到的研发目的：改进工艺过程控制，开发更多的在线仪器和检测技术；提高过程自动化；减少人工劳动需求；实现工艺过程控制的最优化；改善操作方面的技术管理；开发高效节流阀；使用更高效的工艺和完善的设计。

近期开展的研发工作：优化现场取样技术；应用新化学分析方法；开发用于粒度、苛性碱、摩尔比测定的专用传感器；耐碱蚀的在线技术；使用遥感（超声波）来检验材料或结疤厚度。

中期开展的研发工作：开发工业专用控制阀、节流阀和用于液体和泥浆输送的泵；开发简单、耐用、实时、可控制的在线检测仪器。

长期开展的研发工作：提高常用参数（温度、压力、密度、流量）测量的可靠性和准确性。

22.1.3.8　生产过程管理

氧化铝工业要开发精确可靠的工艺模型和合适的工具，以实现更有效的技术管理，优化操作，提高产量，使生产运行处于最佳状态。氧化铝工业也通过内部知识和技术信息的共享来优化投资，降低成本、节能减排。

拟达到的研发目的：开发更多的优化工艺过程的技术，加强生产过程自动化，改进生产操作技术水平管理，优化全流程效率，采用更高效的生产工艺和设计。

近期开展的研发工作：工业过程模型（需不断更新，包括设备的可靠性运行数据），投资最优化的工具，简化流程，采取措施将工艺参数转化成关键的运行指标，采取措施延长设备使用寿命。

中期开展的研发工作：开发寿命周期模型（包括环境因素和成本），开发工艺模型（包括能源的利用和废物排放），模块化和最优化工厂设计。

长期开展的研发工作：建立拜耳法工艺的技术经济模型。

22.1.3.9　技术信息管理

搜集与管理氧化铝及其相关行业的发展信息对提高企业竞争力至关重要。建设信息系统可以使氧化铝企业实现技术信息和知识的共享。

拟达到的研发目的：改进各个层面的技术信息管理，尤其是操作层面；与氧化铝厂各级人员一起共同研究解决问题的方案；开发生产氧化铝的新工艺和新技术；优先解决氧化铝工业的新问题。

近期开展的研发工作：与其他工业共同寻找发展思路及协作途径，邀请世界著名科学家对拜耳法工艺进行评价，开发全行业技术信息管理模型，开发采集现有技术信息的专家系统，指导探矿和采矿工作。

中期开展的研发工作：研究现有生产工艺的理论及技术的局限性，建立拜耳法生产氧化铝的通用数据库。

22.1.3.10   能源和燃料

实现能源的高效利用和提高生产效率是开发氧化铝新工艺的主要推动力。缩短单元操作（如溶出和分解）的时间、提高产量以及采用在线仪器等，均可提高整个生产过程的效率。若没有全厂能量平衡模型，就很难对氧化铝厂热效率进行优化并充分利用余热。建立冷凝水和蒸汽平衡模型可以降低水的消耗和能量的需求。应用蒸汽联合发电比从电力系统购买电力，可提高效率，减少温室气体排放。采用煤炭气化混合循环系统，同时发电并生产氧化铝生产用蒸汽，将是最有效的和环境友好的优化方案之一。

拟达到的研发目的：提高整个系统的热效率；全厂生产效率最优化；提高能源利用率，减少温室气体排放；加快应用新技术。

近期开展的研发工作：改进冷凝水和蒸汽平衡技术，建立全厂范围内的能量平衡模型。

中期开展的研发工作：应用地热和太阳能技术，作为氧化铝生产的辅助能源；提高发电厂效率的方法；应用综合循环系统以及提高煤的使用效率的方法。

长期开展的研发工作：利用铝土矿所含有机物的能量；改进煤燃烧技术，提高联合发电的能力（廉价煤炭的气化技术）。

22.1.3.11   赤泥

赤泥因其产出量大并含碱，成为氧化铝厂最大的环境问题。目前，已开发了先进的赤泥脱水技术、赤泥处理和综合利用技术。但是，还需要研究开发赤泥的综合利用技术以及赤泥永久储存的方法。

拟达到的研发目的：改进赤泥管理水平，开发出经济利用赤泥的工艺技术。

近期和中期开展的研发工作：开发生产高固含、流变性好的赤泥的工艺技术，微细颗粒的高效分级技术，进一步开发高温分离技术，从赤泥中提取有价组分的工艺技术，评价土地复垦的可选方案。

长期开展的研发工作：开发中和赤泥碱性的技术，赤泥的单级洗涤技术，分离赤泥中的组分以便于中和。

22.1.3.12   污染排放

氧化铝厂的气味污染主要是由低热值热源燃烧产生的废气排放造成的，为解决这一污染问题，应当建立有机气体来源的数据库，研究有害气味的组成。有必要对工厂的所有排放物进行污染性评估。通过这些研究，有助于减少氧化铝厂的用水量，减少废气排放，提高燃油或煤的能量利用率。

拟达到的研发目的：减轻或消除地下水污染，尽可能减少氧化铝生产用水量，更好地控制和减少有毒排放物，消除氧化铝厂的有害气味，加强废物利用。

近期和中期开展的研发工作：进行各种排放物的健康安全性评价；研究全面检测有机气体的低成本方法；开发减少烟气排放技术、治理地下水污染的生物技术、控制地下水污染的防渗技术和草酸盐的利用技术。

长期开展的研发工作：低成本处理氧化铝厂排放的废水和废气的技术。

22.1.3.13   人身安全技术和培训

通过采用相关的技术、改进设计，可以减少人工维修工作量，减少发生人身伤害的可能性。有关安全的培训和教育以及辅助工作系统的改进有助于营造氧化铝工业的安全文化氛围。工厂人员遵守安全行为规范是实现安全生产的关键。

拟达到的研发目的：减少人身伤害事故，建设更好的安全体系和文化氛围，减少人力劳动，制定危险条件下的操作规范标准。

近期开展的技术研发和培训工作：应用新材料，减少传送带的噪声；实用有效的安全防危培训；安全规程教育。

中期开展的技术研发和培训工作：改进设计方案，减少人身伤害的可能性；改进管道和槽罐用材，减少泄漏；清除结疤的技术；行为安全的教育培训及标准；统一的环境、安全和健康行业标准；压力容器设计标准化。

长期开展的研发和培训工作：开发比蒸汽更安全的传热介质，持续近期和中期研发。

22.2   中国氧化铝生产技术发展方向

世界氧化铝工业生产技术发展指南中的技术发展思路、研究领域以及重大研发项目，也同样对中国氧化铝工业的技术发展方向的确定具有指导意义。

中国氧化铝工业科技界已经或正在开展有关的研究工作，如强化晶种分解过程以及提高分解率的研究；通过预焙烧等处理使一水硬铝石铝土矿转化为更有利于溶出的矿物形态；通过在拜耳法溶出预热过程中杂质矿物的反应行为以及结疤规律的研究，开发减缓结疤的工艺技术；高温沉降技术的开发；氧化铝生产节能减排技术的研究等。

但中国氧化铝工业还面临着诸多新的挑战和技术难题，这主要有：

（1）一水硬铝石铝土矿品位持续下降，特别是北方地区的氧化铝厂不得不处理低品位高硅铝土矿；

（2）原已存在的各种氧化铝生产工艺不适应铝土矿品位和外部市场环境的变化，还缺乏用以更新换代的技术路线和重大关键技术；

（3）原材料和能源价格、人工成本等大幅度上涨，已经失去价格体系的优势，节能降耗的压力巨大；

（4）中国氧化铝厂都建设在人口居住区，减排和赤泥堆存问题突出，清洁生产和环境治理刻不容缓。

中国氧化铝工业要实现可持续发展，必须更加注重中国自身的资源和能源特点，更加注重提出适合自身采用和发展的技术路线，更加注重开发节能减排的重大关键技术。

22.2.1   铝土矿探矿技术以及复杂条件下的铝土矿采矿技术

中国可经济利用的铝土矿资源保障程度低，因此，加快开发和合理利用铝土矿资源是实现中国氧化铝工业可持续发展的基本保证。

虽然中国铝土矿资源储存的地区集中度较高，但铝土矿矿点分布分散，单个矿体的储量又较小，这给铝土矿的勘探带来了很大的技术难度。需要发展新型的铝土矿探矿技术，实现在较短的时期大矿和富矿的勘探有所突破，提高中国铝土矿资源的保障程度。铝土矿勘探的目标在于：发现铝土矿新的重点赋存地区，勘探已有铝土矿的边部和深部赋存的资源。为此，必须进一步研究中国铝土矿的地质构造和成矿理论，进行铝土矿成矿区的预测，为新的铝土矿资源的勘探提供可靠依据。加快开发、采用遥感技术、高精度探矿技术等探矿新技术，提高探测深度、灵敏度和准确度。

中国铝土矿赋存的特点是矿体分散、单体储量小、埋藏较深，经常以所谓的"鸡窝矿"形态存在，因而中国的铝土矿常常是单体矿山规模小，剥采比高，机械化程度低，铝土矿的回采率差。中国铝土矿采矿生产中的主要技术瓶颈是：缺乏在铝土矿地质条件复杂、矿体埋藏深、时常穿越煤系地质层的条件下的铝土矿采矿技术。研究和应用新型采矿技术的主要目的是：尽可能降低剥采比，提高铝土矿的回收率，开发出铝土矿地下采矿技术。为此，应开发铝土矿采矿的遥感定位系统和数字化矿山系统等技术，精确确定铝土矿分布区域，为采矿作业提供依据，提高采矿的精确性和实收率。针对极薄矿脉、中厚、低品位和复杂多变、松软矿体及深部矿体等特殊环境下的矿体，分别开发相应的采矿技术。运用高新技术改造传统采矿技术，实现高度集中化生产，使采矿作业向高产、高效、高安全和高可靠方向发展。

22.2.2　开发选矿新技术

选矿脱硅技术是处理中国中低品位一水硬铝石铝土矿，降低氧化铝生产成本，扩大中国可利用铝土矿资源的有效手段。选矿脱硅的浮选技术可分为正浮选和反浮选，其中正浮选技术已经实现产业化应用。正浮选的关键技术在于正浮选选矿流程、正浮选选矿药剂的选择、开发和应用以及选精矿的脱水。但是，目前中国铝土矿正浮选选矿还存在着一定的技术瓶颈，如选矿的回收率仍较低、选矿药剂对不同硅矿物的选择性差异较大、尾矿的堆存和综合利用还有技术难度、选矿药剂对氧化铝生产的影响还需深入研究。

应开发更为高效的正浮选和反浮选脱硅新技术，包括新型药剂及其工艺制度、精矿和尾矿的高效脱水技术、联合浮选技术和新型浮选设备开发等，是铝土矿选矿技术的发展方向。通过这些关键技术的开发，可提高铝土矿氧化铝的回收率，提高精矿品位、减少精矿含水率以及对氧化铝生产的不利影响，降低选矿过程的各种消耗以及选矿成本。

同时，还应研究开发选尾矿的无害化堆存和资源化利用技术，把选尾矿的资源化利用作为选矿脱硅技术的一个有机组成部分。选尾矿无害化堆存的技术思路应为降低尾矿含水率和实现干法堆存。开发选尾矿综合利用技术的主要方向是：利用选尾矿批量大、粒度细、化学成分接近黏土的特点，生产建筑材料、耐火材料、普通填料和筑路材料等低值大宗产品。

22.2.3　开发低成本处理低品位一水硬铝石铝土矿的新流程和新工艺

22.2.3.1　处理中低品位铝土矿的拜耳法新技术

中国已开发的可处理中低品位铝土矿的拜耳法新技术主要包括选矿拜耳法和石灰拜耳法。这些新流程和新工艺仍需在产业化过程中不断优化和改进。

选矿拜耳法采用浮选技术对中低品位铝土矿进行选矿，所得精矿的 A/S（铝硅比）大于8，可直接用拜耳法处理。中国已产业化应用的选矿拜耳法采用了高温双流法技术，可使选精矿在间接加热过程中的结疤问题得到较好的解决。但是应用选精矿作原料的拜耳法仍存在如下技术难题需要解决：选矿药剂对拜耳法系统的影响表现为改变了循环系统中硅的行为，导致分解率下降、蒸发和溶出结疤比预期的严重；选精矿的含水率较高，增加溶出和蒸发能耗。如采用单流法溶出选精矿，结疤问题可能更为严重，需要采取新的技术措施予以解决。这一方面要求选矿过程最大限度地控制选矿药剂和水分随选精矿进入拜耳法系统，另一方面则应在拜耳法系统开发相应技术，改进工艺，消除或大大减轻这些选矿带来的负面影响。

石灰拜耳法技术可利用原有拜耳法系统，只需适当提高石灰添加量，即可直接用拜耳法处理 A/S 在6左右的中等品位铝土矿。该技术可使拜耳法赤泥的 N/S（钠硅比）小于0.2，从而降低碱耗和生产成本。该技术投资小，简单易行，而且可减轻加热面的结疤。石灰拜耳法关键技术在于碱液化灰和赤泥高效沉降分离。

但是石灰拜耳法存在着氧化铝回收率低、矿耗高、赤泥沉降效果差等问题。针对不同矿物成分的铝土矿，试验选择最佳石灰添加量，优化溶出工艺，可以实现生产成本最低化；通过开发应用新的赤泥液固分离装备和技术，解决高固含赤泥的分离，这些是石灰拜耳法新工艺未来进一步发展的方向。

22.2.3.2　处理中低品位铝土矿的联合法改进技术

基于历史的原因，中国形成了庞大的拜耳—烧结联合法生产系统，中国联合法生产氧化铝的主体流程是混联法。在铝土矿资源品位不断下降的趋势下，如何通过技术创新，改进联合法或混联法技术，使之适合资源和生产环境带来的变化，具备竞争能力，是中国氧化铝工业实现可持续发展迫切需要解决的关键技术问题。

A　强化联合法中的拜耳法

强化联合法中的拜耳法是充分发挥拜耳法节能高效优势的关键。应尽可能强化溶出、提高溶出系统的效率，降低拜耳法赤泥的铝硅比，减少赤泥沉降洗涤的水解，提高拜耳法循环效率、分解率和分解产出率。以此来尽可能提高联合法中的拜耳法产量，降低拜耳法各种消耗和成本。

B　充分发挥烧结法高效回收氧化铝和碱的优势

充分发挥烧结法高效回收氧化铝和碱的优势具体有以下几点：

（1）利用苛性碱和纯碱之间的价差，利用烧结法的优势向拜耳法补碱，可以纯碱的消耗代替较贵的苛性碱，降低综合成本。

（2）拜耳法赤泥如碱和氧化铝含量较高，则可通过烧结法处理，可充分回收赤泥中的氧化铝和苛性碱，回收量较大、回收的成本相对较低。

（3）烧结法赤泥的碱含量较低，凝结性能较好，易于安全堆存。在赤泥堆场地质条件较差的地区，可采用烧结法赤泥筑坝和堆存，成本可降低。

（4）以适当的方式进行拜耳和烧结两大体系母液的相互交换，消除有机物对拜耳法的影响。

在充分发挥烧结法某些优势的同时，必须减轻烧结法能耗高带来的影响。主要的技术

方向是:

(1) 烧结法低摩尔比粗液与拜耳法溶出矿浆合流脱硅。利用烧结粗液摩尔比低(α_K约为1.2)的优势,通过合流,有效地降低一水硬铝石矿拜耳法溶出矿浆的α_K,大大提高拜耳法种分的产出率和全流程循环效率,同时有利于砂状氧化铝的生产。同时,大大简化了烧结法流程,降低了能耗。此技术还存在技术难点,即烧结法粗液中含碳碱浓度较高,对拜耳法蒸发造成结疤加快,碳碱产出量增加,能耗升高。此外,合流后应采取技术措施,严格控制硅量指数,保证产品的化学质量。

(2) 高浓度熟料溶出及烧结法赤泥快速分离。不管是粗液合流或是烧结法脱硅与碳分流程,都必须实现高浓度熟料溶出,才能节能。但是高浓度熟料溶出的前提是赤泥的快速分离,以防止在分离过程中发生过多的二次反应。因此,烧结法赤泥的快速分离技术是烧结法节能的关键。赤泥沉降技术因高浓度分离固含高和难于实现快速分离,不能采用。必须开发新型的赤泥过滤分离技术,才能实现烧结法赤泥的快速分离。

(3) 合理确定烧结法碳分比例,采用深度碳分技术。从原则上看,联合法中的烧结法比例应根据总体流程和物料平衡适当控制。在有条件的情况下,实施深度碳分技术,以充分提高烧结法的循环效率,有利于节能降耗。烧结法母液深度碳分所得的产品用于拜耳法溶出后增浓技术,可提高拜耳法的循环效率,有利于生产砂状氧化铝。

上述烧结法的一系列改进技术对于混联法和串联法,甚至并联法均可应用。

C   联合法系统中拜耳法和烧结法比例的优化

联合法包括并联法、混联法和串联法,这三种方法实质上是拜耳法和烧结法联合方式的改变,其中混联法属于中间状态。随着铝土矿品位、原材料和能源价格体系及其他成本项发生变化,三种联合法的优劣势可能发生转移。

在铝土矿品位下降和能源价格上升的条件下,减少向烧结法配矿具有总体优势,如不配矿即为串联法。但是在串联法中,低铝硅比赤泥的烧成往往较为困难;烧成过程的熟料折合比高,产量会下降;赤泥沉降的固含也高,难于分离。因此在此情况下,选择纯串联法,还是选择尽可能少配矿的混联法,以处理低品位铝土矿,应该根据氧化铝厂的具体条件来决定,其选择评判的标准是:联合法生产总成本最低,流程和技术易于实施。

联合法系统经过以上改进后,将充分发挥联合法中的拜耳法和烧结法各自的优势,实现高效低耗处理中低品位铝土矿,提高产量、大幅度降低能耗、生产出高质量的砂状氧化铝。

22.2.3.3   其他处理中低品位铝土矿的新流程和新工艺

高压水化法由前苏联科技工作者开发,其基本原理是:拜耳法赤泥通过高压、高浓度碱加钙溶出,得到硅酸钠钙——脱硅产物,而后铝酸钠溶液经高浓度蒸发,获得铝酸钠结晶,并溶解析出氢氧化铝,完成整个循环。高压水化法处理中低品位铝土矿的主要技术瓶颈是:蒸发强度太大,能耗高,脱硅产物仍需进一步处理,以回收碱。高压水化法以湿法处理代替了拜耳—烧结联合法中的火法处理,总体上节能,但高浓度带来的问题又是蒸发能耗的增加,因此需要进一步改进。

在采用高能效的湿法流程代替火法工艺以实现节能的基本技术思路下,通过开发低浓度下的高效脱硅产物，来实现从拜耳法赤泥高效回收氧化铝和碱，形成新的拜耳法——低浓度湿法处理的流程和关键技术，是处理低品位铝土矿的另一个重要的有应用前景的发展方向。

烧结法可以处理低品位的铝土矿，但传统的烧结法能耗和成本过高，必须开发创新的烧结法技术。实现烧结法干法烧成是烧结法大幅度节能的主要方向。干法烧成可以大大减少因烧成窑内蒸水而造成的高能耗，也可更好地利用高温窑气的余热，总体上大幅度降低烧成能耗。对于传统的碱石灰烧成，首先需要解决循环碱液的水分蒸发问题，而且干法烧成的预热受制于碱性物质在高温预热过程中的结疤和结团的行为，高温窑气的余热利用技术也急需开发。提高烧结法湿法系统浓度，是降低烧结法能耗的另一项重要措施，为此应重点开展烧结法高浓度熟料溶出与快速分离技术、高浓度粗液脱硅节能技术和高浓度碳酸化分解生产砂状氧化铝技术等。干法烧成和高浓度湿法处理熟料技术是烧结法实现节能降本和可持续发展的关键支撑条件。

22.2.4　重大的节能新技术

22.2.4.1　提高氧化铝生产循环效率和产出率的技术

提高拜耳法系统碱的循环效率，是提高拜耳法系统产能、降低拜耳法生产能耗和生产成本的有效手段。应重点开发系统节能技术（包括选择最优化的循环浓度体系）、高浓度铝酸钠溶液的溶出、常压与非常压条件下液固相分离与脱硅、高浓度铝酸钠溶液的晶种分解技术以及新型高效添加剂的开发和应用研究等。

22.2.4.2　间接加热技术和提高热效率、热回收率的技术

对氧化铝生产中的升温反应过程，采用间接加热技术，避免蒸汽对溶液的冲稀，是这些工序节能的最主要的技术。氧化铝厂的间接加热技术和设备必然遇到一些含硅矿物在加热面结疤，从而降低传热效率的问题。因此，应利用溶液硅化学和结晶学基本理论，研究矿浆中各种成分的反应行为和结疤规律，改进工艺技术条件，使间接加热面上不结疤或少结疤，从而提高传热效率，减少溶液浓差，达到既强化过程又节能的目的。

氧化铝生产的实际生产能耗远大于理论热耗，其主要原因是热利用率和余热回收率低。氧化铝生产过程必须应用许多大型的高温反应炉窑，释放出大量的高温尾气；同时还存在大流量的高温浆液，需要进行热交换和升降温，许多热量都未充分利用。因此，提高热效率，加强余热回收是氧化铝生产节能的重要途径。需要开发的关键技术有：高温窑炉气余热的利用（含其中的水蒸气的潜热）、提高热交换效率的技术与设备、较低温度溶液潜热的有效释放和回收技术、废蒸汽和冷凝水余热的回收技术以及充分利用冷凝水的技术等。

22.2.4.3　大型、高效、节能设备的开发应用

实现生产系列各工序设备的大型和高效化；开发和应用节能的泵、搅拌器、风机以及其他一些节电设备；开发提高煤粉、天然气、重油及煤气等燃料燃烧效率的装置和技

术等，是实现氧化铝生产节能、降低建设投资、提高劳动生产率的主要技术发展方向之一。这一方面的技术装备开发工作必须采用与设备生产厂家联合共同开发的方式，加快进行；也可以移植其他行业的成熟技术和装备，加以改进，使之适应氧化铝生产的特点和要求。

22.2.4.4　热电与氧化铝联合节能技术

氧化铝厂与热电厂进行联合运行，可以实现热能的梯级利用，提高能量利用率。热电厂产出的蒸汽和电可以同时满足氧化铝生产的需求。发电后的蒸汽用于氧化铝生产的溶出或蒸发工序，而蒸汽冷凝水可以被热电厂回收循环使用，从而达到能量分级管理，最优化利用，同时大大提高热和水的利用率。

氧化铝厂与热电厂进行联合运行是一种节能管理模式，同时需要相应解决一系列氧化铝生产和发电相连接的技术问题。热电厂的锅炉—发电机组的运行效率也需要优化改进。

22.2.5　在线检测和控制技术

为实现氧化铝生产的优化控制，需要在各关键工序中建立重要参数和工艺条件的在线检测和控制系统。最主要的技术难题是需要开发一系列的耐碱蚀、防结疤、耐高温和高压的传感器以及将各种测试数据汇集、分析和制定决策的专家系统。

拜耳法溶出配料和烧结前多组分配料是实现拜耳法溶出和烧成这两个关键工序最优化运行的前提。这些配料通常是针对多组成和多相体系，其配料的准确和稳定的程度直接关系到体系反应总效果。配料中一些关键的在线检测和控制技术是决定该工序以及全系统的效率、稳定性、能耗等水平的关键。开发出各种可靠的在线检测一次元件、检测方法以及符合不同被控体系的控制策略是该技术成功的关键。通过在线检测和控制技术提高工艺运行的稳定性来优化配料的准确性达到提产节能的目的。

此外，溶出、赤泥沉降、分解、蒸发以及烧成等各个重要工序都需要建立类似的在线检测和控制系统，开发重要参数的在线测试传感器以及控制系统。

在现代氧化铝厂，通常所有工序的检测控制系统都联网，实现信息共享，管理和操作规范化、标准化。

22.2.6　不断提高氧化铝产品的质量

由于中国铝土矿资源为一水硬铝石铝土矿，氧化铝生产系统中分解原液的浓度及 α_K 都较国外氧化铝厂高，因而带来分解过饱和度小，氢氧化铝细晶种附聚和长大的动力不足，不利于砂状氧化铝的生产。

尽管中国已经开发出了一系列砂状氧化铝生产关键技术，并已推广应用，但与现代铝电解技术对氧化铝质量的要求还有差距。因此，必须大力开发和应用拜耳法高浓度生产砂状氧化铝新工艺及相关技术。除了提高产品的粒度和强度外，同时也要不断提高化学质量，降低产品中 SiO_2 和 Fe_2O_3 的含量。需开发的关键技术是：种分系统粒度的在线测试设备和快速预报技术、降低分解原液摩尔比和浮游物含量的技术等。

22.2.7　中国氧化铝工业的环保技术及赤泥综合利用

中国氧化铝工业的环境保护工作的重点是：赤泥的无害化堆存、废水零排放、粉尘治理以及赤泥的综合利用。

应重点开展赤泥无害化堆存技术的研究，实现赤泥的干法堆存、降低堆场碱液渗透率、加强赤泥堆场废水的回收利用。氧化铝生产系统的循环水需保持全厂的水平衡，必须实施生产用水的分级利用，加强循环水流量和质量的在线检测和调度，实现废水零排放。大力开展粉尘治理，加强重点设备的密封性，提高收尘效率。赤泥的综合利用是一个长期发展的课题，需要多思路和多方位研究，拓宽利用渠道，最重要的是要开发大批量利用赤泥的技术。

22.2.8　扩大生产氧化铝资源的技术

22.2.8.1　开发高硫铝土矿和低品位三水铝石铝土矿生产氧化铝的技术

中国贵州和重庆都有一定量的高硫铝土矿资源，目前还未得到工业化应用。应重点开发完善高硫铝土矿的选矿脱硫技术以及在氧化铝生产过程中高效脱硫技术，扩大可利用的铝土矿资源量。

中国广西地区蕴藏有大量的高铁低品位三水铝石型铝土矿，应进一步开发完善高铁三水铝石铝土矿中的氧化铝和氧化铁的综合利用技术，实现高铁三水铝石型铝土矿的经济开发利用。

22.2.8.2　开发利用国外铝土矿低成本生产氧化铝技术

开发利用海外铝土矿资源，是缓解中国铝土矿资源相对不足的一个重要途径。针对国外铝土矿资源进行氧化铝生产工艺研究，开发相应的生产技术，是利用海外铝土矿资源的基础。利用国外铝土矿，既有技术问题，也有经济问题，应予综合考虑。

值得注意的是，在开发利用海外铝土矿时，应该认真研究国外已有工艺技术的特点、应用范围和限制条件，吸取国外技术的精华，融入中国已有的技术元素，形成节能减排和优化的流程与工艺。

22.2.8.3　开发利用非铝土矿资源生产氧化铝的技术

中国拥有较大规模的霞石矿和明矾石矿，同时，中国又是世界第一产煤大国，具有巨大的火力发电装机容量，其中高氧化铝含量的粉煤灰产量居全球前列。这些丰富的非铝土矿含铝资源，是中国发展铝工业的另一个重要的资源基础。

因此，应开展霞石矿等矿产资源生产氧化铝的综合利用研究，重点解决简化工艺流程、提高生产效率、综合利用资源、降低生产成本等关键技术问题。

从粉煤灰中提取氧化铝，必须突破生产效率和能耗的制约，开发出充分利用粉煤灰中的各种有价资源的综合技术，并尽可能降低能耗，改进和提高生产效率。在生产出氧化铝产品的同时，也为综合利用粉煤灰和解决火电厂环保难题提供一条有效途径。

此外，也应开展综合利用含铝资源直接制取铝基合金技术的研究，为经济地利用非铝土矿资源开辟更多的渠道。

参考文献

[1] Apps J A. Neil J M ACS Symposium Series 416, Washington DC, 1990: 41.

[2] Yokokawa T, Kleppa O J. J Phys Chem, 1964(68):3246.

[3] Chase M W Jr, Curnutt J L, et al. J Phys Chem Ref data, 1978, 7(3):838.

[4] Hemingway B S, Robie R A, et al. J Res US Geol Surv, 1977(5):597.

[5] Hemingway B S, Robie R A. J Res US Geol Surv, 1977, 5(4):413.

[6] Hemingway B S, Robie R A, et al. Am Mineralogist, 1991(76):445.

[7] Perkins D, Essense E Jr, et al. Am Mineralogist, 1979(64):1080.

[8] Fyfe W S, Hollanger M A. Am J Sci, 1964, 262(2):709.

[9] Hass M. Am Mineralogist, 1972, 57(9~10):1375.

[10] Hovey J K, Tremaine P R. Geochimica et Cosmochimica Acta, 1986, 50(3):453.

[11] Palmer D A, Wesolowski D J. Geochimica et Cosmochimica Acta, 1992(56):1093.

[12] Hemingway B S, Robie R A, et al. Geochimica et Cosmochimica Acta, 1978(42):1533.

[13] Apps J A, Neil J M, et al. Lawrence Berkeley Laboratory Rep, 21482, 1988.

[14] Helgeson H C. Am J Sci, 1978: 278.

[15] Furukawa G T, Douglas T B, et al. J Res Nat Bur Stand, 1956(57):67.

[16] Edwards J W, Kington G L. Trans Faraday Soc, 1962(58):1313.

[17] Chekhovsoi V Ya. High Temp, USSR, 1964(2):264.

[18] Buyco E H. Proceedings of the 4th Symposium on Thermophysical Properties (New York: ASME), 1968: 161.

[19] Viswanathan R. J Appl Phys, 1975(46):4086.

[20] Chang S S. Proceedings of the 7th Symposium on Thermophysical Properties (New York: ASME), 1977: 83.

[21] Oplova M P, Korolev Ya A Zh. Fiz Khim, 1978(52):2756.

[22] Ditmars D A, Ishihara S, et al. J Res Nat Bur Stand, 1982, 87(2):159.

[23] Castanet R. High Temp-High-Pressures, 1984, 16(4):449.

[24] Parks G S, Kelly K K. J Phys Chem, 1962(30):47.

[25] Shomate C H, Naylor B F. J Amer Chem Soc, 1945(67):72.

[26] Ditmars D A, Douglas T B. J Res Nant Bur Stand, Sect A, 1971(75):401.

[27] Shmidt N E, Sokolov V A. Russ J Inorg Chem, 1960(5):797.

[28] Romanovskii V A, Tarasov V V. Sov Phys Solid State, 1960(2):1176.

[29] Palkin V A, Kuzmina N N, et al. Russ J Inorg Chem, 1965(10):23.

[30] Schauer A. Can J Phys, 1965(43):523.

[31] Gorgoraki E A, Maltsev A K, et al. Th Mosk Khim Tekhnol Inst, 1965(49):16.

[32] Martin D L, Snowdon R L. Can J Phys, 1966(44):1449.

[33] Gopala Rao R V, Gunjikar V G, et al. Indian J Pure Appl Chem, 1967(5):99.

[34] Gronvold F. Acta Chem Scand, 1967(21):1695.

[35] Martin D L, Snowdon R L. Rev Sci Instrum, 1970(51):1869.

[36] Onodera N, Kimota A, et al. Bull Chem Soc Jpn, 1971(44):1463.

[37] Dumova R G, Kigurades O D, et al. Tr Metro Inst SSSR, 1971(129):252.

[38] Gronvold F. Acta Chem Scand, 1972(26):2216.

[39] Kovryanov A N, Chashkin Y R. Izmer Tekh, 1976(3):31.

[40] Takahashi Y, Yokokawa H, et al. J Chem Thermodyn, 1979(11):379.

[41] Walker B E, Grand J A, et al. J Phys Chem, 1956(60):231.

[42] Frederikson D R, Chasanov M G, J Chem Thermodyn, 1970(2):423.

[43] Murabayashi M, Takahashi Y, et al. J Nucl Sci Techno, 1970(7):312.

[44] Macld A C. J Chem Thermodyn, 1972(4):699.

[45] Fomichev E N, Bondarenko V P, et al. High Temp-High Pressures, 1973(5):1.

[46] Efremova R I, Matizen E V. High Temp-High Pressures, 1976(8):397.

[47] Shmidt N Z, Maksimov D N. Russ J Phys Chem, 1979(53):1084.

[48] Kantor P B, Lazareva L S. Ukr Fiz Zh, 1962(7):205.

[49] Ferrier A, Olette M. C R Acad Sci, 1962(254):4293.

[50] Prophet H, Stull D R. J Chem Eng Data, 1963(8):78.

[51] Shmidt N E. Russ J Inorg Chem, 1966(11):241.

[52] Barin I, Knacke O. Thermochemical Properties of Inorganic Substances, 1973.

[53] Parks G S, Kelley K K. Bureau of Mines Buletin, 1941(434):115.

[54] Cox J D, Wagman D D, et al. CODATA Key Values for Thermodynamic, Hemisphere Publishing Corora-
tion, 1989.

[55] Fugate R Q, Swenson C A. J Appl Phys, 1969(40):3034.

[56] Robie R A, Hemingway B S, et al. US Geol Surv Bull, 1979: 1452.

[57] Snyder P E, Seltz H. Am Chem Soc Jour, 1945(67):683.

[58] Holly C E, Huber E J Jr. J Am Chem Soc, 1951(73):5577.

[59] Schneider A, Gattow G. Zeitschr Anorg Agem Chemie, 1954(277):41.

[60] Mah A D. J Ohys Chem, 1957(61):1572.

[61] Zenkov I D. Russ J Phys Chem, 1981(55):11.

[62] Chase M W, Curnutt J L, et al. JANAF Thermochemical tables, 1978 Supplement, J Phys Chem Ref Da-
ta, 1978, 7(3):793.

[63] Marchidan D I, Pandele L, et al. Rev Roum Chim, 1972(17):1493.

[64] Borer W J, Gunthard H H. Helv Chim Acta, 1970(53):1043.

[65] Shomate C H, Cook O A. Am Chem Soc J, 1946, 68(1):2140.

[66] Gross P, Hayman C. Faraday Soc Tran, 1970(66):30.

[67] Barany R, Kelley K K. US Bur Mines Rept Inv, 1961(5825):13.

[68] Russel A, Edwards J, et al. J Metals, 1955, 7(10):1123.

[69] Kuyunko N S, Malinin S D, et al. Geochem Int, 1983, 20(2):76.

[70] Kostomaroff V, Key M. Silicates Industr, 1963, 28(1):9.

[71] Apps J A, Neil J M, et al. Lawrence Berkeley Laboratory Rept 21482, 1988.

[72] King E C, Barany R, et al. US Bur Mines Rept Inv 6962, 1967.

[73] Mukaibo T, Takahashi Y, et al. Pro 1st Int Conf Calor Thermodyn, Warsaw, 1969: 357.

[74] Perkins D, Essene E Jr, et al. Am Mineralogist, 1979(64):1080.

[75] Fyfe W S, Hollander M A. Am J Sci, 1964(262):709.

[76] Hass H. Am Mineralogist, 1972(57):1375.

[77] Sabatier G. Bull Soc Fr Mineral Crystallogr, 1954(77):1077.

[78] Peryea F J, Kittrick J A, Clays Clay Minerals, 1988(36):391.

[79] Apps A, Neil J M. ACS Symp Series 416, Washington DC, 1990: 415.

[80] Babakulov N, Lalysheva V A. Russ J Phys Chem, 1974(48):587.

[81] Hovey J K, Tremaine P R. Geochimica Cosmochimica Acta, 50(3) :453.

[82] Richards T W, Rowe A W, et al. J Am Chem Soc, 1910(32) :1176.

[83] Cox J D, Wagman D D, et al. CODATA Key Values for Thermodynamics. New York: Hemisphere Publishing Corporation, 1989.

[84] Hovey J K, Hepler L G. J Phys Chem, 1988(92) :1323.

[85] Caiani P, Conti G, et al. J Solution Chem, 1989(18) :447.

[86] Wesolowski D J. Geochimica Acta, 1992(56) :1065.

[87] Kittrick J A. Soil Sci Soc Proc, 1966(30) :595.

[88] Chang B T. Bull Chem Soc Jpn, 1981(54) :1960.

[89] 陈启元, 等. 有色金属基础理论研究[M]. 北京: 科学出版社, 2005.

[90] 赵苏, 毕诗文, 等. 种分过程添加剂对氢氧化铝粒度强度的影响[J]. 东北大学学报（自然科学版）, 2003, 24(10) :939~941.

[91] 吴若琼, 等. 氧化铝生产中氢氧化铝絮凝剂的研究[J]. 中南工业大学学报, 1996, 27(4) :428~431.

[92] 谢雁丽. 强化铝酸钠溶液分解及粗化产品氢氧化铝粒度的研究[D]. 沈阳: 东北大学, 2000.

[93] Lester A D Chin. Chemical Additives in Bayer Production. In: Elwin L. Rooy. Light Metals, 1991: 155~158.

[94] Moody G. M. US5041269, 1991.

[95] Bayer Process. In: Elwin L. Rooy. Light Metals, 1991: 173~176.

[96] Buate R. US5312603, 1994.

[97] Influence of the process parameters. Chemical Engineering Science, 1998, 53(12) :2177~2185.

[98] Nalco. The Effect of CGM on Precipitating Supersaturated Bayer Liquors. Mar 2004.

[99] 赵继华, 陈启元, 等. 超声场强化氢氧化铝结晶过程的研究[J]. 化学学报, 2002, 60(1) :81~86.

[100] Тюринюи. 关于超声对氢氧化铝晶体成长的作用问题[J]. 余威译. Журнал Прикладной Химии, 1964(2) :453~457.

[101] Еремеевд Н. Комплексное/спование/инералалного/сыръя, 1992(10) :42~44.

[102] Tschamper O. Improvement by the New Alusuisse Process for Producing Coarse Aluminum Hydrate in the Bayer Process[J]. Light Metals, 1981: 103~115.

[103] Landi M F. Aluminum Production Until 2000[J]. Proceedings of Iscoba Symposium Held in Tihang Hungry, 1981(10) :6~9.

[104] 张之信. 高浓度拜耳法精液制取砂状氧化铝研究[J]. 轻金属, 1988(2) :14~18.

[105] Seyssiecq I. Agglomeration of Gibbsite Al (OH)$_3$ crystals in Bayer liquors.

[106] Yamada K. Crystallization of Aluminum Trihydroxide from Sodium Aluminate Solution[J]. Light Metals, 1978: 19~38.

[107] Pearson G. The Chemical Background of the Aluminum Industry [J]. Monograph, 1995(3) :27.

[108] Scott J. Effect of Seeds and Temperature on the Particle Size of Bayer Aluminum Trihydroxide. Extractive Metallurgy of Aluminum[J]. Alumina, New York: 1962, 1.

[109] 山田兴一. 氢氧化铝从铝酸钠溶液中析出反应过程中晶核的产生及附聚[J]. 轻金属, 1982(4) :18~20.

[110] 周辉放. 铝酸钠溶液中不同粒度晶种的附聚行为[J]. 有色金属, 1993, 45(4) :60~63.

[111] 周辉放. 铝酸钠溶液晶体附聚机理研究[J]. 有色金属, 1994, 46(4) :54~57.

[112] Sakamoto K. Agglomeration of Crystalline Particles of Gibbsite during the precipitation in Sodium Aluminate Solution[J]. Light Metals, 1976: 149~157.

[113] Halfon. Alumina Trihydrate Crystallization Part 2. A Model of Agglomeration[J]. The Canadian Journal of Chemical Engineering, 1976, 54(6):168~172.

[114] Yamada K. Nucleation and agglomeration during crystallization of aluminium trihydroxide in sodium aluminate solution[J]. Journal of Japanese Institute of Light Metals, 1980, 32(12):720~726.

[115] Sakamoto K, Kanahara M, Matsushita K. Agglomeration of crystalline particles of gibbsite during the precipitation in sodium aluminate solution[J]. Light Metals, 1976, 2.

[116] Veesler S, Roure S, Boistelle R. General concepts of hydrargillite Al (OH)₃ agglomeration[J]. Journal of Crystal Growth, 1994(135):149~162, 505~512.

[117] Johnston J R R, Cresswell P J. Modelling alumina precipitation: Dynamic solution of the population balance equation[J]. Fourth international alumina quality workshop, Darwin 2, 7, 1996(6):281~290.

[118] Seyssiecq I, Veesler S, Boistelle R. A non immersed induction conductivity system for controlling supersaturation in corrosive media: The case of gibbsite crystals agglomeration in Bayer liquors[J]. Journal of Crystal Growth, 1996:169.

[119] Sipos P G, Hefter P, May M. Aust. J. Chem., 1998(51):445.

[120] P Sipos S G, Cappewell P M, May G Hefter, G Lauenczy F, Lukacs R, Roulet J. Chem. Soc., Dalton Trans, 1998:3007.

[121] Sipos P, Hefter G, May P M, August J. Chem, 1998(51):445.

[122] J Addai-Mensah, Ralston J. Colloid Interface Sci. 215 (1999): 124.

[123] Prestidge C A, Fornasiero D, Rowlands W N. J. Colloid Interface Sci, in press.

[124] 巴勒斯 H A, 等. 流变学导引[M]. 北京:中国石化出版社, 1992.

[125] Warren L. Fine Particles Process (Chapter 48). 1980.

[126] 杨重愚. 氧化铝生产工艺学[M]. 北京:冶金工业出版社, 1993.

[127] 毕诗文, 于海燕. 氧化铝生产工艺[M]. 北京:化学工业出版社, 2006.

[128] 陈万坤, 彭关才. 一水硬铝石型铝土矿的强化溶出技术[M]. 北京:冶金工业出版社, 1997.

[129] Habashi F. A hundred years of the Bayer process for alumina production[J]. Light Metals, 1988:3~13.

[130] Oeberg N, Friederich R O. Outlook of the Bayer Process[J]. Light Metals, 1986:144~153.

[131] 毕诗文, 杨毅宏, 李殿锋, 等. 铝土矿的拜耳法溶出[M]. 北京:冶金工业出版社, 1996.

[132] 阿布拉莫夫 B Я. 碱法综合处理含铝原料的物理化学原理[M]. 长沙:中南工业大学出版社, 1988.

[133] 马里茨 H C. 串联法生产氧化铝的新进展[M]. 北京:中国科学技术出版社, 1991.

[134] 顾松青. 一水硬铝石矿拜耳法溶出过程的研究[D]. 长沙:中南工业大学, 1986.

[135] 顾松青. 伊利石在铝土矿浆预热过程中反应机理的研究 [C]. 第二届全国轻金属冶金学术会议论文集, 西宁, 1990.

[136] Roach G I D, 等. 高岭石在苛性碱溶液中溶解动力学[J]. Light Metals, 1988.

[137] Самойденко B M. 硫从铝土矿向铝酸盐溶液的转移[J]. 轻金属, 1986.

[138] John T Malito. 拜耳法溶出中硫酸钠的平衡溶解度[C]. 国外氧化铝新技术文集, 1985.

[139] 何润德. 铝酸钠溶液除硫 BaO 最佳添加量的探讨[J]. 轻金属, 1991(10):14~17.

[140] 程立. 铝酸钠溶液脱硫条件及其热力学研究[C]. 第二届全国轻金属冶金学术会议论文集, 西宁, 1990.

[141] 戚立宽. 低品位和高硫铝土矿的处理法[J]. 轻金属, 1995(1):14~16.

[142] Тесдда B Г. 张金凤. 碱-铝酸盐溶液净化消除草酸钠[J]. 轻金属; 1991(12):14~16.

[143] Brown N, 等. 拜耳法氧化铝厂中草酸钠的行为[J]. Light Metals, 1980.

[144] Stuart A D. 用 MnO₂ 从拜耳法分解母液中除去有机物[J]. Light Metals, 1988.

[145] 申景龙, 等. 管道化溶出结疤物相组成研究[J]. 轻金属, 1986.

[146] 尹中林, 等. 拜耳法过程结疤研究进展[J]. 轻金属文集氧化铝专辑.

[147] Драцэман В, 等. 赤泥晶种对矿浆预热器结疤动力学研究[C]. 国外氧化铝新技术文集, 1985.

[148] 曹蓉江. 有色金属 (冶炼部分), 1989(3):27~30.

[149] 尹中林, 顾松青. 粒度对我国平果铝矿及山西铝矿溶出率的影响[J]. 轻金属, 1994(1):12~15.

[150] 刘今, 等. 铝土矿高压溶出的强化[J]. 轻金属, 1986(6):10~15.

[151] Orban F, 等. 用管道化溶出装置处理一水硬铝石型铝土矿[J]. Light Metals, 1989.

[152] 马善理. 铝土矿溶出的技术改造[J]. 轻金属, 1993 (7): 7~11.

[153] 顾松青, 尹中林, 吕子剑. 一水硬铝石矿溶出新工艺的研究[J]. 第三届全国轻金属冶金学术会议论文集, 广西, 平果, 1995(10):118~125.

[154] 陈岱, 等. 我国铝工业技术进步的回顾与展望[J]. 轻金属, 1987(9):12~19.

[155] 武福运. 带式过滤机在多品种氢氧化铝生产中的应用[J]. 过滤与分离, 2002(12):39~40.

[156] 赵萍, 张存兵. 平盘过滤机在中国氧化铝厂的应用及其工艺优化途径[J]. 世界有色金属, 2002(5):33~36.

[157] 何静华, 秦增言, 肖锭. 平盘过滤机滤布国产化试验研究及应用[J]. 世界有色金属, 2002(8):38~41.

[158] 柳尧文, 高贵超. 80m² 立盘过滤机在拜耳法种子过滤工序上的应用[J]. 山东冶金, 2003(5):32~34.

[159] Lvan Anich, et al. The Alumina Technology Roadmap[J]. Light Metals, 2002：193~198.

[160] 李小斌, 周益文. 影响种分过程主要因素的研究进展[J]. 湖南有色金属, 2002(12):19~22.

[161] 桂康, 江新民, 郝百顺. 采用气态悬浮焙烧技术改造老式回转窑[J]. 有色金属节能, 2001(5):40~45.

[162] 刘家瑞. 气体悬浮焙烧炉在氧化铝生产中的应用及改造[J]. 轻金属, 1995(1):17~20.

[163] 孙克萍, 先晋聪, 程立. 循环流态化焙烧在氧化铝生产中应用及改造[J]. 轻金属, 2001(4):3~4.

[164] 李小斌, 谷建军, 彭志宏. 氧化铝生产蒸发系统分析[J]. 矿冶工程, 1999(1):44~46.

[165] 尹中林, 顾松青, 秦正. 发展我国氧化铝工业应注意的几个问题[J]. 铝镁通讯, 2001(1):1~6.

[166] 刘伟, 刘祥民, 李小斌. 中州300kt/a 选矿拜耳法产业化技术分析[J]. 轻金属, 2005(2):3~8.

[167] 尹中林, 李新华, 范伟东. 石灰拜耳法新工艺及其应用前景[C]. 第四届全国轻金属冶金学术会议论文集：150~153.

[168] 李安, 徐克己. 石灰拜耳法工业试验过程[J]. 有色矿冶, 2004(6):35~37.

[169] 李小斌, 彭志宏, 龙远志. 拜耳—水化学联合法生产氧化铝工艺研究的发展[C]. 第三届全国轻金属冶金学术会议论文集：146~151.

[170] 陈家镛. 湿法冶金手册[M]. 北京：冶金工业出版社, 2005.

[171] 陈万坤, 史君武, 刘汝兴, 等. 有色金属工业进展[M]. 长沙：中南工业大学出版社, 1995.

[172] 日本工业炉协会. 工业炉手册[M]. 北京：冶金工业出版社, 1989.

[173] 《联合法生产氧化铝》编写组. 冶金生产技术丛书：联合法生产氧化铝：原料制备[M]. 北京：冶金工业出版社, 1975.

[174] 杨重愚. 高等学校教学用书：氧化铝生产工艺学 (修订版) [M]. 北京：冶金工业出版社, 1993.

[175] 叶列明 Н И. 氧化铝生产过程与设备[M]. 王延明等译. 北京：冶金工业出版社, 1987.

[176] 选矿设计手册编委会编. 选矿设计手册[M]. 北京：冶金工业出版社, 1999.

[177] 陈全德, 曹辰. 新型干法水泥生产技术[M]. 北京：中国建筑工业出版社, 1987.

[178] 于润如, 严生. 水泥厂工艺设计[M]. 北京：中国建材工业出版社, 1995.

[179] 运输机械设计选用手册编辑委员会. 运输机械设计选用手册[M]. 北京: 化学工业出版社, 1999.

[180] 于金吾, 李安. 现代矿山选矿新工艺、新技术、新设备与强制性标准规范全书[M]. 北京: 当代中国音像出版社, 2003.

[181] 王旭燕. 矿石分选新技术新工艺与选矿过程控制检测标准及工艺设备选择计算实用手册[M]. 北京: 中国知识出版社, 2005.

[182] 《联合法生产氧化铝》编写组. 冶金生产技术丛书: 联合法生产氧化铝: 熟料溶出与脱硅[M]. 北京: 冶金工业出版社, 1975.

[183] В Я, Н И. 铝酸盐熟料溶出 (3): 第二部分 铝酸盐熟料的溶出过程: 第三章 熟料中氧化铝和碱的提取[J]. 阎鼎欧, 孙宝林译. 轻金属, 1978 (3).

[184] 大连理工大学. 化工原理 (上册) [M]. 北京: 高等教育出版社, 2002.

[185] 特洛依茨基 И А. 氧化铝工艺计算[M]. 吕扬译. 北京: 冶金工业出版社, 1977.

[186] 杨守志, 孙德堃, 何方篪. 湿法冶金技术丛书: 固液分离[M]. 北京: 冶金工业出版社, 2003.

[187] 有色金属冶炼设备编委会. 有色金属冶炼设备 (第2卷) 湿法冶炼设备[M]. 北京: 冶金工业出版社, 1993.

[188] 阿格拉诺夫斯基 А А, 等. 氧化铝生产手册. 沈阳铝镁设计院氧化铝专业组译 (第1版) [M]. 冶金工业出版社, 1974.

[189] 有色金属冶炼设备 (第二卷): 湿法冶炼设备[M]. 北京: 冶金工业出版社, 1993.

[190] 天津大学化工原理教研室. 化工原理[M]. 天津: 天津科学技术出版社, 1995.

[191] 王松汗. 石油化工设计手册 (第3卷): 化工单元过程[M]. 北京: 化学工业出版社, 2002.

[192] 宋美轩, 侯炳毅, 魏战河. 铝土矿均化方式改进效果比较分析 [J]. 四川有色金属, 2004 (3): 9~11.

[193] 尹中林. 中国拜耳法氧化铝生产技术的发展方向[J]. 轻金属, 2000(4): 25~28.

[194] 赵岗. 采用双流法溶出处理我国一水硬铝石矿的可行性[J]. 轻金属, 2001(10): 12~16.

[195] 郭焕雄. 强化一水硬铝石矿的拜耳法溶出[J]. 轻金属, 1997(10): 14~20.

[196] 张廷安, 王艳利, 王一雍, 等. 用增溶溶出技术处理一水硬铝石矿[J]. 东北大学学报: 自然科学版, 2005, 26(7): 667~669.

[197] 王丽娟. 拜耳法溶出技术及装备的选择[J]. 轻金属, 2004(10): 25~27.

[198] 孙建峰. 应用常压脱硅工艺降低粗液脱硅汽耗[J]. 轻金属, 2003(6): 12~14.

[199] 李海明. 强化预脱硅加常压脱硅生产种分精液的研究[J]. 轻金属, 2006(11): 11~14.

[200] 权昆, 武福运. 实施强化预脱硅及间接加热脱硅新技术[J]. 矿冶, 2005, 14(3): 36~39.

[201] 刁克建, 刘俊东. 间接加热连续脱硅在烧结法氧化铝生产上的应用[J]. 轻金属, 2000(8): 14~16.

[202] 杨越, 孟铁波. 常压预脱硅技术在烧结法氧化铝生产中的应用探讨[J]. 有色冶金节能, 2004, 21(1): 24~26.

[203] 瞿向东, 刘保伟. 全自动高效立式叶滤机在铝酸钠溶液过滤中的应用[J]. 轻金属, 2003(12): 48~50.

[204] 张广, 杨金妮. 拜耳法种分分解过程中物料粒度变化研究[J]. 轻金属, 2002(9): 9~12.

[205] 刘彩玫, 王建立. 铝酸钠溶液中 N_C、N_S 对晶种分解的影响[J]. 轻金属, 2000(7): 22~24.

[206] 李旺兴. 种子分解过程温度对分解率的影响[J]. 轻金属, 1998(5): 14~18.

[207] 郭恩喜. PAS-1 絮凝剂在拜耳法赤泥分离洗涤系统应用的工业试验[J]. 铝镁通讯, 2001(3): 8~10.

[208] 卢进. 在拜耳法赤泥处理中应用高效沉降槽与传统沉降槽的比较[J]. 铝镁通讯, 2004(4): 4~5.

[209] 刘祥民. 烧结法赤泥洗涤中的二次反应及全沉降槽洗涤流程的探讨[J]. 轻金属, 1996

(10):9~15.

[210] 韩安玲. 拜耳法赤泥分离洗涤三种流程的比选[J]. 轻金属，2005(3):10~13.

[211] 潘敏. 影响拜耳法赤泥分离因素分析[J]. 轻金属，2000(11):18~21.

[212] 李鑫金，卢晓东. 山西铝厂板式换热器结垢防治措施的探讨[J]. 轻金属，2001(6):25~26.

[213] 武建强，董保才，高春红，等. 我国氧化铝生产主要耗汽设备技术水平评述[J]. 有色冶金节能，2001(5):18~19.

[214] 孙克萍，先晋聪，宋强，等. 我国氧化铝业蒸发装置技术进步及效能分析[J]. 有色金属（冶炼部分），2004(3):43~45.

[215] 王洪玉. 氧化铝厂1100m² 自然循环蒸发器制造技术[J]. 工业安全与环保，2003，29(2):25~26.

[216] 冯文洁，午新威，郭晋梅，等. 板式降膜蒸发器系统节能效果分析[J]. 有色冶金节能，2004，21(5):31~33.

[217] 陈长林，马红. 转盘真空过滤机在氧化铝行业的应用[J]. 轻金属，2004(4):54，55，59.

[218] 刘玉鹤，陈建斌，陈东. 引进51m² 平盘过滤机在氧化铝厂使用中存在问题及调整[J]. 轻金属，2002(8):25~28.

[219] 希茹亚科夫 V M. Preview of Environmental Protection in Production of Alumina from Non-Bauxite Ores, 1980.

[220] 王福元，等. 粉煤灰利用手册（第2版）[M]. 北京：中国电力出版社，2004.

[221] 安徽冶金研究所. 硫酸铵热分解工艺从安徽庐江明矾石中提取氧化铝[C]. 全国第二届氧化铝学术会议，温州，1982.

[222] 王世荣，等. 综合利用明矾石还原热解法中试技术[C]. 全国第二届氧化铝学术会议，温州，1982.

[223] 张桂军，等. 化工计算[M]. 北京：化学工业出版社，2007.

[224] 王捷. 氧化铝生产工艺[M]. 北京：冶金工业出版社，2006.

[225] 葛婉华，等. 化工计算[M]. 北京：化学工业出版社，2007.

[226] 牛红，厉衡隆. 新的求解信号流图方法及其应用[C]. 中国工业与应用数学学会第二次大会文集，上海，1992：482~485.

[227] Niu H, Guo S, Li H -L. Mass Balance Analysis Using Signal Flow Chart and Its Application in Alumina Processing[J]. Light Metals，1990：73~78.

[228] 吴志泉，等. 化工工艺计算[M]. 上海：华东理工大学出版社，2001.

[229] 陈岱. 国际铝工业对冶金级氧化铝的质量要求和发展趋向[J]. 轻金属，1996(3):10~25.

[230] 杨重愚. 氧化铝生产工艺学[M]. 北京：冶金工业出版社，1993.

[231] 刘保伟. 砂状氧化铝质量问题的研究[J]. 世界有色金属，1999(10):45~47.

[232] 赵清杰，陈建华，杨巧芳，等. 氧化铝厂如何满足现代铝电解用氧化铝的质量要求[J]. 世界有色金属，2001(1):15~17.

[233] 皮国民，李洪. 粉状氧化铝电解技术工艺的探讨[J]. 江西冶金，2000，20(6):16~17.

[234] 方志刚. 砂状氧化铝在铝电解中的应用及其生产技术探讨[J]. 矿冶，2000，9(3):71~75.

[235] 邱竹贤. 预焙槽炼铝（第3版）[M]. 北京：冶金工业出版社，2005.

[236] 李联文译. 各种因素对电解用氧化铝选择的影响[J]. 轻金属，1985(6):33~34.

[237] 杨述译. 氧化铝的磨损[J]. 轻金属，1985(8):14~17.

[238] 陈岱译. 氢氧化铝分解技术[J]. 轻金属，1985(8):10~13，14.

[239] 平文正. 从烧结法精液制取砂状氧化铝[J]. 轻金属，1985(9):6~8，34.

[240] 阎鼎欧译. 拜耳法的前景[J]. 轻金属，1987(7):17~24.

[241] 崔凌华译. 氧化铝的物理—化学性能对铝电解槽工作指标的影响[J]. 轻金属，1987(7):36~39.

[242] 陈岱，等．我国氧化铝工业技术进步的回顾与展望（上）[J]．轻金属，1987(9):12~19,46.

[243] 陈岱，等．我国氧化铝工业技术进步的回顾与展望（下）[J]．轻金属，1987(10):22~28.

[244] 王庆译．国外铝生产用氧化铝的种类[J]．轻金属，1987(9):34,35~37.

[245] 程鹏远译．论铝酸钠溶液碳酸化分解时氢氧化铝的析出机理[J]．轻金属，1987(12):13~14,31.

[246] 甘国耀．砂状氧化铝分解新技术[J]．轻金属，1988(1):7~9,14.

[247] 张樵青．砂状氧化铝种分研究中晶种置换与产品强度的关系[J]．轻金属，1988(1):10~14.

[248] 张之信，张樵青．高浓度拜耳法精液制取砂状氧化铝的研究[J]．轻金属，1988(2):14~18.

[249] 梅剑珊．氧化铝生产工艺[M]．中国有色职教教材编审办公室，1989.

[250] 陈华明．氧化铝生产[M]．中国有色职教教材编审办公室，1985.

[251] 魏英章．对种子搅拌分解过程中 SiO_2 行为的探讨[J]．轻金属，1988(5):7~13.

[252] 厉衡隆译．拜耳法流程的最优化研究[J]．轻金属，1988(5):16~19.

[253] 陈万坤等．南斯拉夫的铝工业[J]．轻金属，1988(9):9,10~14.

[254] 张之信．高浓度铝酸钠溶液两段连续种分制取砂状氧化铝的研究[J]．轻金属，1988(10):10~13.

[255] 李小斌，龙志远，杨重愚，等．铝酸钠溶液晶种分解过程动力学初步研究[J]．轻金属，1988(11):10~15.

[256] 李训浩译．氧化铝电解时结壳及槽底渣层的形成和性质[J]．轻金属，1988(11):28~31.

[257] 陈红军，桂康．二氧化硅对氢氧化铝质量的影响[J]．铝镁通讯，2001(2):23~25.

[258] 顾昕，马涛．关于氧化铝质量指标及其选择的探讨[J]．有色金属技术经济研究，1991(6):30~37.

[259] 任云祥．提高碳分氢氧化铝质量探讨与实践[J]．世界有色金属，2002(2):16~19.

[260] 胡国清．提高烧结法产品质量的探讨[J]．世界有色金属，2002(2):48~50.

[261] 姬敬山，郑军，王旭宏．碳分 AH 作种子提高产品质量[J]．世界有色金属，2002(8):31~34,47.

[262] 谢恩，李冰川．电解生产过程中提高原铝质量的实践[J]．有色矿冶，2002,18(4):35~37.

[263] 李敏，张明阳．论氧化铝行业产品标准的适宜性[J]．世界有色金属，2001(5):31~33,43.

[264] 王玉．降低氢氧化铝附碱提高氧化铝产品质量方法探讨[J]．有色金属：冶炼部分，2001(1):27~28.

[265] 曾祥正．氧化铝生产及其质量[J]．金属世界，1991(5):12~13.

[266] 王志，杨毅宏，毕诗文，等．铝酸钠溶液碳酸化分解过程的影响因素[J]．有色金属，2002,54(1):43~46.

[267] 陈国辉，陈启元，尹周澜，等．铝酸钠溶液种分过程分解机理研究进展[J]．矿冶工程，2003,23(6):65~68.

[268] 李小斌，周益文．影响种分过程主要因素的研究进展[J]．湖南有色金属，2002,18(6):19~22.

[269] 王宏，白永民，郭晋梅，等．影响种分分解率及氢氧化铝粒度因素的试验研究[J]．有色金属分析通讯，2003(8):31~35.

[270] 宋玉香译．对控制氧化铝磨损指数的分解操作参数的评估[J]．铝镁通讯，2002(1):18~20.

[271] 王会全，杨五星．种分作业的现状与改进[J]．铝镁通讯，2004(1):12~14.

[272] 张启慧．用一水硬铝石矿的拜耳法溶出液生产砂状氧化铝[J]．矿产综合利用，1997(6):42~45.

[273] 李新华．我国生产砂状氧化铝新工艺的研究[J]．铝镁通讯，2001(1):22~24,55.

[274] 李文化，赵培生，郭晋梅，等．砂状氧化铝行标与我厂氧化铝生产发展[J]．铝镁通讯，2001(3):18~20.

[275] 贺正民，李教，薛文中，等．浅谈在我国研究开发生产砂状氧化铝的迫切性和重要意义[J]．铝镁

通讯，2003（1）：1～3.

[276] 高进升. 对我国砂状氧化铝生产技术的初步探讨[J]. 轻金属，1989（6）：21～24.

[277] 陈国辉，陈启元，尹周澜，等. 铝酸钠溶液种分过程强化研究进展[J]. 湖南冶金，2003，31（1）：3～6.

[278] 王学诗. 改善中国冶金级氧化铝物理性能的途径[J]. 晋铝科技，2002（1）：5～10.

[279] 李新华，晏唯真译. 影响产品氧化铝强度的因素[J]. Light Metals，1987：121～127.

[280] 冯乃祥. 铝电解[M]. 北京：化学工业出版社，2006.

[281] 张阳春. 我国多品种氧化铝生产的发展[J]. 轻金属，1996（8）：7～12.

[282] 周秋生，赵清杰，吴洁，等. 高浓度铝酸钠溶液晶种分解动力学[J]. 中南大学学报（自然科学版），2004，35（4）：557～561.

[283] 娄世彬. 一段、二段种分生产砂状氧化铝的比较与研讨[J]. 世界有色金属（特刊），2005（10）：103～108.

[284] 娄世彬，王黎. 铝酸钠溶液碳分过程热力学、动力学及影响因素研究[J]. 轻金属（增刊），2006：53～59.

[285] 娄世彬. 关于 CGM 在拜耳法工艺中的理论及现实探讨[C]. 第十届全国氧化铝学术会议，中国焦作，2004，12：105～109.

[286] 陈巧英，午新威，李彩珍. 浅议氧化铝生产中 Cl^- 的行为[C]. 第十届全国氧化铝学术会议，中国焦作，2004，12：227～229.

[287] 李旺兴，夏忠，张树朝，等. 技术标准汇编：氧化铝分册[M]. 中国铝业股份有限公司，2003.

[288] 王桂芹，李丰庆，李长茂，等. 硼对含硅铝和含铁铝导电性能的影响[J]. 特种铸造及有色合金，2003（3）：15～17.

[289] 张红耀，陈敬超，杨钢，等. 硼对工业纯铝显微组织的影响[J]. 有色金属（冶炼部分），2006（2）：41～44.

[290] 常发现，等. 轻金属冶金分析[M]. 北京：冶金工业出版社，1992.

[291] 吴辛友，等. 分析试剂的提纯与配制手册[M]. 北京：冶金工业出版社，1989.

[292] 孙淑媛，等. 矿石及有色金属分析手册[M]. 北京：冶金工业出版社，1990.

[293] GB/T 3257.1～24—1999：铝土矿石化学分析方法[S].

[294] GB/T 6609.1～29—2004：氧化铝化学分析方法和物理性能测定方法[S].

[295] GB/T 6610.1～5—2003：氢氧化铝化学分析方法[S].

[296] 张爱芬，马慧侠，李国会，等. X 射线荧光光谱法测定铝矿石中主次痕量组分[J]. 岩矿测试，2005，24（4）：307～310.

[297] 李跃平，吴豫强. 离子色谱法测定铝酸钠溶液中阴离子的应用研究[J]. 世界有色金属（特刊），2005（10）：272～274.

[298] 厉衡隆. 国外氧化铝焙烧设备浅谈[J]. 轻金属，1976（3）：1～18.

[299] 回转窑编写组. 回转窑（设计、使用与维修）[M]. 北京：冶金工业出版社，1978.

[300] Yan D O，Li H L. Discussion on Heat Consumption in the Manufacture of Alumina by Soda-lime Sintering Process[J]. Light Metals，1990：157～160.

[301] 包月天，厉衡隆，王文光. 气体悬浮焙烧炉在氧化铝生产中的应用[C]. 第五届全国流态化会议文集，北京，1990.

[302] 陈家镛. 湿法冶金手册[M]. 北京：冶金工业出版社，2005.

[303] 刘天齐. 三废处理工程技术手册（废气卷）[M]. 北京：化学工业出版社，1999.

[304] 聂永丰. 三废处理工程技术手册（固体废物卷）[M]. 北京：化学工业出版社，2000.

[305] 姜平国. 赤泥中回收稀土金属的综述[J]. 有色金属再生与利用，2005（12）：8～9.

[306] 侯永顺. 赤泥性质判别及赤泥堆场防渗要求[J]. 轻金属, 2005(2):16~18.

[307] 张江娟, 段战荣. 从赤泥中回收钪的研究现状[J]. 湿法冶金, 2004, 23(4):195~198.

[308] 王昆山. 赤泥及赤泥水泥的放射性水平与其致公众剂量[J]. 环境科学, 1992, 13(5):90~93.

[309] 杨重愚. 氧化铝生产工艺学[M]. 北京: 冶金工业出版社, 1992.

[310] 吕云阳, 曾文臻. 无机化学丛书: 镓分族[M]. 北京: 科学出版社, 1998.

[311] 《有色金属工业设计总设计师手册》编写组. 有色金属工业设计总设计师手册: 第五册: 技术经济及辅助、公用设施[M]. 北京: 冶金工业出版社, 1989.

[312] YS 5002—1996: 有色金属冶炼厂电力设计规范[S].

[313] GB/T 1996—2003: 冶金焦炭国家质量标准[S].

[314] SH/T 0356—1996: 燃料油标准[S].

[315] GB 50195—1994: 发生炉煤气站设计规范[S].

[316] GB/T 9143—2008: 常用固定床用煤技术条件[S].

[317] 门翠双, 马群. 氧化铝市场分析与预测[J]. 轻金属, 2005(10):3~5.

[318] 单淑秀. 我国氧化铝成本的竞争力分析[J]. 轻金属, 2006(10):3.

[319] 毕诗文, 等. 拜耳法生产氧化铝[M]. 北京: 冶金工业出版社, 2007.

[320] 肖亚庆. 中国铝工业技术发展[M]. 北京: 冶金工业出版社, 2007.

[321] 国际铝业协会. 氧化铝技术发展指南[R]. 中国, 2010.

[322] 中国有色金属工业协会. GB 50530—2010: 氧化铝厂工艺设计规范[S]. 北京: 中国计划出版社, 2010.

第四篇　化学品氧化铝

本篇主编　王庆伟

副 主 编　王建立

编写人员　（以姓氏汉语拼音为序）

陈　玮　　冯国政　　冯晓明

黄冬根　　李东红　　孙松林

田新峰　　王达健　　王建立

王庆伟　　武福运　　于海斌

于建国　　袁崇良

审　　　稿　（以姓氏汉语拼音为序）

侯春楼　　胡绳兴　　厉衡隆

路培乾

23　化学品氧化铝概论

＊＊＊＊＊＊＊＊＊＊＊＊＊＊＊＊＊＊＊＊＊＊＊＊＊＊＊＊＊＊＊＊＊＊

在国际上，人们通常把用于电解铝之外的氧化铝、氢氧化铝和部分含铝化合物称为非冶金级氧化铝。在中国，曾称之为多品种氧化铝，近几年沿用欧美等国习惯改称为化学品氧化铝，其中经过特殊加工过程在品质和功能上与冶金级氧化铝有一定差别的又常称为特种氧化铝。

化学品氧化铝是一大类用途广泛、性能优异、价格相对经济的无机非金属材料，广泛应用于电子、石油、化工、耐火材料、陶瓷、磨料、阻燃剂、造纸及医药等许多国民经济领域；可用来制造各种特种陶瓷、耐火材料、研磨抛光材料、阻燃剂、催化剂及其载体、胶黏剂、脱硫剂、吸附剂、净水剂、人造大理石、人造玛瑙、人造宝石、化妆品、牙膏摩擦剂、胃酸抑制剂、油墨分散剂、颜料载体、荧光材料以及涂层材料等。

硫酸铝和聚合氯化铝等铝盐可直接用于饮用水的净化以及城市污水和工业废水的净化处理，提高水的循环再利用，减少环境污染。4A沸石是一种绿色环保的洗涤助剂，是含磷洗涤助剂的理想替代品。

氢氧化铝是制备铝盐和其他精细化工产品的重要原料，而且由于其无毒，具有阻燃、消烟、填充等多重优点，被公认为环保型无机阻燃材料，目前是国际阻燃剂市场上产销量最大的一个品种，每年各种粒级产品的需求总量达数百万吨，仅美国年需求量就有近百万吨。

活性氧化铝主要用作干燥吸附剂、催化剂及其载体等，广泛用于化学合成、石油化工、气体分离、干燥、汽车尾气和工业有机废气的净化处理以及印刷等行业或领域。汽车尾气催化剂能使汽车排出的污染物在较低温度下（200℃以上）把 CO 和碳氢化合物 HC 转化成 CO_2 和水，NO_x 气体转变成 N_2，从而提高燃油的燃烧率，降低油耗，减少二氧化碳等气体的排放。

高温煅烧氧化铝可用于制作集成电路基片、集成电路组件、工业机械零件，制造耐热耐磨陶瓷和催化剂载体等，是电子工业和信息产业等新兴高科技产业的一种优质原料。

板状氧化铝是钢铁、有色冶金、金属加工行业所需的高级耐火材料，有利于提高钢铁和有色金属等产品的质量，提高金属材料的性能。

高纯超细氢氧化铝粉体主要用于三基色荧光粉和长余辉蓄光粉等发光材料、人造宝石、激光器件、集成电路、生物陶瓷等的生产，是一种高技术粉体材料。

纳米材料是 20 世纪 80 年代初发展起来的新材料领域。由于"微粒子"效应产生了许多奇特的性能，世界各国都非常重视这一新的材料领域。纳米氧化铝将是未来国民经济中的一种重要的无机粉体材料。用纳米氧化铝材料制造的纳米陶瓷，不仅成瓷温度大幅度降低，而且产品性能优异，产品具有良好的塑韧性，解决了陶瓷脆性大的致命缺点。纳米氧化铝与橡胶复合后，可提高橡胶的介电性和耐磨性；纳米氧化铝与金属或合金复合后，可提高材料的耐高温冲击韧性；纳米氧化铝还可用于高级光学玻璃、石英晶体和各种宝石的抛光。目前，纳米氧化铝比较成功的工业化应用是作为荧光节能灯管的内壁保护涂层材料。

化学品氧化铝多样的晶体结构和均衡的物理化学性质，使它在许多产品和产业中具有广泛的延伸用途。在精细陶瓷领域，氧化铝已成为首要的原料。随着复合 Sailon（赛隆）材料、电池用 β-氧化铝、牙齿移植和人造关节等生物陶瓷的应用，以及氧化铝纤维增强金属、纳米粉体、纳米陶瓷及纳米增强复合材料等诸多新的应用领域的出现，未来化学品氧化铝的应用量将继续迅速增长。

化学品氧化铝工业历史还不足 100 年，但在这相对较短的时间内，已经形成了遍布全球的产业。随着 20 世纪 80 年代以来世界经济的发展和现代科学技术的进步，特别是当前高科技产业的崛起，化学品氧化铝的应用领域正在以超常的速度拓展。化学品氧化铝在国内和国际都有广阔的市场和很好的前景。目前，全球化学品氧化铝产量占氧化铝总产量的 7% ~ 8%。

化学品氧化铝具有投资少、见效快、附加值高等特点。与冶金级氧化铝相比，其品种繁多、市场容量相对较小，用户分布领域宽，产品需求具有多样性；化学品氧化铝技术要求普遍较高，达到指标要求的工艺难度较大。考虑到新材料的开发和下游商业的发展需要，工业氧化铝生产商应该积极促进化学品氧化铝领域的应用技术研究和市场开发工作。

本篇将简要概述化学品氧化铝的发展历史、分类、性质和生产现状，重点介绍一些主要化学品氧化铝产品的性能、用途及制备工艺，并对化学品氧化铝的未来技术发展提出展望。

23.1 化学品氧化铝的发展史

第一篇里叙述了铝的早期历史。对于化学品氧化铝具有重要意义的是 1858 年法国人德维勒发明了用烧结法制取氧化铝，导致氢氧化铝工业品开始用于生产高质量的硫酸铝和明矾，从此开始了多品种氢氧化铝的应用历史。

在拜耳的指导下，1894 年在法国的 Gardanne 建成了第一个拜耳法氧化铝厂。拜耳法生产过程可以以较低的成本生产高质量和较高纯度的氢氧化铝和氧化铝，为扩大氢氧化铝和氧化铝的应用领域创造了机会。美国铝业公司于 1910 年生产出了首批非冶金级氧化铝，产品为煅烧氧化铝，用来作为生产白刚玉的原料，它被认为是美国铝业公司，也是世界化学品氧化铝工业的开始。

1916 ~ 1920 年间，相继开始生产和销售用作水处理的铝酸钠干粉、金属抛光用的煅烧氧化铝和波特兰水泥（即普通硅酸盐水泥）用的赤泥活性剂。

1919 年，美国铝业公司组建了公司的研究开发机构，后来成为著名的美国铝业公司研究开发中心。1923 年，Fray 博士在东圣路易斯工厂建立了这个开发中心的分支机构，用来指导氧化铝、氟化物和化学品氧化铝生产工艺、产品及应用技术的研究开发工作。这个部门为氧化铝产品和化学品氧化铝工业的发展作出了巨大贡献。

　　化学品氧化铝应用领域的发展导致许多国家的氧化铝生产商对化学品氧化铝投入相当可观的人财物力。美国、匈牙利、德国、日本等国家都具有相当高的生产能力，特别是美国铝业公司曾建立了遍布世界各大洲的化学品氧化铝生产厂家，产品包罗万象。出于其总体战略考虑，美国铝业公司于 2004 年将其全部化学品氧化铝相关产业出售给荷兰安迈铝业公司（Almatis），后来在 2007 年又被迪拜国际投资公司（DIC）以 8 亿美元的价格收购。也有些氧化铝生产商为改善竞争力，全部或部分停止其冶金用氧化铝的生产，转向价格相对较稳定且附加值高的化学品氧化铝生产。

　　在化学品氧化铝近百年的发展期内，相继研究开发了许多新工艺、新设备和新产品。其中重要的产品有活性氧化铝、煅烧氧化铝、低钠煅烧氧化铝、铝酸钙水泥、高纯氧化铝、β-氧化铝以及用途广泛的各种氢氧化铝等。

　　化学品氧化铝工业已经变成了一个世界上大部分主要的氧化铝公司参加的全球性行业。全世界每年的氧化铝产量已超过 80Mt，其中的 7%～8% 被转化成化学品氧化铝产品。目前，拥有广泛用途的化学品氧化铝都可从许多供应商组织的世界市场中买到。这些产品用于许多行业，包括成千上万类别的终端产品，如牙膏、地毯、塑料、纸张、油漆、工业陶瓷、电子元件、电子绝缘材料、除臭剂、抗酸剂、耐火材料、阻燃剂、抛光膏、干燥剂、选择吸附剂和许多其他产品。

　　中国的氧化铝工业生产始于 1954 年山东铝厂开始生产冶金用氧化铝。随着石油、化工、陶瓷、冶金、国防和制药等工业快速发展，迫切需要具有特殊形貌、粒径级别、粒度分布、化学纯度及组织结构等性能的化学品氧化铝产品。20 世纪 60～70 年代，原山东铝厂和郑州轻金属研究院相继研制开发了高温低钠氧化铝，为中国的航空航天事业作出了贡献，并开始了中国化学品氧化铝的生产。以后又不断开发化学品氧化铝新品种，到目前为止，中国铝业山东分公司结合烧结法工业流程，研制开发了 8 大系列、100 多个规格品种的化学品氧化铝，主要产品有玛瑙填料用氢氧化铝、活性氧化铝、拟薄水铝石、4A 沸石、高温氧化铝、牙膏摩擦剂和阻燃剂等。4A 沸石广销东南亚地区；玛瑙填料氢氧化铝在国际上号称“中国白”，出口到美国和韩国等。中州分公司在烧结法工业流程中嫁接开发出的高结晶度和高透明度的人造石材专用高白氢氧化铝以及阻燃用高白超细氢氧化铝，以其优异的产品性能销售到亚洲和美洲。中铝公司郑州研究院开发并生产了电子基板用 α-氧化铝、高压开关用填料氧化铝、高纯和纳米氧化铝、氧化铝高技术陶瓷及不定形耐火材料用 ρ-氧化铝等，产品广泛用于国防、原子能、高压输送系统、信息制造、电子和环保等产业。

　　中国的化学品氧化铝生产因其与烧结法流程相结合，拥有得天独厚的廉价原材料和环保优势。在烧结法氧化铝生产流程中延伸生产化学品氧化铝，产品的自然白度高，产生的含碱洗水等可以返回氧化铝生产流程，另外可以充分利用烧结法过程中产生的二氧化碳气生产易溶氢氧化铝、铝胶、拟薄水铝石等产品，减少温室气体的排放量和环境污染。近年来，中国铝业公司通过不断地改进生产工艺来确保产品的高质量，并为新产品和产品应用技术的研究开发提供了充足的科研资源。

23.2　化学品氧化铝的分类

　　化学品氧化铝随其化学成分、加工粒度和结晶构造的不同，可以形成具有各自独特理化性能且种类繁多的化学制品，但总体可以分为氢氧化铝和氧化铝两大系列，详见表 23-1 和表 23-2。典型的分类系列有：以人造石高白填料和阻燃剂为代表的氢氧化铝系列、以干燥剂和催化剂载体为代表的活性氧化铝系列、抛光和高温材料用煅烧氧化铝系列以及以纯铝酸钙为代表的氧化铝基耐火材料等。因制造国家和生产商不同，产品的命名和等级也不同，化学品氧化铝目前尚未形成统一的国际分类标准。

表 23-1　氢氧化铝系化学品氧化铝的产品名称和性能

分类依据	产品名称	主要质量特征	主要性能	应　用
成　分	低碱氢氧化铝	$Na_2O + K_2O \leqslant 0.10\%$	硬度大，耐热耐磨，化学稳定性好，无味无毒，不挥发，在加热至 250℃ 以上时脱水吸热，具有良好的消烟阻燃性能，为酸碱两性化合物	用作塑料和聚合物的无烟阻燃填料，合成橡胶制品的催化剂和防燃填料，人造大理石、玛瑙的填料，人造地毯的填料，造纸的增白剂和增光剂，生产硫酸铝、明矾、氟化铝、水合氯化铝、铝酸钠等许多种化工产品的原料，合成分子筛，生产牙膏的填料，用于抗胃酸药物，玻璃的配料，合成莫来石的原料等
成　分	低铁氢氧化铝	$Fe_2O_3 \leqslant 0.005\%$	硬度大，耐热耐磨，化学稳定性好，无味无毒，不挥发，在加热至 250℃ 以上时脱水吸热，具有良好的消烟阻燃性能，为酸碱两性化合物	用作塑料和聚合物的无烟阻燃填料，合成橡胶制品的催化剂和防燃填料，人造大理石、玛瑙的填料，人造地毯的填料，造纸的增白剂和增光剂，生产硫酸铝、明矾、氟化铝、水合氯化铝、铝酸钠等许多种化工产品的原料，合成分子筛，生产牙膏的填料，用于抗胃酸药物，玻璃的配料，合成莫来石的原料等
粒　度	细粒氢氧化铝	粒径不大于 $10\mu m$		
粒　度	微粒氢氧化铝	粒径不大于 $3\mu m$		
色　度	高白氢氧化铝	白度不小于 93%		
晶　型	氢氧化铝凝胶	主晶相为无定形晶型	具有很好的胶结性、成形性、耐高温性、热容量大、热导率小、抗腐蚀和抗氧化性好、强度高、硬度大、表面光洁	用作玻璃、石棉、陶瓷纤维和地毯纤维的表面处理剂和黏结剂，使纤维有良好的防带电、防尘污染性能，并大大改善表面质量；制造高级陶瓷器具、电子陶瓷、耐火材料的黏结剂和耐高温纤维（炉衬材料）制造等，医药工业制作抗胃酸药物，也用作催化剂和涂料
晶　型	拟薄水铝石	晶型为 $1 \sim 2$ 个结晶水的一水软铝石	具有很好的胶结性、成形性、耐高温性、热容量大、热导率小、抗腐蚀和抗氧化性好、强度高、硬度大、表面光洁	用作玻璃、石棉、陶瓷纤维和地毯纤维的表面处理剂和黏结剂，使纤维有良好的防带电、防尘污染性能，并大大改善表面质量；制造高级陶瓷器具、电子陶瓷、耐火材料的黏结剂和耐高温纤维（炉衬材料）制造等，医药工业制作抗胃酸药物，也用作催化剂和涂料
晶　型	无定形铝胶	白色透明的无定形氧化铝水合物胶体（$Al_2O_3 \cdot nH_2O$）	具有很好的胶结性、成形性、耐高温性、热容量大、热导率小、抗腐蚀和抗氧化性好、强度高、硬度大、表面光洁	用作玻璃、石棉、陶瓷纤维和地毯纤维的表面处理剂和黏结剂，使纤维有良好的防带电、防尘污染性能，并大大改善表面质量；制造高级陶瓷器具、电子陶瓷、耐火材料的黏结剂和耐高温纤维（炉衬材料）制造等，医药工业制作抗胃酸药物，也用作催化剂和涂料

表 23-2　氧化铝系化学品氧化铝的产品名称和性能

分类依据	产品名称	主要质量特征	主要性能	应　用
成　分	低碱氧化铝	$Na_2O + K_2O \leqslant 0.15\%$	通常被加工成低碱 α-氧化铝产品，其机械强度高，抗热震性好，电气绝缘性能及绝缘强度高，在高频下能承受高电压，烧成收缩率小	用于高级电绝缘体，汽车和飞机上内燃机用的火花塞，制造耐热或耐磨性陶瓷器件（炉心管、泵等）的原料等
成　分	β-氧化铝	5% Na_2O 和 95% Al_2O_3 组成的化合物（$Na_2O \cdot 11Al_2O_3$）	密度大，气孔率低（烧结度大于 97%），机械强度高，耐热冲击性能好，离子导电性高（300℃ 时的内电阻为 $35\Omega \cdot cm$），粒度分布均匀且细，晶界阻力小	用作钠硫（Na/S）蓄电池中的固体电解质薄膜陶瓷隔板，既作为离子导电体，又具有隔离钠阴极和多硫钠阳极的双重作用；还用于室温电池，钠-热敏元件，制作玻璃、耐火材料和陶瓷的原料等

分类依据	产品名称	主要质量特征	主要性能	应 用
晶 型	煅烧 α-氧化铝	α 晶型含量大于95%	比表面积小，硬度大（莫氏硬度为9.0），耐高温（熔点2050℃）、耐强酸强碱、耐磨，导热性和抗急冷急热性能好，电阻高，吸水率低（≤2.5% H_2O）	用于耐火材料行业、磨料磨具行业、玻璃陶瓷行业、电瓷行业等
晶 型	电熔氧化铝	全部呈 α 晶型	具有高的硬度和较大的韧性，耐高温	用作研磨砂轮，抛光、擦光和磨光材料，砂纸和砂布表面的涂层磨料，建筑行业用的喷砂等
晶 型	活性氧化铝	呈 γ、ρ 等晶型	为多孔性、高分散度的固体物料，具有很大的比表面积，反应活性大，吸附性能好，表面酸性，热稳定性优良	制备航天航空、兵器、电子、特种陶瓷等尖端材料的原料，石油化工和化学工业催化剂载体，各种行业中用的吸附剂、吸湿剂、脱水剂和干燥剂，汽车尾气净化剂；纳米 γ-Al_2O_3 CMP（化学机械抛光）浆料可用于集成电路生产过程中层间钨、铝、铜等金属布线材料及薄膜材料的表面平坦化以及高级光学玻璃、石英晶体及各种宝石的化学机械抛光
形 状	片状氧化铝	大粒板状 α-Al_2O_3，粒径达数百微米	热容量大，热导率高，密度大（3.65 ~ 3.90g/cm^3），抗热震性和抗腐蚀性好，化学热稳定性好，纯度高	用作催化剂基体或载体、环氧树脂和聚酯树脂的填料、耐火涂料、燃烧器喷嘴、密封炉内衬、电绝缘体和陶瓷制品等
纯度、粒度	微粒氧化铝	粒径不大于10μm	具有精细的结构、均匀的组织、特定的晶界结构和可控制的相变；密度大，硬度高，耐腐蚀性能好，有良好的高温稳定性及加工性能	用于电子工业制作芯片或封装用陶瓷多层基板、绝缘体、开关、电容器、垫板、集成电路；用于结构陶瓷制作高密度切削工具、轴密封材料和滚动轴承植物；用于功能陶瓷制作热敏元件、生物传感器、温度传感器、红外传感器等；用于生物陶瓷用作人造牙和人造骨；制造激光材料、人造宝石、透光性 Al_2O_3 烧结体陶瓷、高压钠灯发光管等
纯度、粒度	细粒氧化铝	粒径不大于3μm		
纯度、粒度	高纯超细氧化铝	Al_2O_3 ≥99.9%；粒径不大于1μm		
纯度、粒度	高纯纳米氧化铝	Al_2O_3 ≥99.9%；粒径不大于0.1μm		

23.2.1 中国化学品氧化铝的分类方法

化学品氧化铝品种繁多，分类方法不一，至今无统一的国家标准。国内的化学品行业一般按照化学品氧化铝的化学成分和相变过程中的热力学稳定性进行分类，主要包括：

（1）氧化铝的水合物，如氢氧化铝、薄水铝石、拟薄水铝石等；

（2）氧化铝，如过渡相的活性氧化铝、煅烧 α-氧化铝等；

（3）铝盐及铝酸盐，如氟化铝、硫酸铝、氯化铝、聚合氯化铝、磷酸铝、铝酸钠、人造沸石等；

（4）氧化铝陶瓷和氧化铝基耐火材料，如氧化铝烧结体、氮化铝、莫来石、铝-镁尖晶石、铝酸钙等。

中国化学品氧化铝主要生产商——中国铝业公司，将所生产的化学品氧化铝按主要化学成分分为氢氧化铝系列、化学品氧化铝系列、拟薄水铝石系列、沸石系列、铝酸钙水泥系列等（Q/Chalco 011—2002），并被国家发展和改革委员会颁布的有色金属行业标准《化学品氧化铝分类及命名》（YS/T 619—2007）所采用。

23.2.2　中国化学品氧化铝的牌号命名规则

中国行业标准《化学品氧化铝分类及命名》（YS/T 619—2007）规定，化学品氧化铝各系列产品牌号按产品类别、主要特性、主要技术指标和补充特性四部分命名，如图23-1所示。

图 23-1　化学品氧化铝命名规则

产品类别：用1个英文字母表示产品所在类别；主要特性：用数字或英文字母表示产品主要特性；主要技术指标：用数字表示产品主要技术指标，可不列出；补充特性：用1~2个英文字母表示产品的补充特性，可不列出。

23.2.3　化学品氧化铝产品系列

23.2.3.1　氢氧化铝系列

氢氧化铝系列产品包括用于生产氟化盐、硫酸铝、铝酸钠和氯化铝等铝盐的普通氢氧化铝和用于复合材料、特殊塑料、纸张、人造石等填充材料以及用于生产高级光学玻璃的特种氢氧化铝，是化学品氧化铝中应用范围最为广泛的品种之一。特种氢氧化铝产品名称、牌号及主要用途见表23-3。

表 23-3　特种氢氧化铝产品名称、牌号及主要用途

产品名称	牌　号	牌号说明	主要用途
工业细氢氧化铝	H-I-30	平均粒径为30μm工业细氢氧化铝	活性氧化铝及铝盐等
白色氢氧化铝	H-W	烧结法白色氢氧化铝	填料氢氧化铝、沸石等
	H-WF-1	平均粒径为1μm高白填料氢氧化铝	电线、电缆及纸张等填料
	H-WF-3	平均粒径为3μm高白填料氢氧化铝	绝缘塑料、泡沫塑料等填料
	H-WF-10	平均粒径为10μm高白填料氢氧化铝	人造石、地毯等填料
	H-WF-10-LS	平均粒径为10μm低钠高白填料氢氧化铝	人造石、牙膏等填料
	H-WF-50	平均粒径为50μm高白填料氢氧化铝	人造石、复合材料等填料
	H-WF-75	平均粒径为75μm高白填料氢氧化铝	人造石、玛瑙制品等填料
高纯氢氧化铝	H-P-9995	纯度为99.95%高纯氢氧化铝	高级光学玻璃等

23.2.3.2　氧化铝系列

氧化铝系列产品包括用于催化剂、脱氟剂、吸附剂和干燥剂等活性氧化铝，用于耐火

材料、陶瓷和磨料行业的煅烧氧化铝,用于生产单晶陶瓷、荧光材料等的高纯氧化铝以及用于生产高压电器开关等绝缘件的电工填料氧化铝。化学品氧化铝系列产品名称、牌号及主要用途见表23-4。

表23-4 化学品氧化铝产品名称、牌号及主要用途

产品名称	牌 号	牌 号 说 明	主 要 用 途
活性氧化铝	A-AC-03	孔容为0.3mL/g柱状活性氧化铝	催化剂、脱氟剂、吸附剂、干燥剂等
	A-AP-γ	γ-氧化铝	
	A-AP-ρ	ρ-氧化铝	
	A-AS-04	孔容为0.4mL/g球状活性氧化铝	
煅烧氧化铝	A-C-LS	低钠煅烧氧化铝	陶瓷、抛磨材料、耐火材料等
	A-C-MS	中钠煅烧氧化铝	
	A-CG-5-MS	平均粒径为0.5μm中钠煅烧氧化铝微粉	
	A-CG-5-LS	平均粒径为0.5μm低钠煅烧氧化铝微粉	
高纯氧化铝	A-P-999	纯度为99.9%高纯氧化铝	单晶陶瓷、荧光材料等
	A-P-9999	纯度为99.99%高纯氧化铝	
电工氧化铝	A-F-15	平均粒径为15μm电工填料氧化铝	高压绝缘器件等

23.2.3.3 沸石系列

沸石系列产品,又称分子筛,是一类结晶的硅铝酸盐,由硅氧四面体和铝氧四面体组成笼状骨架结构,笼与笼之间有特定孔径的孔道相连,晶胞一般呈四面体结构,骨架呈负电性,阳离子位于骨架之外,具有离子交换性。分子筛原粉加黏结剂可成形为不同规格、不同形状的分子筛,再经过特殊的工艺焙烧,可广泛应用于石油化工、精细化工、空气分离等领域内。分子筛系列化学品氧化铝主要有4A沸石、P型沸石和NaY沸石等。

本系列产品包括用于生产洗涤剂用的4A沸石、催化剂载体的NaY沸石和石油化工行业的脱芳烃、脱氮、脱有机硫的10X型等沸石。沸石产品名称、牌号及主要用途见表23-5。

表23-5 沸石产品名称、牌号及主要用途

产品名称	牌 号	牌 号 说 明	主 要 用 途
沸 石	Z-4A	4A沸石	洗涤剂等
	Z-NaY	Y型沸石	催化剂载体等
	Z-10X	10X沸石	分子筛等

23.2.3.4 拟薄水铝石系列

拟薄水铝石作为黏结剂、干燥剂和催化剂及其载体的原料,具有独特的性能。特种拟薄水铝石大部分用于石油化工中的催化过程。它一方面可以用于催化剂成形的黏结剂,用它将分子筛或其他难以成形的瘠性物料制成催化剂或催化剂载体;另一方面,由于其物化性能的特殊性和可调性,用特种拟薄水铝石产品可以直接制备出高性能的催化剂的载体。

拟薄水铝石系列产品牌号命名见表 23-6。

表 23-6　拟薄水铝石产品名称、牌号及主要用途

产品名称	牌　号	牌号说明	主　要　用　途
拟薄水铝石	P-G-03	孔容为 0.3mL/g 拟薄水铝石	催化剂、分子筛、耐火纤维制品等
	P-D-03	孔容为 0.3mL/g 烘干拟薄水铝石	
	P-DF-03-LS	孔容为 0.3mL/g 低钠粉碎拟薄水铝石	
	P-DF-08-HSi	孔容为 0.8mL/g 高硅粉碎拟薄水铝石	
	P-DF-08	孔容为 0.8mL/g 粉碎拟薄水铝石	
	P-DF-03-HV	孔容为 0.3mL/g 高黏度粉碎拟薄水铝石	
	P-DF-03-LD	孔容为 0.3mL/g 低密度粉碎拟薄水铝石	催化剂等

23.2.3.5　铝酸钙水泥系列

铝酸钙水泥作为一种以 $CaO \cdot Al_2O_3$（CA）和 $CaO \cdot 2Al_2O_3$（CA_2）为主要矿物组成的无机非金属胶凝材料，具有杂质少、早强快、硬性好、中温残存强度高、耐火度高等特点，被用作高铝质、刚玉质、莫来石质、铬刚玉质及尖晶石质耐火浇注料和喷涂料的结合剂，广泛应用在冶金、石油、化工、建材、机械、电力等行业的高温窑炉和热工设备上。铝酸钙水泥产品名称、牌号及主要用途见表 23-7。

表 23-7　铝酸钙水泥产品名称、牌号及主要用途

产品名称	牌　号	牌号说明	主　要　用　途
铝酸钙水泥	C-CA-80	氧化铝含量为 80% 的铝酸钙水泥	不定形耐火材料结合剂等
	C-CA-75	氧化铝含量为 75% 的铝酸钙水泥	
	C-CA-70	氧化铝含量为 70% 的铝酸钙水泥	

23.2.3.6　镓及其化合物

国内金属镓主要是从氧化铝生产流程中提取生产的。镓和镓的化合物主要用于制备信息和发光等材料，从化学性质上来说虽不属氧化铝范畴，但也有在管理上划入化学品氧化铝行业。硫酸铝和聚合氯化铝主要用于工业和城市用水的净化，氟化铝和冰晶石主要用作电解铝工业，它们均属大宗无机盐化工产品。上述产品，还有其他含铝高温陶瓷和耐火材料等在此行业标准（YS/T 619—2007）中没有列出，可参考其他相关行业或企业标准。

23.3　国内外化学品氧化铝生产现状

23.3.1　世界化学品氧化铝工业现状

目前，全世界化学品氧化铝行业已开发出四百多种各种用途的产品，主要用于电子、化工、陶瓷、机械、航空航天、信息产业和国防等领域，产量逐年上升。

20 世纪 80 年代以来，化学品氧化铝发展很快。世界上不少氧化铝生产厂家将部分生产能力转向化学品氧化铝生产。到 2000 年，全球化学品氧化铝总产量已经突破 3.2Mt/a，

其中，美国 0.8Mt，日本 0.72Mt，德国 0.4Mt，法国 0.35Mt，匈牙利 0.25Mt，巴西 0.2Mt，加拿大 0.125Mt，英国 0.12Mt，前南斯拉夫 0.05Mt，苏里南 0.05Mt，意大利 0.03Mt，西班牙 0.02Mt，牙买加 0.015Mt。

2002～2009 年世界各地区化学品氧化铝产量统计结果见表 23-8。

表 23-8　2002～2009 年世界各地区化学品氧化铝产量统计

年份	化学品氧化铝产量/Mt								氧化铝总产量/Mt	化学品氧化铝所占比例/%
	非洲	北美洲	拉丁美洲	亚洲	西欧	中东欧	大洋洲	合计		
2002	0.029	0.874	0.178	0.849	1.242	0.585	0.208	3.965	49.785	7.96
2003	0.008	0.89	0.215	0.837	1.286	0.602	0.242	4.08	52.591	7.76
2004	0	0.992	0.252	0.937	1.395	0.610	0.229	4.415	54.872	8.05
2005	0	0.983	0.223	0.862	1.629	0.597	0.236	4.53	56.157	8.07
2006	0	0.87	0.205	0.875	1.75	0.622	0.266	4.588	58.395	7.86
2007	0	0.786	0.198	0.827	1.698	0.608	0.262	4.379	58.863	7.44
2008	0	0.883	0.179	0.772	1.862	0.530	0.312	4.538	60.496	7.5
2009	0	0.739	0.114	0.940	1.163	0.369	0.304	3.629	53.663	6.76

注：资料来自国际铝协网站（IAI），氧化铝总产量与其他渠道有出入。

据报道，目前国外至少有 17 个公司在 19 个国家生产化学品氧化铝。按地区计，产量最多的是欧洲，占世界总量的近 1/3，其次是亚洲和北美洲。按国家计，产量以美国和日本居多。世界上对化学品氧化铝的开发及生产愈来愈重视，原因主要有以下几点：

（1）化学品氧化铝优越的理化性能使其在众多的工业部门获得广泛的应用；

（2）20 世纪 80 年代以来冶金氧化铝生产能力出现过剩，人们开始注意调整现有氧化铝企业的产品结构，因而促进了化学品氧化铝的开发；

（3）化学品氧化铝产品价值较高，一般为冶金用氧化铝的 1.5～3 倍，个别品种甚至高达 20 多倍，经济效益较好。尤其对于像欧洲和日本的一些无铝土矿资源且生产规模小的氧化铝厂，更需要开发附加值高的新产品，这使欧洲和日本成了世界上生产化学品氧化铝产量最多的地区。

化学品氧化铝的市场主要集中在美国、英国、德国、法国、日本等工业发达国家。市场需求量较大的品种有：用作阻燃剂及生产铝化工产品的各种氢氧化铝，仅美国每年的市场需求量就超过 1Mt；用作催化剂、吸附剂及催化剂载体的活性氧化铝，年需求量近百万吨；还有各种用途的煅烧氧化铝、片状氧化铝和铝酸钙水泥等，年总用量在 1Mt 以上。用于高精尖技术领域的产品，市场容量小，只有少数公司能够生产。

有许多品种的化学品氧化铝的生产实现了规模化和专业化，一些企业的年生产规模达到数十万吨。如日本的住友化学、昭和电工、轻金属三家公司年产化学品氧化铝合计超过 0.8Mt，产品有 100 多品种。日本住友化学株式会社的氢氧化铝产品分成标准粒、粗粒氢氧化铝、细粒、微粒氢氧化铝、高白氢氧化铝、特种氢氧化铝等几大类，每个大类下面又细分为若干小类。美国铝业公司原下属的二十多个化学品氧化铝生产工厂一共生产近 200 个品种，每个工厂根据本地的资源和市场情况生产若干个品种，总计年产量超过 1Mt。在统计化学品的产量时，要注意实物量和折算为氧化铝的量的区别。

先进的化学品氧化铝公司的产品品种多、分类细、产品品质较好；在生产过程控制、产品分级、产品均化等方面技术先进，产品性能可控性较好，可根据产品的不同用途调整生产工艺，得到特定晶粒形貌、粒度分布、化学纯度的产品，其生产设备具有多用途、自动化程度高和大型化等特点。

23.3.2 中国化学品氧化铝工业现状

经过多年的发展，中国的化学品氧化铝产业不断壮大。目前生产厂家主要为中国铝业公司所属的山东分公司、郑州研究院、中州分公司、山西分公司、贵州分公司、河南分公司及各大氧化铝生产厂家周边地区的一些企业。这些企业购买氧化铝厂生产的工业氢氧化铝及工业氧化铝或进口的氧化铝作为原料，加工生产各种用途的化学品氧化铝，主导产品有煅烧 α-氧化铝、活性氧化铝、氢氧化铝填料等几大种类。

中国铝业公司依托氧化铝工业生产流程嫁接生产化学品氧化铝，拥有原材料及环保优势。经过多年的研究开发，中国铝业公司现已开发出 140 多个品种的化学品氧化铝，2006 年生产非冶金级氧化铝 1.2Mt，占同期氧化铝总产量的 9% 左右。

2002～2009 年国内化学品氧化铝产量统计结果见表 23-9。

表 23-9 2002～2009 年中国氧化铝和化学品氧化铝产量（实物量）

年 份	2002	2003	2004	2005	2006	2007	2008	2009
氧化铝产量/Mt	5.45	6.11	6.98	8.54	13.7	19.47	22.78	23.792
化学品氧化铝产量/Mt	0.5	0.55	0.65	0.97	1.2	1.3	1	0.897
化学品氧化铝所占比例/%	9.12	8.94	9.23	11.40	8.73	6.67	4.40	3.77

目前，国内化学品氧化铝的主导产品有玛瑙填料氢氧化铝、活性氧化铝、拟薄水铝石、4A 沸石、陶瓷氧化铝、牙膏摩擦剂、高纯氧化铝、阻燃剂等，主要用于生产耐火材料、阻燃产品、人造石材、催化剂及其载体、陶瓷、铝盐、磨料等，但总的市场用量和比例都较低。国内化学品氧化铝产品品种少，产品性能还不能满足国内某些行业对产品的要求。某些高性能、高技术的产品还需要从国外进口。如钢铁工业每年需要大量高性能的片状氧化铝耐火材料，国内还没有专业厂家能够生产，部分厂家开发生产的烧结及电熔片状氧化铝理化指标及使用性能与美国铝业公司的片状氧化铝产品存在一定差距。

国内化学品氧化铝生产总体技术水平仍不高。有的产品生产工艺较落后，有些生产装备是将原用于生产冶金级氧化铝的设备稍加改造而成，加之设备自动化程度低，生产过程和产品的理化性能指标不易控制，质量波动大，影响产品的品质和使用性能。对化学品氧化铝产业的应用基础理论研究也欠缺。

23.4 化学品氧化铝的制备方法

迄今为止已经开发了多种制备化学品氧化铝的方法，用于对原料进行加工。从铝土矿开始到工业氧化铝，几乎所有含铝的中间产品都可以作为化学品氧化铝的生产原料，如图 23-2 所示。

在世界上占主导的拜耳法工艺流程中，因系统中存在的有机物会影响产品白度，用拜

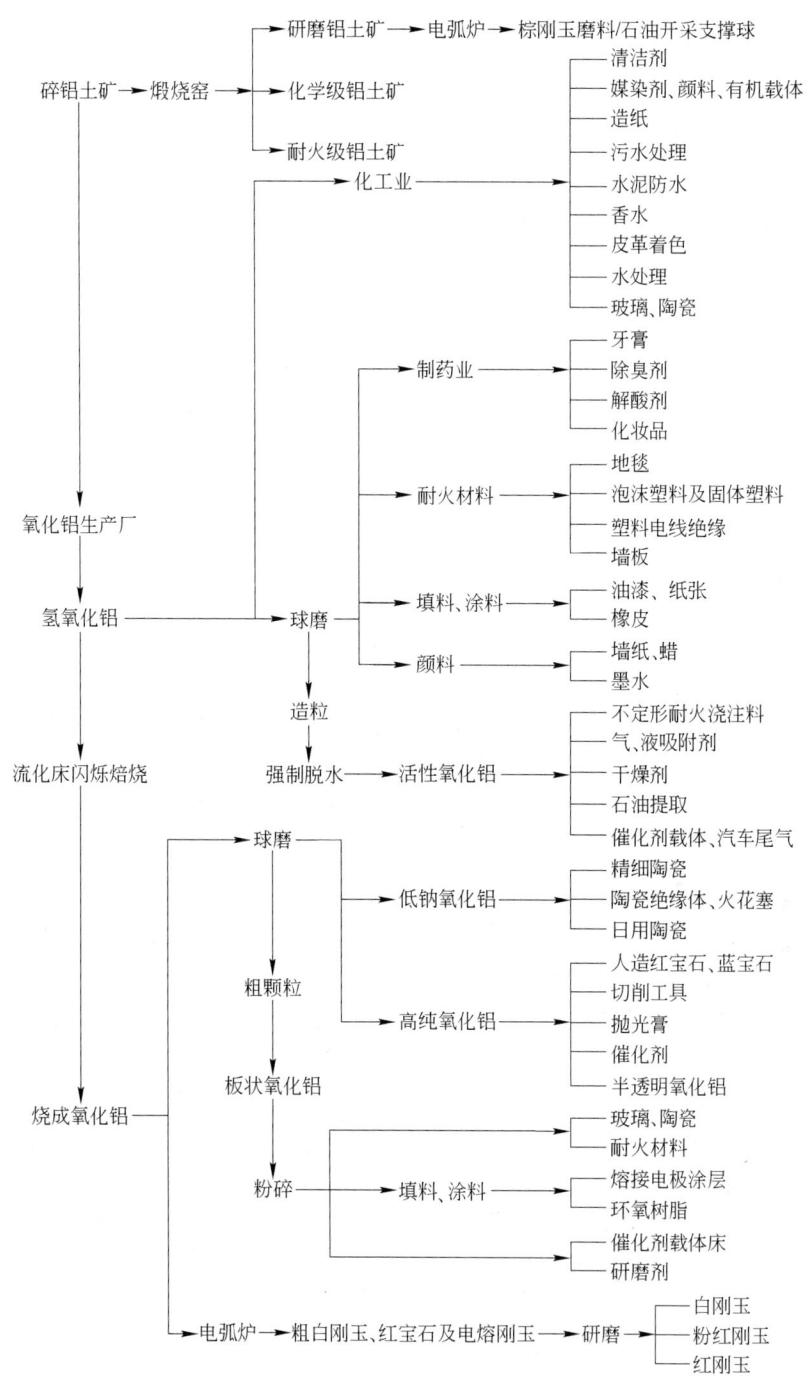

图 23-2 化学品氧化铝生产流程示意图

耳法工艺流程的铝酸钠溶液直接制备化学品氢氧化铝的方法受到一定限制，若按照国外采取溶液深度净化或重溶的办法，则成本非常高。中国氧化铝工业中有一部分采用了烧结法工艺，其产品白度高的天然优势可以用于生产高白氢氧化铝和拟薄水铝石等产品。用工业氧化铝虽可以制备高温氧化铝、板状刚玉、铝酸钙等产品，但由于其含有钠、铁、硅等杂质，采用一般的机械粉碎工艺又容易带入新的杂质，因此很难制备出高纯度的超细粉体。至今高纯、超细氧化铝粉体的制备大都采用无机盐、金属醇盐为原料，用气相法或液相法合成，由于气相法生产工艺及设备较复杂，生产成本较高，因此高纯、超细粉体以液相法为主。

　　本节介绍的是可以用于多个化学品氧化铝生产的方法。专门用于某一类产品的方法，将在第 25 章的相关品种中叙述。

23.4.1　铝酸盐溶液分解法

23.4.1.1　利用工业铝酸钠溶液嫁接生产化学品氧化铝

　　利用工业铝酸钠溶液分解或合成嫁接生产，是世界上制备化学品氧化铝的最主要方法。利用烧结法工艺嫁接生产化学品氧化铝的工艺流程如图 23-3 所示。

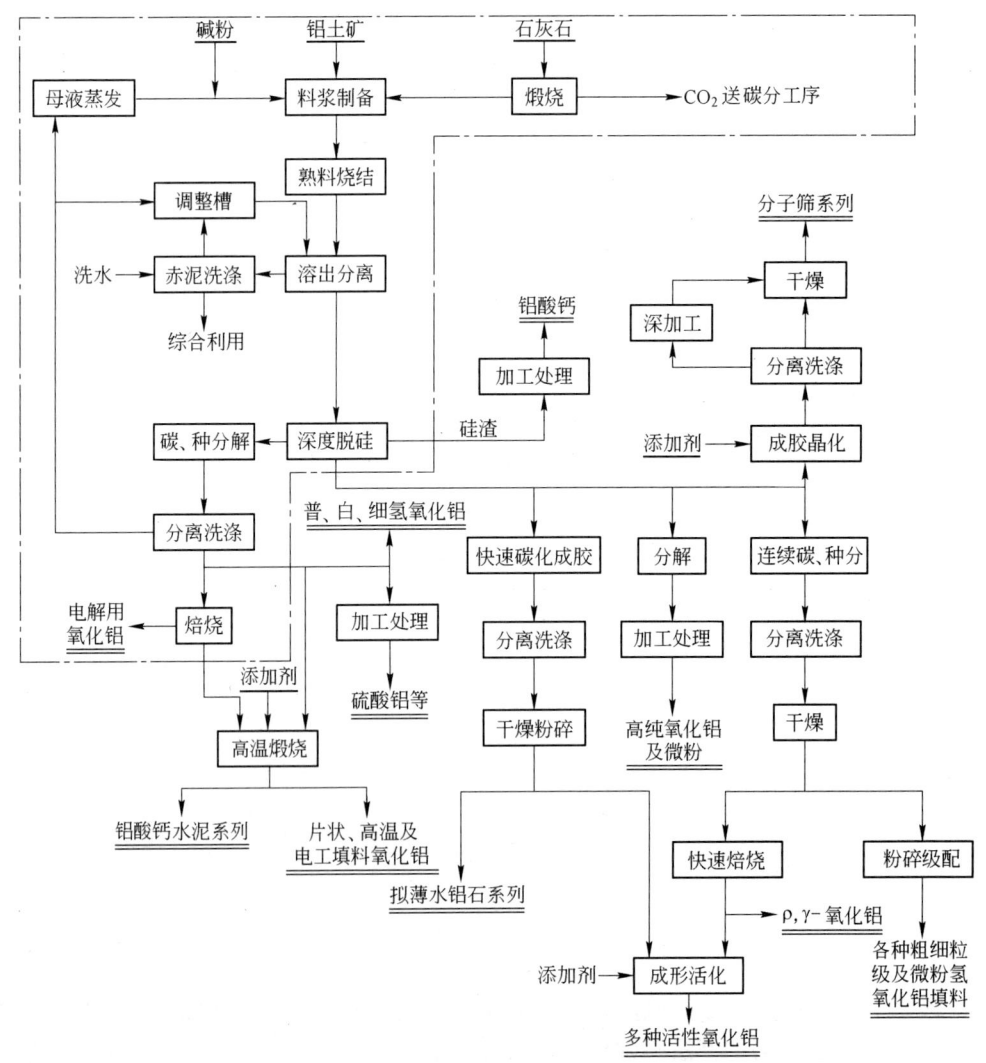

图 23-3　烧结法工艺嫁接化学品氧化铝生产示意流程

23.4.1.2　人工合成铝酸钠溶液制备法

用铝片和苛性碱液来合成铝酸钠溶液。人工合成的铝酸钠溶液杂质含量比较低，采用分解或中和法可以制备出纯度较高、特性可控的特殊产品。利用人工合成铝酸钠溶液制备纳米氧化铝的流程如图23-4所示。

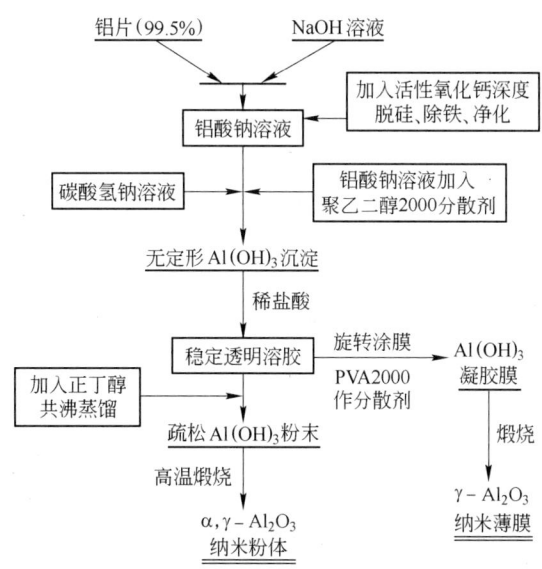

图23-4　人工合成铝酸钠溶液制备纳米氧化铝流程

23.4.2　铝盐中和沉淀法

沉淀法是在原料溶液中添加适当的沉淀剂，使得料液中的阳离子形成沉淀物为产品，再经过滤、洗涤、干燥等工艺。沉淀法分为直接沉淀法、均匀沉淀法和水解沉淀法等。沉淀反应、晶粒生长到湿粉体的洗涤、干燥、煅烧等各环节，都可能导致颗粒长大或团聚体的形成。为得到粒度分布均匀的粒子体系，需满足：

(1) 成核过程与生长过程分离，促进成核，控制生长。

(2) 抑制粒子的团聚。

试验证明，控制沉淀离子的浓度十分重要，适当的离子浓度可使沉淀物的晶核萌生出来，然后让所有的晶核尽可能同步生长成一定形状和尺寸的粒子。

在一定 pH 值下，$Al_2(SO_4)_3$ 或 $AlCl_3$ 溶液都可沉淀出 $Al(OH)_3 \cdot nH_2O$，$Al(OH)_3 \cdot nH_2O$ 经过煅烧便可获得 Al_2O_3 粉末。用沉淀法制备氧化铝粉末的工艺流程如图23-5所示。

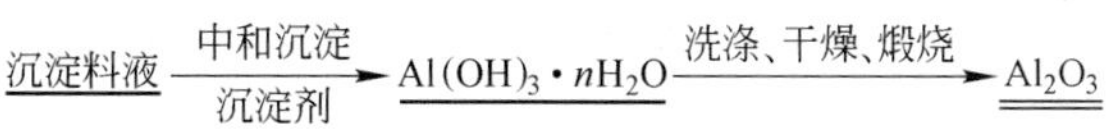

$$沉淀料液 \xrightarrow[沉淀剂]{中和沉淀} Al(OH)_3 \cdot nH_2O \xrightarrow{洗涤、干燥、煅烧} Al_2O_3$$

图23-5　沉淀法制备氧化铝粉末的工艺流程

图23-5 中的沉淀料液可使用净化除杂的 $Al_2(SO_4)_3$ 或 $AlCl_3$ 溶液，沉淀剂可使用纯氨

水或纯$(NH_4)_2CO_3$，得到的$Al(OH)_3 \cdot nH_2O$的纯度是决定煅烧后氧化铝粒度大小及晶型的重要影响因素。

要获得超细的氧化铝粉末，必须在中和沉淀时控制$Al(OH)_3 \cdot nH_2O$晶粒的生长和聚沉等过程。因此，要合理控制溶液中$Al_2(SO_4)_3$或$AlCl_3$的质量浓度、溶液的温度、pH值、中和沉淀剂的加入速度及搅拌速度等条件。这一方法的优点是设备简单，操作条件及产品组成易控制，产率较大，粉末收集也较容易，还可根据要求掺杂其他元素，制备过程中还可以加入表面活性剂。

利用旋转填料床中产生的强大离心力——超重力，使气-液或液-液多相流在高分散、高湍动、强混合以及界面急速更新的情况下，两相之间以极大的相对速度在填料弯曲孔道中逆向接触，极大地强化了传质过程。如以硝酸铝等无机盐为铝源，在盐溶液中加入聚乙二醇（PEG1540）等表面活性剂作为模板剂，同时配制碳酸铵等溶液作为沉淀剂，将无机铝盐溶液批量加入旋转填料床超重力反应器中，在设定的超重力水平、反应温度、循环液量下，将沉淀剂按一定的速度加入，当反应溶液达到一定pH值后，得到前驱体（目标产物的前期雏形产品）溶胶。将该前驱体溶胶进行老化、过滤、洗涤、干燥，得到前驱体粉末。所得前驱体粉末经过煅烧，即可得到有序介孔（指2~50nm之间的孔）氧化铝。

23.4.3　溶胶-凝胶法

溶胶-凝胶（sol-gel）法是目前在超细粉制备中研究和应用较多的一种方法。溶胶（sol）是指在分散介质中分散了大小在1~100nm的颗粒的不均匀体系，按照分散介质不同，可以分为水溶胶和气溶胶。凝胶（gel）是指胶体颗粒或高聚物分子相互交联，空间网络状结构不断发展，最终使得溶胶液逐渐失去流动性，在网状结构中充满液体的非流动半固态的分散体系。溶胶-凝胶技术是指有机或无机化合物先经过反应或分散成溶胶、再凝胶固化，经热处理而制得氧化物或其他化合物固体的方法。借助对原料进行蒸馏或再结晶，达到对前驱体的提纯，从而制得高纯度超细粉。溶胶-凝胶法合成温度低，所得产物分布均匀且细小，操作简单不需昂贵设备。

溶胶-凝胶法可以分为分散法和水解法，水解法又分为金属盐水解法和金属醇盐水解法等，金属盐水解法主要是无机盐中和沉淀法，而金属醇盐水解法的不足之处是有机原料成本高、有机溶剂毒性大、操作时间过长等。

23.4.3.1　金属盐水解法

在形成溶胶过程中，伴随着金属阳离子的水解过程：

$$M^{n+} + nH_2O \longrightarrow M(OH)_n + nH^+ \tag{23-1}$$

溶胶的制备又可分成浓缩法和分散法。前者是在高温下，控制胶粒慢速成核和晶体生长；后者是使金属在室温下过量水中迅速水解。图23-6是浓缩法和分散法的工艺示意图，两法最终都使胶粒带正电荷。

23.4.3.2　金属醇盐水解法

金属醇盐$M(OR)_n$（n为金属M的原子价，—OR称为烷氧基）与水反应可持续进行直

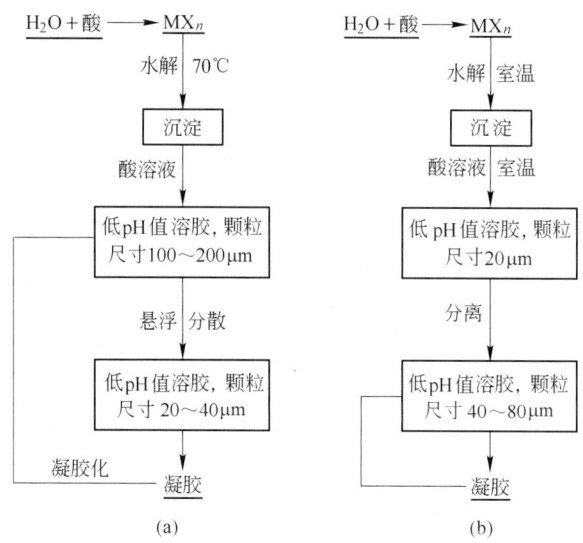

图 23-6 金属盐水解法的浓缩和分散工艺

（a）浓缩工艺；（b）分散工艺

至生成 $M(OH)_xOR_{n-x}$，见式 23-2：

$$M(OR)_n + xH_2O \longrightarrow M(OH)_xOR_{n-x} + xROH \qquad (23-2)$$

金属盐在水中的性质受金属离子半径、电负性、配位数等因素影响。一般说来，金属原子的电负性越小，离子半径越大，最适配位数越大，配位不饱和度也越大，金属醇盐水解的活性就越强。一般沿元素周期表往下，金属电负性减小，离子半径增大，金属醇盐越易水解。但应该注意的是，电负性的大小并非是决定金属醇盐水解活性的唯一关键参数，而在某些体系内，配位不饱和度的大小才是决定水解活性的重要参数。如 Sn 的电负性大于 Si，而其水解活性却高于 Si，这是因为亲核加成反应在动力学上要快于亲核取代反应，这说明配位不饱和度是决定亲核加成反应性的关键因素。

图 23-7 是采用丁醇铝 $Al(OC_4H_9)_3$ 作为前驱体原料，约尔达斯（Yoldas）醇盐水解法制备氧化铝的典型溶胶-凝胶工艺流程图。

23.4.4 水热反应法

以制备 $\gamma\text{-}Al_2O_3$ 为例，基本工艺过程与水热析晶法相同。以粒径为 $50\mu m$ 的 $\alpha\text{-}Al(OH)_3$ 或 $\alpha\text{-}Al_2O_3 \cdot 3H_2O$ 为起始原料，用 HNO_3 和 NaOH 调节浆料的 pH 值，水热反应的温度为 200℃，保温 2h，$\alpha\text{-}Al(OH)_3$ 转变为结晶型 $\alpha\text{-}AlOOH$。当浆料 pH 值为 3～9 时，$\alpha\text{-}AlOOH$ 为 $0.3\mu m$ 的球形颗粒；当 pH 值低于 3 时，$\alpha\text{-}AlOOH$ 为细针状，长宽之比为 2：1～10：1；当 pH＞9 时，则所得 $\alpha\text{-}AlOOH$ 为类板状。$\alpha\text{-}AlOOH$ 在 600℃、2h 则转化为 $\gamma\text{-}Al_2O_3$。

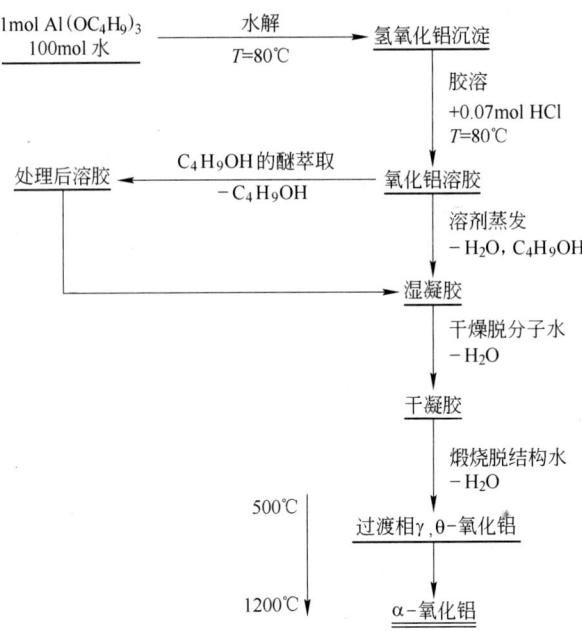

图 23-7 约尔达斯（Yoldas）醇盐水解法工艺流程

24　化学品氧化铝的结构与性质

* *

24.1　化学品氧化铝的结构形态和物理性质

24.1.1　各种氧化铝水合物和氧化铝的结构形态和物理性质

化学品氧化铝有氧化铝水合物和氧化铝两大结构形态。

氧化铝水合物有 α-Al(OH)$_3$（三水铝石），β-Al(OH)$_3$（拜耳石），β$_2$-Al(OH)$_3$（诺耳石），α-AlOOH（薄水铝石，即一水软铝石），β-AlOOH（一水硬铝石）及 Al$_2$O$_3$·nH$_2$O（包括假一水软铝石即拟薄水铝石 α'-AlOOH 和无定形 Al(OH)$_3$）等几种结构形态。

氧化铝除热力学稳定相 α-Al$_2$O$_3$（刚玉）外，还存在大量亚稳态的同质异相体晶相，或称为"过渡相"，已知共有 χ、ρ、η、γ、κ、δ、θ 和 α 等八种晶型。其中，β-Al$_2$O$_3$ 实际上是氧化铝和碱金属或碱土金属的复合物。

不同种类的氧化铝水合物在 200~600℃ 下加热生成 χ、ρ、η 或 γ-Al$_2$O$_3$，这几种氧化铝生成温度低，多孔，高分散，比表面积和孔隙率大，活性高，通常称为活性氧化铝。活性氧化铝通常含微量水，化学组成可表示为 Al$_2$O$_{(3-x)}$(OH)$_{2x}$（0 < x < 0.8），为白色或微红色物质，微溶于酸或碱，不溶于水。

这些活性氧化铝进一步加热至 1100~1200℃ 均生成 α-Al$_2$O$_3$，α-Al$_2$O$_3$ 比表面积低，具有耐高温的惰性，它不再具有活性。

κ、δ 和 θ-Al$_2$O$_3$ 属于低温活性氧化铝和 α-Al$_2$O$_3$ 两种晶型之间的中间晶型，又称为中温氧化铝。而 γ、δ 和 θ-Al$_2$O$_3$ 是最常见的亚稳态同质异相体。

氧化铝及其水合物由于结构不同，因此它们具有各自不同的物理性质。常见的几种氧化铝及其水合物的硬度、折光率是按下列的次序递增的：三水铝石→一水软铝石→一水硬铝石→刚玉，见表 24-1。各种氧化铝及其水合物的主要结构参数和 X 射线衍射数据参见 10.1.4.1 节。不同晶型氧化铝和氢氧化铝的主要热力学数据见表 24-2。

24.1.2　氧化铝水合物结构和性质

24.1.2.1　拜耳石

拜耳石是由 AB-AB 形式堆积的八面体层状 Al(OH)$_6$ 组成，接近于六面体紧密堆积形，层与层之间通过氢氧键来连接。主要矿物学性质见表 24-1。迄今为止还没有发现拜耳石单晶。拜耳石商业上主要用作催化剂、感光底片或吸附剂等的前驱体，这些均要求氧化铝含有较低的钠含量。

表 24-1 部分氧化铝和氢氧化铝的矿物学性质

矿物相	折光率 n_D				解理面	脆 性	莫氏硬度	光泽度
	α	β	γ	平均				
三水铝石	1.568	1.568	1.587		(001) 良好	硬	2.5 ~ 3.5	珍珠玻璃光泽
拜耳石				1.583				
一水软铝石	1.649	1.659	1.665		(010)		3.5 ~ 4	
一水硬铝石	1.702	1.725	1.750		(010)	脆	6.5 ~ 7	亮珍珠
刚 玉	ε	ω	平均		无	硬（紧密时）	9	珍珠金刚石光泽
	1.760	1.768						

表 24-2 不同晶型氧化铝和氢氧化铝的热力学数据（298.15K，0.1MPa）

矿物相	相对分子质量	状 态	摩尔体积 /$cm^3 \cdot mol^{-1}$	焓 /$kJ \cdot mol^{-1}$	自由能 /$kJ \cdot mol^{-1}$	熵 /$J \cdot (mol \cdot K)^{-1}$	比热容 /$J \cdot (mol \cdot K)^{-1}$
三水铝石	78.004	晶体	31.956	−1293.2	−1155.0	68.44	91.7
拜耳石	78.004	晶体	30.832	−1288.2	−1153.0	—	—
一水软铝石	59.989	晶体	19.55	−990.4	−915.9	48.43	65.6
一水硬铝石	59.989	晶体	17.76	−999.8	−921.0	35.33	53.3
刚 玉	101.961	晶体	25.575	−1675.3	−1582.3	50.92	79.0
ρ-Al_2O_3		晶体		−1657			
γ-Al_2O_3		晶体		−1657			
κ-Al_2O_3		晶体		−1662			
δ-Al_2O_3		晶体		−1666.5			

24.1.2.2 三水铝石

在自然界中很少发现天然的拜耳石，但在铝土矿、热带地区土壤中和黏土中却存在大量的三水铝石。氢氧化铝（三水铝石）是白色的晶体，其硬度适中，莫氏硬度为 2.5，具有一定的耐磨性、容易加工，化学稳定性好，无味，无毒，不挥发，在加热至 250℃ 左右脱水，并吸收大量热，具有良好的消烟阻燃性能。三水铝石属于两性化合物，既能溶于酸，又能溶于碱液。三水铝石主要用作聚酯、环氧树脂、聚氯乙烯以及其他塑料和聚合物的无烟阻燃填料，合成橡胶制品阻燃填料，人造地毯的填充料，造纸的增白剂和增光剂，生产硫酸铝、明矾、氟化铝、聚合氯化铝、铝酸钠等多种化工产品，合成分子筛，生产牙膏的填料，抗胃酸药物，玻璃的配料，合成莫来石的原料等。

24.1.2.3 诺耳石

1956 年，Van Nordstrand 和其合作者发表了一种不同于拜耳石和三水铝石的一种氢氧化铝的 X 射线衍射数据。因为它的结构与拜耳石的结构类似，并具有拜耳石的晶体形貌，人们称它为拜耳石Ⅱ。这种三羟基的化合物后来被称为诺耳石。随后又有多位研究人员证实这种新结构晶体的存在。Salfeld 和 Jarchow 在 1968 年，Bosmans 在 1970 年公布了这种晶体结构的最新测定数据。其结构为可变的 AB-AB 和 AB-BA 层堆叠，或者是一种介于拜耳石和三水铝石中间的一种结构。

在位于热带地区的沙捞越（马来西亚的一个邦）西部和关岛有天然的诺耳石。根据 Hauschild 的研究，非常纯的诺耳石可通过铝、氢氧化铝凝胶或可水解的含铝化合物与烷基二氨胺的水溶液反应而制得。还报道有其他几种制备方式。

24.1.2.4   一水硬铝石

这种矿物是中生代和较古老的沉积型矿物的主要组成部分，在一些富含铝的腐殖质岩石和高铝黏土中也大量存在。1943 年 Laubengayer 和 Weiss 首次报道了采用水热合成工艺人工合成出一水硬铝石。迄今为止还没有商品化生产一水硬铝石报道。

一水硬铝石主要的矿物学参数汇总于表 24-1。

24.1.2.5   一水软铝石

这种变体 AlOOH 在许多第三纪和上白垩纪时代的铝土矿中占有主导地位，但在新生成的铝土矿中也很丰富。经过处理三羟基氢氧化铝或在 375K 以上水热处理金属铝均可制得一水软铝石。大颗粒的氢氧化铝在 380~575K 的温度，并在一定压力气氛下也可发生固相转化而成一水软铝石。

一水软铝石经常可以得到条状的晶体，根据制备晶体条件的不同，也出现针状等晶体。

一水软铝石是一种重要的工业产品，主要用作生产催化剂和吸附剂的前驱体原料。表 24-1 列出了其主要矿物学参数。

24.1.2.6   胶态氢氧化铝

胶态氢氧化铝主要有氢氧化铝凝胶、拟薄水铝石和无定形铝胶，具有良好的胶结性、成形性、耐高温性、抗腐蚀和抗氧化性、表面光洁，用作各种纤维的表面处理，使纤维有良好的防带电、防尘污染性能。中和铝胶的晶型为 $Al_2O_3 \cdot nH_2O$，而高碳化胶晶型为 $\beta\text{-}Al_2O_3 \cdot 3H_2O$ 或 $\alpha\text{-}Al_2O_3 \cdot 3H_2O$，而低碳化铝胶的晶型为 $Al_2O_3 \cdot nH_2O$ 或 $\beta\text{-}Al_2O_3 \cdot 3H_2O$。

胶态氢氧化铝可用作生产活性氧化铝的原料。利用它的胶结性可以用作无机纤维或有机纤维的表面处理。如玻璃纤维、石棉、陶瓷纤维等的表面处理与黏结剂。利用其耐温性和表面光洁度，广泛应用于高级陶瓷器具制造业，也用于电瓷制造，同时它也可作无机填料，制造耐高温纤维等。

24.1.3   氧化铝的结构和性质

24.1.3.1   刚玉

刚玉（$\alpha\text{-}Al_2O_3$），是唯一的在热力学稳定的氧化铝形态。$\alpha\text{-}Al_2O_3$ 相对分子质量为

101.96，熔点为 2050℃，沸点为 2980℃，线膨胀系数为 $8.6 \times 10^{-8} K^{-1}$，热导率为 0.2888W/(cm·K)。它是火山灰和风化变质的岩石中的一种普通矿物，几个世纪以来，大且透明的常用作宝石。

刚玉是最重要的陶瓷原料之一，20 世纪 60 年代前，采用霍尔工艺电解铝的原料都是 α-Al_2O_3。现代铝冶炼工业应用中，采用低的焙烧温度来获得部分转变为稳定相的产品。

刚玉非常硬，只有钻石和其他人工合成具有钻石结构的化合物的硬度比它大。α-Al_2O_3 晶体有六边和菱形形态。

24.1.3.2　高温氧化铝

工业氢氧化铝或氧化铝在 1300～1700℃下焙烧得到的 α-Al_2O_3，其化学纯度高，熔点为 2050℃左右，主相为刚玉相，硬度可达到 9 左右，吸水率低（≤2.5%），具有良好的化学稳定性、耐高温和耐磨等特性，广泛用作耐火材料、陶瓷、磨料（砂轮、抛光、研磨）等工业的基本原料。

其中氧化钠含量较低（<0.2%）的 α-Al_2O_3 常称为低钠氧化铝，它具有电绝缘性能好、耐火度高，烧成收缩率小（13%～18%）等特性，是制造电工陶瓷、火花塞和真空管等电器部件以及耐热或耐磨性瓷器的优良材料。

24.1.3.3　板状氧化铝

板状氧化铝是一种热稳定型的 α-Al_2O_3，也称片状氧化铝。它是碱含量较低的工业氢氧化铝在 1800～1900℃时，通过再结晶制得的大粒板状的 Al_2O_3。与焙烧氧化铝的区别在于晶粒较粗，具有热容量大、热导率高以及密度高（3.65～3.80g/cm³）等特点，其高温性能稳定，化学纯度高，抗腐蚀和抗热震性能好。

板状氧化铝主要应用于各种耐火材料、滑动水口、喷嘴、套管、缓冲垫和浇注内衬，此外还可用作催化剂载体、热交换介质、电子点火、技术陶瓷等。

24.1.3.4　活性氧化铝

γ-Al_2O_3 是活性氧化铝的主要品种，属于过渡形态氧化铝，外观为粉状、微球状或柱状灰白色固体。其晶体结构如图 24-1 所示。它是一种多孔性、高分散度的固体物料，具有比表面积大、吸附性能好、表面酸性良好等特点，可作为多种化学反应的催化剂及催化剂载体，在石油、国防、化肥、医药、卫生等部门有着广泛应用。

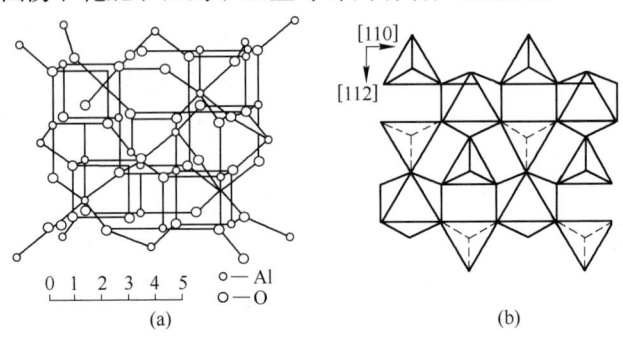

图 24-1　γ-Al_2O_3 的晶体结构示意图

γ-Al_2O_3 的晶体是无序的，这种无序性主要由铝原子的无序性来决定，正因为铝原子的无序性，通过控制制备条件，可制得多种不同比表面积和孔容的活性氧化铝产品，因此在催化领域中使用最多。

24.2　化学品氧化铝的相变

亚稳态氧化铝的同质异相体的制备，主要通过不同晶型的氧化铝水合物脱水得到，也可以从熔体的快速淬火、气相沉积、非晶氧化铝的控制晶化获得。伴随这些相变的结构和形貌演变规律已经进行了大量深入的研究。

图 24-2 给出了三水铝石等几种氧化铝水合物的晶相转变顺序。需要说明的是，不同的初始物在不同的环境气氛下其晶体结构受热转化的温度节点是不同的，很多过渡型氧化铝相变节点在部分温度区域内存在交叉重叠现象，因此不同学者的研究结果和观点也不完全一致。

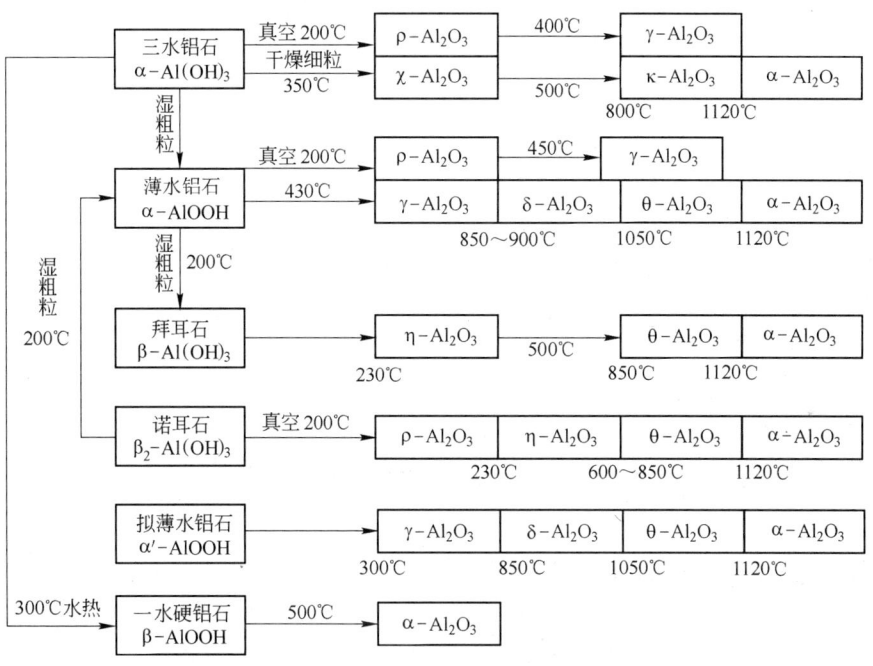

图 24-2　氧化铝及其水合物的相变图

例如，对薄水铝石（boehmite，γ-AlOOH）或拟薄水铝石（pseudo-boehmite，一种欠晶化的薄水铝石，含水量约 1.7H_2O/Al_2O_3），加热导致脱水和结构重排，经历各种过渡相氧化铝，最后相变为 α-Al_2O_3。拟薄水铝石的典型晶型演变顺序可以表示为：

$$AlOOH \xrightarrow{300℃} γ\text{-}Al_2O_3 \xrightarrow{850℃} δ\text{-}Al_2O_3 \xrightarrow{1050℃} θ\text{-}Al_2O_3 \xrightarrow{1120℃} α\text{-}Al_2O_3$$

如果对拟薄水铝石凝胶在干燥前进行室温陈化，则首先生成结晶度高的拜耳石——β-Al(OH)₃。从拜耳石演变到 α-Al_2O_3 的典型顺序为：

$$Al(OH)_3 \xrightarrow{230\sim400℃} η\text{-}Al_2O_3 \xrightarrow{850℃} θ\text{-}Al_2O_3 \xrightarrow{1120℃} α\text{-}Al_2O_3$$

而一水硬铝石转变为刚玉型氧化铝的过程中形成的中间产物没有确定的结构。因为一水硬铝石和刚玉氧化铝有相同的晶格，转变过程只需较小的结构重排，在一水硬铝石表面外延生长刚玉氧化铝需要较低的成核能。

大指数的晶体结晶有序排列在热分解初始阶段几乎消失。随着温度的不断升高，晶格又逐步变得有序化。Stumpf 等人在 1950 年的研究显示在重新有序化时，在某一温度段发生了一系列的形态转变。形成这种结构形态的温度范围是由起始物结构决定的，对三水铝石、拜耳石、一水软铝石和一水硬铝石来说是不同的。

三水铝石和拜耳石的晶格转变受粒度和颗粒在加热条件下受到的水蒸气压力的影响。在 400~650K 时，晶型转变形成 χ 和 η 相。在脱羟基过程中，水无法从大颗粒中迅速蒸发掉时，在这种水热条件下形成一水软铝石，质量减少约 23%。然后薄水铝石按图 24-2 的相变顺序分解，在 650~850K 下分解形成 γ-氧化铝。γ-氧化铝和 χ 以及 η 相氧化铝一样，是一种有序性较差的氧化铝形态。在 500K 以上时，三水铝石和拜耳石若在真空或气体移除迅速的条件下脱羟基，就会形成一种无定形的 ρ-氧化铝。随着温度的升高，出现相对稳定的多孔过渡态氧化铝。同时持续生成层状固体、发生结构重排等，直到形成六边形闭环刚玉结构的晶相。

除了 ρ-氧化铝外，上述转变顺序是不可逆的，而且氧化铝的转变相中包含不同数量的氢氧根离子并且化学式是无法确定的。因此，无法认为它们是真正意义上的氧化铝聚合体。人们习惯于按氧化铝相变过程中的热力学不稳定性分类，而不按结构重排再生性能分类。

在氧化铝生产中，用焙烧炉或回转窑煅烧氢氧化铝获取冶金级氧化铝和陶瓷用氧化铝。完全脱除羟基的高温煅烧产品是 α-Al_2O_3，即刚玉。在低于 1200K 温度下煅烧得到的产品具有独特的性能。早在 1879 年，人们已经发现水铝矿加热到低于 1000K 时可转变为一种干燥剂。部分脱羟基的羟基氧化铝产品具有很大内孔、高的比表面积，还具有催化活性，它不仅可以吸水，而且还吸收有机物、无机物离子和氢氧根离子。在 20 世纪 30~70 年代对这些性质进行过详细研究。科学掌握结构和煅烧氢氧化铝脱除部分羟基后性能的关系，有助于发展这些物质的应用。

24.3　氧化铝颗粒的溶液化学与表界面

24.3.1　氧化铝及其水合物的溶解性能

不同形态的氧化铝及其水合物在酸和碱溶液中的溶解度及溶解速率是不同的。三水铝石和拜耳石的化学活性最好，也最容易溶解，一水软铝石次之，一水硬铝石最难溶解。氢氧化铝可溶于酸和碱溶液，其在 pH 值为 4.5~8.5 之间的溶液中溶解性很低，在 pH 值为 6 时，室温时溶解度约为 10^{-7} mol/L；在 pH 值低于 4 时和 pH 值高于 9 的溶液中，其溶解性迅速提高，其溶解度与 pH 值的关系曲线呈 U 形，如图 24-3 所示。不同形态的氧化铝中，γ-氧化铝化学活性较大；而刚玉则具有极强的化学稳定性，即使在 300℃ 的高温下与强酸和碱的反应速度也很慢。

氢氧化铝不溶于水，但易于溶解在强酸和强碱中，是典型的两性化合物，它的碱性和酸性都很弱，所以弱酸的铝盐在水溶液中都全部或大部分水解，但强酸的铝盐溶液则比较稳定。在 pH 值为 5~8 的范围内其溶解度很小。在 pH 值为 4~9 的范围内，pH 值朝中性值方向微小的变化都能很快分解析出大量胶质氢氧化铝，由于其亲水性，易于形成氢氧化铝凝胶。不同形态的氢氧化铝在碱和酸溶液中的溶解度和溶解速度是不同的,不定形氢氧化铝和凝胶氢氧化铝溶解速度最快,而拜耳石和三水铝石溶解较快,一水软铝石次之,一水硬铝石最难溶。

　　除在较高的 pH 值或较高的温度下,从铝酸钠溶液中可以析出晶体形式的氢氧化铝外,其他大多数条件下析出的初始产品一般为不定形氢氧化铝。而不定形氢氧化铝在一定条件下可转变为晶体氢氧化铝,这也为多品种氢氧化铝的生产开辟了新的工艺和生产方法。在水蒸气压平衡的条件下,氢氧化铝晶体在大约 100℃ 转化为一水软铝石。对三种形态的三水铝石来说,即三水铝石型、拜耳石型和诺耳石型,其转换温度都是相同的;而在温度高于 300℃,压力高

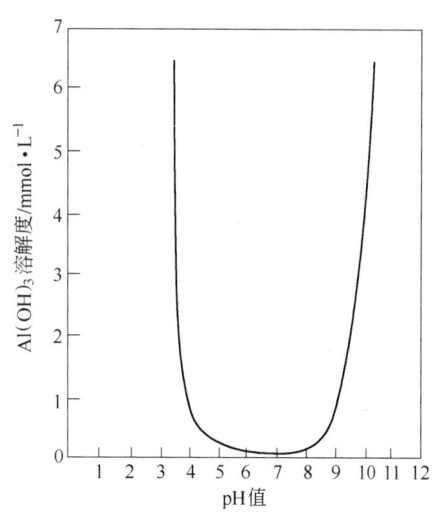

图 24-3　氢氧化铝溶解度
同溶液 pH 值的关系

于 20MPa 的条件下,转化为一水硬铝石,见图 24-2 中的相变关系。

　　因为拜耳法生产的重要性,氧化铝在强碱溶液中的溶解性备受关注。最初,地质学家研究了铝在接近中性的弱酸性水中的溶解行为。尽管各种文献有不同的见解,但大多认为在低于 400K 的温度下,pH 值小于 4 时,溶液中主要以水合 Al^{3+} 的形式存在;在 pH 值高于 8,温度低于 400K 时,主要以 $Al(OH)_4^-$ 形式存在;更高温度和高碱浓度时,也就是说当水的活度较低时,主要以 AlO_2^- 形式存在。在 pH 值为 4~8 之间时,可能会生成复杂的聚合离子。Hem 和 Roberson 认为铝离子与 6 个水分子形成配合物。当 pH 值升到 4~5 时,半径较小的铝离子使水分子极化,继而发生去质子化。$Al(OH)(H_2O)_5^{2+}$ 进一步减少水分子和去质子化,可以产生二聚或多聚的复杂聚合体。这些多聚体可形成六边形的环形结构,这是 $Al(OH)_3$ 晶体的前驱物,在高温和低的 pH 值时形成链状的聚合体。

　　溶解度关系曲线陡峭的斜率表明,小的 pH 值变化可引起 $Al(OH)_3$ 溶解度的急剧变化,并导致氢氧化铝快速凝胶沉淀。它们由结晶规则性较差和毛细管中充满分子水的固相组成。这些凝胶脱水后形成具有每克几百平方米的高比表面积固体。固体在这种溶液中于不同的温度和 pH 值下,经过老化可以变为 $Al(OH)_3$ 或 $Al(OOH)$ 晶体。

24.3.2　零电荷点

　　当把固体颗粒浸入水中时,颗粒表面即带电荷。在晶体表面上,正离子和负离子数目相等,致使净电荷为零时所对应的 pH 值称为零电荷点(PZC)或等电位点(IEP)。

　　由于氧化铝表面有酸、碱中心(详见 25.7.2.1 节),并有相当多的表面羟基(用失重法测出得表面羟基浓度在常温下可达 10—OH/nm²),在水溶液中,氧化铝表面带有某种电荷,带电符号与电荷密度由介质的 pH 值决定。表 24-3 列出了采用不同方法测得的氧化铝的零电荷点(PZC)和等电位点(IEP),采用电位滴定法测出的是 PZC,采用流动电势、电泳、沉降速率方法测出的是 IEP。由表中数据可知,氧化铝的 PZC 和 IEP 约在 pH 值为 8~9 之间,与为保持恒离子强度所用电解质的性质与浓度关系不大,但也有些报道

认为与氧化铝受热老化时间有关。根据氧化铝的 *PZC* 和 *IEP* 可知，在中性水中氧化铝应带正电荷，不利于带正电荷离子的吸附；而调节介质的 pH 值则可能改变表面带电符号和电荷密度，有利于反号离子的吸附。

表 24-3　不同方法测得的氧化铝的零电荷点（*PZC*）和等电位点（*IEP*）

测定方法	电解质	*PZC* 或 *IEP*	测定方法	电解质	*PZC* 或 *IEP*
流动电势	NaCl	9.2 ± 0.2	电位滴定	KNO_3	9.06
电位滴定、电泳、沉降速率	KCl，KNO_3，$KClO_4$	9.1 ± 0.1	电位滴定 电泳	KCl KCl，KNO_3	8.5 8.3
电位滴定	KCl	8.9	电位滴定	$KClO_4$	8.3

表 24-4 列出了包括氧化铝在内的若干陶瓷颗粒的等电位点和零电荷点数值。例如，纯 $\alpha\text{-}Al_2O_3$ 和 $\gamma\text{-}Al_2O_3$ 的 *PZC* 分别为 9～9.5 和 7～9，而由拜耳法生产工艺得到的 Al_2O_3 的 *PZC* 数值为 7～9.5。这些零电荷点数值，作为一个监控参数指标，对洗涤、凝聚、沉淀、分离等操作过程中的工艺条件控制具有重要指导价值。

表 24-4　部分陶瓷体系的等电位点和零电荷点数值

材　料	名　义　成　分	等电位点(*IEP*)/零电荷点(*PZC*)
钠长石	$Na_2O \cdot Al_2O_3 \cdot 6SiO_2$	2
氧化铝（α）	$\alpha\text{-}Al_2O_3$	9～9.5
氧化铝（拜耳法工艺）	Al_2O_3	7～9.5
氧化铝（γ）	$\gamma\text{-}Al_2O_3$	7～9
锐钛矿	TiO_2	6～7
碳酸钙	$CaCO_3$	9～10
γ-氧化铁	$\gamma\text{-}Fe_2O_3$	6～7
针铁矿	$\alpha\text{-}FeOOH$	6～7
赤铁矿（天然，含 SiO_2 杂质）	$\alpha\text{-}Fe_2O_3$	4.8
赤铁矿（人工合成）	$\alpha\text{-}Fe_2O_3$	8.0～8.6
高岭土	$Al_2O_3 \cdot SiO_2 \cdot 2H_2O$	4.8
高岭土（边沿）	$Al_2O_3 \cdot SiO_2 \cdot 2H_2O$	6～7
氧化镧	La_2O_3	10～12
氧化镁	MgO	12～13
磁铁矿	Fe_3O_4	6～7
氧化钼	MoO	12.0
五氧化二钼	Mo_2O_5	0.5
莫来石	$3Al_2O_3 \cdot 2SiO_2$	6～8
白云母	$KAl_3Si_3O_{11} \cdot H_2O$	1
钾长石	$K_2O \cdot Al_2O_3 \cdot 6SiO_2$	3～5
石　英	SiO_2	1.5～3.7
金红石	TiO_2	2.4～6
碳化硅	SiC	2～3
氮化硅	Si_3N_4	3～9
苏打硅石灰玻璃	$1.00Na_2O \cdot 0.58CaO \cdot 3.70SiO_2$	2～3
氧化钇	Y_2O_3	9～11
氧化锌	ZnO	8.7～9.7
锆　石	$SiO_2 \cdot ZrO_2$	5～6
氧化锆	ZrO_2	4～6.6
氧化锆（3%（质量分数）氧化钇）	$0.03Y_2O_3 \cdot 0.97ZrO_2$	6～8

25　化学品氧化铝的生产技术及应用

＊＊＊＊＊＊＊＊＊＊＊＊＊＊＊＊＊＊＊＊＊＊＊＊＊＊＊＊＊＊＊＊＊＊

本章重点介绍几种国内已经规模化生产的化学品氧化铝。未列入的低硅、低铁、低钠氢氧化铝的生产工艺可以借鉴高白氢氧化铝，铝盐重点选择介绍4A沸石和聚合氯化铝。硫酸铝和氟化铝是成熟的化工产品，其生产工艺可参见相关专业书籍。催化剂用拜耳石、一水软铝石和医药用氢氧化铝凝胶，固体铝酸钠、水合铝酸钙、片钠铝石、草酸铝等其他含铝化合物以及氧化铝高技术陶瓷等，本章不做介绍。

25.1　易溶氢氧化铝

25.1.1　易溶氢氧化铝概述

氢氧化铝属典型的两性化合物，易溶于强酸强碱。普通氢氧化铝除了煅烧成氧化铝用作电解铝的主要原料之外，在化工行业也有着广泛的用途，是生产硫酸铝、聚合氯化铝、氟化铝、铝酸钠、合成氟石等多种铝盐的主要原料之一。

生产铝盐，尤其生产高品质的铝盐产品对氢氧化铝有着特殊的要求，不仅要求较低的杂质含量，而且对氢氧化铝在酸中的溶解性能也有不同的要求。除了湿法合成氟化铝等个别工艺，因反应过于激烈容易冒槽等原因需要控制氢氧化铝的溶解性之外，大多用户需要氢氧化铝具有好的溶解性能，要求反应结束后酸溶残留少，符合这种条件的氢氧化铝称之为易溶氢氧化铝。

国内铝盐的制造多以普通氢氧化铝为原料。例如低铁硫酸铝的生产，是以硫酸溶解氢氧化铝制得硫酸铝溶液后蒸发结晶析出晶体产品。但普通氢氧化铝产品常因生产工艺的差别，导致酸溶性差且波动较大。例如，按日本昭和电工依据氢氧化铝酸溶率指标进行酸溶性质评价，结果表明，种分生产的氢氧化铝酸溶率通常为50%左右，碳分生产的氢氧化铝酸溶率为60%~70%。氢氧化铝酸溶性差会增加原料量和残渣过滤的负荷，而酸溶性的差别导致铝盐生产过程中工艺指标的波动。为提高原料利用率，化工企业不得已提高温度和酸的浓度，或延长溶出时间，从而增加生产成本。因此，改善氢氧化铝的溶解性能将有利于各类铝盐的生产。

易溶氢氧化铝在日本等国早就是成熟的品种，在中国近几年才被引起重视，并由中国铝业公司首先实现产业化。国产易溶氢氧化铝的酸溶率比普通氢氧化铝产品提高20%~40%。

易溶氢氧化铝的酸溶性与其粒度和晶体结构有很大关系，粒度越细、晶体结构越疏松，酸溶性越好。

25.1.2　易溶氢氧化铝的制备方法

国外的拜耳法工厂采用晶种分解法制得易溶氢氧化铝产品。国内几个工厂曾经采用旋流分级的细粒产品或通过过滤回收浮游物来生产易溶氢氧化铝，在改善氧化铝生产主流程工艺技术指标的同时，副产出易溶氢氧化铝。但这种方法得到的产品指标不稳定，酸溶率仍有待进一步提高。针对国内烧结法氧化铝生产工艺特点，中国铝业公司研究开发了利用碳分法生产易溶氢氧化铝的方法。

碳分法生产出的氢氧化铝中 SiO_2 和 Na_2O 杂质含量一般较高，其中 SiO_2 的含量随着分解率的提高而增大，为了在保证产品质量的前提下提高氢氧化铝的产出率，通常采用脱硅提高精液硅量指数的方法。而碳分法快速分解的特性，决定了碳分产品具有较疏松的结构，有较好的酸溶解性能，所以用碳分法生产易溶氢氧化铝的关键就是降低产品中的 Na_2O 含量。

添加一定数量的晶种能改善碳分时氢氧化铝的晶体结构和粒度组成，显著地降低氢氧化铝中的氧化硅和碱含量。但以普通氢氧化铝作种子，尽管成品氢氧化铝中 SiO_2 和 Na_2O 含量有所降低，但仍未能达到质量要求，且酸溶残留也较大。若用超细氢氧化铝作种子进行碳分，在种子系数很小时，产品的各项指标均可达到易溶氢氧化铝的指标要求。种子系数不能低于 0.5%，否则尽管产品化学杂质含量不高，但酸溶残留达不到要求，从经济的角度讲，种子系数也不能太大，以 1.0% 左右为宜。

碳分加超细氢氧化铝作种子之所以能生产出质量较好的易溶氢氧化铝，是因为超细氢氧化铝晶种的表面积大，活性较强，在碳分初期加入精液中，很快以它为晶核开始结晶附聚，缩短了碳分的诱导期，从而避免了不加晶种碳分过程初期产出大量分散度大和吸附力强的氢氧化铝，并有效防止溶液中的 SiO_2 由于吸附而沉淀；另外，加晶种还能改善析出氢氧化铝的结晶结构，使其粒度均匀，有助于降低其碱含量。而普通氢氧化铝比表面积较小，用它作种子时需要的添加量较大，晶体的附聚与长大机理不同，产品晶体结构相对要致密些，酸溶率也相对差一些。

25.1.3　易溶氢氧化铝的质量标准与分析方法

日本昭和电工易溶氢氧化铝的质量指标为 SiO_2 含量小于 0.03%，Fe_2O_3 含量小于 0.01%，Na_2O 含量小于 0.3%，酸溶残留小于 0.5%。

在中国，易溶氢氧化铝是近年来才开发生产的化学品氧化铝新品种，尚未制定产品质量标准，可参考中国铝业股份有限公司企业标准《工业细粒氢氧化铝》（Q/Chalco A024—2004，见表25-1），并附加酸溶率不小于99%。

表 25-1　工业细粒氢氧化铝理化指标（Q/Chalco A024—2004）

产品牌号	化学成分/%					物理性能	
	Al_2O_3	杂质含量				白度	中位粒径 $d_{50}/\mu m$
		SiO_2	Fe_2O_3	Na_2O	灼减		
H-I-30	≥63.5	≤0.15	≤0.010	≤1.5	34.5±0.5	≥90	≤40
H-I-50	≥63.0	≤0.20	≤0.020	≤2.5		≥85	≤60

注：1. Al_2O_3 含量为100%减去表中所列杂质和灼减（34.5%）实际含量之差；

2. 表中化学成分按在（110±5）℃下烘干2h的干基计算；

3. 表中杂质成分按 GB/T 8170 处理。

氢氧化铝一般理化指标的分析方法参见第 15 章和第 16 章。

酸溶率检测条件：HCl 浓度为 12.5%，温度为 95~98℃，时间为 200min，HCl 与 Al(OH)$_3$ 等当量。

25.2　高白氢氧化铝

25.2.1　高白氢氧化铝概述

高白氢氧化铝又称玛瑙填料，主要用于人造大理石（人造石材）和人造玛瑙的生产。通过机械研磨加工又可制得各种粒级的细分产品，广泛应用于树脂、塑料和橡胶等聚合物的阻燃填料、牙膏摩擦剂、生产高品质含铝化合物的原料。此外，还用于生产高档玻璃制品及陶瓷色料等。

用于生产人造大理石和人造玛瑙的氢氧化铝以 $d_{50}=50\mu m$ 以上的粗粉和 $d_{50}=15\mu m$ 以上的细粉为主，而用于阻燃填料的氢氧化铝要求 $d_{50}=15\mu m$ 以下的细微粉。

基于高白氢氧化铝的应用中更多地涉及产品的粒度，故在此说明氢氧化铝的粒度的概念。商品氢氧化铝的粒级大致可以分为粗粉、细粒、细粉、微粉和超细等几大类，但具体粒度范围没有统一定义，而且各粒级之间互有重叠。

（1）粗粉。一般是指分解出来烘干后不经粉碎而直接使用的产品，又指普通粒级产品，平均粒度通常为 50~100μm。粗粉和细粉的概念主要用于高白氢氧化铝。

（2）细粒。细粒氢氧化铝的平均粒度通常为 25~50μm，一般是从氧化铝大流程中分级得到，个别也有通过机械粗磨制得。

（3）细粉。细粉氢氧化铝是指粒度介于普通粒级和微粉之间的氢氧化铝产品，平均粒度通常为 8~25μm，但有人把小于 45μm（320 目以下）的产品也统称为细粉。细粉和细粒的提法有时会混淆。细粉氢氧化铝主要是用高白氢氧化铝粗粉采用机械研磨的方法进行生产。若用分解的方法直接生产，需要有过滤洗涤和烘干等工序，由于产品粒度较细，因此过滤洗涤的难度大、生产成本高。还可以在生产砂状氧化铝过程中采用分级的办法选出细粒氢氧化铝或过滤浮游物，洗涤、烘干后作普通阻燃剂销售，同时提高了冶金级氧化铝的粒度。机械研磨设备主要有筒式球磨机、振动磨、搅拌磨、涡流磨、雷蒙磨和气流磨等。机械研磨产品的粒度分布较宽，为了保证粒度分布集中，需要配备分级机等设施。

（4）微粉。微粉氢氧化铝是指粒度介于细粉和超细之间的氢氧化铝产品，平均粒度通常为 2~8μm，有时则涵盖了平均粒在 15μm 以下的产品。细粉和微粉氢氧化铝是阻燃剂中用量最大的两个品种。但 3~6μm 的产品生产一直是个空白。

（5）超细。超细氢氧化铝是指粒径均匀、粒度分布集中、平均粒度小于 2μm、最大颗粒小于 7μm 的氢氧化铝产品。有时超细和微粉又归为同一级。超细氢氧化铝的生产与应用详见 25.3 节。

25.2.1.1　高白氢氧化铝填料的主要用途

A　人造大理石和人造玛瑙

通常，用于生产人造大理石和人造玛瑙的氢氧化铝要求具有白度高（>95%）、晶型好、粒度分布适中（$d_{50}=35\mu m$、$50\mu m$或$70\mu m$为主）等特点。由于它的平均折光率为1.57，与不饱和聚酯或甲基丙烯树脂固化树脂的折光率（1.55）非常接近，从而导致复合体具有类似玛瑙半透明、独特的柔和质感以及高雅华贵的外观。人造大理石和人造玛瑙产品相对于天然产品有很多优点，其成本低、质量轻、不易脆裂，可以制成各种颜色、不同花纹图案和规格的产品，同时又具有硬度高、耐水、阻燃、防污、无毒、易于二次成形、无缝拼接等优点，使其成为高档的装饰材料而被广泛应用于卫生洁具、整体厨房、会议桌面、茶几、吧台、门庭装饰板、仿玛瑙工艺品等。

B 阻燃填料

氢氧化铝是一种用途广泛的化工产品，具有阻燃、消烟、填充等多重功能，而且化学稳定性好、无毒、无味、白度高、价格低廉，是世界上公认的环保型阻燃剂，广泛应用于橡胶、塑料、树脂、纤维、造纸、木材加工及电工、电子等领域。

细粉、微粉和超细氢氧化铝均可作为阻燃填料。氢氧化铝的粒度越细，制品的阻燃效果和力学性能也越好，但相应生产成本也越高。一般动力电缆护套等要求使用$2\mu m$以下的超细氢氧化铝，其他阻燃电缆和热收缩材料使用$2\sim5\mu m$的微粉氢氧化铝，地毯、环氧覆铜板、矿用传输带和防护网等抗拉伸材料用$5\sim8\mu m$的微粉氢氧化铝，环氧灌封料和一般橡塑制品用$8\sim12\mu m$的微粉氢氧化铝，普通玻璃钢制品用$12\sim15\mu m$的微粉氢氧化铝。

25.3.1.1中将详述阻燃剂填料的有关情况。

a 橡胶

氢氧化物可以作为阻燃剂添加在一系列橡胶中。根据制品的厚度、阻燃要求以及氢氧化物特性不同，天然橡胶一般添加40%～70%的阻燃剂。

氢氧化铝在橡胶中还可作为补强剂用于丁苯橡胶的胶乳泡沫橡胶和地毯底层的橡胶黏结剂，也可用于铺垫用的氯丁橡胶。在研究氢氧化铝对NBR硫化胶（丁腈橡胶）阻燃性能的影响中发现，在氢氧化铝用量不超过100份时，随着氢氧化铝用量增大，硫化胶的燃烧速度降低，离火熄灭时间缩短；氢氧化铝用量为60～80份时，硫化胶的阻燃性能和物理性能达到最佳平衡。另外，氢氧化铝对于提高硅橡胶的耐漏电起痕性能也起重要作用。

b 塑料

使用氢氧化铝作为阻燃剂的热塑性材料中最常见的是聚氯乙烯。氢氧化铝可以取代碳酸钙非常容易地掺和到增塑的聚氯乙烯中。为了达到高标准的阻燃性，可将氢氧化铝和磷酸酯类增塑剂并用，还可将氢氧化铝和硼酸锌并用，这些配方已用于聚氯乙烯（PVC）的电线、电缆中。此外，在聚乙烯和聚丙烯等可燃性聚烯烃塑料制品中加入高填充量的氢氧化铝，不但阻燃，而且通过近年来新的表面处理技术，可使高填充量的聚烯烃通过复合反应较易通过模铸加工，改善了产品的拉伸强度和抗冲击性能，使其广泛应用在电气导管和设备外套方面。

c 树脂

在环氧树脂中，氢氧化铝有显著提高氧指数的作用，有效降低环氧树脂的可燃性。如在100份环氧树脂中添加80份氢氧化铝，氧指数可从原来的20.0提高到27.5。这样的环氧树脂可用于密封材料、浇铸件、环氧树脂玻璃纤维等。在电气方面，氢氧化铝能增强环氧树脂的抗电弧性和抗弧迹性。经氢氧化铝填充的环氧树脂在制作变压器、绝缘器材、开关装置等方面也有很大的发展前途。

高档不饱和聚酯树脂复合材料所用氢氧化铝粒径大部分在 $8\mu m$ 左右。根据资料介绍，添加 43.5% 细度为 $8\mu m$ 的氢氧化铝、1.75% 氧化锑及 1.75% 含卤磷酸酯可获得良好加工性的片状膜塑料（sheet molding compound，SMC），除具有良好的阻燃性外，其产生的烟量少，电器特性可以接受。通过对不同粒径氢氧化铝的研究表明，在 $8\mu m$ 以上时，树脂的黏度较小，而且比较均一，便于加工；当小于 $8\mu m$ 时，树脂的黏度变大，但氧指数显著增加。

C　用作牙膏填料

牙膏的主要用途是除去牙齿上黏附的污物，而对牙龈无损伤，这就需要中性摩擦剂。氢氧化铝的莫氏硬度为 2.5 ~ 3.0，属轻度摩擦特性，能够满足清洁和磨光牙齿的要求。氢氧化铝的化学惰性使其易与牙膏中的其他配料相容，且氢氧化铝具有良好的保氟性能，因此，氢氧化铝在药物牙膏和其他高档牙膏中有着广泛的应用。

用作牙膏填料氢氧化铝的粒度 d_{50} 一般为 12 ~ $15\mu m$，用机械磨生产。其附碱需小于 0.01% 或经过特殊处理使其保持在一定的 pH 值范围内，以防止在储存过程中，牙膏皮遭到腐蚀。

25.2.1.2　高白氢氧化铝填料在人造大理石行业应用的发展

氢氧化铝作为填料用于人造大理石的生产已有 20 多年的历史。20 世纪 70 年代末，美国杜邦（Dupont）公司以氢氧化铝和丙烯酸树脂为主要原料，生产出复合实体面材（又称聚酯型人造大理石），从而将氢氧化铝的应用拓展到建筑装饰领域。杜邦实体面材因其外观华丽、典雅，无缝拼接、易于加工和修复，经久耐用且对人体没有辐射等特点而迅速得到市场的认同。

20 世纪 90 年代初，杜邦公司把这种新型的聚酯型人造大理石材料引入中国。在 1996 年以后，以广东蒙特利为代表的广东沿海一带的企业从国外引进先进设备，生产出国产聚酯型人造大理石产品，其质量完全可与同类进口产品相媲美，而产品的市场价格大大降低，从而产品的市场份额迅速扩大。目前，人造大理石成为中高档厨柜台面的主打材料，大量取代了天然石材和防火板。

目前，国内企业所生产的人造大理石产品一般可分为三种档次。一是采用碳酸钙作为填料的低档产品，其光洁度和抗污性差，且容易在使用过程中产生裂纹。二是采用纯氢氧化铝作为填料所生产的高档人造大理石产品，该产品力学性能好、抗污性好、光洁度好，有一定的质透感。三是部分采用氢氧化铝填料，同时添加部分碳酸钙填料生产的人造大理石产品，该产品力学性能得到一定的改善，不容易产生裂纹，但是抗污性和质感较差。

25.2.1.3　人造大理石行业氢氧化铝原料的市场供求状况

由于人造大理石行业对氢氧化铝原料的质量要求非常严格，2000 年以前主要由日本住友化学、美国铝业公司和加拿大铝业公司等数家公司来供应，初期的国产人造大理石的氢氧化铝原料也以进口为主，国内个别民营企业从中国铝业公司采购烧结法普通氢氧化铝进行洗涤除杂、烘干、粉磨后替代部分进口氢氧化铝。

中国的烧结法工艺由于具有特有的烧结过程及铝酸钠溶液的深度脱硅工序,所生产的氢氧化铝和氧化铝产品具有白度高、铁含量低的特点,因此利用烧结法中间产品生产化学品氧化铝具有得天独厚的优势。基于人造大理石行业的快速发展,中国铝业中州分公司和山东分公司充分发挥烧结法工艺优势,迅速扩建特种氢氧化铝生产线,占领国内市场。中州分公司于 1999 年采用碳分分解工艺开发生产了干白氢氧化铝产品,目前已经形成了 H-WF-100、H-WF-50C、H-WF-25A、H-WF-15A、H-WF-08A 等系列产品,主要用作人造大理石的填料。在国内人造大理石市场,中州分公司和山东分公司的干白氢氧化铝产品共占市场份额的 90% 以上。伴随产品质量的提高,2004 年中州分公司和山东分公司的氢氧化铝出口产品的大部分用于人造大理石和卫生洁具的填料。

国内外不同公司高白氢氧化铝产品技术指标对比见表 25-2。

表 25-2　不同公司高白氢氧化铝产品技术指标的对比

公司名	日本昭和				美国铝业			日本住友			中国铝业		
产品型号	H-100-ME	H-210	H-310	H-320	B-325	B-315	B-308	CW-375HT	CW-325LV	CW-316	H-WF-75-SP	H-WF-25	H-WF-14
附水/%	0.02	0.08	0.11	0.24	0.1	0.15	0.2	0.03	0.04	0.05	0.1	0.20	0.30
$Al(OH)_3$ 含量/%	99.8	99.8	99.8	99.8	99.6	99.6	99.6	99.9	99.9	99.9	99.6	99.6	99.6
Fe_2O_3 含量/%	0.01	0.01	0.01	0.01	0.008	0.008	0.008	0.01	0.01	0.02	0.02	0.02	0.02
SiO_2 含量/%	0.01	0.01	0.01	0.01	0.003	0.003	0.003	0.00	0.00	0.00	0.03	0.05	0.05
Na_2O 含量/%	0.18	0.18	0.18	0.18	0.25	0.25	0.25	0.07	0.07	0.08	0.20	0.30	0.30
可溶性 Na_2O (W-Na_2O) 含量/%	0.01	0.01	0.01	0.01	0.01	0.01	0.02						
d_{50}/μm	73	29	20	10	23	15	9	70	20	15	80	25	14
松装密度/g·cm^{-3}	1.3	0.9	0.8	0.7	0.9	0.8	0.65	1.0	1.0	0.7			
重装密度/g·cm^{-3}	1.4	1.2	1.0	0.9	1.4	1.3	1.1	1.4	1.4	1.4			
白度	95	98	99	100	94	96	97	95	98	98	92	95	95
pH 值(30% 浆液)	8.5	8.2	7.6	7.1	9.0	9.0	9.0	9.0	9.0	9.0	9.0	9.0	9.0
100g 氢氧化铝吸油量/mL	26	28	30	32	31	34	36	26	28	30	30	32	32
BET 比表面积/m^2·g^{-1}	0.2	1.0	1.6	3.0	1.0	1.3	2.2						

25.2.1.4 国产氢氧化铝填料在人造大理石应用中存在的主要问题及对策

作为人造大理石的主要原料，氢氧化铝在人造大理石中的添加量占60%以上，氢氧化铝的质量状况直接影响人造大理石的加工工艺和产品质量。氢氧化铝的结晶形态、杂质、水分和颜色是影响人造大理石质量的关键因素。若氢氧化铝的晶体结构致密，形态趋于球形，加入聚合物后黏度较低，流动性较好，则使得氢氧化铝在人造大理石中的添加量可以加大，降低人造大理石的生产成本；氢氧化铝水分含量低可促进氢氧化铝填料同聚合物更好地结合并缩短固化时间；若氢氧化铝的杂质含量少、白度高、颜色稳定，则人造大理石质量等级高。目前，国产氢氧化铝在减少杂质、降低黏度、减小色差波动等方面还需改进。

25.2.2 高白氢氧化铝的物理化学性质

25.2.2.1 氢氧化铝的性质

氢氧化铝是一种白色或浅白色的粉末，相对密度为 $2.42g/cm^3$，折光率为 1.57，莫氏硬度约 3.0。受热于 $190 \sim 205℃$ 开始脱水，当温度加热到高于 $320℃$ 时失重量可达 34.6%。国内外市场上作为阻燃剂用的氢氧化铝，主要是 α-三水氧化铝（ATH），常用 α-$Al_2O_3 \cdot 3H_2O$ 表示。它是一种离子型晶体化合物，铝离子和氢氧根之间以离子键结合，铝离子处于紧密排列的八面体晶体空隙中间。晶体结构是由紧密堆积的羟基离子以 AB 双层的方式形成一种层状结构，相邻两层间以羟基离子所形成的氢键相连接。其化学组成（质量分数）应为：$Al_2O_3 \geq 64\%$、$Na_2O \leq 0.2\%$、$SiO_2 \leq 0.03\%$、$Fe_2O_3 \leq 0.02\%$。

氢氧化铝受热分解成氧化铝和水。在 $235 \sim 500℃$ 范围内，此反应的吸热量为 $1967.2kJ/kg$，这样大的吸热量是使其具有阻燃作用的最主要原因。氢氧化铝受热脱水和相变非常复杂，根据差热曲线上有 3 个吸热峰可推断，其结晶水的失去分 3 个阶段进行。第一个吸热峰在 $235℃$ 左右，相当于 α-三水氧化铝转化为 α-氧化铝单水合物，即 α-$Al_2O_3 \cdot 3H_2O \longrightarrow \alpha$-$Al_2O_3 \cdot H_2O + 2H_2O$。第二个吸热峰在 $300℃$ 左右，相当于 α-三水氧化铝转化分解为 χ-Al_2O_3，即 α-$Al_2O_3 \cdot 3H_2O \longrightarrow \chi$-$Al_2O_3 + 3H_2O$。第三个吸热峰在 $530℃$ 左右，相当于 α-氧化铝单水合物分解转化为 γ-Al_2O_3，即 α-$Al_2O_3 \cdot H_2O \longrightarrow \gamma$-$Al_2O_3 + H_2O$。氢氧化铝开始脱水的温度和最大吸热峰因氢氧化铝颗粒大小及分布、加热条件及杂质含量的不同而有些差异。因此，选用氢氧化铝作阻燃剂时，要根据聚合物基体材料的热分解温度及成形加工温度的要求选择氢氧化铝的质量指标。

25.2.2.2 杂质

化学杂质是分解精液中固有的，且在分解过程中进入氢氧化铝晶体。这些杂质主要包括 SiO_2、Fe_2O_3、Na_2O 及部分有机物等。物理杂质主要指黑点等异物。杂质进入人造大理石后，会引起人造大理石白度降低、颜色波动，使外观质量下降。若碳分产品的分解流程对生产冶金级氧化铝的主流程依赖的程度过高，物理杂质的控制手段不完善，就会导致杂质超标。

25.2.2.3 黏度

由碳分生产的氢氧化铝填料产品的晶体结构比较疏松，附聚强度低，晶型结构不完善，晶粒间空隙大（见图 25-1），从而使产品的吸油量增大。这类产品作为填料加入树脂后，由于黏度大，产品生产过程中产生的气泡不能很好地溢出，造成人造大理石产品的质感和力学性能较差，而且树脂消耗量增大，生产成本增加，自动化生产线挤出系统也难于适应。这些情况的存在会导致产品通不过杜邦、LG 等公司的实验要求。

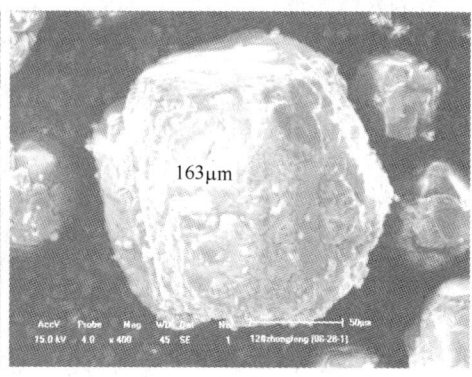

图 25-1　高白氢氧化铝的晶体形貌

25.2.2.4　色差

颜色有三种基本属性：明度、色调和饱和度。明度是人眼对物体的明暗感觉，非发光物体的反射比越高，明度越高。色调是彩色间彼此相互区分的特性，不同波长的单色光具有不同的色调，发光物体的色调决定于它的光谱组成，非发光物体的色调决定于光源的光谱组成和物体本身的反射或透射特性。饱和度是指彩色的纯洁性，可见光谱中的各种单色是最饱和的彩色，物体颜色的饱和度决定于物体反射或透射特性。

颜色分非彩色和彩色两大类。非彩色或称白黑系列，是指白色、黑色和各种深浅不同的灰色，由白色逐渐到浅灰、中灰、深灰，直到黑色，排成的一个系列。白黑系列中由白到黑的变化可以用一条直线表示，其一端为纯白，另一端为纯黑，中间有过渡的各种灰色。纯白为理想的完全反射的物体，而纯黑为理想的无反射的物体。

色度包括非彩色系列的白度指标，彩色系列的明度、色调和饱和度指标。在这些指标中，白度和颜色空间中的 a、b 值（见图 25-2）对产品的应用效果的影响最大。

白度以氧化镁标准白板对特定波长的单色光绝对反射比为基准，以相应波长测得试样板表面的绝对反射比，以相对于基准的百分数表示。白色陶瓷板的白度，是指以洁白的陶瓷为标准白板对特定波长的单色光的绝对反射比，以百分数表示。

彩色是指白黑系列以外的各种颜色。彩色有三种特性：明度、色调和饱和度。其中，明度（L，也叫亮度，见图 25-2）是明与暗的对比度，彩色物体表面的光反射愈高，明度就愈高，人眼愈觉得明亮。色调又称色相，是彩色彼此相互区分的特性，如红、橙、黄、

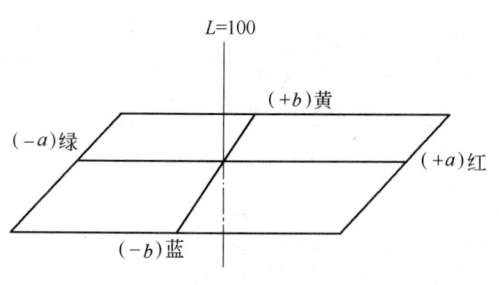

图 25-2　颜色空间

蓝等。饱和度又称彩度，是指彩色的纯洁性，可见光光谱的各种单色光是最饱和的彩色。用这三个特性可以定义任何一种颜色在颜色空间所处的位置。

用数字描述颜色的三维方法叫颜色空间。颜色空间中的色调坐标是一个与明度成直角的平面，($-a$、$+a$) 表示由绿到红，($-b$、$+b$) 表示由蓝到黄，中点（0）表示无色。当 a，b 值增大且移出中间时，颜色饱和度增大。

当某种颜色的三刺激值确定后，就可用其计算出该颜色在一个理想的三维颜色空间中的坐标，由此推导出许多组的颜色方程（称为表色系统）来定义这一空间。最为常见的是 CIE LAB 均匀色空间表色系统，该色空间由直角坐标 L，a，b 构成（见图25-2）。在立体三维坐标的任一点都代表一种颜色，两点之间的几何距离代表两种颜色之间的色差，用 ΔE_{Lab} 表示，相等的距离代表相同的色差。

25.2.3　高白氢氧化铝的制备方法

25.2.3.1　工艺过程原理

高白氢氧化铝采用的精制铝酸钠溶液原料，可以用经过深度脱硅的烧结法精制铝酸钠溶液通过种分或碳分工艺进行生产，也可以用拜耳法精液经过深度脱硅或脱色等工艺制备，然后再进行晶种分解进行生产。对制得的分解浆液经过过滤洗涤、烘干、除杂、筛分和磨制等工艺，生产出合格的白色氢氧化铝产品。一般来说粗粒产品的白度在94%以上，细粒产品的白度为98%以上。

高白氢氧化铝生产关键的核心工艺是铝酸钠溶液分解。

A　氢氧化铝的晶种分解

铝酸钠溶液强烈的过饱和现象不同于一般的无机盐溶液，所以铝酸钠溶液的晶种分解过程也不同于一般无机盐溶液的结晶析出过程。

铝酸钠溶液与氢氧化铝晶体之间的界面张力高达 1.25N/m，因而在分解过程中氢氧化铝晶核难于自发生成，必须从外面加入现成的晶种，才能使氢氧化铝结晶析出，在工业生产条件下，分解过程就是在添加大量氢氧化铝晶种的情况下进行的。但在铝酸钠溶液的晶种分解过程中不只是单纯的晶种长大，同时还包括下面几个复杂的物理化学变化：（1）氢氧化铝晶体的长大；（2）氢氧化铝晶种的附聚；（3）次生晶核的形成；（4）氢氧化铝晶核的破裂和磨损。在种分过程中，这些现象往往同时发生，只是在不同的条件下发生的程度不同，有主次之分。晶体的长大与晶粒的附聚导致氢氧化铝结晶变粗，而二次成核和晶粒的破裂导致氢氧化铝结晶变细。分解产物的粒度分布就是这些作用的综合结果。

氢氧化铝的晶种分解可用下列方程表示：

$$NaAl(OH)_4 + aq \Longrightarrow Al(OH)_3 + NaOH + aq \tag{25-1}$$

氢氧化铝晶种分解时间较长，分解率较低，晶种循环量大，产出率较低；但晶种分解产品晶体结构致密，结晶完善，因此高品质化学品氢氧化铝大都是由晶种分解生产出来的。

B　氢氧化铝的碳分分解

铝酸钠溶液的碳酸化分解包括 CO_2 与铝酸钠溶液的反应和氢氧化铝的结晶析出等物理

化学过程。一般认为，CO_2 的作用在于中和溶液中的苛性碱，使溶液的 α_K 降低，导致溶液的稳定性下降，从而引起溶液的分解析出氢氧化铝。

$$2NaAl(OH)_4 + CO_2 + aq \Longrightarrow 2Al(OH)_3 + Na_2CO_3 + aq \tag{25-2}$$

在碳分末期，当溶液中苛性碱含量相当低时，析出固相中会出现丝钠铝石。

由于碳分属于自动催化反应，只有一个很短的诱导期，并且由于二氧化碳气体的连续通入，使溶液始终维持较大的过饱和度，因此碳分过程的速度远远快于种分，且分解率也远高于种分。

碳分产品分解率高，分解时间短，产品白度高，但晶体结晶不完善。

25.2.3.2 生产工艺流程

高白氢氧化铝的生产过程主要通过分解、过滤、烘干工序来完成，就是将分解合格后的物料通过料浆泵输送到移动室带式真空过滤机，通过 3~4 次逆向洗涤和初步蒸汽烘干，得到化学成分和附碱、附水、疵点均合格的湿料，再通过桨叶式干燥机或旋转闪蒸干燥机进行烘干得到合格的粗粒产品。将干氢氧化铝经过螺旋喂料器送入超微粉碎机，通过控制分级机的转速可生产出不同粒级的细粒产品。

25.2.3.3 主要设备

A 带式真空过滤机

带式真空过滤机（又称水平带式真空过滤机）是以循环移动的环形滤带作为过滤介质，利用真空设备提供的负压和重力作用，使液体和固体快速分离的一种连续式过滤机。这种机型在 20 世纪 30 年代最先出现于瑞典。当时早年由于因多孔橡胶带制造困难，缺少高强度的滤布及真空密封技术不过关，因此在相当长的一段时间内该机型发展缓慢。直到 20 世纪 60 年代以后，由于新材料的出现和真空技术的不断完善，这种机型才得到快速的发展。目前，国外已经出现小到 $0.25m^2$ 的实验装置、大到 $185m^2$ 的大型带式过滤机。

各种带式真空过滤机适用于过滤含粗颗粒的高浓度滤浆以及滤饼需要多次洗涤的物料，因而已经广泛应用于冶金、矿山、石油、化工、煤炭、造纸、食品、制药以及环保等工业部门，例如分离铁精矿、铀浸出液、生产树脂、精煤粉、纸浆、植物油、青霉素和污水处理等都在大量使用带式真空过滤机。

带式真空过滤机的优点如下：

(1) 过滤效率高。采用水平过滤面和上部加料，由于重力的作用，大颗粒固相会先沉在底部，形成一层助滤层，这样的滤饼颗粒结构合理，减少了滤布的阻塞，过滤阻力小，过滤效率高。滤饼厚度可以调节，含湿量小，卸除方便，滤饼厚度可根据物料需要随时调节，在 30~120mm 之间。由于颗粒在滤饼中排列合理，滤饼厚度均匀，因此，与转鼓真空过滤机相比滤饼含湿量大幅度降低，且滤饼卸除方便，设备生产能力得到提高。

(2) 洗涤效果好。采用多级逆流洗涤方式能获得较佳洗涤效果，可以用最少的洗涤液获得高质量的滤饼，一般洗涤回收率可达到 99.8%。滤饼厚度可以调节，含湿量小，卸除方便，滤饼厚度可根据物料需要随时调节，小到 30mm 大到 120mm。由于颗粒在滤饼中排列合理，加上滤饼厚度均匀，因此与转鼓真空过滤机相比滤饼含湿量大幅度降低，且滤饼卸除方便，设备生产能力得到提高。

（3）滤布可正反两面同时清洗。在滤布（又称滤带）的两个面都可设置喷水清洗系统，这样滤布再生时正反两面都得到有效清洗，从而消除了滤布堵塞，延长滤布使用寿命。

（4）操作灵活，维修费用低。在生产操作过程中，滤饼厚度、洗水量、真空度和循环时间等都可以随意调整，以取得最佳过滤效果。由于滤布能在苛刻条件下工作，且使用寿命长，因而维修费用低、生产成本大大降低。

国内专业从事过滤分离设备研发、生产和销售的核工业烟台同兴实业有限公司，最早开发了用于化学品氧化铝生产的真空带式过滤机。该公司开发的 PBF 系列连续水平真空带式过滤机（见图25-3）已用于高白和超细氢氧化铝、拟薄水铝石及4A沸石等产品的过滤洗涤工序。

图 25-3　PBF 连续移动盘水平真空带式过滤机

带式真空过滤机是近几年发展最快的一种过滤设备，到目前已经形成四种型式：移动室型、固定室型、滤带间歇运动型和连续移动盘型带式真空过滤机。早期因橡胶带容易老化产生杂质污染，高白氢氧化铝等化学品较多采用移动盘带式过滤机。近几年，同兴实业公司等开发了新型抗老化耐磨胶带，化学品行业开始采用过滤效率更高的同兴 DU 橡胶带式真空过滤机（见图25-4）。本节重点介绍橡胶带式真空过滤机。

图 25-4　DU 橡胶带式真空过滤机

a　设备特点

橡胶带式真空过滤机是依靠真空吸力实现过滤的连续运行设备，可以连续完成过滤、洗涤、吸干、滤布再生等作业。装置的洗涤效果好、效率高、生产能力大、操作简单、维修费用低，已广泛应用于冶金、矿山、石化、化工、煤化工、造纸、食品、制药等领域中的固液分离，电厂湿法烟气脱硫中的石膏脱水冶金。

该设备的结构特点是：

（1）采用环形橡胶过滤带，抗拉强度大，使用寿命长。

（2）滤液自动排放装置适合各种工况条件使用。

（3）胶带支撑使用高分子合金辊，运行阻力小，功耗小。

（4）整体结构模块化设计，可灵活组成整机，运输和安装方便。

（5）采用 PLC 控制和自动纠偏装置，自动化程度高。

b　橡胶带式真空过滤机工艺流程

橡胶带式真空过滤机工艺流程如图 25-5 所示。

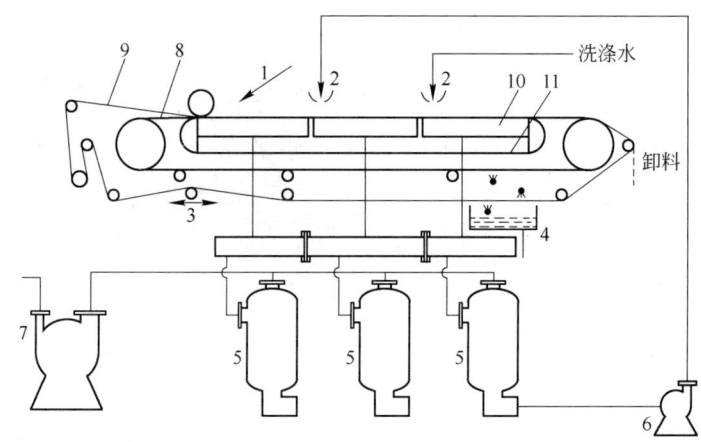

图 25-5　橡胶带式真空过滤机的工艺流程

1—加料装置；2—淋湿装置；3—纠偏装置；4—清洗装置；5—气液分离器；
6—返水泵；7—真空泵；8—橡胶带；9—滤布；10—真空盒；11—摩擦带

c　DU 系列胶带真空过滤机技术参数

DU 系列胶带真空过滤机如图 25-6 所示，技术参数见表 25-3。

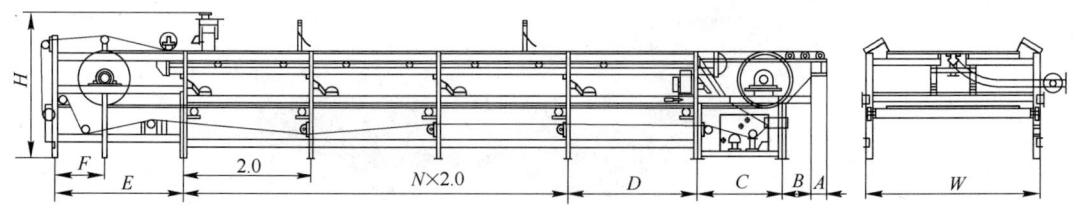

图 25-6　DU 系列胶带真空过滤机

B　旋转闪蒸干燥器

旋转闪蒸干燥器最早是从丹麦 APV 公司引进国内的。该装置特别适用于高固含的产品的干燥，无论分散性较好的结晶物，还是高黏性的浆状物料都适应。由于采用螺旋气流

表25-3　DU系列胶带真空过滤机技术参数

过滤长度/m	N	1.3		1.8		2.0		2.5		3.2		4.0		4.5	
		过滤面积/m²	质量/t	过滤面积/m²	质量/t	过滤面积/m²	质量/t	过滤面积/m²	质量/t	过滤面积/m²	质量/t	过滤面积/m²	质量/t	过滤面积/m²	质量/t
8	3	10.4	8.3	14.4	12.7	16	14.2	20	20.0	25.6	26.3				
10	4	13.0	9.0	18.0	13.7	20	15.4	25	22.0	32.0	28.5				
12	5	15.6	10.5	21.6	15.3	24	17.2	30	25.3	38.4	32.9	40	48.0	54	55.0
14	6	18.2	11.5	25.2	16.6	28	18.7	35	27.4	45.0	35.3	56	51.0	63	57.9
16	7	20.8	12.5	28.8	17.9	32	20.2	40	29.5	51.2	37.7	64	53.6	72	60.8
18	8	23.4	13.5	32.4	19.2	36	21.7	45	31.6	58.0	40.1	72	56.2	81	63.7
20	9	26.0	14.5	36.0	20.5	40	28.0	50	38.6	64.0	42.5	80	58.8	90	72.0
22	10			39.6	21.8	44	30.0	55	40.9	70.4	51.0	88	66.6	99	75.2
24	11					48	32.0	60	43.2	77.0	53.5	96	69.4	108	78.4
26	12							65	45.5	83.2	56.0	104	72.2	117	81.6
28	13									89.6	58.5	112	75.0	126	84.8
30	14									96.0	61.0	120	77.8	135	88.0
A/m	N<5	0.20		0.20		0.25		0.25		0.40					
A/m	N≥5	0.25		0.25		0.25		0.40		0.40		0.40		0.40	
B/m	N<5	0.45		0.45		0.45		0.45		0.52					
B/m	N≥5	0.45		0.45		0.45		0.52		0.645		0.645		0.645	
C/m	N<5	1.30		1.30		1.30		1.30		1.60					
C/m	5≤N≤9	1.30		1.30		1.30		1.60		1.675		1.675		1.675	
C/m	N>9			1.30		1.30		1.60		1.675		1.975		1.975	
D/m	N<5	2.00		2.00		2.00		2.00		2.20					
D/m	5≤N≤9	2.00		2.00		2.00		2.00		2.20		2.20		2.20	
D/m	N>9			2.00		2.00		2.20		2.20		2.25		2.25	
E/m	N<5	1.85		1.85		2.00		2.00		2.11					
E/m	5≤N≤9	2.00		2.00		2.00		2.11		2.21		2.21		2.21	
E/m	N>9			2.00		2.00		2.11		2.21		2.41		2.41	
F/m	N<5	0.86		0.86		0.86		0.86		1.105					
F/m	N≥5	0.91		0.91		0.91		1.105		1.205		1.205		1.205	
H/m	N<5	2.00		2.00		2.00		2.18		2.60					
H/m	5≤N≤9	2.18		2.18		2.18		2.38		3.10		3.10		3.10	
H/m	N>9	2.18		2.18		2.18		2.60		3.10		3.60		3.60	
W/m		1.95		2.45		2.65		3.25		4.15		4.80		5.30	

注：表中数据与图25-6对应。

加热原理，实现了在超短径比筒体内延长物料停留时间的目的。因其体积小、能耗低和操作简单稳定等特点而得到广泛应用。经过多年的实践和改进，目前国产旋转闪蒸干燥器在国内多个行业也已经成功使用。

旋转闪蒸干燥器由螺旋送料器、干燥室、空气过滤器、空气加热器、空气分配器、旋转搅拌器、袋式过滤器等组成，如图25-7所示。

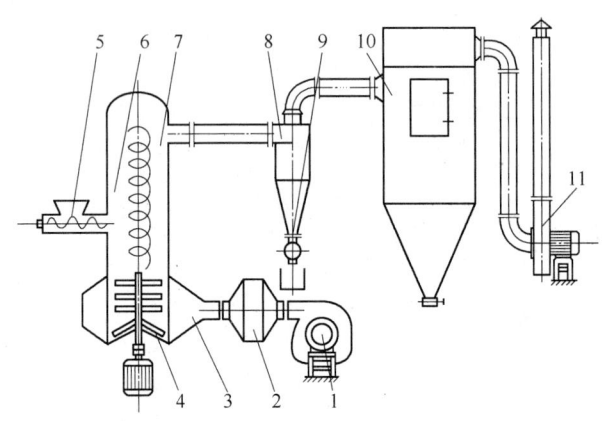

图25-7   旋转闪蒸干燥器的结构与工艺原理

1—送风机；2—加热器；3—空气分配器；4—搅拌机；5—螺旋送料器；6—干燥器；

7—分级器；8—旋风分离器；9—星形卸料器；10—布袋除尘器；11—引风机

旋转闪蒸干燥器的干燥原理为：物料经螺旋送料器进入干燥室中，在降落过程中大块料被搅拌器打碎并机械混匀。热空气经干燥室底部的空气分配器切线进入，在干燥室内形成强有力的气流旋涡，可促使较重的湿块状料向干燥室器壁和上部移动。在干燥室内，转子的机械运动和干燥热空气的强劲旋涡，与物料形成了平衡的流化床，使热空气和物料充分接触换热，物料中的水分迅速蒸发。在旋涡式热空气的作用下，细的干燥的颗粒通过干燥室顶部的分级器进入袋式过滤器被收集。较大的颗粒则被分级器阻挡重新回到干燥室继续被分散和干燥。因此，通过改变干燥室分级器的直径能够控制产品的高黏物料团聚颗粒的尺寸。由自动控制实现湿料的进料速度与产品的出料速度保持平衡，颗粒在干燥区的停留时间按干燥所需时间设定。

旋转闪蒸干燥器具有如下特点：

(1) 能处理膏状和浆状等物料，单位蒸水量与所消耗的电能小；

(2) 连续操作，停留时间短而且可以自调，可干燥热敏性物料，并保证所干燥物料的各项工艺指标；

(3) 整个干燥系统为负压状态操作，车间环境状况好；

(4) 与其他干燥设备相比，占地面积小，结构紧凑，生产效率高；

(5) 把干燥和粉碎结合在一起连续进行，一次把块状和膏状等物料变成细粉。

C   空心桨叶干燥器

旋转闪蒸干燥器热效率较高，底部特设的机械搅拌粉碎装置更适合高黏性物料的烘干。高白氢氧化铝结晶度高、分散流动性好，比较适于采用双螺旋空心桨叶干燥器进行干燥。

空心桨叶干燥器的结构如图25-8所示，由 W 形槽和装在槽中的两根转动的空心轴组成，轴端装有热介质导入的旋转接头，轴上排列着中空叶片。加热介质为蒸汽、热水或导热油。加热介质通入壳体夹套内和两根空心桨叶轴中，通过 W 形槽的内壁和中空叶片壁，以传导的方式对物料进行加热干燥。处理不同物料时空心桨叶轴结构有所不同。带有中空叶片的空心轴在给物料加热的同时又对物料进行搅拌，从而进行加热面的更新。物料由加料口加入，在两根空心桨叶轴的搅拌作用下，更新界面，同时被推进至出料口排出。空心桨叶干燥器是一种连续传导加热干燥器。

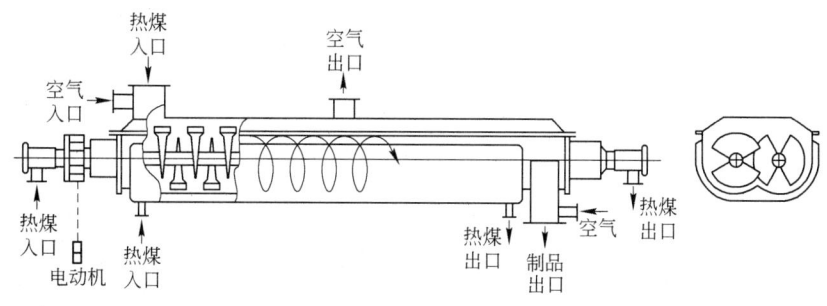

图 25-8　空心桨叶干燥器的结构示意图

空心桨叶干燥器的特点：

（1）设备结构紧凑，装置占地面积小。干燥所需热量主要是由密集排列于空心轴上的许多空心桨壁面提供，而夹套壁面的传热量只占少部分，所以单位体积设备的传热面大。

（2）热量利用率高。干燥所需热量不是靠热气体提供，减少了热气体带走的热损失。由于设备结构紧凑，且辅助装置少，使散热损失减少。热量利用率可达80%～90%。

（3）楔形桨叶具有自净能力，可提高桨叶传热作用。旋转桨叶的倾斜面和颗粒或粉末层的联合运动所产生的分散力，使附着于加热斜面上的物料易于自动清除，使桨叶可保持着高效的传热功能。另外，由于两轴桨叶反向旋转，交替地分段压缩（在两轴桨叶斜面相距最近时）和膨胀（在两轴桨叶相距最远时）斜面上的物料，使传热面附近的物料被激烈搅动，提高了传热效果。楔形桨叶式搅拌干燥器传热系数较高，为85～350W/（m²·K）。

（4）采用楔形桨叶式干燥器只需少量热气体用于携带蒸发出的湿分，只需满足在干燥操作温度条件下，干燥系统不凝结露水，故气体用量很少。这也使干燥器内气体流速低，被气体挟带出的粉尘少，干燥后系统的气体粉尘回收方便，可以缩小旋风分离器、布袋除尘器、气体加热器和鼓风机等的规模。

（5）物料适应性广，产品干燥均匀。干燥器内设溢流堰，可根据物料性质和干燥条件，调节干燥器内物料滞留量。物料滞留量达筒体容积的70%～80%，增加物料的停留时间，以适应难干燥物料和高水分物料的干燥要求。此外，还可调节加料速度、轴的转速和热载体温度等，在几分钟与几小时之间任意选定物料停留时间。因此，对于易干燥和不易干燥物料均适用，产品的湿含量只有0.1%。

该机的主要缺点是：物料与设备加热面直接接触，容易局部过热，不适于热敏性和易结疤物料的烘干。

25.2.4 高白氢氧化铝的质量标准和分析方法

25.2.4.1 高白氢氧化铝产品的质量标准

表 25-4 和表 25-5 列出了中国铝业股份有限公司企业标准《高白填料氢氧化铝》（Q/Chalco A014—2004）的主要理化指标。该标准中还有微粒氢氧化铝理化指标（详见 25.3.3 节）。

表 25-4 粗粒氢氧化铝理化指标（Q/Chalco A014—2004）

| 产品牌号 | 化学成分/% | | | | pH 值 | 100g 氢氧化铝吸油率/mL | 白度 | 粒 度 | | | 附着水/% |
	Al(OH)$_3$	SiO$_2$	Fe$_2$O$_3$	Na$_2$O				中位粒径 d_{50}/μm	>0.246mm（+60 目）/%	>0.043mm（+325 目）/%	
H-WF-25	≥99.6	≤0.05	≤0.02	≤0.30		≤32	≥95	22-28	0	≤35	0.20
H-WF-40	≥99.6	≤0.05	≤0.02	≤0.20		≤33	≥95	35~45	0	—	0.20
H-WF-50-SP	≥99.6	≤0.03	≤0.02	≤0.20		≤30	≥93	40~60	0	—	0.20
H-WF-60-SP	≥99.6	≤0.05	≤0.02	≤0.20	7.5~10.0	≤30	≥92	50~70	0	—	0.10
H-WF-75	≥99.6	≤0.05	≤0.02	≤0.20		≤40	≥93	75~90	0	—	0.10
H-WF-75-SP	≥99.6	≤0.03	≤0.02	≤0.20		≤30	≥92	75~90	0	—	0.10
H-WF-90	≥99.6	≤0.05	≤0.02	≤0.20		≤40	≥93	70~100	0	—	0.10
H-WF-90-SP	≥99.6	≤0.03	≤0.02	≤0.20		≤30	≥91	80~110	0	—	0.10

注：表中未列出的检验项目，如：色度（L、a、b）值、黑点、附着碱等，可由供需双方协商确定。

表 25-5 细粒氢氧化铝理化指标（Q/Chalco A014—2004）

| 产品牌号 | 化学成分/% | | | | pH 值 | 100g 氢氧化铝吸油率/mL | 白度 | 粒度 | | | 附着水/% |
	Al(OH)$_3$	SiO$_2$	Fe$_2$O$_3$	Na$_2$O				中位粒径 d_{50}/μm	>0.147mm（+100 目）/%	>0.043mm（+325 目）/%	
H-WF-5	≥99.6	≤0.05	≤0.02	≤0.25		≤40	≥96	3~6	0	≤1	0.4
H-WF-7	≥99.6	≤0.05	≤0.02	≤0.30	7.5~9.8	≤35	≥96	6~8	0	≤3	0.4
H-WF-8	≥99.6	≤0.05	≤0.02	≤0.30		≤33	≥96	7~9	0	≤3	0.4
H-WF-10	≥99.6	≤0.05	≤0.02	≤0.30		≤33	≥96	8~11	0	≤4	0.3
H-WF-10-LS	≥99.6	≤0.05	≤0.02	≤0.20	7.5~9.0	≤33	≥96	8~11	0	≤4	0.3
H-WF-10-SP	≥99.6	≤0.03	≤0.02	≤0.20		≤32	≥95	8~11	0	≤4	0.3
H-WF-12	≥99.6	≤0.05	≤0.02	≤0.30		≤32	≥95	10~13	0	≤5	0.3
H-WF-14	≥99.6	≤0.05	≤0.02	≤0.30	7.5~9.8	≤32	≥95	13~18	0	≤12	0.3
H-WF-14-SP	≥99.6	≤0.03	≤0.02	≤0.20		≤30	≥95	13~18	0	≤12	0.3
H-WF-20	≥99.6	≤0.05	≤0.02	≤0.25		≤32	≥95	18~25	0	≤30	0.3
H-WF-20-SP	≥99.6	≤0.03	≤0.02	≤0.20		≤30	≥94	18~25	0	≤30	0.2

注：表中未列出的检验项目，如：色度（L、a、b）值、黑点、附着碱等，可由供需双方协商确定。

25.2.4.2 高白氢氧化铝产品的分析方法

高白氢氧化铝的主要化学成分分析方法参见 YS/T 534.2～5—2007（见15.2.2 节的标准目录）。高白氢氧化铝的主要物理性质测定方法中，属于普通氢氧化铝通用的方法有：氢氧化铝水分的分析——重量法（YS/T 534.1—2007，见 16.10.6 节）。Q/Chalco A014—2004 的 5.2 节规定了高白填料氢氧化铝一些物理特性的测定方法，并在其附录中有详细说明。本节再列出若干高白氢氧化铝专用的测定方法。

A 氢氧化铝中有色杂质的分析

对氢氧化铝在一定目数的筛上干筛，筛上残留的有色杂质进行定量，通过目视测得有色杂质的量。

分析前，先将刷子洗净，在50℃充分烘干，称取(50±0.1)g 样品放在160 目筛上进行筛分，将筛上残留用刷子扫到白纸上，用拨片摊开找出有色杂质的个数。以每200g 为单位计算疵点数（个）。

B 氢氧化铝白度的测定——仪器法

把氢氧化铝试样填充到白度仪的试样皿里，放到样品托上，测量。

当物体被仪器内部光源照明后，一部分光被物体吸收，另一部分光被物体反射或透射，这些反射光由光电探测器接收后产生光电流并转换成电压从而计算出白度。

样品应在（110±5）℃下烘干并冷却至室温。

打开仪器电源开关，将仪器预热20min，放黑筒调零，输入标准白板白度值，回车检验，再用标准白板校对，将样品填入样品皿，应高出样品皿表面，用玻璃板抹平，然后放到样品托上开始测量，读数即得白度值。

C 氢氧化铝粒度的测定——仪器法

测试原理：采用富郎和菲（Fraunhofer）衍射和 MIE 散射理论，沿直线传播的平行激光束被直径为 d 的颗粒遮挡后，激光束发生散射，大颗粒使激光散射的角度小，小颗粒使激光散射的角度大。根据光电探测阵列，在不同位置上测量到的光强就可以计算出样品中颗粒的大小及其分布。

将试样加少量到激光颗粒分布测量仪测试样品池内，加分散介质调成所需浓度，测量。分析步骤：开机预热至信号稳定，进入指定程序，设定测量条件，调试测量状态，加适量样品于预先已加入分散介质的粒度仪样品池中，按测试键进行测试。

测量完毕后，观察粒度分布无异常，根据产品要求的平均粒径和粒度分布指标报出测量结果。

D 氢氧化铝中附着碱的测定——酸碱滴定法

用稀盐酸将氢氧化铝中的附着碱浸出，并以氢氧化钠标准溶液回滴，以求出附着碱的含量。

称取50g 氢氧化铝，置于500mL 锥形瓶中，加入150mL 水和15.00mL 盐酸标准溶液，振荡均匀，加入6 滴甲基红乙醇溶液，用氢氧化钠标准溶液滴定至黄色即为终点。

E 氢氧化铝松装密度和重装密度的测定

用规定的方法把氢氧化铝试样填充到指定容器中，从试样的质量和容积算出松装密度。然后把装有试样的容器从 30mm 高度下落 100 次，从压缩后试样的容积算出重装密度。

称取样品(50 ± 0.1)g（细白 10g）从测定仪漏斗上端以每分钟 20 ~ 60g 的速度把试样加入到干燥的量筒中，读试样面所在的刻度。为使试样不从量筒口溢出，可盖一薄膜，在铺有胶皮的水泥台上，从 30mm 的高度将量筒反复下落 100 次，再读试样面所在刻度。

分别按测得的松装体积和重装体积计算松装密度和重装密度。

F　氢氧化铝黏度的测定

在一定温度下，把一定量的氢氧化铝混入一定量的蓖麻油中，搅拌均匀，用旋转黏度计测定其黏度。

将室内温度调为 25℃，将恒温水浴温度调为 (25 ± 0.2)℃，将样品和蓖麻油在恒温室内放置 1h。在 100mL 的玻璃烧杯中准确称取 40.0g 蓖麻油，再准确称取 60.0g 氢氧化铝试样。将称取好的氢氧化铝试样逐渐加入到已加有蓖麻油的烧杯中，用玻璃棒充分搅拌混合，将混合好的粉糊烧杯浸入已恒温至 25℃ 的水浴中，使粉糊温度调至 (25 ± 0.2)℃。选择合适的转子和合适的转速测定初期黏度和 3min 黏度。

G　氢氧化铝模块色调的测定

把氢氧化铝与不饱和聚酯树脂充分混合，在固化剂作用下，进行加热使之硬化，得到模块，用色差计测定 L，a，b，ΔE 的值。

在 100mL 的玻璃烧杯中准确称取 40.0g 不饱和聚酯树脂，再准确称取 60.0g 氢氧化铝试样及相同数量的标准试样。将称好的样品和树脂放置在恒温器中，控制温度为 (25 ± 1)℃，放置时间 1h。将氢氧化铝试样逐渐加入到已有不饱和聚酯树脂的烧杯中，用玻璃棒充分搅拌混合。把树脂糊注入放在聚乙烯板上的成形模中至模高位置。一个样品做 2 个模块。

固化：首先将模块在室温硬化 2h，再将其放入调温至 (50 ± 1)℃ 的恒温器中加热硬化 3h；然后将恒温器温度调为 (25 ± 1)℃，放置 2h，使其冷却。

色差测定：用色差计测定模块的 L、a、b 值，并求出与标准试样各值的差值 ΔL、Δa、Δb，并求出 ΔE 的差值。

25.2.5　高白氢氧化铝的发展方向

25.2.5.1　氢氧化铝晶体结构和形貌的可控生产

高白氢氧化铝生产的核心技术在分解工序。需要产品结晶程度高、晶体发育完整、结构相对致密、颗粒结实，这样才能保证制品的色度和透亮度。但颗粒表面又不能过于光滑，否则会影响与树脂的结合力，从而影响制品的机械强度。钠等碱金属因会与固化剂反应导致制品颜色发黄，而且还会影响制品的绝缘性能，所以国外产品对钠的含量控制得很低。通过强化洗涤工艺可以降低氢氧化铝的表面可溶性钠含量，但粗氢氧化铝经过粉磨后晶界面上的碱重新暴露出来，还是会影响制品性能。因此，根本上还要从分解入手，降低晶间夹杂碱含量。借鉴砂状氧化铝的研究成果不失为一种有效的好办法。颗粒的形状、形貌和粒度分布对制品的加工工艺性影响很大，避免由过小的晶粒附聚成大颗粒，而是由结晶完整、发育较好的大颗粒链接长成界面结合紧密而表面适度粗糙、外形呈类球形、粒级分布比较合理的产品，才是人造石材最理想的原料。

25.2.5.2　开发高白氢氧化铝脱水与表面改性复合技术

在现代聚合物加工的生产过程中，对无机填料几乎都要进行表面改性处理。对高白氢氧化铝表面改性的目的主要是降低树脂混合料浆的黏度、提高加工工艺性能，并提高制品的机械强度。表面改性处理可以由填料供应商做，也可以由用户自行完成。通用的办法是用偶联剂或其他表面活性剂对原粉先进行表面改性，或在配料时与高分子材料混合加入。

将表面改性与氢氧化铝脱水工艺相结合，在改善氢氧化铝与树脂的相容性、降低加工黏度的同时降低洗涤用水量和湿品氢氧化铝含水率，减轻烘干负荷，减少能耗。这也是高白氢氧化铝生产技术发展的一个主要方向。

25.2.5.3　高纯化

高纯化主要是指除去氢氧化铝中的 Si、Fe、Na 等杂质，使 Al(OH)$_3$ 含量大于 99.9%。这种产品可显著提高树脂产品的性能，对于特种阻燃绝缘材料和高纯度化工原料尤为重要。

25.3　超细氢氧化铝

25.3.1　超细氢氧化铝概述

超细氢氧化铝是指粒径均匀、粒度分布集中，平均粒度小于 2μm，最大颗粒小于 7μm 的氢氧化铝产品。它区别于高白氢氧化铝微粉，具有更细的粒度，现在更多的是指直接从铝酸钠溶液化学分解出来的微米和亚微米产品。

超细氢氧化铝由于其粒度细，可以提供更好的阻燃效果和力学性能，主要用于电缆阻燃剂，此外还用于造纸和特种电工、电子器件及塑料、橡胶、地毯等阻燃制品。另外，经过高温加工还可用于制备精密陶瓷和功能陶瓷等。

25.3.1.1　阻燃剂行业的应用

阻燃剂通常分为有机和无机两类。其中溴系阻燃剂是目前世界上用量最大的有机阻燃剂之一，具有阻燃效率高、添加量少、适用范围广等优点。但溴系阻燃剂也存在严重降低阻燃基材的抗紫外线稳定性，燃烧时产生较多的烟雾、腐蚀性气体和有毒气体等缺点。

无机类阻燃剂具有热稳定性较好、不产生腐蚀性气体、不挥发、效果持久、没有毒性、价格低廉以及对环境危害性小等优点。无机阻燃剂的主要品种有氢氧化铝、氢氧化镁、红磷、氧化锑、氧化锡、硼酸锌、氢氧化锆等。由于超细氢氧化铝常温下物理和化学性质稳定，燃烧时不会产生二次污染；白度高，具有优良的色度指标；在树脂中分散性好，即使添加量较多也不易发生弯曲发白现象；而且无毒性；另外，超细氢氧化铝的来源丰富，价格比溴系阻燃剂便宜很多，因此，氢氧化铝已成为合成材料无卤阻燃配方的主要选材之一。

表 25-6 列出了 1998 年全球主要国家和地区各类阻燃剂的消耗量。在 1142.5kt 的总消

耗量中，85%为添加型阻燃剂，15%为反应型阻燃剂，而在添加型阻燃剂中45%左右为氢氧化铝。

表 25-6   1998 年全球主要国家和地区各类阻燃剂消耗量及比例

阻燃剂	美 国		西 欧		日 本		其 他		总 计	
	消耗量/kt	比例/%	消耗量/kt	比例/%	消耗量/kt	比例/%	消耗量/kt	比例/%	消耗量/kt	比例/%
溴 系	68.3	14.4	51.5	14.3	47.8	33.2	97	58.8	264.4	23.1
有机磷	57.1	12.1	71	19.7	26	18	19	11.5	173.1	15.2
氯 系	18.5	3.9	24.7	6.9	2.1	1.5	20	12.1	65.3	5.7
氢氧化铝	259	54.7	160	44.4	42	29.2	9	5.5	470	41.1
氧化锑	28	5.9	23	6.4	15.5	10.8	20	12.1	86.5	7.6
其 他	42.7	9	29.8	8.3	10.5	7.3			83	7.3
总 计	473.6	100	360	100	143.9	100	165	100	1142.5	100

由表 25-6 可知，氢氧化铝是最主要的一种阻燃剂，其消耗量约占总耗量的40%，在所有阻燃剂中居首位，占无机阻燃剂耗量的70%。其中超细氢氧化铝的用量每年约为150kt，即北美约为55kt，欧洲约为75kt，日本约为25kt。

随着安全意识的转变和增强，我国颁布了相关安全消防和阻燃的法规，并强制实施推动。这使得中国无机阻燃剂产业得到了快速发展。超细氢氧化铝在近几年里产量翻了近两番，2009 年已突破 50kt。

合成材料的阻燃性能与填料氢氧化铝的粒度大小有很大关系。随着粒度变细，材料的氧指数提高。这是因为阻燃作用的发挥是由化学反应所支配的，故而等量的阻燃剂，其粒径越小，比表面积就越大，阻燃效果就越好。

超细氢氧化铝，尤其是经过表面有机化改性的，由于增强了界面的相互作用能力，可以更均匀地分散在树脂基体中，从而能更有效地改善共混料的力学性能。因此，超细氢氧化铝在橡塑等材料中的应用得到了迅速发展。

环氧树脂中加入超细氢氧化铝填充后，强度增大，其氧指数明显改善，可用作密封材料、浇铸件、环氧树脂玻璃纤维片等。特别是氢氧化铝填充环氧树脂后可显著提高制品的电弧电阻和磁路电阻，在电气绝缘材料方面应用广泛。目前，添加氢氧化铝的环脂肪族环氧树脂，已在绝缘材料、变压器和开关装置中得到应用。超细氢氧化铝还可用作采用搪塑工艺生产中、高档轿车仪表板支承表皮的填料等。

25.3.1.2 造纸填料的应用

氢氧化铝在造纸工业中主要用作表层涂料、填料以及生产不燃纸。20 世纪 40～50 年代，国外就已开始用氢氧化铝作为涂布用颜料，主要用于涂布纸及纸板、LWC（轻量涂布）纸、无碳复写纸等的生产，达到了比较稳定的生产规模，这些目前在国内还是空白。氢氧化铝作为涂布颜料有许多优越性：白度高，粒度细且粒度分布均匀，呈片状晶形，与增白剂的配伍性好，吸墨性好等，用它作颜料能提高涂布纸的白度、不透明度、平滑度、吸油墨性以及获得良好的印刷适应性。用它代替二氧化钛，在不降低纸张白度及不透明度的前提下，能节约成本，提高成纸的光泽度，改善印刷性能。由于氢氧化铝粒度细、分布均匀、磨耗较小，可延长造纸机械刮刀的使用寿命，可用于画报纸、钞票纸、照相纸和高级字典纸等高级纸张的生产中。通常对造纸用氢氧化铝的要求是粒度 $d_{50} < 1\mu m$，白度大于 99%。

25.3.2 超细氢氧化铝的制备方法

超细氢氧化铝的生产有机械法和化学法两大类。机械研磨可以用气流磨配置精密分级机对白色氢氧化铝进行研磨粉碎得到；也可以用湿式搅拌磨并配置精细旋流器组进行分级，然后经过干燥而得到。机械研磨方法生产的超细氢氧化铝产品中有大颗粒，影响产品的理化指标和使用性能。

化学法有铝酸钠溶液种子分解法、铝酸钠溶液中和法（如 $NaAlO_2$-HNO_3 法）、金属醇盐法、微乳液法、超重力法及水热法等，但除铝酸钠溶液种子分解法成本低、适合工业生产外，其他几种化学制备工艺因设备要求较高及生产成本高而不便于工业化。

铝酸钠溶液种子分解法是通过制备活性好的、优良的晶种，在较低的分解温度下严格控制分解条件，从而得到粒度细且分布均匀的氢氧化铝浆液，浆液经水平带式过滤机过滤洗涤和喷雾干燥，即可得到超细氢氧化铝产品；也可以用压滤机分离洗涤、经旋转闪蒸干燥器干燥，再经粉碎打散团聚颗粒后得到超细氢氧化铝产品。

依据种子的制备方法不同，分为化学合成晶种法和机械粉碎种子分解法。后者是用机械研磨法制备晶种，然后用分解法生产超细氢氧化铝，这种方法生产的产品平均粒径较细，可达到 $2\mu m$ 以下，但由于分解所用的种子是机械粉碎加工而成，成品中难免出现 $10\mu m$ 以上的大颗粒，这对于阻燃材料的生产，尤其是电线、电缆和工程塑料的生产几乎是致命的缺陷。

目前，超细氢氧化铝的大规模生产技术只被世界上几个大的铝业公司所掌握，其中有美国铝业公司、日本昭和公司、德国马丁公司和中国铝业公司等。超细氢氧化铝的生产需要特殊的分解工艺，并且需要解决过滤和烘干等关键技术问题，因此产品价格较高。

25.3.2.1 机械研磨法

机械研磨法是将普通氢氧化铝或高白氢氧化铝经洗涤、烘干后采用气流磨或搅拌磨将其加工成氢氧化铝微粉。机械研磨法生产的氢氧化铝微粉粒度较粗，粒度分布宽，颗粒形貌不规则，最大颗粒可达 $15 \sim 20\mu m$，产品使用性能差，在电线和电缆的生产过程中，加工性能差，抗折强度、延伸率较低，与化学法氢氧化铝相比其氧指数小，阻燃效果差。机械粉碎法生产的氢氧化铝微粉颗粒形貌如图 25-9 所示。下面分别叙述用

图 25-9　机械法制备的氢氧化铝颗粒形貌（SEM）图

气流磨和搅拌磨制取超细氢氧化铝的方法。

A　气流磨生产超细氢氧化铝

气流磨也称气流粉碎机或喷射磨，是最常用的超细粉碎设备。它利用高速气流（300～500m/s）或过热蒸汽（300～400℃）的能量，使颗粒相互产生冲击、碰撞、摩擦而实现超细粉碎。

高速气流是通过安装在磨机周边的喷嘴将高压空气或高压热气流喷出后迅速膨胀来产生的。由于喷嘴附近速度梯度很高，因此，物料绝大多数的粉碎作用发生在喷嘴附近。在粉碎室，颗粒与颗粒间碰撞的频率远远高于颗粒与器壁的碰撞，也即气流磨中的主要粉碎作用是物料颗粒之间的冲击或碰撞。

气流磨广泛应用于化工、非金属矿物的超细粉碎，产品粒度上限取决于混合气流中的固体含量。在固体含量较低时，产品细度 d_{97} 可保持在 5～10μm；但当固体含量较高时，产品细度 d_{97} 增大到 20～30μm。入磨物料若经过预先粉碎降低粒度，可得到平均粒径 1μm 的产品，但收率较低。

目前工业上应用的气流磨主要有以下几种类型：

（1）扁平式气流磨；

（2）循环式气流磨；

（3）对喷式气流磨；

（4）靶式气流磨；

（5）流化床对喷式气流磨。

以下用对喷式气流磨为例，简单介绍气流磨的构造和工作原理。图 25-10 为对喷式气流磨的结构示意图。

其工作过程为：物料经螺旋加料器 5 进入上升管 9 中，依靠上升气流带入分级室 3 后，粗颗粒沿返回器 10 返回粉碎室 8，在来自喷嘴 6 的两股相对高速气流的作用下，冲击碰撞而粉碎。粉碎后的物料被气流带入分级室 3 进行分级，细颗粒通过分级转子 2 后成为产品。在粉碎室 8 中，已被粉碎的物料从粉碎室底部的出口管进入上升管 9 中。出口管设在粉碎室底部，可以防止物料沉积后堵塞粉碎室。为了更好地分级，在分级室 3 下部经入口 11 通入二次空气。

产品粒度是通过控制分级器内气流的上升速度及调节分级机转子的转速来调节和控制的；或者再配置精细分级机对产品粒度进行控制。

气流磨磨制出来的产品粒度分布较宽，并且时有大颗粒出现。为了避免此类现象的发生，一般需要配置专门的精细分级设备。根据分级介质的不同，精细分级机可分为两大类：一是以空气为介质的干法分级机，主要有空气旋流式分级机和转子式气流分级机；二是以水为介质的湿法分级机，主要有水

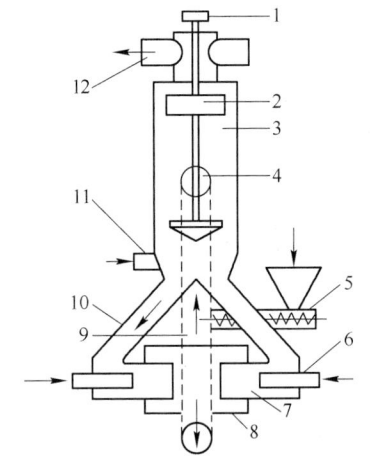

图 25-10　对喷式气流磨结构示意图
1—传动装置；2—分级转子；3—分级室；
4—入口；5—加料器；6—喷嘴；7—混合管；
8—粉碎室；9—上升管；10—粗料返回器；
11—二次风入口；12—产品出口

力旋流器、超细水力分级机、卧式螺旋离心分级机等。
图 25-11 为精细分级机的结构示意图。

其工作过程为：待分级物料和气流经喂料管 1 和调
节管 8 进入机内，经过锥形体进入分级区。轴 9 带动叶轮
3 旋转，叶轮的转速是可调的，以调节分级粒度。细粒级
物料随气流经过叶片之间的间隙向上经细物料排出口 2
排出；粗物料被叶片阻留，沿中部机体 5 的内壁向下运
动，经环形体 6 和斜管 4 到粗物料排出口 10 排出。上升
气流经气流入口 7 进入机内，遇到自环形体 6 下落的粗物
料时，将其中夹带的细物料分出，向上排送，以提高分
级效率。这种分级机的主要特点是：分级粒度范围广，
可在 $3 \sim 150 \mu m$ 之间任意选择，分级精度较高；并可通过
调节叶轮转速、风量或气流速度、上升气流、叶轮叶片
数量以及调节管的位置来调节分级粒度。

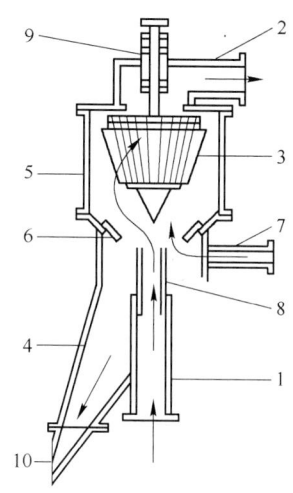

图 25-11　精细分级机结构示意图
1—喂料管；2—细物料出口；3—叶轮；
4—斜管；5—机体；6—环形体；
7—气流入口；8—调节管；
9—轴；10—粗物料出口

用气流磨进行氢氧化铝超细粉碎，除气流磨本身之
外，还需要一些辅助设备，包括气流发生设备、气流净
化和处理设备、精密分级设备和产品收集设备等。图
25-12 为用气流磨生产超细氢氧化铝产品的原则工艺流程。
应注意压缩空气在冷却降温后除油除水，以避免污染产品和物料受潮堵塞粉碎系统。如果
选用无油空气压缩机，则只需要除水。

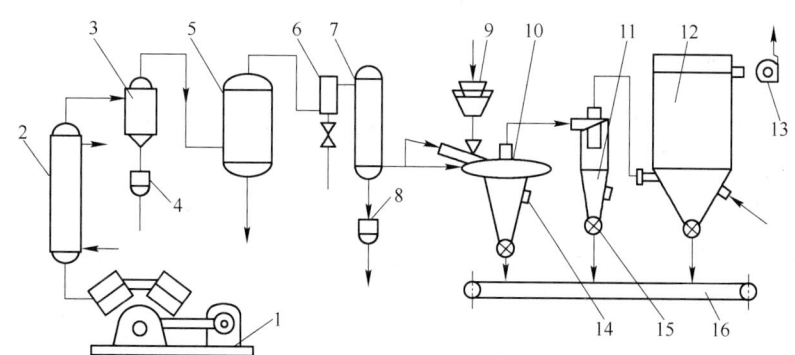

图 25-12　用气流磨生产超细氢氧化铝工艺流程
1—空气压缩机；2—冷却器；3—油水分离器；4，8—排液器；5—储器罐；6—除沫器；
7—空气过滤器；9—加料器；10—气流磨；11—气流分级机；12—布袋除尘器；
13—引风机；14—振荡器；15—卸料阀；16—产品收集

B　搅拌磨生产超细氢氧化铝
搅拌磨是超细粉碎机中能量利用率最高的一种超细粉碎设备。搅拌磨内置搅拌器，搅
拌器的高速旋转使研磨介质和物料在整个筒体内不规则地翻滚，产生不规则运动，使研磨
介质之间产生相互撞击和研磨的双重作用，使物料磨细并得到均匀分散。
搅拌磨主要是由一个静置的内填小直径研磨介质的研磨筒和一个旋转搅拌器构成。图

25-13 为间歇式、循环式和连续式三种类型搅拌磨的示意图。

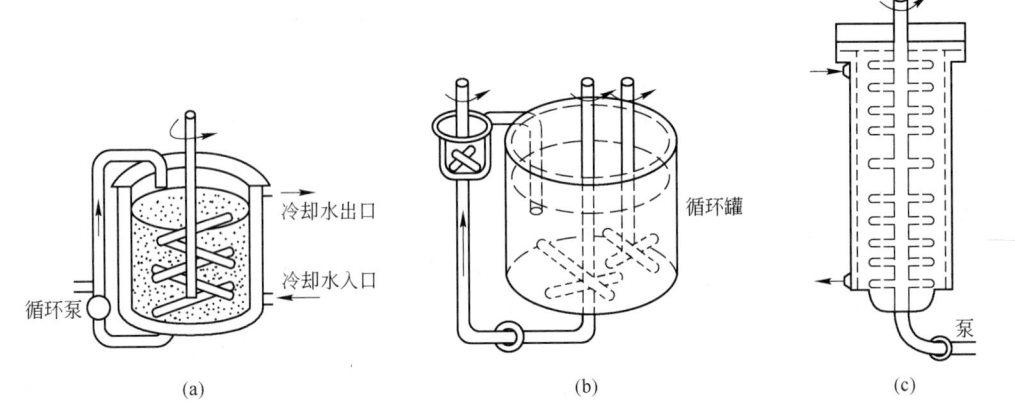

图 25-13　搅拌磨的类型

(a) 间歇式；(b) 循环式；(c) 连续式

　　搅拌磨的工作原理：由电机通过变速装置带动研磨筒内的搅拌器旋转，搅拌器旋转时其叶片端部的线速度大约为 3~5m/s，在高速搅拌时线速度还要大 4~5 倍。在搅拌器的搅动下，研磨介质与物料做多维循环运动和自转运动，从而在研磨筒内不断地上下、左右相互置换位置产生激烈的运动，由研磨介质重力以及螺旋回转产生的挤压力对物料进行摩擦、冲击、剪切作用而使之粉碎。由于其综合了动量和冲量的作用，因此，能有效地进行超细粉磨，细度达到亚微米级。而且其能耗绝大部分直接作用于搅动研磨介质，而非虚耗于转动或振动筒体，因此能耗较低。搅拌磨不仅有研磨作用，而且还具有搅拌和分散作用。

　　研磨介质一般使用球形，其平均直径小于 6mm，用于超细粉碎时，直径一般小于 1mm。研磨介质大小直接影响粉碎效率和产品粒度，研磨介质直径越大，产品粒径也越大，产量越高；反之，研磨介质粒径越小，产品粒度越细，产量越低。一般视给料粒度和产品细度而定。为提高粉磨效率，研磨介质的粒径必须大于 10 倍的给料粒度。另外，研磨介质的粒度分布越均匀越好。研磨介质的密度对研磨效率也有影响，介质密度越大，研磨时间越短。此外，研磨介质的硬度必须高于被磨物料的硬度，以增加研磨强度，一般来说，研磨介质的莫氏硬度最好比被磨物料大 3 倍以上。不同研磨设备使用不同的研磨介质，一般采用氧化铝刚玉或氧化锆陶瓷球。

　　在物料湿法超细粉碎的过程中，为了提高粉碎效率及控制最终产品细度以满足用户需求，通常要设置湿法分级设备。常用的超细湿法分级设备有卧式螺旋离心分级机、水力旋流器及超细水力旋分机等。以下介绍水力旋流器的构造及工作原理。

　　水力旋流器上部呈圆筒形，下部呈圆锥形，其构造和工作原理如图 25-14 所示。水力旋流器的优点是：结构简单、价格便宜、无运动部件，生产量大，占地面积小。其缺点是：磨损较严重，操作条件的变化对产品粒度影响较大。

　　水力旋流器广泛应用于分级粒度为 3~250μm 的分级或分离作业以及分级粒度小于 15μm 的浓缩或澄清作业，其直径一般为 10~1400mm 之间。用于超细颗粒分级或分离时，

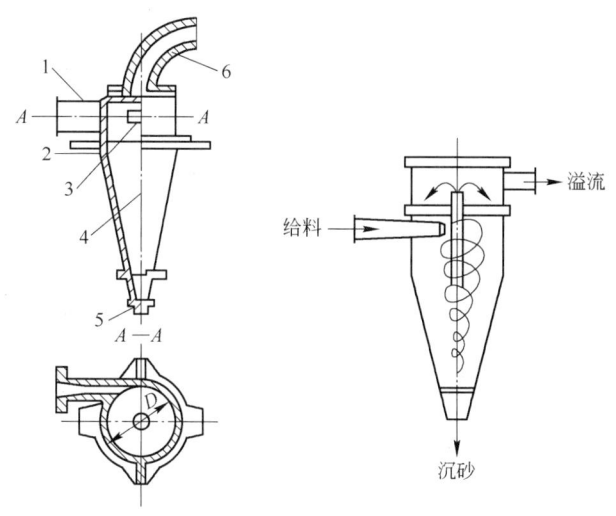

图 25-14 水力旋流器的构造和工作原理示意图
1—给料口；2—筒体；3—溢流口；4—锥形体；5—底流口；6—溢流管

一般选用小直径 10～50mm 的水力旋流器，这种小直径的旋流器通常制成带有长的圆筒部分和小锥角的锥形部分，可以内衬耐磨陶瓷和聚氨酯材料。

为了获得理想的产品粒度，可采用小旋流器通过多段分级工艺来实现。小直径水力旋流器的主要结构参数是圆柱体直径、锥度、溢流口和沉砂口直径等。影响小直径水力旋流器分级效果的主要操作因素是：给料压力、给料浓度、给料粒度组成和给料速度等。

25.3.2.2 铝酸钠种子分解法

机械研磨种子分解法由于产品粒度分布宽已被逐步淘汰。目前，国际上超细氢氧化铝生产主要采用化学法制种，过饱和自分解种子二段分解法。利用这种方法制备的产品粒度细，平均粒径可小于 1μm，粒径分布窄，产品具有纯度高、白度好、颗粒均匀规则、易于分散等优点（其形貌如图 25-15 所示）。

A 铝酸钠溶液分解过程的机理

铝酸钠溶液的晶体分解过程包括下面几个复杂的物理化学变化：（1）氢氧化铝晶体的长大；（2）氢氧化铝晶种的附聚；（3）次生晶核的形成；（4）氢氧化铝晶核的破裂和磨损。

在种分过程中，这些现象往往同时发生，只是在不同的条件下发生的程度不同，有主次之分。晶体的长大与晶粒的附聚导致氢氧化铝结晶变粗，而二次成核和晶粒的破裂导致氢氧化铝结晶变细。分解产物的粒度分布就是这些作用的综合结果。

a 氢氧化铝晶体的长大

溶液的过饱和度是晶体长大的推动力，并且

图 25-15 种分法制备的氢氧化铝
颗粒形貌（SEM）图

氢氧化铝粒子的长大速度受表面反应的控制。Na_2O 浓度对晶粒长大有显著影响，过饱和度影响更大，而温度对长大速度的影响是双重的。

b   次生晶核的生成

晶种分解时，在一定条件下会产生大量新的晶核，其生成取决于溶液的过饱和度、温度、碱液浓度、晶种的数量和品质、搅拌强度及杂质的存在等因素。

溶液过饱和度提高，容易产生次生晶核；而温度升高，次生晶核生成量减少；随着晶种量的增加，次生晶核生成量减少；次生晶核的产生和晶种粒度有很大关系，粒度越粗，产生的次生晶核越多。

c   晶种的附聚

晶种的附聚作用和晶种粒度、溶液过饱和度及温度有很大关系。过饱和度高的溶液有利于附聚发生，分解温度高有利于附聚发生，而碱浓度高则对附聚不利。

d   晶体的破裂和磨蚀

晶体的破裂和磨蚀是指氢氧化铝晶体在强烈搅拌的情况下与搅拌器、器壁及其他晶体碰撞而破裂成小晶体，或晶体的棱角在结晶器内因碰撞而被磨蚀下来成为小晶体。晶体的破裂和磨蚀也称为机械成核。

B   铝酸钠溶液种子分解氢氧化铝粒度控制理论

从铝酸钠过饱和溶液中制备超细氢氧化铝的关键，是要掌握决定粒子大小和形貌的主要影响因素及其作用机理，制定合理的分解工艺。研究结果表明，由过饱和溶液中的析出颗粒的结晶过程可以分为两个阶段：第一个阶段是形成晶核，第二个阶段是晶体生长阶段。Weimarn 认为晶核的生成速度 v_1，与晶体的溶解度和溶液的过饱和度有如下关系：

$$v_1 = dn/dt = K_1(c - S)/S \tag{25-3}$$

式中　　t——时间；

n——产生晶核的数目；

c——析出物质的浓度，即过饱和浓度；

S——平衡溶解度；

$c - S$——过饱和度；

$(c - S)/S$——相对过饱和度；

K_1——比例常数。

由式 25-3 可知，浓度 c 越大，溶解度 S 越小，则生成晶核的速度越大。由于体系中物质的数量一定，要生成大量的晶核，就只能得到极小的粒子。

晶核（晶体）的生长速度 v_2 可用式 25-4 来表示：

$$v_2 = K_2D(c - S) \tag{25-4}$$

式中　D——溶质分子的扩散系数；

$c - S$——过饱和度；

K_2——比例常数。

由式 25-4 可知，晶体的生长速度与过饱和度成正比，但 v_2 受 $(c - S)$ 的影响较 v_1 小。在结晶过程中，v_1 和 v_2 是相互联系的，当 $v_1 \geqslant v_2$ 时，溶液中会形成大量的晶核，故所得粒子的分散度较大；当 $v_1 \leqslant v_2$ 时，所得晶核较少，而晶体的生成速度很快，故析出物

临界过饱和度
c^*_{max}
c^*_{min}
c_s
反应物浓度
II
快速成核
扩散生长
III
溶解平衡
I
时间

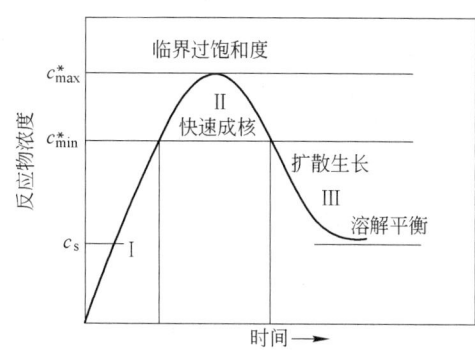

图 25-16　湿法制备超细颗粒形成的 Lamer 模型

的粒度较大。也就是说，析出物的分散度与 v_1 成正比，与 v_2 成反比。

根据湿化学法颗粒成核与生长机理，Lamer提出了单分散颗粒形成的模型图（见图 25-16）。在成核前，溶质浓度在Ⅰ区内，此时没有沉淀产生，当溶质浓度 c 达到一个新的水平 c^*_{min}时，进入成核阶段Ⅱ区内，在该区内浓度仍略上升一会儿，然后由于成核消耗溶质而使浓度 c 下降，当 c 重新落到 c^*_{min}时，成核结束，最后进入核生长阶段（Ⅲ区）内，直至溶质浓度降至近于溶解度 c_s。如果成核速率不是很大，即 c 在 c^*_{min}和 c^*_{max}之间的逗留时间较长，颗粒的生长必定与成核同时发生，就无法得到单分散颗粒。而在 c 刚超过 c^*_{min}时，成核速度迅速升高，便可得到单分散溶胶。或者在沉淀过程中，将成核与晶体生长过程分开，以便使已形成的晶核同步生长，并在生长中不再有新核生成。为使成核与生长尽可能地分开，必须使成核速度尽可能高而生长速度适当地低。在沉淀析出过程中，当成核结束后，立即通过添加晶种、改变溶液温度等手段来降低溶液的过饱和度，使之处于稍低于最低过饱和度（c^*_{min}）以下，这样就可以有效地抑制生长过程中新核的产生，得到粒度分布窄的产品。

C　生产原理和理论依据

铝酸钠溶液的分解过程可划分为晶核形成（包括碎裂）和晶体长大（包括附聚）两个阶段。根据配合-聚合理论，铝酸钠溶液是一种铝的配合物组成的离子体系，在分解过程中晶核生成过程可用图 25-17 表示。

配合铝酸根离子 $nAl(OH)_4^-$
生成聚合铝酸根离子 $Al_n(OH)_{3n+1}^-$
形成缔合物 $[Al_n(OH)_{3n+1}^-]$
析出聚合物 $[Al(OH)_3]_n$ 沉淀(缩聚作用)

图 25-17　铝酸钠溶液聚合分解过程示意图

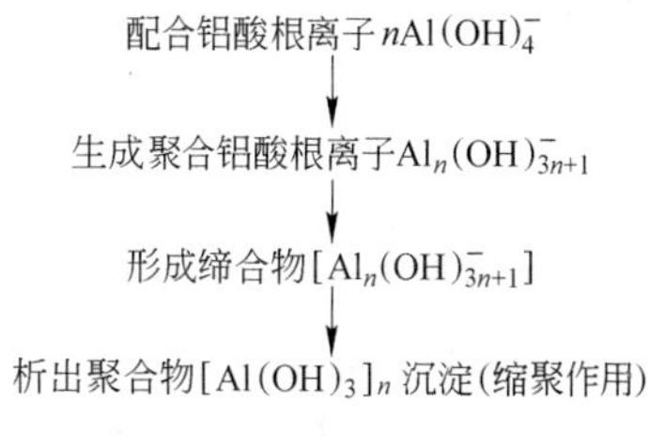

实际上，烧结法铝酸钠溶液是一种过饱和溶液，苛性比值在 1.5 左右，在分解过程中不能提供足够的表面能，因而氢氧化铝晶核难于自发生成，在一定环境下保持相对稳定。

根据结晶学的原理，过饱和溶液即使在未明显发生结晶现象时，其结晶过程仍处于一个动态的过程，过饱和的晶体不断地结晶析出，刚结晶析出来的晶体，又不断地溶解，而在溶液中，不能看到晶体存在。由于晶体越小，表面能越大，因此物质的溶解度是随着其晶体的增大而减小的。表面化学推导出半径为 r_1 的微小晶体与半径为 r 的较大晶体的溶解度（分别为 c_1 和 c）之间的关系如下：

$$\ln(c_1/c) = (2\sigma_{晶\text{-}液}V)/(RTr_1) \tag{25-5}$$

式中　$\sigma_{晶\text{-}液}$——晶体与溶液界面上的表面张力；

V——晶体的摩尔体积。

由此可以看出，当溶质的晶体半径小到某一临界数值后，其溶解度便明显地高于正常晶体的溶解度。有时无定形物质的溶解度可以比晶体物质的溶解度大得多。

而凝胶氢氧化铝或假一水软铝石都能很快地在铝酸钠溶液中溶解，使铝酸钠溶液中氧化铝的稳定性急剧下降，使氢氧化铝快速分解析出。同时，控制一定的温度和浓度等条件，避免刚结晶析出的氢氧化铝长大或附聚，能够生产出平均粒度小于 $1\mu m$ 的超细氢氧化铝。

当特殊晶种加入到一段种分原液时，α_K 降低。对此现象进行了进一步研究，将分解装置增加保温层进行隔热处理，在保证一段分解过程不受环境温度影响或少受环境温度影响的条件下，对一段分解过程的温度变化进行了测定，根据测定数据绘制了一段分解浆液温度随时间的变化曲线，如图 25-18 所示。

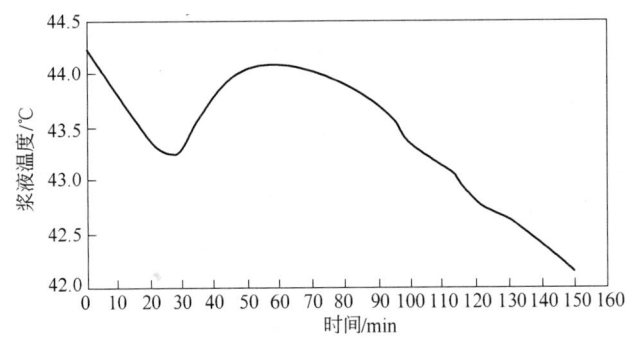

图 25-18   浆液温度随时间变化曲线

从图 25-18 可看出：当非晶质晶种加入到铝酸钠溶液中时，由于晶种和精液的混合，使整个溶液温度降低；在一定时间（诱导期）内，随着晶种的逐步溶解，发生晶种和精液中游离苛性钠的中和反应，放出热量，使分解温度逐步升高，当温度处于最高点时，晶种完全溶解，浆液变得澄清透明，溶液的苛性比值降到最低值，溶液处于极不稳定状态，突然自发分解析出大量细颗粒氢氧化铝；分解反应是中和反应的逆反应，因此，随着分解的进行和氢氧化铝析出逐渐吸收热量，同时系统向外界散热，在曲线上表现为溶液温度逐渐降低。

D   铝酸钠溶液分解生产超细氢氧化铝生产过程的生产工艺和设备

a   种子制备

精液经板式热交换器冷却至一定温度，加入酸性铝盐溶液或通入二氧化碳气体，控制分解温度、通气速度及分解时间，制得种子浆液。

b   分解

将种子浆液、冷精液以一定比例混合，控制分解温度和时间进行一段种子分解。分解结束后再按一定比例加入冷精液进行反应，进行二段种子分解，控制一定分解温度、分解时间和分解率，得到超细氢氧化铝浆液。

c   过滤烘干

超细氢氧化铝浆液经带式过滤机进行分离、过滤、洗涤后，进入打浆槽打浆。经喷雾干燥塔烘干后，进入旋风收尘及布袋收尘器，进入成品仓进行包装。

E   主要生产设备及工作原理

a   水平带式过滤机

详见第25.2节。

b 喷雾干燥器

喷雾干燥是采用雾化器将原料分散为雾滴，并用热气体干燥雾滴而获得产品的一种干燥方法。原料液可以是溶液、乳浊液、悬浮液，也可以是熔融液或膏糊液。干燥产品根据需要，可制成粉状和颗粒状等。

喷雾干燥的典型流程如图25-19所示，它包括空气加热系统、喂料系统、干燥系统、物料回收系统和控制系统。

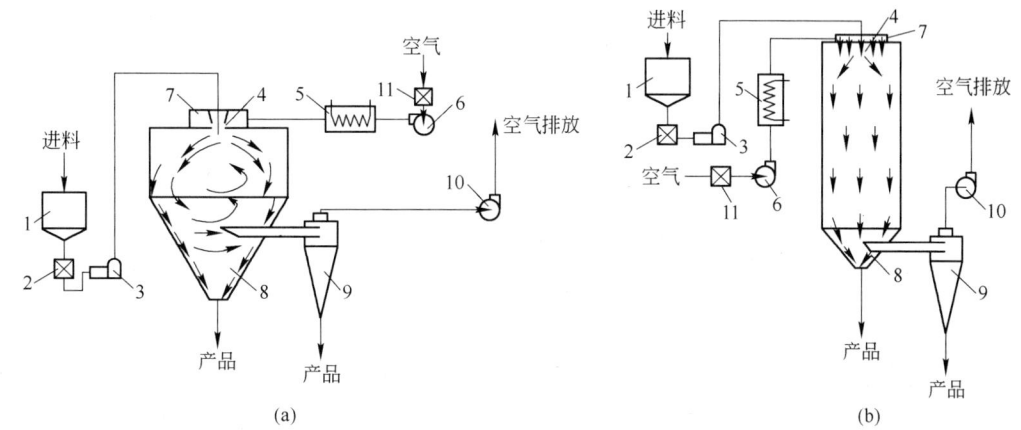

图 25-19 喷雾干燥的典型流程
(a) 旋转式（或称轮式）雾化器；(b) 喷嘴式雾化器
1—料罐；2—过滤器；3—喂料泵；4—雾化器；5—空气加热器；6—鼓风机；
7—空气分配器；8—干燥塔；9—旋风分离器；10—引风机；11—空气过滤器

25.3.2.4 氢氧化铝的表面改性

氢氧化铝是典型的极性无机材料，与有机聚合物特别是非极性聚烯烃的亲和性差，界面结合力小，导致以其为阻燃剂的复合材料的加工工艺性和力学性能下降。氢氧化铝与基体树脂之间的界面状态对阻燃材料的力学性能影响巨大。为增强氢氧化铝填料与基体界面间的相互作用，使氢氧化铝粉体能够更均匀地分散在基体树脂中，需对氢氧化铝进行表面改性，来有效地改善共混料的力学性能。通过适当的有效的表面处理剂对氢氧化铝进行表面改性，以改进氢氧化铝的表面极性，提高氢氧化铝与基体高分子树脂的相溶性。

A 表面有机化改性

为了改善氢氧化铝与聚合物间的黏结力和界面亲和性，采用偶联剂对氢氧化铝阻燃剂进行表面处理是最为行之有效的方法之一。

氢氧化铝常用的偶联剂是硅烷和钛酸酯类。经硅烷处理后的氢氧化铝阻燃效果好，能够有效提高聚酯的弯曲强度和环氧树脂的拉伸强度；经乙烯基-硅烷处理的氢氧化铝可用于提高交联乙烯-醋酸乙烯共聚物的阻燃性、耐热性和抗湿性。单烷基钛酸酯对粗粒氢氧化铝的偶联效果不如对细粒氢氧化铝的偶联效果好。钛酸酯偶联剂和硅烷偶联剂可以并用，能产生协同效应。另外，烷基乙烯酮、异氰酸酯和含磷钛酸盐等，也可作为氢氧化铝表面处理的偶联剂。

B 与阻燃增效剂的复合改性

少量的阻燃增效剂可以显著改善氢氧化铝填充体系的性能,如提高阻燃性、抑制滴落和改善力学性能。与氢氧化铝起协同作用的无机阻燃剂范围很广泛,主要有 Ni、Zn、Mn、Zr、Sb、Fe、Ti 等的金属氧化物和碱土金属氢氧化物等。

含磷阻燃剂具有强烈脱水作用,与氢氧化铝一并使用中,促使氢氧化铝脱除结晶水,产生吸热降温作用,使磷化合物吸水转化为焦磷酸盐玻璃体,从而产生良好的协同阻燃效应。这类含磷阻燃剂有有机磷阻燃剂(如磷酸酯和含卤磷酸酯等)和无机磷阻燃剂等,少量添加后就可以大幅度提高氧指数。Kinose 等人采用包覆红磷与氢氧化铝对 ABS(丙烯腈-丁二烯-苯乙烯共聚物)塑料进行阻燃时,可获得具有较好阻燃效果的协同阻燃体系。

25.3.3 超细氢氧化铝的质量标准与分析方法

25.3.3.1 产品质量标准和指标

中国铝业股份有限公司企业标准《工业细粒氢氧化铝》(Q/Chalco A024—2004)中的微粒氢氧化铝部分属超细氢氧化铝,见表 25-7。表 25-8 列出各公司超细氢氧化铝产品质量指标的对比。

表 25-7 微粒氢氧化铝理化指标 (Q/Chalco A024—2004)

产品牌号	化学成分/%				pH 值	100g 氢氧化铝吸油率/mL	白度	粒度			附着水/%
	$Al(OH)_3$	SiO_2	Fe_2O_3	Na_2O				中位粒径 $d_{50}/\mu m$	>0.074mm (+200 目)/%	>0.043mm (+325 目)/%	
H-WF-1	≥99.5	≤0.08	≤0.02	≤0.30	7.5 ~ 9.8	55	≥97	≤1	0	≤0.1	0.5
H-WF-2	≥99.5	≤0.08	≤0.02	≤0.40		50	≥96	1 ~ 3	0	≤0.1	0.5

表 25-8 各公司超细氢氧化铝产品的质量指标

公司名称	日本昭和		美国铝业		日本住友		中国铝业		德国马丁	
产品牌号	H-42M	H-43M	H710	PGA	C-303	C-301	H-WF-1	H-WF-2	OL-104	OL-107
附着水/%	0.25	0.30	0.31	0.25	0.13	0.17	0.5	0.5	0.4	0.35
$Al(OH)_3$ 含量/%	99.6	99.6	99.4	99.5	99.7	99.6	99.5	99.5	99.6	99.6
Fe_2O_3 含量/%	0.01	0.01	0.003	0.003	0.01	0.01	0.02	0.02		
SiO_2 含量/%	0.01	0.01	0.007	0.007	0.01	0.01	0.08	0.08		
Na_2O 含量/%	0.33	0.34	0.26	0.27	0.21	0.33	0.30	0.40		
$W-Na_2O$ 含量/%	0.05	0.07	0.06	0.03					≤0.10	≤0.08

公司名称	日本昭和		美国铝业		日本住友		中国铝业		德国马丁	
灼减/%										
$d_{50}/\mu m$	1.1	0.75			2.5	1.4	1	2	0.9~1.5	1.3~2.3
松装密度 /g·cm^{-3}	0.2	0.2	0.28	0.39	0.25	0.25			0.32	0.26
重装密度 /g·cm^{-3}	0.5	0.4	0.45	0.62	0.6	0.6				
白度/%	98	99			96	96	97	96	≥94	≥95
pH值 (30%浆液)	10.1	10.2			9.0	9.0	9.0	9.0		
100g氢氧化铝 吸油量/mL	48	55			47	62	55	50	37~47	27~35
BET比表面积 /m^2·g^{-1}	5	6.7	4.8	4.7	3	5			6~8	3~5

25.3.3.2　产品的分析方法

超细氢氧化铝的理化分析方法参见第25.2节中高白氢氧化铝产品的质量分析方法。

25.3.4　超细氢氧化铝的发展方向

25.3.4.1　颗粒的超细化

Al(OH)$_3$粒径的大小直接影响其阻燃性和填充性。增加Al(OH)$_3$粒子的表面积，使粒子表面水蒸气压上升，有利于阻燃性的提高。随着粒度变细，材料的限氧指数提高，这是因为阻燃作用的发挥是由化学反应所支配的，故而等量的阻燃剂，其粒径越小，比表面积就越大，阻燃效果就越好（见图25-20）。

现代填充技术发现，超细无机刚性粒子可对高分子材料起到增韧增强效果，因此，超细Al(OH)$_3$粒子不仅使体系阻燃性能提高，还可以改善力学性能。超细粒度的氢氧化铝，由于增强了界面的相互作用，可以更均匀地分散在基体树脂中，从而能更有效地改善共混料的力学性能。填料的精细化还有助于合成材料成品光滑度的提高以及其他力学、电学性能的改善。美国铝业公司原开发的新型超细氢氧化铝阻燃剂，其粒径小至0.2~0.5μm，这种产品与普通型号氢氧化铝微粉的阻燃效果相同，添加量却可大大减少，而并不会影响塑料产品的其他性能。

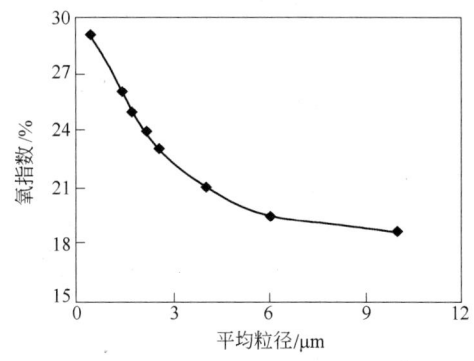

图25-20　氢氧化铝平均粒径与阻燃性能关系

25.3.4.2   提高 Al(OH)₃ 的热稳定性

氢氧化铝热稳定性稍差，初始脱水温度较低。研究发现，氢氧化铝经过 160℃长期加热时，结晶水就会有微量析出；在 180℃加热时，可以明显观察到结晶水的脱除现象；加热温度超过 200~220℃时，氢氧化铝就会开始显著脱除结晶水。许多热塑性塑料和橡胶在高温密炼和成形加工过程中温度都超过 220℃，因此在加工过程中添加的氢氧化铝会脱水形成气泡，从而影响制品的力学性能。超细氢氧化铝热稳定性差一直是其在高温橡塑材料中使用受限的主要原因。

25.3.4.3   开发高效的表面改性剂和先进的改性工艺

Al(OH)₃ 单独使用时，添加量必须在 40 份（高分子基材质量为 100 份）以上才具有较好的阻燃效果，但高填充量会影响合成材料的加工性能和力学性能，因此，必须采取有效措施以改善氢氧化铝粉体的表面性质。为实现此目的，就必须开发来源广、价格低、应用性能好的高效表面改性剂。

除开发出高效的表面改性剂外，还需要开发新的表面改性工艺和配物技术。根据不同材料的性能要求来选择和设计粉体材料的表面，运用先进的计算方法、计算技术以及计算机辅助设计进行表面改性工艺和配物技术的开发，减少实验工作量，提高表面改性工艺和改性剂配方的科学合理性。

25.3.4.4   Al(OH)₃ 的纤维化

现代工业要求很多固体的物料以粉末状作为工业原料，它们不仅要具有极细的粒径、严格的粒度分布、很低的杂质含量，而且随着超细粉应用的发展，还需具有特定的颗粒形貌。颗粒形貌和物性之间存在密切的关系，它对颗粒群的流动性、填充性、化学活性等许多性质产生影响。加入强度较高的纤维可以提高合成材料的力学性能。因此，改善 Al(OH)₃ 粒度分布，制成纤维状或针状 Al(OH)₃，既可以起到较好的阻燃效果，也可以改善高分子材料的力学性能。据报道，国外已开发出针状和鳞片状 Al(OH)₃，但成本很高。因此降低成本，生产适当长径比的纤维成为这一技术的关键。

25.3.4.5   开发以氢氧化铝为主的复合阻燃剂

氢氧化铝与氢氧化镁、红磷及磷酸盐等在相当广泛的比例内联合使用，可以使阻燃性提高，这是因为复合后使结合水气化时的吸热温度范围增加，在协同效应中残余的氧化物形成致密的覆盖层也起着重要的作用，钼酸盐等可以协助提高产品的抑烟性能。

有些化合物本身阻燃性不是太好，但对氢氧化铝却具有很好的增效效果。开发更高效的增效剂，减少氢氧化铝的用量，降低制品阻燃剂成本，是今后开发无卤阻燃剂技术的重点和提高氢氧化铝阻燃性能的关键。

25.3.4.6   高纯化

降低氢氧化铝中的 Na_2O 和 Fe_2O_3 等杂质含量，有效提高产品的绝缘性能，使之适用于更高等级的绝缘材料中，以满足同时对材料绝缘和阻燃双重性能的要求。日本轻金属推出的高纯氢氧化铝，其氢氧化铝含量大于99.9%。美国铝业公司开发出的新品种氢氧化铝阻燃剂，其Na_2O含量只有常规产品的1/10，这种产品作为阻燃绝缘材料很有发展前途。Solem公司的Zerogen-15阻燃剂，Na_2O质量含量低，虽然比表面积大，但经表面处理后，改善了与树脂的相容性，可很好地分散在树脂中，电气性能优异，适宜在290℃下使用。

25.4　拟薄水铝石

25.4.1　拟薄水铝石概述

25.4.1.1　基本性质与用途

拟薄水铝石（pseudoboehmite），化学式为α'-AlOOH，又称假一水软铝石，其结晶水含量在1.25~2.0之间，是一种结晶不完整的一水软铝石，具有孔容和比表面积大、黏结性强、胶溶性好及触变性凝胶的特点，是生产催化剂载体——活性氧化铝（γ-Al_2O_3）的主要原料。

在现代石油化工及化学工业中，90%以上化学反应是通过催化剂实现的。催化剂还广泛应用于新能源开发、资源综合利用和环境污染治理。催化剂的品种及数量很多，无论是炼油、石油化工或精细化工所使用的固体催化剂，都需要使用载体，活性氧化铝载体在催化剂行业载体中所占的比例约为57%。因此，拟薄水铝石作为制备活性氧化铝载体的最主要原料，在催化剂行业中占有重要的地位。拟薄水铝石在催化剂生产中的用量占总量的20%左右。在造纸和建材等行业中，拟薄水铝石也有一定的应用，近几年来，中石化长岭炼油股份有限公司、齐鲁石油化工公司催化剂厂、兰州炼油化工公司催化剂厂三大催化剂厂家纷纷改建、扩建新的生产线，对拟薄水铝石的需求量也不断地加大。美国、西欧和日本则是国外几个最主要的催化剂产地。

25.4.1.2　市场供求状况

A　需求状况

拟薄水铝石是生产活性氧化铝的主要原料。目前，全世界催化剂领域所用活性氧化铝产量估计已经超过150kt/a。据不完全统计，2010年国内拟薄水铝石市场需求量估计为70kt，国际市场的需求量大约为180kt。

B　国内市场特点

对拟薄水铝石销售市场情况进行分析，可以发现拟薄水铝石需求现状主要有以下几个特点：

（1）需求行业集中。产品的销售对象主要集中在国内的催化剂行业中，均作为催化剂制造过程中的重要原料。

（2）用户集中。国内拟薄水铝石产品主要客户为上述三大石油炼制催化剂生产厂。

（3）市场缺乏互补性。三大催化剂厂均为国内石油炼制企业提供石油炼制原料催化剂，因此，受石油炼制行业和油价波动影响也相同，即市场好时三家同时有好的需求，拟薄水铝石供不应求；相反，市场不好时三家的需求同时下降，拟薄水铝石供过于求，产品积压。

（4）参与国际竞争问题，急需提高质量。国内市场上拟薄水铝石价格是国际市场的 1/3 左右，因此，国外产品进入国内市场较难。受国产产品质量的影响，国产的拟薄水铝石产品很难被国外用户所接受。但这一情况已经取得了很大突破。从 2002 年出口美国阿莫英公司开始，中国铝业山东分公司的拟薄水铝石产品也正在逐步打开国外市场。

C   国内主要生产企业生产能力

目前，国内拟薄水铝石生产厂家有 30 多家，绝大部分年生产能力在几千吨左右。主要生产厂家及其生产能力如下：

（1）中国铝业山东分公司产能约 50kt/a；

（2）中国铝业山西分公司产能 12kt/a；

（3）兰州某企业产能 5kt/a；

（4）湖南岳阳某企业产能 5kt/a。

截至 2010 年，全国总计产能约 100kt/a 左右，但实际产量约为 70kt/a。

25.4.2   拟薄水铝石的制备方法

25.4.2.1   拟薄水铝石的主要生产方法

拟薄水铝石的制备过程主要包括中和或水解成胶，再进行老化（对结构尚未完全稳定的新鲜固体形成物在特定环境条件下保持一定时间，使其结构按一定要求转化成相对稳定的产物，有些场合称为陈化、晶化、熟化等）处理，最后通过过滤、洗涤、干燥、粉碎而制得。国内外相关资料报道拟薄水铝石的制备方法很多，实际可产业化的主要有中和法及有机醇铝水解法等工艺。其中，国外以德国为代表，采用有机醇铝水解法生产的拟薄水铝石称为 SB 粉，是齐格勒法合成高密度聚乙烯过程中的副产品，化学纯度高，孔容和比表面积大，一直占领国际主要市场。因其属于用溶胶成形法制成，产品属高档。国内以铝酸钠溶液碳酸化法为主，生产中低档产品。

A   酸碱中和法

中和法是采用不同含铝原料及相对应的沉淀剂，在一定条件下进行中和反应生成基本相为无定形的氢氧化铝产物，然后经多工序后处理作业而得到拟薄水铝石。其制备工艺较多，例如氯化铝与氢氧化钠溶液反应成胶：

$$AlCl_3 + NaOH + aq \longrightarrow Al_2O_3 \cdot nH_2O \downarrow + NaCl + aq \tag{25-6}$$

又如硫酸铝与铝酸钠溶液或与氨水反应成胶：

$$Al_2(SO_4)_3 + NaAlO_2 + aq \longrightarrow Al_2O_3 \cdot nH_2O \downarrow + Na_2SO_4 + aq \tag{25-7}$$

$$Al_2(SO_4)_3 + NH_4OH + aq \longrightarrow Al_2O_3 \cdot nH_2O \downarrow + (NH_4)_2SO_4 + aq \tag{25-8}$$

中和法选择的含铝原料与沉淀剂及其制备技术参数不同，所得拟薄水铝石的理化性能各具特色，适应下游制品的应用也不尽相同。此类液-液反应的中和法加工过程略显复杂，所产生的氯化盐和硫酸盐等盐类需要进行专门处理，制造成本较高。

碳酸化法是中和法的一种，不仅用于烧结法生产氧化铝中的分解工序，在适宜的分解工艺制度和设备条件下也可用来制备拟薄水铝石。实际上碳酸化法也属中和法，区别在于它是气-液反应过程成胶。以铝酸钠溶液为原料，二氧化碳作沉淀剂，其化学反应通式为：

$$NaAl(OH)_4 + CO_2 + aq \longrightarrow Al_2O_3 \cdot nH_2O \downarrow + Na_2CO_3 + aq \tag{25-9}$$

碳酸化快速成胶生产拟薄水铝石可以做如下描述：在反应条件下先产生若干一水软铝石细小晶粒，然后这些晶粒间的羟基在适宜的环境中进行脱水缩合，用电子显微镜观察，拟薄水铝石可形成呈现薄膜状或三维网状结构，并含有多量的结合水。其中水分子可能会以氢键的形式与一水软铝石晶粒结合，使得一水软铝石的长大受到制约而成为"超微晶勃姆石"，表现为不完整的结晶体结构形态。

碳酸化成胶采用低温、快速、低 pH 值成胶工艺制度，溶液的初始温度、Al_2O_3 浓度、通气速度及 pH 值等控制参数的微小变化都将直接影响成胶产物、后处理作业及最终产品的质量，特别是形成晶相的纯度、胶溶指数及胶溶速率等关键技术指标。快速成胶初始产物多为无定形 $Al_2O_3 \cdot nH_2O$，并伴有少量丝钠铝石复盐（$Na_2O \cdot Al_2O_3 \cdot 2CO_2 \cdot nH_2O$）生成，这都需要经过老化等后续加工过程才能获得符合使用要求的拟薄水铝石产品。

中国铝业山东分公司采用碳酸化工艺在烧结法氧化铝流程上嫁接的拟薄水铝石生产线拥有得天独厚的资源配置与合理利用的特点和优势，如原料及沉淀剂供应方便而充足，排出含 Na_2CO_3 的母液、洗液及少量废渣可以完全返回氧化铝生产流程再利用，生产中不存在环境污染问题；成胶工艺参数调控灵活，产品易于形成系列，性能指标各具特色，适用于市场不同或个性化的需求。

近年有些非铝企业以干冰（固态 CO_2）作沉淀剂生产拟薄水铝石，除产品质量有一定市场竞争力以外，在制造成本和规模发展等均无优势。

中国铝业山东分公司在 20 世纪 70 年代末就开展采用碳酸化法制备拟薄水铝石的工艺研究，1981 年开始实施年产 1500t 的生产能力，为国内最早生产该产品的厂家。经过发展到目前年产能已达到约 50kt 水平，产品在市场上有着良好信誉和较高的占有率。

B　有机醇铝水解法

有机醇铝水解法是借金属铝能够生成有机化合物的特性，在一定条件下先制备有机醇铝 $Al(OR)_3$（OR 示为烷氧基），然后再进行水解反应而得到拟薄水铝石：

$$Al(OR)_3 + aq \longrightarrow Al_2O_3 \cdot nH_2O \downarrow + R_3OH + aq \tag{25-10}$$

有机醇铝水解法制备的拟薄水铝石与其他工艺生产的产品相比较，具有化学纯度高、杂相少、结晶度及胶溶性能好等特点。但产品价格昂贵，只适合在高端产品生产中使用。

25.4.2.2　碳分法生产拟薄水铝石过程

烧结法中二次或三次脱硅后的铝酸钠溶液经连续配料过程，调配出合格的冲稀液，过滤后进分解床完成连续分解成胶作业；成胶后，部分浆液在老化槽中老化，老化液首先进压滤机分离，然后进真空带式过滤机洗涤、分离；分离后的滤饼再次用压滤机脱水，然后送旋转闪蒸干燥器烘干，烘干料经布袋收尘后得成品，经包装后检验入库。老化母液与外送洗液经净化过滤后送出。

各工序主要设备有：

（1）冲稀槽、老化液缓冲槽、老化槽。

（2）分解床，铝酸钠溶液采用碳分法分解槽。目前常规分解方法为间断分解，在工艺技术和自动化控制水平方面改进后可以实现连续分解。

（3）分离洗涤设备，移动盘式真空带式过滤机、立式压滤机、厢式压滤机及用于母液、洗液浮游物过滤处理的净化过滤机。

（4）干燥设备，旋转闪蒸干燥器或者内加热双螺旋干燥器与盘式连续干燥器。

（5）自动包装机。

25.4.2.3 拟薄水铝石生产主要工艺技术控制参数

A 主要原材料技术要求

拟薄水铝石生产的主要原材料技术要求见表25-9。

表 25-9 主要原材料技术要求

名 称	成分及标准
铝酸钠溶液	Al_2O_3：(110 ± 5) g/L；Na_2O_T：(115 ± 5) g/L；N_C：(20 ± 3) g/L
天然气	0.01 ~ 0.03 MPa
二氧化碳	浓度：(37.0 ± 3.0) %

B 主要工艺技术指标

拟薄水铝石生产的主要工艺技术指标见表25-10。

表 25-10 拟薄水铝石生产的主要工艺技术指标

工艺技术指标	单 耗	工艺技术指标	单 耗
1t拟薄水铝石耗铝酸钠溶液/m³	6.5	1t拟薄水铝石耗蒸汽/m³	6.8
天然气（标态）/m³·h⁻¹	340	1t拟薄水铝石耗压缩空气/km³	0.06
1t拟薄水铝石耗软水/m³	54	1t拟薄水铝石耗二氧化碳/km³	1.2
1t拟薄水铝石耗电/kW·h	600		

25.4.2.4 拟薄水铝石主要生产设备

A 立式自动压滤机

立式自动压滤机在4A沸石和拟薄水铝石的过滤洗涤中取得了成功应用。该机型最早是从芬兰 Larox 公司引进，最近国内部分厂家也自行研制开发了同类设备。其中烟台同兴实业有限公司生产的立式自动压滤机如图25-21所示。立式自动压滤机已广泛应用于各种矿山精矿及尾矿脱水，冶炼、化工行业氧化物、电解渣、浸出渣、炉渣的脱水及环保污水、污泥、废酸处理等。

立式自动压滤机具有以下特点：采用立式结构，充分利用重力原理优化操作循环过程，并将对压缩空气的需求降至最低程度。滤饼在滤腔内平置，能更有效而均匀地进行过滤；全自动化运行，无需连续现场看护。由于系统自

图 25-21 立式自动压滤机

成体系，使辅助设备的投资大为减少；工作压力高，所有滤饼在很短时间内全部自动排出，无需额外的卸饼和滤布洗涤系统；占地小，滤饼含水低，滤布自动清洗再生容易，故障少；设备运转率超过95%。

立式自动压滤机的工作过程可分为六个阶段：

（1）过滤。料浆同时泵入所有滤腔内。随着滤液流出，滤饼开始形成。当泵压不断增加，滤液受压通过滤布。

（2）隔膜挤压Ⅰ。高压风自动注入每一个滤腔内的隔膜，并挤压滤饼，使更多的滤液流出。

（3）滤饼洗涤。为取得质量最佳的滤饼，压滤机装有滤饼洗涤系统。洗涤水泵入滤饼上方的滤腔，均匀分布于滤饼上方，使滤饼获得均匀洗涤。

（4）隔膜挤压Ⅱ。再次挤压隔膜，洗涤水均匀地进入滤饼。

（5）滤饼风干。是最后的脱水阶段，压缩空气吹透滤饼，以再度降低滤饼的水分。

（6）滤饼的排出与滤布洗涤。板框系统打开后，滤饼由滤布移出滤腔。同时安装在滤机里的洗涤装置自动冲洗滤布的两面，以确保下一次滤布的过滤效果。

设备结构的特点有：

（1）滤板层叠式结构，结构紧凑，占地面积小，用导向装置确保运行平稳；

（2）过滤、挤压、洗涤、干燥、卸料和滤布再生整个运行过程连续自动完成；

（3）过滤压力大，可达1.6MPa，对各种黏细物料及要求滤饼含湿低的场合效果尤为显著；

（4）动力机构采用液压控制，设备运行可靠；

（5）采用PLC+触摸屏+自动阀门控制，具有操作灵活、简便等特点。

同兴实业有限公司生产的立式自动压滤机的结构如图25-22所示，其技术参数见表25-11。

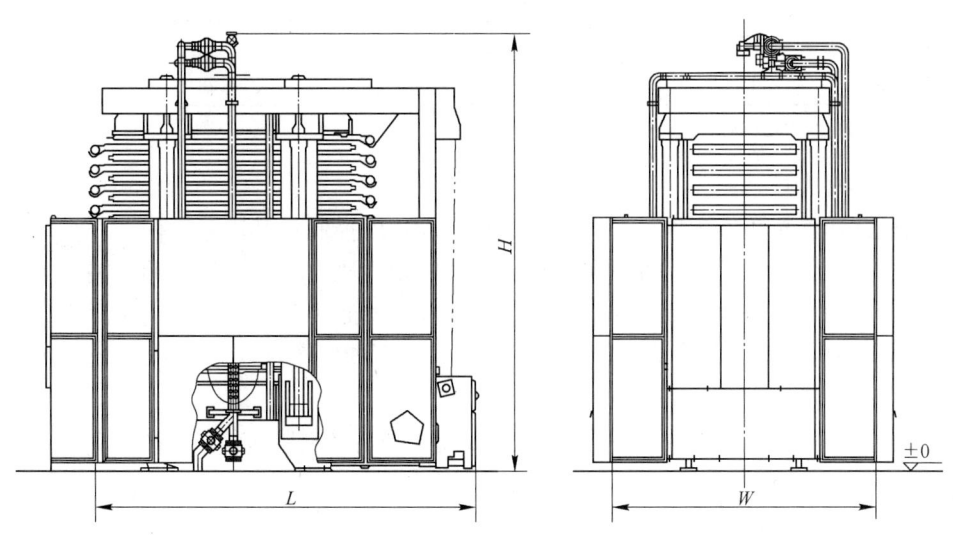

图25-22　立式自动压滤机的结构

表 25-11　立式自动压滤机的技术参数

型　号	过滤面积/m²	外形尺寸($L \times W \times H$)/m×m×m	滤框数量/块	质量/t
HVPF-1	1	2.5×1.5×2.0	2	6
HVPF-2	2	2.5×1.5×2.2	4	7
HVPF-3	3	3.5×2.5×2.2	2	11
HVPF-6	6	3.5×2.5×2.3	4	12
HVPF-9	9	3.5×2.5×2.5	6	13
HVPF-12	12	3.5×2.5×2.7	8	14
HVPF-15	15	5.2×3.0×3.0	6	28
HVPF-20	20	5.2×3.0×3.3	8	29
HVPF-25	25	5.2×3.0×3.7	10	32
HVPF-30	30	5.2×3.0×4.1	12	33
HVPF-35	35	5.2×3.0×4.5	14	34
HVPF-40	40	5.2×3.0×4.8	16	35
HVPF-45	45	5.2×3.0×5.2	18	36
HVPF-50	50	5.2×3.0×5.6	20	40
HVPF-55	55	5.2×3.0×5.9	22	42
HVPF-60	60	5.8×5.0×4.0	10	63
HVPF-72	72	5.8×5.0×4.2	12	65
HVPF-84	84	5.8×5.0×4.3	14	69
HVPF-96	96	5.8×5.0×5.1	16	70
HVPF-108	108	5.8×5.0×5.5	18	75
HVPF-120	120	5.8×5.0×5.8	20	78
HVPF-132	132	5.8×5.0×6.3	22	82
HVPF-144	144	5.8×5.0×6.5	24	85
HVPF-156	156	5.8×5.0×6.8	26	89
HVPF-168	168	5.8×5.0×7.3	28	100

注：表中参数与图 25-22 相对应。

B　自动板式压滤机

自动板式压滤机可实现固液分离操作的全自动程序控制；其压紧、松开、拉取板采用液压控制，动作灵活、可靠；油缸可以保证足够的密封压力，不会发生跑、漏料现象；振打、冲洗结构新颖；备有正反吹风机构，可进一步降低滤饼含水率。景津压滤机集团有限公司的产品（详见 12.7.1.5 节）已经用于拟薄水铝石的生产。

C　水平带式过滤机

分离和洗涤工序可采用连续水平带式真空过滤机进行物料脱水作业，详见 25.2.3.3 节。

D　旋转闪蒸干燥器

详见 25.2.3.3 节。国内最早烘干拟薄水铝石、4A 沸石、高白和超细氢氧化铝等采用的设备是底部带搅拌的强化沸腾干燥机或传统的脉冲式气流烘干机，以电加热器作为热源。对于高黏性物料因其分散性较差，热交换效率低，且设备所占空间大，后逐步被旋转闪蒸干燥器和其他设备所取代。

E 净化过滤设备

用于制备拟薄水铝石的铝酸钠溶液需要经过深度脱硅和净化过滤脱除浮游物，和工业氧化铝流程一样，一般采用传统的凯利卧式叶滤机和新型的立式叶滤机两种净化过滤设备（详见 12.8.3 节）。

拟薄水铝石生产存在的一个问题是料浆固含很低、颗粒非常细，在分离洗涤过程中很容易穿滤跑料，因此，生产中都加有母液回收装置。过去的母液回收装置与分离工序相同，采用板框压滤机作为过滤回收设备，所存在的问题也与分离洗涤工序相同，如产能低、工作不连续、维护操作人员多、工作环境差、配件维修费用高等。在最新的生产流程设计中，采用立式叶滤机或净化过滤器作为母液和洗液浮游物净化回收设备。

a 立式叶滤机

关于立式叶滤机的工作原理详见 12.8.3.2 节。立式叶滤机作为净化回收设备的优点是设备结构及操作过程均极为简单，生产过程连续，全程自动封闭运行，劳动强度低，较少人看护，生产安全，环境清洁，滤布寿命长，运行成本低，并且由于设备为立体布置，占地面积小。该设备已在几家氧化铝厂的深度脱硅、精液过滤、母洗液浮游物回收等工序稳定运行很多年，经立式叶滤机过滤后的滤液浮游物少于 0.015g/L，满足拟薄水铝石母液过滤浮游物的要求。

b 净化过滤器

净化过滤器是用于从低固含的溶液中进一步去除和回收细小固体颗粒的先进过滤设备。净化后的液体在提升生产能力的同时，也提高了工厂和工艺中最终产品的质量。

净化过滤器是最新开发出的独有的吸附过滤技术，按照过滤介质不同分为纤维膜和陶瓷膜两种。前者是将溶液中细小的固体颗粒和次颗粒吸附在过滤介质的纤维表面，从而达到了精度过滤的效果。尽管有时固体颗粒的尺寸小于过滤介质的孔隙，但是因为吸附的作用，使固体颗粒还是被吸附住而没有进入到滤液中。通常在吸附过滤后，滤液中的固体悬浮物含量被降至百万分之几。在绝大多数应用中，助滤剂和预涂层是不需要的。

c 袋滤机

袋滤机与立式叶滤机原理相似，是中国工程师在 20 世纪 70 年代创造开发的。袋滤机的优点是设备结构及操作过程均很简单，生产过程连续，运行稳定可靠。该设备已在几家氧化铝厂的深度脱硅等工序稳定运行多年。经袋滤机过滤后的滤液浮游物少于 0.015g/L，完全可以满足拟薄水铝石母液过滤浮游物工艺要求。关于袋滤机的情况参见 12.7.2.3 节。

F 自动包装机

自动包装机由螺旋和压缩风联合给料，采用两级进料方式，第一级为快速进料，保证包装速度；第二级为小量给料，保证包装精度。称重系统由梁式传感器和数字称重控制仪组成。

25.4.3 拟薄水铝石的质量标准和分析方法

25.4.3.1 拟薄水铝石的质量指标

拟薄水铝石的性能指标除了化学杂质（如 SiO_2、Fe_2O_3、Na_2O）灼减等外，更重要的是三水氧化铝杂相含量、胶溶指数、胶溶速率、比表面积、孔容及堆密度等其他理化指标。

中国铝业股份有限公司企业标准《拟薄水铝石分析标准》(Q/Chalco A020—2004)所列的技术指标见表 25-12 和表 25-13。

表 25-12　普通拟薄水铝石理化指标（Q/Chalco A020—2004）

产品牌号	化学成分/%					理化性能			
	SiO$_2$	Fe$_2$O$_3$	Na$_2$O	水分	灼减	胶溶指数/%	氢氧化铝杂相含量/%	孔容/mL·g^{-1}	比表面积/m^2·g^{-1}
P-G-03	≤0.30	≤0.03	≤0.30	—	≤24	≥95	≤5	≥0.3	≥250
P-D-03	≤0.30	≤0.03	≤0.30	≤25	≤24	≥95	≤5	≥0.3	≥250
P-DF-03	≤0.30	≤0.03	≤0.30	≤20	≤24	≥95	≤5	≥0.3	≥250
P-DF-03-LS	≤0.30	≤0.03	≤0.10	≤20	≤24	≥95	≤5	≥0.3	≥250

表 25-13　特种拟薄水铝石理化指标（Q/Chalco A020—2004）

产品牌号	化学成分/%				理化性能				
	SiO$_2$	Fe$_2$O$_3$	Na$_2$O	灼减	胶溶指数/%	氢氧化铝杂相含量/%	孔容/mL·g^{-1}	比表面积/m^2·g^{-1}	松装密度/g·mL^{-1}
P-DF-09-HSi	1.0~2.0	≤0.05	≤0.1	≤24	—	≤3	0.9~1.2	≥320	—
P-DF-07-HSi	1.0~2.0	≤0.05	≤0.1	≤24	—	≤3	0.7~0.9	≥300	—
P-DF-06-HSi	1.0~2.0	≤0.05	≤0.1	≤24	—	≤3	0.6~0.7	≥280	—
P-DF-09-LSi	≤0.20	≤0.04	≤0.1	≤24	—	≤3	0.9~1.2	≥280	—
P-DF-07-LSi	≤0.20	≤0.04	≤0.1	≤24	—	≤3	0.7~0.9	≥250	—
P-DF-05-LSi	≤0.20	≤0.04	≤0.1	≤24	—	≤3	0.5~0.7	≥250	—
P-DF-03-HV	≤0.20	≤0.04	≤0.4	≤24	≥95	≤5	≥0.3	≥240	—
P-DF-03-LD	≤0.35	≤0.03	≤0.3	≤25	—	—	≥0.3	≥200	≤0.40

国内产品基本上可满足国内三大炼油催化剂企业对产品质量的要求，但与国外主要生产商的产品和国外客户要求的指标看，仍然存在一定的差距，主要是 Na$_2$O 含量等指标偏高。

25.4.3.2　拟薄水铝石的分析方法

化学成分分析按 YS/T 534.1~5—2007，详见 16.10 节。

物理性能的测定，在 Q/Chalco A020—2004 的附录 A 中规定了拟薄水铝石中氧化铝三水合物定量分析方法，附录 D 中规定了胶溶指数的测定。

胶溶速率是近年提出的一个新指标，表征单位为 cP/min（1P = 0.1Pa·s）。同时测定胶溶速率与胶溶指数两个指标，能较充分反映拟薄水铝石的胶溶能力和使用特性。

胶溶速率的测定方法如下：

（1）灼减测定。用万分之一天平称取 3g 左右样品，放入预先灼烧恒重的铂坩埚中，于 1150℃ 高温炉中恒温 2h，后称重计算灼减。

（2）按氧化铝 20.0g，求得样品的称样量 xg。准确称取拟薄水铝石 xg 于 250mL 烧杯中，加去离子水到 200.0g。

（3）把烧杯放入 27℃恒温水浴中，于 500r/min 下搅拌；

（4）加入 1.65mL 甲酸于搅拌着的烧杯中，并开始计时；

（5）当搅拌旋涡消失后，停止搅拌，用黏度计测定黏度，当黏度值到达 0.5Pa·s（5000cP）时停止计时。

25.4.4　拟薄水铝石的发展方向

开发特种拟薄水铝石。特种拟薄水铝石是区别于普通拟薄水铝石一个概括性的名称，按现有研究和生产的产品基本可分为两类：外加剂系列大孔拟薄水铝石和无外加剂系列大孔拟薄水铝石。特种拟薄水铝石具有一定的孔容、比表面积及其酸溶黏结性，广泛应用于石油化工行业，其最主要的用途是制备加氢类催化剂载体。

25.5　无定形氢氧化铝

25.5.1　无定形氢氧化铝概述

无定形氢氧化铝，全称无定形凝胶型氢氧化铝（amorphous aluminium hydrooxide 或 aluminium hydrooxide gel），又称无定形铝胶、氢氧化铝凝胶，是一种非晶态的氧化铝水合物。其 X 射线物相分析图谱近似于一条平滑的直线，没有其特征的衍射峰。

无定形氢氧化铝是一种白色的或者米白色的粉末，不溶于水和乙醇，能够被酸、碱溶解形成各自的铝盐或者铝酸盐。无定形氢氧化铝具有很好的胶结性、成形性、成膜性、耐温性、耐腐性、抗氧化性等特性。在高温 1200℃以上，转变为稳定的 α-Al_2O_3 相，具有耐火度好、保温性能好、热容量小、热导率小、强度与硬度大等特征。

利用无定形氢氧化铝的胶结性可以用作胶黏剂和用于无机纤维或有机纤维的表面处理，如玻璃纤维、石棉、陶瓷纤维的表面处理。用该铝胶处理纺织物和纤维制品，即被覆于制品表面，可使纤维获得良好的防静电、防尘污性能，并大大改善表面质量。

无定形氢氧化铝的耐温性和表面光洁的特点，使它广泛应用于高级陶瓷器具制造业和电瓷制造。

无定形氢氧化铝可以代替钛白粉作高级画报纸的填料，提高纸张的平滑度、白度、耐湿性；也可以用作油墨添加剂。

在医药行业，无定形氢氧化铝用作胃酸抑制剂和胃溃疡黏膜覆盖剂时具有很好的疗效，是多种胃药的主要原料。在生物制品中，无定形氢氧化铝可用作灭活疫苗的佐剂，也可用于配制铝胶生理盐水，作为弱毒疫苗的稀释液。

25.5.2　无定形氢氧化铝的制备方法

无定形氢氧化铝的生产工艺是经典的溶胶-凝胶法，溶胶制备多采用含铝无机盐中和沉淀法，分酸法和碱法两种。酸法是将原料制备成铝盐后用碱性物质中和，例如以氯化铝、硝酸铝、硫酸铝或硫酸铝铵为母盐，采用氨水等中和；碱法是将原料制备成铝酸盐后用酸或酸性盐中和，例如以铝酸钠溶液为母盐，采用硝酸、CO_2、碳酸氢钠等中和；也可以采用铝盐和铝酸盐直接中和，提高产品收率和生产效率。

以硫酸铝和碳酸铵中和反应的工艺为例，介绍其生产过程与条件。

25.5.2.1   硫酸铝溶液制备

将含 Al_2O_3 约为50%且含 Fe_2O_3 2%以下的铝土矿经粉碎至一定粒度的生矿投入到反应器中，和一定量的硫酸反应，控制表压 0.3~0.5MPa 维持一定时间，澄清，弃去残渣得到硫酸铝溶液。

25.5.2.2   无定形氢氧化铝的制备

生产工艺过程大体分为成胶、老化、水洗、干燥和粉碎等过程。

A   成胶

以酸碱中和沉淀法理论为依据，采用硫酸铝溶液和碳酸铵中和反应，控制恰当的反应 pH 值，就能得到凝胶型 $Al(OH)_3$ 沉淀，其反应如下：

$$Al_2(SO_4)_3 + 3(NH_4)_2CO_3 + 6H_2O \longrightarrow 2Al(OH)_3\downarrow + 3(NH_4)_2SO_4 + H_2CO_3$$

$$(25-11)$$

成胶过程中的 pH 值直接影响产品的理化性能，如结构、堆密度和强度等，当 pH<7 时，得到无定形氢氧化铝；$pH\approx9$ 时，得到 $Al_2O_3 \cdot nH_2O$；$pH>10$ 时，得到 β-$Al_2O_3 \cdot 3H_2O$。

B   凝胶老化

凝胶老化包括从沉淀反应结束到湿滤饼干燥前的全过程，但主要的老化作用发生在水洗浆化之前。老化直接影响凝胶的结构、形态和堆密度等物化性能。这是由于铝凝胶在老化时，溶液中的阳离子与铝凝胶粒子溶剂化层中的氢离子发生交换作用，降低了亲水性而增强脱水收缩和胶团聚集所致。因此，常通过用不同老化条件来调节凝胶的脱水收缩程度，以得到不同骨架的凝胶。

C   水洗

在凝胶形成的过程中，Al^{3+} 在酸性介质中主要形成 $Al_6(OH)_{15}^{3+}$，在碱性介质中主要形成 $Al(OH)_4^-$。前者对带负电荷的离子具有强吸附性，后者对带正电荷的离子具有强吸附性。当用硫酸铝作原料以酸法生产铝凝胶时，则凝胶表面有从母液中吸附 SO_4^{2-} 的趋势。因此，难以用纯水将 SO_4^{2-} 除尽。务必用不同 pH 值或含有不同电解质的水来改善凝胶表面电层结构，以抵消杂质的引力而提高洗涤能力。洗涤水中加入 NH_4OH 或（$NH_4)_2CO_3$ 来提高 pH 值，促使吸附的 SO_4^{2-} 转化为 $(NH_4)_2SO_4$ 进入溶液中过滤除去，同时 Cl^- 也容易被除尽，经反复多次进行达到提高凝胶纯度的目的。凝胶干燥后获得干凝胶成品。

制备无定形氢氧化铝的工艺条件决定了产品的物化性能，直接影响到凝胶颗粒大小、晶格排列方式、微晶的结晶度和晶相。在中和过程中，反应物浓度、沉淀 pH 值、温度和加料方式等工艺条件稍有变化，会得到性质完全不同的产品。

25.5.3   无定形氢氧化铝的质量标准和分析方法

一般的无定形氢氧化铝质量控制指标与所要做的分析方法见表25-14。

表 25-14   无定形氢氧化铝质量控制指标与分析方法

质量控制指标	分析方法	质量控制指标	分析方法
白色或米白色的细粉	白度测试	SO_4^{2-} 含量小于2.0%	化学分析
晶相为无定形	XRD 衍射测试	氢氧化铝含量大于72.50%	化学分析
不溶于水和乙醇		紧装堆比0.32～0.40g/mL	
4%的浆液的 pH 值为 8.50～10.5	化学分析	颗粒粒度：全部小于0.246mm（通过60目筛）	
Cl^- 含量小于0.60%	化学分析		

无定形氢氧化铝的一般理化分析方法参见25.2.4.2节。

产品用于制药行业时，还要求每克产品制酸力不小于130mL HCl(0.1mol/L)。制酸力是指氢氧化铝中和或抑制胃酸的能力，其检测方法如下：取本品约0.5g，精密称定，置250mL具塞锥形瓶中，精密加盐酸滴定液(0.1mol/L)100mL，密塞，置37℃水浴中，不断振摇1h，放冷后，过滤，精密量取续滤液50mL，加溴酚蓝指标液数滴，用氢氧化钠滴定液（0.1mol/L）滴定。按干燥品计算，每1g消耗盐酸滴定液（0.1mol/L）不得少于130mL。

25.5.4   无定形氢氧化铝的发展方向

无定形氢氧化铝的发展主要是研制有针对性的个性化品种，满足市场需要。例如开发高效复合的医用铝凝胶，纤维阻燃、防静电、遮光多功能处理剂，高分散、悬浮性好的油墨用铝胶粉，催化剂用高活性涂层材料，大孔容催化剂载体等。另外，在保证产品质量的前提下，改进制备工艺，尤其改进洗涤工艺，降低洗涤水用量，从而降低生产成本。这些均属无定形氢氧化铝生产技术的发展方向。

25.6   4A 沸石

25.6.1   4A 沸石概述

4A沸石是一种无毒、无臭、无味且流动性较好的白色粉末，具有较强的钙离子交换能力，对环境无污染，是替代三聚磷酸钠理想的无磷洗涤助剂，表面吸附能力强，是理想的吸附剂和干燥剂。

1756年，瑞典矿物学家 Cronstedt FAF 在瑞典 Lappmak 的 Svappavaui 铜矿发现一种形态美丽的晶体，因为它在进行吹管分析加热时具有独特的发泡特性，根据意思为"沸腾的石头"，所以他把这种新矿物命名为"zeolite"，即"沸石"。化学家 Weigel 和 Steinholl 在1925年发现沸石在脱水中吸附了小的有机分子，并使其与大有机分子分离，Mebain 在1932年在论述这种现象时称之为"分子筛"，因此沸石也是一种分子筛。

20世纪70年代，由于三聚磷酸钠在洗涤剂中的大量使用，世界上一些工业发达国家相继发生了内陆湖泊水草丛生、鱼虾死亡和水体发臭的现象，经过专家分析、诊断和论证，确定主要原因是水体中磷酸盐超标而产生的富营养化现象。为此，各国先后制订了限磷甚至禁磷的法规，寻找三聚磷酸钠的代用品。应用结果表明，4A沸石在替代三聚磷酸钠的功能性和经济性方面具有突出的优势，因此，洗涤剂用 4A 沸石的生产在世界各地蓬勃发展起来。

在美国，4A 沸石作为洗涤助剂的首次应用是在 1978 年，P&G 公司首先将它用于粉状洗涤剂配方中。1993 年，美国一些州政府做了新的规定，对含磷家用洗涤剂征收 10% 的销售税，进一步限制了含磷洗涤剂的销售，随后浓缩洗衣粉的出现极大地刺激了沸石的发展。由于 4A 沸石可以携带较多的非离子表面活性剂，因而得以在浓缩洗衣粉中大量应用。市场需求的激增给生产厂家带来良好的发展机遇，如 PQ 公司分别在堪萨斯、印第安纳和佐治亚等州新建了 3 个沸石工厂，总生产能力达到 165kt/a；Albermarle 公司也改造了其 Pasadena 厂，使其沸石年产量达到 150kt；1992 年，利华兄弟公司在美国 Joliet 设立子公司科世飞（Crosfield Chemicals）化工，年产沸石 55kt。

在欧洲，瑞士、挪威、德国和意大利等国实行了禁磷措施，英国、法国、瑞士和丹麦等国无磷洗衣粉的比例均在 10% 以上。主要的生产商有：科世飞公司在英国惠灵顿有一条年产 55kt 的洗涤剂用沸石生产线，在荷兰的 Eijsden 有一条年产 50kt 的生产线；诺贝尔公司（Eka Nobel）在瑞典拥有一条年产 25kt 的洗涤剂用沸石生产线，在比利时拥有一条 40kt/a 的生产线；西班牙洗涤剂用沸石生产能力为 150kt/a；意大利有 3 条洗涤剂用沸石生产线，总的生产能力 135kt/a；德国有两条洗涤剂沸石生产线，总的生产能力 220kt/a，其中德高萨公司（Degussa）为 135kt/a，汉高公司（Henkel）为 85kt/a。

在亚洲，日本和韩国已全部推行无磷洗衣粉，泰国、马来西亚和印度尼西亚等国无磷洗衣粉所占的比例也很高。这一地区主要的生产商有：水泽化学工业株式会社在新泻有一条年产 100kt 的生产线，东洋曹达拥有一条年产 36kt 的生产线；韩国的洗涤剂用沸石厂商有两个：Aekyung-PQ 公司年产 40kt，COSMO 公司年产 60kt；泰国有两条沸石生产线：PQ（Thailand）公司年产 20kt，泰国硅化物公司年产 12kt；印度有 3 条洗涤剂用沸石生产线：印度化工年产 10kt，印度制丝年产 25kt，SPIC 精细化工年产 30kt；中国台湾地区有一条沸石生产线：德高萨公司的成员企业国联硅业公司，产能 20kt/a。

中国大陆从 20 世纪 80 年代起就开始了洗涤剂用 4A 沸石及含 4A 沸石洗衣粉的研制工作。80 年代后期，中国铝业山东分公司依托烧结法氧化铝生产流程嫁接生产 4A 沸石，经过小试、扩试于 1991 年建成了年产 20kt 的生产线，生产出质量较好的洗涤剂用 4A 沸石产品。1999 年 1 月 1 日，环太湖地区开始了太湖禁磷综合治理的零点行动，随后，滇池、巢湖和环渤海湾地区也实行了禁磷，国内 4A 沸石的用量迅速增长。国内主要生产厂家有中铝山东分公司，生产能力达到 300kt/a；其他为泉州汇盈公司、山西昶力高科公司、淮南蓝天化工厂等，每家生产规模均在 100kt/a 以下。

25.6.2 4A 沸石的物理化学性质及结构

25.6.2.1 4A 沸石的物理化学性质

4A 沸石的化学式为 $Na_{12}Al_{12}Si_{12}O_{48} \cdot 27H_2O$，是由硅氧和铝氧四面体组成的三维骨架状结构化合物，属立方晶系，晶胞中心是一个直径为 0.114nm 的空穴，它由 1 个八元环和 6 个相类似的空穴连接而成，这种八元环结构形成的自由空穴直径为 0.412nm（4.12Å），故称为 4A 沸石，在行业中有时也称为分子筛。

4A 沸石外观呈白色粉状，密度为 $2.09g/cm^3$，无毒，无味，无腐蚀性，不溶于水及有机溶剂，能溶于强酸和强碱中，其稳定范围为 pH 值为 $5\sim12$。显微镜观察呈浑圆状，无锐利棱角，无色透明，折光率为 1.463，正交偏光镜下呈均质消光。结晶水在常温下稳定，温度升高时开始失水，105℃烘干时可失水 $8\%\sim10\%$，550℃时结晶水遗失殆尽，当温度降至室温时又可慢慢复原。当温度升至800℃时晶体结构被破坏，结晶水不再复原。

25.6.2.2 4A 沸石的结构

A 型沸石的结构类似于氯化钠的晶体结构。氯化钠晶体是由钠离子和氯离子组成的，其排列情况如图 25-23 所示。若将氯化钠晶格中的钠离子和氯离子全部换成 β 笼，并且相邻的两个 β 笼之间通过四元环，用 4 个氧桥相互联结起来，这样就得到了 A 型沸石的晶体结构，如图 25-24 所示。

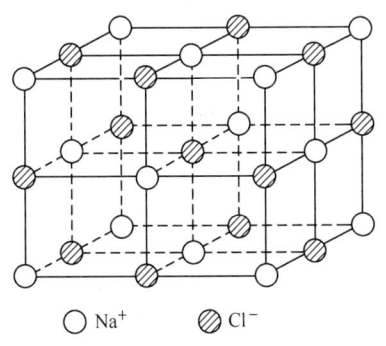

○ Na^+ ◎ Cl^-

图 25-23 氯化钠的晶体结构

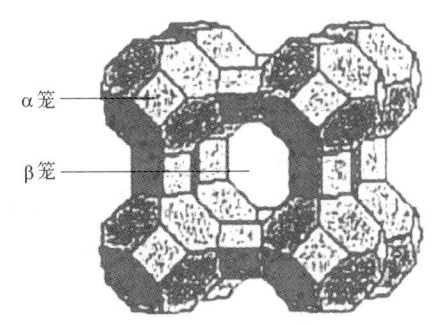

α笼

β笼

图 25-24 A 型沸石的晶体结构

A 型沸石的理想晶胞组成为：$Na_{96}(Al_{96}Si_{96}O_{384})\cdot216H_2O$，8 个 β 笼相互联结后，在它们当中又形成一个大笼，这就是 α 笼，它是 A 型沸石的主晶穴。笼与笼之间通过八元环而互相连通，八元环是 A 型沸石的主晶孔。由于在八元环上分布的钠离子偏向于一边，挡住了八元环的一部分，使其有效孔径为 0.4nm(4Å)，所以，NaA 型沸石也称做 4A 型分子筛，即 4A 沸石。当用 Ca^{2+} 交换 Na^+ 时，由于六元环对阳离子 Ca^{2+} 和 Na^+ 有较强的选择性，因此 Ca^{2+} 比 Na^+ 优先占据六元环位置，一个 Ca^{2+} 可以置换两个钠离子。这样当每个晶胞中有 4 个 Na^+ 被两个 Ca^{2+} 置换后，就有一个八元环位置上的 Na^+ 移走了。八元环的孔径扩大至 0.5nm(5Å)，称为 5A 型分子筛。利用 4A 分子筛中的 Na^+ 可被交换的特性，可对 4A 分子筛进行改性，扩大了其用途。

沸石中的水以氢键与骨架氧结合。核磁共振波谱表明，4A 沸石中的水可能形成一种五角面十二面体的集团。对于沸石水的扩散研究表明，晶体内水分子的移动速度低于液体水，而高于凝固的冰；其移动的能垒主要受阳离子的作用，而不是孔道的位阻。4A 沸石对水的吸附热为 125.52kJ/mol。沸石水与通常的结晶水不同，很难完全除去。例如，在空气中350℃加热，需 350h，在 700℃加热也要 6h。同时，去除沸石中的水也与去除结晶水不同，不是跳跃式，而是连续的。无水 4A 分子筛（即 4A 沸石）具有较好的吸水性，常用作干燥剂，并且吸水和脱水是可逆的，因此可重复使用。

25.6.2.3　4A 沸石的表征方法

A　X 射线粉末衍射法

X 射线粉末衍射法（XRD）是揭示材料内部结构的一种强有力的成熟的分析手段，广泛应用于未知物相鉴定、分析晶体对称性、测定晶胞参数、催化研究、结晶性聚合物研究等领域。通过分析分子筛的 X 射线粉末衍射数据可对分子筛的硅铝比、结晶度、热稳定性和催化性能等进行表征。运用 X 射线粉末衍射法可确定 4A 沸石的晶胞参数等性能。

B　红外光谱

红外光谱（IR）是分子筛研究的一个不可缺少的工具，利用它可对分子筛骨架构型进行辨别、确定一些阳离子在分子筛骨架中的分布情况、分子筛表面羟基结构和酸性等进行研究。运用红外光谱可对 4A 沸石的结晶度和骨架进行确定，4A 沸石在 $1200 \sim 400 cm^{-1}$ 之间有 4 个特征峰 $1001 cm^{-1}$、$665 cm^{-1}$、$550 cm^{-1}$ 和 $464 cm^{-1}$，它们分别归属于内部四面体的反对称伸缩、对称伸缩、双环振动和 T-O 弯曲振动。

C　扫描电镜

运用扫描电镜（SEM）可观察 4A 沸石的形成过程及其晶型变化，并且可对产物的晶貌直接地观察，对研究 4A 沸石的形成机理提供帮助。

D　粒度分布

一般情况下，合成的 4A 沸石的晶粒大小分布在 $1 \sim 10 \mu m$ 之间，平均粒径大于 $2 \mu m$，加入无机盐、表面活性剂、增大钠硅比和加快搅拌速度等可降低产物的粒度。晶粒的大小会对产物的性能产生一定的影响，粒径越小当用作洗涤助剂时越容易和溶液接触，钙离子交换容量也越大。

E　热分析

可应用差热和热重等对 4A 沸石的热失重和热稳定性进行研究。一般来说，4A 沸石在 200℃ 左右有一吸热谷，这是脱结构水引起的，而在 800℃ 左右的放热峰则是 4A 沸石的晶格破坏峰，超过此温度时 4A 沸石的结构将遭到破坏而生成其他的物质。

F　其他性能表征

对用作洗涤助剂的 4A 沸石，轻工业部 1993 年颁布了中华人民共和国行业标准《洗涤剂用 4A 沸石》，2003 年进行了修订，标准号为 QB/T 1768—2003。该标准规定了洗涤剂用 4A 沸石的要求、试验方法、检验规则和标志、包装、运输、储存等。它仅适用于洗涤剂用 4A 沸石，不适于其他用途的 4A 沸石。中国铝业股份有限公司制定了企业标准《洗涤剂用 4A 沸石》（Q/Chalco A021—2004），其性能可按此来测量。上述两个标准的内容是等效的。

25.6.3　4A 沸石的制备方法

由于人们最初发现天然分子筛存在于地下深部的火山岩孔洞中，从而推断它是在高温高压条件下形成的。因此，初期的合成沸石工作都是模拟地质上生成沸石的环境进行的，即采取高温水热合成技术，合成反应温度在 150℃ 以上。后来人们又在地表附近的沉积岩中发现有大量的天然沸石矿床，又推断它们可以在不太高的温度和压力下生成。因此，人们开始试探采用低温水热合成技术（反应温度为 $25 \sim 150℃$，通常为 100℃）进行沸石的合成工作。从 1949 年前后开始合成了二十多种沸石分子筛。低温水热合成技术的采用为大规模工业生产提供了有利条件。

4A 沸石的制备按生产原料分，有水玻璃法、活性白土法、膨润土法、高岭土法和煤矸石法等。水玻璃法工艺成熟，容易控制，但成本偏高。活性白土法和膨润土法需添加铝源，成本较高，且设备要防腐。高岭土法和煤矸石法是利用其铝硅比与 4A 沸石一致的特点，将其转化为具有反应活性的偏高岭土，并在苛性钠水溶液中进行水热结晶转化反应而制成沸石，但这种工艺需要高温焙烧原矿石，能源损耗较大，且产生一定程度的环境污染。工业上应用最多的是铝酸钠溶液与水玻璃合成法。

25.6.3.1　4A 沸石的合成机理

有关 4A 沸石的结晶过程机理的研究，目前还存在着液相转变机理及固相重排机理的争论。根据液相机理，沸石的生成是通过凝胶团的溶解进入溶液，而晶核的生成及晶体的生长都是通过溶液的传质进行的。根据固相机理，沸石的生成是固相凝胶解聚转变成具有一定结构单元的笼状结构的有序化过程。上述两种观点由于研究方法和实验工具的局限，至今缺乏直接的证据而没有得到统一。

20 世纪 70 年代初，荷兰的 B. D. McNicol 及其合作者们用分子光谱技术跟踪了 A 型沸石晶化的整个过程。他们观察了 A 型沸石晶化过程中固相和液相的喇曼光谱的变化情况，并且在凝胶固相中引入 TMA^+，观察其喇曼光谱的变化，同时向反应体系中引入一定量的 Fe^{3+}，Fe^{3+} 部分地取代 Al^{3+} 而入沸石的骨架，观察了 Fe^{3+} 的磷光光谱。又用 Eu^{3+} 交换部分的 Na^+，研究了 Eu^{3+} 的磷光光谱。他们发现在 A 型沸石生成的过程中，在液相里只有 $SiO_2(OH)^-$ 和 $Al(OH)_4^-$，它们的强度从晶化开始到结束不发生变化，在液相中也没有发现硅铝酸根离子或其他次级结构单元存在。因此，他们认为液相没有参与晶化过程，A 型沸石的晶化属于固相转变。

中国化学家徐如人等人认为 A 型沸石的生成属于液相机理。他们认为沸石晶体是从溶液中生长的，初始凝胶至少是部分地溶解到溶液中，形成溶液中活性的硅酸根和铝酸根离子，它们又进一步连接，构成沸石晶体的结构单元，并且逐步形成沸石晶体。徐如人等人用化学分析和气相色谱分析了 A 型沸石的晶化过程中固液相组分 $SiO_2-Al_2O_3$ 和硅酸根离子存在状态的变化，并用电子显微镜研究了液相晶核的生成，证实了 A 型沸石结晶过程为液相机理。也有人认为 A 型沸石的生长属于两相机理，沸石的形成是液相和固相同时进行的。

25.6.3.2　4A 沸石的合成方法

4A 沸石在自然界中不存在，是一种人工合成的分子筛。合成环境主要有两种：水热合成和非水体系合成。

A　水热合成

源于地质学家模拟地质成矿条件合成某些矿物的方法，是迄今为止通用的分子筛合成方法。合成分子筛原料在水溶剂中混合形成胶体，在碱性条件、适当的晶化温度、晶化时间下晶化合成沸石。合成沸石原料在低温下混合形成的凝胶状液体，一般含有凝胶相和溶液相。凝胶相由分散的溶胶粒子构成，溶液相中硅酸盐的存在状态与其浓度和 pH 值有关，浓度和 pH 值较低时，主要以 Si(OH)$_4$ 单体存在；pH 值高则出现 SiO(OH)$_3^-$，浓度较高时，溶液中的硅酸盐主要以环状四聚体形式存在。凝胶相和溶液相处于平衡状态，凝胶相中的硅酸根离子和铝酸根离子通过水解反应可进入溶液相，溶液相中的硅酸根和铝酸根离子可通过缩聚反应进入凝胶相。

B　固相法

合成体系中只存在少量的水，与传统的水热体系相区别。刘永梅等人首次以煤基工业废料为原料，用固相法（H$_2$O 和 Na$_2$O 的摩尔比低于 0.9）合成了具有圆形晶粒形貌的小晶粒 A 型沸石分子筛。

C　蒸汽相法

蒸汽相法又称无浸泡体系合成法，是 20 世纪 90 年代徐文场等人提出的合成沸石 ZSM-5 的新合成方法，晶化时无定形硅铝酸盐存在于蒸汽相中而不是液相中。杨效益等人用蒸汽相法合成出了 A 型分子筛。

D　微波法

用含硅铝成分为 1:1 的高岭土为原料在微波煅烧去杂、增白后直接用微波法合成 4A 沸石。经 XRD、DTA、SEM、白度、钙离子交换度测试，与传统水热合成法相比，其 4A 沸石的结晶度、白度、钙离子交换度等指标均有提高。

25.6.3.3　4A 沸石的生产工艺

1959 年，美国联合碳化物公司首先开始 4A 沸石的工业化研制，进行了代替三聚磷酸钠的应用研究。此后，日本花王肥皂公司、德国汉高公司和德高萨公司、美国 P&G 公司以及荷兰的阿克苏公司等开始研究 4A 沸石作为洗涤助剂的洗涤性能及其安全性，并取得了专利权。1966 年开发了水热合成法生产 4A 沸石产品，牌号为 Sasitl，并申请了用于洗涤的专利；1974 年德高萨公司开发了 HABA-40 牌 4A 沸石洗涤剂助剂；1977 年美国 P&G 公司开发了海潮牌（Tide）4A 沸石助剂。此后，日本的花王牌 4A 沸石及水泽公司的狮牌 4A 沸石产品相继问世，至此形成了世界 5 大名牌产品的 4A 沸石生产线。目前，世界上 4A 沸石工业生产的工艺路线大致有以下几种：

（1）以德国汉高公司和德高萨公司为代表的以氢氧化铝、硅酸钠和苛性碱为原料的水热合成工艺。此后日本的东洋曹达公司、美国的 P&G 公司以及荷兰的阿克苏公司等均用该工艺生产 4A 沸石。该工艺流程简单，产品质量稳定，再加之德国的 Y 形管合成专利技术以及日本的高速混合器专利技术，形成了各自独特的水热合成工艺。该工艺的缺点是原料成本高，由于国际上二次能源危机而使原料价格一再上涨，所以 4A 沸石的生产成本昂贵。德国汉高公司和德高萨公司及日本的东洋曹达公司为代表的以 Al(OH)$_3$、Na$_2$SiO$_3$ 和 NaOH 为原料的水热合成的生产工艺流程如图 25-25 所示。

（2）以美国联合碳化物公司为代表的高岭

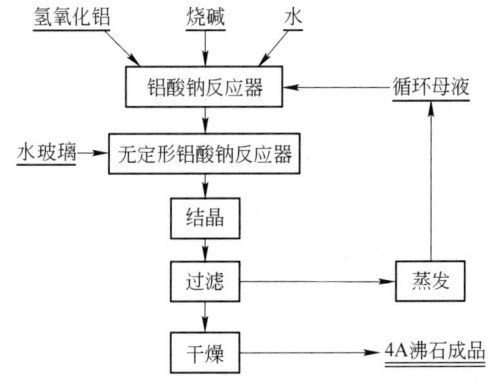

图 25-25　汉高公司、德高萨公司和日本的东洋曹达公司生产工艺流程图

土转化法合成路线。该工艺以高岭土（$Al_2O_3 \cdot 2SiO_2 \cdot 2H_2O$）为原料，在 $600 \sim 800℃$ 下进行氯化焙烧后进行补碱溶出、成胶和结晶后得 4A 沸石。特点是原料来源广、工艺简单、生产成本较低。存在的问题是对高岭土原料要求刻薄，产品质量不稳定，往往是密度高，粒度和白度不合格，且氯化技术难度大，易造成环境污染。同时由于密度高不适用普通洗衣粉使用，故多不被世界各国采用。

（3）以日本水泽公司为代表的膨润土酸处理工艺技术。该工艺的实质还是上述的水热合成法，其不同点仅是日本出于资源和能源的考虑，而用膨润土为硅源进行酸处理除铁后生产硅酸钠，再加铝酸钠和氢氧化钠进行水热合成。因此，该工艺多弊无利，除原料成本高外，还增加了酸处理过滤洗涤困难和污染环境等问题。

（4）国内某公司采用铝矾土为原料，以先进的专利工艺技术制取铝酸钠溶液，以低速紊流混合搅拌器进行水热合成法生产 4A 沸石。该工艺技术具有原料来源丰富、工艺简单、技术先进、综合能耗低、溶出率高及碱耗低，使制备成本大幅下降。该工艺流程如图 25-26 所示。

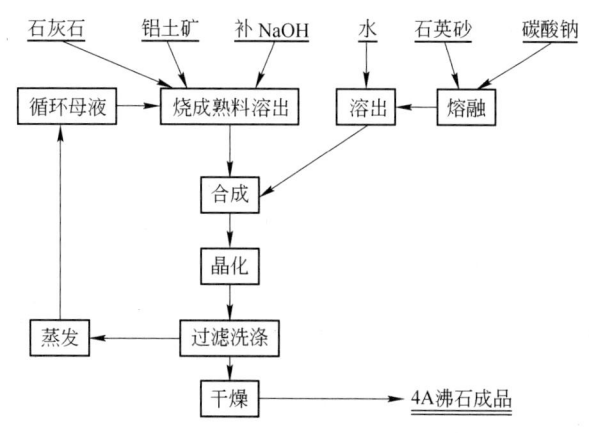

图 25-26　国内某公司生产工艺流程图

（5）中国铝业山东分公司在烧结法氧化铝生产流程上创造性地嫁接 4A 沸石生产线，直接用烧结法精制液，采用导向剂技术及高硅铝配料比、同步喂料及连续浆化新的水热合成工艺，拥有三项核心发明专利。从而缩短了生产流程，取得了晶化时间缩短、原料利用率提高、设备产能增大、生产成本低的好效果。还在嫁接流程中，开发了 Z 型、NaY 型分子筛系列产品，供作石油和化工催化剂应用，有效地拓展了新的应用领域。

在烧结法氧化铝生产流程上嫁接 4A 沸石生产线，其主要特点有：

1）生产流程既具独立性，也具兼容性，灵活方便、应变性强、流程短、设施少、投资省。

2）原料多样、来源充足而方便，并尽量利用流程中的副产物和循环料，合理配置资源，不需耐酸防腐蚀设备，易于组织和实现规模化生产。

3）工艺排出的含碱残渣废液极少，且直接返回氧化铝生产大流程重复充分利用，对自然环境不存在污染问题等。因而，形成了一套资源循环利用和节约型流程。

其生产工艺为：山东分公司直接用烧结法精制液，采用导向剂技术及高硅铝配料比、同步喂料及连续浆化新的水热合成工艺。在后续工序，采用高效、先进的水平胶带过滤机及立式压滤机分离，引进了现代化闪蒸干燥技术装备，从而大幅降低工艺能耗和水耗，显著提高了生产过程的自动化水平，极大减轻了劳动强度，净化了操作环境，得到结晶度和白度高、粒度细、钙交换能力强的高档4A沸石产品，达到了国内外市场技术标准要求。

合成主要原料：铝酸钠溶液浓度：Al_2O_3 105～110g/L，Na_2O_T 115～120g/L，A/S为400～450；液体水玻璃：SiO_2 26%～28%，Na_2O 9%～9.5%，模数M约为3.0。

合成化学反应为：

$$2NaAl(OH)_4 + 2Na_2SiO_3 + aq \longrightarrow Na_2O \cdot Al_2O_3 \cdot 2SiO \cdot 4.5H_2O + 4NaOH + aq$$

$$(25\text{-}12)$$

合成工艺流程如图25-27所示。

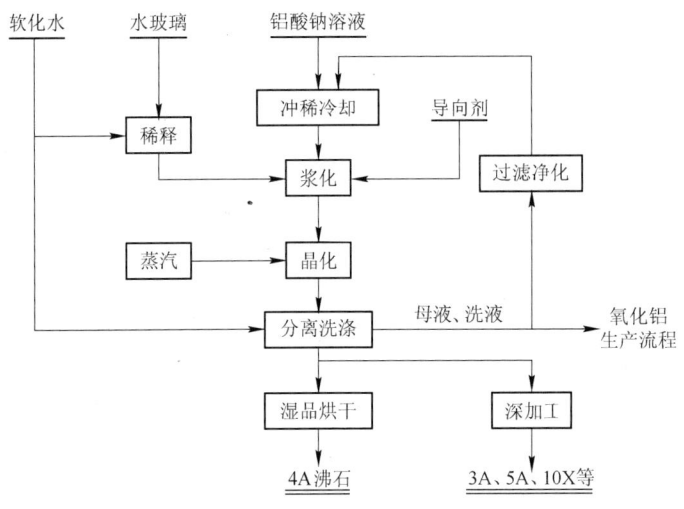

图25-27   中国铝业山东分公司4A沸石生产水热合成工艺流程

4A沸石生产工艺流程的主要特点：

1）采用同步并流进料方式。调配液和水玻璃的成分与配比相对稳定，反应均化，保证了稳定的产品质量。

2）连续浆化合成工艺。稳定和提高了合成质量，简化了操作，减轻了劳动强度。

3）加入导向剂。缩短了晶化时间，提高了原料产率和设备产量。

4）采用引进的和合作研制的立式压滤机进行料浆的分离，使滤饼中附液含量由38%下降到24%，既显著减轻了洗涤工序的负荷，更有利于干燥作业降低能耗。

主要设备有：带式真空过滤机，详细结构和工作原理参见25.2.3.3节。自动立式压滤机，工作原理和特点参见25.4.2.4节。

25.6.4   4A沸石的质量标准和分析方法

25.6.4.1   产品的质量标准

中国铝业股份有限公司企业标准《洗涤剂用4A沸石》（Q/Chalco A021—2004）所列

的理化性能见表 25-15。

表 25-15 洗涤剂用 4A 沸石理化性能（Q/Chalco A021—2004）

项 目		质 量 指 标
每克干基钙交换能力（CaCO₃）/mg		≥295
每克产品钙交换速率(CaCO₃)/mg	2min	≥175
	10min	≥190
粒度分布①	中位粒径 d_{50}/μm	2 ~ 4
	<1μm/%	≤8
	>10μm/%	≤8
白度（$W = Y_{10}$）/%		≥96
pH 值(1% 溶液,25℃)		≤11
灼烧失量(800℃,1h)/%		≤25
Al³⁺（干基）/%		≥18

注：产品牌号为 Z-4A

①测定洗涤剂用 4A 沸石粒度时，由于粒度测定原理、测定条件及所用仪器的不同，粒度的检验报告应注明所采用的粒度仪型号及相关条件。

4A 沸石外观为白色无味、无异物、无结块的微细粉末。化学组成为 $Na_{96}[(AlO_2)_{96} \cdot (SiO_2)_{96}] \cdot 216H_2O$。晶型：4A 型沸石的晶胞是由 8 个 β 笼通过四元环相互联结而形成的 α 笼。理化性能：洗涤剂用 4A 沸石的理化性能指标应符合表 25-15 规定。其他要求：需方对质量有特殊要求，由供需双方协商确定。

25.6.4.2 产品的分析方法

Q/Chalco A016—2004 中对产品分析方法列出了下列规范性引用文件：
（1）GB/T 601—1988《化学试剂 滴定分析（容量分析）用标准溶液的制备》
（2）GB/T 6368—2008《表面活性剂水溶液 pH 值的测定 电位法》(idt ISO 4316：1977)
（3）GB/T 13176.1《洗衣粉白度的测定方法》
（4）GB/T 19077.1—2008《粒度分析 激光衍射法》(mod ISO 13320-1：1999)

Q/Chalco A016—2004 中规定了灼烧失量的测定方法。其附录 A 规定了 4A 沸石晶型鉴定（X 射线衍射法），附录 B 规定了洗涤剂用 4A 沸石钙交换能力的测定，附录 C 规定了 Al³⁺（干基）的测定，附录 D 规定了电位法测定钙离子交换速率。

25.6.5 4A 沸石的发展方向

以传统化工原料合成 4A 沸石，虽然工艺成熟、技术参数容易控制、产品质量高，但原料来源受到限制且价格高；以天然矿物原料合成 4A 沸石，虽然价格低廉且来源广泛，但通常含有各种杂质，须经适当预处理，探索出最佳合成工艺流程及相关技术参数，才能保证合成产品质量。因此，采用廉价易得的原料和简单先进的合成工艺，合成高性能的 4A 沸石，将会极大地推动无磷洗涤剂的快速发展。

随着 4A 沸石各项性能的改善及其新型分子筛的开发，其应用范围越来越广：

（1）沸石组成元素的多元化。由于沸石中的 Al^{3+} 可以被其他金属离子置换而形成杂原子分子筛。

（2）纳米和超微沸石的合成与应用。和常规制备的分子相比，纳米和超微沸石具有更大的比表面积和更多的外表面活性中心、具有更多暴露在外部的分子筛晶胞、具有短而规整的孔道等特点，因此具有更好的选择性和吸附性、更高的催化效率等。

（3）沸石的改性和修饰。对沸石的改性也是当前研究较热的一个方向之一，修饰后的沸石具有更好的催化效果、选择性和热稳定性等，扩大了沸石的用途。

25.7　活性氧化铝

25.7.1　活性氧化铝概述

活性氧化铝是氧化铝水合物变体的热解产物——过渡型 Al_2O_3 的总称。活性氧化铝主要用于吸附与催化两个领域，其活性与吸附选择性取决于晶体结构、表面酸碱性及比表面积、孔容和孔结构等。

氧化铝水合物在不同温度下脱水可分别得到 χ、ρ、η、γ、κ、δ、θ、α 等至少八种晶相的氧化铝，其转换过程如图 24-7 所示，故氧化铝水合物也称做氧化铝前驱物。除 α-氧化铝为稳定态氧化铝外，其余晶相氧化铝均称为过渡态氧化铝，也是广义上泛称的活性氧化铝。其中，χ、ρ、η 和 γ 晶相由于在低焙烧温度下形成，称为低温氧化铝，也是真正意义上和人们通常所称的活性氧化铝；κ、θ、δ 晶相的制备温度为 800 ~ 1000℃，故称为中温氧化铝。部分催化剂为保持高温活性，往往先将低温活性氧化铝负载催化剂再转化为中温氧化铝后使用。

不同晶相的活性氧化铝可来自不同晶相或相同晶相的氧化铝水合物。当然，在氧化铝水合物的生成和老化期间，工艺条件改变，尤其 pH 值变化可使其物相结构，如孔结构、比表面积、堆积密度、机械强度、晶相发生变化，故又可组合出多种级别的产品。不同氧化铝水合物中，三水铝石、薄水铝石和拟薄水铝石通常作为催化剂载体 γ-Al_2O_3 的前驱物，尤其是拟薄水铝石，其结晶水在 1.25 ~ 2.0 之间，晶态处于薄水铝石和三水铝石之间，晶格缺陷较多，其化学性质活泼，是 γ-Al_2O_3 的主要前驱物。由图 24-7 可以看出，只有拟薄水铝石和薄水铝石可以直接转变为 γ-Al_2O_3，因此，要获得高性能活性氧化铝的先决条件是制备出良好物相结构的氧化铝水合物。

氧化铝水合物分为三水合物和一水合物，它们各有三种晶型，即三水铝石（α-Al(OH)$_3$）、拜耳石（β-Al(OH)$_3$）、诺耳铝石（β$_2$-Al(OH)$_3$）和薄水铝石（α-AlOOH）、一水硬铝石（β-AlOOH）以及拟薄水铝石（α'-AlOOH），此外还有无定形氢氧化铝凝胶。除快速脱水法和极少用的热解法外，氧化铝水合物的合成均涉及凝胶的生成，因此，也将其称为铝胶。

25.7.1.1　活性氧化铝在吸附及催化领域的应用

活性氧化铝具有较大的比表面积、多种孔隙结构及孔径分布、丰富的表面性质，因此，在吸附剂、催化剂及催化剂载体方面有着广泛的用途。

吸附剂及催化剂载体用氧化铝是一种精细化学品，也是一种专用化学品。不同用途对物性结构的要求不同，这就是其专用性强、品种牌号多的缘故。据统计，用氧化铝作催化剂及载体的数量，比分子筛、硅胶、活性炭、硅藻土及硅铝胶的催化剂总用量还多。由此可见氧化铝在催化剂及载体中的举足轻重的地位。其中 $\eta\text{-}Al_2O_3$ 和 $\gamma\text{-}Al_2O_3$ 又是最重要的催化剂及载体，它们都是含有缺陷的尖晶石结构，两者的区别是：四面体的晶体结构不同（$\gamma > \eta$），六方层的堆排规整性不同（$\gamma > \eta$）以及 Al—O 键距不同（$\eta > \gamma$，差值 $0.05 \sim 0.1nm$）。

A　活性氧化铝作为吸附剂的应用

活性氧化铝作为吸附剂的主要的工业应用包括气体干燥、液体干燥、水质净化、石油工业的选择吸附以及色层分离工艺等。

由于活性氧化铝对水有较强的亲和力，因此在气体干燥中得到了广泛应用。能够用活性氧化铝干燥的气体主要有：乙炔、裂解气、焦炉气、氢气、氧气、空气、乙烷、氯化氢、丙烷、氨气、乙烯、硫化氢、丙烯、氩气、甲烷、二氧化硫、二氧化碳、天然气、氦气、氮气、氯气等。由于活性氧化铝吸附水时放出大量的热，因此，应用时要综合干燥能力、干燥速度、换热及再生方式等进行设计。

活性氧化铝可以干燥的液体主要有：芳香烃类、高分子烯烃类、汽油、煤油、环己烷、丙烯、丁烯以及许多卤化烃类等。这些液体与氧化铝接触时，二者不会发生反应或聚合，同时，干燥的液体中不含有容易吸附在氧化铝表面并且再生时不易去掉的组分。

在水质净化方面，活性氧化铝除主要用于去除饮水中的氟化物外，对工业污水颜色及气味的消除也很有效果。此外，活性氧化铝在碳水化合物的回收和选择性吸附及动力系统油的养护中也有普遍应用。

在色层分析领域，活性氧化铝也是传统的层析材料。活性氧化铝对几乎所有的有机化合物（除少许的饱和脂肪烃）均有一定程度的吸附。工业层析用活性氧化铝有中性、酸性和碱性之分。中性氧化铝常用于分离类固醇、生物碱、碳水化合物、脂类、乙醛、酒精及呈弱酸和弱碱的有机物。碱性氧化铝一般含有碱金属离子，在含水介质中和吸附碱性氨基酸、胺及其他碱性物质时呈现很强的离子交换特性，这些氧化铝能够从有机溶剂中吸附芳香族类或其他类似不饱和化合物。酸性氧化铝是由进行阳离子交换的酸洗过程制备的，可以用来分离诸如酸性氨基酸、芳香族类酸和羟基类酸的非有机离子和酸性有机分子。

B　活性氧化铝作为催化剂及载体的应用

用作催化剂载体的氧化铝按其物理化学性能及氧化铝所起的作用，可归纳为以下几种类型：

（1）高温氧化铝载体。此类氧化铝比表面积很小，具有耐高温性、耐化学性以及较高的机械强度，所以能耐恶劣的操作条件。由于氧化铝的惰性，高温氧化铝载体不会成为引起副反应和选择性下降的潜在活性源，也不会成为催化剂体系的潜在毒害源。

（2）相互作用型载体。此类氧化铝应用最广泛，它能和催化剂活性组分相反应，使催化剂活性组分分散到载体中，为活性组分提供有效的比表面积和合适的孔结构，以提高催化剂的热稳定性及抗毒性能。

（3）起协同作用或双功能载体。此类氧化铝除起到活性组分的骨架以外，还为催化剂的活性作出贡献，如对加氢处理催化剂，只有氧化铝载体与催化剂活性组分具有协同作用；在重整催化剂中，氧化铝可以和金属活性组分一起形成双功能催化剂，在性质上属于酸性的氧化铝促进异构化反应，而贵金属呈现脱氢功能。

在各种反应类型中使用的氧化铝催化剂载体见表25-16。

表 25-16 氧化铝作催化剂载体常见的反应类型

反应类型	原 料	产 物	活性组分	载 体
重 整	石脑油	汽 油	Pt-Ir	γ-Al_2O_3
			Pt，Pt-Re	η-Al_2O_3
加氢裂化	柴 油	石脑油	Pt-Li-As	γ-Al_2O_3
		润滑油	Ni-W	γ-Al_2O_3
加氢精制	$RSH，CO_2RSR'，C_4H_4S$	H_2S	Co-Mo	γ-Al_2O_3
异 构	乙 苯	对二甲苯	Re-Sn	γ-Al_2O_3
	丁烷，戊烷，己烷	对应的异构体	Pt	γ-Al_2O_3
歧 化	甲 苯	苯 + 对二甲苯	Re_2O_3	γ-Al_2O_3
烃类蒸汽转化	C_mH_n	$CO + H_2$	Ni	α-Al_2O_3
甲烷化	$CO，CO_2$	$CH_4 + H_2O$	Ni	γ-Al_2O_3
耐硫宽温变换	$CO + H_2O$	$H_2 + H_2O$	Co-Mo-K	γ-Al_2O_3
选择加氢	乙 炔	乙 烯	Pd，Pt，N	γ-Al_2O_3
加 氢	丁烯醛	丁 醛	Pd	γ-Al_2O_3
脱 氧	合成气	水	Pd，Pt	γ-Al_2O_3
脱 氢	丁 烯	丁二烯	Pd，Bi-W	γ-Al_2O_3
	环己烷	苯	Pt，Ni	γ-Al_2O_3
	甲 醇	甲 醛	Cu-Zn	γ-Al_2O_3
	异戊烯	异戊二烯	Cr_2O_3	Al_2O_3
	丁 烷	丁 烯	Pt	γ-Al_2O_3
氧 化	乙 烯	环氧乙烷	Ag-Ca，Ag-Ba	α-Al_2O_3
	乙 烯	乙 醛	Pd	γ-Al_2O_3
	丙 烯	丙烯酸，丙烯醛	Mo-P-Re-Fe	γ-Al_2O_3
	苯	马来酸酐	V_2O_5	α-Al_2O_3
氧氯化	乙 烯	二氯乙烷	Cu-Zn-Cr	γ-Al_2O_3
	乙 炔	氯乙烯	Cu-Na-Re_2O_3	α-Al_2O_3
	苯	氯 苯	Cu-Fe	Al_2O_3
水 合	乙 烯	乙 醇	H_3PO_4	γ-Al_2O_3
	丙 烯	异丙醇	WO_3	γ-Al_2O_3
聚 合	乙烯，丙烯	聚乙烯，聚丙烯	$TiCl_4$	Al_2O_3
废气净化	$CH_x，CO，NO_x$	$CO_2，H_2O，N_2$	Pd，Rh	γ-Al_2O_3/α-Al_2O_3

氧化铝在用催化剂载体的同时，也是优良的催化剂，如：

(1) 克劳斯硫黄回收催化剂。炼油厂为了回收单质硫，将 H_2S 部分氧化成 SO_2，再与剩余部分 H_2S 反应生成元素硫。此过程所用的催化剂是由克劳斯发明的。克劳斯回收催化剂采用 γ-Al_2O_3，它是氧化铝催化剂中最大宗的用途，国内外主要克劳斯催化剂生产厂家大多都是活性氧化铝生产厂商。

(2) 乙醇脱水制乙烯催化剂。用 γ-Al_2O_3 为催化剂，在 260℃ 下可使乙醇脱水生成乙醚，若在 300℃ 以上则进一步转化为乙烯，乙醚在反应温度 300℃ 以上则直接生成乙烯。若在反应温度较低或空速（催化剂空速为单位时间通过单位催化剂的反应原料的流量）较高时，则生成乙烯与乙醚的混合物。

(3) 乙醇氨化及酯化催化剂。乙醇在 γ-Al_2O_3 催化下可与氨在 350℃ 生成乙胺。乙醇与醋酸在 400℃ 及 γ-Al_2O_3 催化下能生成醋酸乙酯、丙酮、乙醚及乙烯。

(4) 异构化催化剂。η-Al_2O_3 和 γ-Al_2O_3 可作为乙烯双键转移和异构化催化剂，在 600~700℃ 能使 1-戊烯的骨架异构化具有很高活性。

(5) 脱卤或脱氨催化剂。氧化铝可使氯化烷烃在 250℃ 以上脱去 HCl 而生成烯烃，2,3-二氯丁烷在 150~170℃ 时则脱卤生成氯丁烯、丁二烯及丁炔。氧化铝催化剂还可以使丁胺脱氨成丁二胺，苯胺脱氨成二苯胺。

催化剂成形时往往添加黏结剂作为成形助剂。某些氢氧化铝，尤以拟薄水铝石具有较佳的胶黏性能，可将自身难以成形但又适合作催化剂的颗粒或者将不适于沉淀在载体上的其他催化剂颗粒相互黏结在一起。

用氧化铝水合物作黏结剂所制得的催化剂抗破碎强度几乎与纯用氧化铝作载体的差不多。氧化铝作黏结剂除能提高强度外，因氧化铝的多孔性也可改善原有催化剂的多孔性。氧化铝具有良好的耐热性，因而也能够改善原有催化剂的耐热性能，并可适应较高再生温度的要求，此外，氧化铝还具有良好的耐水性，若催化剂受潮或水湿也不致破裂或崩解。

25.7.1.2 国内外活性氧化铝生产现状

A 国内活性氧化铝生产概况

γ-Al_2O_3 比表面积适中，在 200m^2/g 左右，吸水性良好，能满足浸渍法生产催化剂的工艺要求，是活性氧化铝的最主要品种。国内现有活性氧化铝生产厂约 10 多家，大多数产品均为 γ-Al_2O_3，只有少数厂家同时生产 η-Al_2O_3 和拟薄水铝石等。

活性氧化铝除了原粉外，在工业上应用一般要求制备成一定形状的产品（成形体）。在生产上，活性氧化铝球以滚动成形为主，少数利用油氨柱滴球成形；条状以挤出成形为主，少数利用压制成形。三叶形、空心花瓣形以及蜂窝状载体具有更大的比表面积，多以挤出成形为主。条状 γ-Al_2O_3 载体抗破碎强度优于球形，一般较少使用片剂。蜂窝状如 TZK-1 为 ϕ16mm×10mm，具 7 个 ϕ3.2mm 小孔，形似蜂窝煤，用于烃类转化催化剂，也可用于强度强的烃类氧化及汽车尾气处理。各种国产型号氧化铝载体的物化性质见表 25-17。

B 国外活性氧化铝生产概况

国外活性氧化铝生产厂商主要集中在欧美和日本等地区。美国活性氧化铝生产商最多，包括 Air Products、Alcoa、Conoco、UCI（Girdler）、Harshaw/Filtrol、Kaiser、Mallinckrodt、Norton、Stoneware、Engelhard、La Koche 等，其中 Engelhard 在环境净化和能源催化用活性氧化铝方面的开发生产有较大发展。

表 25-17　国产活性氧化铝主要物化性能

牌　号	堆积密度/$g \cdot L^{-1}$	比表面积/$m^2 \cdot g^{-1}$	孔容/$mL \cdot g^{-1}$	主孔孔半径/nm
AA311	<900	≥250	>0.3	≥30
AA323	<900	≥100	>0.2	≥25
TC101-1	500~600	180~250	0.6	65~70
TC102	500~600	280~300	≥0.6	65~70
TZ-04	700~800	320~350	0.46	60~80
TZ-03	800~900	300~360	0.45	60~80
TZ-05	680~720	200~300	0.44	<60
WAY-251	500~600	>150	0.50	—
GL-H8	600	150~200	0.55	50~60

日本有触媒化成工业、水泽化学工业、日辉化学、大板窑业、昭和电工、住友化学等多家公司生产活性氧化铝产品。其中触媒化成工业是日本最大的活性氧化铝生产厂，除载体外，还生产高活性的 CSR-2（堆积密度为 0.84kg/L）和 CSR-3（堆积密度为 0.87 kg/L）、高 COS 及 CS2 水解活性和 CSR-7 抗硫酸盐化三种克劳斯硫回收催化剂，均以 γ-Al_2O_3 为主要成分。其产品性能见表 25-18。

表 25-18　日本触媒化成工业公司生产的氧化铝载体的型号和物化性能

型　号	晶型	外形尺寸/mm	堆积密度 /$kg \cdot L^{-1}$	松装密度 /$g \cdot mL^{-1}$	比表面积 /$m^2 \cdot g^{-1}$	孔容 /$mL \cdot g^{-1}$
CSR-1	γ-Al_2O_3	ϕ3，条；ϕ4~10，球	0.8~0.9		250	0.26
CSR-2	γ-Al_2O_3	ϕ5~10，球	0.8		310	0.43
Neosorb A	γ-Al_2O_3	1.651~3.327mm（6~10 目），颗粒	0.79	0.98	250	0.26
ACP	γ-Al_2O_3	60μm，微球	0.17~0.47	0.42~0.55	250~330	0.9~1.2
ACBM-1	γ-Al_2O_3	ϕ2~10，球	0.42	0.45	260	1.0
ACBR-3	γ-Al_2O_3	ϕ2~10，球	0.78	0.85	232	0.43
ACE	γ-Al_2O_3	ϕ0.8，ϕ1.6，条	0.53	0.58	240~300	0.76
γ-Al_2O_3 MS	γ-Al_2O_3	ϕ1.5，ϕ3，片			210	0.35
η-Al_2O_3 MS	γ-Al_2O_3	35μm，微球			350	0.45
η-Al_2O_3 P	γ-Al_2O_3	ϕ1.5，ϕ3，片			320	0.35
γ-Al_2O_3 SMS	γ-Al_2O_3	50μm，微球			230	0.40
γ-Al_2O_3 SP	γ-Al_2O_3	ϕ1.5，ϕ3，片			250~270	0.40

型　号	晶　型	外形尺寸/mm	堆积密度 /kg·L^{-1}	松装密度 /g·mL^{-1}	比表面积 /m^2·g^{-1}	孔容 /mL·g^{-1}
γ-Al$_2$O$_3$LMS	γ-Al$_2$O$_3$	60μm，微球			230	0.90
γ-Al$_2$O$_3$LP	γ-Al$_2$O$_3$	φ1.5，φ3，片			250~270	0.90
γ-Al$_2$O$_3$RMS	γ-Al$_2$O$_3$	60μm，微球			230	0.60
γ-Al$_2$O$_3$P	γ-Al$_2$O$_3$	φ1.5，φ3，片			210	0.35
γ-Al$_2$O$_3$RP	γ-Al$_2$O$_3$	φ1.5，φ3，片			250~270	0.60
α-Al$_2$O$_3$MS	α-Al$_2$O$_3$	50μm，微球			10	0
α-Al$_2$O$_3$P	α-Al$_2$O$_3$	φ1.5，φ3，片			10	0

　　欧洲氧化铝载体主要生产厂商有荷兰的阿克苏公司（AKZO Chemie NV）、法国的罗纳普朗公司（Rhone-Poulenc SA）、罗纳普朗公司与法国石油研究院合资的法国催化剂产品公司（Pro-Catalyse）、德国的霍德赖许尔斯公司催化剂厂（Katalysatorenwerke Houdry Huls GmbH），以自用为主的巴斯夫（BASF）和前民主德国的路那催化剂公司（Leuna-katalysa-toren GmbH）、英国彼得斯宾塞父子公司（Peter Spence & Sons Ltd）、帝国化学工业公司（ICI）以及丹麦的托普索公司（Haldor Topsoe）。欧洲所生产的氧化铝载体的型号和性能见表 25-19。

表 25-19　欧洲生产的氧化铝载体的型号和物化性能

生产公司	型　号	晶　型	外形尺寸 /nm	堆积密度 /kg·L^{-1}	比表面积 /m^2·g^{-1}	孔容 /mL·g^{-1}	磨耗率 /%	破碎强度 /N·粒$^{-1}$	1000℃ 失重/%
AKZO	A	γ-Al$_2$O$_3$	20~50μm，微球	0.91	280	0.49			
	A-S85/15	γ-Al$_2$O$_3$	20~50μm，微球	0.26	380	1.4			
	B	γ-Al$_2$O$_3$	20~50μm，微球	0.29	360	1.5			
	B 粗孔	γ-Al$_2$O$_3$	20~50μm，微球	0.29	350	1.8			
	B 低硅	γ-Al$_2$O$_3$	20~50μm，微球	0.34	347	1.5			
	D	γ-Al$_2$O$_3$	0~50μm，微球	0.86	250	0.55	4.0		
	E	γ-Al$_2$O$_3$	0~50μm，微球	0.84	125	0.41	2.0		
	E 高孔容	γ-Al$_2$O$_3$	0~50μm，微球	0.75	155	0.54	2.2		
	000-3P	γ-Al$_2$O$_3$	φ3，片	0.58	266	0.81	1.5		
	000-1.3E	γ-Al$_2$O$_3$	φ1.6，条	0.62	230	0.65	2.5		
	000-3E	γ-Al$_2$O$_3$	φ2.5，条	0.62	230	0.65	2.5		
	高孔率 Al$_2$O$_3$	γ-Al$_2$O$_3$	φ0.9，条	0.60	250	0.70			
	Z 型 Al$_2$O$_3$	γ-Al$_2$O$_3$	φ1.6，条	0.56	256	0.56			
	CK-100P	γ-Al$_2$O$_3$	φ3，片	0.55	169	0.39	1.2		
	CK-100E	γ-Al$_2$O$_3$	φ1.6，条	0.70	180	0.55	1.5		
	CK-300	γ-Al$_2$O$_3$	φ1.6，条	0.70	180	0.55	1.5		

生产公司	型号	晶型	外形尺寸/nm	堆积密度/kg·L^{-1}	比表面积/m^2·g^{-1}	孔容/mL·g^{-1}	磨耗率/%	破碎强度/N·粒$^{-1}$	1000℃失重/%
BASF	D10-10	γ-Al$_2$O$_3$	ϕ4，条	0.65	230	0.7			
	D10-20	γ-Al$_2$O$_3$	ϕ1.5，ϕ3，条	0.55	150	0.8~1.0			
		γ-Al$_2$O$_3$	ϕ3，ϕ5，片	0.65	150	0.7~0.8			
ICI	12-1	γ-Al$_2$O$_3$	ϕ4×3，片	1.05					
	12-2	γ-Al$_2$O$_3$	ϕ5.4×3.6，片	1.05					
	13-1	γ-Al$_2$O$_3$	粉末						
Houdry-Huls	HO401	γ-Al$_2$O$_3$	ϕ4，条	0.9	200	0.42			
	HO407	χ-Al$_2$O$_3$	ϕ4，条	0.80	80	0.49			
	HO408	χ-Al$_2$O$_3$	ϕ4，条	0.80	170	0.50			
	HO415	γ-Al$_2$O$_3$	ϕ3.2，条	0.86	160				
	HO416	γ-Al$_2$O$_3$	ϕ1.6，ϕ3.2，条	0.88	300				
	HO417	γ-Al$_2$O$_3$	ϕ1.6，条	0.83	300				
	HO423E	γ-Al$_2$O$_3$	ϕ3.5，条	0.80	200	0.48			
	HO423THO	γ-Al$_2$O$_3$	ϕ4，条	0.95	190	0.42			
	425	γ-Al$_2$O$_3$	ϕ4，片	0.90	150	0.40			
Peter Spence	A	γ-Al$_2$O$_3$	球，片		高				
	H	γ-Al$_2$O$_3$	粉末		高				
	O	γ-Al$_2$O$_3$	粉末		高				
	W	γ-Al$_2$O$_3$	球，片		高				
Pro-Catalyse	AM	γ-Al$_2$O$_3$	ϕ2~5，ϕ4~6，球	0.75	250	0.48	<3		
	CR	γ-Al$_2$O$_3$	ϕ4~6，球	0.67	260	0.57	<1		
	CRS-21	γ-Al$_2$O$_3$	ϕ4~6，球	0.72	240	0.50	<1.5		
	CRS-31	TiO$_2$	条	0.95					
	CRS-32	γ-Al$_2$O$_3$	ϕ4~6，球	0.72	250	0.50	<1.5		
	DK	γ-Al$_2$O$_3$	ϕ5~10，球	0.75	350	0.48	<2		
	Grade2~5	γ-Al$_2$O$_3$	ϕ2~5，球	0.77	345	0.40	0.3		
	Grade5~10	γ-Al$_2$O$_3$	ϕ5~10，球	0.77	315	0.40	0.4		
Rhone Poulenc	501	γ-Al$_2$O$_3$	ϕ1.4~2.8，球	0.82	320	0.41		7	<5
	501A	γ-Al$_2$O$_3$	ϕ2.0~4.75，球	0.80	320	0.45		13	<5
	501C	γ-Al$_2$O$_3$	ϕ4~8，球	0.76	320	0.49		25	<5
	505	γ-Al$_2$O$_3$	ϕ2~4，球	0.70	250	0.54		8	<5
	505A	γ-Al$_2$O$_3$	ϕ4~6.3，球	0.69	260	0.57		16	<5
	507	γ-Al$_2$O$_3$	ϕ2~4，球	0.67	70	0.52		10	<3
	507A	γ-Al$_2$O$_3$	ϕ1.7~2.8，球	0.67	60	0.64		4	<3
	508	γ-Al$_2$O$_3$	ϕ2~4，球	0.66	95	0.63		6	<3

生产公司	型 号	晶 型	外形尺寸/nm	堆积密度/kg·L⁻¹	比表面积/m²·g⁻¹	孔容/mL·g⁻¹	磨耗率/%	破碎强度/N·粒⁻¹	1000℃失重/%
	509A	γ-Al$_2$O$_3$	$8 \sim 12\mu m$, 粉末	0.80	300	0.27		—	<5
	511B	γ-Al$_2$O$_3$	$\phi 4 \sim 6.3$, 球	0.68	270	0.55		13	<5
	512	α-Al$_2$O$_3$	$\phi 2 \sim 4$, 球	0.78	8	0.49		10	<3
	515C	α-Al$_2$O$_3$	$\phi 2 \sim 4$, 球	0.76	30	0.45		9	<3
	521	γ-Al$_2$O$_3$	$\phi 1.2$, 条	0.66	230	0.56		10N/cm	<2
	529A	γ-Al$_2$O$_3$	$\phi 2 \sim 4$, 球	0.43	110	1.09		2.5	<3
Rhone Poulenc	531	γ-Al$_2$O$_3$	$\phi 2 \sim 4$, 球	0.54	110	0.8		6	<3
	531B	γ-Al$_2$O$_3$	$\phi 4.0 \sim 6.3$, 球	0.515	110			10	3
	531P	γ-Al$_2$O$_3$	$8 \sim 12\mu m$, 粉末	0.50	115	0.59		—	<5
	531P1	10% CeO$_2$	$8 \sim 12\mu m$, 粉末	0.48	100	0.51		—	<5
	531P2	20% CeO$_2$	$8 \sim 12\mu m$, 粉末	0.68	95	0.27		—	<5
	531P3	2% La$_2$O$_3$ Nd$_2$O$_3$	$8 \sim 12\mu m$, 粉末	0.50	114	0.57		—	<5
	535	γ-Al$_2$O$_3$	$\phi 1.5 \sim 3$, 球	0.448	159	1.00	<2	2.5	
	537	γ-Al$_2$O$_3$	$\phi 1.7 \sim 3.1$, 球	0.67	200	0.60		8	2

25.7.2 活性氧化铝的物理化学性质

25.7.2.1 活性氧化铝的表面性质

根据广义的酸碱理论，凡是能够释放出质子（H⁺）的物质，称为 Bronsted 酸（简称 B 酸），又称质子酸；凡是能够接受质子的物质称为 Bronsted 碱（简称 B 碱）。酸碱质子理论扩大了酸和碱的范围，酸和碱的概念具有相对性。另一种观点即路易斯酸碱理论认为：碱是具有孤对电子的物质，能给出电子对的物质称为 Lewis 碱（简称 L 碱）。酸则是能接受电子对的物质，能接受电子对的物质称为 Lewis 酸（简称 L 酸）。这一理论很好地解释了一些不能释放出质子的物质也是酸；一些没有接受质子的物质也是碱。

氧化铝水合物在一定温度下脱水形成 γ-Al$_2$O$_3$ 和 η-Al$_2$O$_3$ 的过程中产生 L 酸中心和碱中心，如图 25-28 所示。L 酸中心吸水可以变为 B 酸中心。

虽然由以上表述可知，氧化铝表面有 L 酸中心、B 酸中心和碱中心，但实验证明其中 L 酸酸性很强，B 酸酸性很弱。

活性中心的酸碱性质与制备条件、脱水程度及氧化铝的晶型有关。氧化铝表面酸碱中心数目不同且有不同的性质。如在 γ-Al$_2$O$_3$ 的红外光谱图中有 3800cm⁻¹ 和 3780cm⁻¹ 等 5 个吸收峰，这 5 个吸收峰相应于图 25-29 中处于不同位置（A、B、C、D、E）的羟基。图 25-29 中"＋"代表 L 酸中心，O²⁻ 代表碱中心。显然，由于不同位置周围酸碱中心数目不同，使得羟基的性质有异，故出现 5 个羟基的红外吸收峰。氧化铝表面的酸碱性质除影响其催化性能外，对吸附性质也有影响。

图 25-28　氧化铝表面的酸碱中心

图 25-29　氧化铝不同位置的羟基

25.7.2.2　活性氧化铝的吸附性质

活性氧化铝的较大比表面积和丰富的空隙结构、较大的表面羟基浓度、表面的两性性质和表面带电性质均使其对某些物质有良好的吸附能力。

在活性氧化铝表面的氧离子和铝离子上都可能发生某些物质的化学吸附。例如化学吸附的水可以使表面氧离子形成羟基，氧化铝上的化学吸附作用可以净化氟含量高的水和捕集某些工业生产中产生的 HF 蒸气，在活性氧化铝上的化学吸附可导致某些多相催化反应的进行。

衡量氧化铝单位表面（或单位质量固体）上酸性中心的数量称为酸量，单位为 mmol/m^2（或 mmol/g）。实验证明，在室温条件下，氧化铝表面是非酸性的，η-Al_2O_3 在 100℃ 时开始有酸性，γ-Al_2O_3 则要在更高的温度才显酸性；此后，随温度升高两种氧化铝的表面酸量都急剧增加；但约超过 500℃（真空条件）后，酸量又略有下降。以 γ-Al_2O_3 为例，温度为 500℃、700℃、900℃ 的酸量依次为 39.4mmol/m^2、38.2mmol/m^2、32.9mmol/m^2。氧化铝表面酸量的变化可表现在对碱性气体氨的吸附上。图 25-30 所示为氨在不同温度下的吸附量与 γ-Al_2O_3 预处理温度的关系图。由图 25-30 可知：

（1）任一吸附温度，吸附量与氧化铝预处理温度间的关系有最大值，最大值的位置约在 500℃ 附近。这就是说，随氧化铝表面酸量的增加，氨的吸附量增加；表面酸量最大时，氨的吸附量也最大。

（2）在同一预处理温度下所得的氧化铝上，氨的吸附量随吸附温度的升高而减小。

25.7.2.3　活性氧化铝的表面改性

添加某些无机物或有机物可以改善氧化铝载体的热稳定性、抗破碎强度、控制载体的孔结

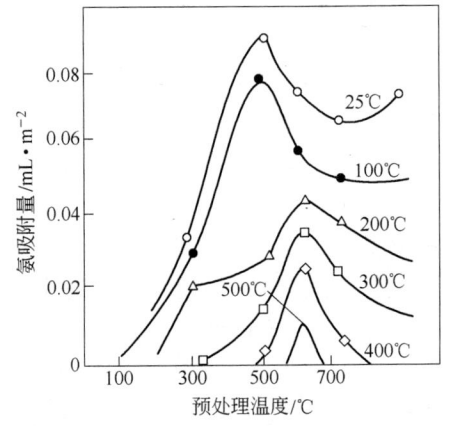

图 25-30　不同温度时氨在 γ-Al_2O_3
上的吸附量与预处理温度的关系

构、修饰氧化铝载体的表面性质，甚至改善其催化性质。某些担载（又称负载）的活性组分，如 CoO、NiO 及 MoO，可改变 Al_2O_3 载体的相变速度。

A 二氧化硅改性

二氧化硅是最常用的氧化铝表面改性剂。如果在铝凝胶中加入硅铝凝胶，则可以改善氧化铝载体的破碎强度，同时可以增加载体的可塑性，提高载体的热稳定性。

B 稀土元素改性

往催化剂载体氧化铝中加入稀土元素，可改进氧化铝的热稳定性，调节载体的表面酸度。用这种改性载体制成的 $Pd-Al_2O_3$ 催化剂的活性及选择性高。将改性的氧化铝载体用于工业化选择加氢催化剂，性能卓越，副产物绿油的生成量降低。改性的 Al_2O_3 作为催化剂载体，适用于所有石油化工加氢催化剂及环保催化剂的制备。

在同一焙烧温度下，不加稀土元素的氧化铝，θ 相最少。随稀土元素量的增加，比表面积依次增大，θ 相增多，α 相随之减少。这说明稀土元素抑制了氧化铝的晶相转变，增加了氧化铝的热稳定性能。

C 氧化钡改性

1980 年，人们发现氧化钡能提高氧化铝载体的热稳定性，无论在空气或含氢气流中均能减缓氧化铝载体的孔隙烧结速度。日本触媒化成工业公司用氧化镧和氧化钡共同改性制备耐热的氧化铝载体。东洋 CCI 公司开发出用氧化钡改性的废气燃烧催化剂，即使在 $1000 \sim 1600℃$ 高温下仍能够保持较大的比表面积，1100℃ 煅烧时仍能保持比表面积为 $100 m^2/g$，1200℃ 煅烧时比表面积仍为通常氧化铝载体的两倍。

D 氧化钛改性

氧化钛对硫具有较强的吸附能力，可以使加氢脱硫或耐硫宽温变化催化剂勿需预硫化。同时采用氧化钛改性氧化铝载体可以克服直接使用氧化钛时，具有的抗破碎强度差和耐热性差的缺点。

25.7.3 活性氧化铝的制备方法

活性氧化铝由氧化铝水合物脱水制得。不同的氧化铝水合物及制备工艺条件直接影响活性氧化铝产品的性质。目前，工业化的活性氧化铝生产方法有以氢氧化铝为原料的快速脱水法，以铝盐、偏铝酸盐及 CO_2 为原料的中和法以及以金属铝与长链醇为原料的醇铝法。快速脱水法可直接得到活性氧化铝产品；中和法和醇铝法先制得氧化铝水合物，再经成形、焙烧得到活性氧化铝。

快速脱水法产品主要用作干燥剂、吸附剂和耐火浇注料。作载体的较多的是中和法和醇铝法的产品，醇铝法产品属高档产品。在工业化实际应用中，中和法是最常用的制备催化剂载体的方法。

25.7.3.1 快速脱水法

快速脱水法是以工业拜耳法生产的三水铝石为原料，在 $0.01 \sim 10s$ 的时间内，在 $800 \sim 1100℃$ 闪式焙烧，失去 28% 的水，得到 $\rho-Al_2O_3$ 和 $\chi-Al_2O_3$ 混合物，经再水合改变结构，造成粒，经焙烧后得到期望的 $\chi-Al_2O_3$、$\rho-Al_2O_3$、$\gamma-Al_2O_3$ 混合物。天津化工研究设计院早在 1970 年就已成功开发出了快速脱水法生产活性氧化铝的工业化方法，并已在国内多家工厂进行了工业化生产。

快速脱水法生产的氧化铝具有比表面积大（达 $300m^2/g$ 以上）、孔容小、因高温快速活化而表面能高、强度高等特点。其工艺流程如图 25-31 所示。

快速脱水法生产活性氧化铝的特点是过程简单、原料单一、产品比表面积大、强度高。氢氧化铝原料的颗粒度及快速脱水条件决定了快速脱水产品的无定形程度、水含量、再水合能力、组成和孔结构。

用于耐火材料的快速脱水法活性氧化铝详见25.8 节。

25.7.3.2 中和法

中和法是采用不同的含铝原料和不同的沉淀剂进行中和反应，沉淀出氧化铝前驱物——水合氧化铝的方法。所用的含铝原料包括铝酸钠和含铝的可溶性无机盐，如硫酸盐、硝酸盐、氯化物以及金属铝。沉淀剂依原料的酸性或碱性而选择与之对应的碱性或酸性物质，如氢氧化钠、氢氧化铵和硝酸、盐酸、二氧化碳以及酸性盐。当选用酸或酸性盐作沉淀剂时，称为酸法；反之，称为碱法。成胶过程中对加料方法、pH 值控制等均有严格规定。加料方法可以分为等 pH 值法、变 pH 值法、摆动 pH 值法以及正加法、反加法等。

在中和时，沉淀生成初期是以溶胶-凝胶形式存在的，所以沉淀生成过程被称为成胶过程。成胶之后进入老化阶段，所生成的无定形的凝胶将发生一系列不可逆转的变化——化学变化和晶型结构变化，然后经洗涤、干燥得产品。从成胶开始到干燥成成品时，各步骤中工艺条件的微小变化都会使产品晶相结构发生变化，所以原料选择和条件控制是至关重要的。

以偏铝酸钠和硝酸为原料的中和法生产氧化铝载体典型的工艺流程如图 25-32 所示。

中和法生产活性氧化铝时，常常因引入杂质离子而需耗用大量的纯水洗涤，但中和法产品纯度较高，产品的孔结构、比表面积及晶型可以调节，在工业上广泛用作各类催化剂的载体。中和法生产的活性氧化铝的性质主要由中和产生的氧化铝水合物决定，故首先要控制好制备氧化铝水合物的工艺条件。

A 沉淀剂种类对水合氧化铝结构的影响

以 $Al(NO)_3$ 溶液作铝源，用氨水和 $(NH_4)_2CO_3$ 两种沉淀剂制备水合氧化铝时，用 $(NH_4)CO_3$ 作沉淀剂制备的氧化铝的比表面积、孔容和平均孔径明显大于以氨水作沉淀剂制备的氧化铝，而且从比表面积在焙烧前后的下降趋势来看，用 $(NH_4)_2CO_3$ 作沉淀剂制备的氧化铝也要缓于用氨水作沉淀剂制备的氧化铝。这是由于以 $(NH_4)_2CO_3$ 作沉淀剂时，得到的氧化铝前驱物是片钠铝石 $NH_4Al(OH)_2CO_3$，$NH_4Al(OH)_2CO_3$ 在一定温度下分解：

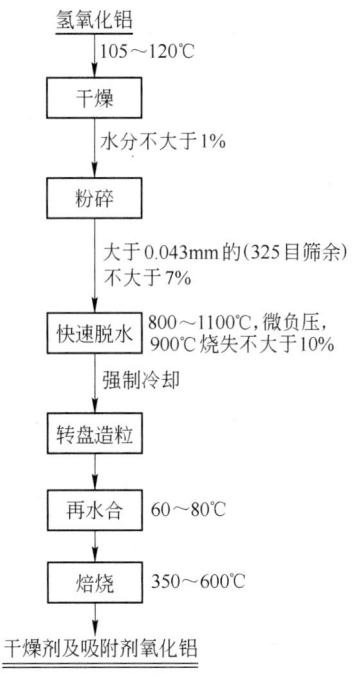

氢氧化铝
↓ 105～120℃
干燥
↓ 水分不大于1%
粉碎
↓ 大于0.043mm 的(325 目筛余) 不大于7%
快速脱水 ← 800～1100℃，微负压，900℃烧失不大于10%
↓ 强制冷却
转盘造粒
↓
再水合 ← 60～80℃
↓
焙烧 ← 350～600℃
↓
干燥剂及吸附剂氧化铝

图 25-31 快速脱水法生产活性氧化铝工艺流程

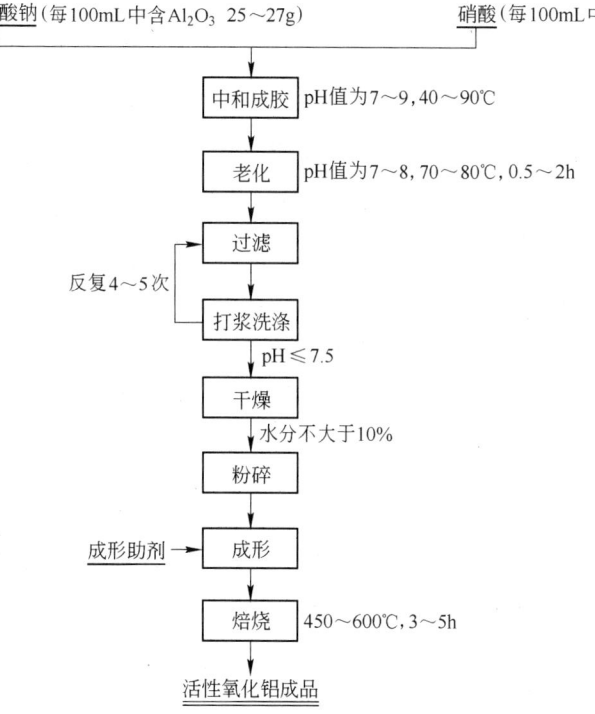

偏铝酸钠(每100mL中含Al₂O₃ 25~27g) ... 硝酸(每100mL中含HNO₃ 40~45g)

中和成胶 pH值为7~9,40~90℃

老化 pH值为7~8,70~80℃,0.5~2h

过滤

反复4~5次

打浆洗涤 pH≤7.5

干燥 水分不大于10%

粉碎

成形助剂→成形

焙烧 450~600℃,3~5h

活性氧化铝成品

图 25-32 中和法生产活性氧化铝工艺流程

$$2NH_4Al(OH)_2CO_3 \longrightarrow Al_2O_3 + 2NH_3\uparrow + 2CO_2\uparrow + 3H_2O \qquad (25-13)$$

由于该反应释放的气体(NH₃ 和 CO₂)本身的膨胀和冲孔作用,会使得氧化铝的孔容和孔径较大,这就是以(NH₄)₂CO₃作沉淀剂制得的氧化铝有较高比表面积、孔容和较大孔径的原因。同时,由于前驱物的不同,造成煅烧后氧化铝的晶粒度和结晶度的差异(见图25-33 和图25-34)。以片钠铝石为前驱物时,由于所得氧化铝晶粒较小,故其热稳定性更好。

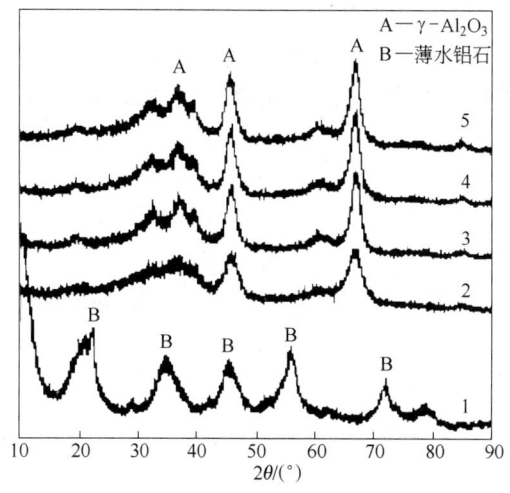

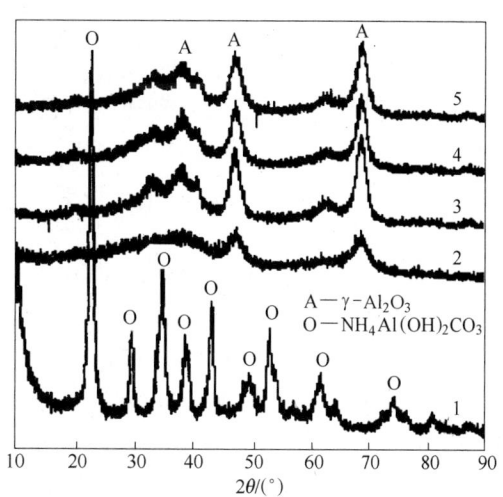

图 25-33 氨水作沉淀剂制备的样品的 XRD 谱
1—薄水铝石;2—600℃焙烧2h;3—1000℃焙烧2h;
4—1000℃焙烧5h;5—1000℃焙烧10h

图 25-34 碳酸铵作沉淀剂制备的样品的 XRD 谱图
1—AACH;2—600℃焙烧2h;3—1000℃焙烧2h;
4—1000℃焙烧5h;5—1000℃焙烧10h

B　原料的配比对水合氧化铝的影响

铝酸钠也是中和法生产氧化铝水合物的重要铝源，为了保持铝酸钠溶液的稳定性，通常需要保持其一定的苛性系数。在中和反应中随着体系中苛性碱浓度的降低，铝酸钠会发生水解反应，生成三水铝石等三水合氧化铝杂相，这往往是中和法制备拟薄水铝石过程中产生杂相的原因。例如：采用硫酸铝-铝酸钠并流中和法制备水合氧化铝时，如果铝酸钠稍过量时，由于反应体系中苛性碱浓度降低，铝酸钠发生水解反应，产物中含有三水合氧化铝（β_1-$Al_2O_3 \cdot 3H_2O$）；但是硫酸铝稍过量时，生成拟薄水铝石单相，而不会生成三水合氧化铝。

C　温度对氧化铝水合物结晶度和孔径的影响

中和反应温度及老化温度对产物氧化铝水合物的结晶度和孔径有显著影响。

a　中和反应温度的影响

硝酸-铝酸钠中和法制备拟薄水铝石时，在其他条件相同的情况下，成胶温度越高，XRD 曲线半峰宽越小，峰越尖锐。这说明所得拟薄水铝石的结晶度也越高，晶粒也越大。这是因为在高温条件下，溶液中的粒子运动速度更快，有利于晶粒的生长，导致生成大颗粒产物。同时，粒子结晶速度的加快，也使产物的晶粒大小更加均匀，孔分布更加集中。

随着成胶温度的升高，水合氧化铝平均孔径逐渐增大，并且孔径分布更加集中。成胶温度在 90℃时，拟薄水铝石中 10 ~ 30nm 孔径达到 60% 以上；在低温下反应时，平均孔径偏小，大部分孔径集中在 3.5 ~ 6.5nm 之间。这主要是因为低温下反应生成的晶粒小，堆积后的孔径变小；随着温度的升高，晶粒迅速长大，堆积后的孔径也会随之增大。

b　老化温度的影响

老化温度较低时，拟薄水铝石的结晶度很差；随着老化温度的升高，拟薄水铝石的结晶度迅速增加；当老化温度达 60℃时，产物有着很高的结晶度。这是因为小颗粒的拟薄水铝石及无定形氧化铝的溶解度比大颗粒的拟薄水铝石的溶解度大，在老化过程中，拟薄水铝石晶体和溶液中小颗粒拟薄水铝石及无定形氧化铝之间存在一个动态的结晶—溶解平衡。溶液中粒子的运动速度与温度有关。随着温度的升高，粒子的运动速度加快，从而加速老化的进程。由于粒子的运动速度与温度呈指数的关系，因此，温度对老化的进程影响很大。

D　其他制备条件对孔结构的影响

a　成胶时间

以 $AlCl_3$ 和 NH_4OH 为原料，采用连续并流成胶法制备拟薄水铝石时，随着成胶接触时间增加，堆积密度有一最大值，孔容则为最小，而后再延长成胶接触时间，孔容增大，堆积密度减小（见图 25-35）。在一定范围内，提高温度和 pH 值，有利于提高孔容和比表面积。

b　成胶 pH 值

酸碱溶解法（或 pH 值摆动法）制备

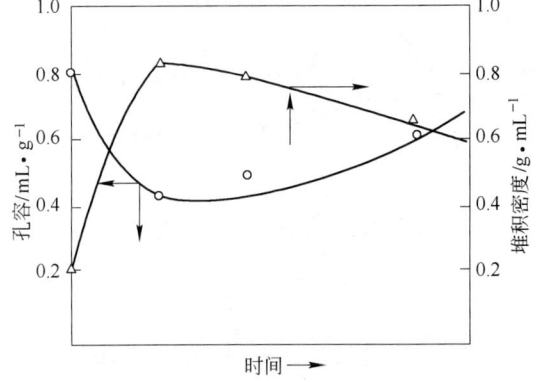

图 25-35　成胶接触时间对孔容和堆积密度的影响

Al_2O_3 国内外都有实验研究。这主要是基于在制备拟薄水铝石时，不可避免地生成小孔容的无定形 AlOOH，利用成胶过程中 AlOOH 浆液 pH 值在酸性和碱性范围内交替变动，当 pH 值为酸性时，无定形 AlOOH 溶解，并沉积在拟薄水铝石颗粒上；当 pH 值为碱性时，有助于颗粒长大，从而使孔容增大。

值得注意的是，原料对产物晶粒大小也有影响，如用 NH_4OH 为沉淀剂，从 $Al_2(SO_4)_3$ 溶液中沉淀的 AlOOH 晶粒比从 $AlCl_3$ 和 $Al(NO_3)_3$ 溶液中所生成的沉淀物晶粒小得多。采用不同的沉淀剂中和 $Al_2(SO_4)_3$，其产物晶粒大小变化顺序为：$NaOH > NH_4OH > Na_2CO_3 > Na_2S$。

c　老化 pH 值及老化时间

老化阶段无定形的溶胶、凝胶将发生一系列不可逆转的化学变化及晶型结构变化。然后经过洗涤、干燥后得到固体氧化铝水合物产品。在老化过程中氧化铝水合物将发生以下变化：

（1）结晶度增大。老化过程可以使拟薄水铝石结构的有序度增强，其胶溶指数等各项技术指标达到工业应用的效果；同时可以减少拟薄水铝石向三水合氧化铝转晶的趋势及程度。随着胶质拟薄水铝石老化时间的延长，拟薄水铝石衍射峰线形由钝而宽向窄而锐利转化，衍射强度也增加。

（2）层间结构水减少。胶质拟薄水铝石经母液"热处理"，而成为层间结构水减少、有序度增强的拟薄水铝石。此过程也伴随着拟薄水铝石的晶粒长大。老化 24h，层间结构水由 17.66% 降低到 8.25%。随老化时间的增长，拟薄水铝石的吸热效应由弱增强，吸热谷从 437℃ 上升至 445℃。拟薄水铝石老化过程的 DTA 曲线如图 25-36 所示，其老化过程中层间结构水的变化：胶质拟薄水铝石 $[AlOOH]\cdot0.715H_2O$；老化 2h 的拟薄水铝石 $[AlOOH]\cdot0.548H_2O$；老化 8h 的拟薄水铝石 $[AlOOH]\cdot0.445H_2O$；老化 12h 的拟薄水铝石 $[AlOOH]\cdot0.347H_2O$；老化 24h 的拟薄水铝石 $[AlOOH]\cdot0.299H_2O$。

（3）羟基数量增加。从图 25-37 胶质拟薄水铝石的红外光谱可以看出，经老化过程，

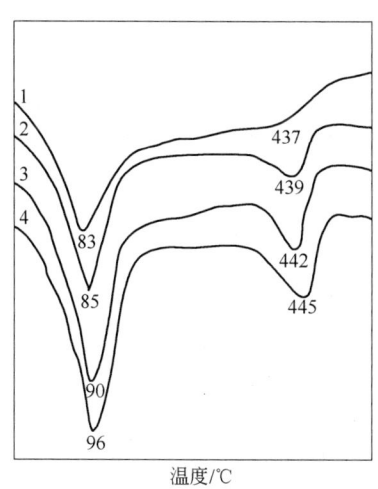

图 25-36　拟薄水铝石老化过程的 DTA 曲线
1—胶质拟薄水铝石；2—老化 8h；
3—老化 12h；4—老化 24h

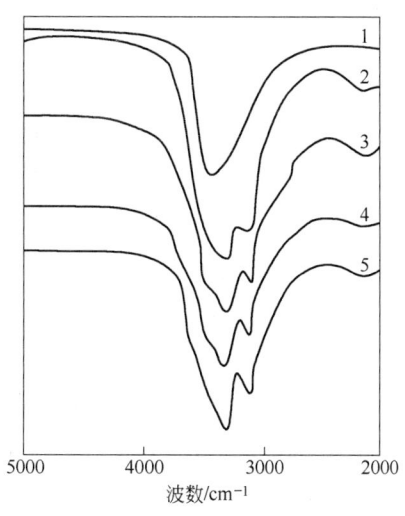

图 25-37　拟薄水铝石老化过程的红外光谱
1—胶质拟薄水铝石；2—老化 2h；3—老化 8h；
4—老化 12h；5—老化 24h

3900～2600cm⁻¹宽而强的吸收带发生明显变化。3400～3300cm⁻¹吸收峰随老化时间的延长，锐利程度增强，并向低波数方向位移至3300cm⁻¹处，表明拟薄水铝石的羟基数量增加。

胶质拟薄水铝石是不稳定的，易向氢氧化铝晶相转化，转化相可长期共存，各相的数量随储存时间的延长而增多，存放3285天后，转化为三水合氧化铝相的总量最高达96.7%，其中α-Al(OH)₃、β-Al(OH)₃、β₁-Al(OH)₃的量分别为32.6%、45.5%、18.6%。而老化拟薄水铝石是比较稳定的，不易向氢氧化铝转变，存放3285天后，转化为三水合氧化铝的总量只有3.5%。作为工业产品的拟薄水铝石，是从胶质拟薄水铝石经老化工艺过程制得的，不论是干品或湿品均含有较多的水分，但在储存过程中有足够的稳定性。

在中和法老化过程中，无定形水合氧化铝向结晶型水合物转变的基本规律是：20℃条件下老化，当体系pH值由7升高到12时，无定形水合氧化铝依次会转变为拟薄水铝石、拜耳石、三水铝石和薄水铝石。其中，pH=9时，前驱物经煅烧后氧化铝有非常好的再现性，且X射线衍射图分析主要为拟薄水铝石（见图25-38）。pH=8时，水合氧化铝经煅烧后，氧化铝小孔径孔容随老化时间的增加而增大（见图25-39）。pH=10时，水合氧化铝呈双峰孔分布。随老化时间的增加，小孔（3.6～20nm）孔容下降，而大于30nm的孔的孔容上升。X射线衍射分析表明，老化1天后，沉淀为拟薄水铝石与拜耳石共存；老化时间大于10天后，沉淀完全转变为拜耳石。如果pH=11时，老化时间只需要1天，沉淀就完全转变为拜耳石。

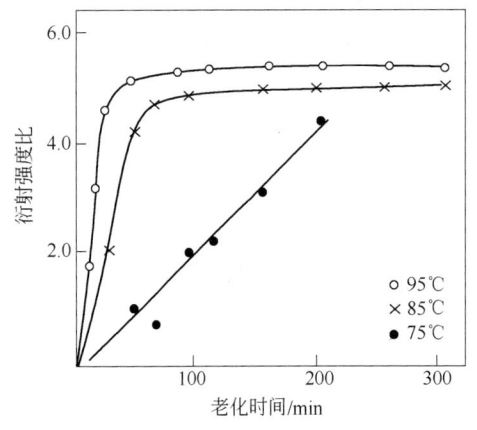

图25-38 拟薄水铝石生成量与老化时间的关系

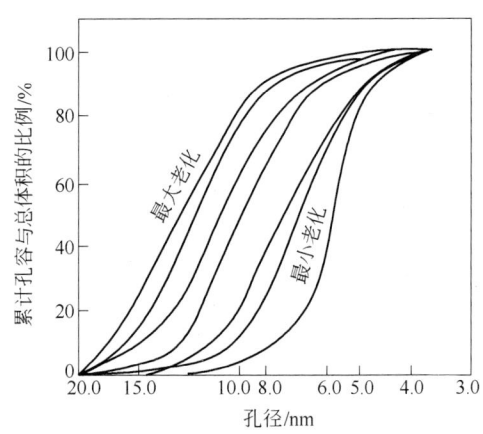

图25-39 老化对氧化铝孔分布的影响（500℃焙烧样品）

pH=8时，沉淀的比表面积不随老化时间的延长而改变；但是当pH值为10或11时，老化初期沉淀的比表面积会随老化时间的延长而增加，达到一个最大值后就维持不变。

铝酸钠溶液碳酸化法制备水合氧化铝（拟薄水铝石）是典型的中和法之一，详见25.4.2节。

25.7.3.3 醇盐水解法

利用金属醇盐水解和聚合反应可制备氧化铝的均匀溶胶，再胶凝成透明凝胶，经干燥得氧化铝水合物。此法最早由德国 Condea 化学公司工业化生产。该公司最初以乙烯、H_2 和金属铝为原料，进行 Ziegler 反应得三烷基铝，然后经过链增长，在钛化合物存在下氧化得高碳醇铝，水解得水合氧化铝及高碳醇。1989 年，该公司又提出在 90℃ 下水解中性醇铝，制得含氧化铝 10%~11% 的浆液后在高压釜进行老化处理制备薄水铝石的方法，其结晶粒度只有 20nm，而孔半径可通过工艺改变调节。

美国 Vista 化学公司于 1986 年和 1988 年分别开发了蒸汽水解法和单反应器法。蒸汽水解法以 C_2~C_6 醇铝为原料，在与水蒸气接触下进行水解反应，从过滤器或旋风分离器中回收水合氧化铝，从水蒸气-醇蒸气中回收醇。此法省去了铝浆液喷雾干燥，且可得 $1\mu m$ 以下的球形产品，并节省能源。单反应器法是让三烷基铝在与水不混溶的有机相中的 C_4~C_{12} 醇反应制醇铝和烷，然后就在这个反应器中水解，得到氧化铝的前驱物，这可避免使用烷基铝直接氧化成醇铝时用促进剂造成钛化合物的污染。

醇铝水解法生产的氧化铝俗称 SB 粉，详见 23.4.3 节。

25.7.3.4　后处理过程对氧化铝水合物及脱水产物的影响

氧化铝水合物经过干燥、成形后，通过快速脱水和高温煅烧等方法，使水合氧化铝脱水，生成相应晶型的氧化铝。氧化铝水合物可加工成条状、片状、球形、空心条、异型截面条状及微球，也可涂敷在金属或堇青石蜂窝支撑物外，用于不同的催化反应过程。成形方法包括；压制成形（片、柱、环状）、挤条成形（柱、空心、三叶草、四叶草）及成球法（油柱成形、油氨柱成形、转动成形、喷雾成形）等。在制备过程中脱水方式、煅烧温度、气氛等对氧化铝载体的孔结构和表面性质等都具有影响。

A　干燥过程对氧化铝水合物的影响

水合氧化铝的干燥方式除了常用的烘箱加热干燥外，还发展了一些新型的干燥方式。冷冻干燥就是其中一种方法。冷冻干燥的原理是在低温下凝胶中的水冻结成冰，然后迅速抽真空降低压力，在低温低压力下使冰直接升华成蒸气，实现液固分离。

冷冻干燥充分利用了水的特性以及表面能与温度的关系。当一定量的水冷冻成冰时，其体积膨胀变大。水在相变过程中的膨胀力使得原先相互靠近的凝胶粒子适当地分开，同时，由于形成固态阻止了凝胶的重新聚集。另外，由于固态水分子与颗粒之间的界面张力远小于液态水分子与颗粒间的界面张力，因此，冷冻干燥可以大大改善干燥过程中由于表面张力和表面能作用下粒子间的聚结性能。

B　氧化铝水合物及其脱水产物的再水合现象

AlOOH 凝胶或 AlOOH 干粉胶在生产过程中一般需要经过水热老化处理，亦即在浆液（非母液）中保持一定温度加热处理的过程。水热处理是一晶化过程，使结晶完整，结晶度增加，晶粒长大，从而达到扩孔的目的。

氧化铝水合物的脱水产物（无论高温或低温）在水热处理过程中都可以发生再水合反应。拟薄水铝石脱水产物 $\gamma\text{-}Al_2O_3$、$\delta\text{-}Al_2O_3$ 和 $\theta\text{-}Al_2O_3$ 都可以发生再水合现象。上述三种过渡态氧化铝，在水热反应条件下的最终产物都是薄水铝石，而不是晶体结构发育不完整的原起始物拟薄水铝石。从 $\delta\text{-}Al_2O_3$ 和 $\theta\text{-}Al_2O_3$ 的再水合过程可知，过渡态氧化铝的再水合过程并非原脱水相变过程的逆过程。

三水铝石和拜耳石的低温脱水产物 $\chi\text{-}Al_2O_3$ 和 $\rho\text{-}Al_2O_3$ 可以发生再水合现象。三水氧化铝在常压和真空中1000℃以下脱水得到的所有过渡态氧化铝及拜耳石和诺水铝石在常压1000℃以下脱水得到的所有过渡态氧化铝均可发生再水合现象，最终的转化产物同是薄水铝石，而非它们的原起始物。从高温氧化铝部分再水合样品的晶相分析可知，上述各种过渡态氧化铝的再水合过程都是直接生成水合物，而不是原起始物氧化铝水合物脱水相变的逆过程。

薄水铝石在1000℃以下脱水得到的 γ-Al_2O_3、δ-Al_2O_3 和 θ-Al_2O_3 这三种氧化铝都可以发生再水合反应，所得到的再水合产物晶相仍为薄水铝石。尽管再水合产物与原起始水合物晶相相同，但是从织构形态来看再水合产物不等同于原起始水合物。脱水氧化铝的再水合过程是由氧化物直接转变成水合物，并不是原起始水合物脱水相变过程的逆过程。

在一定的水热反应条件下，由晶相相同但织构形态不同的脱水氧化铝得到的再水合产物，它们的织构形态也不一样。再水合产物的织构形态既与前身物的织构形态有关，又与水热处理条件有关。

将同一薄水铝石样在不同温度下得到的脱水产物的再水合性能相比：低温脱水产物比高温脱水产物容易再水合。同样处理温度下得到的不同织构形态的脱水产物之间进行比较，脱水产物的织构形态愈规整，二次粒子愈大，愈不容易再水合；反之，脱水产物的织构形态愈不规整，二次粒子愈小，愈容易再水合。

α-Al_2O_3 的再水合产物与 α-Al_2O_3 本身的形成情况有关，1000℃以上高温烧制的 α-Al_2O_3 得到的再水合物为薄水铝石，由一水硬铝石低温脱水得到的 α-Al_2O_3 再水合仍然为一水硬铝石。

C 煅烧温度及煅烧气氛的影响

图25-40是不含薄水铝石的三水氧化铝粉末在不同温度及煅烧条件下煅烧后的孔分布情况。从图中可以看出，三水氧化铝在提高温度抽真空以前基本上不形成小孔，大于20nm的孔肯定是由 $0 \sim 2nm$ 氧化铝晶粒互相堆积而成。在抽真空脱水后，孔容逐步形成，但孔过小难以测定，平均孔径是0.9nm，当在马弗炉中于482℃煅烧后孔径在 $0.9 \sim 2nm$ 范围，这是由于氧化铝所含水分自身气化造成的。

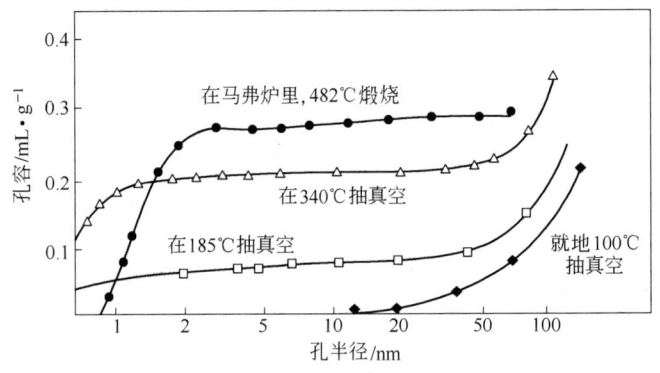

图25-40 煅烧温度和燃烧气氛对孔分布的影响

D 成形和煅烧对氧化铝结构的影响

图25-41给出含有14%薄水铝石和80%三水氧化铝经干燥而未煅烧、煅烧后挤条及未

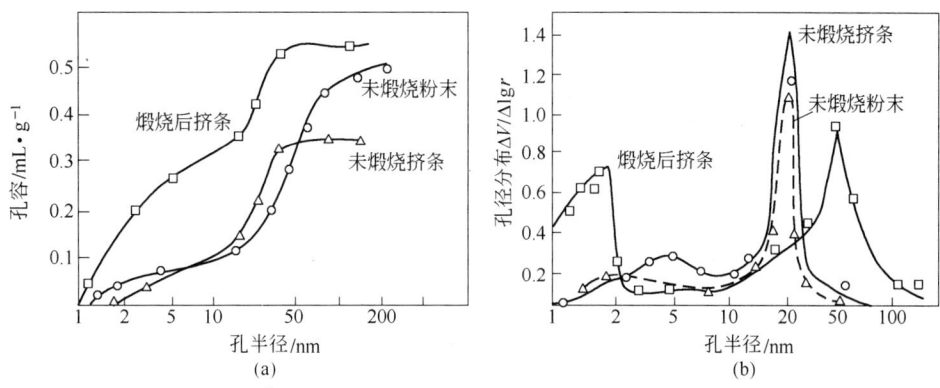

图 25-41 成形和煅烧对氧化铝结构的影响

($\Delta V/\Delta \lg r$ 表示单位孔半径下的孔体积变化量)

煅烧挤条三种情况孔结构的变化。

从图 25-41 中看出，干燥而未煅烧的氧化铝粉末具有大量的孔，其孔分布图中有两个峰，在约 40nm 的大孔被认为是较大三水氧化铝粒子间的腔体，在约 2nm 的孔是薄水铝石微粒间的孔。当挤条后，基本上只有大孔受到挤压，而小孔变化不大；但煅烧后则发生显著变化，产生脱水孔，即三水氧化铝煅烧后可形成三类孔：

（1）来自三水氧化铝的脱水孔，基本上是 1～2nm 大小的平行板面间缝隙；

（2）初始就存在的小粒子间的孔，在煅烧时因水分逸出而改变；

（3）三水氧化铝粒子间空穴，为数十纳米的大孔。

25.7.4 活性氧化铝的质量标准与分析方法

25.7.4.1 活性氧化铝的质量标准

活性氧化铝主要用于化工行业，化工行业首先开发生产活性氧化铝。最早的国家行业标准是由化工部门负责起草的，即化工行业标准《工业活性氧化铝》（HG/T 3927—2007），适用于炼油、化肥、石化、天然气、制氧和化工等行业，主要用作气体和液体吸附剂、除氟剂、脱氯剂、干燥剂、催化剂载体等。表 25-20 是《工业活性氧化铝》的理化指标。中国铝业股份有限公司企业标准《活性氧化铝》（Q/Chalco A016—2004）所列的理化指标列于表 25-21～表 25-23。

表 25-20 《工业活性氧化铝》的理化指标（HG/T 3927—2007）

项 目	指 标					
	吸附剂	除氟剂	再生剂	脱氯剂	催化剂载体	空分干燥剂
三氧化二铝质量分数/%	≥90	≥90	≥92	≥90	≥93	≥88
灼烧失量/%	≤8	≤8	≤8	≤8	≤8	≤9
振实密度/g·cm^{-3}	≥0.65	≥0.70	≥0.65	≥0.60	≥0.50	≥0.60
比表面积/m^2·g^{-1}	≥280	≥280	≥200	≥300	≥200	≥300
孔容/cm^3·g^{-1}	≥0.35	≥0.35	≥0.40	≥0.35	≥0.40	≥0.35

续表 25-20

项　目		指　　标					
		吸附剂	除氟剂	再生剂	脱氯剂	催化剂载体	空分干燥剂
静态吸附量(60%湿度)/%		≥12	≥12	—	≥10	—	≥17
吸水率/%		—	—	≥50	—	≥40	—
磨耗率/%		≤0.5	≤0.5	≤0.4	≤0.5	≤1	≤0.5
抗压强度 /N·颗$^{-1}$	粒径0.5~2mm	≥10					
	粒径1~2.5mm	≥35					
	粒径2~4mm	≥50					
	粒径3~5mm	≥100					
	粒径4~6mm	≥130					
	粒径5~7mm	≥150					
	粒径6~8mm	≥200					
	粒径8~10mm	≥250					
粒度合格率		≥90					

表 25-21　粉状活性氧化铝理化指标（Q/Chalco A016—2004）

产品牌号	化学成分/%				灼减/%	比表面积 /m²·g^{-1}	孔容 /mL·g^{-1}	粒度分布/%	
	Al$_2$O$_3$	SiO$_2$	Fe$_2$O$_3$	Na$_2$O				>100μm	<30μm
A-AP-γ	≥92	≤0.10	≤0.05	≤0.70	6	—	—	≥85	—
A-AP	≥92	≤0.10	≤0.05	≤0.70	6	—	—	≤6	≤6

注：本表中还有三个牌号归入 ρ-Al$_2$O$_3$，见表 25-27。

表 25-22　球状活性氧化铝理化指标（Q/Chalco A016—2004）

产品牌号	化学成分/%					松装密度 /g·mL^{-1}	比表面积 /m²·g^{-1}	孔容 /mL·g^{-1}	破碎强度 (φ4~6mm) /N·颗$^{-1}$
	Al$_2$O$_3$	SiO$_2$	Fe$_2$O$_3$	Na$_2$O	灼减				
A-AS-03	≥92	≤0.50	≤0.04	≤0.45	≤6	≤0.8	≥200	≥0.3	≥30
A-AS-04	≥92	≤0.10	≤0.04	≤0.45	≤8	≤0.75	≥260	≥0.4	≥100
A-AS-LD	≥92	≤0.50	≤0.05	≤0.45	≤7	≤0.65	≥170	≥0.4	≥40
A-AS-MS	≥92	≤0.10	≤0.04	0.5~0.9	≤7	≤0.75	≥180	≥0.4	≥50
A-AS-HS	—	—	—	1.5~2.5	6~9	≤0.75	≥260	≥0.4	≥45 (φ1.5~2.8mm)
A-AS-05-DS	≥92	≤0.40	≤0.04	≤0.50	≤7	≤0.9	≥200	≥0.35	≥80
A-AS-10-DS	≥90	≤0.10	—	1.0±0.2	≤7	≤0.7	≥200	≥0.4	≥130

表 25-23　柱状活性氧化铝理化指标（Q/Chalco A016—2004）

产品牌号	化学成分/%					松装密度 /g·mL^{-1}	比表面积 /m²·g^{-1}	孔容 /mL·g^{-1}	径向抗压强度 /N·cm^{-1}
	Al$_2$O$_3$	SiO$_2$	Fe$_2$O$_3$	Na$_2$O	灼减				
A-AC	≥92	≤0.35	≤0.04	≤0.07	≤6	≤0.8	200±30	≥0.35	≥80

25.7.4.2　活性氧化铝的分析方法

《工业活性氧化铝》（HG/T 3927—2007）列举的一些分析方法是针对催化剂领域的习惯测定方法，比表面积和孔容若用不同的测定方法和仪器测定结果是不同的。关于化学成分分析方法也可以采用 GB/T 6609.2~5—2004，见16.10节。物理特性的测定方法参见化工行业标准 HG/T 3927—2007 和 Q/Chalco A016—2004。Q/Chalco A016—2004 的附录 A 规定了比表面积的测定，附录 B 规定了孔容的测定。

Al$_2$O$_3$ 晶相鉴定和含量测定采用 X 射线衍射法。

A　三氧化二铝含量的测定（HG/T 3927—2007）

铝离子与已知过量的乙二胺四乙酸二钠（EDTA）进行配合，形成稳定的 Al-EDTA 配合物，过剩的 EDTA 在 pH 值为 5~6 条件下，以二甲酚橙作指示剂，用氯化锌标准滴定液回滴至终点。

称取已研细并经（250±10）℃烘干 2h 的 0.5g 试样，精确至 0.0002g，于 150mL 烧杯中，慢慢加入少量水，搅拌至糊状，再加入 10mL 硫酸溶液，移至电炉上加热溶解至透明，取下冷却。移入 100mL 容量瓶中，用水稀释至刻度，摇匀。用移液管移取 10mL 试验溶液，置于 300mL 锥形瓶中。准确加入 30mL EDTA 标准溶液，水洗瓶壁，加入六滴二甲酚橙指示液，以氨水调至溶液呈紫红色，移至电炉上加热煮沸 1min，取下冷却（若氨水过量，再以盐酸调至溶液呈亮黄色再过一滴）。加 1.5g 六次甲基四胺，以氯化锌标准滴定溶液回滴至出现玫瑰红色即为终点。计算结果。

B　灼烧失量的测定（HG/T 3927—2007）

样品在 800℃灼烧一定时间，称量灼烧前后的量，得到样品的灼烧失量。

称取经（250±10）℃烘干至质量恒定的试样约 1.5g，精确至 0.0002g，置于已于（800±10）℃下灼烧至质量恒定的瓷坩埚中。在马弗炉中于（800±10）℃下灼烧 2h，于干燥器中冷却后，称量。计算结果。

C　振实密度的测定（HG/T 3927—2007）

振实密度为振实的活性氧化铝质量和其相应的体积之比。

选用（250±10）℃下烘干 3h 或刚活化于干燥器中冷却至恒重的样品，装入干燥的 100mL 量筒中，装至近 100mL 处，塞上橡皮塞，在垫有胶皮板的桌面上倾斜 15°~45°反复振实至体积不变，记录体积数，并称量样品质量（称准至 0.01g）。计算结果。

D　比表面积的测定（HG/T 3927—2007）

a　仪器法（仲裁法）

分析步骤：称取已在（105±2）℃下烘干 3h 的约 0.5g 试样，精确至 0.0002g，将样品在脱气站进行脱气处理，保证样品的真空度达到仪器要求。样品处理完毕后，移到分析站检测，在 20h 内完成分析。

b　重量法

采用乙醇和二甘醇混合液，使乙醇的相对压力 p/p_0 在 0.05~0.35 之间进行吸附。吸附后采用 BET 方程处理，可得其比表面积。BET 吸附公式如下：

$$\frac{p/p_0}{m(1-p/p_0)} = \frac{1+(C-1)(p/p_0)}{m_mC} \tag{25-14}$$

式中　p/p_0——乙醇的相对压力；

　　　m——与 p/p_0 相对应的平衡吸附量，g；

　　　m_m——1g 吸附剂单分子层的饱和吸附量，g/g；

C——与吸附热有关的常数。

将$(p/p_0)/[m/(1-p/p_0)]$对p/p_0作图得一直线，从直线的斜率和截距可求出m_m，$m_m = 1/($斜率 + 截距$)$。

将仪器连接好，用已质量恒定的称量瓶称取约0.3g试样，置于电热恒温干燥箱内，于(250 ± 10)℃烘干4h，称量瓶在干燥器中冷却后称重，精确至0.0002g。将称量瓶打开一起放入真空干燥器的筛板上，盖上真空干燥器的盖子，抽真空至-0.1MPa，关闭真空管路玻璃门阀门。然后先后打开阀门，慢慢将储液瓶中乙醇和二甘醇混合液200mL吸入真空干燥器的烧杯中，关闭阀门。静态吸附20~22h后将空气导入干燥器中，移开干燥器盖子，迅速盖上称量瓶盖子，称量。

E　孔容积的测定（HG/T 3927—2007）

根据开尔文公式，当温度一定，改变吸附质的相对压力p/p_0时，吸附质在不同孔径的细孔中凝聚成液体，此时称出试样的增重量，即可算出吸附剂的孔容积。

分析步骤：用已质量恒定的称量瓶取样0.5g试样，置于电热恒温干燥箱内，于(250 ± 10)℃下烘干4h，称量瓶在干燥器中冷却后称量，精确至0.0002g。将称量瓶打开放在干燥器的筛板上，盖上真空干燥器盖子，抽真空1h（真空度-0.1MPa），关闭抽真空管路阀门。然后先后将阀门打开，慢慢将储量瓶中乙醇和丙三醇混合液200mL吸入真空干燥器的烧杯中，关闭阀门。静态吸附20~22h后将空气导入干燥器中，移开干燥器盖子，迅速盖上称量瓶，称量。

F　静态吸附容量的测定（HG/T 3927—2007）

以水蒸气为吸附质，在20~25℃，相对湿度为60%的环境下，达到吸附平衡时，样品所吸附的水量为吸附容量。

将真空干燥器放置于20~25℃恒温水浴中。将样品放在称量瓶中，置于电热恒温干燥箱内于(250 ± 10)℃下烘干3h，称量瓶在干燥器中冷却后，称取约2g试样，精确至0.0002g。打开称量瓶的盖子，放入真空干燥器中的筛板上。盖上干燥器盖子缓缓抽气，抽至真空度为-0.1MPa时，关闭抽真空管路玻璃阀门。然后先后打开玻璃阀门，慢慢将储液瓶中溴化钠饱和溶液200mL吸入真空干燥器的烧杯中，关闭玻璃阀门。使真空干燥器在20~25℃水浴中，静态吸附22~24h后，打开真空干燥器放空阀，待压力平衡后，迅速盖好称量瓶盖，称量。计算结果。

G　吸水率的测定（HG/T 3927—2007）

根据其吸水前后质量变化，确定其吸附水的量。

称取在(250 ± 10)℃干燥3h或刚活化的样品50g，精确至0.01g。放入烧杯中，加水浸没，不断搅动，1h后用漏斗将水与样品分离，放置10min，再称量吸水后样品质量，精确至0.01g。计算结果。

H　磨耗率的测定（HG/T 3927—2007）

将一定量试样在磨样筒内按规定的条件旋转，使试样在筒内摩擦碰撞，测定试样粉化的百分比表示磨耗率。

将样品按编号装入磨耗筒内，旋紧两端压盖，装入磨耗仪的卡盘上。转数为(30 ± 2)r/min，转动次数500r，然后按"磨耗"启动仪器。磨耗停止后，取出1号磨耗筒，将物料倒入筛中，装好，按"筛振"分离物料，称量筛上物料质量。再取出2号磨耗筒，将物料倒入筛中，装好，按"筛振"分离物料，称量筛上物料质量。计算结果。

　　I　抗压强度的测定（HG/T 3927—2007）

　　以样品氧化铝刚刚碎裂时所承受的力，作为样品的抗压强度。

　　颗粒强度测定仪：量程范围为 1~500N。

　　取待测氧化铝颗粒一粒，放在强度测定仪的承压顶上，按下"启动"钮，直到破裂为止，记下数字显示栏中的读数，重复上述测定 20 次。计算结果。

　　J　粒度合格率的测定（HG/T 3927—2007）

　　称取约 20g 试样，精确至 0.01g，置于产品粒度上限的试验筛上，下面有粒度下限的试验筛和试验筛底，盖上试验筛盖。装入振筛机上，筛分 5min。称量粒度下限的试验筛中的筛余物。计算结果。

25.7.5　活性氧化铝的发展方向

　　活性氧化铝是一种个性化非常强的产品，细分产品非常多。除了干燥吸附剂之外，用于催化剂载体的活性氧化铝几乎是一个反应过程对应一种技术参数要求。因此，活性氧化铝的开发生产必须与应用技术紧密结合。活性氧化铝的使用性能要求其活性高、选择性好、寿命长、物理性能好。

　　(1) 从宏观物理结构上，针对反应特性需求开发有适宜孔容、孔径和比表面积的产品。大孔容、高比表面积是活性氧化铝的主要发展方向，重点研究介孔（孔径为 2~50nm）的分布与宏孔（50nm 以上的孔，又称大孔）的扩孔技术，开发孔容不小于 0.5mL/g，比表面积不小于 200m^2/g 的活性氧化铝。

　　(2) 从微观物理结构上开发适应反应要求的晶型与晶体结构、微粒子形状和粒径等控制技术，提供适宜的表面性质。如缺陷尖晶石结构，其具有优良的表面性质；又如表面积较大、表面吸附性能强、表面为酸性中心以及多孔结构的催化剂载体。

　　(3) 开发具有助催化作用的多组元和多功能复合载体。

　　(4) 开发热稳定性、颗粒形状、粒度及分布、密度、热容、导热性能、耐磨性能、烧结性、吸湿性和流动性等技术指标可控的载体。例如，汽车尾气净化和催化燃烧等高温催化剂所用活性氧化铝就要求比表面积大、热稳定性高、线膨胀系数小、具有高的耐磨和耐冲刷等机械强度、热容量低、耐腐蚀性能好等。

　　(5) 开发制备方法简单、使用性能好（包括活化、再生容易，便于回收，无毒等）、价格便宜的载体生产技术。

　　(6) 开发活性氧化铝性能表征测试技术，包括化学组成、电子状态、结晶状态、表面状态、孔结构、吸附特性、密度、比热容、光学和磁学性质等，建立快速应用评价实验平台。

25.8　水硬性氧化铝

25.8.1　水硬性氧化铝概述

　　水硬性氧化铝（HA）是氢氧化铝在快速脱水情况下形成的一种氧化铝。在国外，商品名为 hydraulic alumina 或 hydratable alumina，意为可水化的氧化铝，同时因为这种氧化铝是在快速脱水情况下生产的，所以，国内俗称其为"快脱粉"，在国外则称为"闪烧氧化铝"，常简称 FCA（flash calcined alumina）。水硬性氧化铝实质上是一种结晶状况非常不好、无定形态的氧化铝，也称 ρ-氧化铝，是 8 种已知晶型氧化铝的一种。

将 ρ-氧化铝制造成不同粒度的小圆球，在石油化工、纺织工业、制氧工业的气液相干燥，自动化仪表风的干燥，空分行业的变压吸附等用作干燥剂。因 ρ-氧化铝制成的圆球在水中不变软、不膨胀、不破裂，可广泛用于饮水除氟或其他工业装置的除氟。在有机液体的脱色净化方面用作吸附剂，它可以脱除烃类物质中的金属离子、金属有机化合物、HCl 和 SO$_2$ 等气体。ρ-氧化铝制成 4~6mm 的圆球，还可用于含 H$_2$S 酸性气体的炼油厂、天然气净化脱硫厂、城市煤气厂及石化厂、化工厂克劳斯脱硫等工艺中；用于苯二甲酸载气（N$_2$）中水、乙酸和 C$_2$H$_2$Br$_4$ 的脱除。在蒽醌法双氧水生产中，用作蒽醌降解物的吸附剂。ρ-氧化铝成形后，其平均孔径为 2.5~3.5nm，可以用于中小分子反应的催化剂载体。

在 25.7 节中详细介绍了其作为干燥吸附剂和催化剂的应用。下面重点介绍 ρ-氧化铝在耐火材料行业的应用。

商品水硬性氧化铝中 ρ-氧化铝相含量在 60% 左右。由于其不含氧化钙，具有使用温度高（大于 1700℃）、强度大、体积稳定性好、耐侵蚀等优点，替代纯铝酸钙水泥（详见 25.13 节），可极大改善材料的耐高温的性能，因而近几年在耐火材料行业的应用得到了较大发展。它在高温时转变为 α-氧化铝，添加的 ρ-氧化铝既起结合剂作用，本身又是高级耐火氧化物。与助结合剂 SiO$_2$ 微粉高温时生成莫来石，使其耐压抗折等物理性能大大提高。使用 ρ-氧化铝能显著提高产品的高温性能，延长产品的使用寿命。

在耐火材料行业，ρ-氧化铝主要用于不定形耐火浇注料及有关高纯度氧化铝耐高温制品的结合剂，同时可以在 99 氧化铝陶瓷中代替 SiO$_2$ 作结合剂，使 99 氧化铝陶瓷的氧化铝含量大于 99%，并可降低烧成温度。广泛应用于刚玉质、高铝质、铝镁质等炼铁、炼钢、有色金属冶炼、热风炉等高级耐火材料，如钢包浇注料、中间包预制件、挡渣墙、冲击板、中间包盖、电炉盖、大型高炉用铁沟浇注料的结合剂。

传统的不定形耐火材料广泛采用纯铝酸钙水泥为结合剂，在高温下 CaO 可与材料中的 Al$_2$O$_3$ 和 SiO$_2$ 发生反应，生成两个低熔点化合物：钙长石（CaO·Al$_2$O$_3$·2SiO$_2$，熔点为 1553℃）和钙铝黄长石（2CaO·Al$_2$O$_3$·SiO$_2$，熔点为 1593℃）。对于 Al$_2$O$_3$-SiO$_2$-CaO-（Fe$_2$O$_3$，TiO$_2$，Na$_2$O，K$_2$O 等）这样的多元体系，1300℃ 左右即可出现液相，使材料的热态强度和荷重软化温度降低，降低材料的高温性能。为了获得耐火材料更好的高温性能，满足高温苛刻工作条件下的使用，耐火浇注料的结合体系向着"纯净化"的方向发展，即尽可能减少或消除由结合物带入的杂质成分，以减少或避免 CaO 的不利影响。水硬性氧化铝就是在这种背景下作为不定形耐火材料的结合剂使用的（见表 25-24）。使用水硬性氧化铝能够大幅度地提高不定形耐火材料的高温性能，如荷重软化温度和抗渣性等。从表 25-25 中可以明显看出，以水硬性氧化铝为结合剂的刚玉浇注料的性能明显高于铝酸钙水泥。

表 25-24　不同配方的刚玉浇注料　　　　　　　　　　　　　　（%）

组　分	水硬性氧化铝	铝酸钙水泥	组　分	水硬性氧化铝	铝酸钙水泥
电熔刚玉颗粒	66.2	66.2	SiO$_2$ 微粉	2.9	—
α-氧化铝微粉	19.0	16.0	分散剂	0.12	0.12
结合剂量	6.7	12.0	水	5.4	5.7

表 25-25   不同结合剂刚玉浇注料性能

指　　标		水硬性氧化铝	铝酸钙水泥
抗折强度/MPa	110℃	>137.2	56.8
	1350℃	>137.2	51.0
	1550℃	>137.2	65.7
抗压强度/MPa	110℃	795.8	627.2
	1350℃	1187.8	470.4
	1550℃	784.0	548.8

25.8.2　水硬性氧化铝的物理化学性质

25.8.2.1　水硬性氧化铝的水化硬化性质

水硬性氧化铝（ρ-氧化铝）的物理化学性质，除了水化硬化性质外，与一般活性氧化铝接近，详见第 25.7 节。

ρ-氧化铝最主要的性质是水化硬化性质，见式 25-15：

$$Al_2O_3 + 2H_2O \longrightarrow Al(OH)_3 + AlOOH \tag{25-15}$$

这是一个强烈的放热反应，在反应后，由粉状物或浆体形成一种坚硬的块状物。水化后的氧化铝的扫描电子显微照片如图 25-42 和图 25-43 所示。从图中可以明显看出水化后的水硬性氧化铝颗粒是一种类似于破碎的颗粒，在高倍数显示时，水化后的氧化铝是一种胶状物，明显可以看到在水化后烘干过程形成的裂纹，同时没有明显的晶界。

图 25-42　氧化铝的扫描电子显微图
（水化后×1000）

图 25-43　氧化铝的扫描电子显微图
（水化后×8000）

25.8.2.2　ρ-氧化铝的结构与形貌

在 X 射线衍射分析中，ρ-氧化铝表现出了较低的衍射峰，如图 25-44 所示。这说明水硬性氧化铝在晶体结构上是一种结晶状态非常不好的氧化铝，或者说是一种无定形态。一般认为 ρ-氧化铝在 $d = 0.14$nm 附近有一平缓的衍射峰。

水硬性氧化铝的扫描电子显微照片如图 25-45 及图 25-46 所示，其中图 25-45 是低倍数放大扫描电子显微照片，图 25-46 是高倍数放大扫描电子显微照片。从图 25-45 可以看出，水硬性氧化铝保持了原料氢氧化铝颗粒的基本特征，但是从图 25-46 可以看出，

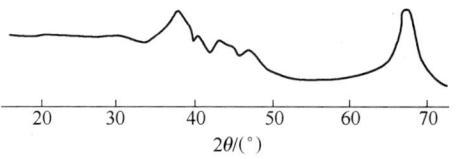

图 25-44　ρ-氧化铝 X 射线衍射分析（CuKα）

水硬性氧化铝的结晶状态不好，晶体之间的界限不明显。

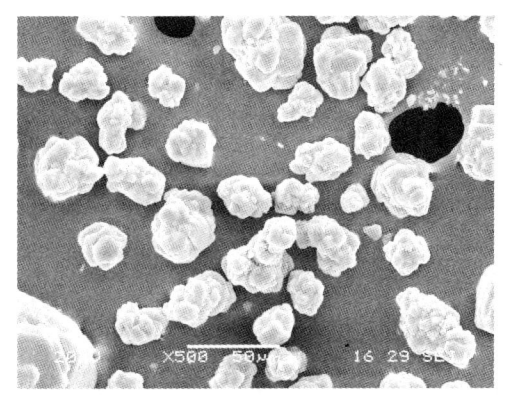

图 25-45　水硬性氧化铝（×500）

图 25-46　水硬性氧化铝（×8000）

25.8.3　水硬性氧化铝的制备方法

25.8.3.1　水硬性氧化铝的生产工艺

水硬性氧化铝采用快速脱水的方法制备。水硬性氧化铝的生产设备可以分为两类：回转窑和闪速焙烧快速脱水设备，闪速焙烧快速脱水设备又可以分为空气冷却和强制水冷却两类。空气冷却制备水硬性氧化铝设备如图 25-47 所示，强制水冷却制备水硬性氧化铝设备如图 25-48 所示。

无论何种焙烧方法，其目的均是使氢氧化铝快速脱水，并快速冷却，使氢氧化铝在短时间内完成脱水并冷却，使生成的氧化铝有一种无定形结构，具有自发水化反应能力。

水硬性氧化铝的工业生产过程包括快速脱水及冷却两个步骤：

（1）快速脱水。这个过程实质上是两个过程，首先氢氧化铝在高温热气流中，受温度的驱动，脱去羟基缩合水，成为氧化铝、水汽和空气的混合物；混合物在旋流分级器中进一步脱水，同时完成固气分离过程。在这个过程中发生的化学反应是：

$$2Al(OH)_3 \xrightarrow{\triangle} Al_2O_3 + 3H_2O \qquad (25\text{-}16)$$

（2）冷却。经过闪速焙烧分离后的氧化铝温度较高，在这个阶段主要是采用一定的手段将生产出来的水硬性氧化铝冷却到常温，根据产品性能的需要，可以采用空气冷却或强制水冷却。

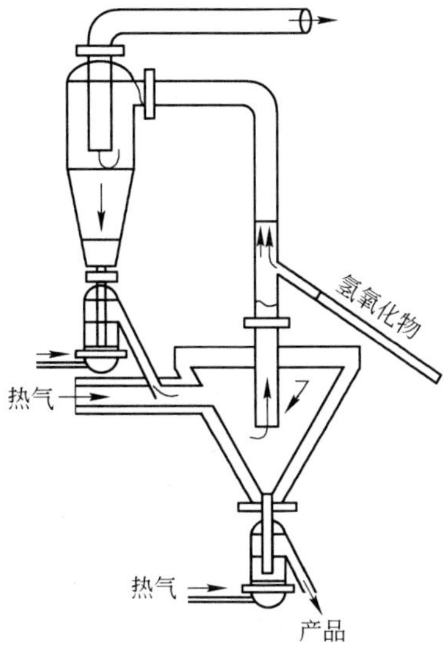

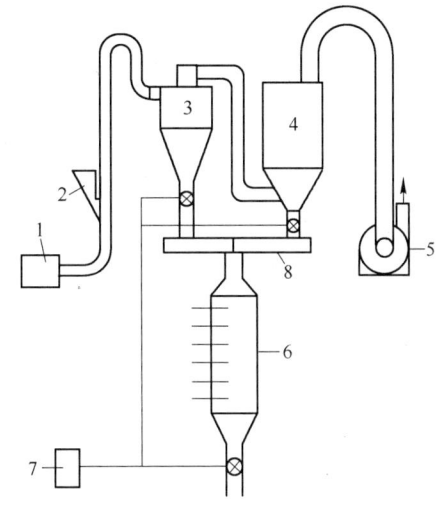

图 25-47　空气冷却制备水硬性
氧化铝设备示意图

图 25-48　强制水冷制备水硬性氧化铝设备示意图
1—燃烧炉；2—饲料斗；3—旋风固气分离器；4—旋风收尘器；
5—引风机；6—强制冷却器；7—集料器；8—螺旋饲料机

25.8.3.2　影响水硬性氧化铝品质的主要因素

A　温度及停留时间

在水硬性氧化铝生产过程中，影响水硬性氧化铝品质的主要因素是温度及物料停留时间，温度低时形成的是不完全脱水的产物，产品中会含有残留的一水及三水氧化铝物相；温度过高，形成的是活性较差的 γ-氧化铝，甚至 α-氧化铝。停留时间对水硬性氧化铝的影响主要表现在活性方面，停留时间过长，水硬性氧化铝将失去活性。

为提高 ρ-氧化铝晶相纯度，一般在生产中要求真空负压操作。在真空条件下所形成的是以 ρ-氧化铝为主的不定形态，在高温的驱动下，发生以下相变过程：

$$Al(OH)_3 \xrightarrow{300℃} \rho\text{-}Al_2O_3 \xrightarrow{600℃} \eta\text{-}Al_2O_3 \xrightarrow{900℃} \theta\text{-}Al_2O_3 \xrightarrow{1100℃} \alpha\text{-}Al_2O_3$$

当原料的粒径小于 1μm 时，所形成的是以 χ-氧化铝为主的不定形态，在高温的驱动下，发生以下相变过程：

$$Al(OH)_3 \xrightarrow{200 \sim 400℃} \chi\text{-}Al_2O_3 \xrightarrow{800℃} \kappa\text{-}Al_2O_3 \xrightarrow{1100℃} \alpha\text{-}Al_2O_3$$

不同的生产条件导致生产出不同品质的水硬性氧化铝，因此，很多专利对水硬性氧化铝的脱水温度及脱水时间进行了规定，表 25-26 列举了国外一些专利及相关的制备条件。

B　冷却方式

在水硬性氧化铝的制备过程中，冷却方式对水硬性氧化铝的影响不可忽视。目前，水硬性氧化铝有空气自然冷却、强制水冷和强制风冷等多种冷却方式。冷却后的产品在制备活性球时，活性球强度不同。有文献报道了不同冷却速度曲线下，制备出来的水硬性氧化铝对活性球性能的影响，无论采取何种方式，冷却速度越快，活性球的强度越高。

表 25-26　国外水硬性氧化铝专利的生产条件

专 利		生 产 条 件	
国　家	专利号	温度/℃	时间/s
DE	2059976，2527804	350 ~ 800	11
Su	477113	450 ~ 600	5 ~ 30
GB	1419439	1200 ~ 1800	—
GB	135292	500 ~ 1200	—
US	4177105	200 ~ 800	2 ~ 17
US	2915365	300 ~ 400	2 ~ 35
JP	50-21319	400 ~ 600	10
JP	55-25132	500 ~ 1000	1 ~ 10
JP	58-43330	450 ~ 900	—

C　原料粒度

工业上制备水硬性氧化铝一般采用工业氢氧化铝在闪速炉中快速脱水焙烧，然后再磨细，或者先磨细再焙烧，这是因为原料氢氧化铝的粒度对水硬性氧化铝的性质也会产生很大的影响。温度过低，得到的是含有一水软铝石甚至三水铝石的产品；而温度过高，将得到活性较差的 γ-氧化铝。在不同温度下得到的水硬性氧化铝，其水化后的产物是不一样的，同时，水化后的差热脱水也是不一样的。

25.8.3.3　水硬性氧化铝的成形

水硬性氧化铝是一种新型活性氧化铝产品。因为它结晶度低，吸湿性强，过去很少有原粉出售。早期的水硬性氧化铝最主要的用途就是制备活性氧化铝成形体。制备过程主要包括成形及烧结两个步骤，成形是根据不同的需求，制备不同形状的制品，有球、棒、异型等不同的形状。活性氧化铝球的制备主要是糖衣机滚球法，制备棒类型体材料大多采用挤压法，异型材料大多采用压力成形法，工艺流程如图 25-49 所示。

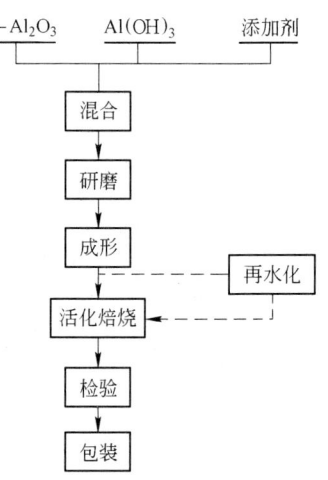

图 25-49　利用 ρ-氧化铝生产活性氧化铝制品流程图

25.8.4　水硬性氧化铝的质量标准与分析方法

25.8.4.1　水硬性氧化铝的质量标准

表 25-27 为水硬性氧化铝的理化指标。

表 25-27　水硬性氧化铝理化指标（Q/Chalco A016—2004）

产品牌号	化学成分/%					比表面积/m² · g⁻¹	孔容/mL · g⁻¹
	Al_2O_3	SiO_2	Fe_2O_3	Na_2O	灼减		
A-AP-70-ρ	≥ρ70[①]	≤0.1	≤0.03	≤0.4	—	≥150	≥0.16
A-AP-60-ρ	≥ρ60[①]						
A-AP-55-ρ	≥ρ55[①]						

①ρ70/60/55 是指 ρ-Al_2O_3 含量。

25.8.4.2　水硬性氧化铝的分析方法

水硬性氧化铝的分析方法参见第 25.7.4.2 节。其中化学成分分析方法参见 GB/T 6609.2~5—2004，详见 16.10 节；其他理化指标分析方法引见化工行业标准 HG/T 3927—2007 和中国铝业股份有限公司企业标准 Q/Chalco A016—2004。氧化铝晶相鉴定和含量测定采用 X 射线衍射法。本节主要介绍水硬性氧化铝一项重要的理化性能指标——有效成分含量的分析。

A　水化增重法测定 ρ-氧化铝相含量

水硬性氧化铝与水反应后，生成一水软铝石和三水铝石，反应为放热反应，反应方程式为：

$$\rho\text{-}Al_2O_3 + 2H_2O \longrightarrow Al(OOH) + Al(OH)_3 \qquad (25\text{-}17)$$

因此，ρ-氧化铝有效成分含量计算方程式为：

$$w_{\rho\text{-}Al_2O_3} = R\frac{M_{Al_2O_3}\Delta m}{n M_{H_2O} m} \times 100\% = R\frac{102\Delta m}{36m} \times 100\%$$

$$= 2.83R\frac{\Delta m}{m} \times 100\% \qquad (25\text{-}18)$$

式中　Δm——增重量；

　　　　m——样品总质量；

　　$M_{Al_2O_3}$——ρ-Al_2O_3 相对分子质量，102；

　　M_{H_2O}——H_2O 相对分子质量，18；

　　　　n——水的分子数；

　　　　R——活性系数，取值范围为 1~1.2。

B　放热反应法测定 ρ-氧化铝相含量

从式 25-17 可知，水硬性氧化铝有效成分含量与放热量成正比关系，因此可以利用这种比例关系测定 ρ-氧化铝相含量，由于没有纯的 ρ-氧化铝，只能测量其中水硬性氧化铝的相对含量。在 20℃时，60% 的水硬性氧化铝与水 1:1 混合时，放出的热量是 209.5J/g 的水化热。测定过程如下：

（1）测定容器系统热容。在一定时间内，电热器通电量 $Q_电$ 所放出的热等于容器及水的吸热，见式 25-19，从中求出系统热容 $C_容$。

$$Q_电 = 0.24I^2Rt = c_{H_2O}m_{H_2O}\Delta t + C_容 \Delta t \qquad (25\text{-}19)$$

式中　I——通电电流，A；

　　　R——电热器电阻，Ω；

　　　t——通电时间，s；

　　c_{H_2O}——水的比热容，J/(kg·K)；

　　m_{H_2O}——水的质量；

　　Δt——温度上升值；

$C_容$——容器装置的系统热容，J/K。

（2）测定水硬性氧化铝水化热。加入的水量与标定时一样，加入料与水的比例为 1∶1，则水化热 Q 为：

$$Q = c_{H_2O}m_{H_2O}\Delta t + C_容 \Delta t + c_{Al_2O_3}m_{Al_2O_3}\Delta t \qquad (25\text{-}20)$$

式中 $c_{Al_2O_3}$——氧化铝的比热容，因没有水硬性氧化铝的比热容，以其代替。

（3）理论值与测定值的比较，可以求出其中水硬性氧化铝的相对含量，这种方法有一定分误差，但是速度较快。

水化热效应测定装置如图 25-50 所示。

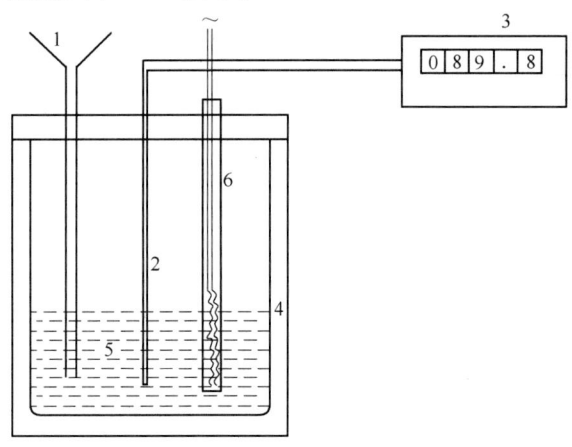

图 25-50　水化热效应测定装置

1—加料斗；2—温度传感器；3—温度显示仪表；4—绝热容器；
5—水或水料混合物；6—电加热器

25.8.5　水硬性氧化铝的发展方向

水硬性氧化铝本身还有许多问题处于研究阶段，在应用方面也存在很多问题，其主要发展方向有：

（1）针对催化剂、吸附剂和黏结剂等不同用途，开发不同品种的水硬性氧化铝。

（2）水硬性氧化铝的水化速度控制技术。针对目前水硬性氧化铝水化速度过快，在很多领域的应用受到一定的限制，在其水化速度得到控制以后，将会有更多的应用领域及前景。

25.9　α-氧化铝

25.9.1　α-氧化铝的结构及物理性质

α-氧化铝（俗称刚玉）是所有氧化铝中最稳定的物相，它的稳定性和它的晶体结构有着密切的关系，氧化铝属 A_2B_3 型化合物，α-氧化铝属三方晶系，$a_0 = 0.475nm$，$c_0 = 1.297nm$，结构中 O^{2-} 成六方最紧密堆积，Al^{3+} 则填充在其八面体空隙中，如图 25-51 所示。由于 Al 与 O 的比例是 2∶3，因此 Al 没有填满所有的八面体空隙，只填了 2/3，因而

也就降低了 α-氧化铝晶体的对称性。在 α-氧化铝晶体结构中，由 3 个 O^{2-} 组成的面是两相邻接的八面体所共有，整个晶体可以看成无数八面体 [AlO_6] 通过共面结合而成的大"分子"，如图 25-52 所示。这一结构使得 α-氧化铝的稳定性大。

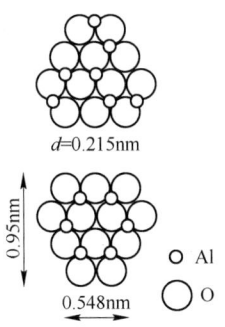

$d=0.215nm$

$0.95nm$

$0.548nm$

○　Al

○　O

图 25-51　α-氧化铝晶体结构中 Al^{3+} 的排列情况

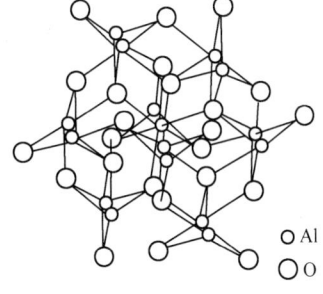

○　Al

○　O

图 25-52　α-氧化铝的结构

Al—O 的静电键强度为 1/2，正负离子间键力很强，晶格能较大，达 16743kJ/mol，因此 α-氧化铝在宏观上表现为熔点高、硬度大、结构紧密（一次晶体真密度达 4.01 g/cm³）、机械强度高、难以粉碎等特点。α-氧化铝的稳定性较大、结构紧密，α-氧化铝中键力各向分布比较均匀，不易从某一方向裂解，因此 α-氧化铝制品对酸和碱都有较好的抵抗力。α-氧化铝的这些物理化学性能与相应的应用的具体介绍如下：

（1）机械强度高。用 α-氧化铝来制备陶瓷制品，其中，烧结法制备出来的制品抗弯强度可达 250MPa，热压法制品抗弯强度可达 500MPa，高温强度可以维持到 900℃ 而不变形。由高纯度的 α-氧化铝所制备出来的高级耐火材料，其使用温度可以达到 1700℃ 以上。

（2）电阻率高，电绝缘性能好。由高纯度氧化铝所制备出来的制品，常温电阻率为 $10^{15}\Omega\cdot cm$，绝缘强度为 15kV/mm。利用其绝缘性能和强度，可以制备基板、电路外壳、超高压绝缘件等。

（3）硬度高。熔融氧化铝的硬度可以达到莫氏硬度 9，因此被广泛用来制备磨削制品，如砂轮和砂带等；同时利用其耐磨性质，也用其来制备一些耐磨涂层，或者利用氧化铝陶瓷制品制备一些刀具。

（4）熔点高。氧化铝的熔点高达 2050℃，且在高温下能抗一些熔融金属的侵蚀，如 Be、Sr、V、Ni、Al、Ta、Mn、Fe、Co 等；对 NaOH、玻璃、炉渣等的侵蚀也有很强的抵抗能力；在惰性气氛下，不与 Si、P、Sb、Bi 等作用，因此可以用来制备一些高级的耐火材料，如高温炉管和坩埚等材料。

（5）优良的化学稳定性。氧化铝陶瓷制品在常温常压下不与强酸强碱反应，对硫化物、磷化物、砷化物、氯化物、碘化物等都不反应。因此，氧化铝陶瓷制品可以广泛地用来制备一些纯金属和单晶生长的坩埚及人体骨骼等材料。

（6）光学特性。可以制备成透光材料，用以制备高压 Na 灯管和红外窗口等，也是荧光粉的主要原料。

α-氧化铝的典型的物理性质见表 25-28。

表 25-28　α-氧化铝的典型物理性质

结晶系		三方晶系 $a = 0.4758nm$ $c = 1.2991nm$	介质常数 (25℃, $10^3 \sim 10^{10}$Hz)	$C_{/\!/}$	11.5
				$C_\perp$	9.3
			耐电压/V·m^{-1}		4.8×10^7
真密度/g·cm^{-3}		3.99	体积固有电阻/Ω·m^{-1}		10^{17}
熔点/℃		2053	折射率	$C_{/\!/}$	1.768
热导率/W·$(m·K)^{-1}$		35		$C_\perp$	1.760
比热容/J·$(kg·K)^{-1}$		750	硬　度		12（新莫氏）
线膨胀系数/℃$^{-1}$	$C_{/\!/}$	6.6×10^{-6}			2300（微维氏硬度）
	$C_\perp$	5.366×10^{-6}	杨氏模量/GPa		4.8×10^2
介质衰耗因数		1×10^{-5}（10^8Hz）	耐压强度/GPa		3

注：$C_{/\!/}$ 为平行 C 轴；$C_\perp$ 为垂直 C 轴。

25.9.2　α-氧化铝的用途

基于 α-氧化铝的优良物理化学性能，α-氧化铝在陶瓷、耐火材料、研磨抛光、化工、光学、电子等行业有着广泛的用途，除上述内容外，可进一步阐述如下：

（1）α-氧化铝在陶瓷行业的应用。陶瓷是 α-氧化铝最主要的用途之一。精细陶瓷和特种陶瓷主要指的是以 α-氧化铝为主要原料的工业陶瓷。目前，在结构陶瓷、功能陶瓷、金属-陶瓷等领域，氧化铝陶瓷仍然占有很大的比重。如根据氧化铝含量不同可分为 75瓷、85 瓷、95 瓷、99 瓷等；根据其主晶相的不同可分为莫来石瓷、刚玉-莫来瓷和刚玉瓷；根据添加剂的不同又分为铬刚玉和钛刚玉等。

（2）α-氧化铝在耐火材料行业的应用。α-氧化铝在耐火材料行业应用于高铝质耐火材料、高温耐火材料和不定形耐火材料等。熔融的 α-氧化铝是目前高级耐火材料最主要的骨料之一，烧结 α-氧化铝粉体是制备耐火材料的结合剂。

（3）α-氧化铝在研磨抛光行业的应用。利用 α-氧化铝的高硬度特征，将熔融刚玉破碎后制备成为不同粒级的磨粒，从而可以成为制备磨削用品的主要原料，制成砂轮和砂带等磨削用品。烧结 α-氧化铝可以用于不锈钢和石材等的抛光。

（4）α-氧化铝在化工行业的应用。利用 α-氧化铝的化学稳定性和热稳定性，α-氧化铝制品在化工行业有着广泛的应用。如将 α-氧化铝制备成陶瓷套管，应用于石油化工行业的余热锅炉、废热锅炉、高温换气端板部位和焊口保护等，该制品具有耐高温气流冲刷、耐酸碱侵蚀、耐急冷急热等性能。

（5）α-氧化铝在电子行业的应用。α-氧化铝在电子行业应用比较广泛，如制备成为火花塞和电子陶瓷基板等，在高压或超高压线路中作为绝缘材料等。

（6）α-氧化铝在光学行业的应用。单晶的 α-氧化铝为珍贵的宝石，在激光和光学窗口等领域应用广泛。在 LED 领域，白色的单晶的 α-氧化铝广泛用作衬底材料。

25.9.3　α-氧化铝的制备方法

α-氧化铝的制备主要是高温熔融或烧结过程。在高温下，不同相态的氧化铝都可以转

变成为 α-氧化铝，但是不同相态的前驱体在高温下所经历的转变过程是不同的，参见图 24-7。从图 24-7 中可以看出，在高温下，所有的氧化铝都可以转化为 α-氧化铝，也就是说，α-氧化铝是所有氧化铝中最稳定的物相，而且从其他类氧化铝转化为 α-氧化铝的过程是一个不可逆的过程。热力学计算也表明了 α-氧化铝是能量最低的氧化铝，在 400 ~ 1700K 的温度范围内，氧化铝的热力学数据见表 25-29。

表 25-29 氧化铝在 400 ~ 1700K 的热力学数据

晶 型	$\Delta_f H_{m,298}^{\ominus}$ /kJ·mol^{-1}	$\Delta_f G_{m,298}^{\ominus}$ /kJ·mol^{-1}	$c_p = a + bT + cT^{-2}$		
			a	b	c
γ-氧化铝	-1635.6	-1539.9	68.43	46.40×10^{-3}	—
α-氧化铝	-1668.2	-1575.0	114.66	12.79×10^{-3}	-35.40×10^5

从表中给出的热力学数据计算可知，从常温开始，γ-氧化铝转变为 α-氧化铝的 $\Delta_r G_m^{\ominus}$ 值均为负值，也就是说，这个相变过程是一个自由能降低的过程。在表 25-29 所给出的温度范围内，γ-氧化铝表现出转变为 α-氧化铝的倾向；同时 $\Delta_r G_m^{\ominus}$ 值随温度升高而降低，因此，从 γ-氧化铝到 α-氧化铝相变的趋势随温度的升高而增大。但是，从 γ-氧化铝到 α-氧化铝的相变过程在很大的低温范围内不能自发形成，图 24-7 列出了从其他相氧化铝转变为 α-氧化铝的大致温度，除一水硬铝石在 500℃ 左右转变为 α-氧化铝外，其他相的氧化铝均在 1100℃ 以上转变为 α-氧化铝。这是因为尽管 γ-氧化铝向 α-氧化铝的转变是一个自由能降低的过程，但是这种转变要越过一定的能垒，也就是说，需要满足一定的动力学条件才能完成。

α-氧化铝的加工过程可以分为熔融与烧结两大类。熔融过程采用的设备主要是电弧炉，加工的温度高达 2500℃ 以上，高于 α-氧化铝的熔点，在这个温度下，氧化铝熔融成液态，经过冷却，破碎成为不同粒度的产品。由于经过熔融过程，白刚玉结晶粗大，晶体较大，在破碎后是一种棱角鲜明的颗粒，图 25-53 为白刚玉的扫描电子显微镜（SEM）照片。

烧结 α-氧化铝的加工过程很复杂，一般包括混料、烧结和磨细等过程。混料主要是将工业氧化铝或工业氢氧化铝等与不同的添加剂混合，混合后的物料在 1400℃ 以上高温下煅烧，在这个温度下，所有其他相的氧化

图 25-53 电熔刚玉 SEM 照片

铝将全部转化为 α-氧化铝。煅烧后的氧化铝是一种高度团聚的粉体，不能直接使用，一般情况下需要经过研磨，成为不同粒度的产品才能应用。

烧结法生产 α-氧化铝可采用的设备比较多，有倒焰窑、回转窑、隧道窑和梭式窑等。不同的窑型在生产过程中有不同的特点，见表 25-30。

表 25-30　各种窑型的特点

窑　型	生产方式	效　率	投　资	产品类型	余热利用率
倒焰窑	间　歇	低	小	多	不利用
回转窑	连　续	高	大	单一	不利用
隧道窑	连　续	高	大	多种	利用率高
梭式窑	间　歇	低	小	多种	利用率低

　　α-氧化铝在微观形态的影响因素较多，包括加工方式、温度制度和添加剂等，因此α-氧化铝在微观形态上表现为千差万别。图25-53～图25-56 为不同形貌的 α-氧化铝扫描电子显微镜（SEM）照片。

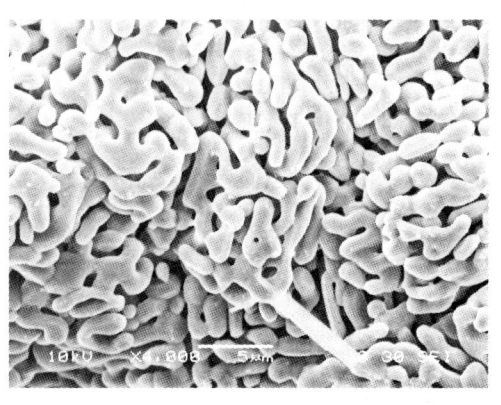

图 25-54　烧结 α-氧化铝 SEM 照片（一）

　　从图 25-53～图 25-56 的比较可以看出，电熔刚玉由于经过熔融工艺加工过程，因此一次晶体较大，一般较烧结 α-氧化铝大几倍甚至几百倍；硬度高，脆性大，晶体边界尖锐。烧结 α-氧化铝具有晶界圆滑及高硬度的特点，它的颗粒由大量细小颗粒团聚而成，它的一次晶体要比刚玉小得多，同时结合松散。根据用途的不同，烧结的一次晶体可以从 0.5～10μm 不等。这些烧结 α-氧化铝由于没有经过熔融工艺，因此一次晶体比熔融刚玉小得多。

图 25-55　烧结 α-氧化铝 SEM 照片（二）

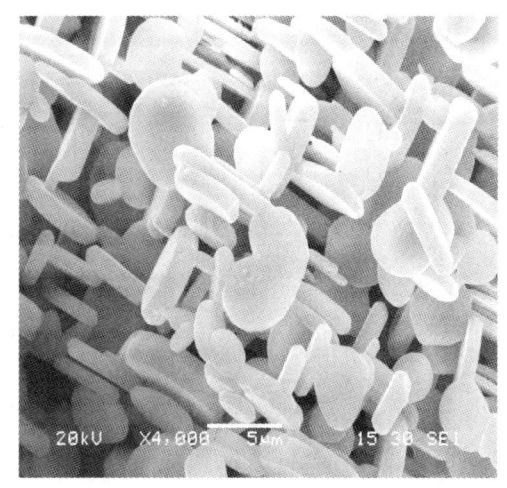

图 25-56　烧结 α-氧化铝 SEM 照片（三）

25.9.4　α-氧化铝产品的质量标准和分析方法

25.9.4.1　煅烧 α-氧化铝理化指标

中国铝业股份有限公司企业标准《煅烧 α-氧化铝及微粉》（Q/Chalco A017—2004）

所列的技术指标见表 25-31 和表 25-32。

表 25-31 煅烧 α-氧化铝理化指标（Q/Chalco A017—2004）

序号	产品牌号	化学成分/%					α-Al$_2$O$_3$ 含量/%	有效密度 /g·cm^{-3}
		Al$_2$O$_3$	SiO$_2$	Fe$_2$O$_3$	Na$_2$O	灼减		
1	A-C-03-LS	≥99.5	≤0.10	≤0.03	≤0.03	≤0.10	≥95	≥3.95
2	A-C-05-LS	≥99.5	≤0.10	≤0.03	≤0.05	≤0.10	≥95	≥3.95
3	A-C-10-LS	≥99.5	≤0.10	≤0.04	≤0.10	≤0.20	≥95	≥3.95
4	A-C-30	≥99.0	≤0.10	≤0.04	≤0.30	≤0.20	≥93	≥3.93
5	A-C-30-A	≥99.0	≤0.10	≤0.04	≤0.30	≤0.20	≥93	≥3.93
6	A-C-40	≥98.5	≤0.20	≤0.07	≤0.40	≤0.25	≥90	≥3.90

注：1. A 表示活性（activated）；LS 表示低钠（low）。

2. 可根据用户的要求进行原晶粒度、收缩率的检测和生产控制。

3. 表中所列 Al$_2$O$_3$ 含量为 100% 减去表中所列杂质含量总和的余量。

4. α-Al$_2$O$_3$ 含量的测定可为型式分析项目。

表 25-32 煅烧 α-氧化铝微粉理化指标（Q/Chalco A017—2004）

序号	产品牌号	化学成分/%					α-Al$_2$O$_3$ 含量/%	粒度/μm	
		Al$_2$O$_3$	SiO$_2$	Fe$_2$O$_3$	Na$_2$O	灼减		中位粒径 d_{50}	筛余 3%
1	A-CG-LS-74	≥99.0	≤0.15	≤0.04	≤0.10	≤0.20	≥95	—	74（200 目）
2	A-CG-LS-45	≥99.0	≤0.15	≤0.04	≤0.10	≤0.20	≥95	—	45（325 目）
3	A-CG-LS-30	≥99.0	≤0.15	≤0.04	≤0.10	≤0.20	≥95	—	30（500 目）
4	A-CG-LS-5	≥98.5	≤0.15	≤0.04	≤0.10	≤0.25	≥95	3~5	
5	A-CG-LS-2	≥98.5	≤0.20	≤0.04	≤0.10	≤0.25	≥95	1~3	
6	A-CG-LS-1	≥98.5	≤0.20	≤0.04	≤0.10	≤0.25	≥95	≤1	
7	A-CG-74	≥99.0	≤0.15	≤0.04	≤0.30	≤0.20	≥93	—	74（200 目）
8	A-CG-45	≥99.0	≤0.15	≤0.04	≤0.30	≤0.20	≥93	—	45（325 目）
9	A-CG-30	≥99.0	≤0.15	≤0.04	≤0.30	≤0.20	≥93	—	30（500 目）
10	A-CG-5	≥98.5	≤0.15	≤0.04	≤0.30	≤0.20	≥93	3~5	
11	A-CG-2	≥98.5	≤0.20	≤0.04	≤0.30	≤0.25	≥93	1~3	
12	A-CG-1	≥98.5	≤0.20	≤0.04	≤0.30	≤0.25	≥93	≤1	
13	A-CG-74-A	≥99.0	≤0.15	≤0.04	≤0.30	≤0.20	≥93	—	74（200 目）
14	A-CG-45-A	≥99.0	≤0.15	≤0.04	≤0.30	≤0.20	≥93	—	45（325 目）
15	A-CG-30-A	≥99.0	≤0.15	≤0.04	≤0.30	≤0.20	≥93	—	30（500 目）
16	A-CG-5-A	≥98.5	≤0.15	≤0.04	≤0.30	≤0.25	≥93	3~5	
17	A-CG-2-A	≥98.5	≤0.20	≤0.04	≤0.30	≤0.25	≥93	1~3	
18	A-CG-1-A	≥98.5	≤0.20	≤0.04	≤0.30	≤0.25	≥93	≤1	
19	A-CG-40-74	≥98.0	≤0.30	≤0.07	≤0.40	≤0.20	≥90	—	74（200 目）
20	A-CG-40-45	≥98.0	≤0.30	≤0.07	≤0.40	≤0.20	≥90	—	45（325 目）
21	A-CG-40-30	≥98.0	≤0.30	≤0.07	≤0.40	≤0.20	≥90	—	30（500 目）
22	A-CG-40-5	≥98.0	≤0.30	≤0.07	≤0.40	≤0.30	≥90	3~5	
23	A-CG-40-2	≥98.0	≤0.30	≤0.07	≤0.40	≤0.30	≥90	1~3	
24	A-CG-40-1	≥98.0	≤0.30	≤0.07	≤0.40	≤0.30	≥90	≤1	

注：1. 74μm（200 目）、45μm（325 目）、30μm（500 目）指（规定孔径）筛余不大于 3%。

2. 可根据用户的要求进行原晶粒度、收缩率的检测和生产控制。

3. 粒度的检测采用本标准附录 B 的方法进行，也可由供需双方协商确定测定方法（仪器）。

25.9.4.2　α-氧化铝的分析方法

α-氧化铝的化学成分测定方法见 GB/T 6609.2～5—2004，详见 16.10 节。

关于 α-氧化铝物理特性的测定，Q/Chalco A017—2004 的附录 A 规定了用 X 射线衍射法测定 α-氧化铝，附录 B 规定了粒度测定方法，并规定氧化铝粉末有效密度的测定按《有效密度的测定方法》（GB 6523—1986）进行。

25.9.5　α-氧化铝的发展方向

α-氧化铝的发展方向有以下几个方面：

（1）研究开发 α-氧化铝微观结构的可控技术以及细分产品的应用技术；

（2）开发应用均化技术，提高产品质量的稳定性；

（3）在生产方式上，淘汰高污染、高能耗的倒焰窑生产，以隧道窑和回转窑等连续生产为主要发展方向；

（4）广泛应用表面改性技术。

25.10　聚合氯化铝

25.10.1　聚合氯化铝概述

聚合氯化铝又称碱式氯化铝，也可称为羟基氯化铝。由于原料、制造方法、用途及对其分子结构的理解和认识的差异，对聚合氯化铝的名称和分子式曾经有多种提法，主要包括以下几种：

（1）聚合氯化铝（poly aluminium chloride，PAC）。日本大名化学工业公司伴凡雄等人采用这一名称，并用通式 $[Al_2(OH)_nCl_{6-n}]_m(1 < n < 5, m < 10)$ 来表示。若产品中含有硫酸根离子时，可用通式 $[Al_2(OH)_nCl_{6-n}]_m(SO_4)_z$，即 $[PAC]_m(SO_4)_z$ 或 PACS 来表示。这种名称和化学式把聚合氯化铝看成是一种以 $[Al_2(OH)_nCl_{6-n}]$ 为单体，聚合度为 m 的无机高分子化合物。这一名称已被日本给水协会通过并正式采用。

（2）碱式氯化铝（basic aluminium chloride，BAC）。用通式 $Al_n(OH)_mCl_{3n-6m}$ 来表示，式中未限定 n 和 m 的量。

（3）羟基氯化铝配合物：Reheis Co 等人用通式 $[Al_2(OH)_xCl_y]$ 来表示，式中 x 为 2～5 的整数，y 为 1～4 的整数，$(x+y)$ 一般为 6。这一通式可看成是 $[Al_2(OH)_nCl_{6-n}]_m$ 中 $m=1$ 的特定情形。

（4）氧化铝溶胶。用通式 $xAl(OH)_3 \cdot AlCl_3(x=2～5)$ 表示。这种名称和通式把聚合氯化铝看成是三氯化铝和氢氧化铝的复合盐。

25.10.1.1　聚合氯化铝的特性

聚合氯化铝作为一种水处理的实用混凝剂，根据国内外的生产实践，具有如下特性：

（1）在一般原水条件下，混凝效果优于其他常用的无机混凝剂，如硫酸铝、硫酸亚铁、三氯化铁等。与硫酸铝比较，在原水浊度低时（小于 500mg/L），按所含氧化铝的投加量计的效果为 1.25～2.00 倍，如按固体物料投加量计的效果为 3.75～6.00 倍；在原水浊度高时（大于 500mg/L），按所含氧化铝的投加量计的效果为 2~5 倍，如按固体物料投加量计的效果为 6~15 倍。与三氯化铁比较，在原水浊度小于 100mg/L 时，聚合氯化铝的效果略差，无水三氧化铁和聚合氯化铝固体投加量的比为 0.7~0.9 倍；原水浊度在 100mg/L 以上时，效果为 2~5 倍。使用聚合氯化铝处理后，水的浊度、色度均低于使用其他各种无机混凝剂处理后的值。

（2）絮凝体形成快，沉淀速度快。反应时间和沉淀时间可相应缩短，在相同条件下可提高处理能力。

（3）沉淀所得污泥的脱水性能高于硫酸铝，低于三氯化铁。

（4）在等量投加条件下，聚合氯化铝混凝时消耗水中碱度小于各种无机混凝剂，处理后水的 pH 值降低也少。因而处理高浊度水时，可不加或少加碱性助剂或助凝剂。

（5）适宜的投加范围宽，适应原水的 pH 值范围比较宽，因而有利于操作管理和提高净水安全性。

（6）原水温度适应性强。

（7）对浊度、碱度和有机物含量变化的适应性强。

（8）出水中盐分增加少，因而对于制药行业和轻工行业较为有利，也可用于制取纯水的预处理过程。

25.10.1.2 聚合氯化铝的应用

聚合氯化铝广泛用于生活饮用水、工业用水和工业废水处理。另外，纯聚合氯化铝可用作现代精细化工黏结剂的原料、中性造纸施胶剂、现代制药和化妆品的添加剂、化工生产偶联剂和催化剂。在当前的水处理领域中，聚合氯化铝絮凝剂在国内外的需求量日益增长，尤其在给水处理中已逐渐取代传统的硫酸铝混凝剂。大量的应用实践表明，在给水中使用聚合氯化铝代替传统的铁铝盐混凝剂，可明显提高水厂净化效能，降低处理成本，且改善出水水质。这主要基于以下几方面：

（1）优良的凝聚除浊脱色及去除腐殖质的效果及较广泛的适用 pH 值范围。聚合氯化铝比硫酸铝不仅具有更好的凝聚除浊效果，而且也具有明显的脱色及去除腐殖酸的效果。在相同的处理条件下达到最佳凝聚絮凝作用，聚合氯化铝所需剂量比传统铝盐要减少 2/3。而在相同剂量条件下，使用聚合氯化铝混凝除浊能够获得比传统铝盐更低的残余浊度。传统铝盐最低剩余浊度一般只能达到 2~3 度，且最佳混凝除浊区域较窄，剂量过低或过高都会导致悬浊液产生再稳定作用，不利于絮凝沉淀澄清的操作控制。聚合氯化铝最低剩余浊度可在 1 度以下，而且最佳凝聚絮凝除浊区域较宽，同时过量也不易产生明显的再稳定现象，因而易于操作控制。此外，聚合氯化铝的适用 pH 值范围比传统铝盐要宽得多。传统铝盐在 pH>8.0 时会由于生成氢氧化铝沉淀而降低其处理效果，而聚合氯化铝在 pH<10 的范围内均会得到较好的处理效果。

（2）良好的低温混凝处理效能及沉降效能。一般在低温水（<50℃）时，传统混凝剂如硫酸铝的混凝除浊效能会明显降低并导致出水水质恶化，而使用聚合氯化铝，无论是低温还是常温水，都能获得较好的混凝除浊效果。此外，聚合氯化铝能够明显提高固液分离效率，改善沉降过程及污泥脱水性能，缩短在沉淀池中的停留时间，增加水量。另外，由于所生成絮凝体颗粒大而紧密，因此易于进行过滤和污泥脱水。

（3）较低残留铝含量。使用聚合氯化铝处理后水中的残留铝含量十分低。使用传统硫酸铝，处理后水中的残留铝含量一般为 0.15~0.255mg/L，而使用聚合氯化铝，处理后水中的残留铝含量只有 0.04~0.055mg/L。

25.10.1.3 聚合氯化铝的发展现状

目前，聚合氯化铝工业化制备方法主要是以不足量的酸溶解废铝灰、铝屑或氢氧化铝凝胶，在一定温度及压力条件下经相当时间的反应熟化或固化而制成具有一定碱化度的液体或固体聚合氯化铝产品。

当前聚合氯化铝絮凝剂在美国、加拿大、法国、英国和日本等国均有较大规模的生产，而且产量逐渐增加。日本聚合氯化铝的生产量已近 500kt，已超过各种絮凝剂总量的 50%。

中国聚合氯化铝的研制始于 20 世纪 60 年代末。结合中国的原料特点，充分利用工业废料，相继开发了以废铝灰为原料的"酸溶一步法"和以铝土矿为原料的"两步酸溶法"生产工艺，以及利用废碱液碱溶铝灰法和煤矸石制备聚合氯化铝等生产工艺。这些研究成果极大地推动了中国聚合氯化铝药剂生产的进步。80 年代后，生产者及研究人员逐渐认识到，工业废料生产聚合氯化铝存在诸多的生产工艺及产品质量问题，从而转向国际流行工艺，即以工业氢氧化铝凝胶为原料，采用盐酸热压溶一步法或二步法及喷雾干燥法制备高品质聚合氯化铝絮凝剂。该工艺的实施极大地改变了中国聚合氯化铝生产工艺水平落后和产品品质低下的状况，使中国聚合氯化铝生产及品质在 90 年代初达到国际水平。并独创性开发了铝酸钙粉法生产工艺，大幅降低了生产成本。

今后，聚合氯化铝研究发展的主要方向是开发无机-无机和无机-有机复合高分子凝聚剂以及复配应用技术。

25.10.2 聚合氯化铝的物理化学性质

从聚合氯化铝产品的 pH 值、盐基度（也称为碱化度，即聚合氯化铝中氢氧根与铝的当量浓度的百分比）和 X 射线衍射分析来看，聚合氯化铝为三氯化铝的碱式盐，为无定形体和各种晶型的混合体的形态，可断定为无机高分子物质。但是，其相对分子质量最大的不超过数千，与有机高分子相差甚远。

聚合氯化铝是由一定比例的各种离子平衡存在的复杂组成物，它的性质与盐基度、浓度、pH 值等因素有关。

25.10.2.1 聚合氯化铝的外观和一般性质

聚合氯化铝的外观与盐基度、制造方法、原料、杂质成分及含量有关。纯液体聚合氯化铝的色泽随盐基度大小而变，盐基度在 40%~60% 范围时，为淡黄色透明液体；盐基度在 60% 以上时，逐渐变为无色透明液体；含铁的聚合氯化铝颜色随着铁含量的增加而加深。

固体聚合氯化铝的色泽和液体类似。其状态也随盐基度而变，盐基度在 30% 以下时为晶状体；盐基度在 30%~60% 时为胶状物；盐基度在 60% 以上时，逐渐变为玻璃体或树脂状；盐基度在 70% 以上时，固体聚合氯化铝不易潮解。用铝土矿或黏土矿制备的液体聚合氯化铝，为黄色至褐色的透明液体；以铝灰或铝屑"酸溶一步法"制备的产品为灰黑色或灰白色。聚合氯化铝味酸涩，升温110℃以上时发生分解，放出氯化氢气体，最后分解成为氧化铝。

一般来说，盐基度越高的聚合氯化铝产品，其混凝能力越强。但若盐基度过大，溶液不稳定，易生成氢氧化铝沉淀。聚合氯化铝与酸发生解聚反应，使聚合度和盐基度降低，混凝效果也随之降低；聚合氯化铝和碱反应，使聚合度和盐基度升高，最终可生成氢氧化铝沉淀或铝酸盐；聚合氯化铝与硫酸铝或其他多价酸根大量混合时，易产生沉淀，混凝效能会降低甚至消失。

25.10.2.2　氧化铝含量和溶液密度的关系

聚合氯化铝的氧化铝含量是产品有效成分的衡量指标，它与溶液的密度有一定的关系。一般来说，密度越大则氧化铝含量越高。但是，二者的关系随温度、杂质、制造方法、盐基度等因素而变化。

聚合氯化铝溶液中含有的杂质直接影响密度和氧化铝的含量关系。例如，铝灰酸溶一步法产品中由于含有悬浮杂质，在相同盐基度和氧化铝含量条件下，密度大于铝屑酸溶一步法的产品；以矿物为原料，氢氧化铝凝胶调整法的产品密度小于碱直接中和法的产品。

盐基度对密度和氧化铝的关系有着更直接的影响：氧化铝含量相同，盐基度越低，密度越大。不能用密度来定量地衡量产品的有效成分，只能在生产中作一个快速简便的分析指标。

25.10.2.3　盐基度和pH值的关系

盐基度是聚合氯化铝的重要品质指标，它直接决定着产品的化学结构、形态和许多特征，如聚合度（表示高分子链中所含重复结构单元的数目）、分子电荷量、混凝能力、储存稳定性、pH值等；盐基度与pH值之间有一定的关系，即盐基度随pH值的增大而增高。但是，盐基度相同，而浓度不同，pH值也会不同，因此，pH值不能用作衡量产品品质的定量参数。盐基度与混凝效果有十分密切的关系，同一浊度的原水，在相同投药量下，不同盐基度产品，混凝效果各不相同。

聚合氯化铝的稳定性和盐基度有密切的关系，盐基度在76.6%以下的液体产品，储存半年以内是稳定的。但是，即使盐基度相同，因生产工艺不同其稳定性也有差异。

25.10.2.4　黏度

在相同氧化铝含量条件下，聚合氯化铝比硫酸铝的黏度低，这对运输和使用有利。

25.10.2.5　冻结温度

聚合氯化铝的析出温度比硫酸铝的低，这对冬季和低温地区的使用和储存十分有利。

25.10.2.6　聚合氯化铝的形态结构和组成

对聚合氯化铝的形态和组成的研究表明，聚合氯化铝不是单一的形态组成，而是包含了单体和聚合体在内的各种形态，按一定比例组成的复杂的化合物。聚合氯化铝实际上是在一定条件下铝盐在水解-聚合-沉淀反应动力学过程的中间产物，其化学形态属于多核羟基配合物或无机高分子化合物。一般认为，聚十三铝（$Al_{12}AlO_4(OH)_{24}^{7+}$，或 Al_{13}）是聚合氯化铝中的最佳凝聚絮凝成分，其含量可以反映产品的有效性，因而 Al_{13} 成为聚合氯化铝用作净水剂制造工艺追求的目标。Al_{13} 的结构如图 25-57 所示。许多研究者运用 Al-NMR 研究不同浓度范围内铝的形态分布，都发现存在一些铝的聚合体。通常认为 0.00 处的共振峰是铝的单体配合物，如 $Al(H_2O)^{3+}$、$Al(OH)(H_2O)_5^{2+}$、$Al(OH)_2(H_2O)_4^+$；$4.5 \times 10^{-4}\%$ 处的共振峰是 $Al_2(OH)_2(H_2O)_{24}^+$；$(63.0 \pm 0.5) \times 10^{-4}\%$ 处的共振峰是 $Al_{12}AlO_4(OH)_{24}^{7+}$。

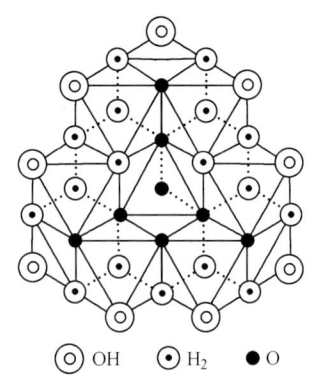

◎ OH ⊙ H₂ ● O

图 25-57　Al_{13}-Keggin 离子结构示意

聚合氯化铝的聚合过程是逐步进行的，一般经过 2~3 天稳定下来。由于羟桥连接转化为氧桥连接，放出氢离子，溶液 pH 值也相应有微小降低。

25.10.2.7　聚合氯化铝的水解稳定性

Al(Ⅲ)盐投加到水中后，稀释到 $10^{-4} \sim 10^{-5}$ mol/L，pH 值接近 6~7，此外还有水的温度影响，这些因素将使 Al(Ⅲ)的水解形态发生一定程度的变化。目前，一般根据 Al-Ferron 逐时配合比色法将 Al(Ⅲ)的水解形态区分为 Al_a、Al_b 和 Al_c 三种形态。其中，Al_a 为单体和低聚体，Al_b 为中等聚合形态，Al_c 为高聚形态和溶胶形态。研究表明，Al_b 是聚合氯化铝的有效成分，并近似相当于聚十三铝（Al_{13}）。传统铝盐投加到水中后受稀释作用和 pH 值的影响，水解形态随反应的进行不断变化：Al_a 和 Al_b 减少，而 Al_c 增加。这种不稳定性的存在不利于凝聚絮凝过程的进行。而聚合氯化铝由于是在一定条件下的预制产物，其形态以 Al_b 为主要成分，并且具有相当的稳定性，投加到水中后，Al_b 的变化不大，在整个凝聚絮凝过程的进行中都能保持较高的聚合度和电中和能力。

25.10.2.8　聚合氯化铝的凝聚絮凝行为

对于铝盐混凝剂的作用原理，已经有较为一致的认识，一般认为投加后经过水解和吸附过程，铝盐的水解产物发挥电中和和黏结架桥作用或卷扫絮凝作用。以哪一种作用为主，视具体的水质条件和操作条件而定。水解反应要比吸附过程更快些，铝盐以何种形态吸附在颗粒上，这决定于水质的 pH 值、颗粒物的浓度及水流扰动状况等条件。这些作用的历程都是在几个微秒或数秒内完成的，实际上是水解反应、吸附过程和流体湍流三种动力学的综合作用结果。如果水中颗粒物浓度较高，铝盐水解生成的低聚体将成为与颗粒物作用的主要形态，这时电中和脱稳起主要作用。如果水中颗粒物较少、铝盐投加量较大、pH 值较高时，水解反应将快于水解产物与颗粒物的接触碰撞，这时起主要作用的将主要是黏结架桥和卷扫沉降。

聚合氯化铝投加到水中后，其中的 Al_b 因具有一定的稳定性，可以迅速吸附在颗粒物表面，并以其较高的电荷和较大的相对分子质量发挥电中和及凝结架桥作用。聚合氯化铝在本质上仍是多核羟基配合物的中间产物，相对于氢氧化物沉淀是羟基不饱和的。它们与颗粒物的吸附实际是表面配合配位作用，表面羟基将会补充其未饱和位。铝的聚合物吸附在颗粒物表面后，仍从溶液中得到羟基继续其水解沉淀过程，直到饱和为氢氧化物凝胶沉淀。因此，无机高分子聚合氯化铝的凝聚絮凝作用机理实际是表面配合及表面沉淀过程。

25.10.3　聚合氯化铝的制备方法

聚合氯化铝的制造方法，是决定聚合氯化铝能否工业化生产和大规模应用的重要环节之一。无机高分子絮凝剂聚合氯化铝于 20 世纪 60 年代在日本率先发展起来。欧洲、前苏联、美国等地区和国家的许多研究者对聚合氯化铝絮凝剂的合成制备工艺也进行了大量的研究开发工作。目前，国内外已有大量专利和文献报道了数十种聚合氯化铝制备工艺及方法，主要包括：氯化铝溶液加碱、金属铝或铝屑溶于盐酸或碱溶液、氢氧化铝凝胶溶于盐酸、含铝矿石和炼锌中间液以盐酸处理、废铝灰或煤矸石以盐酸或碱液处理等制备方法。也有报道采用离子交换树脂法，即使氯化铝溶液通过 R—OH 型阴离子交换树脂柱或将树脂放置于氯化铝溶液中反应一定时间后加以分离，将 Cl^- 代换成 OH^-，从而得到相应的氯化铝制品。按照原料的不同，有代表性的聚合氯化铝制造方法大致可分为以下六类。

25.10.3.1　金属铝直接溶解法

使金属态铝直接与盐酸或三氯化铝反应，参加反应的铝的总当量数应大于盐酸或 Cl^- 的总当量数。根据反应时投料的铝氯当量比值，能一次得到所要求的盐基度的聚合氯化铝。主要反应式如下：

$$2Al + nH_2O + (6-n)HCl \Longrightarrow Al_2(OH)_nCl_{6-n} + 3H_2 \uparrow \qquad (25-21)$$

$$2nAl + 6nH_2O + (12-2n)AlCl_3 \Longrightarrow 6Al_2(OH)_nCl_{6-n} + 3nH_2 \uparrow \qquad (25-22)$$

由于原料昂贵，此方法除实验室制造外，工业生产价值不大。如果用铝灰替代铝作为原料，则由于铝灰中含有较多的有害杂质，会危害人类健康，使其生产的聚合氯化铝不能用于饮用水的净化。另外，用铝灰生产时，产品中悬浮杂质较多、黏度大，即使采用沉淀过滤等分离净化手段，也不可能将其中残留的铝灰悬浮杂质彻底去除，造成产品外观不佳；在水厂使用过程中，会引起投药系统堵塞。因此，原国家建委于 1991 年提出不允许用含有害杂质较多的铝灰生产净水剂聚合氯化铝。

25.10.3.2　以结晶氢氧化铝为原料的生产方法

用结晶氢氧化铝为原料制造聚合氯化铝的方法，可分为凝胶法、气流活化法、加压溶出法三种：

（1）凝胶法。结晶氢氧化铝在常压条件下，在盐酸中的溶解度较小，通常溶出液中铝与氯的化学当量比小于 1.0，为了使其在盐酸中的溶解度达到铝与氯的当量比大于 1.0，直接得到盐基度符合产品标准的聚合氯化铝，把结晶氢氧化铝变为无定形态的凝胶状氢氧化铝，此方法是日本大名化学工业公司的专利生产方法。主要反应如下：

$$Al(OH)_3 + NaOH \Longrightarrow NaAl(OH)_4 \qquad (25-23)$$
结晶氢氧化铝　　　　　　　铝酸钠

$$2NaAl(OH)_4 + CO_2 \Longrightarrow 2Al(OH)_3 \downarrow + Na_2CO_3 + H_2O \qquad (25-24)$$
凝胶氢氧化铝

$$2Al(OH)_3 + (6-n)HCl = Al_2(OH)_nCl_{6-n} + (6-n)H_2O \qquad (25-25)$$
凝胶氢氧化铝

此方法的优点是生产条件好和产品品质高,缺点是流程长和成本高。以铝酸钠为原料的制造方法与用结晶氢氧化铝为原料的流程类似。

(2)气流活化法。此方法是在凝胶法基础上改进得到的。原理为结晶氢氧化铝在热气流中部分脱水,得到比表面积较大(约 $300m^2/g$)的活性氧化铝,再与盐酸反应、聚合,得到液体聚合氯化铝产品。

(3)加压溶出法。此方法的原理为通过加压使盐酸与结晶氢氧化铝的反应温度提高,从而增加氢氧化铝的溶解,可以直接生产出盐基度低于30%的高浓度聚合氯化铝产品,为了进一步提高产品的盐基度,通常采用铝酸钙矿粉进行中和聚合。这一工艺可以制备出高浓度及高质量的聚合氯化铝产品,具体的工业化生产流程如图25-58所示。

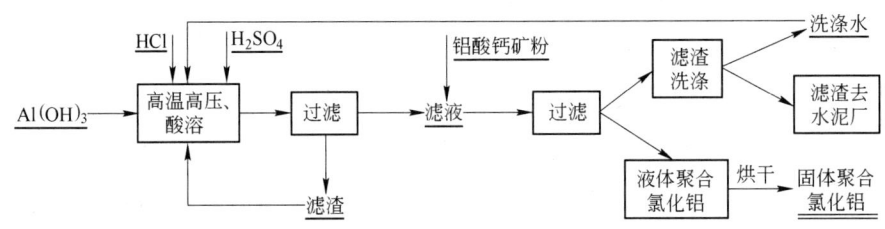

图 25-58　加压溶出法生产聚合氯化铝工艺流程

25.10.3.3　以三氯化铝为原料的制备方法

这类方法中有代表性的为中和法、电渗析法和热分解法三种:

(1)中和法。在三氯化铝溶液中加入氢氧化钠、石灰、石灰石和碳酸钠等碱性物质,提高氢氧根离子浓度,以促进三氯化铝的不断水解。不同的加碱量可得到不同盐基度的聚合氯化铝溶液。以投加氢氧化钠和石灰石为例,化学反应式如下:

$$2AlCl_3 + nNaOH = Al_2(OH)_nCl_{6-n} + nNaCl \qquad (25-26)$$

$$4AlCl_3 + nH_2O + nCaCO_3 = 2Al_2(OH)_nCl_{6-n} + nCaCl_2 + nCO_2\uparrow \qquad (25-27)$$

从式25-26和式25-27可以看出,反应生成的杂质氯化钠和氯化钙是消耗了碱性物质和三氯化铝中的氯离子(相当于消耗了盐酸),从原料的消耗和产品质量两方面来看,均不利。

如果将中和后得到的液体浓缩到氧化铝占14% ~ 15%,再冷却至室温,可使90%以上的氯化钠和氯化钙得到结晶分离。但是,生产成本将大大提高。

为了降低原料的消耗,可改用铝酸钠代替其他碱性物质,化学反应如下:

$$(8-n)AlCl_3 + nNaAl(OH)_4 = 4Al_2(OH)_nCl_{6-n} + nNaCl \qquad (25-28)$$

中和法生产的聚合氯化铝适用于对水中氯离子和硬度要求不高的单位使用。为了克服将氯化钠等杂质带入产品的缺点,可以用中和法先制得氢氧化铝凝胶,再将凝胶溶于三氯化铝溶液制得聚合氯化铝。

(2)电渗析法。用电渗析法制备聚合氯化铝是在离子交换树脂法的基础上发展起来的。以三氯化铝（或低盐基度的聚合氯化铝）为原料，利用了离子交换树脂的选择性和水的电解原理。日本最早开始了这方面的研究，主要特点是采用阴膜和只允许一价离子通过的特殊阳膜构成电渗析反应室，迄今已申请了多项专利。这种方法设计合理，但由于采用特殊阳膜，使产品成本升高。

（3）热分解法。三氯化铝在加热条件下发生分解反应，在400~600℃温度下，分解反应可进行到底，生成氧化铝和氯化氢气体。如果控制热分解的进程，就能得到介于三氯化铝和氧化铝之间的一系列中间产物，即不同盐基度的聚合氯化铝。热分解反应如下：

$$[Al(H_2O)_6]Cl_3 \xrightarrow{加热} [Al(H_2O)_5(OH)]Cl_2 + HCl \qquad (25-29)$$

$$[Al(H_2O)_5(OH)]Cl_2 \xrightarrow{加热} [Al(H_2O)_4(OH)]Cl + HCl \qquad (25-30)$$

$$[Al(H_2O)_4(OH)_2]Cl \xrightarrow{加热} [Al(H_2O)_3(OH)_3] + HCl \qquad (25-31)$$

$$2[Al(H_2O)_3(OH)_3] \xrightarrow{加热} Al_2O_3 + 9H_2O \qquad (25-32)$$

从式25-29~式25-32可以看出，三氯化铝的热分解可以视为在加热条件下，配位水发生的水解反应。

25.10.3.4　以硫酸铝为原料的制备方法

直接以硫酸铝为原料制造聚合氯化铝，因生产成本高，所以国内外采用这一工艺进行生产的比较少。

25.10.3.5　以黏土矿或铝土矿为原料的制备方法

以黏土矿（或煤矸石）或铝土矿为原料制造聚合氯化铝，制备工艺较复杂，因为这些矿物中的铝一般不能直接在酸中溶出，必须经过一系列加热之后，才能使铝溶出，然后再将杂质进行分离，杂质主要成分是硅、铁、钛等的化合物。此后的工艺过程则可以用上述四种方法中的一种或几种。按铝的溶出方式又可分为以下两种：

（1）酸法。一般选用黏土矿、煤矸石、高岭土、一水软铝石矿、三水铝石矿等矿物作为原料，而一水硬铝石矿比较难溶，生产成本相对较高，酸法利用的不多。

（2）碱法。用一水硬铝石矿或其他含铝矿物作为原料，均可采用碱法制造聚合氯化铝。用碳酸钠、石灰与矿粉固相烧结反应，或用氢氧化钠与矿粉液相反应，制得铝酸钠，再分解制得凝胶氢氧化铝，用凝胶法制得聚合氯化铝。碱法生产流程对目前中小规模聚合氯化铝生产厂来说，投资大、设备复杂、成本高，除氧化铝厂配套生产外，一般不宜单独采用。

25.10.3.6　以铝酸钙粉为原料的生产方法

在以上的五种方法中，以铝、结晶氢氧化铝、三氯化铝为原料进行生产的方法不仅与铝行业争原料，而且成本偏高。目前应用最多的是以黏土矿和铝土矿为原料进行生产，但生产工艺能耗大，制造成本也很高，尤其随着工业氢氧化铝凝胶价格的上涨，国内众多生产厂家致力于寻找廉价生产原料，降低生产成本，从而独创了"铝酸钙粉"法生产工艺。

铝酸钙粉实际上是高铝水泥矿的衍生物，氧化铝含量一般为50%～55%，氧化钙含量在28%以上。铝酸钙粉在酸溶条件下，氧化铝溶出率可达80%以上。可单独使用铝酸钙粉作为聚合氯化铝生产原料，但氧化铝含量一般只能达到10%左右，碱化度可高达90%以上。由于铝酸钙粉价廉，仅为工业氢氧化铝价格的1/3～1/4，因此，目前国内生产厂家是将铝酸钙粉在二次碱调增铝工艺步骤上使用，既得到了高碱化度的聚合氯化铝产品，又可增加聚合氯化铝的氧化铝含量。用铝酸钙粉调整的聚合氯化铝碱化度可高达90%以上，甚至超出100%。"铝酸钙粉"生产工艺另一优点是产品易于干燥固化，这是采用工业氢氧化铝凝胶一步法生产工艺无法实现的，从而又降低了聚合氯化铝生产成本。

使用铝酸钙粉生产的聚合氯化铝具有较优异的混凝效果，尤其是对低浊水的处理。此外，由于它含有大量的微细颗粒物，它对含油废水和各种工业废水的处理也具有较好的吸附凝聚除油、去除COD（COD，即化学需氧量，表示在一定的条件下，用强氧化剂处理水样时所消耗的氧化剂量，以氧的mg/L表示）的净化效果，除油率可达85%，COD去除率可达60%以上。

聚合氯化铝有腐蚀性，生产和使用人员要注意安全防护，如溅到皮肤上，应立即用水冲洗。

25.10.4 · 聚合氯化铝的质量标准与分析方法

25.10.4.1 聚合氯化铝的质量标准

用于水处理的聚合氯化铝的主要物化指标有国家标准《水处理剂聚合氯化铝》（GB 15892—2003），见表25-33。

表25-33 《水处理剂聚合氯化铝》（GB 15892—2003）

指标名称	指标					
	I类				II类	
	液体		固体		液体	固体
	优等品	一等品	优等品	一等品		
密度(20℃)/g·cm⁻³	≥1.15	≥1.15	—	—	≥1.15	—
氧化铝（Al_2O_3）含量/%	≥10.0	≥10.0	≥30.0	≥28.0	≥10.0	≥27.0
盐基度/%	40.0～85.0	40.0～85.0	40.0～90.0	40.0～90.0	40.0～90.0	40.0～90.0
水不溶物含量/%	≤0.1	≤0.3	≤0.3	≤1.0	≤0.5	≤1.5
pH值	3.5～5.0					
氨态氮（N）的质量分数/%	≤0.01		≤0.01			
砷（As）的质量分数/%	≤0.0001		≤0.0002			
铅（Pb）的质量分数/%	≤0.0005		≤0.001			
镉（Cd）的质量分数/%	≤0.0001		≤0.0002			
汞（Hg）的质量分数/%	≤0.00001		≤0.00001			
六价铬（Cr^{6+}）质量分数/%	≤0.0005		≤0.0005			

注：1. 氨态氮、砷、铅、镉、汞、六价铬等杂质的质量分数均按10.0% Al_2O_3计。

2. 表中I类产品的指标为强制性的，II类为推荐性的。

25.10.4.2　聚合氯化铝的分析方法

聚合氯化铝的分析方法见 GB 15892—2003。标准中详述了氧化铝含量的测定和盐基度的测定。

25.11　高纯氧化铝

25.11.1　高纯氧化铝概述

关于高纯氧化铝的定义尚未统一，或定义氧化铝含量接近 99.99%（4N）为高纯；一般认为氧化铝含量大于 99.9%（3N）为高纯。

高纯氧化铝具有高熔点、高硬度、电阻高、力学性能好、耐磨、耐蚀、绝缘耐热等优良性能。目前已广泛用于光学、化工及特种陶瓷等许多领域，如制造透光性氧化铝烧结体、高密度微粒烧结体、宝石单晶、人工晶体、电子元件、刀具、研磨材料、发光材料、特殊玻璃用添加剂、塑料及橡胶填料等。

基于某些领域需要高纯或高纯超细氧化铝作原料，从 20 世纪 70 年代后期起，人们先开发了改良拜耳法制备高纯氧化铝；随后出现了硫酸铝铵热解法，该法主要是由于硫酸铝铵容易提纯，原料脱水后热解容易得到高纯超细氧化铝。但由于该法存在热溶解现象，即部分生成的氧化铝与三氧化硫、水汽反应重新溶解成为铝盐，脱水矾（无水硫酸铝铵）体积膨胀，热分解中产生污染环境的三氧化硫气体等问题，人们又开发了碳酸铝铵热解法，该法克服了硫酸铝铵热解法的热溶解现象，生成的 $\alpha\text{-}Al_2O_3$ 粒径较均匀，热分解不产生污染环境的 SO_3 气体，分解气体（氨气）容易回收，对设备材质要求不高。90 年代起对高纯氧化铝粉体材料的需求量快速增加，国内外众多的研究者又陆续开发出了不少独特的合成方法，这其中主要包括有机醇铝水解法、铝在水中火花放电法、活性高纯铝粉直接水解法、高纯铝箔胆碱水解法、氯化汞活化水解法、溶胶凝胶法、等离子法、水热法等，这些方法各有优缺点，所得到的高纯氧化铝粉体的物化性能也各有不同。

中国高纯氧化铝的科研开发及产业化起步于 20 世纪 80 年代中期。目前，国内规模化生产采用的方法主要有硫酸铝铵热解法、碳酸铝铵热解法、改良拜耳法、异丙醇铝水解法、高纯铝箔胆碱水解法和活性高纯铝粉直接水解法等。现产能已接近 3000t 规模，可以基本满足国内高纯氧化铝的需求，但某些特别品种仍需进口。国内生产厂家主要分布在河南、河北、山东、江苏、辽宁、云南、贵州等地。高纯氧化铝的进口主要来自日本、德国、法国、意大利等国家。

25.11.2　高纯氧化铝的制备方法

25.11.2.1　硫酸铝铵热解法

简单的铝盐，如 $Al_2(SO_4)_3$、$AlCl_3$、$Al(NO_3)_3$ 等，热分解所得到的氧化铝粉料分散性和活性均不高，若用铝盐合成铝铵矾，并经过多次结晶提纯成为大分子的铝铵矾，再用其加热分解，即可制得比表面积大且分散性好的 $\gamma\text{-}Al_2O_3$ 粉料，经加热至 1100～1300℃ 转相即得到 $\alpha\text{-}Al_2O_3$ 的粉料；随着转相温度升高和时间延长，$\alpha\text{-}Al_2O_3$ 含量增加，颗粒增大，团聚体减少。转相后得粉料经研磨制得烧结性好的超细粉料。该粉料较普通 α-Al_2O_3 烧结温度低 100~200℃，能烧结至理论密度，制品成半透明状。

硫酸铝铵的合成及其热分解反应式如下：

$$Al_2(SO_4)_3 + (NH_4)_2SO_4 + 24H_2O \longrightarrow 2[NH_4Al(SO_4)_2 \cdot 12H_2O] \tag{25-33}$$

$$2[NH_4Al(SO_4)_2 \cdot 12H_2O] \longrightarrow Al_2O_3 + 3SO_3\uparrow + SO_2\uparrow + 2NH_3\uparrow + 24H_2O\uparrow \tag{25-34}$$

工业硫酸铝和硫酸铵分别经过净化除去 K、Na、Ca、Mg、Si、Fe 等杂质，在严格控制物料配比、pH 值和反应温度的条件下，进行合成反应，使结晶得到的硫酸铝铵进行重结晶，得到高纯硫酸铝铵晶体，母液循环利用。

硫酸铝铵在加热过程中的热分解反应（式 25-34）是逐步进行的：

$$
\begin{aligned}
2[NH_4Al(SO_4)_2 \cdot 12H_2O] &\xrightarrow{\text{1步}} 2[NH_4Al(SO_4)_2] \cdot 5H_2O\\
&\xrightarrow{\text{2步}} 2[NH_4Al(SO_4)_2] \cdot 3H_2O\\
&\xrightarrow{\text{3步}} (NH_4)_2SO_4 \cdot Al_2(SO_4)_3\\
&\xrightarrow{450\sim560℃} Al_2(SO_4)_3\\
&\xrightarrow{>830℃} \gamma\text{-}Al_2O_3\\
&\xrightarrow{>1200℃} \alpha\text{-}Al_2O_3
\end{aligned}
\tag{25-35}
$$

首先，在脱水段反应温度为 210~250℃；硫酸铝铵和硫酸铝的分解温度为 250~850℃；由 γ-Al_2O_3 转变为 α-Al_2O_3 的转相温度为 1200~1300℃。其中结晶水分三个阶段脱去，且在 250℃ 以上结晶水才能脱除完全。其次，整个反应过程中，固体的体积变化很大。90℃ 时，硫酸铝铵完全溶解在自身的结晶水中，形成溶液；脱水过程中，溶液迅速膨化，形成多孔状固体，体积增大 4~6 倍；再是脱氮、脱硫过程（从 250~850℃），多孔状固体体积基本不变。氧化铝由 γ 相转变成 α 相时，粉体逐步收缩，收缩率随反应温度的升高和保温时间的延长而增大。同时粒子的粒径迅速长大，呈不规则几何形；长时间煅烧，粒子则表现出一定的硬团聚现象。

硫酸铝铵热解法是目前国内外生产高纯氧化铝的主要方法。如英国专利 514538，其工艺热处理的第一阶段是以溶液、悬浮液或含水的电解液形式的硫酸铝铵在焙烧炉中用空气或水蒸气处理脱水，粉碎后的无水硫酸铝铵在分解室中用高温气流进行第二阶段热处理。联邦德国专利 2515594 是用压缩空气将含水的硫酸铝铵直接喷射到温度为 1200~1600℃ 的火焰中进行分解。联邦德国专利 2419544 则是在进行第二次热处理前，将脱水矾粉末制团。另外，还有采用硫酸铝铵先与氨水中和生成氢氧化铝再经冷冻处理后的热解转相法，但该法虽然解决排出的 SO_2 气体污染环境问题，但是却增加了中和和冷冻两道工序。法国专利 2486058 的工艺是目前硫酸铝铵热解的新工艺：直径约为 1mm 的硫酸铝铵晶粒置于锥体旋转式钢珐琅胎脱水炉中，该装置有双层外壳，在此外壳中可以循环载热体，当残余压力达 3999.672Pa（30mmHg）时，循环热水放入外壳中，在 85℃ 下维持 6h，随后温度逐渐上升，使炉料达130℃，在全部处理24h后，可收集到几乎是无水又保持原硫酸铝铵假晶的脱水矾，然后在圆形炉中通入燃烧气穿过硫酸铝铵层，排除分解的气体进入吸收塔的顶端，首先接受喷水，接着用碳酸钠稀溶液洗涤，洗涤后用抽风机排空。该工艺的优点是大幅度地提高了生产效率和增大了产品的松装密度。

目前，国内采用的通常办法是"两步法"：将高纯硫酸铝铵在脱水炉中于210～250℃脱水，脱水矾体积明显增大，将其粉碎后放入坩埚或钵里，在电热推板窑中于高温下热解。主要工艺过程为：高纯硫酸铝铵→脱水分解→粉碎→转相→粉碎→混合→包装成品。第一步脱水，将经多次重结晶提纯的高纯硫酸铝铵盛入蒸发皿或坩埚中，装入箱式电阻炉内进行加热脱水，脱水温度为210～250℃，恒温1～2h后停止加热，脱水产物为无水硫酸铝铵，让其自然冷却到室温后出炉。第二步转相，将无水硫酸铝铵粉碎过筛后盛入坩埚或匣钵内，装入电热推板窑进行高温分解转相，无水硫酸铝铵分解，γ-Al_2O_3 向 α-Al_2O_3 转相的温度为1200～1300℃，恒温1～2h。再经粉碎混合包装为成品。

国内用硫酸铝铵热解法生产高纯氧化铝主要有：山东淄博恒基天力工贸有限公司、山东淄博东昌业氧化铝有限公司、贵州宇光特种陶瓷材料有限公司、浙江明矾石综合利用研究所等。

国内高纯氧化铝生产的煅烧过程主要采用的设备是电热推板窑，它包括物料推进装置和窑体，物料推进装置包括推进器、推板、坩埚，窑膛底部铺设有槽板，槽板起道轨作用，坩埚内盛有物料置于推板上，推进器可采用丝杠或液压推进器，在推进器电机电路中加有时间继电器，有自动定时推进功能。窑体由里向外依次用高铝砖、轻质高铝砖、蛭石砖作保温壳体，窑体内的温度区间依次划分为预热段、脱水段、分解段、转相段、冷却段，各段间无明显界限，只是在各段所控制的温度不同。除冷却段各段内装有硅碳棒发热元件，窑体上部带有尾气排放口，排出 NH_3、H_2O、SO_3 气体。成品由出料口出窑，后经粗碎、过筛、混合、超细粉碎、混合并包装成品。该产品典型颗粒形貌如图25-59所示。

图25-59　硫酸铝铵热解法高纯氧化铝典型颗粒形貌

25.11.2.2　碳酸铝铵热解法

硫酸铝铵法工艺的不足之处是分解过程中产生大量有害气体 SO_3，造成环境污染，而且硫酸铝铵加热时发生的自溶解现象会影响粉体的性能和生产效率。为此，提出了用碳酸铝铵（$NH_4AlO(OH)HCO_3$）热分解制备 α-Al_2O_3 的方法。该方法以硫酸铝铵（铵明矾）和碳酸氢铵为原料合成碱式碳酸铝铵（$NH_4AlO(OH)HCO_3$，简写为AACH），也称改良的铵明矾热解法，包括合成、热分解、转相几个部分，其反应过程如下：将硫酸铝铵溶液在室温下以一定的速度滴入剧烈搅拌的碳酸氢铵溶液生成碳酸铝铵，其合成化学反应过程为：

$$8NH_4HCO_3 + (NH_4)_2Al_2(SO_4)_4 \longrightarrow$$

$$2NH_4AlO(OH)HCO_3 \downarrow + 4(NH_4)_2SO_4 + 6CO_2 \uparrow + 2H_2O \qquad (25\text{-}36)$$

碱式碳酸铝铵于 230℃ 热分解，放出 NH_3 和 CO_2，低温下首先形成 $\gamma\text{-}Al_2O_3$；$\theta\text{-}Al_2O_3$ 的生成温度为 800℃；$\alpha\text{-}Al_2O_3$ 开始形成的温度为 1050℃；经 1100℃，1h 煅烧，碳酸铝铵可以完全转化为 $\alpha\text{-}Al_2O_3$。于 325～375℃ 下热分解制得的高活性 Al_2O_3 接近于无定形，其比表面积可达 $600m^2/g$。

碳酸铝铵在升温中的相变过程为：碳酸铝铵→无定形 Al_2O_3→$\gamma\text{-}Al_2O_3$→$\theta\text{-}Al_2O_3$→$\alpha\text{-}Al_2O_3$。

热分解反应：

$$2NH_4AlO(OH)HCO_3 \longrightarrow Al_2O_3 + 2NH_3 \uparrow + 2CO_2 \uparrow + 3H_2O \uparrow \qquad (25\text{-}37)$$

国外，日本大明化学工业公司首先采用该法生产高纯氧化铝。国内于 20 世纪 80 年代开始研究碳酸铝铵热解法，最早有郑州轻金属研究院、浙江大学、上海硅酸盐研究所和浙江明矾石综合利用研究所等单位。在郑州轻金属研究院的技术支持下，新乡高技术陶瓷材料公司首先实现规模化生产，其他生产厂还有中国铝业郑州研究院和苏州市宇光特种陶瓷材料厂等。

该法关键在于碱式碳酸铝铵的合成工艺，它会直接影响高纯氧化铝与其烧成制品的性能和质量。合成工艺主要与原料的纯度、原料配成溶液的浓度、合成温度、原料液的浓度比与添加方式和速度以及反应中溶液的 pH 值等因素有关。合成过程如下：在聚乙烯反应容器中，通过喷射泵将硫酸铝铵和碳酸氢铵两种水溶液混合并不断搅拌，两种原料的摩尔比为

4～10（硫酸铝铵水溶液的浓度为 0.1～0.6mol/L，碳酸氢铵水溶液的浓度为 1～2.7mol/L），保持反应温度 30～60℃，pH 值为 8～10，反应时间 1～3h，可获得碳酸铝铵水溶液；再经过 1～4h 沉降及老化，通过厢式压滤机（采用聚丙烯滤板）对碳酸铝铵溶液进行过滤并洗涤，将碳酸铝铵固相物进行烘干和煅烧（800～1300℃，保温 1～2h）可获得高纯氧化铝。由此法获得的产品氧化铝含量高、杂质少、粒径细、粒径分布窄。

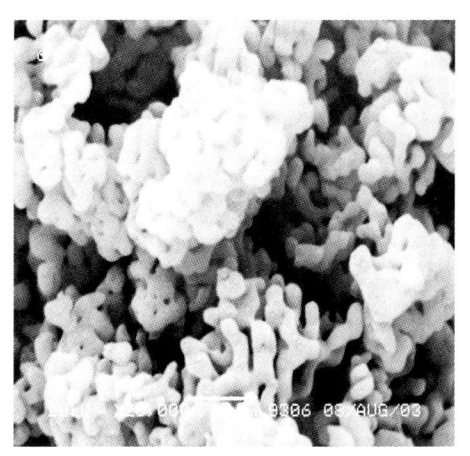

该产品典型颗粒形貌如图 25-60 所示，颗粒间团聚松软，原晶为蠕虫状，相互粘连形成形状不规则的二次颗粒。松装密度较低，通常为 $0.25～0.28g/cm^3$。

图 25-60　碳酸铝铵热解法高纯
氧化铝典型颗粒形貌

25.11.2.3　有机醇铝水解法

将纯度不小于 99.95% 的金属铝和有机醇（如异丙醇）在催化剂的作用下反应合成有机醇铝，经精制提纯、水解和焙烧得到高纯氧化铝（参见 23.4.3.2 节）。

以异丙醇和金属铝为主要原料，加入 $HgCl_2/I_2$（或 $HgCl_2/CCl_4$、$Hg(OAC)_2/AlCl_3$、$AlCl_3$ 中的一种）作引发催化剂，使金属铝同异丙醇反应，生成的异丙醇铝 $[(CH_3)_2CHO]_3Al$ 经水解生成氧化铝水合物。反应式如下：

$$2Al + 6[(CH_3)_2CHOH] \longrightarrow 2[(CH_3)_2CHO]_3Al + 3H_2\uparrow \qquad (25\text{-}38)$$

$$2[(CH_3)_2CHO]_3Al + 5H_2O \longrightarrow 2Al(OH)_3 + 4[(CH_3)_2CHOH] \qquad (25\text{-}39)$$

该方法包括下列步骤：按质量分数将 5% ~ 10% 的纯铝、90% ~ 95% 的醇和按纯铝与醇质量总和的 0.001% ~ 0.003% 的催化剂加入合成塔中，并加温到 80 ~ 120℃，合成醇铝盐，催化剂为三氯化铝或氯化汞；将铝醇盐移入减压蒸馏塔中，加热到 120 ~ 200℃，减压使真空度达到 133.3224 ~ 1333.224Pa（1 ~ 10mmHg），经过提纯后得到高纯铝醇盐，其纯度为 99.99% ~ 99.999%；将高纯铝醇盐和高纯水按 3∶1 或 3∶2 的比例混合，加热到 50 ~ 120℃水解，在烘干机中烘干，脱去 20% ~ 40% 的水，得到高纯 Al(OH)$_3$；将高纯 Al(OH)$_3$ 在高温煅烧炉中加热到 700 ~ 1300℃，加热 3 ~ 5h，即可得到超高纯超细氧化铝粉体，纯度为 99.99% ~ 99.999%；经过精馏塔回收醇，并对醇精馏，以供循环利用。醇为甲醇、乙醇、丙醇、异丙醇或丁醇。

图 25-61　异丙醇铝水解法高纯氧化铝典型颗粒形貌

制备 1kg 高纯氧化铝需纯度为 99.999% 的铝约为 0.5kg、丙醇 9kg、氯化汞 3g。该产品典型颗粒形貌如图 25-61 所示。

采用该法生产高纯氧化铝有国内的大连路明科技集团有限公司、大连瑞尔高技术产业公司以及国外的德国 Candea 公司和日本住友化学株式会社。其中日本住友化学株式会社生产的 AKP-10、AKP-20、AKP-30 和 AKP-50 均应用于高新技术领域。

25.11.2.4　高纯金属铝箔胆碱水解法

高纯金属铝箔胆碱水解法的主要特征是采用胆碱 [(CH$_3$)$_3$N(CH$_2$CH$_2$OH)]OH 与铝含量为 99.99% 以上的高纯金属铝箔反应生成胆碱化铝，胆碱化铝水解生成氢氧化铝和胆碱，将氢氧化铝洗涤过滤、焙烧、研磨后得到高纯氧化铝。

该方法用胆碱取代拜耳法工艺中的氢氧化钠循环。胆碱可利用氯化胆碱通过强碱性离子交换树脂制备，胆碱碱性比氨和胺强，但比氢氧化钠弱，并具有腐蚀性。胆碱的碱性通过测量不同温度下胆碱水溶液在不同温度下的电导率来确定。胆碱浓度在大于 0.5mol/L 时为强碱。

胆碱水溶液在接近 100℃ 时分解，主要反应为：

$$[(CH_3)_3N(CH_2CH_2OH)]OH \longrightarrow (CH_3)_3N + HOCH_2CH_2OH(溶) \qquad (25\text{-}40)$$

0.5mol/L 的胆碱溶液在 75℃ 恒温水浴中放置 28h 无浓度变化，没有明显分解。

该方法工艺为：胆碱与高纯金属铝的反应温度为 20 ~ 80℃，胆碱浓度控制在 0.1 ~ 2.0mol/L（用盐酸做标准滴定）；高纯金属铝为金属铝箔或铝粉，铝含量为 99.99% 以上。

该过程的化学反应式为：

$$Al + 3H_2O + R^+OH^- \longrightarrow R^+[Al(OH)_4^-] + \frac{3}{2}H_2\uparrow \qquad (25\text{-}41)$$

$$R^+ \left[Al(OH)_4^- \right] \longrightarrow Al(OH)_3 + R^+OH^- \tag{25-42}$$

式中 R^+OH^-——胆碱分子式$\left[(CH_3)_3N(CH_2CH_2OH) \right]OH$ 的简写。

为保持产品纯度，反应容器由聚氯乙烯、聚四氟乙烯、聚丙烯等耐碱塑料制成，反应由搅拌压缩空气鼓泡实现，通过循环冷水和热水通过内置管路控制温度。反应速度由监视氢气逸出的速度来判断，反应物通过真空抽滤、沉降、压滤，并在110℃空气中干燥得到氢氧化铝。大量生产时，适量的金属铝、水、胆碱反应到反应速度很低或停止，移去浆料，进行固液分离，周期性地加入金属铝，移去浆料。氢氧化铝通过过滤、喷雾干燥得到干粉，胆碱循环回反应容器，干燥后氢氧化铝在窑炉中放在高纯氧化铝坩埚中煅烧，煅烧后的氧化铝用高纯氧化铝球在球磨机中粉碎。球磨机用聚氨酯作内衬，可减少球磨过程中对粉体的污染。

反应器中生产的氢氧化铝的粒度决定于温度、过饱和度和存在的晶种，在工业规模的操作中，这些参数均保持相对稳定。可以通过改变参数来获得不同的粒度分布，析出、煅烧、研磨和分级的正确匹配可以生产出任何需要的粒度分布的产品。没有晶种时，胆碱和金属铝反应生成的氢氧化铝的晶相为拜耳石。

产品典型颗粒形貌如图25-62所示，团聚颗粒呈四方块状体，粒度分布较均匀，粉体表观形态为堆积紧密，具有较高的松装密度（通常为$0.30 \sim 0.35 g/cm^3$）。

25.11.2.5　火花放电法

火花放电法将水和纯度为99.9% ~99.99%、粒度为小于0.147mm（<100目）的铝粒置于容器中，以铝电极通电，铝粒之间在水中产生火花放电。此时从铝粒表面剥离出的细微粉末同由 H_2O 分解产出的 OH^- 反应生成水合氧化铝 $Al_2O_3 \cdot 3H_2O$，经焙烧得到高纯氧化铝，其纯度主要取决于所用的铝粒的纯度。纯度可控制在99.9% ~99.995%，平均粒度为 $1 \sim 10\mu m$。反应原理如下：

$$2Al + 6H_2O \longrightarrow 2Al(OH)_3 + 3H_2 \uparrow \tag{25-43}$$

$$2Al(OH)_3 \longrightarrow Al_2O_3 + 3H_2O \tag{25-44}$$

该产品典型颗粒形貌如图25-63所示，团聚颗粒也呈块状体，堆积紧密。该方法流程短、成本低、无污染。

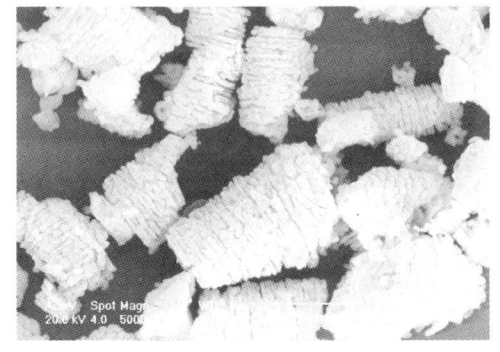 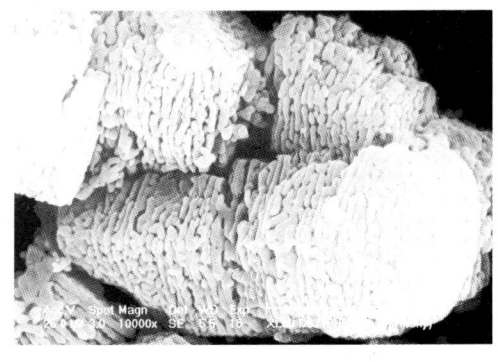

图25-62　铝箔胆碱水解法高纯　　　　　图25-63　火花放电法高纯
　　氧化铝典型颗粒形貌　　　　　　　　　氧化铝典型颗粒形貌

25.11.2.6　活性高纯铝粉直接水解法

铝通常有很高的活性，在活性状态的铝遇水后会发生水解反应。本方法以高纯的金属铝为原料，首先采用熔融雾化法或球磨制备超细铝粉，然后与水接触静置或球磨水解合成高纯超细氧化铝的前驱体。由于机械球磨的作用，首先破坏铝粉末表面的氧化膜，并使粉末本身晶格畸变并引起很多缺陷使粉末处于高能状态，称为活化。这种处于高能状态的粉末遇水即可进行水解反应。其反应方程式如下：

$$2Al + 4H_2O \longrightarrow 2AlOOH + 3H_2\uparrow \qquad (25\text{-}45)$$

$$2Al + 6H_2O \longrightarrow 2Al(OH)_3 + 3H_2\uparrow \qquad (25\text{-}46)$$

随着水解反应的进行，金属颗粒的表层不断剥离，颗粒不断细化，并伴随有大量氢气排出，水解反应的最终产物为纳米级的金属水合物一次粒子，即水解反应的结果得到高纯超细的氢氧化铝 $Al(OH)_3$ 和一水软铝石 $AlOOH$ 的混合物。经随后的脱水及转相处理即可以得到不同相态的高纯超细氧化铝粉末。

该方法生产成本较低，纯度有保障，可以满足制备发光材料的需要，在国内已逐步取代其他几种工艺成为高纯氧化铝的主要生产方法，目前年产量已经超过2000t。

25.11.2.7　其他方法

制备高纯氧化铝的方法还有：

（1）氯乙醇法。用纯净的偏铝酸钠溶液与氯乙醇反应，生成氧化铝水合物后再进行煅烧制得高纯氧化铝。

（2）氯化铝升华法。利用高纯氯化铝与高纯氯化钠或氯化钾混合，然后在刚玉反应器中通氧气升华，在 $750 \sim 1000℃$ 下完成反应的粉尘与气体混合送入冷凝器，得到 $\gamma\text{-}Al_2O_3$ 沉淀物进行过滤、干燥，其粒度小于 $0.25\mu m$。

（3）铝盐中和溶胶-凝胶法。采用高纯度氯化铝、硫酸铝、磷酸铝、硝酸铝等铝盐与高纯度氨水或铵盐溶液反应，经处理成溶胶、凝胶氧化铝，然后煅烧成高纯氧化铝。

日本《化学经济》中列出若干种方法制备的高纯氧化铝的物理化学性能对照表，见表25-34。

表25-34　各种方法制备的高纯氧化铝的物理化学性能

制造方法	硫酸铝铵热解法	有机醇铝水解法		氯乙醇法	火花放电法	碳酸铝铵热解法	改良拜耳法
晶　型	$\alpha\text{-}Al_2O_3$	$\alpha\text{-}Al_2O_3$	$\alpha\text{-}Al_2O_3$	$\alpha\text{-}Al_2O_3$	$\alpha\text{-}Al_2O_3$	$\alpha\text{-}Al_2O_3$	$\alpha\text{-}Al_2O_3$
纯度（Al_2O_3）/%	>99.98	>99.99	>99.995	>99.99	>99.99	>99.99	>99.99
中心粒径/μm	$0.3 \sim 0.6$	$0.4 \sim 0.6$	$0.1 \sim 0.3$	0.6	0.83	0.35	0.5
松装密度/$g\cdot cm^{-3}$	$0.5 \sim 0.6$	$0.7 \sim 1.0$	$0.6 \sim 0.9$	0.20	0.40	0.40	0.80
压实密度/$g\cdot cm^{-3}$	—	$1.1 \sim 1.5$	$1.1 \sim 1.5$	0.45	0.95	—	1.2
比表面积/$m^2\cdot g^{-1}$	6 ± 1	$4 \sim 6$	$9 \sim 16$	$5 \sim 40$	5.3	10	—

制造方法		硫酸铝铵热解法	有机醇铝水解法		氯乙醇法	火花放电法	碳酸铝铵热解法	改良拜耳法
杂质/%	Na	<0.01	<0.001	<0.0003	<0.001	0.0006	<0.001	<0.003
	Si	0.005	<0.004	<0.0008	0.001	0.002	<0.003	0.0015
	Mg	<0.0003	<0.001	<0.0003	—	—	<0.0005	—
	Cu	<0.0001	<0.001	<0.0003	—	—	—	—
	Fe	0.002	<0.002	<0.0008	0.0015	0.0025	<0.002	0.0008

25.11.3 高纯氧化铝的质量标准和分析方法

25.11.3.1 高纯氧化铝产品的质量标准

中国铝业股份有限公司企业标准《高纯氧化铝》（Q/Chalco A018—2004）中，产品按氧化铝含量不同分为2个牌号。各牌号产品的化学成分应符合表25-35的规定。高纯氧化铝外观应是白色粉状晶体，不应有杂物、结块和黑点。需方对质量有特殊要求时，由供需双方协商解决。

表 25-35　高纯氧化铝化学成分（Q/Chalco A018—2004）

牌　号	化　学　成　分										
	Al_2O_3含量/%	杂质含量/%									
		Si	Fe	Na	K	Ca	Mg	Cu	Cr	Ti	杂质总量
AO-HP-9995	≥99.95	≤0.01	≤0.008	≤0.005	≤0.005	≤0.003	≤0.003	≤0.002	≤0.002	≤0.001	≤0.05
AO-HP-9999	≥99.99	≤0.003	≤0.002	≤0.0015	≤0.001	≤0.0005	≤0.0005	≤0.0002	≤0.0001	≤0.0001	≤0.01

注：1. 氧化铝含量为100%减去杂质总量的余量。

2. 表中化学成分按（300±5）℃温度下2h烘干的干基计算。

3. 牌号中数字为氧化铝含量代号。

25.11.3.2 高纯氧化铝的分析方法

高纯氧化铝化学成分的分析方法目前尚无国家标准可遵循。分析样品的处理可参考国际标准《主要用于铝生产的氧化铝　分析溶液的制备碱溶法》（ISO 804）和《主要用于铝生产的氧化铝　分析用溶液的制备加压下的盐酸反应法》（ISO 2073），推荐采用ICP等离子发射光谱仪或等灵敏度的其他仪器（如石墨炉原子吸收分光光度计和质谱分析仪）进行检测。

高纯氧化铝的其他理化性质分析方法可参考活性氧化铝和α-氧化铝的分析方法。

高纯氧化铝的检验规则详见 Q/Chalco A018—2004 中的"5 检验规则"。

A　高纯氧化铝化学分析方法　二氧化硅含量的测定　正戊醇萃取钼蓝光度法（YS/T 629.1—2007）

试料置于微波消解仪中用硫酸分解，在 pH 值为 0.80~1.10 的硫酸介质中，正硅酸与钼酸盐形成硅钼杂多酸配合物，用氨基磺酸溶液选择还原为硅钼蓝，用正戊醇萃取至有机相中。于分光光度计波长 810nm 处，测量其吸光度，借以测定二氧化硅量。具体步骤如下：

（1）将试料置于微波消解仪聚四氟乙烯反应罐中，加入 10.0mL 硫酸，混匀，盖好聚四氟乙烯罐盖，置于微波消解仪中，设置消解程序进行试料的分解。程序结束后，关闭仪器，冷却至室温。

（2）按照表 25-36 将试样溶液移入 50mL 聚乙烯烧杯中（二氧化硅质量分数为 0.0020% ~0.012% 时，将试液移入 100mL 容量瓶中，定容，分取 20.00mL 试液），加入 1 滴对硝基酚指示剂，混匀，用氨水调至溶液显亮黄色，滴加硫酸溶液至亮黄色刚好消失并过量 2.0mL，用水稀释至 37mL。

表 25-36 二氧化硅的测定方法

二氧化硅质量分数/%	试料/g	试液总体积/mL	移取试液体积/mL
0.0005 ~0.0020	0.5000	全部	—
0.0020 ~0.012（不含 0.0020）	0.5000	100	20.00

（3）加入 3.0mL 钼酸铵溶液，摇匀，放置 15min，加入 10.0mL 硫酸，立即加入 3.0mL 氨基磺酸溶液，混匀，放置 10min。

（4）将溶液转入分液漏斗中，加入 10.00mL 正戊醇，振荡 1min，静置分层，弃去水相。

（5）将部分有机相移入 3cm 吸收池中，以正戊醇为参比，于分光光度计 810nm 处，测其吸光度。

（6）将所测得试料溶液的吸光度减去随同试剂空白溶液的吸光度后，在工作曲线上查出相当的二氧化硅量。

使用 ETHOS D 微波消解仪（意大利 MILESTONE 公司）分解试料时的工作条件见表 25-37。

表 25-37 微波消解仪分解试料时的工作条件

步 骤	功率/W	消解时间/min	温度/℃	通风时间/min
1	300	5	180	
2	400	10	200	5
3	500	30	230	

B 高纯氧化铝化学分析方法 氧化钙、氧化镁含量的测定 电感耦合等离子体原子发射光谱法（YS/T 629.5—2007）

将试料置于聚四氟乙烯密封溶样器（见图 25-64）中，加入盐酸恒温溶解，试液引入氩气等离子体中，在选定的最佳操作条件下，于电感耦合等离子体原子发射光谱仪波长 393.3nm 和 279.5nm 处分别测定氧化钙和氧化镁的发射光强度。

具体的分析步骤如下：

（1）分析试液的配制。将试料置于聚四氟乙烯密封溶样器的反应杯中，加入 10mL 盐酸，盖好聚四氟乙烯盖，将反应杯装入钢套中，上紧钢套盖；置于烘箱中升温至（238 ± 3）℃，保温 6h，取出，自然冷却至室温后，取出反应杯，将溶液移入 50mL 容量瓶中，用水洗净反应杯，洗涤液并入容量瓶中，用水稀释至刻度，混匀。

（2）工作曲线的绘制。移取 0mL、0.50mL、1.00mL、2.00mL、4.00mL、6.00mL、8.00mL、10.00mL 混合标准溶液于 50mL 容量瓶中，加入 10.00mL 氧化铝基体溶液，加入 4mL 盐酸，用水稀释至刻度，混匀。

（3）测量。打开氩气气瓶开关，调节分压力为 0.5~0.8MPa，通气 30min，然后按开机顺序点燃等离子体，仪器稳定 10~30min，分别将标准系列溶液和样品溶液引入等离子体中，在选定的最佳工作条件下，在波长 393.3nm（Ca）和 279.5nm（Mg）处，由低到高测定工作曲线溶液中各元素分析线强度及样品溶液中各元素分析线的强度。

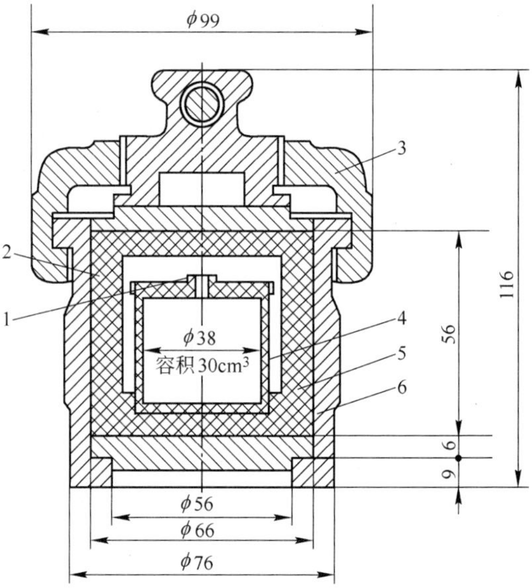

使用美国热电 Thermo-IRIS 型全谱直读等离子体光谱仪测定氧化钙和氧化镁量的工作条件见表 25-38。

图 25-64 聚四氟乙烯密封溶样器
1—反应杯盖；2—溶样器盖；3—钢套盖；
4—反应杯；5—溶样器；6—钢套

表 25-38 等离子体光谱仪测定氧化钙和氧化镁量的工作条件

波长/nm	功率/W	雾室压力/Pa	泵速/r·min⁻¹	辅助气流量/L·min⁻¹	时间/s
CaO 393.3	1150	193053.28	110	0.5	10
MgO 279.5					

C 高纯氧化铝化学分析方法 氧化钾含量的测定 火焰原子吸收光谱法（YS/T 629.4—2007）

试料在聚四氟乙烯密封溶样器中用盐酸恒温溶解后，加入氯化铯作电离抑制剂，用空气-乙炔火焰在原子吸收光谱仪 766.5nm 处测定氧化钾量。具体步骤如下：

（1）将试料置于聚四氟乙烯密封溶样器的反应杯中，加入 10.0mL 盐酸，盖好盖，放入聚四氟乙烯密封溶样器中，加盖，将溶样器置于钢套中，拧紧盖后置于烘箱中，升温至（238±3）℃，保温 6h。

（2）关闭烘箱电源，自然冷却至室温。取出聚四氟乙烯反应杯，将溶液移入 50mL 容量瓶中，用水洗净反应杯，洗液并入容量瓶中，加入 2.0mL 氯化铯溶液，用水稀释至刻度，混匀。

（3）工作曲线的绘制。于一组 50mL 的容量瓶中分别加入 0mL、0.50mL、1.00mL、2.00mL、3.00mL、4.00mL、5.00mL 氧化钾标准溶液，加入 10.0mL 氧化铝基体溶液和 4.0mL 盐酸，加入 2.0mL 氯化铯溶液，用水稀释至刻度，混匀，储存于聚乙烯瓶中。将试液连同曲线溶液一起在原子吸收光谱仪上波长 766.5nm 处，以水调零，测定其吸光度。减去零浓度溶液的吸光度，以标准溶液中氧化钾浓度为横坐标，对应的吸光度为纵坐标，绘制工作曲线。在工作曲线上查出试液中氧化钾的浓度，计算试样中氧化钾的质量分数。

使用 Sollar M6 原子吸收光谱仪（美国热电）测定氧化钾时的工作条件见表 25-39。

表 25-39 原子吸收光谱仪测定氧化钾时工作条件

波长/nm	灯电流/mA	单色器通带/nm	燃烧器高度/mm	乙炔流量/L·min⁻¹	雾化提升时间/s
766.5	8.0	0.5	7.0	1.2	4

D 高纯氧化铝化学分析方法 氧化钠含量的测定 火焰原子吸收光谱法（YS/T 629.3—2007）

试料在聚四氟乙烯密封溶样器中用盐酸恒温溶解后，加入氯化铯作电离抑制剂，用空气-乙炔火焰在原子吸收光谱仪 589.0nm 处测定氧化钠量。具体步骤如下：

（1）将试料置于聚四氟乙烯密封溶样器的反应杯中，加入 8.0mL 盐酸，盖好盖，放入聚四氟乙烯密封溶样器中，加盖，将溶样器置于钢套，拧紧盖后置于烘箱中，升温至（238±3）℃，保温 6h。

（2）关闭烘箱电源，自然冷却至室温。取出聚四氟乙烯反应杯，将溶液移入 50mL 容量瓶中，用水洗净反应杯，洗液并入容量瓶中，加入 2.0mL 氯化铯溶液，用水稀释至刻度，混匀。

（3）工作曲线的绘制。于一组 50mL 的容量瓶中分别加入 0mL、0.50mL、1.00mL、2.00mL、3.00mL、4.00mL、5.00mL 氧化钠标准溶液，加入 5.0mL 氧化铝基体溶液和 4.0mL 盐酸，加入 2.0mL 氯化铯溶液，用水稀释至刻度，混匀，储存于聚乙烯瓶中。将试液连同曲线溶液一起在原子吸收光谱仪上波长 589.0nm 处，以水调零，测定其吸光度。减去零浓度溶液的吸光度，以标准溶液中氧化钠浓度为横坐标，对应的吸光度为纵坐标，绘制工作曲线。在工作曲线上查出试液中氧化钠的浓度，计算试样中氧化钠的质量分数。

使用 Sollar M6 原子吸收光谱仪（美国热电）测定氧化钠时的工作条件见表 25-40。

表 25-40 原子吸收光谱仪测定氧化钠时的工作条件

波长/nm	灯电流/mA	单色器通带/nm	燃烧器高度/mm	乙炔流量/L·min⁻¹	雾化提升时间/s
589.0	6.0	0.2	7	1.1	4

E 高纯氧化铝化学分析方法 三氧化铁含量的测定 甲基异丁基酮萃取邻二氮杂菲光度法（YS/T 629.2—2007）

将试料置于微波消解仪中用硫酸分解。在盐酸介质中，用甲基异丁基酮萃取铁的配合物，加入硫氰酸钾-邻二氮杂菲与 Fe(Ⅲ) 生成红色三元配合物，于分光光度计波长 520nm 处，测量其吸光度，借以测定三氧化二铁量。具体步骤如下：

（1）将试料置于微波消解仪聚四氟乙烯反应罐中，加入 10.0mL 硫酸溶液，混匀，盖好聚四氟乙烯罐盖，置于微波消解仪中，设置消解程序进行试料的分解。程序结束后，关闭仪器，冷却至室温。

（2）按照表 25-41 将溶液移入分液漏斗中（三氧化二铁质量分数在 0.0020%～0.012% 时，将试液移入 100mL 容量瓶中，定容，分取 20.00mL 试液），加入 16mL 盐酸，用水稀释至 40mL。

表 25-41　分析高纯氧化铝中氧化铁含量时取样表

三氧化二铁质量分数/%	试料/g	试液总体积/mL	分取试液体积/mL
0.0005~0.0020	0.5000	全部	—
0.0020~0.012	0.5000	100	20.00

（3）摇匀，加入 10.00mL 甲基异丁基酮，振荡 1min，静置分层，弃去水相。

（4）向分液漏斗中加入 10mL 混合溶液，振荡 1min，静置分层，弃去水相。

（5）将部分有机相置于 1cm 吸收池中，以甲基异丁基酮为参比，于分光光度计 520nm 处，测其吸光度。

（6）将所测得试料溶液的吸光度减去随同试剂空白溶液的吸光度后，在工作曲线上查出相当的三氧化二铁量。

使用 ETHOS D 微波消解仪（意大利 MILESTONE 公司）分解试料时的工作条件见表 25-42。

表 25-42　微波消解仪分解试料时工作条件

步　骤	功率/W	消解时间/min	温度/℃	通风时间/min
1	300	5	180	
2	400	10	200	5
3	500	30	230	

25.11.4　高纯氧化铝的发展方向

高纯氧化铝粉体制造技术在化学工业及材料工业中占有愈来愈重要的地位。近二十年来，由于市场、资源和环境的导向，氧化铝工业产品结构的变化和高新技术发展的要求，高纯氧化铝产品愈来愈受到重视。高性能的高纯氧化铝要求粉体的几何形态性能、力学性能和其他物理化学性能尽可能地满足应用，这其中主要包括粉体粒子的大小、粒度分布、粒子形状、堆积状态、粉体的流动性、吸附性、凝聚性、湿润性以及粉体的电、磁、光、声、热学性能等。由于粉体性能与其制备方法密切相关，而粉体性能直接影响粉体的最终使用效果，因此，研究新的高纯氧化铝粉体制造技术及其粉体基本性能具有重要意义。

例如，当高纯氧化铝用于发光材料的原料时，制备的铝酸盐荧光粉多为六角片状，荧光粉在加热过程中易产生性能劣化问题。而制备近似球形、粒径均一、耐热性能良好的铝酸盐荧光粉可改善上述缺陷。制备铝酸盐荧光粉时，高纯氧化铝在配料中通常占 60%（质量分数）以上，因此，荧光粉的晶体形貌在很大程度上取决于其原料高纯氧化铝的晶体形貌。在不同形状的粉体颗粒中，球形颗粒具有如下特点：最小的表面能、最大的堆积密度和较好的流动性能，因此，近年来球形高纯氧化铝和球形荧光粉的制备已成为化学品氧化铝和发光材料行业研究的热点。

图 25-65 给出了 4 种典型形貌的球形颗粒氧化铝的电镜照片。

纯度高于 99.99% 的超高纯氧化铝粉体作为一种新兴的高科技产品在国内外市场上具有广阔的前景，需求量都很大并且逐年呈上升趋势。国内电子、人工晶体、化工、机械等行业的年需求量约在 200t，供货渠道主要依赖进口；国外市场年需求量约在 2000t 以上，每千克价格高达 120 美元左右。

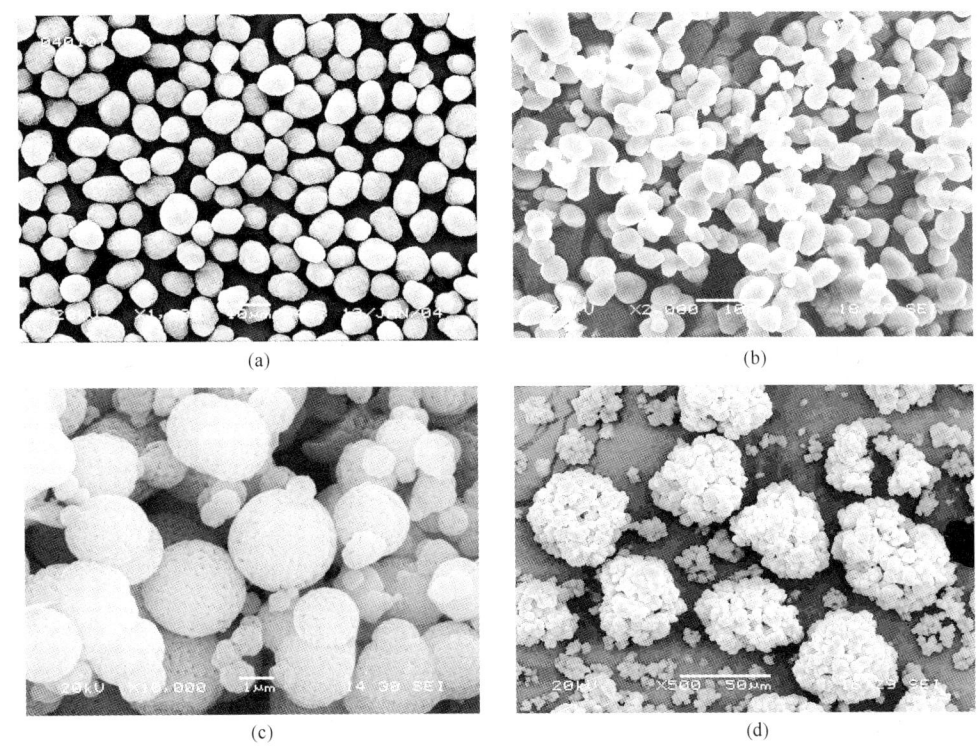

图 25-65 四种典型球形高纯氧化铝颗粒形貌

新装备的应用在高纯氧化铝的生产中也成为一种趋势。如改良拜耳法中对氢氧化铝粉体进行洗涤脱钠过程改变传统的过滤方式，通过采用先进的无机陶瓷膜洗涤脱钠技术，使氢氧化铝在洗涤过程中始终保持高速流动状态，粉体颗粒借助高速流动，不仅不会像一般的压滤、离心、真空抽滤等洗涤方式那样进一步团聚而使粉体难以洗涤脱钠，反而使粉体得到一定程度的分散有利于洗涤从而最后获得氧化钠含量更低（0.0039%）的高纯超细氧化铝粉体。

由于高纯氧化铝粉体性能与其制备方法密切相关，因此首要任务是研究新的制备原理、制备方法及制备设备，从而得到粒度更细、分布更窄更均匀、分散性更好、表面性能更优越的粉体，并使粉体制造工艺流程短、生产能力大、能耗低。高纯氧化铝粉体性能研究仍将是今后的主要研究任务之一，其目的在于通过粒子设计进行改性，使粒子获得所需的理想性能。

高纯氧化铝粉体应用方面的研究重点是对实际应用中出现的性能、分散、相容性、均化等问题展开研究。另外，着力开拓高纯氧化铝粉体应用新领域，进而引起某些技术领域的变革或革命。

25.12 纳米氧化铝

25.12.1 纳米氧化铝概述

纳米科技是研究尺寸在 0.1~100nm 之间的物质体系的运动规律和相互作用以及可能

的实际作用中的技术问题的科学技术。纳米技术起源于美国。在过去的三十年内，纳米材料的研究开发工作已被众多国家和地区列入科技发展战略，成为各国投巨资进行应用研究的重点领域。据统计，全球纳米新材料研究的投资总额已经由 1997 年的 4.32 亿美元增长到 2004 年的 32.5 亿美元。20 世纪 80 年代末，中国政府把纳米技术列入国家"攀登计划"和国家"重大攻关项目"，纳米的制备技术开始取得了重大进展。2000 年 1 月 21 日，美国总统发表了"纳米技术主导权"的政策，力争确保美国在纳米技术领域的主导权。

纳米氧化铝是目前纳米材料研究热点之一，它不但具有普通氧化铝熔点高、耐火度高、高温力学性能好、电气绝缘性好、耐酸碱侵蚀性能强和硬度高的特性，而且，还由于粒径尺寸微小（1~100nm），表现出量子尺寸效应、小尺寸效应、表面效应和宏观量子隧道效应等许多奇特效应，使其呈现出一系列新的物理化学性质，诸如：优良的力学性能、特殊的磁性能、高的电导率和扩散率、大的比表面积和很高的反应活性、吸收电磁波等性能。纳米氧化铝粉体纯度高、颗粒细小均匀且分散性好。利用其高活性特点还可以用作催化剂载体、特种橡胶和塑料的填料等。

在国际上，德国德高萨公司较早采用气相法生产纳米氧化铝，产品主要用于发光材料、电子材料抛光及耐磨涂料等。日本三井矿产首次开发了制造纳米（多孔）氧化铝的工业方法。这种氧化铝是一种在其内部具有纳米级空隙的多孔材料，其空隙量、大小及其表面积可运用制造技术自由控制，是一种划时代的新材料，若将之用作环境净化催化剂，则能大幅度地提高催化剂的性能。2006 年，日本原计划有一座年产千吨级纳米氧化铝的工厂投产，预计 3 年后销售额可达 20 亿日元，5 年后可达 40 亿日元。2004 年 7 月，美国纳米技术公司宣布研制出商业化的新型纳米氧化铝粉，其粒径比现有的商业产品小 30%，此种材料是一系列氧化铝基复合材料的首选。

传统的陶瓷容器与玻璃容器具有无毒、密封性好和表面光洁等优点，已在包装行业中占有重要的地位。但由于存在易碎和不便搬运的缺点，因而被部分金属包装所取代。近些年来，西欧、美国、日本等国家将纳米氧化铝微粒加入陶瓷或玻璃中，得到了富有韧性的陶瓷或玻璃材料。例如，英国把纳米氧化铝与二氧化锆进行混合，在实验室已获得高韧性的陶瓷材料。又如，日本将氧化铝纳米颗粒加入到普通玻璃中，明显改变了玻璃的脆性。

近几年，纳米氧化铝在中国的应用得到了快速发展，预计 2011 年需求量将突破 500t，但主要用于节能灯和氧化铝陶瓷等。国内虽然有多家研究和生产单位在从事高纯纳米氧化铝的生产工艺研究，但能够用于批量生产的工艺未见报道。目前声称能够生产纳米氧化铝的厂家，其实际产品多为纳米结构的亚微米级颗粒，而且大多还处于中试生产阶段。国内生产的纳米氧化铝的主要品种是 γ-氧化铝和 α-氧化铝。由于颗粒团聚长大现象严重，生产技术难度较大，国内能够生产的厂家不多。至今，纳米氧化铝仍主要依赖进口。

25.12.2　纳米氧化铝的性质

根据晶型，纳米氧化铝研究和应用最多的主要是 γ-氧化铝和 α-氧化铝两大类。

γ 相纳米氧化铝粒度小、比表面积大、活性高，由于纳米颗粒具有小尺寸效应，其熔融温度较常规粉体低一些，可用于热熔融法制备人造蓝宝石。将其制成多微孔结构的球体、蜂窝体等用于工业催化剂，是石油炼制、石油化工和汽车尾气净化中的主要材料。此外，还可作为分析试剂，用在发光材料中可大大提高发光强度。

α 相纳米氧化铝的晶相稳定、硬度高、尺寸稳定性好，可广泛应用于各种塑料、橡胶、陶瓷、耐火材料等产品的补强增韧，特别是在提高陶瓷的致密性、光洁度、冷热疲劳性、断裂韧性、抗蠕变性能和高分子材料产品的耐磨性能等方面尤为显著，因而在陶瓷刀具和航空航天工业高温结构陶瓷等方面有特殊的需要。此外，α 相氧化铝化学纯度高，电绝缘性能好，可应用于合成 YGA（钇铝石榴石）激光晶体及其主要配件和集成电路复合基板。

研究结果表明，纳米氧化铝对红外具有良好的消光作用。纳米氧化铝气溶胶在 $3 \sim 5\mu m$ 和 $8 \sim 14\mu m$ 波段的最大质量消光系数分别为 $1.798m^2/g$ 和 $1.940m^2/g$。γ 相纳米氧化铝的红外平均透过率普遍小于 α 型。比表面积越大、纳米氧化铝粒子平均直径越小，对红外的消光性能就越显著。纳米氧化铝多孔膜具有良好的红外吸收性能，可作吸波材料，用于军事防卫等领域。

纳米氧化铝对 250nm 以下的紫外光有强烈的吸收能力，一般来说 185nm 短波紫外线对灯管的寿命有影响，这一特性可用于提高日光灯管使用寿命上。其对波长在 80nm 的紫外光也有很好的吸收效果，可用作紫外屏蔽材料和化妆品的添加剂。

纳米氧化铝的一般物理化学性质除了粒度小外，其他大部分与高纯氧化铝相近，参见 25.11 节。

25.12.3 纳米氧化铝的应用

纳米氧化铝是一种化学键很强的离子化合物，具有较高的熔点，很高的化学稳定性，因此，纳米氧化铝广泛应用于冶金、机械、化工、电子、医学、航空和国防等方面。尤其在结构陶瓷和发光材料等领域已经得到工业化应用。用于生物陶瓷时，高纯度有利于提高其生物适应性；用于引擎的部件或高温技术时，有利于提高其抗击瞬时热震性能等。

25.12.3.1 陶瓷材料

纳米氧化铝结构材料的特点使得烧结温度可以大幅降低。若粒子直径从 $10\mu m$ 减小到 10nm，扩散速率将增至 $10^9 \sim 10^{12}$ 倍，从而可以使烧结温度降低几百摄氏度，如常规氧化铝烧结温度在 $1973 \sim 2073K$，而纳米氧化铝可在 $1423 \sim 1623K$ 烧结，致密度可达 99.0%。

将纳米氧化铝添加到陶瓷中，可以改善陶瓷材料的多种性质。例如，添加到微米粉体中，可以提高氧化铝陶瓷的致密度和耐冷热疲劳性能。将其与二氧化锆混合，烧结温度降低 100℃。在常规 85 瓷、95 瓷中添加 5% 以上的纳米氧化铝粉体，可显著降低烧结温度，强度和韧性提高多达 50% 以上。由于纳米氧化铝粉体的超塑性，解决了由于低温脆性而限制了其应用范围的缺点，因此，在低温塑性氧化铝陶瓷中得到了广泛应用。在微米氧化铝粉体中加入 40% 的纳米氧化铝，素坯相对密度达 80%，烧结后接近于完全致密，而且烧结温度也有所降低。在其他陶瓷基体中，加入少量的亚微米或纳米氧化铝后力学性能可成倍提高，其中以 $SiC\text{-}Al_2O_3$ 纳米复合陶瓷最为显著，加入纳米氧化铝后的复合陶瓷的抗弯强度可从 $300 \sim 400MPa$ 提高到 1GPa，经热处理可达 1.5GPa，断裂韧性也提高了 40% 以上。

25.12.3.2 复合材料

纳米氧化铝可作为结构材料的弥散相，增强基体材料的强度。例如，将纳米氧化铝弥散到特种玻璃中，既不影响其透明度又可改善高温冲击韧性。在制备金属或合金时加入纳米氧化铝粒子，可以使晶粒细化，大大改善力学性质。纳米氧化铝还可用于耐磨填料，如用于水性聚氨酯膜可改善其硬度和耐磨性能，涂膜硬度随纳米氧化铝添加量的增加而增加，涂膜的耐磨性在纳米氧化铝添加量约为3%时达到最佳。纳米氧化铝用于特种橡胶还可以提高其介电性和耐磨性。

纳米氧化铝与生物陶瓷复合的人工骨、关节等复合材料，在人体正常生理条件下不腐蚀，与机体组织的结构相容性较好，且强度高，摩擦系数小，磨损率低，因而在医学中有广泛的应用，可制成承力的人工骨、关节修复体、牙根种植体、折骨夹板与内固定器件等；还可用于颌面骨缺损重建、五官矫形与修复及牙齿美容等方面。

25.12.3.3   耐磨涂层材料

将纳米氧化铝粒子喷涂在金属陶瓷、塑料、玻璃、漆料及硬质合金的表面上，形成表面防护层材料，可提高表面强度、耐磨性和耐腐蚀性，且有防污、防尘、防水等功能，涂有这种陶瓷的塑料镜片既轻又耐磨还不宜破碎。因此，可用于机械、刀具、化工管道等表面防护。在发达国家，各类涂层刀具已占总量的80%以上，它们的硬度比一般刀具提高十几倍。其中，热喷涂涂层材料越来越多地使用了纳米氧化铝。

25.12.3.4   催化剂及其载体

纳米氧化铝尺寸小，表面所占的体积分数大，表面原子配位不全等导致表面活性位置增加；而且随着粒径的减小，表面光滑程度变差，形成了凸凹不平的原子台阶，增加了化学反应的接触面，表面活性中心增多，孔分布集中，可以解决催化剂的高选择性和高反应活性，是理想的催化剂或催化剂载体，可用作尾气净化、催化燃烧、石油炼制、高分子合成等的催化剂或催化剂载体。

25.12.3.5   半导体材料

由于具有巨大的表面和界面，纳米氧化铝对外界湿度变化敏感，而且稳定性高，是理想的湿敏传感器和湿电温度计材料。同时，它还具有良好的电绝缘性、化学耐久性、耐热性、抗辐射能力强，介电常数高，表面平整均匀，可用作半导体材料和大规模集成电路的衬底材料，广泛应用于微电子、电子和信息产业。

25.12.3.6   抛光材料

纳米氧化铝可用于亚微米/纳米级研磨材料、单晶硅片的研磨、精密抛光材料、漆面抛光等。

25.12.3.7   化妆品

纳米氧化铝的紫外屏蔽特性可使它用作化妆品填料。

25.12.3.8   光学材料

利用纳米氧化铝对80nm紫外光的吸收效果可作紫外屏蔽材料；而利用纳米氧化铝多

孔膜有红外吸收性能，尤其与其他材料复合，可制成隐身材料用于军事领域。

纳米氧化铝对 250nm 以下的紫外光有强烈的吸收能力，一般来说，185nm 短波紫外线对灯管的寿命有影响，这一特性恰好可用于提高日光灯管使用寿命上。因此，纳米氧化铝在发光材料领域最成功的工业应用就是可用作紧凑型荧光灯中荧光粉层的保护涂膜以及和稀土荧光粉复合制成荧光灯管的发光材料，提高灯管寿命。还可以烧结成透明陶瓷作为高压钠灯管的材料。

25.12.4　纳米氧化铝的主要制备方法

自 20 世纪 80 年代中期 Gleiter 等人制得纳米氧化铝粉末以来，人们对这一材料的研究不断取得进展。其制备方法概括起来分为三类：气相法、液相法和固相法。随着科技的不断发展和对不同物理、化学特性超微粒的需求，在上述三类方法的基础上又衍生出许多新的技术。

25.12.4.1　气相法

气相法是直接利用气体或者通过等离子体、激光蒸发、电子束加热、电弧加热等方式将物质变成气体，使之在气体状态下发生物理或化学反应，最后在冷却过程中凝聚长大形成超细微粉。气相法可分为蒸发凝聚法和化学气相反应法两大类，化学气相反应法又包括火焰化学气相沉积法、激光热解化学气相沉积法和激光加热蒸发化学气相沉积法。其优点是反应条件易控制、产物易精制，只要控制反应气体和气体的稀薄程度就可得到少团聚或不团聚的超细粉末，颗粒分散性好、粒径小、分布窄；缺点是产率低，粉末的收集较难。

A　火焰化学气相沉积法

借助惰性气体将反应物送进反应室中，燃料气体的火焰将反应物蒸发，气态反应物被氧化成粒径为 10 ~ 50nm 的超细高纯氧化铝粉末。反应物母体为金属铝的碳水化合物和氯化铝等；氧化剂为氧气；产生火焰的燃料气体是氢气、甲烷、乙烯、乙炔或它们的混合气体，并用惰性气体稀释；所用燃烧炉是逆流扩散火焰燃烧炉。

B　激光热解化学气相沉积法

利用三甲基铝 $Al(CH_3)_3$ 和 N_2O 作为气相反应物，加入 C_2H_4 作为反应敏化剂，采用 CO_2 激光（C_2H_4 在 CO_2 激光发射波长处有共振吸收）加热进行反应，然后在 1200 ~ 1400℃ 下进行热处理合成粒径为 15 ~ 20nm 的氧化铝粒子。

C　激光加热蒸发化学气相沉积法

用氧化铝陶瓷（纯度为 99.99%）作为蒸发源，放在一个压力为 0.01Pa 的真空环境中，通 O_2、CO 或 CO_2，使压力保持在 15Pa 左右，用 CO_2 激光照射氧化铝陶瓷使之蒸发，蒸发出的氧化铝在气体中迅速冷却得到超细高纯氧化铝。该方法具有能量转换效率高、粒子大小均一、不团聚、粒径小、可精确控制等优点，但成本高、产率低、难以实现工业化生产。

D　激光诱导气相沉积法

利用充满氪气、氙气和 HCl 的激光激发器提供能量，产生一定频率的激光，聚集到旋转的铝靶上，熔化铝靶产生粉末。该方法通常采用激光器，加热速度快、高温驻留时间短、冷却迅速、反应中心区域与反应器之间被原料气体隔离、反应污染小。

E　等离子气相合成法

等离子气相合成法可分为直流电弧等离子体法、高频等离子体法和复合等离子体法。直流电弧等离子体法由于电弧间产生高温，在反应气体等离子化同时，电极熔化或蒸发。高频等离子体法的主要缺点是能量利用率低、产物稳定性差。复合等离子法是将前两种方法组合，在产生直流电弧时不需要电极，避免了由于电极物质熔化或蒸发而在反应产物中引入杂质；同时直流等离子体电弧束又能有效地防止高频等离子火焰受原料的进入而造成干扰，从而在提高产物的纯度和制备效率的同时，提高了系统的稳定性。

中国用于节能灯保护涂层的进口纳米氧化铝是由德国德高萨公司（Degussa）生产的，它是通过气相的三氯化铝在氢氧焰中的高温水解反应而产生的：

$$4AlCl_3 + 6H_2 + 3O_2 \longrightarrow 2Al_2O_3 + 12HCl \qquad (25\text{-}47)$$

由于氯化铝易于通过蒸馏而提纯，反应的副产品氯化氢很容易分离（对于大多数的应用来说，残留的痕量氯化氢没什么危害），由高温水解反应生成的氧化铝的纯度比由液相反应生成的要高，而且颗粒度小，分散性好。

25.12.4.2　液相法

液相法是目前实验室和工业上最为广泛采用的合成超微粉体材料的方法。它的基本原理是：选择一种合适的可溶性铝盐，按所制备的材料组成计量配制成溶液，使各元素呈离子态，再选择一种合适的沉淀剂（或用蒸发、升华、水解等），使金属离子均匀沉淀，最后将沉淀或结晶物脱水（或加热）得到超微粉体。液相法的优点是可以精确控制化学组成，颗粒成分均匀，设备相对简单，操作温度较低，缺点是粉末易产生硬团聚，分散较困难。

A　沉淀法

沉淀法是在溶液中加入适当的沉淀剂得到沉淀，再经过滤、洗涤、干燥和煅烧等工艺，得到纳米粉末（参见23.4.2节）。根据沉淀方式不同可分为直接沉淀法、共沉淀法和均匀沉淀法等。直接沉淀法是直接用沉淀操作从溶液中制备氧化物纳米微粒的方法。共沉淀法是在多种金属离子的混合盐溶液中加入沉淀剂，使各组分混合沉淀出来，常用于制备多组分物或掺杂。均匀沉淀法是在溶液中加入某种物质，使之通过溶液中的化学反应，缓慢生成沉淀剂，通过控制沉淀剂的生成速度来避免浓度不均匀现象，从而控制粒子的生长速度。为得到粒度分布均匀的粉体，应该使成核过程与生长过程分离，同时抑制粒子的团聚。沉淀法操作简单、工艺流程短、成本低。

B　溶胶-凝胶法

溶胶-凝胶法是目前在氧化铝纳米粉体制备中研究和应用最多的一种方法（参见23.4.3节）。通常是将金属醇盐溶解于有机溶剂中，通过蒸馏使醇盐水解、聚合形成溶胶，溶胶随着水的加入变成凝胶。凝胶在真空状态下低温干燥，得到疏松的干凝胶，再将干凝胶进行高温煅烧处理，即可得到纳米氧化铝粉末。

将液态异丙醇铝 $Al(C_3H_7O)_3$ 溶于异丙醇中，作为醇铝相，将催化剂、水、异丙醇混合形成水相。在反应器中加入一定量异丙醇作为底液，将醇铝相和水相以并流方式加入至底液，搅拌反应结束后，蒸发干燥，回收异丙醇，干燥的固体放入隧道窑 $600 \sim 700℃$ 烧成，得到 $\gamma\text{-}Al_2O_3$。

其水解反应如下：

$$Al(C_3H_7O)_3 + H_2O \longrightarrow Al(C_3H_7O)_2(OH) + C_3H_7OH \qquad (25\text{-}48)$$

缩聚反应包括失水缩聚和失醇缩聚两种反应：

$$Al(C_3H_7O)_2(OH) + Al(C_3H_7O)_2(OH) \longrightarrow (C_3H_7O)_2\text{—}Al\text{—}O\text{—}Al\text{—}(C_3H_7O)_2 + H_2O$$
$$(25\text{-}49)$$

$$Al(C_3H_7O)_3 + Al(C_3H_7O)_2(OH) \longrightarrow (C_3H_7O)_2\text{—}Al\text{—}O\text{—}Al\text{—}(C_3H_7O)_2 + C_3H_7OH$$
$$(25\text{-}50)$$

溶胶-凝胶法的优点在于由于在制备过程中使用高纯度粉料，因此制备过程中无需机械混合，不易引入杂质，而且通过溶胶-凝胶法制备出的产品化学均匀性好、颗粒细、粒度分布窄、粒子分散性好和纯度高。经研究发现，溶胶-凝胶法制备出的纳米氧化铝粉体的烧结温度比传统方法低 $400 \sim 500℃$，而且工艺和设备简单、组成可调、反应容易控制。其不足之处在于原料价格高、有机溶剂的毒性以及在高温下做热处理时会使颗粒快速团聚，容易对环境造成一定的污染。

近年来配合物-凝胶法应用较为广泛，其基本过程如下：用铝的无机盐和有机配合剂制备出金属配合物溶胶，再陈化得凝胶，碾碎、煅烧得稳定氧化铝细粉。该方法是在室温附近的湿化学反应，其优点是能用分子水平设计来控制材料的均匀性及粒度，得到高纯超细材料；缺点是原料价格高、有机溶剂有毒性以及在高于1200℃处理粒子会快速凝聚。

C　溶胶-相转移法

溶胶-相转移法是往铝盐溶液中加入氢氧化钠溶液或其他碱性溶液，当刚开始产生氢氧化铝沉淀时，通过加热且超声粉碎使之溶胶化；在水溶胶中加入阴离子表面活性剂，抑制核的生长和凝聚，再加入有机溶剂，使粒子转入到有机相中；加热且减压除去溶剂，将残留物质干燥、煅烧得到氧化铝纳米颗粒。该方法的关键是利用表面活性剂将水溶液中的胶粒转移到油相中，然后油水分离，达到较快速简易地将胶体粒子和水分离的目的。

D　溶剂蒸发法

在溶剂蒸发中，为了保证溶剂蒸发过程中溶液的均匀性，溶液被雾化成小液滴，以使组分偏析的体积最小。分为喷雾干燥法和喷雾热解法：喷雾干燥法是在干燥室内，用喷雾器将 $Al_2(SO_4)_3$ 或 $Al(NO_3)_3$ 溶液雾化成球状液滴，经过高温气氛烘干，成分保持不变，快速干燥后，煅烧可得氧化铝粉体材料。优点是适合工业化生产，缺点是粒径分布较宽。喷雾热解法是将载有氯化银超微粒（$868 \sim 923K$）的氦气通过铝丁醇盐的蒸气，氦气流速为 $500 \sim 2000cm/min$，铝丁醇盐蒸气室的温度为 $395 \sim 428K$，醇盐蒸气压不大于 $1133Pa$，在蒸气室形成以铝丁醇盐、AgCl 和氦气组成的饱和混合气体，经冷凝器冷却后获得气态溶胶，在水分解器中与水反应分解成水铝石亚微米级的微粒，经热处理可得氧化铝的超细微粒。

E　超临界流体干燥法

超临界流体干燥法（SCFD）是用干燥的气体填充溶胶或凝胶以除去粒子间的液体。

该方法通常包括如下步骤：

（1）溶胶或凝胶的制备；

（2）超临界条件下的干燥过程；

（3）所得粉体的后处理。

超临界流体（水、乙醇、二氧化碳）有近似流体的密度和高溶剂性能、低的黏度和高的扩散率几乎与气体接近，这些性质有利于分子碰撞且增加反应动力，产生高的成核率，避免了离子间的进一步凝聚，因此，SCFD法可有效地清除表面气液相互作用，在不破坏凝胶网络框架结构的情况下，将凝胶的分散相抽提掉，避免了液固分离步骤。此法制得的氧化铝具有高比表面积、大孔体积、低表观堆积密度的特点，在催化剂、医药及材料科学领域具有广泛的应用前景。

F 冷冻干燥法

冷冻干燥法（FDP）最早应用于生物及食品工程。冷冻干燥法的基本原理是胶体粒子具有很高的比表面积和很大的表面能，在胶粒聚沉形成网状结构的凝胶过程中，为了降低其表面能，凝胶中吸附了大量分散介质（水），相应地产生了大量的毛细管。凝胶在脱去水分子的同时，由于表面张力和表面能的作用，使凝胶进一步收缩聚结，并且随着干燥时间的延长和干燥温度的升高，这种聚结性增强，颗粒间凝聚和合并大大改变了粒子原有的性能。采用普通干燥法很难得到性能优良的超细粒子。冷冻干燥法的原理是：在低温下，凝胶中的水冻结成冰，然后迅速抽真空降低压力，在低温低压下冰直接升华成蒸气，从而实现液固分离。

G 微乳液法

油包水（W/O）型微乳液是由水、与水不相溶的有机溶剂、表面活性剂和助表面活性剂组成的透明或半透明的热力学稳定体系。金属盐类可以溶解在水相中，形成极其微小而被表面活性剂、油相包围的水核，在这些水核中发生沉淀反应，产生的微粒经洗涤、干燥、煅烧得到纳米氧化铝粒子。

这种方法合成的平均粒径为20~60nm。表面活性剂的选择和反应物浓度的大小是控制氧化铝的重要因素。合适的表面活性剂氧化铝一旦形成，就吸附在微粒的表面形成界面膜，一方面防止生成的微粒间的聚合，使颗粒均匀细小；另一方面修饰表面的缺陷，使微粒性质变得十分稳定。当铝离子和氢氧根离子混合时，由于开始铝离子呈过量，氧化铝纳米颗粒瞬间成核，随着氢氧根离子的加入，核生成受到抑制，则生成的氧化铝微粒尺寸就小，若铝离子一直保持过量，氧化铝核快速生成，微粒尺寸较大。微粒的大小受化学反应速率、成核速率、胶束碰撞速率等多种因素的影响。

该方法得到的粒子粒径小、分布均匀、稳定性高、重复性好；但由于所制得粒子过细，固液分离较难进行，抽滤和离心分离效果不好，需加表面活性剂，对试剂的要求较高。

25.12.4.3 固相法

固相法是将铝盐或氧化铝经过研磨后进行煅烧，通过发生固相反应直接制得超细微氧化铝粉。该方法成本低、产量大、制备工艺简单，可在一些对粉末粒径要求不高的场合使用。缺点是能耗大、效率低，产品粒径不够微细，分布过宽，粒子形貌不易控制。

A　高能球磨法

利用物理机械研磨的方法，在高速球磨罐中，加入氧化铝粉末，通常采取湿磨的办法，加入特殊的助磨剂，提高粉碎效率，能得到几十到几百纳米的氧化铝颗粒。该方法具有操作简单、成本低廉、产量高的特点。其缺点是所得氧化铝超微粉产品在纯度、粒径分布和粒子外形上不能令人满意，而且机械粉碎设备不好解决，不同的球磨条件会产生不同的相变过程。

B　铝盐热解法

通过添加成形剂和燃烧助剂，直接利用铝盐在高温下分解制备纳米氧化铝的一种方法。该方法是目前国内生产高纯超细氧化铝的主要方法，常用的铝盐有硫酸铝铵和碳酸铝铵等，（参见25.11节）。其工艺的特点是生产工艺比较简单，生产的 α-氧化铝粒径容易控制；但此方法生产工艺要求严格，杂质的剔除比较困难，提纯过程比较复杂，高温阶段颗粒凝聚长大现象比较严重，技术条件不容易控制。

C　非晶晶化法

非晶晶化法首先是制备非晶态的化合态铝，然后再经过退火处理，使非晶晶化。由于非晶态在热力学上是不稳定的，在受热或辐射条件下会出现晶化现象。控制适当的条件可以得到氧化铝的纳米晶。此法的特点是工艺比较简单、易控制，能够制备出化学成分准确的纳米材料，并且不需要经过成形处理，由非晶态可直接制备出纳米氧化铝。

D　燃烧法

用铝粉燃烧可得到粒径小于20nm的氧化铝，但设备复杂，且具危险性，粉末收集也有难度，目前尚未得到成功应用。燃烧法的主要优点是节能省时，反应物一旦引燃就不需要外界再提供能量，而且起火温度低，不需要专门的点火装置，因此耗能较少、反应速度快、加工时间在秒或分级，设备也比较简单。另外，由于反应过程中燃烧温度极高，可蒸发掉挥发性杂质，因而产物纯度高，升温和冷却速度很快，易于形成高浓度缺陷和非平衡结构，生成高活性的亚稳态产物。同时，由于在燃烧过程中产生大量的气体，因此易于制得超细粉体，可通过控制加热速率、原材料加入种类和加入量及控制添加剂等来控制燃烧过程进而控制粉体特性。

将硝酸铝等铝盐和尿素及可燃尽物混研均匀，放入马弗炉中加热或引燃，经脱水、分解并产生大量的气体（氮的氧化物和氨等），最后也可得到超细氧化铝粉末。

E　爆轰法

爆轰法是指利用负氧平衡炸药爆炸产生的瞬时高温（2000～3000K）、高压（20～30GPa），使原材料迅速分解为许多自由的单个原子，然后再重新排列聚集晶化而形成纳米材料的技术。此法的特点是工艺过程简单、设备成本相对低廉。如利用硝酸铝和炸药混合爆轰合成纳米氧化铝，所得到的氧化铝为纳米级，颗粒形状呈球形，其粒度主要分布在10～50nm之间，平均粒度约为25nm，晶型为 γ 型氧化铝。

目前研究报道以液相法的溶胶-凝胶法居多。此法操作简单、工艺流程短、生产成本相对较低，各组分含量可精确控制，并可实现分子/原子水平上的均匀混合，可制得粒度分布窄、形状为球形的颗粒。为了避免制备过程粉末的团聚，同时可采用冷冻干燥、超临界干燥和共沸干燥等技术。但工业上最成功的应用方法则是氯化铝气相燃烧合成法。

25.12.5 纳米氧化铝的质量标准与分析方法

25.12.5.1 纳米氧化铝的质量标准

纳米氧化铝目前尚未有国家或行业标准，表 25-43 为中国某企业的参考指标。

表 25-43 纳米氧化铝质量指标

指 标	α 相纳米氧化铝	γ 相纳米氧化铝
外 观	白色粉末	半透明白色粉末
纯度/%	≥99.9	≥99.9
平均粒度/nm	≤50	≤30
比表面积/$m^2 \cdot g^{-1}$	≥10	≥200
钠含量/%	≤0.005	≤0.005
硅含量/%	≤0.01	≤0.01
钙含量/%	≤0.003	≤0.003
铁含量/%	≤0.008	≤0.008

纳米氧化铝的分子式：Al_2O_3；相对分子质量：101.96；熔点：2050℃；密度：γ 相 3.40~3.80g/cm^3，α 相 3.90~4.00g/cm^3，松装密度 0.1~0.2g/cm^3。

一般性状：高纯度，超细，粒度分布均匀，无味白色粉末；纯度可达到 99.99%；α 相的细度可做到 100nm 以下。

25.12.5.2 纳米氧化铝的分析方法

对于纳米材料的分析，通常需要从化学成分分析、形貌分析、粒度分析、结构分析以及表界面分析等几个方面进行技术表征。纳米氧化铝目前尚无统一的国家分析标准。考虑到纳米氧化铝的应用本身对其纯度要求较高，因此其化学成分和通用物理指标的分析建议借鉴高纯氧化铝的分析方法。

A 纳米氧化铝的粒度分布

纳米氧化铝最主要的技术指标是粒度分布，目前比较公认的方法是采用透射电镜或隧道扫描电镜进行显微观察。但对于有硬团聚体的颗粒，如 α 相纳米氧化铝，由于高温烧结过程容易出现粘连长大，外形呈现不规则状而且难于有效分散，测量误差很大。

比较便捷而精确度又相对较高的方法是小角度 X 射线散射法。尤其对颗粒呈现类球形、结晶较完整的微小粒子，其比表面积小，活性低，表现为团聚系数小，粒度分布窄，如分散较好的 α 相纳米氧化铝和氢氧化铝等，采用 X 射线小角散射法（SAXS）获得的微晶粒子尺寸与透射电镜（TEM）和比表面积（BET）方法获得的颗粒尺寸基本一致。

但对于低温 γ 相纳米氧化铝和胶态氢氧化铝，由于结晶度差，比表面积大，颗粒之间容易发生静电力、范德华力和液桥力的作用而软团聚在一起，其团聚系数较大，粒度分布宽，X 射线衍射（XRD）方法获得的颗粒尺寸与 TEM 和 BET 对比出现很大偏差。

综上所述，建议根据不同方法制备的纳米氧化铝采用不同的粒度分析方法。一般可采用 X 射线小角散射法，按照国家标准《纳米粉末粒度分布的测定 X 射线小角散射法》

（GB/T 13221—2004）的规定，使用 SAXS 程序计算出纳米氧化铝的粒度分布范围，从而在普通的 X 射线衍射仪上实现纳米级粒度分布的表征，并抽样与透射电镜观察、比表面积法测试和光子相关谱法（PCS）测试粒度分布结果进行比对。

2005 年，中国第一批 7 项纳米材料检测方面的国家标准正式发布，标准中也规定主要是利用 X 射线衍射方法测定其纳米粉体平均粒度。这一方法的优点是可以快速提供纳米材料的平均粒度。然而，该标准没有考虑到纳米材料的多维结构，比如线状纳米材料、条带状纳米材料以及薄膜状纳米材料等，这一方法不能反映纳米材料的复杂微观结构及表面形态。因此，用现有国家标准方法表征纳米氧化铝的真实结构和状态存在明显缺陷。

B 纳米氧化铝的颗粒尺寸分布及微结构

纳米材料的颗粒尺寸分布及微结构是表征纳米产品的重要指标。当颗粒为圆球形时，可以就代表球形的直径。微观上纳米粉体的形状是多种多样的，除电子显微镜可直接得到颗粒的大小和形貌外，其他测定颗粒粒度的手段均使用颗粒的某种物理行为与相当的标准球形颗粒的等效物理行为的尺寸来表征。因而从实际测量数据上，几种方法的结果往往不具有可比较性。透射电镜定义颗粒尺寸的方式有很多，颗粒可以表示为短径、长径、等效投影面积直径，这些方式是确定纳米颗粒直观可靠的方法。对纳米粉体来说，其纳米特征主要表现在一维、二维或三维的纳米尺度，这是一个简单有效的方式，也防止非纳米尺度维在均值处理后对纳米维特征的掩盖。XRD 线宽化法可测量粉体的平均晶粒度，该方法得出的平均晶粒度是基于数以亿计的颗粒的贡献，代表性很强，实际测量结果的重现性很好。但也有其不足，由 X 射线衍射的干涉函数可知，当材料形状分别为粒状、线状或薄膜状时，反射区的形状依次为倒易球、倒易片和倒易杆。X 射线衍射谱得到的是大小不同、形状不同的颗粒的平均尺度，因此，直接用此法来鉴定粒状以外的纳米材料会产生很大误差。另外，X 射线衍射法测定的纳米材料的尺寸是最小的微晶的尺寸，而某些纳米材料往往是由几纳米的微晶团聚成小于 100nm 的颗粒，而 X 射线衍射法无法区分颗粒团聚与否。所以，纳米颗粒尺寸分布应以透射电子显微镜的测量为准，而纳米材料的微结构和多晶尺寸应以高分辨电镜为准。

中国检验检疫科学研究院受全国纳米技术标准化技术委员会委托，补充制定了纳米氧化铝电镜测试（TEM 和 HRTEM）方法，通过对颗粒尺寸分布和微结构的测试以区别不同结构纳米材料。

纳米激光粒度分析仪最近几年研究发展得很快，未来也将成为表征纳米颗粒粒度的主要手段。

25.13 铝酸钙水泥

25.13.1 铝酸钙水泥概述

25.13.1.1 基本概念

凡是以铝酸钙为主的铝酸盐水泥熟料，磨细制成的水硬性胶凝材料均称为铝酸钙水泥，其中的氧化铝含量普遍在 40% 以上（详见 25.13.2 节）。根据需要也可在磨制氧化铝含量大于 68% 的水泥时掺加适量的 α-氧化铝粉。

25.13.1.2　基本性质与用途

不定形耐火材料是指不需要预先烧成、以松散状混合物交货和成形烘烤后即可直接使用的耐火材料，也称为不烧耐火材料或散状耐火材料，广泛应用于冶金、建材、化工等工业领域的窑炉及热工设备和构筑物。铝酸钙水泥早期性能好，中温残存强度高，耐火度高（>1650℃），具有耐磨和抗剥落性，适合于配制高温、高压和还原条件下使用的不定形耐火材料，是高性能耐火浇注料的优质结合剂。铝酸钙水泥是配制不定形耐火材料最常用、使用历史最长的水泥结合剂之一，按照氧化铝含量可简单划分为高铝、中铝、低铝三个等级。其中最常用的是高铝水泥，但传统的高铝水泥由于其钙含量高和杂质含量高等原因，仅适用配制一般高温性能和抗蚀性能要求的耐火浇注料。

氧化铝含量大于 68% 的铝酸钙水泥称为纯铝酸钙水泥。纯铝酸钙水泥以铝酸钙矿物 CA 和 CA_2 为主要矿物相，通常以氧化铝含量来命名。氧化铝含量为 70% 左右称铝酸盐 CA-70 水泥，氧化铝含量为 75% 左右称铝酸盐 CA-75 水泥，氧化铝含量为 80% 左右称铝酸盐 CA-80 水泥。纯铝酸钙水泥也称为烧结氧化铝水泥。

纯铝酸钙水泥的耐火性能取决于 Al_2O_3 的含量以及骨料的正确选择，它具有较为广泛的适应性，它使得耐火浇注料技术从简单的常规浇注料发展为集浇注、喷补、安装、施工一体化的系统工程，极大地增强了不定形耐火材料，如低水泥浇注料、超低水泥浇注料、高密度、自流浇注料的性能。

25.13.1.3　铝酸盐水泥的发展历史

铝酸盐水泥于 1865 年出现在法国，当时铝酸盐水泥是一种铝矾土和石灰石的熔融及粉碎的混合物，1913 年法国的拉法基（Lafarge）公司开始了商业化生产，形成了铝酸盐水泥的主要生产工艺。当时硅酸盐水泥是混凝土浇注料的主要成分，同时也是热风炉和轻质耐火水泥的主要组成部分。然而，研究发现铝酸盐水泥有着比硅酸盐水泥高得多的早期强度和优良的耐火性能。铝酸盐水泥的 1 天初始强度比硅酸盐水泥的 28 天强度要高得多。另外，以铝酸盐水泥为基础的混凝土能够耐硫酸盐和弱酸的侵蚀。然而，在 20 世纪 70 年代研究发现，以铝酸盐水泥制成的混凝土构筑物会随着时间的流逝而损失部分的强度和耐久性。在英国和西班牙发现许多铝酸盐水泥构筑物结构损坏的案例，最终导致许多国家禁止铝酸盐水泥用于建筑业混凝土或至少是要符合极苛刻的施工条件。因此，最终铝酸盐水泥的用途归类于特殊的市场领域——耐火材料行业。

在世界范围内，生产铝酸盐水泥产量比较大的生产供应商主要有拉法基公司（高铝、中铝、低铝三个等级都生产）和美国铝业公司（主要生产高铝等级），还有德国海德堡（Heidelberg，牌名为 Istra）和西班牙 Molins 公司主要生产低铝含量的铝酸盐水泥，日本也有少量生产。为了满足配制使用温度更高、耐蚀性能更好的耐火浇注料的需要，国外在 20 世纪 50 年代开始研制高铝等级的铝酸钙水泥，即纯铝酸钙水泥，欧美发达国家现已达到 27% 左右。

国内用回转窑生产中铝等级的铝酸盐水泥始于 1958 年，由原隶属于建材部的现中国长城铝业公司水泥厂生产。1979 年，国内试制出氧化铝含量在 72% 以上的高铝等级铝酸钙水泥。80年代后期，随着低水分、低水泥量的高性能耐火浇注料的开发，对纯铝酸钙水泥的需求日益增加。在国内市场由十年前的极少的用量到目前占到铝酸盐水泥总量的10%。如今国内包括高铝、中铝、低铝三个等级在内的铝酸盐水泥的年产量在500kt左右。

25.13.2　铝酸钙水泥的物理化学性质

25.13.2.1　基本的物理化学性质

通常用缩写符号 A、C、F、S 等来表示水泥中的矿物组成 Al_2O_3、CaO、Fe_2O_3、SiO_2 等，例如：$12CaO \cdot 7Al_2O_3$ 可以简单地表示成 $C_{12}A_7$。

铝酸钙水泥的主要矿物组成为 CaO-Al_2O_3 二元矿相系统，共有五种矿物，按氧化铝含量由低到高的顺序排列，分别为 C_3A、$C_{12}A_7$、CA、CA_2 和 CA_6。C_3A 是高钙型铝酸盐矿物，不存在于铝酸盐水泥中，而存在于硅酸盐水泥中；$C_{12}A_7$ 存在铝酸盐水泥中，但由于 $C_{12}A_7$ 引起速凝，从而降低水泥强度和耐火度，因此在生产过程中一般控制 $C_{12}A_7$ 在一个合适的比例；CA 是高铝水泥的主要矿物；CA_2 主要存在于高铝水泥 - 65 和纯铝酸钙水泥中；CA_6 则是纯铝酸钙水泥在使用过程中通过二次反应 $CA_2 + 4A \rightarrow Al_2O_3 + CA_6$ 形成。

不同矿相对铝酸盐水泥性能的影响介绍如下：

（1）CA（铝酸一钙），是铝酸盐水泥的主要成分，具有很高的水硬活性，凝结速度较慢，但硬化很快，是高铝水泥强度（尤其早期强度）的主要来源。

（2）CA_2（二铝酸钙），是铝酸盐水泥的另一种主要成分，其水化反应速度较慢，早期强度较低，而后期强度较高。

（3）$C_{12}A_7$（七铝酸十二钙），在水泥中所占比例很小，水化速度快、凝结迅速，但对强度的发展几乎没有贡献，如果其含量过高甚至会抵消 CA 的缓慢凝结性质。

（4）C_2AS（硅铝酸二钙，或钙黄长石），在水泥中所占比例极小，几乎没有水化作用，其凝结时间缓慢，仅对水泥的后期强度略有贡献。

（5）C_4AF（铁铝酸四钙），是铝酸钙水泥中的杂质矿物成分，与 $C_{12}A_7$ 具有相似的快速水化作用，但其对水泥的凝结和强度发展没有任何贡献，甚至降低耐火度。

无论从理论上还是从实用上来说，提高氧化铝的含量，同时也提高了铝酸钙水泥的耐火度，应尽量增加 CA_2 和 CA_6 矿物；但从矿物的活性程度来讲，CA 最佳，CA_2 其次，CA_6 基本无活性。因此，从水泥的强度考虑应适当提高 CA 和 CA_2 含量。

一般纯铝酸钙水泥矿物组成为：CA 49.95%，CA_2 47.39%，C_2F 0.17%，C_2AS 1.48%（此系以中国长城铝业公司水泥厂的 CA-70 水泥为例），该水泥中的氧化铝含量约为70%，耐火度为1650℃。但若需要耐火度达到1750℃以上，就必须提高氧化铝的含量（详见25.13.3节）。单纯从熟料中获取氧化铝的含量满足不了强度的需要，所以将有适当氧化铝含量的熟料与煅烧 α-氧化铝共同粉磨，使水泥中的氧化铝含量达到要求。这种水泥在使用时，部分 CA_2 将与 α-氧化铝反应，形成高熔点的 CA_6，这样不仅提高了氧化铝的含量，保证了耐火度大于1750℃，而且水泥的强度也得以保证。

尽管铝酸钙水泥的性质主要是由氧化铝含量来决定，但是钙、硅、铁的含量对其使用性能也有一定的影响。铝酸钙水泥分类及典型的化学成分见表25-44。

表25-44 铝酸钙水泥分类及典型的化学成分

类 型	等 级	Al_2O_3含量/%	CaO含量/%	Fe_2O_3含量/%	SiO_2含量/%	颜 色
铝-40	低 铝	37~42	36~40	11~17	3~8	暗灰色
铝-50	中 铝	49~52	39~42	1.0~1.5	5~8	浅灰色
纯铝	高 铝	68~80	17~20	0~0.5	0~0.5	白 色

25.13.2.2 纯铝酸钙水泥的水化反应机理

纯铝酸钙水泥与水接触后可发生水化反应，然后在适当的条件下硬化。其中铝酸钙的水化过程和水化产物与养护温度有密切关系。当温度不同时，水化反应的过程和产物也不同，其反应过程见式25-51。

$$CaO \cdot Al_2O + nH_2O \begin{cases} \xrightarrow{<22℃} CaO \cdot Al_2O_3 \cdot 10H_2O(六方) \\ \qquad\qquad\qquad\downarrow {>25℃} \\ \xrightarrow{>25℃} 2CaO \cdot Al_2O_3 \cdot 8H_2O(六方) + Al_2O_3 \cdot nH_2O \\ \qquad\qquad\qquad\downarrow 35\sim40℃ \\ 3CaO \cdot Al_2O_3 \cdot 6H_2O(立方) + Al_2O_3 \cdot 3H_2O \end{cases} \quad (25-51)$$

由反应式可以看出，温度 <22℃时，主要生成针状或板状的六方CAH_{10}；22~35℃时，生成六方C_2AH_8和颗粒状的氢氧化铝凝胶（$Al_2O_3 \cdot nH_2O$，简称铝胶）；在35~45℃时，则生成立方体的C_3AH_6和颗粒状的$Al_2O_3 \cdot nH_2O$或AH_3。以上形成的CAH_{10}和C_2AH_8的温度还可能会受水泥中的$C_{12}A_7$的含量及碱含量的影响。

CA_2的水化反应与CA基本相似，见式25-52，但其水化反应速度较慢，早期强度较低，而后期强度高。此反应的速度在常温下较慢，但随着养护温度的提高，水化反应速度显著提高。若增大水的pH值，也可以加速CA_2的水化反应速度。其反应速度还与CA的含量有直接关系，即CA进行水化反应能促进CA_2的水化反应。

$$CaO \cdot 2Al_2O_3 + 13H_2O \longrightarrow CaO \cdot Al_2O_3 \cdot 10H_2O + Al_2O_3 \cdot 3H_2O \quad (25-52)$$

一般认为，CAH_{10}或C_2AH_8都属六方晶系，其晶体成片状或针状，互相交错结合，可形成坚强的结晶集合体。氢氧化铝凝胶又填充于晶体骨架的空隙中，形成致密的结构，从而使水泥获得很高的强度。C_3AH_6属立方晶系，多为粒状晶体，晶体之间的结合较差，故由此导致水化产物构成的水泥石，即混凝土的强度一般都较低。可以认为，对水泥强度的促进作用依次为：$CAH_{10} > C_2AH_8 > C_3AH_6$。

25.13.2.3 纯铝酸钙水泥在耐火材料加热过程中的反应机理

纯铝酸钙水泥作为耐火浇注中的结合剂，其硬化后的水化产物在加热过程中可发生脱水分解反应和结晶化等变化。其主要水化物CAH_{10}、C_3AH_6和AH_3的转化机理见式25-53。

$$CAH_{10} \xrightarrow{\;>110℃\;} C_3AH_6 + AH_3$$

$$C_3AH_6 + AH_3 \xrightarrow{\;255\sim295℃\;} C_{12}A_7 + Ca(OH)_2 + AH + Al_2O_3$$

$$C_{12}A_7 + Ca(OH)_2 + AH + Al_2O_3 \xrightarrow{\;510\sim550℃\;} C_{12}A_7 + CaO + AH + Al_2O_3 \qquad (25\text{-}53)$$

$$C_{12}A_7 + CaO + AH + Al_2O_3 \xrightarrow{\;>600℃\;} C_{12}A_7 + CA + Al_2O_3$$

$$C_{12}A_7 + CA + Al_2O_3 \xrightarrow{\;>1000℃\;} C_{12}A_7 + CA + CA_2 + CA_6$$

水化产物在脱水和转化的过程中，由于脱水分解和转化前后的真密度不同，固体实体体积变化很大，使水泥的结构密实度和强度相应降低。当加热温度提高到水化物的脱水分解和转化过程完成以后，强度的变化就趋于平缓，直至在高温下水泥逐渐烧结，强度又重新开始显著提高。

25.13.2.4 铝酸钙水泥的耐火性能

在铝酸盐水泥中由于其矿物组成的熔点不同，水泥的耐高温性能会有很大差别。水泥中的主要矿物的熔点见表 25-45 所示。

表 25-45 水泥中的主要矿物的熔点

矿　物	C_4AF	$C_{12}A_7$	CA	CA_2	$\alpha\text{-}Al_2O_3$
熔点/℃	1415	1455	1608	1770	2050

铝酸盐水泥的耐火度为 1630~1720℃，耐火度与化学成分及杂质含量有关。如果水泥中的 Fe_2O_3 和 SiO_2 等杂质含量过高，耐火度就会降低；而纯铝酸钙水泥的杂质含量极低，故其耐火度相应较高，一般为 1680~1720℃。

25.13.2.5 铝酸钙水泥在使用中的注意事项

铝酸钙水泥在使用中的注意事项有以下几点：
（1）在用铝酸钙水泥的施工过程中，为防止凝结时间失控，一般不得与硅酸盐水泥和石灰等能析出氢氧化钙的凝胶物质混合，使用前拌和设备等必须清洗干净。
（2）不得用于接触碱性溶液的工程。
（3）铝酸钙水泥水化热集中于早期释放，从硬化开始应立即浇水养护。一般不宜浇注大体积混凝土。
（4）未经试验不得加入任何外加剂。

25.13.3 纯铝酸钙水泥的制备方法

25.13.3.1 纯铝酸钙水泥的主要生产工艺

纯铝酸钙水泥可采用烧结法和熔融法两种方法进行生产，其中烧结法又有回转窑烧结法和静态窑（如倒焰窑、梭式窑和隧道窑）烧结法生产等。无论采用何种生产方法，均要避免燃料的灰分混入水泥中，增加杂质含量。

烧结法和熔融法的典型生产工艺流程如图 25-66 和图 25-67 所示（中铝、低铝等级的铝酸盐水泥是以天然矿物为原料，不加入工业氧化铝，而生产工艺流程则是相似的）。

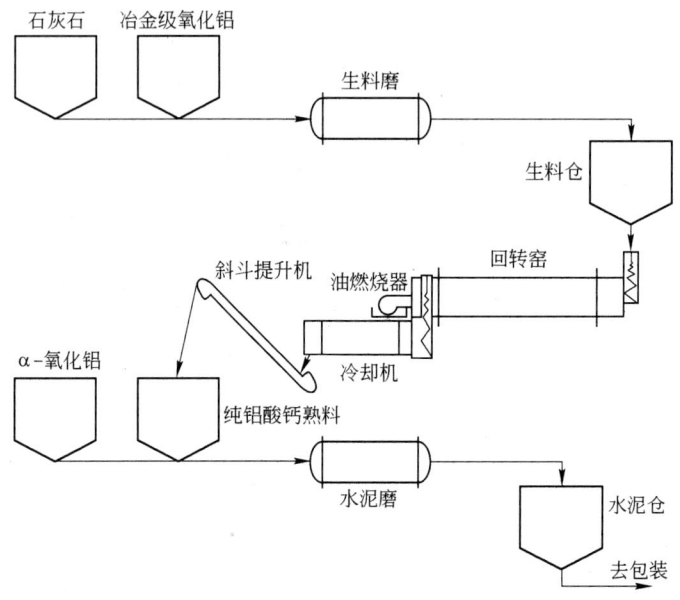

图 25-66　回转窑烧结法生产工艺流程简图

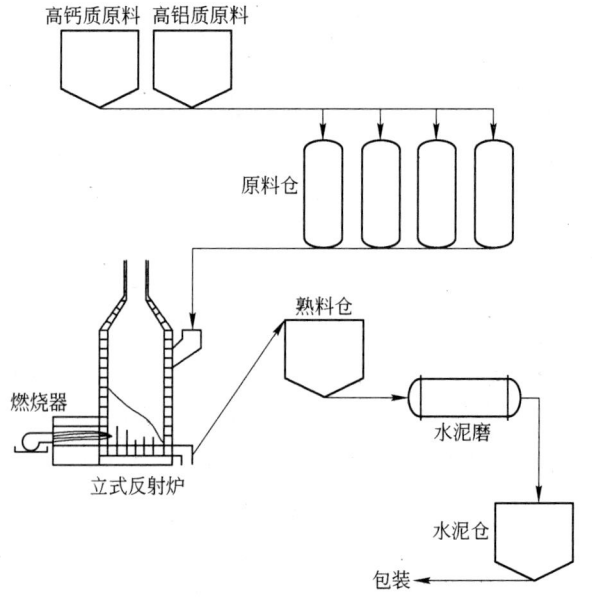

图 25-67　立式反射炉熔融法生产工艺流程简图

25.13.3.2 回转窑烧结法生产纯铝酸钙水泥过程

A 生料的生产过程

a 配料原则及依据

纯铝酸钙水泥的化学成分主要是 Al_2O_3 和 CaO，其矿物相主要为 CA 和 CA_2。CA 具有水化速度快、凝结缓慢及早期强度高的特点。CA_2 后期强度高，但水化速度慢，凝结时间长。CA_2 和 CA 遇水后能水化形成胶凝物质，凝结硬化而具有强度。适当的 CA 存在，可促进 CA_2 的水化，有利于水泥早期强度的提高。根据 CaO-Al_2O_3-SiO_2 系统相图（见图25-68）可确定纯铝酸钙水泥生料的配料区域。

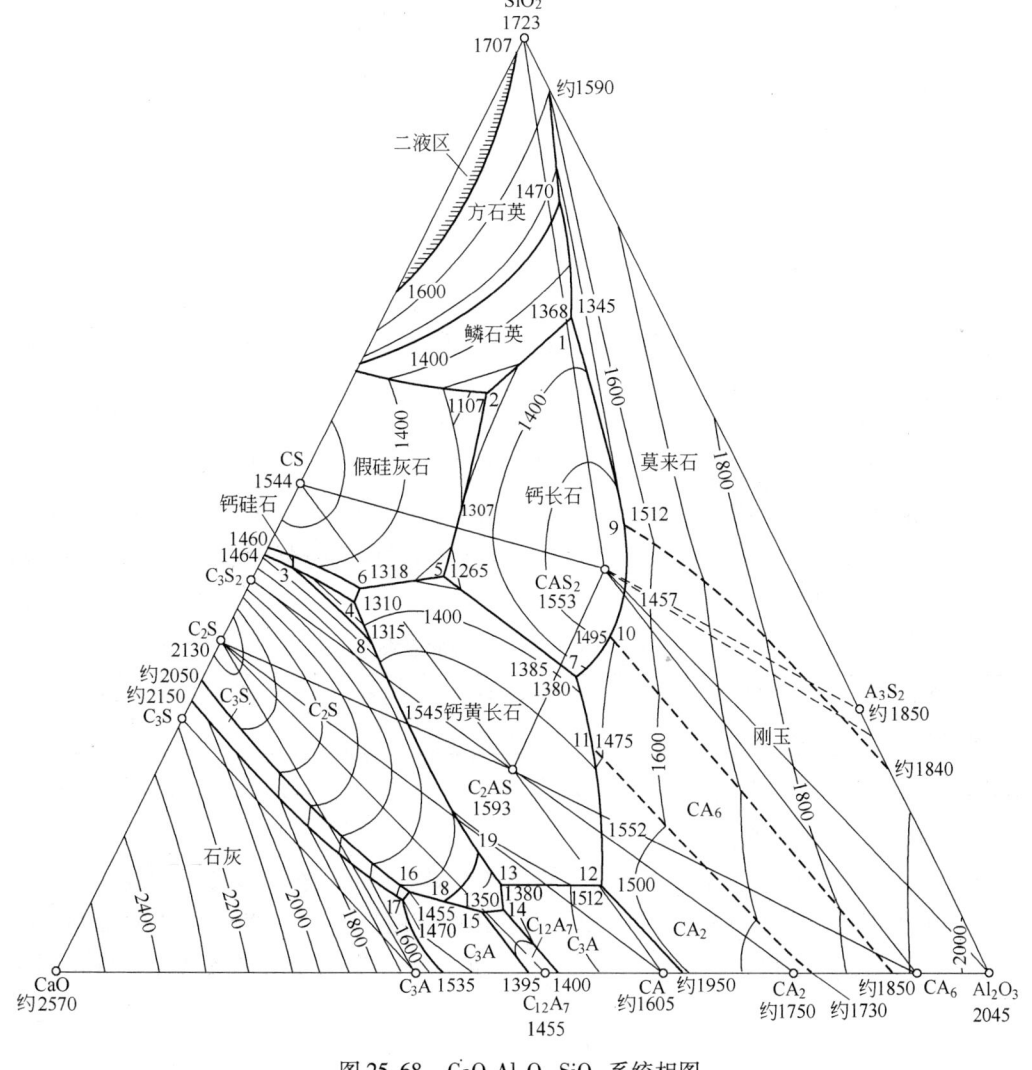

图 25-68 CaO-Al_2O_3-SiO_2 系统相图

从图25-68可以看出，水泥熟料中 CaO 含量为 20% ~ 40%，Al_2O_3 含量为 60% ~ 80%，SiO_2 含量要尽量少。铝酸钙水泥熟料的配料通常用碱度系数 A_m 进行控制。由式25-54看出，所谓碱度系数是熟料中 CaO 与 Al_2O_3 的摩尔比，所代表的实际意义是形成铝酸钙矿物（CA、CA_2 或 CA_6、$C_{12}A_7$）所需 CaO 和铝酸钙若全部为 CA 时所需的 CaO 的比值。

$$A_m = \frac{\dfrac{m_{CaO}}{56}}{\dfrac{m_{Al_2O_3}}{102}} = \frac{m_{CaO}}{0.55 m_{Al_2O_3}} \tag{25-54}$$

另外，当考虑到原料中存在 SiO_2、Fe_2O_3、TiO_2 等杂质成分时，可提供生成铝酸钙矿物的 CaO 和 Al_2O_3 含量如下：

$$w_{CaO_s} = w_{CaO} - 1.87 w_{SiO_2} - (0.7 w_{Fe_2O_3} + 0.7 w_{TiO_2}) \tag{25-55}$$

$$w_{Al_2O_{3s}} = w_{Al_2O_3} - 1.7 w_{SiO_2} - 2.53 w_{MgO} \tag{25-56}$$

式中 w_{CaO}，w_{SiO_2}，$w_{Fe_2O_3}$，w_{TiO_2}，$w_{Al_2O_3}$，w_{MgO} 分别为生料中 CaO、SiO_2、Fe_2O_3、TiO_2、Al_2O_3 及 MgO 的质量分数。

将式 25-55 和式 25-56 代入式 25-54 得出：

$$A_m = \frac{w_{CaO} - 1.87 w_{SiO_2} - (0.7 w_{Fe_2O_3} + 0.7 w_{TiO_2})}{0.55 (w_{Al_2O_3} - 1.7 w_{SiO_2} - 2.53 w_{MgO})} \tag{25-57}$$

选择不同的窑型煅烧纯铝酸钙水泥熟料时，A_m 值一般也不同。采用静态窑或回转窑煅烧时，需要较宽的烧结温度范围，A_m 值一般控制在 0.60~0.70 和 0.68~0.74；而熔融法烧熟料时，为降低熔融温度，A_m 值一般控制在 0.90~1.0，最高不超过 1.5，否则 CA 矿物含量过高会影响后期强度，并降低耐火性能。

b 生料制备过程原料的控制

纯铝酸钙水泥的主要矿物为铝酸钙，其余成分极少，因此在生产纯铝酸钙水泥的时候，尽可能降低水泥中的杂质含量，特别是低熔点的矿物杂质 Fe_2O_3。这对纯铝酸钙水泥耐火度和抗侵蚀能力非常重要，因此生产纯铝酸钙水泥在原材料的选择上特别严格。原料成分要求见表 25-46。

表 25-46 原料成分的要求

原料类别	SiO_2 含量/%	Al_2O_3 含量/%	Fe_2O_3 含量/%	CaO 含量/%	MgO 含量/%
高铝质原料	<0.1	>98	<0.08	—	—
高钙质原料	<0.8	—	—	>55	<0.1

c 生产过程中的生料配制

在生产过程中，一般采用球磨进行生料制备，对生料的配料精度要求较高，一般要求 $CaCO_3$ 的值不能超过设定值的 ±1%；对生料的出磨细度控制在 0.08mm，方孔筛筛余不大于 8.0%；制备后的生料要进行充分均化，以保证入窑生料成分的稳定性。生料高碱度系数与低碱度系数参考配方见表 25-47。

表 25-47 生料参考配方

配方类别	SiO_2 含量/%	Al_2O_3 含量/%	Fe_2O_3 含量/%	CaO 含量/%	MgO 含量/%	TiO_2 含量/%	C/A	A_m
高 碱	0.20	48.00	0.40	28.00	0.40	0.20	0.594	1.080
低 碱	0.20	58.00	0.40	25.30	0.40	0.50	0.384	0.688

工业生产最终要以水泥熟料的化学成分作为生料的调配控制目标。回转窑煅烧纯铝酸钙水泥熟料的化学成分控制范围见表25-48。

表 25-48 回转窑煅烧纯铝酸钙水泥熟料的化学成分控制范围

成　分	SiO_2	Al_2O_3	Fe_2O_3	CaO	MgO	TiO_2	R_2O
控制范围/%	<0.80	68~70	<0.50	28~30	<0.50	<0.50	<0.35

B 纯铝酸钙水泥熟料的煅烧

a 煅烧温度的确定

采用回转窑煅烧纯铝酸钙水泥熟料时，不仅考虑水泥的物理性能，同时也要考虑煅烧工艺条件。在煅烧时，烧结温度控制在物料出现部分液相达到烧结即可。若烧成温度太低，物料出现的液相量不足，熟料就欠烧；温度过高，物料液相量剧增，将形成过烧，可能在窑内结成大块。因此，在煅烧过程中要严格控制熟料烧结温度。纯铝酸钙水泥熟料除 Al_2O_3 和 CaO 主要化学成分外，其他化学成分很少，煅烧时对生料熔点影响小，故根据的生料成分，结合 CaO-Al_2O_3 系统相图（见图25-69），可确定合适的煅烧温度范围。

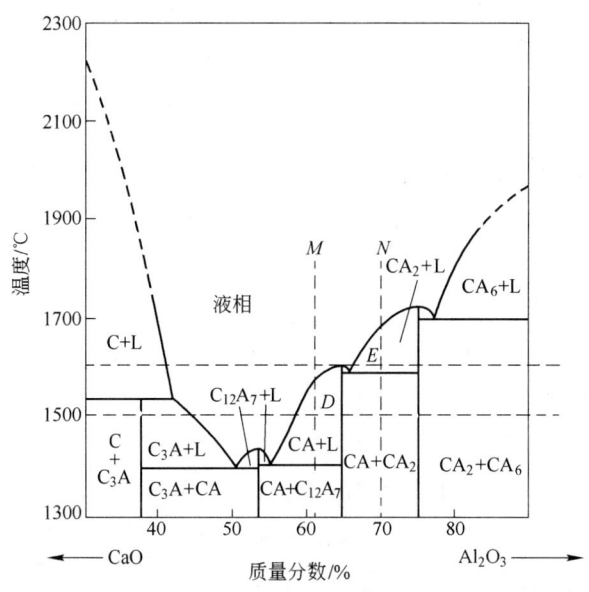

图 25-69 CaO-Al_2O_3 系统相图

烧结法生产水泥熟料时，配料必须考虑熟料的烧结温度范围，而 CA 和 CA_2 质量分数的比值（w_{CA}/w_{CA_2}）是影响烧结温度范围的主要因素。w_{CA}/w_{CA_2} 越大，烧结温度范围会越窄；w_{CA}/w_{CA_2} 越小，烧结温度范围越宽。对 CaO-Al_2O_3 系统相图中设定的两个水泥熟料组成点 M 和 N 进行讨论，M 组成点的 $w_{CA}/w_{CA_2}=1.5$；N 组成点 $w_{CA}/w_{CA_2}=0.68$。可以看出当温度烧至1600℃时，M 组成点物料出现大量液相，已接近完全熔融，而 N 组成点物料仅出现少量液相，直到1720℃才完全熔融。由此说明 w_{CA}/w_{CA_2} 值小，物料的烧结温度范围越宽。所以，配料时应适当提高 CA_2 的含量。实践证明，生产纯铝酸钙水泥时熟料的 w_{CA}/w_{CA_2} 一般应控制在 0.68~1.0 范围内。

b   纯铝酸钙水泥熟料的煅烧过程

回转窑烧结法生产纯铝酸钙水泥熟料，一般利用燃油或燃气作为燃料，在煅烧过程中应注意煅烧温度，防止轻烧料的出现；同时也不能过烧，过烧容易导致回转窑内结块、结圈影响回转窑的正常运转。正常的纯铝酸钙水泥熟料颜色为白色，有烧结瓷化现象。

C   纯铝酸钙水泥的磨制

当纯铝酸钙水泥的氧化铝含量为70%时，磨制时不添加其他物料，水泥成分与熟料成分相同。氧化铝含量达到80%以上的水泥，是由熟料和煅烧 α-氧化铝按一定比例混合粉磨而成。为了提高水泥中温强度，一般是在水泥粉磨时掺配 α-氧化铝。CaO 与 α-氧化铝反应，形成新的陶瓷结构，确保了中温强度，并使水泥耐火度达到 1650 ~ 1700℃。

不掺 α-氧化铝的纯铝酸钙水泥存在以下问题：

（1）纯铝酸钙水泥中 CA_2 占30%，熟料煅烧时出现60%的液相，熟料水化慢，凝结时间长，这样就失去原有的快硬早强的特点。

（2）纯熟料的耐火度为 1580 ~ 1600℃，当用其配制的耐火浇注料温度加热到 800 ~ 1000℃时，水泥结构遭到破坏，从而影响到中温强度。

（3）若不通过掺 α-氧化铝而是直接在纯铝酸钙水泥生料中增加氧化铝含量，当熟料中氧化铝达到80%时，熟料烧成温度高，以现有最高温度为1700℃的烧结方法煅烧这种熟料是不可行的。熟料烧结温度达不到，出现轻烧或生烧，致使熟料强度降低，同时降低水泥强度和水泥的耐火度。

α-氧化铝的掺入量按熟料中的氧化铝含量以及 α-氧化铝粉中氧化铝含量确定，其掺量计算方法如下：

$$w_{\alpha\text{-}Al_2O_3,掺} = \frac{w_{Al_2O_3,水泥} - w_{Al_2O_3,熟料}}{w_{Al_2O_3,\alpha\text{-}Al_2O_3} - w_{Al_2O_3,熟料}} \times 100\% \qquad (25\text{-}58)$$

式中 $w_{\alpha\text{-}Al_2O_3,掺}$——外掺 α-氧化铝占纯铝酸钙水泥的质量分数；

$w_{Al_2O_3,熟料}$——熟料中氧化铝的质量分数；

$w_{Al_2O_3,水泥}$——水泥中氧化铝的质量分数；

$w_{Al_2O_3,\alpha\text{-}Al_2O_3}$——α-氧化铝粉中氧化铝的质量分数。

熟料烧成后，先经破碎，然后与 α-氧化铝按比例配合均匀，再投入瓷球磨中细磨。

25. 13. 4   纯铝酸钙水泥产品质量标准与分析方法

25. 13. 4. 1   纯铝酸钙水泥的质量标准

中国铝业股份有限公司企业标准《铝酸钙水泥》（Q/Chalco A022—2004）中规定的铝酸钙水泥的化学成分和物理性能见表 25-49。

表 25-49   纯铝酸钙水泥的化学成分和物理性能

指 标	C-CA-70	C-CA-75	C-CA-80
SiO_2 含量/%	≤1.0	≤1.0	≤0.5
Fe_2O_3 含量/%	≤0.7	≤0.7	≤0.6
$R_2O(Na_2O + 0.658K_2O)$ 含量/%	≤0.5		

指　标	C-CA-70	C-CA-75	C-CA-80
Al_2O_3 含量/%	68~72	72~77	77~82
初凝/时：分	≥0：45		
终凝/时：分	≤16：00		
比表面积/$m^2 \cdot kg^{-1}$	≥400	≥400	≥450
一天抗折强度/MPa	≥5.5	≥5.5	≥4.5
三天抗折强度/MPa	≥6.5	≥6.5	≥5.5
一天抗压强度/MPa	≥40.0	≥35.0	≥30.0
三天抗压强度/MPa	≥45.0	≥45.0	≥40.0

25.13.4.2　纯铝酸钙水泥的理化性能检测

铝酸钙水泥的理化性能检测如下：

（1）化学成分。按照《铝酸盐水泥化学分析方法》（GB/T 205—2000）进行（全硫和氯除外）。

（2）比表面积。按照《水泥比表面积测定方法（勃氏法）》（GB/T 8074—1987）进行。

（3）凝结时间。按照《铝酸盐水泥》（GB 201—2000）附录A进行。

（4）强度。按照《水泥胶砂强度检验方法（ISO法）（idt ISO 679：1989）》（GB/T 17671—1999）进行。

25.13.4.3　纯铝酸钙水泥的检验规定

纯铝酸钙水泥的检验规定详见《铝酸钙水泥》（Q/Chalco A022—2004）中规定的"6检验规定"。

25.14　其他含铝高温材料

25.14.1　烧结刚玉与电熔刚玉

25.14.1.1　概述

刚玉是矿物名称，1798年被列入矿物学。其化学成分主要是氧化铝，为α-氧化铝晶体，属于离子晶体。纯净的刚玉晶体是无色透明的，含有微量铬的刚玉晶体呈淡红石，俗称红宝石；含有微量铁和钛的刚玉晶体呈蓝色，俗称蓝宝石。刚玉具有耐高温、硬度大、强度高、抗氧化、耐腐蚀、绝缘性能好等优良特性，在陶瓷、耐火材料及磨料等行业有着广泛的应用。工业上所称刚玉材料通常是指氧化铝含量在90%以上，主晶相为刚玉的陶瓷或耐火材料。

因为大多数天然刚玉都含有杂质，而且储量非常少，所以不用天然刚玉来生产耐火材料。工业上使用的刚玉原料都是由氧化铝或高品位轻烧铝矾土来制取的。由于工业氧化铝是松散的结晶粉末，呈多孔疏松结构，不利于氧化铝晶体彼此接触，因而不利于烧结，不能直接用于生产刚玉耐火材料，需经过煅烧或者电熔再结晶，使 γ-氧化铝变成 α-氧化铝，使其烧结及致密化。按生产方法，将刚玉分为轻烧刚玉（1350～1550℃）、烧结刚玉（1750～1950℃）和电熔刚玉。按晶体形态，将刚玉分为板状（或称片状）刚玉、柱状刚玉和粒状刚玉等；按外观颜色，分为白刚玉、棕刚玉、红刚玉、蓝刚玉和青刚玉等。

25.14.1.2　烧结板状刚玉

板状刚玉也称为板状氧化铝，最早是美国铝业公司研制开发的一种以刚玉为主晶相的耐火材料。其生产的技术关键在于超高温烧成装备。工业氧化铝预烧后细磨成粉末，压制成球坯或柱坯，经在超高温竖窑中 1925℃ 高温烧成，即可制备出晶粒沿二维方向生长的烧结板状刚玉。这一烧结刚玉的生产工艺过程称为二步法。还有将工业氧化铝直接磨细、成球、高温烧成的一步法生产工艺。

板状刚玉的微观结构具有与一般刚玉不同的两大特征：一是在一定的显微尺度下断面呈层状板片结构；二是晶体内部存在较多的微闭气孔，从而使其晶体间具有良好的抗滑移特性和抗热震性能，并在耐火材料领域得到非常广泛的应用。

美国铝业公司开发的竖窑生产技术虽然采用了超高温条件下制备烧结刚玉，但由于充分的节能设计使其烧结成本较电熔刚玉还便宜，且其纯度、烧结性和高温性能等方面均优于电熔刚玉，因此美国和西欧国家广泛将烧结刚玉用于耐火材料。日本于 1965 年从美国引进烧结刚玉制备技术，于 1973 年建成了生产烧结刚玉的工厂。

国内早期受热工装备技术水平限制，工业窑炉设备达不到 1925℃，长期改用相对较低的温度条件生产烧结刚玉来替代进口板状刚玉。一般采用隧道窑或梭式窑生产，烧结温度最高可达 1750～1800℃。纯氧化铝在这样温度条件下产生的液相量很少，不会充分烧结，晶粒尺寸发育不够，很难实现板状化结构。后来曾开发过以工业氧化铝为原料，采用电熔法生产板状刚玉的工艺，但与烧结板状刚玉晶体结构和使用性能相比还是有一定差距。近年来，国内热工技术取得较大突破，江苏、山东、陕西、山西等地的一些厂家陆续开始采用竖炉生产烧结刚玉，产品质量也已接近国外先进水平。

25.14.1.3　电熔刚玉

电熔刚玉的品种很多，主要有白刚玉、棕刚玉、亚白刚玉、半脆刚玉、单晶刚玉、微晶刚玉和锆刚玉、铬刚玉等。

白刚玉是以氧化铝粉为原料，经高温电弧熔炼而成；呈白色，硬度比棕刚玉略高，韧性稍低。用其制作的磨具适用于高碳钢、高速钢和淬火钢等的磨削。主要用于研磨抛光和高级耐火材料，还可用作精密铸造型砂、喷涂材料、化工触媒、特种陶瓷等。

棕刚玉是以高铝矾土熟料、炭素材料、铁屑等为原料，在电弧炉内经 2000℃ 高温冶炼而成。外观呈棕褐色熔块，主要化学成分为 Al_2O_3（含量为 94.5%～97%），还含有少量的 TiO_2、SiO_2 和 Fe_2O_3 等，显微硬度 HV 为 1800～2200，虽不及白刚玉和 SiC，但韧性较高，用它制成的磨具，适于磨削抗张较高的金属，如各种通用钢材、可锻铸铁、硬青铜等，也可制造高级耐火材料。棕刚玉中杂质含量一般偏高，会影响耐火材料制品的性能。

亚白刚玉是在高品质棕刚玉基础上生产的，由于其化学成分和物理性能均与白刚玉接近，故称为亚白刚玉。体积密度不小于 3.8g/cm³，耐火度不小于 1850℃。该产品具有白刚玉的硬度，同时兼有棕刚玉的韧性，是理想的高级耐火材料和研磨材料。生产亚白刚玉与生产棕刚玉不同，冶炼棕刚玉主要将矾土中的 SiO_2 和 Fe_2O_3 还原成 Si 和 Fe 分离出去，而冶炼亚白刚玉不但要将 SiO_2 和 Fe_2O_3 还原成 Si 和 Fe，还要尽可能将 Al_2O_3 之外的氧化物，尤其是矾土中的 TiO_2 还原成金属钛分离出去。

半脆刚玉是以优质铝矾土为原料，在亚白刚玉冶炼基础上，经过调整冶炼工艺及配比，于电弧炉中经 2100℃ 以上高温熔炼后，采用特殊破碎处理加工工艺制成。因为它的脆性及韧性都介于白刚玉与棕刚玉之间，所以称之为半脆刚玉。半脆刚玉兼有白刚玉的硬度和棕刚玉的韧性，钛含量在 1.5% 以内，具有耐高温、耐腐蚀、耐冲刷、气孔率低、热态性能稳定等优点，磁性物含量低，堆积密度大，不起网状裂纹，烧成后呈深蓝色，属高级磨料。磨粒有良好的自锐性，磨削锋利而不易烧伤工件，广泛应用于固结磨具和涂附磨具的生产制造。

单晶刚玉是以铝矾土为主要原料，配加适量的硫化物，经高温熔炼而成；呈灰白色或浅土黄色，硬度高、韧性大。采用特殊工艺生产，各粒度品为自然结晶产生，而非机械粉碎结果。是一种韧性非常好的耐热高档研磨材料，用于制作高级切割和研磨工具，适用于高钒高速钢、奥氏体不锈钢、钛合金等高硬度和高韧性材料的磨削，特别是用于干磨和易变形易烧伤工件的磨削加工。

微晶刚玉是以铝矾土为主要原料，经高温熔炼、通过急冷的结晶方式而获得。色泽和化学成分与棕刚玉相似。晶体尺寸小、韧性大、自锐性好。用其制作的磨具适用于重负荷磨削、成形磨削、切入磨削及荒磨；也适用于不锈钢、碳素钢、轴承钢和特种球墨铸铁等的磨削。

锆刚玉是以富铝、锆材料以及添加剂于电弧炉中，经 2000℃ 以上高温冶炼而成，质地坚韧、结构致密、强度高。主要矿物相是 $\alpha\text{-}Al_2O_3$ 和 $Al_2O_3\text{-}ZrO_2$ 形成的共晶体。Al_2O_3 的熔点为 2050℃，ZrO_2 的熔点为 2690℃，Al_2O_3 和 ZrO_2 共晶点温度为 1710℃，ZrO_2 含量为 42.6%。

铬刚玉是以氧化铝粉为主要原料，适配氧化铬等，经高温熔炼而成；呈粉红色，硬度与白刚玉近似，韧性比白刚玉高。用其制作的磨具耐用度好，磨加工光洁度高，适用于量具、机床主轴、仪表零件、螺纹工件及样板磨等精密磨削。

电弧熔炼法生产刚玉材料的参考流程如图 25-70 和图 25-71 所示。

采用电熔法可以制备出类似板状结构的电熔刚玉，外观洁白且有珍珠光泽。板状氧化铝形成的温度略低于氧化铝的理论熔点（2050℃），但是由于工业氧化铝中杂质的存在，必然使电熔法板状刚玉结构形成和发育的过程中有液相存在，处于 1900~2000℃ 的温度区域中的氧化铝物料实际处于有液相参加的"半熔"状态，因此可以认为电熔法板状刚玉既非在"全熔"下形成，也非"未熔"的全固相，而是在半熔的状态下形成的。

电熔刚玉除了磨料磨具行业外，最主要的应用就是作耐火材料。近几年，除石油化工和化肥等工业对高纯度刚玉砖的需求量不断增大外，钢铁工业连铸用长水口、中间包整体塞棒和浸入式水口等也转向使用氧化铝-碳质耐火材料，其中的氧化铝质原料大多采用电熔刚玉，高档的不定形耐火材料也用大量的电熔刚玉作骨料。

25.14.1.4　烧结刚玉与电熔刚玉的比较

国外曾进行了烧结板状刚玉与电熔白刚玉的对比实验，结果表明：仅用作颗粒料时，

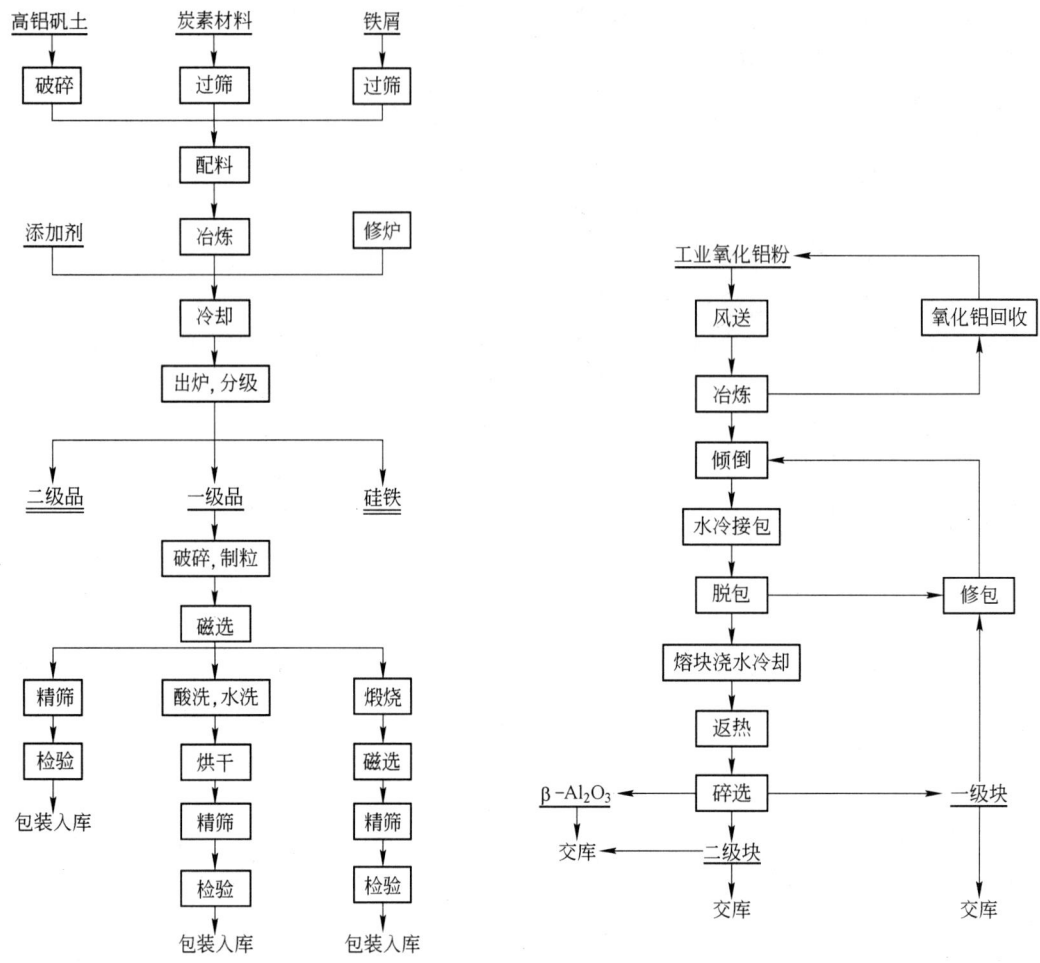

图 25-70 亚白刚玉的生产工艺流程图　　　　图 25-71 倾倒法生产白刚玉的工艺流程图

采用烧结板状刚玉的优势不大；而同时采用 325 细粉时，烧结板状刚玉明显优于电熔白刚玉。而对于电熔法板状刚玉，由于存在较多尺寸较大的闭口气孔，其颗粒强度明显降低。因而一般情况下，高档浇注料或致密制品的颗粒料通常不宜使用电熔法板状刚玉。经粉碎磨细后，绝大部分闭口气孔遭到了破坏，所以，电熔法板状刚玉用作浇注料或制品的基质料较合适。

　　将电熔法板状刚玉与烧结板状刚玉和电熔白刚玉进行对比实验，以电熔纯铝酸钙水泥（CAC）为结合剂，分别与 325 号电熔法板状刚玉细粉、325 号美国铝业公司板状刚玉和 20μm 以下电熔白刚玉细粉，按质量比 CAC/Al$_2$O$_3$ = 20/80 配料混匀，经干压并进一步在 80MPa 下等静压成形为 80mm、47mm 和 7mm 试样，经 1500℃ 保温 8h 烧成后，切成 38mm、7mm 和 2.2mm 的试条，在 SJ-1A 三轴剪力仪上测定抗折强度，试条经 1100℃，室温循环 5 次后测算抗折强度及热震损失率，实验结果列于表 25-50。可见，采用电熔法板状刚玉细粉试样的抗折强度和抗热震性最优；采用烧结板状刚玉细粉者次之；采用电熔白刚玉细粉者最差。这是因为在煅烧过程中 Al$_2$O$_3$ 与 CAC 反应生成大量 CaO·Al$_2$O$_3$，与电熔白刚玉细粉比较，板片状结构的刚玉细粉与 CAC 生成 CaO·6Al$_2$O$_3$ 的膨胀反应对烧结体造成的破坏作用较轻，而电熔法板状刚玉的板片状晶体发育得更充分，此膨胀反应造成的破坏作用最轻。

表 25-50 试样的抗折强度及热震损失率

试 样	抗折强度/MPa	热震后抗折强度损失率/%
CAC + 电熔法板状刚玉细粉	53.5	21.0
CAC + 烧结板状刚玉细粉	41.0	24.4
CAC + 电熔白刚玉细粉	29.9	29.8

用电熔法板状刚玉细粉取代电熔白刚玉细粉生产陶瓷辊棒取得了明显的效果，产品抗热震性合格率提高了 20.2%，抗折强度提高了 7%。这是因为陶瓷辊棒中的黏土在烧成时分解析出 SiO_2，并与配料中的氧化铝反应生成莫来石，即二次莫来石化，这是一个体积膨胀反应。采用电熔法板状刚玉细粉取代电熔白刚玉细粉可明显抑制这一体积膨胀反应的不利影响，所以辊棒的抗折强度和抗热震性得到有效改善。

25.14.2 镁铝尖晶石

25.14.2.1 概述

尖晶石是一组分子组成为 AB_2O_4（A 为二价阳离子，B 为三价阳离子）的等轴晶系的系列化合物。在所有的尖晶石类结构中，氧原子是等同的，以立方密堆积排列。在镁铝尖晶石中，由于氧原子比阳离子大得多，铝和镁的金属离子分别按一定的规律插入在 O^{2-} 按最密堆积形成的八面体和四面体空隙中，并保持电中性。

镁铝尖晶石的化学式为 $MgO \cdot Al_2O_3$，其中 MgO 占 28.2%（质量分数），Al_2O_3 占 71.8%，是一种熔点高（2135℃）、线膨胀系数小、热导率低、热震稳定性好和抗碱侵蚀能力强的材料。镁铝尖晶石在自然界中是一种接触变质产物，有少数来自火成岩和沉积岩，但天然产出很少。耐火材料用镁铝尖晶石都是用 MgO 和 Al_2O_3 人工合成的。MgO 和 Al_2O_3 能固溶于镁铝尖晶石中，形成富镁或富铝尖晶石，它们与镁铝尖晶石的低共熔温度都在 1900℃ 以上。

镁铝尖晶石具有良好的理化性能，广泛地应用于耐火材料、耐磨材料、精细陶瓷及颜料工业等各个领域。作为耐火材料使用时，不仅要求其具有良好的抗热震和抗侵蚀性能，同时还要求其具有合适的线变化率以及显气孔率。由镁铝尖晶石粉末制备的透明多晶镁铝尖晶石既具有陶瓷的优点，如耐高温（2135℃）、耐腐蚀、耐磨损、高硬度、高强度、良好的电绝缘性能、线膨胀系数小等，又具有如蓝宝石晶体、石英玻璃的光学性能，在紫外光、可见光、红外光波段具有良好的透过率，可用于制造导弹头罩、透明装甲、电子元器件的绝缘骨架、红外波段窗口材料、合金和金属制品的陶瓷保护膜、耐火材料、精细陶瓷器皿、光纤及光纤传感器，还可作为投影电视发光基片。

25.14.2.2 镁铝尖晶石浇注料的应用

我国冶金工作者对镁铝尖晶石质浇注料做了大量的研究开发工作，并结合国内丰富的铝矾土和菱镁矿资源，开发出矾土基高铝-尖晶石浇注料，通过在国内部分厂家应用，取得了良好的使用效果。

A　刚玉-尖晶石浇注料

目前, 国内开发使用的刚玉-尖晶石浇注料通常都采用高档原料, 如刚玉以电熔或烧结法制备的颗粒料配入; 而尖晶石多以电熔或烧结的细粉形式引入。在这类高档浇注料中, 基质中常引入一定量的纯铝酸钙水泥 (约5%) 和活性氧化铝微粉 (约10%), 因此价格昂贵。钢铁企业目前很少使用此类钢包浇注料。

B　矾土基高铝-尖晶石浇注料

此类浇注料多采用矾土熟料、烧结尖晶石作主要原料, 采用超细粉结合方式。其浇注料的使用性能尽管稍逊于进口浇注料, 但其成本低, 因此还是有较广阔的市场。如周宁生等人开发的矾土基高铝-尖晶石质钢包浇注料已先后在国内十几家钢厂的中、小型钢包上投入使用。渣线部位、侧壁及包底均使用该浇注料, 多数情况下包龄比原用水玻璃结合的铝镁浇注料或铝镁碳砖提高了100% ~ 300%。该浇注料以特级铝矾土、矾土基尖晶石和烧结镁砂等为主要原料, 采用超细粉凝聚结合方式。陶新霞等人以矾土刚玉、烧结尖晶石、纯铝酸钙水泥为主要原料, 添加少量硅微粉和改性剂, 也研制出高档铝-尖晶石浇注料。

25.14.2.3　镁铝尖晶石的制备

镁铝尖晶石的合成方法很多, 主要有固相法和液相法等。Al_2O_3-MgO 二元系相图如图 25-72 所示。下面对各种制备方法进行简单介绍。

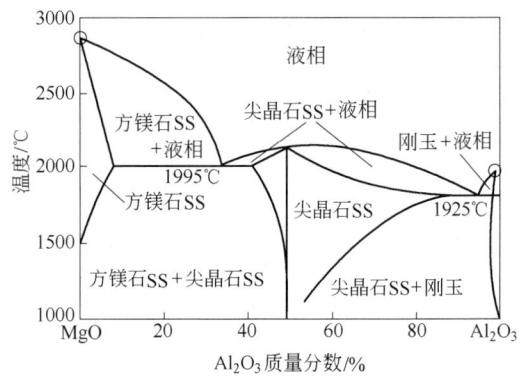

图 25-72　Al_2O_3-MgO 二元系
相图 (SS 表示固溶体)

A　固相法

固相法是以固态物质为原料来制备粉体的方法, 采用若干单一成分的原料, 经过配料、混合和煅烧后得到一定的多组分化合物。以 MgO 和 Al_2O_3 为原料制备镁铝尖晶石粉末是一种工艺较成熟且简便易行的方法。该法是以工业 Al_2O_3 和轻烧 MgO 按摩尔比 1∶1 配料, 在马弗炉中煅烧温度超过 1100℃便开始反应生成镁铝尖晶石。但低温合成得到的属于活性镁铝尖晶石粉末, 结构比较疏松, 重烧体积变化比较大, 不能直接满足耐火材料使用。工业生产为保证产品致密和晶相含量, 高镁铝尖晶石的合成温度一般在 1600℃左右, 而且要保温适当时间。

高温固相烧结法是目前镁铝尖晶石主要的工业生产方法, 其生产工艺简单, 生产成本相对较低, 缺点是能耗高、效率低、反应体系不均匀。由于 MgO 和 Al_2O_3 粉末是通过机械球磨混合, 尽管它们被磨得很细, 但相对于分子或原子尺寸而言, 仍然是"庞大"的, 这样在高温固相接触反应时, 很难达到分子级间的接触程度, 甚至发生"再包裹"现象, 从而导致生成物掺杂。因此, 合成的粉料晶格缺陷多、表面能大、纯度较低、粉体均匀性较差。

B　液相法

液相法是选择合适的可溶性金属盐配制成溶液, 通过加入沉淀剂或蒸发、升华、水解等操作使金属离子沉淀或结晶形成前驱体，经热处理而制得超细粉。液相法的优点是易控制化学组成，易于添加微量成分，可获得很好的混合均匀性；其缺点是操作条件要求苛刻，生产成本较高，只适合小批量生产高纯度产品。下面为几种具体的液相法制备方法。

　　a　冷冻干燥法

　　将金属盐水溶液喷雾到低温液体上，使液滴瞬时冷冻，然后在低温降压条件下升华、脱水，再通过热分解反应制备粉体。该法制备的尖晶石粉可以消除喷雾干燥法制备尖晶石粉所产生的粉体微粒空心现象，因而能减小烧结体的气孔率。用冷冻干燥法制备的粉体在 430℃ 热处理时有 $MgAl_2O_4$ 晶相出现。在 1200℃ 下煅烧时，尖晶石反应结晶完全。实验表明，在 1100℃ 下煅烧 12h 所制备的尖晶石粉的粒子尺寸为 50nm，该粉体具有很高的烧结活性。但该法的缺点是粉体易产生团聚，通过球磨可使团聚体的尺寸减小到 $10\mu m$。

　　b　均匀沉淀法

　　均匀沉淀法是在溶液状态下，原子尺度混合，特点是不外加沉淀剂，在溶液内缓慢自生成沉淀剂，可消除外加沉淀剂的局部不均匀现象。S. Hokazono 采用两种溶液体系来制备镁铝尖晶石粉末：一种是 $Al(NO_3)_3$、$Mg(NO_3)_2$ 和 $(NH_2)_2CO$ 水溶液体系；另一种是 $Al_2(SO_4)_3$、$MgSO_4$ 和 $(NH_2)_2CO$ 水溶液体系。均按摩尔比 Mg：Al = 1：2 进行配料；溶液浓度为：尿素 1.8mol/L，Al^{3+} 0.1mol/L，Mg^{2+} 0.08mol/L；并分别用 HNO_3 和 H_2SO_4 调节到 pH 值为 2，在一定温度下加热，产生沉淀，经水洗、超声搅拌、离心分离后 100℃ 干燥，并于 600~1200℃ 温度煅烧，可得到尖晶石粉。两种方法制备的粉体粒度在 $0.5\mu m$ 以下，但硫酸盐体系制得的粉末比硝酸盐体系的具有更好的可烧结性，而且烧结体具有较高的体密度。

　　c　共沉淀法

　　共沉淀法是在溶液状态下，将组分混合，加入沉淀剂，可得各成分混合均匀的沉淀物，经热分解可制备粉体。所制备的粉体均匀性好，易烧结。J. Katanic 采用 $AlCl_3$ 和 $MgCl_2$ 为原料，化学纯 $NH_3·H_2O$ 作沉淀剂，按摩尔比 $MgO：Al_2O_3 = 1：1.5$ 配制成浓度为 0.5mol/L 的混合盐溶液，在快速搅拌下缓慢滴入氨水溶液，调节溶液的 pH 值为 11~12，在 65℃ 反应 30min 便可得到白色絮状凝胶，凝胶经水洗并离心分离后于 85℃ 干燥，并在 900℃ 保温 1h 的条件下煅烧，便得到镁铝尖晶石粉末。分析表明：凝胶中含有 $2Mg(OH)_2·Al(OH)_3$ 和少量 $Al(OH)_3$、$AlOOH$。在热分解过程中，500℃ 左右时，$2Mg(OH)_2·Al(OH)_3$ 分解生成尖晶石和 MgO，同时 AlOOH 分解成 γ-Al_2O_3，随着温度升高至 850℃，MgO 和 γ-Al_2O_3 反应生成尖晶石，850℃ 左右前驱体几乎完全生成尖晶石。

　　该法制备的粉末成分均匀、纯度高、颗粒尺寸较小（平均在 40nm 左右）、颗粒形状近似球形、无硬团聚存在。粉末的比表面积在 $100m^2/g$ 以上、活性好、易烧结，但沉淀物水洗、过滤困难且容易引入杂质。

　　d　凝胶沉淀法

　　凝胶沉淀法是将金属盐溶于溶剂中，在碱性条件下共沉淀直接形成凝胶，可形成均匀复合氢氧化物或氧化物的凝胶体。V. K · Singh 将 $Al_2(SO_4)_3·16H_2O$ 和 $MgSO_4·7H_2O$ 分别配成一定浓度溶液，相互混合后，逐滴加入氨水，并用电动搅拌器不断搅拌，直至由于凝胶黏度阻力使搅拌器转动困难，将凝胶在不同温度下煅烧。实验结果表明：600℃时就开始有尖晶石相生成，尖晶石是通过 $Mg(OH)_2$ 分解为 MgO 与 $Al(OH)_3$ 或 $Al_2(SO_4)_3$ 反应生成，也可通过 $MgSO_4$ 与 $Al_2(SO_4)_3$ 反应生成；900℃时生成的尖晶石结晶良好，但含有未反应的硫酸盐杂质；1000℃可生成单相的尖晶石粉；1100℃出现一些未反应的 MgO 和 Al_2O_3 与尖晶石共存，这是因为在1000℃时尖晶石是通过 $Al_2(SO_4)_3$ 与 $Al(OH)_3$ 分解的具有很高活性的 Al_2O_3 扩散到 $MgSO_4$ 内反应生成，但在更高温度下 $MgSO_4$ 会分解生成 MgO，由于温度过高，粒子粗化，反应活性较小，反而不利于形成尖晶石。

e 超临界法

超临界法是指作为反应溶剂的乙烯醇在超过其液相-气相临界点的条件下使溶质 $Mg[Al(OR)_4]_2$ 分解成固态粒子，经热处理结晶化生成尖晶石粉的方法。M. Barj 用 $Mg[Al(OR)_4]_2$ 作原料，在超临界态的乙烯醇中分解形成固体粒子，经1100℃热处理形成尖晶石粉。该法所制备的镁铝尖晶石粉有很好的等计量化学均匀性，不存在相偏析，制备的粉体随反应时间不同，平均粒径为 $4.3\sim9.8\mu m$，同时介质浓度也影响尖晶石粉的质量、结晶度、粒子分布和平均粒径。扫描电镜分析显示这些微粒是由更小的粒子软团聚而形成，经超声波处理，形成的软团聚体很容易分散，单个粒子的直径可达20nm，该法制备的粉体具有良好的烧结性能。

f 冷冻-干燥醇盐法

冷冻-干燥醇盐法是将金属盐水溶液喷雾到低温液体上，使液滴瞬时冷冻，然后在低温降压条件下升华脱水，再通过热分解反应制备粉末的方法。C. T. Wang 等人用洁净的铝溶胶和甲氧基镁作为反应原料，铝溶胶通过铝和异丙醇发生水解和溶胶反应而制得，甲氧基镁由纯度为99.99%的镁球和过量的甲醇在 N_2 气氛中反应24h并经分馏而制得，按一定配比将铝溶胶缓慢引入到甲氧基镁溶胶中形成尖晶石溶胶，生成的尖晶石溶胶于85℃下经48h反应后蒸馏出过量的水和有机溶剂，再通过喷嘴喷射到盛有液氮的盘子上，再将凝固后的尖晶石溶胶放入真空干燥箱内，于50℃左右下使所有的冰升华。在加热过程中，$Mg(OH)_2$ 和 $Al(OH)_3$ 反应生成 $MgAl_2(OH)_8$，因此得到组成为 $AlOOH$ 和 $MgAl_2(OH)_8$ 的复合体。干燥后的粉体在温度为1100℃，保温12h煅烧后便得到粒子尺寸为50nm的尖晶石粉末。

冷冻-干燥醇盐法可以消除喷雾干燥法制备产生的空心现象，且粉末具有很高的烧结活性；缺点是粉末易发生团聚现象，通过球磨可使团聚体的尺寸减少到 $10\mu m$ 以下。

g 水热合成法

水热合成法制备粉体是在密封压力容器中，以水作为溶剂介质，在高温高压的条件下制备粉体的方法。P. Krijgsman 等人用 $Al(OH)_3$ 和 $Mg(OH)_2$ 作原料，经水热合成过程，在4MPa、523K条件下制备组成为 $Mg(OH)_2$ 和 $(AlOOH)_{45}$ 的复合粉体，粒径在 $2\sim10\mu m$ 范围，后经一定温度煅烧可制备尖晶石粉。水热法制备单相粉体的优点为：晶粒发育完整，粒径很小且分布均匀，团聚程度很轻，易得到合适的化学计量物和晶粒形态，省去高温煅烧和球磨，避免了杂质和结构缺陷，而且粉体的烧结性能好。

液相法合成镁铝尖晶石粉的方法很多，但各种方法普遍存在工艺复杂、成本高、产量低等缺点，且大多停留在实验室研究水平。为了推进光学透明镁铝尖晶石等产品的工业化生产，需要开发更好的高品质、低成本的制备工艺。

25.14.3　氧化铝纤维

25.14.3.1　概述

氧化铝纤维是近年来备受重视的一种无机纤维，平均直径为几个微米到十几个微米，不仅具有较高的抗拉强度，而且还有优异的抗高温和耐腐蚀等一系列优点，并具有以下特征：

（1）高温稳定性。氧化铝纤维在氧化气氛下具有出色的物理强度。

（2）具有高的模量。这一特征较 FP 纤维（多晶氧化铝纤维）具有更高模数。

（3）连续纤维增强金属已可达到极高的耐压强度。

氧化铝纤维制品也可以作为高端的耐火保温材料，短纤维是高强度金属复合材料的增强材料。由于原料来源广泛，生产工艺简单，对设备要求不高，且生产过程可以在空气中直接进行，因而生产成本低。氧化铝纤维以其突出的性价比以及其在军工上重要的战略意义和巨大的商业价值，吸引了许多国家投入大量的精力研制、开发与利用。

25.14.3.2　氧化铝纤维的制备

氧化铝纤维的制备方法主要有注浆法、预聚合法、卡内西门法、基体纤维浸渍溶液法以及溶胶-凝胶法等。

高温氧化物连续陶瓷纤维在美国、日本、英国等国已进行了多年的研究、生产和应用。美国 3M 公司自 1965 年开始研制，现拥有 Nextel 系列氧化物连续陶瓷纤维产品，产品的主要特点为椭圆形断面，纤维柔软性得到提高。杜邦公司（DuPont）在 20 世纪 70 年代报道了 FP 及其改进型 PRD166 高强度连续陶瓷纤维产品。日本住友株式会社（Sumitomo）近年来发展了 Ahex 多晶氧化铝连续纤维。

目前，国际市场最主要的氧化物连续陶瓷纤维产品是美国 3M 公司生产的 Nextel 系列产品。3M 公司报道称其采用溶胶体喷丝法制造氧化铝基连续陶瓷纤维，即胶体经连续喷拉干燥后形成素丝纤维前驱体，通过连续热处理炉转变成氧化物纤维，再经过校直、去静电、收集成纱锭。不同成分的连续陶瓷纤维具有不同的用途：连续碳化硅纤维主要用于高性能军用发动机燃烧室；连续硼纤维由于具有很高的单丝抗拉强度，被作为军用飞机的高强轻结构材料；连续高硅氧纤维是传统的航空航天复合材料和烧蚀材料。这些材料的共同特点是生产成本较高，相对而言，氧化铝基连续陶瓷纤维用化学溶胶-凝胶生产工艺也较容易实现，有很好的性价比，其综合性能更优，完全可以应用于上述领域。

20 世纪 80 年代，洛阳耐火材料研究院及上海、河南陕县的单位等先后完成了 95% Al_2O_3 的多晶纤维的研制工作。其中河南陕县和洛阳耐火材料研究院均采用胶体法工艺生产多晶氧化铝纤维，上海某厂采用浸渍法制备多晶氧化铝纤维。与胶体法相比，浸渍法生产多晶氧化铝纤维成本高、产率低、不适宜规模化生产。胶体法和浸渍法制备多晶氧化铝纤维分别如图 25-73 和图 25-74 所示。

25.14.3.3　应用现状

A　航天领域

美国国家航天局（NASA）在航天飞机 650～1260℃ 的中温区所采用的热防护材料是

一种石英纤维制作的防热瓦，后继发展的 FRCI 防热瓦是将 20% 的硼硅酸铝纤维作为增强剂加入石英纤维中制成的，强度较前者提高约 11%，而密度仅为前者的 58%。硼硅酸铝纤维是一种高强度、耐高温的多晶连续陶瓷纤维，它的加入能形成骨架，起到加强筋的作用，现已成功地应用于航天器隔热系统。

美国研制的更新一代航天飞机目的在于把每千克载荷发射成本从目前的约 10000 美元降低到约 2000 美元，提高美国在太空活动，尤其是军事活动方面的竞争能力。更新一代航天飞机再入大气层时比现行的航天飞机速度更快（10~25 马赫），因此气动加热现象更为严酷，尤其是机头和机翼前缘将承受极高的温度。

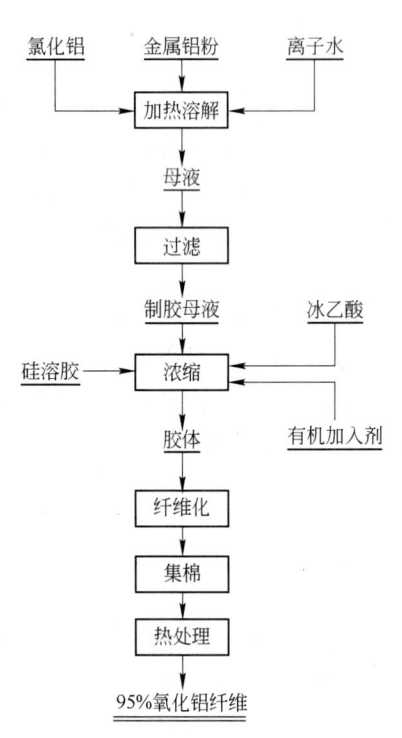

图 25-73　胶体法制备多晶氧化铝
纤维的工艺流程简图

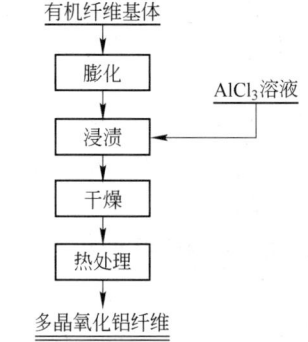

图 25-74　浸渍法制备多晶氧化铝
纤维的工艺流程简图

解决系统隔热问题，是关系到航天飞机能不能上天的关键问题之一。氧化铝纤维耐温性能更好，缺点是密度较石英纤维大，新的发展方向是采用梯度复合的办法，解决耐温、隔热与强度及轻量化的矛盾。

B　工业高温炉领域

氧化铝短纤维具有突出的耐高温性能，主要用作绝热耐火材料，在冶金炉、陶瓷烧结炉或其他高温炉中作护身衬里的隔热材料。由于其密度小、绝热性好、热容量小，不仅节能效果显著，可以减轻炉体质量，而且可以提高温度控制精度。因此，氧化铝纤维在高温炉中使用，节能效果比一般的耐火砖或高温涂料好。

C　环保和再循环领域

氧化铝纤维由于其良好的耐化学腐蚀性能，可用于环保和再循环技术领域。如用于焚烧电子废料设备的内衬或高温烟气的颗粒捕集器，历经多年运转，氧化铝纤维仍显示出其优良的抗腐蚀性能；也可用于汽车尾气净化设备上作陶瓷整体衬，其特点是结构稳定。

D　增强复合材料

由于氧化铝纤维与金属基体的浸润性良好，界面反应较小，其复合材料的力学性能、耐磨性和硬度均有提高，线膨胀系数降低。氧化铝纤维增强的金属基复合材料已在汽车发动机部件和气体压缩机叶片中得到应用。如氧化铝短纤维用于铝合金活塞，其优点是当温度上升时膨胀较小，比普通铝合金减少约25%，使活塞和汽缸之间贴合好，可节省燃料。

氧化铝长纤维增强金属基复合材料主要应用于高负荷的机械零件和高温高速旋转零件以及有轻量化要求的高功能构件，例如汽车连杆、传动杆、刹车片等零件及直升飞机的传动装置等。最近，也有研究人员开始将其用于热核反应堆冷却换热装置的衬里。

由于氧化铝纤维与树脂基体结合良好，比玻璃纤维的弹性大，比碳纤维的压缩强度高，因此氧化铝树脂复合材料正逐步在一些领域取代玻璃纤维和碳纤维。在文体用品方面，可制成各种颜色的高强度钓鱼竿、高尔夫球、滑雪板和网球拍等。

25.14.4　莫来石

25.14.4.1　概述

莫来石（mullite）为铝硅酸盐矿物。莫来石的天然矿物在地壳中非常稀少，因1924年最早发现于苏格兰的马尔岛（Island of Mull）而得名。但人造莫来石却是一种常见且应用广泛的矿物。莫来石的化学成分并不稳定，常见的有$3Al_2O_3 \cdot 2SiO_2$以及$2Al_2O_3 \cdot SiO_2$两种形式。莫来石与硅线石族矿物颇为相似。它的晶体结构可以看作是由硅线石结构演变而来，每个晶胞是由4个硅线石晶胞组成，每个硅线石晶胞是由4个$Al_2O_3 \cdot SiO_2$组成，因此，莫来石晶胞相当于由16个$Al_2O_3 \cdot SiO_2$所组成。莫来石为斜方晶系，其熔点为1900℃。

莫来石具有耐火度高、抗热震性好、抗化学侵蚀、抗蠕变、荷重软化温度高、体积稳定性好、电绝缘性强等性质，是理想的高级耐火材料，被广泛应用于冶金、玻璃、陶瓷、化学、电力、国防、燃气和水泥等工业。

25.14.4.2　莫来石的应用

莫来石的应用主要有以下几个方面：

（1）高纯莫来石耐火材料。莫来石耐火砖可用在各种高温窑炉的内衬，它还广泛应用于水泥高温煅烧区域的内衬。

（2）利用氧化锆（ZrO_2）增韧莫来石陶瓷。为了改善莫来石陶瓷的室温力学性能（主要是韧性）不佳这一缺点，ZrO_2相变增韧被认为是一种行之有效的强韧化方法。以莫来石陶瓷作为母相，添加ZrO_2可以改善抗热震性、抗腐蚀性、提高机械强度和韧性。

（3）莫来石高温工程材料。莫来石陶瓷还具有优良的抗腐蚀性和气密性，因此被广泛用于坩埚、防护管以及热电偶管等耐热材料。而且在实际应用中，尽管莫来石陶瓷对熔融金属的抗腐蚀性比氧化锆陶瓷差些，但对气体的抗腐蚀性则好得多。

（4）电子封装材料。陶瓷材料是封装的基础。莫来石具有优良的低热膨胀和介电性能，这些性能在开发具有高密度封装的大尺寸基体时尤为重要。莫来石的热膨胀稍高于硅，但是通过制备莫来石与玻璃以及低膨胀陶瓷复合材料，则可提高匹配性能。日本Yamamar玻璃公司已开发出了承载半导体器件、感应线圈电容及电阻的莫来石玻璃陶瓷。

（5）光学材料。莫来石材料优良的抗热震性能、介电性能和高温强度以及较好的透光性，使之成为独特的高温光学窗口材料。对莫来石材料在红外光谱范围内光吸收行为的研究表明，莫来石的光吸收行为比其他可能的材料（如尖晶石和蓝宝石）的光吸收性能好。作为透过红外线的材料，莫来石的主要应用在于作为化学条件较为苛刻以及高温受到机械应力的环境。

（6）莫来石纤维。莫来石纤维是现代高温结构陶瓷的重要补强、增韧材料之一。而多晶莫来石耐火纤维是国际上最新的耐高温绝热材料，它集纤维材料与晶体材料的特性于一身，热导率只有传统耐火砖的 1/6，使用温度高达 1400~1600℃。其主要应用于中小型连续加热炉的炉墙与炉顶。

（7）窑具材料。目前在国内的陶瓷工业中主要采用堇青石-莫来石窑具材料。堇青石线膨胀系数小，热震性能好，但由于其韧度低、荷重软化点低和合成温度范围窄，从而限制了它的性能发挥。而莫来石高温性能优良、机械强度高，但其线膨胀系数较大。将堇青石与莫来石进行复合是使材料兼有高温性能和抗热震性能的一个有效措施。

25.14.4.3　莫来石粉体的制备方法

莫来石的传统制备方法有电熔法、固相烧结法、液相反应合成法及高能球磨低温煅烧法。电熔法以天然矿物为原料，合成的莫来石晶粒发育良好，呈针状或柱状，解理明显，易于破碎。国内外人工烧结合成莫来石，基本上是以纯高岭土、铝矾土、焦宝石、石英为原料，近几年也开始利用煤矸石作主要原料。有企业和研究单位尝试以工业氧化铝和硅石为原料，配合料不加任何还原剂和添加剂，靠工业氧化铝电熔合成高纯莫来石。但因为所用原料为矿物，使得莫来石的纯度不高。烧结法合成的莫来石晶粒细小，通常呈粒状，无明显解理存在，破碎比较困难。

传统的天然矿物原料合成的莫来石通常含有较多的杂质，主要为共价键化合物，低温下的原子体扩散速度较低，粉料的烧结活性差，致密化温度一般都在 1550~1600℃。有报道，以铝矾土和红柱石为原料可以在 1250~1500℃区间烧结形成莫来石。

莫来石还可以采用湿化学方法合成，湿化学法制备超细莫来石的主要原料是硅和铝的醇盐或铝的无机盐。主要的制备方法有：溶胶-凝胶法、水解-共沉淀法、喷雾热解法、醇盐水解法和水热法等。

25.15　化学品氧化铝的包装和储运

化学品氧化铝是个性化很强的多品种产品，为确保其在储运过程中不发生被破损污染和受潮变质等不利影响，本节专门介绍化学品氧化铝的包装和储运方面的一些特殊要求。

25.15.1　高白氢氧化铝、超细氢氧化铝与拟薄水铝石的包装和储运

包装：防潮抗渗复合纸袋，内塑外编覆膜袋。

运输：本品为非危险品，运输过程中防止受潮、雨淋和包装破损。

储存：储存于干燥通风的库房内。

高白氢氧化铝产品袋重控制标准见表 25-51。

表 25-51　高白氢氧化铝产品袋重控制标准

包 装 规 格	质量/kg	包 装 规 格	质量/kg
吨　包	1003 ±3	40kg 袋	40.2 ±0.20
500kg 袋	502.5 ±1.5	25kg 袋	25.15 ±0.20

超细氢氧化铝每袋净重为 25kg。拟薄水铝石每袋净重为 25kg 或 40kg。

产品的安全性能：氢氧化铝产品为无毒、无味和无腐蚀性的白色粉末。但在生产、包装和使用过程中应注意扬尘对员工身体的危害。

25.15.2　活性氧化铝与水硬性氧化铝的包装和储运

包装：一般为内层采用聚乙烯塑料薄膜袋，外层采用聚丙烯塑料编织袋或纸板桶。每袋或每桶净重有：25kg/件，35kg/件，50kg/件。催化剂、催化剂载体一般采用内衬聚乙烯塑料袋的纸板桶或铁桶包装，每袋或每桶净重 25kg。

包装容器上应有牢固清晰的标志，内容包括：生产厂名、厂址、产品名称、商标、类别、净含量、批号或生产日期、标准编号及 GB/T 191—2000 规定的"怕雨"标志等。包装内附质量证明书。

包装和储运均要注意防潮、防化学污染及其他污损。活性氧化铝应储存于干燥通风的库房内，并需下垫垫层，防止受潮。

25.15.3　4A 沸石的包装和储运

包装：用内衬塑料薄膜的编塑袋包装，包装净含量应符合标称质量。包装质量一般为 40kg 和 700kg。

运输：运输过程中应防止日晒、雨淋、受潮，轻装轻卸，避免包装袋破损。

储存：产品应储存在干燥、洁净的库房内，如需在露天存放时，堆垛要垫离地面 10cm 以上，垛高以不超过支撑物的最大载荷为限，并加遮盖物以防晒、防雨、防潮、防破损。

产品的安全性能：产品为无毒、无味和无腐蚀性的白色粉末。但在生产、包装和使用过程中应注意扬尘对员工身体的危害。

25.15.4　α-氧化铝的包装和储运

包装：α-氧化铝一般产品包装内层采用聚乙烯塑料薄膜袋，外层采用聚丙烯塑料编织袋；也可以采用纸箱包装。质量：50kg/件，25kg/件。

储运：α-氧化铝应储存于干燥的地方，防止吸潮，在运输过程中没有特殊的要求。

25.15.5　聚合氯化铝的包装和储运

包装：聚合氯化铝外包装上有牢固清晰的标志，内容包括：生产厂名、产品名称、商标、类别、等级、净重、批号或生产日期、标准编号以及 GB/T 191—2000 规定的"怕湿"标志。

固体聚合氯化铝采用双层包装：内包装采用聚乙烯薄膜袋，厚度不小于 0.1mm，包装容积应大于外包装；外包装采用聚丙烯塑料编织袋，其性能和检验方法应符合 GB/T 8964 的规定。每袋净重 25kg、40kg 或 50kg。

包装的内袋用纤维尼龙绳或其他质量相当的绳扎口，外袋用缝包机缝口，缝线应整齐无漏缝。

液体聚合氯化铝采用聚乙烯塑料桶包装，每桶净重 25kg。采用双层桶盖，内盖扣严，外盖旋紧。用户需要时，液体聚合氯化铝也可用储罐车装运。

运输：聚合氯化铝在运输过程中应有遮盖物，避免雨淋、受潮；并保持包装完整、标志清晰。

储存：聚合氯化铝应储存于阴凉、通风、干燥的库房内。防止日晒雨淋，严禁与易燃、易腐蚀、有毒的物品存放在一起。液体产品储存期半年；固体产品储存期一年。

产品的安全性能：聚合氯化铝有腐蚀性，生产和使用人员要穿工作服、戴口罩、手套、穿长筒胶靴。生产设备要密封，车间通风应良好。如溅到皮肤上，应立即用水冲洗。

25.15.6　高纯氧化铝的包装和储运

包装：产品包装采用具有足够强度和密度及不污染产品的包装材料，一般情况下，内包装为聚乙烯薄膜袋，外包装为纸箱或纸桶。

运输：产品运输及装、卸严禁杂质混入，并应有防潮、防雨雪措施。

储存：产品应在不受潮的仓库内分批、分牌号存放，不得混杂，并严禁杂质混入。

25.15.7　铝酸钙水泥的包装和储运

包装：

（1）水泥袋装时应采取防潮包装袋，每袋净重50kg，且不得少于标志质量的98%，随机抽取20袋总质量不得少于1000kg。其他包装形式由供需双方协商确定。

（2）水泥包装袋应符合GB 9774的规定，防潮性能达到A级。

（3）包装标志。袋装水泥应该在水泥袋上清楚标明：工厂名称和地址、水泥名称和类型、包装年、月、日和编号。包装袋两侧应印有黑色字体的水泥名称和日期。散装时应提供与袋装标志相同内容的卡片。

运输和储存：纯铝酸钙水泥在运输和储存时应该特别注意防潮和不与其他品种水泥混杂。

产品的安全性能：铝酸钙水泥的主要矿物成分不会对环境造成破坏和污染。但由于其是微细颗粒产品，而且有着极强的水化反应，人员在生产过程和使用过程的操作中，应该特别注意防止吸入和与皮肤直接接触。当与皮肤直接接触或溅入眼睛时应立即用大量的清水冲洗，必要时应去医院治疗。

26　化学品氧化铝的分析方法与标准

****

26.1　化学品氧化铝的分析方法与标准概述

化学品氧化铝品种众多，不同的品种对晶型晶貌、化学纯度、粒度及分布、孔容孔径、比表面积、堆密度和真密度等理化性能有不同的技术要求。化学品氧化铝的分析除高纯氧化铝外，其他化学成分分析方法及规程与冶金级氧化铝的分析方法相同，第 15 章和第 16 章已详细载明。各类化学品产品的专用的主要物理性能表征指标的测定方法已在相关章节中进行了详细介绍。本章着重介绍各类化学品氧化铝的一些共用的物理性能的检测方法。

26.2　化学品氧化铝和氢氧化铝部分物理性能的检测

化学品氧化铝因品种和用途要求不同，所需表征的物理性能指标项目有较大差异，就同一表征项目，其检测方法也有差异。各产品特有的物理性能检测项目与分析方法已经在各章中分别进行了描述，这里不再重复。本节仅对部分检测项目的基础理论和检测方法做一介绍。

26.2.1　粉体粒度检测

26.2.1.1　概述

粉体的颗粒特性包括粒度、粒度分布、颗粒形状、孔隙度和比表面积等，其中粒径大小、粒度分布及颗粒形貌是粉体最重要的特性。

粉体颗粒一般分为以下几种：

（1）晶粒。指单晶颗粒，即颗粒内为单相，无晶界。

（2）一次颗粒。指含有低气孔率的一种独立的粒子，颗粒内可以有界面，如相界和晶界等。

（3）团聚体。指由一次颗粒通过表面力或固体桥键作用形成更大的颗粒。团聚体内含有相互连接的气孔网络。团聚体可分为硬团聚体和软团聚体两种。团聚体的形成过程使体系能量下降。

（4）二次颗粒。指人为制造的粉体团聚粒子。

超微粒子一般指一次颗粒。它的结构可以是晶态、非晶态和准晶态；可以是单项、多相或多晶结构。只有一次颗粒为单晶时，微粒的粒径才与晶粒尺寸相同。

20 世纪中期，在激光技术、电子技术、计算机技术等兴起的基础上，现代颗粒测试技术得到了飞速发展，并出现激光光散射法、重力沉降法、显微镜图像法、比表面积法、X 光小角散射法等各种测试方法。

粉体的物理特性分为材料本身所具有的性质和粉体生成过程相关的性质，前者包括密度、熔点、折光率等，后者有颗粒形状、颗粒粒径、孔隙率、表面能、粉体流动性等。

颗粒的形状可以用球形度、长径比、厚径比等来表征。球形度的定义为周长的平方与 4 倍面积的比值。长径比则是颗粒界面两点之间最长的距离与最短距离的比值。而厚径比则是颗粒在重心最低时，投影面的等效直径和厚度的比值。

颗粒粒径的定义是颗粒所占空间大小的尺度。表面光滑的球形颗粒的直径就是其粒径，但大多数粉体为非球形或表面不光滑的颗粒，其粒径表征就比较复杂。通常采用以下几种等效直径表征粉体的粒径：

（1）表面积等效径（d_S），与颗粒表面积相同的球的直径；

（2）体积等效径（d_V），与颗粒体积相同的球的直径；

（3）Feret 直径（d_F），在某定方向上与颗粒投影面相切的两条平行线之间的距离；

（4）投影面积等效径，与静止颗粒有相同投影面积的圆的直径。

当使用不同的粒度测量方法时，由于测量方法的工作原理不同，从而得到的粒径的意义也不同，其中采用 Mie 理论光散射法测得的颗粒粒径为体积等效径，Fraunhofer 理论光散射法测得的颗粒粒径为投影面积等效径，而沉降法则可得到自由沉降直径（与颗粒密度相同，在同样密度和黏度的介质中具有相同自由沉降速度的球的直径）和 Stokes 直径等。

颗粒群是由许多颗粒组成的。如果组成该颗粒群的所有颗粒都具有相同或相近的粒径，则称为单分散（monodisperse）。而由大小不一的颗粒组成的颗粒群，则称为多分散（polydisperse）。多分散颗粒的粒度分布曲线又分为相对百分率分布和累计百分率分布两种，相对百分率分布是指处于某个尺度范围内的颗粒数或颗粒质量占总量的百分比；累计百分率分布表示大于某一尺寸的颗粒数或相应颗粒质量占颗粒群总质量的百分比。

粉体是由不同粒径的粒子组成的集合体，从颗粒群粒度分布数据中可以得到中位粒径和峰值粒径等统计数据。其中中位粒径（d_{50}）是平分整个粒度分布为两等份时的粒径值，峰值粒径是指分布最多的粒径值。分布偏差 SD 与分布宽度 RD 的计算公式如下：

$$SD = \sqrt{\frac{\sum n_i (d_i - d_{50})^2}{\sum n_i}} \tag{26-1}$$

式中　d_i——粒径；

　　　n_i——粒径 d_i 时的含量。

$$RD = \frac{d_{90} - d_{10}}{d_{50}} \tag{26-2}$$

26.2.1.2　粉体粒度的测试方法

按照颗粒表征所用的原理可将粒度分析方法分为光散射法、沉降法、声谱法、Coulter

计数法和筛分法等。

A   光散射法

光散射法是在20世纪70年代发展起来的一种有效快速的测定粒子的方法。尽管Fraunhofer 和 Mie 等人早在19世纪就描述了粒子与光的相互作用，但直到20世纪，这些理论才应用到颗粒粒度的测定中。

光的散射是由于介质的折光率等光学性质不均匀所造成的，是光的反射、折射、色散、衍射等共同作用的综合效果。按照入射光频率和出射光频率的相同与否，将光散射分为光的频率不发生变化的如 Mie 和 Fraunhofer 衍射以及出射光频率在入射光的频率周围波动的散射类型如 Lamann 散射和共振 Doppler 效应。按采集信号随时间变化的模式可分为静态散射法和动态光散射法，上面所述及的 Mie、Fraunhofer 和 Lamann 等散射模式属于静态光散射，动态光散射是指所采集的信号是随时间不断振荡变化的散射光强。

衍射法和光子相关光谱法是两种应用广泛的光散射粒度测试方法。衍射法工作原理是 Fraunhofer 衍射理论。当所测颗粒尺寸 d 与入射光的波长 λ 相当时，照在颗粒上的光非均匀散射，在这种情况下利用 Fraunhofer 理论就无法得到准确的散射模式，这种情况适用于 Mie 理论。

实际上 Fraunhofer 衍射是 Mie 理论在粒径 d 较大时的特例。由于 Fraunhofer 衍射理论在数学实现上较 Mie 理论容易，因此在实际的粒度测试应用中，总是将 Mie 理论和 Fraunhofer 理论结合起来。

衍射式激光粒度测试仪是各种光散射粒度仪中发展最成熟，应用最广泛的一种。早期的激光衍射测试仪由于根据 Fraunhofer 衍射产生的衍射光主要是前向小角度散射，因此光电检测器的排列只在前向的一个较小的范围内。而现代的激光粒度仪则将 Fraunhofer 和 Mie 理论有机地结合起来，有选择的在 Fraunhofer 和 Mie 理论间灵活变换，增加了侧向和后向散射光检测器的数目，使测量下限达到了 $0.05\,\mu m$，可测粒径宽为 $0.05 \sim 2000\,\mu m$。与其他传统粒度测试方法相比，激光衍射粒度分析仪测量结果较准确可靠，并有很好的重现性。

该测试方法的局限性在于 Mie 理论对颗粒的球形度很敏感，当测试样品是非球形粒子时，如棒状、纤维状或片状时再利用 Mie 理论将会引入很大的误差。

光子相关光谱法（PCS）又称动态光散射，是一种很好的纳米粒径测量方法，其测量原理是建立在颗粒的随机热运动基础上的。由分子运动学的理论可知，一个悬浮在液体中的颗粒受到四周介质分子的不断碰撞，而一个颗粒周围的液体分子的数量正比于颗粒本身的直径的平方。由于各个液体分子对颗粒所施加的力并不是均衡的，当样品颗粒的粒径较小时，与颗粒接触的液体分子数也较少，各方面受到的力不能平衡，则其运动较显著，这种运动就是布朗运动；而当颗粒的粒径较大时，与颗粒接触的分子数也较多，则各方面所受的力基本平衡，此时布朗运动就不显著。将一束激光照到颗粒上，布朗运动使得颗粒相对于光电倍增管的位置不断变化，颗粒大小不同时，它们相对的移动速率也是不一样的。应用相关技术将颗粒的散射光的起伏涨落的快慢变化转化成颗粒的平移扩散系数，再根据 Stokes-Einstein 公式可以求出颗粒的当量直径：

$$D_T = \frac{k_B T}{3\pi\eta D} \tag{26-3}$$

式中 D_T——颗粒的当量直径；

k_B——Boltzman 常数；

T——实验温度；

η——溶剂黏度；

D——平移扩散系数。

B 沉降法

沉降法是根据颗粒在液体中的最终沉降速率确定粒径大小的。它分为重力沉降和离心沉降。在实际操作中，都不是直接测量颗粒的最终沉降速率，而是测量某一个与最终沉降速率相关的其他物理参量，如压力、密度、质量或透光率等，进而求得颗粒的粒径分布。沉降法的工作原理是 Stokes 沉降公式：

$$v_{ST} = \frac{\rho_s - \rho_f}{18\eta}gd^2 \tag{26-4}$$

式中 v_{ST}——沉降速率；

ρ_s——颗粒密度；

ρ_f——介质的密度；

η——溶剂介质的黏度；

d——颗粒的粒径。

离心沉降法的下限与离心转子的转速有密切的关系，一般为 $0.05\mu m$，某些超高速离心沉降甚至低于 $0.05\mu m$。

C 电感应法

电感应法，也称 Coulter 原理法，最初由 Coulter 发明应用于血液中血球的计算。其基本原理是，颗粒通过电解液中某一小孔时，由于颗粒部分地阻挡了孔口通道并排挤了与颗粒相同体积的电解液，使得孔口部位的电阻发生变化，因此颗粒的尺寸大小即可以由电阻的变化予以表征。电感应法所测得的粒径称做 Coulter 体积等效径。Coulter 法测量精度高，常被用来作为对其他颗粒测量方法的对比和校验，在一些国家被列为标准，其测量范围为 $0.5 \sim 100\mu m$。该方法的缺点是：小孔很小，容易被等待测量的颗粒堵塞，不易清洗，另外需要在电解液中测量，对一些如铜、铁粉等导电能力大的物质测量不准确。

D 显微成像法

显微成像法是一种非常传统的方法，自有显微镜以来，就被用作检测细胞、颗粒等的个数和大小，它具有直观可靠的特点。但在数字图像处理技术广泛应用之前，显微镜粒度法还是相当繁琐的，要经过样品分散、制作切片、显微观察、逐个记录颗粒个数和大小以及多场统计等许多步骤，因此显微镜观察法应用相对较少，一般也只用作对照校验，或作考察颗粒形貌之用。随着数字图像处理技术的发展，现在已有分辨率高、转换速率快的数码相机，显微镜法的应用也越来越多。

由于光的衍射效应，光学显微镜的分辨极限大约是光波长的一半，可见光的光波长约为 $0.4\mu m$，因此光学显微镜的分辨率约为 $0.2\mu m$。另外，由于各种噪声的影响，实际上该方法的测量范围是 $2 \sim 1000\mu m$。小于 $2\mu m$ 的颗粒就无法通过光学显微镜观察，必须用电子显微镜观察。显微镜粒度测试法的最大优点是直观可靠，且可以观察形状。

E　声谱法

声谱法是利用超声波代替光源，检测声波穿过颗粒介质后的衰减情况，因为声学技术可用于测量高浓度的样品，非常适合在线测定或无法稀释的样品，是近年来颗粒表征前沿研究的主要热点。声谱法可以测量粒度范围宽和浓度较大的粉体，而且无论是高密度还是低密度都能测定，这是它比其他方法优越的地方。声谱法的测量范围为 $10nm \sim 10\mu m$。

F　电镜观察法

对于一些纳米粒度粒子，可以采用扫描或透射电镜观察来测定颗粒的粒径。它首先将超微粉体制成的悬浮液滴在带有碳膜的电镜用铜网上，待悬浮液中的溶剂液挥发后，放到电镜样品台上，拍摄具有代表性的电镜照片，然后根据照片来测量样品的粒径。电镜观察法具有直观、可靠等优点，但由于电镜观察使用的样品量极少，就可能导致观察到的粉体粒子分布范围并不能代表整体粉体的粒径范围，无法对测量结果进行统计。

G　X射线衍射线宽法

电镜观察法测量得到的是颗粒度而不是晶粒度。X射线衍射线宽法是测定颗粒晶粒度的最好方法。当颗粒为单晶时，该法测得的是颗粒度。当颗粒为多晶时，该法测得的是组成单个颗粒的单个晶粒的平均晶粒度。这种测量方法只适用于晶态的超微晶粒度的检测。

当晶粒度很小时，由于晶粒细小可引起 X 射线衍射线的宽化，衍射线峰高一半处的线宽度 B 与晶粒尺寸 d 的关系为：

$$d = 0.89\lambda / (B\cos\theta) \tag{26-5}$$

式中　d——晶粒尺寸；

　　　B——单纯因晶粒度细化引起的宽化度，rad；

　　　θ——衍射角。

H　比表面积法

通过测定粉体的比表面积 S_w，可由式 26-6 计算超微粉粒子直径 d（设颗粒呈球形）：

$$d = \frac{6}{\rho S_w} \tag{26-6}$$

式中　d——颗粒的粒径；

　　　ρ——粉体的密度。

S_w 的一般测量方法为 BET 多层气体吸附法。

26.2.1.3　粉体粒度的测试的试验条件

真实的颗粒粒径称做原始粒径，但由于颗粒间存在静电引力及毛细管作用力等，细粉体颗粒间容易发生团聚，团聚后的颗粒粒径称为二次粒径。因此为了获得准确的粒度测试结果，必须将颗粒进行有效地分散。

常用分散溶剂有蒸馏水、乙醇、丙酮等，使用的表面活性剂有六偏磷酸钠、聚丙烯酸钠或十二烷基苯磺酸钠等。

26.2.2　多孔材料比表面积分析

26.2.2.1　比表面积分析方法原理

固体表面有剩余的表面自由力场，当气体与固体表面接触时，便为固体表面吸附。由吸附氮气的方法测定固体的比表面积是基于 BET 的多层吸附理论。根据 BET 公式得到等温吸附线，由斜率和截距可求得单分子层饱和吸附量，再根据每一个被吸附分子在吸附剂表面上所占有的面积即可算出每克固体样品所具有的表面积。测定方法如下或参见 16.10.13 节。

26.2.2.2　比表面积分析方法

使用真空脱气设备，气体吸附仪进行测定，精度为 0.0001g 的天平。

测量步骤：

（1）设备开启。分别将氮气和氦气调节器出口压力调至小于 0.08MPa，接通仪器电源。

（2）样品预处理。将样品置于高温炉中，升温至 300℃，保温 1h。取出后立刻放入干燥器内，至冷却。

（3）称重。准确称取干净的空样品管的质量 m_1，精确至 0.0001g。取适量样品装入干净的空样品管中，使样品的估计比表面积数值与样品质量的乘积在 5～15 之间。准确称取样品加管子的质量 m_2，精确至 0.0001g。由 m_1 和 m_2 之差，即可得样品质量。

（4）样品脱气处理。将样品管置于脱气站，先细抽样品管真空，直到压力指针不动，然后粗抽真空。逐渐调节加热温度，升高至 120℃，在此温度下脱气 2h 左右，当真空度小于 2.67Pa（20mTorr）后，停止加热，待样品管冷却，将样品管充满氦气。

（5）快速取下已脱气完毕的样品管，装入分析站。向杜瓦瓶中注入液氮，使瓶中达到 80% 的液位。向计算机分析程序中输入样品质量、编号、测量点（p/p_0 值为：0.1、0.2、0.25、0.3），仪器可自动进行分析，待实验结束后，可得分析数据。

（6）允许测量误差：相对误差小于 5%。

26.2.3　多孔材料孔容的测定

26.2.3.1　方法原理

固体表面有剩余的表面自由力场，当气体与固体表面接触时，便为固体表面吸附。由吸附氮气的方法测定固体的孔容是基于 BET 的多层吸附理论。通过计算 $p/p_0 = 0.98$ 时样品吸附的氮气量得出样品的孔容值。

26.2.3.2　孔容测定方法

使用真空脱气设备，AUTOSORB-6B 气体吸附仪进行测定，精度为 0.0001g 的天平。

测量步骤：

（1）设备开启。分别将氮气和氦气调节器出口压力调至小于 0.08MPa，接通仪器电源。

（2）样品预处理。将样品置于高温炉中，升温至 300℃，保温 1h。取出后立刻放入干燥器内，至冷却。

（3）称重。准确称取干净的空样品管的质量 m_1，精确至 0.0001g。取适量样品装入干净的空样品管中，使样品的估计比表面积数值与样品质量的乘积在 5～15 之间。准确称取

样品加管子的质量 m_2，精确至 0.0001g。由 m_1 和 m_2 之差，即可得样品质量。

（4）样品脱气处理。将样品管置于脱气站，先细抽样品管真空，直到压力指针不动，然后粗抽真空。逐渐调节加热温度，升高至 120℃，在此温度下脱气 2h 左右，当真空度小于 2.67Pa（20mTorr）后，停止加热，待样品管冷却，将样品管充满氦气。

（5）取下已脱气完毕的样品管，装入分析站。向杜瓦瓶中注入液氮，使瓶中达到 80% 的液位。向计算机分析程序中输入样品质量、编号。选择 3 个 p/p_0 值，分别为 0.95、0.97、0.98，仪器可自动进行分析，待实验结束后，可得分析数据。

允许测量误差：相对误差小于 5%。

26.2.4 粉体松装密度和有效密度的检测

26.2.4.1 粉体松装密度的检测

按标准《松装密度的测定》（GB/T 6609.25—2004），详见 16.10.14 节。

26.2.4.2 粉体有效密度的检测

按标准《有效密度的测定——比重瓶法》（GB/T 6609.26—2004），详见 16.10.15 节。

27 化学品氧化铝生产技术发展的展望

****

27.1 化学品氧化铝生产技术发展概述

化学品氧化铝多变的晶体结构和多样化的物理化学性质使它具有广泛的用途，从电子器件到水处理用絮凝剂和牙膏摩擦剂等，涉及各个行业。可以相信，化学品氧化铝将继续对人类未来的发展作出重要贡献。在精细陶瓷领域，氧化铝已成为首要的原料，并且随着复合 Sailon 材料、电池用 β-氧化铝、牙齿移植和人造关节等生物陶瓷以及氧化铝纤维增强金属、纳米粉体、纳米陶瓷及纳米增强复合材料等诸多新的应用领域的出现，未来化学品氧化铝的应用量将增长迅速。

下游产业的生产商从需要出发，促进了很多种化学品氧化铝的应用技术研究和市场的开发工作。如用于吸附和脱除洗涤水中的钙、镁离子的人造沸石的市场开发；城市供水系统净化用和工业废水处理用聚合氯化铝化学品的市场开发；适合于发光材料和电子器件抛光的高纯、超细氧化铝的开发；电子工业用低 α 射线辐射的氧化铝的开发等。

世界化学品氧化铝工业的发展还得益于科学技术的进步和人们对环境保护的重视，如阻燃剂、造纸涂层颜料和活性氧化铝等的开发与生产等。

27.1.1 氢氧化铝

氢氧化铝主要用作铝盐、塑料填料、玻璃等的生产原料。在这些应用中，需要进一步改进产品的性质，如化学纯度、粒度和颗粒形貌等。

27.1.1.1 铝盐生产原料用氢氧化铝

用作硫酸铝、碱式氯化铝、铝酸钠和沸石等铝盐生产原料的氢氧化铝，其重要的性质是化学纯度和化学反应活性。

普通工业氢氧化铝的化学杂质含量并不很高，可以满足大多领域的应用需要。但是，一些应用领域对氢氧化铝中的个别杂质含量等指标有较为严格的要求，如产品由于含有较高含量的有机物和铁、钠等杂质，会影响下游产品的颜色和其他性能。

铝土矿种类和浸出条件等决定了这些杂质含量的多少。通过调整浸出条件或采用吸附或共沉淀技术可以控制铁杂质含量，已开发出如预分解和深度脱硅等除杂技术，但还需要开发更经济、有效的除杂技术，尤其是拜耳法的脱色技术。

用作铝盐的原料，氢氧化铝应具有较高的反应活性，以提高其与酸反应的速率，降低酸不溶率，应继续开发易溶解氢氧化铝的制备技术。

27.1.1.2　填料用氢氧化铝

由于氢氧化铝的阻燃性能和较好的外观，它常被用作塑料、橡胶和造纸填料。随着对环境保护要求的提高及消防等级的提高等，阻燃填料用氢氧化铝需求量不断提高。

A　化学纯度

氢氧化铝填料的化学纯度影响制品的颜色、电绝缘性能和脱水温度等。对于人造大理石用氢氧化铝填料，还需控制氢氧化铝的白度和透光性。

有机物含量对氢氧化铝白度有较大影响，如图27-1所示。人造大理石用氢氧化铝的有机碳含量应低于0.01%。采用纯拜耳法生产这种氢氧化铝需要采用昂贵的生产工艺（如采用特殊的铝土矿与燃烧后的母液浸出）才能制备出来。

氢氧化铝中的 Fe_2O_3 和 Na_2O 杂质对人造大理石制品的色调影响较大，还会影响制品

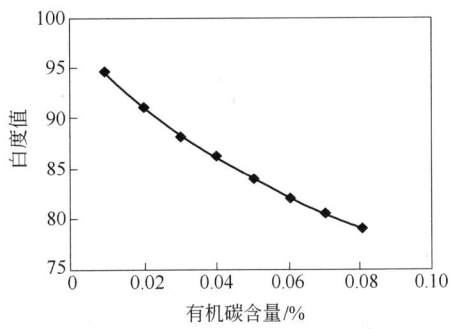

图27-1　有机碳含量与氢氧化铝白度关系曲线

的电绝缘性能。另外 Na_2O 含量还影响氢氧化铝的热稳定性。脱水温度受氢氧化铝中 Na_2O 含量的影响，如 Na_2O 含量为0.3%时氢氧化铝的脱水温度为210℃，而 Na_2O 含量为0.1%时脱水温度为255℃。因此，应开发低钠低电导率的氢氧化铝填料制备技术，并开发高热稳定性的氢氧化铝填料的生产技术。

B　颗粒形貌和粒度

填料用氢氧化铝的平均粒径一般控制在 $1 \sim 80\mu m$。近年来，人们开发出了粒度为 $0.5\mu m$ 的橡胶用氢氧化铝填料，并已获得应用。未来将需要开发更细的氢氧化铝产品。对填料而言，粒度分布和颗粒形貌都是重要的物理性能。它们影响氢氧化铝和塑料混合物的流变性。需要研发粒度分布窄的各种粒度的氢氧化铝生产技术。

当氢氧化铝颗粒从铝酸钠溶液中结晶析出时，它们通常为板状。球形氢氧化铝具有良好的流动性和填充性能，而片状氢氧化铝或纤维状氢氧化铝具有补强作用，因此需要开发实用的氢氧化铝颗粒形貌控制技术并进行产业化。

C　晶体结构

填料用氢氧化铝对晶体结构要求有严格的控制，但这恰恰是目前研究和生产中比较薄弱的环节。结晶完整的氢氧化铝晶体，吸油率较低，分散性好，而且杂质含量也低；但过高的结晶度，表面过于光滑，与高分子结合力稍差。而活性氧化铝所用氢氧化铝则希望结晶度越差活性越高。晶体结构还决定了颗粒的形貌，所以晶体结构及其控制技术是今后氢氧化铝生产技术研发工作的核心任务。

27.1.2　陶瓷用氧化铝

氧化铝具有良好的物理化学性能，并且是一种经济的产品。因此，它被广泛用作陶瓷生产原料。

世界上超过92%的氧化铝都是采用拜耳法工艺生产得到，氧化铝的含量通常在

99.7%左右。低钠或高纯的氧化铝（99.99%）可以通过在拜耳法生产过程中控制结晶或煅烧条件用来生产。工业上，人们采用金属铝醇盐水解法、硫酸铝铵热解法和金属铝水中电弧放电法生产高纯氧化铝。未来将对前面两种工艺进行改进来制备出更高等级的氧化铝。

27.1.2.1 陶瓷用氧化铝的等级

商品级陶瓷用氧化铝的纯度一般在99.6%~99.999%之间，最后的α相晶体的粒度为0.2~1.0μm（微晶）和1.0~3.0μm（普通）。表27-1和表27-2给出了部分国外生产商的低钠和高纯氧化铝的技术指标。

表 27-1　低钠氧化铝的技术指标

粉　体	A	B	C	D	E
Fe_2O_3 含量/%	0.01	0.01	0.03	0.02	0.01
SiO_2 含量/%	0.04	0.05	0.03	0.02	0.02
Na_2O 含量/%	0.04	0.03	0.02	0.03	0.03
粒度/μm	1.7	2.4	4.2	2.9	0.6
压块密度/g·cm^{-3}	2.29	2.35	2.32	2.60	2.23
商品名称	ALM-41	ALM-43	ACLM-27	AL-31	AES-12

表 27-2　高纯氧化铝的技术指标

生产工艺		醇盐水解			硫酸铝铵热分解	
粉　体		F	G	H	I	J
晶　型		α-Al_2O_3	α-Al_2O_3	α-Al_2O_3	α-Al_2O_3	α-Al_2O_3 + 过渡态 Al_2O_3
纯度/%		>99.99	>99.99	>99.99	>99.99	>99.99
杂质/%	Si	<0.0040	<0.0040	<0.0040	0.0040	0.0040
	Na	<0.0010	<0.0010	<0.0010	0.0050	0.0050
	Mg	<0.0010	<0.0010	<0.0010	0.0050	0.0050
	Ca	<0.0005	<0.0005	<0.0005	0.0010	0.0010
	Fe	<0.0020	<0.0020	<0.0020	0.0025	0.0025
	Ga	<0.0005	<0.0005	<0.0005	0.0015	0.0015
	Cr	<0.0005	<0.0005	<0.0005	0.0010	0.0010
粒度/μm		0.58	0.42	0.23	0.52	0.54
比表面积/m^2·g^{-1}		4~6	5~10	9~15	6	20
密度/g·cm^{-3}		2.30	2.25	1.95	1.95	1.60

普通低钠氧化铝最后的粒度大于1μm，而反应活性高的氧化铝的粒度小于1μm。采用金属铝醇盐水解法制备的高纯氧化铝通常是亚微米粉体，颗粒形貌均匀细小。

27.1.2.2 纯度

最高纯度的氧化铝商品是99.999%。这个纯度可以满足陶瓷生产的要求。为生产如此高纯度的粉体，金属铝醇盐水解法需要进行进一步优化。

高纯氧化铝通常含有微量的铀，它可以产生α射线并对计算机存储器造成轻微损坏。最近，低α射线辐射的氧化铝（$<3.7\times10^8$Bq/cm²，U含量小于0.1×10^{-4}%）已经开发出来，但是，人们需要更低α射线辐射的氧化铝（$<3.7\times10^7$Bq/cm²，U含量小于0.01×10^{-4}%）。生产这种氧化铝，需要开发一种特殊的离子交换工艺。

27.1.2.3 粒度和颗粒形貌

过渡态氧化铝由非常细的氧化铝组成（小于100nm），但是，这些氧化铝颗粒团聚严重，不适合用于陶瓷生产。需要开发一种球形、单分散的细氧化铝粉体。

27.1.2.4 压块密度

具有高密度的坯体适合烧成尺寸精确的制品。通常，氧化铝坯体的压块密度只有理论值的50%~60%。当不同粒度分布的粉体混合时可得到最高堆密度、分散性良好以及高的成坯密度（可达到理论值的80%以上）。基于这种需求，需开发如前所述的各种粒度的单分散的氧化铝粉体。

27.1.2.5 烧成密度

当氧化铝的颗粒度减少时，促进烧结的表面能增加，因此可以提高烧成速度。在同样的烧成温度下，颗粒小的粉体可达到较高的烧成密度。已经开发出不同的微米级氧化铝产品，它们都可以获得高的烧成密度形体。

球形、粒度均一的粉体具有高的烧成密度。虽然普通的粉体烧成密度只有3.2g/cm³，但是1μm的粉体（2m²/g）在1600℃时烧成密度可达到3.8g/cm³。应该研究开发生产球形粉体的经济合理工艺。

27.1.2.6 烧结体的微观结构

氧化铝烧结体主要用于电子材料、机器部件和光学材料。因为这些材料的机械强度、半透明性和电衰弱强度都是重要的性能，并且与烧结体的微观结构间存在紧密联系。陶瓷的机械强度大小可用下式来表示：

$$\delta_f = K_{IC}/(YC^{1/2})$$

式中　δ_f——强度；

　　K_{IC}——断裂韧性；

　　Y——几何常数；

　　C——受损长度。

通常，对于氧化铝烧结体，K_{IC}的值大约等于某一常数，因此，陶瓷强度由缺陷尺寸大小决定。

缺陷尺寸大小受存在的孔、粒度的过度长大、杂质和表面缺陷等因素的影响。事实上，陶瓷中经常可观察到其他材料夹杂和表面缺陷。但是，这些现象与氧化铝粉体的性能是相关的。

气孔的存在及颗粒的过度生长与氧化铝的性质是相联系的。当烧结过程均匀时，可保持均匀的微观结构，孔的数目和孔的尺寸相对减少，并且粒子的过度长大也会避免。这样的烧结过程可制备出高强度、高电衰弱强度和透明的陶瓷。为了制备这种陶瓷，需要高纯度、单分散、精细和球形的氧化铝粉体。

氧化铝还被广泛用于耐火材料等其他高温材料和研磨抛光与催化吸附材料等，这些都需要精确控制晶体结构和颗粒形貌及其他组织结构。

27.2 化学品氧化铝生产技术的展望

27.2.1 化学品氧化铝的发展趋势

化学品氧化铝已在许多工业部门得到应用。一些传统的主导产品，如拟薄水铝石、4A沸石、高白氢氧化铝、活性氧化铝、惰性氧化铝仍将是未来化学品氧化铝市场的主角，国际市场的使用量将稳中有升。在中国，某些产品的市场需求量将随着科技发展、人民生活水平的提高及对环境保护的重视而大幅度上升，如阻燃用氢氧化铝、人造石材填料高白氢氧化铝、板状氧化铝、4A沸石等产品。这些传统产品经过优化生产工艺，进一步改善了其理化性能指标，提高了与其他材料间的结合性能。并通过提高设备技术水平，提高了生产效率，降低了生产成本。

一些生产技术难度大的产品，如高纯超细氧化铝、氮化铝、纳米氧化铝粉体等品种，市场容量虽然较小，但对促进国家的高科技产业发展进步，提高相关产品的性能起到关键作用，且具有很高的经济附加值。因此，这些产品仍将是各国开发研究的热点。

随着科学技术的发展，化学品氧化铝将不断出现新的产品和新的用途，产品的性能将得到进一步改善，并将促进其他行业的技术进步。新兴的纳米材料和复合材料将得到广泛应用，是对传统材料的一次革命，在高科技产业中将起到更加重要的作用。

27.2.2 电子工业用精细陶瓷和功能陶瓷的开发

作为 IC 基板材料的氧化铝，并与其他材料进行对比，在 IC 功能化和复杂化的前提下，对 IC 基板质量提出了许多新的要求，包括：高的导电性能、与单晶硅或镓相近的线膨胀系数、良好的高频性能（低感应系数）、高的导热性能。为了满足这些要求，研究开发出了碳化硅和氮化铝等新的材料。这些材料某些方面性能优于氧化铝基材料，但很少有材料能与氧化铝陶瓷在生产成本、物理强度和与其他材料的相容性方面相竞争，如装配 IC 时的焊接过程。基于这个原因，可以相信氧化铝陶瓷 IC 基板在未来仍将占有大部分市场。

与其他电子陶瓷材料的竞争结果迫使氧化铝陶瓷行业必须开发无空隙（致密）陶瓷生产工艺，这种陶瓷很少有生长异常的颗粒，并且可以在尽可能低的温度下进行烧结。生产工艺中一些重要的因素包括：

（1）纯度控制；

（2）最终晶体的粒度、均一性和外形设计与控制；

（3）在粉碎二级晶粒（团聚颗粒）时出现最少的颗粒碎片。

27.2.3　化学品氧化铝材料的掺杂复合

要进一步分析氧化铝粉体理化性能变化对氧化铝陶瓷带来的影响。依据所取得的这些分析数据来开发具有新的性能和不同优异陶瓷性能的化学品氧化铝。

从克服氧化铝缺陷的观点来说，材料复合将是一条发展道路。其中一类是氧化铝与氧化锆结合形成复合材料，另一类为硅铝氧氮化合物 Sailon（赛隆）。

为开发更适合氧化铝陶瓷的氧化铝，应该首先确定材料的理想特征，然后通过改进生产工艺努力实现生产出这种特征的产品。

采用稀土或其他元素进行掺杂，可以改变或调控氧化铝材料的某一特殊性能，无论在提高陶瓷烧结活性、降低烧结温度、提高陶瓷韧性等方面，还是在提高活性氧化铝的高热稳定性等方面，都有理想的效果。

27.2.4　氧化铝纤维的开发与产业化技术

氧化铝纤维按晶相分为两类，一类称为 α-氧化铝纤维，另一类为 δ-或 γ-氧化铝纤维。α-氧化铝纤维具有高的热稳定性和杨氏模量。而 δ-和 γ-氧化铝纤维具有极细的晶粒粒度和玻璃状的外形，还具有高的伸缩强度。

氧化铝纤维除了在炉衬材料中取得大量应用外，在纤维增强塑料（FRP）、纤维增强金属（FRM）和纤维增强陶瓷（FRC）等复合材料领域中的应用也取得了较大进展，尤其在 FRM 中。

如将氧化铝短纤维增强复合材料应用于活塞中，可以提高其高温工况下的耐磨性能。采用连续相氧化铝纤维增强的 FRM 连接杆，在高温下具有更好的稳定性。

氧化铝纤维卓越的特性最显著地表现在连续纤维。这种材料商业化应用存在的主要困难是制作工艺复杂和高的成本。而将纤维均匀分散在金属中的工艺更加复杂。

目前，商品化的氧化铝纤维大多数为短纤维，它相对较为便宜。研究和市场开发是朝向长纤维和晶须化发展。另外，希望制备出高氧化铝含量的陶瓷纤维。

27.2.5　氧化铝生物陶瓷

氧化铝生物陶瓷最广泛的应用是生产人工关节和牙齿移植用陶瓷。可以采用聚晶氧化铝或单晶氧化铝微粉为原料。生物陶瓷的移植必须考虑排斥或外体反应。对生物陶瓷的要求是：

（1）无毒；

（2）良好的物理性能且长时间不变性；

（3）与有机体间的生物相容性能即最好是可以和有机体形成一体。

聚晶烧结氧化铝与骨头具有很好的亲和性，且无毒、化学稳定性好。新开发的牙齿移植用单晶的氧化铝具有较聚晶氧化铝更高的机械强度、更精密的工艺、与有机体间更强的亲和力，是氧化铝生物陶瓷发展的主要方向。

27.2.6　其他需要开发的技术

需要开发的技术还有以下几点：

(1) 高纯度氢氧化铝和氧化铝粉体生产技术；

(2) 高分散、单分布的化学品氧化铝粉体生产技术；

(3) 活性氧化铝孔结构的精密控制技术；

(4) 纳米氧化铝低成本生产技术和颗粒长大抑制技术；

(5) 粉体的粒度和形貌调控技术开发；

(6) 化学品氧化铝粉体的表征技术；

(7) 化学品氧化铝生产工艺优化；

(8) 化学品氧化铝延伸产品和复合产品的开发。

(9) 高效低能化学品氧化铝生产装备技术开发。

参考文献

[1] 宋晓岚，邱冠周，吴雪兰，等. 特种氧化铝生产研究开发现状及其展望[J]. 材料导报，2004(8)：12～16.

[2]《高技术新材料要览》编辑委员会编. 高技术新材料要览[M]. 北京：中国科学技术出版社，1993.

[3] 徐如人，庞文琴. 无机合成与制备化学[M]. 北京：高等教育出版社，1996.

[4] 黄剑锋. 溶胶-凝胶原理与技术[M]. 北京：化学工业出版社，2005.

[5] Jeffrey C Brinker, George W Scherer. Sol-Gel Science：The Physics and Chemistry of Sol-Gel Processing, Academic Press, Inc. , 1990, San Diego, CA.

[6] Stull D R, Prophet H. JANAF Thermochemical Tables. U. S. Department of Commerce, Washington, 1985.

[7] Berman R G, Brown T H, Contrib. Miner. Petrol 1985, 89：168～183；Ibid, 1986, 94：262.

[8] Berman R G, Brown T H, Greenwood H J. Atomic Energy of Canada Ltd. , 1985 TR-377：62 .

[9] Barin I. Thermochemical Data of Pure Substances, VCH, Weinheim, Germany (1989) . (Some data may have been modified slightly from values given in this reference in order to conform to phase diagram optimizations.).

[10] Assih T, Ayral A, Abenoza M, et al. J. Mat. Sci. , 1988, 23：3326.

[11] Levin I, Bendersky L A, Brandon D G, et al. Acta Mater. , 1997, 45(9)：3659～3669.

[12] 张良苗. 应用铝酸钠溶液廉价制备纳米氧化铝及若干水-盐体系应用研究[D]. 上海：上海大学，2004.

[13] 刘阳桥. 氧化铝粉体的分散及其水悬浮液流变性研究[D]. 上海：中国科学院上海硅酸盐研究所，2001.

[14] 杨重愚. 氧化铝生产工艺学[M]. 北京：冶金工业出版社.

[15] 张占明，宁云峰，江基旺. 化学品氧化铝[M]. 香港：世华天地出版社，2004.

[16] 欧育湘. 实用阻燃技术[M]. 北京：化学工业出版社，2002.

[17] 郑水林，余绍火，吴宏峰，等. 超细粉碎工程[M]. 北京：中国建材工业出版社，2006.

[18] 盖国胜，马正先，陶珍东，等. 超细粉碎与分级技术——理论研究·工艺设计·生产应用[M]. 北京：中国轻工业出版社，1999.

[19] 卢寿慈，马兴华，陆厚根. 粉体加工技术[M]. 北京：中国轻工业出版社，1999.

[20] 陈谦德，唐贤柳，黄际芬译. 碱法综合处理含铝原料的物理化学原理[M]. 长沙：中南工业大学出版社，1988.

[21] 郑水林. 粉体表面改性（第2版）[M]. 北京：中国建材工业出版社，2003.

[22] 仇振琢. 废渣铝酸钙作塑料阻燃剂的拟议[J]. 广东塑料，1989(4)：6~9.

[23] 仇振琢. 氢氧化铝阻燃剂[J]. 广东塑料，1989(1)：5~12.

[24] 仇振琢. 兼有阻燃，增强特性的丝钠铝石填料[J]. 塑料，1989(6)：18~22.

[25] 薛焱. 人造玛瑙填料氢氧化铝[J]. 广东塑料，1989(3)：24~29.

[26] 王二星，刘焦萍. 氢氧化铝在造纸及有机材料领域的应用[J]. 非金属矿，1999，22(5)：27~29.

[27] 苗建国，李小斌. 多品种氧化铝的研究进展[J]. 轻金属，1997(8)：12~16.

[28] 马善理. 非冶金氧化铝[J]. 轻金属，1997(6)：27~30.

[29] 武福运，刘国红，韩敏. 填料用氢氧化铝的生产及物理性能分析[J]. 非金属矿，2000，23(5)：31~32.

[30] 武福运，冯国政. 碳分法生产非冶金用氢氧化铝的研究[J]. 矿产保护与利用，2002(3)：48~50.

[31] 武福运，刘国红，冯国政. 多品种氢氧化铝的应用及生产[J]. 矿产保护与利用，2001(6)：41~44.

[32] 仇振琢. 制造固体铝酸钠的新方法[J]. 现代化工，1992(3)：34~36.

[33] 权昆，刘亚平，李小斌，等. 超细氢氧化铝研制生产[J]. 有色矿冶，2004，20(4)：48~51、54.

[34] 黄东. 氢氧化铝的阻燃性质与应用研究[J]. 材料开发与应用，2004(3)：33~37.

[35] 王永强. 阻燃材料及应用技术[M]. 北京：化学工业出版社，2003.

[36] 四季春. 氢氧化铝的表面改性及应用研究[J]. 中国粉体技术，2005(2)：15~17.

[37] 肖亚明，等. 改善氢氧化铝的阻燃性能的研究[J]. 中国粉体技术，2005(3)：44~46.

[38] 丁启圣. 新型过滤技术[M]. 北京：冶金工业出版社，2000.

[39] 葛世成. 阻燃材料手册[M]. 北京：群众出版社，2000.

[40] Antunes, Maria Lucia Pereira. Characterization of the aluminum hydroxide micro-crystals formed in some alcohol water solutions[J]. Materials Chemistry and Physics, 2002, 76(3): 243~249.

[41] 吴金坤. 氢氧化铝的精细化及其在无卤阻燃技术中的应用[J]. 化工进展，1999(2)：50~53.

[42] 黄东，南海，吴鹤. 氢氧化铝的阻燃性质与应用研究[J]. 材料开发与应用. 2004，19(3)：33~37.

[43] 李立全，梁小伟. 我国超细氢氧化铝的生产现状及发展趋势[J]. 阻燃材料与技术，2003(6)：14~17.

[44] 林齐，张磊. 二段种分法生产超细氢氧化铝微粉[J]. 轻金属，2002(10)：15~17.

[45] 刘昌华，廖海达，龙翔云. Sol-gel水热偶合法制备纳米 AlOOH 及其表征[J]. 西南师范大学学报，2003，28(2)：263~266.

[46] 李裕，刘有智，张艳辉. 超细 Al(OH)$_3$ 粉体防团聚的实验研究[J]. 华北工学院学报，2003，24(6)：409~411.

[47] 刘有智，李裕，柳来栓. 改性纳米 Al(OH)$_3$ 粉体的制备[J]. 过程工程学报，2003，3(1)：57~61.

[48] 张鹏远，公延明，陈建锋. 超重力碳分制备纳米氢氧化铝[J]. 华北工学院学报，2002，23(4)：235~239.

[49] 刘志强，李小斌，彭志宏，等. 超细氧化铝粉制备的研究[J]. 矿冶工程，2000，20(2)：28~30.

[50] 王凤春，朱兴松，张显友. 制备条件对 Al(OH)$_3$ 超细粒子尺寸及分布的影响[J]. 哈尔滨理工大学学报，2003，8(1)：79~81.

[51] 陈龙武，甘礼华，岳天仪，等. 微乳液反应法制备氧化铝（含水）超细微粒[J]. 高等学校化学学报，1995，16(1)：13~16.

[52] Nguyen, Hue Trinh. Study on the synthesis of aluminum hydroxide and Al$_2$O$_3$[J]. Colloid and Polymer Science, 2002, 40(1): 91~97.

[53] Kim Dee Woong. Preparation of high dispersion aluminum hydroxide[J]. Journal of Dispersion Science and

Technology, 2001, 38(3): 267~273.

[54] Onishi. Reduced Particle-size Aluminum Hydroxide with Increased Material Strength as Flame Retardant Filler: WO, 2003000591A1[P]. 2003-01-03.

[55] Telyatnikov G V. Method for Manufacture of Aluminum Hydroxide: RU, 2175641C2[P]. 2001-11-10.

[56] Kinose, Yutaka. Preparation of Stabilized Red Phosphorus Fire Retardant Epoxy Compositions for Semiconductor Device Sealing: JP, 2002363385A2[P]. 2002-12-18.

[57] Iinuma, Koichi. Halogen Free Fire-resistant Polyolefin Compositions and Flame Retardant Electric Wires and Cables: JP, 2001110236A2[P]. 2001-04-20.

[58] 王二星, 刘焦萍, 武福运. 氢氧化铝在造纸及有机材料领域的应用[J]. 非金属矿, 1999, 25(5): 27~29.

[59] 李学峰, 陈绪煌, 周密. 氢氧化铝阻燃剂在高分子材料中的应用[J]. 中国塑料, 1999, 13(6): 80~84.

[60] 邓邵平. Al(OH)$_3$对树脂型阻燃剂的阻燃增效作用[J]. 福建林学院学报, 2003, 23(1): 75~78.

[61] 郑水林, 祖占良. 无机粉体表面改性技术现状与发展趋势[J]. 中国粉体技术, 2005年专辑: 1~5.

[62] 朱洪法. 催化剂载体[M]. 北京: 化学工业出版社, 1980.

[63] 赵骧. 催化剂及载体技术研讨会论文集, 1997.

[64] 常俊石, 等. 催化剂及载体技术研讨会论文集, 2002.

[65] 赵振国. 吸附作用应用原理[M]. 北京: 化学工业出版社, 2005.

[66] 王富民, 辛峰, 李绍芬. 多孔球形催化剂颗粒的随机网络模型[J]. 化工学报, 1999, 50(3): 309~316.

[67] 王桂英. 活性氧化铝载体的研制[J]. 工业催化, 1999, 7(6): 19~21.

[68] 张永刚, 闫裴. 活性氧化铝载体的孔结构[J]. 工业催化, 2000, 6(8): 14~18.

[69] Asaoka S, Sendo T. Process for the Preparation of Alumina: CA, 1205977[P]. 1986-06-17.

[70] 杨清河, 李大东. NH$_4$HCO$_3$对氧化铝孔结构的影响[J]. 催化学报, 1999, 20(2): 139~144.

[71] 冯丽娟, 赵宇靖, 陈诵英, 等. 超细氧化铝的研究[J]. 石油学报 (石油加工), 1994, 10(2): 69~74.

[72] 姜泰万, 张兴国, 谭克勤, 等. 低密度、大孔容、高强度及氧化铝载体的制备: 中国, CN1068975A[P]. 1993.

[73] 张鹏远, 郑丽丽, 陈建峰. 超细活性氧化铝的制备及表征 I 前驱体拟薄水铝石的制备及其形态对活性氧化铝形态的影响[J]. 北京化工大学学报, 2003, 30(2): 11~13.

[74] 潘成强, 钱君律, 伍艳辉, 等. 硝酸法制备拟薄水铝石中温度影响研究[J]. 炼油与化工, 2004, 15(1): 21~22.

[75] 刘华, 史忠华, 陈耀强, 等. 以氨水和碳酸铵为沉淀剂制备氧化铝的对比研究[J]. 无机化学学报, 2004, 20(6): 688~692.

[76] 杨效益, 张高勇, 李秋小, 等. 4A沸石的生产和应用[J]. 日用化学工业, 2003, 23(1): 33~35, 48.

[77] 钟声亮. 功能4A分子筛的微波快速合成与性质表征及其机理研究[D]. 广州: 中山大学, 2005.

[78] 周文辉. 真空带式过滤机在4A沸石和种分玛瑙生产的应用与研究[D]. 沈阳: 东北大学, 2003.

[79] 张金峰. 4A分子筛的合成及其在牙膏摩擦剂中的应用研究[D]. 太原: 太原理工大学, 2005.

[80] 赵善雷, 霍登伟. 洗涤剂用4A沸石工业的回顾及展望[J]. 日用化学品科学, 2004, 27(2): 9~11.

[81] 刘玲梅. 4A沸石无磷洗涤助剂发展概况[J]. 中国氯碱, 2002(5): 37~39.

[82] 徐如人, 庞文琴, 屠昆岗. 沸石分子筛的结构与合成[M]. 长春: 吉林大学出版社, 1987.

[83] 吴刚. 添加剂对4A沸石晶化过程的影响[D]. 太原: 中国日用化学研究所, 2005.

[84] 夏加荣, 朱建华. 超细分子筛的合成和应用[J]. 江苏化工, 2001, 29(2): 17~20.

[85] Q/Chalco A021—2004: 洗涤剂用4A沸石.

[86] 李润生. 碱式氯化铝净水剂[M]. 北京: 机械工业出版社, 1981.

[87] Akittand J W, Farthing A. Journal of Magnetic Resonance, 1978(32)：345～348.

[88] Akittetal J W. Chem. Soc. Dalton Trans. , 1972：604～608.

[89] Akitt J W, Farthing A. Dalton Trans. 1981：1606～1626.

[90] Bottero J Y, et al. J. Phys. Chem. , 1980(84)：2933～2935.

[91] Bottero J Y, et al. Phys. Chem. , 1982(86)：3067～3069.

[92] Du S J, Vanloon G W. Environmental Science & Technology, 1994(28)：1950～1955.

[93] Hsu P H, Cao D, Soil Science, 1991, 152(3)：210～219.

[94] Parker D R, Berstch P M, Environ. Sci. Technol. , 1992, 26(5)：908～914.

[95] 冯利, 奕兆坤. 铝的水解聚合形态分析方法研究[J]. 环境化学, 1993, 12(5)：373～379.

[96] 汤鸿霄, 奕兆坤. 聚合氯化铝与传统混凝剂的凝聚-絮凝行为差异[J]. 环境化学, 1997, 16(6)：497～505.

[97] Katz L E, Hayes K F. Colloid Interface Sci. , 1995(170)：477～491.

[98] Dempsey B A, et al. AWWA. , 1985(3)：74～77.

[99] Hundi J R, Omelisa C R. A WWA. , 1988.

[100] Janssens J G. The Interpretation of Jarringtests. Aqua, 1987(2)：91～94.

[101] Dempsey B A, et al. The 47th Annual Meeting of the International Water Conference, Pittsburgh, Pennsylvania, 1986.

[102] Benschoten J E V, Edzwald K. Water Research, 1990, 24(12)：1519.

[103] 王建立, 李旺兴, 王庆伟, 等. 铝酸钠溶液晶种分解制备超细氢氧化铝结晶机理初步研究[J]. 轻金属, 2006(11)：15～20.

[104] 陈玮, 王庆伟, 陈燕, 等. 水力溢流分级在超细 $\alpha-Al_2O_3$ 粉体中的应用研究[J]. 中国粉体技术, 2006, 12(2)：21～23.

[105] 王庆伟, 王建立, 王锦. 一种稳定性 α-氧化铝悬浮液的制备方法：中国, 200610099060.9[P].

[106] 王庆伟. 一种氢氧化铝阻燃剂的制备方法：中国, CN02153734.8[P].

[107] 李东红, 王庆伟. 汽车尾气净化器用活性氧化铝的研制[J]. 中国稀土学报, 2003, 21(12)：94～97.

[108] Wang J L, Chen Q Y, Wang Q W, et al. Effects of additives on precipitation of sodium aluminate solution and super-fine aluminum hydroxide morphology[C]. TMS, Light Metals 2007.

[109] Wang Q W. Aluminum Hydroxide with Thermal Stability and Flame Resistance [C]. TMS, Light Metals 2000.

[110] Li W X, Li D H, Wang Q W. Alumina Surface Material with High Thermal Stability. TMS, Light Metals 2004.

[111] 王庆伟, 等. 耐高温活性氧化铝的研究进展[C]. 第十三届全国稀土催化学术会议论文集. 桂林, 2006：29～31.

[112] 严泉才, 李东红. AACH 热解法制取高纯超细氧化铝粉[J]. 现代技术陶瓷, 1995, 16(3)：32～36.

[113] 孙家跃, 杜海燕, 胡文祥. 固体发光材料[M]. 北京：化学工业出版社, 2003.

[114] 李建宇. 稀土发光材料及其应用[M]. 北京：化学工业出版社, 2003.

[115] 陈振兴. 特种粉体[M]. 北京：化学工业出版社, 2004.

[116] 周泉荣, 周一鸣. 一种制造高纯超细氧化铝粉的方法：中国, CN02111255.X[P]. 2002.

[117] 罗登银, 王映康. 用工业氢氧化铝生产高纯超细氧化铝的方法：中国, CN200410021968.9[P]. 2004.

[118] 刘建良, 施安, 胡劲, 等. 一种制备高纯超细 Al_2O_3 粉末的方法：中国, CN03148830.7[P]. 2003.

[119] 刘昌俊, 李文成, 王立家, 等. 高纯氧化铝粉体的制备方法：中国, CN200410023998.3

[P]. 2004.

[120] 高宏，王宝奎. 超高纯超细氧化铝粉体制备方法：中国，CN97103240. 8[P]. 1997.

[121] 陈水高，戴品中，等. 醇铝气相法制取纳米高纯氧化铝的方法：中国，CN02138014. 7[P]. 2002.

[122] 骆树立. 高纯氧化铝的制备方法：中国专利，CN02108991. 4[P]. 2002.

[123] 蒋敏波，王惠芬，张传志，等. 高纯超细氧化铝生产工艺及装置：中国，CN93110316. 9 [P]. 1997.

[124] 张美鸽. 高纯氧化铝制备技术进展[J]. 功能材料，1993，24(3)：187~192.

[125] 谢玉群. 超细氧化铝粉末的制备[J]. 杭州大学学报（自然科学版），1998，25(3)：67~70.

[126] 丁安平，饶拴民. "纳米氧化铝"的用途和制备方法初探[J]. 有色冶炼，2001，30(3)：6~9，16.

[127] 郝臣，陈彩风，陈志刚，等. 化学法合成纳米氧化铝工艺研究[J]. 机械工程材料，2002，26(7)：25~27.

[128] 耿新玲，袁伟. 纳米氧化铝的制备与应用进展[J]. 河北化工，2002(3)：1~4，9.

[129] 沈志刚，陈建峰，刘润静，等. 无机纳米粉体制造技术的现状及展望[J]. 无机盐工业，2002，34(3)：18~21.

[130] 唐波，葛介超，王春先，等. 金属氧化物纳米材料的制备新进展[J]. 化工进展，2001，21(10)：707~712.

[131] 余忠清，赵秦生. 溶胶-凝胶法制备超细球形氧化铝工艺研究[J]. 无机材料学报，1994，9(4)：475~479.

[132] 李海波，王丽丽，肖利，等. 溶胶-凝胶法合成 Al_2O_3 纳米陶瓷粉[J]. 松辽学刊（自然科学版），2002(1)：4~6.

[133] 张永刚，闫裴. 纳米氧化铝的制备及应用[J]. 无机盐工业，2001，33(3)：19~25.

[134] 孟季茹，赵磊，梁国正，等. 无机非金属纳米微粒的制备方法[J]. 化工新型材料，2001，28(11)：20~21.

[135] 唐芳琼，郭广生，侯莉萍. 纳米 Al_2O_3 粒子的制备[J]. 感光材料与光化学，2001，19(3)：198~202.

[136] 陈肖虎. 纳米氧化铝制取实验[J]. 现代机械，1999(4)：58~59.

[137] 方佑龄，金春华. 透明超微粒子氧化铝的制备[J]. 武汉大学学报（自然科学版），1996，42(2)：136~140.

[138] 周思绚，胡学寅. 用相转移分离法制备. $\alpha-Al_2O_3$ 超细粒子[J]. 化学通报，1997，(4)：38~40.

[139] 顾立新，成庆堂，石劲松. 纳米 Al_2O_3—— 一种前景广阔的新型化工材料[J]. 化工新型材料，2000，28(11)：20~21.

[140] 张少明，胡双启，卫芝贤. 纳米氧化铝粉末的合成技术[J]. 稀有金属，2004，28(4)：735~737.

[141] 胡恒瑶，乔瑜，古宏晨. 节能灯用溶胶-凝胶法制备 $\gamma-Al_2O_3$ 保护膜的研究[J]. 光源与照明，2006，(1)：19~21.

[142] 李瑞勇，李晓杰，等. 爆轰合成纳米 γ-氧化铝粉体的实验研究[J]. 材料与冶金学报，2005，4(1)：27~29.

[143] Ahmad A L, Idrus N F, Othman M R. Preparation of perovskite alumina ceramic membrane using sol-gel-method[J]. Journal of Membrane Science. 2005(262)：129~137.

[144] 方道腴，李一明. 紧凑型荧光灯水浆涂粉原理和技术[J]. 中国照明电器，2000(12)：1~3.

[145] 宋晓岚，邱冠周，等. 高纯活性 γ 型纳米氧化铝的化学沉淀法合成及其性能表征[J]. 材料导报，2004，18(8)：64~67.

[146] 孙家跃，肖昂. 我国超细氧化铝制备工艺10年进展[J]. 化工纵横，2003，17(11)：1~8.

[147] 谢冰，章少华. 纳米氧化铝的制备及应用[J]. 江西化工，2004(1)：21~25.

[148] Jiang Li, et al. Low temperature synthesis of ultrafine α-Al$_2$O$_3$ powder by a simple aqueous sol-gelprocess [J]. Ceramics International, 2006(32)：587～591.

[149] 顾明兰, 田丹碧, 朱隽. 纳米 Al$_2$O$_3$ 的制备和防止团聚技术[J]. 吉林师范大学学报（自然科学版）, 2004(1)：14～17.

[150] 杜森, 孙中溪. 纳米氧化铝制备方法研究进展[J]. 无机盐工业, 2005, 37(12)：9～12.

[151] 杨云霞, 等. 节能荧光灯中纳米保护膜的应用研究[J]. 光源与照明, 2008(3)：1～2, 5.

[152] 王坤钟, 等. 我国纳米氧化铝市场调查分析[J]. 中国有色冶金. 2007(3)：11～15.

[153] 王彩华. 纳米氧化铝粉末制备方法概述[J]. 阜阳师范学院学报（自然科学版）. 2006, 23(3)：45～48.

[154] 李冬云, 等. 纳米 Al$_2$O$_3$ 粉体的制备及应用研究进展[J]. 材料导报, 2005, 19(Ⅴ)：127～130.

[155] 张立德, 牟季美. 纳米材料和纳米结构[M]. 北京：科学出版社, 2002. 346～348.

[156] 何巨龙, 于栋利, 刁利强. γ-Al$_2$O$_3$ 纳米粉对氧化铝、碳化硅陶瓷纤维烧结特性的影响[J]. 复合材料学报, 2000, 17(4)：80～82.

[157] 陆辟疆, 李春燕. 精细化工工艺[M]. 北京：化学工业出版社, 1996.

[158] 李小斌, 刘志强, 彭志宏, 等. 从硫酸铝溶液制取高纯超细氧化铝过程中杂质的行为与控制[J]. 轻金属, 1998(7)：14～17.

[159] 梁春来, 李小斌, 彭志宏. 中和法制取高纯超细氧化铝[J]. 轻金属, 1999(8)：28～31.

[160] 李润生. 碱式氯化铝净水剂[M]. 北京：机械工业出版社, 1981.

[161] Wang M. Muhammed M. 1999, 11(8)：1219～1229.

[162] 陈朝阳, 栾兆坤, 范彬, 等. 水解聚合铝阳离子 Al$_{13}$ 和 Al$_{30}$ 的 ^{27}Al 核磁共振定量研究[J]. 分析化学, 2006, 34(1)：38～42.

[163] 赵华章, 栾兆坤, 苏永渤, 等. Al$_{13}$ 形态的分离纯化与表征[J]. 高等学校化学学报, 2002, 23(5)：751～755.

[164] 初永宝, 高宝玉, 岳钦艳, 等. Al$_{13}$ 形态的凝胶层析分离及分离级分特性对比[J]. 环境科学, 2005, 26(3)：87～91.

[165] Akitt J W, Farthing A J Chem. Soc., Dalton Trans., 1981. 1606～1624.

[166] 高宝玉, 孔春燕, 岳钦艳, 等. 聚合氯化铝中 Al$_{13}$ 形态的分离纯化方法及特性[J]. 化学学报, 2005, 63(18)：1671～1675.

[167] Xu Y, Wang D S, Liu H, et al. Colloids and Surfaces A：Physicochem. Eng. Aspects, 2003(231)：1～9.

[168] 高宝玉, 岳钦艳, 王炳建, 等. 高 Al$_{13}$ 纳米聚合氯化铝的结构表征及混凝效果[J]. 中国环境科学, 2003, 23(6)：657～660.

[169] 罗明标, 王趁义, 刘淑娟, 等. 聚合 Al$_{13}$ 晶体的制备及表征[J]. 无机化学学报, 2004, 20(1)：69～73.

[170] Akittetal J W. Chem. Soc. Dalton Trans. 1972. 604.

[171] Akittand J W, Farthing A. Magn. Reson. 1978(32)：345.

[172] Bottero J Y, et al. J. Phys. Chem. 1980(84)：2933.

[173] Akitt J W, Farthing A. Dalton Trans. 1981. 1606～1626.

[174] Bottero J Y, et al. Phys. Chem., 1982(86)：3067.

[175] Hsu P H, Cao D. Soil Science, 1991, 152(3)：210～219.

[176] Parker D R, Berstch P M. Environ. Sci. Technol., 1992, 26(5)：908～914.

[177] Du S J, Vanloon G W. Environ. Sci. Tech., 1994(28)：1950.

[178] Dempsey B A, et al. AWWA., 1985(3)：74～77.

[179] Hundi J R, Omelisa C R. AWWA. 1988.

[180] Janssens J G. The Interpretation of Jar-tests, Aqua. 1987(2)：91.

[181] Dempsey B A, et al. The 47th Annual Meeting of the International Water Conference, Pittsburgh, Pennsylvania.

[182] Benschoten, J E V, Edzwald K. Water Research, 1990, 24(12): 1519.

[183] 王维邦. 耐火材料工艺学 (第2版) [M]. 北京: 冶金工业出版社, 2005.

[184] 王建立, 和凤枝, 陈启元. 阻燃剂用超细氢氧化铝的制备、应用及展望[J]. 中国粉体技术, 2007, 13(1): 38~42.

[185] 蔡卫权. SB粉水热分解铝酸钠溶液制取大孔容高比表面拟薄水铝石[J]. 催化学报, 2006, 27(9): 805~809.

[186] Wang J L, Chen Q Y, Li W X, et al. Kinetics of super-fine aluminum hydroxide precipitation from sodium alumina solutions with gel-seed[C]. Light Metals, 2009: 177~182.

[187] 王建立. 超细氢氧化铝的制备及提高其热稳定性技术研究[D]. 长沙: 中南大学, 2009.

[188] 杨长付, 程宝玲, 董增分. 两段种子分解法制备超细氢氧化铝微粉工艺研究[J]. 中国粉体技术, 2008, 14(5): 26~29.

[189] Pradhan J K, Gochhayat P K, Bhattacharya I N, et al. Study on the various factors affecting the quality of precipitated non-metallurgical alumina trihydrate particles [J]. Hydrometallurgy, 2001, 60 (2): 143 ~153.

[190] Bhattacharya I N, Pradhan J K, Gochhayat P K, et al. Factors controlling precipitation of finer size alumina trihydrate[J]. International Journal of Mineral Processing, 2002, 65(2): 109~124.

[191] 李东红, 文九巴, 李旺兴. AACH热解法制备纳米氧化铝粉体[J]. 河南科技大学学报, 2005, 26 (4): 1~4.

[192] 景茂祥, 李旺兴. 镍掺杂对 α-Al$_2$O$_3$ 烧结过程、微观结构及力学性能的影响[J]. 轻金属, 2008, 29: 1401~1405.

[193] 陈玮, 尹周澜, 李旺兴. MgO掺杂对 α-Al$_2$O$_3$ 显微结构的影响[J]. 矿冶工程, 2008, 28(5): 107~110.

[194] 阎佳. 4A沸石在洗涤剂中的应用及前景[J]. 山东化工, 2010(1): 24~26.

[195] 王军堂, 龙晨曦. 拜耳法分解母液生产4A沸石的研究[J]. 有色冶金节能 2009, 24(6): 24~ 25, 43.

[196] 申明乐, 陈海玲. 拟薄水铝石的生产与应用[J]. 南阳理工学院学报, 2009(4): 67~70.

[197] 朴玲钰, 刘祥志, 毛立娟, 等. 反相微乳液法制备纳米氧化铝[J]. 物理化学学报, 2009(11): 2232~2236.

[198] 王建立, 王庆伟, 刘伟, 等. 一种片状氢氧化铝的制备方法: 中国, 200610127935.1[P]. 2008-10-22.

[199] 王建立, 王庆伟, 霍登伟. 一种铝酸钠溶液中浮游物回收及应用的方法: 中国, 200710099811.1 [P]. 2009-03-18.

[200] 王建立, 王庆伟, 王锦. 一种氢氧化铝镁复合阻燃剂的制备方法. 中国, 200710179627.8[P]. 2008-05-28.

[201] 王建立, 姚长江, 王锦. 一种表面改性超细氢氧化铝的制备方法: 中国, 200810226445.6[P]. 2009-03-25.

[202] 王建立, 王锦, 李东红. 一种利用铝酸钠溶液制备球形氢氧化铝的方法: 中国, 200810226441.8 [P]. 2009-03-25.